Gesamtverzeichnis des deutschsprachigen Schrifttums (GV) 1700 – 1910

Bearbeitet unter der Leitung von
Hilmar Schmuck und Willi Gorzny
Bibliographische und redaktionelle Beratung:
Hans Popst und Rainer Schöller

153

Vos – Wape

K · G · Saur München · New York · London · Paris 1986

CIP-Kurztitelaufnahme der Deutschen Bibliothek

Gesamtverzeichnis des deutschsprachigen Schrifttums :
(GV). München, New York, London, Paris : Saur.
Bd. 1 6 bearb. unter d. Leitung von Peter Geils
u. Willi Gorzny.
ISBN 3-598-30000-X

1700 1910 / bearb. unter d. Leitung von Hilmar
Schmuck u. Willi Gorzny. Bibliograph. u. red.
Beratung: Hans Popst u. Rainer Schöller

NE: Schmuck, Hilmar [Bearb.]

153. Vos – Wape. – 1986.

Techn. Realisierung und Druck: Norbert Gaertner, Mainz-Kastel
Binden: Karl Schaumann, Darmstadt
Printed in the Federal Republic of Germany
ISBN 3-598-30000-X (Gesamtwerk)

Vos, Ed. de, Leben u. Briefe d. heil. Franciscus Xaverius, Apostels v. Indien u. Japan. 2 Bde. gr. 8. (XX, 482 u. XV, 400 S.) Regensburg 877. Manz. 9. —

de Vos: De legendis gentilium libris in scholastica adolescentium institutione quid sit sentiendum, quid S. Basilius M. senserit. 26 S. – Warendorf, Progr. 1855.

de Vos, Emil [aus Singapore]: Über den diagnostischen Wert des Impfversuchs bei Tuberculose und ein neues Verfahren zum mikroskopischen Nachweis von Tuberkelbacillen im Harn. . . . Rostock, Univ.-Buchdr. v. Adler's Erben, 1891; 87 S. 8°
Rostock, Med. Fak., Inaug.-Diss. v. [22. Jan.] 1891

Vos, Geerhardus: Die Kämpfe und Streitigkeiten zwischen den Banū 'Umajja und den Banū Hāšim. Von Taḳijj Ad-Dīn Al-Maḳrizijj . . . . Leiden, gedr. bei E. J. Brill, 1888; X + 72 S. 8°
Strassburg, Phil. Fak., Inaug.-Diss. v. 1888

Vos, Gerhardus, die Kämpfe und Streitigkeiten zwischen den Banu 'Umajja und den Banu Hāšim. Von Taḳijj Ad-Din Al-Maḳrizijj. Diss. Strassburg i. Els. 1888, Trübners Buchh. u. Antiqu. (E. d'Oleire). 8°. X, 72 S.

Vos, Henricus, specimen medico-practicum inaug., exhibens casum Diabetis Melliti in nosocomio academico observatum, cum epicrisi et nonnullis corollariis practicis. 8 maj. Groningae 844. (Emden, Rakebrand.) n. 1/3 ℛ︀

Vos, Henry v. de, Werte u. Bewertungen in der Denkevolution. (III, 206 S.) gr. 8. Berlin 909. K. Curtius. 3. 50

Vos, Michael Christian. Leben und Schicksale von M' Ch' Vos (geb. 1759), evangelischem Prediger ... in Holland, Afrika und Asien: durch ihn selbst in Briefen an einen Freund beschrieben. Aus dem Holländischen ([übersetzt durch] Johann Georg Vayhinger). ‹Mit dem Bildniss des Verfassers [Tafel].› 8. Basel 1829.

Vos, M. Chr., (ehemals Prediger), Leben u. Schicksale durch ihn selbst in Briefen an einen Freund beschrieben. Aus d. Holländ., mit seinem Bildniß. gr. 8. Basel 829. Schneider. 16 gr

Vos's, M. Chr., Leben u. Schicksale, s. a. Leben.

de Vos van Steenwijk, (J. A.,) de thori et mensae separatione, imprimis ex jure Gallico novissimo. gr. 8. Gröning. 822, v. Boekeren.

Vosberg, Emmy, s.: **Urkunden zur Güterverwaltung der Universität Frankfurt a. O.**

Vosberg, Fritz, Ansiedlungspolitik u. Städteentwicklung, s. a. Schriften zur Förderung der inneren Kolonisation. 7. Heft.

Ansiedlungspolitik und Städteentwicklung. Von Fritz Vosberg. Berlin: Deutsche Landbuchh. 1910. 23 S. 8° [Umschlagt.]
Aus: Archiv f. innere Kolonisation. Bd 2, H. 2.
(Schriften z. Förderung d. inneren Kolonisation. H. 7.) [10. 13211

Vosberg, Polenspiegel, s.: Wagner, Frz.

Vosberg, Polenstimmen, s.: Wagner, Frz.

— Verfassung u. Verwaltungsorganisation preußischer Städte im Gebiete des polnischen Nationalitätenkampfes, s.: Ziblaff.

Vosberg, Harry, Referendar: Über die Rückwirkung des Strafgesetzes nach gemeinem deutschen Strafrecht, dem preussischen und dem deutschen Reichsstrafgesetzbuche. *Breslau 1898: O. Gutsmann.* (82 S.) 8°
Erlangen, Jur. Diss. v. 30. Juli 1898

Vosberg-Rekow, Max

Vosberg-Rekow, s.: **Asien.**

Die Errichtung einer Centralstelle zur Förderung des deutschen Aussenhandels. Im Auftr. d. Centralstelle f. Vorbereit. von Handelsverträgen der 1899 einberufenen Versammlung f. d. Errichtung e. Reichshandelsstelle überreicht von Dr. [Max] Vosberg-Rekow. *Berlin: J. Guttentag 1900.* (VIII, 36 S.) 8°
= Schriften d. Centralstelle f. Vorbereitung v. Handelsverträgen. H. 9. [00. 6784

Der Grundgedanke der deutschen Kolonialpolitik. Von Dr. [Max] Vosberg-Rekow, Dir. d. Centralst. f. Vorbereitung von Handelsvertr. *Berlin: H. Paetel* 1903. (60 S.) 8°

Vosberg-Rekow, Max (Red.), s. Handel und Gewerbe.

— s.: **Handels-Museum, das.**

Die Handelsverträge des Jahres 1903. Betrachtungen u. Vorschläge von Dr. [Max] Vosberg-Rekow. *Berlin: J. Guttentag 1900.* (128 S.) 8°
= Schriften d. Centralstelle f. Vorbereitung v. Handelsverträgen. H. 14. [01. 719

Vosberg-Rekow, d. wirthschaftliche Interessenvertretung u. d. Reform d. preuss. Handelskammern. [Aus: „Chem. Industrie."] 8. (60 S.) Berlin 896. R. Gaertner. n. 1. —

Vosberg-Rekow, Max: Käufer u. Verkäufer, s. Gugenheim, Fritz.

— Nation u. Welt. Betrachtungen üb. Grundlagen u. Aussichten der deutschen Weltpolitik. 1. u. 2. Aufl. (VII, 391 S.) 8. Berlin 907. Allgemeiner Verein f. deutsche Literatur. 5.—; geb. in Leinw. 6. 50

Vosberg-Rekow, M[ax]: Die Politik der Handelsverträge in ihren Grundzügen gemeinfasslich dargest. Berlin: Siemenroth & Troschel 1898. (VIII, 189 S., 1 Tab.) 8°
(Schriften d. Centralstelle f. Vorbereitg v. Handelsverträgen. H. 3.)

Die Reform des Deutschen Consulatswesens und die Errichtung deutscher Handelskammern im Auslande. Von Dr. jur. Vosberg-Rekow. *Berlin: Siemenroth & Troschel 1897.* (103 S.) 1 Bd 8. [97. 5566

— **s.: Schriften der deutsch-asiatischen Gesellschaft.**

Vosberg-Rekow, [Max]. Der Schutz des industriellen und geistigen Eigenthums in den Handelsverträgen. [Mit 1 Tabelle.] 50 S. 8. Berlin, J. Guttentag, 1902. [M. 1. 20]
Schriften der Centralstelle für Vorbereitung von Handelsverträgen. Heft 20... .

Die Amtliche Statistik des Deutschen Aussenhandels im Auftr. d. Centralstelle kritisch bespr. v. deren Direktor Dr. [Max] Vosberg-Rekow. *Berlin: Siemenroth & Troschel 1898.* (2 Bl., 47 S.) 1 Bd 8.
= Schriften d. Centralstelle f. Vorbereitg v. Handelsverträgen. H. 1. [99 3117

Nach dem Tarifkampfe. Handelspolit. Aufgaben d. nächsten Zukunft. Von Dr. [Max] Vosberg-Rekow. *Berlin: J. Guttentag 1903.* (44 S.) 8°
= Schriften d. Zentralstelle f. Vorbereitung von Handelsverträgen. H. 24.

Das Britische Weltreich und der Deutsche Wettbewerb v. Dr. [Max] Vosberg-Rekow. *Berlin: Siemenroth & Troschel 1898.* (X, 75 S.) 1 Bd. 8.
= Schriften d. Centralstelle f. Vorbereitung v. Handelsverträgen. H. 1. [98. 4892

— s. Zollhandbuch f. d. intern. Warenverkehr.

— **Zollrückvergütung, s.: Etienne.**

Vosberg-Rekow, [Max]: Die Zolltarifvorlage und ihre Begründung. Im Auftr. d. Centralstelle f. Vorbereitung von Handelsverträgen. Berlin: J. Guttentag 1902. (VII, 62 S.) 8°
(Schriften d. Centralstelle f. Vorbereitung von Handelsverträgen. H. 18.)

Vosberg-Rekow, M., Zusammenhang und Einheit der geistigen und wirtschaftlichen Arbeit. (Eine Betrachtung bei Gelegenheit der Neuordnung unserer handelspolitischen Beziehungen). Tübingen, 1905. 37 S.

— **Zusammenhang u. Einheit der geistigen u. wirtschaftlichen Arbeit, s.a. Festgaben f. Friedrich Julius Neumann.**

Voeculo von Barcelona und Greif von Kasan, od. die beiden Taschenspieler in Krähwinkel. Quodlibet in 1 Akt. Mit Titelkpf. 32. Berl. 828. Cosmar u. K. 6 gGr

Vosculo v. Barcelona u. Greif v. Kasan, od. die beiden Taschenspieler in Krähwinkel. Quodlibet in 1 Akt. 32. (2½ B. u. Ttlkpfr.) Berlin 828, [Zesch.]

Vosen, Christian Hermann

Vosen, C. H., kurze Anleitung zum Erlernen der hebräischen Sprache für Gymnasien und für das Privatstudium. 1. Aufl. (III und 102 S.) 1853. und 2. und 3. Aufl. gr 8. (110 S.) Freiburg im Br. 854—56, Herder'sche Vrlgsh. *

Vosen, C. H., kurze Anleitung zum Erlernen der hebraischen Sprache fur Gymnasien und fur das Privatstudium. 8. verb. u. in den Uebungsstucken verm. Aufl. Freiburg im Br. 864. Herder. gr. 8. (119 S.) n. 10 ngr.

Vosen, Chrn. Herm., kurze Anleitung zum Erlernen der hebräischen Sprache für Gymnasien u. für das Privatstudium. 9. u. 10., verb. Aufl. Freiburg i. Br. 865—68. Herder'sche Verlagsh. gr. 8. (III, 120 S.) n. 10 ngr.

Vosen, Chrn. Herm., kurze Anleitung zum Erlernen der hebräischen Sprache für Gymnasien und für das Privatstudium. 11. Aufl. (III, 120 S.) 1871. *M 1., und 12. umgearb. Aufl. von F. Kaulen. gr. 8. (124 S.) Freiburg i. Br. 874, Herder'sche Verlagsb.

Vosen, C. H., kurze Anleitung zum Erlernen der hebräischen Sprache für Gymnasien u. für das Privatstudium. Neu bearb. u. hrsg. von Fr. Kaulen. 13. Aufl. gr. 8. (124 S.) Freiburg i/Br. 878. Herder. n. 1. 20

— dasselbe. 14. Aufl. 8. (III, 128 S.) Ebend. 881. n. 1. 30

Vosen, C. H., kurze Anleitung zum Erlernen der hebräischen Sprache f. Gymnasien u. f. das Privatstudium. Neu bearb. u. hrsg. v. Fr. Kaulen. 15. Aufl. gr. 8. (III, 130 S.) Freiburg i/Br. 884. Herder. n. 1. 30; Einbd. n.n. — 25

Vosen, Christ. Herm., Kurze Anleitung zum Erlernen der hebräischen Sprache für Gymnasien und für das Privatstudium. Neu bearbeitet und herausgegeben von Franz Kaulen. Freiburg, Herder, 1888, 8°, IV u. 131 S., 16. Aufl., 1,30 Mk.

Erste Aufl. 1853. Durch wissenschaftliche Behandlung des Sprachmaterials sowie durch methodisch-didaktische Brauchbarkeit gleich ausgezeichnet. Unter allen Lehrbüchern der hebr. Sprache z. Z. in Deutschland von d. kath. Studierenden am meisten gebraucht. Mit einzelnen Abweichungen auch ins Französ., Engl. und Lateinische übersetzt.

Vosen, C. H., kurze Anleitg. z. Erlernen d. hebräischen Sprache für Gymnasien u. f. das Privatstudium. Neu bearb. u. hrsg. v. Fr. Kaulen. 17., verb. u. verm. Aufl. gr. 8. (VII, 147 S.) Freiburg i/B. 895. Herder n. 1. 30; Einbd. in Halbleinw. n.n. — 25

Vosen, C. H., kurze Anleitung zum Erlernen der hebräischen Sprache f. Gymnasien u. für das Privatstudium. Neu bearb. u. hrsg. v. Fr. Kaulen. 18. Aufl. gr. 8. (VII, 147 S.) Freiburg i./B. 900. Herder. n. 1. 30; Einbd. in Halbleinw. n.n.n. — 25

— u. Frz. **Kaulen,** kurze Anleitung zum Erlernen der hebräischen Sprache f. Gymnasien u. f. das Privatstudium. 19. Aufl., neu bearb. v. Jak. Schumacher. (VIII, 164 S.) gr. 8. Freiburg i/B. 909. Herder. 2.—; geb. 2. 50

Vosen, Christ. Herm., der christliche Bräutigam. Katholisches Gebetbuch f. den Braut- u. Ehestand. (576 S. m. Titelbild.) 16. Kevelaer (910). Butzon & Bercker. Geb. in Leinw. 1. 50

— das Christenthum und die Einsprüche seiner Gegner. Eine Apologetik für jeden Gebildeten. 861. (XI, 715 S.) — 2. verb. Aufl. Ebend. 864. gr. 8. (XI, 775 S.) 2 Rthlr

—— das Christenthum und die Einsprüche seiner Gegner. Eine Apologetik für jeden Gebildeten. 3. verb. Aufl. gr. 8. (XII, 783 S.) Ebendas. 870.

Vosen, Christ. Herm., Das Christentum und die Einsprüche seiner Gegner. Eine Apologetik für jeden Gebildeten. Vierte Aufl., bearbeitet von Ferdinand Rheinstädter. Freiburg i. B., Herder, 1881, gr. 8°, XX, 858 S., 7 Mk. (1. Aufl. 1861.)

Das Christentum und die Einsprüche seiner Gegner. Eine Apologie f. jeden Gebildeten von D. Christian Hermann **Vosen**. 5. Aufl., bearb. von Simon Weber, Prof. Freiburg i. Br.: Herder 1905. (XIV, 920 S.) 8° [R.] [illegible] 6

Vosen, Chr. Herm., Galileo Galilei und die römische Verurteilung des kopernikanischen Systems. Frankfurt a. M., Verl. f. Kunst u. Wiss., 1865, 8°, 32 S. (Zeitgem. Brosch. 1865, Nr. 2.)

Theol. Littbl. 1867, S. 753—4 (Reusch). Litt. Handw. 1879, S. 523.

—— **Galileo Galilei und die römische Beurtheilung des kopernikanischen Systems, s.a. Broschüren-Verein.**

— **Das Geheimnis des Fronleichnams.** (196 S.) kl. 8. **München (Theatinerstr. 35) 908. A. & B. Schuler.** 1. 20

—— **Kolpings Gesellenverein in seiner socialen Bedeutung, s. Broschüren-Verein.**

—— **der Katholicismus und die Einsprüche seiner Gegner dargestellt für jeden Gebildeten. 2 Bde. gr. 8. (XII und 791 S.) Freiburg im Br. 865, Herder'sche Verlagsh. [1. Bd. 1 Thlr. 6 Ngr., 2. Bd. 1 Thlr. 15 Ngr.]**

—— der Katholicismus und die Einsprüche seiner Gegner dargestellt für jeden Gebildeten. 1. Bd. 2. verb. Aufl. gr. 8. (VIII, 800 S.) Ebendas. 868.

— der Katholicismus u. die Einsprüche seiner Gegner dargestellt für jeden Gebildeten. 2 Bde. 2. verb. Aufl. Ebend. 868. gr. 8. (VIII, 800 S.) [1. Bd. 1 Rthlr 6 ngr., 2. Bd. 1 Rthlr 15 ngr.] 2 Rthlr 21 ngr.

— **der Katholicismus u. die Einsprüche seiner Gegner, dargestellt f. jeden Gebildeten. 3. Aufl., besorgt durch Heinr. Brüll. gr. 8. (XVI, 743 S.) Ebend. 885.** n. 7. —

—— **Rudimenta linguae hebraicae scholis et domesticae disciplinae brevissime accomodata. gr. 8. (V und 129 S.) Freiburg im Br. 860, Herder'sche Verlagsbuchh.** *

— Rudimenta linguae hebraicae scholis publicis et domesticae disciplinae brevissime accommodata. Editio II. 1862. et Editio III. emendata. gr. 8. (IV und 132 S.) Freiburg im Br. 867, Herder'sche Verlagsh. *

— Rudimenta linguae hebraicae scholis publicis et domesticae disciplinae brevissime accomodata. Quarto ed., retractavit, auxit Fr. Kaulen. gr. 8. (IV, 128 S.) Ebendas. 872.

— rudimenta linguae hebraicae scholis publicis et domesticae disciplinae brevissime accomodata. Quinto ed., retractavit, auxit Fr. Kaulen. gr. 8. (IV, 128 S.) Ebend. 879. n. 1. 80

— rudimenta linguae hebraicae scholis publicis et domesticae disciplinae brevissime accommodata. Retractavit, auxit, sextum emendatissima ed. Fr. Kaulen. gr. 8. (IV, 131 S.) Ebend. 884. n. 1. 80; Einbd. n.n. — 25

Vosen, C. H., rudimenta linguae hebraicae scholis publicis et domesticae diciplinae brevissime accommodata. Retractavit, auxit, septimum emendatissima ed. Fr. Kaulen. gr. 8. (IV, 131 S.) Freiburg i/Br. 887. Herder. n. 1. 60; geb. n.n. 1. 90

— Rudimenta linguae hebraicae scholis publicis et domesticae disciplinae brevissime accommodata. Retractavit, auxit, octavum emendatissima ed. Fr. Kaulen. gr. 8. (IV, 147 S.) Ebd. 899. n. 1. 60; Einbd. in Halbleinw. n.n.n. — 30

Vosen: Die sechs Tage der Schöpfungsgeschichte gegenüber den Ergebnissen der Naturforschung. 27 S. Köln kth., Progr. 1861.

— Trauerrede beim Begräbniß des Gesellenvaters Adolph Kolping gehalten am 7. Decbr. 1865 in der Minoritenkirche zu Köln. gr. 8. (19 S.) Köln 865, Bachem. *

— Venite, adoremus! Kommt, laßt uns anbeten! Vollständiges Gebetbuch für katholische Christen zugleich eingerichtet für den öffentlichen Gottesdienst höherer Lehranstalten. 1. Aufl. 1859. und 2. Aufl. 24. (432 S. mit 1 Stahlst.) Köln 860, Bachem.

— Venite adoremus! Kommt, lasset uns anbeten! Vollständiges Gebetbuch für kathol. Christen. 3. Aufl. 1863. 15 Ngr. und 4. Aufl. 24. (X und 356 S. mit 1 Stahlst.) Köln 864, Bachem.

— — 5. Aufl. [Feine Ausg.] Ebend. 864. 24. (X, 356 S. m. lith. Titel in Farbendr. u. 1 Stahlst.) 18 ngr.

— Venite adoremus! Kommt, lasset uns anbeten! Vollständiges Gebetbuch für kathol. Christen. 6. Aufl. Ebend. 866—69. 32. (III, 434 S. mit 1 Kpfrst.) 15 ngr.

— dass. — Wohlfeile Ausg. mit größerem Druck. [Nr. 2.] 7. Aufl. gr. 16. (X, 358 S. mit 1 Stahlst.) Ebendas. 869. (M. 1,20.)

— Venite, adoremus! Kommt laßt uns anbeten! Vollständiges Gebetbuch f. kathol. Christen. [Ausg. Nr. 1.] 9. Aufl. 32. (442 S. m. 1 Stahlst.) Cöln 873. Bachem. 1. 50

— Venite, adoremus! Kommt, laßt uns anbeten! Vollständiges Gebetbuch für kathol. Christen. 10. Aufl. [Ausg. Nr. 1.] 32. (442 S. m. Farbendr.-Titel u. 1 Stahlst.) Köln 876. Bachem. 1. 50

Vosen, C. H., Venite, adoremus! Kommt, laßt uns anbeten! Vollständiges Gebetbuch für kathol. Christen. 11. Aufl. (474 S.) 1879; 12. Aufl. Ausg. Nr. 1. 16. (471 S. mit Farbentitel und 1 Stahlst.) Köln 884, Bachem.

— venite, adoremus! Kommt, laßt uns anbeten! Vollständiges Gebetbuch f. kathol. Christen. 13. Aufl. Ausg. Nr. I. 24. (471 S. m. chromolith. Titel u. 1 Stahlst. Köln 886. Bachem. 1. 50

Vosen, C. H., venite, adoremus! Kommt, laßt uns anbeten! Vollständiges Gebetbuch f. kathol. Christen. 17.—19. Aufl. 16. (471 S. m. 1 Stahlst. u. farb. Titel.) Köln 888—891. J. P. Bachem. 1. 50

Vosen, C. H. Venite adoremus! Kommt, laßt uns anbeten! Vollständiges Gebetbuch f. kathol. Christen. 17.—21. Aufl. 24. (480 S.) Köln 891, Bachem. 1. 50

— Venite, adoremus! Kommt, laßt uns anbeten! Vollständiges Gebetbuch f. kathol. Christen. 24. Aufl. (471 S. m. Titelbild u. farb. Titel.) 16. Kevelaer (906). Butzon & Bercker. Geb. in Ldr. n. 2. 50

— Venite, adoremus! Kommt, laßt uns anbeten! Lehr- u. Gebetbuch f. gebildete Katholiken. 25. vollständig neu bearb. Ausg. (576 S. m. 1 Stahlst.) 12,5×7,5 cm. Kevelaer (907). Butzon & Bercker. Geb. in Leinw. 1. 65

Vosen. Winke für die teleologische Betrachtung der Natur. 25 S. Köln kath., Progr. 1866.

VOSEN, Hermann Karl (Köln): Doctrina christiana, deum omnia, quae geruntur, numine suo regere et gubernare, ad summam perspicuitatem adducta. (Titel nach der Urkunde.) 23.7.1848 - Urk: F 44
Diss. Ingolst.-Landsh.-Mchn.

Voser, Silvan. Der Kanton Aargau, seine Vermögens- und finanzielle Lage, mit besonderer Berücksichtigung der Steuerverhältnisse. Nebst einem Anhang über Vermögen, Finanzen und Steuern der deutsch-schweizerischen Kantone ([und] Beilage: Die Steuergrundsätze der Staats- und Gemeindesteuern im Kanton Aargau). VI + 73 + *Beilage* [3] + *Korrigenda* 1 S. gr.-8. Baden, O. Wanner, 1902. Zu beziehen durch den Verfasser, Preis fr. 4.

Vosgien [Pseudon.] s. Ladvocat, Jean-Baptiste.

Vosgien: Dictionnaire géographique. . . . p. Leclerc. Frankfurt/M.: Jäger 1795. 8°

— — le même augmenté p. Bassien. gr. 8. Paris. (Steiner à Winterthur). 795.

Vosgien Dictionnaire géographique, ou description des Empires, Royaumes, Republiques, Provinces, Villes, Bourgs etc. traduit de l'anglais, édition nouvelle p. Echard. gr. 8. Paris. (Thourneisen à Basle). 799. Rthlr.

— — le même livre par Laurent Echard. gr. 8. Paris et Strasburg. Konig 799.

Vosgien, Dictionnaire géographique, ou Description des Empires, Royaumes, Républiques, Provinces, Villes, Bourgs etc. trad. de l'anglois, édition nouvelle p. Berenger. gr. 8. Lausanne, Fischer. (Flick in Basel). 805.

Vosgien, Dictionnaire géographique, ou déscription des Empires, Royaumes, Républiques, Provinces, Villes, Bourgs etc., traduit de l'Anglois, édit. nouvelle par Berenger. gr. 8. Lausanne 805. Fischer. (Neukirch in Basel). 2 Rthl.

Vosgien, nouv. Dictionnaire géographique, ou déscription de toutes les parties du Monde. Nouv. Edition; orné de cartes et planches. 8. Paris. (Levrault in Strasbourg.) 817.

Vosgien (= Jean Baptiste Ladvocat). Geographisches Handwörterbuch oder Beschreibung der Königreiche, Provinzen ... A. d. Engl. ... Ulm 1764—65. Ü: *Hegelmaier, Thomas Gfr.* (Ky) (ML)

— **geograph. Handwörterbuch. 2 Bde, aus d. Engl., nach d. 13n Ausg. ins Französ. u. aus diesem mit Zusätzen u. Verbesserungen ins Deutsche übersetzt (von Th. G. Hegelmaier). gr. 8. Ulm 764, 75. Bartholomäi. 4 ₰**

Voshage, Adele, das Formenklöppeln. Eine Anleitg., um Formenspitzen (d. i. Brügger, Brüsseler-, Honitonusw. Spitzen) ohne jegl. Vorkenntnisse klöppeln zu lernen. (VIII, 91 S. m. Abbildgn.) Lex. 8. Leipzig (909). E. Twietmeyer. Geb. in Leinw. p 4. 50

Voshage, Adele, das **Spitzenklöppeln**. Anleitg. an 20 Mustern d. Klöppelarbeit **gründl. zu erlernen.** gr. Lex.-8. (IV, 46 S.) Leipzig (894), Berl. d. Arbeitsstube. Geb. n. 3. —

Voshage, Adele, das Spitzenklöppeln. Anleitung, an 24 Mustern die Klöppelarbeit gründlich zu erlernen. Mit 58 Abbildgn. 2. verm. Aufl. (IV, 59 S.) Lex.-8. Leipzig (902). E. Twietmeyer. Geb. n. 3. —

Vosinsky, A., explication des planches appart. aux études progressives sur la géologie des environs de Moscou, siehe: Bulletin de la Société Imp. des naturalistes de Moscou. Tome XVI. 1. partie.

— observations sur les terrains erratiques du Gouvernement de Moscou, siehe: Bulletin de la Société Imp. des naturalistes de Moscou. Tome XXIII. 1 partie.

Voskamp, C. Johannes

Voskamp, C. J., **unter dem Banne d. Drachen** u. im Zeichen d. Kreuzes. **gr. 8. (176 S. m. Abb.)** Berlin 898. Buchh. d. **Berliner ev. Missionsgesellschaft. n. 2.**—; kart. n. 2. 50

Voskamp, C. J., unter dem Banner des Drachen u. im Zeichen des Kreuzes. 2. unveränd. Aufl. (4. bis 6. Tauf.) gr. 8. (176 S. m. Abbildgn.) **Berlin (900). Buchh.** der Berliner ev. Missionsgesellschaft. n. 2. —

Voskamp, C. J[ohannes]: Ein Blumenstrauss von Missionsgeschichten. Berlin: Buchh. d. Berl. Missionsges. [1899]. 8⁰ [Umschlagt.]

— **ein Blumenstrauß v. Missionsgeschichten. 1.—3. Aufl. (1.—12. Tauf.) 12. (à 31 S. m. Abbildgn.) Ebd. (900). n. — 20**

Confucius und das heutige China. Ein Vortrag, geh. vor d. Ausbruch d. Boxerbewegung von C. J[ohannes] Voskamp, Missionar. *Berlin: Berl. ev. Missionsges. 1902.* (16 S.) 8⁰ [F.]
= Beiträge z. Missionskunde. II. 2. [o1. 5466

— **dasselbe, s.: Rundschau, ostasiatische. I. 1.**

Gestalten und Gewalten aus dem Reich der Mitte. Vorträge, geh. von C [Joh.] **Voskamp**. Berlin: Berliner evang. Missionsgesellsch. [1906]. (72 S.) 8⁰ [F.] [o6. 15879

— **eine Köhlergeschichte,** s.: Missionsschriften f. **Kinder.**

— **merkwürdige Lebensführung e. chinesischen Christen, s.: Missionsschriften f. Kinder. Nr. 47.**

— zerstörende u. aufbauende Mächte in China. gr. 8. (80 S. m. Abb.) Ebd. 898. n. — 80

Voskamp, C. J[ohannes]: Zerstörende und aufbauende Mächte in China. 2. Aufl. Berlin: Berl. ev. Missionsges. [1898]. (80 S.) 8⁰

— **zerstörende u. aufbauende Mächte in China. 3. u. 4. unveränd. Aufl. (6.—8. Tauf.) gr. 8. (80 S. m. Abb.) Berlin (900). Buchh.** der Berliner ev. Missionsgesellschaft. **n. — 80; geb. n. 1. 25**

— **Mitteilungen aus dem Leben des chines. Gelehrten Li-syn-tschoi, s.: Missionsschriften, neue. 25.**

Aus der Verbotenen Stadt. Von C. J[oh.] Voskamp, Missionar in China. Mit 6 Ill. *Berlin: Berl. ev. Missionsges. [1901].* (82 S.) 8⁰ [F.] [o2. 5615

— Tagebuch üb. die Reise von Berlin bis Kanton, s. Missionsschriften, neue.

[Aut. u. Russ.] Der blutige Sonntag in Petersburg. [Von e. Augenzeugen.] Krovavoe **voskresen'e** v Peterburgě 9/22 Janvarja 1905. Nabroski s natury, mněnija zagraničnoj pečati. Očevidca. Berlin: Stuhr 1905. (40 S.) 8⁰ [o5. 15647

Voskule, Gedeon A. Untersuchung und Vermessung des in der letzten Rückzugsperiode verlassenen Bodens des Hüfi-Gletschers. Diss. Phil. [II.] Univ. Zürich. Mit [Figuren,] einer Karte und 4 Tafeln. ([Sep.-Abdr. aus:] Vierteljahrsschrift d[er] Naturf[orschenden] Ges[ellschaft] Zürich, Jahrg. 49. 1904.) VI S. + S. 40—63. 8. Zürich, Zürcher & Furrer, 1904.

Vöslau, s.: **Woerl's Reisehandbücher.**

Vosmaer, Carel

Vosmaer, Karl, Amazone. Roman. In deutscher, autoris. Uebersetzg. v. Lina Schneider. Mit e. Vorwort v. Geo. Ebers. 8. (XV, 358 S.) Stuttgart 884. Deutsche Verlags-Anstalt. n. 5. —

Vosmar, Karl. Amazone. Roman. In deutscher autoris. Uebersetzg. v. Lina Schneider. Mit e. Vorwort v. Geo. Ebers. 2. Aufl. Wohlf. Ausg. 8. (XV, 358 S.) Stuttg. 891, Deutsche Verlags-Anstalt. * 1 50; geb. * 1 75

Vosmaer, C., Nanno. Eine Idylle in antiker Form. Aus dem Holländ. übertr. v. Anna **Crous**. 12. (100 S.) Hamburg 888. Verlags-Anstalt u. Druckerei, A.-G. n. 1. 50; geb. n. 2. —

Vosmaer, C., Rembrandt, sa vie et ses oeuvres. 2. éd., entièrement refondue et augmentée. Lex.-8. (VIII, 626 S. m. 1 Radirung u. 1 lith. Plan.) Haag 877. Nijhoff. n. 19. —

Vosmaer, G. C. J., Porifera, s. Bronn's, H. G., Klassen und Ordnungen des Thierreichs.

Vosmaer, G. C. J., Spongien [Porifera], s.: **Bronn's,** H. G., Klassen u. Ordnungen d. Thier-Reichs.

Vosmaer, Jac., Institutiones semioticae, ed. a G. J. Mulder. 8 maj. (12¼ B.) Lugduni Batav. 828, Luchtmans, (Lipsiae, Weigel.)

— Disput. chemica de adstringentium natura. 4 maj. Harderovici 807. (Leipz., Weidmann). ...

— observationes de sympathia. 4maj. Harderovici 808. (Leipz., Weidmann).

Vosmeer de Spie, c. Leidenschaft. Roman. Autor. Uebersetzg. aus d. Holl. v. Paul Raché. 8. (VIII, 237 S.) München 895. A. Langen. n. 3. 60

Vošnjak, J., Bericht üb. die am 17. u. 18. Apr. 1884 in Laibach abgeh. Agrar-Enquete. Aus dem Sloven. übers. gr. 8. (88 S.) Laibach 884. (v. Kleinmayr & Bamberg.) n. 1. 20

Vošnjak, J o s i p. Umno kletarstvo. V Celovcu, St. Hermagoras-Druck., 1873. 176 S.

Vosniel, Abram, elementarisch-psychologische Vor- u. Nachschule der Religion, nebst einer allgemeinen u. speciellen Einleitung in die mosaische Religion für Lehrende u. Lernende. Oder: praktische Anleitung zum eigentl. Religionsunterricht in allen vier Schulcursen. 8. Tübingen 838. (Laupp.) n. 2/3 ℛ︎

[Russ.] **Vospominanija** russkich revoljucionerov. Berlin: G. Štejnic (1904). (91 S.) 8°
[Auf d. Umschl.:] Revolutionäre E r i n n e r u n g e n. Des souvenirs révolutionnaires. (Sobranie lučšich russkich proizvedenij. Č. 93.) [04. 606

Voss, Johann Heinrich,

der Freie? Beurtheilung der Vossischen Schrift: »Wie ward Friz Stolberg ein Unfreier?« . . . Amsterdam 1820. V: *Körte, Wilhelm.* (GGr)

Tante Voß mit dem Besen. Missionsblatt zur Bekehrung politischer Heiden. Verlag S. Löwenherz. Vom 25. Juni 1848 ab 6 Nummern. 4.

Voss: Ueber lineare C o m p l e x g e b i l d e. 18 S. Lingen. Progr. 1872.

Voß, Militair-Gesetz-Coder für das preußische Heer, s. M i l i t a i r - G e s e t z - C o d e r.

Voss, der städtische Pflasterwirtschaftsplan. (16 S.) 31×23.5 cm. Berlin (W. 30. Motzstr. 76) 908. Deutscher Städteverlag. 1. 50

Voss, die Schussverletzungen, s.: Schjerning.

Voss, das Strassenreinigungs- u. Müllabfuhrwesen in Elberfeld u. Vorschläge f. e. Neuordnung. (33 S. m. 1 Plan) 4. Leipzig 906. F. Leineweber. n. 3. 50

Die Vollstreckungsthätigkeit des Amtsgerichts mit Ausschluss d. Zwangsvollstreckung in d. unbewegl. Vermögen. Von **Voss**, Amtsger.R. in Bergen a. R. *Berlin: O. Häring 1900.* (IX, 161 S.) 8° [F.]
= Hilfsbücher f. d. gerichtliche Praxis. 1. [01. 10558

Was kann die Volksschule thun, um unserer Landbevölkerung die Heimat lieb zu machen? Vortrag, geh. 1900 zu Velgast von Lehrer **Voss** in Niepars. *Berlin: (Christl. Zeitschriftenver.) 1901.* (22 S.) 8° [F.]
= Zeitfragen. Vaterlands-Verein. No 11. [01. 9236

Voß, A. Bemerkungen zu den zwei ersten Büchern d. Aeneis. 15 S.
Kreuznach, Progr. 1832

Ders. Bemerkungen zu einigen Stellen des Virgil. (Ecl. IX. 6; Aen. I. II—V.) (Randglossen Heinr. Vossens in dem Exemplare der 2. Heyn. Ausgabe des Virgil.) 11 S. .
Kreuznach, Progr. 1838

Voß, A., Blumengärtnerei, s.: Vilmorin.

Voß, A., Elisabeth. Roman. 8. (187 S.) Leipzig 897. Berlin, G. H. Meyer. n. 2. —; geb. n. 3. —

B **Voß**, A., Elisabeth. 897. (KBL 30.) Jetzt: Berlin, Heilbrunn & Co.

Voß, A., Gelegenheitsgedichte und Original-Polterabendscherze. 16. (III, 159 S.) Stralsund 871. Dühr. n. 1. 50

— Grundzüge der Gartenkultur. Wachstumsbedingungen, Bodenbereitg., Anzucht, Schnitt u. Schutz. Gemeinverständlicher Leitfaden f. Unterricht u. Praxis. gr. 8. (VII, 219 S. m. 74 Abbildgn. u. 1 farb. Karte.) Berlin 894. P. Parey. Kart. n. 3. 50

Voß, A., Kochbüchlein f. Haushaltungsschulen, s.: Kramer, H.
Voss, Andr., s.: Gartenrat-Kalender.

Voß, A. Ueber einige Stellen des Horaz. 13. S. (19 St. der Oden, 2 der Epod., 10 der Sat.) . . . .
Kreuznach, Progr. 1827

v. Voß, Graf A., s. Verfassung v. England, über die.

— **Wörterbuch der deutschen Pflanzennamen**, s.: Salomon.

Voß, Abraham, s. B r i e f w e c h s e l zwischen H. Voß u. Jean Paul.

Voß, Abr., († d. 15. Nov. 1847), siehe: Deutschlands Dichterinnen.

Voß, Abraham, s. H o m e r ' s Odyssee.

— s. Homer's sämmtl. Werke.

Voß, Abrah., freie Nachbildung einiger Metamorphosen des Ovid. kl. 8. Mainz 844. Faber. n. 1/2 ℛ︎

Voß, Abraham [Hrsg.], s. V o ß, Heinrich: Briefe.

Voß, Abraham, s. Jh. Hnr. V o ß: Briefe. Dessen Anmerkungen.

Voß, Abrah., s. Jh. Hnr. Voß, Zeitmessung d. Deutschen.

Voss, Alb.: Zum hebräischen Unterricht auf dem Gymnasium. 13 S. Hildesheim G. Jos., Progr. 1872.

Voß, Albert

Voss, Alb. und Gust. Stimming, vorgeschichtliche Alterthümer aus der Mark Brandenburg. Mit einem Vorwort von Rud. Virchow. 24 Lfgn. gr. 4. (X, 32 S. mit 72 Taf. und 1 Fundkarte.) [Brandenburg 886,87, Lunitz.] Berlin, Hugo Spamer. à Lfg. *ℳ 2.50. *

Voss, Alb., u. Gust. Stimming, vorgeschichtliche Alterthümer aus der Mark Brandenburg. Mit e. Vorwort v. Rud. Virchow. (In 24 Lfgn.) 1—18. Lfg. gr. 4. (à 8 Steintaf. m. 55 Bl. Text.) Brandenburg 886. Lunitz. à n. 2. 50

Voss, A., u. G. Stimming, vorgeschichtl. Alterthümer aus der Mark Brandenburg. Mit e. Vorwort v. R. Virchow. 19.—24. (Schluss-)Lfg. gr. 4. (à 3 Steintaf. m. 18 Bl. Erläutergn. u. Text VII u. S. 15—32.) Berlin 890. H. Spamer. à n. 2. 50

Voss, Alb., u. Gust. Stimming. Vorgeschichtliche Alterthümer aus der Mark Brandenburg. Mit e. Vorwort v. Rud. Virchow. 2. (Titel-)Ausg. 24 Lfgn. gr. 4. (XII, 32 S. m. 72 Taf. u. 1 Fundkarte.) Berl. 890, Spamer. à Lfg. * 2 50; * 60 —
In Mappe * 66 —

Voss, A., die Bronceschwerter des königl. Museums zu Berlin, s. Bastian, A.

Voss, Albert Elementare Darstellung der mechanischen Wärmetheorie für Gase. 4 (20 S. u. Fig.). Humboldts-G. *Berlin* 1887 (61).
Progr.

Voss, Alb., elementare Darstellung der mechanischen Wärmetheorie für Gase. gr. 4. (20 S. mit Fig.) Berlin 887, Gaertner's Verlag. *

Voss, Albert [aus Pommern]: Über einen Fall von Diabetes insipidus mit adipositas universalis. . . . Greifswald. Druck v. Julius Abel, 1890; 27 S. 8°
Greifswald, Med. Fak., Inaug.-Diss. v. 21. Mai 1890

Voß, [Albert]: [Gedächtnisrede auf den in der Nacht vom 24. zum 25. Oktober 1903 verstorbenen Professor Dr. Kurt Lilie.] S. 22—24 der Schuln. 4. **Progr.** Humboldt-Gymn. *Berlin* 1904 (62)

Voss, Alb., üb. die mechanischen Grundsätze u. die mathematische Entwickelungsform Newton's in seinem Werke: „philosophiae naturalis principia mathematica". Inaugural-Dissertation. gr. 8. (40 S.) Berlin 875. (Göttingen, Vandenhoeck & Ruprecht.) n. — 80

(A. VOSS), Katalog der Ausstellung prähistorischer und anthropologischer Funde Deutschlands, welche unter dem Protectorate Seiner Kaiserlichen und Königlichen Hoheit des Kronprinzen des deutschen Reiches, in Verbindung mit der XI. allgemeinen Versammlung der deutschen anthropologischen Gesellschaft zu Berlin vom 5. — 21. August 1880 in dem Geschäftsgebäude des Hauses der Abgeordneten stattfindet. Berlin 1880. Druck von C. Berg & v. Holten. 8°.

(A. VOSS), Supplement zu dem Katalog der Ausstellung vorgeschichtlicher und anthropologischer Funde Deutschlands. Berlin 1880. Stuhr'sche Buchhandlung (S. Gerstmann.) 8°.

Voss, Albertus (geb. Fritzow in Pomm. 24. 4. 1837): De lithargyrismo. Berolini (1860). (32 S.) 8°
Berlin, Med. Diss. v. 17. Aug. 1860

(**Voss**, Dr. A., Director.) Merkbuch, Alterthümer aufzugraben und aufzubewahren. Eine Anleitung für das Verfahren bei Aufgrabungen, sowie zum Konserviren vor- und frühgeschichtlicher Alterthümer. Herausgegeben auf Veranlassung des Herrn Ministers der geistlichen, Unterrichts- und Medizinal-Angelegenheiten.
8. Berlin 1888.

Voss, A., d. grosse Silberkessel v. Gundestrup in Jütland, e. mithräisches Denkmal im Norden, s.: Festschrift f. Adf. Bastian.

Voss, Albert, Medizinalprakt.: Ueber angeborene Spaltbildungen der Wirbelsäule. München 1910: Wolf. 22 S. 8°
München, Med. Diss. v. 26. Jan. 1911, Ref. v. Angerer
[Geb. 22. Juni 83 Strelitz i. M.; Wohnort: Arnstadt; Staatsangeh.: Preußen; Vorbildung: Gymn. Neustrelitz Reife M. 04; Studium: Leipzig 1, München 1, Rostock 1, Leipzig 2, München 2, Leipzig 2, München 1 S.; Coll. 26. Jan. 11; Approb. 31. Dez. 10.] [U 11. 3757

Voss, A., s.: Zeitschrift f. Ethnologie.

Voss, Alfons, Arzt aus Amsterdam: Ueber superficielle teleangiektatische Metamorphose der Uteruswand im Puerperium — zugleich ein Beitrag zur pathologischen Anatomie der Placentarstelle. *Würzburg 1901: A. Boegler.* (47 S.) 8°
Würzburg, Med. Diss. v. 1901

Voss, Alfred, aus Zürich: Beiträge zur Kenntnis der Diazosäuren. Zür. J. Schabelitz Dr. 1885. 69 S., 1 Bl. 8°.
Zürich, Phil. Diss. [v. 4. Oct. 1895].

Voß, Andr. Fr., die Blumenzwiebeln. Vollständige Anleitung zum Treiben der Hyacinthen, Tulpen, Crocus, Tazetten, Jonquillen u. Scilla, sowie auch der Garten-Anemone, des Leberblümchens u. der Maiblume. Für Blumenfreunde u. angehende Gärtner. gr. 8. (26 S.) Hildesheim 878. (Leipzig, H. Voigt.) n. — 50

Voss, Arnold, Stabsapotheker: Ueber die Isomerieverhältnisse der Ammoniumbasen des Tetrahydroberberins. Breslau 1908: Fleischmann. 79 S. 8°
Breslau, Phil. Diss. v. 24. Dez. 1908, Ref. Gadamer
[Geb. 27. Febr. 67 Naumburg a. S.; Wohnort: Breslau; Staatsangeh.: Preußen; Vorbildung: Oberrealsch. Hanau Reife M. 04; Studium: Leipzig 4, Breslau 8 S.; Rig. 21. Nov. 08.] [U 09. 638

Voss, Arthur, a. Süderhasted: Über Ringschlüsse in Peri-stellung der Naphthalinreihe. (Berlin 1908: A. W. Schade.) (43 S.) 8°
Berlin, Phil. Fak., Ref. Fischer, Diss. v. 25. Juli 1908
[Geb. 28. Jan. 82 Süderhasted; Wohnort: Berlin; Staatsangeh.: Preußen; Vorbildung: Oberrealsch. Flensburg Reife O. 03; Studium: Heidelberg 5, Berlin 5 S.; Rig. 9. Juli 08.]

Voss, Aurel: Ueber d. Anzahl reeller u. imaginärer Wurzeln höherer Gl. 1869. 8°
Diss. Göttingen.

Voss, A., Beiträge zur Theorie der unendlich kleinen Deformationen e. Fläche. (S. 141—199.) gr. 8. München 904. (G. Franz' Verl.) n. 1. —

— Bemerkungen über die Principien der Mechanik. gr. 8. (S. 167—182.) Ebd. 901. n. — 40
2 Sonderabdrucke a.: „Sitzungsber. d. bayer. Akad. d. Wiss."

Voss, Aurel: Zur Erinnerung an Axel Harnack. Leipzig 1888.

— über diejenigen Flächen, welche durch zwei Scharen v. Kurven konstanter geodätischer Krümmung in infinitesimale Rhomben zerlegt werden. (S. 247—296.) gr. 8. Ebd. 906. n. — 80
Sonderabdruck a.: „Sitzungsber. d. bayer. Akad. d. Wiss."

Voss, A., Karl Friedrich Gauss. Vortrag, geh. zur Feier seines 100jähr. Geburtstages. gr. 8. (28 S.) Darmstadt 877. Diehl's Sort. n. 1. —

Voss, A., über ein energetisches Grundgesetz der Mechanik. gr. 8. (S. 53—62.) München 901. (G. Franz' Verl.) n. —20

Voss, (Aurel), über Krümmung u. konforme Transformation. (S. 77—112.) gr. 8. München 907. G. Franz' Verl. — 60
Sonderabdruck aus: „Sitzungsber. d. bayer. Akad. d. Wiss."

Über Kurvenpaare im Raume. Von A[urel] Voss. München: K. Bayer. Akad. d. Wiss. 1910. 106 S. 8°
(Sitzungsberichte d. Kgl. Bayer. Akad. d. Wiss. Math.-physik. Kl. Jg. 1909, Abh. 19.) [10. 7101 3

— Über Kurvenpaare im Raume, s. „Sitzungsberichte der königl. bayerischen Akademie der Wissenschaften. Mathem.-phys. Kl. 1909. XIX.

— üb. die cogredienten Transformationen e. bilinearen Form in sich selbst. [Aus: „Abhandlgn. d. k. b. Akad. d. Wiss."] gr. 4. (122 S.) Ebd. 890. n.n. 3. 60

— Über das Wesen der Mathematik. Rede, geh. am 11. III. 1908 in der öffentl. Sitzg. der k. bayer. Akademie der Wissenschaften. Erweitert u. m. Anmerkgn. versehen. (98 S.) gr. 8. Leipzig 908. B. G. Teubner. 3. 60

Voss, A., üb. die projective Centralfläche e. algebraischen Fläche u. Ordnung. [Aus: „Abhandlgn. d. k. b. Akad. d. Wiss."] gr. 4. (82 S.) München 887. (Franz' Verl.) n.n. 2. 40

Voß, C., kurze Anleitung zur Veredlung und Pflege der Rosen u. Obstbäume. 3. verm. u. verb. Aufl. 16. (29 S. m. 1 Holzschntaf.) Detmold 872. Meyer. n. — 50

Voß, C., kurze Anleitung zur Veredlung und Pflege der Rosen und Obstbäume. 4. verm. und verb. Aufl. gr. 16. (40 S. mit 1 Stnt.) Detmold 879, Meyer'sche Hofbuchh. *

Voß, C., kurze Anleitung zur Veredlung und Pflege der Rosen und Obstbäume. 5. verm. und verb. Aufl. 8. (40 S. mit 1 Stnt.) Detmold 880, Meyer'sche Hofbuchh. *

Voß, C.: Bericht in Angelegenheit des Thaulow-Museums. (Kiel. 1906.) 4°

Voß, C., Dictirstoffmagazin für einen orthographischen Unterricht von den ersten Schulwochen des Kindes ab nach einer neuen Methode. Ein Hülfsbuch für die Lehrer, welche sich des Verf. Fibel bedienen. gr. 8. (VI und 78 S.) Leipzig 860, Gräbner. *

Voß, C., biblische Geschichten, s.: Hamann, Chr., u. C. Paulsen.

Voss, C.: Das Gleichgewicht des elastischen Kreis-Ring-förmigen Balkens. 1880. 4°
Diss. Kiel.

— wahres Glück. Roman in 2 Bdn. 8. (263 u. 231 S.) Leipzig 888. Friedrich. n. 8. —

Voß, C. v., das Credit-Institut d. kur- u. neumärkischen Ritterschaft in seinem Verhältniß zu d. nichtassociirten Rittergutsbesitzern. gr. 8. (4⅛ B.) Berlin 835, Nicolaische Buchh.

— Orthographie und Lesen vereinigt, von der ersten Schulwoche ab oder Darlegung einer Methode, welche den gesammten Sprachunterricht auf der ersten Stufe in seinen Zweigen naturgemäß vereinigt; zugleich eine Anweisung zum Gebrauche von des Verf. Fibel u. Dictirstoffmagazin. Ebend. 860. gr. 8. (VII, 129 S.) n. 11 ngr.

— das erste Schulbuch des deutschen Kindes oder Fibel zum Schreiblesеunterrichte in Verbindung mit dem vollständigen Unterrichte in der Orthographie nach einem neuen, leichten u. naturgemäßen Verfahren. Ebend. 860. 8. (144 S. m. Holzschn.) n. 3¼ ngr.

Voß, C., leichtfaßlicher Wegweiser f. den bürgerlichen Hausgarten. Praktische Anleitg. zur Anlage u. Pflege desselben, m. besond. Rücksicht auf Gemüse-, Obst u. Blumenzucht. 2. Aufl. Mit 10 Abbildgn. 8. (IV, 63 S.) Detmold 885. Meyer. n. — 75

v. Voss, C.: „Ein paar Worte über das akademische Studium künftiger Cameralisten überhaupt, und meine Vorlesungen über die praktische Cameral- und Finanzverwaltung insbesondere", Halle 1802.

Voß, Camill Alexander, s. Voß, Kamill Alexander

Voß, Carl, s. Voß, Karl

Voß, Chr. Fr.

— d. Glaube d. Christen, in Predigten über d. Evangelien. 2 Thle. 8. Sorau 767—68. Hebold. 1 ℛ 8 𝒢

— auserles. Lieder f. d. Herz. 8. Sorau 759.

Voß, Chr. Fr., Todesbetrachtungen in Grundrissen zu Leichenpredigten, über verschiedene Schriftstellen. 8. Züllich. 771. Frommann in Jena. 14 𝒢

Voss, Christian Andreas (Seehausen/Altm.)
A.S. 269/10

Dissertatio juridica de appellatione rescripto principis remota. Präs. Jakob Brunnemann.
Halle (Gruner) V. 1702. 70 S. 35477

Voss, Christian Andreas (Seehausen/Altm.)
A.S. 746/19

Dissertatio politico-iuridica, de incrementis urbium Germanicarum. Präs. Jakob Brunnemann.
Halle (Gruner) II. 1703. 92 S.

Gew.: Samuel Stryk. 35478

Voss, Christian Andreas (Seehausen/Altm.)
4° Misc. 180ᵛ/8

Dissertatio politico-juridica, de incrementis urbium Germanicarum, Von Wachsthum und Aufnahme der Städte in Teutschland. Präs. Jakob Brunnemann.
Halle (Hendel) 1736. 80 S.

Diss. 25. IV. 1703.
Gew.: Samuel Stryk. 35479

Voß, Christian Daniel

— auserles. Bibliothek d. allgem. Staatswissenschaft, für Staats- u. Geschäftsmänner, Gelehrte u. Freunde dieser Wissenschaft. 2 Bde. gr. 8. Leipz. 794—96. Voß. 3 ℛ

— Blick auf d. Lage Europens beim Wiederausbruche des Kriegs im J. 1803. gr. 8. Rudolst. 804. Hofbuchh. 1 ℛ 8 𝒢

Voß, Christian Daniel, s. Campe'ns Fragmentengeist.

EDUARD. Eine Geschichte (von *Christian Daniel Voss*). 2 Theile. Leipzig, Göschen, 1790—91. 8°. (1⅔ Rthl.)
Kayser p. 29. — Anon.-Lex. II. p. 3 (nach Kayser u. Meusel).

Voß, Chr. Dn., s. Eduard, e. Geschichte.

Voss, C. D.: Einleit. in d. Gesch. u. Lit. d. allg. Staatswissensch. *Leipz.* Th. I. 800. Th. II. 802.

— Episode aus e. alten Ritterepopee. 8. Braunschw. 786.

Voß, Chr. Dn., Europa, beim Anfange des 19n Jahrhund. 1s Stück. Rußland. (A. u. d. T.: Rußland beim Anfange des 19. Jahrhund.) gr. 8. Leipz. 802. Wolf. (Schmidt). 1 ℛ 8 𝒢

Voss, Christian Daniel. Der allgemeine Friede beim Anfange des neunzehnten Jahrhunderts. Ein Nachtrag zu dem Geiste der merkwürdigsten Bündnisse und Friedensschlüsse des achtzehnten. (2 Theile.) Leipzig und Gera 1803—1804.

— Geist d. merkwürd. Bündnisse u. Friedensschlüsse des 18. u. 19. Jahrhund., mit besond. Rücksicht auf die Theilnahme d. deutschen Reichs u. d. Preuß. Monarchie an denselben. 5 Thle. 8. Gera 801—4. Heinsius. 7 ℛ 4 𝒢 4r u. 5r Thl. A. u. d. T.: Der allgemeine Friede beim Anfang des 19. Jahrhund. 2 Bde. 8. Ebd. 803, 4. 3 ℛ

Voss, Chr. Dan.: Geist d. merkwürd. Bündnisse u. Friedensschlüsse d. 18. Jahrh., mit besond. Rücks. auf d. Theilnahme d. deutschen Reichs u. d. preuss. Monarchie an denselben. 5 Thle. *Gera*, **Heinsins. 801—4. 8. (7 Thl. 4 Gr.) 4. u. 5. Th. a. u. d. T.: Geist d. merkwürd. Bündnisse u. Friedensschlüsse d. 19. Jahrh. — A. u. d. T.: Der allg. Friede am Anf. d. 19. Jahrh. 2 Thle. 803. 4. (3 Thl.)**

Voss, Chr. D. Historische Gemälde. I. II. Heinrich VIII., König von England. 2 Bde. 8. Leipzig 1792.

— histor. Gemälde. 1r bis 4r Versuch. 8. Leipz. 792, 93. Weidmann. (1r, 2r Versuch. A. u. d. T.: Heinrich der VIII. König von England u. seine Familie. 2 Bde. 1r, 1 Thlr. 16 gr. 2r, 1 Thlr. 20 gr. 3r, A. u. d. T.: Eduard VI. u. seine Vormünder. 1 Thlr. 16 gr. 4r, A. u. d. T.: Maria, Englands Monarchin. 1 Thlr. 20 gr.) 7 Thlr.

— Geschichte Helvetiens, s. A. K. E. Mangelsdorf, allgem. Geschichte der Europäischen Staaten. 17s Heft.

— Geschichte Helvetiens bis auf d. jetzige Zeit. 8. Halle 805, ist Verl. v. Reinicke u. C.

— Geschichte des deutschen Reichs bis auf die jetzige Zeit. 4 Bde. s. A. K. E. Mangelsdorf, allgemeine Geschichte d. Europäischen Staaten. 13s—16s Heft.

Voß, (Ch. D.,) Geschichte d. deutschen Reichs bis auf die jetzige Zeit. 4 Bde. 8. Halle 804, ist Verl. v. Reinicke u. C.

[Voß, Christian Daniel:] Geschichte der englischen Revolution bis zur Hinrichtung König Karls des Ersten. Berlin. 1797. 8°
Vgl. Geschichte ...

— Geschichte d. Stuarte a. d. engl. Throne. 4 Thle. 8. Lpz. Weidmann. 794—96. (I. 2 Rthlr. 4 gr. II. III. à 1 Rthlr. 20 gr. IV. u. d. Tit. Regierungsgesch. und Ende Karls I. Königs v. England, nach d. bewährt. Schriftstellern neu bearb. 1 Rthlr. 20 gr.)

— Geschichte d. Stuarte auf d. Engl. Throne. 4 Thle. 8. Leipz. 794—97. Weidmann. 7 Thlr. 16 gr. (4r A. u. d. T.: Regierungsgeschichte u. Ende Karls I. Königs von England, nach den bewährt. Schriftstellern neu bearbeitet. 1 Thlr. 20 gr.)

Voß, Chr. Dn., († d. 27. April 1821.) Grundriß e. vorbereit. Anthropologie. 8. Halle 791. Waisenh.=B. 8 gr.

— Grundriß der neueren Europäischen Staatengeschichte. 8. Halle 801. Schwetschke u. S. 1 Thlr. 4 gr.

— Handbuch d. neuesten Staatengeschichte Europens, für denkende Beobachter der Geschichte des Tages. 8. Halle 794. Waisenh.=B. 1 Thlr. 12 gr.

— Handbuch d. allgemeinen Staatswissenschaft, nach Schlözers Grundriß bearbeitet. 6 Thle. gr. 8. Leipz. 796—802. Weidmann. 9 Thlr. 20 gr. (5r u. 6r Thl. A. u. d. T.: Einleit. in die Geschichte der Literatur der Staatswissenschaft im Alterthume. 2 Bde. 2 Thlr. 20 gr.)

Voß, Christian Daniel, s. J. C. F. Heinzelmann: Blicke.

— das Jahrhundert d. Aufklärung. 1r bis 5r Thl., s. D. H. Stöver, Jahrhundert. 4r bis 8r Thl.

— d. Jahrhundert Napoleons I. seinen Haupt Momenten nach. 8. Ebend. 810.

Voss, C. D. Das Jahrhundert Napoleons des Ersten, seinen Haupt-Momenten nach. 8. Amsterdam und Leipzig 1811.

— Frankreichs 2 Jahrhunderte, s. unten Parallelen.

— Frankreichs 2. Jahrhunderte 2 Thle. (a. unt. d. Tit. Parallelen 2 Thle.) 8. Amsterdam, K. u. Ind. Compt. 808 u. 10. (à 1 Rthlr. 16 gr.) 3 8

Voß, Christian Daniel, s. Kosmopolit.

— von d. dreifachen Kraft der Dichtkunst. 8. Helmst. 782.

— Mittheilungen aus d. neuen preuß. Städteordnung z. vorläufigen Belehrung über das, was zunächst bei Einführung derselben zu wissen nöthig ist. 8. Halle 816. (Reinicke u. C.) 2 gr.

Voß, Chr. Dan., Mittheilungen aus der neuen preuß. Städteordnung zur vorläufigen Belehrung über das, was zunächst bey Einführung derselben zu wissen nöthig ist. 8. Halle, Ruff. 816.

— Parallelen. 1r Bd. 8. Amsterd. 809. A. u. d. T.: Die beiden Jahrhunderte Frankreichs. 2r Bd. A. u. d. T.: Das Jahrh. Napoleons. 8. Ebd. 811. Brockhaus in Leipz. 3 Thlr. 16 gr.

— Rußland beim Anfange d. 19. Jahrh. Handbuch zum Unterricht u. zur Selbstbelehrung in d. Staatenkunde, für Freunde dieser Wissenschaft. 1r Bd. Geographie u. Staatsverfassung. gr. 8. Leipz. 814. Hinrichs. 1 Thlr. 8 gr. 2r Bd. (enth. d. Staatsverwaltung u. Staatskräfte.) Auch u. d. T.: Rußland beim Ausbruche d. Kriegs mit Frankreichs im J. 1812. gr. 8. Ebd. 814. 1 Thlr. 12 gr., (s. auch oben: Europa).

— über d. Schicksale d. deutschen Reichsstaatsverfassung. 8. Leipz. 802. Tauchnitz. 1 Thlr. 8 gr.

— vergleichende Tafel der Staaten u. Regenten Deutschlands nach dem Basler Frieden 1795, d. Entschädigungsrecesse 1803, u. d. Friedenschlüssen von Preßburg u. Tilsit 1805 u. 1807. gr. Fol. Leipz. 808. Mittler. 4 gr.

— historisch-statistische Uebersicht d. merkwürd. europ. Staaten, aus d. Gesichtspunkte d. allgemeinen Staatszweckes. 8. Halle 795. Schwetschke u. S. 1 Thlr.

— Versuch über d. Erziehung für den Staat als Bedürfniß unserer Zeit zur Beförderung des Bürgerwohls u. d. Regenten-Sicherheit. 2 Bde. 8. Leipz. 799, 800. Hartknoch. 2 Thlr. 16 gr. Schrbp. 3 Thlr.

— die Zeiten, oder Archiv für d. neueste Staatsgeschichte u. Politik. 1r u. 2r Jahrg. zu 12 Stücken, für d. J. 1805 u. 6. Mit Kpf. gr. 8. Rudolst., Hofbuchh. 16 Thlr. 3r—16r Jahrg. f. d. J. 1807 bis 20. gr. 8. Leipz., (Mittler). (à 8 Thlr.) 112 Thlr.

— die Zeiten, od. Archiv f. d. neueste Staatengeschichte u. Politik. 8r—12r Jahrg. f. die J. 1812—16. gr. 8. Leipz. Mittler. (à 8 Rthlr.)

Voß, Christoph

Voß, Chrph., widerlegte Entschuldigungen der Sünden, mit J. G. Walchs Vorrede. 2 Thle. 4. Hamburg. Hertel. 735—36.

Voß, Detlef

Voß, D., Beitrag zur Critik der für die Stadt Flensburg erlassenen Wechselordnung. gr. 8. Kiel 845, Bünsow. 1/2 Thlr.

[Voß, Detlef:] Das Commissionsbedenken über die Successionsverhältnisse des Herzogthums Schleswig, die Kieler Kritik desselben und Karl Samwer's staatsrechtliche Untersuchung: Die Vorgänge des Jahres 1721. Altona. 1847. 8⁰

Voß, die in d. Stadt Altona gelt. dänisch-norweg. Wechsel-Ordnung v. J. 1681, neu aus d. Urtexte übers. u. nebst d. später hinzugekomm. besond. Verfügungen, mit Anmerkn. begleitet. gr. 8. (12½ B.) Altona 836, Hammerich.

Voss, E. Bewegung eines schweren Punktes auf der Fläche eines geraden Kegels und eines Rotationsparaboloids. 44 S. u. 2 Taf.
Progr. Rg. *Schwerin* 1878.

Voss, E., Selbst-Unterricht in der Buchführung besonders der doppelten ital. Buchführung, m. Eingangs-Faktura, Ausgangs-Faktura, Kassabuch, Memorial, Reskontro, Journal, Hauptbuch, Bilanzbuch in 9 Heften. (Einbd.: Buchführungs-Unterrichts-Mappe. Lehrbuch m. 8 durchgeführten Geschäftsbüchern.) (45, 4, 5, 9, 12, 16, 11, 13 u. 8 S.) 8. Rostock (907). C. Hinstorff's Buchdr. Geb. in Leinw. 4. —

Voss, Eduard [Oberl. Prof.]: Die Natur in der Dichtung des Horaz. Bonn, Hauptmann'sche Buchdr., 1889; S. 3—26; 4⁰
Münstereifel, k. G, OP 1889 (424)

Voss, Ed. Die Natur in der Dichtung d. Horaz. 8. (47 S.) Düsseld. 889, Voss u. Comp. * 1 —

Voss, Ed. De τέχη thucydidea. 12 S. Progr. G. *Düsseldorf* 1879.

Voss, Elisab., vom Glück. (68 S.) 8. Strassburg 910. J. Singer. 1. 50

Voß, Elisabeth, Haideblume. Novelle. 8. (168 S.) Hamburg 883. Oemler. n. 2. —; geb. n. 2. 80

Voß, Elisabeth, Haideblume. Novelle. 8. Hamburg 883. Braunschweig, Grüneberg's Buchh. * 2 —

Voß, Elisabeth, Haideblume. Novelle. 2. Aufl. 8. (III, 165 S.) Braunschweig 892. H. Wollermann. n. 2. —; geb. n. 2. 80

Voß, Elisab., Heideblume. Novelle. 3. Aufl. Mit Abbildgn. v. H. Barmführ. 8. (184 S.) Braunschweig 903. H. Wollermann. n. 2. —; geb. in Leinw. n. 3. —

— Der Weg zum Glück. (79 S.) 8. Ebd. 910. 1. 50

Voss, Erich von: Das angeblich von Rāmānuja verfaßte Vedāntatattvasāra. Mit einer Einleitung und Anmerkungen herausgegeben und ins Deutsche übertragen. Leipzig 1906: G. Kreysing. (XII, 62 S.) 8⁰
Leipzig, Phil. Fak., Ref. Windisch-Brugmann, Diss. v. 29. Okt. 1906
[Geb. 29. Nov. 80 Fellin in Livland; Wohnort: St. Petersburg; Staatsangeh.: Rußland; Vorbildung: St. Annen-Gymn. Petersburg Reife Mai 99; Studium: Dorpat 5, Leipzig 3 S.; Rig. 26. Juni 06.]

Aufsätze v. Ernestine Voß [geb. Boie]. 3. Ausg. Düsseldorf. 1854. 8⁰

Voß, Ernestine, üb. Charakterbildung. gr. 8. (35 S.) Wesel 890. (Bagel's Sort.) — 60

[F.] Ueber Charakterbildung. Von Ernestine Voss, Lehrerin in Hamminkeln b. Wesel. *Wesel: Comm.-V. v. A. Bagel; (Gedr. b. L. Voss & C. in Düsseldorf) 1897.* (35 S.) 1 Bd 8. [97. 4843

Voss, Ernst *Karl Johann Heinrich* [aus Bützow]: Der Genitiv bei Thomas Murner ... Leipzig, G. Fock, 1895; IV, 73 S. 8.
Leipzig, Phil. Fak., Inaug.-Diss. v. [10. Sept.] 1895

Voss, Ernst Ludw., Beiträge zur Klimatologie der südlichen Staaten v. Brasilien, s. a. Petermann's, A., Mitteilungen aus Justus Perthes' geographischer Anstalt. 145. Erg.-Hft.

Beiträge zur Klimatologie der südlichen Staaten von Brasilien. Von Ernst Ludwig Voß zu Rostock i. M. Mit Karte. *Gotha: J. Perthes 1903 (1904).* (IV, 48 S.) 4⁰
= Mitteilungen, Petermanns, aus J. Perthes' Geogr. Anstalt. Erg.H. No 145. [04. 4713

Voß, Ernst Ludwig, a. Rostock: Die Niederschlagsverhältnisse von Südamerika. Rostock 1905: C. Boldt. (35 S.) 4⁰
¶(Teil der Arbeit.)
Rostock, Phil. Fak., Ref. Fitzner, Diss. v. 3. Aug. 1905
[Geb. 1. Jan. 80 Lübeck; Wohnort: Rostock; Staatsangeh.: Preußen; Vorbildung: Oberrealsch. Pforzheim Reife Juni 04; Studium: Rostock 3, Straßburg 2, Rostock 2 S.; Rig. 31. Juli 05.]

Die Niederschlagsverhältnisse von Südamerika. Von Ernst Ludwig Voß. Mit 19 Karten auf 2 Taf. Gotha: J. Perthes 1907. (IV, 59 S.) 4⁰
= Mitteilungen, Petermann's, aus J. Perthes' Geogr. Anstalt. Erg.H. No 157. [07. 12201

Voss, Ernst Ludw., die Niederschlagsverhältnisse v. Südamerika, s. a. Petermann's, A., Mitteilungen aus Justus Perthes' geographischer Anstalt. 157. Erg.-Heft.

Voß, Esther Gräfin v., 12 Monate in e. Blumengarten. (VII, 147 S. m. 13 Taf.) 8. Wismar 910. Hinstorff's Verl. Geb. in Leinw. 5. —

Voß, Eugen

Voss, Eug., Bilderpflege. Ein Handbuch f. Bilderbesitzer. Die Behandlg. der Oelbilder, Bilderschäden, deren Ursache, Vermeidung u. Beseitigg. gr. 8. (V, 75 S. m. Fig., 13 Lichtdr.-Taf. u. 1 Bl. Erklärgn.) Berlin 899. C. A. Schwetschke & Sohn. Kart. n. 4. —

(B) Voss, Eug., Bilderpflege. 899. (KBL 32.) Jetzt: Leipzig, K. W. Hiersemann.

Voss, Eug., Rubens' eigenhändiges Original der hl. Familie (la vierge au perroquet) in Antwerpen. (12 S. m. 7 Abbildgn.) gr. 4. Berlin 903. [C. A. Schwetschke & Sohn.] Leipzig, K. W. Hiersemann. n. 1. —

Trauer-Rede gehalten in der St. Joh.-Loge „Tempel des Friedens" zu Stettin am 12. März 1882 von E[ug.] v. Voss. Auf Verlangen der Bbr. als Ms. gedr. Stettin [1882]: Rédei. 11 S. 8⁰ [Umschlagtit.]
Thema: Lerne sterben, um ewig zu leben! 3.58.

Voß, F., Kultur der Blumenzwiebeln im freien Lande nach Berliner Methode. Für Gärtner und Gartenbesitzer nach Erfahrung und prakt. Anschauung bearb. Arnsberg 853. Grote. 8. (4 Bl., 48 S.) n. 10 ngr.

Voß, Ferdinand: Die Beziehungen des Grossen Kurfürsten zu Stadt und Stift Essen. Essen-Ruhr (1908): Fredebeul & Koenen. (64 S.) 8⁰ [F.]
Münster, Phil. Fak., Ref. Spannagel, Diss. v. 18. April 1908
[Geb. 16. Jan. 66 Herdringen; Wohnort: Borbeck; Staatsangeh.: Preußen; Vorbildung: Gymn. Arnsberg Reife O. 86; Studium: Münster 9 S.; Rig. 29. Febr. 08.]

Voß, Ferdinand: Die Beziehungen des Großen Kurfürsten zu Stadt und Stift Essen. Essen-Ruhr 1908: Fredebeul & Koenen. 64 S. 8° ¶ [Erschien zuerst als Diss. phil. Münster 1908.]
Borbeck, G OP 1908 (563) [S 08. 504

Voß, Fr., Thusnelde, oder der Ritter mit dem goldnen Sporn. Schspl. 8. Gera 788. Rothe. 10 gr

Voß, Franz, aus Lüneburg: Über colloidale **Silbersalze.** *Erlangen 1903: E. Th. Jacob.* (63 S.) 8°
Erlangen, Phil. Diss. v. 22. Juli 1903

Voss, Frid. (Guil.) (geb. Herford 1822): De menstruatione. Berolini (1846). (32 S.) 8°
Berlin, Med. Diss. v. 20. Apr. 1846

Voß, Friedrich, a. Düsseldorf: Über die Muskulatur des Thorax von Gryllus domesticus. ⟨Ein Beitrag zur vergleichenden Anatomie des Insektenleibes.⟩ Mit 2 Schematabellen und 17 Fig. im Text. Leipzig: W. Engelmann 1905. (124 S.) 8° ¶ (Aus: Zeitschr. f. wiss. Zoologie, Bd 78, H. 3.)
Göttingen, Phil. Fak., Ref. Ehlers, Diss. v. 16. Febr. 1905
Geb. 19. Aug. 77 Düsseldorf; Wohnort: Düsseldorf; Staatsangeh.: Preußen; Vorbildung: Kgl. Gymn. Düsseldorf Reife O. 96; Studium: Göttingen 6, München 2, Göttingen 8 S.; Rig. 22. Febr. 04.]

Voss, F., die Verletzungen der Arteria **mammaria interna.** Ein Beitrag zu den Gefässverletzungen. gr. 8. (94 S.) Dorpat 884, (Karow — Krüger.)

Voß, Friedrich Wilhelm

Kurzgefaßte Anweisung, wie die Pharmacopoea castrensis Borussica in den königl.-preuß. Feldlazarethen auf das vortheilhafteste in Krankheiten zu benutzen sey. Von Friedrich Wilhelm Voß. Breßlau, Hirschberg & Lissa in Südpr.: Korn 1796. 108 S. 8°

— **Anweis. wie die Pharmacopoea castrensis Borussia aufs vortheilhafteste zu benutzen.** 8. Bresl. 796. (Maurers. B. in Berl.) 6 gr

Medicinische Beobachtungen und Erfahrungen aus den südpreußischen königlichen Feldlazarethen. Nebst e. bes. Anh. Über die so allgemein verschrieene bösartige, ansteckende Krankheit in ganz Südpreussen (Über die Faulfieber u. über die ansteckenden Kranckheiten überhaupt, die in ganz Süd-Preussen sollen geherrscht haben). Verf. von F[riedrich] W[ilhelm] Voß. Breßlau, Hirschberg & Lissa: Korn 1796. 70 S. 8°

Voß, F(riedrich) W(ilhelm): Medicinische Beobachtungen und Erfahrungen aus den Südpreußischen Königlichen Feldlazarethen. Nebst einem besonderen Anhange über die so allgemein verschrieene bösartige, ansteckende Krankheit in ganz Südpreußen. 150 S., gbd.

Breßlau, Hirschberg u.Lissa: Korn 1796

Voß, Fr. Wlh., medicin. Beobachtungen u. Erfahrungen aus d. Südpreußischen Feldlazarethen. gr. 8. Bresl. 797. J. F. Korn. 5 gr

Voss, Friedrich Wilhelm (Stendal) U. S. Halle 1769/1

Dissertatio iuridica de expensis criminalibus in processu inquisitionis. Präs. Philipp Jakob Heisler. Halle (Stephani) 27. X. 1769. 44 S.

Gew.: Philipp Joseph von Iariges, Karl Joseph Frhr. von Fürst und Kupferberg.
W. v.: Präs., Konrad Höting (Opp.)-

35480

Voss, Friedrich Wilhelm (Stendal) A. S. 170/10

Dissertatio iuridica de expensis criminalibus in processu inquisitionis.
Präs. Philipp Jakob Heisler.
Halle (Hendel) 1777. 44 S.

Diss. 27. X. 1769.
W. v.: Präs. 35481

Voss, Fr. G., De insania. 20 pp. Fref. ad V. 4°. *Hufeland*, J. 1797, V, 908.

1793

Voß, Fritz

Voss F., d. Beizen u Färben d. Holzes i. mod. Farben. (51 S. 34 T.) Dusseldorf (1903)

Voss, Fritz, das **Beizen** u. Färben d. Holzes in modernen Farben. Ein Hand- u. Hilfsbuch zum Gebrauche für Tischler, Drechsler, Bildhauer, Klavier- u. Pianofortefabriken, sowie f. Architekten, Zeichner, Techniker u. kunstgewerbl. Schulen. Mit 160 Beizrezepten u. 136 Farbenproben auf 34 Taf. (XI, 51 S.) gr. 8. Düsseldorf (904). F. Wolfrum. n. 4. 50

— **allerlei Haus- u. andere Türen,** Wandvertäfelungen etc. etc. im modernen, englischen, Louis XVI.- u. Empire-Stil. Orig.-Entwürfe, enth. Haus-, Zimmer-, Ladeneingangstüren, Tore, Flurabschlüsse, Vestibül-, Pendel- u. Schiebetüren, Wandbekleidgn. etc. in einfachster wie reichster Ausführg. Zum prakt. Gebrauch f. Tischler, Architekten, Baugeschäfte, Fachschulen etc. Mit erläut. Text u. Preisberechngn. 4 Lfgn. (40 farb. Taf. u. 20 Detailbog.) gr. Fol. Nebst Text. (18 S.) gr. 4. Düsseldorf 904. [F. Wolfrum.] Leipzig, Baumgärtner's Buchh. n. 40. —; in Mappe n. 45. —

Voss F., Allerlei Haus- und andere Turen, Wandvertäfelungen etc. im modernen, englischen, Louis XVI.- u Empirestil. (40 T. fol u 20 Det.) Imp. Düsseldorf (1905)

Voss, Fritz, 5 Küchen-Einrichtungen, s.: Möbel-Mappe, neue. I, 4.

— **Küchen-Möbel.** 10 Küchen-Einrichtgn. in moderner Ausstattg. 30 (z. Tl. farb.) Taf., Vorlagen u. 10 Detailbog. Fol. Mit Text. (4 S.) 4. Ravensburg (906). O. Maier. In Mappe n. 21. —

Voß, Fritz von, Kgl. preuß. Kammergerichtsreferendar a. D.: Die kombinierte Vertretungsform der §§ 125,3 und 232,2 H.G.B., eine Abart der Gesamtprokura. Rostock 1906: C. Boldt. (108 S.) 8°
Rostock, Jur. Fak., Ref. Lehmann, Diss. v. 1. März 1907
[Geb. 21. Aug. 83 Berlin; Wohnort: Berlin; Staatsangeh.: Preußen u. Mecklenburg; Vorbildung: Kgl. Pädagogium Putbus Reife O. 02; Studium: Cambridge 1, Bonn 3, Berlin 3 S.; Rig. 31. Mai 06.]

Voss, G. Neuester Grundriss der Stadt Leipzig. 1814. 1 Bl. K.

Voß, Georg

Voss, Geo., Andreas Achenbach. [Aus: „Die graph. Künste".] Fol. (20 S. m. 19 Abb. u. 5 Taf.) Wien 896. Gesellschaft f. vervielfältig. Kunst. n. 10. —

Voss, G., s.: Bau- u. Kunst-Denkmäler Thüringens.

Voss, Geo., klinische Beiträge zur Lehre v. der Hysterie. Nach Beobachtgn. aus dem Nordwesten Russlands. (IV, 300 S.) gr. 8. Jena 909. G. Fischer. 6. —

— Bilder aus der brandenburg-preußischen Geschichte, s.: Chodowiecki, Dan.

Voß, Geo. Die Entscheidung üb. die Entwürfe zum National-Denkmal f. Kaiser Wilhelm. Dem deutschen Reichstage als Denkschrift überreicht. 1. u. 2. Aufl. gr. 8. (56 S.) Berl. 889, Fontane. * 1 —

— s.: Entscheidungen, wichtige, auf dem Gebiete der gerichtlichen Psychiatrie.

Erlebnisse und Gedanken eines Russischen Militärarztes 1904-1905 von Dr. med. G. v. Voß. Leipzig: G. Schlemminger (1905). (102 S.) 8° [J.] [06. 8817

Voß, G. v., Erlebnisse u. Gedanken e. russischen Militärarztes 1904—1905. (102 S.) gr. 8. Leipzig (906). G. Schlemminger. n. 2. —

— d. Frauen in d. Kunst, s.: Existenzkampf, der, d. Frau im modernen Leben, Hft. 8.

Voss, Georg. Das jüngste Gericht in der bildenden Kunst des frühen Mittelalters. Eine kunstgeschichtliche Untersuchung. (Beiträge zur Kunstgeschichte, herausgegeben von E. A. Seemann, No. VIII.) Leipzig 1884. 8°.

Voss, G., das jüngste Gericht in der bildenden Kunst des frühen Mittelalters, s. Beiträge zur Kunstgeschichte.

— Grabdenkmäler in Berlin u. Potsdam. Aus der Zeit der Neubelebg. des antiken Stils Ende des 18. u. Anfang des 19. Jahrh. (30 Lichtdr.-Taf. m. VII. S. Text.) 4. Berlin (905). O. Baumgärtel. In Mappe n. 15. —

Voss G. Grabdenkmäler in Berlin und Potsdam aus der Zeit der Neubelebung des antiken Stils Ende des 18. u Anfang d. 19. Jahrhunderts (30 T) 4° Berlin (1910)

Der Hypnotismus, sein Wesen, s. Handhabung u. Bedeutung f. d. prakt. Arzt. Von G. v. Voss. Halle a. S.: C. Marhold 1907. (40 S.) 8° = Sammlung zwangloser Abhandlungen aus d. Geb. d. Nerven- u. Geisteskrankheiten. Bd 7, H. 7. [07. 9143

— s.: Kalender, Berliner.

— s.: Kalender, Thüringer.

Voss, Geo., Lieder eines Toten, von seinem einzigen Freunde V. (96 S.) 8. Leipzig 905. Modernes Verlagsbureau. n. 2. —; geb. n. 3. —

— s.: Meisterwerke der Kunst aus Sachsen u. Thüringen.

Voss, Geo., die Sage vom Herzog Ernst unter dem Einflusse Wolframs v. Eschenbach. gr. 4. (38 S.) Colmar 886. (Leipzig, Fock.) *

Voss, Georg von: Ueber die Schwankungen der geistigen Arbeitsleistung. Mit 1 Fig. im Text. *Leipzig: W. Engelmann 1898.* (55 S.) 8° ¶(Aus: Psycholog. Arbeiten, Bd 2, H. 3.) Heidelberg, Med. Diss. v. [15. Sept.] 1898

Voß, Georg, Prof. Dr.: Christoph Stummel ⟨Stymmelius⟩. Sein Leben u. seine Werke. (T. 2.) *Aachen 1902: Aachener Verl.- u. Druckerei-Ges.* (S. 3—34.) 4° ¶(Schluß d. P-Beil. 1899.) Aachen, k. Kaiser-Wilhelms-G, OP 1902 (473)

Voss, Georg, Prof. Dr.: Christoph Stummel: Studentes, comoedia de vita studiosorum. ⟨Neu-Abdr.⟩ (T. 1.) *Aachen 1899: C. H. Georgi.* (S. 3—41.) 4° [Umschlagt.] Aachen, k. Kaiser-Wilhelms-G, OP 1899 (448)

Voss, Georgivs [Sedinensis]: De versibvs anapaesticis Plavtinis. Lipsiae, typis B. G. Tevbneri, 1881. 4. 18 S.

Voss, Georg: Die Wandgemälde der Kirche zu Dahlem bei Berlin. Ein Beitrag zur Kunstgeschichte des Mittelalters in der Mark Brandenburg. (S.-A. a. d. „Jahrb. d. Königl. Preuss. Kunstsammlungen", 1894.) Berlin 1894. 4°

Voss, Gerhard [aus Königsberg]: Beiträge zur Kenntnis der ameisensauren Salze .... Königsberg, Ostpreuss. Zeit.- u. Verl.-Druck., 1887; 2 Bl. + 46 S. 8°.
Königsberg, Phil. Fak., Inaug.-Diss. v. 4. Apr. 1887.

Voss, Gerhard, Beiträge zur Kenntniss der ameisensäuren Salze. Diss. Königsberg i. Pr. 1887, Graefe & Unzer. 8°. 46 S.

Voss, Gerhard, a. Dorpat in Livland: Über die Legierungen des Nickels mit Zinn, Blei, Thallium, Wismut, Chrom, Magnesium, Zink und Cadmium. Hamburg u. Leipzig: L. Voss 1908. (40 S., 6 Taf.) 8° ¶(Aus: Zeitschrift f. anorgan. Chemie Bd 57.)
Göttingen, Phil. Fak., Ref. Tammann, Diss. v. 5. Febr. 1908
[Geb. 4. Juli 80 Koddafer (Livland); Wohnort: Koddafer; Staatsangeh.: Rußland; Vorbildung: Wiedemanns-Gymn. St. Petersburg Reife O. 00; Studium: Dorpat 8, Göttingen 4 S.; Rig. 4. Dez. 07.]

Voß, Gerhard Johann

Voss, Ger. Io., Aristarchus sive de arte grammatica lib. VII. Ps. I. et II. 4maj. Halis Sax., libr. Orphanotrophei.
Ps. I. Lib. I—III. Ed. Car. Foertsch. (68 B.) 833. 3 Thlr. 12 Gr.
- II. - IV. V. Ed. Frider. Aug. Eckstein. (49 B.) 834. 2 Thlr. 20 Gr.

Voss, Ger. Jo., elementa Rhetorices. 8. Leyd. 818. Luchtmans. 6 gl

Voss. Gerh. Ioh., latina grammatica, 8. Amsterdam. 707.

— Grammatica latina contracta. 8. Leyd. ... Luchtmans. ..

Voss, Gerard. Io., de historicis graecis libr. III. Auctiores et emend. ed. Ant. Westermann. 8maj. (34½ B.) Lipsiae 838, libr. Dyk.

— de historicis graecis et latinis c. supplement. I. A. Fabricii. 4. Hamb. 709.

— Rhetorices contractae, sive partitionum oratoriarum lib. V. accesserunt tabulae synopticae M. I. Thomasii. 8. Lips. Weidmann. 742.

— Rhetorica contracta. 8. Leyd. 780. Luchtmans. 20 gl

Voß, Gottfried

Voß, Gottfr., die rationelle Kaninchenzucht. Kurze u. leichtfaßl. Anleitg. zu e. einträgl. Nebenverdienst u. zur Beschaffg. v. billigem Fleisch. (47 S. m. Abbildgn.) gr. 8. Wien 907. (Graz, P. Cieslar.) nn 1. —

Voß, H., Gretchen. Eine Erzählg. f. die liebe Jugend. gr. 16. (24 S.) Mülheim a/R. 887. Buchhandlg. des evang. Vereinshauses. n. — 10

Voss, H., über d. Satz „periculum est emtoris". E. krit. Versuch. gr. 8. (76 S.) Hamburg 898. (Leipzig, Buchh. G. Fock. n. 2. —

Voß, H., geometr. Zeichnenlehre zum Selbstunterricht f. Handwerker, so wie zum Gebr. in Gewerbeschulen. I. Abth.: Ebnenzeichnung. (Abgedr. aus d. „Werkstatt.") gr. 8. (72 S.) Hamburg 847, Verlags-Comptoir. n. 8 ngl

— Figurentafeln hierzu. qu. gr. 4. (12 lith. Taf.) Ebd. 847. n. 12 ngr

Voß, Hans, Geschichte der Volksschule Mecklenburg-Schwerins. Im Auftrage u. unter Mitwirkg. e. Vereinigg. v. Schweriner Lehrern nach den Quellen bearb. gr. 8. (VIII, 392 S.) Schwerin i/M. 893. Bärensprung'sche Hofbuchdr. n. 4. —

Gesellen-Katechismus. 63 Fragen und Antworten für den 2. Grad der Freimaurerei. Zsgest. von **Harry Voss.** Mit Grossmstrschaftl. Genehmigung hrsg. Frankfurt a. M.: Selbstverl. d. Loge „Z. e[wigen] B[unde] [1907]. 8 S. 8° [Umschlagtit.] **193.**

Meister-Katechismus. 66 Fragen und Erklärungen für den III. Grad der Freimaurerei, zsgest. von **Harry Voss.** Mit Grossmstrschaft. Genehmigung hrsg. [Frankfurt a. M.]: Selbstverl. d. L. „Zum ewigen Bund" [1907]. 12 S. 8° [Umschlagtit.] **193.**

Voß, Heinr. v., die Ahnen des Reußischen Hauses mit besonderer Rücksicht auf Weida u. die Voigtswürde, ein Beitrag zur vaterländischen Geschichte u. Staatsverfassung. gr. 8. (91 S.) Lobenstein 882. Teich. n. 1. 20

Voss, Heinrich (Bearb.), s. Aristophanes: Lustspiele.

Voß, Heinrich (Bearb.), s. Aeschylus.

— Briefe, herausgeg. von Abraham Voß. I. Briefwechsel mit J. Paul. 8. Heidelberg 833. Winter. 2/3 Rthl — II. A. u. d. T.: Mittheilungen über Göthe und Schiller. — Briefe an Christian v. Truchseß. gr. 12. Ebd. 834. 5/6 Rthl — III. Aus dem Leben von Heinrich Voß. — Briefe an Verschiedene. — Ernstes u. Heiteres aus dem Nachlaß. gr. 12. Ebd. 838. 2/3 Rthl

Voß, Heinr., Briefwechsel mit Jean Paul, s. u. Briefwechsel.
[Dieser Briefwechsel hat auch den Nebentitel: Briefe v. Heinr. Voß, hrsg. v. Abr. Voß. I. erhalten.]

***Voss,* Hnr., Curarum Aeschylearum spec. I. 4. Heidelb. 812. Mohr. 12 gr**

Voß, Heinr., praktische Elementar-Gesangschule zum Gebrauch in Schulen u. Singvereinen. Nach method. Grundsätzen bearb. gr. 8. (IV, 71 S.) Hamburg 877. Nolte. cart. n. 1. 20

[F.] Goethe und Schiller in Briefen v. Heinrich **Voss** dem jüngeren. Briefauszüge in Tagebuchform zeitl. geord. u. m. Erläut. hrsg. v. Dr. Hans Gerhard Gräf. M. H. Voss' Bildn. *Leipzig: Ph. Reclam jun. (1895).* (191 S.) 1 Bd 8.
= Universal-Bibliothek. [No] 3581. 3582. [97. 283

Voß, Heinr., Goethe u. Schiller in persönl. Verkehre. Nach briefl. Mitteilgn. M. Einleitg. u. Erläutergn. neu hrsg. v. Geo. Berlit. 8. (X, 250 S.) Stuttgart 895. J. G. Cotta Nachf. n. 3. —

Voß, Heinrich, Arzt a. Plau i. M.: Zur Kasuistik der Intoxikationspsychosen. Hildesheim 1907: A. Lax. (20 S.) 8°
Rostock, Med. Fak., Ref. Schuchardt, Diss. v. 31. Mai 1907
[Geb. 29. Nov. 78 Plau i. M.; Wohnort: Plau; Staatsangeh.: Mecklenburg; Vorbildung: Domsch. Güstrow Reife M. 00; Studium: München 4, Berlin 1, Kiel 3, Rostock 3 S.; Coll. 29. Juni 06; Approb. 31. Juli 06.]

Voß, Heinr., d. kleine Katechismus Dr. Martin Luthers, m. Bibel- u. Denksprüchen, bibl. Beispielen u. Liederversen vers. Zugl. Material f. e. anschaul. u. praktisch-erbaul. Auslegg. d. 5 Hauptstücke. 2., verb. Aufl. gr. 8. (116 S.) Breslau 896. F. Hirt. n. — 80

Voß, Heinr., Lehrplan f. ungetheilte Volksschulen m. einem Lehrer. Auf Grund der ministeriellen „Allgemeinen Bestimmgn. vom 15. Octbr. 1872" u. unter besond. Berücksicht. der lüneburg. Landschule entworfen. gr. 8. (43 S.) Lüneburg 873. Engel. n. — 80

— deutscher Liederhain. Eine Sammlung lieblicher Lieder in Worten u. Weisen für Volks-, Mittel- u. Töchterschulen. 1—3. Hft. 8. Hannover 877. Helwing's Verl. n.n. 1. 25
1. Für Unterklassen. (60 S.) n.n. — 25
2. Für Mittelklassen. (142 S.) n. — 50
3. Für Oberklassen. (120 S.) n. — 50

Voß, Hnr. , Materialien zu sokratischen Unterhaltungen über Gegenstände d. Naturbeschreibung für Eltern, Schullehrer rc. gr. 8. Glückst. 808. (Altona, Hammerich). 16 gr

Voß, Hnr. , Materialien rc. hat Joachim in Leipzig.

Voß, Heinr., s.: Monatsblatt d. evangel. Lehrerbundes

— Notae in Theocritum. 4. Ibid. 813. 14 gr

— Raumlehre f. die Oberstufe der Volksschulen, wie auch f. Präparanden-Anstalten. Gegründet auf die Principien der Anschaug., der Entwickelg. u. der pract. Anwendbarkeit, u. bearb. nach Maßgabe der ministeriellen „Allgemeinen Bestimmgn." vom 15. Octbr. 1872. Mit vielen Uebungs-Aufgaben u. 96 in den Text gedr. Fig. (in Holzschn.) gr. 8. (86 S.) Ebend. 874. n. — 85

— Raumlehre für die Oberstufe der Volksschulen, wie auch für Präparanden-Anstalten. Antworten. gr. 8. (11 S.) Lüneburg 877. Engel. n.n. — 50

— Spruchbuch. Die 5 Hauptstücke des kleinen Luther'schen Katechismus mit biblischen Beispielen, Sprüchen u. Liederversen versehen. gr. 8. (IV, 99 S.) Hamburg 877. Nolte. n. — 80

— Fr. Aug. Wolf, der Metriker, nebst einem Worte v. J. H. Voß. (Aus d. Heidelb. Jahrb. besonders abgedruckt). gr. 8. Heidelb. 816. Mohr. 6 gr

Voß, H., Fr. Aug. Wolf der Metriker, nebst einem Worte v. J. H. Voß. (Aus den Heidelb. Jahrb. besond. abgedr.) gr. 8. Heidelberg, Mohr u. Winter. 817. — 3

Voß, Heinrich August, Referendar in Hamburg: Die Konversion des Rechtsgeschäfts BGB. § 140. Ein Beitrag zur Lehre vom Rechtsgeschäft. Rostock 1905: H. Winterberg. (62 S.) 8° [F.]
Rostock, Jur. Fak., Ref. Matthiaß, Diss. v. 24. Dez. 1905
[Geb. 6. Okt. 79 Hamburg; Wohnort: Rostock; Staatsangeh.: Preußen; Vorbildung: Gymn. Johanneum Lüneburg Reife O. 00; Studium: Göttingen 2, Rostock 4 S.; Rig. 29. März 04.]

Voss, Heinz, s.: Silhouetten, literarische.

Voß, Hermann, Referendar beim Amtsgericht in Reinbek i. Holst.: Die **accessio** possessionis bei der Ersitzung. *Rostock 1903: C. Hinstorff.* (103 S.) 8° [F. u. Ant.]
Rostock, Jur. Diss. v. [15. März] 1903

Albrecht Altdorfer und Wolf Huber. Von Hermann **Voss**. Mit 160 Abb. auf 63 Taf. Leipzig: Klinkhardt & Biermann (1910). 40 S. 4°(8°)
(Meister d. Graphik. Bd 3.) [10. 16070

Voß, Hermann, a. Lüneburg: Ueber Wolf Huber als Maler und einige Meister des Donaustiles. Leipzig [1907]: E. Herrmann sr. (60 S.) 8°
Heidelberg, Phil. Fak., Ref. Thode, Diss. v. 15. Juli 1907
[Geb. 30. Juli 84 Lüneburg; Wohnort: Stralsund; Staatsangeh.: Preußen; Vorbildung: Gymn. Lüneburg, Stralsund Reife O. 03; Studium: Heidelberg 3, Berlin 1, Heidelberg 3 S.; Rig. 19. Dez. 06.]

— s.: Kalkmann's, Aug., nachgelassenes Werk.

Magdeburgs Kohlenhandel einst und jetzt. Eine Studie von Hermann **Voß**. Magdeburg: Heinrichshofen in Komm. 1904. (113 S.) 8°
= Handelskammer zu Magdeburg. Sonderberichte über einzelne Geschäftszweige. H. 2. [05. 10325 3

Voß, Herm., Rechtshandbuch f. deutsche Frauen. (87 S.) gr. 8. Kiel 903. (Stettin, H. Peters.) n. 1. 50

Voss, Hermann, Referendar in Neuwied: Der **Schadensersatzanspruch** aus § 823 Abs. 2 des Bürgerlichen Gesetzbuches. *Berlin 1901: W. Pilz.* (32 S.) 8° [J.]
Freiburg i. B., Rechts- u. staatswiss. Diss. v. 1901

Der Ursprung des Donaustiles. Ein Stück Entwicklungsgeschichte deutscher Malerei von Hermann **Voss**. Mit 30 Abb. Leipzig: K. W. Hiersemann 1907. (222 S.) 4°(8°)
Ein T. erschien als Heidelberger Inaug.-Diss.
= **Monographien**, Kunstgeschichtliche. 7. [07. 9645

Voß, J. die Nordseeinsel Spiekeroog u. das dortige Seebad. 8. (VI u. 39 S.) Aurich 850, Prätorius & Seyde. 1/6 Thlr.

Voß, J. H., Heine Nielsens Erfahrungen, erzählt. (545 S. m. 1 Abb.) 8. Leipzig 910. Modernes Verlagsbureau. 5.—; geb. 6. 50

Voß, J. H.: Heine Nielsens E r f a h r u n g e n. Berlin-Leipzig: C. Wigand 1910. 545 S. 8°

Voss J H, Meisterschafts-System der Zuschneidekunst. 2 Bde 4° Hamburg 1892

Voss, Jakob (Hamburg) A. S. 759/21

Dissertatio juridica inauguralis, de distinctione bonorum, ad constit. elect. Sax. 14. part. 3.
Präs. Heinrich Cocceius.
Frankfurt/O. I. 1708. 32 S. 35483

Voß, Joach., von de Waterkant. Plattdütsche humorist. Gedichte un allerhand Geschichten. 8. (167 S.) Bielefeld (901). A. Helmich. n. 2. 25; geb. n. 3. —

Voß, J[ohannes]: Chronikartige B e s c h r e i b u n g der Insel Fehmarn. Th. 1, Burg a. F. 1889; Th. 2, ebd. 1891. 8°

Chronik des Kirchspiels **Wacken**, hrsg. in Verbindung mit Friedrich Schröder, Pastor in Wacken, von Johannes **Voß**, Lehrer in Burg a. F. Burg a. F. & Wacken 1903: H. H. Nölke, Bordesholm. (VII, 174 S.) 8° [05. 21518

Voß, Johannes u. K. Jessel: Die Insel F e h m a r n. Ein Beitrag zur Heimatskunde für Schule und Haus. Burg a. F. 1898. 8°

de Voss, Johannes [Referendar in Hamburg]: Die rechtliche Stellung des Binnenschiffers zum Schiffseigner. '(Nach d. Binnenschifffahrtsgesetz v. 15. Juni 1895.)' ... Göttingen, Druck d. Dieterichschen Univ.-Buchdr., 1895; 42 S. 8.
Göttingen, Jur. Fak., Inaug.-Diss. v. [10. Jan.] 1896

Voss, Johann Brandan (Helmstedt) A. S. 1206/23

Disquisitio sollemnis de cruditatibus ventriculi.
Präs. Brandan Meibom.
Helmstedt (Schnorr) XI. 1735. 36 S.

W. v.: August Karl Joseph Fhr. von Wolzogen (Opp.), B. H. Meibom (Opp.), J. H. Meibom (Opp.), J. C. Schencken (Opp.). 35484

Voß, Joh. Fr., Einleitung in die biblisch-theologische Lehre vom Leben oder das Leben im Kampfe und Siege wider die Todesmächte. Ein Beitrag zur schriftgemäßen Begründung des Giftbegriffs dargestellt. gr. 8. (VIII und 204 S.) Schreiberhau 858. (Breslau, Dülfer.) *

Voß, J. F., der Himmel auf Erden. Weihe d. Andacht zur Tröstung im Leben u. zum Frieden d. Seele. gr. 16. (15 B. u. Holzschn.) Berlin 831, Vereins-Buchh.

Voß, J. F., die Irrlichter. Episches Fragment. Zum Besten der Mission. gr. 8. Berlin 845. (Wohlgemuth.) n. 1/12 Thlr.

—— die Noth der Zeit. Ein Denkmal ders. (Gedicht.) gr. 8. (3¼ B. u. 2 Vign.) Berlin 832, (Vereins-Buchh.)

Voß, Johann Heinrich

— **Biographie**, s.: H e r b s t, W.

V o s s, J. H., Abriß meiner Lebensgeschichte. Rudolst. 818. 8.

Voß, Johann Heinrich, s. d'A l e m b e r t: Versuch.

Voss, Joh. Heinr., A n m e r k u n g e n u. **Randglossen zu Griechen u. Römern**. Hrsg. v. Abrah. **Voss**. gr. 8. (19 B.) Leipzig 838, Müller.

Antisymbolik. Von J[oh.] Heinr. Voss. [T. 1.] 2. Stuttgart: Metzler 1824. 8°
[1.] 408 S., 2. 460 S.
Kl. 3866. KB.

Voß, Jh. Hnr. , († d. 29. März 1826.) Antisymbolik. 1r u. 2r Thl. gr. 8. Stuttg. 824 — 26. Metzler. 1r Thl. 2 Thlr. 6 Gr. 2 Thl. 2 Thlr. 12 Gr. 4 Thlr. 18 Gr.

— **Anweisung, die Kartoffeln in bedeutender Menge, auf einer kleinen Fläche mit wenigem Dünger zu erzeugen ꝛc. Nebst e. Anh. über d. technische Anwendung dieser treffl. Früchte zu Stärke, Syrup, Rum ꝛc. 8. Elberf. 818. (Schönian). 6 Gr.**

Voß, J. H. (Hrsg.), s. A r a t u s: Sternerscheinungen u. Wetterzeichen.

Voss, Johann Heinrich (Hrsg.), s. A r i s t o p h a n e s: Lustspiele.

Voß, Johann Heinrich (Bearb.), s. A e s c h y l u s: Werke.

Voß, Jh. Hnr. (Schullehrer), freimüthige aber wahrhafte Bemerkungen über den Schulstand u. was demselben Noth thut. gr. 8. Barmen 819. (Elberf., Schönian). 8 Gr.

— Bestätigung der Stollberg. Umtriebe, nebst einem Anhange über persönliche Verhältnisse. gr. 8. Stuttg. 820. Metzler. 21 Gr.

— Beurtheilung des neuen Lehrplans für d. sämmtl. Baier. Mittelschulen, mit Vorr. u. Anmerkk. herausg. v. J. A. B***. 8. Landsh. 805. Krüll. 6 ℊ

Voß, Johann Heinrich, s. Blackwell: Untersuchung.

Voss, Joh. Heinr., krit. Blätter, nebst geograf. Abhandln. 2 Bde. 8. Stuttgart 828, Metzler. [1. (37 B.) 3 Thlr., 2. (28½ B. u. d. Hesiodische Welt-Taf.) 2 Thlr. 18 Gr.]

— krit. Blätter, nebst geograph. Abhandlungen. 2 Bde. 8. Stuttg. 828, 29. Metzler. 5 rß 18 ℊ

—— Briefe nebst erläuternden Beiln., hrsg. v. Abr. Voß. 3 Bde. (od. 4 Abthln.) 8. Halberstadt. [Leipzig, Weinedel.] [1. (21½ B.) 829., 2. (25½ B.) 830. à 1 Thlr. 8 Gr., 3. 1. (15 B.) 831., 2. (22½ B.) 833. à 1 Thlr.] 4 Thlr. 16 Gr., zusamm. gen. nur

Voß, Johann Heinrich: Briefe nebst erläuternden Beilagen hrgg. v. Abraham Voß. 8°
Bd. 1 2. Halberstadt. 1829 30. Bd. 3, Abth. 1 2. ebd. 1832 33.

—– Briefe nebst erläut. Beilagen, hrsg. v. Abr. Voß. 3 Bde. 2., unveränd. Ausg. 8. (69¼ B.) Leipzig 840, Weinedel. *

— mythologische Briefe. 2 Thle. gr. 8. Königsb. 794. Nicolovius. 1 rß 20 ℊ 2e Aufl. 1r—3r Bd. gr. 8. Stuttg. 827. Metzler. 6 rß 16 ℊ 4r u. 5r Bd. A. u. d. T.: Mytholog. Forschungen aus d. Nachlasse zusammengestellt u. herausg. von H. G. Brzoska. 2 Bde. gr. 8. Leipz. 833. Lehnhold. 2 rß 12 ℊ

Voss, Joh. Hein., mytholog. Briefe. 4. u. 5. Bd. — A. u. d. T.: Mytholog. Forschungen aus d. Nachlasse d. Joh. Heinr. Voss, zusammengest. u. hrsg. v. H. G. Brzoska. 2 Bde. 8. (27 B.) Leipzig 834, Lehnhold. Thlr.
1—3. Bd. Stuttgart, Metzler. 1827. 5 Thlr. 16 Gr.

— üb. Gleims Briefsammlung u. letzten Willen, angehängt e. Brief v. J. H. Jacobi. gr. 8. Heidelberg, Mohr u. Z. 807. — 6
Velinpap. — 10

— über Gleims Briefsammlung u. letzten Willen; angehängt e. Brief von J. H. Jacobi. gr. 8. Heidelb. 807. Winter. 6 ℊ Velinp. 10 ℊ

— s. Briefwechsel zwischen H. Voß u. Jean Paul.

Voß, Johann Heinrich, s. R. Chandler: Reise.

— commentarios Virgilianos, in latinum sermonem conversos, censurae proponit Thdr. Fr. Gf. Reinhardt. 4maj. Rudolst. 822. Hofbuchh. 4 ℊ

— commentarii Virgiliani. In latin. sermonem convertit Thdr. Fr. Gf. Reinhardt. Pars I. sive Eclogae I—V., cum commentario. P. II. sive Eclogae VI—X. cum commentario et tabula de lapide expressa. 8. Rudolst. 832—35. Hofbuchh. 2 rß

—– Commentarii Virgiliani. In latinum sermonem convertit Theod. Frid. Gdfr. Reinhardt. Ps. I. et II. sive Eclogae I—X. c. comment. (Wohlf. Ausg.) 8. (32⅛ B. u. 1 Stnt.) Lipsiae (835) 837, Brockhaus et Avenarius. *

— Commentarii Virgiliani. In Latinum sermonem convertit Theod. Frid. Godofr. Reinhardt. Pars I et II. Sive Eclogae I—X. cum commentario, et tabula de lapide expressa. (Wohlfeile Ausg.) 8. Lipsiae et Parisiis 838. Brockhaus et Avenarius. 1⅓ rß

—— Commentarius nonae eclogae Virgilianae in sermonem latin. speciminis loco conversus a P. Petersenio et J. Freudenbergio. 4maj. (3 B.) Crucenaci 831, (Kehr; Confluentiae, Baedeker.)

— Dispositiones fr. 1786 gehaltenen Sonntagspredigten. 8. Stade 786.

— über d. Pestalozzische Elementarbildungsmethode u. ihre Anwendbarkeit in Elementarschulen; nebst e. Wörtchen an Mütter, denen ihre allerheiligste Pflicht am Herzen liegt. Mit Musik u. Gesanglehre. 8. Siegen 810.

— über die Pestalozzische Elementarmethode und ihre Anwendbarkeit in Militärschulen rc. Mit Musik. 8. Siegen 810. Müller. (Rein in Leipz.) 18 ℊ

Voss, J. H.: „Die deutschen Flechten und Moosarten als gesunde Nahrungsmittel, nicht blos für die Zeit der Noth, sondern für immer", Elberfeld 1817 (Schönian).

— d. deutschen Flechten- oder Moosarten als gesunde Nahrungsmittel, nicht blos für d. Zeit d. Noth, sondern für immer rc. 8. (Leipz. 817. Joachim in Comm.) 2 ℊ

Mythologische Forschungen. Aus dem Nachlaß des Johann Heinrich Voß. Zsgst. u. hrsg. von H[einrich] G[ustav] Brzoska. Bd. 1. 2. — Leipzig: Lehnhold 1834. 8°
(Voß: Mytholog. Briefe. Bd. 4. 5.)

Voß, Joh. Heinr., der 70. Geburtstag, s. Volksbibliothek des Lahrer Hinkenden Boten.

Der siebzigste Geburtstag von J[ohann] H[einrich] Voss. (Berlin: F. Schulze [1905].) (16 S.) 8° [Umschlagt. Text stenogr.]
= Zehnpfennigbücher, Schulzes. No 41. [06. 1807]

Voss, Joh. Heinr., der 70. Geburtstag, s. a. Schulze's Zehnpfennigbücher. Nr. 41.

— Gedichte. 2 Thle. 8. Hamb. u. Königsb. 785—95. Nicolovius. 1 rß 16 ℊ Schrbp. 2 rß 8 ℊ

— Gedichte. 8. Marb. 794. Krieger. 1 rß 12 ℊ

Voß, Johann Heinrich: Gedichte. Bd. 1 2. Frankfurt und Leipzig. 1796. 8°

— Lyrische Gedichte, mit latein. Lettern. 4 Thle. (Der sämmtl. Gedichte 2r—6r Thl.) 8. Königsb. 802. (Leipz., Müller.) 2 rß Schrbp. 3 rß

— Lyrische Gedichte 5 Thle. (ist d. sämmtl. Gedichte 2r—6r.) 8. Königsb. Nicolovius. 802.

— sämmtliche Gedichte. 7 Thle. 8. Königsb. 802. (J. Müller in Leipz.) (I. Luise. II. Idyllen. III — VI. Lyrische Gedichte. VII. Zeitmessung der deutschen Sprache.) 6 rß 12 ℊ Mit Kpf. auf Postp. 8 rß, mit Kpf. auf Velinp. 20 rß

— sämmtl. Gedichte. Auswahl d. letzten Hand. 4 Bde. gr. 12. Königsb. 825. (J. Müller in Leipz.) 2 rß 16 ℊ Schrbp. 3 rß 8 ℊ Velinp. 5 rß

Voß, Johann Heinrich: Sämmtliche Gedichte. Auswahl der letzten Hand. Bd. 1–4. Leipzig. 1833. 8°

—— sämmtl. Gedichte. Supplementbd. — A. u. d. T.: Joh. Heinr. Voß. Nach seinem Leben u. Wirken dargest. v. Heinr. Doering. gr. 12. (11 B.) Weimar 834. [Leipzig, Böhme.]
Dess. „sämmtl. Gedichte. Auswahl letzter Hand." 4 Bde. gr. 12. Königsberg 1825. [Leipzig, Müller.] 2 Thlr. 16 Gr., Schrbp. 3 Thlr. 8 Gr., Vlnp. 5 Thlr.

— sammtl. Gedichte. Supplementband. A. u. d. T.: Johann Heinrich Voß. Nach seinem Leben und Wirken dargestellt von Heinr. Döring. gr. 12. Weimar 834 Hoffmann. 7 gß

— vermischte Gedichte, oder Knospen meiner Muße ꝛc. 8. Siegen 810. Müller. (Rein in Rein.) 16 K

— Geschichte der Deutschen für Schulen u. den Selbstunterricht. 8. Elberf. 817. Schaub. 18 K

Voß, Johann Heinrich: Ueber G ö t z und Ramler. Kritische Briefe. Mannheim: Schwan u. G. 1809. 8°

Voß, Joh. Heinr., Hesiods Werke u. Orpheus d. Argonaut. s. Hesiodus.

Voß, Johann Heinrich, s. L. A. C. H ö l t y : Gedichte.

Voß, Joh. Heinr., Homer's Ilias. gr. 16. (390 S.) Berlin 879. Hempel. geb. n. 1. 80

Voß, J. H., Homers Ilias. Deutsche Übersetzung. 8°. (XX, 517 S.) geb. K 12.—
..ien: Konegen 1903.

— Homer's Odyssee. gr. 16. (298 S.) Ebend. 879. geb. n. 1. 80

— s.a. Homerus.

— d. Q. Fl. Horatius Werke. 2 Thle. s. Horatius.

Voß, Joh. Heinr., Idyllen. — Lieder. — Luise, s.: Hempel's Klassiker-Bibliothek.

—— Idyllen, s. Museum.

— Idyllen, mit latein. Lettern. 8. Königsb. 801. (J. Müller in Leipz.) Schrbp. 1 ß 4 K Prachtausg.

Voß, Johann Heinrich: I d y l l e n . (Mit 1 Titelkpfr.) Wien. 1801. 8°

— Idyllen. 8. Königsb. Nicolovius. 802. Rthlr. Holland. Pap.

— Idyllen. Ausg. d. letzten Hand, mit deutschen Lettern. 16. Königsb. 823. (J. Müller in Leipz.) 12 K Schrbp. 16 K

— Idyllen. gr. 16. (112 S.) geb. n. — 80
Bln.: Hempel 1879.

Voß, Joh. Heinr., ausgewählte Idyllen und Lieder, s. Universal-Bibliothek Nr. 2332.

Voß, Jh. Hnr. († d. 5. April 1820.) drei Casualpredigten. 8. Stade 780.

— von d. dreifachen Kraft der Dichtkunst. 8. Dessau 783. Gelehrt. Buchh. 4 K

[Lied.] Zum Jahresschluss. [Unterz.:] [Joh. Heinr.?] Voss. [Hamburg] o. J. 1 Bl. 8° [Kopftit.]
Ohne Noten. „Das Jahr ist hingeschwunden, . . .“ 193.

Voß, Johann Heinrich, s. L i e d e r b u c h . Schleswig-Holsteinisches.

Vossii, J. H., Loisa idyllion. Latine vertit B. G. Fischer cum textu germanico. Stuttg. 819. 8. 1 rthlr.

— Loisa, idyllion tribus eclogis absolutum latine vertit B. C. Fischer; mit deutschem Text zur Seite. gr. 8. Stuttg. 820. Metzler. 1 ß

— Luise, s.: Bibliothek der Gesamt-Litteratur d. In- u. Auslandes.

—— Luise — Idylle, s. Bibliothek der deutschen National-literatur des 18. und 19. Jahrh.

— dasselbe, s.: Dichtungen, klassische deutsche, m. kurzen Erläuterungen f. Schule u. Haus.

— dasselbe u. der 70. Geburtstag, s.: Freytag's Schulausgaben klassischer Werke f. den deutschen Unterricht

—— dass. — s. Hausbibliothek deutscher Classiker.

— dasselbe, s.: Hesse's, Max, Volksbücherei.

— dasselbe, s.: Meyer's Volksbücher.

— dasselbe. s.: Museum.

— — s. Universal-Bibliothek.

— dasselbe, s.: Universal-Bibliothek der Gabelsbergerschen Stenographie.

— dasselbe u. Idyllen, s.: Volksbibliothek, Cotta'sche.

— Luise; ein ländl. Gedicht in 3 Idyllen. 12. Königsb. 795. 2e A. 8. 798. 3e A. 800. 4e A. 802. (J. Müller in Leipz.) 16 K Schrbp. 1 ß Velinp. 2 ß 12 K

— Luise, e. ländl. Gedicht. Vollendete Ausgabe. 8. Tübing. 807. v. Cotta. 1 ß 12 K

Voß, Joh. Heinrich, Luise, ein ländliches Gedicht in 3 Idyllen, mit K. 2te Aufl. 8. Königsb. Nicolovius. 812.
groß Schreibp.
klein Velinp.
klein Schreibp.
Druckp. ohne K.

— — dass. in Taschenform. mit 4 Kupf. Ebend. 811. Velinp.

— Louise, ein ländl. Gedicht in 3 Idyllen. Auswahl d. letzten Hand. Mit deutsch. Lettern. 16. Königsb. 823, Universit.-Buchh. 16 gr. Schreibp. 1 Rthl. — Mit Vign. Velinp. geb.

Voß, Jh. Hnr. , Luise, ein ländl. Gedicht in 3 Idyllen. Auswahl der letzten Hand, mit deutschen Lettern. 16. Königsb. 823. a. 826. (J. Müller in Leipz.) 16 K Schrbp. 1 ß

— dass. in 8. Ebd. (Ebd.) mit latein. Lettern. 823. 1 ß Mit Vign. Schrbp. 1 ß 16 K Velinp. 2 ß 12 K Prachtausg. 3 ß 8 K

—— Luise. Ein ländl. Gedicht in drei Idyllen. Ausgabe letzter Hand. 16. (14¼ B.) Leipzig 837, Müller.

— dass. Prachtausg. 8. (13³/₄ B. u. 4 Stahlst. auf chin. Pap.) Ebds. 837. Blnp geb. m. Goldschn.
Mit 5 Stahlst. Fol. in Mappe

— dass. 8. (13³/₄ B. u. 4 Stahlst.) Ebds. 838. Blnp. geb.

— dass. 16. (14 B. u. 1 Stahlst.) Ebds. 840. Blnp. m. Goldschn.

Voß, Joh. Heinr., Luise. Ein ländliches Gedicht in drei Idyllen. Ausg. letzter Hand. Leipzig 864. Müller. 16. (222 S. u. 1 Stahlst.) 1 ₰

Voß, Johann Heinrich: Luise. Ein ländliches Gedicht in 3 Idyllen. Auswahl der letzten Hand. Berlin. 1867. 8⁰

— dass. — Mit Zeichnungen von Paul Thumann, in Holz geschnitten von R. Brend'amour. 8. Berlin 868, Grote'sche Verlagsh. geb. * M 2.; mit Goldschn. * geb. in rother Lnwd. mit Goldschn. *

Voß, Joh. Heinr., Luise. Ein ländl. Gedicht in 3 Idyllen. Mit Angabe der früheren Fassungen und Lesarten, vervollständigten Anmerkungen und Einleitung. 16. (157 S.) Leipzig 868, Dyk'sche Buchh. *

Voß, Joh. Heinr., Luise. Ein ländl. Gedicht in 3 Idyllen Diamantausg. Mit Zeichngn. nach Paul Thumann, in Holz geschn. v. Klitzsch u. Rochlitzer. 32. (VI, 75 S. m. eingedr. Holzschn. u. 6 Holzschntaf.) Berlin 872. Grote. n. 1. —; geb. m. Goldschn. n. 1. 75

— dass. — Diamantausg. Mit Zeichnungen nach Paul Thumann, in Holz geschn. von Klitzsch und Rochlitzer. 1.—3. Aufl. 32. (VI, 75 S. mit eingedr. Holzschn. und 6 Holzschntaf.) Ebendas. 872—75. geb. mit Goldschn. (* M 1,75.) *

— Luise. Ein ländliches Gedicht in drei Idyllen. gr. 16. (100 S.) Berlin 879. Hempel. geb. n. — 80

— dasselbe. Mit sechs Bildern von Arth. Frhr. v. Ramberg u. Paul Thumann, nach den Orig.-Oelgemälden in Lichtdr. hergestellt von Römmler u. Jonas. Mit Ornamentstücken von G. Rehlender. Imp.-4. (88 S.) Berlin 882. Grote. geb. m. Goldschn. n. 12. —

— Luise. Ein ländliches Gedicht in drei Idyllen. Mit Zeichnungen von Paul Thumann, in Holz geschn. von R. Brend'amour. 2. Aufl. 8. (XX, 106 S.) Berlin 884, Grote'sche Verlagsh. geb. * M 2.; in Renaissance-Einbd. *

— Luise. Ein ländl. Gedicht in 3 Idyllen. gr. 16. (160 S.) Leipzig 889. Fock. geb. m. Goldschn. n. 1. —

Voß, Joh. Heinr., Louise. Ein ländl. Gedicht in 3 Idyllen. Mit Zeichngn. v. Paul Thumann, in Holz geschn. v. R. Brend'amour. 3. Aufl. 8. (XX, 106 S.) Berlin 891. G. Grote. Geb. in Leinw. n. 2. —

— dasselbe. Mit 6 Bildern von Arth. Frhr. v. Ramberg u. Paul Thumann u. Ornamentstücken v. G. Rehlender. 19. u. 20. Taus. gr. 4. (88 S.) Ebd. 892. Geb. in Leinw. m. Goldschn. n. 12. —

— dass. — 16. (75 S.) Lpz. 892, Versandt-Bureau (Fiedler). geb. m. Goldschn. * — 60

— dasselbe. 16. (196 S.) Ebd. 894. Geb. m. Goldschn. n. 1. 20

Voß, Johann Heinrich, Luise. Für den Schulgebrauch herausgegeben von Ludwig Zürn. 8. (102 S.) Geb. — .30
Prag: Tempsky 1894.

— Luise. Mit 6 Bildern von Arth. Frhr. v. Ramberg u. Paul Thumann u. Ornamentstücken von G. Rehlender. 23. Taus. (88 S.) Imp.-4. Berlin 903. G. Grote. Geb. in Leinw. m. Goldschn. n. 12. —

Luise. Ein ländl. Gedicht in 3 Idyllen von Johann Heinrich **Voß**. Textausw. mit Einl. u. Anm. von Dr. Franz Prosch. Leipzig: B. G. Teubner [1907]. (45 S.) 8° [F.]
(Graesers Schulausgaben klassischer Werke.) [07. 10430

Voß, Joh. Heinr., Luise, hrsg. v. Frz. Prosch, s. a. Graeser's Schulausgaben klassischer Werke.

Luise. Ein ländl. Gedicht in 3 Idyllen. Von Johann Heinrich **Voß**. Mit einl. u. erl. Bemerkungen von Dr. M[ax] Gorges. Paderborn: F. Schöningh [1908]. (70 S.) 8° [F.]
= **Textausgaben**, Schöninghs, alter u. neuer Schriftsteller. 51. [08. 1350

— dasselbe, hrsg. v. M. Gorges, s. a. Schöningh's, Ferd., Textausgaben alter u. neuer Schriftsteller.

— — u. M. Voß, der Magnetismus und meine Fortdauer, nebst Angabe der Dispositionen ɔc. 8. Elberfeld, (Büschler.) 819. — 8

— s. a. der Magnetismus und meine Fortdauer.

Voß, Jh. Hnr., der Magnetismus als Wirkung der höchsten Naturkraft, oder Geist und Materie bilden keinen Gegenstand ɔc. Mit e. Vorr. v. Karl Renard. 12. Kölln 819. Rommerskirchen. 12 gr

— Musenalmanach ɔc. s. a. Musenalmanach.

— Musenalmanach oder poëtische Blumenlese für die Jahre 1776 bis 1796. Mit Kpf. u. Mus. 18. Lauenb. u. Hamb., Bohn. (Petersen in Altenb.) (à 12 gr) 10 ₰ 12 gr Derselbe für d. Jahre 1797 u. 98. 8. Hamb., Bohn. (à 1 ₰) 2 ₰

— letzter Musenalmanach für 1800. Mit Musik. 12. Neustrelitz, Albanus. 1 ₰ 12 gr

Voß, Jh. Hnr., s. a. Nacht, tausend u. eine.

— Tausend u. eine Nacht. 4 Thle. 8. Berl. 809—11. (Curths). 5 ₰ 8 gr

Voss, J. H.: „Noth- und Hülfsbüchlein für das Mangeljahr 1817 und seine Nachfolger", Elberfeld o. J. (1818). — Vorh.: Preuß. Staatsbibliothek Berlin.

— Noth- u. Hülfsbüchlein f. Mangeljahre. 8. Elberf. 817. (Leipz., Joachim.) 6 gr

Voss, J. H.: „Noth- und Hülfsbüchlein für Mangeljahre", Elberfeld 1818 (Leipzig; Lit. Centr. Compt.).

— Ovids Verwandlungen, s. Ovidius.

— gegen Perthes. 1e u. 2e Abweisung einer mystischen Injurienklage. gr. 8. Stuttg. 822. Metzler. à 6 gr 12 gr

Voß, Johann Heinrich, s. Shaftsbury: Philosoph. Werke.

Voß, Jh. Hnr., s. Shakspeare, Schauspiele.

— Theokritos Bion u. Moschos, s. Theocritus.

— Albius Tibullus u. Lygdamus, s. Tibullus.

Voss, J[oh.] H[einr.]: Tischlied. E. Abdr. f. Freunde. Hamburg: 1783. 4 S. 8°
[Merzdorf, Th.: Geschichte d. Frmrlogen i. Herzogthume Oldenburg. 1852 S. 73.]

— über d. Virgilischen Landgedichts Ton u. Auslegung. 8. Altona 791. Hammerich. 10 gr

— J. H., Ueb. des Vergil. Landgedichts Ton u. Auslegung. 1791. 142 S.

— Uebersetzungen des Aristophanes, Virgil u. Horaz. Prachtausg. in 8 Bänden. gr. 8. Braunschw. 821. Vieweg. Velinp. cart. 25 Rthlr

— sämmtl. Uebersetzungen d. klassis. Dichter d. Griechen. 4 Bde. (enth. d. Homer Ilias u. Odyssee.) 8. Ebend. 807. 4 16
Velinpap. 7 16

— sämmtliche Uebersetzungen d. klassischen Dichter der Römer 1r u. 2r Thl. (enthält d. Horaz.) gr. 8. Cöln, Verlags Buchhandlung. 806. 2 16
Velinpap. 3 12

— Virgils 4te Ekloge — Virgils ländliche Gedichte. 4. Bde. — Virgils Werke. 3. Bde. s. Vergilius.

Voß, Johann Heinrich, s. Vergilius: Georgicon.

— e. ewige Vorherbestimmung aller unserer Schicksale ꝛc. 8. Detmold 788. (Bädeker in Essen.) 4 gr

— die kleine aber gefüllte Vorrathskammer für alle die, die sich zur Zeit d. Theuerung u. des Mangels ehrlich zu ernähren wünschen, wie auch Mittel für die, welche helfen können u. wollen. 8. Elberf. 817. Büschler. (Schönian). 6 gr

— die kleine aber gefüllte Vorrathskammer für alle die, die sich zur Zeit der Theurung und des Mangels ehrlich zu ernähren wünschen, wie auch Mittel für die, welche helfen können u. wollen. 8. Elberfeld, Büschler. 818. — 4

— kurze Vorträge über Sonn- u. Festtagsevangelien u. Episteln. 8. Detmold 788. (Helwing in Hannov.) 20 gr

Johann Heinrich Voß. [Werke.] Hrsg. von Prof. Dr. August Sauer. Berlin & Stuttgart: Union [1887]. (CLXVI, 363 S.) 8° [F.]
= Sauer, Heinrich: Der Göttinger Dichterbund. T. 1.
= National-Litteratur, Deutsche. Bd 49. [07. 14130

Voss, J. H., Alte Weltkunde, nebst der Hesiodischen Welttafel. Jena 804. 4. 8 gr.

Voß, Joh. Heinr., Werke, s.: National-Bibliothek der deutschen class. Dichter.

—— poetische Werke, s. National-Bibliothek sämmtlicher deutschen Classiker.

— poetische Werke. 5 Thle. gr. 16. (100, 112, 120, 890 u. 298 S.) Berlin 879. Hempel. In 2 Bde. geb. n. 4. —

—— sämmtl. poet. Werke. Hrsg. v. Abrah. Voß. Nebst e. Lebensbeschreib. u. Charakteristik v. Frdr. E. Theod. Schmid. Einzig rechtmäß. Orig.-Ausg. in 1 Bde. Schmal gr. 4. (50 B., V's. Bildn. n. Tischbein, Stahlst. v. C. Mayer, u. Facsim., Lith.) Leipzig 835, Müller.

Voß, Jh. Hnr., sämmtl. poetische Werke. 5 Bde. Biographie. — Luise. — Idyllen. — Lyrische Gedichte. 2 Bde. 16. (Mit 1 Stahlst.) Leipzig 840, J. Müller. n. 2 2/3 Rthlr

Voß, Joh. Heinr., († d. 29. März 1826), sämmtliche poetische Werke. Neue (Titel-) Ausg. 5 Bde. gr. 16. 1. Biographie. (287 S. m. Portr. in Stahlst.) 2. Luise. (318 S.) 3. Idyllen. (269 S.) 4. u. 5. Lyrische Gedichte. (737 S.) Leipzig 850, Müller. 2 Rthlr

Voß, Joh. Heinr., sämmtliche poetische Werke. Neue (Titel-) Ausg. (Deutsche Classiker. Supplemente.) 5 Bde. gr. 16. (1611 S.) Leipzig 853, Müller. *

Voß, Johann Heinrich: Zeitmessung der deutschen Sprache. Beilage zu den Oden und Elegieen. Königsberg. 1802. 8°

— Zeitmessung d. deutschen Sprache, Beilage zu den Oden u. Elegien. (Ist der lyrischen Gedichte 5r oder der sämmtl. Gedichte 7r Bd.) 8. Königsb. 803. (J. Müller in Leipz.) 1 Rthlr 8 gr 2e, mit e. Anh. verm. Aufl. v. Abr. Voß. 8. Ebd. 831. (Ebd.) 1 Rthlr 16 gr

Voß, Johann Kaspar Alois

Voß, Jh. Ksp. Aloys, Rede gehalten am Feste der Himmelfahrt Christi d. 19. Mai 1814 bei d. ersten heil. Kommunion d. Kinder aus d. St. Getrudenpfarre zu Essen. 8. Essen 814.

— geistl. Reden von d. Wahrheit, Einheit u. Göttlichkeit des heil. kathol. Glaubens. Gesammelt, herausg. u. mit e. Vorrede begleitet v. A. J. Binterim. 8. Düsseld. 821. Schreiner. 12 gr

Voß, Jh. Ksp. Aloys, zwei Reden über die Göttlichkeit d. kathol. Religion, gehalten bei gewissen Gelegenheiten. 8. Essen 1e u. 2e Aufl. 819.

— sollte die jetzt allgemein gewünschte Veränderung d. Kirchenliturgie der christl. Religion zuträglich u. für unsere Kirchen nothwendig oder auch nur zu rathen seyn. Beantwortet. 8. Lübeck 789. Donatius. 5 gr

Voß, Johann Ludwig

Voß, Jh. Ldw., die Verdienste der regierenden Herzöge von Mecklenburg um die Religion u. deren Ausbreitung; ein Beitrag zur Mecklenburgischen Kirchengeschichte. 8. Lübeck 790. Donatius. 5 gr

Voß, Johannes, s. Voß, Johann

VOSS, Joseph (Wachtendonk): Beitrag zur pathologischen Anatomie eines Coloboma chorioideae. Aus dem Patholog. Institute zu München.- München: Wolf 1885. 19 S.
27.1.1885 - Urk (Titel: De chorioideae colobomate.); Chr 1884/85,20
Diss. Ingolst.-Landsh.-Münch.

Voß, Julius von

FLORENS Abenteuer in Afrika und ihre Heimkehr nach Paris. Romantisches Seitenstück zu den Begebenheiten des Herrn v. Jalonsky. 2 Bde. Mit 2 Kpfrn. Berlin 1809. (Curths.) 8°. (3 11/12 Rthl.) (3 Mk. Franz Teubner, Düsseldorf, c. 1898.)

— Florens Abentheuer in u. außer Europa. 2 Thle. 8. Berl. 809. (Curths). 3 Rthlr 18 gr

ABENTHEUER, Romanhafte, des spanischen Insurgenten-Hauptmanns Don Vigo de Mantiona und der Nonne Donna Cajetania de San Lucar. Nebst einem Fragmente aus den merkwürdigen Begebenheiten des Flibustiers Grandpierre. Berlin, Schöne, 1812. 8⁰. (1⁵/₆ Rthl.) (3 Mk. Paul Neubner, Cöln, 1893.)

— — Dasselbe. Neue Aufl. Ibid. eod. a. 8⁰.
Citirt Goedeke, l. c., 538, 25 (nach Engelmann).

— Abentheuer des span. Insurgenten-Hauptmanns Don Vigo de Mantinona. 8. Berlin 821. (Fincke.) 1⁵/₆ ß

— **AHNEN**, Die Sechszehn, des Grafen von Luftheim, eine Familien-Chronik. Berlin, 1821. Schüppelsche Buchh. 366 S. 8⁰. (1⁵/₁₂ Rthl.) (2 Mk. P. Neubner, 1893; 1 Mk. Kirchhoff & Wigand, Lpz., 1899.)

v. Voß, Jul., die sechszehn Ahnen des Grafen von Luftheim. 8. Berlin 821. (A. Förstner.) 1⁵/₁₂ ß

— **LIEBE**, Alte, rostet wohl. Ein Roman nach *Ayrenhof*. Frankfurt a. O. 1818. Hoffmannsche Buchh. 8⁰. VI u. 211 S. (1 Rthl.)

— alte Liebe rostet wohl. 8. Frankf. a. d. O. 819. Hoffmann. 1 ß

AMYNTAO oder das glückliche Erdbeben. Eine Geschichte aus dem jetzigen Kriege in Portugal. Berlin 1811. 8⁰. 279 S. (1¹/₆ Rthl.) (2 Mk. P. Neubner, 1893; 2 Mk. Jul. Neumann, Magdeb., 1906.)
Auch titulo. Kleine Romane. Th. 1.

Voss, Julius v. Anleitung zu einer sublimen Kriegskunst. Mit der militarischen Laufbahn des Verfassers (1 Th. Vom Dienst in Friedenszeit. 2. Th. Vom Dienst in Kriegszeit.) 8. Berlin 1808.

— Anleitung e. sublimen Kriegskunst, mit d. militär. Laufbahn d. Verfassers. 8. Berl. 808. (Curths). 1 ß 12 ℊ

Voß, J. v. Anleitung zu einer sublimen Kriegskunst. Mit der militairischen Laufbahn des Verfassers. Berlin 1808. 422 S.

APOTHEKER, Der einfältige, und das Förstergänschen. Ein komischer Roman, dem eine wahre Begebenheit zum Grunde liegt. Berlin 1820. 8⁰. 364 S. (1¹/₂ Rthl.) (2 Mk., Lesesp., P. Neubner, 1893.)

v. Voß, Jul., der einfältige Apotheker u. das Förstergänschen. 8. Berl. 820. (Curths). 1 ß 12 ℊ

v. Voß, Jul., († d. 1. Nov. 1832.) Aufruf an die Patrioten, Theuerung, Geldübel u. Brodlosigkeit vieler Staatsdiener durch einen leichten Verein zu bekämpfen. 8. Berl. 808. Schöne. 8 ℊ

— hohe Aussichten der Menschheit, oder d. Christenstaat, eine politische Dichtung d. Fürsten u. Völkern ꝛc. 8. Berl. 808. (Curths). 12 ℊ

— **AUSWAHL** neuer Lustspiele für das Königliche Hof-Theater in Berlin. Versailler Hofluft. Berlin im Jahre 1724. Berlin im Jahre 1824. Berlin im Jahre 1924. Berlin. Schuppelsche Buchh. 1824. VI u. 405 S. 8⁰. (1²/₃ Rthl.) (2 Mk., tadelloses Expl., Oskar Rauthe, Friedenau-Berlin, 1907; 6 Mk., Hfrzbd. d. Zeit, Bernh. Liebisch, Lpz., 1908.)

— Auswahl neuer Lustspiele für das Königl. Hoftheater in Berlin. 8. Berlin 824. (A. Förstner.) 1²/₃ ß

BANKEROTT, Der. Posse in 1 Akt nach einem Canefass des *Federci*. Berlin, Schöne, 1805. 8⁰. 48 S. (¹/₆ Rthl.)

— der Bankerott, Posse in 1 Akt, nach einem Carnevaß der Friderici. Jetzt Crantz in Berlin. ¹/₄ ß

— **BARON**, Der, und sein Hofmeister. Roman. Berlin, 1826. Schüppelsche Buchh. 8⁰. 286 S. (1¹/₃ Rthl.) (2 Mk. Jul. Neumann, 1906; 3 Mk. 50 Pfg., etwas fleckig, F. Waldau, Fürstenwalde, 1908.)

— der Baron u. sein Hofmeister. Roman. 8. Berlin 826. (A. Förstner.) 1¹/₃ ß

— Begebenheiten eines preuß. Husaren-Officiers, s. unten: Geschichte.

VOSS, Julius v. Begebenheiten zweier freiwilliger Jäger aus dem Kriege 1813 u. 1814 auf einer Reise von Berlin nach den Sudeten .... 2 Thle. (Kleine Romane von *Julius v. Voss*. Bd. 9—10.) Berlin, 1816, bei Joh. Wilh. Schmidts Wwe. 8⁰.

— — einer französischen Marketenderin, endlich auf St. Helena geschrieben. 2 Bde. Berlin (Curths) 1816. 8⁰. (2²/₃ Rthl.) (²/₃ Rthl., Scheible, 1872; jetzt höher!)

BEGEBENHEITEN eines schönen Officiers, der wie Alcibiades lebte und wie Cato starb (von *Julius v. Voss*). Berlin, Schüppel. 1817. 8⁰.
Tit., 1 Bl. Vorr. u. 316 SS. Von besonderem Interesse die dialogisirte Scene: „Sall im Reich der Todten." (3 Mk. Kühl.)

— Begebenheiten eines schönen Offiziers, der wie Alcibiades lebte u. wie Cato starb. 8. Berlin 817. (A. Förstner.) 1¹/₃ ß

Voß, Julius von: Begebenheiten eines jungen Theologen in der Moldau und Griechenland. Berlin: (Curths) 1826. 8⁰

— Beiträge zur deutschen Bühne. (Enthalt.: 1) Der Bankerott; Posse in 1 Akt, nach Federici. 4 ℊ 2) Die 12 schlafenden Jungfrauen; Schspl. in 4 Akt. 8 ℊ 3) Die Sternenkönigin; Feenmährchen in 3 Aufz. 12 ℊ) 8. Berl. 809. Schöne. 1 ß

Voss, Julius v. Beiträge zur Philosophie der Kriegskunst. 1. Abschn. Erziehung. 2. Abschn. Ideal einer militärischen Erziehungsanstalt. Physische Reflectionen uber den Soldaten. die Verhütung seiner Infirmität und den Feldkrankheiten betreffend. 8. Berlin 1804.

Voß, J. v. Beiträge zur Philosophie der Kriegskunst. Berlin 1804. 230 S.

— Beiträge zur Philosophie d. Kriegskunst. 8. Berl. 804. (Reimer). 20 ℊ Dass. 8. Leipz. 811. Hinrichs. 20 ℊ

— **BEITRÄGE** zur deutschen Schaubühne. Berlin 1809. C. G. Schöne. 8⁰. (1 Rthl.)

— Beiträge zur deutschen Schaubühne. 8. Jetzt Crantz in Berlin. 1 ß

Beleuchtung der vertrauten Briefe über Frankreich des Herrn Joh. Friedr. Reichardt (von *Julius v. Voß*). Berlin 1804. Gr. 8⁰. VIII—239 S.
Besonders die Sittenzustände in Paris beleuchtet Voss in stellenw. recht pikanter Weise. — Anon.-Lex. I. p. 170 (nach Kayser u. Meusel).
Vgl. Beleuchtung...

— die unfehlbare Besiegung der Ottomannen. Ein polit.-militär. Plan. gr. 8. Berl. 821. Schüppel. 9 ℊ

— die unfehlbare Besiegung der Ottomanen. gr. 8. Berlin 821. (A. Förstner.) ³/₈ ß

–BRAUTPAAR, Das feindliche. Ein Roman. Berlin, 1820. Schüppelsche Buchh. 8⁰. 294 S. (1¼ Rthl.) (2 Mk. Jul. Neumann, 1906.)

— das feindliche Brautpaar. Ein Roman. 8. Berlin 820. (A. Förstner.) 1¼ ℛ

–BRUDER, Der lustige. Ein komischer Roman. Berlin. Schüppelsche Buchh. 1824. 266 S. 8⁰. (1¼ Rthl.) (1 Mk. der Vorige; 3 Mk. 50 Pfg., Bernh. Liebisch, 1908; 5 Mk. E. Frensdorff, 1905.)

–BRÜDER, Die ungleichen. Ein Roman. Berlin, 1825. Schüppelsche Buchh. 8⁰. 302 S. (1⅓ Rthl.) (2 Mk. Jul. Neumann, 1806.)

—die ungleichen Brüder. Ein komischer Roman. 8. Berlin 825. (A. Förstner.) 1⅓ ℛ

(v. Voss, Julius.) Heinrich v. Bülow nach seinem Ideenreichthum sowohl seiner sonderbaren Hyper-Genialität und seinen Lebens-Abenteuern geschildert. 8. Cöln s. a. (1807.)

— Heinrich v. Bülow, nach seinem Talentreichthum, siehe A. H. v. Bülow.

CARREAU-Dame und Gipsapoll, oder die eifersüchtigen Eheleute. Posse in 2 Aufzügen. Berlin, Petri, 1821. 8⁰. (¼ Rthl.)
Citirt Engelmann.

† DICHTUNGEN, Neue, launige und satyrische. Inhalt (steht auf d. Titel): 1) Geschichte des Dorfes Guten-Herrnthal. 2) Die Juwelen der Königin von Schweden. 3) Die Reise auf der Draisine. 4) Die Göttlichen und die Menschlichen. 5) Die poetischen Brüder in Wien und Berlin. Frankfurt a. d. O. 1818. Hoffmannsche Buchh. 8⁰. 238 S. (1⅙ Rthl.)

— neue launige u. satyr. Dichtungen. 8. Frankf. a. d. O. 819. Hoffmann. 1 ℛ 4 gr

— das funfzigjähr. Dienstjubelfest. 2 Thle. 8. Berl. 823. Schlesinger. 2 ℛ 12 gr

DIENSTJUBELFEST, Das fünfzigjährige, oder: So geht es in der Welt. Ein Roman. 2 Thle. Berlin, Schlesinger, 1824. 8⁰. (2½ Rthl.) (12 Sgr. Ed. Fischhaber, Reutl., vor 1875; jetzt höher!)

Voß, Julius von, u. Adolf von Schaden

–– Düster und munter! Ein Sträuschen, enthaltend: 1) Die verhängnissvolle Nacht in der alten Königsburg. 2) Der Jäger. 3) Die Zweiflerin. 4) Büreaukratie. Leipzig, Kollmann, 1821. 8⁰. (1⅓ Rthl.)
Citirt Engelmann mit dem Zusatz: Neuer Abdruck (ohne Beiträge von J. v. Voss) m. d. Tit.: *Schaden, Adolf* v., Drei kleine Original-Romane. Ebd. 1823. 8⁰.

EINSIEDLER, Der, von Canossa, Oberhaupt der Bundesbrüder vom weissem Kreuz. Berlin, 818. (Curths.) 8⁰. (1⅓ Rthl.)
Citirt Engelmann.

—der Einsiedler v. Canossa. 8. Berl. 819. (Curths). 1 ℛ 8 gr

Der Einsiedler von Canossa, Oberhaupt der Bundesbrüder vom weissen Kreuz. Von Jul. v. Voss. Berlin: Schmidt 1819. 8⁰
TB. 222.

KÜNSTLERS Erdenwallen. Originallustspiel. Berlin 1810. 8⁰. (75 Pfg. Kirchhoff & Wigand, Lpz., 1892.)

–ERZÄHLUNGEN von schönen deutschen Jünglingen für schöne deutsche Jünglinge. Berlin, Schlesingersche Buch- u. Musikh. 1819. 8⁰. 2 Bll. u. 428 S. (2¼ Rthl.) (18 Sgr. Ed. Fischhaber, vor 1875; 2 Mk. 40 Pfg., 1 Bl. leicht besch., List & Francke, 1908.)

— Erzähll. v. schönen deutschen Jünglingen rc. 8. Berl. 820. Schlesinger. 2 ℛ 6 gr

Voss, Julius von [Hrsg.]
Erzählungen von schönen deutschen Mädchen für schöne deutsche Mädchen. Hrsg. von Julius von Voß. Berlin: Schlesinger 1819. 356 S. 8⁰

–EULENSPIEGEL im neunzehnten Jahrhundert, oder Narrenwitz und Gimpelweisheit. Mit Holzschn. Deutschland(,) gedruckt in diesem Jahr. (Berlin, Schmidt, 1809.) 8⁰. (1⅙ Rthl.) VI—272 S. (6 Mk. v. Zahn & Jaensch, Dresden, 1909.)

— Eulenspiegel im 19n Jahrhundert. 8. Berl. 809. (Curths). 1 ℛ 4 gr

v. Voß, Jul., Farcen der Zeit. Enth.: 1) Der Prozeß in Südpreußen. 2) Die Musen im Kriege. 3) Der Triumph der Schreibewuth. 4) Er muß heirathen. 5) Der Kriegsrath von Köln. 6) Die Weinlesen. 8. Berl., (Krappe in Leipz.) 1 ℛ 20 gr

FARCEN d. Zeit: Der Process in Südpreussen; Die Musen im Kriege; Triumph d. Schreibewuth; Er muss heirathen; Der Kriegsrath v. Cölln; Die Weinlese. Berlin, Joh. Frdr. Weiß, 1808. 8⁰. (1⅚ Rthl.) (1 Mk. 50 Pfg., Kirchhoff & Wigand, 1892; 3 Mk. Jul. Neumann, 1906.)

FAUST. Trauerspiel mit Gesang und Tanz. Berlin, Petri, 1823. 8⁰. (½ Rthl.)

— Faust, Trauerspiel mit Gesang u. Tanz. 8. Berlin 824, Petri. — 12

— — Dasselbe. Hrsg. von G. Ellinger. (Berliner Neudrucke II, 2.) Berlin 1890.

Voß, Jul. v. Faust, s. Neudrucke, Berliner. 2. Serie, 2. Bd.

— Feldtaschenbuch für junge Freiwillige, Detaschementsjäger u. Conscribirte, oder Anleitung sich über d. Felddienst, besonders den d. leichten Truppen, in kurzer Zeit selbst zu bilden. Nebst e. ärztl. Anweisung, im Kriege die Gesundheit zu erhalten rc. 12. Berl. 813. (Curths). 16 gr!

— das gelbe Fieber. Lstspl. in 2 A. 8. Berl. 805. Schmidt. (Curths).

—der Strahlower Fischzug. Volksstück mit Gesang. 8. Berl. 821. Petri. 8 gr

–FISCHZUG, Der Strahlower. Volksstück mit Gesang in zwei Handlungen. Berlin, 1822. Bei Heinrich Philipp Petri. 8⁰. 108 S. (⅓ Rthl.)
S. auch weiter unten Theaterpossen, Neue.

–FLITTERWOCHEN, Die. Roman mit Prolog und Epilog. Berlin, 1818. Schüppelsche Buchh. 8⁰. 366 S. (1 5/12 Rthl.) (2 Mk. Jul. Neumann, 1906; 6 Mk., Hfz., E. Frensdorff, 1905; 9 Mk. Edm. Meyer, 1908.)

—die Flitterwochen, ein Roman mit Prolog u. Epilog. 8. Berlin 818. (A. Förstner.) 1 5/12 ℛ

FLÖTE, Die, oder die Reise ins Bad. Eine deutsche Begebenheit. Im *Anhange:* Der Oheim in Warschau. Berlin 1811. 8°. 308 S. (1 1/6 Rthl.) (2 Mk. Paul Neubner, 1893.)
Auch titulo: Kleine Romane, Th. 2.

FLÖTENZAUBER, Die. Lustspiel in 3 Akten. Nach einer Begebenheit aus dem Leben des Virtuosen Quanz. Berlin 1811. 8°. 86 S.
Auction Kürschner. Lpz., Boerner, 1904. no. 1333.

— Fragmente über Deutschlands Politik u. Kriegskunst, in Blicken auf Vergangenheit u. Gegenwart. gr. 8. Berl. 807. (Curths). 1 ℛ

FREUNDE, Feindliche, und freundliche Feinde. Berlin, Petri, 1820. 8°. (1/6 Rthl.)
Citirt Engelmann.

FRIEDENSKONGRESZ, Der, zu Lagado im Königreich Balnibarbi zwischen den Völkern von Lilliput, Brobdingnak, Laputa, der Hoynhunns usw. usw. Ein historisches Familiengemälde in fünf Akten, halb in gebundener, halb in freier Rede. Aus dem Balnibarbitanischen frei übersetzt. En faveur du badinage Pardonnés la vérité. Leipzig 1799. 8°. XX und 298 Seiten. (36 Mk., Ppb. d. Zeit, Adolf Weigel, Lpz., 1911.)

† **FÜR** einander geschaffen. Original-Lustspiel in fünf Akten. Berlin, Joh. Wilh. Schmidt. 1806. 8°. 135 S. (1/2 Rthl.)

— für einander geschaffen. Original-Lstspl. in 5 A. 8. Berl. 806. (Curths). 12 gr.

GEISSEL fur Zeitthorheiten, in Roman- Geschichts- Satyren und anderer Form. Berlin, 1817. Schuppelsche Buchhand. 8°. 2 Bl. u. 355 S. (1 1/3 Rthl.) (2 Mk. 50 Pfg. P. Neubner, 1893; 6 Mk., schönes Expl., Edm. Meyer, 1908.)

— Geißel für Zeitthorheiten, in Roman-, Geschichts-, Satyren u. anderer Form. 8. Berlin 817. (A. Förstner.) 1 1/3 ℛ

— Gemälde v. Berlin im Winter 1806. Dramat. Scenen. 8. Berl. 808. Schmidt.

GEMÄLDE,
Bunte, mit launigem Pinsel. Berlin, Schüppel'sche Buchh. 1816. 8°. 361 S. (1 1/3 Rthl.) (12 Mk. [so!] Ludw. Rosenthal, 1910.)

— bunte Gemälde, mit launigem Pinsel dargestellt. 8. Berlin 816. (A. Förstner.) 1 1/3 ℛ

Gemälde der Verfinsterung in Abyssinien. Seitenstück zu Benjamin Noldmann's Geschichte der Aufklärung in Abyssinien. Ein Roman von Jul. v. Voss. Berlin: Schüppel 1818. 8°

TB. 219. Teilweise Satire auf A. W. v. Schlegel, Zach. Werner etc. 315 S.

— Gemälde der Verfinsterung in Abyssinien. 8. Berlin 818. (A. Förstner.) 1 1/3 ℛ

— **GESANDTE**, Der, oder die Vermählung durch Procuration. Ein Roman aus der Fürstenwelt. Berlin und Stettin, bei Friedrich Nicolai. 1812. 8°. 300 S. (1 Rthl.) (1/3 Rthl. Ed. Fischhaber, vor 1875; jetzt höher!)

— der Gesandte, od. die Vermählung durch Procuration. 8. Berl. 813. Nicolai. 1 ℛ

Voß, Julius von: Geschichte und Abentheuer eines Husaren-Offiziers. Mit Titelkpfr. Berlin 1818. J. W. Schmidts Wittwe und Sohn. 8°. 344 S.
Engelmann hat „1808". (?)

GESCHICHTE des Herrn v. Lüttenhof oder das neugestiftete Theater. Berlin, Schöne, 1817. 8°. (1 Rthl.) (2 Mk. P. Neubner, 1893.)

— — Dasselbe. Neue Auflage. Ebd. 1823. 8°. (8 Mk. 50 Pfg. Edm. Meyer, Berlin, 1908.)
Engelmann hat „1822". (?)

— — einer Marketenderin. Nebst ihren kritischen Ansichten der Feldzüge 1806 und 7. Im *Anhange* ein Pax vobiscum. 2 Thle. Mit Kpf. u. Vign. Berlin 1808. 8°. (Curths.) (2 Rthl.) Selten!

— — eines bei Jena gefangenen Preußischen Offiziers. Mit dem Gemälde von Berlin im Winter 1806/7. Berlin, Ch. G. Schöne, 1807. 8°. (2 Mk. Kirchhoff & Wigand, 1892; 14 Mk. 50 Pfg. [!] Edm. Meyer, Berlin, 1908.)

— Geschichte e. österr. Partheigängers im Jahre 1809. 8. Berlin 810. (Fincke.) 3/4 ℛ

— —eines österreichischen Partheigängers im Jahre 1810. Ein Roman mit eingestreuten Bemerkungen über den letzten Krieg. Berlin, Schöne, 1810. 8°. (1 1/2 Rthl.) (1 Mk. Kirchhoff & Wigand, 1892; jetzt höher!)

— Geschichte des Ministers Grafen Sternthal zc. 8. Berlin 818. (A. Förstner.) 1 5/12 ℛ

— — des Ministers Grafen Sternthal, der mit einem französischen Haarbeutel anfing und mit einem altdeutschen Barrett endete. Berlin, 1818, Schüppelsche Buchh. 8°. 382 S. (1 1/3 Rthl.) (2 Mk. Jul. Neumann, 1906.)

— **GESCHWORNENGERICHT**, Das. Ein Roman. Berlin, Schüppel'sche Buchh. 1828. 8°. 360 S. (1 1/2 Rthl.) (2 Mk. Jul. Neumann, 1906.)

— das Geschwornengericht. Ein Roman. 8. Berlin 828. (A. Förstner.) 1 1/2 ℛ

— **GESPENST**, Das schöne, in fünfzigjährigen Wirkungen. Ein romantisches Familiengemälde. Zwei Bände. Berlin 1820. Schüppelsche Buchh. 8°. I. 318 S. II. 294 S. (2 1/2 Rthl.) (12 Sgr. Ed. Fischhaber, vor 1875; jetzt höher!)

— das schöne Gespenst in fünfzigjährigen Wirkungen. 2 Bde. 8. Berlin 820. (A. Förstner.)

GESTÄNDNISSE eines unvermählt gebliebenen Fräuleins. Zur Warnung f. junge Mädchen herausgegeben. Berlin 1821. 8°. (1 1/2 Rthl.) (3 Mk. P. Neubner, 1893.)

— Geständnisse eines unvermählt geblieb. Fräuleins. 8. Berl. 821. (Curths). 1 ℛ 12 gr.

GIGI. Roman. Berlin 1808.
Goedeke, l. c., 100, 10 (ohne Formats- u. Quellenangabe). — Fehlt bei Engelmann.

— **GRAB**, Das, der Mutter in Palermo, ein Roman aus dem Sechszehnten Jahrhundert. Mit einem Kupfer. Berlin 1818 bey J. W. Schmidts Wittwe und Sohn. 8°. 260 S. (1 1/3 Rthl.)

— das Grab der Mutter in Palermo. 8. Berl. 818. (Curths). 1 ℛ 8 gr.

-**GRIECHHEIT**, Die. Original-Lustspiel in 5 Aufzügen. Aufgeführt zum Erstenmal auf d. Kgl. Nationaltheater zu Berlin. Berl. 1807. 8°. 120 S.
Auct. Kürschner. Lpz., Boerner, 1904, no. 1335.

-**GROSZINQUISITOR**, Der, von Portugal, oder das Erdbeben in Oporto. Letzter Roman des Verfassers. Berlin. 1833. Carl Curths. 8°. 235 S. (1 Rthl.) ($1/3$ Rthl. Ed. Fischhaber, vor 1875; jetzt höher!)

— die beiden Gutsherren. Lstspl. in 5 A. 8. Berl. 820. Petri. 1 Rthl. 8 Gr.

-**GUTSHERRN**, Die beiden. Lustspiel (in 5 Aufzüg.). Berlin, 1820. Neue Berlinische Buchh. 8°. XXXV u. 183 S. ($1\frac{1}{3}$ Rthl.)

— die Hep Heps in Franken u. andern Orten. 8. Berl. 818. (Schlesinger). 8 Gr.

-**HERMIONE** die Uhlanenbraut oder der Tod beim Kreutze. Mit Titelkpfr. Berlin 1818. J. W. Schmidts. Wittwe u. Sohn. 8°. 286 S. ($1\frac{1}{3}$ Rthl.) (2 Mk. P. Neubner. 1893.)

— Hermione, die Uhlanenbraut, od. d. Tod beim Kreuze. Mit 1 Kpf. 8. Berl. 817. (Curths). 1 Rthl. 8 Gr.

IGNAZ von Jalonski oder die Liebenden in der Tiefe der Weichsel. Eine wahre Geschichte aus den Zeiten der Polnischen, Französischen und Negerrevolution in St. Domingo. Zwei Theile. Berlin und Leipzig, J. W. Schmidt u. J. G. Mittler. 1806. 8°. I. 2 Bl. u. 464 S. II. 452 S. ($2\frac{1}{3}$ Rthl.) Sehr selten! (15 Mk., eleg. Hfrzbde., E. Frensdorff, 1906.)

— — Dasselbe. 2. Aufl. Ebd. 1816. 8°.

-**INI**, Ein Roman aus dem ein und zwanzigsten Jahrhundert. Mit Titelkpfr. u. Vignette. Berlin, Karl Friedr. Amelang, 1810. 8°. ($1\frac{1}{2}$ Rthl.) II u. 368 S. ($1/3$ Rthl. Scheible 1872; 3 Kr. Halm & Goldmann, Wien, 1904.)
Engelmann hat „1818". (?)

— Ini, ein Roman aus d. 21n Jahrhund. N. A. 8. Berl. 818. Amelang. 1 Rthl. 12 Gr.

— das 50jähr. Jubelfest, od. so geht es in d. Welt. 2 Thle. 8. Berl. 824. Schlesinger. 2 Rthl. 12 Gr.

JUNGFRAU, Die blühende und verblühte. Lustspiel in 2 Theilen (in 3+2 Akten); Die Einnahme von Breda. Schauspiel in 5 Akten. Berlin 1816. 8°.

JUNGFRAU, Die, travestirte, von Orleans. Posse in zwei Akten mit Prolog und Epilog. (Travestie des *Schiller*'schen Stückes.) Mit (entsprechendem) Titelkpfr. (die Jungfrau in guter Hoffnung, die Fahne mit den 3 Lilien auf den Leib gestützt). Berlin, Joh. Wilh. Schmidt, 1803. 8°. XXVIII—108 S. ($2/3$ Rthl.) Rar, besonders mit dem Kupfer! (In Darmstadt.) (5 Mk. E. Frensdorff, 1904.)

— die travestirte Jungfrau v. Orleans. Posse in 2 A. 8. Berl. 803. (Curths). 16 Gr.

— — Dasselbe. 2. Aufl. Mit Titelkpfr. Ebd. 1803. 8°. (2 Mk. J. Taussig, Prag, c. 1902.)

— — Dasselbe. (Neudruck.) 80 S. 8°.
Mit Abkürzungen. — S. Bibliothek des Frohsinns oder 10000 Anekdoten, Witze u. Wortspiele, Travestieen u. Parodieen, Epigramme, Räthsel, humorist. Aufsätze u. Curiosa aller Art, in Prosa und Versen, redig. von Prof. Dr. J. M. Braun. X. Section. Bdchn. 2. Stuttgart, Köhler, 1840. 8°. — Hat auch d. Tit.: Dramatisches Potpourri. Auswahl komischer Scenen und Gesänge aus den beliebtesten Lustspielen, Possen, Vaudeville's, Travestieen u. s. w. Bdchn. 2.

JUNGFRAUEN, Die zwölf schlafenden. Romantisches Schauspiel mit Gesang in 4 Akten auf dem Berliner Nationaltheater aufgeführt. Mit Kpf. Berlin, Schöne, 1805. 8°. 116 S. ($1/3$ Rthl.) (1 Mk. 20 Pfg. Ernst Carlebach, Heidelb., 1894.)

— die zwölf schlafenden Jungfrauen; romantisches Schauspiel in 4 Akten. Jetzt Crantz in Berlin. $1/4$ Rthl.

— Spaniens Jungfrauen-Tribut an die Mauren. 8. Berl. 829. Schüppel. 1 Rthl. 8 Gr.

-**SPANIEN'S** Jungfrauen-Tribut an die Mauren. Ein geschichtlicher Roman. Berlin, Schüppelsche Buchh., 1830. 8°. 268 S. ($1\frac{1}{3}$ Rthl.) (4 Mk., Hfrz., der Vorige.)

—— Spaniens Jungfrauen-Tribut an die Mauren. Ein geschichtl. Roman. 8. (17 B.) Berlin 830, [Förstner.]

KIRGISENRAUB, Der, oder die jungen Greise. Ein Roman. Berlin, Schöne, 1812. 8°. ($1\frac{1}{2}$ Rthl.) (6 Mk., schöner Hldrbd. d. Zeit, Bernh. Liebisch, Lpz., 1908.)

— der Kirgisenraub, od. die jungen Greise. 8. Berl. 812. 2e A. 821. Voß. 1 Rthl. 12 Gr.

—— über d. eben beginnenden Krieg Rußlands mit d. ottomann. Pforte, od. wie dürfte d. militär. u. polit. Ergebniß dieser neusten wichtig. Zeiterscheinung sein? Ein auf Geschichte, Erfahrung u. sorgfält. Berechnung d. Umstände u. Streitkräfte gestütztes Wort zu seiner Zeit. 2. Aufl. gr. 8. (6 B.) Berlin 828, Nortmann. (?)

— der kleine Krieg, fa Grandmaison.

— d. kleine Krieg, od. Dienstlehre f. leichte Truppen, nach d. Franz. d. Grandmaison mit vielen Zus. u. neuen Darstell. in illum. K. herausg. 8. Berlin, Schmidt. 809.

KRIEG und Liebe oder romantische Erzählungen vom dreissigjährigen Kriege bis auf unsere Zeit. 2 Bde. Berlin 1813. 8°. (2 Mk. 50 Pfg. P. Neubner, 1893.)

-**FRÄULEIN**, Mamsell u. Jungfer Kunkel, oder die Streitigkeiten in Alten-Wortklau. Ein Zeitgemälde. Berlin, 1817. Schüppelsche Buchh. 8°. 390 S. ($1\frac{5}{12}$ Rthl.) (4 Mk., Titel gestemp., F. Waldau, 1909.)

— Fräulein, Mamsell u. Jungfer Kunkel, oder die Streitigkeiten in alten Wortklau. 8. Berlin 817. (A. Förstner.)

GIDEONS und Raphielens (so!) Künstler-Leben und Schicksale, mit Beziehung auf Virtuosität in Spiel, Gesang, Deklamation und Mimik. 2 Thle. Berlin 1814. (Curths.) 8°. ($2\frac{1}{3}$ Rthl.)

VOSS, Jul. v., und *Adolf v. Schaden*, Lebensgemälde üppiger gekrönter Frauen der alten und neuen Zeit. Nebst moralischen Betrachtungen über den Rechtshandel der Königin (Caroline) von England. Hrsg. von —. Berlin, 1821. bei H. Ph. Petri. 8°. VI—242 S. (1 fl. 12 xr. Th. Ackermann, München; vor 1875; jetzt theurer!)

— kleine Lebensgemälde in Erzählungen. 8. Berl. 819. Sander. 1 Rthl.

-**LEBENSGEMÄLDE**, Kleine, in Erzählungen. Berlin, 1821. Sandersche Buchh. 8°. 237 S. (1 Rthl.)

LEBENSGESCHICHTE, Bunte, eines Dragoner-Officiers, oder Aussöhnung mit dem Schicksal. Berlin (Curths.) 1810. 8⁰. (1⁵/₆ Rthl.)
Citirt Engelmann.

LENDEMAIN, Der. Eine phisische (!) Tragikomödie in 2 Akten. Berlin 1809. 8⁰.
Auct. Kürschner, no. 1339.

– **LIANCOURT** und Angelica. oder das Blutbad auf St. Domingo. Eine Erzählung aus der Zeit der Revolution in Frankreich. Berlin. Schmidt'sche Buchh. 1827. 8⁰. 239 S. (1¹/₃ Rthl.)

— **Liancourt u. Angelika, ob. d. Blutbad auf St. Domingo; eine Erzähl. aus d. Zeit d. Revolution in Frankreich. 8. Berl. 827. (Curths). 1 Rthl. 8 gr.**

LIEBE, Die, im Zuchthause. Tragikomödie in Einem Aufzuge. Berlin 1807. 8⁰. 60 S. (Max Perl's Berliner April-Auct. 1910, no. 1333; 30 Mk. F. W. Haschke, Lpz. 1912.)

—**LUSTSPIELE** (30). 9 Bde. Berlin 1807—1818. Joh. Wilh. Schmidt. I. Die Griechheit. Wettkampf der Eitelkeit. Der Kommandant à laFanchon. Die Liebe im Zuchthause. II. Loos des Genies. Der Pseudopatriotismus. Der Lendemain. Die Trésorscheine. III. Künstlers Erdenwallen. Die Wittwenkasse. Die Sterbekasse. Chamarante. IV. Klippen der Frauenzucht. Die Emporkömmlinge. V. Die Leuchte ins Gemüth. Die Flötenzauber. Der Besenbinder. Der Jude und der Grieche. VI. Beförderung nach Verdienst. Die seltsame Heirath. John Horse und Jack Dog. Die Retraite pour les dames. VII. Die Pfarre. Quint und Bätely. Die Blume vom Ganges. VIII. Die blühende und die verblühte Jungfer. Die Einnahme von Breda. IX. Die gute Wirthin. Irrthum und Verwirrung. Der Hahnrei fürs Vaterland. 8⁰. (Bd. 1—7, ebd. 1807—12, 18 Mk. Bernh. Liebisch, 1908.)

— neue Lustspiele. (Enth.: 1) Der Weg zum Halsbrechen. 2) Der blühende u. der verblühte Jüngling. 1r Thl. (Gegenstück zum Lustspiel: die blühende u. die verblühte Jungfer.) — Der blühende Jüngling. 2r Thl. Der verblühte Jüngling. 8. Berl. 821. Schüppel. 1 Rthl. 16 gr.

— —, Neuere. Der Weg zum Halsbrechen (in 3 Aufz.). Der blühende Jüngling. Der verblühte Jüngling. Berlin, 1821. Schüppelsche Buchh. 446 S. 8⁰. (1²/₃ Rthl.) (5 Mk. der Vorige, 1908.)

— neuere Lustspiele. 8. Berlin 821. (A. Förstner.) 1²/₃ Rthl.

v. Voß, (Jul.,) neuere Lustspiele. Enth.: die Erbschaft in Surinam. — Die Sprüchlein. — Der Juwelenhändler. — Die Weihnachts-Ausstellung. — Der Schwabe in Berlin. 8. Berl. 823, Schlesinger.

— dessen 2r Bd. Enth.: Quintis Messis. — Die Stecknadeln. — Das schlechtgerathne Bildniß. 8. Berl. 825, Schlesinger.

— dess. 3r Bd. Des Fahnjunkers Treue oder besser spät wie gar nicht. — Der Geheime-Registrator, oder die versalznen Klöße. — Nichts als liebe Jugend. — Der Waisenknabe. 8. Berlin 825, Schlesinger.

— dess. 4r Bd. Die Wittwe aus Polen. — Das Fräulein von Boren. — Die kl. Erinnerung. — Zur Hochschule.) 8. Berlin 826, Schlesinger.

— dess. 5r Bd. (Das kluge Städchen. — Von der Hochschule. — Die Erfindung des Schachspiels.) 8. Berlin 826, Schlesinger.

— dess. 6r Bd.: 100,000 Mark Banko. — Wolkenbrüche u. Teufel. — Die Nasen. 8. Berlin 827, Schlesinger.

— dess. 7r Bd. Enth.: 1) Schnellpost u. Schnelldichter. (Originallustsp. in 4 Aufz.) 2) Das Versehen. Lustspiel in 3 Aufzügen. 3) Wiedersehen in d. Ferne. Lustspiel in 1 Aufz. 8. Berl. 827, Schlesinger.

—**MÄDCHEN,** Die improvisirenden. Roman. Berlin. Schüppelsche Buchh. 1827. 8⁰. 238 S. (1¹/₄ Rthl.) (2 Mk. P. Neubner, 1893; 2 Mk. Jul. Neumann, 1906.)

— **die improvisirenden Mädchen. Ein launiger Roman. 8. Berlin 827. (A. Förstner.) 1¹/₄ Rthl.**

MÄDCHENDUELL, Das. Ein komischer Roman. Berlin. Schüppel'sche Buchh. 1826. 8⁰. 248 S. (1¹/₆ Rthl.) (2 Mk. P. Neubner, 1893.)

— **das Mädchenduell. Ein komischer Roman. 8. Berlin 826. (A. Förstner.) 1¹/₄ Rthl.**

MÄHRCHEN und Erzählungen. Berlin, Petri, 1826. 8⁰. (1¹/₄ Rthl.)
Citirt Engelmann.

MARKETENDERIN, Die schöne, aus Weimar, das Weib von sechs Männern und dennoch Jungfer, nebst ihren kritischen Ansichten der Feldzüge von 1806—07. 2 Thle. Mit 2 Titelkupfern und 2 Titelvign. Berlin 1808. Bei Johann Wilhelm Schmidt. 8⁰. Selten! (8 Mk. Ad. Weigel, Lpz. 1911.)

–**MÄTRESSE,** Die. Ein tragischer (ziemlich zahmer) Roman. Mit TKpfr. u. TVign. (J. Leopold del. et fec.). Berlin, 1808. Bei Joh. Wilh. Schmidt. Kl. 8⁰. 2 Bll. u. 349 S. (1¹/₂ Rthl.)

— **die Maitresse, ein trag. Roman. Mit Kpf. 8. Berl. 808. (Curths). 1 Rthl. 12 gr.**

MILCHBRÜDER, Die ungleichen. Berlin 1821. (Curths.) 8⁰. (1¹/₂ Rthl.) (1 Mk. Kirchhoff & Wigand, 1892; jetzt höher!)

—— **MODEN,** Die, der guten alten Zeit. Ein launiges Sittengemälde aus dem Jahre 1750. Berlin, 1825. In der Schüppelschen Buchhandlung. 8⁰. Titel u. 268 S. (1¹/₄ Rthl.) (2 Mk. P. Neubner, 1893; 2 Mk. 20 Pfg. [jetzt theurer!] W. H. Kühl, Berlin, 1880.)

— **MÖNCH,** Der sterbende, in Peru. Eine Geschichte aus dem südamerikanischen Revolutionskriege. 2 Thle. Berlin, Joh. Wilh. Schmidts Wittwe u. Sohn. 1818. 8⁰. 244+258 S. (1¹/₂ Rthl.)

— **der sterbende Mönch in Peru. 2 Thle. 8. Berl. 818. (Curths). 1 Rthl. 12 gr.**

MUSEN, Die, im Kriege. Lustspiel. O. O. u. J. 8⁰. (3 Mk. 50 Pfg., Hfz., Bernh. Liebisch, Lpz., 1908.)

— **NACHT,** Tausend und eine, der Gegenwart. oder Mährchensammlung im Zeitgewande. Vier Bände. Berlin, Joh. Wilh. Schmidt. 1809—1811. I. 318 S. II. 320 S. III. 333 S. IV. 340 S. 8⁰. (5¹/₃ Rthl.) Selten cplt.!

Voß, Jul. v., der travestirte Nathan der Weise, s. Curiosa et Jocosa.

NATHAN, der Weise, Der travestirte. Posse in zwey Akten. Mit einem *Nachspiel:* Der travestirte Alarcos. (Vf.: *Julius v. Voss.*) Mit Titelkupfer und Titelvignette. Berlin, J. W. Schmitt, 1804. 8⁰. (Im British Museum.) (36 Kr. Gilhofer & Ranschburg, 1908; 25 Mk. F. W. Haschke, Lpz., 1912.)
XXII u. 193 S. Goedeke IV. 151.
Anon.-Lex. III. p. 202 (nach Goedeke).

— der travestirte Nathan d. Weise. Posse in 2 A. 8. Berl. 804. (Curths). 21 gr

VOSS, Neu Berlin (sic!). Oder vaterländische Ideen über Wiedergedeihen und Emporblühen der Hauptstadt Berlin 1811. 8°.
Bibl. Kürschner. Lpz. Mai-Auct. 1904, no. 1321.

— Neu-Berlin, oder vaterländ. Ideen über Wiedergedeihen und Emporblühen dieser Hauptstadt. 8. Berl. 811. Schöne. 1 ß 12 gr

— Rino de Santa Cruz, od. die Engländer in Spanien. 2 Bde. Mit Anh., Charlotte Verdner, Schauspiel in 1 Akt. 8. Berl. 811. (Curths). 1 ß 16 gr
Vgl. Voß, Jul. v.: Rino de Santa Cruz.

— NONNENRAUBER, Der, oder die Abtei St. Blasii in Natolien. 2 Thle. Mit je einem Kupfer. Berlin, 1818. J. W. Schmidt's Wittwe und Sohn. 8°. 271+253 S. (2²/₃ Rthl.) Selten!

— der Nonnenräuber. 2 Thle. 8. Berl. 818. (Curths). 2 ß 16 gr

PLEASURE, Edwin, oder die Zwölf entzückenden Brautnächte. Eine Geschichte, wie es noch keine gab. 2 Thle. (Auch tit.: *Jul. v. Voss* kleine Romane. Br. 3—4.) Berlin 1812. Bei Joh. Wilh. Schmidt. 8°. (4 Mk., Leihbibl.-Expl., Heinr. Lesser, Breslau, 1875.)

— Possen- u. Marionettenspiele, zur Erheiterung in trüben Stunden. (Enth.: Die Frankfurter Messe. — Pygmalion. — Das Mährchen v. d. Tonne. — Schumachers Hochzeit.) 8. Berl. 816. (Schüppel). 1 ß 8 gr

— neue Possen- u. Marionettenspiele. Zur Erschütterung des Zwerchfells herausg. (Enth. 1) Moliere, oder das Lustspiel aus der Posse; eine Posse mit Schattenspiel in 3 Aufz. 2) Der Tabacksspinner, oder auf Ehre so geht's! Posse in 1 Aufz. 3) Die regierende Frau; Lstspl. in 1 Aufz. 4) Die weggelaufene Frau Professorin; Posse in 1 Aufz. 5) Der große Hamilkar; Marionettenspiel in 2 kurzen Aufz. 6) Das Judenkoncert in Krakau; Marionettenspiel in 1 Aufz. 7) Der Polterabend; Spiel in 1 Aufz.) 8. Berl. 826. Schüppel. 1 ß 10 gr

— neue Possen u. Marionettenspiele. Zur Erschütterung des Zwergfells. 8. Berlin 826. (A. Förstner.) 1 5/12 ß

PRINZ, Der verwünschte. Roman. Berlin, Schüppelsche Buchh. 1827. 8°. 346 S. (1⁵/₁₂ Rthl.) (2 Mk. 50 Pfg., Jul. Neumann, 1906; 13 Mk. 50 Pfg. [!], unbeschn., Edm. Meyer, Berlin, 1908.)

— Der deutsche Donquixott (so!). Berlin 1819. (Curths.) 8°. 374 S. (1¹/₂ Rthl.) (2 Mk. 50 Pfg. P. Neubner, 1893.)
Auction Kürschner no. 1330.

— QUITT, Theodor, oder Geschichte eines durch Lord Exmouth befreiten algierischen Sklaven. 2 Bde. Berlin, 1817. J. W. Schmidts Wittwe. 8°. 334+317 S. (2²/₃ Rthl.) (3 Mk. Franz Teubner, Düsseldorf, c. 1898.)

— Theodor Quitt. 2 Thle. 8. Berl. 817. (Curths). 2 ß 16 gr

— Rede über Blüchers Grab an die Preußen. gr. 8. Berl. 819. (Curths). 8 gr

— JULCHENS Reise von Liebstadt nach Frauenburg, Klagenfurth und Grimma, oder die Stationen der Ehe. Ein launiger Roman. Berlin, Schüppelsche Buchh., 1829. 8°. 317 S. (1¹/₂ Rthl.) (1 Mk. 20 Pfg. Kühl, Berlin, 1880; 14 Mk. [!], unbeschn., Edm. Meyer, Berlin, 1908.)

——, Julchens Reise von Liebstadt nach Frauenburg, Klagenfurth u. Grimma, od. die Stationen d. Ehe. 8. (20 B.) Berlin 829, [Förstner.]

RINO de Santa Cruz oder die Engländerin in Spanien. Ein Roman aus dem gegenwärtigen Kriege. Im *Anhange* Charlotte Virier, ein Schauspiel in 1 Akte. 2 Bde. Berlin 1811. (Curths.) 8°. (1²/₃ Rthl.) (2 Mk. 50 Pfg. P. Neubner, 1893.)
Engelmann hat „Nino" (?).

ROBINSON, Der Berlinische. Eines jüdischen Bastards abentheuerliche Selbstbiographie. Ans Licht gestellt (verfaßt) von *Julius v. Voss.* 2 Thle. Berlin, 1810. Bei Joh. Wilh. Schmidt. 8°. (2²/₃ Rthl.) (12 Sgr. Ed. Fischhaber, vor 1875; jetzt viel theurer!)
I: Tit., 1 Bl. Vorr., 343 S. II: Tit., 364 S. —

— der Berlinische Robinson, e. jüd. Bastards Abentheuer. 2 Thle. 8. Berl. 810. (Curths). 2 ß 16 gr

— — Dasselbe mit d. Titel: Der Israelitische natürliche Sohn, oder Leben eines jüdischen Abentheurers aus Berlin. 2. Auflage. 2 Bde. Berlin 1816. 8°. Selten! (7 Mk. 50 Pfg. Jos. Jolowicz, Posen, 1906.)

— kleine Romane. 1r—10r Bd. 8. Berl. 811—15. (Curths). 12 ß Enthalten: I. Amyntao, od. d. glückl. Erdbeben rc. 1 ß 4 gr II. Die Flöte, od. die Reise ins Bad. Der Onkel in Warschau. 1 ß 4 gr III. u. IV. Krieg u. Liebe, od. romant. Erzähll. aus d. 30jähr. Kriege. 2 Thle. 813. 2 ß 8 gr V. u. VI. Die Familie Wandburg, e. Geschichte aus d. 30jähr. Kriege. — Zaina, die schöne Kosakin. — Das schirmende Brustbild. — Die Untergrabung. — Der Roßschweif. — Die unglückl. Hochzeit rc. 813. 2 ß 8 gr VII. u. VIII. Gideons u. Raphielens Künstlerleben u. Schicksale. 2 Thle. 814. 2 ß 8 gr IX u. X. Geschichte zweier freiwilligen Jäger in d. Jahren 1813 u. 1814 rc. 2 Thle. 815. 2 ß 8 gr

— ROMANE, Kleine. 10 Thle. Berlin 1811—16. Bei Joh. Wilh. Schmidt. 8°. (12 Rthl.) (Nur Th. 1—4 in der Berliner Magistrats-Bibl.)

Voss, Julius von

Kleine Romane. Bd 6.
Berlin: Schmidt 1813. 228 S. 8°

6. Krieg und Liebe oder romantische Erzählungen vom dreißigjährigen Kriege bis auf unsere Zeiten. Th. 2.
Der Roßschweif, eine Geschichte aus den Feldzügen des Prinzen Eugen von Lothringen.
Die unglückliche Hochzeit, eine Geschichte aus dem französischen Revolutionskriege.
Die Liebenden in den Flammen von Moskau, eine Geschichte der neuesten Zeit.

ROMANTIK und Wahrheit (so!), Jüdische. Von einem getauften Israeliten. Berlin 1817. Schmidt. 8°. (1¹/₃ Rthl.)
Schlesinger's in Berlin Leihbibl.-Cat. 1825.

RUHENTHAL, Der Kammerherr von, oder Gewinn im Verluste. Eine Begebenheit unserer Tage. Berlin, Schöne, 1814. 8°. (1¹/₂ Rthl.) (¹/₃ Rthl. Ed. Fischhaber, vor 1875; jetzt höher!)

— der Kammerherr v. Ruhethal. 8. Berlin 814. Fincke. 1 ß

— Satyren u. Launen die Zeit beachtend, im Anhange das Gebet des heil. Julian. Fromm kindl. Schauspiel. 2 Bde. Mit 1 Kpf. 8. Bresl. 812. Max. 2 ß 20 gr

— SATYREN und Launen die Zeit beachtend. 2 Bdchn. Mit 1 illum. Kpfr. Breslau 1813. Joseph Max u. Comp. I. 276 S. II. 219 S. nebst *Anhang:* Das Gebet des heiligen Julian (nach einer Novelle des *Boccaccio*). 79 S. 8°. (2⁵/₆ Rthl.) (9 Mk. Taussig, Prag, 1906; 7 Mk. 50 Pfg. E. Frensdorff, 1904.)

VOSS, Satyren und Launen die Zeit beachtend. 2 Bdchen. Mit einem ausgemalten Kupfer. Breslau 1813. 8^{0}. (7 Mk. 50 Pfg. E. Frensdorff, 1904.)
— — **Dasselbe. Zweite Aufl., tit.: Satyrische Zeitbilder in scharfen Umrissen nach dem Leben, oder Erzählungen, Schwänke u. Possen. 2 Bdchn. Ebd. 1817. 8^{0}. (Goedeke, l. c.)**

—**SCHILDBÜRGER**, Die. Ein komischer Roman. Berlin, 1823. Schüppelsche Buchh. 8^{0}. ($1^{5}/_{12}$ Rthl.) IV u. 372 S. (7 Mk. 50 Pfg. O. Rauthe, Berlin, 1907.)
Goedeke, l. c., 66:

— die Schildbürger. Ein komischer Roman. 8. Berlin 823. (A. Förstner.) $1^{5}/_{12}$ Thlr.

—**SCHUTZ-GEIST**, Der. Roman. Berlin, 1822. Schüppel'sche Buchh. 8^{0}. 318 S. ($1^{1}/_{3}$ Rthl.) (2 Mk. P. Neubner, 1893; 1 Mk. 50 Pfg. Jul. Neumann, 1906.)

— neue dramat. Schwänke. (Inh.: Die Einquartirungspein. — Frau Rußkachel, oder d. betrogene Stiefmutter. — Die Bettlerherberge. — Der Seiltänzer. — Der erste April. — Die Liebe auf d. Lande.) 8. Berl. 817. Schüppel. 1 Thlr. 8 Gr.

—**SCHWÄNKE**, Neue dramatische. Berlin, 1817. Schüppelsche Buchh. 8^{0}. 348 S. ($1^{1}/_{3}$ Rthl.)

— Sendschreiben eines Brandenburgers an die Bewohner Rhein-Preußens bei Gelegenheit d. dem Fürsten Hardenberg übergebenen Addresse. gr. 8. Berl. 818. Schüppel. 10 Gr.

— Sendschreiben eines Brandenburgers an die Bewohner Rheinpreußens, bei Gelegenheit der d. Fürsten Staatskanzler übergebenen Adresse. 8. Berlin 818. (A. Förstner.) $^{5}/_{12}$ Thlr.

Voß, Julius von. Sendschreiben eines Brandenburgers an die Bewohner Rheinpreußens bei Gelegenheit der dem Fürsten Staatskanzler übergebnen Adresse. Berlin 1818. 24 S. 8.

Voß, Julius von: Der israelit. natürliche Sohn ....
s. Voß: Der Berlinische Robinson.

—**SPHINX**, oder dreißig kleine Räthsel-Lustspiele. Zur leichten Darstellung in frohen Zirkeln. Mit Titelkpfr. Berlin, 1823. Schüppel. 8^{0}. 458 S. ($1^{3}/_{4}$ Rthl.) (2 Mk. 75 Pfg., br. im Orig.-Umschl., Adolf Weigel, c. 1890.)
Vgl. Sphinx.

— Sphynx, od. dreißig kleine Räthsel-Lustspiele. Mit 1 Kpfr. 8. Berlin 823. (A. Förstner.) $1^{3}/_{4}$ Thlr.

—**SPIELE**, Fünf und zwanzig dramatische. Nach deutschen Sprüchwörtern. Mit Titelkpfr. Berlin. 1822. Schüppelsche Buchh. VI u. 388 S. 8^{0}. ($1^{2}/_{3}$ Rthl.) (6 Mk., schönes Expl., Bernh. Liebisch, 1908.)

— fünf u. zwanzig dramatische Spiele. Nach deutschen Sprichwörtern. Mit 1 Titelkpfr. .. Berlin 822. (A. Förstner.) $1^{2}/_{3}$ Thlr.

STERNENKÖNIGIN, Die. Romantisches Feenmärchen mit Gesang in 3 Akten. Für die Berliner Bühne umgearbeitet. Zum 1. M. aufgeführt am 17. Decbr. 1804. Berlin 1805. 8^{0}. 152 S.
Auction Kürschner no. 1341.

— die Sternkönigin; romant. Feenmährchen mit Gesang in 3 A. 8. Berl. 809. Schöne. 12 Gr.

— die Sternenkönigin, romantisches Feenmährchen mit Gesang in 3 Akten. Jetzt Cranz in Berlin. $^{1}/_{2}$ Thlr.

TAPETENWAND, Die, ein superfeines Lustspiel in 1 Akt; nach *Duchrest Genlis*. Berlin 1809. (Curths.) 8^{0}. ($^{1}/_{3}$ Rthl.)
Citirt Engelmann.

— und Ad. v. Schaden, Theaterpossen. 2 Bde. (1r Bd. Enth.: 1) Die Damenhüte im Berliner Theater, von J. v. Voß. 2) Die Blödsichtigen, von Ad. v. Schaden. 3) Das Kaleidoscop, von J. v. Voß. 4) Der Gast in Hamburg, von Ad. v. Schaden. 5) Carreaudame u. der Gypsapoll, von J. v. Voß. 2r Bd. 1) Des Tages Mißton, v. Ad. v. Schaden. 2) Die verunglückte Maskerade, von Ad. v. Schaden. 3) Die falsche Prima Donna in Krähwinkel, von J. v. Voß. 4) Telemach u. Mentor, von J. von Voß.) 8. Berl. 819, 20. 2e Aufl. 820, 21. Petri. 2 Thlr. 18 Gr.

—**THEATERPOSSEN**, Neue, nach dem Leben. Der Strahlower Fischzug. Die Damenschuhe im Theater. Berlin, 1822. Heinr. Phil. Petri. 8^{0}. XVIII u. 222 S. (1 Rthl.) (6 Mk., Tit. gestemp., Bernh. Liebisch, 1908.)

VOSS, Neue Theaterpossen nach d. Leben. Berlin 1822. XVIII, 222 S. 8^{0}. (2 Mk. Max Jaekel, c. 1902.)
Inh.: **Der Strahlower Fischzug.** Volksstück mit Gesang in 2 Handlgn. — Die Damenschule im Theater. Posse in 2 Aufz. — Prof. Kürschner's Bibl., Nr. 1326.

— Ton d. Tages, s. Ton.

—**TRAUERSPIELE**. Mustapha Bairaktar. Die Grabrosen. Berlin, H. Ph. Petri. 1823. 8^{0}. VI u. 270 S. (1 Rthl.)

— Travestien u. Burlesken, s. Travestien

—**TRAVESTIEEN** und Burlesken, zur Darstellung im kleinen geselligen Verein. Mit 5 Kupfern. Berlin bei Duncker u. Humblot, 1811. 8^{0}. 3 Bl. u. 214 S. ($^{2}/_{3}$ Rthl.) (2 Mk. 75 Pfg., fleckig, Max Harrwitz, Berlin, 1903.)

TRESORSCHEINE, Die. Lustspiel in 1 Akt. Berlin 1809. 8^{0}.
Auction Kürschner no. 1339, Beibd.

— Versöhnung mit dem Schicksal oder abentheuerliche Geschichte eines Dragoner-Offiziers. Mit 1 Kpfr. Berlin, 1810. Joh. Wilh. Schmidt. 8^{0}. IV u. 455 S. (3 Mk., gebraucht, Franz Teubner, Düsseldorf, c. 1898; 16 Mk. 50 Pfg. [so!] Edm. Meyer, Berlin, 1908.)

VIRIER, Charlotte. Schauspiel in 1 Akt. Nach einer wahren Begebenheit aus den Tagen der Schreckensregierung in Frankreich. Berlin 1811. 8^{0}. 40 S.
Auction Kürschner no. 1342.

— Charlotte Verdier, 16 Gr. s. a. J. v. Voß, Nina de Santa Cruz.

—**VORTRAG**, Der, oder so gelangt die Wahrheit zum Thron. Ein Roman aus der Fürstenwelt. Berlin, Schüppelsche Buchh. 1819. 8^{0}. 302 S. ($1^{1}/_{3}$ Rthl.) (3 Mk. List & Francke, Lpz., 1908; 14 Mk. 50 Pfg. [so!] Edm. Meyer, Berlin, 1908.)

— der Vortrag, oder so gelangt die Wahrheit zum Thron. 8. Berlin 819 (A. Förstner.) $1^{1}/_{3}$ Thlr.

— was war nach der Schlacht bei Jena zur Rettung des Preußischen Staats zu thun? e. kriegkünstlerische Untersuchung. gr. 8. Berl. 807. (Curths). 8 Gr.

Voß, J. v. Was war nach der Schlacht von Jena zur Rettung des preußischen Staats zu tun? 2. Aufl. Berlin 1808. 56 S.

— eingetroffene Weissagungen u. prophetische Irrthümer d. J. W. v. Archenholz, H. v. Bülow und Fr. Buchholz, mit neuern Ansichten der Zukunft. gr. 8. Berl. 807. (Curths). 8 Gr.

WIRTHIN, Die gute. Irrthum und Verwirrung. Der Hahnrei für's Vaterland. Drei Lustspiele. Berlin 1818. 8^{0}. (8 Sgr. Scheible, 1872.)

— wohl rostet alte Liebe. 8. Berl. 818. Schmidt. 1 Thlr.

WOLFGANG und Clara, oder die reindeutsche Erziehungsanstalt. Berlin, 1819. 8⁰. 438 S. (1⁵/₆ Rthl.)
Beck's Repert. 3, 141.

— Wolfgang u. Clara. 8. Berl. 819. Sander. 1 ℳ 20 𝔤𝔯

— satyrische Zeitbilder, s. oben: Satyren u. Launen.

Voss, Julius von

Satirische Zeitbilder in scharfen Umrissen nach dem Leben. Oder Erzählungen, Schwänke und Possen aus der neuen und neuesten Zeit, kurzweilig und erbaulich niedergeschrieben. Bdchn 2.
Breslau: Max 1817. 219.79 S. 8°

Anhang: Das Gebet des heiligen Julian. Fromm-kindlich Schauspiel in Knittelversen von 3 Aufzügen. Frei nach einer Novelle des Bokkaz.

Voß, Just., die Spuren d. Güte u. Liebe Gottes bei dem letzten Brandunglücke zu Dissen d. 26. April 1832. Eine Predigt zur Erinnerung an diese traurige Begebenheit das Jahr darauf gehalten ꝛc. gr. 8. (1½ B.) Osnabrück 833, Rackhorst.

Die Leute aus dem alten großen Hause. Eine heimliche Geschichte von Camill Alexander Voß. Berlin: O. Janke (1905). (298 S.) 8° [F.] [06. 13031

Voß, Camill Alex. (Alex. Schaible), das verzauberte Mädchen u. wie es erlöst ward. Eine unmoderne moderne Geschichte. (III, 346 S.) 8. Berlin (909). O. Janke. 3. —

Voß, Karl, a. Gelsenkirchen: Aus d. Psychiatr. u. Nerven-Klinik zu Kiel. Beitrag zur Lehre von der sensorischen Aphasie. Kiel 1910: Fiencke. 17 S. 8°
Kiel, Med. Diss. v. 12. Juli 1911, Ref. Siemerling
[Geb. 3. Dez. 83 Ueckendorf; Wohnort: Ueckendorf; Staatsangeh.: Preußen; Vorbildung: Gymn. Wattenscheid Reife O. 05; Studium: Münster 2, Würzburg 1, Münster 2, Würzburg 1, Berlin 1, Kiel 3 S.; Coll. 8. Juni 10; Approb. 14. Juni 11.] [U 11. 2603

Voß, C., kruuse Dinger uut mien Muuskist'. Plattdüütsche Riemels tom Vörlesen un Vördrägen. gr. 16. (144 S.) Kiel 890. (Haeseler's Sort.) n. 1. 20

Kruse Dinger ut min Muskist'. Plattdütsche Rimels ... von Carl **Voß,** Kiel. (3. verb. Aufl.) Bd 1. [Mehr nicht erschienen.] Kiel: Haeseler [übergeklebt: H. Eckardt] [1895]. (126 S.) 8° [F.] [06. 15661

Kruse Dinger ut min Muskist'. Plattdütsche Rimels ton Vörlesen un Vördrägen vun Carl **Voss,** Kiel. 4. ungeänd. Aufl. Bd 1. Kiel: Haeseler [1902]. 8° [F.] [07. 17896 D

Voß, Carl, Johann Meyer u. seine Bedeutg. als deutscher Volksdichter. Festschrift zum 70. Geburtstag des Dichters. gr. 8. (19 S.) Kiel 899 Heidelberg, R. H. Eckardt. n. — 40

Köster Suhr. Humorist. Charakterbild mit Gesang in 4 Aufz., nach Motiven aus Fritz Reuters Leben u. Werken von Carl **Voss**-Kiel. Musik von H. Rudolph, Kiel. Vollständ. Souffleur- u. Regiebuch nebst mehreren Beilagen ... (Groitzsch 1902: G. Reichardt.) (64 S.) 8° [F.] [07. 17457 D

Voss, Carl, Ueberführung des Parabromtoluols in e. Bibromtoluol u. über Nitrojodphenole. Inaugural-Dissertation. gr. 8. (34 S. m. 1 Tab. in qu. gr. 4.) Göttingen 875. (Vandenhoeck & Ruprecht.) n. — 60

Voss, Carl August. Gedenkschr z 125-jhr Jubel-Feier d Dten Ev Prot (Smithfield) Gmde z Pittsb, 1782-1907. Pittsburgh, 1907

Voß, [Karl H.]: Außerordentliche Versammlung des Landw. Vereins für Leck und Umgegend am 19. Juni 1909. Ueber landwirtschaftliche Bauten. Vortrag. Sonderabdruck aus dem „Lecker Anzeiger". Leck. [1909.] 8⁰
[Umschlagt.:] Baupflege Kreis Tondern.

Voss, Karl Johann von: Diderots Moralphilosophie. Halle 1909: Mattiesen, Dorpat. 85 S. 8°
Halle, Phil. Diss. v. 29. Jan. 1910, Ref. Menzer
[Geb. 13./25. Juni 84 Fellin, Livland; Wohnort: Halle a. S.; Staatsangeh.: Rußland; Vorbildung: Gymn. d. St.-Annensch. Petersburg Reife Mai 03; Studium: Dorpat 2, Leipzig 3, Berlin 1, München 1 S.; Rig. 31. Juli 09.] [U 10. 1809

Voß, Karl Wilhelm

Voss. De prologis Euripideis. Pr. 1873. 24 S. 4⁰.

Voss, Carl Gottl. (geb. Wernigerode [illegible] 1841): De tragoedicarum Graecarum prologis. Berolini (1864). 48 S. 8°
Berlin, Phil. Diss. v. 19. März 1864

Voß, Käthe, Waldblumen. 16. (68 S.) Hamburg 868, W. Oncken. geb. mit Goldschn.

Die Rache des Bauern Pfiffikus. Lustspiel in 1 Aufz. von Konrad Voß. *Bonn: A. Heidelmann [1903].* (16 S.) 8° [F.]
═ Theaterbibliothek, A. Heidelmann's. II. 101. [04. 11790

Voß, Konr., die Rache des Bauern Pfiffikus, s. o. Heidelmann's, A., Theaterbibliothek.

Der letzte Streich eines Leutnantsburschen. Lustspiel in 2 Aufz. von Konrad Voß. *Bonn: A. Heidelmann [1903].* (15 S.) 8° [F.]
═ Theaterbibliothek, A. Heidelmann's. II. 100. [04. 11789

— Der letzte Streich e. Leutnantsburschen, s. o. Heidelmann's, A., Theaterbibliothek.

Voss, L., der Kurort Honnef u. s. nächste Umgebg. Im Auftr. d. Verschönerungs-Vereins v. Honnef verf. 8. (IV, 80 S. m. 1 Karte.) Honnef 892. K. Werber. n. 1. —

Voß, Leopold

Voss, Leop., Bibliotheca physico-medica, s. Bibliotheca.

Leop. Voss bibliotheca physico-medica. Verzeichniss wichtiger älterer sowohl, als sammtlicher seit 1821 in Deutschland gedruckter Bücher aus den Fächern der Physik, Chemie, Geognosie, Mineralogie, Botanik, Zoologie, vergleichenden und menschlichen Anatomie, Physiologie, Pathologie, Therapie, Materia medica, Chirurgie, Augenheilkunde, Geburtshülfe, Staatsarzneikunde, Pharmacie, Thierarzneikunde. Leipzig 1832. 8. *Ed. nova:* Leipzig 1835. 8.

Voss, Leopold: Bibliotheca physico-medica. Verzeichnis wichtiger älterer sowohl, als sammtlicher seit 1821 in Deutschland gedruckter Bücher. Leipzig 1835. VI, 189 S.

Voß, Louis von

v. Voß, Edw., Ahnungen u. Lichtblicke über Natur u. Menschenleben. 8. Berl. 826. (Plahn). 1 ℳ 12 𝔤𝔯

v. Voß, Edw., Ahnungen u. Lichtblicke über Natur u. Menschenleben. 8. Berlin 826. (H. Schultze.) 1½ ℳ

Voß, Louis von, Geschichte des Friedrichstiftes in Berlin, ein Wahrzeichen aus den unglückl. Jahren 1806 u. 7. 8. Berl. Braunes. 811.

Voß, Ludwig

Voß, Kanon v. Volksliedern u. volkstümlichen Liedern f. sämtliche Klassen der höheren Mädchenschule u. des Lyceums. Unter Mitwirkg. von Seminarlehrern zusammengestellt. (86 S.) 8. Trier (909). A. Sonnenburg. nn — 35; geb. nn — 40

Voss, (Ludw.): Die Mädchenschulreform mit bes. Berücks. d. Trierer Mädchenbildungsanstalten. Ein beratendes Wort f. sorgende Eltern. — Trier: Sonnenburg 1909. 42 S. 8°

Voss, Ludwig [aus Cleve]: Überlieferung und Verfasserschaft des mhd. Ritterromans Friedrich von Schwaben ... Münster i. W., Druck v. J. Bredt, 1895; 58 S., 2 Bl. 8.
Münster, Phil. Fak., Inaug.-Diss. v. [17. Jan.] 1895

Voß, M. v., zur Geschichte der Autonomie der Stadt Halle. gr. 8. (66 S.) Halle 873. Lippert'sche Buchh. n. 1. 50

Voß, Magnus

Voss, Mag., Chronik des Gasthauses zum Ritter St. Jürgen zu Husum. Ein Beitrag zur Geschichte der Stadt. gr. 8. (VI, 186 S. m. Abbildgn.) Husum 902. Friedr. Petersen. (Nur direkt.) n. 2 —

Voß, Magnus, Chronik der Kirchengemeinde Ostenfeld. (III, 155 S. m. Abbildgn., 6 [5 farb.] Taf. u. 1 Karte.) gr. 8. Husum 905. F. Petersen. n.n. 2. —

— Fremden-Führer durch Husum u. nächste Umgebung. Mit Bildern, 1 Plane der Stadt u. 1 Karte v. Husum u. seiner nächsten Umgebg. (26 S.) 8. Ebd. 903. n. — 30

Die Innungen und Zünfte in Husum, ein Beitrag z. Gesch. d. Orts von M[agnus] **Voß**. *Husum: Selbstverl. 1896.* (169 S.) 8° [F.] 03. 11371

Voß, Magnus: Hermann Tast, der Reformator Husums. Festschrift zum 300jährigen Stadtjubiläum. Kiel. 1903. 8°
Sonderabdruck aus der Heimat. Jg. 13, H. 7–8.

Voß, Markus — Jalde Schaaschuim. Eine Sammlung hebräischer Sinngedichte von — —. Wien, 1855. Gedr. bei Holzwart. (76 S. 5 Bl. 8.) (Hebräisch.)

Voß, Markus Detlef

Voß, Mark. Detl., Auszug a. d. kurzen Unterr. im Christenthum, mit erklär. Anmerkk. 8. Flensb. 796. (Altona, Hammerich). 6 gr

Voß, M. D., Auszug a. d. kurzen Unterr. im Christenth., m. erklär. Anmerk. 8. Flensb. Korte. (Röhs in Schleswig.) 796.

Belehrungen über die Bücher der Bibel, deren Entstehung, Eintheilung, Inhalt u. Gebrauch; für Landprediger . . . und für Lehrer in deutschen Schulen, die lesen mögen und denken wollen v. Markus Detlev **Voß**. Flensburg u. Leipzig. 1797. 8°

— Belehrungen über die Bücher der Bibel. 8. Flensb. 797. (Hammerich in Altona). 12 gr

Voß, Mark. Detl., Einleit. in das Studium theologicum. 8. Flensb. 778. 2e A. 779. Korte. (Röhs in Schleswig.) 3 gr

— s. Erklärung d. Messian. Weissagungen.

Voß, Marc. Detl., Nachrichten von den Pröpsten und Predigern in Eiderstedt seit der Reformation. Ueberarb. und fortges. von Friedr. Feddersen. Schleswig 853. (Altona, Schlüter.) 8. (2 Bl., 212 S.) n. 20 ngr.

VOSS, M[ARCUS] D[ETL.], Ode am Neujahrstage 1795, von der Kanzel vor der Gemeinde deklamiret. Altona. P. (U. B.).

Der Suezkanal und seine Stellung im Weltverkehr. Von †Martin **Voß**, Eisenbahnsekr. in Cöln. (Nachwort: Prof. Dr. Kurt Hassert (Köln).) Wien: R. Lechner 1904. (76 S.) 4°(8°)
= **Abhandlungen** d. K. k. geogr. Gesellschaft in Wien. Bd 5, No 3. 05. 5338

[F.] Aus einem Pfarrhause vor 100 Jahren. Erinnergn d. Grossmutter an ihren Grossvater, für Kinder u. Enkel erzählt. Als Ms. gedr. [Vf.: Frau Geheimr. **Mathilde** v. **Voss**.] *Halle a. S.: Dr. v. E. Karras 1898.* (1 Bl., 80 S., 2 Portr.) 1 Bd 8. 98 7442

Voss, Max, approb. Arzt aus Gera i. Reuss j. L.: Aus d. pathol. Institute zu Kiel. Ein **Aneurysma** des Ductus arteriosus Botalli. *Kiel 1900: H. Fiencke.* (18 S.) 8°
Kiel, Med. Diss. v. [4. Juli] 1900

Voß, Max, Lieder. 12. (34 S.) Berlin 883. Grosser in Comm. n. 1. —

Voß, Nikolaus Christoph

— kurze, jedoch gründl. Anweis. Rahm- u. Fettkäse zu machen, welche den besten Holländischen u. Englischen völlig gleichkommen &c. 8. Eutin. 807. (Altona, Hammerich). 2 gr

Voß, Nikl. Chr., außergerichtliche Cautelen, oder auf allgemeine Landesgesetze u. auf besondere Provinzial- u. Stadtrechte begründ. Vorsichtsmaßregeln bei außergerichtlichen Rechtshandlungen. 8. Altona 806. Hammerich. 12 gr

VOSZ, NIC. CHRIST., Mathematisches Rechenbuch für Bürger- und Landschulen und für Erwachsene des Erwerbstandes. Hamburg. 1806. (M. 3 Tvl.).

— mathematisches Rechenbuch für Bürger- u. Landschulen u. für Erwachsene des Erwerbstandes, mit 3 Kpft. 8. Altona 807. Hammerich. 14 gr

Voss, O., Haus-Choralbuch enth.: Text und Melodie von 83 der bekanntesten Lieder des Bollhagen'schen Gesangbuches zum Gebrauche am Clavier oder Harmonium bei der Hausandacht. qu. Fol. (68 S.) Hindenburg 872. (Stettin, Brandner.) *

Voss, Otto

Mit Genehmigung der med. Fak. der Albertus-Universität wird Sonnabend den 29. Juli 1905 ... Herr Dr. med. Otto **Voss**, Stabsarzt im Pionier-Bataillon Fürst Radziwill, ... seine öffentliche Antrittsvorlesung über „Die functionelle Prüfung des Gehörorgans" halten. Zu diesem Akte ladet ein der Dekan der med. Fak. H[ermann] Kuhnt. Königsberg i. Pr. (1905): O. Kümmel. (1 Bl.) 4°

Der Bacillus pyocyaneus im Ohr. Klinisch-experiment. Beitrag z. Frage d. Pathogenität d. Bacillus pyocyaneus. Von Dr. Otto **Voss**, Stabsarzt, Königsberg. Mit 5 Taf. Berlin: A. Hirschwald 1906. (197 S.) 8°
= **Veröffentlichungen** aus d. Geb. d. Militär-Sanitätswesens. H. 33. 06. 5419

Voss, Otto *Eduard Albert* [aus Glauchau]: Ueber einen Fall von spinaler progressiver Muskelatrophie, kompliziert durch progressive Paralyse der Irren und Affektion der Hinterstränge des Rückenmarks ... Berlin, C. Vogt's Buchdr., *1893*; 39 S. 8.
Berlin, Med. Fak., Inaug.-Diss. v. 8. Aug. 1893

Voss, Otto, appr. Tierarzt: Aus d. Pharmakol. Inst. zu Gießen. Ein neues Verfahren zur Fettbestimmung im Blute. Giessen 1909: v. Münchow. 26 S. 8°
Gießen, Veterinär-Med. Diss. v. 2. Aug. 1909, Ref. Geppert
[Geb. 2. Mai 81 Bendorf (Holstein); Wohnort: Gießen; Staatsangeh.: Preußen; Vorbildung: Realgymn. Goslar Reife Sommer 02; Studium: Tierärztl. Hochschulen Hannover 4, Berlin 5, Hannover 2 S.; Rig. 18. Juni 09.] [U 09. 1187

Voss, Otto *Ioannes Carolus Adolfus* [Sivanensis Megalopolitanus]: De Heraclidis Pontici vita et scriptis ... Rostochii, typ. acad. Adlerianis, 1896; 95 S. 8.
Rostock, Phil. Fak., Inaug.-Diss. v. [15. Apr.] 1896

Voss, Otto, de **Heraclidis Pontici** vita et scriptis. Diss. gr. 8. (95 S.) Rostochii 896. (Leipzig, Buchh. G. Fock.) n. 2. —

Voß, P., die pädagogische Vorbildung zum höheren Lehramt in Preußen u. Sachsen. Ein Reisebericht. gr. 8. (IV, 171 S.) Halle 889. Buchhandlg. d. Waisenhauses. n. 2. —

Vincenzo Bellini. Von Paul Voss. *Leipzig: Ph. Reclam jun. [1901].* (94 S.) 8° [F.]
= **Musiker-Biographien.** Bd 23.
(Universal-Bibliothek 4238.) [01. 11499

Voß, Paul, Vincenzo Bellini, | s. Universal-
— Georges Bizet, | Bibliothek.

Voß, Paul: Georges Bizet. Leipzig: Ph. Reclam jun. [1898]. (86 S., 1 Bl.) 8°
(Musiker-Bibliographien. Bd 20.)
(Universal-Bibliothek. [No] 3925.)

Voss, Paul. Georges Bizet. (Musiker-Biographien, Bd. 22.) Leipzig (1899).

Voß, Paul, Charles Gounod, s. Musikheroen d. Neuzeit.

Voss, Paul. Charles Gounod. Ein Lebensbild. (Musikheroen der Neuzeit VIII.) Leipzig 1895.

Voß, Paul, Giuseppe Verdi. Ein Lebensbild. (80 S.) 8. Diessen 904. J. C. Huber. n. 2.60

Voss, Peter [aus Kellen]: Ueber Rectum-Tumoren .... Bonn, Univ.-Buchdr. v. Carl Georgi, 1887; [nur Titelbl., Vita u. Thesen.] 2 Bl. 8°.
Bonn, Med. Fak., Inaug.-Diss. v. 1. Aug. 1887.

Voss, Peter [aus Kellen]: Ueber Rectum-Tumoren .... Bonn, Univ.-Buchdr. v. Carl Georgi, 1887; 38 S. + 1 Bl. 8° [vgl. 1886/87 Bonn Nr. 70]
Bonn, Med. Fak., Inaug.-Diss. v. 1. Aug. 1887

Voss, [illegible]

Voss, R. v., Drosselspule, Induktionsspule, Kondensator. (61 S. m. 37 Abbildgn.) kl. 8. Nikolassee bei Berlin 910. Administration d. Fachzeitschrift „Der Mechaniker".
Sonderabdr. aus: „Taschenbuch f. Präzisionsmechaniker".

Voss, R. v., Grundzüge der Gleichstromtechnik, s.: Lehrhefte, technische. Bd. 13. 14.

— Die Messung elektrischer Widerstände. (114 S. m. Fig.) kl. 8. Ebd. 907. 1.50
Sonderabdr. a.: „Taschenb. f. Präzisionsmechaniker".

Voß, Richard

Voß, Rich., ein litterar. Charakterbild, s. Goldmann, Karl.

Voß, Rich., der Adonis vom Molarathal u. andere Novellen. Illustr. v. Carl Zopf. gr. 8. (163 S.) Stuttgart (901). C. Krabbe. n. 2. —; geb. in Ldr. n.n. 3.50

Voß, Rich., Alexandra, s. Universal-Bibliothek Nr. 2190.

Voss, Richard. Alpentragödie. Roman aus dem Engadin. 404 S. 8. Stuttgart und Berlin, J. G. Cotta Nachfolger. 1909. (M. 4.50, geb. 5.50)
2. Aufl. 1909.

Voß, Rich., Alpentragödie. Roman aus dem Engadin. 2.—6. Aufl. (403 S.) 8. Stuttgart, 909. 10. J. G. Cotta Nachf. 4.50; geb. in Leinw. 5.50

— Amata. Neue röm. Novellen. Mit Illustr. v. Curt Liebich. 1. u. 2. Aufl. 12. (à VII, 325 S.) Stuttgart 901. A. Bonz & Co. n. 3.60; geb. in Leinw. n. 4.80

—— die Auferstandenen. **Antinihilistischer Roman. 2 Bde.** 8. (424; 312 S.) **Dresden 887, Minden.** *
geb. **

Bacchanten. Römische Erzählungen von Richard **Voß**. Berlin, Leipzig: H. Hillger [1907]. (94 S.) 8° [F.]
= **Bücherschatz**, Kürschners. No 550. [07. 15366

— Bacchanten, s. Kürschner's Bücherschatz.

Voß, Rich., Bergasyl. Eine Berchtesgadener-Erzählung. 8. (VIII, 440 S.) Frankfurt a/M. 882. Koenitzer. n. 5. —

Voß, Rich., Bergasyl. Eine Berchtesgadener Erzählg. 2. (Titel-)Aufl. 8. (VIII, 440 S.) Frankfurt a/M. 893. C. Koenitzer's Verl. n. 5. —; geb. n. 6. —

Voß, Rich., Bergasyl. Eine Berchtesgadener Erzählung. 3. Aufl. 8. (IX, 386 S.) Stuttgart 898. A. Bonz & Co. n. 4.20; geb. in Leinw. n. 5.60

— südliches Blut. **Römische Novellen. Illustr. v. Carl Zopf. gr. 8. (157 S.) Stuttgart (900). C. Krabbe.** n. 2. —; geb. in Ldr. n.n. 3.50

[F.] Unter den Borgia. E. Erzählg a. d. röm. Mittelalter v. Richard Voss... *Berlin: O. Janke 1897.* (3 Bl., 328 S.) 1 Bd 8. [97. 1549

— Maria Botti, s.: Reclam's Novellen-Bibliothek.

—— Maria Botti, s. Universal-Bibliothek Nr. 1706.

— Regula Brandt. Schauspiel in 5 Aufzügen. 8. (III, 69 S.) Leipzig 883. Friedrich. n. 1. —

— Sigurd Eckdals Braut. Roman. Illustr. v. C. Liebich. 1. u. 2. Aufl. 12. (à 261 S.) Stuttgart 900. A. Bonz & Co. n. 3.60; geb. in Leinw. n. 4.80

—— Brigittta. Trauerspiel in 4 Akten. 8. (VII, 157 S.) Ebendas. 887. *

— der gute Fra Checco u. andre Geschichten, s.: Engelhorn's allgemeine Roman-Bibliothek. XVIII. 7.

Voß, Rich., Michael Cibula. Roman. gr. 8. (VIII, 451 S.) Stuttgart 887. Bonz & Co. n. 6. —; geb. n. 7.20

Voß, Rich., Michael Cibula. Roman. 2. u. 3. Aufl. Mit Illustr. v. C. Liebich. (VIII, 584 S.) kl. 8. Stuttgart 905. A. Bonz & Co. n. 5.60; geb. in Leinw. n. 6.80

— die neue Circe, s.: Engelhorn's allgem. Roman-Bibliothek.

— die neue Circe. Eine italien. Dorfgeschichte. 2. Aufl. 8. (262 S.) Ebend. 886. n. 3.50; geb. n.n. 4.50

— die neue Circe. Eine italienische Dorfgeschichte. 2. (Titel-)Aufl. 8. (262 S.) Dresden 889. Minden. n. 3. —; geb. n.n. 4. —

— die neue Circe. Eine italienische Dorfgeschichte. 3. (Titel-)Aufl. 8. (262 S.) Dresden 892. H. Minden. n. 3. —; geb. n.n. 4. —

— Dahiel, der Konvertit. Roman. 3 Bde. 8. (260, 280 u. 282 S.) Stuttgart 888. Deutsche Verlags-Anstalt. n. 12. —; geb. n. 15. —

Voß, Rich., Dahiel, der Konvertit. Roman. 2. (Titel-)Aufl. 3 Bde. 8. (260, 280 u. 282 S.) Stuttgart 893. Deutsche Verlags-Anstalt. n. 12. —

[F.] Daniel Danieli. Schausp. in 4 Aufz. v. Richard Voss. *Leipzig: Ph. Reclam jr. [1894].* (115 S.) 1 Bd 8.
= Universal-Bibliothek. [No] 3184. [96. 1771

— römische Dorfgeschichten. 8. (377 S.) Frankfurt a/M. 884. Koenitzer. n. 3. 50; geb. n. 4. 50

Römische Dorfgeschichten von Richard Voß. 3. Aufl. Frankfurt a. M.: C. Koenitzer 1893. (377 S.) 8° [F.] [08. 9689 11

— römische Dorfgeschichten. 4. Aufl. 8. (VII, 328 S.) Stuttgart 897. J. G. Cotta Nachf. n. 3. —; geb. n. 4. —

— Dramen. (Titel-Ausg. in 1 Bde. v. „Die Patrizierin". „Luigia San Felice". „Der Mohr d. Zaren".) 8. (223; X, 118 u. III, 114 S.) Ebd. 893. Geb. in Leinw. n. 4. 50

Dramen von Richard Voss. Enth.: 'Die Patrizierin.' 'Luigia San Felice'. 'Der Mohr d. Zaren.' *Frankfurt a. M.: C. Koenitzer 1897.* (223, 118, 114 S.) 8° [F.] [00. 8600 B

Du mein Italien! Aus meinem röm. Leben von Richard Voß. Stuttgart & Berlin: Cotta 1910. 426 S. 8° [10. 13254

Du mein Italien! Aus meinem röm. Leben von Richard Voß. 2. u. 3. Aufl. Stuttgart & Berlin: Cotta 1910. 421 S. 8° A 12. 10391I

— Epilog nach der „Iphigenie" v. Goethe, der letzten Aufführung im großherzogl. Hoftheater in Weimar, am 16. II. 1907. (15 S.) gr. 8. Weimar (907). (H. Große.) — 40

— der Väter Erbe, Dialektübertragg., s.: Theater-Bibliothek, Münchener.

[F.] Der Väter Erbe. Volksst. in 7 Abt. v. Richard Voss. *Leipzig: Ph. Reclam jr. [1892].* (96 S.) 1 Bd 8.
= Universal-Bibliothek. [No] 2918. [96. 1772

Voß, Richard: Allerlei Erlebtes. Mit e. Jugendportr. d. Verf. Stuttgart: A. Bonz & Co. 1902. (188 S.) 8°

— allerlei Erlebtes. Mit 1 Jugendportr. des Verf. 2. Aufl. (VII, 188 S.) 12. Stuttgart 902. A. Bonz & Co. n. 2. —; geb. in Leinw. n. 3. —

— Erlebtes u. Geschautes. Bilder aus Italien. 8. (VII, 462 S.) Jena 888. Costenoble. n. 7. —; geb. n. 8. 20

— Erlebtes u. Geschautes. Bilder aus Italien. 2. (Titel-)Aufl. 2 Thle. in 1 Bd. 8. (V, 462 S.) Jena 890, Costenoble. * 6 —; geb. * 7 20

— Erlebtes u. Geschautes. Bilder aus Italien. 2. (Titel-)Aufl. 2 Thle. in 1 Bd. 8. (V, 462 S.) Jena 892. H. Costenoble. n. 6. —; geb. n. 7. 20

— Eva, s.: Universal-Bibliothek.

— Villa Falconieri. Die Geschichte einer Leidenschaft. (Engelhorns allgemeine Romanbibliothek. Salon-Ausg.) 2 Tle in 1 Bde. (144 u. 183 S.) kl. 8. Stuttgart 906. J. Engelhorn. Geb. in Halbleinw. n. 3. —

Villa Falconieri. Die Geschichte einer Leidenschaft. Von Richard Voß. Bd 1. 2. Stuttgart: Engelhorn [1909]. 8°
(Engelhorns Allgemeine Romanbibliothek. Jg. 13, Bd 1. 2.)
(Bibliothek August Scherl. Bd 558.) [10. 13911

— Villa Falconieri, s. Engelhorn's allgem. Romanbibliothek.

— Felice Feste, s.: Engelhorn's allgemeine Romanbibliothek.

— römisches Fieber. Roman. 8. (496 S.) Stuttgart 902. Deutsche Verlags-Anstalt. n. 6. —; geb. n. 7. —

— römisches Fieber. Roman. 3. Aufl. (496 S.) 8. Stuttgart 902. Deutsche Verlags-Anstalt. n. 6. —; geb. n.n. 7. —

— Frauengestalten. Edlen Frauen erzählt. 8. (III, 275 S.) Breslau 879. Schottländer. n. 5. —

— Das Frühlings-Märchenspiel. Ein Festgedicht zur Eröffng. des neuen großherzogl. Hoftheaters in Weimar am 11. 1. 1908. (32 S.) gr. 8. Weimar (908). A. Huschke Nachf. — 75

— La perduta gente. Selbsterlebtes. Mit e. Bilde des Dichters u. e. eigenen biograph. Einführg. (VII, 206 S.) kl. 8. Jena 909. H. Costenoble. 2. —; geb. in Leinw. 3. —

— Mutter Gertrud, Universal-Bibliothek Nr. 2073.

— die Geschichte des Erstlingswerks, s.: Franzos, Karl Emil.

— neue römische Geschichten. Illustriert v. Walth. Caspari. (111 S.) 8. Stuttgart (904). Union. n. 1. —; geb. n. 2. —

Der neue Gott. Roman von Richard Voss. *Stuttgart & Leipzig: Deutsche Verl.-Anst. 1898.* (240 S.) 8° [F.] [01 1807

— der neue Gott. Roman. (Neue [Titel-]Ausg.) 8. (240 S.) Ebd. [897.] (902). n. 1. —; geb. n. 1. 25

Voß, Rich., der Hamlet von Tusculum, s. Novellenschatz, neuer deutscher.

Voß, Rich., Helena. Aus den Papieren eines verstorbenen Pessimisten. gr. 8. (122 S.) Zürich 874, Verlags-Magazin. *

Voss, Ric. (geb. Frankfurt a. O. 11. 7. 1850): De regula: „Heredi a semet ipso mutiliter legatur." Berolini (1873). (62 S.) 8°
Berlin, Jur. Diss. v. 8. Aug. 1873

[F.] Zwischen zwei Herzen. Schausp. in 4 Aufz. v. Richard Voss. Neubearb. Soufflier- u. Regiebuch m. Dekorationspl. u. d. vollst. Scenarium. *Leipzig: Ph. Reclam jr. [1895].* (87 S.) 1 Bd 8.
= Universal-Bibliothek. [No] 3404. [96. 1773

— Giorgio Jenatsch. (Tragedia.) Traduzione di Tommaso Semadeni. (148 S.) 8. Chur 908. F. Schuler. 1. 60

[F.] Jürg Jenatsch. Trauersp. in 5 Aufz. v. Richard Voss. Soufflierbuch d. Stadttheaters in Zürich. *Leipzig: Ph. Reclam jr. [1893].* (107 S.) 1 Bd 8.
= Universal-Bibliothek. [No] 3052. [96. 1774

Voss, Richard. Jürg Jenatsch. Trauerspiel in fünf Aufzügen. Soufflierbuch des Stadttheaters in Zürich. [Neu-Ausgabe.] 107 S. 8. Leipzig, Philipp Reclam jun., [1902]. (M. —.20)
(Universal-Bibliothek. Nummer 3052.)

— Juliane, s.: Deva-Roman-Sammlung.

Voß, Rich., Juliane. Roman. 8. (224 S.) Stuttgart 890. Deutsche Verlags-Anstalt. n. 3. —

— Juliane. Roman. (Wohlf. [Titel-] Ausg.) 8. (224 S.) Ebd. (890) 896. n. 1. —; geb. n. 1. 25

Voß, Rich., Richards Junge. (Der Schönheitssucher.) Roman. 1.—3. Aufl. (538 S.) 8. Stuttgart 908. 09. J. G. Cotta Nachf. 5.—; geb. in Leinw. 6. —

[F.] Die blonde Kathrein. E. Märchensp. nach Andersen in 3 Tln v. Richard Voss. Bühneneinrichtg. M. d. Bildn. d. Vfs. *Leipzig: Ph. Reclam jr. [1895].* (85 S.) 1 Bd 8.
= Universal-Bibliothek. [No] 3454. [96. 1775

—— Kinder des Südens, s. Engelhorn's allgemeine Roman-Bibliothek.

— Kinder d. Südens. Römische Geschichten. [Engelhorn's allgemeine Romanbibliothek, Salon-Ausg.] 8. (152 S.) Stuttgart 889. Engelhorn. geb. n. 2. —

Voß, Richard: Der König, s. Universal-Bibliothek.

Voß, Richard: Ein Königsdrama, s. Engelhorn's allgem. Roman-Bibliothek.

Die Leute von Valdaré. Ein Roman aus d. Dolomiten von Richard Voß. Mit Ill. von C. Liebich. Stuttgart: A. Bonz & Co. 1903. (428 S.) 8° [F.] [07. 3533

— die Leute v. Valdaré. Ein Roman aus den Dolomiten. Mit Illustr. v. C. Liebich. 3. Aufl. (428 S.) 12. Stuttgart 903. A. Bonz & Co. n. 4. 50; geb. in Leinw. n. 5. 60

— Die Liebe Daria Lantes. Ein röm. Roman. (461 S.) 8. Stuttgart 908. Deutsche Verlags-Anstalt. 5.—; geb. 6. —

— Magda. Trauerspiel in 5 Aufzügen. 8. (110 S.) Zürich 879. Verlags-Magazin. n. 1. 60

[F.] Malaria. Schausp. in 5 Aufz. v. Richard Voss. *Leipzig: Ph. Reclam jr. [1893].* (91 S.) 1 Bd 8.
= Universal-Bibliothek. [No] 1893. [96. 1776

[F.] Arme Maria. Schausp. in 5 Aufz. v. Richard Voss. *Leipzig: Ph. Reclam jr. [1894].* (98 S.) 1 Bd 8.
= Universal-Bibliothek. [No] 3275. [96. 1777

— Messalina. Eine Satyre. Vom Verf. d. „Scherben". 8. (284 S.) Zürich 881. Schmidt. n. 4. —

—— Messalina. Eine Satyre. Reise-Ausg. 8. (284 S.) Zürich 887, Caesar Schmidt. *

Voß, Rich. (geb. 2. Septbr. 1851, lebt abwechselnd in Berchtesgaden und in Frascati bei Rom), Messalina. Eine Satyre. Dichtung in 10 Gesängen. Zürich, o. J. (c. 1890?). 8°. 284 S. (Mk. 4—.) (1 Mk. 50 Pfg. Carl Uebelen, München, 1892.)
Fehlt in Kürschner's Litt.-Kal. f. 1909, wo aber Sp. 1754 angezeigt: „Messalina. Tr. 1890."

— Pater Modestus. Schauspiel in 5 Akten. 8. (85 S.) Leipzig 883. Friedrich. n. 1. —

Voß, Richard: Der Mohr d. Zaren, s. Universal-Bibliothek.

— der Mohr des Zaren. Schauspiel in 5 Aufzügen. Nach einem Fragment von Puschkin. 8. (III, 114 S.) Frankfurt a/M. 883. Koenitzer. n. 2. —

— der Mönch v. Berchtesgaden u. andere Erzählungen, s.: Engelhorn's allgemeine Romanbibliothek.

— die Mutter der Catonen, s.: Engelhorn's allgemeine Romanbibliothek.

— Narzissenzauber. Das Wunderbare, s.: Reclam's Novellen-Bibliothek.

— dasselbe, s.: Universal-Bibliothek.

— Novellen. 8. (III, 294 S.) Berlin 889. Freund & Jeckel. n. 3. —

Voss, Richard
Nubia. Erzählung. Von Richard Voß.
Stuttgart, Leipzig,
Berlin, Wien: Dt. Verl.-Anst. 1889. 201 S. 8°

— Nubia. Erzählung. (Neue Titel-Ausg.) 8. (201 S.) Stuttgart 894. Deutsche Verlags-Anstalt. n. 1. —; geb. n. 1. 25

Das Opfer. Eine Erzählung von Richard Voss. *Breslau: S. Schottlaender 1901.* (171 S.) 8° [F.] [01 1043

Voß, Richard: Die Patricierin, s. Universal-Bibliothek.

— die Patricierin. Trauerspiel in 5 Aufzügen. 8. (223 S.) Ebend. 881. n. 2. —

Psyche. Roman von Richard Voss. *Bielefeld & Leipzig: Velhagen & Klasing 1901.* (306 S.) 8° [F.] [01. 9649

Die Rächerin u. andere römische Novellen von Richard Voß. Ill. von A. F. Seligmann. Stuttgart: A. Bonz & Co. 1899. (324 S.) 8° [F.] [07. 8613

— die Rächerin u. andere römische Novellen. Illustriert v. A. F. Seligmann. 3. Aufl. 12. (VII, 324 S.) Stuttgart 899. A. Bonz & Co. n. 3. —; geb. in Leinw. 4.20

— Rafael. Eine Festgabe zur Feier seiner 400jähr. Geburt den 6. April 1883. gr. 8. (45 S.) Frankfurt a/M. 883. Koenitzer. n. — 80

— die Reise nach Mentone, s.: Engelhorn's allgem. Roman-Bibliothek.

— Rolla. Die Lebenstragödie e. Schauspielerin. 2 Bde. 8. (VIII, 269 u. 303 S.) Leipzig 883. Friedrich. n. 8. —; geb. n. 10. —

—— Rolla. Die Lebenstragödie e. Schauspielerin. 2. Aufl. 2 Thle. in 1 Bd. 8. (VIII, 248; III, 283 S.) Lpz. 890, W. Friedrich. * 4 — geb. * 5 —

— Rolla. D. Lebenstragödie e. Schauspielerin. 3. [Titel-] Aufl. 2 Tle. in 1 Bd. 8. (VII, 248 u. III, 283 S.) Gera (890) 897. C. B. Griesbach. n. 4. —; geb. in Leinw. n. 5. —

Rolla. Die Lebenstragödie einer Schauspielerin erzählt von Richard **Voß**. Leipzig: Reclam (1910). 448 S. 8°
(Universal-Bibliothek. 5221/5224.) [10. 14160

— Rolla, s.a. Universal-Bibliothek.

— Romeo u. Julia im Albanergebirge, s.: Engelhorn's allgemeine Roman-Bibliothek.

— die neuen Römer. Roman aus der röm. Wildniß. 2 Bde. 2. Aufl. 8. (VI, 247 u. 255 S.) Dresden 885. Minden. n. 6. —; geb. in 1 Bd. n.n. 7. 20

— die neuen Römer. Roman aus der röm. Wildnis. 2 Bde. 4. Aufl. (VI, 247 u. 255 S.) 8. Dresden 905. H. Minden. n. 6. —; geb. n.n. 7. 20

— die Sabinerin, s.: Engelhorn's allgemeine Roman-bibliothek.

— Samum. Roman aus dem modernen Rom in 2 Tln. (495 S.) 8. Stuttgart 903. J. Engelhorn. n. 5. —; geb. in Leinw. n. 6. —

Samum. Roman aus d. modernen Rom von Richard **Voss**. Bd 1. 2. Stuttgart: J. Engelhorn 1905. 2 Bde 8° [F.]
= **Roman-Bibliothek**, Engelhorns Allgemeine. Jg. 22, Bd 5. 6. [07. 9192 2

Voß, Richard: Samum. s.a. Engelhorn's allgemeine Roman-Bibliothek.

— Luigia Sanfelice, s.: Universal-Bibliothek.

— Luigia Sanfelice. Trauerspiel in 5 Aufzügen. Mit dem „Räuberjubiläumspreis" am Schillertage zu Mannheim gekrönt. 8. (X, 118 S.) Ebend. 882. n. 2. —

Santina und anderes Römisches von Richard **Voß**. Ill. von Max Schlichting. Stuttgart, Berlin, Leipzig: Union [1905]. (69 S.) 8° [F.] [05. 11916

— Savonarola. Trauerspiel in 5 Aufzügen. 8. (128 S.) Wien 878. Rosner. n. 2. 40

[F.] Savonarola. Trauersp. in 5 Aufz. v. Richard **Voss**. *Leipzig: Ph. Reclam jr. [1895].* (106 S.) 1 Bd 8.
= **Universal-Bibliothek**. [No] 3366. [96. 1778

Schönheit. Ein römischer Roman in 3 Teilen. Von Richard **Voss**. Berlin: Janke 1910. 498 S. 8° [11. 11196

[F.] Schuldig! Drama in 3 Aufz. v. Richard **Voss**. *Leipzig: Ph. Reclam jr. [1892].* (76 S.) 1 Bd 8.
= **Universal-Bibliothek**. [No] 2930. [96. 1779

— Die Schuldige, s.: Engelhorn's allgemeine Roman-Bibliothek.

— San Sebastian, s.: Collection Spemann.

Richard **Voss**. San Sebastian. *Stuttgart, Berlin, Leipzig: Union [1900].* (211 S.) 8° [F.]
— **Romano, Moderne**, aller Nationen. 1. [01. 13071

[F.] Aus meinem Römischen Skizzenbuch. Von Richard **Voss**. *Leipzig: C. G. Naumann 1896.* (4 Bl., 183 S.) 1 Bd 8.
= **Kennst** du d. Land? Bd VII. [97. 956

— der Sohn der Volskerin. Roman. 8. (252 S.) Stuttgart 886. Bonz & Co. n. 4. —; geb. n. 5. —

Voss, Richard [aus Teterow]: Theorie der Thetafunctionen einer Veränderlichen, deren Charakteristiken sich aus gebrochenen Zahlen zusammensetzen lassen .... Greifswald, Druck v. F. W. Kunike, 1886; 1 Bl. + 44 S. 8°.
Rostock, Phil. Fak., Inaug.-Diss. v. 24. Dez. 1886.

Voss, Richard, Theorie der Thetafunctionen einer Veränderlichen, deren Charakteristiken sich aus gebrochenen Zahlen zusammensetzen lassen. Diss. Rostock 1886, G. B. Leopolds Univ.-Buchh. 8°. 44 S.

Voss, Richard. Der Todesweg auf den Piz Palü. Roman. [Umschlag illustriert.] IV + 308 S. 8. Berlin-Wien, Ullstein & Co., [1910]. ([geb.] M. 1. —)
Ullstein-Bücher. Eine Sammlung zeitgenössischer Romane. (Band 10.)

— Der Todesweg auf den Piz Palü, s.a. Ullstein-Bücher.

— treu dem Herrn, s.: Universal-Bibliothek.

[F.] Unebenbürtig. Trauersp. in 5 Aufz. v. Richard **Voss**. *Leipzig: Ph. Reclam jr. [1892].* (96 S.) 1 Bd 8.
= **Universal-Bibliothek**. [No] 3366. [96. 1780

—— Unfehlbar. Schauspiel in 5 Aufzügen. [Als Mscr. gedr.] 8. (180 S.) Cassel 874, Kay. *

— Visionen eines deutschen Patrioten. gr. 8. (94 S.) Zürich 874. Verlags-Magazin. n. 1. 50

— unehrlich Volk. Trauerspiel in 5 Aufzügen. 8. (VII, 106 S.) Dresden 884. Minden. n. 2. —

— wehe den Besiegten, s.: Universal-Bibliothek.

— Wenn Götter lieben. Erzählung aus der Zeit des Tiberius. 1. u. 2. Tausd. (XII, 254 S.) 8. Leipzig 907. J. J. Weber. 4.—; geb. in Leinw. 5. —

— das Wunder, s.: Universal-Bibliothek.

Voß', Rich., die neue Zeit, s.: Kritik, freie.

— Die neue Zeit, s. Universal-Bibliothek.

[F.] Der Zugvogel. Schausp. in 5 Aufz. v. Richard **Voss**. *Leipzig: Ph. Reclam jr. [1893].* (95 S.) 1 Bd 8.
= **Universal-Bibliothek**. [No] 3096. [90. 1781

Voss, Robert von: Ueber den **Begriff** der Erkenntnis, insbesondere der intuitiven, bei Spinoza. *(Leipzig [1901]: Brückner & Niemann.)* (39 S.) 8°
Leipzig, Phil. Diss. v. [9. Mai] 1901

Voß, Rob., fröhliche Stunden. Heitere Declamationen in Poesie u. Prosa. Die vorzüglichsten Vorträge zur Erheiterung fröhl. Gesellschaften. 8. (64 S.) Hamburg 877. Kramer. n. — 50

Voß, Rudolf

Voß, Rud., ausgewählte Gedichte. 8. (95 S.) Leipzig 886. M. Hesse. n. 1. —

Voß, Rud., s. d. Magnetismus.

Voß, Rudolf: Der Magnetismus u. meine Fortdauer, s. Voß, Joh. Heinr.

Voß, Rud., der Tanz und seine Geschichte. Eine kulturhistorisch-choreograph. Studie. Mit einem Lexikon der Tänze. gr. 8. (IV, 404 S.) Berlin 868, Seehagen. *

Voß, Rudolf, Der Tanz und seine Geschichte, E. kulturhistorisch-choreographische Studie m. e. Lexikon d. Tänze, Berlin 1869, 402 S., 8°.

VOSS, Rudolf (Kgl. Tänzer und Hoftanzlehrer), Der Tanz und seine Geschichte. Eine kulturhistorisch-choreographische Studie. Mit einem Lexikon der Tänze. Erfurt, Fr. Bartholomäus, o. J. (1869). 8°. 402 S. (1 1/3 Rthl.) (In Hannover, Stadtbibl.; auch in Dresden, mit d. Jahrz. „1879".) (2 Mk. 50 Pfg. J. A. Stargardt, Berlin, c. 1888; 4 Mk. Th. Bertling, 1887.)

Voss, Rud., Der Tanz und seine Geschichte. Eine culturhistorisch-choreographische Studie. Mit einem Lexicon der Tänze. Erfurt 1879. 8. . . . . (D.)

Voss, Rudolph. Ueber den heutigen gesellschaftlichen Tanz und das Ballet. Nebst einem Auszug aus: Lessing's Uebersetzung der Briefe Noverre's über die Tanzkunst. 1769
Weimar: T. F. A. Kuhn 1862
Vortit., Tit., 2 Bl., 116 S. 8°.

—— **Touren des Contre-Tanzes, des Lancier (Quadrille à la cour), der Alliance und der Quadrille-Mignon. 3. Aufl. 32. (32 S.) Weimar 867, Kühn.** *

Voss, Rud., Tanz-Touren. Contre-Tanz. — Lancier. — Alliance, Quadrille-Mignon. — Cotillon. — Pariser Polka. 4. verm. Aufl. 32. (70 S.) Weimar 871. Kühn. n. — 50

— dasselbe. 5. Aufl. 16. (70 S.) Ebend. 875. n. — 60

Voss, Rud., Tanz-Touren. Contre-Danse, Lancier, Alliance, Quadrille, Mignon, Cotillon, Pariser Polka. 7. Aufl. 16. (70 S.) Weimar 880. Kühn. n. — 60

Voss, Sophie Marie Gräfin v., 69 Jahre am preußischen Hofe. Aus den Erinnerungen. 1.—4. unveränd. Aufl. gr. 8. (441 S. mit 1 Portr. in Stahlst. und 1 Stammtaf.) Leipzig 876, Duncker und Humblot. * ℳ 9.; geb. in Leinw. * geb. in Halbfrz. *

Voß, Sophie Marie Gräfin v., neunundsechzig Jahre am preußischen Hofe. Aus den Erinnerungen. 6 Lfgn. 5. Aufl. gr. 8. (440 S. mit 1 Stammtaf. und 1 Portr. in Stahlst.) Leipzig 887, Duncker und Humblot. à Lfg. * ℳ 1.—. * geb. *

Voss, Sophie Marie Gräfin v., 69 Jahre am preußischen Hofe. Aus den Erinnergn. Mit 1 Portr. in Stahlst. u. 1 Stammtaf. 6. unveränd. Aufl. gr. 8. (440 S.) Leipzig 894. Duncker & Humblot. n. 6. —; geb. in Leinw. n. 7. 20

Voß, Sophie Marie Gräfin v., 69 Jahre am preußischen Hofe. Aus den Erinnergn. Mit 1 Portr. in Stahlst. u. 1 Stammtaf. 7., unveränd. Aufl. gr. 8. (440 S.) Leipzig 900. Duncker & Humblot. n. 6.—; geb. n. 7. 20

Voss, Sophie Marie Gräfin v., 69 Jahre am preußischen Hofe. Aus den Erinnergn. Mit 1 Portr. in Stahlst. u. 1 Stammtaf. 8., unveränd. Aufl. (440 S.) gr. 8. Leipzig 908. Duncker & Humblot. 6.—; geb. 7. 20

Voß, Sophie v., drei Menschenalter. Novelle. 8. (163 S.) Gera 873, Griesbach's Verlag.

Voß, Theodor

Voß, Thdr., Fibel f. den Schreibleseunterricht. 8. (II u. 66 S. wovon 20 lith.) Worms 852, Rahke. n. 4 ngr

Voß, Fibel für den Schreibleseunterricht. 2. umgearb. Aufl. Worms 855. Rahke. 8. (66 S.) n. 4 ngr.

— Liederkränzchen f. die liebe Jugend gewunden. 32. (123 S.) Münster 849, Deiters. 3 ngr

Voß, Thdr., Liederkränzchen für die liebe Jugend. (2. Abdr.) Münster (855.) Deiters. 32. (123 S.) 3 ngr.

Voss, Ulrich: Die Parinaud'sche Conjunctivitis. Rostock 1908: Adler. 40 S. 8°
Rostock, Med. Diss. v. 12. Juni 1909, Ref. Peters
[Geb. 15. Sept. 81 Sanitz; Wohnort: Sanitz; Staatsangeh.: Mecklenburg-Schwerin; Vorbildung: Gymn. Neubrandenburg Reife O. 03; Studium: München 1, Heidelberg 4, Rostock 5 S.; Coll. 28. Sept. 08; Approb. 30. Juni 09.] [U 09. 3731

Voss, Ulrich, aus Rostock: Ueber **Phenyl-Methylhalogenpyrazole.** *Rostock 1901: C. Hinstorff.* (55 S.) 8°
Rostock, Phil. Diss. v. [12. Jan.] 1901

Lateinische Stenographie nach Wilhelm Stolze. Eine Übertr. d. Stolzeschen Systems auf d. Lateinische auf Grund von Fach- u. Alt-Stolze. Unter Mitw. von Hans Zimmermann vert. von Ulrich **Voss**. Berlin: Schöneberger Centralbuchh. 1907. (24 S.) 8° [Text autogr.] 108. 0619

Welches sind die Hauptanforderungen, denen ein gutes Stenographie-System genügen muß? Einige allgem. Betrachtungen über d. Stenogr., unter besond. Berücks. d. Stolzeschen Fach-Stenogr. Von Ulrich **Voss**. Berlin-Schöneberg: E. Rohde [1906]. (16 S.) 8° [F.] 1.6 12370

Voß, Ulr., welches sind die Hauptanforderungen, denen e. gutes Stenographiesystem genügen muß? Einige allgemeine Betrachtgn. üb. die Stenographie, unter besond. Berücksicht. der Stolzeschen Fach-Stenographie. (16 S.) 8. Berlin-Schöneberg (906). Schöneberger Centralbuchh. u. Antiquariat. n. —50

Voß, W., Lehrbuch d. englischen Sprache. gr. 8. (VI, 146 S.) Hamburg 895. J. Kriebel. Geb. in Halbleinw. n. 1. 80

— dasselbe. Wörterbuch. gr. 8. (41 S.) Ebd. 896. n. — 40

— dasselbe. 2. Tl. gr. 8. (VII, 221 S.) Ebd. 897. Geb. n. 2. 60

Voß, W., Lehrbuch der englischen Sprache besonders f. Gewerbe- u. Fortbildungsschulen. (VIII, 242 S.) gr. 8. Dresden 903. G. Kühtmann. n. 2. 20; geb. n. 2. 40

Voss W.: *Carl Zois*, Freiherr v. Edelstein. 1884.

Voss, Walther, Approb. Arzt aus Rostock: Aus d. Chirurg. Universitäts-Klinik zu Rostock. Klinisch-statistischer Beitrag zur Frage der sogen. traumatischen Lokal-Tuberkulose, speziell der Knochen und Gelenke. *Rostock 1903: H. Winterberg.* (80 S.) 8°
Rostock, Med. Diss. v. [15. Jan.] 1904

Voss, Walter, Referendar: Das Schiffsregister. Borna-Leipzig 1909: Noske. X, 105 S. 8°
Erlangen, Jur. Diss. v. 1. März 1909, Ref. Sehling
[Geb. 15. Sept. 84 Hamburg; Wohnort: Hamburg; Staatsangeh.: Hamburg; Vorbildung: Gymn. Wandsbek Reife 02; Studium: Jena 4, Leipzig 1, Göttingen 1 S.; Rig. 26. Jan. 09.] [U 09. 746

Voss, Werner: Die Konvention von Tauroggen. Berlin 1910: Ebering. 102 S. 8° ¶(Ersch. auch als Buch ebd.)
Königsberg, Phil. Diss. v. 1. April 1910, Ref. Krauske, Rühl, Werminghoff
[Geb. 7. Mai 87 Königsberg i. P.; Wohnort: Königsberg; Staatsangeh.: Preußen; Vorbildung: Wilhelms-Gymn. Königsberg Reife O. 05; Studium: Königsberg 2, Halle 1, Königsberg 7 S.: Rig. 19. Febr. 10.] [U 10. 2630

Voß, Wilhelm

Voss W.: Der Apfelbaum und seine Feinde. 24. Laibach R. 75. Progr.

Voß, Wilh. v., die Befreiungs-Kriege 1813–1815, s. a. Preußen-Deutschland's Kriege von der Zeit Friedrichs des Großen bis auf die Gegenwart. 4. Bd.

Voß, [Wilhelm] von: Die Befreiungs-Kriege 1813–1815. Auf Grund d. neuesten Quellen bearb. Mit 13 Portr. Berlin: Voß; München: Riedel; Wien: Seidel [1907]. XII, 254 S. 4° (8°)
(Preußen-Deutschlands Kriege von d. Zeit Friedrichs d. Großen bis auf d. Gegenwart. Bd 4.)

Voss, [Wilh.] v., Die Befreiungs-Kriege 1813–1815. Auf Grund d. neuesten Quellen bearb. Berlin, München, Wien (1908). 8°.
(Preussen-Deutschlands Kriege red. von Friedr. v. d. *Boeck*. Bd 4.)

Voss W.: Beiträge z. Kenntniss d. »Kupferbrandes« u. d. »Schimmels« beim Hopfen. 1876.

Voss W.: Der Bernstein auf der Fischerei-Ausstellung zu Berlin. (ca. 1880.)

Voss, [Wilhelm] von, appr. Arzt: Die Beteiligung stehengebliebener Drüsen- und Haarbalgreste an der Epidermisierung bei Defekten der Epitheldecke. Göttingen 1905: Dieterich. (32 S.) 8°
Göttingen, Med. Fak., Ref. Ribbert, Diss. v. 13. Mai 1905
[Geb. 14. Okt. 77 St. Petersburg; Wohnort: Braunschweig; Staatsangeh.: Braunschweig; Vorbildung: Neues Gymn. Braunschweig Reife M. 97; Studium: Marburg 4, Heidelberg 5 S.; Coll. 28. Febr. 05; Approb. 5. Juni 03.]

Voss W.: Eine seltene Bildungsabweichung an der Frühlingsknotenblume (*Leucojum vernum L.*). 1885.

Voss, W.: Ueber die niederösterr. Blumenwespen. (Anthophila Latr.) 31 S. 8° – Wien, OR. Jos., Progr. 1873.

Voss, Wilh., die Brand-, Rost- u. Mehlthaupilze [Ustilaginei, Uredinei, Erysiphei et Peronosporei] der Wiener Gegend. [Aus: „Verhandlgn. der k. k. zool.-bot. Ges. in Wien".] gr. 8. (50 S.) Wien 876. Braumüller. n. 1. —

†Voß, Wilhelm: Allgemeine Chemie im Rahmen des Pensums der Unterprima eines Realgymnasiums. 19 S. 8.
Progr. Städt. Reform-Realgymn. u. Realschule *Itzehoe* 1909 (389).

Der Feldzug in der Pfalz und in Baden im Jahre 1849. Bearb. von Wilhelm v. **Voß**, Generalmaj. z. D. Mit 18 Kartenskizzen, 1 Übersichtskarte u. 1 Gefechtspl. *Berlin: R. Eisenschmidt 1903.* (522 S.) 8° [F.] [03. 15171

Voss, W.: Florenbilder aus den Umgebungen Laibachs. 51 S. – Laibach, Progr. 1889.

Das 2. Niederschlesische Infanterie-Regiment Nr. 47. 1860 bis 1910. Auf Grund d. 'Geschichte des 2. Niederschlesischen Infanterie-Regiments Nr. 47' von Leopold v. Winning u. anderer Quellen neu bearb. von Wilhelm v. **Voß**, Gen.Maj. z. D. Mit 8 Kt. u. 6 Lichtdr.-Bild. Berlin: Eisenschmidt 1910. VII, 420 S. 8° [10. 15032

Voss, Wilhelm *Theodor Karl* [aus Wustrow in Mecklenb.-Schw.]: Ueber Laugenvergiftung . . . Berlin, Buchdr. v. G. Schade, *1892;* 32 S., 1 Bl. 8.
Berlin, Med. Fak., Inaug.-Diss. v. 17. Aug. 1892

Voss, Wilh., Materialien zur Pilzkunde Krains. [Aus: „Verhandlgn. d. k. k. zool.-bot. Gesellsch. in Wien".] gr. 8. (64 S. m. 1 Steintaf.) Wien 878. (Leipzig, Brockhaus' Sort.) n. 1. 20

Voss, Wilh., d. **Mineralien** d. Herzogth. Krain. M. 1 Uebersichtskarte d. Mineralfundorte in Krain. [Aus: „Mittheilungen d. Musealvereines f. Krain".] gr. 8. (101 S.) Laibach 895. (I. v. Kleinmayr & F. Bamberg.) n. 1. 60

Voss, Wilh. Mycologia carniolica. Ein Beitrag zur Pilzkunde d. Alpenlandes. 4 Thle. gr. 8. Berl., Friedländer u. Sohn. * 6 30
1. Hypodermii, Phycomycetes, Basidiomycetes (Uredineae). (S. 1—70.) 889. * 1 50.
2. Basidiomycetes, Ascomycetes pr. p. (S. 71—148.) 890. * 1 80.
3. Ascomycetes. (S. 149—218.) 891. * 1 50.
4. Fungi inferiores, Mycelia, Myxomycetes. (S. 219—302.) 892. * 1 50.
Vorstehende 4 Theile sind aus: Mittheilgn. d. Musealvereins für Krain, besonders abgedruckt.

Voß, Wilh. de: Preisschrift über den Gebrauch u. Misbrauch der Urkunde Andrer im Handel u. Wandel. Nebst zwoen andern dahin einschlagenden Abh. Aus d. Holländ. u. Franz. (übers. von Sam. Sim. Witte). Bützow u. Wismar 1778.

Voss, W. de: „Preisschrift über den Gebrauch und Missbrauch der Unkunde Anderer im Handel und Wandel, nebst zwei Andern dahin einschlagenden Abhandlungen"; (die 3. von P. Frank) aus dem Holländischen und Französischen (von S. S. Witte), Bützow und Wismar 1778. — Vorh.: Com. Bibl. Hamburg.

v. Voß, Wlh., Preisschrift üb. d. Gebräuche u. Mißbräuche d. Unkunde Anderer im Handel u. Wandel; aus d. Holländ. v. S. S. Witte. 8. Bützow 778. (Bödner in Schwerin). 12 K

— die Regiments-Namen der altpreußischen Armee. (95 S.) gr. 8. Berlin 904. R. Eisenschmidt. n. 2. —

Voss, Wilh., Republik u. Königthum im alten Germanien. Eine histor. Abhandlg. gr. 8 (V, 80 S.) Leipzig 885. Duncker & Humblot. n. 1. 80

— Napoleons Untergang 1815, s. i. Geschichte der Befreiungskriege.

Voss, Wilhelm: Die Verhandlungen Pius IV. mit den katholischen Mächten über die Neuberufung des Tridentiner Concils im Jahre 1560 bis zum Erlass der Indiktionsbulle vom 29. Nov. desselben Jahres. Historische Abhandlung . . . Leipzig, Druck v. Hesse & Becker, 1887; 136 S. + 1 Bl. 8°
Leipzig. Phil. Fak., Inaug.-Diss. v. 15. Dez. 1887

Voss, W., die Verhandlungen Pius IV. m. den katholischen Mächten üb. die Neuberufung d. Tridentiner Concils im J. 1560 bis zum Erlass der Indiktionsbulle v. 29. Nov. desselben Jahres. Historische Abhandlg. gr. 8. (136 S.) Leipzig 887. Fock. n. 1. 80

Voss, W.: Versuch einer Geschichte der Botanik in Krain 1754–1883. 56 u. 39 S. – Laibach, Progr. 1884. 1885.

Voss, Wilh., Versuch e. Geschichte der Botanik in Krain [1754 bis 1883]. gr. 8. (110 S. m. Holzschn.) Laibach 885. v. Kleinmayr & Bamberg. n.n. 3. —

Voß, Wilhelm, aus Uetersen: Neue **Versuche** über das Winden des Pflanzenstengels. Mit 2 Taf. u. 5 Fig. im Text. *(Leipzig) 1902: (Breitkopf & Härtel).* (26 S.) 4° ¶[Aus: Botan. Zeitung, Jg. 60, 1902, Abt. 1.]
Kiel, Phil. Diss. v. [25. Apr.] 1903

Yorck von W[ilhelm] v. **Voß**, Gen.Major z. D. Berlin: B. Behr 1906. (97 S.) 8° [F.]
= **Erzieher** d. Preußischen Heeres. Bd 4. [06. 4284

[Voss-]Zietz, Martha: Das kirchliche Frauenstimmrecht. — Bremen: Schünemann 1904. 16 S. 8°

[Voss-]Zietz, Martha: Stellung der Frau in der evangelischen Kirche. — Gautzsch b. Leipzig: Dietrich 1910. 16 S. 8° [Umschlagt.] (Kultur u. Fortschritt. 321.)

Vossberg, F. A. Banderia Prutenorum, oder die Fahnen des deutschen Ordens und seiner Verbündeten, welche in den Schlachten des 15. Jahrhunderts eine Beute der Polen wurden. Mit 8 Tfln. Berlin 1849

— Geschichte der Preuß. Münzen u. Siegel bis zum Ende der Herrschaft des Deutschen Ordens. Vollständig in 2 Liefg. gr. 4. (Mit 20 Kupfertaf., vielen Münz- u. Siegel-Abbild.) Ebend. 842, 43. n. 8 ℳ

Voßberg, F. A., Münzen u. Siegel der preuß. Städte Danzig, Elbing, Thorn, so wie der Herzöge von Pomerellen im Mittelalter. Mit vielen Münz- u. Siegel-Abbildungen (im Text u. auf 4 Kupfertaf.) gr. 4. Berlin 841, Fincke. n. 1½ ℳ

F. A. Voßberg, Münzgeschichte der Stadt Danzig. Berlin, 1852. (Früher schon in: v. Köhne's Zeitschr. f. Münzkunde. 1846. Bd. 6. S. 269 ff.). Dazu: Voßberg's „Nachträge zur Münzgeschichte Danzigs," in den Berliner Blättern für Münz-, Siegel- und Wappenkunde. Thl. 2. S. 318—335.

Vossberg, F. A., Siegel der Mark Brandenburg, s. Siegel.

(**Vossberg, F. A.**,) Siegel des Mittelalters von Polen, Lithauen, Schlesien, Pommern und Preussen. Ein Beitrag zur Förderung diplomat., genealog., numismat. und kunstgeschichtl. Studien über ursprünglich slavische Theile der preuss. Monarchie. gr. 4. (IV und 48 S. mit 25 Kpfrt.) Berlin 854, (Stargardt.) **

Vossberg, F. A., Wappenbuch der Städte des Grossherzogth. Posen. gr. 4. (18 S. mit 16 Stnt. Abbild.) Berlin 866, Stargardt. **

Vossberg, Walter, a. Berlin: Die deutsche Baugenossenschafts-Bewegung. Halle a. S. 1905: (A. Unger, Berlin). (241 S.) 8° ¶(Erschien unter dem gleichen Titel im Verlage von A. Unger, Berlin.)
Halle, Phil. Fak., Ref. Conrad, Diss. v. 22. Dez. 1905
[Geb. 25. Juli 80 Berlin; Wohnort: Berlin; Staatsangeh.: Preußen; Vorbildung: Wilh.-Gymn. Berlin Reife M. 98; Studium: Halle 1, Berlin 1, München 1, Halle 1, Berlin 2 S.; Rig. 6. Juli 05.]

Die deutsche Baugenossenschafts-Bewegung. Von Dr. Walter **Vossberg**. Berlin: A. Unger 1906. (241 S.) 8° [07. 376

Joachim Vosse

De Intestino caeco eiusque adpendice vermiformi. Goettingae (1749:) Hager. 44 S. 8°
Göttingen, Med. Diss. v. 5. Apr. 1749

Die Amphipoden der Plankton-Expedition. Von Prof. Dr. J[ulius] **Vossoler**, Stuttgart. Th. 1, 1. *Kiel & Leipzig: Lipsius & Tischer 1901.* 4°
= **Ergebnisse** d. Plankton-Expedition d. Humboldt-Stiftung. Bd 2. G. e. [01. 5380

Vosseler, Julius [aus Stuttgart]; Die freilebenden Copepoden Württembergs und angrenzender Gegenden. (Sep.-Abdr. aus „Jahreshefte d. Vereins f. vaterl. Naturkunde in Württ." 1886.) . . . Stuttgart, E. Schweizerbart'sche Verlagsh. (E. Koch), 1886; 4 S. + S. 167—204 u. Taf. IV—VI. 8°.
Tübingen, Naturwiss. Fak., Inaug.-Diss. v. 1886.

Vosseler, J., aus dem Leben ostafrikanischer Säuger. (III, 44 S.) gr. 8. Frankfurt a/M. 907. Mahlau & Waldschmidt. 1. 50
Sonderabdruck aus: „Zoolog. Beobachter".

Vosseler, Jul., Untersuchungen üb. glatte u. unvollkommen quergestreifte Muskeln der Arthropoden. gr. 8. (XII, 150 S. m. 6 lith. Taf.) Tübingen 891. H. Laupp. n. 6. —

Vosselmann, Anton, aus Dorsten i. W.: Die reichsstädtische Politik König Ruprechts von der Pfalz. *Paderborn 1904: F. Schöningh.* (VII, 92 S.) 8°
Münster, Phil. Diss. v. [9. Aug.] 1904

Die reichsstädtische Politik König Ruprechts von der Pfalz. Von Dr. Anton **Vosselmann**. Paderborn: F. Schöningh 1904. (VII, 92 S.) 8°
[Erschien als Inaug.-Diss. Münster 1904.]
= **Beiträge**, Münstersche, z. Geschichtsforschung. N. F. 4. [05. 1016

Vossen, A. Neuester Plan von **Cöln** und Umgebung. Mit Benutzung amtlicher Quellen gezeichnet. Cöln (1880) 1 Bl. 2. L.

Vossen, Ant., Tagebuch, s.: Redlich, Otto.

Vossen, Bartholomaeus (geb. Lüttich [illegible]): De [illegible] veteres. Berolini (1827) [illegible] 8°
Berlin, Med. Diss. v. [illegible]

Vossen, Frdr. Karl, Gesetz betr. die Vorausleistungen zum Wegebau, nebst Anmerkgn., Ausführungsbestimmgn. u. Anlagen (Formularen 2c.) hrsg. (96 S.) 8. Düsseldorf 903. L. Schwann. n. 1. 80; geb. in Leinw. n. 2. 40

Vossen, Friedrich Karl [Referendar b. Kgl. Landger. zu Aachen]: Ueber das Verhältnis von Rechtsfähigkeit und Handlungsfähigkeit ... Göttingen, Druck d. Univ.-Buchdr. v. W. F. Kästner, 1895; 62 S. 8.
Göttingen, Jur. Fak., Inaug.-Diss. v. [2. Okt.] 1895

Vossen, Gustav: Die Einwirkung von Chloral auf Malonester, eine Studie zum Benzolproblem. Bonn 1910: Ludwig. 66 S. 8°
Bonn, Phil. Diss. v. 10. Aug. 1910, Ref. Anschütz
[Geb. 22. Jan. 87 Aachen; Wohnort: Aachen; Staatsangeh.: Preußen; Vorbildung: Kaiser Wilhelms-Gymn. Aachen Reife O. 05; Studium: Aachen Techn. Hochsch. 5, Bonn 6 S.; Rig. 13. Juli 10.] [U 10. 428

Vossen, Carl (geb. am 12 Juni 1844 in Niederkassel bei Düsseldorf): Ueber die Frakturen der Rippen und ihrer Knorpel ... Bonn, Druck v. C. Georgi 1870. 31 S., 1 Bl. 8.
Bonn, Med. Fak., Diss. v. 26 Febr. 1870

Vossen, Leo [Referendar in Stolberg bei Aachen]: Die Contrebande des Krieges ... Aachen, Druck v. C. H. Georgi, 1896; 86 S., 1 Bl. 8.
Erlangen, Jur. Fak., Inaug.-Diss. v. [30. Juli] 1895

Vossen, L., Eindrücke und Ausblicke von einer Weltreise. Vortrag, gehalten in der 1. Generalversammlung des Mitteleuropäischen Wirtschaftsvereins in Deutschland am 27. Mai 1907 zu Dresden. Berlin, 1907. 12 S.

Vossen, Leo, die Handelsgesellschaften der wichtigsten Kulturstaaten in rechtsvergleichender Darstellung. (59 S.) 8. Zürich (910). Art. Institut Orell Füßli. — 60
Sonderabdruck aus: „Ztschr. d. internat. Anwalts Verb., Wien".

Vossen, Leo, Kartelle, Trusts, Ringe u. der deutsche Juristentag — der deutsche Kaufmannstand. Keine Spezialgesetze gegen die Syndikate! (30 S.) Lex.-8. Hannover (904). Helwing. n. 1. —

Vossen, Leo, Kartellgegnerschaft, Industriegegnerschaft. Eine Gefährdung des Volkswohls und wirtschaftliche Gefahr! gr. 8⁰. Hannover, Helwing, 1906. (51 S.)

Vossen, L., Kommentar u. System des öffentlichen u. privaten deutschen Reichsvereinigungsrechts. (XVI, 332 S.) gr. 8. Berlin-Wilmersdorf '09, Dr. W. Rothschild. 6. —; geb. 7. 80.

— Das preußische Quellenschutzgesetz vom 14. V. 1908. Kommentar u. systemat. Einführg. (III, 87 S.) 8. Hannover 909. Helwing. Kart. 3. —

— Das Recht der konzessionierten gewerblichen Anlagen. Sein heut. Zustand u. Reformvorschläge. (VIII, 150 S.) gr. 8. Ebd. 911. 4. —

Vossen, L., Der Schutz der Gewerbefreiheit u. der Verfassungsrechte durch das preussische Oberverwaltungsgericht. 2. teilweise umgearb. u. verm. Aufl. (V, 151 S.) gr. 8. Hannover, Helwing. 1910. 3. —

Der oberverwaltungsgerichtliche Schutz der Industrie und des Gewerbes sowie der Verfassungsgrundrechte gegen polizeiliche Ein- und Übergriffe. Von Dr. Leo **Vossen**, Rechtsanw. Hannover: Helwing 1907. (139 S.) 8° [F.] [07. 7337 6

Vossen, O(tto): Thesen, un Stelle der später zu veröffentlichenden Dissertation: De marasmo senili. (Nebst Lebenslauf.) Halle (1870): Plötz. 2 Bl. 8° Halle-Wittenberg, Med. Thesen v. 30 Juli 1870
Geb. Aachen 21. 8. 1845. V.
Die Diss. ist nicht ersch.

Vossen, Wilhelm, appr. Arzt a. Düsseldorf: Aus der chirurgischen Univ.-Klinik zu Gießen. Beitrag zur Kenntnis der Enchondrombildung an der Hand. Mit einer Tafel. Gießen 1904: v. Münchow. (26 S.) 8°
Gießen, Med. Fak., Ref. Poppert, Diss. v. 16. Aug. 1904
[Geb. 23. Jan. 77 Barmen; Wohnort: Düsseldorf; Staatsangeb.: Preußen; Vorbildung: Gymn. Warburg Reife O. 97; Studium: Freiburg i. B., Kiel, Heidelberg, München, Gießen, zus. 10 S.; Coll. 21. Juli 04; Approb. 19. März 04.]

Voß'ens, Karl, eines kuriosen Engländers, kleine Reisen u. Herumschweifungen. 8. Leipz. 794. Weygand. 1 ₰ 6 gr

Voßens, Carl, eines curiösen Eyländers kleine Reisen und Herumschweifungen, 8. Leipzig, 795. Weygand. 1 Rthl. 8 gl.

Vosshage, Albert, königl. Kreistierarzt in Meschede: Die intratracheale Injektion mit dem Sprayapparat. ⟨Aus der medizinischen Klinik der Königlichen Tierärztlichen Hochschule in Hannover. Professor Malkmus.⟩ Hannover 1910. IV + 42 S. und zwei Tafeln. 8⁰. [21. XII. 09.]
Bern. Vet.-med. Diss. 1909/10.

Vosshage, Albert. Die intratracheale Injektion mit dem Sprayapparat. Aus der medizinischen Klinik der Königlichen Tierärztlichen Hochschule in Hannover.... Diss. Vet.-Med. Bern. [Mit 2 Tafeln.] IV + 42 S. 8. Hannover, M. & H. Schaper, 1910.

Voßjagd, de, tau Holtfast. Ne lütte Jagdgeschicht, ut een lütten Urt, in lütten Format, von ee'n lütten Schriftsteller, tau ne lütte Unnerhollung m. grote Nachsicht tau lesen v. Jllyw Fohgrub. 1—3. Aufl. 12. (14 S.) Wolgast 880. Reinecke. n.n. — 30

Vossius, Adolf

Vossius, A., die entzündlichen Affektionen der Orbita, s.: Sonderabdrücke der Deutschen Medizinal-Zeitung.

Vossius, Adolf, Rektor, Dr., Professor der Augenheilkunde: Die Augenheilkunde im Mittelalter und ihre Entwickelung im 19. Jahrhundert. (Enthält außerdem Chronik der Universität für 1904/05 sowie: Verkündigung des Ergebnisses der letzten Preisarbeiten u. d. f. 1905/06 gestellten Preisaufgaben.) Gießen 1905: v. Münchow. (S. 1—24, 25—46.) 4°
Gießen, Rede zur Feier des Jahresfestes 1905

Vossius, A., ein Beitrag zur Lehre v. der Aetiologie, Pathologie u. Therapie der Diphtheritis conjunctivae. gr. 8. (14 S.) München 901. Seitz & Schauer. n. 1.—
Sonderabdruck aus: „Deutsche Praxis".

Vossius, A., s.: Beiträge zur Augenheilkunde.

Besteht ein ätiologischer Zusammenhang zwischen parenchymatöser Keratitis und Verletzung? Von A[dolf] **Vossius**. Halle a. S.: Marhold 1910. 20 S. 8°
(Sammlung zwangloser Abhandlungen aus d. Geb. d. Augenheilkunde. Bd 8, H. 4.) [11. 7470 3

Vossius, Adolf (Zempelburg)
Quantitativ spektralanalytische Bestimmungen des Gallenfarbstoffes in der Galle.
Leipzig: Hirschfeld 1879. 28 S.
Diss. med. Giessen 1879. vorr.. 26. 7.

Die croupöse Conjunctivitis und ihre Beziehgn z. Diphtherie v. Prof. Dr. A[dolf] Vossius in Giessen ... *Halle a. S.: K. Marhold 1896.* (23 S.) 8. = Sammlung zwangl. Abhandlungen a. d. Gebiete d. Augenheilkunde. Bd 1. H. 1. [96 3573

Vossius, Adf., amyloide Degeneration der Conjunctiva, s. Beiträge zur pathologischen Anatomie und zur allgemeinen Pathologie.

Vossius, Adf. Gedächtnissrede auf Julius Jacobson. Gehalten in der Sitzung d. Vereins f. wissenschaftl. Heilkunde zu Königsberg i. Pr. am 28. Octbr. 1889. gr. 8. (19 S.) Königsb. 889, Koch. * — 50

Vossius, A., d. wichtigsten Geschwülste d. Auges s.: Unterrichtstafeln, augenärztl., VII.

— Grundriss der Augenheilkunde. Mit 84 Fig. u. 14 Gesichtsfeldern im Text u. 1 Durchschnitt d. Auges. gr. 8. (XIV, 469 S.) Wien 888. Deuticke. n. 10. —

Vossius, A[dolf]: Die Hämophilie in der Augenheilkunde nebst Bemerkungen z. Durchblutung d. Hornhaut. Halle a. S.: Marhold 1910. 20 S. 8⁰
(Sammlung zwangloser Abhandlungen aus d. Geb. d. Augenheilkunde. Bd. 8, H. 3.)

Vossius, Adf., Lehrbuch der Augenheilkunde. 2., verm. Aufl. d. „Grundriss der Augenheilkunde". gr. 8. (XX, 775 S. m. 214 Fig. u. 1 Augen-Durchschnitt.) Wien 892. F. Deuticke. n. 15. —

Lehrbuch der Augenheilkunde bearb. von Dr. Adolf **Vossius**, Prof. 3. verm. u. verb. Aufl. des 'Grundriss d. Augenheilkunde'. Leipzig & Wien: Deuticke 1898. XX, 902 S. 8° [11. 3185 7

Lehrbuch der Augenheilkunde. Bearb. von Dr. Adolf **Vossius**. Mit 275 Fig. u. 1 Durchschnitt d. Auges. 4., verm. u. verb. Aufl. d. Grundriss d. Augenheilkunde. Leipzig & Wien: F. Deuticke 1908. (XXI, 933 S.) 8° [07. 18185 3

— Leitfaden zum Gebrauch d. Augenspiegels f. Studirende u. Aerzte. Mit 22 Holzschn. gr. 8. (X, 78 S.) Berlin 886. Hirschwald. n. 2. —

— Leitfaden zum Gebrauch d. Augenspiegels f. Studirende u. Aerzte. 2., verb. Aufl. Mit 40 Holzschn. gr. 8. (X, 104 S.) Berlin 889. Hirschwald. n. 2.

— Leitfaden zum Gebrauch d. Augenspiegels f. Studirende u. Aerzte. 3., verm. Aufl. gr. 8. (VIII, 136 S. m. 63 Holzschn.) Berlin 893. A. Hirschwald. n. 3. 60

Ueber die hemianopische Pupillenstarre. Von A[dolf] **Vossius**. *Halle a. S.: C. Marhold 1901.* (155 S.) 8°
— Sammlung zwangloser Abhandlungen aus d. Geb. d. Augenheilkunde. Bd 4, 3. [01. 6391 3

Vossius, A., s.: Sammlung zwangloser Abhandlungen aus dem Gebiete der Augenheilkunde.

Der gegenwärtige Standpunkt in der Pathologie und Therapie des ulcus corneae serpens v. A[dolf] **Vossius**. *Halle a. S.: Marhold 1898.* (32 S.) 8.
— Sammlung zwangloser Abhandlungen a. d. Gebiete d. Augenheilkunde. Bd II, H. 4. [98 1424 II.

Vossius, Adolf: Das Staphylom d. Cornea u. Sclera, s. Unterrichtstafeln, Augenärztl. H. 8.

Vossius, Adolf, Dr., Geh. Medizinalrat und o. Prof. der Augenheilkunde an der Landes-Universität: **Über Star und Staroperationen in der Giessener Augenklinik.** Gießen 1906: v. Münchow. (54 S.) 4°
Gießen, Progr. zum Ludwigstage 1906

Vossius, A[dolf]: Über die Vererbung von Augenleiden mit bes. Berücks. d. Neuritis optica infolge von Heredität u. congenitaler Anlage (Leber). Halle a. S.: C. Marhold & Co. 1900. (34 S.) 8°
(Sammlung zwangloser Abhandlungen aus d. Geb. d. Augenheilkunde. Bd 3, H. 6.)

— die Verletzungen d. Sehorgans, s.: Sonderabdrücke der Deutschen-Medizinal-Zeitung.

Vossius, [illegible] Beiträge zur Symptomatologie der Tabes dorsalis. Berlin [illegible]
Berlin, Med. Diss. v. 26. Mai 187[illegible]

Voßköhler, A., Friedrich Wilhelm, der große Kurfürst, s. Jugendbibliothek für Schule und Haus.

Vossköhler, Walter, Gerichtsref.: Die Bedingungen bei letztwilligen Verfügungen. *Greifswald 1899: J. Abel.* (53 S.) 8°
Greifswald, Jur. Diss. v. 1899

Vossler, **Ch. K., hinterlassene Versuche, s.: v. Tschudi, J. J., die Kokkelskörner.**

Voßler, Karl

Einladung zur öffentlichen Probe-Vorlesung, welche Dr. phil. Karl Vossler zur Erlangung der Venia legendi bei der philosophischen Facultät der Ruprecht-Carls-Universität zu Heidelberg Freitag, den 10. November 1899 . . . abhalten wird. Thema: Die Lyrik des Angelo Poliziano. *(Heidelberg 1899): J. Hörning* (1 Bl.) 8°

Vossler, Karl, s.: Beiträge zur roman. Philologie.

Vossler, Karl, Salvatore Di Giacomo, e. neapolitan. Volksdichter in Wort, Bild u. Musik. Festgabe f. Fritz Neumann. (90 S. m. 1 Abbildg. u. 6 Vollbildern.) 8. Heidelberg 908. C. Winter, Verl. Geb. in Halbperg. 4. —

Vossler, Karl: Geschichte der Aufnahme des Madrigals in Deutschland bis auf Caspar Ziegler. *Weimar: E. Felber 1897.* (50 S.) 8° ¶[Erschien vollständig u. d. T.: Das deutsche Madrigal, Geschichte seiner Entwickelung bis in die Mitte des 18. Jahrhunderts, als H. 6 von: Litterarhistorische Forschungen.]
Heidelberg, Phil. Diss. v. [15. Okt.] 1897

Die philosophischen Grundlagen zum 'süßen neuen Stil' des Guido Guinicelli, Guido Cavalcanti und Dante Alighieri. Eine Studie von Karl **Voßler**. *Heidelberg: C. Winter 1904.* (VII, 110 S.) 8° [04. 15173

Die Göttliche Komödie. Entwicklungsgeschichte u. Erklärung von Karl **Voßler**. Bd 1. 2. Heidelberg: Winter 1907–10. 8°
1, T. 1. Religiöse u. philos. Entwicklungsgeschichte. 1907.
T. 2. Ethisch-politische Entwicklungsgeschichte. 1907.
2, T. 1. Die literarische Entwicklungsgeschichte. 1908.
T. 2. Erklärung des Gedichtes. 1910. [10. 10584

— die göttliche Komödie. Entwicklungsgeschichte u. Erklärg. I. Bd., 1. Tl. Religiöse u. philosoph. Entwicklungsgeschichte. (XI, 265 S.) 8. Ebd. Kart. n. 5. —

— Die göttliche Komödie. **Entwicklungsgeschichte u. Erklärg. I. Bd., 2. Tl. u. II. Bd. 2 Tle. 8. Ebd. 15.— (Kplt. 20.—; geb. n 22. —)**
I. 2. Ethisch-polit. Entwicklungsgeschichte. (S. 267–574.) 907. Kart. 5. —
II. 1. **Die literar.** Entwicklungsgeschichte. (S. 575–905.) 908. Kart. 5. —
II. 2. **Erklärung** des Gedichtes. (S. 907–1241 u. III S.) 910. **Kart.** 5. —

Italienische Literaturgeschichte. Von Dr. Karl **Voßler**, Prof. 2. durchges. u. verb. Aufl. Leipzig: Göschen 1908. 147 S. 8°
(Sammlung Göschen. 125.) [10. 14658 II

Voßler, Karl, italien. Litteraturgeschichte, s. a. Sammlung Göschen.

Das deutsche Madrigal, Geschichte seiner Entwickelung bis in die Mitte d. XVIII. Jhs. Von Karl **Vossler**. *Weimar: E. Felber 1898.* (XI, 163 S.) 1 Bd 8.
— Forschungen, Litterarhistorische. H. VI. [98 [illegible]

Positivismus und Idealismus in der Sprachwissenschaft. Eine sprachphilos. Untersuchung von Karl **Voßler**. *Heidelberg: C. Winter 1904.* (VI, 98 S.) 8° [04. 15152

Sprache als Schöpfung und Entwicklung. Eine theoret. Untersuchung mit prakt. Beispielen von Karl **Voßler**. Heidelberg: C. Winter 1905. (VII, 154 S.) 8° [5.] [05. 12521

— Benvenuto Cellini's Stil in seiner Vita. Versuch e. psycholog. Stilbetrachtg. gr. 8. (38 S.) Halle 899. M. Niemeyer. n. 1. 20
Sonderabdruck aus: „Beiträge zur roman. Philologie".

Vossler, Karl: Poetische Theorien in der italienischen Frührenaissance. *Berlin: E. Felber 1900.* (87 S.) 8° ¶[= Litterarhist. Forschungen, H. 12.] — (Soll fortgesetzt werden.)
Heidelberg, Phil. Hab.-Schr. v. 1899

Vossler, O., der landwirthschaftliche Pflanzenwechsel nach seinen physischen Grundlagen erörtert vom practisch-wissenschaftl. Standpunkte aus. gr. 8. (131 S.) Stuttgart 873, Schickhardt und Ebner. *

Vossler, O., der landwirthschaftliche Pflanzenwechsel nach seinen physikal. Grundlagen erörtert. gr. 8. Stuttgart 873. Berlin, Parey. * 2 —

Vossler, O., Ueber die Wettervorhersagung im Interesse der Landwirthschaft. (Aus den landwirthschaftlichen Jahrbuchern. Zeitschrift für wissenschaftliche Landwirthschaft und Archiv des Konigl. Preuss. Landes-Oekonomie-Kollegiums. Herausgegeben von H. Thiel, 1881). Berlin.

Vossler, Otto v.: Die Entwickelung Hohenheims in den letzten Jahrzehnten. Programm. Plieningen: Find 1893. 4°.

Voßmann, H., Abstinenten-Liederbuch f. das Kreuzbündnis, V. a. K. 2. verm. u. verb. Aufl. (92 S.) kl. 8. Essen-Ruhr 910. Heidhausen bei Werden-Ruhr (Rheinland), Verlag St. Kamillushaus. In Wachstuch — 40

Voßmann, Ih. Herm., († d. 3. Mai 1805.), Handbuch f. Ingenieurs u. Bauleute über die reine Theorie des Drucks d. Erde bei allerlei Mauern, an Festungswerken, Weinbergen, Heerstraßen rc., mit 4 Kpft. u. 5 Tab. 8. Mannh. 804. Schwan u. G. 1 rf 4 K

Vossnack E, Remscheid. Musterb. v. Feilen, Sägen, Beiteln u Hobeleisen. 4° Remscheid

Voßnack, J., Abriß der Geographie, Statistik u. Geschichte d. Preuß. Staates, s. Uvermann, M.

Voßnack, J., und O. v. **Czarnowsky**, der Kreis Lennep, topographisch, statistisch, geschichtlich dargestellt. Nebst 1 (lith.) Karte des Kreises Lennep (in Fol.). Remscheid 854. (Elberfeld, Bädeker.) 8. (IV, 168 S.) n. 10 ngr.

Voßschulte, Alfred, approb. Arzt aus Emsdetten i. Westf.: Aus d. chirurg. Universitäts-Poliklinik zu Kiel. Zur Casuistik der operativen Behandlung des Morbus Basedowii. *Kiel 1903: C. Paulsen.* (18 S.) 8°
Kiel, Med. Diss. v. [21. März] 1903

Vossschulte, Hubert: Geschichte der Transfusion des Blutes. Halle 1873: Lipke. 31 S. 8°
Halle-Wittenberg, Med. Diss. v. 12. Aug. 1873.
Geb. Emsdetten (Westf.) 17. 11. 1845. V.
Verf. erlebte die Diplomerneuerung 1923 als Sanitätsrat in Linz.

Vossschulte, Karl, appr. Arzt a. Linz: Aus d. chirurgischen Klinik zu Gießen. Über einen Fall von Harnleiterplastik. Gießen 1906: v. Münchow. (23 S.) 8°
Gießen, Med. Fak., Ref. Poppert, Diss. v. 28. Juli 1906
[Geb. 7. Febr. 79 Linz a. Rh.; Wohnort: Kiel; Staatsangeh.: Preußen; Vorbildung: Gymn. Bonn Reife M. 00; Studium: München 3, Bonn 2, Kiel 1, Gießen 4 S.; Coll. 14. Juni 06; Approb. 27. März 06.]

Voeste, Hans: Untersuchungen über das Causalproblem und den Begriff des Naturgesetzes. Beiträge zur erkenntnistheoret. Grundlegung d. mathemat. Physik. Göttingen 1903: L. Hofer. (89 S.) 8°
Göttingen, Phil. Diss. v. [25. Juli] 1903.

Voeste, Hans, Untersuchungen üb. das Causalproblem u. den Begriff des Naturgesetzes. Beiträge zur erkenntnisstheoret. Grundlegg. der mathemat. Physik. Diss. (89 S.) gr. 8. Göttingen 903. (Vandenhoeck & Ruprecht.) n. 2. —

Voeste, Carl, Religionsbuch f. die Vorschulen höherer Lehranstalten, im Anschluß an Bodemanns od. anderer „m. den Worten der Bibel erzählte" bibl. Geschichten bearb. 8. (IV, 92 S.) Göttingen 883. Vandenhoeck & Ruprecht's Verl. n. — 60

Voswinckel, (Car. Frid. Ludov.) Eduard (geb. Hamm in Westf. 1832): De Theraeorum insulis. Berolini (1856). (102 S.) 8°
Berlin, Phil. Diss. v. 3. Juni 1856.

Voswinckel, (Joan.) Ern. (Henr. Guil.) (geb. Hagen 31. 1. 1825): De malaria. Berolini (1848). (35 S.) 8°
Berlin, Med. Diss. v. 3. Nov. 1848

Voswinckel, Fr., s. Festreden, allerlei.

—— Predigt am Neujahrstage 1873 über Matth. 14, 22—33. 8. (14 S.) Barmen 873, (Wiemann.) **

—— Predigt am Tage der Friedensfeier, den 18. Juni 1871, nach Jes. 52, 7. gr. 8. (12 S.) Barmen 871, (Klein.) *

—— 50 Predigten aus dem Leben der Erzväter nach 1. Mosi 12—50. gr. 8. (IV, 451 S.) Gütersloh 872, Bertelsmann's Verlag. (* M 5.) *

Voswinckel, Fr., vierzehn Predigten aus dem Leben Abrahams. Barmen 860. Bertelsmann in Comm. gr. 8. (191 S.) n. 15 ngr.

Voswinckel, Fr., zwei Predigten über Evang. Lucä 5 1—11 und 1. Joh. 2, 14—17. gr. 8. (20 S.) Barmen 871 Klein. *

Voswinckel, Frid.: Differentiae juris communis et statutarii Juliae et Montium, junctis inde dependentibus elegantioribus quaestionibus, ac summariis earundem resolutionibus. Denuo impress. Coloniae 1732.

Voswinckel, Hugo (geb. Dinslaken a. Rh. 16. 4. 1858): Geschichte und Derivate des Salicylaldehyds. Berlin 1882. (30 S.) 8°
Berlin, Phil. Diss. v. 23. Dez. 1882

Voswinckel, Hugo. Geschichte und Derivate des Salicylaldehyds. Berlin, 1883.

Voswinckel, Karl: (Aus der Prof. Dr. A. Martin'schen Privatanstalt für Frauenkrankheiten in Berlin.) Über das Vorkommen von eosinophilen Zellen und Myelocyten im menschlichen Blute bei Erkrankungen der inneren weiblichen Geschlechtsorgane. *Berlin: S. Karger 1898.* (28 S.) 8°
Leipzig, Med. Diss. v. 12. Jan. 1898

Voswinkel, Adolf, Referendar in Harburg: Die unrichtige Uebermittelung des § 120 BGBs. Jena 1907: G. Neuenhahn. (X, 66 S.) 8°
Jena, Jur. Fak., Ref. Thon, Diss. v. Sept. 1907
[Geb. 3. Juni 79 Hannover; Wohnort: Hamburg; Staatsangeh.: Preußen; Vorbildung: Lyzeum II Hannover Reife O. 99; Studium: Jena 3, Berlin 2, Göttingen 1 S.; Rig. 2. Juli 07.]

Voswinkel, Arnold [aus Hemer]: Ueber Diaethylbenzole und einige ihrer Derivate. . . . Rostock, Carl Boldt'sche Hof-Buchdr., 1889; 23 S. 8°
Rostock, Phil. Fak., Inaug.-Diss. v. 4. Jul. 1889

Voswinkel, Eugen [aus Dinslaken]: Ueber die Resultate der Behandlung der Hydrocele auf der chirurg. Klinik zu Heidelberg 1878—1888. . . . (Aus: Beitr. z. klin. Chirurgie. V. Bd. 2. H.) Tübingen, Verl. d. H. Laupp'schen Buchh., 1889; 36 S. 8°
Heidelberg, Med. Fak., Inaug.-Diss. v. [2. Aug.] 1888

Voswinkel, Fridericus (geb. am 23 Juli 1817 in Altena Westf.): De Cleone demagogo ... Bonnae, typ. C. Georgii 1847. 1 Bl., 38 S., 1 Bl. 8.
Bonn, Phil. Fak., Diss. v. 23 Juli 1847

Voswinkel, Fritz, a. Neuwied a. Rh.: Über die Häufigkeit und Ursachen der Sterilität unter dem Krankenmaterial der Königlichen Universitäts-Frauenklinik zu Würzburg vom Jahre 1897—1906. Würzburg 1907: P. Scheiner. (31 S.) 8°
Würzburg, Med. Fak., Ref. Hofmeier, Diss. v. 1. Dez. 1907
[Geb. 18. Okt. 82 Neuwied; Wohnort: Würzburg; Staatsangeh.: Preußen; Vorbildung: Gymn. Neuwied Reife O. 01; Studium: Würzburg 2, Breslau 1, Würzburg 5, Heidelberg 1, München 1 S.; Coll. 25. Juli 07: Approb. 24. Nov. 06.]

Vosz. s. V o ß

Vota zu den Abkündigungen der manigfaltigen kirchlichen Amtsvorfälle. Von einer Anzahl Theologen verfaßt u. herausg. Nebst einem Anhang: Fürbitten für Confirmanden u. Communicanten. Erndtegebete. Leipzig 864. D. A. Schulz. 8. (VI, 97 S.) 12 ngr.

Vota conventus Lambertini pro anno jubilaeo professionis gratiosi sui antistitis Eugenii gratitudinis ergo typis proposita. Graz 1756. V: *Siegl, Lambert.* (wonisch S. 12)

Vota et desideria Conr. Ern. Hugoni past. Rehamensi. Baruthi 1719. V: *Keck, Joh. Georg.* (Fiker)

Vota Principi Nicolao Eszterházi ... a Musa Ebreichsdorfensi decantata. S. l. 1794. V: *Hödel, Joachim.* (Jes)

Vota honoribus Rev. Dni Stephani Fangh ... S. l. 1797. V: *Szereday, Joh. Mich.* (Pk)

Vota et jubila, quibus Chph Gabr. Fabricio ... A. 1755 ... gratulabantur sequentes ... Budissae [17??]. V: *Schirach, Adam Zacharias.* (ML)

Vota et propempticon in iter Josephi Antonii archiducis Austriae ... Comaromii [1795]. V: *Gossinger, Joh.* (SzMJ)

Vota Emin. ac Rev. Dno S. R. E. presbytero cardinali Alexandro principi a Rudna et Divek-Ujfalu ... S. l. 1829. V: *Balas, Theoph. Franz.* (Pk)

VOTA SECVLARIA pro Academia Ienensi sollemni ritu nuncupanda indicit Societas Latina. Ienae (1758) litteris Schillianis. fol.

Vota, Karl Moritz

Vota, S. J., Denkschrift, s.: Thoemes, Nik., Zweihundertjahrfeier der Königerhebung Preußens. C.

Voth, M[ax]: * Die Politik Frankfurts zu Ende des vierzehnten Jahrhunderts. [Nebst] Beilage. (Aus Weizsäcker excerpirte Frankfurter Stadtrechnungsnotizen.) 96, XX S. 2°
Halle-Wittenberg, Phil. Diss. v. 18. Nov. 1876
Geb. [Tangermünde (Kr. Stendal) 16. 2. 1851]

Voth, Walther, Referendar: Die rechtliche Bedeutung und Wirkung der im Kontokorrentverhältnis erfolgenden Saldoanerkennung. Borna-Leipzig 1908: Noske. IX, 72 S. 8°
Leipzig, Jur. Diss. v. 24. Dez. 1908
[Geb. 12. März 81 Magdeburg; Wohnort: Magdeburg; Staatsangeh.: Preußen; Vorbildung: Dom-Gymn. Magdeburg Reife O. 99; Studium: Genf 1, Jena 1, München 2, Kiel 1, Berlin 1, Halle 3 S.; Rig. 27. Okt. 06.] [U 09. 2713

Vothmann, Johann Georg

Vothmann J. G.: Die richtigste u. nuzbarste Anlegung u. Wartung d. Spargels. ... Flensb. u. Leipz. 1784. 23 S. P.

— die richtigste u. nutzbarste Anlegung u. Wartung des Spargels. 8. Flensb. 784. (Altona, Hammerich) 2 gr.

— die richtigste u. nutzbarste Anleg. d. Spargels. 8. Flensb. Korte. (Röhs in Schlesw.) 784.

Vothmann, Joh. Gg., Bereitung, Aufbewahrung u. Anwendung d. Aepfel- u. Birnenmostes. Eine Preisabhandl. Aus d. Dänischen. Mit 1 Kpf. Göttingen, 1798. Leipzig, 1807. Verlags-Compt. — 6¼

Vothmann, Jh. Geo., († d. 12. Febr. 1788.) Bereitung u. Aufbewahrung des Apfel- u. Birnen-Mostes. Eine Preisabhandlung. 8. Leipz. ... N. A. 807. 5 gr.

Vothmann J. G.: Garten-Katechismus f. Landleute. Leipz. 1783. 180 S. 1 Tvl.

— Garten-Katechismus für Landleute. 1r Thl. 8. Leipz. 784. 6 gr. 2r Thl. oder Gartenkatechismus f. feinere Gartenfreunde. 8. Ebd. 784. 12 gr. Weidmann. 18 gr. beide Theile auch u. d. Tit.: ökonom.-prakt. Garten-Katechismus, oder kurze Anweisung zum ökonom. Gartenbau in Fragen u. Antworten, für den Landmann u. feinen Gartenfreund. 2 Thle. Ebd. 784. N. A. 805. 18 gr.

— Fortsetzung d. Garten-Katechismus u. zwar f. feinere Gartenbesitzer. Sst. 1784. 294 S

Vothmann, Johann Georg: Oekonomisch-praktischer Garten-Katechismus; oder kurze Anweisung zum ökonomischen Gartenbau in Frage und Antwort. 2 Theile, für den Landmann und feinern Gartenfreund. Neue Aufl. Leipzig. 1796. (1797?) 8°

— Garten-Katechismus f. Landleute 1r. Thl. 3. Lpz. Weidmann. 803.

Vothmann, Joh. Georg, Gartenbau-Katechismus f. d. prakt. Unterricht z. Anbau d. Gemüse-, d. Handels- u. d. Obstpflanzen auf d. Lande f. d. Landmann, sowie in d. gesammten Gartenkunst f. Gartenbesitzer allda. 5. Aufl. v. Jak. Ernst v. Reider. 2 Thle. 8. (25 B.) Leipzig 835, Weidmann'sche Buchh.

Vothmann's Gartenbau-Katechismus. 6. Aufl., vollständig neu bearb. v. J. Hartwig. Mit 69 in den Text gedr. Holzschn. 8. (VIII, 196 S.) Berlin 878. Parey. cart. n.2.—

VOTISKY, Antonius Elemirus: Vita et opera apologetarum antiquae ecclesiae. — (1898) II, 103 S. 4° (Handschr.) Diss. 522
Diss. Wien, Univ.

Votivhand, Die Heddernheimer, eine römische Bronze ... Frankfurt 1861. V: *Becker, Jac.* (Zuwachsverz. d. Bibliotheken in Zürich 1898 ff.) (Ky)

Votivkirche, Die, in Wien. Denkschrift ... Wien 1879. V: *Thausing, Moriz.* (EB)

Lateinische **Votivtafel** v. 2. Juni 1860, gewidmet dem Herrn Dr. Johann Bernhard Friederich, Prof. der Math., zu dessen 50jährigem Dienstjubiläum von dem Lehrerkollegium der Studienanstalt. – 1 Bog. in extenso.
Progr. Ansbach

Votir-Tafeln. 1. Bdchn. 8. (14½ B. u. Ttlbild.) Berlin 836, (Eichler.) *

Votir-Tafeln. In 2 Bdchen. — 16 Bdchen. Mit Titelbild. breit 8. Berlin 836. (Thome.) n. 1 ℳ

Votsch, Wilhelm Der Anfangsunterricht im Lateinischen auf Realgymnasien mit lateinlosem Unterbau (Altonaer System) 8 (26 S.). Guericke-Sch. (Oberrsch u Rg.) *Magdeburg* 1893 (276).
Progr.

Votsch, Wilh., der Anfangsunterricht im Lateinischen auf Realgymnasien m. lateinlosem Unterbau (Altonaer System). Progr. gr. 8. (26 S.) Magdeburg 893. (Leipzig, G. Fock.) n. 1. —

Votsch, W[ilhelm]: Aufbau und Vegetation des Moores von Mockrehna. Ein Beitr. z. Naturdenkmalspflege. Delitzsch 1908: Kämmerer. S. 19—23. 4°
Delitzsch, OR i. E., in Festschr. z. 50j. Jubelfeier, P 1908 (341)** [S 08. 505

Votsch, Wilhelm: Die Einrichtungen für den naturwissenschaftlichen Unterricht der Oberrealschule zu Delitzsch. Delitzsch 1910: Walter. S. 1—8. 4°
Delitzsch, OR P 1910 (363) [S 10. 456

Grundriß der lateinischen Sprachlehre von Prof. Dr. W[ilhelm] **Votsch.** Neudr. Leipzig: Göschen 1908. 189 S. 8°
(Sammlung Göschen. 82.)

Votsch, W., Grundriß der lateinischen Sprachlehre, s. **Sammlung Göschen.**

Votsch, Ulrich v. Hutten, nach seinem Leben u. seinen Schriften geschildert. gr. 8. (X, 75 S.) Hannover 890. Hahn. n. 1. 20

Votsch W, Cajus Marius als Reformator des romischen Heerwesens. (Sammlung gemeinverstandlicher wissenschaftlicher Vorträge N F I, 6) Berlin 1886

Votsch, W., Cajus Marius als Reformator des römischen Heerwesens, s. Sammlung gemeinverständlicher wissenschaftlicher Vorträge.

Präparation zu Ciceros catilinarischen Reden von Prof. Dr. [Wilhelm] **Votsch** in Magdeburg. H. 1. 2. Leipzig & Berlin: B. G. Teubner 1900–05. 2 Bde 8° [Umschlagt. J.]
1. 1. u. 2. Rede. 2. Aufl. 1905. 2. 3 u. 4. Rede. 1900.
(Schulerpräparationen zu lat. u. griech. Schriftstellern.) [05. 1907

— **Präparation zu Ciceros catilinarischen Reden.** 1. u. 2. Hft. gr. 8. Leipzig 900. B. G. Teubner. n. — 70
1. I. u. II. Rede. (26 S.) — 40. — 2. III. u. IV. Rede. (16 S.) — 30

Votsch, Präparation zu Ciceros catilinarischen Reden. 1. Heft. I. u. II. Reihe. 2. Aufl. (27 S.) 8. Leipzig 905. B. G. Teubner. n. — 40

Votsch, W., Präparation zu Ciceros catilinarischen Reden. 1. u. 2. Heft. 8. Leipzig, B. G. Teubner. — 70
1. I. u. II. Rede. 3. Aufl. (27 S.) 910. — 40
2. III. u. IV. Rede. 2. Aufl. (16 S.) 908. — 30

— **Präparation zu Sallusts Schriften.** 1. Hft.: Bellum Catilinae. gr. 8. (39 S.) Ebd. 900. n. — 60

— Präparation zu Sallusts Schriften. 1. Heft: Bellum Catilinae. 2. Aufl. (40 S.) 8. Ebd. 909. — 60

Votsch, Guilelmus: Quaestiones de infinitivi usu Plautino. Halis Saxonum (1874): Karras. 41 S. 8°
Halle-Wittenberg, Phil. Diss. v. 15. Aug. 1874
Geb. Stendal 17. 4. 1851. V.
Ersch. auch in: Dissertationes philologicae Halenses. Vol. 2. Halis 1876. S. 51—93. — Verf. erlebte die Diplomerneuerung 1924 und das 60jährige Dr.-Jubiläum 1934 als Realgymnasial-Professor a. D. in Magdeburg.

Votsch, die geographischen Schulbücher Michael Neanders. Ein Beitrag zur Geschichte d. geograph. Unterrichts. Vortrag, geh. auf dem 3. deutschen Geographentage zu Frankfurt a/M. gr. 8. (14 S.) Berlin 883. (Gera, Burow.) n. — 50

Votsch, Wilh., lateinische Syntax in Musterbeispielen. 8. (IV, 24 S.) Essen 881. Bädeker. n. — 25

Votsch, Wilh. Lateinisches Uebungsbuch, s. Hoffmann, Ferd.

Votsch, Wilhelm, aus Gera (Reuß j. L.): Neue systematisch-anatomische Untersuchungen von Blatt und Achse der Theophrastaceen. *Leipzig: W. Engelmann 1903.* (47 S.) 8°
¶(Aus: Engler's Botan. Jahrbücher, Bd 33 H. 4.)
Erlangen, Phil. Diss. v. 2. Nov. 1903

Votsch W. die Verteilung der Menschen uber die Erde. (Sammlung gemeinverstandlicher wissenschaftlicher Vortrage 450) Berlin 1884

—— die Vertheilung der Menschen über die Erde und die Ursachen der verschiedenartigen Volksverdichtung in den einzelnen Erdtheilen, s. Sammlung gemeinverständlicher wissenschaftlicher Vorträge.

— lateinisches Vocabularium im Anschluss an Spiess' Übungsbuch für Quinta [I. Abschnitt]. 8. (13 S.) Ebend. 881. n. — 20

Vötsch, Fußleiden und rationelle Fußbekleidung. gr. 8. (XIV, 77 S. mit 7 lithogr. Fig.-Taf.) Stuttgart 883, Metzler'sche Buchh. *

Voetsch, Aug., die Heilung der Knochenbrüche per primam intentionem. gr. 4. (XIII und 42 S. mit 5 Stnt.) Heidelberg 847, C. F. Winter'sche Vrlgsh. *

Vötsch, Aug., Koprostase. Mit zahlreichen Krankengeschichten Sektionsberichten und eingedr. Zeichnungen (in Holzschn.) gr. 8. (VIII, 219 S.) Erlangen [Stuttgart] 874, Enke.

Vötsch, Louis, Myologie des Pferdes. Nach den anatomischen Zeichnungen von Dr. E. F. Gurlt u. Schwab's Handbuch über Anatomie dargestellt. gr. 4. (Mit 29 lith. Abbild. auf 15 Taf.) Tübingen 842, Osiander. n. 5/6 ℳ

Vötsch L.: Myologie d. Pferdes. Nach den anatom. Zeichnungen v. E. F. Gurlt u. Schwab's Handbuch üb. Anatomie dargestellt. Tübing. 1842. 21 S. 15 Tvl. 4°.

Votteler, Chr., s.: ABC, buntes.

Votteler, Chr., zum Anschauen. Ein neues Bilderbuch m. 11 Bildern. (11 farb. Bl.) Imp.-4. Stuttgart (902). Loewe. Geb. n. 2. —

— liebe Haustiere. qu. gr. 4. (6 farb. S. m. Text auf Pappe.) Ebd. 899. Geb. in gr. 8 n. 1. 60

Votteler, Ch., unsere Haustiere. (12 farb. Blatt.) qu.-gr. 8. Stuttgart (904). G. Weise. Auf Pappe, geb. 2. 40

— dasselbe. Mit Text v. Klara Fritzsche. 2 Sorten. (Je 6 farb. Blatt m. untergedr. Text) qu. gr. 8. Ebd. (904.) à — 60; 12 Blatt 1. 20; m. Text auf der Rückseite, auf Pappe, geb. 3. —

Votteler, Ch., das deutsche Heer in dem siegreichen Feldzug von 1870. 12 (lithogr. und color.) Erinnerungsblätter an die Heldenkämpfe der deutschen Truppen. Nach Orig.-Skizzen. Auf Stein gezeichnet von A. Specht. qu. Fol. (12 Bl. Erklärungen.) Stuttgart 870, Thienemann.

— u. Schäfer, für kleine Leute. Ein unzerreißbares Bilderbuch f. die lieben Kleinen. Lex.-8. (10 S. auf Pappe m. z. Tl. farb. Abbildgn.) Ebd. (899). Geb. 1. 80

—— Militär-Bilderbuch. qu. gr. 8. (8 Chromolithogr.) Reutlingen 872, Enßlin und Laiblin. [Stuttgart, Neugebauer.] (60 Pf.)

— sieh! Die lieben Tiere! Neues Tier-Leporello-Album. qu. Fol. (16 S. m. z. Tl. farb. Abb.) Ebd. (899). 3.—

— großes Tierbilderbuch. 12 Farbendr.-Bilder m. illustr. Text. qu. Fol. (23 S.) Ebd (899). Geb. in Leinw. 6.—

— Tiere aus Haus u. Hof. Ein unzerreißbares Bilderbuch m. 12 Farbdr.-Bildern (m. untergedr. Text). qu. Fol. Ebd. (899.) Auf Pappe, geb. 3. 60; Leinw.-Ausg. 4. 50

—— der kleine Zeichenkünstler. Vorlageblätter in systemat. Reihenfolge. 8. (36 Stnt.) Reutlingen 888, Enslin und Laiblin. In Umschlag

— der kleine Zeichenkünstler. (Neue Ausg.) 4 Hefte. Je 21 Vorlageblätter in systemat. Reihenfolge. 8. Reutlingen (905). Ensslin & Laiblin. à — 30

— s.: Zeichenschule, große.

— Zeichen-Vorlagen in planmäss. Reihenfolge. (Neue Ausg.) (42 Bl.) 8. Reutlingen (905). Ensslin & Laiblin. — 50

— neueste Zeichen-Vorlagen in planmäss. Reihenfolge. 42 Vorlagen. Neue Folge. 8. Ebd. (905) — 50

Votteler, Chr., unserer Kleinen bester Zeitvertreib, s. Heß, J.

Votteler, *Franz* Johannes Schradin, der Genosse Matthaus Albers. Ein Beitrag zur Reformationsgeschichte Reutlingens (Umschlagtitel: Hans Schradin, Genosse Matthaus Albers, des Reformators von Reutlingen) 4 (S. 21—71)
Progr. *G. Reutlingen* 1893 (588).

Votteler, Wilhelm [Apotheker aus Reutlingen]: Ueber die Differentialdiagnose der pathogenen Anaëroben durch die Cultur auf Schrägagar und durch ihre Geisseln. Leipzig 1898. 30 S. 8°. (S. A. aus „Zeitschrift für Hygiene und Infektionskrankheiten", Bd. XXVII.)
Bern. Phil. Diss. 1897/98.

Vötter, B., heimatliche Pflanzen aus Wald u. Flur. Mit 6 Farbendr.-Taf., enth. 221 naturgetreue Abbildgn. nebst erläut. Text (auf der Rückseite). schmal gr. 8. (IV S.) Leipzig (901). (Th. Thomas.) n. 1.—

Voetter, Otto

Atlas der Münzen des Kaisers Gallienus und seiner Familie (Valerianus, Mariana, Salonina, Saloninus). Für den in d. Wiener numismat. Ges. geh. Vortrag zsgest. von k. u. k. Oberstlt. **Otto Voetter.** Abth. 1. 2. *Wien (1900–01): P. Gerin.* 2 Bde quer-4° [Text lith.]
1. Roma et Tarraco.
2. Lugdunum, Moesia, Serdica, Kyzikos, Antiochia u. Sicia
= Zeitschrift, Numismatische. Bd 32, 33. Beil.

VOETTER, Otto
Atlas der Münzen des Kaisers Gallienus und seiner Familie (Valerianus, Mariniana, Salonina, Saloninus). I. Abtheilung: Roma et Tarraco für den am 14. November 1900 in der Wiener numismatischen Gesellschaft gehaltenen Vortrag. Zusammengestellt von k. u. k. Oberlieutenant Otto Voetter. 2. Auflage bei dem Pariser internationalen numismatischen Congresse vertheilten Atlas zu dem Vortrage: Les monnaies de Gallienus et des membres de sa famille. Beilage zu dem XXXII. Bd. der Wiener numismatischen Zeitschrift. [Wien.] 1901. Manz. Quer-Gr.-8°. 19 S.

Voetter, Otto, s.: Collection Ernst Prinz zu Windisch-Grätz. VI. 1.

Constantinus Junior. Insbesond. seine Münzen als Augustus u. d. gleichzeit. Kupferprägungen in d. röm. Münzstätten. Zsgest. f. d. Vortrag ... in d. Wiener Numismat. Gesellsch. von K. u. k. Oberstlt. Otto **Voetter.** Wien (1909): Gerin. 10 Bl. quer-4° [Umschlagt.]
(Numismatische Zeitschrift. [Bd 42, N. F. 2. Beil.])

Voetter, Otto, das Motorrad in Wort u. Bild. (114 S.) kl. 8. Wien (908). (Huber & Lahme Nachf.) 2. 50

Votum Anonymi pro Seminario Benedictino in universitate Heidelbergensi erigendo. Cosmopoli in Semilunio 1748. V: *Legipont, Oliver.* (ADB)

Votum über die Befugniss der Rath- und Bürger-Deputation zur Ausführung eines Sielplanes. Hamburg 1843. Vorrede unterz.: H. B. V: ***Baumeister, Hermann.*** Vgl. Hamburg. Schriftst.-Lex. 1, 171. (DARP)

Votum über die Befugniß der Rath- u. Bürger-Deputation zur Ausführung eines Sielplanes. gr. 8. Hamburg 843, Perthes-Besser u. Mauke. 1/4 ₰

Votum über das »Junge Deutschland«. Stuttgart 1836. V: ***Liesching, S. G.*** (?). Vgl. Gutzkow, Rückblicke. 1875 = Ausgew. Werke (Houben) 11, 168. Houben vermutet in Anm. 1 ***Gustav Pfizer*** als den wahren Verf. (DARP)

Votum über das »Junge Deutschland«. Stuttg. 1836. V: ***Kirchenrath P.*** (*Hch. Eberh. Gottlob Paulus*?). Dagegen: Reichlin-Meldegg, C. A. Freih. von: H. E. G. Paulus. Stuttg. 1853. II, 463 ff. (Lager-Kat. Börner. II. 1905.)

Votum über das „Junge Deutschland". Stuttgart, Liesching 1836. 48 S. 8

Votum der philosophischen Facultät zu Kiel in Sachen akademischer Frauenbildung. Als Ms. gedr. Kiel 1892: Schmidt & Klaunig. (15 S.) 8°
107 4314 8

Votum eines Freien. Vorschläge zu einer vernunftgemäßen u. gerechten, u. folglich auch gemeinnützl. Steuer- u. Zollgesetzgebung. gr. 8. (27 S.) Bremen 849, Löning & Co. in Comm. n. 1/6 ℛ

Votum Divo Friderico devotum . . . Bresl. 1820. V: *Hoeckelshoven, Joh. von.* (Kat. d. Druckschr. üb. Breslau. Breslau 1903. S. 5.)

— zur hohen Kammer der bayer'schen Abgeordneten nebst einer Anfrage an den Ministertisch v. e. Altbayern. gr. 8. (18 S.) Regensburg 849, Manz. 1/12 ℛ

Votum eines Kanzley-Verwalters über die Contributionsumlage. Stuttgart 1796. V: *Weisser, Joh. Friedrich Christoph.* (KY) (MGT) (Gradmann, Gel. Schwaben. 1802.)

Votum eines Kanzleiverw. über Contributions-Umlage, (v. J. F. C. Weißer). 8. Stuttg. 797. Metzler. 6 *gr.*

— ein, über die kathol. Katechismusfrage in der oberrhein. Kirchenprovinz. Oder: Welchem der neuesten Katechismen gebührt der Vorzug? Von einem prakt. Katecheten der Diöcese Rottenburg. 8. Regensburg 846, Manz. 1/6 ℛ

Votum, ein, in der Oldenburgischen Cavalleriefrage. 1856. Bremen 856. J. G. Heyse. 8. (47 S.) n. 5 *ngr.*

Votum, kirchenrechtliches, über die Einführung einer sogenannten öffentlichen Beichte in der evangelisch-lutherischen Kirche zu Lübeck, von einem Mitgliede des Ausschusses der St. Marien-Gemeinde. gr. 8. (33 S.) Lübeck 866, (v. Rohden'sche Buchh.) *

Votum über die Competenz des Norddeutschen Bundes, zur Einwirkung auf die Ordnung der inneren Verfassungszustände der einzelnen Bundesstaaten, mit besond. Rücksicht auf die Mecklenburgische Verfassungsfrage. Rostock 868. Leopold. gr. 8. (III, 134 S.) n. 20 *ngr.*

Votum über die Competenz des Norddeutschen Bundes zur Einwirkung auf die Ordnung der inneren Verfassungszustände der einzelnen Bundesstaaten . . . Rostock 1869. V: *Prosch, Carl Frdr. Wilh.* (Kat. d. Bibl. d. dtsch. Reichstages. Berl. 1882.)

Votum der Loge zur Harmonie im Orient Chemnitz, zu Punkt 4 der Tagesordnung für die Versammlung der Grossen Landesloge von Sachsen, Dienstag, den 14. April 1891, die Schaffung eines Allgemeinen Deutschen Maurertages betreffend. Chemnitz, den 20. März 1891. 1 Bl. 4°. [Kopftit.] 21.

Votum der Hochwst. Grossen Loge von Hamburg über die Entlassung der Loge Carl zum aufgehenden Licht. [Frankfurt a. M. 1845.] 1 Bl. 2° [Kopftit.]
(Anl. z. Protokoll d. Gr. M.-L. d. Eklekt. Frmr-Bundes v. 23. Mai 5845.)
140.

[Votum der Loge zum wiedererbauten Tempel der Bruderliebe in Worms über die im Eklektischen Frmrbunde obschwebende Prinzipienfrage. Dat.:] Worms 1845. 2 Bl. 2°
Abgedr. in: Zd. 10 (1846) S. 52—60.
Betr. die Frage des christlichen od. humanitären Prinzips des Bundes. 193.

— in Sachen der Ruthardt'schen Methode, die alten Sprachen zu lehren, mit Rücksicht auf deren Einführung in die sächs. Gymnasien. gr. 8. Leipzig 844, Barth. 4 *ngr*

Votum in Causa Nürnberg contra Brandenburg Reuisorii, das Possessorium der strittigen hohen fraisslichen Obrigkeit . . . betreffend. O. O. [17??]. V: *Fabri, Chph.* (HOLZ)

Votum eines norddeutschen Publicisten über die Ansprüche des Prinzen Friedrich Wilhelm von Hessen auf die Succession im Herzogthum Lauenburg. Heidelberg 1864. V: ***Heffter, August Wilhelm.*** (KGBerlin I, 1984)

Votum eines norddeutschen Publicisten zu Klübers Schrift: Die eheliche Abstammung etc. Braunschweig 1838. 8.

Votum eines norddeutschen Publicisten zu J. L. Klüber's nachgelassener Schrift: Die eheliche Abstammung des fürstl. Hauses Löwenstein-Werthheim . . . Halle 1838. V: *Heffter, Aug. Wilh.* (EngJ)

Votum eines norddeutschen Publicisten zu J. L. Klüber's nachgelassener Schrift: Die eheliche Abstammung des fürstl. Hauses Löwenstein-Wertheim u. dessen Nachfolgerecht in den Stammlandern d. Hauses Wittelsbach. gr. 8. Halle 838. Schwetschke u. Sohn. 1 ℛ

Votum dreier St. Galler über den neuen Bundesentwurf der Tagsatzungs-Kommission v. 15 Christm. 1832. St. Gallen 1833. V: *Henne, Anton, Joh. Matthias Hungerbühler & Joh. Weder.* (AarK)

— ein, über A. Günther's theologische Speculation mit Rücksicht auf deren Beurtheilung durch Dr. Clemens. Von einem Theologen aus Oesterreich. Regensburg 853. Manz. gr. 8. (52 S.) 6¼ *ngr.*

Votum, Ein, in der österreichischen Steuerfrage mit besonderer Rücksicht auf den ausübenden Dienst. Wien 1864. V: *Hock, Carl Freih. v.* (WFM)

—— **ein,** in der österreichischen Steuerfrage mit besonderer Rücksicht auf den ausübenden Dienst. Lex.-8. (V und 161 S.) Wien 864, (Gerold's Sohn.) *

— **eines Süddeutschen üb. das Preuß. Patent vom 3. Febr. 1847. Nebst einer Zueignung an den vereinigten Landtag. gr. 8. (VIII u. 109 S.) Bremen 847, Schünemann.** ½ ₰

Votum eines Unbefangenen. Ein Beitrag zur Judenfrage von einem ehemal. Liberalen. gr. 8. (36 S.) Berlin 881. Heinicke. n. — 50

Votum zur beabsichtigten Vereinigung der k. k. Forstakademie zu Mariabrunn mit der in Wien zu gründenden landwirthschaftlichen Hochschule. - Wien 1871. 24 S.

— **zweites, über die Verkehrs- u. Gewerbs-Verhältnisse der Schweiz. Uebersetzung u. Beleuchtung des in No. 47—50 des Courrier Suisse über diesen Gegenstand enthaltenen Artikels. 8. St. Gallen 844, Huber u. Comp.** ⅙ ₰

— drittes, über die Verkehrs- u. Gewerbs-Verhältnisse der Schweiz. Eine freimüthige Kritik der Berichte der eidgenössischen Experten-Commission in Handelssachen über die Handelsverhältnisse der Schweiz zum Auslande. Luzern 7. Mai 1844. gr. 8. Zürich 844. (Meyer u. Zeller.) n. 6¼ ngl

Votum über den Vorsitz in der Landesversammlung. [Tübingen 1797.] V: *Georgii, Eberhard Friedrich.* (MGT)

Votum, Ein, über Wucher. Von einem Manne im Volke. Nördlingen 1791. V: *Lang, Carl Hch. von.* (Memoiren des Karl Heinrich Ritter v. Lang. Braunschweig 1842. I. Bd., S. 156) (Bespr. Allg. Oberd. Litteraturzeitung 1792, 2. Sem., Sp. 289) (Allg. Litt.-Ztg. 1791, III, Sp. 465 ff.) (BiblPort)

Votum über den Wucher, von einem Manne sine voto. (Von K. H. Lang.) 8⁰. Nördlingen, Beck, 1791.

Voetzsch, Friedrich, bacc. jur., Referendar a. Frohburg: Der Gründungshergang bei der Sukzessivgründung der **Aktien**gesellschaft nach dem Handelsgesetzbuch für das Deutsche Reich vom 10. Mai 1897. Borna-Leipzig 1907: R. Noske. (VIII, 57 S.) 8° [J.]
Leipzig, Jur. Fak., Diss. v. 22. Juli 1907
[Geb. 5. Nov 79 Frohburg; Wohnort: Frohburg; Staatsangeh.: Sachsen; Vorbildung: Kgl Gymn. Chemnitz Reife O. 00; Studium: Freiburg i. B. 1, Leipzig 8 S.; Rig. 29. Juni 05.]

Le Saint **Vou** de Luques. Altfranz. Gedicht d. 13. Jh. mit e. Untersuchung uber [!] d. Spielmannslegende. Zum ersten Male hrsg. von Wendelin Foerster. Mit 2 Abb. Erlangen: F. Junge 1906. (59 S.) 8°
Aus: Mélanges Chabaneau. Roman. Forschungen. Bd 23. [07. 4702 5

Vouga, de la ligature de l'artire linguale. 38 pp. in-8. Berne, commiss. Huber & Co. 1872.

Vouga, s. Suisse, la, illustrée.

Vouga, Paul: Essai sur l'origine des habitants du Val de Travers. [Avec une carte.] Halle-sur-Saale 1906. VI + 87 p. 8⁰. [18. XII. 05.]
Bern. Phil. Diss. 1906/1907.

Vouga, Paul. Essai sur l'origine des habitants du Val de Travers. [Avec 1 carte.] 8.
Ed. A: Thèse Phil. Berne. VI + 86 + *Vita* 1 p. Halle-sur-Saale, Ehrhardt Karras, 1906.
Ed. B: II + IV + 86 p. Neuchâtel, Attinger Frères; Paris, Alph. Picard & fils; Leipzig, Otto Harrassowitz, 1907 (**Innentitel:* 1906). (fr. 3. —.) — Recueil de travaux publiés par la Faculté des Lettres (de l')Académie de Neuchâtel... 3e Fascicule... .

Vouk, F., die Entwicklung des Embryo von Asplenium Shepherdi Spr. [Mit 3 (lith.) Taf.] [Aus: „Sitzungsber. d. k. Akad. d. Wiss."] Lex.-8. (42 S.) Wien 877. (Gerold's Sohn.) n. 1. 40

—— **die Entwicklung des Sporogoniums von Orthotrichum. Lex.-8. (11 S. mit 2 lithogr. Taf.) (Ebendas.) 876.** **
Vorstehende zwei Schriften sind aus: Sitzungsberichte der k. Akademie der Wissenschaften, besonders abgedruckt.

Vouk, Valent., Anatomie u. Entwicklungsgeschichte der Lentizellen an Wurzeln v. Tilia sp. (18 S. m. 3 Fig. u. 2 [1 Doppel-]Taf.) gr. 8. Wien 909. A. Hölder. 1. 50

— **Laubfarbe u. Chloroplastenbildung bei immergrünen Holzgewächsen. (42 S. m. 6 Fig.) gr. 8. Ebd. 908.** 1. 20
2 Sonderabdr. aus: „Sitzungsber. d. k. Akad. d. Wiss."

Voullième, A., u. F. Eisenach. Das Verwaltungszwangsverfahren wegen Beitreibung v. Geldbeträgen nach der Verordnung v. 7. Septbr. 1879 u. der Ausführungs-Anweisg. v. 15. Septbr. 1879. Zum prakt. Gebrauch f. die Beamten aller Vollstreckungsbehörden in der Preuß. Monarchie bearb. u. m. e. ausführl. Sachregister versehen. gr. 8. (V, 137 S.) Berl. 889, Haack. geb. ** 2 60

Voulliéme, Ernst

Der Buchdruck Kölns bis zum Ende des fünfzehnten Jahrhunderts. Ein Beitrag z. Inkunabelbibliogr. von Ernst **Voulliémo**. *Bonn: H. Behrendt 1903.* (CXXXIV, 543 S.) 8°
Publikationen d. Gesellschaft f. Rhein. Geschichtskunde. 24. [03. 9887

Die Inkunabeln der Königlichen Bibliothek und der anderen Berliner Sammlungen (Kunstgewerbemuseum, Kupferstichkabinet, Universitätsbibliothek, Graues Kloster, Joachimsthalsches Gymn. usw.). Ein Inventar von Dr. Ernst **Voulliéme**. Leipzig: O. Harrassowitz 1906. (VI, 399 S.) 8°
= **Zentralblatt** f. Bibliothekswesen. Beiheft 30. [06. 3723

Die Inkunabeln der öffentlichen Bibliothek und der kleineren Büchersammlungen der Stadt Trier. Zsgest. von Ernst **Voulliéme**. Mit e. Einl. 'Zur Geschichte d. Stadtbibliothek' von Stadtbibliothekar Dr. Gottfried Kentenich. Leipzig: Harrassowitz 1910. XXXVIII, 220 S. 8°
(Zentralblatt f. Bibliothekswesen. Beih. 38.) [10. 10793

Unbeschriebene niederländische **Inkunabeln** der Berliner Königlichen Bibliothek. Ein 6. Suppl. zu Campbells annales de la typogr. Néerlandaise von **Ernst Voulliémo**. *Leipzig: O. Harrassowitz 1904.* (14 S.) 8°
Aus: Zentralblatt f. Bibliothekswesen. 1904

Voulliéme, Ernst: Die Incunabeln der königl. Universitäts-Bibliothek zu Bonn, s. Centralblatt f. Bibliothekswesen.

Voulliéme, Ernestus [Borussus]: Quomodo veteres adoraverint.... Halis Saxonum, form. descrips: E. Karras, 1887; 41 + 1 S. u. 1 Taf. 8° Halle, Phil. Fak., Inaug.-Diss. v. [31. Aug.] 1

Voulliéme, Ernestus, quomodo veteres adoraverint. Diss. Halle 1887, Lippertsche Buchh. 8⁰. 41 S. mit einer Taf.

Kurzes Verzeichnis einer auf der 19. Jahresversammlung d. Vereins f. niederdeutsche Sprachforschg in Köln Pfingsten 1894 ausgest. Sammlung v. Deutschen Drucken kölnischen Ursprungs. [Vf.: Ernst Voullième.] *Köln: Kölner Verlags-Anst. u. Dr. A.-G. [1894].* (9 S.) 1 Bd 8. [9l. 8084

Voullonne, M.: Über die handelnde und beobachtende Arzeneywissenschaft, und den günstigen Augenblick die Arzeneymittel anzuwenden. (Mémoire qui a remporté le prix...de l'Académie de Dijon...1776, sur la question...déterminer quelles sont les maladies dans lesquelles la médecine agissante est préférable à l'expectante et celle-ci à l'agissante... Dt.) Eine gekrönte Preisschrift...mit Anmerkungen frey übers.von F.C.Gebhart. 259 S., gbd.

Wien: Rötzel 1798

Voullone, M., über d. handelnde u. beobachtende Arzneiwissenschaft u. d. günstigen Augenblick, die Arzneimittel anzuwenden. Eine gekrönte Preisschrift. Aus d. Französ. übers. v. F. C. Gebhard. 8. Wien 798. Schaumburg. 20 ℊ

VOUROS, Georg (Chios): De vi legis in praeteritum. (Titel nach der Urkunde) 18.7.1838 - Urk; F 49
Diss. Ingolst.-Landsh.-Mchn.

Aktien-Gesellschaft für Beton - und Monierbau: Die Koenen'sche Voutenplatte. Berlin (1903).

Vouti, bei Thin-nas Grabe. Eine chinesische Nänie. 8. Braunschw. 777. Schulbuchh. 8 ℊ

Voutier, Denkwürdigk. etc., s. Denkwürdigkeiten der Zeitgenossen

— Gemälde aus Griechenland, od. d. Kampf d. Menschheit gegen Tyrannei, in fortlauf. Geschichte von seinem Ursprunge bis auf die neuesten Zeiten. Mit interessanten Scenen, pittoresken Ansichten u. mit beständ. Rücksichten auf das classische Alterthum. Uebers. von Thph. Albr. Heidemann. Mit 4 Portr. gr. 8. Ilmenau 824. Voigt. 1 ℛ

Vouvry [Schlagwort]

Vouvry, s.: Schweiz. Atlas.

Vovk, Bernhard

Vovk: Arithmetische Progressionen. 30 S. --Rudolfswert, Progr. 1857

Vowinckel, E., s: Freiwillige, der.

Vowinckel, E[mmanuel]: Erfahrungen und Beobachtungen aus der Arbeit im Werke des Herrn mit besond. Berücks. d. Gemeinschaftsbewegung. Neukirchen, Kr. Moers: Erziehungsverein (1904). 347 S. 8°

Vowinckel, E., Erfahrungen u. Beobachtungen aus der Arbeit im Werke des Herrn m. besond. Berücksicht. der Gemeinschaftsbewegung. (348 S.) 8. Neukirchen (905). Buchh. des Erziehungsvereins. n. 3. 50

Vowinckel, Ernst: Beiträge zur Lehre von der Amortisation der Wertpapiere. *Düsseldorf 1898: F. Dietz.* (54 S.) 8°
Erlangen, Jur. Diss. v. 18. Dez. 1897

Pädagogische Deutungen. Philos. Prolegomena zu e. System d. höh. Unterr. Von Lic. Dr. Ernst **Vowinckel**, Realschuldir. Berlin: Weidmann 1908. (164 S.) 8° [08. 4139

Vowinckel, Ernst, Geschichte u. Dogmatik. E. erkenntnistheoret. Untersuchg. gr. 8. (VII, 111 S.) Leipzig 898. A. Deichert Nachf. n. 1. 60

Vowinckel, Ernst, Dr. phil., aus Sonnborn (Wupper): **Die Grundgedanken des Jakobusbriefes verglichen mit den ersten Briefen des Petrus und Johannes.** *Gütersloh 1899: C. Bertelsmann.* (74 S.) 8° [F.]
Greifswald, Theol. Diss. v. 11. Febr. 1899

[F.] Die Grundgedanken des Jakobusbriefes verglichen m. d. ersten Briefen d. Petrus u. Johannis. Von Dr. Ernst **Vowinckel**. Zu 1. Petr. 1,18 19. Von Prof. Lic. Johannes Dalmer. *Gütersloh: C. Bertelsmann 1899.* (3 Bl., 87 S.) 1 Bd 8.
== Beiträge z. Förderung christl. Theologie. Jg 2. H. 6.

Vowinckel, Ernst, Menschenseele u. Menschenschicksal. Vortrag. gr. 8. (27 S.) Mettmann 901. H. v. der Heyden. n. — 50

Nietzsche und Jesus von Nazareth. Von (Lic. Dr.) Ernst **Vowinckel**. *Berlin: Berliner Stadtmission [1902].* (19 S.) 8° [F.]
— Flugschrift. Kirchlich-soziale. No 3.

Vowinckel, Ernst, Direktor Dr.: Zur Psychologie des Denkens: mit besonderer Beziehung auf die Bedürfnisse des Unterrichts. Mettmann 1905: F. Wever. (S. 1 - 17.) 4°
Mettmann, R P 1905 (604)

— Religion u. Religionen bei Schleiermacher u. Hegel. E. Verhältnisbestimmg. gr. 8. (63 S.) Erlangen 896. R. Merkel. n. 1. 60

Der englische Roman der Gegenwart von Dr. E[rnst] **Vowinckel**. Mettmann-Leipzig: H. v. der Heyden [1904]. (62 S.) 8° [k5. 1409

— Ruhe f. die Seele. Evangelisationsansprachen. gr. 8. (IV, 109 S.) Frankfurt a/M. 900. Bonn, J. Schergens. n. — 80; geb. in Leinw. n. 1. 60

— Ruhe für die Seele. Evangelisationsansprachen. (IV, 109 S.) 8. Neukirchen (908). Buchh. des Erziehungsvereins. n. — 80; geb. n. 1. 60

Vowinckel, E[rnst]: Ruhe für die Seele. Evangelisationsansprachen. Neukirchen: Erziehungsver. [1909]. 109 S. 8°

Vowinckel, Ernst [aus Radevormwald]: Das Verhältnis des einheitlichen Wesens der Religion zur historischen Mannigfaltigkeit der Religionen bei Schleiermacher und Hegel ... Erlangen, k. b. Hof- u. Univ.-Buchdr. v. F. Junge, 1896; 62 S., 2 Bl. 8.
Erlangen, Phil. Fak., Inaug.-Diss. v. 15. Febr. 1896

Vowinckel, Hugo, Referendar in Godesberg a. Rhein: Die Schulden der in Errungenschaftsgemeinschaft lebenden Ehegatten nach dem Bürgerlichen Gesetzbuch. Borna-Leipzig 1904: R. Noske. (VIII, 53 S.) 8°
Leipzig, Jur. Fak., Diss. v. 12. Sept. 1904
[Geb. 28. Jan. 78 Neviges; Wohnort: Godesberg; Staatsangeh.: Preußen; Vorbildung: Gymn. Bonn Reife O. 98; Studium: Bonn 3, Leipzig 1, München 1, Berlin 1 S.; Rig. 5. Okt. 03.]

Vowinkel, [illegible]

Vox clamantis in exilio pro auxilio ad oppressionem veritatis et justitiae tollendam. S. l. [1748]. V: *Geissendorfer, Anselm.* (CLZür Forts. I)

Vox clamantis oppressae tum veritatis tum justitiae. S. l. [1748]. V: *Geissendorfer, Anselm.* (CLZür Forts. I)

Vox Germani catholici clamantis in deserto Galliae. 8. Ulm 791. Stettin. 5 gr.

Vox humana. Auch ein Beichtbuch. Stuttg. 1892. V: *Koegel*, *Fritz*. (Ky) (Kürschner, Dtsch. Litt.-Kal. 24, 740.)

Vox humana. Auch e. Beichtbuch. gr. 8. (XV, 232 S.) Stuttg. 892, Union. * 3 —; geb. * 4 —

Vox populi. Leipzig, Hermann 1845. 31 S. 8.

Vox populi vox dei. Dankschreiben an alle deutschen Wähler zum pseudo-deutschen Parlament. Von „Einem Mann aus dem Volk". gr. 8. (24 S.) Mannheim 867, (Schneider.)

Vox veritatis ad Napoleonem. S. l. [1813]. V: *Oberlechner*, *Wolfg.* (Hr)

Vox V Vulnerum D. N. J. C. Argumentum IV meditationum . . . Oeniponte 1780. V: *Aigner*, *Phil.* (Jes)

Die Frage der Wasserstraßen für Preußen und das Deutsche Reich von **Vox Populi**. Berlin & Leipzig: Schreiter 1901. 13 S. 8°
(Briefe e. alten Politikers an e. Freund. Nr 1.) 1901. 1099 11

Voxhall. s. Vauxhall.

Voyage

— d'un Allemand à Paris et retour, par la Suisse, ou mes matinées à Paris. 8. Bern ... Typogr. Soc. 1 Rth. 4 gr.

Voyage aux bords de la Meuse. Dessins de Paul Lanters, Légendes, Récits et Traditions par André van Hasselt. Livr. I. et II. Mit Steintaf. u. 4 Vign. Roy.-Fol. Bruxelles 839. (Muquardt.) n. 6⅔ Rth.

— dans les 13 cantons de la Suisse, les Grissons, le Valais etc. II Parties. gr. 8. Bern 790. Haller. 2 Rth. 12 gr.

— autour de ma chambre, (par Ximenes). 12. Leipz. 801. Rabenhorst. 12 gr.

— autour de ma chambre suivi de l'epreux de la cité d'Aoste. 12. Braunschw. 814. Pluchart. 18 gr.

— en Chypre, en Syrié et en Palestine, trad. de l'Italien de Mariti. II Vols. 12. Neuwied. 791. (Kupferberg in Mainz). 18 gr.

Voyage fait en 1790 dans une partie de la France et de l'Italie . . . S. l. 1792. V: *Rothenhahn*, *Sigmund Friedrich Freih. von.* (Ky) (MGT)

— fait en MDCCXC dans une partie de France et d'Italie, par le Baron Sigismond de** (S. F. v. Rotenhan). gr. 8. (Weimar) 796. Landes-Ind.-Compt. 1 Rth. 8 gr.

— d'un Français en Angleterre pendant les années 1810 et 11, avec des observations sur l'état politique et moral, les arts et la littérature de ce pays; seconde édition. 2 vol. gr. 8. le même. 817. 7 12

— de Génève à Londres. 12. Basel, Flick. 784.

— de Génève à Londres. 12. Basel 784. (Neukirch). 12 gr.

Voyage historique et littéraire dans la Suisse occidentale. En Suisse 1787. V: *Sinner*, *Johann Rudolph.* (Barbier)

Voyage. Voiage historique et politique de Suisse, d'Italie et d'Allemagne. 3 Tomes. 8. Francfort 1736–1743.
Tome 1er. Avec Figures [dont 1 planche].
Tome 2d. Avec Figures [3 planches].

— historique et politique de Suisse, d'Italie et d'Allemagne, av. fig. III. Tms 12. Frcft. Varrentrapp et W. 736–45.

— par la Hollande fait dans l'année 1806, avec 21 fig. Tom. I. ... Amsterd. ... 1808.

— intéressant pour l'instruction et amusement de la jeunesse, dans le goût du recueil de Campe. gr. 12. Utrecht 792. (Mainz, Kupferberg). 14 gr.

— the, to Lilliput. 16. Cöln 830. Pappers. 6 gr.

— de Marseille à Toulon. 18. Lpz. Ind. Comt.

Voyage, mon, en Italie, s.: Reise, meine, in Italien.

Voyage, mon, en Suisse, s.a. Reise, meine, durch die Schweiz.

Voyage. Mon v. en Suisse. Collection de Vues Photographiques de la Suisse [avec texte et 2 cartes]. Édité par le Comptoir de Phototypie de Neuchâtel.... (22 livraisons.) fol.-obl. Paris. Leipzig [1896–1897].

Voyage. Le v. à Notre-Dame-des Ermites.... (L'Europe illustrée. № 24.) Zurich... s. [Binder, Johann Jacob].

— nouveau, dans le Nord et le Midi de l'Allemagne, par l'auteur des lettres sur Dresde F. J. D. S. D. 8. Leipz. 805. Hinrichs. 18 gr. Lauffer. 20 gr.

— nouveau, dans le Nord et le Midi de l'Allemagne; par l'auteur des Lettres sur Dresde. 8. Lpz. Hinrichs. 806.

Voyage philosophique d'Angleterre etc. 8. Berne, Typ.

— pittoresque en Alsace (p. Abbé Grandidier et Fr. Schöll.) VI Livrais. 4. Strassb. 790.

Voyage pittoresque de Bâle à Bienne par les vallons de Mottiers-Grandval, conten. 36 vues, dessinées par B. Birmann, accompag. d'un texte et 1 carte. Zürich, Orell et Comp. impr. en bistre. 18 —
coloriées 112 12

— pittoresque de Constantinople et des rives du Bosphore; d'après les dessins de M. Melling; 13 Livraisons grand in fol. atlant. Strasbourg, Treuttel et Würtz. 820. 555 18

— pittoresque de Génève à Milan par la route du Simplon etc. voyez Osterwald.

— pittoresque de l'Istrie et de la Dalmatie, contenant la déscription historique des monumens, des sites, productions, costumes, moeurs et usages des habitans; et enrichi d'estampes, cartes et plans, au nombre de 60 à 66. gr. Fol. Leipz. 802. Voss. 56 Rth.

— pittoresque au lac de Côme. XV vues, dessinées par J. Wetzel; gravées par Hegi et Hürlimann, et color. avec texte. Fol. Zürich, Orell. 37 ℔ 12 ℊ

— pittoresque au lac de Constance ou Bodensee, XV vues dessinées par J. Wetzel, gravées par F. Hegi et J. Suter, et color. avec texte. Fol. Zürich, Orell. 37 ℔ 12 ℊ

— pittoresque au lac de Garda; XV vues, dessinées par J. Wetzel, gravées par C. Rordorf avec texte. Fol. Zürich, Orell. 37 ℔ 12 ℊ

— pittoresque au lac de Génève ou Léman, représ. en 10 vues, dessinées par J. Wetzel, gravées par Fr. Hegi, et color., avec texte. Fol. Zürich 820. Orell. 25 ℔

— — pittoresque au lac des Waldstettes, ou des IV Cantons, représenté en 19 vues, dessinées d'après nature par J. Wetzel, gravées par F. Hegi, et color. accompagné de texte, in fol. Zürich, Orell et Cp. 817. 25 —

— pittoresque aux lacs Majeur et de Lugane, XV vues dessinées par J. Wetzel, gravées par G. Rordorf, et color. avec texte. Fol. Zürich, Orell. 37 ℔ 12 ℊ

— pittoresque aux Lacs de Thoune, Brienz, Lungern et Sarnen. XII. feuilles, dessinées p. J. J. Wetzel gravées P. F. Hegui. Roy. Fol. Zürich 827, Orell.

— pittoresque au lacs de Zurich, Zoug, Lowertz, Egeri, Wallenstadt, représ. en 10 vues, dessinées par J. Wetzel, gravées par F. Hegi, et color. avec texte. Fol. Zürich, Orell. 25 ℔

— pittoresque de Naples et de Sicile. Ière Livr. compl. de 5. Planch. color d'après nat. gr. fol. Lpz. Sommer.

— pittoresque dans l'Oberland, s. Ph. A. *Stapfer*.

— pittoresque dans l'Oberland, avec 15 planches color., et 1 Carte itinéraire. 4. Zürich, Orell et Cp. 21 —

— pittoresque sur le Rhin; d'après l'Allem., par Libert, av. 32 grav. et 1 Carte. gr. 8. Frankf. a. M. 807. Fr. Wilmans. 15 ℔ Velinp. 22 ℔ 12 ℊ Hbg. Pr. 8 ℔ Velinp. 12 ℔

— pittoresque en Sicile, dédié à S. A. R. Mad. la Duchesse de Berry. 24 Hefte. gr. Fol. Carlsr. ... Velten. 187 ℔

— pittoresque de Stockholm à Gothembourg. Sur le canal de Gothie et ses environs, en 24 vues. Litogr. d'après C. J. Billmark par O. Cardon. qu. gr. 4. (Mit Text.) Stockholm 843, Bonnier. n. $6^2/_3$ ℔

— dans mes poches. 12. Braunschw. 798. Pluchart. 12 ℊ

Voyage au Pole Sud et dans l'Océanie sur les corvettes l'Astrolabe et la Zélée, exécuté par ordre du Roi pendant les années 1837—1840, sous le commandement de M. J. Dumont d'Urville, Capitaine de vaisseau. Publié par ordonnance de sa Majesté. — Histoire du Voyage, par M. Dumont d'Urville. Tome I. gr. in-8. (Mit 1 Karte.) Paris 841. (Brockhaus et Avenarius.) baar $1^1/_{24}$ ℔ — dass. Velinp. mit 1 Atlas von 5 lithogr. Ansichten. Imp.-Fol. baar $6^1/_2$ ℔

Voyage sur le Rhin, depuis Mayence jusqu'à Dusseldorf. Neuvied 1791. V: *Robineau, Alex. Louis Bernhard.* (BrMm) (Cat. d. Stadtbibl. Zürich. Zürich 1864—97.) V: *Lang, Jos. Gregor.* (EB)

— sur le Rhin, depuis Mayence jusqu'à Düsseldorf. 2 Vols av. fig. gr. 8. Leipz. 792. (Nauck). 2 ℔

— sur le Rhin, depuis Mayence jusqu'à Dusseldorf, av. fig. 2 Vol. gr. 8. Lpz. Sommer. 792.

— — le même. II. Vol. gr. 8. Thal. Ehrenbreitst. Gebra. 792.

— le même. 8. Mainz 808. Kupferberg. 1 ℔ 8 ℊ

— — le même. 12. Vol. sans fig. 8. ibid. 808.

Voyage aux Salines de Saltzbourg et de Reichenhall . . . Berlin 1807. V: *Bray, François Gabr. comte de.* (WFM) (Hr)

Voyage Sentimental, traduit de l'Angl. de Yorick (Lor. Sterne). 8. Berne, Haller. 786.

— — le même. II Vol. 18. Berne, Typogr.

— — le même, traduit par Irenais. gr. 8. Strasb. König. 790.

— — le même, en angl. et en franç. III Vol. av. fig. 18. ibid. 805.

— en Sicile et dans la grande Grèce, s. Reise durch Sicilien u. Groß-Griechenland.

— en Sicile et dans la grande Grèce. Berlin 773. 8. 20 gr. Der Verf. ist Freih. v. Riedesel. Vgl. Riedesel.

— en Sicile et dans la grande Grèce, adressé à M. Winkelmann. gr. 12. Berlin, Rottmann. 773.

— en Sicile et à Malte, imité de l'anglais de Brydon, par Campe. 12. Frankf. a. M. 819. Streng. 20 ℊ

— de Sicile et quelq. part. de la Calabrie en 1791. 8. Wien 796. Sammer. (Fr. Fleischer in Leipz.) 20 ℊ

Voyage en Suisse et ascension du Mont Rose. 1860 s. (Th[ioly], F[rançois]).

Voyage D'Ulme A Vienne par Mer. O. O. 1789. V: *Balaudiere, Jacques de la.* (Lissa 36/408) (BiblPort)

Voyage en zigzag par monts et par vaux. 1836 s. [Töpffer, Rodolphe].

Voyage de Zurich à Zurich .... Zurich 1818 et 1826 s. [Meister, Jacob Heinrich].

Voyage de Zurich à Zurich . . . Zurich 1818. Nouv. éd. 1836. V: *Meister, Leonh.* (AarK) V: *Meister, Joh. Heinrich.* (Hall. Litt.-Ztg. 1818. Nr. 317.) (EngG)

— de Zurich à Zurich, par un vieil habitant de cette ville. Mit 5 Kpf, 1 Vign. u. 1 Karte. 12. Zürich 818. Orell. 21 ℊ

Voyage de Zürich à Zürich, par un vieil habitant de cette ville. Neue Aufl. Mit 5 Kpfr., 1 Vign. u. 1 Charte. 12. Zürich 826, Orell.

Voyage de Zurich à Zurich, par un vieil habitant de cette ville. Nouv. edit. 12. (..B.) Zurich 830, Orell, Fussli et Comp. — 12

Voyages. —

— traduit de différentes langues. 2 Vols. 12. Braunschw. ... Vieweg. 16 gl

Voyages d'Ali Bey et Albassi en Afrique pendant les années 1803—7. III Vols. et atlas. 4. Strassb. 815. Treutel et Würz. 20 rß

Voyages et aventures du Docteur Festus. Tübingen 1840. V: *Toepffer, Rud.* (Ky)

Voyages et aventures du Docteur Festus. (Par Toepffer.) Avec Portr. 8. Tübingen 840. Fues.) n. 5 rß

Voyages d'Emanuel Crespel dans le Canada avec la Relation de son naufrage . . . Francfort 1742. V: *Uriot, Joseph.* (ML)

Voyages de Figaro en Espagne. 8. Nürnb. 784. Grattenauer. 8 gl (s. auch Figaro.)

— de deux Français en Allemagne, Danemark, Suède, Russe et Pologne fait en 1790—92. V Vols. gr. 8. Bern 793. Haller. 8 rß

Voyages, Les, des Papes. O. O. 1782. V & Ü: *Müller, Johann von.* (AarF (BrMm)

— en différens pays de l'Europe en 1774—76, ou Lettres écrites de l'Allemagne, de la Suisse, de l'Italie, de Sicile et de Paris, (par K. A. Pilati). 2 Vols. gr. 12. Haag 777. in 8. Bern 778. Typogr. Soc. 1 rß 8 gl

Voyages en différens pays de l'Europe en 1774—76. Basle 1779. V: *Pilati di Tassulo, Carlo Antonio.* (EB)

— pittoresques et romantiques dans l'ancienne France, voyez Nodier, Taylor etc.

Voyages en Sibérie.... Berne 1791 *s.* (Pallas, [Peter Simon]).

Voyages en Suisse par les chemins de fer et les bateaux à vapeur.... Fribourg... 1858 *s.* [Ineichen, Adolf].

Voyages and travels, the, of Sir John Maundeville Kt. gr. 16. (192 S.) Leipzig 886. Gressner & Schramm. n. — 80

Voyages and travels of Marco Polo. gr. 16. (192 S.) Leipzig 887. Gressner & Schramm. n. — 80

Voyageur, le, en Belgique et sur le bords du Rhin. Nouveau guide orné d'une carte routière de la Belgique, avec l'indication de toutes les stations du chemin de fer entre Paris, Bruxelles, Cologne et Bonn; et enrichi des plans de Bruxelles, Anvers, Gand, Bruges, Ostende, Louvain et Liège. 16. (294 S.) Anvers 847, Kornicker. n. 1 1/3 rß

Voyageur, le, dans le Grand-Duché de Bade. Ou renseignemens nécessaires a tous ceux qui traversent ce pays en poste. Trad. de l'allemand par J. Wolfrom. gr. in-12. (2 B. u. 1 Karte.) Carlsrouhe 829, Marx.

— le, en Hollande, ouvrage indispensable pour ceux qui voyagent dans ce pays; orné d'un Atlas de 19 cartes. 8. Amsterd. 806. Hesse. 1 rß 20 gl

Voyageur, le, en Hollande ouvrage indispensable pour ceux qui voyagent dans ce pays; orné d'un Atlas de 19 Cartes. 8. Amsterdam. Hesse. 807.

— le, en Suisse, ou manuel instructif et portatif à l'usage des étrangers qui se proposent de parcourir ce pays. Extrait des meilleurs ouvrages de nos jours. gr. 8. Genf ... (Basel, Neukirch). 2 rß

Voye, Ernst, Geschichte der Industrie im märkischen Sauerlande. Hrsg. v. der Handelskammer zu Hagen. I.—III. Bd. gr. 8. Hagen, O. Hammerschmidt.
Geb. in Leinw. 15. 50
I. Kreis Hagen. (415 S.) 908. Geb. 5. 50
II. Kreis Altena. (393 S.) 910. Geb. 5. 50
III. Kreis Iserlohn. (251 S.) 908. Geb. 4. 50

Voye, Ernst, aus Magdeburg: (T. 1.) Ueber die Höhe der verschiedenen Zinsarten und ihre wechselseitige Abhängigkeit. (T. 2.) Die Entwicklung des Zinsfußes in Preußen von 1807 bis 1900. *Halle a. S. 1902.* (VI, 43 S.) 8° ¶ [Erschien vollst. 1902 als: Sammlung nationalökon. u. statist. Abhandl. d. staatswiss. Sem. zu Halle a. S., Bd 35.]
Halle, Phil. Diss. v. 1902

Über die Höhe der verschiedenen Zinsarten und ihre wechselseitige Abhängigkeit. Die Entwicklung d. Zinsfusses in Preussen von 1807 bis 1900. Von Dr. Ernst **Voye**. Mit 2 Curven. *Jena: G. Fischer 1902.* (95 S.) 8°
= Sammlung nationalökon. u. statist. Abhandlungen d. staatswiss Seminars zu Halle. Bd 35.

Schwerte, Fröndenberg und Westhofen in ihrer industriellen Entwickelung. Von Dr. Ernst **Voye**. Hagen: O. Hammerschmidt 1908. (51 S.) 8° [F.] [08.16/03

Voyé, Willy, Augenblicksbilder aus dem Kriege 1870/71. (45 S. m. Bildnis.) 8. Wetzlar 904. Schnitzler. n. — 80

Geheime Liebe oder Die Rückkehr aus d. Bade. Orig.-Lustspiel in 1 Akt von Willy **Voyé**. Bonn: A. Heidelmann [1905]. (29 S.) 8° [F.]
= **Theaterbibliothek**, A. Heidelmann's. H. 155. [06.2699

— geheime Liebe od. die Rückkehr aus dem Bade, s.: Heidelmann's, A., Theaterbibliothek.

— der tote Soldat, s.: Heidelmann's, A., lebende Bilder.

Voyé, Willy, Turnerfestmarsch (m. unterlegtem Text), D. „D. T." z. 11. Dtschn. Turnf. in Frankfurt a. M. 1908, op. 127, Offenbach a. M. 1908, 3 S., 4°.

Voynich, Ethel Lilian

Voynich, E. L., the gadfly, s.: Library, the English.

Voynich, E. L., die Stechfliege. (The gadfly.) Aus dem Engl. v. Elsa Wasmuth. (327 S.) 8. Berlin 904. F. Gottheiner. n. 4. —; geb. n. 5. 50

Voynich, E. L., die Stechfliege. (The gadfly.) Aus dem Engl. v. Elsa Wasmuth. 2. Aufl. (327 S.) 8. Berlin 908. [F. Gottheiner.] A. Brenzinger. 4.—; geb. 5. 50

de Voys, Andre M[aria] ⟨geb. am 24 Aug. 1858 in Roozendaal bei Breda Holl.⟩: Untersuchungen über die farado-cutane Sensibilität ... Bonn, Univ.-Buchdr. v. C. Georgi 1884. 29 S., 1 Bl. 8.
Bonn, Med. Fak., Diss. v. 23 Aug. 1884

Vpered (Zh) (Vorwärts)
① Unperiodische Rundschau ⑤ 1873—1874 ⑥ 4° ⑦ unperiodisch ⑧ Zürich: Buchdruckerei »Vorwärts«; London ⑩ Peter Lavrov ⑫ sozialistisch ⑬ BGSZ: 53; Kluge: Russische revolutionäre Presse ⑭ Be: L ⑮ In russischer Sprache.

Vrabetz, L. Ueber die Steuerreform in Oesterreich. 8°. Lemberg 1869.

VRACHAN, JOSEPH: Kanzelrede bei der dreihundertjährigen Jubelfeier des im J. 1537 von der seligen Angela aus dem Hause Merici gestifteten Ordens der Heiligen Ursula Am 25. Nov. 1837. Varasdin 1838: Bei Joseph von Platzer. 20 S. - 8°

VRACHAN, JOSEPH: Trauerrede, die bei Gelegenheit feierlicher Exequien für die verwitwete Gräfin Anna Draskovich geborne von Jankovich vorgetragen wurde. Warasdin 1823. - 4°

Vrancken, J. W., Handbuch d. prakt. Bierbrauerei. Den Grundsätzen d. Wissenschaft u. d. Erfahr. gemäß abgefaßt. Deutsch bearb. v. J. F. Hartmann. 8. (12 B.) Quedlinburg 837, Basse.

Vránek, Josef, Magistrats-Concipist der kön. Hauptstadt Prag; Gesetz vom 8. Jänner 1889, L.-G.-B. Nr. 5. Womit eine Bauordnung für das Königreich Böhmen (mit Ausschluss jener Gemeinden, für welche die Bauordnung vom 10. April 1886, L.-G.-B. Nr. 40 gilt) erlassen wird. Commentirt und durch einschlägige Gesetze, Verordnungen ergänzt. Zweite Aufl. 8. (178 S.) —.80
Prag: Wiesner 1889.

Vraetz, Anton

Vraetz, A., die Aufhebung der katholischen Abtheilung im preussischen Cultusministerium beleuchtet. gr. 8. (76 S.) Mainz 872, Kirchheim.

Vraetz, Anton, Speculative Begründung der Lehre der kathol. Kirche über das Wesen der menschlichen Seele und ihr Verhältnis zum Körper. Köln u. Neuß. Schwann, 1865, gr. 8°, VII, 118 S., 2 Mk.
Vorzugsweise zur Widerlegung des Günther'schen Dualismus. Vgl. Katholik 1865, 1. Hälfte (Neue Folge 13. Bd.) S. 192—1. Litt. Handw. 1866, S. 115.

Vraetz, Ant., speculative Begründung der Lehre der katholischen Kirche über das Wesen der menschlichen Seele u. ihr Verhältniß zum Körper. Köln & Neuß 866. Schwann's Verlag. gr. 8. (VII, 148 S.) n. 20 ngr.

Vraetz, A., Die Lehre von der päpstlichen Unfehlbarkeit u. ihre Anwendung auf das Staatsrecht gegen die Angriffe des Herrn Joh. Fr. Ritter von Schulte verteidigt. Köln, Rommerskirchen, 1871, gr. 8°, 57 S., 1 Mk.
In geistreicher Weise zieht der Verf. in d. Einleitung eine höchst auffallende Parallele zwischen dem Abfalle der Engel u. der Abtrünnigkeit kathol. Gelehrten in der Gegenwart u. sieht am Schlusse in der gegenwärtigen Agitation nur einen Ring in der Kette der sich immer wiederholenden Kämpfe zw. Christus u. dem Antichristus.

Vrba, Karl, Beiträge zur Kenntniss der Gesteine Süd-Grönlands. [Mit 3 (lith. u. chromolith.) Taf.] [Aus: „Sitzungsber. d. k. Akad. d. Wiss."] Lex.-8. (33 S.) Wien 874. Gerold's Sohn. n. 2. —

Vrba, Karl, Darstellung der Symmetrie der Kristalle durch Spiegelung. (8 S. m. 6 Abb.) Lex.8. Prag 908. F. Řivnáč. —20
Sonderabdr. aus: „Sitzungsber. d. böhm. Ges. d. Wiss."

Vrba, C., die Krystallform des Isodulcit. [Mit 1 (lith.) Taf.] [Aus: „Sitzungsber. d. k. Akad. d. Wiss."] Lex.-8. (6 S.) Wien 879. (Gerold's Sohn.) n. — 40

— krystallographische Tafeln f. die mineralogischen Vorträge an der Prager Universität. Copien nach Naumann, v. Kokscharow, Schrauf, v. Zepharovich u. A. nebst eigenen Constructionen. 3. Aufl. gr. 4. (19 Steintaf.) Prag 876. (Dominicus.) n. 1. —

Vrba, Karl Franz

Vrba, Carl Fr. Beiträge zur Geschichte der Augustinischen Textkritik. Lex.-8. (80 S.) Wien 889, (Tempsky). * 1 30
Aus: Sitzungsber. d. k. Akad. d. Wissensch., besonders abgedruckt.

Vrba, *Carl Franz*: Zum Commentum des Horazscholiasten Porfyrion. 8 (S. 29 12)
Progr. Leopoldstädter Communal-Real- u. Oberg. *Wien* 1897
Zweck des Commentars. Zur Formenlehre bei Porfyrion

Vrba Karl: Meletemata Porphyrionea.
D: Wien, 1884.
1884 PN 369 **Diss.** Wien Univ.

Vrba, Karl Frz., meletemata Porphyrionea. gr. 8. (70 S.) Wien 885. (Gerold's Sohn.) n. 2. —

Oesterreichs Bedränger. Die Los-von-Rom Bewegung. Studien über polit., relig. u. sociale Zustände d. Gegenwart von Rudolf **Vrba**. *Prag: Selbstverl.; F. Řivnáč in Comm. 1903.* (639 S.) 8° [03. 13760

Vrba, Rud., die Palacky-Feier u. ihre Widersacher. E. Mahnruf an d. armen christl. Völker Oesterreichs. 8. (293 S.) Prag 898. (Leipzig, X. Pflugmacher.) n. 3. 40

Vrba, Rudolf: Der Nationalitäten- und Verfassungsconflict in Oesterreich. (Neue [Titel]-Ausg. von: Vrba: Die „Palacký-Feier".) — Prag: Selbstverl., Francl in Comm. 1900. 292 S. [1. Ausg. 1898.]

Vrba, Rud., der Nationalitäten- u. Verfassungsconflict in Oesterreich. (Neue [Titel-]Ausg. v.: V., die „Palacký-Feier".) gr. 8. (293 S.) Prag [898.] 900. (Cyrillo-Method'sche Buchh.) n. 3. 40

Die Revolution in Russland. Statist. u. sozialpolit. Studien von Rudolf **Vrba**. (Bd. 1.) Prag: Selbstverl.; F. Řivnáč in Komm. 1906. 8° [07. 11811

— **die Revolution in Russland. Statistische u. sozialpolit. Studien. 2 Bde. (533 u. 613 S.) 8. Ebd. 906.** n. 18. —

Vrba, Rud., die Sünden der Gesellschaft. Eine social-polit. Studie. gr. 8. (64 S.) Wien 893. (Lesk & Schwidernoch.) n. — 80

Vrba, Rud., Die Sünden der Gesellschaft. Eine socialpolitische Studie. (1893. Tit.-Auflage.) 8. (64 S.) —.40
Wien: Kirsch 1898.

Trgovačko, mjenbeno i stečajno pravo Hrvatske i Slavonije. Das Handels-, Wechsel- und Konkursrecht von Kroatien und Slavonien ... bearb. von Dr. Franz **Vrbanić**, Prof. in Agram, [&] Dr. Karl Čupović, Prof. in Agram. Berlin: R. v. Decker 1906. (155 S.) 4°(8°)
1. Das Handels- u. Wechselrecht bearb. von Dr. Franz Vrbanić.
2. Das Konkurs- u. Anfechtungsrecht von Kroatien u. Slavonien, nebst Einl. u. gerichtl. Verfahren, z. Durchführung von kaufmänn. Rechtsansprüchen von Dr. Karl Čupović.
— **Handelsgesetze,** Die, d. Erdballs. Ausg. D. Kroatien u. Slavon. [07. 13986

Vrbanić, Karl

Vrbanić, K., Geschichte der Bocche di Cattaro, m. besond. Berücksicht. der beiden Insurrections-Kriege in den J. 1869 u. 1881—82. Zusammengestellt u. bearb. gr. 8. (VI, 136 S.) Agram 887. Hartman's Verl. n. 3. —

Vrbka, Anton, Schematische Anleitung zum Studium und zur Abfassung einer Orts- und Heimatskunde. 8. (18 S.) --.20
Znaim: Fournier & Haberler 1894.

Vrbka, Ant., schematische Anleitung zum Studium u. zur Abfassung e. Orts- u. Heimatskunde, s. Lehrer-Bibliothek, kleine.

(F) **Vrbka,** A., Chronik der Stadt Znaim. Gr.-8°. (144 S.) †
Ebda. 1902.

Vrbka, Ant., die Chronik der Stadt Znaim, s. Heimatkunde des politischen Bez. Znaim. 9. Hft.

Vrbka, Ant., Klosterbruck u. s. Schicksale im Laufe der Jahrhunderte. 8. (91 S.) Znaim 898. Fournier & Haberler. n. 1. —

Die Kriegsbegebenheiten des Jahres 1866 in Znaim und Umgebung. Aus Anlaß d. Enthüllung d. Kriegerdenkmales auf d. Gemeinde-Friedhofe zu Klosterbruck durch d. Thajabodener Militär-Veteranen-Verein 'Frh. v. Chlumetzky' berichtet durch **Anton Vrbka.** Mit 1 Abb. *Znaim: Fournier & Haberler 1903.* (19 S.) 8° [F.]
– Beiträge z. Heimatskunde von Znaim u. Umgebung. H. 4. [03. 15503

Leben und Schicksale des Johann Amos Comenius. Mit Benützung d. besten Quellen dargest. von **Anton Vrbka.** Mit e. Verzeichnis d. neueren Comenius-Literatur (von Karl Bornemann) u. 17 Abb. *Znaim: Fournier & Haberler 1892.* (160, XIV S.) 8°
(Festschrift z. 300j. Comenius-Feier.)
– Comenius-Studien H. 2. [03. 3653 II

— die systematische Pflege des Reinlichkeitssinnes in der Volksschule, s.: Lehrer-Bibliothek, kleine.

Vrchlický, Jaroslav, Anthologie aus seinen Werken, s.: Albert, Ed., neuere Poesie aus Böhmen.

Vrchlický, Jaroslav, Bar-Kochba. Dichtung. Deutsch v. Vict. Graf Boos-Waldeck. Autoris. Uebersetzg. 8. (XX, 366 S.) Dresden 899. E. Pierson. n. 4.—; geb. n. 5 —

— Böhmerwald-Idylle, s.: Bibliothek der fremden Zungen.

Vrchlicky, Jaroslav, Viktoria Colonna. Gedichte. Aus dem Böhm. übers. v. Joh. Spáčil. (VIII, 43 S.) 8. Dresden 903. E. Pierson. n. 1. —; geb. n. 2. —

Vrchlický, Jaroslav, Episches und Lyrisches. Gedichte. Autorisirte Uebersetzung von Ed. Grün. Mit Porträt des Dichters. 8. (226 S.)
Prag: Dominicus 1894. 1.50, gebunden 2.—

Vrchlický, Jarosl., Gedichte, s.: Universal-Bibliothek.

Vrchlický, Jaroslav, Gedichte. Autoris. Uebersetzg. v. Edm. Grün. 8. (166 S.) Leipzig 886. Wartig's Verl. n. 2. 40; geb. n. 3. 60

— Gedichte. Autoris. Uebersetzg. v. Marie Kwaysser. 8. (95 S.) Leipzig 893. Slav. Buchh. n. 1. —

— s.: Grün, Edm., aus tschechischer Prosa.

Vrchlický, Jaroslav. Hippodamia. Dramatisches Gedicht in 3 Thln. Autoris. Uebersetzg. v. Edm. Grün. Mit durchwegs musikal. Begleitg. v. Zdenko Fibich. gr. 16. (197 S.) Prag 892, Urbánek. * 2 —; geb. * 3 —

— d. hohe Rabbi Löw (Rabbinerweisheit), s.: Universal-Bibliothek, jüdische.

— **der Minnehof.** Lustspiel in 3 Aufzügen. Autoris. Uebersetzg. aus dem Böhm. v. R. u. L. Breisky. 8. (140 S.) Wien 900. (W. Braumüller.) n. 2. —

— Farbige Scherben, s. Universal-Bibliothek.

— neue farbige Scherben, s.: Universal-Bibliothek.

— d. Sturm. Textgedicht nach d. Sujet d. gleichnam. Märchens Shakespeare's. Deutsch v. Edm. Grün. Musik v. Zdenko Fibich. gr. 16. (48 S.) Prag 896. F. A. Urbánek. n. — 80

Vrede, J. C., Schlüssel zur italienischen Aussprache. Eine Anleitung sich in wenigen Stunden mit der Aussprache des Italienischen vertraut zu machen. Nebst einem Verzeichniß von Ländern u. Städtenamen. Arnsberg 859. Ritter. 8. (16 S.) n. 2 ngr.

Vrede, Wilhelm, (Sacellanus): Die beiden dem hl. Thomas von Aquin zugeschriebenen **Kommentare** zum Hohen Liede. *Berlin 1903: Germania.* (41 S.) 8°
Münster, Kath.-theol. Diss. v. (18. Juli) 1903

Vreden. Seine Vergangenheit, seine Denkmale. Gesammelte Aufsätze u. Skizzen. (34 S.) kl. 8. Vreden 909. F. Gescher. — 40

Vreden [Schlagwort]

Vreden, s.: **Deutschland. Karte. (Abt. Preussen.) — Westfalen. Grundkarte.**

Vreede, C., Signalsystem für Nacht- und Nebelsignale aus dem Internationalen Signalbuche, auch als optischer Telegraph zu gebrauchen. Leyden 1883.

Vreede, Georg Willem

Vreede, G. G., lettres et négociations de Paul Choart, seigneur de Buzanval, et de François d'Aerssen, agent des provinces unies en France (1598, 1599.) suivies de quelques pièces diplomatiques concernant les années 1593–1596, et 1602—1606. Publiées pour la première fois. gr. 8. Leyden 846, S. et J. Luchtmans. 3 ℔ 6 ngl

Vreede, Geo. Wilh., Oratio de juris publici et gentium praeceptis, a liberae Europae civitatibus adversus vim ac dolum potentiorum fortiter tuendis. gr. 8. (48 S.) Utrecht 861, (Kemink und Sohn.) *

Vreede, G. G., la reconstruction de l'empire d'Allemagne et la liberté de l'Europe. gr. 8. (VIII, 63 S.) Utrecht 871, J. L. Beijers. *

Vreneli, eine Geschichte aus dem Volksleben, s. Familien-Bibliothek.

Vreneli: 's Vreneli ab em Guggisberg v. Mittelländisches Volksblatt.

Vreto, Marino, Contes et poèmes de la Grèce moderne précédés d'une introduction par Prosper Mérimée. 2. Édition originale. (Bibliothèque choisie. Vol. 242.) 16. (112 S.) Paris 858. Leipzig, Gerhard.

Vreže, Joh. Bapt., Geheiliget werde Dein Name! Gebet- u. Gesangbüchlein. 2., verm. Aufl. (IV, 312 S. m. Titelbild.) 16. Graz 904. U. Moser. Geb. in Leinw. n. 1. —; in Ldr. n. 1. 50

Vreže, Joh. Bapt., geheiliget werde Dein Name! Gebet- u. Gesangbüchlein. 3., verm. Aufl. (IV, 316 S. m. Titelbild.) 10,9×7,9 cm. Graz 909. U. Moser. Geb. in Leinw. — 90; m. Goldschn. n 1.40

Vreže, Joh.: Katalog der Lehrerbibliothek, s. Schreiner, Heinrich

Vrfey, Gvilelmvs (geb. am 8 Nov. 1838 in Waldorf Rgbz. Köln): De septicaemia ... Bonnac, typ. F. Krvegeri (1864). 30 S., 1 Bl. 8. Bonn, Med. Fak., Diss. v. 8 Aug. 1864

Vrhovec, Ivan. Avstralija in nje otoki. V Celovcu, St. Hermagoras-Druck., 1899. 224 S.

. Vrhovec, Johann Ein Defraudationsprocess aus dem Jahre 1782. (Ein Beitrag zur Rechtspflege im vorigen Jahrhundert.) (Umschlagtitel: ... 1782). 8 (S. III—XXXII).
Progr. K. k. Ober-G. *Rudolfswert* 1892.

Vrhovec, J., die wohllöbl. landesfürstl. Hauptstadt Laibach. Culturhistorische Bilder aus Laibachs Vorgangenheit. Nach archival. Quellen bearb. gr. 8. (213 S. m. 1 Plan.) Laibach 886. (v. Kleinmayr & Bamberg.) n. 2. 20

Vrîdanc, Hans, schnurrige Rheinballaden. gr. 8. (II, 39 S. m. farb. Abbildgn.) Aachen (899). C. H. Georgi. n. 1.—

Vridankes Bescheidenheit. (Altdeutsches Gedicht.) Hrsg. v. Wilh. Grimm. kl. 8. (36½ B.) Göttingen 834, Dieterich.

***Vriemoet,* Emo Lucius, († 1760.) ad dicta classica theologiae dogmaticae Veteris Testamenti selecta, adnotationes philologico-theologicae. III Tml. 8maj. Franequerae 743—57.**

— Athenarum Frisicarum libri duo; quorum alter, praeter historiam Academiae, quae est Franequerae, Elogia sereniss. et ampl. ephororum, alter cl. Prof., cum serie Secretariorum, Bibliothecariorum etc. a natalibus ejus ad praesens aevum usque, complectitur. 4min. Leovardiae 758.

Katalog. Gemälde älterer, meist niederländischer Meister aus dem Besitze des Herrn Dr. De **Vries** in Amsterdam. Versteigerung zu Köln ... 1908 ... bei J. M. Heberle. Köln 1908: M. Dumont-Schauberg. (32 S.) 4° [05. 9039

Vries, Ernst de. Experimentelle Untersuchungen über die Rolle der Neuroglia bei sekundärer Degeneration grauer Substanz. Diss. Med. Univ. Zürich. [Mit Figuren.] *Kopftitel:* Arbeiten aus dem hirnanatomischen Institut der Universität Zürich.... 102 S. 8. Wiesbaden, J. F. Bergmann, 1909.

Vries, Ernst de. Experimentelle Untersuchungen über die Rolle der Neuroglia bei sekundärer Degeneration grauer Substanz. Mit 14 Abbildungen im Text. gr.-8.
In: Arbeiten aus dem hirnanatomischen Institut in Zürich.... Hrg. von Prof. Dr. C[onstantin] v[on] Monakow.... Heft 4.... Wiesbaden, J. F. Bergmann, 1910. S. 1—102.

Vries, Gerardus de, Dissertatio inaug., exhibens historiam introducti in provincias, quas deinceps respublica Belgii uniti comprehendit, juris romani. 8maj. (8¼ B.) Lugduni Bat. 839, Luchtmans. (Lipsiae, T. O. Weigel.) *

Vries, Harm R(eyerts) O(tten) de: Die Überlieferung von Marlowe's Doctor Faustus. Halle a. S. 1909: Karras. VII, 57 S. 8° (Ersch. vollst. in: Studien z. engl. Philol. Bd 35.)
Göttingen, Phil. Diss. v. 28. Mai 1909, Ref. Morsbach
[Geb. 9. Nov. 66 Ihlowerfehn; Wohnort: Ihlowerfehn; Staatsangeh.: Preußen; Vorbildung: Gymn. Klaustal Reife M. 06; Studium: Göttingen 7 S.; Rig. 24. Febr. 09.] [U 09. 1415

Die Überlieferung von Marlowe's Doctor Faustus von Harm R. O. de **Vries**. Halle a. S.: Niemeyer 1909. XII, 88 S. 8°
[Ein T. erschien als Inaug.-Diss. Göttingen 1909.]
(Studien z. Englischen Philologie. Bd 35.) [09. 14371 2

Vries, Hendrik de, der Mechanismus d. Denkens. (64 S. m. Fig.) gr. 8. Bonn 907. M. Hager. 2.50

General-Katalog sämtlicher Zither-Musikalien. ⟨Münchener- u. Wiener-Stimmung.⟩ Umfasst ca. 18000 Werke d. Zitherliteratur nach Titeln alphabetisch geordn.... Ausg. A. mit Verleger-Angabe ⟨f. Musikalien-Händler⟩.... Hrsg. Henry **Vries**. *Cöln: (H. Vries 1902).* (232 S.) 4° [03. 3165

Vries, Hermann Jacob de. Ein Beitrag zur Illustration des durch die Dasselfliege verursachten Schadens, und die Bekämpfung derselben beim Rindvieh. Diss. Vet.-Med. Bern. [Mit 5 Tafeln.] 63 S. 8. Hurlingen, F. van der Zwaag & Zoon, 1910.

Vries, Hugo de

Anwendung der Cyklographie auf die Lehre von den ebenen Curven von Hugo de **Vries**. Amsterdam: J. Muller 1904. (57 S.) 4°(8°)
= **Verhandelingen** d. Kkl. Akademie van Wetenschappen te Amsterdam. Sect. 1. D. 8. No 7. [05. 359 4

Arten und Varietäten und ihre Entstehung durch Mutation [Species and Varieties]. An der Univ. von Kalifornien geh. Vorlesungen von Hugo de **Vries**. Ins Deutsche übertr. von H[einrich] Klebahn. Mit 53 Abb. Berlin: Gebr. Borntraeger 1906. (XII, 530 S.) 8° [06. 13839 3

Befruchtung und Bastardierung. Vortrag geh. zu Haarlem 1903 von Hugo de **Vries**, Prof. in Amsterdam. *Leipzig: Veit & Co. 1903.* (62 S.) 8° [03. 11631

Die Lehre von der Zentralprojektion im vierdimensionalen Raume von Dr. H. de **Vries**, Doz. zu Delft. Mit 25 Fig. *Leipzig: G. J. Göschen 1905.* (78 S.) 8° [04. 15353

Vries, Hugo de, die Mutationen u. Mutationsperioden bei der Entstehung der Arten. Vortrag, geh. in der allgemeinen Sitzg. der naturwissenschaftl. Hauptgruppe der Versammlg. deutscher Naturforscher u. Aerzte in Hamburg, am 26. IX. 1901. gr. 8. (64 S. m. 8 Abb.) Leipzig 901. Veit & Co. n. 1. 40

— die Mutationstheorie. Versuche u. Beobachtgn. üb. die Entstehg. v. Arten im Pflanzenreich. 2 Bde. gr. 8. Ebd. n. 43. —; geb. in Halbfrz. n. 49. —
I. Die Entstehung der Arten durch Mutation. (XII, 648 S. m. Abbildgn. u. 8 farb. Taf.) 901. n. 20. —; geb. n. 23. —
II. Die Bastardirung. — Elementare Bastardlehre. (XIV, 752 S. m. Fig. u. 4 farb. Taf.) 902. 903. n. 23. —; geb. n. 26. —

Vries, H. de, intracellulare Pangenesis. gr. 8. (VI, 212 S.) Jena 889. Fischer. n. 4. —

— die Pflanzen u. Thiere in den dunklen Räumen der Rotterdamer Wasserleitung. Bericht üb. die biolog. Untersuchgn. der Crenothrix-Commission zu Rotterdam vom J. 1887. gr. 8. (III, 73 S. m. Abbildgn. u. 1 Taf.) Jena 890. Fischer. n. 1. 80

Pflanzenzüchtung. Von Hugo de **Vries**, Prof. Unter Mitw. d. Verf. nach d. 2., verb. Orig.-Aufl. übers. von Alexander Steffen in Frankfurt a. O. (Mit 113 Textabb.) Berlin: P. Parey 1908. (V, 303 S.) 8° [ℌ.] [08. 14013

Vries, Hugo de: Untersuchungen über die mechanischen Ursachen der Zellstreckung. Halle: (Engelmann in Leipzig) 1877. VIII, 120 S. 8°
Halle-Wittenberg, Phil. Hab.-Schr. v. 14. Febr. 1877
Im Buchhandel Leipzig: Engelmann 1877. — Verf. wurde in Halle 30. Dez. 1925 Dr. h. c. der Naturwissenschaften.

Vries, Hugo de, Untersuchungen über die mechanischen Ursachen der Zellstreckung, ausgehend von der Einwirkung von Salzlösungen auf den Turgor wachs. Pflanzenzellen. [I. Beschreibung einer Methode zur Aufhebung des Turgors in Pflanzenzellen. II. Ueber die Beziehung zwischen Turgor u. Längenwachsthum.] Mit 1 (eingedr.) Holzschn. gr. 8. (VIII, 120 S.) Leipzig 877. Engelmann. n. 3. —

de Vries, J., der Eid oder Verbrechen u. Gewissensbisse. Ein Roman. Aus dem Holländ. von Ed. Wagner. 2 Bde. 8. Leipzig 846, Kollmann. 1 ℛ 24 *ngl*

Vries, J. de, Schloß Erikdale oder die Kauffrau von Nieuwpoort. Roman. Deutsch von Rob. Lange. 2 Thle. Leipzig 859. Haesele sen. 8. (352 S.) 1 ℛ

de Vries, der Schwur od. Verbrechen u. Reue, s.: Bibliothek, Europäische. 573 u. 574. Bd.

— Eduard Westburg, oder die Verschwörung der Söhne Oldenbarnevelds. Ein histor. Roman. Aus d. Holländ. übers. von L. T. Moseler. 8. Siegen u. Wiesbaden 844, Friedrich's Buchh. 1 ℛ

Vries, J. de, Eduard Westburg, oder die Verschwörung der Söhne Olden-Barnevelds. Ein histor. Roman. Aus dem Holländ. übersetzt von L. T. Moseler. 2. (Titel-)Ausg. Wiesbaden (844.) 855. Friedrich. 8. (310 S.) 1 ℛ.

Hand-Karte von Ostfriesland (Regierungsbez. Aurich). Von J. Fr. de **Vries**, weil. Rector in Emden. 4. verb. Aufl. *Emden & Borkum: W. Haynel [1899].* (1 Kartenbl. 46 × 36 cm.) 8° [Umschlagt.] [oo. 5955 7

Vries, J. Fr. de, Karte von Ostfriesland. 1 : 250,000. Chromolithogr. qu. gr. Fol. Emden 880, Haynel. * — 75

Vries, J. Fr. de, **Karte** von Ostfriesland. 1 : 250,000. 2. **Aufl.** Chromolithogr. qu. gr. Fol. **Emden** 882, Haynel. * — 75

Vries, J. Fr. de, u. Th. **Focken**, Ostfriesland. Land u. Volk in Wort u. Bild. Mit zahlreichen (eingedr.) Holzschn., einer lith. Taf., einem (lith.) Plan von Wilhelmshaven, einer (lith.) Dollartkarte u. einer (chromolith.) Karte von Ostfriesland. gr. 8. (V, 469 S.) Emden 881. Haynel. n. 5. —; geb. n. 6. —

Vries, Jan de

—— Isodynamische u. metaharmonische Gebilde. Lex.-8. (13 S.) Wien: Tempsky 1892. * — 50
aus: Sitzungsber. der k. Akad. d. Wissensch., besonders abgedruckt.

— üb. die e. Vierseite harmonisch eingeschriebene Configuration 18_3. [Aus: „Sitzungsber. d. k. Akad. d. Wiss."] Lex.-8. (13 S.) Ebd. 889. n. — 40

— üb. gewisse der allgemeinen cubischen Curve eingeschriebene Configurationen. [Aus: „Sitzungsber. d. k. Akad. d. Wiss."] Lex.-8. (25 S.) Ebd. 889. n. — 50

Vries, J. de, üb. gewisse Configurationen auf ebenen cubischen Curven. [Aus: „Sitzungsber. d. k. Akad. d. Wiss."] Lex.-8. (9 S.) Wien 889. (Tempsky.) n. — 30

Vries, Jan de, üb. räumliche Configurationen, welche sich aus den regelmässigen Polyedern herleiten lassen. [Aus: „Sitzungsber. d. k. Akad. d. Wiss."] Lex.-8. (21 S.) Wien 891. (F. Tempsky.) n. — 50

Vries, Jan de, üb. Curven 5. Ordnung m. 4 Doppelpunkten. [Aus: „Sitzungsber. d. k. Akad. d. Wiss."] Lex.-8. (14 S.) Wien 895. (C. Gerolds Sohn.) n. — 30

VRIES, JAN [JOCHIM] DE, Das Zollwesen der Herzogthümer und Dänemarks. Schleswig. 1835.

Vries, Jan G. de, über das Indican im Harn u. seine diagnostische Bedeutung. Inaugural-Dissertation. gr. 4. (24 S.) Kiel 877. (v. Maack.) n. 1. —

Eikenhorst, L. van (d. i. *Johann de Vries*), Die Geheimnisse von Amsterdam. Aus d. Holländ. übertragen v. J. C. J. Raabé. 4 Thle. Leipzig, Reclam, 1844—46. 8°.
Citirt Appell (ohne Formats- u. Theilesangabe).
Original: De verborgenheden van Amsterdam. 4 deele. Amsterdam 1844. Gr. 8°. (12 fl.) (2 fl. J. Eisenstein & Co., Wien, 1889.)

— — Dasselbe. Aus d. Holländ. von Zoller. 12 Bdchn. Stuttgart 1845. 12°. (1 Mk. Heckenhauer, Tübingen.)

de Vries, Matthias, Specimen literarium inaugurale de historia Polybii pragmatica. 8 maj. Lugduni-Batavorum 843, S. et J. Luchtmans. baar 26 *ngl*

Vries, S. G. de, epistula Sapphus ad Phaonem, apparatu critico instructa, commentario illustrata et Ovidio vindicata. Specimen litterarum inaugurale. gr. 8. (IX, 155 S.) Leiden 888. Berlin, Calvary & Co. n. 4. 50

— exercitationes palaeographicas in bibliotheca universitatis Lugduno-Batavae instaurandas indicit de V. [Inest commentatiuncula de codice Ciceronis Cat. Mai. Ashburnhamensi nunc Parisino.] gr. 8. (45 S.) Leiden 889. Brill. n.n. 2. —

— — Exercitationes palaeographicas in bibliotheca universitatis Lugduno-Batavae instaurandas iterum indicit. [Inest commentatiuncula de C. Plinii Caecilii sec. epistularum fragmento vossiano notis tironianis descripto.] gr. 8. (31 S. m. e. lithogr. Taf.) Ebd. 890. ** 2 —

Vries, Scato de, album palaeographicum. Tabulae LIV selectae ex cunctis iam editis tomis codicum graecorum et latinorum photographice depictorum. (III, XXXVI S. Text.) 55,5×37 cm. Leiden 909. A. W. Sijthoff. Kart. nn 24. —

— s.: Breviarium, das, Grimani.

Vries, Scato de, s.: Codices graeci et latini.

de Vries Jzn, Jan Jacob Ott [aus Amsterdam]: Untersuchungen über die Fleischbildung des Saugkalbes ... Göttingen, Druck d. Dieterich'schen Univ.-Buchdr., 1896; 80 S., 1 Bl. 8.
Göttingen, Phil. Fak., Inaug.-Diss. v. [5. Okt.] 1896

Vriese, Wilhelm Heinrich de

de Vriese, W. H., Chloris medica. Praecipuarum plantarum medicinarum ad naturam facta illustratio et descriptio. Fasc. I. Imp. 4. (12 S. m. 2 Taf.) Amstelodami 847. (Amersfoort, Gebr. Tools.) n. $^5/_{12}$ ℛ

— descriptions et figures de plantes nouvelles et rares du jardin botan. de l'univers. de Leide et des principaux jardins du royaume des Pays-Bas. Livr. I. gr. Fol. (4 Bl. Text m. 5 lith. u. color. Taf.) Leide 847. Leipsic, Fr. Fleischer en comm. n. 4 ℛ

— dies. 2. Livr. Imp. Fol. (6 S. m. 5 lith. u. col. Taf.) Leide et Düsseldorf 852, Arnz & Co. n. 4 ℛ

Vriese, W. H. de, mémoire sur le camphrier de Sumatra et de Bornéo. Leide 857. Brill. gr. 4. (2 Bl., 23 S. u. 1 lith. Taf. in Fol.) n. 1 ℛ. 20 *ngr.*

— und P. **Harting**, monographie des Marattiacées, d'après les collections du musée imp. de Vienne, de celui de Paris, de Sir William Jackson Hooker, de Mr. François Delessert, de Mr. le Dr. F. Junghuhn etc. suivie de recherches sur l'anatomie, l'organogénie et l'histiogénie du genre Angiopteris, et de considérations sur la structure des Fougères en général. Avec 9 planches (lith.). Leide et Düsseldorf (853.) Arnz et Co. (Elkan, Baumer et Co.) Fol. (VIII, 60 S.) n. 8 ℛ.

de Vriese, Guil. Henr., Oratio de re herbaria Batavis non minus quam reliquis Europae populis excolenda. 8 maj. Lugduni-Batavorum 845, S. et J. Luchtmans. ¼ ℔

Vriese, Wilh. Heinr. de, Plantae Indiae Batavae orientalis, s.a. Plantae Indiae Batavae orientalis.

— plantae Indiae Batavae orientalis, quas in itinere per insulas archipelagi indici Javam, Amboinam, Celebem, Ternatam, aliasque, a. 1815—1821, exploravit G. C. Reinwardt. Jussu augustiss. regis Guilielmi III, digessit et illustravit. Fasc. I et II. Lugduni Batav. 857. Brill. gr. 4. (S. 1—160 u. 6 lith. Taf. in 4. u. Fol.) Jedes Heft n. 4 ℔. 13½ ngr.

— Plantae novae et minus cognitae Indiae Batavae orientalis. — Nouvelles recherches sur la Flore des possessions Neerlandaises aux Indes orientales. Ouvrage orné de planches dessinées par le Colonel Q. M. R. Ver Huel. Livr. I. Fol. (Mit 3 lith. Taf.) Amsterdam 845. (Leipzig, Steinacker.) n. 2½ ℔

Vrieslander, John Jack, u. Hans Zarth, Schwarz-Weiss. (60 Bl.) gr. 8. München (002). (Berlin, Th. Mayhofer Nachf.) n. 12.—

Vrieslander, John Jack, Variété. Fol. (12 Taf.) Leipzig (901). Berlin, H. Seemann Nachf. In Leinw.-Mappe n. 6.—

(B) **Vrieslander**, J. J., Variété. 901. (KBL 32.) Jetzt: Leipzig, Klinkhardt & Biermann.

Wie Kunstdünger gebraucht werden muss. Für Landwirte dargest. von K. de Vriezo. Nach d. 2. Aufl. aus dem Holländ. übers. (von Dr. Lenters). Coryfeld: J. Flessig 1892. (59 S.) 8° [δ.]

Vrihadâranyakam Kâthakam, Içа, Kena, Mundakam, oder fünf Upanishads aus dem Yagur-, Sâma- u. Atharva-Veda. Nach den Handschriften der Bibliothek der Ost-Indischen Compagnie zu London, herausgeg. von L. Poley. gr. 8. Bonn 844. (Marcus.) n. 2 ℔

Vrolik, G., Bemerkungen über d. Weise, wie d. Oeffnung in d. Schädel, nach d. Trepanation, od. anderem Knochenverlust, ausgefüllt wird. gr. 4. (2¾ B. u. 1 Kpfrt.) Amsterdam 837, J. Müller. *

— Catalogus plantarum medicinal. in pharmac. Batava. 8 maj. Amsterd. 810. Sülpke. 22 ℊℊ Ed. III. 813. (Leipz., Barth). 1 ℔ 8 ℊℊ Nova edit. 8maj. ibid. 825. (Leipz., Weigel). 1 ℔ 16 ℊℊ

— Catalogus plantarum medicinalium in pharmacopoea batava. Edit. III. 8. Amsterdam, Sülpke. 815. Rthlr.

Vrolik, (G.,) Catalogus plantarum medicinalium in Pharmacopoea Belgica memoratarum. Acced. Introductio ad studium botanicum. 8 maj. Amstelodami 825, (Lips., Weigel.)

— Mémoires sur quelques sujets interessans d'anatomie et de physiologie. Trad. du Holland. par Dr. Fallot. Mit 13 Kupfr. gr. 4. Amsterdam 822. (Fr. Fleischer in Leipz.)

Vrolik, G., Schreiben an Dr. M. J. Weber, ueber dess. Lehre v. d. Ur- u. Racen-Formen d. Schaedel u. Becken d. Menschen. gr. 4. (1 B.) Amsterdam 830, [Müller.]

Gerard Vrolik

[Afbeelding der vaten, welke in de operatie der dye- breuk by mannen behoren vermyd te worden. Deutsch:] Abbildung der Gefässe, welche man in der Operation eines männlichen Schenkelbruches sorgfältig zu schonen hat. Durch Gerard Vrolik. Amsterdam: Holtrop 1800. VII S. 4°

Vrolik, G., Abbild. der Gefäße, welche man in der Operatur e. männlichen Schenkelbruchs sorgfältig zu schonen hat, mit Kpf. 4. Amsterd. 802. (Fr. Wilmans in Frankf. a. M.) 16 ℊℊ

Vrolik, Wilhelm

Vrolik, W., natuur-en ontleedkundige beschouwing van den Hyperoodon. In den algemeene vergadering van 22 Mei 1847 met de gouden medaille bekroond. gr. 4. (128 S. m. 15 lith. Taf. in 4. u. Fol.) Haarlem 848. (Amsterdam, Müller.) baar 3⅓ ℔

Vrolik, G., Observations et expériences rélatives à la maladie des pommes de terre. gr. in-8. (2½ B. u. 1 ill. Taf.) Amsterdam 846. (Leipzig, T. O. Weigel.) **

Vrolik, Wlh., recherches d'anatomie comparée sur le Chimpansé. Imp.-Fol. (Mit 7 Taf.) Amsterdam 841, Müller. n. 15⅙ ℔

— Tabulae ad illustrandam Embryogenesin hominis et mammalium, tam naturalem quam abnormem. Fasc. I—XIV. — De Vrucht van den Mensch en van de Zoogdieren, afgebeeld en beschreven in hare regelmatige en onregelmatige ontwikkeling. Aflev. I—XIV. Fol. (105½ B. Text u. 70 Stnt.) Amsterdam 844, 46. (Leipzig, T. O. Weigel.) à 2 Thlr. 10 Ngr. Thlr. *

Vrolik, W., Tabulae ad illustrandam embryogenesin hominis et mammalium, tam naturalem quam abnormem. Et. s. t.: De vrucht van den mensch en van de zoogdieren etc. Fasc. XV—XX. Fol. (32 Stnt. und 117 Bl. Text.) Amstelodami 848—49. Lipsiae, T. O. Weigel. à Fasc. * 2 Thlr. 10 Ngr. *
Fasc. I—XIV. Ibid. 1844—46. * 29 Thlr. 10 Ngr.

Vrolik, W., tabulae ad illustrandam embryogenesin hominis et mammalium tam naturalem quam abnormem. A. u. d. T.: Die Frucht des Menschen und der Säugethiere abgebildet und beschrieben nach ihrer regelmässigen und unregelmässigen Entwickelung. Mit 100 Taf. Lipsiae 854. T. O. Weigel. Fol. (226 Bl. Text u. 100 lith. Taf.) n. 36 ℔.
Neuer Titel zur Ausg. von 1844—49. (Amsterdam.) — Der Text ist in holländ. Sprache.

— über e. vollkomm. Verwachsung d. Gelenke an d. Kreuz-, Darm- u. Schaambeinen, ohne vorhergegang. krankhafte Beschaffenheit. gr. Fol. (2 B. u. 2 Kpfrt.) Amsterdam 841, J. Müller. *

Vroling Traktat v. Scharbock nebst dess. Heilung. 8. Dresden, Walther. 702.

Vrouw, onze lieve, van altijddurenden bijstand. Uit het hoogduitsch in het nederlandsch bewerkt door A. H. P. 16. (292 S. m. farb. Titelbild.) Kevelaer 892. J. Thum. Geb. in Leinw. — 75

Vřsovic [Schlagwort]

Vřsovic, s.: Prag.

Vrtátko, A. J., Perly české, s. Perly české.

Vrtel, Franz

Vrtel, F., unsere Einjährig-Freiwilligen u. Reserve-Officiere. Aphorismen. gr. 8. (46 S.) Wien 888. (Seidel & Sohn.) n. 1. 40

— Heranbildung der Proviant-Officiere der k. k. Landwehr. gr. 8. (20 S.) Wien 887. Szelinski. n. — 80

Vruwenlof. — Van sunte Marinen. Mittelniederdeutsche Gedichte, hersg. von Carl Schröder. Erlangen 869. Besold. gr. 8. (70 S.) n. 10 ngr.

Vry, J. E. de, und E. Ludwig, chemische Untersuchung des Milchsaftes der Antiaris toxicaria. Lex.-8. (9 S.) Wien 868, (Gerold's Sohn.) *
Aus: Sitzungsberichte der k. Akademie der Wissenschaften, besonders abgedruckt.

Vrijburg, A[nne]. Versuche über die Bedeutung der Opsoninlehre in der Therapie der Agalactia catarrhalis contagiosa. Diss. Vet.-Med. Univ. Zürich. [Mit Figuren und 1 Tabelle.] 76 S. 8. Zürich, Zürcher & Furrer, 1908.

Vryburg, Bouwe: Beiträge zur Gewinnung und Prüfung des Antiserums für biologische Untersuchungen. (Bern 1910.) 68 S.
Bern, Vet.-med. Diss. v. 1910.

Vrye-Nees, G. J., das Stammbuch des Joannes Narsius, s. Veldenijder von Boshol.

Vrijens, Ed., s.: Aloysius, Bruder.

Vrijman, C., Burenlieder. 8. (IV, 65 S.) Dresden 902. E. Pierson. n. 1. —; geb. n. 2. —

Vrzal M.: Ilias II. v. 1—483 mit besonderer Rücksicht auf die Bedenken Lachmanns untersucht. 21. Nikolsburg 875.
Progr.

[Russ.] Vschody. Iz žizni političeskich ssyl'nych. Berlin: G. Štejnic (1903). (93 S.) 8°
[Auf d. Umschl.:] Neue Triebe . . .
(Sobranie lučšich russkich proizvedenij. C. 64.)

Vuagnat, Mlle A[ntoinette]. Moyens éducatifs d'après Frœbel. — Frœbel's Beschæftigungsmittel. — Esercizi Frœbeliani per l'educazione. — Froebel's Educating Means. [1re] et 2e Livraisons, *chacune dans une enveloppe illustrée.* quer-fol. Neuchâtel, Attinger Frères; Paris, Hachette & Cie; Leipzig, H. G. Wallmann. (La livraison à fr. 2.50 en souscription; cpl. en 12 livraisons.)
[Livr. 1:] (2 p. + 6 planches.) [1900.]
Livr. 2: (6 planches.) [1901.]

Vuagnat, Frl. A., Fröbel's Beschäftigungsmittel. Serien ein- u. mehrfarb. Tafeln f. die Erziehung der ganz Kleinen. qu. Fol. (6 Taf. m. 2 S. Text in französ., deutscher, italien. u. engl. Sprache.) Neuchâtel (900). Gebr. Attinger. n. 2.—

Vualtheri Spirensis Vita et Passio Sancti Christophori Martyris, s.: Harster, W.

Vuarin, M., Katechismus über das heil. Sakrament der Ehe. Aus dem Französ. übersetzt von einem kathol. Geistlichen. 12. Landshut 843, v. Vogel'sche Verlagsbuchh. 3/8 ℛ

Vučetić, Maria, geb. Priva, med. pract. von Panesova (Ungarn), z. Z. Schabatz (Serbien): Aus der med. Universitätsklinik des Hrn. Prof. Dr. Herm. Eichhorst in Zürich. Seltenere Formen der Tabes dorsalis und Verhalten der Patellarsehnenreflexe bei Tabes cervicalis nebst statistischen Verhältnissen der an der medic. Klinik in Zürich während der Jahre 1883—1893 vorgekommenen Tabesfälle. Mit zwei Tafeln in Farbendruck. Wien J. Šafář 1893. 75 S., 2 Taf. 8°.
Zürich, Med. Diss. [v. 27. Nov. 1893].

Vuchenerl, Vekorth, an Phöbron Chlun über den in der Wahrheit strahlenden Rosenkreuzer. Regensburg im Jahre 1782.
V: *Ecker von Eckhoff, Joh. Hch. von.* (HECK 4/394) (BIBLPORT)

Vuchetich, Math., conspectus legum criminalium apud Hungaros, ab exordio regni eorum in Pannonia usque ad hodiernum diem cond. Fol. Colass. 805. (Pesth, Eggenberger). 1 ℛ 16 gℊ

Vuchetich, (Matth.,) Institutiones Juris Criminalis Hungarici in usum Acad. Regni Hung. 8. Ofen 819, Universitäts-Buchdr. Rthlr.

Vučović, M., s. Entstehung, Entwickelung und Ende der Erde.

VUCNIK, Hans: Siedlungs- und Bevölkerungsverhältnisse des steirischen Raabgebietes und des Pittener Ländchens. — 1907. VI, 99 Bl., 28 Tab. Diss. Graz, Univ.

Vučnik, Karl

Vučnik, K., die normale Rundschrift. Genetisch entwickelt. 36 Vorschriften, nebst Übungsblock m. 36 Blättern. qu. gr. 8. Fürstenfeld 886. (Wien, Edm. Schmid.) In Mappe. n. 1. 90

VUCNIK, Michaela: Über das Verhalten von Silikaten im Schmelzflusse. — 1907. 24 S., S. 132—156. Diss. Graz, Univ.

Vue, La, d'Anet. Berne 1776.
V: *Lerber, Siegmund Ludwig.* (ML)

Vue prise de l'Hôtel Belvédère, Mont Pélerin sur/Vevey. 1 feuille fol.-obl., *pliée* 8. Berne, Hubacher & Cie, [1902].
Texte au verso: Typ. Stäuberlin & Pfeiffer, Vevey.

Vue générale de Lucerne prix au-dessus du Gutsch im Kupferstich ausgeführt von R. Zollinger. Bildergrösse ohne Rand 39 auf 59 Cm. Schwarz 1875. 10. —
In Gouache colorirt 30. —

— des Glaciers de l'Oberland bernois, avec les contours explicatifs. 2 Blätter in 1/4 qu. Roy.-Fol. Berne 840. Burgdorfer. In Etui n. 1 ℛ — Color. n. 2 ℛ

Vue prise du Mont Pélerin sur Vevey. [Publié par le] Chemin de fer funiculaire Vevey-Chardonne-Pélerin. 1 feuille fol.-obl., *pliée* 8. Berne, Hubacher & Biedermann, (1902).
Texte et Horaire d'été 1902 au verso.

Vue perspective prise depuis le Hohbuhl près d'Interlacken. — Vue de la Joungfrau. — Aussicht vom Hohbühl bei Interlacken. — Ansicht der Jungfrau. qu. 1/2 gr. 4. u. in gr. 8. Bern 839. Burgdorfer. n. 7/12 ℛ

— pittoresque de Naples et de Sicile. roy. Fol. Leipz. 825. (W. Nauck). 8 ℛ

Vue de la Residence Ducal de Luisbourg: Unterschiedliche Prospect und Grundriss dess Herzoglich Wurtembergischen Residenz-Schlosses Ludwigsburg. Architektur, entworfen von Donato Giosepe Frisoni, Oberstlieut. und Ober-Landbau-Director. Bilder gemahlt, von Lucas Aurelius Colomba, Hoff Mahler und dem Mahler Carlo Carloni. Die Alabaster Figuren, ausgeführt von dem Bildhauer Diego Carloni. In Kupfer gestochen von Jeremias Wolffs Erben. Fol. Augsburg 1727.

Vues. —

— Vergl. Ansichten.

Vues de Bale. gr. 16. (32 Holzschntaf. mit lithogr. und color. Plan in qu. gr. Fol.) Basel 876. (Binningen, Kompfe.)

Vues de Copenhague. qu. 4. (13 Stahlst.) Copenhagen 847, Bing. In Engl. Einb. $2\frac{2}{3}$ Thlr.

— de Copenhague et des environs. qu. 4. (24 Stahlst.) Ebd. 847. In Engl. Einb. $4\frac{1}{2}$ Thlr.

Vues de Cracovie et des environs, s. Ansichten ...

Vues, douze, de la **Bergstrasse** et de l'Odenwald, s. **Ansichten.**

— **XII, de Heidelberg. Lithogr. qu. kl. 16. Carlsr. 832. (Heidelb., Winter). 8 Gr.**

— des environs de Copenhague. qu. 4. (10 Stahlst.) Ebd. 847. In Engl. Einb. 2 Thlr.

— **aux glaciers de Chamouni et du Montblanc; 7 pièces coloriées accompag. de texte. Fol. Zürich, Orell. 18 Thlr. le même ouvrage, brun ou noir. 6 Thlr.**

Vues, huit, des **Antiquités** de Trèves. Lithogr. qu. 16. Trèves 838, Lintz. * 10 Gr. Avec déscription. ($\frac{1}{2}$ B.) *

— **Huit, et Plan du jardin de Schwezingen (Schwetzingen) dessinés par Kunze et Zeyher, gravés p. Jury, Schnell, Veith et Wolff, s. *Zeyher.***

—— huit, et plan du jardin de Schwezingen (Schwetzingen), dessinés par Kunze et Zeyher, gravés par Jury, Schnell, Veith et Wolff; publié par Zeyher. Roy.-4. (1 B. Text.) Mannheim 828, Schwan u. Götz.

Vues intéressantes, 28, Righi, des IV Cantons, St Gothard. 16. (Chromolith.) Luzern 886. Prell. In Carton. 1. 20

— de Londres et de la Tamise. Dessinées par Tombleson. gr. in-4. (24 Stahlst.) Karlsruhe 844, Bielefeld. n. 1 Thlr.

— **de Mannheim avec 26 planches, (par de Schlichten). Fol. Mannh.... Schwan u. G. 3 Thlr. 8 Gr.**

— **de Mayence, de Bieberich, de Wiesbade et de Worms. I. Livr. — Ansichten von Mainz, Bieberich, Wiesbaden u. Worms. Gezeichnet v. Bose u. Gladbach, (sauber) in Stahl gestochen v. Grünewald. I. Lief. v. 6 Blätt. kl. 4. Mainz 832. Kunze. 1 Thlr. — Auf Thonplatten mit erhöhtem Licht. 1 Thlr. 8 Gr. — In qu. gr. 4. 1 Thlr. 4 Gr. — Auf Thonplatten 1 Thlr. 16 Gr.**

— de Mayence, de Bieberich, de Wiesbade et de Worms. II. Livr. — Ansichten von Mainz, Bieberich, Wiesbaden und Worms. Gezeichnet von Besse und Gladbach, in Stahl gestochen von Grünewald. II. Lfrg. von 6 Blättern. 4. Mainz 833. Kunze. n. 1 Thlr. — Auf Thonplatten mit erhöh. Licht n. $1\frac{1}{3}$ Thlr. — In qu. gr. 4. n. $1\frac{1}{6}$ Thlr. — Auf Thonplatten n. $1\frac{1}{3}$ Thlr. (Hiermit ist diese Sammlung geschlossen.)

—— de Nuremberg, s. **Poppel.**

***Vues* pittoresques des Alpes. 18. Bern 785. Soc. typogr. 1 Thlr. 8 Gr.**

—— pittoresques de **Carlsrouhe, s. Ansichten.**

Vues pittoresques des plus belles Cathédrales etc., } s. **Ansichten.**

— pittoresques d'Ems et des environs. Dessinées d'après nature par Ch. Bouchez, Gastauer, Siegmund et Tanner, gravées par Salathé, Siegfried et Tanner. qu. 4. (14 Bl.) Ems 850, Kirchberger. n. 3 Thlr.

— **pittoresques de la Jamaïque av. une déscription détaillée etc., trad. de Beckfort. II Tom. 12. Winterthur 793. Steiner. 1 Thlr. (Mainz, Kupferberg). 16 Gr.**

Vues pittoresques du lac des quatre cantons, s. Am Vierwaldstätter See.

—— pittoresques de l'**Orient, s. Mayr, H. v.**

Vues remarquables des Montagnes De la Suisse, Avec leur Description. 1re Partie [seule parue:] (Description d'un Voyage fait en 1776 dans une partie des Alpes du Canton de Berne. Par Jac[ob] Sam[uel] Wyttenbach.... [Avec] Préface [d'Albrecht] de Haller [ainsi qu'une vignette, 10 planches de vues par] C[aspar] Wolf [et 1 planche d'ensemble].) fol. Berne 1778.

Vues rétrospectives sur la question d'Orient et sur le ministère français du 1. Mars. Par Spiridion Castelli. gr. in-8. Leipzig 841, Otto Wigand. n. $\frac{1}{2}$ Thlr.

— **des rives de l'Elbe depuis Dresde jusqu'en Bohème, ou voyage au vallon inconnue 1807, (par Jh. Er. Erhard). 8. Dresd. 807. Walther. 12 Gr.**

— **pittoresques, 6, des glaciers de la Savoye et de la Suisse. Fol. impér. Strassb. 803. Treuttel u. W. 45 Thlr. ill. 90 Thlr.**

Vues Suisses Célèbres s. Galerie berühmter Schweizer Landschaften.... Zurich [1895].

—— **XXXII., de Carlsrouhe, s. Erinnerungen.**

— **de la Ville de Cracovie et de ses principaux édifices, dessinées d'après nature par Clowaki et lithogr. à Paris par Jacottet. Livr. I—III. Mit 12 Taf. schmal qu. 4. Paris (u. Mühlhaus.) 832. Engelmann u. Comp. (Leipz., R. Weigel). 3 Thlr.**

Vug, Oskar

Vug, Osc. Schlesische Heidenschanzen, ihre Erbauer u. die Handelsstraßen der Alten. Ein Beitrag zur deutschen Vorgeschichte. 2 Bde. gr. 8. (VI, 504 S. m. 2 Karten u. 118 Abbildgn.) Grottkau 890. (Berl., Calvary u. Comp.) * 10 —

Die Urheimat des deutschen Volkes. Von Oscar Vug. Grottkau: Selbstverl. 1906. (34 S.) 8° [Umschlagt. J.] [07 377 2

Vug, Osc., Wanderungen. 1. Tl.: Durch die Grafschaft Glatz u. durch die deutsche Geschichte. 2. Tl.: Durch das Leben u. Blicke in die deutsche Geschichte. (VII, 196 S.) 8. Lissa 908. O. Eulitz. 2.—; geb. 3. —

Vujević, Paul

Vujević, P., die Temperaturverhältnisse der untersten Luftschichten. (48 S. m. 9 Fig.) gr. 8. Wien 909. A. Hölder. 1. 40
Sonderabdr. aus: „Sitzungsber. d. k. Akad. d. Wiss."

Vujević Paul: Die Theiß, eine potamologische Studie mit besonderer Berücksichtigung der Niederschlags- und Abflußverhältnisse.
H. 1904 PN 1737 Diss. Wien, Univ.

Die Theiss. Eine potamolog. Studie von Dr. Paul **Vujević**. Mit 13 Textabb. u. 3 Taf. Leipzig: B. G. Teubner 1906. (76 S.) 4°(8°)
— **Abhandlungen**, Geographische. Bd 7, H. 4. 106. 88.8

Vujić [Wuitsch], Mich., über Substanz u. Causalität. Inaugural-Dissertation. gr. 8. (46 S.) Leipzig 879. Schmalor & Poch in Comm. n. 1. 50

Vuillaume

Maurerisches Handbuch oder Darstellung aller in Frankreich üblichen Gebräuche der Maurerei worin die Ableitung und Erklärung aller mysteriösen Worte und Namen von allen Graden der verschiedenen Systeme enthalten sind. Mit einem Auszug der Regeln von der Aussprache der hebräischen Sprache, aus welcher fast alle Worte entlehnt sind, nebst einem Kalender der hebräischen Monden, zum Gebrauch für maurerische Institute. Durch einen Veteran der Maurerei [d. i. Vuillaume.] Mit 32 Kupfertaf. Aus d. Franz. Leipzig: Magazin f. Industrie u. Literatur [1821]. VIII, 320 S. 8°
cf. LBl. 1822 Nr 38.
Kl. 2012. 23. 25.
[2. Aufl. u. d. Tit.:]
Maurerisches Handbuch oder Angabe aller Gebräuche in der französischen Maurerei, nebst Anzeige und Erklärung aller geheimen Worte und Grade der verschiedenen Systeme. Begleitet von den Regeln für das Aussprechen der hebräischen Sprache und von einem für maurerische Institute bestimmten Kalender hebräischer Monde. Durch einen Veteran der Maurerei [d. i. Vuillaume]. Mit 32 Kupfern. Aus d. Franz. Neue wohlfeilere Ausg. Leipzig: Magazin f. Industrie u. Literatur [1821—1829]. VIII, 320 S. 8°
Kl. 2012, Tt. 1429. Umdruck der Ausg. Leipzig 1821. 193. 358.

Vuille, Mlle Nancy-Marie [† à Genève le 31 janvier 1906] = Gladès, André M. [Autorname].

Vuillemin, Armand. Beiträge zur Kenntnis der Senfsamen. Diss. Phil. [II.] Univ. Zürich. Mit zweiundzwanzig Abbildungen auf zwei Tafeln. 96 S. 8. Zürich, Fritz Amberger, 1904.

Vuillemin, Paul, les bases actuelles de la systématique en mycologie. (170 S.) gr. 8. Jena 907. G. Fischer. 5. — Sonderabdr. aus: „Progressus rei botan."

Vuilleumier, August (Hrsg.), s. Ansichten von Klein-Basel, den Klein-Basler Teichen und Zugehörigem.

(Vuilleumier, Aug[ust].) (Eingabe) An ... Präsident der Grossrats-Kommission zur Prüfung der Teichverlegungsfrage ... ([zum] Gesetzesentwurf betreffend die Verlegung der Kleinbasler Teiche). Basel, den 28. August 1904. 5 S. 8.

(Vuilleumier, Aug[ust].) Zur Lösung der Kleinbasler Teichverlegungsfrage. Vorschlag und Antrag des Wassermeisters [der Kl' Teichkorporation]. An die Mitglieder des Grossen Rates. (Basel, den 2. Juni 1905.) [6 S.] 4.

(Vuilleumier, Aug[ust].) Zum Ratschlag betreffend die Verlegung der Kleinbasler Teiche. Ein offenes Wort des Wassermeisters. (1904 Juni 12.) 11 S. 8. [Basel, Franz Wittmer.]

Vuilleumier, Paul [d'Allaman, Vaud, méd. chir.]: Etude sur la pigmentation de la peau dans quelques cas de mélanosarcomes. Jena 1898. 21 p. 1 pl. 8°.
Lausanne. Thèse méd. 1897/98.

Vuilleumier, Samson

Vuilleumier, S., l'Obole d'un pasteur ou six sermons publiés en faveur de la construction d'un temple. gr. in-8. Bâle 845, Schneider. 12 n*gl*

Vuilleumier, S[amson]. Service Funèbre pour la sépulture de Monsieur Emmanuel Passavant, Banquier, célébré le 9 Novembre 1842 dans l'église française de Bâle. 8. Bâle.

Vuilleumier-Schetty, Aug.

Vuilleumier-Schetty A., über die amerikan. Berufsfeuerwehren. (34 S.) Bern 1894

Vuilleumier-Schetty, Aug., Mitteilgn. aus d. Gebiete d. Maschinenwesens, s.: Escher, Rud.

Vuilly: Le Vuilly
① Journal libéral fribourgeois ⑤ 22 9 1889 – 17 7 1892 ⑥ in-4° ⑦ hebdomadaire ⑧ Morat: P. M. Strübs ⑩ l'imprimeur ⑪ C. Bodley ⑫ libéral ⑭ Fr: C.

Vuitasse, Car., universa theologia. XV Tomi. .. Poson. 787. (Eggenberger, Pesth, et Schwaiger, Pressburg). 5 *ß*

Vuithier, August[e]. Klinische Beobachtungen über alkoholische Polyneuritiden. Diss. Med. Univ. Zürich. *Kopftitel:* Aus der medizinischen Universitäts-Klinik Zürich. Direktor: Prof. Dr. H[ermann] Eichhorst. 89 S. 8. Zürich, Müller, Werder & Cie., 1904.

Vuk, Michael [diplomierter Ingenieur-Chemiker aus Budapest]: Oxydationen von sekundären aromatischen Basen. Zürich 1900. 80 S. 8°.
Zürich Phil. Diss. II. S. 1900/1901.

Vuk Steph(anowitsch) Karadschitsch, Kästlein f. die Sprache, Geschichte, Sitten u. Gebräuche der Serben. Ковчежић за историју, језик нобичаје срба сва три закона. I. (Hft.) gr. 8. (IV u. 154 S. m. 1 Lith.) Berlin 849, G. Reimer in Comm. n. 1 *ß*

— Lexicon Serbico-Germanico-Latinum. Lex. 8. (XVI u. 862 S.) Vindobonae 852. (Berolini, G. Reimer.) n. 6 *ß*

Вук Стеф. Караџић, Примјери Српско-Славенскога Језика. (Vuk Stefanowitsch Karadzitsch, Musterproben der serbisch-slavonischen Sprache.) Lex.-8. (80 S. mit 1 Stnt. in Fol.) Wien 857. (Berlin, G. Reimer.) Thlr. *

— Serbische Sprichwörter. Alphabetisch geordnet herausgeg. Српске народне пословице. gr. 8. (LIV u. 358 S.) Berlin 849. G. Reimer in Comm. n. 2 *ß*

Vukašinović, Anton — Praktische Regeln zur Seidenzucht mit besonderer Rücksicht auf Vereinfachung und Zeitersparniß. Gewidmet den Seidenzüchtern in Kroatien und Slavonien von — —. Agram, 1857. Schnellpressendruck von Dr. Ludwig Gaj. (84 S. 8. Mit 9 lithogr. Tafeln.)

Vukasović: Verdunstung als Hauptbedingung des organischen Lebens. 6 S. Essek, Progr. 1856.

Vukasović, Vid., s. Vuletić-Vukasović, Vid.

VUKASSOVICH, JOHANN: Kurze Anrede, womit Herr Johann von Vukassovich, Pfarrer zu Ottochaz in Kroatien, seine Pfarrkinder, als sie nach geendigter ersten Campagne auf Urlaub nach Hause kamen, und eine eroberte Preussische Fahne in ihrer Hauptkirche aussteckten, aufgenommen hat: gehalten den 3. Jänner im J. 1779. und aus der kroatischen Sprache ins Deutsche übersetzt. Wien 1779. Gedruckt bey Joseph Edlen von Kurzböck. 11 S. - 4°

Vukićević, Petar L. [aus Svetlić '(Serb.)']: Die Invarianten der linearen homogenen Differential-Gleichungen n^ter^ Ordnung ... Berlin, Druck v. Gebr. Unger, 1894; 2 Bl., 42 S., 1 Bl. 4.
Berlin, Phil. Fak., Inaug.-Diss. v. 29. Sept. 1894

Vukits, Luise, für unsere Mädchen, s.: Bergmeister, Jos. M.

Vukotinović, (L. F.): Neue Pflanzen und zweiter Nachtrag zur Flora Croatiens. Agram. 1875. 8°

VUKOVIĆ, Adolf
Erdbeben und Magnetnadel. Beobachtungen und Studien über den Zusammenhang zwischen den Erdbeben und den Ablenkungen der Magnetnadel von Adolf Vuković. Mit einer statistischen Zusammenstellung und 3 graphischen Darstellungen. Wien. 1899. In Comm. Waldheim. Lex.-8°. 42 S. fl. — 60

Vuković, Alois, kroatische Militär-Sprache, s. a. Seidel's Militär-Sprachlehren, 3. Bd.

Vuković, A., kroatische Militär-Sprache. Ein Handbuch für den Vorgesetzten im Verkehre mit den Untergebenen. 16. (IV, 186 S.) Wien 887. Seidel & Sohn. n. 1.60

Vulcanus, der Autler. Tourenbuch f. Bayern I (Nordbayern) m. angrenz. Touren in Württemberg. u. Baden. (XXXII, 240 S.) 12. Nürnberg 904. C. Koch).
Geb. in Leinw. n. 1.50

Vulcanus, Alex., s. Schwänzler, die patriotischen.

Vuletić-Vukasović, Vid., die Blume v. Cannosa. Mater Dolorosa, s.: Bibliothek ausgewählter serbischer Meisterwerke. 5.

Vuletić-Vukasović, Vid, altbosnische u. verwandte Denkmäler. [Aus: „Wissenschaftl. Mittheilgn. aus Bosnien u. d. Hercegovina" 2. Bd.] Lex.-8. (24 S. m. 9 Abbildgn.) Wien 894. (C. Gerold's Sohn.) n. 1.20

— e. alter Plan der Zupa Smučka, s.: Ruvarac, Hilarion, die Privilegien des Hauses Ohmučević-Grgurić.

Vulfila oder die gotische Bibel, hrsg. von E. Bernhardt, s. Handbibliothek, germanistische.

Le Vulgarisateur. Journal populaire mensuel illustré. 2e année. 1892. (12 N^os^). Réd. par *Ch. Grin.* N° 1. Avec illustr. In-4°. 16 p. Bâle, Administr. du „Vulgarisateur". Par an 2 —
Pour l'Étranger 3 —

Le Vulgarisateur. Journal populaire mensuel illustré. 3e année. 1893. (12 N^os^). Réd. *Charles Grin.* N° 1. Avec 1 illustrat. In-4°. p. 161—176. Bâle, Administration de „Vulgarisateur".
Par an 2 —; Pour l'Étranger 3 —

Le Vulgarisateur. Journal populaire mensuel illustré. 4e année. 1894. (12 N^os^). Réd. *Charles Grin.* N° 1. Avec 1 illustrat. In-4°. Bâle, Administration du „Vulgarisateur". Par an 2 —
Pour l'Étranger 3 —

Le Vulgarisateur. Revue mensuelle pour la famille. Publiée sous la direction de M. *C. Grin.* 5e année. 1895. (12 N^os^.) N° 1. In-4°. 16 p. Bâle, Bureau du Vulgarisateur. Un an 2 —
Union postale 3 —

Le Vulgarisateur et Messager de l'Hygiène. Rédacteur: *P. A. de Forest.* VIme année. 1896. 12 N^os^. Avec ill. In-4°. Bâle, Bureau du Vulgarisateur. Un an 2 —; Union postale 2 50

Le Vulgarisateur et Messager de l'Hygiène. Réd.: *P. A. de Forest.* 7me année. 1897. 12 N^os^. Avec ill. In-4°. Bâle, Bureau de la Revue.
Par an 2 —; Union postale 2 50

Vulić, Nicola: Historische Untersuchungen zum Bellum Hispaniense ... München, kgl. Hof- u. Univ.-Buchdr. v. Dr. C. Wolf & Sohn, 1896; 62 S., 1 Bl. 8.
München, Phil. Fak., Inaug.-Diss. v. 1896

Bremer **Vulkan**, Schiffbau und Maschinenfabrik, Vegesack. — Berlin: Eckstein [1907]. 28 S. 2° [Kopft.] (Dt. Industrie, dt. Kultur. 5, 9.)

Vulkan, Bremer, Schiffbau u. Maschinenfabrik Vegesack (Bremen). [Festschrift z. 100 jahr. Bestehen d. Fabrik.] (Berlin 1910.) 4°

Stettiner Maschinenbau-Aktien-Gesellschaft ‚Vulkan'. — Berlin: Eckstein [1907]. 32 S. 2° [Kopft.] (Dt. Industrie, dt. Kultur. 5, 7.)

Vulkanberge [Schlagwort]

Vulkanberge. Stübel, Alphons, Karte der Vulkanberge Antisana, Chacana, Sincholagua, Quilindaña, Cotopaxi, Rumiñahui u. Pasochoa. Ein Beispiel f. die Aeusserung eruptiver Kraft in räumlich kleinen Abständen unter deutl. Anzeichen ihrer Abschwächg. u. ihres Ersterbens innerhalb begrenzter Zeiträume. (Veröffentlichungen der vulkanolog. Abteilg. des Grassi-Museums zu Leipzig.) 1 : 200,000. 32,5×30 cm. Photolith. Mit e. Begleitwort. (12 S.) Lex.-8. Leipzig 903. M. Weg. n. 2.—

Vulkane und **Geiser** oder Die feuerspeienden Berge u. heissen Springquellen. Vortrag zu e. Serie von 70 Laternbildern. *Düsseldorf: E. Liesegang 1900.* (93 S.) 8°
— Projektions-Vorträge. H. 19 u. 19ª.

Vulkane, die, auf Java, von Raffles ꝛc., s. Sammlung von Arbeiten ausländ. Naturforscher ꝛc.

Vulkanen-Atlas zur Naturgeschichte der Erde von K. C. v. Leonhard. (15 lith. u. zum Theil col.) Karten. qu. gr. 4. Stuttgart 845, Schweizerbart. n. 1⅔ ₰

Vulker, Wilhelm *Albert* [aus Zwolle '(Niederl.)']: Ueber Polymastie ... Bonn, Buchdr. v. K. Drobnig, 1897; 32 S. 8.
Bonn, Med. Fak., Inaug.-Diss. v. [4. Aug.] 1897

Vullers, Johann August

Vullers, Jo. Aug., Chrestomathia Schahnamiana, s. Chrestomathia.

—— Grammaticae arabicae elementa et formarum doctrina per tabulas descripta. In us. praelectionum digessit. 4maj. (5 B.) Bonnae 832. Habicht.

Vullers, Joa. Aug., s. Firdusii liber regum.

—Institutiones linguae Persicae, cum Sanscrita et Zendica lingua comparatae. 8maj. Gissae840. Ricker. n. 2 ₰

Vullers, Joan. Aug., Institutiones linguae Persicae cum Sanscrita et Zendica lingua comparatae. Pars II.: Syntaxis et ars metrica Persarum. 8maj. (V und 196 S.) Gissae 850, Ricker. Thlr. *
Pars I. Ibid. 1840. * 2 Thlr.

Vullers, Joa. Aug., Institutiones linguae Persicae. Editio altera aucta et emendata. E. s. t.: Grammatica linguae Persicae cum dialectis antiquioribus Persicis et lingua Sanscrita comparatae. gr. 8. (XVI, 295 S.) Giessen 870, Ricker. *

Vullers, Joan. Aug., Lexicon persico-latinum etymologicum cum linguis maxime cognatis Sanscrita et Zendica et Pehlevica comparatum, omnes voces, quae in lexicis persice scriptis Borhâni Qâtiu et Haft Qulzum reperiuntur, complectens, adhibitis etiam Castelli, Meninski, Richardson et aliorum operibus et auctoritate scriptorum persicorum adauctum. Accedit appendix vocum dialecti antiquioris, Zend et Pazend dictae. Tom. I. (IV Fasc.) hoch 4. (XI und 965 S.) Bonnae 853—55, Marcus. (à Fasc. * 3 Thlr.) Subscrpr. *

Vullers, Joann. Aug., lexicon Persico-Latinum etymologicum cum linguis maxime cognatis Sanscrita et Zendica et Pehlevica comparatum, omnes voces, quae in lexicis persice scriptis Borhâni Qâtiu et Haft Qulzum reperiuntur, complectens, adhibitis etiam Castelli, Meninski, Richardson et aliorum operibus et auctoritate scriptorum Persicorum adauctum. Accedit appendix vocum dialecti antiquioris, Zend et Pazend dictae. Fasc. I—V. Bonnae 853—57. Marcus. 4. (Tom. I.: XI. 965 S.; Tom. II.: S. 1—378.) Subscr.-Preis jedes Heft n. 3 ₰.

—— id. — Fasc. V. 2 Partes. hoch 4. (Pars I.: Tom II. S. 1—186.) Ibid. 856. *

Vullers, Joa. Aug., lexicon persico-latinum etymologicum cum linguis maxime cognatis Sanscrita et Zendica et Pehlevica comparatum, e lexicis persice scriptis Borhâni Qâtin, Haft Qulzum et Bahâri agam et persico-turcico Farhangi-Shuûri confectum etc. Accedit appendix vocum dialecti antiquioris, Zend et Pazend dictae. Fasc. VI—VIII. Bonn 859—64. Marcus. 4. (Tom. II.: S. 379—1566.) Jedes Heft n. 3 ₰

Vullers, Joa. Aug., Supplementum lexici persico-latini continens verborum linguae persicae radices e dialectis antiquioribus persicis et lingua sanscrita et aliis linguis maxime cognatis erutae atque illustratae. 4. (VI und 136 S.) Bonn 867, Marcus. *
Tom. I. Ebendas. 1853—55. * 12 Thlr.

Vullers, Johann August. s. Mirchond's Historia Seldschuckidarum.

—— ueber die Religion d. Zoroaster, s. Fragmente..

Vullers, Ioannes. Als die Inaug.-Schrift vertretend wurde angenommen des Verf. Druckschrift: Tarafae Moallaca cum Zuzenii scholiis. Textum ad fidem codicum Parisiensium diligenter emendatum latine vertit, vitam poetae accurate exposuit, selectas Reiskii annotationes suis subiunxit, indicem Arabicum addidit. Bonnae ad Rhenum 1829: Baaden. VIII, 90 u. 31 arab. paginierte S. 4°

[Halle-Wittenberg, Phil. Diss. v. 12. Mai 1830]

Geb. [Bonn 23. 10. 1803]

Im Buchhandel Bonn: Habicht 1830.

Vgl. T a r a f a .

—— Vitae poetarum persicorum, ex Dauletschahi historia poetarum excerptae ad fid. Codd. Mss. persice ed. lat. vertit annotationibus instr. Fasc. I. Hâfizi Schirâzensis vitam tenens. 8maj. (2½ B.) Gissae 839, libr. Ricker.

—— s. Vitae poetarum persicorum.

Vüllers, Hermann [app. Arzt]: Beiträge zur Kenntniss der Gastrostomie. . . . Würzburg, P. Scheiner's Buchdr., 1891; 41 S. 8°
Heidelberg, Med. Fak., Inaug.-Diss. v. [16. Jun.] 1891

Vüllers, Joseph, approb. Arzt. Externer Hilfsarzt am pathol. Institut d. Krankenh. Dresden-Friedrichstadt: Aus d. pathol. Institut zu Dresden-Friedrichstadt. Beitrag zur Gallensteinstatistik nebst einem außergewöhnlichen Fall von Gallensteinerkrankung. *Leipzig 1903: B. Georgi.* (26 S.) 8°
Leipzig, Med. Diss. v. (21. Okt.) 1903

Vulliemin, A. Paul's Wünsche, s. Osten, G. v.

Vulliemin, Ch., nouvelle grammaire italienne, s.: Sauer, Charles Marquard.

Vulliemin, L[ouis]. De l'établissement monarchique de Pierre de Savoie dans l'Helvétie occidentale, au milieu de treizième siècle. (Mémoire lu à la séance [de la Société d'histoire suisse] du 1r Aout 1850 à Morat.) [E.] 8. [Zurich 1851.]

Vulliemin, L[ouis] Geschichte der Eidgenossen während des 16. und 17. Jahrhunderts. Zurich 1842-1845 s. Muller, Johann[es] von. [Der] Geschichten Schweizerischer Eidgenossenschaft [Fortsetzungen]. Band 8-10.

Vulliemin, L., Geschichte der schweizerischen Eidgenossenschaft. Deutsch v. J. Keller. 1—4. Lfg. gr. 8. (1. Bd. IV, 260 S.) Aarau 877. Sauerländer. à — 90

Vulliemin, L., Geschichte der schweizerischen Eidgenossenschaft. Deutsch v. J. Keller. 2. Bd. Von den Anfängen der Reformation bis auf die Gegenwart. gr. 8. (292 S.) Aarau 878. Sauerländer. 2. 70
(cplt.: n. 6. —)

Vulliemin, L[ouis]. Geschichte der Schweizerischen Eidgenossenschaft. Deutsch von J[acob] Keller (2. *Aufl.*: Rektor). 8. Aarau.
[1. Aufl.] 2 [Theile]. (4 *u.* 3 Lieferungen.) 1877-1878.
2., verbesserte und vermehrte Aufl. 1882.

Vulliemin, L., Geschichte der schweizerischen Eidgenossenschaft. Deutsch von J. Keller. 2. verb. und verm. Aufl. gr. 8. (VIII, 573 S.) Aarau 882, Sauerländer's Verlagsh. *

[Vulliemin, Louis.] La Suisse dans la question de Savoie. 8. Berne & Lausanne 1860.

Vulliemin, L[ouis]. Der Kanton Waat, historisch-geographisch-statistisch geschildert von den ältesten Zeiten bis auf die Gegenwart. Ein Hand- und Hausbuch.... Von L. V'.... Aus der französischen Handschrift übersetzt von (G H) Wehrli-Boisot. 2 Bände. [je Mit illustriertem Umschlag.] 8. St. Gallen und Bern 1847–1849.
Historisch-geographisch-statistisches Gemälde der Schweiz. Band 19, Theil 1 u. 2.

— der Kanton Waat, siehe: Gemälde der Schweiz.

Vulliet, d'un nouveau moyen de contention de la matrice. 48 pp. in-8. Berne, comiss. Huber & Co. 1872, 1. 20

Vulliéty, H[enri]. La Suisse à travers les âges. Histoire de la Civilisation Depuis les temps préhistoriques jusqu'à la fin du XVIIIme siècle. Ouvrage orné de 853 illustrations. VIII + 468 p. gr.-8. Bâle et Genève, Georg & Cie, [1902]. [fr. 25. —]

Vullyamoz, Georges: De fundamentis successionis testamentariae et legitimae. 7 S.–
Basel, Jur.Diss.v. 2.Aug.1803.

Vulowitsch, Ljubischa Svet., a. Belgrad in Serbien: Über den Pes calcaneus traumaticus. Berlin (1905:) R. Kühn. (54 S.) 8°
Berlin, Med. Fak., Ref. v. Bergmann, Diss. v. 16. Febr. 1905
[Geb. 3. (16.) Sept. 79 Belgrad, Serbien; Heimatsort: Belgrad; Staatsangeh.: Serbien; Vorbildung: Gymn. Belgrad Reife Juni 98; Studium: Belgrad 2, Berlin 9 S.; Rig. 1. März 04.]

VULPIANUS, Ptolemaeus (ps.), Curieuse Staats-Prophezeyungen auf das Jahr 1703. O. J. (1702).
Weller, Lex. Ps. p. 598.

Vulpinus, Theodor

Vulpinus, Th., s. Renaud, Thdr.

Vulpinus, Thdr. (Th. Renaud), Auslese. Lieder, Bilder u. Sprüche. 8. (VII, 188 S.) Straßburg 900. J. H. E. Heitz. n. 2. 50

Vulpinus, Thdr., Bismarckverse. Zum 1. Apr. 1885. 8. (8 S) Straßburg 885. Heitz. — 15

Vulpinus, Th., s.: Gunther's v. Pairis im Elsaß Ligurinus.

Ritter Friedrich Kappler, e. elsäss. Feldhauptmann a. d. 15. Jh. v. Theodor Vulpinus ... Strassburg: J. H. E. Heitz 1896. (VIII, 111 S.) 8.
= Beiträge z. Landes- u. Volkskunde v. Elsass-Lothringen. H. 21.

— französisch-deutsches Liederbuch. 12. (176 S.) Ebend. 886. n. 1. 60

Vulpinus, Theodor. Der lateinische Dichter Johannes Fabricius Montanus ⟨aus Bergheim im Elsass⟩ 1527–1566. Seine Selbstbiographie in Prosa und Versen, nebst einigen Gedichten von ihm, verdeutscht von Th' V'. (Beitr. zur Landes- und Volkeskunde von Elsass-Lothr. [Band] 18.) 8. Strassburg 1894.

Vulpinus, Thdr., der lateinische Dichter Johannes Fabricius Montanus (aus Bergheim im Elsass) 1527–1566, s.a. Beiträge zur Landes- u. Volkeskunde v. Elsass-Lothringen.

— s.: Pellikan's v. Rufach, Konr., Hauschronik.

Vulpius, Chr. H., Anleitung d. Schönen z. Briefwechsel mit Männern. 8. Wien, Gerold. 803.

Vulpius, C. H., Anleitung der Schönen zum Briefwechsel mit Männern. 8. Grätz ... Kienreich. 5 gl

Vulpius, Christian August

ABENTHEUER und Fahrten des Bürgers und Barbiers Sebastian Schnapps. Ein komischer Roman aus den neuesten Zeiten (von *Christian August Vulpius*). Leipzig, Kummer, 1798. 8°.
312 S. Ziemlich zahm.

Vgl. Abentheuer...

Vulpius, Christian August, s. Abentheuer des Prinzen Kalloandro.

Vulpius, Christian August, s. Abentheuer d. Ritters Palmendos.

ALOISIO und Dianora oder der Pilger und die Nonne. Romantische (ziemlich zahme) Geschichte aus dem 17. Jahrhundert vom Verfasser des „Rinaldo Rinaldini" (von *Chrn. Aug. Vulpius*). Quedlinburg 1826. 8°. (1 Mk. 50 Pfg. Julius Neumann, Magdeb., 1906.)
Anon.-Lex. I. p. 42 (nach Engelmann u. Goedeke, welcher unrichtig „Moisio" hat).

Vgl. Aloisio...

AMALIE, die schöne Solotänzerin. Seitenstück zu Aurora (von *Christian August Vulpius*). Neuburg und Aarnheim, o. J. (Lpz., c. 1798). 8°. Zahm. (1 Mk. 50 Pfg. Julius Neumann, Magdeb., 1906.)
Nicht im Anon.-Lex. — Goedeke V, 512, 24.

(Vulpius, Chrn Aug.: Ammenmärchen Bd 1. 2 Weimar 1791—92. 8.

Vulpius, Christian August, s. Anekdoten, Italienische.

ANEKDOTEN aus der Vorzeit. Ein Beytrag zur Geschichte der Sitten, Meynungen und Gebräuche der Vorzeit (von *Christian August Vulpius*). 2 Sammlungen. Leipzig 1797—98. 8°. (Im British Museum.)
Anon.-Lex. I. p. 57 (nach Kayser u. Meusel).

Vgl. Anekdoten...

Vulpius, Christian August, s. Armidoro.

AURELIA. Vom Verfasser des Rinaldo Rinaldini (*Christian August Vulpius*). Arnstadt und Rudolstadt 1801. 8°.
Anon.-Lex. I. p. 120 (nach Engelmann, Goedeke, Kayser, Meusel). Neue Allg. dtsch. Bibl. 81, 105.

Vgl. Aurelia.

Vulpius, Christian August, s. Aurora, e. Gemälde d. Vorzeit.

AUSWAHL romantischer (stellenw. anstößiger) Gemälde. Von dem Verf. der romantischen Geschichten der Vorzeit (*Chrn. Aug. Vulpius*). 2 Thle. Mit 2 Titelvignetten. Zittau u. Leipzig, bey Johann David Schöps. 1793—95. 8°.
I: 2 Bll., 218 S. Enth.: Almar und Almönide. — Das Mädchen mit dem Wasserkruge. — Blanka von Navarra.
II: VI u. 250 S. Enth.: Die sonderbare Erscheinung. — Leonardo und Aurelia. — Caesario und Angelika. — Wahrscheinlichkeit und Wahrheit. — Liebe, Rache und Verzweiflung. — Glück im Unglück.
— — Es erschien noch ein dritter Theil, ebd. 179*. 8°.
— — Dasselbe. 2 Bde. Ebend. 1800. 8°. (36 xr. (= Kreuzer) Coppenrath, Regensburg, c. 1870; jetzt theuer!)

Vgl. Auswahl...

BEICHTEN wie sie gebeichtet worden und vielleicht noch oft gebeichtet werden. Ein Beitrag zur Karakteristik des XVIII. Jahrhunderts (von *Christian August Vulpius*). Rom (Lübeck's Buchh. in Baireuth) 1788. 8°.
Tit. u. 230 SS. Höchst seltene erste Ausgabe des ersten Theils.

— — Dasselbe. 2 Sammlgn. (Theile). Rom, Parma, Bonn und Prag (ebend.) 1789—91. 8°. (22 Mk., cplt., Friedr. Klüber, München, 1896; 26 Mk., Th. 1 von 1789 apart, 230 S., K. W. Hiersemann, Lpz., 1898; Th. 2 von 1791 apart: 2 3/4 Rthl. Scheible, vor 1870.)
Tit., 228+205 Seiten. Cplt. sehr rar! Ziemlich zahm!
Vgl.Beichten...

Vulpius, Christian August, s. Benjowsky.

Vulpius, Christian August, s. Beschreibung d. Bastille.

— Betrug über Betrug, oder d. schnelle Bekehrung. Lstspl. gr. 8. Berl. 785. (Sander). 2 K

Vulpius, Christian August, s. Bibliothek d. Wunderbaren.

Vulpius, Christian August, s. Blätter, Historische.

Vulpius, Christian August, s. Blätter, Romant.

— Bublina, die Heldin Griechenlands unserer Zeit. 2 Bde. Mit 2 gestochenen Titelblättern und 2 originellen Kupfern. Gotha 1822.

BUBLINA, die Heldin Griechenlands unserer Zeit. Von dem Verfasser d. Rinaldini *(Chrn. Aug. Vulpius)*. 2 Bde. 2. Aufl. Mit Titelvign. Gotha 1828. 8. (8 Kr. Halm & Goldmann, 1907.)
Zuerst gedr. ebd. 1822. 8°. (Goedeke V, 513, 55.)
Vgl.Bublina,...

Cranach, Lucas. [Gotha u. Leipz. 1816.] V: *Vulpius*, *Chn Aug.* (MGT)

Vulpius, Christian August, s. Curiositäten d. phys.-liter.-artist. Welt.

— Ehestandsproben. Lustspiel in vier Aufzügen. Fortsetzung des Lustspiels »Liebesproben«. Baireuth, Lübek's Erben, 1791. 112 S.

— Ehestandsproben. Lstspl. in 4 A. 8. Bayr. 791. (Leipz., Hinrichs). 8 K

ERLINDE, die Ilm-Nixe. Vom Verfasser des Rinaldo Rinaldini *(Chrn. Aug. Vulpius)*. Mit Titelsteindr. Meissen 1827. 8°. (2 Mk. 50 Pfg., fleckiges Expl., Paul Alicke, Dresden, 1908.)
Anon.-Lex. II. p. 52 (nach Kayser u. Engelmann).
Vgl.Erlinde,...

Erzählungen

— —, Romantische (von *Christian August Vulpius*). Hof 1801.
Anon.-Lex. II. p. 63 (nach Kayser u. Engelmann).
Vgl.Erzählungen,...

— die Feier im Reiche d. Feen. Prolog z. Geburtsfeier Herzogs Ludwigs zu Braunschweig. 8. Eisenach 786.

Fernando

— — und Kalliste. Ein spanischer Roman (von *Chrn. Aug. Vulpius*). Mit Titelvign. von H. Lips. Zittau und Leipzig, bey J. D. Schöps, 1792. 12°. 198 S., 1 Bl. (3 Mk. 50 Pfg. Leo Liepmannssohn, 1907.)
— — Dasselbe. Ebd. 1805. 8°.
Goedeke V, 512, 11, 16.
Vgl.Fernando...

Vulpius, Christian August, s. Figaros Hochzeit.

FÜRSTINNEN unglücklich durch Liebe. Vom Verfasser des Rinaldo Rinaldini (von *Christian August Vulpius*). Th. 1 (einz.). Mit Titelkpf. Leipzig 1801. Kl. 8°. 4 Bll., 168 S. (2 Mk. P. Neubner, Cöln, c. 1885.)
Vgl.Fürstinnen...

GABRINO. Einer der abenteuerlichsten (erot.) Ritterromane (von *Christian August Vulpius*) mit eben so abenteuerlicher Musik. 2 Thle. Mit 7 Musikbeilagen. Berlin, Morino, 1786. 12°. Selten! (6 Mk., stark geles. Expl., Gust. Klötzsch, Lpz., 1885; jetzt theurer!)
Vgl.Gabrino.

Gallerie

— — der unterhaltendsten Zauber- und Geistergeschichten. Vom Verfasser des „Rinaldo-Rinaldini" *(Chrn. Aug. Vulpius)*. 3 Bde. Quedlinburg und Leipzig 1826. 8°. (4 Mk. 50 Pfg. Auction Runze-Zolling. Lpz. 1904. Nr. 1974; 9 Kr. Jos. Grünfeld, Wien, 1906; 12 Mk., br., unbeschn., R. Hirschkorn, Berlin, 1910.)

Vulpius, Christian August, s. Geheimniß, Das.

Geheimnisse

— — aus der Fürsten und Klosterwelt. Vom Verf. des Rinaldo Rinaldini *(Chrn. Aug. Vulpius)*. Erfurt, Müller, 1809. 8°. 383 S. Zahm.
Vgl.Geheimnisse...

Vulpius, Christian August, s. Geizige, Der betrogene, ...

GEORGINI, Antonia, oder die Banditen von Neapel. Ein romantisches Gemälde vom Verfasser des Rinaldo Rinaldini *(Chrn. Aug. Vulpius)*. Köln 1812. 8°. (3 Mk., eleg. Hfzbd., Bernh. Liebisch, Lpz., 1908.)

Geschichte

— — Blondchens. Ein überaus wahrscheinlicher (stellenw. etwas freier) Roman (von *Chrn. Aug. Vulpius*). (Engl. Motto aus Prior.) Halle, bei Johann Gottfried Heller. 1787. 8°. Tit. u. 126 S. (24 Sgr. Scheible, vor 1870; 7 Mk. 50 Pfg., Tit. gestemp., Adolf Weigel, 1910.)
Anon.-Lex. II. p. 188 (nach Engelmann u. Kayser).
Vgl.Blondchens...

— — eines Rosenkranzes (von *Chrn. Aug. Vulpius*). (Motto.) Bey C. L. Hoffmanns Wittwe und Erben, Weimar 1784. 8°. 64 S. (In Wien, Stadtbibl.: Secr. A. 146.)
— — Dasselbe. Wien 1784. 8°. Rar! (2 Rthl. Scheible.)
Haydinger's Bibl. I. 2. (Wien 1876). no. 124; Anon.-Lex. II. p. 199 (nach Kayser, Meusel u. Weller).

Geschichten

— —, Romantische, der Vorzeit (von *Chrn. Aug. Vulpius*). 10 Thle. Leipzig 1792—98.
Anon.-Lex. II. p. 212 (nach Kayser u. Engelmann). — Einiges etwas frei. Vgl. Neue Allg. dtsch. Bibl. I, 337; 7, 227; 9, 402; 24, 532; 29, 42; 36, 423; 46, 106.
Vgl.Geschichten,...

GLORIOSO der grosse Teufel. Eine Geschichte des 18. Jahrhunderts. Von dem Verfasser des Rinaldini *(Chrn. Aug. Vulpius)*. 3 Bde. Mit 2 Titelkpfrn. Rudolstadt 1800. 8°. (4 Mk. Bernh. Liebisch, Lpz., 1908.)
Vgl.Glorioso,...

GLOSSARIUM für das 18. Jahrhundert (von *Chrn. Aug. Vulpius*). Mit Titelvignette. Frankfurt und Leipzig, o. J. (1788). 8⁰. 158 S. Selten! (12 Mk. Gust. Fock, Lpz., 1909.)
Vorr. des Herausg. unterz. K. E. v. B. Vgl. Rotermund, Gelehrtes Hannover 2, 570. — Anon.-Lex. II. p. 228 (nach Goedeke, Meusel u. Kayser).

Vgl.Glossarium...

— Glücksproben. Lustspiel in vier Aufzügen. Baireuth, Lübek's Erben, 1791. In einem Pappband. 142 S. u. 1 Bl.
Goedeke V, 513, 16, 17, 18. Originalausgaben. — Die Stücke wurden zuerst in Leipzig von der Secondaischen Gesellschaft aufgeführt, wovon die Vorreden Erwähnung tun.

— Glücksproben. Lstspl. 8. Bayr. 791. (Leipz., Hinrichs). 8 gr

Vulpius, C. ., Handwörterbuch d. Mythologie d. deutschen, verwandten, benachbarten u. nord. Völker. Mit 4 Steint. gr. 8. Leipz. 826. Lauffer. 2 ₰

Vulpius, Chrn Aug., Handwörterbuch der Mythologie der deutschen, verwandten, benachbarten und nordischen Völker. Mit Abbildd. Leipzig 1827. 8. . . . . . (D.)

MEIN Himmel und meine Hölle (von *Chrn. Aug. Vulpius*). Berlin 1785.
Anon.-Lex. II. p. 285 (nach Meusel). — Rar!

HULDA, das schöne Wasserfräulein oder die Saal-Nixe. Nebst *Anhang* über Sitten u. Gebräuche deutscher Vorzeit (von *Chrn. Aug. Vulpius*). Leipzig 1804. 8⁰. ($1^1/_2$ Rthl.) (2 Mk. 50 Pfg., geles. Expl. ohne Titel, A. Bielefeld, 1892.)

— — Dasselbe, tit.: Hulda oder die Nymphe der Donau, eigentlich die Saalnixe genannt. Mit Titelkpf. u. Vign. Leipzig bey W. Rein u. Co. 1804. 8⁰. (3 Mk. 50 Pfg., geles. Expl., Julius Neumann, Magdeb., 1908.)
Im Anon.-Lex. II. p. 304 ist noch „Rudolstadt 1804" angezeigt (nach Kayser, Meusel u. Goedeke).

Vgl.Hulda,...

Vulpius, Christian August, s. Janus.

JOHANN von Leiden, wahre (pikante) Geschichte der Vorzeit (von *Christian Aug. Vulpius*). Mit 1 Kpfr. von Herrn Lips. Dresden und Leipzig, in der Richterschen Buchhandlung. 1793. 8⁰. 264 S.
Diese erste Ausgabe nicht bei Goedeke.

— — Dasselbe. Ebd. 1799. 8⁰.

— Dasselbe, titulo: Johann von Leiden, eine Geschichte des XVI. Jahrhunderts. Leipzig 1805. 8⁰.
Anon.-Lex. II. p. 333 (nach Kayser, Meusel, Engelmann, Goedeke).

Vgl.Johann von Leiden.

TIRSO DI MILANO (so!) (d. i. *Chrn. Aug. Vulpius*), Don Juan, der Wüstling. Nach d. Spanischen des —. Penig, bey F. Dienemann u. Comp. 1805. 8⁰. 2 Bll. u. 218 S. (2 Mk. W. Koebner, Breslau, 1886; 20 Mk. [!], unbeschn., Adolf Weigel, 1907.)
Dieser zahme Roman ist nicht von Tirso de Molina (d. i. Gabr. Tellez), auch gar nicht aus d. Span. übersetzt, wie täuschungsweise auf dem Titel steht, sondern eine Originalarbeit des Bücherfabrikanten Vulpius (nach Mittheilung Karl Wallstein's).

Vgl.Don Juan,...

Vulpius, Christian August, s. Käppchen, Das rothe.

Vulpius, Christian August, s. Karl der Zwölfte.

Vulpius, Christian August, s. Knicker, Hieronymus.

(Vulpius, Chr. Aug.) Kurze Lebens- und Kriegsgeschichte des Grafen Peter Alex. Wasil. Suwarow-Rimninskoi. 8. Leipzig 1800.

— Leidenschaft u. Liebe. Trspl. in 5 A. 8. Leipz. 790. (Wienbrack). 8 gr

Vulpius, Christian August, s. Leonardo u. Aurelia.

LEONTINO. Eine romantische Geschichte vom Verfasser des Rinaldini *(Chrn. Aug. Vulpius)*. Mit Kpfrn. Rudolstadt, Langbein u. Klüger, 1804. 8⁰. (1 Rthl.)

Vgl.Leontino.

— Liebe u. Freundschaft. Schspl. 8. Leipz. 787. Schneider. 6 gr

VULPIUS, Chr. A. Liebesproben. Original-Lustspiel in drei Aufzügen. Baireuth, J. A. Lübek's Erben, 1780. 119 S.

— die Liebesproben. Lstspl. 8. Bair. 790. Lübeck. 8 gr

— Lionardo Monte Bello, oder der Carbonari-Bund. Fortsetzung von Rinaldo Rinaldini. Von demselben Verfasser. 2 Thle. Leipzig 1821. 8⁰. ($2^2/_3$ Rthl.)
Anon.-Lex. III. p. 159 (nach Kayser u. Engelmann).

Vgl.Lionardo...

— der Liebe Lohn. Schspl. 8. Bair. 789. Lübeck. 8 gr

Vulpius, Christian August, s. Lucindora.

— Lästschlesser. Lstspl. 8. Schwerin 792. Bödner. 4 gr

Vulpius, Chr. Aug., 3 Lustspiele. 8. Bayreuth 791. Lübeck. 1 ₰

MALTHESER, Der. Ein historischer Roman (von *Chrn. Aug. Vulpius*). Leipzig 1804.
Anon.-Lex. III. p. 108 (nach Engelmann u. Kayser).

Vgl.Maltheser, Der.

— die Männer der Republik. Lstspl. in 2 A. 8. Weißenf. 788. (Leipz., Baumgärtner). 4 gr

MYSTERIEN neuerer Bacchanalien (von *Christian August Vulpius*). O. O. (Weimar) 1791. Kl. 8⁰. (Im British Museum.) (4 Kr. Halm & Goldmann, Wien, 1907; 5 Mk., unbeschn., Max Jaeckel, Potsdam, 1907.)
Anon.-Lex. III. p. 173. — Rar!

NONNE, Die, im Kloster Odivales (Odivelas?). (Roman von *Chrn. Aug. Vulpius*). Leipzig, o. J. (Frankf. a. M. 1803). 8⁰.
Anon.-Lex. III. p. 215 (nach Engelmann u. Kayser).

Vgl.Nonne,...

Vulpius, Ritter Chr. Aug., († d. 26. Juni 1827.) Oberon u. Titania. 8. Weim. 783. Hoffmann. 3 gr

Vgl.Oberon...

— Operetten. 16 Bdchen. (Enth.: Der Schleier. 8 gr — Bella u. Fernando. — Elisinde. 6 gr) 8. Bayr. 790. Lübeck. 18 gr

— Opern aus verschied. Sprachen u. f. d. deutsche Bühne bearb. 1r Bd. 8. Lpz. Heinsius. (Gleditsch) 764.

— Opern aus verschienen Sprachen, und f. d. deutsche Bühne neu bearb. 1r Bd. (Der betrogene Geizige. — Die Hochzeit d. Figaro. — Hokus Pokus. 5 gr) 8. Leipz. 794. Heinsius. (Gleditsch). 16 gr

— Orlando Orlandino der wunderbare Abentheurer. 2 Bde. Mit einem Kupfer. Rudolstadt 1802.

Vgl.O r l a n d o...

ORLANDINI, Orlando, der wunderbare Abentheurer, ein Roman .... (von *Christian August Vulpius*). Rudolstadt 1802.
Anon.-Lex. III. p. 243 (nach Meusel, Kayser, Engelmann).

PANTHEON berühmter und merkwürdiger (73) Frauen. (Vf.: *Chrn. Aug. Vulpius.*) 5 Thle. Mit schönen Titel-Portraits) en médaillon, gest. v. d. Leipziger Künstler C. Müller, darstellend): Maria Stuart, Christine v. Schweden, Anna Maria v. Schurmann, Maria v. Medicis, u. Agnes Bernauerin) u. 5 reizenden Titel-Vignetten. Leipzig 1809—16. 8⁰. (Nur 1—4, ebd. 1809—13, in Berlin.) (1—3: 12 Mk., Taussig, Prag, 1906; 1—5: 6 Mk. Max Weg, Lpz., 1897; jetzt theurer!) Cplt. selten!
Darin u. a.: Maria Renata, die Zauberin (aus München, 21. Jan. 1749 bei Würzburg als letzte deutsche Hexe mit dem Schwert gerichtet und dann verbrannt); Johanna Sophia Kettner (verkleid. Soldat, eine Art Amazone, † 21. Jan. 1802 zu Eichstädt im 82. Lebensj.); Isabella v. Bayern (Tochter Herzogs Stephan II. von Bayern, nachmal. Gemahlin König Karl's VI. v. Frankreich [Königin Isabeau], deren Charakter Schiller in der „Jungfrau v. Orleans" genügend gekennzeichnet, † 30. Sept. 1435); Agnes Bernauerin (V, S. 81—106, mit obig. Titelportr.). In Th. 3 auch Biographie der Friederike Karoline Neuber(in).

PEDRO, Don, ein Roman (von *Chrn. Aug. Vulpius*). Berlin 1795.
Anon.-Lex. III. p. 262 (nach Engelmann); Kayser hat „1785".

Vgl.P e d r o , Don.

PORTUGIESEN, Die, in Indien. Ein historisch-romantisches Gemälde (von *Chrn. Aug. Vulpius*). 2 Thle. Mit Titelkpfr. Hof 1793. 8⁰. Selten! (6 Mk. Südd. Ant., München, 1910.)

Vgl.P o r t u g i e s e n,...

Vulpius, Chrn. Aug. Rinaldo Rinaldinis Räuber- u. Liebesabenteuer. Roman. Neu bearb. u. hrsg. v. Joh. Friedr. Gildenmeister. 8. (224 S.) Berl. 890, Herm. Schmidt. * 3 —

REDOUTENLIEDER. (Verf.: *Christian Aug. Vulpius.*) O. O. (Weimar) 1791. 12⁰. 76 S. Rar!
Anon.-Lex. III. p. 346 (nach Kayser u. Hayn). Kayser nennt den Druckort. — Motto auf Titel:
Seht wie der Freude Ruf die goldnen Säle füllet
den Zwang des Ranges hebt, den Vorwitz müde neckt.
Nicolai.

Vgl.R e d o u t e n l i e d e r .

(—) die Regenbogenschüsselchen. gr.8. Weim.818. Ind.=Cpt. ... (Aus d. „Curiositäten" abgedr.)

HARLEKINS Reisen und Abentheuer. Nebst Beilagen A. B. C. D. (Vf.: *Chrn. Aug. Vulpius.*) Mit großer color. Titelvignette (Harlekin in ganzer Figur auf der Bühne, unsign.). Berlin 1798. bey Carl Ludwig Hartmann. 8⁰. (15 Mk. Auction Kürschner, no. 2260; 9 Mk. Auct. Deneke, no. 849.)
Gestoch. Titel (mit lat. Lettern) u. 246 S., nebst 5 unbez. Bll. Verlag d. Firma.
(Beilage [S. 197 ff.] A. Karnevals-Scenen zu Palermo; B. Etwas aus Harlekins in London edirter Schrift: Ueber die Liebe der Thiere zu den Menschen ....; C. Fragment aus H's in London unter d. Tit.: Dialogen herausgegeb. Wochenschrift; D. Astolfs Unterhaltungen [Gespräche] in Elysium.)
Neue Allg. dtsch. Bibl. 43, 51; Goedeke V, 512, 25, hat „240" (?) Seiten.

— — Dasselbe. Halle, Dreyssig, 1800. 8⁰.

Vgl.H a r l e k i n s ...

REISEN, Theatralische. (Stellenw. etwas freier Roman von *Chrn. Aug. Vulpius.*) 2 Bdchn. Mit 1 TVign. Weissenf. u. Lpz., bei Frdr. Severin, 1789—90. 8⁰. (Im British Museum.)
Anon.-Lex. III. p. 367 (nach Kayser u. Meusel). Grüner ist nicht Verfasser.

Vgl.R e i s e n ,...

— Rikko. Lstspl. nach d. Französ. gr.8. Berl. 793. Sander. 2⁄₃

——— Rinaldo Rinaldini, der größte Räuberhauptmann. Illustriert. 20 Bdchn. 8⁰. (10 Mk. O. Rauthe, Berlin, 1909, ohne Orts- u. Jahresangabe.)

RINALDO Rinaldini, der Räuberhauptmann. (Stellenw. etwas freier u. lüsterner Roman von *Chrn. Aug. Vulpius,* Schwager Goethe's.) 4 Thle. Leipzig, Heinrich Gräff, 1797. 8⁰.
„Berühmt, aber frivol u. grob." (Hdschr. Randbemerk. zu Engelmann's Bibl. d. schön. Wiss., 1837, S. 466.) Erste sehr selten gewordene Ausgabe. — Ausführliches bei Müller-Fraureuth.

Vgl.R i n a l d o Rinaldini,...

— — Dasselbe. 6 Thle. (incl. Ferrandino. Fortsetzung der Geschichte des Räuber-Hauptmanns Rinaldini). 2. Auflage. Mit 3 Kpfrn. Ebd. 1800—1.
Max Perl's Berliner Febr.-Auct.

— — Dasselbe, tit.: Rinaldo Rinaldini, der Räuberhauptmann. Eine romantische Geschichte unseres Jahrhunderts. In 8 Büchern. Mit 2 Titelkpfrn. Ebd. 1800. 8⁰. (12 Mk. Max Harrwitz, Berlin, 1891.)

— — Dasselbe. 3 Thle. Mit 3 Titelkpfrn. Ebd. 1801. 8⁰. (15 Kr., etwas fleckig, Alois Hilmar Huber, Salzburg, 1908.)

— — Dasselbe. Neue Auflage. 6 Thle. Mit 6 Kpfrn. Ebd. 1801. 8⁰. (In München: P. o. germ. 1540 tf.) (6 fl. Gilhofer & Ranschburg, Wien, c. 1885.)

— — Dasselbe. 6 Thle. Ebd. 1802. 8⁰. (In Berlin, Magistratsbibl.)
I. 286 S. II. 268 S. III. 228 S. IV. 196 S. V. 190 S. VI. 192 S.

— — Dasselbe. 4. Auflage. 6 Thle. Mit Kpfrn. Ebd. 1802. 8⁰. ($3^1/_3$ Rthl. Baer & Co., Cat. 21; jetzt theurer!)

— — Dasselbe. 5. ganz neu bearb. Auflage. 4 Thle. Mit 18 Kpfrn. von Penzel u. mit Musik. Ebd., Wienbrack, 1824. 8⁰. (6 Rthl.; ord. Pap. ohne Kpf. 4 Rthl.)
Engelmann 1837, p. 466.

— — Dasselbe. 6 Thle. 4. (!) Aufl. Mit 2 Titelbildern. Stuttgart 1845. 8⁰. (8 Mk. L. Rosenthal, 1910.)

— — Dasselbe. 7. Aufl. 4 Thle. Tangermünde, 1856. (Th. 4 sub tit.: Nikanor, der Alte von Fronteja. 2. Aufl. Ebd. 1857.) 8⁰.
Cat. Büchting I. p. 182.

— — Dasselbe. 7. (!) Aufl. 3 Thle. Ebd. 1857. 8⁰. (In Berlin: Yw 4747, 1 vol.)

— — Dasselbe. 8. Aufl. 4. Thle. Ebd. 1858. 8⁰. ($2^1/_3$ Rthl.)
Cat. Büchting I. p. 182.

— — Fortsetzungen: Ferrandino. Fortsetzung der Geschichte des Räuberhauptmanns Rinaldi. Vom Verfasser desselben. 3 Thle. O. O. 1800. 8⁰. (54 xr. Scheible, vor 1870.)
Zuerst gedr. 1799. (Anon.-Lex. II. p. 97, nach Meusel.)

ROSE, Die. Eine tragi-komische (zahme) Erzählung (von *Christian Aug. Vulpius*). Mit Titelvignette. Baireuth, Lübeck, 1791. 8⁰. (1 Mk. 50 Pfg. Scheible, vor 1885.)
Kayser p. 105 hat „Hof, Grau". — Anon.-Lex. III. p. 392 (nach Kayser u. Engelmann).

Vgl.R o s e , Die.

ROSENTHAL, Eduard. Eine Abentheuerliche Geschichte (von *Christian August Vulpius*). 2 Thle. Mit griech. Motto (aus Euripides) u. Titelvignetten (Endner del. & sc.). Leipzig, bei Karl Friedrich Schneidern, 1784—85. (Neue Original-Romane d. Deutschen. Bd. 7—8.) 8°.
Tolles Machwerk, mit Versen u. dramat. Scenen untermischt, stellenw. derb u. frei. I: Tit. mit (freier) Vignette, 2 Bll. Vorr., 4 Bll. Zuschr. (in Versen, an Minna W** u. Karl v. B**), 227 S. u. 2 Bll. Verz. der (massenhaften) Druckfehler. 2: Tit. m. Vign., 6 Bll. Vorr. u. 207 S. — Eines der frühesten Roman-Produkte dieses Vielschreibers, des Schwagers Goethe's.

Vgl. Eduard...

Russen und Engländer, Die, in Neapel, vom Verf. des Rinaldo Rinaldini (*Chrn. Aug. Vulpius*); nebst einigen Nachrichten, Anekdoten u. Karakterzügen von Nelson. Leipzig 1800. 8°. Selten!
Anon.-Lex. III. p. 400 (nach Kayser u. Meusel).

Vgl. Russen,...

Vulpius, Christian August, s. Sagen, Thüring., u. Volksmährchen.

Vulpius, Christian August, s. Scenen aus Paris.

SZENEN in Paris, während, und nach der Zerstöhrung (!) der Bastille. Nach französischen u. englischen Schriften u. Kupferstichen (von *Chrn. Aug. Vulpius*). 5 Bde. Mit 5 TKpfrn. (Schubert sc.). Leipzig, Heinrich Gräff, 1789—91. 8°. (In München nur Th. I: 1789 u. 4: 1790.)

Vgl. Scenen...

— Neue Szenen in Paris u. Versailles (vom Vorigen). 3 Bde. Mit 3 schönen figurenreichen TKpfrn. (von Schubert) und Musikbeil. Ebd. 1792—93. 8°. (1¾ Rthl.)
Diese 8, selten cplt. vorkommenden Bde. der „Szenen" enth. stellenweise etwas freie romanhafte Begebenheiten, in dramatischer Form.

Vulpius, Christian August, s. Scenen zur Rom während d. Jubelfeier.

— der Schatz war gehoben. Lstspl. gr. 8. Lingen 793. Jülicher.

Vulpius, Christian August, s. Adolph v. Schönthal.

SCHRECKENSHÖHLE, Die, oder die Leiden der jungen Miranda. Eine neapolitanische Erzählung. Nach d. Engl. Vom Verf. des Rinaldo Rinaldini (*Chrn. Aug. Vulpius*). Mit Titelkpfr. Leipzig 1810. 8°. Zahm.

Vgl. Schreckenshöhle, Die.

— die Seelenwanderung. Posse. gr. 8. Berl. 786. Sander.

— Serafina. Trspl. in 5 Aufz. 8. Halle 790. Reinicke u. G.

— Sie konnt's nicht über's Herz bringen. Schspl. 8. Weißenf. 788. (Weygand in Leipz.) 10 gr.

SICILIANER, Der. Ein Roman (von *Chrn. Aug. Vulpius*). 2 Thle. Rudolstadt 1803. 8°.
Anon.-Lex. IV. p. 82 (nach Meusel, Kayser, Engelmann).

Vgl. Sizilianer, Der.

SKIZZEN aus den (sic!) Leben galanter Damen. Ein Beitrag zur Kenntniss weiblicher Karaktere, Sitten, Empfindungen und Kunstgriffe der vorigen Jahrhunderte (von *Chrn. Aug. Vulpius*). 4 Sammlgn. Regensburg, in der Montagischen Buchhandlung. 1789, 90, 91, 93. 8°. (1—3 in München.) (Cplt. 25 Mk., tadelloses Expl. in Hlwd., Bangel & Schmitt, Heidelberg, 1905; 30 Mk., Leihbibl.-Expl., Tit. gestemp., Adolf Weigel, 1907.)
Tit., X, 324; VI, 228; IX, 286; VI, 200 SS. — Theil 4 hat (statt 4.) „Dritte und letzte (!) Sammlung" auf d. Titel. Band 2—4 auch u. d. Titel: „Gallerie galanter Damen." Sammlung 1—3. Ebd. 1790, 91, 93. 8°. 228, 322, 200 S. (1⅔ Rthlr. Scheible, 1868; 12 Mk., unbeschn. in eleg. Hfrz.-bdn., Bernh. Liebisch, Lpz., 1908.) — Inhalt vielfach interessant: decente Darstellung. Cplt. nicht häufig.

Vgl. Skizzen...

Vulpius, Christian August, s. Sommertags-, Nachts- u. abentheuerl. Romane.

Vulpius, Christian August, s. Suworow, u. d. Kosaken.

— der glückliche Tag. Vorspl. 8. Erlang. 789. Palm. 3 gr.

Vulpius, Christian August, s. Telemach ...

THALHEIM, eine romantische Geschichte, aus den Papieren der letzten Aebtissin zu Marienzell .... (von *Chrn. Aug. Vulpius*). Erfurt 1806.
Anon.-Lex. IV. p. 164 (nach Kayser, Engelmann, Meusel).

Vgl. Thalheim.

THEODOR, König der Korsen. Von dem Verfasser des Rinaldini (*Chrn. Aug. Vulpius*). 3 Bde. Mit 2 Titelkpfrn. Rudolstadt 1801. Kl. 8°. (4 Mk. 50 Pfg., Leihbiblexpl., Adolf Weigel, 1910.)
Anon.-Lex. IV. p. 167 (nach Engelmann u. Kayser).

— — Dasselbe. Neue Aufl. (Nachdruck.) Mit 1 Titelkpfr. Frankf. 1801. 8°. (3 Mk., leichte Lesesp., Max Jaeckel, Potsdam, 1910.)

Vgl. Theodor,...

THERMITONIA, das Buch der Geistereien. Von dem Verfasser des Rinaldo Rinaldini (*Chrn. Aug. Vulpius*). Leipzig 1825. 8°. (6 Mk. 50 Pfg. Rossberg, Lpz., 1910; 7 Mk. 50 Pfg., unbeschn., Ludw. Rosenthal, 1910.) VI (incl. gestoch. Titel) u. 304 S.
Anon.-Lex. IV. p. 170 (nach Meusel u. Engelmann); Kayser hat „1815" (?). —

Vgl. Thermitonia,...

Vulpius, Christian August, s. A. Thuring: Marcell.

TRUTHINA, das Wunderfräulein der Berge. Nach Volkssagen bearb., von dem Verf. der Saal-Nixe (*Chrn. Aug. Vulpius*). Erfurt u. Gotha, Hennings'sche Buchh., 1822. 8°. (1 Mk. 80 Pfg., fleckig, List & Francke, 1908.)
Zahm. 184 S. incl. 4 Bll. Vorst. Vorr. dat.: Weimar 1822. — Hat auch d. Tit.: Thüringische Sagen u. Volksmährchen. Vom Verf. der Saal-Nixe. Bd. 1.

Vgl. Truthina,...

Vulpius, Christian August, s. Unterhaltungen, Histor.-litterar., u. Ergötzlichkeiten.

Vulpius, Christian August, s. Vorzeit, Die.

WALDINA, Frau Holda, die wilde Jägerin, ein Roman .... (von *Chrn. Aug. Vulpius*). Rudolstadt 1805.
Anon.-Lex. IV. p. 369 (nach Kayser u. Engelmann).

Vgl. Waldina,...

MEINE Wanderungen; ein Roman, und doch voller Wahrheiten (von *Christian Aug. Vulpius*). Leipzig 1787.
Anon.-Lex. IV. p. 373 (nach Kayser u. Meusel). Engelmann hat „1807".

Vgl. Wanderungen, Meine.

WELLENTHAL, eine romantische Geschichte unserer Zeiten .... (von *Chrn. Aug. Vulpius*). Penig 1805.
Anon.-Lex. IV. p. 387 (nach Kayser u. Engelmann). Ebd. p. 370 unrichtig „Wallenthal".

Vgl. Wellenthal.

Vulpius, Christian August, s. Zauberflöte, Die.

ZAUBERROMANE (von *Chrn. Aug. Vulpius*). 2 Thle. (Zus. 16 stellenw. freie Erzählungen.) Mit TVign. (in Medaillonform, Schubert del., Boettger fec.). Hamburg 1790—91. bey H. J. Matthießen. 8°. (In München: P. o. germ. 1540 qs, mit 3 Beibdn.)
Anon.-Lex. IV. p. 425 (nach Engelmann).

— — Dasselbe. 2 Thle. Leipzig, Gräff, 1803. 8°. (2 Rthl.)
Kayser, p. 136.

Vgl. Zauberromane.

Zigeuner

— —, Die. Ein Roman. Nach dem Spanischen. Von dem Verfasser des Rinaldini *(Chrn. Aug, Vulpius)*. Mit Titelkpfr. (H. Meyer fec. 1802, C. Müller sc. Wei[m].). Arnstadt und Rudolstadt, bei Langbein und Klüger. 1802. 8°.
Tit. u. 262 S. (incl. 2 Bll. einleitendes Gedicht „Scherzender Scherz"). — Zahm. Anon.-Lex. IV. p. 432 (nach Kayser u. Engelmann).

Vgl. Zigeuner.

Vulpius, Christian August, s. Zufall und Laune.

ZWERG, Der. Ein Roman.... (von *Chrn. Aug. Vulpius*). Rudolstadt 1803.
Anon.-Lex. IV. p. 445 (nach Engelmann u. Kayser).

Vulpius, Christiane, s. **Brauns**, C. W., Briefe von Goethes Frau.

Vulpius, Frdr., Amerikanische Erfahrungen. Winke u. Warnungen f. Auswanderungslustige. Mit Vorwort v. H. Püttmann. 12. (XII u. 180 S.) Belle-Vue 847, Verlagsbuchhandlung. ½ ℛ (Frankfurt a. M., St. Goar. Herabges. Pr. n. 6 *ngl*)

Vulpius, Gustav

— Ueber die Alchemisten. Ein im historisch-philosophischen Verein in Heidelberg gehaltener Vortrag. Heidelberg, 1874. 8vo.

VULPIUS, GUSTAV. Ueber die Bestandtheile der Salvia glutinosa L. Jena, 1873.

Vulpius, G., u. E. **Holdermann**, Kommentar zum Arzneibuch f. das Deutsche Reich (Pharmacopoea Germanica Ed. III.). Mit Zugrundelegg. d. amtl. Textes, sowie e. Anleitg. zur Massaualyse. Im Anschluss an den Schlickum'schen Kommentar bearb. 6 Lfgn. gr. 8. (IV, 586 S.) Leipzig 890. E. Günther. à n. 2.— (cplt.: n. 12.—; geb. n. 14.—)

— u. E. Holdermann, Kommentar zum Arzneibuch f. d. Deutsche Reich (Pharmacopoea Germanica Ed. III.) einschliessl. des Nachtrags v. 20. Dezbr. 1894. Mit Zugrundelegg. d. amtl. Textes, sow. e. Anleitung zur Massanalyse. Im Anschluss an d. Schlickum'schen Kommentar bearb. gr. 8. (IV, 586 u. 38 S.) Leipzig 895. E. Günther. n. 12.—; geb. in Halbfrz. n. 14.—

Vulpius, G., tabellar. Repetitorium d. Chemie u. Pharmakognosie, s.: Schlickum, O.

Vulpius, J. E., das Blumenjahr, die neueste Blumensprache. Eine Lese der vorzügl. Blumendeutungen aus den Werken vaterländ. Dichter. Eingeleitet von E. Weyden. Mit 13 lithogr. Abbildd. 16. Köln (833). Renard. ½ ℛ — Cart. 7/12 ℛ — Geb. mit Goldschnitt u. mit den Abbildd. auf farbigem Papier, wovon eine illum. ist, 3/4 ℛ

Vulpius, J. E., Führer durch Köln. — Guide dans la ville de Cologne. 12. (16 Ansichten u. 1⅛ B.) Köln 836, [Renard.?]

Vulpius, Jachen Antoni. Historia Rætica translatada et scritta in lingua vulgara ladina da J' A' V'.... Huossa promovüda alla stampa 'n il text original tras Conradin de Moor.... 8. Coira 1866.
Bündnerische Geschichtschreiber und Chronisten.... Publication 7....

Vulpius, Joh., Beschreibung d. Stadt Magdeburg. 4. Magdeburg. 702.

Vulpius, Joh. Ludovicus desiliens i. e. Ludwig der Springer, 2ter Graff zu Thuringen, sein Herkommen, Geburt, Thaten. 4. Altenburgi 1713

— Historie u Leben Ludwig d. Springers. 4. Altenb. Richter. 713.

***Vulpius*, Jh., ad ordinem systematicum in tabulis propositum super tota jurisprudentia civili, privata theoretica et practica, judiciali, litigiosa. 4maj. Götting. 770. Vandenhöck u. R. 8 gℓ Schreibp. 10 gℓ**

Vulpius, Oskar

Einladung zur öffentlichen Probe-Vorlesung, welche Dr. Oscar **Vulpius** zur Erlangung der Venia legendi bei der medicinischen Facultät der Ruprecht-Carls-Universität zu Heidelberg Donnerstag, d. 1. Febr. ... abhalten wird. Thema: Die Deformitäten im Lichte der Drucktheorie und des Transformationsgesetzes. *Heidelberg*, Druck v. J. Hörning, *1894*; 1 Bl. 8.

Vulpius, Osk., die Behandlg. der spinalen Kinderlähmung. (V, 276 S. m. 243 Abb.) Lex. 8. Leipzig 910. G. Thieme. 11.—; geb. in Leinw. 12.

— die orthopädisch-chirurgische Behandlung der spinalen Kinderlähmung. gr. 8. (4 S.) Leipzig (899). B. Konegen. n. 1. —
Sonderabdruck aus: „Der Kinderarzt".

Vulpius, Osc., über die orthopädische Behandlung der Wirbelsäulenerkrankungen. (32 S.) 8. Leipzig 905. B. Konegen. n. — 80

Vulpius, Oscar [Dr. Privatdoz. d. Chir. u. Assist. d. chirurg. Universitätsklinik zu Heidelberg]: Beiträge zur Physiologie und Chirurgie der Milz ... (Aus: Beitr. z. klin. Chir., Bd XI Heft 3.) Tübingen, Druck v. H. Laupp jr, 1894; 1 Bl., 68 S. 8.
Heidelberg, Med. Fak., Hab.-Schr. v. [15. Febr.] 1894

— u. Paul **Ewald,** der Einfluss des Trauma bei latenten u. offenbaren Rückenmarks- u. Gehirn-Krankheiten, s.: Abhandlungen, Würzburger, aus dem Gesamtgebiet der prakt. Medizin. VII, 6.

Vulpius, Osc., Einiges üb. d. heut. Behandl. v. Frakturen. gr. 8. (16 S.) München 901. Seitz & Schauer. n. 1. —
Sonderabdruck aus: „Deutsche Praxis".

Ⓑ — Einiges üb. d. Behandlg. v. Frakturen. 901. — Stand d. Skoliosenbehandlg. 900. (KBL 32.) Jetzt: München, Verlag der ärztl. Rundschau.

Über die Heilung von Lähmungen und Lähmungsdeformitäten mittels Sehnenüberpflanzung. Von O[scar] Vulpius, Heidelberg. *Leipzig: Breitkopf & Härtel 1897.* (16 S., 1 Taf.) 8.
= Sammlung klinischer Vorträge. N. F. No 197. [97-7919

— das Krüppelheim. Im Auftrag Ihrer königl. Hoh. der Frau Großherzogin Luise v. Baden bearb. gr. 8. (39 S.) Heidelberg 902. C. Winter, Verl. n. — 60

— aus der orthopädisch-chirurg. Praxis. Mit zahlr. Abb. im Text. gr. 8. (60 S.) Leipzig 898. Veit & Co. n. 1. 80

Vulpius, O.: Die Radikaloperation der Hernien in der vorderen Bauchwand.... (Aus: Beitr. z. klin Chir. VII. Bd. I. H.) Tübingen, Verl. d. H. Laupp'schen Buchh., 1890; 46 S. 8°
Heidelberg, Med. Fak., Inaug.-Diss. v. [15. Nov.] 1890

— die Sehnenüberpflanzung u. ihre Verwertung in der Behandlung der Lähmungen. gr. 8. (VI, 245 S. m. Abbildgn.) Leipzig 902. Veit & Co. n. 6.—

Der heutige Stand der Sehnenplastik. Aus der Prof. Dr. Vulpius'schen Orthopäd.-Chirurg. Heilanst. in Heidelberg. Von Prof. Oscar Vulpius. Mit 9 Abb. *Berlin & Wien: Urban & Schwarzenberg 1903.* (S. 340–364.) 8°
— Klinik, Wiener. 1903. H. 12. [03. 1619:

— der heutige Stand der Sehnenplastik. Aus der Prof. Dr. Vulpius'schen orthopädisch-chirurgischen Heilanstalt in Heidelberg. Nach e. Referat, erstattet auf dem II. Orthopäden-Congress zu Berlin (Pfingsten 1903). (26 S. m. 9 Abbildgn.) gr. 8. Wien 904. Urban & Schwarzenberg. n. 1. —
Sonderabdruck aus: „Wiener Klinik".

— der heutige Stand der Skoliosenbehandlung. gr. 8. (41 S. m. 13 Abb.) München 900. Seitz & Schauer. n. 2. 40
Sonderabdruck aus: „Deutsche Praxis".

Über den Werth des orthopädischen Stützkorsettes von Oscar Vulpius. (Heidelberg). *Leipzig: Breitkopf & Härtel 1900.* (S. 25–42.) 8°
= Sammlung klinischer Vorträge. N. F. No 276. [00. 6774

— Über Wesen u. Wert der Krüppelfürsorge. Vortrag, geh. zum Besten der bad. Krüppelfürsorge. (16 S.) 8. Heidelberg 909. O. Petters. — 20

— s.: Zentralblatt f. chirurg. u. mechan. Orthopädie.

Vulpius, Walth., Hans Hoffmanns letzte fröhliche Fahrt. Bildschmuck nach photogr. Aufn. v. Arno Krehan. (VIII, 61 S.) 8. Weimar 910. G. Kiepenheuer. 1.20

Vulpius, Walter, üb. den psychischen Mechanismus der Sinnestäuschungen. gr. 8. (32 S.) Jena 885. (Pohle.) — 75

Vulte, Friedrich von (Marburg) A. S. 137/13

De permisso et vetito collybo quem agio vocant praesertim in antiquioribus debitis retribuendis iure civili haud concesso. Präs. Johann Georg Estor. Ed. 2. Marburg 1755. 95 S.

Diss. 7. V. 1754. 35492

v. Vulte, Fr., († d. 19. März 1794.) Gedanken üb. d. System einer pragmat. Rechtsgelehrsamkeit, bei Gelegenheit d. Kahrelischen Systems rc. 8. Marb. 777. Krieger. 3 K

Vultejus, Hermann

— Vita, vide I. Ph. Kuchenbecker.

Vultejus, Herm.: Jurisprudentiae Romanae, a Justiniano compositae libb. II. Stud. et cur. *J. J. Wynckelmann. Hanov,* 652. 8. — cur. *J. G. Estor.* Ed. X. *Marp.* 747. 8.

Vulteji Herm., Iurisprudentiae romanae a Iustiniano compositae lib. II. cur. et cum praef. I. G. Estor. 8. Marburg, (Gebhardt et K. auch Herrmann u. Brönner in Frkft. u. Compt. f. Lit in Leipz.) 748.

Vultejus, Herm.: Jurisprudentiae Romanae a Justiniano compositae libri 2 curante Jo. Ge. Estore. Ed. 9. Marburgi 1748.

[Beigedr.:]
Estor, Jo. Ge.: Notitia auctorum iur. in gratiam auditorum conscripta ubi simul est praef. ad Herm. Vulteji iurisprudentiam Romanam. Marburgi 1748.

Vultpius, Johann Christoph (Weimar) Diss. Halle 1702/1

Disputatio iuris ecclesiastici de renovatione vocationis resignatae. Präs. Justus Henning Böhmer. Halle (Henckel) XII. 1702. 32 S.

W. v.: Präs., Johann Nikolaus Mollwitz (Opp.), Johann Christian Reichart, C. R. Lauhn (Opp.), L. J. Bussmann. 35496

Vultpius, Johann Christian (Weimar) A. S. 824/2

Disputatio iuris ecclesiastici de renovatione vocationis resignatae. Präs. Justus Henning Boehmer. Rec. Halle (Henckel) o. J. 31 S.

Diss. XII. 1702. 35497

Vultpius, Johann Christoph (Weimar) A. S. 345/10

Disputatio iuris ecclesiastici de renovatione vocationis resignatae.
Präs. Justus Henning Boehmer. Rec.
Halle (Henckel) 1715. 32 S.

Diss. XII. 1702. 35498

Vultpius, Johann Christoph (Weimar) A. S. 377/15

Disputatio iuris ecclesiastici de renovatione vocationis resignatae. Präs. Justus Henning Boehmer.
Halle (Hendel) 1732. 31 S.

Diss. XII. 1702. 35499

Vulturescu, Jon Gr(igore), a. Bukarest: Über die Rumänische Handwerkerpolitik von 1873 bis 1902. Göttingen 1908: W. F. Kaestner. (58 S.) 8°
Göttingen, Phil. Fak., Ref. Lexis, Diss. v. 29. Juli 1908
[Geb. 16. Nov. 78 Budapest; Wohnort: Budapest; Staatsangeh.: Rumänien; Vorbildung: Gymn. Sfântul Sava Bukarest bis Herbst 96, Univ. Bukarest Lic. jur. W. S. 01; Studium: Tübingen 3, München 3, Leipzig 1, Göttingen 4 S.; Rig. 4. März 08.]

Vulturini, Joh. Gottl., überzeug. Beweis v. d. Zustand d. Kirche N. T. in der Offenbarung. 8. 725.

Vürtheim, J.

— s.: Octavia praetexta.

Vürtheim, J., de Aiacis origine, cultu, patria. Accedunt commentationes tres De Amazonibus, de Carneis, de telegonia. (V, 228 S.) Lex. 8. Leiden 907. A. W. Sijthoff. 6.50

Vusio, Don E. M., Oesterreich am Scheidewege. (39 S.) gr. 8. Wien 903. (R. Lechner & Sohn.) n. — 50

Vusio, Don E. M., der Reichthum der Nationen u. Staaten nach e. neuen Systeme. gr. 8. (XIII, 161 S.) Wien 902. (Mayer & Co.) n. 1. —

Der Reichthum der Nationen u. Staaten nach einem neuen Systeme von Don E. M. Vusio. *Wien: Verein 'Neues System in Wien' 1902.* (XII, 161 S.) 8° [02. 1638] 11

VUSKICS, Julius: De privilegiis clericorum communibus in genere et de illo, quod canonis privilegium dicitur in specie. — (1890) 101 S. 4° (Handschr.) Diss. 468
Diss. Wien, Univ.

Vutkovich, Alexander. Wahlpflicht. Politische Studie von Prof. A' V'. Autorisierte Übersetzung aus dem Ungarischen von Emil Kumlik. 127 S. 8. Pozsony ⟨Pressburg⟩, Im Selbstverlage des Verfassers (Buchdr. Adolf Alkalay & Sohn), 1906. [M. 2.60]

Vutkovich, Alex., Wahlpflicht. Politische Studie. Autoris. Uebersetzg. aus dem Ungar. v. Emil Kumlik. (127 S.) gr. 8. Pozsony (Pressburg) 906. (Wien, Manz.) n. 2. 60

Vuy, C. F. Alphons: De originibus et natura juris emphyteutici Romanorum. Comment. ab illustrissimo Jureconsultorum ordine in literar. univ. Heidelberg. praem. ornata. 8maj. *Heidelbergae*, Mohr. 838. (21 Gr.)

Vuy, Jules, échos des bords de l'Arve. 3. éd. considérablement augmentée et suivie de pièces mises en musique. 2 Tomes. 16. (VIII, 197 u. 200 S.) (Genève.) Basel 873. Georg. n. 4. 80

Vuy, Jules: Petit mémoire sur la Reliquina. (Extr. du XIII. vol. des Mémoires de l'Institut nat. genev.) 24 pp. in-fol. Genève et Bâle: H. Georg. 1875.

Vuy, Jules. Notes historiques sur le collége de Versonnex. E. 4. Genève et Bâle 1868.

Vuy, Th., Geschichte des Trechirgaues und von Oberwesel. gr. 8. (VI, 365 S. mit 1 Karte, 16 Holzschn. und einem Urkunden-Anhang.) Leipzig 885, E. Günther. *

Vuylsteke, Jules, die Bierbereitung in den Vereinigten Staaten v. Nordamerika. Mit Genehmigg. d. Verf., im Auftrage der „Versuchs- u. Lehranstalt f. Brauerei in Berlin" ins Deutsche übertr. v. Wilh. Windisch. gr. 8. (IV, 61 S.) Berlin 893. P. Parey. n. 3. —

Vyâsa. Die Bhagavad-Gîtâ. Übersetzt und erläutert von F. Lorinser. Breslau 1869

— Indravidschaja. Eine Episode des Mahâbhârata herausgegeben von Adolf Holtzmann. Karlsruhe 1841.

Vyâsa: Das Lied vom Könige Nala. Erstes Lesbuch für Anfänger im Sanskrit. Nach didaktischen Grundsätzen bearbeitet und in transskribiertem Texte mit Wörterbuch herausgegeben von Hermann Camillo Kellner. Leipzig 1885.

Vyâsa: Nal und Damajanti. Eine indische Dichtung. Aus dem Sanskrit übersetzt und erläutert von Ernst Meier. [Die Klassischen Dichtungen der Inder. Aus dem Sanskrit übersetzt und erläutert von Ernst Meier. Erster Theil.] Stuttgart 1847.

Vyâsa: König Nal und sein Weib. Indische Sage. Deutsch metrisch bearbeitet von Edmund Lobedanz. Leipzig 1863.

Vyâsa: Nala, eine Indische Dichtung von Wjasa. Aus dem Sanskrit im Versmaasse der Urschrift übersetzt, und mit Anmerkungen begleitet von Joh. Gottfr. Ludw. Kosegarten. Jena 1820.

Vyâsa: Nalus Maha-Bharati episodium. Textus Sanscritus cum interpretatione Latina et annotationibus criticis curante Francisco Bopp. Altera emendata editio. Berolini 1832.

— Die Sündflut nebst drei anderen der wichtigsten Episoden des Mahâ-Bhârata. Aus der Ursprache übersetzt von Franz Bopp. Berlin 1829.

Výbor z literaturny české. 2. díl z počátku XV až ku konci XVIII. století od K. Jar. Erbena. Části I. svazek 1. Prag 858. (Rziwnatz.) gr. 8. (Sp. 1—384.) n. 27 ngr.

Výbor z literatury české. Díl II. Z počátku XV. až ku konci XVIII. století od K. Jar. Erbena. Části I. svazek 2. Prag 861. (Rziwnatz.) gr. 8. (Sp. 385—736.) n. 1 ₰ 10 ngr.

Výbor, malý, z veškeré literatury české. gr. 8. (VIII und 556 S.) Prag 851, Calve'sche Vrlgsh.

Vyhnanec, Král, s. Besedy, slovanské.

Vyhnánek, Rud., Lehrbuch der Telegraphie. Zum Selbstunterricht u. f. Telegraphen-Lehrcurse. gr. 8. (VI, 264 S. m. eingedr. Fig. u. 1 lith. Karte.) Wien 884. Perles. n. 5. —

Vylder contra Reichel und Reichel contra Vylder. Beitrag zur Charakteristik der Kleinstaaterei. gr. 8. (62 S.) Stuttgart 869, (Stoll.)

Vymazal, Franz

Vymazal, Fr., Anschauungs-Unterrichts-Tabelle der neuen Maße und Gewichte, oder: Wie wird man mit unserem neuen Maße und Gewichte mit Leichtigkeit vertraut. Fol. Brünn 872, Karaflat. *

Vymazal, Frz. Der böhmische Einpauker f. bequeme Herren. 12. (159 S.) Brünn 892, (J. Barvič). * 1 20

Vymazal, Frz., Englisch f. jedermann. (191 S.) 8. Brünn 909. C. Winiker. 2. —

— Französisch leicht u. schnell. 12. (79 S.) (Ebd.) 892. * — 72

Vymazal, Fr., böhmische Grammatik für deutsche Mittelschulen u. Lehrerbildungs-Anstalten. 8. (214 S.) Brünn 881. Winkler. cart. n. 2. 80

— russische Grammatik, zunächst für den Selbstunterricht. 8. (190 S. m. 1 Steintaf.) Ebend. 880. n. 2. 80

— Russische Grammatik. 2. neu bearb. Aufl. [Mit e. milit. Notwörterbuch.] gr. 8. (279 S.) Brünn 890, Winkler. * 3 60; geb. * 4 —

— serbische Grammatik, zunächst für den Selbstunterricht. 8. (IV, 288 S. m. 1 Steintaf.) Ebend. 883. n. 2. 80; geb. n. 3. 20

Vymazal, Fr., Grammatik der polnischen Sprache zunächst zum Selbstunterricht. gr. 8. (290 S.) Brünn 884. Winkler. geb. n. 3. 20

— in 60 Lectionen böhmisch. Nach d. Methode d. besten Sätze bearb. 12. (224 S.) Teltsch (Kuttenberg) 896. E. Šolc. 1. 35

— dasselbe. 2. Aufl. 8. (224 S.) Ebd. 898. n. 1. 60

— die Kunst, die bulgarische Sprache leicht u. schnell zu erlernen, s.a. Kunst, die, der Polyglottie.

Vymazal, Fr., Die Kunst, die bulgarische Sprache leicht und schnell zu erlernen. Zweite, neubearbeitete Auflage. (183 S.) Gebunden. [Bibliothek der Sprachenkunde. Neunter Theil. 2. Auflage] 1.10
Wien: A. Hartleben 1895.

— Prakt. Lehrbuch der bulgar. Sprache f. d. Selbstunterricht, s.a. Kunst, die, der Polyglottie.

Vymazal, Fr: Praktisches Lehrbuch der bulgarischen Sprache für den Selbstunterricht. 3. Aufl. Wien und Leipzig 1909. (Bibl. d. Sprachenk. D. Kunst d. Polyglottie. T. 9)

Vymazal, Franz, Böhmisches Literaturbuch. 8. (188 S.) —.80, geb. 1.—
Brünn: Winkler 1889.

Vymazal, Fr., das Metermaß in Oesterreich-Ungarn in gemeinfaßlicher Darstellung zum Gebrauche f. Jedermann. gr. 8. (48 S. m. 1 Holzschntaf. in gr. Fol.) Brünn 872. Karafiat. n. — 50

— schnell russisch. Ein praktisch-grammat. Leitfaden f. den Selbstunterricht. 1. u. 2. Aufl. 12. (216 S. m. 1 Schreibschrifttaf.) Brünn 888. Karafiat. n. 1. —

— der böhmische Schnelllehrer. Leichtfaßlicher Selbstunterricht in den Elementen der böhm. Umgangssprache. 12. (203 S.) Brünn 888. Winkler. n. 1. 20

Vymazal, F., der böhmische Schnell-Lehrer. Leichtfaßl. Selbstunterr. in d. Elementen d. böhm. Umgangssprache. 2., neubearb. Aufl. 12. (208 S.) Brünn 896. C. Winkler. n. 1. 20; geb. n. 1. 50

— s.: Selbstmord, kein, mehr wegen der Trigonometrie.

— erster Selbstunterricht in der Trigonometrie u. der logarithmischen Rechnung. Gemeinverständlich dargestellt. gr. 8. (105 S. m. eingedr. Holzschn.) Ebend. 875. n. 1. 50

Vymazal, Fr., u. W. B. Mielck, praktische russische Sprachlehre, s.: Miniatur-Bibliothek.

Vymazal, Fr., Erstes deutsch-böhmisches Sprachbuch. 2. verbesserte Auflage. 8. (198 S.) —.60 Brünn: C. Winkler 1895.

— erstes deutsch-böhmisches Sprechbuch. 2., verb. Aufl. 12. (198 S.) Ebd. 895. n. 1. 20; geb. n. 1. 50

— ein neues System der Volkswirtschaft u. Finanzpolitik f. Österreich u. die europäischen Staaten. gr. 8. (VII, 39 S.) Wien (IX, Schubertg. 14, 4) 899. Verein neues System f. Volkswirtschaft u. Finanzpolitik. 1.—

— böhmisches Übungsbuch. gr. 8. (III, 160 S.) Ebend. 886. geb. n. 2. 10

Vynckt, L. J. J. van der

von der Vynckt, Geschichte der vereinigten Niederlande von ihrem Ursprunge im Jahre 1560 bis zum westphälischen Frieden; aus der höchstseltenen französ. Druckschrift übersetzt. 3 Bde. 8. Zürich 793. Orell. 4 ßl 8 ℳ

Vyobrazení z českých dějů, s. Abbildungen aus der böhmischen Geschichte.

Vyšek, Ant. Dobroslav, dvanáct let ve Vlašich. Prag 861. Schmied. 16. (74 S. u. lith. Portr.) 7½ ngr.

Vyskočil, Břetislav: Die Dreissiger im Parzival. Phil. Diss., Prag 1907/08.

Vysloužil, W.: Beitrag zur Geschichte des Nikolsburger Gymn. im 17. Jahrh. 1877. 7 S. Progr.

Vytiska Josef: W. K. Klicperas Abhängigkeit von August von Kotzebues Dramen bei seinen Lustspielen in Bezug auf die Charakteristik.
II. 1908 PN 2535 **Diss.** Wien. Univ.

Posmrtní vzpomínka. † František Patočka, c. k. školní rada, bývalý správce reditelství soukromého gymnasia akademie hraběte Straky. -- Nekrolog. † Franz Patočka, k. k. Schulrat, ehem. Direktionsleiter des Privatgymnasiums der Graf Straka'schen Akademie. S. 4--7. 8. Graf Straka'sche Akademie u. Privat-Gymn. *Prag* 1907. **Progr.**

Waack, Karl

Waack, Carl, Richard Wagners Tristan u. Isolde. Kurz u. übersichtlich gefasste musikalisch-dramat. Erläuterungen nebst Notenbeispielen. (32 u. 5 S) 8. Leipzig 904. Breitkopf & Härtel. n. — 50

— s.: Über Dichtg. u. Musik v. Siegfried Wagners Sternengebot.

Waack, Carl, von Andree bis Zeppelin. Das Luftschiff im Dienste der Polarforschg. (64 S. m. 2 Bildnissen u. 3 Abbildgn.) 8. Rostock 910. Berlin, C. J. E. Volckmann Nachf. 1. 25

Waadt. Canton W. Geschichte und Politik. *Druckblätter*, fol., *in Mappe.*

Waag, s.: Chronik d. Stadt Heidelberg.

Waag, A., das Schmuckbuch, s.: Rücklin, R.

Waag, Albert

Waag, Alb., Bedeutungsentwicklung unseres Wortschatzes. Auf Grund von Herm. Pauls „Deutschem Wörterbuch" in den Haupterscheingn. dargestellt. gr. 8. (XVI, 200 S.) Lahr 901. M. Schauenburg. n. 3. —

Waag, Alb., Bedeutungsentwicklung unseres Wortschatzes, e. Blick in das Seelenleben der Wörter. 2., verm. Aufl. (XVI, 183 S.) gr. 8. Lahr 908. M. Schauenburg. 3.—; geb. in Leinw. 3. 50

— Einiges üb. d. Karlsruher Mundart. (12 S.) 8. Karlsruhe 907. J. Lang. — 50
Sonderabdr. aus: „Festschrift der 15. Hauptversammlg. des allgem. deutschen Sprachvereins".

Waag, Alb., kleinere deutsche Gedichte d. XI. u. XII. Jahrh., s.: Textbibliothek, altdeutsche.

— über Sprache u. Schrift im Hinblick auf d. jüngste orthographische Konferenz u. die neue deutsche Einheitsschreibung. Vortrag, geh. in der Aula der techn. Hochschule zu Karlsruhe am 16. XII. 1901. gr. 8. (19 S.) Ebd. 902. n. — 50

Waag, Alb., deutsche Sprachlehre f. höhere Lehranstalten, s.: Sütterlin, Ludw.

Waag, Albert [Dr. phil., Prof. an d. höh. Mädchenschule Heidelberg]: Über Herders Übertragungen Englischer Gedichte ... Heidelberg, Universitätsbuchdr. v. J. Hörning, 1892; 1 Bl., 51 S. 8.
Heidelberg, Phil. Fak., Hab.-Schr. v. [20. Jan.] 1892

Waag, Alb., üb. Herders Übertragungen englischer Gedichte. Progr. gr. 8. (51 S.) Heidelberg 892. (Leipzig, G. Fock.) n. 1.—

Einladung zur öffentlichen Probe-Vorlesung, welche Dr. phil. Albert **Waag**, Prof. an d. höh. Mädchenschule Heidelberg, zur Erlangung der Venia legendi bei der philosophischen Facultät der Ruprecht-Carls-Universität zu Heidelberg Freitag, d. 13. Jan. 1893 ... abhalten wird. Thema: Ueber Herders Verdienste um die deutsche Philologie. *Heidelberg*, Druck v. J. Hörning, *1893*; 1 Bl. 8.
(Nicht für den Austausch)

Waag, Albert, die Zusammensetzung der Vorauer Handschrift. Diss. Freiburg i. B. 1885. 8°. 37 S.
Sonder-Abdruck aus: Beiträge zur Geschichte der deutschen Sprache und Literatur, hrsg. von Herm. Paul und Wilh. Braune. 11. Band 1. Heft. Halle 1885, Max Niemeyer. 6 M.

Waag, Albert [aus Karlsruhe]: Die Zusammensetzung der Vorauer Handschrift.... Halle a. S., Druck v. Ehrhardt Karras, 1885: 37 S. 8°.
Freiburg i. B., Phil. Fak., Inaug.-Diss. v. 1885.

Waag, E.: O s s i a n und die Fingalsage. Mannheim, G., 1863. 80 S.
Progr.

Waag, Ernst: Das Prinzip der materiellen Wahrheitserforschung im Strafprozeß. Erlangen 1908: Junge. 58 S. 8°
Erlangen, Jur. Diss. v. 15. Okt. 1908, Ref. Allfeld
[Geb. 31. Jan. 82 Konstanz; Wohnort: Radolfzell; Staatsangeh.: Baden; Vorbildung: Gymn. Konstanz Reife S. 00; Studium: Straßburg 4, Freiburg i. B. 1, Heidelberg 2 S.; Rig. 27. Juli 08.] [U 09. 747

Waag, Hans, Kgl. Reg.-Bauführer: Der Bolongaro-Palast zu Höchst am Main. 1904. 59 S., 7 Taf. 4⁰ ¶ Auch bei Knauer in Frankfurt a. M.
Darmstadt, Dr.-Ing.-Diss. v. 3. 9. 1904

Waag, Hans, der Bolongaro-Palast zu Höchst am Main. (60 S. m. Abbildgn. u. 7 Taf.) Lex.-8. Frankfurt a/M. 904. Gebr. Knauer. n. 2. 50

Waag, Karl, der innere Zusammenhang u. das äußere unterscheidende Merkmal d. Civil- u. d. Strafrechts. gr. 8. (IV, 76 S.) Mannheim 883. Bensheimer's Verl. n. 2. —

Waagd, W. van, der perfekte Holländer. Anleitung, ohne Lehrer richtig Holländisch lesen, schreiben u. sprechen zu lernen. Mit beigefügter Aussprache. 2. Aufl. gr. 16. (111 S.) Berlin 890. Berliner Verlags-Anstalt (O. Cray). — 75; geb. n. 1. 5

Waage, s.a. **Wage.**

— die, eine Zeitschrift für Bürgerleben, Wissenschaft u. Kunst; herausg. von Ldw. Börne. 1r u. 2r Bd. gr. 8. Frankf. a. M. 818, 21. Hermann. 5 ₰ 20 𝒦

Waage, die, Blätter für Unterhaltung, Literatur und Kunst. Redigirt von Hnr. Elsner. 1. Jahrg. 1842. 12 Hefte. gr. 8. Stuttgart, Hallberger. n. 3 ₰

Die Wage: no. 1–3, May 30–June 14, 1844.
Weekly campaign organ. In the first issue, Follenius promised "Sie wird in republikanisch-demokratischem Geiste ... von jetzt an bis Ende nächsten Novembers." Large quarto, each issue 4 pages. Prospectus was issued. Edited & published by Paul Follenius, who died soon after third issue. His brother Karl was a friend of Channing, Theodore Parker and John Quincy Adams. In 1814 he had fought Napoleon. Printed by Wilh. Weber
St. Louis, MO

Venedey, J., Die Wage. Deutsche Reichstagsschau. In zwanglosen Heften. I. Frankfurt a. M., Literarische Anstalt, 1848. 46 S. 8⁰.

Die Wage: 1869? Decatur, IA

Wage (Die). Wochenblatt für Politik und Litteratur, hrsg. von Guido Weiss. Mit Beiträgen von K. Grün, J. Jacoby, J. Duboc, Fr. Engels, Ldw. Büchner, Victor Hehn etc. 8⁰. Berlin 1873—79.

Die Wage. Wochenblatt für Politik und Literatur, herausg. von Guido Weiß. October 1873 bis April 1879. Berlin 1873—79. Selbstverlag. 7 Bde. 8.

Wage, Die, Europens oder zusammengetragene Gedanken vom ausgetretenen Gleichgewichte Europens. Germanien [Hildburghausen] 1797. V: *Strasser, Ernst August Christian.* (Wr) (MGT) (Ky) (Oa) (Schletter, Handb. d. jurist. Litt. Grimma 1843. S. 289.)

Waage, die, Europens, oder zusammengetragene Gedanken vom ausgetretenen Gleichgewicht Europens, (von Er. A. Chr. Straßer). 8. Hildburgh. 797. 2e A. 799. (Er. Fleischer in Leipz.) 16 𝒦

Wage, Seiler's aero-hydrostatische, angewendet zur Hebung von Zügen in Tunneln auf Alpenbahnen. Bern 1864. V: *Ott, G.* & *B. Gubser.* (BSchwLk V, 9 b) (Cat. d. Stadtbibl. Zürich. Zürich 1864—97.)

Waage, Alfred: E i n w i r k u n g von Ammoniak auf Propionaldehyd. Synthetische Darstellung des Parvolins. S. 88. II. 491.
Separatabdruck

Waage, Alfred: Über die P r o d u k t e der Einwirkung von Ammoniak auf Propionaldehyd. Vorläufige Mitteilung. S. 86. II. 613.
Separatabdruck

Waage, E., Dr.: Zur T s c h e b y s c h e f schen Primzahlentheorie. I. Mitteilung. S. 122. IIa. 701.
— 2. Mitteilung (mit 1 Textfigur). S. 123. IIa. 493.
Separatabdruck

Waage, Frdr. Die Todtenfeier des Helden. Rede zum Gedächtnisse Andrew Jacksons. 12. Philadelphia 1845.

Waagé, Fr., die Todtenfeier des Helden. Eine Rede zum Gedächtniß Andr. Jackson's. Gehalten am 5. Juli 1845. gr. 8. Philadelphia 845. Hamburg, Herold. n. 4 𝑛𝒦

Waage, J. C. T., Gedichte. 1r Thl. A. u. d. T.: d. bunte Sträußchen, gebunden zum Nutzen u. Vergnügen für deutsche Knaben u. Mädchen, ihr Herz zu veredlen u. ihnen d. Declamations-Uebungen angenehm zu machen. 8. Danzig 822. Gerhard. 8 𝒦

Waage, P., Untersuchungen üb. die chemischen Affinitäten, s.: **Guldberg,** C. M.

Waage, Th., s.: Adressbuch der landwirtschaftlichen Bezugs- u. Absatzgenossenschaften im Deutschen Reiche.

Waage, Thdr., s.: Adressbuch des Getreide-, Saaten-, Dünge- u. Futtermittelhandels.

Waage Th, Agrargenossenschaften und Handel. (76 S) Berlin (1904)

— s.: Düngstoff-Industrieen, die, der Welt.

Die Entwickelung der Agrar-Genossenschaften im Deutschen Reiche und ihr Anteil am Handel mit Getreide, Saaten, Dünge- und Futtermitteln. Vortrag geh. zu Magdeburg 1908 von Dr. Theodor **Waage.** Berlin: Saaten-, Dünger- u. Futtermarkt (1908). (11 Bl.) 4° [08. 17386

— die Getreide-Produktion 1906. Mit zahlreichen Karten. (24 S. m. 25 farb. Taf.) 4. Berlin 906. (Hamburg, G. W. Seitz Nachf.). n. 2. —

— Die Getreide-Produktion 1908. [Aus: „Der Saaten-, Dünger- u. Futtermarkt".] (18 S. m. 20 farb. Karten.) 31,5×24 cm. Berlin 908. (Hamburg, G. W. Seitz Nachf.) 2. —

Der Handel von Hamburg in Getreide, Saaten, Dünge- und Futtermitteln, Festschrift z. Generalversammlung in Hamburg 1908 d. Vereins deutscher Grosshändler in Dünge- u. Kraftfuttermitteln E. V. hrsg. von Dr Theodor **Waage**. Berlin: Saaten-, Dünger- u. Futtermarkt (1908). (10 Bl.) 4° [Umschlagt.] [08. 17337

— **Handelsgebräuche** im Getreide-, Saaten-, Dünge- u. Futtermittelhandel an den Hauptplätzen des Deutschen Reiches. Mit Nachträgen 1903, 1904 u. 1905. (168, 58, 56 u. 40 S.) 8. Ebd. 902—905. Geb. in Leinw. u. geh. n. 2. —

— s.: Kalender f. d. Getreide-, Saaten-, Dünge- u. Futtermittel-Handel.

Monopolisierungs-Bestrebungen in der Salpeter-Industrie. Vortrag geh. zu Hamburg 1908 von Dr Theodor **Waage**. Berlin: Saaten-, Dünger- u. Futtermarkt (1908). (8 Bl.) 4° [Umschlagt.] [08. 17388

— Monopolisierungs-Bestrebungen in der Salpeter-Industrie. Vortrag, geh. in der Generalversammlg. d. Vereins deutscher Grosshändler in Dünge- u. Kraftfuttermitteln e. V. zu Hamburg 1908. (Deutsch u. englisch.) (15 S.) 31,5×24 cm. Berlin (908). (Hamburg, G. W. Seitz Nachf.) 2. —

— Ein Rundgang durch die modernen Düngstoff-Produktionsstätten. Vortrag, geh. im Verein deutscher Grosshändler in Dünge- u. Kraftfuttermitteln in Posen u. Mannheim sowie im Verein österr. Grosshändler in Kunstdüngern, Futtermitteln u. Saaten in Prag. (39 S. m. Abbildgn.) 32×24 cm. Ebd. 908. 1.20; erh. Pr. 2. —

Waagel, Fr. Ich u d Ev Luth Synode von Pennsylvanien; ein freimütiges Wort an alle Deutsche. Phila. 1841

Waagen u. Wägen, über. Mit zwei Tabellen üb. den Stand der Branntwein-Spindel in zu warmem od. zu kaltem Spiritus, u. üb. die Zusammenziehung der Mischung aus Alkohol u. Wasser. 8. (31 S.) Breslau 851, Trewendt & Granier. 1/4 Thlr.

Waagen, Aug. Fr., üb. die in den Samml. d. Akademie d. Wissenschaften zu München befindl. Mumien u. andere ägypt. Alterthümer. Mit 1 Kpf. gr. 4. Münch. 821. (Franz). 16 gr.

Waagen, F.: Bei was für Prinzipien und unter welchen Verhältnissen kann sich ein gesunder Handel entwickeln, s. Bossard, Conrad

Waagen, Gustav Friedrich, s. Abbildungen der Bildhauerwerke Rauchs.

Waagen, G.F. (Hrsg.), s. Abbildungen d. vorzügl. Werke vom Bildhauer Chr. Rauch.

Waagen, Gust. Friedr., einige Aeusserungen Karl Fr. Schinkel's üb. Leben, Bildung u. Kunst. Ein Vortrag bei seiner Gedächtnissfeier an seinem Geburtstage d. 31. März 1846. gr. 8. (3/4 B.) Berlin 846, Gropius'sche Buchh. *

— einige Aeußerungen Karl. Fr. Schinkel's über Leben, Bildung und Kunst. Ein Vortrag bei seiner Gedächtnißfeier an seinem Geburtstage den 31. März 1846. gr. 8. Berlin 846, Reimarus. n. 3 ngr

Waagen, G. F., einige Bemerkungen über die neue Aufstellung, Beleuchtung und Catalogisirung der königl. Gemäldegallerie zu Dresden. 8. (53 S.) Berlin 858, Ernst und Korn. *

Waagen, (Direkt. Dr.) Gust. Fr., Bilder-Taufe u. Aufstellung d. Gemälde im königl. Museum zu Berlin. gr. 8. Leipz. 832. Brüggemann. 6 gr.

Waagen, (Gust. Friedr.,) Bilder-Taufe u. Aufstellung d. Gemälde im kgl. Museum zu Berlin. gr. 8. (2 1/4 B.) Leipzig 832, [Schreck.]

— über Hubert u. Johann van Eyck. 8. Bresl. 822. Max u. C. 1 Thlr. 6 gr. Velinp. 1 Thlr. 16 gr.

— die Gemäldesammlung in der Kaiserlichen Ermitage zu St. Petersburg nebst Bemerkungen über andere dortige Kunstsammlungen. München 864. Bruckmann. Lex.-8. (XVI, 448 S.) n. 2 Thlr. 20 ngr.

Waagen, G. F., die Gemäldesammlung in der Kaiserl. Ermitage zu St. Petersburg nebst Bemerkungen über andere dortige Kunstsammlungen. München 867. Bruckmann. Lex.-8. (XVI, 448 S.) n. 2 Thlr. 20 ngr.

Waagen, G. F., die Gemäldesammlung in der kaiserlichen Eremitage zu St. Petersburg nebst Bemerkungen über andere dortige Kunstsammlungen. 2. Ausg. gr. 8. (XVI, 448 S.) St. Petersburg 870, Röttger. * 6 75

Zur Geschichte der Königl. Museen in Berlin. Festschrift zur Feier ihres 50jährigen Bestehens am 3. August 1880. Berlin 1880. 4°

—— Handbuch der Geschichte der Malerei. 1. Bd. in 2 Abthlgn.: Handbuch der deutschen und niederländischen Malerschulen. br. 8. Stuttgart (861)62, Ebner und Seubert. [1. Abthl. (XXIV und 334 S. mit Illustr. in eingedr. Holzschn. und 3 Kpfrt. in br. 8. und qu. Fol.) 2. Abthl. (XI und 335 S.) à Abthl. * 1 Thlr. 18 Ngr.] *
Vgl.: Leonardo da Vinci-Album.

—— der Hr. Hofr. Hirt als Forscher üb. d. Geschichte d. neueren Malerei, in Erwiderung seiner Recension d. 3. Thls. d. italien. Forschungen d. Hrn. C. F. v. Rumohr. gr. 8. (8 B.) Berlin 832, Nicolai.

Waagen, G. F., die Cartons von Raphael in besonderer Beziehung auf die nach denselben gewirkten Teppiche in der Rotunde des Königl. Museums zu Berlin. Berlin 860. Schroeder. 8. (44 S.) n. 5 ngr.

—— die vornehmsten Kunstdenkmäler in Wien. 2 Thle. gr. 8. Wien, Braumüller. *

Inhalt:

Thl. 1. Die k. k. Gemälde-Sammlungen im Schloss Belvedere und in der k. k. Kunst-Akademie, die Privat-Sammlungen. (XI und 352 S.) 866. * 2 Thlr.
» 2. Manuscripte mit Miniaturen. Handzeichnungen und Kupferstiche in der k. k. Hofbibliothek und Privatsammlungen, — k. k. Ambraser-Sammlung, — k. k. Münz- und Antiken-Cabinet etc. (VII und 420 S.) 867. * 2 Thlr. 20 Ngr.

—— Kunstwerke u. Künstler in Deutschland. 1. u. 2. Thl. gr. 12. Leipzig, Brockhaus. à

A. u. d. Titln.:

Thl. 1. Kunstwerke u. Künstler im Erzgebirge u. in Franken. (16 3/4 B.) 843.
» 2. Kunstwerke u. Künstler in Baiern, Schwaben, Basel, dem Elsaß u. der Rheinpfalz. (17 B.) 845.

—— Kunstwerke u. Künstler in England u. Paris. 3 Thle. gr. 12. Berlin, Nicolai'sche Buchh.

A. u. d. T.:

Thl. 1., 2. Kunstwerke u. Künstler in England. 2 Thle. [1. (22 1/2 B.) 837. 2 1/4 Thlr., 2. (26 1/2 B.) 838. 2 1/2 Thlr.] 4 Thlr. 18 Gr.
3. Kunstwerke u. Kunstler in Paris. (34 1/2 B.) 839. 3 Thlr.

— Der Kupferstich von Friedr. Lippmann. Berlin 1893. 8°

Waagen, Gustav Friedrich. Ueber Leben, Wirken und Werke der Maler Andrea Mantegna und Luca Signorelli. 8°.

Waagen, G. F. Leitfaden für die Gemälde-Sammlung. Berlin 1844. 8°.

Waagen, Dr. phil. Gust. Fdr., über die in den Sammlungen der königl. Akademie d. Wissensch. zu München befindlichen *Mumien* u. andere *ägyptische Alterthümer*. Nebst e. Vorwort d. General-Secr. d. Akad., Direktor v. *Schlichtegroll*. (S.-A. aus Bd. VII. d. Denkschriften d. Akad.) München 1820. 4°. Titelbl. bestaubt. Cart.
70 S. u. 1 Kpftaf. Lat. Lett.

—— s. **Raphael's Leben der Psyche.**

Waagen, Gust. Friedr., kleine Schriften. Mit einer biograph. Skizze und dem Bildniss des Verf. (in Stahlst.). gr. 8. (V, 381 S.) Stuttgart 875, Ebner und Seubert. * 8 40

—— über die Stellung, welche der Baukunst, der Bildhauerei u. Malerei unter den Mitteln menschl. Bildung zukommt. Vortrag, gehalten am 18. März 1843 im wissenschaftl. Verein in Berlin. 12. (2 B.) Leipzig 843, Brockhaus.

Waagen, G. F. Das Schloss Tegel und seine Kunstwerke. Berlin 1859. 8°.

—— **Verzeichniss d. Gemälde-Sammlung d. kgl. Museum zu Berlin. gr. 8. (21 B.) Berlin 834, (Duncker u. Humblot.)**

Waagen, G. F. Verzeichniss der Gemälde-Sammlung des Königl. Museums zu Berlin. 8. Aufl. Berlin 1845. 12. — 9. Aufl. 1847. 12. — 11. Aufl. 1851. 12. — 12. Aufl. 1855. 12. — 14. Aufl. 1860. 12.

Waagen, G. F. Verzeichniss der Gemälde-Sammlung des Konsuls J. H. W. Wagener. (Gegenwärtig in der National-Gallerie.) Berlin 1861. 8°.

Waagen, G. F. Verzeichnisse der Gemälde-Sammlung aus den Jahren 1830, 1845, 1847, 1851, 1855, 1860. Berlin. 8°.

Wien wie es ist (von *G. F. Waagen*). 2 Bde. Leipzig u. Löwenberg 1833. 8°. 123 u. 150 S. (6 Mk. Hugo Streisand, Berlin, c. 1908; 6 Kr. Gilhofer & Ranschburg, 1909:)

Waagen, Karl

Waagen, Carl, über die Aufgabe des oecumenischen Concils in Rom. gr. 8. München 870, Stahl. * 1 20

Waagen, Carl, der unfehlbare Papst od. die grosse Häresie d. 19. Jahrh. In aphorist. Bemerkgn. populär besprochen. gr. 8. (44 S.) München 871. L. Finsterlin. n. — 80

Waagen, Clara, e. seltener Mann. J. Garfield's Leben. 8. (39 S.) Berlin 885. Buchh. der Goßner'schen Mission. — 30

Waagen, Luc., die Entwicklungslehre u. die Tatsachen der Paläontologie. (50 S. m. 36 Abb.) gr. 8. München 909. Isaria-Verlag. 1. —

Waagen, Luc., J. van **Bebber** u. **Kreichgauer**, unsere Erde, s.: **Himmel u. Erde.**

— **Die Lamellibranchiaten der Pachycardientuffe der Seiser Alm. Fortsetzung (II. Tl.) zu: A. Bittner, Lamellibranchiaten der alpinen Trias, s. a. Abhandlungen der k. k. geologischen Reichsanstalt. XVIII, 2.**

Die Lamellibranchiaten der Pachycardientuffe der Seiser Alm nebst vergleichend paläontolog. u. phylogenet. Studien. Von Dr. Lukas **Waagen**. Mit 10 Taf. u. 19 Zinkotyp. Als Forts. (T. 2) zu: A[lexander] Bittner, Lamellibranchiaten d. alpinen Trias. Wien: K. k. geol. Reichsanst. 1907. (180 S.) 4°
= **Abhandlungen** d. k. k. geolog. Reichsanstalt. Bd 18, H. 2. [07. 11967

Waagen, Lukas, die systematische Stellung u. Reduktion des Schlosses v. Aetheria nebst Bemerkungen über Clessinella Sturanyi nov. subgen., nov. spec. (30 S. m. 2 Fig. u. 1 Taf.) gr. 8. Wien 905. (A. Hölder.) n. — 80

Waagen, Lukas, Dr.: Die systematische Stellung und Reduktion des Schlosses von Aetheria nebst Bemerkungen über Clessinella Sturanyi nov. subgen., nov. spec. (mit 1 Taf. und 2 Textfiguren). S. 114. I. 153.
Separatabdruck

— die Virgation der istrischen Falten. (17 S. m. 1 Taf.) gr. 8. Ebd. 906. n. — 75
2 Sonderabdrucke aus: „Sitzungsber. d. k. Akad. d. Wiss."

— Die Virgation der istrischen Falten (mit 1 Taf.). S. 115. I. 199.
Separatabdruck

Waagen, Wilhelm (Heinrich)

Waagen (W.), Ueber „Anomia Lawrenciana de Kon." (Sep.-Abdr. a. d. N. Jahrb. f. Mineralogie etc. 1882. 1. Band.) 8.

Waagen, Wilh., s.: Beiträge zur Paläontologie u. Geologie Österreich-Ungarns u. des Orients.

— et J. Jahn, Echinodermes, famille des Crinoïdes, s.: Barrande, Joach., système silurien du centre de la Bohême. VII. 2.

Waagen (W.). Die carbone Eiszeit. (Jahrb. d. k. k. geolog. Reichsanst. 1887, 37. Band, 2. Heft.) Wien. 8.

— Entwurf e. Gliederg. d. pelag. Sedimente des Trias-Systems, s. a. Mojsisovics, E. v.

Diener, Karl, Dr., und Mojsisovics, Edmund Edler von Mojsvár, Dr.: Entwurf einer Gliederung der pelagischen Sedimente des Triassystems. S. 104. I. 1271.
Separatabdruck

Waagen, W., die Formenreihe des Ammonites subradiatus, s. Beiträge, geognostisch-palaeontologische.

Waagen, W., der Jura in Franken, Schwaben und der Schweiz verglichen nach seinen palaeontologischen Horizonten. Gekrönte Preisschrift. Lex.-8. (IV und 238 S. mit eingedr. Holzschn. und 3 Tab. in qu. gr. 4.) München 864, (Manz.) *

— das Schöpfungsproblem. 2. Aufl. gr. 8. (36 S.) Münster 899. Aschendorff. n. — 75
Sonderabdruck aus: „Natur u. Offenbarung".

Waagen (W.). Theorie der Teplitzer Thermalquellen. (Sonder-Abdr. a. d. Techn. Blättern, 20. Jahrg., 3. Heft.) Prag 1888. 8.

—— **Versuch einer allgemeinen Classification der Schichten des oberen Jura. gr. 8. (31 S.) München 865, Manz.** *

Waagen, W., über die geographische Vertheilung der fossilen Organismen in Indien. Imp.-4. (28 S. mit 1 chromolithogr. Karte.) Wien 878, (Gerold's Sohn.) * 2 40
Aus: Denkschriften der k. Akademie der Wissenschaften, besonders abgedruckt.

Waagen, Wilhelm Heinrich, Dr. Über die geographische Verteilung der fossilen Organismen in Indien (mit 1 Karte). D 39. II. 1.
Separatabdruck

— über die Zone der Ammonites Sowerbyi, s. Beiträge, geognostisch-paläontologische.

Waagner R Ph, Wien. Musterbuch d. Eisengiesserei u Konstrukt.-Werkstatte. 4° Wien

WAAGUS, Theodor (Augsburg): (Titel nicht festgestellt)
27.7.1872 - Chr 1871/72,21
Diss.Ingolst.-Landsh.-Mchn.

Waal, Anton de

Waal, A. de, Albertus-Feier in Rom, den 15. Novbr. 1880. Mit den Predigten Sr. Emin. des Cardinals Hergenröther und des P. Heinr. Denifle und den Briefen des Erzbischofs von Köln und des Bischofs von Regensburg. gr. 4. (IV, 24 S.) München 881. Augsburg, [Literar. Institut von Dr. M. Huttler.] Haugg. 1 —

— Cardinal Antonelli. 8. (VII, 42 S. m. Portr. in Holzschn.) Bonn 876. Hauptmann. n. — 50

Waal, A. de: Die Apostelgruft ad Catacumbas an der Via Appia. s.a. Quartalschrift, Römische.

de Waal, A., Die Apostelgruft ad catacumbas an der Via Appia. Eine histor.-archäologische Untersuchung auf Grund der neuesten Ausgrabungen. Rom (Freiburg, Herder,) 1894, gr. 8°, 143 S. mit 3 Taf., 6 Mk.
3. Supplem.-Heft zur „Röm. Quartalschr. f. christl. Alterkumskunde u. KGeich." (Freiburg, Herder in Komm.)

Waal, Ant. de, der Campo Santo d. Deutschen zu Rom. Geschichte d. nation. Stiftg. z. 1100jähr. Jubiläum ihrer Gründg. durch Karl d. Großen hrsg. gr. 8. (XI, 324 S. m. 4 Abb.) Freiburg i/B. 896. Herder. n. 4. —; geb. in Leinw. n. 5. 20

— s.a. Ehren-Gabe, Archäologische, zum 70. Geburtstage de Rossi's.

Waal, A. de. Archäologische Ehrengabe der Römischen Quartalschrift zu de Rossi's LXX. Geburtstage. Mit 15 Taf. u. zahlreichen Bildern im Text. 4. (VIII, 324 S.) Freib. i. B. 892, Herder. * 16 —

[F.] Juda's Ende. Histor. Erzählg aus d. Anfängen d. Christentums in Rom. Von Anton de Waal. *Berlin: J. Becker 1898.* (x S., 2 Bl., 240 S., 8 Taf., 4 Portr.) 1 Bd 8. [98. 4630

— Juda's Ende. Histor. Erzählg. aus d. Anfängen des Christentums in Rom. 8. (XIII, 240 S. m. 12 Taf.) Berlin 898. M. Oldenbourg. n. 3. —; geb. in Leinw. n. 4. —

Waal, Ant. de, Juda's Ende. Historischer Roman aus den Anfängen des Christentums in Rom. 2. Aufl. Mit 12 Tafelbildern. 8. (XVI, 240 S.) München 901. Allgemeine Verlagsgesellschaft. n. 3. —; geb. in Leinw. n. 4. —; in Halbfrz. n. 4.50

Waal, Ant. de, Juda's Ende. Historischer Roman aus den Anfängen des Christentums in Rom. Mit 12 Tafelbildern. 3., erweit. Aufl. (XVI, 338 S.) 8. München (908). Allgemeine Verlags-Gesellschaft. 4.50; geb. 5.50

Waal, Ant. de, Erinnerung an Rom, zunächst den deutschen Pilgern zu der 30. Jubelfeier unsers heil. Vaters Pius IX. gewidmet. Mit vielen (eingedr. Holzschn.-) Bildern. 8. (144 S.) Regensburg 876. Pustet. n. 1. 50

— Erinnerung an die Romfahrt zum Bischofs-Jubiläum unseres heiligen Vaters Pius IX. am 17. Mai 1877. gr. 8. (VI, 183 S. m. eingedr. Holzschn.) Regensburg 877. Pustet. 1. 80

— Meister Faustgerecht, s.a. Dilettantenbühne, kathol.

— Meister Faustgerecht. Schauspiel in drei Aufzügen. Mit Musikbeilage v. F. X. Haberl. gr. 16. (46 S. m. 2 Tabellen in qu. 4.) Kempten 872. Kösel. — 50

—— ein Fleck deutscher Erde beim Grabe des heil. Franziscus. Geschichte des Capuzinerinnen-Klosters zu Assisi. (Große Ausg.) Neue (Titel-)Ausg. gr. 8. (68 S.) München 884, Stahl. * — 80
Kleine Ausg. Neue (Titel-)Ausg. 8. (68 S.) * — 40

Waal, Ant. de, Gedenkblätter an die Jubelfeier des heiligen Vaters und die vorhergehenden Ostern in Rom. 4. Aufl. 8. (152 S.) Münster 869, Russell's Verlag. * 1 —

— Tata Giovanni oder fünf Lebensbilder aus der Jugend unseres heiligen Vaters in dramat. Form. Mit einer geschichtlichen Einleitung. Festgabe zum 50jähr. Bischofs-Jubiläum Pius' IX. 8. (52 S. m. Portr. d. Papstes in Stahlst.) Bonn 877. Hauptmann. n. — 50

Das heilige Jahr in Rom. Geschichtl. Nachrichten über d. Jubiläen, mit besond. Rücks. auf deutsche Erinnerungen. Unter Benutzung ungedr. Quellen. Von A[nton] de Waal, Rector d. deutschen Campo Santo. Frankfurt a. M.: P. Kreuer 1899. (52 S.) 8°
(Broschüren, Frankfurter zeitgemässe. N. F. Bd 19, H. 5. 6.)

— dasselbe, s.a. Broschüren, Frankfurter zeitgem. XIX. 5/6.

Waal, Ant. de, das hl. Jahr in Rom. Geschichtliche Nachrichten üb. die Jubiläen, m. besond. Rücksicht auf deutsche Erinnergn. Unter Benutzg. ungedruckter Quellen. 2., verb. u. verm. Aufl. gr. 8. (82 S.) Münster 900. H. Schöningh. n. 1. —

— 25 Jahre in Rom, von 1870—1895, s.a. Broschüren, Frankfurter zeitgemäße, 16. Bd., 11. Hft.

[F. u. Ant.] Fünfundzwanzig Jahre in Rom v. 1870—1895. E. Bild. d. kathol. Lebens in d. deutschen Colonie v. A[nton] de Waal, Rector d. deutschen Nationalhospizes v. Campo santo. *Frankfurt a. M.: A. Foesser Nachf. 1895.* (31 S.) 8.
= Broschüren, Frankfurter zeitgemässe. N. F. Bd 16. H. 11. [96 2304

— die Katakomben d. hl. Callistus. Nebst e. Anh.: Marienbilder aus der Kirche der Katakomben. Lex.-8. (26 S. m. Illustr.) Salzburg 886. Pustet. n. — 20

—— Rom's Katakomben und Pastor Rönneke, beleuchtet. 8. (60 S.) Berlin 886, Germania. *
Aus: Germania, besonders abgedruckt.
Vgl.: Rönneke, Roms christliche Katakomben. — Schultze, Vict., die altchristlichen Bildwerke.

—— Katakomben-Bilder. Sechs Erzählgn. aus den ersten Jahrhunderten der röm. Kirche. 6 Bdchn. in 2 Bdn. 8. (VIII, 105; 183; 104; 143; VI, 112; VII, 88 S. m. 246 Abbildgn.) Regensb. 891, Pustet. 4 —; geb. * 5 —

— Katakomben-Bilder. 6 Erzählgn. aus den ersten Jahrhunderten der röm. Kirche. 2 Bdchn. Mit zahlr. Textbildern. 2., verb. Aufl. gr. 8. (430 u. 391 S.) Regensburg 895. F. Pustet. 4. —; geb. in Leinw. n. 6. —

Waal, Ant. de, Katakomben-Bilder. 6 Erzählgn. aus den ersten Jahrhunderten der röm. Kirche. 2 Bde. 3. verb. Aufl. gr. 8. Regensburg 903. F. Pustet. n. 4. —; geb. in Leinw. n. 6. —
I. 1. Kranz u. Krone. — 2. Domitian. — 3. Welt u. Weisheit. (435 S. m. Abbildgn.) — II. 4. Die Verbannten. — 5. Soteris. — 6. Der kleine Künstler. (392 S. m. Abbildgn.)

— s.: Kirche, d. kathol., uns. Zeit.

— Das Kleid des Herrn auf den frühchristlichen Denkmälern. Lex.-8. (IV, 52 S. m 2 Taf. u. 21 Textbildern.) Freib. i. Br. 891, Herder. * 2 50

— das Leben der Christen in den ersten 3 Jahrhunderten, f.: Proschwitzer, Frz.

— unseres heiligen Vaters Papst Leo XIII. Leben. gr. 8. (336 S. m. eingedr. Holzschn. u. Holzschntaf.) Münster 878. Russell. n. 4. 50; geb. n. 7. 50

— Unseres heiligen Vaters Leo XIII. Leben. Fortsetzung dazu, f. Schlichter, Heinr.

— die Nationalstiftungen des deutschen Volkes in Rom, f.a. Broschüren, Frankfurter zeitgemäße.

Waal, Anton de: Die Nationalstiftungen des dt. Volkes in Rom. — Frkf.: Foesser 1880. 32 S. (Frankfurter zeitgemäße Broschüren. N. F. Bd 1, H. 3)

— das böhmische Pilgerhaus in Rom. Festgabe zum 900jähr. Jubiläum der Gründung des Bisthums Prag. 8. (136 S.) Prag 873, (Hunger.) [Kosmack und Neugebauer.] * — 80

— Papst Pius X. Ein Lebensbild des hl. Vaters. Mit e. Rückblick auf die letzten Tage Leos XIII. Mit 1 Titelbild: Papst Pius X. u. 137 Abbildgn. im Text. (VIII, 164 S.) Lex.-8. München (903). Allgemeine Verlags-Gesellschaft. Geb n. 4. —

— s.: Quartalschrift, römische, f. christliche Altertumskunde u. f. Kirchengeschichte.

— Reisebilder aus Bosnien. gr. 8. (92 S. m. 11 Abb. u. 1 Photograv.) Wien 895. H. Kirsch. n. 2. —

— Roma Sacra. Die ewige Stadt in ihren christl. Denkmälern u. Erinnergn. alter u. neuer Zeit. Mit 2 mehrfarb. Tafelbildern u. 533 Abbildgn. im Text. (XIV, 736 S.) Lex.-8. München (905). Allgemeine Verlags-Gesellschaft. n. 12. —; geb. in Leinw. n. 14. —

— Roma Sacra. Die ewige Stadt in ihren christl. Denkmälern u. Erinnergn. alter u. neuer Zeit. Mit 2 mehrfarb. Tafelbildern u. 533 Abbild. im Text. (Volksausg.) (XIV, 736 S.) gr. 8. München (908). Allgemeine Verlags-Gesellschaft. Kart. 9. —

— der Rompilger. Wegweiser zu den wichtigsten Heiligthümern und Sehenswürdigkeiten der ewigen Stadt. 8. (VI, 304 S. mit Abbild.) Rom 888. (Regensburg, Pustet.) cart. *

— dass. — Wegweiser zu den wichtigsten Heiligthümern und Sehenswürdigkeiten der ewigen Stadt, und zugleich Andenken und Erinnerung an die Wallfahrt. 2. verb. Aufl. 8. (VIII, 328 S. mit Abbild. und dem neuesten Plan der Stadt Rom.) (Ebendas.) 888. geb. *

— der Rompilger. Wegweiser zu den wichtigsten Heiligthümern u. Sehenswürdigkeiten d. ewigen Stadt. 3., verm. u. verb. Aufl. Mit 74 Abb., 1 Eisenbahn-Karte v. Italien u. 1 Plane der Stadt Rom. 12. (XII, 348 S.) Freiburg i/B. 895. Herder. Geb. in Leinw. n. 4. —

— der Rompilger. Wegweiser zu den wichtigsten Heiligtümern u. Sehenswürdigkeiten d. ewigen Stadt. 6., verb. u. erweit. Aufl. Mit Titelbild, 97 Abbildgn. im Text, 1 Eisenbahn-Karte von Italien u. 1 Plane der Stadt Rom. 12. (XIV, 395 S.) Freiburg i/B. 900. Herder. Geb. in Leinw. n. 4.60
4. Aufl. (XIV, 378 S.) 900. — 5. Aufl. (XIV, 381 S.) 900.

— der Rompilger. Wegweiser zu den wichtigsten Heiligtümern u. Sehenswürdigkeiten der ewigen Stadt, sowie der Hauptstädte Italiens. 8., verb. u. erweit. Aufl. Mit Titelbild, 110 Abbildgn. im Text, 1 Eisenbahnkarte v. Italien u. 1 (farb.) Plane der Stadt Rom. (XVI, 423 u. Tabelle der Tramways u. Omnibusse 4 S.) kl. 8. Freiburg i/B. 904. Herder. Geb. in Leinw. n. 5. —

— des Apostelfürsten Petrus glorreiche Ruhestätte. Festschrift zum Papstjubiläum Pius IX. gr. 8. (108 S.) Regensburg 871. Pustet. 1. —

Der Sarkophag des Junius Bassus in den Grotten von St. Peter. Eine archäol. Studie von Anton de Waal. Mit 13 Taf. u. 13 Textb. Rom 1900: Buchdr. d. Ges. d. Göttl. Heilandes. (94 S.) 4°

— der Sarkophag des Junius Bassus in den Grotten v. St. Peter. Eine archäolog. Studie. Mit 13 Taf. in Phototyp. u. 13 Textbildern. Fol. (VI, 96 S.) Rom 900. (Spithoever.) n. 16. —

— der 20. September. Erzählung aus der Belagerg. u. Eroberg. Roms 1870. 8. (VIII, 176 S. m. 12 Abbildgn.) Regensburg 901. F. Pustet. 2. —; geb. in Salonbd. n. 3. —

— der 20. September. Erzählung aus der Belagerg. u. Eroberg. Roms 1870. 2., verm. Aufl. (XI, 192 S. m. 12 Abbildgn.) 8. Regensburg 904. F. Pustet. n. 2. —; geb. in Leinw. n. 3. —

— Der 20. September. Erzählung aus der Belagerg. u. Eroberg. Roms 1870. 3. verm. Aufl. (XIII, 198 S. m. 12 Bildern u. 1 Bildnis.) 8. Regensburg 908. F. Pustet. 2. —; geb. in Leinw. 2. 80

— die Streiter d. heil. Vaters. Episode aus der jüngsten Geschichte der Eroberung Roms [20. Septbr. 1870.] Schauspiel in drei Aufzügen. Mit e. Musikbeilage (in 4.) gr. 16. (51 S.) Ebend. 871. — 50

Waal, A. de, die Streiter des heiligen Vaters. Episode aus der jüngsten Geschichte der Eroberung Roms [20. Septbr. 1870]. Schauspiel in 3 Aufzügen. 2. verb. Aufl. Mit 1 Musikbeilage. 8. (48 S.) Regensburg 888, (Pustet.) — 60

— die Streiter des hl. Vaters. Episode aus der Eroberg. Roms am 20. IX. 1870. Schauspiel in 3 Aufzügen. 3., verb. Aufl. Mit e. Musikbeilage. 8. (45 u. 2 S. in qu. 4.) Ebd. 901. — 60

— Tim, der Negerknabe. Schauspiel in 3 Aufzügen. Für Gesellen-Vereine u. ähnl. Kreise; ohne weibl. Rollen. Mit 3 Musikbeilagen. 8. (39 u. Musikbeilagen 8 S.) Paderborn 889. F. Schöningh. n. — 80

— Tim, der Negerknabe. Schauspiel in 3 Aufzügen. Für Gesellen-Vereine u. ähnl. Kreise; ohne weibl. Rollen. 2. verb. Aufl. 8. (44 S. u. 3 Musikbeilagen VIII S.) Paderb. 891, F. Schöningh. * — 80
1. Aufl. 1889.

— Tim, der Negerknabe, f.a. Dilettanten-Theater. 23.

Tim, der Negerknabe. Schauspiel in 3 Aufz. von Anton de Waal, Rektor zu Rom. Für Gesellenvereine u. ähnliche Kreise; ohne weibl. Rollen. Mit 3 Musikbeil. 3. verb. Aufl. *Paderborn: F. Schöningh [1902].* (48, VIII S.) 8° [F.]
= Dilettanten-Theater. H. 23.

— Valeria oder der Triumphzug aus den Katakomben. Historische Erzählung. 4. (VI, 312 S. mit eingedr. Holzschn.) Regensburg 884, Pustet. 10 —
geb. mit Goldschn. 15 —

— Valeria oder der Triumphzug aus den Katakomben. Histor. Erzählung. Handausg. 8. (X, 839 S. mit Illustr.) Regensburg 886, Pustet. M 3.—; geb. *

— Valeria od. der Triumphzug aus den Katakomben. Histor. Erzählg. 3., verm. u. verb. Aufl. gr. 8. (X, 382 S. m. Abb. u. Titelbild.) Regensburg 896. F. Pustet. 3. —; geb. n. 4. —

— Valeria od. der Triumphzug aus den Katakomben. Historische Erzählg. 4., verb. Aufl. gr. 8. (XIV, 382 S. m. Abbildgn.) Regensburg 902. F. Pustet. 3. —; geb. in Leinw. n. 4. —

— Valeria od. der Triumphzug aus den Katakomben. Historische Erzählg. 5., verb. Aufl. (XIV, 379 S. m. Abb. u. Titelbild.) 8. Ebd. 910. 3.—; geb. in Leinw. 4.—

— die Wallfahrt zu den sieben Hauptkirchen Roms. Ein Führer für die deutschen Pilger. 16. (VII, 247 S.) Freiburg 870, Herder'sche Verlagsh. 1 50

Waals, Johannes Diderik v. d.

Waals, J. D. van der, die Continuität des gasförmigen und flüssigen Zustandes. Aus dem Holländ. übers. und mit Zusätzen versehen von Friedr. Roth. gr. 8. (VIII, 168 S. mit 2 Stnt.) Leipzig 881, Barth. 4 —

Waals, J. D. van der, die Continuität des gasförmigen u. flüssigen Zustandes. 2 Thle. gr. 8. Leipzig, J. A. Barth. n. 9. —; geb. in Leinw. n. 11. —
1. 2. verb. Aufl. (VIII, 182 S. m. 2 Taf.) 899. n. 4. —; geb. n. 5. —
2. Binäre Gemische. (VII, 192 S. m. 23 Fig.) 900. n. 5. —; geb. n. 6. —

Waals, J. D. v. d., Lehrbuch der Thermodynamik in ihrer Anwendung auf das Gleichgewicht v. Systemen in gasförmig-flüssigen Phasen. Nach Vorlesgn. bearb. v. Ph. Kohnstamm. 1. Tl. (XII, 287 S.) gr. 8. Leipzig 908. [Maas & van Suchtelen.] J. A. Barth. Geb. in Leinw. 12.—

Waap, C., der junge Schiffbauer, s. a. Taschenbücher, illustrierte, f. die Jugend. 12. Bdchn.

Der junge Schiffbauer. Bearb. von Schiffbaukonstrukteur Waap. Hrsg. von d. Red. d. Guten Kameraden. Mit 29 Abb. u. 10 Taf. Stuttgart, Berlin, Leipzig: Union [1900]. (48 S.) 8°
(Taschenbücher, illustrierte, f. d. Jugend. 12.)

— Schiffs- u. Bootsbaukonstruktionen. Ein prakt. Lehrgang f. das konstruktive Fachzeichnen der Schiffs- u. Bootsbauer in techn. Fachschulen u. gewerbl. Fortbildungsschulen. Mit e. Vorwort von J. F. Ahrens. qu. Imp. 4. (44 Taf.) Kiel 900. Lipsius & Tischer. Kart. n. 4. —

Waap, C. Die einfachen Schiffbaukonstruktionen. Ein Lehrgang f. das Fachzeichnen der Schiffbauer in gewerbl. Fortbildungsschulen. Mit e. Vorwort v. J. F. Ahrens. 4. (20 phototyp. S.) Kiel 890, Lipsius u. Tischer. * 1 20

Waardenburg, Everh., Dissertat. literar. de nativa simplicitate Herodoti. 8maj. (17 B.) Lugduni Batav. 830, Luchtmans. (Lipsiae, Weigel.)

Waardenburg

— s. auch Wardenburg.

Waardenburg, **H., prolusio, exhibens observationes criticas ad aliquot hymnorum Homericorum loca. 4. Lingen 801. Jülicher.**

Waardenburg, H., opuscula oratoria poëtica critica. 8maj. Lips. Weidmann (in Comm.) 812.

Waare, Leichte, s. Bibliothek, Humoristische, für „Fidele Geister".

Waaren, s. a. Waren.

Waaren, d. engl., auf d. Leipziger Messe. 8. Leipz. 803. Compt. für Liter. 4 ℊ

Waaren-Ausfuhr, s. Statistik, Österreichische.

Waarenbank, deutsche. Zeitschrift f. deutsche Industrie u. Waarenproducte. Organ d. „deutschen Waarenbank Berlin" (eingetr. Genossenschaft m. beschr. Haftpflicht). Red.: O. Kurtze. 2. Jahrg. 1895. 52 Nrn. (à ca. 2 Bog.) gr. 4. Berlin, Gebr. Kurtze. n. 4. —

Waarenberechnung, Hamburgische, ... s. Engelbrecht, J. A.

Anonym: „Hamburgische Waarenberechnungen, oder Sammlung richtiger und ausführlicher Calculationen verschiedener von andern Handels-Plätzen nach Hamburg gesandter oder von Hamburg nach andern Orten verschickter Waaren", 1.—4. Sammlung. Hamburg 1772—1774. — Vorh.: Bücherei der Ind.- und Handelskammer Leipzig.

Waaren-Durchfuhr durch d. allgemeine österreichisch-ungarische Zollgebiet, s. Statistik, österreichische.

Waaren-Einfuhr, s. Statistik, Österreichische.

Waaren-Ein- und Ausfuhr und Niederlage-Verkehr des deutschen Zollgebiets, insbesondere Menge und geschätzter Werth der Ein- und Ausfuhr im J. 1873, Niederlage-Verkehr im 4. Quartal 1874 und Nachweis der im 4. Quartal und im J. 1874 in den freien Verkehr getretenen und aus dem freien Verkehr ausgeführten Waaren-Menge und geschätzter Werth der Waareneinfuhr und Menge der Waarenausfuhr im J. 1875, 76. Berlin 1875—77. Imp.-4.
(Aus: Viertelj.-H. z. Stat. d. deut. R.) . . . . (HC.; D.)

„Waareneln-, -aus- und -durchgang, Bestände, Messverkehr in sämmtlichen Staaten des Zollvereins", Jahrgang 1839—1870 Quart und Folio. Berlin. (= „Commercialnachweisungen" des Zollvereins). — Vorh.: Preuß. Staatsbibl. Berlin.

„Waareneln-, -aus- und -durchgang in sämmtlichen Staaten des Zollvereins in den Jahren 1834—1842", (als Ms. gedruckt), Berlin Folio. (= „Commercialnachweisungen" des Zollvereins). — Vorhanden: Preuß. Staatsbibl. Berlin.

„Waareneln-, -aus-, -durch- und -übergang nach Bayern, Württemberg und Baden aus den übrigen Theilen des Zollvereins, incl. Niederlageverkehr für sämmtliche Staaten des Zollvereins in den Jahren 1834 bis 1836" (als Ms. gedruckt und lithographiert), o. O. (Berlin). Folio. (= „Commercialnachweisungen" des Zollvereins). — Vorh.: Preuß. Staatsbibl. Berlin.

„Waareneln-, -aus-, -durch- und -übergang incl. Niederlageverkehr etc. für sämmtliche Staaten des Zollvereins in den Jahren 1837—1838", (als Ms. gedruckt), o. O. (Berlin). Folio (= „Commercialnachweisungen" des Zollvereins). — Vorh.: Preußische Staatsbibl. Berlin.

Die Waarenhaus-Umsatzsteuer zum Schutz d. Kleinhandels und des Kleingewerbes. Denkschrift nebst e. Vorschlage f. e. Umsatzsteuer, die der gesunden Entwicklung d. Detailhandels keinen Abbruch thut. Hrg. vom Bund d. Handel- u. Gewerbetreibenden zu Berlin. Berlin: Thormann & Goetsch 1899. (67 S.)

Waarenkenner, d. vollkommene, oder kurze Beschreibung aller Waaren, die im Land- u. Seehandel vorkommen, Kennzeichen ihrer Güte rc.; ein unentbehrl. Handbuch für alle Kaufleute. 3 Bde. 8. Hamb. 808—14. (Herold jun.) 1 ℛ 16 ℊ

Waarenkenner, d. vollkommene, od. kurze Beschreib. aller Waaren, die im Land- u. Seehandel vorkommen, Kennzeichen ihrer Güte rc.; ein unentbehrl. Handbuch für alle Kaufleute. 2 Thle. 8. Hamb. Vollmer. 808–9 (à 10 gr.) — 20

Waarenkenner, d. vollkommne, od. kurze Beschreibung aller Waaren, die irgend im Handel vorkommen. 3r Bd. der die Beschreibung all. Droguerie-Specerey u. Medizinalwaaren enthält. 8. Hamb. Vollmer. 814. — 21
Alle 3 Bände zusammen: 1 16

Waarencontrolle, die, in den Grenzbezirken nach den Bestimmungen der Ministerialverordnung vom 9. Juli 1882 und nach den Erläuterungen der Verordnung der böhm. Finanz-Landes-Direction vom 27. Juli 1882. Mit einem ausführl. Auszuge aus der Zoll- und Staatsmonopols-Ordnung vom 11. Juli 1835, aus der Vollzugsvorschrift dazu vom 31. Jan. 1836 und aus dem Erlaß des Finanzministeriums vom 7. Juni 1853, betreffend Erleichterungen im Zoll- und Controlverfahren. Mit einem alphabet. Orts-Verzeichnisse des böhm. Grenzbezirkes. 8. (62 S.) Prag 882, Mercy. * — 80

Waarenkunde, allgemeine. Mit kurzen Andeutungen über Bezug und Absatz der Handelsartikel. Steyr 857. Gilhofer. 16. (64 S.) 7 ngr.

Waarenkunde, allgemeine. Mit kurzen Andeutungen über Bezug und Absatz der Handelsartikel. 16. (64 S.) Steyr 857. [Wien, Neidl.]

Waarenkunde, allgemeine. Handbuch f. Kaufleute u. Gewerbetreibende. Unt. Mitwirkg. v. Fachgenossen red. v. Jos. Bersch. gr. 8. (VIII, 949 S.) Wien 896. A. Hartleben. n. 10. —; geb. in Halbfrz. n. 12. 60
Erschien auch in 20 Lfgn. à — 50.

Waarenkunde und Rohstofflehre, allgemeine, bearb. von Rud. Benedikt, Herm. Braun, C. Councler etc. 1.—6. Bdchn. 8. Kassel, Fischer. geb. * 27 40

Inhalt:

Bdchn. 1. Hohnel, Frz. Ritter v., die Starke und die Mahlproducte. Ihre Rohstoffe, Eigenschaften, Kennzeichen, Werthbestimmung, Untersuchung und Prüfung. Ein Kapitel aus der techn. Rohstofflehre, auf Grund der heut. Kenntnisse und eigener Untersuchungen bearb. für Praktiker und zum Studium. (XIV, 120 S.) 882. *M 2.40.

" 2. Benedikt, Rud., die künstlichen Farbstoffe [Theerfarben]. Ihre Darstellung, Eigenschaften, Prüfung, Erkennung und Anwendung. (VIII, 262 S. mit eingedr. Holzschn.) 883. *M 5.

" 3. Moeller, Jos., die Rohstoffe des Tischler- und Drechslergewerbes. 1. Thl.: Das Holz. (X, 222 S. mit eingedr. Holzschn.) 883. *M 4.

" 4. — — dass. — 2. Thl.: Rinde [Kork, Stocke], Früchte und Samen [Cocos, Steinnüsse], Bernstein, Hautgebilde [Schildpatt, Horn, Perlmutter, Geweihe, Hufe und Klauen, Elfenbein], Knochen, Meerschaum. (VII, 156 S.) 881. *M 4.

" 5. Hanausek, T. F., die Nahrungs- und Genussmittel aus dem Pflanzenreiche. Nach den Grundsätzen der wissenschaftl. Waarenkunde für die Praxis und zum Studium bearb. (XIV, 485 S. mit 100 in den Text eingedr. meist anatom. Holzschn.) 881. *M 8.

" 6. Valenta, Ed., die Klebe- und Verdickungsmittel. Ihre Eigenschaften, Kennzeichen, Verfälschungen, techn. Prüfung und Werthbestimmung. (XIX, 167 S.) 881. *M 4.

Wa(a)ren-Kunde, Nürnberger, od. Preisverzeichniß d. vorzügl. Nürnberger Manufactur-Wa(a)ren, mit Angabe d. Sorten, Größen u. Nummerirungen. Lex.-8. (3 B. u. 1 Stnt.) Nürnberg 830, Leuchs u. Comp. Thlr.

Dass., s.a. Waaren-Kunde, Vollständ. Nürnberger.

Waarenkunde, Nürnberger, oder Preisverzeichniß der vorzügl. Nürnberger Manufaktur-Waaren, mit Angabe der Sorten, Größen u. Nummerirungen. Von der Handlung von C. Leuchs u. Comp. in Nürnberg. 2e verm. Aufl. Mit 1 Steindr. gr. 8. Nürnberg 838. Leuchs u. Comp. 1/2 rℓ

Waarenkunde und Technologie, unter Zugrundelegung des österr.-ungar. Zolltarifes und des ämtlichen Waaren-Verzeichnisses. Bearbeitet und herausgegeben von Eduard Reichl, L. von Salix, k. k. Zolloberamts-Controlore, und V. Kosovel, k. k. Zolloberamts-Official beim Hauptzollamte in Triest. Mit zahlreichen, vom k. k. Zoll-Ober-Controlor L. von Salix ausgearbeiteten, in den Text gedruckten Abbildungen. (Complet in circa 12 Monatsheften.) Gr.-8. (1. Lieferung. S. 1—48) Triest: Julius Dase 1894. * —.50

Waarenkunde und Technologie, unter Zugrundelegung des österr.-ungar. Zolltarifes und des ämtlichen Waaren-Verzeichnisses. Bearbeitet und herausgegeben von Eduard Reichl, L. von Salix, k. k. Zolloberamts-Controlore, und V. Kosovel, k. k. Zolloberamts-Official beim Hauptzollamte in Triest. Mit zahlreichen, vom k. k. Zoll-Ober-Controlor L. von Salix ausgearbeiteten, in den Text gedruckten Abbildungen. (Complet in circa 12 Monatsheften.) Gr.-8. (4. Liefrg. S. 145—192) Triest: Julius Dase 1894. * —.50

Waarenkunde und Technologie, unter Zugrundelegung des österr.-ungar. Zolltarifes und des ämtlichen Waaren-Verzeichnisses. Bearbeitet und herausgegeben von Eduard Reichl v. Salix und V. Kosovel. 6.—7. Heft. Gr.-8. (S. 241—336) * à —.50
Triest: Julius Dase 1895.

Waarenkunde und Technologie, unter Zugrundelegung des österr.-ungar. Zolltarifes und des ämtlichen Waaren-Verzeichnisses. Bearbeitet und herausgegeben von Eduard Reichl von Salix und V. Kosovel. 8. Heft. Gr.-8. (S. 337—384) * à —.50
Triest: Julius Dase 1895.

Waarenkunde und Technologie, unter Zugrundelegung des österr.-ungar. Zolltarifes und des ämtlichen Waaren-Verzeichnisses. Bearbeitet und herausgegeben von Eduard Reichl von Salix und V. Kosovel. 9. Heft. Gr.-8. (S. 385—432) * à —.50
Triest: Julius Dase 1895.

Waarenkunde und Technologie, unter Zugrundelegung des österr.-ungar. Zolltarifes und des ämtlichen Waaren-Verzeichnisses. Bearbeitet und herausgegeben von Eduard Reichl von Salix und V. Kosovel. 10. Heft. Gr.-8. (S. 433—480) * à —.50
Triest: Julius Dase 1895.

Waarenkunde und Technologie, unter Zugrundelegung des österr.-ungar. Zolltarifes und des ämtlichen Waaren-Verzeichnisses. Bearbeitet und herausgegeben von Eduard Reichl, L. v. Salix und V. Kosovel. 11. Heft. Gr.-8. (S. 481—528) * —.50
Triest: Julius Dase 1895.

Waarenkunde und Technologie, unter Zugrundelegung des österr.-ungar. Zolltarifes und des ämtlichen Waaren-Verzeichnisses. Bearbeitet und herausgegeben von Eduard Reichl, L. v. Salix und V. Kosovel. 12. Heft. Gr.-8. (S. 529--576) * —.50
Triest: Julius Dase 1895.

Waarenkunde und Technologie, unter Zugrundelegung des österr.-ungar. Zolltarifes und des ämtlichen Waaren-Verzeichnisses. Bearbeitet und herausgegeben von Eduard Reichl, L. v. Salix und V. Kosovel. 13. Heft. Gr.-8. (S. 577-624) * —.50
Triest: Julius Dase 1895.

Waarenkunde und Technologie, unter Zugrundelegung des österr.-ungar. Zolltarifes und des ämtlichen Waaren-Verzeichnisses. Bearbeitet und herausgegeben von Eduard Reichl, L. v. Salix und V. Kosovel. 14. Heft. Gr.-8. (S. 625—672) * —.50
Triest: Julius Dase 1895.

Waarenkunde und Technologie, unter Zugrundelegung des österr.-ungar. Zolltarifes und des ämtlichen Waaren-Verzeichnisses. Bearbeitet und herausgegeben von Eduard Reichl, L. v. Salix und V. Kosovel. 15. Heft. Gr.-8. (S. 673—720) * —.50
Triest: Julius Dase 1895.

Waarenkunde und Technologie, unter Zugrundelegung des österr.-ungar. Zolltarifes und des ämtlichen Waaren-Verzeichnisses. Bearbeitet und herausgegeben von Eduard Reichl, L. v. Salix und V. Kosovel. 16. Heft. Gr.-8. (S. 721—768) * —.50
Triest: Julius Dase 1895.

Waarenkunde und Technologie, unter Zugrundelegung des österr.-ungar. Zolltarifes und des ämtlichen Waaren-Verzeichnisses. Bearbeitet und herausgegeben von Eduard Reichl, L. v. Salix und V. Kosovel. 17. Heft. Gr.-8. (S. 769—832) * —.50
Triest: Julius Dase 1895.

Waarenkunde und Technologie, unter Zugrundelegung des österr.-ungar. Zolltarifes und des ämtlichen Waaren-Verzeichnisses. Bearbeitet und herausgegeben von Eduard Reichl, L. v. Salix und V. Kosovel. 18. bis 19. Heft. Gr.-8. (S. 833—912 und Index XXX S.) Triest: Julius Dase 1896. * à —.50

Waarenkunde, vollständ. Nürnberger, oder Preisverzeichniß aller Nürnberger Manufakturwaaren u. aller Spielwaaren. Mit Angabe d. Größen, Sorte-Numerirungen u. mit 1 Kpft., 50 Seiten stark, von d. politechn. Handlung d. C. Leuchs u. Comp. Mit 1 Steindr. Lex.-8. Nürnb. 830. Leuchs u. C. 12 gr

– Dass., s.a. Waarenkunde, Nürnberger.

Waaren-Lexikon, s. Waren-Lexikon.

Waaren-Lexikon für Droguisten 2c., s. Henkel.

Waaren-Preisbericht der Wiener Börsekammer. 36. Jahrg. 1888. 52 Nrn. (Bog.) Fol. Wien, (Steckler.) * 12 —

Waaren-Fabrikanten- und Maschinen-Preis- u. Beziehungsliste. Allgemeine. von u. für Deutschland. Mit Angabe der Preise und Namen der vorzüglichsten Erzeuger oder Versender. Nürnberg 1850. 4.

Waarenverkehr, s.a. Statistik des auswärtigen Handels des österreichisch-ungarischen Zollgebiets.

Auswärtiger und überseeischer **Waarenverkehr** des Deutschen Zollgebiets und der Zollausschlüsse. Hrgg. vom Kaiserlichen Statistischen Amt. (später: Waarenverkehr des Deutschen Zollgebiets mit dem Auslande.) Im Jahre 1872—90. Berlin. 1873—91. = Statistik des Deutschen Reichs. Bd. 3—5. etc. 4°.

Fortges. u. d. T.:
Auswärtiger **Handel** des deutschen Zollgebiets im Jahre 1891 ff. Berlin. 1892 ff. = Statistik des deutschen Reichs. Neue Folge. Bd. 60 ff. 4°.

Waarenverkehr, Auswärtiger u. überseeischer, des deutschen Zollgebiets und der Zollausschlüsse . . . im J. 1872—73. Je Th. 1—3. Herausg. vom Kais. Stat. Amt. Berlin 1874—75. Fol.
Ist: Statistik d. deut. Reiches. Bd. 3—5., 9—11. (D)
—. — im J. 1874—79. (Je Th. 1. 2.) Berlin 1875—81. gr. 4.
Ist: Statistik d. deut. Reiches. Bd. 16., 17., 22., 24., 27., 28., 32., 33., 39., 40., 45., 46. . . . . . (D)
Später: Waarenverkehr d. deut. Zollgebiets.

Waaren-Verkehr der oberschlesischen, der breslau-posen-glogauer und der stettin-stargard-posener Eisenbahn im J. 1858. Aus den offiziellen Statistiken der betreffenden Bahnverwaltungen zusammengetragen und Behufs bequemer Benutzung in weiteren Kreisen des Handels- und Gewerbestandes, abgedruckt auf Veranlassung der Handelskammer in Breslau. 4. (III und 69 S.) Breslau 859, E. Trewendt. *

— über die Grenze zwischen Deutschland u. d. Schweiz in d. J. 1872/75—1875.77. Zürich 1876. gr. 4.
Ist: Schweizerische Statistik. H. 33., 12.

Waarenverkehr der Schweiz, s.a. Beiträge zur Statistik der schweizer. Eidgenossenschaft.

Waarenverkehr der Schweiz, s.a. Statistik, schweizerische.

Waarenverkehr der Schweiz mit dem Auslande. Uebersicht der Ein- und Ausfuhr der wichtigsten Waarenartikel. IV. Quartal 1887. — Commerce de la Suisse avec l'étranger. Tableau de l'importation et de l'exportation des principaux articles. IVe trimestre 1887. Herausgegeben vom schweizerischen Zolldepartement. — Publié par le Département fédéral des Péages. Gr. in-fol., 55 S.

Waarenverkehr der Schweiz mit dem Auslande. Uebersicht der Ein- u. Ausfuhr der wichtigsten Waarenartikel (Deutsch und französisch). Herausg. vom schweizer. Zolldepartement. 1890 (4 Hefte). 1. Heft. In-fol. 49 S. Bern (Schweizer. Oberzolldirection).

— der Schweiz mit besonderer Rücksicht auf den deutschen Zollverein und Oesterreich. — Commerce de la Suisse en vue spéciale du commerce avec l'association douanière allemande et l'Autriche. Zürich 1865. gr. 4.
Ist: Schweizerische Statistik. VII.

– des deutschen Zollgebiets mit dem Auslande. s. Statistik des Deutschen Reiches.

— m. den Abgaben- u. Tarasätzen zum Vereins-Zoll-Tarif, nebst Auszug aus dem Zollgesetz u. den sonstigen Bestimmungen üb. die in den Zollvereinsstaaten bestehenden Einrichtungen u. Anstalten zur Erhebung u. Sicherung der Zölle. Zusammengestellt v. e. Königl. Preuß. Steuerbeamten. 6. verm. u. nach den neueren Bestimmungen verb. Aufl. 4. (IV u. 200 S.) Minden 851, Eßmann. n. 1 ß

Waarenverzeichniß, alphabetisches, mit den Abgaben- und Tara-Sätzen zum Vereins-Zoll-Tarife vom 1. Jan. 1857 an. Zusammengestellt von A. Detmer und A. Holekamp. 4. (IV und 102 S.) Hannover 857, Gebr. Jänecke. *
Vgl. Detmer, A., und A. Holekamp, alphabetisches Waarenverzeichniß.

Waaren-Verzeichniß, alphabet., zum Gebr. bei Anwendung d. Tarifs zur Erhebung d. Eingangs-, Durchgangs- u. Ausgangs-Zölle im Großh. Hessen f. d. Zeitraum v. 1. Juli 1828 bis Ende 1830. (Neue Ausg.) 8. (8½ B. u. 1 Tab.) Mainz 828, Kupferberg.

— alphabet., zum Gebrauch bei Anwendung des Tarifs zur Erhebung d. Eingangs-, Durchgangs- u. Ausgangs-Zölle im Großherzogth. Hessen, für d. Zeitraum vom **1. Juli 1828** bis **Ende 1830**. (Neue Ausg.) Mit **1 Tabelle**. Nebst d. Handelsvertrag zwischen Preußen, Hessen, Baiern u. Würtemberg vom **27. Mai 1829**, u. e. Berechnung d. Tariffätze von **1** bis **1000** Pfd. **8. Mainz 829. Kupferberg. 10 gr**

Waarenverzeichniß, alphabet., zum Gebrauch bei Erhebung d. Ein-, Aus- u. Durchgangs-Abgaben in den königl. preuß. u. in den mit dessen Zollsystem vereinten Bundesstaaten ꝛc. Lex.-8. Köln 832. Bachem. 1 ß 4 gr

—— alphabetisches, zur Erhebung der Eingangs- und Ausgangs-Abgaben nach Maßgabe des Gesetzes vom 21. Febr. 1853. gr. 4. (II und 149 S.) Hannover 853, Helwingsche Hofbuchh.

Waarenverzeichniß, alphabet., zum Vereins-Zoll-Tarif f. d. J. 1837, 1838 u. 1839, mit Angabe der beim Ein- u. Ausgang in das Zollvereinsgebiet zu entricht. Ein- u. Ausgangs-Zölle u. d. entsprech. Thara-Vergütung im 24- u. 21-Guldenfuß. Nebst e. Zusammenstellung d. Ausgleichungsabgaben u. Tabellen z. Berechn. d. Zölle. Hrsg. v. F. Hallwachs u. L. Ewald. gr. 8. (12¼ B. u. 1 Tab.) Darmstadt 837, Leske.

— alphabetisches, zum Vereins-Zoll-Tarif für die Jahre 1837, 1838 u. 1839, mit Angabe der beim Ein- u. Ausgang in das Zoll-Vereinsgebiet zu entricht. Ein- u. Ausgangs-Zölle u. der entsprch. Thara-Vergütung im 24- u. 21-Guldenfuß. Nebst e. Zusammenstellung der Ausgleichungsabgaben u. Tabellen zur Berechnung der Zölle. Herausg. v. F. Hallwachs u. L. Ewald. (Mit 1 Tabelle.) gr. 8. Darmstadt 837. Leske. ⅚ ß — dass. auf die Jahre 1840, 1841 u. 1842, nebst d. Vereins-Zoll-Tarif selbst. gr. 8. Ebd. 839. ⅔ ß

Waaren-Verzeichniß, alphabetisches, mit den Zollsätzen in preußischer und süddeutscher Währung nach dem vorgedruckten Vereins-Zoll-Tarif. Gültig vom 1. Juli 1865 an für alle aus dem Auslande eingeführten Waaren. Nach amtl. Quellen bearb. gr. 8. (III und 418 S.) Elberfeld 865, Friderichs.

— alphabetisches, zum allgem. österreich. Zoll-Tarif, vgl. Zoll-Tarif ꝛc.

Waaren-Verzeichniß, Alphabetisches — zum allgemeinen österreichischen Zoll-Tarife vom 5 Dezember 1853. 4. (362 S.) Wien. Aus der k. k. Hof- und Staatsdruckerei. 1853.

Waaren-Verzeichniß, alphabetisches, zum österreichisch-ungarischen Zolltarife. gr. 4. (512 S.) Wien 878, k. k. Hof- und Staatsdruckerei. *

— alphabet., gegründet auf den königl. preuß. Zolltarif vom 30. Oct., den Großherz. Hess. vom 5. Nov. u. den Kurhess. vom 30. Dec. 1831, welche mit d. 1. Januar 1832 in Wirksamkeit getreten sind. gr. 8. Darmst., Heyer. 6 gr f. auch Erhebungsrolle.

—— alphabetisches, zu den Zoll-Tarifen des Zollvereins, Zollvereins und Oesterreichs (Zwischen-Verkehr) und Oesterreichs mit den beigesetzten Abgaben- und Tarasätzen gültig vom 1. Jan. 1857 ab, hrsg. von Rob. Rhens. hoch 4. (187 S.) Leipzig 857, G. Wigand. geb. *

—— das amtliche alphabetische, vom J. 1887. Nachtrag, giltig vom 10. Mai 1888. Lex.-8. (36 S.) Wien 888, Hof- und Staatsdruckerei. * — 40

Waaren-Verzeichniß, das amtliche, zum Auszug aus dem Zolltarif vom 15. Juli 1879. Nach amtl. Quellen. gr. 8. (155 S.) Berlin 879. C. Heymann's Verl. n. 3. —

Waarenverzeichniß, amtliches alphabetisches, vom J. 1882. Nachtrag. gr. 8. (37 S.) Wien 884, Hof- und Staatsdruckerei. * — 60

—— amtliches, zu den vom 1. Jan. 1854 an im Zollverein beim Verkehr mit Oesterreich gültigen Tarif-Bestimmungen. (Zur Erleichterung des Gebrauchs sind die Anlagen I. und II. zum Vertrage vom 19. Febr. 1853 und der Zolltarif für die Zeit vom 1. Jan. 1854 ab dem Waaren-Verzeichniße angehängt.) gr. 8. (II und 257 S.) Berlin 854, Deckersche geheime Ober-Hofbuchdr. *

—— dass. — gr. 8. (209 S.) Dresden 854, Meinhold und Söhne.

—— dass. — Beigefügt sind: 1. Die amtl. Zusammenstellung der in den Staaten des deutschen Zollvereins vom 1. Jan. 1854 an beim Verkehr mit Oesterreich gültigen Tarifbestimmungen. 2. Der vom 1. Jan. 1854 an gültige allgemeine Vereinszolltarif. gr. 8. (289 S.) Frankfurt a. M. 854, Keller. **

—— amtliches, zu den vom 1. Jan. 1857 an im Zollvereine bei dem Verkehr mit Oesterreich gültigen Tarif-Bestimmungen. Lex.-8. (268 S.) Berlin 856, (Deckersche geheime Ober-Hofbuchdr.) **

—— amtliches, zu den vom 1. Jan. 1857 an im Zollvereine bei dem Verkehr mit Oesterreich gültigen Tarif-Bestimmungen. gr. 8. (204 S. und: Amtlicher Vereins-Zolltarif 46 S.) Weimar 857, Böhlau. *

—— dass. — gr. 8. (178 S. und: Amtlicher Vereins-Zolltarif 46 S.) Ebendas. 857. *

—— amtliches, zu den vom 1. Jan. 1860 an im Zollvereine bei dem Verkehr mit Oesterreich gültigen Tarif-Bestimmungen. gr. 8. (272 S.) Berlin 859, Decker'sche geheime Ober-Hofbuchdruckerei. *

—— amtliches, zu den vom 1. Jan. 1860 an im Zollvereine bei dem Verkehr mit Oesterreich gültigen Tarif-Bestimmungen. gr. 8. (284 S.) Braunschweig 859, [Grüneberg's Buchh.] *

—— amtliches, zum Vereins-Zoll-Tarif f. d. J. 1837, 1838 u. 1839. gr. 8. (9¼ B.) Stuttgart 836, Metzler'sche Buchh.

— amtliches, zum Vereins-Zoll-Tarif auf die Jahre 1840, 1841 u. 1842. gr. 8. Stuttgart 840. Metzler. ½ ß

— amtliches, zum Vereins-Zoll-Tarif auf die Jahre 1843, 44 u. 45. gr. 4. Stuttgart 842, Metzler. ⅔ ß

—— dass. auf d. Jahre 1846, 1847 u. 1848. gr. 4. (15½ B.) Ebds. 846. *

—— dass. a. d. J. 1840, 1841, 1842. gr. 8. (11⅛ B.) Frankfurt a. M. 840, Krug. *

— (amtliches,) zum Vereins-Zolltarif für die Jahre 1843 bis 1845. Nebst 1 Uebersichtskarte des Zollvereins. gr. 8. Frankfurt 843, Krug. ⅔ ℛ

—— amtl. z. Vereins-Zoll-Tarif auf d. Jahre 1846, 1847 u. 1848. gr. 4. (12 B.) Leipzig 846, (Teubner.) *

— amtliches, zu dem, vom 1. Januar 1854 an gültigen Vereins-Zolltarife. Dresden 854. Meinhold. Lex.-8. (176 S.) n. 12 ngr.

— amtliches, zum Vereins-Zolltarife für die Zeit vom 1. Jan. 1857 ab. Weimar 857. (Böhlau.) gr. 8. (178 S. u. Vereins-Zolltarif 46 S.) n. 12 ngr.

—— amtliches, zum Vereins-Zolltarife für die Zeit vom 1. Jan. 1860 ab. gr. 8. (196 S.) Braunschweig 859, (Grüneberg's Buchh.) *

— **amtliches, zum Vereins-Zolltarif vom 1. Juli 1865 an. Berlin 865. (v. Decker.) gr. 8. (420 S.) n.n. 22½ ngr.**

— — **Erster Nachtrag in Folge der Abänderungen des Vereins-Zolltarifs aus Veranlassung des Vertrages zwischen dem Zollvereine u. Oesterreich vom 11. April 1865. (Ebend.) 865. gr. 8. (14 S.) n. 2 ngr.**

Waaren-Verzeichniß, amtliches, zum Vereins-Zolltarif vom 1. Octbr. 1870 an. [Mit angehängtem Tarif.] gr. 8. (333 S.) Berlin 870, v. Decker'sche Geh. Ober-Hofbuchdr. * 2 —

—— dass. — Nachtrag. gr. 8. (85 S.) Ebendas. 874. * 1 —

—— amtliches, zum Zolltarif a. d. J. 1840, 1841 u. 1842. gr. 4. (8 B.) Berlin 840, Jonas' Vrlsbuchh. *

Waaren-Verzeichniß, amtliches, zum Zolltarif für die Jahre 1843, 1844 u. 1845. gr. 8. Berlin 843, Jonas Verlagsbuchh. n. ½ ℛ

— dass. f. d. J. 1846—1848. gr. 4. Ebend. 846. n. ½ ℛ

— amtliches, zum Zolltarif für die Jahre 1846, 1847 u. 1848, nebst Zolltarif u. Allerhöchste Kabinets-Ordre am 10. Oktober 1845. gr. 8. Berlin, Decker. n. ½ ℛ

— amtliches, zum Zolltarif für die Jahre 1846—1848. (Zur Erleichterung des Gebrauchs ist der Zolltarif vom 10. October 1845, desgl. die Allerhöchste Kabinets-Ordre wegen der erhöhten Eingangs-Zollsätze für einige Waaren-Artikel von dem näml. Datum dem Waaren-Verzeichnisse angehängt.) gr. 8. Berlin 845. (Leipzig, Hermann.) n. ½ ℛ

Waaren-Verzeichniß, amtliches, zum Zolltarif f. die Zeit vom 1. Octbr. 1851 ab. [Zur Erleichterung d. Gebrauchs ist der vorgedachte Zolltarif dem Waaren-Verzeichnisse angehängt.] gr. 8. (II u. 202 S.) Berlin 851, Decker. n. ⅓ ℛ

— **dass. gr. 4. (68 S.) Berlin 851, Jonas. ⅓ ℛ**

— **dass. gr. 8. (II u. 176 S.) Dresden 851, Meinhold & Söhne. 12 ngr**

— **dass. gr. 8. (150 S.) Cassel 851, Hotop. ⅓ ℛ Schreibpap. 18 ngr**

— **dass. Lex. 8. (137 S.) Wiesbaden 851, Schellenberg. n. ⅔ ℛ**

Waaren-Verzeichniß, amtliches, zum Zolltarif für die Zeit vom 1. Jan. 1854 ab. (Zur Erleichterung des Gebrauchs ist der vorgedachte Zolltarif dem Waaren-Verzeichnisse angehängt.) gr. 8. (210 S.) Berlin 853, Deckersche geheime Ober-Hofbuchdr. *

—— dass. — gr. 8. (176 S.) **Dresden 854, Meinhold und Söhne.** *

Waaren-Verzeichniß, amtliches, zum Zolltarif für die Zeit vom 1. Januar 1857 ab. gr. 8. (215 S.) Berlin 856, (Deckersche geheime Ober-Hofbuchdr.) **

Waaren-Verzeichniß, amtliches, zum Zolltarif für die Zeit vom 1. Januar 1860 ab. Berlin 859. v. Decker. gr. 8. (216 S.) n. 15 ngr.

— — **Braunschweig 859. Grüneberg in Comm. gr. 8. (196 S.)** n. 15 ngr.

Waarenverzeichniß, amtliches, zum Zolltarife. Für die Zeit vom 1. Juli 1888 ab. Im Anhange hierzu sind abgedruckt: 1. das Zolltarifgesetz vom 15. Juli 1879 [nach der Redaktion vom 24. Mai 1885 und mit Berücksicht. der späteren Aenderungen], nebst den vom Bundesrath festgestellten Tarasätzen, und 2. die Bestimmungen über die Tara. gr. 8. (IV, 509 S.) Berlin 888, (v. Decker's Verlag.) ** 2 65

Waarenverzeichniß, amtliches, zum Zolltarife. Für die Zeit v. 1. Jan. 1896 ab. gr. 8. (VII, 519 S.) Berlin 895. R. v. Decker. n.n. 2.25; m. Zolltarif. (VII, 519 u. 63 S.) n n. 2.60; geb. in Leinw. n.n. 3.40

— dasselbe. 1. Nachtrag. gr. 8. (10 S.) Ebd. 896. — 15

Waarenverzeichnis, amtliches, zum Zolltarife. Für die Zeit vom 1. Jan. 1896 ab. Berlin 895.
— — — 3. Nachtrag. Berlin 900.

—— **amtliches, zum Zolltarif des deutschen Zollgebiets. [Gesetz vom 15. Juli 1879.] gr. 8. (416 S. und Zolltarif-Gesetz 63 S.) Berlin 879, (v. Decker's Verlag.)** **

—— amtliches, zum Zolltarif des deutschen Zollgebiets vom J. 1879. Nachtrag. gr. 8. (55 S.) Berlin 881, (v. Decker's Verlag.) * — 50
Hauptwerk. (Ebendas.) 1879. ** ℳ 2,50.

Waarenverzeichniß, Statistisches, für den auswärtigen Handel des österr.-ungar. Zollgebietes, berichtigt und ergänzt auf den Stand vom 1. Jänner 1896. 4. (94 S.) —.50
Dasselbe in italienischer Sprache. 4. (96 S.) —.50
Wien: Hof- u. Staatsdruckerei 1896.

—— statistisches, vom 1. Jan. 1885, sowie Verzeichniß der Massengüter, auf welche die Bestimmung im § 11, Absatz 2, Ziffer 3 des Gesetzes vom 20. Juli 1879, betreffend die Statistik des Waarenverkehrs, Anwendung findet, nach dem Stande am 1. Jan. 1885. gr. 4. (III, 246 S.) Berlin 881, C. Heymann's Verlag. * 6 —
Aus: Centralblatt für das Deutsche Reich, besonders abgedruckt.

— statistisches, m. den im Zolltarif angegeb. od. vom kaiserl. statist. Amt festges. Tarasätzen zur Berechng. d. Nettogewichtes, sowie Verzeichniß der Massengüter, auf welche d. Bestimmg. im § 11 Absatz 2 Ziffer 3 d. Gesetzes v. 20. Juli 1879, betr. die Statistik des Waarenverkehrs, Anwendg. findet. Gült. v. 1. Jan. 1896 ab. gr. 8. (60 S.) Ebd. 895. n. — 80

— dasselbe. Nachtrag. gr. 8. (8 S.) Ebd. 896. — 15

— dasselbe. 2. Nachtrag. Gültig v. 1. I. 1898 ab. gr. 8. (7 S.) Ebd. 897. — 15

Statistisches Waarenverzeichniss mit den im Zolltarif angegebenen oder vom Kaiserl. Statist. Amt festgesetzten Tarasätzen z. Berechnung d. Nettogewichts, sowie Verzeichniss d. Massengüter ... nebst e. Verzeichniss d. Länder d. Herkunft u. Bestimmung. Gültig vom 1. Jan. 1900 ab. Berlin: R. v. Decker in Komm. 1899. (66 S.) 8°

—— statistisches, sowie Verzeichniß der Massengüter, auf welche die Bestimmung im § 11 Absatz 2 Ziffer 3 des Gesetzes vom 20. Juli 1879, betr. die Statistik des Waarenverkehrs Anwendung findet; gültig vom 1. Juli 1888 ab. gr. 4. (133 S.) Berlin 888, v. Decker's Verlag. * 1 50

Waarenverzeichniß, statistisches, sowie Verzeichniß der Massengüter, auf welche die Bestimmg. im § 11 Absatz 2, Ziffer 3 d. Gesetzes vom 20. Juli 1879, betr. die Statistik d. Waarenverkehrs, Anwendg. findet; gültig vom 1. Juli 1888 ab. 2. Aufl. unter Berücksicht. der bis zum 1. März 1889 eingetretenen Aendergn. gr. 4. (133 S.) Berl. 889, v. Decker. ** 1 50

—— zum Vereins-Zolltarif, s.a. Schneider, A.

— zum Vereins-Zoll-Tarif. Offizielle Ausg. Lex.-8. München 833. Franz. n. 7/12 ₰

— zum Vereins-Zoll-Tarif für die Jahre 1837, 1838 u. 1839. gr. 8. Stuttgart 836. Metzler. 5/12 ₰

— zu dem Allgem. Vereins-Zoll-Tarif rc. Durchgesehen von W. F. Göß. (NB. Ist, als Nachdruck, verboten!)

— vollständiges alphabetisches, m. beigesetzten Tarif- u. Tharasätzen zum Vereins-Zoll-Tarif, wie derselbe vom 1. Oktbr. 1851 ab gültig ist. Mit zu Grundelegung der ergangenen gesetzl. Bestimmgn. bearb. v. C. V. Krieg. Nebst angehängtem Zoll-Tarif u. einer Uebersicht der zu entrichtenden Uebergangs-Abgaben. hoch 4. (227 S.) Wesel 851, A. Bagel. 18 ngl

—— vollständ. u. alphabet. geordn., mit d. Abgaben- u. Tharasätzen zum Zoll-Tarif f. d. J. 1840, 1841, 1842. Bearb. v. e. k. preuß. Steuer-Beamten (Raacke). 4. (13 B.) Minden 840, Eßmann. *

—— vollständiges u. alphabetisch geordnetes, mit den Abgaben- u. Tharasätzen z. Zoll-Tarif f. d. Jahre 1843—45. 2., verm. Aufl. 4. (13¾ B.) Minden 843, Eßmann. *
Mit den Rechnungstafeln *
Vgl.: Rechnungstafeln.

—— dass. f. d. Jahre 1846, 47, 48. Bearb. v. e. k. preuß. Steuerbeamten. 3., verb. Aufl. hoch 4. (15¼ B.) Ebds. 846. *

—— vollständiges und alphabetisch geordnetes, mit den Abgaben- und Tarasätzen nach den vom 1. Jan. 1854 gültigen Zolltarif bearb. von F. Holder-Egger. Nebst einem Anhang, enthaltend: Zoll-Tarif. Tabellen der Uebergangsabgaben. Zoll-Vertrag zwischen Preußen und Oesterreich. Gewichts-Reductionstabellen. hoch 4. (IV und 259 S.) Stettin 854, Nagel. —

—— zum interimistischen allgemeinen österreichischen Zoll-Tarif giltig vom 1. Juli 1865 an. 8. (100 S.) Wien 865, Manz' Verlag. *

—— gegründet auf d. Kgl. Preuß. Zoll-Tarif v. 30. Octbr., den Großh. Hess. v. 5. Nov. u. den Kurhess. v. 30. Decbr. 1831, welche mit d. 1. Jan. 1832 in Wirksamkeit getreten sind. gr. 8. (6¼ B.) Darmstadt 832. [Heyer'sche Brlsh.]

— zum schweiz. Zolltarif, s. Verträge zwischen der Schweiz u. dem norddeutschen Bunde.

Waaren-Verzeichnisse, vollständ. u. alphabet. geord., mit d. Abgaben- u. Tharasätzen zur Kgl. Preuß. Erhebungsrolle, nach der amtlich vorgeschrieb. Classification, nebst d. Bestimmungen, hinsichts d. vertragsmäß. Verhältnisse zwischen d. Preuß. Staat u. mehr. Deutschen Bundes-Ländern bearb. v. H. Sommer u. mehr. sachkundigen Beamten. gr. 8. (13 B.) Magdeburg 832, [Berlin,] Rubach.

Waarenzeichenblatt. Nebst Gratisbeilage: Blatt f. Patent-, Muster- u. Zeichenwesen. Hrsg. v. kaiserl. Patentamt. 1. Jahrg. Oktbr.—Dezbr. 1894. 3 Hfte. (à ca. 100 S.) Lex.-8. Berlin, P. Stankiewicz. n. 5. —

Waarenzeichenblatt. Nebst Gratisbeilage: Blatt f. Patent-, Muster- u. Zeichenwesen. Hrsg. v. kaiserl. Patentamt. 2.—5. Jahrg. 1895—1898. à 12 Hfte. (à ca. 100 S. m. Abb.) Lex.-8. Ebd. à Jahrg. n. 20. —

Waarenzeichengesetz, das englische, von 1887. [Merchandise Marks Act, 1887.] 50 & 51 Vict. Ch. 28. Aus dem Engl. übers. von Ed. Cruesemann. gr. 8. (23 S.) Berlin 888, Puttkammer und Mühlbrecht. * — 60

Waarenzeichengesetz, das, vom 12. Mai 1894 u. das Gesetz üb. die Abzahlungsgeschäfte vom 16. Mai 1894. Text-Ausg. gr. 8. (11 S.) Leipzig 894. C. E. M. Pfeffer. n. — 25

Chirurgisch-technische Waaren-Zeitung. Dresden: Expedition 1890—? 8°

HOBEL-BANCK, Renovirte Und mercklich vermehrte Alamodische, Oder Lustig und Sinn-reicher Discurs zweyer gereister Adels-Personen: Worinnen sie die groben Sitten, Ehr-Sucht, falsch-gemeynte Complementen, eingerissene Mißbräuch ... so heutiges Tages bei vielen ungewanderten Frantzösischen Teutschen in vollem Schwang gehen, zimlich überhobeln. Deme noch beygefügt ein kurtz verfasster Grobianus ... Durch *Expertum Waarmund.* [O. O.] Gedruckt in diesem 1710. Jahr. 12°. (l. c. no. 3433.) (3 Mk. 60 Pfg. L. Rosenthal, 1886; jetzt theurer!)

— — Dasselbe mit d. Titel: Neue Alamodische Sitten-Schul Oder Lustig und Sinn-reicher Discurs zweyer wolgereister vornehmer Personen: Worinnen sie die groben Unarten, Eigen-Ehr, falsch gemeynte Complimenten, eingerissene Mißbräuch in Gesellschaften, Bücher-Lesen, Kinderzucht, Kleidern, etc. so heutiges Tages vielen ungewanderten Frantzösisch Teutschen im vollen Schwang noch beygefügt ein kurtz verfasster Grobianus ... Durch *Expertum Rupertum.* O. O. Anno 1713. 12°. 360 S. Rar! (l. c. no. 3434.)

Waas, A. F., Worthermittelung fossilienhaltiger Grundstücke, insbesondere der Torfmoore. Eine nothwend. Ergänzung der Bodenschätzungskunde in ihrer gegenwärtigen Verfassung. Mit 7 lith. Skizzentaf. gr. 8. (VIII, 216 S.) Gumbinnen 882. Sterzel. n. 6. —

CHR. WAAS, Die freie Reichsstadt und Reichsburg Friedberg in der Wetterau beim Untergang des alten Reiches. Friedberg: 1907. Geschichts- und Altertumsverein Friedberg (Hessen) (C. Scriba's Buchhandlung) 8°.

Waas, Christian, die freie Reichsstadt u. Reichsburg Friedberg in der Wetterau beim Untergang des alten Reiches. Zur Erinnerg. an die Vereinigg. m. Hessen 1802 u. 1806. (50 S.) gr. 8. Friedberg 908. C. Scriba. — 90

Waas, Christian [aus Friedberg in d. Wetterau]: Die Quellen der Beispiele Boners ... Dortmund, Druck v. F. W. Ruhfus, 1897; VI, 76 S., 1 Bl. 8.
Giessen, Phil. Fak., Inaug.-Diss. v. 1897

Frau Schmikat oder die Folgen eines Kusses. [Nebst] De Lockel [2 Gedichte in Königsberger Mundart.] (Verf.: E. **W**[**aas**].) *(Königsberg i. Pr. [um 1900]: L. Krause & Ewerlien.)* (7 S.) 8° [Kopft. 𝔉.] [03. 15505 10

WAAS, EUGEN. Ueber die Einwirkung von Dichloraether auf Benzol bei Gegenwart von Aluminiumchlorid. Leipzig, 1884.

Waas, Fr(iedrich), Pfarrer: Die General-Visitation Ernsts des Frommen im Herzogtum Sachsen-Gotha 1641—1645. Jena: Fischer 1908. 47 S. 8° ¶(Ersch. vollst. in: Zeitschr. f. Thüring. Geschichte u. Altertumsk. Bd 27, H. 1 ff.)
Gießen, Theol. Diss. v. 14. Okt. 1908, Ref. Drews
[Geb. 24. Nov. 79 Neckarsteinach; Wohnort: Waldmichelbach; Staatsangeh.: Hessen; Vorbildung: Ludwig-Georgs-Gymn. Darmstadt Reife O. 98; Studium: Greifswald 3, Gießen 4 S.; Rig. erlassen.] [U 09. 1080

Waas, Jos., christl. Alphabet, oder freundl. Räthe u. Warnungen für Jünglinge u. Mädchen. 8. Straubing. 818. Schmidt. 8 K 12. Wien 819. Grund. 10 K

— Baierns Gesch. f. Schulen. 2e Aufl. 8. München 822, Lindauer.

— kurze Geschichte von Baiern, nebst den wichtigsten Erfindungen u. Ereignissen in Europa. 8. Münch. 820. 2e A. 822. Lindauer. 6 K

— nützl. u. unterhaltende Kenntnisse, zunächst für d. Jugend, u. wohl auch für Erwachsene. gr. 8. Münch. 824. J. Lindauer. 12 K

Waas, Louis, s.: Frisch's, F., Amts- u. Termin-Kalender f. Kanzleien.

— Gesetzes-Kalender, s.: **Kohlhammer,** W.

— s.: **Kohlhammer's,** W., Gesetzes-Kalender.

Waas, L. Studien-Plan zur Vorbereitung auf die niedere Dienstprüfung im K. Württ. Departement d. Innern. 8. (IV, 38 S.) Stuttg. 889, Kohlhammer. geb. * 1 20

Waas, L., Studien-Plan zur Vorbereitg. auf d. nied. Dienstprüfg. im k. württ. Departement des Innern f. Verwaltungskandidaten. 1. Nachtrag. 8. (9 S.) Stuttgart 895. W. Kohlhammer. n. — 40
(Hauptwerk u. 1. Nachtrag: n. 1. 60)

— Studienplan zur Vorbereitung auf die niedere Dienstprüfung, 2. Aufl., s.: **Wolfarth,** K., Leitfaden.

— die Verjährungsfristen, s.: **Wolfarth,** Karl.

Waas, Louis, wie treibe ich meine Forderungen ein? Praktischer u. unentbehrl. Ratgeber f. Jedermann. Nach den neuesten Gesetzesvorschriften in 126 Fragen u. Antworten dargestellt, m. vielen Formularien zu Klage- u. sonst. Schreiben an die Gerichte, nebst e. Anh., enth. die Gerichtskosten u. die Konkurs-Ordng. Giltig f. das ganze deutsche Reich. gr. 8. (V, 104 S.) Stuttgart 900. [C. A. Hammer.] Zeller & Schmidt vorm. E. Rupfer. n. 1. —

v. Waasberg, J. A. J., s. Freidenker, der.

Waase, Karl, die Burgwälle des Ruppiner Kreises, s.: Forschungen zur Früh- u. Vorgeschichte Europas 1. (Bartelt, Wilh.)

— Einführung in das botanisch-mikroskopische Praktikum, s. a. Zur Fortbildung des Lehrers.

Einführung in das botanisch-mikroskopische Praktikum. Von Mittelschullehrer Karl **Waase**. Berlin: Gerdes & Hödel 1909. 33 S. 8°
(Zur Fortbildung d. Lehrers. H. 21.) [10. 12188

— Ferien- u. Fortbildungskurse f. Lehrer u. Lehrerinnen, s. a. Zur Fortbildung des Lehrers.

Ferien- und Fortbildungskurse für Lehrer und Lehrerinnen. Von Mittelschullehrer Karl **Waase**. Berlin: Gerdes & Hödel 1909. 29 S. 8°
(Zur Fortbildung d. Lehrers. H. 22.) [10. 12189

Waaser G. Berechnungstabelle über Baumaterialien. (14 S) Stuttgart 1898

Waaser, Max [illegible]: Die Colonia partiaria des römischen Rechts. Berlin (1885.) ([illegible] S.) 8° * Vollst. ersch. Berlin: Puttkammer & Mühlbrecht 1885.
Berlin, Jur. Diss. v. 23. Febr. 1885

Waaser, Max, die Colonia partiaria d. römischen Rechts. Eine v. der Juristenfakultät der Universität Berlin gekrönte Preisschrift. gr. 8. (VI, 100 S.) Berlin 885. Puttkammer & Mühlbrecht. n. 3. —

***Waatsii*, Isaaci, logica latine versa et contracta in usum auditorum ed. Jh. Dav. Hahn. 8. Utr. 754.**

Wabasha County Post: 1884? 1886? Wabasha, MN
Weekly.

Wabcz [Schlagwort]

Wabcz, s.: Preussen. Messtischblätter.

Wabenhaus, Hans v., die Opfer der Auswanderung od. 20 Jahre in der Sclaverei. Leidensgeschichte u. trag. Erlebnisse e. deutschen Auswanderer-Familie. Sozialer Volksroman. 66 Hfte. (à 1½ Bog. m. 1 Illustr.-Taf.) gr. 8. Berlin 891. A. Weichert. à — 10

Waber, Leop., Besoldungssysteme im Staatsdienste. (Rangklassensystem, Zeitavancement, automat. Gehaltsvorrückg.) Die Grundsätze des preuss. Besoldungssystems. Die Theorie Labands u. Steinbachs vom Staatsdienste. (108 S.) gr. 8. Wien 906. C. Stetter. n. 1. 60

Waber, Leopold. Isokrates, und der am Schluss von Platon's Euthydem gezeichnete Rhetor. 8 (S. 3–35).
Progr. Deutsch. Staats-G. *Kremsier* 1886

Wäber *s. auch* Weber.

WAEBER, Dr., geräucherter Aalhändler, Buntes Hamburg. 1841.
Weller, Lex. Ps. p. 599

Wäber, A[dolf]. Aus dem Avers. [Mit 1 Tafel. SA.] 8. (Bern [1880].)

Wäber, A[dolf]. Die Bergnamen des Berner Oberlandes vor dem XIX. Jahrhundert. [Mit 1 Tafel.] SA. 8. [Bern 1893.]

Wäber, A[dolf]. Walliser Berg- und Passnamen vor dem XIX. Jahrhundert. [Mit Vignetten und 1 Kartenskizze im Text, 1 Tafel und 2 Karten.] Separatabdruck aus dem Jahrbuch des Schweizer Alpenclub. Jahrg. 40. [1904 bis 1905.] 1 S. + S. 248—286. 8. [Bern, A. Francke, 1905.]

Wäber, A., Berne et ses environs. Guide, publié par la société pour le développement de la ville de Berne. Avec de nombreuses illustrations, un plan de Berne, une carte pour les excursions et deux petites cartes de chemins de fer. 8. (85 S.) Bern 891. (Schmid, Francke & Co.) n. — 80

Wäber, A., über Eis u. Schnee, s.: Studer, Glieb.

Wäber, A.: Zur Frage des alten Passes zwischen Grindelwald und Wallis. (Jahrbuch des Schweizer Alpen-Club. Jahrg. 27. S. 253–274.) Bern 1892. 22 S. 8°

Wäber, A[dolf]. Führer durch Bern und Umgebung. Hrg. auf Veranlassung des Verkehrsvereins für Bern und Umgebung. Mit vielen Illustrationen, [13 Tafeln,] einem Plan von Bern, einer Orientierungskarte für Ausflüge und 2 Eisenbahnkärtchen. 8. Bern 1891.

Wäber, A. Führer durch Bern u. Umgebung. Hrsg. auf Veranlassg. d. Verkehrsvereins f. Bern u. Umgebg. 12. (88 S. m. Illustr., Karten u. 1 Plan.) Bern 891, (Schmid, Francke u. Comp.) * — 80
Französ.: Berne et ses environs; engl.: Guide to Berne. Ebd. 1890. à * — 80.

[Wäber, Adolf.] Führer durch Bern und Umgebung. Hrg. vom Verkehrsverein.... Mit vielen Illustrationen. [13 Tafeln,] einem Plan von Bern, einer Orientierungskarte für Ausflüge und 2 Eisenbahnkärtchen. 8. Bern 1896.

Wäber, Adolf s. Gerster, Johann Sebastian, et Wäber, Adolf – Studer, Gottlieb. Über Eis und Schnee. Bern 1896–1899.

Wäber, A[dolf]. Zur Geschichte des Fremdenverkehrs im engeren Berner Oberlande. 1763—1835. [Mit Illustrationen und 5 Tafeln.] Separatabdruck aus dem Jahrbuch des Schweizer Alpenclub. Jahrg. 39. S. 211—261. 8. [Bern, A. Francke, 1904.]

Wäber, A[dolf]. Guide to (*Umschlag:* through) Berne and the neighbourhood by A. Waeber. Published by authority of the Society for promoting intercourse for Berne and the neighbourhood. With numerous illustrations [and 4 plates], a plan of Berne, a map for excursions and two railway-maps. 8. Berne 1891.

Waeber, A., guide to Berne and the neighbourhood. With numerous illustr., a plan of Berne, a map for excursions and two railway-maps. 12. (84 S.) Bern 891. (Schmid, Francke & Co.) n. — 80

Wäber, A[dolf]. Der Krystallfund am Zinkenstock 1719 nach David Märki's Bericht von 1721. SA. 8. [Bern 1890.]

— Landes- u. Reisebeschreibungen, s. a. Bibliographie der schweizer. Landeskunde Fasc. III.

Landes- und Reisebeschreibungen. Ein Beitrag z. Bibliographie der schweizer. Reiselitteratur. 1479–1890, zsgest. von A. Wäber, Bern. Bern: K. J. Wyss 1899. (XXII. 440 S.) 8°
(Bibliographie d. Schweizerischen Landeskunde. Fasc. 3.)

Wäber, A[dolf]. Landes- und Reisebeschreibungen. ⟨Schluss von Fascikel III.⟩ Beitrag zur Bibliographie der schweizerischen Reiselitteratur, 1891—1900, mit Nachträgen aus der Zeit vor 1891, zusammengestellt von A. W', Bern. XVI + 172 S. 8. Bern, K. J. Wyss, 1909. [fr. 2. —]
Ausg. A mit deutschen Titeln. — Bibliographie der Schweizerischen Landeskunde.... Fascikel III[a].
Ausg. B mit französ. Titeln: Descriptions géographiques et récits de voyages et excursions en Suisse. ⟨Fin du Fascicule III⟩. Contribution à la bibliographie de la littérature suisse des voyages de 1891 à 1900, avec des suppléments relatifs à la période antérieure à 1891, par A. Waeber... Berne, K.-J. Wyss, 1909. — Bibliographie nationale suisse... Fascicule III[a].
Das Hauptheft, Fascikel III: W', A. Landes- und Reisebeschreibungen..., *erschien* 1899.

Wäber, A[dolf]. Zur Nomenclatur der Bergeller Berge. [SA.] 8. [Bern 1880.]

Wäber, A., siehe: *Rosenthal, Jos.*

Wäber, A[dolf]. Die Sprachgrenzen in den Alpen. [Mit 1 Karte.] SA. 8. Bern 1879.

Wäber, Alex., Preußen u. Polen. Der Verlauf u. Ausgang e. 2000jähr. Völkergrenzstreites u. deutsch-slav. Wechselbeziehgn. (VII, 391 S.) Lex. 8. München 907. J. F. Lehmann's Verl. 6.—; geb. 7.—

Waeber, Ch. Map of North Eastern China. 1 : 1 355 000. Petersburg u. Hamburg 1898 u. 1900. Je 4 Bl. c. L. Sch.

Ch. Waeber. Map of North-Eastern China. (Scale of Midlatitude 1 : 1.355.000.) 2. ed. *Hamburg: L. Friederichsen & Co. 1900.* (4 Kartenbl. je 56 ⌒ 45 cm.) quer-gr 2° [Umschlagt.] [farbig] [01. 4491]

Waeber, David A. S. 1368/44

Dissertationis physico-mathematicae de triangulorum resolutione primario matheseos ad physicam applicatae fundamento, pars altera, de triangulis sphaericis. Präs. Johann Gesner.
Zürich (Gessner) II. 1758. 32 S., 1 Taf.

10 Resp. 35539

Waeber, Georg A. S. 1344/48

Dissertationis physico-mathematicae de motibus variatis supplementum in quo vires centrales exponuntur. Präs. Johann Gesner.
Zürich (Gessner) II. 1750. 14 S.

9 Respondenten. 35540

Wäber, H[ans]. Predigt bei der Einweihung der neuen Glasgemälde in der Kirche von Zimmerwald, seiner lieben Gemeinde gewidmet von H. W', Pfarrer. 12. November 1905. Text: Hebr. 13, 8. 12 S. 8. Belp, Jordi.

Waeber, Hedwig, von Bern: Die Schweiz des 18. Jahrhunderts im Urteile ausländischer Reisender. Das staatliche Leben. Bern 1907. IV + 75 S. 8°. [20. XII. 04.]
Bern. Phil. Diss. 1907/08.

Waeber, Hedwig. Die Schweiz des 18. Jahrhunderts im Urteile ausländischer Reisender. (Teil 1:) Das staatliche Leben. Diss. Phil. Bern. IV + 75 S. 8. Bern, Buchdr. Stämpfli & Cie. [A. Francke, Verlags-Cto.], 1907. [fr. 1. 50]

Waeber, Heinrich A. S. 1345/24

Dissertatio physico-mathematica de corporum motu et viribus. Präs. Johann Gesner.
Zürich (Gessner) II. 1746. 2 Taf., 55 S.

12 Respondenten. 35541

Waeber, Otto, aus Kurland: Beiträge zur Anthropologie der Letten. Diss. Dorpat. 8° mit zwei Tabeilen. 1879.

Wäber, Paul [Fürsprecher]: Die Pertinenz im modernen Rechte mit besonderer Berücksichtigung des bernischen Civilgesetzbuches. Bern 1899. 187 S. 8°.
Bern. Jur. Diss. 1899/1900.

Wäber, P[aul]. Verzeichnis juristischer Abkürzungen. II + 31 S. 8. Bern, Stämpfli & Cie., 1908. [fr. —. 60]

Waeber, R., Botanik, s. Sprockhoff, A.

Waeber, Rob., Grundriß der Meteorologie. Kurzgefaßte Einführung in das Verständnis unserer Witterungserscheinungen für Jedermann, insbesondere auch ein Supplement zu den gebräuchlichsten Elementarbüchern der Physik. [Erweit. Sep.-Abdr. aus des Verf. Lehrbuche der Physik.] gr. 8. (42 S. mit 27 eingedr. Holzschn.-Abbild.) Leipzig 878, Hirt und Sohn. *

—— Lehrbuch der Chemie mit besond. Berücksicht. der Mineralogie und chemischen Technologie. Für Seminarien, landwirthschaftl. Mittelschulen, Gewerbeschulen u. a. m. gr. 8. (VIII, 208 S. mit 124 in den Text gedr. Holzschn.-Abbild.) Ebendas. 876. *

—— dass. — 2. [Doppel-]Aufl. gr. 8. (VIII, 190 S. mit 125 in den Text gedr. Holzschn.-Abbild.) Ebendas. 879. *

Waeber, R., Lehrbuch der Chemie mit besonderer Berücksichtigung der Mineralogie und chemischen Technologie. Für Seminarien, landwirthschaftl. Mittelschulen, Gewerbeschulen u. a. m. 3. Aufl. gr. 8. (VIII, 190 S. mit 125 in den Text gedr. Holzschn.-Abbild.) Leipzig 880, Hirt und Sohn. * 2 50

—— **Lehrbuch der Physik, mit besond. Berücksicht. der physikalischen Technologie und der Meteorologie. gr. 8. (VIII, 284 S. mit 487 eingedr. Holzschn.-Abbild. und 1 chromolithogr. Spektraltaf.) Ebendas. 878.** *

—— Lehrbuch der Physik mit besonderer Berücksichtigung der physikalischen Technologie und der Meteorologie. 2. Doppel-Aufl. gr. 8. (VIII, 282 S. mit 450 eingedr. Holzschn.-Abbild. und 1 chromolithogr. Spektraltaf.) Ebendas. 880. * 3 50

— Lehrbuch der Physik. 17. Aufl., bearb. v. J. Unverricht. Mit 484 Abbildgn. u. 1 farb. Spektraltaf. (XII, 372 S.) gr. 8. Leipzig 910. F. Hirt & Sohn. Geb. in Leinw. 4. —

—— Lehrbuch für den Unterricht in der Botanik mit besond. Berücksicht. der Kulturpflanzen. 2. Aufl. gr. 8. (268 S. mit 252 Abbild. im Text und 24 Taf. in Farbendr. von F. Flinzer.) Breslau 888, F. Hirt. geb. * 3 60

Waeber, R. Lehrbuch f. den Unterricht in der Botanik m. besond. Berücksicht. der Kulturpflanzen. 3. durchgeseh. Aufl. gr. 8. (315 S. m. 240 Abbildgn. u. 24 Taf. in Farbendruck.) Bresl. 891, F. Hirt. geb. * 3 60; Ausg. ohne Farbendr.-Taf. brosch. * 2 70

Waeber, R., Lehrbuch f. den Unterricht in der Botanik m. besond. Berücksicht. der Kulturpflanzen. Mit 240 Abbildgn. im Text u. 24 Taf. in Farbendr. v. F. Flinzer. 4., durchgeseh. Aufl. gr. 8. (315 S.) Leipzig 894. F. Hirt & Sohn. Geb. in Leinw. n.n. 3. 75

Waeber, R., Lehrbuch f. d. Unterr. in d. Botanik m. bes. Berücksicht. d. Kulturpflanzen. M. 240 Abb. im Text u. 24 Taf. in Farbendr. v. F. Flinzer. 5., durchgeseh. Aufl. gr. 8. (316 S.) Leipzig 896. F. Hirt & Sohn. Geb. in Leinw. n.n. 3. 75

Waeber, R., Lehrbuch f. den Unterricht in der Botanik. 7. Aufl., bearb. v. L. Imhäuser. Ausgestattet m. 189 Abbildgn. in Schwarzdr. u. 16 Taf. in vielfachem Farbendr. gr. 8. (VIII, 330 S.) Leipzig 901. F. Hirt & Sohn. Geb. in Leinw. n.n. 3. 75

Waeber, R., Lehrbuch f. den Unterricht in der Botanik. 8., durchgeseh. Aufl., bearb. v. L. Imhäuser. Mit 194 schwarzen Abbildgn. im Text u. 23 farb. Taf. als Sonderbeigabe. (VIII, 336 S.) gr. 8. Leipzig 904. F. Hirt & Sohn. Geb. in Leinw. n. 4. —

—— Lehrbuch für den Unterricht in der Chemie mit besond. Berücksicht. der Mineralogie und chemischen Technologie. 6. Aufl. gr. 8. (252 S. mit vielen in den Text gedr. Abbild.) Leipzig 888, Hirt und Sohn. geb. * 2 50

—— Lehrbuch f. den Unterricht in der Chemie m. besond. Berücksicht. der Mineralogie u. chemischen Technologie. 7. u. 8. Aufl. gr. 8. (263 S. m. Abbildgn.) Lpz. 890,92, Hirt u. Sohn. geb. * 2 50

— Lehrbuch f. den Unterricht in der Chemie m. besond. Berücksicht. der Mineralogie u. chemischen Technologie. 9. Aufl. gr. 8. (263 S. m. Abbildgn.) Ebd. 894. Geb. in Leinw. n. 2. 50

— Lehrbuch f. d. Unterr. in d. Chemie m. Berücksicht. d. Mineralogie u. chem. Technologie. 11., verb. Aufl. gr. 8. (265 S. m. Abb.) Ebd. 897. Geb. in Leinw. n. 2. 50

WAEBER, R.
Lehrbuch für den Unterricht in der Chemie, mit Berücksichtigung der Mineralogie und chemischen Technologie. Zwölfte Auflage. Leipzig, 1899. 8vo. Ill.

— Lehrbuch f. den Unterricht in der Chemie m. Berücksicht. der Mineralogie u. chemischen Technologie. 13. verb. Aufl. gr. 8. (275 S. m. 107 Abbildgn.) Ebd. 901. Geb. in Leinw. n. 2. 50

Waeber, R., Lehrbuch f. den Unterricht in der Chemie m. Berücksicht. der Mineralogie u. chemischen Technologie. Mit 107 Abbildgn. in Schwarzdruck. 15., verb. Aufl. (264 S.) gr. 8. Leipzig 904. F. Hirt & Sohn. Geb. in Leinw. n. 2. 50

Waeber, Rob., Lehrbuch f. den Unterricht in der Chemie m. Berücksicht. der Mineralogie u. chemischen Technologie. 16. Aufl., neu bearb. v. Ernst Heinze u. K. Pappenheim. (VII, 240 S. m. 111 Abb.) gr. 8. Leipzig 908. F. Hirt & Sohn. Geb. 2. 80

—— Lehrbuch für den Unterricht in der Physik mit besond. Berücksicht. der physikalischen Technologie und der Meteorologie. 5. Aufl. gr. 8. (347 S. mit 400 Abbild. und 1 Spektraltaf.) Ebendas. 887. geb. * 3 75

—— Lehrbuch f. den Unterricht in der Physik m. besond. Berücksicht. der physikal. Technologie u. der Meteorologie. 6. Aufl. gr. 8. (347 S. m. 400 Abbildgn. u. 1 Spektraltaf.) Ebd. 890. geb. * 3 75

— Lehrbuch f. den Unterricht in der Physik m. besond. Berücksicht. der physikal. Technologie u. der Meteorologie. 7. unveränd. Aufl. gr. 8. (347 S. m. 400 Abbildgn. u. 1 Spektraltaf.) Ebd. 893. Geb. n. 3. 75

— Lehrbuch f. d. Unterr. in d. Physik m. Berücksicht. d. physikal. Technologie u. d. Meteorologie. 10., verb. Aufl. gr. 8. (323 S. m. 340 Abb. u. 1 Spektraltaf.) Ebd. 897. Geb. in Leinw. n.n. 3. 75

— Lehrbuch f. den Unterricht in der Physik m. Berücksicht. der physikal. Technologie u. der Meteorologie. 13. Aufl. Mit 350 Abbildgn. u. 1 (farb.) Spektraltaf. gr. 8. (318 S.) Ebd. 902. Geb. in Leinw. n.n. 3. 75

— dasselbe, in der Physik. Mit 484 schwarzen Abbildgn. u. 1 farb. Spektraltaf. 15. Aufl., neu bearb. v. J. Unverricht. (XII, 372 S.) gr. 8. Ebd. 905. Geb. n. 4. —

— Leitfaden f. den Unterricht in der Chemie f. Präparandenanstalten, Mittel- u. Fortbildungsschulen. Mit vielen (eingedr. Holzschn.-)Abbildgn. gr. 8. (VI, 66 S.) Ebend. 876. n. — 75

—— **dass. — 2. [Doppel-]Aufl. gr. 8. (71 S. mit vielen eingedr. Holzschn.-Abbild.) Ebendas. 879.** *

—— Leitfaden für den Unterricht in der Chemie für Präparandenanstalten, Mittel- und Fortbildungsschulen. 3. Aufl. gr. 8. (71 S. mit vielen eingedr. Holzschn.-Abbild.) Ebendas. 881. * — 75

—— Leitfaden für den Unterricht in der Chemie. 5. [Doppel-] und 6. Aufl. gr. 8. (71 S. mit vielen Abbild.) Ebendas. 885,88. * 80 Pf.; geb. ** 1 —

—— Leitfaden f. den Unterricht in der Chemie. 7. Aufl. (71 S. m. Abbildgn.) 890; 8. Aufl. gr. 8. (78 S. m. Abbildgn.) Ebd. 892. cart. * — 80

— Leitfaden f. den Unterricht in der Chemie. 9. Aufl. gr. 8. (78 S. m. Abbildgn.) Ebd. 894. Kart. n. — 80

— Leitfaden f. d. Unterr. in der Chemie. 11., verb. Aufl. gr. 8. (78 S. m. 32 Abb.) Ebd. 897. Kart. n. — 80

— Leitfaden f. den Unterricht in der Chemie. 14., verb. Aufl. gr. 8. (77 S. m. 32 Abb.) Ebd. 902. Kart. n. — 80

— Leitfaden f. den Unterricht in der Chemie. 15. Aufl. (80 S. m. 30 Abbildgn.) gr. 8. Ebd. 903. Kart. n. — 80

—— Leitfaden für den Unterricht in der Physik, mit besond. Berücksicht. der Meteorologie. Nach method. Grundsätzen bearb. gr. 8. (114 S. mit 150 eingedr. Holzschn.-Abbild.) Ebendas. 879. *

—— Leitfaden für den Unterricht in der Physik, mit besonderer Berücksichtigung der Meteorologie. Nach method. Grundsätzen bearb. 2. Aufl. gr. 8. (114 S. mit 150 eingedr. Holzschn.-Abbild.) Ebendas. 880. * 1 25

—— Leitfaden für den Unterricht in der Physik mit besond. Berücksicht. der Meteorologie. Nach method. Grundsätzen bearb. 4. [Doppel-]Aufl. gr. 8. (114 S. mit 150 Abbild.) Ebendas. 885. *ℳ 1.25.; geb. ** 1 50

—— dass. — 5. Aufl. gr. 8. (114 S. mit 147 Abbild.) Ebendas. 887. cart. * 1 20

—— Leitfaden f. den Unterricht in der Physik m. besond. Berücksicht. der Meteorologie. 6. Aufl. (114 S. m. 147 Abbildgn.) 889; 7. Aufl. gr. 8. (124 S. m. 145 Abbildgn.) Ebd. 891. cart. * 1 20

— Leitfaden f. d. Unterricht in der Physik m. besond. Berücksicht. der Witterungskunde. Nach method. Grundsätzen bearb. 8. Aufl. gr. 8. (124 S. m. 145 Abbildgn.) Ebd. 893. Kart. n. 1. 20

— Leitfaden f. den Unterricht in der Physik, nach method. Grundsätzen bearb. 13. Aufl. gr. 8. (130 S. m. 150 Abbildgn.) Ebd. 902. Kart. n. 1. 25

— dasselbe, in der Physik, nach methodischen Grundsätzen bearb. 14. Aufl. (128 S. m. 150 Abbildgn.) gr. 8. Ebd. 903. Kart. n. 1. 25

— Pflanzenkunde, s.: Krausbauer, Thdr.

Kleine Schul Naturgeschichte der drei Reiche, s. Schilling, Sam.

— Tier- u. Menschenkunde, s.: Hirt's, Ferd., neues Realienbuch. (Kohlmeyer, Otto.)

— s.: Vorbereitungen u. Entwürfe aus dem gesamten Unterrichtsgebiete der deutschen Volksschule.

(Wäber, R[udolf].) Der Naafkopf. [Mit 1 Illustration.] SA. 8. [Bern 1887.]

Wäber, R[udolf]. Aus dem Rhätikon. [Mit 2 Illustrationen. SA.] 8. [Bern 1886.]

Wabner, Rob., die Bewetterung der Bergwerke. Mit e. Atlas v. 30 Taf. (in 4, nebst 1 Bl. Erklärgn.) gr. 8. (XII, 250 S.) Leipzig 902. A. Felix. Geb. u. kart. n. 16. —

Wabnitz, s.: **Einmaleinstabelle.**

Wabraschek, Wenz. Jak., s. Blumenbach, C. W.

Wabst, Chr. G., histor. Nachr. von des Churfürstenthums Sachsen u. d. dazu gehör. Lande jetz. Verfass. d. hohen u. nied. Justiz, aus authent. Urkunden. Fol. Leipzig, Fritsch. 732.

Wabst, Christian Xaver: De hydrargyro tentamen physico-chemico-medicum. Pars prior. 218 S., gbd.

Vindobonae: Trattner 1754

JB 1.556

Wabst, Christilieb Gottwald [Praes.], s. Schüler, Johann Gottfried: Io. Lockii sublestae de ratione sententiae.

Wace's, Maistre, St. Nicholas. Ein altfranzös. Gedicht des 12. Jahrh. aus Oxforder Handschriften hrsg. v. Nicol. Delius. gr. 8. (XII u. 96 S.) Bonn 850, König. n. ½ ₰

Wace's, Maistre, St. Nicholas. Ein altfranzös. Gedicht des 12. Jahrh. aus oxforder Handschriften hrsg. von Nicol. Delius. gr. 8. (XII und 96 S.) Bonn 850. [Frankfurt a. M., St. Goar.] *

Wace's, Maistre, Roman de Rou et des ducs de Normandie. Nach den Handschriften von Neuem hrsg. von Hugo Andresen. 1. Bd. 1. und 2. Thl. gr. 8. (VII, XCVI, 238 S.) Heilbronn 877, Gebr. Henninger. *

—— dass. — 2. Bd. 3. Thl. gr. 8. (V, 828 S.) Ebendas. 879. *

Wacek, F. v., A. v. Nava, J. v. Hattingberg, das Sparcassenwesen in Oesterreich, s.: Verwaltung, sociale, in Oesterreich. I. 6.

Wach: Ansichten über die Undulationstheorie. 20 S. 8°. Pilsen, Progr. 1867.

Wach, s.: Bankerutt. Untreue usw.

Wach: Ein Beitrag zur Geschichte Egers vor dessen definitiven Vereinigung mit Böhmen. 9 S. Eger, Progr. 1857

Wach, d. Stellung d. Geistlichen zur socialen Frage. Rede in d. 10. Sitzg. der 6. evangelisch-luther. Landessynode d. Königr. Sachsen u. Verhandlungen hierüber. [Sonderabdr. aus den Synodalverhandlgn.] gr. 8. (26 S.) Dresden 896. v. Zahn & Jaensch. n. — 60

Wach, A.: de [illegible] ad [illegible] ex VII [illegible] cap. X. de [illegible] (III, 38) explicata. Regim. Pr. 76 S.
Schul-/Univ.-Schrift

Die juristische Facultät d. Univ. Leipzig verkündigt d. Feier d. Andenkens an B. F. R. Lauhn, welche am 14. Juli 1886 . . . Statt haben wird. Nebst Abh.: Zwei civilprocessualische Abhandlungen z. Lehre von d. Klageänderung und Klagveräusserung. Von Dr. Adolf Wach, d. Z. Decan. Leipzig, Druck v. A. Edelmann (1886): 31 + 1 S. 8°

Wach, A., zwei civilprocessualische Abhandlungen zur Lehre von der Klageänderung und Klagveräusserung. Leipzig 1886, Gustav Fock. 8°. 31 S.

Wach, Ad., die christlich-sociale Arbeiterpartei. Ein Vortrag, geh. am 25. Juni 1878 auf der Meißner Kirchen- u. Pastoral-Conferenz. gr. 8. (47 S.) Leipzig 878. B. Tauchnitz. n. 1. —

Wach, Adph., der Arrestprocess in seiner geschichtlichen Entwickelung. 1. Thl.: Der italienische Arrestprocess. Leipzig 860. Haessel. gr. 8. (XI, 235 S.) n. 1 ₰ 20 ngr.

Wach, Adph., der Arrestprocess in seiner geschichtlichen Entwickelung. 1. Thl.: Der italienische Arrestprocess. gr. 8. (XI, 235 S.) Leipzig 868, Haessel. * 5 —

Wach, Adolf (Bearb.), s. Bankerutt.

(**Wach,** Adolf, Dr.: Die **Beweislast** nach dem Bürgerlichen Gesetzbuch.) *Leipzig (1901): A. Edelmann.* (49 S.) 8°
Leipzig, Progr. zur Gedächtnisfeier für B. F. R. Lauhn 1001

Die Beweislast nach dem Bürgerlichen Gesetzbuch. Dekanatsprogr. von Adolf Wach. *Leipzig (1901): A. Edelmann.* (49 S.) 8°
[Aus: Zeitschrift f. deutschen Zivilprozeß. Bd 29.] [03. 131:4 6

Wach, Ad.: Die civilprozessualische Enquête. Berlin 1887.
(Zeitschrift f. dt. Civilprozeß. Erg.H. zu Bd 11.)

—— der Feststellungsanspruch. Ein Beitrag zur Lehre vom Rechtsschutzanspruch, s.a. Festgabe der Leipziger Juristenfakultät für Dr. Bernhard Windscheid.

Wach, Adf. Der Feststellungsanspruch. Ein Beitrag zur Lehre vom Rechtsschutzanspruch. gr. 8. (66 S.) Lpz. 889, Duncker u. Humblot. * 1 60
Aus: Festgabe der Leipz. Juristenfakultät f. B. Windscheid, besonders abgedruckt.

—— Handbuch des deutschen Civilprozessrechts, s.a. Handbuch, systematisches, der deutschen Rechtswissenschaft.

Wach, Ad.: Handbuch des deutschen Civilprozeßrechts. Bd 1. Leipzig 1885.

(System. Handbuch d. dt. Rechtswiss. hrsg. von Binding. Abt. 9, T. 2.)

Wach, Adf., die preußischen Kirchengesetze. Rede, geh. am 2. Juli 1873 vor der Bonner Pastoral-Conferenz. gr. 8. (32 S.) Bonn 873. A. Marcus. n. — 50

— u. P. **Laband, zur Lehre v. der Rechtskraft. 3. Rechtsgutachten. gr. 8. (V, 125 S.) Ebd. 899.** n. 3. 60

Die Juristenfakultät verkündet die Feier des Andenkens an Hofrath Christian Friedrich Kees, welche am 13. Febr. 1895 . . . stattfinden soll. (Die Mündlichkeit in dem Entwurf der österreichischen Civilprocessordnung von Dr. Adolf Wach.) Leipzig, Druck v. A. Edelmann, Univ.-Buchdr., 1895; 3 Bl., 65 S. 8°

Wach, Adf, d. Mündlichkeit im österr. Civilprocess-Entwurf. gr. 8. (III, 65 S.) Wien 895. Manz. n. 1. 80

—— s. Predigten und Reden zur Leipziger Kaiser-Feier.

Rechtsgutachten des Geheimen Rath Dr. Adolf Wach, Prof. zu Leipzig, vom 24. Febr. 1898, in Sachen d. Bergwerksgesellschaft Georg v. Giesche's Erben wider den Grafen v. Tiele-Winckler. (Kattowitz [1898]: Gebr. Böhm.) (19 S.) 4°

— die Reform der Freiheitsstrafe. Ein Beitrag zur Kritik der bedingten u. der unbedingten Verurteilg. gr. 8. (V, 81 S.) Leipzig 890. Duncker & Humblot. n. 1. 80

Decan und d. übrigen ord. Professoren d. jurist. **Facultät** verkündigen d. Feier d. Andenkens an Chr. Fr. **Kees**, welche am 13. Febr. 1886 . . . Statt finden soll. Mit Abhandlung: Die Reichscivilprocessordnung und die Praxis von Dr. A. Wach, d. Z. Decan. Leipzig, Druck v. A. Edelmann (1886); 2 + 65 S. 8°

Rectoratswechsel an der **Universität Leipzig** am 31. October 1902. 1. Rede des abtretenden Rectors Dr. Eduard Sievers: Bericht über das Studienjahr 1901/1902. 2. Rede des antretenden Rectors Dr. Adolf Wach: Die criminalistischen Schulen und die Strafrechtsreform. *Leipzig (1902): A. Edelmann.* (42 S.) 4°

Wach, Adf., die kriminalistischen Schulen u. die Strafrechtsreform. Rede, bei Antritt des Rektorats am 31. X. 1902 geh. gr. 8. (30 S.) Leipzig 902. Duncker & Humblot. n. — 80

Wach, Adolf: Über die Sperrung des Börsenblattes und über die Verkürzung des Rabatts. Rede geh. im Senate d. Univ. Leipzig. Als Ms. gedr. [Leipzig 1903.] [Fing.T.] (17 S.) 4°

Wach, Adf., s.: Synodal-Fragen.

— **Legislative Technik, s.: Darstellung, vergleichende, des deutschen u. ausländischen Strafrechts. VI.**

Wach, Adf., die Technik des Vorentwurfs. (35 S.) gr. 8. Berlin 910. J. Guttentag. — 80
Sonderabdr. aus: „Die Reform des Reichsstrafgesetzb."

— Vorträge über die Reichs-Civilprozessordnung, geh. vor prakt. Juristen im Frühjahr 1879. gr. 8. (VIII, 244 S.) Bonn 879. Marcus. n. 4. —

— **Vorträge üb. d. Reichs-Civilprocessordnung, geh. vor prakt. Juristen im Frühj. 1879. 2., veränd. Aufl. gr. 8. (XI, 335 S.) Bonn 896. A. Marcus' & E. Weber's Verl.** n. 6. —; geb. n. 7. —

Widerlegung des Rechtsgutachtens des Professor Dr. Fischer in Sachen der Bergwerksgesellschaft Georg v. Giesche's Erben in Breslau gegen den Grafen Franz Hubert v. Tiele-Winckler auf Miechowitz von Adolf Wach, Geh. R., Prof. zu Leipzig. Als Ms. gedr. Kattowitz 1898: Gebr. Böhm. (28 S.) 4°

Wach, Adf., die Civilprozessordnung u. die Praxis. gr. 8. (VI, 65 S.) Leipzig 886. Duncker & Humblot. n. 1. 20

Wach, Alois, Anleitung zur Wartung stationärer Dampfkessel u. Dampfmaschinen f. Kesselheizer, Maschinenwärter, Besitzer v. Dampfmaschinen u. Arbeiter in Dampfmaschinen-Fabriken. 8. (IV, 194 S.) Pilsen 873. Maasch. n. 1. 70

Wach, Alois Karl, 150 Krystallformennetze zum Anfertigen von isometrischen Krystallmodellen. 1. Lfg. qu. gr. Fol. (14 Steintaf. m. Text: 15 S. gr. 8.) Pilsen 881. Maasch. n. 2. —

—— Mittheilungen über isometrische Krystallformen. gr. 8. (45 S. mit 3 Stnt.) Ebendas. 882. * 1 20

Wach, Alois P.: Das Nordlicht mit Berücksichtigung des Südlichtes. 29 S. 8°. Pilsen d. OG., Progr. 1871.

Wach, Anton

Wach, Ant., gemeinnütziger Baurathgeber bei allen Arbeits- und Materialberechnungen im Baufache. Mit Beifügung der am häufigsten gebrauchten Formeln und andern techn. Behelfen, nebst Angabe der gegenwärtigen Arbeits- und Materialpreise in der Hauptstadt Prag. Für Baubeflissene, Bauherren, Guts- und Hausbesitzer rc. 3., vollständig umgearb. und verm. Aufl. 8. (VIII und 456 S.) Prag 855, [Tempsky.]

Wach, Ant., gemeinnütziger Baurathgeber bei allen Arbeits- und Materialberechnungen im Baufache. Mit Beifügung der am häufigsten gebrauchten Formeln, u. andern technischen Behelfen, nebst Angabe der gegenwärtigen Arbeits- u. Materialpreise in der Hauptstadt Prag. Für Baubeflissene, Bauherren, Guts- u. Hausbesitzer rc. 4., wiederholt umgearb. u. verm. Aufl. Prag 863. Tempsky. 8. (VIII, 488 S.) 1 *ℛ* 22½ *ngr.*

Wach, Ant., gemeinnütziger Rathgeber bei allen Arbeits- u. Materialberechnungen im Baufache. Mit Beifügung der am häufigsten gebrauchten Formeln, u. andern techn. Behelfen, nebst Angaben der gegenwärt. Arbeits- u. Materialpreise in der Hauptstadt Prag. Für Baubeflissene, Bauherren, Guts- u. Hausbesitzer rc. 5. mit den Arbeitspreisen u. dem Materialbedarf für metr. Maß u. Gewicht verm. Aufl. Prag 870. Tempsky. 8. (VIII, 504 S.) 1 *ℛ* 21 *ngr.*

Wach, Ant., gemeinnütziger Baurathgeber bei allen Arbeits- u. Materialberechnungen im Baufache. Mit Beifügg. der am häufigsten gebrauchten Formeln u. anderen techn. Behelfen, nebst Angaben der gegenwärt. Arbeits- u. Materialpreise in der Hauptstadt Prag. Für Baubeflissene, Bauherrn, Guts- u. Hausbesitzer rc. 6. bericht. u. m. den Arbeitspreisen u. dem Materialbedarf f. metr. Maß u. Gewicht verm. Aufl. 8. (VIII, 526 S.) Prag 874. Tempsky. n. 6. —; geb. n. 6. 80

Wach, Ant., s. Hennig, C. A. F., popul. Baurathgeber.

– Gemeinnütziger Rathgeber . . ., s. Wach: Gemeinnütziger Baurathgeber . . .

Wach, Carl, s. Wach, Karl

Wach, Fel., kgl. sächs. Gesetz, die Organisation der Behörden für die innere Verwaltung betr., s.: Handbibliothek, juristische. 337.

Wach, Felix [Dr. jur.]: Ausgew. Doktordissertationen d. Leipz. Juristenfakultät. Der Zwangsvergleich. E. civilprozessuale Abhandlg. Leipzig, Veit & C., 1896; 89 S. 8.
Leipzig, Jur. Fak., Inaug.-Diss. v. [19. Juni] 1895

Wach, Fel., der Zwangsvergleich. Eine civilprozessuale Abhandlg. (Ausgewählte Doktordissertationen d. Leipziger Juristenfakultät.) gr. 8. (89 S.) Leipzig 896. Veit & Co. n. 2. 80

Wach, Geo. Fr., († d. 24. März 1806.), s. Bibel, die, für gemeine Christen.

Wach, Hans: Ueber den Wärmedurchgang durch die Zylinderwandungen einer Gasmaschine. 1908. 50 S., 3 Taf. 8⁰
Hannover, Dr.-Ing.-Diss. v. 30. 7. 1907

Wach, Heinr., wunderbare Schicksale u. Irrfahrten der persischen Gräfin mit dem Todtenkopfe. Eine wahre Geschichte, aus glaubwürd. Papieren mitgetheilt. 8. (4½ B.) Berlin 843, Bade. ¼

Wach, Johann Christian (Leipzig) A. S. 808/37

Dissertatio juridica, de exceptione non numeratae pecuniae, vulgo Von Ausflucht des nicht empfangenen Geldes.
Präs. Bartholomaeus Leonhard Schwendendörffer. Rec. Leipzig 1717. 14 S.

Diss. 25. VI. 1674. 35500

Wach, Jos., s.: Recht, das österreichische.

Wach, K., Enthüllungen üb. das Treiben der Geheimpolizei in Oesterreich. gr. 8. (64 S.) Leipzig (901). [C. Minde.] Alldeutscher Verlag. n. 1. —

Wach, Carl, Grundriss der pharmaceutischen Waarenkunde, zum Gebrauch für Aerzte, Apotheker u. Droguisten. Mit einem Vorwort von Mich. Bened. Lessing. 1. Thl.: Pharmakognosie des Pflanzen- u. Thierreichs. Leipzig 865. Felix. (XXVIII, 584 S.) geb. n 2 ₰ 10 ngr.

Wach, Carl, die preußische Militair-Pharmacopoe. Handbuch für Aerzte und Apotheker zum Gebrauch im Frieden und im Kriege. 16. (XII und 224 S.) Berlin 854, Deckersche geheime Ober-Hofbuchdr.

Wach, Carl (I.), das Zeitalter der Reformation. Wilhelm v. Kaulbach's Wandgemälde im Treppenhause des Neuen Museums in Berlin. Historisch-biographisch erläut. gr. 16. (VI und 80 S. mit 1 photolithogr. artist. Beigabe in qu. 4.) Berlin 867, Nicolai's Verlag. *

Wach, Carl Wilhelm. [Die neun Musen.] Wach pinx^t. J. Caspar sculp^t. [Berlin um 1826.]
9 Taf. in Kupferst. 4°.
Stiche nach den Gemälden von C. W. Wach im Konzertsaal des Schauspielhauses in Berlin. 1820

Wach, W., die neun Musen am Plafond des neuen Schauspielhauses in Berlin. Gestochen von C. Caspar. (9 Bl.) ½ gr. Fol. Berlin 838. Gropius. n. 6⅔ ₰

Wach, Karl Wilh., die Musen im königl. Schauspielhause zu Berlin. In Kpfr. gest. von J. Caspar. Neue Ausg. Mit begleit. Text von Max Jordan. Fol. (10 Bl. mit 7 S. Text.) Berlin 878, Wasmuth. In Leinw.-Mappe *

Wach, Rob., ein Sonnenstrahl, s.: Universal-Bibliothek.

Wach, W., s. Wach, Karl Wilhelm

Wach, Wilhelm. Beurtheilung der vier Concurrenz-Bilder. Aufgabe der Königl. Akademie der Künste zum Concurs um den grossen Preis in der Malerei 1842. Berlin 1843. 4°.

Wach, Wilhelm. Beurtheilung der vier Concurrenz-Bilder, darstellend David vor Saul. Aufgabe der Königl. Akademie der Künste zum Concurs 1844. Berlin. 4°.

Wilhelm Wach.
Deckengemälde im Königl. Schauspielhause zu Berlin. 9 Blatt Radirungen von J. Caspar. Berlin. Fol.

Wach, Wilhelm: Ueber die Wichtigkeit des Studiums der Wissenschaften, welche die Grundlage des Studiums der Kunst sind. Ein Vortrag, gehalten in der Sitzung der Königlichen Akademie der Künste am 3. August 1840. Berlin 1840. 4⁰

Wacha Ed.: Die politischen Beziehungen der Könige von Frankreich und England zu den Hohenstaufen. 16. Mähr. Schönberg 77.
Progr.

Wacha-Wachtl, Heinr., ein Stück aus dem Leben. Volksstück in 5 Akten. (IV, 72 S.) 8. Dresden 904. E. Pierson. n. 1. 50

Wachalla, J. W., die heiligen drei Könige. [Nach Bibel, Tradition, Legende und Kunst.] Exegetisch-literar. Abhandlung. 8. (39 S.) Wien 872, Kirsch. — 40

— der österreichische Reichskanzler Clemens Lothar Fürst v. Metternich. Historisch-politische Studie. gr. 8. (III, 95 S.) Wien 872. Regensburg, Manz. 1. 80

Wachalla, J. W., der österreichische Reichskanzler Clemens Lothar Fürst v. Metternich. Historisch-politische Studie. gr. 8. (III, 95 S.) Wien 872, Sartori. 1 80

Wachau [Sachliches OW]

Wachau und Dunkelsteinerwald. 1:100.000. [G. Freytag's Ausflugskarten. XVII. Blatt] K —.40
Wien: Freytag & Berndt 1909.

Wachau und Dunkelsteiner Wald. [G. Freitag's Ausflugskarten. Blatt XVII.] Wien: Freytag & Berndt 1910.

Wachau [Schlagwort]

Wachau, s. a. Alpen, Freytag.

Wachau. Ausflugs-, Touristen- u. Wegmarkierungs-Karte, neueste kolorierte, m. Führer durch die Wachau, s.: Mück's praktische Taschenbücher 25. Bd.

— s. a.: Ausflugskarten.

– s. a. Wiener Ausflugskarten.

— **Karte der Wachau.** 1 : 75,000. Ausgeführt im k. u. k. militärgeogr. Institut in Wien. Mit Bezeichng. der markierten Wege. 48,5×61,5 cm. Farbdr. Wien (907). (R. Lechner's Sort.) nn 2.50; auf Leinw. nn 3.50

Wachau [Verfasser]

Wachau, Paul (Poppenreuth) A. S. 335/14

Merita Philippi Melanchthonis in rem literariam Noribergensium. Präs. Johann Ignaz Volland.
Altdorf (Meyer) 31. IX. 1719. 60 S.
35501

Wachau, Paul (Nürnberg) A. S. 230/28

De solennitatibus et effectibus inventarii hereditatis speciat. secund. reform Nor. tit. XXXVIII. Von Inventirung der Güter.
(Altdorf) (Meyer) VI. 1726. 52 S.
35503

Wachau, Paul (Nürnberg) A. S. 832/27

Dissertatio iuris feudalis de vasallagio subiectionem non inferente, Lehen=Mann kein Unterthan.
Präs. Heinrich Hildebrand.
Altdorf (Kohles) V. 1721. 48 S.
35502

Wachau, Paul (Nürnberg) A. S. 92/19

Dissertatio iuris feudalis de vasallagio subiectionem non inferente Lehen=Mann kein Unterthan.
Präs. Heinrich Hildebrand. Ed. nova.
Wittenberg (Scheffler) 1737. 48 S.

Diss. V. 1721. 35504

Wachau, Paul (Nürnberg) A. S. 20/17

Dissertatio iuris feudalis de vasallagio subiectionem non inferente Lehen=Mann kein Unterthan.
Präs. Heinrich Hildebrand. Rec.
Jena (Heller) 1737. 50 S.

Diss. Altdorf V. 1721. 35505

Wachberg, H., Theist und Atheist, s. Album. Bibliothek deutscher Originalromane.

Wachberg, Heinrich

Theist und Atheist. Roman. Th. 3.
Wien: Markgraf 1862. 216 S. 8°

(Album. Bibliothek dt. Originalromane. Jg. 17, Bd 17.)

Wache auf, der du schläfst! Ernster Zuruf an Deutschlands gesinnungsvolle, gläubige Christen, Katholiken wie Protestanten. Von einem Laien in der Gemeine. gr. 8. Breslau 845. (Fr. Aderholz.) n. 1/12 ℛ

Wache auf, der du schläfst! Eine Sammlung Erweckungsreden. 5. Taus. H. 1. Breklum: Kirchl. Ver. f. Evangelisation [um 1900]. 8° [F.] 108. 17389

Wache auf, der du schläfst! Eine Sammlung Erweckungsreden. H. 1. Breklum: Kirchl. Verein f. Evangelisation; H. Jensen in Komm. [1907]. 8° [F.] 108. 15773 8

Wache auf, der du schläfst! Eine Sammlg. Erweckungsreden. 1.—5. Heft. gr. 8. Breklum, (Christl. Buchh.). à — 10

Lunde, Alb., 3 Erweckungsreden, geh. bei der Erweckung in Kristiania. 1. Prüfe dich selbst! 2. Jesus kommt wieder! 3. Siehst du Jesus? Übers. v. Joh. Raben. (4. Taus.) (S. 17—48.) (907.) (Heft 2. 3.)

— Gott ruft dich! (Aus dem Norweg. v. Lorenzen.) 5. Taus. (16 S.) (907.) (Heft 1.)

— Bringst du Opfer der Gerechtigkeit? Eine Erweckungsrede f. Gotteskinder. Uebers. v. Joh. Raben. 3. Taus. (S. 49—64.) (907.) (Heft 4.)

Mobalsli, Sigbjörn, 1. Jesu Wiederkunft. 2. Jesus vor der Tür. 2 Reden aus der Erweckg. in Norwegen. (Aus dem Norweg. v. Bichel.) (S. 63—76.) (907.) (Heft 5.)

Wache, Die schwarze, ein historischer Roman ... Aus dem Engl. übers. von H. Roberts. Braunschweig 1834. V: *Picken.* (Menzels Literaturbl. 1836, 14, 54) (Zeitschr. f. Büch. N. F. 15, 1923, 126)

Wache, die schwarze, ein histor. Roman v. Verf. v. „The dominie's Legacy, etc." A. d. Engl. übers. v. H. Roberts. Mit e. Vorw. v. K. H. Jürgens. 3 Thle. 8. (52¾ B.) Braunschweig 834, [Vieweg.]

Wache und bete! Aus d. Norweg. von H. L. Sebald. Hamburg 1848. V: *Gislesen, Henriette.* (Hauptkat. d. Univ.-Bibl. Tübingen. G. Nachtr. 19.)

Wache u. bete! Einer Mutter Geleitsworte an ihre Tochter. Aus d. Norweg. v. H. L. Sebald. 8. (60 S.) Hamburg & Gotha 848, F. & A. Perthes. cart. m. Goldschn. 18 ngr

Wache u. bete! Ein vollständiges Gebetbuch für katholische Christen. 24. (540 S. m. chromolith. Titel u. e. Stahlst.) Münster 882. Coppenrath. 1. 20

Wache, Eduard. Bekanntmachung über den Belagerungszustand. Ein dunkles Gerücht ist uns gestern abend zu Ohren gekommen. - Trotz Wrangels angeschlagen. Druck von W. Fähndrich und Comp. 1 Bl. Fol.
Flugblatt. Berlin, 13. Nov. 1848.

Wache, Eduard. Ueber die mit den Volksvertretern zu vereinbarende preußische Staatsverfassung. - Als Bewerbung um die Stelle eines Abgeordneten für Berlin, den Wahlmännern gewidmet. Druck von Harth und Schultze. 2 Bl. 8.
Flugblatt. Berlin, 26. April 1848.

Ferdinand Ludwig Wache

Ferdin(andus) Ludov(icus) Wache: Observatio cordis pericardio concreti tumoribusque simul affecti. Berolini (1829): Typis Brüschckianis. 28 S. 8°

Berlin, Med. Diss. v. 13. Apr. 1829

Wache, Georg Friedrich (Uckermark)
Diss. Halle 1763/2

Dissertatio epistolica de voce, Mittelfreien, et ingenuis militaribus et libertinis olim collata, eaque caute accipienda.
Halle (Hund) 5. X. 1762. 18 S.

Gew.: Johann Tobias Carrach, Daniel Nettelbladt, Philipp Jakob Heisler, Ernst Christian Westphal, Ernst Friedrich Knorre, Ernst Philipp Bertram.
35506

WACHE, Johannes: De Hermesianismo. — (1855) 80 S. 8° (Handschr.)
Diss. Wien, Univ. Diss. 162

Wache, Jos., s. Album der Wohltätigkeit.

Wache, Karl Wilhelm

Wache, Carl Wilh., die heilige Eucharistie. Ein dogmat. Volksunterricht in 20 freien Vorträgen. 8. (X und 225 S.) Wien 862, Braumüller. *

Karl Wilhelm Wache

Carol(us) Guilielmus Wache: De Febre puerperali. Halae 1822: Schimmelpfennig. 31 S. 8°

Halle, Med. Diss. v. 25. Febr. 1822

Wache, Robert: Ueber die Polymerisation einiger Nitrile. . . . Leipzig, Johann Ambrosius Barth, 1889; 21 + 1 S. 8°
Leipzig, Phil. Fak., Inaug.-Diss. v. 16 Apr. 1889

Wachendorf. A., Observationes Livianae. Diss. 1861. 32 S.

Wachendorf, H., Coniectanea in oratores Atticos. Pr. 1875. 10 S. 4°. 1.—

Wachendorf, Hugo, De Demosthenis Mediana commentatio altera. 9 S. **Progr.** G. Neuss 1879.

Wachendorf, Hugo [Prof. Dr.]: Observationes criticae in nonnullos locos Plutarchi. Düsseldorf, Druck d. Stahl'schen Buchdr. (1890); S. 1—8; 4°
Düsseldorf, k. G, P 1890

Wachendorf, Hugo (geb. 1842 in Aachen): Observationes Livianae ... Bonnae, typ. expr. P. Neusser 1864. 2 Bl., 33 S. 8.
Bonn, Phil. Fak., Diss. v. 9 Juli 1864

Wachendorf, Weinher Frh. v. Ow-
s. **Ow**-Wachendorf

Wachendorff, Karl

Wachendorff, Carl (geb. am 28 Dez. 1853 in Bonn): Ueber das Verhalten der isomeren Nitrotoluole gegen Chlor und Brom . . . Bonn, Buchdr. v. P. Neusser 1876. 52 S. 8.
Bonn, Phil. Fak., Diss. v. 5 Aug. 1876

Wachendorff, Th. [aus Zulpich]: Aus d. chirurg. Klinik zu Bonn. Ueber Operationen bei Pylorusstenose. . . . Bonn, Hauptmann'sche Buchdr. (1890); 23 + 1 S. + 1 Bl. 8°
Bonn, Med. Fak., Inaug.-Diss. v. [28 Jun 1890]

Wachendorff, Theodor: Beitrag zur Kenntnis der Hofmann-Curtiusschen Abbaureaktion und der Benzilsäureumlagerung. Bonn: Georgi 1910. 41 S. 8°
Bonn, Phil. Diss. v. 10. Aug. 1910, Ref. Anschütz
[Geb. 28 Sept. 84 Cöln; Wohnort: Bonn; Staatsangeh.: Preußen; Vorbildung: Gymn. Dortmund Reife O. 03; Studium: Berlin 1, Bonn 3, München 1, Bonn 6 S.; Rig. 22 Juni 10.] [U 10. 429

Wachendorff, Guilelmus (geb. am 3 März 1817 in Düsseldorf): De phlebitide traumatica ... Bonnae, typ. C. & F. Krüger 1841. 2 Bl., 45 S., 1 Bl. 8.
Bonn, Med. Fak., Diss. v. 13 Febr. 1841

Wachenfeld, einiges über den Mechanismus der Zirkulationsorgane. Eine ungeh. Rede. (18 S.) 8. München (907). Verlag der ärztl. Rundschau. — 50

Wachenfeld, Herzkrankheiten u. Arterienverkalkung. (17 S.) 8. München 910. Verlag der ärztl. Rundschau. — 50

— Der Stoffwechsel u. die Krankheiten des Herzens u. der Gefässe. (1. Tl.) (56 S.) 8. Ebd. 909. 1. —

Wachenfeld, über die Unzweckmässigkeit der Behandlung von Herzkrankheiten m. Widerstandsgymnastik. (8 S.) 8. München 906. Verlag der ärztl. Rundschau. n. — 40

Wachenfeld, Alexander, appr. Arzt: Aus d. Hautklinik d. städt. Krankenh. zu Frankfurt a. M. (Dir.: Herxheimer). 6 Fälle von Parrotscher Pseudoparalyse. Leipzig 1908: Georgi. 31 S. 8°
Leipzig, Med. Diss. v. 7. Febr. 1908, Ref. Flechsig
[Geb. 10. Okt. 83 Hersfeld; Wohnort: Frankfurt a. M.; Staatsangeh.: Preußen; Vorbildung: Herbst Gymn. Mainz Reife M. 02; Studium: Marburg 2, München 1, Bonn 1, Gießen 2, Würzburg 1, Gießen 3 S.; Coll. 17. Dez 08.] [U 09. 2895

Wachenfeld, Frdr., die Begriffe v. Mord u. Totschlag, sowie vorsätzlicher Körperverletzung m. tödlichem Ausgange in der Gesetzgebung seit der Mitte d. 18. Jahrh. Ein Beitrag zur vergleich. Geschichte der Strafgesetzgebg. gr. 8. (XII, 296 S.) Marburg i/H. 890. Elwert's Verl. n. 6. 50

Wachenfeld, Frdr., Homosexualität u. Strafgesetz. Ein Beitrag zur Untersuchg. der Reformbedürftigkeit des § 175 St.G.B. gr. 8. (VI, 148 S.) Leipzig 901. Dieterich. n. 3. —; geb. n. 4. —

Wachenfeld, Frdr., die notwendige Streitgenossenschaft des § 59 C.P.O. gr. 8. (VI, 172 S.) Hannover 894. Helwing's Verl. n. 3. —

— Theorie der Verbrechenskonkurrenz. gr. 8. (VIII, 136 S.) Berlin 893. C. Heymanns Verl. n. 3. —

Die Tötungsdelikte. Von Dr. Friedrich **Wachenfeld**, Prof. Berlin: Puttkammer & Mühlbrecht 1909. 107 S. 8°
(Das Recht. Hrsg. von F. Kobler. Bd 8.)

Wachenfeld, Friedrich [Gerichtsreferendar]: Die Ueberlegung in unserem heutigen Mordbegriff . . . . Hersfeld, Druck v. Ed. Hoehl, 1887; 43 S. 8°
Göttingen, Jur. Fak., Inaug.-Diss. v. 9. Jan 1888

Wachenfeld, Friedr., die Ueberlegung in unserem heutigen Mordbegriff. Inaugural-Dissertation. gr. 8. (43 S.) Hersfeld 887. Leipzig, Fock. * 1 —

Wachenfeld, Geo.

— Thermalbad od. Sprudelbad? Eine zeitgemässe Betrachtg. gr. 8. (6 S.) Ebd. 901. n. — 35

Wachenfeld, Geo., thermal-or sprudel-baths. A review. gr. 8. (6 S.) Friedberg 901. C. Bindernagel. n. — 35

Wachenfeld, die physiolog. Wirkg. der Nauheimer Bäder. (Vortrag, geh. in d. Sitzg. d. Mainzer medicin. Vereins am 18. III. 1897. gr. 8. (8 S.) Friedberg 897. C. Bindernagel. n. — 35

— die physiologische Wirkung der Nauheimer Bäder. 2. Aufl. gr. 8. (9 S.) Ebd. 899. n. — 35

Wachenfeld, Gust., Kants Ansichten über den Religionsunterricht, dargestellt u. beurtheilt. 4. (23 S.) Hersfeld 879. Hoehl. — 60

Wachenfeld, Gust., die politischen Beziehungen zwischen den Fürsten v. Brandenburg u. Hessen-Kassel bis zum Anfange d. 30jährigen Krieges, nach archival. Quellen dargestellt. gr. 4. (III, 40 S.) Hersfeld 884. Hoehl. n. 1. —

Wachenfeld, Gust. Bossuet comparé à Fénelon. 20 S. **Progr.** G. Hersfeld 1881

Wachenhausen, H. von, s. Wachenhusen, Hans von

Wachenheimer, Max [aus Strassburg i. E.]: Ueber Ovariotomie in der Schwangerschaft . . . Strassburg i. E., Buchdr. M. DuMont-Schauberg, 1890; 36 S. + 1 Bl. 8°
Strassburg, Med. Fak., Inaug.-Diss. v. 1890.

Wachenhusen, Gust., und die deutschen Studenten. Einige Worte zur Würdigung seiner Schrift: „An die deutschen Studenten." 8. Quedlinburg 844, Basse. 1/4 ℳ

Wachenhusen, F.

— Lübeck u. Umgegend, s.: Heimat. 7.

— Malerisches aus Hamburg, s.: Heimat. 1.

Wachenhusen, F., von Cuxhaven nach Helgoland, s.: Heimat. 10.

Wachenhusen, Fr., Inspiration u. Rationalismus, oder der heil. Geist u. die Orthodoxen. Geschichtl. Darstellung. gr. 8. (37 S.) Rostock 850, Leopold in Comm. 6 ngr

Wachenhusen, Fr., nordische Kerne, oder deutscher Gruß. Für Jung und Alt. gr. 12. (V und 50 S.) Stralsund 852, (Hingst.) *

— nordische Kerne, od. deutscher Gruß. Für Jung u. Alt. gr. 12. (VI u. 50 S.) Stralsund 852, Löffler in Comm. n. 4 ngr

—— die Stellung der Kirche zum Staate oder die alten Saiten und der neue Ton! Nebst einem Anhange: über das unveräußerl. Recht der Glaubensfreiheit. gr. 8. (46 S.) Neustrelitz 849, Barnewitz. *

Wachenhusen, Gust.

— s. Flygare-Carlén, die Dachkammerchen.

s. Sammlung Schwed. Autoren II. III. IV.

s. Sammlung der neuesten u. besten Romane d. Franzosen, Italiener, Spanier u. Schweden.

Wachenhusen, Gust., an die deutschen Studenten. gr. 8. (2 B.) Berlin 844, Hermes. *

Wachenhusen, Hans

— s. a.: Schreiber, Johs.

Wachenhusen, Hans v., ab vom Wege, s.: Weber's mod. Bibliothek.

—— unter dem weißen Adler. Roman aus Polens jüngster Vergangenheit. 3 Bde. 8. (771 S.) Berlin 866, Janke.

Wachenhusen, Hans, unter dem weißen Adler. Roman. 2. Aufl. 8. (336 S.) Berlin 885, Janke. * 2 —

Wachenhusen, Hans, Armand. Ein Roman in 2 Bdn. Nach dem schwedischen Orig. von Aug. Blanche bearb. Berlin 859. Janke. 8. (574 S.) 2 ℳ 7½ ngr

Wachenhusen, Hans, Vom neuen Babylon. Pariser Skizzen. gr. 8. (III, 251 S.) Berlin 872, Hausfreund-Expedition. [Posen, Merzbach.] * 2 —

— der Backfisch, s.a. Reiselectüre.

Wachenhusen, Hans, der Backfisch. Erzählung. 2. Aufl. 8. (132 S.) Berlin 888. Janke. n. 1. —

Der Backfisch. Erzählung von Hans Wachenhusen. 3. Aufl. Berlin: O. Janke [1898]. (131 S.) 8°
(Collection Otto Janke.)

Wachenhusen, Hans, Ball-Elfe. Roman. 2 Bde. 8. (202; 161 S.) Teschen 884, Prochaska. * 6 —

—— des Königs Ballet. Roman aus der Coulissenwelt. 3 Bde. br. 8. (849 S.) Berlin 864, Verlags-Comptoir. *

— des Königs Ballet. Roman. 3. Aufl. Ebend. 867. br. 8. (706 S.) 1 ℳ 15 ngr

—— des Königs Ballet. Roman. 2. Aufl. 8. (IV, 360 S.) Berlin 877, Janke. *

— des Königs Ballet. Roman. (Volks-Ausg.) 2. Aufl. 8. (IV, 360 S.) Ebend. 878. n. 3. —

—— des Königs Ballet. Roman. 3. Aufl. 8. (316 S.) Ebendas. 886. * 2 —

— im Bann der Nacht. Roman. 8. (211 S.) Stuttgart 876. Hallberger. 4. —

Wachenhusen, Hans, im Bann der Nacht. Roman. 2. (Titel-)Aufl. 8. (211 S.) Stuttgart (1876) 878. Deutsche Verlags-Anstalt. n. 1. —

— Bauer u. Kavalier, s.a. Reiselectüre.

—— Bauer und Kavalier. Erzählung. (2. Aufl.) 8. (119 S.) Berlin 884, Janke. * 1 —

Wachenhusen, Hans. Bauer u. Kavalier. 8. (119 S.) Berl. 889, Janke. * — 50

Wachenhusen, Hans, ein Besuch im türkischen Lager, s. Conversations- und Reisebibliothek.

—— Graf Betsany. Roman. 8. (248 S.) Ebendas. 886. * 2 —

—— Graf Betsany. 8. (248 S.) Ebd. 890. * 2 —

— bis zum Bettelstab. Roman. 3 Bde. 8. (281, 284 u. 279 S.) Berlin 879. Janke. n. 12. —

—— bis zum Bettelstab. Roman. 2. Aufl. 8. (332 S.) Ebendas. 886. * 2 —

—— die tolle Betty. Roman. 3 Bde. 8. (247; 252; 272 S.) Ebendas. 885. * 12 —

Wachenhusen, Hans [Bearb.]
s. Blanche, A.: Armand. 1859

—— Blätter und Blüthen. Gesammelte Novellen. 8. (571 S.) Heidelberg 879, Gebr. v. Schenk.

Wachenhusen, Hans, das Buch der Reisen. Die interessantesten und neuesten Reiseabenteuer. 1—12. Lfg. gr. 8. (1. Thl.: Amerika. 511 S. und 2. Thl.: Afrika. S. 1—254 mit 11 Chromolithogr. und 1 lithogr. Karte in 4.) Berlin 860, Verlags-Comptoir. à Lfg. 5 Ngr. Thlr.

—— Cancan. Pariser Aquarellen. 1—3. Heft. (à 8 S. mit 2 Lithochrom.) gr. 8. Berlin 856, Huber's Verlag. -

—— Die schwarze Dame. Roman. 3 Bde. 8. (223; 224; 211 S.) Dresd. 889, Pierson. * 12 —

— die Diamanten d. Grafen d'Artois. Roman. 2 Bde. 8. (332 u. 339 S.) Berlin 873. Janke. n. 10. —

— die Diamanten d. Grafen d'Artois. Roman. 2. Aufl. 8. (263 S.) Ebend 885. n. 2. —

— Der Diamantenkönig, s.a. Reiselectüre.

— der Diamantenkönig. Erzählung. 2. Aufl. 8. (132 S.) Ebendas. 888. * 1 —

— 's Dorche. Roman. 3. Aufl. 8. (261 S.) Ebendas. 882. 1 50

— Dorette, s. Reiselectüre.

— die pariser Ehe. Ein Gesellschaftsbild. Mit Illustr. 32. (61 S. mit 3 Holzschn.) Berlin 855, Verlags-Comptoir.

— Der Elefanten-Lord. Erzählung. 8. (132 S.) Berl. 889, Janke. * 1 —

Cousine Ella, s.a. Reiselectüre.

— Cousine Ella. Erzählung. 2. Aufl. 8. (132 S.) Ebendas. 888. * 1 —

— die Engelsstimme. 2. Aufl. 8. (84 S.) Ebendas. 882. * — 50

— dasselbe. s.a. Reiselectüre.

Es steht geschrieben, s. Reiselectüre.

— Eva in Paris. Culturhistorische Skizzen. 1—7. Aufl. Berlin 866—68. Hausfr.-Exped. br. 8. (VII, 113 S.) n. 10 ngr.

— Eva in Paris. Culturhistorische Skizzen. 1.—7. unveränd. Aufl. 8. (112 S.) Berlin 868,69, Hausfreund-Expedition. [Posen, Merzbach.] * 1 —

Wachenhusen, Hans
Die junge Frau. Roman. Berlin 1877.
In: Roman-Zeitung, Deutsche. Bd 2.

— die junge Frau. Roman. 3 Bde. 8. (290; 286; 294 S.) Berlin 877, Janke. *

— die junge Frau. Roman. 2. Aufl. 8. (304 S.) Ebendas. 885. * 2 —

Die junge Frau. Roman von Hans Wachenhusen. 3. Aufl. Berlin: O. Janke [1898]. (304 S.) 8°
(Collection Otto Janke.)

— die Frauen des Kaiserreichs. Pariser Gesellschafts-Skizzen. Berlin (858.) Verlags-Comptoir. (Huber.) 16. (157 S. u. 1 Holzschn.) 10 ngr.

— die Frauen des Kaiserreichs. Pariser Gesellschafts-Skizzen. 5. Aufl. 1865. u. 6. Aufl. Berlin 867. Janke. 8. (III, 99 S.) n. 10 ngr.

— die Frauen des Kaiserreichs. Pariser Gesellschafts-Skizzen. 7. Aufl. 8. (III, 94 S.) Berlin 872, Janke. * 1 —

WACHENHUSEN, Hans, Die Frauen im Orient. Mit Illustr. Berlin 1856. 18°.
H. Bukowski's in Stockholm Novbr.-Auct. 1884. no. 953. Beibd. 2.

Wachenhusen, Hans, e. Frauenschuld. Roman. 8. (312 S.) Berlin 894. O. Janke n. 6. —

Eine Frauenschuld. Roman von Hans Wachenhusen. 2. Aufl. Berlin: O. Janke [1898]. (312 S.) 8°
(Collection Otto Janke.)

— Freischaaren und Royalisten. Sicilianisches Tagebuch. 1. und 2. Aufl. gr. 8. (VIII und 215 S.) Berlin 861, Verlags-Comptoir.

— Freischaaren u. Royalisten. 3. Aufl. Ebend. 867 br. 8. (231 S.) 15 ngr.

— die Fremde. Roman. 8. (259 S.) Ebd. 897. n. 5. —

— Gabriele. Nach den Mitteilungen eines Militär-Arztes. Die Cocodette. Eine Episode aus der Belagerung von Bitsch. Von Max v. Schlägel. 12. (93 S.) Berlin 888, Alb. Goldschmidt. * — 50

— eine Geborene. Roman. 1. und 2. (Titel-)Aufl. 8. (331 S.) Stuttgart 876,78, [Hallberger.] Deutsche Verlags-Anstalt. * M 4,50.; geb. *

— e. Geborene. Roman. 2. Aufl. 8. (264 S.) Ebd. (887). n. 1. —

— Das Geheimniß der Frau. Roman. 3 Bde. 8. (186; 171; 182 S.) Ebd. 889. * 10 —

— Um schnödes Geld. Roman. 4 Bde. gr. 8. (249; 260; 238; 208 S.) Berlin 872, Hausfreund-Expedition. [Posen, Merzbach.] 16 —

— um schnödes Geld. Roman. 2. vom Verf. umgearb. Ausg. 4 Thle. in 1 Bd. 8. (IV, 333 S.) Berlin 877, Janke. *

— um schnödes Geld. Roman. 3. Aufl. 8. (298 S.) Ebendas. 884. * 2 —

Wachenhusen, Hans
Gelebt und gelitten. Roman. Berlin 1881.
In: Roman-Zeitung, Deutsche. Bd 2.3.

— gelebt und gelitten. Roman. 4 Bde. 8. (262; 252; 251; 237 S.) Ebendas. 881. 15 —

— Geopfert, s. Ortmann's Bücherschatz.

— — Leicht Gepäck. I. u. II. Berlin, HausfreundExped., 1861. 8°. (à 10 Sgr.)
Herm. Hoppe's Cat. St. Petersb. 1871. S. 855.

—, leicht Gepäck. Eisenbahn-Bibliothek. I. II. br. 8. Berlin, Dominé. à 10 Ngr.
Inhalt:
I. Die Frauen des Kaiserreichs. Pariser Gesellschafts-Skizzen. 4. Aufl. (125 S.) 863.
II. Vor den Düppler Schanzen. Skizzen aus den preuß. Vorposten-Lagern. (136 S.) 864.

— der Gesandtschafts-Ball. Erzählung. 2. Aufl. 8. (94 S.) Ebendas. 882. * — 50

Der Gesandtschafts-Ball. Erzählung von Hans Wachenhusen. 3. Aufl. Berlin: Janke [1898]. 94 S. 8°
(Collection Otto Janke.)

— Die Geschichte e. Schönheit. 8. (128 S.) Berl. 889, Janke. * 1 —

— Geschichten aus dem Badeleben. 8. (371 S.) Stuttgart 875, Gebr. Kröner. 2 50

— das Gespenst der Ehre. Roman. 3 Bde. 8. (209; 230; 215 S.) Berlin 888, Janke. * 10 —

— die Gnädige. Roman. 2 Bde. 8. (217; 209 S.) Ebendas. 882. 9 —
— dass. — 2. Aufl. 8. (240 S.) Ebendas. 882. 1 50

— Die Gnädige. Roman. 3. Aufl. 8. (220 S.) Ebd. 890. 1 50

— Satans Gold. Roman in 2 Bdn. 8. (275; 264 S.) Bresl. 892, Schles. Verlags-Anstalt. * 8 —; geb. * 10 —

— moderne Goldgräber. Roman. 8. (332 S.) Ebendas. 888. * 5 —

—— des Herzens Golgatha. Roman. 2 Bde. gr. 8. (236; 226 S.) Stuttgart 874, E. Hallberger. 6 —

—— des Herzens Golgatha. Roman. 2. Aufl. 2 Bde. gr. 8. (236; 226 S.) Stuttgart 876, [Hallberger.] Deutsche Verlags-Anstalt. M 6.; geb. *

— des Herzens Golgatha. Roman. 4. Aufl. 8. (259 S.) Berlin 880. Janke. n. 2. —

— des Herzens Golgatha. Roman. 3. Aufl. 8. (259 S.) Ebend. 884. 1. 50

—— die bleiche Gräfin. Ein Roman aus der Gesellschaft. 2 Bde. br. 8. (529 S.) Berlin 862, Verlags-Comptoir. *

—— die bleiche Gräfin. Roman. 2 Thle. 3. Aufl. br. 8. (487 S.) Berlin 867, Janke.

—— die bleiche Gräfin. Roman. 4. Aufl. br. 8. (VI, 391 S.) Berlin 871, Janke. 3 —

—— die bleiche Gräfin. Roman. 5. Aufl. 8. (316 S.) Berlin 879, Janke. *

— die bleiche Gräfin. Roman. 6. Aufl. 8. (316 S.) Berlin 894. O. Janke. n. 2. —

—— die Gräfin von der Nadel. Eine Geschichte aus dem Alltagsleben. br. 8. (327 S.) Berlin 863, Verlags-Comptoir. *

—— dass. — Roman. 3. Aufl. br. 8. (302 S.) Berlin 867, Janke.

—— die Gräfin von der Nadel. 4. Aufl. 1869, und 5. Aufl. br. 8. (210 S.) Berlin 872, Janke. 1 50

—— die Gräfin von der Nadel. Roman. 6. und 7. Aufl. 8. (178 S.) Ebendas. 877,79.

Wachenhusen, Hans, die Gräfin von der Nadel. Roman. 8. Aufl. 8. (178 S.) Berlin 882, Janke.

— die Grisette. Ein Pariser Sittenbild. Mit 4 Illustr. (Holzschn.) 1. u. 2. Aufl. Berlin 855. Verlags-Comptoir. (Huber.) 32. (64 S.) 5 ngr.

—— Halbmond und Doppeladler. Soldatenbilder aus zwei Feldlagern. gr. 8. (254 S. mit chromolithogr. Titel.) Berlin 860, Verlags-Comptoir. *

Halbmond u. Doppeladler. Soldaten-Bilder aus zwei Feldlagern. 2. Aufl. gr. 8. (254 S.) mit lithogr. Titel. Ebds. 1862.

Wachenhusen, Hans [Hrsg.]
s. Hausfreund, Der. 1867-

—— illustrirter Haus- und Familien-Kalender auf die J. 1882—1885. Mit je 1 Kunstbeilage und 1 Wandkalender. 4. (à Jahrg. ca. 80 S. mit eingedr. Illustr.) Leipzig, Bergmann. à Jahrg.

—— illustrirter Haus- und Familien-Kalender auf die J. 1886—1889. Mit je 1 Oeldr.-Gemälde, 1 Wandkalender und Illust. 4. (80; 66; 84; 83 S.) Leipzig, Bergmann. à Jahrg. — 50

Wachenhusen's illustrirter Haus- u. Familien-Kalender 1890. 4. (84 S. m. 1 Farbendr. u. 1 Wandkalender.) Leipzig, Bergmann. — 50

—— Illustrirter Haus- u. Familien-Kalender 1893. 12. Jahrg. 4. (96 S. m. 1 Farbendr. u. 1 Wandkalender.) Lpz., E. Herrmann sen. — 50
Die früheren Jahrgg. erschienen im Verlage von A. Bergmann in Leipzig.

Wachenhusen's illustr. Haus- u. Familien-Kalender 1894. 13. Jahrg. 4. (83 S. m. 1 Farbendr., Wandkalender u. e. Gesellschaftsspiel.) Leipzig, E. Herrmann sen. — 50

— illustr. Haus- u. Familienkalender 1899. 18. Jahrg. 4. (86 S. m. 4 Farbdr. u. 1 Wandkalender.) Leipzig, A. Bergmann. — 50

—— Haut ihm! Kriegsbilder. 1. und 2. Aufl. 8. (IV, 251 S.) Berlin 871, Hausfreund-Expedition. [Posen, Merzbach.] * 2 —

—— der Heiduck. Erzählung aus dem russisch-türk. Kriege. 16 Lfgn. oder 3 Thle. 8. (à Thl. 268 S.) Heidelberg 877, Gebr. v. Schenk. à Lfg. 50 Pf.; compl.

— der Heiduck. Erzählung aus dem türkisch-russischen Kriege. 3 Thle. in 1 Bd. 8. (740 S.) Heidelberg 879. Gebr. v. Schenk. 6. —

—— Der Heiduck. Roman. 2. Aufl. 8. (300 S.) Berl. 889, Janke. * 2 —

Wachenhusen, Hans, Heimchen an fremdem Herd, s.: Weber's moderne Bibliothek. Nr. 76.

—— Helene. Roman. 1. und 2. (Titel-)Aufl. 8. (196 S.) Stuttgart 876,79. [Hallberger.] Deutsche Verlags-Anstalt. * geb. *

—— Comtesse Helene. Roman. 2. Aufl. 8. (148 S.) Ebendas. 887. * 1 —

Komtesse Helene. Eine Kriminalgeschichte von Hans **Wachenhusen**. 3. Aufl. Berlin: O. Janke [1898]. (148 S.) 8°
(Collection Otto Janke.)

—— der Herzenfresser. Roman nach der Erzählung der Prinzeß Dora. 3 Bde. 8. (215; 219; 224 S.) Berlin 885, Janke. * 12 —

—— dass. — 2. Aufl. [Ausg. in 1 Bd.] 8. (364 S.) Ebendas. 885. * 2 —

— die Hochstapler. Roman. 3 Bde. gr. 8. (237, 251 u. 245 S.) Ebend. 887. n. 12. —

—— die Hofdamen Ihrer Hoheit. Roman. 4 Bde. 8. (250; 247; 209; 224 S.) Berlin 874, Wedekind und Schwieger. 18 —

— die Hofdamen Ihrer Hoheit. Roman. 2. Aufl. 8. (335 S.) Ebend. 879. n. 2. —

— die Hofdamen Ihrer Hoheit. Roman. 3. Aufl. 8. (VI, 276 S.) Ebend. 884. n. 2. —

—— Irrlichter. Glossen zu Tagestexten. 2. Aufl. 8. (III, 119 S.) Berlin 869, Hausfreund-Expedition. [Posen, Merzbach.] * 1 —

—— die Jüngste. Eine Erzählung. 8. (188 S.) Ebendas. 883.

Die Jüngste. Eine Erzählung von Hans **Wachenhusen**. 3. Aufl. Berlin: O. Janke [1898]. (160 S.) 8° [?]
(Collection Otto Janke.) [illegible]

— Carrière eines Herzens. Eine Geschichte wie sie alle Tage passirt. 2 Bdchn. Berlin 857. Verlags-Comptoir. (Huber.) 32. (174 S. u. 1 Holzschn.) 10 ngr.

Wachenhusen, Hans: Carriere eines Herzens. Eine Geschichte wie sie alle Tage passirt. Mit 1 Titelbilde. 2. Aufl. Wien: Förster & Bartelmus. 1862. 174 S. kl. 8°

— Sünders Kind. Roman. 3 Bde. 8. (216, 200 u. 224 S.) Ebend. 884. n. 13. 50

—— der türkische Kosak. Erzählung. 8. (204 S.) Ebendas. 876. (* ℳ 2.) *

— dasselbe, s.a. Reiselectüre.

— der türkische Kosak. Erzählung. 2. Aufl. 8. (140 S.) Ebd. 890. n. 1. —

—— Aus bewegtem Leben. Erinnerungen aus dreißig Kriegs- u. Friedensjahren. 2 Bde., in 14 Lfgn. gr. 8. (317; 367 S.) Straßb. i. E. 890, Straßburger Druckerei u. Verlagsanstalt. à Lfg. — 50; 7 —; geb. * 9 40

— aus bewegtem Leben. Erinnergn. aus 30 Kriegs- u. Friedensjahren. Neue wohlf. Volks- (Titel-) Ausg. 2 Bde. gr. 8. (317 u. 367 S. m. Bildn.) Straßburg (890) 895. Straßburger Druckerei u. Verlagsanstalt. n. 3. 50; geb. n. 6. —

— die Liebe im Delta. Erzählung. 2. Aufl. 8. (118 S.) Ebend. 881. n. — 50

—— Liebe heilt Alles. Erzählung. 8. (72 S.) Ebendas. 886. * — 50

Liebe heilt Alles. Erzählung von Hans Wachenhusen. 2. Aufl. Berlin: Janke [1897]. 72 S. 8⁰
(Collection Otto Janke.)

— die neue Lorelei. Roman vom Rhein. 2 Bde. 8. (244 u. 257 S.) Stuttgart 877. Hallberger. n. 7. —

— die neue Lorelei. Roman vom Rhein. 2. (Titel-) Aufl. 2 Bde. 8. (244 u. 257 S.) Stuttgart (1877) 879. Deutsche Verlags-Anstalt. n. 7. —

— die Lorette. Eine Pariser Skizze. Mit 4 Illustr. (Holzschn.) 1—4. Aufl. Berlin 855. Verlags-Comptoir. (Huber.) 32. (64 S.) 5 ngr.

—— Dasselbe. Ebd. 1856. 32⁰. (1 Mk. Paul Neubner, 1888; 1 Mk. 50 Pfg., 3. Aufl.⁰, E. Frensdorff, 1907.)

— Myß Lydia. Erzählung. 3. Aufl. 8. (83 S.) Berlin 882. Janke. n. — 50

Miß Lydia. Erzählung von Hans Wachenhusen. 4. Aufl. Berlin: Janke [1898]. 83 S. 8⁰
(Collection Otto Janke.)

—— Maccaroni. Lose Blätter. 16. (155 S.) Berlin 859, Verlags-Comptoir.

— Maccaroni. Lose Blätter. 3. Aufl. Berlin 865. Janke. 16. (155 S.) n. 10 ngr.

— vom armen egyptischen Mann. Fellah-Leben. 2 Bde. gr. 8. (XI, 267 u. V, 208 S.) Berlin 871. Posen, Merzbach. n. 8. —

— der Mann in Eisen. Roman. Ebend. 866. gr. 8. (280 S.) 1 ℛ 15 ngr.

Wachenhusen, Hans, der Mann in Eisen. Roman. 2. Aufl. 8. (178 S.) Berlin 885. Janke. 1. 50

— der Mann in Eisen. Roman. 2. Aufl. 8. (178 S.) Berlin 889. Janke. n. 1.

— Prinzeß Marianne. Humoristischer Roman. 8. (124 S.) Breslau 880. Schottländer. n. 3. —

—— Miß Markland, s. Reiselectüre.

—— Satan's Mausefallen. Bade-Photographien. 8. (106 S.) Berlin 870, Hausfreund-Expedition. [Posen, Merzbach.] * 1 —

— — Satan's Mausefallen. Bade-Photographien. Berlin 1871. 8⁰. (50 Pfg. Th. Ackermann, München, 1883.)
Gmähle's (München) Leihbibl.-Cat. no. 29,783.

—— Monaco. Skizzen vom grünen Tisch und vom blauen Meer. 8. (164 S.) Berlin 883, Janke. *

—— In der Mondnacht. Märchen. 16. (V und 136 S.) Leipzig 854, Spamer. *

—— Mylady. Roman. 8. (310 S.) Stuttgart 881, [Hallberger.] Deutsche Verlags-Anstalt. *

—— Mylady. Roman. 2. Aufl. 8. (224 S.) Ebendas. 887. 1 50

— Byzantinische Nächte. Türkische Lager- u. Reisegeschichten. Mit Illustr. (Holzschn. im Text) von Em. Wachenhusen. Berlin 855. Verlags-Comptoir. (Huber.) 16. (140 S.) 10 ngr.

—— ihr Neffe. Erzählung. 2. Aufl. 8. (79 S.) Ebendas. 888. * — 50

— Nemi. Eine Erzählg. 8. (134 S.) Ebend. 883. n. 1. —

—— in der Nilbarke. Roman. 8. (223 S.) Stuttgart 877, [Hallberger.] Deutsche Verlags-Anstalt. * ℳ 4.; geb. *

—— in der Nilbarke. Roman. 2. (Titel-) Aufl. 8. (223 S.) Stuttgart 880, [Hallberger.] Deutsche Verlags-Anstalt. *

— in der Nilbarke, s.a. Kürschner's Bücherschatz.

[F.] In der Nilbarke. Roman v. Hans Wachenhusen. M. Ill. v. Oskar Herrfurth. *Berlin. Eisenach. Leipzig: H. Hillger [1898].* (128 S.) 1 Bd 8.
— Bücherschatz, Kürschners. No 67.

—— nur ein Weib. Roman. 2 Bde. 8. (479 S.) Berlin 863, Verlags-Comptoir. *

—— dass. — 2 Thle. 3. Aufl. br. 8. (379 S.) Berlin 868, Janke.

— nur e. Weib. Roman. 4. Aufl. 8. (378 S.) Berlin 871. Janke. 3. —

—— nur ein Weib. Roman. 5. Aufl. 8. (299 S.) Ebendas. 883.

—— nur ein Weib. Roman. 6. Aufl. 8. (IV, 260 S.) Ebendas. 886. * 2 —

Wachenhusen, Hans
Dame Orange. Roman. Berlin 1880.
In: Roman-Zeitung, Deutsche. Bd 2.

—— Dame Orange. Roman. 3 Bde. 8. (254; 254; 251 S.) Berlin 880, Janke. *

—— Dame Orange. Roman. 2. Aufl. 8. (272 S.) Ebendas. 886. * 2 —

—— Prinz Otto, s. Universal-Bibliothek Nr. 1211.

—— Paris 1867. Weltausstellungsbilder. 2 Thle. 8. [1. Thl. 1.—4. Aufl. (127 S.) 2. Thl. 1.—3. Aufl. (128 S.)] Berlin 867, Hausfreund-Expedition. à Thl. * 10 Ngr. *

—— das neue Paris, s.a. Conversations- und Reisebibliothek.

§ — — Das neue Paris. Leipzig, C. B. Lorck, 1855. (Auch tit.: Conversations- u. Reisebibliothek. Bd. 10.) 8°. VIII—167 SS. (In München: Gall. sp. 291.)

—— Paris und die Pariser. Ein unterhaltender Fremdenführer. gr. 16. (IV und 123 S. mit einem lithogr. Plan von Paris in qu. 4.) Berlin 855, Hofmann und Comp.

§ **WACHENHUSEN,** Hans (geb. 1827), Berliner Photographien. Berlin, Otto Janke, o. J. (1865). 8°. Zahm. 2 Bll. u. 152 SS.

—— Berliner Photographien. 2 Thle. 1. und 2., unveränd. (Titel-)Aufl. 8. (V und 152 S., IV und 124 S.) Berlin 865,67, Hausfreund-Expedition. à Thl. * 10 Ngr. *

—— Pariser Photographien. br. 8. (255 S.) Ebendas. 868. * 2 —

— ein neuer Polykrates. 3 Bde. Berlin 859. Janke. 8. (267; 313; 413 S.) 5 ℛ︎

—— Reisebilder für die Jugend. Von Island bis Afrika. br. 8. (IV und 314 S. mit 8 ill. Stnt. und lithogr. Titel.) Berlin 858, Janke.

—— Reisebilder aus Spanien. 2 Bde. br. 8. (574 S.) Berlin 856(57,) Huber's Verlag.

—— Reisebilder aus Spanien. 2 Bde. 2. (Titel-)Aufl. br. 8. (574 S.) Berlin (857)59, [König.]

— Reisebilder aus Spanien. 2 Bde. 2. Aufl. Berlin 859. Huber. 8. (288; 286 S.) 2 ℛ︎

Wachenhusen, Hans s. Rheinfahrt. Von den Quellen des Rheins bis zum Meere. Stuttgart.

—— die Rheinfahrt, s. Vaterland, unser, in Wort und Bild.

— Rom und Sahara. 4 Bde. Berlin 858. Janke. 8. (3 Bl., 324; 2 Bl., 339; 2 Bl., 330; 2 Bl., 287 S.) 6 ℛ︎.

— Rom u. Sahara. 4 Thle. 3. Aufl. Berlin 867. Janke. br. 8. (849 S.) 1 ℛ︎ 15 ngr.

— die gelbe Rose. Roman. 2 Bde. 8. (276 u. 288 S.) Berlin 883. Janke. 9. —

—— die gelbe Rose. Roman. 2. Aufl. 8. (264 S.) Ebendas. 887. * 2 —

—— Rose im Schnee u. Anderes. 8. (139 S.) Ebd. 890. * 1 —

—— die Rothhemden, s. Reiselectüre.

—— die Rothhemden. Erzählung. 2. Aufl. 8. (92 S.) Ebendas. 882. *

—— Rouge et noir. Roman. 2 Bde. 1. Aufl. 1864. 3 Thlr. und 2. Aufl. br. 8. (469 S.) Berlin 865, Janke.

—— Rouge et Noir. Roman. 2 Bde. 3. Aufl. 1869, und 4. Aufl. 8. (III, 160; 212 S.) Berlin 873, Janke. 2 —

— Rouge et Noir. Roman. 3. Aufl. 2 Thle. in 1 Bd. 8. (160 u. 212 S.) Berlin 875. Janke. 3. —

— Rouge et Noir. Roman. 4. (Titel-)Aufl. 2 Thle. in 1 Bd. 8. (157 u. 207 S.) Ebend. (1875) 877. n. 2. —

— Rouge et Noir. Roman. 5. Aufl. 8. (292 S.) Ebend. 884. n. 2. —

—— Säbel und Scapulier. Roman. 3 Bde. 8. (240; 250; 223 S.) Jena 875, Costenoble. 12 —

—— Säbel und Scapulier. Roman. 3 Bde. 2. (Titel-)Aufl. 8. (VIII, 240; 250; 223 S.) Jena (875)79, Costenoble.

—— Die Saison in Wiesbaden, s. Schreiber, Johs.

—— die Saison in Wiesbaden. Lustige Reime. gr. 8. (33 S. mit 22 Illustr. von K. Kögler.) Wiesbaden 887, (Jurany und Hensel.) * 1 —

Wachenhusen, Hans
Salon und Werkstatt. Roman. Berlin 1879.
In: Roman-Zeitung, Deutsche. Bd 2.

— Salon u. Werkstatt. Roman. 2 Bde. 8. (292 u. 279 S.) Berlin 879. Janke. 9. —

— Salon u. Werkstatt. Roman. 2. Aufl. 8. (248 S.) Ebend. 883. n. 2. —

Vor den Düppeler Schanzen. Skizzen aus den preußischen Vorposten-Lagern v. Hans Wachenhusen. Berlin 1864. 8°

—— Schlag zwölf Uhr. Roman. 1. und 2. Aufl. 2 Bde. 8. (238; 219 S.) Breslau 876,78, Schottländer. *

—— dass. — 8. (Titel-)Aufl. 2 Thle. in 1 Bd. 8. (238; 219 S.) Ebendas. 880. *

— Schmetterlinge. Berlin 857. Huber. 8. (241 S.) 1 ℛ︎. 10 ngr.

—— Schmetterlinge. 8. (241 S.) Berlin 857, [König.]

— v. ersten bis z. letzten Schuß. Kriegserinnergn. 1870/71. 8. (IV, 78 S.) Berlin 896. F. Fontane & Co. n. 1. —

— der Schweden-Schatz. Roman. 3 Bde. 8. (277, 277 u. 280 S.) Stuttgart 883. Deutsche Verlags-Anstalt. n. 12. —

Wachenhusen, Hans, die ruhelose Seele. Erzählung. 2. Aufl. 8. (143 S.) Berlin 880. Janke. n. 1. —

— die Selige. Roman. 8. (202 S.) Breslau 879. Schottländer. n. 4. —; geb. n. 5. —

—— die Selige. Roman. 2. Aufl. 8. (204 S.) Berlin 886. Janke. 1 50

—— Skizzenbuch aus Neuenburg und der Schweiz. 8. (VII und 288 S.) Berlin 857, Janke. 1 7⁄₈

—— der Staatsanwalt. Erzählung. 2. Aufl. 8. (126 S.) Ebendas. 881. *

— Sünder im Gotteskleid. Roman. 2. Aufl. 8. (258 S.) Berlin 890. Janke. n. 2. —

Wachenhusen, H. Tagebuch vom deutsch französ. Kriegsschauplatze 1870—71. 2 Bde. (598) 8. Berlin 1871. 4.00.

— Tagebuch vom französischen Kriegsschauplatz 1870—1871. 2 Bde. 8. (IV, 295 u. 302 S.) Berlin 871. Posen, Merzbach. n. 4. —

— Tagebuch vom italienischen Kriegsschauplatz. Aus dem Hauptquartier. Berlin 859. Verlags-Comptoir. (Domine.) 8. (301 S. u. 3 Holzschntaf.) n. 1 ℛ︎

Wachenhusen, Hans, Tagebuch vom österreichischen Kriegsschauplatz 1866. 1.—4., unveränd. Aufl. gr. 8. (VI und 234 S.) Berlin 866, Hausfreund-Expedition.

— Unglückselige Theestunden. 8. (142 S.) Ebd. 890. * 1 —

— Thea. Erzählung. 8. (136 S.) Berlin 894. O. Janke. n. 1. —

— der rothe Theo. Erzählung. 2. Aufl. 8. (137 S.) Ebendas. 880. *

— Der Liebe Unverstand. Roman. 2 Tle. in 1 Bd. 8. (196; 195 S.) Berl. 892, Janke. * 7 —

— der Vampyr. Novelle aus Bulgarien. 8. (235 S.) Stuttgart 878, [Hallberger.] Deutsche Verlags-Anstalt. * geb. *

— der Vampyr. Novelle aus Bulgarien. 2. (Titel-)Aufl. 8. (235 S.) Stuttgart 880, [Hallberger.] Deutsche Verlags-Anstalt. *

— der Vampyr. Erzählung. 2. Aufl. 8. (200 S.) Ebendas. 887. 1 50

— Verloren. Roman. 8. (308 S.) Berlin 898. O. Janke. n. 5. —

— die Verstoßene. Erzählung. 2 Bde. 8. (VI und 405 S.) Berlin 866, Janke.

— die Verstoßene. Erzählung. 2. Aufl. 8. (266 S.) Berlin 884, Janke. *

— der deutsche Volkskrieg. Illustrirte Schildergn. Nr. 1—15. Berlin 870. Hausfreund-Exped. 4. Jede Nr. (8 S. mit eingedr. Holzschn.) 2 ngr.

— der deutsche Volkskrieg. Illustrirte Schildergn. Nr. 16—28. (Schluß.) 4. (à 8 S. m. eingedr. Holzschn.) Ebend. 871. à — 20

Von Widdin nach Stambul, s. Conversations- und Reisebibliothek.

— am Wanderstab. 2 Bde. br. 8. (VI und 438 S.) Berlin 865, Janke.

— was die Straße verschlingt. Socialer Roman in 3 Bdn. 8. (XII, 246; 239; 275 S.) Berlin 882, Hofmann und Comp. *

— dass. — 2. Aufl. 8. (300 S.) Berlin 884, Janke. *

— Wer ist sie? Roman. 8. (296 S.) Stuttg. 889, Deutsche Verlags-Anstalt. * 4 —; geb. * 5 —

— wer ist sie? Roman. (Neue Titel-Ausg.) 8. (296 S.) Stuttgart 893. Deutsche Verlags-Anstalt. n. 1. 50; geb. n. 1. 75

Wachenhusen's, Hans, Werke. Vom Verf. veranstaltete, sorgfältig revid. Ausg. Mit dem Portr. des Verf. in Stahlst. 17 Bde. in 48 Lfgn. 8. Berlin 864—67, Janke. à Lfg. * 4 Ngr. *

Inhalt:
Bd. 1—4. Rom und Sahara. 2. Aufl. 4 Bde.
" 5—6. Die bleiche Gräfin. Roman. 2. Aufl. 2 Bde.
" 7—8. Rouge et Noir. Roman. 2. Aufl. 2 Bde.
" 9—11. Des Königs Ballet. Roman. 2. Aufl. 3 Bde.
" 12. Die Gräfin von der Nadel. Roman. 2. Aufl.
" 13—14. Zigeunerblut. Roman. 2. Aufl. 2 Bde.
" 15. Freischaaren und Royalisten. 2. Aufl.
" 16—17. Nur ein Weib. 2. Aufl. 2 Bde.

Wachenhusen, Hans [app. Arzt aus Wiesbaden]: Über Wirbelresektion bei spondylitischer Drucklähmung ... (Aus: Beitr. z. klin. Chir., Bd XVII Heft 1.) Heidelberg, Univ.-Buchdr. v. J. Hörning, 1897; 1 Bl., 30 S., 1 Bl. 8.
Heidelberg, Med. Fak., Inaug.-Diss. v. [9. Juli] 1897

— die junge Witwe. Roman. 8. (282 S.) Ebd. 897. n. 5. —

— die Wüstenjäger. Bilder aus dem Kriegerleben der Saharastämme. 2 Thle. 8. (VI und 543 S.) Berlin 860, Wagner. *

v. Wachenhusen, (Major) H., (wurde d. 21. Dec. 1833 im Duell erschossen), s. Zeitung für Pferdeliebhaber.

— Zigeunerblut. Roman. Berlin 865. Dominé. br. 8. (III, 386 S.) 1 ₰ 20 ngr.

— — 2 Thle. 3. Aufl. Berlin 867. Janke. br. 8. (381 1 ₰

— Zigeunerblut. Roman. 3. Aufl. 8. (272 S.) Ebendas. 886. * 2 —

Wachenhusen, Otto, Beiträge zur Lösung unserer Gewerbefrage. gr. 8. (32 S.) Schwerin 850, Kürschner (jetzt: Hildebrand). n. 1/6 ₰

Wachenhusen, Otto, die deutsche Einheit u. das Bismarck'sche Reformproject. Leipzig 866. O. Wigand. gr. 8. (16 S.) n. 2 ngr.

Wachenhusen, Otto, Grundsätze der Nationalökonomie, sowie des Staatssocialismus und der Socialdemokratie. gr. 8. (V, 152 S.) Leipzig 886, O. Wigand. * 2 —

— neue Untersuchungen über Ursprung, Wesen und Fortbestand der Grundrente. gr. 8. (199 S.) Ebendas. 887. * 3 —

Wachenhusen, Otto, die Volkswirthschaftslehre. Für das deutsche Volk. Leipzig 863. O. Wigand. gr. 8. (VIII, 290 S.) 27 ngr.

Wachet! ein Mahnwort an das protestantische Volk ... 3. Aufl. St. Gallen 1889. V: *Schönholzer, Gottfried.* (Cat. d. Stadtbibl. Zürich. Zürich 1864—97.)

Wachet auf! Weckrufe zur Herbeiführg. e. schöneren Zukunft. (Vom 1. Jan. an: Weckrufe zur Abstreifg. kirchl. Geistesfesseln.) Im Verein m. Gleichgesinnten hrsg. v. Johs. Moltmann. 1. Jahrg. Oktbr. 1906 bis Septbr. 1907. 24 Nrn. (192 S.) gr. 8. Leipzig, O. Wigand. n. 3. —
Die Zeitschrift „Allzeit voran" wurde hiermit vereinigt.

Wachet u. betet! Ein vollständ. kathol. Gebetbuch. Hrsg. von einem Curatgeistlichen. 2. verb. u. verm. Aufl. Mit 1 Stahlst. 12. (VIII u. 436 S.) Münster 847, Deiters. n. 1/3 ₰ Velinp. m. 2 Stahlst. n. 2/3 ₰ — 2. Aufl. [Duodez-Ausg. Nr. 2.] 18. (VI u. 354 S. m. 1 Lith.) Warendorf 850. Münster, Deiters in Comm. n. 1/6 ₰; fein Pap. n. 1/3 ₰

— Auszug aus dem vollständigen katholischen Gebetbuche, herausg. von einem Curatgeistlichen, Verf. d. Predigten auf alle Sonn- u. Festtage etc. Warendorf 853. (Münster, Aschendorff.) 18. (VI, 280 S. u. 1 Lithogr.) Ausg. mit großer Schrift n. 5 ngr.

Wachet und betet! Auszug aus dem vollständ. kathol. Gebetbuche, hrsg. von einem Curatgeistlichen. 18. (VI und 280 S. mit 1 Stnt.) Warendorf 853. (Münster, Deiters.) Ausgabe mit großer Schrift *

Wachet und betet! Ein vollständiges katholisches Gebetbuch, hrsg. von einem Curatgeistlichen. Neue durchaus umgearb. Aufl. 16. (VIII und 328 S. mit 1 Stahlst.) Warendorf 858. (Leipzig, Müller.) *

—— dass. — Neue, durchaus umgearb. Aufl. 16. (VIII und 328 S. mit 1 Stahlst. und chromolithogr. Titel.) Warendorf 860, Schnell. *
Ausg. in grobem Druck. (VII und 344 S. mit 1 Stahlst.) *

„Wachet und betet!" oder „Durch Ihn zu Ihm!" Eine wahre Geschichte, für das Volk erzählt von Wilh. Immanuel. 21. und 22. Aufl. 8. (56 S.) Herborn 880,81, Buchh. des Nassauischen Colportagevereins. *

—— —— oder „Durch Ihn zu Ihm!" Eine wahre Geschichte, für das Volk erzählt von Wilh. Immanuel. 24. Aufl. (56 S.) 886; 25. Aufl. 8. (62 S.) Herborn 887, Buchh. des Nassauischen Colportagevereins. *

„Wachet u. betet!" od. „Durch Ihn zu Ihm!" Eine wahre Geschichte, f. das Volk erzählt v. Wilh. Immanuel. 27. u. 28. Aufl. 8. (62 S.) Herborn 891,92, Buchh. d. Nassauischen Colportagevereins. * — 25

Wachet u. betet! od. „Durch Ihn zu Ihm!" Eine wahre Geschichte, f. das Volk erzählt v. Wilh. Immanuel (Geo. Wilh. Schulze). 30. Aufl. gr. 16. (60 S.) Herborn 893. Buchh. d. Nass. Colportagevereins. n. — 20

— — od. „durch Ihn zu Ihm!" E. wahre Geschichte f. d. Volk erzählt v. Wilh. Immanuel (G. W. Schulze). 33. Aufl. 140.—150. Taus. 12. (60 S.) Herborn 896. Buchh. d. Nassauischen Colportagevereins. n. — 20

„Wachet u. Betet!" od. „Durch Ihn zu Ihm!" Eine wahre Geschichte, f. das Volk erzählt v. Wilhelm Immanuel (G. W. Schulze). 35. Aufl. 161.—170. Taus. 12. (60 S.) Herborn 902. Buchh. des nass. Colportagevereins. n. — 20

„— u. betet!" od. „Durch Ihn zu Ihm!" Eine wahre Geschichte, f. das Volk erzählt v. Wilh. Immanuel (G. W. Schulze). 36. Aufl. 171.—180. Taus. (60 S.) kl. 8. Herborn 905. Buchh. des nass. Colportagevereins. — 20

„Wachet u. betet!" od. „Durch Ihn zu Ihm!" Eine wahre Geschichte f. das Volk erzählt v. Wilh. Immanuel. 37. Aufl. 181.—190. Taus. (60 S.) kl. 8. Herborn 909. Buchh. des nass. Colportagevereins. — 20

Wachet u. betet! Vollständiges kathol. Gebetbüchlein f. alle Stände. Von e. Priester der Erzdiöcese Köln. 2. Aufl. 16. (320 S. m. farb. Titelbl. u. 1 Farbendr.) Salzburg 887. Pustet. — 40

Wachet u. betet! Vollständiges Gebetbuch f. kathol. Christen. 24. (XVI, 480 S. m. farb. Titel u. 1 Stahlst.) Dülmen 893. A. Laumann. n. 1. —

Wachet u. betet! Vollst. Gebetbuch f. kathol. Christen. 2. u. 3. Aufl. 16. (à XVI, 464 S. m. farb. Titel u. 1 Titelbild.) Dülmen 898. A. Laumann. Geb. n. — 75

— — Vollständiges Gebetbuch f. kathol. Christen. 5. Aufl. (XVI, 464 S. m. farb. Titel u. 1 Stahlst) 16. Dülmen 905. A. Laumann. Geb. in Leinw. n. — 75

Wachet und betet! Vollst. Gebetbuch f. kath. Christen. 6. Aufl. Dülmen: A. Laumann 1905. (XVI, 464 S.) 8° [F.] [6. 11789 6

— damit ihr nicht in Versuchung fallet! Ein vollständ. Gebet- u. Andachtsbuch f. Katholiken. Enth. Meß-, Beicht-, Communion- u. and. gewöhnl. Gebete, kurze Lebensbeschreibungen d. Heiligen, mit frommen Erwägungen u. Gebeten, so wie Kreuzweg-Andachten. Mit 100 (eingedr.) Holzschn. 16. (VIII u. 192 S.) Leipzig 847, Opitz in Comm. n. 1/3 ₰

— damit ihr nicht in Versuchung fallet! Gebet- u. Erbauungsbuch f. Katholiken. 3. illustr. Ausg. 16. (X u. 278 S. m. eingedr. Holzschn.) Würzburg 852, Galvagni. 6 ngr.

— damit ihr nicht in Versuchung fallet! Ein Gebet- u. Erbauungsbuch für Katholiken jeden Standes u. Alters. 6. verm. rc. Aufl. Würzburg 855. Etlinger. (Berlin, Genrich.) 16. (VIII, 248 S.) 5 ngr.

Wachhausen, Gustav-Adolf: Zur Behandlung der Hydrocele. Königsberg i. P. 1910: Kummel. 30 S. 8°
Königsberg, Med. Diss. v. 25. April 1910, Ref. Lexer
[Geb. 6. Mai 76 Goldbach Opr.; Wohnort: Königsberg i. P.; Staatsangeh.: Preußen; Vorbildung: Gymn. Bartenstein Reife M. 97; Studium: Königsberg 20 S.; Coll. 22. März 10; Approb. 31. Dez. 08.] [U 10. 2589

Wachholder, Übersicht-karte des niederrheinisch-westfälischen Steinkohlenbezirkes. 1:500000. Berlin, 1901.
[Dazu:]

Wachholder, Text zur Übersichtskarte des niederrheinisch-westfälischen Steinkohlenbezirkes. Berlin. 1902

Wachholtz, Adf., de litis instrumentis in Demosthenis quae fertur oratione in Macartatum. Dissertatio inauguralis. gr. 4. (41 S.) Kiel 878. Lipsius & Tischer. n. 1. 60

Wachholtz, Adolf: Aus Theodor Mommsens Schulzeit. S. 31–54. 8.
In: Festschrift der 48. Versammlung deutscher Philologen u. Schulmänner in Hamburg dargebracht v. d. Lehrerkolleg. des Kgl. Christianeums *Altona* 1905 (zu 1906, 340).
Progr.

(Wachholtz, F. L.) Geschichte des braunschweig. Armee-Corps in dem Feldzuge . . . 1815. Braunschweig 1816. 8°.

Wachholtz, Franz: Ueber das Schicksal des Kohlenoxyds im Tierkörper. Königsberg i. Pr. 1898: M. Liedtke. (21 S.) 8°
Königsberg, Med. Diss. v. 30. Juli 1898.

Wachholtz, Frz., über d. Schicksal d. Kohlenoxyds im Tierkörper. Diss. gr. 8. (23 S.) Königsberg 898. (W. Koch.) n. — 80

Wachholtz, Frdr. Ludw. v., auf der Peninsula 1810—1813, s. Militär-Wochenblatt. 1907. Beiheft 8. 9.

Auf der Peninsula 1810 bis 1813. Kriegstagebuch des Generals Friedrich Ludwig v. **Wachholtz**. Im Ausz. hrsg. von s. Enkel H[ilmar] L[ouis] v. Wachholtz, Hauptm. Mit Skizzen. Berlin: E. S. Mittler & Sohn 1907. (S. 259–326.) 8° [Umschlagt. F.]
= **Militär-Wochenblatt**. 1907, Beih. 8/9, [1.] [07. 12053

v. Wachholtz, L., General, s. Jones, J. F., Geschichte des Krieges in Spanien.

Wachholz, Conr., s.: Kalender f. das Baugewerbe.

— s.: Tischler-Kalender, allgemeiner.

Wachholz, W., stenographische Schönschreibschule, s.: Hell, Klaus.

Wachinger, s.: Verbrechen u. Vergehen, gemeingefährliche.

Wachler, Generalstaatsanwalt Dr. Ludwig. Ein Lebensbild. [Aus: „Chronik d. Familie Wachler".] (32 S. m. 5 Taf.) gr. 8. Jena 910. H. Costenoble. — 75

Wachler, Deutschlands Handelspolitik. S.-A. S. (32 S.) Kattowitz, Verlag der Expedition der „Zeitschrift des Oberschles. Berg- u. Hüttenmänn. Vereins". 1900. —. 50.

Wachler, A., Predigt am Jahresfeste des Jerusalems-Vereins den 21. Janr. 1863, gehalten in der Kirche zu St. Barbara. gr. 8. (14 S.) Breslau 863, (Dülfer.) *

Wachler, A. W. J., Thomas Rehdiger u. seine Büchersammlung in Breslau. Mit Vorw. v. L. Wachler. gr. 8. (5½ B. u. N's. Bildn.) Breslau 828, [Hentze.]

Wachler, Albrecht

—— die kirchl. Fürbitte in d. evangel. Kirche. Ein Hülfsbüchlein z. kirchl. Abkündigungen. gr. 12. (7⅙ B.) Erfurt 846, Hennings u. Hopf.

—— Katechetik, s.a. Katechetik.

— Katechetik für Volksschullehrer. gr. 8. Breslau 843, Hirt. 11/12 ₰

Wachler, Alb., die Curatgeistlichkeit des Neisser u. Neustädter Archipresbyterates und die evangel. Kirche. Eine Schutzschrift. gr. 8. Leipzig 842, Köhler. 3/8 ₰

Wachler, Albr., die Curatgeistlichkeit des neisser u. neustädter Archipresbyterats u. die evangel. Kirche. Eine Schutzschrift. gr. 8. (6⅜ B.) Leipzig 842, [Winter.]

Wachler, Albr., s. Franz Passow, Leben und Briefe.

— Johann Jakob Schöpfel, der zufriedene Mann zu Neurode. Lebensbeschreibung, Aufsätze und Gedichte, herausgeg. für christl. Freunde. gr. 8. (Mit Schöpfel's Portr.) Magdeburg 846, Falckenberg u. Comp. n. ⅓ ₰

— sehet euch vor vor den falschen Propheten! Predigt über Evangel. Matth. 7, 15—23 gehalten zu Breslau den 2. Aug. 1846. gr. 8. Breslau 846. (Gosohorsky.) n. 2 ngl

Wachler, Auguste, Goldelschen. Mit freier Benutzung von E. Marlitt's Erzählung „Goldelse" für die weibl. Jugend von 12—15 Jahren bearb. Mit 4 Farbendr.-Bildern nach Entwürfen von C. Römer. 1. und 2. Aufl. 8. (248 S.) Leipzig 880, Zieger. cart. * ℳ 3.; geb.

—— dass. — 3. und 4. Aufl. 8. (206 S. mit 4 Farbendr.-Bildern.) Ebendas. 884,85. geb.

Wachler, Auguste. Goldelschen. Nach E. Marlitt's Erzählg. „Goldelse" f. die weibl. Jugend v. 12—15 Jahren bearb. 6. Aufl. gr. 8. (216 S. m. 22 Bildern.) Berl. 890, Meidinger. geb. * 3 —

Wachler, Auguste, Goldelschen. Nach E. Marlitts Erzählg. „Goldelse" f. die weibl. Jugend bearb. Mit 22 Zeichngn. v. Werner Zehme u. a. 7. Aufl. gr. 8. (IV, 220 S.) Berlin 893. H. J. Meidinger. Geb. in Leinw. n. 3. —

Wachler, Auguste, Goldelschen. Nach E. Marlitt's Erzählg. „Goldelse" f. die weibl. Jugend bearb. Mit 18 Text- u. 4 Einschaltbild. nach Originalen v. Wern. Zehme u. a. 8. Aufl. 18. bis 20. Taus. gr. 8. (III, 228 S.) Berlin 898. H. J. Meidinger. Geb. in Leinw. n. 3. 50

Wachler, Auguste, Goldelschen. Nach E. Marlitts Erzählg. „Goldelse" f. die weibl. Jugend bearb. Mit 18 Text- u. 4 Einschaltbildern von Werner Zehme u. a. 9. Aufl. (232 S.) 8. Berlin 905. Meidinger's Jugendschr.-Verl. Geb. in Leinw. 3. —

Wachler, Auguste, Goldelschen. Nach E. Marlitts Erzählg. „Goldelse" f. die weibl. Jugend bearb. Mit 18 Text- u. 4 Einschaltbildern v. Wern. Zehme. 10. Aufl. (232 S.) 8. Berlin (908). Meidinger's Jugendschriften-Verlag. Geb. in Leinw. 3. —

Wachler, Auguste, Preciosa, die Zigeunerin. 8. Leipzig 881. Berlin, H. J. Meidinger. geb. 4 —

Wachler, Auguste, Preciosa, die Zigeunerin. Für die Jugend erzählt. 8. (212 S. mit 4 Farbendr.-Bildern.) Leipzig 881, Zieger. cart. * ℳ 3.; geb.

—— die Waise von Lowood. Für die reifere Jugend erzählt. 8. (253 S. mit 4 Farbendr.-Bildern.) Ebendas. 882. cart. * geb.

Wachler, Ernst, das Abenteuer der Neujahrsnacht. Schwank in 5 Aufzügen nach Zschokkes Novelle. (61 S.) kl. 8. Weimar (904). H. Große. n. — 50

— schlesische Brautfahrt. Ein Schauspiel in 4 Aufzügen. (128 S.) 8. Berlin 901. München, G. Müller. n. 2. —

— unter der goldnen Brücke. Gedichte u. künstler. Prosa. (174 S.) 8. München 904. G. Müller. n. 3. —

Wachler, Ernst, unter den Buchen v. Saßnitz. Ein Sommer-Festsp. in 5 Aufzgn. 8. (VII, 96 S.) Berlin 897. Charlottenburg, R. Heinrich. n. 1. 50

— u. Max Wachler, Chronik der Familie Wachler vom Ende des 16. Jahrh. bis zur Gegenwart. Nebst zahlr. Abbildgn., Fksms., Briefen u. Stammtaf. Unter Mitwirkg. v. Wilh. Bernhardi, Wilh. Bock, Ludw. Glatzel, Alex. Klein hrsg. (Wappenzeichnung v. Hans F. W. Fick. Photograph. Aufnahmen v. Karl Wahl, Hugo Gewalt u. B. Bittner.) (XI, 227 S.) 8. Jena 910. H. Costenoble. 6.50; geb. in Leinw. 7.50

— die Else. Novelle. (67 S.) 8. Weimar 904. Verlag der Iduna. n. 2. —

Wachler, Ernst, die Freilichtbühne. Betrachtungen üb. das Problem des Volkstheaters unter freiem Himmel. (53 S.) gr. 8. Leipzig 909. F. Eckardt. 1. —

[J.] Wachler, Ernst [aus Breslau]: Über Otto Ludwigs ästhetische Grundsätze ... Berlin, Druck v. E. Ebering, 1897; 38 S., 1 Bl. 8.
Berlin, Phil. Fak., Inaug.-Diss. v. 7. Aug. 1897

— über Otto Ludwigs ästhet. Grundsätze. E. philosoph. Untersuchg. gr. 8. (36 S.) Berlin 897. E. Ebering. n. — 60

Harz-Festspiele auf dem Hexentanzplatz. Begründung u. Darstellung d. Planes von Ernst Wachler. (Weimar [1903]: Hof- u. Buchdr.) (4 Bl.) 8°

— Heimat u. Volksschauspiel, s.: Blätter, grüne, f. Kunst u. Volkstum. 9. Hft.

— s.: Jahreszeiten, die.

Wachler, Ernst, s.: Iduna.

— s.: Kynast, der.

— die Läuterung deutscher Dichtkunst im Volksgeiste. E. Streitschrift. gr. 8. (IV, 144 S.) Charlottenburg 897. R. Heinrich. n. 2. —

— Mittsommer. Trauerspiel m. Chören für die Bühne unter freiem Himmel. Die zur Handlg. gehör. Musik ist v. Karl Goepfart. (41 S.) kl. 8. München 905. G. Müller. n. — 50

— Rhein-Dämmerungen. Gespräche auf dem Lande. Mit 1 Ansicht v. Rolandseck u. dem Siebengebirge. 8. (VI, 89 S.) Berlin 902. [Meyer & Wunder.] München, Geo. Müller. n. 1. 50

Vaterländischer Schriftenverband (V. S. V.). Sommerspiele auf vaterländischer Grundlage. Von Ernst Wachler. Berlin: Schriftenverband 1910. 18 S. 8°
(Flugschriften des V.S.V. 7.)

-- s. Spielmann, Der.

— Tiberius auf Capri. Tragödie in 5 Aufzgn. 8. (IV, 120 S.) Berlin 896. Charlottenburg, R. Heinrich. n. 1.50

— Walpurgis. Ein Festspiel zur Frühlingsfeier. Nebst e. Ansprache zur Eröffng. des Bergtheaters am Hexentanzplatz, geh. von der luft. Person. Die zur Handlung gehör. Musik ist v. Pet. Gast u. Adf. Emge. (32 S.) 8. Leipzig 903. C. F. Amelang. n. — 60

— Widukind. Trauerspiel mit Chören. Die zur Handlg. gehör. Musik ist v. Karl Goepfart. (84 S.) 8. München 904. G. Müller. n. 2.—

— wie kann Weimar zu e. neuen litterarischen Blüthe gelangen? Mit e. Anh.: Pflichten e. führ. Bühne, dramaturg. Studie. Unter Mitwirkg. v. Max Bittrich, Herm. Friedrichs, Rich. v. Kralik u. a. hrsg. gr. 8. (53 S.) Weimar 903. H. Böhlau's Nachf. n. — 80
Sonderabdruck aus: „Weimar. Zeitg."

— s.: Wiedergeburt, deutsche.

— s.: Zeitschrift, deutsche.

— über die Zukunft des deutschen Glaubens. Ein philosoph. Versuch. gr. 8. (19 S.) Berlin 901. Gose & Tetzlaff. — 30
Sonderabdruck aus: „Deutsche Zeitschrift".

Wachler, Friedrich Paul (Gotha) A. S. 269/4

Disputatio inauguralis juridica de non-praescriptilibus. Präs. Christian Wildvogel.
Jena (Müller) IV. 1711. 44 S. 35508

Wachler, Heinr. Ernst, aus gährender Zeit. Alte u. neue Gedichte. 8. (VI, 103 S.) Leipzig 890. Friedrich. n. 1.—

Wachler, Herm., die königl. sächsische Gerichtsordnung. Verordnung, das Verfahren in nichtstreit. Rechtssachen betr., vom 9. Jan. 1865, unter Berücksicht. der neueren Gesetzgebg. u. Entscheidgn. hrsg. gr. 8. (VI, 194 S.) Leipzig 885. Roßberg. n. 4. 20; Einbd. n.n. — 80

Wachler, Joh. Friedr. Ludw., s. Wachler, Ludwig

Wachler, Karl, Deutschlands moderne Classiker. Literaturgeschichte der neueren und neuesten Zeit in Biographien, Proben und Beurtheilungen. 4 Lfgn. 16. (à Bd. 96 S.) Thonberg an Leipzig 864,65, Neufe. à Lfg. 3 Ngr.

Wachler, Karl Adolph (Gotha) A. S. 185/27

Dissertatio iuridica de genuino remediorum provocatoriorum eorumque actionum annexarum usu practico Oder: In wie weit heut zu Tage die Injurien=Klagen ... Präs. Johann Andreas Hoffmann.
Jena (Schill) 14. IV. 1753- 38 S.

W. v.: Jo. August Hellfeld, Präs., Ludwig Christian Wachler, Friedrich August Wachler (Bruder), Anton Karl Albert von Fischern (Opp.), Karl Friedrich Walch, Heinrich Gottlieb Eylenstein (Opp.).
35509

Wachler, Ludwig: Anmerkungen u. Wortregister zu Hesiod's Vorschriften, s.a. Hesiod

Anmerkungen und Wortregister zu Hesiod's moralischen und ökonomischen Vorschriften. Lemgo 1792. 8°

Wachler, Ludw., u. C. G. Horstig, neue Annalen der theolog. Literatur u. Kirchengesch. s. Annalen.

Wachler, Ludw., neue theologische Annalen u. Nachrichten, s. Annalen.

s.a. Annalen, Theologische.

Wachler, Ludw., Theologische Annalen. Rinteln 1789—1793 u. 1809—23. 35 Bde. 8.

Wachler, Ldw., (Jh. Fr. Ldw.), Ansichten über Deutschlands Zukunft in d. Gegenwart. gr. 8. Bresl. 817. Holäufer. 6 gr

— Aphorismen über Universitäten u. ihr Verhältniß zum Staate, nebst e. Anh. über den gegenwärt. Zustand d. Universität Marburg. gr. 8. Marb. 802. Krieger. 12 gr

s. Aurelius Victor, Sextus: De viris inlustribus urbis Romae.

s. Betrachtungen über das Christenthum nach Rousseauschen Grundsätzen.

Wachler, Ludw., Betrachtungen über die jetzige Lage des Hohofenbetriebes in Oberschlesien, als Beitrag zur Eisenerzeugung Oberschlesiens. 1. und 2. Heft. gr. 8. (92 S. mit 2 Tab. in qu. gr. Fol.) Oppeln 857. 58, Clar. [1. Heft 6 Ngr., 2. Heft 9 Ngr.]

— d. Pariser Bluthochzeit. gr. 8. Leipz. 826. Barth. 16 gr Velinp. 20 gr 2e A. 828. 15 gr Velinp. 18 gr

Wachler, (Joh. Friedr.) Ludw., die Pariser Bluthochzeit. 2., bericht. u. verm. Ausg. gr. 8. (8½ B.) Leipzig 828, Barth. 15 Gr., Vlnp.

- s. Diodori Siculi bibl.

Wachler, Ludwig, die Eisen-Erzeugung Niederschlesiens u. der Grafschaft Glatz, od. statist.-tabell. Zusammenstellung aller in den K. Reg.-Bezirken Breslau u. Liegnitz belegener Eisen-Hütten-Werke, so wie Angabe deren Besitzer, Fabrikation, Fabrik- od. Hütten-Zeichen etc. hoch 4. (68 S.) Oppeln 848. (Breslau, Grass, Barth & Co. Sort.) n. ½ ₰

Wachler, Ludwig, die Eisen-Erzeugung Oberschlesiens, od. statistisch-tabellar. Zusammenstellung aller im K. Reg.-Bezirke Oppeln belegener Eisen-Hütten-Werke, so wie Angabe deren Besitzer, Fabrikation, Fabrik- od. Hüttenzeichen, Betriebskraft etc. nebst Vorwort u. erläut. allgem. statist.-technischen Bemerkungen. Ein Versuch. hoch 4. (95 S. m. lith. Tit.) Oppeln 847. (Brieg, Ziegler.) n. ⅚ ₰

—— die Eisen-Erzeugung Oberschlesiens in Beiträgen zur prakt. Eisen-Hüttenkunde, oder Mittheilungen aus dem Gebiete des pract. Eisenhütten-Wesens mit besonderer Bezugnahme auf Oberschlesien. 3—6. Heft. hoch 4. (VIII und 396 S. mit 11 Stnt. und eingedr. Holzschn.) Oppeln 849. (Ebds.) à Heft * 1 Thlr. *

— die Eisen-Erzeugung Oberschlesiens, od. allgem. Betrachtungen über den Zustand des Eisenhütten-Betriebes seit den letztverflossenen 100 Jahren, m. Bezugnahme auf die geschichtl. Entwickelung der königl. Eisen-Hütten-Werke, so wie der grössern u. bedeutendern Privat-Anlagen. 4. Hft. hoch 4. (100 S. m. lith. Titel.) Ebd. 850. n. 1 ₰

— die Eisen-Erzeugung Oberschlesiens, od. allgem. Betrachtungen über den Zustand des Eisenhütten-Betriebes in Oberschlesien seit den letztverflossenen 100 Jahren, m. Bezugnahme auf die geschichtl. Entwickelung der Königl. Eisen-Hütten-Werke, sowie der grössern u. bedeutendern Privat-Anlagen. 5. u. 6. Hft. hoch 4. (192 S. m. 2 Lith.) Ebd. 850. 51. à n. 1 ℛ (1—6: n. 5⅓ ℛ)

— einiger Gardisten Frevelthat, verübt in Marburg d. 5. Sept. 1814. 8. Frankf. 814. Hermann. 5 gr

Über das 24ste theokritische Gedicht (von *Joh. Friedr. Ludw. Wachler*). Herford 1794.
Anon.-Lex. IV. p. 205 (nach Meusel).

— Hessische Gelehrtengeschichte, s. Strieder

— Geschichte d. histor. Forschung u. Kunst, seit d. Wiederherstellung d. literar. Kultur in Europa. 1r Bd. 2 Abtheill. u. 2r Bd. in 3 Abtheill. gr. 8. Götting. 812—20. Röwer. 8 ℛ 8 gr (A. u. d. T.: Geschichte d. Künste u. Wissenschaften seit d. Wiederherstellung derselben bis an d. Ende d. 18. Jahrh. (5e Abtheil. Geschichte d. histor. Wissenschaften.)

Wachler, Ludw., Geschichte des ersten Jahrhunderts der Königl. Eisenhütten-Werke zu Malapane vom J. 1753 bis 1854. Als Beitrag zur Entwickelungs-Geschichte des Eisenhütten-Gewerbes in Oberschlesien. Glogau 856. Flemming. gr. 8. (VII, 120 S., 2 lith. Titel u. 8 Lithogr. in 8. u. Fol.) n. 1 ℛ. 10 ngr.

— Geschichte d. Literatur u. Kunst auf Schulen. 2 Hefte. 8. Rinteln 790, 91.

Ueber Geschichte, ihre Zwecke, Behandlungsart und ihren Vortrag. Ein Versuch v. Ludwig Wachler. Rinteln. 1789. 8°.

— Grundriß einer Encyklopädie d. theolog. Wissenschaften. 8. Lemgo 794. Meyer. 5 gr

— Grundriß d. Geschichte d. ältern u. neuern Zeit, als Handschrift für seine Zuhörer. gr. 8. Marb. 806. Krieger. 1 ℛ

— Handbuch d. allgem. Geschichte d. literar. Kultur. 2 Bde. gr. 8. Marb. 800, 5. Krieger. (1r Bd. ältere Geschichte. 1 ℛ 16 gr 2r Bd. neuere Geschichte 2 ℛ) 3 ℛ 16 gr 2e Aufl., s. unten Handbuch d. Gesch. d. Literatur.

Handbuch der allgemeinen Geschichte der literärischen Cultur. Von Ludwig Wachler. 8°
(1. Hälfte.) Geschichte der älteren und mittleren Zeit bis zum Jahre n. Ch. G. 1500. Marburg. 1804.
2. Hälfte. Geschichte der neueren Zeit 1500—1800. ebd. 1805.

Wachlers, L., Handbuch der Geschichte der Litteratur. Zweite Umarbeitung. Frankf. 822. Theil I. 8. (Auch unter dem Titel: *Handbuch der Geschichte der alten Litteratur.* Nebst einer Einleitung in die allgemeine Geschichte der Litteratur.)

— Handb. d. Geschichte d. Literatur. 2e Aufl. 4 Thle. gr. 8. Frankf. 823—24, Barth in Leipz. 11 Rthl. 16 gr. Schreibp. 14 Rthl. 14 gr. Velinp.

—— Handbuch der Geschichte d. Litteratur. 3. Umarbeitung. 4 Thle. gr. 8. (120½ B.) Leipzig 833, Barth. 10 Thlr. 12 Gr. Schrbp.

— Handbuch d. Literatur. 2e Aufl. (d. Handbuch d. allgem. Gesch. d. Liter.-Kultur). 4 Thle. gr. 8. Frankf. 823, 24. Barth in Leipz. 11 ℛ 16 gr Schrbp. 14 ℛ 14 gr Hbg. Pr. 6 ℛ Velinp. 17 ℛ 12 gr 3e Umarbeitung. 4 Thle. gr. 8. Ebd. 833. 10 ℛ 12 gr Schrbp. 13 ℛ 12 gr

- s. Hesiodus: Ἔργα καὶ ἡμέραι.

Wachler, L., Statistisch-technische Karte von Ober-Schlesien. Glogau 1855. 1 Bl. c. L.

— (Hrsg.), s. Kephalides, Jh. Gli.: Lebensbeschreibung.

— Lehrbuch d. Geschichte, zum Gebrauch bei Vorlesungen auf höheren Unterrichtsanstalten. gr. 8. Bresl. 817. 2e A. 820. 3e A. 823. 4e A. 826. 5e A. 828. Graß, B. u. Comp. 1 ℛ 12 gr

— — Lehrbuch der Geschichte, zum Gebrauche bey Vorlesungen auf höheren Unterrichtsanstalten. 2te Aufl. gr. 8. Breslau, Holäufer. 820.

— Lehrbuch d. Geschichte, z. Gebrauche in höheren Unterrichtsanstalten. 4e Ausg. gr. 8. Bresl. 826, Holäufer.

Wachler, Ludw., Lehrbuch d. Geschichte, z. Gebr. in höheren Unterrichts-Anstalten. 6., verm. u. verb. Ausg. gr. 8. (24½ B.) Breslau 838, Graß, Barth u. Comp., Brlsh.

— Lehrbuch d. Literaturgeschichte. gr. 8. Leipz. 827, Barth.

—— Lehrbuch d. Litteraturgeschichte. 2., verb. Aufl. gr. 8. (36¼ B.) Leipzig 830, Barth.

— Johann v. Müller, eine Gedächtnißrede. 8. Marb. 809. Krieger. 6 gr

Wachler, Ldw., (Jh. Fr. Ldw.), über Dr. Wilh. Münscher. 8. Frankf. 814. Hermann. 2 gr

— (Hrsg.), s. Münscher, Wilh.: Lebensbeschreibung . . .

— s. Münscher, Wilh.: Lehrbuch der christlichen Kirchengeschichte.

— Theolog. Nachrichten. Marburg 1814—23. 13 Bde. 8

— de originibus, progressu, incrementis et mutationibus etc. 4. Marb. 812. Krieger. 8 gr

— s. Franz Passow, Leben und Briefe.

— Philomathie, von Freunden d. Wissenschaft u. Kunst. 3 Bde. gr. 8. Frankf. 818—22. Leipz., Barth. 4 ℛ 18 gr Velinp. 6 ℛ 6 gr

— — Philomathie, von Freunden der Wissenschaften u. Kunst. 1r u. 2r Bd. gr. 8. Frankfurt a. M., Hermann. 818 u. 821. à 1 Thlr. 12 Gr. 3 —

— s. Prolegomena zu einer christlichen Religionslehre . . .

Wachleri, L., Diss. de Pseudo-Phocylide. Rintel. 789. 4.

— (Vorr.), s. Quint, G. Fr. W.: Der Geist macht lebendig!

— Rede über Geschichte, ihre Zwecke u. Behandlungsart; e. Versuch. 8. Rinteln 789.

- s. Schmeidler, Jh. C. Herm.: Der Untergang des Reiches Juda.

—— vermischte Schriften. 1. Thl. — A. u. d. T.: Wachler's biograph. Aufsätze. gr. 8. (22 B.) Leipzig 835, Barth.

Wachler, Ludw., zur rechtlichen Stellung der Frauen. Breslau 869. Maruschke & Berendt. gr. 8. (28 S.) n. 6 ngr.

— s. Strieder, Fr. Wlh.: Grundlage zu einer hess. Gelehrten- und Schriftstellergeschichte . . .

s. Tiedemann, Dietrich: Handbuch der Psychologie . . .

— Uebersicht d. neuesten franzöſ. Literatur bis auf jetzige Zeiten. 1s Heft. 8. Marb. 813. Krieger. 10 gl

— über Universitäten, nach Schleiermacher, Villers u. Tittmann. 8. Marb. 808. Krieger. 4 gl

Wachler, Ludw., die Verfassung d. deutschen Reichs. Textausg. m. Ergänzgn., Erläutergn. u. Sachregister zum prakt. Gebrauch. Nebst Anh.: Wahlgesetz u. Wahlreglement. 16. (138 S.) Breslau 872. Maruschke & Berendt. geb. n. — 75

— Versuch einer allgem. Geschichte d. Literatur, für Freunde d. Gelehrsamkeit u. studirende Jünglinge. 3 Bde in 4 Abtheill. gr. 8. Lemgo 793 — 801. Meyer. 5 ₰ 16 gl

— Vorlesungen über d. Geschichte d. deutschen National-Literatur. 2 Thle. gr. 8. Frankf. a. M. 818, 19. Hermann. 3 ₰ 16 gl

— Vorlesungen über die Geschichte der teutschen Nationallitteratur. 2 Thle. 2e berichtigte u. verm. Aufl. gr. 8. Frankfurt 834. Hermann. 3 ₰

—— Vorlesungen üb. d. Geschichte d. teutschen Nationallitteratur. 2 Thle. 2., bericht. u. verm. Aufl. gr. 8. (36¼ B.) Frankfurt a. M. 834, [Kettembeil.]

— die preußische Vormundschafts-Ordnung vom 5. Juli 1875 nebst den dieselbe ergänz. Gesetzen u. Instructionen erläutert. gr. 8. (IV, 308 S.) Ebend. 875. n. 5. 60

— dasselbe. Nachtrag. gr. 8. (63 S.) Ebend. 876. n. 1. —

Wachler, Ludw., die preußische Vormundschafts-Ordnung vom 5. Juli 1875 nebst den dieselbe ergänz. Gesetzen und Instructionen erläutert. gr. 8. (IV, 308 S.) Breslau 879, Maruschke und Berendt. * 5 60

—— dass. — 2. verb. und verm. Aufl. gr. 8. (V, 443 S.) Ebendas. 879. (* M 7.) * 5 —

Wachler, L., Progr.: Über Hesiods Vorstellungen von den Göttern, der Welt, den Menschen u. den Pflichten. Rint. 1789. 4°

- s. A. W. J. Wachler, Thom. Rehdiger.

—— über Werden u. Wirken d. Litteratur, zunächst in Bezieh. auf Teutschland's Litteratur uns. Zeit. gr. 8. (2½ B.) Breslau 829, [Hentze.]

(—) ernste Worte d. Vaterlandsliebe, an alle, welche Deutsche sind u. bleiben wollen. gr. 8. Cassel 814. Krieger. 4 gl

Wachler, Ludw.: Freimüthige Worte über die allerneueste deutsche Literatur. Breslau 1817. 1818. 8° Heft 2 u. 3.
[Nach Kl. 594.]

— freimüthige Worte über d. allerneueste deutsche Literatur. 1s —3s Heft. 8. Bresl. 818. Holäufer. 1 ₰ 8 gl

— Worte vaterländ. Hoffnung. gr. 8. Marb. 814. Krieger. 4 gl

Teutschlands Zukunft in der Gegenwart. Breslau: Holäufer. 1817. gr. 8°

Wachler, Paul, das allgemeine Berggesetz für die preußischen Staaten erläutert aus den Materialien, der Rechtswissenschaft u. der bisherigen Praxis der Verwaltungs-Behörden u. Gerichte, unter besond. Berücksichtigung des französ., österreich. u. sächs. Bergrechts, nebst den außer dem Berggesetze in Kraft stehenden, auf das Bergwesen Bezug habenden Gesetzen u. Vorschriften, als über Bergwerkssteuern ꝛc. Breslau 865. Maruschke & Berendt. gr. 8. (335 S.) n. 1 ₰ 20 ngr.

Wachler, Paul, das königl. sächsische Einkommensteuergesetz vom 24. VII. 1900, s.: Handbibliothek, juristische. 160. Bd.

Wachler, Paul: Das Finderrecht nach dem preußischen Berggesetz. Breslau: Maruschke & Berendt 1874. 44 S. 8°
Halle-Wittenberg, Jur. Diss. v. 20. Mai 1874
Geb. Malapane (Kr. Oppeln) 14. 2. 1834. V.

Wachler, Paul, das Finderrecht nach dem preußischen Berggesetz. Inaugural-Dissertation. gr. 8. (44 S.) Breslau 874. Maruschke & Berendt. n. 1. —

— Gesetz betr. die Ausstellung gerichtlicher Erbbescheinigungen vom 12. März 1869 nebst den die Kostenerhebung u. das Erbschaftsstempel-Wesen regulirenden Bestimmgn. Berlin 869. Kortkampf. gr. 8. (76 S.) 15 ngr.; geb. n. 18 ngr.

Wachler, Paul, Gesetz üb. die Beurkundung d. Personenstandes u. die Form der Eheschließung vom 9. März 1874 m. instruktiven Erläutergn. u. Sachregister. 16. (71 S.) Breslau 874. Maruschke & Berendt. — 75

— die Kreis-Ordnung vom 13. Decbr. 1872 nebst allen dazu ergangenen Gesetzen u. Instruktionen aus den Materialien erläut. gr. 8. (XLIV, 383 S.) Ebend. 873. n. 8. —

— dasselbe. 2. erheblich veränd. u. verm. Aufl. gr. 8. (VII, 516 S.) Ebend. 875. n. 9. —

— Nachtrag zur Kreis-Ordnung vom 13. Decbr. 1872 erläutert. gr. 8. (58 S.) Ebend. 874. n. 1. —

Wachler, Paul, der Mittelland-Kanal, e. Förderungs-Mittel f. Industrie u. Handel? gr. 8. (20 S.) Berlin 899. Deutscher Verlag. — 75

—— die Orts-Polizeibehörden im Verhältnisse zur Kriminal-Rechtspflege nebst Polizei-Transport- und Kosten-Wesen. gr. 8. (30 S.) Berlin 866, Maruschke und Berendt. *

— die Pensionirung der unmittelbaren Staats-Beamten, sowie der Lehrer u. Beamten an den höheren Unterrichts-Anstalten m. Ausschluß der Universitäten. Gesetz vom 27. März 1872. Durch Anmerkgn. erläut. 8. (44 S.) Berlin 872. Kortkampf. n. — 75

Rechtsgrundsätze des kgl. Sächs. Oberverwaltungsgerichts. Bearb. von Dr. Paul Wachler, Senatspräs., u. Dr. E[wald] Naundorff, Oberverw.Ger.R. Bd 1, H. 1. *Leipzig: Roßberg 1905.* 8° [J.]
— Zeitschrift, Fischers, f. Praxis u. Gesetzgebung d. Verwaltung. Bd 28, Beil.H. 1. [04. 16845] 8

— u. E. Naundorff, Rechtsgrundsätze des kgl. sächs. Oberverwaltungsgerichts. 1. Bd. (IV, 139 S.) gr. 8. Leipzig 905. Roßberg'sche Verlagsbuchh. n. 3. 20; geb. n. 4. —

— u. E. Naundorff, Rechtsgrundsätze des kgl. sächs. Oberverwaltungsgerichts. 2. u. 3. Bd. gr. 8. Leipzig, Roßberg'sche Verlagsbuchh. à 5. —; geb. 6. —; als Beilage zu Bd. 33 bezw. 38 d. Fischer's Zeitschrift f. Praxis u. Gesetzgebg. der Verwaltg. geh. à 4. —
2. (IV, 194 S.) 907.
3. (Rechtsprechung der J. 1907—1909.) (IV, 167 S.) 910.

—— über die Rechtsgiltigkeit der Feldesreservation für den fiskalischen Bergbau insbesond. in Oberschlesien. Eine Abhandlung. gr. 8. (82 S.) Breslau 865, Maruschke und Berendt. *

— die Subhastations-Ordnung vom 15. März 1869. Aus den Materialien erläutert. Berlin 869. Kortkampf. gr. 8. (IV, 144 S.) 15 ngr.;
in engl. Einb. n. 18 ngr.

—— dass. — Mit Erläuterungen. 2., erheblich verm. und verb. Aufl. gr. 8. (VI, 256 S.) Ebendas. 872. *

Wachler, Paul, die Subhastations-Ordnung. Vom 16. März 1869, nebst den dieselbe ergänzenden u. erläut. Reichs- u. Landes-Gesetzen, erläutert. 3., vollständig neu bearb. Aufl. gr. 8. (XIII, 282 S.) Berlin 881. Kortkampf. cart. n. 6. —; geb. n. 7. —

Wachler, R., vergleichende Qualitäts-Untersuchungen rheinisch-westfälischen und ausländischen Giesserei-Roheisens. Auf Anordnung des königl. preuss. Handelsministeriums aufgestellt. Fol. (35, 69 S. mit eingedr. Fig. und 4 Taf.) Berlin 879, (Polytechn. Buchh.) * 8 —
Aus: Annalen für Gewerbe und Bauwesen, besonders abgedruckt.

Waechler, A[ug.], Evangelische Pfarramtskunde. Handbuch f. d. Amtsführ. Halle a. S. 1905. 8°.

Wächli, F[riedrich]. Proverbes et sentences proverbiales recueillis par F. Waechli, ancien inspecteur d'écoles. Sprichwörter und sprichwörtliche Redensarten gesammelt durch F. Wächli, alt Schulinspektor. VIII + 88 p. 8. Aarau, H. R. Sauerländer & Cie, 1901. [relié fr. 1. 80]

Wächli, F[riedrich]. Sprichwörter und sprichwörtliche Redensarten, gesammelt von F. Wächli, alt Schulinspektor. Teil 2 = Proverbes et locutions proverbiales... . 2e partie. XII + 127 S. 8. Aarau, H. R. Sauerländer & Cie, 1904. [cart. fr. 1. 80]

Wachlin, Hans, neue Gedichte. (IV, 96 S.) 8. Berlin (905). G. Nauck. Geb. in Leinw. n. 2. —

Wachlowski, A., Bilder aus der Geschichte der Physik, s.: Netoliczka, Eug.

Wachlowski, A., die Hagelverhältnisse in der Bukowina. Lex.-8. (10 S.) Wien 887, (Tempsky.) **
Aus: Sitzungsberichte der k. Akademie der Wissenschaften, besonders abgedruckt.

Wachlowski, A.: Die Hagelverhältnisse in der Bukowina. S. 95. II. 58.
Separatabdruck

Wachlowski Dr. A.: Das Potential und seine Anwendung auf einige elektrostatische Probleme. 42 u. 1 Taf. Bielitz 74.
Progr.

Wachlowski, A. Über das Radiometer. 50 S. u. 2 Taf. 8. G. *Czernowitz* 1880.
Progr.

— Studien über die Erziehung an den Gymnasien u. Realschulen. gr. 8. (IV, 109 S.) Wien 889. Pichler's Wwe. & Sohn. n. 1. 60

Wachlowski, *Adalbert* Zur Klimatologie von Czernowitz. 8 (S. 3—36). **Progr.** K. k. Ober-G. *Czernowitz* 1886.

Wachłowski, A., zur Klimatologie v. Czernowitz. gr. 8. (36 S.) Czernowitz 886. (Pardini.) n. 1. —

Wachner, Helene, bekehrt. Siebenbürgisches Volksschauspiel m. Gesang in 2 Aufzügen. (IV, 22 u. Musikbeilage 6 S.) 8. Hamburg 910. (Deutschlands Großloge II.) — 50

Wachner, Hugo, österreichische Sanitätsgesetze u. Verordngn. m. bes. Berücksicht. d. einschläg. Erlässe d. k. k. Landesregierg. v. Kärnten, z. Gebrauche f. Amtsärzte, Districtsärzte, Staats- u. Gemeindeämter, Physicatscandidaten, Apotheker zc. Bearb. u. zusammengest. v. W. gr. 8. (XII, 490 S.) Klagenfurt 896. F. v. Kleinmayr. Geb. in Leinw. n. 6. —

Wachowski, Johs., die Feier des 100jähr. Gedenktages der Erlassung des Toleranz-Ediktes Kaiser Josef II. in der evangelischen Gemeinde Wiener-Neustadt. Festschrift zur bleibenden Erinnerung an den 13. Octbr. 1881. gr. 8. (22 S.) Wiener-Neustadt 881. (Klagenfurt, Heyn.) n.n. — 40

Wachowski, Johs., was erwartet die evangel. Schule in Oesterreich zuversichtlich v. der demnächst zusammentretenden IV. General-Synode der evangel. Kirche in Oesterreich? Freimüthig beantwortet. 16. (52 S.) Klagenfurt 882. Heyn. n. — 24

Wachruf zum Gebet! oder Andachtsbuch für kathol. Schweizer-Soldaten. Hrsg. von einem kathol. Pfarrer des Bisthums St. Gallen. 32. (223 S. mit 1 Stahlst.) Luzern 866, Gebr. Räber. geb. *

WACHS, Hanns, oder die Geistesmoden im letzten Viertel des 18. Jahrhunderts. 2 Thle. Mit Titelvignette. Breslau, Gehr u. Co., 1797. 8°. Zahm. (2/3 Rthl.) (5 Mk. 50 Pfg. Bernh. Liebisch, Lpz., 1911.)

Wachs, Hans, od. die Geistesmode; im letzten Viertel des 18n Jahrhund. 8. Bresl. 797. Gehr. 16 gr

— Herrmann, a. d. Franz. nach Arnim. 8. Bresl. Meyer. 805. — 14

Wachs (I.), Erinnerungen an Vater Heubner, Doctor der Theologie, Superintendent, ersten Director des Prediger-Seminar zu Wittenberg und Consistorialrath. 8. (17 S.) Wittenberg 880, Wunschmann.

Wachs, wie wir Indien verloren. Hannover 1874. 8.

Wachs, A., graphische Wetterberichte. Uebersicht der Witterung in Mitteleuropa, nach Berichten der Seewarte Hamburg resp. des k. meteorolog. Instituts zu Leipzig und des k. k. Central-Observatoriums zu Wien zusammengestellt und gezeichnet. 1. Jahrg. Juli 1879 — Juni 1880. 312 Nrn. (lithogr. Bog.). qu. gr. Fol. Dresden, Jaenicke. * 20 —

Wachs, Adam Christian (Tübingen) A. S. 214/16

Commentatio juridica inauguralis de testamentis correspectivis. Präs. Ferdinand Christoph Harpprecht. Tübingen (Kerner) 18. X. 1702. 68 S.

W. v.: Präs., Michael Grass, Gabriel Schweder, Ernst Theophil Mayer, Johann Andreas Frommann, Johann Christian New. 35516

Wachs, Alexander: Die volkswirtschaftliche Bedeutung der technischen Entwickelung der deutschen Wollindustrie. Leipzig 1909: Brandstetter. 96 S. 8° *(Ersch. vollst. als: Technisch-volksw. Monographien. Bd 7.)
München, Staatswirtsch. Diss. v. 2. März 1909, Ref. Sinzheimer, Brentano
[Geb. 18. De[illegible] 86 Lodz; Wohnort: Lodz; Staatsangeh.: Rußland; Vorbildung: Gymn. Lodz Reife Juni 05; Studium: Breslau 1, Berlin 2, Heidelberg 1, München [illegible]; Rig. 2 März 09.] [U 09. 3.77

Wachs, Alex.: Die volkswirtschaftl. Bedeutung der techn. Entwickelung der deutschen Wollindustrie, s.a. Monographien, Technisch-volkswirtschaftliche.

Die volkswirtschaftliche Bedeutung der technischen Entwickelung der deutschen Wollindustrie. Von Alexander Wachs. Leipzig: Klinkhardt 1909. 135 S. 8°
[Ein T. erschien als Inaug.-Diss. München 1909.]
(Technisch-volkswirtschaftl. Monographien. Bd 7.)

Wachs, August Franz (Marburg) A. S. 578/15

Disputatio iuridica de iure initii.
Präs. Andreas Wilhelm Pagenstecher.
Marburg (Müller) 6. XII. 1749. 28 S.

W. v.: Jo. Rudolph Anton Piderit, Präs.

35517

Wachs, Curt, s. Wachs, Kurt

Wachs, D., die Kraft. E. physikal. Studie. gr. 8. (15 S.) Wien 897. M. Breitenstein. n. — 35

Wachs, Dav., der moderne Gott. Drama in 3 Akten. (III, 101 S.) 8. Dresden 905. E. Pierson. n. 2. —

Wachs, Erwin [illegible] Wittenberg [illegible] Statistischer Beitrag zur Feststellung des Conceptionstermins. Berlin [illegible] 8°
Berlin, Med. Diss. v. 21. Febr. 1882

Wachs, Franz Reinhard (Marburg) A. S. 578/14

Disputatio iuris gentium et civilis de vi atque auctoritate consuetudinis contrariae legi scriptae anteriori. Präs. Andreas Wilhelm Pagenstecher. (Marburg) (Müller) 7. XII. 1748. 20 S.

35518

Wachs, Heinrich

Wachs, H., Beiträge zur Geschichte d. Volksbildung u. Armenpflege, nebst Andeutungen üb. diesen Gegenstand. 8. (11½ B.) Kassel 829, Bohné.

Wachs, Dr. J. G., d. 3te Juni, e. jährl. Erinnerungsfest f. Hanau's Bewohner. 8. Hanau 825. Edler. 7 gGr.

Wachs, Jh. Fr.

— histor.-diplomat. Geschichte von d. Altstadt Colberg, darinnen d. Nachrichten von d. Burg, von d. Domkapitel u. königl. Jungfrauenkloster ertheilet, u. durch viele eingestreute Originalurkunden in ein Licht gesetzet werden. Mit 2 Kpfbl. gr. 8. Halle 767. Gebauer. 1 Thlr 12 gGr.

Wachs, Jh. Fr., († ...) Colbergsche Sulzengeschichte. Colberg 758.

Wachs, Kurt

Wachs, Curt, aus Dresden: Über Anilidbildung. *Leipzig 1899: Metzger & Wittig.* (26 S.) 8°
Heidelberg, Naturw.-math. Diss. v. [10. Mai] 1898

Wachs, Otto: Der Antheil des Deutschen Kaisers an der Gesetzgebung in den Reichslanden ... Kiel, Druck v. P. Peters, 1896; 40 S., 3 Bl. 8.
Erlangen, Jur. Fak., Inaug.-Diss. v. 1896

Wachs, Otto. Die politische u. militärische Bedeutung d. Kaukasus. 8. (33 S.) Berl. 889, Wilhelmi. * 1 —
Aus: Jahrbücher f. die deutsche Armee u. Marine, besonders abgedruckt.

Die Etappenstrasse von England nach Indien um das Kap der guten Hoffnung. Von Otto Wachs, Major a. D. Berlin: E. S. Mittler & Sohn 1899. (62 S.) 8°
Aus: Marine-Rundschau. 1899.

Wachs, Otto, die englischen Etappenstraßen von Großbritannien üb. die kanadische Dominion nach den westlichen Häfen des Pacific u. nach Indien, s. a. Sammlung militärwissenschaftlicher Einzelschriften. 14. Hft.

Die englischen Etappenstraßen von Großbritannien über die kanadische Dominion nach den westlichen Häfen des Pacific und nach Indien. Von Otto Wachs, Major a. D. Mit 3 Übersichtskarten. Berlin: R. Schröder 1904. (44 S.) 8°
Aus: Marine-Rundschau. 1903, Okt. Dez.
(Sammlung militärwissenschaftl. Einzelschriften. H. 14.)

Wachs, Otto, Arabiens Gegenwart u. Zukunft. gr. 8. (20 S. m. 1 eingedr. Skizze.) Berlin 902. E. S. Mittler & Sohn. n. — 75

Wachs, Otto, der Kampf um Konstantinopel. 1. und 2. Aufl. gr. 8. (59 S.) Leipzig 888, Baldamus. *
Aus: Internationale Revue über die gesammten Armeen und Flotten, besonders abgedruckt.

— Malta, seine kriegshistor. Vergangenheit u. seine heutige strategische Bedeutung. gr. 8. (14 S.) Ebd. 901. n. — 50
S Sonderabdruck aus: „Marine-Rundschau".

Wachs, O., das Mittelmeer vom militärischen Gesichtspunkt, insbesondere die Stellung der Engländer in demselben, s.: Beiheft zum Militär-Wochenblatt.

— vor der Schlacht. Entgegnung aus dem deutschen Lager. gr. 8. (23 S.) Hannover 886. Helwing's Verl. n. — 80

Wachs, Otto, Schlaglichter auf d. Mittelmeer. [Aus: „Marine-Rundsch."] gr. 8. (III, 121 S.) Berlin 898. E. S. Mittler & Sohn. n. 2. 50

— Schlaglichter auf Ostasien u. den Pacific, s. a. Sammlung militärwissenschaftl. Einzelschriften. 8. Hft.

Schlaglichter auf Ostasien und den Pacific. Von Otto Wachs, Major a. D. *Berlin: R. Schröder 1900.* (38 S.) 8° [F.]
Aus: Neue Militärische Blätter. April-Mai 1901.
— Sammlung militärwissenschaftlicher Einzelschriften. H. 8. [01. 7996

—— Das russische Volk u. Heer. gr. 8. (46 S.) Rathenow 891, Babenzien. * — 80
Aus: Internat. Revue üb. d. ges. Armeen u. Flotten, besonders abgedruckt.

— die Weltstellung Englands, militärisch-politisch beleuchtet namentlich in Bezug auf Russland. Mit 7 Karten. gr. 8. (III, 139 S.) Kassel 886. Fischer. n. 4. —

Wachs, Ottomar, Erinnerungen eines Civilarztes an die französischen Kriegsgefangenen der J. 1870 und 1871. br. 8. (VII, 85 S.) Leipzig 876, O. Wigand. * 2 —

Wachs, Ottomar, der Wittenberger Kaiserschnitt von 1610, die erste vollständ. sectio caesarea in Deutschland. Ein Beitrag zur Geschichte der operativen Geburtshülfe. Leipzig 868. O. Wigand. gr. 4. (VII, 31 S.) n. 20 ngr.

Wachs, Ottomar, die Organisation des preuss. Hebammenunterrichts nach den Anforderungen der Gegenwart. Ein Beitrag zur Vervollkommnung des Hebammenwesens. gr. 8. (VI, 90 S.) Leipzig 874, O. Wigand. *

Wachs, Ottomarus: De stricturis urethrae. Halis Saxonum (1846): Cibatzki. 30 S. 8°
Halle-Wittenberg, Med. Diss. v. 15. Aug. 1846
Geb. Lützen (Kr. Merseburg) 27. 7. 1822. V.

Wachs, P., rationelle Organotherapie, s.: Poehl, A. v.

Wachs, Rud., vergleichende Untersuchung des Quercitrins u. der ihm ähnlichen Verbindungen. Diss. gr. 8. (60 S.) Jurjew (Dorpat) 893. (E. J. Karow.) n. 1. 20

Der neue europäische Wachsbaum, die schwarze Pappel, Populus nigra, in naturhistorischer, medicinischer, artistischer und ökonomischer Rücksicht bearbeitet. - Grätz 1804

Wachsbaum, d. neue europäische, d. schwarze Pappel (Populus nigra) durch welche man ein zu Kerzenlichtern taugliches Wachs erhält 2c. Mit Kpf. 8, Grätz 804. Ferstl. 4 𝒦, ill. 6 𝒦

Wachsel, Gust. Ant.

— the shorter Catechism of Dr. M. Luther, translated from the latin into english by a Clery-y-man of the Church of England etc. 8. Lond. 770.

Wachsel, Gust. Ant., († d. 3. Mai 1799.) Entwürfe seiner Predigten von den Jahren 1765—67. 8. London 768. (Compt. für Liter. in Leipz.) 1 ß

Wachsen, Hugo [prakt. Arzt]: Zur Pathogenese der Encephalomalacie .... Breslau, Th. Schatzky Buch- u. Steindr. (1887); 36 S. + 1 Bl. 8°.

Breslau, Med. Fak., Inaug. Diss. v. 30. März 1887.

Wachsen, Hugo, zur Pathogenese der Encephalomalacie. Inaugural-Dissertation. gr. 8. (36 S.) Breslau 887, (Köhler.) *

Wachsen, J. Fr., s. Wachs, Jh. Fr.

Wachsen, Oskar

Wachsen, Osk., alphabetisches Verzeichnis sämtlicher gesetzlich geschützter Wortzeichen der Warenklassen 2 u. 42: Arzneimittel u. Verbandstoffe f. Menschen u. Tiere, Drogen, Tier- u. Pflanzenvertilgungsmittel, Konservierungs- u. Desinfectionsmittel unter Berücksicht. sämtlicher Aenderungen u. Löschungen bis Ende März 1906, auf Grund amtl. Veröffentlichgn. zusammengestellt u. m. e. erklär. Vorwort versehen. (107 S.) 4. Berlin (N., Hochstr. 2) 906. G. Legal. n. 4. 50

Wachsen, Osk., alphabetisches Verzeichnis sämtlicher gesetzlich geschützter Wortzeichen d. Warenklassen 2 u. 42: Arzneimittel u. Verbandstoffe f. Menschen u. Tiere, Drogen, Tier- u. Pflanzenvertilgungsmittel, Konservierungs- u. Desinfektionsmittel unter Berücksicht. sämtlicher Änderungen u. Löschungen bis Ende Dezbr. 1907, auf Grund amtl. Veröffentlichungen zusammengestellt u. m. e. erklär. Vorwort versehen. 1. Nachtrag. (16 S.) Lex. 8. Berlin (908). L. M. Barschall. nn 2. 50

Hauptwerk Ebd. 906. 4. 50

Wachsfigur, die, eine Erzählung von K. Stein. 8. Berlin. 808. Jetzt Schlesinger.

Wachsfigur, d., eine jovialische Erzählung in 4 Büchern v. K. Stein. 8. Berlin, Kunst- u. Ind. Compt. 809. 1 4

Wachsfiguren-Kabinett, s.: Wallner, Edm., Universum d. Witzes u. der ungeheuren Heiterkeit.

WACHSMANN nach LEO WOLF]. Berlin, C. F. Amelang, [c. 1820]. VIII, 168 S. 12°. Reizender typogr. u. m. Holzschnitten verzierter, grüner Or.-Karton. 65.—

★ Ex. der Originalausgabe von größter Frische. Die entzückenden Kupfer, Rümann unbekannt, sind sehr sorgfältig koloriert. Eine Tafel zeigt eine nächtliche Studentenschlägerei.

Wachsmann, Geometrie f. Handwerker. Ein Lehrb. zum Selbstunterr., besond. aber als Leitfaden beim Unterr. in Gewerbschulen bearb. gr. 8. (10½ B. u. 11 Stnt. qu. gr. Fol.) Magdeburg 831, [Berlin,] Rubach.

Wachsmann, d. Iliade d. Homers, in Kupfer gest. u. d. engl. Bildhauer Flaxmanns Compositionen. qu. Fol. Berl. Nauck.

Wachsmann, A., Gastwirth und Schauspieler, — ein ruhiger Tag, } s. Kühling's, A., Album für Liebhaber-Bühnen.

Wachsmann, A., ein ruhiger Tag, s. a. Vereinstheater. Nr. 125.

Ein ruhiger Tag. Schwank in 1 Akt von A. Wachsmann. *Mühlhausen i. Th.: G. Danner [1903].* (32 S.) 8° [F.]
= Vereinstheater. 125. [illegible]

Wachsmann, Adolphus Theobaldus de: De ano praeternaturali. Halis (1845): Gebauer. 27 S. 8°

Halle-Wittenberg, Med. Diss. v. 30. Apr. 1845

Geb. [Buschvorwerk bei] Schmiedeberg (Schlesien) 1822. V.

Wachsmann, Andreas (Siebenbürgen) A. S. 1301/2

Dissertatio inauguralis medica, de genuinis sanitatis conservandae fundamentis.
Präs. Michael Alberti.
Halle (Hendel) IV. 1722. 27 S., 6 Bl.

Gew.: Andreas Teutsch, Georg Werder, Michael Czeckel,
W. v.: Johann Iuncker, Christoph Ludwig Wilhelmi, Johann Paul Bruch, Johann Friedrich Klein, Jo. Christoph Hey, G. A. Benck, Johann Eberhard Juncker, Job Timotheus Maul. 35519

Wachsmann, Bertha, billig u. gut! Vegetarisches Kochbuch f. den einfachen Haushalt. (58 S.) kl. 8. Berlin 907. Lebensreform. n.n. — 25

Wachsmann, Bertha, billig u. gut! Vegetarisches Kochbuch f. den einfachen Haushalt. 2. verb. Aufl. (11.—20. Tausend.) (72 S.) kl. 8. Schöneberg-Berlin 910. Verlag Lebensreform. — 25

Wachsmann, Bertha, illustr. vegetar. Kochbuch, s.: Weilshäuser, E.

Wachsmann, C. von, s. Wachsmann, Karl Adolf von

Wachsmann, E., s.: Sonntags-Schule, die.

Wachsmann, Ernst, der Darbysmus. Vortrag, in den evang. Bürger-Vereinen der Zionsgemeinde, sowie des 2. evang. Vereinshauses zu Berlin am 18. Octbr. und 13. Novbr. 1877 gehalten. 8. (14 S.) Berlin 1878, (Wiegandt und Grieben.) * — 20

Wachsmann, Ernst, Festklänge. Eine Sammlg. v. Geburtstags-, Weihnachts- u. Neujahrswünschen f. jedes Kindesalter. gr. 16. (VII, 95 S.) Berlin 873. Liebheit & Thiesen. — 75

— s. Kaiserlieder.

— das Leben des Propheten Elias. Ein Hülfsmittel zur Vorbereitung für die Helfer und Helferinnen der Sonntagsschulen [Kindergottesdienste], wie für die Lehrer der evangel. Jugend überhaupt, in 24 Katechesen. 8. (IV, 112 S.) Berlin 879, Prochnow jun. * — 50

— s. Sammlung der deutschen Kriegs- und Volkslieder.

Wachsmann, F., s. Wachsmann, Jh. Fr.

Wachsmann, Jh. Fr.

— theolog. Abhandl. d. Lehre von d. Entäußerung Christi. 8. Rudolst. 753. Meißner. 4 𝒦

— Erläuter. d. Lehre von d. Entäußerung Christi u. Vertheidigung derselben gegen Straubel u. Masch. 8. Jena 759. Melchior. 8 gl.

— sechs heil. Reden über so viel Wahrheiten d. einzig wahren Religion Jesu. 8. Rudolst. 755. Meißner. 3 gl.

Wachsmann, Jh. Fr., († ...) warum Gott den gefallenen Engeln keinen Erlöser gegeben? 8. Helmst. 751. (Weygand in Leipz.) 3 gl.

Wachsmann, Jh. Joach., Altargesänge. Magdeb. 828. Heinrichshofen. 3 gl.

Wachsmann, J. J., Elementar-Schule für das Pianoforte, zur Erleichterung u. Beförderung des Pianoforte-Spiels geschrieben. 1. u. 2. Hft. qu. gr. 4. (à 3½ B.) Magdeburg 836, Lehmann u. Quell. (?) à

—— Gesaenge f. Sopran, Alt, Tenor u. Bass, f. höh. Schulen u. Chöre eingerichtet. 4. Hft., f. Quarta am Dom-Gymnasio zu Magdeburg. 4. (8 B.) Ebds. 835.

— zweistimmige Gesänge, für Schulen eingerichtet. 2s Heft, für mittlere Klassen. qu. gr. 8. Magdeburg 835. (Heinrichshofen.) ¼ ℛ

—— 2- und 3stimmige Gesänge, f. Schulen eingerichtet. 3. Hft., f. höh. Klassen. 4. (5¼ B.) Ebds. 835. — 6

— Gesangfibel in Ziffern. Magdeb. 827. Heinrichshofen. 3 gl.

Wachsmann, F., Gesang-Fibel f. Elementarklassen. gr. 8. Magdeburg, Heinrichshofen. (820.)

— Gesangfibel für Elementarklassen. gr. 8. Magdeb. 822. Heinrichshofen. 4 gl.

—— Gesangfibel f. Schulen eingerichtet. 1. Hft. f. unt. Klassen. gr. 8. (3⅛ B.) Magdeburg 833, (Heinrichshofen.)

—— Gesang-Fibel, f. Schulen eingerichtet. 1. Hft., für unt. Klassen. 2., unveränd. Aufl. gr. 8. (3 B.) Magdeburg 837, Heinrichshofen.

Wachsmann, J. J., Gesang-Fibel f. Schulen. 1. Hft.: f. untere Klassen. 3., unveränd. Aufl. 8. (3 B.) Magdeburg 846, Heinrichshofen.

— prakt. Singschule, od. Anweis. f. Lehrer u. Schüler, welche sich selbst im Gesang unterrichten wollen. 1r Cursus. 1s Heft 12 gl. 2s H. 4 gl. 3s H. 4 gl. (3s Hft. A. u. d. T.: Choralmelodie zum Magdeburg. Gesangbuch ꝛc.) 4. Magdeb. 821, 22. Heinrichshofen. 20 gl.

Wachsmann, Karl Adolf von

Wachsmann, C. v., Erzählungen u. Novellen. 1—6. Bdchn. 8. Leipzig, Brockhaus. à 1 Thlr. 18 Gr.

- Bdchn. 1. Der Tempelherr. — Die Brüder. — Das Ebenbild.
- „ 2. Die Verlobung. — Cäcilie Stuart. — Gustav Adolf's Tod. } (42 B.) 830.
- „ 3. Der Wahn — Die Geächteten. — Die Remonstranten.
- „ 4. Brandenburgs Decius. — Margaretha Rosen. — Die Sybille vom Elisabeththurme. } (45¾ B.) 832.
- „ 5. Der Assassine. — Die Verbannten. — Das Gewissen.
- „ 6. Die Pflanzung am Fuße d. Anden. — Die Reise nach Algier. — Der Marquis v.Ronceval. } (48¾ B.) 834.

Wachsmann, C. v., Erzählungen u. Novellen. 7—12. Bd. od. Neue Folge. 1—6. Bd. 8. Leipzig, Focke.

- Bd. 7. od. N. F. Bd. 1. Die Mineurs. — Die Schatzkammer d. Ynka. — Die Empörung d. Sclaven. (22 B.) 836. 1 Thlr. 18 Gr.
- „ 8. „ „ 2. Der Wäringer. — Der Infant. — Die Auserwählten. (26 B.) 837. 2 Thlr.
- „ 9. „ „ 3. Die Verwandlungen. — Die Hexenprobe. — Der Besessene. (25½ B.) 838. 2 Thlr.
- Bd. 10. od. N. F. Bd. 4. Ritter u. Bürger. — Die Konquistadoren. — Die Heldin v. Dunbar.
- „ 11. „ „ 5. Der Inquisitionspallast zu Valladolid. — Die Kretin. — Das Bad der Walkyren.
- „ 12. „ „ 6. Der Pächter von Ballengiech. — Der Leuchtthurm. — Der Hirt von Villarcayo. } (64¼ B.) 839. 5 Thlr. 12 Gr.

—— dass. Neue Folge. 7—14. Bd., od. 2. Folge. 8 Bde. 8. Leipzig, Focke. Thlr.

- Bd. 7. od. 2. F. Bd. 1. Montalto. — Laura Verastegui.
- „ 8. „ „ 2. Die letzten Frangipani. — Der Sturm auf Ismail.
- „ 9. „ „ 3. Der Brautraub. — Die Tochter d. Pharaonen.
- „ 10. „ „ 4. Die Rächer. — Das Fest zu Moritzburg. — Hakelberg. } (71¼ B.) 840. à 1 Thlr. 12 Gr.
- „ 11. „ „ 5. Die geheime Sendung. — Der Untergang der Scala.
- „ 12. „ „ 6. Seine u. Kaukasus. — Brautwerbung.
- „ 13. „ „ 7. Die Maronneger. — Entsagung.
- „ 14. „ „ 8. Das Majestätsverbrechen. — Der Unbekannte. } (77 B.) 841. à 1 Thlr. 12 Gr.

1—6. Bdchn. Leipzig 830—34, Brockhaus. 10 Thlr. 12 Gr.

Wachsmann, C. v., Erzählungen u. Novellen. Neue Folge 15—22. Bd. od. 3. Folge 1—8. Bd. 8. Leipzig, Focke. à Bd. 1 Thlr. 15 Ngr.

- Bd. 15. Die Kelchner. — Der Schwesternthurm.
- „ 16. Das Loos des Schönen. — Die Afrikanerin.
- „ 17. Der Cagot. — Die Todfehde.
- „ 18. Die Hexenwage. — Die Schicksalsnacht. } (83 B.) 843.
- „ 19. Die alten Preußen. — Haß u. Liebe.
- „ 20. Burg Garbovall. — Die Nebenbuhlerinnen.
- „ 21. Die Flucht aus der Engelsburg. — Der Fremde. — Die Ahnungen.
- „ 22. Julia Gonzaga. — Die Meergeusen. } (78 B.) 844.

—— dass. Neue Folge, 23—28. Bd. od. 4. Folge, 1—6. Bd. 8. Leipzig, Focke. à Bd. 1 Thlr. 15 Ngr.

- Bd. 23. Der 9. Thermidor. — Wieben-Peter.
- „ 24. Louise v. Montmorency. — Sotir. Esther.
- „ 25. Ein gefallener Stern. — Die Einsiedelei de Parral.
- „ 26. Das Wahrzeichen. — Das Heimweh. — Mohum Pang. } (74¾ B.) 846.
- „ 27. Natur u. Bildung. — Ein Rendezvous. — Ein Mann aus dem Volke.
- „ 28. Vulkanischer Boden. — Frauenhaß. } (33⅞ B.) 847.

Wachsmann, C. v., Erzählungen und Novellen. Neue Folge. 29—31. Bd. oder 4. Folge 7—9. Bd. A. u. d. T.: Epheuranken. Historische Erzählungen und Novellen. 3 Bde. 8. Leipzig 849, Focke.

Inhalt:

- Bd. 29. Nord und Süd. Der Helgoländer. Desolation. (243 S.)
- „ 30. André. Adrienne de Sergy. Ladika's Lampe. (283 S.)
- „ 31. Mutter Carey's Hühnchen. Die Kinder des Nebels. (218 S.)

— Helgoland. Ein Büchlein zur Begleitung für Lust- u. Badereisende. Mit 1 Ansicht von Helgoland. 16. Dresden u. Leipzig 841, Arnoldische Buchh. ½ ℛ — 2. verm. Aufl. Mit 1 Ansicht von Helgoland. 16. Ebend. 844. n. ½ ℛ

—— Helgoland. Ein Büchlein z. Begleitung f. Lust- u. Badereisende. 1. Aufl. (5 B.) 842. u. 2. u. 3. verm. Aufl. 16. (5½, 5¼ B. u. 1 Ans. v. Helgoland.) Dresden u. Leipzig 844, 47, Arnoldische Buchh. à

Wachsmann, C. v., Liebe u. Treue. Eine Erzählg. f. Alt u. Jung aus der Zeit Gustav Adolfs. 8. (62 S. m. Abbildgn. u. Titelbild.) Dresden 895. Gustav-Adolf-Verlag. n. 1. —

— s. a. Lilien. Taschenbuch.

—— Lilien. Taschenbuch histor.-romant. Erzähln. f. 1838—43. 1—6. Jahrg. Jed. m. 6 Stahlst. 16. (31½, 30¾, 33, 30½, 33, 29¾ B.) Leipzig, Focke. à * 2 Thlr. 8 Gr., hrbgs. Pr. à **

—— Lilien. Taschenbuch histor.-romantischer Erzählungen für 1844—47. 7—10. Jahrg. à J. mit 6 Stahlst. gr. 16. (26, 25, 28½, 26½ B.) Leipzig, Focke. à J.

Werden auch zu herabgesetzten Preisen jetzt abgegeben.

—— Lilien. Taschenbuch histor.-romantischer Erzählungen für 1848. 11. Jahrg. 8. (382 S. mit 6 Stahlst. und Titel in Golddr.) Leipzig 847, Focke. *

—— dass. — für 1850. 12. Jahrg. 8. (415 S. mit 6 Stahlst. und Titel in Broncedr.) Ebds. 849.

— neueste histor. Novellen u. Erzähll., s. Bibliothek histor. Romane u. Erzähll. 11r u. 12r Bd.

—— das Urtheil d. Vaters. Histor. Schausp. in 5 Act. gr. 8. (10 B.) Breslau 836, Friedländer.

Wachsmann, Kurt, Gerichtsrefer.: Ist die Eintragungsbewilligung des § 19 GBO. eine Verfügung im Sinne des bürgerlichen Rechts? Borna-Leipzig 1910: Noske. VIII, 78 S. 8°
Rostock, Jur. Diss. v. 10. Sept. 1910, Ref. Bernhöft.
[Geb. 6. Mai 86 Doktorowo; Wohnort: Landsberg a. W.; Staatsangeh.: Preußen; Vorbildung: Domgymn. Magdeburg Reife O. 05; Studium: Tübingen 3, Berlin 4 S.; Rig. 28. Juli 10.] [U 11.4091

Wachsmann, L., Wand-Charte von Deutschland. (Ohne Namen. 4 ill. Blätter.) gr. Fol. Quedlinburg 833, Basse. ⅔ ₰

Wachsmann Mordcho: Heinse und Wieland. Ihre persönlichen und literarischen Beziehungen.
1901 PN 1423 Diss. Wien, Univ 106

Wachsmann, Oskar, Referendar: Der Begriff des Gewohnheitsrechts. *Breslau: M. & H. Marcus 1902.* (37 S.) 8°
Breslau, Jur. Diss. v. [14. Mai] 1902

Wachsmann, [illegible]
Berlin, Med. Diss. v. [illegible]

Wachsmann, [illegible] Kritische Beiträge zur [illegible] Entwickelung [illegible] Berlin [illegible]
Berlin, Med. Diss. v. 12. März [illegible]

Wachsmann, [illegible] De polypis uteri eorumque exstirpatione. Vratislaviae 1837. 25 S. 8.
Breslau Med. Diss. [illegible]

Wachsmann, R., Über die Einwirkung des oberschlesischen Steinkohlenbergbaues auf die Oberfläche. Mit Vorwort und Anhang von F. Bernhardi. Kattowitz, 1900. 13 S. mit 4 Taf.

Wachsmann, Siegfried [aus Gleiwitz]: Die Bakteriologie im Dienste der klinischen Diagnose ... Berlin, Buchdr. v. G. Schade, *1891;* 29 S., 1 Bl. 8.
Berlin, Med. Fak., Inaug.-Diss. v. 19. Dez. 1891

Wachsmuth, Ansprache an der Canossa-Säule auf d. Burgberge bei Harzburg, geh. am 8. X. 1908 anläßlich der 21. Generalversammlg. des Evangel. Bundes in Braunschweig. (4 S.) 8. Leipzig (908). Halle, Verlag d. Evangel. Bundes. nn — 10

— dasselbe, s.a. Generalversammlung, 21., des evangelischen Bundes in Braunschweig.

Wachsmuth, ..., Rundgesang d. Preußen im Lager. Im Sept. 1813. Berl., Mittler. 1 gGr.

Wachsmuth's technologische Wandtafeln. Ziegelei. 59,5×122 cm. Farbdr. Leipzig (906). F. E. Wachsmuth. n. 2. —; Leinw.-Rand m. Oesen n.n.n. — 20
Vergl.: Eschner, Max, technologische Wandtafeln.

Wachsmuth's technologische Wandtafeln, Fortsetzg., s.: Wandtafeln, technologische.

Wachsmuth, Adf., über progressive Bulbär-Paralyse (bulbus medullae) und die Diplegia facialis. gr. 8. (VI und 114 S. mit 1 Tab. in qu. gr. Fol.) Dorpat 864, Gläser's Verlag. *

Wachsmuth, Adph., die Cholera in Gieboldehausen im Juli und Aug. 1850. Nebst einigen nachträgl. Notizen über die Cholera in Eisdorf und im göttinger akadem. Hospitale, sowie über die Behandlung der Cholera im Allgemeinen. gr. 8. (56 S. und 2 Stnt.) Göttingen 851, Vandenhoeck und Ruprecht.

Wachsmuth, Adph., allgemeine Pathologie der Seele. 1. Aufl. Frankfurt a. M. 1859. und 2., unveränd. (Titel-)Ausg. gr. 8. (XII und 348 S.) Berlin 862. [Hamm, Grote'sche Buchh.]

Wachsmuth, Bertha, geb. Murray, Glück im Schmerz. Den Trauernden gewidmet. gr. 8. (V, 97 S.) Neustadt a/Rbge. 897. W. Sicius. Mit Goldschn. n. 2. —

Wachsmuth, Bertha, geb. Murray, Glück im Schmerz. Den Trauernden gewidmet. gr. 8. (V, 97 S.) Neustadt a. Rbge. (899). W. Sicius. 2. —

Wachsmuth, C., s.a. Wachsmuth, Kurt

Wachsmuth, C., Alexandria. Gel. 1876. 19 S. 4°.

Wachsmuth, C., Zu Seneca's Apocolocyntosis. S.-A. 1889. 14 S.

Wachsmuth, C., Blicke in's Herz u. Leben nach Anleit. d. heil. Schrift. Insbesond. bei der Beichte u. beim heil. Abendmahle. 12. (6½ B. u. Titbild.) Berlin 839, [J. A. Wohlgemuth.]

Wachsmuth, C., Choral-Melodien für Kirche, Schule und Haus mit untergelegtem Texte. 1. Aufl. 1869 * 50 Pf., und 2. Aufl. 16. (56 S.) Magdeburg 872, Baensch. *

Wachsmuth, C., Choral-Melodien für Kirche, Schule u. Haus mit untergelegtem Texte. 3. Aufl. 12. (56 S.) Leipzig 881. E. Baensch. n. — 60

Wachsmuth, C., Ein Dekret d. ägypt. Satrapen Ptolemaios I. S.-A. 1871. 10 S.

Wachsmuth, C., Z. Frage üb. d. Accentuation d. Wörter u. Wortformen im Griechischen. S.-A. 1888. 28 S. —.80

Wachsmuth, C., Der Rhodische Freistaat. Gel. 1870. 16 S. 4°.

Wachsmuth, C., der gewiesene Glaubensweg, od. christl. Briefe an Zweifler und Kleingläubige. 8. (3 B.) Hameln 842, [Luckhardt'sche Buchh.]

Wachsmuth, C., der gewiesene Glaubensweg, oder christliche Briefe an Zweifler und Kleingläubige. 8. Hameln 842, Weichelt. ¼ ₰

Wachsmuth, C., De Xenophontis qui fertur libello Ἀθηναίων πολιτεία. Gel. 1874. 36 S. 4°. 2.—

Wachsmuth, C., zwei Predigten, zum Besten e. Blinden herausg. 8. Celle 827. Schulze. 4 gGr.

Wachsmuth, C., Rec. W. Onckens Buch „Die Staatslehre d. Aristoteles in histor.-polit. Umrissen. I." S.-A. 1870. 20 S. —.80

Wachsmuth, C. G., s. Wachsmuth, Karl Heinrich

Wachsmuth, C. H., s.a. Wachsmuth, Karl Heinrich

Wachsmuth, C. H. Lafontaine comme fabuliste. I. 14 S. Progr. Rpg. *Marburg H. 1877*

Wachsmuth, E. W., s. Wachsmuth, Wilhelm

Wachsmuth, Ernst, Elementarschule u. Elternhaus. Eine Anleitg. zum häusl. Nachhülfeunterricht für das erste Schuljahr. Leipzig 869. Klinkhardt. gr. 8. (VI, 70 S.) 7½ ngr.

Wachsmuth, Ernst, **verwelkte Lorbeeren.** Schausp. in 1 Aufz. 8. (24 S.) Berlin 897. M. Böhm. 1. 60

[D.] Verwelkte Lorbeern. Schauspiel in 1 Aufz. v. Ernst **Wachsmuth** ... 3. Aufl. ... *Berlin: M. Bohm [1898?].* (24 S.) 1 Bd 8. [98. 8766

— Ernst, u. Paul **Sonnekalb,** sie irrt sich nie! od.: Die Memoiren d. Französin, s. a. Album f. Liebhaber-Bühnen.

S i e irrt sich nie! oder: Die Memoiren d. Französin. Lustspiel in 1 Aufz. von Ernst **Wachsmuth** u. Paul Sonnekalb. Berlin: Kühling & Güttner [1895]. (26 S.) 8°
(Album f. Liebhaber-Bühnen. No 303.)

Wachsmuth, Ernst Wilhelm Gottlieb, s. W a c h s m u t h , Wilhelm

Wachsmuth, F., Ratgeber für Stellesuchende aller Berufsklassen. gr. 8. (32 S.) Leipzig 885, Gloeckner. *

Wachsmuth, F., Ratgeber f. Stellesuchende aller Berufsklassen. 2. Aufl. gr. 8. (48 S.) Leipzig 892. G. A. Gloeckner. n. 1. —

Wachsmuth, F., Ratgeber f. Stellesuchende aller Berufszweige. 3. Aufl. (44 S.) gr. 8. Leipzig 903. G. A. Gloeckner. n. 1. —

Wachsmuth, Ferdinand: Der K a r t e n p r o p h e t oder die Kunst aus den Karten wahr zu sagen. Ilm. 1828. 8°

Wachsmuth, Fd., (Karl Fd. Fiedler, Hauslehrer in Bitterfeld), d. unbegreifl. Kartenzauberer, oder Samml. überraschender u. leicht ausführbarer Kartenkunststücke. 12. Helmst. 822. Fleckeisen. 10 gGr. 2e, mit 26 Kunststücken u. e. Kartenlegekunst vermehrte Ausg. 12. Ebd. 826. 10 gGr.

Wachsmuth, (Ferdin.,) d. wunderbare Kartenzauberer. Samml. überraschender u. leicht ausführb. Kartenkunststücke. 2e, mit 26 Kunststücken u. e. Kartenlegekunst, verm. Ausg. 12. Helmst. 826, Fleckeisen.

— d. kleine Philadelphia, eine Samml. d. ausgesuchtesten, interessantesten u. leicht ausführbaren Kunststücke aus d. Magie u. anderer scherzhaften Belustigungen. 12. Helmst. 826. Fleckeisen. 8 gGr.

Wachsmuth's, Frz., Rundschrift. Anleitung zum Selbstunterricht und für Schulen. qu. gr. 4. (16 S., wovon 8 autogr.) Leipzig 878, (Koppisch.) 1 —

Wachsmuth, Frz., Rundschrift-Anleitung. Zum Selbstunterricht und für Schulen. 2. Aufl. qu. Fol. (8 S. mit 10 autogr. Taf.) [Leipzig 880.] Stuttgart, R. Hahn. *

Wachsmuth, Franz, Rundschrift-Verzierungen. qu. gr. 4. Leipzig 880, Gloeckner. * — 75

— Rundschrift-Verzierungen. Zum Gebrauche f. Jedermann. qu. gr. 4. (8 autogr. Taf.) Reudnitz 880. (Leipzig, Grieben.) n. — 75

Wachsmuth, Friedrich Bruno Richard, s. W a c h s m u t h , Richard

Wachsmuth, Frid. Henr. Gust. Ludov., s. W a c h s m u t h , Ludwig

Wachsmuth, Georg. Frid. (geb. Zielenzig 16. 8. 1835): De anaesthesia adiectis duabus observationibus clinicis. Berolini (1860). (31 S.) 8°
Berlin, Med. Diss. v. 6. Aug. 1860

Die hydriatische, schweisstreibende B e h a n d l u n g der Diphtherie im Vergl. z. Serumtherapie m. Bezugnahme auf d. Statistik u. d. meteorolog. Verhältnisse nach amtl. Quellen. Von Dr. Georg Friedrich **Wachsmuth**, prakt. Arzt ... Berlin. Neuwied, Berlin, Leipzig: Heuser 1895. (1 Bl., 60 S., 1 Tab.) 1 Bd 8°

Wachsmuth, Geo. Frdr., **d. hydriat. schweisstreib. Behandlg. d. Diphtherie** im Vergleich zur Serumtherapie m. Bezugnahme auf d. Statistik u. d. meteorolog. Verhältnisse nach amtl. Quellen. gr. 8. (60 S. m. 1 graph. Taf.) Neuwied 895. Leipzig, Max Spohr. n. 1. 50

Wachsmuth, G. F. **Cholera,** Brechdurchfall u. ihre verwandten Krankheiten. Schutzmassregeln u. hygienisch-rationelle Behandlg., illustriert durch die Statistik von Berlin nach amtlichen Quellen. 1.—4. Aufl. 8. (64 S.) Lpz. 892, Hartung u. Sohn. * 1 —

(B) **Wachsmuth,** G. F., Cholera. 892. (KBl. 28.) Die Hygiene d. tägl. Lebens. 897. (KBl. 30.) Jetzt: Würzburg, C. Kabitzsch.

Wachsmuth, G. F., **Diptheritis.** Erfahrungen aus der Praxis üb. Wesen, Entstehg. u. Behandlg. 4. Aufl. gr. 8. (26 S.) Leipzig 883. Urban. n. — 80

— die **Diphtheritis-Heilmethode.** Illustrirt durch die Statistik der Diphtherie f. Berlin nach amtl. Quellen. 2. Aufl. gr. 8. (94 S.) Berlin 886. Zimmer. n. 3. —

Wachsmuth, G. F., die bewährteste **Diphtheritis-Heilmethode.** Ein Leitfaden zur rechtzeit. Erkenng. u. richt. Behandlg. der Diphtherie f. die Hand der Eltern u. Aerzte. Illustrirt durch die Statistik der Diphtherie f. Berlin nach amtl. Quellen. 3. Aufl. gr. 8. (94 S.) Stuttgart 889. Zimmer. n. 3. —

Wachsmuth, Geo. Frdr., die **Hygiene** d. tägl. Lebens. 12. (III, 32 S.) Leipzig 897. H. Hartung & Sohn. n. — 50

Die H y g i e n e des täglichen Lebens. 1897. Jetzt: Würzburg: C. Kabitzsch.

— die **Jetztzeit** od. das Zeitalter der Nervosität. Ärztlich-hygien. Studien. Vortrag, geh. am 7. Novbr. 1890 vor e. geladenen Publikum in Berlin. [Aus: „Hygieia".] gr. 8. (24 S.) Berlin 891. (Charlottenburg, Fr. Kortkampf.) — 50

— die **Lungenschwindsucht,** illustrirt durch die Statistik v. Berlin nach amtl. Quellen m. Berücksicht. der bisher bei Krankheiten der Respirationsorgane bekannten Kurorte. 1. u. 2. Aufl. gr. 8. (III, 76 S. m. 1 Taf.) Berlin 889. Fontane. n. 2. —; geb. n. 3. —

Wachsmuth, G. F., die **Pocken** u. der Schutz dagegen. Populair bearb. gr. 8. (22 S.) Crossen 872 Appun. n. — 80

—— **Schutzbüchlein** gegen Cholera und Typhus vorzüglich für Laien. gr. 8. (18 S.) Golzow 869. (Crossen, Appun's Buchh.) *

—— dass. — 2. verb. und verm. Aufl. gr. 8. (24 S.) Crossen 872, Appun's Buchh. *

—— **Schutzbüchlein** gegen Diphteritis oder sicheres Erkennen und prakt. Behandeln der Diphteritis zum Selbstgebrauch und für Aerzte. gr. 8. (26 S.) Golzow 869. (Crossen, Appun's Buchh.) *

Wachsmuth, H., Fatum Poloniae. Theophile Sobieska. Historische Erzählg. (286 S.) 8. Wolfenbüttel 909. J. Zwißler. 3.—; geb. 4. —

— dasselbe. II. Johann Sobiesky, der Kronfeldherr. Roman aus der Geschichte Polens. (431 S.) 8. Ebd. 910. 4.—; geb. 5. —

Wachsmuth, H., die Missionsbraut. Roman. 8. (300 S.) Berlin 891. O. Janke. n. 4. —

Wachsmuth, Hans: (Aus der psychiatrischen Klinik zu Marburg). Paralysenähnliche Intoxikationspsychosen. (Pseudoparalysen). Marburg 1897: J. A. Koch. (85 S.) 8⁰
Marburg. Med. Diss. v. 23. Sept. 1897.

Wachsmuth, J. C. F., s. Annalen des Advocaten-Vereins.

Wachsmuth, J. G., Ehrendenkmal des unverheiratheten Bischof Paphnutius wegen seiner Vertheidigung der Priesterehe auf der Nic. Kirchenversammlung. Witteub. 1761. 4.

Wachsmuth, J. J., Geschichte meiner Kriegsgefangenschaft in Rußland in den J. 1812 u. 1813. In gedrängter Kürze mitgeteilt. (115 S.) 8. Magdeburg 910. Creutz. 1.50

Wachsmuth, J. N., philosophische Gespräche von d. Daseyn Gottes, d. Unsterblichkeit der Seele rc. 8. Leipzig, Müller. 775.

Wachsmuth, Jo. Gottlieb (Sachsen) A. S. 1343/4

Dissertatio physica de ruminatione animalium bisulcorum. Präs. Jo. Friedrich Laue.
Wittenberg (Gerdes) 15. I. 1707. 35522

Wachsmuth, Jh. Nik., (†...) d. Vater u. Sohn; e. moral. Gespräch von Pflichten rc. 8. Jena 773. A. u. d. T.: philosoph. Gespräch von dem Dasein Gottes rc. 8. Leipz. 776. Müller. 4 gr

Wachsmuth, Johannes, a. Ölsig: Über die Wärmeleitung von Gemischen zwischen Argon und Helium. Halle a. S. 1907: C. A. Kaemmerer & Co. (46 S., 4 Taf.) 8°
Halle, Phil. Fak., Ref. Dorn, Diss. v. 21. Nov. 1907
[Geb. 3 Juni 83 Ölsig, Kr. Schweinitz (Prov. Sachsen); Wohnort: Halle a. S.; Staatsangeh.: Preußen; Vorbildung: Latina Halle a. S. Reife O. 03; Studium: Halle 9 S.; Rig. 31. Juli 07.]

Wachsmuth, Karl H., s. Singal.

— s. a. Jahr, zwei tausend vier hundert u. vierzig.

Jahr 2440 (Das). Ein Traum aller Träume; aus dem Französ. (des Mercier) (von Chr. F. Weisse). 8⁰. Leipzig 1772. N. Aufl. 8⁰. Leipzig 1782. — Dasselbe zum zweitenmale geträumt (von K. H. Wachsmuth). 8⁰. Leipzig 1783.

s. Inamorulla.

— Diss. inaug. regulae nonnullae juris Saxonici de retractu, praecipue secundum legem novissime latam. 4. Wittenb. 812.

— das nächtliche Rendezvous; e. Schspl., aus d. Französ. 8. Frkf. a. M. 791.

Wachsmuth, C. G.: „Versuch einer systematischen Darstellung der Patrimonial-Gerichtsverfassung, besonders der Rittergüter im Königreiche Sachsen. Ein Handbuch für Gerichtsherren, Gerichtsverwalter und praktische Juristen", Leipzig 1807 (Solbrig).

Wachsmuth, Karl Hnr., Versuch einer systemat. Darstellung d. Patrimonial-Gerichtsverfassung d. Rittergüter nach gemeinen sächs. Rechten, ein Handbuch für Gerichtsherren. gr. 8. Leipz. 808. 2e A. 809. Hinrichs. 1 ℛ 12 gr Hbg. Pr. 20 gr

Wachsmuth, Carl Otto Thdr., die Bluterkrankheit. Versuch einer Monographie derselben; nach eigenen Beobachtungen und Erfahrungen bearb. gr. 8. (59 S.) Magdeburg 849, Baensch. *
Aus: Zeitschrift des deutschen Chirurgen-Vereins 3. Bd., besonders abgedruckt.

Wachsmuth, Kurt

Wachsmuth, Curt, die Ansichten der Stoiker über Mantik und Daemonen. gr. 8. (39 S.) Berlin 860, Nicolai'sche Verlagsbuchh.

Wachsmuth, Curt, die Wiener Apophthegmen-Sammlung, s.: Festschrift zur Begrüssung der in Karlsruhe tagenden XXXVI. Philologen-Versammlung.

Wachsmuth, Curt, Athen. (Sp. 159—220 u. 4 Sp. m. 1 farb. Plan.) gr. 8. Stuttgart 903. J. B. Metzler. n. 2. –
Sonderabdruck aus: „Pauly-Wissowa, Realencyclopädie der class. Altertumswiss., Suppl."

Wachsmuth, Curt, die Stadt Athen im Alterthum. 1. Bd. gr. 8. (767 S.) mit 2 chromolithogr. Taf. in qu. 4.) Leipzig 874, Teubner. *

Wachsmuth, C., die Stadt Athen im Alterthum. 2. Bd. 1. Abth. gr. 8. (XVI, 527 S.) Leipzig 890. Teubner. n. 12. — (I. u. II, 1.: n. 32. —)

Wachsmuth, C., Bausteine zur Topographie von Athen. S-A. 1867. 65 S.

Wachsmuth, Curt, neue Beiträge zur Topographie v. Athen, s. a. Abhandlungen d. kgl. sächs. Gesellschaft d. Wissenschaften, 41. Bd.

Neue Beiträge zur Topographie von Athen v. Curt Wachsmuth. *Leipzig: S. Hirzel 1897.* (2 Bl., 56 S.) 4. (8.)
= Abhandlungen d. Kgl. Sächs. Gesellschaft d. Wissenschaften. Philol.-histor. Cl. Bd 18. No 1. (97 ...)

Rectoratswechsel an der **Universität Leipzig am** 31. Oktober 1898. 1. Rede des abtretenden Rectors Dr. Curt Wachsmuth: Bericht über das Studienjahr 1897/98. II. Rede des antretenden Rectors D. Dr. Albert Hauck: Friedrich Barbarossa als Kirchenpolitiker. *Leipzig (1898): A. Edelmann.* (18, 24 S.) 4

Wachsmvth, Cvrtivs (geb. am 27 Apr. 1837 in Naumburg a. S.): De Cratete Mallota ... Lipsiae, form. B. G. Tevbneri (1860). 36 S., 1 Bl. 8. ¶ Erschien in dems. J., durch d. Fragmente d. Crates erweitert, bei Teubner in Leipzig.
Bonn, Phil. Fak., Diss. v. 14 Febr. 1860

—— de Cratete Mallota disputavit adjectis ejus reliquiis. 8. (78 S.) Leipzig 860, Teubner. *

Wachsmuth, C., De Stobaei eclogis. Pr. 1871. 29 S. 4°. 1.20

— Einleitg. in das Studium d. alten Geschichte. gr. 8. (VI, 717 S.) Leipzig 895. S. Hirzel. n. 16. —; geb. n.n. 17. 50

Ex ordinis philosophorum mandato renuntiantur philosophiae doctores ... inde a d. primo m. Nov. a. 1891 usque ad d. ultimum m. Oct. a. 1892 creati. Praemissa est Curtii **Wachsmuth** commentatio vernaculo sermone conscripta de Eratosthene, Apollodoro, Sosibio chronographis. Lipsiae, typ. A. Edelmanni, typogr. acad., *1892*; 44 S. 4.

Wachsmuth, C., Üb. d. Chronographen Eratosthenes, Apollodor, Sosibios. Pr. 1891. 30 S. 4°. 1.50

Wachsmuth, Curt. Festrede [über Rhodus]. (20) 4. Göttingen 1870.

Wachsmuth, C., De florilegio q. d. Ioannis Damasceni Laurentiano. 2 Tle. Pr. 1871. 20. 26 S. 4°. 4.—

Wachsmuth, Curtius, commentatio I. de florilegio q. d. Joannis Damasceni Laurentiano. 4. (20 S.) Göttingen 871. (Vandenhoeck & Ruprecht.) n. — 50

Wachsmuth, C., und H. Schenkl, zur Geschichte des attischen Bürgerrechtes, s. Studien, Wiener, 7. Jahrg.

Die philosophische Fakultät der Universität Leipzig verkündet die Feier des Andenkens an Carl Friedrich Kregel von Sternbach, welche am 18. Juli 1892 ... statthaben wird. — Ueber das Geschichtswerk des Sikelioten Diodoros. I. Von Dr. Curt **Wachsmuth**, d. Z. Dekan. Leipzig, Druck v. A. Edelmann, Univ.-Buchdr., *1892;* 19 S. 4.

Die philosophische Fakultät der Universität Leipzig verkündet die Feier des Andenkens an Heinrich Gottlieb Francke, welche am 10. Aug. 1892 ... statthaben wird. — Ueber das Geschichtswerk des Sikelioten Diodoros. II. Von Dr. Curt **Wachsmuth**, d. Z. Dekan. Leipzig, Druck v. A. Edelmann, Univ.-Buchdr., *1892;* 12 S., 1 Bl. 4.

Wachsmuth, Curt, das alte Griechenland im neuen. Mit einem Anh. über Sitten und Aberglauben der Neugriechen bei Geburt, Hochzeit und Tod. 8. (126 S.) Bonn 864, Cohen und Sohn.

Wachsmuth, C., Ueb. eine Hauptquelle f. die Geschichte d. achäischen Bundes. S.-A. 1887. 27 S. 1.—

— Ueber die Hochschule von Athen. Gel. 1873. 17 S. 4°.

Wachsmuth, C., Die Parodos d. Acharner in ihrer Compositionsform. S.-A. 1890. 18 S.

Wachsmuth, C., Zu Statius Silven I 6. S.-A. 1888. 8 S. —.60

—— Straßenleben u. Marktverkehr im alten Athen, s. Taschenbuch, historisches.

— Studien zu den griechischen Florilegien. Lex.-8. (III, 219 S.) Berlin 882. Weidmann. n. 12. —

— s.: Studien, Leipziger, zur class. Philologie.

Wachsmuth, C., De Timone Phliasio ceterisque sillographis Graecis. Adiec. sillographorum reliquiae coll., dispos., recognitae. Gel. 1859. 78 S. 2.50

—— de Timone Phliasio ceterisque sillographis graecis disputavit et sillographorum reliquias collectas dispositas recognitas adjecit. gr. 8. (78 S.) Leipzig 860, Teubner. *

— de Timone Phliasio ceterisque sillographis graecis disputavit et sillographorum reliquias collectas dispositas recognitas adjecit. Ebend. 863. gr. 8. (78 S.) n. 16 ngr.

Wachsmuth, C., Versprengte Trümmer der Eklogen des Stobaeus in seinem Florilegium. S.-A. 1871. 8 S. —.60

Wachsmuth, C., Der histor. Ursprung d. Doppelkönigtums in Sparta. S.-A. 1868. 9 S. —.60

— Worte zum Gedächtnis an Theodor Mommsen. Gesprochen in der Gesamtsitzg. der beiden Klassen der königl. sächs. Gesellschaft der Wissenschaften zu Leipzig am 14. XI. 1903. (21 S.) gr. 8. Leipzig 904. B. G. Teubner. n. — 60
Sonderabdruck aus: „Berichte d. phil.-hist. Klasse d. sächs. Ges. d. Wiss."

— Worte zum Gedächtniss an Otto Ribbeck. Gesprochen in d. Gesammtsitzg. der beiden Classen d. kgl. sächs. Gesellschaft d. Wissenschaften zu Leipzig am 14. XI. 1898. [Aus: „Berichte d. sächs. Gesellsch. d. Wiss."] gr. 8. (22 S.) Leipzig 898. B. G. Teubner. n. — 60

Wachsmuth, C., De Zenone Citiensi et Cleanthe Assio. 2 Tle. Pr. 1874. 19, 20 S. 4°. 2.—

— commentatio I et II de Zenone Citiensi et Cleanthe Assio. 4. (29 u. 20 S.) Göttingen 874. Dieterich's Verl. à n. — 80

— über Ziele u. Methoden der griech. Geschichtsschreibg. Rectoratsrede. gr. 4. (19 S.) Leipzig 897. A. Edelmann. — 75

Wachsmuth, [illegible] Osterwieck bei Halberstadt [illegible] 1826: De urinae in morbis febrilibus acutis excretione [illegible] illustrata. Berolini 1855. [illegible] 8°.
Berlin, Med. Diss. v. 19. März 1855

Wachsmuth, Margarethe: Über das Stützgewebe der Milz. Leipzig [1907]: A. Edelmann. (20 S., 2 Taf.) 8°
Leipzig, Med. Fak., Ref. Rabl, Diss. v. 23. Okt. 1907
[Geb. 7. Nov. 69 Leipzig; Wohnort: Leipzig; Staatsangeh.: Sachsen; Vorbildung: Privatunterr., Komm. f. Gymn.-Reife-Prufung Dresden Reife Febr. 99; Studium: Zürich 2, Leipzig 3, Heidelberg 2, Leipzig 3 S.; Coll. 30. Okt. 07; Approb. 27. Juli 04.]

Wachsmuth, O(tto): Zur Aetiologie der Tuboovarialcysten. Halle a. S. 1885: Kaemmerer. 40 S. 8°
Halle-Wittenberg, Med. Diss. v. 30. März 1885
Geb. Dorpat (Livland) 29. 3. 1861. V.

Wachsmuth, Otto, über Blutungen der Neugeborenen u. ihre ätiologischen Momente mit besonderer Berücksichtigung ihrer Beziehungen zur Lues congenita. Inaugural-Dissertation. gr. 8. (32 S.) Göttingen 876. (Vandenhoeck & Ruprecht.) n. — 60

Wachsmuth, Otto, über Blutungen der Neugeborenen und ihre ätiologischen Momente mit besond. Berücksicht. ihrer Beziehungen zur Lues congenita. Inaugural-Dissertation. gr. 8. (32 S.) Göttingen 877, (Vandenhoeck und Ruprecht's Verlag.) * — 60

Wachsmuth, Otto, üb. die Einwirkung v. Chlor auf Toluol u. besonders auf die im Methyl geschlorten Toluole, sowie üb. das Verhalten der Salpetersäure zu Benzyltrichlorid u. Benzylchlorid, üb. Dichlornitrobenzoesäure u. üb. zwei noch unbekannte Derivate d. Toluols. Inargural-Dissertation. 8. (34 S.) Osterwieck 874. (Göttingen, Vandenhoeck & Ruprecht.) n. — 60

Wachsmuth, R., Festrede zur Feier des 25jährigen Bestehens des Kaiser Wilhelms-Gymnasiums zu Hannover, geh. am 28. IX. 1900. 4. (16 S.) Hannover 900. Gebr. Jänecke. — 50

Wachsmuth, R.: Das Kadmium-Normalelement, s. Jäger, Wilhelm

Wachsmuth, R., Quaestiones criticae in Senecam rhetorem. Pr. 1867. 17 S. 4°.

Wachsmuth, [Richard]: [Bericht über die Feier des 25jährigen Jubilaums der Anstalt.] S. 22. 4.
Progr. Kgl. Kaiser-Wilhelms-Gymn. *Hannover* 1901 (331).

Wachsmuth, Rich., s.: Denkschrift der 1. internation. Luftschiffahrts-Ausstellung zu Frankfurt a/M.

Wachsmuth, [Richard], Dir. Prof. Dr.: [Kurzer Rückblick auf die Feier des 25jährigen Bestehens der Anstalt.] *Hannover (1901): Gebr. Jänecke.* (S. 22.) 4°
Hannover, k. Kaiser Wilhelms G, P 1901 (331)

Wachsmuth, [illegible] Berolini [illegible]
[illegible] Phil. Diss. v. [illegible]

Wachsmuth, *Friedrich Bruno* Richard: Untersuchungen auf dem Gebiet der inneren Wärmeleitung ... Leipzig, J. A. Barth, 1892; 27 S. 8.
Leipzig. Phil. Fak., Inaug.-Diss. v. [25. Nov.] 1892

— s.: Vorträge, wissenschaftliche, geh. auf der 1. internationalen Luftschiffahrts-Ausstellung zu Frankfurt a/M.

Wachsmuth, Thdr. Hnr., Rath und Hilfe für den Landmann in nassen Jahren. 8. Quedlinburg 843, Basse. 1/3 ₰

Wachsmuth, Wilhelm

Wachsmuth, **Wlh. (Er. Wlh. Gli.), de Accusativo cum Infinitivo. Disputatio. 8maj. Halle 815. Waisenh.-B. 6 ₰**

Wachsmuth, (W.,) Hellenische Alterthumskunde aus d. Gesichtspunkte d. Staates. 1r Thl: die Verfassungen u. d. äuß. polit. Verhältniß d. hellen. Staaten. 1e Abthl.: Die Zeit vor d. Perserkriegen. gr. 8. Halle 826, Hemmerde u. S.

Wachsmuth, (Ernst) Wilh. (Gtli.), hellen. Alterthumskunde aus d. Gesichtspunkte d. Staates. 2 Thle. (od. 4 Abthln.) gr. 8. Halle, [Schwetschke u. Sohn.]
Thl. 1. Die Verfassungen u. d. äußere polit. Verhältniß d. hellen. Staaten. 2 Abthln.
1. Abthl. Die Zeit vor d. Perserkriegen. (22 B.) 826. 1 Thlr. 18 Gr.
2. " Von den Perserkriegen bis zum Untergange d. hellen. Selbstständigkeit. (35 1/4 B.) 828. 2 Thlr. 18 Gr.
" 2. Die Regierung. 2 Abthln.
1. Abthl. Staatswirthschaft, Rechtspflege, Kriegswesen. (28 1/4 B.) 829. 2 Thlr.
2. " Oeffentliche Zucht, Gotterdienst, Kunst, Wissenschaft, nebst Zeittafel u. Register z. 2. Thl. (38 B.) 830. 3 Thlr.

Wachsmuth, Wilh. (Ernst), hellenische Alterthumskunde aus dem Gesichtspunkte des Staats. 2., umgearb. u. verm. Ausg. 2 Bde. (à 8 Hfte.) gr. 8. Halle, Schwetschke u. Sohn. [I. (59 B.) 843, 44. 2. (55 1/2 B.) 45, 46.] (à Hft. * 15 Ngr.) *

WACHSMUTH, [ERNST] W[ILH. GOTTL.], Animadversiones in C. Cornelii Taciti historiam expeditionum Germanici in Germaniam. Kiliae. 1821. 4. P. (Univ.-Progr.).

— s. Athenäum, e. Zeitschrift.

Wachsmuth, Wilh., Aufstände und Kriege der Bauern im Mittelalter. (Raumer's histor. Taschenbuch, 1834.)

— Auswahl von Lesestücken, zum Gebrauch bei Erlernung d. engl. Sprache. Anhang zu d. engl. Grammatik des Verfassers. gr. 8. Halle 817. Renger. 8 ₰

Wachsmuth, W. Der deutsche Bauernkrieg zur Zeit der Reformation. Mit 1 Bildn. Leipzig 1834. 144 S.

—— de poena capitis apud gentes Europaeas adolescentes sancitae causis. Disputat. histor. 4. (3 1/2 B.) Lipsiae 839, W. Engelmann. *

Wachsmuth, W., De capitis poenae causis et sanctione. I. Apud Graecos veteres. 1839. 12 S. 4°. Pr. 1.50

Wachsmuth, E. W. Dissertatio inauguralis philosophica sistens Comparationem grammaticam Linguae Gallicae et Italicae cum matre Latina. Diss. Halle 1811. 23 S. 4.

— Diss. inaug. philosophica sistens comparationem grammat. linguae gallicae et italicae cum matre latina. 4. Servestae 811. M. Grau in Leipz. 6 ₰

— Comparatio Grammatica Gallicae et Italicae, cum matre latina. Lips. Grau. 815.

—— Darstellungen aus d. Geschichte d. Reformations-Zeitalters, mit Zugaben aus d. Quellenforschung. 1. Thl. 1. Lfg. — A. u. d. T.: Der Deutsche Bauernkrieg zur Zeit d. Reformation. gr. 8. (10 B. u. Th. Münzer's Bildn., Holzschn.) Leipzig 834, Brockhaus.

—— histor. Darstellungen aus d. Geschichte d. neuern Zeit. 1–3. Thl. gr. 8. Leipzig, Kummer.
Thl. 1. Aus dem Reformationszeitalter.] (à 21 B.) 831. à 1 Thlr.
" 2. Meistens aus d. 17. Jahrhundert.] 18 Gr.
" 3. Aus dem 18. Jahrhundert. (20 1/4 B.) 1 Thlr. 16 Gr.

— Entwurfe. Theorie d. Geschichte. gr. 8. Halle 820. Schwetschke u. S. 16 ₰

— De cognitionis historicae fontibus. Diss. 1825. 16 S. 4°.

— d. ältere Geschichte d. Römer mit Rücksicht auf d. letzten Bearbeitungen derselben. gr. 8. Halle 819. Renger. 1 ₰ 20 ₰

— Geschichte Frankreichs, s. Geschichte der europ. Staaten, 18., 20. u. 21. Liefg.

Geschichte Frankreichs im Revolutionszeitalter, v. Wilhelm Wachsmuth. Th. 1–4 u. Register. Hamburg. 1840–44. 8°. = Geschichte der europäischen Staaten. Hrgg. v. Heeren u. Ukert. (14.)

Wachsmuth, (Ernst) Wilh. (Gtli.), Geschichte Frankreichs im Revolutionszeitalter. 2 Thle. gr. 8. Hamburg, Fr. Perthes. [1. (42 B.) 840. * 2 5/6 Thlr., 2. (50 B.) 842. * 3 1/6 Thlr.] *
Vgl.: Geschichte der europäischen Staaten, 16. u. 18. Lfg.

Wachsmuth, Wilh., Geschichte von Hochstift und Stadt Hildesheim. Hildesheim 860. Gerstenberg. gr. 8. (VII, 266 S.) n. 1 ₰ 12 ngr.

Wachsmuth, Wilh., Geschichte von Hochstift und Stadt Hildesheim. gr. 8. (VII und 266 S.) Hildesheim 863, Gerstenberg'sche Buchh. *

Wachsmuth, (Ernst Wilhelm Gottlieb): Geschichte des Illyrismus oder des südslavischen Antagonismus gegen die Magyaren. Leipzig 1849. VIII, 199 S. 8°

Wachsmuth, (E.) W. (Gottlieb), Geschichte deutscher Nationalität. 2 Thle. gr. 8. Braunschweig 860, Schwetschke und Sohn.
Inhalt:
Thl. 1. Die Gesammtheit der deutschen Nation. (VIII und 427 S.) 1 Thlr. 24 Ngr.
" 2. Geschichte der deutschen Volksstämme aus dem Gesichtspunkte der Nationalität. 1. Hälfte: Die Stämme niederdeutscher Zunge und die Hessen. (VIII und 384 S.) 1 Thlr. 21 Ngr.

—— Geschichte deutscher Nationalität. 3. Thl.: A. u. d. T.: Geschichte der deutschen Volksstämme aus dem Gesichtspunkte der Nationalität. 2. Hälfte: Mitteldeutsche Stämme. Alemannen und Burgunder. Südostdeutsche Stämme und Pflanzungen. gr. 8. (VIII und 420 S.) Braunschweig 862, Schwetschke und Sohn.
1. und 2. Thl. Ebendas. 1860. 3 Thlr. 15 Ngr.

Wachsmuth, W., Geschichte der politischen Parteiungen alter und neuer Zeit. 3 Bde. Braunschweig 853–56. Schwetschke. gr. 8.
1. Bd.: Geschichte der politischen Parteiungen des Alterthums. 853. (XII, 424 S.) n. 2 ₰ 8 ngr.
2. Bd.: Geschichte der politischen Parteiungen des Mittelalters. 854. (XII, 522 S.) n. 2 ₰ 24 ngr.
3. Bd. 1. Abth.: Geschichte der politischen Parteiungen der neuen Zeit. 1. Abth. Bis zur Mitte des 17. Jahrh. 856. (VII, 324 S.) 1 ₰ 18 ngr.
" 2. Abth. Von der Mitte des 17. Jahrh. bis auf unsere Zeit. 856. (VII, 313 S.) 1 ₰ 25 ngr.

Wachsmuth, W., Geschichte der Römer. Halle 819. 8. 1 rthl. 20 gr.

Wachsmuth, W., niedersächsische Geschichten, s. a. Nationalbibliothek, deutsche.

— niedersächsische Geschichten. (Abgedr. aus der deutschen National-Bibliothek.) Berlin 863. Brigl. (Kobligt.) gr. 8. (XXXII, 254 S. u. Portr. in Stahlst.) 27 ngr.

— Grammatik d. engl. Sprache, nebst e. Wörterbuche zur Hülfe bei Erlernung d. Aussprache. gr. 8. Halle 816. Renger. 14 gGr

— Grundriß d. allgem. Geschichte d. Völker u. Staaten. gr. 8. Leipz. 826. Tauchnitz. 1 Thlr 8 gGr

— Grundriß d. allgem. Geschichte d. Völker u. Staaten. 2. umgearb. Ausg. gr. 8. (23 1/4 B.) Leipzig 839, W. Engelmann.

— Grundriß der allgemeinen Geschichte der Völker u. Staaten. 3. umgearb. u. bis auf die neueste Zeit fortgeführte Ausg. gr. 8. (XIV u. 310 S.) Leipzig 848, C. Engelmann. 1 1/4 Thlr

— Grundriß der allgemeinen Geschichte der Völker u. Staaten. 4. Aufl. hrsg., ergänzt u. bis auf die neueste Zeit fortgeführt v. Geo. Weber. gr. 8. (XV, 348 S.) Leipzig 874. Engelmann. 4. 50

— jus gentium quale obtinuerit apud Graecos ante bellor. cum Persis gestor. initium. 8maj. Kiel 822. (Berl., Reimer). 8 gGr

— Jus gentium quale obtinuerit apud Græcos ante bellorum cum Persis gestorum initium. Kiliæ. 1822. [Indbydelse til Tale paa Frederik VI's Fødselsdag].

Wachsmuth, Wilh. (Ernst), allgemeine Culturgeschichte. 3 Thle. gr. 8. Leipzig, Vogel.

Inhalt:

Thl. 1. Der heidnische Orient, das klass. Alterthum, das Christenthum und das christl. Römerreich, der Islam. (XXIV und 598 S.) 850. 3 Thlr.
" 2. Das Mittelalter. (VI und 448 S.) 851. 2 Thlr. 7 1/2 Ngr.
" 3. Die neuere Zeit. (X und 558 S.) 852. 2 Thlr. 15 Ngr.

— Leitfaden zu Vorlesn. üb. d. allgem. Weltgeschichte. gr. 8. (20 B.) Leipzig 833, Hinrichs.

— W., De veterum scriptorum Graecorum levitate quadam a peculiari rerum gestarum ratione accurate definienda aberrante. Diss. 1825. 24 S. 4°. 1.20

Wachsmuth, W., De Luceria Apuliae urbe. II. III. Pr. 1845. 12, 15 S. 4°. à 1.—

Wachsmuth. De Luceria. 8. Lipsiae 1844.

— Weimars Musenhof in den Jahren 1772 bis 1807. Historische Skizze. gr. 8. (11 1/2 B.) Berlin 844, Duncker u. Humblot. *

— De tribuum quatuor Atticarum triplici partitione disp. Kiliæ. 1825. 4. P. (Univ.-Progr.).

— De Pindaro reipublicæ constituendæ et gerendæ præceptore disp. I—II. Kiliæ. 1823—24. 4. P. (Univ.-Progr.).

— De rerum gestarum memoriae principiis. I. u. II. Diss. 1829, 30. 16, 18 S. 4°.

Wachsmuth, W., Magicarum quaestionum spec. I. Pr. 1850. 12 S. 4°.

— europäische Sittengeschichte, v. Ursprunge volksthüml. Gestaltungen bis auf uns. Zeit. 1—3. Thl. (od. 4 Abthln.) gr. 8. Leipzig, Vogel.

Thl. 1. (Vom Ursprunge volksthüml. Gestaltungen) bis zum Verfall d. karolingischen Reiches. (22 B.) 831. 1 Thlr. 8 Gr.
" 2. Vom Verfalle d. karolingischen Frankenreichs bis zum Auftreten Gregorius VII. (30 1/2 B.) 833. 2 Thlr. 6 Gr.
" 3. Die europ. Völker u. Staaten besond. im Zeitalter d. Kirchenschwärmerei u. d. Herrschaft d. Papstthums. 2 Abthln. [1. (23 1/2 B.) 834. 1 Thlr. 12 Gr., 2. (38 B.) 835. 2 Thlr. 8 Gr.] 3 Thlr. 20 Gr.

— dass. 3r Thl. 1e Abthl. Das Zeitalter der Kirchenschwärmerei u. der Herrschaft des Papstthums im Allgemeinen. gr. 8. Ebd. 834. 1 1/2 Thlr

— europäische Sittengeschichte, vom Ursprunge volksthümlicher Gestaltungen bis auf unsere Zeit. 4. u. 5. Thl. (in 2 Abthln. u. Register.) gr. 8. Leipzig, Vogel.

Thl. 4. Das Zeitalter d. Verfalls mittelalterl. Zustände. (52 1/4 B.) 837. 3 Thlr. 6 Gr.
" 5. Abthl. 1. Das Zeitalter d. Kirchenstreits. (43 1/4 B.) 838. 2 Thlr. 18 Gr.
" 2. Das Zeitalter d. unumschränkten Fürstenmacht u. d. Revolutionszeitalter. (55 1/4 B. incl. Register.) 839. 3 Thlr. 16 Gr.
1—5. Thl. Ebendas. 1831—39. 7 Thlr. 10 Gr.

— zur deutschen Städtegeschichte. Die Zustände in Hildesheim gegen Ende seiner Selbständigkeit. Aus d. Zeitschr. f. deutsche Kulturgeschichte abgedr. Nürnberg 857. Bauer u. Raspe. gr. 8. (34 S.) 5 ngr.

s. Tabellen, Geographische und historische, zum ersten Unterricht.

— das Zeitalter der Revolution. Geschichte der Fürsten und Völker Europa's seit dem Ausgange der Zeit Friedrichs des Großen. 1. Bd. 1.—6. Liefg. gr. 8. Leipzig 846, Renger'sche Verlagsh. à n. 1/3 Thlr

— das Zeitalter der Revolution. Geschichte der Fürsten u. Völker Europa's seit dem Ausgange der Zeit Friedrichs d. Großen. 7—23. Lfg. gr. 8. (2. Bd. VI S. u. S. 49—506. 3. Bd. VI u. 538 S. 4. Bd. XII u. 611 S.) Leipzig 847, Renger. à n. 1/3 Thlr (compl. n. 7 2/3 Thlr)

— das Zeitalter d. Revolution. Geschichte der Fürsten u. Völker Europas seit dem Ausgange d. Zeit Friedrich des Großen. 4 Bde. (23 Lfgn.) gr. 8. Leipzig, Renger'sche Vrlgsh. (à Lfg. 10 Ngr.) Thlr. *

Bd. 1. Die Aufklärung der Zeit Friedrichs des Großen, die Revolution u. ihre Widersacher bis zur Entthronung Ludwigs XVI. (33 B.) 846. * 1 Thlr. 25 Ngr.
" 2. Die Zeit der ersten Coalition, vom Feldzuge des Jahres 1792 bis zum Frieden von Campo-Formio. (32 1/4 B.) 847. * 1 Thlr. 25 Ngr.
" 3. Vom rastadter Friedenscongreß bis zum preßburger Frieden. (34 B.) 847. * 2 Thlr.
" 4. Vom Frieden zu Preßburg bis zum zweiten pariser Frieden. Nebst Register üb. Bd. 1—4. (39 B.) 847. * 2 Thlr.

WACHSNER, Fritz (Reichenbach): Ueber einen seltenen Fall von doppelseitiger Kehlkopflähmung bei tuberkulöser Meningitis.- München: Wolf 1910. 27 S.
16.5.1911 - Chr 1910/11,26; H 11.3758
Diss. Ingolst.-Landsh.-Mchn.

Wachsner, Fritz, ist Berthold Ottos Pädagogik wissenschaftlich begründet? Eine Untersuchg. über ihre eth. u. psycholog. Voraussetzgn. (III, 88 S.) 8. Leipzig 910. Gr.-Lichterfelde, K. G. Th. Scheffer. nn 1. 40

Wachsner, Fritz: Die ethischen und psychologischen Voraussetzungen der Pädagogik Berthold Ottos. Jena (Leipzig: Scheffer) 1910. 88 S. 8° ¶(Im Buchh. ebd. u. d. T.: Ist B. Ottos Pädagogik wissensch. begründet?)
Jena, Phil. Diss. v. 10. Sept. 1910, Ref. Rein
[Geb. 3. Juli 86 Berlin; Wohnort: Berlin; Staatsangeh.: Preußen; Vorbildung: Sophien-Gymn. Berlin Reife O. 06; Studium: Berlin 5, Jena 3 S.; Rig. 6. Mai 10.] [U 11. 2517

Wachsner, Josef, Referendar bei d. Kgl. Landgerichte zu Gleiwitz: Voraussetzungen und Wirkungen des Annahmeverzuges. Nach gemeinem Rechte u. d. bürgerl. Gesetzbuche. *Gleiwitz [1899]: Neumann.* (VIII, 78 S.) 8°
Rostock, Jur. Diss. v. [12. Okt.] 1899

Wachsner, Kurt, Referendar: Die Vermutung aus kaufmännischen Schuldscheinen HGB. § 344, Absatz 2. Berlin 1909: Weinberg. 44 S. 8°

Freiburg i. B., Rechts- u. staatsw. Diss. v. 1909, Ref. Rosin

[Geb. 11. Okt. 85 Berlin; Wohnort: Charlottenburg; Staatsangeh.: Preußen; Vorbildung: Kaiserin-Augusta-Gymn. Charlottenburg Reife O. 04; Studium: Freiburg i. B. 1, Berlin 5 S.; Rig. 20. Juli 09] [U 10. 950

Wachsner, [illegible]

Berlin, Med. [illegible]

[illegible]

Wächst die römische Kirche oder fällt sie? Antwort: Sie ist gefallen. Sie wird fallen. 8. (1 B.) Berlin 845, [J. A. Wohlgemuth, Berl.] *

Wachstein, s.: Max R. v. Wachstein, Eman.

Wachstein, Berl: Kritische Studien zur Interpretierung der Leibniz'schen Philosophie.
H. 1899 PN 1257 Diss. Wien. Univ.

Wiener hebräische Epitaphien. Von Dr. Bernhard **Wachstein.** (Mit 3 Taf.) Wien: A. Hölder in Komm. 1907. (33 S.) 8° [Umschlagt.]
(Sitzungsberichte d. Kais. Akad. d. Wiss. in Wien. Philos.-Hist. Kl. Bd 156, Abh. 4.)

— s.: Quellen u. Forschungen zur Geschichte der Juden in Deutsch-Österreich (Privatbriefe, jüdische, aus d. J. 1619).

Wachstum, inneres. 7 Aufsätze v. E. G. O. 1.—3. Aufl. (90 S.) kl. 8. Stuttgart (907). W. Seifert. Geb. 1.50; auf Büttenpap., geb. in Ldr. 3.50

Wachsthum, das, eines Kindes Gottes in der Gnade. Dargestellt in einer Reihe von Briefen von J. M. D. an ihren Gatten. Aus dem Engl. 8. (171 S.) Basel 868, (Bahnmaier's Buchh.) *

Die Wacht : 1884 — Chicago, IL

Die Wacht : 1884 — 1888

Weekly. Large quarto, each issue 8 pages. Circulation: 1888, 5000 (est.). Edited & published by M. Schnitzer, 1884—88.
New York, NY

Wacht, die. Zentral-Organ f. die „vereinfachte Stenographie". Red.: O. Henke u. F. Schrey. 1. Jahrg. 1888. 12 Nrn. (1/2 autogr. B.) gr. 8. Barmen, (Klein). n.n. 3.—

— dasselbe. Red. v. Chr. Johnen-Heinsberg. 2. u. 3. Jahrg. 1889. 1890. à 12 Nrn. (à 1/2—1 3/4 B.) Nebst Übungsblatt. à 24 Nrn. (1/4 B.) gr. 8. Ebd. à Jahrg. n.n. 3.—

Wacht, die. Zeitschrift f. vereinfachte deutsche Stenographie. Red. unter Mitwirkg. v. Johnen u. J. V. Peters v. Ferd. Schrey. 4.—7. Jahrg. 1891—1894. à 12 Nrn. (à ca. 1 1/2 Bog.) gr. 8. Nebst Unterhaltungsblatt. Red. v. J. Val. Peters. à 24 Nrn. (à ca. 3/4 Bog.) Barmen, (H. Klein). à Jahrg. n.n. 3.—

Wacht, die. Zeitschrift f. vereinf. deutsche Stenographie. Red. u. Mitwirkg. v. Johnen u. A. v. Ferd. Schrey. 8. Jahrg. 1895. 12 Nrn. (à 2 Bog.) gr. 8. Nebst Schriftwart (à Nr. 16 S.), Stenotypist u. Unterhaltungsblatt. Red. v. J. Val. Peters. (à Nr. 8 S.) Berlin, F. Schrey. n.n. 3.—

— dasselbe. 9. Jahrg. 1896. 12 Nrn. (à ca. 2 Bog.) gr. 8. Nebst Schriftwart, 3. Jahrg., Unterhaltungsblatt, red. v. Carl Kanitz, 3. Jahrg. u. d. geflügelte Feder. Zeitschrift f. Schülervereine f. vereinf. Stenographie, unt. Mitwirkg. v. Henke u. Mager red. von Joh. Hillebrand. 3. Jahrg. Ebd. n.n. 4.—

— dasselbe. 10. Jahrg. 1897. 12 Nrn. (à ca. 1 Bog.) gr. 8. Nebst: Unterhaltungsblatt, red. u. autogr. v. Carl Kanitz u. Fachbeilage. Ebd. n. 4.—; m. Debatte n. 4.80; nebst Schriftwart n. 5.60

— dasselbe. (Einigungssystem Stolze-Schrey.) Red. unt. Mitwirkung v. Jonen, Wilh. Mager, P. Mitzschke u. A. von Ferd. Schrey. 11. Jahrg. 1898. 24 Nrn. (à ca. 2 Bog.) gr. 8. Nebst: Unterhaltungsblatt, autogr. v. Karl Kanitz u. Fachbeilage. Ebd. n. 4.—; m. Debatte n. 4.80; nebst Schriftwart n. 5.60

Wacht, die. Zeitschrift f. vereinfachte deutsche Stenographie (Einigungssystem Stolze-Schrey). Red. unter Mitwirkg. v. Johnen, Wilh. Mager, W. Velten u. A. Ferd. Schrey. In Vertretg.: Frdr. Kaier. 12. u. 13. Jahrg. 1899—1900. à 24 Nrn. gr. 8. (à ca. 32 S.) Nebst: Unterhaltungsblatt, autogr. v. Karl Kanitz (à ca. 8 S.) u. Fachbeilage (à ca. 8 S.). Berlin, F. Schrey. à Jahrg. n. 4.—; m. Debatte od. Schriftwart à Jahrg. n. 4.80; m. beiden à Jahrg. n. 5.60; Fachbeilage allein à Jahrg. n. 1.50
Fortsetzung s.: Stenograph, der deutsche.

Die Wacht : Jahrgang I, no. 1—43, May 10, 1893—Apr. 25, 1894.
Democratic weekly. Each issue has supplement, titled Am Zumbro. Edited by Fr. van den Bergh, and all issues except no. 1, published by German Printing & Publishing Co.
Rochester, MN

Am Zumbro : no. 1—43. May 1893—Apr. 1894.
Supplement to Die Wacht, having sub-title: Beilage zu Die Wacht, no. 1—24. Folio, each issue 4 pages.
Rochester, MN

Die **Wacht** Ill. Wochenschrift f. d. gesammte christliche Leben. Hrsg.: Paul Pittius. Jg. 1. Berlin: P. Pittius 1904. 4° [F.] [illegible]

— die. Illustrierte Wochenschrift für das gesamte christl. Leben. Hrsg.: H. Stuhrmann u. Paul Pittius. 2. Jhrg. 1905. 52 Nrn. (à ca. 16 S.) gr. 4. Berlin, Emil Richter. Erscheint nicht mehr. n. 4.80

Die **Wacht.** Organ z. Vertretung d. Interessen d. Kleinstadt- u. Landlehrer d. preuss. Monarchie. Hrsg. von A[lwin] Wehner. Jg. 1, No 1. Eilenburg: C. W. Offenhauer 1905. 4° [illegible] 3

Wacht, die! Organ zur Vertretung der Interessen der Kleinstadt- u. Landlehrer der preuss. Monarchie. Hrsg. u. Schriftleiter: A. Wehner. 1. Jahrg. Dezbr. 1905 bis Dezbr. 1906. 57 Nrn. (916 S.) 4. Eilenburg, C. W. Offenhauer. n. 4.80

Wacht, die! Organ zur Vertretg. der Interessen der Kleinstadt- u. Landlehrer der preuss. Monarchie. Hrsg. u. Schriftleiter: A. Wehner. 2.—5. Jahrg. 1907—1910. à 52 Nrn. (740, 652, 636 u. 704 S.) 31×27,5 cm. Eilenburg, C. W. Offenhauer. à Jahrg. 4.80

— ärztliche. Monatsschrift f. die sozialen Interessen des ärztl. Standes sowie f. die gesamten Verhältnisse der Praxis. Unter Mitwirkg. vieler in langjähr. Praxis erfahrener Aerzte. Red.: Lesshafft. 1. Jahrg. Dezbr. 1903—Novbr. 1904. 12 Nrn. (à ca. 24 S.) gr. 8. Berlin (NW. 6, Karlstr. 19). Mediceum. n. 4.—

Die Demokratische Wacht : Apr. 2, 1875—1885.
[illegible]
Doylestown, PA

Wacht, die deutsche. Ein christlich-nationales Volksblatt für Nord- und Süddeutschland und alle Brüder draußen; Organ des „deutschen Hilfsvereins für Evangelisirung Frankreichs" und der „deutschen und internationalen Gesellschaft der Sonntags- und Arbeiterfreunde". Hrsgbr.: W. Quistorp. 1. und 2. Jahrg. 1871 und 1872. à Jahrg. 52 Nrn. (Bog.) 4. Berlin, (Beck.) à Jahrg. *

Wacht, die deutsche. Ein christlich-nationales Volksblatt für Nord- und Süddeutschland und alle deutschen Brüder draußen. Organ der „Deutschen Gesellschaft der Sonntags- und Arbeiterfreunde" und des deutschen Vereins zu Schutz und Trutz gegen die Entsittlichung und Entchristlichung unseres Volkes. Hrsgbr.: Quistorp. 3.—5. Jahrg. 1873—1875. à Jahrg. 52 Nrn. (Bog.) 4. Ebendas. à Jahrg. *

—— die deutsche. Ein christlich-nationales Volksblatt. Organ der „Deutschen Gesellschaft der Sonntags- und Arbeiterfreunde" und des „Vereins zu Schutz und Trutz gegen die Entchristlichung und Entsittlichung unseres Volkes". Hrsg. von W. Quistorp. 6. Jahrg. 1876. 52 Nrn. (à ½ Bog.) gr. 4. Pasewalk. (Berlin, Beck's Verlag.) * 4 —
Die Fortsetzung bildet: Sonntagsfreund, der deutsche.

Deutsche Wacht : Jan. 3, 1875–1877
Founded as paper counter to Vorwärts. Editor: Mauricio Rabl[illegible]
Mexico City

Wacht, die deutsche. Monatsschrift für nationale Kulturinteressen. [Organ der antijüd. Vereinigung.] Redig. von Wilh. Marr. 1. Jahrg. Octbr. 1879 — Septbr. 1880. 12 Hefte. (à 3—4 Bog.) gr. 8. Berlin, Hentze. * 12 —

Wacht, die deutsche. Monatsschrift für nationale Entwickelung. 2. Jahrg. Octbr. 1880—Septbr. 1881. 24 Hefte. (à Heft $2^1/_2$—3 Bog.) gr. 8. Berlin, Hentze's Verlag. *

—— dass. — 3. Jahrg. Octbr.—Decbr. 1881. 1.—6. Heft. (à Heft 2 Bog.) gr. 8. Ebendas.
Nicht weiter erschienen.

Wacht. – Deutsche Wacht. –
Dresden. – 5.IV.1887 30.VI.1906.

Deutsche Wacht : 1901?–1918?
Independent weekly. Circulation: 1905, 650; 1910, 750; 1918, 627. Edited & published by C. H. Henninger, 1902–18.
Altoona, PA

Wacht, deutsche. Wochenschrift der deutschen Vereinigg. Schriftleitung: J. Altkemper. 1. Jahrg. 1908. 52 Nrn. (Nr. 1 u. 2. 20 S.) Bonn, Bonner Verlags-Anstalt. 12. —

Wacht, deutsche. Wochenschrift der deutschen Vereinigg. Politik. Volkswirtschaft. Christliche Kultur. Kunst. Schriftleitung: J. Altkemper. 2. Jahrg. 1909. 52 Nrn. (Nr. 1. 12 S.) Lex.-8. Bonn, Bonner Verlags-Anstalt. 12. —

— **deutsche.** Wochenschrift der deutschen Vereinigg. Hrsg. v. der Hauptgeschäftsstelle der deutschen Vereinigung. 3. Jahrg. 1910. 52 Nrn. (à ca. 12 S.) Lex. 8. Bonn, Bonner Verlagsanstalt. 12. -

DEUTSCHE WACHT. Wochenschrift der Deutschen Vereinigung.
Verantwortlich für die Schriftleitung: JOHANNES ALTKEMPER.
Jahrg. I. 1908. Nr. 1 u. 2. — 51/52. Bonn. Deutsche Vereinigung. (Ohne bes. Titelbl.) 4°.
Jahrg. II. 1909. Nr. 1—51/52. ib. —
Jahrg. III. 1910. ib. (1910) —. (Mit bes. Titelbl.)
Jahrg. IV. 1911. (ib. —.)
Jahrg. V. 1912. (ib. Carl Georgi.)
Jahrg. VI. 1913. (ib. –)

— **die finanzielle.** Organ zur Information in finanziellen Angelegenheiten f. die Kapitalisten Oesterreich-Ungarns u. Deutschlands. Hrsg. u. Red.: Ludw. Berger. Jahrg. 1905. 24 Nrn. (à ca. 16 S.) 4. Budapest (IV, Franz Deákgasse 3), Redaktion. n. 8. —

Fredericksburger Wacht : May, 1874–? Fredericksburg, TX
Probably independent weekly

Die Freie Wacht : 1849 Philadelphia, PA
Weekly

— **auf gefährlicher, s.:** Bibliothek interessanter Erzählungen.

— **hohe.** Monatsschrift f. Gesundheitspflege u. Naturheilkunde. Hrsg. v. R. Baumgartner unt. Mitwirkg. mehrerer Naturheilfreunde. 1. Jahrg. Juni 1898—Mai 1899. 12 Nrn. (à ca. 12 S.) gr. 8. Luzern (J. M. Albin). n.n. 2. —

Die Wacht am Hudson : Aug.? 1871–1878?
Republican weekly, published as edition of HUDSON COUNTY VOLKSBLATT, 1874–78. Circulation: 1875, 700 (est.). Edited by Hugo Müller, and published by Hudson County German Publishing Assoc., 1871–75. See also under Jersey City.
Hoboken, NJ

Die Wacht am Hudson : Aug.? 1871–1878?
Weekly. Published as edition of HUDSON COUNTY VOLKSBLATT, 1874–78. Republican. Circulation: 1875, 700 (est.). Edited by Hugo Muller, & published by Hudson County German Publishing Association, 1871–75, edited by Otto F. Wegener, & published by the Association, 1876–87?
Jersey City, NJ

Die Wacht am Hudson : 1878?–1879?
Non partisan weekly. Edited & published by G. Möhring.
Poughkeepsie, NY

Die Wacht am Hudson : 1896?–1907?
Independent daily, morning except Sunday. For weekly edition, see [illegible]. For weekly edition, see DIE RUNDSCHAU. Edited by Dr. Emil Schneider, & published by H. E. Schneider & Co., 1896–1907
Hoboken, NJ

Die Wacht am Illinois : 1862?
Edited & published by L. Reitzenstein Pekin, IL

—— **die, Israels.** Organ für Gemeinde, Schule und Haus. Hrsg. von M. N. Rottenberg. 1. Jahrg. 1872. Mai—Dezbr. ca. 30 Nrn. (Bog.) hoch 4. Wien, Herzfeld und Bauer. [Brüder Winter.] Vierteljährlich **
Halbjährlich **

Die Wacht am Mississippi : 1881?–1896?
Independent Democratic weekly. Continued from DIE DEUTSCHE ZEITUNG. Continued as DEUTSCHER ANZEIGER. Circulation: 1885, 1481; 1896, 1484. Edited & published by Gass & Stoltzenau, 1881–82, by Hermann Stoltzenau, 1882–96.
Muscatine, IA

— **protestantische.** Red. u. hrsg. v. Rich. Merkel. 5. Jhrg. Jan.—März 1906. 13 Nrn. (52 S.) Lex.-8. Berlin, Christl. Zeitschriftenverein. n. — 20
Erscheint nicht mehr.

—— **am Rhein.** Illustrirte Berichte vom Kriegsschauplatz in Deutschland und Frankreich. Nr. 1—48. 4. (Sp. 1—1144 mit eingedr. Holzschn.) Leipzig 870,71, Spamer. [Ohme.] à Nr.

— **die, am Rhein,** das deutsche Volks- u. Soldatenlied d. J. 1870. Mit Porträts, Facsimiles, Musikbeilagen, Uebersetzgn. etc. Hrsg. v. Geo. Scherer u. Frz. Lipperheide. Volksausg. hoch 4. (VIII, 61 S. m. 2 Holzschntaf.) Berlin 871. Lipperheide. 1. 50; Prachtausg. geb. 3. —

— **die, am Rhein.** Volksblatt begründet zum Besten d. National-Denkmals auf dem Niederwald. Red. v. Th. Strelau. Jahrg. 1873. 52 Nrn (B. m. eingedr. Holzschn.) gr. 4. Frankfurt a. M., Administration. n. 4. —

— dasselbe. Jahrg. 1874. 52 Nrn. (B. m. eingedr. Holzschn.) gr. 4. Ebend. n. 6. —

— **die, am Rhein.** Neuestes Soldaten-Liederbuch f. die deutsche Armee u. Kriegervereine. 40. Aufl. 16. (192 S.) Styrum 890. Spaarmann. cart. — 40

— **die, am Rhein.** Sammlung der beliebtesten u. neuesten Soldaten-Lieder f. alle Waffengattgn. der deutschen Armee, sowie f. Krieger-Vereine. 40. Aufl. 24. (192 S.) Styrum 892. A. Spaarmann. Kart. — 40

Die Wacht am R h e i n . Festzeitg z. IV. Haupt-Verbandstag d. Vereine f. Vereinf. Stenogr. in Bonn vom 27.–29. Juni 1896. Hrsg. vom Vorst. ... d. Ver. f. Vereinf. Stenogr. Bonn. Bonn: Selbstv.; Dr. d. P. Hauptmann'schen Buchdr. (1896). (16 S.) 1 Bd 8°

Die Wacht am R h e i n . Sammlg. d. beliebtesten u. neuesten Soldaten-Lieder f. alle Waffengattgn d. deutschen Armee, sowie f. Krieger-Vereine. (Umschlagt.: Neues Liederbuch f. Soldaten & Kriegervereine.) 41. Aufl. Styrum a. d. R. & Leipzig: A. Spaarmann [1896?]. (192 S.) 1 Bd 8°

Die Wacht am Sunde : Feb 2, 1884 – 1932?

Independent weekly. Place of publication varies: Seattle, Wash., 1884 - Aug. 1885. Circulation: 1890, 1238; 1900, 1485; 1910, 2020; 1920, 1050; 1925, 1110. Edited by Ernest Hoppe, & published by Phil. Schmitz, 1884; edited & published by Caesar Hesse, 1885; by Arthur Weichbrod, 1886–98; by Weichbrod & Schmidt, 1899–1902; by Arthur Weichbrod, 1903–28; by George Patzer, 1929.
Tacoma, WA

Wacht, Werders, am Rhein. **Freiburg i. Br. 1871. V:** *Wellmann, Th.* **(Kat. Herder 1801—95.)**

Wacht, Gustav

Wacht, G., der Empfindliche, s.a. Novitäten-Bühne, Frankfurter.

Wacht, Gust. (Frdr. Algardi), **der Empfindliche.** Schwank in 1 Aufz. 8. (32 S.) Frankfurt a/M. 882. (Berlin, M. Böhm.) 1. —

Wacht, G., Reisemasken, s. Universal-Bibliothek Nr. 1221.

Wachtel, Theodor. Ein Künster-Bild von J. v. Z. gr. 8. (10 S.) Hamburg 868, W. Oncken.

Wachtel, Adf., Bank- u. Börsen-Verkehr. gr. 8. (IV, 381 S.) Wien 899. Manz. Geb. in Leinw. n. 6. —

Wachtel, Adf., die Effecten-Umsatz-Steuer. Tabellarische Darstellg. f. den prakt. Handgebrauch. qu. Fol. Wien 892. Manz. n. — 40

Wachtel, Adf., die Effecten-Umsatz-Steuer. Gesetz v. 9. III. 1897. Tabellar. Darstellung f. den prakt. Handgebrauch. 40,5×50,5 cm. Wien 897. Manz. n. — 80

— Prämien-, Stellage- u. Noch-Geschäfte. 8. (VI, 63 S.) Wien 897. A. Hölder. n. 1. 35

Wachtel, Alex Siegfried, Referendar aus Gotha: Das W e s e n der Aktienzeichnung, Rechte und Pflichten aus der Zeichnung. Coburg 1903: A. Roßteutscher. (VIII, 43 S.) 8°
Jena, Jur. Diss. v. (26. Mai) 1903.

Wachtel, Alfred

Wachtel, Alfr., Anwendung der Graphostatik im Maschinenbau m. besond. Berücksicht. der statisch bestimmten Achsen u. Wellen. Elementares Lehrbuch f. techn. Unterrichtsanstalten, zum Selbststudium u. zum Gebrauch in der Praxis. (VII, 146 S. m. 194 Abbildgn.) Lex.-8. Hannover 906. Dr. M. Jänecke. n. 4. 40; geb. n. 5. 20

Wachtel, Aug. Ritter v., Hilfsbuch f. chemisch-technische Untersuchungen auf dem Gesammtgebiete der Zuckerfabrication. gr. 8. (VI, 216 S. m. 2 Taf.) Prag 884. Řivnáč. n. 6. —

W a c h t e l , Dav., Ungarn's Kurorte und Mineralquellen. Nach einer im h. Auftrage Sr. Exc. des Hrn. Minister des Innern, Frhrn. Alex. v. Bach, unternommenen Bereisung beschrieben. Lex.-8. (VIII und 475 S.) Oedenburg 859, (Seyring.) Thlr. *

Wachtel, David (Hrsg.), s. Z e i t s c h r i f t für Natur- und Heilkunde in Ungarn.

Wachtel, Fr., Beiträge zur Kritik der projectirten Abänderung des deutschen Eisenbahn-Gütertarif-Systems Im Auftrage des Vereins deutscher Spediteure hrsg. gr. 8. (43 S.) Berlin 880. Mittler & Sohn in Comm. n. — 80

Wachtel, Fr., offener Brief an Herrn Dr. Fritz Reuter. 1. u. 2. Aufl. Leipzig 870. (Leiner.) gr. 8. (14 S.) n.n. $2\frac{1}{2}$ ngr.

WACHTEL, Franz Bernhard: Abhandlung von dem Torfe und dessen Benutzungsart, in einem Auszuge aus den beßten mineralogischen Schriftstellern. - Wien 1791. 68 S.

Wachtel, F. B., Abhandl. von d. Torfe und dessen Benutzungsart, in ein. Ausz. aus d. best. mineralog. Schriftstellern. 8. Wien, Wappler u. Beck. 791.

Wachtel, Frdr., die Versicherung der Actienrente. Ein Praeservativ gegen Börsen- u. Handelskrisen. gr. 8. (IV, 54 S. m. 3 Beilagen in gr. Fol.) Leipzig 874. Duncker & Humblot. n. 1. 80

Wachtel, Fritz, Arzt: Über Taubstummheit in ihrer Beziehung zum Unterricht der Taubstummen. *Erlangen 1903: E. Th. Jacob.* (43 S.) 8°
Erlangen, Med. Diss. v. 15. Juli 1903.

Wachtel, Jak., Erläutergn. zur Civilprozeß-Ordnung v. 1. VIII. 1895, R.-G.-Bl. Nr. 113 u. d. einschläg. Gesetzen. gr. 8. (VIII, 544 S.) Wien 897. M. Perles. n. 10. —

Wachtel, Jak., Kommentar zum Eisenbahnhaftpflichtgesetze vom 5. III. 1869, RGBl. Nr. 27, sowie z. Ausdehnungsgesetze vom 12. VII. 1902, RGBl. Nr. 147. (Erweiterte u. verb. Aufl. des in 1. Aufl. in der österr. Richterzeitg. in den J. 1905 u. 1906 erschienenen Kommentars.) (XIV, 314 S.) 8. Wien 909. Manz. 5.20; geb. n 6. —

Wachtel, Ign., die polnischen Ereignisse im J. 1862. (Nach einem Artikel der russ. Zeitschrift „Swobodnoe slowo" [Freies Wort] des Hrn. L. v. Blumer.) gr. 8. (19 S.) Berlin 862, (Akademische Buchh.) *

W a c h t e l , Ign., Vocabulaire français et grammaire élémentaire. Mały wokabularz francuzki i grammatika elementarna czyli pierwsze naprowadzanie do mówienia jezyka francuzkiego. , 16. (V und 106 S.) Berlin (861)62, Kastner und Comp. *

— vocabulaire français et grammaire élémentaire. — Mały wokabularz francuzki i grammatika elementarna czyli pierwsze naprowadzanie do mówienia jezyka francuzkiego. Berlin 862. Kastner & Co. (Prausnitz.) 16. (V, 106 S.) n. 10 ngr.

Wachtel, Johann Christoph (Bockenem) A. S. 1162/18

Disputatio inaugural is medica, de febri purpurata. Präs. Johann Philipp Eysel. Erfurt (Müller) 18. V. 1702. 24 S.

W. v. : Präs. , Ludwig Friedrich Jacobi, Johann Melchior Kniphof, R. G. Clamer, Christoph Heinrich Cöler, Johann Karl Müller, Joachim Friedrich Wachtel (Bruder).

35526

Wachtel, Jo. Heinrich (Gräfenthal) 4°Misc. 180^{b}/8

Dissertatio historica prodromum historiae Graefenthalensis sistens. Präs. Burkhard Gotthelf Struve. Jena (Fickelscherr) 19.I.1715. 18 S.

35527

Wachtel, Julius: Die Geldstrafe als Hauptstrafe im Vorentwurf. Erfurt 1910: Ohlenroth. 67 S. 8°
Marburg, Jur. Diss. v. 1. Juni 1910, Ref. Traeger
[Geb. 10. Juli 86 Gehaus; Wohnort: Erfurt; Staatsangeh.: Preußen; Vorbildung: Gymn. Eisenach Reife O. 06; Studium: Berlin 2, Marburg 4 S.; Rig. 13. Mai 10.] [U 10. 3310

Wachtel, Justinus (Breslau) A.S. 1347/5

Specimen physicum de siderum influxu. Präs. Christian Michael Adolphi. Leipzig (Fleischer) 17.IV.1700. 8 Bl.

35528

Wachtel, Ludov. [illegible] De morbo [illegible] Berolini (1847) [illegible] S.) 8
Berlin, Med. Diss. v. 24. März 18[illegible]

Wachtel, Sarah Mussia, aus Jakobstadt: Beitrag zur Kenntnis des histologischen Baues der Schleimhaut bei Sinuisitis maxillaris chronica. Bern 1910. 16 S. 8°. [23. II. 10.]
Bern. Med. Diss. 1909/10.

Wachtel, Sarah Mussia. Beitrag zur Kenntnis des histologischen Baues der Schleimhaut bei Sinuisitis maxillaris chronica. Diss. Med. Bern. 16 S. 8. Bern, Rösch & Schatzmann, 1910.

Wachtel, Wilh., Gruppen- u. Einheitsangriff. Schlachtentaktische Studie. (40 S.) Lex.-8. Wien 906. L. W. Seidel & Sohn. n. 1.20

Wachtelborn, Karl, Atlantis, e. untergegangener Erdteil, die Bildungsstätte unserer Kultur u. Religion. (36 S.) 8. Leipzig (907). Theosoph. Buchhandlung H. Tränker. — 60

Atlantis, ein untergegangener Erdteil, die Bildungsstätte unserer Kultur und Religion. Von Karl **Wachtelborn**. [aufgekl.: Leipzig: H. Vollrath] [1907]. (36 S.) 8° [08. 18438

— Die Energetik in der Heilkunde, s.: Möller's, Wilh., Bibliothek f. Gesundheitspflege.

Wachtelborn, Karl, die Heilkunde auf energetischer Grundlage u. das Gesetz der Seuchen. (VI, 338 S.) gr. 8. Leipzig 905. M. Altmann. n. 4.—; geb. n. 5.—

— Keine Hypnose! 2. gekürzte u. neubearb. Aufl. v.: Streiflichter üb. medizin.-wissenschaftl. Zeit- u. Streitfragen. — Das Leben. — Beseelte Heilkunde. — Der Hypnotismus. (31 S.) 8. Lorch 910. K. Rohm. — 50

Wachtelborn, Karl, der Hypnotismus, s. Wesen u. s. Wert od. Hat d. Hypnotismus e. Platz in d. Heilkunde? D. allgem. Aufklärg. gewidmet. gr. 8. (98 S.) Leipzig 898. W. Friedrich. n. 2.—

Wachtelborn, Karl, Mehr Kraft. Mehr Geist. Mehr Licht. Streiflichter üb. medizin.-wissenschaftliche Zeit- u. Streitfragen. Das Leben. — Beseelte Heilkunde. — Der Hypnotismus. gr. 8. (38 S.) Berlin (900). W. Möller. — 75

Mehr Kraft. Mehr Geist. Mehr Licht. Streiflichter über medizinwissenschaftl. Zeit- u. Streitfragen. Das Leben. Beseelte Heilkunde. Der Hypnotismus. Von Karl **Wachtelborn**, Fürstenwalde. Fürstenwalde: Selbstverl. (1900). (38 S.) 8°

— §§ 175 u. 218 d. St.G.B. Geschlechtliche Verirrgn. der Gegenwart. (Ein aufklär. Wort an deutsche Frauen u. Männer.) (70 S.) 8. Berlin 906. W. Pilz. n. 1.50

— der tiefere Sinn unserer Volksmärchen od. die Weisheit der Alten in enthüllter Gestalt. (VII, 123 S.) gr. 8. Leipzig (906). Theosoph. Centralbuchh. n. 2.50; geb. n. 3.50

— Geschlechtliche Verirrungen. 2. Aufl. (94 S.) gr. 8. Ebd. 910. 1.25; geb. 1.75

Wachtelhofer, Severin, der heilige Kreuzweg. 4. Aufl. 12. (35 S.) Wien 861, Schweiger.

Wachtelhofer, Dr. Severin — Marien-Gebete. Allen frommen Verehrern der Gottes-Mutter, zur Benützung bei ihren geistigen Wallfahrten, geweiht von — — Vierte Auflage. Wien, 1855. Gedruckt bei Karl Ueberreuter. (32 S. 8.)

Wachtelhofer, Dr. Severin — Predigt am Festtage der Verkündigung der seligsten Jungfrau Maria als am Schlußtage der Fastenbetrachtungen, gehalten von — —. Herausgegeben und den frommen Verehrern Mariens geweiht von Baron Erstenberg Freyentburm. Wien, 1856. Druck von A. Schweiger. (15 S. 8)

Wachtelpeters, d. lahmen, Leben, Thaten u. Sittensprüche, v. K. G. Cramer, m. K. 2 Thle. 8. Lpz. Benj. Fleischer. 794—96. (à 18 gr.) 1 12

Wachter, s.a. Wächter

Wachter, Andacht zur hl. Familie nach d. Rottenburger Gesangbuch. Zugl. Anh. zu d. Gebetbuch: Die christl. Familie. 16. (21 S.) Ravensburg 898. H. Kitz. n. — 10

Wachter, v., topogr.-statist. Handbuch von Bayern, s. Bavaria.

Wachter, v., topographisch-statistisches Handbuch des Königreichs Bayern, s. Heyberger, J.

Wachter's Häuser-Schema der Haupt- und Residenzstadt Wien sammt seinen ehemal. 34 Vorstädten. Ein unentbehrl. Handbüchlein für Jene, welche sich an die alte Nummerirung und Benennung der Vorstädte, Gassen, Straßen und Plätze gewöhnt haben. 16. (406 S.) Wien 863, [Dirnböck's Buchh.] *

Wachter's Häuser-Schema der Haupt- und Residenzstadt Wien sammt seinen ehemaligen 34 Vorstädten. Ein unentbehrliches Handbüchlein für Jene, welche sich an die alte Nummerirung u. Benennung der Vorstädte, Gassen, Straßen u. Plätze gewöhnt haben. Wien 863. Draudt. 16. (406 S.) n. 20 ngr.

(WACHTER), Nachträge und Berichtigungen zu Grotefend's Stammtafeln der Schlesischen Fürsten. (Ohne bes. Titelblatt. Breslau 1882. Robert Nischkowsky.) 4°.

Wachter, über die Pharmakodynamik kohlensaurer Mineralwässer. gr. 8. (36 S.) Berlin (N.W. Spenerstr. 19) 899. Max Brandt & Co. n. 1.25
Sonderabdruck aus: „Zeitschr. f. d. ges. Kohlensäure-Industrie".

(Wachter, v., grossherzogl. hessischer Kriegsminister, General-Lieut.) Versuch einer Elementartaktik der Infanterie und deren Anwendung in verschiedenen Gefechtsverhältnissen des Bataillons, basirt auf das Compagnie-Colonnensystem. Von einem deutschen General 8. Darmstadt 1860.
— — 2., mit einem Anhang versehene Aufl. Mit lithogr. Taf. 8. Darmstadt und Leipzig 1862.

Wachter, wo liegt das Salomonische Goldland Ophir? (18 S.) gr. 8. Stuttgart 903. E. Schweizerbart. n. — 40
Sonderabdruck aus: „Ztschr. f. Naturwiss."

Wachter, A., Beiträge zur Erörterung üb. den Entwurf e. neuen deutschen Genossenschaftsgesetzes. gr. 8. (16 S.) München 888. (Schweitzer.) n. — 50

— wichtige Rechtsgrundsätze für Credit-Genossenschaften. 12. (40 S.) Ebd. 887. cart. n. 1. —

Wachter, Adolf, appr. Arzt a. München: Aus d. I. med. Abt. des Krankenhauses l. d. I. in München. Das runde Magengeschwür in den letzten 10 Jahren (1895 mit 1904). München 1905: C. Wolf & Sohn. (31 S.) 8°
München, Med. Fak., Ref. v. Bauer, Diss. v. 7. Juli 1905
[Geb. 24. Febr. 80 Illertissen; Wohnort: München; Staatsangeh.: Bayern; Vorbildung: Gymn. Neuburg a. D. Reife Juli 99; Studium: München 9 S.; Coll. 13. März 05; Approb. 14. Juni 04.]

Wachter, Alfred, Justizref. in Heilbronn: Das **Verfahren** bei amtsrichterlichen Strafbefehlen nach der Reichsstrafprozessordnung. §§ 447—452. *Heilbronn 1900: Oehler.* (62 S.) 8°
Tübingen, Jur. Diss. v. 1900

Wachter, Andr., die christliche Familie. Unterweisungs- u. Gebetbuch f. die Mitglieder des Vereins zur Verehrg. der hl. Familie zu Nazareth, wie f. alle kathol. Christen. 16. (XII, 480 S. m. farb. Titel u. farb. Titelbilde.) Ravensburg 894. Dorn. Geb. n. 1. 80; n. 2. 50; n. 2. 80; n. 3. 40; n. 4. 10; n. 4. 20 u. n. 5. 60

— dasselbe. Ausg. II m. großem Druck. 16. (X, 546 S. m. farb. Titel u. 1 Farbendr.) Ebd. 895. Geb. n. 1. 80; n. 2. 50; n. 2. 80; n. 3. 40; n. 4. 20 u. n. 4. 35

— die christliche Familie. Unterweisungs- u. Gebetbuch f. d. Mitglieder des Vereins zur Verehrg. der hl. Familie zu Nazareth, wie f. alle kathol. Christen. 21.—25. Tausend. 16. (XII, 480 S. m. farb. Titel u. 1 Farbdr.) Ravensburg 897. H. Kitz. Geb. in Leinw. n. 1. 80

Wachter, Andr., die christliche Familie. Unterweisungs- u. Gebetbuch f. die Mitglieder des Vereins zur Verehrung der hl. Familie zu Nazareth, wie f. alle kathol. Christen. 3. Aufl. 41.—50. Tausend. 16. (XVI, 506 S. m. farb. Titel u. 1 Farbdr.) Ravensburg (899). [H. Kitz.] Dorn. Geb. in Leinw. n. 1. 50

Wachter, Balth., belehrende Wochenschrift für junge Kaufleute. 8. Memming. 803.

Wachter, C. F. (Hrsg.), s. Monatsschrift, Hamburgische, für das Jahr 1791.

Wachter, Chr., Übungsstoff aus dem Freihandzeichnen, — der Zeichenunterricht an allgem. Volksschulen, } s.: Blachfelner, J.

Wachter, Christ. Theodor (Zeitz) A. S. 1206/44

Dissertatio inauguralis medica de pharmacorum acidulorum praestantia. Präs. Johann Heinrich Schulze. Halle (Hilliger) IX. 1736. 30 S.

W. v.: Gottlieb Pürschel, Johann Ephraim Schencke.
35530

Wachter, Christian Benjamin (Zeitz) U. S. Erfurt 1736/1

Dissertatio inauguralis iuridica de non ente civili infamia facti. Präs. Konrad Wilhelm Strecker. Erfurt (Hering) 6. VI. 1736. 24 S.

Gew.: Dem Konsistorium von Zeitz.
35529

Wachter, E., Instructions-Buch und Dienst-Vorschriften für die städtische Feuerwehr Strassburgs. gr. 8. (IV, 136 S.) Strassburg 887, (Noiriel.) *

Wachter, Eitel Eberhard von (Memmingen) A. S. 566/12

Potiora quaedam iura et privilegia S. R. imp. liberae civitatis Memmingae.
Präs. Gottfried Daniel Hoffmann.
Tübingen (Sigmund) 22. VII. 1771. 36 S.
35531

Wachter, Ernst, approb. Arzt aus Strassburg i. E.: Ueber angeborenen Hochstand des Schulterblattes mit 2 Abb. Strassburg i. E. 1901: C. & J. Goeller. (34 S.) 8°
Strassburg, Med. Diss. v. 1901.

Wachter, F. W.: Diss. de typhomania, s. Cartheuser, Joh. Friedr. [Praes.]

Wachter, Felix, der durch Erfahrung bewährte, heilsame Gebrauch d. Wachholderöls bey Behandlung d. Cholera-Kranken, nebst andern naturgemäßen, auf Erfahrung gegründ. Hilfsmitteln u. beachtungswerthen Andeutungen. 8. (1½ B.) Tirnau 831, Wachter.

Wachter, Ferdinand

Wachter, Fd., Brunhild. Trspl. in 5 A. gr. 8. Jena 821. Bran. 21 gr

Wachter, Ferd., die höhere Dichtersprache, vornehmlich des Witzes. Erneuert und erweitert von Eywind Skaldaspillir dem Wiedergeborenen. 1. Thl. A. u. d. T.: Die sechs Nebenbuhler auf der Dorfkirmse. Ein komisch-tragisches Heldenlied in siebenundzwanzig Gesängen. Von Eywind Skaldaspillir dem Wiedergeborenen. Mit Scholien herausg. Nebst Vorhalle: I. Die Dichtersprache. II. Zweck der Wirkung des ächten Heldenliedes. III. Einheit der Abfassung der Iliade. Leipzig 854. Brockhaus. Lex.-8. (XLVIII, 518 S.) n. 2 ₰. 20 ngr.

Wachter, Ferd., Forum d. Kritik ꝛc., s. Forum.

Wachter, Dr. Fd., Forum d. Kritik im Gebiete d. Geschichte u. ihrer Hülfswissenschaften. Nebst Anthologie charakteristischer Züge u. Gemälde aus d. Mittelalter. 1r Bd. 1e—3e Abtheil. gr. 8. Altenb. 827—30. Liter.-Compt. 2 ₰ 16 gr

— Geschichte Sachsens, von der ältesten bis auf die neueste Zeit. 1r — 3r Thl. 2e wohlf. Ausg. gr 8. Leipzig 839. Lehnhold. 2 ₰

Wächter, Ferd., Geschichte Sachsens v. d. ältesten bis auf d. neueste Zeit, mit strenger Sichtung aus d. Quellen dargestellt ꝛc. 1—3. Thl. 2., wohlf. Ausg. gr. 8. (76 B.) Leipzig 839, [Wöller.]
Thl. 1., 2. Thüringische u. obersächs. Geschichte bis z. Abfalle Thüringens an d. Markgrafen v. Meißen im J. 1247. 2 Thle.
„ 3. Thüringen u. d. Meißnerland vereint unter erblichen Fürsten. Nebst Erläuterungen u. Quellenangaben zum 1. u. 2. Theil.

— Geschichte Sachsens, bis auf d. neuesten Zeiten. 1r, 2r Thl. A. u. d. T.: thüring. u. obersächs. Geschichte bis zum Anfalle Thüringens an den Markgrafen von Meißen im J. 1247, mit strenger Sichtung aus den Quellen dargestellt. gr. 8. Leipz. 826. (Lehnhold). 2 ₰ 16 gr 3r Thl. A. u. d. T.: thüringische u. obersächs. Geschichte, vom Anfalle Thüringens an d. Markgrafen v. Meißen, bis zur Theilung d. Ernestin. u. Albertin. Linie ꝛc. 1r Thl. gr. 8. Ebd. 830. 1 ₰ 8 gr

—— Geschichte Sachsens bis auf d. neuesten Zeiten. 3. Thl., zugleich die Erläuterungen u. Quellenangaben zu den beiden ersten enthalt. — A. u. d. T.: Thüringische u. Obersächs. Geschichte, v. Anfalle Thüringens an die Markgrafen v. Meißen bis zur Theilung d. Ernestin. u. Albertin. Linie mit strenger Sichtung aus d. Quellen dargest. 1. Thl. gr. 8. (26 B.) Leipzig 830, Lehnhold. Thlr.
Dess. „Thüring. u. Obersächs. Geschichte bis zum Anfalle Thüringens an die Markgrafen v. Meißen im J. 1247. 2 Bde. Ebendas. 1826. 2 Thlr. 16 Gr., bildet d. 1. u. 2 Thl d. obigen Werkes.

Thüringische und Obersächsische Geschichte bis zum Anfalle Thüringens an die Markgrafen von Meissen im Jahr 1247, mit strenger Sichtung aus den Quellen dargestellt v. Ferdinand **Wachter.** Th. 2. Leipzig. 1826. 8°.

Wachter, (F.,) thüringische u. obersächsische Geschichte bis z. Anfalle Thüringens an d. Markgrafen v. Meißen im Jahre 1247, mit strenger Sichtung aus d. Quellen dargestellt. 2 Thle. gr. 8. Leipz. 826. Hartmann.

Wachter, Ferd., Heimskringlae illustratae et Germanor. histor. illustrantis. 8. . . . Jenae 834, Cröker.

— die Liebesrasenden und der Brudermord. Lstspl. 8. Jena 821. Schmid. 12 gr

— Otfried u. Repgau, ein scherzhaftes Gemälde, wissenschaftl. Zweck, Belehrung über das Wesen, die Hülfsmittel u. d. Nothwendigkeit volksmäß. Bildung. gr. 8. Neustadt 821. Wagner. 1 rt 12 gr

Wachter, (Ferd.,) Rosimund, ein Trauerspiel. Und Minnelieder. 8. Jena 823. Cröker.

Wachter, (F.,) Rosimund, ein Trauersp. in Minnelieder. 8. Jena 824. Cröker. — 18

— s. Snorre Sturluson's Weltkreis.

— d. Unanwendbarkeit des Hexameters u. d. ihm verwandten Versarten in d. deutschen Sprache. 8. Jena 820. Cröker. 6 gr

WACHTER, Ferdinand von (Memmingen): De vitiis oculorum congenitis. (Titel nach der Urkunde)
9.7.1849 – Urk; P 67
Diss. Ingolst.-Landsh.-Mchn.

***Wachter*, Fr. Ldw., demonstratio axiomatis geometrici in Euclidis undecimo libro. 8. Gedani 818. (Halle, Waisenh.-B.) 5 gr**

— de elementis, quae ad corporum coelestium revolutionem circum proprium axem spectant, ex observat. geocentricis derivandis commentatio. 4. Götting. 815. (Altenb., Schnuphase). 8 gr

Wachter, Franz

Wachter, F. (Hrsg.), s. A k t e n des Kriegsgerichts.

Wachter, F., Akten des Kriegsgerichts von 1758 etc., s.: Grünhagen, C.

— Akten d. Kriegsgerichts v. 1763 wegen der Eroberg. v. Glatz 1760 u. Schweidnitz 1761, s.a. Scriptores rerum silesiacarum, Bd. 16.

Wachter, Franz: A k t e n des Kriegsgerichts von 1763 wegen der Eroberung von Glatz 1760 und Schweidnitz 1761. Namens des Vereins für Geschichte und Alterthum Schlesiens hrsg. (Scriptores rerum Silesiacarum. Hrsg. vom Verein für Geschichte und Alterthum Schlesiens. 16. Bd.) Bresl. 1897. 4°

Wachter, Franz: Der Einfluß der nationalen und klerikalen Stellung Gisleberts von Mons auf seine Geschichtsschreibung. Halle a/S. 1879: Karras. 62 S. 8°
Halle-Wittenberg, Phil. Diss. v. 21. Mai (1879)
Geb. Ludwigslust (Meckl.-Schwerin) 21. 3. 1855. V.

Wachter, F., Ostfriesland unter dem Einfluß der Nachbarländer, s.a. Abhandlungen u. Vorträge zur Geschichte Ostfrieslands. 2. Hft.

O s t f r i e s l a n d unter dem Einfluß der Nachbarländer. Von Dr. F[ranz] **Wachter**. Aurich: D. Friemann 1904. (28 S.) 8°
(Abhandlungen u. Vorträge z. Geschichte Ostfrieslands. H. 2.)

Wachter, Franz. *(Geb. zu Wien 28. Aug. 1832, gestorb. 13. April 1857).* Versuche. *Wien* 1858. *Mechitar.-Buchdr.* 88 S. 2 Bl. 8°. 30 kr.
Enthält Gedichte.

Wachter, Frdr., General-Personal-Schematismus der Erzdiözese Bamberg 1007—1907. Eine Beigabe zum Jubeljahre der Bistumsgründg. Mit Hilfe der Gesamt-Diözesan-Geistlichkeit zusammengestellt. 2 Bde. Lex. 8. Bamberg, (Buchner's Sort.) nn 22. 50
1. (XII, 410 S. m. 1 Bildnis.) 908. nn 12. 50
2. (S. 411—641.) 908. nn 10. —

General-Personal-Schematismus der Erzdiözese Bamberg 1007–1907. Eine Beigabe z. Jubeljahre d. Bistumsgründung. Mit Hilfe d. Gesamt-Diözesan-Geistlichkeit zsgest. von Friedrich **Wachter**, Pfarrer. (Bd 1. 2.) Bamberg 1908: J. Nagengast. 2 Bde 4° [[illegible]] [illegible]

Wachter, Frdr., Pottenstein. Geschichte d. ehemal. Pflegamtes u. d. Pfarrei Pottenstein, sow. d. Filiale Kirchenbirkig u. des Herrschaftssitzes Kühlenfels. Nach urkundl. Quellen bearb. gr. 8. (183 S.) Bamberg 895. (Schmidt.) n.n. 1. 60

Wachter, Georg (Memmingen) A. S. 301/20

Historia Augustanae confessionis a corruptelis Antonii Varillasii vindica (ta).
Präs. Jakob Wilhelm Feuerlin.
Altdorf (Kohles) 13. VII. 1730. 34 S.

Gew.: Stadt Memmingen.
W. v.: Präs. 35532

Wachter, Ge., praes. Fr. **Hoffmann,** De vera perpetui mobilis in homine vivo idea. Oder (Beweiß, daß in dem Leben des Menschen ein wahrer Begriff des Perpetui mobilis zu finden sey.) 68 S. Hal. 4°. 1731

Wachter, Georg, hohes Lied u. Prediger Salomo, nach d. Grundtext mit Anmerk. erläut. 4. Memmingen. 723.

Wachter, Hans, Handbuch f. Landgemeinde-Verwaltgn. rc., s.: Stadelmann.

— Sammlung der ortspolizeilichen Vorschriften u. Statuten f. d. Stadt Bamberg, nebst d. einschläg. oberpolizeil. Vorschriften. gr. 8. (243 S.) Bamberg 895. C. C. Buchner, Verl. n. 1. —

WACHTER, Heinrich (Regensburg): (Titel nicht festgestellt)
13.7.1872 – Chr 1871/72,20
Diss. Ingolst.-Landsh.-Mchn.

Wachter, Hermann, appr. Arzt a. Heitersheim: Über die Abgrenzung der vaginalen von der abdominalen Coeliotomie. Freiburg i. B. 1905: A. Mehlhase. (32 S.) 8°
Freiburg i. B., Med. Fak., Ref. Krönig, Diss. v. 1905
[Geb. 11. Mai 81 Heitersheim; Wohnort: Freiburg; Staatsangeh.: Baden; Vorbildung: Gymn. Pforzheim Reife Juli 99; Studium: Freiburg 2, Heidelberg 4, München 1, Freiburg 4 S.; Coll. 14. März 05.]

Wachter, J. E., s. W a c h t e r , Johann Georg

Wachter, Johann Georg

Wächter, Ioh. Geo., archaeologia nummaria. 4. Lips. Gleditsch. 740.

Wachter, Jh. Geo., († d. 7. Nov. 1757.) naturae et scripturae concordia, commentatione de litteris ac numeris primaevis aliisque rebus memorabilibus, c. ortu litterarum conjunctis, illustrata et tabul. aen. depicta. 4. Kopenh. 752. Proft. 16 gr

Wachter, Joh. Geo., Glossarium Germanicum continens origines et antiquitates linguae Germanicae hodiernae. Lipsiae 1727. 8. (D.)

— glossarium germanicum. 8. Lips. Schuster. 727.

— glossarium germanicum, continens origines et antiquitates totius linguae germanicae, et omnium ejus vocabulorum vigentium et desitorum II Tomi. fol. Lipsiae, Gleditsch. 736.

WACHTER, JOH. GEORG. Glossarium Germanicum, continens origines & antiquitates totius linguae germanicae, et omnium pene vocabulorum, vigentium et desitorum. Opus bipartitum [in 1 vol.] et quinque indicibus instructum. Leipzig, J. F. Gleditschs Sohn, 1737. Fol. 48 Bl. Kol. 1–1994, 88, 1995–1995, 9 Bl. *Mit Verlegermarke und 3 großen Vignetten nach A. Richter von Bernigeroth und Boetius.* Leicht fleckiges Pgt. d. Z.

Graeße VII 487. Eine der großen germanistischen Leistungen des beginnenden 18. Jahrhunderts, das große etymologische Wörterbuch der deutschen Sprache Wachters (1663–1757), eines [illegible] umfassenden Wissen und besonders seine Erforschung der deutschen Sprache ausgezeichneten Gelehrten, der in Berlin, Dresden und Leipzig tätig war. Er nimmt an, daß die deutsche Sprache [illegible] alten Kolonisten Asiens und Europas, [illegible] von den Skythen, Phrygiern und Kelten [illegible] ausging. Das Angelsächsische [illegible] erklärt er für die älteste Tochter des Keltischen und für älter als seine Schwester[illegible], das Gotische, Fränkische und Alemannische. Bei seinen Worterklärungen geht er, soweit [illegible] auf die Quellen zurück, so beim Gotischen auf das gotische Evangelium, über dessen Sprache, wie sie der codex argenteus bietet, er schon 1722 in Berlin eine lateinische Abhandlung schrieb" (Mendheim in der ADB)

Wachtkrus, Joh. Geo.: Origines iuris naturalis s. de iure naturae humanae demonstrationes mathemat. *Berol.* **704.**

WACHTER, Johann Kaspar von (Memmingen): De ophthalmia scrophulosa.- Landishuti 1814.
11.9.1812 - Pe 326; F 57
Diss. Ingolst.-Landsh.-Mchn.

Wachter, Johann Konrad (Berlin) A. S. 767/29

Dissertatio juridica inauguralis, de interrogatoriis eorumque usu.
Erfurt (Grosch) 22. IX. 1711. 14 Bl.

Gew.: Andreas Gottlieb von Bernstorff, Friedrich Wilhelm Fhr. von Schlitz. 35533

Wachter, Jos. Gf. Ad., Diss. inaug. med. exhibens generalia quaedam de exstirpatione ossium eorumque partium. Mit 1 Kpf. 8. Dorpat 819. (43 S.)

Wachter, Karl, († d. 9. Dec. 1822.) Anleit. z. deutschen Sprachkunst u. Orthographie, nebst e. orthograph. Wörterbuche. 8. Salmansweiler 795.

Wachter, K. Das k. k. österr. Infant.-Perkussions-Feuergewehr u. die Kammerbüchse. Mit Taf. Wien 1845. 192 S.

Wachter, Karl, das k. k. österreich. Infanterie-Percussions-Feuergewehr und die Kammerbüchse. Zum Gebrauche für Linien-Infanterie-, Gränz-Regimenter und Jäger. Mit 6 lith. Tafeln. 12. Wien 845, Heubner. 1 ß

— **Lehrbuch d. latein. Grammatik, nebst Wörterbuch. 4 Thle. 8. Frburg 806.**

— s. M. Schenkl, ethicae christianae.

Wachter, M., Konstruktion d. modernen Schriften, u. Entwicklung der deutschen Buchschrift. qu. Fol. (29 z. Tl. farb. Taf. m. 2 Bl. Text.) Freiburg i/B. 896. (H. Schick.) Kart. 7. 50

Wachter M, Konstruktion der modernen Schriften und Entwicklung der deutschen Buchschrift. (30 T) qu 4° Freiburg (1901)

Wachter, M., Construktionen der modernen Schriften. Prakt. Anleitung zu leichter und genauer Erlernung derselben, nebst vier Alphabeten in altdeutscher Schrift. qu. gr. 4. (15 Taf. mit 1 Bl. Text.) Freiburg i. Br. 888. (Bensheim, Lehrmittelanstalt Ehrhard und Comp.) *

— dass. — Liniaturheft 1 dazu: Einteilung für röm. Schriften. qu. gr. 4. (12 Taf. mit 1 Bl. Text.) (Ebendas.) 888. *

Wachter, Oskar Ernst, ehem. Assistenzarzt am Städt. Krankenhause zu Nürnberg: Ueber einen Fall von erworbener Dislokation und Atrophie einer Niere. Freiburg i. Br.: Speyer & Kaerner 1905. (24 S.) 8°
Freiburg i. B., Med. Fak., Ref. Ziegler, Diss. v. 1905
[Geb. 7. Jan. 69 Tauberbischofsheim; Wohnort: Durmersheim; Staatsangeh.: Baden; Vorbildung: Gymn. Tauberbischofsheim Reife Juli 88; Studium: Würzburg 3, Berlin 2, Würzburg 1, Freiburg i. B. 3 S.; Coll. 28. Juli 05; Approb. 1. April 94.]

Wachter, Osk. Ernst, über e. Fall v. erworbener Dislokation u. Atrophie e. Niere. Diss. (26 S.) 8. Freiburg i/B. 905. Speyer & Kaerner. n. — 80

Wachter, R., der Fröbel'sche Kindergarten. Vortrag. 24 Stn. 8. Zürich, Druck v. J. Herzog. 1874.

Wachter, R., siehe: *Zeitschrift*, schweiz., für Gemeinnützigkeit.

(W[achter, Rudolf].) Zur Erinnerung an Professor I[gnaz] Sartori (1811–1883). Von einem seiner Schüler. (SA.) 8. Zürich 1883.

Wachter, R., Geschichte der schweizerischen gemeinnützigen Gesellschaft, s.: Hunziker, Otto

Wachter, Rudolf. Jahreschronik von 1871 und 1872. Der gemeinnützigen Gesellschaft von Wipkingen vorgelegt. 8. Zürich 1873.

(W[achter, Rudolf].) Die Schweiz. Pflegerinnenschule mit Frauenspital in Zürich. Separat-Abdruck aus der Schweizer. Zeitschrift für Gemeinnützigkeit, Heft 3, 1902. [Mit 1 Ansicht.] 12 S. 8. Zürich, Gebr. Leemann & Co., 1902.

v. Wachter, Sam., s. Morgen- u. Abendgebete.

WACHTER, Samuel von (Memmingen): Die scrophulöse Augenentzündung.- Memmingen: Fischach 1847. 16 S.
6.8.1846 - F 66
Diss. Ingolst.-Landsh.-Mchn.

Wachter, T. L., **Commentatio de elementis, quae ad corpor. coelestium revolutionem circum proprium axem spectant, ex observationibus geocentricis derivandis. 4.** Götting. Brose. 815.

Wachter, Tobias von (Memmingen) A. S. 131/15

Dissertatio inauguralis iuridica de fideicommissis quae alienari possunt et non possunt.
Präs. Joachim Erdmann Schmidt.
Jena (Meier) 17. IX. 1742. 28 S.

Gew.: Stadt Memmingen.
W. v.: Präs. 35534

Wachter, Ulrich Benedikt

Wachter, Ulr. Benj., ausführl.-theoret. Einleitung in d. Gesangs- u. Instrumental-Musik. Handb. f. Lehrer u. Lernende. gr. 8. (10 B.) St. Gallen 833, Huber u. Comp.

Wachter, U. B., der innere Friede. fl. 8. Zürich ..., Hanke. 1/2 ß

Wachter, Ulr. Bdkt., Gedichte. 8. Memmingen (Basel) 803. Holdenecker. 16 gr

——, Gottfried u. Maria, od. die Wallfahrt ins Wildkirchlein. Mit e. Beschreibung u. Abbild. dieser merkwürd. Stelle d. Appenzellergebirgs in d. Schweiz. 8. (9½ B. u. 1 Kpfr.) St. Gallen 828, (Huber u. Comp.)

Wachter, Ulr. Bdkt., Lieder d. Liebe, d. Freude u. des Ernstes. 8. Leipz. 180.. Joachim. (Holdenecker in Basel). 16 K

— Augsburg. Schriftsteller. 8. Memming. 802.

(——). Wiborath v. Klingnau, s. W i b o r a t h.

— Worte d. Wahrheit an Menschen, meine Brüder. 8. St. Gallen 821.

Wachter, Ulrich Benj., s. W a c h t e r , Ulrich Benedikt

Wachter, Vinc., vollst. Abriss der a n o r g a n i s c h e n Chemie. gr. 8. (VIII, 164 S.) Hamburg 897. L. Voss. n. 2. —

Wachter, Vinzenz Dr. „Chemische Abteilung". pg. 22—28. 8°. Mit einer Abbildung. August Lauterborn. Ludwigshafen a.Rh., Progr. 1910/11

Wachter, Vincenz [aus Würzburg]: Über eine B e t a - N a p h t o l - s u l f o n s ä u r e . Die sog. Bayer'sche Beta-Naphtolsulfonsäure. . . . Würzburg, Becker's Univ.-Buchdr., 1889; 70 S. 8°
Würzburg, Phil. Fak., Inaug.-Diss. v. 1889.

Wachter, Vinc., das Wichtigste der organischen Chemie. gr. 8. (VII, 60 S.) München 900. R. Oldenbourg. Kart. n. 1. —

Wachter, Wilh., b e s t i a s u m. Einige Kapitel über die Kehrseite des Menschentums. (VI, 263 S.) 8. Berlin 908. E. Felber. 3.—; geb. n 4. —

— Die Ehe. Ein kulturgeschichtl. Problem. (115 S.) 8. Oranienburg (908). Orania-Verlag. 2.—; geb. n 3. —

Wachter, Wilh., das Feuer in der Natur, im Kultus u. Mythus, im Völkerleben. (VII, 166 S.) 8. Wien 904. A. Hartleben. n. 3. —; geb. n. 4. —

Wachter, Wilhelm [aus Gengenbach a. d. Kinzig]: I. U n t e r s u c h u n g e n über das Desaurin. II. Beiträge zur Kenntnis der Ortho-Jodbenzoësäure und der Jodosobenzoësäure . . . Heidelberg, Univ.-Buchdr. v. J. Hörning, 1893; 44 S., 1 Bl. 8°
Heidelberg, Naturw.-math. Fak., Inaug.-Diss. v. [10. Jan.] 1893.

Wachter, Wilh., I. Untersuchungen üb. das Desaurin. II. Beiträge zur Kenntnis der Ortho-Jodbenzoësäure u. d. Jodosobenzoësäure. Diss. gr. 8. (44 S.) Heidelberg 893. (J. Hörning.) n. 1. 20

Wachter, Willy, Gerichtsassessor: I s t die Berücksichtigung der Verjährungswirkungen von einer im „Prozess" abzugebenden Willenserklärung des Einredeberechtigten abhängig? Greifswald 1907: F. W. Kunike. (32 S.) 8°
Greifswald, Jur. Fak., Ref. Frommhold, Diss. v. 18. Juli 1907.
[Geb. 24. Febr. 73 Krzyzkowko, Kr. Meseritz, Prov. Posen; Wohnort: Berlin; Staatsangeh.: Preußen; Vorbildung: Kgl. Gymn. Meseritz Reife O. 94; Studium: Greifswald 1, Berlin 9 S.; Rig. 20. Dez. 06.]

Wächter: Der Wächter (SG)
v. Uzwyler Zeitung.

Wächter, Der, eine Zeitschrift, s.a. A r n d t , E. M.

Der W ä c h t e r , eine Zeitschrift in zwanglosen Heften, v. Ernst Moritz Arndt, Bd. 1—3, Köln 1815/16, 8°. 2 Bde.

Wächter: Der Wächter (Tg I)
④ Neue Thurgauer Zeitung (III) ⑤ 1. 7. 1831—1865 ⑥ 4° ⑦ Wochenblatt (1831); wöchentlich 2× (1832); wöchentlich 3× (1. 7. 1845) ⑧ Weinfelden: J. C. Brenner (—1836), Dr. J. C. Boksberger (1836—1840), J. C. Rueß (1840—1859), F. Luchsinger (1859—1864), J. J. Brugger (1864—1865) ⑩ Thomas Bornhauser, Pfr. Bion, Dr. Keller, Dr. Simon (bis 1836); später die Drucker ⑫ radikal ⑬ BGSZ: 1068; Hagen: Buchdruck- und Zeitungswesen im Thurgau; Thurgauische Beiträge z. vaterl. Geschichte 87; Thurgauer Tagblatt, Jubiläums-Nr. v. 30. 6. 1955 ⑭ Ff: K; Be: L. ⑮ 1865 von Eduard Häberlin umgewandelt, um ein eigenes Kampforgan zu erhalten, nachdem die «Thurgauer Zeitung» das Lager Häberlins verlassen

Wächter, der, eine Zeitschr. f. Polizeiwissenschaft u. Polizeipraxis. Hrsgeb. u. Redact.: C. A. Ackermann. 1. Jahrg. 1838. April — Dec. u. 2. Jahrg. 1839. 12 Hfte. gr. 4. Bützow. (Rostock, Stiller'sche Hofbuchh.) [838. * 3 Thlr., 89. * 5⅓ Thlr.] *

Wächter: Der Wächter (Fr)
① ein freisinniges Volksblatt ③ Murten-Anzeiger - Feuille d'Avis de Morat ④ Der Volksbote (Fr) ⑤ 1. 1. 1848—8. 11. 1848 (mit Lücken) ⑥ 4° ⑦ Wochenblatt; wöchentlich 2× (ab April 1848) ⑧ Murten: Karl Delosea ⑪ Johann Kaspar Sieber ⑫ linksfreisinnig ⑬ BGSZ: 331, 462, 986 ⑭ Fr: Bibliothek der Gemeinnützigen Gesellschaft ⑮ Der Redaktor wird am 10. 10. 1848 ausgewiesen, führt aber die Redaktion von Bern aus weiter.

Wächter. – Der Wächter. –
Bielefeld. – 1.X.1864 – 30.VI.1902.

Wächter: Der Wächter (Tg II)
① Organ für Wahrheit, Recht und gesunden Fortschritt, mit besonderer Berücksichtigung des Bauern- und Gewerbestandes ⑤ 1. 10. 1883—Januar 1884 —? ⑥ 4° ⑦ Wochenblatt ⑧ Arbon: G. Rüdlinger ⑬ Hagen: Buchdruck- und Zeitungswesen im Thurgau; Helvetische Typographia 1884, p. 15.

Der Wächter : 1886?—1891?
Republican weekly. Circulation: 1890, 1008. Edited & published by M. Bussdicker & Co., 1886–88; edited by J. Bussdicker, & published by Bussdicker Printing Co., 1889—91 [as Dayton Printing Co., 1891].
Dayton, OH

Der Wächter : Jahrgang 1, Neue Folge, no. 1–138, Mar. 1892 – Oct. 25, 1894.
Independent weekly. Sub-title: Ein unabhängiges Familienblatt für Unterhaltung und Belehrung. Absorbed NEWTON ANZEIGER (Newton, Kans.). Also numbered with whole number, 242–379, continued from NEWTON ANZEIGER. "Jahrgang" dropped with no. 8, Apr. 28, 1892. Circulation: 1895, 2200. Edited & published by C. D. Heinrich.
Kansas City, KS

Der Wächter : 1897? – 1899?
Roman Catholic monthly. Edited & published by Frank Tombridge [assistant editor: the Rev. Dr. G. Braun]. Wanted to concern itself with social problems.
St.Louis, MO

Wächter: Der Wächter (Tg III)
① Anzeiger für den Kanton Thurgau (1. 1. 1900 — 21. 3. 1900). Thurgauer Volkszeitung. Tages-Anzeiger für den Kanton Thurgau (1. 7. 1922—1923) ③ Thurgauer Wochenzeitung ④ Thurgauer Volkszeitung (II) ⑤ 1. 1. 1900—27. 7. 1923 ⑥ 2° ⑦ wöchentlich 4× (1. 1. 1900—21. 3. 1900); Tagblatt (23. 3. 1900—1923) ⑧ Frauenfeld: Vereinsbuchdruckerei (1900—3. 10. 1921; 1. 7. 1922—27. 7. 1923), F. Müller (4. 10. 1921—30. 6. 1922) ⑨ Illustriertes Sonntagsblatt; Sonntagsgrüße (beide aus Beilagenvertrieben) ⑩ Preßverein der Katholiken des Kantons Thurgau ⑪ Joh. Ev. Hagen ⑫ katholisch-konservativ ⑬ BGSZ: 1068; Hagen: Buchdruck- und Zeitungswesen im Thurgau ⑭ Be: L.; Ff: K.

Wächter, der. Leipziger Wochenschrift f. Kultur u. Gesellschaft. Hrsg. u. Chefred.: Kurt Weiße. Red.: Kurt Pabst u. Walt. Steinthal. 1. Jahrg. Septbr.—Dezbr. 1909. 13 Nrn. (à ca. 32 S. m. Abbildg.) gr. 8. Leipzig, (Barfußgasse 12), Wächter-Verlag. 2. —
Erscheint nicht mehr. Firma erloschen.

Der **Wächter**. Mitteilungen d. Rhein. Hauptvereins d. Evang. Bundes. Nr 1. (Duisburg) 1910: (Dietrich & Hermann). 4° [10. 10622 б

Wächter: Der Wächter an der Aare
⑮ In einem Prospekt vom 6. 8. 1836 kündete sich der «Wächter an der Aare» als ein «unabhängiges und vollständiges Zeitungs-, Belehrungs- und Unterhaltungsblatt» an. Der Prospekt wurde in Biel gedruckt. Verfasser war Heinrich Meyer. Die geplante Zeitung erschien dann unter dem Namen: Schweizer Nationalzeitung.

Wächter und Anzeiger : Jahrgang 1– 102, Aug. 9, 1852 – May 27, 1954.
Frequency determined chiefly from Jubiläums-Ausgabe, Aug. 9, 1902: Weekly, Aug. 9—Dec.? 1852; tri-weekly, 1853; weekly, [resumed weekly appearance "very soon"], 1853—54; semi-weekly, 1855; daily, Jan.?– Nov. 1856 [through Fremont's campaign]; semi-weekly, 1856—Sept. 1866; daily, evening ex. Sunday, Sept. 17, 1866—May 27, 1954. Democratic, 1852—1860?; Republican, 1860—72; Democratic, 1872—1903; Independent Democratic, 1904—54.
Title varies: WÄCHTER AM ERIE, Aug. 9, 1852 – Sept. 1893. Absorbed CLEVELANDER ANZEIGER. For weekly edition, see WÄCHTER AM ERIE. For Sunday edition, see SONNTAGSBLATT DES WÄCHTER UND ANZEIGER. Sub-title [no. 1, Aug. 9, 1852]: Unabhängiges-demokratisches Volksblatt. Herausgegeben von Freunden des Fortschritts.
Circulation: 1852, 400; 1870, 1500 (est.); 1880, 2800; 1890, 7200; 1895, 18,910; 1906, *27,900*; 1915, 34,000; 1920, 18,059; 1935, 17,492; 1944, *15,820*; 1950, *15,072*; 1952, *16,595*; 1954, 16,514.
Edited by August Thieme, Aug. 9, 1852—Dec. 1879; by Julius Kurzer, Dec. 1879—June 1884; by Dr. Christian Horix, June 1884—1888?, by Karl Claussen, 1888—1890?; by Ernst Klussmann; by Louis F. Korth; by Paul Wolf; by Karl Claussen & Karl Arnold; by von Nosek, 1910?—1914; by C. Richard Brenne, 1921?—37; by P. Schoeb, 1938–42; by Walter Eckstein, 1943—54.
Published by Jacob Müller & Louis Ritter [Aktiengesellschaft], Aug. 9, 1852—1853; by Aktiengesellschaft [August Thieme, pres.], 1853?—1871; by Wächter am Erie Printing Co., Sept. 18, 1871—1887 [Thieme, pres. until his death, Dec. 1879, then, Julius Kurzer, Dec. 1879—82, & by Jakob Miller, 1882—87]; by German Press Association, 1887—Sept. 1893; by German Consolidated Newspaper Co., Oct. 2, 1893—1925?; by The Press & Plate Co., 1926?—1954. Jubiläums-Ausgabe: Aug. 10, 1877; Jubiläums-Ausgabe: Aug. 9, 1902, 162p.
Cleveland, OH

Wächter und **Anzeiger**. Cleveland. Goldenes Jubiläum. 1852. 1902. *(Cleveland: Wächter u. Anzeiger 1902.)* (160 S.) gr. 2° [Umschlagt.] [02. 146,0

Wächter, der, am deutschen Bundestage. 3 Hefte. gr. 8. Frankf. 817. Fr. Wilmans. 15 gr

Wächter am Erie : Aug. 9, 1852 Sept. 1893.

Weekly edition of WÄCHTER AM ERIE. Circulation: 1870, 3000 (est.); 1890, 3600; 1895, 6808; 1900, 7026.
Cleveland, OH

Sonntagsblatt des Wächter am Erie : Aug. 5, 1877—1939?

Sunday edition of WÄCHTER AM ERIE. Title varies: WÄCHTER UND ANZEIGER: SONNTAGSBLATT. Circulation: 1878, 2500; 1890, 6800; 1895, 17,541; 1906, *18,500*, 1922, *11,799*.
Cleveland, OH

— Hamburgs, eine Monatsschrift 1817 in 12 Heften. 8. Hamb., Hoffmann u. Campe. 6 ß 18 gr

Wächter, Prof. Dr. Hermann, Oberrichter, geb. 1860, gest. 30. Januar 1916. [Zürich 1916.] V: *Honegger, Bruno.* (BBullschw 16, S. 229)

— der, f. Jugendschriften. Organ zur Hebg. der deutschen Jugendliteratur. Hrsg. vom kath. Lehrerverbande des Deutschen Reiches (Prov. Rheinland, E. V.). Schriftltg.: Laur. Kiesgen. 1. Jahrg. Mai 1910 – April 1911. 12 Nrn. (à ca. 4 S.) Lex. 8. Cöln, J. P. Bachem. 1.20

Wächter, der canon., e. antijesuit. Zeitschr. f. Staat u. Kirche u. f. alle christl. Confessionen. Hrsg. v. Alex. Müller. (1. Jahrg.) 1830. July — Decbr. 52 Nrn., u. (2. u. 3. J.) 1831 u. 32. à 104 Nrn. (½ B.) Mit Beilagen. gr. 4. Halle. [Leipzig, Brockhaus.] [830. 2 Thlr. 12 Gr., 31. u. 32. à 5 Thlr.]

—— ders., hrsg. v. dems. 4. Jahrg. 1833. 104 Nrn. (½ B.) gr. 4. Mainz, (Kunze.)

—— ders., hrsg. v. dems. 5. Jahrg. 1834. 104 Nrn. (½ B.) gr. 4. Offenbach, Brede. (?)
Obiger Titel wurde von Nr. 28 d. J. 1834 in nachfolg. abgeändert: Der allgem.-kirchl. Wächter d. Deutschen, e. Zeitschr. antiröm. Bestrebung, zu vernünft., d. i. religiös-sittl. u. sittl.-religiös. Aufklärung, Befreiung u. dadurch kirchl. Versöhnung u. Einigung aller Confessionen im Lichte der nur Einen, in, mit u. durch Christum Allen geoffenbarten ewigen Wahrheit.

Wächter. – Karl Georg von Wächter.

—— s. Dernburg, Heinr.

— s.: Windscheid, B.

Wächter, Carl Georg v., Nekrolog. [Aus: „Allgem. Zeitg."] gr. 8. (23 S.) Stuttgart 880. Cotta. n. 1. —

Katholischer Wächter : 1896?– 1915?

Roman Catholic weekly. Circulation: 1905, 2200; 1910, 2000. Edited & published by J. P. Kirchen.
Cascade, IA

Wächter, der, unterm Kreuz. Redact.: Ruhmer. Jahrg. 1888. 52 Nrn. (Bog.) gr. 4. Alt-Tschau bei Neusalz a. O., Verlag der Anstalt „Kommet zu Jesu". *
Fliegendes Beiblatt dazu, s. Stadt- und Dorfmissionar, evangelischer.

Wächter, der, unterm Kreuz. Mit Beiblatt: Evangelischer Stadt- u. Dorfmissionar aus Neusalz a. d. Oder. Ein treuer Rathgeber in allerlei Leibes- u. Seelenangelegenheiten f. jedermann in Städten u. Dörfern. Red. u. hrsg. v. Fr. Aug. Ruhmer. Jahrg. 1891 — 1894. à 52 Nrn. (1½ Bog.) gr. 4. Neusalz a/O. (Leipzig, E. Ungleich.) à Jahrg. n. 3. 60
Die früheren Jahrgg. u. die Fortsetzung im Selbstverlage d. Herausgebers.

Wächter, der, unterm Kreuz. Mit Beiblatt: Evang. Stadt- u. Dorfmissionar aus Neusalz a/Oder. E. treuer Rathgeber in allerlei Leibes- u. Seelenangelegenheiten f. Jedermann in Städten u. Dörfern. Red. u. hrsg. von Fr. Aug. Ruhmer. Jahrg. 1895. 52 Nrn. (à ca. 12 S.) gr. 4. Alt-Tschau b. Neusalz a/O. (Leipzig, E. Ungleich.) n. 3. 60

— dasselbe. Jahrg. 1896—1898. à 52 Nrn. (à ca. 12 S.) gr. 4. Ebd. à Jahrg. n. 3. 60

Wächter, der, unterm Kreuz. Mit Beiblatt: Evangelischer Stadt- und Dorfmissionar aus Neusalz a. d. O. Ein treuer Rathgeber in allerlei Leibes- u. Seelenangelegenheiten f. Jedermann in Städten u. Dörfern. Red. u. hrsg. v. Fr. Aug. Ruhmer. Jahrg. 1899. 52 Nrn. gr. 4. (à ca. 8 S.) Alt-Tschau b. Neusalza a/O. (Leipzig, E. Ungleich.) n. 3. 50

— dasselbe. Jahrg. 1900—1902. à 52 Nrn. gr. 4. (à ca. 8 S.) Ebd. à Jahrg. n. 3. 20

Wächter, der, unterm Kreuz. Red. u. hrsg. v. Fr. Aug. Ruhmer. Jahrg. 1903—1906 à 52 Nrn. (à 8 S.) gr. 4. Alt-Tschau bei Neusalza a/O. (Leipzig, E. Ungleich.) à Jhrg. n. 3. 20

Libanoner Wächter : 1843 ?

Eine Familien Zeitung den Hauptneuigkeiten, Literatur, Wissenschaften, Ackerbau, und Unterhaltung gewidmet
Lebanon, PA

Wächter an der Limmat
v. Zürcherischer **Freitagsbote.**

Der Lutherische Wächter : 1898 - 1932?

Monthly. Organ of Montana District Conferenz der Deutschen Evangelisch-Lutherischen Synode von Missouri, Ohio und anderen Staaten. Place of publication varies: Lewistown, Mont. Circulation: 1925, 900. Edited by the Rev. Emil Ziegler; by the Rev. Paul E. Meyer, by Rev. M. Mertz; published by the Conferenz.
Helena, MT

Der Wächter am Mississippi : 1872- 1873? Guttenberg, IA

Weekly. Circulation: 1872, 630. Edited & published by L. H. Maring.

Der Wächter am Missouri : May 28, 1868 Oct. 8, 1874.

Independent weekly. Circulation: 1870, 765 (est.); 1874, 650. Edited & published by L. Joachimi, 1868- 74; purchased by F. W. Ludwig & Co., and title changed to DER CENTRAL MISSOURIER.
Boonville, MO

Der **Wächter** an der Mulde. Zwickau 1848—49.
Red.: Moritz Gerber.

Wächter: Der allzeit muntere, aufrichtige und schlagfertige Wächter am Pilatus oder dessen Schweiz. Dorfzeitung
v. Luzerner Anzeiger (I).

Murtner Wächter
⑮ Ausdruck, der im Historisch-Biographischen Lexikon der Schweiz 6, p. 360 (Abschnitt: Joh. Kaspar Sieber) verwendet wird. v. «Der Wächter» (Fr.).

Wächter am Napf
① Anzeiger von Willisau (1898—1916). Liberales Wochenblatt für das luz. Hinterland, zuletzt Luzernisch-bernischer Grenzbote ③ Anzeiger (Lu II) ④ Echo vom Emmenstrand ⑤ 2. 1. 1888—27. 12 1924 ⑥ 2° ⑦ wöchentlich 2× (1888—1916); Wochenblatt (1917—1924) ⑧ Willisau: Conrad Kneubühler (2. 1. 1888—29. 4. 1891). Hermann Kneubühler (2. 5. 1891—20. 6. 1894). Leonz Meyer (23. 6. 1894—27. 12. 1924) ⑨ Illustriertes Sonntagsblatt (1888—1897), Heimatland ⑩ die Drucker ⑪ die Drucker ⑫ freisinnig ⑬ BGSZ. 290, 707, 754, 1028, 1032; Willisauer Volksblatt 1951, Nr. 94, Beilage ⑭ Lu: Z (unvollständig); Be: L (1898—1901).

Der Neutrale Wächter : Jan. 4, 1844—? Meyerstown, PA

Independent weekly. Edited & published by J. F. Fasnacht.

Oberländer Wächter: Der Oberländer Wächter
v. **Sarganser Hochwächter.**

Der Wächter am Ohio : Jahrgang 1, no. 1—52, Sept. 21?, 1860—Aug. 29, 1861.

Republican weekly. Sub-title: Ein wöchentliches Organ, gewidmet den Neuigkeiten, der Politik, Literatur und Unterhaltung. Title varies slightly: "Der" omitted in no. 1—12, Sept. 21—Dec. 7, 1860. Small folio, each issue 4 pages, except no. 33—52, which consist of one leaf only. Has humorous section [2 columns], no. 20—30, Feb.—Apr. 1861, called "Portsmouther Kladderadatsch." Edited & published by J. M. Broome.
Portsmouth, OH

Der Wächter am Ohio : 1872–1902?
Independent weekly; supported Tilden. Edited & published by Schönthal & Bock, 1872–73; by Julius Bock, 1874; by Christian Feuchtner, 1875–1901.
Ironton, OH

Wächter, der, an der Ostsee. Monatsschrift für öffentliches Leben der deutschen Ostseeländer. Hrsg. von W. Lüders. Jahrg. 1847 und 1848. à 12 Hefte. Lex.-8. Stettin, Effenbart's Erbin. à Jahrg. *

Wächter, der, an der Ostsee und das Sendschreiben der pommer'schen Landgemeinden. Von einem ihrer Abgeordneten. gr. 8. (27 S.) Stettin 848. (Berlin, Springer.) Thlr. *

—— **der pädagogische.** Redig. von C. F. W. Wander. 1. Jahrg. 12. Febr.—Decbr. 1849. 47 Nrn. (½ Bog.) hoch 4. Hirschberg, (Rosenthal.) * —

—— dass. — Hrsg. von Dems. 2—4. Jahrg. 1850—52. à Jahrg. 52 Nrn. (Bog.) Fol. Bunzlau, Appun. à Jahrg. *

Wächter am Pilatus (I)
④ Waldstätter-Wochenblatt ⑤ 2. 12. 1870–24. 6. 1876 ⑥ 2° ⑦ Wochenblatt (bis September 1872 und 1876); wochentlich 2× (Oktober 1872–Ende 1875) ⑧ Luzern: Bucher & Müller (bis Nr. 33, 1871), J. L. Bucher (ab Nr. 34, 1871) ⑨ Familien-Blätter ⑩ die Drucker ⑪ zuerst die Drucker, dann Eduard Zumbühl, der spätere Redaktor am »Luzerner Tagblatt« (ab Nr. 7, 1876) ⑫ freisinnig links orientiert ⑬ BGSZ: 1023, 1032 ⑭ Lu: Z (unvollständig) ⑮ Der Zeitung stand Jost Weber (1823–1889), Großrat, Ständerat, Bundesrichter nahe.

Wächter am Pilatus und Krienser Anzeiger
v. Anzeiger (Lu III).

Wächter: Der Wächter am Pilatus oder dessen Schweiz. Dorfzeitung
v. Luzerner Anzeiger (I)

Wächter, der reformirte. Organ der deutschen, nach Gottes Wort reformirten evangelischen Kirchen in Nord-Amerika. 1. Jahrg. 1859. 12 Nrn. (Bog.) gr. 8. Tiffin Oh. 859. (Philadelphia, Schäfer und Koradi.) *

Der Reformirte Wächter : Jahrgang 1–71, 1864–1935?
Reformed Church monthly. Place of publication varies: Garner, Iowa; Tiffin, Ohio. Octavo, each issue 32–48 pages. Circulation: 1865, 300; 1869, 300. Edited & published by Hermann Julius Ruetenik, 1864–71, by the Rev. Henry Treick, 1915–35.
Cleveland, OH

Wächter: Der Wächter am Rhein
v. Rhein-Bote.

Wächter am Rhein (Ag)
v. Rhein-Bote.

Wächter. – Der Wächter am R h e i n .
Mannheim. 1.IV.1832 25.(?)VII.1832.

Wächter am Rhein (SG I)
⑤ August 1861 (Nr. 1) ⑧ Oberriet, Steinmann (?) ⑫ katholisch-konservativ ⑬ BGSZ: 1047.

Wächter am Rhein (SG II)
② Wächter am Rhein und »Allgemeiner Anzeiger« für St. Margrethen und Umgebung (seit 1915) ⑤ 1. 10. 1904 (cont.) ⑥ 2° ⑦ wöchentlich 2×; wöchentlich 3× (seit 1915) ⑧ St. Margrethen: P. Hutwiler (1904–1914); Rheineck: A. Indermauer (1915–15. 5. 1951), A. Indermauer & Co. (seit 17. 5. 1951) ⑨ Illustriertes Sonntagsblatt ⑩ die Drucker ⑫ parteilos, freisinnig (seit 1915) ⑬ BGSZ: 1045, 1047 ⑭ Rheineck: Buchdruckerei Indermauer & Co. (seit 1915); Be: L (1918 Nr. 131) ⑮ Seit 1915 ist der »Wächter am Rhein« eine Nebenausgabe des »Allgemeinen Anzeigers« (SG I) unter dem Titel Wächter am Rhein und »Allgemeiner Anzeiger« für St. Margrethen und Umgebung.

Wächter am Rhein und »Allgemeiner Anzeiger« für St. Margrethen und Umgebung
v. Wächter am Rhein (SG II).

Wächter an der R u h r . –
Mülheim. 30.IV.1848 - 2.I.1849.
Fortges. u.d.T.: Ruhr-Zeitung.

Wächter am Saugeen: Dec. 18, 1868–1881
Weekly. Circulation: not over 500. Editor & publisher: J. Klein & Son. Publisher: Victor Lang. Continued as Canada National Zeitung
Neustadt, Ont.

Seguiner Wächter : 1886–1932?
Weekly. Established by Henry Moos, and edited & published by him for a short time, then successively edited by Prof. Braun, Gustav Conrads, Albert von Haxthausen. Etzler gives Ernst Kobig (sic) as editor, as does Neu Braunfelser Zeitung, Dec. 15, 1932.
Seguin, TX

Wächter, der, an der Spree. Eine belehr. Monatschrift. Den Finsterlingen zum Trutz, der Wahrheit zum Nutz, der Freiheit zum Schutz! Hrsg. v. F. P. Huber. 1. Jahrg. 1884. 12 Hfte. (2 B.) gr. 8. Berlin, (E. (Mecklenburg). n. 6. —

Wächter, stenographischer. Organ des märkisch-pommerschen Stenographen-Verbandes. Redig. und hrsg. vom Vorstande des Verbandes. 1. Jahrg. 1869. 12 Nrn. (à ½—1 Bog.) 8. Berlin, (Scheller.) * 2 —

—— dass. — 2. und 3. Jahrg. 1870 und 1871. à Jahrg. 12 Nrn. (à ½—1 Bog.) 8. Ebendas. à Jahrg. * 2 —

—— dass. — Organ des märkisch-pommerschen und baltischen Stenographen-Verbandes. 4.—7. Jahrg. 1872—1875. à Jahrg. 12 Nrn. (à ½ Bog.) Mit Unterhaltungsstube. (à ½ Bog.) 8. Ebendas. à Jahrg. * 2 50

Wächter, stenographischer. Organ des märkisch-pommerschen, balt. und sächs. Stenographen-Verbandes. 8. und 9. Jahrg. 1876 und 1877. à Jahrg. 12 Nrn. (autogr. Bog.). 8. Berlin, (Scheller's Buchh.) à Jahrg. * 2 50

—— dass. — Redact.: P. Doepner. 10. Jahrg. 1878. 12 Nrn. (autogr. Bog.). 8. (Ebendas.) * 2 50
Nicht weiter erschienen.

Wächter: Der Wächter an der Thur und Sitter
④ Bischofszeller Zeitung ⑤ Herbst 1874–15. 12. 1875 ⑥ 4° ⑧ Bischofszell: Heinrich Aus-der-Au & C. Schenk, Heinrich Aus-der-Au (ab 1. 7. 1875) ⑪ J. F. Schär, Sekundarlehrer, nachmaliger Gründer der Konsumvereine ⑬ Hagen: Buchdruck- und Zeitungswesen im Thurgau ⑭ Ff: K.

Wächter der Urschweiz
⑤ 5. 1. 1847–15. 11. 1847 ⑥ 4° ⑦ Wochenblatt ⑧ Luzern: Anton Petermann ⑩ J. B. Ulrich ⑪ J. B. Ulrich ⑫ konservativ ⑬ BGSZ: 1028 ⑭ Lu: Z; Be: L ⑮ Am 17., 19. und 20. 11. 1847, d. h. während des Sonderbundskrieges, erschienen noch »Bulletin des Wächters der Urschweiz« in 8°.

Der Waffenlose Wachter : 1870–? Lancaster, PA
Monthly. Mennonite. Published by Samuel Ernst.

Der Waffenlose Wächter : vol. 1–?, Jan. 1871–1888?
Monthly, 1871–77; bi-monthly, 1878–79; monthly, 1880–81; quarterly, 1882–88. Published in English and German and in Pennsylvania Dutch, sometimes in translation, but with the use of parallel columns, this paper is another example of the attempt to bridge the language difficulties. Intended to be non-partisan in politics, and declares itself non-sectarian, but has Mennonite sympathies. English title: The Weaponless Watchman. Large quarto, each issue usually 8 pages. Place of publication varies: Lancaster, Pa., 1871–77; Gap (Millwood, Gap P.O., Lancaster Co.), June 1877–1883; Olathe, Kans., 1884–88. Circulation: 1875, 500 (est.); 1880, 1000; 1887, 960. Edited & published by Samuel Ernst, 1871–88.
Gap, PA

Der Wächter im Westen : 1850?–?
Weekly. Edited & published by Leopold Friedrich Mader. Mader had established the Pottsville, Pa Lutheran.
Louisville, KY

Der Wächter am Wisconsin : 1878?–1880?
Weekly, published in interests of Greenback party. Circulation: 1880, 400. Edited by C. H. Muller, & published by Mark H. Barnum.
Wausau, WI

Wächter für Zeit und Ewigkeit. Ein Volksblatt aus dem Schlesier-Lande. Redig. und hrsg. von Ruhmer. 1.—5. Jahrg. 1863—67. à Jahrg. 12 Nrn. (Bog.) gr. 4. Grünberg, (Weiß.) à Jahrg. * —
Mit Beiblatt: Schule und Haus. 1.—3. Jahrg. 1865—67. à Jahrg. 12 Nrn. (½ Bog.) à Jahrg. * —
Das Beiblatt allein. à Jahrg. *

—— für Zeit und Ewigkeit. Ein Volksblatt aus dem Schlesier-Lande. Redig. und hrsg. von Ruhmer. 6. Jahrg. 1868. 12 Nrn. (Bog.) gr. 4. Grünberg, (Weiß.) * 1 20

—— dass. — 7. Jahrg. 1869. 12 Nrn. (Bog.) gr. 4. Neusalz a. O., (Lange.) * 1 20

— das. — 8.—12. Jahrg. 1870—1874. à Jahrg. 12 Nrn. (à 1¼ Bog.) Mit Beiblatt. gr. 4. (Ebendas.) à Jahrg. * 1 60
Ohne Beiblatt * 1 25

Wächter, Die, der Burg Zion; Nachricht von einem geheimen Bunde . . . Hamburg 1796. V: *Rebmann, Andreas Georg Friedrich.* (MGT)

Wächter, s.a. Wachter

Wächter, zum Advent u. Christfest, Neujahr u. Erscheinungsfest. 4 Predigten. gr. 8. (40 S.) Stuttgart 876. J. F. Steinkopf. n. — 50

Waechter, Ueber die Lagerstellen fossiler Thierknochen, vorzüglich im Königreich Hannover und Herzogthume Braunschweig. (Hannov. Magazin. 1835.) 4. Mit 2 Taf. Abb.

Wächter: Naturae et scripturae concordia, s. Wachter, Johann Georg

Waechter, A., das Doppelantlitz d. Gustav-Adolf-Vereines. Festpredigt zur Jahresfeier d. oberherrschaftl. Schwarzburg-Rudolstädt. evangel. Vereins der Gustav-Adolf-Stiftung, geh. am 11. August 1872 zu Stadtilm. gr. 8. (16 S.) Rudolstadt 872. Müller. n. — 20

Wächter, A., die Schwestern. gr. 8. (70 S. m. Abbildgn. u. 4 Taf.) Magdeburg (901). E. Baensch jun.
Geb. in Leinw. 2. 50

Wächter, A., welchen Eindruck macht das Arbeitsfeld des Gustav-Adolf-Vereins auf Alle, welche die evangelische Kirche lieb haben? Festpredigt, gehalten am 17. Octbr. 1869 zu Rudolstadt. Rudolstadt 869. Müller. gr. 8. (12 S.) n. 2 ngr.

Wächter, Alb., die Geschichte Kellhaus in der Landesgeschichte, s.: Langethal.

Wächter, Alb., Lehr- und Lernstoff für den gesammten evangelischen Religionsunterricht in deutschen Gymnasien und Realschulen. 8. (VI, 42 S.) Rudolstadt 878, [Froebel.] Hofbuchdruckerei von Mitzlaff. * — 60

Wächter, A., Lehr- u. Lernstoff f. den gesamten evangelischen Religionsunterricht in deutschen Gymnasien u. Realgymnasien. 2. Aufl. 8. (IV, 48 S.) Rudolstadt 889. Hofbuchdruckerei. cart. n. — 80

Wächter, Albert Josephs Geschichte nach dem Genesistext und dem Targum des Onkelos und die Yusof Sure [XII[te] im Koran], eine Parallele. Exegetisch-historische Studie. 44 S. *Rudolstadt* 1878.
Progr.

— 300 Jahre Rudolstädter Gymnasium. Beiträge zur Landesgeschichte des Fürstent. Schwarzburg-Rudolstadt. (130 S.) 8. Rudolstadt 910. Mänicke & Jahn. 2. —

— Ein heikles pädagogisches Problem, s. a. Zur Volksschulpädagogik. 2. Heft.

Ein heikles pädagogisches Problem. Inwieweit darf und kann, ja sollte und müsste eigentlich Sexuelles unserer Jugend im Pubertätsalter allmählich erschlossen werden? Von Prof. Albert Wächter-Rudolstadt. Langensalza: Beltz 1909 (1910). 30 S. 8°
(Zur Volksschulpädagogik. H. 2.)

Wächter, Albert [Prof.]: Der evangelische Religionsunterricht in den mittleren und oberen Klassen eines deutschen Gymnasiums. Aphorismen. Rudolstadt, Druck d. Fürstlich priv. Hofbuchdr. F. Mitzlaff, 1889; 1 Bl., 24 S. 4°
Rudolstadt, fürstl. G u. RPG, OP 1889 (677)

Wächter, Albert Hugo, aus Pößneck: Der Verfall des Griechentums in Kleinasien im 14. Jahrhundert. *Leipzig 1903: B. G. Teubner.* (33 S.) 8° ¶[Erschien vollst. 1903 ebenda.]
Jena, Phil. Diss. v. (31. Mai) 1902

Wächter, Alb., der Verfall des Griechentums in Kleinasien im XIV. Jahrh. (IV, 70 S.) gr. 8. Leipzig 903. B. G. Teubner. n. 2. 20

Wächter, Albrecht

Wächter, *Ernst* Albrecht [aus Erfurt]: Über Robert Southeys Orientalische Epen. . . . Halle a. S., Hofbuchdr. v. C. A. Kaemmerer & Co., 1890; 42 S., 1 Bl. 8°
Halle, Phil. Fak., Inaug.-Diss. v. [19. Aug.] 1890

Waechter, Albrecht, Dr.: Les sources du Tartuffe de Molière. *(Erfurt 1901: Ohlenroth.)* (16 S.) 4°
Erfurt, st. R, OP 1901 (284)

Waechter, [illegible] Berlin [illegible] (VI, 36 S.) 8°
Berlin, Phil. Diss. v. 7. Juli 1843

Wächter, Anna v., der weibliche Beruf. Gedanken einer Frau. Frei nach dem Engl. Mit einem Vorwort von Ottilie Wildermuth. Stuttgart 861. Krabbe. 8. (VIII, 303 S.) 24 ngr.

Beruf, Der. D. weibl. Gedanken e. Frau. N. d. Engl. v. A. v. Wächter. (303 S.) Stuttgart 1861. Kröner. 2.40

Wächter, Ant. Ed., vollständiges Lehrbuch der Bekleidungs-Kunst für Civil- und Militair. Verbunden mit einer anatom. Körpermessungslehre und einer neuen Zuschneide-Methode, nebst specieller Berücksichtigung des unregelmäß. Körperbaus. Zum gründl. Selbstunterricht bearb. 3., durchweg umgearb., verm. und verb. Aufl. Mit 250 Zeichnungen und deren Beschreibung für sämmtl. zu bekleidende Körpertheile; mit den neuesten Kleiderschnitten so wie den Uniformen 2c. gr. 8. (IV und 74 S. mit 8 Stnt. in Fol. und Imp.-Fol.) Berlin 853, Th. Grieben. *

Wächter, Ant. Ed., vollständiges Lehrbuch der praktischen Zuschneide-Kunst. Nach der neuconstruirten Lehre bearb. f. Civil- u. Militär-Kleidermacher, sowie m Rücksicht auf jeden vorkommenden regelmäßigen u. unregelmäßigen Körperbau, u. (6) veranschaulichenden lith. Taf. (in Imp.-Fol.) 8. (35 S.) Herzberg 851, Mohr in Comm. 1⅓ ₰

(Wächter, Aug. Wilh.): Darstellung u. rechtliche Beleuchtung des Sachverhältnisses in der fiscal. Untersuchung wider die Handlung Wachenhusen u. Prutz Nachfolger zu Stettin wegen angebl. Steuerdefraudation. Stettin 1827.

Wächter, Bernh., deutsche Knaben: Ulrich von Hutten, am 31. Oct. (poetische Erzählung) 8. Hamburg, Perthes u. B. 818.

Wächter, Bertha, Pflichten einer Mutter oder Stellvertreterin derselben. 1—3. Heftchen. Insterburg 856, 57. Wilhelmi in Comm. gr. 8. (70; 29; 47 S.) n. 11½ ngr.
1.: n. 5 ngr.; 2.: n. 2⅔ ngr.; 3.: n. 4 ngr.

Wächter, C., die Selbstpflege der unterleibskranken Frau. 8. (46 S.) Stuttgart 887, Enke. *
geb. *

Wächter, C., das Wildbad im württemberg. Schwarzwald. Ein Führer f. Kurgäste. 12. (IX, 134 S. m. Abbildgn.) Wildbad 891. M. Ringe. n. 2. —

Wächter, C., das Wildbad im württemberg. Schwarzwald. Ein Führer f. Kurgäste. 2. Aufl., neu bearb. v. Josenhans. 12. (VII, 137 S. m. Abbildgn., 3 [2 farb.] Plänen u. 1 farb. Karte.) Wildbad 895. Stuttgart, Holland & Josenhans. Geb. in Leinw. n. 2. —

Wächter, C. G. [Praes.], s. Reyscher, August Ludwig: De confessione limitata in causis criminalibus, in certamine literario civium academiae Tubingensis praemio regio ornata.

Wächter, Chrn., Begleitwort zu dem Methodischen Leitfaden f. den Unterricht in der Tierkunde. gr. 8. (16 S.) Braunschweig 892. F. Vieweg & Sohn. Unentgeltlich.

Begleitwort zu dem Methodischen Leitfaden für den Unterricht in der Tierkunde von Christian Wächter. *Braunschweig: F. Vieweg & Sohn 1902.* (16 S.) 8° [F.] [o]. 1914 7

Wächter, Chr., Grundzüge der Pflanzenkunde. 8. (VII, 84 S. m. 39 eingedr. Holzschn.) Altona 890. [Reher.] Flensburg, Westphalen. cart. n.n. — 50

— Methodischer Leitfaden für den Unterricht in der Pflanzenkunde. Mit 118 in den Text eingedr. Holzschn. gr. 8. (III, 173 u. Begleitwort 10 S.) Ebd. 889. * 1 80; geb. * 2 —

Wächter, Chrn., method. Leitfaden f. d. Unterricht i. d. Pflanzenkunde. 2. Aufl. gr. 8. (IV, 182 S. m. 118 Abb.) Flensburg 895. Braunschweig, F. Vieweg & Sohn. n. 1. 80; geb. n.n. 2. 10

Wächter, Chrn., method. Leitfaden f. d. Unterricht in der Pflanzenkunde. 2., verb. Aufl. gr. 8. (IV, 182 S. m. 118 Holzschn.) Flensburg 895. A. Westphalen. n. 1. 80

— Methodischer Leitfaden f. den Unterricht in der Tierkunde. 3. umgearb. Aufl. 1. Tl.: Die Wirbeltiere. (IX, 193 S. m. 168 Holzst.) gr. 8. Braunschw. 892. Vieweg u. Sohn. * 2 —
2. Tl.: Die wirbellosen Tiere. Ebd. 1888. * 1 50.

— dasselbe. Tierkunde. 4., verb. Aufl. 1. Tl. Die Wirbeltiere. gr. 8. (X, 204 S. m. 194 Abb.) Braunschweig 898. F. Vieweg & Sohn. n. 2. —; geb. n. 2. 40

Wächter, Christian, methodischer Leitfaden f. den Unterricht in der Tierkunde. 4. verb. Aufl. 2. Tl. Die wirbellosen Tiere. Mit 185 in den Text eingedr. Abbildgn. u. 4 farb. Schmetterlingstaf. (VIII, 150 S.) gr. 8. Braunschweig 902. F. Vieweg & Sohn. n. 2. —; geb. n. 2. 40; Begleitwort. (16 S.) Unberechnet.

Wächter, Chrn., methodischer Leitfaden für den Unterricht in der Zoologie. Mit besonderer Berücksichtigung der Leutemann-Braß-Lehmann'schen zoologischen u. zootomischen Wandtafeln für höhere Mädchenschulen, Mittelschulen u. verwandte Anstalten bearb. 2 Tle. gr. 8. Braunschweig 882. Vieweg & Sohn. n. 3. 50
1. Die Wirbeltiere. Mit zahlreichen in den Text eingedr. Holzst. (XV, 215 S.) n. 2. —
2. Die wirbellosen Tiere. Mit zahlreichen in den Text eingedr. Holzst. (IX, 149 S.) n. 1. 50

Wächter, Chrn., methodischer Leitfaden für den Unterricht in der Zoologie. Mit besond. Berücksicht. der Leutemann-Braß-Lehmannschen zoolog. und zootom. Wandtafeln. Für höhere Mädchenschulen, Mittelschulen und verwandte Anstalten bearb. 2. verb. Aufl. 2 Tle. gr. 8. Braunschweig 888, Vieweg und Sohn. *
Inhalt:
Tl. 1. Die Wirbeltiere. (XIX, 215 S. mit 157 in den Text eingedr. Holzst.) * ℳ 2.—.
„ 2. Die wirbellosen Tiere. (IX, 149 S. mit 152 in den Text eingedr. Holzst.) * ℳ 1.50.

— Musterbuchstaben zum Gebrauche in Schule und Haus. 8. (2 Steintaf. auf Pappe.) Hamb. 889, Leckband. * — 20

— Übungsbuch zur Liedersammlung. Hrsg. vom pädagog. Verein in Altona. 2 Hfte. gr. 8. Altona-Ottensen 901. Th. Christiansen. n. 1. —
1. (Mittelstufe.) (32 S.) n. — 40
2. (Oberstufe.) (47 S.) n. — 60

Waechter, Christoph Heinrich (Eisenach) A. S. 1308/31

Dissertatio medica de apoplexia.
Präs. Jo. Jakob Jantke.
Altdorf (Kohles) 1. XII. 1729. 28 S.

W. v.: Jo. Jakob Baier, Präs., Jo. Heinrich Schulze, Ernst Friedrich Krugelstein (Opp.), Johann Jakob Kirsten (Opp.), David Franz Hezel (Opp.).
35542

Waechter, Christoph Heinrich (Eisenach) A. S. 1308/34

Manuductionis ad veram theoriam morborum praxinque clinicam specimen III. de apoplexia.
Präs. Jo. Jakob Jantke.
Altdorf (Kohles) 1. XII. 1729. S. 35-56.
35543

Wächter, E., d. christl. Beurteilg. u. Behandlg. d. Leibes. Vortrag an e. Kreisfest christl. Männer- u. Jünglings-Vereine. 12. (31 S.) Gernsbach 896. Baden-Baden, Christl. Kolportage-Verein. n.n. — 15

Wächter, E., das Blut Jesu Christi. Vortrag, bei e. Pastoralkonferenz in Lausanne geh. 12. (20 S.) Lichtenthal bei Baden-Baden 899. Christlicher Kolportage-Verein. — 06

— der ganze Christus. Vortrag, bei der III. süddeutschen Studentenkonferenz in Stuttgart geh. 8. (17 S.) Stuttgart (900). Buchh. „Philadelphia". n. — 10

Wächter, E., das Musterzeichnen und die weibliche Handarbeit. Ein Beitrag zur Förderung des Zeichenunterrichts in Mädchenschulen. gr. 8. (44 S. mit Fig.) Leipzig 887, Leipziger Lehrmittelanstalt von Dr. O. Schneider. *

Wächter, E., die christlichen Perikopen, nach den Grundsätzen bisher unbekannter Anordng. erklärt u. f. den Unterricht bearb. gr. 8. (VI, 133 S.) Leipzig 892. Dörffling & Franke. n. 1. 60

Wächter, Eduard

Wächter, E., eine klare Stellung. Ansprache. Geh. am Vorabend der Bundeskonferenz 1907 in Düsseldorf. (15 S.) 8. Bonn (907). J. Schergens. — 15

Waechter, Emile, la nécessité absolue d'une coopération des États-Continentaux de la France, de l'Autriche, de l'Allemagne et de la Russie pour le dénouement de la question de l'Asie d'Ouest. Un cri d'alarme aux gouvernements de ces états pour la conférence du Maroc, par rapport à la construction du canal entre Enzeli et Bagdad, la nouvelle route navigable dans le „Kysil" Uzon—Djalla—Tigre, reliant la Mer caspienne au Golfe persique comme contrebalance contre les progrès de la politique britannique en Perse et dans la Mésopotamie. (28 S.) 8. Hannover (906). (Hameln, Th. Fuendeling.) n. 1. 60

Wächter, Ernst, die Erde u. ihre Völker, s.: Hellwald, Frdr. v.

— und Götze, Heimathskunde. Das Wichtigste aus der vaterländ. Geographie und Geschichte. Mit besond. Berücksicht. des Reg.-Bez. Erfurt. Für Volksschulen. 2., verm. Aufl. 8. (III, 52 S. mit 2 lithogr. und color. Karten des Reg.-Bez. und Kreises Erfurt in 8. und 4.) Erfurt 869, Villaret. cart. * — 40

Wächter, Ernst, Uebersichts-Blatt des metrischen Maßes u. Gewichtes. Erfurt 869. Villaret. Imp.-Fol. (1 Bl. Text in 4.) n. 5 ngr.

Wächter, Ernst Albrecht, s. Wächter, Albrecht

Waechter, Ernst Georg von, Referendar in Hamburg: Geschichtliche Entwicklung der Haftung des Verkäufers wegen Mängel im Recht. Hamburg 1905: Verlagsanstalt u. Druckerei A. G. (vorm. J. F. Richter). (90 S.) 8°
Leipzig, Jur. Fak., Diss. v. 1. Juli 1905.
[Geb. 3. Okt. 74 Stuttgart; Wohnort: Hamburg; Staatsangeh.: Hamburg; Vorbildung: Karlsgymn. Stuttgart Reife Juli 93; Studium: Tübingen 1, München 1, Leipzig 3, Göttingen 1, Leipzig 1, Tübingen 2, Göttingen 3 S.; Rig. 3. Juli 02.]

Wächter, Ernst Leonh., das Notariats-Testament. Vorschläge zu e. einheitlichen Testamentsform f. die deutschen Bundesstaaten, zunächst in Beziehg. auf Hamburg. gr. 8. (32 S.) Hamburg 871. O. Meißner. — 30

Wächter, Ferd., s. Wachter

Wächter, Franz Karl (Stuttgart) A. S. 742/12

Dissertatio juridica inauguralis. Venditionis jure coactae nonnulla specimina.
Strassburg (Maag) 25. XI. 1700. 24 S.

W. v.: Jo. Schilter, Johann Heinrich Feltz.
35544

Wächter, Friedr., die Anwendung der Elektricität für militärische Zwecke. Eine übersichtl. Zusammenstellung der wichtigsten für Kriegszwecke angewendeten elektr. Apparate. 8. (XVI, 240 S. mit 71 eingedr. Abbild.) Wien 883, Hartleben's Verlag. M 3.; geb. * 4 —

Wächter, Frdr., die Anwendung der Elektrizität f. militärische Zwecke, s.a. Bibliothek, elektrotechnische. 15. Bd.

Wächter, F., Die Anwendung der Elektrizität für militärische Zwecke 2. Aufl. [Elektro-technische Bibliothek. 15. Bd.] 8°. (ill. VIII, 216 S.) Wien: Hartleben 1904. K 3.30, geb. K 4 40

Wächter, Friedrich, approb. Arzt aus Paderborn: Aus d. Augenklinik zu Kiel. Über Blepharophimose und Canthoplastik. Kiel 1900: Holsatia-Druckerei. (13 S.) 8°
Kiel, Med. Diss. v. [2. Juni] 1900.

Über Disgregation der Elektroden durch positive Elektricität u. die Erklärung der Lichtenberg'schen Figuren, s.a. Reitlinger, E.

und Reitlinger, Edmund, Dr.: Über Disgregation der Elektroden durch positive Elektrizität und die Erklärung der Lichtenbergschen Figuren (mit 11 Holzschnitten). S. 83. II. 677.
Separatabdruck

Wächter, Frdr., der nationale Gedanke u. die deutsche Schule. gr. 8. (57 S.) Forbach 886. Hupfer. n. — 60

Wächter, Frdr., über d. Grenzen d. telestereoskopischen Sehens. [Aus: „Sitzungsber. d. k. Akad. d. Wiss."] gr. 8. (19 S. m. 5 Fig.) Wien 896. (C. Gerold's Sohn.) n. — 50

Über die Grenzen des telestereoskopischen Sehens (mit 5 Textfiguren). S. 105. IIa. 856.
Separatabdruck

– Über elektrische Ringfiguren u. deren Formveränderung durch den Magnet, s.a. Reitlinger, E.

– und Reitlinger, Edmund, Dr.: Über elektrische Ringfiguren und deren Formveränderung durch den Magnet (mit 1 Taf.). S. 82. II. 180.
Separatabdruck

Wächter, F., der gegenwärtige Stand der militärischen Luftschiffahrt, s. Hess, Ph.

— über die materiellen Theile im elektrischen Funken. [Mit 2 (eingedr.) Holzschn.] [Aus: „Sitzungsber. d. k. Akad. d. Wiss."] Lex.-8. (24 S.) Wien 882. (Gerold's Sohn.) n.n. — 50

Über die materiellen Teile im elektrischen Funken (mit 2 Holzschnitten). S. 85. II. 560.
Separatabdruck

Wächter, Friedr. Zur Theorie der elektrischen Gasentladungen. Lex.-8. (14 S. m. 1 Taf.) Wien 890, (Tempsky). * — 50
Aus: Sitzungsber. d. k. Akad. d. Wissensch., besonders abgedruckt.

Zur Theorie der elektrischen Gasentladungen (mit 1 Taf.). S. 99. IIa. 230.
Separatabdruck

Wächter, Frdr., über das Verhalten der radioaktiven Uran- u. Thoriumverbindungen im elektrischen Lichtbogen. (14 S. m. 2 Taf.) gr. 8. Wien 906. A. Hölder.
Sonderabdr. a.: „Sitzungsber. d. k. Akad. d. Wiss." 1. 25

Über das Verhalten der radioaktiven Uran- und Thoriumverbindungen im elektrischen Lichtbogen (mit 2 Taf.). S. 115. IIa. 1247.
Separatabdruck

Wächter, Fr., über das relative Volumen der Atome. Lex.-8. (17 S.) Wien 878, (Gerold's Sohn.) ** — 30
Aus: Sitzungsberichte der k. Akademie der Wissenschaften, besonders abgedruckt.

Wächter, Friedrich: Über das relative Volumen der Atome. S. 77. II. 729.
Separatabdruck

Über den gegenwärtigen Zustand der häuslichen Erziehung in moralischer Hinsicht (von *Friedr. Wächter*). Halle 1790.

Waechter G.: Ueber Entbitterung d. Lupinen u. üb. den Werth der nach Soltsien behandelten Lupinenkörner als Kraftfuttermittel für Milchkühe. Diss. (Leipzig). Herford 1892. 80 S. 2 Tab. 4 gr. Tvl.

Wächter, Go., Unsere Kolonien. Vortrag geh. im volksw.-statist. Seminar des k. Polytechnikums zu Dresden im Wintersem. 1887/88. Dresden o. J. 8. . . . . . . (D.)

Wächter, Geo. Die Grundzüge der Kapital- u. Renten-Versicherung, deren Werth f. die Landwirthe unter besond. Berücksicht. d. sächs. Versicherungs-Anstalten. Vortrag. gr. 8. (28 S.) Dresd. 891, G. Schönfeld's Verlag. * — 60
Aus: Mittheilungen der Ökonom. Gesellschaft, besonders abgedruckt.

Wächter, Geo., die Grundzüge der Kapital- u. Renten-Versicherung, deren Werth f. die Landwirthe unter besond. Berücksicht. der sächs. Versicherungs-Anstalten. Vortrag, geh. in der ökonom. Gesellschaft im Königr. Sachsen, Dresden, am 7. Novbr. 1890. gr. 8. (28 S.) Dresden 891. G. Schönfeld's Verl. n. — 60

(8) Wächter, G., Grundzüge der Kapital- u. Rentenversicherg. 891 (KBZ 28.) Jetzt: Leipzig, Fritzsche & Schmidt.

Wächter, Geo., Kleinstadtleben in der Großeltern jungen Jahren. Kulturgeschichtliche Bilder aus Mecklenburg. (106 S.) 8. Plau 904. L. Hancke. n. 1. —

Wächter, *Friedrich* Georg: Sächsische Knappschaftsstatistik, umfassend Untersuchungen über Sterblichkeit, Invalidität und Krankheit ... (Aus: Zeitschr. d. Kgl. Sächs. Statist. Bur., Jg. XXXVIII Heft III u. IV.) Dresden, Druck v. B. G. Teubner, 1893; 1 Bl., 30 S., 1 Bl. 4.
Leipzig, Phil. Fak., Inaug.-Diss. v. [4. Juli] 1893

Wächter, Geo. Ph. Ldw. Leonh., s. Wächter, Leonhard

Wächter, Guido, die sociale Bedeutung der evangelischen Kirche in der Gegenwart. 2 Bde. gr. 8. (IV, 411 S.) Leipzig 888, Dörffling und Franke. *

Wächter, Guido, die sociale Bedeutung der evangelischen Kirche in der Gegenwart. 2 Bde. (Wohlf. Titel-Ausg.) gr. 8. (IV, III, 411 S.) Leipzig 890. Dörffling & Franke. n. 3. 60

— das Beispiel der höheren Stände in seiner Bedeutung f. das ganze Volksleben, s.: Sammlung theologischer u. socialer Reden u. Abhandlungen.

— Bonifatius. Schauspiel in 5 Aufzügen. 8. (86 S.) Leipzig 894. F. Richter. n. — 80

Wächter, Guido, aus dem Erzgebirge. Gedichte. (80 S.) 8. Dresden 903. C. Heinrich. Kart. n. 1. 20

—— die sociale Gefahr in Sachsen. gr. 8. (VIII, 91 S.) Glauchau 887, Peschke. *

Wächter, Guido. Himmelsschlüssel. Geistliche Lieder. 8. (IV, 114 S.) Lpz. 890, Dörffling u. Franke. * 1 50; geb. * 2 40

— Hinauf u. Hinaus. Gedichte. 8. (84 S.) Dresden 901. C. Heinrich. n. — 75; geb. n. 1. —

—— über öffentliche Kinderbescheerungen. Ein freimüth. Wort an die Wohlthäter unserer Armen, durch ein Nachwort erweitert. 2. Aufl. 8. (16 S.) Chemnitz 885, Richter.

Wächter, Guido, Paulus in Ephesus, s.: Sammlung christl. Fest- u. Schauspiele, 5. Hft.

— Ernst v. Schönburg. Reformationsfestspiel. gr. 8. (VIII, 91 S.) Glauchau 893. A. Peschke. n. 1. —; eleg. brosch. n. 1. 25

Wächter, Guido, Elis Söhne, s.: Sammlung christlicher Fest- u. Schauspiele. 6. Hft.

Waechter, Gustav *Jobst Wilhelm* [aus Elverdissen '(Westf.)']: Ueber Entbitterung der Lupinen und über den Werth der nach Soltsien behandelten Lupinenkörner als Kraftfuttermittel für Milchkühe ... Herford '(Westf.)', Druck v. Gebr. Heidemann, 1892; 1 Bl., 106, 3, 3a, 4—84 S., 1 Bl., 4 Taf. 8.
Leipzig, Phil. Fak., Inaug.-Diss. v. [3. Dez.] 1892

(Gustav) Wächters Schülerfreund. Übersetzungen u. Präparationen latein. u. griech. Schulklassiker. Ein Hilfsbuch für Schüler. T. 1. Leipzig: Pahl ([aufgestemp.:] Halle a/S.: A. Neubert) 1898. 8°

Wächter's Schülerfreund. Ubersetzungen u. Präparationen latein. u. griech. Schulklassiker. Ein Hilfsbuch f. Schüler. 1. Tl. C. Jul. Caesar, der gall. Krieg. 8 Hfte. gr. 16. (497 S.) Leipzig 898. Halle, A. Neubert. à — 25; in 1 Leinw.-Bd. n. 2. 50

Wächter's Schülerfreund. Ubersetzungen u. Präparationen latein. u. griech. Schulklassiker. Ein Hilfsbuch f. Schüler. 2. Tl. Xenophon. Zug der Zehntausend. (Anabasis.) 11 Hfte. gr. 16. (722 S.) Halle 900. L. Nebert. à — 30

Wächter's Schülerfreund. Uebersetzungen u. Präparationen latein. u. griech. Schulklassiker. Ein Hilfsbuch f. Schüler. 3. Tl. Ovidius Naso. Die Metamorphosen. 1.–14. Heft. (S. 1—693.) gr. 16. Halle (903). L. Nebert. à — 30

Kurzgefaßte Nachrichten über die Familie Wächter. Zsgest. z. 26. Oct. 1898, d. 100j. Todestage d. Archidiaconus zu St. Michaelis zu Hamburg Johann Leonhard Wächter, s. Urgroßvaters ... von Gustav Leonhard **Wächter**. Als Ms. gedr. Hamburg 1898: Birkmann. 42 S. 8° A 12. 8105

Wächter, H, s. Blätter für zürcherische Rechtsprechung.

Wächter, H. Grundsätzliche Entscheidungen d. zürcherischen Obergerichts, Handelsgerichts u. Cassationsgerichts auf dem Gebiet d. Civilrechts in den J. 1877—1887. In systemat. Anordng. gr. 8. (VI, 154 S.) Zür. 890, Orell Füssli Verlag. * 4 —

Waechter, H., s.: Kommentar zum schweizerischen Zivilgesetzbuch.

Wächter, H., die Sünde Jeroboams, eine exeget. Studie über 1. Kön. 11–15. 8. Basel, C. F. Spittler. 1876. —. 30

Wächter, Heinr., kleines Choralbuch für Kirche, Schule und Haus. (Zunächst zum elberfelder Gesangbuche gehörend.) Für Orgel, Pianoforte oder vierstimm. Gesang nach Rinck, Punschel, Fr. Schneider, Hesse, Schicht u. A. eingerichtet. 8. (VI und 112 S.) Halle 856, Schmidt. *

Wächter, Henriette v., praktisches Kochbuch für junge Hausfrauen. Nebst vollständ. Küchenzettel für jeden Tag des Jahres. Eine Mitgabe für Töchter aller Stände. gr. 8. (XXIV und 328 S.) Berlin 855, Hollstein.

Wächter, Henriette v., praktisches Kochbuch f. junge Hausfrauen. Nebst vollständ. Küchenzettel f. jeden Tag d. Jahres. Eine Mitgabe f. Töchter aller Stände. 2. Aufl. gr. 8. (XXVIII, 395 S.) Berlin 873. Moeser. n. 3. —

Waechter, Hermann, Oberarzt im Fuß-Art.-Reg. Nr. 15: Aus d. pathol. Inst. d. Univ. Freiburg i. B. Über Carcinosarcome der Schilddrüse. Freiburg i. B.: Speyer & Kaerner 1909. 29 S. 8°
Freiburg i. B., Med. Diss. v. 1909, Ref. Aschoff
[Geb. 3. Mai 78 Schwaan; Wohnort: Überruh b. Isny; Staatsangeh.: Mecklenburg-Schwerin; Vorbildung: Gymn. Rostock Reife O. 97; Studium: Berlin K. W. A.; Coll. 7. März 09.] [U 09. 988

(**Wächter,** [Hermann].) Zur Revision des schweizerischen Obligationenrechts. Kritische Bemerkungen zum bundesrätlichen Gesetzesentwurf vom 3. März 1905. 60 S. 8. Zürich, Arnold Bopp, 1906. (fr. 1. 80)
Wirtschaftliche Publikationen der Zürcher Handelskammer. Heft 4. Oktober 1906.

Wächter, Herm. (II.), Schmock. Auch ein Wiener Roman. gr. 8. (100 S.) Berlin 888, Thiel. *

Waechter, Hermann, von Tilsit: Die materiell rechtliche Seite des Concurses. Hottingen-Zür. H. Zürcher Dr. 1882. 3 Bl., 121 S., 1 Bl. Thesen. 8°.
Zürich, Jur. Diss. [v. 16. Dec. 1882].

Wächter, Hermann, aus Vegesack: Der Springer unserer lieben Frau. *Erlangen 1899: F. Junge.* (32 S.) 8° ¶ (Der Rest d. Arbeit erscheint in d. Roman. Forschungen, Bd 11.)
Bonn, Phil. Diss. v. 29. Apr. 1899

Wächter, Dr. Hermann, Advocat in Zürich: Das Vorzugsrecht des Vermiethers nach römischem und modernem Recht. Zür. Meyer u. Zeller 1885. 40 S. 8°.
[Zürich. Jur. Fac., Habilitationsschrift].

Wächter, Herm., das Vorzugsrecht d. Vermiethers nach römischem u. modernem Recht. gr. 8. (40 S.) Zürich 885. Meyer & Zeller. n. — 80

Wächter, Johann

Wächter, Joh., u. K. Clepmann, allgem. prakt. Bibliothek f. Prediger u. Schulmänner. 1r Bd. gr. 8. Wien, Schaumburg. 802.

— — desselben 2r Band. gr. 8. Wien, Camesina. 804.

— s.a. Bibliothek f. Prediger u. Schulmänner.

Wächter, Jh., über den Einfluß, welchen große Weltbegebenheiten auf d. Angelegenheiten einzelner Menschen äußern. Eine Predigt. 8. Wien 812.

s. Gesangbuch, christl.

Wächter, Johann. Predigt bey Gelegenheit der feyerlichen Einweihung der neuerbauten evangelischen Kirche zu Pesth. Pest 1811. H: *Schedius, Johann Ludwig von* [?]. (GGr VII, 61)

— Predigten auf alle Sonntage des Kirchenjahres. Herausg. von einigen Freunden des Verewigten. 2 Bde, mit des Verf. Bildn. gr. 8. Wien 828. Heubner. 2 ℛ 16 gℊ

— Rede bei Gelegenheit d. feierl. Einsegnung d. 50jähr. Ehe des Hofcanzelisten A. H. Frank u. dessen Frau Chr. Charlotte. geb. Holzapfel. 8. Wien 812.

Wächter, Johann Georg, s. Wachter

WÄCHTER, Johann Karl: Über die Reproduktionskraft der Gewächse, insbesondere der Holzpflanzen. Ein Beitrag zur Pflanzenphysiologie mit Anwendung auf Forst- und Landwirthschaft und auf Gartenbaukunst. - Hannover 1840. 202 S.

Wächter, J. K., üb. d. Reproduktionskraft d. Gewächse, insbesond. d. Holzpflanzen. Ein Beitr. z. Pflanzenphysiologie, mit Anwend. auf Forst- u. Landwirthschaft u. auf Gartenbaukunst. gr. 8. (13 B.) Hannover 840, Hahn'sche Hofbuchh.

JOHANN KARL WÄCHTER, Statistik der im Königreiche Hannover vorhandenen heidnischen Denkmäler. Im Auftrage des historischen Vereins für Niedersachsen, auf den Grund amtlicher Nachrichten und anderer Sammlungen, bearbeitet. (Für die Mitglieder des histor. Ver. besonders abgedruckt aus dem hannov. Magazin.) (Mit Tafeln.) Hannover 1841. 8°.

Wächter, Jh. Leonh.

— Abschiedspredigt in Uelzen. 4. Hamb. 776.

— Mittel d. Rettung für die, welche d. Vergreifung an Jesu drückt. Rede bei d. Taufe dreier Proselyten aus d. Judenthum; über Apostelgesch. 2, 38. 4. Hamb. 777.

Wächter, Jh. Leonh., zwei Predigten vor u. bei seiner Amtsveränderung in d. Hauptkirche zu St. Michaelis in Hamburg gehalten. 4. Hamb. 776.

Wächter, Jh. Leonh., († d. 24. Oct. 1798.) Samml. einiger heil. Reden, größten Theils an besondern feierl. Tagen gehalten. 8. Hamb. 776.

Wächter, Joseph: Abhandlung über den Gebrauch der vorzüglichsten Bäder und Trinkwässer; nebst einem Berichte über die merkwürdigen Schwefelräucherungen des Herrn Doctor Galés in Paris. 182 S., gbd., 1 Taf.

Wien: Gerold 1817

JB 2.716

Wächter, Dr. Jos., Abhandl. über den Gebrauch d. vorzügl. Bäder u. Trinkwasser, nebst e. Berichte über den medicin. Werth d. Schwefelräucherungen in verschiedenen Krankheitsformen d. menschl. Organismus. Mit 1 Kpf. gr. 8. Wien 817. 18 gℊ 2e Aufl., mit 1 Kpft. gr. 12. Wien 818. Gerold. 1 ℛ bei K. Haas 16 gℊ

Wächter, Joseph (Übers.):

s.: Carro, Jean de: Praktische Beobachtungen über die Schwefelräucherungen. (Observations pratiques sur les fumigations sulfureuses. Dt.) Wien: 1819

JB 2.660

Wächter, K., s. Wächter, Karl Georg von

Wächter, K. T., die Gemeindebetriebe in Österreich, s.: Schriften des Vereins f. Sozialpolitik. (Horáček, C.)

Wächter, Karl, die gewerbliche Bleivergiftung u. ihre Bekämpfung im Deutschen Reich, s.a. Abhandlungen, volkswirtschaftliche, der badischen Hochschulen. X, 2.

Die gewerbliche Bleivergiftung und ihre Bekämpfung im Deutschen Reich. Von Dr. Karl Wächter. Karlsruhe i. B.: G. Braun 1908. (107 S.) 8°
(Abhandlungen, Volkswirtschaftl., d. Bad. Hochschulen. Bd 10, H. 2.)

Wächter, Carl, etwas Ganzes aus dem Evangelium in 24 Predigten. gr. 8. (IV und 192 S.) Blaubeuren 863, Mangold.

Wächter, Karl Eberhard

— s. Concurrenz d. Kirchenguts, u. setze hinzu: (v. K. E. Wächter).

— commentat. de modis tollendi pacta inter gentes. 4. Stuttg. 780.

Waechter, Karl Eberhard (Stuttgart) A. S. 118/7

Dissertatio juridica de revocatione ultimae voluntatis. Präs. Johann Georg Friedrich Heyd. Stuttgart (Cotta) 11. XII. 1778. 56 S.

9 Resp. 35545

(WÄCHTER, K. Eb.): Kurze Untersuch. d. Frage v. Bestellung d. Landes-Regierungen, wenn ein deutscher Reichsstand durch Gemüthskrankheit dazu unfähig wird. *Tüb.*, Cotta. 789. 4. (3 Gr.)

Wächter, Karl Ebhrd., über Zuchthäuser u. Zuchthausstrafen. 8. Ulm 786. Stettin. 12 gℊ

Wächter, Karl Georg von

Wächter, Carl Geo. v., Abhandlungen aus d. Strafrechte, 1. Bd. Die Verbrechen d. Entführung u. d. Nothzucht, nebst e. Erörterung d. s. g. Fleischesverbrechen im engeren Sinn. Nach d. gem. deutschen u. sächs. Rechte u. mit Rücksicht auf d. neuern deutschen legislat. Arbeiten. gr. 8. (24½ B.) Leipzig 835, Weidmann'sche Buchh. Thlr.

– s. Archiv, Neues, des Criminalrechts.

– s. Archiv für die civilistische Praxis.

Waechter, Carl Geo., Beilagen zu Vorlesungen über das deutsche Strafrecht. 1. Lfg. gr. 8. (1. Bd. IX, S. 1–240.) [Stuttgart 877, Metzler'sche Buchh.] Leipzig, Breitkopf und Härtel. * 4 80
Nicht weiter erschienen.

Wächter, Carl Geo. v., Beilagen zu Vorlesungen über das deutsche Strafrecht. Einleitung und allgemeiner Theil. Vervollständigte Ausg. gr. 8. (XII, 250 S.) Leipzig 881, Breitkopf und Härtel. * 4 80

Wächter, Carl Georg v., Beitrag zur Geschichte und Kritik der Entwürfe eines Strafgesetzbuches für den norddeutschen Bund, s.a. Sammlung von Abhandlungen der Juristenfacultät zu Leipzig.

Wächter, Carl Ge. v.: Beitrag zur Geschichte u. Kritik der Entwürfe eines Strafgesetzbuches für den Norddeutschen Bund. Leipzig 1870.

Wächter, Carl Geo. v., Beiträge z. deutschen Geschichte, insbesondere z. Geschichte des deutschen Strafrechts. gr. 8. (21¼ B.) Tübingen 845, Fues, Verl. *

Waechter, Carl Geo., die Busse bei Beleidigungen u. Körperverletzungen nach dem heutigen gemeinen Recht. gr. 8. (II, 87 S.) Leipzig 874. Dürr'sche Buchh. 2. 40

Waechter, Car. Ge.: De crimine incendii. Sect. 1. [einz.] Juris Romani praecepta exhibens. Lipsiae 1833.

Waechter, Car. Geo., de crimine incendii. Sect. I. Juris romani praecepta exhibens. 8 maj. (5¼ B.) Lipsiae 833, Weidmann.

Wächter, (Prof.) Karl Geo., doctrina de condictione causa data causa non secuta in contractibus innominatis. 8maj. Tübing. 822. Laupp. 16 gr

— über Ehescheidungen bei den Römern. Ein rechtsgeschichtl. Versuch. gr. 8. Stuttg. 822. Metzler. 1 Thlr 4 gr

— das schwebende Eigenthum. gr. 8. (34 S.) Ebend. 871. — 90

— die Entscheidungsgründe zu dem Schiedsspruche in der Berlin-Dresdener Eisenbahnsache. Ein Beitrag zur Lehre von der Auslegung der Verträge. Festschrift zur 4. Säcularfeier der Universität Tübingen. gr. 8. (VIII, 48 S.) Leipzig 877. Fues. n. 1. 20

Wächter, Carl Geo. v., der Entwurf eines bürgerlichen Gesetzbuches für das Königr. Sachsen. Ein Beitrag zur Beurtheilung desselben. gr. 8. (XV und 271 S.) Leipzig 853, B. Tauchnitz.

Wächter, Carl Geo. v., Erläuterungen u. Erörterungen, das k. württemberg. Gesetz üb. d. privatrechtl. Folgen d. Verbrechen u. Strafen betreffend. gr. 8. (5 B.) Heidelberg 840, J. C. B. Mohr.
Aus: Archiv f. d. civilist. Praxis, 23. Bd. 1. Hft., besond. abgedruckt.

—— Erörterungen aus dem römischen, deutschen u. württemberg. Privatrechte. 1—3. Hft. gr. 8. Stuttgart, Metzler'sche Bh. [1. (18⅛ B.) 845. 1 Thlr. 15 Ngr., 2. (9 B.) 22½ Ngr. 3. (9¾ B.) 46., 25 Ngr.]

—— **die bona fides insbesondere bei der Ersitzung des Eigenthums. gr. 8. (VI, 149 S.) Leipzig 871, Dürr'sche Buchh.**

— Geschichte, Quellen u. Literatur des Württemberg. Privatrechts. 1e Abthl. gr. 8. Stuttgart 839. Metzler. n. 3⁵⁄₁₂ Thlr

Herrn Karl Georg v. **Wächter** in Leipzig bringt zur Feier seines fünfzigjährigen Amtsjubiläums am 13. Aug. 1869 ihre Glückwünsche dar die Juristenfacultät in Tübingen. Tübingen 1869.
Mandry, G(ust.): Über Begriff und Wesen des peculium.
Seeger, H(erm.): Über das Verhältnis der Strafrechtspflege zum Gesetz im Zeitalter Ciceros.

Q. B. F. F. F. S. Viro clarissimo ... Carolo Georgio a **Waechter** professori Lipsiensi ... civs diei, qvo ante hos L annos svmmos in ivre honores adeptvs est, laetam memoriam ... congratvlantvr ordinis ivrecons. in vniversitate Fridericia Gvilelmia Rhenana professores ... d. XV m. Iul. a. 1872 ... [Bonnae], form. C. Georgi (1872). 1 Bl. qu.-2.

Den hochverehrten Jubilar Herrn Dr. Carl Georg von Waechter ... in Leipzig beglückwünscht zur Feier seines 50jährigen juristischen Doctor-Jubiläums am 16. Juli 1872 die juristische Facultät zu Breslau. Breslau (1872). (2 Bl.) 2°

Viro excellentissimo ... Carolo Georgio **de Waechter** collegae ... carissimo S. ... Ordinis ivrisconsvltorvm Bonnensis collegae ... Bonnae, d. XIII Avg. 1879. [Bonnae, typ. C. Georgii 1879.] 1 Bl. qu.-2.
Glückwunsch zum 60j. Prof.-Jubiläum

— **Grundriß zu Vorlesungen über d. Naturrecht. gr. 8. Tübing. 824. Laupp.** 6 gr

K. **Wächter's** Grundriss zu Vorless. üb. d. Naturrecht. *Tüb.*, Osiander. 824. gr 8° 6 gr

Wächter, K. G.: Grundriss zu Vorless. üb. d. Naturrecht. *Tüb.*, Laupp. (824.) 834. gr. 8. (16 Gr.)

—— Handbuch des im Königr. Württemberg gelt. Privatrechts. 1. Bd. 2 Abthln. u. 2. Bd. 1. Abthl. gr. 8. Stuttgart Metzler'sche Buchh. [1. 1. (44½ B.) 839. * 3 Thlr. 10 Gr., 2. u. 2. 1. (40¾ B.) 842. * 3⅓ Thlr.] *
Der 1. Bd. apart a. u. d. T.:
Geschichte, Quellen u. Literatur d. württemberg. Privatrechts. (73¼ B.) 839, 42. * 5 Thlr. 16 Gr.

—— Handbuch des im Königr. Württemberg geltenden Privatrechts. 2. Bd. 2. Abthl. gr. 8. (25⅞ B.) Stuttgart 846, Metzler'sche Buchh. *
1. Bd. u. 2. Bd. 1. Abthl. Ebendas. 1839–42. * 6 Thlr. 22½ Ngr.

Wächter, Carl Geo. (v.), Handbuch des im Königr. Württemberg geltenden Privatrechts. 2. Bd. 3. Abthl. gr. 8. (S. 603—857.) Stuttgart 851, Metzler'sche Buchh. *
1. Bd. und 2. Bd. 1. und 2. Abthl. Ebendas. 1839–46. * 8 Thlr. 22½ Ngr.

Waechter, Car. Geo.: Ad historiam constitutionis criminalis Carolinae symbolarum Pars I. *Lips.*, Goethe. 835. 4maj. (8 Gr.)

—— ad historiam constitutionis criminalis Carolinae symbolarum Ps. I. 4maj. (3¼ B.) Lipsiae 835, (T. O. Weigel.)

—— das Jagdrecht und die Jagdvergehen, s. Sammlung von Abhandlungen der Juristenfacultät zu Leipzig.

—— de lege saxonica d. VIII. m. Febr. a. 1834 lata commentarii Ps. I. 8maj. (4½ B.) Lipsiae 835, libr. Weidmann.

Wächter, Carl Geo.: Lehrbuch des Römisch-Teutschen Strafrechts. 1. Th. enthält die Einl. u. den allgem. Th. *Stuttgart*, Metzler. 825. gr. 8. (2 Thl. 8 Gr.) 2. Th. enthält den besondern Th. des Strafrechts. *Ebend.* 826. gr. 8. (2 Thl. 20 Gr.)

- s. Literatur. Die, des gesammten württemberg. Rechtes . . .

Wächter, Karl Gg. (v.): Ueber die neue Organisation der Universität Tübingen. Stuttgart: Metzler 1830.

—— Pandekten, hrsg. durch O. v. Wächter. 2 Thle. gr. 8. Ebendas. *ℳ 30.; geb: * 33 —

Inhalt:

Thl. 1. Allgemeiner Theil. (XVIII, 594 S.) 880. *ℳ 12.; geb. *ℳ 13,50.
" 2. Besonderer Theil: 1. Sachenrecht. 2. Obligationenrecht. 3. Familienrecht. 4. Erbrecht. (X, 886 S.) 881. *ℳ 18.; geb. *ℳ 19,50.

Waechter, Carol. Geo. de, commentationis de partu vivo non vitali pars I—III. Leipzig 863, 64. Durr'sche Buchhdlg. 4. 15 *ngr.*

I. (13 S.) 4½ *ngr.*; II. (10 S.) 4½ *ngr.* — III. (17 S.) 6 *ngr.*

- commentationis de partu vivo non vitali Partes 4 et 5. Leipzig, Dürr'sche Buchh. gr. 4. [IV. (16 S.) 865. 6 *ngr.*, V. (16 S.) 866. 6 *ngr.*] 12 *ngr.*

Wächter, C. G.: Das gemeine Pfandrecht als Theil der Pandektenvorlesungen. Als Ms. gedr. Tübingen [1844].

—— gemeines Recht Deutschlands insbesond. gemeines deutsches Strafrecht. Eine Abhandlung. gr. 8. (17⅝ B.) Leipzig 844. Weidmann'sche Buchh.

Wächter, Carl Ge. v.: Rechtsgutachten, die Ersitzung des Rittergutes Gollmenglin betr. (Leipzig 1869.)

- s. Spittler, Ludw. Timoth. von: Sämmtl. Werke und dessen Vorlesungen.

—— die Strafarten u. Strafanstalten d. Königr. Württemberg. Nach d. älteren u. neueren Gesetzgebung u. Praxis dargest. gr. 8. (19¼ B.) Tübingen 832, Osiander.

— deutsches Strafrecht. Vorlesungen, hrsg. von O. v. Wächter. gr. 8. (XIII, 634 S.) Ebend. 881. n. 11. —; geb. n.n. 12. 50

—— das königlich sächsische und das thüringische Strafrecht. Ein Handbuch. Einleitung und allgemeiner Thl. (In 3—4 Lfgn.) 1. und 2. Lfg. gr. 8. (XII und S. 1—296.) Stuttgart 856(57,) Metzler'sche Buchh. [Verlags-Conto.] [1. Lfg. * 24 Ngr., 2. Lfg. * 20 Ngr.] *

Waechter, Carl Geo. v., das königlich sächsische und das thüringische Strafrecht. Ein Handbuch. 3. Lfg. gr. 8. (S. 297—420.) Stuttgart 858, Metzler'sche Buchh. Verlags-Conto. *

1. und 2. Lfg. Ebendas. 1856. * 1 Thlr. 14 Ngr.

—— das Superficiar- oder Platzrecht. gr. 4. Leipzig 866, (Dürr'sche Buchh.)

Inhalt:

Thl. 1. [Gemeines Recht.] (28 S.) 866. 12 Ngr.
» 2. 1. Thl. [gemeines Recht.] Schluss. 2. Thl.: Der bayerische Entwurf. (35 S.) 866. 12 Ngr.
» 3. Das königl. sächsische Recht; § 7. 8. (24 S.) 867. 9 Ngr.

Wächter, Carl Ge. v.: Die Verbrechen der Entführung u. der Nothzucht nebst e. Erörterung der s. g. Fleischesverbrechen im engeren Sinn. Leipzig 1835.

Wächter, Leonhard, s.a. † Weber, Veit.

— für Freiheit u. Recht. Zwei Reden in Hamburg gesprochen. 8. Hamb. 815. Perthes u. B. 5 gr.

HAIDENRÖSLEIN, eine deutsche (etw. freie) Rittergeschichte (von *Leonh. Wächter*). Mit TVign. Zofingen 1801. 8°.

Wächters, L. Verf. der Sagen der Vorzeit, Historien 1r Theil: die Gründung der Bürgerfreyheit Hamburgs, 8. Hamburg, 794. Bachmann. Schreibpapier 1 Rthl. 5 sgl. Dasselbe Buch Druck-Pap. 25 sgl.

Wächter, Geo. Ph. Ldw. Leonh., (auch psdn. Veit Weber), Historien. 1r Thl., d. Gründung d. Bürgerfreiheit Hamburgs. 8. Hamb. 794. Gundermann. 16 gr.

Wächter, (G. P. L. Leonhard, gen. Veit Weber,) Jugendunterhaltungen. Mit 1 Steindr. u. 1 Vign. gr. 12. Hamb. 827, Aug. Campe.

— deutsche Knaben, s. Ulrich v. Hutten.

— s. G. P. L. Leonhard, Jugendunterhaltungen.

(Hrsg.), s. Monatsschrift, Hamburgische.

Wächter's, Leonh., histor. Nachlaß, herausg. von C. F. Wurm. 1r Bd. gr. 8. Hamb. 838. Perthes, Besser u. Mauke. n. 2 2/3 rf.

Wächter, G. P. Ldw. Leonh., s.a. Nachtbote, der.

NACHTBOTHE (sic!), Der. Oder Geschichte der französ. Auswanderung, und der dabey vorgefallnen Liebesabentheuer und politischen Begebenheiten. Gebeichtet von einem bekehrten Emigranten. Aus d. Französ. (von Leonh. Wächter). Nebst *Veit Weber's* (d. i. *Leonhard Wächter's* Schilderung des Betragens einiger in Deutschland geduldeten Französ. Flüchtlinge gegen reisende Deutsche. Mit TKpf. (nach Penzel von J. J. Wagner gest.). Berlin, bei Frdr. Maurer, 1793. 8°. (In Berlin: Xy 6796; auch im British Museum.) (6 Kr. Gilhofer & Ranschburg, 1909.)

Tit., 2 Bll. Vorr. u. 250 SS. Am Schluss des Anhangs nennt sich Leonh. Wächter. Laut Vorr. nur unvollständige Uebers. d. Originals. Einiges etwas frei.

— — Dasselbe. 2. Aufl. Mit TKpf. Ebd. 1794. 8°.
Anon.-Lex. III. p. 196 citirt nur „1793" (nach Hayn).

VEHME, Die heilige, oder der Sturz der Aspenauer . . . . (von *Leonhard Wächter*). Wien 1798. (In Aarau. Cantonsbibl.)

Anon.-Lex. IV. p. 281 (nach d. Cat. genannter Bibl.).

Wächter, Marie, Erzählbuch f. Mütter, Kindergärtnerinnen u. Lehrer. gr. 8. (VII, 123 S.) Prag 881. Teplitz, A. Becker. n. 2. —; erm. Pr. n. 1. —

Wächter, Marie, Erzählbuch für Mütter, Kindergärtnerinnen und Lehrer. gr. 8. (VII, 123 S.) Prag 881, Dominicus. * 2 —

Waechter, Max, Dr.: Die Kleinbahnen in Preußen. *Berlin: J. Springer 1902.* (VI, 268 S.) 4°
Tübingen, Staatswiss. Diss. v. 1902
(Nicht für den Austausch)

Waechter, Max, die Kleinbahnen in Preussen. Lex.-8. (VI, 268 S.) Berlin 902. J. Springer. n. 5. —

Wächter, Osc., das Autorrecht nach dem gemeinen deutschen Recht systematisch dargestellt. gr. 8. (VIII, 352 S.) Stuttgart 875. Enke. n. 9. 20

Wächter, Osc., Beiträge zu J. A. Bengel's Schrifterklärung u. Bemerkungen desselben zu dem Gnomon Novi Testamenti aus handschriftlichen Aufzeichnungen mitgetheilt. Leipzig 865. Fues' Verlag. gr. 8. (IV, 243 S.) n. 1 ℛ

Wächter, Osc., Bekenntnißgrund, Kirche und Sectenwesen in Württemberg nach Geschichte, Recht und Lehre dargestellt. Stuttgart 862. J. F. Steinkopf. gr. 8. (VII, 175 S.) n. 20 ngr.

—— Johann Albrecht Bengel. Lebensabriß, Character, Briefe und Aussprüche. Nebst einem Anh. aus seinen Predigten und Erbauungsstunden. Nach handschriftl. Mittheilungen dargestellt. gr. 8. (VIII und 558 S. mit dem Bildnisse Bengel's in Kpfrst.) Stuttgart 865, S. G. Liesching. [Gütersloh, Bertelsmann.] *

Wächter, Oscar (Hrsg.), s. Bengel, Johann Albrecht in seinen gelegentlichen Äußerungen.

Wächter, Osk., Bengel und Oetinger. Leben und Aussprüche zweier altwürttemberg. Theologen. gr. 8. (XII, 236 S.) Gütersloh 886, Bertelsmann. *

Wächter, Osc., Encyclopädie des Wechselrechts der europäischen und aussereuropäischen Länder auf Grundlage des gemeinen deutschen Rechts. Alphabetisches Handbuch für den Juristen und Kaufmann. 16 Lfgn. gr. 8. (VIII, 1108 S.) Stuttgart 879, Maier. à Lfg. * ℳ 1,50. * 24 —

Wächter, Osc. v., Encyclopädie des Wechselrechts der europäischen und der ausser-europäischen Länder auf Grundlage des gemeinen deutschen Rechts. Alphabetisches Handbuch für den Juristen und Kaufmann. Wohlf., durch einen Anhang bis auf die neueste Zeit ergänzte Ausg. 24 Lfgn. gr. 8. (1108 S.; Nachtrag 28 S.) Stuttgart 881, Maier. à Lfg. * 50 Pf. * 12 —
Nachtrag zur 1. Ausg. * — 60

Wächter, O., altes Gold in deutschen Sprüchwörtern, s.: Collection Spemann.

—— das Handelsrecht nach dem allgemeinen deutschen Handelsgesetzbuch und den Einführungsgesetzen für den Gebrauch des Handelsstandes dargestellt. 2 Thle. gr. 8. Leipzig, Breitkopf und Härtel. [1. Thl. (VI und 304 S.) 865. 1 Thlr. 20 Ngr., 2. Thl. (IV und 198 S.) 866. 1 Thlr. 4 Ngr.]

Wächter, Osc., Konkordat und Recht in Württemberg. gr. 8. (76 S.) Stuttgart 861, J. F. Steinkopf.

—— Johann Jakob Moser. gr. 8. (IX, 277 S. mit 1 Lichtbr.-Bild.) Stuttgart 885, Cotta'sche Buchh. Nachf. *

OSCAR WÄCHTER, Der 9. November 1867 und die Verlagsrechte. (Abdruck aus dem Börsenblatt für den Deutschen Buchhandel.) Leipzig, Verlag und Eigenthum des Börsenvereins der Deutschen Buchhändler. 8°.

— das Recht des Künstlers gegen Nachbildung und Nachdruck seiner Werke. Nach den in Deutschland geltenden Rechten u. den neuesten legislativen Anträgen dargestellt. (Aus der Deutschen Vierteljahrs-Schrift abgedr.) Stuttgart 859. Cotta. gr. 8. (48 S.) 6 ngr.

—— Sprichwörter und Sinnsprüche der Deutschen in neuer Auswahl. 8. (VIII, 392 S.) Gütersloh 888, Bertelsmann. *
geb. *

—— das Urheberrecht an Werken der bildenden Künste, Photographien und gewerblichen Mustern. Nach dem gemeinen deutschen Recht systematisch dargestellt. gr. 8. (VII, 348 S.) Stuttgart 877, Enke. * 8 —

WACHTER, Oskar v., Vehmgericht und Hexenprozesse in Deutschland. Nach den Quellen dargestellt. (Collection Spemann. Bd. 31.) Stuttgart 1882. 8°. (90 Pfg., ebd., o. J., Gust. Pietzsch, Dresden, 1909.)

— — Dasselbe. Dresden, H. R. Dohrn's Verlag, 1899. 8°. 221 S. (gebd. Mk. 1,40.)

— Vehmgerichte u. Hexenprozesse in Deutschland, s.a. Collection Spemann.

—— das Verlagsrecht mit Einschluss der Lehren von dem Verlagsvertrag und Nachdruck nach den geltenden deutschen und internationalen Rechten mit besond. Rücksicht auf die Gesetzgebungen von Oesterreich, Preussen, Bayern und Sachsen systematisch dargestellt. 2 Hälften. gr. 8. (920 S.) Stuttgart 857. 58, Cotta'sche Buchh. à Hälfte * 2 Thlr. 12 Ngr. *

—— Carl Georg v. Wächter. Leben eines deutschen Juristen. gr. 8. (XI, 192 S.) Leipzig 881, Breitkopf und Härtel. * 4 50
geb. * 6 —

—— dass. — Nekrolog. gr. 8. (28 S.) Tübingen 880, Fues. * — 50
Aus: Württembergisches Archiv für Recht und Rechtsverwaltung, besonders abgedruckt.

— Wechsellehre, s.a. Bibliothek der gesammten Handelswissenschaften.

Wächter, Osc.: Wechsellehre nach den deutschen und ausländischen Gesetzen für den praktischen Gebrauch des Handelsstandes dargest. [Nebst] Tabelle. Stuttgart 1861. 2 Bde

(Bibliothek d. ges. Handelswiss. hrsg. von Andree u. a.)

—— das Wechselrecht des norddeutschen Bundes und der allgemeinen deutschen Wechselordnung in den deutschen und deutschösterreich. Ländern für die Praxis dargestellt. 2 Abthlgn. Mit Inhaltsverzeichniß, Quellen und Sachregister. gr. 8. (VIII, S. 1—368; L, S. 369—697.) Leipzig 869,70, Breitkopf und Härtel. à Abthl. ℳ 6. 12 —

— das Wechselrecht d. deutschen Reichs m. eingehender Berücksicht. der neuen Gesetzgebungen v. Oesterreich-Ungarn, Belgien, Dänemark, Schweden u. Norwegen, Italien, der Schweiz, England u. Russland. gr. 8. (VIII, 556 S.) Ebend. 883. n. 8. —

—— Württemberg und Rom vor 300 Jahren. Ein Zeugniß gegen das Konkordat. gr. 8. (79 S.) Stuttgart 860, J. F. Steinkopf.

Wächter, Otto: Untersuchungen über das Gedicht „Mai und Bêaflôr.“ . . . Erfurt, Druck v. Friedr. Kirchner, 1889; 76 S. 8°
Jena, Phil. Fak., Inaug.-Diss. v. 1889

Wächter, Otto. Untersuchungen üb. das Gedicht „Mai u. Bêaflôr“. Diss. gr. 8. (76 S.) Erfurt 889. (Jena, Dabis.) * 1 —

Wächter, O., Untersuchungen üb. das Gedicht „Mai u. Bêaflôr“. Inaug.-Diss. gr. 8. (76 S.) Erfurt 889. (Rudolstadt, Dabis.) n. 1. —

Wächter, R., der Bau des Gustav-Adolf-Vereins. Festpredigt zur Jahresfeier des oberherrschaftl. Schwarzburg-Rudolstädt. evangel. Vereins der Gustav-Adolf-Stiftung gehalten am 6. Aug. 1865 zu Oberweißbach. Rudolstadt 865. Müller'sche Buchh. gr. 8. (16 S.) n. 2 ngr.

—— der Gustav-Adolf-Verein ein Gotteswerk. Festpredigt, zur Jahresfeier des Schwarzb. Rudolstädt. evangel. Vereins der Gustav-Adolf-Stiftung, gehalten am 2. Aug. 1863 zu Leutenberg. gr. 8. (16 S.) Rudolstadt 863. (Leipzig, Wagner.)

Wächter, R., der Gustav-Adolf-Verein hat durch seinen Geist unser Vaterland erretten, aufbauen helfen. Festpredigt zur Jahresfeier des schwarzburg-rudolstädt. evangel. Vereins der Gustav-Adolf-Stiftung, gehalten am 20. Aug. 1871 zu Königsee. gr. 8. (15 S.) Rudolstadt 871, Müller'sche Buchh. * — 20

Wächter, R., der Gustav-Adolf-Verein hat durch seinen Geist unser Vaterland erretten, aufbauen helfen. Festpredigt zur Jahresfeier d. schwarzb.-rudolst. evangel. Vereins der Gustav-Adolf-Stiftg., geh. am 20. Aug. 1871 zu Königsee. gr. 8. (15 S.) Rudolstadt 875. Müller. n. — 20

—— Was drängt uns zur Betheiligung am Gustav-Adolf-Verein? Festpredigt zur Feier des oberherrschaftl. Schwarzburg-Rudolstädt. evangel. Vereins der Gustav-Adolf-Stiftung gehalten am 11. Aug. 1867 zu Blankenburg. gr. 8. (16 S.) Rudolstadt 867, Müller'sche Buchh. *

Wächter, R., Was sind wir dem Gustav-Adolph-Vereine schuldig? Festpredigt zur Jahresfeier der evang. Vereine zur G.-Adolph-Stiftung, gehalten am 11. November 1858 zu Rudolstadt. Rudolstadt 858. Fröbel. (Leipzig, Wagner.) gr. 8. (15 S.) n. 1¼ ngr.

Wächter, R(ob.), das Bild der ersten christlichen Kirche. Predigt über Apostelgesch. II, 42—47, am 1. Pfingstfeiertage zu Rudolstadt gehalten. gr. 8. (15 S.) Rudolstadt 850, (Renovanz.)

Wächter, Rob., Christus unser Heil! Predigten, nach Anleitung verschied. Texte gehalten. — Ein Andachtsbuch für Jedermann. Lex.-8. Rudolstadt 843. (Leipzig, Böhme.) 1½ ℛ︀

Wächter, Rob., Christus unser Heil! Predigten, nach Anleitung verschied. Texte gehalten. Ein Andachtsbuch f. Jedermann. Lex.-8. (23½ B.) Rudolstadt 843, Fröbel'sche Hofbuchdruckerei.

—— Luther der Schüler, wie er sein soll. Schulrede, am Martinsfeste 1850 im fürstl. Gymnasium gehalten. gr. 8. (15 S.) Rudolstadt 850, (Renovanz.) *

Wächter, Thdr. v., die Liebe als körperlich-seelische Kraftübertragung. Eine psychologisch-eth. Studie. (Ein Problem der Ethik.) gr. 8. (201 S.) Leipzig 899. M. Spohr. n. 2. 40

Wächter, Theodor: Reinheitsvorschriften im griechischen Kult. T. 1. Naumburg a. S. 1910: Lippert. 76 S. 8°
¶(Ersch. vollst. als: Religionsgeschichtl. Versuche u. Vorarbeiten. Bd 9, H. 1.)
Tübingen, Phil. Diss. v. 9. April 1910, Ref. Schmid
[Geb. 8. Dez. 84 Blaubeuren; Wohnort: Tübingen; Staatsangeh.: Württemberg; Vorbildung: Gymn. Ellwangen Reife Sommer 02; Studium: Tübingen 6, München 1, Tübingen 5 S.; Coll. 29. Juli 09.] [U 10. 4197

Wächter, Thdr., Reinheitsvorschriften im griechischen Kult, s.a. Versuche u. Vorarbeiten, religionsgeschichtliche. IX, 1.

Reinheitsvorschriften im griechischen Kult. Von Theodor Wächter. Gießen: Töpelmann 1910. 144 S. 8°
(Religionsgeschichtliche Versuche u. Vorarbeiten. Bd 9, H 1.)

— s.: Sonntagsblatt f. freien Geistesaustausch.

Wächter, Thdr. v., d. Stellung d. Sozialdemokratie zur Religion. 8. (31 S.) Stuttgart (894). A. Jung. — 15

Wächter, Th. v., Weihnachtsgedanken u. e. Weihnachtsbitte an Jedermann um Mithilfe zur Verwirklichung wahren Christentums. gr. 8. (30 S.) Berlin 892. Selbstverl. d. Verf., zu beziehen durch: B. Ehrenberg, Berlin N., Borsigstr. 10a. n. — 20

Wächter, W., Der Garten Italiens. Eine Pilgerreise nach dem Süden. Ein praktisches Handbuch für jeden Reisenden nach Italien mit besonderer Rücksicht auf Wien, Graz, Triest, Venedig, Padua, Loreto, Assisi, Rom, Neapel, Pompeji, Pisa, Florenz, Verona, Innsbruck, Salzburg, Linz. 8°. (219 S.) Wien, Mayer & Cie. fl. — 60. 1887.

Dass., s.a. Wächtler

Wächter, W., De Sallustii libro Vaticano 3864 recensendo. Diss. 1881. 36 S.

Wächter, W. J., s.a. Wächtler

Wächter, Wilhelm [aus Altona]: Beiträge zur Kenntniss einiger Wasserpflanzen. 1. Ueber d. Abhängigkeit d. Heterophyllie einiger Monocotylen v. äusseren Einflüssen. II. Weddellina squamulosa Tul. . . . (Aus: Flora od. Allg. bot. Zeitg, Bd 83 Heft 3.) München, Druck v. V. Höfling, 1897; 33 S. 8.
Rostock, Phil. Fak., Inaug.-Diss. v. [17. März] 1897

Wächter, Wilhelm, Dr.: Germanismen in französischen Schüleraufsätzen. Magdeburg 1905: E. Baensch. (30 S.) 4°
Magdeburg, RG P 1905 (306)

Wächter, Wilhelm [aus Magdeburg]: Untersuchungen über die beiden mittelenglischen Gedichte „Roland and Vernagu“ und „Otuel“ I. Roland and Vernagu . . . . Berlin, Druck v. G. Bernstein, 1885; 42 + 2 S. 8°.
Berlin, Phil. Fak., Inaug.-Diss. v. 28. Nov. 1885.

Wächterfamilie, die, Ulrich u. Jeremias, od.: Die Macht d. Kümmels in d. Neujahrsnacht. Sylvesterscherz in 1 Akt v. L. W. (Als Mspt. gedruckt.) gr. 8. (1 B.) Berlin 841, [Krause'sche Brlsbuchh.]

Wächterhaus, das, am Kieferwalde. Historische Volks-Erzählung von G. und B. Dom. 8. (48 S.) Urfahr-Linz 878, Kraußlich. — 20

Wächter-Lieder. I. Tl. 1.—7. Heft u. II. Tl. 1.—3. Heft. gr. 8. Neumünster, Vereinsbuchh. G. Ihloff & Co. à Heft nn — 10
I. 1—7. Heiligungslieder. 1.—7. Heft. (à 16 S.) (907—09.)
II. 1—3. Erweckungslieder. 1.—3. Heft. (à 16 S.) (907—10.)

Wächterlieder am Rheine. I. 8. (4 B.) Schweinfurt 841, Wetzstein. *

Wächterruf an das Christenvolk. Eine Zeitbetrachtung nach Psalm 2. 8. (16 S.) Basel 885, Spittler. *
Aus: Weissagungsfreund, besonders abgedruckt.

Wächter-Ruf an das christliche Volk. Aus dem Französ. 12. (IX und 266 S.) Münster 851, Regensberg. *.

Wächtersbach [Schlagwort]

Wächtersbach, s.: Deutschland. Kürschner-Peip.

Wächtersfrau: Die stadt- und landbekannte, wohlunterrichtete Wächtersfrau vom Pilatusberg im Plauderstübchen der schweiz. Dorfzeitung v. Luzerner Anzeiger (I).

Wächterstimme, eine, für die Gemeinde des wahren Christenthums. Monatsschrift. Hrsg. in Verbindung mit Freunden des Gottesreiches von J. Pestalozzi. 1. Jahrg. 1888/89. 12 Hefte. gr. 8. (à Heft ca.50 S.) Haydau bei Altmorschen. (Leipzig, Gustorff.) *

Wächterstimme, eine, f. die Gemeinde des wahren Christenthums. Monatsschrift. Hrsg. in Verbindg. m. Freunden des Gottesreiches v. J. Pestalozzi. 2. Jahrg. 1890. 12 Hfte. gr. 8. (à Hft. ca. 50 S.) Haydau bei Altmorschen. (Leipzig, Wallmann.) n. 6. —

Wächterstimme, Eine ruffende, an alle Seelen die nach Gott und seinem Reich hungernd sind. Oder ein Vorstellung, wie der arme Mensch im göttlichen Leben erstorben und im 4. elementischen Leben aufgewacht ... Germantown 1747. V: *Hildebrand, Joh.* (Seidensticker, German Printing in America. Philad. 1893.)

Wächterstimmen. Eine Vierteljahrsschrift zur Stärkung und Aufmunterung im Werke des Herrn. Hrsg. von E. Gebhardt und E. Weiß. 1.—9. Jahrg. Octbr. 1870—Septbr. 1879. 4 Hefte. (à 2 Bog.) gr. 8. Bremen, Verlag des Tractathauses. à Jahrg. ** 2 50

Wächterstimmen. Eine Vierteljahrsschrift zur Stärkung und Aufmunterung im Werke des Herrn. Hrsg. von E. Gebhardt und E. Weiß. 10.—13. Jahrg. Octbr. 1879—Septbr. 1883. à Jahrg. 4 Hefte. (à Heft 2 Bog.) gr. 8. Bremen, Verlag des Tractathauses. à Jahrg. ** 2 50

—— dass. — Hrsg. von E. Gebhardt und H. Mann. 14. Jahrg. Octbr. 1883—Septbr. 1884. 4 Hefte. (à Heft. $1^1/_2$—2 Bog.) gr. 8. Ebendas. ** 2 50

Wächterstimmen. Eine Vierteljahrsschrift zur Stärkung und Aufmunterung im Werke des Herrn. Hrsg. von E. Gebhardt und H. Mann. 15.—18. Jahrg. Octbr. 1884 — Septbr. 1888. à Jahrg. 4 Hefte. (à Heft $1^1/_2$—2 Bog.) gr. 8. Bremen, Verlag des Tractathauses. à Jahrg. **

Wächterstimmen. Eine Vierteljahrsschrift z. Stärkg. u. Aufmunterg. im Werke d. Herrn. Hrsg. v. E. Gebhardt u. H. Mann. 19.—22. Jahrg. 1889—1892. à Jahrg. 4 Hefte. (à Heft $1^1/_2$—2 Bog.) gr. 8. Brem., Verlag d. Tractathauses. à Jahrg. ** 2 50

Wächterstimmen. Eine Vierteljahrsschrift zur Stärkg. u. Aufmunterg. im Werke d. Herrn. Hrsg. v. E. Gebhardt u. H. Mann. 21.—24. Jahrg. 1891—1894. à 4 Hfte. (à ca. 2 Bog.) gr. 8. Bremen, Verl. d. Tractathauses. à Jahrg. n.n. 2. 50

Wächterstimmen. E. Vierteljahrsschrift zur Stärkg. u. Aufmunterg. im Werke d. Herrn. Hrsg. v. E. Gebhardt u. H. Mann. 25.—28. Jahrg. 1895—1898. à 4 Hfte. (à ca. 2 Bog.) gr. 8. Bremen, Verlag d. Tractathauses. à Jahrg. n.n. 2. 50

Wächterstimmen. Eine Vierteljahrsschrift zur Stärkg. u. Aufmunterg. im Werke des Herrn. Red. v. H. Mann. 29. u. 30. Jahrg. 1899 u. 1900. à 4 Hfte. gr. 8. (à ca. 32 S.) Bremen, Verlag des Tractathauses. à Jahrg. n.n. 2. 50

— dasselbe. 31. u. 32. Jahrg. 1901 u. 1902. à 4 Hfte. gr. 8. (à ca. 32 S.) Ebd. à Jahrg. n. 2. —

Wächterstimmen. Eine Vierteljahrsschrift zur Stärkg. u. Aufmunterg. im Werke des Herrn. Red. v. H. Mann. 33.—35. Jahrg. 1903—1905. à 4 Hefte. (à ca. 32 S. m. 1 Bildnis.) gr. 8. Bremen, Buchh. u. Verlag des Tractathauses. à Jhrg. n. 2. —

— dasselbe. Eine Vierteljahrsschrift zur Stärkg. u. Aufmunterg. in der Reichgottesarbeit. Hrsg. v. H. Meyer u. G. Rexroth. Unter Mitwirkg. verschiedener Prediger, Theologen u. sonst. Mitarbeiter. 36. Jahrgang. 1906. 4 Hefte. (à ca. 32 S. m. 1 Bildnis.) gr. 8. Ebd. n.n. 1.—

Wächterstimmen. Eine Zweimonatsschrift zur Stärkung u. Aufmunterung in der Reichsgottesarbeit. Hrsg. v. H. Meyer u. B. Keip. Unter Mitwirkg. verschied. Prediger, Theologen u. sonst. Mitarbeiter. 37.—40. Jahrg. 1907—1910. à 6 Hefte. (à ca. 32 S.) gr. 8. Bremen, Buchh. u. Verlag des Traktathauses. à Jahrg. nn 1. —

Wacht-Instruktion f. d. Stadt u. Festung Landau. Landau 1851.

Wachtl F.: Beschreibung d. Metamorphose u. d. Lebensweise v. *Hedobia pubescens Oliv.* 1876. [Rostr. Saml.].

Wachtl F.: Zwei neue europäische Cynipiden u. ihre Gallen. 1876. [Rostr. Saml.].

Wachtl, Fritz A.

— u. **Karl Kornauth**, Beiträge zur Kenntniss der Morphologie, Biologie u. Pathologie der Nonne (Psilura Monacha L.) u. Versuchsergebnisse üb. den Gebrauchswerth einiger Mittel zur Vertilgung der Raupe, s.a. Mittheilungen aus dem forstlichen Versuchswesen Österreichs.

Mittheilungen aus dem forstlichen Versuchswesen Oesterreichs. Herausgegeben von der k. k. forstlichen Versuchsanstalt in Mariabrunn. Der ganzen Folge XVI. Heft. Inh.: Wachtl, Fritz A., und Karl Kornauth, Beiträge zur Kenntniss der Morphologie, Biologie und Pathologie der Nonne und Versuchs-Ergebnisse über den Gebrauchswerth einiger Mittel zur Vertilgung der Raupe. Mit 3 Tafeln in Photogravure, davon eine colorirt, und acht Xylographien im Texte. Lex.-8. (38 S.) Wien: Frick 1893. 1.20

Wachtl, Fritz A., kritische Bemerkungen zu Prof. Dr. Frdr. Brauer's Artikel in dem Febr.-Hefte [S. 25—26] d. 2. Jahrg. [1883] der Wiener Entomologischen Zeitung üb. Hirmoneura obscura Meigen. gr. 8. (8 S.) Wien 883. (Hölder.) n. — 20

— die doppelzähnigen europäischen **Borkenkäfer**, s.a. **Mittheilungen** aus dem forstlichen Versuchwesen Oesterreichs.

WACHTL, Fritz A.: Die doppelzähnigen europäischen Borkenkäfer. - Wien 1884. 14 S., 3 lith. Taf. - (Mitt. forstl. Versuchswes. Österreichs H. 11=N. F. H. 3)

Wachtl, Fritz A.: Die krummzähnigen europ. Borkenkäfer, s.a. Mitteilungen aus d. forstlichen Versuchswesen Österreichs, 19. Hft.

WACHTL, Fritz A.: Die krummzaehnigen europaeischen Borkenkaefer. - Wien 1895. 31 S., 5 Abb., 6 Taf., 6 Bl. Erkl. - (Mitt. forstl. Versuchswes. Österreichs H. 19)

Wachtl, Fritz A., die Nonne [Psilura monacha L.]. Naturgeschichte u. forstl. Verhalten d. Insects, Vorbeugungs- u. Vertilgungs-Mittel. Hrsg. vom k. k. Ackerbau-Ministerium. Mit 2 Taf. Orig.-Fig. in Farbendr. u. 4 Fig. im Texte. gr. 8. (IV, 25 S. m. 2 S. Erläutergn.) Wien 891. (W. Frick.) n. — 60

Wachtl, Fritz A. Die Nonne [Psilura monacha L.]. Naturgeschichte u. forstl. Verhalten d. Insektes, Vorbeugungs- u. Vertilgungs-Mittel. Im Auftrage d. k. k. Ackerbau-Ministeriums verf. [2. rev. u. vervollständ. Aufl.] Hrsg. vom k. k. Ackerbau-Ministerium. Mit 2 Taf. Orig.-Fig. in Farbendr. u. 8 Orig.-Fig. im Texte. gr. 8. (IV, 37 S. m. 2 S. Erläutergn.) Wien 892, (Frick). ** — 60
1. Aufl. 1890.

Wachtl, Fritz A., die Nonne, Lymantria (Psilura) monacha L. Naturgeschichte u. forstl. Verhalten des Insekts, Vorbeugungs- u. Vertilgungsmittel. Im Auftr. des k. k. **Ackerbauministeriums** verf. (3., rev. u. vervollständ. Aufl.) Hrsg. v. k. k. **Ackerbauministerium**. Mit 2 Taf. Orig.-Fig. in Farbendr. u. 11 Fig. im Texte. (IV, 40 S. m. 2 Bl. Erklärgn.) Lex. 8. Wien 907. Hof- u. Staatsdruckerei. — 70

Wachtl F. A.: Die Weisstannen-Triebwickler ... u. ihr Auftreten in den Forsten v. Nieder-Oesterreich, Mähren u. Schlesien während des letztabgelaufenen Decenniums. Wien 1882. 66 S. 13 Tab. 4 Tvl. (2 kol.). 3 Kt. 5 gr. Tvl. 4°.
(Mittheilungen aus dem forstl. Versuchswesens Oesterreichs. H. [8]). 612.

—— die Weisstannen-Triebwickler, Tortrix murinana Hübner, Steganoptycha rufimitrana Herrich-Schaeffer, und ihr Auftreten in den Forsten von Niederösterreich, Mähren und Schlesien während des letztabgelaufenen Decenniums. gr. 4. (VII, 66 S. mit 5 Tab. und 12 Taf. in Farbendr. und Lithogr.) Wien 882, Frick. * 12 —

Wachtl, J., der Führer auf den Schöckel (Steiermarks Rigi) bei Grätz. Mit vollständ. Panorama (3 Ellen 14 Zoll lang), gezeichnet u. mit Benennung u. Angabe der Gebirgshöhen über das Niveau des Meeres in wiener Klaftern nach der k. k. Katastralvermessung versehen v. J. C. H. gr. 8. (1½ B.) Grätz 844, Dirnböck. *

Wachtl, J.: Panorama vom Leopoldsberge bei Wien. Aufgenommen und in Stein gravirt von J. Wachtl, geognostisch colorirt von P. Partsch. Wien 1832. Folio.

Wachtler, *Anton*: Studien zum VI. Buche der palatinischen Anthologie. 8 (S. XVII—XXXVIII) K. k. Staats-G. *Villach* 1896 **Progr.**

Wachtler, Bernh. v., freymüth. Bemerkungen zu d. Entwurfe e. Wechsel- u. Prozess-Ordn. f. d. Königr. Ungarn, u. zu einigen damit verwandten Gegenständen. gr. 8. (15½ B.) Pressburg 831. (Leipzig, Andrä; Augsburg, M. Rieger.)

WACHTLER, BERNHARD: Rede auf das hohe Fest der göttlichen Dreyeinigkeit, als der Orden der allerheiligsten Dreyfaltigkeit und eine englische Erzbruderschaft dieses Ordens bey Bestätigung der Würdenswahlen ihr Titularfest feyerlich begiengen. In der Kirche der WW. EE. W. V. V. Trinitarier zu Pressburg den 30. May 1779. vorgetragen von Bernhard Wachtler. Pressburg 1779. Gedruckt bey Joh. Mich. Landerer. 11 f. - kl. 4°

Wachtler, G. Ritter von, Zur Abwehr gegen die Broschüre des Herrn Professors Doctor Wilkens „Arbeitspferd gegen Spielpferd". Gr.-8. (28 S.) Wien: Beck 1894. —.60

— Dass., s.a. Waechtler

Wachtler, G. Ritter v., **zusammengefasste Grundsätze über Zucht und Haltung von Pferden und Rindern mit besond. Berücksicht. der österreich. Alpenländer. gr. 8. (III, 112 S. mit 24 Taf. in Tondr.) Wien 872, (Gerold's Sohn.) geb. * 7 —**

—— dass. — 2. verb. Aufl. gr. 8. (IV, 105 S. mit 4 Taf. in Tondr.) (Ebendas.) 873. * 3 —

Wachtler, Gayza Ritter v., Präsident der Landescommission für Pferdezucht in Steiermark etc. Der Verein zur Hebung der Pferdezucht in Steiermark. gr. 8. Wien **1870.**
— — 2. verbess. Auflage. gr. 8. Graz 1870.

Wachtler, Hans, die Blütezeit der griechischen Kunst im Spiegel der Reliefsarkophage, s.a. Aus Natur u. Geisteswelt.

Die Blütezeit der griechischen Kunst im Spiegel der Reliefsarkophage. Eine Einführung in d. griech. Plastik von Dr. Hans **Wachtler**. Mit 8 Taf. u. 32 Abb. Leipzig: Teubner 1910. 112 S. 8°
(Aus Natur u. Geisteswelt. Bdch. 272.)

Wachtler, **Hans**: Hellenische Reliefsarkophage. Ein Durchblick durch die Blütezeit der griechischen Kunst. Mit 1 Tafel und 14 Abbildungen im Text. 48 S. 8. **Progr.** Gymn. *Steglitz* 1909 (103).
Vollständig u. d. T.: Die Blütezeit der griechischen Kunst im Spiegel der Reliefsarkophage. Eine Einführung in die griechische Plastik. Mit 8 Tafeln u. 32 Abbildungen im Text. *Leipzig: B. G. Teubner* 1910. 1 Bl., 112 S. 8. M. 1,—.

Wachtler, Hans: Hellenische Reliefsarkophage. Ein Durchblick durch d. Blütezeit d. griech. Kunst. Leipzig 1909: Teubner. 48 S. 8° ¶(Ersch. vollst. u. d. T.: Die Blütezeit d. griech. Kunst im Spiegel d. Reliefsarkophage, ebd. 1910, als: Aus Natur u. Geisteswelt. Bdch. 272.)
Steglitz, G P 1909 (103) [S 09. 487

Wachtler, Ioannes [Berolinensis]: De Alcmaeone Crotoniata. Pars prior ... (Erscheint vollst. im gl. Verl.) Lipsiae, typ. B. G. Teubneri, 1896; 38 S., 1 Bl. 8.
Berlin, Phil. Fak., Inaug.-Diss. v. 8. Juli 1896

Wachtler, Ioa., de Alcmaeone Crotoniata. gr. 8. (104 S.) Leipzig 896. B. G. Teubner. n. 3. 20

WACHTLER, JOSEPH: Rede auf das Fest der göttlichen Dreyeinigkeit als der Orden der allerheiligsten Dreyfaltigkeit ... ihr Titularfest feyerlich begingen ... zu Pressburg den 21. May 1780. Preßburg 1780: Landerer. (14 f.) - 4°

Wächtler (Hrsg.), s. Anzeiger, Kirchlicher, f. Halle.

Wächtler, August

Wächtler, A., der Evangelische Bund nach 20 Jahren, s.a. Flugschriften des Evangelischen Bundes.

Der Evangelische Bund nach zwanzig Jahren. Von A[ugust] **Wächtler**, Halle a. S. Leipzig: C. Braun 1906. (28 S.) 8° [Umschlagt. F.]
= **Flugschriften** d. Evangel. Bundes. 242. [06. 11404

Wächtler, A., die Evangelischen auf dem Reichstage in Augsburg, s.a. Glaube, der evangelische, nach dem Zeugnis der Geschichte.

Wächtler, A . Die Evangelischen auf dem Reichstage in Augsburg. [Umschlag illustriert.] 8. Halle 1883.
(Der evangelische Glaube nach dem Zeugnis der Geschichte.)

— das Evangelium v. dem mitleidigen Hohenpriester, s.a. Predigt-Hausschatz, evangelischer. 41.

Das Evangelium von dem mitleidigen Hohenpriester. Ebr. 4, 15–16. Geh. zu Halle am Sonntag Invocavit 1903 von A[ugust] Wächtler, Oberpfarrer in Halle. *Halle a. S.: E. Strien [1903].* (11 S.) 8° [F.]
= Predigt-Hausschatz, Evangelischer. No 41. [04. 1947

Wächtler, A., August Hermann Francke als Pastor zu St. Ulrich 1715—1727. Festschrift d. St. Ulrichsgemeinde in Halle zu d. 200jähr. Jubelfeier d. Franckeschen Stiftgn. Mit 1 Bildn. Franckes nach d. Gemälde in der St. Ulrichskirche. 8. (VII, 145 S.) Halle 898. M. Niemeyer. n. 1. 20

— die evangelische Kirche in Kärnten, s.a. Wartburghefte.

Die evangelische Kirche in Kärnten. Von Oberpfarrer A[ugust] Wächtler. (Leipzig: C. Braun in Komm. 1904.) (40 S.) 8°
(Wartburghefte. 28/9.)

—— die bildende Kunst als Auslegerin der heiligen Schrift. Ein Vortrag. 8. (71 S.) Halle 880, Niemeyer. * 1 —

– Von dem Leben, das der Tod Christi in uns weckt, s.a. Predigt-Hausschatz, Evangelischer. 42.

Von dem Leben, das der Tod in uns weckt. Ev. Lucä 23, 44–49. Geh. zu Halle am Karfreitag 1903 von A[ugust] Wächtler, Oberpfarrer in Halle. *Halle a. S.: E. Strien [1903].* (11 S.) 8° [F.]
= Predigt-Hausschatz, Evangelischer. No 42. [04. 1948

Evangelische Pfarramtskunde. Handbuch f.d. Amtsführung von A[ugust] Wächtler, Oberpfarrer. Halle: E. Strien 1905. (VIII, 398 S.) 8° [04. 1063 3

Rede am Sarge des . . . Oberbürgermeisters a.D. Franz v. Voss in der Kapelle des Stadtgottesackers zu Halle a. S. 1907 von A[ugust] Wächtler, Oberpfarrer. Halle (1907): Wischan & Burkhardt. (8 S.) 8°

Wächtler, drei Reden zur Zeitlage, s.: Everling.

Wächtler, C., s. Wächtler, Karl

Waechtler, Chr. Fr., Opuscula juridica et philologica rariora. 8. Amsterd. (Weidmann, Lips.) 733.

Wächtler, Christfried (Belzig) A. S. 1274/6

Dissertatio inauguralis medica de nausea, primario atque perenni morborum comite.
Präs. Johann Philipp Eysel.
Erfurt (Grosch) 3. VI. 1717. 46 S.

Gew.: David Wächtler und Christfried Wächtler (Onkel). 35550

Waechtler, David Christian (Jüterbog) A. S. 825/30

Dissertatio inauguralis de contumacia leuterantis circa prosecutionem leuterationis.
Präs. Gottfried Ludwig Mencken.
Wittenberg (Gerdes) IV. 1717. 32 S.
35552

Wächtler, Friedrich, s. Blätter, Einige, aus den Papieren eines praktischen Erziehers.

Wächtler, Fr., Darstellung handelnder Menschen u. ihre Schicksale. 8. Weißenf. 794. (Leipz., Weygand). 1 ℛ

Wächtler, Fr. Darstellungen handelnder Menschen und ihrer Schicksale, mit 1 Kupf. 8. Weißenfels, 794. Severin. 1 Rthl.

– s. Haideblüthen, nordische.

Wächtler, Fr., lerne Denken u. Reden, ein Buch für Kinder von 6 bis 12 Jahren, mit 1 Kpf. 8. Königsb. 808. Unzer. 14 ℊ

– s.a. Lösemann und Riekchen.

LÖSEMANN und Riekchen, oder frühere Schicksale eines halben literarischen Märtyrers (von *Friedrich Wächtler*). Quedlinburg, Ernst, 1794. 8°. Zahm. Anon.-Lex. III. p. 85 (nach Meusel).

WACHTLER, Friedr., Schicksale einiger Liebenden. Jünglingen, besonders studierenden, zu lesen empfohlen von. — (Fade Familien-Briefe ohne alles Interesse, auch über Studententum garnichts enthaltend.) (Motto: Felix, quem faciunt aliena pericula cautum!) Quedlinburg, 1793. Bey Friedrich Joseph Ernst. 8°.

– s. Wie werden die großen und kleinen Schul- und Erziehungsanstalten vor dem Laster der Selbstbefleckung gesichert . . .

— über den gegenwärt. Zustand d. häusl. Erziehung, e. Predigt. 8. Halle 790. Hendel. 2 ℊ

Waechtler, G. Ritter v., zur Abwehr gegen die Schrift des Hrn. Prof. Dr. Wilckens „Arbeitspferd gegen Spielpferd". gr. 8. (V, 28 S.) Wien 894. F. Beck. n. 1. —

– Dass., s.a. Wachtler

Wächtler, Jac., recht Evangelisch-Lutherisch, memento, disce, gaude, mori. 8. Leipzig. 721.

Waechtler, Jakob Salomon (Görzke) A. S. 1399/6

Dissertatio inauguralis medica de pleuritidis verae, et peripneumoniae differen tiis.
Präs. Georg Daniel Coschwitz.
Halle VII. 1724. 31 S.

Druckverm. abgeschnitten. 35557

Wächtler, Joh. Chr.

— — Commodes manual, oder Handbuch darinnen: 1) Eine Methode zu einer galante' Conduite in zierlichen Reden zu gelangen. 2) Ein Dictionaire (so!). 3) Die vornehmsten heydnischen Nomina propria, so in Romane, Operen gebraucht werden. 4) Le secretaire d'amour. 5) Allerhand mündliche Complimenten in Teutsch- u. Frantzös. Sprache. Leipzig 1709. 8°. (7 Mk. 50 Pfg., Prgdbd., Jacques Rosenthal, c. 1903.)

Wächtler, Jh. Chr., commodes Manual oder Handbuch, darin zu finden 1) d. Methode zur galanten Conduite, 2) ein vollkommenes Dictionnair, 3) d. vornehmsten heidn. Nom. pr. 4) le secretaire d'amour, 5) auserlesene mündl. Komplimente ꝛc. Deutsch u. französ. 8. Leipz. 785. (Brockhaus). 8 ℊ

— commodes Manual- od. Handbuch, darin die Methode z. galanten Conduite, vollkommenes Dictionair ꝛc. enthalt. deutsch u. französisch. 8. Leipz. Junius. (Gleditsch) 785.

Wächtler, Joh. Chr., Sammlung latein. u. deutscher Gedichte vom Leiden u. Sterben J. Christi. 8. Zerbst, Gökina. 736.

WACHTLER, Joh. Chrn., Sammlung unterschiedener .... Gedichte .... Zerst 1736. 8°. (In Dresden. B. 2462.) Selten!

Wächtler, K., die Arbeiterfrage vom christlich-ethischen Standpunkte beleuchtet. gr. 8. (IV, 158 S.) Bielefeld 872. Velhagen & Klasing. n. 1. 60

— die Familie, eine Gemeinde Gottes, oder die Kirche im Hause. Anleitung zum Hausgottesdienst. 5. Aufl. [Ster.-Ausg.] 16. (59 S.) Barmen 872, (Wiemann.) * — 20

Wächtler, K., s.a. Geschichte, die, d. evang. Gemeinde in Essen.

[F.] Die Geschichte der Evangelischen Gemeinde Essen und ihrer Anstalten. Im Anschluss an die v. Pfarrer (K.) **Wächtler** i. J. 1863 verf. Denkschrift hrsg. v. dem Presbyterium. *Essen: G. D. Baedeker 1896.* (XII, 332 S., 1 Taf.) 1 Bd 8. [97. 4685

Wächtler, Karl, Herr oder Knecht. Blicke in das verborgene Leben eines Unfreien. Eine gekrönte Preisschrift. (Herausg. von dem Bremer Verein zur Verbreitung kleiner christlicher Schriften.) Bremen 858. Valett u. Co. 8. (64 S.) n. 7½ ngr.

Wächtler, E., die Offenbarung St. Johannes für die christliche Gemeinde ausgelegt in Predigten. 1. und 2. Bd.: Kapitel 1—22. gr. 8. Essen, (Bädeker.) [1. (VIII und 324 S.) 855., 2. (III und 263 S.) 856. à Bd. 1 Thlr.]

Wächtler, L., die Pensionsgesellschaft bildender Künstler Wiens in Bezug auf ihre Statuten-, Mitglieder-, Pensions- u. Vermögens-Verhältnisse v. 1788—1888. hoch 4. (38 S.) Wien 888. (Gerold's Sohn.) n. 2. —

Wächtler, Paul, wie u. zu welchem Zweck studiert man Graphologie? gr. 8. (15 S.) Flöha 896. A. Peitz & Sohn. — 40

Wächtler, W., Christenlehr-Handbuch für Scelsorger, Katecheten u. jedes christliche Haus. Erklärung des vom österr. Gesammt-Episcopat approbierten mittleren u. großen Katechismus der kathol. Religion, m. vielen Beispielen. gr. 8. (VII, 664 S.) Innsbruck 901. F. Rauch. n. 6. —

Wächtler, W., Christenlehr-Handbuch f. Seelsorger, Katecheten u. jedes christliche Haus. Erklärung des vom österr. Gesamt-Episkopat approbierten mittleren u. großen Katechismus der kathol. Religion, m. vielen Beispielen. 2 Bde. 2. verm. Aufl. (VIII, 532 u. 495 u. 14 S.) 8. Innsbruck 905. F. Rauch. n. 6. 20

Wächtler, W., die Ehrenkrone aller Jahrhunderte für Maria. Charakterbilder aus dem Leben der Heiligen. Zeitgemäße Maiandacht nebst Gebeten zur Maiandacht. (VIII, 321 S.) kl. 8. Graz 910. „Styria". 1. 90; geb. in Leinw. 2. 70

Wächtler, W., der Garten Italiens. Eine Pilgerreise nach dem Süden. Ein prakt. Handbuch für jeden Reisenden nach Italien mit besond. Rücksicht auf Wien, Graz, Triest, Venedig, Padua, Loreto, Assisi, Rom, Neapel, Pompeji, Pisa, Florenz, Verona, Innsbruck, Salzburg, Linz. gr. 8. (III, 223 S.) Podersam 886. (Wien, Mayer und Comp.) *

— Dass., s.a. Wächter

— Herrenstein. Zeitgemäße Betrachtgn. in Bildern f. alle Feste des Herrn. (515 S.) 8. Warnsdorf (906). A. Opitz. 2.—; geb. in Leinw. 3.—; m. Goldschn. 4. —

Wächtler, W., J. N. Öttel's Immenheim. E. Bienenkunde in Erzählgn. Festschrift z. 50jähr. Regierungsjubiläum Sr. Maj. d. Kaisers Franz Joseph I. u. zum Jubiläum d. 50. Imkertages d. Landesvereins zur Hebg. d. Bienenzucht Böhmens. gr. 8. (XII, 383 S.) Prag 896. F. Ehrlich. n. 3. —

— der Maimonat u. das Jubeljahr. Eine Sammlg. v. Gebeten u. Liedern für jede Maiandacht, sowie für das 50jähr. Jubiläum der feierl. Verkündigg. der Glaubenslehre v. der unbefleckten Empfängnis Mariens. Jubiläumsbüchlein. (174 S. m. Titelbild.) 16. Warnsdorf 904. A. Opitz. n. — 40

— Marienstatue im Maiengarten. Eine Sammlg. v. Maiandachten f. Kirche u. Haus, nebst e. vollständ. Gebetbuche. 16. (XVI, 699 S. m. farb. Titelbild.) Augsburg 890. Literar. Institut v. Dr. M. Huttler. n. 1. 40; geb. n.n. 1. 80

Wächtler, W., der alte treue Radetzky. Sein reichbewegtes Leben u. Streben. Für Oesterreich-Ungarns Heer, Jugend u. Völker. gr. 8. (160 S. m. Bildern.) Podersam 893. (Wien, F. Grottendiek.) n. 1. 50

— der alte treue Radetzky. Sein reichbewegtes Leben u. Streben. Für Oesterreich-Ungarns Heer, Jugend u. Völker. 4. Aufl. gr. 8. (160 S. m. Abbildgn.) Warnsdorf 900. A. Opitz. n. 1. —

Wächtler, W. J., s.a. Wächtler, Wenzel

Wächtler, W. J., das Herz der Volksschule, oder Gemüthsbildung durch Poesie und Gesang. Ein Garten, besetzt mit frommen Palmen, patriotischen Eichen, humoristischen Silberpappeln ꝛc. Prag 864. Credner. Lex.-8. (VIII, 220 S.) n. 1 ℛ

Wächtler, W. J., Das Herz der Volksschule oder Gemüthsbildung durch Poesie u. Gesang. Ein Garten, besetzt mit frommen Palmen, patriotischen Eichen, humoristischen Silberpappeln, kleinen Vergißmeinnicht, Blumenstrauß für den Prüfungstisch, geistlichem Nußbaum, erheitert durch fromme Lerchen u. Nachtigallen, fröhliche Kanarien, Amseln, Drosseln u. dgl. Singvolk. Mit Approb. des hochwürd. bischöfl. Consist. in Leitmeritz. 2 Thle. in 1 Bde. gr. 8. (112 u. 108 S.) Prag, Credner. 1864. 1 fl. 60 kr.

Wächtler, Wenzel, der heilige Kreuzweg unseres Herrn Jesu Christi. Mit Betrachtungen und Gebeten für alle Verehrer des bittern Leidens. 16. (54 S.) Prag 870, Hunger. [Kosmack und Neugebauer.] ** — 30

Wächtler, Wenzel, der heilige Kreuzweg unsers Herrn Jesu Christi. Mit Betrachtungen und Gebeten für alle Verehrer des bittern Leidens. Neue (Titel-)Ausg. 16. (54 S.) Prag (870)77. Kosmack und Neugebauer. — 30

— Liebfrauenstein. Ein Erbauungsbuch für alle Stände zur Verehrung der allerseligsten Jungfrau u. Mutter Gottes Maria. 8. (IV, 560 S.) Ebend. 878. n. 4. —

Wächtler, W. J., Liebfrauenstein. Ein Erbauungsbuch für alle Stände zur Verehrung der allersel. Jungfrau und Mutter Gottes Maria. 2. (Titel-)Aufl. 8. (IV, 560 S. mit 1 Stahlst.) Wien 880, Grottendiek's Verlag. * 3 60

— Liebfrauenstein. Geschmückt m. e. Festkranz v. Rosen zur Verehrg. Mariens. 4., verm. Aufl. (XI, 675 S. m. 3 Vollbildern.) kl. 8. Graz 910. Styria. Geb. in Leinw. 3. -

Wächtler, Wenzel, Liederkranz f. den öffentlichen Gottesdienst der katholischen Kirche. Zur Beförderg. d. Kirchengesanges u. Erhöhg. der Andacht f. Jedermann, besonders aber f. die Schuljugend hrsg. gr. 16. (175 S.) Prag 871. Kosmack & Neugebauer. n. — 80; cart. n. 1. —

—— Maria, lichter Stern! Ein Gebet- und Erbauungsbuch für kathol. Frauen und Jungfrauen. 16. (542 S. mit 1 Stahlst.) Ebendas. 880. * 2 —
geb. in Leinw. *ℳ 3.; in Chagrinldr. * 4 —

Waechtler, Wilhelm (wirkl.Name), s.a. A e c h t l e r, W.(Pseud.)

Wächtler, W., die reiche Erbschaft. 2 Thle. 8. (23 B.) Berlin 829, (Natorff u. Comp.)

—— Erzählungen f. Ehelustige u. Hagestolze. 2. (wohlf.) Aufl. 8. (26 B.) Berlin 829, (Natorff u. Comp.)

——, Franz u. Ida. Eine Erzähl. aus d. wirkl. Leben. 8. (9 B.) Berlin 829, (Natorff u. Comp.)
Diese 3 Schriften erschienen bereits 1827 unter dem Namen: W. Aechtler.

Wächtler, Wilh. Oesterreichs Kaiser Franz Josef I., s.a. Jugend- u. Volks-Bibliothek, patriotische.

Wächtler, Wilhelm, Patriotische Jugend- und Volksbibliothek. I. Bd. Oesterreichs Kaiser Franz Josef. Ein Bild des Lebens und Strebens. Mit 19 in den Text beigehefteten Illustrationen. 8. (168 S.) Cart. Wien: „Austria" (Drescher) 1890. 1.70

CARL und Maria, oder die glücklichen Reisenden. Berlin 1824/5. 2 Bde.
Verf.: Wilh. Waechtler; vgl. Rosenbaum Nr. 121.

Wächtler, Wlh., Taschenbuch für Freunde des Lachens, s.a. Curiosa

—— Taschenbuch f. Freunde d. Lachens u. Denkens. 2 Bdchn. 2. Ausg. 16. (24½ B.) Berlin 829, (Natorff u. Comp.)
Wurde schon 1825 u. d. T.: Curiosa rc. ausgegeben.

Wacht-Reglement für die Bürger- und Schützenbataillone in Berlin. Berlin 1813. 4°.

Wachtsmuth, Friedr., über die Quellen und den Verfasser der ältern livländischen Reimchronik. gr. 4. (35 S.) Mitau 878, (Lucas.) * 2 —

Wachtstube, die. Illustrirtes Soldatenblatt. Hrsg. von Hans Wachenhusen, Redact.: Heinr. Mahler. Jahrg. 1864. Octbr. bis Decbr. 13 Nrn. (Bog. mit eingedr. Holzschn.) hoch 4. Berlin, Dominé.

Wachtstube, die. Illustrirtes Soldatenblatt. Hrsg. und redig. von Heinr. Mahler. 2. Jahrg. 1865. 52 Nrn. (Bog. mit eingedr. Holzschn.) hoch 4. Berlin, Walloch. *

Wachtstube, die. Anekdoten und Schnurren aus dem Soldatenleben. 1. Bdchn. 8. (64 S.) Bielefeld 876, Gülker und Comp. * — 50

Der Wacht-Thurm und Öffentlicher Anzeiger: Mai 24, 1815 - ? Hagerstown, MD
Weekly. Edited & published by Johann E. Koch.

Wacht-Vorschrift für Berlin. (W. V. B.) (IV, 74 S.) 8. Berlin (908). E. S. Mittler & Sohn. n. — 70;
kart. n. — 90

Wacht-Vorschrift f. Berlin (W. V. Berlin). (VI, 50 S.) 8. Berlin 910. E. S. Mittler & Sohn. — 50; geb. — 70

Wachverhaltungen. Wortgetreuer Abdruck des 12. Abschnittes aus dem Dienst-Reglement für das k. k. Heer. 1. Thl. 4. (26 S.) Teschen 873, Prochaska. * — 80

Wachverhaltungen für die Garnison der Festung Olmütz. Sign. Olmütz den 19. July 1817. Anton Freiherr v. Zach. Feldmarschall-Lieutenant und Festungs Commandant. (Donation Liechtenstein.)
4. Olmutz 1817.

Wachverhaltungen für die Festung Olmütz. 4. 1813.

Wack, Adolphe [aus Strassburg, z. Z. Assistent a. chem. Universitäts-Laboratorium]: Über Derivate des Thenanthrens. Zürich 1900. 51 S. 8°.
Zurich. Phil. Diss. II. S. 1899/1900.

Wack, Albert, approb. Arzt aus Strassburg i. E.: Die **Prophylaxe** der Tuberculose in der Schule. *Strassburg i. E. 1900: C. & J. Goeller.* (45 S.) 8°
Strassburg, Med. Diss. v. 1900

Wacklus, Chph.: „Commentatio iur. de adaeratione operarum et servitiorum rusticanorum oder: Vom Frohn- und Hufen-Gelde". Edit. 3., Lipsiae 1742. — Vorh.: Bibl. des Kammergerichts Berlin — Ed. 1120ª.

Wack, Emil: Zur Kenntniss der Extractbestandtheile des Weines. Freiburg i. B.: Kiepert & von Bolschwing 1884. 38 S. Freiburg i. Br., Phil. Diss. 1884 -- 107*

Wack, Georg, aus Bliesbrücken (Lothringen): Ein seltener Fall von primärem Endotheliom der Lunge. *Würzburg 1898: A. Boegler.* (44 S.) 8°
Würzburg, Med. Diss. v. 1898

Wack, Gustav: Shakespeares **Richard II.** im Unterricht der Prima des Realgymnasiums. *Kolberg (1898): C. F. Post.* (1—12 S.) 4°
Kolberg, k. Dom-G u. k. RG, P 1898 (141)

Wack, Gustav [aus Lemberg]: Über das Verhältnis von König Aelfreds Übersetzung der Cura Pastoralis zum Original ... Greifswald, Druck v. Julius Abel, 1889; 2 Bl. + 60 S. 8°
Greifswald, Phil. Fak., Inaug.-Diss. v. 11. Febr. 1889.

Wack, G., üb. das Verhältnis v. König Aelfred's Übersetzung der Cura pastoralis zum Original. gr. 8. (III, 58 S.) Colberg 889. Warnke. n. 1. 20

Wack, Johann Konrad

Wake, ... Analysis Hebraeae linguae ac Chaldaicae. Regensb., 1710.

Wake, Joann. Conr., Expositio atque illustratio Hoseae. Regensburg. 1711. 8°.

Wakius, Joh. Conr., Sendschreiben an seinen angemasten Censorem J. A. Egenolff. Regensburg 1716. 8. . . . . (D.)

Wack, Johann Konrad (Wakius), J. J. // JOH. CONR. WAKII, P. P. // תולדות יאשכנזי״ת // Oder kurtze // Anzeigung /// Wie nemlich die uralte // Teutsche Sprache // Meistentheils // Ihren Ursprung aus dem // Celtisch= oder Chaldaeischen // habe /// Und das // Beyrische // vom Syrischen herkomme. // Regenspurg /// Bey Johann Martin Hagen. // M. DCC. XIII. - 8 Blatt (nicht paginiert) Titelblatt und Widmung. - 232 Seiten.
B. S. T. 8°.752.

Wack, Joh. Pet., Predigt, gehalten in der Wallfahrtskapelle zu den 14 Nothhelfern bei Königsbach. gr. 8. (15 S.) Speyer 869, Kleeberger. —20

Wack, Oscar, a. Freiburg i. B.: Ein primäres S a r c o m des ligamentum latum uteri. Als Beitrag zur Casuistik der primären desmoiden Tumoren der breiten Mutterbänder. Freiburg im Breisgau (o. J.): A. Kornhas. (72 S., 4 Tab.) 8°
Freiburg i. B., Med. Fak., Ref. Krönig, Diss. v. 1908.
[Geb. 15. Jan. 83 Freiburg i. B.; Wohnort: Freiburg i. B.; Staatsangeh.: Baden; Vorbildung: Oberrealsch. Freiburg i. B., Ergänzungsprüfung in Latein Karlsruhe Juli 01; Studium: Freiburg i. B. 5, München 2, Freiburg i. B. 3 S.; Coll. 7. März 06.]

Wack, Paul: Zur Kenntnis der Trimellithsäure. Strassburg 1909: Müh. 29 S. 8°
Straßburg, Math.-naturwiss. Diss. v. 22. Febr. 1909, Ref. Thiele
[Geb. 18. Mai 82 Saarunion; Wohnort: Straßburg; Staatsangeh: Elsaß-Lothringen; Vorbildung: Lyz. Straßburg Reife M. 01; Studium: Straßburg 15 S.] [U 09. 3876

Wacke, Robert, Rektor in Berlin: **Beiträge zur Kenntnis der Temnocephalen.** (Temnocephala chilensis, Temnocephala tumbesiana n. sp. und Temnocephala novae zelandiae.) (Aus d. zool. Institut in Berlin.) *Berlin (1902): G. Schade.* (34 S.) 8° ¶(Erscheint vollst. u. mit Taf. in d. Zool. Jahrbüchern.)
Berlin, Phil. Diss. v. 20. März 1902

Wackelbart, d. jung. Hrn. von, Abenteuer rc. v. K. Stein. 8. Altenb. Petersen. 810.

— Albertine von, v. K. Stein. 8. Hamb. Krazsch. 806.

Wackelkopf, Der. Bozen 1874.
V: *Oberkofler, Anton.* (Margr)

Wacken u. Schlacken farr Mannsfäller derrheime un au in derr Fremnide v. E. H. 1. Bdchn. 12. (27 S.) Eisleben 899. E. Winkler. Kart. n. — 50

***Wacken*, N., s. *de Schwartner*, statistique.**

Wackenreiter, Julius, Oberlieut. im k. bayer. 11. Inft.-Reg. „vacant Ysenburg" etc. Die Erstürmung von R e g e n s b u r g am 23. April 1809. (Mit 2 Plänen und 4 Photographien.) N a c h t r a g zur „Erstürmung von Regensburg am 23. April 1809". Das Grab im Dom zu Regensburg. (Eine Erinnerung an Bischof Michael W i t t m a n n.) Von A. **Hungari.** (Mit einem Stahlstich.) (In 1 Bde.)
8. Regensburg 1865—1866.

Wackenreiter, Jul., die Erstürmung von Regensburg am 23. April 1809. Regensburg 865. Bößenecker. gr. 8. (IX, 221 S. mit 2 lith. Plänen in 4. u. Fol.) 27 ngr.

Wackenrode, Ch. B., Corpus Bonorum d. Magistrats der königl. Residentzien Berlin, s.: Schriften d. Vereins f. die Geschichte Berlins.

Wackenroder, s.: National-Litteratur, deutsche.

W a c k e n r o d e r, B., **Anleitung zur chemischen Untersuchung technischer Producte, welche auf dem Gebiete der Zuckerfabrikation und Landwirthschaft vorkommen, mit Rücksicht auf die Werthbestimmung, nebst Uebungsbeispielen und Tabellen. Zum Selbststudium und Gebrauche für Techniker, Chemiker, Fabrikanten, Landwirthe, Steuerbeamte, sowie für Gewerbeschulen.** gr. 8. (XII, 158 S.) Leipzig 875, Felix. * 5 —

W a c k e n r o d e r, B., **die Effluvien der chemischen Fabriken zu Stassfurt-Leopoldshall. Ein Wort, geredet im Sinne der Anwohner des Bodeflusses zwischen Stassfurt und Nienburg a. d. Saale. Gestützt auf analyt. Belege.** gr. 8. (30 S.) Bernburg 876, Schmelzer's Hofbuchh. — 75

Wackenroder, B., die Polarisationsdifferenzen beim Rohzuckerhandel, deren Ursachen u. Abhilfe. gr. 8. (31 S.) Bernburg 877. Schmelzer. n. 1. —

Wackenroder, Ernst, a. Uelzen: **Das heilige Grab in der Stiftskirche zu Gernrode.** Halle a. S. 1907 (**Rühling & Paetz**, Ballenstedt a. H.). (62 S.) 8° [F.] ¶(Die Arbeit erscheint mit Abbildungen im Buchhandel.)
Halle, Phil. Fak., Ref. Goldschmidt, Diss. v. 8. Juli 1907
[Geb. 3. Jan. 76 Ülzen, Prov. Hann.; Wohnort: Halle a S.; Staatsangeh.: Preußen; Vorbildung: Kaiserin-Auguste-Victoria-Gymn. Linden Reife O. 97; Studium: Univ. München 1, T.H. Hannover 4, Berlin 5, Univ. Berlin 1, Halle 3 S.; Rig. 10. Juli 06.]

Wackenroder, H(einr.), s. W a c k e n r o d e r, Heinr. Wilh. Ferd.

Wackenroder, Heinrich Wilhelm Ferdinand

W a c k e n r o d e r, Heinr., A n l e i t u n g z. chem. Analyse d. unorgan. u. organ. Verbindungen, mit Berücksichtigung d. chem. Tab. 3. Aufl. 1834. 1. u. 2. Lfg. gr.8. (26 B.) Jena 835, 36, Crökersche Buchh.

WACKENRODER, HEINRICH WILHELM FERDINAND.
Anleitung zur qualitativen chemischen Analyse der unorganischen und organischen Verbindungen. Jena, 1836. 2 vols., 8vo.

Heinrich Wilhelm Ferdinand Wackenroder

Henricus Guil[elmus] Ferd[inandus] Wackenroder: De Anthelminthicis regni vegetabilis respectu inprimis habito cum ad plantas a quibus ea desumenda tum ad partes constituentes nominatim eas quibus earum vires adscribendae sunt commentatio. Gottingae 1826: Dieterich. VI,67 S. 4°
Göttingen, Med.Preisschr. v. 4. Juni 1826

***Wackenroder*, H. W. F., de anthelminthicis regni vegetabilis, respectu imprimis habito cum ad plantas, a quibus ea desumenda, tum ad partes constituentes, nominatim eas etc. gr. 4. Götting. 826. (Vandenhöck u. R.) 16 gr**

W a c k e n r o d e r, (H. W. F.,) de anthelminthicis regni vegetabilis respectu imprimis habito, cum ad plantas, a quibus ea desumenda, tum ad partes constituentes, nominatimeas etc. gr. 4. Götting. 827, (Vandenhöck.)

—— u. Ludw. Bley, Archiv d. Pharmacie, s. A r c h i v.

—— und L. F. Bley, über die Ausbildung der Pharmaceuten. Eine Gelegenheitsschrift. gr. 8. (20 B.) **Hannover 853, Hahn'sche Hofbuchh.** *

—— mineralog.-chem. B e i t r ä g e z. Kenntniss d. thüring. Flötzgebirges. Untersuchungen d. wichtigeren Gebirgsarten u. vorzügl. einfachen Mineralien d. Flötzgebirges bei Jena. 1. Hft. (4 B. u. 1 Stnt.) Jena 836, Crökersche Buchh.

— mineralogisch-chemische Beiträge zur Kenntniß des Thüring. F l ö t z g e b i r g e s. Untersuchungen der wichtigeren Gebirgsarten und vorzügl. einfachen Mineralien des Flötzgebirges bei Jena. Heft I. Beiträge zur Kenntniß der Formation des Muschelkalks u. des bunten Sandsteins. (Nebst einem idealen Profile der Jenaischen Bergschichten.) 8. Ebd. 836. 1/4 rf

— Ausführliche C h a r a k t e r i s t i k der unorganischen Salzbasen und Säuren. Jena 1843. Fol.

Wackenroder, Dr. H.: Ausführliche C h a r a c t e r i s t i k der wichtigeren stickstofffreien organischen Säuren, nebst einer Anleitung zur qualitativen chemischen Analyse der organischen Körper und ihrer Verbindungen. Jena 1841. Fol.

W a c k e n r o d e r, Heinr., **unmassgebliches technisches Gutachten üb. die Freiheits-, Eigenthums- u. Erbrechte d. Apotheker. gr. 8. (1 3/4 B.) Hannover 846, Hahn'sche Hofbuchh.**
Aus: Archiv d. Pharmac. f. 1846. 3. Hft. besond. abgedruckt.

Wackenroder, Hnr. Wilh. Ferd., (✝ d. 4. Sept. 1854), chemische Classification der einfachen u. zusammengesetzten Körper nebst Tafeln üb. die Atomgewichte od. Aequivalente der einfachen Körper u. üb. die wichtigsten Verbindgn. derselben. Zum Behuf seiner Vorlesungen entworfen. gr. 8. (44 S.) Jena 851, Doebereiner. n. 1/3 ß

— de cerevisiae vera mixtione et indole chemica et de methodo analytica alcoholis quantitatem recte explorandi. Commentatio qua professionem ordinariam rite auspicaturus ad orationem audiendam invitat. gr. 8. (48 u. IV S.) Jenae 850. (Frommann.) 1/3 ß

WACKENRODER, HEINRICH.
See Pharmaceutische Monatsblätter. Archiv der Pharmacie.

—— Protokoll-Netze, z. Gebr. bei Apotheken-Visitationen f. Medicinalbehörden, Apothekenrevisoren etc. 1. u. 2. Aufl. Fol. (à 6 B.) Jena 836, 39, Crökersche Buchh. à *

Wackenroder, H., Protokoll-Netze zum Gebrauch bei Apotheken-Visitationen für Medicinalbehörden, Apothekenrevisoren, Physiker und Apotheker. 3. Aufl. Fol. (22 S.) Jena 852, Cröker'sche Buchh. *

— chemische Tabellen zur Analyse unorganischer Körper. 3 Taf. gr. Fol. Jena 829. 2e A. 832. Cröker. 12 gr.

Wackenroder, H., chem. Tabellen zur Analyse d. unorgan. Verbindungen. 1. Aufl. 3 Tab. 829. 9 Gr., 2. A. 4 Tab. 832. 12 Gr., 3., verm. A. 5 Tab. gr. Fol. Jena 834, Cröker.

—— dass. — Fortsetz. Tab. VI — VIII. gr. Fol. Jena 834, (Cröker.)

—— chemische Tabellen z. Analyse d. unorgan. u. organ. Verbindungen. Ein Handb. in Tabellenform z. Gebr. bei analyt.-chem. Untersuchungen. 1. u. 2. Thl. 1. Abthl. gr. Fol. Jena, Crökersche Buchh.
Thl. 1. Unorgan. Verbindungen. Taf. I—VIII. 4., verm. Aufl. 837. 1 Thlr
- 2. Abthl. 1. A. u. d. T.: Ausführl. Charakteristik d. wichtigern stickstofffreien organischen Säuren. Nebst e. Anleit. z. qualitat. chem. Analyse d. organ. Körper u ihrer Verbindungen. (8½ B.) 841. 1 Thlr.

—— chemische Tabellen z. Analyse der unorganischen u. organischen Verbindungen. Ein Handbuch in Tabellenform z. Gebr. bei analytisch-chem. Untersuchungen. I. Thl. Ausführl. Charakteristik der unorgan. Salzbasen u. Säuren. Nebst Vorw. u. e. kurzen Einleitung. 5., verm. Aufl. Roy.-Fol. (Taf. 1—14. u. 15½ B.) Jena 843, Cröker'sche Buchh.

—— kleine analytisch-chemische Tabellen zur Analyse der unorgan. Verbindungen, bearb. nach der 5. Aufl. der gröss. chem. Tabellen. Ein Handbuch in Tabellenform zum Gebrauch beim ersten Unterricht in der qualitativen chem. Analyse, insbesond. für pharmaceut., physiolog., polytechn. und landwirthschaftl. Institute, Realschulen und Gymnasien. In 8 Tafeln. Fol. Jena 847, Crökersche Buchh.

—— synopt. Tabellen üb. d. chem. Verbindungen d. ersten Ordnung. gr. Fol. (2 B.) Jena 830, Cröker. 6 Gr., Schrbp.

—— chem. Untersuchung d. Mineralquelle zu Liebenstein im Hrzgth. Sachsen-Meiningen. gr. 8. (3 B.) Halle 832. (Jena, Cröker.)
Aus „Neues Jahrbuch d. Chemie u. Physik, hrsg. v. Schweigger-Seidel" besond. abgedruckt.

Wackenroder, Wilh. Heinr., s. a. Herzensergießungen e. kunstliebenden Klosterbruders.

Wackenroder, Wlh. Hnr., Herzensergießungen e. kunstlieb. Klosterbruders. N. Aufl. s. a. Phantasien üb. Kunst.

Herzensergießungen eines kunstliebenden Klosterbruders. (Verf.: Wilhelm Heinrich **Wackenroder**, Mitarb.: Ludwig Tieck; Hrsg.: Karl Detlev Jessen.) Leipzig: E. Diederichs 1904. (XXXIV, 174 S.) 8°

Wackenroder, Wilh. Heinr., Werke u. Briefe. 2 Bde. Hrsg. von Frdr. v. der Leyen. 8. Jena 910. E. Diederichs. 6.—; geb. in Leinw. 8.—; in Perg. 10.—
1. Herzensergießgn. e. kunstliebenden Klosterbruders. Phantasien üb. die Kunst f. Freunde der Kunst. Hans Sachs. (334 S.)
2. Briefwechsel m. Ludwig Tieck. Pfingstreise v. 1793. (257 S.)

Wacker, Gottfried, e. lehrreiche Gesch. f. Professionisten und Bürger, v. G. Hänisch. 8. Freyberg, Craz u. G. 790.

Wacker, Gottfried; ein Buch für junge Professionisten und Bürger. Freiberg 1799. V: *Hänisch, G.* (Ky)

Wacker, Gottfried; e. Buch für junge Professionisten u. Bürger, (v. G. Hänisch). 8. Frberg 799. Craz u. G. 6 gr.

Wacker, Stephan. [Leipzig 1819.] V: *Naubert, Christiane Benedicte Eugenie geb. Hebenstreit.* (MGT)

Wacker, die Kinderkrankheiten im Zusammenhange mit den gewöhnlichen Lebensverhältnissen für das Haus leicht verständlich bearb. 1. Heft: Die Krankheiten der Verdauungsorgane. Frankenberg 865. Leipzig, Serig'sche Buchh. gr. 8. (III, 92 S.) n. 12 ngr.

Wacker, die Ölfrüchte, s.: Merkblätter, landwirtschaftliche. 27. Stück.

Wesselburen. Nach d. Nat. gez. v. **Wacker** 1834 u. auf Stein v. Johann Friedrich Fritz. Steindruck, (kol.) v. Behrens u. Fritz. (Flensburg. 1834.) 1 Bl. Quer-Fol. 35/51 cm.

Wacker, Alexander, a. Schachen b. Lindau i. B.: Zur Kenntnis des Bicyklohexenhexanons. Göttingen 1908: W. F. Kaestner. (IV, 81 S.) 8°
Göttingen, Phil. Fak., Ref. Wallach, Diss. v. 29. Juli 1908.
[Geb. 10. Juli 82 Leipzig; Wohnort: Leipzig; Staatsangeh.: Sachsen; Vorbildung: Gymn. Schwabisch-Hall Reife M. 02; Studium: Straßburg 6, Göttingen 4 S.; Rig. 19. Febr. 08.]

WACKER, Anton (Velden): Statistische Studie zur Ätiologie der Diphtherie mit besonderer Berücksichtigung des lokalen Auftretens der Krankheit in München während der Jahre 1880-1886 (inkl.).- München: Kastner & Callwey 1916. 40 S.
27.7.1888 - Chr 1888/89,18
Diss. Ingolst.-Landsh.-Mchn.

Wacker, Aug. Lebr., Oelfarben-Reibmaschine. Mit 1 Holzschn. gr. 8. Schleiz 824. (Gera, Heinsius). 6 gr.

Wacker, C., die Aachener Geschichtsforschung. Entgegnung auf die „Kritische Studie" des Hrn. J. Lulvès üb. „die gegenwärt. Geschichtsbestrebgn. in Aachen". Mit Unterstützg. Aachener Geschichtsfreunde. gr. 8. (III, 95 S.) Aachen 893. Cremer. n. 1. 80

— Leben u. Werke d. Aachener Geschichtsschreibers Christian Quix. [Aus: „Mitteilgn. d. Ver. f. Kunde d. Aachener Vorzeit".] gr. 8. (73 S.) Ebd. 891. n. 1. 20

Wacker, Carl, s. Wacker, Karl

Wacker, Charles W. (ed) Einladung der Mitglieder des Gnia Männerchors zu den neuen Clubräumen des Germania Clubs in Chicago, July 12, 1890. Chicago, 1890.

Wacker, Emil

Wacker, E., der Diakonissenberuf nach seiner Vergangenheit u. Gegenwart. Kurz dargestellt. 12. (IV, 231 S.) Gütersloh 888. Bertelsmann. n. 1. 50; geb. n. 1. 80

Wacker, Emil. Der Diakonissenberuf nach seiner Vergangenheit u. Gegenwart. 2. verb. Aufl. 8. (IV, 211 S.) Gütersloh 890, Bertelsmann. * 2 —; geb. * 2 50

Wacker, Emil, der Diakonissenberuf nach seiner Vergangenheit u. Gegenwart. Kurz dargestellt. 3., zum Tl. umgearb. Aufl. 8. (VIII, 226 S.) Gütersloh 899. C. Bertelsmann. n. 2. —; geb. n. 2. 50

— dasselbe. 2. Tl. Der Diakonissenberuf nach seinen geistl. Bedinggn. u. Zielen. 8. (VII, 192 S.) Ebd. 902. n. 2.—; geb. n. 2.50; (1 u. 2 in 1 Bd. geb. n. 4.80)

Wacker, Emil, aus dem Diakonissenleben. Erinnergn., mitgeteilt. (164 S.) 8. Gütersloh 908. C. Bertelsmann. 2.— ; geb. n 2. 50

—— Diakonissenspiegel. Gesammelte Betrachtgn. 1. u. 2. Aufl. 8. (VIII, 358 S.) Ebd. 889,91. * 4 —; geb. * 4 80; m. Goldschn. * 5 —

Wacker, Emil, Diakonissenspiegel. Gesammelte Betrachtgn. 3. verb. Aufl. (VIII, 406 S.) 8. Gütersloh 905. C. Bertelsmann. n. 4. —; geb. n. 4. 80; m. Goldschn. n. 5. —

Wacker, Emil, Eins ist not. Konfirmandenunterricht, auch z. Selbstunterr. f. erwachs. Christen. 12. (88 S.) Breklum 896. (Christl. Buchh.) n. — 60; geb. in Leinw. n. 1. —

[J.] Eins ist not. Konfirmandenunterr., auch z. Selbstunterr. f. erwachsene Christen. Von Emil Wacker, Pastor . . . zu Flensburg. *Breklum: Jensen & Hinrichsen 1896.* (88 S., 1 kl. Bl.) 1 Bd 8. [97. 6776

Eins ist not. Kurzer Inbegriff der christlichen Lehre v. Emil Wacker. 2. Aufl. Breklum. 1902. 8°

— Frucht in Geduld. Zwölf Epistelpredigten. 8. (195 S.) Ebd. 893. n. 2. —; geb. n. 2. 50

— die Heilsordnung. 8. (VIII, 334 S.) Gütersloh 898. C. Bertelsmann. n. 4. —; geb. n. 4. 80

— die Heilsordnung. 2., verb. Aufl. (XII, 383 S.) 8. Ebd. 905. n. 4. —; geb. n. 4. 80

— Jesus ist die Thür. Predigt üb. Joh. 10, 1—11, geh. am Jahresfest des Landesvereins f. innere Mission im Königr. Sachsen u. am Vorabend des 50jähr. Jubiläums der ev.-luth. Diakonissenanstalt in Dresden den 22. Mai 1894 in der Frauenkirche zu Dresden. gr. 8. (16 S.) Dresden 894. (Niederlage d. Vereins zur Verbreitg. christl. Schriften.) n. — 20

Ueber die Lage der Diakonissensache in Schleswig-Holstein. (Von Emil Wacker.) (Flensburg.) o. J., nach 1876. 4°.

— die Laienpredigt u. der Pietismus in der lutherischen Kirche. 2 Vorträge, nebst e. Nachtrag. 8. (75 S.) Ebd. 889. n. 1. —

— Maria, die Mutter d. Herrn od. Natur u. Gnade. 8. (72 S.) Ebd. 891. n. - 80; geb. n. 1. 20

Wacker, Emil, die köstliche Perle u. die innere Mission. Eine praktisch-theolog. Meditation. [Aus: „Korrespondenzblatt der Flensburger Diakonissenanstalt".] 8. (80 S.) Gütersloh 895. C. Bertelsmann. n. 1. —; geb. n. 1. 50

— Phöbe. Gesammelte Betrachtgn. (VIII, 348 S.) 8. Ebd. 903. n. 3. —; geb. n. 3. 60

— kirchliche Reiseerlebnisse. Betrachtungen üb. Glauben u. Wissen. (125 S.) 8. Ebd. 906. n. 1. 50; geb. n. 2. —

Wacker, Emil, Samariterliebe. 8. Flensburg 883. Gütersloh, Bertelsmann. *ℳ 1.80.; geb. * 2 75

Wacker, Emil, Samariterliebe. Skizzen und Betrachtungen zum Evangelium vom barmherz. Samariter. 8. (VIII, 160 S. mit 1 Holzschntaf.) Flensburg 883, Huwald'sche Buchh. * 1 80 geb. * 2 75

Wacker, Emil, Samariterliebe. Skizzen u. Betrachtgn. zum Evangelium vom barmherz. Samariter. 8. (VIII, 160 S. m. 1 Holzschntaf.) Gütersloh 883. Bertelsmann. n. 1. 80; geb n. 2. 75

— Samariterliebe. Skizzen u. Betrachtgn. zum Evangelium vom barmherz. Samariter. 2. (Titel-)Ausg. 8. (VIII, 160 S. m. Titelbild.) Ebd. 891. n. 1. 80; geb. n. 2. 75

— Samariterliebe. Skizzen u. Betrachtgn. zum Evangelium vom barmherz. Samariter. 3. Aufl. (VIII, 185 S. m. Titelbild.) 8. Ebd. 904. n. 1. 80; geb. n. 2. 75

Unser Taufbund. 7 Predigten über d. Evangelien d. Fastenzeit. Von Emil Wacker, Pastor. Gütersloh: C. Bertelsmann 1907. (112 S.) 8° [J.] 107. 4816

— Am Taufstein. Vortrag. (24 S.) 8. Breklum (908). Christl. Buchh. — 30

— Wiedergeburt u. Bekehrung in ihrem gegenseitigen Verhältnis nach der heil. Schrift. 8. (92 S.) Ebd. 893. n. 1. —

— Wiedergeburt u. Bekehrung in ihrem gegenseitigen Verhältnis nach der Hl. Schrift. 2., durchgeseh. Aufl. (95 S.) 8. Gütersloh 908. C. Bertelsmann. 1. —

— das Wort vom Kreuz. Ein Traktat. gr. 8. (15 S.) Breklum 897. (Christl. Buchh.) n. — 10

[J.] Das Wort vom Kreuz. Ein Traktat v. Pastor [Emil] Wacker-Flensburg. *Breklum: Dr. u. Verl. des 'Sonntagsbl. fürs Haus' [1897].* (15 S.) 1 Bd 8.

Wacker, Ferdinand

Wacker, Ferd., auf u. singt! Eine Sammlg. ausgewählter volksthüml. Lieder. Zum Schulgebrauche. Lippstadt 869. Rempel. 32. (144 S.) n. 3½ ngr.

Wacker, Ferd., Auf und singt! 205 ausgewählte volksthüml. Lieder. Zum Schulgebrauche. Ausg. mit Noten von Wilh. Schrage. 16. (IV, 236 S.) Lippstadt 872, Rempel. * 1 —

—— dass. — Ausg. ohne Noten. 1. Aufl. 1869, und 2. Aufl. 16. (152 S.) Ebendas. 872. * — 35

Wacker, F., Cantate Domino! Eine Sammlung Gregorian. Kirchengesänge. (Mit Ziffernoten.) Zunächst für die Diöcese Paderborn. 2 Thle. 8. Paderborn 867, Junfermann'sche Buchh. [1. Thl. (88 S.) * 6 Ngr., 2. Thl. (Für die heil. Charwoche.) (40 S.) * 4 Ngr.] *

Wacker, F., comes pastoralis ad usum sacerdotum in functionibus sacris passim obviis, et praesertim in cura infirmorum ac morientium. Accedit appendix piarum precum in usum privatum sacerdotum. Ed. II., aucta et emendata. 16. (279 S.) Paderborn 894. Junfermann. 1. 50

Wacker, F., Comes pastoralis ad usum sacerdotum in functionibus sacris passim obviis, et praesertim in cura infirmorum ac morientium. Accedit appendix piarum precum in usum privatum sacerdotum. Ed. III, aucta et emendata. gr. 16. (279 S.) Paderborn 901. Junfermann. 1. 50; geb. in Ldr. n. 2. 40; m. Goldschn. n. 2. 75

Wacker, Ferd., Comes pastoralis ad usum sacerdotum in functionibus sacris passim obviis, et praesertim in cura infirmorum ac morientium. Accedit appendix piarum precum in usum privatum sacerdotum. Ed. IV. (288 S.) 16. Paderborn 904. Junfermann. n. 1. 50; geb. in Ldr. n. 2. 40; m. Goldschn. n. 2. 75

Wacker, F., comes pastoralis, ad usum sacerdotum in functionibus sacris passim obviis, et praesertim in cura infirmorum ac morientium. Accedit appendix piarum precum in usum privatum sacerdotum. Ed. V. (288 S.) 16. Paderborn 909. Junfermann. 1.50; geb. in Ldr. 2.40; m. Goldschn. 2. 75

—— Geschichten für Neukommunikanten für die Zeit sowohl vor als nach der ersten heil. Kommunion. gr. 8. (450 S.) Paderborn 870, Junfermann'sche Buchh. 2 40

Wacker, Ferd., Geschichten für Neukommunikanten für die Zeit vor und nach der ersten heiligen Kommunion. 2. umgearb. Aufl. 8. (304 S.) Paderborn 878, Junfermann'sche Buchh. 1 50

Wacker, Ferd., Geschichten für Neukommunikanten für die Zeit vor und nach der ersten heil. Kommunion. 3. Aufl. 12. (304 S.) Paderborn 886, Junfermann'sche Buchh. 1 50

Wacker, Ferd., Geschichten f. Neukommunikanten f. die Zeit vor u. nach d. ersten hl. Kommunion. 4. Aufl. 12. (320 S.) Paderborn 896. Junfermann. 1. 50; geb. in Leinw. n. 2. —; m. Goldschn. n. 2. 50

— Geschichten f. Neukommunikanten f. die Zeit vor u. nach der ersten hl. Kommunion. 5. Aufl. (319 S.) 12. Münster 903. Alphonsus-Buchh. Geb. in Leinw. 1. 80

— Heilige-Geist-Büchlein. Gebete u. Betrachtgn. f. d. vorgeschrieb. Pfingst-Novene, sow. zur Verehrg. des Hl. Geistes überhaupt. Nebst e. Anh. f. Firmlinge. 12. (103 S.) Ebd. 897. n. — 50; geb. in Leinw. n. — 70

—— westfälischer Liederkranz. Eine Sammlung volksthüml. Lieder für Schule und Leben. Nebst einem Anhang: Lieder für die Unterklasse. 16. (VIII, 160 S.) Ebendas. 877. * — 40

—— dass. — Ausg. mit Noten. gr. 16. (VIII, 320 S.) Ebendas. 879. geb. * 1 60

—— westfälischer Liederkranz. Eine Sammlung volkstüml. Lieder für Schule und Leben. Nebst einem Anhang: Lieder für die Unterklasse. 3. und 4. Aufl. 16. (166 S.) Ebendas. 885,88. * — 40

Wacker, F., mensis eucharisticus sive preces ante et post missae celebrationem. Ex probatis auctoribus collegit et pro singulis mensis diebus concinnavit F. W. 8. (448 S.) Paderborn 889. F. Schöningh. n. 2. —; geb. n. 3. —

— Mensis eucharisticus sive preces ante et post missae celebrationem. Ex probatis auctoribus collegit et pro singulis mensis diebus concinnavit W. Nova ed. 8. (448 S.) Paderborn 901. F. Schöningh. n. 2. —; geb. n. 3.—

— Meßbüchlein in Wechselgebeten. Zum Gebrauche bei der Schulmesse. 2. Aufl. 16. (64 S.) Ebd. 894. — 15

— Meßbüchlein in Wechselgebeten. Zum Gebrauche bei der Schulmesse. 3. Aufl. 16. (64 S.) Paderborn 899. Junfermann. — 15

— Meßbüchlein in Wechselgebeten. Zum Gebrauche bei der Schulmesse. 5. u. 6. Aufl. (64 S.) 16. Paderborn 906. Junfermann. n. — 15

— Patroziniums-Büchlein. Andachten u. Gebete zur öffentlichen u. Privatverehrung eines heiligen Kirchen- u. Ortspatrones. Nebst einer Anzahl mit Ziffernoten versehener Patroziniums-Gesänge. 16. (80 S.) Ebend. 880. — 30

Wacker, Fritz: Über Gravitation und Elektromagnetismus. Borna-Leipzig 1909: Noske. 59 S. 8°
Tübingen, Naturw. Diss. v. 19. Mai 1908, Ref. Paschen
[Geb. 21. März 82 Asbach, O.-A. Gerabronn; Wohnort: Asbach; Staatsangeh.: Württemberg; Vorbildung: Realanst. Schw.-Hall Reife Juli 01; Studium: Tübingen 4, Straßburg 2, Tübingen 3 S.; Coll. 19. Mai 08.]
[U 09. 4019

Wacker, H., vierter Nachtrag zur Phanerogamen-Flora von Culm, s. Schriften der naturforschenden Gesellschaft in Danzig.

Wacker (H.). Uebersicht der Phanerogamenflora von Culm. Culm, 1851. 4°. Ed. 2. 1861–2.

Wacker, Heinrich, Prof.: Über Eigentümlichkeiten der modernen französischen Zeitungssprache. Patschkau 1906: Ed. Hertwig. (22 S.) 4°
Patschkau, k. G OP 1906 (253)

Wacker, Helmuth, aus Neukloster i. Meckl., pract. Arzt zu Lübz i. Meckl.: Über Coincidenz zweier acuter Infectionskrankheiten bei demselben Individuum. *Lübz 1900: F. Krohn.* (24 S.) 8°
Rostock, Med. Diss. v. [20. Febr.] 1900

Wacker, Herm., das Gefängniswesen, die staatliche Zwangserziehung der Jugendlichen u. die Arbeitshausstrafe in Baden, s. a. Abhandlungen, strafrechtliche.

Das Gefängniswesen, die staatliche Zwangserziehung der Jugendlichen und Die Arbeitshausstrafe in Baden. Von Dr. Hermann Wacker. Breslau: Schletter 1899. (62 S.) 8°
(Abhandlungen, Strafrechtliche. H. 21.)

Wacker, Herm., nationale Kultur- u. Familiengemeinschaften. Ein Vorschlag zur Lösg. der Nationalitätenfrage. (35 S.) 8. Leipzig 903. (Naunhof, Schäfer & Schönfelder.) n. — 60

Wacker, Hermann: Ueber Sepsis puerperalis. *München [1898]: J. Schön.* (31 S.) 8°
München, Med. Diss. v. 1898

Wacker, Johann: Die Beeinflussung des Wachsthums der Wurzeln durch das umgebende Medium. *Berlin: Gebr. Borntraeger 1898.* (46 S.) 8° [Aus: Jahrbücher für wissenschaftliche Botanik, Bd 32 H. 1.]
Leipzig, Phil. Diss. v. [22. Juni] 1898

Wacker, Jh. Fr., († d. 14. März 1795.) Sendschreiben von einigen seltenen u. einzigen griechischen Münzen, mit Kpf. gr. 4. Dresd. 767. Walther. 4 ℛ

Wacker, Jh. Sim.

— Aphorismen über den Staat. 8. Dilling. 808. (Leipz., Central-Compt.) 12 gr.

— Miscellen, statistisch-medicin. Inhalts. 4 Hefte. 8. Leipz. 181..—818. (Central-Compt.) 1 ₰ 12 gr.

Wacker, Jh. Sim. Dr. d. Arznei, über d. Typhus u. d. herrschenden Krankheiten, nebst Nachtrag. 8. Dilling. ... (Leipz., Centr.-Compt.) 9 gr. der Nachtrag apart 4 gr.

Wacker, Joseph [app. Arzt aus Landsberg am Lech]: Über die Wirkung der Salicylpräparate auf den weiblichen Uterus ... München, Buchdr. v. M. Ernst, 1888; 25 S. 8°
Würzburg, Med. Fak., Inaug.-Diss. v. 1888.

Auswahl aus der Deutschen Dichtung in ihrer geschichtlichen Entwickelung. Hrsg. von Dr. K[arl] **Wacker**, Dir. Münster i. W.: H. Schöningh 1905. (XXIII, 611 S.) 8° [F.]
= **Wacker**: Deutsches Lesebuch f. kath. höh. Mädchenschulen. T. 4, A. [07. 8179

Wacker, K., altdeutsche Dichtung, höfische Epik, Lyrik- u. Lehrdichtg. der mittelhochdeutschen Zeit, s.: Lesestoff, deutscher, f. höhere Mädchenschulen.

— Dramatische u. lyrische Dichtungen der alten Griechen, s.: Lesestoff, deutscher, f. höhere Lehranstalten.

Wacker, Carl [aus Ulm]: Einwirkung von Phtalylchlorid und Phtalsäureanhydrid auf Basen ... Erlangen, k. b. Hofbuchdr. v. A. Vollrath, 1894; 24 S., 1 Bl. 8.
Erlangen, Phil. Fak., Inaug.-Diss. v. [30. Juli] 1894

Wacker, K., Hilfsbuch f. den Lese-Unterricht nach dem Lesebuche f. kath. höhere Mädchenschulen v. Wacker. In Verbindg. m. Wichterich, Herold u. Reinke bearb. 1.—4. Lfg. gr. 8. (S. 1—320.) Münster 900–902. H. Schöningh. à n. 1.80

Wacker, K., aus allen Jahrhunderten, s.: Werra.

— Deutsches Lesebuch f. höhere Mädchenschulen. Auf Grund der Bestimmgn. üb. die Neuordng. des höheren Mädchenschulwesens vom 18. VIII. u. 12. XII. 1908 unter Mitwirkg. v. Maria Münch, Elisab. Heinsberger, Clara Fischer, Ignatia Breme hrsg. Ausg. A in 8 Bdn. gr. 8. Münster 910. H. Schöningh. Geb. in Leinw. 17. —
I. 9. Klasse, 2. Schulj. (XV, 147 S.) Geb. 1. 40
II. 8. Klasse, 3. Schulj. (XIV, 192 S.) Geb. 1. 60
III. 7. Klasse, 4. Schulj. (XV, 244 S.) Geb. 1. 80
IV. 6. Klasse, 5. Schulj. (XVI, 275 S.) Geb. 2. —
V. 5. Klasse, 6. Schulj. (XIV, 315 S.) Geb. 2. 20
VI. 4. Klasse, 7. Schulj. (XIV, 319 S.) Geb. 2. 20
VII. 3. Klasse, 8. Schulj. (XIV, 328 S.) Geb. 2. 40
VIII. 2. u. 1. Klasse, 9. u. 10. Schulj. (XVI, 436 S.) Geb. 3. 40

— **dasselbe. Ausg. B in 3 Bdn. 8. Ebd. Geb. in Leinw. 10. 80**
I. Unterstufe. 12. Aufl. (1. Aufl. der Neubearbeitg.) (XX, 280 S.) 910. Geb. 2. 40
II. Mittelstufe. Für das 4., 5. u. 6. Schulj. 17., unveränd. Aufl. (XXIII, 463 S.) (910.) Geb. 3. 00
III. Oberstufe. 14. Aufl. (XX, 540 S.) 910. Geb. 4. 80

— **dasselbe f. höh. Mädchenschulen, Lehrerinnen-Seminare u. Lyzeen. IV. Tl. A. gr. 8. Ebd. Geb. in Leinw. 5. —**
IV. A. Auswahl aus der deutschen Dichtung in ihrer geschichtl. Entwicklung. 3. Aufl. (XXII, 591 S.) 910.

[F.] Deutsches Lesebuch für katholische höhere Mädchenschulen. Hrsg. v. Dr. K[arl] **Wacker,** Dir. ... in Aachen, u. Dr. J[ohannes] Gansen, Regiergs...rat in Aachen. Tl 1. 2. *Münster i. W.: H. Schöningh 1896.* 8. [97. 1166

— **u. J. Gansen, dasselbe. 1. u. 2. Tl. gr. 8. Ebd. 896. n. 4. 40; geb. in Leinw. n. 5. 30**
1. Für d. 2. u. 3. Schulj. (XX, 275 S.) n. 1. 80; geb. n. 2. 20
2. Mittelstufe. (XIX, 428 S.) n. 2. 60; geb. n. 3. 10

— **deutsches Lesebuch f. kathol. höh. Mädchenschulen. Unt. Mitwirkg. prakt. Schulmänner hrsg. 3. Tl. Oberstufe. gr. 8. (XX, 499 S.) Münster 897. H. Schöningh. n. 3. —; geb. in Leinw. n. 3. 60**

Deutsches Lesebuch für katholische höhere Mädchenschulen. Hrsg. von Dr. K[arl] **Wacker**. 3. Aufl. T. 1. *Münster i. W.: H. Schöningh 1900.* 8° [F.] [01. 4095 6

Deutsches Lesebuch für katholische höhere Mädchenschulen. Hrsg. von Dr. K[arl] **Wacker**. 4. (T. 2.: 5.) Aufl. T. 1–3. Münster i.W.: H. Schöningh 1901. 3 Bde 8°
1. Für d. 2. u. 3. Schuljahr. 2. Für d. 4., 5., u. 6. Schuljahr. 3. Für d. 7., 8., u. 9. (u. 10.) Schuljahr.

— **deutsches Lesebuch f. katholische höhere Mädchenschulen. 3 Tle. gr. 8. Münster, H. Schöningh. Geb. in Leinw. n. 9. —**
1. Für das 2. u. 3. Schulj. 5. Aufl. (XX, 253 S.) 901. n. 2. 20
2. Für das 4., 5. u. 6. Schulj. 6. Aufl. (XIX, 407 S.) 902. n. 3. 20
3. Für das 7., 8., 9. (u. 10.) Schulj. 4. Aufl. (XXIII, 420 S.) 901. n. 3. 60

Deutsches Lesebuch für katholische höhere Mädchenschulen. Hrsg. von Dr. K[arl] **Wacker**. 5. (2.: 6.) Aufl. T. 1–3. Münster i.W.: H. Schöningh 1901–02. 3 Bde 8°
1. Für d. 2. u. 3. Schuljahr. 1901. 2. Für d. 4., 5. u. 6. Schuljahr. 1902. 3. Für d. 7., 8. u. 9. (u. 10.) Schuljahr. 1902.

— **deutsches Lesebuch f. katholische höhere Mädchenschulen. I.–III. Tl. u. IV. Tl. A u. B. 8. Münster, H. Schöningh. Geb. n. 16. 80**
I. Für das 2. u. 3. Schulj. 8. Aufl. (XX, 253 S.) 906. n. 2. 20
II. Für das 4., 5. u. 6. Schulj. 11. Aufl. (XX, 411 S.) 906. n. 3. 20
III. Für das 7., 8., 9. (u. 10.) Schulj. 8. Aufl. (XXIII, 420 S.) 905. n. 3. 60
IV. A. Für Lehrerinnen-Bildungsanstalten u. wahlfreie Lehrkurse. A. Auswahl aus der deutschen Dichtung in ihrer geschichtl. Entwickelg. (XXIII, 611 S.) 905. n. 4. —; geb. n. 4. 80
B. Für wahlfreie Lehrkurse u. f. Seminare zur Ausbildg. von Lehrerinnen an höheren Mädchenschulen. B. Prosa. (XI, 352 S.) 904. n. 3. —

Deutsches Lesebuch für katholische höhere Mädchenschulen. Hrsg. von Dr. K[arl] **Wacker**, Dir. zu Koblenz. T. 1–3. Münster i. W.: H. Schöningh 1906. 3 Bde 8° [F.]
1. Für d. 2. u. 3. Schuljahr. 8. Aufl. 2. Für d. 4., 5. u. 6. Schuljahr. 11. Aufl. 3. Für d. 7., 8., 9. (u. 10.) Schuljahr. 9. Aufl. [07. 11145 6

Deutsches Lesebuch für katholische höhere Mädchenschulen. Hrsg. von Dr. K[arl] **Wacker**. T. 1–3. Münster i. W.: H. Schöningh 1907–09. 8°
1. Für d. 2. u. 3. Schuljahr. 9. Aufl. 1907. 2. Mittelstufe Für d. 4., 5. u. 6. Schuljahr. 15. Aufl. (1909.) [Nebst] Ergänzungsstoff. T. 2. Für d. 4., 5. u. 6. Schuljahr. ⟨11–14. Aufl.⟩ 1909. 3. Für d. 7., 8., 9. ⟨u. 10⟩. Schuljahr. 10. Aufl. 1907. [10. 11633 6

— **u. J. Niessen, philosophisch-pädagogisches Lesebuch. Zum Gebrauche beim pädagog. Unterricht in Lehrer- u. Lehrerinnen-Bildungsanstalten. (VI, 204 S.) gr. 8. Leipzig 907. [Dürr'sche Buchh.] Berlin, Union, Zweigniederlassg. Geb. in Leinw. 2. 80**

— s. a. Nibelungenlied u. Gudrun.

Nibelungenlied und Gudrun. Nach neuhochdeutschen Übersetzungen im Auszug f. höh. Mädchenschulen bearb. von Dr. K[arl] **Wacker**. Münster i.W.: H. Schöningh 1901. (VIII. 116 S.) 8°

Wacker, Carl, der Reichstag unter den Hohenstaufen, s. Studien, historische.

— Sammlung deutscher Gedichte f. die Mittel- u. Oberstufe höherer Mädchenschulen. Nach den Ministerial-Bestimmgn. üb. das Mädchenschulwesen vom 31. V. 1894 hrsg. gr. 8. (XV, 127 S.) Münster 899. H. Schöningh. Geb. in Leinw. n. 1.—

— Sammlung deutscher Gedichte f. die Mittel- u. Oberstufe höherer Mädchenschulen. Nach den Ministerial-Bestimmgn. üb. das Mädchenschulwesen vom 31. V. 1894 hrsg. 2. Aufl. (XV, 127 S.) gr. 8. Münster 902. H. Schöningh. Geb. in Leinw. n. 1.—

— Sammlung deutscher Gedichte f. die Mittel- u. Oberstufe höherer Mädchenschulen. Nach den Ministerial-Bestimmgn. üb. das Mädchenschulwesen vom 31. V. 1894 hrsg. 3. verm. Aufl. Im Anh.: Grundzüge der Poetik. (XV, 144 S.) 8. Münster 907. H. Schöningh. Geb. 1.25

[F.] Tante Karola's Kinderstube. Heitere u. ernste Gedichte f. d. lieben Kleinen. (Vf.: Karola Wacker.) *Aachen: A. Jacobs & C. 1896.* (116 S.) 1 Bd 8. [98. 4332]

Wacker, Karola, Tante Karola's Kinderstube. Heit. u. ernste Gedichte f. d. lieben Kleinen. 2., verm. Aufl. m. 7 bunten Bildern. 4. (138 S.) Aachen 897. A. Jacobi & Co. Geb. in Leinw. n. 3.—

Wacker, Leonhard [aus Oestheim (Mittelfranken)]: Zur Kenntniss aromatischer Nitrosobasen ... Erlangen, Druck d. Univ.-Buchdr. v. E. Th. Jacob. 1888. 24 S. 8°
Erlangen. Phil. Fak., Inaug.-Diss. v. 1888.

Wacker, Ludw., Inaugural-Abhandlung, bezügl. auf die von d. medicin. Facultät d. k. Ludw.-Maximil.-Universität zu München f. d. J. 1837 bekannt gemachte Preisaufgabe: Quinam morbi epidemici, testante historia, praecesserunt febrium intermittentium epidemias, quinam easdem concomitati sunt, quinam insecuti; quemnam inde nexum pathologicum inter has epidemias colligere licet? Beantwort. u. Lösung versucht. gr. 8. (6 B.) Dillingen 841, Aulinger'sche Buchh.

Wacker, M. Über Georg von Reichenbach. 31 S. Progr. Durlach 1883.

Wacker, Theodor

Wacker, Thdr., Aufgabe u. Aussichten des Centrums in Baden beim Kampfe um die 63 Kammer-Mandate, auf Grund der Geschichte der Wahlen u. des statist. Materials dargestellt. 4. Aufl. (64 S.) gr. 8. Karlsruhe 899. (Freiburg i/B., Herder.) n. —35

— Bedeutung u. Aufgabe des Centrums, s.: Versammlung, öffentliche, der Centrumspartei in Mannheim.

— Entwicklung der Sozialdemokratie in den zehn ersten Reichstagswahlen (1871—1898). Auf Grund der amtlich geprüften Wahlziffern dargestellt. Mit e. Nachtrag: Die Sozialdemokratie in der Reichstagswahl v. 1903. (LV, 438 S.) gr. 8. Freiburg i/B. 903. Herder. n. 8.—; geb. in Leinw. n. 9.20

Wacker, Thdr., Friede zwischen Berlin und Rom? Geschichtliche Erinnerungen aus der Blüthe des Kulturkampfes. Dem kathol. und nichtkathol. Volke ins Gedächtniß zurückgerufen. 1. und 2. Aufl. gr. 8. (95 S.) Freiburg i. Br. 879, Herder'sche Verlagsh. 1 —

— das erste Friedenswerk im badischen Culturkampfe. Die Beilegung des Examenstreites auf Grund des Quellenmaterials in ihrem geschichtl. Verlaufe erzählt. gr. 8. (VIII, 118 S.) Ebend. 882. n. 1.60

Wacker, Thdr., zur Geschichte des Branntweinsteuer-Gesetzes (1885—1887). gr. 8. (III, 63 S.) Freiburg i/B. 893. Herder. n. —80

Wacker, Th., Kampf gegen den badischen Nationalliberalismus. Nothwendigkeit desselben, Kampfmittel und Aussichten. gr. 8. (23 S.) Freiburg i. Br. 888, Herder'sche Verlagsh. * — 15

— die Kirche zur Zeit des Arianismus. Ein Zeitbild aus der Geschichte der Kirche in stürm. Tagen. Festpredigt, gehalten zu Ehren des heil. Fridolin in der Nothkirche zu Säckingen am 10. März 1878. 8. (16 S.) Ebendas. 878. * — 15

— die Rechte der abhängigen Wähler, v. der Cartell-Mehrheit m. Füßen getreten. An der Hand der Wahlprüfungs-Verhandlgn. d. Reichstages 1887—1890 nachgewiesen. gr. 8. (58 S.) Ebd. 890. n. —60

Wacker, Thdr., d. besteh. Wahlkreis-Eintheilung m. d. indirekten Wahlsystem zur II. Kammer, e. schreiende Ungerechtigkeit u. e. unerträgl. Mißstand. Auf Grund d. thatsächl. Verhältnisse dargest. 8. (II, 68 S.) Offenburg 894. (H. Haßler.) n.n. —50

— wer fördert die Umsturzbestrebungen? Wer hat der Sozialdemokratie bei Wahlen direkte u. indirekte Hilfe geleistet? Auf Grund der thatsächl. Verhältnisse festgestellt. (XXXII, 180 S.) gr. 8. Ebd. 900. n. 1.70

— wer gefährdet in Baden die Interessen u. Rechte der Krone? Unter Vorführg. einwandfreier nationalliberaler Zeugen beantwortet. Schattenbilder aus der Geschichte der nationalliberalen Partei Badens, nebst Streiflichtern auf die Kirchenpolitik der „neuen Aera". (XLVIII, 376 S.) gr. 8. Freiburg i/B. 899. Herder. n. 2.50

Wacker, Thdr., wer sucht bei uns in Baden die Einführung der direkten Wahl zu verhindern? Auf Grund der Verhandlgn. der 2. bad. Kammer von 1869—1899 beantwortet. 2. Aufl. (59 S.) gr. 8. Freiburg i/B. 899. Herder. n. — 35

— wie stellt sich die sozialdemokratische Presse zu dem, was dem gläubigen Christen vor Allem heilig ist? Ein Mahn- u. Weckruf f. alle im Lande, welche nicht haben wollen, daß Gottesglaube u. Christenthum aus der menschl. Gesellschaft verschwinden. 8. (II, 96 S.) Offenburg 893. (Freiburg i/B., Literar. Anstalt.) n.n. —50

Wacker, Th., die Centrums-Partei, deren Lage u. Aussichten bei den Landtags-Wahlen in Baden. 8. (22 S.) Freiburg i/Br. 889. (Herder.) n. —30

Was müssen die Evangelischen Männer- und Jünglings-Vereine tun, wenn sie bei dem von allen Seiten um die Jugend geführten Kampf nicht ins Hintertreffen geraten wollen? Ein Referat geh. ... von W[ilhelm] M. Wacker. Mit Vorw. von Konsist.R. [Franz] Streetz-Breslau. Breslau: G. Kauffmann (1907). (20 S.) 8° [F.] [07. 9193]

Wacker-Bard, s. Wackerbarth

Wacker, Fr., Grundlinien zu einer Steuereinrichtung in Preußen. 8. Berl. 818. Maurersche Buchh. 12 gGr.

Wackerbarth, Graf, der Britten erste Heerfahrt gen China. Zum 400jähr. Jubelfeste d. Erfind. d. Buchdruckerkunst. gr. 8. (1 B.) Leipzig 840. (Wackerbartsruhe, Verf.)

v. Wackerbarth, Graf Aug. Jos. Ldw., ein Blick auf das Leben des J. E. F. Frhrn. v. Wackerbarth in Kogell. 4. ... 794.

— Denkmal der Gräfin Lina v. Oertzen. 4. Leipz. 794.

— die Eroberung v. Sibirien. 4. Wien 796. Alberti. 12 gr.

— der erste Feldzug der osmanischen Türken auf europäischen Boden. Fol. Hamb. 819. Herold. 18 gr. (Aue in Altona). 8 gr.

— die früheste Geschichte d. Türken bis zur Vernichtung des byzantinischen Kaiserthums, od. bis zur Eroberung Constantinopels im Jahre 1453. Dann fortgeführt bis z. Tode Kaiser Muhamed's II. i. J. 1481. Fol. Hamb. 822. (Herold jun.) 18 ß 16 gr. bei Helwing in Hannov. Hbg. Pr. 5 ß bei Nestler u. M. in Hamb. 2 ß 8 gr. Schreibp. 3 ß 8 gr.

— merkwürd. Geschichte des weltberühmten Gog u. Magog. Fol. Hamb. 820.

— die Geschichte d. letzten großen Revolution von China im Jahre 1644. Fol. Hamb. 821. (Herold). 5 ß 12 gr.

— die Geschichte der großen Teutonen. Mit d. Bildniß des Verf. Fol. Hamb. 821. (Hoffmann u. Campe). 17 ß 8 gr. Hbg. Pr. 4 ß

— drei Königinnen. 4. Leipz. 795. Gr. Fleischer. 8 gr.

— Leben Alexanders I., s. Versuch.

— Morgenblicke in die Leipziger Allee. 8. Berl. 793. ... 4 gr.

Wackerbarth, v., Morgenblicke in die Leipziger Allee. 8. Leipz. (Gabler in Jena) 793. — 4

— Parallele zwischen Leopold II. u. Albrecht II. 8. Leipz Beer. (Graffé in Weißenf.) 798.

v. Wackerbarth, A. J. L. Parallele zwischen Peter dem Grossen und Karl dem Grossen. (276) 8. Göttingen 1792.

— Parallele zwischen Peter dem Großen u. Karl d. Großen. gr. 8. Götting. 792. (Röwer). 16 gr.

— s. Jos. Priestley, Vorlesf. üb. schriftl. u. mündl. Vortr.

— Reclamationen. 4. Hamb. 815. Verfasser.

s.a. Rheinreise

Wakkerbart, Aug. Jsf Ldwg v., Rheinreise. Halberstadt 1794. 8. . . . . (D.)

v. Wackerbarth, Graf Aug. Jos. Ldw., Schilderung des Kaisers Aurengzeb. 8. Leipz. 794. Grieshammer. 6 gr.

— Vergleichung zwischen Hakem u. Nero. 8. Götting. 793.

v. Wackerbarth, Aug. Jos. Ludw. Versuch einer kurzen Lebensbeschreibung Alexanders I., Kaiser von Russland, König von Polen. 8. Dresden und Leipzig 1826.

— Walhalla, oder: wunderbare Begebenheiten außerordentlicher Menschen. (16 Heft. Mit d. Bildniß des Verfass.) gr. 8. Dresd. 829. Walther. 16 gr. (bei Schuberth u. N. in Hamb.) 12 gr.

— Walhalla, oder: Wunderbare Begebenheiten außerordentlicher Menschen. Mit 1 Kpfr. gr. 8. Hamb. 829. Niemeyer. 1/3 ß

— vergleich. Züge zwischen Ant. Raph. Menge u. Sir Josua Reynolds. gr. 8. London 794.

— Zuruf an den sich zu Wien bildenden Congreß. Fol. Hamb. 815. Verfasser.

[F.] Wackerbauer, Joseph: Das kaufmännische Retentionsrecht nach dem Deutschen Handelsgesetzbuch ... Straubing, C. Attenkofer'sche Buchdr., 1891; 38 S. 8.
Erlangen, Jur. Fak., Inaug.-Diss. v. 1891

v. Wackerfeld, Jgn., s. Wirker.

Wackerhagen, E., s.: Albret-Miossens, S. Baronin v., Tagebuch aus den J. 1548 bis 1572.

Wackerhagen, Emma, Vittoria Colonna, eine Lebensskizze. Mit einem Vorworte von Heinr. Thiele. 16. (X und 108 S. mit dem Portr. der Vittoria Colonna nach einer Medaille in Kpfrst.) Halle 861, Mühlmann. 15 Ngr.; geb.

Wackerhagen, Emma, auf den Wellen. Eine Erzählung. Halle 868. Mühlmann. 8. (197 S.) 21 ngr

Wackerhagen, Joh. Karl Chr.

— s.a. Aphorismes politiques touchant les affaires du temps.

Wackerhagen, I. C. C., Aphorismes politiques touchant les Affaires du tems, tirés du Portefeuille d'un homme d'Etat. 8. Hannov. Hahn. 795. — 10

Wackerhagen, Jh. Karl Chr., comment. de differentia comitiorum vivo imperatore interregnoque durante. 4. Götting. 791. Vandenhöck u. R. 6 gr.

— e. Erläuterungen zu von Bülow's Bemerkungen die hannövrische Justizverfassung betreffend. 8. Hannov. 808. Hahn. 6 gr.

Johannis-Geschenk für Freimaurer von [Jo. Karl Chri.] **Wackerhagen.** [Hannover: Hahn] 1805. XII, VI, 188 S. 8°.
Kl. 566. Reden u. Gedichte.

— Johannisgeschenk f. Brüder Freimaurer. 12. o. O. (Hannov.) 805. Hahn. 20 gr.

— commentatio de principiis et limitibus obligationis libror. ad facta parentum praestanda d. 4. Juni 1790 ad praem. 4maj. Götting. 790. Dieterich. 6 gr.

— über die Verbindlichkeit deutscher Unterthanen zur persönlichen Leistung von Kriegsdiensten. 8. Wetzlar 793. (Hahn in Hannov.) 8 gr.

Wackerhagen, J. K. Ch.: „Ueber die Verbindlichkeit teutscher Unterthanen zu persönlicher Leistung von Kriegsdiensten", Wetzlar 1793 (Winckler).

— s.a. Versuch eines Beweises, daß die Kaiserin von Rußland . . .

Wackerhagen, J. C. Chrstn.: Versuch e. Beweises, dass d. Kaiserin v. Russland d. Westphäl. Frieden wol. garantiren könne, noch dürfe, nebst ein. Bemerkk. üb. d. neuesten Weltbegebenheiten. *s. l.* 794. 8.

Wäckerle, Hyazinth

Wäckerle, Hyazinth, Gau! Stau! Bleiba lau! Gedichte in schwäb. Mundart. gr. 16. (135 S.) Augsburg 875. Lampart & Co. n. 2. —; geb. m. Goldschn. n.n. 3. —

Wäckerle, Hyazinth, Nägelastrauß. Neue Gedichte in schwäbischer Mundart. 16. (232 S.) Augsburg 881. Lampart & Co. cart. n. 1. 20; geb. n. 2. —

—— bis auf's Würzele. Gedichte in schwäb. Mundart. 2., gänzlich umgearb. und sehr verm. Aufl. von „Gau! Stau! Bleiba lau!" 16. (151 S.) Augsburg 879, Lampart und Comp. cart. *

Wäckerling, Johannes, von Regenstorf [Kt. Zürich]: Ueber die giftigen Pflanzenalkaloide in gerichtlicher Beziehung. Zür. Orell Füssli Cie Dr. 1860. 22 S., 2 Taf., 1 Bl. 8°
Zürich, Med. Diss. v. 7. März [1860].

Wäckerling, (Bezirks-Arzt), über Torf, dessen Entstehung und Wiedererzeugung. 8. Zürich 839. Orell u. Comp. 1/6 rℓ

— Dass., s.a. Wäkerling

Wackermann, Warnung d. Apostels Pauli vor d. Parforcephilosophie. 4. Jena, Ritter. 745. — 3

Wackermann, Chr., die Erlernung und Befestigung des Einmaleins. Uebungsaufgaben zur gründlichen Vorbereitung für die Multiplication und Division. 2. Stufe des elementar. Rechnens. 2. Abthl. 8. (20 S.) Quedlinburg 858, Franke. *
Die 1. Abthl. erscheint später.

Wackermann, Fr. W., 36 Jahre auf dem Harze! Landwirthschaftliche Erfahrungen. gr. 8. (III, 194 S.) Eisleben 869, G. Reichardt. cart. * 2 —

Wackermann, G. O. F., Dialogus qui de oratoribus inscribitur quo iure Tacito abiudicetur. Diss. 1894. 43 S. 5.—

Wackermann, Karl

Wackermann, C., Charakteristik von 80 der gebräuchlichsten homöopathischen Medikamente zur Anwendung in der Familie u. am Krankenbette. Ein Handbuch f. jeden Anhänger der Homöopathie, zusammengestellt auf Grund der bekanntesten homöopathischen Arzneimittellehren. Mit e. Anh. üb. erste Hülfe bei plötzl. Unglücksfällen. gr. 16. (121 S.) Berlin-Schöneberg 902. C. Wackermann. Geb. in Leinw. n.n. 2. —

Wackermann, Otto Burghart II. von Halberstadt, der Führer der Sachsen in den Kriegen gegen Heinrich IV. 54 S. *Biedenkopf* 1878. **Progr.**

Wackermann, über das Lectisternium. 4. (28 S.) Hanau 888. (Leipzig, Fock.) * 1 —

Wackermann, Otto, d. Geschichtschreiber P. Cornelius Tacitus, s. a. Gymnasial-Bibliothek, Hft. 28.

[ß.] Der Geschichtschreiber P. Cornelius Tacitus. Von Dr. Otto **Wackermann**, Prof. ... in Hanau. *Gütersloh: C. Bertelsmann 1898.* (94 S., 1 Bl.) 1 Bd 8.
= Gymnasial-Bibliothek. H. 28. 98. 225

Wackermann, Otto, Übungsstücke im Anschluß an Sallusts Jugurthin. Krieg, s.: Übungsstücke zum Übersetzen aus dem Deutschen ins Lateinische. 6. Hft.

Wackermann, Otto: Verzeichnis der Lehrer und Abiturienten des Königlichen Gymnasiums zu Hanau aus den Jahren 1858 bis 1907. Hanau 1908: Waisenhaus-Buchdr. 27 S. 4°
Hanau, k. G P 1908 (514) [S 08. 506

Wackermanns, Sebastian, eines Landpredigers, zu Groß- u. Klein-Blumenthal, Leben, m. K. 2 Thle. 8. Cöthen, Aue. 803. Rthlr.

Wackernagel, Philipp, nach seinem Leben und Wirken für das deutsche Volk und die deutsche Kirche, s. Schulze, L.

Wackernagel, Wilhelm. O. O. [1870]. V: *Vetter, Ferdinand.* (Cat. d. Stadtbibl. Zürich. Zürich 1864—97.)

Wackernagel. Wilhelm W' (1806–[1869]). [Necrolog.] (SA.) 8. Halle 1870.

Wackernagel: Bemerkungen z. geom. Bezeichnungsmethode. 6 S. Elberfeld R., Progr. 1856

Wackernagel, E., Temperament u. Erziehung. Vortrag im Evangel. Verein geh. 8. (46 S.) Berlin 882. Hugo Rother. n. — 60

Wackernagel, Ernst, „für Euch!" Beicht- u. Abendmahlsreden als e. Handreichg. f. das geistl. Amt u. die Privaterbaug. 8. (XXII, 188 S.) Leipzig 876. J. Naumann. n. 2. —

— das christliche Jahr im Lichte d. Psalmwortes. Bevorwortet von Adf. v. Harleß. gr. 8. (XI, 330 S.) Erlangen 872. Deichert. n. 2. 40

Wackernagel, J., De pathologiae veterum initiis. Diss. 1876. 60 S.

Wackernagel, Jak., Beiträge zur Lehre vom griech. Akzent. Progr. (39 S.) Lex. 8. Basel 893. Leipzig, C. Beck. 2. —

Wackernagel, Jakob: Vermischte Beiträge zur griechischen Sprachkunde. Programm zur Rektoratsfeier der Universität Basel. Basel 1897. 64 S. 4°.
Basel. Univ.-Schr. 1897/98.

Wackernagel, J., das Dehnungsgesetz der griechischen Composita. gr. 4. (IV, 66 S.) Basel 889. [Schneider.] Geering. n. 1. 80

— s.: Forschungen zur griechischen u. latein. Grammatik.

Wackernagel, J., Ueb. d. Geschichte d. historischen Infinitivs. S.-A. 1887. 7 S. 4°

Altindische Grammatik von Jakob **Wackernagel**. 1. Göttingen: Vandenhoeck & Ruprecht 1896. 8°
= [**Sammlung**, Göttinger, indogerman. Grammatiken.] [1,]1. 106. 14801

Wackernagel, Jak., altindische Grammatik. I. Lautlehre. gr. 8. (LXXIX, 343 S.) Göttingen 896. Vandenhoeck & Ruprecht. n. 8. 60; geb. in Halbfrz. n. 10 —

Wackernagel, Jacob. Altindische Grammatik, von Jakob W'. (Band) 2, 1. (Hälfte): Einleitung zur Wortlehre; Nominalkomposition. XII + 329 S. 8. Göttingen, Vandenhoeck & Ruprecht, 1905. (M. 8. —, geb. 9. 40)

— s.: Grundriss der indo-arischen Philologie u. Altertumskunde.

Wackernagel, Jacobus: Hellenistica: Gottingae (1907): Dieterich. (28 S.) 8°
Göttingen, Progr. zur akadem. Preisverteilung 1907

— Hellenistica. Progr. (28 S.) Lex. 8. Göttingen (907). (Vandenhoeck & Ruprecht.) nn — 50

— s.: Literatur u. Sprache, die griechische u. lateinische.

Wackernagel, J., Miscellen zur griech. Grammatik. (Die Präposition οὕνεκα. — αὐθάδης — ἐννέα. — Zum Pronomen. — Die Desiderativa auf -σείω.) S.-A. 1884. 36 S.

Wackernagel, Jacobus: **Studien zum griechischen Perfektum.** *Gottingae (1904): Dieterich.* (24 S.) 8°
Göttingen, Progr. zur akadem. Preisverteilung 1904

Wackernagel, Jacob. Studien zum griechischen Perfektum. 24 S. 8. Gottingae, Vandenhoeck et Ruprecht, 1904. [M. —.50]

Ad Praemiorum ... publicam renuntiationem ... die 4 mensis Junii a. 1904 ... invitant Universitatis Georgiae Augustae Prorector et Senatus. Commentationem ... praemisit Jacobus W'.

—— Das Studium des klassischen Altertums in der Schweiz. Rektoratsrede. 8. (54 S.) Ebd. 890. * 1 —

Wackernagel, Jak., das Studium des klassischen Altertums in der Schweiz. Rektoratsrede, geh. zu Basel am 13. Novbr. 1890. gr. 8. (54 S.) Basel 891. A. Geering. n. 1. —

Wackernagel, Jacob, über den Ursprung des Brahmanismus, s.a. Vorträge, öffentliche, gehalten in der Schweiz.

Wackernagel, Jacob. Ueber den Ursprung des Brahmanismus. Vortrag, gehalten zu Basel am 17. November 1876. (Oeffentliche Vorträge. Bd. 4. Heft 8.) Basel 1877. 35 S. 8°.

Mahnungen zum Fleisse: Ich gehe in die Loge. [Von Joh. Gottfr. **Wackernagel.**] Bern 1881: Haller. 8 S. 8° [Umschlagtit.]
Aus: °Al. 1881 No 19.
Abgedr. in: Bh. 24 (1881) S. 409—411; FZ. 35 (1881) S. 363—365; L. 4 (1881) S. 197—199; SL. 2 (1882) S. 14—18.
Tt. 2231. Aufforderung zum fleissigen Logenbesuch.

Wackernagel, K. E. P., s. Wackernagel, Philipp Karl Eduard

Wackernagel, Karl Heinr. Wilh., s. Wackernagel, Wilhelm

Wackernagel, Martin, a. Basel: Darstellung und Idealisierung höfischen Lebens in den Holzschnittwerken Kaiser Maximilians I. ⟨Kap. 3.⟩ (Berlin 1905: G. Schade.) (40 S.) 8° ¶(Ersch. vollst.)
Berlin, Phil. Fak., Ref. Wölfflin, Kekule v. Stradonitz, Diss. v. 19. Juli 1905
[Geb. 2. Jan. 81 Basel; Heimatsort: Basel; Staatsangeh.: Schweiz; Vorbildung: Gymn. Basel Reife O. 99; Studium: Genf 1, Basel 3, Berlin 2, Göttingen 2, Berlin 2 S.; Rig. 13. Juli 05.]

Wackernagel, Martin, Dr.: Die apulische Skulptur um die Mitte des XI. Jahrhunderts. (Kap. 1.) Halle a. S. 1909: Kaemmerer. 37 S. 8° ¶(Ersch. vollst. u. d. T.: Studien z. Geschichte d. Plastik d. XI. u. XII. Jhs. in Apulien, in: Bibliothek d. Kgl. Preuß. Histor. Inst. in Rom.)
Halle, Phil. Hab.-Schr. v. 29. April 1909 [U 09. 1725

Wackernagel, [Paul]: Geschichte d. Barbara-Kirche. *Breslau 1898.*
in: St. Barbara in Breslau. [98. 5161

Wackernagel, [Paul]: Verzeichnis d. Epitaphien u. Bildwerke, ihrer Inschriften u. Wappen. *Breslau 1898.*
in: St. Barbara in Breslau. [98. 5161

Wackernagel, Philipp Karl Eduard

Wackernagel, K. E. P., Auswahl deutscher Gedichte f. höh. Schulen. gr. 8. (33 B.) Berlin 832, Duncker u. Humblot. 1 Thlr. 12 Gr., f. Pap.

Wackernagel, K. E. Phil., Auswahl deutscher Gedichte f. höh. Schulen. 2., verm. Ausg. gr. 8. (34 B.) 836. u. 3., verm. A. Lex.-8. (35¼ B.) Berlin 838, Duncker u. Humblot. à * Thlr.

Wackernagel, Phil., Auswahl deutscher Gedichte für höhere Schulen. 5., verb. Aufl. Lex.-8. (XL und 538 S.) Berlin 858, Duncker und Humblot. *

Wackernagel, Phpp., Auswahl deutscher Gedichte nach den nationalen metrischen Formen derselben für höhere Schulen und weitere gebildete Kreise. 6. Aufl. 1872, und 7. verm. Aufl. gr. 8. (XXXII, 476 S.) Altenburg 874, Pierer. * 4 50

Wackernagel, Phil., Beiträge zur niederländischen Hymnologie. 1. Heft. A. u. d. T.: Lieder der niederländischen Reformierten aus der Zeit der Verfolgung im 16. Jahrh. hoch 4. (XVI und 209 S.) Frankfurt a. M. 867, Heyder und Zimmer.

Wackernagel, Phil., Bibliographie zur Geschichte des deutschen Kirchenliedes im XVI. Jahrhundert. br. Lex.-8. (XI und 718 S.) Frankfurt a. M. 855, Heyder und Zimmer. *

Wackernagel, Phpp., über die ersten und letzten Dinge. Naturwissenschaftlich-theolog. Betrachtung. gr. 8. (53 S.) Leipzig 878. J. Naumann. *

Wackernagel, (C. E.) Phil., Edelsteine deutscher Dichtung und Weisheit im XIII. Jahrhundert. Ein mittelhochdeutsches Lesebuch zusammengestellt und mit einem Wörterbuch versehen. gr. 8. (XXXVI und 353 S.) Erlangen 851. [Frankfurt a. M.,] Heyder und Zimmer. *

—— Edelsteine deutscher Dichtung und Weisheit im XIII. Jahrhundert. Ein mittelhochdeutsches Lesebuch zusammengestellt und mit einem Wörterbuch versehen. 2., verb. und verm. Aufl. gr. 8. (XXXVI und 312 S.) Frankfurt a. M. 857, Heyder und Zimmer.

—— **Edelsteine deutscher Dichtung und Weisheit im 13. Jahrhundert. Ein mittelhochdeutsches Lesebuch zusammengestellt und mit einem Wörterbuche versehen. 3., verb. Aufl. gr. 8. (XXXVI und 312 S.) Frankfurt a. M. 865, Heyder und Zimmer.** *

Wackernagel, Phpp., Edelsteine deutscher Dichtung und Weisheit im 13. Jahrh. 4. Aufl. Lex.-8. Frankfurt a. M. 874. Gütersloh, Bertelsmann. * 6 —

—— Edelsteine deutscher Dichtung und Weisheit im 13. Jahrhundert. Ein mittel-hochdeutsches Lesebuch zusammengestellt und mit einem Wörterbuche versehen. 4. verb. Aufl. Lex.-8. (XXXVI, 312 S.) Frankfurt a. M. 874, Heyder und Zimmer. * 6 —

—— die goldene Fibel. 2. unveränd. (Titel-)Aufl. gr. 8. (XIV, 112 S. mit eingedr. Holzschn.) Wiesbaden (863)69, Niedner. cart. 3 —

— s. Gerhardt's, P., geistl. Lieder.

Wackernagel, Phil., kleines Gesangbuch geistlicher Lieder für Kirche, Schule und Haus. gr. 16. (VIII und 224 S.) Stuttgart 860, S. G. Liesching. * 18 Ngr.; cart. Thlr. * in Leder geb. *

—— Handbuch deutscher Prosa. Lex.-8. (38 B.) Berlin 837, Geo. Reimer. *

—— das deutsche Kirchenlied v. M. Luther bis auf Nicol. Herman u. Ambros. Blaurer. 2 Abthln. Lex.-8. (58¼ B.) Stuttgart 841, S. G. Liesching. *

—— das deutsche Kirchenlied von der ältesten Zeit bis zu Anfang des 17. Jahrh. Mit Berücksichtigung der deutschen kirchl. Liederdichtung im weiteren Sinne und der latein. von Hilarius bis Geo. Fabricius und Wolfg. Ammonius. 1.—20. Lfg. Lex.-8. [1. Bd. (XXV und 897 S.) 2. Bd. (LX und 1195 S.)] Leipzig 862—67, Teubner. à Lfg. * 20 Ngr. *

—— das deutsche Kirchenlied von der ältesten Zeit bis zu Anfang des 17. Jahrh. Mit Berücksicht. der deutschen kirchl. Liederdichtung im weiteren Sinne und der latein. von Hilarius bis Geo. Fabricius und Wolfgang Ammonius. [In 59 Lfgn.] 21.—49. Lfg. Lex.-8. (3. Bd. XXII, 1312 S.; 4. Bd. XXIV, 1184 S.; 5. Bd. S. 1—480.) Leipzig 868—75, Teubner. à Lfg. * M. 2. * 58 —
1.—20. Lfg. Ebendas. 1864—67. 1. Bd. * M. 16.; 2. Bd. * M. 24.

—— das deutsche Kirchenlied von der ältesten Zeit bis zu Anfang des 17. Jahrh. Mit Berücksicht. der deutschen kirchl. Liederdichtung im weiteren Sinne und der latein. von Hilarius bis Georg Fabricius und Wolfg. Ammonius. 50.—59. (Schluß-) Lfg. Lex.-8. (5. Bd. VI, S. 481—1417.) Leipzig 875—77, Teubner. à Lfg. * M. 2. *
1.—49. Lfg. Ebendas. 1864—75. * M. 2.; compl. * M. 118.

Wackernagel, C. E. Phil., deutsches Lesebuch. 1—3. Thl. 1—3. unveränd. Abdruck. gr. 8. (49 1/4 B.) Stuttgart 843, S. G. Liesching, Verl. à * 15 Ngr. *

—— dass. 4. Thl., f. Lehrer. A. u. d. Ttl.: Der Unterricht in der Muttersprache. gr. 8. (7 1/4 B.) Ebds. 843. *

— Deutsches Lesebuch. (In 4 Thln.) 1. Thl. 9. unveränd. Abdr. gr. 8. Stuttgart 849, S. G. Liesching. — 10. unveränd. Abdr. gr. 8. Ebd. 850. — 11. durchgeseh. Abdr. gr. 8. Ebd. 851. — 2. Thl. 8. unveränd. Abdr. gr. 8. Ebd. 849. — 9. unveränd. Abdr. gr. 8. Ebd. 850. — 11. durchgeseh. Abdr. gr. 8. Ebd. 851. — 3. Thl. 6. unveränd. Abdr. gr. 8. Ebd. 850. — 7. durchgeseh. Abdr. gr. 8. Ebd. 851. — 4. Thl., f. Lehrer. A. u. d. T.: Der Unterricht in der Muttersprache. Neue durchgeseh. Aufl. (VIII u. 110 S.) Ebd. 851. (à n. 1/2 ℛ) 4 Thle. n. 2 ℛ

—— deutsches Lesebuch. 1. und 2. Thl. 11. durchgeseh. Abdr. und 3. Thl. 7. durchgeseh. Abdr. gr. 8. (XXIV und 760 S.) Stuttgart 851, S. G. Liesching. à Thl. * 15 Ngr. *

— deutsches Lesebuch. In 3 Thln. 1. Thl. 12—20. durchges. Abdr. — 2. Thl. 12—19. durchges. Abdr. — 3. Thl. 8—12. durchges. Abdr. Stuttgart 853—58. S. G. Liesching. gr. 8. (VI, 247; VI, 260; VI, 253 S.) Jeder Thl. n. 15 ngr.

— deutsches Lesebuch. 1. Thl. 21—26. Abdr. — 2. Thl. 20—25. Abdr. — 3. Thl. 13—16. durchges. Abdr. Stuttgart 859—63. S. G. Liesching. gr. 8. (VIII, 247; VIII, 260; VIII, 235 S.) Jeder Thl. n. 15 ngr.

—— deutsches Lesebuch. 1. Tl. 26. Abdr., 2. Tl. 25. Abdr. und 3. Tl. 16. Abdr. gr. 8. (VII und 247 S.: VII und 260 S.; VII und 253 S.) Stuttgart 863, S. G. Liesching. [Gütersloh, Bertelsmann.] à Tl. * 15 Ngr. *

—— dass. — 4. Tl., für Lehrer. A. u. d. T.: Der Unterricht in der Muttersprache. 3. Aufl. gr. 8. (VII und 110 S.) Ebendas. 863. *

—— deutsches Lesebuch. 3 Thle. (Nach drei Altersstufen.) Neue, durchgesehene Abdrücke. (I. 36. Abdr. II. 35. Abdr. III. 24. Abdr.) gr. 8. Gütersloh 873, Bertelsmann's Verlag. à Thl. 1 50
4. Thl. Für Lehrer. Ebendas. 1863. M. 1,50.

Wackernagel, Phpp., deutsches Lesebuch. In neuer Bearbeitung hrsg. von E. Sperber und J. G. Zeglin. [Neue Orthogr.] 3 Thle. gr. 8. Gütersloh 882, Bertelsmann. [1. und 2. Thl. (XIV, 256; XII, 258 S.) à * M. 1,60.; 3. Thl. (XVI, 312 S.) * M. 2.] * 5 20

Wackernagel, Philipp. Deutsches Lesebuch. In neuer Bearbeitung hrsg. v. E. Sperber u. J. G. Zeglin. 3 Tle. gr. 8. Gütersloh 890, Bertelsmann. [I. 40. resp. 4. Aufl. (XIV, 256 S.) * 1 60; geb. * 2 —; II. (XII, 258 S.) * 1 60; geb. * 2 —; III. 28. resp. 3. Aufl. (XVI, 312 S.) * 2 —; geb. * 2 50.] * 5 20; geb. * 6 50

—— dass. — 4. Tl., f. Lehrer: Der Unterricht in der Muttersprache. 4. Aufl. 8. (VI, 119 S.) Ebd. 889. * 1 60

Wackernagel, Philipp, deutsches Lesebuch. In neuer Bearbeitg. hrsg. v. E. Sperber u. J. G. Zeglin. (In der neuen Rechtschreibung.) 3. Tl. 4. verb. Aufl. (XVI, 312 S.) 8. Gütersloh 903. C. Bertelsmann. n. 2. —; geb. n. 2. 50

— acht deutsche Lieder zum Singen und Sagen bei der 50jährigen Gedächtnißfeier der Leipziger Schlacht am 18. Octbr. 1863. Mit einer Anweisung u. einem Gebet. Dresden 863. Gaber. gr. 8. (24 S. m. Holzschn.) n. 5 ngr.

Dass., s.a. Wackernagel, Wilhelm

Wackernagel, Phil. Die parallelflächige Pemptaedrie des fünfgliedrigen Granatoeders. 16 S. 2 Figt.
Elberfeld, Progr. 1856

Wackernagel: Über die Pemptoëdrie der fünfgliedrigen Leuzitoëder. 28 S. 3 Figt. Elberfeld R., Progr. 1854.

—— Trösteinsamkeit in Liedern, s.a. Trösteinsamkeit.

—— Trösteinsamkeit in Liedern. 3., verm. Aufl. 16. (XX und 416 S.) Frankfurt a. M. 858, Heyder und Zimmer. *

—— Trösteinsamkeit in Liedern. 4., verm. Aufl. gr. 16. (XX und 432 S.) Frankfurt a. M. 867, Heyder und Zimmer. *

WACKERNAGEL, Philipp. — Trösteinsamkeit in Liedern. Gesammelt von —. 2. Aufl. Erlangen 1871. 8°.

Wackernagel, Phpp., Trösteinsamkeit in Liedern. Gesammelt v. Ph. W. 5. verm. Aufl. Mit e. Aquarell v. Herm. Schaper. 12. (472 S.) Hannover 884. Meyer. geb. m. Goldschn. n. 5. —

Wackernagel, Ph.: Ueber die Zerlegung des Isocaëdes in 5 Tetraëder; mit einer mineralog. Beilage. (In dem Berichte über die Real- und Gewerbeschule zu Elberfeld.) 1851. 4°. Mit einer Fortsetzung. 1853.

Wackernagel: Über die Zerlegung des Isosaëders in fünf Tetraëder. 8 S. 3 Figt. Elberfeld R., Progr. 1852.

Wackernagel, Rudolf (Hrsg.), s. Acten der Basler Revolution 1798.

Wackernagel, Rud.: Über Altertümersammlungen, s.a. Jahresberichte und Rechnungen des Vereins für das historische Museum und für Erhaltung Baslerischer Altertümer.

Wackernagel, Rudolf. Über Altertümersammlungen. Festrede, gehalten bei der Eröffnung des Historischen Museums Basel... am 21. April 1894. [Mit 1 Illustration und 3 Tafeln. A.] 4. (Basel 1894.)

Wackernagel, Rudolf. Schloss Angenstein. [Mit 2 Vignetten. SA.] 8. [Basel 1891.]

Wackernagel, Rudolf. Basels Anteil an der Burgunderbeute. [Mit 1 Vignette. SA.] 8. [Basel 1894.]

Neujahrsblatt, 71., herausgegeben von der Gesellschaft zur Beförderung des Guten u. Gemeinnützigen. 1893. *Wackernagel, R.*, Die Stadt Basel im dreizehnten u. vierzehnten Jahrhundert. M. 1 Lichtdr. u. 1 Karte. In-4°. 64 S. Basel (H. Georg). 1892. 1 —; M. Goldschn. 1 50

Wackernagel, Rudolf. Die Stadt Basel im dreizehnten und vierzehnten Jahrhundert. (Mit [1 Illustration, 1 Tafel und] einer Karte der Oberrheinischen Gebiete im Jahre 1392 [samt Legende], bearb. von Johannes Bernoulli.) Njbl. Basel 1893. 4. Basel 1892.

s.a. Beiträge zur Geschichte des Basler Münsters . . . Basel.

Wackernagel, Rudolf. Beiträge zur Geschichte des Basler Münsters, herausgegeben vom Basler Münsterbauverein. I: Die Restauration von 1597. In-8°, 39 S. Basel, Benno Schwabe. 1881.

Wackernagel, Rudolf. Beitrage zur geschichtlichen Topographie von Klein-Basel. [Mit 2 Vignetten und 1 Plan.] *Aufdruck:* Separatabdruck aus dem historischen Festbuch zur Basler Vereinigungsfeier 1892.) gr.-8. [Basel 1892.]

Wackernagel, Rud., das Bergwirtshaus. Erzählg. 12. (72 S.) Basel 898. (R. Reich.) n. 1. 20

Wackernagel, Rudolf. Schloss Bottmingen. [Mit 1 Illustration. SA.] 8. [Basel 1890.]

Wackernagel, Rudolf. Der Basler Bund 1501. Cantate von Rudolf Wackernagel, Musik von Hans Huber für Soli, Chor, Doppelchor und Orchester, aufgeführt durch den Gesangverein und die Basler Liedertafel im Musiksaal ... November 1901 ... unter Leitung des Componisten. 20 S. 8. Basel, Emil Birkhäuser.

Wackernagel, Rudolf. Der Basler Bund 1501. Festspiel zur Gedenkfeier 1901. (*Umschlag:* Basler Bundesfeier. Festspiel von Rudolf Wackernagel, Musik von Hans Huber. Offizielles Textheft. [Umschlagszeichnung von] Franz Baur.) 80 S. 8. (Basel, Buchdr. Wackernagel, 1901.) (fr. —. 50)

s. Burckhardt-Finsler, Albert, und Wackernagel, Rudolf.

Wackernagel, Rud., s.: Concilium Basiliense.

(Wackernagel, Rudolf.) Denkschrift zur Feier der Enthüllung des Strassburger Denkmals in Basel. Hrg. vom Regierungsrat des Kantons Basel-Stadt (°*Nachtitel:* Die Unterstützung der Stadt Strassburg durch die Schweiz im Kriegsjahr 1870. Von R' W'.) [Mit 2 Vignetten.] gr.-8. Basel 1895.

Wackernagel, Rudolf. Die Erhaltung vaterländischer Altertümer in Basel. [SA.] 8. [Basel 1888.]

Wackernagel, R., siehe: *Festbuch.*

— Klein-Basler Gedenkfeier 1392—1892. Festspiel. Offizielles Textheft. 12. (40 S.) Basel 892. (B. Schwabe.) n. — 40

Wackernagel, Rudolf. Geschichte des Barfuesserklosters zu Basel. [Mit 1 Illustration und 1 Tafel.] (*Aufdruck:* Aus dem Festbuch zur Eröffnung des Historischen Museums.) gr.-8. (Basel 1894.)

Wackernagel, Rudolf. Zur Geschichte Basels im dreizehnten Jahrhundert. [SA.] 8. [Basel 1889.]

Wackernagel, Rudolf. Geschichte der Stadt Basel. Band 1. ([Mit] Buchschmuck von Burkhard Mangold [und einem] Plan des mittelalterlichen Basel.) XVI + 646 S. 8. Basel, Helbing & Lichtenhahn, 1907. [fr. 18. —, geb. 20. —; auch in 10 monatl. Lieferungen à 1. 80]

Wackernagel, Rud., Geschichte der Stadt Basel. 1. Bd. u. 2. Bd. I. Tl. gr. 8. Basel, Helbing & Lichtenhahn. 28. 90
I. (XV, 646 S. m. 1 Plan.) 907. 14. 50
II, 1. (Buchschmuck v. Burkhard Mangold.) (XI, 533 u. 95 S.) 911. 14. 40

Wackernagel, R., Geschichte u. Beschreibung d. Rathauses zu Basel, s.: Burckhardt, A.

Wackernagel, Rud., s.: Jahrbuch, Basler.

— Sanct Jacob. Schauspiel. 8. (84 S.) Basel 894. R. Reich. n. 1. 20

[Wackernagel, Rudolf.] Miscellen. [Hrg. von R' W'.] (1. Fest in Basel zu Ehren der Geburt des Königs von Rom 1811. — 2. Widerspänstige Quartiergeber 1815.) [Mit 1 Vignette. SA.] 8. [Basel 1890.]

Wackernagel, Rudolf. Mitteilungen aus der Geschichte der Safranzunft zu Basel. Den Zunftgenossen zu Safran gewidmet zur Eröffnung des neuen Zunfthauses am Aschermittwoch, 12. Februar 1902. [Mit 4 Ansichten auf 3 Tafeln.] II + 32 S. 8. Basel, Emil Birkhäuser, 1902. [fr. 1. 25]

Wackernagel, Rud. — Rechnungsbuch der Froben u. Episcopius, Buchdrucker und Buchhändler zu Basel, 1557—1564. Herausgegeben durch Rudolf Wackernagel, Staatsarchivar in Basel. In-8°, VII und 150 S. Basel, Benno Schwabe. 12 — 1881.

— s.: Repertorium des Staatsarchivs zu Basel.

Wackernagel, R., die Restauration von 1597, s.: Beiträge zur Geschichte des Basler Münsters.

Wackernagel, Rud.
Das Staatsarchiv des Kantons Basel-Stadt. In-8°, 32 S. Basel, Buchdruckerei J. G. Baur. 1882.

Wackernagel, Rudolf. Der Stifter der Solothurner Madonna Hans Holbeins (Johann Gerster, † 1531). (SA.) 8. (Karlsruhe [1896].)

— d. Unterstützg. d. Stadt Strassburg durch d. Schweiz im Kriegsj. 1870, s.: Denkschrift zur Feier d. Enthüllung d. Strassburger Denkmals in Basel.

Wackernagel, Rud., s.: Urkundenbuch d. Stadt Basel.

Wackernagel, R., siehe: *Verein f. das Historische Museum.*

Wackernagel, Rud., Wilhelm Wackernagel. Jugendjahre 1806—1833. gr. 8. (VIII, 217 S. mit 2 Bildnissen in Lichtdr.) Basel 885, Detloff's Verlag. * 4 —

Wackernagel, Wilhelm

Wilhelm Wackernagel, Abhandlungen zur deutschen Alterthumskunde u. Kunstgeschichte (Kleinere Schr. I), Leipzig 1872.

Wackernagel, (Karl Heinr.) Wilh., Alpenrosen, s. Alpenrosen.

Wackernagel, Wilh., die goldene Altartafel von Basel, s. Mittheilungen der Gesellschaft für vaterländische Alterthümer in Basel.

Wackernagel, Wilhelm *I* [1806–1869]. Die goldene Altartafel von Basel. Abbildung [1 Tafel], Erklærung und Zeitbestimmung. [Einladungsschrift] Pædag. Basel. 4. Basel (1857).

Wackernagel, Wilhelm *I.* Die goldene Altartafel von Basel. Mit vier lithographierten Blättern [Tafeln]. Mittheil. Ges. Vaterl. Alterth. Basel. [Heft] 7. 4. Basel 1857.

Wackernagel, Wilhelm (Hrsg.), s. Arbeit, Nach der.

Wackernagel, Wilh., s. Bericht über die Verhandlungen des 12. und 14. Kongresses deutscher Volkswirthe.

Wackernagel, W., s. Bericht über die Verhandlungen des 17. Kongresses deutscher Volkswirthe zu Bremen.

—— s. Bibliothek des litterarischen Vereins in Stuttgart, Bd. 22: Meinauer Naturlehre.

Wackernagel, Wilhelm *I s.* Binding, Carl. Geschichte des burgundisch-romanischen Königreichs. Leipzig 1868.

Wackernagel, Wilh., das Bischofs- u. Dienstmannenrecht v. Basel in deutscher Aufzeichnung des XIII. Jahrhunderts. gr. 4. (43 S.) Basel 852, Schweighauser. n. 18 *ngl*

Wackernagel, Wilh. (I.), offener Brief eines Urwählers dritter Classe, der nicht „Arbeiter", an Herrn Ferdinand Lassalle. gr. 8. (40 S.) Elberfeld 863, Bädeker'sche Buchh. *

Wackernagel, Wilh., sechs Bruchstücke einer Nibelungenhandschrift aus der mittelalterlichen Sammlung zu Basel. Basel 866. Georg. gr. 4. (48 S.) n. 16 *ngr.*

Wackernagel, Wilhelm *I.* Die altdeutschen Dichter des Elsasses: 1. Otfried von Weissenburg. – 2. Heinrich der Gleissner. [A.] 8. [Basel 1847–1848.]

——, Karl Friedrich Drollinger. Academ. Festrede. gr. 8. (2½ B.) Basel 841, Schneider.

— *Ἔπεα πτερόεντα.* Ein Beitrag zur vergleichenden Mythologie. Basel 860. (Amberger.) gr. 4. (50 S.) n. 18 *ngr.*

—— Ἔπεα πτερόεντα. **Ein Beitrag zur vergleichenden Mythologie. gr. 4. (50 S.) Basel 860, [Bahnmaier's Verlag.]** *

— u. Johs. Gruhler, Erinnerungen an das heilige Land. 2. verm. u. verb. Aufl. der Ostergabe f. das Waisenhaus in Jerusalem. Mit 4 Bildern (Holzschntaf.) 8. (IV, 134 S.) Reading Pa 874. Pilger Buchh. 3. —

—— Johann Fischart von Strassburg und Basels Antheil an ihm. gr. 8. (VIII, 214 S.) Basel 870, Schweighauser's Verlag. * 4 50

Wackernagel, Wilh., Johann Fischart v. Strassburg. 2. Ausg. gr. 8. (VIII, 214 S.) Basel 874. Schweighauser's Verl. n. 4. 50

— das wessobrunner Gebet, s. Gebet.

Wackernagel, Wilhelm *I.* Gedächtnissrede auf Ludwig Uhland. (Vorgetragen bei der Uhlandfeier zu Basel, den 13. Januar 1863.) [SA.] 8. [Gotha 1863.]

—— Gedichte. Auswahl. 8. (XVI, 391 S. mit 1 Photogr.) Ebendas. 873. * 3 60
geb. mit Goldschn. * 5 20

— neuere Gedichte. (1832—1841.) Lex.-8. Zürich u. Frauenfeld 841, Beyel. 1½ *rf*

Wackernagel, Wilh., Gedichte eines fahrenden Schülers, s. a. Gedichte.

Wackernagel, Wilh., Gedichte eines fahrenden Schülers. 8. Berlin 828. Jetzt Heymann. ¾ *rf*

—— Geschichte d. deutschen Hexameters u. Pentameters bis auf Klopstock. 8. (6 B.) Berlin 831, Fincke.

Wackernagel, (Carl Heinr.) Wilh., Geschichte der deutschen Litteratur. Ein Handbuch. 1. Abthl. gr. 8. (S. 1—224.) Basel 851, Schweighauser'sche Vrlgsh.

Wackernagel, Wilh., Geschichte der deutschen Litteratur. Ein Handbuch. 2. und 3. Abthl. gr. 8. (S. 225—496.) Basel 853, Schweighauser's Verlag.
1. Abthl. Ebendas. 1851. 25 Ngr.

— Geschichte der deutschen Litteratur. Ein Handbuch. 2. u. 3. Abth. Basel 853, 55. Schweighauser'sche Verlhdlg. gr. 8. (S. 225—496.) 2.: 16 *ngr.*; 3.: 18 *ngr.*

—— Geschichte der deutschen Literatur bis zum dreissigjährigen Kriege. Supplement. hoch 4. (III, S. 495—540.) Ebendas. 872. — 60
Hauptwerk. Ebendas. 1851,53. * *M.* 6.

— dasselbe. 2. verm. u. verb. Aufl. (In 2 Bdn. od. ca. 12 Lfgn.) 1. Bd. 1. Lfg. Lex.-8. (112 S.) Ebend. 877. n. 2. —

Wackernagel, Wilh., Geschichte der deutschen Litteratur. Ein Handbuch. 2. verm. u. verb. Aufl., besorgt v. Ernst Martin. 2. Bd. 1. Lfg. gr. 8. (156 S.) Basel 885. Schwabo. n. 3. —

Wackernagel, W., Geschichte der deutschen Litteratur. 2., verm. u. verb. Aufl., fortgesetzt v. E. Martin. 2. Bd. 2. Lfg. gr. 8. (S. 157—286.) Basel 889. Schwabe. n. 2. 40 (I. II, 1. 2.: n. 15. 40)

Wackernagel, Wilh., Geschichte der deutschen Litteratur. Ein Handbuch. 2. Aufl., neu bearb. u. zu Ende geführt v. Ernst Martin. 2. Bd. 3. u. 4. (Schluss-) Lfg. gr. 8. Basel, B. Schwabe. n. 7. 80
(2. Bd. kplt.: n. 13. 20)
3. 18. Jahrh. (S. 287–538.) 893. n. 4. 60
4. 19. Jahrh. (XVI u. S. 539—710.) 894. n. 3. 20

(Wackernagel, Wilh[elm] *I.*) Gewerbe, Handel und Schiffahrt der Germanen. ⟨Oeffentlicher vortrag, gehalten in Basel 1853⟩. [A.] 8. [Leipzig 1853.]

—— die deutsche Glasmalerei. Geschichtlicher Entwurf mit Belegen. br. 8. (III und 180 S.) Leipzig 855, Hirzel.

—— Grundzüge zu einer lateinischen Stenographie nach Stolze'schen Prinzipien. gr. 8. (16 S. mit 4 Stnt.) Berlin 858, Mittler und Sohn. *

WACKERNAGEL, Wilh. — Haeccc / ad vetustissimvm / abbatis / cornardorvmeb roicensivm et / rotomagensivm / cornv / Friderico Lewald / bonisque quae domvm et vitam eivs ornant / mulieribvs / cecinit / (Vignette, einen Hahn darstellend, mit der Umschrift:) Er hat Federn / Schna/bel vnd Krallen / GVILELMUS WACKERNAGEL / cognominatvs / Arrodian de Cologne / cvm licentia chymica / Neapoli / sub scuto Mariae avreae / inter picta et sculpta/typis quam nitidis sumptibus quam minimis / VIII. Cal. Jan. MDCCCXXX (1830.) / 16⁰. Titelbl., 14 SS. (12 Mk., Lwd., Speyer & Peters, Berlin, 1912.)
Origineller, Goedeke unbekannter Privatdruck, der anakreontische Lieder enthält.

—— die altdeutschen Handschriften d. basler Universitätsbibliothek. Verzeichniss, Beschreibung, Auszüge. Eine academ. Gelegenheitsschr. 4. (8¼ B.) Basel 836, Schweighauser'sche Buchh.

Wackernagel, Wilh., Altdeutsches Handwörterbuch. Basel 1861. 8. . . . . (D.)

Wackernagel, W. Altdeutsches Handwörterbuch. 5. Aufl. Gr. 8⁰. Basel, Schweighauser. 1878.

— s.: Hartmann v. Aue, der arme Heinrich.

Wackernagel, Wilhelm /. Walther von Klingen, Stifter des Klingenthals [zu Basel] und Minnesänger. Academisches Programm. Mit zwei Lithographien [Tafeln]. 4. Basel 1845.

Wackernagel, W., Lassalle u. die Statistik, s.: Lassalle, Ferd., kleine Aufsätze.

—— die Lebensalter. Ein Beitrag zur vergleichenden Sitten- und Rechtsgeschichte. Lex.-8. (74 S.) Basel 862, Bahnmaier's Verlag. *

—— deutsches Lesebuch. 3 Thle. (od. 4 Bde.) Lex.-8. Basel, Schweighauser'sche Buchh.

A. u. d. Ttln.:

Thl. 1. Poesie u. Prosa v. IV—XV. Jahrh. — A. u. d. T.: Altdeutsches Lesebuch. 1. Aufl. (28 B.) 835. 2 Thlr. 4 Gr., 2., verm. u. verb. Ausg. M. ein. Wörterbuche. (54½ B.) 839, 42. 3 Thlr. 6 Gr.

Das Glossar (Wörterbuch) hierzu apart * 2 Thlr.

- 2. Proben d. deutschen Poesie seit d. J. MD. 1. Aufl. (51¾ B.) 836. 3½ Thlr., 2., verm. u. verb. Ausg. (57⅛ B.) 840. 3 Thlr. 15 Gr.

- 3. Proben d. deutschen Prosa seit d. J. MD. 2 Bde.

Bd. 1. Von MD—MDCCXL. (34⅛ B.) 841. 2 Thlr. 4 Gr.

- 2. Von MDCCXL—MDCCCXLII. (48⅛ B.) 843. 3 Thlr. 3 Gr.

—— deutsches Lesebuch. Neue durch ein Handbuch der Litteraturgeschichte verm. Ausg. (der 2. Aufl.) In 27 Heften. 3 Bde. gr. 8. Basel, Schweighauser'sche Vrlgsh. [Bd. 1. (35 Bog.) 2. (48 Bog. und Wörterbuch 39 Bog., Handb. der Litteraturgesch. 24 Bog.) 3. 1. Thl. (35 Bog.) 2. Thl. (48 Bog.) 847—53.]

—— deutsches Lesebuch. Neue durch ein Handbuch der Literaturgeschichte verm. Ausg. (der 2. Aufl.) 28. Heft. (Enthaltend: Handbuch der Litteraturgeschichte. Bog. 25—33.) gr 8. Basel 855, Schweighauser's Verlag.
1—27. Heft. Ebendas. 1847—53. 9 Thlr. 6 Ngr.

—— deutsches Lesebuch. 1. Thl.: Altdeutsches Lesebuch. Poesie und Prosa vom IV. bis XV. Jahrhundert. 4. Aufl. Lex.-8. (1348 Sp.) Basel 859, Schweighauser'sche Verlagsbuchh. *

—— deutsches Lesebuch. 1. Thl.: Altdeutsches Lesebuch. 5. Aufl. gr. 8. (VIII S., 1528 Sp.) Ebendas. 873. * 12 —

Wackernagel, Wilh., deutsches Lesebuch. 2. und 3. Thl., 4. Thl. 1. Bd. und 5. Thl. gr. 8. Basel, Schweighauserische Verlagsh. *

Inhalt:

Thl. 2. Proben der deutschen Poesie seit dem 16. Jahrh. 3. Aufl. (XXII, 1824 Sp.) 876. * M 12.

» 3. Proben der deutschen Prosa von 1600—1842. 2 Bde. 3. Aufl. (1076; 1526 Sp.) 876. * M 12.

» 4. 1. Bd.: Geschichte der deutschen Litteratur. Ein Handbuch. 2. verm. und verb. Aufl., besorgt von Ernst Martin. 1. Bd. 5 Lfgn. (VIII, 501 S.) 877—79. à Lfg. * M 2; * M 10.

» 5. Altdeutsches Handwörterbuch. 5. Aufl. (VIII, 409 S.) 878. * M 8.

1. Thl. Ebendas. 1873. * M 12.

—— kleineres altdeutsches Lesebuch nebst Wörterbuch. Lex.-8. (V S. und 616 Sp. und Wörterbuch 402 S.) Basel 861, Schweighauser'sche Verlagsbuchh.
Das Wörterbuch einzeln unter dem Titel: Altdeutsches Handwörterbuch. *

Wackernagel, Wilh., kleineres altdeutsches Lesebuch. 2. Aufl. Lex.-8. (612 Sp.) Basel 880, [Schweighauserische Verlagsh.] Schwabe. *

Wackernagel, Wilh., althochdeutsche Lesestücke. gr. 8. (144 Sp.) Basel 875. Schweighauser. n. 2. —

Wackernagel, Wilh., gothische und altsächsische Lesestücke nebst Wörterbuch. hoch 4. (192 S.) Basel 871, Schweighauser's Verlag. *

—— acht deutsche Lieder zum Singen und Sagen bei der 50jähr. Gedächtnißfeier der Leipziger Schlacht am 18. Octbr. 1863. Mit einer Anweisung und einem Gebet. gr. 8. (24 S. mit eingedr. Holzschn.) Dresden 863, Gaber. *

– Dass., s.a. Wackernagel, Philipp Karl Eduard

Wackernagel, (Carl Heinr.) Wilh., altfranzösische Lieder u. Leiche, s. Lieder.

– s. Museum, Schweizerisches, für histor. Wissenschaften.

Wackernagel, W., Naturkräfte und Menschenarbeit, s. Fortbildungs-Schule.

Wackernagel, Wilh.: Meinauer Naturlehre. Stuttgart 1851.

—— üb. d. dramat. Poesie. Academ. Gelegenheitsschr. 4. (6½ B.) Basel 838, Schweighauser'sche Buchh.

– s. Poesien der dichtenden Mitglieder . . .

—— Poetik, Rhetorik und Stilistik. Academische Vorlesungen. Hrsg. von Ludw. Sieber. gr. 8. (XI, 452 S.) Halle 873, Buchh. des Waisenhauses. *

— Poetik, Rhetorik u. Stilistik. Academische Vorlesgn. Hrsg. v. L. Sieber. 2. Aufl. gr. 8. (XII, 597 S.) Halle 888. Buchhandlg. d. Waisenhauses. n. 9. —

Wackernagel, Wilhelm. Poetik, Rhetorik und Stilistik. Akademische Vorlesungen von W' W'. Hrg. von Ludwig Sieber. 3. Aufl. ([besorgt durch] Jakob Wackernagel). XIV + 606 S. 8. Halle a. S., Buchh. des Waisenhauses, 1906. [M. 10. —]

—— Pompeji. Oeffentlicher Vortrag, gehalten zu Basel 1849. 3. (Titel-)Ausg. gr. 8. (57 S.) Basel (849)70, Schweighauser's Verlag. *

—— Pompeji. Oeffentlicher Vortrag, gehalten zu Basel im Namen der antiquar. Gesellschaft 27. Oct. 1849. 1. und 2., durchgeseh. Aufl. gr. 8. (57 S.) Basel 851, Schweighauser'sche Vrlgsh. Thlr.

— altdeutsche Predigten u. Gebete aus Handschriften. Gesammmelt u. zur Herausgabe vorbereitet. Mit Abhandlgn. u. e. Anh. gr. 8. (XI, 611 S.) Basel 876. Schweighauser. n. 12. —

Wackernagel, Wilhelm. Proben der deutschen Prosa seit dem Jahre MD. 1. Bd. von MD bis MDCCXL. 3. Ausgabe. 2. Bd. von MDCCXL bis MDCCCXLII. 3. Ausgabe. (Aus:) „Deutsches Lesebuch" III. Thl. 1. u. 2. Bd. (2 Bde.) 8. Basel 1876.

[Wackernagel, Wilhelm /.] Ritter- und Dichterleben Basels im Mittelalter. [Mit 1 Vignette und 1 Tafel.] (Njbl. Basel 1858.) 4. [Basel.]

—— das vierte Säcularfest der Schlacht bei St. Jacob an der Birs. Im Auftrage des Comités mit Beifügung der Festreden u. der Festgedichte beschrieben. 4. (9¾ B.) Basel 844, Schweighauser'sche Buchh. *

Wackernagel, Wilh.: Ueber die mittelalterliche Sammlung zu Basel nebst einigen Schriftstücken aus derselben. Basel 1857. 4⁰

– s.a. Schlacht, Die, bei St. Jacob.

(Wackernagel, Wilh[elm] L.) Die Schlacht bei St. Jacob (1444) in den Berichten der Zeitgenossen. Säcularschrift der Historischen Gesellschaft zu Basel. ([Hrg. von] Wilh. W.) [Mit 1 Vignette.] 4. Basel 1844.

Wackernagel, Wilhelm.
Kleinere Schriften. Leipzig 1872—74. H: *Heyne, Moritz.* (Stadtbibl. Frankf. a. M. Kat. der Neueren Bestände.)

—— **kleinere Schriften.** 3 Bde. gr. 8. Leipzig, Hirzel. à Bd. *M 8. *
Inhalt:
Bd. 1. Abhandlungen zur deutschen Alterthumskunde und Kunstgeschichte. (VIII, 434 S. mit 1 lithogr. Taf. in qu. Fol.) 872.
» 2. Abhandlungen zur deutschen Literatur-Geschichte. (503 S.) 873.
» 3. Abhandlungen zur Sprachkunde. Mit einem Anh.: Biographie und Schriftenverzeichniss des Verf. (V, 450 S.) 874.

Wackernagel, Wilhelm L. Sevilla. 8. Basel 1854.
(Öffentliche Vorträge, gehalten zu Basel im Jenner und Hornung 1854 [Heft] 1.)

—— Sevilla. 8. (149 S.) Basel 854, Schweighauser's Verlag.

—— **Sevilla.** 2. Ausg. gr. 16. (149 S.) Basel (854)70, Schweighauser's Verlag. *M 2.; geb. *

[Wackernagel, Wilhelm L.] Das Siechenhaus zu Sanct-Jacob (bei Basel). [Mit Vignetten und 1 Tafel.] (Njbl. Basel 1843.) 4. (Basel.)

— s. Spiritalia theotisca.

—— **Sprache und Sprachdenkmäler der Burgunden, s. Binding, Karl, das burgundisch-roman. Königreich.**

— s. Tacitus Germania.

—— die Umdeutschung fremder Wörter. gr. 4. (53 S.) Basel 861, (Bahnmaier's Verlagsh.) *

—— **die Umdeutschung fremder Wörter. 2., verb. Ausg. gr. 4. (63 S.) Basel 862, Bahnmaier's Verlag.** *

—— **über den Ursprung und die Entwickelung der Sprache, s.a. Vorträge, öffentliche.**

Wackernagel, W., über den Ursprung und die Entwicklung der Sprache. Academische Festrede. 58 Stn. 8. Basel, Schweighauserische Verlagshdlg. 1872. 1. —
Oeffentl. Vorträge, geh. in der Schweiz. Heft 8.

— — über den Ursprung und die Entwicklung der Sprache. 2. Aufl. gr. 8. Basel, Schweighauser. 1876. 1. 25

Wackernagel, Wilhelm: Ueber den Ursprung und die Entwickelung der Sprache. Academische Festrede. 2. Aufl. (Oeffentliche Vorträge. Bd. 1. Heft 8.) Basel 1876. 56 S. 8°.

—— die Verdienste d. Schweizer um d. deutsche Litteratur. Academ. Antrittsrede. gr. 8. (2¾ B.) Basel 833, Neukirch.

Wackernagel, Wilh. Vocabularius optimus. Basel 1847. 4.

—— **Voces variae animantium. 4. (53 S.) Basel 867, (Bahnmaier's Verlag.)** *

—— **Voces variae animantium. Ein Beitrag zur Naturkunde und zur Geschichte der Sprache. 2. verm. und verb. Aufl. 4. (179 S.) Basel 869, Bahnmaier's Buchh.** *

—— **s. Walter v. der Vogelweide.**

Wackernagel, K. H. W., s. Weihnachts-Gabe.

—— Weinbüchlein. (Gedichte.) 8. (7½ B.) Leipzig 845, Weidmann'sche Buchh.

—— Zeitgedichte. Mit Beiträgen v. Balthasar Reber. gr. 8. (12 B.) Basel 843, Schweighauser'sche Buchh.

Wackernell, J[oseph] E[duard]. Hugo von Montfort (geb. 1357). Mit Abhandlungen zur Geschichte der deutschen Literatur, Sprache und Metrik im XIV. und XV. Jahrhundert [sowie 1 Stammtafel]. Hrg. von J. E. W. 8. Innsbruck 1881.

Wackernell, Josef Eduard: E. Tiroler Passionsspiel in Steiermark. *Weimar 1898.*
in: Forschungen z. neueren Litteraturgeschichte. Festgabe f. R. Heinzel. [98. 11337

Wackernell, J. E., altdeutsche Passionsspiele, s.a. Quellen u. Forschungen zur Geschichte, Litteratur u. Sprache Österreichs, I.

Altdeutsche Passionsspiele aus Tirol. M. Abhandlgn üb. ihre Entwicklg, Composition, Quellen, Aufführgn u. litterarhistor. Stellg hrsg. v. J[osef] E[duard] Wackernell. *Graz: 'Styria' 1897.* (VIII, CCCXIV, 1 Bl., 550 S., 1 Bl.) 1 Bd 8.
— Quellen u. Forschgn z. Geschichte, Litt. u. Sprache Oesterreichs u. s. Kronländer. [Bd] 1. [97. 671

Wackernell, J. E., die altdeutschen Passionsspiele in Tirol. [Aus: „Jahrb. d. Leo-Gesellsch."] gr. 8. (18 S.) Wien 894. (St. Norbertus.) — 36

Wackernell, J. E., die ältesten Passionsspiele in Tirol, s.a. Beiträge, Wiener, zur deutschen und englischen Philologie.

J. E. WACKERNELL, Die ältesten Passionsspiele in Tirol. (Der Gesellschaft für deutsche Philologie in Berlin zum Abschluss des ersten Decenniums ihres Bestehens.) Wien, 1887. Wilhelm Braumüller. 8°.

Wackernell, J. E., s.: Quellen u. Forschungen zur Geschichte, Litteratur u. Sprache Österreichs.

Wackernell, J. E. Das deutsche Volkslied, s. Sammlung gemeinverständlicher wissenschaftlicher Vorträge.

Wackernell, J. E., Walther von der Vogelweide in Oesterreich. 8. (130 S.) Innsbruck 877. Wagner. n. 2. —

Wackernell, J. E., Beda Weber 1798—1858 u. die tirolische Litteratur 1800—1846, s.a. Quellen u. Forschungen z. Geschichte, Litteratur u. Sprache Oesterreichs. IX.

Beda Weber 1798–1858 und die tirolische Litteratur 1800–1846. Von J[osef] E[duard] Wackernell. *Innsbruck: Wagner 1903.* (IX, 436 S.) 8°
= Quellen u. Forschungen z. Geschichte, Litt. u. Sprache Österreichs u. s. Kronländer. 9. [03. 4211

Wackerow, C., s.: Gestüts-Buch, officielles, f. Oesterreich-Ungarn.

Wackerow, Charles, Tables of pedigrees of thoroughbred horses from the earliest accounts to the year 1897 inclusive. gr. 4. (VI, 472 u. 70 S.) a Tata 900. (Berlin, „Verlag des „Deutschen Sport".) Geb. in Halbldr. n.n. 80. —

Wackerow, Charlotte, s. Im Zeichen der Myrte.

Wackerow, J. Der Kerbschnitt, s. Füllgraf, C.

Wackerow & Deter, Eisenbahn-Baumaterialien- und Feldbahn-Fabrik: Catalog. Breslau (1897?). Fol.

Wackers, Robert, a. Roermond (Holland): Über einen F a l l von Myoklonie. Freiburg (Baden) 1906: E. Kuttruff. (35 S.) 8°
Freiburg i.B., Med. Fak., Ref. Hoche, Diss. v. 10. Mai 1906.
[Geb. 25. Dez. 80 Roermond; Wohnort: Cleve; Staatsangeh.: Preußen; Vorbildung: Gymn. Cleve Reife O, 01; Studium: Greifswald 2, Bonn 3, Freiburg i.B. 4 S.; Coll. 9. Febr. 06.]

Wackerzapp, Adolph [aus Aachen]: G e s c h i c h t e der Ablaute der starken Zeitwörter innerhalb des Nordenglischen. Teil I. Die Ablaute in den einzelnen Denkmälern . . . Münster i.W., E. C. Brunn's Buchdr. (Joh. Bredt), 1890; 1 Bl. + 77 + 1 S. + 1 Bl. 8°
Münster, Phil. Fak., Inaug.-Diss. v. [1. März] 1890.

Wackerzapp, Hubert [aus Elfgen (Rheinprovinz)]: Die Fracturen des Acromion . . . . Würzburg, Paul Scheiner's Buchdr., 1887; 20 S. 8°
Würzburg, Med. Fak., Inaug.-Diss. v. 1887

Wackerzapp, Hubert, die Fracturen des Acromion. Diss. Würzburg 1887, Stahelsche Univ.-Buchh. 8°. 20 S.

Wacks, Gottlob Moritz Christian (Heilbronn) A. S. 138/1

Dissertatio iuridica inauguralis de simultanea investitura quatenus per feudi divisionem amittitur.
Präs. Gerhard Christian Bastineller.
Wittenberg (Eichsfeld) 23. X. 1742. 30 S.
35537

Wackwitz, Friedrich: Entstehungsgeschichte von D. Defoes 'Robinson Crusoe'. (Berlin: Mayer & Müller 1909.) VI, 77 S. 8°
Berlin, Phil. Diss. v. 26. Juni 1909, Ref. Brandl
[Geb. 5. April 85 Plauen i. V.; Wohnort: Charlottenburg; Staatsangeh.: Sachsen; Vorbildung: Realgymn. Dresden Reife O. 04; Studium: Berlin 9 S.; Rig. 17. Dez. 08.] [U 09. 295

Wackwitz, Frdr., Entstehungsgeschichte v. D. Defoes „Robinson Crusoe". (VI, 77 S.) 8. Weimar 909. (Berlin, Mayer & Müller.) b 1. 50

Wackwitz, Ida, Vater und Sohn. Eine Erzählung. 8. Zwickau 869, Döhner.

Wackwitz, Julius [aus Breslau]: Beiträge zur Histologie der Mollusken-Muskulatur, speciell d. Heteropoden u. Pteropoden . . . (Aus: Zool. Beitr., III. 3. — M. 3 Taf.) Breslau, Druck v. R. Nischkowsky, 1893; 3 Bl., 129—160 S., 1 Bl. 8.
Breslau, Phil. Fak., Inaug.-Diss. v. 30. Jan. 1893

Wackwitz, O. M., drei Predigten. Zur Erinnerg. an den am 23. VI. 1903 Heimgegangenen gedr. (34 S.) gr. 8. Leipzig 903. J. C. Hinrichs' Verl. n. — 30

Waclaviczek, Jan, ein böhmisches Märchen von G. P. Breslau 1898. V: *Plenker, Georg Freih. von.* (EB)

Waclawiczek, Jan., ein böhm. Märchen. Von G. P. 8. (52 S.) Breslau 898. Schles. Buchdruckerei rc. n. 1. —; geb. n. 2. —

[F.] Jan Waclawiczek. E. böhmisches Märchen. Von G. P. *Breslau: S. Schottlaender 1898.* (52 S.) 1 Bd 8. [98. 224

Waclawiczek, Eduard v., s.: Deutsch-Oesterreich, das literar.

Waco Echo: 1904? 1906? Waco, TX
Democratic weekly. Edited by A. Suhler, & published by E. Goeth.

Waco Post: Dec. 10, 1891 1936?
Independent Democratic weekly. Merged with TAYLOR HERALD (Taylor, Tex.).
Circulation: 1900, 800; 1910, 700; 1913, 912; 1920, 1250; 1930, 7290; 1935, 4890.
Edited by George Herbold, & published by Alex Glitky, Dec. 10, 1891- Feb. 1892; edited & published by Alex Glitky, Feb. -Apr. 1892; by O. Oberländer, Otto Berblieb & C. Mailänder [John Baade entered firm, June 2, 1892], May 5, 1892- Jan. 1893; by F. Lüders & C. J. Stanzel, Jan. 27, 1893- 1896; by F. Lüders, 1896--June 1909; by Ad. Schack, July 1909--1926; edited by Ed. Hering, 1927 -36; published by Lionel L. Watson, 1927 -33; by Edmund E. Schack, 1934 -36.
Waco, TX

Wacquant, Anatole [Pseud.], s.a. S t r o b l von Ravelsberg, Ferd. [wirkl. Name]

Wacquant, Anatole, die ungarische Donau-Armee 1848/49. gr. 8. (XI, XVI, 386 S. m. 2 Abbildgn.) Breslau 900. Schles. Buchdruckerei etc. n. 5. —; geb. n. 6. 50

Die ungarische Donau-Armee 1848/49. Von Anatole Wacquant. Mit 2 Abb. *Breslau: S. Schottlaender 1900.* (XVI, 386 S.) 8° [00. 4656

Wacquant-Geozelles, Stanis v., die Hüttenjagd. In d. Krähenhütte gesammelte Beobachtgn. (Weidmannsbücher.) 8. (VIII, 200 S. m. 37 Abb. u. Titelbild.) Berlin 896. P. Parey. Kart. n. 2. 50

WACYK, Hilarius: De processione Spiritus sancti a patre et filio. — (1890) 129 S. 4° (Handschr.) Diss. 552
Diss. Wien, Univ.

Wad, G., tabulae synopticae terminorum systemi. oryctognostici Werneriani, latine, Danice et Germanice. Fol. Kopenh. 798. Brummer. 8 ℛ

Wada, T. Der Ausbruch d. Bandai-San im Juli 1888. Fol. (6 S. m. 7 Skizzen u. 1 Karte.) Tokio 889. (Berl., Friedländer u. Sohn.) ** 3 —
Aus: Mittheilgn. der deutschen Gesellsch. f. Natur- u. Völkerkunde Ostasiens, besonders abgedruckt.

Wada, T., s.: Beiträge zur Mineralogie v. Japan.

Wada, Yachio, Oberstabsarzt d. Res. in d. Japan. Marine: Aus d. Polikl. f. Haut- u. Geschlechtskrankh. zu Rostock. Über die Hypertrichosis sacro-lumbalis mit Spina bifida occulta. Rostock 1908: Adler. 73 S. 8°
Rostock, Med. Diss. v. 24. Nov. 1908, Ref. Wolters
[Geb. 10. Juni 71 Kagoshima; Wohnort: Kagoshima; Staatsangeh.: Japan; Vorbildung: Gymn. Tokio Reife April 87; Studium: Tokio Med. Akad. d. Kais. Marine 12 S.; Rig. 8. Okt. 08.] [U 09. 3732

Wadberg, Johann (Stade) A. S. 134/33

De sanctitate vitiorum pallio.
Präs. Gottlieb Samuel Treuer.
Helmstedt (Schnorr) 10. I. 1725. 51 S.

Gew.: Lukas Backmeister. 35538

Wadd, die Corpulenz (Fettleibigkeit) als Krankheit, ihre Ursachen u. ihre Heilung. Nebst e. krit. Untersuch. d. ältern u. neuern Ansichten darüber. A. d. Engl., nebst d. Zusätzen u. Bereicherungen d. pariser Arztes Dr. Léon u. einigen Auszügen aus e. and. bezügl. französ. Werke. 8. (10½ B.) Weimar 839, Voigt.

Waddington, Charles, die Seele des Menschen. Deutsch von Ferd. Moesch. gr. 8. (XIII, 518 S.) Leipzig 880. M. Schäfer. n. 8. —

Waddington, G., Besuch in Griechenland, in d. Jahren 1823 u. 24. Aus d. Engl. Mit Vorwort von Dr. Schott. gr. 12. Stuttg. 825. (Brodhag). 1 ℛ 12 gℊ

— u. B. Hanbury, Reise in verschied. Gegenden Aethiopiens, s. Bibliothek d. Reisebeschr. 33r Bd.

Waddington, J. B., die angenommene Gabe Gottes. 8. (2 S.) Basel 880. Spittler. n. — 1

Waddington, J. B., ich glaube an die Vergebung der Sünden. 8. (8 S.) Basel 879. Spittler. — 3

— ich möchte so gerne glauben. 8. (4 S.) Ebend. 879. n. — 2

— die tägliche Reinigung. 8. (4 S.) Ebend. 879. n. — 2

— die große Schuld. 8. (2 S.) Ebend. 879. n. — 1

— Stellvertretung. 8. (4 S.) Ebend. 879. n. — 2

Waddington, Rich., la campagne française de 1757, hrsg. v. Otto Arndt, s.: Perthes' Schulausgaben engl. u. französ. Schriftsteller.

Waddington, Richard. La guerre de sept ans. Histoire diplomatique et militaire. (I.) Les débuts. — II. Crefeld et Zorndorf. — III. Minden, Kunersdorf, Québec. (3 Bde.) 8. Paris 1899—1904.

Waddy, Sam. D., the english echo. A practical guide to the conversation and customs of every-day life in Great-Britain. — Praktische Anleitung zum Englisch-Sprechen. Mit einem vollständigen Wörterbuche. 1—3. Aufl. 8. (IV und 204 S.) Leipzig 857—61, Violet.

—— the english echo: a practical guide to the conversation and customs of every day life in Great-Britain. — Nouveau cours de conversation anglaise. Avec un vocabulaire complet. 8. (IV und 199 S.) Leipzig 858, [Violet.] *

Waddy, Sam. D., the English Echo, a practical guide to the conversation and customs of every-day life in Great-Britain. — Praktische Anleitung zum Englisch-Sprechen. Mit einem vollständ. Wörterbuche. 4. Aufl. 1864. und 5. Aufl. 8. (VI und 203 S.) Leipzig 866, Violet. geb.

Waddy, Sam. D., the English Echo a practical guide to the conversation and customs of every-day life in Great-Britain. — Engelsche Samenspraken. Met eene volledige Woordenlijst bewerkt door Ferd. Worthmann. 8. (VI und 208 S.) Leipzig 867, Violet. geb. *

Waddy, Sam. D., the English Echo, a practical guide to the conversation and customs of every-day life in Great-Britain. — Praktische Anleitung zum Englisch-Sprechen. Mit einem vollständ. Wörterbuche. 5. u. 6. Aufl. Leipzig 866,69. Violet. 8. (VI, 205 S.) geb. 15 ngr.

Waddy, Sam D., the english echo. A practical guide to the conversation a. customs of every-day life in Great-Britain. — Praktische Anleitg. zum Englisch-Sprechen. Mit e. vollständ. Wörterbuche. 7. Aufl. 8. (VI, 206 S.) Leipzig 871. Violet. geb. 1. 50

Waddy, Sam. D., the English Echo. A practical guide to the conversation and custums of every-day life in Great-Britain. — Praktische Anleitung zum Englisch-Sprechen. Mit einem vollständ. Wörterbuch. 8.—10. Aufl. 8. (VI, 205 S.) Leipzig 873—79, Violet. cart.

—— dass. — (Ausg. für Schweden.) 8. (IV, 121 und Wörterbuch 71 S.) Ebendas. 885. geb. * 2 —

Waddy, Samuel D., the English echo. A practical guide to the conversation and customs of every day-life in Great-Britain. Prakt. Anleitung zum Englisch-Sprechen. Mit einem vollständ. Wörterbuche. 14.—16. Aufl. 8. (VI, 121, 84 S.) Leipzig 886—89, Violet. 1 50

Waddy, Samuel D. The English echo. A practical guide to the conversation and customs of every day-life in Great-Britain. Praktische Anleitung zum Englisch-Sprechen. Mit e. vollständ. Wörterbuche. 18. Aufl. 8. (VI, 121 u. 85 S.) Lpz. 891, W. Violet. geb. 1 50

Waddy, Sam. D., the English echo. A practical guide to the conversation and customs of every-day life in Great-Britain. Praktische Anleitg. zum Englisch-Sprechen. Mit e. vollständ. Wörterbuche. 20. Aufl. 8. (VI, 121 u. 84 S.) Leipzig 894. Dresden-Strehlen, W. Violet. Geb. 1. 50

Waddy, Sam. D., the English echo. A practical guide to the conversation and customs of every-day life in Great-Britain. Praktische Anleitg. zum Englisch-Sprechen. Mit e. vollständ. Wörterbuche. 23. Aufl. 8. (IV, 122 u. 84 S.) Dresden 902. Stuttgart, W. Violet. Geb. 1.50

Waddy, Sam. D., The English echo. A practical guide to the conversation and customs of every-day life in Great-Britain. Praktische Anleitg. zum Englisch-Sprechen. Mit e. vollständ. Wörterbuche. 24. Aufl. (IV, 122 u. 84 S.) 8. Stuttgart 904. W. Violet. Geb. n. 1. 50

Waddy, S. D., the English echo. A practical guide to English conversation (English talks). 25. ed. Revised by John Charles Limschou. With 1 map of Great Britain and Ireland. (VI, 128 S. m. Fig.) 8. Stuttgart (908). W. Violet. Geb. in Leinw. 1. 60

— dasselbe. Conversaciones sobre todas las necesidades de la vida moderna en inglés. Con un diccionario inglés-español por Gaston Le Boucher. (VIII, 128 u. 64 S. m. Fig.) 8. Ebd. (908). Geb. u. geh. 2. 40

— dasselbe. Conversations sur tous les domaines de la vie moderne en langue anglaise. Avec un dictionnaire anglais-français par Gaston Le Boucher. (VIII, 128 u. 64 S. m. Fig.) 8. Stuttgart (908). W. Violet. Geb. u. geh. 2. 40

Waddy, S. D., the English echo. Conversazioni su tutte le circostanze della vita moderna in lingua inglese. Con un dizionario inglese-italiano per cura di Gaston Le Boucher. (VIII, 128 u. 64 S. m. Fig.) 8. Stuttgart (908). W. Violet. Geb. u. geh. 2. 40

WADEJEWSKI, Theophil (Nizankowitce/Österr.): Die Bleichsucht.- München: Weiss 1852. 23 S. 28.6.1852 - Urk (Titel: De chlorosi.); F 67
Diss. Ingolst.-Landsh.-Mchn.

Wädensweil. Vide: Noth- und Hilfsblatt (Allgemeines).

Wädensweil-Einsiedeln-Bahn. Die W'-E'-Bahn. (Europäische Wanderbilder. № 5) s. [Binder, Johann Jacob].

Wädensweil-Einsiedeln-Bahn, Die, (Der Wallfahrtsort Einsiedeln), s. Wanderbilder, Europäische.

Wadepuhl, Otto, der Redner im Arbeiter-Radfahrerverein, s.: Rauh, Herm.

Wadere, Heinr., s.: Kreuzweg, der hl.

Wadern [Schlagwort]

Wadern, s.: Preussen. Messtischblätter.

Wäderswil, Eugen Müller-
s. Müller-Wäderswil.

Wadewitz, Frdr., Robert Blums Ermordung. (Gedicht.) Lex.8. (4 S.) Leipzig 849, Naumburg. 1 ngr

—— die drei Kugeln am 9. Novbr. 1848. (Gedicht.) Lex.-8. (4 S.) Leipzig 849, Naumburg.

Wâdi Mûsa [Schlagwort]

Wâdi Mûsa. Musil, Alois, Umgebungskarte v. Wâdi Mûsa (Petra). 1 : 20,000. 28×38 cm. Farbdr. Wien (907). (A. Hölder). 3. 50

Wadkowsky, Michael, Tambovo (Rußl.): Tolstoi und Nietzsche über den Wert der Kultur. Ein Beitr. z. Kulturphilosophie. Jena 1910: Kämpfe. 63 S. 8°
Jena, Phil. Diss. v. 14. Nov. 1910, Ref. Eucken
[Geb. 1. Nov. 80 Malyschewo; Wohnort: Malyschewo; Staatsangeh.: Rußland; Vorbildung: Theol. Sem. Tambovo Reife O. 00; Studium: Berlin 8, Jena 3 S.; Rig. 29. Okt. 10.] [U 11. 2518

Wadler, Arnold: Die Kriminalität der Balkanländer. Muenchen: O. Schmidt-Bertsch 1907. (103 S., 8 Tab.) 8° ¶ (= Bd 1 T. 2 des im gleichen Verlage erschienenen Werkes: Die Verbrechensbewegung im östl. Europa.)
München, Staatswirtsch. Fak., Ref. G. v. Mayr, Diss. v. 13. März 1907
[Geb. 7. Mai 82 Krakau; Wohnort: München; Staatsangeh.: Österreich; Vorbildung: Erzh.-Rainer-Gymn. Wien Reife Juli 02; Studium: Jura München 7 S.; Rig. 13. März 07.]

Wadler, Arnold, die Verbrechensbewegung im östlichen Europa. I. Bd. Die Kriminalität der Balkanländer. Ein Beitrag zur internationalen Verbrechenskunde u. zur Methode der Kriminalstatistik. Mit 107 Tab. u. 12 Diagr. (VIII, 263 S.) gr. 8. München 908. Hans Sachs-Verlag. 10. —

Wadler, Frz., (sonst Surrer, † d. 27. Juni 1803.) freimüthige Beleuchtung des Glaubensbekenntnisses des Pietro Giannone u. der Mönchsgelübde. 8. Nürnb. 790. Raw. 12 kr

— das Bibellesen in den ältesten Zeiten, ein allgem. Glaubensbedürfniß. 8. Salzb. 784. (Duyle). 5 kr

— s. Charakter des Th. Surrer.

[Ant. u. F.] **Wadlinger,** *Wilhelm* [gepr. Rechtspraktikant in Metz]: Die Zwangsvollstreckung ausländischer Schiedssprüche nach der Reichscivilprozessordnung ... München, J. Schweitzer, 1896; 2 Bl., 81 S. 8.
Tübingen, Jur. Fak., Inaug.-Diss. v. 1896

Wadsack, A., Lehrgang e. human-erziehlichen Elementar-Schulgesang-Unterrichts. Kleine Ausg. f. die Hand der Schüler. (42 S.) 8. Leipzig (903). C. Merseburger. n. — 30

Wadsack, A., Lehrgang e. human-erziehlichen Schulgesang-Unterrichts, für Lehrer u. Schüler zusammengestellt. 8. (VIII, 112 S.) Leipzig 901. C. Merseburger. — 90

Die Studienreise der Deutschen Landwirtschafts-Gesellschaft nach Nord-Amerika. Reiseberichte, Eindrücke u. Betrachtungen von A. **Wadsack**, Hornsömmern. Leipzig: R. C. Schmidt & Co. 1904. (128 S.) 8°

Wadsack, A., die Studienreise der deutschen Landwirtschafts-Gesellschaft nach Nord-Amerika. Reiseberichte, Eindrücke u. Betrachtgn. 2. Aufl. (VIII, 124 S. m. 8 Taf. u. 1 Karte.) 8. Leipzig 904. Berlin, R. C. Schmidt & Co. n. 3. —

Wadsack, Eduard

Wadsack, *Georg* Eduard [aus Bensheim (Hessen)]: Über Schussverletzungen des Gehörorgans. ... Berlin, Buchdr. v. G. Schade, *1891*; 30 S., 1 Bl. 8°
Berlin, Med. Fak., Inaug.-Diss. v. 9. Mai 1891

Wadsack, Emil (Grebenau)
Ueber Bildung und Krankheiten der Narbe.
Giessen: Brühl 1862. 58 S.
Diss. med. 27.1.1862. vorh. 26. 7.

Wadsack, Fr. Ueber Haloid-Substitutionsprodukte des Naphtylamins. Halle, 1875.

Wadsack, Georg Eduard, s. Wadsack, Eduard

Wadsak, E., s. Adressbuch der Procuraträger, Bevollmächtigten etc. des deutschen Buchhandels.

—— **s. a. Bibliotheca juridica et oeconomica-politica.**

— Bibliotheca juridica et oeconomico-politica. Verzeichniss der auf dem Gebiete der Rechts- u. Staatswissenschaft [Diplomatie, Politik, Nationalökonomie u. Statistik] bis Ende 1867 in deutscher u. fremden Sprachen erschienenen älteren u. neueren bemerkenswerthen Werke. Mit besond. Berücksicht. der preuss. Rechts- u. Staatswissenschaft, der Literatur des norddeutschen Bundes, sowie des Genossenschaftswesens. Mit genauem Materienregister. Berlin 868. Kortkampf. gr. 8. (95 S.) n. 10 ngr.

—— die im Kriege 1870 gefallenen deutschen Buchhändler. Portraits und Biographien. 1.—3. Heft. br. 8. Goblis 871, Wadsack. [1. Heft. (15 S. mit 7 Holzschntaf.) *M 2.; 2. Heft. (14 S. mit 6 Holzschntaf.) *M 2.; 3. Heft. (15 S. mit 4 Holzschntaf.) M 1,50.] *

Wadskiaer, Ch. F., aula Norvegiae erudita s. de principibus doctis Norwegis. 4. Kopenhag. 776. Pelt. 16 kr

Wadstein, Kloster, s. Kloster Wadstein.

Wadstein, Elis, Beiträge zur Erklärung des Hildebrandsliedes. (43 S.) gr. 8. Gothenburg 903. (Wettergreen & Kerber.) n. — 85

The Clermont runic casket by Elis **Wadstein**. With 5 pl. Upsala: (Akad. Bokh.; Leipzig: O. Harrassowitz) 1900. (54 S.) 8°
(Skrifter utg. af K. Humanist. Vetenskapssamfundet i Upsala. Bd 6, 7.)

Runinskriften på Forsaringen. Vårt älsta lagstadgande av Elis **Wadstein**. *Upsala: (Akad. Bokh.; Leipzig: O. Harrassowitz) 1898.* (20 S.) 8°
= Skrifter utg. af K. Humanist. Vetenskapssamfundet i Upsala. Bd 6, 3. [oo. 8551

Wadstein, Elis., kleinere altsächs. Sprachdenkmäler, s. a. Denkmäler, niederdeutsche. VI.

Kleinere altsächsische sprachdenkmäler mit anmerkungen und glossar hrsg. von Elis **Wadstein**. Norden & Leipzig: D. Soltau 1899. (XV, 250 S.) 8°
(Denkmäler, Niederdeutsche. Bd 6.)

Der Umlaut von A bei nicht synkopiertem U im Altnorwegischen von Elis **Wadstein**. Upsala: (Akad. Bokh.; Leipzig: O. Harrassowitz) 1894. (50 S.) 8°
(Skrifter utg. af K. Humanist. Vetenskapssamfundet i Upsala. Bd 3, 5.)

Wadstein, Ernst, die eschatologische Ideengruppe: Antichrist — Weltsabbat — Weltende u. Weltgericht, in d. Hauptmomenten ihrer christlich-mittelalterl. Gesamtentwickelg. gr. 8. (IX, 205 S.) Leipzig 896. O. R. Reisland. n. 5. —

Wadström, Charles Bernard. Über die Gründung der Kolonien zu Sierra Leona und Boulama . . . a. d. Franz. Schnepfenthal 1799. Ü: *Möller, Christian Friedrich.* (Ky) (MGT)

— über die Gründung d. Kolonien zu Sierra Leona u. Boulama an d. Westküste v. Afrika. Aus d. Französ. (v. Chr. Fr. Möller). 8. Schnepfenth. 799. Erzieh. Anstalt. 6 gr

Wadström, C. B., üb. Colonien, vorzügl. in Rücksicht a. d. westl. Küste v. Afrika rc. besond. d. neuen v. Sierra Leona u. Bulama, aus d. Engl. mit vielen Anmerk. von E. A. W. v. Zimmermann, m. Kpf. u. Karten. 1r Bd. 8. Leipz. Schäfer. (Kühn.) 796. Rthlr.

Wadström, C. B., Versuch über Kolonien, vorzüglich in Rücksicht a. d. westl. Küste v. Afrika rc., besond. d. neuen v. Sierra Leona u. Bulama; aus d. Engl. mit vielen Anmerkk. von E. A. W. von Zimmermann, mit 1 Kpf. 1r Bd. 8. Leipz. 796. (Kühn). 1 rthl

Wadstroem, Jo. Ad., De doloribus spastico-flatulentis primarum viarum. 52 pp. Londin. Goth. 4°.
1771

Wadsworth, O. F., s.: Beiträge zur Ophthalmologie.

Wadzeck: Beiträge zur Kenntniß der Mennoniten-Gemeinden. 1821.

Wadzeck, Fr. Frz. Dn., s. Wadzeck, Friedrich

Wadzeck, Franz Dan. Friedr., s. Wadzeck, Friedrich

Wadzeck, Friedrich

Wadzeck, Fr. Frz. Dn., († d. 2. März 1823.) über die Anstalten für 60 unmündige u. älternlose Waisen, in dem Alter vom ersten Lebenstage bis zum 5ten Jahre, für 200 Knaben u. 160 Mädchen der Straße in dem Alter von 5—14 Jahren. Eröffnet am Geburtstage d. Königs 1819. 8. Berl. 821.

Wadzeck, Friedrich, Briefe an meine jungen Freunde über Naturkunde. Berlin 1806.

Wadzeck, u. Wippel, Geschichte d. Erbhuldigung d. Preuß.-Brandenburgischen Regenten aus d. Hohenzollerschen Hause. 8. Leipz. Gräff. 798.

— u. W. Wippel, Geschichte der Erbhuldigung der preußisch-brandenburg. Regenten aus dem Hohenzoller'schen Hause. 8. Leipz. 798. (Wienbrack). 1 rthl

– s. Handbuch, Mythologisches, für Künstler und Kunstliebende.

Grossing, Franz Rud. v.: Leben und Schicksale des berüchtigten Franz Rud. v. Grossing eigentlich Franz Matthäus Grossinger genannt, nebst der Geschichte und Bekanntmachung der Geheimnisse des Rosen-Ordens von Friedr. Wadzeck. Berlin: Bourdeaux 1789. XII, 379 S. 8°

— Leben u. Schicksale des berüchtigsten Frz. Rud. v. Grossing, eigentl. Frz. M. Grossinger genannt rc. 8. Berl. 789. Vieweg in Braunschw. 1 rthl 3 gr

[Dasselbe.] Frankfurt u. Leipzig 1789. XVI, 271 S. 8°
Kl. 2127. Von S. 303 (bzw. S. 211) wird über den von Grossing gestifteten Harmonieorden berichtet. Vgl. auch FZ. (Neuwied) 1787 S. 442—443.

— physikal.-technolog. Magazin. 1s Stück. 8. Berl. 793.

Die sich selbst belohnende und einem Freymaurer besonders obliegende Pflicht der Wohlthätigkeit bewiesen von dem Redner der militairischen Loge [Zum flammenden Stern] in Berlin [d. i. Franz Dan. Friedr. Wadzeck] am letzten Tage des 1775. Jahres. [Berlin 1775]: Decker. XXXVIII S. 8° [Umschlagtit.]
Kl. 921, Tt. 2332. 23. KB.

— Predigten, gehalten im Bade zu Freienwalde. 8. Berl. 792.

Rede über das Grundgesetz der Freymaurerey bey dem Antritt seines Redneramtes in der militairischen Loge zum flammenden Stern in Berlin, gehalten von [Franz Dan. Friedr. Wadzeck]. [Berlin] 1775: Decker. XXX S. 8°
Auszug in: Almanach od. Taschenbuch f. Frmr. 1 (1776) Bl. 63—65.
Kl. 920. Verf. setzt das Grundgesetz der Frmrei in: Gottesfurcht, Gehorsam gegen die Obrigkeit u. Bruderliebe. KB.

— Reise von Berlin nach dem Harze. 12. Berl. 824. Rücker. 8 gr

— Reise von Berlin nach d. Insel Rügen. Mit 1 Karte. 12. Berl. 824. Rücker. 8 gr

— naturwissenschaftl. Unterhaltungen. In Briefen. 3 Hefte. 8. Berl. 819.

– (Hrsg.). s. Wochenblatt, Berlinisches ...

Wafer, L., Reise n. d. Meerenge Darien. 8. Halle 756. Bester. 10 gr

Waffe, ächt goldene, gegen die Fürsten der schrecklichen Finsterniß und ihre Anhänger und Helfershelfer. Von e. kathol. Geistlichen. 12. Straubing 845. (Schorner'sche B.) 1/12 rthl

[F.] Mit der Waffe und der Feder. Erlebnisse e. jungen Postbeamten im deutsch-französ. Kriege v. 1870/71 ... *Minden i. W.: J. C. C. Bruns [1895].* (44 S.) 1 Bd 8. [96. 790

Waffen

— gegen die Feinde der Wahrheit. Eine Reihe volkstüml. Antworten auf Einwendgn. gegen Religion u. Kirche. Mit Benützg. hervorrag. apologet. Schriften. Hrsg. von der St. Josef-Bücher-Bruderschaft in Klagenfurt. (Gesammelt v. Rob. Klimsch.) (319 S. m. Abbildgn.) 8. Klagenfurt 902. Buch- u. Kunsth. des St. Josef-Vereines. n. — 84

Waffen gegen Feinde der Wahrheit. Eine Reihe volksthüml. Antworten auf Einwendgn. gegen Religion u. Kirche. Mit Benützg. hervorrag. apologet. Schriften. Hrsg. v. der St. Joseph-Bücher-Bruderschaft in Klagenfurt. (Gesammelt v. Rob. Klimsch.) 2. Aufl. (319 S. m. Abb.) 8. Klagenfurt 907. Buch- u. Kunsth. des St. Josef-Vereines. 1.—; geb. in Leinw. 1.50

Waffen, Die, des Geistes; eine katholische Antwort auf protestantische Angriffe. Zürich 1899. V: *Erb, August.* (zuw zür 11, 1907, I, S. 119)

Waffen, Die gerechten und siegreichen, Sr. Kgl. Majestät in Grossbritannien und churfürstlichen Durchlaucht zu Hannover Georgs des Anderen besungen im Namen der deutschen Gesellschaft in Göttingen. [1743.] V: *Möser, Justus.* (Bibl. Weisstein 1/4134) (biblport)

Waffen, die heutigen, Munition u. Schießausbildung der deutschen Infanterie. Auf Grund der Bestimmgn. vom J. 1890. [Aus: „Handb. d. Offiziere d. Beurlaubtenstandes d. Infanterie".] 12. (VI, 170 S. m. 68 Abbildgn. u. 1 Tab.) Berlin 890. Mittler & Sohn. n. 1.20; geb. n.n. 1.50

Waffen hoch! Soldatengeschichten. Wien 1894. V: *Kirchthaler, Ldw.* (EB)

Waffen, die, hoch! Illustrierte Dekadenhefte f. Deutschlands Heer u. Flotte. 1. Jahrg. 1900. 9 Nrn. gr. 16. (Nr. 1 55 S.) Saulgau, O. Bachmann. à n. —10
Erscheint nicht weiter.

Waffen, Die, des Landes-Zeughauses zu Graz. Leipzig 1880. V: *Meran, Frz Graf v.* (Zuwachsverz. d. Bibl. Zürich 1898 ff. 7.)

Waffen, die, nieder! Monatsschrift zur Förderg. der Friedens-Idee. Hrsg. von Bertha v. Suttner. 1. Jahrg. 1892. 12 Hefte. gr. 8. (1. Heft 39 S.) Berl. 892, [Fried u. Comp.], Wiener. * 6 —
Einzelne Hefte à — 75

Waffen, die, nieder! Monatsschrift zur Förderg. der Friedens-Idee. Hrsg. von Baronin Bertha v. Suttner. Offizielles Organ d. Amtes der Interparlamentar. Conferenzen u. d. Internationalen Friedensbureau in Bern, sowie der Friedensgesellschaft v. Wien. 1.—3. Jahrg. 1892—1894. à 12 Hfte. (à ca. 2 ½ Bog.) gr. 8. Dresden, E. Pierson. à Jahrg. 6.—; einzelne Hfte. à — 75

Waffen, die, nieder! Monatsschrift zur Förderg. der Friedens-Bewegung. Hrsg. von Bertha v. Suttner. Offic. Organ des Amtes der Interparlamentar. Conferenzen, d. Internat. Friedensbureau in Bern u. s. w. Verantwortlich: Rich. Lincke. 4.—7. Jahrg. 1895—1898. à 12 Hfte. (à 2—3 Bog.) gr. 8. Dresden, E. Pierson. à Jahrg. 6.—; einz. Hfte. — 75
Kann auch vierteljährlich bezogen werden.

— die, nieder! Monatsschrift zur Förderg. d. Friedens-Bewegg. Hrsg. v. Baronin Bertha v. Suttner. Red. v. Alfr. Herm. Fried. Officielles Organ des Amtes der Interparlamentar. Conferenzen, des Internationalen Friedensbureau in Bern etc. Verantwortlich: Rich. Lincke. 8. Jahrg. 1899. 12 Hfte. gr. 8. (à ca. 40 S.) Dresden, E. Pierson. 6.—

Waffen, römische, in deutschem Streit od.: die Berechtigung des Hrn. v. Linde in Darmstadt z. Urtheile in den confessionell. Fragen d. Gegenwart. 8. (9 ½ B.) Mannheim 846, Hoff. Thlr.

— dass. 2. Thl., od.: Bemerkungen zu der neuesten Schrift des Hrn. v. Linde in Darmstadt: „Urkundliche Berichtigung von Thatsachen, deren Wahrheit der Hr. Prof. Dr. K. A. Credner auf Verlangen eidlich zu erhärten sich bereit erklärt hat." gr. 8. (2 ½ B.) Ebds. 847.

— u. Leute, rongeanische. Katholische Antwort auf die Incriminationen des Herrn Michael Biron. Mainz 866. Giani. 8. (42 S.)

Waffen, rote. Ein Beitrag zur sozialdemokrat. Parteimoral. (18 S.) 8. Berlin 906. Reichsverband gegen die Sozialdemokratie. n.n. — 10

Waffen für die Töchter Tyrols oder Bethen ist auch gestritten ... V: *Lampacher, Valentin* (?). (J. Feder, Ueber die tirolischen Kriegslieder, Jahre 1796 u. 1797. Teschen 1882. S. 17) (biblport)

Waffen, unsere — unsere Hoffnung. Ein Wort der Zuversicht für das preuß. Volk, eine Mahnung dem übermüthigen Feinde. Von einem preuß. Soldaten. Berlin 866. Voßische Buchh. gr. 8. (22 S.) 5 ngr.

Waffen zum Wahlkampf. gr. 8. (48 S.) Berlin 893. W. Moeser. — 20

Waffen, die, in der internationalen Welt-Ausstellung zu Wien 1873, s. a. Bibliothek, militärische, f. Offiziere aller Waffen.

Die Waffen in der internationalen Welt-Ausstellung zu Wien 1873. Kritische Besprechung von W. A—n. Leipzig 1874. 8°.

— des Wortes. Spruch u. Lied f. jeden Tag. 2. Jahrg. 16. (94 S.) Elberfeld 902. Westdeutscher Jünglingsbund. Kart. — 15
Vergriffen.

— des Wortes. Spruch u. Lied f. jeden Tag. 6. Jahrg. (93 S.) 16. Elberfeld 906. Westdeutscher Jünglingsbund. — 15

— des Wortes. 1911. Spruch u. Lied f. jeden Tag. 11. Jahrg. (111 S.) 9×6,4 cm. Barmen, Westdeutscher Jünglingsbund. p — 15

Waffen, Zwinglis. [Zürich] 1899. V: *Zeller-Werdmüller, Hnr.* (Zuwachsverz. d. Bibl. Zürich 1898 ff. 7.)

v. Waffenberg, Graf Frz., die Rosenkette. Nachspl. 8. Olmütz. 811.

Waffenbrüder. Tragisch. Sittengemälde v. Stein. 8. Breslau, Korn. 792. — 12

— die, od. die Verfolgungen; e. Gemälde menschl. Sitten, Vorurtheile, Thorheiten, Laster rc. unter allen Himmelsstrichen. 8. Erfurt 800. Müller. (Leipz., Weygand). 18 gr

Waffenbrüder, Die, oder der Bund der Rache. Ein romantisches Trauerspiel in vier Aufz. Leipzig 1804. V: *Guttenberg, Andreas Joseph von.* (GGr)

— die; od. d. Bund d. Rache. Romant. Trauersp. in 4 A. aus d. Zeiten d. Aberglaubens u. der Schwärmerey v. A. J. v. Guttenberg. 8. Augsb. Stage. 804. — 12

Waffenbrüder, die, od. die Verfolgungen. 8. Erfurt, Müller. 810. — 18

WAFFENBRÜDER, Die, oder die Verfolgungen. Aus den hinterlassenen Papieren eines Emigranten. Erfurt. 1811. Bei Joh. Carl Muller. 8°.

Waffenbrüder, die, oder Freundschaft bis jenseits des Grabes, eine höchst abentheuerliche und doch wahre Geschichte. 8. Leipzig, Rein. 818.

Sachsens Waffenehre in ihrem wahren Lichte. Nebst einem Anhang. Leipzig 1867. 48 S.

Waffenfabrik, e. deutsche. (26 S. m. Abbildgn.) gr. 8. Wien 907. C. W. Stern. — 50
Sonderabdruck aus: „Die militär. Welt".

Kritische Waffengänge. Bd 1 6. Leipzig: O. Wigand 1884. 8°
Hrsg.: Brüder Hart.

Die **Waffengattungen** des preuß. Heeres. Düsseldorf 1858. 8 Bld. 2°

Waffen-Instandsetzungs-Preisverzeichniß f. die kgl. Artillerie-Depots. gr. 8. (VII, 24, 12, 19, 15, 6, 5 u. 4 S.) Berl. 891, Mittler u. Sohn. * 1 —; cart. * 1 20

Waffen-Instruktion für die Artillerie und die Train-Truppe des k. k. Heeres. 8. (III, 55 S. mit eingedr. Holzschn.) Wien 882, Hof- und Staatsdruckerei. *

Waffen-Instruction in Fragen u. Antworten f. d. Infanterie-Unteroffiziere u. Unteroffiziers-Bildungsschüler des k. u. k. gemeins. Heeres, der k. k. u. k. ung. Landwehr. Zusammengest. v. E. R. 12. (36 S. m. Abb.) Budapest 895. E. Grill. n.n. — 30

Waffen-Instruction in Fragen u. Antworten f. die Infanterie-Unteroffiziere u. Unteroffiziers-Bildungsschüler des k. u. k. gemeinsamen Heeres, der k. k. u. k. u. Landwehr. Zusammengestellt v. E. R. gr. 16. (45 S. m. Abbildgn.) Budapest 902. E. Grill. n.n. — 30

—— für die Genie-Truppe und das Pionnier-Regiment des k. k. Heeres. 8. (IV, 96 S. mit eingedr. Holzschn.) Ebendas. 882. *

— für die Infanterie u. die Jäger-Truppe des k. k. Heeres. 8. (135 S. m. eingedr. Holzschn.) Ebend. 880. n. — 80

Waffen-Instruction für die Infanterie und die Jägertruppe des k. k. Heeres. 8. (IV, 126 S. mit 4 farb. Taf.) Wien 888, Hof- und Staatsdruckerei. * 1 40

—— für die Kavallerie des k. k. Heeres. 8. (IV, 146 S. mit eingedr. Holzschn.) Ebendas. 882. *

— —, Provisorische, für die mit dem Repetirgewehr M. 1886 bewaffneten Infanterie-Regimenter und Feld-Jäger-Bataillone des k. k. Heeres (Mit 4 Taf.) kl. 8. Wien 1887.

Waffen- u. Schieß-Instruction f. die k. k. Gendarmerie. 8. (104 S. m. 3 farb. Taf.) Wien 893. Hof- u. Staatsdruckerei. n. 1. —

Waffen- u. Schießinstruktion f. die k. k. Gendarmerie. (V, 148 S. m. 4 farb. Taf.) kl. 8. Wien 905. (Hof- u. Staatsdruckerei.) n. 1. 80

Waffenkunde, populäre. Illustrirte Uebersicht aller auf diesem Gebiete gemachten Erfindungen und Entdeckungen unter vorzugsweiser Berücksicht. der gegenwärtig bei den europäischen Heeren eingeführten Geschütze und Gewehre. Vom heut. Standpunkte aus dargestellt durch E. v. H. und H. W. 2., stark verm. Aufl. der Schrift „Schießpulver und Feuerwaffen". [Erweiterter Abdr. mehrerer Abhandlungen aus der Prachtausg. des „Buchs der Erfindungen, Gewerbe und Industrien". 5. Aufl.] Lex.-8. (VI, 192 S. mit 300 in den Text gedr. Orig.-Holzschn. und 1 Holzschntaf.) Leipzig 870, Spamer. *

Waffenlehre, s. Handbibliothek f. Offiziere, III. Bd.

Waffenlehre, allgemeine, mit besond. Berücksicht. der neuesten Erfindungen im Gebiete des Geschützwesens und der in der k. k. österreichischen Armee bestehenden Waffen. Von einem k. k. Hauptmanne. 8. (82 S.) Wien 861, Pichler's Wwe. und Sohn. (Leipzig, Liebeskind.)

Waffenlehre, allgemeine, mit besonderer Berücksichtigung der neuesten Erfindungen im Gebiete des Geschützwesens und der in der k. k. österreich. Armee bestehenden Waffen. Von einem k. k. Hauptmann. 2. verm. u. verb. Aufl. Wien 862. Markgraf & Co. gr. 8. (2 Bl., 108 S.) n. 17 ngr.

Waffenlehre, allgemeine, mit besonderer Berücksichtigung der Hinterladungs-Systeme, namentlich des preußischen Zündnadel-Gewehres, des Remington-Gewehres und des Wänzel'schen Systems. Von einem k. k. Hauptmann. 2. Aufl. 1862. * 17 Ngr. und 3. Aufl. gr. 8. (VI und 130 S. mit Abbild. auf 1 Stnt. in qu. 4.) Wien 867, Markgraf. *

Waffenlehre, allgemeine, mit besonderer Berücksichtigung der Hinterladungs-Systeme, namentlich des preußischen Zündnadel-Gewehres, des Remington-Gewehres u. des Wänzel'schen Systems. Von einem k. k. Hauptmann. 2. Aufl. 1862. n. 17 ngr. u. 3. Aufl. Wien 867. C. A. Müller. gr. 8. (VI, 130 S. mit Abbildgn. u. 1 Steintaf. in qu. 4.) n. 24 ngr.

Waffenlehre für die Artillerie, Pioniere u. Reiterei des württemb. Truppenkorps. Ludwigsburg 1864. 46 S.

Waffenlehre für die k. k. Kadeten-Schule. 2 Hefte. gr. 8. Wien 880, Seidel und Sohn. [1. Heft. (VIII, 81 S. mit 4 lithogr. Taf.) *M 1,50.; 2. Heft. (XI, 151 S. mit 11 lithogr. Taf.) *M 3.] *

Waffenlehre zum Gebrauche für die k. k. Militär-Akademien. I. Abth. Einrichtung, Gebrauch und Wirkung der Waffen. 1. Hft. Einleitung, Kräfte und Bewegungs-Hindernisse. Schutz- und blanke Waffen. 2. Hft. Die Feuerwaffen im Allgemeinen. 3. Hft. Die Feuergewehre. 4. Hft. 1. Th. Das Geschütz im Allgemeinen. (5. Hft. nicht erschienen.) 6. Hft. Das Schiffs-Geschütz. 7. Hft. Die k. k. Kriegs-Raketen. — II. Abth. Erzeugung, Prüfung und Depositirung der Waffen. 1. Hft. Materialien und Rohstoffe. 2. Hft. Das Schiesspulver, die blanken Waffen, die Feuergewehre. 3. Hft. Die Geschutzrohre, Lafetten und Fuhrwerke. (9 Hfte.) 8. Wien 1858—1863.

Waffenlehre, die, für Offizier-Aspiranten mit Berücksicht. der genetischen Skizze des Lehrstoffes für den Unterricht dieses Gegenstandes auf den königl. Kriegsschulen bearb. 3. Aufl. 1870. *M 2., und 4. umgearb. Aufl. gr. 8. (IV, 181 S.) Potsdam 874, Stein's Verlag. *

Waffenplatz Herisau [Schlagwort]

Waffenplatz Herisau, s.: Schweiz. Atlas.

Waffenplatz Luzern [Schlagwort]

Waffenplatz Luzern, s.: Schweiz. Karte.

Waffenplatz St. Gallen [Schlagwort]

Waffenplatz St. Gallen, s.: Schweiz. Atlas.

Waffenplatz St. Gotthard [Schlagwort]

Waffenplatz St. Gotthard. s.: Schweiz. Karte.

Waffen-Reparatur-Preis-Verzeichniß f. die königl. Artillerie-Depots. 1884. Mit Tekturen. gr. 8. (VI, 86 S. u. 19 Bl.) Berlin 889. Mittler & Sohn. n. 1. 20; cart. n. 1. 50

Dunki, Godefroy, E. van Muyden, H. van Muyden, de Lapalud etc. Im Waffenrock. Lustige u. ernste Bilder aus dem schweizer. Soldatenleben. Gr. in-4°. 40 S. Genf (H. Georg). 1892. 3 —
— — Éd. française, voir: *Sous les armes.*

Waffenruhe, die, in Thüringen. Schausp. in 3 Aufz. von Hensler in 2 Thlen. 8. Wien, Wallishäuser. 802. — 12

Waffenruhe, Die, in Thüringen, zweyter und letzter Theil. Ein Schauspiel mit Gesang in drey Aufzügen. Wien 1805. V: *Hensler, Carl Fch.* (GGr V/329, Nr. 99/61) (BiblPort)

Waffenruhm, Oesterreichs, älterer und neuerer Zeit. Wien 1813. V: *Haas, Johann Baptist.* (EB)

Waffenruhm, Oestreichs, älterer u. neuerer Zeit, mit d. Portrait des Fürsten C. v. Schwarzenberg. 8. Wien, Gerold. 814.

Preussens Waffenruhm, oder gedrängte Darstellung der Feldzüge der kgl. preussischen Armee von 1640 bis zum Frieden von Paris 1815. 2 Bde. 8. Erfurth 1817. 18. 12. ib. 1830. 16. ib. 1851.

Waffenruhm, Preußens, in der Geschichte d. Feldzüge d. Preuß. Heeres seit d. J. 1640 dargest. 1. Bdchn. 12. (7½ B.) Erfurt 830, Müller.
Aus dem „Militair-Erinn.-Kalender 1829" abgedruckt.

(Waffensaal. Der W' im Leuenhof in Gassen.) Njbl. Zürich s. [Wehrli, Heinrich].

Waffen- und Kunstsammlung Karl Gimbel. Versteigerung 30. 5.—3. 6. 1904 Berlin Rudolph Lepke Berlin 1904.
69 S.; 36 Taf. 2°.

Waffen-Sammlung Kuppelmayr. Versteigerung zu Köln a/R., d. 26.—28. März 1895 durch J. M. Heberle (H. Lempertz' Söhne). Fol. (III, 47 S. m. 30 Taf. u. 1 Bildn. in Lichtdr. u. Textheft 20 S.) München 895. (Köln, J. M. Heberle.) Subskr.-Pr. n. 10. —

Waffenschmidt, der. Oper in 3 Aufz. v. Hensler. Ebend. 797. — 6

Waffenschmied, der. Erste illustr. Zeitschrift für die gesammte Waffenfabrikation und alle damit verwandten Geschäftszweige, insbesondere für die Fabrikanten und Händler von Waffen, Munitionen und Jagd- etc. Requisiten, Büchsenmacher, Militärs, Forstbeamte, Jagd- und Waffenfreunde. Hrsg. und redig. von Friedr. Brandeis. 1.—4. Jahrg. Oktbr. 1881—Septbr. 1885. à Jahrg. 24 Nrn. (à Nr. 1¼ Bog. mit Illustr.) gr. 4. München, (Killinger.) 1.—3. Jahrg. à * 4. Jahrg. *

Waffenschmied, der. Erste illustrirte Zeitschrift für die gesammte Waffenfabrikation und alle damit verwandten Geschäftszweige, insbesondere für die Fabrikanten und Händler von Waffen, Munitionen, Jagd- etc. Requisiten, Büchsenmacher, Militärs, Forstbeamte, Jagd- und Waffenfreunde. Hrsg. und redig. von Friedr. Brandeis. 5. und 6. Jahrg. Oktbr. 1885 — Septbr. 1887. à Jahrg. 24 Nrn. (Bog.) gr. 4. München, (Pohl.) à Jahrg. * 4 —

— dass. — 7. Jahrg. Oktbr. 1887 — Dezbr. 1888. 30 Nrn. (Bog.) gr. 4. (Ebendas.) * 5 —

Waffenschmied, der. Erste illustr. Zeitschr. f. die gesammte Waffenfabrikation u. alle damit verwandten Geschäftszweige. Red.: Frdr. Brandeis. 8. u. 9. Jahrg. 1889—1890. à Jahrg. 24 Nrn. (Bog.) gr. 4. Münch. 889, E. Pohl's Verlag. Jahrg. 1889 * 6 — Jahrg. 1890 * 8 —

— dass. — 10. Jahrg. 1891. 24 Nrn. (Bog. m. Abbildgn.) gr. 4. Steglitz-Berl. 891, G. H. Wolff. * 8 —
Der 11. Jahrg. erschien im Selbstverlag d. Herausgebers.

Waffenschmied, der. Centralblatt f. die gesammte Waffenfabrikation u. alle damit verwandten Geschäftszweige, insbesondere f. die Fabrikanten u. Händler v. Waffen, Munitionen, Jagd- etc. Requisiten, Büchsenmacher, Militärs, Forstbeamte, Jagd- u. Waffenfreunde. Hrsg.: Frdr. Brandeis. 10. Jahrg. 1891. 24 Nrn. (Bog. m. Abbildgn.) gr. 4. Steglitz-Berlin, G. H. Wolff. n. 8. —
Fortsetzung im Selbstverlag d. Herausgebers.

— der. Illustrirte Zeitung für Fabrikation und Handel von Gewehren, Waffen und Munition. Redact.: Rich. Bornmüller. 1. und 2. Jahrg. Oktbr. 1881—Septbr. 1883. à Jahrg. 24 Nrn. (à Nr. 1—1½ Bog. mit Illustr.) gr. 4. Suhl. (Leipzig, Mertens.) à Jahrg. *

— der, von Suhl. Illustrirte Zeitung für Fabrikation und Handel von Gewehren, Waffen und Munition. Redact.: Rich. Bornmüller. 3. und 4. Jahrg. 1883 und 1884. à Jahrg. 24 Nrn. (à Nr. 1—1½ Bog. mit Illustr.) gr. 4. (Ebendas.) à Jahrg. *

— der, von Suhl. Illustrirte Zeitung für Fabrikation und Handel von Gewehren, Waffen und Munition. Redact.: Rich. Bornmüller. 5.—8. Jahrg. 1885—1888. à Jahrg. 24 Nrn. (à Nr. 1—1½ Bog. mit Illustr.) gr. 4. Suhl. (Leipzig, Mertens.) à Jahrg. * 8 —

— der, v. Suhl. Illustrirte Zeitg. f. Fabrikation u. Handel v. Gewehren, Waffen u. Munition. Red.: Rich. Bornmüller. 9.—12. Jahrg. 1889—1892. 24 Nrn. (à Nr. 1—1½ Bog.) gr. 4. Suhl 892. (Lpz., W. Mertens.) à Jahrg. * 8 —

— der, v. Suhl. Einzige illustr. Zeitg. f. Fabrikation u. Handel v. Gewehren, Waffen u. Munition. Red.: Rich. Bornmüller. 11.—13. Jahrg. 1891—1893. à 24 Nrn. (à ca. 1 Bog.) gr. 4. Suhl. (Leipzig, W. Mertens.) à Jahrg. n. 8. —

Waffenschmied, der, v. Suhl. Erste u. älteste illustr. Zeitg. f. Fabrikation u. Handel v. Gewehren, Waffen u. Munition. Hrsg. unter der Mitwirkung v. hervorrag. Fachmännern. Red.: A. Dietrich. 15.—17. Jahrg. 1895—1897. à 24 Nrn. (Bog.) gr. 4. Suhl. (Leipzig, W. Mertens.) à Jahrg. n. 8. —

Waffenspiele, eine Reihe unterhaltender Bilder f. deutsche Knaben. qu. 8. Leipz. 817. Tauchnitz. 20 K

Waffenstillstand zwischen den kaiserl. königl. französischen und kombinierten kaiserl. russischen und königl. preuß. Armeen; geschlossen zu Poischwitz den 4. Juni 1813. (In deutscher u. franz. Sprache.) Mit 1 Krt. Weimar 1813. 11 S.

Waffenstillstand zwischen den k. k. franzöſ. u. combinirten k. ruſſ. k. preuß. Armeen. Abgeſchloſſen zu Poiſchwitz d. 24. Juni 1813. Deutſch u. Franzöſ. mit 1 Karte d. Demarcationslinie. 4. Weimar 813. Geograph. Inſtitut. 12 gr

Waffenstillstand, Der, zwischen Dänemark und Preussen. Kopenh. 1848. V: *Dirckink-Holmfeld, C.* (Collin, Anonymer. Kiobenh. 1869.)

Waffenſtillſtand, der, zwiſchen Dänemark und Preußen. gr. 8. (20 S.) Kopenhagen 848, Reitzel. *

Waffenſtillſtand, der, zu Kötzſchenbroda u. die ihm vorausgegangenen langjährigen Gräuel der Verwüſtung der ſächſ. Lande im 30jähr. Kriege. Eine Jubelſchrift zur Feier des 2. 100jähr. Gedenkfeſtes des 27. Aug. 1645. 8. (4 B.) Grimma 845, Verlags-Comptoir. *

Waffenstillstand, Der, und die gemeinsame Regierung. Stuttg. 1851. V: *Lüders, Theod.* (schles)

Die Waffenstillstands-Frage und der Beschluß der National-Versammlung vom 5. September 1848. 12 S. 8°.

Waffenstillstands-Convention vom 26. August 1848 zu Malmoe. Extra-Blatt zur Schleswig-Holsteinischen Zeitung. Rendsburg den 4. September 1848. Fol.

Waffenstillstands-Convention vom 10. Juli 1849. (Flensburg. 1849.) 3 Bl. 4°.

Waffenstillstandsvertrag abgeschl. zw. Frankreich (Bevollmächt. Coulaincourt, Herzog v. Vicenza) einerseits und Rußland (Graf v. Schuwaloff) u. Preußen (von Kleist) andererseits zu Poischwitz (Pleiswitz) am 4. Juni 1813; ratifizirt von Alexander (Berthier). Französ. u. deutsch. (Gedruckt.) 2 Bl. Fol. 18.—

Waffenstrahlen. Regensburg 1850. V: *Hartz, Johann Peter von.* (Ky)

Waffen-Strahlen. (Militäriſche Gedichte von Joh. Pet. v. Hartz.) 12. (90 S.) Regensburg 850, Manz. 1/6 ₰

Waffenthaten, die hervorragendſten, der Unteroffiziere und Soldaten des k. k. 6. Armee-Corps aus dem Feldzuge 1864 gegen Dänemark. Hrsg. und im Verlage von der Redaction des „Kamerad." 8. (IV und 80 S.) Wien 865, (Dirnböck's Buchh.) *

Waffenthaten, Die, der Oestreicher im Jahre 1809. . . . Wien 1838. V: *Rothenburg, Fr. R. von.* (Pr) (Mell)

Waffen- und Schiesstechnik. Beilage z. ill. Wochenschrift f. d. deutschen Jäger: Die Jagd. Jg. 1. Berlin-Schöneberg: Die Jagd 1907. 8° [09. 12517

Waffenträger, der, d. Geſetze, ein allgem. Anzeiger des Rechts u. Unrechts u. d. neueſten Ereigniſſen im Gebiete des Rechts u. Polizeiwiſſenſchaft. Jahrg. 1801. 12 Stücke. gr. 8. Leipz. . . . Joachim. 6 ₰ 8 gr

Waffenübung der k. k. Truppen in Italien im October 1837. Und zwar: Uebersicht der Manoeuvres. Dispositionen für die Manoeuvres. 1 Uebersichtskarte der Landesstrecke, in welcher k. k. Truppen im October 1837 manoeuvriren. Truppen-Aufstellungen auf 4 Oleaten. (Alles in 1 Schuber.) 8. 1837.

Waffenübungen. Die W" der Zürcherjugend. Njbl. Zürich 1887 so [Escher, Conrad].

Waffenübungen, Die, der zürcherischen Jugend; eine geschichtliche Skizze. Zürich 1887. V: *Escher, Conrad.* (Cat. d. Stadtbibl. Zürich. Zürich 1864—97.)

Waffenübungen der k. k. Truppen in Italien 1840. Und zwar: Dispositionen für die Manoeuvres, 5 Bögen Detail-Dispositionen, Uebersicht der Manoeuvres 8 Karten, Truppen-Aufstellungen auf 3. Oleaten. 8. 1840.

Waffen- u. Schiesswesen. Lehrbehelf f. Militärbildungsanstalten u. Einjährig-Freiwilligenschulen. (V, 119 S. m. 31 Fig. u. 4 Taf.) gr. 8. Wien 908. (L. W. Seidel & Sohn.) 4. 50

Waffenwirkung, die moderne, u. ihr Einfluss auf Gefechtstechnik u. Gefechtsführung. Anh. zu: Technische Hilfsmittel der Kriegführung u. deren Verwertung. 2. Aufl. Durchgesehen u. ergänzt v. —tt—. gr. 8. (S. 277—349.) Wien 901. (L. W. Seidel & Sohn.) n. 2.—

Waffenzeitung, deutsche. Illustr. Zeitschr. f. Fabrikation u. Handel v. Gewehren, Waffen, Munition u. Patentwesen. Mittheilgn. üb. Jagd u. Schiess-Sport. Red.: R. Bornmüller. 1.—4. Jahrg. 1895—1898. à 24 Nrn. (Bog.) gr. 4. Suhl, A. Kaufmann. à Jahrg. n. 8.—
Kann auch vierteljährlich bezogen werden.

Waffenzeitung, deutsche. Illustrirte Zeitschrift f. Fabrikation u. Handel v. Gewehren, Waffen, Munition u. Patentwesen. Mittheilungen über Jagd- u. Schiess-Sport. Red.: R. Bornmüller. 5.—8. Jahrg. 1899—1902. à 24 Nrn. gr. 4. (à ca. 8 S.) Suhl, A. Kaufmann. à Jahrg. n. 8.—

Waffenzeitung, deutsche. Illustrierte Zeitschrift f. die techn. Fortschritte des Waffen- u. Munitionswesens, sowie der Sprengtechnik. Mitteilungen über Jagd- u. Schiess-Sport. 9.—12. Jahrg. 1903—1906. à 24 Nrn. (192, 192, 200 u. 192 S. m. Abbildgn. u. 11, 11, u. 6 u. 7 Taf.) 4. Suhl, A. Kauffmann Nachf. à Jhrg. n. 8.—

Waffenzeitung, deutsche. Illustrierte Zeitschrift für die techn. Fortschritte des Waffen- u. Munitionswes., sowie der Sprengtechnik. Mitteilungen üb. Jagd- u. Schiess-Sport. 13.—16. Jahrg. 1907—1910. à 24 Nrn. (VIII, 196; VIII, 192; VIII, 196 u. VIII, 192 S.) 32 × 23,5 cm. Suhl, A. Kaufmann Nachf. à Jahrg. 8.—

Waffenzwang, Leopoldi, und Solymanni Untergang . . . Frankfurt 1688. V: *Han, Paul Conrad Balth.* (EB)

Wafflard, le Célibataire et l'homme marié, —— un Moment d'imprudence, } s. Théâtre franç. p. Schütz. 6. Série. Livr. 6. et 5. Série. Livr. 4.

Wafflard et **Fulgence**, le voyage à Dieppe, siehe: Auswahl von franz. Theaterſtücken. 1. Hft.

Wafflard et Fulgence, le Voyage à Dieppe, s. Répertoire du Théâtre fr. No. 226.

Wafflard, ..., et M. Fulgence, le Voyage à Dieppe, s. Théâtre français, par C. Schütz, I. Série II. Livr.;

Wäffler, Alb., nützlicher Ratgeber f. Mieter u. Vermieter. Das Miet- u. Pacht-Verhältnis, nach dem eidg. Obligationen-Recht erläutert. 8. (II, 24 S.) Bern 893. Neukomm & Zimmermann. n. — 40

Wäffler, Hch., Turnlehrer. Beispiele von freigewählten Uebungsverbindungen f. Einzelwettturner. 2. Aufl. In-8⁰, ½ Bogen. Aarau, Sauerländer. 1886.

Waeffler, Heinr., Reigen u. Reigentänze, s.: Rietmann, A.

Wäffler, H.: Die Vorturnerkurse des Schweizer. Turnvereins. Bern 1882. 9 S.

Waga, A., Myśliwstwo ptarzc, wktórym się opiscyc sposób dostawania wrzelkiego ptaka, zprzedmawa, przypisami i objaśnieniami. 8. Warschau 842, Orgelbrand. 1⅓ ℳ

Waga, Frdr., die Welsch-Gattung, s.a. Abhandlungen, germanistische. 34.

Waga, Friedrich: Die Welsch-Gattung. T. 1. Marburg a. L. 1909: (Maretzke & Märtin, Trebnitz i. Schl.). 75 S. 8°
¶ (Ersch. vollst. als: Germanist. Abhandlungen. H. 34.)
Marburg, Phil. Diss. v. 8. Okt. 1909, Ref. Vogt
[Geb. 16. März 85 Ziesar; Wohnort: Marburg; Staatsangeb.: Preußen; Vorbildung: Gymn. Gotha Reife O. 03; Studium: Halle Theol. 1, Phil. 1, München 1, Marburg 8 S.; Rig. 29. Juli 08.] [U 10. 3400

Waga, Fritz [aus Halle a./S.]: Über Magnesium-Diphenyl ... Tübingen, Druck v. W. Armbruster & O. Riecker, 1894; 33 S. 8.
Tübingen, Naturw. Fak., Inaug.-Diss. v. 1894

Waga, Stephan: Commentationes ... binae altera de eo, quod justum est circa poenas militum ignominiosas vulgo Von Ehrenstrafen der Soldaten, altera de restitutione famae per vexillum vulgo Vom Ehrlichmachen durch Fahnenschwengen. Lipsiae 1744. 4⁰.

Waga, Steph.: Commentationes ex iure militari binae: (1.) De eo, quod iustum est circa poenas militum ignominiosas vulgo Von Ehrenstrafen der Soldaten, (2.) De restitutione famae per vexillum vulgo vom Ehrlichmachen durch Fahnenschwengen. Lipsiae 1744.

Waga, Stephan [Praes.], s. Schweder, Theodor Reinhold: Dissertatio juridica, occasione edicti regii d. III. Junii MDCCXL publicati, de eo quod justum est circa incestum juris civilis.

WAGA, Steph.: Von d. Unbilligk. d. Strandrechts. *Königsb.* 744. Fol.

Wagarschapat, Artemius, am Gebirge Ararat. Leidensgeschichte seiner Jugend, seine Entweichung ... A. d. Armen. ... Halle 1821. V: *Busse, Joh. Heinrich.* (MGT)

Wage, die. Wochenblatt für Politik und Literatur. Hrsg. von Guido Weiß. 1.—3. Jahrg. 1873—1875. à Jahrg. 52 Nrn. (Bog.) gr. 4. Berlin, E. Mecklenburg. à Jahrg. *

Wage, die. Wochenblatt für Politik und Literatur. Hrsg. von Guido Weiß. 4.—7. Jahrg. 1876—1879. à Jahrg. 52 Nrn. (Bog.) gr. 8. Berlin, (E. Mecklenburg.) à Jahrg. *

Wage, die. Eine Halbmonatsschrift f. polit., soziale u. ästhet. Kritik. Hrsg. v. Karl Schneidt. 1. Jahrg. Oktbr. 1892—Septbr. 1893. 24 Nrn. (à Nr. ½ Bog.) gr. 4. Berl. 892, Moderner Verlag. * 6 —

Wage, die. Eine Wiener Wochenschrift. Hrsg.: Rud. Lothar. Red.: Rud. Strauß. 1. Jahrg. 1898. 52 Nrn. (à ca. 20 S. m. Abb.) gr. 4. Wien, Administration. Postfrei n. 20. —
Kann auch vierteljährlich bezogen werden.

Wage, die. Eine Wiener Wochenschrift. Hrsg.: Rud. Lothar, E. V. Zenker. Red.: Tob. Prusenovsky. 2.—4. Jahrg. 1899—1901. à 52 Nrn. gr. 4. (à ca. 16 S. m. Abb.) Wien, Verlag der Wage. à Jahrg. n. 16. —

— dasselbe. Hrsg.: Rud. Lothar, E. V. Zenker. Red.: Max Schleiffer. 5. Jahrg. 1902. 52 Nrn. gr. 4. (à ca. 20 S.) Ebd. n. 16. —

Wage, die. Eine Wiener Wochenschrift. Begründet v. Rud. Lothar. Hrsg.: Ludw. Karell. Red.: Heinr. Erdinger. 6.—9. Jahrg. 1903—1906. à 52 Nrn. (à ca. 24 S.) gr. 8. Wien, Verlag der Wage. 1903 n. 10. —; 1904—1906 à Jhrg. n. 16. —

Wage, die. Eine Wiener Wochenschrift. Begründet v. Rud. Lothar 1898. Hrsg. u. Chefred.: Ernst Vikt. Zenker. 10.—13. Jahrg. 1907—1910. à 52 Nrn. (à ca. 24 S.) gr. 8. Wien, Verlag der Wage. à Jahrg. 16. —

Wage, die, s.a. Waage.

Wage, die, Europens, od. Gedanken v. ausgetret. Gleichgewicht Europens. 8. (Hildburgh. Hanisch.) 797

— u. **Schwert.** Illustrierter Welt-Reporter. Rundschau interessanter Kriminalfälle, Katastrophen. Red.: Paul Walter, f. Oesterreich-Ungarn: J. Rubinstein. 2. u. 3. Jahrg. Oktbr. 1905—Septbr. 1907. à 52 Nrn. (à ca. 16 S.) gr. 4. Berlin, Verlagshaus f. Volksliteratur u. Kunst. à Nr. — 10

— u. **Schwert.** Kriminal-Wochenschrift. Red.: Ernst Drahn. 4.—7. Jahrg. Oktbr. 1907—Septbr. 1911. à 52 Nrn. (à ca. 16 S. m. Abbildgn.) 32×23 cm. Berlin, Verlagshaus f. Volksliteratur u. Kunst. à Jahrg. 7. 80
Vergl.: Detektiv-Zeitung, neue.

Waege, W., Anleitung z. practischen Abstechen d. Eisenbahn-Curven auf dem Felde, durch trigonometr. Berechnung u. Construction begründet u. durch Beispiele erläutert, nebst Hülfstaf. z. leichten u. schnellen, auch f. den Nichttechniker ausführbaren Absteckung sämmtl. Kreisbögen v. 10—1000 Ruthen Radius. gr. 8. (7¼ B. u. 4 Kpfrt.) Görlitz 846, Heinze u. Comp.

Waege, W., Anleitung zur Curven-Absteckung mit besond. Rücksicht auf Eisenbahn-Anlagen, durch Beispiele erläutert und mit Hilfstafeln für Bögen von 10 bis 1000 Ruthen Radius versehen. 2., völlig umgearb. und vielfach verm. Aufl. gr. 8. (XII und 148 S. mit 6 Stnt. in qu. 4. und qu. gr. Fol.) Görlitz 855(56,) Heinze und Comp. *

Waege, W., die Mängel des preuß. Vermessungswesens und Ansichten über deren Abhilfe. gr. 8. (VI und 65 S.) Görlitz 850, Heyn'sche Buchh. *

Waege, W., Netze zum Anfertigen zerlegbarer Krystallmodelle. Für den mineralog. Unterricht an höheren Lehranstalten hrsg. und erläutert. gr. 8. (24 S. mit 9 Taf. und Text.) Berlin 888, Gaertner's Verlag. In Leinw.-Mappe * Einzeln à Taf. **

—— Netze zum Anfertigen zerlegbarer Krystallmodelle. Für höhere Lehranstalten u. zum Selbstunterrichte hrsg. u. erläutert. 2 Abtlgn. 13 Taf. u. Text. 2. verm. u. verb. Aufl. gr. 8. (23 S.) Ebd. 890. In Mappe * 8 —
Einzelpreise: 1. Abthl. 9 Taf., Text u. Mappe. * 2 40. — 2. Abthl. 4 Taf., Text u. Mappe. * 1 50. Einzelne Taf. à * — 25; Text * — 40; Mappe * — 50.

Waege, W., Tabelle zur Berechnung der Werthszahlen pro Morgen für gegebene Flächen. Zum Gebrauche in Auseinandersetzungs-Sachen. 4. (VIII und 184 S.) Berlin 857, Decker'sche geheime Ober-Hofbuchdruckerei.

Waege, Waldemar: • Ueber die Begründung [einer Theorie] der elliptischen Functionen durch unendliche Punkte. 33 gez. Bl. 4° (2°)
Halle-Wittenberg, Phil. Diss. v. 3. Juli 1876
Geb. [Görlitz 16. 3. 1852]

Waege, Waldemar [Dr.]: Der krystallographische Unterricht in Ober-Tertia. Berlin, R. Gaertners Verlagsbuchh. H. Heyfelder, 1889; 26 S., 1 Taf. 4°
Berlin, Königst. G, OP 1889 (59)

Wagebald, Mich., Europa in Flammen. Der deutsche Zukunftskrieg v. 1909. 1.—5. Aufl. (246 S.) 8. Berlin (908). Concordia. 2.50; geb. 3.50

Wagebald, Michael: Europa in Flammen. Der deutsche Zukunftskrieg von 1909 von Michael Wagebald. 11.–15. Taus. Berlin: Concordia [1909]. 245 S. 8°

Wagehals, der, od. Begebenheiten eines Balbiersohns. 8. Frankf. 751. — 3

Wag(e)hals, Ludwig. Ein Gemälde menschlicher Sitten, Vorurtheile ... Leipzig u. Gera 1795. V: *Rebmann, Andreas Georg Friedrich von.* (GGr V, 547) (Zeitschr. f. Büch. N. F. 15, 1923, 126) (stadtbiblberlin IX, 56)

Ludwig Wagehals, ein Gemaelde menschlicher Sitten, Vorurtheile, Thorheiten, Laster etc. in allen Himmelsstrichen. Seitenstück zu Hans Kiekindiewelts Reisen. Mit 1 Kpfr. Leipzig und Gera, Wilh. Heinsius, 1795. 8°. (3 Mk., hübsches Expl., der Vorige.)

Waegelein, Friedr. Wilh. (geb. Kreuznach 10. 6. 1851): Ueber Eczema mercuriale. Berlin (1875). (31 S.) 8°
Berlin, Med. Diss. v. 17. Aug. 1875

Wagels, L., Auskunftsbuch üb. die Wohlfahrts-Einrichtungen der Stadt Aachen. s.: Talbot. G.

v. Wagemann, (Dr.,) Irmengard, die Mutter v. zwölf Knaben, Schausp. in 5 Aufz. 8. Ulm 825, Ebner. — 14

v. Wagemann, D., die Abenteuer Telemachs, Sohnes des Ulysses, Travestirt. 2 Bde. (Mit 1 Steindruck.) 8. Ulm 834, 35. Ebner. $1\frac{1}{2}$ ℛ

Wagemann, Anna, die eiserne Maske oder nach zwei Jahrhunderten. (112 S.) 8. Wittenberg 903. R. Herrosé. 1.50

Wagemann, Arn., üb. Bildung des Volks zur Industrie. 1r Thl. gr. 8. Götting. 791. Vandenhöck u. R. 1 ℛ

Wagemann, Benedikt von

Wagemann, B. v., Bibel f. Aerzte od. Aphorismen rc. s. Hippokrates.

v. Wagemann a. Wagenmann, Bdkt., Diagramma epicum belli gallici epitomen usque ad Napoleonis in Elbam relegationem sistens. gr. 8. Tübing. 815.

— am Geburtstage Wilhelm des Zweiten, Königs v. Würtemberg gesungen. gr. 8. Ulm ... Ebner. 3 gl

— Gedichte. 16 Bdchn. 8. Stuttg. 813.

— sämmtl. Gedichte. 2 Bdchen. gr. 12. (Leipz. 826. Hartmann). 1 ℛ 16 gl

— Geissel d. Aerzte. 2 Bdchen. 8. Kempt. 805. Kösel. 14 gl
Vergl. auch: Hippokrates Bibel der Aerzte rc. — Ob Letzteres ein neues Werk oder ein Nachdruck mit verändertem Titel ist, wer giebt darüber Auskunft?

— Leichenpredigt am Grabe eines Mopses. 8. Ulm ... Ebner. 3 gl

— die konstitutionelle Monarchie d. Thiere. Mit 1 Steindr. 8. Ulm 824. Ebner. 10 gl

— Opfer d. Ehrfurcht u. Liebe am Geburtsfeste Wilhelm d. II., Königs v. Würtemberg. gr. 4. Ulm ... Ebner. 2 gl

— s. Ovid, fünf Trauer-Bücher. Travestirt.

— Bonaparte's Rückkehr von der Insel Elba. gr. 8. Tübing. 815.

v. Wagemann, die konstitutionelle Theorie d. Thiere. Mit 1 Steindr. 8. Ulm 824, Ebner.

— des Publ. Ovidius Naso fünf Trauer-Bücher, travestirt. (Mit alleg. latein. Texte.) 8. ($31\frac{1}{4}$ B.) Ludwigsburg 830, Nast.

— kurzer physiolog. Unterr.: in was eigentlich die Natur der gegenwärtig herrschenden Hornviehseuche bestehe; nebst Anweis., den weitern Fortschreiten zu steuern. 8. Altdorf 796.

— die Verehrung d. Gottheit im höhern Schwunge des Geistes u. Herzens. Ein Gebetbuch für alle aufgekl. Bekenner e. reinen Christenthums. 8. Heidelb. 818. Oswald. 12 gl Reutling. (Wien, K. Haas). 16 gl

— Volks-Anatomie nebst darauf sich beziehender Gesundheitslehre, oder allgemeiner, leichtfaßl. Unterricht üb. den Bau des menschlichen Körpers, in so weit eine nähere Kenntniß desselben für jeden Menschen nothwendig ist, sich vor selbstgemachten Krankheiten zu schützen. Mit Hinweisung auf diätetisches Verhalten. Zunächst für die Schuljugend beiderlei Geschlechts in alexandrinischer Versart geschrieben. 8. Ehingen. 831. (Ulm, Stettin'sche Buchh.) 8 gl

— ernste Worte üb. Freiheitsschwindel u. Revolutionssucht. Gesprochen an Teutschlands Völker uns. Zeit. 8. ($1\frac{1}{2}$ B.) Ulm 833, Ebner.

Wagemann, C., Vorträge über Fortification gehalten in der Königlichen Militair-Academie zu Hannover. Feldfortification. Hannover 862. Helwing. 4. (XII, 365 lith. S. u. 4 lith. Taf. in Fol.) n. 2 ℛ 10 ngr.

Wagemann, Ernst, a. Chañarcillo ⟨Chile⟩: Soziale Klassen und Sozialpolitik in Britisch-Westindien. Hamburg 1907: H. Meyer. (39 S.) 8° ¶(Erschien vollst. u. d. T.: „Britisch-Westindien als Gegenstand mod. Wirtschaftspolitik.") ⚔
Heidelberg, Phil. Fak., Ref. Rathgen, Diss. v. 24. Dez. 1907
[Geb. 18. Febr. 84 Chañarcillo; Wohnort: Hochkamp b. Kl. Flottbek; Staatsangeh.: Chile; Vorbildung: Realgymn. Lüneburg Reife O. 03; Studium: Göttingen 3, Berlin 1, Heidelberg 5 S.; Rig. 5. Aug. 07.]

Wagemann, E., britisch-westindische Wirtschaftspolitik, s. a. Forschungen, staats- u. sozialwissenschaftliche.

Wagemann, Ernst: Britisch-westindische Wirtschaftspolitik. Ein Beitrag z. Beurteilung moderner Kolonialprobleme. Von —. Leipzig: Duncker & Humblot 1909. XV, 175 S. 8°
Ein Teil erschien als Inaug.-Diss. Heidelberg 1907 u. d. T.: Soziale Klassen u. Sozialpolitik in Britisch-Westindien.
(Staats- u. sozialwissenschaftl. Forschungen. H. 142.)

Wagemann, G. L., s. Wagemann, Ludwig Gerhard

Wagemann, Jh. Geo., († d. 31. März 1825.) de quibusdam causis, ex quibus cum veteribus tum in recentioribus civitatibus turbae ortae sunt, aut status reipublicae immutatus est. P. I. II. 4maj. Heidelb. 810,11. Mohr. Spec. I. 16 gK Spec. II. ...

Wagemann, K. Vorträge über Fortifikation. (Feldfortifikation.) Mit 1 Anh. zc. (Autogr.) Hannover 1862. 366 S.

Wagemann, Lud., Diss. de coelo et terra. 8. Augsburg. Wolf. 779.

— synopsis residua theologiae practicae tripartitae ad IV tractatus dogmat.-pract. exacta Colon. 8. Mainz 775

Wagemann, Ldw., synopsis theologiae moralis tripartitae. 8. Augsb. 760 Wolf. (a. Typogr. in Ofen). 1 ᵲ Supplement I, II. de actibus humanis et de legibus et justitia. 8. ibid. 776.

— Synopsis theologiae moralis tripartitae. 8. ibid. 779

Wagemann, Ludwig Gerhard

s.a. Magazin, Götting., für Industrie u. Armenpflege.

Wagemann, G. L. (Herausgeber): „Göttingisches Magazin für Industrie und Armenpflege", 5 Bände (zu je 4 St.) und 6. Band (1. Stück), Göttingen 1788—1805 (Vandenhöck & R.).

Wagemann, Ldw. Gerh., († d. 24. Jan. 1804.) Materialien für Armenpfleger u. Armenfreunde; aus d. Erfahrung gesammelt. 8. Götting. 794. Vandenhöck u. R. 16 gK

— Nachr. über die Versorgung d. Armen in Göttingen, v. Jan. 1787 bis dahin 1788. 4. Götting. 788.

Wagemann, Otto C., die Chemie und die chemische Industrie. Inaugural-Dissertation. gr. 8. (32 S.) Göttingen 856, (Vandenhoeck und Ruprecht's Verlag.) *

Wagemann, Rud., die Sachsenkriege Kaiser Heinrichs IV. Inaugural-Dissertation. gr. 8. (112 S.) Celle 882. (Schulze'sche Buchh.) n. 2. —

Wagemann, T. R., Wisse und wolle! Sapere aude! Orig.-Roman aus der Gegenwart in 3 Büchern. Berlin 862. R. Kühn. gr. 8. (487 S.) n. 2 ᵲ 20 ngr.

Wagemann, Wilh., e. Fall v. Adeno-Carcinoma ovarii cysticum. gr. 8. (26 S.) Göttingen 882. (Vandenhoeck & Ruprecht.) n. — 80

Wagen gewinnt. Kom. Oper in 2 Aufz. von Treitschke. 8. Ebend. 803. — 6

Wagen, historische u. moderne, des österr. Allerhöchsten Hofes. 20 Heliogravuren nach photograph. Aufnahmen v. Vict. Angerer. gr. Fol. (1 Bl. Text.) Wien 895. V. Angerer. In Leinw.-Mappe n. 30. —

Wagen, Der rothe, eine universelle Wochenschrift. Offenbach 1780. II: *Schröckh, Sam. Jac.* (Ky)

Wagen, Sechs, mit Contrebande, oder Grossthun und Kinderey; Lustspiel in fünf Akten. Leipzig 1785. V: *Dyk, Johann Gottfried.* (MGT)

Wagen, sechs, mit Contrebande; od. Großthun u. Kinderey. Lustsp. 8. Lpz. Dyk. 786. — 8

Wagen der k. bayer. Staats-Bahn verwendet zum Transport Verwundeter 1870/71. München 1871. 12 Abb.-Bl. 2°

Wagen, der zerbrochene, Schausp. in 1 Aufz. v. Wilhelm Eugen. 8. Regensb. Dalsenberger. 811. — 7

Wagen, A., siehe: *Jugendthorheit.*

Wagen, Alb., s.a. Willkommen!

Wagen, Albert. Willkommen! Ein Herbergsbuch für unsere Gäste. Mit Zeichnungen von Kunstmaler Albert Wagen und einem Geleitwort von Peter Rosegger. [200 S.] 4. Basel, Friedrich Reinhardt, [1901]. [geb. Lwd. fr. 10. —, Leder fr. 12. 50]

Wagen, Frz., die unbekannte Schöne, s.a. Bloch's, Ludw., Herren-Bühne.

Wagen, Franz: Die unbekannte Schöne. Lustspiel in 1 Akt v. . Berlin: E. Bloch (1893). (21 S.) 1 Bd 8°
Herren-Buhne, Ludwig Blochs. No 19.

Wägen u. Pferdegeschirre, Wiener, siehe: Wiener-Wägen.

Wagen, Karl Friedrich Gustav

Carol(us) Frid(ericus) Gust(avus) Waegen: De Remediis purgantibus. Berolini (1829:) Jordan. 35 S. 8°

Berlin, Med. Diss. v. 29. Apr. 1829

Wagenaar, Jan. Allgemeine Geschichte der vereinigten Niederlande von den ältesten bis auf die gegenwärtigen Zeiten. (8 Bde.) 4 Leipzig 1756 1767

Wagenaar-Hummelinck, H., Bürgermeisters Rika. 12. (96 S.) Königsberg 886. Akadem. Buchh. v. Schubert & Seidel. n. 1. 50

Wagenaer, J., s. Geschichte d. verein. Niederlande.

Der Wagen-Ancker. Eine leichte und doch zugängliche Anstalt beym Fuhrwercke gegen betrübte Unglücks-Fälle von flüchtigen Pferden. Von L. Sosander. Lemgo 1749

Wagenbach, Wilh., neuere Turbinenanlagen. Auf Veranlassung von E. Reichel u. unter Benutzung seines Berichtes „Der Turbinenbau auf der Weltausstellung in Paris 1900" bearb. (V, 127 S. m. 48 Fig. u. 54 Taf.) Lex.-8. Berlin 905. J. Springer. Geb. in Leinw. n. 15. —

Der Wagenbau. Deutsche Wagen- und Automobil-Zeitung. Berlin: Expedition 1896 (1902). 8°
Red.: Karl Sachisthal.

Wagenbau, der. Deutsche Wagen- u. Automobilbau-Zeitg. Technologische Zeitschrift f. Wagenbauer, Stellmacher, Schmiede, Sattler, Wagenlackierer u. Motorwagenindustrie. Offizielles Publikations-Organ der Vereinigung deutscher Wagenfabrikanten. Hrsg. unter Mitwirkg. bewährter Fachkräfte. Red.: M. Laubsch. 8.—11. Jahrg. 1903—1906. à 12 Nrn. (222, 248, 250 u. 282 S. m. Abbildgn. u. 47, 48, 48, u. 48 Taf.) gr. 4. Bielefeld (Berlin, Laubsch & Everth.) à Jhrg. n. 12. —

Wagenbau, der. Deutsche Wagen- u. Automobilbau-Zeitg. Technolog. Zeitschrift f. Wagenbauer, Stellmacher, Schmiede, Sattler, Wagenlackierer u. Motorwagenindustrie. Offizielles Publikations-Organ der Vereinigg. deutscher Wagenfabriken. Hrsg. unter Mitwirkg. bewährter Fachkräfte. Red.: M. Laubsch. 12.—15. Jahrg. 1907—1910. à 12 Nrn. (272, 272, 312 u. 304 S. m. Abbildgn., 49, 57, 49 u. 162 Taf. u. Schnittbog.) 33,5×23 cm. Bielefeld. (Berlin, Laubsch & Everth.) à Jahrg. 12. —

Wagenbau, der, auf der Berliner Gewerbe-Ausstellung 1896. Hrsg. v. d. deutschen Wagenbau-Zeitg. „Der Wagenbau". qu. 4. (29 S. m. 32 Taf.) Berlin 897. Laubsch & Everth. In Leinw.-Mappe n. 10. —

Wagenbau für Wagner, Schmide, Sattler etc. Neuste Ausg. 2 Hefte. Fol. (40 Stnt.) Uttweil 858. [Stuttgart,] Uhler. à Heft * 1 Thlr. 2 Ngr. *

Wagenbauer, der. Theoretisch-pract. Zeitschrift der Wagenbaukunst. Chef-Red.: Louis Dupont. 1. u. 2. Jahrg. Septbr. 1896—Aug. 1898. à 6 Hfte. (à ca. 28 S. m. Abb. u. Taf.) gr. 4. Berlin (M. Oldenbourg). à Jahrg. n. 20. —

Wagenbauer, Maximilian

— Anleitung zur Landschaftszeichnung in Handzeichnungsmanier. qu. Fol. Münch. 810. (Leipz., Fr. Fleischer). 1 ℛ 16 g

— Anleitung zum Landschaftszeichnen im Steindruck. qu. Fol. Münch. 816. (Leipz., Lauffer). 6 ℛ

Wagenbauer, Max., Baumstudien f. angeh. Landschaftszeichner. gr. Fol. Münch. 817. (Leipz., Fr. Fleischer a. Lauffer). 4 ℛ

Wagenbauer, Max., Baumstudien für angehende Landschaft-Zeichner. 1s Hft. (12 lith. Bl.) Fol. Hanau 833. (Frankfurt, Krug.) n. 2/3 ℛ — 2s Hft. (20 lith. Bl.) Fol. Ebd. n. 1 1/3 ℛ — 3s Hft. (12 lith. Bl.) Roy.-Fol. Ebd. n. 1 1/3 ℛ

Wagenbauer-Zeitung, deutsche. Zeitschrift f. die Interessen der Wagenbauer, Stellmacher, Sattler etc. Organ der Central-Kranken- u. Sterbekasse der deutschen Wagenbauer [E. H.], der Vereinigg. deutscher Stellmacher, sowie aller freien Vereiniggn. obiger Branchen. Red.: Jul. Förtig. 1. Jahrg. Juli—Decbr. 1887. 6 Nrn. (1/2 B. m. Beilagen.) gr. 4. [Hamburg, Jensen & Co.] Hamburg-Barmbeck, E. Hirschhausen, Hamburgerstr. 26. n. 1. 60

— dasselbe. 2. Jahrg. 1888. 12 Nrn. (1/2 B. m. Beil.) gr. 4. Ebd. n. 3. 20

— dasselbe. 3. Jahrg. 1889. 12 Nrn. gr. 4. Ebd. n. 10. —

— dasselbe. 4. Jahrg. 1890. 18 Nrn. gr. 4. Ebd. n. 12. —
Erscheint seit 1. Juli 1890 u. d. T.: Der Wagenbauer.

Der **Wagenbauer**. Theoretisch-practische Zeitschrift der Wagenbaukunst. Jg. 1. 2. Berlin: Oldenbourg 1896–1898. 8°
Chefred.: L. Dupont.

Wagenbauer, Max. Baumstudien für angehende Landschafts-Zeichner. 8 Blatt. München 1817. Fol.

Wagenbauer, Max. Sammlung von Bayerischen Gegenden zum Nachzeichnen. 18 Blatt Lithographien. München. Fol.

Wagenbauer, Max. Vorlagen für Landschafts-Zeichner. München 1823—1824. Fol.

Wagenbauer-Zeitung, Deutsche. Zeitschrift für die Interessen der Wagenbauer, Stellmacher, Sattler etc. Organ der Central-Kranken- und Sterbekasse der deutschen Wagenbauer ... sowie aller freien Vereinigungen obiger Branchen. Red.: J. Förtig. Jhg. 1. 2. Juli 1887—Dec. 1888. Hamburg. gr. 4.

Wagenbau-Journal, deutsches. Hrsg. von Fritz Pohlmann. 1.—4. Jahrg. 1872—1875. à Jahrg. 6 Lfgn. Lex.-8. à Jahrg. 24 lithogr. Taf. und 6 Modellbogen in gr. 8. und gr. Fol. Berlin, Grieben. à Jahrg. *

Wagenbau-Journal, deutsches, hrsg. von Pohlmann und Comp. Neue Folge. 1. Jahrg. 1880. 6 Lfgn. (à Lfg. 5 Stnt.) gr. 8. Berlin, Grieben's Verlag. à Lfg. * ℳ 3. *

—— dass. — Hrsg. von Gebr. Wienicke. Neue Folge. 2. und 3. Jahrg. 1881 und 1882. à Jahrg. 6 Lfgn. (à Lfg. 5 Stnt.) gr. 8. Ebendas. à Jahrg. *
Color. Ausg. à Jahrg. *

—— dass. — Neue Folge. 4. und 5. Jahrg. 1883 und 1884. à Jahrg. 6 Lfgn. (à Lfg. 5 color. Stnt.) gr. 8. Leipzig, Grieben's Verlag. à Jahrg. *

Wagenbau-Journal, deutsches, hrsg. von Gebr. Wienicke. Neue Folge. 6. und 7. Jahrg. à Jahrg. 6 Lfgn. gr. 8. (à Lfg. 5 color. Stnt.) Leipzig 885,86, Th. Grieben's Verlag. à Jahrg. *
Einzeln à Lfg. *

—— dass. — Neue Folge. 8. und 9. Jahrg. à Jahrg. 6 Lfgn. gr. 8. (à Lfg. 4 color. Stnt. und 1 Taf. Bauzeichnung in Fol.) Ebendas. 887,88. à Jahrg. *

Wagenbau-Journal, Zimmermann's, für Wagenbauer, Sattler etc. ... Jhg. 1867. Berlin. hoch-4.

Wagenbaur, J., Anleitung z. Landschafts-Zeichnung in Handzeichnungs-Manier. gr. Fol. München, Giel. 810.

Wagenbau-Zeitung, Deutsche. Jg. 1–15. Berlin: Laubsch & Everth 1896–1910. 8°
Chefred.: A. Nesselmann.

Wagenbau-Zeitung, deutsche. (Der Wagenbau.) Technolog. Zeitschrift für Wagenbauer, Stellmacher, Schmiede, Sattler, Wagenlackierer etc. Hrsg. unter Mitwirkg. bewährter Fachkräfte. Red.: J. Forster. 1. Jahrg. Febr. 1896—Jan. 1897. 12 Nrn. (Bog. m. Abb. u. Taf.) gr. 4. Berlin, Laubsch & Everth. n. 12. —

— dasselbe. Chef-Red.: A. Nesselmann. Red.: Kurt Sachisthal. 2. u. 3. Jahrg. 1897 u. 1898. à 12 Nrn. (à ca. 1 Bog. m. Abb. u. Taf.) gr. 4. Ebd. à Jahrg. 12. —

Wagenbau-Zeitung, deutsche. Deutsche Wagen- u. Automobilbau-Zeitung. Technologische Zeitschrift f. Wagenbauer, Stellmacher, Schmiede, Sattler, Wagenlackierer u. Motorwagenindustrie. Hrsg. unter Mitwirkg. bewährter Fachkräfte. Red. v. Kurt Sachisthal. 4.—7. Jahrg. 1899—1902. à 12 Nrn. gr. 4. (174, 148, 170 u. 202 S. m. Abb. u. 39 bezw. 42, 42 u. 48 Taf.) Berlin, Laubsch & Everth. à Jahrg. n. 12. —

Wagenbau-Zeitung, deutsche illustrirte allgemeine, hrsg. von Geo. Meitinger. 1. Jahrg. 1863. Juli bis Decbr. 6 Lfgn. (Bog.) und 2. Jahrg. 1864. 12 Lfgn. Mit je 4—5 Abbild. in Lithogr. oder Holzschn. gr. 4. Berlin 863, Grieben. 1. Jahrg. * 2 Thlr.; 2. Jahrg. *

—— Illustrirte allgemeine Zeitung für Handwerk und Gewerbe, Handel und Industrie. Unter Mitwirkung anerkannt tüchtiger Fachgenossen hrsg. von Geo. Meitinger. 3. und 4. Jahrg. 1865 und 1866. à Jahrg. 24 Nrn. (Bog.) Mit Abbild. in Lithogr. oder Holzschn. gr. 4. München. Berlin, Grieben. à Jahrg. *

Wagenbreth, der Gutsbesitzer Chr., zu Surdorf, in seinem Leben und Wandel bis zu seinem 54. Lebensjahre dargestellt durch einen Nichtgelehrten. 8. Zeitz 844. (J. Schieferdecker.) 1/6 ₰

Wagenbronner, Georg Christ. (Schweinfurt) A. S. 1381/25

Notio illa animam mortui esse et dici in evangeliis daemonem opinioni debetur non vero Deo ipsi in scriptura alicubi adfirmanti ideoque nec dogmatica dici debet nec pro tali quae hermeneutice vera atque ex evangeliis derivata est habenda. Altera dissertatio theologico-hermeneutica.
Präs. Johann Stephan Müller.
Jena (Marggraf) 30. X. 1762. 102 S.

35564

Wagenburg, Ulr. A., der Weg zum Kapital. (94 S. m. Bildnis.) Lex. 8. München (909). A. u. R. Huber's Verlag „Organisation". 3. 50

Wagenburg, Ulr. A., der Weg zum Kapital. 4. Aufl. (105 S. m. Bildnis.) Lex. 8. München (910). A. u. R. Huber's Verlag „Organisation". 4.50.

Wagener, s. a. Wagner.

Wagener, vergleichende Darstellung der Beantragung u. Verrechnung der Material- u. Geld-Erträge u. der Gewinnungskosten in den Staatswaldungen von Preußen, Bayern, Württemberg, Baden u. Hessen, s. a. Forst- u. Jagd-Zeitung, allgemeine.

Wagener: Vergleichende Darstellung d. Beantragung u. Verrechnung d. Material- u. Geld-Erträge u. d. Gewinnungskosten in den Staatswaldungen v. Preussen, Bayern, Württemberg, Baden u. Hessen. Frankf. a. M. 1880. (104) S. (Sartr.). 4°.
(Ogsaa i Supplemente z. Allgem. Forst- u. Jagd-Zeitung. Bd. 11. H. 3) 612.

Wagener. Vide: Monatsschrift (Internationale).

Wagener, Psalterium Davidis paraphrastico-morale. Köln, 1725.

Wagener, A. J., französische Lautir- und Leseschule oder erste und gründl. Anleitung zum leichten und schnellen Lesenlernen. Zum Schul- und Privatgebrauch. 12. (36 S.) Coblenz 848, (Blum.)

Wagener, Ad., Zeichnung zur Erbauung einer Turnhalle für den ... zu Arolsen, 1 Bl.

Über die Ausgestaltung des Unterrichtes und der Prüfungsvorschriften für das Maschineningenieurwesen an der technischen Hochschule. Rede z. Feier d. Geburtst. S. M. d. Kaisers u. Königs geh. 1908 in d. Kgl. Techn. Hochschule zu Danzig von Prof. A[ugust] Wagener. Danzig: Schwital & Rohrbeck 1908. (29 S.) 8° [F.] [08. 5681 10

Wagener, A., Elemente d. Mechanik. Leitfaden zum Gebrauche an Handwerkerschulen, gewerbl. Fortbildungsschulen u. in d. Vorbereitungskursen techn. Lehranst., sow. zum Selbstunterr. f. gebild. Laien. gr. 8. (VII, 123 S. m. 65 Fig.) Dessau 895. P. Baumann. n. 1. 60; geb. in Leinw. n. 2. —

Wagener, Augustus (geb. 1829 in Roermonde a. d. Maas Holl.): M. Porcii Catonis Originum fragmenta emendata disposita illustrata ... Bonnae, form. F. P. Lechneri 1849. 1 Bl., 68 S., 1 Bl. 8.
Bonn, Phil. Fak., Diss. v. 1 Aug. 1849

Wagener, A., Indizieren u. Auswerten v. Kurbelweg- u. Zeitdiagrammen. (VII, 109 S. m. 45 Fig.) 8. Berlin 906. J. Springer. n. 3. —

— über die Vorgänge des Ausspülens u. Ladens bei Zweitakt-Gasmotoren. (13 S. m. Fig.) gr. 4. Berlin (904). S. Calvary & Co. n. 1. —
Sonderabdruck aus: „Die Gasmotorentechnik".

Wagener, Bernh., Strandgut. [Peter Jürgens. — Drei Briefe. — Heimliches Gewerbe. — Zwischen zwei Herzen.] Vier Novellen. 8. (325 S.) Berlin 886, Wilhelmi. *

Wagener, Bruno, unter dem vierfarbigen Banner. Ein Roman aus dem Goldlande Transvaal. 8. (252 S.) Berlin (900). Deutsches Verlagshaus Bong & Co. n. 3. —; geb. n. 4. 50

Wagener, Bruno. Shakespeares Einfluss auf Goethe in Leben u. Dichtung. I. Tl. gr. 8. (V, 54 S.) Halle a. S. 890, Niemeyer. * 1 —

Wagener, Bruno, d. Geheimnisse d. Hypnose. Die hypnot. Heilbehandlg. f. nervöse Leiden u. Schmerzen aller Art, zur Erlerng. f. Jedermann dargest. gr. 8. (43 S.) Leipzig 897. W. Friedrich. n. — 50

— „Vaterlandslose" Gesellen?? Die Wahrheit in d. Flottenfrage. gr. 8. (32 S.) Hamburg 897. A. E. Groeneveld. n. — 40

Wagener, Bruno, Heilandsliebe. Ein soziales Drama. 8. (VIII, 76 S.) Leipzig 899. M. Altmann. n. 1. 50

— s. a. Kaiser, höre die Wahrheit!

Kaiser, höre die Wahrheit! Ein offener Brief an S. M. Kaiser Wilhelm II. (von Bruno Wagener). *Leipzig: W. Friedrich (1897).* (32 S.) 8° [F.] [01. 4554

Kaiser, höre die Wahrheit! Ein offener Brief an Se. Majestät Kaiser Wilhelm II. (Verf.: Dr. Bruno Wagener, Hamburg.) [Neue Ausg.] Leipzig: W. Friedrich 1897. (32 S.) 8° [F.] [05. 8245

— deutscher Michel, warum schläfst Du? Deutscher Michel, wache auf! Ein offenes Wort an des Volkes hl. Majestät. gr. 8. (44 S.) Ebd. 897. n.n. — 75

Wagener, Bruno: Die Schullasten-Not der bäuerlichen Gemeinden. Die Landschulordnung f. d. Herzogtum Lauenburg, e. Schulgesetz, wie es nicht sein soll. Von Dr. —. Lauenburg a. E.: Voß 1904. 18 S. 8°

— s.: Trotz alledem dem deutschen Volke e. Volkskaiser.

... Und hätte der Liebe nicht! ...' Ein deutsches Kulturdrama in 3 Aufz. von Bruno Wagener. Hannover: (O. Tobies [1905].) (VI, 82 S.) 8° [F.] [07. 6817

Wagener, Bruno, „. . . und hätte der Liebe nicht! . . ." Ein deutsches Kulturdrama in 3 Aufzügen. (VI, 82 S.) gr. 8. Hannover (906). (Leipzig, O. Tobies.) n. 1. 50

— s.: Volke, d. deutschen, e. Volkskaiser.

Wagener, C. Sind Kinder-Enthaltsamkeitsvereine pädagogisch zulässig? Wenn „ja", wie sind sie einzurichten? Christiania 1890.

Wagener, C. E., kaufmännisches Rechenbuch. 8. (III, 68 S.) Hamburg 887, O. Meißner's Verlag. *
—— dass. — Auflösungen. 8. (26 S.) Ebendas. 887. *
—— dass. — 2. Tl. 8. (88 S.) Ebendas. 888. *
—— dass. — Auflösungen. 8. (29 S.) Ebendas. 888. *

Wagener, C. E., Sammlung arithmetischer Aufgaben zum Schul- und Privatgebrauch enthaltend 52800 sechsfätzige Rechenexempel. gr. 8. (48 S.) Hamburg 859, (Nolte.) *
Dasselbe auf einer Seite gedruckt *

Wagener, C. E., Schule der Elementar-Mathematik. 1. Thl.: Die Planimetrie und Stereometrie in 100 Lehrsätzen und 700 Aufgaben. 2. Aufl. gr. 8. (III, 75 S. mit 7 Stnt. in gr. 8. und 4.) Hamburg 870, Nolte. cart. *

Wagener, Carl, s. Wagener, Karl

Wagener, Carl Bruno, s. Wagener, Karl Bruno

Wagener, Clemens, s. Wagener, Klemens

Wagener, Emil Walter Oscar, s. Wagener, Oskar

Wagener, Dr. F., Alter schützt vor Thorheit nicht. Lstspl., s. A. v. Kotzebue, Almanach. 31r Jahrg.

Wagener, F. H., Exempelbuch, od. Samml. arithmet. Aufgaben. 1. u. 2. Hft. gr. 8. (2 B.) Hamburg, (Heroldsche Buchh.) [1. 4. Aufl. (2 B.) 835. 1/8 Thlr., 2. 2. Aufl. (2 1/2 B.) 836. * 1/6 Thlr.]

—— dass. — bearb. von C. E. Wagener. 2. Heft. gr. 8. (81 S.) Ebendas. 871. cart. *
Facite dazu. (14 S.) cart. *

Wagener's, F. H., Exempelbuch oder Sammlung arithmet. Aufgaben. 1. Heft. 27.—29., nach den neuesten Maaß- und Gewichtsverhältnissen veränd. Aufl. gr. 8. (32 S.) Hamburg 871—73, Nolte. cart. *

—— dass. — Facitbuch dazu. 1. Heft. Nur für Lehrer bestimmt. gr. 8. (16 S.) Ebendas. 872. cart. *

—— dass. — Eine Sammlung arithmet. Aufgaben bearb. von C. E. Wagener. 1. und 2. Heft. In Reichsgeld. 8. Ebendas. 874. [1. Heft. 30. vollständ. veränd. Aufl. (32 S.) * 30 Pf.; 2. Heft. 11. gänzlich umgearb. Aufl. (46 S.) * 50 Pf.] *

—— dass. — Auflösungen. 1. und 2. Heft. 8. Ebendas. 874. [1. Heft. 30. Aufl. (38 S.) * 60 Pf.; 2. Heft. (17 S.) * 50 Pf.] *

Wagener, (F. H.,) Samml. arithmet. Aufgaben. 1s Heft. gr. 8. Hamb. 825, Herold. 5 gr. — Facite hierzu 1s H.

Wagener, F. H., Sammlung arithmet. Aufgaben. 1. Hft. Mit Facite. (3., verm. Aufl.) gr. 8. (6 B.) Hamburg 832, (Herold.)

Wagener's, F. H., Sammlung arithmetischer Aufgaben durchgesehen von C. E. Wagener. 5. Heft. 3. Aufl. gr. 8. (96 S.) Hamburg 853, [Nolte und Köhler.] *

—— Facite dazu. gr. 8. (31 S.) Hamburg 855, (Nolte und Köhler.)

—— die brauchbarsten Vortheile u. Abkürzungen beim kaufmänn. Rechnen. 1. Lfg. gr. 8. (7 B.) Hamburg 837, Heroldsche Buchh. *

—— einige Waaren-Calculationen, zur Uebung im kaufmänn. Rechnen. Mit Facite. (2 Hfte.) 8. (1 1/2 B.) Hamburg 829, (Herold.)

Wagener, F. W. Herm., Erlebtes. Meine Memoiren aus der Zeit von 1848 bis 1866 u. von 1873 bis jetzt. 2. Aufl. gr. 8. (90 u. 87 S.) Berlin 884. R. Pohl. n. 6. —

— die Mängel d. christlich-sozialen Bewegung, s.: Zeitfragen, soziale.

—— die kleine aber mächtige Partei. Nachtrag zu „Erlebtes". Meine Memoiren aus der Zeit von 1848 bis 1866 und von 1873 bis jetzt. gr. 8. (68 S.) Berlin 885, R. Pohl. *

— die Politik Friedrich Wilhelm IV. gr. 8. (112 S.) Ebend. 883. n. 4. 50

Wagener, Ferdinand (Braunschweig) A.S. 799/18

Dissertatio inauguralis juridica, de autore, quatenus designat personam, a qua aliquid accepimus, Vom Wehrmanne. Präs. Johann Philipp Treiber. Erfurt (Grosch) 9. X. 1720. 27 S. 35566

Wagener, Franz Anton (Hamburg) A.S. 570/31

Dissertatio inauguralis iuridica de testimonio invalido, ex conventione ligantium convalescente. Giessen (Lammers) 20. III. 1742. 57 S.

Gew.: Stadt Hamburg. 35567

Wagener, Friedrich

Wagener, (F.,) Goethes Ehrentag. Ein Festspiel zum 28. Aug. 1826. 16. Weimar 826, Hoffmann. — 4

Wagener, Dr. Fr., Müllner in poet., kritischer u. religiöser Beziehung. Nebst e. von ihm selbst verfaßten Charakteristik d. handelnden Personen in König Yngurd. Mit krit. Anmerkk. begl. Auch u. d. T.: Anhang zu Müllners Werken. 16. Meiß. 831. Gödsche. 8 gGr.

Wagener, Friedr., Müllner in poet., crit. u. religiöser Beziehung. Nebst e. von ihm selbst verfaßten Charakteristik d. handelnden Personen in König Yngurd. Mit crit. Anmerkn. begl. — A. u. d. T.: Anh. zu Müllner's Werken. 16. (5 1/4 B.) Meißen 831. [Leipzig, Rostosky u. Jackowitz.]

Wagener, Friedrich, a. Hildesheim: Über Verbindungen der Ferri-, Ferro- und Kobalticyanwasserstoffsäure mit organischen Körpern. Hildesheim 1905: A. Lax. (58 S.) 8°
Göttingen, Phil. Fak., Ref. Wallach, Diss. v. 3. Juli 1905
[Geb. 16. Febr. 74 Hildesheim; Wohnort: Hildesheim; Staatsangeh.: Preußen; Vorbildung: Gymn. Andreanum Hildesheim Reife O. 95; Studium: Jena 4, München 2, Göttingen 11 S.; Rig. 21. Febr. 05.]

—— über d. gegenwärt. Zustand d. dramat. Kunst in Deutschland. Nebst Einigem aus meinem Leben u. Wirken. gr. 12. (4 1/2 B.) Magdeburg 833, Heinrichshofen.

Wagener, G., japanischer Humor, s.: Netto, C.

Wagener G. Ueber das Pothenot'sche Problem. 1852. 4.
Diss. Göttingen.

Wagener, G. J. L., Predigt am Friedensfeste d. 18. Jan. 1816 in d. Kirche zu Wittstock mit untermischten Gesängen gehalten. Berl. ... Mittler. 3 gGr.

Wagener, G. R.

— Beiträge z. Entwicklungs-Geschichte d. Eingeweidewürmer. (Preisschr.). Haarlem 1857. 112 S. 37 Tvl. 4°.
(Indb. i foreg.).

Wagener, G. R., die Entwickelung der Cestoden, s. Acta Acad. Caes. Leop.-Carol.

Wagener, G. R., die Entwicklung der Cestoden, s. Actorum, novorum, academiae Caesareae Leopoldino-Carolinae naturae curiosorum vol. XXIV. supplementum.

Wagener G. R.: Die Entwicklung d. Cestoden ... Breslau u. Bonn 1854. 91 S. 22 Tvl. 4.
(O. m. latinsk Titelbl.). (Verhandlungen d. Kaiserlichen Leopoldin.-Carolin. Akademie d. Naturforscher. Bd. 24. Suppl.).

Wagener, G. R., die Entwicklung der Muskelfaser. gr. 4. (23 S. mit 8 Taf. in Kpfrst.) Marburg 869, (Elwert's Verlag.) *
Aus: Schriften der Gesellschaft zur Beförderung der ges. Naturwissensch., besonders abgedruckt.

Wagener, Guido, Enthelminthica. Dissertatio inauguralis. 8maj. (32 S.) Berolini 848, (libr. Nicolai.) *.

Wagener, Gust., Anleitung zur Regelung d. Forstbetriebs nach Maßgabe der nachhaltig erreichbaren Rentabilität u. in Hinblick auf die zeitgemäße Fortbildg. der forstl. Praxis. gr. 8. (XII, 406 S.) Berlin 875. Springer's Verl. n. 8. —

— gedrängte Darstellung der wichtigsten u. bewährtesten Waldbau-Regeln nach dem heutigen Stande der forstlichen Praxis. [Aus: „Anleitung zur Regelg. d. Forstbetriebs."] gr. 8. (45 S.) Ebend. 875. n. 1. —

Wagener, Gust., vergleichende Darstellung der Beantragung und Verrechnung der Material- und Geld-Erträge und der Gewinnungskosten in den Staatswaldungen von Preußen, Bayern, Württemberg, Baden und Hessen, s. Forst- und Jagd-Zeitung, allgemeine.

Wagener, Gust., der Waldbau und seine Fortbildung. gr. 8. (VIII, 579 S.) Stuttgart 884, Cotta'sche Buchh. *

Wagener, Gust., die Waldrente u. ihre nachhaltige Erhöhung. gr. 8. (XVI, 882 S.) Neudamm 899. J. Neumann. n. 10. —; geb. n. 12. —

Wagener, H., s. Aus Rodbertus' Nachlaß.

Wagener, H., ich bin ein guter Hirte, s.: Schillingsbücher.

Wagener, H., das Judenthum und der Staat, s. Judenthum, das.

Wagener, H. Im Kirchhofhäuschen, s. Schillingsbücher.

Wagener, H. Chr., s. Wagener, Samuel Christoph

Wagener, H. Th., Geschichte der Potsdamer Schützengilde. Zum 400jähr. Jubelfeste 1865 im Auftrage zusammengestellt. 4. (66 S.) Potsdam 865, (Gropius'sche Buchh.) *.

Wagener, Hans Eph., († im Mai 1760.) gründl. Anweis. zur Civilbaukunst. 2 Thle. mit Kpf. Fol. Dresd. 755—68. Gröll. 3 Thlr. 12 Gr.

Wagener, H(aucke) F(riedrich): Das Eindringen von Percys Reliques in Deutschland. *Heidelberg 1897: C. Pfeffer.* (61 S.) 8°
Heidelberg, Phil. Diss. v. [28. Aug.] 1897

Wagener, Hermann

Wagener, H.: Über die wirtschaftlichen Assoziationen und sozialen Koalitionen. 1. u. 2. Aufl. Neuschönefeld o.J. [1867.]

Wagener, Herm., Denkschrift über die wirthschaftlichen Associationen u. socialen Coalitionen. 2. Aufl. Neuschönefeld 867. Thust jun. gr. 8. (63 S.) n. 15 ngr.

Wagener, Herm., Erlebtes. Meine Memoiren aus der Zeit von 1848 bis 1866 und von 1873 bis jetzt. 1. und 2. Aufl. gr. 8. (90; 87 S.) Berlin 884, R. Pohl. *

Wagener, Hermann, preuss. Justizrath. Neues Conversations-Lexikon. Staats- und Gesellschafts-Lexikon. In Verbindung mit deutschen Gelehrten und Staatsmännern herausgegeben. (23 Bde.) gr. 8. Berlin 1859—1867.

Wagener, H., Die Lösung der socialen Frage. 8°. Bielefeld 1878.

Wagener, H., der Niedergang Napoleon's III. gr. 8. (III, 198 S.) Berlin 889. George & Fiedler. n. 4. —

Wagener, Herm., der Niedergang Napoleons III. 3. (Titel-) Ausg. gr. 8. (III, 198 S.) Berlin 892. Gergonne & Co. n.n. 4. —; geb. n. 4. 75

Die kleine aber mächtige Partei. Nachtrag zu „Erlebtes". Meine Memoiren aus der Zeit von 1848—1866 und von 1873 bis jetzt. Von Hermann Wagener. Berlin. 1885. 8°.

—— die Politik Friedrich Wilhelm IV. gr. 8. (112 S.) Ebendas. 883. *

— Staats- und Gesellschafts-Lexikon, s. Staats- und Gesellschafts-Lexikon.

Wagener, H., Was wir wollen. Ein Wort zur Verständigung. Vortrag, gehalten in der Fraction von Blanckenburg. Berlin 859. Heinicke. Lex.-8. (23 S.) n. 5 ngr.

Wagener, Hugo [pr. Arzt aus Kley in Westfalen]: Untersuchungen über die Wirkung des Camphers und der Camphersäure. . . . Marburg, Buchdr. F. Sömmering, 1889; 44 S. 8°
Marburg, Med. Fak., Inaug.-Diss. v. [22. Jun.] 1889

Wagener, J. A., Süd-Carolina, s. Süd-Carolina.

Wagener, J. G. Denkwürdigkeiten der kurmärkischen Stadt Rathenow. 8. M. 4 K. Berlin 1803. 6,00.

Wagener, Johann Daniel

— Anleitung zum praktisch-richtigen Gebrauch d. span. Grammatik, als 2r Thl. von dessen span. Sprachlehre. gr. 8. Leipz. ... 2e A. 826. W. Vogel. 20 Gr.

Wagener, Jh. Dn., Hamburger u. Altonaer Briefsteller für Kaufleute, od. Samml. auserles. Briefe über alle Gegenstände des Handels, mit unterlegter spanischer u. portugiesischer Phraseologie, zur leichten Erlernung beider Sprachen. 2 Bde. 8. Hamb. 807. 8. (Herold jun.) 2 Thlr. 12 Gr.

Wagner, Joh. Dan., Briefsteller für Kaufleute, oder Samml. auserles. Briefe üb. alle Gegenstände d. Handels, m. unterlegter spanischer u. portugiesischer Phraseologie z. leicht. Erlernung beyder Sprachen. 2 Bde. 8. Hamb. Vollmer. 807. (à 1 Rthlr. 6 gr.) Rthlr.

— collection de las mejores obras Espannolas. IV Tom. 8. Leipz. 795. 96. (W. Vogel). 3 Thlr.

Wagener, J. D.: „Kurze Darstellung einer auswärtigen Assecuranz-Bezahlung, mit Rücksicht auf Hamburgs Compagnien, mit (portugiesischen) Anlagen", Hamburg 1809. — Vorh.: Com. Bibl. Hamburg.

— novo Diccionario Portuguez-Alemäo. gr. 8. Leipz. 811. Schwickert. 4 Thlr. 12 Gr.

— nuevo Diccionario Espanol-Aleman y Aleman-Espanol. T. I—IV. oder vollständ. spanisch-deutsches u. deutsch-spanisches Wörterbuch. 4 Bde. gr. 8. Hamb. 801. Vollmer. (Herold jun.) 10 Thlr. Schreibp. 13 Thlr. 12 Gr. dass. wohlfeile Ausg. 4 Bde. gr. 8. Ebd. 809. 8 Thlr.

— Eudoxia, hi ja de Belisario por Don Petro Montenjon con licencia en Madrid en casa de Sancha 1793. reimpr. à solicitud. 8. Hamb. 796. (Leipz., W. Vogel). 1 Thlr.

— spanisches Lesebuch für Anfänger, nebst e. Wörterbuch üb. die darin enthaltenen Aufsätze. 8. Hamb. 794. (Campe). 10 Gr.

— deutsch-portugiesisches Lexikon. 2 Bde. gr. 8. Leipz. 812. Schwickert. 7 Thlr.

— Nachr. v. e. neuen Schuleinrichtung zu Pyrmont, nebst Anzeige d. Unterrichts. 8. Lemgo 785.

— vollständ. Reductions- od. Vergleichungstabellen, des französ. flüssigen u. Längen-Maßes gegen das in Hamburg, Lübeck, Bremen ꝛc. übliche flüssige u. Längen-Maß u. dieses gegen jenes. Handbuch f. alle Kaufleute, Weinhändler ꝛc. 8. Hamb. 812. Vollmer. (Herold jun.) 8 gGr a. Französisch.

— reflexiones sobre el estilo y en particular él de las cartas. — Anweis. zu e. spanisch-castilischen Briefstyl, nach den Grundsätzen d. besten Autoren. gr. 8. Leipz. 811. N. A. 825. W. Vogel. 18 gGr

— Sammlung von Handlungsbriefen u. andern kaufmänn. Aufsätzen in spanischer Sprache. 8. Hamb. 795. (Campe). 18 gGr

— Samml. v. Handlungsbriefen u. and. kaufmännischen Aufsätzen in spanischer Sprache. 8. Hamb. Hoffmann. 795.

— s. Mt. School, alte Geschichte.

— italien. Sprachlehre, nebst Uebungen z. Anwendung d. Grundsätze d. Wortfügung u. d. Schreibart ꝛc. gr. 8. Brem. 816. Heyse. 1 Rthlr

— portugiesische Sprachlehre, nebst Uebungen der Grundsätze der Wortfügung u. Schreibart dieser Sprache. 2 Bde. (2r Bd. Auch u. d. T.: Uebungen in d. portugies. Sprache, mit untergelegter Phraseologie.) 8. Mainz u. Hamb. 802. (Herold jun.) 1 Rthlr Postp. 1 Rthlr 12 gGr

— portugiesische Sprachlehre, nebst Uebungen d. Grundsätze d. Wortfügung u. Schreibart dies. Sprache. 2 Bde. 8. Hamb. Vollmer.
Postpap.

— spanische Sprachlehre mit Uebung z. Anwendung d. Grundsätze der Wortfügung u. d. Schreibart der spanischen Sprache. gr. 8. Leipz. 795. 2e verb. Aufl. 808. 3e verb. Aufl. 828. W. Vogel. 1 Rthlr

— spanisch-deutsches u. deutsch-spanisches Taschenwörterbuch. 2 Bde. 8. Berl. 809. Voß. 5 Rthlr 12 gGr

— Vergleichung des Convention- preuß. Geldes gegen franz. u. dieses gegen jenes. 8. Hamb. Vollmer. 812.

— einzig vollständige Vergleichungstabellen des in ganz Deutschland üblichen Geldes gegen das franz. u. dieses gegen jenes. 8. Ebend. 812.

— vollständige Vergleichungstabellen des franz. Gewichts u. trocknen Maßes, gegen Hamburger, Lübecker, Bremer ꝛc. Maße u. Gewichte, u. dies. gegen jene. Unentbehrl. Handbuch f. Kauf- u. Landleute, Kornhändler ꝛc. 8. Ebend. 812.

— Vocabulario Auxiliar aleman-espanol y espanol-aleman, deutsch-spanisches u. spanisch-deutsches Hülfswörterbuch, nebst d. nöthigen Redensarten u. Gesprächen. 8. Hamb. ... Vollmer. (Herold jun.) 10 gGr

— allgemeines Waarenlexikon, in spanischer, portugiesischer, französischer, italiänischer u. englischer Sprache. 2 Bde. 1r Thl. der deutsche Theil, 2r. d. 5 Theile d. fremden Sprachen. gr. 8. Hamb. 811. Vollmer. 6 Rthlr 2e wohlf. A. 817. Herold jun. 4 Rthlr

Wagener, Jh. Hnr., († d. 21. Dec. 1803.) Abhandl. von holzerspar. Kochheerden, Koch- u. Bratöfen, Stubenöfen, Spieß-Bratöfen u. Waschkesseln, v. d. Verbind. d. Stuben- u. Heerd-Feuers u. v. e. unschädl. Topfglasur. 2 Thle. Mit 44 Kpft. gr. 4. Magdeb. 789—91. Creutz. 2 Rthlr 12 gGr 3r Thl. Mit 5 Kpft. gr. 4. Ebd. 803. Heinrichshofen. 16 gGr

WAGENER, Johann Heinrich: Unterricht und Vorstellung von holzsparenden, bequemen und zierlichen Stubenöfen zu Putz- und Wohnzimmern, Künstlern, Werkleuten, besonders Töpfern zur Anweisung erfunden, gezeichnet und ausgearbeitet. - Magdeburg 1789. I. Tl.: 30 S., 14 Taf. - II. Tl.: 71 S., 32 Taf.

Wagener, Joh. Heinr., Zorobabel. Gedicht aus alter Zeit für die Gegenwart. 16. (84 S.) Norden 877. Soltau. cart. m. Goldschn. n. 1. —

Wagener, Karl

Wagener, Carl, Beitrag zu e. lateinischen Syntax. Einfacher Satz. [1. Thl.] hoch 4. (27 S.) Berlin 872. Leipzig, Teubner. n. — 75

Wagener, Karl. Beiträge zur lateinischen Formenlehre. I. Die Perfektbildungen auf vi bei Sallust, Caesar, Nepos. II. Ac und atque vor Konsonanten im bellum gallicum und bellum civile des Caesar. 19 S. Progr. G. *Bremen* 1878.

Wagener, Carl, Beiträge zur lateinischen Grammatik u. zur Erklärung lateinischer Schriftsteller. 1. Heft. (VII, 88 S.) 8. Gotha 905. F. A. Perthes. n. 1. 80

Wagener, C., s. Berger, E. Lateinische Grammatik.

— Zu Horat. Carm. I 20. S.-A. 1900. 8 S.

— Elementargrammatik der deutschen Sprache, s.: Heidelberg, H.

Wagener, C., Formenlehre der lateinischen Sprache, s.: Neue, Frdr.

— s.: Grammatik, histor., d. latein. Sprache.

— lateinische Grammatik, s.: Berger, E.

— Lateinische Grammatik, s. Schmalz, J. H.

Waegener, Carolus (geb. am 20 März 1836 in Köln): De hallucinationibus alterum latus habentibus ... Bonnae, typ. expr. P. Neusser 1864. 30 S., 1 Bl. 8.
Bonn, Med. Fak., Diss. v. 20 Jan. 1864

Wagener, Carl, Hauptschwierigkeiten der lateinischen Formenlehre, in alphab. Reihenfolge zusammengestellt. gr. 8. (VII, 184 S.) Gotha 888, F. A. Perthes. *

Wagener, C., Hodie tricensima sabbata, Horat. Sat. I 9, 69. S.-A. 1900. 6 S.

— Lernstoff d. deutschen Litteraturgeschichte. 2. verm. Aufl. 12. (42 S.) Bremen 897. Rühle & Schlenker. Kart. n. — 80

— kurz gefasste lateinische Orthographie f. Schulen. gr. 8. (41 S.) Ebend. 871. n. — 75

— s.: Rundschau, neue philologische.

— lateinische Schulgrammatik, s.: Schmalz, J. H.

— lateinisch-deutsches u. deutsch-lateinisches Schulwörterbuch, s.: Heinichen, Frdr. Adph.

— latein. Schulwörterbuch, s.: Heinichen, Frdr. Adph.

— lateinisches Übungsbuch f. Anfänger, s.: Bulle, C.

Wagener, C., De locativi latini usu. Diss. 1870. 39 S.

Wagener, Carl, die Weltgeschichte im Lichte des Ratschlusses Gottes. Ein Versuch. (80 S.) gr. 8. Breslau 903. (Hirt's Sort.) n. — 80

Wagener, Karl Bruno

Wagener, Carl Bruno [aus Amoy (China)]: Shakespeares Einfluss auf Goethe in Leben und Dichtung. I. Teil. . . . Halle a. S., Buchdr. v. M. Kandler, 1890; 3 Bl., 54 S., 1 Bl. 8°
Halle, Phil. Fak., Inaug.-Diss. v. 3. Nov. 1890

Wagener, Klemens

Wagener, Clem., unterm Domkran. Eine Mär aus Altköln. Epische Dichtg. (164 S.) gr. 8. Essen 906. Fredebeul & Koenen. n. 2. 50; geb. in Leinw. n. 3. 50

Wagener, Clemens: Die Höherbelastung fundierter Bezüge. (Berlin: Trenkel [1909].) 112 S. 8° ¶ (Ersch. auch als Buch ebd.)
Tübingen, Staatsw. Diss. v. 8. März 1909, Ref. Fuchs.
(Nur in beschränkter Anzahl für den Austausch)
[Geb. 31. Jan. 70 Burg b. Magdeburg; Wohnort: Cöln; Staatsangeh.: Preußen; Vorbildung: Danzig Einj.-Freiw.-Zeugn.; Studium: Cöln Handelshochsch. 4, Tübingen 7 S.; Coll. 3. Aug. 08.] [U 09. 3991

Wagener, Clem., die Höherbelastung fundierter Bezüge. (112 S.) Lex. 8. Berlin 909. R. Trenkel. 3. —

[F.] Aus allen Zeiten und Weiten. Gedichte v. Clemens Wagener. *(Köln): Kölner Verl.-Anst. u. Dr. A.-G. 1895.* (VIII, 193 S.) 1 Bd 8. [96. 5302

v, *Wagener*, Ldw. Fr. († im Febr. 1789.) Catalogus nummorum et numismatum antiquorum, graecorum et latinorum S. Romanorum, Germanorum et aliarum Europae nationum ex aevo medio et recentiore, in auro, argento et aere, variae magnitudinis et formae. 8. Bonn 775.

Wagener, M., das Schlupferl, s.: Hoffmann's, Frz., Volks- u. Jugendbibliothek.

Wagener, M., das Schlupferl, s.: Sammlung beliebter Jugendschriften. Bd. 8.

Wagener, M. A., Seelenklänge. Gebete u. Psalmen der Israeliten nach dem Urtext metrisch bearb. gr. 8. (VII, 107 S.) Berlin 871. Gerschel. n. 3. —

Wagener, M. Gottfried [Praes.], s. Koeppel, Johann Michael: De philologis quibusdam praestantioribus recentioris maxime aevi.

Wagener, Mart. (Mart. Frehsee), Bühnenzauber. Schauspiel in 3 Akten. 2. Aufl. (138 S.) gr. 8. Strassburg 904. W. Heinrich. n. 1. 50

Wagener, Mart., Kain's Tod. Dichtg. 16. (64 S.) Berlin 895. M. Schildberger.
Geb. in Damast m. Goldschn. n. 1. —

Wagener, Mathilde

—— durch Täuschung zum Glück. Orig.-Novelle. 8. (92 S.) Ebendas.

Wagener, Mathilde, irrende Herzen. Orig.-Roman. 8. (231 S.) Leipzig 885, Leopold und Bär.

Wagener, Mathilde, die Klostergräfin. Orig.-Roman. 8. (338 S.) Leipzig 886. Leopold & Bär. n. 4. —

Wagener, Oskar

Wagener, *Emil Walter* Oscar [aus Velpke in Braunschw.]: Über Hodeninfarct infolge Torsion des Samenstranges ... Halle a. S., Hofbuchdr. v. C. A. Kaemmerer & C., 1896; 20 S., 2 Bl. 8.
Halle, Med. Fak., Inaug.-Diss. v. 21. März 1896

Wagener, Oskar, approb. Arzt aus Bremen: **Aus d. Kgl. chirurg. Klinik zu Kiel. Über die Methoden der Freilegung des Herzens zur Vornahme der Naht nach Verletzungen.** *Kiel 1902: Schmidt & Klaunig.* (30 S.) 8°
Kiel, Med. Diss. v. [5. Juni] 1902

Wagener, Osk., über die Methoden der Freilegung des Herzens zur Vornahme der Naht nach Verletzungen. Diss. gr. 8. (80 S.) Kiel 902. (Bremen, G. Winter.) n. 1. —

Wagener, P., Reise nach Afrika und etwas über den Sclavenhandel daselbst. 8°. Hamburg 1821.

Wagener, Ph. Chr., s. Flora v. Hildesheim.

Wagener, R., u. O. Weerth. Geognostische Beschreibung d. Fürstent. Lippe u. seiner Umgebung. gr. 8. (74 S.) Detmold 890, (Hinrichs). * 1 20

Wagener, Samuel Christoph

— s. Abwechselungen, ernsthafte, kom. u. rührende.

Wagener, Sam. Cph., moralische Anekdoten. 4 Thle. 8. Berl. 1r Thl. 2e A. 804. 3r—4r Thl. 804—10. (Dümmler). 4 ₰

— etymologisches Anekdotenlexikon, od. interessante Wort- und Sachherleitungen. gr. 8. Quedlinb. 815. Basse. 1 ₰ 4 gl

— patriotisches Archiv für Deutschland. 1r u. 2r Jahrg. f. 1799 u. 1800. 8 Quart. od. 4 Bde. mit Kpf. 8. Berl., Maurers B. (à Jahrg. 4 ₰) 8 ₰

— s. Briefe e. Feldpredigers.

— Denkwürdigkeiten der Churmärkischen Stadt Rathenow, nicht bloß für Rathenower, sondern für Geschichts- u. Vaterlands-freunde überh., mit 4 Kpf. gr. 8. Berl. 803. (Himburg). 2 ₰

— s.a. **Feldzug, üb. d., der Preußen.**

(Wagener, S. C.) Ueber den Feldzug der Preussen gegen die Nordarmee der Neufranken im J. 1793. 8. Stendal 1795. 3,00.

— Freudenblicke in die Zukunft. 12. Halle 811. Schimmelpfennig. 8 gl

— s. **Gallerie wunderb. Menschen.**

Wagener, Sam. Cph., die Gespenster; kurze Erzählungen aus d. Reiche d. Wahrheit. 4 Thle. 8. Berl. 797—800. Maurers B. 5 ₰ 8 gl 5r u. 6r Thl. od. neue Gespenster. 1r u. 2r Thl. 8. Ebd. 801, 2. 2 ₰ 16 gl

— s. **S. C. Gewarren.**

Wagener, Sam. Chrstph., Handbuch d. vorzüglichsten, in Deutschland entdeckten Alterthümer aus heidnischer Zeit. Beschrieben u. versinnlicht durch 1390 lith. Abbildgn. gr. 8. (49 B. u. 145 Taf.) Weimar 842, Voigt.

Wagener, Sam. Chrstph., †(S. C. Gewaren,) Jahr- u. Tagebuch d. wichtigst. Entdeckungen ꝛc., s.a. Jahr- u. Tagebuch.

Jahr- und Tagebuch der wichtigsten Entdeckungen, Erfindungen und Stiftungen und der denkwürdigsten Weltbegebenheiten seit Christus. Nebst einem Normalkalender. Ein Erinnerungsbuch für Gebildete. Hrgg. v. Samuel Christoph **Wagener.** In 2 Theilen. 8°.
Th. 1: Entdeckungen, Erfindungen und Stiftungen. Berlin. 1824.
Th. 2, Abth. 1: Die denkwürdigsten Weltbegebenheiten. (A. u. d. T.: Kurzgefasste Welt-Chronik seit Christus bis auf die neueste Zeit. Ein Erinnerungsbuch für Gebildete. Abth. 1: Januar bis Junius enthaltend.) ebd. 1825.

—— Jahr- u. Tagebuch der wichtigsten Entdeckungen, Erfindungen u. Stiftungen u. der denkwürdigsten Weltbegebenheiten seit Christus. Nebst e. Normalkalender. Ein Erinnerungsbuch f. Gebildete, ergänzt durch die wichtigsten Entdeckungen, Erfindungen u. Stiftungen v. J. 1821—41. Von Fr. A. Reimann. gr. 8. (27 B.) Berlin 842, Heymann.
Die Ergänzungen einzeln

—— **der Sonne Kinder.** Eine Hypothese. Unbefang. Bibelfreunden u. Naturforschern z. Prüfung vorgelegt. gr. 8. (7½ B.) Potsdam 835, Horvathsche Buchh.

— s. **K. F. Köppen, Universal-Lexikon.**

— das Leben des Erdballs u. aller Welten. Neue Ansichten u. Folgerungen aus Thatsachen. Mit 7 Kpft. gr. 8. Berl. 828. Amelang. 2 rthl. 18 gr.

Wagener, Sam. Chrstph., **der Lebensretter.** Oder wie könnten viele scheintodtgeborne Kinder, erdrückte Säuglinge, schwer niedergekomm. Mütter, hyster. Frauen, im Starrkrampfe liegende Männer, u. namentl. mancher auf d. Schlachtfelde nur von Verblutung ohnmächtige Scheintodte am Leben erhalten werden. gr. 8. (8 B.) Altenburg 835, Pierer.

— Naturwunder u. Länder-Merkwürdigkeiten, ein Beitrag zur Verdrängung unnützer u. schädlicher Romane. 6 Thle. 8. Berl. (1r u. 2r Thl. 802, 3. 3e A. 806. 2 rthl. 16 gr. 3r Thl. 803. 3e A. 821. 1 rthl. 8 gr. 4r Thl. 803. 2e A. 804. 1 rthl. 8 gr. 5r Thl. 805. 1 rthl. 8 gr. 6r u. 1 Sachregist. über alle 6 Thle. 810. 2 rthl.) (Dümmler). 8 rthl. 16 gr.

— s. **Pfalz, über die.**

— s. **Quintessenz d. neuesten Druckschriften.**

— s.a. **Reise durch d. Harz.**

'**Wagener,** Sam. Chrph.] Reise durch den Harz und die Hessischen Lande; besonders in Hinsicht auf Naturschönheiten, Anbau und Alterthümer. Braunschweig 1797. gr. 8.

— Sprüchwörterlexikon, mit kurzen Erläuterungen. 8. Quedlinb. 812. Basse. 20 gr.

— Spuren der Gottheit im anscheinenden Zufalle, wohlthätige Nahrung für Zweifler u. Denker. 2 Thle. 8. Berl. 805—10. (1r Thl. 2e Aufl. 818.) (Maurer's B.) (à 1 rthl.) 2 rthl.

— Taschenbuch für Jung u. Alt, z. Vermeidung deutscher Sprachfehler in alphabetischer Ordnung. 12. Berl. 804. 2e A. 805. (Maurers B.) 9 gr.

— biblisches Textlexikon für die vorkommenden gottesdienstlichen Fälle. 8. Berl. 810. (Dümmler). 12 gr.

— Unbegreiflichkeiten, od. die Tiefen des menschl. Herzens. 8. Neu-Ruppin ... (Leipz., Liebeskind). 1 rthl. 8 gr.

— Universal-Lexicon d. Völker- u. Ländergesch., s. K. F. Köppen.

— histor. Unterhaltungslexikon zum Lachen u. Lernen. 8. Berl. 809. Maurers B. 1 rthl. 12 gr.

—— **Wundererscheinungen am Himmel u. auf der Erde.** Für Alle, welche sich üb. d. merkwürdigsten Naturereignisse belehren wollen. Nach d. Erforschungen d. berühmt. Physiker gemein verständl. bearb. 12. (10 B. u. 88 lith. Fig.) Weimar 837, Voigt.

— s. **Wundermenschen.**

Wagener, Sam. Chph.: „Das Zehendtrecht in seinem ganzen Umfange", Breslau 1815 (Korn). — Vorh.: Bibl. des Kammergerichts Berlin

— romant. Züge. 2 Thle. 8. Frankf. 816. Herrmann. 1 rthl. 4 gr. Hbq. Pr. 14 gr.

Wagener, T. Herders Forschungen über Sprache und Poesie. Potsdam, R., 1875. 18 S. 4. Progr.

Wagener, Therese, aus der Rosenzeit. Erzählung f. junge Mädchen. 8. (V, 112 S.) Dresden 902. E. Pierson. n. 2. -; geb. n. 3. —

Wagener, Frau Therese, geb. Ahn, die Wildbretküche der deutschen Waidmannsgattin. 12. (VIII, 173 S.) Neudamm (902). J. Neumann. Geb. in Leinw. n. 2. 50

Wagener, Wilhelm, Referendar im Bez. d. Kammerger.: Die Pfändung und Überweisung des Berichtigungsanspruchs zwecks Eintragung einer Zwangshypothek. Berlin: Heymann 1910. VII, 50 S. 8° ¶(Ersch. auch als Buch ebd.)
Erlangen, Jur. Diss. v. 22. Juli 1910, Ref. Oertmann
[Geb. 15. Jan. 88 Erfurt; Wohnort: Charlottenburg; Staatsangeh.: Preußen; Vorbildung: Köllnisches Gymn. Berlin Reife O. 06; Studium: Freiburg i. B. 1, Berlin 5 S.; Rig. 23. Juni 10.] [U 10. 779

Wagener, Wilh., die Pfändung u. Überweisung des Berichtigungsanspruchs zwecks Eintragg. e. Zwangshypothek. (VII, 50 S.) gr. 8. Berlin 910. C. Heymann. 1. 50

Wagener, W., das Königr. Westphalen u. die Franzosen. 8. Cassel u. Marb. 813. Krieger; (a. Luckhardt). 6 gr.

Wagener, Wlh. Gabr., zwei Predigten am 3ten Reformations-Jubelfeste zu Züllichau gehalten. 8. Züllich. 817. Darnmann. 4 gr.

Waegener, statistische Uebersicht der Pocken-Epidemie im J. 1870 und 1871 in Köln. Mit einigen histor. Bemerkungen. gr. 8. (15 S.) Köln 872, (J. G. Schmitz'sche Buchh.) *

Wagenfeld [Schlagwort]

Wagenfeld, s.: **Preussen. Messtischblätter.**

Wagenfeld [Verfasser]

Wagenfeld, Friedrich

Wagenfeld, Fr., die Kriegsfahrten der Bremer zu Lande und zu Wasser zur Begründung und Beschirmung ihrer Unabhängigkeit. gr. 8. Bremen 846, Kaiser. n. 1⅓ rthl. (Auch mit dem Umschlags-Titel: Bremer Chronik.)

— Skizzen aus dem Bremer Volksleben. A. u. d. T.: Toblas uppen Queenenmarkt. gr. 8. Ebend. 845. n. ⅙ rthl.

— s. **Unterhaltungsblatt, Bremisches.**

Wagenfeld, Friedr., Bremens Volkssagen. 8 Hfte. 8. (26¾ B.) Bremen 844, 45, Kaiser. 1

Wagenfeld's, Frdr., Bremer Volkssagen. Hrsg. v. Karl Eschwald. 2. Aufl. 8. (387 S.) Bremen 878. Tannen. 4. 50; geb. 6. —

Wagenfeld's, Fedr., Bremer Volkssagen. Hrsg. v. Karl Eichwald. 3. Ausg. 8. (VI, 387 S.) Bremen 886. Haake. n. 4. —; geb. n. 5. —

Wagenfeld's, Fedr., Bremer Volkssagen. 8. Aufl. (279 S.) 8. Bremen 906. C. v. Masars. n. 2. 50

Wagenfeld, Karl, 'ne Göpps vull. Geschichten in mönsterlännsk Platt. (V, 103 S.) 8. Münster 909. Aschendorff. 1.50; geb. n 2. 25

Wagenfeld, Karl, 'n Oehm un annere Vertellsels in mönsterlännsk Platt. (207 S.) kl. 8. Essen 905. Fredebeul & Koenen. n. 2. —; geb. in Leinw. n. 2. 60

Wagenfeld, L., **Anleitung zur Pferdekenntniß, oder die Beurtheilung des Pferdes auf seine Vorzüge und seine Mängel, nebst Rathgeber für Pferdekäufer bei der Untersuchung von Pferden, und zur Sicherung gegen Betrug; Enthüllung der Roßtäuscherkünste; Angabe der auf den Pferdekauf bezügl. Gesetze; Beschreibung der Kennzeichen der Gewährsmängel** rc. Ein nützl. Handbuch für Jeden, welcher aus Neigung oder Beruf sich für das Pferd interessirt. Mit Abbildungen. gr. 8. (VIII und 196 S. mit 12 Stnt.) Königsberg 851, Gebr. Bornträger. *

—— Anleitung zur Pferdekenntniss oder die Beurtheilung des Pferdes auf seine Vorzüge und seine Mängel nebst einem Atlas von 12 auf Stein grav. Taf. 2., durchgeseh., verb. und verm. Aufl. 2.—4. (Schluss-)Lfg. Lex.-8. (S. 65—209 mit 9 Taf. in qu. Fol.) Altona 855, Haendcke und Lehmkuhl. à Lfg. * 20 Ngr. *

Wagenfeld, L., **Anleitung zur Pferdekenntniss oder die Beurtheilung des Pferdes auf seine Vorzüge und seine Mängel nebst einem Atlas von 12 auf Stein grav. Taf.** 2., durchgeseh., verb. und verm. Aufl. 1. Lfg. Lex.-8. (S. 1—64 mit 3 Taf. in qu. Fol.) Leipzig 855, G. Mayer. *

Wagenfeld, L., Anleitung zur Pferdekenntniss oder die Beurtheilung des Pferdes auf seine Vorzüge u. seine Mängel nebst einem Atlas von 12 auf Stein grav. Taff. 2., durchgeseh., verb. u. verm. Aufl. 2—4. (Schluss-)Liefg. Altona 865. Haendcke & Lehmkuhl. Lex.-8. (S. 65—209 mit 9 Taff. in qu. Fol.) Jede Liefg. n. 20 ngr.

Wagenfeld, (Kreis-Thierarzt) L., gründl. Anweisung die Krankheiten des Pferdes, sowohl die innern als die äußern, zu erkennen und zu heilen. Ein nützl. Handbuch für Cavallerie-Offiziere, Stallmeister, Bereiter, Pferdezüchter rc. Mit 4 lith. Tafeln. 8. Danzig 832. Anhuth. 1 ℛ 16 gγ Fein Pap. 2 ℛ

Wagenfeld, L., gründl. **Anweisung d. Krankheiten d. Pferdes, sowohl d. innern als die äußern zu erkennen u. zu heilen.** 2. Aufl. 8. (10¾ B. u. 4 Stnt.) Danzig 838, Anhuth.

— gründl. Anweisung die Krankheiten des Pferdes, sowohl die inneren als die äußeren, zu erkennen u. zu heilen. Ein nützl. Handbuch für Cavallerie-Offiziere, Stallmeister, Bereiter u. s. w. Mit 4 lith. Taf. 3., verm. u. verb. Aufl. gr. 8. Danzig 846, Anhuth. 24 ngl

—— Encyklopädie der gesammten Thierheilkunde. Zunächst f. gebildete Landwirthe. Mit 300, zum Theil color. Abbild. 1. Aufl. 843, 44. u. 2. Aufl. gr. 4. (à 53½ B. u. 1 Atlas m. 30 Taf. in Fol.) Leipzig 845, Mayer. à *

—— üb. d. **Erkenntniß u. Kur d. Krankheiten d. Rindviehes.** gr. 8. (14 B. u. 1 col. Taf.) Königsberg 835, Gebr. Bornträger.

Wagenfeld, L., die **Erkenntniß, Vorbeugung, Kur u. Tilgung derjen. Krankheiten d. Hausthiere, welche in polizeil. Hinsicht in Betracht kommen, nebst Angabe aller darüber im k. preuß. Staate gegenwärtig gelt. Medicinal-Gesetze, Verordnn., Rescripte** rc. Ein Handb. f. Medicinal- u. Landräthe rc. gr. 8. (13 B. u. 1 col. Taf.) Königsberg 835, Gebr. Bornträger. Thlr.

—— über die Erkennung u. Cur d. Krankheit der Schaafe. 8. (12 B. u. 1 Tab.) Danzig 829, Gerhard.

—— **Grundriß e. speciellen Pathologie u. Therapie d. Pferdes. 2 Thle. gr. 8. Dresden u. Leipzig, Arnoldische Buchh. [1. (19½ B.) 837., 2. (20 B.) 839. à 1⅝ Thlr.]**

— — 2. wohlfeilere Ausg. 2 Th. (1 Vol.). Sst. 1843.
— — 3. do. 2 Th. (1 Vol.). Leipz. 1850.

— s. Icones anatomicae.

—— die Lungenseuche d. Rindviehes. gr. 4. (9¾ B. u. 3 ill. Taf.) Danzig 832, Gerhard.

Wagenfeld's Thierarzneibuch u. Gesundheitspflege der landwirthschaftlichen Hausthiere. 18. völlig umgearb. Aufl. Von M. Preuße. gr. 8. (XV, 555 S. m. 174 Abbildgn.) Berl. 892, Gebr. Borntraeger. 5 —; geb. 6 —

Wagenfeld's Thierarzneibuch u. Gesundheitspflege der landwirthschaftlichen Hausthiere. 19. verb. Aufl. v. M. Preuße. (Neue [Titel-]Ausg.) gr. 8. (XV, 554 S. m. 174 Abb.) Neudamm [901.] (902). J. Neumann. Geb. in Leinw. 6.—

—— allgem. Vieharzneibuch, od.: gründl., doch leicht faßl. Unterricht, wonach e. jeder Viehbesitzer die Krankheiten sein. Hausthiere auf d. einfachste u. wohlfeilste Weise, auch ohne Hülfe e. Thierarztes, leicht erkennen u. sicher heilen kann. 1. Aufl. (16½ B. u. 8 Stnt. qu. Fol.) 832., 2., verm. u. verb. A. (17½ B. u. 9 Stnt. qu. Fol.) gr. 8. Königsberg 833, Gebr. Bornträger. à

—— **allgem. Vieharzneibuch**, od.: gründl., doch leichtfaßl. Unterricht, wonach e. jeder Viehbesitzer d. Krankheiten seiner Hausthiere auf d. einfachste u. wohlfeilste Weise leicht erkennen u. sicher heilen kann. 3., verm. u. verb. Aufl. (18 B. u. 9 Stnt.) 836. 1½ Thlr., 4., verm. u. verb. A. (20 B. u. 9 Stahlst.) 839. u. 5., verm. u. verb. A. gr. 8. (19½ B. u. 9 Stahlst.) Königsberg, Gebr. Bornträger. à

—— allgemeines Vieharzneibuch. 6., verm. u. verb. Aufl. gr. 8. (19¾ B. u. 9 Stahlsttaf.) Königsberg 844, Gebr. Bornträger. 1

—— **allgemeines Vieharzneibuch, oder gründlicher und leicht faßlicher Unterricht, die Krankheiten der Hausthiere zu erkennen und sicher zu heilen.** 7., verm. und ganz umgearb. Aufl. gr. 8. (XX und 282 S. mit 9 Stahlst. in Fol.) Königsberg 849, Gebr. Bornträger.

—— allgemeines **Vieharzneibuch**, oder: gründlicher und leichtfaßlicher Unterricht, die **Krankheiten der Hausthiere zu erkennen und zu heilen.** 8., verm. und gänzlich umgearb. Aufl. gr. 8. (XVI und 310 S. mit 9 zum Theil ill. Stahlst. in Fol.) Königsberg 853, Gebr. Bornträger.

Wagenfeld, L., allgemeines Vieharzneibuch, oder: gründlicher und leicht faßlicher Unterricht, die Krankheiten der Hausthiere zu erkennen und zu heilen. 9. Aufl. 1857. und 10., bedeutend verb. und mit einer Einleitung über die Erkenntniß der Thierkrankheiten im Allgemeinen verm. Aufl. gr. 8. (XXVIII und 288 S. mit 9 zum Theil ill. Fol.-Taf. in Stahlst.) Königsberg 861, Gebr. Bornträger. 1 Thlr. 15 Ngr.; geb. Thlr.

Wagenfeld, L., allgemeines Vieharzneibuch, oder: gründlicher und leichtfaßl. Unterricht, die Krankheiten der Hausthiere zu erkennen und zu heilen. 11. Aufl., umgearb., sehr verm. und verb. gr. 8. (XXIV und 300 S. mit 9 zum Theil ill. Fol.-Taf. in Stahlst.) Königsberg 865, Gebr. Bornträger. 1 Thlr. 15 Ngr.; geb.

Wagenfeld's Vieharzneibuch und Gesundheitspflege der landwirthschaftlichen Hausthiere. Gründlicher und leicht faßl. Unterricht die Krankheiten der Hausthiere zu verhüten, zu erkennen und zu heilen. 12. Aufl. (XV, 555 S. mit 150 Abbild.) 1870. ℳ 4,50., und 13. umgearb. Aufl. von R. Kühnert. Lex.-8. (XV, 496 S. mit 156 in den Text gedr. Abbild. in Holzschn.) Berlin 874, Gebr. Bornträger. *ℳ 5.; geb. *

Wagenfeld's Vieharzneibuch und Gesundheitspflege der landwirthschaftlichen Hausthiere. Gründlicher und leicht faßl. Unterricht, die Krankheiten der Hausthiere zu verhüten, zu erkennen und zu heilen. 14., umgearb. Aufl. von R. Kühnert. gr. 8. (XIV, 503 S. mit 178 in den Text gedr. Holzschn.-Abbild.) Berlin 879, Gebr. Bornträger. ℳ 5.; geb. *

Wagenfeld's Vieharzneibuch und Gesundheitspflege der landwirthschaftlichen Hausthiere. Gründlicher und leicht faßl. Unterricht, die Krankheiten der Hausthiere zu verhüten, zu erkennen und zu heilen. 15. und 16. umgearb. Aufl. von R. Kühnert. gr. 8. (XII, 503 S. mit 178 in den Text gedr. Holzschn.-Abbild.) Berlin 881,83, Gebr. Borntraeger. geb. *

Wagenfeld's Vieharzneibuch und Gesundheitspflege der landwirthschaftlichen Hausthiere. Gründl. und leicht faßl. Unterricht, die Krankheiten der Hausthiere zu verhüten, zu erkennen und zu heilen. 17. Aufl. Von R. Kühnert. gr. 8. (XII, 503 S. mit 178 in den Text gedr. Abbild.) Berlin 885, Gebr. Borntraeger. ℳ 5.—.; geb.
Auch in 10 Lfgn. à 50 Pf.

Wagenfeld's Vieharzneibuch u. Gesundheitspflege der landwirthschaftlichen Hausthiere. 17. Aufl. Von R. Kühnert. Mit 178 in den Text gedr. Abbildgn. gr. 8. (XII, 503 S.) Berlin 888. Gebr. Bornträger. 5. —; geb. 6. —

—— wie heilt d. Bauer u. schlichte Landmann seine kranken Pferde? Eine Belehr. in Fragen u. Antworten. gr. 8. (12½ B. u. 1 Stnt.) Leipzig 840, Otto Wigand.

—— Wie heilt der Landmann seine kranken Pferde. 2. (Titel-) Ausg. gr. 8. (VII und 192 S. mit 1 Holzschn.) Leipzig 848, O. Wigand.

Wagenfeldt, G. J., die Rotzkrankheit der Pferde heilbar! Veröffentlichung des neuesten Mittels zur Heilung d. Rotzes u. der Maßregeln, um gesunde Pferde vor Ansteckungen zu sichern. 16. Bautzen 848, Reichel. Verklebt n. ⅓ ₰

Wagenfeldt, J. E., neuestes Vieharzneibuch oder Unterricht wie der Landwirth seine Pferde, Rindvieh, Schafe, Schweine und Federvieh füttern, warten und pflegen soll und deren Krankheiten leicht erkennen und wohlfeil, schnell und gründlich heilen kann. Nebst Anleitung zum Betriebe der Viehzucht. gr. 8. (174 S.) Bautzen 853, Reichel. –

* Wagenführ, Aug., die Anfangsgründe d. Mathematik. 2 Theile. 8. Berl. Hayn. 808.

Wagenführ, Aug., Lehrbuch der Arithmetik, s. a. Lehrbuch.

Wagenfuhr, A., Lehrbuch d. Arithmetik. (hat a. den Titel: die Anfangsgründe der Mathematik. 1r Thl.) 8. Berlin. Hayn 808.

— s. a. Lehrsätze d. Geometrie.

Wagenführ, August Lehrsätze der Geometrie und der Trigonometrie mit Anwendungen. Berlin 1797 -

— Lehrsätze d. Geometrie u. Trigonometrie, wie auch Anwend. aufs Feldmessen. (hat a. den Titel: die Anfangsgr. d. Mathematik. 2r Th.) 8. Ebend. 808.

Wagenführ, C., neue amerikanische Schreibmethode mit deutsch. und latein. Vorschriften systematisch bearbeitet für Volksschulen und zugleich für den allgemeinen Gebrauch. qu. 4. (Mit Text u. 27 lith. Blätt.) Fürth 846, Schmid's Buchh. n. ⅔ ₰

Wagenführ, Erich [Kammergerichtsref.]: Die Bedingungen nach dem Bürgerlichen Gesetzbuche ... Berlin, C. Fromholz Buchdr., 1897; 60 S. 8.
Erlangen, Jur. Fak., Inaug.-Diss. v. 1897

[F.] Wagenführ, *Robert* [Dr.]: Die Lektüre des Nibelungenliedes und der mittelhochdeutsche Unterricht auf dem Gymnasium. (Th. 1.) Helmstedt, Buchdr. v. J. T. Schmidt, 1895; 1—28 S. 4.
Helmstedt, herz. G, OP 1895 (720)

Wagenführ, *Robert* Zur Methode des lateinischen Unterrichts in der Tertia des Gymnasiums. 4 (S. 3—27). Teil II. 4 (S. 3 31) **Progr.** G. *Helmstedt* 1886 (634). 1887 (643).

Wagenführ, Rob Über die in Fichtes Reden an die deutsche Nation hervortretenden pädagogischen Principien im Zusammenhange mit seiner praktischen Philosophie. 24 S. *Helmstedt* 1879. **Progr.**

Wagenführer, Otto, schaumburgische Geschichte. Für den Unterricht in d. Heimatgeschichte auf d. Mittel- u. Oberstufe bearb. (76 S.) 8. Rinteln 908. (C. Bösendahl jun.) nn — 60

Kleine Heimatkunde des Kreises Grafschaft Schaumburg von Otto **Wagenführer**, Lehrer. Rinteln: A Wehling 1905. (59 S.) 8° [F.] ...4

Wagenhäußer, G. J., Methodik zur gründl. Behandlung des Zergliederns gelesener Lehrstücke der deutschen Sprachlehre und des Kopfrechnens in Elementarschulen, nebst einem Anhang zur Fertigung schriftl. Aufsätze über das Erziehungswesen. gr. 8. Würzb. 821. Stahel. 18 kr

Wagenhäuser, J., zur Casuistik und Geschichte der in die Lunge perforirenden Empyem, s. Mittheilungen und Auszüge aus dem aerztlichen Intelligenz-Blatt.

Wagenhofen, Frz., Jungfrankreich. Kabinettstücke moderner Meister i. z. Teil autoris. Uebersetzungen. gr. 8. (III, 212 S.) Leipzig (899). Verlag moderner Belletristik. n. 3. —

— um e. Liebesnacht! (Pour une nuit d'amour.) Drama in e. Akt. Nach der gleichnam. Novelle v. Emile Zola. 8. (64 S.) Ebd. 899. n. 1. —

Wagenhofen, Frz., Parkett u. Bohème, s.: Sammlung moderner Belletristik in- u. ausländ. Autoren, III, 11.

— der Ruf der Liebe. Freie Skizzen. Mit e. Einleitung v. Adph. Kohut u. dem Bilde des Verf. nach e. Relief v. P. Moser. gr. 8. (III, 236 S.) Ebd. (899). n. 3. —; geb. n. 4. —

Wagenhoff, s.: Schulz v. Wagenhoff.

Wagenhütter, Phpp. Der Ortsschulrath u. sein Wirken. Handbuch f. den Gebrauch der Ortsschulräthe. Ausg. f. das Erzherzogth. Niederösterreich. 2. verb. u. verm. Aufl. gr. 8. (VI, 135 S.) Wien 892, Pichler's Wwe. u. Sohn. * 2 —; geb. * 2 40

Wageningen, Jac. van, s.: Album, Terentianum.

Wageningen, J. van, Persiana. Pr. 1891. 67 S.

— Scaenica romana. (IV, 67 S.) Lex. 8. Groningen 907. P. Noordhoff. 1. 60

Wagenitz, Erich, Referendar: Inwieweit sind für die dem Nachlaßgericht obliegenden Verrichtungen die Deutschen Gerichte zuständig, wenn der nach dem 1. Januar 1900 verstorbene Erblasser ein Ausländer und die Zuständigkeit durch Staatsverträge nicht geregelt ist? Greifswald 1905: J. Abel. (48 S.) 8° [F.]
Greifswald, Jur. Fak., Ref. Frommhold, Diss. v. 15. Juni 1905
[Geb. 4. Jan. 76 Brandenburg a./H.; Wohnort: Berlin; Staatsangeh.: Preußen; Vorbildung: Ritterakad. Brandenburg a. H. Reife O. 95; Studium: Berlin 4, München 2, Greifswald 1 S.; Rig. 30. Juni 99.]

Wagenius, Sueno: Dissertatio mathematica methodum . . ., s. Baerenwald, Nicol.

Wagenknecht, B. G., Anweisung die Rechenkunst nach d. leichten Methode zu lehren u. zu lernen. 8. Quedlinb. 797. Ernst. 16 gr Wohlf. Ausg. 813. 12 gr

Wagenknecht, Ernst: Aus d. Augenklinik d. Univ. Jena. Ein Beitrag zur Kenntnis des Melanosarkoms der Aderhaut. Mit 3 Fig. im Text. Jena 1908: Kämpfe. 35 S. 8°
Jena, Med. Diss. v. 29. Jan. 1909, Ref. Wagenmann
[Geb. 23. Okt. 80 Pfiffelbach; Wohnort: Jena; Staatsangeh.: Sachsen-Weimar; Vorbildung: Realgymn. Weimar Reife O. 01; Studium: Jena 11 S.; Coll. 30. Nov. 08; Approb. 31. Okt. 08.] [U 09. 2156

Wagenknecht, Jul[ius], approb. Arzt aus Montevideo: **Altes und Neues zur Behandlung von Knochenhöhlen seit Einführung der antiseptischen Wundbehandlung.** *Tübingen 1904: H. Laupp jr.* (58 S.) 8° ¶ (Aus: Beiträge zur klinischen Chirurgie, Bd 42, H. 3.)
Freiburg i. B., Med. Diss. v. 1904

Wagenknecht, Walther, aus Chemnitz: Beiträge zur Kenntnis des Tellurs. Erlangen 1905: F. Th. Jacob. (45 S.) 8°
Erlangen, Phil. Fak., Ref. Fischer, Diss. v. 5. Juli 1903
[Geb. 28. Mai 78 Chemnitz; Staatsangeh.: Sachsen; Vorbildung: Gymn. Schneeberg Reife O. 98; Studium: Bergakademie Freiberg 5, Bergakademie Berlin 1, Erlangen 5 S.; Rig. 5. Juli 03.]

Wagenmann, Seybel und Komp. Wasserglas. Rationelle Anwendung desselben im praktischen Leben von — —. Wien, 1857. Dr. von Karl Ueberreuter. (16 S. 8.)

Wagenmann, Adf., künstliches Gold! Entdeckung e. auf Grund neuerer wissenschaftl. Anschauungen beruh. Verfahrens zur Umwandlg. der Stoffe. Für jedermann verständlich dargestellt. gr. 8. (72 S.) Stuttgart (901). Schwabacher. n. 1. 60

Wagenmann, Adf., das System der Welt. Grundzüge e. Physik des organ. Lebens. I. Bd. Der Ursprung v. Energie u. Materie, m. 40 Abbildgn. im Text, 11 mehrfarb. Taf. u. 1 Reproduktion von Max Klingers „Drama". (XII, 182 S.) gr. 8. Cannstatt (905). Selbstverlag. n. 6. —; geb. n. 7. —

Wagenmann, August

Wagenmann, A., s.: Bericht üb. die 25. u. 26. Versammlg. d. ophthalmolog. Gesellschaft.

Wagenmann, A., s.: Bericht üb. die 28. u. 29. Versammlung der ophthalmolog. Gesellschaft.

Wagenmann, A., s.: Bericht über die 30.—32. Versammlung der ophthalmologischen Gesellschaft.

Wagenmann (Aug.), s.: Bericht der ophthalmologischen Gesellschaft.

— s.: Graefe's Albr. v., Archiv f. Ophthalmologie.

Wagenmann, August [Dr., approb. Arzt aus Goettingen]: Zur Kenntniss der Iridocyclitis tuberculosa. . . . (Sep.-Abdr. aus v. Graefe's Arch. f. Ophthalmologie, Bd XXXII. Berlin, Hermann Peters, 1886; 1 Bl. + 56 S. u. 1 Taf. 8°.
Göttingen, Med. Fak., Inaug.-Diss. v. 3. Nov. 1886.

Einladung zur öffentlichen Probe-Vorlesung, welche Dr. August **Wagenmann** zur Erlangung der Venia legendi bei der medicinischen Facultät der Ruprecht-Carls-Universität zu Heidelberg Donnerstag, den 30. Okt. 1890 . . . abhalten wird. Thema: Die Keratoplastik in ihrer Entwicklung und gegenwärtigen Stellung. 1 Bl. 8°
(Nicht für den Austausch)

Verletzungen des Auges m. Berücksicht. der Unfallversicherung, s. a. Graefe, Alfr., u. Thdr. Saemisch, Handbuch der gesamten Augenheilkunde.

A[ugust] **Wagenmann**, Die Verletzungen des Auges mit Berücks. d. Unfallversicherung. 1. Leipzig: W. Engelmann 1910. 8°
(Handbuch d. gesamten Augenheilkunde. 2. Aufl. Bd 9, Abt 5.) [10. 7457

v. Wagenmann, Bdlt., s. Wagemann.

Wagenmann, E., Bericht über die Verhandlungen der ersten Versammlung der internationalen, ampelographischen Commission in Wiesloch, am 24. und 25. Septbr. 1874. gr. 8. (55 S.) Heidelberg 875, C. Winter's Universitäts-Buchh. *

Wagenmann, E.: Bibliotheca Oenologica. Zusammenstellung der gesammten Weinliteratur des In- und Auslandes. Zsgest. von E. Wagenmann. Redaktion: A[dolph] Blankenhorn. Heidelberg: Winter 1875. 98 S. Aus: Annalen der Oenologie. 2. 1872, S. 365-395; 557-565. [Enthält den 1. Nachtrag und zusätzlich ein Autoren und Anonymenregister.] -- 16.98*. Frei 190
Erschien auch u.d.T.: Wagenmann: Zusammenstellung der önologischen Literatur. -- s. Nr 196.

Wagenmann, E., Catalog der oenologischen Bibliothek von Ad. Blankenhorn. Einleitung von A. Blankenhorn. (I.) [Aus: „Annalen der Oenol."] gr. 8. (15 S.) Heidelberg 877. C. Winter n. — 40

—— dass. — [Fortsetzung.] gr. 8. (32 S.) Ebendas. 878. *

—— Zweiter Nachtrag zur oenologischen Literatur-Zusammenstellung, revid. von A. Blankenhorn. gr. 8. (26 S.) Ebendas 875. *
Erster Bericht. Ebendas. 1874. * M 1.

—— Dritter Nachtrag zur oenologischen Literatur-Zusammenstellung, revid. von A. Blankenhorn. gr. 8. (13 S.) Ebendas. 876. *

Wagenmann, E., vierter Nachtrag zur önologischen Litteratur-Zusammenstellung. gr. 8. (30 S.) Heidelberg 880, C. Winter's Universitäts-Buchh. *
Aus: Annalen der Oenologie, besonders abgedruckt.

—— die als gegen die Phylloxera am widerstandsfähigsten erkannten, amerikanischen Rebsorten und deren Beschreibung. gr. 8. (22 S.) Ebendas. 878. *
Vorstehende sechs Schriften sind aus: Annalen der Oenologie, besonders abgedruckt.

Wagenmann, E.: Zusammenstellung der [illegible] Literatur. Von E. Wagenmann, revidirt von Adolph Blankenhorn. In: Annalen der Oenologie. 2.1872. S. 365-395. [illegible] 21*
Erschien auch u.d.T.: [illegible] Bibliotheca Oenologica. [illegible]

-- Dass. . . . 1. Nachtrag. In: Annalen der Oenologie. 2.1872. [illegible]
Erschien auch [illegible] Wagenmann [illegible] Blankenhorn [illegible]
-- s. Nr [illegible]

-- Dass. . . . 2. Nachtrag. In: Annalen der Oenologie. [illegible]
-- Dass. . . . 3. Nachtrag. In: Annalen der Oenologie. [illegible]
Wagenmann, E.: . . . 4. Nachtrag. . . . In: Annalen der Oenologie. [illegible]
-- Dass. . . . 5. Nachtrag. In: Annalen der Oenologie. [illegible]
-- Dass. . . . 6. Nachtrag. In: Annalen der Oenologie. [illegible]

Wagenmann, Josef H.

Wagenmann, J. H., neue Aera der Stimmbildung für Singen u. Sprechen. (III, 82 S.) gr. 8. Berlin (903). J. Räde. n. — 80

Wagenmann, Josef H.: Lilli Lehmanns Geheimnis der Stimmbänder. Von Dr. . . Berlin: Räde [1905]. 98 S. 8°
(Wagenmann: Moderne Gesanglehrer. 1.)

— moderne Gesanglehrer. I. Lilli Lehmanns Geheimnis der Stimmbänder. (97 S.) 8. Ebd. (905). n. 3. —

Wagenmann, Ernst v. Possart, e. Stimmbildner? (30 S.) 8. Berlin-Steglitz (908). Verlag Kraft & Schönheit. 1. —

Wagenmann, J. H., ein automatischer Stimmbildner u. die Oeffentlichkeit. (III, 128 S.) gr. 8. Leipzig (906). Verlag f. Literatur, Kunst u. Musik. n. 1.50

— **Umsturz in der Stimmbildung.** Schrift für Sänger, Sängerinnen, Redner u. Jedermann. (24 S.) gr. 8. Berlin (904). J. Räde. n. — 60

Wagenmann, Leonh., katechetisches Handbuch zur Erklärg. der sonn- u. festtäglichen Evangelien des Kirchenjahres. Für Geistliche, Lehrer u. Lehrerbildungsanstalten bearb. (XV, 316 S.) 8. Paderborn 909. F. Schöningh. 3.80

Wagenmann, Leonh., Hilfsbuch zum Katechismusunterricht zum Gebrauch an Lehrer- u. Lehrerinnenseminarien sowie an höheren Töchterschulen. Unter Berücksicht. der neuen Lehrpläne f. den Religionsunterricht bearb. (XIX, 424 S.) gr. 8. Freiburg i/B. 906. Herder. n. 4.60; geb. n. 5.20

Wagenmann, P., practische Tabellen aus dem Gebiete der Chemie und Physik für Industrie jeden Faches. qu. 18. (IV und 56 S.) Berlin 851, Logier. * —

Wagenrad, Das gebrochene. Novelle. [Berlin 1836.] V: *Schwarz, Theodor.* (GGr)

Wagensberg, F. A., Predigt. a. Sonn- u. Feyertagen. 4. Augsburg, Wolf.

Wagenschieffer, Rudolf, Gerichtsass.: Vertretung bei der Eingehung von Wechselverbindlichkeiten, mit besonderer Rücksicht auf Gesellschaften. Hannover 1910: Schlüter. VII, 54 S. 8°
Göttingen, Jur. Diss. v. 12. Sept. 1910, Ref. Ehrenberg
[Geb. 13. Jan. 83 Hannover; Wohnort: Hannover; Staatsangeh.: Preußen; Vorbildung: Kaiser-Wilhelms-Gymn. Hannover Reife O. 02; Studium: Leipzig 3. Berlin 1. Göttingen 2 S.; Rig. 27. Juli 10.] [U 11. 1446

Wagenschwanz, J. B., die Wohlfahrtsschule oder d. Seele des Nahrungsstandes. 8. Bamb. 816. (Kunz). 16 gr

Der Freymaurer. Ein Lustspiel in einem Aufzug. [Von C. D. Wagenseil.] Ulm: Wohler in Comm. 1780. 46 S. 8°
cf. Z. 5 (1875) S. 61—62, 69—70 (E. Besetzny). Kl. 4022, Tt. 2693. Selten. Nach Heinsius erschien auch eine Ausg. Wien: Kurzböck 1784 8°

Wagenseil, Christian Jakob

— der Abschied des Galas von sr. Familie; ein musikal. Drama. 8. Kaufbeuren 782.

Wagenseil, Chr. Jak., Adreßkalender oder Taschenbuch d. Illerkreises. 1r—5r Jahrg. f. d. J. 1809—13. 8. Kempt., Dannheimer. (à J. 14 gr) 2 rthl 22 gr

— der Aehrenkranz; ein ländl. Schspl. mit Gesang in 1 Akt. 8. Kaufbeuren 792.

— Aehrenlese auf dem reichen Felde der Weltgeschichte zur bessern Kenntniß der Hierarchen, der Aristokraten, der Fürsten u. ihrer Minister. 8. Altenb. 832. Lit.-Compt. 1 rthl

Wagenseil, C(hrstn.). J(ac.), †(Sim. Ratzeberger d. J.,) Aehrenlese auf d. reichen Felde d. Weltgeschichte, zur beff. Kenntniß der Hierarchen, d. Aristokraten, d. Fürsten u. ihrer Minister. 8. (11¼ B.) Altenburg 832, [Pierer.]

Wagenseil, Christian Jacob (Hrsg.), s. Almanach für Dichter und schöne Geister auf 1785.

(——) literarischer Almanach, s.a. Almanach.

RATZEBERGER, Simon, der Jüngere (d. i. *Chrn. Jac. Wagenseil*), Literarischer Almanach für 1827. Dasselbe für 1829. Leipzig.
Mit höchst interess. literar. Räsonnements über Jacobi, Wieland, Leop. Graf Stolberg, Krummacher u. a., einer Kritik über Sade's „Justine" u. einer Bibliographie d. Almanachliteratur von 1801—25. (Mart. Breslauer's Berliner Oct.-Auct. 1910, no. 2198.)

— zum Andenken Joh. Arn. Günthers, Senators in Hamburg. 8. Kempt. 806. Dannheimer. 3 gr

— s. Auswahl geistl. Gesänge.

—— Beitrag zur Geschichte d. Reformation ꝛc., s.a. Beitrag.

— Beitrag zur Geschichte der Reformation; des 30jähr. Krieges, des westphälischen Friedens u. der Jesuiten. Vom Jahre 1524 bis zu Ende des Jahres 1669. 8. Leipzig 830. (Melzer.) ½ rthl

— Beitrag zur Lebensweisheit u. Menschenkenntniß. 4 Bdchn. 8. Berl. 780, 81.

— Beitrr. zur Lebensweisheit u. Menschenkenntniß. 2 Bdchn. 8. Dessau 783.

— s. Beitrr. zur Volksbibliothek, u. setze hinzu: (v. Chr. J. Wagenseil.)

— s. Biographien f. d. Jugend.

— s. Büchlein von bewährten Hausmitteln, u. setze hinzu: (v. Chr. J. Wagenseil.)

— s. Ehrlichkeit u. Liebe.

— s. Freimaurer, der.

— s. Gang d. Vorsehung.

— Gedichte u. prosaische Aufsätze. 3 Thle. 8. Kempt. 785—87. Typographie. 1 rthl 12 gr 4r Thl. Gedichte u. Schauspiele. 8. Ebd. 794. Dannheimer. 14 gr 5r Thl. Gedichte u. prosaische Aufsätze. 8. Kempt. 814. Kösel. 16 gr

— auserles. Gedichte. 8. Nördl. 819. Beck. 8 gr

Gedichte und Schauspiele von C. J. Wagenseil. Kempten 1794: Dannheimer. XVI, 183 S. 8°
Tt. 2380. Enth. S. 54 das „Sterbelied e. Maurers" u. S. 51—54 zwei Mr-Gebete v. 1789, letztere auch abgedr. in: Taschenbuch f. Frmr. 1800 S. 257—260.

— Geschichte gefallener Minister, Feldherren u. Staatsmänner. 2 Bde. gr. 8. Karlsr. 823 u. 24. Marx. 3 rthl 12 gr

— s. Geschichte d. Gothaischen Theaters.

—— Geschichten gefallener Minister, Feldherren u. Staatsmänner. Ein Leseb. f. Freunde d. Geschichte. 2 Bde. Neue, wohlf. Ausg. gr. 8. (57 B.) Carlsruhe 833, Marx.

— neues historisches Handbuch auf alle Tage im Jahre. 3 Bde. Mit Kpf. gr. 8. Augsb. 815—17. v. Jenisch u. St. 6 rthl 16 gr

— s. G. D. Hartmann, Schriften.

— die Hausfreunde; ländl. Vorspl. 8. Kempten 807.

— Elias Holl, Baumeister zu Augsburg. Biographische Skizze. Ein Beitrag zur deutschen Kunstgeschichte; mit Holls Bildniß. 8. Augsb. 818. Braun. 8 gr

— Ulrich von Hutten. Mit Porträt u. 1 Kpf. gr. 8. Leipz. 817. (Aue in Alt.) 1 rthl

— Ulrich von Hutten, nach seinem Leben, seinem Charakter u. seinen Schriften geschildert. Mit Hutten's Bildniß. gr. 8. Nürnb. 823. Campe. 1 rthl 12 gr Schrbp. 2 rthl Velinp. 2 rthl 12 gr

Wagenseil, J. J., Ulrich v. Hutten nach seinem Leben, seinem Charakter und seinen Schriften geschildert. Neue wohlfeile (Titel-) Ausg. gr. 8. (XXXII und 295 S. mit Hutten's Bildniß in Kpfrst.) Nürnberg (823)58. Lotzbeck.

— s. U. v. Hutten, opera.

Friedmann, Ernst [d. i. **Wagenseil**, Chr. Jak.]: Die Jesuiten und ihr Benehmen gegen geistliche und weltliche Regenten. Grimma 1825.

— Karl v. Hochburg. Eine Ritterballade. 8. Kempt. 797.

— s. Kunst zu leben.

— s. Kunstbüchlein, das neue.

Augustin's, Anton., Leben von W. (C. J. Wagenseil) Goth. 779. 8. 2 gr.

— Lebensgeschichte Martin Luthers, für d. Bürger. d. Kaufbeuren 782. 2e Aufl. 8. Leipz. 786. (W. Vogel). 6 gr

— Lieder bei frohen Gesellschaften zu singen. 12. Kaufbeuren 786.

— Magazin von u. für Schwaben, s. Magazin.

— Memorabilien aus d. Geschichte, auf alle Tage im Jahre. 1n Bds. 1e Abtheil. Januar — Juni. 8. Sulzb. 820. v. Seidel. 20 gr (A. u. d. T.: Neues historisches Handbuch auf alle Tage im Jahre. 4n Bds. 1e Abtheil.)

Wagenseil, Chr. Jak., Schauspiele, s. dessen Gedichte

SCHILDHEIM. Eine deutsche Geschichte (zahmer Roman von *Christian Jacob Wagenseil*, geb. zu Kaufbeuren 23. Novbr. 1756, † 1839). 2 Bde. Mit 2 hübschen Titelvignetten von Rosmaesler. Gotha, bei Carl Wilhelm Ettinger. 1779. Kl. 8°. (6 Mk., Prgtbd., Baer & Co., 1894.)

„Die Fortstzg. u. d. Tit. Geschichte eines Landgeistlichen od. Schildheim 3ter Th. liegt im Mst." — Gradmann, Joh. Jac., Das gelehrte Schwaben. (Tüb.) 1802. p. 719.

Wagenseil, Chr. Jak., s. Schleifheim u. Sulzfort.

——, Prälat v. Schmid zu Ulm, nach seinem Leben, Wirken u. Charakter. 8. (6½ B. u. J. Chr. v. S's. Bild.) Augsburg 828, (Wolff; Kollmann.)

Wagenseil, C. J. Histor. Tagebuch der kaufbeurischen Merkwürdigkeiten währ. des mit der französ. Nation geführten Reichskrieges. 8. Kaufbeuren 1802.

— histor. Unterhaltungen für d. Jugend. 4 Thle. 8. Augsb. 781—83. Klett. 1 rthl 21 gr 2 Bde., mit 19 Kpf. u. 4 Karten. 8. Augsb. 797. v. Jenisch u. St. 3 rthl 8 gr N. verm. Aufl. 6 Thle. Mit Kpf. 8. Nürnb. 818. Campe. 6 rthl, s. auch Unterhaltungen.

Wagenseil, Chrstn. Jac., Unterhaltungsbuch f. Freunde d. Gesch. u. Literatur. 2 Bde. 8. (45½ B.) Nürnberg 837, 38, Fr. Campe. 2 Thlr., hrbgs. Pr.

— s. Vaterlandsgeschichte.

— Versuch e. Geschichte d. Stadt Augsburg. 3 Bde. Mit 3 Kpf. 8. Augsb. 820—22. Bäumer. 5 rthl 20 gr

— Louise v. Walheim. Schspl. 8. Kempten 786. Typographie. 3 gr

— Weihnachtsgeschenk für d. Jugend in 230 geographischen, histor. u. naturhistor. Räthseln u. Aufgaben. 8. Augsb. 784. v. Jenisch u. St. 3 gr

— Weihnachtsgeschenk für d. Jugend in 230 geograph. historisch. u. naturhistor. Räthseln u. Aufgaben. 8. Ebendas. 789. — 3

— gemeinnütz. Wochenblatt für Bürger, ohne Unterschied d. Standes ꝛc. 1r—3r Jahrg. 8. Kaufbeuren 780—83.

— s. Wunderbüchlein oder Nachr.

Wagenseil, Johann Christoph

— Bedencken, ob ein Christ seines verstorbenen Weibes Schwester oder deren Schwester-Tochter zur Ehe nehmen könne .... Franckfurt und Leipzig 1733. 4°. (1 Mk. 50 Pfg., mit Beibdn., Kirchhoff & Wigand, Lpz., Cat. 440.

Wagenseil, Joh. Chr., Belehrung d. jüdisch-deutschen Red- u. Schreibart. 4. Nürnb. Monath. 715.

Wagenseil, Johann Christof, Belehrung der jüdisch-teutschen Red- und Schreib-Art ... Zur Zugabe wird ein Bedencken beygefüget, wodurch die ... Frage: Ob die heilige Schrifft einem Mann erlaube zwey Schwestern nacheinander zu heyrathen? ... zu bescheiden ... gesucht wird. Franckfurt 1737.

— Benachrichtigung wegen einiger d. Judenschaft angehend. wicht. Sachen. 2 Thle. 8. Leipzig. 705. —

Wagenseil, Johann Christoph [Praes.], s. Bernberg, Paul: Catalogum imperatorum qui post Franciscos ad interregnum usq. Imperio Germanico praefuerunt.

Wagenseil, Johann Christoph   A. S. 8/16

Commentatio iuris publici de comitiis universalibus sacri Romano Germanici imperii.
Leipzig (Langenheim) 1734. 64 S.

Diss. Altdorf 30. X. 1686.   35570

Wagenseil, Johann Christoph [Praes.], s. Ebner, Friedrich Wilhelm: De titulis imperatoris, eiusque insignibus.

Wagenseilius, J. C. Disp. de eo quod secundum legem divinam et terrae proventu pauperibus debetur. *Altdorf noric.* 1700

Wagenseil, Joh. Crstph.: „Von Erziehung eines Jungen Printzen / Der vor allen (so!) Studiren einen Abscheu hat / ...", Leipzig 1705 (verlegts Johann Heinichens Wittwe).

Wagenseil, Johann Christoph [Praes.], s. Gammersfelder, Joachim Sigismund: Catalogum imperatorum Francicorum.

Wagenseil, Joh. Chr., Hoffnung d. Erlösung Israels, od. Beweis der herannahenden großen Judenbekehrung. 4. Nürnberg, Monath. 707.   Rthlr.

WAGENSEIL, JOH. CHR. Der Adriatische Löw, Das ist Kurtze Anzeigung. Von des Durchleuchtigen Venetianischen Adels gesammter Geschlechte Ursprung, Aufnahm, Wie auch Deren angebornen Stamm-Wappen . . . Altdorf, Kohles 1704. Kl. 8°. 19 Bl. 186 S., 3 Bl. (letztes leer) *mit 2 gestoch. Vignetten, 4 Holzschnitten und 16 Kupfern mit 393 Wappendarstellungen.* Ppbd. (Überzug ergänzt).
Will I, 350. Erste Ausgabe

Wagenseil, Joh. Christof. Der Adriatische Löw, Das ist, Kurtze Anzeigung, Von des Durchleuchtigen Venetianischen Adels gesammter Geschlechte Ursprung, Aufnahm, Wie auch Deren angebornen Stamm-Wappen. Aus der Roem. Kays. Majestaet Und Eines Löbl. Magistrats der Stadt Leipzig Bibliothecken, alten Italianischen Manuscriptis... entnommen. Altdorf, J. W. Kohles, 1738. Kl.8°. Titel, 18 Bl. 186 S. 4 Bl. *und 16 Kupfertafeln mit Wappen sowie einigen Illustrationen im Text.*

Wagenseil, Johann Christoph [Praes.] , s. M a r s c h a l c h von Bieberstein, Christian: De Romanis pontificibus ex Germanorum Gente creatis.

סלת דויד: *oder Hütte Davids Welche in sich hält alle Grammaticalische Reguln der Hebräischen Sprache Hebräisch und Teutsch ... Mit einer Recommendation Ihro Magnificenz Herrn Christoph Matthäi Pfaffens ... Zusammen getragen ... von Christoph David Bernard ... Wittenberg Zufinden bey Georg. Marc. Knochen ... [1722.]*

Wagenseil, Johann Christoph [Praes.] , s. S p i t z , Erhard: De nundinarum jure disputatio juris publici.

Wagenseil, Johann Christoph [Praes.] , s. S t e u c h , Johannes: De anno jubileo, secundum disciplinam Hebraeorum disputatio.

Wagenseil, Johann Christoph [Praes.] , s. T h o m a e , Johann Theoderich Hieronymus: Politica practica, exhibens rationis status et statistarum moderatorum omnium rerumpublicarum naturam ac qualitates.

WAGENSEIL, Jo. Christoph: Disputatio de venatione et foresti jure. - Altdorf 1703

Wagenseil, Johann Christoph [Praes.] , s. W e b e r , Andreas: De Judaeis circularis disputatio.

Wagenseil, Jonas Dan., Grundriß d. Gesch. Bayerns, in Reimverse gebracht, Satz u. Druck v. d. Zöglingen d. evangel. Waisenhauses. 8. (4¼ B.) Augsburg 836, (Kollmann'sche Bh.)

Wagenseil, K. J. Historisches Tagebuch von kaufbeurischen Merkwürdigkeiten, während des mit der französ. Nation geführten Reichs-Kriegs. Kaufbeuren 1802. 462 S.

Wagentafel des J. 1910 u. Zubehörtafel. Hrsg. v. der Automobil-Flugwelt. (36 S. m. Abbildgn.) 46,5×32,5 cm. Berlin (910). (Buchdr. u. Verlagsanstalt „Strauss.) 1. —

Wagentype, e. neue, f. Stadt-, Local- u. Gebirgsbahnen [Aus: „Mittheilgn. des Ver. f. d. Förderg. des Local- u. Strassenbahnwesens".] gr. 8. (19 S. m. Abb. u. 3 Taf.) Wien 895. (Lohmann & Wentzel.) n. 1. 20

W a g e n - Z e i c h n u n g e n , kolorierte. (25 Bl Lithographien) qu 4° Paris

— — (30 Bl Handzeichnungen) qu 4°

W a g e n z e i c h n u n g e n , verschiedene, von Baslez, Cooper, Hirzel, Williams u A. (161 Bl) In Mappe. 4° (zum Teil Originale.)

Wager, Reinhard, über Volkspoesie und Umdichtung. Nebst umgedichteten Liedern. A. u. d. T.: Umdichtungen. Nebst Abhandlung über Volkspoesie und Umdichtung. Barmen 860. Langewiesche. 16. (XXIV, 200 S.) 22½ ngr.

Waeger, Gottlob Hieronymus (Freiberg) A. S. 105/14

Dissertatio iuridica de pannicylariis (occas. l. 6. D. de bonis damnat.) ceterisque damnatorum bonis, ut et de expensis criminalibus ...
Präs. Ferdinand August Hommel.
Leipzig (Langenheim) 8. IV. 1745. 56 S.

Gew.: Hieronymus Joachim Waeger (Vater).

35559

v. Wagersbach, Jos. Karl Edler, Archiv für wichtige Anordnungen in den k. k. Oesterreich. Staaten über Kriminal- u. Civiljustiz für merkwürdige Rechtsfälle, mit den Entscheidungen der Gerichtshöfe, nebst Abhandlungen u. literar. Nachrichten. 7 Hfte. gr. 8. Grätz 820. Kienreich. ...

— Handbuch für Kriminalrichter, Bezirksobrigkeiten u. jene, die sich zum Kriminalrichter-Amte vorbereiten. 3 Bde. gr. 8. Grätz 812, 13. Kienreich. 2²/₃ rf

Wages, A., eine kluge Dame, s. Both's, L. W., Bühnen-Repertoir.

W ä g g i t h a l. Der Kur- und Badeort W' ob Lachen am Zürichsee. Kt. Schwyz. Mit einer chemischen Analyse des Wassers von Hrn. Dr. Joh[annes] Wislicenus. [Umschlag illustriert.] 8. Lachen ... [1869].

W ä g g i t h a l. Der Kur- und Bade-Ort W'.... Mit einer chemischen Analyse des Wassers von Herrn Dr. Joh(annes) Wislicenus und einer Empfehlung des Kurhauses von Herrn H[ermann] A[lexander] Berlepsch. 8. Lachen.
Ausg. A. 1871. — *Ausg. B.* 1872.

W ä g g i t h a l. Der Kur- & Badeort W'.... Mit einer chemischen Analyse des Wassers. von Hrn. Dr. Joh(annes) Wislicenus. [Umschlag illustriert.] 8. Lichtensteig 1876.

Waggoner, J. H., der Sabbath des Sittengesetzes. Sein Wesen und unsere Verpflichtung gegen ihn. 8. (63 S.) Basel 887. Internationale Traktat-Gesellschaft. — 45

Die Waggon- und Maschinen-Fabrik der Grazer Waggon- und Maschinenbaugesellschaft. Gräz, 1873.

Waggonfabriks - Actiengesellschaft, Die Johann Weitzersche, in Arad . . . Wien 1901. V: *Turek, Joseph.* (EB)

Wagh, das tut man nicht u. Anderes. 8. (V, 102 S.) Wien 903. Wiener Verlag. n. 2. —; geb. n.n. 3. —

Wagh, (Frz. Schultz v. Wagenhoff), außer Dienst, s.: Universal-Bibliothek.

— Nimbus. s.: Universal-Bibliothek.

— der Meisconkel. s.: Universal-Bibliothek.

Wagini, J., über d. Anbau d. Getreidearten. Ein Beitrag zur Lösung der Frage: welche fremde Getreidearten sind einer besondern Aufmerksamkeit u. Cultur würdig? Wien 818. Grund. (Wimmer). 1 rf

WAGL, Friedrich, De infallibilitate ecclesiae catholicae. — (1835) 8° (Handschr.) Diss. 40
Diss. Wien, Univ.

Wagl, Friedr., der Priester und die Neuzeit. Ein Beitrag zur Pastoral-Anweisung. Lex.-8. (53 S.) Gratz 850, Damian und Sorge. *

—— der christliche Religions-Unterricht an der Volksschule und am Gymnasium, mit Rücksicht auf die Anforderungen der Gegenwart. gr. 8. (24 S.) Gratz 850, Hesse.

Wagler: Das Leben des Pommernherzogs Bogislaff X., ein Auszug aus Schomachers Pommerscher Chronik. Zs. 41 S. – Guben, Progr. 1864, 1865.

Wagler. Die Sprachgesellschaften und literarischen Orden des siebzehnten Jahrhunderts.
Colberg, Progr. 1857

Wagler, A. Betrachtungen über die neuere deutsche Dichtersprache. Zweiter Theil. 30 S.
Luckau, Progr. 1858

Wagler, Adalbert, s. Wagler, Friedrich Adalbert

Wagler, Emil, und Pet. Schwartz, lateinisches Elementarbuch, s. Schwartz, Pet.

EBERHARDT THEODOR WAGLER, Zur liebevollen Erinnerung an das entschlafene Mitglied des Pegnesischen Blumenordens, Herrn Johann Samuel Sondermann, II. Pfarrers bei St. Jacob in Nürnberg, geschrieben im Namen des Ordens. Nürnberg, 1860. Druck der Wilh. Tümmel'schen Officin. 4o.

Wagler, Friedrich, s. Wagler, Friedrich Adalbert

Wagler, Friedrich Adalbert

Wagler, Fr. Adalb. Über die Bibliothek des Gymnasiums zu Landsberg a. W. 16 S. Progr. *Landsberg a. W.* 1877

Wagler, Fr. Adalb., Geschichte der Freiheitskriege von 1813—1815. gr. 8. (VIII und 216 S.) Berlin 864, Kobliak. — cart. -
Aus: Deutsche National-Bibliothek, besonders abgedruckt.

Wagler, Fr. Adalb., Geschichte der Freiheitskriege von 1813—1815. Neue Ausg. gr. 8. (VI, 216 S.) Berlin 873, Henschel. [München, Th. Ackermann.] *

Wagler, A., ein Glaubensbekenntnis. gr. 8. (46 S.) Landsberg a. W. 886. (Kiel, Lipsius und Tischer.) *

Wagler, Fr. Adalb., Hilfsbüchlein zu Caesars bellum gallicum für Gymnasien und Realschulen. 8. (V und 37 S.) Berlin 862, Herbig. *

Wagler, Tr. Adalb., Hilfsbüchlein zu Caesars bellum gallicum für Gymnasien u. Realschulen. 2. verb. u. verm. Aufl. Berlin 870. Herbig. 8. (V, 38 S.) n. 5 *ngr.*

Wagler, Frdr., Hilfsbüchlein zu Caesar's bellum gallicum f. Gymnasien u. Realschulen. 3. Aufl. 8. (IV, 38 S.) Berlin 873. Herbig. n. — 50

Wagler, Fr. Adb., Hülfsbüchlein zu Caesars Bellum gallicum für Gymnasien und Realschulen. 4. Aufl. 8. (IV, 39 S.) Berlin 877, Herbig. *

Wagler, Adb., Hilfsbüchlein zu Caesars Bellum gallicum für Gymnasien und Realschulen. 5. und 6. Aufl. 8. (IV, 43 S.) Berlin 880,82, Herbig. *

Wagler, Adb., Hilfsbüchlein zu Cäsars Bellum gallicum. Für Gymnasien und Realschulen. 7. und 8. Aufl. 8. (IV, 43 S.) Berlin 885, Herbig. *

Wagler, Adb., Hilfsbüchlein zu Cäsars bellum gallicum f. Gymnasien u. Realschulen. 9. Aufl. gr. 8. (43 S.) Berlin 891. F. A. Herbig. n. — 50

Wagler, Adb., Hilfsbüchlein zu Cäsars Bellum gallicum f. Gymnasien u. Realschulon. 10. Aufl. 8. (IV, 43 S.) Berlin 898. F. A. Herbig. n. — 50

—— kleines historisch-geographisches Lexikon. Zum Schul- und Privatgebrauch. 8. (IV, 87 S.) [Ebendas.] 873. *

—— Schulbuch für den deutschen Unterricht in den mittleren Klassen der Gymnasien, Real- und höheren Bürgerschulen, enth. Grammatik und Lesebuch. gr. 8. (XII und 428 S.) Berlin 862, Herbig. *

Wagler, Johann

Wagler, Jo., Descriptiones et icones amphibiorum. Fasc. I—III. Fol. maj. Stuttgartiae, Cotta.
Fasc. I. Cum tab. 1—12 (u. 15 Bl. Text.) 828. 8 Thlr. 16 Gr.
- II. — — 13—24 (u. 18 Bl. Text.) 830. 8 Thlr. 20 Gr.
- III. — — 25—36 (u. 14 Bl. Text.) 833. 8 Thlr. 20 Gr.

Wagler, Jo., Monographia Psittacorum. 4maj. (36¼ B.) Monaci 835, (Franz.) *
Aus: Denkschriften d. k. Akademie d. Wissenschaften in München, besond. abgedruckt.

— Monographia Psittacorum. (Aus dem Bande der Denkschriften der Königl. Akademie der Wissenschaften in München besonders abgedruckt.) gr. 4. München 835. (Jaquet) n. 2 ℛ

Wagler, Jo., natürl. System d. Amphibien, mit vorangeh. Classification d. Säugethiere u. Vögel. Ein Beitr. zur vergleich. Zoologie. M. 1 Kpfr. - u. (1 Stntaf.:) Verwandtschaftstafel. (2 Bl. Roy.-Fol.) gr. 8. (22½ B.) Stuttgart 830, Cotta. Thlr.

—— dass. auf Schrbpap. m. 8 Stntaf. Roy.-Fol. (u. 1 B. Text.) gr. 8. (22½ B.) Ebds. 830.

— Systema avium. Pars I. 8. Stuttg. 827. v. Cotta. 2 ℛ

Wagler, Karl Gottlieb

— s. Gatti, neue Betrachtungen.

***Wagler*, Karl Gli., († d. 20. Aug. 1778.) de morbo mucoso liber singularis. 4. Götting. 762. ... (vergl. J. G. *Röderer.*)**

Wagler, Paul, s. Wagler, Paul Reinhold

Wagler, Paul Reinhold

Wagler, *Paul* [Dr.]: Die Eiche in alter und neuer Zeit. Eine mytholog.-kulturhistor. Studie. I. Tl. (Th. II = Berliner Stud. f. class. Philol. u. Arch. 13. Bd. 2 Heft. 1891.) Wurzen, Druck v. G. Jacob, *1891*: S. 3—41; 4°
Wurzen i. S., k. G, OP 1891 (541)

Wagler, Paul, die Eiche in alter u. neuer Zeit, s. a. Studien, Berliner, f. classische Philologie u. Archäologie.

Dr. (Paul [Reinhold]) **Wagler**: 'Die Eiche in alter und neuer Zeit.' Eine kulturgeschichtl. Studie. T. 1. 2. Wurzen 1891: G. Jacob (2: Berlin: S. Calvary & Co.). 1 Bd 4°, 1 Bd 8°
1 = Programm d. Königl. Gymnasiums zu Wurzen. 1891, Beil.
2 = Berliner Studien f. klass. Philologie u. Archaeologie. Bd 13, T. 2. [06. 7737

Wagler, Paul, s.: Lesebuch, deutsches, f. sächsische Gymnasien.

Wagler, P. R., De Aetna poemate quaestiones criticae. Diss. 1884. 64 S. 2.—

Wagler, P. R., de Aetna poemate quaestiones criticae, s.a. Studien, Berliner, 1. Bd., 2. Hälfte.

De Aetna poemate quaestiones criticae. Scripsit Paulus Reinholdus Wagler. (Berlin: S. Calvary & Co. 1884.) (S. 493–601.) 8°
= Studien, Berliner, f. classische Philologie u. Archaeologie. Bd 1, [6.]

Wagler, Paul Tobias (Nürnberg) A. S. 130/35

Specimen inaugurale de pactis remissoriis cum debitore obaerato.
Altdorf (Hessel) 23. III. 1785. 40 S.

Gew.: Stadt Nürnberg. 35571

Wagler, Tr. Adalbert, s. Wagler, Friedrich Adalbert

Wägler, Carl Wilhelm, aus Chemnitz: Die geographische Verbreitung der Vulkane. Bemerkungen zu d. Karten über d. geogr. Verbreitung d. Vulkanismus. *Leipzig 1901: C. G. Naumann.* (26 S.) 8°
Leipzig, Phil. Diss. v. [1. März] 1901

Wägler, Carl, die geographische Verbreitung der Vulkane. Mit 2 Karten. gr. 8. (III, 26 S.) Leipzig 901 Duncker & Humblot. n. 2.40
Sonderabdruck aus: „Mitteilgn. d. Vereins f. Erdkunde".

Wagli, C. Gedanken über Volkswohlfahrt und Staatsklugheit. 8. Thun 1865.

WAGMANN A. v., Duell mit einer Dame. Humoreske. O. O. u. J. (1888).

Waegmann, Andreas A. S. 1368/41

Dissertatio physico-mathematica de motibus variatis.
Präs. Johann Gesner.
Zürich (Gessner) 17.-18. III. 1749. 34 S., 1 Taf.

14 Resp. 35560

Waegmann, Jakob A. S. 1381/13

Phytographiae sacrae generalis, pars practica altera.
Präs. Johann Genser.
Zürich (Gessner) III. 1762. 54 S.

11 Resp. 35561

Wagner [Schlagwort]

— Seine philosoph. Anschauungen, s. Hausegger, Friedr. v.

Wagner's, Rich., Biographie, s.: Pohl, R.

— Biographisches, s. Glasenapp, C. Fr. — Muncker, Frz. — Praeger, Ferd.

— Bühnenwerke, s. Handlung u. Dichtung.

— Drama, s. Chamberlain, Houston Stewart.

— Seine geistige Entwickelung, s. Dinger, Hugo.

— Sein Erdenwallen, s. Treuheit, Hans.

— Erinnerungen, s. Lesimple, A.

— Frauengestalten, erläut. von Rich. Gosche. Mit 12 (photogr.) Illustr. nach Cartons, unter Benutzung photogr. Aufnahmen gemalt von J. Bauer und E. Limmer. gr. 4. (82 S. mit 1 Facs.) [Leipzig 883, Schloemp.] Hamburg, Henschel und Müller. geb. mit Goldschn. (* ℳ 20.)

Wagner's, Rich., Frauengestalten, erläutert v. R. Gosche. Mit 12 (photogr.) Illustr. nach Cartons, unter Benutzg. photograph. Aufnahmen gemalt v. J. Bauer u. E. Limmer. 3., durchgeseh. Aufl. gr. 4. (88 S.) Leipzig 887. Unflad. geb. m. Goldschn. n. 20. —

— Hat er e. Schule hinterlassen? s. Schriften, deutsche, für Litteratur u. Kunst.

— Leben u. Wirken, s.: Glasenapp, C. F.

— Meistersinger von Nürnberg, s. Mey, Curt. Der Meistergesang in Geschichte u. Kunst.

— Museum, s. Oesterlein, Nik. Beschreibendes Verzeichnis des Richard Wagner-Museums in Wien. 3. Bd.

— Parsifal, s. Wolzogen, Hans v.

— Ring des Nibelungen, s. Gjellerup, Karl. — Konrad. — Meinck, Ernst. — Pfordten, Herm. Frhr. v. d.

— als Schöpfer d. Musikdramas, s. Bensow, Osc.

— Studien, s. John, Alois.

— Tannhauser, s. Dwelshauvers-Dery, J. N. — Pfohl, Ferd. — Schleinitz, Alexandra v.

— Tristan und Isolde, s. Heintz, Alb.

Wagner [Sachliches OW]

Wagner, Johs. Ev. Gedenkblätter an Johs. Ev. Wagner, bischöfl. geistl. Rath, Regens des Priesterseminars in Dillingen, Gründer v. 7 Anstalten f. Taubstumme u. Kretinen. 8. (114 S. m. Ansichten u. Bildnis.) Kempten 893. J. Kösel. 1.10

Wagner. - Richard Wagner

— s.a. Musik, die, u. ihre Klassiker.

— s.a. Mythographi graeci.

s.a. Pfordten, Herm. Frhr. v. d.

Wagner, Richard, s.a. Schelle, E.

— s.a. I. Veröffentlichung des Berliner academischen Richard Wagner-Vereins.

— s.a. Volkshefte, litterarische.

— s.a. Wagneriana.

— s.a. Wilsing, Heinr., die Meistersinger von Nürnberg.

— s.a. Wolzogen, Hans v., zur Einführung in die Bayreuther Festspieldramen „Tristan" und „Parsifal".

Wagner, Richard. Illustr. Blätter f. Wagner'sche Musik, Kunst u. Literatur. Hrsg.: A. Schlesinger u. M. Patkiewicz. Red.: E. Klampfl. 1. Jahrg. Oktbr. 1908—Septbr. 1909. 24 Nrn. (à ca. 16 S.) Lex. 8. Wien, Huber & Lahme Nachf. 10. —
Erscheint nicht mehr.

— in den böhmischen Bädern, s. John, Alois.

Wagner, Richard, in seiner nationalen Bedeutung etc., s. Förster, B.

— als Dichter, s. Musikheroen der Neuzeit.

— als Erzieher, s. Ritter, Herm.

— u. das Gymnasium. Eine zeitgemässe Betrachtg. v. e. Gymnasiallehrer. 8. (15 S.) Lpz. 892, Fock. * — 50

— ist todt. — Was nun? Eine ernste Frage von Semper Cunctator. 12. (16 S.) Berlin 883, Parrisius.

Wagner, Richard, und das Judenthum. Ein Beitrag zur Culturgeschichte unserer Zeit von einem Unparteiischen. 1. und 2. Aufl. gr. 8. (16 S.) Elberfeld 869, Lucas.

Wagner, Richard, u. das Judenthum. Ein Beitrag zur Culturgeschichte unserer Zeit von einem Unparteiischen. 1. u. 2. Aufl. Elberfeld 870. Lucas. gr. 8. (16 S.) 5 ngr.

Wagner. – Herr Richard Wagner u. seine neueste Schrift: Das Judenthum in d. Musik, s. Baumgart, Expedit Friedrich

Richard Wagner als König. Schonungslose Enthüllung der geheimen Verschwörung zur Ausführung seines unglaublich verwegenen Planes, aufgedeckt von [illegible] emerit. Priester. (So der Umschl.-Tit.) München 1866. (Umschl.: Augsburg 1866. Verlag von Jenisch u. Stage.) 8°. 32 S. Cart.*)

Wagner, Richard, als König. Schonungslose Enthüllung der geheimen Verschwörung zur Ausführung seines unglaublich verwegenen Planes. gr. 8. (32 S.) München 866, (Franz'sche Buchh.) Verklebt. *

— dass. — 3. Aufl. gr. 8. (32 S.) Augsburg 866. (München, Expedition der Rundschau.)

— und die deutsche Kultur, s. Poske, F.

— sein Leben u. seine Werke, s.: Tappert, W. — Vogel, B.

— Sein Leben, sein Wirken u. sein Tod. Mit (eingedr. Holzschn.-)Illustr. gr. 8. (29 S.) Leipzig 883. Milde. — 40

Wagner, Richard, und die neuere Musik. Eine kritische Skizze aus der Gegenwart. Halle 1854. V: *Hinrichs, Frdr.* (Ky) (Klüpfel) (Cat. der Stadtbibl. Zürich. Zürich 1864—97.)

Wagner, Richard, und die neuere Musik. Eine kritische Skizze aus der musikal. Gegenwart. (Von Friedr. Hinrichs.) Abdr. aus der Neuen Zeitschr. für Musik. Halle 854. Knapp's Sortbdlg. (Schrödel u. Simon.) 8. (IV, 108 S.) 15 ngr.

— der zukünftige Musik-Heiland, vor der öffentlichen Meinung. Antwort auf dessen frivole Broschüre: „Das Judenthum in der Musik." Von einem Christen. Leipzig 869. (Arndt.) gr. 8. (16 S.) n. 7 ngr.

— u. Friedr. Nietzsche, s. Kulke, Ed.

Wagner, Richard, u. Jacob Offenbach. Ein Wort im Harnisch v. e. Freunde der Tonkunst. 8. (48 S.) Altona 871. Verlagsbureau. — 75

Wagner, Herr Richard, u. seine neueste Schrift: „Das Judenthum in der Musik." Von B. Breslau 869. Heidenfeld. gr. 8. (13 S.) n. $2\frac{1}{2}$ ngr.

Wagner, der schwere (Mart. Böhm), der Ring des Nibelungen. Große — nein, größte heroische Oper in 4 Tagewerken. 12. (46 S.) Berlin (896). M. Böhm. 1. 50

— u. der „Specialist der Psychiatrie." Eine Beleuchtg. der Puschmann'schen Studie. 8. (32 S.) Berlin 873. Schneider & Comp. n. — 50

— u. die Tierwelt, s. Wolzogen, H. v.

Wagner, Richard, in Zürich. Zürich 1901—1903. V: *Steiner, Ad.* (Berl) (Zuwachsverz. der Bibliotheken in Zürich 1898 ff.)

Wagner [Verfasser]

Wagner, s.a. Wagener.

Wagner, Dr., Der Anarchismus. Eine Studie. 8°. Linz, Verlag der Linzer Tagespost, 1894.

Wagners neue Ansichten des Lebens. 8. Arnst. Müller. 807.

Wagner, Anweisung z. Construction neuer verbess. Thurmuhren u. z. Verbesserung alter Thurmuhren, ihrer Schlagwerke u. anderer Theile derselben, sowie verschied. ähnlicher Maschinen. F. Mechaniker u. Uhrmacher. Nach d. Franz. bearb. gr. 8. ($2\frac{1}{4}$ B. u. 2 Taf. Abbild.) Quedlinburg 846, Basse.

Wagner, ... (Inspektor), Anweisung, Kinder richtig lesen, sprechen u. schreiben zu lehren, od. Beantwort. d. Frage: Wie kann d. Rechtschreib- u. Rechtsprechlehre mit der Leselehre schon vom Anfange an auf eine naturgemäße Weise verbunden werden? 8. Köln 825. Dü-Mont-Schauberg. 8 gl.

Wagner, ..., s. Archiv f. medicin. Erfahrung 2c.

Wagner, des Staatsrats Christian Johann Baptist v., Autobiographie. (124 S.) gr. 8. Würzburg 906. (Stahel's Verl.) n. 2. 25
Sonderabdruck aus: „Archiv d. hist. Ver. v. Unterfranken u. Aschaffenburg".

Wagner, s.: Denkmalspflege, die, in Hessen.

Wagner: Einiges über Zweck und Bedeutung der Real- und Gewerbeschulen. S. 17-28. Wien R.St.Joh., Progr. 1860.

— Elementarnaturlehre nach d. Grundsätzen d. neuern Pädagogik für Seminarien u. Volksschulen. 1r Thl. Mit 2 lithogr. Taf. gr. 8. Köln 826. Dü-Mont-Schauberg. 16 gl.

WAGNER, Das Verborgene höchste Erkanntnis Gottes, Welches [illegible] kan, als Gott unser Vater in uns, und Durch Jesum Christ, [illegible] Aufgesetzt von einem abgedanckten Soldaten, Wagner. Halle 1728. 6 Bl.

— s.: Erlaß, das Verdingungswesen betr.

Wagner: Ueber die Erziehung des Willens. Ein psychologisch-pädagogischer Versuch. 15 S.– Anclam, Progr. 1852.

Wagner, s. a. Faust, der militärische.

Wagner, Famulus. Der Militairische Faust. Eine Höllenparodie. Illustrirt von O. 8. Berlin 1891.

Wagner, Fibel, s.: Wendling, P.

Wagner: Über den Gebrauch der Zeiten und Zeitformen. 16 S. 8°. Wien UR.St.J., Progr. 1858.

Wagner (II.), über Gefängnißwesen und Fürsorge für entlassene Strafgefangene. Vortrag, gehalten im Stuttgarter Frauenverein. 8. (46 S.) Stuttgart 888, Buchh. der Evangel. Gesellschaft. *

Wagner, das Geheimnis des Erfolges im Damenverkehr. (105 S.) 8. Dresden (905). F. Caspar & Co. n. 2. —

Wagner und Merklas, Gemälde von Prag und dessen Umgebungen, s. Merklas.

Gesetz über den Verkehr m. Kraftfahrzeugen vom 3. V. 1909, s.: Schmidt, Geo.

Wagner (III.) und Strecker, Grabdenkmäler. Orig.-Entwürfe im Style der Renaissance, Gothik etc. zu direkter Ausführung. Fol. (24 Taf.) Berlin 888, Claesen und Comp. In Mappe *

Wagner u. Strecker, Grabdenkmäler. Orig.-Entwürfe im Style der Renaissance, Gothik etc. zu direkter Ausführung. Fol. (24 Taf.) Berlin 888. Hessling & Spielmeyer. In Mappe. n. 12.

— d. Seebad (Groß-) Müritz an d. Ostsee, s: Mettenheimer, C.

Wagner, Grundriß d. Gesundheitspflege, allgem. verständl. z. Selbstunterr. dargest. 8. (IV, 117 S.) Heidelberg 897. J. Hörning. Geb. n. 1. 50

Wagner (II.), Ist der acute Gelenkrheumatismus zu den fieberhaften Infectionskrankheiten zu zählen? Eine Entgegnung an Hrn. Dr. H. Müller, Privatdocent, und an die medicin. Facultät der Universität Zürich. gr. 8. (76 S.) Aarau 879, Sauerländer's Verlag. *

Wagner, schleswig holsteinischer Jugendfreund, s.: Mohlenbrink, Geo., u. Heinr. Röhr.

Wagner, erste u. letzte Liebe. Trauersp. in 3 Akten. 8. (4½ B.) Nürnberg 829, Riegel u. Wießner.

Wagner, Liederbuch, s.: Ebert.

Wagner, s.: Meister, der.

v. Wagner, ..., kurze Notizen über C. L. Schnitz. Münch., (G. Franz). 4 ℳ

Wagner, die nationalliberale Partei in Westpreußen. Ein Vortrag, geh. im nationalliberalen Wahlverein in Graudenz. gr. 8. (40 S.) Graudenz 893. C. G. Röthe. n. — 60

Wagner. Ueber die Pfalz am Rhein u. deren Nachbarschaft, in Hins. auf den gegenwärt. Krieg. 2 Thl. 8. Brandenburg 1795.

(Wagner, v.,) Predigt-Entwürfe, s. Predigt-Entwürfe.

Wagner, Rathschläge f. die Studierenden des Französischen u. des Englischen an der Universität Halle, s.: Suchier, Herm.

Wagner, Rede über den Anschluß Oesterreichs, s. Reden, 9.

Rede des Direktors Wagner beim Antritt seines Amtes. Altona. (1895.) 4°. Progr. d. städt. höh. Töchterschule.

Wagner u. Lampe, Sagen u. Lebensbilder, s.: Ehrinensen, Lehrbuch der Geschichte f. höhere Mädchenschulen.

Wagner, ..., s. Sammlung auserles. Kanzelvorträge.

Wagner, Schatten und Licht, s. Stockmar.

Wagner, ..., Sonderlinge, theils d. Willen, theils d. Körper nach. 2 Bde. 8. Leipz. 805. Joachim. 2 ℳ

Wagner, System des Unterrichts, oder Encyclopädie und Methodologie d. gesammten Schulunterrichts. gr. 8. Aarau, Sauerländer. 821.

Wagner, die Tätigkeit der Stadt Ulm a. D. auf dem Gebiet der Wohnungsfürsorge f. Arbeiter u. Bedienstete (Häuser zum Eigenwerb). (VII, 124 S. m. 20 Taf.) gr. 8. Ulm 903. J. Ebner. Kart. n. 2. 50

Wagner. Übersichtskarte von dem Rheinischen Braunkohlenbezirk 1 : 25000. Köln, 1907. 1 Bl.

Wagner, Unbegreiflichkeit, od. die Tiefen d. menschlichen Herzens. 8. Ruppin. (Leipzig, Liebeskind.)

Wagner, General. Der Herzog von Friedland Unterhandlungen mit Frankreich und Schweden 1633 und 1634. Besonders abgedruckt aus „Hormayrs Taschenbuch für die vaterländische Geschichte für 1847". 8. Berlin 1846.

Verlags-Katalog der Wagner'schen Buchhandlung in Innsbruck. Oster-Messe 1854. 8. (84 S.) Innsbruck. Druck der Wagner'schen Buchdruckerei. 1854.

Wagner, der Wasserarzt f. Haus u. Familie. Mit 60 in den Text gedr. Abb. u. 10 Illustr.-Taf. gr. 8. (XVI, 225 S.) Minden (899). W. Köhler. n. 2. 50; geb. n. 3.50

— u. C. Haussmann, Wildbad im Schwarzwald, s.: Woerl's Reisehandbücher.

Wagner, die Zusammensetzung u. Gewinnung des Stalldüngers, s.: Merkblätter, landwirtschaftliche.

Wagner, A., s.a. Wagner, A. J.

Wagner, A., der Abfall der Landeskirche des Großherzogth. Hessen. Ein Zeugniß aus der separirten luther. Kirche in Hessen. gr. 8. (VII, 211 S.) Dresden 877, H. J. Naumann. *

Wagner, A., Bearbeitung der Rectascensionsbestimmungen f. die Epoche 1865. 0, s.: Observations de Poulkova.

Wagner, A., einfältige Bezeugung meines unveränderten Glaubens an die hl. Schrift, den verehrten Glaubensbrüdern in den Gemeinden Lüneburg u. Bergen in Africa, sammt deren Hirten, auf deren Begehren gegeben. 8. (19 S.) Hermannsburg 893. Missionshandlg. — 10

—— dringende Bitte an die im J. 1873 zusammentretende hochwürdige General-Synode der evangelisch-lutherischen Kirche in Preußen um eine bestimmte Antwort auf die im J. 1864 den Gemeinden zur Prüfung vorgelegte „öffentliche Erklärung" des hochwürd. Ober-Kirchen-Kollegiums. 8. (38 S.) Ebendas. 873. *

Wagner, A. (II.), nautische Blätter. Eine Zusammenstellung prakt. und wissenswerther Notizen für Seeleute und Alle, welche sich für das Seewesen interessiren. Lex.-8. (VIII und 252 S. mit eingedr. Holzschn. und 6 Holzschntaf.) Danzig 866, (Bertling.) **

—— Bußpredigt, gehalten in der evangel.-luther. Zionskirche zu Chicago, Ills., am 19. Sonntage nach Trinitatis, dem ersten Sonntage nach dem großen Feuer. 8. (23 S.) St. Louis, Mo. 872. (Dresden, Naumann.) *

Wagner, A., déduction des ascensions droites du catalogue principal, s.: Observations de Poulkova.

— ernstliche Erklärung wider das ebenso unlutherische Missourithum als das unmissourische Lutherthum der neugebildeten sächsischen Synode. gr. 8. (VIII, 183 S.) Chemnitz 877. Winter in Comm. n. 1. 20

— dasselbe. Nachtrag. gr. 8. (24 S.) Ebend. 877. n. — 10

Wagner, A., die Erziehungsgrundsätze der Hl. Schrift. Für die christl. Erzieherwelt zusammengestellt. (63 S.) 8. Donauwörth 906. L. Auer. n. — 40

Wagner, A., Fragen üb. Geographie f. unsere Primärschulen, nebst e. Verzeichniß der Ortschaften unseres Landes u. der wichtigsten Städte der übrigen Länder. 16. (64 S.) Luxemburg 883. Breisdorff. n. — 40

Wagner, A. (I.), Geographie für die luxemburger Schulen, nebst einem Verzeichnis der Ortschaften unseres Landes und der wichtigsten Städte der übrigen Länder. 1. und 2. unveränd. Aufl. 8. (149 S.) Luxemburg 884,85, Breisdorff. cart. *

—— deutsche Grammatik zunächst für die luxemburger Schuljugend in den Ober-Primärschulen, Pensionaten und höheren Lehranstalten, nebst einem Fremdwörterbuch als Anhang. 8. (VI, 166 S.) Luxemburg 880, Brück. cart. *

—— deutsche Grammatik, nebst einem kurzgefaßten Fremdwörterbuch, nach der neuen Rechtschreibung, zunächst für die luxemburger Schuljugend. 3. neu bearb. Aufl. 8. (VI, 175 S.) Luxemburg 885, Brück. cart. *

—— dass. — Hrsg. und fortgesetzt von J. Ph. Wagner. 4. unveränd. Aufl. 8. (VI, 175 S.) Ebendas. 887. cart. *

Wagner, A., französische Hausübungen, s.: Gaßmeyer, M.

Wagner, A., die Heilung der Pest nach e. einfachen u. sicheren Methode. gr. 8. (17 S.) München 900. F. Klüber. n. — 80

Wagner, A. (II.), neue Holzmalerei-Vorlagen zum Bemalen feiner Holzgeräthe. 6 Hefte. Fol. (à Heft 4 Chromolithogr.) Karlsruhe 882, Veith. à Heft ℳ 2,40. Einzelne Bl. à

Wagner, A. (II.), die Holzungen und Moore Schleswig-Holsteins. gr. 8. (VII, 339 S.) Hannover 875, Rümpler. *

Wagner, A., das 9. Kapitel des Briefs St. Pauli an die Römer. Anleitg. zu e. der Glaubensregel u. den giltigen Sprachregeln gleich gemäßen Verständnis desselben. 8. (58 S.) Ebd. 901. n. — 50

Wagner, A. Karte über die Entfernungen von Ort zu Ort im Regierungsbezirk Wiesbaden. Im Auftrage der Königlichen Regierung entworfen. Wiesbaden 1869. 4 Bl. L.

Wagner, A., der Concordien-Formel bleibender Wert f. die Arbeit der Kirche, auch f. die Heiden-Mission, unseren künft. Sendboten vorgeführt. gr. 8. (176 S.) Hermannsburg 899. Missionshandlung. n. 2. —; geb. n. 2. 50; erm. Pr. n. 1. 50; geb. n. 2. —

Wagner, (Prof. Dr.) A., s. Manby, Verfahren.

Wagner, A., der Monat des allerheiligsten Herzens Jesu in 33 Betrachtungen nach den 33 Lebensjahren unseres göttlichen Erlösers. Nach dem Französ. bearb. Mainz 867. Giani. 16. (VIII, 282 S. mit 1 Steintaf.) 7½ ngr.; geb. mit Goldschn. n. 17½ ngr.; In Leder geb. mit Goldschn. n. 24 ngr.

Wagner, A., Nachtrag zu der Schrift: Ernstliche Erklärung wider das ebenso unlutherische Missourithum, als das unmissourische Lutherthum der neugebildeten sächsischen Synode. gr. 8. (24 S.) Chemnitz 877, (Winter.) *

Wagner, A. (III.), der praktische Planzeichner für Gärtner. Anleitung zum Selbstunterricht und Hülfsbuch für Lehranstalten. Auf Veranlassung der kgl. württemberg. Commission für die gewerbl. Fortbildungsschulen hrsg. 2. neu bearb. Aufl. 12 (lithogr. und) chromolithogr. Taf. nebst Text. Fol. (3 S.) Berlin 880, [Wiegandt, Hempel und Parey.] Parey. cart. *

—— der Schmuck christlicher Jungfrauen. Predigt, gehalten am Jahrestage der Gründung eines christl. Jungfrauenvereins in der evang.-luth. Zionskirche zu Chicago, Ill. 8. (16 S.) St. Louis, Mo. 875. (Dresden, H. J. Naumann.) *

— Schwerte, Fröndenberg u. Westhofen in ihrer industriellen Entwickelung. (51 S.) gr. 8. Hagen, O Hammerschmidt. 1908. 1. 50.

Wagner, A., s.: Tage, gute u. böse, aus dem Leben der ev.-luther. Gemeinde Ratibor.

Wagner, A. (II.), die Waldungen des ehemaligen Kurfürstenthums Hessen, jetzigen königl. preußischen Reg.-Bez. Cassel. 2 Bde. gr. 8. (282; 219 S.) Hannover 886, Klindworth's Verlag. geb. à Bd. ℳ 7.—.

Wagner, A., was die Abendmahlsgemeinschaft zwischen der Missouri- u. der Immanuel-Synode zur Zeit noch hindert? Erklärung. gr. 8. (42 S.) Dresden 874. H. J. Naumann. n. — 50

Wagner, A., s.: Weltgeschichte, die, in sangbaren Weisen.

— wenn ich aber das, so ich zerbrochen habe, wiederum baue, so mache ich mich selbst zu e. Uebertreter. Gal. 2, 18. Ein Zeugniß gegen Past. Diedrich u. andre Vertreter der Immanuel-Synode auf Grund ihrer Erklärgn. auf der Eisenacher Conferenz am 27. u. 28. Octbr. 1874. gr. 8. (39 S.) Ebend. 875. n. — 60

—— orthographisches Wörterbuch der deutschen Sprache zunächst für die luxemburger Schulen. 16. (80 S.) Luxemburg 883, Breisdorff. *

Wagner, A. E., Gedanken über altheidnischen Aberglauben. gr. 8. (106 S.) Stettin 854, (Saunier.) **
Aus dessen „Handbuche religiöser und moralischer Bildung", besonders abgedruckt.

Wagner, A. E., erhebende Gedanken. Für die religiösen Versammlungen der freien christlichen Gemeinde aus deutschen Dichtungen gewählt und theilweise bearb. gr. 16. (IV und 124 S.) Stettin 858, (Saunier.) geb. Thlr. **

Wagner, A. E., freigemeindliche Glaubens- und Herzensfragen beleuchtet und erörtert für denkende Laien. 2 Bde. Neue (Titel-) Ausg. 8. (X und 896 S.) Berlin (860)64, C. Heymann's Verlag.

—— Handbuch der religiösen und moralischen Bildung. Für Familien. 1. Thl.: Denkübungen. Vergleichende Darstellung alter Religionen. 1—8. Heft. gr. 8. (XIX und S. 1—476.) Stettin 852, (Saunier.) *

— Handbuch der religiösen und moralischen Bildung. 2. Bd. 1—4. Heft. Stettin 854—58. Saunier in Comm. gr. 8. (S. 1—242.) Jedes Heft n. 10 ngr.
Inhalt. 1. Heft: Menschennatur und Würde.
2. „ Erdenleben und Sternenwelt.
3. „ Vom Rechte, das mit uns geboren ist.
4. „ Menschliche Glückseligkeit.

—— dass. — 2. Thl.: Betrachtungen über unsere Glaubens- und Sittenlehren. 2. Hälfte. gr. 8. (III und 208 S.) Berlin 860, [Danz.] Leipzig, Köhler. *
1. Thl. und 2. Thl. 1. Hälfte. 1. Heft. Stettin 1852—54. (Saunier.) * 3 Thlr.

—— dass. — 2 Bde. 2. Aufl. 8. (XI und 898 S.) Ebendas. 860. * 3 Thlr. 15 Ngr.; geb. *

Wagner, A. E., aus dem oesterreichischen Klosterleben. Ein Beitrag zur Sittengeschichte des 19. Jahrhunderts. 2 Bde. 1. Aufl. 1869, und 2. Aufl. gr. 8. (IV, 348; III, 384 S.) Berlin 870, Heymann. [Bichteler.] à Bd. ℳ 4,50.

Wagner, A. E., der Congreß der Abgeordneten freier Gemeinden zu Halberstadt am 3. und 4. Oktbr. 1849. Ein Bericht. 8. (29 S.) Stettin 849. (Berlin, Stargardt.) *

— Priesterrock und Crucifix. Rede in der freichristlichen Gemeinde zu Stettin gehalten den 10. März 1850. Stettin (1850) 15 S. 8.

— Reden gehalten in der freichristlichen Gemeinde zu Stettin. Selbstverlag des Verfassers 1851. 64 S. 8.

—— eine Taufrede im Familienkreise, gesprochen am 7. Dezbr. 1854. 8. (8 S.) Colberg 854, Post. *

—— vier Vorträge über die Unsterblichkeitsfrage. 8. (57 S.) Stettin 854, (Saunier.) -

Wagner, A. F.

Wagner, von. Über die Benutzung fliessender Gewässer, vom technischen und volkswirthschaftlichen Standpunkte betrachtet. Vortrag. Dresden 1872.

Wagner, von. Über die Unzuverlässigkeit der Geschwindigkeitsmessungen mittels tiefgehender Stäbe u. Kugelschwimmer. Dresden 1872.

Wagner, A. F., das Wasser nach Vorkommen, Beschaffenheit und Bedeutung, haupsächl. in hygiein. und techn. Beziehung. 8. (IX, 284 S.) Dresden 886, Tittel Nachf. *

—— über deutsches und österreichisches Wasserrecht in seiner Anwendung auf Quellen und Grundwasser, sowie über wünschenswerthe Abänderungen desselben, unter besond. Bezugnahme auf eine reichsgerichtl. Entscheidung und den Entwurf eines deutschen bürgerl. Gesetzbuchs. Für Wasserversorgungs-, Cultur-, Berg- und Forstingenieure, Verwaltungsbehörden, Juristen, Mitglieder gesetzgebender Körperschaften, Inhaber von Wasserrechten und -Triebwerken, als Forst- und Landwirthe, Badedirektoren, Mühlenbesitzer, Fabrikanten rc. verfaßt. gr. 8. (44 S.) Freiberg i. S. 888, Craz und Gerlach. *

Wagner, A. F. K., Chronik d. Herzogl Residenz- u. Hauptstadt Altenburg, vom Jahre 1801 bis z. J. 1825, nach amtl. Nachrr. bearbeitet. 1r Bd. die J. 1801—13. gr. 8. Alt. 827. Schnuphase. 16 g⁄ Velinp. 1 ₰

Wagner, A. H., Sammlung v. Gedichten u. Liedertexten. Nach dem v. der königl. Regierung durch Verfügg. vom 26. III. 1891 — G. 2653/3. — bestätigten Lehrplan f. die sechsstuf. Volksschulen in Danzig zusammengestellt. 2. verm. Aufl. gr. 8. (IV, 48 S.) Danzig 899. A. W. Kafemann. n. — 20

Wagner A. J., Dr. Die Arten des Genus *Daudebardia* Hartmann in Europa und Westasien (mit 5 Taf.) D 62 [illegible] 2 80
Separatabdruck

Wagner, A. J., die Arten d. Genus Daudebardia Hartmann in Europa u. Westasien. E. krit. Studie. [Aus: „Denksohr. d. k. Akad. d. Wiss."] Imp.-4. (18 S. m. 5 Taf.) Wien 895. (C. Gerold's Sohn.) n. 2. 80

Wagner A. J., Dr. Helicinenstudien (mit 9 Taf.), D 77 [illegible] K 9
Separatabdruck

Wagner, A. J., Helicinenstudien. (94 S. m. 9 Taf. u. 9 Bl. Erklärgn.) 4. Wien 905. (A. Hölder.) n. 9. —

Helicinenstudien. Monographie der *Genera Palaeohelicina* A. J. Wagner und *Helicina* Lamarck (mit 5 Taf.) D 78 [illegible] 5 20
Separatabdruck

— dasselbe. Monographie der Genera Palaeohelicina A. J. Wagner u. Helicina Lamarck. (46 S. m. 5 Taf. u. 5 Bl. Erklärgn.) 4. Ebd. 905. n. 5. 20
2 Sonderabdrucke aus: „Denkschr. d. k. Akad. d. Wiss."

Wagner A. Zur Kenntniss des Blattbaues der Alpenpflanzen und dessen biologischer Bedeutung (mit 2 Taf.) S. 101. I. 87 [illegible] 1 50
Separatabdruck

Wagner, A. (II.). Zur Kenntniss d. Blattbaues der Alpenpflanzen u. dessen biologischer Bedeutung. Lex.-8. (62 S. m. 2 Taf.) Wien 892, (Tempsky). * 1 50
Aus: Sitzungsber. d. k. Akademie d. Wissensch., besonders abgedruckt.

und Sturany Rudolf, Dr. Über schneckentragende Landmollusken aus Albanien und Nachbargebieten (mit 18 Taf. und 1 Karte). D 91. 20 [illegible] 17 -
Separatabdruck

- Eine neue Methode zur Messung der Horizontalintensität auf Reisen (mit 3 Textfiguren) S. 115. IIa. 122 [illegible] 30
Separatabdruck

Wagner, A., eine neue Methode zur Messg. der Horizontalintensität auf Reisen. (9 S. m. 3 Fig.) gr. 8. Wien 905. (A. Hölder.) n. — 30
Sonderabdruck aus: „Sitzungsber. d. k. Akad. d. Wiss."

— Monographie d. Gattung Pomatias Studer. [Aus: „Denkschr. d. k. Akad. d. Wiss."] gr. 4. (68 S. m. 10 Taf.) Ebd. 897. n. 7. 80

Wagner, A. N., Halte, was du hast, damit niemand deine Krone nehme. Predigt über den neuen Katechismus gehalten am 9. Sonntage nach Trin. gr. 8. (18 S.) Stade 862, Schaumburg. *

Wagner, A. W. T., der Psychograph, s. Tische, die wandernden magnetisirten.

Wagner, Abraham, Adolph, approb. Arzt aus Berlin: Ein Beitrag zur Diagnose des Darmkrebses. *Berlin 1901: M. Silberberg.* (28 S.) 8°
Leipzig, Med. Diss. v. (19. Okt.) 1901

Wagner, Ad., s.a. Glo. Hnr. Ad. Wagner.

Wagner, Ad., das heilige Meßopfer in 12 Predigten. gr. 8. (VII und 117 S.) Mainz 856, Kirchheim. *–

Wagner, Adalb., die Heilquellen von Pystjan in Ungarn. gr. 8. (IV und 72 S.) Wien 859, (Gerold's Sohn.) *

Wagner, Adalb., die Heilquellen von Pystjan in Ungarn. 2. Aufl. Wien 868. (Gerold's Sohn.) gr. 8. (19 S.) 6 ngr.

Wagner, Adalb., die Heilquellen v. Pystjan in Ungarn. 3. Aufl. gr. 8. (20 S.) Wien 874. Braumüller. n. — 60

Wagner, Adb., die Heilquellen von Pystján in Ungarn. 4. Aufl. 8. (III, 43 S.) Wien 878, Braumüller. *

Wagner, Adalbert, Kanzelunterricht über Unterthanenpflichten. 8. Prag 794. Buchler. 12 Kr

Wagner, Adalbert. Einige Worte über die Quellen zu Pystján mit Hinweisung auf die vielen in neuester Zeit dort vorgenommenen Verbesserungen. (Aus der Zeitschrift der Gesellschaft der Aerzte zu Wien.) 8. (12 S.) Wien, K. Gerold u. Sohn 1853.

Wagner, Adam David (Hof) A. S. 18/32

Dissertatio inauguralis qua cautio de non amplius turbando in iudiciis possessoriis usu fori recepta pertractatur. Präs. Franz Karl Conradi. Helmstedt (Schnorr) 9. IV. 1737. 32 S.

Gew.: Friedrich Karl Veit Fhr. von Salzburg.
35572

Wagner, Adm. Karl Geo., die gesegnete Ausbreitung des Protestantismus in unsern Tagen. Predigt am Reformationsfeste 1826. gr. 8. Dresd. 826. (Wagner). 2 Kr

(—) Denkschrift über d. Entstehung u. erste Einrichtung der von der zu Rath u. That verbund. Gesellschaft zu Dresden gegründ. Freischule. gr. 8. Dresd. 823.

— das neueste Glaubensgericht in der evangelischen Kirche. Ein Sendschreiben an Dr. Hahn u. an d. Verf. d. Schrift: „der Rationalist, kein evangel. Christ." Nebst e. Predigt. gr. 8. Leipz. 829. Lehnhold. 6 Kr

— d. evangel. Kirche, ein freier Verein für d. höchste Entwickelung des religiösen u. sittl. Lebens. Eine Reformationspredigt. gr. 8. Dresd. 825. (Wagner). 2 Kr

— Predigten beim Nachmittagsgottesdienst in d. Kreuzkirche zu Dresden. gr. 8. (21 B.) Dresden 830, Walther.

— Predigten beim Nachmittagsgottesdienste in der Kreuzkirche zu Dresden. gr. 8. Dresd. 831. Walther. 1 rß 4 Kr

— was scheinen d. Zeichen d. protestant. Kirche zu verkündigen? Eine Reformationspredigt. gr. 8. Dresd. 823.

— was thun edle Seelen, wenn auffallende Beispiele menschlicher Verderbtheit sich zeigen? Eine Predigt. gr. 8. Dresd. 821.

— wie unerschütterlich fest d. Evangelium d. innere Ruhe d. Staaten begründe. Eine Predigt. gr. 8. Dresd. 828. (Wagner). 2 Kr

Wagner, Adph., die Abschaffung des privaten Grundeigenthums. Leipzig 870. Duncker & Humblot. gr. 8. (V, 84 S) n. 12 ngr.

Wagner, Adph., Agrar- u. Industriestaat. Eine Auseinandersetzg. m. den Nationalsozialen u. m. Professor L. Brentano über die Kehrseite des Industriestaats u. zur Rechtfertigg. agrar. Zollschutzes. gr. 8. (IV, 92 S.) Jena 901. G. Fischer. n. 1. —

Wagner, Adph., Agrar- u. Industriestaat. Die Kehrseite des Industriestaats u. die Rechtfertigg. agrar. Zollschutzes, m. besond. Rücksicht auf die Bevölkerungsfrage. 2., großenteils umgearb. u. stark verm. Aufl. (VII, 224 S.) gr. 8. Jena 902. G. Fischer. n. 3. —

Eine deutsche Antwort auf eine dänische Frage v. Adolph Wagner. Ausschnitt aus: Die Zukunft. Jg. 6, Nr. 27. Berlin. 1898. 8°.

Wagner, A. Bankbrüche und Bankkontrollen. Deutsche Monatsschrift für das gesamte Leben der Gegenwart. Herausgegeben von J. Lohmeyer. Berlin. Jahrgang 1. 1901. Heft 1 u. 2.

Wagner, Adph., die nationale Bedeutung der Reichsfinanzreform, s.: Mahl, W.

Wagner, Adolph [aus Odessa]: Beitrag zur operativen Behandlung des angebornen Klumpfusses. Strassburg, Buchdruckerei von R. Schultz & Comp., 1881. 8. 54 S.

Wagner, Adf., Beiträge zu e. empiriokritischen Grundlegung der Biologie. 1. Hft. gr. 8. (III, 91 S.) Leipzig 901. Berlin, Gebr. Borntraeger. n. 2. 50

—— Beiträge zur Lehre von den Banken. Mit besonderer Rücksicht auf England und die Principien der Peel'schen Bankacte vom J. 1844. (7. und 8. Vict. C. 32.) Inaugural-Dissertation. gr. 8. (III und 28 S.) Göttingen 857, (Vandenhoeck und Ruprecht's Verlagsh.) **

Wagner, Adph., Beiträge zur Lehre von den Banken. gr. 8. (XVI und 341 S. mit 1 lithogr. Tab. in qu. Fol.) Leipzig 857, Voss. *

Wagner, Adph., die französische Besteuerung von 1789—1889. [Aus: „Finanzwissenschaft".] gr. 8. (VI u. S. 367—916.) Leipzig 889. C. F. Winter. n. 13. —

Wagner, Adph., offener Brief an Herrn H. B. Oppenheim. Eine Abwehr manchesterl. Angriffe gegen meine Rede üb. die sociale Frage auf der Octoberversammlg. gr. 8. (29 S.) Berlin 872. Puttkammer & Mühlbrecht. n. — 75

Wagner, Adolf [Übers.]
s.a. Byron, G.G.: Manfred. 1819.

—— das Eisenbahnwesen als Glied des Verkehrswesens, insbesondere die Staatsbahnen. Abriss einer Eisenbahn-Politik und -Oekonomik. gr. 8. (VI, 147 S.) Ebendas. 877. *
Aus: Rau, K. H., Finanzwissenschaft, besonders abgedruckt.

— Vide: Eisner, A.: Kritische Betrachtungen.

Wagner, Adf., s.: Elementarkurs der Mikrologie.

—— Elsass und Lothringen und ihre Wiedergewinnung für Deutschland. 1. Aufl. (III, 90 S.); 2. und 3. Aufl. (VIII, 101 S.) *ℳ 1,20., und 4.—6. neu verm. Aufl. gr. 8. (XI, 113 S.) Ebendas. 870. *

Die Entwicklung der Universität Berlin 1810—1896. Rede z. Gedächtnissfeier d. Stiftung d. Kgl. Friedrich-Wilhelms-Universität am 3. Aug. 1896 geh. in d. Aula v. d. zeit. Rector Adolph Wagner. Berlin, Druck v. J. Becker, 1896; 67 S. 4.°)

Wagner, Adph., d. Entwicklg. d. Universität Berlin 1810—1896. Rectoratsrede. M. Noten u. statist. Anh. gr. 4. (67 S.) Berlin 896. M. Oldenbourg. n. 1. 50

- Finanzwissenschaft, s.a. Lehr- u. Handbuch der polit. Oekonomie.

—— Finanzwissenschaft, s.a. Rau, K. H., Lehrbuch der politischen Oekonomie.

Wagner, Ad. Finanzwissenschaft (Lehr- und Handbuch der politischen Oekonomie, 4. Hauptabteilung). 1877—1901.
Bd. 1. Einleitung, Ordnung d. Finanzwirtschaft, Finanzbedarf, Privaterwerb. 2. (bez. nach Rau 7.) Aufl. gr. 8°. Leipzig u. Heidelberg 1877. 3. Aufl. Ebd. 1883.
Bd. 2. Gebühren und allgemeine Steuerlehre. 1. Aufl. gr. 8°. Ebd. 1878—1880. 2. Aufl. gr. 8°. Ebd. 1890.
Bd. 3. Specielle Steuerlehre. Geschichte, Gesetzgebung, Statistik der Besteuerung einzelner Länder. Grossbritannien und Frankreich. 8°. Ebd. 1890. Ergänzungsheft: Die britische und französische Besteuerung von 1886—1896. 8°. Leipzig 1896.
Bd. 4. 1. Halbband: Specielle Steuerlehre. Die deutsche Besteuerung des 19. Jahrh. Preussen, Sachsen, Bayern, Württemberg. 8°. Leipzig 1899. 2. Halbband: Baden, Hessen, Elsass-Lothringen, Mecklenburg, sämmtliche Kleinstaaten. Deutsches Reich. 8°. Leipzig 1901. (Vergl. Rau, 1832.)

—— Finanzwissenschaft. 2. Thl. Theorie der Besteuerg. Gebührenlehre u. allgemeine Steuerlehre. 2. vielfach veränd., theilweise umgearb. Aufl. 2 Abthlgn. gr. 8. Lpz. 890, C. F. Winter. * 20 —
Gebührenlehre m. literar. Einleitg. zur Besteuerungslehre. (III, 196 S.) * 4 50.
— 2. Allgemeine Steuerlehre. (XIX u. S. 197—814.) * 15 50.
Daraus apart:

Wagner, Ad. Oesterreichische Finanz- und Geldzustände im J. 1859. I.—VI. Oesterr. Finanzfragen. Das Staatsschuldenwesen. (Separatabdruck aus Kolatschek's Zeitschrift: „Stimmen der Zeit", Juli u. August 1859, Jänner u. März 1860.)

Wagner, Ad. Die Flottenverstärkung und unsere Finanzen. (Handels- und Machtpolitik, II.) 8°. Stuttgart, J. G. Cotta Nachf., 1900.

—— die Geld- und Credittheorie der Peel'schen Bankakte. gr. 8. (XXIX und 320 S.) Wien 861, Braumüller's Sortiment-Conto.

Wagner, Adph., die Geld- und Credittheorie der Peel'schen Bankacte. Wien 862. Braumüller in Comm. gr. 8. (XXIX, 321 S.) n. 1 ℛ︀ 10 ngr.

— Geschichte des Lamarckismus. Als Einführg. in die psycho-biolog. Bewegg. der Gegenwart. (VIII, 314 S. m. 1 Bildnis.) gr. 8. Stuttgart (909). Franckh. 7.50; geb. 8. 80

Wagner, Adph. (I.), die Gesetzmässigkeit in den scheinbar willkührlichen menschlichen Handlungen vom Standpunkte der Statistik. 2 Thle. Lex.-8. (XXXVII und 296 S.) Hamburg 864, Boyes und Geisler. *

— s. Gozzi, d. Rabe.

Wagner, Adph., Grundlegung der politischen Oekonomie, s.a. Lehr- u. Handbuch der politischen Oekonomie.

Wagner, Adolf: Grundlegung der politischen Oekonomie. 3. Aufl. Tl 1 2. Leipzig 1892—1894. 8°
1. Grundlagen d. Volkswirtschaft. Halbbd 1. 2. 1892 1893.
2. Volkswirtschaft u. Recht, bes. Vermogensrecht. Buch 1—3. 1894.

Wagner, Adf., Grundprobleme d. Naturwissenschaft. Briefe e. unmodernen Naturforschers. gr. 8. (VII, 255 S.) Berlin 897. Gebr. Borntraeger. Geb. in Leinw. n. 5. —

— Grundriß zu Vorlesungen üb. Finanzwissenschaft in aphorist. Form. Als Leitfaden f. s. Zuhörer, in Anlehng. an s. Lehrbuch u. s. Abhandlungen im Schönberg'schen Handbuch, m. ein. näh. Ausführgn. üb. d. indirekten Steuern. gr. 8. (IV, 144 S.) Berlin 898. Puttkammer & Mühlbrecht. n. 2. 40

— s.: Handels- u. Machtpolitik.

Wagner, Adph., üb. die Hernia properitonealis. gr. 8. (118 S. m. 1 Tab.) Dorpat 883. (Schnakenburg.) 2. 25

— üb. d. Stumm'sche Herrenhaus-Rede gegen d. Kathedersozialisten, s.: Delbrück, Hans.

Wagner, A. Die Herstellung der Nationalbank mit besonderer Rücksicht auf den Bankplan des Finanz-Ministers von Plener. Wien 1862.

Wagner, Adph. (II.), und Karl Müller, Ideen-Magazin zu Garten-Verzierungen. 2 Hefte. Fol. (à Heft 4 Chromolithogr. und 2 S. Text.) Stuttgart 862—65, Schweizerbart. à Heft * 24 Ngr.

Wagner, A., Die Kartellierung der Großindustrie und ihr Einfluß auf die Arbeiter. Vortrag, gehalten in der Versammlung des christlichen Gewerkschaftskartells Essen am 25. März 1906. Hrsg. im Auftrage des christlichen Gewerkschaftskartells Essen. Essen-Ruhr, 1907. 16 S.

Wagner, Adph., die Communalsteuerfrage. Ausarbeitung eines Referats im Verein für Socialpolitik. Mit einem Nachwort: Der Verein für Socialpolitik und seine Verbindung mit dem volkswirthschaftl. Congress. gr. 8. (IV, 68 S.) Leipzig 878, C. F. Winter'sche Verlagsh. *

— mein Konflikt m. d. Großindustriellen u. Reichstagsabgeordneten Freiherrn v. Stumm-Halberg. E. Streitschrift zur Abwehr v. Angriffen, Beleidggn. u. Verdächtiggn. Aufsätze aus d. „Zukunft" m. e. Nachwort, bes. zur Duellaffaire u. üb. Herrn v. Stumm's Offiziersqualität. gr. 8. (V, 72 S.) Berlin 895. O. Haering. n. 1.50

Wagner, A. Der Kredit und das Bankwesen. (Sonderabdruck aus der 3. Auflage des Schönbergschen Handbuches der politischen Oekonomie. 1889/90.)

— Der neue Kurs in der Biologie. Allgemeine Erörtergn. zur prinzipiellen Rechtfertigg. d. Lamarckschen Entwicklungslehre. (96 S.) gr. 8. Ebd. 907. 1. 80

(W[agner], A[dolf].) Ulrich Zwingli's Leben, ein Seitenstück zu dem Leben Luthers, Huss und Melanchthons. [Mit Porträt-Tafel.] 8. Leipzig 1800.

— s. a. Lehr- u. Handbuch d. polit. Oekonomie.

— Lehr- u. Handbuch der politischen Ökonomie in einzelnen selbständigen Abteilungen. In Verbindg. m. Anderen bearb. u. hrsg. IV. Hauptabtlg.: Finanzwissenschaft. 3., beschreib. Tl. 2. Aufl., vom Verf. überarb. u. erweitert in Gemeinschaft m. Herm. Deite. 1. Buch (Bd.): Steuergeschichte v. Altertum bis zur Gegenwart. (XVI, 502 S.) gr. 8. Leipzig 910. C. F. Winter. 10. —; geb. 12. —

—— und Erwin Nasse, Lehrbuch der politischen Oekonomie. In einzelnen selbständ. Abthlgn. bearb. 5. und 6. Bd. gr. 8. Leipzig, C. F. Winter'sche Verlagsh. à Bd. *ℳ 13. *

Inhalt:

Bd. 5. Wagner, Adph., Finanzwissenschaft. 3. vielfach veränd. und verm. Aufl. 1. Thl.: Einleitung. Ordnung der Finanzwirthschaft. Finanzbedarf. Privaterwerb. (792 S.) 883.

» 6. —— dass. — 2. Thl.: Gebühren und allgemeine Steuerlehre 2 Hefte. (XX, 708 S.) 878.80.

Wagner, Adph., und E. Nasse, Lehrbuch der politischen Oekonomie. 7. Bd. 1.—3. Heft. gr. 8. Leipzig, C. F. Winter'sche Verlagsh. *

Inhalt:

Heft 1. Wagner, Adph., Finanzwissenschaft. 3. Thl.: Specielle Steuerlehre. 1. Heft: Steuergeschichte. (S. 1—208.) 886. *ℳ 4.50.

» 2. —— dass. — 2. Heft: Die Besteuerung des 19. Jahrh. Einleitung. Britische Besteuerung. (S. 209—366.) 887. *ℳ 3.—.

» 3. —— dass. — 3. Heft: Die französische Besteuerung seit 1789. Geschichtliche Uebersicht. Directe, Verkehrs- und Erbschaftsbesteuerung. [Enregistrement und Stempelwesen.] (S. 367—596.) 888. *ℳ 4.50.

—— u. E. Nasse. Lehrbuch der politischen Oekonomie. 7. Bd. 4. Heft. gr. 8. Ebd. 889. * 8 —

Finanzwissenschaft. Von Adph. Wagner. 3. Thl. Specielle Steuerlehre. 4. Heft. Die französische Besteuerg. seit 1789. Indirecte od. Verbrauchsbesteuerg., nebst den Zollen. Departemental- u. Communalbesteuerg. (XXXI, S. 597—916.)

7. Bd. 1.—3. Heft. Ebd. 1886—1888. * 12 —.

Neue Bearbeitung u. d. T.: Grundlegung der politischen Oekonomie, s. Lehr- u. Handbuch der politischen Oekonomie.

Wagner, Adf., s.: Literaturblatt, botanisches.

—— das neue Lotterie-Anlehen und die Reform der Nationalbank. gr. 8. (VIII und 118 S.) Wien 860, Gerold's Sohn. *

Märchen. Von Adolf Wagner. *Innsbruck: Wagner 1903.* (154 S.) 8° [F.]
[03. 1808

— s.: Militär-Vorlage.

— die finanzielle Mitbeteiligung der Gemeinden an kulturellen Staatseinrichtungen u. die Entwickelung der Gemeindeeinnahmen. Mit besond. Bezug auf preuß. Verhältnisse. (V, 72 S.) gr. 8. Ebd. 904. n. 1. 50

Wagner, A., Mittel u. Wege zur Errettung d. deutschen Volkes aus seiner Verarmung. Ein prakt. Beitrag zur Lösg. der socialen Frage. Zur Beherzigg. f. alle Aerzte, Socialpolitiker u. Volkswirthe. gr. 8. (46 S.) Breslau 891. (J. Max & Co.) — 75

—— die Modificationen des Uebereinkommens zwischen Staat und Bank. gr. 8. (20 S.) Wien 862, Typographisch-literarisch-artistische Anstalt. *

Aus: Stimmen der Zeit, besonders abgedruckt.

Wagner, Adph. (I.), die jüngste Münzdebatte im deutschen Reichstage und die französischen Vorschläge für den internationalen Münzcongress. Nachtrag zur 1. Aufl. der Schrift: Für bimetallist. Münzpolitik Deutschlands. gr. 8. (42 S.) Berlin 881, Puttkammer und Mühlbrecht. *

—— für bimetallistische Münzpolitik Deutschlands. gr. 8. (66 S.) Ebendas. 881. *

—— dass. — 2. Aufl., verm. durch einen Nachtrag: Die jüngste Münzdebatte im deutschen Reichstage und die französ. Vorschläge für den internationalen Münzcongress. gr. 8. (107 S.) Ebendas. 881. *

—— unsere Münzreform, s. a. Zeit- und Streit-Fragen, deutsche.

Wagner A, unsere Munzreform. (Zeit- und Streitfragen, Deutsche 95) Berlin 1877

Die akademische Nationalökonomie und der Socialismus. Rede z. Antritt d. Rectorats d. Kgl. Friedrich-Wilhelms-Universität in Berlin geh. in d. Aula am 15. Oct. 1895 v. Adolph Wagner. Berlin, Druck v. J. Becker, 1895: 39 S. 4.

— d. akademische Nationalökonomie u. d. Socialismus. Rede z. Antritt d. Rectorats d. kgl. Friedrich-Wilhelm-Universität in Berlin, geh. in d. Aula am 15. Octbr. 1895. gr. 8. (37 S.) Berlin 895. M. Oldenbourg. n. 1. -

Wagner, Ad. Die Ordnung der Finanzwirthschaft und der öffentliche Credit. Handbuch der polit. Oekonomie, hrsg. von Schönberg, 1. u. 2. Aufl., 1882—84.

—— die Ordnung des österreichischen Staatshaushaltes, mit besonderer Rücksicht auf den Ausgabe-Etat und die Staatsschuld. gr. 8. (VIII und 292 S.) Wien 863, Gerold's Sohn.

—— die russische Papierwährung. Eine volkswirthschaftl. und finanzpolit. Studie, nebst Vorschlägen zur Herstellung der Valuta. gr. 8. (XV, 295 S.) Riga 868, Kymmel. *

— das neue sozialdemokratische Programm. Vortrag, geh. auf dem 3. evangelisch-sozialen Kongreß zu Berlin am 21. Apr. 1892. gr. 8. (51 S.) Berlin 892. Rehtwisch & Seeler. n. — 50

— s. Rom Ralph, d. Bienenschwarm.

—— s. Rau, Karl Heinr., Lehrbuch der polit. Oekonomie.

Wagner, Adf., das Recht der Toten. Schauspiel in 3 Aufzügen. (191 S.) 8. Leipzig 899. Berlin, F. Wunder. n. 2. —

— **Rede**, geh. am 12. II. 1901 zu Berlin in der XXVI. Generalversammlung der Vereinigung der Steuer- u. Wirthschafts-Reformer zu dem Thema: „Die sozialen u. wirthschaftlichen Gesichtspunkte, welche f. e. wirksamen Schutz der deutschen Landwirthschaft im Bereiche der Zollpolitik maßgebend sind". gr. 8. (16 S.) Berlin 901. (Charlottenburg, Allgemeine Verlags-Agentur.) — 15

Rede des Geheimen Regierungsraths Dr. ADOLPH WAGNER ... gehalten am 12. Februar 1901 in Berlin in der XXVI. Generalversammlung der Vereinigung der Steuer- und Wirthschafts-Reformer zu dem Thema: „Die sozialen und wirthschaftlichen Gesichtspunkte, welche für einen wirksamen Schutz der deutschen Landwirthschaft im Bereiche der Zollpolitik massgebend sind." Berlin 1901. Verlag des Bureaus der Vereinigung der Steuer- und Wirthschafts-Reformer. gr. 8°.

—— Rede über die sociale Frage. Gehalten auf der freien kirchl. Versammlung evangel. Männer in der k. Garnisonkirche zu Berlin am 12. Octbr. 1871. gr. 8. (38 S.) Berlin 872, Wiegandt und Grieben. *
Aus: Verhandlungen der kirchlichen October-Versammlung in Berlin, besonders abgedruckt.

— d. Reich d. Scherzes. Nebst e. Anhange v. J. A. Kanne. gr. 8. Leipz. 823, Reclam.

— Die Reichsfinanznot u. die Pflichten des deutschen Volks wie seiner politischen Parteien. Ein Mahnwort e. alten Mannes. (42 S.) gr. 8. Berlin 908, Puttkammer & Mühlbrecht. (60)
Erweiterte Aufsätze aus: „Die Woche".

Wagner, A. Das Reichsfinanzwesen. (Abdruck aus v. Holtzendorff's Jahrbuch für Gesetzgebung, Verwaltung und Rechtspflege, 3. Jahrgang, Leipzig 1874.)
I. Die finanzielle Seite des deutsch-französischen Krieges.
II. Das Reichsfinanzwesen 1872—1874.
III. Die volkswirtschaftlichen Wirkungen der französischen Contribution auf Deutschland.

Wagner, Adph., das Reichsfinanzwesen. [Aus „Holtzendorff's Jahrbuch f. Gesetzgebg."] gr. 8. (65 S.) Leipzig 872. Duncker & Humblot. n. 1. —

Wagner, Adolph, des Menschen Sehnen 2c., s. Martin, St.

— die neueste Silberkrisis u. unser Münzwesen. 2 m. e. Vorwort versch. Aufsätze aus den „Preuß. Jahrbüchern". gr. 8. (82 S.) Berlin 894. H. Walther. n. 1.50

Wagner, Adph., theoretische Sozialökonomik od allgemeine u. theoret. Volkswirtschaftslehre. Grundriss, tunlichst in prinzipieller Behandlungsweise. Text fast völlig neu ausgearb. u. stark erweitert. Buchhandelsausg. der 4. Aufl. seines akadem. Vorlesungsgrundrisses. I. Abtlg. u. II. Abtlg. 2 Bde. gr. 8. Leipzig, C. F. Winter. 26.—; geb. 30. —
I. Einleitung (Systeme u. Literatur). — Grundlegung (im Abriss). Ausführung der Lehre v. Produktion, Umlauf (Preis) u. Verteilg. (Einkommenlehre). (XVIII, 502 S.) 907. 12. —; geb. 14.
II. 1. Sozialökonomische Theorie des Kommunikations- u. Transportwesens. Tunlichst in prinzipieller Behandlungsweise. (VIII, 110 S.) 909. 2. —
II. 2. Sozialökonomische Theorie des Geldes und Geldwesens. Tunlichst in prinzipieller Behandlungsweise, zugleich in genauerer Ausführg. (XXII u. S. 111—799.) 909. 12. — (II 1 u. 2 in 1 Bd. geb. 16. —)

— zum europäischen Sprachenbau 2c., s. Murray.

Wagner, Adph. (I.), der Staat und das Versicherungswesen. Socialökonomische und socialrechtl. Studie. 1. Heft: Principielle Erörterungen über die Frage der gemeinwirthschaftl. oder privatwirthschaftl. Organisation des Versicherungswesens überhaupt. gr. 8. (72 S.) Tübingen 881, Laupp'sche Buchh. *
Aus: Zeitschrift für die gesammte Staatswissenschaft, besonders abgedruckt.

—— Staatspapiergeld, Reichs-Kassenscheine und Banknoten. Kritische Bemerkungen und Vorschläge zu der Vorlage im Reichstage, betr. die Ausgabe von Reichs-Kassenscheinen. gr. 8. (58 S.) Berlin 874, Puttkammer und Mühlbrecht. *

Internat. statist. Institut. Statistik des Volks- oder Nationaleinkommens und -Vermögens ⟨Größe, Arten, Verteilung⟩, besond. mit Verwertung d. Steuerstatistik. Leitsätze ⟨Thesen⟩ f. seinen Vortrag. Von Prof. Adolph **Wagner**. Berlin 1903: J. Sittenfeld. (10 S.) 8° [05. 3864 B]

— u. Preuß, kommunale Steuerfragen, s. a. Schriften der Gesellschaft f. soziale Reform. II. 3.

Wagner, Adolf: Kommunale Steuerfragen. Referate von Prof. Dr. A[dolf] Wagner, Geb. Reg. R., u. Privatd. Dr. [Hugo] Preuß, Stadtverordneter, erstattet der Ortsgruppe Berlin d. Gesellsch. f. Soz. Reform. Mit e. Vorbemerkung von Magister. R. M[ax] v. Schulz, 1. Vors. d. Ortsgruppe Berlin, u. den Satzungen d. Ges. f. Soz. Reform. Jena: G. Fischer 1904. (63 S.) 8°
Schriften d. Gesellschaft f. Soziale Reform. H. 15.

— Adolf Stoecker, s.: Seeberg, Rhold.

— Streifzüge durch das Forschungsgebiet der modernen Pflanzenkunde. 8 Vorträge. (V, 93 S.) gr. 8. München 907. E. Reinhardt. n. 1.50

— Studien u. Skizzen aus Naturwissenschaft u. Philosophie. I—III. 8. Berlin, Gebr. Borntraeger. Kart. n. 3.20
I. Über wissenschaftl. Denken u. üb. populäre Wissenschaft. (79 S.) 899. n. 1.20
II. Zum Problem der Willensfreiheit. (61 S.) 899. n. 1.—
III. Über das Problem der „angeborenen (aprior.) Vorstellgn." (77 S.) 900. n. 1.—

— s. Suizzera, la famiglia.

—— System der deutschen Zettelbankgesetzgebung, unter Vergleichung mit der ausländischen. Zugleich ein Handbuch des Zettelbankwesens. Mit Rücksicht auf die Errichtung von Zettelbanken in Baden, sowie die Bankreform und das Staatspapiergeldwesen im norddeutschen Bunde. 2 Abthlgn. gr. 8. Freiburg i. Br. 870, Wagner'sche Buchh. [1. Abthl. (VIII, S. 1—320.) *M 6.; 2. Abthl. 1. Heft. (S. 321—474.) *M 3., und Schlußabthl. A. u. d. T.: System der Zettelbankpolitik mit besond. Rücksicht auf das geltende Recht und auf deutsche Verhältnisse. (XXVIII, 54 und S. 475—778.) *M 6.] *

—— System der Zettelbankpolitik, mit besond. Rücksicht auf das geltende Recht und auf deutsche Verhältnisse. 2. theilweise umgearb. und vervollständigte Ausg. Lex.-8. (XXVIII, 798 S.) Ebendas. 873. *

Wagner, Adph., Tafeln der vielfachen Sinus und Cosinus oder der Längen und Breiten für prakt. Geometer und Mechaniker und insbesondere für Bergleute etc. gr. 4. (22 S.) Freiberg 852, Craz und Gerlach. *

Wagner, Adolph: Vom Territorialstaat zur Weltmacht. *Berlin 1900: G. Schade.* (32 S.) 4°
Berlin, Rede am Geburtstage d. Kaisers 1900

Sozialökonomische Theorie des Geldes und Geldwesens. Tunlichst in prinzipieller Behandlungsweise, zugl. in genauerer Ausführung. Von Adolph **Wagner**. Leipzig: Winter 1909. XXII S., S. 111–799. 8°
(Wagner: Theoret. Sozialökonomik. Abth. 2, Bd 2.) [09. 12346

Sozialökonomische Theorie des Kommunikations- und Transportwesens. Tunlichst in prinzipieller Behandlungsweise. Von Adolph **Wagner**. Leipzig: Winter 1909. VIII, 110 S. 8°
(Wagner: Theoret. Sozialökonomik. Abt. 2, Bd 1.) [09. 12345

— **Unternehmergewinn u. Arbeitslohn.** Rede, geh. in Bochum auf d. Versammlung d. Gewerkvereins christl. Bergarbeiter f. d. Oberbergamtsbez. Dortmund. 1. u. 2. unveränd. Aufl. gr. 8. (19 S.) Göttingen 897. Vandenhoeck & Ruprecht. n. —40

—— **die österreichische Valuta.** 1. Thl. A. u. d. T.: Die Herstellung der Nationalbank mit besond. Rücksicht auf den Bauplan des Finanz-Ministers v. Plener. Lex.-8. (VIII und 191 S.) Wien 862, Gerold's Sohn. *

— **die Veränderungen der Karte v. Europa,** s. a. Sammlung gemeinverständl. wissenschaftl. Vorträge.

Wagner A, die Veranderungen der Karte von Europa. (S. w. Vortr. 127) Berlin 1871

**Wagner, Ad.* Das Versicherungswesen in *G. Schönberg's* Volkswirtschaftslehre. Bd. 2. 4. Auflage. Tübingen 1898.

Wagner (Ad.), über Verstaatlichung der Eisenbahnen und über sociale Steuerreform. Zwei Landtagsreden, gehalten im preuß. Abgeordnetenhause am 19. und 22. Febr. 1883. Nach dem amtl. stenograph. Bericht hrsg. vom conservativen Central-Comité in Berlin. gr. 8. (43 S.) Berlin 883, F. Luckhardt. *

— **allgemeine od. theoretische Volkswirthschaftslehre,** s. a. **Rau,** K. H., Lehrbuch der politischen Oekonomie.

Allgemeine oder theoretische Volkswirthschaftslehre. Mit Benutzung von Rau's Grundsätzen der Volkswirthschaftslehre v. Adolph **Wagner.** Th. 1. Grundlegung. Leipzig und Heidelberg. 1876. = Lehrbuch der politischen Oekonomie v. Karl Heinrich Rau. Vollständig neu bearb. v. Adolph Wagner und Erwin Nasse. Bd. 1. 8°.

Allgemeine und theoretische Volkswirtschaftslehre oder Sozialökonomik. ⟨Theoret. National-Oekonomie.⟩ Grundlegung u. Ausführung. Grundriß zu d. Univ.-Vorlesung von Dr. Adolph **Wagner**, Prof., Berlin. 2. Aufl. ⟨Als Ms. gedr.⟩ [Berlin] 1896. (46 S.) 8° [F.] [06. 10494

Wagner, Adolf: Allgemeine und theoretische Volkswirtschaftslehre oder Sozialökonomik. ⟨Theoret. Nat.-Oekonomie. Grundlegung u. Ausführung in aphorist. Form. Von Dr. Adolph Wagner, Prof., Berlin. Grundr. zu s. bezügl. Univ.-Vorlesung. 3. Aufl. Berlin: Puttkammer & Mühlbrecht 1900. (IV, 52 S.) 8°

— **allgemeine u. theoretische Volkswirtschaftslehre od. Sozialökonomik. (Theoretische National-Oekonomie.) Grundlegg. u. Ausführg., in aphorist. Form. Grundriss zu seiner bezügl. Universitäts-Vorlesg. 3. Aufl. gr. 8. (IV, 52 S.) Berlin 901. Puttkammer & Mühlbrecht.** n. 1.20

Wagner, A., Vorschläge zur Umgestaltung der Reichs-Justiz-Gesetze v. 1879. gr. 8. (III, 26 S.) Berlin 895. C. Heymanns Verl. n. —60

— **Vortrag, geh. am 29. März 1895 in Barmen über Sozialismus, Sozialdemokratie, Katheder- u. Staatssozialismus.** Nebst e. Bericht üb. Prof. Wagners Erscheinen an d. Saar. gr. 8. (24 S.) Berlin 895. (Vaterländ. Verlags-Anstalt.) n. —10

Wagner, Adolph, s. Wirth, M.: Bismarck, Wagner. Rodbertus.

— **Freie od. akademische Wissenschaft? (Ein Beitrag zur Charakteristik mechanist. u. antilamarckist. Kampfesweise.) (16 S.) Lex. 8. Ebd. 907.** —50
Sonderabdruck aus: „Ztschr. f. d. Ausbau der Entwicklungslehre.

— **Wohnungsnot u. städtische Bodenfrage,** s. a. **Streitfragen, soziale. 11. Hft.**

Wagner, Adolf, Wohnungsnot und städtische Bodenfrage. Referat. Mit einem Anhang: Die sociale Bedeutung des Erbbaurechts, von Prof. P. Oertmann u. R. Sohm; und: Die finanzielle Frage des Erbbaurechts, von A. Eschenbach. gr. 8°. Berlin, J. Harrwitz' Nachf., 1901. (Sociale Streitfragen, Heft 11.) 43 S.

— **die Zettelbankreform im deutschen Reiche. Kritik d. Bankgesetzentwurfes d. Reichskanzleramtes, nebst formulirtem Gegenvorschlag. gr. 8. (VI, 193 S.) Berlin 875. Puttkammer & Mühlbrecht.** n. 4. —

Wagner, Alb., die Conto-Correntrechnung im Bankgeschäft mit besond. Rücksicht auf die auswärt. Geschäftsverbindungen, Conto loro [suo], Conto nostro [mio] und Conto à metà nebst einem Anh. enth. Decimalbruch-, Zins-, Wechsel- und Effekten-Rechnung. gr. 8. (VI, 56 S.) Leipzig 871, Fritsch. *

Wagner, Alb., die Conto-Correntrechnung im Bankgeschäft mit einem Anh. enth. Decimalbruch-, Zins-, Wechsel- und Effecten-Rechnung. 2. (Titel-)Ausg. gr. 8. (VI, 56 S.) Leipzig (871)73, Theile. *

Wagner, Alb., die Conto-Correntrechnung im Bankgeschäft m. e. Anh. enth. Decimalbruch-, Zins-, Wechsel- u. Effecten-Rechng. 2. Ausg. gr. 8. (56 S.) Leipzig 876. Theile. n. 1. 20

Wagner, Alb., der Rechnungs-Abschluss im Bank- und Versicherungs-Geschäft. gr. 8. (38 S.) Berlin 876, Springer. *

Wagner, Albert. (geb. Berlin 3. 6. 1827): De Spatulariarum anatome. Berolini (1848). (18 S.) 4°
Berlin, Med. Diss. v. 15. Juli 1848

Wagner, Albert, Spatulariarum anatomiam descripsit tabulaque illustravit. Imp. 4. (18 S.) Berolini 848, Dümmler. n. 2/3 ₰

Wagner, Alb., die Extrauterinschwangerschaft. Klinische Studie auf Grund v. 32 selbstbeobachteten Fällen. (VII, 54 S. m. 10 Abb.) Lex. 8. Stuttgart 907. F. Enke. 2. —

Wagner, Albert [aus Fulda]: Über einen Fall von multiplem Osteoidchondrom (maligner Callus-Geschwulst) und ein Osteoidchondrom der Fibula mit knorpeligen Venenthromben .... Marburg, Univ.-Buchdr. (R. Friedrich), 1886; 31 S. u. 1 Taf. 8°.
Marburg, Med. Fak., Inaug.-Diss. v. 15. Mai 1886.

Wagner, Albert, über einen Fall von multiplem Osteoidchondrom (maligner Callus-Geschwulst) und ein Osteoidchondrom der Fibula mit knorpeligen Venenthromben. Diss. Marburg 1886, N. G. Elwertsche Univ.-Buchh. 8°. 31 S.

Wagner, Albert [aus Langenhuln in Nassau]: Über einen Fall von Sarcoma Tonsillae . Würzburg, P. Scheiner's Buchdr., 1896; 43 S. 8.
Würzburg, Med. Fak., Inaug.-Diss. v. 1896

Wagner, A., die neue Heilwissenschaft oder die Lehre, wie man alle Krankheiten nach biolog. Grundsätzen schnell, billig u. gefahrlos beseitigen kann. Ein prakt. Lehrbuch zur Selbsthilfe f. jedermann. (III, 117 S.) 12. Berlin 904. G. Schuhr. n.n. 2. 50

Wagner, Alb., Henrik Ibsen, s.o. Beiträge zur Literaturgeschichte.

Henrik Ibsen von Albert **Wagner**. Leipzig: Verl. f. Lit., Kunst u. Musik 1907. (351 S.) 8° [F.]
= **Beiträge** z. Literaturgeschichte. H. 48. [08. 3804

Wagner, A., der Naturheilkoller. Ein medizin. Streifzug durch das Lager der Nichtmedizin. 12. (69 S.) Berlin-Südende 901. Berlin, Vogel & Kreienbrink. n. —80

Wagner, Albert [app. Arzt]: Über das arterielle Ranken-Angiom an der oberen Extremität ... (Aus: Beitr. z. klin. Chir., Bd XI Heft 1.) Tübingen, H. Laupp'sche Buchh., 1893; 3 Bl., 31 S. 8.
Tübingen, Med. Fak., Inaug.-Diss. v. 1893

Wagner, Albert *Ernst August* [aus Cottbus]: Reihenentwickelung der hyperelliptischen Thetafunktionen, welche zu f (x) = x⁶ + 2 tx⁴ + 1 gehören ... Halle a. S., Druck d. Buchdr. d. Waisenhauses, 1892; 2 Bl., 44 S., 1 Bl. 8.
Halle, Phil. Fak., Inaug.-Diss. v. [30. Juni] 1892

Wagner, Alb., der Rodelsport. (40 S. m. Fig.) kl. 8. Nürnberg (910). Fränkische Verlagsanstalt u. Buchdruckerei. —60

Wagner, Albert. Skisport. Ein Handbüchlein (*Umschlag: Praktische Anleitung) für Skiläufer und solche die es werden wollen. Unter Mitwirkung mehrerer Sportsfreunde hrg. [Illustriert.] 72 S. 8. Bern, Selbstverlag des Verfassers (Jules Werder, Buchdr., 1907). fr. 1. —

Wagner, Albert. Skisport. Ein Handbüchlein (*Umschlag: Praktische Anleitung) für Skiläufer und solche, die es werden wollen. Unter Mitwirkung von Thorleif P Björnstad hrg. von A' W'. 2. Aufl. Mit Kunstblättern [4 Tafeln] und zahlreichen Illustrationen. IV + 88 S. 8. Zürich, Bürgi & Co., [1910]. fr. 1. —

Wagner, Albert, a. Großröhrsdorf: Clément Marot's Verhältnis zur Antike. Leipzig 1906: Seele. (100, III S.) 8°
Leipzig, Phil. Fak., Ref. Birch-Hirschfeld, Wülker, Diss. v. 3. Febr. 1906
[Geb. 3. Mai 83 Großröhrsdorf, Sachsen, Wohnort: Großröhrsdorf; Staatsangeh.: Sachsen; Vorbildung: Fürstensch. Meißen Reife O. 02; Studium: Leipzig 7 S.; Rig. 30. Nov. 05.]

Wagner, Alb., Clément Marot's Verhältnis zur Antike. Diss. (100 u. III S.) 8. Leipzig 906. Dr. Seele & Co. n. 1. 60

— Vitalismus? (Eine aus der modernen naturwissenschaftl. Litteratur geschöpfte Zusammenstellung von mechan. Erklärungsweisen f. Bewegung, Stoffwechsel u. Fortpflanzung der Zelle.) gr. 8. (57 S.) Ebd. 902. n. 1. 20

Wagner, Alb., d. Wochenbettspflege. Leitfaden f. Kindbettwärterinnen. gr. 8. (48 S.) Stuttgart 897. F. Enke. n. 1. —; geb. in Leinw. n. 1. 40

— Die Wochenbettspflege. Leitfaden f. Kindbettwärterinnen. 2. Aufl. (55 S.) 8. Ebd. 909. 1.20; geb. in Leinw. n 1. 60

Das Drama Friedrich Hebbels. Eine Stilbetrachtung zur Kenntnis des Dichters und seiner Kunst v. Albert Malte **Wagner.** Hamburg u. Leipzig. 1911. (1910.) 8°

Wagner, Albert Malte: Friedrich Hebbels dramatischer Stil. Hamburg & Leipzig: Voss 1910. 51 S 8° ¶ (Ersch. vollst. u. d. T.: Das Drama Friedrich Hebbels, als: **Beiträge** z. Ästhetik. Nr 13.) ×
München, Phil. Diss. v. 18. Dez. 1909, Ref. Muncker, H. Paul
[Geb. 16. Nov. 86 Hamburg; Wohnort: Hamburg; Staatsangeh.: Hamburg; Vorbildung: Realgymn. Hamburg Reife Aug. 06; Studium: Freiburg i. B. Jura u. Phil. 1, Phil. 1, Berlin 1, München 3 S.; Rig. 18. Dez. 09.] [U 10. 3708

Wagner, Albrecht

Wagner, Albr., **über den Heilungsprozess nach Resection und Exstirpation der Knochen. Lex.-8. (VI und 122 S. mit 4 Kpfrt.) Berlin 853, A. Hirschwald.**

Wagner, Albr., üb. den Mönch v. Heilbronn, s. Quellen u. Forschungen zur Sprach- u. Culturgeschichte der germanischen Völker.

Wagner, Albrecht: Ueber den Mönch von Heilsbronn. Separat-Abdruck aus den Quellen und Forschungen zur Sprach- und Culturgeschichte der germanischen Völker, hrsg. von Bernhard ten Brink, Wilhelm Scherer, Elias Steinmeyer XV. Heft, S. 1—34.) Strassburg, Karl J. Trübner. London, Trübner & Comp., 1876. 8. 34 S.

— über die deutschen Namen der ältesten Freisinger Urkunden. Ein Beitrag zur Geschichte der althochdeutschen Sprache in Bayern. gr. 8. (60 S.) Erlangen 876. Deichert. n. 1. 60

—— über die deutschen Namen der ältesten Freisinger Urkunden. Ein Beitrag zur Geschichte der althochdeutschen Sprache in Bayern. gr. 8. (60 S.) Erlangen 878, Deichert. *

Wagner, Albrecht, Marlowes Tamburlaine, s. Sprach- und Litteraturdenkmale. englische.

Wagner, Albr., s.: Tundale.

Wagner, Albr., visio Tnugdali. Lateinisch u. altdeutsch. gr. 8. (LXXI, 186 S.) Erlangen 882. Deichert. n. 5. —

Wagner, Alex., Gold, Silber u. Edelsteine. Handbuch für Gold-, Silber-, Bronze-Arbeiter u. Juweliere. Vollständige Anleitung zur technischen Bearbeitung der Edelmetalle, enth. das Legiren, Gießen, Bearbeiten, Emailliren, Färben u. Oxydiren, das Vergolden, das Incrustiren u. Schmücken der Gold- u. Silberwaaren mit Edelsteinen u. die Fabrikation des Imitationsschmuckes. Mit 14 (eingedr. Holzschn.-)Abbildgn. 8. (IV, 265 S.) Wien 881. Hartleben. 3. 25

Wagner, Alex., Gold, Silber u. Edelsteine. Handbuch f. Gold-, Silber-, Bronze-Arbeiter u. Juweliere. Vollst. Anleitg. zur techn. Bearbeitg. d. Edelmetalle, enth. das Legiren, Gießen, Bearbeiten, Emailliren, Färben u. Oxydiren, d. Vergolden, Incrustiren u. Schmücken d. Gold- u. Silberwaaren m. Edelsteinen u. d. Fabrikation d. Imitationsschmuckes. 2. Aufl. 8. (VIII, 246 S.) Wien 895. A. Hartleben. n. 3. 25; geb. n. 4. 05

Wagner, Alex., das alte Rom m. dem Triumphzuge Kaiser Constantin's im J. 312 n. Chr., s.: Bühlmann, J.

Wagner, Alfred

Wagner, Alfr., Baden-Baden u. Umgebung, s.: Beckmann-Führer.

Wagner, Alfr., das historische Drama der Griechen. gr. 8. (83 S.) Halle 878, (Koestler.) *

Wagner, A., Feuerleitung der Batterie. Kurze Übersicht üb. die einschläg. Bestimmgn. des Exerzier-Reglements u. der Schießvorschrift f. die Feldartillerie. (30 S.) kl. 8. Berlin 908. Liebel. p — 50

Wagner, Alfr., die Geschichte Waldecks und Pyrmonts. 8. (III, 95 S. mit dem in Farbendr. ausgeführten Staatswappen der Fürstentümer Waldeck und Pyrmont.) Bad Wildungen 888, Sachtleben Nachf. *M 1.20.; geb. *

Wagner, Alfred: Die sittlich-religiöse Lebensanschauung des englischen und schottischen Volkes nach den Volksballaden. Halle a. S. 1910: John. VIII, 89 S. 8°
Halle, Phil. Diss. v. 13. April 1910, Ref. Ritter
[Geb. 7 Mai 81 Mühlhausen; Wohnort: Mühlhausen; Staatsangeh.: Preußen; Vorbildung: Realgymn. Halberstadt Reife M. 04; Studium: Marburg 3, Berlin 1, Halle 6 S.; Rig. 27. Okt. 09.] [U 10. 1810

Wagner, Alfr., Märchen v. Rübezahl. Für d. Jugend bearb. M. 6 Farbdr.-Bildern nach Aquarellen v. W. Zweigle. 8. (114 S.) Stuttgart 895. G. Weise. Kart. n. 1. —

Wagner, Alfr., Plauderstündchen in der Kinderstube. 12. (79 S. m. 4 Bildern in Farbendr.) Stuttgart 892. G. Weise. Kart. n. — 50

Wagner, Alfr., Plauderstündchen in der Kinderstube. 8.–10. Taus. (79 S. m. 4 Farbdr.) 8. Stuttgart (907). G. Weise. Kart. — 60

Wagner, Alfr., Volksmärchen, s.: Musäus, Joh. Karl Aug.

Briefe der Tante Malchen an ihre Freundin Jettchen Bludat. Mit e. Anh. (Jettchens Hochzeit). Von Alice **Wagner**. 2. Aufl. Berlin: Gose & Tetzlaff 1904. (76 S.) 8° [J.] 56 10748

Wagner, Aloys, s. a. Wlh. Friedwald.

[illegible]
Separatabdruck

Wagner, A., Beiträge zur Kenntnis der atmosphärischen Elektrizität XXXV. Luftelektrische Beobachtungen zu Kalocsa. [Aus: Sitzungsber. d. k. Akad. d. Wiss., mathem.-naturw. Klasse.] Gr.-8°. (32 S.) † Wien: Hölder 1910. K 1.35

Wagner, Alois: Luftelektrische Beobachtungen zu Kalocsa. s. Beiträge zur Kenntniss der atmosphärischen Elektrizität. 35.

[illegible]
Separatabdruck

Wagner, A., Untersuchung der Wolkenelemente auf dem Hohen Sonnblick (3106 m). [Aus: Sitzungsber. d. k. Akad. d. Wiss., mathem.-naturw. Klasse.] Gr.-8°. (14 S.) † K —.60
Wien: Hölder 1909.

Wagner, Alwin, Lebensabriß eines rechtschaffenen Dieners Gottes, des sel. Pastors Ferdinand Düll zu Luzine in Schlesien. Geschrieben zum jährigen Gedächtnißtag seines Todes 27. Mai 1859. Neu-Ruppin 860. (Berlin, W. Schultze.) 8. (16 S.) n. 2 ngr.

Wagner, Amalie, Theosophie f. einfältige Christen u. ungelehrte Leute, v. einer Lernenden. Mit e. Lebensabriss v. Rudolf Steiner nach Eduard Schuré. (VIII, 182 S.) 8. Hamburg 909. C. Boysen. 2.50; geb. in Leinw. 3.50

— Die zehn Geschwister Wagner. Eine Hamburger Familiengeschichte, aus alten Briefen u. Überliefergn. zusammengestellt. (402 S. m. 50 Abb. auf Taf.) gr. 8. Hamburg 908. (G. W. Seitz Nachf.) Geb. in Leinw. 15. —

Wagner, Amalie: Die zehn Geschwister Wagner. Eine Hamburger Familiengeschichte aus alten Briefen u. Überlieferungen zsgest. von . (Als Hs. gedr.) Hamburg: [Selbstverl.] 1908. 401 S. 8°

Wagner, Andreas, s. a. Wagner, Johann Andreas

Wagner, Andreas (Leipzig) A. S. 568/33a

Disputatio posterior iuris publici de distinctione territoriorum imperii in clausa et non clausa.
Leipzig (Langenheim) 3. VIII. 1752. 36 S.
35576

Wagner, Andr., De L. Domitii Ahenobarbi expeditione in Germania trans Albim. Praes. Chr. Gli. Joecher. Lipsiae 1748. 4. ....

Wagner, Andreas (Leipzig) A. S. 155/26

De fecialibus et iure feciali populi Romani.
Präs. Franz Karl Conradi.
Helmstedt (Buchholtz) 23. I. 1734. 118 S.

Gew.: Andreas Wagner (Vater), Thomas Wagner (Onkel). 35575

Wagner, Andreas (Schladebach) A. S. 739/29

Disputatio juridica inauguralis de remediis causae vulneratae propter amissas in processu exceptiones.
Präs. Samuel Stryk.
Halle (Gruner) 17. I. 1705. 36 S.
35573

Wagner, Andreas (Schladebach) 4° Jur. XII, 26c/13

Disputatio XIII. de remediis causae vulneratae propter amissas in processu exceptiones.
Präs. Samuel Stryk.
In: Stryk: Dissertationes juridicae Hallenses. Vol. II. Leipzig/Frankfurt (Foerster) 1720. S. 491-522.

Diss. Halle 17. I. 1705. 35574

Wagner, Andr.: De servitute poenae Comm. *Lpz.* 747. 4.

Wagner, Ant., sehr wichtige physische u. metaphysische Betrachtungen. 1. Thl. gr. 8. (42 S.) Wien 850. (Leipzig, Hunger.) n. 8 ngr.

WAGNER, Anton: Doctrina de gratia sufficienti apud Theologos Thomistas sub fine saeculi 16 et initio saeculi 17 (1906) III, 36 Bl. 4° (Handschr.) Diss. 849
Diss. Wien, Univ.

Die Familie der Helicinidae. N. F. Von Anton **Wagner**. Nürnberg: Bauer & Raspe 1907–1911. 391 S. 4°
(Martini, Friedr. Wilh. Heinr.: Systemat. Conchylien-Cabinet. Bd 1, Abt. 18.)
11 2538

Wagner, Anton, Ritter Hans von Hackelberg († 1581), der deutsche wilde Jäger, im Vereine mit dem wilden Manne des Harzes und mit dem Jägerfürsten Samiel. Histor.-romant. Erzählungen aus dem 16. Jahrhundert, hrsg. von Konstantin Leop. v. Grünrock (wohl Pseud.). 2 Thle. Magdeburg, Emil Baensch, 1844. 8°. Selten!

Wagner Anton. Die Hohlenschnecken aus Süddalmatien und der Herzegowina. S. 123. ... —60
Separatabdruck

Wagner, Ant., (Handlungs-Commis), Calculationslexicon, od. Calculationstabellen aller Colonial- u. Materialwaaren, zum Bezug von allen auf alle Haupthandelsplätze Europas, zu jedem Preis und jedem Gewichte in die Währung u. d. Gewicht jeden Landes, zu schnellen Uebersicht d. Preiscouranten für Speculanten ꝛc. 16 Hft. Berl. 823.

Wagner, Antoine: Gutachtlicher Bericht über den jetzigen Stand und die Mittel zur Verbesserung des Gymnasialwesens im Grossherzogthum Luxemburg. Luxemburg: Buck 1880.

Wagner, Antoine: Fragen über Geographie. Eine Beilage zu dem Handbuch: Geographie für die Luxemburger Schule. Luxemburg: J. Beffort 1899. 24 S. 12°

Wagner, Antoine: Fragen über Geographie für unsere Primärschulen, nebst einem Verzeichnis der Ortschaften unseres Landes und der wichtigsten Städte der übrigen Länder. Luxemburg: Breisdorff 1883. 64 S. 12°

Wagner, Antoine: Geographie in Fragen und Antworten für die Luxemburger Schulen, nebst einem Verzeichnis der Ortschaften unseres Landes und der wichtigsten Städte der übrigen Länder. Luxemburg: Breisdorff 1884. 157 S. 12°

– Dass. 2. Aufl. Ebd. 1885. 148 S. 12°

– Dass. 3. Aufl. Fortges. u. hrsg. von J. Ph. Wagner. Ebd. 1889. 149 S. 12°

– Dass. 4. Aufl. Ebd. 1892.

– Dass. 5. Aufl. Luxemburg: J. Beffort 1900. 156 S. 12°

Wagner, Antoine: Deutsche Grammatik zunächst für die luxemburger Schuljugend in den Ober-Primärschulen, Pensionaten und höheren Lehranstalten, nebst einem Fremdwörterbuch als Anhang. Luxemburg: P. Brück 1880. 166 S. 12°

– Dass. 2. verb. u. verm. Aufl. Ebd. 1880.

– Dass. 3. neu bearb. Aufl. Hrsg. u. fortges. durch J.-Ph. Wagner. Ebd. 1893.

Wagner, Antoine: Alterthümliche Merkwürdigkeiten der Stadt Grevenmacher. Eine Sammlung von Sagen und Märchen, Sitten und Gebräuchen, Volksmeinungen, Liedern, Sprüchen, Spielen usw. gesammelt, hrsg. u. seinen Mitbürgern gewidmet von X. Mosellanus. Nebst einem Anhang: Die Bauernhochzeit in früheren Zeiten. Eine humoristisch-historische Studie von G. Suranus van der Esch. Das Kirchweihfest der alten Freiheitsbürger von Esch an der Sauer. Nach der Tradition bearbeitet von G. Suranus van der Esch. Grevenmacher: Esslen 1885. VI, 120 S. 16°

Wagner, Antoine: Orthographisches Wörterbuch der deutschen Sprache zunächst für die luxemburger Schulen. Luxemburg: Breisdorff 1883. 80 S. 12°

Wagner, Arndt

— Fibel, s.: Wendling, P.

Wagner, Arndt, Schenkendorf u. Rückert, s.: Kirchenliederdichter, unsere. I. 9.

Wagner, Arno, Grundin-Tempera. Neue Erfahrgn. u. Erfolge auf dem Gebiete der Kunst-, Dekorations- u. Zimmermalerei sowie Lackiererei. (71 S.) 8. Dresden 907. Holze & Pahl. — 75

Wagner, Arthur: Beitrag zur Kenntnis der Ochronose. *Freiburg i. B. 1904: K. Kuß.* (51 S.) 8° [J.]
Freiburg i. B., Med. Diss. v. 1904

Wagner, Arthur [Assistenzarzt am Landkrankenh. zu Cassel]: Über zwei Fälle von primärer combinierter Strang-Erkrankung des Rückenmarkes ... M. 1 Taf. (Aus: Deutsche Zeitschr. f. Nervenheilk., Bd. XI.) Leipzig, Druck v. J. B. Hirschfeld, 1897; 1 Bl., 30 S., 1 Bl., 1 Taf. 8.
Leipzig, Med. Fak., Inaug.-Diss. v. 4. Febr. 1897

Wagner Arthur. Dr. Untersuchung der Wolkenelemente auf dem Hohen Sonnblick (3106 m) mit 2 Textfiguren. S. 117. ... —60
Separatabdruck

Wagner, Arth., Untersuchung der Wolkenelemente auf dem Hohen Sonnblick (3106 m). (13 S. m. 2 Fig.) gr. 8. Wien 908. A. Hölder. — 60
Sonderabdruck aus: „Sitzungsber. d. k. Akad. d. Wiss."

Wagner, Arthur Hugo Hans, s. Wagner, Hans

Wagner, August

Wagner, Aug., (Obristlieut.) Betrachtt. u. Erfahrungen über den Krieg u. dessen Führung. 1r Thl. gr. 8. Berl. 830. Reimer. 1 ₰ 18 ℊ 370 S.

Wagner, Aug., Breslau. 900 Jahre seiner Geschichte. Eine Festgabe, der XXVI. General-Versammlg. der Görres-Gesellschaft dargeboten vom Ortsausschusse. 8. (41 S. m. 8 Taf.) Breslau 902. (Müller & Seifert.) n. — 50

Breslau. 900 Jahre s. Geschichte. Von Dr. August Wagner, Gymn.Oberl. Eine Festgabe der 26. Generalversammlung d. Görres-Ges. dargeboten vom Ortsausschuße. *Breslau 1902: Schles. Volkszeitung.* (41 S.) 8° [J.] (03. 8171) 2

Wagner, Aug., evangelisches Choralbuch f. Kirche u. Haus. 1. u. 2. Thl. qu. gr. 4. Greifswald 873. Scharff. n. 11. 50
1. 148 der bekannteren Melodien m. 884 Strophen Zwischenspielen. (160 S.) n. 6. —
2. 108 der unbekannteren Melodien u. 550 Strophen Zwischenspielen, (S. 161—209.) n. 5. 50

Wagner, Aug., 53 Choräle und geistliche Lieder mit untergelegtem Texte. Für eine Singstimme mit Klavier-, Harmonium oder Orgelbegleitung. Auch für vierstimmig gemischten Chor, zum Gebrauche für Gesangvereine und höhere Lehranstalten. Harmonisirt und hrsg. 8. (IV, 67 S.) Leipzig 881, C. A. Koch's Verlagsh. *

Wagner, Aug., Christ-Mette. Liturgischer Frühgottesdienst am heiligen Christtage. Greifswald 867. Akademische Buchh. Fol. (IV, 15 S.) geb. n. 1 ₰

— der brandenburgisch-preußischen Geschichte jüngste Epoche. Vom Tilsiter Frieden 1807 bis zur Gegenwart. In Dichtgn. v. Adf. Häckermann. Nach volkstüml. Melodien zu singen m. Klavierbegleitg. Hrsg. v. A. W. 2 Hälften. Lex.-8. (115 S.) Leipzig 892. Verlags-Institut. à n. 1. 25

— d. Feldzug d. K. Preuß. Armee am Rhein im Jahre 1793. Aus den hinterlass. Papieren des Herzogs von Braunschweig zusammengestellt. Mit 1 Karte. gr. 8. Berl. 821. Reimer. 2 ₰

—— der Feldzug d. Kgl. Preuss. Armee am Rhein im J. 1793. Aus d. hinterlass. Papieren d. Herzogs v. Braunschweig zusammengest. gr. 8. (21½ B. u. 1 Karte, Fol.) Berlin 831, Reimer.

—— die lateinischen Genusregeln der Zumpt'schen Grammatik. Musikal. Scherz. Für 1 Singstimme mit Pianofortebegleitung. 1.—10. Aufl. 4. Greifswald 874,75, Lemme. [Leipzig, Koch's Verlag.] *

Wagner, Aug., die lateinischen Genusregeln der Zumpt'schen Grammatik in sangbaren Weisen. Musikalischer Scherz. Für eine Singstimme mit Begleitung des Pianoforte eingerichtet. 1.—9. Aufl. Lex.-8. (16 S.) Greifswald 876,77, Lemme. *
—— dass. — 10. und 11. Aufl. gr. 8. (16 S.) Leipzig 877,78, C. A. Koch's Verlagsh. *

Wagner, Aug., die lateinischen Genusregeln der Zumpt'schen Grammatik in sangbaren Weisen. Musikalischer Scherz. Für eine Singstimme m. Begleitg. d. Pianoforte eingerichtet. 12. Aufl. Lex.-8. (16 S.) Leipzig 884. C. A. Koch. n. — 50

Wagner, Aug., die lateinischen Genusregeln der Zumpt'schen Grammatik in sangbaren Weisen. Musikalischer Scherz. Für 1 Singstimme m. Begleitg. des Pianoforte. 13. Aufl. gr. 8. (16 S.) Leipzig 894. Dresden, C. A. Koch. n. — 50

— Grundzüge d. Strategie; wissenschaftl. dargestellt. Mit 2 Kpft. 8. Amsterd. 809. Leipz. 819. Brockhaus. 16 gr.

— der evangelische Hauptgottesdienst an Sonn- u. Festtagen. Ein Wort zu dessen Verständniß. Aus alten u. neuen Quellen geschöpft u. hrsg. Greifswald 865. (Scharff.) gr. 8. (19 S.) n. 2½ ngr.

—— der evangelische Hauptgottesdienst. Ein Wort zu dessen Verständniss. Die Altar-, Chor- und Gemeindegesänge der evangel. Liturgie an Sonn- und Festtagen. Allen Freunden des Kirchengesanges, insbesondere den Organisten, Kantoren und Lehrern, gewidmet. qu. gr. 8. (III, 6, 16, 38 S.) Ebendas. 877.
Text für Chor und Gemeinde. br. 8. (16 S.) Preis für 100 Exempl. **

Wagner, Aug., der evangelische Hauptgottesdienst. Ein Wort zu dessen Verständniss. Die Altar-, Chor- u. Gemeindegesänge der evangel. Liturgie an Sonn- u. Festtagen. 2., vorb. Aufl. qu. 4. (18 u. 48 S.) Leipzig 888. C. A. Koch. 2. 70

Wagner, A. (Obrist-Lieut.), s. v. Jomini, analytischer Abriß.

WAGNER, A.
Lehrbuch der unorganischen Chemie für Mittelschulen sowie zum Selbststudium. München, 1885.

Wagner, Aug., Lehrbuch der organischen Chemie f. Mittelschulen. gr. 8. (XII, 189 S.) München 886. Th. Ackermann's Verl. n. 2. 40

Zwölf maurerische Lieder u. Gesänge comp. und Seiner Königlichen Hoheit dem Prinzen Friedrich Wilhelm Nicolaus Carl von Preussen ehrfurchtsvoll gewidmet von Aug. Wagner. Eigenthum der Loge Friedrich Wilhelm zur Liebe u. Treue in Demmin. Berlin [1858]: Seemann. 29 S. 2° [Kupferst.]
9 Gesänge, mit Noten für Gesang u. Klavier, 3 nur f. Gesang.

Wagner, August [aus Ober-Ofleiden (Hessen) Assistenzarzt am Knappschaftslazareth zu Königshütte O.-S.]: Ueber Lipome des Kniegelenks .... Königshütte, R. Giebler's Buchdr., 1887; 33 S. + 1 Bl. 8°.
Marburg, Med. Fak., Inaug.-Diss. v. [31. Jan.] 1887.

Wagner, August, über Lipome des Kniegelenks. Diss. Marburg 1887, N. G. Elwertsche Univ.-Buchh. 8°. 33 S.

—— Melodienbuch zum evangelischen Gesangbuch für Kirche und Haus. 8. (118 S.) Greifswald 866, Bamberg. *

Wagner, August [cand. prob. am Johannesgymnas. zu Breslau]: Die unteritalischen Normannen und das Papsttum in ihren beiderseitigen Beziehungen. Von Victor III. bis Hadrian IV. 1086–1156 .... Breslau, Schles. Volkszeitungs-Buchdr. (R. Reid) 1885; 63 S. 8°.
Breslau, Phil. Fak., Inaug.-Diss. v. 29. Aug. 1885.

Wagner, August, Dr.: Die unteritalischen Normannen in ihrem Verhältnisse zum deutschen Kaisertume des 11. Jahrhunderts. (T. 1.) *Breslau 1899: R. Nischkowsky.* (S. 1–XVI.) 4°
Breslau, k. kath. St. Matthias-G, OP 1899 (187)

Wagner, Aug., die unteritalischen Normannen u. das Papsttum in ihren beiderseitigen Beziehungen. Von Victor III. bis Hadrian IV. 1086—1156. gr. 8. (54 S. m. 2 genealog. Tab.) Breslau 885. (Köhler.) n. 1. —

Wagner, Aug., Ordnung d. evangelischen Hauptgottesdienstes an den Sonn- u. Festtagen. gr. 4. (III, 13 u. Ausg. f. die Gemeinde 8 S. in 8.) Greifswald 883. Abel. geb. u. durchsch. n. 3. —

Plane der Schlachten und Treffen, welche von der preuß. Armee in den Feldzügen d. J. 1813, 14 u. 15 geliefert worden. (Von A. Wagner.) H. 1—4. Mit Krt. Berlin 1821—1825. 4°
(i. a. Die Tage von Dresden u. Kulm.)

[F.] Wagner, August [Dr., Prof.]: Reisebilder aus Griechenland und der Türkei. Passau, Buchdr. Aktienges. Passavia, 1896; 50 S. 8.
Passau, k. G, P 1896*

Wagner, Aug., Repertorium (u. Unterricht) der auf die tarifmäßige Einhebung der Verzehrungssteuer vom Wein- [Most-] u. Fleisch-Verbrauche Bezug nehmenden Gesetze u. Vorschriften. Zusammengestellt zum Gebrauche f. die Verzehrungssteuer-Lehrcurse u. zum Selbstunterrichte. gr. 8. (64 S. m. e. Tab.) Wien 890. (Arming.) n. 1. 35

Wagner, Augustus: De syntaxi Propertiana .... Passaviae, *typ. J. Bucher*, 1888; 47 S. 8°
Erlangen, Phil. Fak., Inaug.-Diss. v. 1888

Wagner, Aug., de syntaxi Propertiana. gr. 8. (47 S.) Passau 888. (Abt.) — 75

Wagner. Die Tage von Dresden und Kulm in dem Feldzuge 1813. Als Anhang zu den Planen der Schlachten und Treffen, welche von der preussischen Armee und ihre Verbündeten in den Feldzügen 1813. 1814 und 1815 geliefert worden. Mit Plänen.
4. Berlin 1831.

Wagner, August, über Vermögen und Reichthum. siehe Vermögen.

—— s. Weltgeschichte, die, in sangbaren Weisen.

Wagner, Augustus Aemil. (geb. Lebus 18. 8. 1808): De convulsione cereali adnexa morbi historia. Berolini (1833). (30 S.) 8°
Berlin, Med. Diss. v. 31. Aug. 1833

Wagner, Aug. W. (Hrsg.), s. A s s e k u r a n z - A l m a n a c h.

Wagner, A u g u s t W. Meister Hanns Gasser. Klgft., Leon, (1870). 10 S.

W a g n e r, Balth., Abhandlung über Diplosis tritici und D. aurantiaca, eine alte und eine neue Getreidegallmücke. gr. 8. (IV und 125 S. mit 1 Kpfrt. in 4.) Fulda 866, (Nehrkorn.) *
Aus: Stettiner entomologische Zeitschrift, besonders abgedruckt.

[F.] **Wagner,** Balthasar [Oberl. Dr.]: Methodischer Lehrplan für den Unterricht in der Mathematik und im Rechnen. Fulda, J. L. Uth's Hofbuchdr., 1891; S. 3–19; 4°
Fulda, RPG, OP 1891 (411)

W a g n e r, Balth., Untersuchungen über die neue Getreidegallmücke. gr. 4. (VI und 41 S. mit 1 Stnt.) Fulda 861, Maier. cart. *

W a g n e r, Barthol., Betracht. v. Tode, od. Anreden b. einem Leichenbegängniß. 8. Augsb. Wolf. 727. –

W a g n e r, Basil., E r k l ä r u n g e n d. sonn- u. festtgl. Evangelien. 4 Bde. 8. Stadtamhof, Daisenberger.

Wagner, Basil., Erklärung der sonntäglichen Evangelien in historisch-sokratischen Gesprächen für Schulkatecheten. St. Pölten, 1803, 8°, neue Aufl., 4 Bde.

— Kirchen u. Schul-K a t e c h e s e n, nach sokrat. Lehrart, auf jede Woche d. Schuljahrs eingeth. 6 Bde. 8. Ebend. 807.

W a g n e r, Basil., Kirchen- u. Schulkatechesen, nach sokrat. Lehrart auf alle Wochen im Jahr. 4 Bde. 3te Aufl. 8. Gräz. Feritl. 814.

W a g n e r, (B.,) der Sieg d. Kreuzes, s. S i e g.

Wagner, Benedikt Samuel (Wittenberg) A. S. 1380/17
De abstinentia primorum Saxoniae electorum principum in suscipienda stabiliendaque Lutheri doctrina commentatio altera. Präs. Karl Daniel Freyberg.
Wittenberg (Eichsfeld) III. 1752. S. 42 - 56.
35577

Wagner, Benno, aus Schlettstadt i. Els.: Über einige **Derivate** des Amido-Resorcins. *Breslau 1902: H. Fleischmann.* (42 S.) 8°
Erlangen, Phil. Diss. v. 17. Juli 1902

Wagner, Bernhard, Medizinalassessor, approb. Nahrungsmittelchemiker aus Sondershausen: Über quantitative Bestimmungen wässeriger Lösungen mit dem Zeiß'schen Eintauchrefraktometer. *Sondershausen 1903: F. A. Eupel.* (63 S.) 8°
Jena, Phil. Diss. v. (30. Jan.) 1903

Wagner, Bernh., Biographieen denkwürdiger Priester und Prälaten der röm.-kathol.-apostol. Kirche. 1. Abthl. des 1. Bds. gr. 8. Aschaffenburg 846, Pergay. 1. u. 2. Abthl. n. $1^{7}/_{12}$ ß

Wagner, Bernh., Biographieen denkwürdiger Priester u. Prälaten der röm. kath. apost. Kirche. II. Abthlg. des 1. Bds. gr. 8. (S. 209—447.) Aschaffenburg 847, Pergay. 1. Bd.: n. $1^{7}/_{12}$ ß

— Papst Gregor XVI., sein Leben und sein Pontificat. Mit dem Bildn. u. Wappen Sr. Heiligkeit Gregor XVI. 3 Liefg. gr. 8. Sulzbach 846, v. Seidel. 1 ß

Wagner, Bernhard [Praes.], s. H u b e r, Johann: De contemtoribus verbi divini, oder von denen Verächtern des Göttlichen Worts.

Cantate zum Stiftungsfeste der Loge zum rothen Adler am 16. Mai 1858. Gedichtet von F[riedr.] A[ug.] Meyer. Comp. von Bernh. Wagner. [Hamburg 1858: Appel.] 2 Bl. 8° [Kopftit.]
Ohne Noten: „Der grosse Tempel der Natur . . .“

Schwesternlied am 85sten Stiftungsfeste der sehr ehrw. Loge zum rothen Adler am 16. Mai 1858. Comp. von [Bernh.] **Wagner.** Hamburg [1858]: Appel. 2 Bl. 8° [Umschlagtit.]
Ohne Noten: „Der Mai ist da, aus tausend Knospen singt . . .“
Rekt. Kneisner, Hamburg.

W a g n e r, Bernh., tractatus theologicus de fine mundi. 4. 731. –

Wagner, Bernh., was ist die Union u. was verdanken wir derselben? Predigt über Evangel. Matth. Kap. 23, V. 8. zur 50jährigen Jubelfeier der evangel. Union am Reformationsfeste 1867 in der St. Marienkirche zu Cöslin gehalten. Cöslin 867. Hendeß. gr. 8. (16 S.) 3 ngr.

—— Worte der Erinnerung an Dr. Heinrich Ludwig Weitzke, Major a. D. am 13. Mai 1867 am Sarge des Entschlafenen gesprochen. gr. 8. (7 S.) Cöslin 867, Hendeß.

Wagner, Bernh., zur Würdigung der „Grundzüge einer Medicinal-Ordnung für das Königr. Hannover.“ gr. 8. (80 S.) Hannover 851, Helwing. n. $^{1}/_{3}$ ß

Wagner, B(erthold), approb. Arzt aus Walbeck (Prov. Sachs.): Zur **Kenntnis** der erworbenen und angeborenen Rechtslage des Herzen[!]. (Mit 3 Taf.) *Rostock 1902: Adler's Erben.* (28 S.) 8°
Rostock, Med. Diss. v. [10. Aug.] 1902

— deutsche Regimenter in schwedischen Diensten, s. a. B e i h e f t zum Militär-Wochenblatt. 1902. 7/8.

Deutsche Regimenter in Schwedischen Diensten. Ein Zeitbild aus d. milit. Leben in d. 2. Hälfte d. 18. u. im Anfang d. 19. Jhs. Von [Berthold] Wagner, Hauptm. im Inf.-Reg. Nr. 59. *Berlin: E. S. Mittler & Sohn 1902.* (S. 345 383.) 8° [F.]
= Militär-Wochenblatt. 1902. Beiheft 7. [oz 734]

Zur Chronik des heimathlichen Orients. [Unterz.:] Bruno **Wagner.** [Cahla 1843: Beck.] 8 S. 8° [Kopftit.]
Aus: Zd. 7 (1843) S. 113—120.
Bericht üb. die Tätigkeit der Loge Archimedes in den Monaten Jan. bis Juni 1843.

W a g n e r, Bruno. Hochtouren in der Schweiz und Tirol. Eine vergleichende Betrachtung. [A.] 8. ([München] 1883.)

Wagner, Bruno Alwin

—— Lessing-Forschungen, nebst Nachträgen zu Lessings Werken. 8. (X, 174 S.) Berlin 881, H. W. Müller's Verlagsb.

Wagner, B. A., v. gelehrten Sachen, s.: Neudrucke, Berliner.

W a g n e r, B. A., zu Lessings spanischen Studien. gr. 4. (16 S.) Berlin 883, Gaertner's Verlag. *

Tage und Worte. Gesammelte Reisesprüche für die Wanderung durch das Leben von B[runo] A[lwin] **Wagner.** Berlin: Wunder 1904. 183 S. 8°

[Dasselbe.] 2. Aufl. Ebendas. 1907. 187 S. 8°
Recens. f. 1. Aufl.: Bbl. 18 (1904) S. 523 (G. Diercks); H. 15 (1904) Nr 28 (K. Pistorius); L. 27 (1904) S. 200 (R. Fischer); ArSt. 1 (1904) S. 311—318 (A. Brand); Bk. 24 (1905) No 83 (J. Feiner).
f. 2. Aufl.: FZ. 61 (1907) S. 384 (R. Bachmann); Al. 34 (1908) S. 78 (H. Keller).
cf. f. 1. Aufl. Z. 34 (1903—1904) S. 511—512 (H. Glücksmann); BrL. 22 (1904—1905) S. 15 (F. Holtschmidt); DrL. 36 (1905 bis 1906) S. 23 (A. Denecke).
f. 2. Aufl. Z. 37 (1906—1907) S. 556 (H. Glücksmann); BstF. 16 (1907) S. 174—175 (A. Feld); BBurInt. 5 (1907) S. 109—110; L. 30 (1907) S. 340 (P. Fischer); ML. 86 (1907 bis 1908) S. 28 (O. Henckel); Bh. 53 (1910) S. 884.

Wagner, B. A., Christian Thomasius. Ein Beitrag zur Würdigg. seiner Verdienste um die deutsche Literatur. gr. 4. (26 S.) Berlin 872. Weber. n. 1. —

Vortrag des Brs [Bruno Alwin] Wagner, in der Frühjahrs-Versammlung am 30. April 1904 über „Die Stellung der Inneren Oriente zur Johannismaurerei." [Berlin 1904: Litfass' Erben.] 6 S. 8° [Kopftit.]

Wagner, C., s. a. Wagner, Chr. Wlh. Fr.

Wagner, Dr. C., Alterthümer von Attika, die architekton. Ueberreste von Eleusis, Rhamnus, Sunion u. Thoricos enthaltend; herausg. 1817 von der Gesellsch. der Dilettanti zu London. Darmstadt 1829. Text 8°. Atlas Fol.

— — Alterthümer von Jonien; herausgeg. von der Gesellschaft der Dilettanti zu London. Darmstadt 1829. Text 8°. Atlas Fol.

Wagner, C., auf z. Kampf wider d. ländliche Unzucht! od. was kann v. Seiten d. Schule, d. Kirche u. d. inn. Mission zur Hebg. d. Sittlichkeit auf d. Lande geschehen? E. Konferenzvortrag. gr. 8. (61 S.) Hann.-Münden 898. R. Werther. n. 1. —

Wagner, C. De Bacchiadis Corinthiorum. Pr. 1856. 30 S. 4°.

Wagner C.: Beiträge zur elementaren Behandlung von Aufgaben über Maxima und Minima. 16. Wien R. III. 84.
Progr.

Wagner, C. Beiträge zur Entwicklung der Besselschen Funktion. I. Art. In-8°. 65 S. Bern. These. 1895.

Wagner, C. (I.), populäre und praktische Einführung in die neuen Maß- und Gewichtsverhältnisse. Zugleich ein Anh. zu jedem Rechenbuch für Oberklassen der Volksschulen im Reg.-Bez. Cassel. gr. 8. (45 S.) Schleswig 871, Schulbuchh. [Bergas.] *

Wagner, C., Festpredigt üb. Joh. 4, 22: „Das Heil kommt von den Juden", geh. am 9. Aug. 1887 zum Jahresfeste d. Rheinisch-Westfäl. Vereins f. Israel zu Köln a. Rhein auf der Wupperthaler Festwoche in der Friedenskirche zu Barmen. gr. 8. (30 S.) Köln 888. (Roemke & Co.) n.n. — 25

Wagner, C., der Freund. Innere Zwiegespräche. Aus dem Franz. übers. v. Fr. Fliedner. 2. Aufl. (XVIII, 330 S.) 8. Paris 907. W. Fischbacher. n. 3. —; geb. n. 4. —

Wagner, C., Jugend. Berechtigte Übersetzg. aus d. Franz. v. J. Schroeder. (356 S.) 8. Leipzig 910. F. Jansa. 3. —; geb. n 4. —

— schlichtes Leben. Aus dem Franz. übers. v. Fr. Fliedner. (XVI, 341 S.) 8. Ebd. 905. n. 3. —; geb. n. 4. —

— himmlisches Licht ins irdische Dunkel. Zeugnisse v. Gottes Gnadenführgn. m. seinen Kindern. 3. Aufl. 8. (VIII, 156 S.) Ebd. 889. n. 1. 60; geb. in Leinw. n. 2. 40; m. Goldschn. n. 2. 60

— die Macht des Gebets. Zum Verständnis v. Jesu Gebetsverheißgn. 5. Aufl. 8. (IV, 174 S.) Ebd. 891. n. 1. 60; geb. in Leinw. n. 2. 40; m. Goldschn. n. 2. 60

— Männlich u. stark. Aus dem Franz. übers. v. R. Remé. (264 S.) 8. Paris 908. G. Fischbacher. 3. —; geb. n 4. —

— das neue Maß u. Gewicht f. den Schul-, Haus- u. Geschäftsgebrauch übersichtlich u. anschaulich zusammengestellt. gr. Fol. Wurzen. Leipzig 871. Ohme in Comm. n.n. — 10

Wagner, C. (Red.), s. Monatsschrift, Internationale, zur Bekämpfung der Trinksitten.

— zur Pflege d. Sittlichkeit unt. d. Landbevölkerung. E. Mahnruf an Brautleute, Eltern u. Herrschaften. gr. 8. (69 S.) Leipzig 897. H. G. Wallmann. n. — 75

Wagner, C. (I.), und **C. Liebermann,** Rechenschule, s. Liebermann, C.

Wagner, C.: Mechanische Rohrreinigung mittelst biegsamer Rohrbürsten und Rohrreiniger mit Stahlschneiden, System Merz. Karlsruhe 1885.

— die Seele der Dinge. Aus dem Franz. übers. v. Fr. Fliedner. (X, 292 S) 8. Ebd. 904. n. 4. —; geb. n. 5. —; erm. Pr. n. 3. —; geb. n. 4. —

— — Die Sittlichkeit auf dem Lande. Vortrag gehalten auf der 6. allgemeinen Konferenz der deutschen Sittlichkeitsvereine in Kolmar i. E. . . . . 1894. Berlin 1894. 8°. (Mk. 1,50.) (In Dresden.)

— die Sittlichkeit auf d. Lande. Vortrag, geh. auf d. VI. allgem. Konferenz d. deutschen Sittlichkeitsvereine in Kolmar i. E. am 20. Septbr. 1894. gr. 8. (119 S.) Leipzig 895. Hannov.-Münden, R. Werther. n. 1. 50

— dasselbe. Erweit. Konferenz-Vortrag. 4. Aufl. gr. 8. (128 S) Ebd. 896. n. 2. —

— Charles Haddon Spurgeon. Ein Lebensbild. [Aus: „Hess. evangel. Sonntagsbl."] gr. 8. (48 S.) Ebd. 893. n. — 50

Wagner's, C. (II.), Taschenbuch für Kaufleute und Industrielle enth.: Münz-, Mass-, Gewichts- und Wechsel-Verhältnisse aller europ. und aussereurop. Handelsplätze in specieller Beziehung zu Bayern. 8. (IV und 92 S.) München 865, Lentner'sche Buchh. *

— **Trauergottesdienst f. weil. Se. Maj. Kaiser Wilhelm I., abgeh. am 18. März 1888 in der deutschen evang. Kirche zu Sydenham bei London. gr. 8. (35 S.) London 888. (Siegle. — Berlin, Wiegandt & Grieben.)** n. — 50

Wagner, C. Gründl. Unterricht i. d. zweckmäß. Beschlagen d. Pferde. Berlin 1816.

— **s. a. Verhältnisse, d. geschlechtlich-sittl. d. evang. Landbewohner im Deutschen Reiche.**

WAGNER, C., Die geschlechtlich-sittlichen Verhältnisse der evangelischen Landbewohner im Deutschen Reiche. 2 (starke) Bände. Leipzig 1895—98. 8°. (15 Mk. H. Barsdorf, Lpz., c. 1900.)
Geschätztes Werk.

WAGNER, C. Die geschlechtlich-sittlichen Verhältnisse der Landbewohner im deutschen Reiche. Dargestellt auf Grund der von der Allgemeinen Konferenz der deutschen Sittlichkeitsvereine veranstalteten Umfrage. Bd. II: West-, Mittel- und Süddeutschland. Leipzig 1896. Lex.-8°. 812 S.

— **Volkserholungen im Lichte d. Evangeliums. Vortrag, geh. am 1. Juni 1893 in Rheydt auf d. XI. Jahresversammlg. d. Vereins f. christl. Volksbildg. in Rheinland u. Westfalen. gr. 8. (32 S.) Darmstadt 893. J. Waitz.** n. — 30

Wagner, C., was sagt Christus v. den Juden? Ein Beitrag zur Lösg. der Judenfrage. Festpredigt üb. Joh. 4, 22. 2. Aufl. gr. 8. (31 S.) Berlin 893. Deutsche Evangel. Buch- u. Traktat-Gesellschaft. n. — 20

Wagner, C., Angelikas Weihnachten. Ein Kinderfestspiel in 7 Aufzügen. (Lose Blätter aus meinem Pfarramtsleben in London. Nr. 8.) 3. Aufl. (31 S.) 8. Darmstadt (904). (C. F. Winter'sche Buchdr.) — 40

Wagner, C. F., Anleitung zu Ausmittelung d. Größe verschiedenartig geformter Gefäße, nach gegeb. Bedingungen durch geometr. Constructionen, f. Gewerbtreibende. gr. 8. (7½ B. u. 28 Taf.) Dresden u. Leipzig 838, Arnoldische Buchh.

Wagner, C. F., neueste praktische Anleitung zur Erlernung der Destillirkunst und Liqueurfabrikation auf kaltem Wege mit speciell aufgeführten Recepten aller jetzt gangbaren Branntweine und Liqueure nebst einer Anweisung den rohen Spiritus auf kaltem Wege zu reinigen. gr. 8. (57 S.) Berlin 854, Plahn'sche Buchh.

Wagner, C. F., (Wasserbaudirektor), Anweisung zur Erhaltung der Dämme bei Stromergießungen u. Eisgängen. Mit 12 ill. und 1 schwarzen Kpft. gr. 8. Grimma 827. Göschen. 1 ₰ 12 ₰

Wagner, C. F., geschichtliche, statistische und geographische Beschreibung des Großherzogthums Posen. Mit vorzugsw. Berücksicht. auf die Stubba'sche Wandkarte des Großh. Posen für Volksschulen bearbeitet. 8. Landsberg a. d. W. 811. (Volger u. Klein.) n. 1/3 ₰

Wagner, C. F., De deorum natalium apud Romanos cultu. Gel. 1754. 20 S. 4°.

Wagner, C. G., s. Wlh. Wagner.

Wagner, C. G. U., gemeinnützige Kupferblätter zur Unterhaltung. 1r u. 2r Heft. 4. Nürnb. Verf. 811.

— De feminarum in graviditate mutationibus, s. Wagner, Wilhelm

Wagner, C. J., die Beziehungen der Geologie zu den Ingenieur-Wissenschaften. Imp.-4. (VII, 88 S. mit 24 Taf. und 65 in den Text gedr. Fig.) Wien 884, Spielhagen und Schurich.

Wagner, C. W. L., Choralbuch, s. Buck, J. F.

Wagner, C. Wilhelm, s. Wagner, Wilhelm

Wagner, Carl, s. Wagner, Karl

Wagner, Carl August, s. Wagner, Karl August

Wagner, Carl F. A., s. Wagner, Karl F. A.

Wagner, Carl Ludwig Wilhelm, s. Wagner, Karl Ludwig Wilhelm

Wagner, Casimir, s. Wagner, Kasimir

Wagner, Ch., The History of Tom Jones a Foundling. By Henry Fielding Exq. With critical and Explanatory. Notes and grammatical observations. 8. Cassel et Marb. Krieger. 815.
Schreibp.

Wagner, Ch. W., novum synonymorum, epithetorum et phrasium poeticar. lexicon. lat. german. 8. Frcft. Brönner. 752. —

C[harles] Wagner. Die Seele der Dinge [L'âme des choses]. Aus d. Franz. übers. von Dr. Fr. Fliedner. *Paris: M. Fischbacher; Berlin: M. Warneck 1904.* (x, 292 S.) 8° [F.]

Wagner, Charles, am Wegesrand, übers. aus d. Franz von M. v. Seyfert. **M. e. Begleitwort** v. Herm. Dalton. 8. (157 u. II S.) **Berlin 897.** Buchh. der Berliner Stadtmission. Kart. n. 1.20; geb. n. 2.20

Wagner, Charlotte, die Bibliothek der Hausfrau. Eine Sammlung pract. Bücher für Haus, Küche, Keller, Feld und Garten. Zum Gebrauch für Haushaltungen aller Stände. 1.—11., 13.—15. Bd. 8. Erfurt, Bartholomäus. *

Inhalt:

Bd. 1. Das Buch der Mehlspeisen. Gründliche Anweisungen zur Bereitung der vorzüglichsten Mehlspeisen, wie solche für jede Haushaltung passen. Mit Berücksicht. der norddeutschen, rhein., schwäb. und österreich. Kochkunst. 4. Aufl. (XII, 110 S.) 1871. *M. 1., und 5. durchaus verb. und sehr verm. Aufl. (XVIII, 149 S.) 875. M. 1,50.

„ 2. Das Buch der Getränke. Gründliche allgemein faßl. Anleitung zur Bereitung aller Arten warmer und kalter Getränke, Säfte und Weine. 4. durchaus verb. und sehr verm. Aufl. (XV, 115 S.) 871. *M. 1.

„ 3. Das Buch der Recepte. Rathschläge für Küche und Vorrathskammer. Große und kleine Wäsche. Flecken-Reinigung. Allgemeine Wirthschafts-Recepte. Gesundheitspflege 2c. Zum Gebrauch für Haushaltungen aller Stände. (XIX, 147 S.) 871. M. 1.

„ 4. Die Kartoffelküche. Allgemein faßl. Anleitung die Kartoffel in den verschiedensten Arten für die Küche und Tafel zuzubereiten. Zum Gebrauch für Haushaltungen aller Stände. (XII, 82 S.) 871. *M. 1.

„ 5. Das Buch von der Diät. Ein Führer zur Gesundheit und zu langem Leben. Nach dem Engl. des F. Nützer aufs Neue hrsg. (VI, 60 S.) 872. *M. 1.

„ 6. Der Fisch, wie er gekocht und für die Tafel zubereitet wird, nebst den dazu gehör. Fischsaucen. (XV, 127 S.) 872. M. 1,50.

„ 7. Practisches Fremdwörterbuch zum Handgebrauche der Hausfrau. (VI, 161 S.) 872. *M. 1.

„ 8. Das Einmachen und Aufbewahren der Früchte und Gemüse nebst einer Anleitung zur Bereitung von Marmeladen, Gelée's, Pasten, Conserven, Säften, Frucht- und Gewürzessigen. (XII, 100 S.) 872. *M. 1.

„ 9. Die Pastetenbäckerin. Faßliche Anleitung zur Erlernung der Bereitung aller Arten warmer und kalter Pasteten, Ragouts, Croustaden, Tymbalen, Crissetten, Persiterolen 2c. (XIII, 124 S.) 874. *M. 1.

„ 10. Das Gartenbuch der Hausfrau. Aphorismen über Pflege und Zucht der Blumen sowie des Obstes im Garten wie im Zimmer. 1. Bd. (V, 112 S.) 874. *M. 1.

„ 11. —— dass. — 2. Bd. (VII, 106 S.) 874. *M. 1.

• 13. Von der weibl. Schönheit und den Mitteln sie zu erhalten. Rathschläge und Recepte. (X, 108 S.) 874. *M 1.
• 14. Das Buch der Fleischspeisen. Gründliche Anleitung zur Bereitung der vorzüglichsten gekochten, geschmorten, gebratenen und farcirten Fleischspeisen, Geflügel rc., nebst den dazu gehör. Fleischsäften, Farcen, Saucen, Suppen rc. Mit Berücksicht. der verschiedensten Nationalküchen. (XXII, 254 S.) 874. *M 1,50.
• 15. Die Zubereitung der Gemüse, Vorkosten und Früchte zu Saucen, Suppen, Beigerichten, Salaten und Compots, nebst einer gründl. Anleitung zum richt. Erkennen, Auffinden und Zubereiten der eßbaren Pilze. Mit Berücksicht. der verschiedensten Nationalküchen. (XVIII, 173 S.) 874. *M 1.

Wagner, Charlotte, die Bibliothek der Hausfrau. Eine Sammlung pract. Bücher mit Recepten und Rathschlägen für Haus, Küche, Keller, Feld und Garten. Für Haushaltungen aller Stände. 16. und 17. Bd. 8. [Erfurt 877, Bartholomäus.] Leipzig, Gracklauer. à Bd. M 1,50.

Inhalt:
Bd. 16. Die Wildpret-Küche. Anleitung zur Bereitung der in Deutschland vorkomm. Wildarten in jeder Gestalt, vom Tode des Wildes, der Verwendung in der Küche bis zum Auftragen auf die Tafel. Nach eigener langjähr. Erfahrung gesammelt und erprobt. (XXIV, 199 S.)
• 17. Die Geflügel-Küche. Gründliche Anleitung zur Zubereitung und der Verwendung zu Suppen, Braten, Pasteten rc. aller Gattungen von Geflügel. Nach eigener langjähr. Erfahrung gesammelt und erprobt. (XXIV. 186 S.)

Wagner, Charlotte, die Bibliothek der Hausfrau. 2.—4., 6., 8., 10.—13., 16. und 18. Bd. 8. [Leipzig, Gracklauer.] Berlin, Mode's Verlag. *M 16,50.; geb. *

Inhalt:
Bd. 2. Das Buch der Getränke. Gründliche, allgemein faßl. Anleitung zur Bereitung aller Arten warmer und kalter Getränke, Säfte und Weine. Zum Gebrauch für Haushaltungen aller Stände, sowie für Gastwirthe, Conditoren und Restaurateure. 5. durchaus verb. und verm. Aufl. (XVI, 223 S.) 882. *M 2.; geb. *M 2,50.
• 3. Das Buch der Recepte. Rathschläge für Küche und Vorrathskammer. Große und kleine Wäsche, Flecken-Reinigung. Allgemeine Wirthschafts-Recepte. Gesundheitspflege rc. 426 Recepte zum Gebrauch für Haushaltungen aller Stände. 2. verb. und verm. Aufl. (XIX. 208 S.) 882. *M 1,50.; geb. *M 2.
• 4. Die Kartoffel-Küche. Allgemein faßl. Anleitung, die Kartoffel in den verschiedensten Arten für die Küche und Tafel zuzubereiten. 271 Recepte. Zum Gebrauch für Haushaltungen aller Stände. 2. verm. Aufl. (X, 102 S.) 882. *M 1.; geb. *M 1,50.
Bd. 6. Der Fisch, der Krebs, die Muschel, die Frösche und die Schnecken, wie selbe gekocht und für die Tafel zubereitet werden, nebst den dazu gehör. Saucen und Suppen. 445 Recepte zum Gebrauch für Haushaltungen aller Stände. 2. verb. und verm. Aufl. (XVI, 227 S.) 882. *M 1,50.; geb. *M 2.
• 8. Das Einmachen und Aufbewahren der Früchte und Gemüse, nebst einer Anleitung zur Bereitung von Marmeladen, Gelé's, Crêmes rc. 3. Aufl. (XXIV, 286 S.) 882. *M 2.; geb. *M 2,50.
• 10. 11. Das Gartenbuch der Hausfrau. Aphorismen über Pflege und Zucht der Blumen sowie des Obstes im Garten wie im Zimmer. Unter Mitwirkung pract. Gärtner hrsg. 2. verm. Aufl. 2 Bde. (IV, 112; V, 106 S.) 882. à M 1.; geb. *M 1,50.
• 12. Der Haus-Conditor, oder gründl. Anweisung zur Bereitung aller Arten Backwerke, Bonbons, Conserven, ganzen Früchten, Marmeladen, Gefrornem, Crêmes und Chocoladen, desgleichen erprobte Vorschriften zur Bereitung geistiger und kühlender Getränke. 453 Recepte, nach eigener Erfahrung gesammelt von Max Veit. 2. verb. und verm. Aufl. (XVIII, 182 S.) 882. *M 1,50.; geb. *M 2.
• 13. Von der weiblichen Schönheit und den Mitteln, sie zu erhalten. 289 Rathschläge und Recepte, gesammelt, geprüft und hrsg. 2. verb. und verm. Aufl. (XII, 186 S.) 882. *M 1,50.; geb. *M 2.
• 16. Die Wildpret-Küche. Anleitung zur Bereitung der in Deutschland vorkommenden Wildarten in jeder Gestalt, vom Tode des Wildes, der Verwendung in der Küche bis zum Auftragen auf die Tafel. Nach eigener langjähriger Erfahrung gesammelt und erprobt. 2. verb. und verm. Aufl. (XXVI, 226 S.) 883. *M 1,50.; geb. *M 2.
• 18. Der festlich gedeckte Tisch. Eine Anleitung, die Servietten in geschmackvolle Formen zu brechen. 3. Aufl. Veranschaulicht durch 127 getreue Abbild. (XII, 124 S.) 882. *M 2.; geb. *M 2,50.
1., 5., 7., 9., 14., 15. und 17. Bd. Ebendas. 1872—77. *M 9,50., geb. *M 12,50.; compl. 18 Bde. (*M 26.) *M 20., geb. (*M 35.) *M 25.

Wagner, Charlotte, der festlich gedeckte Tisch. gr. 8. Erfurt 871. Leipzig, Gracklauer. (*M 4.) * 3 —

—— der festlich gedeckte Tisch. Eine Anleitung, die Servietten in geschmackvolle Formen zu brechen. Veranschaulicht durch 62 getreue (eingedr.) Abbild. Aufs neue hrsg. gr. 8. (VII, 36 S.) Ebendas. 871. *

—— der festlich gedeckte Tisch. Auf's Neue hrsg. Lex.-8. (VII, 95 S.) Erfurt 881, Bartholomäus.
—— dass. — Eine Anleitung, die Servietten in geschmackvolle Formen zu brechen. Veranschaulicht durch 144 getreue (eingedr. Holzschn.-)Abbild. 3. Aufl. Lex.-8. (VII, 95 S.) Berlin 882, Mode's Verlag. (*M 3.) *
cart. *M 4.; geb. in Leinw. *

Wagner, Charlotte, der festlich gedeckte Tisch oder die Kunst, die Servietten in geschmackvolle Formen zu legen. Veranschaulicht durch 144 getreue Abbild. 4. Aufl. gr. 8. (VIII, 95 S.) Berlin 887, S. Mode's Verlag.
geb. in Halbleinw. M 4.—.; in Leinw.

—— dass. — (Kleine Ausg.) 6. Aufl. 8. (VIII, 122 S. mit 127 Abbild.) Ebendas. 887. M 2.—.; cart.

Wagner, Charlotte, der festlich gedeckte Tisch od. die Kunst, die Servietten in geschmackvolle Formen zu legen. Veranschaulicht durch 144 getreue Abbildgn. (Grosse Pracht-Ausg.) 8. Aufl. gr. 8. (VIII, 95 S.) Berlin 894. S. Mode's Verl. 3. 50; kart. 4. —; in Leinw.-Bd. 5. —

— dasselbe. (Kleine Ausg.) 9. Aufl. 8. (VIII, 122 S. m. 127 Abbildgn.) Ebd. 894. 2. —; geb. in Halbleinw. 2. 50

Wagner, Charlotte, der festlich gedeckte Tisch od. die Kunst, die Servietten in geschmackvolle Formen zu legen. Veranschaulicht durch 144 getreue Abbildgn. 10. Aufl. gr. 8. (VIII, 95 S.) Berlin (900). S. Mode's Verlag. n. 3. 50

— dasselbe. Veranschaulicht durch 127 getreue Abbildgn. 12. Aufl. 8. (VIII, 122 S.) Ebd. (900). 2. —

Wagner, Chr., zur Erinnerung an Dr. Karl Bernhardt. Worte, am Grabe desselben, am 3. Aug. 1874, gesprochen. 8. (9 S.) Kassel 874. Hühn. n. — 25

Wagner, Chr. Ehrenfried Wilhelm

— Diatribe de consensu Philolosophiae criticae s. Kantianae cum revelatione in Christianorum religione. 8. Dresd. 795.

Wagner, Chr. Ehrenfr. Wlh., unsere Dorfschule (zu Großrückerswalda) im Jahr 1804. 8. Marienb. 804. 2e Aufl. 8. Leipz. 805. Köhler. 8 gr. Anhang dazu 2 gr.

— nonnullae loci Matth. XVI, 19. variae interpretationes. 8. Chemn. 796.

— erste Nachricht v. d. Versorgung d. Waisen im niedererzgebirg. Kreise durch christl. Menschenfreunde. gr. 8. Frberg 815. (Craz u. G.) 12 gr.

— zweite Nachricht von der Stiftung u. Einrichtung des Waisenhauses in Langhennersdorf bei Freiberg, auf d. J. 1815. gr. 8. Freib. 815. (Craz u. G.) 12 gr.

Wagner, Chr. Ehrenfr. Wlh., quaedam ad historiam catecheseos veterum collegit, atque observationes nonnullas theologicas theodisce adjecit. 8. Marienb. (Leipz.) 802. Köhler. 6 gr.

— Sterbe- u. Begräbnißlieder, größtentheils aus d. neuen Dresdner Gesangbuch wörtlich genommen u. mit mehreren Gesängen aus andern Samml. vermehrt. 12. Annab. 800.

Wagner, Chr. Gf., Erfahrungen für prakt. Pferdeärzte, Cur- u. Fahnenschmiede. 1s Hft. 8. Berl. 816. Maurers B. 8 gr. (A. u. d. T.: der Hufschmied, oder gründl. Unterricht rc.) 2s Heft. 8. Ebd. 817. 8 gr.

Wagner, Chr. Gf. Dn., († d. 10. Sept. 1811.) commentationes juris publici. 4. Leipz. 770. Büschel. 12 gr.

— exercitationes juris publici. 4. Leipz. 771.

— meditationes juris publici. 4. ibid. 775.

— meditationes juris publici. 4. Leipz. 771. Büschel. 4 ℛ

— observationes juris publici. 4. Leipz. 771. Holle. 8 ℛ

— variae juris publici observationes. 4. Leipz. 769.

— de paritate religionis inter austraegas observanda. 4. Leipz. 771.

Wagner, Chr. Ulrich

— s. Gedanken über gegenwärt. theure Zeit.

Wagner, Chr. Ulr. II., s. Landbote, d. Ulmer.

Wagner, Chr. Ulr. I., († d. 16. Dec. 1804.) 2 Schriften, ob die Beschäftigung mit d. Gelehrsamkeit ꝛc. u. von der Klugheit bei moral. Vorurtheilen. 4. Bresl. 758. Korn. 3 ℛ

Wagner, Chr. Ulrich Neues Ulmisches Wein-Rechenbüchlein nebst einem nötigen Vorbericht. 1783. -- [Zit. nach 'Die Bücher im Württembergischen Weinbaumuseum in Heilbronn am Neckar'. 1927]

Wagner, Christian, s.a. Wagner, Christian Wilhelm Fr.

Wagner, Christian, ein Blumenstrauß. Gedichte. Mit Bildern v. R. Beyschlag, H. Höppener-Fidus, K. v. Kozynski, Emilie Weißer u. a. (84 S.) 16. Schw. Hall 906. W. German. Geb. in Leinw. m. Goldschn. n. 2. —

Wagner, Christian, ein Blumenstrauß. Gedichte. Mit Bildern v. R. Beyschlag, H. Höppener-Fidus, K. v. Kozynski, Emilie Weißer u. a. 3. Aufl. (83 S.) 16. Schwäb. Hall (908). W. German. Geb. in Leinw. m. Goldschn. 2. —

Wagner, Chrn., neue Dichtungen. Oswald u. Klara. (Ein Stück Ewigkeitsleben.) Herbstblumen. 8. (VII, 182 S.) Heilbronn 897. Stuttgart, Strecker & Schröder. Geb. in Leinw. n. 3. —

— Späte Garben. Gedichte. (XI, 143 S. m. Bildnis.) 8. München 909. G. Müller. Kart. 3.

Wagner, Chrn., neuer Glaube, s.: Schatzkästlein, literarisches.

Wagner, Chrn., Sonntagsgänge. 2. Aufl. 8. (138 u. 88 S.) Stuttgart 887. Greiner & Pfeiffer. geb. n. 3. —

Wagner, Christian, die geologischen Verhältnisse Steyrs u. seiner nächsten Umgebung. Eine populär-wissenschaftl. Skizze. (40 S. m. 1 Profil.) 8. Steyr 910. Ph. Lintl. 1. —

Wagner, Chrn., Wasser-Cultur [Teich-Wirthschaft] nach Beobachtungen u. eigenen Erfahrungen. gr. 8. (40 S. m. 1 eingedr. Holzschn.) Bremerhaven 881. Tienken in Comm. n. 1. —

Wagner, Chrn., Weihegeschenke. 8. (119 S. m. Bildnis in Lichtdr.) Stuttgart 893. Greiner & Pfeiffer. Geb. in Halbleinw. n. 2. 50

Wagner, Christian Wilhelm Fr.

Wagner, Chrstn., siehe: Alterthümer u. Sehenswürdigkeiten der Stadt Saalfeld.

Wagner, Chr. Wlh. Fr., Beitrr. zur Reformationsgeschichte d. Stadt Saalfeld. 8. Rudolst. 817.

Wagner, Chrstn., ausführl. Beschreibung der an d. Tischlermeister J. G. S. Amende v. Handarbeiter J. Ch. Macketanz verübten schreckl. Mordthat, u. d. Begräbnisses d. Ermordeten, nebst dem dabei gehalt. Vortrage. 8. (1½ B.) Saalfeld 833, Niese.

Wagner, Chrn., Chronik der Stadt Saalfeld im Herzogthum Sachsen-Meiningen. Nach des Begründers Tode fortgesetzt von Ludw. Grobe. 12 Hefte. 8. (XV und 588 S.) Saalfeld 864—67, Niese. à Lfg. * 5 Ngr. und Bilderheft dazu (6 Lithogr. in Tondr.) 7⅓ Ngr. *

— kurze Darstell. d. Herzogl.-Meiningischen Fürstenth. Saalfeld, in statist.-topograph. Hinsicht. 8. Hildburgh. 827. Kesselring. 10 ℛ

— die älteste Geschichte d. Residenzstadt Saalfeld. 2 Hefte. gr. 8. (Rudolst.) 819—22. (Hofbuchh.) 8 ℛ

Jakob Költz, Churfürstlich Sächsischer Landrath und Bürgermeister zu Saalfeld. Eine die Entstehungsgeschichte der Universität Jena berührende biographische Skizze v. Christian Wagner. Saalfeld. [1858.] 8°.

— Saalfelds Kriegsdrangsale seit 1792—1815. 8. Rudolst. 816. Hofbuchh. 16 ℛ

— Worte christl. Freude, zur Gedächtnißfeier des v. Ihrer Hrzgl. Durchlaucht d. verwittw. Frau Herzogin Louise Eleonore zu Sachsen-Meiningen, vor 50 Jahren festl. gehalt. Einzugs in d. Residenzstadt Meiningen, am 11. Dec. 1832. 8. (1 B.) Saalfeld 833, Niese.

Wagner, C., einige Worte über die Verdienste u. Beschwerden, welche der Erzieher des Bürgers hat. 8. Jena 811. Cröker. 4 ℛ

— einige Worte üb. die Verdienste, welche d. Erzieher des Bürgers hat. 8. Jena, Cröcker. 811.

— einige Worte über d. Verdienste, welche d. Erzieher d. Bürgers hat. 8. Saalf. 811.

Wagner, Christoph

WAGNER: Bericht des Bezirksförsters Wagner in Waldkirch über eine im Auftrage des Großherzoglichen Finanzministeriums im Sommer 1861 vorgenommene forstliche Reise durch das Frankenland und den württembergischen Schwarzwald. - Karlsruhe 1862. 57 S.

WAGNER, Christof: Allgemeine forstökonomische Betrachtungen. - Tübingen 1909. III, 37 S. - (Aus Württemb. Unsere Forstwirtsch. i. 20. Jh. H. 1)

WAGNER, Christof: Betrachtungen über den forstlichen Unterricht und das Einrichtungswesen. - Tübingen 1910. IV, 66 S. - (Aus Württemb. Unsere Forstwirtsch. i. 20. Jahrh. 2)

Wagner, Chr., u. Hebig, G. J. C., botan. Forsthandbuch z. Selbstunterricht, od. Beschreib. deutscher u. ausländ. Holzarten u. ihrer Kenntniss, Anpflanzung, Eigenschaften u. Benutzung. 8. Lauterbach, 1801. (Giessen, Heyer.) 1. 10

WAGNER, C.: Unsere Forstwirtschaft im 20. Jahrhundert. Betrachtungen. - Tübingen 1909. 37 S.

Wagner, C., die Grundlagen der räumlichen Ordnung im Walde. (VIII, 320 S. m. 44 Fig. u. 1 farb. Taf.) Lex. 8. Tübingen 907. H. Laupp. 7.—; geb. 9.—

WAGNER, Christof: Die Grundlagen der räumlichen Ordnung im Walde. - Tübingen 1907. VIII, 320 S., 44 Fig., 1 Taf. - 2. Aufl. ebd. 1911. VIII, 308 S., 60 Fig., 1 Taf. - 3. Aufl. ebd. 1914. XVI, 384 S., 60 Fig., 2 Taf. - 4. Aufl. ebd. 1923. XV, 387 S., 43 Fig., 9 Taf.

Wagner, Chr., Lehrbuch d. prakt. Geometrie, insbesond. f. Förster. Mit 12 Kpft. 8. Gießen 799. Heyer. 1 ₰

Wagner, Christoff, ander theil D. Johañ Fausti Historien, v. seinem Famulo W. 1593. Hrsg. u. eingeleitet v. Jos. Fritz. (LXXV, 123 S.) Lex. 8. Halle 910. Buchh. des Waisenhauses. 8.—

— Aus Württemberg. Unsere Forstwirtschaft im 20. Jahrh. I. u. II. gr. 8. Ebd. 2.—
I. Allgemeine forstökonomische Betrachtungen. (Neue [Titel-]Ausg.) (III, 37 S.) 909. — 80
II. Betrachtungen üb. den forstlichen Unterricht u. das Einrichtungswesen. (IV, 68 S.) 910. 1.20
Fortsetzung, s.: Aus Württemberg.

Wagner, Cl., u. Ign. Griebl, wie ich mein Einmaleins lerne. Eine nützliche Beigabe zu jedem Rechenbuche. 8. (8 S. m. Fig.) München 901. R. Oldenbourg. n.n. —06

Wagner, Cl., u. Jg. Griebl, wie ich mein Einmaleins lerne. Eine nützl. Beigabe zu jedem Rechenbuche. 2. Aufl. (8 S.) 8. München (907). R. Oldenbourg. nn —06

Wagner, Coloman, s. Wagner, Koloman

Wagner, Curt, s. Wagner, Kurt

Wagner, D., selectus medicaminum recentiori tempore detector. et nonnullor. antiquior. de novo adhibitorum Fasc. I. 8maj. (..B.) Budae 830, (Pesth, Heckenast.) *

Wagner, Damian (Mainz)
Ueber Abtreibung der Leibesfrucht.
Giessen: Merck 1852. 24 S. (... Δ ... Thesen)
Diss. med. 13.9.1852. vorh. 7. 11. Δ

Wagner, Daniel (Königsberg/Pr.) A.S. 1153/24

Anastomosis retecta, sive dissertatio physiologica posterior mutuas vasorum osculationes secretiones animales et membranarum usum ostendens.
Präs. Georg Friedrich Franck von Franckenau.
Kopenhagen (Univ.-Dr.) 1. XII. 1704. S. 37-81, 1 Taf. 35586

Wagner, Dan., praes. Ge. Frank, de asthmate. 32 pp. Havn. 4°. 1706

Wagner, Dan., pharmaceut.-medicin. Botanik, od. Beschreib. u. Abbild. aller in d. letzten Ausgabe d. k. k. Oesterr. Pharmakopoe v. 1820 vorkomm. Arzney-Pflanzen. 21 Hfte. gr. Fol. (250 ill. Stnt. u. 106 B. Text.) Wien 827, (Heubner.)

—— dass. Prachtausg. in Olyphantformat.

Wagner, Dn., pharmac.-medic. Botanik; oder Beschreib. u. Abbild. aller, in der letzten Ausgabe d. k. k. österr. Pharmacopoe v. 1820 vorkommenden Arzneipflanzen. 21 Hefte mit 250 fein color. Tafeln u. 106 Bog. Text. Fol. Wien 827—29. Ludewig. 160 ₰ Prachtausg. Olifant-Form. 480 ₰

— über d. Kalium, d. Verbindungen der ersten Stufe d. Zusammensetzung desselben, über das Aetzkali. Als Beitrag z. chem. Theile der Naturwissenschaft. gr. 8. Wien 825. Gerold. 1 ₰

Wagner, (D.,) über d. Kalium, d. Verbindungen d. ersten Stufe d. Zusammensetzung desselben, u. über das Aetzkali. Als Beitrag z. chem. Theile d. Naturwissenschaft. gr. 8. Wien 826, Gerold.

Wagner, Daniel Ernst

Wagner, Dn. Er., s. a. Erzähll. aus d. Heldenalter.

Erzählungen

— — aus dem Heldenalter deutscher Nationen (von *Daniel Ernst Wagner*). Danzig 1780.
Anon.-Lex. II. p. 60 (nach Kayser).

Wagner, Dn. Er., (†...) Geschichte des Europ. Nordens. 4 Thle. gr. 8. Leipz. 778—89. Weidmann. 18 ₰ 12 ₰ (Vergl. allgemeine Weltgeschichte v. Guthrie u. Gray. 16r Bd. 1e bis 9e Abtheil.)

— Gesch. von Polen. 3 Thle. gr. 8. Leipz. 773—77. Weidmann. 5 ₰ 8 ₰ (Vergl. allgem. Weltgeschichte von Guthrie und Gray. 14r Bd. 1e bis 3e Abtheil.)

— Gesch. d. Russ. Reichs, s. a. allgem. Weltgeschichte 2c. 16r Bd.

— Geschichte d. Russischen Reichs v. d. ältesten Zeiten an. 6 Bde. gr. 8. Wien, Bauer. 809. 10. Rthlr.

Wagner, D. E., Geschichte des russischen Reichs, von den ältesten bis auf die neuesten Zeiten. 6 Bde. 8. Wien, Bauer. (Leipz. J. G. H. Richter.) 812. Rthlr.

Wagner, E., Geschichte des Kaisers Napoleon. Den Zeitgenossen u. der Nachwelt, besonders aber Denen gewidmet, welche unter ihm gedient haben. Mit Benützung der Werke A. Hugo's u. M. Laurents bearb. gr. 12. (11½ B., 1 Stahlst. u. 12 Holzschn.) Reutlingen 842, Fleischhauer u. Spohn. —

Wagner, E., Geschichte des Kaisers Napoleon. Den Zeitgenossen u. der Nachwelt, besonders aber Denen gewidmet, welche unter ihm gedient haben. Mit Benutzung der Werke A. Hugo's, u. M. Laurents bearb. 2. Aufl. Mit 1 Stahlst. u. 12 Holzschn. 8. (255 S.) Reutlingen 848, Fleischhauer & Spohn. 12 ₰

Wagner, E., Hydrocephalus, s.: Neisser, A., stereoscop. medicin. Atlas, 20. Lfg.

Wagner, E., die Konserven. Praktische Anleitg. z. Herstellg. d. Obst-, Gemüse- u. Fleisch-Konserven. (126 S.) 8. Nordhausen (909). H. Killinger. Geb. in Leinw. 2.50

Wagner, E: Die Konserven-Industrie. Glogau 1906

LECTÜRE, Pikante (von *E. Wagner*). Wien 1888. 8°. (50 Pfg. Franz Teubner, Bonn, 1894.)
Anon.-Lex. V. p. 190 (Eigenbericht).

Wagner, E. (H.), u. W. Stuke. Vaterländisches Liederbuch. Eine Sammlg. v. ein-, zwei- u. dreistimm. Liedern f. die österreich. allgemeinen Volksschulen. 1. u. 2. Thl. 12°. Reichenberg 891. (Prag, Neugebauer.) * 1 30
1. [Für das 1., 2. u. 3. Schulj.] 10. unveränd. Aufl. (IV, 72 S.) ** — 50. —
2. [Für das 4., 5., 6., 7. u. 8. Schulj.] 22. unveränd. Aufl. (VI, 150 S.) ** — 80.

Vaterländisches Liederbuch. Eine Sammlung von ein-, zwei- und dreistimmigen Liedern für die österreichischen allgemeinen Volksschulen. Reichenberg 1896. Im Selbstverlage der Herausgeber. (Min.-Erl. v. 11. Jan. 1897, Z. 31841 ex 1896.) I. Theil, 42. verbesserte Aufl. —.25
II. Th., 52. verb. Auflage —.40

Wagner E. und **Sluke W.,** Vaterländisches Liederbuch. Eine Sammlung von ein-, zwei- und dreistimmigen Liedern für die österreichischen allgemeinen Volksschulen. Bearbeitet von Reinhold Erben, Franz Mohaupt und Josef Pohl. Reichenberg 1904. Im Selbstverlage der Herausgeber. Zu beziehen durch Reinhold Erben in Reichenberg. Barauslieferungslager für Österreich-Ungarn bei Gustav Neugebauer, k. und k. Hofbuchhändler in Prag.

I. Teil (für das 1., 2. und 3. Schuljahr). 83., verbesserte Auflage in neuer Rechtschreibung. Preis 50 h.

II. Teil (für das 4., 5., 6., 7. und 8. Schuljahr). 97., verbesserte und vermehrte Auflage in neuer Rechtschreibung. Mit einer Vorschule für den Gesangunterricht. Preis 80 h.

Wagner, E., u. W. Sluke, vaterländisches Liederbuch. Eine Sammlg. v. ein-, zwei- u. dreistimm. Liedern f. die österreich. allgemeinen Volksschulen. Bearb. v. Rhold. Erben, Frz. Mohaupt u. Jos. Pohl. 2 Tle. kl. 8. Reichenberg (P. Sollors Nachf.). Geb. nn 1. 15

I. (Für das 1., 2. u. 3. Schulj.) 89. Aufl. Unveränd. Abdr. d. 88. verb. Aufl. (VI, 72 S.) 910. nn — 45

II. Nebst e. Vorschule f. den Gesangunterricht. (Für das 4., 5., 6., 7. u. 8. Schulj.) 101. Aufl. Unveränd. Abdr. der 97. verb. u. verm. Aufl. (VI, 170 S. m. Fig.) 906. nn — 70

Wagner, E. (II.), u. W. Sluke. Vaterländ. Liederbuch f. die österreichischen Bürgerschulen. Eine Sammlg. v. zwei- u. dreistimm. Liedern, nebst e. Vorschule d. Gesangunterrichtes. 12. (VIII, 136 S.) Reichenberg 892. (Prag, Neugebauer.) geb. ** — 80

Wagner, E., und Sluke, W., Vaterländisches Liederbuch für die österreichischen Bürgerschulen. 7. verbesserte Auflage. Reichenberg 1896. Im Selbstverlage der Herausgeber. (Min.-Erl. v. 11. Jan. 1897, Z. 31841 ex 1896) —.40

— — dasselbe f. die österreich. Bürgerschulen. Eine Sammlg. v. zwei- u. dreistimm. Liedern nebst e. Vorschule f. den Gesangunterricht. Bearb. v. Rhold. Erben, Frz. Mohaupt u. Jos. Pohl. 20. Aufl. Unveränd. Abdr. der 17. verb. u. verm. Aufl. in neuer Rechtschreibg. (VI, 170 S.) kl. 8. Ebd. 906. Geb. nn — 70

Wagner, E., Neuer Ratgeber in Rechtsangelegenheiten. Das Wissenswerteste des bürgerl. Rechts, des Wechselrechts u. der gerichtl. Klagen in gemeinverständl. Darstellg. (149 S) 8. Stuttgart '05, Fleischhauer & Spohn. —. 60.

Wagner, E., Tom Brown's Schuljahre, s. Hughes, Th.

Wagner, E. F. W., Bemerkungen zu d. Einleitung d. Hrn. D. J. Schleiden bei d. Herausgabe d. ursprüngl. Planes d. Hrn. H. D. Schädtler zur Errichtung e. Liquidations-Vereins. gr. 12. (1 B.) Hamburg 832, Erie.

—— Licht zur Mohrmannschen Beleuchtung d. Schädtlerschen Liquidations-Plans. gr. 12. (2 B.) Hamburg 832, Erie.

Wagner, C. Fr., critische Bemerkungen u. Enthüllungen über viele Vorgänge u. Verhältnisse der neuesten Zeit, oder die europäische Revolutions-Propaganda in ihren Wirkungen. Allen teutschen Regierungen u. allen teutschen Wahrheitsfreunden gewidmet. 8. (VIII u. 133 S.) Berlin 849, Decker. 1/4 Thlr.

Wagner, E. Heinrich [aus Saarbrücken]: **Beitrag zur Statistik der venerischen Krankheiten speciell des weichen Schankers mit besonderer Berücksichtigung Strassburgs** .... Strassburg, Univ.-Buchdr. v. J. H. Ed. Heitz (Heitz & Mündel), 1888; 43 S. u. 1 Taf. 8°

Strassburg, Med. Fak., Inaug.-Diss. v. 1888

Wagner, E. O., die Entwicklung der französischen Volksschule im Kampfe gegen die Kongregationen. (75 S.) gr. 8. Leipzig 904. A. Hahn. n. 1. —

Wagner's, Ed. (II.), Atlas der neuesten Erdkunde in 28 (lithogr. und ill.) Bl., für Schulen und zum Selbstunterricht bearb. nach Schacht, Berghaus, Zachariä, Pistor etc. und den neuesten Karten. 7—13. Aufl. 1848—51. und 14. Aufl. qu. Fol. Mainz 852, Janitsch. *

Wagner's, Ed., Atlas der neuesten Erdkunde in 28 (lith. u. color.) Blättern, für Schulen und zum Selbstunterricht bearb. nach Schacht, Berghaus, Zachariä, Pistor etc. und den neuesten Karten. 16. Aufl. Mainz 853. Janitsch. qu. Imp.-4. n. 1 Thlr. 15 ngr.

Wagner's, Ed. (I.), Atlas der neuesten Erdkunde in 28 Blättern für Schulen und zum Selbstunterricht bearb. nach Schacht, Berghaus, Zachariä, Daniel etc. und den neuesten Karten. 29., vielfach verb. und verm. Aufl. Lithogr. und ill. qu. gr. 4. Darmstadt 865, Köhler's Verlag. * 1 Thlr. 9 Ngr.; geb. *

Wagner, Ed., Atlas üb. alle Theile d. Erde in 27 Bl., f. Schulen u. zum Selbstunterr. nach Schacht's, Pistor's u. Zacharia's Lehrbüchern u. den neuesten Karten bearb. 1—3. Lfg. gr. 1/2 Fol. Darmstadt 840—42, Pabst. [1. (8 lith. u. ill. Bl.), 2. (9 lith. u. ill. Bl.), 3. (10 lith. Bl., wovon 9 ill.) à * 1/2 Thlr.] *

Die 1. Lfg. a. u. d. T.: Kleiner Atlas f. Schulen etc.

Wagner, Ed., Atlas üb. alle Theile der Erde in 27 Bl. für Schulen u. z. Selbstunterr. nach Schacht's, Pistor's u. Zachariä's Lehrbüchern u. den neuesten Karten bearb. 4., m. 2 mathemat.-geograph. Karten verm. Aufl. qu. Fol. (29 lith. u. ill. Karten.) Darmstadt 844, Pabst. *

Wagner, Ed., das Drama v. Montheron. Roman. (635 S.) kl. 8. Regensburg (907). J. Habbel. Geb. in Leinw. 3. —

— Elementarbuch der englischen Sprache. 12. (IV u. 116 S.) Coblenz 851, Hölscher. n. 7 ngr.

Wagner, Ed., Fluss- und Gebirgskarte von Deutschland. Verjüngung 1:5000000 Darmstadt, Köhler, 1865. gr. qu.-4. Chromolith.

— kurze Landeskunde v. Palästina. Ein Begleitwort zur Schulwandkarte v. Palästina. (40 S.) gr. 8. Leipzig 904. H. Wagner & E. Debes. n. — 40; f. kathol. Schulen m. Begleitwort zum Stadtplan des alten Jerusalem v. Carl Mommert. (4 S.) 905. n. — 40

Wagner, Ed., englisches Lesebuch. 12. (IV und 164 S.) Koblenz 857, Hölscher. *

Wagner, Ed., das Mittelalter. Ein Leitfaden für höhere Bildungsanstalten. Coblenz 859. Hölscher. 12. (95 S.) n. 8 ngr.

— Plan der Residenz Darmstadt. Imp. Fol. Lith. Darmstadt 852, Leske. n. 1/2 Thlr.

Wagner, Ed., Allgemeine Post- u. Eisenbahnkarte von Deutschland u. den Nachbarstaaten. Unter Mitwirkung vom E. Poppele, nach den neuesten und besten Quellen gez. u. gravirt. Darmstadt (1839). Imp.-Fol. Lith. u. kol.

——, —— 2. verb. u. wohlfeilere Aufl. Darmstadt 1853. (1 Thlr.)

Wagner, E., Post- und Eisenbahn-Karte des Königr. Sachsen, bearb. nach der Post- und Eisenbahn-Karte vom Deutschen Reiche. 1:400,000. Nachgetragen 1881. Lithogr. Imp.-Fol. Dresden. (Leipzig, Hinrichs'sche Buchh.) ** 1 60

Wagner's, Ed., Schul-Atlas in 28 (chromolithogr.) Bl. Hauptsächlich bearb. nach Daniel, hrsg. unter Leitung von A. Kirchhoff. 37. verb. Aufl. qu. gr. 4. Darmstadt 878, Köhler's Verlag. * M 4.; cart. ** 4 60
geb. in Lex.-8. ** 4 90

Wagner, Ed., Special-Karte der Bergstrasse und des Odenwaldes. Nach den besten Quellen entworfen. Fol. Weinheim 870, (Ackermann.) * — 75

Wagner, Ed. Special-Karte der Bergstrasse u. d. Odenwaldes. 3. neu rev. Aufl. Chromolithogr. gr. 4. Weinheim 889, Ackermann. * — 60

Wagner, Specialkarte von Weinheim und Umgebung. 1:25,000. Fol. Weinheim 871, Ackermann. * — 75

Wagner, Ed., s. de Vries, J., d. Eid.

Wagner, Edmund, s.a. Wagner, Eduard

Wagner, Edmund. Beiträge zur Kenntniss der Aethylenäther der Nitrophenole und der Oxybenzoësäuren. (Rostock) Leipzig, 1883.

Wagner, Edoardo, aus Mailand: Ueber Condensation von Dekamethylendiamin mit Aldehyden und Ketonen. *Heidelberg 1901: K. Rössler.* (33 S.) 8°
Heidelberg, Naturw.-math. Diss. v. 1901

Wagner, Eduard: Ueber die Ausbildung des Diluviums in der nordöstlichen Bodenseelandschaft mit besonderer Berücksichtigung des Schussengebietes. Mit 4 Abb. u. 1 Taf. Stuttgart 1911: (Grüninger). S. 289—329, 1 Taf. 8° [Umschlagt.] ¶(Aus: Jahreshefte d. Ver. f. vaterl. Naturk. in Württemb. Jg. 67.)
Tübingen, Naturwiss. Diss. v. 24. Mai 1910, Ref. v. Koken
[Geb. 25. Juni 85 Ravensburg; Wohnort: Ravensburg; Staatsangeh.: Württemberg; Vorbildung: Oberrealsch. Ravensburg Reife M. 04; Studium: Stuttgart Techn. Hochsch. 2, München 6, Tübingen 3 S.; Rig. 24. Mai 10.] [U 11. 4455

Wagner, Eduard, Aussig u. seine Umgebung. 2 Tle. 8. Aussig (A. Grohmann). n.n. 1. 60
1. 1. u. 2. Aufl. (III, 38 S. m. Abb. u. 18 bezw. 16 Taf.) 900. n.n. — 60
2. (III, 48 S. m. 1 Abbildg. u. 21 Taf.) 902. n. 1. —

Wagner, Eduard, aus Leipzig: Die **Bevölkerungsdichte** in Südhannover und deren Ursachen. Mit 1 Karte (1:300000) u. 1 Querprofil durch d. Leinethal bei Göttingen (1:200000). *Stuttgart 1903: Union.* (159 S.) 8° ¶(= Forschungen zur deutschen Landes- u. Volkskunde, Bd 14, H. 6.)
Göttingen, Phil. Diss. v. [17. Aug.] 1903

Wagner, Eduard, die Bevölkerungsdichte in Südhannover u. deren Ursachen, s. a. Forschungen zur deutschen Landes- u. Volkskunde. XIV. 6.

Die Bevölkerungsdichte in Südhannover und deren Ursachen. Von Dr. Eduard Wagner, in Leipzig. Mit 1 Karte. *Stuttgart: J. Engelhorn 1903.* (159 S.) 8°
= Forschungen z. deutschen Landes- u. Volkskunde. Bd 14, H. 6.
[03. 1118]

Wagner, Ed., die chemische Fabrik in Aussig. [Aus: Erzgeb.-Zeitg.] gr. 8. (4 S. m. 1 Abb.) Aussig 898. (A. Becker. — A. Grohmann.) n. — 25

Wagner, Ed. (II.), der weiße Häuptling. Nach dem Engl. des Capt. Mayne Reid für die reifere Jugend bearb. br. 8. (VI und 352 S. mit 6 lithogr. Zeichnungen von G. Bartsch in Tondr.) Berlin 866. [Neu-Ruppin, Oehmigke.] geb.

Wagner, Edm., der weiße Häuptling. Aus dem Engl. des Kapitain Mayne Reid. Für die reifere Jugend bearb. Mit 6 Bildern in Farbendr. nach Zeichnungen von G. Bartsch. 2. Aufl. gr. 8. (IV, 352 S.) Leipzig 873, Oehmigke's Verlag. geb.

Leitfaden für den Unterricht zur Ausbildung von Desinfektoren und Hilfsbuch für dieselben. Verf. von E[duard] Wagner. *Halle a. S.: O. Petermann 1903.* (32 S.) 8° [03. 15175 S

—— Märchen aus 1001 Nacht. Für die Jugend bearb. Mit 6 Bildern nach Orig.-Aquarellen von Paul Wagner, in Farbendr. von W. Schäfer. 1. und 2. Aufl. gr. 8. (V, 377 S.) Ebendas. 875,76. geb. *
—— dass. — Mit 6 Bildern in Farbendr. nach Orig.-Aquarellen von Paul Wagner. 3. und 4. Aufl. 8. (VII, 376 S.) Ebendas. 877,78. geb. *

—— Märchen aus 1001 Nacht. Für die Jugend bearb. Mit 6 Bildern in Farbendr. nach Orig.-Aquarellen von Paul Wagner. 5. und 6. Aufl. (VII, 376 S.) 1880; 7. Aufl. 8. (296 S.) Ebendas. 883. geb. *

Wagner, Ed. (II.), Märchen aus 1001 Nacht. Für die Jugend bearb. 8. und 9. Aufl. gr. 8. (IV, 300 S. mit 6 Textbildern und 1 Umschlagbild in Farbendr., nebst zahlreichen Holzschn. nach Orig.-Zeichnungen.) Leipzig 886,88, Oehmigke's Verlag. geb. *

Wagner, Ed. Märchen aus 1001 Nacht. Für die Jugend bearb. 10. Aufl. gr. 8. (IV, 300 S. m. Holzschnitten u. 7 Farbendr.) Lpz. 891, A. Oehmigke. cart. * 8 —

Wagner, Ed., Märchen aus 1001 Nacht. Für die Jugend bearb. Mit 6 Textbildern u. 1 Umschlagsbild in Farbendr. nebst zahlreichen Holzschn. nach Orig.-Zeichngn. 10. Aufl. gr. 8. (IV, 300 S.) Leipzig 894. A. Oehmigke. Kart. n. 3. —

Wagner, Eduard, Märchen aus 1001 Nacht. Für die Jugend bearb. 18. Aufl. (312 S. m. Holzschn. u. 6 Farbdr.) 8. Leipzig (904). Einbeck, A. Oehmigke. Geb. in Leinw. 3. —

Wagner, Edm., Guillever's Reisen in fremde Welttheile. Nach Jonathan Swift für die reifere Jugend bearb. Mit 6 Bildern in Farbendr. nach Orig.-Aquarellen von Heinr. Leutemann. 3. Aufl. 8. (XII, 291 S.) Leipzig 878, Oehmigke's Verlag. geb. *

Wagner, Ed., Gulliver's Reisen in fremde Welttheile. Nach Jonathan Swift. Für die reifere Jugend bearb. Mit 6 Bildern in Farbendr. nach Orig.-Aquarellen von Heinr. Leutemann. 4. Aufl. (XII, 291 S.) 1880; 5. Aufl. 8. (VII, 256 S.) Leipzig 884, Oehmigke's Verlag. geb. *

Wagner, Ed., Gullivers Reisen in fremde Weltteile. Nach Jonathan Swift. Für d. reif. Jugend bearb. M. 6 Bild. in Farbendr. nach Aquarellen v. Heinr. Leutemann. 7. Aufl. gr. 8. (240 S.) Leipzig 895. A. Oehmigke. Geb. n. 3. —

Wagner, Ed., das Steppenroß. Nach dem Engl. des Capt. Mayne Reid für die reifere Jugend bearb. Mit 6 (lith.) Zeichngn. von G. Bartsch. Berlin 865. J. Springer. gr. 16. (VI, 298 S.) 1 Thlr 7½ ngr.

— das Steppenroß. Nach d. Engl. d. Capt. Mayne Reid. Für die reifere Jugend bearb. Mit 6 Bildern in Farbendr. v. Gust. Bartsch. 3. Aufl. gr. 8. (VI, 298 S.) Leipzig 871. Oehmigke. geb. 3. 75

— das Steppenroß. Nach dem Engl. des Kapit. Mayne Reid. Für die reifere Jugend bearb. Mit 6 Bildern in Farbendr. von Gust. Bartsch. 4. Aufl. 8. (VIII, 292 S.) Ebend. 882. geb. n. 3. 75

Wagner, Eduard, das Steppenroß. Nach dem Engl. d. Kapit. Mayne Reid. Für die reifere Jugend bearb. Mit 6 Bildern in Farbendr. v. Gust. Bartsch. 5. Aufl. (VI, 276 S.) 8. Einbeck (910). A. Oehmigke. Geb. in Leinw. 3. —

Wagner, Eduard [aus Bad Ems]: Ueber das Vorkommen und die Vertheilung des Gerbstoffs bei den Crassulaceen .... Göttingen, Druck v. Friedrich Scheel in Cassel, 1887; 44 S. + 1 Bl. 8°.
Göttingen, Phil. Fak., Inaug.-Diss. v. 26. Febr. 1887.

Wagner, Ed. (I.), über das Vorkommen und die Vertheilung des Gerbstoffs bei den Crassulaceen. Inaugural-Dissertation. gr. 8. (44 S.) Göttingen 887, (Vandenhoeck und Ruprecht's Verlag.) *

— Waldläufer, Freibeuter und Goldgräber. Ein Gemälde aus dem Völkerleben in Mexico. Frei nach Gust. Aimard für die reifere Jugend bearb. Mit 6 (lith.) Zeichngn. von G. Bartsch. Ebend. 864. gr. 16. (VII, 367 S.) 1 Thlr 7½ ngr.

—— Waldläufer, Freibeuter und Goldgräber. Ein Gemälde aus dem Völkerleben in Mexico. Frei nach Gust. Aimard für die reifere Jugend bearb. 1. Aufl. Berlin 1864. und 2. Aufl. br. 8. (VII und 367 S. mit 6 lithogr. Zeichnungen von G. Bartsch.) Neu-Ruppin 868, Oehmigke. geb.

Wagner, Edm., Waldläufer, Freibeuter und Goldgräber. Ein Gemälde aus dem Völkerleben in Mexiko. Nach Gust. Aimard für die reifere Jugend bearb. 3. Aufl. Mit 6 (lithogr.) Bildern in Farbendr. nach Orig. von Gust. Bartsch. 8. (VIII, 367 S.) Ebendas. 874. geb.

· Waldläufer, Freibeuter u. Goldgräber. Ein Gemälde aus dem Völkerleben in Mexiko. Nach Gust. Aimard. Für die reifere Jugend bearb. 4. Aufl. Mit 5 Bildern nach Originalen v. Gust. Bartsch. (386 S.) 8. Ebd. (908). Geb. in Leinw. 3. —

Wagner, Eduard (geb. Krotoschin 21. 11. 1855): Ueber die Wirkung der Blausäure. Berlin (1880). (39 S.) 8°
Berlin, Med. Diss. v. 3. Juli 1880

Wagner, Edward, die ehem. frühroman. Centralkirche des Stiftes Sanct Peter zu Wimpfen, s.: Adamy, R.

Wagner, Ehregt. Friedr., Apologie d. wunderbaren Thaten u. Schicksale Jesu Christi. Ein Versuch, gr. 8. (9 B.) Leipzig 833, [Böhme.]

Wagner, C. Fr., Lichtfunken im Gebiete des Glaubens u. des Lebens. Eine Gabe der Liebe. 8. (9 B.) Grimma 842, Verlags-Comptoir. *

Wagner, Ehregt. Friedr., Wahrheiten f. das Herz u. für d. Leben, in Poesie u. Prosa. 8. (7 B.) Marienberg 829. (Leipzig, Hinrichs.) Thlr.

Wagner, Elias Otto (Saalfeld) F, zd/16
Curatio pleuritidis cuiusdam et propositiones nonnullae chemico medicae.
Präs. Heinrich Friedrich Delius.
Erlangen (Kunstmann) (26.) I. 1780. 30 S.

Gew.: Georg Christian Strasser, Karl Wilhelm Conta, Johann Heinrich Eisenwinner, Elias Johann Wilhelm Reinmann. 35587

Wagner, E[mil]. Atlas du Touriste de W' à l'usage des étrangers en Suisse. Description des routes principales et secondaires aboutissant à l'Allemagne, l'Autriche, la France et la Haute Italie, accompagnée de 12 cartes géographiques, avec texte en allemand, français et anglais par E. W'. 8. Lucerne 1890.

Wagner, Emil, **Bericht** üb. die Schlussberatung der Kommission f. internationale Blindenstatistik in Prag am 7. X. 1908. Nach stenogr. Aufzeichngn. zusammengestellt. (63 S.) gr. 8. Prag 909. (J. G. Calve.) nn 2.—

[**Wagner**, Emil.] Exkursionskarte St Gallen, Speicher, Trogen, Heiden, Walzenhausen & Umgebung. Eigentum der Strassenbahn St Gallen-Speicher-Trogen. Massstab 1:50.000. 286/402 mm. Mit Bewilligung der Schweiz. Landestopographie. nach den offiziellen Karten bearbeitet [und gestochen von E' W', Zürich]. 1 Bl. querfol. Zürich, E. Wagner, Kartographie, [1906]. [fr. —.25]
Rückseite des Blattes bedruckt: Vorschläge für Ausflüge in die Umgebung St. Gallens. Hrg. vom Verkehrsverein St. Gallen (*etc.*). [8 S.]

Wagner, E[mil]. Exkursionskarte von Zürich-Uetliberg, Albiskette, Sihlwald mit den Seegemeinden, mit rot bezeichneten Spazierwegen, Ausflügen, einzelnen Hotels und Restaurants etc. Nach dem neuesten topographischen Material bearb. und hrg. von E. W', Kartographie, Zürich. Massstab: 1 : 30,000. 1 Bl. quer-fol., *zus.-gefaltet in illustriertem Umschlag* 8. 1906. fr. 1. 50
Titel auf dem Blatt: Exkursions-Karte von der Albiskette. [Mit 4 Kartons.] Massstab 1 : 30.000. 283/635 mm. Nach dem n' topogr. M' b' u. gestochen v. E. Wagner, K' Zürich. — *Ueber und unter der Karte, sowie auf dem Umschlag, (Reclame-)Text.*

Wagner, Emil [app. Arzt aus Roda]: Aus d. Medizin. Klinik zu Jena. Ein Fall von Lipämie ... Jena, Frommannsche Hofbuchdr., 1896; 24 S. 8.
Jena, Med. Fak., Inaug.-Diss. v. [3. Juli] 1896

— Die Geschichte der Klarschen Blindenanstalt in Prag vom J. 1832 bis 1907. Zur Feier ihres 75jähr. Jubiläums verf. Mit Unterstützg. der Gesellschaft z. Förderg. deutscher Wissenschaft, Kunst u. Literatur in Böhmen. (VIII, 166 S. m. Abb. u. 14 Taf.) Lex. 8. Ebd. 909. nn 6. —

[Umschlagt.:] Karte des Kantons Solothurn '(Carte du Canton de Soleure)' Maasst. ... 1 : 100,000. (M. Bewilligg d. Eidg. Topogr. Bur. nach dessen Dufourkt., bearb. u. gestochen v. E. **Wagner,** Kartographie Zürich. Revision v. J. Spielmann, früh. Katasterdir. d. Kts. Solothurn.) *Solothurn: Th. Petri; (Kartogr. v. E. Wagner & Dr. v. Ruegg & Schaufelberger, Zürich) 1896.* (1 Ktnbl. 2) 1 Bd 8. [96. 6381

Wagner, Emil [pr. Arzt]: Ueber osteoplastische Operationen. ... Strassburg, Univ.-Buchdr. v. J. H. Ed. Heitz (Heitz & Mündel), 1889; 86 S. 8°
Strassburg, Med. Fak., Inaug.-Diss. v. 1889

Wagner, E[mil]. Reise- & Touristen-Karte des Berner Oberlandes mit rot bezeichneten Ausflügen, Berg- u. Gletschertouren, einzelnen Hotels und Restaurants. Nach dem neuesten topographischen Material bearb. und hrg. von E. W', Kartographie, Zürich. Massstab: 1:100,000. 1 Bl. fol., *in Umschlag* 8. [1904.] fr. 1. —
Titel auf dem Blatt: Karte des Berner Oberlandes. Massstab 1 : 100.000. 470/571 mm. E. Wagner, Kartographie Zürich. Nach dem neuesten topogr. Material bearb. u. gestochen von E. W', K' Zürich.

Wagner, E. Reise- u. Touristenkarte der Kantone Schwiz, Zug u. Umgebung nach dem neuesten topogr. Material bearb. 1 : 100000 Taschenformat. Zürich, Geogr. Institut v. J. Meier. 1 —
1898.

Wagner. E., Reisekarte des Kt. Wallis. Nach Dufour. 1 : 300 000. 32,5 : 44.5 cm. Farbdr. Zürich, J. Meier. 1899. 1 —

Wagner, Emil, s. Shakspeare's Werke.

Wagner, E. Taschenatlas der Schweiz. — Atlas de poche de la Suisse. 26 color. Karten. Qu. 4°. 25 S. franz. u. dtsch. Text. Genf, Ch. Eggimann & Co. 1898. Geb. in Lwd. in-8°, 4 —

Wagner, Emil. Taschen-Atlas der Schweiz. 26 kolorierte Karten, gestochen und gezeichnet von E' W'. 3. Aufl., durchgesehen und verbessert von der Geographischen Anstalt H. Kümmerly & Frey, Bern. — *A. u. d. T.:* Atlas de Poche de la Suisse. 26 cartes en couleurs dessinées et gravées par Emile W'. 3e Ed., revisée et corrigée par l'Institut géographique H. K' & F', Berne. 35 S. + 20 Karten-Tafeln. 8. Bern, Geographischer Kartenverlag. — Berne, Soc. d'Édition de Cartes géographiques, [1905]. (geb. fr. 4. —)

Taschen-Atlas der Schweiz. 26 kol. Karten gestochen u. gezeichnet von Emil **Wagner**. 3. Aufl. durchges. u. verb. von d. Geogr. Anst. H. Kümmerly & Frey, Bern. Bern: Geogr. Kartenverl. [1906]. (35 S., 20 Kartenbl.) 8°
[Nebent.:] Atlas de Poche de la Suisse ... par Émile Wagner. [06. 3807

Wagner, E[mil]. Wagner's Touristen-Atlas für den Fremdenverkehr der Schweiz. Darstellung der Hauptrouten mit Anschluss an Deutschland, Oesterreich, Frankreich und Oberitalien durch 12 geographische Karten mit Textbeigabe in Deutsch, Französisch und Englisch von E. W'. 8. Luzern 1890.

Wagner, Emil, aus Hermersberg (Rheinpfalz): **Über Isolirtes 'Xanthelasma tuberosum'** des Fingers. *Würzburg 1897: P. Scheiner.* (47 S.) 8°
Würzburg, Med. Diss. v. 1897

Wagner, Emil August, (Dr.): **Agatharchides** und der Mittlere Peripatos. T. 1. *Leipzig 1901: B. G. Teubner.* (51 S.) 8°
Annaberg, k. RG nebst PG, OP 1901 (595)

Wagner, Emil A., die Erdbeschreibung d. Timosthenes v. Rhodus. Inaug.-Diss. gr. 8. (73 S.) Leipzig 888. Fock. n. 1. 80

Wagner, Emil August [aus Leipzig]: Die Erdbeschreibung des Timosthenes von Rhodus. . . . Leipzig, Druck v. Frankenstein & Wagner, 1888; 8 Bl. + 78 + 1 S. 8°
Leipzig, Phil. Fak., Inaug.-Diss. v. 24. Dez. 1888

Wagner, Emma, Kochbuch f. die einfache bürgerliche Küche. Nach ausgewählten u. selbstgeprüften Rezepten hrsg. 16. (48 S.) Styrum 891. A. Spaarmann. — 20

Wagner, P. Emmanuel. Gedenket der Thaten der Väter. Gedächtnisrede zur Jahrhundertfeier des denkwürdigen 9. September 1798 gehalten den 9. September 1898 ... zu Stans. 8. Stans 1898.

Wagner, E. Gedenket der Thaten der Väter. Gedächtnisrede am 9. September 1898 zu Stans. 8°. 19 S. Stans, Hans von Matt, 1899. — 25

Wagner, Emanuel. Das Geschlecht der Zelger und dessen Landammänner in Nidwalden, von P. E' Wagner O. S. B. ⟨Separatabdruck aus dem Nidwaldner-Kalender pro 1900 [und pro 1901 und pro 1902].⟩ [Illustriert.] 26 S. kl.-4. Stans, Hans von Matt, [1901].

[Wagner, P. Emmanuel.] Engelbergs Gründung. Bilder aus den ersten Zeiten des Gotteshauses. Festgabe zur Feier der 25-jährigen Amtsführung des... Herrn Anselmus I., Abts des Benedictinerstiftes Engelberg. 8. Luzern 1891.

Wagner, Erhard Christoph Karl Altd. Jur. lose

Dissertatio inauguralis iuridica sistens observationes nonnullas ad doctrinam de ordine creditorum in concursu secundum ius Norimbergense.
Altdorf (Meyer) 27. V. 1793. 48 S.

Gew. · Stadt Nürnberg. 35589

Wagner, Erich

Das Billardspiel. Seine leichte u. schnelle Erlernung von Erich **Wagner.** Mit vielen Zeichn. Berlin: H. Steinitz (1904) (71 S.) 8° [F.] [06. 666

Wagner, Erich, was muß man vom Erbrecht wissen? Die gesetzl. Erbfolge der Verwandten u. Ehegatten. Nach dem neuen bürgerl. Gesetzbuche m. erläut. Beispielen allgemein verständlich dargestellt. gr. 8. (76 S.) Berlin (901). H. Steinitz. n. 1. —

Wagner, Ernst

— historisches ABC e. 40jährig. Fibelschützen. 8. Tübing. 810. v. Cotta. 1 Rthlr 8 gr

Unter dem schwarzen Adler. Bilder aus Schlesiens militär. Geschichte. Von Dr. Ernst **Wagner.** Berlin: R. Eisenschmidt 1905. (V, 223 S.) 8° [05. 1601

Wagner, Ernst, Referendar: Die **Alternativobligation** mit Wahlrecht des Schuldners und die Obligation mit facultas alternativa des Schuldners nach gemeinem und bürgerlichem Recht. *Greifswald 1903: J. Abel.* (61 S.) 8°
Greifswald, Jur. Diss. v. [14. Mai] 1903

Wagner, Er. 1., neue Ansichten d. Lebens. 8. Arnst. 807. 2e A. unt. d. T.: Lebenserfahrungen u. Weltansichten. 2 Thle. 8. Frankf. a. M. 811. Hermann. 1 Rthlr
(NB. ist nicht von (Jh.) Er. Wagner, u. scheint überhaupt ein altes Buch mit neuem Titel zu seyn, dem d. Vorrede rc. fehlt.)

— **Wilibald's Ansichten des Lebens. 2 Bde. 8. Hildburgh. 809. 2e A. 818. 3e A. 822. (Er. Fleischer in Leipz.) 3 Rthlr**

— Wilibald's Ansichten des Lebens. Ein Roman in 4 Abthlgn. 5. Aufl. gr. 16. (VIII und 400 S.) Leipzig 854, E. Fleischer.

Wagner, Ernst, appr. Arzt a. Güetz b. Halle a. S.: Zur diagnostischen Bedeutung der Leukocytose bei akuten Eiterungen. Schneidemühl 1905: G. Eichstädt. (31 S.) 8°
Gießen, Med. Fak., Ref. Poppert, Diss. v. 22. Febr. 1906
[Geb. 26. April 80 Stangenrod; Wohnort: Güetz; Staatsangeh.: Preußen; Vorbildung: Gymn. Latina Halle a. S. Reife O. 00; Studium: Marburg 1, Halle 2, Gießen 7 S.; Coll. 17. Mai 05; Approb. 24. Dez. 04.]

Wagner, Ernst [Dr]: Bericht über den Kursus der Betrachtung antiker Kunst in Italien für deutsche Gymnasiallehrer im Herbst 1892, erstattet auf d. Wunsch eines Kreises v. Freunden d. Altertumswiss., die sich zu Mitteilgn über Studien aus d. Gebiete d. klass. Altertums monatl. einmal hier zusammenfinden. Königsberg i. Pr., Hartungsche Buchdr., 1893; 1—8 S. 4.
Königsberg i. Pr., k. Wilhelms-G, P 1893 (8)

Wagner, Ernst, Prof. Dr.: Ein **Besuch** in dem Heiligtum des Asklepios zu Epidaurus, Vortrag, geh. vor d. Schülern d. oberen Klassen. *Wehlau 1901: M. Schlamm Nachf.* (18 S.) 8° [F.]
Wehlau, k. G, OP 1901 (17)

Wagner, Ernst, s.: Bibliotheca geographica.

— Briefe, s.a. Briefe.

— Briefe; enthalt.: Lebensgesch., Nachrr. u. Mittheill. aus d. handschriftl. Nachlasse d. Dichters. Auszüge aus Briefen von ihm selbst, vom Herzog August von S. Gotha, J. P. Richter, Fichte u. A. Herausg. v. Fr. Mosengeil. 2 Bdchn. 8. Schmalkalden 826. (Schumann in Leipz.) 2 Rthlr Hbg. Pr. 1 Rthlr Velinp. 3 Rthlr

Wagner, Ernst, neuester Briefsteller oder Musterbuch zur Abfassung aller im Geschäfts- und gewöhnlichen Leben vorkommenden Aufsätze. Ein Rathgeber für alle Stände. 5. Aufl. Reutlingen 864. Fleischhauer & Spohn. 8. (XXXII, 255 S.) 14 ngr.

Wagner, Ernst, neuester Briefsteller oder Musterbuch zur Abfassung aller im Geschäfts- u. gewöhnlichen Leben vorkommenden Aufsätze. Ein Rathgeber für alle Stände. 6. Aufl. Reutlingen 868. Fleischhauer & Spohn. 8. (XXXII, 255 S.) cart. 14 ngr.

Wagner, Ernst, neuester Briefsteller od. Musterbuch zur Abfassgn. aller im Geschäfts- u. gewöhnl. Leben vorkomm. Aufsätze. Ein Rathgeber f. alle Stände. 7. Aufl. 8. (XXXII, 255 S.) Reutlingen 874. Fleischhauer & Spohn. 1. 40

Wagner, Ernst (II.), neuer praktischer Briefsteller oder Ratgeber und Musterbuch zur Abfassung aller Arten von Briefen, Eingaben, Verträgen, Dokumenten und überhaupt aller im Geschäfts- und bürgerl. Leben vorkommenden Aufsätze. Nebst Belehrungen über das Mahn- und Civilprozeßverfahren, rechtl. Bestimmungen über Verträge rc. aller Art, Belehrungen über Wechsel und Anweisungen und einem Fremdwörterbuch. Ein vollständiges Geschäftshandbuch nach den Anforderungen der neuesten Zeit für Personen jeden Standes, unter Mitwirkung von Fachmännern hrsg. 8. durchaus umgearb. und verm. Aufl. 8. (XVI, 416 S.) Reutlingen 888, Fleischhauer und Spohn. cart.

Wagner, Ernst (II.). Neuer praktischer Briefsteller rc. Nebst Belehrgn. üb. das Mahn- u. Civilprozeßverfahren, rechtl. Bestimmgn. üb. Verträge rc. u. e. Fremdwörterbuch. 9. Aufl. 8. (XVI, 416 S.) Reutlingen 891, Fleischhauer u. Spohn. cart. 1 60

Wagner, Ernst, neuer praktischer Briefsteller od. Ratgeber u. Musterbuch zur richt. Abfassg. aller im bürgerl. Leben u. im Geschäft vorkomm. Briefen, Eingaben, Verträge, Urkunden u. anderer Aufsätze. Zugleich Ratgeber in Rechtsangelegenheiten aller Art, unter Berücksicht. der neuesten Gesetze u. Verordngn. hrsg. unter Mitwirkg. verschied. Fachleute. 10., durchaus umgearb. u. verm. Aufl. (VIII, 440 S.) 8. Stuttgart 905. Fleischhauer & Spohn. Geb. in Leinw. 1. 60

Wagner, Ernst, vollständige Darstellung der Lehre Herbarts, s. a. Greßler's, F. G. L., Klassiker der Pädagogik. 1.

Wagner, Ernst, vollständige Darstellg. d. Lehre Herbarts, s. a. Klassiker, die, der Pädagogik. 1.

Vollständige Darstellung der Lehre Herbarts. ⟨Psychologie, Ethik u. Pädagogik.⟩ Aus sämtl. Werken zsgest. Zum Stud. f. Lehrer ... hrsg. von Dr. Ernst **Wagner**. Mit d. Bildn. Herbarts. 9. Aufl. *Langensalza: F. G. L. Gressler 1899.* (VIII, 398 S.) 8° [F.]
= **Klassiker** d. Pädagogik. Bd 1. [01. 2930 4

Wagner, Ernst: Über den Einfluss des hydrostatischen Druckes auf die Stellung der Metalle in der thermoelektrischen Spannungsreihe. [Leipzig: Barth] (1908). S. 955—1001. 8° ¶(Aus: Annalen d. Physik. Folge 4, Bd 27.)
München, Phil. Hab.-Schr. v. 1909
(Nicht für den Austausch) [U 09. 3544

Zur Erinnerung an die von der medicinischen Gesellschaft zu Leipzig ihrem hochverehrten ordentlichen Mitgliede und langjährigen Vorsitzenden Herrn Justus Radius ... am 2. April 1872 bei der Feier des funfzigsten Jahrestages seiner Erlangung der medicinischen Doctorwürde dargebrachten Glückwünsche. Inhalt: ERNST WAGNER, Ein Fall von tödtlicher Pilzkrankheit (Mykosis intestinalis.). (Mit 1 Tafel. Leipzig. s. a. Druck von Breitkopf und Härtel.) 4⁰.

Wagner, [Ernst]. Erläuterungen zur Bilanz des Sondervermögens und der Sonderlast der Landes-Versicherungsanstalt Schlesien nach dem Stande vom 1. Jan. 1904. Breslau 1905. 4°.

Ewigkeitshoffnung. Totenfestpredigt von Ernst **Wagner**, Pastor. Halle a. S.: Bibel- u. Schriften-Ver. [1906]. (8 S.) 8° [F.]
= [**Flugschriften** d. Bibel- u. Schriften-Vereins zu Halle a. S. 20.] [06. 15396 3

Wagner, Ernst [aus Limburg a. d. Lahn]: Ein Fall von Brown-Séquard'scher Lähmung in Folge von Lues. . . . Berlin, Buchdr. v. Gustav Schade (Otto Francke) (1890); 29 + 1 S. + 1 Bl. 8°
Berlin, Med. Fak., Inaug.-Diss. v. 18. Jul. 1890

Wagner, Ernst: [Die Feier der Enthüllung der Marmorbüste des verstorbenen Direktors der Anstalt, Geh. Regierungsrat Prof. Dr. Emil Große nebst kurzer Zeichnung seines Lebens- und Bildungsganges wie seiner literarischen Tätigkeit.] S. 10—15. 4.
Progr. Kgl. Wilhelms-Gymn. *Königsberg i. Pr.* 1905 (7)

Wagner, Ernst (I.), die Fettmetamorphose des Herzfleisches in Beziehung zu deren ursächlichen Krankheiten. Lex.-8. (III und 159 S.) Leipzig 864, Veit und Comp.
Aus: Verhandlungen der medicinischen Gesellschaft zu Leipzig, besonders abgedruckt.

Wagner, E., the frescoes of the new pump-room at Baden, } **s.: Goetzenberger, J.**

— die Fresken der neuen Trinkhalle zu Baden, } **s.: Goetzenberger, J.**

Wagner, Ernst. Fundstätten und Funde aus vorgeschichtlicher, römischer und alamannisch-fränkischer Zeit im Grossherzogtum Baden. Im Auftrage des Grossherzoglichen Ministeriums der Justiz, des Kultus und Unterrichts bearb. von Dr. E' W'.... Teil 1: Das Badische Oberland: Kreise Konstanz, Villingen, Waldshut, Lörrach, Freiburg, Offenburg. Mit 169 Textbildern, 3 Lichtdrucktafeln und 2 Karten. XVI + 268 S. gr.-8. Tübingen, J. C. B. Mohr, 1908. [cart. M. 5. —]

Wagner, Ernst, aus Landeshut ⟨Schles.⟩: Wirthschaftliche **Für**sorge für Angehörige Detinirter. *Breslau 1900: W. G. Korn.* (VI, 90 S.) 8°
Leipzig, Phil. Diss. v. [22. Nov.] 1900

— wirthschaftliche Fürsorge f. Angehörige Detinirter. 2. Aufl. gr. 8. (89 S.) Breslau 900. W. G. Korn. n. 1.—

Wagner, Ernst, der Gebärmutterkrebs. Eine pathologisch-anatomische Monographie. gr. Lex.-8. (VI und 169 S. mit 2 Taf. in Stahlst.) Leipzig 858, Teubner.

Paulus Gerhardt. (Verf.: E[rnst] **Wagner**, P.) (Halle: Bibel- u. Schriftenverein [1907].) (7 S.) 8° [Kopft. F.] [07. 4705 3

Wagner, E., e. Gerichtsverhandlg. in Athen, s. a. Gymnasial-Bibliothek.

Wagner, E., Eine Gerichtsverhandlung in Athen. (Lysias gegen Eratosthenes.) 1894. 49 S. 1.—

Wagner, Ernst, Hildburghäusisches Gesangbuch, s. Gesangbuch.
(Histor. ABC e. 40jähr. Fiebelschützen. d. reisenden Maler. Ferdinand Miller. Reisen a. d. Fremde in d. Heimath. Wilibalds Ansichten d. Lebens, s. in Romanen.)

Wagner, Ernst, aus der Geschichte des Neumarkts in 8 Jahrhunderten. Mit 3 Lichtdr.-Bildern. 8. (VII, 82 S.) Halle (901). Wischan & Burkhardt. n. 1. —

Wagner, Ernst [aus Berlin]: Ueber die Grundbedingungen mikrometrischer Einstellung bei Teleskopen .... Berlin, A. W. Schade's Buchdr. (L. Schade) (1886); 43 S. 8°.
Marburg, Phil. Fak., Inaug.-Diss. v. [29. März] 1887

Wagner, Ernst, über die Grundbedingungen mikrometischer Einstellung bei Teleskopen. Diss. Marburg 1886, N. G. Elwertsche Univ.-Buchh. 8°. 43 S.

Wagner, Ernst (III.), und Gust. Kachel, die Grundformen der antiken classischen Baukunst. Für höhere Lehranstalten und zum Selbststudium. hoch 4. (V, 28 S. mit 4 Stnt. in Fol. und 4 lith. Taf.) Heidelberg 869, Bassermann'sche Verlagsh. (*M. 3,20.) *

— u. H. Eyth, Die Grundformen der klass. antiken Baukunst u. Gefässbildnerei, für den Freihandzeichenunterricht. 1888. 31 S. 1.—

Wagner, Ernst, Handbuch der Krankheiten des chylopoëtischen Apparates, s. Handbuch der speciellen Pathologie und Therapie.

—— Handbuch der allgemeinen Pathologie, s. Uhle, P.

Wagner, Ernst, **Herbart-Album. Lichtstrahlen u. Perlen aus Herbart's sämtlichen Werken. Übersichtlich geordnet u. hrsg. 16. (IV, 62 S.) Langensalza 889. Schulbuchhandlg. n. — 40**

Der Herr ist mein Hirte. Worte d. Erinnerung am Einsegnungstage Sonntag Judica 1905 in d. Laurentiuskirche zu Halle a. S. geh. von Ernst **Wagner**, Pastor. Halle a. S.: E. Strien 1905. (7 S.) 8° [F.] [05. 8931 3

Wagner, Ernst: Höhenberechnung zu Dr. Hans Meyer's Kilimandscharo-Expedition 1889. (Anhang zu: Meyer, Ostafrikanische Gletscherfahrten. S. 339—345.) (Leipzig 1890.) 7 S. 8°.

Wagner, E., Hügelgräber und Urnen-Friedhöfe in Baden mit besond. Berücksicht. ihrer Tongefässe. Zur Begrüsung des XVI. Congresses der Deutschen Anthropolog. Gesellschaft in Karlsruhe. gr. 4. (III, 55 S. mit 6 Lichtdr. und 1 Chromolithogr.) Karlsruhe 885, Braun'sche Hofbuchh. *

— Isidora. 8. Tübing. 812. v. Cotta. 1 rthl 8 gr

Wagner, Ernst, kann Deutschland seinen Bedarf an Brotgetreide erzeugen? Ein Wort zum Schutze deutscher Arbeit. gr. 8. (32 S.) Breslau 901. A. v. Busse. n. —60

—— Krankheiten des chylopoëtischen Apparates, s. Handbuch der speciellen Pathologie und Therapie.

Wagner, E., die Kunstdenkmäler d. Grossherzogth. Baden, s.: Kraus, F. X.

Wagner, Ernst, Lebenserfahrungen u. Weltansichten. 2 Thle. 8. Frankf. Hermann. 811.

Wagner, Ernst, u. Geo. v. Kobilinski, Leitfaden d. griech. u. römischen Altertümer, f. den Schulgebrauch zusammengest. M. 14 Grundrißzeichngn. im Text, 22 Bildertaf. u. Plänen v. Athen u. Rom. gr. 8. (XIV, 181 S.) Berlin 897. Weidmann. Geb. in Leinw. n. 3. —

Wagner, Ernst, u. Geo. v. Kobilinski, Leitfaden d. griechischen u. römischen Altertümer f. den Schulgebrauch zusammengestellt. 2. verb. Aufl. Mit 14 Grundrißzeichngn. im Text, 24 Bildertaf. u. Plänen von Athen u. Rom. gr. 8. (XVI, 188 S.) Berlin 899. Weidmann. Geb. in Leinw. n. 3. —

— u. Geo. v. Kobilinski, Leitfaden der griechischen u. röm. Altertümer, f. den Schulgebrauch zusammengestellt. 3. verb. Aufl., besorgt v. E. Wagner. Mit 14 Grundrißzeichngn. im Text u. e. Sonderheft, enth. 24 Bildertaf. u. Pläne v. Athen u. Rom. (XVI, 191 S.) gr. 8. Berlin 907. Weidmann. Geb. u. kart. 3. 20

— Luther als Pädagog, s. a. Greßler's Klassiker der Pädagogik. 2. Bd.

— Luther als Pädagog, s. a. Klassiker, die, der Pädagogik.

Luther als Pädagog. Darstellung d. pädagog. Gedanken d. grossen Reformators ... von Dr. Ernst Wagner. Mit e. biogr. Einl. u. d. Bildn. Luthers. 3. verm. u. verb. Aufl. Langensalza: F. G. L. Greßler 1906. (x, 195 S.) 8° [F.]
= Klassiker, Die, d. Pädagogik. Bd 2. [06. 1,6:3

—— das tuberkelähnliche Lymphadenom. [Der cytogene oder reticulirte Tuberkel.] gr. 8. (III, 91 S. mit 2 lithogr. Taf. in qu. 4.) Leipzig 871, O. Wigand. *

Wagner, (Jh.) Er., die reisenden Maler. 2 Thle. 8. Leipz. ... 2e A. 820. Göschen. 1 rthl 12 gr

Wagner, Ernst, die reisenden Maler. 2 Thle. in 1 Bd. 3. Aufl. gr. 16. (287 S.) Leipzig 854, E. Fleischer.

Wagner, Ernst, de M. Valerio Martiale poetarum Augusteae aetatis imitatore. Dissertatio inauguralis philologica. gr. 8. (48 S.) Königsberg 880. (Hartung.) n. 1. 20

Wagner, Ernst: Metallmanometer als Hochdruck-Präzisionsmesser, geprüft mit dem Amagatschen Manometer. *Leipzig: J. A. Barth 1904.* (67 S.) 8°
München, Phil. Diss. v. 1903

— Ferdinand Miller. 8. Tübing. 809. v. Cotta. 1 rthl

Wagner, E., der Morbus Brightii, s.: Handbuch der speciellen Pathologie u. Therapie.

—: [Professor August v. Morstein † 12. Juli 1909.] S. 12. 4. — [Professor Dr. Bernhard Brill † 11. Sptbr. 1909.] S. 12—13. 4.
Progr. Kgl. Wilhelms-Gymn. *Königsberg i. Pr.* 1910 (7).

Über Museen und über die Grossh. Staatssammlungen für Altertums- und Völkerkunde in Karlsruhe. Zwei Vorträge, geh. 1904 u. 1905 von Geh.R. E[rnst] Wagner. Karlsruhe: Braun 1900. 32 S. 8°
(Veröffentlichungen d. Karlsruher Altertumsvereins. [Ser. in 8°. Nr 1.]) [11. 10551

—— de insolatione nonnulla. gr. 4. (12 S.) Leipzig 865. Dürr'sche Buchh.

—— die Praxis der Herbartianer. Der Ausbau und gegenwärtige Stand der Herbartschen Pädagogik, übersichtlich und systematisch geordnet und zusammengestellt, nebst zahlreichen Unterrichtsbeispielen und Musterlektionen. Zugleich ein Kommentar zu des Verf. Werk: „Vollständige Darstellung der Lehre Herbarts rc." Ein theoretisch-prakt. Hilfsbuch zum Studium der wissenschaftl. Pädagogik. Für Lehrer, Leiter und Freunde der Schule aus Herbartschen Quellen bearb. und hrsg. 1. und 2. Aufl. 8. (IV, 303 S.) Langensalza 887, Schulbuchhandlung. geb. *

Das vorstehend erwähnte Werk des Verf.: „Vollständige Darstellung der Lehre Herbarts rc." bildet den 1. Bd. der „Klassiker der Pädagogik". (s. d.)

— die Praxis der Herbartianer. Der Ausbau u. gegenwärtige Stand der Herbart'schen Pädagogik, übersichtlich u. systematisch geordnet u. zusammengestellt, nebst zahlr. Unterrichtsbeispielen u. Musterlektionen. Zugleich e. Kommentar zu d. Verf. Werk: „Vollständige Darstellg. der Lehre Herbart's rc." [1. Bd. der „Klassiker der Pädagogik"]. 1.—3., verm. Aufl. 8. (VI, 305 S.) Langensalza 888. Schulbuchhandlg. 2. 50; geb. n. 3. 25

— die Praxis der Herbartianer. Der Ausbau u. gegenwärt. Stand der Herbartschen Pädagogik, übersichtlich u. systematisch geordnet u. zusammengestellt, nebst zahlreichen Unterrichtsbeispielen u. Musterlektionen. Zugleich ein Kommentar zu des Verf. Werk: „Vollständige Darstellg. der Lehre Herbarts rc." (1. Bd. der „Klassiker der Pädagogik"). Ein theoretisch-prakt. Hilfsbuch zum Studium der wissenschaftl. Pädagogik. Für Lehrer, Leiter u. Freunde der Schule aus Herbartschen Quellen bearb. u. hrsg. 5. u. 6. Aufl. 8. (VI, 305 S.) Langensalza 890. 894. Schulbuchh. 2. 50; geb. in Leinw. n. 3. 25

— d. Praxis d. Herbartianer. Der Ausbau u. gegenwärt. Stand d. Herbartschen Pädagogik, übersichtlich u. systemat. geordnet u. zusammengest., nebst zahlr. Unterrichtsbeispielen u. Musterlektionen. Zugl. e. Kommentar zu d. Verf. Werk: „Vollständ. Darstellg. d. Lehre Herbarts rc." (I. Bd. der „Klassiker der Pädagogik".) Ein theoretisch prakt. Hilfsbuch zum Studium d. wissenschaftl. Pädagogik. Für Lehrer, Leiter u. Freunde der Schule aus Herbartschen Quellen bearb. u. hrsg. 7. Aufl. 8. (VI, 305 S.) Langensalza 896. Schulbuchh. 2. 50; geb. in Leinw. n. 3. 25

— die Praxis der Herbartianer. Der Ausbau u. gegenwärt. Stand der Herbartschen Pädagogik, übersichtlich u. systematisch geordnet u. zusammengestellt, nebst zahlreichen Unterrichtsbeispielen u. Musterlektionen. Zugleich e. Kommentar zu des Verf. Werk: „Vollständige Darstellg. der Lehre Herbarts rc." (I. Bd. der „Klassiker der Pädagogik".) Ein theoretisch-prakt. Hilfsbuch zum Studium d. wissenschaftl. Pädagogik. Für Lehrer, Leiter u. Freunde der Schule aus Herbartschen Quellen bearb. u. hrsg. 8. Aufl. 8. (VI, 305 S.) Langensalza 900. Schulbuchh. 2. 50; geb. n. 3. 25

— die Praxis der Herbartianer. Der Ausbau u. gegenwärt. Stand der Herbartschen Pädagogik, übersichtlich u. systematisch geordnet u. zusammengestellt, nebst zahlreichen Unterrichtsbeispielen u. Musterlektionen. Zugleich ein Kommentar zu des Verf. Werk: „Vollständige Darstellg. der Lehre Herbarts rc." (I. Bd. v. „Greßlers Klassiker der Pädagogik"). Ein theoretisch-prakt. Hilfsbuch zum Studium der wissenschaftl. Pädagogik. Für Lehrer, Leiter u. Freunde der Schule aus Herbartschen Quellen bearb. u. hrsg. 9. Aufl. (VI, 319 S.) 8. Langensalza 904. Schulbuchh. n. 3. —; geb. n. 3. 75

Wagner, Ernst, Ratgeber f. Kindergottesdienst-(Sonntagsschul-)Helfer. 8. (44 S.) Berlin (900). Deutsche Sonntagsschul-Buchh. n. — 30

— neuer Ratgeber in Rechtsangelegenheiten. Das Wissenswerteste des bürgerl. Rechts, des Wechselrechts u. der gerichtl. Klagen in gemeinverständl. Darstellg. Mit vielen Formularen zur Abfassg. v. Verträgen, Urkunden, Eingaben u. Anträgen etc. aller Art. Hrsg. unter Mitwirkg. verschied. Fachleute. (149 S.) 8. Ebd. 905. — 60

— Reisen aus d. Fremde in die Heimath. 1r Bd. 8. Hildesh. 818. (Er. Fleischer in Leipz.) 3 ₰ 2r Bd. 8. Tübing. 810. v. Cotta. 3 ₰

Wagner, Ernst: Die griechischen Reliefs unter den Gipsabgüssen der Sammlung der Universität zu Königsberg. Für die Schüler d. oberen Klassen erklärt. Königsberg i. P. 1910: Hartung. 38 S. 8°
Königsberg i. P., k. Wilhelms-G. P 1910 (7) [S 10. 458

—— de scarlatinae anatomia pathologica nonnulla. gr. 4. (8 S.) Leipzig 866, (Dürr'sche Buchh.)

Wagner, Er. (Jh. Er.) II., († d. 25. Febr. 1812.) sämmtl. Schriften. Ausg. letzter Hand besorgt v. Fr. Mosengeil. 12 Bde. 16. Leipz. 824 — 28. Er. Fleischer. 5 ₰ — 11r u. 12r Bd. apart enthält: Lebensgeschichte, Nachrr. u. Mittheill. aus seinem Nachlaß. 828. 1 ₰

Wagner, Ernst, Referendar: Die Summissionspflicht des Nießbrauchers einer Herde. Frankfurt a. M. 1904: Mahlau & Waldschmidt. (28 S.) 8°
Greifswald, Jur. Fak., Ref. Stampe, Diss. v. 28. Nov. 1904
[Geb. 3. Apr. 77 Frankfurt a./M.; Wohnort: Frankfurt a. M.; Staatsangeh.: Preußen; Vorbildung: Gymn. Offenbach a. M. Reife M. 97; Studium: Lausanne 1, Freiburg i. B. 4, Greifswald 3 S.; Rig. 16. Okt. 02.]

—— de syphilomate ventriculi. gr. 4. (12 S.) Leipzig 863, Dürr'sche Buchh.

Wagner, Ernst (II.), die Trichinen-Epidemie in Emersleben, Nienhagen und Deesdorf. Herbst 1883. Nach eigenen Beobachtungen dargestellt. gr. 8. (79 S. mit 5 Holzschn. und lithogr. Taf.) Halberstadt 884, (Frantz'sche Buchh.) *

Die Uebernahme des Heilverfahrens durch die Versicherungsanstalten gemäss § 12 d. Invaliditäts- u. Altersversicherungsgesetzes v. 22. Juni 1889. Auf Grund d. Geschäftsberichte f. d. Rechnungsjahre 1891–1896 dargest. u. statist. bearb. im Auftr. d. Vorst. d. Inval.- u. Altersversicherungsanst. f. die Prov. Schlesien von **Ernst Wagner**, Dr. phil., Mathematiker. *Breslau 1898: Grass, Barth & Co.* (96 S.) 8° [01. 5874

Wagner, Ernst, aus Varels Vergangenheit. (VIII, 160 S.) gr. 8. Oldenburg 909. Bültmann & Gerriet's Nachf. 2.40; geb. 3. —

Veröffentlichungen des Karlsruher Altertumsvereins. — Über Museen und über die Grossh. Staatssammlungen für Altertums- und Völkerkunde in Karlsruhe. Zwei Vorträge, gehalten in den Sitzungen des Karlsruher Altertumsvereins vom 4. Dezember 1904 und 22. Dezember 1905 von Geheimrat E. WAGNER. Karlsruhe 1906. Druck und Verlag der G. Braunschen Hofbuchdruckerei. 4°.

— das Volksschulwesen in England und seine neueste Entwicklung. Stuttgart 864. Metzler. gr. 8. (IV, 248 S.) n. 1 ₰ 4 ngr.

Wagner, Ernst (III.), und Heinr. Eyth, Vorlagen aus dem Gebiete des klassischen antiken Ornaments für den Freihandzeichenunterricht. Mit Unterstützung des grossh. bad. Ministeriums der Justiz, des Kultus und Unterrichts hrsg. 4 Lfgn. Fol. (à Lfg. 20 zum Teil farb. Stnt.) Nebst Text: Die Grundformen der klassischen antiken Baukunst und Gefässbildnerei. gr. 8. (63 S.) Karlsruhe 887,88, J. Bielefeld's Verlag. In Mappe à Lfg. * ℳ 8.—. * Text allein *

Wagner, Ernst, sämmtl. Werke. 11. u. 12. Bd. Lebensgeschichtl. Nachrichten u. Mittheiln. aus d. Dichters Nachlaß enthalt. 16. (30 B.) Leipzig 828, [E. Fleischer.]
1—10. Bd., hrsg. v. Fr. Mosengeil. Ebendas. 1834. 4 Thlr.

Wagner's, Ernst, sämmtliche Werke. 3. Aufl. Mit dem Portr. des Verf. (in Stahlst.) 6. Bde. gr. 16. [1. (VIII und 400 S.) 2. (287 S.) 3. und 4. (661 S.) 5. (264 S.) und 6. Bd.: Lebensgeschichtliche Nachrichten und Mittheilungen aus des Verf. Nachlaß. Hrsg. von Friedr. Mosengeil. (331 S.)] Leipzig 854—55, E. Fleischer. Thlr. *

Wagner, Ernst (I.), das positive Wissen des Lehrers in der deutschen Sprache. Die Grammatik, Stillehre, Metrik, Poetik und deutsche Litteraturgeschichte in übersichtl. Darstellung. Ein prakt. Hilfsbuch für Lehrer und Schulamtskandidaten zur Vorbereitung auf die verschiedenen Examina, sowie ein Leitfaden für höhere Lehranstalten. 1. und 2. Aufl. 8. (VIII, 119 S.) Langensalza 886,87, Schulbuchhandlung. cart. *

— das positive Wissen des Lehrers in der deutschen Sprache. Die Grammatik, Stillehre, Metrik, Poetik u. deutsche Litteraturgeschichte in übersichtl. Darstellg. Ein prakt. Hilfsbuch f. Lehrer u. Schulamtskandidaten zur Vorbereitg. auf die verschiedenen Examina, sowie e. Leitfaden f. höhere Lehranstalten. 3. Aufl. 12. (VIII, 119 S.) Ebd. 894. Kart. n. 1. —

Worte zum Gedächtnis an den Geh. Regierungsrat Prof. Dr. Emil Grosse, weil. Dir. d. Kgl. Wilhelms-Gymn. zu Königsberg, gesprochen am Grabe d. Verewigten von s. Amtsnachfolger [Ernst Wagner]. Königsberg, 3. Mai 1904. *Konigsberg i. Pr.: W. Koch in Komm. (1904).* (7 S.) 8° [Fr.] [04. 7867

Wagner, Ernst David, Choräle und Lieder für Schule und Familie ausgewählt und ein- und zweistimmig gesetzt. 1. Aufl. 1868, und 2. Ster.-Aufl. gr. 8. (IV, 59 S.) Berlin 872, Seehagen. *

—— **musikalische Ornamentik oder die wesentlichen Verzierungs-Manieren im Vortrage der Vokal- und Instrumental-Musik gründlich erläutert. gr. 8. (VIII, 272 S.) Berlin 869, Schlesinger'sche Buchh.** *

Wagner, Ernst Lebrecht [Praes.], s. Conradi, Sigismund: Ueber das Koerpergewicht des Menschen und die Abnahme bei der Tuberculose.

Wagner, Ernst Lebrecht [Praes.], s. Mischel, Rudolf Oskar Gotthelf: Über die in den Gelenken spontan sich bildenden fremden Körper (Gelenkmäuse).

Wagner, Ernst Winfrid [aus Stuttgart]: Mellin de Saint-Gelais. E. litteratur- u. sprachgeschichtl. Untersuchg . . . Ludwigshafen a. Rh., Druck v. A. Lauterborn, 1893; 149 S., 1 Bl. 8.
Heidelberg, Phil. Fak., Inaug.-Diss. v. [9. Dez.] 1892

Wagner, Ernst Winfrid, Mellin de Saint-Gelais. Eine litteratur- u. sprachgeschichtl. Untersuchg. Diss. gr. 8. (151 S.) Ludwigshafen 893. (A. Lauterborn.) n. 2. 70

Wagner, Eugen, approb. Arzt aus Darmstadt: **Aus d. pathol. Institut zu Giessen. Zur Casuistik der Perforation des Oesophagus durch Fremdkörper und konsekutiver Lungengangrän.** *Giessen 1902: v. Münchow.* (39 S.) 8°
Giessen, Med. Diss. v. 1902

Wagner, F. Herzog Albrecht I. von Preußen und seine Kriegsordnung vom Jahre 1555. (Berlin 1887.) 4°. (Aus: Sonntags-Beilage zur Nordd. Allg. Zeitg. 1887. Nr. 9—16) (Verm. Jähns.)

Wagner, F. Berichtigungen und Nachträge zu v. Minutoli: Das kaiserliche Buch des Markgrafen Albrecht Achilles. (44) 8. Berlin 1880.

Wagner, F., Berichtigungen u. Nachträge zu v. Minutoli: Das kaiserlich Buch des Markgrafen Albrecht Achilles. gr. 8. (44 S.) Berlin 881. Weber. n. 1. —
(Hauptwerk m. Nachträgen: n. 8. 50)

Wagner, F.: Zur Geschichte des Turn-Unterrichtes am Kgl. Friedrich-Wilhelm-Gymnasium zu Berlin. Berlin 1886. 53 S. Sonderdr. aus: Monatsschr. f. d. Turnwesen. 1886.

Wagner, F., siehe: *Hardmeyer, J.*

Wagner, F. v., über die Hummeln als Zeugen natürlicher Formenbildung, s.: Friese, H.

Wagner, F. U., erster Leseunterricht für die Jugend. Mit 7 Holzschnitten. 8. Bern 804. Haller. 3 K

Wagner, F., Liederborn, s.: Greve, W.

Wagner, F., ein Marienkranz. Der heiligen Jungfrau Leben in Bild u. Wort. Mit 11 Stahlstichen. br. 8. (40 S.) Regensburg 871. Manz. n. 2. 40; geb. m. Goldschn. n. 3. 60

Wagner, F. (I.), **die Brasilianische Provinz Minas Geraes, s. Mittheilungen aus J. Perthes' geographischer Anstalt.**

Wagner, F., Post- und Eisenbahn-Karte des Königr. Sachsen, bearb. nach der Post- und Eisenbahnkarte vom Deutschen Reiche. 1:400,000. Lithogr. Imp.-Fol. Dresden 876. (Leipzig, Hinrichs'sche Sortimentsh.) * M 1,75; color. *

— Resultate zu den Rechenaufgaben im ersten Uebungsbuch des Verf. 8. (23 S.) Parchim 862, Wehdemann. *

Wagner, F. (III.), erstes Uebungs-Buch im Rechnen für Unterklassen in Stadt- und Landschulen. Methodisch bearb. 8. (212 S.) Parchim 862, Wehdemann. *

Wagner, F., Untersuchungen von Taubstummen, s.: Schwendt, A.

Wagner, F. G. d. jüngere. Abbildungen geschnittener Steine und Medaillen, ausgeführt durch F. G. Wagner d. jüngeren, mittelst der von ihm erfundenen Relief-Copirmaschine. Berlin 1836. 4°.

Wagner, F. G., Gabelsberger und Stolze, oder: Was muß jeder Gebildete über Stenographie wissen und nach welchem Systeme soll man dieselbe erlernen? gr. 8. (33 S. mit 2 lithogr. Beilagen in 4.) Dresden 852, Adler und Dietze. *

Wagner jun., F. G., brandenburg.-preuss. Münzen, s. Münzen.

Wagner, F. H., deutsche Fibel f. den vereinigten Schreib-, Lese- u. Sprachunterricht. gr. 8. (88 S. m. Abbildgn.) Riga 900. E. J. Sichmann. Kart. n. — 60

Wagner, F. H. Die im Kindesalter am häufigsten vorkommenden Sprechgebrechen. In-8°. 36 S. Basel. These. 1896.

Wagner, F. Hermann, s. Wagner, Hermann F.

Wagner, F. J. H. R., Naturgeschichte des Menschen. Handb. d. populären Anthropologie f. Vorlesn. u. zum Selbstunterr. 1. Thl. Bau u. Leben d. Leibes. gr. 8. (13 B.) Kempten 831, Dannheimer.

— dass. 2. Thl. Entwickelungsgeschichte d. Erde u. des Menschen. — A. u. d. T.: Physische Geschichte der Menschen u. Völker u. ihrer Krankheiten im Verhältniß zur Erde u. zur Sündfluth, nach d. Ergebnissen d. neueren Naturforschung dargestellt. gr. 8. (22½ B. u. 1 Tab. Fol.) Ebds. 831.

Gemälde älterer und neuzeitiger Meister aus dem Besitze des Herrn Felix **Wagner**, London. Versteigerung zu Köln ... 1907. Köln a. Rh.: (J. M. Heberle) 1907. (20 S.) 4° [07. 7337]

Wagner, Ferdinand

Wagner, F. (II.), Album der Fresco-Gemälde am Kanzlei-Gebäude zu Constanz. 16. (6 Photolithogr.) Constanz 865, Magg. In Carton
Ausg. in 8.

Wagner, Ferd., malerische Ausschmückung, s.: Rathaus, das. zu Schwyz.

Wagner, Ferd., Friedrichs des Grossen Beziehgn. zu Frankreich u. der Beginn des 7jährigen Krieges. gr. 8. (XI, 157 S.) Hamburg 896. G. W. Seitz Nachf. n. 3. —

Wagner, Ferd., Erzählungen aus der Kirchengeschichte. Für den Religionsunterricht in den Bürgerschulen bearb. 4. verb. Aufl. gr. 8. (V, 62 S.) Prag 864, Tempsky. *

— Erzählungen aus der Kirchengeschichte und die Ceremonien der katholischen Kirche. Für den Religionsunterricht in den Bürgerschulen bearb. 1. und 2. Aufl. gr. 8. (IV, 116 S.) Ebendas. 877. *

— Erzählungen aus der Kirchengeschichte. Für den Religionsunterricht in den Bürgerschulen. 3. verb. Aufl. gr. 8. (III, 66 S.) Ebendas. 879. *

— Erzählungen aus der Kirchengeschichte. Für den Religionsunterricht in den Bürgerschulen bearb. 5. verb. Aufl. gr. 8. (VI, 68 S.) Prag 886, Tempsky. — Leipzig, Freytag. *
geb. **

Wagner, Ferd., Erzählungen aus d. Kirchengeschichte. Für d. Religionsunterricht in d. Bürgerschulen bearb. 10., verb. Aufl. gr. 8. (IV, 70 S.) Wien u. Prag 896. F. Tempsky. — Leipzig, G. Freytag.
Geb. in Leinw. n. 1. —

Wagner, Ferd., Erzählungen aus d. Kirchengeschichte. Für den Religionsunterricht in den Bürgerschulen bearb. 11. Aufl. gr. 8. (IV, 70 S.) Wien 901. F. Tempsky. Geb. n. 1. —

Wagner, Ferdinand, Erzählungen aus der Kirchengeschichte für den Religionsunterricht an Bürgerschulen. Wien 1902. Verlag von F. Tempsky. Preis, gebunden 1 K.

Wagner, Ferd., Erzählungen aus der Kirchengeschichte. Für den Religionsunterricht in den Bürgerschulen bearb. 12., verb. Aufl. (IV, 87 S.) gr. 8. Wien 903. F. Tempsky. Geb. n. 1. —

Wagner, F. Die Façaden und Hauptbilder am Rathaus in Schwyz. 4 Photographien. In-8⁰. Zürich, Art. Institut Orell Füssli. 1891. 1 —

Wagner, Ferd., Fest-Gabe. Humorist. Fresken aus dem Münchener Rathskeller. Ausgef. in *Xaver Rief's* lithogr.-artist. Anstalt in Regensburg. Mit eigenen histor. Erläutrgn. u. poet. [illegible]gassen vom Künstler. München, Cho. (C.) Stroefer's Kunstverlag, o. J. (um 1880 ?). Illustr. Orig.-Cart.-Bd. [illegible])
2[illegible] 101 Darstellungen in Holzsch. im Text in Prosa u. Versen. Hübsche imitirt-altdeutsche Ausstattung. Umschlag[illegible] roth gedr. Velinpapier.

Wagner, Ferd., der Geschäftsmann vor u. im Konkurs. Mit e. Anh. über „Kredit-Auskünfte". (78 S.) 8. Halle (910). F. Wagner. 1.50

Wagner, Ferd., s.: Jahrbuch des Geschichtsvereins f. Göttingen u. Umgebung.

Wagner, Ferdinand [aus Neunkirchen (Reg.-Bez. Trier)]: Ueber traumatische Lähmungen des Hals-Sympathicus . . . . Würzburg, Druck d. Ferdinand Rohrl'schen Buchdr., 1888; 40 S. 8⁰
Würzburg, Med. Fak., Inaug.-Diss. v. 1888

Wagner, Ferdinand, über traumatische Lähmungen des Hals-Sympathicus. Diss. Würzburg 1888, Stahelsche Univ.-Buchh. 8⁰. 40 S.

Wagner, Ferdinand. Die europäischen Mächte in der Beurtheilung Friedrichs des Grossen 1746–1757. Sonderabdruck aus den „Mittheilungen des Instituts für österr. Geschichtsforschung". XX. Bd. 8. (Wien 1899.)

Wagner, F., neue Originalzeichnungen zu Gittern in Guß- u. Schmiedeeisen, für Schlosser, Schmiede, Gießereien ꝛc. 1. Lfg. gr. qu. 4. (12 Stnt. u. 2 Bl. Text.) Berlin 846, Schepeler. *

—— Sammlung v. Originalzeichnungen z. decorirten u. verzierenden Stubenöfen, Kaminen u. Kaminöfen in gebranntem u. glasirtem Thon. Nebst architect. Details. Z. prakt. Gebrauch f. Architekten, Töpfer, Bauherrn ꝛc. 1—3. Hft. gr. 4. (36 Stnt. u. 2 B. Text.) Berlin 846, 47, Heymann. à * 1 Thlr. *

Wagner, Ferdinand (kgl. Zeichnungslehrer) „Kurze geschichtliche Uebersicht über den Gang der Technik der christlichen Baukunst des Mittelalters, deren Ursprung, Blüthezeit und Verfall". pg. 3–13. 4⁰. Mit einer Tafel. Dietenberger & Dr. Bressl.
Passau, Progr. 1848/49

Wagner, Ferd., Ceremonien der katholischen Kirche. Für den Religionsunterricht in den Bürgerschulen. 3. verb. Aufl. gr. 8. (VI, 48 S.) Prag 879. Tempsky. *

Wagner, Ferd., Ceremonien der katholischen Kirche. Für den Religionsunterricht in den Bürgerschulen bearb. 4. Aufl. gr. 8. (48 S.) Prag 885. Tempsky. — Leipzig, Freytag. n. — 48

Wagner, Ferd., Ceremonien der katholischen Kirche. Für den Religionsunterricht in den Bürgerschulen bearb. 7. Aufl. Unveränd. Abdr. der 4. Aufl. 8. (48 S.) Prag u. Wien 894. F. Tempsky. — Leipzig, G. Freytag. Kart. n. — 60

Wagner, P. Ferdinand, Ceremonien der katholischen Kirche für den Religionsunterricht an den Bürgerschulen. 8. verbesserte Auflage. Wien und Prag 1895. F. Tempsky. (Min.-Erl. vom 6. Juni 1895, Z. 8746.) Geh. 1895. —.24

Wagner, P. Ferdinand, Zeremonien der katholischen Kirche für den Religionsunterricht in den Bürgerschulen. 9, verbesserte Auflage. Wien 1902. Verlag von F. Tempsky. Preis, geheftet 50 h.

— Zeremonien der kathol. Kirche. Für den Religionsunterricht in den Bürgerschulen bearb. 9., verb. Aufl. (IV, 56 S.) gr. 8. Ebd. 903. n. — 50

Wagner, *Ferdinand Bernhardt* [aus Hamburg]: Der Mährische Feldzug Friedrichs II. 1741/42. . . . Marburg, Buchdr. F. Sömmering, 188[illegible]; 97 S., 1 Bl. 8⁰
Marburg, Phil. Fak., Inaug.-Diss. v. [6. März] 1891

Wagner, Fr., Stargard'sche Abschieds- u. Hamburg'sche Antrittspredigt. 4. Hamb. König. 736.

— allgem. Betrachtungen üb. d. geoffenbarten göttl. Geheimnisse d. christl. Religion überh. m. e. zweyfachen Anh. gr. 8. Hamb. 737.

— d. sich selbst verurtheilende Democrit, od. Widerleg. s. Lehrbegriffs v. d. Mittleramt Jesu. 2 Thle. 8. Breslau, Korn d. ält. (Haude u. Spener in Berl.) 732. 33. –

— Entdeckung des systematis Democriti. 8. Breslau, Korn d. ält. 731 –

— d. seligmach. Erkenntn. Gottes in ausführl. Betrachtungen üb. d. christl. Glaubenslehre ꝛc. 2 Stck. 4. Hamburg, Bohn. 737—39. (I. 12 gr. II. 1 Rthlr.)

Wagner, Fr., acht vierstimmige Gesänge f. Singvereine u. Chöre auf Schulen u. Seminarien. 4. Neustadt ... (Wagner.) 2/3 ß

Wagner, Fr. III., Hülfsbuch für Stadt u. Land, oder allerlei d. Erfahrung bewährte Hausmittel, zur Gesundheitspflege der Menschen u. d. Viehes. Alphabet. eingerichtet. 8. Erfurt 802. Keyser. 1 ß 4 K

— göttl. Leben Henochs, in e. Predigt a. d. 1 B. Mos. V. 24. betracht. 4. Berlin. 728. –

— Samml. auserles. Kanzelreden, üb. wicht. Wahrheiten d. H. Schr. 8 Thle. gr. 8. Breslau, W. G. Korn. 743–48.

Wagner, Fr. I., († d. 6. Juli 1760.) Standrede bei Legung des Grundsteins zur kl. St. Michaeliskirche. 4. Hamb. 751. König. 5 K

— Versuch e. gründl. Untersuch. welches d. wahre Begriff v. d. Freyheit d. Willens sey. 8. Ebend. 730. –

Wagner, Fr., vergleich. Zusammenstellung der Evangelien des Matthäus, Marcus u. Lucas, s. Vogel, A. C.

Wagner, Fr. Bhrd., Predigten bei d. akadem. Gottesdienste in Linz. 8. Linz 809. Haslinger. 1 ß 4 K

— Sieg, der, des Kreuzes.

— Uebersicht d. Kirchenrechts zu Vorlesungen. 8. Linz 179..

Wagner, Fr. X., Brandversicherungs-Anstalt. Eine Tabelle. Salzb., (Duyle). 1 K

Wagner, Fr. X., Bürgermeisterbüchlein, d. i. Wegweiser u. Rathgeber f. Landbürgermeister u. Solche, die es werden wollen, sowie f. deren Wähler. 3. Aufl. gr. 16. (VI, 66 S.) Kempten 893. J. Kösel. n. — 40

Wagner, Franz

Wagner, F., der hl. Abend. Ein kurzes, kirchl. Weihnachts-Festspiel, v. Kindern darzustellen. gr. 8. (11 S.) Weißenfels 892. M. Lehmstedt. n.n. — 15

Wagner, Franz, a. Giessen: Beitrag zur Frage der congenitalen Hüftgelenksverrenkungen und deren Behandlung. Coburg (1908): Thüringer Kunstanstalt & Graphische Union. (25 S.) 8°
Berlin, Med. Fak., Ref. Hildebrand, Diss. v. 31. Juli 1908
[Geb. 12. Jan. 65 Halle a. S.; Wohnort: Gießen; Staatsangeh.: Hessen; Vorbildung: Gymn. Sondershausen Reife O. 86; Studium: Jena 5, Berlin 7 S.; Coll. März 91; Approb. März 93.]

Wagner, Frz., das Börsengesetz v. 22. VI. 1896 u. d. Bankdepotgesetz v. 5. VII. 1896. Gemeinfaßl. dargestellt. gr. 8. (33 S.) Ludwigshafen 897. (F. Baumgartner.) n.n. — 25

Wagner, Frz., Bureaubuch des Rechtsanwalts. 4 Hfte. gr. 8. (XXXI, 793 S.) Berlin 900. C. Heymann. n. 10.–

— **Bureaubuch des Rechtsanwalts u. Notars.** 2. verb. Aufl. gr. 8. (XXXII, 828 S.) Ebd. 902. n. 10. —; geb. n. 12. —

Wagner, F., Bureaubuch des Rechtsanwalts u. Notars. 3. u. 4. bericht. Aufl. (XXXII, 830 S.) gr. 8. Berlin, C. Heymann. 1904. 10. —; geb. 12. —

Wagner, Frz., Bureaubuch des Rechtsanwalts u. Notars. 5. u. 6. bericht. Aufl. (XXXI, 888 S.) gr. 8. Berlin 906. C. Heymann. n. 10. —; geb. n. 12. —

Wagner, Frz., Bureaubuch des Rechtsanwalts u. Notars. 7. u. 8. bericht. u. erweit. Aufl. (XI, 958 S.) gr. 8. Berlin 910. C. Heymann's Verl. 10.—; geb. 12.

Der Cognac-König. Operette in 3 Acten (nach Scribe's u. Bayards 'La Frontière de Savoie') von Victor Léon u. Ludwig Held. Musik von Franz **Wagner**. [Text.] Leipzig, Wien: J. Weinberger [zw. 1892 u. 1897]. (54 S.) 8° [F.] 108, 7053

Wagneri, Fr., Universae phraseologiae latinae corpus congestum. Aug. Vind. et Francof. 718. 8. 1 rthlr. und öfter. Ratisb. 745. 8. 1 rthlr. 4 gr. Ib. 760. 8. Aug. Vind. 791. 8. 2 rthlr.

— corpus universae Phraseologiae latinae. 8. Regensb. Bader. 745.

***Wagner*, Frz., († d. 6. Juli 1760.) corpus universae phraseologiae germano-latin.** 8. Regensb. 745. Ed. nov. aucta et emend. c. praefat. a Prof. Span. 8maj. Wien 823. (Gerold). 2 rthlr 12 gr Hbg. Pr. 1 rthlr 12 gr

Wagner, Franz, aus Sandow: Über die Einwirkung von Brom auf p-Kresol. *Marburg 1899: R. Friedrich.* (41 S.) 8°
Marburg, Phil. Diss. v. [14. Juli] 1899

Wagner, Enteignung und Einspruchsrecht in der Ostmark. 2. Aufl. (16 S.) gr. 8. Berlin 907. Puttkammer & Mühlbrecht. — 35

Wagner, Frz., (Cand.), Gedichte vermischten Inhalts. 8. ...819.

Wagner, Frz., Geheimnisse aus der feinen Küche. Anleitung f. Kochkunstverständige u. d. feinere Servierpersonale. schmal gr. 8. (124 S.) Wien (902). (C. Kravani.) n. 2. —

Wagner, Frz., Geschichtschreiber Schlesiens des 15. Jahrh., s. Scriptores rerum Silesiacarum.

Wagner, Franz *(geb. Großneundorf bei Neiße 26. 5. 1852)*: Das Geschlecht der Grafen von Burgund vom Ende des 10. Jahrhunderts bis zum Jahre 1102. Ein Beitrag zur politischen und kirchlichen Geschichte Burgunds, sowie des Kreuzzuges 1101/1102. Th. 1. Neisse (1878). (52 S.) 8°
Breslau, Phil. Diss. v. 9. Mai 1878

Wagner, Frz., in froher Gesellschaft. Heitere Vorträge u. Couplets. Neue Folge v. „Mein Wien". Mit Umschlag-Vignette, nebst dem Portr. d. Verf. gr. 8. (VIII, 188 S.) Wien 892. C. Daberkow. n. 2. —; kart. n. 2. 50

— Historia Josephi I. Caesaris Augusti c. appendice usque ad Pacem Badensem. fol. Dresd. Walther. 745.

— — idem liber. fol. maj. Vien. Gerold. 745.

Wagner, Frz. Historia Josephi Caesaris Augusti Felicis. cum appendice usque ad pacem Badensem. fol. Viennae 1746.

Wagner, F. Historia Leopoldi Magni Caesaris Augusti. 2 v. fol. Vindobonae 1719–31.

— Historia Leopoldi Magni. II Tom. fol. Augsb. Wolf. 731.

Fünfhundert Jahre unterm Zollernaar. Der Burggraf von Nürnberg. Vaterländ. Festspiel in 3 T. unter Benutzung einiger bekannt. Gedichte verf. von Willibald Schönfelder. Musik von Franz **Wagner**. op. 130. Textbuch. Gr.-Licherfelde: Vieweg (1910). 30 S. 8° 111, 19024

Wagner, Franc., Introductio in historiam Assyriorum, Persarum, Graecorum et mythologiam. Wien, um 1730. 8°

Wagner, Franc., Introductio in historiam biblicam Veteris Testam. Pars I. Wien, Schwendimann, 1729. 8° (lat. und deutsch).

Wagner, Frz., 25 Kinderlieder über Texte aus dem 2. Theil des Lesebuches von Lüben und Nacke. 8. (16 S.) Gera 867, Griesbach. *

Wagner, Frz., Kinder-Weihnacht. Krippenspiel f. d. Christfeier in Schule u. Haus f. Kinderstimmen m. Klavier. Dichtung v. Elisab. Schwarze. Musik v. W. Textbuch. (12 S.) 8. Berlin-Groß Lichterfelde (910). Ch. F. Vieweg. — 30

Wagner, Frz., 100 Wiener Klapphorn-Verse. 8. (16 S.) Wien 885. O. Frank. n. — 50

— Leben u. Tugend. Maria Elisabetha, Erzherzogin v. Oesterreich. 8. Wien, Gerold. 752.

Wagner, Frz., Beethovens Leben u. Werke. Mit Portr. u. Facsm. (in Holzschn.) gr. 8. (46 S.) Leipzig 870. Leuckart. — 75

— Luise, s.: Grüttner, A.

Materialien und Bemerkungen zur Frage der Enteignung in der Ostmark. Von FRANZ WAGNER, Justizrat. Stellvertretender Vorsitzender des Deutschen Ostmarkenvereins. Berlin 1911. Puttkammer & Mühlbrecht, Buchhandlung für Staats- und Rechtswissenschaft. 8°.

Wagner, Frz., methodus recte cogitandi. 8. Frcft. 717.

Wagner, Frz. v., das Nervensystem von Myzostoma [F. S. Leuckart]. gr. 8. (52 S. mit 1 lithogr. Taf.) Graz 886, Leuschner und Lubensky. *

— Phrascologia germano-latina. 4. Tugii. 766.

— universa Phrascologia latina, ab eodem secundis curis Sallustiana, Caesareana, Liviana, Corneliana etc. Phrascologiis ac denique indice Verborum, quae in foro militari, civili, sacroque obtinent, locupletata, etc. ad usum juventutis litterarum studiosae accommodata. 8. maj. Augsb. Rieger. 801.

Wagner's, Fr., Deutsch-lateinische Phraseologie nach den besten Quellen zum Gebrauche der studirenden Jugend gänzlich umgearb. von Ignaz Seibt. Lex. 8. (IV u. 1686 S.) Prag 847, Haase. n. 2½ rthl.

— der Polenring. Mit e. Sammlg. poln. Preßstimmen. 1. u. 2. Aufl. gr. 8. (à 90 S.) Berlin 899. H. Walther. n. 1.—

— u. Vosberg, Polenspiegel. Die Umtriebe der Polen nach ihrer eigenen Presse. 3. u. 4., völlig umgearb. u. sehr verm. Aufl. der „Polenstimmen". Hrsg. im Auftrage d. deutschen Ostmarkenvereins. (LXIV, 340 S.) gr. 8. Berlin 908. Puttkammer & Mühlbrecht. 3.—; geb. in Leinw. 4.80

— u. **Vosberg**, Polenstimmen, e. Sammlg. v. Aeußergn. der poln. Presse. Hrsg. vom deutschen Ostmarkenverein. gr. 8. (237 S.) Berlin 902. Gose & Tetzlaff. n. 1.50

— — dasselbe. Mit Anh.: Wagner, Frz.: der Polenring. Mit e. Sammlg. poln. Preßstimmen. Berlin 1899. gr. 8. (237 u. 90 S.) Ebd. 902. n. 2.—

— d. Reichsgesetz v. 26. VII. 1897 üb. d. Innungen u. Handwerkskammern. Gemeinfaßl. dargest. unt. Benutzg. d. Begründg. d. Gesetzentwurfes. gr. 8. (15 S.) Ebd. 897. n.n. — 25

Wagner, Frz., Rainer Maria Rilke. Versuch zu e. Einführg. in sein Werk. Hrsg. vom akademisch litterar. Verein Berlin. (32 S.) 8. Berlin-Wilmersdorf 910. A. R. Meyer. — 60

Wagner, Franz, a. Essen Ruhr-West.: Die Säcularisation des Bistums Halberstadt und seine Einverleibung in den Brandenburgisch-Preußischen Staat 1648 – 1650. Wernigerode a. H. 1905: B. Angerstein. (VII, 53 S.) 8° [F.]
Münster, Phil. Fak., Ref. Spannagel, Diss. v. 5. Okt. 1905
[Geb. 11. Nov. 80 Altendorf, Kr. Essen; Wohnort: Essen; Staatsangeh.: Preußen; Vorbildung: Gymn. Essen Reife O. 02; Studium: Berlin 2, Münster 5 S.; Rig. 1. Aug. 05.]

Wagner, Frz. v., Schmarotzer u. Schmarotzertum in der Tierwelt, s. a. Sammlung Göschen.

Schmarotzer und Schmarotzertum in der Tierwelt. Eine Einführung in d. tierische Schmarotzerkunde von Dr. Franz v. **Wagner**, Prof. Mit 67 Abb. Leipzig: Göschen 1902. 151 S. 8°
(Sammlung Göschen. 151.) [11. 14325 11

— der Schuldnachlaß, e. Versuch zur Regelung e. Zwangsvergleichs außerhalb des Konkursverfahrens. (III, 41 S.) gr. 8. Ebd. 904. n. — 80

— Schulgesangbuch f. höhere Mädchenschulen, s.: Herrmann, Willy.

Wagner, Franz [med. prakt., z. Z. Assistenzarzt am Sanatorium Wald]: Staubuntersuchungen auf Tuberkelbacillen in der zürch. Heilstätte für Lungenkranke in Wald. Wald 1903. 36 S. 8°.
Zürich. Med. Diss. 1902 1903.

Wagner, Franz. Staubuntersuchungen auf Tuberkelbacillen in der zürch. Heilstätte für Lungenkranke in Wald. Diss. Med. Univ. Zürich. II + 36 S. 8. Wald, H. Hess, 1903.

Wagner, Frz. v., Tierkunde, s.: Sammlung Göschen.

Wagner, Franz: Das operative Vorgehen bei großen Mastdarmprolapsen, insbesondere Erwachsener, unter Mitteilung eines von Prof. Friedrich eingeschlagenen Verfahrens. ⟨Mit e. Beil.⟩ (Berlin: Trenkel 1908.) 32 S. 8°
Marburg, Med. Diss. v. 11. Nov. 1908, Ref. Friedrich
[Geb. 22. Juli 81 Neuenhain i. T.; Wohnort: Karlsruhe i. B.; Staatsangeh.: Preußen; Vorbildung: Realgymn. Wiesbaden Reife O. 01; Studium: Leipzig 1, München 1, Leipzig 5, Marburg 3 S.; Coll. 29. Juni 08.] [U 09. 3153

Wagner, Franz, „Mein Wien". Heitere Vorträge, Couplets u. Solo-Scenen. 1. Heft 8. (S. 1—32.) Wien, Oscar Frank. 30 kr. 1884.

—— „mein Wien". Heitere Vorträge, Couplets und Solo-Scenen. 5 Hefte. 8. (160 S.) Ebendas. 885. à Heft * 60 Pf. * geb. *

Wagner, Franz (Hrsg.), s. Zitherzeitung, Wiener.

Wagner, Franz Albert Moritz Hermann, s. Wagner, Hermann

Wagner, Frz. Ant., Historia statutorum Hamburgensium ductu Mich. Richey. 4. Hamb. König. 758.

Wagner, Franz Blasius Martin

— Erinnerung an d. k. baier. Berginspektionscommissär etc. K. Frz. L. Schmitz. 8. Münch. 825. Finsterlin. 4 kr.

— Kirchen- u. Schulkatechesen, nach sokrat. Lehrart auf jede Woche d. Schuljahres eingetheilt. 4 Bde. 8. Wien 791. 2e A. 794. 6 Bde. 8. Stadtamhof 807. Daisenberger. 3 fl. 16 kr. 3e A. 8. Grätz 814. 4e A. 815. (Ferstl.) 5 fl. 8 kr.

Wagner, Fr. B. M., quaestiones juris bavarici judiciarii cum notis et supplementis; z. allgem. Gebr. u. z. ersprießl. Nutzen u. leicht. Begriff abgefaßt etc. 8. Landshut, Hagen. 771. Rthlr.

* Wagner, Fr. B. M., quaestiones juris bavarici judiciarii, cum notis et supplementis, zum allgem. Gebrauch. 8. Landsh. Kepp. 771.

— quaestiones juris bavarici judiciarii c. notis et supplementis; zum allgem. Gebrauch u. zum ersprießlichen Nutzen u. leichten Begriff abgefaßt etc. 8. Landsh. 771. (Storno). 20 kr.

Wagner, Frz. Blas. Mart., churpfalzbaier.-geistliches Recht in Fragen u. Antworten mit gelehrten Anmerkgn., erneuerten Concordaten u. jüngeren General-Verordnungen. Mit TVign. Munchen, gedr. bey Frz. Seraph Hübschmann 1795. 8°. Hldrb.
11 Bll., 712 S., 1 Bl. Err.

— wirkl. geogr.-statist. Uebersicht d. Europäischen Mächte im Allgemeinen u. d. einzelnen Staaten d. deutschen Reichs insbesond., als Anhang zu Büschings Vorlesungen. 8. Augsb. 804. Bürglen. 9 kr.

— churpfalzbairisch=gelehrt. decisives Universal=Gesetz=Lexikon, oder allgem. von d. unterst. bis höchst. Amtsstufen diensam entscheid. Rechtsschlüssel. 5 Bde. u. Nachtrag. gr. 8. Augsb. 800. Bürglen. 10 ℳ

Wagner, Fr., churpfalzbayerisch=gelehrt. decisives Universal=Gesetz=Lexicon, od. allgem. v. d. unterst. b. höchst. Amtsstufen diensam entscheid. Rechtsschlüssel. 5 Bde. u. Nachtr. gr. 8. Augsb. Bürglen. 804.

Wagner, Frz. M. Blas., († d. 15. März 1821.) Civil- u. Cameralbeamter. 4. Landsh. 771.

Wagner, Franz Jos[ef]: Beiträge zur Würdigung der Musiktheorie Schopenhauers. Bonn 1910: Hauptmann. 60 S. 8°
Bonn, Phil. Diss. v. 4. Mai 1910, Ref. Dyroff
[Geb. 6. Mai 85 Kochem; Wohnort: Bonn; Staatsangeh.: Preußen; Vorbildung: Gymn. Prüm Reife O. 05; Studium: München 2, Bonn 8 S.; Rig. 10. Nov. 09.] [U 10. 430

Wagner, Frz. Carl, die privilegirte österreichische Nazionalbank. Was war sie? Was ist sie? Was könnte und sollte sie sein? gr. 8. (108 S.) Wien 850, (Seidel.) *

Wagner, Franz M. Blasius, s. Wagner, Franz Blasius Martin

Wagner, Franz Wilhelm (Rusteberg) A. S. 605/11
Dissertatio inauguralis juridica de subtilitate nimia in analogia juris naufraga.
Präs. Christoph Ignaz Guden.
Erfurt (Grosch) IV. 1726. 60 S. 35591

Wagner, Franciscus Xavierius: • Commentationem causarum, ex quibus M. I. Hussus ad Concilium Constantiense citatus ibique condemnatus sit scripsit. 22 Bl. 4°
Halle-Wittenberg, Phil. Diss. v. 10. Juni 1826
Geb. [Königshain (Grfsch. Glatz) 28. 9. 1799]

WAGNER, Franz Xaver (Moosbach): De scorbuto.- Monachii: Hübschmann 1833. 16 S. 26.8.1831 - Urk; F 60
Diss. Ingolst.-Landsh.-Mchn.

Wagner, Fridolin, die Lehre vom deutschen Stil, s. a. Ritsert, E. L.

Wagner, Fridolin, die Lehre vom deutschen Stil od. prakt. Anleitg. zum richt. deutschen Gedankenausdrucke f. die oberen Klassen der Volksschulen, höhere Mädchenschulen, Schullehrerseminarien u. einzelne Klassen der Realschulen u. Gymnasien, wie zum Privatgebrauche. 10. Aufl. der Ritsert-Wagner'schen Stillehre. gr. 8. (VII, 470 S.) Darmstadt 875. Diehl's Verl. n. 3. —

Wagner, Fridolin, die Lehre vom deutschen Stil oder prakt. Anleitung zum richtigen deutschen Gedankenausdrucke für die oberen Klassen der Volksschulen, höhere Mädchenschulen, Schullehrerseminarien und einzelne Klassen der Realanstalten und Gymnasien, wie auch zum Privatgebrauche. 11. Aufl. der Ritsert-Wagner'schen Stillehre. gr. 8. (VIII, 470 S.) Darmstadt 880, Bergsträßer. *

Wagner, Fridol., orbis terrarum antiquus. Schul-Atlas der alten Welt nach Mannert, Ukert, Wilhelm, Forbiger, Grysar und den neuesten Karten bearb. 1. Aufl. 1850. und 2. Aufl. qu. Fol. (6 lithogr. und ill. Bl.) Mainz 852, Janitsch. *

Wagner, Fridolin, Orbis terrarum antiquus. Schul-Atlas der Alten Welt nach Mannert, Ukert, Wilhelm, Forbiger, Grysar und den neuesten Karten bearb. 6. Aufl. qu. Fol. (6 lithogr. und ill. Karten.) Darmstadt 863, (Köhler's Verlag.) *

Wagner, Fr., Schulatlas der alten Welt. 6 Karten. 15. Aufl. 4. Leipzig 879, Wagner und Debes. * — 60
Einzeln à Bl. * — 25

* *Friedrich Wagner's* gründliche und vollständige Anweisung zur Arithmetic. etc. 8. 2 Alph. 11 Bog. 1721.

— gründl. u. vollständ. Anweis. z. Arithmetik. 8. Halle, Waisenh. Buchhdl. 721.

Wagner, Frdr. Die Aufnahme der fränkischen Hohenzollern in den schwäbischen Bund. 32 S. **Progr.** Fr. Wi. G. *Berlin* 1880.

Wagner, Frdr., landwirtschaftliche Bauten, s. a. Bauhandbuch, deutsches.

Landwirtschaftliche Bauten. Bearb. von Friedrich **Wagner,** Architekt. Mit 1346 Ill. 3. wesentl. erw. Aufl. Berlin: Deutsche Bauzeitung 1907. (XII, 626 S.) 8°
= Bauhandbuch, Deutsches. Baukunde d. Architekten, T. 3 [= Bd 2, T. 1]. [07. 11166

Wagner, Frdr., unterrichtliche Behandlung des Lesebuchs 1 f. die württemb. Volksschulen, s.: Kohler, M.

Wagner, Friedr., Bilder und Klänge vom Tegernsee. 16. (IV und 144 S. mit 1 Stahlst.) München 866, Franz'sche Buchh. cart. *

Wagner, Fr. V., der Königl. Bildersaal in d. St. Moritzkapelle zu Nürnberg, in Umrissen herausgeben. 1s u. 2s Heft. Jedes mit 4 Kpf. gr. 8. Nürnb. 832. Riegel u. W. 16 gr.

Wagner, Friedrich. Nürnberger Bildhauerwerke des Mittelalters. I. Marienbilder. Paris, Nürnberg, London 1847. 4°.

—— **Blüthen aus den Meisterwerken der königl. Pinakothek zu München, s. Blüthen.**

Wagner, Friedr., Albrecht Dürer. Dramat. Gemälde in sechs Bildern. gr. 8. (9½ B. u. D's. Bildn.) Nürnberg 840, Bauer u. Raspe. *

Wagner, Friedrich. Kurzer Entwurf der christlichen Glaubenslehre . . . Bremen 1773. H: *Rieffesthal, Hermann Andreas.* (MGT)

Wagner, Friedrich: Zwei Fälle von sogenannter pericarditischer Pseudolebercirrhose. München 1907: Kastner & Callwey. 48 S. 8°
München, Med. Diss. v. 21. Aug. 1908, Ref. v. Bauer
[Geb. 27. Juli 82 Chemnitz i. Sa.; Wohnort: Chemnitz; Staatsangeh.: Sachsen; Vorbildung: Gymn. Chemnitz Reife O. 02; Studium: Freiburg i. B. 1, Leipzig 4, München 5 S.; Coll. 21. Aug. 08; Approb. 31. Juli 08.] [U 12. 3795

Wagner, Friedr., das gelbe Fieber. gr. 8. (55 S.) Erlangen 879, Krische.

Wagner, Frdr., Freiheit u. Gesetzmässigkeit in den menschl. Willensakten. E. philosoph. Abhandlg. gr. 8. (III, 115 S.) Tübingen 898. H. Laupp. n. 2. 80

Wagner, Frdr., die sittlichen Grundkräfte. Ein Beitrag zur Ethik. gr. 8. (III, 9 S.) Tübingen 899. H. Laupp. n. 2. —

Wagner, Friedrich: Sichere auf mehrjährige Erfahrung gegründete Heilung des aufgeblähten Rindviehs. Nebst Anleitung wie u. wo d. Bauchstich am zweckmässigsten anzubringen ist. Mit 2 Steintaf. Basel 1821. IV, 21 S.

Wagner, Fr. IV., sichere auf mehrjähr. Erfahrung gegründete Heilung des aufgebläheten Rindviehes rc. Mit 2 Steintaf. 8. Basel 827. Neukirch. 4 ℳ

Wagner, F., Hilfsbuch für den Unterricht in der Geschichte. 1. Das Altertum. gr. 8. (IV, 142 S.) Leipzig 881. A. Krüger. n. 1. 50

— dasselbe. II. Die mittlere Zeit. A. u. d. T.: Deutsche Geschichte. I. Von den Urzeiten bis zur Reformation. Nebst einem Abriß der französ. u. engl. Geschichte. gr. 8. (VII, 172 S.) Ebend. 881. n. 1. 80

— dasselbe. III. Die neuere Zeit. gr. 8. (VI, 232 S.) Ebend. 882. n. 2. 20

Wagner, F., Hilfsbuch f. den Unterricht in der Geschichte. II. Die mittlere Zeit. gr. 8. Weimar 889. Würzburg-Schenkenschloß, K. W. Krüger. n. 1. 80
Deutsche Geschichte. I. Von den Urzeiten bis zur Reformation Nebst e. Abriß der französ. u. engl. Geschichte. 2., verb. Aufl (VI, 172 S.)

Wagner, F., Hilfsbuch f. den Unterricht in der Geschichte. III. Die neuere Zeit. Deutsche Geschichte. 2. Von der Reformation bis zur Gründg. des neuen deutschen Kaiserreiches. Mit Berücksicht. der französ., engl. u. nord. Geschichte. 2., verb. Aufl. gr. 8. (VI, 233 S.) Weimar 890. Würzburg, K. W. Krüger. n. 2. 20

Wagner, Frdr., die bayerischen Hopfensorten, ihre Entstehg., Verbreitg. u. Eigenschaften. (IV u. S. 3—92 m. 1 Abb. u. 33 Taf.) Lex.-8. Stuttgart 905. E. Ulmer. n. 3. —

Wagner, Fr., geographischer Inhalt d. Lesebuchs f. die evangelischen Volksschulen Württembergs. 8. (IV, 79 S.) Stuttgart 883. Kohlhammer. n. — 50; Schüler-Ausg. (17 S.) n. — 10

— ist Verneinung d. Willens möglich? gr. 8. (32 S.) Stuttgart 897. F. Frommann. n. — 75

Wagner, Frdr.: Die J u g e n d u. Erziehung der Kurfürsten v. Brandenburg u. Könige v. Preussen s. S c h u s t e r, Geo.

Wagner, Friedrich, Prof. Dr.: **Aus der Jugendzeit des Kurfürsten Johann von Brandenburg.** (Umschlagt.: Aus d. Jugendzeit der Kurfürsten Johann u. Joachim I. von Brandenburg.) *Berlin (1900): A. W. Hayns Erben.* (S. 3—69.) 4°
¶ (Die Jugendgesch. Joachims I. folgt später.)
Berlin, k. Friedrich-Wilhelms-G u. k. VS, OP 1900 (55)

Wagner, F., deutsche Lebensbilder u. Sagen f. den Geschichtsunterricht auf d. Mittelstufe höherer Mädchenschulen. Nach d. preuß. Lehrplan vom 31. Mai 1894 bearb. gr. 8. (80 S.) Leipzig 896. F. Hirt & Sohn. Kart. n. — 75; geb. n. 1. —

— dasselbe. Ausg. B. Für konfessionell gemischte Schulen. gr. 8. (79 S.) Ebd. 897. Kart. n. — 75; geb. n. 1. —

Wagner, F., deutsche Lebensbilder u. Sagen f. den Geschichtsunterricht auf der Mittelstufe höherer Mädchenschulen. Nach dem preuß. Lehrplan vom 31. V. 1894 bearb. Ausg. A. Für evangel. Schulen. 2., verm. Aufl. gr. 8. (88 S.) Leipzig 899. F. Hirt u. Sohn. Kart. n. — 75; geb. n. 1. —

Wagner, F., deutsche Lebensbilder u. Sagen. Für den Geschichtsunterricht auf der Mittelstufe höh. Mädchenschulen bearb. 3., durchgeseh. u. erweit. Aufl., hrsg. v. E. Lampe. (103 S.) 8. Leipzig 905. F. Hirt & Sohn. Kart. n. 1. —

Wagner, Frdr., Leitfaden f. die biographische Vorstufe des Geschichtsunterrichts, s.: Wernicke, E.

Wagner, Fridericus [Altenburgensis]: De ominibus quae ab Augusti temporibus usque ad Diocletiani aetatem Caesaribus facta traduntur . . . . Ienae, typ. Neuenhahni, 1888; 90 S. 8°
Jena, Phil. Fak., Inaug.-Diss. v. 1888

Wagner, Frdr., de ominibus quae ab Augusti temporibus usque ad Diocletiani aetatem caesaribus facta traduntur. Diss. inaug. gr. 8. (90 S.) Jena 888. (Neuenhahn.) n.n. 2. 40

Wagner Friedrich: Ueber die Passionsdarstellungen Albrecht Dürers.
1894 PN 826 Diss. Wien. Univ. 1863

— Rechenbuch. 8. Halle, Waisenh. Buchhdl. 721. -

Wagner, Frdr., erziehender Religionsunterricht auf d. Unterstufe. Method. Behandlg. d. bibl. Geschichten f. d. 1.—8. Schulj. unt. Anwendg. d. darstell. Unterrichts u. m. Anschluß d. Memorierstoffes. gr. 8. (XII, 222 S.) Eßlingen (894). Stuttgart, A. Lung. n. 2. 80

Wagner, Frdr., erziehender Religionsunterricht auf der Unterstufe. Unterrichtliche Behandlg. der bibl. Geschichten f. das 1.—8. Schulj. unter Anwendg. des darstell. Unterrichts u. m. Anschluß des Memorierstoffes. 2. verb. Aufl. (XII, 230 S.) gr. 8. Stuttgart (904). A. Lung. n. 2. 80; geb. n. 3. 20

Wagner, Friedr., Schamyl als Feldherr, Sultan und Prophet und der Kaukasus. Schilderungen der Völker und Länder Kaukasiens. Nebst dem Portrait Schamyls (in Holzschn.) und 1 (in Kpfr. gest. u.) color. Karte des Kaukasus (in 4.). 1. u. 2. Aufl. Leipzig 854. Remmelmann. (Kaiserslautern, Meuth.) gr. 8. (VI, 114 S.) n. 16 *ngr.*

Wagner, Friedrich, Dr. phil., Benefiziat d. Kurfürstl. Kapelle an d. Domkirche: Das natürliche Sittengesetz nach der Lehre des hl. Thomas von Aquino. Breslau 1910: Nischkowsky. 48 S. 8° ¶ (Ersch. vollst. als Buch.)
Breslau, Kath.-theol. Diss. v. 27. Juli 1910, Ref. Renz
[Geb. 9. Jan. 67 Dorpat; Wohnort: Breslau; Staatsangeh.: Preußen; Vorbildung: Kaiserin-Augusta-Gymn. Charlottenburg Reife M. 88; Studium: Phil. Bonn, Berlin, München, Wien, kath. Theol. Freiburg i. B. 6 S.; Rig. 24. Mai 10.]
[U 10. 457

Wagner, Frdr., Scenen aus Nürnbergs alter Künstlerwelt. Mit den Bildnissen Albr. Dürer's, Adam Kraft's, Peter Vischer's u. Veit Stoß's, gezeichnet u. gestochen von dem Verf., u. einer Musikbeilage (in qu. 4.) gr. 8. (VI u. 186 S. m. 1 Titelkpfr.) Nürnberg 852, Geiger. 1 1/2 ℔

Wagner, Friedrich, Uebersicht der Ergebnisse aus den meteorologischen Beobachtungen des Jahres 1853. (Jahresbericht des Physikal. Vereins zu Frankfurt a. M. für 1852—53.)

Wagner, Friedr., Vademecum des Geschäftsreisenden. Nebst 2 Anhängen. 1. Münztabelle. 2. Der neue Münzverein für Deutschland. Arnsberg 858. Ritter. 16. (IV, 115 S.) 9 *ngr.*

Wagner, Friedrich, a. Odessa: Vergleichung des gegenseitigen gemeinschaftlichen Testaments mit dem gegenseitigen Erbvertrage. Berlin 1906: W. Pilz. (83 S.) 8°
Erlangen, Jur. Fak., Ref. Binder, Diss. v. 31. Mai 1906
[Geb. 30. Nov. 81 Odessa; Wohnort: Berlin; Staatsangeh.: Preußen; Vorbildung: Gymn. Groß-Lichterfelde Reife O. 02; Studium: Berlin 6 S.; Rig. 21. Dez. 05.]

Wagner, Friedrich: Die 32. Wanderversammlung der Landwirte Nürnberg 1895.
Nürnberg 1895.

Wagner, Friedr. Aug., Aegypten in Deutschland, od. die german.-slavischen, wo nicht rein german. Alterthümer an d. schwarzen Elster. gr. 8. (6½ B., 6 Stnt. u. 1 Karte, gr. 4.) Leipzig 833, [Böhme.]

WAGNER, Fr. Aug., Bemerkungen über die nachtheiligen Einwirkungen u. Folgen zu enger Kleider, für Nichtärzte. Mit 1 Kupf. Leipzig u. Sorau 1823. 8°. (In Berlin: Bibl. d. med.-chir. Frdr.-Wilh.-Inst.)

— Bemerkk. über die nachtheil. Einwirkungen u. Folgen zu enger Kleider f. Nichtärzte. Mit 1 Kpft. 8. Leipz. 824. Fr. Fleischer. 12 gl.

Wagner, Fr. Aug., Epistola de morborum insanabilium curatione. 12 pp. Lps. 4°.
1792

Wagner, Fr. Aug., Erfahrungen über d. Biß d. gemeinen Otter oder Piper Deutschlands, dessen Folgen u. Cur. Mit genauer Schilderung u. color. Zeichnung dieses Thieres. 8. Leipz. 824. Fr. Fleischer. 8 gl.

Wagner, Frid. Aug(ustus) (geb. Schlieben 21. 3. 1813): Nonnulla de eclampsia adultorum. Berolini (1838). (27 S.) 8°
Berlin, Med. Diss. v. 27. Jan. 1838

—— die Tempel u. Pyramiden d. Urbewohner auf d. rechten Elbufer, unweit dem Ausfluss d. schwarzen Elster. gr. 8. (7 B. u. 3 Stnt.) Leipzig 828, [Lehnhold.]

Wagner, Frdr. Bernh. 300 Tage im Sattel. Erlebnisse e. sächs. Artilleristen im Feldzuge 1870/71. gr. 8. (VII, 183 S. m. 1 Karte.) Dresd. 892, A. Köhler. * 2 —; cart. * 2 50

[F.] Wagner, *Friedrich* Bernhard: Das Wissen und Können Leonardo da Vincis. Beitrag. Chemnitz, Druck v. J. C. F. Pickenhahn & Sohn, 1895; 3—44 S. 4.
Chemnitz, techn. Staatslehr-A, OP 1895**

Wagner, Frid. Bernh. Theod. (geb. Pasewalk 17. 10. 1816): De sympathia contagiosa. Berolini (1840). (32 S.) 8°
Berlin, Med. Diss. v. 29. Febr. 1840

Wagner, Friedrich Ludwig

Wagner, Fr. Lud., Feldblumen. 8. Elberfeld, Büschler. 802. —

Wagner, Fr. Ldw., Feldblumen. 8. Elberf. 802. (Schönian). 14 gl.

— neues Handbuch f. d. Jugend in Bürgerschulen. 1r Thl. gr. 8. Frkft. Guilhaumann. 809. —

— neues Handbuch für die Jugend in Bürgerschulen. 1e Hälfte. gr. 8. Frankfurt a. M. 6e verm. A. 812. 11e A. 825. Guilhaumann. 10 gl.

Wagner, Fr. Lud., neues Handbuch f. die Jugend in Bürgerschulen. 1r Thl. 7te Aufl. gr. 8. Frankf. Guilhaumann. 814. -

Wagner, F. L., neues Handbuch für die Jugend in Bürgerschulen. 1ste Hälfte. 9te verm. Aufl. gr. 8. Frankf. a. M., Guilhauman. 819. — 10

— — Dasselbe für Katholiken von Dereser bearb. 4te verm. Aufl. gr. 8. Ebend. 819. — 12

Wagner, Fr. Ldw., neues Handbuch ꝛc. f. Katholiken von Dereser bearbeitet. 6e verm. Aufl. gr. 8. Ebd. 824. 12 gl. (Vergl. Handbuch).

— Neues Handbuch f. d. Jugend in Bürgerschulen. 1e Hälfte. 11e Aufl. gr. 8. Frkf. 825, Guilhaumann.

— Handbuch des Wissenswürdigsten für Volks- und Realschulen. I. Thl. Das Lesebuch, Sprüchbuch und Rechenbuch. 15. Aufl. gr. 8. Darmstadt 842, Diehl. ⅛ ℔ — 16. Aufl. 843. — 17. Aufl. (Herausgeg. von Dr. Karl Wagner.) gr. 8. Ebend. 844. n. ¼ ℔

— dass. II. Thl. Naturkunde, Geographie, Geschichte, deutsche Sprachlehre, Münz-, Maß- und Gewichtkunde, für Volksschulen, Realschulen u. untere Classen von Gymnasien. 14. Aufl. gr. 8. Ebend. 842. n. ⅓ ℔ — 15. Aufl. gr. 8. Ebend. 844. n. ⅓ ℔

Wagner, Friedr. Ludw., Handbuch des Wissenswürdigsten für Volksschulen u. andere Lehranstalten. I. Thl. Das Lesebuch, Sprüchbuch u. Rechenbuch. 15. Aufl. (9½ B.) 842. 3¾ Ngr., 16. Aufl. 4 u. 17. Aufl. (Hrsg. v. Carl Wagner.) gr. 8. (16 B.) Darmstadt 844, Diehl. *.

Wagner's Handbuch des Wissenswürdigsten für Volksschulen und andere Lehranstalten. I. Thl. Lesebuch, Spruchbuch und Rechnungs-Aufgaben. 19. Aufl. gr. 8. (240 S.) Darmstadt 850, Diehl. *.

— f. Leben d. Gr. Büffon.

— Lehren d. Weisheit u. Tugend, in auserles. Fabeln, Erzählungen u. Liedern; ein Buch für d. Jugend, (A. u. d. T.: der erste Lehrmeister 6r). 8. Leipz. 792. 15e A. 831. Er. Fleischer. 8 gl.

— Lehren d. Weisheit u. Tugend, in auserles. Fabeln, Erzählungen u. Liedern, e. Buch f. d. Jugend, (h. a. d. Titel: d. erste Lehrmeister. 6r). 8. Lpz. Gerh. Fleischer. 811. —

— Lehren d. Weisheit u. Tugend, in auserles. Fabeln, Erzählungen u. Liedern. Hat auch d. Titel: Der erste Lehrmeister. 6r Thl. 8. Leipz. Gerh. Fleischer. 814. -

— — Lehren der Weisheit u. Tugend in auserlesenen Fabeln, Erzählungen u. Liedern. 11te verm. u. verb. Aufl. 8. Leipzig, Gerh. Fleischer. 820.

Wagner, (Fr. L.,) Lehren der Weisheit u. Tugend in auserlesenen Fabeln, Erzählungen u. Liedern. 13e Ausg. 8. Leipz. 825, G. Fleischer.

Wagner, Friedr. Ludw., Lehren der Weisheit u. Tugend in auserles. Fabeln, Erzähln. u. Liedern. Ein Buch f. d. Jugend. 15., verm. u. verb., einzig rechtmäß. Ausg. (18½ B.) 831., 16., verm. ꝛc. A. (17¾ B.) 8. Leipzig 834, E. Fleischer. à

Wagner, Friedr. Ludw., Lehren d. Weisheit u. Tugend in auserles. Fabeln, Erzählungen, Liedern u. Sprüchen. Ein Buch f. d. Jugend. 17., verm. u. verb. Ausg. (18 B.) 837., 18., verm. u. verb. A. 8. (20 B.) Leipzig 841, Er. Fleischer. à *

—— Lehren der Weisheit u. Tugend in auserlesenen Fabeln, Erzählungen, Liedern u. Sprüchen. Ein Buch f. d. Jugend. 19., verm. u. verb. Ausg. (Hrsg. v. Carl Wagner.) 8. (21 B.) Leipzig 845, Ernst Fleischer. *

— die Lehrstunden im Lesen, praktisch f. Volksschulen. gr. 8. Ebend. 813.

— gemeinschaftl. Lesetafeln f. Volksschulen. Fol. Ebendas. 813.

—— gemeinschaftl. Lesetafeln f. Volksschulen, nach welchen man, auf d. einfachste u. leichteste Art, in kurzer Zeit e. ganze Schulklasse zur Fertigkeit im Lesen bringt. gr. Fol. (14 B.) Leipzig 830, E. Fleischer.

— gemeinschaftl. Lesetafeln für Volksschulen, nach welchen man auf die einfachste u. leichteste Art, in kurzer Zeit eine ganze Schulklasse zur Fertigkeit im Lesen bringt. gr. Fol. Leipz. 831. Er. Fleischer. 8 gr

Wagner, Fridericus Ludovicus *(geb. Stolberg a. H. 14. 9. 1797)*: De polypis narium et antri maxillaris novaque ipsos exstirpandi methodo. Vratislaviae (1821). (28 S.) 4°

Breslau, Med. Diss. v. 21. Dez. 1821

— Versuch e. leichten u. allgemeinen Uebersicht der Welt- u. Völkergeschichte in ihrem periodisch-synchronistischen Hauptzusammenhange in 6 Bl. 1e Hälfte, oder 16 bis 36 Blatt. gr. Fol. Gießen 805. Heyer. 20 gr

Wagner, Friedrich Ludwig Wilhelm

— s. Sal. Bennet, Israels Beständigkeit.

Wagner, Friedr. Ludw. Wilh., die Beschlagnahme des Katechismus der Kreissynode Duisburg nach öffentl. Nachrichten gewürdigt. 8. (1¼ B.) Darmstadt 844, Leske.
Aus: Allgemeine Kirchenzeitung rc. besond. abgedruckt.

—— Lehren des Papstes u. Lehren der Bibel. Allen Freunden der Wahrheit z. Vergleichung vorgelegt. Als Anhang: Ein Glaubensbekenntniß, welches solche Ungarn, die z. röm.-kathol. Kirche übertraten, beschwören mußten. gr. 8. (3¼ B.) Darmstadt 845, Leske.

Wagner, Frider. Ludov. Guil., de officiis et conditione pastoris rusticani. In us. studios. theol. 8. (10½ B.) Darmstadii 832, Lange.

Wagner, Friedr. Ludw. Wilh., der evangel. Papismus. In Briefen an Dr. Ernst Sartorius. gr. 8. (17½ B.) Darmstadt 837, [Pabst.]

Wagner, Fr. Ldw. Wlh., der evangelische Papismus. In Briefen an Dr. Ernst Sartorius. gr. 8. Darmstadt 838. Heil, jetzt (Pabst.) 1 rf

—— der heilige Rock zu Trier. Kathol. Text mit protestant. Noten. 12. (1 B.) Darmstadt 841, Leske.

—— der Romanismus od. das Wesen u. Treiben der Römlinge oder Ultramontanen. gr. 8. (9 B.) Darmstadt 843, Leske.

—— der religiöse Stabilismus. In Briefen an Dr. Ernst Sartorius. gr. 8. (16¼ B.) Darmstadt 838, Pabst.

—— Rom's Wirken in Deutschland, s.a. Rom's.

—— Rom's Wirken überhaupt und besonders in Deutschland. Mit besonderer Rücksicht auf die neueste v. d. Hrn. geh. Staatsrath Dr. v. Linde erschienene Schrift von Neuem gewürdigt. gr. 8. (8¼ B.) Darmstadt 845, Leske.

Wagner, Friedrich Wilhelm

— Bibliotheca philologica, oder Verzeichniß der vorzüglichsten Ausgaben, Uebersetzungen u. Erläuterungsschriften rc. für Philologen u. Gymnasiallehrer. gr. 8. Ebd. 839. 1¼ rf

Wagner, Fr[idericus] Guilelmus: De Euenis poetis elegiacis eorumque carminibus. Vratislaviae (1838). (55 S.) 8° *[Im Buchhandel 1838 bei Aderholz in Breslau.]*

Breslau, Phil. Fak., Hab.-Schr. v. 7. Dez. 1838

—— s. Euripidis Fragmenta.

Wagner, Friedr. Wilh., Früchte aus d. Reiche Gottes in Predigten. (Mit Anmerkn.) gr. 8. (15½ B.) Halle 834, Scharre.

—— Grundriss d. class. Bibliographie. Ein Handb. f. Philologen. gr. 8. (35 B.) Breslau 840, G. P. Aderholz.

Wagner, F. W., De Graecae poesis indole et praestantia commentariolum. Pr. 1841. 52 S.

Wagner, Friedr. Wilh., neues Magazin f. Prediger, s. Magazin.

— s. Poëtarum tragicorum Graecorum fragmenta.

Wagner, Frid. Guil. (geb. Breslau 9. 3. 1801): De sensuum evolutione prodromus. Berolini (1826). (25 S.) 8°
Berlin, Med. Diss. v. 5. Juni 1826

—— Quaestionum de Ranis Aristophanis Specimen I. Edit. II. 8maj. (3 B.) Vratislaviae 846, Trewendt. *

— s.a. Wagner, Wilhelm

Wagner, Fridericus Guilelmus: De Moschionis poetae tragici vita ac fabularum reliquiis. Vratislaviae (1846). (32 S.) 8° *[Im Buchhandel 1846 bei Trewendt in Breslau.]*

Breslau, Phil. Fak., Antr.-Progr. als außerord. Prof. v. 29. Okt. 1846

Wagner, Friedr. Guil., de Moschionis poetae tragici vita ac fabularum reliquiis Commentatio. 8maj. (2 B.) Vratislaviae 846, Trewendt. *

Wagner, G. (Hrsg.), s. Anzeiger, Kropper Kirchlicher.

Wagner, G., Apparat zur strobographischen Aufzeichnung von Pendeldiagrammen. Berlin, 1906.

Wagner, G.: Auflösungen der Aufgaben zur Uebung, s. Amthor, E.: Quintessenz d. kaufmänn. Rechnens.

Wagner Dr. G.: Die Axiome der Geometrie. 20. Wien R. II. 79. **Progr.**

Wagner, G., s. Conscience, Graf Hugo v. Graenhove.

Wagner, G., das Entstehen und die Fortführung des rheinisch-westphälischen Grundsteuer-Katasters nebst einem Anhang über den Werth der Kauf-, Pacht- oder Miethpreise als Prüfungsmittel für die Katastral-Abschätzung des Grundeigenthums. 8. (VIII und 160 S.) Aachen 855, ter Meer. *

Wagner, G., das Entstehen und die Fortführung des rheinisch-westphälischen Grundsteuer-Katasters nebst einem Anhang über den Werth der Kauf-, Pacht- oder Miethpreise als Prüfungsmittel für die Katastral-Abschätzung des Grundeigenthums. Neue Ausg. Düsseldorf 860. Schaub. 8. (VIII, 160 S.) n. 12½ ngr

Wagner, G., die Berg- u. Badestadt Friedrichroda in Thüringen u. ihre Umgebung. Ein Führer u. Rathgeber für Kurgäste u. Touristen, ein Zeichen freundlichen Entgegenkommens. 12. (VII, 124 S. m. 2 lith. Karten.) Friedrichroda 880. (Gotha, Thienemann.) cart. n. 1. —

Wagner, G., die Berg- und Badestadt Friedrichroda in Thüringen und ihre Umgebung. Ein Führer und Ratgeber für Kurgäste und Touristen, ein Zeichen freundl. Entgegenkommens. Mit 1 kolor. Stadtplan, 3 Spezialkarten, 1 Titelbild und sonst. Illustr., Fahrplänen, Tarifen etc. 2. Aufl. (242 S.) 1881; 3. Aufl. (266 S.) 1882; 4. Aufl. (350 S.) 1883 und 5. Aufl. 12. (VIII, 280 S.) Friedrichroda 884. (Gotha, Thienemann.) *M 1.; geb. *

Wagner, G. (I.), die Berg- und Badestadt Friedrichroda in Thüringen und ihre Umgebung. Ein Führer und Ratgeber für Kurgäste und Touristen, ein Zeichen freundl. Entgegenkommens. 7. gänzlich umgearb. Aufl. 8. (VII, 103, VI, 178 S. mit 1 kolor. Stadtplan, 1 grossen kolor. Spezialkarte in weiterem Umfang, 1 Kärtchen vom Uebelberg, 1 Ansicht von Friedrichroda aus dem 17. Jahrh., 1 Ansicht vom jetz. Friedrichroda und einer Anzahl Textbilder.) Friedrichroda 886. (Gotha, Thienemann.) cart. * *

Wagner, G., die Berg- u. Badestadt Friedrichroda in Th. u. ihre Umgebung. E. Führer u. Ratgeber f. Kurgäste u. Touristen, e. Zeichen freundl. Entgegenkommens. M. vielen Karten, Plänen u. Abb. 18. Aufl. 12. (X, 254 u. 11 S.) Friedrichroda 898. Jac. Schmidt & Co, Hofbuchdr. n.n. 1. 25

Wagner, G., die Berg- u. Badestadt Friedrichroda in Th. u. ihre Umgebung. Ein Führer u. Ratgeber f. Kurgäste u. Touristen, e. Zeichen freundl. Entgegenkommens. Mit Karten, Plänen u. Abbildgn. 22. Aufl. 12. (V, 199 S.) Friedrichroda (902). J. Schmidt & Co. Kart. n.n. 1. 25

Wagner, G., Friedrichroda im Thüringer Wald. Ein Führer u. Ratgeber f. Kurgäste u. Touristen. Ausg. 1908. 27. Taus. (XV, 178 S. m. Abb. u. 1 Karte.) 8. Friedrichroda, J. Schmidt & Co. 1. –

WAGNER, G.: Über den Gebrauch und die Einrichtung des vor kurzem erfundenen Planimeters. - Frankfurt a. M. 1821. 12 S., 1 Taf.

Wagner, (Prof.) G., über d. Gebrauch u. d. Einrichtung des vor kurzem erfundenen Planimeters. Mit 1 Abbild. 4. Frankf. a. M. 822. Jäger. 8 gr

Wagner, G., Geschichte der Stadt Allendorf an der Werra und der Saline Sooden. gr. 8. (VIII und 172 S. mit 1 lithogr. Vignette.) Marburg 865, (Elwert'sche Universitäts-Buchh.) *

Wagner, G., die Sommerfrische Gross-Tabarz, s.: Lerp, Carl.

Wagner, G., u. G. Langenbeck, der wilde Jäger. Groß[e] romant. Oper in 4 Akten frei nach Jul. Wolff's gleichnamiger Dichtung. Musik v. A. Schulz. Vollständiges Libretto. 8. (48 S.) Braunschweig 887. Litolff. n. 1. — Text der Gesänge (36 S.) n. — 50

Wagner, G. De medicorum juribus atque officiis tractatus. Berolini 1819.

—— über Kataster-Vermessungen, mit Beziehung auf das rheinisch-westphäl. Grundsteuer-Kataster, nebst einer Abhandlung über barometr. und trigonometr. Höhenmessungen. 8. (IV und 121 S. mit 1 Stnt.) Aachen 854, ter Meer. *

— über Kataster-Vermessungen, mit Beziehung auf das rheinisch-westphälische Grundsteuer-Kataster, nebst einer Abhandlung über barometrische u. trigonometrische Höhenmessungen. Mit 1 (lith.) Figurentaf. Neue Ausg. Ebend. 860. 8. (IV, 121 S.) n. $12\frac{1}{2}$ ngr.

Wagner, Ueber Katastervermessungen mit Beziehung auf das rheinisch-westphälische Grundsteuerkataster. Neue Ausgabe. Mit 1 Figtfl. Düsseldorf 1868. 8°.

Wagner, G., die Massenberechnung der Erdarbeiten, Maurerarbeiten u. Maurermaterialien. Beispiele u. Aufgaben aus der Baupraxis f. den Unterricht an baugewerbl. Lehranstalten. Als Lehr- u. Handbuch zum Selbstunterricht f. Bautechniker bearb. Mit 60 Fig. auf 6 Taf. gr. 8. (32 S.) Berlin 892. H. Spamer. Geb. in Leinw. n. 2. —

— d. klimat. Kurort Oberhof in Thür. u. s. Umgebg. E. Wegweiser f. Kurgäste u. Touristen. 5. Aufl. Mit e. (farb.) Wegkarte u. 9 Holzschn. 12. (X, 240 S.) Ebd. 897. 1. 50

— der klimatische Kurort Oberhof in Thür. u. seine Umgebung. Ein Wegweiser f. Kurgäste u. Touristen. 6. vollständig neubearb. Aufl. Mit 1 Ortsplan, 3 Vollbildern u. 1 Karte der Umgebung v. P. Gröbedinkel. 12. (VIII, 200 S.) Friedrichroda (899). J. Schmidt & Co. Kart. n. 1. 50

Wagner, G: »Pelikan«-Artikel für Schreibmaschine und Vervielfältigung. Hannover. Wien (1907?)

Wagner Dr. G.: Über die Principien der neueren Physik. 30. Wien Frz. Jos. 75. **Progr.**

Wagner, G., de retinendo paedobaptismi ritu. Fcft. ad V. 1793. 4.

Wagner, G., die Sommerfrische Tabarz u. nächste Umgebung, s.: Lerp, C.

Wagner, G. (III.). Die demokratische Zukunftsschule u. ihre Wegbereitung in der Gegenwart im Lichte d. Christentums. Ein Zeitspiegel. 8. (64 S.) Karlsr. 892, Reiff. * — 60

Wagner, G. A., der praktische Planzeichner. Eine kurzgefaßte Anleitung zum Selbstunterricht für Gärtner und Gartenfreunde. gr. 16. (VIII und 20 S. mit 20 ill. Stnt. in 4. und Fol.) Stuttgart 852, Hoffmann'sche Vrlgsh. –

Wagner, G. C., 12 Choral-Vorspiele f. die Orgel zum gottesdienstlichen Gebrauch, wie zum Studium an Seminarien. qu. hoch 4. (19 S.) Wermsdorf (901). R. Seiboo. 1. 50

Wagner, G. E., die Spieler am Kreuze d. Herrn, Pred. gr. 8. (1 B.) Altenburg 840, Schnuphase'sche Buchh.

Wagner, G. H., De quaestoribus populi Romani usque ad leges Licinias Sextias. Diss. 1848. 39 S. 2.—

— G. J., Die Beziehungen d. Geologie zu d. Ingenieur-Wissenschaften. 4. (88 S. mit 24 Taf. u. 65 eingedruckten Figuren.) Wien, Spielhagen & Schurich. 5 fl. 1884.

Wagner, G. J. Wilhelm, s. Wagner, Georg Wilhelm Justin

Wagner, G. L., der Christbaum. Eine Auswahl von Geschichten und Gedichten, als Weihnachtsgabe für die liebe Jugend. Mit 1 Titelkupfer. 8. Nürnberg 844, Raw'sche Buchh. geb. 1/4 Thlr — fein Papier 1/3 Thlr.

Wagner, G. L., der Christbaum. Eine Auswahl von Geschichten und Gedichten, als Weihnachtsgabe für die liebe Jugend. Neue, wohlf. Ausg. 8. (IV und 91 S. mit 1 Ttlkpfr.) Nürnberg 854, Raw'sche Buchh.

Wagner, G. L., de exorcistis vet. ecclesiae. Lips. 1755. 4.

Wagner, G. L., d. Clubgesellsch. s. Clubgesellschaft.

Wagner, G. L., prakt. Rechenunterricht mit besond. Rücksicht auf d. deutschen Schulen in Baiern. Mit e. Vorr. v. Jacobi. 3 Bdchn. 8. Nürnberg u. Altdorf, Raw'sche Buchh. [1. 2., verb. Aufl. (8 1/4 B.) 843, 2. (9 B.), 3. (8 1/8 B.) 840. à 1/3 Thlr.]

—— dass. 2. Bdchn. 8 (9 B.) Altdorf 840, (Raw'sche Buchh.)

—— dass. 3. Bdchn. 8. (8 1/8 B.) Ebds. 840.

—— prakt. Rechenunterricht m. besond. Rücksichtnahme auf die deutschen Schulen in Bayern. Mit e. Vorr. v. Jacobi. 1. Bdchn. 2., verb. Aufl. 8. (8¼ B.) Nürnberg 843, (Raw'sche Buchh.)

— de antiquissimo exorcismi in sacri baptismi usu. Ibid. 1756. 4.

Wagner, G. Th., Edelmanns' verblendete Anblicke d. Moses mit aufgedecktem Angesichte. 3 Thle. 8. Frankfurt, Fleischer. 747.—48.

Wagner, Geo., die Aesthetik d. Baukunst; e. Leitfaden z. Selbstunterr. u. Handgebrauche f. Architekten, Maurer-, Zimmer-, Steinmetz-Meister u. Freunde d. Baukunst. gr. 8. (24½ B. u. 13 Taf. in qu. ½ Roy.-Fol.) Dresden u. Leipzig 838, Arnoldische Buchh. Thlr.

Wagner, Georg „Aucassin et Nicolete" comme imitation de „Floire et Blanchefleur" et comme modèle de „Treue um Treue". 18 S. Progr. G. *Arnstadt* 1883.

Wagner, Geo., Ave Maria. I u. II. 8. Augsburg (907). Literar. Institut v. Dr. M. Huttler. à —85
I. Maria u. das Vaterunser. Ein Zyklus v. Maienpredigten, zugleich e. Lesebuch f. Marienverehrer. 2. Aufl. (VI, 61 S.)
II. Maria, unsere Führerin zum Glück. Ein Zyklus v. Maienpredigten, zugleich e. Lesebuch f. Marienverehrer. (61 S.)

Wagner, Georg [app. Arzt aus Militsch]: Beitrag zur Lehre von den myelogenen Osteosarcomen. . . . Würzburg, P. Scheiner's Buchdr., 1891; 35 S. 8°
Würzburg, Med. Fak., Inaug.-Diss. v. 1891

Wagner Dr. Georg: Beiträge zur Behandlung der Elektricitätslehre. 18. Brünn R. 92.
Progr.

Wagner, Georg: Die Beziehungen Augusts des Starken zu seinen Ständen während der ersten Jahre seiner Regierung ⟨1694-1700⟩. *Leipzig (1902): O. Mutze.* (VII, 224 S.) 8°
¶ (Ausschnitt aus einer größ. Arbeit.)
Leipzig, Phil. Diss. v. [8. Dez.] 1902

Wagner, Geo., die Beziehungen Augusts des Starken zu seinen Ständen während der ersten Jahre seiner Regierung (1694—1700). (VII, 222 S.) gr. 8. Leipzig (903). (Rochlitz, B. Pretzsch Nachf.) n. 3.—

Wagner, Georg Über einige Beziehungen zwischen Herbart und Kant. 20 S. 8. Progr. G. *Bozen* 1882.

— Vom Christentum. Kanzelreden, zugleich e. Betrachtungsbuch f. Gottsucher. (VIII, 144 S.) gr. 8. Kempten 910. J. Kösel. 2.—

Wagner, Georg [aus Esslingen a. N.]: Über amyloide Degeneration der Conjunctiva ... Berlin, Buchdr. v. G. Schade, *1891*; 28 S., 2 Bl. 8.
Berlin, Med. Fak., Inaug.-Diss. v. 9. Okt. 1891

Wagner, Gg. Über eine Frage der Schulhygiene. Einige Worte an Eltern und Schüler. 7 S. 8. Progr. G. *Bozen* 1882.

Wagner Dr. Georg: Zur Gesundheitspflege in der Jugend. 6. Brünn St. R. 92.
Progr.

Wagner, Geo., Handbuch, enth. die Polizei-Verordnungen f. d. Prov. Schleswig-Holstein in Verbindung m. mehreren, d. polizeil. Interesse berühr. Gesetzen u. Bekanntmachgn., bearb. f. d. prakt. Gebrauch d. Orts-polizei- u. Gemeindebehörden, d. kgl. Gendarmerie u. d. polizeil. Exekutivbeamten. gr. 8. (II, 560 S.) Kiel 897. Lipsius & Tischer. n. 9.—; geb. in Leinw. n. 10.—

Wagner, Geo., wahre u. falsche Heilkunde, s.: Gerling, R.

Wagner, Geo., deutscher Jugendfreund, s.: Schneider, Karl Thdr.

Wagner, Geo.: Deutscher Kinderfreund, s. Schneider, Karl Thdr.

— schleswig-holsteinischer Kinderfreund. Lesebuch f. einfache Schulverhältnisse. 2. Aufl. (III, 433 S.) gr. 8. Neuwied 903. Heuser's Verl. n. 1. 25; geb. n.n. 1. 60

Wagner, Georg: Schleswig-holsteinischer Kinderfreund. Lesebuch f. einfache Schulverhältnisse von Georg Wagner, Stadtschulrat, Altona. 2. Aufl. Neuwied & Leipzig: Heuser 1904. (433 S.) 8°

Wagner, G., die Kultur des Katholizismus. Vortrag, geh. am 17. XI. 1904 im kathol. Kasino Augsburg. (11 S.) Lex.-8. Augsburg (904). Literar. Institut v. Dr. M. Huttler. n. — 10

Wagner, G., die heidnischen Kulturreligionen u. der Fetischismus. Ein Beitrag zur vergleich. Religionsgeschichte. gr. 8. (VII, 127 S.) Heidelberg 899. C. Winter. n. 2. 40

Wagner, Geo., der Polenkoller. Skizze vom „Kriegsschauplatz" in den Ostmarken. 2.—4. Aufl. gr. 8. (à III, 64 S.) Leipzig 899. M. Altmann. n. 1.—

Wagner, Georg: Der Polenkoller. Skizze v. 'Kriegsschauplatz' in den Ostmarken v. —, früher Chefred. d. Posener Ztg. 2. Aufl. Leipzig: W. Friedrich 1899. (2 Bl., 64 S.) 1 Bd 8°

Wagner, Geo., s.: Spalteholz-Wagner, Geo.

Wagner, Geo., Streifzüge in das Gebiet der deutschen Sprache. Eine Zusammenstellg. deutscher Wortfamilien. 8. (IV, 344 S.) Hamburg 889. O. Meißner's Verl. n. 4. —

Wagner, [Georg], Prof. Dr.: Die für den Gebrauch an höheren Schulen notwendigen französischen Synonyma. T. 1. *Arnstadt (1902): E. Frotscher.* (S. 3—26.) 4°
Arnstadt, fürstl. G, OP 1902 (800)

Wagner, [Georg], Prof. Dr.: Die für den Gebrauch an höheren Schulen notwendigen französischen Synonyma. T. 2. *Arnstadt 1903: E. Frotscher.* (S. 3—26.) 4° ¶ [Forts. d. P-Beil. 1902.]
Arnstadt, fürstl. G, OP 1903 (820)

Geschichtlicher Ueberblick der Studien-Anstalten in Bayern von Georg Wagner, R. u. P. — 1830. Ebend. 2. 3—12.
Progr. Regensburg.

Wagner, Geo., Untersuchg. üb. Veränderg. d. Elastizitätsgrades e. baumwollenen Gespinstes durch das Dämpfen. [Aus: „Zeitschr. f. d. ges. Textil-Industrie".] gr. 4. (6 S. m. 3 Fig.) Leipzig-Gohlis 898. L. A. Klepzig. n. — 60; erhöhter Pr. n. 1. 20

Wagner, Georgius: On Spenser's Use of Archaisms. Halis Saxonum 1879: Karras. 59 S. 8°
Halle-Wittenberg, Phil. Diss. v. [7. Aug.] 1879
Geb. Rudolstadt 30. 1. 1854. V.

Wagner, Georg: Erhard Weigel, ein Erzieher aus dem 17. Jahrhunderte. *Leipzig: G. Fock 1903.* (164 S.) 8°
Leipzig, Phil. Diss. v. 1903

Wagner, Georg Joseph [Praes.], s. Griess, Johann Emerich: De laudo.

Wagner, Georg Joseph (Heiligenstadt/Eichsfeld)
A. S. 749/15

Disputatio inauguralis juridica, de quatuor quartis.
Präs. Johann Philipp Streit.
Erfurt (Grosch) 8. II. 1706. 32 Bl.

35599

Wagner, Geo. Ph. Ebhrd., Elegia ad M. Valerium Corvinum Messalam. Edid., commentatione de auctore et observationibus instruxit. 8. Leipz. 816.

Wagner, Geo. Phil. Eberh. (Geo. Carpentier), Herr Forcade und die römische Frage. Eine Appellation an das unpartheiische Publikum. — Ueber Civilisation. gr. 8. (16 S.) Dresden 862, am Ende.

Wagner, Ge. Ph. Eberard, s. Virgilius M., Publ., varietate lectionis etc.

— die constitutionelle Zeitung vor dem Richterstuhle des verständigen und besonnenen Publikums. Anh. zu: „Herr Forcade u. die römische Frage rc." Ebend. 862. gr. 8. (15 S.)
3 *ngr.*

—— die Constitutionelle Zeitung vor dem Richterstuhle des verständigen und besonnenen Publikums. Anh. zu: „Herr Forcade und die römische Frage. — Ueber Civilisation." gr. 8. (15 S.) Dresden 863, am Ende.

Wagner, Georg Wilh. [Präs.] u. Ge. Fried. Theod. de Zangen [Resp.]
Exercitatio juridica de prohibitis arrestis in caussa propria duorum imperii statuum ad illustrandum tit. XXIV. part. II. concept. ord. cameral.
Giessae Aug. 1747: Eb. Henr. Lammers. 58 S. 4°

Wagner, Georg Wilhelm A. S. 570/33

De propria principum caussa et irrito in eadem arresto disquisitio iuridica.
Giessen (Lammers) 1748. 46 S. 35601

Wagner, Georg Wilhelm (Giessen) A. S. 570/32

De mutatione successionis in familiis illustribus.
Giessen (Lammers) 7. VII. 1740. 50 S.

35600

Wagner, Georg Wilhelm [Praes.], s. Rotenberger, Johann Christoph: De successione iure proprio quaesita.

Wagner, Georg Wilh. [Präs.] u. Joh. Chrph. Rotenberger [Resp.]
Dissertatio juridica de successione jure proprio quaesita.
Giessae März 1749: Müller. (4), 36 S. 4°
publice ventilanda

Wagner, Geo. Wilh. Just., statist.-topograph.-histor. Beschreibung d. Großh. Hessen. 4 Bde. gr. 8. ($75\frac{1}{2}$ B.) Darmstadt, Leske. Zusamm. genomm.
Bd. 1. Provinz Starkenburg. 1 Thlr.
" 2. —— Rheinhessen. 18 Gr.
" 3. —— Oberhessen. 1 Thlr 6 Gr.
" 4. Statistik d. Ganzen. 1 Thlr. 12 Gr.

Wagner, G. W. J., statist.-topograph.-historische Beschreibung d. Herzogth. Hessen. 4 Bde. gr. 8. Darmst. 819—31. Leske. 4 ℛ 12 ℊ

Wagner, Georg Wilh. Justin, Geometer. Statistisch-topographisch-historische Beschreibung des Grossherzogthums Hessen. (4 Bde.)
8. Darmstadt 1829—1831.

Wagner, Geo. Wlh. Justin, Geschichte und Beschreibung von Darmstadt u. seinen nächsten Umgebungen, von den ältesten bis auf die neuesten Zeiten. 1e u. 2e Lfrg. Jede mit 3 Stahlstichen. gr. 8. Darmstadt 840. Lange. à n. $\frac{1}{3}$ ℛ

Wagner, Geo. Wilh. Just., Geschichte u. Beschreibung von Darmstadt u. seinen nächsten Umgebungen, von d. ältesten bis auf d. neuesten Zeiten. Nach d. neuesten u. besten Hülfsmitteln verfaßt. (5 Lfgn.) Lex.-8. ($14\frac{1}{2}$ B. u. 15 Stahlst.) Darmstadt 841, Lange. à * $\frac{1}{3}$ Thlr. *

Wagner, Geo. Wilh. Justin, die vormaligen geistlichen Stifte im Großherzogth. Hessen. 1. Bd. Prov. Starkenburg u. Oberhessen. gr. 8. (VII, 417 S.) Darmstadt 873. Klingelhöffer in Comm. n. 4. —

Wagner, G. J. Wilh., die vormaligen geistlichen Stifte im Großherzogthum Hessen. 2. Bd. Prov. Rheinhessen. Mit 15 (lith.) Taf. Abbildungen (in qu. 4., qu. Fol. u. qu. gr. Fol.). Unter Mitwirkung von Fr. Al. Falk bearb. u. hrsg. von Frdr. Schneider. gr. 8. (XVI, 570 S.) Darmstadt 878. Klingelhöffer in Comm. n. 8. —
(1. u. 2.: n. 14. —)

—— hessisches Volksbuch, od. Denkwürdigkeiten aus d. Vaterlande. Zur Warnung, Belehr. u. Unterhalt. Zunächst f. Volksschulen u. d. Landmann. 8. (14 B.) Darmstadt 834, Leske.

Wagner, Geo. Wilh. Justin, die Wüstungen im Großherzogth. Hessen. 2 Abthlgn. gr. 8. (1. Abthl.: Provinz Oberhessen 288 S. mit 3 lithogr. Karten in qu. Fol.) Darmstadt 854, (Jonghaus'sche Hofbuchh.) *

Wagner, Geo. Wilh. Justin, die Wüstungen im Großherzogth. Hessen. 2. und 3. Abthl. gr. 8. Darmstadt, Jonghaus'sche Hofbuchh. à Abthl. * 1 Thlr. $7\frac{1}{2}$ Ngr. *
Inhalt:
Abthl. 2. Provinz Starkenburg. (VIII und 263 S. und Nachträge zur 1. Abthl. 43 S. mit 1 lithogr. Karte in Fol.) 862.
" 3. Provinz Rheinhessen. (VIII und 200 S.) 865.

Wagner, Gerh. Frdr. Osnabrück vor 100 Jahren. Aufzeichnungen, bearb. u. hrsg. v. H. Forst. 12. (IV, 87 S. m. 4 Abbildgn.) Osnabr. 891, (Rackhorst). * 1 20

Wagner, Gertrud, die Flaute, s.: Schulze's Zehnpfennigbücher.

Wagner, Gertrud: Die Flaute. Seglerhumoreske. Von –. (Berlin: F. Schulze [1904].) (16 S.) 8° [Umschlagt. Text stenogr.]
Zehnpfennigbücher, Schulzes. No 37.

Wagner, Gfr., Altes u. Neues zur Kneipp'schen Wasserkur. Für Anhänger u. Gegner, Gesunde u. Kranke. 8. (56 S.) München 890. Literar. Institut v. Dr. M. Huttler. n. — 75

Wagner, Gottfried A. S. 224/31

Ex jure publico de contributionibus et quae ex his appellantur Cammer-Hülffen. Präs. Gottfried Strauss.
Jena (Ehrich) 1714. 40 S.

Diss. Wittenberg II. 1668. 35604

Wagner, Gottfried (Jüterbog) A. S. 1323/40

Disputatio ex scientia naturali de fulmine.
Präs. Jo. Georg Hocheisen. Rec.
Wittenberg (Goderitsch) 1710. 16 Bl.

Diss. 3. III. 1708. 35603

W. v.: Christian Vater, Jo. Christoph Wichmanshausen, Jo. Baptist Roeschel, Samuel Cnauth.

Wagner, Gf., († d. 18. Oct. 1804.) Communionbuch. 8. Bremen 793. N. Aufl. Mit e. Vorrede herausg. von Chr. Geo. Ldw. Meister. 8. Brem. 805. 3e A. 823. Heyse. 16 ℊ Schrbp. 20 ℊ

Wagner, Gottfr[ied]. Die grosse Maus. Neues berndeutsches Volksstück in 4 Akten. 37 S. 8. Biel, Ernst Kuhn, 1910. [fr. 1.—]

Wagner, Gottfr., in der Waldschenke. Neues berndeutsches Volksstück in 1 Akt. (15 S.) 8. Wynigen (910). (Bern, Haillard & Co.) 1.—

Wagner, Gottfr[ied]. In der Waldschenke. Neues berndeutsches Volksstück in 1 Akt. IV + 15 S. 8. Wynigen, Gottfr. Wagner (Buchdr. Chr. Oberli, Kreuzstrasse-Stalden, [1910]). fr. 1.—

WAGNER, Gottfried Jacob: Der in der edlen Fischerey wohl-unterrichtende und erfahrne Fischer, welcher lehret, wie man soll die Teiche anlegen, ... in solchen die Fische einsetzen, und auch endlichen fischen ... Mit Beschreibung allerhand... Fische und Krebse... - Nürnberg 1729. 15 Bg. - 2. verb. Aufl. u. d. T.: Der vollkommene Fischer, welcher zeiget, wie man die Teiche anlegen, bauen, warten und verbessern, in dieselben Fische einsetzen und auch endlich fischen soll; insgleichen, was sowohl bey denen Fischen, als derselben Fange ... insbesondere in Obacht zu nehmen ist, mit angehängter Beschreibung allerhand einheimisch und ausländischer Fische und Krebse. Breßlau 1758. 191 S. - 3. verb. Aufl. ebd. 1762. - Neue Aufl. 1785

Wagner, Gf. Jak., der vollkomm. Fischer, oder Anweisung wie man Teiche anlegen, abwarten u. verbessern, auch was man b. Fange der Fische zu beobachten hat rc. 8. Wien 762. N. A. 785. Trattner. 4 gr. (J. F. Korn in Bresl.) 5 gr.

Wagner, Gottlieb

Wagner, G., s.: Hauptkatalog der Bibliothek d. Landesgewerbevereins f. das Großherzogth. Hessen.

Darmstadt 1889
Katalog der techn. Mustersammlung d. Grossh. Gewerbevereins. Bearb. v. G Wagner.

Wagner, Glieb., Katalog der Vorbildersammlung des Landesgewerbevereins f. das Großherzogt. Hessen für Baukunst, Bildnerei u. Malerei, sowie f. Kunstgewerbe. I. Tl.: Gruppen I—IX. Hrsg. von der großherzogl. Zentralstelle f. die Gewerbe in Darmstadt. (XV, 188 S.) gr. 8. Darmstadt 906. E. Zernin. 1.50

Wagner, Gottlieb Friedrich

Wagner, G. F., die Albbauern, s.: Flüggen, Chrn.

Wagner, G. F., Ernennung und Heirat des Schulmeisters zu Blindheim. Schauspiel in 4 Aufzügen. Neueste Ausg. 12. (96 S.) Stuttgart 888, Lutz.

Wagner, G. F., die Schulmeisterswahl zu Blindheim oder ist das Volk mündig? Schauspiel. Neueste Ausg. 12. (102 S.) Stuttgart 888, Lutz. *

'Die Schulmeisterwahl.' Schwäb. Volksstück in 4 Akten von G(ottlieb) F(riedrich) Wagner. Für d. Bühne bearb. u. eingerichtet von Christian Flüggen. *München: Rubinverl. [1901]*. (79 S.) 8° [F.]
(Rubin-Bibliothek.) [01. 4329

—— drei Volkskomödien im schwäbischen Dialekte. Illustrirt von K. Schmauk. 3 Thle. 8. Ebendas. 886. cart. *
geb. in 1 Bd. *

Inhalt:

Thl. 1. Der Handstreich bis auf Spitz und Knopf oder der Bauernstolz. Schauspiel in 4 Akten. Neudr. nach der 1. Aufl. von 1827. (116 S.) *M 1.50.

" 2. Es giebt doch noch eine Hochzeit. Schauspiel in 3 Akten. Eine Fortsetzung des Handstreichs bis auf Spitz und Knopf. Neudr. nach der 1. Aufl. von 1827. (80 S.) *M 1.20.

" 3. Madame Justitia im Guckkasten oder der Gans-Prozeß zu Gänsfeld. Neudr. nach der 1. Aufl. von 1827. (52 S.) * 80 Pf.

[F.] Drei Volkskomödien in schwäbischer Mundart v. G(ottlieb) F(riedrich) Wagner. Neue Volksausg. *Stuttgart: R. Lutz 1892.* (3 Bl., 116 S., 2 Bl., 80 S., 2 Bl., 52 S., 15 Taf.) 1 Bd 8. [97. 4111

Wagner, Gottlob, s. Wagner, Gottlob Heinrich Ad.

JUSTITIA, Madame, im Guckkasten oder genaue und gründliche Untersuchung eines Excesses .... (von *Gottlob Friedr. Wagner*). Heilbronn a. N. und Rothenburg a. d. T. 1826.
Anon.-Lex. II. p. 348 (nach Goedeke).

Wagner, Gottlob Heinrich Adolf

— s. R. Bailey, Fahrenkrüger's Wörterbuch.

Wagner, Glo. Hnr. Ad., († d. 1. Aug. 1835.) Beitrag zur Chronik des Theaters. 8. Leipz. 808. Weygand. 8 gr.

(—) Beleuchtung der Rede des Senat. Grafen von Fontanes im Erhaltungssenate am 27. Dec. 1813. gr. 8. Deutschland. (Leipz. 814.)

s. Beresford, menschl. Elend.

s. Bruno Nolano.

s. Rob. Burns Works.

s. Jul. Cäsar, Jahrbücher.

s. v. Choiseul, Cecilie.

s. W. Coxe, Geschichte des Hauses Oesterreichs.

s. Deutschland im neuen Testament.

— 2 Epochen der modernen Poesie in Dante, Petrarca, Boccaccio, Göthe, Schiller u. Wieland. gr. 8. Leipz. 806. Breitkopf u. H. 16 gr.

s.a. Euripides Alcestis.

De Alcestide Evripidea scripsit GOTTLOB WAGNER. Lipsiae 1797. In bibliopolio Gleditschiano. 8⁰.

s. Joh. Falk, Liebe, Leben u. Leiden in Gott u. dessen auserlesene Werke.

s. Fr. v. Fouqué, Undine.

HAMILTON, Lady (eigentlich Emma Lyons, Nelson's Geliebte, c. 1760—1815). — Geschichte der Lady Emma Hamilton mit Bezug auf mehrere merkwürdige Zeitgenossen derselben (von *Gottlob Heinr. Adolph Wagner*). Leipzig 1816. 8⁰. (2 Mk., Max Weg, Lpz., 1897; 7 Mk. 50 Pfg., Franz Teubner, 1898.)
Anon.-Lex. II. p. 191 (nach Meusel u. dem Neuen Nekrolog).
Lady Hamilton, geb. Emma Harte, eigentlich Emma Lyons, Kindermädchen in Hawarden, Hausmagd in London, Kammerzofe, Magd in einer Taverne, Geliebte des Kapitäns Payne, sodann des Ritters Featherstonghough, bis sie Graham zu seiner Göttin Hygiea bei seinem sogen. himmlischen Bette machte. Dann Geliebte des Lords Graville, dem sie 3 Kinder gebar, hierauf Gemahlin des engl. Gesandten William Hamilton, der sie am neapolitan. Hofe einführte. Als Vertraute der Königin Karoline gewann sie grossen Einfluss auf die Politik. Mit Admiral Nelson, der eine grosse Leidenschaft zu ihr gefasst hatte, unterhielt sie intime Beziehungen u. gebar demselben 1801 eine Tochter. Nach Nelsons Tod in Bedrängnis gerathen, musste sie 1808 aus England fliehen u. starb in Armut u. Elend 15. Jan. 1815 zu Calais.
Orig.: Memoirs of Lady Hamilton, with a fine portrait after Romney. Philadelphia 1815. 8⁰. (1/3 Rthlr. Heberle, Cöln, 1870; jetzt theurer!) — Memoirs of Lady Hamilton; with illustrative anecdotes of many of her most particular friends and distinguished persons. London, 1815 8⁰. (Privatbibl. des † Königs Georg V. v. Hannover.)

s. Henotikon, oder Rede von Deutschl. Einheit, u. setze hinzu: (v. Glo. H. Ad. Wagner.)

s. U. v. Hutten, 5 Reden.

s. Jameson, Frauenbilder.

s. Jh. Arn. Kanne, System.

s. L. Lanzi, Gesch. d. Malerei.

s. Leben Des. Erasmus.

s. Leben J. Hausschein.

s. Leben Hieronymus von Prag.

s. Leben Ulr. v. Hutten.

s. Leben J. Wicliefs.

s. Leben Ulrich Zwingli's.

s. Lebenbeschreibung berühmt. Reformatoren.

— Lehrbuch d. italien. Sprache. gr. 8. Leipz. 819. 2e unveränd. Ausg. gr. 8. Ebd. 826. Weygand. 1 ℛ 12 ℊ

s. v. Lewis, England.

s.a. Liebestand u. Liebesernst.

LIEBESTAND und Liebesernst. Ein (zahmer) Roman (von *Gottlob Heinr. Adolph Wagner*). Jena 1818. 8⁰.
Anon.-Lex. III. p. 60 (nach Meusel, Goedeke u. dem Neuen Nekrolog).

s. J. Mason, Weg zur Selbsterkenntniß.

NOVELLEN, den ältesten Novellisten der Italiener nacherzählt (von *Glo. Heinr. Adolf Wagner*). Berlin, C. Quien, 1806. 8⁰. (2/3 Rthl.) (1 Rthl. H. W. Schmidt, Halle, c. 1870.)

(Wagner, Gottlob Heinrich Adolf)
Novellen frey nach dem Italienischen. Hrsg. und übers. von Gottlob Heinrich Adolf Wagner
Berlin: Rücker 1816. 246 S. 8⁰
[Beigeb.:
Horn, Franz: Leben und Liebe. Novelle. Berlin: Schüppel 1817. 110 S. 8⁰]

— d. Reich des Scherzes. Nebst e. Anhange v. J. A. Kanne. gr. 8. Leipz. 823. Reclam. 8 ℊ

s. Saint-Martin, des Menschen Sehnen u. Ahnen u. dessen: Sehet da den Menschen! Ecce homo! (übersetzt.)

s.a. Scherz u. Liebe.

SCHERZ und Liebe. In italiänischen Novellen (von *Glo. Hnr. Ad. Wagner*). Berlin, bei Joh. Fr. Unger, 1806. 8⁰. (3 Mk. Wilh. Koebner, Breslau, vor 1885; jetzt theurer!)
VI—290 SS., nebst 1 Bl. Druckf. Enth. 11 Nrn., entnommen aus Il Novelliero Italiano (raccolto da Girol. Zanetti). 4 tom. Venezia, Giov. Batt. Pasquali, 1754. 8⁰. Enth. 78 Nov. mit biogr. Notizen.

— s. W. Scott, Werke 20r—22r, 39r—42r Thl.

— s. Sophocles, König Oedipus.

— s. G. Spotorno, Cph. Colombo.

— zum europäischen Sprachenbau rc., s. Al. Murray.

Wagner, Ad. (Glo. Hnr. Ad.), Theater. (Enth.: Umwege. — Liebesnetze. — Ein Augenblick. — Hinterlist.) 12. Leipz. 816. Brockhaus. 20 ℊ

— Theater u. Publikum. Eine Didaskalie. 8. Leipz. 826. Weygand. 18 ℊ

— Verwahrung gegen d. Schmähung der Theaterzeitung und d. Freimüthigen in Betreff einer Kritik der Dessauer Schauspieler. 8. Leipz. 809. Bruder. 8 ℊ

Wagner, Günther, 1838-1906. Geschichte der Firma usw. (134 S) (Hannover 1906)

Wagner G. Buchhaltung für Gewerbetreibende, dargestellt am Geschäftsgang einer Glaserei. (Röhrich, Buchhaltung etc. II) Leipzig 1888

Wagner, Gust., Buchhaltung für Gewerbtreibende. 2. Aufl., s. Buchhaltung, die, in ihrem ganzen Umfange.

Wagner, Gustav [aus Landshut]: Über einen Fall von acuter Herzdilatation mit Herzhypertrophie ... München, Buchdr. Kastner & Lossen, 1895; 23 S. 8.
München, Med. Fak., Inaug.-Diss. v. 1895

Wagner, Gust., Handbuch der gewerblichen Geschäftskunde. Enth.: Die einfache u. doppelte Buchhaltg. f. Gewerbetreibende, sowie Kalkulationen u. Anschläge verschiedener Gewerbe, nebst e. Anh. zum Gebrauche in Gewerbe- u. Fortbildungsschulen, sowie zur Belehrg. f. jeden Gewerbetreibenden. In kurzer u. leichtfaßl. Weise bearb. gr. 8. (VIII, 120 S.) Leipzig 885. Gloeckner. n. 1. 20

Wagner, Gust., und Fr. A. **Strackerjan**, Compendium der Münz-, Maass-, Gewichts- und Wechselcours-Verhältnisse sämmtlicher Staaten und Handelsstädte der Erde. Leipzig 855. Teubner. gr. 8. (X, 316 S.) 1 ℛ. 15 ngr.

— — Anhang. Ebend. 858. gr. 8. (12 S.) 3 ngr.

Wagner, Gust., Lehrbuch d. deutschen Handelskorrespondenz, s.: Gloeckner.

Wagner, Gust., vergleichende Münz-, Mass- und Gewichtstabelle sämmtlicher Länder der Erde. 12. (31 S.) Leipzig 884, Gloeckner. cart. *

Wagner, Gustav: Stroboskopischer Schlüpfungsmesser für asynchrone Wechsel- und Drehstrommotoren. Berlin: Springer 1904. 16 S., 1 Taf. 4° ¶ Buchausg. u. d. T.: Ein neuer stroboskopischer Schlüpfungsmesser ...; in kürzerer Form in: Annalen f. Gewerbe u. Bauwesen. Bd 55.
Berlin, Dr.-Ing.-Diss. v. 11. 3. 1904

Wagner, G., Wechsellehre, 4. Aufl., s.: Schöninger, Adf., das deutsche Wechselrecht.

Wagner, Gust., u. **Schöninger,** Wechsellehre u. Wechselrecht, s.a. Handbibliothek der gesamten Handelswissenschaften. 8. Bd.

Wagner G, Wechsellehre u Wechselrecht. 2. A. (Handbibl. d.Handelsw. 8) Stuttgart 1889

Wagner, Gust. Frdr., encyklopädisches Register zu Schopenhauer's Werken, nebst e. Anh., der den Abdr. der Dissertation v. 1813, Druckfehlerverzeichnisse u. a. m. enthält. (XI, 597 S.) Lex. 8. Karlsruhe 909. G. Braun'sche Hofbuchdr. 19. —

Wagner, Gust. Reinh., fables, anecdotes, bons mots et petites contes, tirés de bons auteurs français, à l'usage des commenceans. Im Anhange Uebungen aus d. Deutschen ins Französische. 8. Reval 789.

Wagner, H.

Wagner, H., Beschreibung des Hochstrate'schen selbstwirkenden Freifallstucks für Seilbohrarbeit. Berlin. 1874. 2 S. mit 1 Taf.

Wagner, H., Elementarbuch der lateinischen Sprache. gr. 8. (III und 212 S.) Cöslin 867, Hendeß. * —

Wagner, H., Festschrift zum 25jähr. Jubiläum des Lahn-Dill-Gaues 1902, 14 S., 8°.

Wagner, H.: Geschichte der Realschule zu Ems seit ihrer Gründung. Ems. 1867.
Schul-/Univ.-Schrift

Wagner, H., und **J. Webbe,** Glauben und Unglauben. Eine Streitschrift zur kirchl. Frage. 8. (68 S.) Hamburg 870, Grüning. *

Wagner, H., ich bin der gute Hirte. s.: Immergrün. Nr. 109.

Wagner, H., Pläne der auf der Kaschau-Oderberger Bahn ausgeführten Eisenbrücken, zusammengestellt durch H. W. 3., verm. Aufl. Fol. (73 Taf. m. 60 S. illustr. Text.) Budapest 894. C. Grill. Geb. n. 25. —

Wagner, H., die Reform des Judenthums, s. Reform.

Wagner, H., Repetitorium in Fragen u. Antworten üb. d. wichtigsten unregelmässigen Verba d. französ. Sprache, nebst 100 gemischten Beispielen unter Hinzuzieh. d. Composita. (Unentbehrlich zur Vorbereitg. auf Examina, bes. wichtig auch f. Einjährigen-Candidaten.) gr. 8. (14 S.) Cannstatt 896. G. Hopf. n. — 50

Wagner, H., de sanctissimo missae sacrificio Heidelb. 1792. 4.

Wagner, H. (I.), kleine Schauspiele. Deutsch u. Französisch. Ein Unterhaltungs- u. Uebungsb. f. d. Jugend beider Geschlechter. 12. (7 B.) Schw. Gmünd 834. (Leipzig, Franke'sche Vrls.-Expedit.)

Wagner, H. (Red.), s. Schneider-Zeitung, Berliner.

Wagner, H. (II.), Trachtenbuch d. Mittel-Alters, e. Samml. v. Trachten, Waffen, Geräthen etc. nach Denkmälern. 1—4. Hft. Lithogr. gr. Fol. (32 Taf., u. 1¼ B. Text, gr. 4.) München 830—33, (Lindauer.)

Wagner, H., De usu particulae *πρίν* Thucydideo et Xenophonteo. Diss. 1879. 60 S.

Wagner, H., Weihnachtsspiel f. Familien. (8 S.) 8. Magdeburg (897). C. E. Klotz. — 50

[F.] „Weihnachtstraum". Weihnachtsfestspiel f. Schulen u. Vereine v. **H. Wagner.** Musik v. L. Rode ... *Magdeburg: C. E. Klotz [1896].* (24 S.) 1 Bd 8. 96. 938

Wagner, H., „Weihnachtstraum". Weihnachtsfestspiel m. Gesang in 3 Aufzgn. Musik v. L. Rode. Ausg. f. Schulen u. Vereine. gr. 8. (24 S.) Magdeburg 897. C. E. Klotz. n. 1. 25; Klavierauszug dazu. gr. 4. (11 S.) 2. 50; Familienausg. 8. (8 S.) n. — 50

Wagner, H., König Wilhelm u. sein Volk. Ein aus geschichtl. Daten u. Dichterblüthen harmon. gewundener Feston z. Feier d. 25jähr. Regierung Sr. Maj. d. Königs am 28. Sept. bis 31. Okt. 1841. 2 Thle. Mit poet. Festbeschreibung. Breit 8. (24¼ B. incl. 1 B., qu. Fol.) Stuttgart 841, (Sonnewald'sche Buchh.) *

Wagner, H. A.: Ein Beitrag zur Theorie der Elastizität cylindrischer Stäbe. 1867. 4°
Diss. Marburg

Wagner, H. F., die Nahrungs- u. Genußmittel, ihr Nährwert, ihre Fehler u. Verfälschungen, gemeinfaßlich dargestellt. Mit 2 farb. Taf. 12. (XII, 96 S.) Kassel 894. M. Brunnemann. n. 1. 50; geb. n. 2. —

— die Schulmeisterwahl. Schwäbisches Volksstück in 4 Akten. Für die Bühne bearb. u. eingerichtet v. Chr. Flüggen. 12. (79 S.) München (901). Rubinverl. n. 2. —

Wagner, Hans, Architekt: Über die romanische Baukunst in Regensburg. [1909.] 80 S. 8° ¶ Auch bei Coppenrath in Regensburg u. d. T.: Studien über ...
München, Dr.-Ing.-Diss. v. 21. 12. 1908

Wagner, Hans, aus Landeshut (Schles.): **Ein Beitrag zur Kenntnis der Corydalisalkaloïde.** *Marburg 1901: (Breitkopf & Härtel in Leipzig).* (32 S.) 8°
Marburg, Phil. Diss. v. [9. Juli] 1901

Wagner, Hans, d. Dampfturbinen, s.a. Repetitorien des Maschinenbaues 1.

Die Dampfturbinen, ihre Theorie, Konstruktion u. Betrieb von Hans **Wagner,** Ingen. Mit 150 Abb. u. 1 Taf. Hannover: Gebr. Jänecke 1904. (VI, 146 S.) 4°(8°)
= [**Repetitorien** d. Maschinenbaues. Bd 1.] 08. 1334 7

Wagner, Hans, „Dies ist der Tag, den der Herr macht!" Predigt üb. Psalm 118, 24 u. 25, geh. bei der 25jähr. Jubelfeier des Lutherhauses in der Johanniskirche am 15. XI. 1908. (12 S.) 8. Hermannstadt 908. W. Krafft.
Sonderabdruck aus: „Kirchl. Blätter". — 20

Wagner, Hans, etwas vom „Afrikareisenden" Dr. jur. Esser. gr. 8. (24 S.) Berlin 899. H. Walther. n. — 50

Wagner, H., das Geistesleben in seiner Sichtbarkeit. 8. (X, 146 S.) Leipzig 901. A. Deichert Nachf. n. 1. 80

Wagner-Wittenberg, Hans, „Herbstlese". Gedichte. (96 S.) kl. 8. Wiesbaden 906. R. Bechtold & Co. n. 1.—; geb. n. 1.50

Wagner, Hans, neues Leben. Ein Jahrgang religiöse Betrachtgn. üb. die zweite evangel. Perikopenreihe. gr. 8. (VII, 217 S.) Hermannstadt 903. W. Krafft. n.n. 1.28

Wagner, H., Liedernachweis aus dem Evangelischen Gesangbuch der Prov. Sachsen für Kirche u. Schule. 8. (8 S.) Wittenberg 889. Wunschmann. n. —20

Das Lutherhaus. Rückblick u. Ausschau anläßlich d. 25jähr. Bestandes dieser Anstalt. Von Hans **Wagner**, Lutherhausleiter. Hermannstadt: W. Krafft 1908. (55 S.) 8° [ß.]
= **Mitteilungen** aus der evang. Kirchengemeinde A. B. in Hermannstadt. No 1. [08. 16005

— Das Lutherhaus in Hermannstadt, s. a. Mitteilungen aus der evangelischen Kirchengemeinde A. B. in Hermannstadt. Nr. 1.

Wagner-Wittenberg, Hans, Minnefahrt. Gedichte aus der Jugendzeit. 8. (112 S.) Heidelberg 889. Petters. n. 1.—; geb. n. 1.50

Wagner, Hans, theoretisch-praktische Musik- u. Harmonielehre, s.: **Heinze, Leop.**

Wagner, Hans: Neue vollständige Prima-Vista-Klavierschule. Von Prof. –. 2. Aufl. Leipzig-R.: H. Seemann [1904]. 234 S. 4°

— falsche Propheten. Gouverneur v. Liebert u. seine Presse. Eine Kulturbetrachtg. aus Deutschlands erster kolonialer Epoche. gr. 8. (44 S.) Charlottenburg 900. (Berlin, J. Belling.) n. —50

Wagner, Hans *Friedrich Robert* [aus Breslau]: Über die Resultate von 103 Magenoperationen an der Klinik Mikulicz '(Krakau-Königsberg-Breslau)' ... Breslau, Druck d. Bresl. Gen.-Buchdr., 1895; 85 S., 1 Bl. 8.
Breslau, Med. Fak., Inaug.-Diss. v. 22. Juni 1895

Wagner, Hans, üb. d. Resultate v. 103 Magenoperationen an der Klinik Mikulicz (Krakau—Königsberg—Breslau). Diss. gr. 8. (85 S.) Breslau 895. (Schletter.) n. —90

Wagner, H., die Schlosskirche zu Wittenberg in Vergangenheit u. Gegenwart. gr. 8. (49 S. m. 1 Lichtdruck.) Wittenberg 892. P. Wunschmann. n. —75

Wagner, Hans, Studien üb. die romanische Baukunst in Regensburg. (80 S. m. 39 Abb.) München (910). (Regensburg, A. Coppenrath's Verl.) 2.—

Wagner, Hans, die Tuberkulose d. Auges u. die Anwendung d. Koch'schen Tuberkulins bei derselben. [Aus: „Münch. med. Wochenschr."] Diss. gr. 8. (III, 17 S.) München 891. (Wiesbaden, J. F. Bergmann.) n.n. —80

Wagner, Hans, aus Arnsberg: Untersuchung über Tetrachlor-p-Dioxytolan. *Marburg 1903: Köster & Schell.* (57 S.) 8°
Marburg, Phil. Diss. v. [30. Nov.] 1903

[J.] **Wagner**, *Arthur Hugo* Hans (in d. Vita: Johannes): Die Verkehrs- und Handelsverhältnisse in Deutsch-Ostafrika ... Frankfurt a. O., Druck v. H. Andres & C., 1896; 1 Bl., 63 S. 8.
Leipzig, Phil. Fak., Inaug.-Diss. v. [15. Juli] 1896

Wagner, Hans, die Verkehrs- u. Handelsverhältnisse in Deutsch-Ostafrika. 1. u. 2. Aufl. gr. 8. (III, 63 S.) Frankfurt a/O. 896. H. Andres & Co. n. 1.50

— Wittenberg in Dichtung u. Sage. Festgabe zum 28. Juni 1893, als dem Tage des 600jähr. Stadtjubiläums. 8. (71 S.) Ebd. 893. n. 1.—

— s.: **Zeitschrift, koloniale.**

Wagner, Hans Joachim: Domenico di Bartolo Ghezzi. v. Teil der von einer hohen Fakultät angenommenen Abhandlung: Das Dompaviment von Siena und seine Meister. *Göttingen 1898: Dieterich.* (42 S.) 8°
Göttingen, Phil. Diss. v. [16. Juni] 1898

Wagner, Hedw., Tasso daheim u. in Deutschland. Einwirkungen Italiens auf die deutsche Literatur. (VII, 404 S.) gr. 8. Berlin 905. Rosenbaum & Hart. n. 8.—; geb. n. 9.50

Wagner, Heinr., die Anlage des Gebäudes, s.: **Handbuch der Architektur.**

Wagner, Heinrich [Gymnasialass. aus Würzburg]: Appellatio adversus Eubulidem num Demostheni abiudicanda sit ... Würzburg, Druck d. Stahel'schen k. Hof-Buchdr., 1896; 44 S., 1 Bl. 8.
Würzburg, Phil. Fak., Inaug.-Diss. v. 1896

Wagner, H[einrich], Dr.: Der Bau des südamerikanischen Festlandes südl. von 40° S. Oppenheim 1904: W. Traumüller. (25 S.) 4°
Oppenheim, großh. R OP 1904 (757)

Wagner, Heinr., Baulichkeiten f. Kur- u. Badeorte usw., s.: **Lieblein, Jak.**

— Baulichkeiten f. Cur- u. Badeorte, s.: **Mylius, Jonas.**

— Baulichkeiten f. den Sport, s.: **Durm, Jos.**

Wagner, Heinrich, approb. Arzt aus Bruchenbrücken: Aus d. Universitäts-Augenklinik zu Giessen. Ein Beitrag zur Frage der Heilserumtherapie bei der Conjunctivitis diphtheritica. *Giessen 1898: E. Ottmann.* (36 S.) 8°
Giessen, Med. Diss. v. 1898

Wagner, Heinr., Blindenanstalten, s.: **Henrici, Karl.**

Wagner, Heinr., Edelsteine aus reicher Schatzkammer, s.: **Stolz, Alban.**

Wagner, *Heinrich Wenzeslaus* Festrede zu Kaisers Geburtstag. 4 (S. 23—28 der Schuln.) Progr. G. u. Rsch. *Hagenau* 1889 (482).

Wagner, Heinrich, a. Malstatt-Burbach: Das Finanzwesen Gießens unter besonderer Berücksichtigung des 19. Jahrhunderts. Leipzig: G. Fock 1904. (102 S.) 8°
Gießen, Phil. Fak., Ref. Biermer, Diss. v. 16. Febr. 1905
[Geb. 11. Juli 74 Malstatt-Burbach; Wohnort: Malstatt-Burbach; Staatsangeh.: Preußen; Vorbildung: Oberrealsch. Düsseldorf Reife O. 02; Studium: Jena 1, Paris 1, Bonn 1, Berlin 1, Gießen 3 S.; Rig. 30. Juli 04.]

— Gebäude f. Gesellschaften u. Vereine, s.: **Schmitt, Ed.**

— Gebäude f. Museen, s.: **Handbuch der Architektur.**

Wagner, H., Gebäude f. Pensionate u. Alumnate, s.: **Handbuch der Architektur.**

– Gerichtshäuser, Straf- u. Besserungsanstalten, s.: Landauer, Thdr. v.

– Geschäftshäuser f. Provinz- u. Kreisbehörden, s.: Schwechten, Frz.

Wagner, Heinr., Geschichte der hohen Carls-Schule. Mit Illustr. von Carl Alex. v. Heideloff. 1. Bd.: Die Carls-Schüler nach archival. Quellen. 1—8. Heft. gr. 8. (S. 1—640 mit 2 Stahlst., 1 Holzschnt. und 2 Stnt. in 4.) Würzburg 856(57,) Etlinger'sche Vrlgsh. à Heft • 9 Ngr. *

Wagner, Heinr., Geschichte der hohen Carls-Schule. Mit Illustr. von Carl Alex. v. Heideloff. 9—14. Heft. gr. 8. (1. Bd. S. 641—696 und 2. Bd. 430 S. mit 1 Holzschnt.) Würzburg 857, Etlinger'sche Verlagsh. *

—— dass. — Ergänzungsbd. gr. 8. (289 S.) Ebendas. 858. *

Wagner, Heinrich, Dr.: Zur Geschichte des Aschaffenburger höheren Unterrichtswesens. (T.) 2. Aschaffenburg 1906: Schippner. (46 S.) 8° ¶ (Forts. d. P-Beil. 1901.)
Aschaffenburg, k. G P 1906*

— allgemeine Grundzüge der architektonischen Composition, s.: Handbuch der Architektur.

Wagner, *Heinrich:* Des Sextaners Gruss zu Kaisers Geburtstag. Hagenau, F. Gilardone'sche Buchdr. (1890); S. 21; 4°
Hagenau, G u. R, MP 1890

— amtliches Gutachten über eine Sammlung biblischer Abschnitte in vier Jahrgängen, welche der evangel. Geistlichkeit des Königreichs Sachsen im Jahre 1836 zur Prüfung u. Benutzung vorgelegt, von nun an die Grundlage eines neuen Perikopenbuches derselben bilden soll. Lex.-8. Leipzig 840. Melzer. 1/3 ₰

Wagner, Heinr., s.: Handbuch d. Architektur.

– Kaffeehäuser u. Restaurants, s.: Handbuch der Architektur.

Wagner, Heinrich, Dr.: Die Körperlehre als Einleitung in den planimetrischen Unterricht an höheren Mädchenschulen. Mainz 1906: A. Wenglein. (S. 3—11.) 4°
Mainz, HM P 1906 [169]

Wagner, Heinr., die Kreuzigungsgruppen am Dom zu Frankfurt a. M., an der Pfarrkirche zu Wimpfen am Berg und an der St. Ignaz-Kirche zu Mainz. gr. 4. (26 S. mit 3 Lichtdr.-Taf.) Darmstadt 886, (Bergsträsser.) *
Aus: Festschrift zur Jubelfeier des 50jähr. Bestehens der grossherzoglich Technischen Hochschule zu Darmstadt, besonders abgedruckt.

HEINRICH WAGNER, Die Kreuzigungsgruppen am Dom zu Frankfurt am Main, an der Pfarrkirche zu Wimpfen am Berg und an der St. Ignaz-Kirche zu Mainz. Sonder-Abdruck aus der Festschrift zur Jubelfeier des fünfzigjährigen Bestehens der Groß-Darmstadt. Vereinsgabe an die Mitglieder des historischen Vereins für das Großherzogthum Hessen. **Mit 3 Lichtdrucktafeln. Darmstadt 1886. S. C. Wittich'sche Hofbuchdruckerei. 4°.**

Wagner, Heinr., s. Kunstdenkmäler im Grossherzogth. Hessen.

Wagner, Heinr., Karl May u. seine Werke. Eine krit. Studie. (51 S.) gr. 8. Passau 906. (G. Kleiter.) nn —80

— Museen, s.: Handbuch der Architektur. IV. 6.

Wagner, Heinrich: Die Nebenvalenzen der Metall-Cyanide. Traunstein 1910: Leopoldseder. 51 S. 8°
München, Phil. Diss. v. 23. Juli 1910, Ref. v. Baeyer
[Geb. 28. Dez. 80 Hol a. S.; Wohnort: München; Staatsangeh.: Bayern; Vorbildung: Gymn. Burghausen Reife Juli 98; Studium: München 10 S.; Rig. 23. Juli 10.] [U 10. 3709

— u. Paul **Wallot**, Parlamentshäuser u. Ständehäuser, s.: Handbuch der Architektur. IV. 7. II.

— Pensionate u. Alumnate, s.: Handbuch der Architektur. IV.

Wagner, H., Münchner Plastik um die Wende des XV. u. XVI. Jahrh. Eine kunstgeschichtl. Studie. 8. (VIII, 110 S.) München 895. A. Ackermann's Nachf. n. 2. —

—— theoretisch-praktische Registraturlehre. gr. 8. (XV und 311 S.) Stuttgart 855, Hofbuchdruckerei zu Guttenberg.

Wagner, Heinr., (Wergau,) Rittersporen und Schwertlilien, oder jüngste Ergüsse meiner Laune. (Gedichte.) 8. (XV und 334 S.) Stuttgart 849, [Lindemann.]

Wagner, Heinr., [Wergau], Rittersporen u. Schwertlilien, od. jüngste Ergüsse meiner Laune. 8. (XVI u. 334 S.) Stuttgart 849. Wagner in Comm. 1 ₰

— u. Hugo **Koch**, Schankstätten u. Speisewirtschaften; Kaffeehäuser u. Restaurants. s.: Handbuch der Architektur 4. IV.

Wagner, Heinr., Stech-Palmen. Satyrisches u. Lyrisches aus Süd-Deutschland. Mit Lieder-Compositionen v. Lindpaintner, Müller, Kocher, Silcher, Frech, u. Zeichnungen v. Pflug. 3 Bdchn. (à 2 Lfgn.) 12. (4 B.) Stuttgart 834, (Neff.)
Hatte früher d. Tit.: Wagner, H., Ergüsse meiner Laune.

— öffentliche Vergnügungsstätten u. Festhallen, s.: Durm, Jos.

— Vorräume, Treppen-, Hof- u. Saal-Anlagen, s.: Handbuch der Architektur.

Wagner, Heinrich, aus Gießen, Lehramtsassessor in Langen (Starkenburg): Die Wasserscheide in Südamerika südlich von 40° s. Br. Eine quellenkritische Studie üb. d. chilenisch-argentin. Grenzstreit u. dessen geogr. Ergebnisse. *Gießen 1903: v. Münchow.* (115 S.) 8°
Gießen, Phil. Diss. v. 1903

Wagner, Heinrich Ad. Ed.

Wagner, H. A. E., Gedanken u. Nachrichten üb. die für nothwendig erkannte Reform d. protestant. Kirchenverfassung in Sachsen. Ein Beitr. zur Förderung dieser wicht. Angelegenheit. gr. 8. (10½ B.) Leipzig 834, Fischer u. Fuchs.

Wagner, Heinr. Ad. Ed., amtl. Gutachten üb. e. Samml. bibl. Abschnitte in vier Jahrgängen, welche d. evangel. Geistlichkeit d. Königr. Sachsen im J. 1836 z. Prüfung u. Benutz. vorgelegt, von nun an die Grundlage e. neuen Perikopenbuches ders. bilden soll. Lex.-8. (4 B.) Leipzig 840, [C. J. Goldacker.]

Wagner, (H. A. Ed.,) Versuch eines ausführl. Lehrbuchs d. Chronologie. 1r Bd. Mathematische Chronologie. Mit 6 Kupfert. gr. 8. Leipz. 826, Hartmann.

Wagner, H. A. Eb., Versuch einer ausführl. Lehrbuchs d. Chronologie. 1r Bd. Mathematische Chronologie. Mit 6 Kpft. gr. 8. Leipz. 826. (Lehnhold.) 4 Thl

Wagner, Heinrich Ch.

Wagner, H. Ch., gründliche Anweis. zur Civilbaukunst, m. K. 2 Thle. Fol. Dresden, Groll. 755—68.

Wagner, Heinr. Chr., Erörterung d. Frage: warum es mehrentheils d. Gottlosen wohl, u. d. Frommen übel in diesem Leben gehe. 8. Frkft. 732.

— Gedanken v. Kreuz d. Christen. 8. Altdorf. 732.

— neueröffnete Katechismusschule d. Erklärung. 8. Weißenburg. Monath. 730.

— Reise- u. Hausprediger, über die Evangelia. 2 Thle. 8. Nrnb. 729.

Wagner, Heinr. Ed., Bilder für den Anschauungs-Unterricht in Schule und Haus, in's Besondere zum Gebrauch bei Lebensbilder I. von Berthelt, Jäkel, Petermann und Thomas. 2 Hälften. gr. Fol. Dresden 869, Naumann. à Hälfte *M. 4. *

Inhalt:
Hälfte 1. Blatt 1—20. (20 color. Holzschn.)
" 2. Blatt 21—43. Nebst Text: Einige Winke über den Gebrauch der Bilder. (12 S. in 4. mit 23 color. Holzschntaf.)

—— sectional Drawings for the self-instruction and amusement of children. 1st and 2d Series. 8. (Ausgeschnittene Chromolithogr. mit deutscher, französ. und engl. Gebrauchs-Anweisung.) Leipzig 874, Scholtze. In Carton à Serie M. 2,40.

—— Landkarten-Muster. Lehr- und Lernmittel beim Unterricht in der Geographie, insbesondere beim Landkartenzeichnen. Für Schule und Haus. Nr. 1—9. Pirna 875, Diller und Sohn.

Inhalt:
Nr. 1. 2. Königreich Sachsen. 1. und 2. Curs. (à 4 S. in 8. mit 1 ausgeschnittenen Karte auf Carton in qu. gr. 8.) à Curs 25 Pf.
Nr. 3. 4. Deutsches Reich. 1. und 2. Curs. (à 4 S. in 8. mit 1 ausgeschnittenen Karte auf Carton in qu. gr. 4.) à Curs 30 Pf.
" 5. —— dass. — 3. Curs. Eisenbahnkarte. qu. 4. (4 S. in 8. und 1 ausgeschnittenen Karte auf Carton.) 30 Pf.
" 6. 7. Provinz Brandenburg. 1. und 2. Curs. qu. 8. (à Curs 4 S. und 1 ausgeschnittene Karte auf Carton.) à Curs 20 Pf.
" 8. 9. Provinz Preussen. 1. und 2. Curs. (à 4 S. in 8. und 1 ausgeschnittene Karte auf Carton.) à Curs 25 Pf.

—— Zeichen-Blättchen für Schulen. Geradlinige geometr. Figuren. gr. 16. (4 S. deutscher, französ. und engl. Text mit ausgeschnittenen Fig. auf Carton.) Ebendas. 874. In Couvert.

—— Zeichenblättchen zur Selbstbeschäftigung für Kinder. 9 Hefte. qu. 16. (à Heft 10 Blättchen.) Pirna 868—71, Diller und Sohn. à Heft 60 Pf.

—— dass. — 9 Hefte. 2.—4. Aufl. gr. 8. Leipzig 873,74, Scholtze. In Mappe. à Heft (60 Pf.) 50 Pf.

Inhalt:
Heft 1. 2. Geradlinige Figuren.
" 3. 4. Krummlinige Figuren.
" 5. 6. Thiere.
" 7. Pflanzen.
" 8. Thiere.
" 9. Architektur.
Auch in englischer, französischer, ungarischer, böhmischer, dänischer und schwedischer Ausgabe zu haben. — Englische Ausgabe à Heft M. 1.

—— dass. — 1. und 2. Serie. 4. Ausg. 8. Ebendas. 874. In Carton. à Serie M. 2,40.

Wagner, Heinrich Elias Otto: Propositiones nonnullae chemico-medicae. 22 S., gbd.

Erlangae:(Walther) 1780
(Adversaria argumenti physico-medici, Fasc. 2,7)

JB 1,808

Wagner, Heinrich Leopold

(—) Apollo's Abschied von d. Musen. 8. Frankf. a. M. 774.

Wagner, Hnr. Leop. l., († d. 4. März 1779.) Diss. inaug. de aurea bulla. 4. Strassb. 776.

— diatriba de legitima parentum etc. 4. Marb. 771.

— disputationes meditationum quibus universa actionum materia exponitur. II Tomi. 8. Leipz. 774, 76. Fr. Fleischer. 12 Thl

Wagner, Heinrich Leopold, Elogium Friderici II. 1787. 8.

Wagner, Hnr. Leop., s. a. **Erzählungen, konfiscable.**

Erzählungen

* — —, Confiskable (von *Heinrich Leopold Wagner*). Mit Titelvignette. Wien bey der Bücher-Censur (Giessen, gedruckt bei Krieger). 1774. 8⁰. 44 S., 1 Bl. Inh. (12 Mk. Isaak St. Goar, Frankf. a. M., c. 1890; 81 Mk., unbeschn. Prachtexpl., Max Perl's Berliner Octob.-Auct. 1907, no. 911; 100 Mk. Auct. Dr. Deneke, Frf. a. M. 1909, no. 853.)
Goedeke IV, 305, 6. — In Versen.
— — Dasselbe. (Neudruck. Mit litterarhist. Einleitung von M. Desceltes.) (Zus. mit 2 andern Neudrucken.) Leipzig, Adolf Weigel, 1904. 8⁰. (Mk. 6—.) (4 Mk. Gust. Fock, Lpz., 1907.)

Wagner, Heinr. Leop., s. Froitzheim. Goethe u. H. L. W.

— s. Gedichte, vermischte.

s. **Horatii carmina.**

— Evchen Humbrecht, oder ihr Mütter merkts euch; ein Schspl. in 5 Aufz. 8. Frankf. 779. (Brönner; a. Gebhardt u. K.) 8 Thl

— schediasma de iis, quae ante actionem instituendam sunt observanda. 4. Marb. 773. 6 Thl

— disputationes duae de iis quae ante actionem instituendam sunt observanda et denegatione actionis. 8. ibid. 788.

s. **L'inconnu, bienfésant.**

— die Kindermörderin, s. a. Bibliothek der Gesamtlitteratur.

Wagner, H. L., die Kindermörderin, s. a. Litteraturdenkmale, deutsche, d. 18. u. 19. Jahrh.

Die Kindermörderin. Ein Trauerspiel von Heinrich Leopold Wagner. Hrsg. u. bearb. von Josef Ettlinger. Mit e. Einl. u. d. Bild d. Dichters. *Halle a. d. S.: O. Hendel [1904].* (VIII, 63 S.) 8⁰ [5.]
(Bibliothek d. Gesamtlitteratur d. In- u. Auslandes. No 1810.)

— poet. Kleinigkeiten. 8. Marb. 775.

(—) die Königkrönung; aus d. Französ. 8. Haag 775.

— s. v. Lamberg, Tagebuch e. Weltmanns.

— s.a. Leben u. Tod. Silligs.

LEBEN und Tod Sebastian Silligs. Ein Roman .... (von *Heinr. Leop. Wagner*). Frankfurt und Leipzig 1776. 8°. Rarissime!
Anon.-Lex. III. p. 22 (nach Meusel, Kayser, Goedeke).

— s.a. Lieder für d. Söhne d. Dummheit.

LIEDER für die Söhne der Dummheit (von *Heinr. Leop. Wagner*). Meropolis (Marburg) 1774. Ueberaus rar!
Anon.-Lex. III. p. 70 (nach Weller, Kayser, Goedeke IV, 308).

– s. Mercier, d. Schubkarren d. Essigkramers.

— Frankfurter Musenalmanach f. d. J. 1777. 8. Frankf.

— Musenalmanach, Frankfurter, auf 1780 u. 1781. 8. Frankf. u. Leipz. 780, 81. ... 16 gr

— Oda ad Napoleonem Bonapartem, primum Consulem, quum Bruxellas inviseret. 4maj. Frankf. 803.

— odae. 8. Frankf. a. M. 782.

— oratio de laudibus rabularum. 8. Marb. 775.

— d. Parrhesiasten der alten u. neuern Zeiten. 1r Theil. 8. Leipz. 791. (Fr. Fleischer). 8 gr

Wagner, H. L., üb. einig. Pflichten d. Vaterlandsliebe. 8. Bayreuth, Lübeck. 804.

(—) Phaeton, e. Romanze. 4. ... 774.

(—) Prometheus, Deukalion u. seine Recensenten. Voran ein Prologus u. zuletzt ein Epilogus. 8. Götting., Hamb., Düsseld., Weimar, Berlin u. Leipz. 775.

WAGNER, H., Pyramus und Thisbe. Eine Romanze in drey Gesängen. (Marburg) 1776. 8°.
Vilmar's Bücherschatz no 2914.

— Pyramus u. Thisbe, in 3 Gesängen. 8. Frankf. 777.

— — Dasselbe. O. O. 1780. 8°. (War im Besitze des Kgl. Bibliothekars Dr. Karl Theod. Gaedertz in Berlin.)

— s.a. Reue nach d. That.

REUE, Die, nach der That, ein Schauspiel (von *Heinr. Leop, Wagner*, 1747—79). Mit hübsch gestochener Titelvignette. Franckfurt (!) am Mayn, bey den Eichenbergischen Erben, 1775. Kl. 8°. Tit. u. 140 S. (145 Mk., schönes Expl. mit wenigen Stockflecken, Max Perl's Berliner Octob.-Auct. 1907, no. 916; 120 Mk., Expl. im Orig.-Cart. von brillanter Erhaltg., L. Rosenthal, 1910; 90 Mk., Hfrzbd., Auct. Dr. Deneke, Frf. a. M., 1909, no. 857:)

– s. Shakspeare, Macbeth.

— s. Tempel zu Gnidos.

Wagner, Hnr. Leop., Theaterstücke. 8. Frankf. 779. Hermann. (u. Gebhardt u. K.) 16 gr

— d. wohlthätige Unbekannte; e. Familienscene. 8. Frankf. 775. Eichenberg. 3 gr

Wagner, H. L., Voltaire am Abend seiner Apotheose, s.a. Litteraturdenkmale, deutsche, des 18. Jahrhunderts.

VOLTAIRE am Abend seiner Apotheose. (Kl. Vign.) Aus dem Französischen. (Deutsche Original-Farce von *Heinrich Leopold Wagner.*) Frankfurt und Leipzig 1778. 8°.
Höchst selten! Titelportr. (Voltaire am Schreibtisch sitzend, unten ARROVET DE VOLTAIRE. Sifflé à Paris le (?) toût 1732. couronné poëte à Paris le 30 Mars 1778. 30 bez. S. (incl. Titel).

— — Dasselbe. (Neudruck.) Heilbronn, Gebr. Henninger, 1881. 8°. XI, 19 S. München: P. o. germ. 865 mo, 2.)
München: P. o. germ. 865 mo, 2) Deutsche Litteraturdenkmale d. 18. Jahrhunderts. Nr. 2.

Wagner, Hnr. Ldw., s. Jugenderholungen rc. 3 Bde. u. setze hinzu: herausg. v. H. L. Wagner u. Fr. Aug. Winkelmann 1819—21.

Wagner, Heinrich Wenzeslaus, s. Wagner, Heinrich

Wagner, Helene, die moderne Erziehung, wie sie sein soll. (16 S.) gr. 8. Leipzig (908). E. Marré. — 50

Wagner, Henry, bedingt das Grab die Vernichtung unserer Persönlichkeit? Experimental-psycholog. Studie. (286 S.) gr. 8. Mülhausen i/E. 907. (Ch. Bahy.) 3. —

Wagner, Henry: Bedingt das Grab eine Vernichtung unserer Persönlichkeit? Experimental-psychol. Studie von –. 1. Aufl. Mülhausen i. E.: 'Osiris' 1907. 283 S. 8°

WAGNER, HENRY. Beiträge zur Kenntniss der Bibrombernsteinsäure. Freiburg im Breisgau, 1881.

Wagner, Henr.: Kurzgefaßte hundertjährige Geschichte der Berg Kirche in Libanon County, Pa. *Herausgegeben von* F. W. Kremer, *Chambersburg, 1855. 8 S.*

Wagner, Hermann, s.a. Wagner, Hermann F.

Aachen. Von H. Wagner. 1881. 247 S. mit 2 Karten.

Wagner, Herm. (II.), Abriß der allgemeinen Erdkunde. [Erweit. Abdr. aus Guthe's Lehrbuch der Geographie.] gr. 8. (X, 162 S. mit eingedr. Holzschn. und 2 Stnt.) Hannover 880, Hahn'sche Buchh. *

— E. Vogel, der Afrika-Reisende, s. Feierstunden, malerische.

Wagner, Herm., e. Alpenreise, s.: Kinderbuch, das illustrirte goldene.

Wagner, Herm., Alpenstrauss. Enthaltend die schönsten Gewächse der Alpen und deutschen Hochgebirge. Allen Freunden der Natur, insbesondere Alpenreisenden, Koppenfahrern und Besteigern des Brockens dargebracht. Nr. 1—50. Auch als Ergänzung zu Wagner's Cryptogamen- und Phanerogamen-Herbarien. Lex.-8. (40 Bl. mit aufgeklebten Pflanzen.) Bielefeld 861, Helmich. geb. 4

—— **Arznei- und Giftgewächse.** 1. Lfg. Nr. 1—25. Fol. (15 Bl. mit aufgeklebten Pflanzen.) Bielefeld 861, Helmich. *

Wagner, Herm. (II.), Arznei- und Giftgewächse. 2.—4. Lfg. Nr. 26—100. Fol. (39 Bl. mit aufgeklebten Pflanzen.) Bielefeld 862,63, Helmich. In Mappe à Lfg. * 15 Ngr. *

— **Asien**, s.: **Feierstunden, malerische.**

Wagner, Herm., s.: **Beiträge zur Frage des naturwissenschaftlichen Unterrichtes an den höheren Schulen.**

Wagner, Hermann, aus Hannover: Beiträge zur Kenntnis des Hydroxylamins. (Aus dem anorganisch-chemischen Institut der Universität Bern.) Hannover 1910. 52 S. 8°. [2. V. 10.]
Bern. Phil. Diss. 1909/10.

Wagner, Hermann. Beiträge zur Kenntnis des Hydroxylamins. Diss. Phil. Bern. [Mit 1 Figur.] 52 S. 8. Hannover, Carl Riebe, 1910.

Wagner, Hermann [aus Nidda]: Beiträge zur Kenntniss des Santonins. . . . Hamburg, Rosenberg's Buchdr., 1891; 1 Bl., 16 S. 8°
Giessen, Phil. Fak., Inaug.-Diss. v. 1891

Wagner, Hermann [Dr.]: Die Belagerung von Plataeae. [Forts. s. d. folg. No.] Doberan, Druck v. H. Rehse & C., 1892; 32 S. 4.
Doberan, grossh. G Friderico-Francisceum, OP 1892 (645)

Wagner, Hermann [Dr.]: Die Belagerung von Plataeae. '(Schluss.)' [Forts. d. vorh. No.] Doberan, Druck v. H. Rehse & C., 1893; 1 Bl., 33—53 S., 1 Kt. 4.
Doberan, grossh. G Friderico-Francisceum, OP 1893 (645)

Wagner, *Franz Albert Moritz* Hermann: Remy Belleau und seine Werke. . . . Leipzig-Reudnitz, Druck v. O. Schmidt, 1890; 85 S., 1 Bl. 8°
Leipzig, Phil. Fak., Inaug.-Diss. v. [28. Sept.] 1890

Wagner, Herm., Beschäftigungs-Buch f. die reifere Jugend. Anleitung zum Experimentieren, zur Anlage v. Pflanzen-, Stein-, Muschel-, Insekten-, Schmetterlings-, Vogel-, Briefmarken-Sammlgn. ꝛc., sowie zur Pflege der Haustiere u. des Hausgartens. Neubearb. v. Carl Freyer. 6. [Titel-]Aufl. (v. Der gelehrte Spielkamerad). gr. 8. (XIV, 292 S. m. 330 Abb. u. 4 Taf.) Leipzig [891.] (899). O. Spamer. n. 4. —; geb. in Leinw. n. 5. —

Wagner, Herm., Beschäftigungs-Buch f. die reifere Jugend. Anleitung zum Experimentieren, zur Anlage v. Pflanzen-, Stein-, Muschel-, Insekten-, Schmetterlings-, Vogel-, Briefmarken-Sammlgn. ꝛc., sowie zur Pflege der Haustiere u. des Hausgartens. Neu bearb. v. Carl Freyer. Zugleich 6. Aufl. v. „Der gelehrte Spielkamerad". gr. 8. (XIV, 292 S. m. 330 Abbildgn. u. 4 Taf.) Leipzig 894. O. Spamer. n. 4. —; geb. in Leinw. n. 5. —

— u. Carl **Freyer**, Beschäftigungs-Buch f. die reifere Jugend. Anleitung zum Experimentieren, zur Anlage v. Pflanzen-, Stein-, Muschel-, Insekten-, Schmetterlings-, Vogel-, Briefmarken-Sammlgn. usw., sowie zur Pflege der Haustiere u. des Hausgartens. In 7. Aufl. neu bearb. v. Carl Freyer. (XIV, 286 S. m. 304 Abbildgn. u. 4 Taf.) 8. Ebd. 905. n. 4. —; geb. in Leinw. n. 5. —

— u. Carl **Freyer, Beschäftigungs-Buch** für die reifere Jugend. Anleitung zum Experimentieren, zur Anlage v. Pflanzen-, Stein-, Muschel-, Insekten-, Schmetterlings-, Vogel-, Briefmarken-Sammlgn. usw., sowie zur Pflege der Haustiere u. des Hausgartens. Neu bearb. v. Carl Freyer. 8. [Titel-]Aufl. (XIV, 286 S. m. 304 Abbildgn. u. 4 Taf.) 8. Ebd. [905] 909. 4.—; geb. in Leinw. 5.—

Wagner, Herm., Beschreibung des Bergreviers Aachen. Bearbeitet im Auftrage des königlichen Oberbergamts zu Bonn. Mit 2 Karten in Farbendr. gr. 8. (III, 247 S.) Bonn 881. Marcus. n. 6. —

Wagner, Herm., Beschreibung der Saatgutwirtschaft Nagradowitz. (12 S. m. Abbildgn.) Lex. 8. Posen 910. Verlag des landwirtschaftl. Centralblattes. (Nur direkt.) — 30

— Beschreibung der Majoratsherrschaft Sobotka. (7 S. m. 1 Abbildg.) Lex. 8. Ebd. 910. — 30

Wagner, H., die Bevölkerung der Erde, s.: Behm, E.

—— die Bevölkerung der Erde, s. Mittheilungen aus Just. Perthes' geograph. Anstalt.

— u. Alex. Supan, die Bevölkerung der Erde. VIII. IX., s.: Petermann's, A., Mitteilungen aus Justus Perthes' geographischer Anstalt.
Frühere Bde. sind bearb. v. E. Behm u. H. Wagner.

Wagner, Herm., die Bevölkerung der Erde, Fortsetzg., s.: Supan, Alex.

—— **s. Bilder zum Anschauungs-Unterricht für die Jugend.**

—— malerische Botanik. Schilderungen aus dem Leben der Gewächse. Populäre Vorträge über physiologische und angewandte Pflanzenkunde. 2 Bde. gr. 8. Leipzig 861, Spamer. [1. Bd. (VIII und 238 S. mit 140 in den Text gedr. Abbild. in Holzschn., 3 Tonbildern und 1 Titelbilde in Holzschn. und Buntdr.) 2. Bd. (IV und 258 S. mit 270 in den Text gedr. Abbild. und 4 Tonbildern in Holzschn.) à Bd. * 1 Thlr.] * geb. *

— **malerische Botanik. Schilderungen aus dem Leben der Gewächse. Populäre Vorträge üb. physiolog. u. angewandte Pflanzenkunde. 2. verm. u. verb. Aufl. gr. 8. Leipzig 872. Spamer. n. 8. —; geb. n. 10. —**
1. Mit 260 in den Text gedr. Abbildgn. u. 4 Tonbildern. (VIII, 244 S.)
2. Mit 330 in den Text gedr. Abbildgn. und 4 Tonbildern. (IV, 286 S.)

Wagner, Herm., das Buch der Natur. Naturwissenschaftliche Lebensbilder für Jung und Alt. Mit 10 Illustr. (Holzschn.) in Tondr. u. 4 Holzschn. (im Text.) Glogau (857.) Flemming. gr. 16. (2 Bl., 130 S.) 1 ₰.

—— dass. — 2. Bd. br. 8. (III und 191 S. mit 8 Holzschn. in Tondr.) Ebendas. 859. 25 Ngr.; cart.

Wagner, Herm., das Buch der Natur. Naturwissenschaftliche Lebensbilder für Jung und Alt. 2. verb. Aufl. 2 Bde. 8. Glogau 879, Flemming. [1. Bd. (III, 146 S. mit 13 eingedr. Holzschn.-Illustr. und 9 Taf. von Ernst Hasse); 2. Bd. (III, 207 S. mit 8 Tondr.-Illustr. von Ernst Hasse)]. cart. à Bd. ℳ 2,50.

Wagner, Herm., das Büchlein vom gesunden und kranken Pferde. Mit 2 Taf. Abbildgn. (in Holzschn.) Leipzig 858. Wallerstein. (Klinkhardt.) 16. (VII, 72 S.) n. 10 ngr.

Wagner, H., Curculionidae: Apioninae, s.: Coleopterorum catalogus. 6.

Wagner, H. Die Dimensionen des Erdsphäroids nach Bessels Elementen im metrischen Maaße. Gotha 1870. 8°. (Aus: Behm's Geogr. Jahrb. 3.)

Wagner, Herm. Die alten Drucke der Gymnasialbibliothek. 21 S. Verzeichnis der alten Drucke der Gymnasialbibliothek. II. 22 S. Progr. *Schleusingen* 1879. 1883.

Wagner, Herm., diesseits u. jenseits d. Elbe. 16 Fußwandergn. durch die Umgegend von Hamburg. [Aus: „Hamburger Fremdenblatt".] 8. (IV, 102 S. m. 1 Karte.) Hamburg 897. L. Gräfe & Sillem. Kart. 1. 50

Wagner, Herm., Entdeckungsreisen, s.: Kinderbuch, das illustrirte goldene.

Wagner, Herm., Entdeckungsreisen in Berg u. Thal. Mit seinen jungen Freunden u. Freundinnen unternommen. 4. u. 5. Aufl. Mit 88 Text-Abbildgn. u. 1 Titelbilde in Farbendr. gr. 8. (VIII, 174 S.) Leipzig 892. 894. O. Spamer. n. 2. —; geb. in Leinw. n. 2. 50

— **Entdeckungsreisen in Berg u. Thal. Mit seinen jungen Freunden u. Freundinnen unternommen. Mit 80 Text-Abbildgn. u. 1 Titelbild in Farbendr. 6. Aufl. gr. 8. (VIII, 174 S.) Ebd. 901. n. 2. —; geb. in Leinw. n. 2. 50**

Wagner, Herm., Entdeckungsreisen in Berg u. Tal. Mit seinen jungen Freunden u. Freundinnen unternommen. 8. Aufl. Mit 80 Text-Abbildgn. u. 1 Titelbild in Farbendr. (VIII, 174 S.) 8. Leipzig 906. O. Spamer. n. 2.—; geb. in Leinw. n. 2. 50

Wagner, Herm., Entdeckungsreisen in Berg u. Tal. Mit seinen jungen Freunden u. Freundinnen unternommen. 9. Aufl. Mit 80 Text-Abbildgn. u. 1 Titelbilde in Farbendr. (VIII, 174 S.) 8. Leipzig 909. O. Spamer. 2.—; geb. in Leinw. 2. 50

—— Entdeckungsreisen in Feld und Flur, s.a. Jugend- und Hausbibliothek, neue.

—— **Entdeckungsreisen in Feld und Flur. Mit seinen lieben jungen Freunden und Freundinnen unternommen. 4. durchgeseh. Aufl. 8. (VIII, 164 S. mit 100 Text-Abbild. in Holzschn., 4 Tonbildern und 2 Buntbildern.) Leipzig 876, Spamer. * cart. ***

Wagner, Herm. (III.), Entdeckungsreisen in Feld und Flur. Mit seinen lieben jungen Freunden und Freundinnen unternommen. 5. durchges. Aufl. gr. 8. (VIII, 166 S. mit 100 Text-Abbild., 1 Ton- und 2 Buntbildern.) Leipzig 882, Spamer. * ℳ 2.; cart. *

Wagner, Herm. (II.), Entdeckungsreisen in Feld und Flur. Mit seinen lieben jungen Freunden und Freundinnen unternommen. 6. durchges. Aufl. 8. (VIII, 168 S. mit 100 Text-Abbild. und 2 Buntbildern.) Leipzig 888, Spamer. * cart. *

— dasselbe in Feld u. Flur. 7. u. 8. Aufl. Mit 100 Text-Abbildgn. u. 2 Farbendr.-Bildern. gr. 8. (VIII, 168 S.) Ebd. 892. 894. n. 2. —; geb. in Leinw. n. 2. 50

Wagner, Herm., Entdeckungsreisen in Feld u. Flur. M. s. lieben jungen Freunden u. Freundinnen unternommen. 9. [Titel-] Aufl. Mit 100 Text-Abb. u. 2 Farbendr.-Bild. gr. 8. (VIII, 168 S.) Leipzig (894) 897. O. Spamer. n. 2.—; geb. in Leinw. n. 2. 50

— **dasselbe in Feld u. Flur. Mit seinen lieben jungen Freunden u. Freundinnen unternommen. 10. Aufl. Mit 100 Text-Abbildgn. u. 2 Farbendr.-Bildern. gr. 8. (VIII, 168 S.) Leipzig 901. O. Spamer. n. 2. —; geb. in Leinw. n. 2. 50**

— dasselbe, in Feld u. Flur. Mit seinen lieben jungen Freunden u. Freundinnen unternommen. 12. Aufl. Mit 100 Text-Abbildgn. u. 2 Farbendr.-Bildern. (VIII, 168 S.) 8. Ebd. 905. n. 2.—; geb. in Leinw. n. 2.50

— dasselbe in Feld u. Flur. Mit seinen lieben jungen Freunden u. Freundinnen unternommen. 13. Aufl. Mit 100 Text-Abbildgn. u. 2 Farbendr.-Bildern. (VIII, 168 S.) 8. Ebd. 908. 2.—; geb. in Leinw. 2. 50

—— Entdeckungsreisen in Haus und Hof, s.a. Jugend- und Hausbibliothek, neue.

— **Entdeckungsreisen in Haus u. Hof. Mit seinen jungen Freunden unternommen. 4. Aufl. Mit üb. 100 in den Text gedr. Abbildgn. (in Holzschn.) e. Buntdr. u. 3 Tonbildern. 8. (VIII, 182 S.) Ebend. 876. n. 2. —; cart. n. 2. 50**

Wagner, Herm., Entdeckungsreisen in Haus u. Hof. Mit seinen jungen Freunden unternommen. 5., durchgeseh. Aufl. Mit über 100 in den Text gedr. Abbildungen, einem Buntdr. u. 3 Tonbildern. gr. 8. (VIII, 186 S.) Leipzig 882. Spamer. n. 2. —; cart. n. 2. 50

Wagner, Herm., Entdeckungsreisen in Haus u. Hof. Mit seinen jungen Freunden unternommen. 6., durchgeseh. Aufl. Mit 115 in den Text gedr. Abbildgn., 1 Buntdr. u. 2 Tonbildern. (VIII, 186 S.) 8. Leipzig 888. Spamer. n. 2. —; cart. n. 2. 50

— dasselbe, in Haus u. Hof. Mit seinen jungen Freunden unternommen. 7. (Titel-)Aufl. Mit 115 in den Text gedr. Abbildgn., 1 Farbendr. u. 2 Tonbildern. gr. 8. (VIII, 186 S.) Ebd. 892. n. 2. —; kart. n. 2. 50

— dasselbe. 8. Aufl. gr. 8. (VIII, 185 S. m. 114 Abbildgn. u. 1 farb. Titelbild.) Ebd. 894. n. 2. —; geb. in Leinw. n. 2. 50

— Entdeckungsreisen in Haus u. Hof. Mit s. jungen Freunden unternommen. 9. [Titel-] Aufl. Mit 114 in d. Text gedr. Abb. u. 1 Titelbild in Farbendr. gr. 8. (VIII, 185 S.) Ebd. (894) 898. n. 2. —; geb. in Leinw. n. 2. 50

Wagner, Herm., Entdeckungsreisen in Haus u. Hof. Mit seinen jungen Freunden unternommen. 10. Aufl. gr. 8. (VIII, 185 S. m. 114 Abbildgn. u. farb. Titelbild.) Ebd. 903. n. 2. —; geb. in Leinw. n. 2. 50

— dasselbe, in Haus u. Hof. Mit seinen jungen Freunden unternommen. 11. Aufl. Mit 114 in den Text gedr. Abbildgn. u. 1 Titelbild in Farbendr. (VIII, 185 S.) 8. Ebd. 906. n. 2. —; geb. in Leinw. n. 2. 50

— dasselbe in Haus u. Hof. Mit seinen jungen Freunden unternommen. 12. verb. Aufl. Mit 114 in den Text gedr. Abbildgn. u. 1 Titelbild in Farbendr. (VIII, 185 S.) 8. Ebd. 908. 2.—; geb. in Leinw. 2. 50

—— Entdeckungs-Reisen in Haus, Hof und Stube, s. Jugend- und Hausbibliothek, neue.

—— Entdeckungsreisen in der Heimat, s.a. Jugend- und Hausbibliothek, neue.

— Entdeckungsreisen in der Heimat. I. u. II. 3., durchgeseh. Aufl. gr. 8. Ebend. 882. à n. 2. —; cart. à n. 2. 50
I. Im Süden. Eine Alpenreise. Mit seinen jungen Freunden u. Freundinnen unternommen. Mit 86 Text-Abbildungen, einem Tondr.- u. einem bunten Titelbilde. (VIII, 166 S.)
II. Stadt u. Land. Streifzüge in Mitteldeutschland, mit seinen jungen Freunden unternommen. Mit 102 (eingedr.) Abbildungen, einem Tondr. u. einem bunten Titelbilde. (IV, 194 S.)

— die neuesten Entdeckungsreisen an der Westküste Afrika's, s.a. Feierstunden, malerische.

Wagner, H., die neuesten Entdeckungsreisen an der Westküste Afrika's. Leipzig 1873. 8.

— dasselbe in Stadt u. Land. Streifzüge in Mitteldeutschland. 4. u. 5. Aufl. Mit 81 Abbildgn., Titelbild in Farbendr. gr. 8. (IV, 190 S.) Ebd. 892. 894. n. 2. —; geb. in Leinw. n. 2. 50

— dasselbe in Stadt u. Land. Streifzüge in Mitteldeutschland, mit seinen jungen Freunden unternommen. 6. Aufl. gr. 8. (190 S. m. 81 Abb. u. farb. Titelbild.) Ebd. 903. n. 2. —; geb. in Leinw. n. 2. 50

— dasselbe in Stadt u. Land. Streifzüge in Mitteldeutschland, m. seinen jungen Freunden unternommen. Mit 81 Abbildgn., Titelbild in Farbendr. 7., verb. Aufl. (190 S.) 8. Ebd. 909. 2.—; geb. in Leinw. 2. 50

—— Entdeckungsreisen im Wald und auf der Heide, s.a. Jugend- und Hausbibliothek, neue.

— Entdeckungsreisen im Wald u. auf der Heide. Mit seinen lieben jungen Freunden u. Freundinnen unternommen. 4. durchgeseh. Aufl. Mit 121 Text-Abbildgn. (in Holzschn.,) 3 Tonbildern, 2 Taf. Naturselbstdr. u. e. Buntbilde. 8. (VIII, 196 S.) Ebend. 876. n. 2. —; cart. n. 2. 50

— Entdeckungsreisen im Wald u. auf der Heide. Mit seinen lieben jungen Freunden u. Freundinnen unternommen. 5., durchgeseh. Aufl. Mit 121 Text-Abbildungen, 2 Taf. Naturselbstdr. u. 2 Buntbildern. gr. 8. (VIII, 202 S.) Ebend. 882. n. 2. —; cart. n. 2. 50

—— Entdeckungsreisen im Wald und auf der Heide. Mit seinen lieben jungen Freunden und Freundinnen unternommen. 6. durchgeseh. Aufl. gr. 8. (VIII, 200 S. mit 135 Text-Abbild., 2 Taf. Naturselbstdr. und 2 Buntbildern.) Ebendas. 887. *M 2.—.; cart. *

— dasselbe im Wald u. auf der Heide. 7. u. 8. Aufl. Mit 135 Text-Abbildgn., 2 Taf. u. 2 Farbendr.-Bildern. gr. 8. (VIII, 200 S.) Ebd. 892. 894. n. 2. —; geb. in Leinw. n. 2. 50

— Entdeckungsreisen im Wald u. auf d. Heide. M. s. lieben jungen Freunden u. Freundinnen unternommen. 9. (Titel-) Aufl. gr. 8. (VIII, 200 S. m. 135 Abb., 2 Taf. u. 2 Farbendr.-Bildern.) Ebd. (893) 896. n. 2. —; geb. in Leinw. n. 2. 50

— im Wald u. auf der Heide. Mit seinen lieben jungen Freunden u. Freundinnen unternommen. 11. [Titel-] Aufl. gr. 8. (VIII, 200 S. m. 135 Abb., 2 Taf. u. 2 Farbdr.-Bildern.) Ebd. [896.] 903. n. 2. —; geb. in Leinw. n. 2. 50

— dasselbe, im Wald u. auf der Heide. Mit seinen jungen Freunden u. Freundinnen unternommen. 12. Aufl. Mit 135 Text-Abbildgn., 2 Taf. u. 2 Farbdr.-Bildern. (VIII, 200 S.) 8. Ebd. 905. n. 2.—; geb. in Leinw. n. 2. 50

— dasselbe in Wald u. auf d. Heide. Mit seinen jungen Freunden u. Freundinnen unternommen. 13. Aufl. Mit 135 Text-Abbildgn., 2 Taf. u. 2 Farbdr.-Bildern. (VIII, 200 S.) 8. Ebd. (909). 2.—; geb. in Leinw. 2. 50

—— Entdeckungsreisen in der Wohnstube, s.a. Jugend- und Hausbibliothek, neue.

— Entdeckungsreisen in der Wohnstube. Mit seinen jungen Freunden unternommen. 4. durchgeseh. Aufl. Mit 100 Abbildgn. (in eingedr. Holzschn.), 5. Ton- u. Buntdr.-Bildern. gr. 8. (VIII, 160 S.) Ebend. 876. n. 2. —; cart. n. 2. 50

— Entdeckungsreisen in der Wohnstube. Mit seinen jungen Freunden unternommen. 5., durchgeseh. Aufl. Mit 100 in den Text gedr. Abbildungen, einem Buntdruck u. 4 Tonbildern. 8. (VIII, 160 S.) Ebend. 882. n. 2. —; cart. n. 2. 50

— dasselbe in der Wohnstube. Mit seinen jungen Freunden unternommen. 6., durchges. Aufl. Mit 100 in den Text gedr. Abbildgn., 1 Farbendr.- u. 1 Tonbilde. gr. 8. (VIII, 160 S.) Ebd. 892. n. 2. —; kart. n. 2. 50

— Entdeckungsreisen in der Wohnstube. M. s. jungen Freunden unternommen. 7. [Titel-] Aufl. M. 100 in d. Text gedr. Abb., e. Farbendr.- u. e. Tonbilde. gr. 8. (VIII, 160 S.) Ebd. (892) 899. n. 2. —; geb. in Leinw. n. 2. 50

— dasselbe, in der Wohnstube. Mit seinen jungen Freunden unternommen. 8. Aufl. Mit 100 in den Text gedr. Abbildgn., 1 Farbendr.- u. 1 Tonbilde. (VIII, 160 S.) 8. Ebd. 905. n. 2. —; geb. in Leinw. n. 2. 50

— dasselbe in der Wohnstube. Mit seinen jungen Freunden unternommen. 9. [Titel-]Aufl. Mit 100 in den Text gedr. Abbildgn., 1 Farbendr.- u. 1 Tonbilde. (VIII, 160 S.) 8. Ebd. [905] 909. 2. —; geb. in Leinw. 2. 50

—— die Familien der Halbgräser und Gräser. (Juncaceen, Cyperaceen und Gramineen.) Eine Anleitung zum Studium derselben für Anfänger, sowie für Freunde der Naturwissenschaften überhaupt bearb. und mit einem Herbarium in Verbindung gebracht. I. Abthl.: Die Halbgräser: Juncaceen und Cyperaceen. 8. (X und 98 S. mit 2 Stnt.) Bielefeld 854, Helmich. *

—— dass. — 2. (Schluß.) Abthl.: Die Gräser. (Gramineen.) 8. (144 S.) Ebds. 855. *

—— die Familien der Halbgräser und Gräser [Jungaceen, Cyperaceen und Gramineen]. Eine Anleitung zum Studium derselben für Anfänger, sowie für Freunde der Naturwissenschaften überhaupt bearb. und mit einem Herbarium in Verbindung gebracht. 2 Abthlgn. 2. (Titel-)Ausg. 8. (VI, 97; 144 S. mit 5 Stnt.) Bielefeld (855)76, Helmich.

Festrede im Namen der Georg-Augusts-Universität zur akademischen Preisverteilung am 4. Jun. 1890 gehalten von Hermann **Wagner** d. z. Prorektor. Göttingen, Druck d. Dieterichschen Univ.-Buchdr. W. Fr. Kaestner (1890); 30 S. 4°

Wagner, Herm., die rote Flamme u. andere Novellen. (IV, 231 S.) 8. München 908. G. Müller. 3.—; geb. 4. --

- deutsche Flora. Eine Beschreibung sämmtlicher in Deutschland u. der Schweiz einheimischen Blüthenpflanzen u. Gefässcryptogamen. (In 16 Liefgn.) 1—10. Liefg. Stuttgart 869,70. Thienemann. gr. 8. (S. 1—496 mit eingedr. Holzschn.) Jede Liefg. 7½ ngr.

— illustrirte deutsche Flora. Eine Beschreibung der in Deutschland und der Schweiz einheim. Blüthenpflanzen und Gefässcryptogamen. gr. 8. (LXVIII, 940 S. mit 1250 Holzschn.-Illustr.) Stuttgart 871, Thienemann. *
geb. *

— illustrirte deutsche Flora. Eine Beschreibung der in Deutschland und der Schweiz einheim. Blütenpflanzen und Gefässkryptogamen. 2. Aufl. Bearb. und verm. von Aug. Garcke. 20 Lfgn. gr. 8. (LXXX, 914 S. mit 1251 eingedr. Holzschn.-Illustr.) Stuttgart 881,82, [Thienemann's Verlag.] Jul. Hoffmann. à Lfg. * 75 Pf.; geb. *

— illustrierte deutsche Flora. Eine Beschreibg. der im Deutschen Reich, Deutsch-Oesterreich u. der Schweiz einheim. Gefässpflanzen. Mit 1575 Abbildgn. 3. Aufl. Nach der v. Aug. Garcke besorgten 2. Aufl. neu durchgesehen u. verb. 16 Lfgn. (XL, 792 S.) Lex.-8. Stuttgart 903—905. Verlag f. Naturkunde. à — 75; in 1 Halbfrz.-Bd. n. 15. —

(B) — Illustr. deutsche Flora. 905. (KBl. 34.) Jetzt: Stuttgart, Schweizerbart.

Wagner, Herm., Flora d. unteren Lahnthals m. besond. Berücksicht. der näheren Umgebung v. Ems. Zugleich m. e. Anleitg. zum Bestimmen der darin beschriebenen Gattgn. u. Arten. 2 Tle. gr. 8. Bad-Ems 889. Sommer. n. 3. 60
1. Bestimmungs-Tabellen. (VIII, 42 S. m. 11 Taf.) n. 1. 20
2. Beschreibung der Arten. (VIII, 191 S.) n. 2. 40

— Flora d. Reg.-Bez. Wiesbaden. Zugleich m. e. Anleitg. zum Bestimmen der darin beschriebenen Gattgn. u. Arten. 2 Tle. gr. 8. Ebd. 890. [* 4 —] ** 2 —
1. Analyse der Gattgn. (X, 64 S. m. 11 Taf. Abbildgn. [* 1 20]; ** — 60.
2. Analyse u. Beschreibg. der Arten. (XI, 329 S.) [* 2 80]; ** 1 40.

— die Franklin-Expedition und ihr Ausgang, s. Feierstunden, malerische.

— Führer ins Reich der Cryptogamen. Für Lehrer u. Schüler. I u. II. (Hft.) 8. Die Laubmoose, dargestellt durch 25 Arten derselben. (VI u. 42 S.) II. Die Lebermoose, dargestellt durch 25 Arten derselben. (51 S. m. lith. Taf.) Ebd. 852. (1: n. 4 ngr 2: n. 1/6 rthl) n. 9 ngr

— Führer ins Reich der Cryptogamen. Für Lehrer und Schüler. 1. (Heft.) 4. Aufl., 2. (Heft.) 3. Aufl., 3. und 4. (Heft.) 2., verb. Aufl. und 5. (Heft.) 8. Bielefeld 855, Helmich. à Heft 5 Ngr. *
Inhalt:
Heft 1. Die Laubmoose, dargestellt durch 25 Arten derselben. (VIII und 48 S. mit 1 Stnt.)

— Führer ins Reich der Cryptogamen. Für Lehrer und Schüler. 5 Hfte. 8. Bielefeld 857, Helmich. à Heft * 5 Ngr. *
cplt. geb. *
Inhalt:
Heft 1. Die Laubmoose, dargestellt durch 25 Arten derselben. 5. Aufl. (VIII und 48 S. mit 1 Stnt. Abbildungen.)
" 2. Die Lebermoose, dargestellt durch 25 Arten derselben. 4. Aufl. (55 S. mit 1 Stnt. Abbildungen.)
" 3. Die Flechten, dargestellt durch 25 Arten derselben. 3. Aufl. (56 S. mit 1 Stnt. Abbildungen.)
" 4. Die Algen, dargestellt durch 25 Arten derselben. 3. Aufl. (72 S. mit 1 Stnt. Abbildungen.)
" 5. Die Pilze und Gefäßcryptogamen, dargestellt durch 20 Arten derselben. 2. Aufl. (56 S. mit 1 Stnt. Abbildungen.)

— Führer ins Reich der Kryptogamen. Für Lehrer und Schüler. 5 Hefte. Mit je 1 (lithogr.) Taf. Abbild. 8. Ebendas. 877. à Heft 60 Pf.; geb. in 1 Bd.
Inhalt:
Heft 1. Die Laubmoose, dargestellt durch 25 Arten derselben. 6. umgearb. Aufl. (56 S.)
" 2. Die Lebermoose, dargestellt durch 25 Arten derselben. 5. umgearb. Aufl. (56 S.)
" 3. Die Flechten, dargestellt durch 25 Arten derselben. 5. umgearb. Aufl. (56 S.)
" 4. Die Algen und Armleuchter-Gewächse, dargestellt durch 25 Arten derselben. 4. umgearb. Aufl. (72 S.)
" 5. Die Pilze und Gefäßkryptogamen, dargestellt durch 20 Arten derselben. 4. umgearb. Aufl. (56 S.)

— Gartenbotanik für Schulen, insbesond. solche größerer Städte, angeknüpft an die am leichtesten zugängl. Gartengewächse. 1. Cursus. 8. (VII, 288 S. mit 246 in den Text gedr. Abbild. in Holzschn. und 1 lithogr. Uebersichtstaf. in qu. 4.) Bielefeld 868, Velhagen und Klasing. *

Wagner, Hermann, aus Darmstadt: Das Statische Gesetz des Landbaues im Lichte der heutigen Düngungslehre. *Darmstadt 1900: C. F. Winter.* (54 S.) 8° [F.]
Jena, Phil. Diss. v. (20. Juli) 1900

Wagner, Herm., getrocknete cryptogam. Gewächse, s. Gewächse.

— Gras-Herbarium. 1. Lfg.: 20 Halbgräser. (Juncaceen und Cyperaceen.) Fol. (10 Bl. mit aufgeklebten Pflanzen.) Bielefeld 854, Helmich. * —

— dass. — 2. (Schluss-) Lfg.: 30 Gräser. (Gramineen.) Fol. (15 Bl. mit aufgeklebten Pflanzen.) Ebds. 855. *

— dass. — 3. Lfg.: 24 Gräser. (4 Halbgräser. 20 Gramineen.) Fol. (13 Bl. mit aufgeklebten Pflanzen.) Ebds. 856. *

— Gras-Herbarium. 4. und 5. Lfg.: 23 Halbgräser. (7 Juncaceen, 16 Cyperaceen.) 24 Gräser. (Gramineen.) Fol. (à Lfg. 13 Bl. mit aufgeklebten Pflanzen.) Bielefeld 859, Helmich. à Lfg. * 15 Ngr. *

— dass. — 6. Lfg.: 25 Gräser und Halbgräser. (1 Juncacea, 11 Cyperaceae, 12 Gramineae.) Fol. (13 Bl. mit aufgeklebten Pflanzen.) Ebendas. 860. *

— Gras-Herbarium. 7. Lfg.: 25 Gräser und Halbgräser. (3 Juncaceae, 11 Cyperaceae, 11 Grammineae.) Fol. (13 Bl. mit aufgeklebten Pflanzen.) Bielefeld 862, Helmich.
In Mappe. *

— dass. — 8. Lfg.: 30 Gräser und Halbgräser. Fol. (15 Bl. mit aufgeklebten Pflanzen.) Ebendas. 863.
In Mappe. * —

— Gras-Herbarium. [Fortgesetzt durch Alb. Wagner.] 1. Lfg.: 20 Halbgräser. 3. Aufl. Fol. (11 Bl. m. aufgeklebten Pflanzen.) Ebend. 880. n.n. 1. 25

— dasselbe. 4. (verm.) Aufl. 10 Lfgn. Fol. (1. Lfg. 12 Bl. m. aufgeklebten Pflanzen.) Ebend. 882. n. 15. —

— dasselbe. 10. Lfg. Suppl. Fol. (8 Bl. m. getrockneten Pflanzen.) Ebend. 882. n.n. 1. 50

— über Gründung deutscher Colonien, s. Sammlung von Vorträgen.

— im Grünen, s. Kinderbuch, das illustr. goldne.

— Im Grünen oder die kleinen Pflanzenfreunde. Kleine Erzählungen aus dem Pflanzenreich für die Jugend bearb. 2. verm. Aufl. Mit 80 in den Text gedr. Abbildgn. (Holzschn.) u. 2 Buntbildern (Holzschntaf.). Leipzig 861. Spamer. 8. (IV. 136 S.) n. 25 ngr.

—— im Grünen oder die kleinen Pflanzenfreunde. Kleine Erzählungen aus dem Pflanzenreich, für die Jugend bearb. 4. verb. Aufl. gr. 8. (VIII, 140 S. mit 80 Text-Abbild. in Holzschn., 1 Titelbild in Farbendr., sowie 2 Tondr.-Bildern.) Leipzig 878, Spamer. * ℳ 2.; cart. *

— im Grünen od. die kleinen Pflanzenfreunde. Kleine Erzählgn. aus dem Pflanzenreich, f. die Jugend bearb. 5., verb. Aufl. gr. 8. (VI, 140 S. m. 80 Text-Abbildgn. u. e. Titelbild.) Ebd. 891. n. 2. —; cart. n. 2. 50

— im Grünen od. die kleinen Pflanzenfreunde. Kleine Erzählgn. aus dem Pflanzenreich, f. die Jugend bearb. 6., verb. (Titel-)Aufl. Mit 80 Text-Abbildgn. u. e. Titelbild in Farbendr. gr. 8. (VI, 140 S.) Ebd. 892. n. 2. —; kart. n. 2. 50

— Im Grünen od. Die kleinen Pflanzenfreunde. Kleine Erzählgn. aus dem Pflanzenreich, f. die Jugend bearb. 7. Aufl. (VI, 140 S. m. 80 Abbildgn. u. 1 Farbdr.) 8. Leipzig 908. O. Spamer. 2.—; geb. in Leinw. 2. 50

—— s. Guthe, H., Lehrbuch der Geographie.

Wagner, Herm., hat Gott gesprochen? Eine bibl. Unterredg. m. Christen unserer Zeit. (137 S.) 8. Berlin 909. Trowitzsch & Sohn. 1. 80

—— Hausschatz für die deutsche Jugend. (Fortsetzung von „Jugend, Luft und Lehre.") Jahrg. 1866 und 1867. à Jahrg. 12 Hefte. (à 3 Bog. mit 2—3 Chromolithogr. und eingedr. Holzschn.) gr. 8. Glogau, Flemming. à Heft * 5 Ngr. à Jahrg. geb. in schwarz Lnwd. geb. in roth Lnwd.

—— Hausschatz für die deutsche Jugend. [Fortsetzung von „Jugend Luft und Lehre."] 3.—8. Jahrg. 1868—1873. à Jahrg. 12 Hefte. (à 3 Bog. mit 2—3 Chromolithogr. und eingedr. Holzschn.) gr. 8. Glogau, Flemming. à Heft * 50 Pf.; à Jahrg. *

—— Herbarium zum 1. Cursus der Pflanzenkunde. Enthaltend 18 (getrocknete) Pflanzen aus den wichtigsten deutschen Pflanzenfamilien. gr. 8. Bielefeld 855, Velhagen und Klasing. ** -

—— dass. — zum 2. Cursus der Pflanzenkunde. Enthaltend 122 (getrocknete) Pflanzenarten der wichtigsten deutschen Pflanzenfamilien, zum bequemen Ueberblick des natürl. Systems geordnet. Fol. Ebds. 855. **

Wagner, H(ermann): Eine Hyperostose der Chorioidea neben diffuser Verknöcherung derselben. Halle 1873: Lipke. 30 S., 1 Taf. 8°
Halle-Wittenberg, Med. Diss. v. 24. März 1873
Geb. Meiningen 17. 9. 1849. V.

Der ländliche Hypothekenkredit in der Provinz Posen. Von Dr. Hermann **Wagner**. Posen: Landwirtsch. Centralbl. 1910. 21 S. 8°
(Landwirtsch. Centralbl. Posen. Sonderbeil.)
(Arbeiten d. Landwirtschaftskammer f. d. Prov. Posen. H. 13.) [11. 5175

Wagner, Herm., s.: Jahrbuch, geographisches.

Wagner, Hermann, Assistenzarzt am städt. Krankenhause in Karlsruhe: Zur **Kasuistik** der Pankreas- und abdominalen Fettgewebsnekrose. *Tübingen: H. Laupp 1900.* (28 S.) 8°
(Aus: Beiträge zur klinischen Chirurgie, Bd 26, H. 1.)
Heidelberg, Med. Diss. v. 1900

Wagner, Herm., „Klar zum Gefecht!" Fingerzeige zur Verteidigg. des Christentums gegen die moderne Weltanschaug. (VIII, 96 S.) 8. Gütersloh 904. C. Bertelsmann. n. 1. —; geb. n. 1. 50

Wagner, Hermann: Die Kopien der Weltkarte des Museum Borgia. (XV. Jahrh.) (Nachrichten von der Kgl. Gesellschaft der Wissenschaften u. der Georg-Augusts-Universität zu Göttingen. No. 10. 1892. S. 349—361.) Göttingen 1892. 13 S. 8°.

Wagner, Herm., Cryptogamen-Herbarium. (I. Serie.) Lfg. 1—5. gr. 8. Bielefeld, Helmich. *
Inhalt:
Lfg. 1. 25 Laubmoose. (7 Bl. mit aufgeklebten Pflanzen.) 852. * 7½ Ngr.
- 2., 3. 25 Lebermoose, 25 Flechten. (à 7 Bl. mit aufgeklebten Pflanzen.) 852. 83. à Lfg. * 8 Ngr.
- 4. 25 Algen. (7 Bl. mit aufgeklebten Pflanzen.) 853. ** 8 Ngr.
5. 10 Pilze und 10 Gefäss-Cryptogamen. (11 Bl. mit aufgeklebten Pflanzen.) 854. * 8½ Ngr.

Wagner, Herm., Cryptogamen-Herbarium. II. Serie. 1. und 2. Lfg.: Laubmoose. gr. 8. (à Lfg. 7 Bl. mit aufgeklebten Pflanzen.) Bielefeld 854—55, Helmich. à Lfg. * 8½ Ngr. Thlr. *

—— Cryptogamen-Herbarium. II. Serie. 3. und 4. Lfg.: Flechten. Lex.-8. (à 7 Bl. mit aufgeklebten Pflanzen.) Bielefeld 862, Helmich. à Lfg. * 8½ Ngr. *
I. Serie und II. Serie. 1. und 2. Lfg. Ebendas. 1852—55. * 1 Thlr. 27 Ngr.

— Cryptogamen-Herbarium. Fortgesetzt durch Alb. Wagner. 1—7. Lfg. gr. 8. (à ca. 7 Bl.) Bielefeld 876—81. Helmich. à n. — 90 (9 Lfgn. cplt. in Mappe: n. 8. —)

— dasselbe. 4. u. 5. Lfg. u. 2. Serie. 4. Lfg. 3. Aufl. gr. 8. Ebend. 882. n. 2. 80
I. 4. 25 Algen. n. — 90
5. 10 Pilze u. 10 Gefäss-Cryptogamen. n. — 90
II. 4. 25 Flechten. n. 1. —

Wagner, Herm., Cryptogamen-Herbarium. [Fortgesetzt durch Alb. Wagner.] II. Serie. Lfg. II. [VII.] 25 Laubmoose. 4. Aufl. gr. 8. Bielefeld 890. Helmich. n.n. 1. —

— Das Lächeln Mariae. Eine stille Geschichte vom Sommer. 1.—3. Aufl. (303 S.) 8. Berlin-Charlottenburg (910). A. Juncker Verl. 4.—; geb. in Leinw. n 5. —

— die Lage des geograph. Unterrichts an den höheren Schulen Preussens um die Jahrhundertwende. Denkschrift. gr. 8. (68 S.) Hannover 900. Hahn. n. — 80

Wagner, Hermann: Die Legende vom babylonischen Sawâd. ([S.-A.] Beilage zur „Allgemeinen Zeitung". No 99. 1902.) München 1902. 17 S. 8°.

— Lehrbuch der Geographie. 6., gänzlich umgearb. Aufl. v. Guthe-Wagner's Lehrbuch der Geographie. (In ca. 7 Lfgn.) 1. Lfg. gr. 8. (S. 1—224.) Hannover 894. Hahn. n. 3. —

— Lehrbuch d. Geographie. 6., gänzl. umgearb. Aufl. v. Guthe-Wagner's Lehrbuch der Geographie. 2. u. 3. Lfg. gr. 8. (S. 225—560 m. 25 Fig.) Hannover 896. 97. Hahn. n. 5. — (1—3: n. 8. —)

— Lehrbuch der Geographie. 6., gänzlich umgearb. Aufl. v. Guthe-Wagner's Lehrbuch der Geographie. 4. Lfg. gr. 8. (I. Bd. [Einleitung, Allgemeine Erdkunde.] XVI. u. S. 561—882 m. 5 Fig.) Ebd. 900. n. 2. —; (I. Bd. kplt. n. 10. —; geb. n. 12. —)

— Lehrbuch der Geographie. 7. Aufl. Durchgesehener Abdr. der 6. gänzlich umgearb. Aufl. v. Guthe-Wagner's Lehrbuch der Geographie. 1. Bd. Einleitung. Allgemeine Erdkunde. (XVI, 918 S. m. 85 Fig.) gr. 8. Hannover 903. Hahn. n. 12. —; geb. n. 14. —

— Lehrbuch der Geographie. 8. Aufl. Zugleich 2. Aufl. der Neubearbeitg. des Lehrbuchs der Geographie v. Guthe-Wagner. 1. Bd. Allgemeine Erdkunde. (XVIII, 990 S. m. 93 Fig.) gr. 8. Hannover 908. Hahn. 14.—; geb. 16. —

— Lehrbuch der ebenen Geometrie. Nach Grundsätzen Bolyais f. Gymnasien u. Realschulen bearb. gr. 8. (IX, 150 S.) Hamburg 874. Gräfe. n. 2. 40

Wagner, Herm., Lehrbuch der ebenen Geometrie u. Aufgabensammlung f. Realschulen. 2., völlig umgearb. Aufl. gr. 8. (VII, 176 S. m. Fig.) Hamburg 898. L. Gräfe & Sillem. Kart. n. 2. 20

—— s. Leutemann, H., und Emil Schmidt, Charakterbilder aus der Thierwelt.

—— s. Leutemann, H., und Specht, Thierbilderbuch und Thiergeschichten.

—— s. Leutemann, H., wilde Thiere.

—— s. Leutemann, H., Zonen-Bilder.

Wagner, H., Licht u. Feuer, s. a Schauplatz, neuer, der Künste u. Handwerke.

Wagner, H.

Licht und Feuer oder die Feuerzeugfabrikation vom Standpunkte ihrer gegenwärtigen Entwickelung theoretisch und praktisch beschrieben. Nebst Anleitung zur Prüfung und Darstellung der hierbei angewandten Materialien, sowie auch zur Bereitung der verschiedenen Zündpräparate, etc., sowie einer Reihe der bewährtesten Vorschriften für Phosphor, Antiphosphor und phosphorfreie Zündhölzchen, mit besonderer Berücksichtigung der in den Phosphorzündholzfabriken vorkommenden Krankheiten und wie denselben zu begegnen ist. Weimar, 1869. 8vo. Ill.

Neuer Schauplatz der Künste und Handwerke.

Wagner, H., Literatur d. Bergreviers Aachen, bearb. f. den Verein der Berg- u. hüttenmänn. Interessen des Aachener Bezirks. Mit einer chronolog. Uebersicht. gr. 4. (IV, 99 S.) Aachen 876. (M. Jacobi.) n. 5. —

— Die feindlichen Mächte u. andere Novellen. (IV, 131 S.) 8. München 909. G. Müller. 2.—; geb. 3. —

Wagner, Herm. (I.), Maassbestimmungen der Oberfläche des grossen Gehirns. Ein Appendix zu Rud. Wagner's Vorstudien zu einer wissenschaftl. Morphologie und Physiologie des menschl. Gehirns als Seelenorgan, I. und II. gr. 4. (IV und 48 S.) Göttingen 864, Wigand. *

—— In die Natur! Biographieen aus dem Naturleben für die Jugend und ihre Freunde. 1. Sammlung. (1 Aufl. 1853. * 22 Ngr. und) 3. Aufl. und 2. Sammlung. 2. Aufl. 8. (XII und 260 S. mit 7 feinen Holzschn. nach Originalzeichnungen von Gust. Süs.) Bielefeld 855, Helmich. à Sammlung * 12 Ngr. *

—— dass. — 3. Sammlung. 8. (143 S.) Ebds. 856(57.) *

Wagner, Herm., in die Natur! Biographien aus dem Naturleben für die Jugend und ihre Freunde. 1. Sammlung. 4. Aufl. und 2. Sammlung. 3., verb. Aufl. Mit Holzschn. nach Orig.-Zeichnungen von Gust. Süs. 8. (VIII und 119 S. mit 6 Holzschnt.; 141 S. mit 1 Holzschnt.) Bielefeld 861, Helmich. à Sammlung 12 Ngr. Thlr.

—— in die Natur! Biographieen aus dem Naturleben für die Jugend und ihre Freunde. 3. Sammlung. 2., durchgeseh. Aufl 8. (143 S.) Bielefeld 862, Helmich.

— dasselbe. 2. Sammlung. 4., verb. Aufl. Mit einem Holzschn. nach einer Orig.-Zeichnung von G. Süs. 8. (141 S.) Ebend. 877. cart. 1. 20

— in die Natur! Biographien aus dem Naturleben für die Jugend u. ihre Freunde. 1. Sammlung. 5. Aufl. Mit Holzschn.(-Taf.) nach Orig.-Zeichnungen von Gust. Süs. gr. 16. (VIII, 118 S.) Bielefeld 878. Helmich. cart. 1. 20

—— In die Natur! Biographieen aus dem Naturleben für die Jugend und ihre Freunde. Neubearb. von H. Huth. 3. Sammlung. Mit dem Portr. des Verf. und 1 Holzschn. von G. Süs. 6. Aufl. 12. (X, 140 S.) Ebendas. 881. cart. *

—— die Natur! Biographieen aus dem Naturleben für die Jugend und ihre Freunde. 1. und 2. Bd. 6. Aufl. 12. (VIII, 119; 141 S.) Bielefeld 886, Helmich. cart. à Bd. *

[Schreibers Anschauungsunterricht III]. — Wagner, Herm. Naturgemälde der ganzen Welt. Abbildungen aus dem Thier- und Pflanzenreich aller Zonen für die Jugend. 48 colorirte Tafeln nebst einem beschreibenden Text [3 Bl. 36 S.] [2. Aufl.] Eßlingen, 1867. Folio. Hlwd. m. aufgez. farb. Orig.-Umschlagdeckel. 35.—

Diese 2. Ausgabe enthält 4 vorzügl. Doppeltafeln — ebenfalls handkolor. Lithographien — von Ch. VOTTELER, die von denen der ersten Ausg. (vgl. d. vorhergeh. Nr.) ganz verschieden sind. — Wenige Fleckchen, einige Ausbesserungen; gutes Ex.

—— Naturgeschichte. Der Jugend gewidmet. br. 8. (IV und 288 S. mit zahlreichen Abbild. auf 18 ill. Stnt. und 32 eingedr. Holzschn.) Stuttgart 865, Thienemann. cart *

—— Naturgeschichte. Der Jugend gewidmet. 2. Aufl. br. 8. (IV, 288 S. mit zahlreichen Abbild. auf 15 lithogr. und color. Taf. und 32 eingedr. Holzschn.) Stuttgart 870, Thienemann. cart. (M. 3.) geb. (M. 3,60.)

Wagner, Herm. *Naturgeschichte*. Mit zahlr. Abbild. auf 16 colorirten Tafeln u. vielen Holzschnitten. 3. Aufl. Stuttgart, J. Hoffmann [c. 1875]. 8°. Ill. Orhlwd. (Innenbindung verstärkt). 15.—

— Naturgeschichte. Der Jugend gewidmet. Mit zahlreichen Abbildgn. auf 16 color. (lith.) Taf. u. vielen (eingedr.) Holzschn. 3. Aufl. gr. 8. (IV, 285 S.) Stuttgart 876. Thienemann. n. 3. 50; geb. n. 4. 50

Wagner, Herm., Herzblättchens Naturgeschichte. Mit 6 (chromolithogr.) Bildern von V. Mühlig und Leop. Venus. 1. Bdchn. 4. (IV, 101 S.) Glogau 876, Flemming. cart.

—— dass. — Mit 6 (chromolithogr.) Bildern von G. Hammer, B. Mühlig und H. Wagner. 2. Bdchn. 4. (IV, 86 S.) Ebendas. 877. cart.

—— Herzblättchens Naturgeschichte. 3 Bdchn. Mit je 6 (farb.) Bildern. 4°. Glogau, Flemming. [1. u. 2. Bdchn. 2. Aufl. (108; III, 93 S.) 889,90; 3. Bdchn. (76 S.) 889.] à Bdchn. cart. * 2 —; * 6 —

—— Illustrirte Naturgeschichte f. die Jugend. 4. verb. u. verm. Aufl. (31. bis 40. Tausd.) gr. 8. (VI, 354 S. m. 258 Holzschn. u. 17 farb. Taf.) Stuttg. 892, Thienemann. geb. * 6 —

—— Naturschilderungen. Der Jugend gewidmet. br. 8. (VI und 282 S. mit 10 lithogr. Bildern in Tondr. und zahlreichen eingedr. Holzschn.) Stuttgart 866, Thienemann. cart.

— Naturschilderungen. Der Jugend gewidmet. Mit 8 Bildern in Farbendr. nach Aquarellen v. H. Leutemann u. Fr. Specht. 3. Aufl. gr. 8. (VI, 218 S.) Ebend. 874. n. 4. 50

—— und Friedr. Steger, der Nippon-Fahrer, s. Feierstunden, malerische.

Wagner, Hermann. Adolf Erik von Nordenskiöld. Worte der Erinnerung, gesprochen in der öffentlichen Sitzung der K. Gesellschaft der Wissenschaften zu Göttingen am 3. Mai 1902. ([S.-A.] Nachrichten der K. Gesellschaft der Wissenschaften zu Göttingen. Geschäftliche Mittheilungen. 1902. Heft 1.) (Göttingen 1902.) 12 S. 8°.

Wagner, Hermann, aus Hamburg: **Orometrie des ostfälischen Hügellandes links der Leine.** *Stuttgart 1904: Union.* (55 S.) 8° ¶(— Forschungen zur deutschen Landes- u. Volkskunde, Bd 15, H. 4.)
Göttingen, Phil. Diss. v. [19. Juni] 1904

Wagner, Herm., Orometrie des ostfälischen Hügellandes links der Leine, s.a. Forschungen zur deutschen Landes- u. Volkskunde. XV, 4.

Orometrie des ostfälischen Hügellandes links der Leine von Dr. Hermann Wagner aus Hamburg. Dazu: Eine Höhenschichtenkarte d. ostfäl. Hügellandes links d. Leine. *Stuttgart: J. Engelhorn 1904.* (55 S.) 8°
= Forschungen z. deutschen Landes- u. Volkskunde. Bd 15, H. 4.
[04. 9464]

Wagner, Hermann: Patroklos am Kara Bugas? Methodische Bedenken. (Nachrichten von der Königlichen Gesellschaft der Wissenschaften und der Georg-Augusts-Universität zu Göttingen. No. 6. 1885.) Göttingen 1885. 19 S. 8°.

Wagner, Hermann [Dr.]: Über gleiche Peripheriewinkel auf ungleichen Sehnen. Eine Verallgemeinerung einer planimetrischen Aufgabe. Hamburg, gedr. bei Lütcke & Wulff, 1890; 1 Bl., 30 S., 2 Taf. 4°
Hamburg, neue HB, P 1890

Wagner, H., Die Pferdeförderung in der 104-Lachter- (Revier-) Sohle der Gruben der Vereinigungsgesellschaft für Steinkohlenbau im Wurmrevier, sowie die Schachtförderung auf Grube Neu-Laurweg. Berlin, 1870. 18 S. mit 1 Taf.

— die kleinen Pflanzenfreunde. Botanische Wanderungen durch Feld und Garten, Wald und Flur. Für die Jugend bearb. Mit 68 in den Text gedr. Abbildgn. u. 1 Titelbilde (in Holzschn.). Leipzig 859. Spamer. 8. (VI, 114 S.) 25 ngr.

—— Pflanzenkunde für Schulen. 1. Cursus: Das Leben, die Entwickelung und der Bau der Pflanze, an 18 Arten, als Vertretern der 18 wichtigsten natürl. Pflanzen-Familien Deutschlands, dargelegt und nach Lectionen bearb. 8. (VI und 104 S.) Bielefeld 854, Velhagen und Klasing. *

—— dass. — 2. Cursus: Das natürl. Pflanzensystem, an 40 deutsche Pflanzenfamilien angeschlossen. 8. (VII und 111 S.) Ebds. 855. *

—— Pflanzenkunde für Schulen. 1—3. Cursus. 8. Bielefeld, Velhagen und Klasing. *

Inhalt:

Cursus 1. Das Leben, die Entwickelung und der Bau der Pflanze, an 18 Arten, als Vertretern der 18 wichtigsten natürlichen Pflanzen-Familien Deutschlands, dargelegt und nach Lectionen bearb. 2., verb. Aufl. (VII und 109 S.) 858. * 8 Ngr.

„ 2. Das natürliche Pflanzensystem, an 40 deutsche Pflanzenfamilien angeschlossen. 2., verm. Aufl. (VIII und 123 S.) 860. * 10 Ngr.

„ 3. Die Pflanzendecke der Erde in pflanzengeographischen Bildern und Schilderungen dargestellt. (VIII und 464 S.) 857. * 1 Thlr. 10 Ngr.

—— Pflanzenkunde für Schulen. 1. und 2. Cursus. 8. Bielefeld, Velhagen und Klasing. *

Inhalt:

Cursus 1. Das Leben, die Entwickelung und der Bau der Pflanze, an 18 Arten, als Vertreter der 18 wichtigsten natürlichen Pflanzen-Familien Deutschlands, dargelegt und nach Lektionen bearb. 3. Aufl. 1863. und 4., verb. Aufl. (VII und 128 S. mit zahlreichen Abbild. nach Orig.-Zeichnungen des Verf. in eingedr. Holzschn.) 867. * 10 Ngr.

„ 2. Das natürliche Pflanzensystem, an 36 deutsche Pflanzenarten angeschlossen. 3., völlig umgearb. und mit zahlreichen Abbild. (in eingedr. Holzschn.) verseh. verm. Aufl. (X und 258 S.) 865. * 20 Ngr.

3. Cursus. Ebendas. 1857. * 1 Thlr. 10 Ngr.

Wagner, Herm. (I.), Pflanzenkunde für Schulen. 1. und 2. Cursus. 8. Bielefeld, Velhagen und Klasing. *

Inhalt:

Cursus 1. Das Leben, die Entwickelung und der Bau der Pflanze, an 18 Arten, als Vertretern der 18 wichtigsten natürl. Pflanzen-Familien Deutschlands, dargelegt und nach Lectionen bearb. 5. Aufl. 1870. * M. 1., und 6. verb. Aufl. (VII, 128 S. mit eingedr. Holzschn.) 874. * M. 1,20.

„ 2. Das natürliche Pflanzensystem, an 36 deutsche Pflanzenarten angeschlossen. 4. Aufl. 1870. * M. 2., und 5. verb. und mit zahlreichen Abbild. (in eingedr. Holzschn.) versehene Aufl. (X, 256 S.) 875. * M. 2,40.

3. Cursus. Ebendas. 1857. * M. 4.

—— Pflanzenkunde für Schulen. 1. und 2. Cursus. 8. Bielefeld, Velhagen und Klasing. *

Inhalt:

Cursus 1. Das Leben, die Entwickelung und der Bau der Pflanze, an 18 Arten, als Vertretern der 18 wichtigsten natürlichen Pflanzen-Familien Deutschlands, dargelegt und nach Lectionen bearb. 7. verb. Aufl. (VII, 128 S. mit eingedr. Holzschn. 876. * M. 1,20.

„ 2. Das natürliche Pflanzensystem, an 36 deutsche Pflanzenarten angeschlossen. 6. verb. und mit zahlreichen (eingedr. Holzschn.) Abbild. nach Orig.-Zeichnungen des Verf. versehene Aufl. (X, 270 S.) 879. * M. 2.40.

—— Pflanzenkunde für Schulen. 1. Kursus: Das Leben, die Entwicklung und der Bau der Pflanze, an 18 Arten, als Vertretern der 18 wichtigsten natürl. Pflanzen-Familien Deutschlands, dargelegt und nach Unterrichtsstunden bearb. 8. Aufl. Mit zahlreichen (eingedr. Holzschn.-)Abbild. nach Orig.-Zeichnungen des Verf. gr. 8. (VII, 128 S.) Bielefeld 883, Velhagen und Klasing. *

—— Pflanzenkunde für Schulen. 1. Kursus: Das Leben, die Entwickelung und der Bau der Pflanzen, an 18 Arten, als Vertreter der 18 wichtigsten natürl. Pflanzen-Familien Deutschlands, dargelegt und nach Unterrichtsstunden bearb. 9. Aufl. gr. 8. (VII, 128 S. mit zahlreichen Abbild. nach Orig.-Zeichnungen des Verf.) Bielefeld 888, Velhagen und Klasing. *

— **Pflanzenkunde f. Schulen. 2. Curs.: Das natürl. Pflanzensystem, an 36 deutsche Pflanzenfamilien angeschlossen. 7., verb. Aufl. m. zahlreichen Abbildgn. nach Orig.-Zeichngn. d. Verf. 8. (X, 270 S.) Bielefeld 892.** Velhagen & Klasing. **n. 2. 40**

—— die Pflanzenwelt. Führer durch das Reich der blühenden Gewächse. (Phanerogamen.) Hrsg. und mit einem Herbarium in Verbindung gebracht. Mit trop. Vegetations-Ansichten. 1. und 2. Lfg. gr. 8. (S. 1—144 mit 1 chromolith. Taf.) Bielefeld 856, Helmich. à Lfg. * 7½ Ngr. *

—— die Pflanzenwelt. Führer durch das Reich der blühenden Gewächse. (Phanerogamen.) Hrsg. und mit einem Herbarium in Verbindung gebracht. Mit tropischen Vegetations-Ansichten. 3—10. Lfg. gr. 8. (S. 145—704.) Bielefeld 856—59, Helmich. à Lfg. * 7½ Ngr.

—— die Pflanzenwelt. Führer durch das Reich der blühenden Gewächse [Phanerogamen]. Hrsg. und mit einem Herbarium in Verbindung gebracht. 2. (Titel-)Ausg. 8. (704 S. mit einer chromolithogr. Vegetations-Ansicht vom Magdalenen-Strome.) Bielefeld (859)76, Helmich.

—— **Phanerogamen-Herbarium. 1. und 2. Lfg. Nr. 1—50. Ranunculaceen. Cruciferen. Lineen. Fol. (à 17 Bl. mit aufgeklebten Pflanzen.) Bielefeld 856, Helmich. à Lfg. * 15 Ngr.** *

—— Phanerogamen-Herbarium. 3—8. (Schluss-)Lfg. Nr. 51—200. Fol. Bielefeld, Helmich. à Lfg. * 15 Ngr. *

Inhalt:

Lfg. 3., 4. Nr. 51—100. Lineen — Papilionaceen — Grossularien. (34 Bl. mit aufgeklebten Pflanzen.) 857.

» 5. Nr. 101—125. Saxifrageen — Stellaten. (19 Bl. mit aufgeklebten Pflanzen.) 857.

» 6. Nr. 126—150. Rubiaceen — Oleineen. (17 Bl. mit aufgeklebten Pflanzen.) 858.

» 7., 8. Nr. 151—200. Asclepiadeen — Primulaceen. Oleraceae — Liliaceae. (34 Bl. mit aufgeklebten Pflanzen.) 858.

— Phanerogamen-Herbarium. 8. Lfg. 2. Aufl. Fol. (25 getrocknete Pflanzen auf 16 Bl.) Bielefeld 884. Helmich. n.n. 2. —; Mappe n.n. — 15 (1—8. cplt. in Leinw.-Mappe: n.n. 13. —)

—— und A. v. Etzel, Reisen in den Steppen und Hochgebirgen Sibiriens, s. Feierstunden, malerische.
Vgl.: Lautemann, Heinr., Zonenbilder.

— E. Vogel's Reisen in Central-Afrika, s. Feierstunden, malerische.

Wagner, Hermann: Die Rekonstruktion der Toscanelli-Karte v. J. 1474. und die Pseudo-Facsimilia des Behaim-Globus v. J. 1492. Vorstudien zur Geschichte der Kartographie. III Mit einer Tafel. (Nachrichten d. Kgl. Gesellschaft der Wissenschaften zu Göttingen. Phil.-Hist. Klasse. 1894. No. 3. S. 205—312.) Göttingen 1894. 108 S. 8°

— Das Samoa-Observatorium, s. Abhandlungen der königl. Gesellschaft der Wissenschaften zu Göttingen. Mathemat.-physik. Kl. VI, 1.

Das Samoa-Observatorium von Hermann Wagner, z. Z. Vors. d. Kuratoriums. Mit 4 Taf. Berlin: Weidmann 1908. (70 S.) 4°
= Ergebnisse d. Arbeiten d. Samoa-Observatoriums d. Kgl. Gesellsch. d. Wiss. zu Göttingen. 1.
= Abhandlungen d. Kgl. Gesellschaft d. Wiss. zu Göttingen. Math.-phys. Kl. N. F. Bd 7, No 1. (08. 1447)

Wagner, Hermann, Sydow-Wagners methodischer Schul-Atlas. Gotha 188? Fol.

— illustrirtes Spielbuch für Knaben, s. a. Jugend- u. Hausbibliothek.

Wagner, Herm., illustrirtes Spielbuch f. Knaben, s. a. Kinderbuch, das illustrirte goldene.

Wagner, H.: Illustrirtes Spielbuch für Knaben. Leipzig 1864. 366 S. m. Abb.
— — 4. Aufl. 1873. 368 S.

—— illustrirtes Spielbuch für Knaben. 1001 unterhalt. und anreg. Belustigungen, Spiele und Beschäftigungen für Körper und Geist, im Freien sowie im Zimmer. Mit über 500 in den Text gedr. (Holzschn.-)Abbild., sowie 1 (chromolithogr.) Titelbilde. 5. verb. Aufl. (X, 366 S.) 1876; 6. verb. Aufl. gr. 8. (XII, 366 S.) Leipzig 878, Spamer. * ℳ 4.; geb. *

—— illustrirtes Spielbuch für Knaben. 1200 unterhaltende und anregende Belustigungen, Spiele und Beschäftigungen für Körper und Geist, im Freien sowie im Zimmer. In 7. verb. Aufl. neu bearb. und erweitert von Jan Dan. Georgens. gr. 8. (X, 428 S. mit über 500 Text-Abbild., 8 Taf. in Buntdr., sowie 1 Titelbilde.) Leipzig 882, Spamer. *
cart. *

Wagner, Herm. (II.), illustrirtes Spielbuch für Knaben. 1200 unterhaltende und anregende Belustigungen, Spiele und Beschäftigungen für Körper und Geist, im Freien sowie im Zimmer. Neu bearb. und erweitert von Jan Dan. Georgens. 8. Aufl. gr. 8. (X, 428 S. mit 554 Text-Abbild., 8 Taf. in Buntdr. und 1 Titelbild.) Leipzig 885, Spamer.
cart. *

—— dass. — Planmäßig geordnete Sammlung zahlreicher anregender Belustigungen, Spiele und Beschäftigungen für Körper und Geist, im Freien und im Zimmer. 9. verb. Aufl. gr. 8. (XVI, 383 S. mit über 500 Text-Abbild., 8 Taf. in Buntdr. und 1 Titelbilde.) Ebendas. 888. *
cart. *

—— Illustriertes Spielbuch f. Knaben. 10.—12. Aufl. Mit mehr als 500 Text-Abbildgn., sowie 8 Taf. in Buntdr., nebst e. Titelbilde. gr. 8. (XVI, 383 S.) Lpz. 889—91, Spamer. * 4 —; geb. * 4 50

— illustriertes Spielbuch f. Knaben. Planmäß. geordn. Samml. zahlr. anreg. Belustiggn., Spiele u. Beschäftiggn. f. Körper u. Geist, im Freien u. im Zimmer. 18. Aufl. M. mehr als 500 Text-Abb. sow. 8 Taf. in Buntdr. gr. 8. (XVI, 382 S.) Ebd. 899. n. 4. —; geb. in Leinw. n. 4. 50

— illustriertes Spielbuch f. Knaben. Planmäßig geordnete Sammlg. zahlreicher anreg. Belustiggn., Spiele u. Beschäftiggn. f. Körper u. Geist, im Freien u. im Zimmer. 20. [Titel-]Aufl. Mit mehr als 500 Text-Abbildgn. sowie 8 Taf. in Buntdr. gr. 8. (XVI, 381 S.) Ebd. [899.] 903. n. 4. —; geb. in Leinw. n. 4. 50

— illustriertes Spielbuch f. Knaben. Planmäßig geordnete Sammlg. zahlreicher anreg. Belustiggn., Spiele u. Beschäftiggn. f. Körper u. Geist, im Freien u. im Zimmer. 21. Aufl. Mit mehr als 500 Text-Abbildgn. sowie 8 Taf. in Buntdr. (XVI, 382 S.) Leipzig 906. O. Spamer. n. 4. —; geb. in Leinw. n. 4. 50

— Illustriertes Spielbuch f. Knaben. Planmäßig geordnete Sammlg. zahlreicher anreg. Belustiggn., Spiele u. Beschäftiggn. f. Körper u. Geist, im Freien u. im Zimmer. 23. Aufl. Mit mehr als 500 Text-Abbildgn. sowie 8 Taf. in Buntdr. (XVI, 382 S.) 8. Ebd. (909). 4. —; geb. in Leinw. 4. 50

— der gelehrte Spielkamerad, s. a. Jugend- u. Hausbibliothek, neue.

—— der gelehrte Spielkamerad. Anleitung für kleine Physiker, Chemiker, Botaniker und Naturfreunde zum Experimentiren, zur Anlage von Pflanzen-, Stein-, Muschel-, Insekten-, Schmetterling-, Vogel-, Briefmarken-Sammlungen 2c., sowie zur Pflege der Hausthiere und des Hausgartens. Ein Suppl. zum „Spielbuch für Knaben". 3. verb. Aufl. gr. 8. (XII, 236 S. mit 228 Text-Abbild., 6 Abtheilungs-Frontispicen und 1 Buntbilde.) Ebendas. 877. *
cart. *

— der gelehrte Spielkamerad. Anleitung zum Experimentieren, zur Anlage v. Pflanzen-, Stein-, Muschel-, Insekten-, Schmetterlings-, Vogel-, Briefmarken-Sammlungen u. s. w., sowie zur Pflege der Haustiere u. d. Hausgartens. 4., verm. Aufl., hrsg. von C. Freyer. Mit 300 in den Text gedr. Abbildgn. gr. 8. (XIV, 292 S.) Ebd. 891. n. 4. —; geb. n. 4. 50

Wagner H. die Stärkefabrikation. Mit Atlas. (Schauplatz der Künste und Handw. 39) Weimar 1876

— Stadt u. Land, s.: Kinderbuch, das illustrirte goldene.

Wagner, Hermann, aus Stuttgart: Synthese von Derivaten des Benzo-4-Pyranols, einer neuen Farbstoffklasse, und des Benzo-4-Pyrans. *Tübingen: F. Pietzcker 1901.* (68 S.) 8°
Tübingen, Naturw. Diss. v. 1901

Wagner, Herm., Synthese v. Derivaten des Benzo-4-Pyranols, e. neuen Farbstoffklasse u. des Benzo-4-Pyrans. Diss. gr. 8. (68 S.) Tübingen 901. F. Pietzcker. n.n. 1. 20

Wagner, Herm. (I.), Tafeln der Dimensionen des Erdsphäroids, s. Steinhauser, A.

— fünf Tafeln zur Erläuterung der botanischen Kunstsprache. 2. Aufl. [Aus Lenz' Naturgesch. d. Pflanzenreichs. 4. Aufl.] gr. 8. (11 S. u. 5 Steintaf. in qu. 4.) Gotha 872. Thienemann. n. — 80

—— der Tod, beleuchtet vom Standpunkte der Naturwissenschaften. gr. 16. (108 S.) Bielefeld 855, Helmich. *

—— der Tod, beleuchtet vom Standpunkte der Naturwissenschaften. 2. Aufl. gr. 16. (108 S.) Bielefeld 857, Helmich. *

— der Tod beleuchtet vom Standpunkte der Naturwissenschaften. 3. Aufl. gr. 16. (108 S.) Bielefeld. 876. Helmich. 1. —

Wagner, Herm., die ebene Trigonometrie in rein geometrischer Behandlung. Progr. gr. 4. (20 S. m. 1 Taf.) Hamburg 901. (Herold.) n.n. 2. 50

Wagner, Hermann, Prof. Dr.: Die ebene Trigonometrie in rein geometrischer Behandlung. *Hamburg 1901: Lütcke & Wulff.* (20 S.) 4°
Hamburg, R vor d. Lübeckerthore, P 1901 (802)

Wagner, Hermann: Die Ueberschätzung der Anbaufläche Babyloniens und ihr Ursprung. Methodische Bedenken. ([S.-A.] Nachrichten der K. Gesellschaft der Wissenschaften zu Göttingen. Philolog.-Histor. Klasse. 1902. Heft 2. S. 224—298.) Göttingen 1902. 75 S., 1 Krt. 8°.

—— chronologische Uebersicht der Betriebs-Perioden und der hervorragenden Momente beim Steinkohlenbergbau des Bergreviers Aachen. [Beilage zur Literatur des Bergreviers Aachen.] gr. 4. (15 S.) (Ebendas.) 876. *

Wagner, H., Umrisskarte der Erde. 1 : 20,000,000. 6 Bl. Lithogr. Imp.-Fol. Gotha 883, J. Perthes. * 3 —

— Übersichts-Karten f. die wichtigsten topograph. Karten Europas, s. a. Jahrbuch, geographisches.

Wagner, Herm., Übersichts-Karten [Index-Charts, Tableaux d'Assemblage, Quadri d'Unione] für die wichtigsten topographischen Karten Europas und einiger anderer Länder. Zusammengestellt für das Geographische Jahrbuch. gr 8. (28 color. S.) Gotha 888, J. Perthes. * 1 20

Wagner, Herm. **Übersichts-Karten [Index-Charts, Tableaux d'Assemblage, Quadri d'Unione] f. die wichtigsten topograph. Karten Europas u. einiger anderer Länder. gr. 8. (28 color. S.) Gotha 892, J. Perthes. * 1 20**

Übersichts-Karten (Index-Charts, Tableaux d'Assemblage, Quadri d'Unione) für die wichtigsten topographischen Karten Europas und einiger anderer Länder. Zsgest. f. d. Geogr. Jahrbuch von Hermann **Wagner**. 6. Aufl. *Gotha: J. Perthes 1903.* (28 S.) 8° [03. 13019]

— Die geographische Verbreitung der Thiere nebst einer Studie über die Verwandtschaften der lebenden und ausgestorbenen Faunen in ihrer Beziehung zu den früheren Veränderungen der Erdoberfläche. Autor. deutsche Ausgabe von A. B. Meyer. Band 1 mit 5 Karten und 13 Illustrationen. Band 2 mit 2 Karten u. 7 Illustrationen. Dresden 1876. 8°.

Wagner. (II.). Die Vorgänge auf den Samoa-Inseln, dargestellt m. besond. Berücksicht. der veröffentlichten deutschen amtl. Aktenstücke. (29 S.); 2. Aufl. gr. 8. (32 S.) Graudenz 889, Gaebel. * — 50

— Wanderungen am Meeresstrande. Mit seinen jungen Freunden ausgeführt. Mit 101 (eingedr.) Holzschn. u. 4 (lith.) Buntbildern. Glogau 869. Flemming. br. 8. (VIII, 236 S.) cart. 1 ℛ 10 ngr.

— Wanderungen durch die Werkstätten der Neuzeit. Mit seinen jungen Freunden ausgeführt. Mit 137 (eingedr.) Holzschn. Ebend. 868. br. 8. (200 S.) 1 ℛ

—— Wanderungen durch die Werkstätten der Neuzeit. Mit seinen jungen Freunden ausgeführt. 2. verb. und verm. Aufl. 8. (XII, 269 S. mit 146 eingedr. Holzschn.) Glogau 879, Flemming. cart.

Wagner, H., Wandkarte des deutschen Reichs und seiner Nachbarländer. 12 Sectionen. Fol. Mit Text. gr. 8. (15 S.) Gotha 874, J. Perthes. * 10 —
aufgez. in Mappe * 17 —
Mit Stäben * ℳ 21.; lackirt * 24 80

Wagner, Herm., Wandkarte des Deutschen Reichs und seiner Nachbargebiete. 2. Aufl. 1 : 800,000. 12 Bl. Lithogr. und color. Imp.-Fol. Nebst Begleitworten. gr. 8. (14 S.) Gotha 879, J. Perthes. * 10 —
Auf Leinw. in Mappe * 17 —

Wagner, Herm., Wandkarte des Deutschen Reichs und seiner Nachbargebiete. 1 : 800,000. 12 Bl. 3. Aufl. Lithogr. und color. Imp.-Fol. Gotha 883, J. Perthes. * 10 —
Auf Leinw. in Mappe * 17 —

**Wagner, Herm., Wandkarte des Deutschen Reichs und seiner Nachbargebiete. 1 : 800,000. 4. Aufl. 12 Bl. Chromolithogr. gr. Fol. Gotha 886, J. Perthes. * 10 —
Auf Leinw. in Mappe * 17 —
Mit Stäben * ℳ 21.—; lackirt * 24 80**

Wagner, Herm. Wandkarte d. Deutschen Reichs u. seiner Nachbargebiete. 1 : 800,000. 5. Aufl. 12 color. Bl. 162×177 cm. Gotha 892, J. Perthes. * 10 —; auf Leinw. in Mappe * 17 —
Mit Stäben * 21 —; lackiert * 24 80

Wagner, Hermann: Die dritte Weltkarte Peter Apians v. J. 1530 und die Pseudo-Apianische Weltkarte von 1551. Vorläufige Mitteilung. (Nachrichten von der Kgl. Gesellschaft der Wissenschaften u. der Georg-Augusts-Universität zu Göttingen. No. 16. 1892. S. 541-572.) Göttingen 1892. 32 S. 8°.

— die Werkstätten der Handwerker u. ihrer Berufsverwandten. Eine Rundschau üb. mehr als 150 Handwerke, Künste u. Industriezweige der Gegenwart auf 20 Folioblättern in lith. Buntdr. Mit erklär. Texte. 7. gänzlich neubearb. Aufl. Fol. (IV, 47 S.) Eßlingen 871. Schreiber. geb. 7. 20

Wagner, Hermann F.

Wagner, H. F., archival. Beiträge z. Geschichte d. Salzburgischen Schulwesens. [Aus: „Mittheilgn. der Gesellsch. f. Salzburger Landeskunde".] gr. 8. (75 S.) Salzburg (895). (Wien, Kubasta & Voigt.) n. 1. 20

Wagner, H. F., **Beiträge zur Geschichte der physischen Erziehung in Österreich. gr. 8. (30 S.) Leipzig 883. (Salzburg, Dieter.) ***
Aus: Jahrbücher der deutschen Turnkunst, besonders abgedruckt.

Wagner, H. F., die mundartliche Dichtung in Salzburg. (23 S.) 8. Salzburg 908. A. H. Huber. — 50

Wagner, H. F., der Dürrnberg bei Hallein. Kulturgeschichtlicher Abriß (m. e. Bergkarte). (52 S.) gr. 8. Salzburg 904. E. Richter. n. 1. —
Sonderabdruck aus: „Mitteilg. f. Gesellsch. f. Salzb. Landeskde."

Wagner, H. F., **zur Geschichte des deutschen Wanderns. gr. 8. (14 S.) Leipzig 885. (Salzburg, Dieter.) ***
Aus: Jahrbücher der deutschen Turnkunst, besonders abgedruckt.

Wagner, H. F., mittelalterliche Hofpoesie in Salzburg. gr. 8. (30 S. m. 1 Stammtaf.) Salzburg (901). (H. Dieter.) n. — 50
Sonderabdr. aus: „Mitth. der Gesellsch. f. Salzburger Landeskde."

— s.a. Zur Jahrhundertfeier des Salzburger Volksdichters Sylvester Wagner.

Wagner, Hermann F.: Zur Jahrhundertfeier des Salzburger Volksdichters Sylvester Wagner. (Von H[ermann] F. Wagner.) Salzburg: Ringlschwendtner & Rathmayr 1908. 23 S. 8°
Aus: Salzburger Tagblatt.

— zur Jubelfeier eines geistlichen Schulmannes (P. Heinr. Schwarz). gr. 8. (4 S.) (Ebendas.) 885. *
Aus: Zeitschrift des Salzburger Lehrervereins, besonders abgedruckt.

— Die Literatur üb. Berchtesgaden u. Dürrnberg-Hallein. (15 S.) kl. 8. Salzburg 907. (Wien, Kubasta & Voigt.) — 60

Wagner, Herm. F., die Literatur der Salzburger Mundarten, s.a. Huber, Nik.

Wagner, Herm. F. Pestalozzi u. die Geschwister Schmid. gr. 8. (7 S.) Salzb. 891, (Dieter). * — 40

— August Radnitzky, der Fink v. Mattsee, s.: Radnitzky, Aug., Gedichte in Salzburger Mundart.

— Robinson in der deutschen Jugendlitteratur. gr. 8. (14 S.) (Ebd.) 891. * — 32

— Robinson in Oesterreich. Ein Beitrag zur Geschichte der deutschen Robinson-Litteratur. 8. (27 S.) Salzburg 886, (Dieter.) *

— Robinson u. die Robinsonaden in unserer Jugendliteratur. Literaturgeschichtliche Studie. (20 S.) gr. 8. Wien 903. (Kubasta & Voigt.) n. — 60

— Das Schuldrama in Salzburg. gr. 8. (7 S.) Ebd. 890. * — 40
Vorstehende 3 Schriften sind aus: Zeitschr. d. Salzb. Lehrervereins, besonders abgedruckt.

Wagner, H.: Der Unterricht im Deutschen mit Rücksicht auf die österreichische Mundart. 34 S. 8° – Wien OR. Ros., Progr. 1873.

Wagner, Herm., der Unterricht im Deutschen m. Rücksicht auf die oesterreich. Mundart. gr. 8. (33 S.) Wien 873. Kubasta & Voigt. n. 1. 20

— die Volksdichtung in Salzburg. 8. (29 S.) Salzburg 882. Mayr. n. — 40

— das Volksschauspiel in Salzburg. 8. (55 S.) Ebend. 882. n. — 60

Wagner Hermann: Das deutsche Volksschulwesen in Österreich im 18. u. 19. Jahrh. 26. Linz LBA. 93.

— Rudolf Watzl. Der Dichter des letzten Agilolfing. (11 S.) kl. 8. Ebd. (906). — 40

Wagner, H. F., der Pädagoge Josef Wismayr in Salzburg. Ein Beitrag zur Geschichte d. deutschen Sprach-Studiums in Süddeutschland. gr. 8. (14 S.) Salzburg 876. (Dieter.) n. — 40

Wagner, H. F., aus dem Zeitalter der Aufklärung. I. P. Joh. Leonh. Gruber u. P. Nonnosus Gschall. [Aus: „Mittheilungen der Gesellschaft für Salzburger Landeskunde".] gr. 8. (10 S.) Salzburg 880. (Mayr.) n. — 30

— dasselbe. II. Josef Wismayr u. Benno Michl. [Aus: „Mittheilungen der Gesellschaft für Salzburger Landeskunde".] gr. 8 (89 S.) Ebend. 880. — 60

Wagner, Herrmann Iulius. Halensis: De descensu testiculi. Tur. ex offic. Zürch. et Furr. 1839. 32 S., 1 Bl. 8°.
Zürich, Med. Diss. v. 22. Juni 1839.

Wagner, Horst, aus Chemnitz: **Ueberführung von Alkylaldoximen in Diphenylamine.** *Leipzig 1901: B. Georgi.* (43 S.) 8°
Leipzig, Phil. Diss. v. [1. Nov.] 1901

Wagner, J., u. **W. Borst**, die Charlottenhöhle bei Hürben, O.-A. Heidenheim, u. ihre Umgebung v. J. W., sowie Führer durchs Brenzthal v. W. B. Mit 1 Höhlenkarte, 11 Ansichten u. angehängter Karte des Brenzthals. 8. (46 S.) Heidenheim 894. C. F. Rees. n. — 60

Wagner, J. (I.), Deutsch-Ostafrika. Geschichte der Gesellschaft für deutsche Kolonisation und der deutsch-ostafrikan. Gesellschaft nach den amtl. Quellen. Lex.-8. (111 S.) Berlin 886, Engelhardt'sche Landkartenh.

— dass. — Geschichte der Gesellschaft für deutsche Kolonisation, der deutsch-ostafrikan. Gesellschaft und der deutsch-ostafrikan. Plantagengesellschaft nach den maßgebenden Quellen. 2. verm. Aufl. gr. 8. (III, 124 S.) Berlin 888, Mitscher und Röstell.

Wagner, J., die Erkältungskrankheiten, s.a. Hausbibliothek, medizinische. Nr. 3.

Die Erkältungskrankheiten. Ihre Entstehung, Verhütung u. Behandlung. Von Dr. med. J. **Wagner**. Aachen: H. Köster [1905]. (46 S.) 8° [F. u. Ant.]
= **Hausbibliothek**, Medizinische. No 3. 107. 73

Wagner, J., die rationelle Kaninchen-Zucht. Nach Erfahrgn. in Frankreich u. Deutschland gesammelt. 8. (26 S.) Germersheim 874. (Leipzig, Schmidt & Günther.) n. — 60

Wagner, J. (I.), unsere Kolonien in West-Afrika. Kurze Darlegung des Erwerbes, der Beschaffenheit und der Aussichten sämtl. Besitzungen in West-Afrika: Lüderitzland, Küste des Groß-Nama- und Hererolandes, Kamerun- und Togogebiet. Mit (autogr.) Kartenbeigaben von P. Engelhardt. gr. 8. (18 S.) Berlin 884, Engelhardt'sche Landkartenh.

Wagner, J., Königin Luise, s.: Abhandlungen, pädagogische.

Wagner, J.: Magazin von Verzierungen ..., s. Wagner, Johann Jakob

Wagner, J. Niklas, der Bettler von St. Stephan. Histor. Roman in vier Bänden. 1.—9. Lief. *Wien* 1858. *A. Dorfmeister's* Druck u. Verl. S. 1—576, 12°. Die Lfg. 6 kr.
Auch u. d. T.: Neueste Wiener Romane. — Erscheint in zwanglosen Heften.

Wagner, J. Niklas, der Bettler von St. Stephan. Historischer Roman in vier Bänden. *Wien* 1858. *A. Dorfmeister.* 10. u. 11. (Schluss-) Lief. S. 577—688. 12°. 1 Lief. 6 kr.
Vergl. Nr. 1723 (Mai).
Auch unt. d. Tit.: Neueste Wiener Romane. In zwanglosen Lieferungen.

Siegel und Fahne. Histor. Roman aus der Zeit der Freimaurer und Jakobiner in Wien, von J. **Wagner.** o. O. [ca 1860].
Abgedr. in: Vorstadt-Ztg (Wien). 1860.
cf. Z. 6 (1876) S. 92—93 (M. Bresgen).
Nicht im Heinsius.

Stiftungs- und Jahres-Bericht der Loge zur „Kette" im Or.·. München pro 1882/83. Zum 10jährigen Stiftungs-Feste und für die Schluss-Loge am 24. Juni 1883 zsgest. von J. **Wagner.** [München 1883: Knorr & Hirth.] 23 S. 8⁰

Wagner, J., Korányi, F. u. **v. Kovácz.** Die Budapester Univers.-Kliniken. Ebd. 1882 u. 83. 4.

Wagner, J., die römische Villa u. d. Mosaikboden zu Nennig. 12. (28 S. m. Illustr.) Saarburg 895. (R. Hegner.) n.n. —30

Wagner II., J. Zeichn. zur Sammlung techn. Bestimmungen für Fortifikations-, Artillerie- u. Garnisons-Bauten. Berlin 1872. 12 Taf. 4⁰

Wagner, I. A., Commentarius in C. Valorii Flacci Setini Balbi Argonauticon, vide Valorius.

Wagner, J. A., Prolus. de loco Plinii. Ep. I, 2. Lips. 781. 4.

Der Chiliasmus in den ersten christlichen Jahrhunderten. Von J. C. Wagner, v. P. — 1849. Ebend. — S. 3—31.
Progr. Dillingen

Wagner, J. C., s. Ségur, ..., Geschichte Ludwigs XI.

Wagner, J. C. C.

——, Theoduls Briefwechsel, e. Seitenstück zu Theoduls Gastmahl; im Sinne d. Protestantismus beleuchtet. 8. (3¼ B.) Halle 829, Ruff. (?)

Wagner, J. C. C., Predigt üb. die Worte d. Herrn: Joh. 5, 28, 29. gehalt, in d. Katharinen-Kirche zu Magdeburg. gr. 8. (1 B.) Halle 829, [Gruncrt.]

Wagner, J. C. C., Predigt über die Worte des Herrn: Joh. 5., 28. 29. geh. in der Katharinen-Kirche zu Magdeburg. gr. 8. Halle 829. Fr. Ruff. 2 gr.

Ernesti, Gottlieb: [Gedicht.] An der Urne des seligen Ernesti, in der Freymaurerloge St. Carl zum Rautenkranz [in Hildburghausen], von J. Ch[ristian] W[agner?]. Hildburghausen 1797. 14 S. 4⁰ [Umschlagtit.]

WAGNERUS, J. D. (auct. et resp.), J. C. Hedlerus (praes.). — De jure nurus. Vom Rechte einer Schwieger-Tochter. Vitembergae 1749. 4⁰. 24 S. (1 Mk. Oswald Weigel, Lpz., 1908.)
Vogel, Lex. jurid. I. 242.

Wagner, J. D. L. Franz. Form-Verschiedenheit und Wachsthum des Menschen. Eine Proportionslehre als Anleitung zum besseren Erkennen der Alters-, Geschlechts-, Stammesunterschiede für Maler, Bildhauer etc. Mit 20 Tafeln Abbildungen Berlin 1882. Fol. Auch im Manuskript mit den Handzeichnungen vorhanden.

Wagner, J. F., s.a. Wagner, Johann Ed.

Wagner, J. F., Orientirungs-Plan des Wiener k. k. allgemeinen Krankenhauses (lithogr. und color. qu. Fol.), nebst Daten über dasselbe, über das Gebärhaus und die pathologisch-anatom. Anstalt in Wien. gr. 16. (24 S. mit Grundrissen der pathologisch-anatom. Anstalt.) Wien 886, Šafář. geb. *

Wagner, J. F., Reise-Karte der Schweiz. — Carte routière de la Suisse. — Roadmap of Switzerland. (Mit statist. Notizen, Angabe der Höhen über dem Meere, u. Meilenzeiger.) Lithogr. Roy.-Fol. Bern 838. Wagner. Auf Leinwand in Etui 1½ f.

Das Eleusische Fest. Schiller's Dichtung. Bildlich dargestellt von J. M. Wagner, gestochen von F. Ruscheweyh. 2 Exemplare. Rom 1817. 4°.

Wagner, I. M., das Eleusische Fest. Schillers Dichtung, bildlich dargestellt. Gestochen von F. Ruscheweyh. (Neue Aufl.) qu. Fol. (20 Taf. mit 10 S. Text.) Stuttgart 884, Cotta'sche Buchh. geb.

Wagner, J. M., Hoffmann v. Fallersleben 1818—1868. 50 Jahre dichterischen und gelehrten Wirkens bibliographisch dargestellt. gr. 8. (40 S.) Wien 869, Gerold's Sohn. *

—— dass. — (Nachtrag.) gr. 8. (8 S.) Dresden 870, Schönfeld's Verlag. *
Aus: Neuer Anzeiger für Bibliographie und Bibliothekwissenschaft, besonders abgedruckt.

— s. J. F. v. Schiller, d. Eleusische Fest.

Wagner, J. N., neuester Kartenzauberer, Rechnungskünstler. 4. verb. Aufl. nebst dessen groß. Zauberkabinet. 2 Thle. Pesth 816. 8.

Wagner, J. P., Dr. Erfolge der Bestrebungen, den Elektromagnetismus als Triebkraft nutzbar zu machen. S. 53. II. [illegible]
Separatabdruck

Wagner, J. P., Erfolge der Bestrebungen, den Elektromagnetismus als Triebkraft nutzbar zu machen. [Aus den Sitzungsber. der k. Akad. der Wiss.] Wien 866. (Gerold's Sohn.) Lex.-8. (18 S. mit 1 Steintaf. in 4.) n.n. 7½ ngr.

Wagner J.—P.: Der Luzernebau u. seine Wiederbelebung. (Berl.). 1910?). 48 S. Fig. P.

Wagner, J. U. Neuenburg oder der Kampf zwischen Republik und Monarchie. Vom völkerrechtlichen Standpunkt dargestellt. 8. Basel 1857.

Wagner, J. W. De particulis ut ne. 11 S.
Nordhausen, Progr. 1827

Wagner, Jakob

—— und Alb. Küppers, Aufgaben fürs Schriftrechnen in Elementarschulen. 2 Thle. 8. Aachen, Cremersche Buchh.
Thl. 1. Die Grundrechnungsarten mit ganzen, gleich- u. ungleichbenannten Zahlen. 1. u. 2. Aufl. (à 4¼ B.) 835, 39, à * 3½ Gr.
„ 2. Die Brüche u. d. Dreisatz nebst Flächen- u. Körperberechnung. (6 B.) 838. 4 Gr.

Wagner, Jac., Beschreibung des preußischen Staates, m. besond. Rücksicht auf Rheinpreußen u. Westphalen, f. Preußens Volksschulen, die untern Klassen der höheren Bürgerschulen u. Gymnasien, sowie f. Alle, die ihr Vaterland genauer kennen lernen wollen. 8. (6¼ B. u. Titvign.) Soest 842. (Leipzig, Friedr. Fleischer.) *

Wagner, Jak., Blumen und Kränze, für Groß' und Kleine gepflückt und gewunden. 12. Landshut 840, 41, Attenkofer. (Thomann.) 1/8 ₰. — Mit Melodieen. I. Heft. gr. 8. 3/8 ₰

Wagner, Jak., Einwürfe gegen die heilige Beicht, s.: Taschenbuch-Apologie, III.

Wagner, Jak. (II.), Lese- u. Lehrbuch f. d. mittl. Klassen d. Elementarschulen. Nebst e. kurzen u. bündigen Rechtschreib- u. Aufsatzlehre. gr. 12. (6⅓ B.) Aachen 841, [Cöln,] Roschütz'sche Buchh.

—— Lieder z. Entflammung f. König u. Vaterland. Zunächst f. d. höh. Klassen d. Elementarschulen, f. höh. Bürgerschulen u. Gymnasien hrsg. 16. (3¾ B.) Wesel 841, Bagel.

—— zwei-, drei- u. vierstimm. Lieder f. Schüler, bei d. verschiedensten Gelegenheiten. ½ gr. 4. (6 B.) Aachen 835, Cremersche Buchh.

Wagner, Jac., der Jugend Morgentöne, od.: 60 leichte Choral-Lieder mit Orgelbegleitung, zum Gebr. f. Schüler d. höhern u. niedern Klassen d. Elementarschulen beim tägl. Gottesdienste. qu. gr. 4. Aachen 833, Mayer. Thlr.
Die Singstimmen. (3 B.) 12 Gr.
Die Orgelbegleitung. (7 B.) 10 Gr.

Wagner, Jak., das Nothwendigste aus der Rechtschreiblehre für Stadt- u. gehobene Landschulen ꝛc. 2. Ausg. 12. (48 S.) Crefeld 848, Gehrich & Co. 1/8 ₰

Wagner, Jak., die Regentenfamilie von Nassau-Hadamar. Geschichte des Fürstenth. Hadamar mit besond. Rücksicht auf seine Kirchengeschichte, von den ältesten Zeiten bis auf unsere Tage, nach Urkunden bearb. 2. Aufl. 1. Bd. 1. Lfg. gr. 8. (XXIII und S. 1—240.) Wien 863, Mechitharisten-Congregations-Buchh. *

—— und Joh. Schieffer, die kathol. Schuljugend im Tempel Gottes, od. Meßandachten u. Choralgesänge f. jed. besond. Wochentag. Mit e. Vorw. v. G. A. Claeßen. 8. (6⅓ B.) Aachen 840, Cremer'sche Buchh.

Wagner, Jac., über die Wichtigkeit d. Elementarbildung, Eine Rede bei d. feierl. Einweihung d. neuen Schulhauses zu Hasselbach. Nebst e. Berichte üb. d. Vollziehung d. ganzen Feierlichkeit u. der Schlußrede d. Hrn. Schulinspectors. 8. (2 B.) Hadamar 831. [Weilburg, Lanz.]

Wagner, Jakob Georg (Frankfurt/M.) A. S. 140/4

Dissertatio iuridica inauguralis de depravato exceptionis spolii statu. Präs. Justus Henning Boehmer. Halle (Franck) X. 1744. 40 S.
35605

Die Bekämpfung der Lungenschwindsucht, f. Laien dargest. Von Dr. J[acob Jos.] Wagner, pract. Arzt in Essen ... *Essen-Ruhr: Fredebeul & Koenen 1897.* (46 S., 1 Taf.) 1 Bd 8. [98. 9693

Wagner, Ida, Gedichte. (Umschlag: Meine Blumen!) (IX, 71 S.) 8. Soest (907). (Ritter.) 2. —

Wagner, Jean Philippe: A u s z u g aus dem Katalog der Bibliothek der Staats-Ackerbauschule. 21 S. Ettelbrück, École agricole, Progr. 1892/93

Wagner, Jean Philippe: Die landwirtschaftliche B u c h f ü h r u n g im Mittel- und Kleinbetrieb. 9 S. Ettelbrück, École agricole, Progr. 1889/90

Wagner, Jean Philippe: Zur F r a g e der Thomasschlacken-Düngung. Vortrag zu Mainz. Darmstadt: Leske 1890.

Wagner, Jean Philippe: Das C a s s a - T a g e b u c h . Seine Bedeutung und Einrichtung für die Buchführung des Mittel- und Kleinbetriebes. 22 S. Ettelbrück, École agricole, Progr. 1891/92

Wagner, Jean Philippe: Der praktische K a u f m a n n . Ein Handbuch zunächst für Kaufleute, Handelsbeflissene und Gewerbetreibende des Luxemburger Landes. Luxemburg: Bück 1893. 433, VI p. 8°

— Dass. 2. sorgfältig durchges. u. verb. Aufl. Luxemburg: P. Ernster 1899. 389, IV S. 8°

Wagner, Jean Philippe: Der internationale K o n g r e s s für Kelter-Obst und Obstwein-Industrie in Paris, 11.–13. Oktober 1900. Paris 1900. 12 S. 8°

Wagner, Jean Philippe: O r g a n i s a t i o n des Obsthandels, speziell eines Obstmarktes im Luxemburger Lande. Separatabdruck aus dem „Luxemburger Obstbaufreund". Luxemburg: J. Beffort 1896. 44 S. 8°

Wagner, Jean Philippe: S k i z z e n und Bilder aus der Heimaths-, Vaterlands- und Erdkunde und Charakterbilder aus der vaterländischen Geschichte für die Luxemburger Volksschule, bearb. u. zusammengestellt. Luxemburg: Buck 1883. XII, 114, 80, VI, IV S. 12°

Wagner, Jean Philippe: T a g e b u c h für den rechnenden Landwirth. Diekirch: Schroell 1889. 39 S. 4°

Dass. 2. verb. u. verm. Aufl. Ebd. 1890. 35 S. 4°

Wagner, Jean Philippe: W e s e n , Aufgabe und Bedeutung des Inventariums in der landwirtschaftlichen Buchführung. 21 S. Ettelbrück, École agricole, Progr. 1890/91

Wagner, Jerem., Lehrbuch der Reaction. 1. und 2., unveränd. Aufl. 16. (89 S.) Berlin 849, [Grobe.]

Wagner, Ign., d. kroatische Anfechtungs-Gesetz v. 24. III. 1897 u. d. kroatische Concurs-Gesetz v. 28. III. 1897. In die deutsche Sprache übers. u. m. erläut. Bemerkgn. vers. gr. 8. (211 S.) Essegg 897. (V. Fritsche.) n. 4. —

Wagner, Ign., der moderne Ausbau, s.: Bauer, Rich.

Wagner, Ign., Festpredigten aufs ganze Jahr. Nebst e. Anh. v. Lob- u. Gelegenheitsreden. gr. 8. Münch. 784. Lentner. 1 ₰

— prakt. Predigten fürs Landvolk auf alle Sonntage des Jahres sammt einem doppelten Jahrg. Oelbergsreden. gr. 8. Münch. 782.

Wagner, Jo. Jakob (Hof) A. S. 1393/48

Moly Homericum detectum cum reliquis ad fabulam Circaeam pertinentibus. Präs. Daniel Wilhelm Triller. Leipzig (Titius) 17. VI. 1716. 36 S.
35625

Wagner, Joh., Handbuch für die Artillerie der österreich. Volkswehr. 8. (112 S. m. 1 lith. Taf. in qu. 4.) Wien 848, Schmidt & Leo. n. 16 ngr

Wagner Joh: Collation einer Horazhandschrift aus dem XII. Jahrhundert. 55. Kalksburg 96.
Progr.

Wagner, J. (II.), Musterbeispiele zu deutschen Aufsätzen für Elementar-, Volks-, Fortbildungs- und Präparandenschulen. 1. und 2. Bdchn. 8. (VIII, 116; VI, 105 S.) Langensalza 883,84, Schulbuchh. von Greßler. à Bdchn. 90 Pf.

Wagner, J. (II.), Musterbeispiele zu deutschen Aufsätzen für Elementar-, Volks-, Fortbildungs- und Präparandenschulen. 1. Bdchn. 2. verb. und verm. Aufl. 8. (VIII, 148 S.) Langensalza 886, Schulbuchhandlung.

Wagner, J. Musterbeispiele zu deutschen Aufsätzen für Elementar-, Volks-, Fortbildungs- u. Präparandenschulen. 2 Bdchn. 8. Langens. 889, Schulbuchhandlg. [1. Bdchn. 3. Aufl. (VIII, 148 S.) 1 20; 2. Bdchn. 2. Aufl. (VI, 105 S.) — 90.] 2 10

Wagner, J., Musterbeispiele zu deutschen Aufsätzen f. Elementar-, Volks-, Fortbildungs- u. Präparandenschulen. 1. Bdchn. 4. Aufl. 8. (VIII, 148 S.) Langensalza 894. Schulbuchh. 1. 20

Wagner, J., Musterbeispiele zu deutschen Aufsätzen f. Elementar-, Volks-, Fortbildungs- u. Präparandenschulen. 2. Bdchn. 3. Aufl. 8. (VI, 105 S.) Langensalza 895. Schulbuchh. — 90

— dasselbe. Leitfaden zu allen Arten v. Briefen u. Geschäftsaufsätzen für Elementar-, Volks-, Fortbildungs-, Gewerbe- u. Präparandenschulen, auch zum notwend. Gebrauche f. Geschäftsleute, Gewerbetreibende, Bürgersleute u. Landleute. 3. Bdchn. 8. (XVI, 254 S.) Ebd. 899. 1. 80

Wagner, Joh., Musterbeispiele zu deutschen Aufsätzen f. Elementar-, Volks-, Fortbildungs- u. Präparandenschulen. 1. u. 2. Bdchn. 8. Langensalza, Schulbuchh. n. 2. 50
1. 5. (verm. Aufl. (X, 175 S.) 900. n. 1. 30
2. 4. Aufl. (VIII, 147 S.) 901. 1. 20

Wagner, Joh., Musterbeispiele zu deutschen Aufsätzen. Leitfaden zu allen Arten v. Briefen u. Geschäftsaufsätzen f. Elementar-, Volks-, Fortbildungs-, Gewerbe- u. Präparandenschulen, auch zum notwend. Gebrauche f. Geschäftsleute, Gewerbetreibende, Bürgersleute u. Landleute. 3. Bdchn. 2. Aufl. (XVI, 254 S.) 8. Langensalza 906. Schulbuchh. n. 2. 25

— der Naturfreund, enth. das Wissenswerteste aus dem Tier-, Pflanzen- u. Mineralreich, nebst entsprech. Anwendungen f. Volks-, Fortbildungs-, Präparanden- u. Realschulen, sowie f. Land- u. Forstwirte u. Gärtner. 3 Bdchn. 8. Ebd. à n. — 50
1. Zoologie. (VIII, 80 S.) 899. — 2. Botanik. (IV, 84 S.) 899. — 3. Mineralogie. (IV, 74 S.) 900.

Wagner, J., Sprichwörter, deren Erklärung als Musterbeispiele zu deutschen Aufsätzen f. d. Oberstufe der Volksschule, f. Präparandenanstalten, Realschulen, Lehrerseminare u. s. w. 8. (61 S.) Paderborn 892. J. Esser. Kart. n. — 60

— Sprichwörter, deren Erklärung als Musterbeispiele zu deutschen Aufsätzen f. die Oberstufe der Volksschule, für Präparandenanstalten, Realschulen, Lehrerseminare u. s. w. 2., verm. u. verb. Aufl. 8. (111 S.) Paderborn 899. J. Esser. n. 1. 20

Wagner, J., Sprichwörter, deren Erklärung als Musterbeispiele zu deutschen Aufsätzen f. die Oberstufe der Volksschule, f. Präparandenanstalten, Realschulen, Lehrerseminare u. s. w. 3. Aufl. (111 S.) kl. 8. Paderborn 906. J. Esser. n. 1. 20

Wagner, Joh., Strafgesetzbuch f. Elementarschüler. 8. (5½ B.) Prüm 840. (Leipzig, Brauns.) *

Wagner, Joh., über den Ursprung der Sehnervenfasern im menschlichen Gehirn. 4. (24 S. und 1 Stnt.) Dorpat 862, (Gläser's Verlag.) *

Wagner J, Wand und Decke. Farbige Entwürfe. (18 T) fol Düsseldorf (1905)

— **Wand u. Decke. Eine Auswahl farb. Entwürfe zur Anregg. f. Decorationsmaler, Architekten u. kunstgewerbl. Zeichner, auch als Vorbildermaterial f. kunstgewerbl. Fachschulen. (18 farb. Taf. m. III S. Text.) gr. Fol. Düsseldorf (906). [F. Wolfrum.] Leipzig, Baumgärtner. In Mappe 25. —; erm. Pr. n. 18. —**

— s. Wünsche, fromme.

Wagner, Johann Adam (Nürnberg) U. S. Altdorf lose th.

... ferale Belschazaris regis convivium commentatione exegetica super Daniel. V. 1. depictum.
Präs. Johann Balthasar Bernhold.
Altdorf (Meyer) VIII. 1740. 36 S.

Gew.: Gustav Philipp Moerl, Joachim Negelein, Nikolaus Haecker, Johann Herdegen, Konrad Friedrich Feuerlein, Johann Adam Tresenreuter.
W. v.: Präs., Johann Bartholomaeus Riederer (Opp.), Johann Rupertus (Opp.), Christoph Bonaventura Herzer (Opp.). 35608

Wagner, Johann Andreas Frh. v., s. Wagner, Johannes Andreas

Wagner, Johann Andreas

Wagner, Andr., sechs Abhandlungen aus dem Gebiete der Naturwissenschaften. gr. 8. (V und 185 S. mit 1 Stnt. in gr. 4.) Leipzig 862, Voss. *

Wagner, (Joh.) A(ndreas), Abweisung der von Prof. H. Burmeister zu Gunsten des geolog.-vulkanistischen Fortschrittes u. zu Ungunsten der mosaischen Schöpfungsurkunde vorgebrachten Behauptungen. Ein Nachtrag zu meiner Geschichte der Urwelt. gr. 8. (3 B.) Leipzig 845, Voß. *

Wagner, Andr., Andeutungen zur Charakteristik des organ. Lebens nach seinem Auftreten in den verschiedenen Erdperioden. Festrede, gelesen in der Akademie der Wissenschaften zu München am 86. Stiftungstage. gr. 8. München 845. (Franz.) n. ⅓ ℛ

— Anleitung zum Rechnen im Kopfe. gr. 8. Leipz. 800. 2e A. 815. Dyck. 6 gl 3e Aufl., s. unten: der allezeit fertige u. geschwinde Rechner.

— vollständ. Anleit. zur Berechnung d. Kronen- oder Brabanter-Thaler, nebst vielen zu ihrer Reduction nöthigen u. höchst bequemen Tabellen, als ein für Wechsel-Comptoirs u. Waarenhändler unentbehrliches Handbuch. gr. 8. Leipz. 803. Köhler. 1 ℛ 18 gl

— vollständige Anleitung z. gesammten Wechselrechnung. gr. 8. Leipz. 800. N. wohlfeil. Ausg. 821. Schleg. (Cnobloch.) 1 ℛ

— allgem. Anweisung z. kaufmännischen Correspondenz u. zu allen vorkommenten merkantilischen Aufsätzen, als Unterricht für Anfänger u. nöthiges Handbuch für jedes Comptoir. gr. 8. Leipz. 804. 3e Aufl. A. u. d. T.: allgem. kaufmänn. Briefsteller etc. gr. 8. Ebd. 820. (W. Nauck). 1 ℛ 16 gr

— ausführliche Anweisung d. wahre Berechnung der Assekuranz, Haverei, Bodmerei, Rhederei etc. überhaupt alle Gegenstände der höhern kaufmännischen Arithmetik nach gründl. Theorie u. Erfahrung anzustellen u. zu vollziehen. gr. 8. Münst. 802. Walbeck. 1 ℛ 18 gr

— Anweisung verschiedene Gegenstände der kaufmännischen Rechenkunst, welche bei d. Wechsel- u. Waarenhandel häufig vorkommen, kurz u. bequem zu berechnen. 8. Leipz. 791. Köhler. 9 gr

— Anweis. z. gründl. Berechnung d. Münzsorten-Reductionen u. Arttragen, wie auch d. Waarencalculation, Assecuranz, Haverey, Bodmerey etc. nebst vielen nützl. Tabellen etc. gr. 8. Ebend. 803. 3 8

— Anweisung zur gründl. Berechnung d. Münzsorten, Reductionen u. Arbitragen, wie auch der Waarencalculation, Assekuranz, Haverei, Bodmerei etc., nebst vielen nützl. Tabellen etc. gr. 8. Münst. 804. Walbeck. 3 ℛ 8 gr

Wagner, Andr., Auseinandersetzung der spezifischen Differenzen, durch welche sich die Hyaena brunnea von der Hyaena striata und crocuta in der Beschaffenheit des Schädels und Gebisses unterscheidet. gr. 4. (12 S. und 1 Stnt. in Fol.) (München 851, Franz.) *

— Ausrechnung der neuen Siebenkreuzer u. Speciesthaler nach dem rauhen u. feinen Gehalte zu 3 Loth 17 Grän. gr. 8. Leipz. 807. Hinrichs. 6 gr

Wagner, A.: Beiträge zur Kenntniss der bayerischen Fauna. München 1846.
Anz. kgl. bayer. Akad. Wiss. (Verbreitung der Fische in den großen Stromgebieten Bayerns.)

Wagner, Andr. Joh., Beiträge zur Kenntniss der in den lithographischen Schiefern abgelagerten urweltlichen Fische. Mit 4 (lith.) Taf. (in gr. 4. u. qu. Fol.) Aus den Abhandlungen der II. Classe der k. Bayer. Akademie der Wissenschaften VI. Bd. 1. Abth. abgedruckt. gr. 4. (80 S.) München 851. (Franz.) n. 28 ngr

— Beiträge zur Kenntniss der Säugethiere Amerika's. 3 Abthlgn. Aus den Abhandlgn. der II. Cl. der k. Bayer. Akademie der Wissenschaften abgedr. gr. 4. (226 S. m. 4 lith. u. 3 lithochrom. Taf.) Ebd. 851. n. $3^1/_6$ ℛ

Wagner, (Joh.) Andr., neue Beiträge zur Kenntniss der urweltlichen Fauna des lithographischen Schiefers. 1. Abth.: Saurier. Mit 6 (lith.) Abbildgn. Aus den Abhdlgn. d. k. bayer. Akad. d. W. München 858. Franz in Comm. 4. (114 S.) n. 1 ℛ. 6 ngr.

— neue Beiträge zur Kenntniss der urweltlichen Fauna des lithographischen Schiefers. 2. Abth. Schildkröten u. Saurier. Mit 6 (lith.) Taf. Abbildgn. (in 4. u. Fol.) (Aus den Abhdlgn. der k. bayer. Akad. d. Wiss.) München 861. Franz in Comm. gr. 4. (60 S.) n. 1 ℛ

Wagner, (Joh.) Andr., neue Beiträge zur Kenntniss der fossilen Säugthier-Ueberreste von Pikermi. Mit Abbildgn. Aus d. Abhdlgn. d. k. bayer. Akad. d. W. München 857. Franz in Comm. 4. (50 S. u. 7 lith. Taf. in 4. u. Fol.) n. 1 ℛ. 20 ngr.

— Beiträge zur Unterscheidung der im süddeutschen Lias vorkommenden Arten von Ichthyosaurus. Mit 1 (lith.) Taf. [Aus den Abhandlgn. der k. Bayer. Akademie der Wissenschaften. II. Cl. VI. Bd. II. Abth.] gr. 4. (56 S.) München 851, Franz in Comm. n. 18 ngr

— Berechnung d. Kronen- od. Brabanter-Thaler, nebst vielen zu ihr. Reduction nöth. u. höchstbequem. Tabellen, als ein f. Wechsel-Comptoirs u. Waarenhändler unentbehrl. Handbuch. gr. 8. Leipzig, Kohler. 806. 1 18

— Beschreibung einer neuen Art von Ornithocephalus, nebst krit. Vergleichung der in der k. palaeontolog. Sammlung zu München aufgestellten Arten aus dieser Gattung. Mit 2 (lith.) Taf. (in gr. 4. u. Fol.) Aus den Abhandlgn. der II. Cl. der k. Bayer. Akademie der Wissenschaften VI. Bd. abgedr. gr. 4. (66 S.) Ebd. 851. n. $^2/_3$ ℛ

Wagner, Andr., Beschreibung einer fossilen Schildkröte und etlicher anderer Reptilien-Ueberreste aus den lithograph. Schiefern und dem Grünsandsteine von Kehlheim. gr. 4. (24 S. mit 3 Stnt.) München 853, (Franz.) *
Aus: Abhandlungen der k. bayer. Akademie der Wissenschaften, 2. Cl. 7. Bd. 1. Abthl., besonders abgedruckt.

Wagner, Andreas: „Allgemeiner kaufmännischer Briefsteller, welcher Briefe und alle auf kaufmännische Geschäfte Bezug habende schriftliche Aufsätze nicht abschreiben, sondern selbst verfertigen lehrt. Ein nützliches Handbuch . . . .", Leipzig 1819. — Vorh.: Büch. der Industrie- und Handelskammer Leipzig.

Wagner, Andr., allgemeiner kaufmännischer Briefsteller etc.

Auch unter dem Titel:

Neuer Leipziger Handlungsbriefsteller etc. und: allgem. Anweisung zur kaufm. Korrespondenz, und zu allen vorkommenden mertantil. Aufsätzen. 3te verm. Aufl. gr. 8. Leipzig, Sommer. 820. 1 16

Wagner, Jh. Andr., allgem. kaufmännischer Briefsteller. 4e Aufl. Verbessert, mit neuen Briefen u. 3 Tabellen verm. von J. W. Quarch. gr. 8. Leipzig 833. Nauck. $1^1/_2$ ℛ

— Buchhalterei für das gemeine Leben, oder vollständ. Anweisung d. Geschäfte eines großen Oekonomen etc. nach den Grundsätzen d. doppelten Buchhaltung einzutragen etc. gr. 8. Leipz. 810. 2e A. 817. (Brockhaus). 1 ℛ 12 gr

— — Buchhalterey fürs gemeine Leben, oder vollständ. Anleitung die Geschäfte einer großen Oeconomie etc. zu betreiben. N. A. gr. 8. Leipzig, Gleditsch. 817. 1 12

— neue u. leicht zu erlernende engl. Buchhalterei, nach welcher es unmöglich ist, daß ein Fehler in d. Büchern länger als einen halben Tag unentdeckt bleiben u. durch d. man jedes noch so große Geschäft in einigen Stunden übersehen kann. gr. 4. Leipz. ... N. Aufl. 807. (Nauck). 3 ℛ 8 gr

* Wagner, Andr., neue u. leicht zu erlernende englische Buchhalterei, nach welcher es unmöglich ist, daß ein Fehler in den Büchern länger als einen halben Tag unentdeckt bleiben u. durch die man jedes noch so große Geschäft in einigen Stunden übersehen kann. gr. 4. Leipzig, Sommer. 807.

— Charakteristik der in den Höhlen um Muggendorf aufgefundenen urweltlichen Säugthier-Arten. Mit 1 (lith.) Taf. Aus den Abhandlgn. der II. Cl. der k. Akademie der Wissenschaften VI. Bd. 1. Abth. abgedr. gr. 4. (66 S.) Ebd. 851. n. 18 ngr

— Denkrede auf Gotthilf Heinr. v. Schubert. Gehalten in der öffentl. Sitzung der k. bayer. Akademie der Wissenschaften am 26. März 1861. gr. 4. (54 S.) München 861, (Franz.) *

— Erzählungen d. Streits über Rechenexempel etc. als ein Beitrag zur Geschichte d. Arithmetik. 8. Leipz. 798. Liebeskind. 6 gr

— Fein-Buch, oder Ausrechnung des feinen Gehalts d. Goldes u. Silbers, nebst d. vollständ. Anleitung z. ganzen Alligationsrechnung, z. Gebr. d. Kaufleute, Goldarbeiter u. Münzwardeine ꝛc. 12. Leipz. 808. N. A. 815. Fr. Fleischer. 18 gr Schrbp. 1 rß

— Fein-Buch, od. Ausrechn. d. feinen Gehaltes des Goldes u. Silbers nebst d. vollständ. Anleit. z. ganzen Alligationsrechnung, z. Gebr. der Kaufleute, Goldarbeiter u. Münzwardeine ꝛc. 12. Leipzig, Solbrig. 808. — 18
Schreibp. 1 —

— Feinbuch, od. Ausrechnung des feinen Gehalts des Gehalts des Goldes u. Silbers, nebst e. Anweisung z. vollständigen Alligationsrechnung. gr. 8. Leipz. Benj. Fleischer. 815. •
Schreibp.

Wagner, A. Zur Feststellung des Artbegriffes, mit besonderer Bezugnahme auf die Ansichten von Nathusius, Darwin, Is. Geoffroy und Agassiz. (Aus d. Sitzungsb. d. Münchner Acad.) München. 1861. 8.

Wagner, A.: Urweltliche Fische in den lithographischen Schiefern. München 1850.

— ganz neue Geheimschreibekunst. 8. Leipz. 798. Kanter. 6 gr

Wagner, J(ohann) A(ndreas) (Übers.):

s.: Georget, (Étienne Jean): Neue gerichtsärztliche Untersuchungen über den Wahnsinn. (Nouvelle Discussion médico-légale sur la folie ou aliénation mentale... Dt.) Würzburg: 1830

JB 5.337

—— Geschichte der Urwelt, m. besond. Berücksichtig. der Menschenrassen u. des mosaischen Schöpfungsberichtes. 2 Abthlgn. gr. 8. (37½ B.) Leipzig 811, Voß. *

Wagner (A.), Geschichte der Urwelt, mit besonderer Berücksichtigung der Menschenrassen. Leipzig 1845. 8.

— Geschichte der Urwelt, mit besonderer Berücksichtigung der Menschenrassen und des mosaischen Schöpfungsberichtes. 2. verm. Aufl. 2 Thle. Mit Holzschn. (im Text.) Leipzig 857, 58. Voss. gr. 8. Jeder Thl. n. 3 rß. 10 ngr.
Inhalt. 1. Thl.: Die Erdveste nach ihrem Felsbaue u. ihrer Schöpfungsgeschichte. (XVI, 550 S.)
2. Thl.: Das Menschengeschlecht und das Thier- und Pflanzenreich der Urwelt. (VI, 528 S.)

Wagner, Jh. Andr., († d. 2. April 1813.) Handbuch d. Algebra, zum Gebrauch f. Lehrer und Lernende, auch für Bürgerschulen. 4. Leipz. 800. Liebeskind. 1 rß 12 gr

Wagner, J. A., Handbuch der Naturgeschichte, s. Haus- u. Hand-Bibl. IV.

Wagner, Joh. Andr., Handbuch d. Naturgeschichte, z. Gebr. f. Studienanstalten u. Gewerbschulen. 3 Bde. 8. Kempten, Dannheimer. Thlr.
Bd. 1. Naturgeschichte d. Thierreichs. 2., verb. u. verm. Aufl. (19⅞ B.) 837. 16 Gr.
„ 2. Naturgeschichte d. Pflanzenreichs, v. Joh. Gerh. Zuccarini. (20¼ B.) 843. 1 Thlr.
„ 3. Mineralogie nach Fuchs. (..B.) 842. 1 Thlr.

Wagner, (Joh.) Andr., Handbuch der Naturgeschichte. 1. Bd. 3., verb. und verm. Aufl. A. u. d. T.: Naturgeschichte des Thierreichs. 3., verb. und verm. Aufl. gr. 8. (VIII und 324 S.) Kempten 853, Dannheimer.

— Handbuch der kaufmänn. Rechenkunst, für Lehrer u. Lernende. 8. Leipz. 794. N. A. 810. Köhler. 21 gr

— Handbuch d. kaufmännischen Rechenkunst, f. Lehrer und Lernende. 8. Lpz. Köhler. 809. — 21

— tabellar. Handbuch für Bankiers u. Kaufleute, enthaltend eine genaue u. richtige Berechnung aller Münzsorten al courso wie auch d. Wechselcourse ꝛc. gr. 8. Leipz. 799. Köhler. 2 rß

— Neuer Leipziger Handlungsbriefsteller ꝛc., s. unten: allgemein. Anweisung zur kaufmänn. Korrespondenz.

— Hülfsbuch für Meßkaufleute; enthalt. eine Anweisung verschiedene schwierige in der Messe vorkommende Rechnungen auf die bequemste Art zu berechnen ꝛc. gr. 8. Leipz. 799. (W. Nauck). 18 gr

— Hulfsbuch f. Meßkaufleute; enth. e. Anweis. verschied. schwierig. in d. Mess. vorkomm. Rechn. auf die bequemste Art zu berechnen ꝛc. gr. 8. Leipz. Sommer. 799. — 18

— s. E. Jones, Buchhalterei.

—— und J. R. Roth, die fossilen Knochen-Ueberreste von Pikermi in Griechenland, s. Roth, J. R.

Wagner, Jh. Andr., Comptoirbuch ꝛc. gr. 8. Bresl. 802. Schall. 1 rß 4 gr

— neues vollständiges u. allgemeines Lehrbuch d. Buchhaltens, für jede Art von Handlung passend, zum Gebrauch für angehende Lehrer u. Selbstlernende, wie auch für Handlungsschulen. gr. 4. Magdeb. 802. Keil. (Heinrichshofen.) 3 rß 8 gr

— s. Martini, F. H. W., systemat. Conchilien-Kabinet. —

— Monographie der fossilen Fische aus den lithographischen Schiefern Bayerns. 1. Abth.: Plakoiden und Pyknodonten mit 4 (lith.) Taf. (in 4. u. Fol.) (Aus den Abhdlgn. d. k. bayer. Akad. d. Wiss.) Ebend. 861. gr. 4. (76 S.) n. 1 rß 6 ngr.

—— Monographie der fossilen Fische aus den lithographischen Schiefern Bayerns. 2. Abthl. gr. 4. (138 S. mit 6 Stnt. in gr. 4. und qu. Fol.) München 863, (Franz'sche Buchh.) *
Aus: Abhandlungen der k. bayerischen Akademie der Wissenschaften, besonders abgedruckt.
1. Abthl. Ebendas. 1861. * 1 Thlr. 6 Ngr.

— Münz-, Maß- u. Gewichtskunde für Comptoirs u. Geschäftsleute jeder Art ꝛc. gr. 8. Leipz. 806. (W. Nauck). 1 rß

— Münz-Maaß- und Gewichtskunde f. Comptoirs u. Geschäftsleute jed. Art ꝛc. gr. 8. Lpz. Sommer. 806. 1 —

— allgem. nützl. u. vollständige Münz- u. Wechseltabellen; ein Hülfsbuch für Banquiers u. Kaufleute jedes Landes ꝛc. 4. Leipz. 804. N. A. 809. (W. Nauck). 4 rß 8 gr Zusätze hierzu, für die Besitzer der Ausgabe von 1804. Ebd. 809. 1 rß 12 gr

— allgemeine und vollständige Münz- und Wechselverhältnistabellen. Neue Ausg. 4. Leipz. Sommer. 815. •

—— Naturgeschichte d. einfach käuenden Hufthiere, m. Abbildn. aller Arten n. d. Natur u. m. Beschreibungen. 4. (65¾ B., 36 f. ill. u. 3 schw. Kpfrt.) Erlangen 835. (Leipzig, Voß.) •
Aus: Schreber's Säugethiere ꝛc., besond. abgedruckt.

—— Naturgeschichte d. Rindes, m. Abbildn. aller Arten n. d. Natur u. m. Beschreibungen. 4. (31 B., 16 f. ill. u. 2 schw. Kpfrt.) Erlangen 837. (Leipzig, Voß.) * 1
Aus: Schreber's Säugethiere ꝛc., besond. abgedruckt.

— Naturwissenschaft und Bibel im Gegensatze zu dem Köhlerglauben des Herrn Carl Vogt, als des wiedererstandenen und aus dem Französ. ins Deutsche übersetzten Bory. Stuttgart 855. S. G. Liesching. 8. (55 S.) n. 8 ngr.

— Noth- u. Hülfsbuch für Banquiers und Kaufleute, enthaltend eine genaue Anweisung zum Gebr. d. gewöhnl. Taschenbücher d. Münz-, Maß- u. Wechselkunde ꝛc. gr. 8. Bresl. 802. 2e Aufl. 812. Schall. 1 rß 4 gr

— Rechenbuch für d. gemeine Leben, zum Unterricht für diejenigen, die wenig oder gar nichts vom Rechnungswesen verstehen. 8. Leipz. 802. Köhler. 16 ℊ

— der neue Rechenknecht fürs gemeine Leben, allen Ständen brauchbar. 16. Leipz. 803. Paul Vogel. 12 ℊ

— der allezeit fertige, richtige u. geschwinde Rechner beim Ein- u. Verkaufe; oder wie man in einem Augenblicke wissen kann, was Mandeln oder Ellen u. s. w. kosten u. s. w. 3e Aufl. (der Anleit. zum Rechnen.) 16. Leipz. 820. Nauck. 4 ℊ

— — der allezeit fertige, richtige und geschwinde Rechner beym Ein- u. Verkaufe; oder: wie man in einem Augenblicke wissen kann, was Mandeln oder Ellen u. s. w. kosten, u. s. w. 2te Aufl. 16. Leipzig, Sommer. 820. — 4

— die geschwinde Rechnerin beim Einkaufe u. Verkaufe ꝛc. 16. Leipz. Sommer. 814. -

— nützl. Reductionstabellen f. verschiedene, im Handel besond. auf den Messen vorkommende Rechnungen zum Gebr. jeder Art v. Handlung. 8. Leipz. 802. (Serig). 16 ℊ Hbg. Pr. 12 ℊ

— nützl. Reductionstabellen für verschied. im Handel besond. a. d. Messen vorkom. Rechn. zum Gebr. jed. Art von Handlung. 8. Lpz. Paul Vogel. 802. -

Wagner, Johann Andreas: Die Säugetiere in Abbildungen nach der Natur mit Beschreibungen. Th.7. Erlangen u.Leipzig: 1846

s.: Schreber, Johann Christian Daniel von

JB 117

—— die Säugethiere in Abbildungen nach der Natur und mit Beschreibungen. Eine Zusammenstellung der neuesten Entdeckungen auf dem Gebiete der Säugthierkunde. A. u. d. T.: Joh. Chrn. Dan. v. Schreber, die Säugthiere. Fortges. von J. A. Wagner. Suppl.-Bd. 5. Abthl.: Die Affen, Zahnlücker, Beutelthiere, Hufthiere, Insektenfresser und Handflügler. 1—17. Lfg. gr. 4 (XXVI und S. 1—810 mit 51 Stnt.) Leipzig 855, T. O. Weigel. à Lfg. * 1 Thlr. 10 Ngr. * ill. à Lfg. * 2 Thlr. *

Wagner, A. Urweltliche Säugethier-Ueberreste aus Griechenland. (Aus d. Abh d. k. bayr. Akad. V. Band.) München. 1850. 4.

— urweltliche Säugethier-Ueberreste aus Griechenland, beschrieben. Mit 4 (lith.) Taf. (in gr. 4. u. Fol.) [Aus den Abhandlgn. der II. Cl. der k. Bayer. Akademie der Wissenschaften 3—5. Bd. abgedr.] gr. 4. (46 S.) Ebd. 851. n. ¾ ℛ

— neu-aufgefundene Saurier-Ueberreste aus den lithographischen Schiefern u. dem obern Jurakalke. Mit 2 (lith.) u. 2 lithochrom. Taf. (in gr. 4. u. qu. Fol.) [Aus den Abhandlgn. der k. Bayer. Akademie der Wissenschaften II. Cl. VI. Bd. 3. Abth.] gr. 4. (50 S.) München 852, Franz in Comm. n. 28 ngr

— s. N. Schmidt, Rechenkunst.

— s. Schreber, Jh. Chr. Dn., Naturgeschichte d. Säugethiere.

— Specialregeln, um Carolin, Laubthaler, Dukaten, Reichsgulden, wie auch verschiedene Course auf eine kurze u. bequeme Weise zu berechnen, nebst einer Anweisung selbst dergleichen Regeln verfertigen zu können. 8. Leipz. 790. 2e A. 795. 3e A. 801. Köhler. 12 ℊ

— Specialregeln z. bequem. Berechn. d. Waarenpreise u. Münzarbitragen auf d. vornehmst. Plätze. 4. Lpz. Hempel. (Gleditsch.) 800.

— Specialregeln zur bequemen Berechnung der Waarenpreise u. Münzarbitragen auf d. vornehmsten Plätzen. 4. Leipz. 800. 2e A. 802. N. A. 812. (Brockhaus). 1 ℛ 6 ℊ

— Specialregeln z. bequemen Berechnung d. Waarenpreise u. Münzarbitragen auf den vornehmsten Plätzen. Neue Aufl. 4. Leipz. Gleditsch. 813.

— Specialregeln z. Berechnung des Disconto, der Interessen u. Leibrenten, nebst analyt. Untersuchungen üb. diese Gegenstände, zum Gebrauch für Kaufleute, Oekonomen ꝛc. gr. 8. Nürnb. 803. Bauer u. R. 16 ℊ

— Specialregeln z. Berechn. d. Disconto, d. Interessen u. Leibrenten, nebst analyt. Untersuch. üb. diese Gegenstände, z. Gebr. f. Kaufleute, Oekonomen ꝛc. gr. 8. Nrnb. Raspe. 803. -

— Specialregeln, z. Berechnung d. Wechselcourse u. Arbitragen auf Leipz. Wechsel-Geschäfte eingerichtet. 8. Lpz. Göthe. 797. — 10

— neuestes merkantil. Taschenbuch, oder tabellar. Handleitung z. Berechnung von Geld- u. Wechselcoursgeschäften. gr. 8. Dresd. 805. Hilscher. 16 ℊ (Vergl. auch Mich. Wagner.)

—— Testacea fluviatilia etc., s. Spix, J. B. de.

— die fossilen Ueberreste gavialartiger Saurier aus der Lias-Formation in der k. palaeontolog. Sammlung zu München. Mit 8 (theils lith., theils lithochrom.) Taf. (in 4. u. qu. Fol.) (Aus den Abhandlgn. der mathem.-physikal. Classe der K. Bayer. Akademie der Wissenschaften abgedr.) gr. 4. (96 S.) München 850. (Franz.) n. n. 1 ℛ 14 ngr

—— die fossilen Ueberreste von nackten Dintenfischen aus dem lithographischen Schiefer und dem Lias des süddeutschen Juragebirges. Kritisch erläutert. gr. 4. (73 S. mit 1 Kpfrt.) München 860, (Franz.) * *
Vorstehende zwei Schriften des Verf. wurden aus: Abhandlungen der k. bayer. Akademie der Wissenschaften, besonders abgedruckt.

— — analyt. Untersuchung über die wichtigsten Gegenstände der kaufm. Rechenkunst ꝛc. Sorau. 792. Hat jetzt Weygand in Leipzig. 1 6

— analytische Untersuchungen üb. d. wicht. Gegenst. d. kaufm. Rechenkunst, nebst vielen für alle Kaufl. brauchbaren Hulfstafeln ꝛc. 8. Sorau. (Weygang in Lpz.) 799.

— analytische Untersuchungen über d. wichtigsten Gegenstände der kaufmänn. Rechenkunst, nebst vielen für alle Kaufleute brauchbaren Hülfstafeln ꝛc. 8. Sorau 799. (Krappe in Leipz.) 1 ℛ 6 ℊ

—— die geographische Verbreitung der Säugethiere dargestellt. 3 Abthlgn. gr. 4. (332 S. mit 9 lithogr. und ill. Karten in Fol.) München 851, (Franz.) *
Sämmtliche vorstehende Schriften des Verf. wurden aus: Abhandlungen der II. Classe der k. bayer. Akademie der Wissenschaften, besonders abgedruckt.

—— Versuch einer allgemeinen Klassifikation der Schichten des oberen Jura. München 1865. 8.

— Wechselverfalltabellen auf die gewöhnlichsten Sichten berechnet. 4. Leipz. 2e A. 820. (W. Nauck). 8 ℊ Vergl. Wechselverfalltabellen.

— — Wechselverfalltabellen auf die gewöhnlichsten Sichten berechnet. 4. Leipzig. Sommer. 820. -

Wagner, Jh Aug., († d. 14. Juni 1807.), s. 1) *Alciphron.* 2) *Ammiani* Marcellini. 3) *Dio Cassius.* 4) *Dithmar* Chronicon. 5) *Valerii* Flacci Argonauticon.

Wagner, Jh. Bapt., Vergleichung d. Würzburger Stadt-Banmaaßes gegen alle übrigen in d. Großherzogth. Würzburg eingeführte, wie auch mehrere auswärtige Getreide-Gemäße rc. 4. Würzb. 807.

— tabellar. Vergleichung des neuen französ. Münzfusses, des Längen-, Flächen- u. Körpergemäßes, dann des Gewichts, mit jenem in Würzburg eingeführten, sammt wechselseit. Verhältnisse d. letzten zu d. ersten. 4. Würzb. 810.

Wagner, Jh. Chr., († d. 14. Juni 1825.), s. **Giebelreden** oder Zimmermannssprüche, und setze hinzu: (von Jh. Chr. Wagner.) Das Hildburghaus. **Gesangbuch** soll auch von ihm u. nicht von Er. W. sein.

Wagner, Johann Christoph: „Universal-Getreyde-Maass-Vergleichung / Bey welcher zu befinden / Wie in gesambten Chur-Fürstenthum Sachsen . . . . das alte Getreyde-Maass sich gegen den letzigen Dressdner Scheffel vergleichet . . . . . aus denen hierzu eingesendeten Commissarischen Berichten / Attestaten und Acten / Ingleichen aus dem Churfürstlich Sächsischen Cammer-Buche de Anno 1623 mit allem Fleiß verfertiget im Jahre 1719", Dresden 1720. — Vorh.: Bücherei der Industrie- u. Handelskammer Leipzig.

Wagner, Johann Daniel, s. Wagener.

Wagner, Johann Ed.

Wagner, J. E., Bezirkskarten von Mähren u. Schlesien. Maßstab 1 : 225.000. 4. Chromolithogr. à —.12
Nr. 1. Bielitz. 3 *a*. Brünn. 4 *a*. Datschitz. 5 *a*. Freistadt. 6. Freiwaldau. 7. Freudenthal. 8 *a*. Göding. 10 *a*. Weisskirchen. 11 *a*. Auspitz. 12. Jägerndorf. 13 *a*. Iglau. 14 *a*. Kremsier. 15 *a*. M.-Kromau. 17 *a*. Littau. 18 *a*. Mähr.-Trübau. 20 *a*. Mistek. 21. Nikolsburg. 22 *a*. Neutitschein. 24 *a*. Olmütz. 27 *a*. Prossnitz. 28. Römerstadt. 29. Sternberg. 30 *a*. Schönberg. 32 *a*. Trebitsch. 36 *a*. Wischau. 37 *a*. Hohenstadt. 38 *a*. Znaim. Prag: Kytka 1895.

Wagner, J. E., Bezirkskarten von Mähren. u. Schlesien. Nr. 25 a. Troppau. Nr. 31 a. Teschen. Maßstab 1 : 225.000. 4. Chromolithogr. In Comm. Prag: Kytka 1896. à —.12

Wagner, Joh. Ed., das Königr. Böhmen. Fol. Prag 870, (Calve'sche Universitäts-Buchh.) — 60

Das nördliche Böhmen. 8. erg. Aufl. Gez. u. lith. von J. E. **Wagner**, neue Aufl. bearb. von F[r.] Mareš. (1 : 220,000.) Prag: F. Kytka (1906; Hof-Lith. von I. Fuchs). (1 Kartenbl. 56×39 cm mit Legende.) [Kopft.]
= **Wagner**: General-Karte d. Kgr. Böhmen. No 2. [07. 14178

Südwestliches Böhmen (⟨Böhmerwald⟩). 6. erg. Aufl. Gez. u. lith. von J. E. **Wagner**, neue Aufl. bearb. von F[r.] Mareš. (1 : 220,000.) Prag: F. Kytka (1907; Hof-Lith. I. Fuchs). (1 Kartenbl. 59×49 cm.) [Kopft.]
[Umschlagt.:] General-Karte v. südwestl. Böhmen ... v. J. E. Wagner. 6. erg. Aufl.
= **Wagner**: General-Karte d. Kgr. Böhmen. No 6. [07. 14173

Wagner, J. E. Neueste Eisenbahn- und Strassenkarte von Böhmen. Prag und Smichow 1878. 1 Bl. c. L.

Wagner, J. E., neueste Eisenbahn- und Strassenkarte von Böhmen. Nebst einem Verzeichniss sämmtl. Post-, Eisenbahn-, Telegrafen- und Dampfschiff-Stationen mit Angabe der betr. k. k. Bezirkshauptmannschaften und k. k. Bezirksgerichte bei den einzelnen Stationen in Böhmen. 2. verm. Aufl. 1 : 600,000. Chromolithogr. Imp.-Fol. Prag 878, Kytka. *

Wagner, J. E., neueste Eisenbahn- und Strassenkarte von Böhmen. 1 : 600,000. Chromolithogr. qu. gr. Fol. Nebst einem Verzeichniss sämmtl. Post-, Eisenbahn-, Telegraphen- und Dampfschiff-Stationen mit Angabe der betr. k. k. Bezirkshauptmannschaften und k. k. Bezirksgerichte bei den einzelnen Stationen in Böhmen. 3. und 4. verm. Ausg. 12. (24 S.) Prag 882,81, Kytka. * 1 20

Wagner, J. E., neueste Eisenbahn- und Strassenkarte von Böhmen. 1 : 600,000. Chromolithogr. gr. Fol. Nebst einem Verzeichniss sämmtl. Post-, Eisenbahn-, Telegrafen- und Dampfschiff-Stationen mit Angabe der betreffenden k. k. Bezirkshauptmannschaften und k. k. Bezirksgerichte bei den einzelnen Stationen in Böhmen. 5. und 6. verm. Ausg. 12. (28 S.) Prag 885,88, Kytka. * 1 20

Wagner, J. E., Neueste Eisenbahn- und Straßenkarte von Böhmen. Nebst einem Verzeichniß sämmtlicher k. k. Post- und Telegraphenämter, wie auch der Eisenbahn- und Dampfschiffstationen mit Angabe der betreffenden k. k. Bezirkshauptmannschaften und k. k. Bezirksgerichte in Böhmen. 7. vermehrte Auflage. (32 S. Text.) Gefalzt in Umschlag Prag: Kytka 1894. —.60

Wagner, J. E., Eisenbahn- und Post-Karte von Mähren und Schlesien. Enth. sämmtl. **Städte, Märkte,** landtäfl. Güter und Badeorte. **Mit Bezeichnung der Eisenbahn-, Post- und Telegrafen-Stationen,** Bierbrauereien, Zuckerfabriken und Angabe der Sprachgebiete in besonderen Farben. Nebst einem Verzeichnis sämmtl. Post-, Eisenbahn- und Telegrafen-Stationen mit Angabe der betr. k. k. Bezirkshauptmannschaften und k. k. Bezirksgerichte bei den einzelnen Stationen. 1 : 450,000. Chromolithogr. Imp.-Fol. Mit Ortsverzeichniss. 12. (16 S.) Prag 886, Kytka. * 1 40

Eisenbahn- und Strassenkarte (u. Nationalitäten-Karte) des Königreiches Böhmen von J. E. **Wagner**, neue Aufl. bearb. v. F. Mareš. [Mit 3 Nebenkarten.] 10. verm. Ausg. (Massst. 1 : 600.000.) Prag: F. Kytka 1906; (Hof-Lith. I. Fuchs). (1 Kartenbl. 53×41 cm.) 8° [kol.] [07. 4344

Wagner, J. E., Gensdarmerie-Karte für Böhmen mit der Posten-Eintheilung. 1 : 600.000. Quer-Folio. Chromolithographie —.60
Prag: Kytka 1890.

—— General-Karte des Königr. Böhmen. 1 : 220,000. 9 Bl. Lithogr. Imp.-Fol. Ebendas. 882.
Ausg. I. mit der polit. und judiciellen Eintheilung, jeder Bezirk in besond. Farbe ausgeführt mit Angabe der Sprachgrenze und des Terrains. * 9 —
Ausg. II. mit Angabe des Terrains * 7 —
Ausg. III. einfacher Abdr. ohne Terrain * 6 —
Die 9 Bl. zusammengeklebt in Umschlag mehr ** 1 60
Auf Leinw. mit Ringen mehr ** 6 —
Mit Holzstäben mehr ** 7 —
Ohne Stäbe in Mappe mehr ** 7 —

—— dass. — von **Mittel-Böhmen.** [Umgegend von Prag.] 1 : 220,000. 2. Aufl. Chromolithogr. Imp.-Fol. Ebendas. 882. * 1 —

— — Generalkarte des Königreiches Böhmen. Maßstab 1 : 220.000. II. ergänzte Ausgabe in 4 gr. Bl Lithogr.
Ausgabe I.: mit der politischen u. judic. Eintheilung in Farben 4.50
— II. schwarz, mit Terrain 4.—
— III. schwarz, ohne Terrain 3.50
(auch in čechischen Ausgaben.)
Prag: Kytka 1895.

Wagner, J. E., General-Karte vom nördlichen Böhmen. 1:220,000. Chromolithogr. qu. Fol. Prag 880, Kytka. * 1 80
—— dass. — vom östlichen Böhmen. 1:220,000. Lithogr. Imp.-Fol. Ebendas. 881. * 1 20
—— dass. — vom südöstlichen Böhmen. 1:220,000. Chromolithogr. Imp.-Fol. Ebendas. 882. * 1 20
—— dass. — vom südwestlichen Böhmen. 1:220,000. Chromolithogr. Imp.-Fol. Ebendas. 882. * 1 20
—— dass. — vom westlichen Böhmen. 1:220,000. Chromolithogr. Imp.-Fol. Ebendas. 881. * 1 20

—— General-Karte vom nördlichen Böhmen. 1:220,000. 2.—4. Aufl. Chromolithogr. qu. gr. Fol. Ebendas. 886—88. * 1 —

Generalkarte vom Nördlichen Böhmen. Massstab 1 : 22 000. 5. ergänzte Aufl. 1893. Qu.-Fol. Lith. gef. Prag: Kytka. —.50

[Umschlagt.:] General-Karte vom nördlichen Böhmen. Gez. u. lithogr. v. J. E. Wagner. (1:220000.) 6. ergänzte Aufl. . . . *Prag: F. Kytka; (Lith. v. I. Fuchs) 1896.* (1 Ktnbl. 2) 1 Bd 8.
== Wagner, J. E.: General-Karte d. Kgr. Böhmen. No 2. [96. 6393]

—— General-Karte vom östlichen Böhmen. 1:220,000. 3. Aufl. Chromolithogr. Imp.-Fol. Ebendas. 887. * 1 20

Wagner, J. E., Generalkarte vom östlichen Böhmen. 4. Aufl. Maßstab 1:220.000. Unaufgezogen gefalzt in Umschlag —.65
Prag: Kytka 1894.

Wagner, J. E., General-Karte vom östlichen Böhmen. 5. ergänzte Auflage. Maßstab 1:220.000. Unaufgezogen, gefalzt —.60
Prag: Kytka 1897.

—— General-Karte vom südöstlichen Böhmen. 1:220,000. 2. ergänzte Aufl. Steindr. 50,5×60 cm. Ebd. 891. * 1 20

—— General-Karte vom südwestlichen Böhmen. [Böhmerwald.] 1:220,000. 2. ergänzte Aufl. Farbendr. 51,5×61 cm. Ebd. 891. * 1 20

— — General-Karte vom südwestlichen Böhmen. (Böhmerwald.) 3. ergänzte Auflage. Maßstab 1:220.000. Unaufgezogen gefalzt in Umschlag Prag: Kytka 1894. —.60

Wagner, J. E., Generalkarte vom südwestlichen Böhmen. (Böhmerwald.) 6. Aufl. [Generalkarte des Königreiches Böhmen, Nr. 6.] Prag: Kytka 1907. gefalzt K 1.20

—— General-Karte vom westlichen Böhmen. 1:220,000. 2. Aufl. Chromolithogr. Imp.-Fol. Ebendas. 888. * 1 20
Südöstliches und südwestliches Böhmen. Ebendas. 1882. à Bl. * M 1 20.

Wagner, J. E., General-Karte vom westlichen Böhmen. 3. ergänzte Auflage. Gefalzt —.60
— Dieselbe mit böhmischem Text —.60
— — Bezirks-Karten von Böhmen. Nr. 2, 9, 12, 18, 29, 55, 63, 80. Qu.-Fol. Color. à —.10
Prag: Kytka 1893.

Wagner, J. E., Generalkarte vom westlichen Böhmen. 5. Aufl. (54 × 62 *cm*) Prag: Kytka 1907. K 1.20

Wagner, J. E., Generalkarte der Markgrafschaft Mähren und des Herzogthums Schlesien 1:225.000. 4 Foliobl., Lithogr., in Umschlag. Ausgabe I. Mit Farbenaufdruck (polit. und judiz. Eintheilung 4.-
Ausgabe II. In Schwarzdruck 3.60
Prag: Kytka 1895.

Wagner, J. E., Generalkarte von Mittel-Böhmen (Umgebung von Prag). Massstab 1:22.000. 3. ergänzte Aufl. 1893. Qu.-Fol. Lith., gef. Prag: Kytka —.50

Wagner, J. E., General-Karte der Umgegend von Prag. 1:220,000. Lithogr. Imp.-Fol. Prag 879, Kytka. *

Wagner, J. E., General-Karten sämmtlicher Bezirks-Hauptmannschaften von Böhmen. 1:220,000. Chromolithogr. qu. gr. 4. Nebst: Die statist. Übersicht und die amtl. Zugehörigkeit der einzelnen Bezirke, zusammengestellt von O. G. Paroubek (je 1 Bl. zu jeder Karte). In 30 Heften. 1.—7. Heft. (à Heft 6 Bl.) gr. 4. Prag 887, Kytka.
Subscr.-Pr. à Heft * — 72
Einzelpr. à Heft * 1 —

Inhalt.
1. Die Bezirks-Hauptmannschafts-Karten und Uebersichtsblätter von: Kaplitz, Karlsbad und Tetschen. — 2. Budweis, Dauba und Tepl. — 3. Asch, Kruman und Leitmeritz. — 4. Prachatitz, Rumburg und Teplitz. — 5. Aussig, Bischofteinitz und Hohenelbe. — 6. Böhm. Leipa, Braunau und Eger. — 7. Brüx, Gablonz und Smichow.
In dieser Ausgabe nicht weiter erschienen.

—— dass. — Nr. 1, 6—8, 11—16, 19, 22, 23, 26—28, 30—34, 37—39, 41—44, 47, 49, 54—56, 58—60, 65, 70, 72—75, 77, 78, 80, 82, 84—90. Lithogr. und color. 4. Ebendas. 887. à Nr. * — 20
Texte dazu, zusammengestellt von O. G. Paroubek (à 1 Bl.) à * — 12

Inhalt.
1. Asch. — 6. Deutschbrod. — 7. Braunau. — 8. Budweis. — 11. Tetschen. 2. Aufl. — 12. Taus. — 13. Dauba. 2. Aufl. — 14. Königinhof. — 15. Falkenau. — 16. Friedland. — 19. Neuhaus. — 22. Eger. 2. Aufl. — 23. Komotau. — 26. Gablonz. — 27. Gabel. — 28. Joachimsthal. — 30. Starkenbach. — 31. Kaaden. — 32. Kaplitz. — 33. Karolinenthal. — 34. Klattau. — 37. Graslitz. — 38. Krumau. — 39. Landskron. — 41. Reichenberg. 2. Aufl. — 42. Böhm. Leipa. — 43. Leitmeritz. — 44. Leitomischl. — 47. Neustadt a. d. Mettau. — 49. Brüx. — 54. Plan. — 55. Pilsen. — 56. Podersam. — 58. Policka. — 59. Prachatis. — 60. Prag. — 65. Rumburg. 2. Aufl. — 70. Smichow. — 72. Mies. — 73. Schüttenhofen. — 74. Schluckenau. — 75. Tachau. — 77. Tepl. — 78. Teplitz. — 80. Trautenau. — 82. Bischofteinitz. — 84. Aussig. — 85. Karlsbad. 2. Aufl. — 86. Kgl. Weinberge. — 87. Hohenelbe. — 88. Senftenberg. — 89. Saaz. — 90. Luditz.

—— General-Karten sämmtlicher Bezirks-Hauptmannschaften v. Böhmen. 1:220,000. 90 Blatt. Chromolithogr. u. color. Fol. Ebd. 889. In Mappe * 18 —

Wagner, J. E., Generalkarten der Bezirkshauptmannschaften Böhmens. 2. ergänzte Auflage. Maßstab 1:220.000. 4. Chromo-Lithographie. In Comm. à —.10
Nr. 1. Asch. — Nr. 28. Joachimsthal. — Nr. 31. Kaaden. — Nr. 37. Graslitz. — Nr. 39a. Landskron. — Nr. 43a. Leitmeritz. — Nr. 49. Brüx. — Nr. 56. Podersam. — Nr. 73a. Schüttenhofen. — Nr. 74. Schluckenau. — Nr. 84. Aussig. Prag: Kytka 1895.

Wagner, J. E., Generalkarten der Bezirkshauptmannschaften Böhmens. 2. ergänzte Auflage. Maßstab 1:220,000. 4. Chromo-Lithographie. Nr. 42. Böhm.-Leipa. Nr. 92. Dux. In Comm. Prag: Kytka 1897. à —.10

Wagner, J. E. Handkarte von Böhmen mit der politischen Eintheilung. 1:600.000. Prag 1888. 1 Bl. c. I.

Wagner, J. E.. Handkarte von Böhmen mit der politischen Eintheilung. Maßstab: 1:600.000. 3. ergänzte Auflage. Unaufgez. in Umschlag —.44
— — Reise-Karte von Böhmen mit der politischen Eintheilung. Maßstab 1:600.000. Unaufgezogen in Umschlag Prag: Kytka 1891. —.30

Wagner, J. E., Handkarte von Böhmen mit der polit. Eintheilung. Maßstab 1:6,000.000. 4. ergänzte Ausgabe. Unaufgezogen, gefalzt Prag: Kytka 1895.

Wagner, J. F., Handkarte von Böhmen mit der polit. Eintheilung. Maßstab 1 : 600.000. Chromo-Lithographie. (63 × 50 *cm.*) 5. Aufl. Prag: Kytka 1897. —.44

Handkarte des Königreiches Böhmen (mit d. polit. Einteilung. Entworfen u. lith.) von J. E. **Wagner**. [Mit 3 Nebenkarten.] 7. verm. Ausg. (Masst. 1:600.000.) Prag: F. Kytka 1904. (1 Kartenbl. 53×41 cm.) 8° [kol.] [07. 4142

Wagner, J. E., Handkarte von **Mähren** und Schlesien mit der politischen **Eintheilung**. 1 : 450,000. Chromolithogr. qu. gr. Fol. Ebendas. 888. 1 20

[Umschlagt.:] Hand-Karte von Mähren und Schlesien m. politischer Eintheilung. Maszst. 1 : 450.000. Bezeichnet u. gestochen v. J. E. **Wagner**. 2. ergänzte Ausg. . . . *Prag: F. Kytka 1897.* (1 Ktnbl. $\frac{2}{4}$) 1 Bd 8. [97. 719

Handkarte von Mähren und Schlesien (mit polit. Einteilung). Enthält sämmtl. Städte, Märkte ... Gezeichnet u. gestochen von J. E. **Wagner**, neue (4. erg.) Aufl. bearb. von Fr. **Mareš**. Masst. 1 : 450.000. [Mit 2 Nebenkarten.] Prag: F. Kytka 1906; (Hof-Lith. I. Fuchs). (1 Kartenbl. 62×46 cm.) [kol.] [07. 14174

— neueste **Handkarte** von Böhmen mit der politischen Eintheilung. 1 : 600,000. 1. und 2. Aufl. Chromolithogr. qu. Fol. Ebendas. 888. * — 88

—— **Neueste Handkarte** v. Böhmen m. der politischen Eintheilung. 1 : 600,000. 3. ergänzte Aufl. Farbendr. (43,5×54,5 cm.) Ebd. 891. * — 88

Wagner, J. E., Karte von Bosnien und der Herzegovina nach den neuesten Aufnahmen und mit Berücksicht. der **vom Berliner Congresse modificirten Gebietsgrenzen. 1 : 1,000,000. Lithogr. Fol. Prag 878,** Bellmann's Verlag. *

Wagner, I. E., Reisekarte von Böhmen mit der Gerichts-Eintheilung. 1 : 600.000. Zweite ergänzte Auflage. Gr.-4. Lithogr. Gef. —.30 Prag: Kytka 1894.

— Reisekarte von Böhmen mit der Gerichtseintheilung. 1 : 600.0 0. 3. ergänzte Ausg. 1896. Qu.-Fol. Chromolith. Prag: Kytka 1895. —.30

91. **Wagner,** J. E., Reisekarte des Königreiches Böhmen mit der Gerichtseinteilung. 1 : 160.000. 7. Ausg. gefalzt K —.60 Prag: Kytka 1909.

Reisekarte des Königreiches Böhmen (mit d. Gerichts-Eintheilung. Entworfen u. lith.) von J. E. **Wagner**, neue Aufl. bearb. v. F. Mareš. [Mit 3 Nebenkarten.] 6. verm. Ausg. (Masst. 1:600.000.) Prag: F. Kytka 1906. (1 Kartenbl. 53×41 cm.) 8° [kol.] [07. 4343

Wagner, J. F., Reisekarte von Mähren und Schlesien mit der Gerichts-Eintheilung Maßstab: 1 : 450.000. Chromo-Lithographie. (52 × 72 *cm*) Prag: Kytka 1897. —,36

Reisekarte von Mähren und Schlesien mit d. Gerichtseintheilung. Enthält sämmtl. Städte, Märkte ... Gezeichnet u. gestochen von J. E. **Wagner**, neue (2. erg.) Aufl. bearb. von F[r.] **Mareš**. Masst. 1 : 450.000. [Mit 1 Nebenkarte.] Prag: F. Kytka 1905; (Hof-Lith. I. Fuchs). (1 Kartenbl. 62×46 cm.) [kol.] [07. 14173

—— **Neueste Reisekarte** v. Böhmen m. der politischen Eintheilung. 1 : 600,000. 3. ergänzte Aufl. Farbendr. (43,5×54,5 cm.) Ebd. 891. * — 60

[Umschlagt.:] Übersichts-Karte des Königreiches Böhmen im Maszst. 1 : 576.000, enth. 2.500 Distanz-Angaben in Kilom., d. nationalen Sprachgebiete, wie auch alle Städte ... Bearb. u. hrsg. v. J. E. Wagner ... *Prag: F. Kytka; (Lith. v. I. Fuchs) 1896.* (1 Ktnbl. 2) 1 Bd 8. [96. 6363

Wagner, Jh. Ehrenfr., (†d. 1. März 1807.) apologetische Abbildung der evangelisch-lutherischen Kirche. 8. Chemn. 769. Stößel. 8 gr

— Anweis. zu gesunden Urtheilen über d. Reformation u. d. Zustand d. evangel.-lutherischen Kirche, in 3 Büchern. 8. Chemn. 771. Stößel. (Mauke). 14 gr

— Beobachtt. zur Beförderung d. Christenthums. 2 Thle. gr. 8. Halle 785, 86. Waisenhaus-Buchh. 1 rthl

— Einfälle zur Beförderung d. Christenthums, der bürgerlichen Rechtschaffenheit u. d. häuslichen Wohlstandes. 2 Thle. gr. 8. Halle 784, 84. Waisenhaus-Buchh. 1 rthl

— Erinnerungen an Christen, Bürger u. Hausväter. 2 Bde. 8. Halle 786, 87. 1 rthl

— Kommunionbuch, mit e. Anhange zum täglichen Hausgottesdienst. 8. Chemn. 763. Stößel. 6 gr

— griech. u. latein. Sprachlehre. 8. Beyde 754.

— Unterr. v. d. Jubelfeste wegen des Passauer Vertrags. 8. Annab. 755.

Wagner, Johann Ernst, s. Wagner, Ernst

Wagner, Jh. Fr., (†d. 29. März 1834.) ehrerbietige Begrüßung der aus d. Kampfe für Recht u. Freiheit mit Ruhm u. Sieg gekrönt zurückkehrenden Edlen u. Helden. 8. Lüneb. 816.

— **Britannia vindex,** lateinische Ode. gr. 8. Lüneb. 818. (Herold u. W.) 8 gr

— commentarius perpetuus in M. T. Ciceronis de legibus libros III., s. *Cicero* de legibus.

— s. Aul. Persius Fl., sechs Satyren.

Wagner, Jo. Fr., Quaeritur, quid sit: Sexagenarium de ponte. Progr. 4. (3 B.) Lunaeburgi 831, (Herold et Wahlstab.)

— spicilegium annot. in picturas Vasorum graecorum a Boettigero explicatas. 4. Lüneb. 800. Herold u. W. 5 gr

— symbolae ad Pindari argonautica. 8maj. Lüneb. 794. (Herold u. W.) 5 gr

— tentamen novae interpretationis locorum biblicorum. Ps. XII., 30. I. Petr. III., 18. 4. Lüneb. 808. Herold u. W. 2 gr

Wagner, Jh. Fr. Chr., (†1815.) Belehrungen für Verstand u. Herz protestantischer Christen. gr. 8. Dresd. 792. Gerlach. 6 gr

Wagner, Johann Franz

Wagner, Johann Franz (Ulm) A. S. 1348/1

Dissertatio philosophica inauguralis de affectibus per instinctum hominis naturalium doctrinam explicans, Präs. Rudolph Anton Fabricius.
Helmstedt (Schnorr) III. 1756. 46 S.

Gew.: Stadt Ulm.
W. v.: Johann Benedikt Carpzov, Johann Friedrich Scholz. 35615

— Anweisung zum Briefschreiben nach dem heutigen Geschmack; zum andernmal herausgegeben. 8. Wism. 767. Bödner. 12 gr (NB. Die erste Aufl. erschien von einem Ungenannten. 8. Ebd. 761).

s. **C. J. Cäsar, Nachrr. vom Gallischen Kriege.**

Wagner, J. Franc., de C. Julio Caesare Britanniam iterum petente. Osnabr. 770. 4. (24 S.)

— s. Cicero, v. Alter.

— s. Curtius Ruf. v. d. Leben Alexanders.

— Diss. exeg. qua locum Pauli ad Ebr. VI, 4 etc. non agere de peccato in Spiritum adseritur. 4. Helmst. 775.

— doctrina de Syllogismis. 8. Leipz. 757. Weygand 2 gr.

— doctrinae de figuris expositio. 8. Helmst. 757. (Weygand in Leipz.) 2 gr.

— J. F., de fontibus honesti apud Homerum. P. I et II. Lüneb. 796. 4.

— Furiae bella excitantes. 4. Helmst. 760.

— Diss. de hostibus votis prius, quam armis vincendis. 4. Helmst. 760.

— Diss. de influxu logicae in studium virtutis. 4. Helmst. 756.

— s. Livius, röm. Geschichte.

— Diss. de ludis Graecorum, artium litterarumque nutricibus. 4. Helmst. 757.

— meditatio phil.-exegetica in primum Psalmum. 4 Frankf. 755. Bartholomaei. 2 gr.

Wagner, J. F., montium sacra ex antiquis monumentis. Hal. 1762. 4.

— Montium ex Excelsorum Sacra etc. 4. Helmst. 762.

s. Sallust, vom Kriege der Römer.

— von der Wertheimer öffentl. Schule; ein Brief d. Plinius. 8. Osnabr. 771.

s. C. T. Seidel, dogmat. Gottesgelahrtheit.

s. Suetonius Tranq., zwölf Kaiser.

— Versuch e. Beytrags z. Wahrheit u. z. guten Geschmack. gr. 8. Lpz. Bartholomäi. (Ulm in Stettin.) 760.

— Versuch eines Beitrags zur Wahrheit u. d. guten Geschmacks. gr. 8. Ulm 760. (Stettin). 20 gr.

— Versuch e. Lehre von den Vernunftschlüssen. 8. Helmst. 761.

— Diss. de via Sanctorum stante adhuc τῃ πρωτῃ σκηνῃ nondum manifestata, ad Ebraeos IX. 4. Helmst. 762.

Wagner, Jh. Frz., († d. 23. April 1778.) commentatio hist.-lit. de M. Petri Agricolae vita et meritis. 4. Helmst. 756. (Fleckeisen). 2 gr.

Wagner, Ioh. Frz., comment. hist. lit. de M. Petri Agricolae vita et meritis. 4. Ulm. 756.

— die schönen Wissenschaften befördern das Glück e. Staatsmannes. 4. Helmst. 757.

— s. Wochenblatt, Helmstädt. gelehrtes.

s.a. Zeitvertreib, lehrreicher, bei müssigen Stunden.

— lehrreicher Zeitvertreib b. müßigen Stunden. 8. Ulm. Bartholomäi. 761.

Wagner, Joh. Friedr., Ansichten sämmtl. Burgen etc. d. Schweiz, s. Ansichten.

Wagner, Johann Friedrich (Rostock) A. S. 188/14

Dissertatio juridica, de appellatione ad parem.
Präs. Joachim Friedrich Taddel.
Rostock (Adler) V. 1735. 40 S.
35616

Wagner, Johann Friedrich (Coburg) F, o/8

Dissertatio dogmatico politica de cardine legis.
Präs. Johann Martin Chladen.
Erlangen (Tetschner) 21. VIII. 1750. 43 S.

Gew.: Konsistorium von Coburg.
W. v.: Präs. 35617

Wagner, Joh. Friedr., evangelisches Gebetbuch für die gottesdienstlichen Versammlungen in der Kirche und für die in Kirche und Haus vorkommenden heil. Handlungen. gr. 8. (XII und 383 S.) Pest 857, Heckenast's Verlag. *

Wagner, J(oh.) G., Geschichte der Stadt und Herrschaft Schmalkalden nebst einer kurzen Uebersicht der Geschichte der ehemal. gefürsteten Grafschaft Henneberg. gr. 8. (VI und 434 S. mit 3 Tab. in Fol.) Marburg 849, Elwert'sche Universitäts-Buchh.

Wagner, Johann Georg

— Anfangsgr. des gemeinen und deutschen Rechts. 3 Thle. gr. 8. Nrnberg, Hösch. (Raw.) 788—89. (1r 1 Rthlr. 8 gr. 2r 1 Rthlr. 4 gr. 3r 18 gr.)

Wagner, Jh. Geo. H., († 180 .) Anfangsgründe des gemeinen u. deutschen Rechts. 3 Thle. gr. 8. Nürnb. 788, 89. (Raw). 2 ℛ 8 gr.

Wagner, Jh. Geo., Anleitung zum Kopf- und Denkrechnen. 12. Augsburg 812, Schmid'sche Buchh. (Kremer.) 1/6 ℛ

Wagner, Jo. Ge.: Schediasma iur. de arbitrio iudicis circa quaestiones, de praestatione culpae in contractibus, obvenientes, secundum regulas iusti et aequi regundo, Von richterlicher Ermäßigung wegen Ersetzung des Schadens so durch Schuld und Versehen zugefüget wird. Halae Magdeb. 1721.

Wagemann, Jh. Geo., († d. 31. März 1825.) de quibusdam causis, ex quibus cum veteribus tum in recentioribus civitatibus turbae ortae sunt, aut status reipublicae immutatus est. P. I. II. 4maj. Heidelb. 810, 11. Mohr. Spec. I. 16 gr Spec. II. ...

— — J. G., De divortio et convictus conjugalis separatione: Von der Scheidung zu Tisch und Bett. Halae 1723. 4°. (In Rostock, Landesbibl.) (6 Sgr. Scheible, vor 1875; 2 Mk. Max Weg, Lpz., 1897.)

— — Idem opus. Jenae 1734. 4°. (12 Sgr. Derselbe in e. älteren Cat.)

Wagner, J. Geo.: Fundamenta juris nat. et gent. methodo demonstrativa exhibita. *Halae*, Kümmel. 750. 8. (6 Gr.)

Wagner, Jh. Geo. III., Grundzüge d. Gerichtsverfassung u. d. processual. Verfahrens bei den Untergerichten in Kurhessen. 8. Marb. 822. 2e A. 827. Krieger. 1 ß 16 gl

Wagner, Jh. Geo., Grundzüge der Gerichts=Verfassung und des untergerichtl. Verfahrens, sowohl in streitigen Civil=Sachen, als bei den Handlungen der freiwilligen Gerichts=barkeit in Kurhessen. 3. verm. u. verb. Ausg. gr. 8. Cassel 843, Krieger'sche Buchh. $3^1/_2$ ß

Wagner, Joh. Geo., Grundzüge der Gerichts=Verfassung und des untergerichtlichen Verfahrens sowohl in streitigen Civil=Sachen als bei den Handlungen der freiwilligen Gerichtsbarkeit in Kurhessen. 4., umgearb. und verm. Aufl. 3 Lfgn. gr. 8. (XI und 803 S.) Marburg 858. 59, Elwert'sche Universitäts=Buchh. [1. und 2. Lfg. à 1 Thlr., 3. Lfg. 1 Thlr. 15 Ngr.]

Wagner, Joh. Geo., Nachtrag zu den Grundzügen d. Gerichts=Verfassung u. d. untergerichtl. Verfahrens in Kurhessen; nebst e. Erörterung d. wesentl. Mängel u. der vorzugsweise zu wünschenden Verbesserungen ders. 2 Abthln. gr. 8. ($21^1/_4$ B.) Cassel 833, [Krieger's Vrlgsh.]

Wagner, J. G., patholog.=therapeut. Inaugural=Abhandlung über d. Veitstanz. 8. Würzb. 817. (Nürnb., Zeh). 9 gl

— jus naturae et gentium. 8. Halae, Kümmel. 719. -

Wagner, Johann Georg (Lauban) A.S. 1149/34

Dissertatio inauguralis medica de liquore acido polychresto, aceto. Präs. Johann Georg von Bergen. Frankfurt/O. (Schwartz) VI. 1717. 32 S.

Gew.: Präs. 35618

Wagner, Johann Georg (Breslau) A.S. 807/20

Dissertatio inauguralis, de officio praetoris restaurando, ad tollendum processum hodiernum. Präs. Heinrich von Bode. Halle (Zeitler) II. 1718. 76 S. 35619

— Probe d. 6 Säulenordnung. 4. Bresl. Seidel. 728.

Wagner, Johann Georg. Parisische Reyß. Handlung und Bünd-Schwür, Das ist: Wahrhafftige Erzehlung, Was sich in der zwischen dem... König zu Franckreich..., Ludovico XIV., an einem: So denne Den XIII. und V. zugewandten Orten Hochlöblicher Eydgnoßschafft, Im Jahr 1663. zu Pariß verpflogenen Bunds-Erneuerung zugetragen. Geschrieben durch Hauptmann J' G' W'... 2. Ed. 8. *o. O.* 1732.

— resolutiones pandectarum methodo demonstrativa adornatae. lib. VI. 4. maj. Liegnitz, Siegert. 1 21

Wagner, Jo. Ge.: Resolutiones Pandectarum, methodo demonstrativa adornatae. Libri 1—6. Lignitii 1743—47.

Wagner, Jo. Ge.: Specimen resolutionum Pandectarum, ad methodum iuris ordinatius constituendam, in titulo P. de edendo. Halae Magdeb. 1724.

Wagner, Jh. Geo. I., († Ende 1756.) Vermuthung von der Ursache des Erdbeben, mit Zusätzen. 8. Liegn. 756. Siegert. 2 gl

Wagner, Jh. Geo. Gtthlf., († 1800.) von den Todtengesellschaften d. Juden. 4. Pirna 769.

Wagner, Johann Gerhard

— Anleit. d. gewissen Maschine, d. neuen Menschen aus d. alten Metall des Fleisches herauszubringen, 3 Thle. 8. Schmalkalden. 732. -

Wagner, Johann Gerhard (Helmstedt) A.S. 1183/16

Dissertatio medico-forensis qua partus tredecimestris pro legitimo habitus proponitur ... Präs. Lorenz Heister. Helmstedt (Bucholtz) 8. XI. 1727. 70 S. 35620

— unvorgreifl. Gedanken, wie Medici practici, besonders in großen Städten d. Vortheile d. Praxis zu verbessern vermögen. 4. Lpz. Mumme. 739. -

— laurum ex omni antiquitate erutum. 8. Helmst. Schnorr. 732. -

Wagner, Johann Gerhard: Kurtze doch gründliche Nachricht von einem Medicament, welches in der bisher grassirenden pestilentzialischen Horn-Vieh-Seuche alle andere bisher bekannte an guter Wirkung übertroffen. Lübeck 1745. 4 Bl.

Wagner, Ioh. Gerh., observationes clinicae generales et speciales. 4. Lübeck. 737. — 3

— J. G., de ritibus primae anni diei solennibus inter priscos Romanos. Brunsvig. 727. 8. 3 gr.

Diss. inaug. de matheseos in medicina ac praesertim practica utilitate quam def. *Joh. Gerh. Wagner.* Helmst. 18 Bog. Deutsch in den Auszügen aus den neuesten medicin. phys. mathem. diss. (Leipz. 1737.) I. St. n. III. p. 18 - 24. 1731.

Wagner, Johann Gerhard (Comm.):

s.: Vogel, Zacharias: Abhandlung aller Arten der Brüche, wie solche so wol gründlich zu erkennen, als auch wie die Operation der Herniotomie ohne Castration ...zu verrichten. Mit raren Observationibus...erläutert. Glogau: 1769

JB 3.232

Wagner, Johann Gottlieb (Dresden) A.S. 144/16

Ius matrimonii Iudaeorum in Germania inter se tum si alter coniux ad sacra Christianorum transiit. Präs. Johann Tobias Richter. Leipzig (Langenheim) 21. XII. 1751. 32 S. 35621

Wagner, Johann Heinrich, s.a. Wagener.

Wagner, Jh. Hnr., Sammlung derjenigen Verordnungen u. Ausschreiben, welche in den Gesetzen Zelleschen Theils nicht befindl. 3 Thle. 4. Hannov. 791. ... (1r Thl. Leipz., Wienbrack). 1 ß

Wagner, Johann Jakob

— Anleit. zum Landschaftszeichnen, mit 25 Kpf. Fol. Leipz. 826. (Cnobloch)....

— über d. Behandlung u. Kultur des Studiums d. griech. u. röm. Classiker auf d. Gymnasium zu Bamberg. 8. Bamb. 807. (Wesché in Frankf.) 2 gl

Wagner, Joh. Jak., (Friedr. Buchwald,) Briefe, s. Adam, Phil. Ludw.

Wagner, Jh. Jak. I., s. Lorenzo Chiaramonti.

CHIARAMONTI, Lorenzo, oder Schwärmereyen eines Jünglings (von *Joh. Jac. Wagner*). Mit Titelkpfr. Nürnberg 1801. 8⁰. (3 Kr. A. L. Huber, Salzburg, 1905.)
Anon.-Lex. I. p. 319 (nach Goedeke, Kayser, Meusel u. dem Neuen Nekrolog).

— — Dasselbe, titulo: Jgnoranz (s. d.) und Verderben .... O. O. (Nürnberg.) 1804. 8⁰.

Wagner, Jh. Jak. III., (Kupferstecher), le dessinateur d'arbres et de paysages. 2 Cah. 4. Leipz., (Magazin f. Ind.) 3 ₰ Avec planches enlum. 4 ₰

Wagner, Jh. Jak., Dichterschule. gr. 8. Ulm 840. Stettinsche Buchh. 2 ₰

Wagner, Joh. Jac., (Frdr. Buchwald), († d. 22. Nov. 1841). Dichterschule. 2. Aufl. gr. 8. (XXII u. 494 S.) Ulm 850, Stettin. 1 ₰ 12 ngl

— Elementarlehre der Zeit- u. Raum-Größen. Neue wohlfeile (Titel-) Ausg. gr. 8. (IV u. 168 S.) Ulm (818) 851, Adam. 12 ngl

Wagner, Joh. Jak. (Friedr. Buchwald), Erläuterungen zum Organon der menschlichen Erkenntniß. Nebst Einleitung in die Philosophie und Abriß der Geschichte der Philosophie. Nach dessen Vorträgen ꝛc. und handschriftl. Nachlaß hrsg. von Phil. Ludw. Adam. gr. 8. (XVI und 372 S.) Ulm 854, Adam.

— Homer u. Hesiod, ein Versuch über das griechische Alterthum. [Aus J. J. Wagners kleinen Schriften 3. Bd. abgedr.] gr. 8. (XII u. 289 S.) Ulm 850, Stettin. 1 ₰

Wagner, Joh. Jakob, Ideen zu einer allgemeinen Mythologie der alten Welt. Frankfurt, Andreä, 1808, gr. 8⁰.

— Journal für Wissenschaft u. Kunst. 1s Heft. gr. 8. Leipz. 805. Breitkopf u. H. 1 ₰

s. Kleinigkeiten, dramat.

Eb. neue Krit. d. Vernunft. *Heidelb.*, Mohr u. Zimmer. 807. 3 Bde. gr 8⁰ 3 ₰ 8 gl — 2ᵉ A. m. d. veränd. T.: Neue od. anthropolog. Krit. d. V. *Heidelb.*, Winter. 828–31. 3 Bde. gr. 8⁰ 5 ₰ 10 gl

s. Landschaften. 8, zum Coloriren.

— d. vollkommene Landschaftszeichner, oder Darstellungen, Landschaften auf d. leichteste Art u. ohne Beihülfe eines Lehrers richtig zeichnen zu lernen. 1e bis 4e Samml., mit 1 Kpf. gr. 4. Leipz. 802—18. Magaz. f. Industr. 6 ₰ 4 gl Hbg. Pr. 2 ₰ (4e Samml. A. u. d. T.: d. Staffagen-Zeichner. 1s Heft.)

— über d. Lebensprincip u. P. J. A. Lorenz's Versuch über das Leben; aus d. Französ. gr. 8. Leipz. 803. Breitkopf u. H. 1 ₰ 4 gl

— Leipzig u. seine Umgebungen, nach d. Natur gezeichnet u. gestoch. 1e Lief., 4 Blätter in qu. gr. 4. Leipz. 824. Central-Compt. 1 ₰ 16 gl

— Diss. inaug. Lexici Platonici specimen. 8. Götting. 797.

s. P. J. A. Lorenzen, Versuch über d. Leben.

Wagner, J., Magazin von Verzierungen für Künstler, Gewerbtreibende und Fabrikanten. I — 3. Heft. qu. gr. 4. (40 Stnt.) Annaberg 849 — 52, Rudolph und Dieterici. à Heft 18 Ngr.

Wagner, J., Magazin von Verzierungen für politechnische und Gewerbeschulen, Fabrikanten, Graveure, Maler, Lithographen; Gold-, Silber- u. Bronzearbeiter, Stucateure und viele andere Gewerbtreibende. 42 (lith.) Blätter. Annaberg (857.) Rudolph u. Dieterici. qu. 4. n. 2 ₰. 12 ngr

Wagner, J., Magazin von Verzierungen für Künstler, Gewerbtreibende und Fabrikanten. 1. Heft. Enthaltend 12 (lithogr.) Blatt. 2. Aufl. qu. gr. 4. Annaberg 859, Rudolph und Dieterici.

— s. a. Messe, die Leipziger.

Messe, Die Leipziger. Eine humoristische Skizze vom Verfasser der Novellen aus der neuesten Zeit- und Sittengeschichte (*Joh. Jac. Wagner*). Leipzig, v. Kleefeld, 1804. 12⁰. (2/3 Rthl.)

Wagner, J. J., Nachricht v. d. Kön. Bayerschen Gymnasium zu Bamberg. 8. Bamb. Göbbard. 8on. — 5

Wagner, Jh. Jak. II., (Direktor des Lyceums in Bamberg), Nachricht von d. königl. baier. Gymnasium zu Bamberg. 8. Bamb. 809. (Wesché in Frankf.) 5 gl

— von der Natur der Dinge in 3 Büchern. Mit 1 Kpft. gr. 8. Leipz. 803. Breitkopf u. H. 3 ₰

Wagner, (Prof.) Jh. Jak. I., über Fichte's Nicolai, oder Grundsätze d. Schriftstellerrechts. 8. Nürnb. 801.

— s. a. Novellen aus d. neuesten Zeit.

NOVELLEN aus der neuesten Zeit- und Sittengeschichte (von *Joh. Jac. Wagner*). Leipzig 1797. 8⁰.
Anon.-Lex. III. p. 220 (nach Goedeke u. Kayser).
— — Dasselbe. Neue Auflage. Mit Titelvignette. Leipzig, bei J. G. Herzog 1808. 8⁰.
Gestoch. Titel, 1 Bl. Inh., 200 S.

Wagner, J. J., Orationis Jesu montanae pars insignior apud Matth. Bamberg, 1790, 1⁰.

Wagner, J. J., orationis Jesu mont. pars insignior illustrata. Bamb. 1795. 4.

Wagner, Joh. Jac., Organon d. menschl. Erkenntniß. gr. 8. (28 B.) Erlangen 830, Palm'sche Vrlsh.

—— Organon der menschlichen Erkenntniß. Neue wohlf. (Titel-) Ausg. gr. 8. (XLVIII und 399 S.) Ulm 851, Adam's Vrlgsh.

s. Parvenu, der, in Paris.

— Philosophie der Erziehungskunst. gr. 8. Leipz. 803. Breitkopf u. H. 1 ₰ 4 gl

Wagner, Joh. Jac., mathemat. Philosophie. gr. 8. Erlang. Palmsche Verlagsbuchh. 811.

—— mathematische Philosophie. Neue wohlf. (Titel-)Ausg. gr. 8. (XII und 339 S.) Ulm 851, Adam's Vrlgsh.

— von der Philosophie u. Medicin, e. Prodromus für beide Studien. gr. 8. Bamb. 805. (Wesché in Frankf.) 1 ₰

—— moralische Probirsteine aus Nord-America oder 800 engl. Sentenzen, Denkübungen und Sittensprüche zur Unterhaltung und Belehrung mit einem Schlüssel und Anweisung zur Aussprache der Vocale und Consonanten punktirt nach Webster's System nebst einer engl. Wortbildung. Gesammelt, übers. und alphabetisch geordnet. 1. Thl. 1. Heft. gr. 8. (85 S.) Lindenfels 854. Frankfurt a. M., Streng.

— Progr. über das Wesen der Philosophie. gr. 8. Bamb. 804. (Wesché in Frankf.) 2 ℊ

— Religion, Wissenschaft, Kunst u. Staat in ihren gegenseit. Verhältnissen betrachtet. gr. 8. Erlang. 819. Palm. 1 ℛ 16 ℊ

—— Religion, Wissenschaft, Kunst und Staat in ihren gegenseit. Verhältnissen betrachtet. Neue wohlf. (Titel-)Ausg. gr. 8. (306 S.) Ulm 851, Adam's Vrlgsh.

—— kleine Schriften, hrsg. v. Phil. Ludw. Adam. 1. u. 2. Thl. gr. 8. Ulm 839, [Stettin'sche Vrlsbuchh.] 1. (26 B. u. W's. Portr.), 2. (27 B.) à 1¾ Thlr.]
Der 2. Thl. a. u. d. T.:
Strahlen deutscher Welt-Anschauung.

—— kleine Schriften hrsg. von Phil. Ludw. Adam. 3. Thl. gr. 8. (XVI und 301 S.) Ulm 847, Stettin'sche Buchh.
Inhalt: Homer und Hesiod, ein Versuch über das griech. Alterthum. — Festungen, ihr Werth und ihre Bedeutung. — Gefahr der Uebervölkerung.
1. und 2. Thl. Ebendas. 1839. 3 Thlr. 15 Ngr.

—— nachgelassene Schriften über Philosophie hrsg. von Phil. Ludw. Adam. 1—5. Thl. gr. 8. Ulm, Adam.
Auch unter den Titeln:
Thl. 1. Metaphysik oder das Weltgesetz nebst Einleitung in die Philosophie und Abriß der Geschichte der Philosophie. Nach dessen Vorträgen über das „Organon der menschl. Erkenntniß" und handschriftl. Nachlaß hrsg. (XI und 144 S.) 852. 18 Ngr.
„ 2. Logik oder das Erkenntnißsystem nebst der Idee des Sprachsystems. Nach dessen Vorträgen über das „Organon der menschl. Erkenntniß" und handschriftl. Nachlaß hrsg. (XVI und 82 S.) 853. 12 Ngr.
„ 3. Naturphilosophie oder die Welttafel. (VIII und 146 S.) 853. 24 Ngr.
„ 4. Anthropologie. Nach dessen Vorträgen und handschriftl. Nachlaß hrsg. (VIII und 80 S.) 853. 12 Ngr.
„ 5. Aesthetik. Nach dessen Vorträgen und handschriftl. Nachlaß hrsg. (XII und 116 S.) 855. 15 Ngr.

Wagner's, Joh. Jak., nachgelassene Schriften über Philosophie hrsg. von Phil. Ludw. Adam. 6. und 7. Thl.: Praktische Philosophie enthaltend Religionslehre, Moral und Rechtslehre nebst Einleitung in die praktische Philosophie. Nach dessen Vorträgen und handschriftl. Nachlaß hrsg. gr. 8. (VIII und 172 S.) Ulm 857, Adam.

— der Staat. 8. Würzb. 815. Verf. (Erlang., Palm). 1 ℛ 16 ℊ

— der Staat. 2. Aufl. mit Zusätzen nach des Verfassers mündl. Vorträgen u. handschriftl. Nachlaß verm. u. berichtigt v. Phil. Ludw. Adam. gr. 8. (VIII u. 439 S.) Ulm 848, Stettin. 2 ℛ

— Staatswissenschaft u. Politik im Grundrisse. gr. 8. Leipz. 805. Breitkopf u. H. 1 ℛ

Wagner, J. J., der Staffagen-Zeichner. 16 Heft.

Wagner, Jh. Jak. III., das Ständchen. Lstspl. in 3 A. 8. Jena 798. (Leipz., Gleditsch.) 8 ℊ

— Studien u. Ideen für Landschaftszeichner, oder theoret.-prakt. Lehrbuch über alle Theile d. Landschaftzeichnung, nebst e. faßl. Anweis. zur Perspektive. gr. Fol. Leipz. 827. Cnobloch. 4 ℛ 16 ℊ

— System der Idealphilosophie. gr. 8. Leipz. 804. Breitkopf u. H. 1 ℛ 12 ℊ

—— System d. Privatökonomie. Das Ganze d. Familienhaushaltes f. d. gebild. Publikum dargestellt. 1. Aufl. u. 2. Ausg. 8. (à 16¾ B.) Aarau 836, 37. [Ulm, Stettin'sche Vrlsbuchh.] à 1 Thlr., hrbgs. Pr.

—— System der Privatökonomie. Das Ganze des Familienhaushaltes für das gebildete Publikum dargestellt. 3. (Titel-) Ausg. 8. (264 S.) Ulm 855(56,) Adam. —

— System des Unterrichts, oder Encyklopädie u. Methodologie d. gesammten Schulstudiums, nebst e. Abhandl. über d. äußere Organisation d. Hochschulen. gr. 8. Aarau 821. Sauerländer. 2 ℛ

Wagner, Joh. Jak.: System des Unterrichts, oder Encyklopädie und Methodologie des gesammten Schulstudiums. Nebst einer Abhandlung über die aussere Organisation der Hochschulen. Neue Ausg. Ulm: Stettin 1848. [1. Ausg. 1821.]

—— System des Unterrichts. Oder Encyclopädie und Methodologie des gesammten Schulstudiums. Nebst einer Abhandlung über die äußere Organisation der Hochschulen. Neue wohlf. Ausg. gr. 8. (XIV und 355 S.) Ulm 851, Adam's Vrlgsh.

Wagner, (Prof.) Jh. Jak. I., Theodicee. gr. 8. Bamb. 809. (Wesche in Frankf. a. M.) 1 ℛ 4 ℊ

J. Jac. Wagner's Theodicee. *Bamb.*, Göbhardt. 810. gr 8° 1 ℛ 4 ℊ

— Theorie d. Wärme u. des Lichts. 8. Leipz. 802. Breitkopf u. H. 10 ℊ

— über die Trennung der legislativen u. executiven Staatsgewalt. 8. Münch. 804. (Fleischmann). 9 ℊ

— üb. d. Trennung d. legislativen u. executiven Staatsgewalt. 8. München Scherer. (Fleischmann.) 804.

— acht neue musterhafte Vorlegeblätter in Kreidemanier f. junge Zeichner u. Liebhaber. Eine theoret. u. prakt. Anweisung Landschaften, Blumen, Früchte, Bäume, Blätter, Thiere, Gebäude u. andere Figuren vollkommen schön u. richtig zeichnen zu lernen. 4. Leipz., Joachim. 1 ℛ 12 ℊ

Wagner, J. J., Vorlegeblätter zum Blumen- u. Landschaftszeichnen, f. junge Zeichner u. Liebhaber. gr. 4. Leipz. Joachim. 813.

— üb. d. Wesen d. Philosophie. gr. 8. Ebend. 804.

— von d. Wichtigkeit d. hebr. Sprache für d. kathol. Theologen. 8. Bamb. 806. (Wesché in Frankf.) 4 ℊ

Wagner, Joh. Jak., Von der Wichtigkeit der hebräischen Sprache für den katholischen Theologen. Bamberg, Weiche, 1807, 8°, 40 Pf.

Eb. Wissen, Glauben u. Ahndung. *Jena*, Göpferdt. 805. 8° 1 ℛ 8 ℊ

Wagner's, J. J., Wörterbuch der Platonischen Philosophie. Götting. 795. 8. 12 gr.

— Wörterbuch d. Platonischen Philosophie. 8. Götting. 799. Dieterich. 12 ℊ

— Karls u. Juliens Zeichenbuch, oder theoret.-prakt. Anweis. im Blumen- u. Landschaftszeichnen für junge Zeichner u. Liebhaber, mit Kpf. in Kreidemanier. gr. 4. Leipz. 803. Joachim. 1 ℛ 12 ℊ

Wagner, Joh. Jos., topographische Geschichte der Stadt Traunstein, s.a. Geschichte, topographische, der Städte Oberbayerns.

Wagner, J. J., topogr. Geschichte der Stadt Traunstein. (Nebst *Nachtrag*.) Mit 1 Grundplan d. Stadt. (S.-A. aus d. oberbayer. Archiv, Bd. 19 u. 21.) München 1859. (Gr. 8°. Ppb. 80 + 24 S., 3 Bll. — Noch ein 2. Plan (die grosse Brandverheerung v. 27. Apr. 1851) ist beigelegt.

Wagner, J. J. Topograph. Geschichte der Stadt Traunstein. (119) 8. M. 1 Pl. München 1860. 1,40.

Wagner, Joh. Jul., fortlaufende Ergänzungen zu Wagner's österreich. Zoll- u. ungar. Dreißigst-Tarife, enth. die bis jetzt nachträglich erschienenen Tarifs-Aenderungen u. Erläuterungen, nebst offenen Rubriken ꝛc., ein nothwendiger Anhang zum österreich. Spediteur u. zum Zoll- u Dreißigst-Tarife. gr. 12. (107 S.) Wien 847, Jasper. n. ⅓ ℛ

Wagner, Joh. Jul, Handbuch für Zollgeschäfte nebst einem Anh. über das Controls- u. das Verzehrungssteuerverfahren so wie über die Behandlung der Sendungen von Tabakfabritsgütern, dann der Waffen- u. Munitionssendungen. Nach dem neuesten Standpunkte des Eisenbahn- u. Schifffahrts-Verkehres. Durch Beispiele und Muster erläutert. Ein praktisches Hilfsbuch für Eisenbahn- u. Dampfschifffahrts-Beamte, für Handelsleute, Spediteure ꝛc. Pest 863. Geibel in Komm. gr. 8. (229 S.) n. 1 ℛ 6 ngr.

Wagner, Joh. Jul., der österreichische Commerzial-Waaren-Stämpel-Tarif Tariffa austriaca del bollo commerciale nebst einer Vorerinnerung auf Grund des Commerzial-Stämpel-Patentes und der bis in die neueste Zeit reichenden Nachtrags-Verordnungen. 8. (VI und 69 S.) Wien 855, Manz. *

—— vollständig regulirtes Nachtrags-Verzeichniß über sämmtliche Aenderungen, Berichtigungen und Ergänzungen des alphabet. Waarenverzeichnisses zum allgem. österreich. Zolltarife vom 5. Dezbr. 1853 mit Rücksicht auf die Nachträge zu diesem Zolltarife, ein Hilfsbuch für Zollbeamte, Handelsleute, Spediteure und Gewerbetreibende auf Grund der erflossenen ämtl. Erlässe und Bestimmungen unter wörtl. Anführung des gesetzl. Textes und mit Berufung auf die betreff. ämtl. Erlässe alphabetisch bearb. 8. (VII und 144 S.) Wien 855(56,) (Wallishausser's Hoftheater-Druckerei.) Thlr. *

Wagner, Jh. Jul., der österreichische Spediteur. Ein prakt. Wegweiser nach den neuesten Bestimmungen in allen zoll- u. mauthähnl. Geschäften ꝛc., Schema's über die außer Handel gesetzten, die verbotenen u. die zoll- u. dreißigstfreien Gegenstände; mit e. Anleitung zur kurzen u. schnellen Berechnung der Zollgebühren; ferner mit einem alphab.-geordneten Zoll- u. Dreißigst-Tarife, zugleich Waaren-Index mit Rücksicht auf die neuen Tarifsbestimmungen u. Erläuterungen ꝛc.; endlich mit einem alphabet.-geordn. Kommercial-Waaren-Stämpel-Tarife. Ein Handb. für Geschäftsleute, für Privatpersonen, ausländ. Deklaranten, wie auch für Gefällsbeamte. 3 Abtheilgn. gr. 8. Wien 846, Jasper'sche Buchh. 1 ℛ 27 ngl

— der österreichische Zoll- u. ungar. Dreißigst-Tarif mit Rücksicht auf die neuesten Tarifs-Aenderungen u. Erläuterungen alphabetisch zusammengestellt. Mit einem Durchfuhrs-Zoll-Tarife über die gewöhnl. Artikel der Durchfuhr. gr. 12. Ebend. 846. Schreibp. n. 1 ℛ

Wagner, Joh. Jul., der allgemeine österreichische Zoll-Tarif für die Ein-, Aus- und Durchfuhr vom 5. Dezbr. 1853. 2., vollständig berichtigte und ergänzte, so wie mit allen Nachtrags-Bestimmungen und einem alphabet. Namens- und Sach-Register verm. Aufl. Mit einem Anhang: Summarische Zusammenstellung der Abtheilungen und Posten (Gebührensätze) des österreich. Zoll-Tarifes. Mit Berücksicht. der bis zu Ende des Verwaltungsjahres 1858 bekannt gemachten Aenderungen und mit Beifügung der nach den Bestimmungen des Finanz-Ministerial-Erlasses vom 1. Oktbr. 1858, Z. 4788 — F. M., in österreich. Währung des 45-Guldenfußes sich ergebenden Zollsätze. gr. 4. (124 S.) Graz 859, Kienreich. (Leipzig, Haessel.) Thlr. *

Wagner, Joh. Konr., Fauststudien. I. Goethes „Ideal und Leben" [Faust II, Scene 1.]. Mephistopheles und Ariel. gr. 8. (VI, 123 S.) Breslau 887, Zimmer. *

Wagner, Johann Ludwig. Mémoires sur la Russie, la Sibérie et le royaume de Casan. Trad. de l'allem. Berne 1790. Ü: *Mila, Wilhelm.* (MGT) (CBH)

Wagner, J. L. Schicksale während seiner unter den Russen erlittenen Staatsgefangenschaft . . . Berlin 1789. H: *Würzer, Heinrich.* (EngG)

WAGNER, Joh. Lud., Schicksale während seiner unter den Russen erlittenen Staatsgefangenschaft in den Jahren 1759 bis 1763, von ihm selbst beschrieben und mit unterhaltenden Nachrichten und Beobachtungen über Sibirien und das Königreich Casan durchwebt. Im *Anhange* einige Auszüge aus den besten Reisebeschreibungen über diese Länder, nebst eignen Bemerkungen. M. 5 Kupfern. Berlin 1789. 6 Bll., 352 S. (7 Mk. 50 Pfg. E. Frensdorff, 1908.) Selten!

Wagner, Jh. Ldw., Schicksale während seiner unter d. Russen gehabten Staatsgefangenschaft, in den Jahren 1760—63, nebst Nachr. u. Beobachtung über Sibirien u. d. Königr. Casan, mit 5 Kpf. 8. Berl. 789. Maurers B. 1 ℛ 10 gl

Wagner, J. L. Voyage et aventures d'un exilé en Sibérie . . . Bern 1794. Ü: *Mila, Wilhelm.* (Ky)

— voyage et aventures d'un exilé en Sibérie, trad. de l'Allem. (p. Mila), av. fig. 8. Bern 794. Haller. 20 gl

Wagner, Jh. Mart., Bericht über d. Aeginetischen Kunstwerke im Besitz Sr. K. H. des Kronprinzen v. Baiern. Herausg. von F. W. J. Schelling. 8. Tübing. 817. v. Cotta. 1 ℛ 4 gl

Wagner, Johann Matthaeus, Daß die // Gottseligkeit die eintzige // Quelle der wahren Glückseligkeit // sey /// Wurde in einem Gedichte // Am I. post Trinitatis Anno 1734. // An welchem //Die Neuerbauete Kirche // zu Grockstedt // Auf gnädigsten special-Befehl // Des // Durchlauchtigsten Fürsten u. Herrn /// HERRN // CHRISTIANI, // Hertzogs zu Sachsen Querfurth und Weis= //senfels / Jülich / Cleve / Berg / auch Engern und // Westphalen etc. etc. // Seines gnädigsten Hertzogs u. Herrn // Solenniter eingeweyhet worden /// Nebst einer Poetischen Kirchen=Music vor und // nach der Predigt entworffen und ausgeführet // Von // M. Jo. Mattaeus Wagner /// Pfarrer zu Weisen=Schirmbach und Grockstedt. // Querfurth / druckts J. A. Göllner / Fürstl. S. W. Q. Hof=Buchdr. - 16 S. und noch 2 Blatt (nicht paginiert):
Poetische // Kirchen=MUSIC, // Am Tage der Kirchweyhe // zu Grockstedt // Den I. post Trinitatis 1734.
B. S. T. 8°.748.

Wagner, Jh. Matth., Erklärung aller Sonn- u. Festtags-Evangelien u. Episteln, nebst Passionshistorie u. Zerstörung Jerusalems nach Joh. Hübners Methode. 8. Leipz. 762. (Brockhaus). 10 gl

Wagner, Joh. Matth., Erklärung aller Sonn- u. Festtagsevangelien u. Episteln, nebst Passionshistorie u. Zerstör. Jerusal. nach Joh. Hübners Methode. 8. Leipz. Gleditsch. 762.

— bibl. Historien a. d. alt. u. neuen Testament. 8. Ebend. 746.

— evangel. u. epistol. Kinderschule, darin alle Evang. u. Epist. nebst d. Passionshist. u. Zerstör. Jerusalems d. zarten Jugend erklärt werden. 8. Ebend. 749.

— himml. Vergnügen auf Erden, 1r Thl. darin Gotthold's 1s 100 d. zufäll. Andachten in reine deutsche Verse gebracht. 8. Ebend. 730.

Wagner, Joh. Max, 30000 Lösungen auf e. Blick. Inventur- u. Lohnberechnungs-Tabellen zur Entnahme des Vielfachen der Waaren-Einheits-Preise, der Stunden-, Tages-, Wochen-, Monats-, Accord- u. Stücklöhne für Arbeiter aller Art, sowie der übl. Rabattsätze u. s. w. in Mark, Franken, Gulden, Kronen, Rubel u. s. w. Neues anerkannt vorzügl. Hilfsmittel bei der Inventur-, Lohn-, Rabatt- u. Kosten-Berechng. u. s. w. f. jeden Geschäfts-Inhaber, Fabrikanten, Gewerbetreibenden, Buchhalter, Rechnungsführer, Materialverwalter u. s. w. 2. Aufl. gr. 8. (V, 19 S.) Leipzig (900). G. Weigel. n. 1. —

Wagner, Joh. Max, Tabellen zur Entnahme des Vielfachen d. in kaufmänn. Geschäften übl. Einheits-Preise in Mark, Franks, Gulden, Kronen u. s. w., speciell z. Gebrauche bei Aufnahme d. Inventuren bearb. gr. 8. (IV, 19 S.) Zwickau 898. (Th. Steinbrück.) n. 1. —

Wagner, Jh. Mich., († im Jan. 1821.) Beitrr. zur philosoph. Anthropologie, Psychologie u. der damit verwandten Wissenschaften. 2 Bde. gr. 8. Wien 794—96. Schaumburg u. Comp. 1 rf 21 K

— Kunst des Essigmachens, oder prakt. Vorschriften, alle Gattungen Essig, aus Wein, Bier, Obst, Malz, Kartoffeln, Rüben, Honig, Milch rc. zu verfertigen. 8. Preßb. 816. Schwaiger. (Pesth, Hartleben). 16 K

— neuestes u. großes Zauberkabinett, eine Samml. von magischen u. Karten-Kunststücken rc. 8. Wien 799. 4e Aufl. 2 Thle. 8. Pesth 816. Hartleben. 1 rf 8 K

Wagner, Johann Peter

— meditatio de individuo scholae et ecclesiae contubernio. 4. Idstein 765.

Wagner, Jh. Pt., († d. 22. März 1788.) Gedanken von d. Vorbereitung in den Gymnasien zu e. brauchbaren Mann in gesitteten Ständen. 4. Wisbaden 772.

— d. nöthige Harmonie d. Mittel mit den Entzwecken d. Schulen. 4. Wisbaden 774.

Wagner, Johann Peter: Vom Surrogat d. Hand- u. Spanndienst. s. Paulus, Joh. Konr.

— schediasma de vita Adolphi Nassoviensis, Regis Romanorum. 4. Wisbaden 775—80.

Wagner, Joh. Phil., die Abwehrung der Motten und Milben von Schafwolle u. dergl. Stoffen. Anwendbar auf Woll- und Wollen-Waaren-Lager, ingl. auf Militär-Montirungs- und Munitions-Magazine. 12. (VII und 56 S.) Siegen 851, Schulz.

— Anleitung zur Bereitung einer gesunden Kartoffel-Speise, unter den gegenwärtigen Umständen. gr. 8. (7 S.) Siegen 852. (Schulz.) n. n. $^{1}/_{12}$ rf

Wagner, Jh. Ph., Beitrr. zur Kenntniß u. Behandlung d. Wolle u. Schafe; nebst e. Verzeichniß mehrerer Schäfereien. Mit e. Vorwort vom Staatsrath Thaer. gr. 8. Berl. 820. 2e Aufl. 822. Christiani in Hamb. 1 rf 8 K

— zweiter Bericht über die diesjährige Gewerbe-Ausstellung zu Paris. Dem Reichsministerium des Handels erstattet. gr. 8. (VIII u. 143 S.) Frankfurt a. M. 849, Sauerländer. 18 ngr

Wagner, Joh. Phil., Berücksichtigung bei der Anlegung e. Schäferei, f. angeh. Gutsbesitzer. 8. (2 B.) Quedlinburg 840, Basse.

—— die neuesten Erfahrungen u. Fortschritte in d. Schafzucht u. Wollkunde u. üb. d. Wollhandel v. 1839, nebst Bemerkn. üb. d. berliner Wollmarkt insbesond., sowie Ansichten, wie die Schafzucht als Lehrgegenstand auf öffentl. Anstalten behandelt werden muß. gr. 8. ($5^{1}/_{2}$ B.) Quedlinburg 839, Basse. Verklebt.

—— Handbuch f. Schafmeister z. späteren Unterr. ihrer Untergebenen, wie auch z. Selbstunterr. f. angeh. Schäfer. 8. (7 B.) Quedlinburg 840, Basse.

— über die fortschreitende Kultur u. Verbesserung der Merinos-Schaafzucht, mit statist. Beiträgen u. Uebersichten. Nebst einer Untersuchung der Ursachen des Fallens der Wollpreise im Jahre 1837. Als Anhang: Einige Ansichten über den möglichen Einfluß der Eisenbahnen auf den Woll-Verkehr. Mit 1 Tabelle. gr. 8. Königsberg 838. Gebr. Bornträger. 5/6 rf

—— Leitfaden f. Schafmeister bei d. ersten Unterr. ihrer Lehrlinge; enth. die Anfangsgründe d. Schafhaltung. 8. ($5^{1}/_{2}$ B.) Quedlinburg 840, Basse.

Wagner, Joh. Phil., über Merinos-Schaafzucht in Bezug auf die Erfordernisse d. Wolle f. ihre Anwendung. Ein Versuch als Leitfaden beim Unterr. u. zur Selbstbelehr. f. Landwirthe. Mit Berücksichtigung nördl. Gegenden. gr. 8. ($30^{1}/_{2}$ B. u. 7 Stnt.) Königsberg 828, Gebr. Bornträger.

— Nachrr. über den Zustand u. d. Fortschreiten d. Merinos-Schafzucht in d. Provinz Ostpreußen, Litthauen u. e. Theil von Westpreußen in commerz. Hinsicht. 1e Lief. gr. 4. Königsb. 823. Bornträger. 8 K

—— üb. die neue empfohlene Schafwäsche. gr. 8. (1 B.) Quedlinburg 839, Basse. Verklebt

—— üb. d. gegenwärt. Stand d. Merinos-Schaf-Zucht, mit e. kurzen Uebersicht d. Einführung u. Verbreitung ders., besond. im nördl. Europa. Nebst e. kurzen Darstell. d. gegenwärt. Ganges d. Woll-Handels. gr. 8. ($8^{1}/_{2}$ B.) Berlin 835, Duncker u. Humblot.

— was ist die Ursache des Nothstandes der Arbeiterklasse u. in welcher Weise kann demselben entgegengewirkt werden? 8. (21 S.) Frankfurt a. M. 848, Brönner. 3 Sgr

—— der Wollhandel v. 1838, nebst d. bezügl. Ereignissen bis Ende März 1839, wie auch einigen wissenschaftl. u. statist. Beiträgen in Betreff d. Schafzucht. gr. 8. ($4^{1}/_{2}$ B. u. 1 Abbild.) Quedlinburg 839, Basse. Verklebt

—— üb. d. Zustände d. Schafzucht u. d. Wollhandels in d. J. 1840 u. 1841, nebst verschied. Abhandln. gr. 8. ($13^{1}/_{4}$ B., $^{1}/_{4}$ B. Nachträge u. 1 Tab.) Danzig 841, 42. (Königsberg, Theile.)

Wagner, Johann Rudolf, s. Wagner, Johannes Rudolf

Wagner, Johann Tobias [Praes.], s. Ritter, Matthias: Meditatio de variis excitandi ad virtutem modis.

Wagner, Joh. Tob., wichtige Betrachtung zu Erlangung d. ewigen Lebens. 8. Quedlinburg. 723. — 6

— franz. Lykurgus, wie die Menge der Prozesse verringert werden können. 8. Halberstadt. 733. — 6

— Entw. e. Soldatenbibliothek, nebst d. alt. u. neuen röm. Kriegsverfassung. 8. Lpz. 724. — 8

— Entw. e. Staatsbibliothek. 8. Frankf. 725. — 5

[Wagner, Johann Ulrich.] Die Orthodoxen ... und Pfarrer Wagner von Mollis. Ein religionsgefährliches Gemälde des Glarnerlandes. Dem Volke gewidmet. 8. (Zürich) 1850.

Wagner, Johann Ulrich (Basel) A. S. 1360/32

Schediasma de partibus orbis, quas ante diluvium Noachicum homines incoluisse videantur.
Präs. Jakob Christoph Beck.
Basel (Mechel) 17. III. 1739. 12 S.

Gew.: Balthasar Burcard, Ulrich Wagner (Vater).
35627

Wagner, Jh. Bal., s. Abendmuße zweier Freunde.

Wagner, Joh. Bal., kleine Schriften z. Vertheid. u. Erläut. d. Wolff'schen Philosophie, m. K. 8. Frankf. u. Lpz. Keßler. 735.

Wagner, Jh. Wlh., s. Chrysostomus 8 Homilien.

Das erste Jahrhundert der Loge zu den drei Kleeblättern aus den Akten dargestellt. Eine Festgabe für die Brüder der Loge vom Br. J[oh.] W[ilh.] **Wagner.** Aschersleben, am 24. Jan. 1878. Mit einem Titelbilde der drei Logenmeister dieses Jahrhunderts. Magdeburg [1878]: **F. Schmitt. 55 S. 8°**
Gesch. der Loge u. Verzeichn. der Beamten für den Zeitraum, zsgest. von H. **Helling.**
65.

Wagner, Johann Wilhelm (Nürnberg) Altd. Thl. 15/13

Exercitatio philologica sacra de verbis Christi Joh. X. 8. pantes osoi pro emou k. t. l.
Präs. Johann Wilhelm Baier.
Altdorf (Kohles) 14. III. 1725. 24 S.
W. v.: Präs., Johann Friedrich Pinggiser (Opp.), Johann Phil. Engelhart (Opp.), Johann Christoph Moll, Christian Friedrich Rasca, Heinrich August Schreiber. 35629

Wagner, Johannes, aus Dresden: **Anatomie des Palaeopneustes niasicus.** Mit 8 Taf. u. 8 Abb. im Text. *Jena: G. Fischer 1902.* (VI, 57 S.) 4°
Leipzig, Phil. Diss. v. [8. Dez.] 1902

Wagner, Johs., Anatomie des Palaeopneustes niasicus, s. a. Ergebnisse, wissenschaftliche, der deutschen Tiefsee-Expedition. V, 1.

Anatomie des Palaeopneustes niasicus. Von Johannes **Wagner.** Mit Taf. 1–8 u. 8 Abb. *(Jena: G. Fischer 1903.)* (60 S.) 4°
= Ergebnisse, Wissenschaftl., d. deutschen Tiefsee-Expedition auf d. Dampfer Valdivia 1898–1899. Bd 5, Lfg 1.

Wagner, Johannes: Die metrischen Hypotheseis zu Aristophanes. Berlin 1908: Weidmann. 16 S. 8°(4°)
Berlin, Askanisches G OP 1908 (62) [S 08. 508

Wagner, Johs., die metrischen Hypotheseis zu Aristophanes. Progr. (16 S.) gr. 8. Berlin 908. Weidmann. 1. —

Wagner, Joh v. Recensionen über hydrologische Untersuchungen an Weser, Elbe, Rhein und mehreren kleineren Flüssen. Braunschweig 1881.

Wagner, Johs. v., hydrologische Untersuchungen an der Weser, Elbe, dem Rhein und mehreren kleineren Flüssen. Ihre Anwendung auf die Praxis und Experimentaltheorie, nebst speziellen Mittheilungen über neuere Instrumente. gr. 4. (VI, 42 S. mit 8 lithogr. Doppel-Taf. und 12 eingedr. Holzschn.) Braunschweig 881, Goeritz und zu Putlitz. cart. -

Wagner, Joh(annes) Kurt, Boehrigenensis: **Quaestiones neotericae imprimis ad Ausonium pertinentes.** Lipsiae 1907: Borna, R. Noske. (72 S.) 8°
Leipzig, Phil. Fak., Ref. Heinze-Lipsius, Diss. v. 26. März 1907
[Geb. 8. Dez. 82 Böhrigen b. Roßwein i. S.; Wohnort: Chemnitz; Staatsangeh.: Sachsen; Vorbildung: Kgl. Gymn. Chemnitz Reife O. 02; Studium: Leipzig 10 S.; Rig. 23. Jan. 07.]

Wagner, Johs. Rud., Atomgewichte der Elemente. 1. Aufl. 1870, und 2. Aufl. Ausg. A. Plakatformat. Würzburg 873, Stahel'sche Buchh.

—— dass. — Ausg. B. Fol. Ebendas. 873.

Wagner, Johs. Andr. Frhr. v., s. a.: Renatus, Johs.

— s. a. **Allerlee aus dar Aberlausitz.**

Wagner, Joh. A. Frhr. v. (Johs. Renatus), Allerlee aus d'r Aberlausitz. Heiteres u. Ernstes in Oberlausitzer Mundart. 1.—3. Bdchn. (Neue Ausg.) Mit 19, resp. 20 Bildern, in Holz geschn. v. Bürkner. 8. (158; IV, 212 u. VIII, 172 S.) Bautzen 894. E. Hübner. à n. 2. -

— dasselbe. 4.—6. Bd. 8. Ebd. n. 8. 80
4. Mit Bildern, in Holzschn. v. Bürkner. (IV, 241 S.) 893. n. 2. 80
5. Korle u. Carlo. Anne äberlausitzer G'schichte aus'm Leb'n. (IV, 203 S.) 893. n. 2. —; geb. n. 2. 50 (4 u. 5 in 1 Leinw.-Bd. geb. n. 5. 50
6. De Pfarrschkinger. Doch anne G'schichte aus'n Leb'n. (IV, X, 353 S.) 894. n. 4. —; geb. n. 5. —

Wagner, Joh. A. Frhr. v. (Johs. Renatus), Allerlee aus d'r Aberlausitz. Heiteres u. Ernstes in oberlausitzer Mundart. 7.—10. Bd. 12. Bautzen, E. Hübner. n. 12. 40; geb. n. n. 16. — (1—10 in 5 Bde. geb.: n. 33. —)
7. Fürst Mittschertlich im Oberlausitzer Sagenkranz. Eine Vorspiegelg. falscher Thatsachen. M. 12 Bildern v. Mich. Blumenau. (XIII, 256 S.) 896. n. 4. —; geb. n. n. 5. —
8. 9. Aus d. Leben e. schlichten Mannes. Eine oberlausitzer Geschichte. (2 Bde.) (XI, 385 u. 425 S.) 896. n. 6. —; geb. n. n. 8. —
10. (XI, 264 S.) 897. n. 2. 40; geb. n. n. 3. —

Wagner, J. A. v., Bautzen und seine Umgebung. Führer für Techniker, Industrielle, Geschichts- und Alterthumsfreunde, Geognosten, Botaniker, Touristen rc. Zur 74. Hauptversammlung des sächs. Ingenieur- und Architekten-Vereins entworfen unter gefäll. Mitwirkung von Doc. Rösger und E. L. Schmidt. Mit einem (lithogr.) Plane der Stadt und einer Uebersichtskarte für naturwissenschaftl. Excursionen, Besucher des Schlachtfeldes, Touristen rc. (in gr. 4.). gr. 8. (IV, 25 S.) Dresden 871. (Bautzen, Weller.) *

— zwo Historien aus d. Meissnerlande. Davon d. erste: Heinrich d. Erlauchte, Markgraf v. Meissen. E. Lebens- u. Geschichtsbild aus d. 13. Jahrh. 8. (402 S.) Ebd. 898. n. 4. 50; geb. n. 5. 50

— zwo Historien aus dem Meissnerlande. Davon die zweite: Thon statt Gold. Ein Zeitbild aus dem 17. u. 18. Jahrh. gr. 8. (236 S.) Bautzen 899. E. Hübner. n. 3. —; geb. n. 4. —

-- aus dem Leben e. schlichten Mannes. Eine oberlausitzer Geschichte. 2 Bde. 12. (XI, 385 u. 425 S.) Ebd. 897. n. 6. —; geb. n. 8. —

— Fürst Mittschcerlich im Oberlausitzer Sagenkranz. Eine Vorspiegelg. falscher Thatsachen. Mit 12 Bildern v. Rich. Blumenau. 8. (XIII, 256 S.) Ebd. 895. n. 4. —; geb. n.n. 5. —

Wagner, J. A. v., Notizen über Erfolge von Fluß-Regulirungen u. sonstigen, zu landwirthschaftlichen, industriellen rc. Zwecken bestimmten Meliorations-Bauten im Königreich Sachsen. gr. 8. (35 S.) Braunschweig 878. Wagner. n. — 50

-- Johs. Pranka. Eine Geschichte aus der Mitte des 19. Jahrh. 8. (VIII, 316 S.) Leipzig 895. Buchh. d. Evang. Bundes v. C. Braun. n. 4. 50; geb. in Leinw. n. 6. —

— Johannes Pranka. Eine Geschichte aus der Mitte des 19. Jahrh. 2., rev. Aufl. m. Illustr. v. W. Weingärtner. (XVI, 343 S.) 8. Leipzig (905). M. Spendig. n. 3. —; geb. in Leinw. n. 3. 80

— kleine Reiseabenteuer. Erlebt u. erzählt. 8. (X, 373 S.) Leipzig 897. E. Ungleich. n. 4. —; geb. n. 5. —

Wagner, Joh[annes Andreas] v[on]. Der Rhein und Goethe. Eine Reise- und Lebensskizze. Von Johannes Renatus. ‹Joh. v. W.› [A.] 8. (Bremen und Leipzig 1900.)

— Johann v. Schwarzenberg. Ein Lebens- u. Geschichtsbild aus dem 15. u. 16. Jahrh. 11.—15. Taus. 8. (VII, 373 S.) Berlin 893. Verein der Bücherfreunde. n. 4. —; geb. in Leinw. n. 4. 75

— die Sächsische Schweiz. Eine Wanderg. in Wort u. Bild. Hierzu 20 Vollbilder in photograph. Kunstdr., aufgenommen u. ausgeführt v. E. Mertens & Co. in Berlin. Fol. (42 S.) Zittau 893. E. Oliva. Geb. in Leinw. n. 25. —

Wagner, Johannes Rudolf

Wagner, Bericht über die neuesten Fortschritte in der Chemie, Physik und Mineralogie, als Ergänzungen zu dessen Handwörterbuch der Chemie und Physik. Berlin 1850. 8.

Wagner, Johs. Rud., die Chemie faßlich dargestellt nach dem neuesten Standpunkte der Wissenschaft für Studirende der Naturwissenschaften, der Medicin und der Pharmacie, so wie zum Gebrauche für technische Lehranstalten. 4., umgearb. Aufl. gr. 8. (XV und 612 S. mit 87 eingedr. Holzschn.) Leipzig 858, O. Wigand. *

Wagner, Joh. Rud., die Chemie fasslich dargestellt nach dem neuesten Standpunkte der Wissenschaft für Studirende der Naturwissenschaften, der Medicin und der Pharmacie, so wie zum Gebrauche für Gewerb- und Realschulen. 5., umgearb. Aufl. gr. 8. (III und 588 S. mit 69 eingedr. Holzschn.) Leipzig 864, O. Wigand.

—— die Chemie fasslich dargestellt nach dem neuesten Standpunkte der Wissenschaft für Studierende der Naturwissenschaften, der Medicin und der Pharmacie, sowie zum Gebrauche für Erwerb- und Realschulen. 6. umgearb. Aufl. 8. (XIV, 663 S. mit 69 eingedr. Holzschn.) Leipzig 873, O. Wigand.

– Ergänzungen z. d. Handwörterbuch d. Chemie u. Physik a. unter d. Titel Bericht üb. d. neuesten Fortschr. d. Chemie 1850.

—— die chemische Fabrikindustrie. Für den Selbstunterricht für Chemiker und Techniker, sowie zum Gebrauche an Universitäten und techn. Lehranstalten. 2. verm. und verb. Aufl. gr. 8. (1. Hälfte S. 1–400 mit 69 eingedr. Holzschn.) Leipzig 869, O. Wigand. *

Wagner, Johs Rud., Geschichte der Chemie. Von der Kindheit des Menschengeschlechts bis auf unsere Tage. Leipzig 1853. 8.

— die Geschichte der Chemie. 2. verm. (Titel-)Aufl. Leipzig 855. O. Wigand. gr. 8. (VIII, 108 S.) 15 ngr.
1. Aufl. s. Bildungshalle rc. 8. Bd.

—— das Glas, s. Belehrungen, unterhaltende.

Wagner, Johs. Rud., Grundriss der chemischen Technologie. 1. Aufl. (XII, 486 S. mit 20 Holzschn.) 1870. ℳ 4., und 2. verm. und verb. Aufl. 8. (XIV, 566 S. mit 27 eingedr. Holzschn.) Ebendas. 874. *

– Handbuch der Landwirthschaftslehre 1. Bd. landw. Pflanzen-Productions-Lehre 1874.

— Hand- und Lehrbuch der Technologie. Für den Selbstunterricht und zum Gebrauche an Universitäten und technischen Lehranstalten. 1. u. 2. Bd. Mit vielen Orig.-Holzschn. (im Text.) Leipzig 857, 58. O. Wigand. gr. 8. (X, 809; VIII, 752 S.) Jeder Bd. n. 4 ₰. 20 ngr.

— Hand- und Lehrbuch der Technologie. Für den Selbstunterricht und zum Gebrauche an Universitäten und technischen Lehranstalten. 3—5. Bd. Mit vielen Orig.-Holzschn. (im Text). Leipzig 859—62. O. Wigand. gr. 8. (3. Bd.: VII, 871 S.; 4. Bd.: 701 S.; 5. Bd.: 762 S.) Jeder Bd. n. 4 ₰ 20 ngr.

— — Register über alle 5 Bde. Ebend. 864. gr. 8. (84 S.) n. 12 ngr.

Handbuch der Stärkefabrikation mit besonderer Berücksichtigung der aus der mit der Stärkefabrikation verwandten Industriezweige namentlich der Dextrin-Stärkesyrup- und Stärkezuckerfabriken. 1876.

—— Handbuch der chemischen Technologie zum Gebrauche bei Vorlesungen an Universitäten, technischen Hoch- und Mittelschulen, sowie zum Selbstunterrichte für Chemiker, Techniker, Apotheker, Verwaltungsbeamte und Gerichtsärzte. 8. Aufl. gr. 8. (XV, 839 S. mit 336 eingedr. Holzschn.) Ebendas. 871. *

—— dass. — mit besond. Berücksicht. der Gewerbestatistik zum Gebrauche bei Vorlesungen an Universitäten, techn. Hoch- und Mittelschulen, sowie zum Selbststudium für Ingenieure, Chemiker, Statistiker etc. 9. Aufl. (XVIII, 877 S. mit 337 eingedr. Holzschn.) 1873, und 10. Aufl. Lex.-8. (XVIII, 1008 S. mit 355 eingedr. Holzschn.) Ebendas. 875. *

— Handbuch der chemischen Technologie. 9. 11. 12. Auflage. Leipzig 1873. 80. 86

– Hefe und Gährung nach dem heutigen Standpunkte der Wissenschaft 1877.

— Jahresbericht über die Fortschritte und Leistungen der chemischen Technologie und technischen Chemie. 5. Jahrg.: 1859. Mit 75 Holzschn. Leipzig 860. O. Wigand. gr. 8. (XII, 708 S.) n. 3 ₰ 20 ngr.

— — 6. Jahrg. 1860. Mit 67 Holzschn. Ebend. 861. gr. 8. (XI, 667 S.) n. 3 ₰ 10 ngr.

— — 7. Jahrg. 1861. Mit 87 Holzschn. Ebend. 862. gr. 8. (XVI, 738 S.) n. 4 ₰

— — 8. Jahrg. 1862. Mit 74 Holzschn. Ebend. 863. gr. 8. (XVI, 736 S.) n. 4 ℛ

— — 9. Jahrg. 1863. Mit 126 Holzschn. Ebend. 864. gr. 8. (XII, 775 S.) n. 4 ℛ

—— Jahres-Bericht über die Fortschritte der chemischen Technologie, s.a. Jahres-Bericht.

— Jahresbericht über die Fortschritte der chemischen Technologie für Fabrikanten, Hütten- und Forstleute, Cameralisten, Chemiker und Pharmaceuten. 1—3. Jahrg. 1855—57. Mit Originalholzschn. (im Text.) Leipzig, O. Wigand. gr. 8. (1.: VIII, 508 S.; 2.: VIII, 472 S.; 3.: VIII, 520 S.) Jeder Jahrg. n. 2 ℛ. 20 ngr.

— — 4. Jahrg. 1858. Mit 88 Originalholzschn. (im Text.) Ebend. 858. gr. 8. (XV, 647 S.) n. 3 ℛ. 10 ngr.

—— s.a. Jahres-Bericht über die Leistungen der chemischen Technologie.

Wagner, J. R., Jahresbericht über die Leistungen der chem. Technologie. Für 1868—79 — Lpz. 1869—80 — Jahrg. 14—25 — 8°. Hiezu General-Register von Band 11—20 von Gottschalk. Leipzig 1876. 8°.

—— die Metalle und ihre Verarbeitung. Brennmaterialien, Heizung und Feuerung. Für den Selbstunterricht und zum Gebrauche an Universitäten und techn. Lehranstalten. 2., verm. und verb. Aufl. gr. 8. (XXX und 817 S. mit 241 eingedr. Holzschn.) Leipzig 866, O. Wigand. *

Einfache u. combinirte Reductionstabellen d. österr., ung., dtschn., engl. u. metrischen Masse u. Gewicht. für Aerzte, Apotheker etc. 1875.

—— Regesten der Sodafabrikation. Eine technologisch-historische Skizze. gr. 8. (III und 69 S.) Leipzig 866, O. Wigand. *

—— technologische Studien auf der allgem. Kunst- und Industrie-Ausstellung zu Paris im J. 1867. Auf Veranlassung des k. bayer. Staatsministeriums des Handels ꝛc. gr. 8. (III, 217 S.) Leipzig 868, O. Wigand. *

Wagner JR. die chemische Technologie. 1.-3. 5.-8. Auflage. Leipzig 1850-71

— die chemische Technologie faßlich dargestellt nach dem jetzigen Standpunkte der Wissenschaft und des Gewerbewesens als Leitfaden bei Vorlesungen an Universitäten und polytechn. Lehranstalten, sowie zum Selbstunterricht. 2. Aufl. Mit 154 Holzschn. 853. (X, 546 S.) — 3. umgearb. ꝛc. Aufl. Mit 177 Originalholzschn. (im Text.) Leipzig 857. O. Wigand. gr. 8. (X, 640 S.) n. 2 ℛ. 10 ngr.

—— die chemische Technologie fasslich dargestellt nach dem jetzigen Standpunkte der Wissenschaft und des Gewerbewesens als Leitfaden bei Vorlesungen an Universitäten, Gewerbeschulen und polytechnischen Anstalten sowie zum Selbstunterricht. 4., umgearb. und verm. Aufl. gr. 8. (VIII und 676 S. mit 205 eingedr. Orig.-Holzschn.) Leipzig 859, O. Wigand. *

— die chemische Technologie dargestellt nach dem gegenwärtigen Standpunkte der Theorie und der Praxis der Gewerbe als Leitfaden bei Vorlesungen an Universitäten, technischen Lehranstalten, sowie zum Selbstunterricht. 4. Aufl. Mit 205 Orig.-Holzschn. 859. (VIII, 676 S.) n. 2 ℛ 10 ngr. — 5. umgearb. Aufl. Mit 275 Holzschn. Leipzig 863. O. Wigand. gr. 8. (X, 717 S.) n. 3 ℛ

—— die chemische Technologie nach dem gegenwärtigen Standpunkte der Theorie und Praxis der Gewerbe. Als Leitfaden bei Vorlesungen an Universitäten, techn. Lehranstalten, sowie zum Selbstunterricht. 5. Aufl. 1863. und 6., abermals gänzlich verm. und verb. Aufl. gr. 8. (XVI und 792 S. mit 270 eingedr. Holzschn.) Leipzig 866, O. Wigand. *

—— die chemische Technologie als Leitfaden bei Vorlesungen an Universitäten, technischen Lehranstalten, sowie zum Selbstunterricht, für Chemiker, Techniker, Verwaltungsbeamte etc. 7., unter Berücksichtigung der Ergebnisse der internationalen Industrieausstellung zu Paris des J. 1867 verb. und verm. Aufl. gr. 8. (XVI und 824 S. mit 289 eingedr. Holzschn.) Leipzig 868, O. Wigand. *

—— Theorie und Praxis der Gewerbe. Hand- und Lehrbuch der Technologie. Für den Selbstunterricht und zum Gebrauche an Universitäten und technischen Lehranstalten. 4 Bde. Mit vielen (eingedr.) Orig.-Holzschn. gr. 8. Leipzig, O. Wigand. [1. Bd. 2 Hälften. (X und 816 S.) 857., 2. Bd. 3 Lfgn. (VIII und 640 S.) 858., 3. Bd. 3 Lfgn. (VII und 880 S.) 859., 4. Bd. 3 Lfgn. (VIII und 704 S.) 861. à Bd. * 4 Thlr. 20 Ngr.] *

—— Theorie und Praxis der Gewerbe. Hand- und Lehrbuch der Technologie. Für den Selbstunterricht und zum Gebrauche an Universitäten und techn. Lehranstalten. 5. Bd. 3 Lfgn. Mit vielen (eingedr.) Orig.-Holzschn. gr. 8. Leipzig 863,64, O. Wigand. *
Register über alle 5 Bde. (84 S.) *

— Theorie u. Praxis der Gewerbe. Hand- u. Lehrbuch der Technologie für den Selbstunterricht u. zum Gebrauche an Universitäten u. technischen Lehranstalten. 5 Bde. Mit vielen (eingedr.) Orig.-Holzschn. Ebend. 867. gr. 8. n. 23 ℛ 10 ngr.
Register über alle 5 Bde. (84 S.) n. 12 ngr.

—— tabellarische Uebersicht der Producte der trockenen Destillation der Steinkohle. Ausg. A. 4 Blatt. Plakatformat. Würzburg 873, Stahel'sche Buchh. *

—— dass. — Ausg. B. 1 Blatt. Fol. Ebendas. 873.

Wagner, Jos., medicin.-prakt. Abhandlung üb. d. asiat. Cholera. Nach Beobachtn. u. Erfahrn. am Krankenbette in d. prager Cholerahospitälern während d. Epidemie v. 1831—32 u. 1836. Nach d. latein. umgearb. u. verm. Ausg. gr. 8. (9 B.) Prag 836, (Kronberger'sche Buchh.) *

Wagner, Josef, aus Königswinter a. Rh.: Ueber Abkömmlinge der m-Kresotinsäure. *Rostock 1901: C. Hinstorff.* (72 S.) 8°
Rostock, Phil. Diss. v. [20. Juli] 1901

Wagner, Josef. Album für Kärnten. Klgft., v. Kleinmayr, 1845. Folio. 228 S.

Wagner, Josef. (Ansichten aus Kärnten. Klgft., Leon, 1844.) Folio. 100 Bl.

Wagner, Josef. Ansichten aus Klgft. Nach der Natur gezeichnet von Ludwig Schuller. Hg. v. J. Wagner. (Klgft., J. Wagner, 1848.) Folio. 12 Bl.

Wagner, Josef. Malerische Ansichten aus Krain. Nach der Natur gezeichnet von Ludwig Schuller, lith. u. hg. von J. Wagner. Klgft., J. Wagner, (ca. 1840). Folio. 22 Bl.

— Zur Athetese des Dialogs Eutyphron. 46 S. 8. I. d. G. *Brünn* 1883.
Progr

Wagner, Jos., zur Athetese d. Dialogs Eutyphron. gr. 8. (46 S.) Brünn 882. (Winkler.) n. 1. —

—— Beobachtungen üb. Karlsbad u. seine Heilwirkung. Für Aerzte u. gebildete Kurgäste. 8. (8 B.) Prag 837, (Kronberger'sche Buchh.)

Wagner, Jos., Betrachtungen u. and. Andachtsübungen für d. Feste u. Oktaven d. Ankunft des göttl. Geistes u. des heil. Altarsacraments. 8. Wien ... Trattner. 5 𝒦

— Betrachtt. u. and. Andachtsübungen für d. Feste u. Oktaven d. Auferstehung u. Himmelfahrt Christi. 8. Wien 805. (Trattner). 4 𝒦

— Betrachtt. über d. Leiden unsers göttl. Erlösers auf jeden Tag in d. Fasten. 8. Wien 802. (Trattner). 8 𝒦

— conciones pract. II Tom. 8. Augsb. Doll. (a. Schwaiger in Pressb.) 784.

— conciones pract. II Tom. 8. Augsb. 784. (Schwaiger in Pressb.) 1 ℛ 4 𝒦

Wagner, Jos., Einführungsgesetz zum bürgerl. Gesetzbuch, s. a. Kommentar zum bürgerlichen Gesetzbuch f. das Deutsche Reich.

Wagner, Jos., Karl *Keler* u. Ludw. *Kuhlenbeck*. Einführungsgesetz. Erl. 2. Aufl. München 1906. 8°.
(*Staudinger*, J. v., Kommentar z. B. G. B. u. d. Einführungsgesetze. Bd. 6.)
[Dasselbe.] 3./4. Aufl. München 1909. 8°.

Wagner, Jos., die Ennswaldeiche. Bilder aus der Heimat Ahnentagen. (336 S.) 8. St. Pölten (Linzerstr. 7) 909. Preßvereinsdruckerei. Geb. in Leinw. 4. 80

Wagner, Joseph, approb. Arzt aus Trulben: Die Exstirpation eines Nebennierentumors, der für einen Ovarialtumor gehalten wurde. *München 1900: Kastner & Lossen.* (34 S.) 8° München, Med. Diss. v. 1900

Wagner, Jos., und V. Hartmann, der Führer durch Kärnten. Ein Reisehandbuch für alle Freunde der Alpenwelt, der Sage und Geschichte, des Volkslebens etc. gr. 16. (XIII und 270 S. mit lithogr. und ill. Reise- und Gebirgskarte in Imp.-Fol.) Klagenfurt 861, Leon's Buchh.

Wagner, J., urkundliche Geschichte der Ortschaften, Klöster u. Burgen des Kreises Kreuznach bis zum J. 1300. (387 S. m. 1 Abbildg.) 8. Kreuznach 909. (A. Eickemeyer.) 3.—; geb. 3. 60

Wagner, J. (III.), kgl. bayerisches Gesetz zur Ausführung der Reichs-Strafprozeßordnung erläutert, s. Gesetzgebung, die, des Königreichs Bayern mit Erläuterungen.

Wagner, J., praktisches Handbuch der Zwangsversteigerung, s.: Wenz, B.

Wagner (II.), Handbuch des amtsgerichtlichen Verfahrens in der freiwilligen Rechtspflege für das Königr. Bayern r. R. gr. 8. (X, 252 S.) Nördlingen 882, Beck'sche Buchh. *

Wagner, Jos., Handbuch d. amtsgerichtl. Verfahrens in d. freiwill. Rechtspflege f. d. Königr. Bayern r. Rh. 2., verm. u. verb. Aufl. gr. 8. (XI, 304 S.) München 895. C. H. Beck. n. 4. —; geb. n. 4. 80

— Die Idee des Guten und die Gottheit bei Platon. 56 S. 8. *Nikolsburg* 1882.
Progr.

Wagner J.: Zur Plat. Ideenlehre. 30. Nikolsburg 81.
Progr.

— Junggrammatisches f die Schule. Lex.-8. (16 S.) Brünn 886. (Wien, Hölder.) n. — 60

Wagner, Jos., Karlsbad u. seine Heilwirkung. 2. umgearb. u. verm. Aufl. 8. Prag 843, Kronberger u. Rz. n. 5/6 ℛ

Wagner, Joseph, das Herzogthum Kärnten, geograph.-histor. dargestellt nach allen seinen Beziehungen und Merkwürdigkeiten. Ein Beitrag zur Topographie des österreich. Kaiserstaates. gr. 8. (IV und 226 S. mit 1 Karte in Fol.) Klagenfurt 847, [Liegel's Buchh.] •

Wagner, Joseph, das Herzogthum Kärnten, geographisch-historisch dargestellt nach allen seinen Beziehungen u. Merkwürdigkeiten. Ein Beitrag zur Topographie des österreichischen Kaiserstaates. Mit 1 Karte (in Fol.) gr. 8. (IV u. 226 S.) Klagenfurt 847, Sigmund. n. $1^1/_3$ ℛ

— Klagenfurt u. seine Umgebungen. Ein Wegweiser für Fremde u. Einheimische. Malerisch dargestellt. Mit einer (lith.) Karte der Umgebungen von Klagenfurt (in qu. 8.) gr. 16. (160 S.) Klagenfurt 849, Leon. 12 ℊℊ

Wagner, Jos.: Kommentar zum bürgerlichen Gesetzbuche f. das Deutsche Reich, s. Kommentar.

Wagner, Jos., Kommentar zum bürgerlichen Gesetzbuch, s.: Staudinger, J. v.

Wagner, Josef. Über Österreichs Constitution, Preßfreiheit u. National-Garde. Klgft., v. Kleinmayr. 1848. 20 S.

—— das Lavantthal im Herzogth. Kärnten. Histor.-malerisch dargestellt. 16. (141 S.) Klagenfurt 849, Leon'sche Buchh.

Wagner, Jos., das Möllthal und der Großglockner. gr. 8. (66 S.) Klagenfurt 856, Leon'sche Buchh. Thlr. *

—— zur Präparation von Platons ausgewählten Dialogen. Für den Schulgebrauch hrsg. I—III. gr. 8. (Ebendas.) *
Inhalt:
I. Einleitung. Apologie. Kriton. (II, 80 S.) 886. * ℳ 1.—
II. Laches Charmides. Lysis. (62 S.) 886. * 90 Pf.
III. Eutyphron. (14 S.) 888. * 40 Pf.

Wagner, J.: Präparation zu Platons Euthyphron. 14 S. – Brünn, Progr. 1888

Wagner, Jos., Realien d. griechischen Altertums, f. den Schulgebrauch zusammengestellt. Mit 2 Karten u. mehreren bildl. Darstellgn. gr. 8. (VII, 124 S.) Brünn 892. C. Winiker. n. 2. 20

Wagner, Josef, Realien des griechischen Alterthums für den Schulgebrauch. 2. verbesserte Aufl. Mit mehreren bildlichen Darstellungen. Gr.-8. (127 S.) Brünn: Winiker 1896. 1.20

Wagner, Jos., Realien d. griechischen Alterthums, für d. Schulgebrauch zusammengest. 3., verb. Aufl. M. mehr. bildl. Darstellgn. gr. 8. (VII, 127 S.) Brünn 898. C. Winiker. n. 2. 40

Wagner, Jos., Realien d. griechischen Alterthums, f. den Schulgebrauch zusammengestellt. 4., verb. Aufl. Mit mehreren bildl. Darstellungen. gr. 8. Brünn 902. C. Winiker. n. 2. 60

Wagner, Jos., Realien des griechischen Altertums, f. den Schulgebrauch zusammengestellt. 5., verb. Aufl. Mit mehreren bildl. Darstellgn. (129 S.) gr. 8. Brünn 907. C. Winiker. 2. 80

— Realien d. römischen Alterthums, f. den Schulgebrauch zusammengestellt. Mit 1 Karte u. mehreren bildl. Darstellgn. gr. 8. (VII, 136 S.) Ebd. 892. n. 2. 40

— dasselbe. 2., verb. Aufl. gr. 8. (VII, 134 S. m. Abbildgn. u. 2 Karten.) Ebd. 893. n. 2. 40

— Realien d. römischen Alterthums, f. d. Schulgebrauch zusammengest. 3., verb. Aufl. M. 2 Karten u. mehr. bildl. Darstellgn. gr. 8. (VII, 134 S.) Ebd. 898. n. 2. 40

Wagner, Jos., Realien des römischen Alterthums, f. den Schulgebrauch zusammengestellt. 4., verb. Aufl. Mit 2 Karten u. mehreren bildl. Darstellgn. gr. 8. (VIII, 128 S.) Brünn 902. C. Winiker. n. 2. 60

Wagner, Josef. Malerische Reise von Laibach nach Klgft. über den Loibl. Klgft., v. Kleinmayr. 1844. Folio. 15 S.

WAGNER, Joseph (München): De scarlatina. (Titel nach der Urkunde)
19.8.1850 - Urk; F 67
Diss. Ingolst.-Landsh.-Mchn.

Wagner, Josef: Textprobe zu einer lateinischen Schulgrammatik.
8 (S. 1—12) **Progr.** Erstes deutsch. k. k. G. *Brünn* 1897

Wagner, Joseph: Über eine besondere zwei-zweideutige **Verwandtschaft.** *München: H. Lüneburg 1903.* (33 S.) 8°
München, Phil. Diss. v. 1903

Wagner, J., die Zwangsversteigerung, s.: Wenz, P.

Wagner, Jos. Julius —. Vollständig regulirtes Nachtrags-Verzeichniß über sämmtliche Aenderungen, Berichtigungen und Ergänzungen des alphabetischen Waaren-Verzeichnisses zum allgemeinen österreichischen Zolltarife vom 5. Dezember 1853 mit Rücksicht auf die Nachträge zu diesem Zolltarife, ein Hilfsbuch für Zollbeamte, Handelsleute, Spediteure und Gewerbetreibende, auf Grund der erflossenen ämtlichen Erläße und Bestimmungen unter wörtlicher Anführung des gesetzlichen Textes und mit Berufung auf die betreffenden ämtlichen Erläße alphabetisch bearbeitet von — —. Wien. 1855. Druck von J. B. Wallishausser. (VI, 144 S. 8.)

Wagner, Jos. Julius. „Des Kaisers Schutz." 8. (2 Blätter). Wien, Fr. Manz, 1853.

Wagner, Joseph Maria s. Bartsch, Carl, und Wagner, Joseph Maria.

Bemerkungen über den auf dem Kochlsee herrschenden Südwind. Von Dr. Jos. Maria Wagner, P. der Phil. u. Math. — 1836. Ebend. — S. 3—8.
Progr. Freising

Succincta RRmi et Celsissimi DDni Josephi Conradi L. B. de Schroffenberg, qui ultimus et Episcopatus, et Principatus Frisingensis tenuit gubernacula, vitae descriptio. Scrips. Dr. Jos. M. Wagner, R. et P. — 1833. Ebend. — S. 3—18.
Progr. Freising

Wagner, Jos. Maria, die Litteratur der Gauner- und Geheim-Sprachen seit 1700. Ein bibliograph. Versuch. gr. 8. (30 S.) Dresden 861, Schönfeld's Buchh. *
Aus Jul. Petzholdt's „Neuer Anzeiger für Bibliographie etc." besonders abgedruckt.

Wagner, Josef Maria: Franz Pfeiffer, s. Bartsch, Karl

Succincta de Scholis latinis, Frisingae olim institutis, Relatio. Scrips. Dr. Jos. Maria Wagner, R. et P. — 1832. Ebend. — S. 3—16.
Progr. Freising

De Studio Disciplinarum Mathematicarum studiosis Tyronibus etiam atque etiam commendando. Scrips. Dr. Jos. Maria Wagner, R. et P. — 1831. Freysing, Müller. — S. 3—12.
Progr. Freising

Wagner, Jul.: 1868—1898. [Z. Erinn. an d. 30j. Bestand d. Institutes f. experim. Pathol. in Wien unter S. Strickers Leitg.] *Leipzig & Wien 1898.* in: **Jahre,** 30, experim. **Pathologie** ... S. Stricker ... gewidm. (98. 3804

Wagner, Jul., über den Anfangsunterricht in der Chemie. Nach der am 28. II. 1903 in der Aula zu Leipzig geh. Antrittsvorlesg. (37 S.) gr. 8. Leipzig 903. J. A. Barth. n. 1. 20

Wagner, Julius, Assistenzarzt am Städt. Krankenh. zu Spandau: Ueber operative Behandlung bei Prostatahypertrophie. *Leipzig 1902: B. Georgi.* (44 S.) 8°
Leipzig, Med. Diss. v. (5. Aug.) 1902

— **s.: Beiträge zur Frage des naturwissenschaftlichen Unterrichtes an den höheren Schulen.**

Wagner, Julius: Beiträge zur Kenntnis der respiratorischen Leistungen des Nervus vagus. S. 80. III. [illegible]
Separatabdruck

Wagner, Jul., Beiträge zur Kenntniss der respiratorischen Leistungen des Nervus vagus. [Aus dem Institute für allgemeine und experimentelle Pathologie in Wien.] Lex.-8. (11 S.) Wien 879, (Gerold's Sohn.) **
Aus: Sitzungsberichte der k. Akademie der Wissenschaften, besonders abgedruckt.

Wagner, Jul.: Das Gelehrtenschulwesen des Herzogtums Württemberg in den Jahren 1500—1534. (Aus: Württ. Jahrbücher) 1894. 4°.

Wagner, Julius (geb. Rose in Westpr. [2. 7.] 1843): Ueber Hirngeschwülste. Berlin (1871). (31 S.) 8°
Berlin, Med. Diss. v. 14. Okt. 1871

Wagner, Iulius: De phaenomenologia visus subiectivi nonnulla. Halae (1837): Karl Grunert. 36 S. 8°
Halle-Wittenberg, Med. Diss. v. 23. Dez. 1837
Geb. Breslau 12. 5. 1813. V.

Wagner, Jul., Geo. Spalatin u. die Reformation d. Kirchen u. Schulen zu Altenburg, als Beitrag zur Feier d. doppelten Jubelfestes d. Uebergabe d. Augsburg. Confession u. der Begründung d. hiesigen Gelehrtenschule. gr. 8. (9¼ B., S's. Bildn. u. Fac-simile.) Altenburg 830, Schnuphase.

Wagner, Julius, Dr.: Maassanalytische Studien. *Leipzig: O. Leiner 1898.* (123 S.) 8°
Leipzig, Phil. Hab.-Schr. v. 30. Nov. 1898

Wagner, Jul., maassanalytische Studien. Habilitationsschrift. gr. 8. (123 S.) Leipzig (Mozartstr. 7) 898. Dr. J. Wagner. 1. 50

Wagner, Jul., Tabellen der im J. 1882 bestimmten physikal. Constanten chemischer Körper. gr. 8. (V, 58 S.) Leipzig 884, Barth. 4.

—— Untersuchungen über die Ursprünge und die Function der beschleunigenden Herznerven, s. Stricker, S.

— Werden u. Vergehen der Steinkohle, s.: Hochschul-Vorträge f. Jedermann. 14.

Wagner, Jul., Worte am Grabe d. Hrn. Fr. Wilh. v. Schulzendorff, hrzgl. sächs. altenb. Obristlieuten. u. Commandeurs, gespr. am 6. Sept. 1839. gr. 8. (10 Seit.) Altenburg, (Schnuphase'sche Buchh.) *

WAGNER, JULIUS EUGEN. Ueber die Zähigkeit von Salzlösungen. Leipzig, 1883.

Wagner, Justus Lorenz (Eschwege) A. S. 1346/29

Dissertatio academica de synedrio magno ejusque jure gladii temporibus Messiae.
Präs. Johann Tilemann gen. Schenck.
Marburg (Müller) 29. IV. 1741. 26 S.

35630

Wagner, K.

— Enteignung u. Einspruchsrecht in der Ostmark. 2. Aufl. (16 S.) gr. 8. Berlin. Puttkammer & Mühlbrecht. 1907. —. 35.

Wagner K.: Hilfstabellen zur bequemen Reduction von Wägungen auf den leeren Raum. 11. Graz St.-R. 80.
Progr.

Wagner, K., Schiesswesen der Infanterie u. Feuerleitg. Auf der Basis der neuen Schiessinstruktion f. d. Infanterie u. die Jägertruppe bearb. Mit 120 Skizzen im Texte. (93 S.) gr. 8. Prag 907. (Wien, L. W. Seidel & Sohn.) 2. 70

Wagner, K., Versuch einer stilgerechten Uebersetzung d. sophokl. Antigone. Pr. 1902. 58 S. 4°. 1.20

Wagner, K., Weihnachten. Die beliebtesten Weihnachtslieder (zum Teil m. Klavierbegleitg.) u. e. Festspiel. Für Schule u. Haus hrsg. 8. (24 S.) Bielefeld 893. A. Helmich. n. — 35

Wagner, Karl (II.). Abriß e. Geschichte d. Hessenlandes [m. Ausschluß der nach dem Tode Philipps d. Großmütigen abgezweigten Gebietsteile], zum Gebrauche der Schule zusammengestellt. gr. 8. (52 S.) Cassel 889, Hühn. cart. ** — 70

Wagner, Karl, Abriß e. Geschichte d. Hessenlandes (m. Ausschluß d. nach d. Tode Philipps d. Großmütigen abgezweigten Gebietsteile), z. Gebrauche der Schule zusammengest. 2., verb. u. verm. Aufl. gr. 8. (VI, 68 S.) Cassel 896. E. Hühn. Kart. n. 1. —

Wagner, Karl, 1800. Die politische Lyrik des Kriegsjahres, s.: Schriften des literar. Vereins in Wien. XI. (Arnold, Rob. F.)

Wagner, Carl [(Apotheker) aus Worms wohnhaft in Detroit U.S.A.]: Ueber metastatische Aderhauttumoren. . . . Halle a. S., Buchdr. v. G. Schröter, 1891; 43 S., 2 Bl., 4 Taf. 8°
Heidelberg, Med. Fak., Inaug.-Diss. v. [28. Febr.] 1891

Wagner, **Karl I., analecta scepusii sacri et profani. II T. 4maj. Wien, Trattner. 2 fl 16 kr**

Wagner, Karl II., vollständ. Anweis. zu Erlernung d. Pestalozzischen Rechenmethode, s. J. Schn alstig.

Wagner, Karl: Über die Auflösungsgeschwindigkeit von Salzen.
Diss., Prag 1908/1909.

Die Aufnahme in einer Fest□.·. mit Musikbegleitung. Text von [Joh. Peter Karl Wilh.] Föth, Musik von [Karl] **Wagner.** Der S.·. E.·. □.·. Johannes der Evangelist zur Eintracht im Aufgang von Darmstadt, brüderlichst zugeeignet, von Carl Wagner. Mainz: Schott [1820]. 30 S. 8° (Mrischer Liederkranz. [2.])

[Dasselbe.] Ebendas. 1820. 16 S. 8° [Umschlagtit.]
Kl. 2015, Tt. 1430. 1. Ausg. mit Noten. Programm u. Liedertexte.

Wagner, Karl: Beiträge zur Entstehung des jugendlichen Farbkleides der Forelle ⟨S. fario⟩. Leipzig 1910: Klinkhardt. 32 S., 1 Taf. 8° ¶ (Aus: Internat. Revue d. ges. Hydrobiol. u. Hydrogr. Biol. Bd 4, Suppl. 1.)
Leipzig, Phil. Diss. v. 27. Okt. 1910, Ref. Chun, Pfeffer
[Geb. 31. Aug./11. Sept. 84 Tuckum, Kurland; Wohnort: Riga; Staatsangeh.: Rußland; Vorbildung: Gymn. Zarskoje Selo Reife Juni 04; Studium: Dorpat 2, Leipzig 7 S.; Rig. 29. Okt. 09.] [U 11. 3332

Wagner Karl: Beiträge zur Statistik der k. k. L. B. A. und Prüfungsergebnisse seit 1895. 26. Salzburg LBA. 04.
Progr.

— s. F. Bender, Aufgaben zum Uebersetzen.

Wagner, Karl, ein Besuch beim Versicherungstechniker. Plaudereien f. jedermann üb. Grundlage u. Bedeutung der Lebensversicherg. gr. 8. (64 S. m. 4 Taf.) Stuttgart 902. A. Bergsträßer. n. 1. —

Wagner, Karl [aus Stuttgart]: Über die Bewegung einer inkompressibeln Flüssigkeit, welche begrenzt ist von zwei in gegebener Rotation befindlichen Flächen. . . . Stuttgart, Druck v. Carl Hammer, 1888; 70 S. 8°
Tübingen, Naturw. Fak., Inaug.-Diss. v. 1888

Wagner, Karl, üb. die Bewegung e. inkompressibeln Flüssigkeit, welche begrenzt ist von 2 in gegebener Rotation befindl. Flächen. Inaug.-Diss. gr. 8. (70 S.) Stuttgart 888. (Tübingen, Fues' Verl.) n. 1. 60

Wagner, Karl, Briefe an Joh. Heinr. Merck, s. **Briefe.**

— **collectanea genealogico-hist. illustr. Hungariae familiarum. Decas I. Fol. Ofen 778. Typ. Soc. 16 kr**

Wagner, Carl [Dr. med., pr. Arzt]: Aus d. Kgl. chirurg. Klinik in Breslau. Erfolge der Behandlung von Knochen- und Gelenktuberkulose der Extremitäten mit Stauungshyperämie nach Bier . . . Breslau, Druck v. Graß, Barth u. C., *1895*; 50 S., 1 Bl. 8.
Breslau, Med. Fak., Inaug.-Diss. v. 16. Jan. 1895

Wagner, Carl [aus Osthofen]: Ein Fall von carcinoma vesicae villosum. Strassburg, Druck von Moritz Schauenburg, 1874. 8. 28 S.

Wagner, Car. (IV.), Flores et fructus latini. Puerorum in usum legit et edidit. 8. (VIII und 205 S.) Lipsiae 856, E. Fleischer. *

Wagner, Carl, Flores et fructus latini. Puerorum in usum legit et obtulit. Editio altera, auctior et emendatior. (VIII, 213 S.) 1868. *ℳ 1,50., et editio III. 8. (VIII, 227 S.) Leipzig 875, E. Fleischer. *

Wagner, Carolus: De Sallustii prooemiorum fontibus. Lipsiae 1910: Noske Bornensis. 48 S. 8°
Leipzig, Phil. Diss. v. 20. Dez. 1910, Ref. R. Heinze, Lipsius
[Geb. 16. April 86 Mittweida; Wohnort: Chemnitz i. S.; Staatsangeb.: Sachsen; Vorbildung: Gymn. Chemnitz Reife O. 04; Studium: Leipzig Jura 2, Phil. 11 S.; Rig. 22. Nov. 10.] [U 11. 3333

Wagner, Karl, die Fuchstaufe, s.: Ebeling, Elisab.

—— Germania in Bildern deutscher Dichter. Für das deutsche Volk, insbesondere die deutsche Jugend. 5., erweit. Aufl. der „poetischen Geschichte der Deutschen". gr. 8. (XII, 471 S.) Darmstadt 872, Zernin. *

Wagner, Karl (II.), teutsche Geschichte aus d. Munde teutscher Dichter, s. Geschichten.

— poetische Geschichte der Deutschen. Vorzüglich für den Unterricht in der deutschen Sprache u. Geschichte herausgegeb. 2e, verm. Aufl. der „deutschen Geschichten aus dem Munde deutscher Dichter." gr. 8. Darmstadt 837. Leske. 1 1/6 ℛ Mit 4 bildlichen Darstellungen 1 1/2 ℛ

—— **poet. Geschichte d. Deutschen. Vorzügl. f. d. Unterr. in d. deutschen Sprache u. Gesch. hrsg. 2., verm. Aufl. (27 B.) 837. u. 3., verm. Aufl. der „deutschen Geschichten aus d. Munde deutscher Dichter." gr. 8. (28¾ B.) Darmstadt 841, Leske. Thlr. Mit 4 bildlichen Darstellungen**

Wagner, Carl (I.), poetische Geschichte der Deutschen. 4., völlig umgearb. Aufl. der „deutschen Geschichten aus dem Munde deutscher Dichter." gr. 8. (XXVIII und 428 S.) Darmstadt 858, Zernin. *

— deutsche Geschichten, aus dem Munde deutscher Dichter. Geordnet, mit Bemerkk. begleitet, u. besonders für den Unterricht in d. deutschen Sprache u. Geschichte herausg. Lex.-8. Darmst. 831. Leske. 1 ℛ 4 gr

Wagner, Carl. Das elektrische Glühlicht, sein Wesen u. sein Betrieb durch Batteriestrom. Ein Beitrag zur Einführg. desselben im Kleinen. 8. (96 S.) Berl. 890, Mode's Verl. 2 25

Wagner, Carl, das elektrische Glühlicht, sein Wesen u. seine Erfordernisse f. den Kleinbetrieb. Eine gemeinverständl. Anleitg. f. Jedermann zur Herstellg. u. Anlegg. elektr. Lichtes. Auf Grund der neuesten technischen Erfahrgn. u. Erfindgn. neu bearb. v. Osk. Hoffmann. 2. verb. Aufl. (73 S. m. 42 Abbildgn.) 8. Berlin (905). S. Mode. n. 1.80

Wagner, Carl (III.), **Gott allein die Ehre! Predigt Sonnt. XXII. post. Trin. 1856 am Feste der Glockenweihe zu Nordhausen gehalten. gr. 8. (14 S.) Nordhausen 856, (Förstemann.)** *

Wagner, Karl, über Gustav Adolf am Rhein und die Bedeutung seines Namens für den nach ihm benannten Verein. Ein Vortrag gehalten zu Oppenheim am 1. Juli. gr. 8. Darmstadt 846, Leske. 1/6 ℛ

—— Handbuch der Naturkunde, Erdbeschreibung, Geschichte und deutschen Sprachlehre für höhere Bürgerschulen, Realschulen und entsprechende Lehranstalten. 18., verm. und verb. Aufl. gr. 8. (IV und 404 S. mit eingedr. Holzschn.) Stuttgart 861, Metzler'sche Buchh. Verlags-Conto. *

Wagner, Carl, Handbuch der Naturkunde, Erdbeschreibung, Geschichte und deutschen Sprachlehre für höhere Bürgerschulen, Realschulen und entsprechende Lehranstalten. 19., verm. und verb. Aufl. gr. 8. (IV und 418 S. mit eingedr. Holzschn.) Stuttgart 863, **Metzler's Verlag.** *

—— Handbuch der Naturkunde, Erdbeschreibung, Geschichte und deutschen Sprachlehre für höhere Bürgerschulen, Realschulen und entsprechende Lehranstalten. 21. Aufl. 1870. *ℳ 1,80., und 22. Aufl., bezügl. der jüngsten polit. Umgestaltungen in Europa neu bearb. gr. 8. (IV, 416 S. mit eingedr. Holzschn.) Stuttgart 871, Metzler's Verlag. *

—— dass. — für obere Volksschulen, Realschulen und entsprechende Lehranstalten. 23. Aufl. gr. 8. (419 S. mit eingedr. Holzschn.) Ebendas. 873. *

Wagner, C., **neues Handbuch f. die Jugend in Bürgerschulen. 1ste Hälfte. 6te Aufl. gr. 8. Frankf. Guilhaumann. 812.**

Wagner's (Carl II.), Handbuch des Wissenswürdigsten für Volksschulen und andere Lehranstalten. 1. Thl.: Lesebuch), **Sprüchbuch und Rechnungsaufgaben.** 20. Aufl. gr. 8. (VII und 232 S.) **Stuttgart 852, Metzler'sche Buchh.** [Verlags-Conto.] *

—— dass. — **2. Thl.: Naturkunde, Erdkunde, Geschichte,** deutsche Sprachlehre, **Münz-, Maß- und Gewichtkunde.** 17. Aufl. gr. 8. (IV und 428 S.) Ebds. 852. *

Wagner, C., Jean Baptist Harth, weiland römischer Priester, gestorben als lutherischer Stadtpfarrer in Homburg v. d. H., s. a. Wartburghefte.

Jean Baptist Harth, weiland römischer Priester, gestorben als luther. Stadtpfarrer in Homburg v. d. H. Eine Lebensskizze ... von Pastor (Carl) **Wagner,** Missionssekr. (Leipzig: G. Braun in Komm. 1904.) (26 S.) 8° [Kopft. F.]
= Wartburghefte. 26. [07. 8620 3

Wagner, Carl, die elektrische Haustelegraphie. **Allgemein verständlich dargestellt. 8. (VIII, 103 S. m. 69 Abbildgn.) Berlin 892.** S. Mode's Verl. n. 2. 50

—— zur Heimathskunde. Die Provinz Hessen, s. Keck und Johansen, vaterländ. Lesebuch.

—— dass. — Heimatskunde von Hessen, Nassau und dem Fürstenth. Waldeck. [Nebst einer (chromolithogr.) Specialkarte (in qu. 4.).] 2. Aufl. gr. 8. (44 S.) Ebendas. 869. *

—— dass. — [Nebst einer (chromolithogr.) Specialkarte (in qu. 4.).] 3. Aufl. 1872, und 4. erweit. und bericht. Aufl. gr. 8. (50 S.) Halle 874, Buchh. des Waisenhauses. *

Wagner, C. (II.), **Heimatskunde von Hessen-Nassau und dem Fürstentum Waldeck. 6. Aufl. gr. 8. (55 S. mit 1 chromolithogr. Spezialkarte.) Halle 886, Buchh. des Waisenhauses.** *

Wagner, C., der Reg.-Bez. [Hessen]Cassel in geschichtlichen und geographischen Bildern. 4. Aufl. gr. 8. (IV, 58 S.) Halle 877, Buchh. des Waisenhauses. *

Wagner, C., der Reg.-Bez. [Hessen-]Cassel in geschichtlichen und geographischen Bildern. 5. Aufl. gr. 8. (IV, 66 S.) Halle 884, Buchh. des Waisenhauses.
Als Anhang zum Norddeutschen vaterländ. Lesebuch * *

— **für uns. Kleinen, s.: Claudius, Wilh.**

Wagner, Karl, Lehrbuch d. Geographie u. Geschichte f. Bürger- u. Volksschulen. gr. 8. (8 3/4 B., 1 Karte u. 2 Blätt. bildl. Darstell.) Darmstadt 838, Diehl. •

Wagner, Carl (I.), Lehrbuch der Handels-Correspondenz englisch-deutsch und deutsch-englisch. Eine Sammlung von kaufmänn. Musterbriefen, Formularen, mit grammatikal. und sachl. Erläuterungen, nebst einem Wörterbuch der im Handel gebräuchlichsten Ausdrücke. — A guide to commercial Correspondence English-German and German-English. 4 Lfgn. gr. 8. (VIII, 262 S.) Leipzig 876, Brockhaus. à Lfg. *ℳ 1., *ℳ 4.; geb. *

— Lehrbuch der Handels-Correspondenz französisch-deutsch u. deutsch-französisch. Eine Sammlg. v. Musterbriefen u. Formularen, m. grammatikal. u. sachl. Erläutergn., nebst e. Wörterbuch der im Handel gebräuchlisten Ausdrücke. — Guide de la correspondance commerciale française-allemande et allemande-française. gr. 8. (VIII, 332 S.) Ebend. 875. n. 4. —

Wagner, Carl, Lehrbuch der Handels-Korrespondenz französisch-deutsch und deutsch-französisch. Eine Sammlung von kaufmänn. Musterbriefen und Formularen, mit grammatikal. und sachl. Erläuterungen. 2. Aufl. gr. 8. (IX, 336 S.) Leipzig 885, Brockhaus. *ℳ 4.—.; geb. *

—— Lehrbuch d. griech. Sprache, nach d. naturgemäßen Grundsätzen e. Locke, Leibnitz, Gesner, Herder, Hamilton verfaßt. 1. Thl. (2 Hfte.) — A. m. d. Umschlags-Ttln.: Aesopische Fabeln. — Wörterbuch u. Grammatik. gr. 8. (10 B.) Gießen 834, Heyer, Vater.

— Lehren der Weisheit u. Tugend in auserlesenen Fabeln, Erzählungen, Liedern u. Sprüchen. Ein Buch für die Jugend. 20. verm. u. verb., einzig rechtmäß. Ausg. 8. (XX u. 336 S.) Leipzig 848, E. Fleischer. — 21. verm. u. verb., einzig rechtmäß. Ausg. 8. (XVI u. 344 S.) Ebd. 850. n. 1/3 ℛ

Wagner, Carl (I.), Lehren der Weisheit und Tugend in auserlesenen Fabeln, Erzählungen, Liedern und Sprüchen. 20. Aufl. (XX und 336 S.) 1848. und 21., verm. und verb. einzig rechtmäß. Ausg. 8. (XVI und 344 S.) Leipzig 851, E. Fleischer. *

Wagner, Carl (I.), Lehren der Weisheit und Tugend in auserlesenen Fabeln, Erzählungen, Liedern und Sprüchen. 22., verm. und verb., einzig rechtmäß. Ausg. 8. (XVI und 356 S.) Leipzig 855, E. Fleischer. *

Wagner, Carl (II.), Lehren der Weisheit und Tugend in auserlesenen Fabeln, Erzählungen, Liedern und Sprüchen. 23., verm. und verb., einzig rechtmäßige Aufl. 8. (XVI und 360 S.) Leipzig 858, E. Fleischer. *

—— **Lehren der Weisheit und Tugend in auserlesenen Fabeln, Erzählungen, Liedern und Sprüchen.** 24., verm. und verb., einzig rechtmäß. Aufl. 8. (XVI und 368 S.) Leipzig 863, E. Fleischer. *

—— Lehren der Weisheit und Tugend in auserlesenen Fabeln, Erzählungen, Liedern und Sprüchen. 25., verm. und verb., einzig rechtmäß. Aufl. 8. (XVI, 356 S.) Leipzig 869, E. Fleischer. *

Wagner, Carl, Lehren der Weisheit u. Tugend in auserlesenen Fabeln, Erzählgn., Liedern u. Sprüchen. 26., verm. u verb., einzig rechtmäß. Aufl. gr. 8. (XX, 376 S.) Leipzig 875. E. Fleischer. n. 1. 20

Wagner, Karl, Die Leibesübungen am Landständischen Seminar, Bautzen, 13 S., 8°.

—— **deutsches Lesebuch für Bürger- und Volksschulen.** 21. Aufl. 1864. und 22., verm. und verb. Aufl. gr. 8. (256 S.) Stuttgart 866, Metzler's Verlag. *

—— deutsches Lesebuch für Bürger- und Volksschulen. 23. verm. und verb. Aufl. gr. 8. (252 S.) Stuttgart 873, Metzler's Verlag. *

— für uns. Lieblinge, s.: **Claudius, Wilh.**

Wagner, Karl, Litteratur der Landes- u. Volkskunde des Grossherzogt. Baden, s.: Kienitz, Otto.

Wagner Karl: Die Oberdeutsche Allgemeine Literatur-Zeitung.
1907 PN 2320 **Diss.** Wien, Univ. 225

Wagner Dr. Karl: Prof. August Milan. †. (3). Wien III. R. 02.
Progr.

Wagner, Karl: Die historischen Motive in Arnims 'Kronenwächtern'. Ein Beitr. z. Erschließung d. Ideengehaltes d. Dichtung. T. 1. Goldap 1908: Paukstadt. 32 S. 4°
Goldap, RG i. E. OP 1908 (18)** [S 08. 509

Wagner, Karl: Die historischen Motive in Arnims 'Kronenwächtern'. Ein Beitr. z. Erschliessung d. Ideengehaltes d. Dichtung. T. 2. Goldap 1910: Paukstadt. 48 S. 4° ¶ (Forts. d. P-Beil. 1908.)
Goldap, k. RG OP 1910 (18) [S 10. 459

Wagner, Carl, die Pflege der Zähne im gesunden u. kranken Zustande mit Bemerkungen über den künstlichen Wiederersatz. 8. (VIII u. 71 S.) Stuttgart 850. (Bach.) 1/4 ℛ

Wagner, Karl, d. Problem v. Risiko in der Lebensversicherg. Studie. **gr. 8. (VI, 160 S.)** Jena 898. G. Fischer. n. 3. 60

[illegible]
Separatabdruck

Wagner, K., die Schule der Tiere, s.: Ebeling. Elis.

—— kleine Schulgeographie von Hessen-Nassau und dem Fürstenth. Waldeck. Nebst einer (chromolithogr.) Specialkarte. gr. 8. (48 S.) Schleswig 869, (Schulbuchh. — Cassel, Jungklaus.)
Die Karte apart *

— — 2. Aufl. Schleswig 869. Bergas. gr. 8. (44 S.) n. 3 ngr

— kleine Schulgeographie. Heimatskunde v. Hessen-Nassau u. dem Fürstenth. Waldeck. [Nebst e. (chromolith.) Specialkarte (in qu. 4.)] 4. erweit. u. bericht. Aufl. gr. 8. (50 S.) Halle 874. Buchh. d. Waisenh. n. — 40

Wagner, Carolus: De scirrho et carcinomate uteri. Halae (1829): Ruff. 61 S. 8°
Halle-Wittenberg, Med. Diss., nachgeliefert von dem am **9. Mai** 1829 auf Thesen (loco dissertationis de phosphoro) promovierten Verf.
Geb. Kalisch (Polen) [1. 11.] 1805. V.

Wagner, Karl, Sing Sang. Gedichte. **(IV, 77 S.) 8.** Dredsen 905. E. Pierson. n. 1. 50; geb. n. 2. 50

— Sing-Sang. 2. Ausg. (162 S.) 8. Berlin-Friedenau 910. Bureau Fischer. 2. —

Wagner, Karl Sprichwörter und sprichwörtliche Redensarten in Rudolstadt und dessen nächster Umgebung gesammelt und nach Stichwörtern alphabetisch geordnet. 42 S. *Rudolstadt* 1882.
Vgl. denselben Titel. (IV, 72 SS.) 8. Ebenda, Hofbuchdruckerei 1 Mk.
Progr.

Wagner, Karl, Sprichwörter und Redensarten in Rudolstadt und dessen nächster Umgegend. Gesammelt und nach Stichwörtern alphabetisch geordnet. 1. Abtl.: A. bis K. gr. 8. (IV, 72 S.) Rudolstadt 882, Hofbuchdruckerei.

Wagner, Karl: Sprichwörter und sprichwörtliche Redensarten in Rudolstadt und dessen nächster Umgegend. Gesammelt u. nach Stichwörtern alphabet. geordn. (Tl 2.) (Forts. d. P-Beil. 1882.) Rudolstadt, Druck d. Fürstl. priv Hofbuchdr. F. Mitzlaff, 1894; 43 S. 4.
Rudolstadt, fürstl. G. u. RPG, OP 1894 (721)

Wagner, Carl (II.), Stammt der Mensch vom Affen ab? Beleuchtung dieser durch Darwin aufgeworfenen Frage an dem Unterschied des menschl. Gebisses von dem des Affen. gr. 8. (III, 32 S.) Stuttgart 879, (J. Weise's Verlag.) *

— s. Stuart u. Revett, die Alterthümer von Athen.

Wagner, Karl, frohe Stunden, s.: Claudius, Wilh.

Wagner, Karl (I.), Taschenwörterbuch der Münzen, Maaße u. Gewichte aus alter u. neuer Zeit, in u. außer Europa, zum bequemen Gebr. auf Comptoirs u. auf Reisen. Für Banquiers rc. u. Geschäftsleute jeder Art. gr. 12. (5½ B.) Ronneburg 830, Weber.

Wagner, Karl (III.), u. Jul. Schmidt. Meine liebsten Tiere. Bilder u. Geschichten aus Haus u. Hof, aus Feld u. Wald. 4. (16 S. u. 24 farb. Taf. m. teilweise eingedr. Text.) Dresd. 891, Meinhold u. Söhne. cart. * 3 50

Trauerlogenlied. [Gedicht von Georg Frh. v. Wedekind. Musik von Karl **Wagner.**] o. O. u. J. 2 Bl. 8 [Umschlagtit.]
Mit Noten: „Frohlocket, ihr trauernde Brüder, . . .“

— Troll auf Reisen, s.: Ebeling, Elisabeth.

Wagner, Karl, aus Frankfurt a. M.: **Das Ungeld in den schwäbischen Städten bis zur zweiten Hälfte des vierzehnten Jahrhunderts.** *Marburg 1903: Gebr. Knauer in Frankfurt a. M.* (VIII, 120 S.) 8°
Marburg, Phil. Diss. v. [9. Febr.] 1904

Wagner, Karl, das Ungeld in den schwäbischen Städten bis zur zweiten Hälfte des 14. Jahrh. (VIII, 120 S.) gr. 8. Frankfurt a/M. (904). Gebr. Knauer. n. 3. —

Wagner, Karl, aus Hanau: **Untersuchungen über Benzidin und p-Diphenol.** *Marburg 1899: J. A. Koch.* (55 S.) 8°
Marburg, Phil. Diss. v. [8. Nov.] 1899

WAGNER, KARL: Verzeichniss der geistlichen und weltlichen Personen, welche in Ungern, und den einverleibten Ländern dieses Königreichs auf der berühmten Kirchenversammlung in Kostnitz, zugegen waren. In: Ungr. Magazin 4. 1787. S. 236-256

— **lustiges Volk, s.: Claudius, Wilh.**

Wagner K, Wahrscheinlichkeitsrechnung und Lebensversicherung. (16 S) Berlin 1906

Wagner Karl, Dr.: Die Wiener Zeitungen und Zeitschriften der Jahre 1808 und 1809
Ar. 101 197 . . . . „ 5.80
Separatabdruck

Wagner Karl: Die Wiener Zeitungen und Zeitschriften der Jahre 1809 und die Befreiungskriege.
1908 PN 2425 Diss. Wien, Univ. 248

Wagner, Karl A.

Wagner, C. A., die Baustoffe, s. a. Bibliothek der gesamten Technik.

Die Baustoffe. Bearb. von Dr. phil. C[arl] A. **Wagner**. Mit 104 Abb. Hannover: M. Jänecke 1908. (253 S.) 8°
= **Bibliothek** d. gesamten Technik. Bd 83. 106. 11077 7

Wagner, Carl A., aus London: Ueber die rechtlichen, wirthschaftlichen und finanziellen Grundlagen der Binnenschifffahrtsunternehmungen in Grossbritannien und Irland. *(Berlin 1901: H. S. Hermann.)* (47 S.) 8° ¶ (Teil d. eingereichten Arbeit.)
Königsberg, Phil. Diss. v. 9. Nov. 1901

Wagner, Karl August

Wagner, Carl Aug., Aufgaben zu schriftl. Aufsätzen für Landschulen bearb. 1. Curs.: Aufgaben für die Unterclasse. gr. 8. (23 S.) Neustadt a. d. Orla 848, Wagner.

—— dass. — 2. Curs.: Aufgaben für die Mittelclasse. gr. 8. (32 S.) Ebds. 848.

—— dass. — 3. Curs.: Aufgaben für die Oberclasse. 1. und 2. Jahrg. gr. 8. Ebds. [1. (134 S.) 1848, 2. (127 S.) 1849. à 9 Ngr.]

Wagner, Karl Aug., 160 Aufgaben zur Selbstbeschäftigung d. Kinder in d. Unter- u. Oberclassen d. Landschulen, enthalt.: eine von d. Leichtesten zum Schwerern fortschreit. Anweis., die gewöhnl. schriftl. Aufsätze aus d. bürgerl. Geschäftsleben zu fertigen. 1. u. 2. Aufl. (à 9½ B., wovon 3 B. nur auf einer Seite bedruckt sind.) 8. Neustadt a. d. O. 834, 35, Wagner. à

Wagner, Karl Aug., bibl. Erzählungen. Zum Gebr. in Bürger- u. Landschulen bearb. 2 Thle. 3. Aufl. 8. (14 B.) Leipzig 836, Eisenach.

Wagner, Karl Aug., biblische Erzählungen. Zum Gebrauch in Bürger- u. Landschulen bearb. 2 Thle. 4. Aufl. 8. (223 S.) Leipzig 849, Eisenach. ⅓ ₰

—— **geographisches Fragbüchlein, für Volksschulen abgefaßt. 8 (16 S.) Neustadt a. d. O. 848, Wagner.**

—— der belehr. u. berathende Freund in d. Noth, od.: welche Versuche sind zu machen, um Ertrunkenen, Erfrornen, Erstickten, Vergifteten, vom Blitze Getroffenen, von e. tollen Hunde Gebissenen wo möglich d. Leben zu retten; f. den Bürger u. Landmann, vorzüglich zum Gebr. in Bürger- u. Landschulen bearb. 12. (1 B.) Neustadt a. d. O. 850, Wagner.

Wagner, Carl Aug., der Freund in der Noth, oder kurze Anweisung zu Hülfsleistungen bei Lebensgefahr und plötzlichen Unglücksfällen bis zur Ankunft des Arztes. Ein Hülfsbüchlein zum allgemeinen Gebrauch im prakt. Leben. 2., verm. und verb. Aufl. 16. (32 S.) Plauen 859, Schröter.

—— **Handbuch für Landschullehrer beim Gebrauche der „Aufgaben zu schriftl. Aufsätzen“. gr. 8. (XVIII und 621 S.) Neustadt a. d. Orla 849, Wagner.**

— Handbüchlein beim Gebrauch dieser Uebungs-Aufgaben. 8. (4¼ B.) Neustadt a. d. O. 837, Wagner.

Wagner, Carl Aug., Conferenzreden. 1—3. Bdchn. 8. (13¼, 14½ u. 12 B.) Neustadt a. d. O. 844—46, Wagner. à

— Lehrcursus f. Landschulen. 8. (5¼ B.) Neustadt a. d. O. 833, Wagner.

Wagner, Carl Aug., Materialien zu Lebensläufen. Ein Hand- und Hülfsbuch für alle Diejenigen, welche Lebensläufe abzufassen haben. gr. 8. (IV und 312 S.) Neustadt a. d. Orla 852. (Plauen, Schröter.)

— Materialien zu Lebensläufen. Ein Hand- und Hülfsbuch für alle Diejenigen, welche Lebensläufe abzufassen haben. 2. (Titel-)Aufl. gr. 8. (IV und 312 S.) Plauen (852)58, Schröter.

— 1200 Rechnungs-Aufgaben auf 96 Tafeln, zur Erlern. u. Einübung d. vier Grundrechnungsarten mit gleich- u. ungleichbenannten Zahlen, nach e. neuen, durch d. Erfahr. bewährt. Methode f. Landschulen entworfen, mit kurzer Darstell. d. Methode u. Auflösung d. Aufgaben versehen. 8. (3 B. incl. 1 Tab. qu. Fol. u. 12 B. qu. 8., nur auf einer Seite bedruckt.) Meißen 834, Goedsche.

— 100 orthograph. Uebungsblätter f. Landschulen. Ein Hilfsmittel z. richt. Anwend. d. Regeln d. Rechtschreibung. 8. (13¼ B.) Neustadt a. d. O. 837, Wagner.

Wagner, Carl Aug., orthographisches Uebungsbüchlein für Schule und Haus bearb. 8. (36 S.) Freiberg 851, Reimmann'sche Buchh. Thlr. *

Wagner, Karl Aug., das Unentbehrlichste aus d. deutschen Sprachlehre, insbesond. der Rechtschreibung f. Landschulen. Nebst e. Anhangs-Verzeichnisse derjen. Wörter, welche zwar ähnlich lauten, aber in ihrer Schreibart u. Bedeutung sehr verschieden sind. 1. u. 2. Aufl. (à 2¼ B.) 8. Neustadt a. d. O. 833, 35, Wagner. à Thlr.

— welche Vortheile hat es für den Volksschullehrer, wenn er zugleich auch Familienvater ist? Rede in einer Lehrer-Conferenz gehalt. 8. Freiberg 843. (Craz u. Gerlach.) n. 1/6 Thlr

Wagner, Karl Christoph (Zwickau) A. S. 128/23

Dissertatio iuridica inauguralis de praesumtione masculi feudi. Präs. Gottfried Ludwig Mencken. Wittenberg (Gerdes) 16. XI. 1723. 28 S.

35631

Wagner, Karl Er.

— s. Denkmäler d. Baukunst.

— de Periandro Corinthiorum tyranno VII sapientibus adnumerato. 4. Darmst. 828. (Leske). ...

Wagner, Karl Er., rerum Corinthiarum specimen. 4. Darmst. 824. Leske. 8 gr

Wagner, Karl F. A.

Wagner, Carl F. A., Lehre der doppelten Buchhaltung, vereinfacht durch Anwendg. e. unfehlbaren Regel f. das Formiren der Journalposten, enth.: e. gewählte Sammlg. v. kaufmänn. Geschäftsvorfällen, welche so geordnet u. erläutert sind, um e. vollständ. prakt. Cursus nebst Unterweisg. zu bilden 2c. Für den Gebrauch v. jungen Kaufleuten u. Andern 2c. In engl. u. deutscher Sprache. Unter zu Grundlegg. der berühmten Marsh'schen Methode bearb. — Treatise on double-entry-book-keeping. — gr. 8. (XVI, 339 S.) Leipzig 871. Schultze. geb. n. 7. 25

Wagner, Karl Franz Christian

— addenda quaedam ad librum de accentu. 8maj. Helmst. ... Fleckeisen. 2 gr

Wagner, Car. Franc. Chrst., Commentationis de Flavii Amphitheatro. Ps. I. et II. 4. Marburgi, (Garthe.) [I. (2½ B.) 829., II. (4 B.) 830. à 6 Gr.]

— id. Ps. III. (et ult.) 4. (4½ B.) Marburgi 831, (Elwert.)

Wagner, C. F. C., Animadversiones in duo Homeri loca. Marb. 819. 4.

— krit.-grammat. u. erklär. Anmerkk. z. Tom. Jones v. Fielding, s. Fielding.

— annotationes de systemate cutaneo. 8maj. Marb. 818. Krieger. 4 gr

— Anweis. zur engl. Aussprache. 8. Götting. 789. Vandenhöck u. R. 4 gr

— Aufsätze zum Uebertragen ins Lateinische für Geübtere. Mit Beziehung auf Bröders Grammatik. 8. Braunschw. 820. Schulbuchh. 16 gr

— geschichtl., statist. u. geograph. Beschreibung d. Großhrztb. Posen. Mit vorzugsw. Berücksicht. auf d. Stubba'sche Wandkarte d. Großh. Posen f. Volksschulen bearb. 8. (5¼ B.) Landsberg a. d. W. 841, (Volger u. Klein.) *

s. Buch d. Wahrheiten.

— s. Chronicon.

— d. parische Chronik; griechisch; übersetzt u. erläutert, nebst Bemerkk. über ihre Aechtheit. Nach d. Engl. 8. Götting. 790. Vandenhöck u. R. 10 gr

— s. R. Cumberland the West Indian.

— fastorum Prorectorum Marburgensium, a Mich. Conr. Curtio inchoatorum et ad annum saeculi proxime superioris, 77 deductor. etc. additis nonnullis ex acad. annalibus. Fol. Marb. 827. Garthe. 8 gr

— Fastorum prorectorum Marburgensium a Michaele Conr. Curtio inchoatorum et ad annum saeculi proxime superioris, 77 deductorum, additis nonnullis ex Academiae Annalibus. Fol. Marburg 837. Garthe. 1/3 Thlr

Wagner, Karl Frz. Chr., Progr. de Egeriae fonte et specu ejusque situ. 4. Marb. 824. Garthe. 8 gr

— s. Geschichte, d. Constantins.

— s. Geschichte d. Römer.

— s. Goldsmith, the Vicar of Wakefield.

Wagner's, Carl Frz. Chrn., Grammatik der englischen Sprache. Neu bearb. von Ludw. Herrig. 6. Aufl. gr. 8. (X und 472 S.) Braunschweig 857, Vieweg und Sohn.

— Odarum Klopstockii illius, quae inscripta est: der Bach, interpretatio. 4. ibid. 818. (Krieger). 4 gr

— s. Chr. Koch, Grundsätze der Erziehung.

Wagner, Karl Frz. Chr., d. Lehre von dem Accent d. griechischen Sprache ausführl. entwickelt. gr. 8. Helmst. 807. Fleckeisen. 1 rf 12 gr

— s. Melford, H. M., synonym. Handwörterbuch.

— s. Melford, the engl. Reader.

— dess. Engl. Sprachlehre.

— — Memoria Joan. Petr. Lud. de Beauclair. 4. Ibid. 819.

— memoria Joan. Beringii. 4. Marb. 825. (Garthe). 6 gr

— memoria Joa. Pet. Bucheri. 4. Marb. 820.

— Memoriam viri experientiss. Io. Davidis Buschii med. Dr., Equit., Prof. publ. ordin. scholaeque veterinar. Direct., Acad. Marburgensis auctoritate et nomine civibus commendat. 4. (3¼ B.) Marburgi 833, (Elwert.)

— memoria Henrici Crede. 4. Marb. 814.

— memoria Joh. Melch. Hartmann. 4. Marb. 827. Garthe. 6 gr

— memoria Sam. Chr. Lucae. 4. Marb. 822.

— memoria Blasii Merremii. 4. Marb. 824. Garthe. 6 gr

— memoria Chr. Fr. Michaelis. 4. Marb. 814.

— memoria Joh. Casp. Mülleri. 4. Marb. 811.

— memoria Wilh. Münscheri. 4. Marb. 815.

— memoria Joa. Pt. Ludov. de Rouville, dicti de Beauclair. 4. Marb. 819. Krieger. 6 gr

— memoria Guil. Theoph. Tennemanni etc. 4. Braunschw. 819. Schulbuchh. 8 gr

— memoria Joh. Chr. Ullmanni. 4. Marb. 822.

— de insignioribus, quae adhuc exstant, vet. Roman. monimentis sepulcralibus etc. commentationes. Part. I—III. cui adjecta sunt nonnulla ad funera Roman. spect. 4. Marb. 825—28. Garthe. 18 gr

— natalitiae Hieronymi Napoleonis primi. 4. Marb. 811.

— de conjunctivi modi apud latinos natura usuque commentatio. 4. Marb. 818. Krieger. 4 gr

— opuscula academica. Vol. I. 8maj. Marb. 833. (832.) Elwert. 18 gr

— commentatio de articuli graecae linguae origine nec non de ipsius usu apud Homerum. 4. Marb. 810. Krieger. 6 gr

Wagner, C. F. C., Commentatio de articuli Graec. linguae origine, nec non de ipsius usu apud Homerum. 4. Marb. Krieger. 812.

— s. Paulini a S. Josepho Orationes XXIII.

— Quaedam de nonnullis Romanorum festis rusticis. Acc. Albii Tibulli carm. I, 1 et II, 1. versio metrica. Gel. 1822. 37 S. 4°. 1.50

Wagner, C. F. C, Quaedam de genio Romanorum, eoumque die natali colendi ratione. Acc. Tib. Carm. I, 7 versio metrica a C. F. C. Wagner. Gel. 1821. 34 S. 4°. 1.50

Wagner, Carl Frz. Christ., theoretisch-prakt. Schulgrammatik der englischen Sprache f. jüngere Anfänger. gr. 8. (19¼ B.) Braunschweig 843, Vieweg u. Sohn.

Wagner, Karl Frz. Chrn., theoretisch-praktische Schulgrammatik der engl. Sprache für jüngere Anfänger. 2. Aufl. gr. 8. (X u. 298 S.) Braunschweig 851, Vieweg & Sohn. ⅚ rf

Wagner, Carl Frz. Chrn., theoretisch-praktische Schulgrammatik der englischen Sprache für jüngere Anfänger bearb. 3., verm. und verb. Aufl. gr. 8. (XI und 355 S.) Braunschweig 853, Vieweg und Sohn.

Wagner, Karl Fr. Chr., s. Shakspeare, Hamlet 2c.

— s. Sheridan, the school for scandal.

— vollständige u. auf d. mögl. Erleichterung d. Unterrichts abzweckende engl. Sprachlehre für d. Deutschen. gr. 8. Braunschw. 802. Schulbuchh. 1 rf

— neue vollständige u. auf d. mögl. Erleichterung des Unterrichts abzweckende engl. Sprachlehre für d. Deutschen. 1r Bd. gr. 8. Braunschw. 819. 2e A. 827. 3e A. 832. Schulbuchh. 1 rf 2r Bd. 822. 2e A. 828. 3e A. 833. Ebd. 16 gr

— neue vollständ. u. auf d. möglichste Erleichterung des Unterr. abzweckende engl. Sprachlehre f. die Deutschen. 2 Thle. 3., verm. Ausg. gr. 8. Braunschweig, [Vieweg.]
Thl. 1. Sprachlehre. (27 B.) 833. 1 Thlr.
: 2. Uebungen üb. d. einzelnen Regeln. (17¼ B.) 834. 16 Gr.

Wagner, Karl Frz. Chrstn., neue vollständ. u. auf d. möglichste Erleichterung d. Unterrichts abzweck. engl. Sprachlehre f. d. Deutschen. 2 Thle. gr. 8. Braunschweig, [Vieweg u. Sohn.]
Thl. 1. Theoretischer Thl. 4. Ausg. (27 B.) 836., u. 5. Aufl. (29¼ B.) 839. à 1 Thlr.
: 2. Praktischer Thl., welcher Uebungen üb. d. einzelnen Regeln enthält. 4. Ausg. (18 B.) 836. 16 Gr.

— neue vollständige u. auf die möglichste Erleichterung des Unterrichts abzweckende engl. Sprachlehre f. die Deutschen. 2. od. prakt. Theil, Uebungen über die einzelnen Regeln. 5. Aufl. gr. 8. (15 B.) Braunschweig 843, Vieweg u. Sohn.
1. Thl. 5. Aufl. Ebendas. 1839. 1 Thlr.

— neue vollständige und die möglichste Erleichterung des Unterrichts bezweckende englische Sprachlehre für die Deutschen. I. oder theoret. Thl. 5. Aufl. gr. 8. (XVI und 460 S.) Braunschweig 850, Vieweg und Sohn.

— de temporibus verbi, imprim. latini, commentatio. 4. Marb. 817. (Krieger). 4 gl

— s. Tibull, 2e u. 3e Elegie.

— über d. Veranlassung d. jetzt fast überall herrschenden Aufregung u. ihren Ursprung. Eine Rede. 4. Marb. 832. Elwert. 1½ gl

—— über d. Veranlassung zu der jetzt fast überall herrsch. Aufregung u. ihren Ursprung. Rede, am Geburtstage Sr. Kgl. Hoheit d. Kurfürsten, d. 28. Jul. 1832 gehalt. 4. (1 B.) Marburg 833, Elwert.

— in carminum Tibulli decorum, eleg. nimirum 5. et 10. lib. I. versio metrica. 4. Marb. 820.

— Versuch e. vollständ. Anweis. zu d. engl. Aussprache. gr. 8. Braunschw. 793. Schulbuchh. 18 gl

Wagner, Karl Frdr., Asthma ist heilbar! Zugl. e. Anleitg., die Lunge zu kräftigen u. dauernd gesund zu erhalten. 1.—5. Taus. 8. (31 S.) Leipzig 895. A. Strauch. n. — 50

— dasselbe. (6. [Umschlag-] Aufl.) gr. 8. (60 S. m. 1 Taf.) Ebd. 898. n. 1. —

Wagner, Karl Frdr., Asthma ist heilbar! Zugleich e. Anleitg. die Lunge zu kräftigen u. dauernd gesund zu erhalten. (8. [Umschlag-]Aufl.) gr. 8. (60 S. m. 1 Taf.) Leipzig [898.] (899). A. Strauch. n. 1. —

Wagner, Carl Frdr., Aufgaben zum Zifferrechnen systematisch geordnet für Schüler in Stadt- u. Landschulen. 6 Hfte. 8. (100 S.) Rogasen 847, Alexander. (à 1 ngl) 6 ngl Mit Schiefertafel (à 1/24 rß) 1/4 rß

— Auflösungen dazu. 8. (32 S.) Ebd. 847. 2 ngl

Wagner, Carl Friedr. (II.), schriftmäßige Bedenken über Verhandlungen des neunten Kirchentages betreffend die Heiden- und innere Mission. gr. 8. (34 S.) Frankfurt a. M. 858, Heyder und Zimmer. *

Wagner, Carl Friedr., kleine Geographie f. Kinder in Elementarschulen. 8. (2 B.) Landsberg 843, Volger u. Klein.

—— die brandenburg.-preuß. Geschichte f. d. Jugend des preuß. Vaterlandes. 8. (3 B.) Landsberg 845, (Volger u. Klein.) *

—— die brandenburgisch-preußische Geschichte für die Jugend des preuß. Vaterlandes erzählt. Neue Ausg. (48 S.) 1850. und 2., verb. und verm. Aufl. 8. (52 S.) Schwiebus 852, Wagner'sche Buchh.

Wagner, Carl Friedr., die brandenburgisch-preußische Geschichte für die Jugend des preuß. Vaterlandes erzählt. 3., verb. und verm. Aufl. 8. (52 S.) Schwiebus 855, Wagner'sche Buchh. *

Wagner, Carl Friedr. (I.), die brandenburgisch-preußische Geschichte, für die Jugend des preußischen Vaterlandes erzählt. 4., verb. und verm. Aufl. 8. (41 S.) Schwiebus 860, Wagner'sche Buchh.

Wagner, Carl Friedr., die brandenburgisch-preußische Geschichte für die Jugend des preußischen Vaterlandes erzählt. 5.—7., verb. und verm. Aufl. 8. (76 S.) Schwiebus 862—68, Wagner. *

Wagner, Carl Friedr., die brandenburgisch-preußische Geschichte für die Jugend des preußischen Vaterlandes erzählt. 8.—13. Aufl. 8. (85 S.) Schwiebus 870—75, Wagner. *

Wagner, Carl Friedr., brandenburgisch-preußische Geschichte für die Jugend des preuß. Vaterlandes erzählt. 14. Aufl. (85 S.) 1876; 15. und 16. Aufl. 8. (84 S.) Schwiebus 877,79, Wagner'sche Buchh. *

Wagner, Karl Friedr., die brandenburgisch-preußische Geschichte, für die Jugend des preuß. Vaterlandes erzählt. 17. Aufl. 8. (84 S.) Schwiebus 882, Wagner'sche Buchh.

Wagner, Karl Friedr., die brandenburgisch-preußische Geschichte, für die Jugend des preuß. Vaterlandes erzählt. 18. Aufl. 8. (84 S.) Schwiebus 885, Wagner. *

— s. Luther's, Dr. M., kl. Katechismus.

—— die Naturlehre f. Elementarschulen. 8. (7 B.) Landsberg 843, (Volger u. Klein.) *

—— Naturlehre für Elementarschulen, neu bearb. von Otto Neumann. 2. verm. und verb. Aufl. 8. (80 S.) Ebendas. 874. *

— die Rechtschreib-Lehre für Volksschulen. 8. (16 S.) Landsberg 847, Volger & Klein. n. 1½ ngl

—— erster Unterricht in der Bibelkenntniß f. Volksschulen. 8. (2 B.) Landsberg 845, Volger u. Klein. *

—— die perspectivische Zeichnen-Lehre für den Schul- und Privatgebrauch. 8. (50 S. mit 5 Tafeln.) Landsberg 847, Volger und Klein. *

Wagner, K. J., lehrreiche Erzählungen für d. Jugend beiderlei Geschlechts. 1r Thl. 8. Halle 788. (Fr. Fleischer in Leipz.) 9 gl Schrbp. 12 gl

Wagner, (Musikmeister) Karl Jak., Handbuch zum Unterricht in d. Tonkunst. 8. Darmst. 802.

Wagner Karl L.: Über zeitliche Hydrolyse. 1. Mitteilung (mit 6 Taf.) S. 121. Hb. 1129 . . . . ngr.
— — 2. Mitteilung (mit 2 Textfiguren). S. 122. Hb. 317 . . . . ngr.
Separatabdruck

Wagner, Car. Ludov. Guil. (geb. Marburg a. L. 12. 4. 1833): De approximatione vera methodi Newtonianae applicatae ad duas aequationes simultaneas. Berolini (1855). (28 S.) 8°
Berlin, Phil. Diss. v. 22. Dez. 1855

Wagner, Karl O., die „Oberdeutsche allgemeine Literatur-Zeitung". (IV, II, 127 S. m. 1 Bildnis.) Lex. 8. Salzburg 908. (E. Höllrigl.) 3. —
Sonderabdr. aus: „Mittlgn. d. Gesellsch. f. Salzbg. Landeskde."

Wagner, Karl Theodor

— siehe: Atlas, neuer, der ganzen Erde.

(Wagner, C. Th.,) das Königreich Dänemark und die Herzogthümer Schleswig, Holstein und Lauenburg. — Die Königreiche Schweden und Norwegen. — Gebietsveränderungen in den skandinav. Reichen seit 1397. 1 Bog. in gr. Fol. Leipzig 851, Hinrichssche Buchh.

—— kleine Geographie, s. Stein, Chrstn. Gottfr. Dan., kleine Geographie.

Wagner, Karl Theod., Handbuch f. Reisende in Dänemark, Norwegen, Schweden, Rußland, Polen u. Finnland. — Eine Forts. zu C. G. D. Stein's Reisen nach d. Hauptstädten von Mittel-Europa. 8. (20½ B., 1 Karte u. 4 kl. Plänen.) Leipzig 840, Hinrichssche Buchh. 1 Thlr. 12 Gr., hrbgf. Pr.
Stein, C. G. D., Reisen rc. 7 Bdchn. Ebendas. 827—29. hrbgf. Pr. 5 Thlr., Postp. 7 Thlr. 12 Gr.

Wagner, C. Th., Plan der Stadt Glauchau. 1 : 8000. Lithogr. und color. Fol. Glauchau 882, Peschke. * 1 —
gebrochen in Umschlag ** 1 15

Glauchau. — Wagner, C. Th., Plan der Stadt Glauchau. 1 : 8000. 2. Aufl. Chromolithogr. gr. 4. Glauchau 888, Peschke. ** 1 —

Wagner, Carl Thdr., Rede zur Feier des Geburtstages Sr. Maj. des Königs am 12. Decbr. 1865. gr. 8. (14 S.) Leipzig 866, (Hinrichs'sche Sortimentsb.) *

(——) das russische Reich. — Stammverschiedenheit. — Religionsverschiedenheit. — Standesverschiedenheit. — Chronologische Uebersicht der Territorialgeschichte von Russland und Polen. 1 Bog. in gr. Fol. Leipzig 851, Hinrichssche Buchh.

Wagner, Karl Thdr., s. Stein's, Chr. G. D., kleine Geographie.

Wagner, K. Th., geograph. statist. Uebersicht des osmanischen Reichs in Europa u. Asien, u. Griechenlands. Fol. Leipzig 847, Hinrichs. n. 1/6 ₰

—— tabellarische Uebersicht aller Staaten u. Länder d. Erde, s. Uebersicht.

— s.a. Zeittafel zur Geschichte v. England, Italiens u. Frankreichs.

—— Zeittafel der deutschen Geschichte und statistische Tabelle der deutschen Bundesstaaten. Fol. Leipzig 847, Hinrichssche Buchh. *

—— Zeittafel der Geschichte von England und statist. Tabelle von Grossbritannien und Irland. Fol. Leipzig 847, Hinrichssche Buchh. *

—— Zeittafel der Geschichte von Frankreich und statistische Tabelle von Frankreich. Fol. Leipzig 847, Hinrichssche Buchh. *

(Wagner, C. Th.,) Zeittafel der Universalgeschichte. Tabellarische Uebersicht aller Länder und Staaten der Erde. (Neue Aufl.) 1 Bog. in gr. Fol. Leipzig 852, Hinrichs'sche Buchh.

—— 17 Zeittafeln zur Staatengeschichte. Neu bearb. und ergänzt von Otto Delitsch. gr. Fol. (20 S.) Leipzig 862, Hinrichs'sche Verlagsh. *

—— dass. — Nachträge von 1861 bis Anfang 1867. gr. Fol. (2 S.) Ebendas. 867. *

Wagner, K[arl] W., Zur Geschichte der Schulen zu Lübben. Lübben 1867. 8° (4°)-Lübben, Realschule. P (1867)

Wagner, Karl Wlh., s. Platon's Timaeus u. Kritias.

Wagner, Carolus Guilelm(us): De voluntate medici remedio potenti. Halae (1839): Grunert. 28 S. 8°
Halle-Wittenberg, Med. Diss. v. 26. Okt. 1839
Geb. Halle a. d. S. 15. 12. 1815. V.

Wagner, Karl Willy, elektromagnet. Ausgleichsvorgänge in Freileitungen u. Kabeln, s.a. Schriften, mathematisch-physikalische, f. Ingenieure u. Studierende. 2.

Elektromagnetische Ausgleichsvorgänge in Freileitungen und Kabeln von Karl Willy Wagner, (Göttingen). Mit 23 Textfig. Leipzig & Berlin: B. G. Teubner 1908. (109 S.) 8°
= Schriften, Mathemat.-Physikal., f. Ingenieure u. Studierende. 2. [08. 11531]

Wagner, Willy: Der Lichtbogen als Wechselstromerzeuger. Göttingen 1910: (Pries, Leipzig). 122 S. 8° ¶ (Ersch. auch als Buch b. Hirzel, Leipzig.)
Göttingen, Phil. Diss. v. 9. Mai 1910, Ref. Simon
[Geb. 22. Febr. 83 Friedrichsdorf i. Taunus; Wohnort: Göttingen; Staatsangeh.: Preußen; Vorbildung: Oberrealsch. Hannover Reife M. 08; Studium: Berlin 2, Göttingen 2, Berlin 2 S.; Rig. 4. März 10.] [U 10. 1479

Wagner, K. Willy, der Lichtbogen als Wechselstromerzeuger. Mit besonderer Berücksicht. des Bogens zwischen Metallelektroden. (Abhandlgn. aus Physik u. Chemie.) (V, 119 S. m. 44 Abb.) 8. Leipzig 910. S. Hirzel. 3.60; geb. n 4.50

Wagner, Kasimir

Wagner, Casim., die Strafinseln. (IV, 333 S.) 8. Stuttgart 904. J. Lehmann. n. 3. 20; geb. in Leinw. n. 4. —

Wagner, Casim., die Wehrsiedler od. der neue Reichstag u. die militärische Kolonisation Deutsch-Südwestafrikas durch Offiziere, Unteroffiziere u. Mannschaften d. Armee u. Marine. (102 S.) 8. Stuttgart 907. [J. Lehmann.] J. F. G. Wegner. 1. 20

Wagner, Klaus, Darmstadt. Erbe contra Erbschaftskäufer, der vom rechtskräftig unterlegenen Scheinerben kaufte. Darmstadt 1907: C. F. Winter. (40 S.) 8°
Jena, Jur. Fak., Ref. Danz, Diss. v. 14. Okt. 1907
[Geb. 14. Nov. 84 Darmstadt; Wohnort: Halensee b. Berlin; Staatsangeh.: Hessen; Vorbildung: Neues Gymn. Darmstadt Reife O. 01; Studium: Bonn 1, Leipzig 2, Berlin 3 S.; Rig. 5. Aug. 07.]

Wagner, Klans, Justizgesundung! Eine Programmschrift üb. Gerichtsorganisation, Trenng. der Straf- u. Streitgerichte, Gesetzessystematik, Verbrecherbehandlg. u. Richterstudium. (96 S.) gr. 8. Hannover 908. Helwing. 1. 50

Wagner, Klaus, Krieg. (VII, 259 S.) Jena 906. H. Costenoble. n. 4. 50

— dasselbe. Eine politisch-entwickelungsgeschichtl. Untersuchg. Volksausg. (Neue [Tit.-]Ausg.) (VII, 259 S.) 8. Ebd. 906. n. 1. 50; geb. n. 2. 50

Wagner, Klaus: Die Wohnungsfrage als privatkapitalistisch-sozialkapitalistische Kontroverse. Darmstadt 1910: Winter. V, 107 S. 8°
Würzburg, Jur. Diss. v. 14. Jan. 1910, Ref. G. v. Schanz
[Geb. 14. Nov. 84 Darmstadt; Wohnort: Friedenau; Staatsangeh.: Preußen; Vorbildung: Gymn. Darmstadt Reife O. 04; Studium: Bonn 1, Leipzig 2, Berlin 3 S.; Rig. 10. Febr. 09.] [U 10. 4335

Wagner, Klemens, Dr., Pfarrer: Die sittlichen Grundsätze bezüglich der Steuerpflicht. Regensburg: G. J. Manz in Komm. 1906. (49 S.) 8°
München, Theol. Fak., Ref. Walter, Diss. v. 26. Mai 1906
[Geb. 25. Febr. 69 Dollnstein; Wohnort: Wettstetten; Staatsangeh.: Bayern; Vorbildung: Gymn. Eichstätt Reife M. 89; Studium: Lyzeum Eichstätt 9, Univ. München 1 S.; Rig. 26. Mai 06.]

Wagner, Klem., die sittlichen Grundsätze bezügl. der Steuerpflicht. Diss. (102 S.) Lex. 8. Regensburg 906. Verlagsanstalt vorm. G. J. Manz. 1. 80

Wagner, Koloman

Wagner, Coloman: Niederschläge und Gewitter zu Kremsmünster. (S.-A.) Programm des k. k. Ober-Gymnasiums zu Kremsmünster.) Linz 1888 34 S. 8°.

Wagner, P. Coloman: Die tägliche Periode d. Geschwindigkt u. Richtg d. Windes in Kremsmünster. *Wien 1893.*
in: Xenia Austriaca. Bd 2. [97. 3963]

Wagner, Konrad Bernhard (Steinau) F, zd/26

Dissertatio inauguralis chemico medica sistens experimenta et cogitata quaedam circa habitum solutionum metallorum auri praesertim ad gallas cum adversariis medicis.
Präs. Heinrich Friedrich Delius.
Erlangen (Kunstmann) (25.)VI. 1785. 36 S.
35634

Wagner, Konrad Bernhard: Experimenta et cogitata quaedam circa habitum solutionum metallorum..Diss. 36 S., gbd.

Erlangae:(Walther) 1785
(Adversaria argumenti physico-medici, Fasc. 5,20)

JB 1.808

Wagner, Konrad Ludwig (Braunschweig) A. S. 845/10

Tractatio academica de iure liciti sed non honesti. Präs. Johann Samuel Stryk.
Halle (Waisenhaus) 3. II. 1702. 146 S.

W. v.: Jo. Franz Budde, Samuel Stryk, Präs.
35635

Wagner, Konrad Ludwig (Braunschweig) A. S. 280/19

Dissertatio iuris ecclesiastici inauguralis de iure sabbathi. Präs. Friedrich Wilhelm Stryk.
Halle (Waisenhaus) 17. XI. 1702. 162 S.
35636

Wagner, Kurt *Simon Albrecht* [aus Königsberg i. Pr.]: Über die Beziehungen der Bewegungsempfindung zur Ataxie bei Tabikern . . . Berlin, Buchdr. v. G. Schade, *1891;* 33 S. 8°
Berlin, Med. Fak., Inaug.-Diss. v. 21. Febr. 1891

Wagner, Kurt [aus Salzungen]: Über ein musikalisches Geräusch an der Spitze des Thorax. . . . Salzungen, Druckerei v. L. Scheermessers Hofbuchh., 1891; 28 S. 8°
Jena, Med. Fak., Inaug.-Diss. v. 16. Febr. 1891

Wagner, Kurt, üb. e. musikalisches Geräusch an der Spitze d. Thorax. Diss. gr. 8. (28 S.) Salzungen 891. (Rudolstadt, H. Dabis.) n. — 60

Wagner, Curt: Kompositionsgesetze in den Bilderzyklen deutscher Maler des XIX. Jahrhunderts. Plauen i. V. 1910: Wieprecht. III, 101 S. 8°
Leipzig, Phil. Diss. v. 1. Aug. 1910, Ref. Schmarsow, Volkelt
[Geb. 25. Dez. 83 Plauen i. V.; Wohnort: Probstdeuben; Staatsangeh.: Sachsen; Vorbildung: Sem. Plauen bis O. 04, Wahlfähigk. v. 17. Nov. 06; Studium: Leipzig 6 S.; Rig. 24. Mai 10.] [U 10. 3203

Wagner, Curt, Torgau: Konserven und Konservenindustrie in Deutschland. Jena 1907: G. Fischer. (40 S.) 8° ¶ (Erscheint vollst. in: „Abhandlungen d. Staatswissenschaftl. Seminars" Bd 4 H. 3.)
Jena, Phil. Fak., Ref. Pierstorff, Diss. v. 26. Sept. 1907
[Geb. 18. Okt. 78 Torgau a. Elbe; Wohnort: Torgau; Staatsangeh.: Preußen; Vorbildung: Gymn. Torgau, Realgymn. Eilenburg Reife O. 96; Studium: Leipzig 2, Jena 6 S.; Rig. 25. Juli 06.]

Wagner, Curt, Konserven u. Konservenindustrie in Deutschland, m. e. Anh.: Upton Sinclairs „The jungle", s. a. Abhandlungen des staatswissenschaftlichen Seminars zu Jena. IV, 3.

Konserven und Konservenindustrie in Deutschland. Mit e. Anh.: Upton Sinclairs 'The Jungle'. Von Dr. Curt **Wagner**, Torgau. Jena: G. Fischer 1907. (VI, 113 S.) 8°
= **Abhandlungen** d. staatswiss. Seminars zu Jena. Bd 4, H. 3. [07. 13696

Wagner, L., Aufgaben zum schriftlichen Rechnen für Fortbildungsschüler in Orten mit vorherrschend ackerbautreibender Bevölkerung. gr. 8. (32 S.) Rochlitz 879, [Bode.] Pretzsch. *
Resultate (8 S.) **

Wagner, L. (I.), Aufgaben zum schriftlichen Rechnen für Fortbildungsschüler in Orten mit vorherrschend ackerbautreibender Bevölkerung. 2. verm. Aufl. 8. (42 S.) Rochlitz 880, Bode. *
—— dass. — Resultate. 2. und 3. Aufl. 8. (8 S.) Ebendas. 880. **
—— dass. — [Neue Orthographie.] 3. verm. Aufl. (36 S.) 1881; 4. verm. Aufl. 8. (37 S.) Rochlitz 884, (Pretzsch.)

—— Geographie für Fortbildungsschüler und angehende Gewerbetreibende, wie auch zum Selbststudium. gr. 8. (33 S.) (Ebendas.) 882. *

Wagner L, die Haupterscheinungen der pfälz. Gewerbsthätigkeit im Jahre 1871-72. Speyer 1873

Wagner, L., die evangel.-luther. Kirche in Preußen im wahren Lichte dargestellt und vertheidigt. gr. 8. Posen 845, Gebr. Scherk. n. 1/6 ℛ

Wagner, L., Miklosich u. die magyarische Sprachwissenschaft. Festschrift zum Jubiläum d. Hrn. Univ.-Prof. Dr. Frz. Xav. Ritter v. Miklosich in Wien. gr. 8. (32 S.) Pressburg 883. (Stampfel.) n. 1. —

Wagner, L., Rechenheft für Fortbildungsschüler in Orten mit gewerbetreibender und ackerbautreibender Bevölkerung. gr. 8. (48 S.) Meißen 887, Schlimpert. *

—— Rechenheft für Fortbildungsschüler in Städten und überhaupt in Orten mit gewerbetreibender Bevölkerung, sowie für die oberen Klassen der Bürgerschulen. gr. 8. (36 S.) Rochlitz 880, (Bode.) *

—— Rechenheft für Fortbildungsschüler in Städten und überhaupt in Orten mit gewerbetreibender Bevölkerung. In neuer Rechtschreibung. 2.—5. unveränd. Aufl. gr. 8. (36 S.) Rochlitz 881, Pretzsch.
Resultate. (5 S.) *

—— Rechenheft für Fortbildungsschüler in Städten und Orten mit gewerbetreibender Bevölkerung. [Neue Orthographie.] 6.—10. unveränd. Aufl. (36 S.) 1882; 11.—16. Aufl. 8. (40 S.) (Ebendas.) 883,84.

—— **einfache und combinirte Reduktionstabellen der österreichischen, ungarischen, deutschen, englischen und metrischen Maße und Gewichte. Für Ingenieure, Landwirthe, Fabrikanten, Aerzte, Apotheker, Kaufleute, Gewerbetreibende, sowie für die Zwecke des bürgerl. Lebens. [Mit einer Einleitung enth. die Gesetzartikel über die Einführung des Metersystems in Frankreich, Deutschland und Oesterreich. Unter Mitwirkung von Emil Wágner.] gr. 8. (152 S.) Budapest 875, Nagel. ***

– Der Wiener Safran . . ., s. Wagner, Lukas Fr.

Wagner, L., Versuch über Holzbahnen. Ein Beitrag zur Straßenbaukunde. Mit 2 Steintaf. gr. 8. Hanau 829. Edler. 16 K

Wagner, L., was hat ein Volk zu thun, wenn es dafür vom Herrn gezüchtiget wird, daß es eigenmächtig die ihm von Gott gegebene Regierungsform geändert hat? Predigt den 17. Mai 1848 zu Militsch gehalten. 8. (18 S.) (Schneidemühl 848, Eichstädt.) 1/12 ℛ

Wagner, L. F., Karte von Stuttgart und Umgebung. 1 : 36,000. Chromolithogr. qu. gr. 4. Stuttgart 888, (Metzler'sche Buchh., Sortiment.) **

Wagner, L. F. Stuttgart und Umgebung. 2 Bl. 1 : 10,000. Farbendr. gr. Fol. Stuttg. 890, (Metzler's Sort.). ** 8 50
Auf Leinw. m. Stäben ** 11 —

Wagner L F, Stuttgart und Umgebung. 1 : 35000. 4° Stuttgart

Wagner, Ladislaus v.

Wagner, L. v., die Bierbrauerei, s. a. Schauplatz, neuer, der Künste u. Handwerke.

WÁGNER, LADISLAUS VON.
Bierbrauerei (Die) nach dem gegenwärtigen Standpunkte der Theorie und Praxis des Gewerbes. Mit besonderer Berücksichtigung des Brauverfahrens in Ungarn-Oesterreich, Bayern, am Rhein, etc. Auf Grund eigener Erfahrungen sowie mit Benutzung der neuesten deutschen, englischen, und französischen Literatur bearbeitet. Vierte sehr vermehrte und gänzlich umgearbeitete Auflage von Chr. H. Schmidt's Grundsätze der Bierbrauerei. Weimar, 1869. **8vo.** Ill.

— Die Bierbrauerei nach dem gegenwärtigen Standpunkte der Theorie und Praxis des Gewerbes. Mit besonderer Berücksichtigung des Brauverfahrens in Ungarn-Oesterreich, Bayern, am Rhein, in den Niederlanden, Belgien, England und Schottland. Auf Grund eigener Erfahrungen sowie mit Benutzung der neuesten deutschen, franz. und engl. Literatur bearbeitet. 4. sehr verm. u. gänzl. umgearb. Aufl. von Chr. H. Schmidt's „Grundsätze der Bierbrauerei". Weimar 1870. Text 8°. Atlas von 13 Tfln. 4°.

Wagner. L. v.: Die Bierbrauerei nach dem gegenwärtigen Standpunkt der Theorie und Praxis des Gewerbes. 5. Aufl. 2 Bde. Weimar. 1877.

Wágner, Ladisl. Ritter v., Handbuch der Bierbrauerei, s.a. Schauplatz, neuer, der Künste und Handwerke.

Wagner, L. v: Handbuch der Bierbrauerei. Mit Atlas. 5. Aufl. Th. 1. 2. Weimar 1877. Atl. Fol.

Wágner, Ladisl. Ritter v., Handbuch der Bierbrauerei. Auf Grund eigener Studien u. prakt. Erfahrgn., u. unter Mitwirkg, hervorrag. Theoretiker u. Praktiker verf. 6. Aufl. 2 Bde. Mit 135 Holzschn. u. e. Atlas, enth. 27 (lith. Fol.-)Taf. m. 236 Abbildgn. gr. 8. (XVI, XIX, 1156 S) Weimar 884. B. F. Voigt. 12. —

Wágner, Ladislaus v., Handbuch der Landwirthschafts-Lehre. Mit zahlreichen in den Text eingedr. Abbildgn. (in Holzschn.) 1. Bd. Landwirthschaftliche Pflanzen-Productions-Lehre. Zum Gebrauche bei Vorlesgn. an landwirthschaftl. Hochschulen und Akademien sowie zum Selbststudium f. prakt. Landwirthe. Mit e. Anh. v. Reductionstabellen f. Maasse, Gewichte u. Geldwerthe. gr. 8. (576 S.) Pressburg 874. Heckenast's Verl. n. 12. —

Wágner, Ladisl. v., Handbuch der Spiritusfabrikation, s. Schauplatz, neuer, der Künste und Handwerke.

Wágner, L. v., Handbuch der Spiritusfabrikation, s. Ulbricht, R.

— Handbuch der Stärkefabrikation, s.a. **Schauplatz, neuer, der Künste u. Handwerke.**

WÁGNER, LADISLAUS VON.
Handbuch der Stärkefabrikation. . . . [First edition.] Braunschweig, 1876–77. 8vo. Ill.
Siebente Auflage. Braunschweig, 1886. 8vo. Ill.

— Handbuch der Stärkefabrikation. Mit besond. Berücksicht. der m. der Stärkefabrikation verwandten Industriezweige namentlich der Dextrin-, Stärkesyrup- u. Stärkezuckerfabrikation. Auf Grund eigener Erfahrgn., sowie m. Benutzg. der neuesten deutschen, französ. u. engl. Literatur. Mit e. Atlas v. 11 (lith.) Taf., enth. 128 Abbildgn. 2. Aufl. gr. 8. (XVII, 373 S.) Ebend. 884. 7. 50

— Handbuch der Tabak- und Cigarrenfabrikation, s.: Schauplatz, neuer, der Künste u. Handwerke.

— Hefe u Gährung nach dem heutigen Standpunkte der Wissenschaft. [Aus: „Handb. d. Bierbrauerei 5. Aufl."] gr. 8. (V, 67 S.) Weimar 877. B. F. Voigt. 1. 50

—— Milch, Butter und Käse. Prakt. Anleitung zur rationellen Behandlung der Milch, sowie zur Gewinnung von Butter und Käse nach den in Oesterreich-Ungarn, Deutschland, Italien, der Schweiz, Holland, Frankreich, England und Amerika üblichen Verfahrungsarten. Auf Grund eigener Erfahrungen, sowie mit **Benutzung der einschlägigen deutschen, französ. und engl. Literatur und unter Mitwirkung hervorragender Praktiker verfaßt. gr. 8.** (XII, 297 S. mit 145 in den Text eingedr. Holzst.) **Weimar 881, B. F. Voigt.**

Wágner, Ladisl. v., die Stärke-, Dextrin- u. Traubenzuckerfabrikation, s.: Otto-Birnbaum, Lehrbuch der rationellen Praxis der landwirthschaftlichen Gewerbe.

—— die Stärkefabrikation in Verbindung mit der Dextrin- und Traubenzuckerfabrikation, s.a. Otto-Birnbaum, Lehrbuch der rationellen Praxis der landwirthschaftlichen Gewerbe.

Wagner L. v.: Die Stärkefabrikation in Verbindung mit der Dextrin- u. Traubenzuckerfabrikation . . . Braunschw. 1876. 719 S. Fig. 3 Tvl. (= Lehrbuch d. rationellen Praxis d. landw. Gewerbe. Th. 5). 644.

—— die Stärkefabrikation in Verbindung mit der Dextrin- und Traubenzuckerfabrikation. Nach dem heutigen Standpunkte der Theorie und Praxis, auf Grund eigener Studien und prakt. Erfahrungen, sowie mit Benutzung des vorhandenen literar. Materials und unter Mitwirkung hervorragender Theoretiker und Praktiker verf. zugleich als 5. Theil zu Otto-Birnbaum's Lehrbuch der landwirthschaftl. Gewerbe. 7. Aufl. 2. durch Nachträge verm. Ausg. gr. 8. (XXXVI, 719 S. mit Taf. und Holzst.) Braunschweig 886, Vieweg und Sohn. *

—— Tabakkultur, Tabak- und Zigarrenfabrikation, } s.a. Schauplatz, neuer, der Künste und Handwerke.

Wágner, Ladisl., Tabakkultur, Tabak- u. Zigarrenfabrikation, sowie Statistik d. Tabakbaues, Tabakhandels u. der Tabakindustrie, m. besond. Berücksicht. der im Handel vorkomm. Tabaksorten, Zubereitg. u. chem. Analyse, Verfälschgn. u. Toxikologie d. Tabaks, nebst e. Anh., enth. das deutsche Tabaksteuergesetz vom 16. Juli 1879. 4. Aufl. Mit 106 in den Text gedr. Abbildgn. u. 2 lith. Taf. gr. 8. (XIX, 482 S.) Weimar 884. B. F. Voigt. 9. —

— Tabakkultur, Tabak- u. Zigarrenfabrikation, sowie Statistik des Tabakbaues, Tabakhandels u. der Tabakindustrie, m. besond. Berücksicht. der im Handel vorkomm. Tabaksorten, Zubereitg. u. chem. Analyse, Verfälschgn. u. Toxikologie d. Tabaks, nebst e. Anh., enth. das deutsche Tabaksteuergesetz v. 16. Juli 1879. 5. Aufl. gr. 8. (XX, 482 S. m. 106 eingedr. Abbildgn. u. 2 lith. Taf.) Weimar 888. B. F. Voigt. 6. —

WAGNER, LAURENZ JOSEPH: Das Begräbnisrecht der Regularen. In: Arch. f. kath. Krecht. NF. Jg. 33. 1878, S. 385-390.

Wagner, Leonh., 20 Beispiele über die Wirkung des Turnens auf die Entwicklung des Brustkorbes, Nürnberg, 1 Tab., 8°.

Wagner, Leonh., die elektr. Bleicherei. (III, 33 S. m. 20 Abbildgn.) **gr. 8. Wien 907. A. Hartleben.** n. 2. —

Wagner, Lor. Heinrich

— Progr. Beobachtt. u. Bemerkk. über d. Erziehung d. Menschen. 1e u. 2e Lief. gr. 8. Bayr. 809, 10.

— Grundriß d. reinen u. allgem. Logik für Gymnasien u. gelehrte Schulen. 8. Hof 806. Grau. 16 gr.

Wagner, Lor. Hnr., physiologisch-anthropologisches Lehrbuch für Gymnasien u. Schulen, nach Ith bearb. 8. Bayr. 805. Lübeck. 16 gr.

— Lehrbuch d. Religion u. Moral für d. mittleren Klassen d. Schulen u. für d. gebildete Jugend überhaupt. 8. Hof 803. Grau. 8 gr.

— über einige besond. in unsern Zeitalter zu beherzigende Pflichten d. Vaterlandsliebe. 8. Bayr. 805. Lübeck. 3 gl

Wagner Lothar: Zu den Schreibungen in den Registers of the Company of Stationers of London. 1554—1640.
H. 1909 PN 2628 Diss. Wien, Univ. 1985

Wagner, Ludw., moderne Decorations-Malereien in farbiger Ausführg. gr. Fol. (32 Taf.) Düsseldorf (901). F. Wolfrum. In Mappe n. 30. —

Wagner, Ludw., Einmaleins. — Der Zahlenquell. Aus dem Buchhandel zurückgezogen.

Wagner, Ludw., anschauliches Einmaleins u. Einsineins. (4 S.) 16. Diessen (909). J. C. Huber. — 05

Wagner, Ludw., farbige decorative Entwürfe f. d. Zeichen-Unterricht u. d. Kunstgewerbe. I. Abtlg. Fol. (30 Taf. in gr. Fol. m. 1 Bl. Text.) Düsseldorf 895. F. Wolfrum. In Mappe 24. —

Wagner, Ludw., kurzgefaßte Erklärung des kleinen Katechismus Luthers für Confirmanden zur Vorbereitung und Wiederholung. 8. (58 S.) Breslau 856, (Dülfer's Buchh.) *

Wagner, Ludwig [app. Arzt aus Darmstadt]: Aus d. patholog. Institut zu Giessen. Ein Fall congenitaler Atresie der A. pulmonalis, combinirt mit Tricuspidalstenose, bei geschlossener Kammerscheidewand. . . . Darmstadt, 1889; 23 S. 8°
Giessen, Med. Fak., Inaug.-Diss. v. 1889

Wagner, Ludw., Ferienkurse f. Ausländer in Kaiserslautern. Ausführl. Bericht üb. ihre Entstehg., ihren Zweck, ihre Entwicklg. u. ihren Verlauf. (IV, 128 S.) 8. Kaiserslautern 909. E. Crusius. 2. —

Wagner, Ludw. Das Gemeinde- u. Stiftungs-Rechnungswesen der Pfalz. Auf Grund der gelt. Normen dargestellt. 2 Bde. gr. 8. Kaiserslautern, Crusius. à Bd. * 6 —; * 12 —; geb. ** 7 50; ** 15 —
1. Die sogen. Gemeinderechnungs-Instruktion, das Rechnungswesen der Verzinsungskassen, der Distriktsgemeinden u. der öffentl. Sparkassen. (XI, 423 S.) 889.
2. Das gesamte Kultus-Rechnungswesen [kathol., protest., israel.] m. Interkalar-Rechnungswesen, das Rechnungswesen der öffentl. Armen- u. Krankenpflege, dann der Gemeinde-Krankenversicherung. (VII, 435 S.) 890.

Wagner, Ludw., Handbuch der Verfassg. u. Verwaltg. d. protestant.-evang.-christl. Kirche d. Pfalz, s.: Wand.

Die Humanität — das maurerische Licht beim Suchen unserer Zeit. Festzeichnung zur Lichteinbringung im Or. Neustadt „zur Freundschaft an der Haardt" von Ludwig **Wagner**. [Bayreuth 1909: Mühl.] 16 S. 8°. [Kopftit.] aus: BayrBbl. 9 (1908/09) S. 389 – 404.

Wagner, Ldw., s. Jugenderholungen, 3 Bde, u. setze hinzu: herausg. von F. X. Winkelmann u. L. Wagner.

Wagner, Ludwig *Friedrich Wilhelm* [aus Karlsruhe in Baden]: Ueber neuritische Muskelatrophie bei Tabes dorsalis ... Berlin, C. Vogts Buchdr., *1896*; 34 S., 1 Bl. 8.
Berlin, Med. Fak., Inaug.-Diss. v. 24. Juli 1896

Wagner, Ludwig (Offenbach)
Ueber die Addison'sche Nebennierenkrankheit.
Giessen: Brühl 1858. 92 S.
Diss. med. 16.7.1858. vorh. 7.11.

Wagner, Ludwig, Dr.: A. **Schule** und Schulhygiene. B. Neuere Ermüdungsmessungen mit dem Aesthesiometer. *Worms 1903: (Kranzbühler).* (16 S.) 4°
Worms, großh. G u. großh. R, P 1903 (730)

Wagner, Ludw., Talvj 1797—1870. Biograph. Skizze zur Erinnerg. an ihren 100. Geburtstag. 8. (24 S.) Pressburg 897. C. Stampfel. n. — 40

Wagner, Ludw., die Ueberbürdung in der Schule, s.: Bibliothek, natur- u. kulturphilosophische. 2. Bd.

Wagner, Ludw., Uberschau üb. das gemeine u. bayerische protestantische Kirchenrecht. Zunächst f. Geistliche u. Theologiestudierende bearb. gr. 8. (X, 262 S.) München 892. C. H. Beck. n. 3. 60

— Unterricht u. Ermüdg., s.a. Sammlung v. Abhandlungen aus dem Gebiete d. pädagog. Psychologie u. Physiologie, I. Bd., 4. Hft.

Unterricht und Ermüdung. Ermüdgsmessgn an Schülern d. neuen Gymn. in Darmstadt v. Dr. Ludwig **Wagner**. *Berlin: Reuther & Reichard 1898.* (134 S.) 8.
= Sammlung v. Abhandlungen a. d. Gebiete d. paedagog. Psychologie u. Physiologie. Bd 1. H. 4. (98. 1990

Wagner, Ludwig, gepr. Lehramtskand.: Krystallographisch-chemische Untersuchung der Halogenide aliphatischer Ammoniumbasen. Leipzig: W. Engelmann 1907. 56 S. 8° ¶ Aus: Zeitschrift f. Krystallographie u. Mineralogie. Bd 43.
München, Dr.-Ing.-Diss. v. 31. 12. 1906

Den Verwandten und Freunden der heimgegangenen Pastorin Caroline **Henriette** Eleonore **Schreiter**, geb. von Wagner, statt besonderer brieflicher Mittheilung zur Erinnerung gewidmet von ihrem Neffen, Pastor Ludwig Wagner. (Schleswig. 1879.) 8°

— Der Zahlenquell. Eine Sammlung lebensvoller Rechenaufgaben im Anschluß an den ersten Sachunterricht. (38 S.) gr. 8. Ebd. (909). 1. 50

Wagner, Ludw. A., vom Glück. Eine dramat. Dichtg. in 4 Aufzügen (8 Verwandlgn.) (157 S.) 8. Bielefeld (905). R. Klinker. n. 2. 50

Wagner, Ludw. A., Huldigg. zu Weimar. Ein lyr. Bühnenspiel. (77 S.) 8. Weimar (910). G. Kiepenheuer. 1. —

— Susanna. Eine Tragödie in 3 Aufzügen. (138 S.) 8. München (908). Etzold & Co. 2. —

Wagner, Ludwig Friedrich (Tübingen) A. S. 843/34

Dissertatio inauguralis ex jure publico de insigni praeeminentia principum imperii majorum prae principibus et statibus aliorum Europae regnorum.
Präs. Johann Theodor Scheffer.
Tübingen (Sigmund) XI. 1732. 68 S.

W. v.: Präs., Daniel Maichel, Christoph Matthaeus Pfaff, Jo. Jakob Helfferich, Gabriel Schweder, Georg Friedrich Harpprecht, Wolfgang Adam Schoepff, Christoph Friedrich Harpprecht. 35637

Wagner, Ludwig Friedrich (Tübingen) A. S. 119/23

Dissertatio inauguralis ex jure publico de insigni praeeminentia principum imperii majorum prae principibus et statibus aliorum Europae regnorum.
Präs. Johann Theodor Scheffer. Rec.
Tübingen (Eisfeld) 1743. 72 S.

Diss. XI. 1732. 35638

Wagner, Ludw. Gustav (Waechtersbach)
Dissertatio inauguralis medica de salutaribus et noxiis frigoris in corpus humanum effectibus.
Giessae 21. März 1780: Braun. 47, (1) S. 4°
pro gradu doctoris.

Wagner, Luk. Fr., d. Wiener Safran u. d. Spalter Hopfen in Baiern, mit Kpf. 8. Münch. 783. (Fleischmann). 3 gl 2e A. Friedberg 784.

Wagner, L., d. Wiener Safran in Bayern, m. K. 8., München, Strobl. 784.

— Unterricht, wie man den Wiener Safran ꝛc., s. L. Frhr. v. Hartmann, Abhandl. von einigen nützl. Verbesserungen ꝛc.

Wagner, M., Darstellung, wie die Fibeln u. d. Lesebuch in d. Volksschule in lese-, denk-, rechtschreib-, sprach- u. aufsatzlehrl. Hinsicht gebraucht werden können, od. vielmehr sollen. Od.: Nachweise, daß e. Lesebuch f. d. Volksschule wirkl. „Alles in Einem" f. dies. enthalten kann, od. vielmehr soll. gr. 8. (29 1/2 B.) Köln 839, J. G. Schmitz. *

—— method. Handbuch hierzu. gr. 12. (4 1/2 B. u. 1 Stnt. qu. Fol.) Ebds. 834.

—— method. Handbuch hierzu. 1. Aufl. (6 B.) 833. 8 Gr., 2., umgearb. Aufl. (7 2/3 B.) gr. 12. Ebds. 834.

—— method. Handbuch zu d. Uebungsbuche f. d. schriftl. Aufsätze in Volksschulen. 1. Aufl. (4 1/2 B.) 835. 1/3 Thlr., 2., verb. u. sehr verm. Aufl. gr. 12. (7 1/2 B.) Essen 837, Bädeker.

—— method. Handbuch hierzu. gr. 12. (3 1/2 B.) Essen 836, Bädeker.

—— method. Handbuch hierzu. Wort- u. Satzlehre f. d. unt. Klassen. 3., ganz umgearb. Aufl. gr. 12. (8 2/3 B.) Essen 838, Bädeker. Thlr.

Wagner, M., wohlfeiles Hülfsbuch für Bürger- u. Bauersleute bei Anfertigung jeder Art schriftlicher Aufsätze. 1. Abth. 3. unveränd. Aufl. 8. Essen 843, Bädeker. 1/8 ß

Wagner, M., Lehr- u. Lesebuch üb. Gott, Mensch, Natur u. Kunst f. d. untern Klassen e. Volksschule. 1. Aufl. 8. (8 B. u. 1 Stnt.) 831., 2., verm. u. verb. A. gr. 12. (6 B. u. 1 Stnt.) Essen 835, Bädeker. à

—— method. Leitfaden f. d. Rechtschreib-Unterricht in Volksschulen, Seminarien u. d. untern Klassen e. höh. Bürgerschule. 1. Aufl. (4 B.) 833. 6 Gr., 2. A. (5 B.) gr. 12. Essen 835, Bädeker.

— methodischer Leitfaden für den Rechtschreib-Unterricht in Volksschulen und Seminarien. Nebst einem Uebungsbuche f. d. Schüler d. Volksschule. 3. Aufl. gr. 12. Ebend. 841. 1/3 ß

— und sein Sohn Jak. Wagner, Lesebuch für die mittlern Klassen einer Volksschule. Bearbeitet nach dem Grundsatze: Alles in Einem. 1e Lfrg. A. u. d. T.: Naturlehre für Volksschulen. 1e Abthl. Das für Jeden Nothwendige aus der Naturlehre. (Uebungsbuch.) gr. 12. Ebd. 837. 1/6 ß

—— Lesebuch f. d. Volksschule. Bearb. nach d. Grundsatze: Alles in Einem. I. Abthl. Die Schule u. d. Haus. gr. 12. (7 1/2 B.) Essen 838, Bädeker.
Früher unt. d. T.: Lehr- u. Lesebuch üb. Gott, Mensch, Natur ꝛc.

—— erstes Lesebüchlein f. d. unterst. Klassen d. Volksschulen. 8. (1 1/2 B.) Essen 834, Bädeker.

—— erstes Lesebüchlein f. d. untersten Klassen d. Volksschulen. 4. u. 5., unveränd. Aufl. 8. (à 1 1/2 B.) Essen 840, 42, Bädeker. à

—— zweites Lesebüchlein f. d. untersten Klassen d. Volksschulen. 8. (2 1/4 B.) Ebds. 834.

—— zweites Lesebüchlein ꝛc. 4., unveränd. Aufl. 8. (2 1/4 B.) Ebds. 841.

— Lesefibel, bearbeitet nach den in meiner „Darstellung" ausgesproch. Grundsätzen. 2 Abthl. 8. Köln 841, J. G. Schmitz. 1/8 ß

—— Leseübungen f. d. Schultafel. Ein beim Gebr. meiner Fibel nöth. Hülfsmittel f. d. Lehrer. 2 Abthln. 8. (2 B.) Köln 841, J. G. Schmitz.

Wagner, M. Lettres sur l'expédition de Constantine. Trad. de l'allemand par Marq. de Kercado Molac. Mit Krt.
Augsbourg 1838. 143 S.

— mehrere Sendschreiben zunächst an die Volksschullehrer, dann auch an die Volksschulbehörden. 1. Sendschreiben. gr. 8. Neuß 846, Schwann. n. 8 ngl

Wagner, M., († d. 13. Sept. 1853), mehrere Sendschreiben, zunächst an die Volksschullehrer, dann auch an die Volksschulbehörden. I. Sendschreiben. gr. 8. (88 S.) Neuß 847, Schwann. n. 8 ngl

— u. C. Th. J. **Schwab,** Sittenspiegel für die kathol. Jugend. Ein Lesebuch für Schule u. Haus. 1. Thl. Für Kinder vom 6. bis 10. Jahre. 8. (106 S.) Coblenz 847, Reiff. n. 1/6 ß

— deutsche Sprachlehre für Schulamts-Aspiranten u. Präparanten, für Seminaristen u. Lehrer u. für Jeden, welcher seine Sprache genauer kennen und richtig gebrauchen lernen will. (1. Thl.) gr. 12. Ebend. 846. n. 8 ngl

— dies. (2. Thl.) gr. 12. Ebend. 846. n. 4 ngl

—— Uebungsbuch f. d. schriftl. Aufsätze in Volksschulen. 1. u. 2. Abthl. gr. 12. Essen, Bädeker.
Abthl. 1. Briefe aus dem Kinderleben. 1—4., unveränd. Aufl. (à 2 B.) 835—40. à * 2 Gr.
„ 2. Briefe u. andere Aufsätze, die jeder Bürger u. Bauer anfertigen, od. doch wenigstens kennen lernen muß, wenn er seiner Haushaltung gehörig vorstehen will. — A. u. d. T.: Wohlfeiles Hülfsbuch f. Bürger- u. Bauersleute bei Anfertigung jeder Art schriftl. Aufsätze. 1. Abthl. 1. Aufl. (3 1/2 B.) 835., 2. u. 3., verb. u. verm. A. (à 4 B.) 839, 43. à 3 Gr.

—— und Jak. Wagner, Uebungsbuch zu d. Naturlehre f. Volksschulen. 1. Abthl. — A. u. d. T.: Lesebuch f. d. mittleren Klassen ein. Volksschule. 1. Lfg.: Naturlehre. gr. 12. (3 B.) Essen 837, Bädeker.

—— —— method. Handbuch hierzu. gr. 12. (7 2/3 B. u. 1 Stnt.) Essen 837, Bädeker.

—— Uebungsbuch f. d. Rechtschreib-Unterricht in Volksschulen. 3., unveränd. Aufl. gr. 12. (3 1/2 B.) Essen 843, Bädeker.

—— Uebungsbuch f. d. deutschen Sprachunterr. in Volksschulen. 2 Abthln. gr. 12. Essen, Bädeker.
Abthl. 1. Die wichtigsten Wortarten u. ihre Biegung. 2., verm. Aufl. (3 B.) 833. 3 Gr., 3., umgearb. A. (4 B. u. 1 1/2 B. Tab. 4.) 834. 4 Gr.
„ 2. Satzlehre. 2., verm. u. verb. Aufl. (2 2/3 B.) 833. 3 Gr.

—— Uebungsbuch für den deutschen Sprachunterricht in Schulen. 2 Abthln. gr. 12. Essen, Bädeker.
Abthl. 1. Wortlehre f. d. unt. Klassen. 4., u. 5., ganz umgearb. Aufl.— A. u. d. T.: Sach- u. Formenlehre d. deutschen Sprache. (7 1/4 B. u. 1 1/4 B. Tab.) 836, 38. à 6 Gr.
Abthl. 2. Das Gemeinnützlichste aus d. Satzlehre. 3. u. 4. Aufl. (à 3 B.) 837, 42. à * 4 Gr.

—— Uebungsbuch für den deutschen Sprachunterricht in Schulen; dann auch brauchbar für Jeden, welcher seine Sprache genauer kennen und gebrauchen lernen will. I. Uebungsbuch: Wortlehre. 6., umgearb. Aufl. Nebst einem Methodenbuche für den Lehrer. gr. 12. (180 S.) Essen 848, Bädeker.

—— dass. — 2. Uebungsbuch: Satzlehre. 5., umgearb. Aufl. gr. 12. (100 S.) Ebds. 849. *

—— Uebungsbuch f. d. Unterr. üb. d. Unterscheidungszeichen in Volksschulen. gr. 12. (4½ B.) Essen 836, Bädeker.

—— Uebungsbüchlein hierzu. 1. Aufl. (1¼ B.) 833. 2 Gr., 2. A. (3½ B.) gr. 12. Ebds. 835.

Wagner, M., psychobiologische Untersuchungen an Hummeln, s.a.Zoologica. 46. I.

M. Wagner, Psychobiologische Untersuchungen an Hummeln. T. 1. Stuttgart: E. Schweizerbart 1906. 4°
= Zoologica. Bd 19, Lfg 2. [06. 8003

Wagner, M., Untersuchungen über die Resorption der Calcium-Salze und über die Abstammung der freien Salzsäure im Magensaft, nebst einigen Erörterungen über die Pathogenese der Rachitis. gr. 8. (38 S.) Zürich 883, (Orell, Füssli und Comp.) *

Wagner, M. H., Kräfte und Phänomene der Natur. Physikalische Schilderungen. gr. 8. (157 S. mit 67 in den Text gedr. Abbild. in Holzschn.) Troppau 867, Kolck.

—— Kräfte und Phänomene der Natur. Physikalische Schilderungen. 2. Aufl. gr. 8. (157 S. mit 58 in den Text gedr. Abbild. in Holzschn.) Ebendas. 869.

—— der Schwämme-Sammler. Geniessbare Schwämme und ihre Merkmale mit erläut. in den Text gedr. chromo-xylograph. Abbild. gr. 8. (21 S.) Troppau 867, Kolck. *

—— aus dem Weltall. Populäre naturwissenschaftl. Aufsätze für Leser aller Stände. gr. 8. (104 S. mit eingedr. Holzschn.) Troppau 867, Kolck. *

Wagner, M. H., aus dem Weltall. Populäre naturwissenschaftl. Aufsätze für Leser aller Stände. 2. Aufl. gr. 8. (103 S. mit 12 in den Text gedr. Abbild. in Holzschn.) Leobschütz 869, Schiffmann.

WAGNER, Marcus, Der uhralten Deutschen Ehestandt. Frimariae 1583. 4°. (In Dresden.) Rariss.
P. E. Richter, Bibl. geogr. Germaniae. Lpz. 1896. S. 380.

Gruss der Schwestern bei der Überreichung der Altar-Decken zur Hundertjahr-Feier der vier vereinigten Logen von Royal York zur Freundschaft in Berlin am 11. Juni 1898. [Unterz.:] Martha Wagner. Berlin [1898]: Denter & Nicolas. 2 Bl. 8°.
„Licht und Liebe, Gottvertrauen ..."
abgedr. in: Schwesternfest der vier vereinigten Logen usw. 1898.

Gruss der Schwestern bei der Ueberreichung der Altar-Decken zur Hundertjahr-Feier der vier vereinigten Logen von Royal York zur Freundschaft in Berlin am 11. Juni 1898. [Unterz.:] Martha Wagner. [Berlin 1898]: Denter & Nicolas. 2 Bl. 8° [Umschlagtit.]
Gedicht: „Licht und Liebe, Gottvertrauen ..."

Wagner, [Martin]: Die Beziehungen zwischen Schule und Haus. Altona 1910: Gehricke. S. 1—12. 4°
Altona, st. HM u. st. h. Lehrerinnen-Sm P 1910 [5] [S 10. 460

Wagner, M., die biblische Geschichte als Grundlage der religiösen Unterweisung. Vortrag, geh. im kirchl. Verein zu Hamburg am 4. I. 1905. (16 S.) gr. 8. Hamburg 905. Ev. Buchh. n. — 30

— dasselbe, s.a. Vorträge üb. Erziehung auf christl. Grundlage.

Wagner, Mart., die Hauptschwierigkeiten des christl. Religionsunterrichts. [Aus: „Kehr's pädagog. Blätter".] gr. 8. (24 S.) Gotha 897. E. F. Thienemann. n. — 50

Lehrerin und Diakonisse v. Martin Wagner. Altona. 1904. 4°

Wagner [Martin], Direktor: Zur Orientierung über die geplante Umgestaltung des höheren Mädchenschulwesens. Altona 1907: M. Gehricke. (S. 3—6.) 4°
Altona, st. HM u. st. Lehrerinnen-Sm P 1907 [5]

Wagner, Mart., die Parteiungen im jüdischen Volke zur Zeit Jesu (Pharisäer u. Sadducäer, s.a. Sammlung gemeinverständlicher wissenschaftlicher Vorträge.

Wagner M, die Parteiungen im judischen Volke zur Zeit Jesu. Pharisäer und Sadducäer. (Sammlung wissenschaftlicher Vortrage N F 178) Hamburg 1893

Wagner, [Martin], Direktor: Über Persönlichkeitsbildung. Rede des Direktors bei der Einweihung des neuen Schulhauses. Altona 1906: M. Gehricke. (S. 7—14.) 4°
Altona, st. HM P 1906 [4]

— Soldatenlieder aus d. deutsch-französ. Kriege v. 1870/71, s.a. Sammlung gemeinverständl. wissenschaftl. Vorträge.

[F.] Soldatenlieder aus dem deutsch-französischen Kriege von 1870/71. Von Martin Wagner, Dir. ... in Altona. *Hamburg: Verlagsanst. u. Dr. A. G. 1896.* (48 S.) 8.
= Sammlung gemeinverständl. wiss. Vorträge. N. F. Ser. 11. H. 241. [96. 3435

Wagner, Martin [cand. phil.]: Untersuchung über die Ryswijker Religions-Klausel. ... Jena, Frommannsche Buchdr. (Hermann Pohle), 1889; 1 Bl. + 91 + 1 S. 8°
Jena, Phil. Fak., Inaug.-Diss. v. 1889.

Wagner, Mart. Untersuchung üb. die Ryswijker Religions-Klausel. Diss. gr. 8. (92 S.) Jena 889. (Berl., Weber.) * 1 80

Wagner, (Martin) [Oberl.]: Das Verhältnis des Natürlichen zum Göttlichen im alten Testament. Sondershausen, Hofbuchdr. v. F. A. Eupel, 1890; S. 3–20; 4°
Sondershausen, fürstl. G, OP 1890

Das erste Vierteljahrhundert der Städtischen Höheren Mädchenschule in Altona v. Martin Wagner. Altona. 1902. 4°

Wagner, Mart. v. Der Walhallafries. qu. 4. (65 Lichtdr.-Taf. m. 8 S. Text.) Würzb. 889, Hertz. In Mappe ** 25 —

Wagner, Matheus, Dichtgn. e. Achtzigjährigen. (48 S. m. Bildnis.) 8. München (906). Seitz & Schauer. n. 1. 50

Wagner, Mathilde, approb. Arzt aus Frankfurt a. M.: Aus d. Frauenklinik d. Universität Freiburg i. B. Entwicklungsstörungen bei Tuberkulose. *Freiburg i. B. 1901: Ch. Lehmann's Nachf.* (58 S.) 8°
Freiburg i. B., Med. Diss. v. 1901

Wagner, Max, über die operative Behandlung der Naso-Pharyngealtumoren. Inaugural-Dissertation. gr. 8. (47 S. mit 1 Stnt.) Jena 873, Neuenhahn. *

Wagner, Max The english dramatic blanc-verse before Marlowe I. 16 S. II. 24 S. Progr. *Osterode Pr.* 1881. 1882

Wagner, Max, Rechtspraktikant a. Abensberg: Die Ehefrau als selbständige Inhaberin eines Erwerbsgeschäftes unter Berücksichtigung der verschiedenen Güterstände des bürgerlichen Gesetzbuches. Abensberg 1907: Senn. (IV, 69 S.) 8° [Ü.]
Erlangen, Jur. Fak., Ref. Sehling, Diss. v. 3. Okt. 1907
[Geb. 27. Febr. 79 Abensberg; Wohnort: München; Staatsangeh.: Bayern; Vorbildung: Gymn. Regensburg Reife M. 99; Studium: München 2, Würzburg 2, Leipzig 2, Erlangen 2 S.; Rig. 5. März 07.]

Wagner, Max: Die Ehefrau als selbständige Inhaberin eines Erwerbsgeschäftes unter Berücks. d. verschiedenen Güterstände d. bürgerl. Gesetzbuches. — Abensberg 1907: Senn. IV. 69 S. 8°
Erlangen. Jur. Diss. v. 3. Okt. 1907.

Wagner, Max, Étude sur l'usage synthaxique dans „La Semaine", poème épique de Du Bartas. Inaugural-Dissertation. gr. 8. (59 S.) Königsberg 876, Hartung'sche Verlagsdruckerei. *

Wagner, Max, das Fischerei-Gesetz f. das Königr. Bayern v. 15.VIII 1908, s.a. Gesetzsammlung, populäre. I.

Wagner, M., Das Fischerei-Gesetz f. das Königr. Bayern vom 15. VIII. 1908 nebst den Vollzugsvorschriften zum Gesetze vom 19. III. 1909, der Landesfischereiordnung vom 23. III. 1909 u. den übrigen zum Gesetze erlassenen Vorschriften. Mit gemeinverständl. Erläutergn. (VII, 192 S.) kl. 8. Diessen, J. C. Huber. 1909. Kart. 2. —

Wagner, Max, Geographie als erweiterte u. vertiefte Heimatkunde, theoretisch begründet u. an zahlr. Beispielen praktisch dargestellt. 2., umgestaltete u. wesentlich verm. Aufl. des Sonderdr.: Otto Mönch, Geographie als erweiterte Heimatkunde. (72 S.) 8. Leipzig 908. A. Hahn. 1.—; kart. 1.25

Wagner, Max, aus Düsseldorf: Die englische Kirchenpolitik unter König Richard II. (1377—1399). *Bonn 1904: S. Foppen.* (208 S.) 8°
Freiburg i. B., Phil. Diss. v. 1904

Wagner, Max, Lehrmittel üb. gesunde u. kranke Hufform u. üb. Hufbeschlag. In 13 Lichtdr-Taf. zusammengestellt nach den Sammlgn. der Altonaer Hufbeschlagschule. gr. 8. (III S.) Hamburg 894. (Altona, A. Send.) n.n. 3. —

Wagner, Max, zur Naturgeschichte des Fortbildungsschülers. Ein Beitrag zur Kenntnis der Altersstufe, die in den Fortbildungsschulen unterrichtet wird. (53 S.) 8. Leipzig 907. A. Hahn. — 80

Wagner, Max, u. Jul. **Ephraim,** das österreich. Patentgesetz u. d. chem. Industrie. [Aus: „Deutsche Chemiker-Zeitg."] gr. 8. (101 S.) Berlin 897. E. Grosser. n. 1.20

Wagner, Max [aus Langenhorn i. Hamburg]: Über die Prognose der penetrirenden Magenverletzungen ... Halle a. S., Hofbuchdr. v. C. A. Kaemmerer & C., 1893; 29 S., 1 Bl. 8.
Halle, Med. Fak., Inaug.-Diss. v. 4. März 1893

Von der Schauenburg. Sinfon. Dichtung f. Orchester von **Max Wagner.** Op. 18. Ausg. f. Piano zu 2 Händen arr. vom Comp. *Berlin: B. Scheithauer [1895].* (15 S.) 4° [Umschlagt.] [96. 7338

Wagner, Max, pflanzenphysiolog. Studien im Walde. (XII, 177 S. m. 2 Abb. u. 6 Taf.) gr. 8. Berlin 907. P. Parey. 4.50

Wagner, Max, Ziffferntafel „Unerschöpflich". Hunderte v. Uebgn., Hunderttausende v. Aufgaben auf e. Karton v. 200 qcm. Für Kopf- u. Tafel-, Zahlen- u. Zifferrechnen, Rechnen m. reinen u. m. benannten, m. ganzen u. m. gebrochenen Zahlen, alle Zahlenräume u. die bürgerl. Rechnungsarten, Schule u. Haus, Lehrer u. Schüler. (32 S. m. Fig. u. 1 Ziffern-taf.) gr. 8. Leipzig 904. E. Wunderlich. n. — 60

Wagner, Max [Grossh. Bad. Forstpraktikant]: Das Zeidelwesen und seine Ordnung im Mittelalter und in der neueren Zeit ... München, *Druck v. C. Gerber,* 1894; IV, 89 S., 1 Taf., 3 Kt. 8.
München, Staatswirtsch. Fak., Inaug.-Diss. v. 1895

Wagner, Max, das Zeidelwesen u. s. Ordnung im Mittelalter u. in d. neueren Zeit. E. Beitrag zur Geschichte d. Waldbenutzg. u. Forstpolitik. gr. 8. (IV, 89 S. m. 1 Taf. u. 3 Tab.) München 895. M. Kellerer. n. 2.50

Wagner, Max [aus Leipzig]: Die Zersetzungsgeschwindigkeiten der Schwefelstickstoffsäuren ... (Aus: Zeitschr. f. physik. Chem., Bd XIX Heft 4.) Leipzig, W. Engelmann, 1896; 23 S. 8.
Leipzig, Phil. Fak., Inaug.-Diss. v. [10. Mai] 1896

Wagner, Max *August* [aus Hamburg]: Über ββ-Dimethyl-γγ-dipyridyl ... Kiel, Druck v. A. F. Jensen, 1893; 35 S., 2 Bl. 8.
Kiel, Phil. Fak., Inaug.-Diss. v. [3. Aug.] 1893

Wagner Max Leopold: Beiträge zur Kenntnis des Judenspanischen von Konstantinopel (mit 1 Schrifttaf. und 3 Abbildungen im Texte). Siehe Band 11 der Schriften der Balkankommission. Linguistische Abteilung.

Wagner, Max Leopold, a. München: Lautlehre der südsardischen Mundarten. Mit besonderer Berücksichtigung der um den Gennargentu gesprochenen Varietäten. Halle 1907: E. Karras. (VII, 86 S., 11 Karten.) 8° [Aus: Zeitschrift f. roman. Philologie Beih. 12.]
Würzburg, Phil. Fak., Ref. Schneegans, Diss. v. 30. Okt. 1907
[Geb. 17. Sept. 80 München; Wohnort: Konstantinopel; Staatsangeh.: Bayern; Vorbildung: Gymn. Neuburg a. D. Reife Juli 99; Studium: München 5, Würzburg 2, Paris 2, Florenz 1 S.; Rig. 27. Jan. 07.]

Wagner, Max Leop., Lautlehre der südsardischen Mundarten, m. besond. Berücksicht. der um den Gennargentu gesprochenen Varietäten, s.a. Zeitschrift f. romanische Philologie. 12. Beiheft.

Wagner, Max Leopold: Lautlehre der südsardischen Mundarten. Mit besond. Berücks. der um den Gennargentu gesprochenen Varietäten von Max Leopold Wagner. Mit 11 Karten. Halle a. S.: M. Niemeyer 1907. (XI, 86 S.) 8°
(Zeitschrift f. romanische Philologie. Beihefte. 12.)

Wagner, M., Biologie unserer einheim. Phanerogamen, s.a. Sammlung naturwissenschaftlich-pädagogischer Abhandlungen. VIII, 1.

Biologie unserer einheimischen Phanerogamen. Ein systemat. Überblick u. e. übersichtl. Zusammenstellung der f. d. Schulunterr. in Betracht kommenden pflanzenphysiolog. Stoffe. Von M(aximilian) **Wagner** in Eisenach. Leipzig & Berlin: B. G. Teubner 1908. (XII, 190 S.) 4°(8°)
= **Sammlung** naturwissenschaftl.-pädag. Abhandlungen. Bd 3, H. 1. [08.9690

Wagner, Maximilian [Kammerger.-Ref.]: Örtliche und zeitliche Kollision der Gesetze über die Verjährung persönlicher Ansprüche ... Berlin, Buchdr. G. Schenck, Kgl. Hofbuchh., 1895; XIII, 52 S. 8.
Göttingen, Jur. Fak., Inaug.-Diss. v. [16. März] 1895

Wagner, Beitr. z. philosophischen Anthropologie u. den damit verwandten Wissenschaften. 1. Bd. 1792. 2. Bd. 1796. Wien. 8°. (Ausführlich in: *Friedrich,* Literärgeschichte 1830, S. 581—596.)

Wagner Mich., Beyträge z. philosophischen Anthropologie, Psychologie u. d. damit verwandten Wissenschaften. 2 Bde. gr. 8. Wien, Schaumburg. 794–96. (1r 1 Rthlr. 2r 21 gr.)

Wagner, Dr. Michael, k. k. Reg.-Feldarzt im deutschbanater 12. Gränz-Reg. Bilder aus dem Leben Sr. Majestät unseres allergnädigsten Kaisers Franz Josef I. Ein poetisches Kränzchen allen guten Staatsbürgern gewidmet. kl. 4. Pancsova (1852).

Wagner, Mich., († d. 23. Jan. 1796.) tabellar. Handbuch zur Berechnung d. Geld- u. Wechsel-Arbitragen, für d. meisten europ. Wechselgeschäfte brauchbar. 8. Leipz. 790. Reinicke in Halle. 16 ℊℊ

v. Wagner, Mich., († im Oct. 1812.), s. Pinel, Abhandl. über Geisteszerrüttung.

— Specialregeln zur Berechnung d. Wechselcourse u. Arbitragen, auf d. Leipziger Wechselgeschäfte eingerichtet. 8. Leipz. 787. Göthe. 16 ℊℊ gr. 8. Dresd. 805. Hilscher. (Reimann in Leipz.) 12 ℊℊ (NB. Soll von Jh. Andr. Wagner seyn.)

Wagner, Mich., gemeinnützige Specialregeln zur Berechnung der Wechselcurse u. Arbitrage auf die Leipziger Wechselgeschäfte eingerichtet. 8. Dresden 805. (Melzer in Leipzig.) ½ ℛℊ

— neuestes merkantil. Taschenbuch, oder tabellar. Handleitung z. Berechn. v. Geld- u. Wechselcours-Geschäften. gr. 8. Ebend. 805. — 16

Wagner, Mich. Joh., Jubel-Predigt, geh. als d. Pfarrer Carl Prinz nach verlauf. fünfzig Jahren die Erneuerung seines ersten heil. Meßopfers in Strengberg d. 16. Sept. 1838 feierlich beging. gr. 8. (1 B.) Linz 838, Huemer.

Wagner, Mor., die deutsche Arbeiterversicherung. Ihre Entstehg. u. Weiterentwicklg. (VII, 314 S.) gr. 8. Berlin-Grunewald 906. Gr.-Lichterfelde, Verlag der Arbeiter-Versorgg., A. Troschel. n. 5. —

Wagner, Baden in der Schweiz als Terrain-Kurort. Mit e. Karte der Umgebg. Badens u. 4 graph. Taf. zur Illustration der Steigungsverhältnisse der Kurwege. gr. 8. (III, 40 S.) Baden 886. (Doppler.) 1. 70

Wagner, Moritz. Die Behandlung der Frauenkrankheiten durch die Thermen zu Baden im Aargau. 8. Baden 1873.

— Beiträge zur Frage der Arbeitslosenfürsorge in Deutschland. (III, 95 S.) gr. 8. Ebd. 904. n. 2. —

Wagner, Mor., Beiträge zur Meteorologie und Klimatologie von Mittel-Amerika. gr. 4. (31 S.) Dresden 864. (Jena, Fr. Frommann.) *
Aus: Verhandlungen der k. Leop.-Carol. deutschen Akademie der Naturforscher, besonders abgedruckt.

Wagner, Mor., Beiträge zu einer physisch-geographischen Skizze des Isthmus von Panama, s. a. Mittheilungen aus J. Perthes geographischer Anstalt.

Wagner, Moritz: Beiträge zu einer physisch-geographischen Skizze des Isthmus von Panama. Mit einer Karte. Gotha 1861. 26 S.
= Ergänzungsheft zu Petermann's Geographischen Mittheilungen. No. 5. 8°.

Wagner, Mor., Betrachtungen über die militärische Lage unseres Vaterlandes. gr. 8. (48 S.) Aarau 878, Sauerländer's Verlag.

Wagner, Mor., und Carl Scherzer, die Republik Costa Rica in Central-Amerika mit besonderer Berücksichtigung der Naturverhältnisse und der Frage der deutschen Auswanderung und Colonisation. Reisestudien und Skizzen aus den Jahren 1853 und 1854. Mit 1 (lith. u. color.) Karte (in 4.). Leipzig 856. Arnold. gr. 8. (XVI, 578 S.) n. 3 ℛℊ.

Wagner, Moritz und Carl Scherzer: Die Republik Costa Rica in Central-Amerika mit bes. Berücks. der Naturverhältnisse und der Frage der dt. Auswanderung und Colonisation. Reisestudien und Skizzen aus den Jahren 1853 und 1854. 2. Aufl. — Lpg: Arnold 1857. XVI, 578 S., 1 Kt. [1. Aufl. 1856.]

Wagner, Moriz. Über den Einfluss der geographischen Isolirung und Colonienbildung auf die morphologischen Veränderungen der Organismen. Vortrag. München 1870.

Wagner, Mor. Die Entstehung der Arten durch räumliche Sonderung. Gesammelte Aufsätze. Nach letztwill. Bestimmg. d. Verstorbenen hrsg. v. Mor. Wagner. gr. 8. (VII, 667 S.) Basel 889, Schwabe. * 12 —

Wagner, Mor., der Kaukasus und das Land der Kosaken in den J. 1843 bis 1846. 2 Bde. 1. Ausg. (XII und 469 S.) 1848. * 2 Thlr. 18 Ngr. und 2. (Titel-)Ausg. 8. (XV und 466 S.) Leipzig 850, Arnoldische Buchh. *

—— über die Naturverhältnisse der verschiedenen Linien, welche für einen Durchstich des centralamerikanischen Isthmus in Vorschlag sind. gr. 4. (61 S.) München 869, (Franz'sche Buchh.) *
Aus: Abhandlungen der k. bayer. Akademie der Wissenschaften, besonders abgedruckt.

— Reise nach dem Ararat, siehe a. Reisen u. Länderbeschreibgn. 35. Lfg.

Wagner, Moriz: Reise nach dem Ararat und dem Hochland Armenien. Mit einem Anhange: Beiträge zur Naturgeschichte des Hochlandes Armenien. Stuttgart u. Tübingen 1848. XII. 341 S. 8°.

—— Reise nach Kolchis und nach den deutschen Colonien jenseits des Kaukasus. Mit Beiträgen zur Völkerkunde und Naturgeschichte Transkaukasiens. 8. (VIII und 341 S.) Leipzig 850, Arnoldische Buchh. *

—— Reise nach Persien und dem Lande der Kurden. 2 Bde. gr. 8. Leipzig, Arnoldische Buchh. [1. (VIII und 360 S.) 851., 2. (IV und 360 S.) 852.] *

Wagner, Moritz, Reisen in d. Regentschaft Algier, in d. J. 1836, 1837 u. 1838. Nebst e. naturhistor. Anhang. 3 Bde. gr. 8. (74¾ B. u. 1 Kpfratlas mit 11 col. u. 6 schw. Taf., 1 lith. Karte, Roy.-Fol. u. ½ B. Erklär.) Leipzig 841, Voss. *
Der 3. Bd. a. u. d. T.: Bruchstücke zu e. Fauna d. Berberei, mit besond. Rücksicht auf d. geograph. Verbreit. d. Thiere am Becken d. Mittelmeeres, hrsg. v. J. F. Brandt in St. Petersburg, M. Erdl in München, W. F. Erichson in Berlin, C. L. Koch in Regensburg, H. Nathusius in Hundisburg, E. A. Rossmaessler in Tharandt, H. Schlegel in Leyden, A. Wagner in München u. R. Wagner in Göttingen.

—— naturwissenschaftliche Reisen im tropischen Amerika ausgeführt auf Veranlassung und mit Unterstützung weil. Sr. Maj. des Königs Max II. von Bayern. gr. 8. (XXIV, 632 S.) Stuttgart 870, Cotta'sche Buchh. *

Wagner, Mor., und Carl Scherzer, Reisen in Nordamerika in den J. 1852 und 1853. 1—3. Bd. 8. Leipzig, Arnoldische Buchh. [1. (XX und 471 S.) 2. und 3. (XXVIII und 838 S.) 854. à Bd. * 2 Thlr.] *

—— und Carl Scherzer, Reisen in Nordamerika in den J. 1852 und 1853. 3 Bde. 2. (Titel-)Aufl. 8. (XLVIII und 1309 S.) Leipzig (854)57, Arnoldische Buchh.

Wagner, Mauritius: De signis e colore faciei. Halae (1840): Gebauer 31 [vielmehr: 34] S. 8°
Halle-Wittenberg, Med. Diss. v. 22. Aug. 1840
Geb. Bedra (Kr. Querfurt) 3. 9. 1817. V.

— die Darwin'sche Theorie u. das Migrationsgesetz der Organismen. Leipzig 868. Duncker & Humblot. gr. 8. (VIII, 62 S.) n. 12 ngr.

Wagner, Dr. Moritz (Prof. in München), die *Darwin'sche Theorie* und das Migrationsgesetz der Organismen. München, F. Straub, 1868. 8°. 39 S. Cart.

—— über die hydrographischen Verhältnisse und das Vorkommen der Süsswasserfische in den Staaten Panama und Ecuador. Ein Beitrag zur Zoogeographie Amerika's. gr. 4. (49 S.) München 864, (Franz'sche Buchh.) *
Aus: Abhandlungen der k. bayer. Akademie der Wissenschaften besonders abgedruckt.

Wagner, Moritz, aus Limburg a. Lahn: **Zur Vorgeschichte** der **gesetzlichen Arbeiterversicherung** Deutschlands. Historisch-kritisch-systemat. Darstellung der vor d. gesetzl. Arbeiterversicherung Deutschlands bestehenden Fürsorge im Falle d. Erwerbsunfähigkeit d. Arbeiters, herbeigeführt durch Unfall, Krankheit, Alter oder Invalidität.) *Berlin (1903): E. Ebering.* (26 S.) 8° ¶(Erscheint vollst. im Buchhandel.)
Berlin, Phil. Diss. v. 24. Jan. 1903

Brasidas der Lazedämonier. I. — Von N. Wagner, Stdl. — 1882, Dinkelsbühl, ibid. — S. 3–23[a].
Progr. Dinkelsbühl. (Mittelfranken).
Isol. lat. Schule

Wagner, N. Kurze Darstellung einer auswärtigen Assekuranzbezahlung. Hamburg 1809.

Wagner, Nicolas, die Wirbellosen d. Weissen Meeres. Zoologische Forschgn. an der Küste d. Solowetzkischen Meerbusens in den Sommermonaten d. J. 1877, 1878, 1879 u. 1882. 1. Bd. Mit 21 zum Thl. farb. Taf. u. mehreren Holzschn. Fol. (III, 171 S) Leipzig 885. Engelmann. cart. n. 100. —

Wagner, O., Bericht üb. die Verwaltung d. Medicinal- u. Sanitätswesens d. Reg.-Bez Wiesbaden im J. 1881. gr. 8. (IV, 144 S.) Wiesbaden 885. (Bechtold & Co.) 1. 50

Wagner, Oktavián: Klopstockstudien.
Phil. Diss., Prag 1894/95.

Wagner, Osc., abgeschminkt. Aus dem Tagebuche e. Wandermimen. Humoresken. 8. (VII, 144 S. m. 12 Illustr.) Berlin 895. Freund & Jeckel. n. 2. —

Wagner, Osk., im Bahnwärterhäusel, s.: Universal-Bibliothek.

Wagner, Osc., der Dussel (Nulpus). s.: Universal-Bibliothek.

Wagner, Oscar, Holtei-Album. 36 Bl. Photographien nach Orig.-Federzeichnungen von O. W. zu Holtei's Schlesischen Gedichten. gr. 4. Görlitz 881. Leipzig, Fock. [* *M* 7.50.]; geb. *

Wagner, Osc., Holtei-Album. 36 Bl. Photographien zu Holtei's schles. Gedichten nach Orig.-Federzeichnungen. Nebst einem Vorwort von Heinr. Brugsch. 3 Hefte. gr. 4. (à Heft 12 Bl. mit 4 S. Text.) Görlitz 881, Richter. à Heft * *M* 2,50.

— Lispel-Lene. Roman aus d. Komödiantenleben. 8. (280 S.) Berlin 898. H. Steinitz. n. 3. —

— d. stille Portier, s.: Universal-Bibliothek.

— Ptaḥ-ḥôtep üb. d. Umgang m. Menschen od. Ein altägypt. Knigge. Entdeckt u. hrsg. v. W. gr. 8. (87 S. m. 20 eingedr. Bildertaf.) Stuttgart 897. Deutsche Verlags-Anstalt. n. 1. 50

Wagner, Osc., die Rache d. Eunuchen. Eine kniffl. Haremsgeschichte in 30 Bildern. gr. 8. (32 lith. S.) Berlin 884. Sauernheimer. n. 2. —

— —, O., Die Rache des Eunuchen oder ein Cancan im Harem. Mit 30 Bildern. Berlin (1888). 8°. (1 Mk. C. Winter, Dresden, 1892.)

— die Räuber, s.: Universal-Bibliothek.

— Die Trockenwohner, s.: Universal-Bibliothek.

— Berliner Zigeuner. Eine wahre Erzählg. aus dem Leben. (66 S.) gr. 8. Berlin 903. Regenhardt'sche Verlagsanst. n. 1. —

Wagner, Osk., Zuleikha. Erzählendes Gedicht. 16. (104 S.) Stuttgart 869, Belser's Sortiment. *M* 1,80.; cart. geb. mit Goldschn. *

— zwei v. Reichstag od. Ein Liberaler, s. a. Danner's, G., Theater-Abend Nr. 11.

Zwei vom Reichstag oder Ein Liberaler. Schwank in 1 Akt von Oscar Wagner. *Mühlhausen i. Th.: G. Danner [1898].* (29 S.) 8° [F.]
= Theater-Abend, G. Danner's. No 11. [ol. 10680]

Wagner, Otto, moderne Architektur. Seinen Schülern e. Führer auf diesem Kunstgebiete. gr. 8. (101 S.) Wien 896. A. Schroll & Co. n. 2. —

WAGNER, Otto
Moderne Architektur. Seinen Schülern ein Führer auf diesem Kunstgebiete von Otto Wagner. 2. Auflage. Wien. 1898. Schroll & Co. 4°. 120 S. fl. 1.80

Wagner, Otto, moderne Architektur. Seinen Schülern e. Führer auf diesem Kunstgebiete. 2. Aufl. 4. (120 S. m. Abbildgn.) Wien 899. A. Schroll & Co. n. 3. —

— dasselbe. 3. Aufl. hoch 4. (188 S. m. Abb.) Ebd. 902. In Leinw. kart. n. 12. 50

Wagner, Otto, s.: Auctoris, incerti, epitome rerum gestarum Alexandri Magni.

Wagner, Otto [pr. Arzt aus Wertheim in Baden]: Beitrag zur operativen Behandlung der Invaginatio intestinalis ... Freiburg i. B., Univ.-Buchdr. v. Ch. Lehmann, 1894; 34 S., 1 Bl. 8.
Erlangen, Med. Fak., Inaug.-Diss. v. 1894

Wagner, Otto [pr. Arzt]: Aus d. Kgl. Frauenklinik in Breslau. Ein Beitrag zur Therapie der Haematometra m. bes. Berücks. d. unilateralen Form ... Breslau, Druck d. Bresl. Gen.-Buchdr., 1896; 2 Bl., 34 S., 2 Bl. 8.
Breslau, Med. Fak., Inaug.-Diss. v. 13. Juni 1896

Wagner, Otto, e. Beitrag zur Therapie d. Haematometra m. bes. Berücksicht. der unilateralen Form. Diss. gr. 8. (36 S.) Breslau 896. (Schlotter.) n. — 80

Wagner, Otto: Die **Elastizitätszahlen** μ (Verhältnis der Querkontraktion zur Längendilatation) des Stahls und des Flußeisens. *Jena 1903: B. Vopelius.* (38 S.) 8°
Jena, Phil. Diss. v. (31. Juli) 1903

Wagner, Otto, Mettensis: Incerti auctoris **epitome** rerum gestarum Alexandri Magni. (E codice Mettensi ed.) *Lipsiae 1900: B. G. Teubner.* (S. 91—167.) 8° ¶ (Aus: Jahrbücher f. class. Philol., Suppl.Bd 26, H. 2.)
Strassburg, Phil. Diss. v. 1899

Wagner, Otto, zur Kunstförderung. Ein Mahnwort. (105 S.) gr. 8. Wien (909). E. Kosmack. 4. 20

Wagner, O., Landschaft-Zeichnen, s. Zeichnenschule, neue.

—— Ornamentzeichnen, s. a. Zeichnenschule, neue.

Wagner, O. Das Ornamentzeichnen. 1 Mappe. Dresden, 1856.

Wagner, Otto, Ratgeber f. das Studium des Französischen u. Englischen, s.: Dietze, Erwin.

Einige Skizzen, Projekte und ausgeführte Bauwerke von Otto Wagner. Wien 1890. Fol.

Wagner, Otto, einige Skizzen, Projecte u. ausgeführte Bauten. 63 Blatt Heliograv. gr. Fol. (2 Blatt Text.) Wien 892. A. Schroll & Co. In 2 Mappen. n. 60. —

— einige Skizzen, Projekte u. ausgeführte Bauwerke. I. Bd. (2. Aufl.) u. II. Bd. Fol. (65 u. 63 Heliograv. m. je 4 S. Text.) Ebd. 897. In Leinw.-Mappe à n. 70. —

— einige Skizzen, Projecte u. ausgeführte Bauwerke. III. Bd. 1.—4. Hft. Fol. (21 Taf. m. 30 u. 5 S. illustr. Text.) Ebd. 899—901. à n. 7. —

Wagner, Otto, einige Skizzen, Projekte u. ausgeführte Bauwerke. III. Bd. 5.—10. (Schluss-)Heft. (35 Taf. m. IV, 13, 9, 9, 7, 3, 13, 6 u. 4 S. illustr. Text.) Fol. Wien (904—906). A. Schroll & Co. à n. 7. — (III. Bd. vollst.: Geb. n. 70.—)

— Einige Skizzen, Projekte u. ausgeführte Bauwerke. IV. Bd. 1.—3. Heft. (17 Taf. m. 12, 11, 8 u. 8 S. illustr. Text.) 41,5×31,5 cm. Wien (910). A. Schroll & Co. à Heft 7. —

Wagner, Otto, moderne Tafeldekoration. Mit zahlreichen Abbildgn. u. Skizzen. gr. 8. (86 S.) Erfurt 900. (Leipzig, H. Voigt.) Geb. n.n. 3. —

Wagner, Otto, moderne Tafeldekoration. Mit zahlreichen Abbildgn. u. Skizzen. 2., neubearb. Aufl. (91 S.) gr. 8. Leipzig 906. H. Voigt. Geb. n. 2. —

Wagner, Otto: Ueber Totalexstirpation des Uterus und der Scheide bei grossen Vorfällen. Würzburg 1910: Staudenraus. 36 S. 8°
Würzburg, Med. Diss. v. 14. Dez. 1910, Ref. Hofmeier
[Geb. 25. Mai 86 Verna; Wohnort: Würzburg; Staatsangeh.: Preußen; Vorbildung: Gymn. Hersfeld Reife O. 05; Studium: Marburg 5, Göttingen 1, Würzburg 4 S.; Coll. 13. Juli 10; Approb. 12. Juli 10.] [U 11. 4662

Wagner, Otto, der Unterricht im Deutschen für das erste Schuljahr. Geschichtlich, wissenschaftlich u. angewandt dargestellt. gr. 8. (111 S.) Breslau 890. F. Hirt. n. 1. 25

Wagner, Otto. Virulenzsteigerung von Typhusbazillen durch Züchtung in Jauche. Diss. Phil. Bern. 40 S. 8. Stuttgart, A. Bonz' Erben, 1905.

— s.: Wagnerschule.

Wagner, O., siehe: Zeichnenschule, neue.

Wagner, Otto Rich[ard]. La Suisse. Guide de l'Automobiliste. Rédigé avec la collaboration d'un grand nombre d'automobilistes, par O' Rich. W'. Rédacteur de l'Automobile-Revue. Publié sous le patronage de l'Automobile-Club de Suisse. 1re éd. [Avec des illustrations, des croquis et 9 cartes.] 346 p. 8. Berne, Automobile-Revue ..., [1907]. [relié fr. 8. —]

Wagner, Otto Rich[ard]. La Suisse. Guide de l'automobiliste. Rédigé avec la collaboration d'un grand nombre d'automobilistes, par O' Rich. W'... Publié sous le patronage de l'Automobile-Club de Suisse. [Avec des illustrations, des croquis, 25 cartes et 11 plans.] 8. Berne, Wagner. [relié fr. 6. —]
2e éd. XVI + IV + 112 p. + *Annonces.* [1909.]
3me éd. XVI + IV + 121 p. + *Annonces.* [1910.]

Wagner, P., Epist. ad P. H. Peerlkamp sive comment. de Junio Philargyro. 2 Tle. Pr. 1846–47. 34, 38 S.

Wagner, P., Gedenkbuch des ersten öffentl. Gottesdienstes der deutsch-kathol. Gemeinde in Offenbach a/M. den 17., 18. u. 19. Mai 1845. qu. gr. 4. (Mit 2 Lithogr.) Offenbach 845. (Heinemann.) baar 1/2 ₰

Wagner, P., s.: Grunau's, Sim., preuss. Chronik.

Wagner, P., das badische Haus, Federzeichnung auf Stein, nebst Erläuterungen d. badischen Stammbaums. Imp.-Fol. Karlsr. ... Marx. 15 ₰

Wagner, P., Lectionum Vergilianarum libellus. Gel. 1859. 122 S.

Wagner, P., Schreibübungen m. 150 Bildern zur Anschauung d. erklär. Inhalts. gr. 4. (26 lith. Blätt.) Carlsruhe (832, Marx.)

—— Vorlagen zur Freyhandzeichnung. (IV Hfte.) gr. Fol. Carlsruhe (832). (Heidelberg, Winter.)
Hft. I. Geometr. Figuren. (11 lith. Bl. u. 1 Bl. Text.) 16 Gr.
- II. Baumstudien. (11 lith. Bl.) 20 Gr.
- III. Vordergrundstudien. (11 lith. Bl.) 20 Gr.
- IV. Landschaften. (11 lith. Bl.) 20 Gr.

Wagner, P. A.

Praxis der neuen Zeichenmethode für die Volksschule von P. **Wagner** (3: P. A. Wagner). T. 1–3. Waldenburg i. Schl.: R. Blankenstein (3: Breslau: Priebatsch) [1904–06]. 3 Bde 8° [F. u. Ant.]
1. Unterstufe [1904.] 2. Mittelstufe [1905.] 3. Oberstufe [1906.] [08. 1874 2

Wagner, P. A., Praxis der neuen Zeichenmethode f. die Volksschule. 3 Tle. Breslau, Priebatsch. n. 6. 20
1. Unterstufe: Der Erfolg im Gedächtniszeichnen: a) Methodik. b) Sammlung einfachster Lebensformen. (ca. 140 Zeichngn.) c) Stoffpläne. d) Materialien. (3. verb. Aufl.) (23 S., 80 S. Zeichngn. u. S. 105—112.) qu. 16. (906.) n. 1. 20
2. Mittelstufe. 2., verb. Aufl. 1. Freihandzeichnen aus dem Gedächtnis. 66 Lebensformen. 2. Freihandzeichnen nach der Natur. 70 Motive. 3. Malübungen. 126 Motive. Information üb. Methodik, Technik, Stoffeinteilg. u. Lehr- u. Lernmittel. (34 S. m. 26 Taf.) gr. 8. (906.) n. 2. 25
3. Oberstufe. 1. Freihandzeichnen aus dem Gedächtnis. 44 Lebensformen. 2. Farbentreffübungen. 6 Malübgn. 3. Freihandzeichnen nach der Natur. 70 Studien, Stilleben u. Skizzen. 4. Linearzeichnen. 60 Zeichnungen. Information üb. Methodik, Technik, Stoffeinteilg., Lehr- u. Lernmittel. (35 S. m. 25 z. Tl. farb. Taf.) gr. 8. (906.) n. 2. 75

Praxis der neuen Zeichenmethode für die Volksschule von P. **Wagner.** 4. verb. Aufl. T. 1. Breslau: Priebatsch [1907]. quer-8° [08. 5351

Wagner, P. A., Praxis der neuen Zeichenmethode f. d. Volksschule. 3 Tle. Breslau, Priebatsch. 6. 20
1. Unterstufe: Gedächtniszeichnen. a) Methodik. b) Sammlung einfachster Lebensformen (ca. 140 Zeichnungen). c) Stoffpläne. d) Materialien. 6. Aufl. (24 S., 80 S. Zeichngn. u. S. 105—112.) 13×17 cm. (910.) 1. 20
2. Mittelstufe. 3. verm. u. verb. Aufl. 1. Freihandzeichnen aus dem Gedächtnis. 66 Lebensformen. 2. Freihandzeichnen nach der Natur. 70 Motive. 3. Malübungen 126 Motive. Information üb. Methodik, Technik, Stoffeinteilg. u. Lehr- u. Lernmittel. (26 S. m. 27 Taf.) gr. 8. (908.) 2. 25
3. Oberstufe. 3. Aufl. 1. Freihandzeichnen aus dem Gedächtnis. 44 Lebensformen. 2. Farbentreffübungen. 6 Malübungen. 3. Freihandzeichnen nach der Natur. 70 Studien, Stilleben u. Skizzen. 4. Linearzeichnen. 90 Zeichngn. (Linearzeichnen f. Mädchen. 20 Zeichnungen.) Information üb. Methodik, Technik, Stoffeinteilung, Lehr- u. Lernmittel. (40 S. m. 25 z. Tl. farb. Taf.) gr. 8. (910.) 2. 75

Wagner, P. Th., üb. Fichte's Nicolai, oder Grundsätze des Schriftstellerrechts. 8. Nürnb. Riegel u. W. 801. — 6

Wagner, Paul, Abriss der Nieren-Chirurgie. 8. (VIII, 244 S.) Leipzig 893. J. A. Barth. Geb. in Leinw. n.n. 5. —

Wagner, P., Anleitung zu einer rationellen Düngung m. Phosphorsäure, insbesondere m. Superphosphat u. Thomasschlacke. 8. (47 S. m. Abbildgn. in Photographiedr.) Darmstadt 889. Winter'sche Buchdr. 1. 20

Wagner, Paul, kurze Anleitung zur rationellen Stickstoffdüngung landwirthschaftlicher Kulturpflanzen unter besond. Berücksicht. des Chilisalpeters. gr. 8. (48 S. m. 12 Autotyp.) Berlin 894. P. Parey. n. 1. —

Wagner, Paul, kurze Anleitung zur rationellen Stickstoffdüngung landwirtschaftl. Kulturpflanzen unter besond. Berücksicht. des Chilisalpeters. Mit photograph. Abbildgn. 2. veränd. u. erweit. Aufl. gr. 8. (72 S.) Berlin 900. P. Parey. n. 1. 20

— Anwendung künstl. Düngemittel, s. a. Thaer-Bibliothek.

— dasselbe im Obst- u. Gemüsebau, in der Blumen- u. Gartenkultur. Mit photograph. Abbildgn. 4. neubearb. u. erweit. Aufl. (96 S.) gr. 8. Berlin 900. P. Parey. n. 1. 50

Wagner, Paul (I.). Die Anwendung künstlicher Düngemittel im Obst- u. Gemüsebau, in der Blumen- u. Gartenkultur. gr. 8. (40 S. m. 14 in den Text gedr. Autotyp.) Berl. 892, Parey. * 1 —

— die Anwendung künstlicher Düngemittel im Obst- u. Gemüsebau, in der Blumen- u. Gartenkultur. Mit 21 in den Text gedr. Autotyp. photograph. Aufnahmen v. Pflanzenkulturen. 3., neubearb. u. verm. Aufl. gr. 8. (67 S.) Ebd. 893. n. 1. 50

Wagner, Paul: Anwendung künstlicher Düngemittel. Von Prof. Dr. Paul Wagner, Geh. Hofrat. Berlin: P. Parey 1900. (XII, 163 S.) 8°
Thaer-Bibliothek. Bd 100.

Die **Anwendung** künstlicher Düngemittel im Obst- und Gemüsebau, in der Blumen- und Gartenkultur. Von Prof. Dr. Paul **Wagner**, Geh. Hofr., Darmstadt. Mit Abb. 4. neubearb. u. erw. Aufl. *Berlin: P. Parey 1900.* (96 S.) 8° [F.] [00. 9839

Wagner, Paul: Anwendung künstlicher Düngemittel. Von Prof. Dr. Paul Wagner, Darmstadt. 2. Aufl. Berlin: P. Parey 1901. (XII, 172 S.) 8°
Thaer-Bibliothek. Bd 100.

Anwendung künstlicher Düngemittel. Von Prof. Dr. Paul **Wagner**, Darmstadt. 3., veränd. u. erw. Aufl. *Berlin: P. Parey 1903.* (XII, 182 S.) 8° [F.]
— **Thaer-Bibliothek.** Bd 100. [03. 14748

Anwendung künstlicher Düngemittel. Von Prof. Dr. Paul **Wagner**, Geh. Hofrat, Darmstadt. 4., vielfach veränd. u. erw. Aufl. Berlin: P. Parey 1908. (XII, 191 S.) 8° [F.]
— **Thaer-Bibliothek.** Bd 100. [08. 3308

Wagner, Paul, Aufgabensammlung aus der elementaren Arithmetik, nebst e. Anleitg. zum Lösen besonders schwier. Aufgaben f. Seminaristen u. Lehrer. 8. (IV, 122 S.) Braunschweig 902. A. Graff. Geb. in Leinw. n. 1. 50; Auflösungen. (10 S.) — 30

— **R. Dorsch u. G. Hamann, die Ausführung v. Felddüngungsversuchen nach exakter Methode u. verschiedene Fragen der Salpeter- u. Ammoniaksalzdüngung, s. a. Mitteilungen der Vereinigung deutscher landwirtschaftlicher Versuchsstationen.**

Die **Ausführung** von Felddüngungsversuchen nach exakter Methode und verschiedene Fragen der Salpeter- und Ammoniaksalzdüngung. In Gemeinschaft mit Dr. [Robert] Dorsch u. Dr. G. Hamann von Prof. Dr. Paul **Wagner**, Geh. Hofrat, Darmstadt. Berlin: P. Parey 1904. (IV, 95 S.) 8° [F.]
— **Mitteilungen** d. Vereinigung Deutscher Landwirtschaftl. Versuchsstationen. H. 2. [05. 6090

Wagner, Paul, zur Behandlung der chirurgischen Nierenerkrankungen, s.: Klinik, Wiener.

— Beitrag zur Toxicologie d. aus den Aconitum Napellusknollen dargestellten reinen Alcaloids Aconitinum crystallisatum purum u. seiner Zersetzungsproducte. Inaug.-Diss. gr. 8. (95 S.) Dorpat 887. (Karow.) n. 1. 50

— **die Bestimmung der zitronensäurelöslichen Phosphorsäure in Thomasmehlen. In Gemeinschaft m. R. Dorsch, F. Aschoff u. R. Kunze, s. a. Mitteilungen der Vereinigung deutscher landwirtsch. Versuchsstationen. 1. Heft.**

Die **Bestimmung** der zitronensäurelöslichen Phosphorsäure in Thomasmehlen. In Gemeinschaft mit Dr. R[obert] Dorsch, F[r.] Aschoff u. R. Kunze von Prof. Dr. Paul **Wagner**, Geh. Hofrat, Darmstadt. *Berlin: P. Parey 1903.* (VII, 112 S.) 8°
— **Mitteilungen** der Vereinigung Deutscher Landwirtschaftlicher Versuchsstationen. H. 1. [03. [illegible]

— **die Bewerthung der Thomasmehle nach ihrem Gehalt an löslicher Phosphorsäure. Unter Mitarbeit v. Fr. Aschoff, R. Dorsch, W. Jüssen, H. Theodor. gr. 8. (45 S.) Berlin 899. P. Parey.** n. 1. —

Wagner, Paul: Die Bewerthung der Thomasmehle nach ihrem Gehalt an löslicher Phosphorsäure. Von Prof. Dr. Paul Wagner, Darmstadt, unter Mitarbeit von Fr. Aschoff, Dr. R[obert] Dorsch, W. Jüssen, Dr. H[erman] Theodor, Assistenten an d. landw. Versuchsstation Darmstadt. Berlin: P. Parey 1900. (45 S.) 8°

- Die Bierbrauerei nach dem gegenwärtigen Standpunkte der Theorie und Praxis des Gewerbes. 5. Aufl. 2 Thle. 1877.

Wagner, Paul, cuestiónes prácticas de abono según los últimos experimentos científicos. Traducción de la cuarta edición, hecha directamente del alemán. 8. (VI, 81 S.) Darmstadt 886. (Winter'sche Buchdr.) n. 1. 60

— der Düngewerth u. die rationelle Verwendung der Thomasschlacke im Vergleich zum Superphosphat, Knochenmehl, rohen Peruguano u. Coprolithenmehl. Mit e. Preise der Liebig-Stiftg. gekrönte Arbeit. Mit Abbildgn. in Photographiedruck. gr. 8. (VIII, 123 S.) Ebd. 888. n. 2. 40

— **die Düngung m. schwefelsaurem Ammoniak u. organischen Stickstoffdüngern im Vergleich zum Chilisalpeter, s. a. Arbeiten der deutschen Landwirtschafts-Gesellschaft. 80. Hft.**

Die **Düngung** mit schwefelsaurem Ammoniak und organischen Stickstoffdüngern im Vergleich zum Chilisalpeter. In Gemeinschaft mit ... ausgeführt u. dargest. von Prof. Dr. Paul **Wagner**, Darmstadt. *Berlin: Deutsche Landw.-Ges 1903.* (VIII, 340 S.) 8° [F.]
— Versuche d. Dünger-Abteilung in Verbind. mit landwirtsch. Versuchsstationen. 1.
— **Arbeiten** d. Deutschen Landwirtsch.-Gesellschaft. H. 80. [03. 4937

— Düngungsfragen, unter Berücksicht. neuer Forschungsergebnisse besprochen. 1. Hft. gr. 8. (38 S.) Darmstadt 894. C. F. Winter'sche Buchdr. n. 1. —

Wagner, Paul, Düngungsfragen unt. Berücksicht. neuer Forschungsergebnisse besprochen. 1.—4. Hft. gr. 8. Berlin, P. Parey. n. 4. 70
1. 3., umgearb. Aufl. (40 S.) 896. n. 1. —
2. (39 S. m. 6 Abb.) 896. n. 1. —
3. 2. Aufl. (56 S. m. 18 Abb.) 896. n. 1. 20
4. (72 S. m. 12 Abb.) 898. n. 1. 50

— **Düngungsfragen, unter Berücksicht. neuer Forschungsergebnisse besprochen. 4. Hft. Mit photograph. Abbildgn. 3. Aufl. gr. 8. (88 S.) Ebd. 900.** n. 1. 50

— **Düngungsfragen, unter Berücksicht. neuer Forschungsergebnisse besprochen. 4.—6. Heft. gr. 8. Berlin, P. Parey.** n. 8. 90
4. Mit photograph. Abbildgn. 4. Aufl. (88 S.) 901. n. 1. 50
5. (60 S. m. Abb.) 904. 1. 20. — 6. (78 S.) 904. 1. 20

Wagner, Paul, einige praktisch wichtige Düngungsfragen, unter Berücksicht. neuer Forschungsergebnisse beantwortet. (60 S.) 1884. * 30 Pf.; 2. umgearb. und verm. Aufl. gr. 8. (IV, 92 S.) Darmstadt 884, Winter'sche Buchdruckerei. *

— einige praktisch wichtige Düngungsfragen, unter Berücksicht. neuer Forschungsergebnisse beantwortet. 6. veränd. und verm. und 7. Aufl. 8. (VII, 131 S.) Berlin 886,87, Parey. *

Wagner, Paul: Eberhard II., Bischof von Bamberg. Ein Beitrag zur Geschichte Friedrichs I. Halle a. S. [1876]: Plötz. 147 S. 8°
Halle-Wittenberg, Phil. Diss. v. 9. Nov. [1876]
Geb. Reichenbach (Schlesien) 3. 4. 1852. V.
Im Buchhandel Halle (Berlin: Mayer & Müller) 1876. — Verf. erlebte die Diplomerneuerung 1926 als Geheimer Archivrat, Staatsarchivdirektor a. D. in Wiesbaden, vgl. Anh. Nr. 706.

Wagner, Paul (II.), Eberhard II., Bischof von Bamberg. Ein Beitrag zur Geschichte Friedrichs I. gr. 8. (147 S.) Halle 876. (Berlin, Mayer und Müller.) *

— Ergebnisse v. Düngungsversuchen in (12) Lichtdr.-Bildern nach photographischen Aufnahmen v. Pflanzenkulturen. qu. gr. Fol. Mit e. erläut. Vortrage üb. die rationelle Düngg. der landwirthschaftl. Kulturpflanzen. gr. 8. (36 S. m. 12 Autotyp.) Ebd. 891. In Mappe. n. 25. —; Text allein 1. 20

Die Ernährung gärtnerischer Kulturpflanzen. Von Prof. Dr. Paul Wagner, Darmstadt. 5. Aufl. von 'Anwendung künstl. Düngemittel im Obst- u. Gemüsebau, in d. Blumen- u. Gartenkultur'. Mit 15 Taf. Berlin: P. Parey 1906. (VI, 97 S.) 8° [Gz] [06. 14185

— **Die Ernährung gärtnerischer Kulturpflanzen.** 5. Aufl. v. „Anwendung künstl. Düngemittel im Obst- u. Gemüsebau, in der Blumen- u. Gartenkultur". (VI, 97 S. m. 15 Taf.) gr. 8. Berlin 908. P. Parey. Geb. in Leinw. 3. —

Wagner, Paul, Ferien d. Tiere, s.: Wittich, L. v.

Wagner, Paul, s.: Folia urologica.

— Forschgn. üb. die zweckmässige Behandlg. d. Stallmistes, s.: Dietzell, B. E.

— Forschungen auf dem Gebiete der Pflanzenernährung. 1. Thl.: Die Stickstoffdüngg. der landwirthschaftl. Kulturpflanzen. Unter Mitwirkg. v. R. Dorsch. gr. 8. (VIII, 441 S.) Berlin 892. P. Parey. n. 6. —

— **Forschungen auf dem Gebiete der Weinbergdüngung, unter Mitwirkg. v. R. Dorsch, G. Hamann u. A. Münzinger,** s. a. Arbeiten der deutschen Landwirtschafts-Gesellschaft.

Wagner, Paul: Forschungen auf dem Gebiete der Weinbergdüngung. Von Geh. Hofrat Prof. Dr. Paul Wagner, Darmstadt, unter Mitw. von Dr. R[obert] Dorsch, Dr. G[eorg] Hamann u. Dr. A[dolf] Münzinger. Berlin: Deutsche Landwirtsch.-Gesellsch. 1907. (VI, 152 S.) 8°
(Versuche d. Dünger-Abt. in Verb. mit landw. Versuchsstationen. 4.)
(Arbeiten d. Deutschen Landwirtschafts-Gesellschaft. H. 124.)

Wagner, Paul, die Fortschritte der Nierenchirurgie im letzten Dezennium, s. a. Klinik, Berliner. 204. Hft.

Wagner, Paul: Die Fortschritte der Nierenchirurgie im letzten Dezennium. Von Dr. med. Paul Wagner, Doc., Leipzig. Berlin: Fischer 1905. (33 S.) 8°
(Klinik, Berliner. H. 204.)

— **Die Fortschritte in der Serumbehandlung des Tetanus, s. a. Klinik, Berliner.**

Die Fortschritte in der Serumbehandlung des Tetanus. Von Dr. med. Paul Wagner, Doz., Leipzig. Berlin: Fischer 1908. (32 S.) 8° [Umschlagt.] = Klinik, Berliner. H. 244. [08. 17590

Wagner, Paul, illustr. Führer durch das Museum f. Länderkunde (Alphons Stübel-Stiftung). Hrsg. v. der Direktion des Museums f. Völkerkunde. (70 S m. Abbildgn., 2 Karten u. 1 Plan.) 8. Leipzig (Königsplatz) 905. Städt. Museum f. Völkerkunde. n. — 60

Wagner, Paul, Hilfsbuch f. Navigations-Schüler u. junge Steuerleute. Seemannschaft, Korrespondenz, Meteorologie u. Wörterverzeichnis. (67 S.) 8. Stettin 905. (Hamburg, Eckardt & Messtorff.) Geb. in Leinw. n. 1. 75

— üb. traumatische Hydronephrose, s.: Klinik, Berliner.

— zur Kali-Phosphat-Düngung nach Schultz-Lupitz. 2., umgearb. u. verm. Aufl. 8. (30 S. m. 4 Lichtdrtaf.) Darmstadt 889. (Winter'sche Buchdr.) 1. 50

Wagner, Paul, goldenes Kinderleben. Ein Bilderbuch m. 12 feinen Bildertaf. Enth. 28 Kinderscenen. Mit sinn. Kinderverschen. Fol. Eßlingen 893. J. F. Schreiber. Kart. n. 2. —

Wagner, Paul, die Krankenpflege im Hause. 12. (VI, 329 S. m. 71 Abb.) Leipzig 896. J. J. Weber. n. 3. 50; geb. in Leinw. n. 4. 50

Wagner, P., Kyriale. Die gewöhnl. Messgesänge nach unseren ältesten Handschriften bearb. u. in moderne Noten umgeschrieben. (XI, 63 S.) 8. Graz 904. Styria. — 40; kart. — 60; Orgelbegleitg. dazu. (IV, 78 S.) Lex.-8. 4. 20; kart. 4. 50

— **Kyriale sive ordinarium missae cum cantu gregoriano quem ex vetustissimis codicibus manuscriptis cisalpinis collegit et hodierno usui accommodavit W.** (X, 64 S) gr. 8. Ebd. 904. — 50; geb. in Leinw. — 85

— **Lehrbuch der Düngerfabrikation und Anleitung zur chemischen Untersuchung der Handelsdünger, s. a. Otto-Birnbaum, Lehrbuch der rationellen Praxis der landwirthschaftlichen Gewerbe.**

Wagner P.: Lehrbuch d. Düngerfabrikation u. Anleitung z. chem. Untersuchung d. Handelsdünger. Braunschw. 1877. 198 S. Fig. (= Lehrbuch d. rationellen Praxis d. landw. Gewerbe. Th. 12). 646.

Lehrbuch der Geologie und Mineralogie für höhere Schulen. Grosse Ausg. f. Realgymn. u. Oberrealschulen von Dr. Paul Wagner, Oberl. in Dresden. Mit 284 Abb. u. 3 Farbentaf. Leipzig & Berlin: B. G. Teubner 1907. (VII, 208 S.) 8° [07. 17897

Wagner, Paul, Lehrbuch der Geologie u. Mineralogie f. höh. Schulen. Grosse Ausg. f. Realgymnasien u. Oberrealschulen sowie zum Selbstunterrichte. 2. u. 3., verm. Aufl. (VIII, 221 S. m. 316 Abb. u. 4 [2 farb.] Taf.) gr. 8. Leipzig 910. B. G. Teubner. Geb. in Leinw. 2. 80

— **dasselbe. Kleine Ausg. f. Realschulen u. Seminare. Mit 268 Abb. u. 3 Farbentaf. 2. u. 3. verb. Aufl. (VIII, 190 S.) gr. 8. Ebd. 908.** Geb. 2. 40

— s.: Lieblings Osterei.

Wagner, P., Liederbuch f. Volksschulen, s.: Kindervater, J.

Wagner, Paul, Volontär-Arzt am Stadtkrankenhause in Offenbach a. M.: Über angeborenen Mastdarmverschluss. *Darmstadt 1899: C. F. Winter.* (51 S.) 8°
Würzburg, Med. Diss. v. 1899

Wagner, Paul, über angeborenen Mastdarmverschluss. Diss. gr. 8. (51 S. u. 1 Taf.) Darmstadt 899. C. F. Winter'sche Buchdr. n. 1. 20

Wagner, Paul (II.). Chirurg. Nierenerkrankungen, s. Klinik, Wiener.

Wagner, Paul (I.), über einige durch Einwirkung der Alkalien auf die entsprechenden Nitramine erhaltene Nitrophenole. Inaugural-Dissertation. 8. (34 S.) Berlin 874. (Göttingen, Vandenhoeck und Ruprecht's Verlag.) *

Wagner, P., et Kittary, Orthoptères observés dans les steppes des Kirguises, siehe: Bulletin de la Société Imp. des naturalistes de Moscou. Tome XXII, 2. partie.

Wagner, Paul, Ostfriesland u. der Hof der Gräfin Anna in der Mitte des 16. Jahrh., s.a. Abhandlungen u. Vorträge zur Geschichte Ostfrieslands. 1. Hft.

Ostfriesland und der Hof der Gräfin Anna in der Mitte des 16. Jahrhunderts. Von Dr. Paul **Wagner**, ([Archivrat], Wiesbaden). *Aurich: D. Friemann 1904.* (31 S.) 8° [ꝟ.]
= Abhandlungen u. Vorträge z. Geschichte Ostfrieslands. H. 1. [04. 16625

Wagner, Paul (III.), s. Puppenfee, die.

— la question des engrais d'aprés des expériences récentes. Éd. française publiée d'après la 3e éd. allemande. 8. (IV, 72 S.) Paris 886. Darmstadt, Winter'sche Buchdr. n. 1. 60

Wagner, Paul: Die Seen des Böhmerwaldes. Eine geologisch-geographische Studie. Zugleich ein Beitrag zur Lösung des Karproblems. M. 4 Beilagen. Veröffentlicht vom Verein für Erdkunde zu Leipzig. *Leipzig: Duncker & Humblot 1897.* (IV, 89 S. mit Taf.) 8° ¶ (Aus: Wissenschaftliche Veröffentlichungen des Vereins für Erdkunde zu Leipzig. Bd 4.)
Leipzig, Phil. Diss. v. [20. Sept.] 1897

Wagner, Paul (III.), der Kinder goldner Sonnenschein. gr. 4. (24 Bl. Farbdr.-Bilder nach Aquarellen von P. W. mit eingedr. Text.) Stuttgart 888, Süddeutsches Verlags-Institut. geb. *

Wagner, Paul, aus e. kleinen Stadt. Einiges üb. d. Arbeit unter den Aussätzigen Indiens. (14 S. m. Abbildgn.) 8. Friedenau-Berlin 910. Buchh. der Goßner'schen Mission. — 20

—— die Steigerung der Bodenerträge durch rationelle Stickstoffdüngung. 1. Aufl. (VII, 78 S.) 887; 2. Aufl. gr. 8. (VII, 76 S. mit Abbild. verschiedener Pflanzenkulturen in Photogr.-Druck und 2 Bl. Erklärungen.) Darmstadt 888, Winter'sche Buchdr. *

Wagner P.: Die Steigerung d. Bodenerträge durch rationelle Stickstoffdüngung. 2. Aufl. Berl. 1889. 76 S. 4 Lystr.-Tvl. 4°.

Wagner P.: Die Steigerung d. Roherträge in der Landwirtschaft im Laufe d. 19. Jahrh. Diss. Jena 1896. 78 S. 2 gr. Tvl.

—— Die Stickstoffdüngung der Kulturpflanzen. Ein Vortrag. gr. 8. (36 S. m. 4 Lichtdr.-Taf.) Darmst. 890, Winter'sche Buchdr. 1 50
Vgl.: Hensel, Jul. Aufklärung üb. Hensel's Universaldünger.

— Die Stickstoffdüngung d. landwirthschaftlichen Kulturpflanzen. Unter Mitwirk. v. R. Dorsch. Berl. 1892. 441 S.
(Forschungen auf dem Gebiete d. Pflanzenernährung. Th. 1).

— **Stickstoffdüngung u. Reingewinn. Ein Vortrag. Mit 17 photograph. Abbildgn. (40 S. u. Bl. 43—59.) gr. 8. Ebd. 906.** n. 1. 20

Wagner (P.). Stickstoff-Ernaehrung der Pflanzen. Goett. 1869. 8°.

Wagner, Paul, Medizinalpraktikant a. Großalmerode: Zur Therapie der puerperalen Sepsis mit Antistreppto[!]kokkenserum (Aronson). Langensalza 1906: J. Beltz. (16 S.) 8°
München, Med. Fak., Ref. v. Winckel, Diss. v. 15. Sept. 1906
[Geb. 5. Apr. 81 Großalmerode b. Kassel; Wohnort: Kassel; Staatsangeh.: Preußen; Vorbildung: Friedrichs-Gymn. Kassel Reife O. 01; Studium: Würzburg 4, München 4, Berlin 1, München 1 S.; Coll. 15. Sept. 06; Approb. 3. Sept. 06.]

— zur Therapie der puerperalen Sepsis m. Antistreptokokkenserum (Aronson). (16 S.) gr. 8. Leipzig 906 B. Konegen. n. — 50

— die Thomasschlacke, ihre Bedeutung u. Anwendung als Düngemittel. Mit Abbildgn. in Photogr.-Druck u. 2 lith. Taf. gr. 8. (V, 50 S.) Ebd. 887. n. 1. 50

Wagner, Paul: Tractatio jur., qua regula: Necessitas non habet legem, vulgo: Noth leidet kein Gesetze; ex jure naturali, civili et canonico accurate explicatur. Francofurti et Lipsiae 1725.

Wagner, P., Uebungsstoff f. das Rechtschreiben u. Abschreiben im 1. u. 2. Schulj. (32 S.) 8. Braunschweig 906. E. Appelhans & Co. n. — 25

Vegetationsversuch über die Stickstoffernährung der Pflanzen. 1869.

Wagner, Paul, approb. Arzt: Ueber das Verhalten der oberflächlichen und tiefen Reflexe bei der Hysterie. *Jena 1903: Frommann.* (40 S.) 8°
Jena, Med. Diss. v. (14. Sept.) 1903

Wagner, P., s.: Veröffentlichungen der gregorian. Akad. zu Freiburg (Schweiz).

— **Versuche üb. die Kalidüngung der Kulturpflanzen, s.a. Arbeiten der deutschen Landwirtschafts-Gesellschaft. 96. Hft.**

Wagner, Paul: Versuche über die Kalidüngung der Kulturpflanzen. In Gemeinschaft mit Dr. R. Dorsch, Dr. H. Ruths, Dr. G. Hamann ausgeführt u. dargest. vom Prof. Dr. Paul Wagner, Darmstadt. Berlin: Deutsche Landwirtsch.-Ges. 1904. (VII, 422 S.) 8°
(Arbeiten d. Deutschen Landwirtsch.-Gesellschaft. H. 96.)

Versuche üb. die Stickstoffdüngung der Kulturpflanzen unter Verwendung v. Chilisalpeter, Ammoniaksalz u. Kalkstickstoff, in Gemeinschaft m. G. Hamann u. A. Münzinger ausgeführt, s.a. Arbeiten der deutschen Landwirtschafts-Gesellschaft.

Versuche über die Stickstoffdüngung der Kulturpflanzen unter Verwendung von Chilisalpeter, Ammoniaksalz und Kalkstickstoff. In Gemeinschaft mit Dr. G[eorg] Hamann u. Dr. A[dolf] Münzinger ausgeführt u. dargest. vom Geh. Hofrat Prof. Dr. Paul **Wagner**, Darmstadt. Berlin: Deutsche Landw.-Gesellsch. 1907. (VI, 286 S.) 8° [ꝟ.]
= Versuche d. Dünger-Abteil. in Verb. mit landw. Versuchsstationen. 5.
= **Arbeiten** d. Deutschen Landwirtsch.-Gesellschaft. H. 129. [07. 16149

— **Versuche üb. Tabakdüngung, s.a. Arbeiten der deutschen Landwirtschafts-Gesellschaft.**

Versuche über Tabackdüngung. In Gemeinschaft mit Dr. R[obert] Dorsch, Dr. G[eorg] Hamann u. Dr. A[dolf] Münzinger ausgeführt u. dargest. v. Geh. Hofrat Prof. Dr. Paul **Wagner**, Darmstadt. Berlin: Deutsche Landwirtsch.-Gesellsch. 1908. (99 S.) 8° [ꝟ.]
= **Arbeiten** d. Deutschen Landwirtschafts-Gesellschaft. H. 138. [08. 7122

— **G. Hamann u. A. Münzinger,** Versuche üb. Wiesendüngung, s.a. Arbeiten der deutschen Landwirtschafts-Gesellschaft.

Wagner, Paul: V e r s u c h e über Wiesendüngung. In Gemeinschaft mit Dr. G[eorg] Hamann u. Dr. A[dolf] Münzinger ausgeführt u. dargest. von Geh. Hofr. Prof. Dr. Paul Wagner. Berlin: Deutsche Landwirtschafts-Ges. 1909. 106 S. 8°
(Versuche d. Dünger-Abt. in Verbindung mit landwirtschaftl. Versuchsstationen. 8.)
(Arbeiten d. Deutschen Landwirtschafts-Gesellschaft. H. 102.)

— Wie wirkt der schwefelsaure Ammoniak im Vergleich zum Chilisalpeter? (Dungungsversuche) (34 S) Frankfurt a. M. 1892

Wagner, Paul *Adolf Eduard* [app. Arzt aus St. Johann (Saar)]: Aus d. Laboratorium d. pharmakognost. Sammlung in Kiel. Über die diuretische Wirkung des Borax ... Kiel, Druck v. A. F. Jensen, 1892; 29 S., 1 Bl. 8.
Kiel, Med. Fak., Inaug.-Diss. v. [illegible] Mai 1892

Wagner, Paul, die Wirkungsweise, Berechnung u. Konstruktion der Gleichstrom-Dynamomaschinen u. Motoren, s.: Schmidt-Ulm, Geo.

Wagner, Paul Christian Ludwig (Pappenheim) A. S. 1118/25

De peucedano Germanico dissertatio inauguralis medico-botanica. Präs. Heinrich Friedrich Delius. Erlangen (Camerarius) VII. 1753. 37 S.

Gew.: Philipp Friedrich Fhr. von Racknitz.
W. v.: Präs. 35641

Wagner, Paul Emil, das Wichtigste aus der allgemeinen Musiklehre u. musikalischen Vortragslehre, f. Musikschüler, Präparanden, Seminaristen, Gesangvereins-Mitglieder leichtfaßlich hrsg. 8. (66 S.) Paderborn 886. Junfermann. cart. n. — 80

Wagner, Percy Albert: Studien an den diamantführenden Gesteinen Südafrikas. Berlin: Borntraeger 1909. XVIII, 132 S., 2 Taf. 8° ¶ Auch u. d. T.: Die diamantführenden Gesteine Südafrikas, ihr Abbau und ihre Aufbereitung.
Dresden, Dr.-Ing.-Diss. v. 24. 12. 1908

Wagner, Pet., Anleitung zum Ausrechnen der Zähnezahl, welche die Zahnräder haben müssen, um Gewinde nach allen vorkommenden Maaßen und Drehbank-Constructionen schneiden zu können, nebst mehreren Tabellen. Ein prakt. Handbuch für Metalldreher. 12. (32 S.) Köln 886, (Theissing.) *

Wagner, Peter: Beitrag zur Lehre von den Objekten des Verbrechens insbesondere zur Lehre von den Objekten der Vermögensdelikte. *(Darmstadt 1897: Gebr. Edelmann.)* (90 S.) 8°
Erlangen, Jur. Diss. v. 1897

Wagner, Pet., über traditionellen Choral u. traditionellen Choralvortrag. Abhandlungen, dem internationalen gregorian. Congress zu Strassburg 16—19. VIII 1905 dargeboten. (47 S.) 8. Strassburg 905. F. X. Le Roux & Co. n. — 60

Wagner, Peter, Oberlehrer: Die Echtheit der drei Kaiserbriefe Dantes im Lichte der Kritik. Köln [1907]: J. P. Bachem. (64 S.) 8°
München, Phil. Fak., Ref. Grauert, Diss. v. 7. Juni 1907
[Geb. 4. Dez. 75 Siglgut b. Passau; Wohnort: Velbert (Rheinprov.); Staatsangeh.: Preußen; Vorbildung: Gymn. Passau Reife Juli 96; Studium: Phil. Lyzeum Passau 2, Theol. u. Phil. Konvikt Binson pres de Chatillon s. Marne 2, Maison-Carree pres d'Alger u. Karthago 2, Rom (Propaganda) 1, Phil. Freiburg i. Schw. 1, München 4 S.; Rig. 7. Juni 07.]

— Einführung in die gregorianischen Melodien, 2. Tl. Neumenkunde, s. a. Collectanea Friburgensia. N. F. VI.

Wagner, Pet., Einführg. in d. gregorianischen Melodien. E. Handbuch d. Choralkunde. M. 13 Tab. u. zahlr. Notenbeispielen. gr. 8. (VIII, 311 u. Musikbeilage 6 S.) Freiburg (Schweiz) 895. Universitäts-buchh. n. 6. —; geb. n. 7. 50

Wagner, Pet., Einführung in die gregorianischen Melodien. Ein Handbuch der Choralwissenschaft. 2. vollständig umgearb. u. verm. Aufl. 1. Tl. Ursprung u. Entwicklg. der liturg. Gesangsformen bis zum Ausgange des Mittelalters. gr. 8. (XI, 344 S.) Freiburg (Schweiz) 901. Universitäts-Buchh. Geb. in Leinw. n. 6.—

Wagner, Peter. Einführung in die Gregorianischen Melodien. Ein Handbuch der Choralwissenschaft. Teil 2.... — *A. u. d. T.:* Neumenkunde.... [Mit Noten und Illustrationen.] XVI + 356 S. 8. Freiburg ⟨Schweiz⟩, Komm. der Universitäts-Buchh., 1905. (fr. 12. 50)

Wagner, Pet., **Einführung in die gregorianischen Melodien. Ein Handbuch der Choralwissenschaft. 1. Tl. Ursprung u. Entwicklg. der liturg. Gesangsformen bis zum Ausgange des Mittelalters. 3. Aufl. (XI, 360 S.) gr. 8. Leipzig 911. Breitkopf & Härtel. 7.—; geb. in Halbfrz. n 10.—**

E l e m e n t e des gregorianischen Gesanges, s. a. S a m m l u n g „Kirchenmusik". II.

Wagner, Peter: E l e m e n t e des gregorianischen Gesanges. Zur Einführung in d. Vatikanische Choralausgabe von Dr. Peter Wagner, Prof., Freiburg (Schweiz). Regensburg: Pustet 1909. 177 S. 8°
(Sammlung 'Kirchenmusik'. Bdch. 2.)

Wagner, Peter. Die Entstehungsgeschichte eines Choralbuches. (Separatabdruck aus der «Schweizerischen Rundschau» [Jahrg. 3, 1902-1903, Heft 5].) II + 21 S. 8. Stans, Hans von Matt & Co., 1903. [fr. —. 50]

— s. a. Intonationes et toni communes missae.

Intonationes et toni communes missae conformes editioni Vaticanae a SS. D. n. Pio Papa x evulgatae quos ed. Dr. P[eter] **Wagner**. Editio Schwann Z. Duesseldorf: Schwann 1909. 50 S. 8° [illegible]

— Der Kampf gegen die Editio Vaticana. Eine Abwehr. (63 S.) 8. Graz 907. Styria. 1. —

Wagner, P[eter]. Kyriale sive Ordinarium Missae cum cantu gregoriano, quem ex vetustissimis codicibus manuscriptis cisalpinis collegit et hodierno usui accommodavit Dr. P. W', ... in Universitate Friburgensi Helvetiorum ... professor.... [Notis et 2 imaginibus illustratum.] X + 64 p. 8. Graeci, «Styria», 1904. [M. —. 50, geb. —. 85]

Wagner, Pet., zur Lehre v. den Streiterledigungsmitteln des Völkerrechts. Eine histor.-krit. u. thet. Untersuchg. gr. 8. (IX, 102 S.) Darmstadt 900. (C. Köhler.) n. 2. —

Wagner, Peter. Neumenkunde. Palaeographie des Gregorianischen Gesanges. Nach den Quellen dargestellt und an zahlreichen Facsimiles aus den mittelalterlichen Handschriften veranschaulicht. [Mit Noten und Illustrationen.] XVI + 356 S. 8. Freiburg ⟨Schweiz⟩, Komm. der Universitäts-Buchh., 1905. (fr. 12. 50)
Ausg. A: Einführung in die Gregorianischen Melodien. Ein Handbuch der Choralwissenschaft von P. W'. Teil 2...
Ausg. B: Collectanea Friburgensia. Veröffentlichungen der Universität Freiburg ⟨Schweiz⟩. Neue Folge. Fasc. 6 (15 der ganzen Reihe).

Wagner, Peter [aus Kurenz]: Palestrina als weltlicher Komponist. Strassburg, Univ.-Buchdr. v. J. H. E. Heitz, 1890; 63 S. 8.
Strassburg, Phil. Fak., Inaug.-Diss. v. 1890

Wagner, Peter [Landwirt]: Die Steigerung der Roherträge in der Landwirtschaft im Laufe des 19. Jahrhunderts ... M. 2 Taf. Jena, Universitätsbuchdr. G. Neuenhahn, 1896; 75 S., 1 Bl., 2 Taf. 8.
Jena, Phil. Fak., Inaug.-Diss. v. [illegible]

Wagner, Peter [approb. Apoth. aus Köln a. Rh.]: Vergleichend anatomische Untersuchungen der Achsen der Gattung Senecio. Köln 1899. 115, 2 p. 6 pl. 8°.
Lausanne. Thèse sc. 1899/1900.

Wagner, Peter: Ursprung und Entwicklung der liturgischen Gesangsformen bis zum Ausgange des Mittelalters von –. (2. vollst. umgearb. u. verm. Aufl.) Freiburg (Schweiz): Univ.-Buchh. 1901. (XI, 344 S.) 8°
(Wagner: Einführung in d. Gregorianischen Melodien. T. 1.)

Ursprung und Entwicklung der liturgischen Gesangsformen bis zum Ausgange des Mittelalters von Peter **Wagner**, (Freiburg i. d. Schweiz). 3. Aufl. Leipzig: Breitkopf & Härtel 1911. XI, 360 S. 8°
(Wagner: Einführung in d. gregorian. Melodien. T. 1.) (10. 18514

— s.: Veröffentlichungen der gregorianischen Akademie zu Freiburg (Schweiz).

Wagner, Pet., Zahnradberechnungen zum Gewindeschneiden auf Leitspindeldrehbänken, nebst den dazu erforderlichen Tabellen. 2., verm. u. verb. Aufl. gr. 16. (48 S. m. 1 Abbildg.) Köln 891. J. G. Schmitz. n. 1. —

Wagner, Pt. Chr., († d. 8. Oct. 1764.) Abbildd. d. seltensten u. schönsten Stücke des fürstl. Naturalienkabinets in Bayreuth, nebst Erklärungen. 1e u. 2e Ausg. gr. Fol. Nürnb. 762.

— Epistola ad filium P. Chr. Ludovicum de acidulis Sichersreuthensibus. 4. Erlang. 753.

Wagner, Peter Christian (Hof) A. S. 1234/7

Dissertatio inauguralis physico-medica de lapidibus Judaicis. Präs. Georg Daniel Coschwitz. Halle (Hilliger) XII. 1724. 48 S.

Gew.: Georg Ehrenfried von Nauendorff, Heinrich Wilhelm von Steuben.
W. v.: Präs., J. R. Brockmann, C. S. Finger.

35642

Wagner, Pet. Paul Vinc., Anleitung zur gerichtl. Arzneikunde für Gerichtsärzte u. Rechtsgelehrte des Militair- u. Civilstandes u. zu Leitfaden bei Vorlesungen. 1. Bd. Formeller Theil. gr. 8. Wien 833. (Gerold.) 2 1/3 ₰

— dass. 2. Bd. Materieller Theil. gr. 8. Ebend. 840. 4 ₰

Wagner, P(eter) P(aul) V(incenz): Rettungs-apparat.

s.: Belehrung, Kurze, über den Gebrauch der Bestandtheile des von dem k.k.Rathe und Stabs-Feldarzte Dr.P.P.V.Wagner zusammengestellten Rettungs-Apparates. (Herausgegeben auf hohen hofkriegsräthlichen Befehl.) Wien: 1847

JB 5.247

Wagner, Phpp., ein Achtundvierziger. Erlebtes u. Gedachtes. 8. (VI, 400 S.) Leipzig 882. O. Wigand. geb. n. 6. —

Wagner, Phpp., e. Achtundvierziger. Erlebtes u. Erdachtes. 2. Aufl. gr. 8. (159 S.) Leipzig 895. R. Claußner. n. 3.50

Wagner, Phil., Aphorismen üb. d. deutsche, besond. d. sächs. Gymnasialwesen. Nebst einigen latein. Gedichten. gr. 8. (3 B.) Leipzig 833, Hahn.

Wagner, Philipp: Beiträge zur Kenntnis der neueren Droguen Plumbago Ceylanica, Capraria biflora, Spilanthus Acmella in anatomischer, chemischer und physiologischer Beziehung. *Erlangen 1897: A. Vollrath.* (83 S.) 8°
Erlangen, Phil. Diss. v. 25. Juni 1897

Wagner, Philipp, deutsch-engl. Briefsteller, s.: Rothwell, J. S. S.

Wagner, Phpp., deutsch-engl. Familien-Briefsteller, s.a. Rothwell, J. S. S., deutsch-englischer Briefsteller.

Wagner, Phpp., deutsch-engl. Familien-Briefsteller. Muster v. Privatbriefen jeder Art in deutscher u. engl. Sprache. 12. (192 S.) Stuttgart 899. P. Neff Verl. Geb. in Leinw. n. 1.50

Wagner, Philipp, deutsch-englischer Familien-Briefsteller. Muster v. Privatbriefen jeder Art in deutscher u. engl. Sprache. (Neue [Titel-]Ausg.) (192 S.) kl. 8. Berlin-Schöneberg [899] 907. Langenscheidt's Verl. Geb. in Leinw. 1.50

Wagner, Phpp., Handbuch der englischen Konversationssprache, s.: Flaxman, Rob.

— Handbuch der engl. Umgangssprache. s.: Flaxman, Rob.

--Ein Jahr in Deutschland. Milwaukee. 1889.

Wagner, [**Philipp**]: Die Kanzleisprache Reutlingens von 1300—1600. Stuttgart 1910: Liebich. 58 S. 4°
Stuttgart, k. Wilhelms-R P 1910 (833) [S 10. 461

— Klänge aus vergangenen Zeiten. 12. (87 S.) Leipzig 881, Hartmann. *

Wagner, der gegenwärtige Lautbestand d. Schwäbischen in der Mundart v. Reutlingen. 1. Hälfte. gr. 4. (82 S. m. 3 graph. Taf.) Reutlingen 889. (Leipzig, Fock.) n. 2. —

Wagner, der gegenwärtige Lautbestand d. Schwäbischen in der Mundart v. Reutlingen. 2. Tl. gr. 4. (S. 97—199 m. Taf. 4—10.) Reutlingen 891. (Leipzig, G. Fock.) n. 2. 50 (1 u. 2.: n. 4. 50)

Wagner [Prof.]: Der gegenwärtige Lautbestand des Schwäbischen in der Mundart von Reutlingen. II. Tl. (Der I. Tl ersch. 1889 als Festschr. ...) *Reutlingen, Buchdr. v. C. Rupp, 1891;* 1 Bl., S. 97--199, 7 Taf. 4°
Reutlingen, k. Real-A, P 1891 (589)

Wagner, Ph., Lehrbuch der englischen Sprache f. den Schul- u. Privatunterricht. 2. Tl.: Englische Elementargrammatik m. Lesebuch. gr. 8. (XIV, 306 S.) Tübingen 888. Fues. n. 2.40; cart. n. 2.80 (1. u. 2.: n. 4. —; cart. n. 4. 60)
Den 1. Tl. bildet: Wagner, Ph., die Sprachlaute des Englischen. 886.

Wagner, Ph., Lehrbuch der englischen Sprache f. den Schul- u. Privatunterricht. 2. Tl.: Engl. Elementargrammatik m. Lesebuch. 2., verb. u. verm. Aufl. gr. 8. (XV, 386 S. m. 1 Kartenskizze.) Tübingen 896. F. Fues. n. 3. 20

— Lehr- u. Lesebuch der englischen Sprache f. den Schul- u. Privatunterricht. 3., verb. u. verm. Aufl. der Elementar-Grammatik des Verf. Mit Bezeichnung der Aussprache nach Paſsy'schem Systeme u. e. Plan v. London. gr. 8. (XV, 410 S.) Stuttgart 901. A. Bonz & Co Kart n. 3.40

— Lehr- u. Lesebuch der engl. Sprache f. den Schul- u. Privatunterricht. 4., verb. Aufl. d. Elementar-Grammatik des Verf. Mit Bezeichng. der Aussprache nach Passyschem System u. 1 Plan v. London. (XV, 412 S.) 8. Stuttgart 910. A. Bonz & Co. Geb. in Leinw. 2. 80

— dasselbe. Kompositionsübungen. Eine Ergänzg. zur 3. Aufl. des Buchs. (135 S.) 8. Ebd. 909. Geb. 1. 35

— dasselbe. Schlüssel zu d. Kompositionsübgn. Für Lehrer u. Studierende. (86 S.) 8. Ebd. 909. Geb. 2. 40

Wagner, Philipp [aus Pfiffligheim bei Worms]: Ueber das Methylketol . . . . Worms, Buchdr. Eugen Kranzbuhler, 1887; 36 S. 8°
Würzburg, Phil. Fak., Inaug.-Diss. v. 1887

Wagner, Philipp, über das Methylketon. Diss. Würzburg 1887, Stahelsche Univ.-Buchh. 8°. 36 S.

Wagner, Philipp *Joseph* [aus Cruchten]: Gillon le Muisi, Abt von St. Martin in Tournai, sein Leben u. seine Werke . . . (Erscheint vollst. in d. Stud. u. Mitth. aus d. Benedictiner- u. d. Cistercienser-Orden.) Brünn, päpstl. Buchdr. d. Raigerner Benedictiner, 1896; 30 S., 1 Bl. 8.
Berlin, Phil. Fak., Inaug.-Diss. v. 28. Nov. 1896

Wagner, das Soolbad Salzungen mit besond. Berücksicht. seiner Kurmittel und deren Wirkungen. gr. 8. (III, 76 S.) Salzungen 870, Scheermesser. *

Wagner (I.), das Soolbad Salzungen mit besond. Berücksicht. seiner Kurmittel und deren Wirkungen. 2. Aufl. gr. 8. (IV, 95 S.) Salzungen 877, Scheermesser.

Wagner (I.), das Soolbad Salzungen, mit besonderer Berücksichtigung seiner Kurmittel und deren Wirkungen. 3. Aufl. 8. (IV, 105 S.) Salzungen 882, Scheermesser's Hofbuchh. *

Wagner, das Solbad Salzungen m. besond. Berücksicht. seiner Kurmittel u. deren Wirkungen. 4., vollständig neu bearb. Aufl. gr. 8. (IV, 102 S.) Salzungen 894. L. Scheermesser. n. 1. 20

Wagner, Ph., das Solbad Salzungen, m. Berücksicht. seiner Kurmittel u. deren Wirkgn. 5. vollständig neubearb. Aufl. gr. 8. (IV, 113 S.) Salzungen 901. L. Scheermesser. n. 1. 20

Wagner, Phil., über königlichen Sinn. Rede zur Feier des Geburtsfestes Sr. Maj. des Königs Friedrich August gehalten in der Kreuzschule zu Dresden. (18. Mai 1853.) gr. 8. (16 S.) Dresden 854, (Janssen.) *

Wagner, Ph., die Sprachlaute d. Englischen, e. Hilfsbuch f. den Schul- u. Privatunterricht. gr. 8. (VI, 107 S.) Tübingen 887. Fues. n. 1. 60; cart. n. 1. 80

— **die Sprachlaute des Englischen nebst Anh.: Englische Eigennamen m. Aussprachebezeichng. Ein Hilfsbuch f. den Schul- u. Privatunterricht. 2. Aufl. gr. 8. (XI, 156 S.) Stuttgart 899. [P. Neff Verl.] A. Bonz & Co.** n. 2. 50; geb. n. 2. 80

Wagner, Ph., die griechische Tragödie u. das Theater zu Athen. Einleitung z. Vortrage der Antigone des Sophokles in der Gesellschaft Albina zu Dresden. gr. 8. ($4\frac{1}{2}$ B. u. 1 lith. Grundr. des atheniens. Theaters.) Dresden u. Leipzig 844, Arnoldische Buchh. *

Wagner, Ph. Jak., Anleit. zur sichern Berechnung aller Aufgaben d. gemeinen Rechenkunst. 8. Nürnb. 832. Winter. 6 gr.

Wagner, Phil. Jac., die Ellipse auf d. Wege d. niedern Geometrie rektificirt, desgl. die Oberfläche d. Sphäroide auf demselben Wege gefunden, mit Widerlegung d. franz. Formel zur Berechnung d. Erdmeridians; nebst e. Stereometrie d. Ringe, u. d. direkten Methode: Zeit u. Breite aus zwei Gestirn-Beobachtungen zu finden. gr. 8. ($1\frac{1}{2}$ B. u. 1 Stnt.) Nürnberg 834, Riedel.

— d. Schulzucht, mit besond. Rücksicht auf zahlreich besetzte Volksschulen. 8. Erlang. 824. Palm u. E. 8 gr.

(**Wagner,** Polycarp Samuel): „Gründliche Nachricht Von Ankunfft, Gepräge, Gewicht und Werth Derer in Sachssen, Thueringen und Meissen Gemüntzten Groschen So wohl von denen daselbst Im Handel und Wandel vormahln gebräuchlichen Schock-Groschen Als auch Von denen daher entstandenen Steuer-Schocken", Wittenberg 1728. — Vorh.: Büch. der Industrie- und Handelskammer Leipzig.

Wagner R.: Über die Ausbildung des Gesichtssinnes. 10. Stockerau. 86. **Progr.**

Wagner, R: Die Aussichten der Verwendung von Gasmotoren auf Schiffen. Berlin 1904

Wagner's Gesetz-Ausgaben. Nr. 3 u. 4. gr. 16. Graz, H. Wagner. n. 1. —
3. Jagd-Gesetz vom 13. XII. 1898, wirksam f. das Herzogth. Steiermark, betr. die Schonzeit des Wildes u. die Abänderg. einzelner, das Jagdwesen regelnden gesetzl. Bestimmgn. u. Verordnungen. (14 S.) 899. n. — 40
4. Posttaxordnung, die neue österreich., vom 25. XI. 1899, giltig vom 1. I. 1900 an. (29 S.) 900. n. — 60

Wagner, R., Gott unser Schutz u. Hort, unser gnädiger Gott! Predigt zum Dank- u. Friedensfeste am 18. Juni 1871 geh. in der St. Nicolai-Kirche zu Nordhausen. gr. 16. (14 S.) Nordhausen 871. Haacke. n. — 25

Wagner, R., die preußische Jagdgesetzgebung. Unter Berücksicht. der einschläg. Ministerialrescripte u. Entscheidgn. der höchsten Gerichtshöfe, der Motive zu den Entwürfen der Jagdpolizeigesetzes vom 7. März 1850 u. d. Wildschongesetzes vom 26. Febr. 1870, sowie der Verhandlgn. d. Landtags bei Berathg. dieser beiden Gesetze bearb. gr. 8. (VIII, 188 S.) Berlin 883. Springer. n. 3. —; geb. n. 3. 80

Wagner, R., die preußische Jagdgesetzgebung. 2., umgearb. Aufl. gr. 8. (X, 304 S.) Berlin 889. Springer. n. 5. —; geb. n. 6. —

— Illud Socratis apud Xenophontem, quo optima quaeque ingenia maxime disciplina indigere docuit. Pr. 1815. 8 S. 4°. —.90

Wagner redivivus, R., Lohengrin. 2. Tl. Melodramatisches Scherzspiel in 1 Aufzuge. 8. (11 S.) Striegau 903. A. Hoffmann. n. — 50

Wagner, R, s.: Rechtsquellen d. Cantons Graubünden.

Wagner, R., der erste Berliner Reichstag. Ein Bericht an seine Wähler. gr. 8. (30 S.) Altenburg 867, Schnuphase'sche Hofbuchh. *

Wagner, R., Vater Arndt's Volksliederbuch. Eine Sammlg. der besten u. schönsten Volks-, Vaterlands-, Studenten-, Trink-, Turn-, Jäger-, Wander- u. Liebeslieder. 16. (286 S.) Berlin 874. Bärmann. n. — 60

Wagner, Reinhard: Die Syntax des Superlativs im Gotischen, Altniederdeutschen, Althochdeutschen, Frühmittelhochdeutschen, im Beowulf und in der älteren Edda. T. 1. Die Superlative bis zum Jahre 900. Abschn. A 1. (Berlin: Mayer & Müller 1909.) x, 72 S. 8° ¶ (Ersch. vollst. als: Palaestra. Bd 91.)
Berlin, Phil. Diss. v. 15. Dez. 1909, Ref. Roethe
[Geb. 24. Nov. 81 Pößneck; Wohnort: Göttingen; Staatsangeh.: Sachsen-Meiningen; Vorbildung: Oberrealsch. Halle a. S. Reife O. 01, Erg. Luisen-Gymn. Berlin O. 07; Studium: Leipzig 3, Berlin 9 S.; Rig. 5. März 08.] [U 10. 275

Wagner, Rhard, die Syntax des Superlativs im Gotischen, Altniederdeutschen, Althochdeutschen, Frühmittelhochdeutschen, im Beowulf u. d. Ält. Edda, s.a. **Palaestra.** 91.

Wagner, Reinhard: Die Syntax des Superlativs im Gotischen, Altniederdeutschen, Althochdeutschen, Frühmittelhochdeutschen, im Beowulf u. in d. älteren Edda. Von –. Berlin: Mayer & Müller 1910. VIII, 117 S. 8°
Ein Teil erschien als Berliner Inaug.-Diss.
(Palaestra. 91.)

Wagner, Rhold., fortificatorischer Abriss zum Gebrauch an Militair-Bildungsanstalten und zum Selbst-Unterricht. Eine Ergänzung der genet. Skizze des Lehrstoffs für den Unterricht in der Fortification auf den königl. Kriegs-Schulen und dem Grundriss der Fortification. qu. gr. Fol. (25 Stnt.) Berlin 872, Vossische Buchh. *

— — Fortificatorischer Atlas zum Gebrauch an Militär-Bildungsanstalten und zum Selbstunterricht. Eine Ergänzung der genetischen Skizze des Lehrstoffs für den Unterricht in der Fortification auf den k. Kriegsschulen und des Grundriss der Fortification. (25 Taf.) Fol. Berlin 1872.

Wagner, Rhold., fortificatorischer Atlas zum Gebrauch an Militair-Bildungs-Anstalten und zum Selbstunterricht. Eine Ergänzung der genet. Skizze des Lehrstoffs für den Unterricht in der Fortification auf den königl. Kriegs-Schulen und den Grundriss der Fortification. 3. verb. Aufl. Fol. (25 Stnt.) Zürich 876, Schmidt. Ermässigter Preis *

Wagner, Rhold., über provisorische Befestigung u. Festungs-Improvisationen. Mit 6 Bl. graph. Beilagen in gr. Fol. 3 Lfgn. gr. 8. (IV, 312 u. 6 S.) Berlin 897. H. Walther. n. 7. 50
1. n. 3. —. — 2. n. 2. —. — 3. n. 2. 50.

Denkschrift zur Reform der Kriegs-Akademie von Reinhold **Wagner,** Oberstlt. a. D. Als Ms. gedr. Berlin 1902: (W. Pormetter). (38 S.) 8° [03. 1369

— zwei Denkschriften üb. Befestiggn., Kriegshäfen u. Eisenbahnen f. China, s. a. Beiheft z. Militär-Wochenblatt 1898, 6. Hft.

Wagner, Reinhold: Zwei Denkschriften über Befestigungen, Kriegshäfen und Eisenbahnen für China von Reinhold Wagner, Oberstlt. a. D. mit 2 graph. Beilagen. Berlin: E. S. Mittler & Sohn (1898). (S. 241–278.) 8°
(Beihefte z. Militär-Wochenblatt. 1898. H. 6.)

Wagner, R. Fortificationskarte von Floridsdorf (mit den österr. Befestigungen von 1866.) 5 Bl. gr.-qu.-fol. Wien.

—— Geschichte der Belagerung von Strassburg im J. 1870. Auf Befehl der k. General-Inspection des Ingenieur-Corps und der Festungen nach amtl. Quellen bearb. 1. und 2. Thl. gr. 8. Berlin 874, Schneider und Comp. [1. Thl. (V, S. 1—132 und Beilagen S. 1—40, mit 3 lithogr. Plänen in Fol. und gr. Fol. und 8 Beilagen.) *M 6.; 2. Thl. (VII, S. 135—316 und Beilagen S. 41—85, mit 2 lithogr. Plänen, Nr. 4. und 5., in Fol. und 20 Beilagen, Nr. 9—27.) *M 7,60.] *

Wagner, Rhold., Geschichte der Belagerung von Strassburg im J. 1870. Auf Befehl der k. General-Inspection des Ingenieur-Corps und der Festungen nach amtl. Quellen bearb. 3. (Schluss-)Thl. 2 Hälften. gr. 8. Berlin, [Schneider und Comp.] Wilhelmi. [1. Hälfte. (IX, S. 317—562 und Beilagen S. 87—127 mit 1 lithogr. Ansicht der Reduits der Lünette 44 im Text, 1 Atlas, enth. 10 lithogr. Blatt Pläne und Zeichnungen Nr. 6—12 in Imp.-Fol. und 9 Beilagen Nr. 28—36.) 876. *M 22.; 2. Hälfte. (XII, X, S. 563—834 und Beilagen S. 129—203 mit 2 lithogr. Ansichten im Text und 23 Beilagen Nr. 37—59.) 878. *M 8.] *

Wagner, Rhold., griechische Grammatik, s.: **Freund,** Wilh., triennium philologicum.

—— **Grundriss der Fortifikation. Eine Skizze. gr. 8. (V, 181 S.) Berlin 870, (Vossische Buchh.)** *

Wagner, R. Grundriß der Fortifikation. Berlin 1870. 8°.
Dass. 2. Aufl. 1872.
Dass. 3. Aufl. Atl. 1875. 2°.

Wagner, Reinhold: Grundzüge der griechischen Grammatik von . Stuttgart: W. Violet 1908. (218 S.) 8°
(Maurenbrecher: Grundzüge d. klass. Philologie. Bd 2, Abt. 1.)

— Grundzüge d. klassischen Philologie, s.: Maurenbrecher, Bertold.

Wagner, R. Grundzüge der Reorganisation des Ingenieurkorps und der Pioniere. Berlin 1900. 32 S.

Wagner, R. Inhalts-Verzeichnis über den Unterricht im Festungskrieg für den oberen Coetus der Ingenieur-Offiziere. Berlin 1880. 60 S.

† Wagner, R[einhold]: Alphabetischer Katalog der Bibliothek des Gymnasiums in Eßlingen a. N. 79 S. 8.
Progr. Kgl. Gymn. *Eßlingen* 1907 (737)

Wagner, R.: Die Kriegsbrauchbarkeit der deutschen Motorluftschiffahrt. Stettin 1908. Fol.

— — „Leitung des Festungskrieges". Eine Erwiderung. Berlin 1902. 4 S. 2°

— Moltke u. Mühlbach zusammen unter dem Halbmonde 1837—1839. Geschichte der Sendg. preuss. Offiziere nach der Türkei 1837, des Kurdenfeldzuges 1838 u. des syr. Krieges 1839. Mit 9 Skizzen im Text u. 3 Kartenbeilagen. gr. 8. (XV, 321 S.) Berlin 893. A. Bath. n. 9. —

Wagner, R. Rastatt, die 4. Bundesfestung. Ein Nekrolog. (Berlin 1891.) 8°. (Aus: Preuß. Jahrbücher.) (Vorm. Jähns.)

— — Sammlung technischer Bestimmungen für Fortifikations-Artillerie- u. Garnison-Bauten. 3. Aufl. Mit Taf. Berlin 1881. 281 S.

Wagner, Rhold., soll es m. Helgoland wie ehemals m. der „4. Bundesfestung am Oberrhein" gehen? Kein Scherz — e. Mahng. Mit 1 Karte v. Helgoland. gr. 8. (39 S.) Berlin 891. G. Reimer. n. — 50

Wagner, Reinhold, Prof. Dr.: **Versuch** einer stilgerechten Übersetzung der sophokleischen Antigone nebst einer einleitenden Abhandlung: Über die Notwendigkeit einer möglichst genauen Festhaltung der metrischen und sprachlichen Eigentümlichkeiten der fremden Dichtung; sowie einem Anhang: Verzeichnis der deutschen Antigone-Übersetzungen. *Eßlingen 1902: O. Bechtle.* (58 S.) 4°
Eßlingen, k. G, P 1902 (654)

Wagner, Rein(hold) Joh(annes) Theodor, Nussinensis: Symbolarum ad comicorum graecorum historiam criticam capita quattuor. Lipsiae 1905: R. Noske. (70 S.) 8°
Leipzig, Phil. Fak., Ref. Wachsmuth u. Lipsius, Diss. v. 29. Juni 1905
[Geb. 12. Jan. 81 Nossen, Sachsen; Wohnort: Leipzig; Staatsangeh.: Sachsen; Vorbildung: Gymn. Dresden-N. Reife O. 00; Studium: Leipzig 9 S.; Rig. 10. Mai 05.]

Wagner, Richard: [Die Abschiedsfeier für den Oberstudienrat Prof. Dr. Julius Adolf Bernhard.] S. 24—27. 4.
Progr. Vitzthumsches Gymn. *Dresden* 1908 (704).

Wagner, Rich., Aether u. Wille od. Haeckel u. Schopenhauer. Eine neue Lösg. der Welträtsel. gr. 8. (239 S.) Leipzig 901. Berlin, H. Seemann Nachf. n. 4. —

Wagner, Richard *Carl Ludwig* [aus Stralsund]: Zur Aetiologie der Leukämie ... Greifswald, Druck v. J. Abel, 1867; 27 S. 8.
Greifswald, Med. Fak., Inaug.-Diss. v. 16. März 1867

—— über die Aufführung des Bühnenfestspieles der Ring der Nibelungen. Eine Mittheilung und Aufforderung an die Freunde seiner Kunst. gr. 8. (19 S.) Ebendas. 871. *

— Aufsätze u. Kunst-Berichte aus Paris 1841, s.: Aus Richard Wagners Pariser Zeit.

— **Auswahl** seiner Schriften. (Ausgewählt u. unter Mitwirkg. v. Fel. Groß hrsg. v. Houston Stewart Chamberlain.) (XVI, 278 S.) 8. Leipzig, Insel-Verlag (910). Geb. in Pappbd. 2.—; in Ldr. 4. —

—— **Beethoven.** 1. und 2. Aufl. gr. 8. (IV, 73 S.) Ebendas. 870. *

Wagner, Rich., Beethoven. 3. Aufl. (VI, 71 S.) gr. 8. Leipzig 905. C. F. W. Siegel. n. 1. 50; geb. in Leinw. n. 2. 50

Wagner, Rich., **Beitrag zur genaueren Kenntniss des Muschelkalks bei Jena,** s.a. **Abhandlungen** d. kgl. preuss. geolog. **Landesanstalt, 27. Hft.**

Beitrag zur genaueren Kenntniss des Muschelkalks bei Jena. Von Richard **Wagner,** Oberl. an d. Grossherzogl. Ackerbauschule Zwätzen b. Jena. M. 7 in d. Text gedr. Fig. u. 2 Profiltaf. Hrsg. v. d. Kgl. Preuss. geol. Landesanst. *Berlin: S. Schropp 1897.* (2 Bl., 105 S., 2 Taf.) 1 Bd 4.(8.)
= **Abhandlungen** d. Kgl. Preuss. geol. Landesanstalt. N. F. II. 27.
[98. 3066

Wagner, Richard [app. Arzt aus Cassel]: Ein Beitrag zur Lehre vom Nasenbluten ... Marburg, *Druck v. Weber & Weidemeyer, Cassel,* 1893; 43 S., 2 Bl. 8.
Marburg, Med. Fak., Inaug.-Diss. v. 23. Juli 1893

Wagner, Richard, a. Stuttgart: Aus d. Tübinger Univ.-Augenklinik. Beiträge zur Pathologie des Tränensacks. Tübingen 1907: G. Schnürlen. (27 S.) 8°
Tübingen, Med. Fak., Ref. Schleich, Diss. v. 10. Febr. 1908
[Geb. 11. März 83 Stuttgart; Wohnort: Stuttgart; Staatsangeh.: Württemberg; Vorbildung: Karls-Gymn. Stuttgart Reife M. 01; Studium: Tübingen 5, München 1, Berlin 2, Tübingen 2 S.; Coll. 9. März 07; Approb. 31. Jan. 08.]

Wagner, Rich., Bericht an S. Maj. den König Ludwig II. von Bayern über eine in München zu errichtende deutsche Musikschule. München 865. Kaiser. gr. 8. (50 S.) n. 10 ngr.

—— **Bericht an den deutschen Wagner-Verein über die Umstände und Schicksale, welche die Ausführung des Bühnenfestspieles „Der Ring der Nibelungen" begleiten. gr. 8. (38 S.) (Ebendas.) 872. ***

— über die Bestimmung der Oper. Ein akadem. Vortrag. gr. 8. (44 S.) Ebend. 871. n. 1. —

— Die neueren Bestrebgn. auf d. Gebiet des naturgeschichtl. Unterrichts, s.a. **Magazin,** pädagog.

Wagner, Richard: Die neueren Bestrebungen auf dem Gebiet des naturgeschichtlichen Unterrichts. Von Rich. Wagner in Jena. Langensalza: Beyer 1908. 70 S. 8°
(Pädagogisches Magazin. H. 338.)

Wagner, Richard. Ueber die aus b-Bibrompropionsäure zur erhaltende b-Monobromacrylsäure. Göttingen, 1873

Wagner, Rich. [med. pract. von Wattwil (St. Gallen)]: Ein klinisches Bild der Lebercirrhose. Zürich 1900. 193 S. 8°.
Zürich. Med. Diss. 1899/1900.

Wagner, Bilder aus d. mecklenburg. Geschichte, s.a. **Rudloff, A.**

Wagner, Rich., Bilder aus der mecklenburg. Geschichte u. Sagenwelt f. die unteren Klassen der höh. Lehranstalten. gr. 8. (V, 96 S.) Berlin 900. W. Süsserott. n. 1. —

Bilder aus der mecklenburgischen Geschichte und Sagenwelt für die unteren Klassen der höheren Lehranstalten von Dr. R(ichard) **Wagner,** Oberl. 3. (durchges.) Aufl. (in d. neuen Orthographie). *Leipzig, Berlin, Rostock: W. Süsserott 1904.* (V, 96 S.) 8° [F.] [04. 11419

Wagner, R., Bilder aus der mecklenburgischen Geschichte u. Sagenwelt f. die unteren Klassen der höh. Lehranstalten. 5. unveränd. Aufl. (V, 96 S.) 8. Berlin 910. Potsdam, A. Stein. 1.—; geb. 1. 25

Wagner, Rich., ein Brief über Franz Liszt's symphonische Dichtungen. Abdr. aus der „Neuen Zeitschr. für Musik". Leipzig 857. Kahnt. 8. (32 S.) 6 *ngr.*

Wagner [Bayreuth], Rich., offener Brief an Ernst v. Weber, Vorf. der „Folterkammern der Wissenschaft". Ueber die Vivisection. gr. 8. (16 S.) Leipzig 880. H. Voigt. n. — 40

Wagner, Richard: Bayreuther Briefe von . (1871 (2: (1872)) – 1883.) [Bd 1.] 2. Berlin & Leipzig: Schuster & Loeffler 1907–08. 8°
[Bd 1.] (Hrsg.: C[arl] Fr[iedrich] Glasenapp.) 1907.
2 [u.d.T.:] Richard Wagner an seine Künstler. Hrsg. von Erich Kloss. 1. Aufl. 1908.

— **Bayreuther Briefe.** (1871—1883.) 1. u. 2. Aufl. (XVI, 339 S.) 8. Berlin 907. [Schuster & Loeffler.] Leipzig, Breitkopf & Härtel. 5.—; geb. n 6.—; in Halbfrz. 7. —

— echte Briefe an Ferd. Praeger. Kritik der Prager'schen Veröffentlichgn. v. Houston Stewart Chamberlain. Vorwort v. Hans v. Wolzogen. gr. 8. (IX, 124 S.) Bayreuth 894. (Grau.) n. 1. 50

Wagner, Rich., fünfzehn **Briefe.** Nebst Erinnergn. u. Erläutergn. v. Eliza **Wille,** geb. Sloman. 8. (163 S.) Berlin 894. Gebr. Paetel. n. 2. —; geb. n. 3. —

— Briefe an Emil Heckel. Zur Entstehungsgeschichte d. Bühnenfestspiele in Bayreuth. Hrsg. v. Karl Heckel. gr. 8. (170 S.) Berlin 899. S. Fischer, Verl. n. 3. 50; geb. n. 5. —

— Briefe an e. Putzmacherin. Veröffentlicht v. Dan. Spitzer. Unverkürzte Ausg. (XV, 122 S.) kl. 8. Wien 906. C. Konegen. n. 2. 50; geb. n. 4. —; in Ldr. n. 8. —

— Briefe an August Roeckel. Eingeführt durch La Mara. 8. (VIII, 84 S.) Leipzig 894. Breitkopf & Härtel. n. 2. —; geb. in Leinw. n.n. 2. 75

— Briefe an August Röckel. Eingeführt durch La Mara. 2. Aufl. (84 S.) 8. Leipzig 903. Breitkopf & Härtel. n. 2. —; geb. n. 3. —

— Briefe an Theodor Uhlig, Wilhelm Fischer, Ferdinand Heine. gr. 8. (408 S.) Leipzig 888. Breitkopf & Härtel. n. 7. 50; geb. n. 9. —

—— bisher ungedruckte Briefe an Ernst v. Weber. gr. 8. (16 S.) Dresden 883, Buchh. des Internationalen Vereins zur Bekämpfung der wissenschaftl. Thierfolter.

— Briefe an Otto Wesendonck. Hrsg. v. Alb. Heintz. gr. 8. (98 u. III S.) Charlottenburg 898. Verlag d. Allgem. Musik-Zeitung. 2. 40

— Briefe an Otto Wesendonk 1852—1870. Neue vollständ. Ausg. 1.—4. Aufl. (XIV, 134 S. m. 2 Bildnissen.) gr. 8. Berlin 905. A. Duncker. n. 2. —; geb. in Leinw. n. 3. —; in Halbfrz. n. 4. —

Ⓑ — Briefe an Otto Wesendonk. 905. (KBL 34.) Jetzt: Leipzig, Breitkopf & Härtel.

Briefe von Richard Wagner an seine Zeitgenossen. 1830—1883. Zsgest., chronolog. geordnet, m. biogr. Notizen üb. d. Adressaten v. Emerich Kastner, Vf. des Rich. Wagner-Katalogs ... *Berlin: L. Liepmannssohn 1897.* (X, 138 S.) 1 Bd 8. [97. 2223

Wagner, Rich., zwei Briefe. I. Brief an den Redacteur der Neuen Zeitschrift für Musik. II. Brief an Frz. Lißt [über die Goethe-Stiftung.] gr. 8. (48 S.) Leipzig 847, Hinze. n. 1/3 ℔

Wagner, Rich., zwei Briefe. I. Brief an den Redacteur der Neuen Zeitschrift für Musik. II. Brief an Frz. Lißt (über die Goethe-Stiftung.) gr. 8. (48 S.) Leipzig 852, [Matthes.] *

— s. a. Briefwechsel zwischen W. u. Lißt.

— u. Frz. Lißt, Briefwechsel. 2 Bde. 2. verm. Aufl. gr. 8. Ebd. 900. n. 12. —; geb. n. 14. —
1. Vom J. 1841—1853. (299 S.) — 2. Vom J. 1854—1861. (332 S.)

— u. Liszt, Briefwechsel. 3. erweit. Aufl. in volkstüml. Gestalt. Hrsg. v. Erich Kloss. 2 Tle. in 1 Bde. (VI, 346 S.) 8. Leipzig 910. Breitkopf & Härtel. 5. —

Wagner's, Rich., Bühnenfestspiel der Ring der Nibelungen. Ein Versuch, den Inhalt des Werkes und die Intentionen des Dichter-Componisten klarzulegen. gr. 8. (44 S.) München 879, Literar.-artist. Anstalt. *

—— das Bühnenfestspielhaus zu Bayreuth. Nebst einem Berichte über die Grundsteinlegung desselben. gr. 4. (30 S. mit 6 lithogr. architekton. Plänen.) Ebendas. 873. *

—— Ueber einige Cephalopoden aus dem Röth und unteren Muschelkalk von Jena. (Abdr. aus d. Zeitschr. d. D. geol. Gesellsch. Jahrg. 1888.) 8.

Wagner, Rich., Herzog Christian (Louis) I. 1658—1692, s. a. Geschichte, mecklenburgische, in Einzeldarstellungen.

Herzog Christian (Louis) I. 1658–1692. Von Dr. Richard Wagner. Berlin: W. Süsserott 1906. (VIII, 307 S.) 8° [F.]
= Geschichte, Mecklenburgische, in Einzeldarstellungen. H. 9. [06. 14197 S

— und Franz Liszt

— — Correspondance. Traduction française par L. Schmitt. 2 vols. gr. 8. (308 u. 307 S.) Ebd. 900. n. 8. —; geb. n. 10. —

Wagner, Rich., Demonstrations-Schema zur Darstellung der Wirkungen der Kehlkopfmuskeln u. der Stimmbandstellungen bei den hypokinetischen Motilitätsneurosen. Steintaf. m. Bewegungs-Vorrichtung. 42,5 × 49 cm. Leipzig 893. A. Langkammer. Auf Rahmen. n.n. 3. 50

—— Herr Eduard Devrient und sein Styl. Eine Studie über dessen „Erinnerungen an Felix-Mendelssohn-Bartholdy". 2. Aufl. gr. 8. (18 S.) Berlin 869, van Muyden. *
Erschien in 1. Aufl. unter dem Pseudonym: Drach.

—— über das Dirigiren. gr. 8. (86 S.) Leipzig 870, Kahnt.

Wagner (Richard). Die Encriniten des unteren Wellenkalkes von Jena. (Sonder-Abdr. a. d. Jena'ischen Zeitschrift f. Naturwiss. 20. Band. N. F., 13.) 8. —

—— (R.). Ueber Encrinus Wagneri Ben. aus dem unteren Muschelkalk von Jena. (Bes. Abdr. aus d. Zeitschr. d. D. geol. Ges. Jahrg. 1887.) 8.

Wagner, Richard [Dr.]: Der Entwicklungsgang der griechischen Heldensage. Dresden, Lehmannsche Buchdr., 1896; III—XLII S. 4.
Dresden, G. z. heiligen Kreuz, OP 1896 (544)

— Entwürfe, Gedanken, Fragmente. Aus nachgelassenen Papieren zusammengestellt. gr. 8. (V, 170 S.) Leipzig 885. Breitkopf & Härtel. n. 6. —; geb. n. 7. 50

— Entwürfe zu: Die Meistersinger v. Nürnberg, Tristan u. Isolde, Parsifal. Mit e. Einführg. v. Hans v. Wolzogen. (200 S.) gr. 8. Leipzig (907). C. F. W. Siegel. 6. —; geb. in Leinw. 7. —; in Halbperg. 8. —

Wagner, Rich., epitoma Vaticana ex Apollodori Bibliotheca ed. R. W. Accedunt curae mythographae de Apollodori fontibus et epimetrum praefactionem Borbonicam ad Homeri Iliadem continens. gr. 8. (XVI, 319 S.) Leipzig 891. S. Hirzel. n. 6. —

— Erinnerungen, s.: Lesimple, A.

— das Evangelium der Verachtung. Sociale Satyre. 8. (119 S.) Leipzig 900. M. Altmann. n. 2. —

Das Evangelium der Verachtung. Sociale Satyre von Richard Wagner. Leipzig: W. Friedrich [1900]. (119 S.) 8° [F.] [07. 5661

— Familienbriefe. 1832—1874. 1. bis 5. Taus. (VIII, 304 S. m. 6 Bildnissen.) gr. 8. Ebd. 907. n. 5. —; geb. in Leinw. n. 6. —; in Halbfrz. n. 7. 50

Familienbriefe von Richard Wagner 1832–1874. (Hrsg.: C[arl] Fr[iedrich] Glasenapp.) 6. bis 10. Taus. Berlin: A. Duncker 1907 (1906). (VIII, 304 S.) 8° [08. 4423 II

Ⓑ — Familienbriefe. 907. (KBL 31.) Jetzt: Leipzig, Breitkopf & Härtel.

Richard **Wagner**. Fantasia Fis-moll für Pianoforte. Nachgelassenes Werk. (Hrsg.: Rudolf Maria Breithaupt.) 2. Aufl. Leipzig: C. F. Kahnt 1905. (23 S.) 4° 106. 0734

Wagner (Richard), Die Formationen des Buntsandsteins und des Muschelkalks bei Jena. (Separat-Abdruck aus d. Jahresber. über d. Schuljahr 1886—87 der Grossherzogl. Sächs. Karl Friedrichs-Ackerbauschule zu Zwätzen bei Jena.) Jena 1887. 4.

Wagner, Richard [Dr.]: Der Gebrauch des imperativischen Infinitivs im Griechischen. *Leipzig, Druck v. Hesse & Becker, 1891;* 52 S. 8°
Schwerin i. M., grossh. G Fridericianum, OP 1891 (645)

— **Gedichte.** (XV, 186 S.) 8. Berlin 905. G. Grote. Kart. n. 3. —; geb. n. 4. —

— **Götterdämmerung.** Dritter Tag aus der Trilogie: Der Ring d. Nibelungen. Den Bühnen gegenüber als Mscr. gedr. 8. (86 S.) Mainz 874. Schott's Söhne. 1. 20

Wagner, Rich., Harnuntersuchung. 8. (26 S. m. 1 Taf.) Halle 888. Reichardt. n. — 75

Wagner, Rich., das Wiener Hof-Operntheater. (Abdr. aus dem „Botschafter.") Wien 863. Gerold. gr. 8. (16 S.) n. 4 ngr.

Wagner, Richard — Der „Fliegende Holländer." Romantische Oper in 3 Aufzügen von — —. (Manuskript.) Prag, 1856. Druck der k. k. Hofbuchdruckerei von Gottlieb Haase Söhne. (36 S. 8.)

— u. der fliegende Holländer. Essay v. B. Hartogensis. gr. 8. (20 S.) Berlin 889. Stilke. n. — 50

— **der fliegende Holländer.** Romantische Oper in 3 Aufzgn. Textbuch m. gegenübersteh. engl. Uebersetzg. v. Paul England. 8. (44 Doppels.) Berlin 895. A. Fürstner. n. 1. 50

Wagner, Richard: Der fliegende Holländer. The flying Dutchman. Il Vascello fantasma. Romant. Oper in 3 Aufz. Von - -. Engl. Übers. von Dr. Paul England. Italien. Uebers. von Alberto Giovannini. Vollst. Partitur. (Hrsg.: Felix Weingartner.) Berlin: A. Fürstner (1896). (415 S.) 4°

Wagner, Rich., **der fliegende Holländer.** Romant. Oper. Mit der Partitur übereinstimm. Ausg. (Textbuch.) 8. (47 S.) Berlin 901. A. Fürstner. n. — 80

— **über den „Fliegenden Holländer", die Entstehung, Gestaltung u. Darstellung des Werkes. Aus den Schriften u. Briefen des Meisters zusammengestellt als Festgabe f. die Besucher der Bayreuther Bühnenfestspiele des J. 1901. gr. 8. (57 S.) Leipzig 901. E. W. Fritzsch.** n. — 60

— **Jesus v. Nazareth.** Ein dichterischer Entwurf aus d. J. 1848. Lex.-8. (V, 100 S.) Leipzig 887. Breitkopf & Härtel. n. 4. —; geb. n. 5. 50

Wagner, Richard. Die Immobiliar-Feuerversicherung im Grossherzogtum Baden. Diss. Staatsw. Univ. Zürich. IV + 116 S. 8. Würzburg, Verlagsdr., 1903.

Wagner, Rich. De infinitivo apud oratores atticos cum articulo coniuncto. 11 S. **Progr.** G. *Schwerin* 1885

Wagner, R. (I.), de Apollodori bibliothecae interpolationibus, s. Commentationes Philologae quibus Ottoni Ribbeckio congratulantur Discipuli Lipsienses.

—— **das Judenthum in der Musik.** gr. 8. (57 S.) Leipzig 869, Weber. *

WAGNER, RICHARD. Zur Kenntniss einiger Indolderivate. (Bern) Leipzig, *n. d.* [1894?].

WAGNER, Richard: Zur Kenntniss des Morbus maculosus Werlhofii.- München: Wolf 1885. 50 S.
5.11.1885 - Chr 1885/86,16; Jv 1885/86,161
Diss. Ingolst-Landsh.-Mchn.

Wagner, Richard, zur Kenntniss des Morbus maculosus Werlhofii. Diss. München 1885, A. Buchholz. 8°. 50 S.

Wagner, Richard, approb. Arzt aus Berlin: Aus d. Universitäts-Augenklinik zu Rostock. **Zur Kenntnis** der anatomischen Veränderungen bei sekundär-luetischer Optikuserkrankung. *Stuttgart: F. Enke 1903.* (24 S.) 8° ¶ Aus: Klinische Monatsblätter f. Augenheilk., Jg. 41, Bd 2.
Rostock, Med. Diss. v. [22. Juli] 1903
(Nur in beschränkter Zahl für den Austausch)

Wagner, Rich., die hellenische Kultur, s.: Baumgarten, Fritz.

—— deutsche Kunst und deutsche Politik. gr. 8. (112 S.) Ebendas. 868. *

Wagner, Rich., die Kunst und die Revolution. 8. (60 S.) Leipzig 849, O. Wigand. Thlr. *

-- Die Kunst und die Revolution. Leipzig 1850.

—— **das Kunstwerk der Zukunft.** 8. (X und 233 S.) Leipzig 850, O. Wigand.

Wagner's, Rich., Lebensbericht. Leipzig 884. Hannover, L. Oertel. *

— Lebens-Bericht. Deutsche Orig.-Ausg. v. „The work and mission of my life" by Rich. Wagner. gr. 8. (103 S.) Leipzig 884. Schlömp. n. 2. 50

— **Lehr- u. Wanderjahre.** Autobiographisches. gr. 8. (30 S.) Leipzig 871. (Berlin, Bahn.) — 75

— **lettres à Auguste Roeckel,** traduites par Maurice Kufferath. 8. (113 S.) Bruxelles 894. Leipzig, Breitkopf & Härtel. n. 2. —

— Liebesmahl d. Apostel, s.: Breitkopf & Härtel's Text-bibliothek. 45.

—— Lohengrin, romant. Oper, s. a. Breitkopf und Härtel's Text-Bibliothek Nr. 98.

—— Lohengrin, s. a. Breitkopf und Härtel's Text-Bibliothek Nr. 160, 161.

— **dasselbe. Berliner Ausg.,** s. a. Breitkopf & Härtel's bibliothek.

— **dasselbe. Englisch,** s. a. Breitkopf & Härtel's Text-bibliothek.

— **dasselbe. Ausg. f. Hannover,** s. a. Breitkopf & Härtel's Text bibliothek.

— **Lohengrin. Romantische Oper in drei Akten.** 8. (70 S.) Leipzig 852, Breitkopf & Härtel. 1/4 ₰

—— dass. — (Text.) 8. (63 S.) Ebds. 853.

Wagner, Richard — Lohengrin. Romantische Oper in drei Akten von — —. Prag, 1856. Druck der k. k. Hofbuchdruckerei von Gottlieb Haase Söhne. (48 S. 8)

— Lohengrin. Romantische Oper in drei Akten. Leipzig (858.) Breitkopf u. Härtel. 8. (63 S.) 4 ngr.

Wagner, Richard: Lohengrin. Romant. Oper in 3 Akten von —. (Vollst. Ausg. mit Scenerie.) Leipzig: Breitkopf & Härtel 1893. (79 S.) 8°
(Textbibliothek, Breitkopf & Härtel's. No 195.)

Wagner, Richard: Lohengrin. Romantic opera in 3 acts by —. Rendered into Engl. in exact accordance with the orig. by H. and F. Corder. Leipzig: Breitkopf & Härtel 1894. (63 S.) 8°
(Textbibliothek, Breitkopf & Härtel's No 186.)

Lohengrin. Zweiter Teil. Melodramat. Scherzspiel in 1 Aufz. von R. **Wagner** redivivus. *Striegau: A. Hoffmann 1903.* (11 S.) 8° [Umschlagt. F.] [03. 6333 2

— **Lohengrin.** Romant. Oper in 3 Aufzügen. Textbuch, mit Angabe d. Leitmotive, der führ. Orchesterinstrumente, der Seitenzahlen in Partitur (Taschenformat) u. Klavierauszug, nebst Notenbeispielen im Anh., hrsg. v. Carl Waack. Neue durchgeseh. Bühnenausg. (Breitkopf & Härtels Textbibliothek Nr. 381.) (69 S. m. 1 Notenbeilage.) kl. 8. Leipzig (906). Breitkopf & Härtel. 1.—; erm. Pr. — 80

Wagner, Rich., Luther u. Savonarola, s. Wartburghefte. 35. Hft.

Luther und Savonarola. Von Richard **Wagner**-Bildstock. (Leipzig: C. Braun in Komm. 1905.) (28 S.) 8° [Kopft. F.]
= **Wartburghefte**. 35. [07. 8687 3

— die Meistersinger von Nürnberg. Als Mscr. gedr. Mainz 862. Schott's Söhne. 8. (140 S.) 15 ngr.

— **die Meistersinger** v. Nürnberg. Fcsm.-Ausg. des Textes. gr. 4. (82 S.) Mainz 893. B. Schott's Söhne. Geb. in Leinw. n. 12. 50

— die Meistersinger v. Nürnberg, m. Bildern u. Buchschmuck ausgestattet v. Geo. Barlösius. (114 S.) Imp.-4. Berlin 901. Fischer & Franke.
Geb. in Ldr. m. Metallknöpfen u. Schließen 75. —

— Die Meistersinger v. Nürnberg, m. Bildern u. Buchschmuck ausgestattet v. Geo Barlösius. (110 S.) 34,5×27,5 cm. Berlin (907). Fischer & Franke. Geb. 25. —

— üb. die **Meistersinger** v. Nürnberg. Aussprüche Rich. Wagner's üb. sein Werk in Schriften u. Briefen. Zusammengestellt v. Erich Kloss. (III, 86 S.) 8. Leipzig 910. Breitkopf & Härtel. 1. 50

Wagner, Rich., München. Nach Orig.-Aquarellen. (31 Bl.) 14×21,5 cm. München (910). C. Andelfinger & Co. 2.—

— Oper u. Drama. 3 Thle. 8. 1. Die Oper u. das Wesen der Musik. (194 S.) 2. Das Schauspiel u. das Wesen der dramat. Dichtkunst. (IV u. 200 S.) 3. Dichtkunst u. Tonkunst im Drama der Zukunft. (IV u. 247 S.) Leipzig 852, Weber. n. 3 ₰

—— Oper und Drama. 2. durchges. Aufl. gr. 8. (XVI, 351 S.) Leipzig 869, Weber. *

—— drei Operndichtungen nebst einer Mittheilung an seine Freunde als Vorwort. gr. 8. (III und 352 S.) Leipzig 852, Breitkopf und Härtel.

Wagner, Rich. (II.), de priore quae Demosthenis fertur adversus Aristogitonem oratione. Dissertatio inauguralis. gr. 8. (49 S.) Cervimontii 883. (Leipzig, Fock.) *

—— **Parsifal.** Ein Bühnenweihfestspiel. gr. 8. (81 S.) Ebendas. 877. *
—— dass. — 8. (62 S.) Ebendas. 879.

Wagner, Rich., Parsifal. A festival drama. Translated into English in exact accordance with the original by H. L. and F. Corder. 8. (62 S.) Mainz 879, Schott's Söhne. *

—— **Parsifal.** Scenische Bilder nach den für die Bayreuther Aufführung gefertigten Decorations- und Costümskizzen. 9 Lichtdr. von Naumann und Schröder. 8. Ebendas. 886. In Leinw.-Mappe

— **Parsival.** Ein Bühnenweihfestspiel. Text m. den hauptsächlichsten Leitmotiven u. Notenbeispielen hrsg. v. Jul. Burghold. 8. (60 S.) Mainz 897. B. Schott's Söhne. 1.—

Wagner, R., Präparation zu Xenophon, Anabasis. 1. Hft.: Buch I. gr. 8. (34 S.) Leipzig 898. B. G. Teubner. n. — 50

Wagner, R., Präparation zu Xenophons **Anabasis.** 2. u. 3. Hft. gr. 8. Leipzig 902. B. G. Teubner. n. 1. —
2. Buch II. (28 S.) 899. n. — 40
3. Buch III u. IV. (44 S.) 902. n. — 60

— **Präparation zu Xenophons Anabasis.** (Schülerpräparationen zu latein. u. griech. Schriftstellern.) 2. Heft: Buch II. 2., verb. Aufl. (25 S.) 8. Leipzig 905. B. G. Teubner. n. — 40

Wagner, R., Präparation zu Xenophon, Anabasis. 1. Heft. Buch I. 3. Aufl. (32 S.) 8. Leipzig 907. B. G. Teubner. — 50

— **Präparation** zu Xenophons **Hellenika.** 1. Hft.: Buch I. gr. 8. (24 S.) Ebd. 902. n. — 40

—— Quaestiones de epigrammatis graecis ex lapidibus collectis grammaticae. gr. 8. (VI, 127 S.) Leipzig 883, Hirzel. *

Wagner Richard: Hegels Rechts- und Staatslehre im Verhältnis zum Naturrecht und zur historischen Rechtsschule.
II. 1910 PN 2840 **Diss.** Wien, **Univ.** 141

Wagner, Richard, stud. phil.: Die Reichspolitik Ludwigs IV., Landgrafen von Thüringen. T. 1. Jena 1908: B. Vopelius. (49 S.) 8° ¶ (Erscheint vollst. in: „Zeitschrift d. Vereins f. thür. Gesch. u. Altertumskunde" Bd 27, 1908.)
Jena, Phil. Fak., Ref. Cartellieri, Diss. v. 20. März 1908
[Geb. 26. Okt. 84 Apolda; Wohnort: Apolda; Staatsangeh.: Sachsen-Weimar; Vorbildung: Gymn. Weimar Reife O. 03; Studium: Jena 9 S.; Rig. 20. März 08.]

—— das Rheingold, s. a. Häußer, F. C.

— das Rheingold. Vorspiel zu der Trilogie: Der Ring d. Nibelungen. Den Bühnen gegenüber als Mscr. gedr. 8. (75 S.) Ebend. 869. 1. 20

—— Rienzi, der Letzte der Tribunen. Große trag. Oper in 5 Acten. (Textbuch, deutsch und russisch.) 8. (108 S.) Berlin 878, Meser. *

Wagner, Richard: Rienzi, der letzte der Tribunen. Grosse trag. Oper in 5 Akten v. –. Clavierausz. m. Text. Neue Ausg. nach d. Orig.-Part. . . . Berlin: A. Fürstner [1899]. (1 Bl., 366 S.) 1 Bd 4°

— Rienzi, der letzte der Tribunen. Grosse trag. Oper in 5 Akten. Neue vollständ. Bühnenausg. (m. der Orig.-Partitur übereinstimmend). (Textbuch.) 8. (78 S.) Berlin 901. A. Fürstner. n. 2. —

— dasselbe. Mit der autogr. resp. der ersten gestochenen Partitur übereinstimm. Ausg. (Textbuch.) 8. (64 S.) Ebd. (901). n. — 80

— the Nibelung's ring. A festival play for three days and a fore-evening. English words in the alliterative Verse of the original by Alfr. Forman. 8. (351 S.) Mainz 877. Schott's Söhne. n. 4. —

—— der Ring der Nibelungen. Ein Bühnenfestspiel für 3 Tage und 1 Vorabend. gr. 16. (XXIV und 443 S.) Leipzig 863, Weber. *

—— der Ring der Nibelungen. Ein Bühnenfestspiel für drei Tage und einen Vorabend. 2. Aufl. 16. (XXIV, 443 S.) Ebendas. 873. *

Inhalt:
1. Abthl.: Das Rheingold. — 2. Abthl.: Die Walküre. — 3. Abthl.: Siegfried. — 4. Abthl.: Götterdämmerung.

Wagner, Rich. (I.). Der Ring des Nibelungen. [Textbuch.] 4 Hefte. 12. Mainz 876, Schott's Söhne. à Heft — 80; 3 20; geb. * 4 —
1. Vorspiel: Das Rheingold. (75 S.) — 2. Erster Tag: Die Walküre. (82 S.) — 3. Zweiter Tag: Siegfried. (98 S.). — 4. Dritter Tag: Die Götterdämmerung. (86 S.)

— der Ring der Nibelungen. Text, m. d. hauptsächlichsten Leitmotiven u. Notenbeispielen hrsg. v. Jul. Burghold. (1.—4. Hft.) 8. Ebd. 897. à 1. —
1. Das Rheingold. Vorspiel zu d. Trilogie. (76 S.)
2. Die Walküre. 1. Tag aus d. Trilogie. (86 S.)
3. Siegfried. 2. Tag aus d. Trilogie. (100 S.)
4. Götterdämmerung. 3. Tag aus d. Trilogie. (88 S.)

Der Ring des Nibelungen. Ein Bühnenfestspiel für 3 Tage u. einen Vorabend von Richard Wagner. English Transl. by Frederick Jameson. Vollst. Klavierausz. Erleichterte Bearb. von K[arl] Klindworth. Vorabend. *Mainz: B. Schott's Sohne (1899).* 4° [ou. 4657 9

— dasselbe. Ein Bühnenfestspiel f. drei Tage u. e. Vorabend. (Erklärungen usw. dazu.) (In 4 Lfgn.) 2. Lfg. Lex. 8. Wien 909. Huber & Lahme Nachf. 1. —
2. Die Walküre. (S. 33—64 m. Abb.)

— Der Ring des Nibelungen. Ein Bühnenfestspiel f. 3 Tage u. 1 Vorabend. I. Das Rheingold u. die Walküre. Mit Bildern (34 farb. Taf.) v. Arth. Rackham. (172 S.) Lex. 8. Frankfurt a/M. 910. Literar. Anstalt. Geb. in Halbperg. 24.—; in Ganzldr. 32.—; Vorzugsausg. in Ganzperg. nn 60. —

— über Schauspieler u. Sänger. gr. 8. (86 S.) Leipzig 872. Fritzsch. n. 1. 50

— Schemata der hypokinetischen Motilitätsneurosen d. Kehlkopfes. Zum laryngolog. Unterricht. gr. 8. (IV, 16 S. m. 1 Holzschn. u. 3 lith. Taf.) Ebd. 893. n. 1. 80

— ausgewählte Schriften üb. Staat u. Kunst u. Religion. (1864—1881.) gr. 8. (XX, 380 S.) Leipzig (901). E. W. Fritzsch. n. 3. —

Wagner, Rich., gesammelte Schriften u. Dichtungen. 1—9. Bd. gr. 8. (XI, 363; III, 359; III, 394; III, 418; III, 352; III, 395; 394, 415 u. 412 S. m. 6 lith. Plänen zu dem provisor. Bühnenfestspielhause zu Bayreuth.) Leipzig 871—73. Fritzsch. à n. 4. 80

Wagner, Rich. (I.), gesammelte Schriften und Dichtungen. 10. Bd. gr. 8. (VI, 497 S.) Leipzig 883, E. W. Fritzsch. * geb. *

Wagner, Richard, gesammelte Schriften und Dichtungen. 2. Aufl. 31 Lfg. oder 10 Bde. 8. (VII, 293; 275; 322; 346; 270; 283; 297; 342; IV, 346 mit 6 Taf.; VI, 383 S.) Leipzig 887,88, E. W. Fritzsch. à Lfg. 60 Pf.; compl. * geb. * ℳ 25.—.; geb. in 5 Bde. *

Wagner, Rich., gesammelte Schriften u. Dichtgn. 3. Aufl. 10. Bde. 8. (VIII, 291; III, 273; III, 320; III, 344; III, 268; III, 281; III, 295; III, 340; IV, 344 S. m. 6 Plänen u. VI, 381 S.) Leipzig 897. 98. E. W. Fritzsch. n. 18 —; geb. n. 25. —; in 5 Doppelbdn. n. 22. —
Erschien auch in Lfgn. à — 60.

Wagner, Rich., gesammelte Schriften u. Dichtgn. 4. Aufl. 10 Bde. (VIII, 291; III, 273; III, 320; III, 344; III, 268; III, 281; III, 295; III, 340; III, 344 S. m. 6 Taf. u. VI, 375 S.) gr. 8. Leipzig (907). C. F. W. Siegel. 20.—; geb. in Leinw. n 30.—; in Perg. 40.—; in 5 Leinw.-Bdn. n 26. —

— dasselbe. Allgemeine Inhaltsübersicht (von Hans v. Wolzogen). (III, 80 S.) gr. 8. Ebd. (907). 2.50; geb. in Leinw. n 3. 50

— nachgelassene Schriften u. Dichtgn. gr. 8. (III, 216 S.) Leipzig 895. Breitkopf & Härtel. n. 4. 80; geb. n. 6. —

— nachgelassene Schriften u. Dichtungen. 2. Aufl. gr. 8. (III, 216 S.) Leipzig 902. Breitkopf & Härtel. n. 4. 80; geb. n. 5. 80

—— Siegfried. Zweiter Tag aus der Trilogie: Der Ring der Nibelungen. Den Bühnen gegenüber als Mscr. gedr. 8. (98 S.) Ebendas. 871.

Wagner Richard: Fercher von Steinwand. H. 1910 PN 2903 Diss. Wien. Univ. 348

Wagner, Rich., Tannhäuser u. der Sängerkrieg auf Wartburg. Große romantische Oper in 3 Akten. (Text.) 8. (3 B.) Dresden 845, Meser. (Leipzig, Friese.) *

Wagner, Richard —. Tannhäuser und der Sängerkrieg auf Wartburg. Große romantische Oper in drei Akten von — —. 8. (40 S.) Prag. Druck von Gottlieb Haase Söhne. 1854.

Wagner, Rich., Tannhäuser od. der Sängerkrieg auf der Wartburg. Handlung in 3 Aufzügen. Textbuch. Neue vervollständ. Ausg. (In deutscher u. engl. Sprache.) 8. (48 Doppels.) Berlin 891. Fürstner. Kart. n. 1. 50

[F. u. Ant.] . . . Tannhäuser und der Sängerkrieg auf Wartburg. Handlg in 3 Aufz. v. Richard Wagner. Vollst. Part. Neue, die nachcomp. Scenen enth. u. v. Comp. revid. Ausg. . . . *Berlin: A. Fürstner [1891].* (364 S.) 1 Bd 4. [97. 2127

— Tannhäuser u. der Sängerkrieg auf Wartburg. Vollständige m. der Partitur der neuen Bearbeitg. übereinstimm. Ausg. (Textbuch.) 8. (61 S.) Berlin 901. A. Fürstner. n. — 80

— dasselbe. Vollständige m. der Partitur in der 2. Bearbeitg. übereinstimm. Ausg. (Textbuch.) 8. (57 S.) Ebd. 901. n. — 80

Wagner, Richard. Ein Theater in Zürich. Zürich 1851.

Wagner, Rich., Traum u. Rausch. Gedichte. 12. (84 S.) Leipzig 898. W. Friedrich. n. 1. —; geb. n. 2. —

—— Tristan und Isolde, s.a. Breitkopf und Härtel's Text-Bibliothek Nr. 151, 162, 163, 168, 173, 175.

—— Tristan und Isolde. 8. (III und 110 S.) Leipzig 859, Breitkopf und Härtel.

— **Tristan u. Isolde. Textbuch.** (In russ. Sprache.) 8. (130 S.) Leipzig 894. Breitkopf & Härtel. n. — 80

— **Tristan u. Isolde.** Drama in 3 Aufzügen. Uebers. (ins Russ.) v. Wsewolod Tschetschichin. gr. 8. (130 S.) Leipzig 899. Breitkopf & Härtel. n. 1. —

— **dasselbe.** Traduction nouvelle en prose rythmée exactement adaptée au texte musical allemand par Jacques d'Offoël. 2. éd. revue et corrigée. Avec une lettre de M. Ed. Schuré. 8. (VII, 85 S.) Ebd. 899. n. — 80

— Tristan u. Isolde. 2. Aufl. (III, 110 S.) 8. Leipzig 904. Breitkopf & Härtel. n. 1. —; geb. n. 2. —

Tristan und Isolde. Von Richard **Wagner** ⟨1857⟩. Textbuch, mit Angabe d. Leitmotive, d. führenden Orchesterinstrumente ... nebst Notenbeispielen im Anh. Hrsg. von Carl Waack. Neue durchges. Bühnenausg. Leipzig: Breitkopf & Härtel [1905]. (96 S.) 8°
— **Textbibliothek**, Breitkopf & Härtels. No 380. [06. 10495

— **Tristan u. Isolde.** (1857.) Textbuch, m. Angabe der Leitmotive, der führ. Orchesterinstrumente, der Seitenzahlen in Partitur (Taschenformat) u. Klavierauszug, nebst Notenbeispielen im Anh., hrsg. v. Carl Waack. Neue durchgeseh. Bühnenausg. (Breitkopf & Härtels Textbibliothek Nr. 380.) (96 S. m. 1 Notenbeilage.) kl. 8. Leipzig (906). Breitkopf & Härtel. 1.—; erm. Pr. — 80

— **dasselbe.** Drama in 3 Akten. Übers. v. Vikt. Kolomizow. (Textbuch in russ. Sprache.) (VIII, 126 S.) 8. Ebd. (907). 1. 60

—— Tristan et Yseult. Poëme et musique de R. W. Version française de Vict. Wilder. 8. (79 S.) Leipzig 886, Breitkopf und Härtel.

Wagner, Richard, Referendar: Unterhaltsanspruch und Unterhaltspflicht der Ehegatten bei Konkurrenz mit Unterhaltsanspruch und Unterhaltspflicht der Verwandten. Dargest. nach d. Bürgerl. Gesetzb. Ostrau i. Sa. 1909: Schmidt. 50 S. 8°
Leipzig, Jur. Diss. v. 2. März 1909
[Geb. 22. März 83 Berlin; Wohnort: Leipzig; Staatsangeh.: Sachsen; Vorbildung: König-Albert-Gymn. Leipzig Reife O. 01; Studium: Leipzig 7 S.; Rig. 10. Febr. 05.] [U 09. 2715

Wagner, Richard, appr. Tierarzt: Aus d. physiol. histol. Inst. d. Tierärztl. Hochsch. zu Dresden. Histiologische und anatomische Untersuchungen über die männlichen Geschlechtsorgane, insbesondere den Penis von Felis domestica. Mit 9 Abb. Dresden 1909: Franke. 55 S. 8°
Leipzig, Veterinär-Med. Diss. v. 25. Febr. 1909, Ref. Ellenberger
[Geb. 29. April 84 Dresden; Wohnort: Dresden; Staatsangeh.: Sachsen; Vorbildung: Wettiner-Gymn. Dresden Reife O. 04; Studium: Dresden Tierärztl. Hochsch. 7 S.; Coll. 3. März 09; Approb. 9. Juni 08.] [U 09. 2896

— die Vorgeschichte v. Mecklenburg, s.: Beltz, Rob.

— Wagner, Richard

— **an Theodor Apel.** (VII, 95 S.) Leipzig 910. Breitkopf & Härtel. 3. —

— **Photographische Bildnisse.** Mit e. Vorwort v. A. Vanselow. (34 Taf. m. X S. Text.) 8. München 908. F. Bruckmann. Geb. 3. —

— in seinen Briefen, hrsg. v. Erich Kloss, s.a. Bücher der Weisheit u. Schönheit.

Richard **Wagner** in seinen Briefen hrsg. von Erich Kloss. (Buchschmuck von Franz Stassen.) 1. bis 5. Taus. (Stuttgart: Greiner & Pfeiffer 1907.) (144 S.) 8° [F.]
(Bücher d. Weisheit u. Schönheit.) [08. 2376

Wagner, Richard. R' W' in seinen Briefen, hrg. von Erich Kloss. 1. bis 5. Tausend. ([Mit 1 Porträt-Tafel und] Buchschmuck von Franz Stassen.) VI + 144 S. 8. (Stuttgart, Greiner & Pfeiffer, [1908].) (geb. M. 2. 50)
Bücher der Weisheit und Schönheit. Herausgeber: Jeannot Emil Freiherr von Grotthuss.
Auszüge aus Briefen — u. a. an Eliza Wille, an Mathilde *u.* Otto Wesendonk *etc.* —, *nach inhaltlichen Gesichtspunkten gruppiert.*

— An Freunde u. Zeitgenossen. Hrsg. v. Erich Kloss. 1. u. 2. Aufl. (XXVII, 616 S.) Berlin 907. [Schuster & Loeffler.] Leipzig, Breitkopf & Härtel. 7.—; geb. in Leinw. 8.—; in Halbfrz. 9. —

Richard **Wagner** an Freunde und Zeitgenossen. Hrsg. von Erich Kloss. Berlin & Leipzig: Schuster & Loeffler 1909. XXVII, 616 S. 8°

Wagner, Rich., der junge. Dichtgn., Aufsätze, Entwürfe 1832—1849. Hrsg. v. Jul. Kapp. (VIII, 495 S.) 8. Berlin 910. Schuster & Loeffler. 5.—; geb. 6. —

— **an seine Künstler.** 2. Bd. der „Bayreuther Briefe" (1872—1883). Hrsg. v. Erich Kloss. (XXIV, 414 S.) 8. Berlin 908. [Schuster & Loeffler.] Leipzig, Breitkopf & Härtel. 5.—; geb. in Leinw. 6.—; in Halbfrz. 7. —

— **an Ferdinand Praeger.** 2., neu durchgeseh. Aufl. Hrsg. m. krit. Anh. v. Houston Stewart Chamberlain. (188 S.) 8. Berlin 908. [Schuster & Loeffler.] Leipzig, Breitkopf & Härtel. 2.—; geb. 3.—; in Halbfrz. 4. —

— **an Minna Wagner.** 2 Bde. (328 u. 319 S. m. 2 Bildnissen.) gr. 8. Berlin 908. [Schuster & Loeffler.] Leipzig, Breitkopf & Härtel. 8. —

(Richard) **Wagner**-Brevier. Hrsg. von Hans v. Wolzogen. Mit 1 Heliogr., 3 Vollbild. u. 4 Facs. (Berlin): Bard, Marquardt & Co. [1904]. (66 S.) 8°
(Musik, Die. Bd 3.)

(Richard) **Wagner**-Brevier. Hrsg. von Hans v. Wolzogen. 2. Aufl. Mit 4 Vollbild. u. 4 Facs. (Berlin): Bard, Marquardt & Co. [1906]. (66 S.) 8°
— **Musik**, Die. Bd 3. [07. 10115

Was erzählt Richard **Wagner** über die Entstehung seiner musikalischen Komposition des Ringes des Nibelungen? Aus brieflichen Äußerungen d. Meisters zsgest. von S. Röckl. Leipzig: Breitkopf & Härtel 1904. (31 S.) 8°

Wagner, Richard. R' W' an Mathilde Wesendonk. Tagebuchblätter und Briefe 1853—1871. ([Hrg. von] Prof. Dr. Wolfgang Golther.) [Mit 7 Tafeln: 3 Porträts, 1 Ansicht und 3 Handschrift-Nachbildungen.] XXXII + 368 S. 8. Berlin, Alexander Duncker, 1904. [M. 5. —, geb. 6. —]
2. [Titel-]Aufl. 1904.

Richard **Wagner** an Mathilde Wesendonk. Tagebuchblätter u. Briefe 1853–1871. 4. Aufl. (Hrsg.: Prof. Dr. Wolfgang Golther.) Berlin A. Duncker 1904. (XXXII, 366 S.) 8°

Wagner, Richard, und Mathilde Wesendonk. Tagebuchblätter und Briefe 1853 bis 1871. 6. Aufl. Berlin 1904. H: *Golther, Wolfgang.* (HHBD III, 93)

Richard **Wagner** an Mathilde Wesendonk. Tagebuchblätter u. Briefe 1853–1871. (Hrsg.: Wolfgang Golther.) 6. Aufl. Berlin: A. Duncker 1904. (XXXII, 366 S.) 8° 06. 4184 2

Richard **Wagner** an Mathilde Wesendonk. **Tagebuchblätter** und Briefe. 1853–1871. 15. durchges. Aufl. (Hrsg.: Prof. Dr. Wolfgang Golther.) *Berlin: A. Duncker 1904.* (XXXII, 366 S.) 8° 04. 16604

Richard **Wagner** an Mathilde Wesendonk. Tagebuchblätter und Briefe 1853–1871. 16. durchges. Aufl. (Hrsg.: Prof. Dr. Wolfgang Golther.) Berlin: A. Duncker 1904. (XXXII, 366 S.) 8°

Wagner, Richard. R' W' à Mathilde Wesendonk. Journal et lettres 1853—1871. Traduction autorisée de l'Allemand par Georges Khnopff. Préface de Henri Lichtenberger. 2 Tomes. 8. Berlin, Alexandre Duncker; (Paris, O. Mieth; Bruxelles, Breitkopf & Härtel,) 1905. (*à* fr. 3. 50)
Tome 1er. [Avec musique et 1 portrait-planche.] XVI + 244 p.
Tome 2d. [Avec 1 portrait-planche.] IV + 260 p.

Richard **Wagner** an Mathilde Wesendonk. Tagebuchblätter u. Briefe 1853–1871. 30. durchges. Aufl. Berlin: Duncker 1906. XXXV, 366 S. 8° 10. 10270 5

— an Mathilde Wesendonk. Tagebuchblätter u. Briefe 1853—1871. 31.—34. durchgeseh. Aufl. (XXXVI, 367 S. m. 4. Taf. u. 3 Fksms.) gr. 8. Berlin 908. 09. [A. Duncker Verl.] Leipzig, Breitkopf & Härtel. 5.—; geb. in Leinw. 6.—; in Halbfrz. 7. 50
Auch die französ. Ausg. (KBL 34.) Jetzt Ebd.

Richard **Wagner** an Mathilde Wesendonk. Tagebuchblätter u. Briefe 1853–1871. 30. durchges. Aufl. (Hrsg.: Prof. Wolfgang Golther.) Berlin: A. Duncker 1000. XXXVI, 306 S. 8° 11. 2323 11

— an Eliza Wille. 15 Briefe d. Meisters nebst Erinnergn. u. Erläutergn. v. Eliza Wille. (Neue [Titel-]Ausg. v.: „W., 15 Briefe".) (163 S.) 8. Berlin [894.] 908. [Schuster & Loeffler.] Leipzig, Breitkopf & Härtel. 2.—; geb. in Leinw. 3.—; in Halbfrz. 4. —

Wagner, Richard. R' W' an Eliza Wille. Fünfzehn Briefe des Meisters nebst Erinnerungen und Erläuterungen von (Frau) Eliza Wille (geb. Sloman). 2. Aufl., hrg. von Wolfgang Golther. XII + 132 S. 8. Berlin und Leipzig, Schuster & Loeffler, 1908. [M. 2.—, geb. 3.—]

Aus Richard **Wagners** Pariser Zeit. Aufsätze u. Kunst-Berichte d. Meisters aus Paris 1841. Zum 1. Male hrsg. u. eingel. v. R[ichard] Sternfeld. Bd 1. 2. Bln ['07]. 58 S. (Deutsche Bücherei. 64. 65.)

—— die Walküre, s.a. Häußer, F. C.

— die Walküre. Erster Tag aus der Trilogie: Der Ring d. Nibelungen. Den Bühnen gegenüber als Mscr. gedr. 8. (84 S.) Ebend. 870. 1. 20

Wagner, Richard: Die Wendenzeit. v. Dr. R(ichard) Wagner-Schwerin. Berlin: W. Süsscrott 1899. (4 Bl., 195 S.) 1 Bd 8°
(Geschichte, Mecklenburgische, in Einzeldarstellungen. H. II.)

— die Wendenzeit Mecklenburgs, s.: Geschichte, mecklenburg., in Einzeldarstellungen. 2.

—— die Nibelungen. Weltgeschichte aus der Sage. gr. 12. (75 S.) Leipzig 850, O. Wigand.

— „Zukunftsmusik." Brief an einen französ. Freund als Vorwort zu einer Prosa-Uebersetzung seiner Operndichtungen. Leipzig 861. Weber. Lex.-8. (53 S.) n. 10 ngr.

Wagner, Robert. Der kretische Aufstand 1866/67 bis zur Mission Aali Paschas. 8. Bern, Gustav Grunau, 1908.
Ausg. A: Diss. Phil. Bern ... von R' W'... . II + 179 S. Bern ... 1908 (**Innentitel:* 1907).
Ausg. B: Nach diplomatischen Quellen bearb. von Dr. R' W'. 179 S. [fr. 5. —]

Wagner Robert: Über die Bestimmung des linearen Ausdehnungskoeffizienten und dessen Abhängigkeit von der Spannung aus den Temperaturänderungen bei der Dehnung von Hartgummistäben (mit 1 Textfigur). S. 116. IIa 906 . . . . —.65
Separatabdruck

Wagner, Rob., über die Bestimmung d. linearen **Ausdehnungskoeffizienten u. dessen Abhängigkeit v. der Spannung aus den Temperaturänderungen bei der Dehnung v. Hartgummistäben. (19 S. m. 1 Fig.) gr. 8. Wien 907. A. Hölder.** — 65

Wagner, Rob., graphische Ermittelung der Grunderwerbsflächen, Erdmassen u. Böschungsflächen v. Eisenbahnen u. Strassen. Ein neues Verfahren f. allgemeine u. besonders f. ausführl. Vorarbeiten. Mit 15 Zahlentab. u. 5 Taf. Zeichnungen. gr. 8. (VII, 76 S. m. Fig.) Stuttgart 900. K. Wittwer. Kart. n. 4. —

— Über die Erwärmung beim Dehnen eines Jodsilberstabes. S. 116. IIa. 907 . . . . —.30
Separatabdruck

— Über die Erwärmung beim Dehnen e. Jodsilberstabes. (6 S.) gr. 8. Ebd. 907. — 30
2 Sonderabdr. a.: „Sitzungsber. d. k. Akad. d. Wiss."

Wagner, Rob., Johann Gutzkowsky, der patriotische Bürger von Berlin, s. Geschichts- und Unterhaltungs-Bibliothek, vaterländische.

Wagner, R. Die Metalle und ihre Verarbeitung. Leipzig. 1866. 2 Ex.

Wagner, Rud., ein neues Aizoon aus Südaustralien. (S. 79–84 m. 4 Abbildgn.) Lex.-8. Wien 904. (A. Hölder.) n. — 50
Sonderabdr. aus: „Annalen d. k. k. naturhist. Hofmuseums".

Wagner, Rud. v., Atomgewichte der Elemente. 1.—3. Aufl. Ausg. A. Fol. Würzburg 870—78, Stahel'sche Buchh. *
Plakat-Ausg. *

Wagner, Rud., Atomgewichte der Elemente. 2. Aufl. Ausg. A. Plakatformat. Würzburg 873. Stahel. — 80

— dasselbe. Ausg. B. Fol. Ebend. 873. — 20

Wagner, Rud. v., Atomgewichte der Elemente 3. Aufl. Ausg. A. Fol. Würzburg 878. Stahel. n. — 40; Plakat-Ausg. n. 1. —

— Über den Aufbau des *Disepalum anomalum* Hook. fil. (mit 5 Textfiguren). S. 115. I. 881 . . . . —.65
Separatabdruck

— über den Aufbau des Disepalum anomalum Hook. fil. (13 S. m. 5 Fig.) gr. 8. Ebd. 906. n. — 65

Wagner Rudolf, Dr.: Über den Bau und die Aufblühfolge der Rispen von *Phlox paniculata* L. (mit 1 Taf. und 23 Textfiguren). S. 110. I. 907 . . . . 1.90
Separatabdruck

Wagner, R., über den Bau u. die Aufblühfolge der Rispen v. Phlox paniculata L. gr. 8. (85 S. m. 23 Fig. u. 1 Taf.) Wien 902. (C. Gerold's Sohn.) n. 1. 90
Sonderabdruck aus: „Sitzungsber. d. k. Akad. d. Wiss."

Wagner, Rud., über den feineren Bau des elektrischen Organs im Zitterrochen. Mit 1 lith. Taf. (in qu. Fol.) (Aus dem 3. Bd. der Abhandlgn. der K. Gesellschaft der Wissenschaften zu Göttingen.) 4. (28 S.) Göttingen 847, Dieterich. n. 1/2 ₰

Wagner, Rud., ueber d. Bau d. Pelagia noctiluca u. d. Organisation d. Medusen, zugleich als Prodromus seines zootom. Handatlasses. gr. Fol. (3 B. u. 1 ill. Kpfrt.) Leipzig 841, Voss. *

Über den Bau der Rispen des *Trisema Wagapii* Vieill. (mit 7 Textfiguren). S. 115. 1. 857 1
Separatabdruck

— über den Bau der Ripsen des Trisema Wagapii Vieill. (24 S. m. 7 Fig) gr. 8. Ebd. 906. n. 1. —
2 Sonderabdrucke aus: „Sitzungsber. d. k. Akad. d. Wiss."

— Beiträge zur Kenntnis einiger *Amorpha*-Arten (mit 4 Textfiguren). S. 116. 1. 1541 . . — 80
Separatabdruck

Wagner, Rud., Beiträge z. Kenntnis einiger Amorpha-Arten. (13 S. m. 4 Fig.) gr. 8. Wien 907. A. Hölder. — 80

— Beiträge zur Kenntnis der Anemone ranunculoides L. u. der A. lipsiensis Beck. (S. 281—300 m. 5 Fig.) Lex.-8. Ebd. 902. n. 1. 20

- s. Beiträge zur Petrefakten-Kunde.

—— Beiträge zur vergleich. Physiologie. 2. Hft. — A. u. d. T.: Nachträge z. vergleich. Physiologie d. Blutes. gr. 8. (4 3/4 B. u. 1 Kpfrt.) Leipzig 838, Voß.

— Beiträge zur vergleichenden Physiologie des Blutes. Untersuchungen über Blutkörnchen, Blutbildung und Blutbahn, nebst Bemerkungen über Blutbewegung, Ernahrung und Absonderung, mit besond. Rücksicht auf Burdach's Physiologie Bd. IV. mit Beiträgen von Johannes Müller. Mit 1 Kpfrtaf. gr. 8. Leipzig 833. Voß. 1 ₰

Wagner, R. (I.), Beiträge zum Seerecht. gr. 8. (III, 110 S.) Riga 880, Kymmel. *

— Beiträge zur Gattung Trochodendron Sieb. et Zucc. (S. 409—422 m. 2 Abbildgn.) Lex.-8. Ebd. 903. n. — 70
2 Sonderabdrucke aus: „Annalen d. k. k. naturalist. Hofmuseums".

—— Bericht über die neuesten Fortschritte in der Chemie, Physik etc., s. Ergänzungen zu dem Handwörterbuch der Chemie und Physik.

—— und Carl Ernst v. Baer, Bericht über die Zusammenkunft einiger Anthropologen, s. Baer, Carl Ernst v., und Rud. Wagner.

Wagner, R. v., Über die Bewegung der vierfüssigen Tiere aus den Gattungen Equus, Bos, Ovis, Canis, Sus. (S.-A. aus dem Handbuch der Physiologie des Menschen von J. Müller 37.)

Wagner, Rudolph (Mitarb.):

s.: Burdach, Karl Friedrich: Die Physiologie als Erfahrungswissenschaft. Bd 5. Leipzig: 1835

JB 1.041

—— die Chemie faßlich dargestellt nach dem neuesten Standpuncte der Wissenschaft, zum Schulgebrauch und Selbstunterrichte, namentlich für Studirende der Naturwissenschaften. 1. Thl.: Unorganische Chemie. 8. (VII und 368 S. mit 73 eingedr. Abbildungen in Holzschn.) Leipzig 850, O. Wigand.

—— dass. — 2. Thl.: Organische Chemie. 8. (VI und 218 S. mit 73 Abbildungen in Holzschn.) Ebds. 850. —

—- dass. — 2., verm. und verb. Aufl. 8. (XI und 636 S. mit 98 in den Text eingedr. Abbildungen.) Ebds. 851. 1

Wagner, Rud., die Chemie faßlich dargestellt nach dem neuesten Standpunkte der Wissenschaft für Studirende und Freunde der Naturwissenschaften. 3., umgearb. und verm. Aufl. gr. 8. (IX und 586 S. mit 86 eingedr. Originalholzschn.) Leipzig 854, O. Wigand. *

— die Chemie fasslich dargestellt nach dem neuesten Standpunkte der Wissenschaft für Studierende der Naturwissenschaften, der Medicin u. der Pharmacie, sowie zum Gebrauche f. Gewerb- u. Realschulen. 6. umgearb. Aufl. Mit 69 (eingedr.) Holzschn. 8. (XIV, 663 S.) Leipzig 873. O. Wigand. 6. —

s. H. Davy's Denkwürdigkeiten.

WAGNER, RUDOLPH.
Ergänzungen zu dem Handwörterbuch der Chemie und Physik. In Verbindung mit Mehreren herausgegeben. Berlin, 1850. pp. [vi]–215, 8vo.

Wagner, Rudolph: Zur Erinnerung an Albrecht von Haller und zur Geschichte der Societäten der Wissenschaften. Festrede. Göttingen 1852. 4°

—— zur Erinnerung an G. E. F. Hoppenstedt, s. Zur Erinnerung 2c.

Wagner, Rud., Erinnerung an die Konfirmation im Luisen-Stift. („Bleibet in Mir!") Auf Verlangen s. lieben ehemal. Konfirmandinnen dargeboten. 8. (83 S.) Nieder-Lößnitz 894. (Leipzig, Academ. Buchhandlung F. Jansa.) n. 1. —

Wagner, Rud., Erinnerungen an Dr. Adolph Henke, Hofrath u. Professor in Erlangen. Biographische Skizze. gr. 8. (3 1/2 B. u. H's. Bildn.) Erlangen 844, Palm u. Enke. —

Wagner, Rudolph: Erläuterungstafeln zur Physiologie und Entwickelungsgeschichte mit vorzüglicher Rücksicht auf seine Lehrbücher für Physiologie und vergleichende Anatomie.

s.a. Wagner, R.: Icones physiologicae. Tabulae physiologiam et geneseos historiam illustrantes. - Erläuterungstafeln zur Physiologie und Entwickelungsgeschichte... (Lat.u.Dt.) Lipsiae - Leipzig: 1839

JB 6.290/Atlas

Wagner R.: Erläuterungstafeln z. Physiologie u. Entwickelungsgeschichte ... Leipz. 1839. 81 S. 30 Tvl. Fol.
(O. m. lat. Tit.: Icones physiologicae ... og Tekst).

Wagner, Rud., die Festigkeit der Zylinderköpfe v. Grossgasmotoren. (20 S. m. Fig.) gr. 4. Berlin (904). S. Calvary & Co. n. 1. —
Sonderabdruck aus: „Die Gasmotorentechnik".

Wagner, Rudolf *Eduard* Flora des Löbauer Berges, nebst Vorarbeiten zu einer Flora der Umgegend von Löbau 4 (87 S.). **Progr** Rsch. *Löbau* 1886 (525).

Wagner, Rud. (II.), Flora des Löbauer Berges, nebst Vorarbeiten zu einer Flora der Umgegend von Löbau. 4. (87 S.) Löbau 886, (Oliva.) *

Wagner, Rudolf: Über binäre bilineare und quaternäre quadratische Formen. Giessen 1909: v. Münchow. 24 S. 8°
Gießen, Phil. Diss. v. 11. Aug. 1909, Ref. Pasch
[Geb. 20. Juli 82 Nidda; Wohnort: Offenbach a. M.; Staatsangeh.: Hessen; Vorbildung: Ludwig-Georgs-Gymn. Darmstadt Reife M. 00; Studium: Darmstadt Techn. Hochsch. 3, München 1, Gießen 4 S.; Rig. 15. Juli 09.]
[U 09. 1241

Wagner, Rud, **Führer u. Karte der sächsischen Schweiz f. Touristen u. Sommerfrischler.** (42 S. m. 2 Tab.) kl. 8. Leipzig(-Reudnitz, Gerichtsweg 3) (904). R. Wagner. — 75; ohne Karte — 50

Wagner's, Rud., Führer u. Karte d. Sächs. Schweiz f. Touristen u. Sommerfrischler. 2., vollständig durchgearb. u. erweit. Aufl. (80 S. m. 1 farb. Karte u. 1 Tab.) kl. 8. Leipzig (Oststr. 67 I) (910). R. Wagner. — 80

—— die Geschichte der Chemie s.a. Bildungs-Halle.

Wagner, Rudolph.
Die Geschichte der Chemie von der Kindheit des Menschengeschlechts bis auf unsere Tage. Leipzig, 1853. 8vo.
* Zweite vermehrte Auflage. Leipzig, 1855. pp. viii–108. 8vo.

Wagner R.: Die Geschichte d. Chemie ... Leipz. 1854. 106 S.

Wagner, Rudolf [aus Hildburghausen (Sachsen-Meiningen)]: Giebt es Arzneimittel, welche die Körpertemperatur zu steigern im Stande sind? ... Würzburg, Anton Boegler'sche Buchdr., 1888; 24 S. 8°
Würzburg, Med. Fak., Inaug.-Diss. v. 1888.

Wagner, Rudolf, giebt es Arzneimittel, welche die Körpertemperatur zu steigern im Stande sind? Diss. Würzburg 1888, Stahelsche Univ.-Buchh. 8°. 24 S.

Wagner, Rudolph: Grundriß der Encyclopädie und Methodologie der medizinischen Wissenschaften nach geschichtlicher Ansicht. Mit Rücksicht auf die naturhistorischen Disziplinen und als Einleitung in das Studium der Medizin für akademische Vorlesungen. 132 S., gbd.

Erlangen: Palm & Enke 1838

JB 5.522

Wagner, Rud., Grundriss der chemischen Technologie. 2. verm. u. verb. Aufl. Mit 27 (eingedr.) Holzschn. 8. (XIV, 566 S.) Ebend. 874. n. 5. —

Wagner, Rud., die Gruppe des Hochlantsch. Hrsg. vom Grazer Alpenklub. (98 S. m. 16 Abbildgn. u. 1 Karte.) 8. Graz (905). (Styria.) n.n. 1. —

—— Handbuch des Seerechts, s.a. Handbuch, systematisches, der deutschen Rechtswissenschaft.

Wagner, Rud.: Handbuch des Seerechts.
Leipzig.
Bd 1. 1884.
„ 2. Pappenheim, Max: Sachen des Seerechts. Schuldverhältnisse des Seerechts I. 1906.
(System. Handbuch d. dt. Rechtswiss. hrsg. von Binding. Abt. 3, T. 3.)

Wagner, Rud., Handbuch des Seerechts, II. Bd., s.a. Pappenheim, Max.

Wagner, Rud. v., Handbuch der chemischen Technologie, s.a. Fischer, Ferd.

— Handbuch der chemischen Technologie zum Gebrauche bei Vorlesungen an Universitäten, technischen Hoch- u. Mittelschulen, sowie zum Selbstunterrichte f. Chemiker, Techniker, Apotheker, Verwaltungsbeamte u. Gerichtsärzte. 8. Aufl. Mit 336 (eingedr.) Holzschn. gr. 8. (XV, 839 S.) Ebend. 871. n. 11. —

Wagner, Rudolf, Dr. der Staatswissenschaften und der Philosophie etc. Handbuch der chemischen Technologie. Mit besonderer Berücksichtigung der Gewerbestatistik zum Gebrauche bei Vorlesungen an Universitäten, technischen Hoch- und Mittelschulen, sowie zum Selbststudium für Chemiker, Ingenieure, Statistiker, Volkswirthe, Verwaltungsbeamte, Apotheker und Gerichtsärzte. 9. Auflage. Mit 337 Holzschnitten. 8 Leipzig 1873.

— dasselbe. 10. Aufl. Mit 355 (eingedr.) Holzschn. gr. 8. (XVIII, 1008 S.) Ebend. 875. n. 12. —

Wagner, Rud. v., Handbuch der chemischen Technologie. 11. Aufl. Lex.-8. (XX, 1124 S. mit 371 eingedr. Holzschn.) Leipzig 880, O. Wigand. *

Wagner, Rud. v., Handbuch der chemischen Technologie. 12. Aufl. Bearb. von Ferd. Fischer. gr. 8. (XVII, 1069 S. mit 470 Abbild.) Leipzig 886, O. Wigand. *

Wagner, Rud. v., Handbuch d. chemischen Technologie. 13., stark verm. Aufl. Neu bearb. v. F. Fischer. Mit 623 Abbildgn. gr. 8. (VIII, 1136 S.) Leipzig 889. O. Wigand. n. 15. —

Wagner, R. v: Handbuch der chemischen Technologie. 14. Aufl. von F. Fischer. Leipzig 1893

Wagner, R. v: Handbuch der chemischen Technologie. [4. bez.] 15. Aufl. von F. Fischer. Leipzig
Bd 1. Unorganischer Theil. 1900
Bd 2. Organischer Theil. 1902

—— Handwörterbuch der Physiologie, s. Handwörterbuch.

Wagner, Frhr. v., das Jagdwesen in Württemberg unter den Herzögen. Ein Beitrag zur deutschen Kultur- u. Rechts-Geschichte. Mit e. (chromolith.) Karte der württemberg. Forste. gr. 8. (XXIV, 576 S.) Tübingen 876. Laupp. n. 12. —

WAGNER-FROMMENHAUSEN, Rudolf Frhr. v.: Das Jagdwesen in Württemberg unter den Herzogen. Ein Beitrag zur deutschen Kultur- und Rechts-Geschichte. Tübingen 1876. XXIV, 576 S., 1 Kt. d. württ. Forste

— s.a. Jahres-Bericht üb. die Leistungen der chemischen Technologie

—— Jahresbericht über die Leistungen der chemischen Technologie mit besond. Berücksicht. der Gewerbestatistik für das J. 1880. Hrsg. von Ferd. Fischer. 26. oder neue Folge 11. Jahrg. gr. 8. (XXXII, 979 S. mit 166 eingedr. Abbild.) Ebendas.

—— dass. — für das J. 1881. Hrsg. von Ferd. Fischer. 27. oder neue Folge 12. Jahrg. gr. 8. (XXVI, 1082 S. mit 267 eingedr. Abbild.) Ebendas.

—— dass. — für das J. 1882. Hrsg. von Ferd. Fischer. 28. oder neue Folge 13. Jahrg. gr. 8. (XXIV, 1200 S. mit 312 eingedr. Abbild.) Ebendas.

—— dass. — für das J. 1883. Jahrg. I—XXV bearb. von R. v. Wagner. Fortgesetzt von Ferd. Fischer. 29. oder neue Folge 14. Jahrg. gr. 8. (XX, 1332 S. mit 471 Abbild.) Ebendas.

—— Jahresbericht über die Leistungen der chemischen Technologie mit besond. Berücksicht. der Gewerbestatistik für das J. 1884. Jahrg. I—XXV bearb. von R. v. Wagner. Fortgesetzt von Ferd. Fischer. 30. oder neue Folge 15. Jahrg. gr. 8. (XXIV, 1360 S. mit 414 Abbild.) Ebendas. 885. *

Wagner, Rud. v., Jahresbericht über die Leistungen der chemischen Technologie mit besond. Berücksicht. der Gewerbestatistik für das J. 1885. Jahrg. I—XXV bearb. von R. v. Wagner. Fortgesetzt von Ferd. Fischer. 31. oder neue Folge 16. Jahrg. gr. 8. (XXIV, 1375 S. mit 478 Abbild.) Leipzig 887, O. Wigand. *
-- - dass. — für das J. 1886. Jahrg. I—XXV bearb. von R. v. Wagner. Fortgesetzt von Ferd. Fischer. 32. oder neue Folge 17. Jahrg. gr. 8. (XXIV, 1211 S. mit 325 Abbild.) Ebendas. 887. *
—— dass. — für das J. 1887. Jahrg. I—XXV bearb. von R. v. Wagner. Fortgesetzt von Ferd. Fischer. 33. oder neue Folge 18. Jahrg. gr. 8. (XXVIII, 1261 S. mit 338 Abbild.) Ebendas. 888. *

—— Icones physiologicae, s.a. Ecker, Alex., Icones physiologicae.

—— Icones physiologicae. Tabulae physiolog. et geneseos historiam illustr., imprimis ad compendia physiolog. atque anatom. comparatae accommodata. III Fasc. — Erläuterungstafeln zur Physiologie u. Entwicklungsgeschichte, mit vorzügl. Rücksicht auf seine Lehrbücher der Physiologie u. vergleich. Anatomie. 3 Abthln. Imp.-4. Leipzig 839, Voß. *
Abthl. 1. 12 Kupfertaf. zur Physiologie d. Zeugung u. Entwickelung. (5½ B.) * 3 Thlr.
" 2. 8 Kupfertaf. zur Physiologie d. Ernährung (Verdauung, Blutbildung, Kreislauf, Athmung u. Absonderung). (2 B. u. 1 Blatt Bemerkn., gr. 8.) * 2 Thlr.
" 3. 10 Kupfertaf. zur Physiologie d. Empfindung u. Bewegung. (4½ B.) * 2 Thlr. 12 Gr.

—— Icones physiologicae. Erläuterungstafeln zur Physiologie und Entwickelungsgeschichte. Vollständig neu bearb. und hrsg. von Alex. Ecker. 3 Lfgn. Fol. (1. Lfg. 7 Kpfrt. und 18 S. Text. mit eingedr. Holzschn.) Leipzig 851, Voss. *

—— Icones physiologicae. Erläuterungstafeln zur Physiologie und Entwickelungsgeschichte durchgehends neu bearb. und hrsg. von Alex. Ecker. A. u. d. T.: Erläuterungstafeln zur Physiologie und Entwickelungsgeschichte bearb. und hrsg. von Alex. Ecker. 2. und 3. Lfg. Fol. (15 theils ill. Kpfrt. und 39 S. Text mit eingedr. Holzschn.) Leipzig 852—54, Voss. als Rest.

— Icones zootomicae. — Handatlas zur vergleichenden Anatomie, nach fremden u. eigenen Untersuchungen zusammengestellt. 35 (Kupfer-) Taf. mit 1039 Figuren, von denen 553 nach neuen Originalien gezeichnet sind. ½ Roy.-Fol. (Mit Text.) Leipzig 841, Voß. n. 18 ℳ

—— der Kampf um die Seele vom Standpunkte der Wissenschaft. Sendschreiben an Hrn. Leibarzt Dr. Beneke. 8. (VIII und 218 S.) Göttingen 857, Dieterich'sche Buchh. *

Neue Karte der Sächsischen ... f. Touristen u. Sommerfrischler bearb. u. hrsg. von Rudolph Wagner. Maßst. 1:75,000. [Mit 1 Nebenkarte.] *Leipzig: R. Wagner [1903]; Phototyp. v. Korner & Dietrich.* (1 Kartenbl. 43×30 cm.) 8° [kol.] (c) 8174

Wagner, Rud., das Klima d. Riviora u. der Kurort Pegli. M. Ansichten u. 1 topograph. Karte. 8. (32 S.) Luzern 892. (Geschw. Doleschal Nachf.) n. —40

—— über Kreisläufe in der Natur, s. Bildungs-Blätter für unser Volk.

– s. Kürschner, G., Grundriß d. allgem. Physiologie.

— S. Th. v. Sömmering's Leben u. Verkehr, s.a. Sömmering, vom Baue d. menschl. Körpers, 1. Bd.

Wagner, Rudolph: Samuel Thomas von Sömmerring's Leben und Verkehr mit seinen Zeitgenossen. Abth.1 - 2, gbd., Abb.

Leipzig: Voß 1844
(S.Th.von Sömmerring: Vom Baue des menschlichen Körpers. Neue umgearb.und vervollst. Original-Ausg. Bd 1)

JB 707/1

Wagner, Rudolph: Lehrbuch der vergleichenden Anatomie. (Nebst) Atlas, gbd., Abb.

Leipzig: Voss 1834 - 1841

JB 6.288

Wagner, Rudolph: Lehrbuch der vergleichenden Anatomie. 2.Aufl.

s.: Wagner, R.: Lehrbuch der Zootomie. Anatomische Charakteristik der Thierklassen, als Einleitung in das Studium der Zoologie, vergleichender Anatomie und Physiologie mit Hinweisung auf die Icones zootomicae. Th.1 - 2. Leipzig: 1843 - 1847

JB 6.289

Wagner, Rudolph: Lehrbuch der Anatomie der Wirbelthiere. 296 S., gbd.

Leipzig: Voss 1843
(Wagner, R.: Lehrbuch der Zootomie. Th.1)

JB 6.289/1

Wagner, Rud. (I.), Lehrbuch der Physiologie, s.a. Gruenhagen, A.

Wagner, Rudolph: Lehrbuch der speziellen Physiologie. Buch 1 - 3, gbd.

Leipzig: Voß 1842
(Wagner, R.: Lehrbuch der Physiologie für Vorlesungen und zum Selbstunterricht und mit vorzüglicher Rücksicht auf das Bedürfniß der Aerzte. Abth.1, enthaltend die spezielle Geschichte der Lebensprozesse.)

JB 6.290/1,1-3

—— (dass. u. d. veränd. T.:) Lehrbuch d. speziellen Physiologie. 2., verb. Aufl. gr. 8. (34 B.) Ebds. 843. *

—— Lehrbuch der speciellen Physiologie. 4., durchgehends neu bearb. Aufl. von Otto Funke. 1—3. Lfg. A. u. d. T.: Lehrbuch der Physiologie von Otto Funke. 1—3. Lfg. gr. 8. (VIII und S. 1—1056. mit eingedr. Holzschn.) Leipzig 855—56, Voss. *

—— Lehrbuch der speciellen Physiologie. 4., durchgehends neu bearb. Aufl. von Otto Funke. 4. Lfg. A. u. d. T.: Lehrbuch der Physiologie von Otto Funke. 4. Lfg. gr. 8. (XVI und S. 1057—1430 mit eingedr. Holzschn.) Leipzig 857, Voss. *
1—3. Lfg. Ebendas. 1855,56. * 4 Thlr.
Vgl.: Funke, Otto, Lehrbuch der Physiologie.

—— Lehrbuch d. Physiologie, f. akadem. Vorlesungen u. mit besond. Rücksicht auf d. Bedürfniß d. Aerzte. 3 Abthln. Lex.-8. Leipzig 839, Voß. *
Abthl. 1. Physiologie d. Zeugung u. Entwickelung. (9 B.) 839. * 1 Thlr. 4 Gr.
" 2. Physiologie d. Ernährung u. Absonderung. (9¼ B.) 840. * 1 Thlr.
" 3. Physiologie d. Empfindung u. Bewegung. (13¼ B.) 842. * 1 Thlr. 10½ Gr.

—— Lehrbuch der Physiologie f. Vorlesungen u. z. Selbst-unterr. u. m. vorzügl. Rücksicht auf d. Bedürfniß der Aerzte. 1. Abthl. enth. die spezielle Geschichte der Lebensprozesse. A. u. d. Ttl.: Lehrbuch der speziellen Physiologie. 3., verb. Aufl. gr. 8. (37 B. m. 47 Holzschn.) Leipzig 845, Voß. *

Wagner, Rudolph: Lehrbuch der Zootomie. Anatomische Charakteristik der Thierklassen, als Einleitung in das Studium der Zoologie, vergleichenden Anatomie und Physiologie mit Hinweisung auf die Icones zootomicae. 2.völlig umgearb.Aufl.des Lehrbuchs der vergleichenden Anatomie.
Leipzig: Voss 1843 - 1847
Th.1: Wagner, R.: Lehrbuch der Anatomie der Wirbelthiere. 1843
Th.2: Frey, Heinrich: Lehrbuch der Anatomie der wirbellosen Thiere von H.Frey und (Karl Georg Friedrich) Rudolph Leuckart. 1847

JB 6.289

—— Menschenschöpfung und Seelensubstanz. Ein anthropolog. Vortrag, gehalten in der ersten öffentl. Sitzung der 31. Versammlung deutscher Naturforscher und Aerzte zu Göttingen am 18. Septbr. 1854. gr. 8. (30 S.) Göttingen 854, Wigand. *

—— Partium elementarium organor., quae sunt in homine atque animalibus, mensiones micrometricae. Commentat. 4maj. (2 B.) Lipsiae 834, (Voss.)

Zur Morphologie der Gattung *Creochiton* Bl. (mit 1 Taf. und 12 Textfiguren) S. 116 95
Separatabdruck

— Zur Morphologie d. Gattung Creochiton Bl. (17 S. m. 12 Fig.) gr. 8. Ebd. 907. — 95

Zur Morphologie der *Hoffmannia robusta* (Hort.) (mit 8 Textfiguren) S. 116 80
Separatabdruck

— Zur Morphologie d. Hoffmannia robusta (Hort.). (13 S. m. 8 Fig.) gr. 8. Ebd. 907. — 80

Wagner, *Karl Ludwig* Rudolf [aus Konstanz]: Die Morphologie des Limnanthemum nymphaeoides '(L.)' Lk. . . . M. e. Taf. (Aus: Bot. Zeitg, Jg. LIII.) [o. O.], 1895; 18 S., 2 Bl., 1 Taf. 4.
Strassburg, Math.-naturw. Fak., Inaug.-Diss. v. 1895

Zur Morphologie des *Peltiphyllum peltatum* (Torr.) (mit 9 Textfiguren) S. 116 . . . . . . 1 —
Separatabdruck

Zur Morphologie der *Sanchezia nobilis* Hook. fil. (mit 1 Taf. und 5 Textfiguren) S. 116 . . . . . . 1 10
Separatabdruck

— Zur Morphologie der Sanchezia nobilis Hook. fil. (28 S. m. 5 Fig. n. 1 Taf.) gr. 8. Ebd. 907. 1. 10

Zur Morphologie des Tabaks und einiger anderer *Nicotiana*-Arten (mit 4 Textfiguren) S. 116 90
Separatabdruck

— Zur Morphologie des Tabaks u. einiger and. Nicotiana-Arten. (22 S. m. 4 Fig.) gr. 8. Ebd. 907. — 90

Wagner, Rud. Nachrichten von der Petrefactensammlung der königl. Akad. der Wissensch. in München. (Aus d. Archiv für die gesammte Naturl. Vol. 16.) München 1833. 8.

Wagner, Dr. R., Naturgeschichte d. Menschen. Ein Handbuch d. populären Anthropologie für Vorlesungen u. Selbstunterricht. 2 Bde. 1r Bd., Bau u. Leben des Leibes. 2r Bd., physische Geschichte d. Menschen u. Völker u. ihrer Krankheiten im Verhältniß zur Erde u. zur Sündfluth rc. dargestellt. gr. 8. Kempt. 831. Dannheimer. 1 ₰ 16 gr

Wagner, Rud., Panorama vom Reichenstein. 2166 m. Aufgenommen v. W., in die Runde gezeichnet v. Alfr. Richter. Hrsg. v. der Section Obersteier des d. u. ö. Alpenvereines. 48×48 cm. Lith. Mit Text auf der Rückseite. Leoben (902). (L. Nüssler.) n. — 50

—— zur vergleichenden Physiologie d. Blutes. Untersuchungen üb. Blutkörnchen, Blutbildung u. Blutbahn, nebst Bemerkn. üb. Blutbewegung, Ernährung u. Absonderung, mit besond. Rücksicht auf Burdach „Physiologie Bd. IV. mit Beiträgen v. Joh. Müller." gr. 8. (5½ B. u. 1 Kpfrt.) Leipzig 833, Voß.

s. Prichard, J. C., Naturgeschichte d. Menschengeschlechts.

Wagner, Rud., Louis Agassiz's Prinzipien der Classifikation der organischen Körper insbesondere der Thiere mit Rücksicht auf Darwin's Ansichten im Auszuge dargestellt und besprochen. (Abdr. aus den Göttinger gelehrten Anzeigen.) Göttingen 860. Dieterich. 8. (43 S.) 6 ngr.

Wagner, Rud., Prodromus historiae generationis hominis atque animalium, sistens icones ad illustrandam ovi primitivi, inprimis vesiculae germinativae et germinis in ovario inclusi, genesin atque structuram, per omnes animalium classes multosque ordines indagatam. Roy.-Fol. (5 B. u. 2 Kpfrt.) Lipsiae 836, Voss. Thlr. *

Wagner, Rudolf Dr. (Professor) „Ueber die homologen Reihen in der organischen Chemie". pg. 3—16. 4°. Fr. Campe & Sohn.
Nürnberg, Progr. 1851/52

Eine Reise durch die deutschen Kolonien. Hrsg. von d. ill. Zeitschrift 'Kolonie u. Heimat'. (Text von Rudolf Wagner, Schriftleiter.) Bd 1–6. Mit Kt. u. Abb. Berlin: Verl. Kolonialpolit. Zeitschriften 1909–12. quer-4°
1. Deutsch-Ostafrika. 1909. 2. Kamerun. 1910. 3. Togo. 1910. 4. Deutsch Sudwest-Afrika. 1911. 5. Südsee. 1911. 6. Kiautschou. 1912.
A 12. 376

Wagner, Rud., Romfahrt. Reise-Erinnergn. aus d. J. 1897. 8. (IX, 133 S.) Zürich 898. Zürcher & Furrer. n. 1. 60

Wagner, Rud. Die Schallenergie des elektrischen Funkens. S. 116 30
Separatabdruck

— Die Schallenergie d. elektrischen Funkens. (6 S.) gr. 8. Ebd. 907. — 30

s. Sömmering, vom Baue des menschl. Körpers.

Wagner, Rudolph (Hrsg.):
s.: Sömmerring, Samuel Thomas von: Lehre von den Knochen und Bändern des menschlichen Körpers. Nach der 2.Aufl. Leipzig: 1839

JB 707/2

Wagner, Rudolf [aus Gnadenfrei bei Reichenbach (Schlesien)]: Stellung des attributiven Adjektivs in altfranzösischen Prosatexten von Anfang des XIII. bis Anfang des XV. Jahrhunderts. Teil I . . . Greifswald, Druck v. Julius Abel, 1890; 2 Bl. + III + 121 S. 8°
Greifswald, Phil. Fak., Inaug.-Diss. v. 14. Mai 1890.

Wagner, Rud., Stellung d. attributiven Adjektivs in altfranzösischen Prosatexten von Anfang d. XIII. bis Anfang d. XV. Jahrh. gr. 8. (III, 119 S.) Greifswald 890. (Leipzig, Fock.) n. 2. 20

Wagner, Rudolph, Dr., Tabelle zum Verständniss der Ueberlagerung der Formationen, welche die Erdrinde bilden, und der sie begleitenden Versteinerungen.

—— Taschenbuch der Physik im ausführl. und übersichtl. Auszuge hauptsächlich für Studirende der Medicin bearb. gr. 16. (XII und 504 S. mit 329 eingedr. Holzschn.) Leipzig 851, Renger'sche Buchh.

— die chemische Technologie faßlich dargestellt nach dem neuesten Standpunkte des Gewerbewesens u. der Wissenschaft zum Schulgebrauche u. Selbstunterrichte namentlich für Kameralisten, Gewerbe- u. Realschüler. Mit 146 in d. Text eingedr. Abbildgn. (in Holzschn.) 8. (VIII u. 520 S.) Leipzig 850, O. Wigand. 1¾ ℳ

Wagner, Rud., die chemische Technologie faßlich dargestellt nach dem jetzigen Standpunkte der Wissenschaft und des Gewerbwesens als Leitfaden bei Vorlesungen an Universitäten, Gewerbschulen und polytechn. Anstalten, sowie zum Selbstunterricht. 2. Aufl. (X und 516 S.) 1853. und 3., umgearb. und verm. Aufl. gr. 8. (X und 610 S. mit 177 eingedr. Holzschn.) Leipzig 856, O. Wigand. Thlr. *

— tabellarische Uebersicht d. Producte d. trockenen Destillation der Steinkohle. Ausg. A. 4 Blatt. Plakatformat. Würzburg 873. Stahel. n. 1. 40

— dasselbe. Ausg. B. 1 Blatt. Fol. Ebend. 873. — 60

— Untersuchungen über den morphologischen Aufbau der Gattung *Pachynema* R. Br. (mit 15 Text[illegible] S. 115. 1. 1906. [illegible] 1.70
Separatabdruck

— Untersuchungen üb. den morphologischen Aufbau der Gattung Pachynema R Br. (42 S. m. 15 Fig.) gr. 8. Ebd. 906. n. 1, 70
Sonderabdruck aus: „Sitzungsber. d. k. Akad. d. Wiss."

— Untersuchungen über den Bau der „Dolden" von *Stephanotis floribunda* Brongn. (mit 17 Text[illegible] S. 117. [illegible] 1.55
Separatabdruck

— Untersuchungen üb. den Bau der „Dolden v. Stephanotis floribunda Brongn. (83 S. m. 17 Fig.) gr. 8. Ebd. 908. 1. 55
8 Sonderabdr. aus: „Sitzungsber. d. k. Akad. d. Wiss."

Wagner, Rud. (geb. Göttingen 24. 7. 1862): Experimentelle Untersuchungen über den Einfluss des Coffeins auf Herz und Gefässapparat. Berlin (1885). (64 S.) 8°
Berlin, Med. Diss. v. 8. Aug. 1885

—— neue Untersuchungen über den Bau und die Endigung der Nerven und die Struktur zu den Icones physiologicae. Imp.-4. (9 Bl. Text und 1 Kpfrt.) Leipzig 847, Voss. *

—— neurologische Untersuchungen. Lex.-8. (XVI und 244 S. mit 2 Kpfrt.) Göttingen 854, Wigand. *

Wagner, Rudolf. Experimentelle Untersuchungen auf dem Gebiete der inneren und äusseren Wärmeleitung. Diss. Phil. [II.] Univ. Zürich. [Mit Figuren und 3 Tafeln.] (1899 Mai.) XXIV + 252 S. 8. Stettin, F. Hessenland, [1902].

Wagner, Rud., zoologisch-anthropologische Untersuchungen. I. Die Forschungen über Hirn- und Schädelbildung des Menschen in ihrer Anwendung auf einige Probleme der allgemeinen Natur- und Geschichtswissenschaft. gr. 4. (III und 52 S.) Göttingen 861, Dieterich'sche Buchh. Thlr. *
Aus: Abhandlungen der k. Gesellschaft der Wissenschaften zu Göttingen besonders abgedruckt.

Wagner, Rud., über d. Verhältniß der Physiologie zu den physikal. Wissenschaften u. zur prakt. Medicin, m. besond. Rücks. auf d. Zweck u. die Bedeutung der physiolog. Institute. Rede gehalten bei der Eröffnung des physiolog. Instituts zu Göttingen am 8. Novbr. 1842. gr. 8. (1½ B.) Göttingen 842, Vandenhoeck u. Ruprecht. Thlr. *
Vgl.: Sömmering, S. T. v.

s. Jul. Vogel, Untersuchungen über die Eiter.

Wagner, Rudolf [aus d. sächs. Oberlausitz]: Über das Vorkommen des Cysticercus im menschlichen Auge, seine Operationen und Heilerfolge ... Greifswald, Druck v. J. Abel, 1895; 55 S. 8.
Greifswald, Med. Fak., Inaug.-Diss. v. [illegible] Febr. 1895

—— Vorstudien zu einer wissenschaftlichen Morphologie und Physiologie des menschlichen Gehirns als Seelenorgan. 1. Abhandlung. A. u. d. T.: Ueber die typischen Verschiedenheiten der Windungen der Hemisphären und über die Lehre vom Hirngewicht mit besonderer Rücksicht auf die Hirnbildung intelligenter Männer. gr. 4. (96 S. mit 6 Kpfrt.) Göttingen 860, Dieterich'sche Buchh. *

Wagner, Rud., Vorstudien zu einer wissenschaftlichen Morphologie und Physiologie des menschlichen Gehirns als Seelenorgan. 2. Abhandlung: Ueber den Hirnbau der Mikrocephalen mit vergleichender Rücksicht auf den Bau des Gehirns der normalen Menschen und der Quadrumanen. gr. 4. (108 S. mit 5 Stnt. in gr. 4. und qu. Fol.) Göttingen 862, Dieterich'sche Buchh. *

Wagner, R[udolf]. Die Wasserheilanstalt am Giessbach im Berner Oberland. Balneologische Studie.... [Mit Illustrationen und 2 Tafeln.] 8. Selbstverlag... Giessbach (1886).

— Wegweiser fur Leidende, siehe: Forster, E., Handbuch fur Reisende in Italien.

—— über Wissen und Glauben mit besond. Beziehung zur Zukunft der Seelen. Fortsetzung der Betrachtungen über „Menschenschöpfung und Seelensubstanz". gr. 8. (30 S.) Göttingen 854, Wigand. *

Wagner, Rudolph Christian A. S. 1149/8

Dissertatio medica inauguralis de contrafissura. Präs. Georg Wolffgang Wedel. Jena (Krebs) XII. 1708. 52 S. 35645

* Examen methodi Renaldinianae ad Polygonorum omnium ordinatorum inſcriptionem generalem in circulo eruditorum examini ſubjicient praeſ. M. *Rud. Chriſtianus Wagnerus* et reſpond. *Joan. Chriſtoph. Wahrendorff* Hanoveranus. Typis Georg. Wolfgangi Heimmii, Acad. typograph. 4. 20 Seit. nebſt einer Tafel mit Figur. 1700.

Rudolphi Christiani Wagneri [Wagner] De geometriae, speciatim vero puncti in scientia naturali Usu. ... Helmstadii 1706: Hammius. 8 Bl. 8°

Wagner, Rudolph Christian [Praes.], s. Wahrendorf, Johann Christoph: Meteorologia animalium brutorum.

Wagner, Rudolph Christian [Praes.], s. Wideburg, Johann Bernhard: De maculis solaribus praecipue iis quae ann. MDCCVIII et MDCCIX apparuerunt, nec non de methodo easdem observandi.

Wagner, S., Liederbuch, s.: Wolf, F.

Wagner, S. (H.), Scenen aus d. Leben Albr. Dürers. Nebst Erläutern. v. J. G. v. Quandt. gr. Fol. (2 B. u. 8 Stnt. incl. D's. Handschr.) Dresden 829, Walther.

Wagner, S. F., Betrachtungen über ein großes, einiges Deutschland, und über eine constitutionelle Verfassung in Württemberg. gr. 8. (56 S. und 1 Tab. in qu. Fol.) Ulm 850, Fr. Ebner.

Wagner, S. F., Entwurf zu ein. gleichen Vertheilung u. einfachen Erhebung d. Grundsteuern u. Grundabgaben zu einem Gesetz üb. Rechnungswesen. gr. 8. (21 B. u. 1 Tab.) Ulm 839, [Gebr. Nübling.]

Wagner, S. P., gründliche Nachricht ꝛc., derer in Sachsen, Thüringen und Meißen gemünzten Groschen. Nachlese. 8 Taf. in Lichtdr., hrsg. vom Numismatischen Verein in Leipzig. 4. Leipzig 881, (J. Müller.)

Wagner, Sam.: „Der Herrschaften, Städte und Länder Volksbesatzung, bequemliche Leben, gute Nahrung und Reichthum", Christian-Erlang (so!) 1711. — Vorh.: Preuß. Staatsbibl. Berlin.

Wagner, Sam. Chph., moral. Anecdoten. 4 Theile. 8. Berlin, Matzdorf. (Hitzig.) 804–10. (à 1 Rthlr.)

— patriot. Archiv f. Deutschl. 1r 2r Jhrg. f. 1799. u. 1800. 8 Quartale, od. 4 Bde. m. K. 8. Berlin, Maurer. (à Jahrgang 4 Rthlr.)

— Denkwürdigkeiten d. Churmärk. Stadt Rathenow, nicht blos f. Rathenower, sondern f. Geschichts- u. Vaterlandsfr. überh. m. 4 K. gr. 8. Berlin. (Himburg.) 803.

— Gallerie wunderbarer Menschen u. menschl. Schicksale. s. Gallerie.

—, S. C., Die Gespenster. 4 Bde. Neue Gespenster. 2 B. mit 12 Kpf. Brl. 1797—1802. 8°.

— die Gespenster, kurze Erzähl. a. d. Reiche d. Wahrheit, mit Kupf. 4 Theile. 8. Berlin, Maurer. 800. (à 1 Rthlr. 8 gr.)

— — ders. 5r 6r Theil, oder neue Gespenster. 1r 2r Thl. m. K. 8. Ebend. 801–2. (à 1 Rthlr. 8 gr.)

— Naturwunder u. Länder-Merkwürdigkeiten, e. Beytr. z. Verdräng. unnützer u. schädl. Romane. 6 Thle. 8. Berl. Matzdorf. (Hitzig.) 806–10. (1ter 2ter 2 Rthlr. 16 gr. 3r 1 Rthlr. 12 gr. 4r 1 Rthlr. 4 gr. 5r 1 Rthlr. 16 gr. 6r u. 1 Sachregist. üb. alle 6 Thle. 2 Rthlr.)

— Spuren d. Gottheit im anscheinenden Zufalle, wohlthät. Nahrung f. Zweifler u. Denker. 2 Thle. 8. Berlin, Matzdorf. (Maurer.) 810. (à 1 Rthlr.)

— Taschenbuch f. Jung u. Alt, z. Vermeidung deutscher Sprachfehler in alphabet. Ordnung. 12. Ebend. 805.

— bibl. Textlexicon f. d. vorkommend. gottesdienstl. Fälle. 8. Berlin, Hitzig. 810.

— Unterhaltungslexicon z. Lachen u. Lernen. 8. Berl. Maurer. 809.

Wagner, Sam. Fr., Gedichte, s. K. W. Meyer.

Wagner, Sebast., († 180..) Aussichten d. Bewohner d. Stadt Passau nach dem Eintritt d. kurbaier. Regierung. gr. 8. o. O. (Passau) 803. Ambrosi. (Mayr in Salzb.) 16 kr

Wagner, Sebast., Einleitung in die hl. Bücher des Alten und Neuen Gesetzes, sowohl zur Beförderung richtiger Einsichten in den Wert, die Würde, den Sinn und Geist dieser Schriften, als auch zur Erleichterung der eigenen Überzeugung von der Wahrheit und Göttlichkeit der jüdischen und christlichen Offenbarung. Passau, Ambrosi, 1791, gr. 8°, Bd. 1, 781 S.

WAGNER, Sebastian (Landshut): Quantitative Eiweissbestimmungen diarrhoischer Stuhlentleerungen mit bes. Rücksicht auf die Ernährung mit Succus carnis recenter expressus.- München: Straub 1877. 2 Bl., 57 S.
24.7.1877 - Urk (Titel: Quantum sit albuminis in diarrhoeis praecipue eorum qui succo albuminis recenter expresso nutriuntur.); Chr 1877/78,9
Diss. Ingolst.-Landsh.-Mchn.

— kathol. Gebet-, Lehr- u. Betrachtungsbuch zur Beförderung des ächtkathol. Christenthums. 2 Thle. gr. 8. Passau 805. (Heigl in Straubing.) 1 fl 16 kr

— Grundriß zur systemat. christl. Dogmatik. gr. 8. Passau 786.

— Skizze von d. Veranlassung u. d. Zwecke d. heil. Urkunden des neuen Gesetzes ꝛc. 8. Passau 787.

Wagner, Siegfr., Banadietrich. In 3 Akten. (Textbuch.) (71 S.) kl. 8. Leipzig (909). M. Brockhaus. — 80

Wagner, Siegfried: Banadietrich. In 3 Akten. Von .. [Textbuch.] Leipzig: M. Brockhaus [1910]. 71 S. 8°

Wagner, Siegfried: Der Bärenhäuter. In 3 Akten v. . Vollständ. Klavier-Ausz. m. Text v. Eduard Reuss u. Julius Kniese . . . Leipzig: M. Brockhaus [1898]. (1 Bl., 325 S.) 1 Bd 4°

Wagner, Siegfr., der Bärenhäuter. In 3 Akten. Textbuch. 12. (115 S.) Leipzig 899. M. Brockhaus. n. — 80

— dasselbe. Mit: Authorised English translation by Wm. Ashton Ellis. (Gegenüberstehend.) (Textbuch.) 12. (115 Doppels.) Ebd. (899). n. 1.60

Wagner, Siegfr., der Kobold. Dichtung, m. den wichtigsten Leitmotiven u. themat. Analyse im Anh. Hrsg. m. Genehmigg. des Autors v. E. O. (116 u. 50 S.) kl. 8. Leipzig (904). M. Brockhaus. n. 1.60

— dasselbe (Textbuch). (III, 116 S.) 8. Ebd. (903). n. — 80; geb. n. 1.50

— Bruder Lustig. (Textbuch.) (72 S.) kl. 8. Ebd. (905). n. — 80

Herzog Wildfang von Siegfried Wagner. Vollst. Klav.Ausz. mit Text von Eduard Reuss. *Leipzig: M. Brockhaus 1901.* (350 S.) 4° (01. 4.96

(W[agner], S[igmund von].) Wahrhaft und umständliche Beschreibung des berühmten Gewitterjahrs 1731, mit... Betrachtungen über das politische Gewitterjahr 1831; zu einem Sekular-Andenken allen seinen lieben Mitbürgern... gewidmet von dem Verfasser Sagefrey Wahrmund.... 8. Bern 1831.

Wagner, Sigmund [von]. Das schönste Blatt in der Geschichte Berns, und der glücklichste Tag in meinem Leben. Eine Erzählung. 8. Bern 1831.

Wagner, Sigm. v. Briefwechsel m. Dav. Hess, s. a. Neujahrsblatt d. Künstlergesellschaft in Zürich f. 1890.

Wagner, Sigmund v[on]. (und) Hess, David. Aus dem Briefwechsel des Berner Kunstfreundes S' v. W' mit D' H'. ([Hrg. von] Fr[iedrich] Otto Pestalozzi.) [Mit 3 Tafeln.] 2 Theile. Njbl. Künstlerges. Zürich 1889 *u.* 1890. 4. [Zürich.]
Theil 1: 1803–1813 [Mit 2 Tafeln.]
Theil 2: 1814–1835 [Mit 1 Portrat-Tafel.]

Wagner, Sigmund von s. [Horner, Johann Jacob Z.] ... das Leben des Malers Johann Weber.... [Zürich.]

[Wagner, Sigmund von.] L'île de St Pierre dite L'île de Rousseau, dans le lac de Bienne. [Avec 1 vignette et 11 planches.] 4. Berne *s. d.* [ca. 1810].

[Wagner, Sigmund von.] ...das Leben und die Charakteristik Sigmund Freudenbergers von Bern (1745–1802). [Mit 1 Porträt und 1 Tafel.] Njbl. Künstlerges. Zürich 1810. 4. [Zürich.]

[Wagner, Sigmund von.] ...das Leben und die Charakteristik Gottfried Minds von Bern (1768–1814). [Mit 1 Porträt und 1 Tafel.] Njbl. Künstlerges. Zürich 1816. 4. [Zürich.]

Wagner, Sigm[und von]. Lebensgeschichte Herrn Johann Rudolf Tschiffeli (1716–1780), Stifter der ökonomischen Gesellschaft in Bern. Verfasst von Sigm. W'.... Der ökonomischen Gesellschaft vorgelesen und von Derselben zum Drucke erkennt, den 4. Januar 1808. [Mit Porträt-Tafel.] 8. Bern 1808.

– s.a. **Merkwürdigkeiten d. Stadt Bern, u. sehe hinzu (von S. v. Wagner).**

W[agner], S[igmund] v[on]. Der Stadt Bern vornehmste Merkwürdigkeiten, samt einer kurzen Chronik der Geschichte dieser Stadt, von ihrem Ursprung bis auf das Jahr 1808. [Mit 1 Plan.] 8. Bern 1808.

Wagner, S. (I.), Bernische Neujahrstücke, s. Neujahrstücke.

W[agner], S[igmund] v[on]. Der Neujahrstag von 1308, oder die Stiftung der alten, Schweizerischen Freyheit. [Mit Vignetten und 2 Tafeln.] (Njbl. [Bern] 1808.) 4. Bern 1808.

[Wagner, Sigmund von.] Der Neujahrstag von 1308.... [Mit 2 Tafeln.] Njbl. Bern 1808. 2. Aufl. 4. Bern 1823.

Wagner, Sigm[und von]. Der Bruder Niklaus von der Flüe. [Mit Vignetten und 1 Tafel.] (Njbl. Bern 1813.) 4. Bern 1813.

– s. **Petersinsel.**

W[agner], S[igmund von]. Reise von Bern nach Interlacken. [Mit 1 Vignette.] 8. Bern 1805.

WAGNER, Sigm. — Sammlung von Schweizer-Kuhreihn und Volksliedern. Hrsg. von —. Bern 1805. Quer-Fol.
Goedeke VII, 530, wo auch die 3ff. Ausgaben.

— Sammlung von Schweizer-Kuhreihen und alten Volksliedern nach ihren Melodien in Musik gesetzt. 2. verb. u. verm. Ausgabe (von Gottl. Jac. Kuhn). Mit Kupfervignette. Ebd. 1812. Quer-Fol. (16 Mk. Südd. Antiqu., München, 1911, wo als Format „qu.-4⁰", angegeben.)

— — Dasselbe. 3. Aufl. von J. Rud. Wyß. Ebd. 1818. Quer-Fol.

— Sammlung von Schweizer Kühreihen und Volksliedern. Recueil de Ranz de vaches et chansons nationales de la Suisse. 4 verm. Ausg. v. J. R. Wyss. Mit Titelvign. von König, 1 großen Kpfr., 2 weiteren Titeln mit Vign. (Lips sc.) u. vielen schönen Holzschnitten. Ebd. 1826. Quer-Fol. (Text in-8⁰). VI u. 100 S. (32 Mk., schönes Expl. der reizenden Sammlg., Südd. Antiqu., München, 1911:)

— — Texte zu der Sammlung .... (wie vorhin) 4. gabe (von Gottl. Jac. Kuhn). Mit Kupfervignette. Ebd. bei Joh. Jak. Burgdorfer, Buchhändler, 1826. 8⁰. 152 S.
Goedeke VI, 495, 13a.

[Wagner, Sigmund von.] Die Schlacht bey Laupen, vom 21sten Brachmonat 1339. [Mit Vignetten und 1 Tafel.] (Njbl. Bern 1810.) 4. Bern 1810.

[Wagner, Sigmund von.] Die Schlacht bey Laupen, vom 21. Brachmonat 1339. [Sep.-Ausg. von: Njbl. Bern 1810.] 8. Bern 1818.

[Wagner, Sigmund von.] Die Schlacht bei Laupen, vom 21. Brachmonat 1339. [Mit 1 Tafel. Njbl. Bern 1810.] 2. Aufl. 4. Bern 1854.

W[agner], S[igmund von]. Die Schlacht bey Morgarten, vom 16ten Wintermonat 1315. [Mit Vignetten und 2 Tafeln.] (Njbl. Bern 1809.) 4. Bern 1809.
3 in der Druckanordnung verschiedene Ausgaben.

[Wagner, Sigmund von.] Die Schlacht bei Murten, vom 22sten (*2. Aufl.: 22.) Brachmonat 1476. [Mit Vignetten und 1 Tafel.] 4. Bern.
[1. Aufl.] (Njbl. Bern 1812.) 1812.
2. Aufl. Njbl. Bern 1812. 1816.

[Wagner, Sigmund von.] Die Schlacht bey Sempach, vom 9ten Heumonat 1386. 4. Bern.
[1. Aufl.] [Mit Vignetten und 1 Tafel.] (Njbl. Bern 1811.) 1811.
2. Aufl. [Mit 1 Vignette und 1 Tafel.] Njbl. Bern 1811. 1818

— d. Stiftung d. Schweizerfreiheit im J. 1308. Mit 1 Kpf. 8. Bern 808.

Wagner, Sylvester, Salzburgá Bauern-Gſángá. 8. (143 S. mit 7 Bildern von F. Hubert.) Wien 847, [Haas, Witwe und Campen.] *

Wagner, Sylvester, Salzburga Gſanga 2. m. dem Nachlasse verm. Aufl. Hrsg. v. Herm. F. Wagner. 12. (XXIII, 122 S. m. Bildnis.) Salzburg 901. H. Dieter.
n. 1. 60; geb. n. 3. —

Wagner, Th. et J. C. Rackelmannus, de aris in curiis et pro tribunali apud Romanos positis. Lips. 732. 4.

Wagner, Thdr., statistisch-topograph. Beschreibg. der Carl Graf v. Buquoy'schen Fideicommiß-Herrsch. Gratzen m. bes. Rücksicht auf ihre Forste, nebst Beschreibg. der Excursionstour d. böhm. Forstvereines in obgen. Forste, s.: Vereinsschrift f. Forst-, Jagd- u. Naturkunde.

Wagner, Th., s.: Bibliographie der deutschen u. ausländischen Literatur üb. Psychologie.

Wagner, Thdr., s. Dannecker's Werke.

WAGNER, Theodor (Ludwigsburg): Ein seltener Fall von Magengeschwür mit abgesackter Peritonitis und Perforation in die Lunge.- München: Kastner & Callwey 1903. 30 S.
12.2.1903 - Chr 1902/03,24; Jv 1902/03,318
Diss. Ingolst.-Landsh.-Mchn

Wagner, Theodor: Über den Gebrauch des Adjektivums in den Gedichten Walthers von der Vogelweide.
Phil. Diss., Prag 1907/08.

Wagner, Geschichte des königl. sächsischen 8. Infanterie-Regiments „Prinz Johann Georg" Nr. 107 1867—1891. Nebst e. tabellar. Zusammenstellg. der wichtigsten Ereignisse 1708—1891. Unter Zugrundelegg. amtl. Quellen im Auftrag des Regiments f. die Mannschaft zusammengestellt. Mit e. Stahlst. u. 4 Karten. gr. 8. (XI, 326 S.) Leipzig 893. Dürr'sche Buchh. Kart. n.n. 1. 30; geb. in Leinw. n.n. 9. —

Wagner, Thdr., Geschichte des königl. sächsischen 8. Infanterie-Regiments „Prinz Johann Georg" Nr. 107 1867—1908. Nebst e. tabellar. Zusammenstellung der wichtigsten Ereignisse 1708—1908. Unter Zugrundelegg. amtl. Quellen im Auftrage des Regiments zusammengestellt. Jubiläums-Ausg. 3. verb. u. verm. Aufl. Mit 2 Lichtdr.-Taf., 3 Skizzen u. 1 Übersichtskarte. (XII, 340 S.) 8. Leipzig 908. Dürr'sche Buchh. Geb. 2. —

Wagner, kurze Geschichte des 7. thür. Inf.-Regiments No. 96, s. Otterstedt, v.

Wagner, Geschichte des Füsilier-Regiments Graf Roon, s.: Lehfeldt, R.

Wagner, Thdr., die königl. preußische Infanterie-Schießschule. Unter Zugrundelegg. amtl. Quellen im Auftrage des Kommandos der Infanterie-Schießschule bearb. Mit 8 Plänen in Steindr. gr. 8. (XIII, 258 S.) Berlin 900. E. S. Mittler & Sohn. n. 6.—; geb. in Leinw. n.n. 7.50

Wagner, Theodor [aus Berlin]: Die Lehre von den Geschwüren nach Heinrich von Mondeville ... Berlin, gedr. bei L. Schumacher, 1896; 34 S., 2 Bl. 8.
Berlin, Med. Fak., Inaug.-Diss. v. 22. Mai 1896

- s. Virgilii Mar., P., Carmina.

Wagner, Thdr., s. Zeittafel zur Geschichte von Spanien u. Portugal.

Wagner, Thomas

— einige Bemerkk. 2c. von e. Freund. gr. 8. Leipz. 791.

s. Bergwerksverfassung, über.

Wagner, Thom. Ueber dem Betrieb der Bergregalität des deutschen Bergbaues. 8°. Freiburg 1794.

v. Wagner, Ritter Frhr. Thom., († d. 16. Dec. 1817.) über den Beweis d. Regalität des deutschen Bergbaues, (aus d. bergmänn. Journal besond. abgedruckt). 8. Frberg 784. Craz u. G. 4 gl

v. **Wagner, Th.: Ueb. d. Beweis d. Regalität des deutschen Bergbaues.** *Freyb.* u. *Annab.*, **Craz. B. 791. 8. (4 Gr.)**

Wagner, Th. v., Über den Beweis der Regalität des deutschen Bergbaues. Freiberg, 1794. 54 S. und 14 S. Beil.

s.a. Codex Angust. de Accisa.

W a g n e r, Th. von: „Codex Augusteus de Accisa generali. Vollständiger Auszug der kursächsischen General-Accis-Gesetze und -Rechte in alphab. Ordnung", Leipzig 1794 (Heinsius).

Wagner, Thomas (Leipzig) A. S. 1376/8

De consecratione templorum Romanorum.
Präs. Friedrich Menz.
Leipzig (Titius) 9. IV. 1729. 64 S.

Gew.: Andreas Wagner (Vater), Thomas Wagner (Onkel). 35648

— corpus juris metallici recentissimi, oder Samml. d. ältern u. neuern Bergwerksgesetze. Fol. Leipz. 791. (Brockhaus). 5 ℛ 16 gl

W a g n e r, Thomas von: „Corpus juris metallici recentissimi et antiquioris. Sammlung der neuesten und älterer Berggesetze", Leipzig 1791 (Heinsius).

(—) etwas über Hülfsgelder. Ein Beitrag zu Jh. Gf. Hunger's Gesch. d. Abgaben in Sachsen. gr. 8. Dresd. 784.

Wagner, Thomas [Praes.], s. F e r a l, Franz Conrad ô: De testamento ad pias causas ob voluntatem imperfectam nullo.

- s.a. neue Gedanken vom Ursprung des Worts Lehn.

— neue Gedanken v. Urspr. d. Worts: Lehn. gr. 8. Freyberg, Craz u. G. 783.

Wagner, Thomas (Leipzig) A. S. 150/18

De his qui sibi adscribunt in testamento ad explicationem sc. Liboniani et edicti D. Claudii.
Präs. Johann Jakob Mascov.
Leipzig (Langenheim) 7. XII. 1731. 40 S.
35649

Wagner, Thomas (Leipzig) A. S. 93/22

De his qui sibi adscribunt in testamento ad explicationem sc. Liboniani et edicti D. Claudii.
Präs. Johann Jakob Mascov. Ed. 2.
Leipzig (Langenheim) 1759. 48 S.

Diss. 7. XII. 1731. 35651

Wagner, Thomas [Praes.], s. H o f f m a n n, Christian Gottlieb: De veneficii sive homicidii per venenum attentati in casu ubi mors non ipsa secuta poena capitali exemplo casus specialis coram praefectura Lipsiensi ventilati.

Wagner, Thomas (Leipzig) A. S. 314/39

Dissertatio de supplicio parricidarum.
Leipzig (Langenheim) 31. III. 1735. 38 S.
35650

Wagner, Th., u. a., T a r i f v e r t r ä g e im Bergbau. Reichsversicherung und Arbeitskammern. Bergarbeiterkongreß und Berggesetzgebung. Drei Vorträge. Bochum, 1909. 75 S.

Wagner, Tobias, Epistelpostille. 2 Thle. 4. Frankf. 701.

Stahl, G. E., resp. Tr. Dittm. **Wagner,** De fundamento moralitatis personalis in sanguine. 46 pp. Hal. 4°. 1710

Wagner, Traugott, das deutsche Centrum. Eine patriot. Mahng. an das deutsche Volk. gr. 8. (8 S) Magdeburg 886. (Heinrichshofen's Verl.) — 30

Wagner, Traugott Dietrich (Kamenz/Sa.) A. S. 841/3

Dissertatio inauguralis medica de fundamento moralitatis personalis in sanguine.
Präs. Georg Ernst Stahl.
Halle (Henckel) VII. 1710. 46 S.

W. v.: Johann Andreas Möller. 35652

Wagner, V C., De servis veterum fatidicis actor. XVI, 16. Diss. 1761. 21 S. 4°.

Wagner, Vikt., die A s e p t i k in der Kriegs-Chirurgie, s.: **Sammlung klinischer Vorträge.**

— Beiträge zur Kenntniss der Geschosswirkung d. kleinkalibrigen Gewehres, s. a. Zeit- u. Streitfragen, klinische.

Wagner, Dr. Victor, Regimentsarzt, Chefarzt der chirurgischen Abtheilung des Garnisons-Spitales in Przemyśl. Beiträge zur Kenntniss der G e s c h o s s w i r k u n g des k l e i n k a l i b r i g e n G e w e h r e s. Mit 8 Abbild. (Aus: „Klinische Zeit- und Streitfragen unter Mitwirkung hervorragender Fachmänner, herausgegeben von Prof. Dr. Joh. S c h n i t z l e r, k. k. Regierungsrath, Direktor der allgemeinen Poliklinik in Wien", VI. Bd. 8. und 9. Hft.)
8. Wien und Leipzig 1892.

Wagner, Vict. Operative E i n g r i f f e bei der Behandlung v. Schussverletzungen, s. S a m m l u n g medicinischer Schriften.

Wagner, Vict., üb. die Indicationen zu operativen Eingriffen bei der Behandlung v. Schussverletzungen in der ersten u. zweiten Linie, s.a. Sammlung medicinischer Schriften.

Wagner, Dr. Victor, Ueber die Indicationen zu operativen Eingriffen bei der Behandlung von Schussverletzungen in der ersten und zweiten Linie. (Sammlung medicin. Schriften. XVI—XVIII.) Gr.-8. (98 S.) 1.60
Wien: Hölder 1890.

— über Kniescheibenbrüche u. ihre Behandlung, s.: Klinik, Wiener.

— über die Trepanation der Wirbelsäule m. besond. Berücksicht. der Rückenmarksverletzungen, s.: Klinik, Wiener.

Wagner, Vinc. Aug., kritisches Handbuch des in den österreich.-deutschen Staaten geltenden Wechselrechts. 3 Bde. gr. 8. Wien ... jetzt Braumüller u. Seidel. 4 ℛ

— krit. Handbuch des, in den österr. deutschen Staaten geltenden Wechselrechtes. 1r u. 2r Bd. gr. 8. Wien 823 u. 24, Geistinger. (Landsh., Krüll.)

Wagner, Vinc. Aug., krit. Handbuch d. in den österr.-deutschen Staaten gelt. Wechselrechtes. 3. Bd. (Bewahrung u. Erlöschung d. Wechselrechte.) gr. 8. (33 B.) Wien 832, [v. Mösle sel. Wtwe. u. Braumüller.]
1. u. 2. Bd. Wien, Gerold. 1823, 24, hrbgs Pr. 2 Thlr. 12 Gr.

— über die Compensationen im österr. Civilprocesse. 8. Wien 812, Geistinger. (Landsh., Krüll.)

Wagner, Vinc. Aug., über d. Compensation im österreich. Civilprocesse. 8. Wien 817. (Gerold). 12 ℛ Hbg. Pr. 8 ℛ

WAGNER, Vinc. A.: Ueb. die Compens. in österr. Civil-Proz. *Wien* (u. *Leipzig*, Vogel.) 818. 8. (12 Gr.)

Wagner, Vinc. Aug., das Quellenverhältniß d. bürgerl. Gesetzbücher zu den besond. Zweigen des in den österr. deutschen Erbstaaten für den Civilstand geltenden Privatrechts. 8. Wien 818. Geistinger. (Gerold). 21 ℛ Hbg. Pr. 12 ℛ

Wagner, (V. A.,) das Quellenverhältniß d. bürgerl. Gesetzb. zu d. besond. Zweigen des in den österr. deutschen Erbstaaten f. d. Civilstand geltend. Privatrechts. 8. Wien 818, Geistinger. (Landsh., Krüll.)

WAGNER, Vinc. Aug.: Das Quellenverhältn. d. bürgerl. Gesetzb. zu d. besond. Zweigen des in d. österr. deutsch. Erbstaaten f. d. Civilstand geltende Privat-Rechts. *Wien*, (Gerold.) 819. 8. (21 Gr.)

— Zeitschrift f. österr. Gelehrsamkeit ꝛc., s. Zeitschrift.

— Zeitschrift f. österr. Rechtsgelehrsamkeit, s. Zeitschrift.

Wagner, W., s.: Ackor, der.

Wagner, W., Anleitung zur Lösung v. Aufgaben mittelst geometrischer Örter. gr. 8. (III, 72 S. m. 192 Fig.) Bühl 891. (Heidelberg, vorm. Weiss' Sort.) n. 1. —

Wagner, (Lieut.) W., Ansichten von Pyrmont. Nach d. Natur gezeichnet u. gestochen. 6 Blätter. 8. Pyrm. 827. Uslar. ...

— Ansichten von Pyrmont. Nach d. Natur gezeichnet u. gestochen. 2 Hefte, 8 Blätter enth. Mit erläut. Texte. qu. Fol. Pyrm. 827. Uslar. ...

Wagner, W., u. Ph. Schäfer, das Baurecht der Stadt Mainz. Im Auftrage der großherzogl. Bürgermeisterei Mainz bearb. gr. 8. (XXII, 338 S.) Mainz 899. (H. Quasthoff.) n.n. 3. 50; geb. n.n. 4. —

Wagner, W., Bericht über die Ackerbauschule zu Badersleben als Lehr- u. Erziehungsanstalt, siehe: Mittheilungen üb. die Ackerbauschule ꝛc. zu Badersleben.

Wagner, W., der Berufsgehorsam des Herrn, e. Vorbild f. seine Diener. Pastoralrede üb. Evangelium Johannes 4, 34. (24 S.) kl. 8. Herborn 910. Buchh. des nass. Colportagevereins. — 25

Wagner, W. (I.), Bestimmung der Genauigkeit, welche die Newton'sche Methode zur Berechnung der Wurzeln darbietet, für Gleichungen mit einer und mehreren Unbekannten. gr. 8. (20 S.) Leipzig 860, E. Fleischer.

Wagner, W. (I.), das Empyem und seine Behandlung, s. Sammlung klinischer Vorträge.

Wagner, W., der Futterbau im Gebirge. gr. 8. (29 S.) Lüdenscheid 883. (Iserlohn, Bädeker.) n.n. 1. 50

Wagner, W.: Turners Gelübde. Patriotisches Festspiel zu Kaisers Geburtstag u. zur Sedanfeier. Hof um 1880. 14 S.

Wagner, W., Turners Gelübde. Patriotisches Festspiel zu Kaisers Geburtstag u. zur Sedanfeier. gr. 8. (14 S.) Hof 892. R. Lion. n. 1. —

— Die Heide, s.: Bibliothek, naturwissenschaftliche, f. Jugend u. Volk.

Wagner, W., u. W. Sluke, vaterländisches Liederbuch, Begleitung, s.: Wohaupt, F., Liederstrauß.

Wagner, W. (II.), trois poèmes grecs du moyen-âge inédits, recueillis. Avec le portrait (photogr.) de l'auteur. gr. 8. (XX, 349 S.) Berlin 881, Calvary und Comp. *

Wagner, W.: Die Sätze von Fourier, Sturm, Cauchy über die Anzahl der reellen und imaginären Wurzeln einer Gleichung und die approximative Berechnung der Wurzeln. 4. 37 p. 1867.
Schul-/Univ.-Schrift

Wagner, jun., W., über die Spinnbarkeit der Schafwolle. Ein Ergebniß technisch-wissenschaftl. Untersuchungen. (Als Mscr. gedr.) 1. u. 2. Aufl. Eßlingen 867. Weychardt. gr. 8. (25 S.) n. 6 ℳ

Wagner jun., W., über die Spinnbarkeit der Schafwolle. Ein Ergebniß technisch-wissenschaftl. Untersuchungen. (Als Mscr. gedr.) 2. Aufl. gr. 8. (25 S.) Eßlingen 868, Weychardt. [Stuttgart, Kirn.] *

Wagner, W., alphabetisch geordnetes Verzeichnis der giltigen bis zum 1. Oktbr. 1886 publizierten Reichs- u. Landes-Gesetze bezw. Verordnungen u. Ministerial-Erlasse. gr. 8. (IV, 144 S.) Oppeln 886. Franck. n. 3. —

Wagner, W.: Was muss der Knabe u. der Jüngling auf der Schule in's Auge fassen, um dereinst ein guter Bürger des Staates zu werden? Schulrede. Berlin. 14 S. 1865.
Schul-/Univ.-Schrift

Wagner, W., Sechssprachiges Wörterbuch der Werkzeugmaschinen-Industrie (Metallbearbeitung, Holzbearbeitung). München, 1910. 716 S. mit ca 2400 Abb.

Wagner, W., d. Zauberlaterne; Unterhaltungen des Vaters Frohberg mit seinen Kindern; ein Lesebuch für d. Jugend. Mit 3 ill. Kpf. 12. Nürnb. 824. Monath u. K. 1 ₰

Wagner, W. F. C., Handbuch f. Vereinszollbeamte ꝛc., s. Muff, C. F.

Wagner, Dr. W. P., 50 polit. Fragen, d. Publicisten des heiligen röm. Reichs beim Eintritt des 18. Jahrh. vorgelegt. 8. Hamb. 801. Vollmer. (Herold jun.) 2 K

Wagner, Walther, a. Hagen in Westf.: Zum Problem der kollektivistischen Geschichtsbetrachtung. Greifswald 1905: H. Adler. (53 S.) 8°
Greifswald, Phil. Fak., Ref. Bernheim, Diss. v. 22. Juli 1905.

Wagner. Walter, Tierarzt aus Thorn in Westpreußen: Untersuchungen über den Nachweis von Rotlaufbazillen in faulen Organen und im Tierkörper nach der Lorenz'schen Schutzimpfung. Thorn, Hoppe's Buchdruckerei. 1910. 38 S. 8°. [29. VI. 10.]
Bern, Vet.-Med. Diss. 1910 11.

Wagner, Walter. Untersuchungen über den Nachweis von Rotlaufbazillen in faulen Organen und im Tierkörper nach der Lorenz'schen Schutzimpfung. Diss. Vet.-Med. Bern. 38 S. 8. Thorn, Hoppe's Buchdr., 1910.

Wagner, Wenzel: Descartés Freiheitslehre.
Phil. Diss. Prag 1892 93.

Wagner, Wilhelm, s.a. Wägner.

Wagner, Wilh. (III.), s. Alcilia.

Wagner, Wilh. (II.), ἀλφάβητος τῆς ἀγάπης. Das ABC der Liebe. Eine Sammlung rhod. Liebeslieder, zum ersten Male hrsg., metrisch übers. und mit einem Wörterbuch versehen. gr. 8. (87 S.) Leipzig 879, Teubner. *

Wagner, Gvilelmvs (geb. am 11 Mai 1843 in Steinau Rgbz. Kassel): De Plavti Avlvlaria ... Bonnae, typ. C. Georgi (1864). 2 Bl., 38 S., 8.
¶ Erschien zugleich selbständig bei Marcus in Bonn.
Bonn, Phil. Fak., Diss. v. 20 Febr. 1864

Wagner, Guil., de Plauti Aulularia. gr. 8. (III und 34 S.) Bonn 864, Marcus. *

s. Auswahl von Gedichten.

Wagner, Wilh. (I.), der praktische Baurechner. Handbuch zur Anfertigung von Bauanschlägen nach dem Metermass für Architekten, Bau-Unternehmer, Ingenieure etc. und Alle, welche Rechnungen über Bauten aufzustellen und zu prüfen haben. 8. (VIII, 370 S. mit 11 eingedr. Holzschn.-Abbild.) Wien 878, [Faesy und Frick.] Faesy. *

Wagner, Wilh., der praktische Baurechner. Handbuch zur Anfertigung von Bauanschlägen nach dem Metermass für Architekten, Bau-Unternehmer, Ingenieure, Domänen-, Forst- u. Montan-Beamte, Wirthschaftsbesitzer u. Alle, welche Rechnungen über Bauten aufzustellen u. zu prüfen haben. 2., verm. u. verb. Aufl. Mit 38 Abbildungen. 8. (XII, 449 S.) Wien 881. Faesy. n. 6. —

Wagner, [Wilhelm]: Ueber die psychische Behandlung der Wahnsinnigen, von Johann Haslam. In e. freien Uebers. nach dessen Considerations on the moral management of insane persons,... mitgeteilt. Nebst Anm. vom [Ernst] Horn. 8°
Aus: Zeitschrift für psychische Aerzte. Bd 2.1818. H. 1.

Wagner, W., die Behandlung der complicirten Schädelfracturen, s.: Sammlung klinischer Vorträge.

Wagner, Wilhelm: Geologische Beschreibung der Umgebung von Fladungen vor der Rhön. Berlin 1909: A. W. Schade. S. 109—174. 8° ¶ (Aus: Jahrbuch d. kgl. Preuß. Geol. Landesanst. f. 1909, Teil 2, H. 1.)
Straßburg, Math.-naturwiss. Diss. v. 29. Febr. 1908, Ref. Bücking
[Geb. 1. Aug. 84 Straßburg; Wohnort: Straßburg; Staatsangeh.: Preußen; Vorbildung: Oberrealsch. Straßburg Reife M. 04; Studium: Straßburg 3, Bonn 1, Straßburg 3 S.] [U 10. 4127

Wagner, Wilh., die Brautfahrt. Stenographisches Lustspiel in 2 Akten. Ohne Berücksicht. des Systems. gr. 16. (25 S.) Elberfeld 885, Faßbender's Buchh. *

Wagner, Guil. (Samuel) (geb. Odessa 6. 5. 1836): De intestini recti carcinomate. Berolini (1859). (33 S.) 8°
Berlin, Med. Diss. v. 8. Aug. 1859

Wagner, Wilhelm, Lehramtsassessor aus Babenhausen i. H., z. Z. in Alsfeld: Shelleys 'The Cenci', Analyse, Quellen und innerer Zusammenhang mit des Dichters Ideen. *Rostock 1903: C. Hinstorff.* (101 S.) 8°
Rostock, Phil. Diss. v. [23. Mai] 1903

Wagner, Wilh., Shelleys „The Cenci", Analyse, Quellen u. innerer Zusammenhang m. des Dichters Ideen. Diss. (101 S.) gr. 8. Rostock 903. (H. Warkentien.) n. 1. 50

— s. Cholera-Archiv ꝛc.

Wagner, Wilh., der Christ u. die Welt nach Clemens v. Alexandrien. Ein noch unveraltetes Problem in altchristl. Beleuchtg. (96 S.) gr. 8. Göttingen 903. Vandenhoeck & Ruprecht. n. 2. 40

Wagner, (C.) Wlh., comm. de Coremorphosi, sistens brevem methodorum ad pupillae artificialis conformationem etc. Cum tab. aen. 8maj. Götting. 818. (Braunschw., Vieweg). 8 K

— Darstellung u. Kritik d. Lehre vom Contrastimulus. gr. 8. Berl. 819. Voß. 1 ₰

Wagner, Wilhelm: Die Eiserne Division im Kriege 1870/71. Lieder u. Balladen von Wilhelm Wagner, Div.Pfarrer d. 22. Div. Kassel: Schmittke 1909. 263 S. 8°

Wagner, Wilh(elm), a. Wiesbaden: Die Entwicklung des Rinderkörpers von der Geburt bis zum Abschluss des Körperwachstums. Hannover: [Schaper] 1910. VI, 102 S., 20 Taf. 8° ¶ (Auch als: Arbeiten d. dtsch. Gesellsch. f. Züchtungskunde. H. 8.)
Bonn, Phil. Diss. v. 23. Nov. 1910, Ref. Hansen
[Geb. 27. Sept. 86 Oelsberg, Kr. St. Goarshausen; Wohnort: Zerbst; Staatsangeh.: Preußen; Vorbildung: Oberrealsch. Wiesbaden bis O. 06; Studium: Bonn 6 S.; Rig. 27. Juli 10.] [U 11. 530

Wagner, W.: Die Entwicklung des Rinderkörpers von der Geburt bis zum Abschluß des Wachstums. Von Dr. W. Wagner, Wiesbaden. Mit 14 Taf. Hannover: Schaper 1910. VIII, 162 S. 8°
(Arbeiten d. Deutschen Gesellschaft f. Züchtungskunde. H. 8.)

Wagner, Wilhelm, a. Cassel, Postinspektor in Berlin: Die Haftung des Postbeamten Dritten gegenüber wegen Verletzung der Amtspflicht. Rostock 1908: C. Hinstorff. (III, 83 S.) 8° [F.]
Göttingen, Jur. Fak., Ref. Merkel, Diss. v. 3. Juli 1908
[Geb. 31. Mai 67 Cassel; Wohnort: Berlin; Staatsangeh.: Preußen; Vorbildung: Realgymn. Cassel Reife O. 88; Studium: Berlin 11 S.; Rig. 11. Febr. 08.]

— die Hausandacht. Ein Wort an christl. Hauseltern, nebst Beispielen aus der Erfahrg. 8. (27 S.) Ebd. 892. n. — 10

Wagner, W., die Hausandacht. Ein Wort an christl. Hauseltern nebst Beispielen aus der Erfahrg. 2. Aufl. 6. bis 10. Tauf. (27 S.) 8. Herborn 904. Buchh. des nass. Colportagevereins. n.n. — 10

– s. V. Hugo, sämmtl. Werke.

Wagner, Wilh. (II.), zweiter Jahres-Bericht üb. d. prakt. Unterrichts-Anstalt f. d. Staats-Arzneikunde an d. k. Fridrich-Wilhelms-Universität zu Berlin. (Von Ostern 1834 bis dahin 1835.) gr. 4. (5¼ B.) Berlin 836, Th. Enslin.

—— Journal für die gesammte prakt. Heilkunde etc., s. Journal.

Wagner, Guil.: De medicorum iuribus atque officiis tractatus. Pars prima: sistens disquisitionem historicam de medicorum apud diversas gentes statu atque conditione. Berolini: Voss (1819). (21 S.) 4°
Berlin, Med. Fak., Hab.-Schr. v. 6. Mai 1819

Wagner, Wilh., Karte des Priessnitzwaldes nebst kurzer Geschichte, geograph. Lage, Vermessung, Reviereintheilung mit Sicherheitssteinen, Culturabtheilungen, Wege und Erklärungen der in die Bäume geschnittenen Wegezeichen. Fol. Dresden 872, Kubel.

— Karte über d. Verbreitung d. Cholera im preuß. Staate, bis zum 15. Mai 1832. Roy.-Fol. Berl. 832. Th. Enslin. 16 gr

Wagner, Wilh., unter Christi Kreuz. Betrachtungen üb. die 7 Kreuzesworte Jesu. 12. (56 S.) Herborn 894. Buchh. d. Nass. Colportagevereins. n. — 20; geb. n. — 50

— über d. Medicinal-Anstalten u. den jetzigen Zustand d. Heilkunde in Großbritannien u. Ireland. Mit 11 Abbildd. u. 1 Vign. gr. 8. Berl. 825. Reimer. 1 ℛ 20 gr

Wagner, Wilhelm [app. Arzt]: Meningitis, als Complication der croupösen Pneumonie . . München, Buchdr. v. J. Fuller, 1890; 12 S. 8°
München, Med. Fak., Inaug.-Diss. v. 1890

— Commentatio de feminarum in graviditate mutationibus; nec non de causis, quibus fiat, ut integra earum valetudo cum hisce mutationibus consistat, certamine literarum acad. Georgiae Augustae ab illustri medicorum ordine palma secunda ornata. 8maj. Braunschw. 815. Lucius. 1 ℛ

Guilielmus Wagnerus [Wilhelm Wagner]: Commentatio de feminarum in graviditate mutationibus, nec non de causis, quibus fiat, ut integra earum valetudo cum hisce mutationibus consistat. Brunsvigae: Lucius 1816. XVI, 224 S. 8°
Göttingen, Med. Preisschr. v. 4. Juni 1816

Wagner, Wilh., Bad-Nauheim u. Umgebungen, s.: Grieben's Reisebücher.

Wagner, Wilh., die beflügelte Ordonnanz. Stenograph. Lustsp. in 1 Akt. (Aus d. Manöverleben.) Ohne Berücksicht. d. Systems. gr. 16. (31 S.) Leipzig 897. (J. H. Robolsky.) n. — 60

Wagner, Wilh., der Herr Präsident außer Dienst. Stenographisches Lustspiel in 2 Akten. Ohne Berücksicht. d. Systems. 8. (30 S.) Elberfeld 887. Faßbender. n. — 50

Wagner, Guilelmus *(geb. Schlawa bei Glogau 16. 8. 1814)*: Quaestionum de Ranis Aristophanis spec. 1. Vratislaviae (1837). (64 S.) 8° *[Ed. 2. 1846 bei Trewendt in Breslau; d. Verf. nennt sich da: Fridericus Guilelmus.]*
Breslau, Phil. Diss v. 26. Juli 1837

Ueber die merkwürdigsten, in dem ersten u. dritten Medizinalbezirke Berlins, in den Monaten Jan. Februar u. März 1824 behandelten kranken Stadt-Armen. Von [Wilhelm] Wagner. o.O. (1824). 25 S. 8° [Kopft.]

Wagner, Wilhelm, a. Wassmuthshausen ⟨Hessen-Nassau⟩: Über wiederholte Schwangerschaft desselben Eileiters. Würzburg 1905: P. Scheiner. (27 S.) 8°
Würzburg, Med. Fak., Ref. Hofmeier, Diss. v. 8. Dez. 1905
[Geb. 12. Mai 81 Waßmuthshausen; Wohnort: Würzburg; Staatsangeh.: Preußen; Vorbildung: Gymn. Hersfeld Reife O. 00; Studium: Marburg 4, Kiel 1, Berlin 1, Würzburg 4 S.; Coll. 30. Okt. 05; Approb. 17. Febr. 05.]

Wagner, Wilh., Shakespeare und die neueste Kritik. Zur Orientirung. 8. (IV, 125 S.) Hamburg 874, Nolte. *

Wagner, Wilhelm, a. Darmstadt: Die Stellung des attributiven Genitivs im Deutschen. Ein Kapitel aus der Lehre von der deutschen Wortstellung, zugleich ein Beitrag zur Entstehungsgeschichte der unechten Komposita. Darmstadt 1905: G. Otto. (96 S.) 8°
Gießen, Phil. Fak., Ref. Behaghel, Diss v. 6. Jan. 1906
[Geb. 27. Jan. 78 Darmstadt; Wohnort: Lauterbach; Staatsangeh.: Hessen; Vorbildung: Realgymn. Darmstadt Reife O. 96; Studium: Berlin 1, Gießen 7 S.; Rig. 17. Febr. 05.]

Wagner, Wilh., die Studentenschaft u. die Volksbildung, s. a. Vorträge u. Aufsätze aus der Comenius-Gesellschaft. X. 2.

Wagner, Wilhelm: Die Studentenschaft und die Volksbildung. Bericht über d. Arbeiterbildungskurse d. Sozialwissenschaftl. Abt. d. Wildenschaft d. Techn. Hochschule zu Berlin, erstattet von Wilhelm Wagner, Ing. Assist. zu Charlottenburg. (Vorr.: Dr. Ludwig Keller.) (Berlin: R. Gaertner 1902.) (III, 15 S.) 8°
(Vorträge u. Aufsätze aus d. Comenius-Gesellschaft. Jg. 10. St. 2.)

Wagner, Wilh., Sturmadler. Patriotische Gedichte f. das deutsche Heer. (VIII, 103 S.) 8. Berlin (903). K. Siegismund. n. 1. —; feine Ausg n. 2. —; geb. in Leinw. n. 3. —

Wagner, W., u. P. Stolper, d. Verletzgn. d. Wirbelsäule u. d. Rückenmarks, s. a. Chirurgie, deutsche, Lfg. 40.

Die Verletzungen der Wirbelsäule und des Rückenmarks. Von Prof. Dr. W[ilh.] Wagner in Königshütte u. Dr. P[aul] Stolper in Breslau. M. 232 Abb. im Text. *Stuttgart: F. Enke 1898.* (XXXII, 564 S.) 1 Bd 8. = Chirurgie, Deutsche. Lfg 40. [98. 9436

Wagner, Wilhelm, a. Ravengiersburg ⟨Hunsrück⟩: Sawles Warde. Krit. Textausgabe auf Grund aller Handschriften. Bonn 1907: E. Eisele. (44 S.) 8° ¶ (Erscheint vollst. u. d. T.: 'Sawles Warde. Krit. Textausg. auf Grund aller Handschriften nebst Einleitung, Anmerkungen u. Glossar' im Verl. v. P. Hanstein, Bonn.)
Bonn, Phil. Fak., Ref. Bülbring, Diss. v. 9. Juli 1907
[Geb. 2. April 82 Ravengiersburg; Wohnort: Ravengiersburg; Staatsangeh.: Preußen; Vorbildung: Gymn. Prüm Reife O. 02; Studium: Bonn 6 S.; Rig. 5. Dez. 06.]

Wagner, Wilh., Sawles Warde. Kritische Textausg. auf Grund aller Handschriften, m. Einleitg., Anmerkgn. u. Glossar. (V, LXXIII, 107 S.) gr. 8. Bonn 908. P. Hanstein. 5. —

Werkzeugmaschinen. ⟨Metallbearbeitung, Holzbearbeitung.⟩ Unter redakt. Mitw. von Ing. Wilhelm **Wagner**. Mit über 2400 Abb. u. zahlr. Formeln. München & Berlin: Oldenbourg [usw.] 1910. x, 706 S. 8°
(Illustrierte Technische Wörterbücher. Bd 9.) fn. 15827

Wagner, Wilhelm, Pfarrer in Vaake b. Veckerhagen: W e r t und Verwertung der griechischen Bildung im Urteil des Clemens von Alexandrien. (Altenburg, S.-A.) 1902: (Pierer). (54 S.) 8°
Marburg, Theol. Diss. v. 6. Mai 1902.

— wie hat man sich vor d. Cholera zu schützen? s. C. Horn, wie hat 2c.

Wagner, Wlh., s. Zeitbilder.

Wagner, William, Anleitung für Diejenigen, welche sich am Ottawa-Flusse (Canada-West) niederlassen wollen. Berlin 1861.

Wagner, Will., Anleitung für Diejenigen, welche sich in Canada und besonders am Ottawa-Flusse (Canada-West) niederlassen wollen. 3. Ausg. gr. 8. (66 S.) Berlin 862, (R. Kühn.)

Wagner, Willy, s.a. W a g n e r , Karl Willy

Wagner, Willy, aus Halle a. S.: Ein **Fall** von sogenannter gliomatöser Hypertrophie des Pons und der Medulla oblongata. *Würzburg 1902: F. Staudenraus.* (32 S.) 8°
Würzburg, Med. Diss. v. 1902

Wagner, Willy, Gedichte. (VII, 72 S.) kl. 8. Wien 906. C. W. Stern. n. 1. —

Wagner, W. (H.), Canada, ein Land für deutsche Auswanderung. gr. 8. (VIII und 46 S. mit 2 Stnt. in Tondr. in qu. 4. und 1 chromolithogr. Karte in Imp.-Fol.) Berlin 861, R. Kühn.

—— das Petroleum, aus Canada bezogen, in seinem Werthe für Deutschland. gr. 8. (15 S.) Berlin 863, R. Kühn.

Wagner, Wladim., psychobiologische Untersuchungen an Hummeln, s.a. Z o o l o g i c a. 46.

Wagner, Wladimir: Psycho-biologische U n t e r s u c h u n g e n an Hummeln mit Bezugnahme auf d. Frage d. Geselligkeit im Tierreiche von . Mit 1 Taf. u. 136 Textfig. (In 2 T.) Stuttgart: E. Schweizerbart 19(00)07. (III, 239 S.) 4°
(Zoologica. Bd 19, Lfg. 2. 3.)

Wagner, Wladislaus [prakt. Arzt aus Kanin W. Pr.]: Fibromyoma et carcinoma corporis uteri .... Berlin (Druck v. Georg Reimer) 1886: 31 + 1 S. 8°.
Berlin, Med. Fak., Inaug.-Diss. v. 30. Jan. 1886.

W a g n e r, W l a d i s l a u s , Fibromyoma et carcinoma corporis uteri. Diss. Berlin 1886, Mayer & Müller. 8°. 31 S.

Wagner, Wold., l'industrie des Araneina, s.: M é m o i r e s de l'académie impériale de St.-Pétersbourg.

Wagner, Wolfg. Gtli. Ehrenfr., häusl. Leben, bürgerl. Sinn u. schlichtchristl. Glaube in kirchl. Vorträgen. gr. 8. (11⅞ B.) Schneeberg 837, Verl. d. Arbeitsschule.

(**Wagner,** Zacharias): Kurtze Beschreibung der 35-jährigen Reisen und Verrichtungen, welche Weyland Herr Zacharias W a g n e r in Europa, Asia, Africa und America ... rühmlichst gethan und abgeleget, gezogen aus des seelig gehaltenen eigenhändigen Journal (1633—1668). Herausgegeben von Paul Emil R i c h t e r.
in: Festschrift zur Jubelfeier des 25jährigen Bestehens des Vereins für Erdkunde zu Dresden. S 57—91. Dresden 1888. 35 S. 8°.

Wagner-Groben, C., das Jünglingsleben im Lichte d. Evangeliums. gr. 16. (48 S.) Basel 876. Spittler in Comm. n. — 25

— das Jünglingsleben im Lichte des Evangeliums. 2. Aufl. 8. (32 S.) Ebend. 882. n. — 20

— das Jünglingsleben im Lichte d. Evangeliums. 3. Aufl. 8. (32 S.) Ebend. 884. n. — 20

— das Jünglingsleben im Lichte d. Evangeliums. Mit e. Anh.: Lebensabriß d. Verf. 4. Aufl. 8. (47 S.) Ebd. 890. n. — 20

Wagner-Groben, C., das Jünglingsleben im Lichte d. Evangeliums. Mit e. Anh.: Lebensabriß d. Verf. 5. Aufl. 8. (47 S.) Basel 892. Missionsbuchh. n. — 20; geb. in Leinw. n. — 60

Wagner-Groben, K. Das Jünglingsleben im Lichte des Evangeliums. Mit Anhang: Lebensabriss des Verfassers. 6. Aufl. In-8°. 46 S. Basel, Missionsbuchh. 1897. Brosch. — 25; Leinw. — 75

— himmlisches Licht ins irdische Dunkel. Zeugnisse v. Gottes Gnadenführgn. m. seinen Kindern. 8. (VIII, 156 S.) Ebend. 887. n. 1. 60; geb. n. 2. 40; m. Goldschn. n. 2. 60

—— Himmlisches Licht ins irdische Dunkel. Zeugnisse von Gottes Gnadenführungen m. seinen Kindern. 3. Aufl. 8. (VIII, 156 S.) Ebd. 889. * 1 60; geb. * 2 40; m. Goldschn. * 2 60.

— Himmlisches Licht ins irdische Dunkel. Zeugnisse von Gottes Gnadenführungen mit seinen Kindern. 4. Aufl. In-8°. VIII, 48 S. Ebda. Brosch. 2 —; gebd. 3 —; mit Goldschn. 3 25
1897.

—— die Macht des Gebets. Zum Verständniß von Jesu Gebetsverheißungen. 8. (IV, 171 S.) Ebendas. 884. * geb. * ℳ 2,40.; mit Goldschn. *

— die Macht d. Gebets. Zum Verständniß v. Jesu Gebetsverheißgn. 4. Aufl. 8. (IV, 174 S.) Ebend. 887. n. 1. 60; geb. n. 2. 40; m. Goldschn. n. 2. 60

W a g n e r - G r o b e n, C. Die Macht d. G e b e t s. Zum Verständnis v. Jesu Gebets-Verheißungen. 5. Aufl. 8. (IV, 174 S.) Basel 891, Missionsbuchh. * 1 60; geb. * 2 40; m. Goldschn. * 2 60

Wagner-Groben, C. Jacobs Pilgerleben od. menschliche Sünde u. Gottes Erbarmen. In-8°, 166 S. Basel, Missionsbuchhandlung. 1879. 2 —

W a g n e r - G r o b e n, C., J a k o b s Pilgerleben oder menschliche Sünde und Gottes Erbarmen. (VIII, 166 S.) 1880; 2. und 3. Aufl. 8. (XII, 166 S.) Basel 881,83, Missionsbuchhandlung. * ℳ 1,60.; geb. ** geb. mit Goldschn. **

W a g n e r - G r o b e n, C., J a k o b s Pilgerleben, oder menschliche Sünde und Gottes Erbarmen. 5. Aufl. 8. (166 S.) Basel 887, Missionsbuchhandlung. * ℳ 1.60.; geb. *

Wagner-Groben, C., J a k o b ' s Pilgerleben od. menschliche Sünde u. Gottes Erbarmen. 6. Aufl. 8. (VIII, 168 S.) Basel 890. Missionsbuchhandlg. n. 1. 60

Wagner-Groben, C. Jakobs Pilgerleben od. menschliche Sünde und Gottes Erbarmen. 7. Aufl. In-8°. VIII, 168 S. Basel, Missionsbuchh. geb. 3 — 1895. M. Goldschn. 3 25

Wagner-Groben, C., die Stellung u. Aufgabe der christlichen Frau. Ein Wort an alle Frauen u. Jungfrauen. 8. (29 S.) Basel 893. Missionsbuchh. n. — 10

— die Treue im Dienen u. ihr Lohn. 8. (16 S.) Ebd. 893. n. — 10

— vom Tabor bis Golgatha. Zum Verständniß der Leidensgeschichte Jesu Christi. 8. (IV, 386 S.) Ebend. 881. n. 3. 20; geb. n. 4. 20; m. Goldschn. n. 4. 50; in Prachtbd. n. 4. 80

— vom Tabor bis Golgatha. Zum Verständniß der Leidensgeschichte Jesu Christi. 2. Aufl. 8. (VIII, 386 S.) Ebend. 884. n. 3. 20; geb. n.n. 4. 20; m. Goldschn. n.n. 4. 50

— vom Tabor bis Golgatha. Zum Verständniß der Leidensgeschichte Jesu Christi. 4. Aufl. 8. (386 S.) Ebd. 888. n. 3. 20; geb. n. 4. 20; geb. mit Goldschn. n. 4. 50

—— Vom Tabor bis Golgatha. Zum Verständnis der Leidensgeschichte Jesu Christi. 5. Aufl. 8. (VIII, 388 S.) Ebd. 890. * 3 20 geb. * 4 20; m. Goldschn. * 4 50

— vom Tabor bis Golgatha. Zum Verständnis der Leidensgeschichte Jesu Christi. 6. Aufl. 8. (VIII, 361 S.) Ebd. 894. n. 3. 20; geb. n. 4. 20; m. Goldschn. n. 4. 50

Wagner-Groben, K., s.: Wagner-Groben, C.

Wagner-Hohenlobbese, Ernst: Ein Fall von Anus vestibularis nebst kritischen Bemerkungen über Anus vaginalis. (Aus der Hallenser Frauenklinik.) *Leipzig 1898: Giesecke & Devrient.* (37 S. mit Taf.) 8° (Aus: Archiv für Anatomie und Physiologie, 1896 Anatom. Abth.)
Halle, Med. Diss. v. 16. Juni 1898

Wagner v. Jauregg, Jul., Beiträge zur Ätiologie u. Pathologie des endemischen Kretinismus, s.: Schlagenhaufer, (Fr.).

— s.: Jahrbücher f. Psychiatrie u. Neurologie.

Wagner, Ritter v. Jauregg, Jul., Pflege der Geisteskranken u. Gebrechlichen ausserhalb der Anstalten, s.: Verwaltung, sociale, in Oesterreich. II. 4.

— s.: Psychiatrie, forensische.

Wagner von Jauregg Julius, Dr., Schlagenhaufer Friedrich Dr. und Landsteiner Karl, Dr. Experimentelle Untersuchungen über die Ätiologie des Kropfes (mit 1 Taf. und 11 Textfiguren) S. 123. III. 75 . . . . . 1.60
Separatabdruck

Wagner-Loeberschütz, Th.: Quartett in Bdur für 2 Violinen, Viola und Violoncell von . Op. 15. Partitur. Heilbronn: C. F. Schmidt 1897. (32 S.) 4°

Wagner-Roemmich, Klaus, Alimentenbank u. Elternschaftsversicherung, s.: Kultur u. Fortschritt.

Wagner-Roemmich, Klaus: Alimentenbank und Elternschaftsversicherung. — Gautzsch b. Leipzig: Dietrich 1910. 30 S. 8° (Kultur u. Fortschritt. 324/25.)

— Jenseits v. Demokratie u. Sozialismus. Betrachtgn. u. Vorschläge üb. Kollektivwirtschaft, Parteibildg. u. Wahlverfahren. (VIII, 91 S.) 8. Berlin 910. Berlin Druckerei- u. Verlags-Gesellschaft. nn 2. —

Wagner-Roemmich, Klaus, Wohnungsfrage u. Antikapitalismus. (V, 97 S.) gr. 8. Berlin 910. O. Häring. 2. —

Wagner-Groben's, Carl, Leben u. Wirken, s.: Hahnemann, C.

Wägner, einige Worte üb. höh. Volksbildung. 8. (3½ B.) Darmstadt 834, [Heyer'sche Hofbuchh. G. Jonghaus.]

Waegner, Ant., Uebungsaufgaben aus der quantitat. chem. Analyse durch Maassanalyse, s.: Vortmann, Geo.

Wägner, Elin, die Liga der Kontorfräulein. Eine Erzählg. aus Stockholm. Einzige autoris. Uebersetzg. v. Julia Koppel. (130 S.) 8. München 910. Süddeutsche Monatshefte. 2.—; geb. in Leinw. 2. 60

Wägner, F. H., üb. d. Branntweinbrennen. 4. Braunschwg. Autor. 794.

— — — e. Werk einzig in s. Art. 8. Strasb. Heilmann. (Arnold in Bautzen.) 809. —

— — — wohlfeile Ausg. 4. Brschwg. Lucius. 804. —

Wägner, J. Unsere Vorzeit, s. Nover, J.

WÄGNER, Karl Joseph (Straubing): De electromotore seu de electricitatis negativae ad sanandos morbos applicatione.- Monachii: Roesl 1835. 26 S.,1 Bl.,Taf.
25.4.1833 - Urk: F 61
Diss.Ingolst.-Landsh.-Mchn.

Waegner, Osk., üb. Lücken u. Risse in dem elastischen Gewebe der Aortenwand. Diss. gr. 8. (55 S. m. 2 farb. Taf.) Jurjew (Dorpat) 893. (E. J. Karow.) n. 1. 50

Wägner jr., Rich., das Judenthum in der Schule. Ein pädagog. Bericht f. Eltern, Lehrer u. Alle, denen die moderne Erziehg. nicht gleichgiltig ist. gr. 16. (24 S.) Zürich 879. Verlags-Magazin. n. — 50

Wägner, Wilhelm, s.a. Wagner.

— die Belagerung von Kolberg. Drama in 3 Abthll. 8. Darmstadt 839. (Leske.) n. 5/6 ₰

Wagner, Wilh. (I.), bunte Blätter. gr. 12. (9½ B.) Darmstadt 839, Jonghaus'sche Hofbuchh.

Wägner, W., das Buch vom Feldmarschall Radetzky, s.a. Ehrentempel des 19. Jahrhunderts.

Wägner, W. Das Buch vom Feldmarschall Radetzky. Nach Schneidawind bearbeitet. (X, 332) 8 M. Illustr. Leipzig 1859 4,50.

Waegner, W., Deutschlands Ehrentage. Schilderung des deutsch-französ. Krieges im J. 1870. Eine Gabe für den Weihnachtstisch für das deutsche Volk, insbesondere für die reifere Jugend. 8. (VIII, 200 S. mit 4 Illustr. in Holzschn.) Darmstadt 870, Will. [Hamburg Rudolphi.] geb. (*M. 2.)

— u. J. **Wägner**, Prinz Eugen, der edle Ritter u. sein allzeit bereiter Wachtmeister. Erzählung für Jugend u. Volk. 8. [Titel-] Aufl. Mit 110 Text-Abbildgn. u. 8 Farbendr.-Bildern v. Rich. Knötel. (X, 506 S.) gr. 8. Leipzig [891] 904. O. Spamer. n. 5.—; geb. in Leinw. n. 6.—

— u. J. **Wägner**, Feldherr u. Volksheld. Prinz Eugen, der edle Ritter, u. sein allzeit bereiter Wachtmeister. Historische Erzählg. f. Jugend u. Volk vornehmlich aus der Zeit der französ. u. der Türkenkriege, sowie d. span. Erbfolgekrieges. Mit 110 Text-Abbildgn. u. 1 Titelbilde. gr. 8. (X, 506 S.) Ebend. 886. n. 6.—; geb. n. 7. 50

— u. J. **Wägner**, Feldherr u. Volksheld. Prinz Eugen, der edle Ritter u. sein allzeit bereiter Wachtmeister. Historische Erzählg. f. Jugend u. Volk vornehmlich aus der Zeit der französ. u. der Türkenkriege, sowie d. span. Erbfolgekrieges. 2. (Titel-)Aufl. Mit 110 Text-Abbildgn. u. e. Titelbilde. gr. 8. (III, 506 S.) Leipzig 891. Spamer. n. 5.—; geb. n. 6.—

Wagner, Wlh., Gedichte. gr. 12. Darmstadt 843, Jonghaus, Hofbuchh. 2/3 ß

Wagner, Wilh., Gedichte. gr. 12. (IV u. 188 S.) Darmstadt 851, Jonghaus. n. 2/3 ß

Wägner, Wilh., nordisch-germanische Götter- u. Heldensagen, s.: Rover, Jak.

Wägner, Wilh., deutsche Heldensagen für Schule und Volk. Neu bearb. Auszug des 2. Bandes seines größeren Werkes: „Nordisch-germanische Vorzeit". Sagenkreis der Amelungen. Sagenkreis der Nibelungen. Gudrun. Beowulf. Karolingischer Sagenkreis. König Artus und der heil. Gral. 8. (VI, 268 S. mit 20 Text-Illustr. und 1 Titelbild.) Leipzig 881, Spamer. *ℳ 1,60.; geb. *

Wägner, Wilh., deutsche Heldensagen für Schule und Volk. Neu bearb. Auszug des 2. Bdes. seines größeren Werkes „Nordisch-german. Vorzeit". Sagenkreis der Amelungen. Sagenkreis der Nibelungen. Gudrun. Beowulf. Karolingischer Sagenkreis. König Artus und der heil. Gral. 2. durchgeseh. Aufl. 8. (VI, 268 S. mit 22 Text-Illustr. und 1 Titelbild.) Leipzig 886, Spamer. *ℳ 1.60.; geb. *

Wägner, Wilh. Deutsche Heldensagen f. Schule u. Volk. Neu bearb. Auszug d. 2. Bds. seines größeren Werkes „Nordisch-german. Vorzeit". Sagenkreis der Amelungen. Sagenkreis der Nibelungen. Gudrun. Beowolf. Karolingischer Sagenkreis. König Artus u. der heil. Gral. 3., v. J. Wägner durchgeseh. Aufl. (Schulausg.) Mit 22 Text-Illustr. u. 1 Titelbild. 8. (VI, 268 S.) Lpz. 892, Spamer. * 1 60 geb. * 2 —

— **deutsche Heldensagen f. Schule u. Volk. Neu bearb. Auszug des 2. Bds. seines größeren Werkes „Nordisch-german. Vorzeit". Sagenkreis der Amelungen. Sagenkreis der Nibelungen. Gudrun. Beowulf. Karolingischer Sagenkreis. König Artus u. der hl. Gral. 4. v. F. Wägner durchgeseh. Aufl. Mit 22 Text-Abbildgn. u. Titelbild. 8. (VIII, 268 S.) Ebd. 901.** n. 1. 60; geb. in Leinw. n. 2.—

— **Deutsche Heldensagen f. Schule u. Volk. Neu bearb. Auszug des 2. Bds. seines größeren Werkes „Nordisch-german. Vorzeit". Sagenkreis der Amelungen. Sagenkreis der Nibelungen. Gudrun. Beowulf. Karolingischer Sagenkreis. König Artus u. der hl. Gral. 5., v. J. Wägner durchgeseh. Aufl. Mit 22 Text-Abbildgn. u. Titelbild. (VIII, 268 S.) 8. Leipzig 908. O. Spamer.** 1.60; geb. in Leinw. 2.—

— **dasselbe, s.: Spamer's, Otto, neue Volksbücher. 40.**

Wägner, Wilh., Hellas, s.a. Jugend- u. Hausbibliothek, neue.

Wägner, Wilhelm. *Hellas.* Das Land und Volk der alten Griechen. Bearb. für Freunde des klassischen Altertums, insbes. für die deutsche Jugend. 2 Bde. 2. verm. u. verbess. Aufl. Leipzig, Spamer, 1867. Mit 8 Tonbildern nach H. Leutemann u. a. u. 170 Textabbildgn. 8°. Goldgepr. rote Or.-Leinenbde. — Beliebtes Werk. 12.—

Wägner, Dr. Wilhelm. Hellas. Das Land und Volk der alten Griechen. Bearbeitet für Freunde des klassischen Alterthums, insbesondere für die deutsche Jugend. 3. verm. und verbess. Aufl. 1. Bd. Mit 4 Tonbildern nach Originalzeichnungen von H. Leutemann u. A., sowie mit 170 in den Text gedruckten Abbild. 2. Bd. Mit 3 Tonbildern und 2 Tontaf., sowie mit 100 in den Text gedruckten Abbild. (3. Serie 1. und 2. Bd. der: „Neuen Jugend- und Hausbibliothek".) (2 Bde.) 8. Leipzig 1873.

Wägner, Wilh., Hellas. Das Land und Volk der alten Griechen. Bearb. für Freunde des klass. Alterthums, insbesondere für die deutsche Jugend. 2 Bde. 4. verb. Aufl. Mit 270 Textabbild., 8 Tonbildern, 1 (chromolithogr.) Karte von Hellas (in qu. gr. 4.) und 1 Frontispice. gr. 8. (X, 372; IV, 330 S.) Leipzig 877, Spamer. *ℳ 9.; geb. *

— Hellas. Das Land u. Volk der alten Griechen. Für Freunde des klass. Altertums, insbesondere für die deutsche Jugend bearb. Hrsg. in 5. verb. Aufl. unter Mitwirkung von H. Dittmar. 2 Bde. m. 340 Text-Abbildungen, 6 Tonbildern, einer (chromolith.) Karte von Hellas u. einem Frontispice. gr. 8. (XIV, 398 u. VIII, 375 S.) Ebend. 882. à n. 4. 50; geb. à n. 6.—

— Hellas. Das Land und Volk der alten Griechen. Für Freunde des klass. Altertums, besonders für die deutsche Jugend bearb. Neu bearb. unter Mitwirkung von H. Dittmar. 6. Aufl. 2 Bde. gr. 8. (XIV, 398; VIII, 375 S. mit über 340 Text-Abbild., 6 Tonbildern, 1 Frontispiz und 1 Karte von Hellas.) Ebendas. 886. *ℳ 9.—.; geb. *

— Hellas. Das Land u. Volk der alten Griechen. Für Freunde des klass. Altertums, besonders f. die deutsche Jugend bearb. 7., vielfach verb. Aufl. Mit üb. 300 Abbildgn. Lex.-8. (XII, 743 S.) Leipzig 895. O. Spamer. n. 8.—; geb. in Leinw. n. 10.—

— **Hellas. Das Land u. Volk der alten Griechen. Für die 9. Aufl. neu bearb. v. Fritz Baumgarten. Mit 386 Abbildgn. im Text, sowie 5 Beilagen u. 1 Karte in Farbendr. gr. 8. (XII, 672 S.) Leipzig 902. O. Spamer.** n. 10.—; geb. in Leinw. n. 12.—

— Licht und Schattenbilder. 8. Darmstadt 840, Jonghaus. 1 ß

— **Licht- und Schattenbilder. gr. 12. (9 1/4 B.) Darmstadt 841, Jonghaus'sche Hofbuchh.**

— **die Nibelungen. Nach nordischer und deutscher Dichtung erzählt. Illustrirt von H. Vogel, F. W. Heine u. A. Erweiterter Abdr. aus: „Deutsche Heldensagen". gr. 8. (XII, 186 S. mit eingedr. Holzschn. und Holzschntaf.) Ebendas. 878.** * geb. * Pracht-Ausg. Lex.-8. geb. *

— die Nibelungen. Nach nord. u. deutscher Dichtung erzählt. Illustr. von H. Vogel, F. W. Heine u. A. Erweiterter Abdr. aus: Wilh. Wägner's „Deutsche Heldensagen". 2., verb. u. verm. Aufl. gr. 8. (X, 188 S.) Ebend. 882. n. 2.—; geb. n. 3.—; Pracht-Ausg. Lex.-8. geb. n. 8.—

— **Novelletten, s. Novelletten.**

— **Rom, s.a. Jugend- u. Hausbibliothek, neue.**

Wägner, Dr. Wilhelm. Rom. Anfang, Fortgang, Ausbreitung und Verfall des Weltreiches der Römer. Für Freunde des klassischen Alterthums, insbesondere für die deutsche Jugend. Vollständig in 3 Bdn. 2. verbess. Aufl. Mit zahlreichen in den Text gedruckten Illustrationen und Zeichnungen von W. Deimling, H. Leutemann und A., vielen Tonbildern, nebst mehreren Karten. (3 Bde.) 8. Leipzig 1869—1871.

—— Rom. Anfang, Fortgang, Ausbreitung und Verfall des Weltreiches der Römer. Für Freunde des klass. Alterthums, insbesondere für die deutsche Jugend. Mit in den Text gedr. Abbild. (in Holzschn.) und Tonbildern. Nach Zeichnungen von H. Leutemann u. A. 3. verb. Aufl. 3 Bde. gr. 8. (XII, 324 S. mit 1 chromolithogr. Karte des alten Italien in Fol.; VI, 402; X, 443 S.) Ebendas. 876,77. à Bd. * ℳ 5. *
geb. à Bd. * ℳ 6. *

—— Rom. Anfang, Fortgang, Ausbreitung und Verfall des Weltreiches der Römer. Für Freunde des klass. Altertums, insbesondere für die deutsche Jugend. 4. vielfach verb. Aufl., bearb. in Verbindung mit B. Volz. 2 Bde. Mit 560 Text-Abbild., 3 Tonbildern, 1 Titelbild und 1 Frontispiz von H. Leutemann, G. Rehlender, H. Vogel u. A., sammt 1 (lithogr.) Plane von Rom und 2 (lithogr. und color.) Karten des alten Italiens und des röm. Weltreichs. gr. 8. (XVI, 576; XVI, 606 S.) Ebendas. 882. à Bd. * ℳ 6. *
geb. à Bd. * ℳ 7,50. *

—— Rom. Anfang, Fortgang, Ausbreitung und Verfall des Weltreiches der Römer. Für Freunde des klass. Altertums, insbesondere für die deutsche Jugend. Neu bearb. in Verbindung mit B. Volz. 5. Aufl. 2 Bde. gr. 8. (XVI, 576; XVI, 606 S. mit 564 Text-Abbild., 1 Titelbild, 1 Frontispiz und 3 Tonbildern von H. Leutemann, G. Rehlander, H. Vogel u. a., samt 1 Plane von Rom und 2 Karten: des alten Italiens und des röm. Weltreiches.) Ebendas. 887. *
geb. *

Wägner, Wilh., Rom. Geschichte u. Kultur des röm. Volkes. Für Freunde d. klass. Altertums, besond. f. d. deutsche Jugend. In neuer Bearbeitg. hrsg. v. O. E. Schmidt. 6. Aufl. M. 276 Abb. u. 2 Karten. gr. 8. (XV, 826 S.) Leipzig 899. O. Spamer. n. 10.—;
geb. in Leinw. n. 12.—

— Rom. Geschichte u. Kultur des röm. Volkes. Für Freunde des klass. Altertums, besonders f. die deutsche Jugend. In neuer Bearbeitg. hrsg. v. O. E. Schmidt. 7. Aufl. Mit 281 Abbildgn. u. 2 Karten. gr. 8. (XV, 826 S.) Leipzig 903. O. Spamer. n. 10.—;
geb. in Leinw. n. 12.—

Wägner, Wilh., Rom. Geschichte des röm. Volkes u. seiner Kultur. In 8. Aufl. bearb. v. O. E. Schmidt. Mit 322 Abbildgn. u. 2 Karten. (XIV, 846 S.) gr. 8. Leipzig 905. O. Spamer. n. 10.—; geb. in Leinw. n. 12.—

— Germanische Volkssagen, s.: Nover, Jak.

—— hinterm Vorhang. Stenographisches Lustspiel in 1 Akt. Ohne Berücksicht. des Systems. 8. (24 S.) Ebendas. 886. *

—— unsere Vorzeit, s.a. Jugend- und Hausbibliothek, neue.

— unsere Vorzeit, s.a. Nover, J.

Wägner, Wilh., Unsere Vorzeit. Nordisch-germanische Götter und Helden. Leipzig 1874. 8.
I.A: Ill. Jugend- u. Haus-Bibliothek.
—, —— In Schilderungen für Jugend und Volk. Bd. 1—2. Leipzig 1878—80. gr. 8.
Bd. 1.: Nordisch-germanische Götter- und Heldensagen. — Bd. 2.: Deutsche Heldensagen.
—, —— Bd. 1. 2. 3. Aufl. Ebda 1882—84. 8.

—— unsere Vorzeit. 2 Bde. gr. 8. Ebendas. 878.
à Bd. * ℳ 7,50. *
geb. à Bd. * ℳ 8,50. *
Pracht-Ausg. à Bd. * ℳ 10. *
geb. à Bd. * ℳ 12. *

Inhalt:
Bd. 1. Nordisch-germanische Götter und Helden. In Schilderungen für Jugend und Volk. 2. verb. Aufl. Mit 140 Text-Abbild., sowie 7 Ton-Bildern nach Zeichnungen von W. Engelhard, Karl Ehrenberg, F. W. Heine u. A. (XVIII, 487 S.)
" 2. Deutsche Heldensagen, erzählt für Jugend und Volk. Mit 90 Text-Abbild., sowie 6 Tondr.-Bildern nach Zeichnungen von Herm. Vogel. (X, 501 S.)

— unsere Vorzeit. 2 Bde. gr. 8. Ebend. 880. 81. à n. 7.50; geb. à n. 8.50; Pracht-Ausg. à n. 10.—; geb. à n. 12.—
1. Nordisch-germanische Götter u. Helden. In Schilderungen für Jugend u. Volk. 3., verb. Aufl. Mit 140 Text-Abbildungen, sowie 7 Tondr.-Bildern nach Zeichnungen von W. Engelhard, Karl Ehrenberg, F. W. Heine u. A. (VIII, 487 S.)
2. Deutsche Heldensagen, erzählt für Jugend u. Volk. 2., durchgesehene u. erweit. Aufl. Mit 100 Text-Abbildungen, sowie 7 Tondr.-Bildern nach Zeichnungen von Herm. Vogel. (X, 554 S.)

—— unsere Vorzeit. (1. Bd.) Nordisch-german. Götter und Helden. In Schilderungen für Jugend und Volk. Hrsg. in 3. verb. Aufl. unter Mitwirkung von Jak. Nover. 2 Abtlgn. in 1 Bde. [I. Göttersagen. II. Nordische Heldensagen.] Mit 150 Text-Abbild. und 1 Titelbilde nach Zeichnungen von C. E. Doepler, W. Engelhard, Karl Ehrenberg ꝛc. gr. 8. (XVI, 326; 156 S.) Ebendas. 882. * ℳ 7,50.; geb. *

—— dass. — 2. Bd.: Deutsche Heldensagen. Erzählt für Jugend und Volk. 2. durchges. und erweit. Aufl. Mit 100 Text-Abbild., sowie 2 Tonbildern nach Zeichnungen von Herm. Vogel. (IX, 554 S.) 1881; 3. durchges. Aufl. Mit 1 Titelbild und 100 Text-Abbild. nach Zeichnungen von Herm. Vogel. gr. 8. (X, 550 S.) Ebendas. 884. ℳ 7,50.; geb. *

—— und Jak. Nover, unsre Vorzeit. 1. Bd.: Nordisch-germanische Götter und Helden. In Schilderungen für Jugend und Volk. Von Wilh. Wägner. Hrsg. in 4. verb. Aufl. unter Mitwirkung von J. Wägner und Jak. Nover. 2 Abtlgn. I. Göttersagen. II. Nordische Heldensagen. gr. 8. (XVI, 490 S. mit 130 Text-Abbild. und 1 Titelbilde nach Zeichnungen von C. E. Doepler, W. Engelhard, Karl Ehrenberg, F. W. Heine, Herm. Vogel u. a.) Ebendas. 887. *
geb. *

—— Unsere Vorzeit. 2. Bd.: Deutsche Heldensagen. Erzählt f. Jugend u. Volk. 4., v. J. Wägner durchgeseh. Aufl. Mit e. Titelbild u. 100 Text-Abbildgn. nach Zeichngn. v. Herm. Vogel. gr. 8. (X, 546 S.) Lpz. 889, Spamer. * 7 50; geb. * 8 50
1. Bd. v. Wilh. Wägner u. Jak. Nover. Ebd. 1887. * 7 50; geb. * 8 50. — 3. Bd. s. Nover, Jak., u. J. Wägner.

— unsre Vorzeit. Nordisch-german. Götter u. Helden. In Schildergn. f. Jugend u. Volk. In 5., verb. Aufl. hrsg. v. J. Wägner. 2 Abtlgn. I. Göttersagen. II. Nordische Heldensagen. Mit 94 Abbildgn. nach Zeichngn. v. C. E. Doepler, W. Engelhard, Karl Ehrenberg u. a. gr. 8. (XIV, 478 S.) Leipzig 894. O. Spamer. n. 7.50;
geb. in Leinw. n. 8.50

— unsre Vorzeit. Hrsg. unter Mitwirkg. v. Jak. Nover. 2. Bd. Deutsche Heldensagen. Erzählt f. Jugend u. Volk. 5., v. J. Wägner durchgeseh. Aufl. Mit 90 Text-Abbildgn. nach Zeichngn. v. H. Vogel u. a. gr. 8. (VIII, 546 S.) Leipzig 895. O. Spamer. n. 7.50;
geb. in Leinw. n. 8.50

— unsre Vorzeit. Hrsg. unt. Mitwirkg. v. Jak. Nover. 1. u. 2. Bd. gr. 8. Ebd. à Bd. n. 7.50;
geb. in Leinw. à n. 8.50
1. Nordisch-german. Götter u. Helden. In Schilderungen für Jugend u. Volk. In 6. Aufl. hrsg. v. J. Wägner. Mit 94 Text-Abb. u. e. Titelbilde nach Zeichngn. v. C. E. Doepler, W. Engelhard, Karl Ehrenberg ꝛc. (XIV, 478 S.) 896.
2. Deutsche Heldensagen. Erzählt f. Jugend u. Volk. 6., v. J. Wägner durchgesch. [Titel-] Aufl. Mit 90 Text-Abb. nach Zeichngn. v. Herm. Vogel u. A. (VIII, 546 S.) (895) 898.

— unsre Vorzeit. 2 Bde. gr. 8. Ebd. à n. 7. 50; geb. in Leinw. à n. 8. 50
I. Nordisch-german. Götter u. Helden. In Schildergn. f. Jugend u. Volk. In 7. Aufl. neubearb. v. G. H. Mit 88 Abbildgn. nach Entwürfen v. C. E. Doepler, Karl Ehrenberg, W. Engelhard u. a. (VIII, 468 S.) 901.
II. Deutsche Heldensagen. In Schildergn. f. Jugend u. Volk. In 7. Aufl. bearb. v. G. H. Mit 90 Text-Abbildgn. nach Zeichngn. v. H. Vogel u. A. Zick. (VIII, 494 S.) 902.

— Unsere Vorzeit I. u. II. gr. 8. Leipzig, O. Spamer. à 7.50; geb. in Leinw. à 8. 50
I. Germanische Göttersagen in Schildergn. f. Jugend u. Volk. In 8. Aufl. neu bearb. v. G. H. Mit 77 Abbild. nach Entwürfen v. C. E. Doepler, Karl Ehrenberg, W. Engelhard u. a. (X, 404 S.) 907.
II. Germanische Heldensagen in Schildergn. f. Jugend u. Volk. In 8. Aufl. bearb. v. G. H. Mit 90 Text-Abbildgn. nach Zeichngn. v. H. Vogel u. A. Zick. (VII, 448 S.) 908

Wagner, Wilh., einige Worte über höhere Volksbildung. 8. Darmstadt 834. Metz. (Jonghaus.) 1/4 Rf

Wagner-Album, hrsg. v. Lena Batelt. 8. (133 Bl.) Amsterdam 890. (Leipzig, Breitkopf & Härtel.) geb. n. 5. —

Wagner-Album (der „Allgemeinen Kunst-Chronik“). (Allg. Kunst-Chronik XVII, Nr. 17—19.) hoch 4. (S. 429—548 m. Illustr. u. Taf.) München 893. Verlag der „Allg. Kunst-Chronik“ (Jos. Albert). 3. —

The English **Wagner Book** of 1594. Ed. with Introd. and Notes by Alfred E. Richards. Berlin: E. Felber 1907. (176 S.) 8°
= Richards: Studies in Engl. Faust Literature. 1.
= **Forschungen,** Literarhistorische. H. 35. [07. 8307 2

Wagnerbuch.

Goed. II, 566, IV.

Ander theil D. Johañ Fausti Historien darin beschriben ist Christophori Wageners, Fausti gewesenen Discipels auffgerichter Pact mit dem Teuffel, so sich genandt Auerhan, vnnd jhm in eines Affen gestalt erschienen, auch seine Abenthewrische Zoten vnd possen, so er durch beförderung des Teuffels geübet vnnd was es jhm zuletzt für ein schreckliches ende genommen. Neben einer feinen Beschreibung der Newen Inseln, . . . Alles aus seinen verlassenen Schriften genommen, vnd weil es gar kurtzweilig zu lesen, in druck verfertiget. Durch Fridericum Schotum Tolet: Jetzt zu P. 1593.

1712 (14. Februar), Berlin, Andreas Rüdiger, 8°. 17 Bl. u. 236 S. Keine Holzschnitte.

Fritz, Das Wagnervolksbuch, S. XII, k, Maltzahn I, 1214, S. 200.
Berlin*, Frankfurt a. M.*, Hochstift, Halle a. S.* UB., London*, Privatbesitz A. Tille* (jetzt Goethe-Schillerarchiv).

1714, Berlin, Verlegt bei Johann Andreas Rüdiger, 8°. 17 Bl. u. 204 S., zusammen 120 Bl.

„. . . nunmehro mit einer Vorrede von dem abschewlichen Laster der Zauberey vermehret von P. J. M.(arperger). Mg. d. K. P.(reussischen) S.(ocietät) d. W(issenschaften).“

Fritz, Das Wagnervolksbuch, S. XIII, l.
Berlin*, Bonn*, Frankfurt a. M.* Hochstift, Göttingen Fab. rom. 1330, London*, München SB.* u. UB., Münster*, Wernigerode*, Wien*, Katalog Baer* (Bibl. K. Wolff) 1912, Nr. 1395.

1798,* Neu-Ruppin, Johann Bernhard Kühn, 8°. 90 Bl.

Fritz, Das Wagnervolksbuch, S. XV, m.
Frankfurt a. M. (Hochstift, aus dem Besitze Engels), London (British Museum), München.

1799,* Wien, o. Dr. 4 S. Vorrede u. 226 S.

Fritz, Das Wagnervolksbuch, S. XV, n.
Frankfurt a. M. (Hochstift, defekt, aus Engels Besitz), London (Brit. Museum), Privatbesitz A. Tille (jetzt Goethe-Schiller-Archiv) und Dr. Gerhardt Stumme in Leipzig.

1846,* Stuttgart, 8°.

Neudruck von J. Scheible nach der Ausgabe von 1714. In Kloster, Bd. 3, S. 1—187.
Fritz, S. XXVI, bemerkt: „Der Abdruck ist getreu modernisiert worden (das Titelblatt, Graphik, Interpunktion und hie und da die Grammatik) und heute noch brauchbar, weil die Ausgabe Berlin 1712, Vorlage für Berlin 1714, eine neue Vorrede, wahrscheinlich von dem Grafen von Stein enthält. Diesen Teil habe ich mit dem Original (Exemplar in Wiener Hof-Bibl.) verglichen. Zu bessern wäre nur Kloster III, S. 6 Z. 31 in: hieher, S. 12 Z. 6 fehlt: traten, S. 17 Z. 4: werden vid.“

Richard Wagner-Fest zum Besten d. in Leipzig zu errichtenden Wagner-Denkmals v. Max Klinger. Texte u. Programmbuch. Im Auftrage des Komitees hrsg. v. Carl Kipke. (32 S. m. 3 Taf.) Lex. 8. Leipzig 909. (C. F. W. Siegel.) 1. —

Richard **Wagner-Jahrbuch.** Hrsg. von Jos. Kürschner. 1. Bd. gr. 8. (XII, 501 S. mit 1 Lichtdr.-Bild.) Stuttgart 886, Kürschner's Selbstverlag. geb. **
Prachtausg. auf Büttenpap., geb. in Kalbleder **

Richard Wagner-Jahrbuch, hrsg. v. Ludw. Frankenstein. 1. Bd. (VIII, 553 S. m. 4 Bildnissen, 1 Notenbeilage u. 1 Fksm.) gr. 8 Leipzig 906. [Deutsche Verlagsactiengesellschaft.] Berlin, H. Paetel. Geb. in Leinw. 10. —

Wagner-Jahrbuch. Richard W'-J', hrg. von Ludwig Frankenstein. Band 1. [Mit Notenbeispielen, 4 Porträt-Tafeln, 1 Facsimile-Tafel und 1 Musik-Beilage.] VIII + 564 S. 8. Leipzig, Deutsche Verlagsactiengesellschaft, 1906. [geb. M. 10. —]
Darin S. 3—37 passim: Briefe R' Wagners aus Zürich; S. 102—124: Malwida von Meysenbug, die Freundin Wagners und (Friedrich) Nietzsches ... von Carl Heckel-Mannheim; *s. auch S. 456/61 etc. etc.*

Richard **Wagner-Jahrbuch.** Hrsg. v. Ludw. Frankenstein. 2. u. 3. Bd. gr. 8. Berlin-Wilmersdorf, H. Paetel. à 9.—; geb. à 10. —
2. (VII, 596 S. m. 2 Taf., 1 Fksm. u. Musikbeilage 4 S.) 907.
3. (V, 499 S. m. 2 Bildnissen.) 908.

Wagneriana. Beiträge zur Richard-Wagner-Bibliographie. Hrsg. v. Emerich Kastner. 1. Thl. Briefe Richard Wagner's [1830—1883] an: Berlioz, Boito, Cornelius etc. Chronologisch geordnet u. m. Angabe der Quellen zusammengestellt. gr. 8. (VIII, 53 S.) Wien 885. Künast. n. 2. —

Wagnerianer-Spiegel. Eine Charakteristik der wirkl. wagnerian. Geistesarbeit u. Weltanschaug., dargestellt durch 100 Aussprüche aus den Schriften der namhaftesten Wagnerianer. (Von H. v. Wolzogen.) 8. (VII, 72 S.) Hannover 891. L. Oertel. n. 1. 50

Richard Wagner-Kalender, Merkbüchlein über Rich. Wagner's Leben, Werke und Wirken für alle Tage des Jahres. 16. (71 S.) Wien 881, Fromme.

Richard **Wagner-Kalender.** Historische Daten aus d. Meisters Leben u. Wirken f. die gesammte musikalische Welt. 2. gänzlich umgearb., m. Jahres- u. Sach-Register verm. Aufl. Mit Portr. u. Fcsm. 16. (IX, 92 S.) Wien 882. Fromme. 1. 50

—— dass. — Histor. Daten aus des Meisters Leben und Wirken für die gesammte musikal. Welt. 2. gänzlich umgearb., mit Jahres- und Sach-Register verm. Aufl. 16. (IX, 92 S. mit Portr. und Facs.) Ebendas. 883.

Wagner-Kalender auf d. J. 1908. Hrsg. v. der „Musik“. (92 S. m. Abbildgn., 12 Taf. u. 1 Fksm.) 8. Berlin, Schuster & Loeffler. 1. —

— **1908, aus Anlass des 25. Todestages** Richard Wagners **13. II. 1883—13. II. 1908 hrsg. v. Mart. Krause.** (106 S. m. **Abbildgn. u. Fksms.) gr.** 8. Charlottenburg, Virgil-Verlag. 1. —

Wagner-Lexikon. Hauptbegriffe der Kunst- u. Weltanschauung Richard Wagner's, in wörtl. Anführgn. aus seinen Schriften zusammengestellt v. Carl Fr. Glasenapp u. Heinr. v. Stein. Lex.-8. (X, 984 S.) Stuttgart 883. Cotta. n. 15. —; geb. n. 18. —

Richard Wagner-Litteratur, s. Oesterlein, N., Katalog ꝛc.

Richard Wagner-Museum, das, u. die Zukunft des Wagnerthums. Ein Aufruf an die Wagnerianer „Zu neuen Thaten!" 1. u. 2. Taus. gr. 8. (IV, 38 S.) Leipzig u. Baden-Baden 894. C. Wild. n. — 50

Wagner's, Ernst Leberecht, Nekrolog, s.: Weigort, C.

Wagners, Herm., Lebensbild, s.: Huth.

Wagner's Famulus d. Doct. Faust, Leben, Thaten u. Höllenfahrt. 8. Wien 799. (Liebeskind in Leipz.) 14 gr

Wagnerschule 1897-1901. (Architekt Suppl. 1. 2. 5-7) 4° Wien 1898-01

Aus der Wagner-Schule. [Redigirt von Architekt Jan Kotěra. Der Architekt. V. Jahrgang. Supplementheft Nr. 2.] Wien 1899. Schroll & Co. Fol. 20 S. fl. 3.—

Aus der Wagner-Schule. 1900. [Der Architekt. Supplementheft Nr. 6.] Wien. 1901. Schroll. Fol. 44 S. K 14.—

Wagner-Schule 1901, s.a. Architekt, der.

Aus der Wagner-Schule. 1901. [Supplement 7 der Zeitschrift „Der Architekt".] Fol. (16 S. mit 45 Tafeln) Wien: Schroll 1902.

Wagner-Schule 1902. (81 S. m. Abbildgn.) qu. gr. 4. Wien (903). Leipzig, Baumgärtner. Kart. n. 15. —; erm. Pr. n. 8. —

— 1902:03 u. 1903:04. Projekte, Studien u. Skizzen aus der Spezialschule für Architektur des Oberbaurat Otto Wagner, Professor an der k. k. Akademie der bild. Künste in Wien (79 S. m. z. Tl. farb. Abb.) qu. gr. 4. Leipzig 905. Baumgärtner. Geb. n. 16. —

Wagnerschule. Projekte, Studien u. Skizzen aus der Spezialschule f. Architektur des Oberbaurat Otto Wagner, Professor an der k. k. Akademie der bild. Künste in Wien. Arbeiten aus den J. 1905/1906 u. 1906/1907 nebst e. Anh. (IV, 87 S. u. Taf. m. Abb.) 32,5×39 cm. Leipzig 910. Baumgärtner. Geb. in Halbleinw. 16.— (02/07 zusammen bezogen 30. —)

Wagnière, Georges. Réduction des tarifs postaux. [Rapport présenté au] 8e Congrès international de la Presse, Berne, juillet 1902. 8 p. 8. [Berne, H. Jent.]

Wagnitz, Hnr. Balth., homiletische Abhandlungen u. Kritiken. 1e u. 2e Sammlung. 8. Halle 783—85. Schwetschke u. S. 18 gr

s.a. Abhandll., homilet.-katechet.

Wagnitz, H. B., Beiträge z. Verbesserung d. protestantischen u. kathol. Liturgie. 8 Bde. (wohlf. Ausg. des liturg. Journals.) 8. Halle, Gebauer. 812.

— Bibliothek für Prediger ꝛc., s. D. G. Niemeyer.

— z. Ehre Jesu Christi u. s. Religion. 2 Thle. gr. 8. Halle, Grunert d. ält. (Hemmerde u. Schw.) 784-86.

— zur Ehre Jesu Christi u. seiner Religion. 2 Thle. gr. 8. Halle 784—86. (Schwetschke u. S.) 1 Rthlr 8 gr

— Gebet f. Zuchthäuser. 8. Magdeb. v. Schütz. 792.

— kurze Gebete auf alle Tage d. Woche bei d. Communion. 12. Halle 789.

s. Gebete u. Lieder für Zuchthäuser.

s. Hyperius de formandis.

— Ideen u. Plane zur Verbesserung d. Polizei- u. Criminal-Institute. 3 Samml. gr. 8. Halle 801—3. Gebauer. 1 Rthlr 12 gr

— liturgisches Journal. 9 Bde à 4 Stücke. 8. Halle 801—11. Gebauer. (à Stück 9 gr) 13 Rthlr 12 gr

s. Journal für Prediger.

— Memorabilien d. Predigern d. 19ten Jahrh. gewidmet 2 Bde. od. 6 Stck. 8. Halle, Hemmerde u. Schw. 802-6. (à 12 gr.)

— Memorabilien, den Predigern d. 19. Jahrh. gewidmet. 2 Bde à 3 Stücke. 8. Halle 802—6. Schwetschke u. S. (à 12 gr) 3 Rthlr

— Moral in Beispielen. 6 Thle. gr. 8. Halle 787—90. N. Aufl. 795—98. u. N. A. 810, 15, 20. Gebauer. 4 Rthlr 12 gr (Der 3e—6e Thl. auch u. d. T.: Beispiele z. Erläuter. d. Katechismus für Prediger, Schullehrer u. Katecheten. 4 Thle). 1r Anhang, für Leidende, nebst e. Register zu d. 6n Thle d. Moral u. d. 1n Anhang. (A. u. d. T.: Beispiele für Traurige u. Leidende). gr. 8. Ebd. 2e A. 801. 1 Rthlr 6 gr 2r Anhang, Beispiele für Kranke. 1e, 2e Hälfte. (A. u. d. T.: Unterhaltungen für Kranke in Beispielen. 1e, 2e Hälfte). gr. 8. Ebd. 806. (1r 18 gr 2r 15 gr) 1 Rthlr 9 gr

— Moral in Beispielen für Jünglinge u. Mädchen, ein Auszug aus d. größ. Werke. gr. 8. Ebd. 795. N. A. 808. 1 Rthlr

— histor. Nachrr. u. Bemerkk. über d. merkwürd. Zuchthäuser Deutschlands, nebst e. Anhang über d. zweckmäß. Einrichtung d. Gefängnisse u. Irrenanstalten. 1r Bd. u. 2r Bd. 1e, 2e Hälfte. gr. 8. Halle 791—94. Gebauer. 4 Rthlr 3 gr

— über d. Phänomene vor d. Zerstörung Jerusalems; e. Untersuchung. 8. Halle 780. Schwetschke u. S. 5 gr

— Religionslehre in Beispielen. 2 Thle. gr. 8. Halle 799, 800. Gebauer. 2 Rthlr 9 gr

— christl. Religions- u. Tugendlehre für Confirmanden. 12. Halle 802. 3e A. 820. Grunert. 3 gr

— Religions- u. Tugendlehre f. Confirmanden. 12. Halle, Hemmerde. 802.

— — christliche Religionslehre für Konfirmanden, mit histor. Beziehung auf Luthers Katechismus.
Auch unter dem Titel:
christliche Glaubens- und Tugendlehre. 3te Aufl. 12. Halle, Hemmerde u. Sch. 820.

— Religionsunterr. f. Katechumenen. 8. Halle 789. Schwetschke u. S. 4 gr 3e A. 820. A. u. d. T.: christl. Religionslehre für Confirmanden, u. christl. Glaubens- u. Tugendlehre. 12. Ebd. 4 gr

— üb. d. moral. Verbess. d. Zuchthausgefangenen. 8. Halle, Hemmerde u. S. 787.

Wagnitz, Hnr. Balth., über d. moral. Verbesserung d. Zuchthausgefangenen, insonderheit durch den für sie bestimmten Prediger. 1s Stück. 8. Halle 785. a. 787. Schwetschke u. S. 16 K

Wagnitz, H. B. (Hrsg.), s. Wochenblatt, Hallisches patriotisches.

Wagnon, A., s.: Methode Schliemann zur Erlerng. d. französ. Sprache.

Wagon, Eduard, aus Berlin: Die finanzielle Entwicklung deutscher Aktiengesellschaften von 1870–1900 und die Gesellschaften mit beschränkter Haftung im Jahre 1900. *Halle a. S. 1903: (Lippert & Co., Naumburg a. S.).* (VI, 51 S.) 8° ¶ [Erschien vollst. 1903 als: Sammlung nationalökon. u. statist. Abhandl. d. staatswiss. Sem. zu Halle a. S., Bd 39.]
Halle, Phil. Diss. v. 1903

Wagon, Eduard, die finanzielle Entwicklung deutscher Aktiengesellschaften v. 1870—1900 u. die Gesellschaften m. beschränkter Haftung im J. 1900, s. a. Sammlung nationalökonomischer u. statistischer Abhandlungen. 39 Bd.

Die finanzielle Entwicklung deutscher Aktiengesellschaften von 1870–1900 und die Gesellschaften mit beschränkter Haftung im Jahre 1900. Von Dr. Eduard Wagon. *Jena: G. Fischer 1903.* (212 S.) 8°
= Sammlung nationalökon. u. statist. Abhandlungen d. staatswiss. Seminars zu Halle. Bd 39. [illegible]

Wagons für den Eisenbahn-Train der kaiserl. russischen Bahn Odessa-Kiew. Nach Angaben des kaiserl. russ. Staatsrath Baron v. Ungern-Sternberg ausgeführt in der Actiengesellschaft für Fabrikation von Eisenbahnbedarf F. A. Pflug. qu. gr. Fol. (13 Stnt., wovon 10 chromolithogr. und 3 in Tondr., und 1 Blatt Text.) Berlin 864, Ernst und Korn. *

Wagschal, Ferdinand, Dr. med., approb. Arzt aus Montabaur, Hess.-Nass.: Quantitative **Studien** über die Giftigkeit der Blausäure-Dämpfe. *Würzburg 1903: F. Staudenraus.* (33 S.) 8°
Würzburg, Med. Diss. v. 1903

Wagstaff's, Joh., Gedanken über Chr. Thomasii kurze Lehrsätze von dem Laster der Zauberey. 703. 8.

Wagstaff, Joh., v. d. Hexerey. 8. Brschw. Renger. 711

WAGSTAFF, Joh., Gründlich ausgeführte Materie von der Hexerey oder die Meynung dererjenigen so da glauben, dass es Hexen gebe, deutlich widerlegt. Aus d. Engl. Halle 1711. 8°. 16 Bll., 152 SS. (6 Mk. J. Rosenthal, c. 1903; 4 Mk. Völcker, 1906.)

Wagstaffe, Ernst A. [aus Manchester]: Ueber Condensationen von Chloral und von Butylchloral mit Aceton und mit Acetophenon ... München, Münchner Handelsdr. u. Verlagsanst. M. Poessl, 1893; 36 S. 8.
München, Phil. Fak., Inaug.-Diss. v. 1893

Wagtsmitgott, Ludw. (Ludw. Wiedow), Anning un Mriken, s.: Für Schule u. Haus.

Wagtsmitgott, Ludw. Dörpgeschichten, s. Für Schule u. Haus.

— söß plattdütsche Geschichten, s.: Für Schule u. Haus.

Wagtsmitgott, L., s. Geschichten, söß plattdütsche, von den ollen Radmake Martin.

Waha, de, quelques propriétés des courbes représentées par l'équation: $y = Ax^{m} + Bx^{m-1} + Cx^{m-2} + \ldots + Hx + K$. gr. 4. (20 S. m. 3 Steintaf.) Luxemburg 874. Brück. 1. 20

Waha, Raymund de: Die Finanzpolitik der Schreckensherrschaft in der ersten französischen Revolution. (Vom Zusammentritt d. Nationalkonventes 21. Sept. 1792 bis zum Sturze Robespierres 9. Thermidor II.) Leipzig 1903: J. B. Hirschfeld. (110 S.) 8°
[Aus: Vierteljahrsschrift f. Social- u. Wirtschaftsgesch., Bd 1.]
München, Staatswirtsch. Diss. v. 1902.

Waha, Raymund de, Dr.: Die Nationalokonomie in Frankreich. Stuttgart: Enke 1910. XVI, 540 S. 8° • (Im Buchh. ebd.)
München, Staatswirtsch. Hab.-Schr. v. 1910 [illegible]
(Nicht für den Austausch)

Waha, Raym. de, die Nationalökonomie in Frankreich. (XIX, 540 S.) Lex. 8. Stuttgart 910. F. Enke. 16.—; geb. in Leinw. n 17. 40

Wahb, Dr. Richard, Die Glückseligkeits-Lehre der „Ethik" des Spinoza. Gr.-8. (44 S.) Wien: Tempsky 1890. —.40

Wähdel, Hermann

Wähdel, H.: Ueber den Gebrauch und Anwendung der Partikeln *οὖν* bei Aristophanes. 14 S. Stralsund, Progr. 1869.

Wähdel, Hermann *Theodor Andreas* [Prof. Dr.]: Zur Geschichte des Stralsunder Gymnasiums. Siebenter Beitr. Die Zeit v. 1860—1890. (Forts. d. Gesch. d. Gymn. v. Prof. Zober. 1–6. 1839—1860.)
Stralsund, Druck d. k. Regierungsbuchdr., 1891; S. 1—26; 4°
Stralsund, G, OP 1891 (143)

Wähdel, Hermann: Zur Geschichte des Stralsunder Gymnasiums. Beitrag 8. Die Zeit von 1860—1910. Stralsund 1910: Kgl. Regierungs-Buchdr. S. 49—100. 8° ¶ (Forts. d. P-Beil. 1839. 40. 42. 47. 51. 52. 57—60 v. Zober; 1891 v. Wähdel.)
Stralsund, G. in Festschr. z. Feier d. 350j. Bestehens, OP 1910 (214)" [S 10. 457

Wähdel, Herm. Mitteilung über alte Drucke der Bibliothek. S. 24—29. **Progr.** *G. Stralsund* 1876.

Waehdel, Herm., de Cleonis apud Aristophanem persona. Pars I. Dissertatio inauguralis. gr. 8. (36 S.) Göttingen 858, (Vandenhoeck und Ruprecht's Verlagsh.) * *

Wähdel, H. De Cleonis apud Aristophanem persona. 42 S. 8.
Putbus, Progr. 1860

Wahl

— die, oder Gleich u. Gleich gesellt sich gern. Ein Gesellschaftsspiel für 2—12 Personen. Mit 12 ill. Karten u. deutscher u. französ. Erklärung. Wien, Müller. 1 ß 8 K

— die; od. nicht alle lieben alles. Lustsp. von Stephani. 8. Wien, Ghelen. 771.

Wahl, die: Lstspl. in 5 A., (v. Karl Stein). 8. Amsterd. 809. (Leipz., Brockhaus). 12 K (Auch in: Baillie, die Leidenschaften.)

Wahl, die. Lustsp. in 5 Akten. 8. Amsterd. Kunst- u. Ind. Comt. 809.

Wahl, Die beste, der christlichen Seele. Salzburg o. J. V: *Wimmer, Marian.* (IIr)

Wahl und Bildung höherer Truppenführer. Leipzig 1842. 8°. (Das Kriegerthum. 1.)

Wahl, d., der Braut; od. Feyerabende im Sonnen=Blumen=Bosquet; Roman v. H. Frohreich, m. K. 8. Posen, Kuhn. 806.

Wahl, über die, einer deutschen Bundestagsversammlungsstadt. 8. Nürnb. 815. Riegel u. W. 3 gr

Wahl, die Chemnitzer, vor dem sächsischen Landtage. Sep.=Abdr. aus dem amtl. stenograph. Berichte der Verhandlungen der 2. Kammer. [13. öffentliche Sitzung vom 2. Dezbr. 1879.] gr. 8. (31 S.) Leipzig 880. Stuttgart, Dietz. — 20

Wahl, die Chemnitzer, vor dem sächsischen Landtage. Sep.=Abdr. aus dem amtl. stenograph. Berichte der Verhandlungen der zweiten Kammer. [13. öffentl. Sitzung vom 2. Dezbr. 1879.] gr. 8. (31 S.) [Leipzig 880.] Gera, Fink.

— über die, eines Ehegatten, vom Verfass. d. sittl. Unterhaltungen (Chr. L. Willebrand). 8. Leipz. 776. Hilscher. 7 gr

Wahl, Einzug und böhmische Krönung K. Ferdinand des Ersten . . . [Prag? 1815?] H: *Dobrowsky, Jos.* (BrMm)

Die Wahl vom 12ten Februar 1867 in Nord- und Mittel-schleswig. Berlin. O. J. Lithogr. 1 Bl. 4°, 41/29,5 cm.

Wahl, freie, und freie Presse. 8. (4 S.) Leipzig 848, Weller.

Wahl u. Führung, od. Religion u. Fanatismus, (v. Hnr. Wilhelmi). 2 Bde. 8. Leipz. 818. Köchly. 4 ℔ 2e verb. Aufl. 2 Thle. 8. Stuttg. 826. Metzler. 2 ℔ 16 gr

WAHL meiner künftigen Gattin und ihre Eigenschaften, von S******* (*Leopold* Graf *Stolberg* untergeschoben). O. O. u. J. (c. 1790). 8°. 2 Seiten. 3 Mk. 50 Pfg. e. süddeutsche Firma, c. 1906.

Wahl, über die, den Gebrauch und den Nutzen der verschiedenen Arten von Brillen, für kurzsichtige, weitsichtige u. schwache Augen. Nebst einer Abhandlung über das Schielen, dessen Wesen, Ursachen u. Heilung. 8. Quedlinburg 840. Basse. 1/4 ℔

Wahl, Die getroffene, wollte dem Hw. O. Br. Joh. Peter Leonhardi . . . seine Freude an Tag legen ein ergebenster O. Br. . . . Offenbach [1786]. V: *Malapert-Neufville, Friedrich Wilhelm von.* (Ky)

Leonhardi, Joh. Peter Frh. v.: Die getroffene Wahl. Wollte dem Hw. O. Br. Joh. Peter Leonhardi, als derselbe zum Provinzial-Grossmeister im Oct. 1786 in Frankfurt am Main gewählt worden, seine Freude an den Tag legen ein ergebenster O. Br. W. **v.** M[alapert]. Offenbach: Bertholdt. 2°
Kl. 1761.

— die gute u. zufriedene. Lustsp. 8. Breslau, Korn d. jüng. 789.

Wahl, Die, des Herkules; ein dramatisches Gedicht. Braunschweig 1773. V: *Eschenburg, Johann Joachim.* (GGr) (Ky)

Wahl, Die, des Herkules; ein lyrisches Drama. Weimar 1773. V: *Wieland, Chph Martin.* (Ky) (GGr)

— die, eines deutschen Kaisers, zur allgem. Belehrung beschrieben. 8. Augsb. 790. v. Jenisch u. St. 3 gr

Wahl, Die, eines deutschen Kaisers. Wien 1790. V: *Schweighofer, Johann Michael.* (EB)

— die, eines deutschen Kaisers. 4. Wien 790. Rehm. 12 gr

Die Wahl und Crönung Ihro Königlichen Hoheit Franciscі I. [illegible] zum Römischen König und Kayser des heiligen Römischen Teutschen Reichs [illegible] Sept. 1745 geschehen [illegible] Zu Franckfurt am Mayn [illegible] Erfurt [illegible] Johann David Jungnicol 1746. [illegible]

— die, u. Kronung des Kaisers zu Frankfurt a. M., Lsp. L. Pfeiffer.

Wahl und Krönung, Die, des Kaisers zu Frankfurt am Mayn . . . Frankf. a. M. 1790. V: *Pfeiffer, Christoph Ludwig.* (MGT)

— die, u. Krön. d. Kaisers zu Frankfurt am Main f. Kenner u. Nichtkenner. 8. Frankf. Fleischer. 790.

— die, der Landtags=Abgeordneten. Gesetz vom 4. Juni. 1848. Abgeändert durch das Gesetz vom 21. März 1881. 8. (7 S.) Würzburg 881. Stahel. — 20

Wahl, die, der Landtags=Abgeordneten. 2. Lfg.: Termin für die erstmalige Herstellung der Wählerlisten rc. Ministerielle Bekanntmachung vom 22. März 1881, und Entschließung vom 24. März 1881. 8. (S. 9—18.) Würzburg 881, Stahel'sche Universitäts=Buchh.

—— dass. — Gesetz vom $\frac{\text{4. Juni 1848}}{\text{21. März 1881}}$, nebst den bezügl. Ministerial=Entschließungen rc. vom 22./21. März und 2. April 1881. 8. (42 S.) Ebendas. 881. cart.

— über die, des Prinzen Otto v. Baiern zum König von Griechenland. gr. 8. Nürnb. 832. Riegel u. W. 5 gr

Die Wahl zum deutschen Parlament. Nördlingen, C. H. Beck, 1848. 16 S. 8°.

Die Wahl des deutschen Reichsverwesers. Abdruck aus den Sitzungsblättern aus der deutschen Nationalversammlung. 2 Bl. 4.
Flugblatt. Berlin, 1. Juli 1848.

— die schwere; Lstspl., L. J. G. Dyck, Theater.

Wahl, Die schwere; ein dramatisches Familiengemählde in vier Handlungen. Leipzig 1785. V: *Dyk, Johann Gottfried.* (MGT)

Wahl, Die, des Freiherrn von Wangenheim . . . zum Abgeordneten in die Würtemb. Ständeversammlung. Tübingen 1832. V: *Wangenheim, Carl Aug. v.* (Heyd)

— die, des Freiherrn v. Wangenheim, königl. würtembergischen **Staatsministers außer Dienst, zum** Abgeordneten **in d. würtemberg. Ständeversammlung.** Im April u. Mai **1832. Nebst e. Anhange über den deutschen Bund u. d.** Unmöglichkeit **moderner Freistaaten. (Geschrieben am 28.** Juli **1832). gr. 8. Tübing. 832. Laupp. 1 rthl 16 gr**

WAHL, Die wohlgewählte, eines Königs unter den menschlichen Gliedern. O. O. 1715. 8°.
Bibl. Edzard. Hamb. 1754. p. 172. — Sehr rares Curiosum scatologicum.

Wahl

— vollständ. Anleitung, alle bekannten einheim. Stubenvögel &c. zu fangen, s.: Weller, Hub.

— d. best. franz. Predigten berühmter Redner gesamm. u. übers. v. J. A. Plödtner. 3 Thle. 8. Coburg, Ahl. 773–76.

— d. besten französ. **Predigten, welche verschied. d. berühmt. Redner** gehalten **haben; herausg von J. A. Plödtner. 3 Thle. 8.** Coburg 773—**76. (Riemann). 3 rthl**

Wahl's Taschen-Kalender f. Kaninchen-Züchter auf **d. J. 1899. Hrsg. v. der Fachzeitschrift „Der Kaninchenzüchter". gr. 16. (148 S. m. 2 Taf.) Leipzig,** Dr. F. Poppe. Geb. n. — 60

Wahl's Taschen-Kalender f. Kaninchen-Züchter **auf d. J. 1901. Hrsg. v.** der Fachzeitschrift „Der Kaninchenzüchter", **Leipzig. gr. 16.** (207 S.) Leipzig, Dr. F. Poppe. Geb. in Leinw. n. — 75

Wahl's Taschen-Kalender f. Kaninchen-Züchter auf die J. 1907 u. 1908. 12.—13. Jahrg. Hrsg. v. der Red. d. Wochenschrift „Der Kaninchenzüchter". (520 S.) kl. 8. Leipzig, Dr. F. Poppe. Geb. in Leinw. n. 1. —

Wahl's Taschen-Kalender f. Kaninchen-Züchter auf die J. 1909 u. 1910. 14.—15. Jahrg. Hrsg. v. der Red. der Wochenschrift „Der Kaninchenzüchter". Nebst: Züchter-Adreßbuch. Verzeichnis der Verbände, Spezialklubs, Vereine u. Züchter. 1909/10. (368 u. 264 S.) kl. 8. Leipzig, Dr. F. Poppe. Geb. in Leinw. u. geh. 1. —

— Taschenlexica. I. u. II. 16. Leipzig 896. Allg. deutsche Geflügel-Zeitg. Geb. in Leinw. n. 3. 20
I. Lexicon der einheim. Stubenvögel. Nebst Tabelle zum Bestimmen d. Singvögel u. Unterscheidg. derselben v. anderen Ordngn. Von F. Anzinger. (XVII, 144 S.) n. 1. 20
II. Taschen-Lexikon d. Geflügelkrankheiten, einschließl. d. Krankheiten d. Tauben u. uns. einheim. u. ausländ. Sing- u. Ziervögel u. deren ration. Behandlg. v. G. Braun. (IV, 228 S.) n. 2. —

Wahl, A. B., de die nuptiis dicendo. Jen. 1767. 4.

Wahl, Adalb., politische Ansichten des offiziellen **Frankreich im 18. Jahrh. Ein Vortrag. (III, 44 S.) gr. 8. Tübingen 903. J. C. B. Mohr.** n. 1. —

— s. a. **Beiträge zur Parteigeschichte.**

Wahl, Adalb., Beiträge zur dtschn. Parteigeschichte im 19. Jahrh. (62 S.) gr. 8. München 910. R. Oldenbourg. 1. 50

Wahl, Adalbert *Emil August:* Compositions- und Successions-Verhandlungen unter Kaiser Matthias während der Jahre 1613—1615 ... Bonn, Univ.-Buchdr. v. C. Georgi, 1895; 1 Bl., 53 S. 8.
Bonn, Phil. Fak., Inaug.-Diss. v. 7. Dez. 1895

Wahl, Adb., die Notabelnversammlung v. 1787. gr. 8. (III, 108 S.) Freiburg i/B. 899. Tübingen, J. C. B. Mohr. n. 2. 50

— Robespierre. Ein Vortrag. (71 S.) 8. **Tübingen** 910. **J. C. B. Mohr.** 1. 40

Wahl, Adalbert, Dr., Privatd. an d. Univ. Freiburg i. B.: Studien zur Vorgeschichte der Französischen Revolution. Tübingen & Leipzig: J. C. B. Mohr 1901. (VI, 168 S.) 8°
Freiburg i. B., Phil. Hab.-Schr. v. 1901.

— Studien zur Vorgeschichte der französischen Revolution. gr. 8. (VII, 168 S.) Tübingen 901. J. C. B. Mohr. n. 4. —

— Vorgeschichte der französischen Revolution. Ein Versuch. 1. Bd. (XVI, 370 S.) gr. 8. Ebd. 905. n. 7. —

— Vorgeschichte der französischen Revolution. **Ein Versuch. 2. (Schluß-)Bd.** (XII, 416 S.) gr. 8. Ebd. 907.
Bd. 1. Ebd. 905. 7.— (Kplt. in 1 Bd. geb. 17.—. 8. —

Wahl, Adolf, Referendar aus Barmen: Das **Abhalten** vom Mitbieten oder Weiterbieten bei den von öffentlichen Behörden oder Beamten vorgenommenen Versteigerungen nach dem in Preussen geltenden Strafrechte. *Kiel 1899: A. F. Jensen.* (40 S.) 8° [J.]
Erlangen, Jur. Diss. v. 11. Jan. 1899

Wahl, Anna v., goldene Apfel, s.: Ramm, Gerta v.

Wahl, Anna v., Stimmungsbilder. Fol. **(25 Lichtdr.** m. **1** Bl. **Text.)** Berlin 894. G. Grote. **In Leinw.-Mappe. 15. —**

Wahl, Aug., statistische Nachrichten über die Andreas-Kirche in Erfurt. Mit 1 (lith.) Abbildung (in Tondr.). Erfurt 868. Keyser. gr. 8. (30 S.) n. 6 ngr.

Wahl, August Christian Martin

Wahl, Aug. Chr. Mt., (**† d. 7. Jan. 1815.) Bibel u. Natur, in** öffentl. Vorträgen **vereinigt. 3 Thle. 8. Erfurt 784—86. Keyser. 1 rthl** 3 gr

— Gedächtnißrede H. C. Vogts, nebst Lebenslauf u. Trauergedichten. 4. Erfurt 798.

Wahl, A[ugust] C[hristian] M[artin]: Gedanken über die Erzeugung und Zubereitung des Weins nebst einem Anhange vom Essigbrauen. Erfurt: Keyser 1784. XXXXIV, 111 S. -- 5*.16.21

Wahl, Aug. Chr. Mt., Gedanken üb. d. Erzeugung u. Zubereitung d. Weins etc. 8. Erfurt, 1784. (Winkler.) — 8¾

— Lehrbuch zur Beförderung d. menschl. Glückseligkeit. gr. 8. Gotha 790. Ettinger. 20 gr

Wahl, Aug. Gf., Reden, gehalten zu Wiborg, am Sarge u. bei Beerdigung deß Fürsten Victor Amadäus zu Anhalt-Bernburg-Schaumburg. 8. Frankf. a. M. 791. Eichenberg. 3 gr

Wahl, Aug. Rud.: Von der Behandlung des Weinstocks. In: Oeconomische Nachrichten. 9. Leipzig 1757. S. 104–116. -- 12*

Wahl, Bruno v., **Auf! Kunstgewerbe-Entwürfe.** 12 Hfte. gr. 4. (à 6 Lichtdr.-Taf. m. 1 Bl. Text.) München 901—903. Vereinigte Kunstanstalten. à n. 2.—

Wahl, Bruno, über die Entwicklung der hypodermalen Imaginalscheiben im Thorax u. Abdomen der Larve v. Eristalis Latr., s.: Arbeiten aus dem zoologischen Institut zu Graz. VI. 5.

Wahl B.: Ueber die Polyederkrankheit d. Nonne (*Lymantria monacha L.*). Wien 1910. 42 S. (Særtr.). 4°.

Wahl Bruno, Dr.: Untersuchungen über den Bau der parasitischen Torbellarien aus der Familie der Dalyelliiden (Vorticiden). 1. Teil: Die Genera *Anoplodium, Graffilla* und *Paravortex* (mit 4 Taf. und 6 Textfiguren). S. 115. I. 417 . . . .
— — 2. Teil: Die Genera *Umagilla* und *Syndesmis* (mit 1 Taf. und 2 Textfiguren). S. 118. I. 943 . . . .
— — 3. Teil (Schluß): Das Genus *Collastoma* (mit 1 Taf. und 1 Textfigur). S. 119. I. 303 . . . . ,
Separatabdruck

Wahl, Bruno, Untersuchungen üb. den Bau der parasitischen Turbellarien aus der Familie der Dalyelliiden (Vorticiden.) 1. Tl. Die Genera Anoplodium, Graffilla u. Paravortex. (57 S. m. 6 Fig. u. 4 [1 farb.] Taf.) gr. 8. Wien 906. (A. Hölder.) n. 2.60
Sonderabdruck aus: „Sitzungsber. d. k. Akad. d. Wiss."

Wahl, Bruno, Untersuchungen üb. den Bau der parasitischen Turbellarien aus der Familie der Dalyelliiden (Vorticiden). 2. u. 3. (Schluss-)Tl. gr. 8. Wien, A. Hölder. 2.60
2. Die Genera Umagilla u. Syndesmis. (23 S. m. 2 Fig. u. 1 Taf.) 909.
3. Das Genus Collastoma. (29 S. m. 1 Fig. u. 1 Taf.) 910.
Sonderabdrucke a.: „Sitzungsber.d.k.Akad.d.Wiss."

Wahl B. u. Zimmermann H.: Versuche üb. die Verwendbarkeit wässeriger Lösungen v. Lysol u. Kupferlysol (Kyrol) z. Pflanzenschutz. Wien 1909. 7 S. (Særtr.). 8°.

— **decorative Vorbilder.** 1. u. 2. Serie. Imp.-Fol. (à 4 farb. Taf.) München, Piloty & Loeble. In Mappe 22.—
I. (898.) n. 12.—. II. (899.) n. 10.—.

Wahl, C., s.a. Wahl, Karl

Wahl, C., Kirchengeschichte in Bildern, oder Hauptmomente der Kirchengeschichte in sinnbezeichnenden Bildern dargestellt und synchronistisch geordnet, ein passendes Hulfsmittel zur Repetition. Mit e. kurzen Vorwort von Christ. Abraham Wahl. Mit 9 color. Tafeln. Fol. Meißen 840. Goedsche. 1 1/6 ℔

Wahl, Camille, prakt. Arzt aus Gebweiler (Els.): Casuistische Beiträge zur Kenntnis der Facialisparalysen. *Straßburg i. E. 1902: C. & J. Goeller* (28 S.) 8°
Straßburg, Med. Diss. v. 1902

Wahl, Chr. Abrah., Clavis librorum Veteris Testamenti apocryphorum philologica. II Sect. hoch 4. (VI und 509 S.) Lipsiae 853, Barth.

— Clavis novi Testamenti philologica, usibus schol. et juvenum theol. studios. accommodata. II Vol. 8 maj. Lips. 822, Barth. 5 Rthl. Schreib-P. 6 Rthl. Velin-P.

Wahl, Chr. Abr., Clavis novi testamenti philolog., usibus scholar. et juvenum theolog. studios. accommodata. II Vol. Edit. II., emend. et auct. 8 maj. (99½ B.) Lipsiae 829, Barth. 6 Thlr., Patentp. 6 Thlr. 18 Gr., Schrbp. 7 Thlr. 12 Gr., Vlnp.

—— id. — Edit. minor. 4 maj. (44 B.) Lipsiae 831, Barth. 3 Thlr. 15 Gr., -Patentp.

Wahl, Christ. Abrah., Clavis Novi Testamenti philologica usibus scholarum et juvenum theologiae studiosorum accommodata. Edit. III. emend. et auctior. 4 maj. (67 B.) Lipsiae 843, Barth.

— histor. Einleitung in d. sämmtl. Bücher d. Bibel, als Vorbereitung auf den christl. Religionsunterricht für Schul- u. Privatlehrer u. als e. Anweis. zu e. richt. Kenntniß u. Schätzung dieser Bücher. gr. 8. Leipz. 802. Köhler. 21 ℊ

Wahl. Ch. A., historisch-praktische Einleitung in die bibl. Schriften. Ein Handbuch für Lehrer an Gymnasien u. für jeden besonders wissenschaftl. gebildeten Christen. 2 Thle. gr. 8. Leipzig, Hartmann. 820.

— histor.-prakt. Einleitung in d. bibl. Schriften. Ein Handbuch für Lehrer an Gymnasien u. für jeden besonders wissenschaftl. gebildeten Christen. 2 Thle. gr. 8. Leipz. 820. (Lehnhold). 3 ℔

— bibl. Handwörterbuch für jede Klasse von Bibelverehrern u. Bibellesern. 1r Thl. A — G. gr. 8. Leipz. 825. Baumgärtner. 2 ℔ 8 ℊ

— quaestiones theologico-dogmaticae, candidatis theologiae sese subjecturis propositae. 8maj. Leipz. 806. Köhler. 1 ℔

— zwei Reden bei d. Feier d. denkwürd. Tage d. 18n u. 19n Oct. 1813 gehalten u. auf Verlangen d. Druck übergeben. 8. (Schneeberg) 814.

— Commentatio de particulae *εἰ* et praeposit *εἰς* apud N. T. scriptores usu et potestate. gr. 8. Leipz. 827, Barth.

— Vorschläge u. Bitten an Eltern, Lehrer u. Erzieher, betreffend d. Bildung u. Erziehung des jetzt unter uns aufblühenden Menschengeschlechts. Mit e. Anhang. gr. 8. Leipz. 808. Köhler. 1 ℔ 16 ℊ

Wahl, Chr. Abrah., s. C. Wahl, Kirchengeschichte.

Wahl, E. v., die Diagnose der Arterienverletzung, s. Sammlung klinischer Vorträge.

Wahl, Ed. de, de retinae textura in monstro Anencephalico disquisitiones microscopicae. Dissertatio inauguralis. gr. 8. (44 S. mit 1 Stnt.) Dorpat 859. (Mitau, Reyher's Verlag.)

Wahl, Ed. v., über Fracturen der Schädelbasis, s. Sammlung klinischer Vorträge.

Wahl, Ed. v., die Süsswasser-Bivalven Livlands. Lex.-8. (II und 74 S.) Dorpat 855, (Glaeser's Verlag.) *
Aus: Archiv für die Naturkunde Liv-, Ehst- und Kurlands, 2. Serie, 1. Bd., besonders abgedruckt.

Wahl, Edg. v., eine neue geologische Hypothese zur Erklärung der Eiszeiten v. Reibisch u. Simroth. Vortrag, geh. in der ehstländ. literär. Gesellschaft am 25. XI. 1904. (41 S.) kl. 8. Reval (Kluge & Ströhm.) n. —50

— der moderne Seekrieg u. seine Kampfmittel. Vortrag, geh. am 29. III. im Schwarzenhäupterhause. (47 S. m. 1 Taf.) kl. 8. Ebd. 904. n. 1.20
Sonderabdruck aus: „Revaler Beobachter".

Wahl, Edg. v., der Wille als elektroide Energieform. Vortrag, geh. in der estländ. literär. Gesellschaft am 20. I. 1905. (27 S.) kl. 8. Reval (905). Kluge & Ströhm.) n. —50
Sonderabdruck aus: „Revaler Zeitg."

Wahl, Eduard, ein armes Großstadtkind. Ein Jugendleben. Kindern u. Eltern erzählt. Mit 4 Farbdr.-Bildern v. A. Zick. 2. veränd. Aufl. (V, 144 S.) 8. Stuttgart (904). Loewe. Geb. in Leinw. 3.—

Wahl, Eduard: Nicolo Isouard, sein Leben und sein Schaffen auf dem Gebiet der Opéra Comique. München 1906: Wolf. 16 S. 8° ¶(Ersch. vollst. als Buch b. Breitkopf & Härtel, Leipzig.)
München, Phil. Diss. v. 26. Juli 1905, Ref. Kroyer
[Geb. 7. Aug. 77 München; Wohnort: München; Staatsangeh.: Bayern; Vorbildung: Wilhelms-Gymn. München Reife Juli 96; Studium: München Med. 8, Phil. 6 S.; Rig. 26. Juli 05.] [U 10. 3710

Wahl, Emil, aus Basel: Ueber einige Reactionsverhältnisse der Bromkohlenstoffe der Fettreihe sowie das Verhalten etlicher Kohlenwasserstoffe bei energischer Bromirung. Zür. Orell Füssli Cie Dr. 1877. 3 Bl., 64 S. 8⁰.
Zürich, Phil. Diss. [v. 2. Febr. 1878].

Wahl, Ernst Gustav Bernard, s. W a h l , Gustav

Wahl, F., s.a. W a h l , Samuel Friedrich Günther

(F) **Wahl,** F., Vollständiges Sach- und Nachschlageregister zu sämtlichen Landesgesetzblättern für Oberösterreich vom Jahre 1849 bis einschließlich 1900 nach Materien chronologisch geordnet. 8°. (212 S.) Linz: Feichtinger 1904. geb. ord. * K 4.—

Wahl (F), Tragbahren-System f. verwund. Krieger. (3 Phot. nebst Text) fol in Mappe

Wahl, F. G., aus Erfahrung gesammelter theoret.-prakt. Unterricht im Brücken- u. Straßenbau. Mit 9 Kpf. gr. 4. Manh. 786. Schwan u. G. 2 ℛ 8 gℓ

Wahl, ..., Chaussee-Inspektor, s. Unterricht im Straßenbau.

Wahl, F. S. G., s. W a h l , Samuel Friedrich Günther

Wahl, **Fr. Wlh. Ldw., Gerlingianae in demonstrandis quibusd. sphaericae trigonometriae theorematis methodi censura. Cum tab. aen. 4maj. Jena 825. Cröker. 4 gℓ**

— Diss. mathem. symbolas ad epicrisin theor. parall. spectantes continens. Part. I. Cum tab. aen. 4maj. Jena (823.) Cröker. 12 gℓ

Wahl, Frz., S t a m m b a u m der Familie Bernbeck. Ein Familienbuch m. genealogisch-biograph. Uebersicht d. Familie Bernbeck. gr. 8. (XII, 272 S.) Leipzig 896. Allg. deutsche Geflügel-Zeitung. Geb. in Leinw. n. 6. —

Wahl, Friedrich (kgl. Lehrer des Zeichnens) „Kurze Uebersicht über das Geschichtliche der Baukunst in Betreff ihrer Ausbildung bei mehreren Völkern des Alterthums". pg. 13—20. 4°. Ludwig Vatter.
Kaiserslautern, Progr. 1842/43

Wahl, Fried. August Christ. [Praes.], s. F l o r e n t i s , Franz: Dissertationes De lege dioecesana.

Wahl, Fried. August. Christ. [Praes.], s. M ü h l r a t h , Johann Carl: Pleniorem adsertionem juris amortizationis sistens.

Wahl, Friedrich August Christ. (Magdeburg)
A. S. 283/34

Dissertatio iuridica sollemnis observationes quasdam subitaneas de iure amortizationis sistens.
Präs. Johann Georg Pertsch.
Helmstedt (Schnorr) 23. IX. 1745. 23 S.

W. v.: F. C. von Kiliani, Adam Wilhelm Beuthner.
35656

Wahl, Fridericvs Gvilelmvs (geb. am 23 Okt. 1841 in Bonn): De vi et effectv acido hydrocyanato ad cvrationem attribvendis ... Bonnae, typ. expr. P. Nevsser 1865. 2 Bl., 35 S., 1 Bl. 8.
Bonn, Med. Fak., Diss. v. 11 Aug. 1865

Wahl, Fritz, aus Bonn: ⟨Aus d. pharmakol. Institut d. Universität Bonn.⟩ Ueber den Gehalt des Tabackrauches an Kohlenoxyd. *(Altenburg [1900]: Pierer.)* (28 S.) 8° ¶ Aus: Pflüger's Archiv f. d. gesammte Physiologie, 1899, Bd 78.
Bonn, Med. Diss. v. [3. März] 1900

Wahl, Fritz, aus Barmen ⟨Rheinl.⟩: Die strafrechtliche Haftung des verantwortlichen Redakteurs nach § 21 des Reichspreßgesetzes. *Borna-Leipzig 1904: R. Noske.* (VIII, 54 S.) 8° [F.]
Leipzig, Jur. Diss. v. 1904

Wahl, Fritz, die strafrechtliche Haftung des verantwortlichen Redakteurs nach § 21 des Reichspressgesetzes. (54 S.) gr. 8. Mainz 904. J. Diemer. n. — 80

Wahl, G., Kurze Geschichte d. T. V. A u g s b u r g, zsgest. f. d. 25jähr. Jubelf. d. Ver. am 29.—30. 6. 1872, Augsburg 1872. 32 S., 8°.

†**Wahl,** G. S., (J. A. Bergk,) die Kunst, Brod u. and. Gebäcke zu backen, od. Anweis., wie man gutes, gesundes u. wohlschmeckendes Brod rc. bäckt. Nach d. neuesten Belehrungen. 8. (5½ B.) Leipzig 828, Expedit. d. europ. Aufsehers. (?)

Wahl, G. S., d. Kunst, Brod u. andere Gebäcke zu backen, oder Anweis., wie man gutes, gesundes u. wohlschmeckendes Brod rc. bäckt. Nach den neuesten Belehrungen. 8. Leipz. 829. Dr. Bergk. 9 gℓ

Wahl, G. S., die Kunst Brod u. andere Gebäcke zu backen, od. Anweis., wie man gutes, gesundes u. wohlschmeck. Brod rc. bäckt. Neue Ausg. 8. (5¼ B.) Leipzig 839, Serigsche Buchh.

Wahl, Geo., religionsgeschichtl. Abendunterhaltungen e. Pfarrers mit seinem Schulmeister u. e. Bauer, s. Abendunterhaltungen, u. setze hinzu: (von G. Wahl).

— immerwährender bibl. Almanach für Geist u. Herz eines jeden Christen. Nebst e. Anhang d. gewöhnl. Andachtsübungen. 12. Münch. 812

[Ant. u. F.] **Wahl,** Georg: Hans Sachs und Goethe. (Umschlagt.: . . . 1. Tl.) Coblenz, Buchdr. v. H. L. Scheid, 1892; 3—24 S. 4.
Coblenz, st. RG, P 1892 (472)

Wahl, Georg: Hans Sachs und Goethe. II. Tl. [Forts. d. P-Beil. 1892.] Coblenz, Buchdr. v. H. L. Scheid, 1893; 3—24 S. 4.
Coblenz, st. RG, P 1893 (472)

Wahl, Gust., s.: B e r i c h t der Senckenbergischen Bibliothek zu Frankfurt am Main.

Wahl, Gust., die Besteuerung des Branntweins im Königr. Sachsen. Eine systemat. Zusammenstellung der über die Besteuerung des Branntweins in Sachsen bis zu Ende des J. 1861 ergangenen, allgemein gültigen, gesetzlichen und reglementairen Vorschriften namentlich für Gewerbtreibende. br. 8. (XXIV und 240 S.) Dresden 862, (Schönfeld's Verlag.) cart. * *

Wahl, Gust., die Besteuerung des Branntweins im Königr. Sachsen. Eine systemat. Darstellung der über die Besteuerung des Branntweins in Sachsen bis zu Ende des J. 1861 ergang., allgemein gült. gesetzl. und reglementairen Vorschriften, namentlich für Gewerbtreibende. Auf Veranlassung des königl. sächs. Finanz-Ministeriums hrsg. 2. verm. [bis Ende Septbr. 1870 fortgeführte] Aufl. br. 8. (XIV, 279 S.) Dresden 870, (Schönfeld's Verlag.) cart. * *

Wahl, (Ernst Gust. (Bernard)) (geb. Bahrenhof bei Danzig 8. 11. 1823): De gravidarum, parturientium et puerperarum eclampsia. Berolini (1846). (35 S.) 8°
Berlin, Med. Diss. v. 15. Aug. 1846

Wahl, Gustav, aus Berlin: Johann Christoph Rost. Ein Beitrag zur Geschichte d. deutschen Litteratur im 18. Jh. *Leipzig 1902: Hartmann & Wolf.* (VII, 35 S.) 8° [F.] ¶ [Erschien vollst. 1902 bei Hinrichs in Leipzig.]
Heidelberg, Phil. Diss. v. 1902

Wahl, Gust., Johann Christoph Rost. Ein Beitrag zur Geschichte der deutschen Litteratur im 18. Jahrh. gr. 8. (VII, 181 S.) Leipzig 902. J. C. Hinrichs' Verl.
n. 3. 20; geb. in Leinw. n. 4. 20

Wahl, Gust. Adph., das Zollstrafgesetz für das Königr. Sachsen vom 3. April 1838 mit einem durchlaufenden Commentar. gr. 8. (VI und 133 S.) Leipzig 866, Teubner. *

Wahl, Hedw., Muster im Sezessions- u. Jugendstil, s.: Hochfelden Brigitta.

Wahl, Heinr., die Chemie des Hauses. Prakt. Rathgeber f. d. im Haushalte zur Anwendung gebrachte Chemie. 12. (III, 149 S. m. 18 Bild.) Leipzig 895. Verlags-Institut. Kart. n. 2. —

Wahl, Heinr., das Leben der Pflanze, s.: Volksbibliothek, wissenschaftliche.

Wahl, Helmine

EMILIENS Reise nach Paris, oder: die Macht der Verführung. Eine Geschichte in zwey Theilen. Von einem Frauenzimmer (*Sophie Helmine Wahl*, geb. *Singer*). 2 Thle. Frankfurt und Leipzig (Berlin, Nicolai) 1791. 8°. 256 u. 182 Seiten. Zahm. (1 fl. 12 xr. Scheible, vor 1870.)
Anon.-Lex. III. p. 361 (nach Kayser, Meusel, v. Schindel u. Goedeke).

Wahl, Hermann, Referendar: Die Tragweite der Bestimmung des ersten Satzes von § 265 Absatz 2 Z.P.O. Breslau 1909: Breslauer Genossensch.-Buchdr. IX, 45 S. 8°
Breslau, Jur. Diss. v. 22. Nov. 1909, Ref. Schott, Gretener.
[Geb. 21. Febr. 86 Breslau; Wohnort: Breslau; Staatsangeh.: Preußen; Vorbildung: Elisabeth-Gymn. Breslau Reife O. 04; Studium: Breslau 4, Bonn 1, Breslau 1 S.; Rig. 23. Juli 09.] [U 10.548

Wahl, Horst, Referendar: Der Kirchen-Vorstand im Königreich Sachsen. Leipzig 1909: Klinkhardt. VIII, 96 S. 8°
Leipzig, Jur. Diss. v. 15. April 1909
[Geb. 12. Aug. 82 Dresden; Wohnort: Dresden; Staatsangeh.: Preußen u. Sachsen; Vorbildung: Wettiner-Gymn. Dresden Reife O. 01; Studium: Lausanne 1, Leipzig 1, München 1, Berlin 1, Leipzig 4 S.; Rig. 16. Jan. 06.] [U 09. 2716

Wahl, J., Aufgabensammlung zu dem Lehrgang des elementaren Rechnens von Carl Soldan, bearb. u. herausg. von J. Wahl und G. H. Blickhahn. 2—4. Heft. 2. Aufl. Darmstadt 861—63. Diehl. gr. 8. n. 14 *ngr.*
2. Heft. (71 S.) n. 4 *ngr.* — 3. Heft. (80 S.) n. 5 *ngr.* — 4. Heft. (84 S.) n. 5 *ngr.*

—— Lehrgang des elementarischen Schreib-Unterrichts, gegründet auf das Princip der Bewegung, Schriftkenntniß und Augenmaßübung. 8. (VII und 39 S.) Friedberg 866, Bindernagel und Schimpff.

Wahl, J. [aus Bonn]: Ueber einige von dem Amylennitrosat abgeleitete neue Verbindungen. . . . Bonn, Univ.-Buchdr. v. Carl Georgi, 1889; 32 S. 8°
Freiburg i. B., Phil. Fak., Inaug.-Diss. v. 1889

Wahl, J. A., Vorschläge zu Reformen in der württembergischen Staats-Finanzverwaltung. gr. 8. (42 S.) Stuttgart 860, (Metzler'sche Buchh. Verlags-Conto.) *

Wahl, J. H., Deutschlands Heilquellen. Eine Sammlung des Wissenswerthesten aus den neuern Beschreibungen und Berichten über seine vorzüglicheren Heilquellen. Für Aerzte und Nichtärzte bearb. 1. Bd. 1. Heft. A. u. d. T.: Die Mineralquellen von Krankenheil, Heilbrunn, Friedrichshall und Giebichenstein. 1. Heft. gr. 8. (VI und 173 S.) Riesa 852. (Oschatz, Schumann.)

—— dass. — 1. Bd. 2. (Schluss des 1. Bds.) Heft: Karlsbad, Marienbad, Ems, Schlangenbad, Teplitz, Gastein, Bilin, Fachingen, Selters, Franzensbad, Geilnau und Obersalzbrunnen. gr. 8. (S. 175—407.) Ebds. 852.

Wahl, Joh. Friedr. [Präs.] u. Christoph Friedr. Kneusel (Frankfurt a.M.) [Resp.]
Dissertatio juridica de citatione ad Lib. II. tit. 4. pandect. de in jus vocando cum reformat. Francofurt. p. I. tit. VII. seq. collatum.
Giessae Jan. 1732: Eberh. Henr. Lammers. 26 Bl. 4°
publice defendenda

Wahl, Johann Friedrich [Praes.], s. Claudi, Marcus August: De recognitione instrumentorum per testes et comparationem literarum.

Wahl, Johann Friedrich [Praes.], s. Clauer, Balth. Jo. Dav.: De usufructu conjugum pactitio.

Wahl, Jo. Friedr. [Präs.] u. Joh. Isaac Moors (Frankf. a.M.) [Resp.]
Dissertatio juridica de actionis editione per libellum secundum jus commune et Francofurtense reformatum.
Giessae 19. Nov. 1732: Eberh. Henr. Lammers. 22 ungez. Bl. 4°
publice defendenda

Wahl, Joh. Friedr. [Präs.] u. Joh. Friedr. Schlaff (Wallavia-Epsteiniensis.) [Resp.]
Dissertatio juridica de editione instrumentorum.
Giessae Jan. 1733: Eberh. Henr. Lammers. 16 Bl. 4°
publice defendenda

Wahl, Johann Friedrich [Praes.], s. Gravel, Philipp Heinr.: De vitio nullitatis processus judiciarii von der Nichtigkeit des Gerichtl. Processes.

Wahl, Johann Friedrich [Praes.], s. Harmes, Matthias: De justa liberos heredes instituendi forma.

Wahl, Jo. Friedr. [Präs.] u. Jo. Ferd. Friedr. Graf (Freyenseena-Laubacensis) [Resp.]
Dissertatio juridica de jure Protimeseos sive retractus territorialis perpetui.
Giessae 18. März 1728: Jo. Müller. (6), 26 S. 4°
publico eruditorum examini

Wahl, Johann Friedrich [Praes.], s. Kneusel, Christoph Frid.: De citatione ad lib. II. tit. 4. Pandect. de in jus vocando. Cum reformat. Francofurt. p. I. tit. VII. seq. collatum.

Wahl, Johann Friedrich [Praes.], s. Lehnemann, Heinr. Wilh.: De sententiarum summorum S. R. J. judiciorum contra principes apanagiatos executione.

Wahl, Johann Friedrich [Praes.], s. Morrien, Johann Heinrich Georg: De servitutibus meletematum decas.

Wahl, Joh. Friedr. [Präs.] u. Joh. Ferd. Friedr. Graf (Freyenseen)
Observationes theoretico-practicae ad Georg. Adam. Struvii jurisprudentiam romano-german. forensem.
Giessae 25. Juli 1725: vidua J.R. Vulpii. (2), 8 S. 4°

Wahl, Joh. Friedr. [Präs.]
Observationes theoretico-practicae ad Georg. Adam. Struvii jurisprudentiam romano-german. forensem.
Giessae Aug. 1725: vidua J.R. Vulpii. (2) S. u. S. 17-24

Wahl, Joh. Friedr. [Präs.] u. Gottfr. Leonh. Butte [Dreysa-Hassus]
Observationes theoretico-practicae ad Georg. Adam. Struvii jurisprudentiam romano-german. forensem.
Giessae 1. Sept. 1725: vidua J.R. Vulpii. (2) S. und S. 25-32. 4°

Wahl, Joh. Friedr. (Grünstadt) Advokat u. Prokurator in Giessen
Dissertatio inauguralis juridica de praescriptione immemoriali.
Giessae 24. Okt. 1720: Joh. Reinh. Vulpius. (4), 28 S. 4°
pro summis in utroque jure honoribus ac privilegiis doctoralibus rite consequendis.

Wahl, Jo. Friedr. [Präs.] u. Joh. Daniel Seelig (Frankfurt a.M.) [Auctor et Resp.]
Dissertatio juridica inauguralis de retractatione causae praestito jurejurando decisae ad L. admonendi sumus 31. π. de jurejur.
Giessae 4. Okt. 1731: Eberh. Henr. Lammers. (4) 47 S. 4°
pro summis in utroque jure honoribus ac privilegiis doctoralibus rite consequendis.

Wahl, Johann Friedrich [Praes.], s. S c h a z m a n n, Philipp David: De iure et iudiciis communitatum, quae veniunt sub nomine marcarum in Wetteravia Von Marcken und Maercker Gedingen in der Wetterau.

Wahl, Johann Friedrich [Praes.], s. S c h l a f f, Johann Friedrich: De editione instrumentorum.

Wahl, Johann Friedrich [Praes.], s. S e e l i g, Johann Daniel: De retractatione causae praestito jurejurando decisae ad l. admonendi sumus 31. P. de jurejur.

Wahl, J. F.: [illegible] Giessae 1713. 4.

Wahl, Johann Friedrich [Praes.], s. S t a r c k, Johann Martin: De foro arresti privilegiato.

Wahl, Joh. Friedr. [Präs.] u. Phil. Henr. Gravelius (Giessen) [Resp.]
Dissertatio inauguralis juridica de vitio nullitatis processus judiciarii, von der Nichtigkeit des Gerichtl. Processes.
Gissae Marz 1740: Eb. Henr. Lammers. 55 S. 4°
pro summis in utroque jure honoribus rite consequendis.

Wahl, Joh. Jac. [Präs.] und Joh. Conrad Loewe [Resp.]
Dissertatio exhibens differentias juris publici universalis, et prudentiae civilis.
Gissae-Hass. 27. Okt. 1710: Joh. Reinh. Vulpius. 46 S. 4°
publice ventil.

Wahl, Jo. Jakob (Sueco-Pomeranus)
Dissertatio juridica inauguralis de distractu conventionali.
Gissae Juli 1710: Joh. Reinh. Vulpius. 32 S. 4°
pro licentia et obtinendis summis in utroque jure honoribus privilegiisque iisdem annexis.

Wahl, Johann Jakob (Wolgast) A. S. 752/6

Summa doctrinae de dominio publico ab eminenti et jure imperii diverso. Präs. Georg Adolph Caroc. Greifswald (Starck) 25.II.1707. 16 S.
35657

Wahl, Joh. Jak. (Jurium Licentiatus)
Summa doctrinae de praescriptione rerum ad civitatis rectorem regulariter pertinentium.
Giessae 21. Okt. 1710: Joh. Reinh. Vulpius. 8 S. 4°
pro loco nec non obtinenda facultate publice in posterum disputandi atque legendi.

Wahl, Johann Samuel, s. W a h l l

Wahl, Jos., Andreas v. Regensburg, e. Geschichtschreiber d. XV. Jahrh. Ein Beitrag zur Quellenkunde der husit. Reformation. gr. 8. (36 S.) Altvillae 883. (Göttingen, Vandenhoeck & Ruprecht.) n. — 80

Wahl, Jul., Girolamo Savonarola u. seine Zeit. Ein Vortrag. 12. (40 S.) Stuttgart 892. (J. B. Metzler's Sort.) n.n. — 50

Wahl, Karl, Abfassungszeit und Verfasser des Buches der Richter. Ehingen, 1863, 4°, 21 S., Gymnas.-Programm.

Wahl, Carl, praktische Buchführung für mittlere und kleinere Leihbibliotheken. qu. 16. (7 S.) Taucha 888, Thallwitz. * *

WAHL, Karl (Lam): Ein Fall von Sakraldermoid.- München: Knorr & Hirth 1908. 20 S.
14.7.1908 - Chr 1908/09,12; U 12.5776
Diss.Ingolst.-Landsh.-Mchn.

Wahl, Carl (Red.), s. G e f l ü g e l - Z e i t u n g, Allgemeine deutsche.

— **Handbuch des Leihbibliothekwesens, s. Kitzing, W.**

Wahl, Carl (Red.), s. K a n a r i e n - Z e i t u n g, Deutsche.

Wahl, über den Verfasser des Buches der Richter. Ellwangen 859. (Tübingen, Fues' Sortbdlg.) 4. (18 S.) n. 7 *ngr.*

von Wahl, Carl *Georg* [aus Livland]: Vergleichende Untersuchungen über den anatomischen Bau der geflügelten Früchte und Samen ... [Erscheint m. 5 lith. Taf. in d. Bibliotheca botan.] Stuttgart, E. Nägele, 1896; 2 Bl., 23 S., 1 Taf. 4.
Berlin, Phil. Fak., Inaug.-Diss. v. 2. Dez. 1896

Wahl, Carl v., vergleich. Untersuchgn. üb. d. anatom. Bau der geflügelten Früchte u. Samen, s. a. **Bibliotheca botanica, 40. Hft.**

Vergleichende Untersuchungen über den anatomischen Bau der geflügelten Früchte und Samen von Dr. Carl v. **Wahl**. *Stuttgart: E. Nägele 1897.* (25 S.) 4°
— Bibliotheca botanica. H. 40. [illegible]

Wahl, Karl Gottlieb (Königsbrück) A. S. 575/100

Specimen continens caput iuris controversorum an consensus connubialis metu extortus efficax fiat hierologia ecclesiastica.
Präs. Christian Heinrich Breuning.
Leipzig (Langenheim) 13. IV. 1768. 12 S.
35660

Wahl, Karl Ludwig (Danzig) A. S. 728/13

Dissertatio iuridica de iure praefationum.
Präs. Samuel Stryk.
Halle (Zeitler) 11. IV. 1702. 70 S. 35661

Wahl, Kurt: Die niederländische **Handelspolitik** in der zweiten Hälfte des neunzehnten Jahrhunderts. *Heidelberg: Heidelb. Verlagsanst. u. Druckerei 1901.* (65 S.) 8°
Heidelberg, Phil. Diss. v. 1901

Wahl, L.: Die höhere Töchterschule. Ein ernstes Wort in ernster Zeit. — Potsdam: Rentel 1876. 56 S. 8°

Wahl, Ludw., s.: Betrachtungen f. Geistlich u. Weltlich auf alle Tage d. Jahres.

de Wahl, [illegible]

Wahl, Ludw., Mährchen. Nebst einer Vorrede v. Ludw. Tieck. 16. (VIII u. 250 S. m. 3 Lith.) Berlin 852, Hollstein. 27 *ngr*

WAHL, Luise [illegible]
[illegible]
Diss.Ingolst.-Landsh.-Mchn.

Wahl, M., Mittheilungen üb. bakteriologische Untersuchungen der Essener Abwässer, s.: W i e b e, die Reinigung städtischer Abwässer zu Essen.

Wahl, Matthias Jakob

— biblisch-katechet. Kinderlehren üb. d. Haushaltung des Zeinigen Gottes zu Zeiten d. alten Testaments. 8. Magdeb. Scheidhauer. 730.

Wahl, Matth. Iac., observationes de administratione sacrae coenae in ecclesia Iesu Christi. 4. Magdeb. 712.

Wahl, Moritz C.

Wahl, M. C. Das paroemiologische Sprachgut bei Shakespeare. 35 S. II. 44 S. **Progr.** Hsch. *Erfurt* 1884. 1885.

Wahl, *Moritz* C. Das paroemiologische Sprachgut bei Shakespeare. III. 4 (S. 3—39). IV. 4 (S. 21—52) **Progr.** Höh. Handels-Fach-Sch. *Erfurt* 1886 (251). 1887 (251).

Wahl, M. C., das Sprichwort der hebräisch-aramäischen Literatur m. besond. Berücksicht. d. Sprichwortes der neueren Umgangssprachen. Ein Beitrag zur vergleichenden Parömiologie. 1. Buch. Zur Entwickelungstheorie d. sprichwörtl. Materials. Inaugural-Dissertation. 4. (VII, 184 S.) Leipzig 871. Leiner. n. 4 50

Wahl, M. C., das Sprichwort der neueren Sprachen. Ein vergleichend phraseolog. Beitrag zur deutschen Literatur. gr. 8. (IV, 86 S.) Erfurt 877. Keyser. n. 2. —

Wahl, Paul. Maurit., de graecae radicis ΦΕΡ vario usu et verbali et nominali. Dissertatio inauguralis. gr. 8. (38 S.) Leipzig 874, (Hinrichs' Sortiment.) *

Lieder der Flageonettengesellschaft. (Mit 9 Musikbeil.) Von *P. W.* (d. i. *Peter Wahl*). 2te Aufl. O. O. (Köln?) Druck v. F. Kreuter (c. 1850). 8°.
32 S. Zum Theil im niederrhein. Platt. — U. a.: Lied **beim Hahnenkampfe**; der Abtritt auf dem Lande; der preußische Lieutenant; der bange Liebhaber; Bocks-Lied von 1846 etc. etc.

Wahl, Rich., Erläuterungen zu den allgem. Vorschriften f. das Staatsrechnungswesen des Königr. Sachsen in der vom 1. I. 1909 an gültigen Fassung. (A. R. V.) (III, 51 S.) Lex. 8. Dresden 909. W. Baensch. 1. —

Wahl, Rich., das kgl. sächs. Gesetz üb. die Erbschaftssteuer, s. a. Handbibliothek, juristische. 104. Bd.

Wahl, Rich., königl. sächsische Gesetze über die Erbschaftssteuer, sowie über den Urkundenstempel vom 13. Novbr. 1876, nebst den dazu gehör. Ausführungs-Verordnungen. Unter Berücksicht. der Landtagsverhandlungen mit Erläuterungen hrsg. Mit einer ausführl. Berechnungstabelle und 2 Sachregistern. 1. und 2., unter Benutzung präjudicieller Entscheidungen des kgl. Finanz-Ministeriums verm. und verb. Aufl. 8. (VIII, 161 S.) Leipzig 877, Roßberg'sche Verlagsb. *

Wahl, Rich., königl. sächsische Gesetze üb. die Erbschaftssteuer u. den Urkundenstempel vom 13. Novbr. 1876, nebst den dazu gehör. Ausführungs-Verordngn. u. den Gesetzen vom 8. Juni 1879 u. vom 9. März 1880. Unter Berücksicht. der Landtagsverhandlgn. m. Erläuterungen hrsg. Mit e. ausführl. Berechnungstabelle u. 2 Sachregistern. 3., unter Benutzg. präjudicieller Entscheidgn. d. königl. Finanz-Ministeriums verm. u. verb. Aufl. 8. (XII. 218 S.) Leipzig 885. Roßberg. n. 2. 70; Einbd. n. n. — 30

Wahl, Rich., königl. sächsische Gesetze üb. die Erbschaftssteuer u. den Urkundenstempel vom 13. Novbr. 1876, nebst den dazu gehör. Ausführungs-Verordngn. u. den Gesetzen vom 8. Juni 1879, 9. März 1880, 28. Febr. 1882, 17. März 1886 u. 9. Decbr. 1889. Mit e. ausführl. Berechnungstabelle u. 2 Sachregistern. 4., unter Benutzg. präjudicieller Entscheidgn. des königl. Finanz-Ministeriums verm. Aufl. 8. (XII, 228 S.) Leipzig 894. Roßberg. n. 3. 40; kart. n. n. 3. 80

Wahl, Rich., das königl. sächs. Gesetz üb. den Urkundenstempel, s.: Handbibliothek, Leipz. jurist.

Wahl, Robert. Beiträge zur Kenntniss des β-Naphtochinons. Marburg, 1881.

Wahl, Rudolf, Referendar: Die Kohlenstation staats- und völkerrechtlich betrachtet mit Rücksicht auf den Artikel 3 des deutsch-spanischen Vertrages betr. die Zession der Karolinen. Greifswald 1900: F. W. Kunike. (66 S.) 8°
Greifswald, Jur. Fak., Ref. Stoerk, Diss. v. 27. Dez. 1900
[Geb. 10. Dez. 83 Stettin; Wohnort: Friedenau-Berlin; Staatsangeh.: Preußen; Vorbildung: Friedrich-Wilhelms-Realgymn. Stettin Reife O. 02; Studium: Berlin 2, Genf 1, Berlin 2, Greifswald 2 S.; Rig. 27. Febr. 06.]

Wahl, Samuel Friedrich Günther

s. Abdollatiphi, Denkwürdigkeiten.

— s. a. Abriß e. Geschichte d. Ritterwesens.

— kurzer Abriß e. Geschichte d. Ritterwesens u. d. deutschen Adels, nebst Nachr. von den vorhand. Ritterorden. 8. Halle, Hendel. 793.

s. Anakreon u. Sappho Lieder.

— neue arabische Anthologie, oder auserlesene Sammlung ausgehobener Stücke d. arab. Literatur. gr. 8. Leipz. 791. (Brockhaus). 2 ℛ 4 𝔤𝔤

Wahl, S. Fr. Günther, neue arabische Anthologie, oder auserles. Samml. ausgehob. Stücke d. arabischen Literatur. gr. 8. Lpz. Junius. (Gleditsch.) 791. Rthlr.

Wahl, Sam. Fr. Günther, (†d. 29. Juni 1834.) altes u. neues Vorder- u. Mittel-Asien, oder pragmat., geograph., phys. u. statist. Schilderung u. Geschichte des persischen Reichs, von den ältesten Zeiten bis auf diesen Tag. 1r Bd., mit 5 Kpf. u. 1 Karte. gr. 8. Leipz. 795. (W. Vogel). 4 ℛ

Wahl, Sam. Fr. Günther, Beitrag zur Geschichte u. Statistik d. Araber oder Saracenen in Sicilien. 8. Halle 789. Hendel. 2 𝔤𝔤

s. J. Bruce, Reisen.

— Elementarbuch für d. arabische Sprache u. Literatur, d. Sprache in doppeltem Gesichtspunkt, als Sprache d. Schrift u. des Lebens betrachtet. Zunächst zum Behuf academ. Vorlesungen. gr. 8. Halle 789. Gebauer. 1 ℛ 6 𝔤𝔤

— Erdbeschreibung von Asien, 2 Thle, s. A. F. Büschings Erdbeschreibung 11r Thl.

(Wahl, Samuel Friedrich Günther): Samuel Friedrich Günther Wahls Erdbeschreibung von Ostindien, nemlich Hindostan und Dekan, nebst den Inseln Lakdiven, Maldiven und Ceylon. Vorläufig Versuch einer ausführlichen Litteratur der Geschichte und Erdbeschreibung von Ostindien und von Asien überhaupt. In Nachträgen zu der von Matth. Chr. Sprengel angefangenen Fortsetzung von D. Anton Friedrich Büschings Erdbeschreibung Asiens. Bd. 1. 2. Hamburg 1805 u. 1807. 2 Bde. XXIV, 814; VIII, 1212 S. 8°.

— Geist u. Geschichte d. Schachspiels bei den Indiern, Arabern, Türken, Sinesen u. übrigen Morgenländern, d. Engländern, Deutschen u. and. Europäern. Mit Kpf. 8. Halle 797. (Laue in Berl.) 1 ℛ Curt.

— allgemeine Geschichte d. morgenländ. Sprachen u. Literatur, worin d. Sprache u. Literatur d. Armenier, Kopten, Araber etc. u. and. ostind. Sprachen abgehandelt wird, nebst e. Anhang zur morgenländ. Schriftgeschichte. Mit Kpf. gr. 8. Leipz. 784. Breitkopf u. H. 1 ꝛ 18 ℊ

— Geschichte u. Beschreibung von Persien. 1r Thl., mit Kpf. u. Karten. gr. 8. Leipz. 791.

— Geschichte d. armenischen, koptischen, arabischen u. and. ostind. Sprachen u. ein Anh. z. morgenländ. Schriftgeschichte, m. K. gr. 8. Lpz. Breitkopf u. H. 784.

s. a. Habakuk.

— Habakuk, m. krit. u. exeget. Anmerk. u. Excursus. gr. 8. Hannov. Hahn. 790.

s. Koran, der.

Lieder der Liebe von *Sappho* und Anakreon aus dem Griechischen durch Samuel Friedrich Günther Wahl. Mit Titelvign. Erfurt 1783. Bei Georg Adam Kayser. 8⁰. 7 Bll. u 318 S. u. 1 Bl. (6 Mk. E. Frensdorff, 1909.)

— Lieder d. Liebe v. Sappho u. Anakreon aus d. Griech. 8. Erfurt, Keyser. 784.

s. a. Magazin für alte Literatur.

— Magazin für alte, besond. morgenländische u. bibl. Literatur. 2 Liefr. 8. Marb. Krieger. 787—89.

— observationes philolog.-criticae super Psalterii Odario CXXXIII. 4. Leipz. 784.

— Progr., von den ächten Quellen zur Wiederherstellung d. alten Geschichte von Asien. gr. 8. (Erfurt) 788. Keyser. 2 ℊ

— Progr., vom Schicksale d. Homer u. and. class. Dichter bei den Arabern u. Persern. gr. 8. Leipz. 793. Barth. 2 ℊ

s. J. Richardson, oriental. Bibliothek.

— d. Türkentaufe; e. Gedicht. 8. Erfurt 782.

— Versuch e. allgem. Geschichte d. Literatur, zur Grundlage bei Vorlesungen, zum Schulgebrauch u. Selbstunterricht. 2 Thle. gr. 8. Erfurt 787, 88. Keyser. 22 ℊ

— Versuch e. ausführl. Literatur d. Geschichte und Erdbeschreibung in Ostindien u. v. Asien überh. zu der Büsching. Erdbeschr. v. Asien. 8. Hamb. Bohn. 805.

Wahl, Sophie Helmine, s. Wahl, Helmine

Wahl, Thdr., der Anarchismus, s. a. Zeitfragen des christlichen Volkslebens. 202.

Der Anarchismus. Ein Beitrag z. Kenntnis s. Wesens u. s. Gesch. u. z. Verständnis d. rechten Art s. Bekämpfung von Theodor Wahl. Stuttgart: Ch. Belser 1902. (55 S.) 8⁰ (Zeitfragen d. christlichen Volkslebens. Bd 27, H. 2.)

— die weibliche Gefahr auf literarischem Gebiete, s. a. Zeitfragen des christlichen Volkslebens. 234.

Wahl, Theodor: Die weibliche Gefahr auf literarischem Gebiete. — Stuttgart: Belser 1906. 46 S. 8⁰ (Zeitfragen des christl. Volkslebens. Bd 31. H. 2.)

Wahl, Thdr., giebt es e. Verchristlichg. d. Weltlebens?, s. a. Zeitfragen d. christl. Volkslebens.

[F.] Giebt es eine Verchristlichung des Weltlebens? Von Theodor Wahl. *Stuttgart: Ch. Belser 1897.* (55 S.) 8. = Zeitfragen d. christl. Volkslebens. Bd 22. H. 6. [97. 5968

Wahl, Thdr., Glaube u. Kunst. (81 S.) 8. Essen (907). M. O. Hülsmann. — 60

— Hilligenlei als Kunstwerk u. als Tendenzschrift. Eine Studie. (76 S.) 8. Hagen 906. O. Rippel. n. 1. —

Wahl, Thdr., üb. die Notwendigkeit d. Zusammenschlusses der evangel. Geistlichen. — Was will der Pfarrverein? Zwei Vorträge, zum Zwecke der Gründg. d. hess. Pfarrvereins geh. in Gießen u. Frankfurt im Herbst 1890, nebst e. Nachwort. gr. 8. (103 S.) Stuttgart 891. Greiner & Pfeiffer. n. — 80

— Pfarrer u. Politik, s. a. Zeitfragen des christlichen Volkslebens.

Pfarrer und Politik. Von P. Theodor Wahl-Essen-Ruhr. Stuttgart: Belser 1909. 65 S. 8⁰ (Zeitfragen d. christlichen Volkslebens. Bd 34, H. 8.) [09. 279

— unsere Rechtspflege im Volksbewußtsein, s. a. Zeitfragen des christlichen Volkslebens. 193.

Unsere Rechtspflege im Volksbewusstsein. Klagen u. Wünsche eines Laien von Theodor Wahl. *Stuttgart: Ch. Belser 1901.* (54 S.) 8⁰ [F.] = Zeitfragen d. christlichen Volkslebens. Bd 26, H. 1. [01. 2625

— der Wormser Synodalentag u. die synodale Bewegung im evangelischen Deutschland, s. a. Zeitfragen des christlichen Volkslebens.

Der Wormser Synodalentag und die Synodale Bewegung im Evangelischen Deutschland. Ein Beitrag z. Verständnis d. kirchl. Einigungsbestrebungen von Theodor Wahl. Stuttgart: Ch. Belser 1905. (58 S.) 8⁰ [F.] = Zeitfragen d. christlichen Volkslebens. Bd 30, H. 5. [05. 10531

— d. geschlechtl.-sittl. Verhältnisse d. evang. Landbewohner im Großherzogt. Hessen-Darmstadt, s.: Verhältnisse, die geschlechtlich-sittlichen etc.

Wahl, Thdr., was lehrt uns d Babel- u. Bibelstreit? s. a. Zeitfragen des christlichen Volkslebens. 212. Hft.

Was lehrt uns der Babel- und Bibelstreit? Ein Beitrag von Theodor Wahl. *Stuttgart: Ch. Belser 1903.* (47 S.) 8⁰ [F.] = Zeitfragen d. christlichen Volkslebens. Bd 28, H. 4. [03. 6956

— s.: Zeitfragen d. christl. Volkslebens.

de Wahl, Thomas *Eduardus* [Esthonvs]: Qvomodo monstra marina artifices Graeci finxerint capita selecta ... Bonnae, typ. C. Georgi typogr. acad., 1896; 53 S., 1 Bl. 8.
Bonn, Phil. Fak., Inaug.-Diss. v. 22. Juli 1896

Wahl, Victor [app. Arzt aus Essen a. d. Ruhr]: Aus d. patholog. Institute zu Kiel. Über die Häufigkeit der Epifysen-Diafysen-Erkrankung bei Syfilis congenita ... Kiel, Druck v. C. Donath, 1892; 13 S., 1 Bl. 8.
Kiel, Med. Fak., Inaug.-Diss. v. [16. Apr.] 1892

Die Gesteine der Westküste des Onega-Sees von Walter **Wahl**. Mit 3 Taf. Helsingfors 1908: (Tilgmann). 94 S. 8°
(Beiträge z. Geologie d. präkambrischen Bildungen im Gouvernement Olonez. 2, 3.)
(Fennia. 24, Nr 3.) 10. 1769

Wahl, Will. H., die amerikanische Vernickelung. Deutsch m. Anmerkgn. u. e. Nachtrag v. H. Steinach. gr. 8. (IV, 31 S.) Leipzig 884. Quandt & Händel. n. 1. —

Wahl-Pajus, N. v., Anleitung zum rationellen Futterrübenbau. Hrsg. vom livländ. Verein zur Förderg. der Landwirtschaft u. des Gewerbes. 2. Aufl. (20 S. m. 1 Taf.) kl. 8. Dorpat 910. (C. Glück.)
Durchsch. nn — 60

[F.] Bund der Landwirte. Kleines **Wahl-ABC** des Bundes der Landwirte für die Reichstagswahl 1898 . . . *Berlin: Verl. d. Bundes d. Landwirte [1898?].* (126 S., 1 Bl.) 1 Bd 8. 98. 5914

Bund d. Landwirte. **Kleines Wahl-ABC** des Bundes der Landwirte für die Reichstagswahl 1903. *Berlin: Selbstverl. (1903).* (206 S.) 8° [F.] 03. 8176

KLEINES WAHL-ABC DES BUNDES DER LANDWIRTE für die Reichstagswahl 1907. Berlin. Verlag des Bundes der Landwirte. 8°.

Wahlangelegenheit. Das Wahlcomité des National Zeitungs-Clubs. Druck von E. Krause. 1 Bl. 4
Flugblatt. Berlin, 15. April 1848.

Wahlangelegenheit nebst Tableau der Wahlbezirke der Stadt Berlin behufs der Urwahlen. Am Montag, den 1 Mai finden die Wahlen statt. — Der Magistrat. Druck von A. W. Hayn. 3 Bl. Fol.
Flugblatt. Berlin, 26. April 1848.

Wahlaufrufe und Wahlkundgebungen zur Reichstagswahl 1907. Fürst Bülows Abrechnung mit Zentrum u. Sozialdemokratie im neuen Reichstag. Berlin: Buchh. d. Nationallib. Partei [1907]. (146 S.) 8° [F.]
— [**Schriften**, Nationalliberale. No 2.] 08. 5197

Wahlbaum, J. J., s. **Walbaum.**

WAHLBERG, oder der Sieg über die Leiden. (Dresden.) In Commiss. bey Theod. Gottl. Reinholden, 1781. 8°.
Magaz. d. Buch- u. Kunst-Handels. Jahrg. 1781. 8°. Lpz. 8°. S. 923. — Fehlt Kayser p. 130.

Wahlberg, od. der Sieg üb. die Leiden, 8. Lpz. Schneider. 782.

Wahlberg, C. F., Uebung der Feldsanitätstruppen. [Aus dem Schwed. übers.] gr. 8. (19 S. m. 2 Taf.) Helsingfors 886. (Leipzig, Voss' Sort.) n. — 50

Wahlberg, Ferd. v., Christian Bode. Eine Erzählg. aus den deutschen Kolonien in der Wolgasteppe. (VII, 179 S.) 8. Wien 910. W. Braumüller. 2.—;
geb. in Leinw. n 3.-

Wahlberg, Ferdinand, Die Christgaben des Todes

— Die sittlichen Weisungen Jesu u. die Kulturgemeinschaft der Liebe. (V, 70 S.) gr. 8. Halle 908. Gebauer-Schwetschke. 1. 20

Wahlberg, J. A., Insecta Caffraria, s. Boheman, Carol. H.

***Wahlberg*, Pet. Fr., Flora Gothenburgensis, cujus partem priorem, venia exp. fac. med. Upsal. praeside C.P. Thunberg etc. 8. Upsal. 820. (87 S.)**

— s. auch **Wahlenberg.**

Wahlberg, Wilh. Emil, **Antrittsrede als Rector der** Wiener Universität. [Aus: „Wiener Zeitung".] gr. 8. (18 S.) Wien 874. (Hölder.) n. — 50

Wahlberg, W. E., die Ehrenfolgen der strafgerichtlichen Verurtheilung. Ein Beitrag zur Reform des Strafensystemes. gr. 8. (XL und 100 S.) Wien 864, Braumüller. *

— criminalistische und nationalökonomische Gesichtspunkte mit Rücksicht auf das deutsche Reichsstrafrecht. gr. 8. (X, 145 S.) Wien 872, Gerold's Sohn. *

— Kritik des Entwurfes einer Strafproceßordnung für das deutsche Reich. gr. 8. (94 S.) Wien 873, Manz. *
Aus: Allgemeine österr. Gerichts-Zeitung, besonders abgedruckt.

— das Princip der Individualisirung in der Strafrechtspflege. gr. 8. (V, 316 S.) Wien 869, Gerold's Sohn. *

Wahlberg, [Wilh. Emil], Rechtsgutachten erstattet zum Process des Grafen H. v. Arnim, s. Rechtsgutachten.

— gesammelte kleinere Schriften und Bruchstücke über Strafrecht, Strafprocess, Gefängnisskunde, Literatur und Dogmengeschichte der Rechtslehre in Oesterreich. 1. Bd. gr. 8. (VII, 240 S.) Wien 875, Hölder. *

Wahlberg, Wilh. Emil, gesammelte kleinere Schriften u. Bruchstücke über Strafrecht, Strafprocess, Gefängnisskunde, Literatur u. Dogmengeschichte der Rechtslehre in Oesterreich. 2. Bd. gr. 8. (V, 304 S.) Wien 877. Hölder. n. 7. 20

— dasselbe. 3. Bd. gr. 8. (350 S.) Ebend. 882. n. 8. — (1—3.: n. 20. 20)

Wahlbewegung, die, in Jüterbogk. Von einem Augenzeugen. gr. 16. (16 S.) **Berlin 848, Gärtner. n. 1** ngl.

Wahlbewegung, die, in Jüterbogk. Von einem Augenzeugen. gr. 16. (16 S.) Berlin 849, Amelangsche Sortimentsb. *

Wahl-Blatt. Gedruckt bei J. Sittenfeld. 2 Bl. 4.
Flugblatt. Berlin, 15. Juli 1849.

Vademecum z. Reichstagswahl 1893. **Wahlbüchlein** zur Aufklärung für die deutschen **Wähler** in Stadt und Land. Hrsg. von d. Wahlver. d. Deutschen Konservativen. *Berlin 1893: W. Issleib.* (72 S.) 8° [F.] 93. 3103

Wahlbüchlein, Bayerisches, enth. die gesetzl. Bestimmungen f. d. *Wahlen zum Deutschen Reichstage*, sowie zum *Bayerischen Landtage*, ferner zum *Landrathe* u. *Distriktsrathe*, sowie zur *Gemeinde-* u. *Kirchenvertretung*. Mit allen Reglements- u. Vollzugserlassen, sowie m. Anmerkgn., hrsg. von einem bayer. Verwaltungsbeamten. Ansbach, C. Brügel u. Sohn. 1887. (Auch m. d. Tit.: Die in Bayern giltige Wahl-, Vereins- u. Pressgesetzgebung . . . . Th. 1.) 8°. Orig.-Ppb. m. Lwdr., gebr.
3 Bll. u. 135 S.

Wahlbüchlein (Vademecum) zur **Reichstags-Wahl** 1903. Hrsg. von d. Hauptverein d. Deutschen Konservativen. *Berlin 1903: 'Der Reichsbote'.* (176 S.) 8° [F.] 03. 6336

Wähl- und Merkbüchlein, Politisches. Dem deutschen Volke gewidmet von einem Deutschen. Gotha 1882. V: *Fischer, Carl.* (Kü 24, 358)

Wähl- und Merkbüchlein, politisches. Dem deutschen Volk gewidmet von einem Deutschen. 16. (V, 88 S.) Gotha 882, F. A. Perthes. cart. *

Wahlburg, Maria von,. Trauersp. v. d'Arien. 8. Leipz. Weygand. 776.

[F. u. Ant.] **Wahlburg**, Iwan [Referendar in Stendal]: In wieweit haftet der debitor morosus für den zufälligen Untergang des Schuldgegenstandes? ... Greifswald, Druck v. J. Abel, 1895; 53 S. 8.
Greifswald, Jur. Fak., Inaug.-Diss. v. 1895

Wahlburg, Vict., die Schleif-, Polir- u. Putzmittel für Metalle aller Art, Glas, Holz, Edelsteine, Horn, Schildpatt, Perlmutter, Steine 2c., ihr Vorkommen, ihre Eigenschaften, Herstellg. u Verwendg., nebst Darstellg. der gebräuchl. Schleifvorrichtgn. Ein Handbuch f. techn. u. gewerbl. Schulen, Eisenwerke, Maschinenfabriken, Glas-, Metall- u. Holzindustrielle, Gewerbetreibende u. Kaufleute. Mit 66 Abbildgn. 8. (X, 343 S.) Wien 886. Hartleben. n. 4. 50

Wahlburg, Vict., die Schleif-, Polir- u. Putzmittel f. Metalle aller Art, Glas, Holz, Edelsteine, Horn, Schildpatt, Perlmutter, Steine u. s. w., ihr Vorkommen, ihre Eigenschaften, Herstellg. u. Verwendg., nebst Darstellg. d. gebräuchl. Schleifvorrichtgn. Ein Handbuch f. techn. u. gewerbl. Schulen, Eisenwerke, Maschinenfabriken, Glas-, Metall- u. Holz-Industrielle, Gewerbetreibende u. Kaufleute. M. 97 Abb. 2., vollst. umgearb. Aufl. 8. (XIV, 368 S.) Wien 898. A. Hartleben. n. 4. 50; geb. n. 5. 30

Wahlcapitulation, s. Wahlkapitulation.

Kreuz und Halbmond. Eine Erzählung aus d. Zeitalter d. Kreuzzüge. Für d. reifere Jugend. Von H. v. **Wahlde**. Mit 4 Kunstdruckbild. u. Eisbandzeichn. Cöln: J. P. Bachem [1900]. (148 S.) 8° [F.]
— **Jugendschriften**, Bachem's neue illustr. Bd 33.

Wahlde, Hermann von Gedichte Louisville. 1878.

Wahlde, Hermann von. Neue Gedichte. Cincinnati, 1908.
UC

Wahlde, Hermann von. Natur und Heimath. Cincinnati, 1887.
UC

--Schriften pädagogischen Inhalts. Cincinnati. 1890.

Wahl- und Krönungsdiarium K. Franz des I. Frankf. a. M. 1746. V: *Buri, Heinrich Wilhelm Anton.* (ML) (Rotermund, Gel. Hannover. Bremen 1823.)

Wahl- und Krönungsdiarium, Vollständiges, K. Karls VII. Frankf. a. M. 1742. V: *Buri, Heinrich Wilhelm Anton.* (ML) (Rotermund, Gel. Hannover. Bremen 1823.)

Wahlê, surnamed Sergius of Adhôrbâîjân, the life of Rabban Hôrmîzd, and the foundation of his monastery at Al-Kôsh, ed. by E. A. Wallis Budge, s.: Studien, semitistische.

Wahle, Egon, militär-geographisch-statistisches Lexikon des Deutschen Reichs. Unter genauester Berücksicht. der für den Verkehr erforderlichen Behörden, insbesondere der Post-, Telegraphen- und Eisenbahn-Stationen. (In ca. 22 Lfgn.) 1.—10. Lfg. gr. 4. (1. Bd. IV, S. 1—584.) Berlin 884, Eisenschmidt. Subscr.-Pr. à Lfg. * *M* 1,50. *

Wahle, Egon, militär-geographisch-statistisches Lexikon des Deutschen Reichs. Unter genauester Berücksicht. der für den Verkehr erforderl. Behörden, insbesondere der Post-, Telegraphen- und Eisenbahn-Stationen. 1. Bd. 11.—17. Lfg. gr. 4. (S. 585—1005, Suppl. 57 S.) Berlin 885, Eisenschmidt. Subscr.-Pr. à Lfg. * *M* 1.50. *

Wahle, Egon, militär-geographisch-statistisches Lexikon d. Deutschen Reichs. Unter genauester Berücksicht. der f. den Verkehr erforderl. Behörden, insbesondere der Post-, Telegraphen- u. Eisenbahn-Stationen. 1. Bd. 17 Lfgn. 2. Bd. 1—13. Lfg. gr. 4. (1. Bd. IV, 1062 S. u. 2. Bd. S. 1—832.) Berlin 884—86. Eisenschmidt. à Lfg. n. 1. 50

Wahle, E., militär-geographisch-statistisches Lexikon des Deutschen Reichs. Unter genauester Berücksicht. der für den Verkehr erforderl. Behörden, insbesondere der Post-, Telegraphen- u. Eisenbahn-Stationen. 2. Bd. 14.—18. (Schluß-)Lfg. gr. 4. (S. 833—1096 u. Suppl. 51 S.) Berlin 887. Eisenschmidt. à Lfg. n. 1. 50 (cplt. 2 Bde.: n. 52. 50)

Wahle Emil: Der Zug der Armagnaken nach Deutschland im Jahre 1444/5.
1886 PN 436 **Diss.** Wien, Univ. 708

Kurze Übersicht der wichtigsten Literatur der Vorgeschichte Mitteleuropas auf Grund d. vorgeschichtlichen Apparates d. Germanischen Seminars d. Univ. Berlin zsgest. von Ernst **Wahle**, rev. u. erg. von Gustaf Kossinna. Hannover (1909): Riemschneider. 16 S. 8°

Wahle, Ernst Karl, a. Ilmenau: Über einige Azobenzol- und Azotoluolderivate der Phenyl- und Tolylpyrazole. Rostock 1905: H. Winterberg. (49 S.) 8°
Rostock, Phil. Fak., Ref. Michaelis, Diss. v. 20. Mai 1905.
[Geb. 30. Sept. 75 Weimar; Wohnort: Ilmenau; Staatsangeh.: Preußen; Vorbildung: Realgymn. Weimar Prima-Reife O. 92; Studium: Berlin 1, Rostock 6 S.; Rig. 18. Mai 05.]

Wahle, F. J.: De imperatore Alexandro Severo quaestiones historicae. Monasterii. III u. 61 p. Schul-/Univ.-Schrift 1867

Wahle, Franz Joseph, s. Wahle, Joseph

Wahle, G. H. Das allgemeine Berggesetz f. das Königr. Sachsen. gr. 8. (VIII, 843 S.) Freib. i. S. 891, Craz u. Gerlach. * 20 — geb. in Hlbfrz. * * 22 50

Wahle, G. H. Ein deutsches Berggesetz. Freiburg i. B., 1897. 62 S.

Wahle, G. H., der Begriff „Bergrecht" im objectiven Sinne. gr. 8. (88 S.) Freiberg 887. Craz & Gerlach. n. 2. —

Wahle. G. H., Neuerungen im Sächsischen Markscheidewesen. Freiberg i. S., 1893. 31 S.

Wahle, G. H.. Das Recht des Hilfsbaues beim Bergbau. Berlin. 1898. 12 S.

Wahle, Gust. Fr., die vier ersten biblischen Briefe d. Apostels Paulus ihrem Inhalt u. Plan nach. gr. 8. (IV, 106 S.) Leipzig 899. A. Deichert Nachf. n. 1.60

Wahle, [Gustavus Fridericus]: * Spinozae disciplina explicata et examinata. 39 Bl. 4° (2°)
Halle-Wittenberg, Phil. Diss. v. 8. Jan. 1868
Geb. [Driesen (Kr. Friedeberg; Brandenburg) 17. 10. 1843]

Wahle, G. F., das Evangelium nach Johannes, ausgelegt. gr. 8. (714 S.) Gotha 888. F. A. Perthes. n. 12.—

— Predigt üb. Ebräer 13, 8, geh. am Geburtstage Sr. Maj. d. Kaisers, Sonntag den III. p. Epiphanias, u. seiner teuern Garnison-Gemeinde in Graudenz bei seinem Abschiede zur freundl. Erinnerg. dargereicht, sowie Antrittspredigt üb. denselben Text, geh. am Sonntag den IV. p. Epiphanias vor seiner neuen Militär-Gemeinde in Königsberg i. Pr. gr. 8. (19 S.) Königsberg 889. Gräfe & Unzer. n.n. — 30

Wahle, H[ermann]: Abriß der Geschichte der Oberrealschule zu Delitzsch. Delitzsch 1908: Kämmerer. S. 3—17, 1 Tab. 4°
Delitzsch, OR i. E., in Festschr. z. 50j. Jubelfeier, P 1908 (341)** [S 08. 510

—: [Die fünfzigjährige Jubelfeier der Anstalt.] S. 12—15. 4.
Progr. Oberrealschule *Delitzsch* 1909 (357).

Wahle, Herm., die naturwissenschaftliche Maske der Sozialdemokratie. Ein Appell an das Gewissen ihrer Führer. gr. 8. (III, 23 S.) Magdeburg 894. Creutz. n. — 50

Wahle, H., die Pharsale d. Nicolas v. Verona, s.: Ausgaben u. Abhandlungen aus dem Gebiete der romanischen Philologie.

Wahle, Hermann [Dr.]: Die Syntax in den franco-italienischen Dichtungen des Nicolas von Verona. Magdeburg, Druck v. E. Baensch jun., 1890; S. 1—88; 4°
Magdeburg, Pd zum Kloster Unser Lieben Frauen, OP 1890

Wahle, Hermann: Die Centralbewegung eines materiellen Punktes nach dem Gesetze μr^{-4}. Halle a. S. 1883: Plötz. 58 S., 1 Taf. 8°
Halle-Wittenberg, Phil. Diss v. [2. Apr.] 1883
Geb. Schleusingen [3.] 2. 1859. V.
Verf. erlebte die Diplomerneuerung als Dr. sc. nat. 1933 als Studiendirektor a. D. in Weimar, vgl. Anh. Nr. 784.

Wahle, Joseph

[Ant. u. J.] **Wahle**, *Franz Joseph* [Dir. Prof. Dr.]: *Bericht über seine Einführung als Direktor der Anstalt.* Montabaur, Buchdr. v. G. Sauerborn, *1897;* 15—16 S. 4.
Montabaur, Kaiser Wilhelms-G, OP 1897 (412)

Wahle, *Joseph* Über die Entwickelung und den Verlauf der Geschichte der fünf deutschen Herzogtümer. Erster Teil. (Vorträge für die Schule.) 4 (S. 3—15).
Progr. Kaiser Wilhelms G. *Montabaur* 1887 (369).

Wahle, Ueber die fränkischen Hausmeier. Montabaur 1875. 4.
Progr. Gymn. Montabaur. (D.)

Wahle, Jos[eph]: Die ersten 25 Jahre des Kaiser Wilhelms Gymnasiums zu Montabaur. *Montabaur (1898): G. Sauerborn.* (3—11 S.) 4° [Ant. u. J.]
Montabaur, Kaiser Wilhelms G, OP 1898 (417)

Wahle, Jul., s.: Aus Goethes Archiv.

Wahle, Julius: Bürger u. Sprickmann. Nachlese z. ihrem Briefwechsel. *Weimar 1898.*
in: Forschungen z. neueren Litteraturgeschichte. Festgabe f. R. Heinzel. [98. 11537

Wahle Julius: Sprickmanns Eulalia und das literarische Nachleben der Emilia Galotti.
1884 PN 371 Diss. Wien, Univ. 24

Wahle, Jul., s.: Goethe's Briefe an Frau v. Stein.

Wahle, Jul. Das weimarische Hoftheater unter Goethe's Leitung. Zur Feier d. 100. Jahrestages seiner Gründg. Lex.-8. (III, 29 S. m. Abbildgn.) Braunschw. 891, Westermann. 1 50
Aus: Westermann's illustr. deutsche Monatshefte, besonders abgedruckt.

—— dass. — Aus neuen Quellen bearb., s.a. Schriften der Goethe-Gesellschaft.

Wahle, Karl Die deutsche Passion nach dem heiligen Evangelisten Johannes. (Umschlagtitel: Die vierstimmigen Sätze der deutschen Passion nach dem Evangelisten Johannes von Jacobus Meilandus nach der auf der Bibliothek des Gymnasiums befindlichen Handschrift zusammengestellt.) 4 (4 S.).
Progr. Henneberg G. *Schleusingen* 1886 (232).

Wahle, Paula: Otto Ludwigs Marino-Falieri-Fragment.
Phil. Diss., Prag 1909/1910.

Wahle, Ralph, Referendar: Die Rechte und Pflichten des Handlungslehrlings nach dem Handelsgesetzbuch vom 10. Mai 1897. Borna-Leipzig 1910: Noske. VI, 53 S. 8°
Leipzig, Jur. Diss. v. 19. Dez. 1910.
[Geb. 1. Juli 84 Leipzig; Wohnort: Leipzig; Staatsangeh.: Sachsen; Vorbildung: Gymn. Schneeberg Reife O. 05; Studium: Heidelberg 3, Leipzig 4 S.; Rig. 9. Juli 09.] [U 11.2974

Wahle Richard: Ueber die Entstehung der Vorstellung eines Gegenstandes nach Kants Kritik der reinen Vernunft.
II. 1882 PN 239 Diss. Wien, Univ. 16

Wahle, Rich., kurze Erklärung der Ethik v. Spinoza u. Darstellung der definitiven Philosophie. gr. 8. (VIII, 212 S.) Wien 899. W. Braumüller. n. 3. —

Wahle, Rich., das Ganze der Philosophie u. ihr Ende. Ihre Vermächtnisse an die Theologie, Physiologie, Ästhetik u. Staatspädagogik. gr. 8. (XXIII, 539 S. m. 60 Holzschn.) Wien 894. W. Braumüller. n. 10. —

Wahle, Rich., d. Ganze d. Philosophie u. ihr Ende. Ihre Vermächtnisse an d. Theologie, Physiologie, Ästhetik u. Staatspädagogik. 2., unveränd. [Titel-] Ausg. gr. 8. (XXIII, 539 S. m. 60 Holzschn.) Wien (894) 896. W. Braumüller. n. 4. —

Wahle, Rich., Gehirn u. Bewusstsein. Physiologisch-psycholog. Studie. gr. 8. (IV, 100 S.) Wien 884. Hölder. n. 2. 40

— Die Glückseligkeitslehre der „Ethik" des Spinoza. S. 119/11 . . . . . .
Separatabdruck

Wahle, Rich. Die Glückseligkeitslehre der „Ethik" d. Spinoza. Lex.-8. (44 S.) Wien 889, (Tempsky). * — 80

Wahle, Rich., über den Mechanismus des geistigen Lebens. (VI, 573 S.) gr. 8. Wien 906. W. Braumüller. n. 10. —

Wahle Richard, Dr.: Über die geometrische Methode des Spinoza. S. 116. 431 . . . .
Separatabdruck

Wahle, Rich., über die geometrische Methode des Spinoza. Lex.-8. (24 S.) Wien 888, (Tempsky.) *
Aus: Sitzungsberichte der k. Akademie der Wissenschaften, besonders abgedruckt.

Geschichtlicher Überblick über die Entwicklung der Philosophie bis zu ihrer letzten Phase. Ein Leitfaden f. allgemein Gebildete u. Studierende d. Hoch- u. Mittelschulen von Dr. Richard Wahle, Privatd., Wien. Wien & Leipzig: W. Braumüller 1895. (IV, 66 S.) 8° [07. 4345

— Über das Verhältnis zwischen Substanz und Attributen in Spinozas Ethik. S. 117/8 . . . .
Separatabdruck

— üb. das Verhältniss zwischen Substanz u. Attributen in Spinoza's Ethik. [Aus: „Sitzungsber. d. k. Akad. d. Wiss."] Lex.-8. (22 S.) Ebd. 889. n. — 40

— Vorschlag e. universellen Mittelschule. (17 S.) gr. 8. Ebd. 906. n. — 40

Wahle, Siegfried [app. Arzt aus Uehlfeld]: Ueber die Methoden der Craniometrie ... Erlangen, Druck d. Univ.-Buchdr. v. E. Th. Jacob, 1893; 17 S. 8.
Erlangen, Med. Fak., Inaug.-Diss. v. Juni 1893

Wahlen, Die. Ein Flugblatt. Altona [1848]. V: *Lüdemann, Hermann Heinrich Christian.* (schr)

Wahlen, Die, in den Innsbrucker Bürger-Ausschuss ... Innsbruck 1868. V: *Wildauer, Tobias.* (margr)

Die Wahlen z. hamburg. Bürgerschaft i. J. 1910. Hamburg 1910.

—— die, zur nächsten Gemeinde-Vertretung in Brünn, nebst Erläuterungen zur Wahlordnung. Eine Anleitung für Jeden, der sein Wahlrecht ausüben will. gr. 8. (15 S.) Brünn 861, Buschak und Irrgang.

Wahlen, Die, Hamburgs zur deutschen Nationalversammlung ... Hamburg 1848. V: *Kessler, Johann Friedrich Meinhard.* (schr)

Wahlen, über die, d. Hauptpastoren in Hamburg. 8. Küneb. 802. Herold u. W. 6 gr.

Wahlen, Die, zum Hause der Abgeordneten in Preußen. Von einem Katholiken. Paderborn 1858. V: *Reichensperger, Peter.* (Russell IX, 188)

Wahlen, die, zum Hause der Abgeordneten in Preußen. Von einem Katholiken. gr. 8. (40 S.) Paderborn 858, Schöningh. *

Wahlen, die, vom 17. u. 27. Juli 1849. Denkschrift des Central-Comité's zur Wahrung des allgemeinen, gleichen Wahlrechts im preuß. Staate. gr. 8. (13 S.) Berlin 849, Gerhard. 1 1/2 ngr

Wahlen, die, vom 17. und 27. Juli 1849. Denkschrift des Central-Comité's zur Wahrung des allgemeinen, gleichen Wahlrechts im preuß. Staate. gr. 8. (13 S.) Berlin 849, [Grobe.]

Wahlen, die, f. die 2. Kammer der Ständeversammlung vom Oktbr. u. Novbr. 1909. 1. Tl. (25 S.) Lex. 8. Dresden 910. v. Zahn & Jaensch. nn — 60
Sonderabdr. aus: „Ztschr. d. königl. sächs. statist. Landesamts".

Wahlen, die kirchlichen. Freimüthige Beleuchtg. der Vorschläge d. Consistoriums v. St. Wilhelm. gr. 8. (23 S.) Straßburg 872. (Bomhoff.) n. — 60

Wahlen, Die neuen, des preußischen Volkes. E. Gespräch. Berlin 1849. 8° [Umschlagtit.]

Wahlen, die, zum Reichstage und was dabei auf dem Spiele steht. Ein ernstes Wort an alle Wähler. 8. (22 S.) Leipzig 878, Koßling'sche Buchh. *

Wahlen, rothe! Red.: W. Pachel. (8 S. m. Abbildgn.) gr. 4. Berlin (903). Buchh. Vorwärts. — 10

—— die, zur schleswigschen Ständeversammlung im J. 1860. Beleuchtet und zusammengestellt von einem Schleswiger. gr. 8. (80 S.) Hamburg 861, (Gaßmann.) *

Wahlen, die, der Vertreter in den Landgemeinden nach dem Gesetze vom 12. Juli 1864 und der dazu gehörigen Ausführungsverordnung von demselben Tage. Unter Beifügung der Landgemeindeordnung vom 7. Novbr. 1838 und der zugehör. Ausführungsverordnung sowie der bezügl. Verordnung vom 23. Mai 1844. 8. (88 S.) Dresden 864, Meinhold und Söhne. *

Die Wahlen im Kanton Zürich von 1869–1894. Zürich 1894: Rüegg & Koch. 47 S. 8°

Wahlen modern british authors, containing: Morgan, Lady, the Princess, or the Beguine. gr. 8. 835. 1 1/2 ₰ — Grey, Anne, a novel. Edited by the author of Granby, Lord Normamby. gr. 8. 835. 1 1/2 ₰ — Mayor, the, of Wind-Gap and Canvassing. By the O'Hara family. gr. 8. 835. 1 1/2 ₰ — Lodore, by the author of Frankenstein (Miss Thelley). gr. 8. 835. 1 1/2 ₰ — Marryat, Capt., the Pacha of many tales; by the author of Peter Simple etc. gr. 8. 835. 1 1/2 ₰ — Trollope, Frances, Tremordyn-Cliff. gr. 8. 835. 1 1/2 ₰ — Chronicles, the, of Waltham. gr. 8. 835. 1 1/2 ₰ — Saint John, J. A., Margaret Ravencroft, or second love. gr. 8. 836. 1 1/2 ₰ — Grattan, T. C., Agnes de Mansfeld, a historical tale. gr. 8. 836. 1 1/2 ₰ — The wife and womans reward. gr. 8. 835. 1 1/2 ₰ Frankfurt, Fr. Wilmans. 15 ₰

Wahlen, Carl, s. Wahlen, Karl

Wahlén, E., wahre Tagesmittel u. tägliche Variation der Temperatur an 18 Stationen d. Russischen Reiches. s.a. Repertorium f. Meteorologie.

Wahlén, E.: Wahre Tagesmittel und tägliche Variationen der Temperatur an 18 Stationen des Russischen Reiches. St. Petersburg 1886. 536 S.
= Supplementband zum Repertorium für Meteorologie. 3. 4°.

Wahlen, Hans, Referendar aus Köln a. Rh.: Der Beginn der Strafverfolgungs-Verjährung. *Göttingen 1904: L. Hofer.* (VII, 80 S.) 8°
Rostock, Jur. Diss. v. [15. Juli] 1904

Wahlen, J. S., Einleitung zur Poesie. 8. Chemnitz. 715.

Wahlen, Karl

Wahlen, Carl, schafft Sonntags wahre Freude dem Volke! Philanthropische Vorschläge. (51 S.) gr. 8. Cöln (910). P. Neubner. 1. —

Die Unfallverhütung in den Betrieben der Ziegelei-Berufsgenossenschaft. Prakt. Handbuch f. Berufsgenossen, Betriebsleiter ... Hrsg. von Carl **Wahlen.** Mit 200 Abb. u. 1 Taf. 2., verm. u. verb. Aufl. Berlin: Tonindustrie-Zeitung 1910. XI, 165 S. 4°(8°)

Wahlen, Carl, d. Vorkehrgn. zur Unfallverhütung in den Betrieben der Ziegelei-Berufsgenossenschaft. Prakt. Handbuch f. Besitzer u. Leiter v. Ziegeleien, Thonwaarenfabriken, Thongräbereien, Fabriken feuerfester Produkte u. Torfgräbereien, ferner f. Revisionsbeamte, Maschinenfabriken u. s. w. Lex.-8. (VIII, 211 S. m. 293 Fig.) Berlin 895. Polytechn. Buchh. A. Seydel. n. 6. —; geb. in Leinw. n.n. 7. 20

Wählen oder — Zahlen. Ein Flugblatt, hoffentlich zur rechten Zeit den Vertretern der Nation gewidmet. gr. 8. (9 S.) Berlin 877, [Stilke.] Freund und Jeckel. *

Wahlenberg, Anna, Maria Hilding, s.: Engelhorn's allgemeine Roman-Bibliothek. 16. Jahrg.

Wahlenberg, Anna, arme Kleine, s.: Universal-Bibliothek.

Wahlenberg, Anna, schwedische Märchen. Autoris. Übersetzg. v. B. Elgérus. (III, 166 S.) 8. Leipzig 909. W. Heims. Kart. 3. 50

— Regen u. Sonnenschein, s.: Nordlicht, 2. Bd.

Wahlenberg, Fr. W.

Wahlenberg, F. W. Ueber Einwirkung der Vokale auf Vokale: Umlaut, Brechung, Assimilation. Mit besonderer Rücksicht auf die germanischen Sprachen. 62 S. 8.
Hedingen, Progr. 1855

Wahlenberg, Fr. W., über Einwirkung der Vokale auf Vokale: Umlaut, Brechung, Assimilation. Mit besond. Rücksicht auf die germanischen Sprachen. Sigmaringen 855. Liehner. gr. 8. (62 S.) n. 7 ngr.

Wahlenberg, Fr. W., über Einwirkung der Vokale auf Vokale: Umlaut, Brechung, Assimilation. Mit besond. Rücksicht auf die german. Sprachen. gr. 8. (62 S.) Sigmaringen 855(58), Liehner'sche Buchh. *

—— kurzgefaßte Laut- und Formenlehre der mittelhochdeutschen Sprache nebst einem Anhange über mittelhochdeutsche Metrik für die obern Klassen der Gymnasien. gr. 8. (23 S.) Sigmaringen 858, Liehner'sche Buchh. *

Wahlenberg, Fr. W.: Die niederrheinische (nord-rheinfränkische) Mundart und ihre Lautverschiebungsstufe. 18 S. 4° — Köln Ap. G., Progr. 1871.

Wahlenberg, Georg

Wahlenberg, Geo., Bericht über Messungen u. Beobachtt. zur Bestimmung d. Höhe u. Temperatur d. Lappländ. Alpen unter d. 67 Breitengrade; angestellt im J. 1807. Aus d. Schwed., mit Anmerkk. von J. F. L. Hausmann. Mit 1 Karte u. 3 Kpf. 4. Götting. 812. Dieterich. 20 gr.

— Flora Carpatorum principalium; exhibens plantas in montibus Carp. inter flumina Waagum et Dunajetz eorumque ramos Arvum et Popradum crescentes, c. mappa physico-geographica, tabula altitud. montium ostendente, et 11 tab. botan. 8maj. Götting. 814. (Vandenhöck u. R.) Schrbp. 2 Thlr 12 gr.

Wahlenberg G.: Flora Lapponica exhibens plantas geographice et botanice consideratas, in lapponiis svecicis scilicet Umensi, Pitensi, Lulensi, Tornensi et Kemensi nec non lapponiis norvegicis scilicet Norlandia et Finmarkia utraque indigenas, et itineribus annorum 1800, 1802, 1807 et 1810 denuo investigatas. Berolini 1812. (66), 550 S. 1 Kt. 2 Tab. 30 Tvl. Realschulbuchh.

— Flora lapponica; exhibens plantas geographice et botanice consideratas in Lapponiis Suecicis, scilicet Umensi, Pitensi, Lulensi, Formensi et Kemensi, nec non Lapponiis Norvegicis, scil. Nordlanda et Finmarkia utraque, indigenas, et itineribus annorum 1800, 2, 7 et 10, denuo investigatas. Cum mappa botanico-geographica, tabula temperaturae et tabulis XXX botanicis. 8maj. Berl. 812. Reimer. 6 Thlr Schreibp. 8 Thlr

***Wahlenberg,* Geo., Flora Suecica enumerans plantas Sueciae indigenas, post Linnaeum edita. Pars I. et II. 8maj. Upsalae 824. (Leipz., Brockhaus). 5 Thlr 2 gr.**

Wahlenberg, G., flora Upsaliensis enumerans plantas circa Upsaliam sponte crescentes. Cum mappa geographico-botanica regionis. 8maj. Upsaliae. (Gottingae, Vandenböck et R. in Comm.) 820. Rthlr.

— de vegetatione et climate in Helvetia septentrionali inter flumina Rhenum et Arolam observatis et cum summo septentrione comparatis, c. tabula montium altitudinem terminosque vegetationis ostendente et tabula temperaturae nec non tab. una botanica. 8maj. Zürich 813. Orell. 3 Thlr 8 gr.

Wahlenberg, Guilelmus (geb. 1814 in Jülich): De lingua Francica Rheni inferioris ... Spec. I ... Bonnae, form. F. P. Lechneri 1849. 1 Bl., 35 S., 1 Bl. 8. ¶ Fortges. im Progr. d. Kath. Gymn. an d. Apostelkirche zu Köln 1871 *u. d. T.*: Die niederrhein. '(nordrheinfränk.)' Mundart und ihre Lautverschiebungsstufe.
Bonn, Phil. Fak., Diss. v. 21 März 1849

Wahler, Carl, s. Wahler, Karl

Wahler Friedrich, approb. Arzt aus Fulda: Ueber Balkentumoren. (Mit 2 Abb.) Leipzig 1904: B. Georgi. (25 S.) 8°
Leipzig, Med. Diss. v. (4. Juli) 1904.

Wahler, Karl

Wahler, Carl, Formen-Schatz aus der Pflanzenwelt, s.: Schiller, Alb.

Der **Wähler**. Organ zur Förderung socialdemokratischen Wahlen. Hamburg: Expedition 1876. 8°

Der **Wähler**. Organ für alle Wähler zum Reichstag, zu den Landtagen und zu den Gemeindevertretungen. Beilage: Reichstagsverhandlungen. Leipzig: Expedition 1883–1895. 8°
Red.: Gustav Heinisch; sp. Fr. Geyer; sp. Fr. Lipinski.

Wähler. An die eidgenössischen Wähler in Genf. Einige Gedanken anlässlich der bevorstehenden Kantonsratswahlen. ([Aufruf des] Schweizer. Patriot. Verein (Genf, Oktober 1901.) 16 S. 8. ([Genf,] Weber.)

Wähler, der muntere. Oder: Laß dich nicht verblüffen! Mit Versen u. Bildchen, e. Freiheitsschildchen, v. Anti Knobloch. gr. 8. (18 S.) Düsseldorf 887. Deiters. n. — 30

⊙ An unsere **Wähler.** [Unterzeichnet: (Kiel, den 8. Mai 1867. E. Baudissin. H. Bokelmann. D. Jensen. L. Schrader. Hamburg. 1867.)] 8°

Wähler, Jh. Joach. Fr., Grundriß d. Eisenhüttenkunde, vorzügl. in Bezieh. auf Erzeug. d. Roh- u. Schmiede-Eisens, mit 1 Kpft. gr. 8. Berl. 806. Maurers B. 18 gr.

Waehler, J. J. F.: „Grundriss der Eisenhüttenkunde, vorzüglich in Beziehung auf Erzeugung des Roh- und Schmiedeeisens", Berlin 1807. — Vorh.: Preuß. Oberbergamt Dortmund — F. I. 32.

Wählerliste der kärntnerischen Handels- u. Gewerbekammer 1908. Klgft., v. Kleinmayr, 1908. Quart. 168 S.

Wählerliste der Stadtgemeinde Villach für die Reichsratswahl. Villach, Muhr, 1907. 90 S.

Wählerliste für den Wahlkörper des Großgrundbesitzes zur Wahl in den böhmischen Landtag am 22. April 1872. 4. (15 S.) Prag 872, (Mourek.) *

Wahlert, Franz, approb. Arzt aus Hohenholte (Westf.): Zur Kasuistik des Eifersuchtswahns. Greifswald 1903: J. Abel. (26 S.) 8°
Greifswald, Med. Diss. v. 1. Apr. 1903.

Wahlert, G. C. A., s. Wahlert, Georg Er. Adm.

Wahlert, Georg Er. Adm.

Wahlert, G. C. A., Anleitung zum Sprechen des Englischen. 1. Bdchn. Enth.: Emma, die kleine Lügnerin, Lustspiel in 3 Abthlgn. 8. (86 S.) Lippstadt 847, Lange. 1/4 ℛ

Wahlert, Geo. Er. Adm., Anleitung zum Sprechen des Französischen. 1., u. 2., durchges. Aufl. 8. (14 3/4 u. 11 3/4 B.) Paderborn 837, 41, Crüwell. à

Wahlert, (Rector) Geo. Er. Adm., deutsche Aufgaben z. prakt. Einübung d. Formen u. Regeln d. französ. Sprache, mit steter Hinweisung auf meine französ. Sprachlehre. 8. Paderborn u. Arnsberg 828. Wesener. 10 Gr

— Beiträge zur Veredlung d. jugendl. Herzens, in Erzähln. u. Schauspielen. 1. Bdchn. gr. 16. (14 1/4 B. u. 16 lith. Bild.) Düsseldorf 831, Arnz u. Comp.

— Beiträge z. Veredlung d. jugendl. Herzens in Erzähln. u. Schauspielen. 2. Aufl. Breit 8. (14 B. u. 8 ill. Bild. u. lith. Ttl.) Düsseldorf 837, Arnz u. Comp.

— Briefsteller f. d. Jugend beiderlei Geschlechts, so wie z. Gebr. in Schulen. 8. (12 B.) Lippstadt 840, Lange.

— Briefsteller für die Jugend beiderlei Geschlechts, so wie zum Gebrauch in Schulen. 2. (Titel-) Ausg. 8. (VIII u. 184 S.) Ebd. (840) 851. 1/2 ℛ

- Kaufmännischer Briefsteller

— dass. in deutscher u. französ. Sprache. 2., verm. u. verb. Aufl. gr. 8. (12 3/4 B.) Ebds. 846. *
Letztere Drei sind aus dem Erstern besond. abgedruckt.

— dass. in deutscher, franz. u. engl. Sprache. 2., verm. u. verb. Aufl. gr. 8. (18 3/4 B.) Ebds. 846. *

Wahlert's, G. C. A., kaufmännischer Briefsteller in deutscher, französischer und englischer Sprache für Handlungsschulen und zum Selbstunterrichte. Herausg. von Alfr. Baskerville. 4. Aufl. Lippstadt 856. Lange. gr. 8. (IV, 300 S.) n. 1 ℛ. 3 3/4 ngr

Wahlert's, G. C. A., kaufmännischer Briefsteller in deutscher, französischer und englischer Sprache für Handlungsschulen und zum Selbstunterrichte. Hrsg. von Alfr. Baskerville. 4. Aufl. gr. 8. (IV und 300 S.) Lippstadt 856, [Staats.] *

— kaufmänn. Briefsteller in deutscher, französ., engl. u. italien. Sprache f. Handlungsschulen u. junge Leute, die sich, ohne Lehrer, die kaufmänn. Correspondenz in diesen Sprachen aneignen wollen. gr. 8. (25 B.) Lippstadt 841, Lange. *

Wahlert, Geo. Er. Adm., kaufmänn. Briefsteller in deutscher, franz., engl. u. italien. Sprache f. Handlungsschulen u. zum Selbstunterrichte. 2., verm. u. verb. Aufl. gr. 8. (24 3/4 B.) Lippstadt 846, Lange. *

— kaufmännischer Briefsteller in deutscher, französischer, englischer u. italienischer Sprache, für Handlungsschulen u. zum Selbstunterrichte. 3. unveränd. (Titel-) Aufl. gr. 8. (IV u. 392 S.) Ebd. (846) 851. n. 1 1/3 ℛ

— — in deutscher, französischer, englischer und italienischer Sprache. 4. Aufl. Ebend. 856. gr. 8. (IV, 300 S.) n. 1 ℛ. 3 3/4 ngr

— dass. in deutscher, franz. u. italien. Sprache. 2., verm. u. verb. Aufl. gr. 8. (18 3/4 B.) Ebds. 846. *

— Elementarbuch d. franz. Sprache, s. Seidenstücker, J. H., Elementarbuch, No. III.

— Erzählungen für Kinder. gr. 8. Wesel 828. Klönne u. M. 1 ℛ 4 Gr

— die deutsche Geschichte f. Bürger- u. Volksschulen. 8. Elberf. 827. Schaub. 12 Gr

— wissenschaftl. Grammatik d. deutschen Sprache, als Propädeutik z. Logik f. höh. Lehranstalten. gr. 12. (11 B.) Paderborn 835, Winkler. *

— Johanne Grav. Trspl. in 5 Aufz. 8. Elberf. 821. Schaub. 16 Gr. Hbg. Pr. 8 Gr

— der Guckkastenmann. Festspiel zum Geburtstage des Königs. 8. Warendorf 841. (Münster, Deiters.) 1/8 ℛ

— Handbuch der französ., engl. u. deutschen Umgangssprache mit vergleichenden Anmerkungen. gr. 8. (14 1/4 B.) Bielefeld, 845, Velhagen u. Klasing.

— Handbuch der französischen, englischen u. deutschen Umgangssprache mit vergleichenden Anmerkungen. Zum Schul- u. Privatgebrauch, sowie f. Reisende. 2. verm. u. verb. Aufl. br. 12. (IV u. 335 S.) Bielefeld 849, Velhagen & Klasing. 1/2 ℛ

— Handbuch der französischen, englischen und deutschen Umgangssprache mit vergleichenden Anmerkungen. Zum Schul- und Privatgebrauch, sowie für Reisende. 3. (unveränderte) Aufl. Bielefeld 853. Velhagen u. Klasing. 12. (3 Bl., 335 S.) 15 ngr

Wahlert, G. C. A., Handbuch der französischen, englischen und deutschen Umgangssprache mit vergleichenden Anmerkungen. Zum Schul- u. Privatgebrauch, sowie für Reisende. 4. Aufl. Bielefeld 861. Velhagen & Klasing. 12. (VI, 335 S.) 15 ngr

Wahlert, Geo. Er. Adm., Herrmann, od. die Befreiung Deutschlands; ein Schspl. in 5 Aufz. Mit 1 Kpf. 8. Dortmund 816. (Wundermann in Hamm). 20 Gr. Hbg. Pr. 12 Gr

— Lehrbuch d. kaufmänn. Arithmetik f. höh. Bürger-, Gewerb- u. Handlungsschulen, so wie zum Selbstunterr. 2 Thle. 8. Crefeld, Funcke. 1833.
Thl. 1., die Münzen, Wechsel-Curse, Maaße u. Gewichte d. vornehmsten europ. u. außereurop. Handelsplätze nebst dem darauf sich gründenden Exempelbuche enthaltend. (10 B.) 12 Gr.
„ 2., die Auflösungen u. Resultate der im 1. Thle. gegeb. Aufgaben enthaltend. (11 B.) 16 Gr.

Wahlert, Geo. Er. Adm., Lehrbuch der kaufmänn. Arithmetik für höhere Bürger-, Gewerb- u. Handlungsschulen etc. 1. Thl., welcher die Münzen, Wechsel-Curse, Maaße u. Gewichte der vornehmsten Handelsplätze nebst dem darauf sich gründenden Exempelbuche enthält. 2. verm. u. verb. Aufl. 8. Leipzig 843, Hermann. 1/2 ℛ

— dess. 2. Thl., enthalt. die Auflösungen u. Resultate aller im 1. Thle. vorkommenden Aufgaben, nebst e. Einleitung über das Wechselwesen. 2. verm. u. verb. Aufl. 8. Ebd. 843. 2/3 ℛ

— theoret.-pract. Lehrbuch d. italien. Sprache z. Schul- u. Privatgebr. gr. 12. (20 1/3 B.) Paderborn 839, Crüwell.

— theoret.-prakt. Lehrbuch der italien. Sprache zum Schul- u. Privatgebrauch. 2. verm. Aufl. gr. 12. Paderborn 845, Crüwell. 1 ℛ

— vollständ. theoretisch-pract. Lehrbuch d. französ. Sprache zum Privat- u. Schulgebrauch. gr. 8. Lippstadt 843, Lange. n. $1^1/_3$ ℛ

—— vollständiges theoretisch-praktisches Lehrbuch der französischen Sprache zum Privat- und Schulgebrauch. 2. (Titel-) Aufl. gr. 8. (VII und 500 S.) Lippstadt 851, Lange's Buchh. *

—— englisches Lesebuch mit vorangeschickten grammat. Uebungsstücken, nebst e. vollständ. Wortregister. 1. Aufl. (2 Thle.) gr. 12. ($16^1/_2$ B.) 835., u. 2., verb. u. verm. Aufl. 8. ($24^1/_4$ B.) Bielefeld 838, Velhagen u. Klasing. à *

— engl. Lesebuch mit vorausgeschickten grammat. Uebungsstücken, nebst einem vollständ. Wortregister. 3. revid. Aufl. 8. Bielefeld 845, Velhagen u. Klasing. n. $^2/_3$ ℛ

—— englisches Lesebuch mit vorausgeschickten grammat. Uebungsstücken, und einem vollständ. Wortregister. 4. Aufl. 1849. und 5. Aufl. gr. 8. (IV und 332 S.) Bielefeld 851(52,) Velhagen und Klasing. *

Wahlert, G. E. A., englisches Lesebuch mit vorausgeschickten grammatischen Uebungsstücken nebst einem vollständigen Wortregister. 6. Aufl. Bielefeld 856. Velhagen u. Klasing. 8. (2 Bl., 332 S.) n. 20 ngr.

Wahlert, G. E. A., englisches Lesebuch mit vorausgeschickten grammatikalischen Uebungsstücken, nebst einem vollständ. Wortregister. 7. Aufl. gr. 8. (IV und 332 S.) Bielefeld 864, Velhagen und Klasing. *

—— grammat. Lesebuch, od. pract. Anleit. z. schnellen u. sichern Einübung u. Anwendung d. Formen u. Regeln d. französ. Sprache. 1. Thl. Die Formen. 8. (20 B.) Crefeld 837, Funcke'sche Buchh. (Funcke u. Müller.)

—— die Rections-Lehre d. deutschen Sprache. Ein Noth- u. Hülfsbüchl. f. Die, welche in dem richt. Gebr. d. Casus nicht fehlen wollen. Als Anh. zu jeder deutschen Grammatik zu gebrauchen. 8. ($6^1/_4$ B.) Lippstadt 838, Rempel.

— englische Schulgrammatik. 8. Lippstadt, Paderb. u. Arnsb. ...(Wesener). 12 gr.

—— englische Schul-Grammatik. 1. Aufl. Lippstadt 830. 12 Gr., neue Ausg. (à $15^1/_2$ B.) 8. Crefeld 833, Funcke.

— Englische Schul-Grammatik. 2e verb. u. verm. Aufl. gr. 12. Crefeld 838. Funcke. $^7/_{12}$ ℛ

Wahlert, Geo. Fr. Adm., englische Schul-Grammatik. 2., verb. u. verm. Aufl. gr. 12. ($11^1/_2$ B.) Crefeld 838. [Bielefeld, Velhagen u. Klasing.] Thlr.

—— englische Schul-Grammatik. 3., verb. u. verm. Aufl. 8. (20 B.) Bielefeld 843, Velhagen u. Klasing.

—— englische Schul-Grammatik. 4. Aufl. (304 S.) 1848. und 5., verb. Aufl. 8. (VIII und 300 S.) Bielefeld 851, Velhagen und Klasing.

— s. J. H. P. Seidenstücker, Elementarbuch.

—— deutsche Sprachlehre f. Bürger- u. Volksschulen. 3., u. 4., verb. u. verm. Aufl. (à $7^1/_2$ B. u. 1 Tab. $^1/_2$ Fol.) 8. Magdeburg 829, 34, [Berlin,] Rubach. à

— deutsche Sprachlehre f. Bürger- u. Volksschulen. 5., verb. u. verm. Aufl. 8. (8 B. incl. 1 Tab.) Berlin 839, Rubach.

— deutsche Sprachlehre für Bürger- u. Volksschulen, sowie für höhere Lehranstalten. 6. verb. u. verm. Aufl. Berlin 846, F. Rubach. $^1/_6$ ℛ

—— deutsche Sprachlehre für Schulen. 7. Aufl. 1849., 8. Aufl. 1850. und 9., verm. und verb. Aufl. 8. (113 S.) Leipzig 851, [Baensch.] *

—— deutsche Sprachlehre für Schulen. Nach dem Tode des Verf. auf's Neue revid. von Friedr. Löw. 10. und 11. Aufl. (2. Ster.-Ausg. 1. und 2. Abdr.) gr. 8. (IV und 96 S.) Leipzig 853 [und Magdeburg, Gebr.] Baensch.

— deutsche Sprachlehre für Schulen. Nach dem Tode des Verf. aufs neue revid. von F. Löw. 12. Aufl. 2. Stereot.-Ausg. 4. Abdr. 859. — 13. Aufl. 2. Stereot.-Ausg. 5. Abdr. Leipzig 863. Gräbner. gr. 8. (2 Bl., 96 S.) 6 ngr.

Wahlert, G. E. A., deutsche Sprachlehre f. Schulen. Nach dem Tode d. Verf. aufs neue rev. v. Frdr. Löw. 15. Ster.-Aufl. gr. 8. (IV, 96 S.) Leipzig 872. Klinkhardt. — 60

Wahlert, G. E. A., deutsche Sprachlehre für Schulen. Nach dem Tode des Verf. aufs neue revid. von Friedr. Löw. 16. Ster.-Aufl. 8. (IV, 96 S.) Leipzig 879, Klinkhardt. *

— deutsche Sprachlehre f. Volksschulen. 8. Magdeb. 825. 2e A. 826. 3e A. 829. Rubach. 4 gr.

—— französische Sprachlehre f. Gymnasien u. höh. Bürgerschulen, so wie zum Selbstunterr. 8. ($23^1/_4$ B.) Paderborn 828, Wesener.

— s. Twietmeyer, Frz., kalligraph. Vorlegeblätter.

—— Uebungsbuch zum Uebersetzen aus d. Deutschen ins Englische, mit steter Hinweis. auf seine „engl. Grammatik." 8. ($12^1/_2$ B.) Crefeld 833, Funcke.

—— Uebungsbuch z. Uebersetzen aus d. Deutschen ins Englische, mit steter Hinweis. auf seine engl. Schul-Grammatik. 2., verb. Aufl. gr. 12. ($9^1/_2$ B.) Crefeld 840. [Bielefeld, Velhagen u. Klasing.]

—— Uebungsbuch zum Uebersetzen aus dem Deutschen in's Englische, mit steter Hinweisung auf seine engl. Schulgrammatik. 3. Aufl. 1847. und 4., verb. Aufl. 8. (IV und 196 S.) Bielefeld 852, Velhagen und Klasing. —

—— Uebungsbuch zum Uebersetzen aus dem Deutschen ins Englische, mit steter Hinweisung auf seine engl. Schulgrammatik. 5., verb. und verm. Aufl. 8. (IV und 212 S.) Bielefeld 862, Velhagen und Klasing.

Wähler die Besten! Ein Wort an die Wahlmänner v. 1819. gr. 8. Stuttgart, Metzler. 1 gr.

Wählet keinen Juden! Ein Mahn- u. Warnungsruf an die Völker Oesterreich-Ungarns. Von Austriacus. 8. (36 S.) Berlin 881. Hentze. n. — 60

Wählet recht! Ein offenes Wort an den Kärntner Bauernstand. Klgft., St. Josefs-Druck., (1894). 16 S.

'**Wahlfach**' und 'Pädagogische Weiterbildung' in der II. Lehrerprüfung und im Mittelschulexamen. H. 1. Langensalza: F. G. L. Greßler 1907. 8° [3.] [08. 13181

„Wahlfach" u. „Pädagogische Weiterbildung" in der II. Lehrerprüfung u. im Mittelschulexamen. 1.—5. Heft. 8. Langensalza, Schulbuchh. 2. 80

Knauber, A., die Herbart-Zillerschen Formalstufen. Anregungen u. Winke zur Weiterbildg. (33 S.) 910. (Heft 4.) — 50

— Über experimentelle Pädagogik. Leit- u. Richtlinien zur Weiterbildg. (38 S.) 908. (Heft 2.) — 50

— Zur Reform unserer Schuldisziplin. Anregungen u. Winke zur Weiterbildg. (36 S.) 909. (Heft 3.) — 50

— Das 1. Volksschullesebuch. Ein Beitrag zur Geschichte des Unterrichts in quellenmäß. Darstellg. (30 S.) 910. (Heft 5.) — 50

Kühmann, Mathematik als Wahlfach. Fingerzeige, wie ein Lehrer sich in den mathemat. Unterrichtsfächern f. die zweite, auch f. die Mittelschullehrerprüfg., durch Selbststudium vorbereitet. (52 S.) 907. (Heft 1.) — 80

Wahlgebet bei einigen auf die neue Constitution sich beziehenden Wahlen. [Zürich 1798.] V: *Hess, Joh. Jac.* (Cat. d. Stadtbibl. Zürich. Zürich 1864—97.)

Wahlgesetz

—— 33. Gesetzartikel vom J. 1874 über die Modifizirung und Ergänzung des Gesetzartikel V vom J. 1848 und des Siebenbürgischen Ges.-A. II vom J. 1848. gr. 8. (38 S.) Budapest 875, Ráth.

Wahlgesetz, das, für den norddeutschen Bund u. die deutsche Reichsverfassung nebst dem preuß. Bundes-Reform-Projekt. Berlin 866. A. Jonas. gr. 8. (32 S.) 2½ ngr

Wahlgesetz, interimistisches, für den Preuß. Staat vom 6. Dez. 1848 mit den Reglements zur Ausführung desselben. gr. 16. (23 S.) Berlin 848, Schroeder. 1 ngr

Wahlgesetz f. die zweite Kammer der Ständeversammlung; vom 5. V. 1909. Nebst: Gesetz üb. die Gewährg. der Entschädigg. an die Mitglieder der Ständeversammlg.; vom 19. II. 1909. (32 S.) kl. 8. Frankenberg (909). C. G. Roßberg. — 25

Wahlgesetz für die zweite Kammer der Ständeversammlung für das Königreich Sachsen, mit Ausführungs-Verordnung u. Wahlkreis-Einteilung. Nebst d. Gesetz über d. Gewährung d. Entschädigung an d. Mitglieder d. Ständeversammlung (Diätengesetz). Mit Einl. hrsg. von Dr. phil. Friedrich Purlitz. Dresden: Baensch 1909. 69 S. 8° (ca. 0,30)

Wahlgesetz für die Schleswig-Holsteinische Landesversammlung. Schleswig, den 20. October 1848. Anhang A: Wahldistricte für die allgemeinen Wahlen. Anhang B: Städtische Wahldistricte. Anhang C: Ländliche Wahldistricte für die besonderen Wahlen der Besitzer von nicht weniger als 600 Rthlr. Cour. und nicht mehr als 30 000 Thlr. Cour. Steuerwerth etc. Schleswig. 1848. 23 Seiten 4°

— das neue provisorische, u. die von der Regierung vorgeschlagenen Abänderungen der sächs. Verfassungsurkunde, mit den nöthigen Erläuterungen versehen u. zur gemeinsamen Kenntnißnahme des sächs. Volks herausg. von einem Volksfreunde. 16. (32 S.) Grimma 848, Verlags-Comptoir. 1½ ngr

Wahlgesetz, ein neues. Offener Brief an Se. Durchlaucht den Reichskanzler, Fürsten v. Bismarck von Simplicius Berolinensis. 8. (14 S.) Berlin 881, Volksbuchhandlung.

— das preußische, siehe: Helwing, H. Chr. Carl Ernst.

Wahlgesetz für den Reichstag des norddeutschen Bundes.

—— dass. — Vom 15. Oktbr. 1866. Reglement zur Ausführung des Wahlgesetzes für den Reichstag des norddeutschen Bundes vom 15. Oktbr. 1866. Vom 30. Decbr. 1866. Verzeichniß der Wahlkreise. gr. 8. (36 S.) Berlin 866, v. Decker'sche geheime Ober-Hofbuchdruckerei.

— für den Reichstag des norddeutschen Bundes; vom 7. Decbr. 1866. Dresden 867. Meinhold & Söhne. 8. (16 S.) 1½ ngr

—— dass. — Vom 15. Oktbr. 1866. 4. (4 S.) Flensburg 867, (Herzbruch.) *

—— dass. — Vom 15. Oktbr. 1866 nebst Reglement zur Ausführung desselben. gr. 16. (16 S.) Stettin 867, v. der Nahmer.

Wahlgesetz für den Reichstag des norddeutschen Bundes. Vom 31. Mai 1869. Nach amtl. Quellen. Mit Sachregister. gr. 16. (13 S.) Berlin 869, Kortkampf. *

—— dass. — Mit Reglement vom 28. Mai 1870. 2.—6. Aufl. gr. 16. (59 S.) Ebendas. 870. *

— für den Reichstag d. norddeutschen Bundes, vom 31 Mai 1869, sowie Reglement zur Ausführg. desselben, vom 28. Mai 1870. 8. (45 S.) Dresden 871. Meinhold & Söhne. — 30

— dasselbe m. Reglement, Wahlverhandlungs-Formular u. Bekanntmachg. vom 1. Febr. 1871 üb. Abgrenzg. der bayer. Wahlbezirke, nebst Inhalts-Uebersicht u. Einleitg. 8. (VII, 31 S.) München 871. Franz. — 30

— dasselbe m. Reglement. 8. (19 S.) Nördlingen 871. Beck. n. — 40

Wahlgesetz für den deutschen Reichstag.

—— dass. — mit Reglement, Wahlverhandlungs-Formular und Bekanntmachung vom 1. Febr. 1871 über Abgrenzung der bayer. Wahlbezirke, nebst Inhalts-Uebersicht und Einleitung. 8. (VII, 31 S.) München 871, Franz'sche Buchh.

—— für den deutschen Reichstag mit Reglement. 8. (19 S.) Nördlingen 871, Beck'sche Buchh.

—— dass. — mit Reglement, Wahlverhandlungs-Formular und Wahl-Bezirkseintheilung für das Königr. Bayern, dann mit den sonst. auf die Reichstagswahl bezügl. und für Bayern geltenden gesetzl. Bestimmungen und sämmtl. Vollzugsvorschriften, nebst Einleitung und Uebersicht. 2., verb. und verm. Aufl. 8. (IV, 52 S.) München 876, Franz'sche Buchh. *

Wahlgesetz für den deutschen Reichstag vom 31. Mai 1869. Mit den späteren Zusätzen und Aenderungen. Imp.-Fol. Berlin 878, Kortkampf. *

—— dass. — mit Reglement vom 28. Mai 1870, sowie den späteren abänd. und ergänz. Bestimmungen. 7. Aufl. 2. vervollständigte Ausg. gr. 16. (84 S.) Ebendas. 878. *

Wahlgesetz für den deutschen Reichstag vom 31. Mai 1869. Reglement zur Ausführung des Wahlgesetzes vom 28. Mai 1870 und ergänzende Bestimmungen. 8. (55 S.) Dresden 887, Meinhold und Söhne. cart. *

Wahlgesetz für den deutschen Reichstag vom 31. V. 1869 nebst Reglement zur Ausführung des Wahlgesetzes vom 28. V. 1870 in der Fassung der Bekanntmachung vom 28. IV. 1903. Amtliche Handausg. (28 S.) gr. 8. Darmstadt 903. G. Jonghaus. n n. — 25

Wahlgesetz für d. künftigen Ständeversammlungen im Königr. Sachsen. Vom 24. Sept. 1831. 8. (2 B.) Dresden. (Leipzig, Fr. Fleischer.)

Wahlgesetz, Unser, vom 24. Februar 1849. Dessau 1851. V: *Jochmus.* (HHBD Anhaltina I, 78)

Wahlgesetz für die zur Feststellung der schleswig-holsteinischen Staatsverfassung zu berufende Versammlung. (Mit Anhang: Wahldistricte.) d. d. Rendsburg, den 13. Juli 1848. (Rendsburg. 1848.) 14 Seiten 4°.

—— für die zur Vereinbarung der preuß. Staats-Verfassung zu berufende Versammlung, nebst einem Nachwort an die Wähler in Stadt und Land. 8. (16 S.) Grünberg 848, Levysohn. *

Das Wahlgesetz, die Vertretung in den Kreisen und die Gemeindeordnung. Von einem Preußen, dem das Wohl des Vaterlandes am Herzen liegt. Eutin 1849. 15 S. 8

Wahl-Gesetze, die preußischen, zur Bildung des Hauses der Abgeordneten, s. Gesetz-Sammlung.

—— die verfassungsmäßigen preußischen, zur Bildung des Hauses der Abgeordneten. Nach den amtl. Verkündigungen mit Ausschluß der außer Kraft gesetzten Bestimmungen zusammengestellt und hrsg. von Max Moltke. 32. (42 S.) Berlin 862, Moltke. [Leipzig, Fritsch.] *

Wahl-, Vereins- u. Preßgesetzgebung, die in Bayern giltige, nebst dem Reichsgesetze vom 21. Oktbr. 1878 gegen die gemeingefährlichen Bestrebungen der Sozialdemokratie. Mit sämmtl. Reglements u. Vollzugserlassen, sowie m. Anmerkgn. hrsg. v. e. bayer. Verwaltungsbeamten. 2 Thle. 8. Ansbach 887. Brügel & Sohn cart. n. 2. 70; in 1 Bd. cart. n. 2. 40

1. Bayerisches Wahlbüchlein, enth. die gesetzl. Bestimmgn. f. die Wahlen zum Deutschen Reichstage, sowie zum Bayerischen Landtage, ferner zum Landrathe u. Distriktsrathe, sowie zur Gemeinde- u. Kirchenvertretg. (VI, 135 S.) n. 1. 50
2. Die in Bayern giltige Vereins- u. Preßgesetzgebung, nebst dem Reichsgesetz vom 21. Oktbr. 1878 gegen die gemeingefährlichen Bestrebungen der Sozialdemokratie. (V, 56 S.) n. 1. 20

Collembola von Einar Wahlgren. *Stockholm 1900: P. A. Norstedt & söner.* (8 S.) 8°
— Beiträge z. Fauna d. Bären-Insel. 4.
— Handlingar, K. Svenska Vetenskaps-Akademiens. Bihang. Bd 26, Afd. 4, No 6. [03. 1145

Antarktische und subantarktische Collembolen, gesammelt von d. schwed. Südpolarexpedition, bearb. von Einar Wahlgren. Mit 2 Taf. Stockholm 1906: Lith. Inst. d. Generalstabs; Berlin: Asher & Co. (22 S.) 4°
— Ergebnisse, Wissenschaftl., d. schwed. Südpolar-Expedition 1901–1903. Bd 5, Lfg 9. [07. 574

— über einige Zetterstedt'sche Nemocerentypen. (19 S. m. 8 Abbildgn.) gr. 8. Ebd. 904. n.n. — 80
2 Sonderabdrucke aus: „Arkiv f. zoologi".

Wahlgren, Einar, aphanipterologische Notizen nebst Beschreibung neuer Arten. (S. 182—196 m. 3 Taf.) gr. 8. Stockholm 903. (Berlin, R. Friedländer & Sohn.) n. 1 —

Bund der Landwirte in Württemberg. — WAHLHANDBUCH für die Vertrauensmänner und die Mitglieder des Bundes der Landwirte. Herausgegeben für die Landtagswahlen 1906 von der Geschäftsstelle des Bundes der Landwirte. kl. 8°.

Wahlheim, Elise von, u. Bernardo; e. wahre Familiengesch. m. Originalbriefen, v. G. Müller, m. K. 2 Thle. 8. Stuttg. Löflund. 800.

Wahlheim, E., aus freier Wahl. Roman. 8. (292 S.) Dresden 890. Pierson. n. 3. —

Wahlheim, E., die närrische Müllerin. Eine Alpendorfgeschichte aus Oesterreich. Hrsg. vom Grillparzer-Verein. 12. (91 S.) Klagenfurt 883. v. Kleinmayr. n. 1. 20

Wahlheim, E., ihr Wille u. andere Novellen. 8. (V, 240 S.) Dresden 893. E. Pierson. n. 3. —; geb. in Leinw. n. 4. —

Wahlheim, E, das Wunderkind. — Unser Adinchen. — Ihr Ausgabenbuch. — Die Reise nach Italien. 4 Erzählgn. 8. (V, 176 S.) Regensburg 899. Verlagsanstalt vorm. G. J. Manz. n. 1. 80; geb. n.n. 2. 20

Wåhlin, Lars, de editione Thomae Magistri eclogae a Laurentio Norrmanno parata. gr. 8. (13 S.) Gothenburg 898. Wettergren & Kerber. n.n. — 55
Sonderabdruck aus: „Göteborgs högskolas festskrift tillägnad Konsul O. Ekman".

Wåhlin, Lars, s.: Scriptores latini medii aevi Suecani.

Wahlin, Laur., de usu modorum apud Apollonium Rhodium. [Ex actis regiae societatis scientiarum et litterarum Gothoburgensis.] gr. 8. (III, 121 S.) Lund 891. Hj. Möller's Univ.-Buchh. n. 1. 50

— de usu modorum Theocriteo. [Aus: „Göteborgs högskolas årsskrift".] gr. 8. (IV, 44 S.) Gothenburg 897. Wettergren & Kerber. n.n. 1. 10

Brust-Lungenleiden. ⟨Lungenkatarrh, Lungenentzündung, Asthma, Lungentuberkulose.⟩ Ihr wahres Wesen, Entstehung, Verhütung u. naturgemäße Heilung auf d. Wege d. Selbsthilfe … (Verf.: W[ilh.] B. Wähling.) *Bielefeld: Sanitas 1902.* (41 S.) 8° [F.]
— Volks- u. Hausarzt, Deutscher. Ser. 1, 7. [03. 1908

Frauenleiden. (Verf.: W[ilhelm] B. Wähling.) [1.] 2 … *Bielefeld: Sanitas 1902.* 2 Bde 8° [F. u. Ant.]
1. Bleichsucht, Blutarmut, Menstruationsstörungen, Entzündungen …
2 — Wie erreicht man leichte, glückl. Geburten?
— Volks- u. Hausarzt, Deutscher. Ser. 1, 2, 3. [03. 4903

Kinderkrankheiten. ⟨Keuchhusten, Masern, Scharlach, Croup, Diphtheritis &c.⟩ Ihre wahre Entstehung, Verhütung u. naturgem. Heilung … auf d. Wege d. Selbsthilfe. (Verf.: W[ilh.] B. Wähling.) *Bielefeld: Sanitas 1902.* (43 S.) 8° [F.]
— Volks- u. Hausarzt, Deutscher. Ser. 1, 1. [03. 4900

Wähling, d. Krankheiten d. Geschlechtsorgane u. ihre ges. verhängnisvollen Folgezustände (Rückenmarksschwindsucht, Quecksilbersiechtum etc. etc.), sow. deren sichere Heilg. auf naturgem. Wege. Aus d. Specialpraxis. gr. 8. (III, 36 S.) München 897. Münchn. Handelsdruckerei u. Verl.-Anst. M. Poessl. 1. 50

Geheime Leiden. Ihre wahre Entstehung, Verhütung u. naturgemäße Heilung auf d. Wege d. Selbsthilfe. (Verf.: W[ilh.] B. Wähling.) *Bielefeld: Sanitas 1903.* (32 S.) 8° [F.]
— Volks- u. Hausarzt, Deutscher. Ser. 1, 8. [03. 4909

Nervenleiden. ⟨Neurasthenie, Hypochondrie, Hysterie, Krämpfe u. s. w.⟩ Ihre Entstehung, Verhütung u. erfolgreiche Behandlung auf. d. Wege d. Selbsthilfe … (Verf.: W[ilh.] B. Wähling.) *Bielefeld: Sanitas 1902.* (39 S.) 8° [F.]
— Volks- u. Hausarzt, Deutscher. Ser. 1, 6. [03. 4907

Rheumatismus. Seine wahre Entstehung, Verhütung u. naturgemässe Heilung … auf d. Wege d. Selbsthilfe. (Verf.: W[ilh.] B. Wähling.) *Bielefeld: Sanitas 1902.* (43 S.) 8° [F.]
— Volks- u. Hausarzt, Deutscher. Ser. 1, 5. [03. 4906

Die akut-chronischen Verdauungsstörungen und ihre üblen Folge- u. Begleiterscheinungen: Durchfall, Stuhlverstopfung, Appetitlosigkeit, allgem. Schwächezustände, Blutverderbnis, Hautausschläge, Abmagerung, Fettleibigkeit usw. usw. Ihre Entstehung, Verhütung u. wahrhaft dauernde Heilung auf d. Wege d. Selbsthilfe. (Verf.: W[ilh.] B. Wähling.) *Bielefeld: Sanitas 1902.* (36 S.) 8° [F.]
— Volks- u. Hausarzt, Deutscher. Ser. 1, 4. [03. 4905

Wie erreicht man leichte, glückliche Geburten? oder Schwangerschafts-Beschwerden u. Wochenbettkrankheiten, ihre Entstehung, Verhütung u. erfolgreiche Behandlung auf d. Wege d. Selbsthilfe … (Verf.: W[ilhelm] B. Wähling.) *Bielefeld: Sanitas 1902.* (42 S.) 8° [F. u. Ant.]
— Wähling: Frauenleiden. T. 2.
— Volks- u. Hausarzt, Deutscher. Ser. 1, 3. [03. 4904

Wahlkapitulation

— Betracht. üb. d., Josephs II. s. J. J. Moser.

— röm. königl., Ferdinand I. vom 7. Jan. 1531, mit Beilagen u. Anmerkk. von Gf. Aug. Arndt. 4. Leipz. 781.

Wahlcapitulation Franz I. m. Beylag. u. Anmerk. v. J. J. Moser. 3 Thle. 4. Frkft. Herrmann. (a. Brönner.) 745.

Franz. I. Wahlcapitulation. Mit Beilagen und Anmerkk. versehen von Joh. Jac. Moser. Th. 1. 2. *Frkf. a. M.* 745. 47. 4. (2 Thl. 18 Gr.)

Wahlcapitulation des römischen Kaisers Franz II. nach dem Kurmainzischen Originale zum Druck befördert. Mainz 1792. H: *Roth, Joh. Richard von.* (Schletter, Handb. d. jurist. Litt. Grimma 1843. S. 149.) (ADB)

— Franz II. gr. 8. Frankf. a. M. 793. Pech. 9 gr.

— Franz II., mit krit. Anmerkk. 2c. v. F. A. Schmelzer. gr. 4. Helmst. 793. Fleckeisen. 2 rthl 12 gr.

— Franz II. in systemat. Ordnung, s. G. H. v. Berg.

Joseph's II. Wahlcapitulation. *Frkf.* (*Ansbach*), Haueisen. 765. 4. (16 Gr.) e. and. A. mit Reg. *Frkf.*, (*Jena.*) Fischer. 773. 8. (12 Gr.)

— die, Josephs II. nach d. Original; mit vollst. Register v. Jh. Chr. Fischer. 8. Jena 774. Fischer. 12 gr.

— Karls VI. 4. Frkft. Andreä.

Wahlcapitulation Kaiser Carls des VI. mit nöthigen Anmerkungen aus der Historie . . . erläutert . . . Leipzig 1712. 2. Ausg. 1725. V: *Meder, Heinrich Burchard.* (Pütter, Litt. d. Teutsch. Staatsr. Gött. 1773—91. II, 477.)

Kaisers Caroli VI. Wahlcapitulation cum reversalibus, nach dem Originale collationirt. *Mainz u. Frankfurt.* 711. Fol.

. Caroli VI. Wahlcapitulation u. Reversales c. nott. differentiam a project. Capitulat. perpetuae ubique indicantibus. s. l. 712. 4.

— Kaiser Karls VII. m. Beylag. u. Anmerk. v. J. J. Moser. 3 Thle. 4. Frkft. Brönner. 742.

Carls VII. Wahlcapitulation. Mit Beil. u. Anmerk. vers. von Joh. Jac. Moser. Th. 1—3. *Frankf a. M.* 742—44. II. 4.

Wahlcapitulation des röm. Kaysers Leopold's des 2ten nach d. Chur-Mainzischen Originale zum Druck befördert von Jo. Rich. Roth. *Mainz u. Frankfurt.* 790. 4.

— Leopolds II. nach dem kurmainzischen Originale v. J. R. v. Roth. gr. 4. Frankf. 791. Andrä. 8 gr.

— Leopolds II. mit histor. u. publicistischen Anmerkk. u. Erläuterungen u. d. dazu gehörig. kurfürstl. Collegialschreiben, von A. F. W. Crome. gr. 4. Hildburgh. 791. (Er. Fleischer in Lpz.) 1 rthl

— Leopolds II. nebst angefügt. Vergleich. mit der vorherig. Wahlkapitulation. 4. Frankf. a. M. 790. Jäger. 8 gr.

— Leopolds II. nach d. churmaynz. Originale v. J. R. v. Roth. gr. 4. Frkft. Andreä. 791.

Wahlcapitulation Leopolds II. m. histor. u. publicist. Anm. u. Erklär. n. d. dazu gehör. churfürstl. Collegialschreiben, v. A. F. W. Crome. gr. 4. Hildburgh. Hanisch. 791. Rthlr.

— Leopolds II. u. Franz's II. vergl. m. ihr. Quellen, nämlich d. beständ. u. d. vorherg. Josephs II., d. fürstl. u. reichsstädt. gravaminibus u. d. Beschwerden u. Wünschen d. schwäbischen Reichskreises. gr. 4. Bayreuth 793. (Grau in Hof). 1 rthl Schreibp. 1 rthl 4 gr.

— Leopolds II. u. Franz II. Herausg. von A. F. W. Crome. 4. Lemgo 794. Meyer. 1 rthl 16 gr.

Wahlcapitulation, Die neueste Freysingische, vom 25. Hornung 1790 . . . Freysing 1790. V: *Mayer, Andreas Ulrich.* (Ky) (EngJ) (Schletter, Handb. d. jurist. Litt. Grimma 1843. S. 151.) »1791« (MGT)

Wahlkapitulation, die neueste Freysingische v. 25. Hornung 1790 mit Asterisken u. Dokumenten beleuchtet, (v. A. U. Mayer). 8. Freysing. 790. ... (144 S.)

Wahlkapitulationen

— die, der römischen Kaiser u. deutschen Könige, betrachtet von e. deutschen Bürger, nebst 1e—3e Forts., Gebt, d. Kaiser, u. setzt hinzu: (Hartknoch in Leipz.) 2 rthl 20 gr.

— die, d. römischen Kaiser u. deutschen Könige, betracht. v. e. deutschen Bürger. 8. Frankfurt. (Hartknoch in Leipzig.) 774.

— — derselb. 1ste 2te 3te Forts. 8. Ebend. 774—77. (I. u. III. à 14 gr. II. 1 Rthlr.)

Wahl-Capitulationen, Die, der Römischen Kaiser und teutschen Könige . . . Mietau u. Leipz. 1774—77. V: *Springer, Johann Christoph Erich von.* (ML) (MS) (Ky) (MGT) (stri) (Pütter, Litt. d. Teutsch. Staatsr. Gött. 1773—91. IV, 88.)

Wahl-Katechismus für alle Preußen in welchen der Sinn für ächte Religiosität, deutsche mannhafte Treue u. thatkräftige Redlichkeit noch nicht ganz abgestorben ist. Dargelegt in einem Gespräch zwischen einem Bauer u. einem Justizrath. Eine Erläuterungsschrift über die in Preußen jetzt bevorstehenden neuen Wahlen für die zweite Kammer. Nebst einem Nachwort über das neueste Wahlgesetz vom 30. Mai, so wie über die dazu gehörige Ausführungs-Verordnung vom 31. Mai u. die offizielle Erläuterung vom 18. Juni d. J. gr. 8. (16 S.) Leipzig 849. Dyk. 1 1/2 ngr

Wahlkollegium des Ockerdepartements. gr. 8. Braunschw. 808. Vieweg. 8 gr.

Wahlkreis-Arithmetik, badische, nebst einigem Nichtarithmetischen, das dazu gehört. Von X. Y. Z. gr. 8. (III, 48 S.) Freiburg i/B. 895. G. Ragoczy. —75

Wahlkreise, interessante, s.: Flugschriften der national-liberalen Partei.

Wahlkreiseinteilung nach den Beschlüssen des Wahlreform-ausschusses. 9 Nummern. Nr. 1. Nieder- und Oberösterreich. 2. Salzburg, Steiermark und Kärnten, 3. Tirol und Vorarlberg, 4. Böhmen, 5. Mähren und Schlesien, deutsche Wahlbezirke, 6. Mähren und Schlesien, böhmische Wahlbezirke. 7. Krain, Görz, Gradiska, Triest, Istrien, 8. Dalmatien, 9. Galizien und Bukowina. Nr. 1, 2, 3, 4, 7, 8, 9 à K —.50, Nr. 5, 6 à K —.40

Wahlkreisgeometrie, die bayerische, von 1881 — 1887. 8. (56 S.) Regensburg 887. Habbel. —50

Wahll, Johann Samuel, - - - // Einleitung // zu der rechten / reinen und galanten // Teutschen // POESIE, // nach denen accuratesten und neuesten // Grund-Sätzen // Hn. D. Wentzels / Hn. Weisens /// und anderer berühmten Poeten/ // Wie auch nach vielen aus der praxi selbst wahr- //genommenen und probat erfundenen // Anmerckungen und Vortheilen // richtig gezeiget /// und zu Nutz der studirenden Jugend // ehemahls unter dem Titul eines // Poetischen Weg-Weisers // öffentlich ans Licht gestellet /// Nun aber etwas vermehrter // heraus gegeben / von // Johann Samuel Wahllen /// Gymn. Altenburg. Sub-Con-Rectore. // Chemnitz/ bey Conrad Stössein / 1715.- 4 Blatt (nicht paginiert) Titelkupfer, Titelblatt, Vorrede und Ehrengedicht von Christian Friedrich Wilisch. - 136 S.
B. S. T. 8°.750.

WAHLL, Joh. Sam. (Altenburgens.), Poetischer Wegweiser, d. i. .... Einleitung zu der rechten, reinen und galanten Poesie nach den .... Grundsätzen *Wentzels*, *Weisens* und anderer berühmten Poeten .... Jena 1709. 8°.
7 Bll., 141 S., 1 Bl. — Max Harrwitz, Berlin, 104. (1906.) no 477 (mit Beibd.).

Poetischer Wegweiser, Das ist, Kurtze doch gründliche Einleitung Zu der rechten, reinen und galanten Teutschen Poesie, Nach denen accuratesten und allerneuesten Grund-Sätzen H. D. Wentzels, Hn. Weisens und anderer berühmten Poeten ... ans Licht gestellet von Johann Samuel Wahllen ... Jena, Gedruckt bey Adolph Müllern, 1709.

Wahlländer, Bruno *Edgar Louis* [aus Berlin]: Ueber die Verallgemeinerung der Tuberkulose nach chirurgischen Eingriffen. '(M. Benutzg d. Materials d. chirurg. Klinik d. Geheimr. v. Bardeleben.)' ... Berlin, Buchdr. v. G. Schade, *1893*; 35 S. 8.
Berlin, Med. Fak., Inaug.-Diss. v. 31. Okt. 1893

Wahllaender, Guil. Eduard. Ludov. (geb. Berlin 11. 2. 1840): De neuralgia nervi trigemini. Berolini (1863). (35 S.) 8°
Berlin, Med. Diss. v. 21. Aug. 1863

Wahl-Lügen, die, der bürgerl. Parteien. Eine Sammlung u. Widerlegg. der im Wahlkampfe v. den bürgerl. Parteien zur Verleumdg. der Sozialdemokratie u. der sozialdemokrat. Vertreter verbreiteten Lügen. (250 S.) 8. Berlin 907. Buchh. Vorwärts. Geb. in Leinw. 2.—

Wahlmann oder durch die eine ward er böse und durch die andre wieder gut . . . Wittenberg 1778. V: *Sintenis, Christian Friedrich.* (Ky) (MGT) (GGr) (StAt)

Wahlmann, od. durch das eine ward er böse rc., (v. Chr. Fr. Sintenis). 2 Thle. 8. Wittenb. 778. Zimmermann. 1 ℛ 8 gr.

Wahlmann, Adolf, approb. Arzt aus Plön: Aus d. chirurg. Klinik zu Kiel. Zur Casuistik der Diabetischen Gangrän nach den Erfahrungen in der chirurgischen Klinik zu Kiel. *Plön 1903: S. W. Hirt.* (19 S.) 8°
Kiel, Med. Diss. v. [30. Mai] 1903

Wahlmanns-Candidaten des 40. Bezirks. Druck von G. Reimer. 1 Bl. 4.
Flugblatt. Berlin, 18.Jan.1849.

Bund der Landwirthe. — WAHLORDNUNG. Neudruck III./99 mit den in der Ausschusssitzung vom 7. XII. 98 beschlossenen Aenderungen. (Berlin. Druck von Wilhelm Issleib.) 8°.
Bund der Landwirthe. — WAHLORDNUNG. Berlin. Wilhelm Issleib (Inhaber: Gustav Schuhr). 8°.

Wahlordnung, die, der Abgeordneten nach dem Gesetze vom 4. Juni 1848 systematisch zusammengestellt. 8. (8 S.) Augsburg 848, Schmid'sche Vrlgsh.

— die provisorische, f. d. Königr. Hannover, s.: Schläger, H.

Die Wahlparole: Schutz der deutschen Arbeit in Stadt und Land! Ein Wort an alle wahlberecht. Männer f. d. bevorstehenden Reichstagswahlen. *Berlin: E. S. Mittler & Sohn 1903.* (16 S.) 8° [J.] (01. 15836)

Wahlpredigt, 1—8, geh. in d. St. Jacobi-Kirche zu Hildesheim. gr. 8. Hildesheim, H. Helmke. à n. — 10
1. Eure Traurigkeit soll in Freude verkehrt werden. Predigt üb. Evangelium Johannis 16, 16—23, geh. am Sonntag Jubilate, den 26. April 1896 v. Apel. (10 S.)
2. Von d. Zeugniß d. Geistes wider d. Welt. Predigt üb. Evangelium Johannis 16, 5—15, geh. am Sonntag Cantate, den 3. Mai 1896 v. Dittrich. (12 S.)
3. Bittet, so werdet ihr nehmen, daß euere Freude vollkommen sei. Predigt üb. Evangelium Johannis 16, 23—33, geh. am Sonntag Rogate, d. 10. Mai 1896 v. Grosskopff. (11 S.)
4. Das hl. Zeugenamt der Jünger Jesu vor d. Welt. Predigt üb. Evangelium Johannis 15, 26—16,4, geh. am Sonntag Exaudi, d. 17. Mai 1896 v. P. Jacobshagen. (12 S.)
5. Selig sind, die das Heimweh haben; denn sie sollen nach Hause kommen! Predigt üb. Evangelium Johannis 3, 1—15, geh. am Trinitatisfeste, d. 31. Mai 1896 v. Lorenz. (11 S.)
6. Die Abgründe im Menschenleben. Predigt üb. Evangelium Lucas 16, 19—31, geh. am 1. Sonntage nach Trinitatis, d. 7. Juni 1896 v. Eug. Bellens. (8 S.)
7. Schaue d. Güte u. d. Ernst Gottes! Predigt üb. Evangelium Matthäi 22, 1—14, geh. am 2. Sonntage nach Trinitatis, d. 14. Juni 1896 v. Uhlhorn. (12 S.)
8. Was ist's, das Jesus u. d. Sünder zusammenbringt? Predigt üb. Evangelium Lucas 15, 1—10, geh. am 2. Sonntage nach Trinitatis, d. 21. Juni 1896 v. Walther. (8 S.)

Wahlpredigt, Antrittspredigt, Einsegnung; zum Andenken an den 16. und 30. April 1871. Basel 1871. V: *Stockmeyer, Immanuel* & *Joh. Rudolph Respinger.* (Cat. d. Stadtbibl. Zürich. Zürich 1864—97.)

Wahlpredigt vor Erwählung eines Hauptpfarrers bei St. Peter, gehalten durch J[ohann] J[acob] Miville, Diacon. und Antrittspredigt von J. J. Miville. Pfarrer bei St. Peter, samt Einsegnungshandlung von S[amuel] Preiswerk, Antistes.... 8. Basel 1861.

Wahlpredigten, acht, in der St. Johanniskirche zu Hannover. 1850. gr. 8. (92 S.) Hannover 851, Klindworth. ½ ℛ

Wahlpredigten, neun, behuf Wiederbesetzung d. Secundariatpfarre zu SS. Jacobi u. Georgii in Hannover v. neun Predigern in dieser Kirche geh. u. von dens. im Interesse der zu errichtt. hannover. Volksschullehrerwitwencasse z. Drucke überlassen. Hrsg. v. Herm. Wilh. Bödeker. gr. 12. (7⅓ B.) Hannover 839, Hahn'sche Hofbuchh.

Wahlpredigten, neun, gehalten in der Trinitatiszeit 1892 in der Kreuzkirche zu Hannover v. Geistlichen der Landeskirche. Hrsg. v. Höpfner. gr. 8. (106 S.) Hannov. 892, (Ey). * 1 50

Wahlpredigten, sechs, gehalten zu Celle von Wagemann, Eckelmann, Diestelmann, Grosse, Haenell, Schorkopf. gr. 8. (83 S.) Celle 847, Capaun-Karlowasche Buchh.

Wahlprogramm. Die Unterzeichneten haben — Das Central-Comitee für volksthümliche Wahlen im preußischen Staate. Druck von E. Krause. 1 Bl. Fol.
Flugblatt. Berlin, 17. Dez. 1848.

Wahlprogramm. Die unterzeichneten Urwähler des 20. Bezirks — Waldaeitel u. a. Druck von E. Krause. 1 Bl. Fol.
Flugblatt. Berlin, 8. Jan. 1849.

(Wahl-Programm.) Vor den Wahlen bedarf es unter politischen Freunden — Das Berliner Local-Comité für volksthümliche Wahlen. Druck von Marquardt u. Steinthal. 1 Bl. Fol.
Flugblatt, Berlin, 15.Jan.1849.

Wahl-Programm des 69. Bezirks. Druck von J. Pactich. 1 Bl. 4.
Flugblatt. Berlin, 18.Jan.1849.

Wahl-Programm des Bezirks 74a. Abtheilung B. Druck von C. Schultze. 1 Bl. 4.
Flugblatt. Berlin, 18.Jan.1849.

(Liberales Wahlprogramm.) Wir Unterzeichnete haben uns vereinigt — Tappert u. a. Druck von E. Krause. 1 Bl. Fol.
Flugblatt. Berlin, 18.Jan.1849.

Wahlprogramm (Socialistisches). Sep.-Abdr. aus der 2. Aufl. des im Verlage der Schabelitz'schen Buchhdlg. in Zürich erschienenen Werkes: Die Erlösung der darbenden Menschheit. 8°. Leipzig, Buchdr. O. Wigand, s. a.

Wahlrecht (Das allgemeine). Hrsg. von dem polit. Verein „Vorwärts" in Brünn. 8°. Brünn. Jos. Hannich, s. a.

Wahlrecht, das directe, und die conservative Partei von E. v. R. 8. (16 S.) Hirschberg 867, Nesener. [Wandel.]

— u. **Dreiklassenparlament.** Hrsg. v. der Landeskommission der preuß. Sozialdemokratie. (111 S.) gr. 8. Berlin 910. Buchh. Vorwärts. 1.50

Wahlrecht, gleiches, u. billige **Nahrung**! Das Programm des Bürgertums u. der Arbeiterschaft. (1. u. 2., unveränd. Aufl.) (à 23 S.) gr. 8. Freiburg i/B. 906. J. Bielefeld. n. — 30

Wahlrecht, gleiches, u. billige Nahrung! Das Programm des Bürgertums u. der Arbeiterschaft. (Von Otto Bielefeld.) 3. unveränd. Aufl. (8.—12. Taus.) (23 S.) gr. 8. Freiburg i/B. 907. J. Bielefeld. — 30

Wahlrecht, das, zum Reichstage. gr. 8. (32 S.) Leipzig 895. S. Hirzel. n. — 60

Ueber das Wahlrecht der schleswig-holsteinischen Stände und dessen Ersetzung durch das Recht der Erstgeburt. (Kiel. 1865.) Siehe in: Das Erbfolgerecht Herzog Friedrich's VIII. Kiel. 1865. 4°.

Ueber **Wahlrecht** und Wahlpflicht. [Unterz.:] F∴ [Dat.:] Schopfheim 1881. 3 S. 8° [Kopftit.] (Arbeiten d. Kränzchens z. „Eintracht im Wiesenthal", [Schopfheim]. 4.)
Betr. die Stellung des Frmrs zu den Wahlen.

— u. **Wahlrechtsdemonstration** vor dem deutschen Reichstage, s. a. **Agitations-Bibliothek**, sozialdemokratische. XI.

Wahlrecht und Wahlrechtsdemonstration vor dem Deutschen Reichstage. Aus d. Verhandlungen d. Deutschen Reichstags v. 22. Jan. 1908. Berlin: Vorwärts 1908. (32 S.) 8° [F.]
= **Agitations-Bibliothek**, Sozialdemokratische. 11. [08. 5252]

— welches? Ein Wort zur Verständigung üb. d. sächs. Landtagsvorlage. 8. (13 S.) Leipzig 896. Roßberg. n. — 30

Wahlrechtsreform, die, im Dreiklassenparlament. Die Verhandlgn. des preuß. Abgeordnetenhauses v. 10. I. 1908. Nebst e. Vorwort. (94 S.) 8. Berlin 908. Buchh. Vorwärts. — 50

Wahlrechtstag, der. Zur Erinnerg. an den 28. XI. 1905. (8 S. m. Abbildgn. u. 1 Taf.) gr. 4. Wien (905). Wiener Volksbuchh. n. — 20

Wahlrechtsvorlage, die. Verhandlungen des preuß. Abgeordnetenhauses nach dem amtl. Stenogramm der Sitzgn. vom 10.—12. II. 1910. Hrsg. v. der Landeskommission der preuß. Sozialdemokratie. (187 S.) gr. 8. Ebd. 910. Berlin: Vorwärts. — 60

Wahlrede e. Demokraten. (8 S.) gr. 8. Leipzig (907). R. Uhlig. — 20

Wahlred' gegen de Socialdemokraten 1877 in Altona, holen vun J..s. 1. und 2. Oplag. gr. 8. (4 S.) Kiel 877, (v. Maack's Buchh.)

Wahlreform, die. Verzeichniss v. ausgewählten Schriften üb. parlamentar. u. kommunales Wahlrecht, Demokratie, Parlamentarismus u. Parteiwesen, s. a. Veröffentlichungen der Stadtbibliothek v. Budapest. Nr. 3.

Die Wahlreform. Verzeichnis von ausgewählten Schriften über parlamentarisches und kommunales Wahlrecht, Demokratie, Parlamentarismus und Parteiwesen. [Veröffentlichungen der Stadtbibliothek von Budapest. Nr. 3.] Gr.-8°. (34 S.) K —.50
Budapest: Kilian 1909.

Wahlreform, die, von rechtlichem und politischem Gesichtspunkte. gr. 8. (39 S.) Wien 869, Gerold's Sohn. *

Wahlreform, Gewerbereform, Rechtsreform, s. a. Ostara. 2.

Wahlreform, Gewerbereform, Rechtsreform von S. C. Rodaun bei Wien 1906. 8°.
(Ostara H. 2.)

Wahlreformantrag, Der, der italienischen Nationalpartei in Tirol. Vom österreichischen Standpunkte beleuchtet. Innsbruck 1887. V: *Terlago, Robert Graf.* (Margr)

Wahlreich, C., Repertorium aller preuß. Declarationen von 1796 rc. s. Repertorium.

Wahlreich, Engelh., (Psdn.) Repertorium von allen in der Berliner Zeitung vom J. 1796 enthaltenen Deklarationen, Edikten rc. gr. 8. Berl. 798. (Sander). 6 ℋ

Wahl-Resultate, die, in ganz Preußen am 17. Juli 1849. Genaue nach Regierungsbezirken und Kreisen geordnete Zusammenstellung aller bekannt geword. Wahlen nebst geschichtl. Einleitung. Beitrag zur Statistik der Parteien in Preußen, besond. in den Städten. 8. (36 S.) Berlin 849, Hempel. Thlr. *

Wahl-Resultate, die, in ganz Preußen am 17. Juli 1849. Genaue nach Regierungsbezirken u. Kreisen geordnete Zusammenstellung aller bekannt gewordenen Wahlen nebst geschichtlicher Einleitung. Beitrag zur Statistik der Parteien in Preußen, besonders in den Städten. 8. (36 S.) Berlin 851, Hempel. 1/6 ℛ

Wahls, Heinr., f.: Chorgesänge f. höhere Schulen.

Wahls, Heinr., s. Liederbuch f. höhere Schulen.

Wahlschaff, Ernst, willkürliche Zeugung von Knaben od. Mädchen. (81 S.) 8. Leipzig (910). M. Spohr. — 60

Vor der **Wahlschlacht.** Lustspiel in 1 Aufzuge. Von W. L. R. 8°. New York, National Executive Committee of the Socialistic Labor Party, 1886. (Socialistic Library, no. 12.)

Wahlschwindel, sozialdemokratischer, vor Gericht. Ein Beweis f. die skrupellose Bekämpfg. des Gewerkvereins christl. Bergarbeiter. (67 S.) 8. Cöln 910. Christl. Gewerkschaftsverlag. — 30

Wahlsieg, der, der Verfassungstreuen in Böhmen im April 1872 u. seine Bedeutung im österreich. Verfassungsleben. 2. Aufl. gr. 8. (III, 71 S.) Leipzig 872. Schmaler & Pech. n. 1. 25

Wahlspruch des Königs Maximilian II. von Bayern. Zur Beherzigung in unseren Tagen empfohlen von einem Patrioten. München 867. Fritsch. gr. 8. (31 S.) n. 6 ngr.

Wahlsprüche d. preußischen Könige. Vaterländ. Gedenktage. Plakat m. 1 Bildnis. 59,5×46,5 cm. Groß-Strehlitz 895. A. Wilpert. — 15; aufgez. n. – 40

Wahlsprüche der preußischen Könige. — Vaterländische Gedenktage. 2. Aufl. gr. Fol. (1 Bl. m. 1 eingedr. Bildnis.) Groß-Strehlitz (900). A. Wilpert. n. — 20

Wahl- u. Sängersprüche. Gesammelt v. der Liedertafel „Frohsinn", Linz. (XIII, 250 S.) qu. 16. Linz 905. (L. Fink.) Geb. in Leinw. n.n. 1. 50

Wahlsprüche, 14, zu den Abbildungen der 14 Stationen des heil. Kreuzweges, wobei die 14 heil. Nothhelfer als Gedächtnißhülfe erscheinen. 8. (30 S.) Passau 847, Ambrosi. *

Wahl- und Wappensprüche. Ein Beitrag zur Spruchpoesie. Wien 1880. H: *Foick, L.* (Kürschner, Deutscher Literatur-Kalender XII, 1890) (Hdschr. Mitth. von Friedrich Müller, München) (Biblrort)

Wahl- und Wappensprüche. Ein Beitrag zur Spruchpoesie. 12. (VII, 103 S.) Berlin 880, Hertz. geb. *

Wahlstab, Car. (Philipp. Augustus Frid.) (geb. Glindenberg bei Magdeburg 30. 11. 1820): De aneurysmate. Berolini (1852). (37 S.) 8°
Berlin, Med. Diss. v. 24. Juni 1852

Wahlstatistik f. München. (4 S.) 31×23 cm. München (909). (J. Lindauer.) — 20
Sonderabdr. a.: „Münch. Jahresübersichten f. 1908".

Wahlstedt, K., u. E. Pohlmann. Anmeldungen zum Handels- u. Genossenschafts-Register. Ein systemat. zusammengestelltes Handbuch üb. Anmeldgn. v. Einzelfirmen, offenen Handelsgesellschaften, Kommandit-Gesellschaften rc. Bearb. u. durch Beispiele praktisch erläutert. gr. 8. (III, 96 S.) Hamb. 892, Herold's Verlag. * 1 60

Wahlstedt, d. landwirthschaftl. Genossenschaften u. deren Vereinigung zu Verbänden. Nutzen. Errichtung, Betrieb. Oldenburg 889.

Friedrich des Grossen Aufnahme in den Freimaurer-Bund. [Von Karl **Wahlstedt.**] Hamburg 1908: Rademacher.] 9 S. 8° [Kopftit.]
Aus: HL. 41 (1907—1908) S. 176—184.
Abgedr. in: H. 20 (1909) No 29.
Dän. Übers. in: Bifrøst. 4 (1909) S. 3—18.

Die Begründung und weitere Entwickelung der Freimaurerei in England. [Unterz.: Karl Wahlste]dt. [Hamburg 1908: Rademacher.] 8 S. 8° [Kopftit.]
Aus: HL. 41 (1907—1908) S. 133—140.

Die Brüderschaft des „Rosenkreutz" und die Übergangszeit bis 1717. [Von Karl **Wahlstedt.** Hamburg 1907: Rademacher.] 8 S. 8° [Kopftit.]
Aus: HL. 40 (1906—1907) S. 306—313.

Der Fassbinder-Orden. [Von Karl **Wahlstedt.** Hamburg 1907: Rademacher.] 6 S. 8° [Kopftit.]
Aus: HL. 40 (1906—1907) S. 86—91.

Goethe. Eine maurerische Skizze. [Von Karl **Wahlstedt.** Hamburg 1907: Rademacher.] 13 S. 8° [Kopftit.]
Aus: HL. 40 (1906—1907) S. 171—183.

Katalog der Bibliothek der unter der Grossen Loge von Hamburg vereinigten fünf Hamburgischen Logen. Bearb. von Karl **Wahlstedt.** Hrsg. von den vereinigten fünf Logen. Gedr. als Hs. für Frmr. aus dem Vermächtnis des Theod. Schönewald für die Loge Absalom. Hamburg: Drexel & Adler 1910. V, 682 S., 1 Taf. 8°
cf. HL. 42 (1908—1909) S. 208—210 (K. Wahlstedt); Bh. 53 (1910) S. 296.

Starck, Joh. Aug. Frh. v.: Star[c]k und Schröpfer [recte: Schrepffer]. [Unterz.: Karl **Wahlste]dt.** [Hamburg 1908: Rademacher.] 7 S. 8⁰ [Kopftit.]
Aus: HL. 41 (1907—1908) S. 116—122.
Üb. Starck s. Herzog's Realencyclopaedie 15 1862 S. 9—10 (Mallet) [in spätern Aufl. nicht wiederholt]: Staats- u. Gesellsch.-Lexikon, hrsg. von Wagener 19 1866 S. 684 bis 691; Allgem. Deutsche Biographie Bd 35 1893 S. 465—466 (Tschackert); Wetzer & Welte's Kirchenlexikon 2. Aufl. 1899 Bd 11 Sp. 736—740 (Raich).

Die Steinmetzbrüderschaft. [Von Karl **Wahlstedt.** Hamburg 1906.] 9 S. 8⁰ [Kopftit.]
Aus: HL. 40 (1906—1907) S 202—210.

Die Yorker Urkunde. [Von Karl **Wahlstedt.** Hamburg 1907: Rademacher.] 8 S. 8⁰ [Kopftit.]
Aus: HL. 40 (1906—1907) S. 242—249.
cf. HL. 40 (1906—1907) S. 265—266 (A. Tittel).

Wahlstein, Lotte, oder die glückliche Anwendung der Zufälle und Fähigkeiten. Kopenhagen 1791—92. V: *Tresenreuter, Sophie von geb. von Thomson.* (SCHL) (MGT) (KY) (Kordes, Schlesw.-holst. u. eutin. Schriftst. Schleswig 1797.)

Wahlstein, Lotte, od. die glückliche Anwendung d. Zufälle u. Fähigkeiten, (v. Sophie v. Tresenreuter). 2 Thle. 8. Kopenh. 791. Proft. 2 ₰ 14 gr

Wahlström, E. A., logarithmische Tafel zur Berechnung elektrischer Leitungen m. Erklärg. qu. Fol. Mit Text. 8. (32 S.) Leipzig 887. v. Biedermann. n. 1. 75; geb. n. 2. —; Tafel ohne Text, ungebrochen n. 1. 25

Wahlström, Irene

— poetisches Kaleidoskop. (VIII, 239 S.) 8. Ebd. 903. n. 3. 50; geb. n. 4. 50

Wahlström, Irene, kleine Märchen f. große Leute. (79 S.) 8. Stuttgart (910). M. Kielmann. 1. 50

Wahlström, Irene, was Frühling, Liebe u. Musen mir heimlich sangen ins Ohr. Gedichte. (XI, 159 S.) 8. Dresden (905). E. Pierson. n. 2. 50; geb. n. 3. 50

Wahlstudie, philosophische, od.: Wie wählt d. anständ. Bürger bei d. nächsten Reichstagswahl? v. E. G. gr. 8. (32 S.) Leipzig 897. Arw. Strauch. n. — 80

Wahlsystem, das indirecte, und seine Früchte. gr. 8. (16 S.) Augsburg 875, Kranzfelder'sche Buchh. *

Wählt nicht deutschnational! Klgft., St. Josefs-Druck., (1897). 19 S.

Wahlund, Karl (Hrsg.), s. Meerfahrt, Brendans

Wahlund, Carl, die altfranzösische Prosaübersetzung v. Brendans Meerfahrt, nach der Pariser Hdschr. Nat.-Bibl. fr. 1553 v. neuem m. Einleitg., lat. u. altfrz. Parallel-Texten, Anmerkgn. u. Glossar hrsg. (Skrifter utgifna af k. humanistiska vetenskaps-samfundet i Upsala.) gr. 8. (XC, 335 S.) Upsala 900. Leipzig, O. Harrassowitz. n.n. 8. 50

Wahlverfahren, das, bei unseren Landtagswahlen. Von e. alten Wahlmann. gr. 8. (15 S.) Berlin 889. Dierig & Siemens. n. — 40

Wahl-Verordnung für die Gesammterneuerung des Grossen Rathes des Kantons Aargau v. 2. Juli 1885. Gr. in-8⁰, 10 S. Aarau, Sauerländer. 1885.

Wahlverwandten, Die, zu Marienthal ... Nordhausen 1817. V: *Ehrhardt, Else,* nachmals *Rächler.* (GGR X, 291) (Zeitschr. f. Büch. N. F. 15, 1923, 126)

Wahlverwandten, die, zu Marienthal. Vom Verfass. der „Freundinnen, od. d. Geheimniß". 8. Nordh. 817. (Leipz., Lauffer). 1 ₰

Wahlverwandtschaften, die, e. Roman v. J. W. v. Göthe. 2 Thle. 8. Tübing. Cotta. 809.

Wahlverwandtschaften, die deutsch-amerikanischen, s. Land- u. Seebilder.

Wahlverwandtschaften, Die deutsch-amerikanischen. . . . Zürich 1839—40. V: *Sealsfield, Charles (= Carl Postl).* (EE) (Cat. d. Stadtbibl. Zürich. Zürich 1864—97.)

Wahlzettel. Der Wahlzettel, hoffnungsvolles Extrablatt für den fünften October 1902. [Illustriert.] [4 S.] fol. St. Gallen, J. Geser. fr. —. 20
Wahl eines St. Galler Regierungsrats betr.

Allgemeiner **Wahlzettel** für den gesamten Möbeltransport und die damit verwandten Gewerbe. Leipzig: Mathesius 1895—(1902). 2⁰
Red.: Kurth Mathesius.

Allgemeiner **Wahlzettel** für sämtliche Pferdebesitzer in Deutschland und Oesterreich. Leipzig: K. Matthesius 1895—(1902). 8⁰

Wahlzettel f. d. ungar. Buchhandel. Budapest, Leo Révay. 1885.

Wahlzettel, Mein, zur deutschen Kaiserwahl ... [München 1849.] V: *Bachlechner.* (Bücher-Samml. d. hist. Ver. v. u. f. Oberbayern. Münch. 1867.)

Wahlzettel für den deutschen Musikalienhandel Leipzig: Verein deutscher Musikalienhändler 1898. 8⁰
Forts. u.d.T.: Wahlzettel für den Musikalien- und Buchhandel und die damit verbundenen Gewerbe. Jg. 1899 ff.
Hrsg.: Karl Hesse.

Wahlzettel für den deutschen Musikalien- und Buchhandel und die damit verbundenen Gewerbe. Leipzig: Expedition 1899 ff. 8⁰
Vorh. u.d.T.: Wahlzettel für den deutschen Musikalienhandel. Jg. 1898.
Hrsg.: Karl Hesse.

Wähmann, F., Festordnung und Kampfrichterbuch m. vollständigem Turnplan f. d. 3. Vorturnerturnen d. XIV. Turnkr. (D. T.) in Zittau, 16.–18. 7. 1910, Dresden 1910, 43 S., 8°.

Waehmer, Kuno

Waehmer, K., das Asthma, seine Entstehg., Behandlg., Verhütg. u. Heilg. gemeinverständlich dargestellt. (47 S.) 8. Berlin (903). Deutscher Verlag. — 75

Waehmer, Kuno, approb. Arzt aus Halberstadt: **Beiträge zur Ovariotomie in der Schwangerschaft.** *Halle a. S. 1900: C. A. Kaemmerer & Co.* (25 S.) 8°
Halle, Med. Diss. v. 14. Juli 1900

Waehmer, K., die Leberkrankheiten u. Gallenleiden, deren Entstehung, Verhütung, Behandlung u. Heilung, gemeinverständlich dargestellt. gr. 8. (63 S.) Berlin (902). Deutscher Verlag. 1. —

— die Lungenkrankheiten, deren Entstehung, Verhütung, Behandlung u. Heilung, gemeinverständlich dargestellt. gr. 8. (64 S.) Ebd. (902). 1. —

Waehmer, Walter: Über ἤ, ὣς φάτο, ὣς εἰπών und verwandte epische Formeln. I. Göttingen, Druck v. L. Hofer, 1893; 30 S. 4.
Göttingen, k. G u. RG, OP 1893 (304)

Waehmer, Walter: Ueber ἤ, ὣς φάτο, ὣς εἰπών und verwandte epische Formeln. II. (Forts. d. P-Beil. 1893.) Göttingen, Druck d. Dieterich'schen Univ.-Buchdr., 1894; 24 S. 4.
Göttingen, k. G u. RG, OP 1894 (304)

Waehmer, Walter, Prof.: Ueber ἤ, ὣς φάτο, ὣς εἰπών und verwandte epische Formeln. 3. *Göttingen 1903: W. F. Kaestner.* (18 S.) 4° ¶ [Forts. d. P-Beil. 1893, 1894.]
Göttingen, k. G, OP 1903 (351)

Waehmer, Walter, Prof.: Erzählungen aus Nonnos' Dionysiaka. I. Göttingen 1905: Dieterich. (S. 21—30.) 4°
Göttingen, k. G OP 1905 (357)

Waehmer, Walter, Prof.: Erzählungen aus Nonnos' Dionysiaka. T. 2. Göttingen 1906: L. Hofer. (S. 21—32.) 4° ¶ (Forts. d. P-Beil. 1905.)
Göttingen, k. G OP 1906 (371)

Waehmer, Walter: Erzählungen aus Nonnos' Dionysiaka. 3. Göttingen 1908: Hofer. S. 21—29. 4° ¶ [Forts. d. P-Beil. 1905. 06.]
Göttingen, k. G OP 1908 (392) [S 08. 567

Wahn i. H. [Schlagwort]

Wahn i. H., s.: Preussen. Messtischblätter.

Wahn [Sachliches OW]

Wahn u. Reue. Ein engl. u. schott. Familiengemälde, nach W. Scott, s. Ehestand, der.

Wahn u. Ueberzeugung. — Reise des Kupferschiede-Meisters Friedr. Höhne in Weimar über Bremen nach Nordamerika u. Texas in den Jahren 1839—1841. Zum Nutz u. Frommen deutscher Auswanderer von ihm selbst gesammelt u. zusammengestellt. Nebst seiner Rückreise über England u. Frankreich. gr. 16. (28 B. u. 7 Taf. Abbild.) Weimar 844, Hoffmann. *

Wahn und Wahrheit, oder: die Anhänger der Franzosen und ihre Gegner. **Mitau 1813. V:** ***Rechenberg, Ernst Heinrich von, genannt Linten.*** **(R-N)**

Wahn [Verfasser]

Wahn, Aufruf an die achtbaren Landwirthe Thüringens z. Anbau d. neuen Oelgewächses d. Madia sativa, nebst treuem Berichte eines vorjährig gemachten Versuches mit seinen Erfolgen. 8. (1½ B.) Weißensee 840, Großmann.

Wahn, Bernard (geb. am 6 Dez. 1843 in Sürth Rgbz. Köln): Ueber Erysipelas ... Bonn, Buchdr. v. P. Neusser 1871. 32 S. 8.
Bonn, Med. Fak., nachträgl. erschienene Diss. v. 16 Juni 1870

Wahn, C., s.: Kunstdenkmale, elsässische u. lothring.

Wahn, Heinrich Oscar, s. Wahn, Oskar

WAHN, HERM., s. Hoch-Fürstl. Schleswig-Holst. General-Calender. 1724.

Wahn, Hermann, Kurtzgefassete // Teutsche // GRAMMATICA, // Oder // Ordentliche Grund-Legung // Der // Teutschen Sprach-Lehre. // Worinn die beyden Haubt=Theile derselben // Etymologia und Syntaxis, auf eine so deutliche und // richtige Methode vorgetragen / daß dadurch so wohl // der Teutschen Jugend als andern so die itzt übliche // Teutsche Sprache gründlich verstehen und richtig ge- //brauchen zu lernen gedencken / nicht allein zulängliche // Mittel und Wege dazu gezeiget / sondern sie auch einen // allgemeinen Begriff von Sprachen erlangen / und her- //nach eine jede beliebige derselben desto eher und ge- //wisser fassen und erlernen können. // Aus Liebe zum gemeinen Besten mit // Fleiß zusammen getragen / auch mit vielen Exempeln/ // Anmerckung- und Erklährungen durchgehends // erläutert und ausgefertiget // Von // HERMAN Wahn / Hamb. // Hamburg / in Verlegung des Autoris und bey dem- //selben / wie auch bey Berend Andreas Wodarch auf der Schulen// zu St. Catharinae zu bekommen. // Gedruckt bey Philipp Ludwig Stromer. - 12 Blatt (nicht paginiert) Titelblatt, Widmung (d.d. Hamburg, den 2o Aug. 1723) und Vorrede. - 184 S.
B. S. T. 8°.751/1.

Wahn, Hermann, Teutsche // ORTHOGRA- //PHIA // Und // ORTHOTONIA, // Oder // Gründliche Anweisung // zum Recht-Schreiben / Recht=Buch- //stabiren / und theilen der Wörter :// Wie auch // zum rechten Sylben- und Wort-Ton oder // Accent beym Lesen: // Item zum rechten Gebrauch der Theilungs= //Zeichen und deren Länge. // Alles mit nöhtigen Anmerckungen // erklähret und der deutschen Schuel-Jugend // Insonderheit aber seinen untergebenen Disci- //pulis der Hamburgischen Schuel // Zu Dienst abermahl heraus gegeben / verbessert /// und vermehret // Von // HERMANN Wahn /// Schol. Joh. Adjunct. // HAMBURG, gedruckt ney Philip Ludwig Stromer. - 64 S.
B. S. T. 8°.751/2.

Wahn, Johann Albert (Roslau) A. S. 1376/5

Sigillaria hominibus data.
Präs. Johann Gottfried Hoer.
Wittenberg (Gerdes) 11. X. 1727. 16 S.
35662

Wahn, Johann Dietrich (Hamburg) A. S. 569/45

Dissertatio inauguralis iuridica de poenis secundarum nuptiarum genuinis ac spuriis.
Präs. Johann Samuel Friedrich Boehmer.
Frankfurt/O. (Winter) 16. XII. 1758. 28 S.

Gew.: Stadt Hamburg.
W. v.: Präs., Jo. Gottl. von Hackeman, Johann Friedrich Polac, W. B. A. von Steinwehr, Friedrich Wilhelm von Arnim (Opp.), Georg Friedrich Boehmer (Opp.).
35663

Wahn, Johannes [aus Kösen a. S.]: Kritik der Lehre Lotzes von der menschlichen Wahlfreiheit ... Halle a. S., Heynemann'sche Buchdr. (F. Beyer), 1888; 57 + 1 S. + 1 Bl. 8⁰
Halle, Phil. Fak., Inaug.-Diss. v. [26. Nov.] 1888.

Wahn, M., s.: Kunstdenkmäler, elsäss. u. lothring.

Wahn, Moritz: Über das Auftreten von Psychosen nach Influenza. Kiel: Schmidt & Klaunig 1903. (38 S.) 8⁰
Kiel, Med. Diss. v. [4. Sept.] 1903.

Wahn, *Heinrich* Oscar [aus Cöthen i. Anh.]: Über die operative Therapie bei Carcinom des graviden Uterus im Anschl. an zwei Fälle aus d. Halle'schen Klinik ... Halle a. S., Hofbuchdr. v. C. A. Kaemmerer & C., 1896; 51 S., 1 Bl. 8.
Halle, Med. Fak., Inaug.-Diss. v. 5. März 1896

Wahn, Richard [aus Coethen i. Anh.]: Über einen Fall von primärem Carcinom des corpus uteri mit secundären Carcinomen der vagina.... Halle a. S., Hofbuchdr. v. C. A. Kaemmerer & Co., 1890: 23 + 1 S. + 1 Bl. 8⁰
Halle, Med. Fak., Inaug.-Diss. v. 4. Jun. 1890

Wahneau, John [aus Hamburg]: Ein Fall tödtlicher Fettembolie .... Halle a. S., Hof-Buchdr. v. C. A. Kaemmerer & Co., 1886; 44 S. 8⁰.
Halle, Med. Fak., Inaug.-Diss. v. 2. Jul. 1886.

Wahneau, John, ein Fall tödtlicher Fettembolie. Diss. Halle 1886, Lippertsche Buchh. 8⁰. 44 S.

Wähneldt, Herrm. Rud., die Adler-Mühle in Berlin. (Construirt von der Maschinenbauanstalt der k. Seehandlung zu Moabit bei Berlin.) Hrsg. von F. C. H. Wiebe. 5 Blatt. Roy.-Fol. (10 S. Text in Lex.-8.) Berlin 847, C. Heymann. *

—— potsdamer Dampf-Mahlmühle mit 8 Gängen. (In den Werkstätten der Seehandlung zu Moabit erbaut.) Hrsg. von F. C. H. Wiebe. 5 Blatt. Roy.-Fol. Berlin 847, C. Heymann. *
Letztere zwei aus: Archiv für Mühlenbau von Wiebe, besonders zu haben.

Wahnelt, Osk., Kindersprache u. Altersmundarten. Eine Untersuchg. (48 S.) gr. 8. München 910. M. Kellerer. 1. —

Wahner, E., zur Abfertigung Falch's, welcher sich einbildet, meine Schrift: Friedrich der Große hat in Oppeln nicht unter der Maischbütte gesteckt, widerlegt zu haben. Nebst neuen Dokumenten gegen sein Machwerk. Oppeln (Breslau) 862. Clar. 8. (29 S.) 2½ ngr.

Wahner, E.: Ein Beitrag zur Geschichte Oppelns aus dem poln. Erbfolgekriege (1733-1738) und noch einmal der Bolkoweg oder die Kaiserstrasse bei Oppeln. 6 S. und Karte. -- Oppeln, Progr. 1870.

Wahner, E., Friedrich der Große hat in Oppeln nicht unter der Maischbütte gesteckt. 8. (23 S.) Oppeln 861, Clar.

Wahner: Das Marsch-Carree in Xenophons Anabasis III. 4, 19-23. 7 S. -- Oppeln, Progr. 1865

Wahner, Ed. Zur Geschichte Jacob I., Königs von Großbritannien und Irland. I. 16 S. — II. 14 S.
Oppeln, Progr. 1857, 1859.

Wahner, Ernst [Oberl. Prof. Dr.]: Zur Geschichte der Stadt Oppeln. Oppeln, Druck v. E. Raabe, 1890; S. 1–12; 4⁰
Oppeln, k. kath. G, OP 1890

Wahner, Ernst, Ist der heilige Adalbert, Bischof von Prag, auf seiner Missionsreise zu den heidnischen Preußen oder vielleicht ein andermal in Oppeln gewesen? Ein Beitrag zur Geschichte des genannten Heiligen. 8. (88 S.) Oppeln [Gera] 868, Neisewitz. *

Wahner, Ern. (geb. Ogen in Oberschles. 30. 9. 1821): De Achaeorum foederis origine atque institutis. Berolini 1854. (47 S.) 8⁰
Berlin, Phil. Diss. v. 30. Jan. 1854

Wahner, Ernest., de Achaeorum foederis origine atque institutis. 8maj. (49 S.) Glogoviae 854, Flemming's Sortimentsh. *

Wahner, Ernst Wie die Oppelner Jesuiten in den Besitz der Parochie zu Deutsch-Piekar mit dem sogenannten Gnadenbilde gelangt sind. 1675—1678. 14 S. **Progr.** *Oppeln* 1878.

Wahner, F., Aufgaben aus der deutschen Prosalektüre der Prima, s.: Prohasel, P.

Wahner, Joseph [aus Wirrwitz]: Dichtung und Leben des Minnesängers Rudolf von Rotenburg ... Greifswald, Druck v. J. Abel, 1892; 2 Bl., 116 S. 8.
Breslau, Phil. Fak., Inaug.-Diss. v. 6. Juli 1892

Wahner, Jos., Dichtung u. Leben des Minnesängers Rudolf v. Rotenburg. Diss. gr. 8. (114 S.) Greifswald 892. (Breslau, L. Köhler.) n. 1. --

Wahner, Jos. Geo., Wanderjahre. Gedichte. 8. (92 S.) Leipzig 896. R. Claußner. 2. 75; geb. n. 3. 50

Waehner, And. Ge., Antiquitates Ebraeorum de Israeliticae gentis origine, fatis, rebus sacris civilibus et domesticis, fide etc. II Vol. 8. Götting. Vandenhök et R. 743.

Wahner, A. G., de festo encaeniorum judaico. Helmst. 1715. 4.

Waehner, Andreas Georg [Praes.], s. Gesenius, August: De prunis in capite inimici.

Wähner, Andr. Geo., († d. 21. Febr. 1762.) der griechischen Sprache deutsche Grammatica. 8. Wolfenb. 715. Neue Aufl. unt. d. T.: gründl. Grammatik der griechischen Sprache rc. 8. Ebd. 751. Meißner. (Albrecht). 8 gl.

— gründl. Grammatik d. griechischen Sprache. 8. Wolfenbüttel, Meißner. (Albrecht.) 751.

— gründl. Grammatik d. hebräischen Sprache. 8. Gotting. Cuno. 735.

Wähner's, A. G., Grammatik der griechischen Sprache. Wolfenb. 758. 8. 8 gr.

* Waehner, Andr. G., Pr. de Eudorensi praestigiatrice. Gotting. 738. 8.

Waehner, C. [approb. Arzt]: Beitrag zur Pathologischen Anatomie der Basedow'schen Krankheit. Mit Abbildungen .... Vorgelegt 1879 .... Berlin C. & Neuwied, Heuser's Verl. (Louis Heuser), 1885; 30 S. u. 1 Doppeltaf. 8⁰.
(Nur in beschränkter Anzahl für den Austausch.)
Freiburg i. B., Med. Fak., Inaug.-Diss. v. 1885.

Waehner, C., Beitrag zur pathologischen Anatomie der Basedow'schen Krankheit. Mit Abbildgn. (1 Steintaf.). gr. 8. (26 S.) Neuwied 886. Heuser's Verl. n. 1. 20

Waehner, C., historisch-kritische Uebersicht über die Hageltheorien, und eine Zusammenfassung des Status quo der letzten Theorien mit Berücksicht. wissenschaftl. festgestellter Thatsachen. [Nieuwe Verhandelingen van het Bataafsch Genootschap der proefondervindelijke wijsbegeerte te Rotterdam. Reeks: 2. deel, 2. stuk.] gr. 4. (90 S.) Rotterdam 877, van Hengel und Eltjes. cart. *

Wähner, Frz. Beitrag zur Kenntniss der tieferen Zonen d. unteren Lias in den nordöstlichen Alpen, s. Beiträge zur Palaeontologie Oesterreich-Ungarns etc. 8. Bd.

Wähner Franz: Das Erdbeben von Agram am 9. November 1880 (mit 2 Karten, 2 Taf. and 17 Holzschnitten). S. 88. I. 15 . . . .
Separatabdruck

Wähner, Frz., das Erdbeben v. Agram am 9. Novbr. 1880. [Mit 2 Karten, 2 Taf. u. 17 Holzschn.] Lex.-8. (332 S.) Wien 883. Gerold's Sohn.) n. 7. —

Wähner, Frz., das Sonnwendgebirge im Unterinnthal. Ein Typus alpinen Gebirgsbaues. Hrsg. m. Unterstützg. der Gesellschaft zur Förderg. deutscher Wissenschaft, Kunst u. Literatur in Böhmen. 1. Thl. Mit 96 Abbildgn., 19 Lichtdr.-Taf. u. 1 geolog. Uebersichtskarte. gr. 4. (XII, 356 S.) Wien 903. F. Deuticke. n. 35. —

Wähner, Th. Beitrag zur Methodik der Gruppenrechnung. 1894.

Wähner Theodor: Bestimmungen der Magnetisierungszahlen von Flüssigkeiten. S. 96. II. 85 . . . .
Separatabdruck

Wähner, Th., Bestimmungen der **Magnetisirungszahlen** v. Flüssigkeiten. [Aus: „Sitzungsber. d. k. Akad. d. Wiss."] Lex.-8. (11 S.) Wien 887. (Tompsky.) n.n. — 25

Wahnschaff, Hermann Wilhelm, a. Hamburg: Der Selbstabschluss und die Doppelvertretung im heutigen Recht. Jena 1907 (Hamburg: M. Saldorf). (41 S.) 8°
Jena, Jur. Fak., Ref. Thon, Diss. v. 14. Okt. 1907
[Geb. 7. Mai 84 Hamburg; Wohnort: Hamburg; Staatsangeh.: Hamburg; Vorbildung: Wilhelms-Gymn. Hamburg Reife O. 04; Studium: Rostock 1, München 2, Berlin 1, Jena 2 S.; Rig. 31. Juli 07.]

Wahnschaff, Th. Beiträge zur Laubmoosflora der Umgegend v. Hamburg, s. Timm, C. T.

Wahnschaffe, Felix

Wahnschaffe, F., Anleitung zur wissenschaftlichen Bodenuntersuchung. Mit 47 Textabbildgn. gr. 8. (VIII, 158 S.) Berlin 887. Parey. geb. n. 4. —

Wahnschaffe, Fel., Anleitung zur wissenschaftlichen Bodenuntersuchung. 2., neubearb. Aufl. (VIII, 190 S. m. 54 Abbildgn.) gr. 8. Berlin 903. P. Parey. Geb. in Leinw. n. 5. —

Wahnschaffe, Felix: Beitrag zur Lössfrage. ([S.-A.] Jahrbuch der Königlich Preussischen Geologischen Landesanstalt für 1889. S. 328—346.) Berlin 1890. 19 S. 8°.

Wahnschaffe, Felix: Bemerkungen zu dem Funde eines Geschiebes mit Pentamerus borealis bei Havelberg. ([S.-A.] Jahrbuch der Königlich Preussischen Geologischen Landesanstalt für 1887. S. 140—149.) Berlin 1888. 10 S. 8°.

Wahnschaffe, Fel., Bericht über gemeinsame Begehungen der diluvialen Ablagerungen im ausseralpinen Rheingebiete im April 1907. (S. 462—506.) Lex. 8. Berlin (N. 4. Invalidenstr. 44) 907. Vertriebstelle der kgl. geolog. Landesanstalt. nn 1.40
Sonderabdr. aus: „Jahrb. d. preuss. geol. Landesanst."

Wahnschaffe, Felix: Die lössartigen Bildungen am Rande des norddeutschen Flachlandes. ([S.-A.] Zeitschrift der Deutschen Geologischen Gesellschaft. Jahrg. 1886. S. 353—369.) Berlin 1886. 17 S. 8°.

— Grosse erratische Blöcke im norddeutschen Flachlande, s.: Charakterbilder, geologische. 2. Heft.

Wahnschaffe, Felix: Die agronomisch-geologische Bodenaufnahme und ihre Benutzung für den landwirtschaftlichen Betrieb. (Berlin 1898.) 14 S. 8°.

Wahnschaffe, Fel., geologisch-agronom. Darstellung d. Umgeb. v. Geisenheim a. Rhein, s.: Leppla, A.

— Die Eiszeit in Norddeutschland. Allgemeinverständlich dargestellt. (48 S. m. 6 Abbildgn. im Text u. auf 1 Taf.) 8. Berlin 910. Rich. Müller. 1. —

Wahnschaffe, Felix: Ergebnisse einer Tiefbohrung in Niederschönweide bei Berlin. ([S.-A.] Zeitschrift der Deutschen Geologischen Gesellschaft. Jahrg. 1893. Bd. 45. Heft 2. S. 287—293.) (Berlin 1893.) 7 S. 8°.

Wahnschaffe, Felix: Zur Frage der Oberflächengestaltung im Gebiete der baltischen Seenplatte. ([S.-A.] Jahrbuch der Königlich Preussischen Geologischen Landesanstalt für 1887. S. 150—163.) Berlin 1888. 14 S. 8°.

Wahnschaffe, Felix: Ueber zwei neue Fundorte von Gletscherschrammen auf anstehendem Gestein im norddeutschen Glacialgebiete. (Zeitschrift der Deutschen Geologischen Gesellschaft. Jahrg. 1893. S. 705—709.) (Berlin 1893.) 5 S. 8°.

Wahnschaffe, Felix: Ueber einen Grandrücken bei Lubasz. ([S.-A.] Jahrbuch der Königlich Preussischen Geologischen Landesanstalt für 1890. S. 277—288.) Berlin 1892. 12 S., 2 Tf. 8°.

Der Grunewald bei Berlin, s. Geologie, Flora u. Fauna gemeinverständl. dargest. von Dr. F[elix] **Wahnschaffe**, Prof. zu Berlin, Dr. P[aul] Graebner, Custos, Prof. Dr. Fr[iedrich] Dahl, Custos. Mit e. Anh.: Kultureinflüsse auf Sumpf u. Moor von Dr. H[enry] Potonié, Prof. Mit 10 Abb. Jena: G. Fischer 1907. (56 S.) 8° [F.] [07. 10431

Unsere Heimat zur Eiszeit. Allgemeinverständl. Vortrag, geh. in d. deutschen Ges. f. volkst. Naturkunde zu Berlin ... 1896 v. Dr. Felix Wahnschaffe, kgl. Landesgeologe ... M. 4 Abb. ... *Berlin: R. Oppenheim 1896.* (31 S.) 1 Bd 8. [96. 7865

Wahnschaffe, Fel., unsere Heimat zur Eiszeit. Allgemeinverständl. Vortrag, geh. in d. deutschen Gesellschaft f. volkstüml. Naturkunde zu Berlin am 12. Febr. u. in der Berliner Gewerbe-Ausstellg. am 4. Juli 1896. gr. 8. (31 S. m. 4 Abb.) Berlin 896. G. Schmidt. n. — 75

Wahnschaffe (F.), Das Gifhorner Hochmoor bei Triangel. 4°
Aus: Naturwiss. Wochenschrift. N. F. Bd 3, No 50. 1904.

Wahnschaffe, F., die Lagerungsverhältnisse des Tertiärs u. Quartärs der Gegend v. Buckow, s. a. Abhandlungen der königl. preussischen geologischen Landesanstalt.

Wahnschaffe, Felix: Die Lagerungsverhältnisse des Tertiärs und Quartärs der Gegend von Buckow. Mit 4 Tafeln. ([S.-A.] Jahrbuch der Königlich Preussischen Geologischen Landesanstalt für 1893.) Berlin 1894. 32 S.
— Abhandlungen der Königlich Preussischen Geologischen Landesanstalt. Neue Folge. Heft 20. 8°.

Wahnschaffe, Felix: Mittheilung über Ergebnisse seiner Aufnahmen in der Gegend von Obornik in Posen. ([S.-A.] Jahrbuch der Königlich Preussischen Geologischen Landesanstalt für 1896. S. LXXVII—LXXXV.) Berlin 1897. 9 S. 8°.

Wahnschaffe, Felix: Mittheilungen über das Glacialgebiet Nordamerikas. 1. Die Endmoränen von Wisconsin und Pennsylvanien. (Zeitschrift der Deutschen Geologischen Gesellschaft. Jahrg. 1892. S. 107—122.) Berlin 1892. 15 S. 8°.

Wahnschaffe, Felix: Mittheilungen über das Quartär am Nordrande des Harzes. (Zeitschrift der Deutschen Geologischen Gesellschaft. Jahrg. 1885. Bd. 37. Heft 4. S. 897—905.) Berlin 1885. 9 S. 8°.

Wahnschaffe, Fel. Oberflächengestaltung d. norddeutschen Flachlandes, s. a. Forschungen zur deutschen Landes- u. Volkskunde.

— Die Oberflächengestaltung des norddeutschen Flachlandes. Auf geolog. Grundlage dargestellt. Mit 24 Beilagen u. 39 Textabbildgn. 3., neu bearb. u. verm. Aufl. Zugleich 3. Aufl. v. „Forschungen zur deutschen Länder- u. Volkskunde" Bd. VI. Heft 1. (VIII, 405 S.) gr. 8. Stuttgart 909. J. Engelhorn Nachf. 10. —; geb. 11. —

Wahnschaffe, F., die Quartärbildungen der Umgegend v. Magdeburg, s.: Abhandlungen zur geologischen Specialkarte v. Preussen u. den Thüringischen Staaten.

Wahnschaffe, F., Untersuchungen d. Bodens der Umgegend v. Berlin, s.: Laufer, E.

— die Ursachen der Oberflächengestaltung d. norddeutschen Flachlandes, s. a. Forschungen zur deutschen Landes- u. Volkskunde.

Wahnschaffe, Felix: Die Ursachen der Oberflächengestaltung des Norddeutschen Flachlandes. Mit 5 Lichtdrucktafeln und 25 Textillustrationen. Stuttgart 1891. 166 S. = Forschungen zur deutschen Landes- und Volkskunde. Bd. 16. Heft 1. 8°.

— **die Ursachen der Oberflächengestaltung des norddeutschen Flachlandes. Mit 9 Beilagen u. 33 Textillustr. 2. völlig umgearb. u. verm. Aufl. Zugleich 2. Aufl. v. „Forschungen zur deutschen Landes- u. Volkskunde" VI. Bd. 1. Hft. gr. 8. (V, 258 S.) Stuttgart 901. J. Engelhorn. n. 10. —**

— die geologischen Verhältnisse der Umgegend v. Rathenow. Mit einigen allgemein-geolog. Vorbemerkungen. Vortrag, geh. im Bildungsverein zu Rathenow am 29. Octbr. 1885. Mit 1 Karte in Steindr. u. 2 Zinkogr. gr. 8. (28 S.) Rathenow 886. Babenzien. n. 1. —

Wahnschaffe, Fel. Die geolog. Verhältnisse der Umgegend von Rathenow. gr. 8. Rathenow 885, E. Meyer. [* 1 —] * — 60

Wahnschaffe, Felix: Ueber das Vorkommen von Glacialschrammen auf den Culmbildungen des Magdeburgischen bei Hundisburg. ([S.-A.] Jahrbuch der Königlich Preussischen Geologischen Landesanstalt für 1898. S. 52—65.) Berlin 1899. 14 S., 1 Tf. 8°.

Wahnschaffe, H., s.: Schul-Kalender f. d. Reg.-Bez. Magdeburg.

Wahnschaffe, M., Inhalts-Verzeichniss zur Berliner entomologischen Zeitschrift, s.: Zeitschrift.

Wahnschaffe, Max, Verzeichniss der im Gebiete d. Aller-Vereins zwischen Helmstedt u. Magdeburg aufgefundenen Käfer. gr. 8. (V, 455 S.) Neuhaldensleben 883. Eyraud. n. 6. —

Wahnschaffe, Urban

— **u. P. Zimmermann,** Album des herzogl. Gymnasiums (der herzogl. grossen Schule) zu Wolfenbüttel 1801—1903. 2. Ausg. (VIII, 196 S. m. 2 Bildnistaf.) gr. 8. Wolfenbüttel 903. (J. Zwissler). Kart. n. 2. 50
Bildet e. Ergänzung u. Fortsetzung des v. Fr. Koldewey 1877 erschienenen Albums.

Wahnschaffe, Urban. Das Herzogthum Kärnten u. seine Marken im XI. Jh. Klgft., Bertschinger & Heyn, 1878. 93 S.

Wahnschaffe, Urban [Oberl. Dr.]: Das Turnen am Wolfenbütteler Gymnasium '(1828—1892)'. Wolfenbüttel, gedr. bei O. Wollermann, 1892; 36 S. 4.
Wolfenbüttel, herz. G, OP 1892 (696)

Wahnschaffe, U[rban], Prof. Dr.: 75 Jahre Turnen am Gymnasium zu Wolfenbüttel 1828—1903. *Wolfenbüttel 1903: R. Angermann.* (50 S.) 8° ¶[Vgl. P-Beil. 1892.]
Wolfenbüttel, herz. G, OP 1903 (799)

Wahnschaffe, U., 75 Jahre Turnen am Gymnasium zu Wolfenbüttel 1828—1903. Progr. (50 S.) gr. 8. Wolfenbüttel 903. (J. Zwissler). Kart. n. 1. —

Wahnsinn aus Liebe. Lstspl. 8. Straßb. 789. Academ. Buchh. 4 K

Wahnsinnige, der, s. Eisenbahn- u. Unterhaltungsbibliothek, deutsche.

Wahnsinnige, die, oder ein Opfer der Liebe und des Verbrechens. Erzählung aus der Gegenwart vom Verf. von „Nelly oder die Kettengefährten" rc. 3 Bde. in 20 Lfgn. gr. 8. (960 S.) Berlin 869,70, Heidemann und Comp. à Lfg. 30 Pf.

— die, vom rothen Sumpf oder die Tochter des Mörders. Roman vom Verf. von „Nelly oder die Kettengefährten", „drei Frauen" rc. Berlin 868. Hinze & v. Nickisch. gr. 8. (640 S. mit 10 Holzschntaff.) 1 ₰ 20 ngr.

Wahnvier, F. J., die galanten Krankheiten, mit ihren Vorboten, Kennzeichen u. Folgen; üb. ihre Heilart, u. d. Vorsichtsmaßregeln um sich vor Ansteckung zu schützen. 8. (1½ B.) Leipzig 835, (Reimann. ?) *

Wahoda, Jan, es giebt ein Fatum. 8. Leipz. 844, Brauns. ½ ₰

Maria Theresia, Römische Kaiserin: Standrede beym Grabe Marien Thereesiens. Gehalten in der Trauerloge Kasimir, zu den 3 gekrönten Sternen, und 3 gekrönten Säulen [in Prag] vom Br. C. Fr. **W[ah]r.** Den 17ten/XII M. 5780. [Prag 1780.] 8 Bl. 4° [Umschlagtit.]
Kl. 1346 a. Selten. — Üb. Maria Theresia s. Allgem. Deutsche Biographie Bd 20 1884 S. 340—365 (v. Arneth); Dorschel: Maria Theresia's Staats- und Lebensanschauung 1908.

Wahr, F., das Ende e. Königin, s.: Familien-Bibliothek.

Wahr, F., Radikal, s. Familien-Bibliothek.

Wahr, G. S., Der Reigentanz oder die Quadrille, m. dtsch. Bezeichnungen, 2. Aufl., Leipzig, 22 S., 16°.

Standrede beim Grabe Joseph des Zweiten. Gehalten in der Trauerloge der sämtlich versammelten Brüder der ehrw. drei Logen zu Prag vom Br. K. F. W[ahr]. Prag: Schönfeld-Meissner 1790. 30 S. 8° MLB. Brünn.

Wahr, Konrad [Pseud.], s. Stern, Theodor

†Wahr, Kühnhold [Jul. Türk], s. Kainz, Joseph.

Wahren, Joan. (geb. Rossleben 1823): De menstruatione. Berolini (1845). (31 S.) 8°
Berlin, Med. Diss. v. 30. Okt. 1845

Wahren, Max, s.: Linguist.

WAHRENBERG, Jocoserius (ps.), Neueröffnetes Heyraths-Cabinet, worinnen freyledige Personen beyderley Geschlechts ihr bevorstehendes Heyraths-Glück zum angenehmen Zeitvertreib erforschen können. Sorau, Hebold, 1757. 8°. (2 Mk. 50 Pfg. G. Priewe, 1895; 2 Mk. Bernh. Liebisch, 1910.)

— — Dasselbe. 2. Aufl. Ibid. 1763. 8°.
Cat. Meissner; Weller, Lex. Ps. p. 600.

Wahrenburg, Constant. v., Die glückseeligste Insul auf der gantzen Welt, oder das Land der Zufriedenheit. 8°. Nürnberg, Monath, 1723.

Während der Fahrt. Illustrirte lust. Reiseblätter. Redact.: Berth. Spitzer. 1. Jahrg. Mai 1891—April 1892. 12 Hefte. gr. 8. (1. Heft 37 S.) Wien. (Lpz., Heitmann.) à Heft * — 50
Nur 1. Heft erschienen.

Während der drei Umgänge. [Hamburg 1829.] 1 Bl. 8° [Kopftit.]
8 Lieder ohne Noten.

Wahrendorf, Adolf [aus Hannover]: Beitraege zur Kenntnis der Chinolin-ana-sulfonsaeure und der Tetrahydrochinolin-ana-sulfonsaeure ... Freiburg i. B., Buchdr. v. Chr. Ströcker, 1892; 48 S., 1 Bl. 8.
Freiburg i. B., Phil. Fak., Inaug.-Diss. v. 1892

Wahrendorf, Dav. Otto, 2 Betrachtungen v. d. Wirkungen d. Natur u. Gnade, b. d. Tode, u. d. Seele nach d. Tode. 8. Hamb. Herold. 747.

— de resurrectione speciatim Jobi cum sotere facta, ad finem libri Jobi secund. LXX. meditationes. 4. Götting. Vandenhök et R. 738.

Wahrendorf, Dav. Otto, († ...) Vertheidigung einiger Grundwahrheiten d. evangel. Bekenntnisses. 4. Hamb. 750. Herold. 16 ℛ

Wahrendorf, Fritz [aus Hannover]: Ein Fall von Carcinom der Tibia und des Unterschenkels in einer alten Nekrosennarbe ... Greifswald, Druck v. J. Abel, 1893; 48 S. 8.
Greifswald, Med. Fak., Inaug.-Diss. v. 1. Juli 1893

Wahrendorf, Johann Christoph (Hannover) A. S. 1177/14

Meteorologia animalium brutorum.
Präs. Rudolph Christian Wagner.
Helmstedt (Hamm) 1702. 16 Bl.

Gew.: Johann Peter Renner, Justus Christoph Wahrendorf (Onkel). 35665

Wahrendorf, Joh. Pet., Liegnitzische Merkwürdigkeiten. 8. Altenb. Drachstädt. 724.

Wahrendorff. Erich [pract. Arzt aus Anclam]: Fibromyome und Carcinome des Uterus .... Berlin, Buchdr. v. Gustav Schade (Otto Francke) (1887); 27 + 1 S. + 1 Bl. 8°.
Berlin, Med. Fak., Inaug.-Diss. v. 12. Jan. 1887.

Wahrendorff, Erich, Fibromyome und Carcinome des Uterus. Diss. Berlin 1887, Mayer & Müller. 8°. 27 S.

Wahrendorff, J. P. Lignitzische Merkwürdigkeiten od. histor. Beschreibung der Stadt u. des Fürstenthums Lignitz. 8. Budissin 1724.

Wahrendorff, Johann Christoph (Hannover)
A. S. 1353/16

De siglis. Präs. Ernst Salomon Cyprianus.
Helmstedt (Hamm) V. 1700. 24 S.

Gew.: Ludolph Hugo. 35664

Wahrendorff, Johann Peter (Liegnitz) A. S. 1163/7

Disputatio inauguralis medica de caloris nimii damno.
Präs. Justus Vesti.
Erfurt (Grosch) 13. I. 1706. 8 Bl.

Gew.: August Quirinus Rivinus. 35666

Wahrendorff, Rudolf [app. Arzt aus Ilten]: Zwei Fälle von Paramyoclonus multiplex ... Göttingen, Druck d. Dieterichschen Univ.-Buchdr., 1892; 23 S. 8.
Göttingen, Med. Fak., Inaug.-Diss. v. [13. Jan.] 1892

Wahrendorff, Rud., zwei Fälle v. Paramyoclonus multiplex. Diss. gr. 8. (23 S.) Göttingen 892. (Vandenhoeck & Ruprecht.) n. — 60

Wahrendorp, Emil, Katholizismus als Fortschrittsprinzip? Mit e. off. Briefe an Hrn. Dr. Hermann Schell, Professor d. Apologetik u. derz. Rektor d. Universität Würzburg. gr. 8. (56 S.) Bamberg 897. Handels-Druckerei u. Verlagsh. n. — 60

— dasselbe. 2., erweit. u. veränd. Aufl. gr. 8. (96 S.) Ebd. 897. n. 1. —

Wahrenholz [Schlagwort]

Wahrenholz, s.: Preussen. Messtischblätter.

Wahrenholz [Verfasser]

Wahrenholz, Karl, pr. Arzt, Assistenzarzt am Röchling'schen Krankenh. zu Völklingen: Aus d. chir. Klin. zu Breslau. 'Über die Nabelgeschwülste unter Mitteilung eines Falles von Cholesteatom des Nabels.' Breslau 1908: Gutsmann. 19 S. 8°
Breslau, Med. Diss. v. 30. Nov. 1908, Ref. Küttner
[Geb. 15. Dez. 74 Mittelwalde, Kr. Habelschwerdt; Wohnort: Völklingen; Staatsangeh.: Preußen; Vorbildung: Gymn. Schweidnitz Reife O. 94; Studium: Tübingen 2, München 4, Breslau 11 S.; Coll. 26. Nov. 08; Approb. 27. Apr. 07.] [U 09. 577

Wahrhausen, Josef [approb. Arzt aus Hildesheim]: Zur Statistik der Carcinome des Gesichts ... Hildesheim, Druck v. H. Fünfstück, 1885; 16 S. 8°
Würzburg, Med. Fak., Inaug.-Diss. v. 1885.

Wahrhausen, Josef, zur Statistik der Carcinome des Gesichts. Diss. Würzburg 1885, Stahelsche Univ.-Buchh. 8°. 16 S.

Wahrheim, Thdr., Brauhaus, Bierhalle u. Felsenkeller oder kurzer Unterricht zur Kenntniß u. Würdigung der Biere u. der Verbesserung kranker Biere. 8. (36 S.) Meißen 847, Klinkicht & Sohn. 6 ngl.

WAHRHEIM, Theodor (ps.), Der schöne Fritz, einer der merkwürdigsten Menschen der neuesten Zeit, oder die Wege des Verhängnisses. Schilderung seines Lebens als Räuber, Delinquent, Restaurateur, Insurgent, Apotheker, Arzt, Pferdehändler, Legionär in der Türkei und Krim und Abenteurer (als Goldwäscher u. Capuziner) in Californien. Nach eigenen Aufzeichnungen. 2 Bde. Dresden 1858. 8°.
Weller, Lex. Ps. p. 600.

Wahrheit

— die, od. Antwort auf die Anton Nittel'sche Broschüren „Los v. Prag u. Rom", s.: Volksaufklärung.

An die **Wahrheit.** [Gotha 1792.] 1 Bl. 8° [Kopftit.]
Gedicht: „Hör' uns Wahrheit, wenn wir hier auf Erden ..."

Die **Wahrheit.** Eine katholische Stimme aus Böhmen. Prag: Rahljček 1849. 4°

Die **Wahrheit.** Eine katholische Stimme aus Böhmen. Prag: Credner u. Kleinbub [um 1850]. 4°

Wahrheit, die. Wochenschrift f. Leben u. Lehre im Judenthum. Red.: D. Mendel. Jahrg. 1871 u. 1872 à 52 Nrn. (à 1—1½ B.) gr. 8. Prag, Silber & Schenk. à Jahrg. n. 8. —

—— dass. — 2. Jahrg. 1872. 52 Nrn. (Bog.) gr. 4. Prag, Steiner. *

Die Wahrheit : Band 1, no. 1 - 26, Jan. 6 - June 30, 1871.
Jewish weekly, printed in German. Sub-title: Zeitschrift für freie Menschen. Contains literary, political and religious [Reform] material, decidedly anti-Roman Catholic. Octavo, each issue 16 pages; title page and contents printed. Edited by Dr. S. H. Sonnenschein, & published by Friedrich Roeslein.
St. Louis, MO

Wahrheit. – Die Wahrheit. –
Breslau. – 7.V.1876 – 20.X.1878.

Wahrheit, die. Humoristisch-satyr. Wochenblatt. Red.: H. de Grousilliers. 1—3. Jahrg. 1880—1882. à 52 Nrn. (1½ B. m. eingedr. Illustr.) Fol. Berlin, M. Schulze. à Jahrg. n. 8. —

—— die. Redact.: W. Kase. 4. und 5. Jahrg. 1883 und 1881. à Jahrg. 52 Nrn. (Bog. mit Illustr.) gr. 4. Ebendas. à Jahrg. *

Wahrheit, die. Ein deutsch-nationales, satir. Zeit- und Streitblatt. Redact.: A. de Grousilliers. 6. Jahrg. 1885. 52 Nrn. (Bog. mit Illustr.) gr. 4. Berlin, M. Schulze. *

Wahrheit. Sozialdemokratisches Organ. Jg. 1–4. Wien: Administration 1881–1885. 4°
Red.: F. Dorsch.

Wahrheit: Die Wahrheit (Zh I)
⑤ 1882 ⑧ Zürich ⑩ Lempens, Journalist ⑮ Helvetische Typographia 1882, Nr. 31 und Nr. 40: «Die Wahrheit, angeblich Organ der Deutschen in der Schweiz, herausgegeben von Journalist Lempens in Zürich, ist nach kurzer Lebensdauer wieder eingegangen. v. auch «Der Deutsche» (Zh).

Die **Wahrheit**. Unabhängige Zeitschrift für jüdische Interessen. Jg. 1–54. Wien: Administration 1885–1938. 8°
Hrsg.: Jakob Bauer; sp. Ludwig Hirschfeld.

Die Wahrheit : Jahrgang 1 – 22, no. 26, Jan. 1889 - June 25, 1910.
Weekly edition of MILWAUKEE'R ARBEITER-ZEITUNG, 1889; of MILWAUKEE VOLKSZEITUNG, Jan. 1890 - Dec. 1892; and, of WISCONSIN VORWARTS, Jan. 1893 - June 15, 1910, with which it merged. Sub-title: Organ der Sozialdemokratischen Partei von Wisconsin.
Circulation: 1890, 2000; 1895, 3800; 1900, 6231; 1905, 8440; 1910, 10,000.
Errors in numbering: Note especially Jhg. 7.
Milwaukee, WI

Wahrheit (Truth). Journ. New York 1890. 20 Nrn.

Wahrheit, die. Ein polit. Märchen. Von ***. 8. (15 S.) Berlin 892. Deutsche Schriftsteller-Genossenschaft. n. — 50

— die. Hrsg. v. Chrph. Schrempf. 1. u. 2. Jahrg. Oktbr. 1893—Septbr. 1895. à 24 Nrn. (à ca. 2 Bog.) gr. 8. Stuttgart, F. Frommann. à Jahrg. n. 6. 40

Wahrheit, die. Hrsg. v. Chrph. Schrempf. 3. Jahrg. Oktbr. 1895—Septbr. 1896. 24 Nrn. (à ca. 3 Bog.) gr. 8. Stuttgart, F. Frommann. n. 7. 20; einz. Nrn. n. — 40

— die. Halbmonatschrift zur Vertiefg. in die Fragen u. Aufgaben d. Menschenlebens. Hrsg. v. Chrph. Schrempf. 4. Jahrg. Oktbr. 1896—Septbr. 1897. 24 Nrn. (à ca. 2 Bog.) gr. 8. Ebd. 898. n. 7. 20; einz. Nrn. n. — 40
Weiter nicht erschienen.

Wahrheit : Aug. 23, 1894 – Feb. 28, 1919.
Yiddish daily. 1894 – Nov. 10, 1905: DER TÄGLICHER HEROLD.
New York, NY

Die Wahrheit : Jahrgang 1 - 25, no. 1311, June 2, 1896 – July 19, 1921.
Independent weekly. Merged with MANITOWOC POST. Circulation: 1900, 1152; 1910, 1250; 1915, 1000; 1920, 1236. Edited & published by C. Otto Schmidt, June 1896 - Feb. 1906; by Louis A. Senglaub, Mar. - June 1906; published by C. Otto Schmidt, June – Dec. 1906; edited & published by Adolph Baier, Jan. 8, 1907 – May 1910; by Alexander M. G. Dusold, May 24, 1910 – July 1921.
Manitowoc, WI

Die **Wahrheit**. Hrsg.: Philipp Wasserburg. Jg. 1. München: Abt 1896. 8°
Anf. s.: Die katholische Bewegung in unseren Tagen.

— die. Hrsg.: Phpp. Wasserburg. 1. Jahrg. 1896. 24 Hfte. (à ca. 3 Bog.) gr. 8. München. Leutkirch, Joseph Bernklau. n. 8. —; einz. Hfte. n. — 50

— die. Hrsg.: Armin Kausen. 2. u. 3. Jahrg. 1897 u. 1898. 12 Hfte. (à ca. 3 Bog.) gr. 8. à Jahrg. n. 4. —; einz. Hfte. n. — 50

Wahrheit, die. Hrsg.: Armin Kausen. 5.—8. Bd. 1899—1902. à 12 Hfte. gr. 8. (à ca. 48 S.) Leutkirch, J. Bernklau. à Bd. n. 4. —

— die. Hrsg.: Armin Kausen u. v. 1905 an: Frz. Franzisß. 9.—11. Bd. 1903—1905. à 12 Hefte. (à ca. 48 S.) 8. Leutkirch [J. Bernklau]. München, Verlag d. Wahrheit. à Bd. n. 4. —

— dasselbe. Hrsg.: Frz. Franzisß. Jahrg. 1906. 24 Hefte. (à ca. 32 S.) 8. Ebd. n. 6. —

Die Wahrheit : 1901 - ? Philadelphia, PA
A "Kampfblatt" managed by Julius Weber.

Die Wahrheit. Freies Deutsches Wochenblatt. Jg. 1, No 1. Berlin: A. Leupold 1905. 2° [J.] (05. 13230)

— die. Freies deutsches Wochenblatt. Red.: Alfr. Leupold. 5. Jahrg. 1909. 52 Nrn. (à ca. 8 S.) 47×31,5 cm. Berlin, Verlag „Die Wahrheit". 4. 80

Wahrheit: Die Wahrheit (Zh II)
① Zeitschrift für Sozial- und Lebensreform, Heilkunde auf sozialer Grundlage (23. 3. 1905). Schweizer Volksstimme - Internationale Zeitschrift für Sozial- und Lebensreform, Heilkunde auf sozialer Grundlage. Organ Schweizer Bodenreformer und internationaler Völkerallgemeinwohlfreunde (April 1905—Juni 1905) ⑤ 23. 3. 1905—Juni 1905 ⑥ 8° ⑦ Monatsblatt ⑧ Bülach: Scheuchzer ⑩ Theodor Redler, Bülach ⑪ der Herausgeber ⑭ Be: L.

Wahrheit (Yid). v. 1 - 14, Nov. 11, 1905 - Feb. 28, 1919 New York, NY
Edited by L. E. Miller (1905 - 1914), I. Gonickmann (1914 - 19)

Wahrheit. Halbmonatsschrift f. Zeit- u. Streitfragen auf polit., sozialem, wissenschaftl. u. künstler. Gebiete. Hrsg. u. Red.: Ant. Martin (Mart. Boreos). 1. Jahrg. 1905. 2 Hefte. (à ca. 48 S.) Lex.-8. Wien, Verlag „Wahrheit" (A. Martin). à Hft. — 50
Erscheint nicht mehr.

— die. Unabhängige Zeitschrift f. jüd. Interessen. Hrsg.: J. Bauer. Chefred.: M. Löwy. Red.: Alois Kulka. Jahrg. 1907. 52 Nrn. (à ca. 12 S.) 31×24 cm. Wien (II/1, Novaragasse 27), Administration. nn 8. —
Nicht durch den Buchhandel zu beziehen.

Wahrheit, die. Red.: Vitus M. Hartig. 44. Jahrg. Oktbr. 1909—Septbr. 1910. 24 Hefte. (à ca. 32 S.) 8. Wahrheits-Verlag. 7. 20

— dasselbe. Kath. Kirchenzeitg. f. Deutschland. Red.: Jos. Holzner. Der Kirchenzeitg. 1. Jahrg. Der Wahrheit 45. Jahrg. Oktbr. 1910—Septbr. 1911. 24 Nrn. (à ca. 16 S.) Lex. 8. Ebd. 4. —

Wahrheit, Actenmässige, gegen die so rubricirte wahrhafte Erzählung ... einer ... mangelhaften Erzählung in Betreff des von der Hochfürstl. Öttingen-Spielbergschen Regierung ... verhängten Hausarrestes. O. O. 1768. V: *Auer, von.* (Holz)

— alte u. neue, aus d. Herzen eines Liebhabers göttlicher Weisheit. 8. Altona 787. Iversen. 10 gr

— Aufklärung, Licht. 3 Stck. 8. 795.

— auserlesene u. nützl., für vernünftige Leser. 8. Hamb. 775. Herold. 1 rf

— die, üb. Bischof Benno. Ein Freundeswort an Katholiken zum 16. VI. 1906. (24 S.) 8. Dresden (906). F. Sturm & Co. n. — 25

Wahrheit, die biblische, im Gegensatze zu den Verirrungen der Malerei. Aus den Analectis Juris Pontificii. 1857. (Abdr. aus der Augsburger Postzeitung.) Augsburg 858. Schmid. gr. 8. (64 S.) 6 ngr.

— die, üb. Bismarck. Ein offenes Wort an die deutsche Nation v. Balder, U. K. S. gr. 8. (164 S.) Leipzig 892. C. Minde. n. 2. —

— dasselbe. Eine Studie üb. die Geschichte der Friedrichsruher Fronde. Von Fürchtegott Peinlich, Registrator im Dienste der geschichtl. Wahrheit. 1.—4. unveränd. Aufl. gr. 8. (57 S.) Trier 892. Paulinus-Druckerei. n. — 50

— die, in der Bremsfrage. Ein Beitrag zur Sicherheit im Eisenbahnbetrieb. gr. 8. (37 S.) Hannover 885. Schmorl & v. Seefeld. n. — 50

Wahrheit, Die, über Cilli. Klgft., St. Josefs-Druck., 1895. 24 S.

— Denken u. Lehren, üb., sämmtl. Lehrern u. Predigern zugeignet. 8. Berlin, Decker. 776.

— Denken u. Lehren, über, sämmtl. Lehrern u. Predigern zugeeignet, (v. ... Riebe). 8. Berl. 778. Rottmann. 6 gr

Wahrheit und Dichtung. Riga 1787. V: *Österlein, Carl Heinrich.* (Ky) (R-N) (GGr)

— u. Dichtung, (v. Karl H. Oesterlein). 8. Riga 787. Hartknoch in Leipz. 12 gr

Wahrheit u. Dichtung, e. unterhalt. Wochenblatt f. d. Bürger u. Landmann, f. das J. 1811 u. 12. 8. Jena, Akadem. Buchh. (in Comm.) (à 20 gr.)

Wahrheit u. Dichtung, v. Ludwig Ernst Karl, Fürst u. Graf zu Sonnenstein. 8. Hanau, Schöneck. 815.

Wahrheit ohne Dichtung. Erzählungen aus meinem u. Anderer Leben. Hrsg. v. Heinrich v. L--m. 1. u. 2. Bdchn. 8. Neustadt a. d. O. 828, Wagner. [1. (17 B.) 18 Gr., 2. (22½ B.) 1 Thlr. 12 Gr.] 2 Thlr. 6 Gr., hrbgf. Pr.

Wahrheit u. Dichtung. Novellen, Phantasiestücke, Humoresken u. Sagen aus dem Geschichts- u. Volksleben. Herausg. v. mehren d. besten deutschen Schriftsteller. 2 Bdchn. 8. 1. Bdchn. Thilo v. Trotha. Von Th. Drobisch. Der Bräutigam aus der Luft. Von Th. Drobisch. (VIII u. 188 S.) 2. Bdchn. Der treu'sten Frau. Erzählungen u. Novellen von E. Kaufer. (VIII u. 190 S.) Leipzig 851. 52, Schmidt in Comm. (à ½ rf) 1 rf

— u. wahrscheinliche Dichtung, e. unterhalt. Wochenblatt f. d. Bürger u. Landmann, m. K. f. d. J. 1788, 89. u. 90. (à 4 Qtle.) 4. Weißenfels, Böse. (à 20 gr.)

— und wahrscheinliche Dichtung, e. unterhalt. Wochenblatt f. den Bürger u. Landmann, f. die J. 1788—1810. 23 Jahrgg. Mit Kpf. 4. Weißenf. (Weygand in Leipz.) (à 20 gr) 19 rf 4 gr J. 1811 u. 12. 8. Jena, (Akadem. Buchh.) (à 20 gr) 1 rf 16 gr

— der, die Ehre! gr. 8. (58 S.) Leipzig 893. (R. Lorentz.) n. — 60

Die bey gegenwärtigen kritischen Kriegsumständen in dem heiligen römischen Reiche zeithero verbannt, verdunkelt, ungewis und mit vielen Unwahrheiten verwickelt gewesene nunmehro aber glücklich entdeckte Wahrheit, jedermann zu vortheilhaftester Benachrichtigung vor Augen geleget von einem anonymischen Verfasser. Frankfurt und Leipzig 1757. 4. (51 S.)

Wahrheit, Entdeckte, von dem sogenannten Sächsischen Lehnrechte. O. O. [1764]. V: *Lauhn, Bernhard Friedrich Rudolph.* (ML)

— enthüllte, in e. geschichtl. Anrede d. span Nation an Bonaparte d. Corsen. 8. Frankf. a. M. 813. (Körner). 4 gr

— enthüllte, von d. span. Nation, an Bonaparte den Corsen, vormal. Kaiser d. Franzosen. 8. Eßlingen, Firdorff u. Kl. 814.

— u. Erfahrung, ein Taschenbuch für Freunde u. Beförd. d. Guten u. Gemeinnützigen. 8. Coburg 801. (Riemann). 16 gr

— die erklärte, od. alte Klostergedanken. Von e. alten Landfilosofen. 8. (205 S.) Amberg 876. Habbel in Comm. 1. 20

Wahrheit, Die, über Dr. Erler ... Innsbruck 1901. V: *Zangerl, Anton.* (Margr)

Wahrheit, Ernste, im gefälligen Gewande; eine Sammlung öffentlicher Religionsvorträge ... Dresden u. Leipzig 1784. V: *Ulbricht, Imman. Wilh.* (MGT) ›1794‹ (Ky)

— ernste, im gefälligen Gewande, e. Samml. öffentl. Religionsvorträge allgem. anwendb. Inhalts (von J. W. Ulbricht). Auch u. d. T.: Lehren der prakt. Vernunft. 8. Dresd. 794. Richter 12 gr

— im Ernste u. Scherze, (v. A. v. Klein), 1s Heft. gr. 8. Berl. u. Wien 787. (Mayr in Salzb.) 3 gr

— evangelische. Hannoversche Halbmonatsschrift f. religiöse u. kulturelle Fragen der Gegenwart. Unter Mitarbeit v. Althaus, Oehlkers, Rothert u. a. Hrsg. v. Johs. Meyer. 1. u. 2. Jahrg. Oktbr. 1909—Septbr. 1911. à 24 Nrn. (I. Jahrg. VIII, 408 Sp.) Lex. 8. Hannover, H. Feesche. à Jahrg. 4.—; geb. 5. —

— die ewige. Nach Inhalt der 4 Evangelien kurz dargestellt von F. v. B. gr. 8. (76 S.) Berlin 892. Deutsche Sonntagsschul-Buchh. (L. Burmeister). n. — 80; geb. in Leinw. n. 1. 20

— die ewige. Nach Inhalt der vier Evangelien kurz dargestellt von F. v. B(alascheff). 2. Aufl. gr. 8. (87 S.) Berlin 899. (Deutsche Sonntagsschul-Buchh.) Geb. 1. 50

— die, üb. die Flucht der Kronprinzessin v. Sachsen. Von einem Eingeweihten. (32 S.) gr. 8. Dresden (903). (Kaden & Co.) — 30

— über förmliche, u. kirchl. Freiheit, (v. Clm. A. v. Droste, Frhr. zu Vischering). gr. 8. Frankf. a. M. 818. Andreä. 6 ℛ

· die, in der Frage der Ueberbürdung unserer Schüler. Allen Eltern, allen Lehrern u. den Freunden der Erziehg. zur Erwägg. dargebracht v. e. erfahrenen Schulmann. gr. 8. (72 S.) Dresden 891. J. Reichel. n. 1. —

— die, in der Frage der Ueberbürdung unserer Schüler. Allen Eltern, allen Lehrern u. den Freunden der Erziehg. zur Erwägg. dargebracht v. e. erfahrenen Schulmanne. 2. Aufl. (72 S.) 8. Dresden 904. B. Sturm. n. 1. —

— für und über die Frauenzimmer in Wien, (v. L. A. Hoffmann) 2 Thle. 8. Prag 786. Schönfeld. 1 ₰

—— Freiheit u. Recht. Ein Beitrag zur Lösg. der sozialen Frage. Von ***. 8. (IV, 44 S.) Barmen 890, Wiemann. * — 50

Wahrheit und Freimüthigkeit in schwesterlicher Umarmung. Nürnberg 1789. V: Kausch, Joh. Jos. (Auct. Bruckstein 42/330) (KY 3/319) (BIBLPORT)
Forts. u.d.T.: Freimüthige Unterhaltungen über die neuesten Vorfälle unseres Zeitalters. Leipzig 1790f.

Wahrheit und Friede. Evangelienpredigten. Unter Mitw. namhafter Pred. hrsg. von Curt Stage, Hamburg. 2. veränd. Aufl. Bd 1. Berlin: C. A. Schwetschke & Sohn 1906. 8° [J.] [illegible] 1906

Wahrheit, Der, eine Gasse. Schwank in einem Akt. O. O. u. J. V: *Rosen, Julius (= Duffek, Nicol.)* (Zeitschr. f. Büch. VI. Jg. Heft 4. S. 157.)

Wahrheit, der, eine Gasse! Beleuchtung des Verfahrens in Sachen der bischöfl. Unterredung zu Schwandorf am 22. April 1869. Regensburg 869. Pustet. 8. (60 S.) 3 ngr

Wahrheit, Der, eine Gasse. Wiener Neustadt 1902. V: *Birbaumer, Franzl.* (EB)

Der Wahrheit noch eine Gasse, dem Frieden eine Bahn.[1]) Mai 1849. Hamburg, Hoffmann u. Campe, 1849. 88 S. 8°.

Wahrheit, die, über Genf von einem unpartheischen Zuschauer. 8. (IV und 92 S.) Zürich 865, Verlags-Magazin. *

— u. Gerechtigkeit. Blätter zur Klärg. der sozialen Fragen. Hrsg. v. F. P. Huber. 1. Jahrg. 1891. [52 Nrn.] (Bog.) 8. Berlin, (Rentzel). [4. 80]
Ging nach Erscheinen der 2. Nr. ein.

— u. Gerechtigkeits-Strahlen. Allen wohlwoll. Lesern zur Erkenntniß, Vertheidigg. u. wahren Anerkenng. der unschuld. Opfer e. bösart., gift., lügenhaft-empör. Schmähschrift. Vornehmlich denjen. empfohlen, die das Werk Jarolasch, Skizzen aus dem Leben Rußlands v. Wendt u. insbesondere das darin enthalt. Kapitel „Adelig" gelesen haben. gr. 8. (14 S.) Halle 872. Schmidt in Comm. n. — 40

Wahrheit, Die von Lästerungen gerettete, oder rechtmässige Wahrheit . . . O. O. 1700. V: *Hermelin, Olaus.* (R-N)

Wahrheit, Die von D. J. W. Petersen gerettete, des ewigen Evangelii von der Wiederbringung aller Dinge. Freystadt [Büdingen] 1727. H: *Pagencopen, C.* (wr)

Wahrheit, Die, in der Geschichte, oder vom historischen Glauben . . . A. d. Ital. Frankf. u. Leipzig [Bayreuth] 1782. N. A. 1793. Ü: *Lange, Heinrich Arnold.* (Fiker) (ML) (Ky)

— — dasselbe. 8. Bayreuth, Lübeck. 782.

— in der Geschichte, oder vom histor. Glauben, nach Bayle, mit Anekdoten u. Beisp. erläutert, v. Hieronymus a Loretto; aus d. Italien. übersetzt (v. H. A. Lange). 8. Frankf. u. Leipz. 782. N. Aufl. (nur neues Titelblatt). Ebd. 793. (Grau in Hof) 12 ℛ

— im Gewande d. Laune, s. Leipziger Vademecum 26.

— über, Gewißheit u. Glauben in Rücksicht auf d. Christenthum, ein Sendschreiben. 8. Halle 778. Waisenhaus-Buchh. 2 ℛ

— des Goldmachens, aus Erfahrung. 8. Wien 767. Kraus. 2 ℛ

— göttliche, od. e. wicht. Materien d. H. evangel. Religion, in 24 Stck. 8. Bauzen. 729.

Wahrheit und Göttlichkeit, Die, der christlichen Religion . . . Hamb. 1803. V: *Hensler, Chn Gotthilf.* (winer) (LS)

— die, u. Göttlichkeit d. christl. Religion in d. Kürze dargestellt. 8. Hamb. Perthes. 803.

— zur Gottseligkeit, e. Zeitschrift, herausg. v. C. H. G. Hasenkamp. 1s—5s Heft. gr. 8. Bremen 827—32. Heyse. 2 ₰ 2 ℛ

—— die, zur Gottseligkeit. Eine Zeitschr. in zwanglos. Hftn. Hrsg. v. C. H. G. Hasenkamp. 2—6. Hft. gr. 8. Bremen, Heyse. [2. ($7\frac{1}{4}$ B.) 828., 3. ($8\frac{1}{2}$ B.) 829., 4. ($8\frac{1}{4}$ B.) 830., 5. (8 B.) 832., 6. ($7\frac{1}{2}$ B.) 834. à 9 Gr.]
1. Hft. Ebendas. 1827. 9 Gr.

Wahrheit, die, zur Gottseligkeit. Eine Zeitschr. in zwangl. Heften. Hrsg. v. C. H. G. Hasenkamp. 7. (letzt.) Hft. gr. 8. ($7\frac{1}{2}$ B.) Bremen 836, Heyse.
1—6. Hft. Ebendas. 1827—34. à 9 Gr.

— am Grabe Friedrichs. 8. Wien ... Wucherer. 3 gr

— große, u. Beweise, in e. kl. Ausz. a. d. ungarischen Geschichte. 8. Frankf. 792. ... 20 gr

— über unser Heer u. seine Offiziere, v. Gottfried, s.: Broschüren-Folge „Continent". Nr. 15.

Wahrheit, Hellleuchtende, der Lehre vom heiligen Abendmahl . . . Ulm 1725. V: *Frick, Elias.* (Myl)

WAHRHEIT ohne Hembde. Die. oder der aufrichtige Wahrsager, mit Zwölf Augen weniger Eins, in geliebter Kürze dargestellt von einem Liebhaber der Verschwiegenheit. O. O. Gedruckt im Schaltjahre. (c. 1750.) 8°. XI—77 S.

— die, ohne Hembe, od. d. aufrichtige Wahrsager mit 12 Augen weniger Eins. 8. Leipz. 757. Junius. 8 gr

— für und über die Herren in Wien, bearb. v. e. Gesellschaft Frauenzimmer. 8. Prag 783. Schönfeld. 8 gr

— die, aus d. hermetischen Brunnen hervorquellende, od. d. wahre solarische Quintessenz, d. Wunderbalsam alles Wesens u. Ursprung alles Lebens, d. Universallatwerge; aus d. Französ. 8. Leipz. 783. Barth. 8 gr

— von der historischen, und Anmaßung einiger Historiographen. Ein Mährchen, Herrn Heinrich Zschokke in Aarau gewidmet. 8. Münch. 819. (Finsterlin). 2 gr

Wahrheit, von der historischen, und Anmaßung einiger Historiographen. Ein Mährchen, Herrn Heinrich Zschokke in Aarau gewidmet. 8. München, Thienemann. 819.

— mit u. ohne Hülle. 2 Thle. 8. Jena, Voigt. 800.

— die, üb. die Jesuiten. Von —se—. gr. 8. (77 S.) Berlin 900. C. Habel. n. — 60

— u. Irrthum üb., e. nothwend. Nachtr. zu d. Schr. über Aufklärung. 8. Hamb. Matthießen. (Gräff in Lpz.) 788.

— u. Irrthum, über; ein nothwend. Nachtr. zu d. Schr.: über Aufklärung. (Von Fr. W. v. Schütz.) 8. Hamb. 788. Matthießen. (Wienbrack in Leipz.) 6 gr

Wahrheit, die, gegen Irrthum. Aufklärung für Wißbegierde über Magnetismus, Spiritualismus und Spiritismus. Beweis-Auszüge, gesammelt vom Verf. A. M. 8. (58 S.) Preßburg 882, (Heckenast's Nachf.) *

— gegen Irrthum. Aufklärung für Wißbegierde über Magnetismus, Spiritualismus u. Spiritismus. Beweis-Auszüge, gesammelt vom Verf. A. M. 8. (58 S.) Preßburg 882. (Steiner). n. — 80

—— und Irrthum bei Epimenides. Einige Worte über Oesterreich und sein Heer. gr. 8. (32 S.) Hannover 884, Helwing'sche Verlagsb. *

Wahrheit und Irrthum in der Mauerbrecherschen Schrift »Die deutschen regierenden Fürsten und die Souverainität«. Kassel 1839. V: *Nebelthau, Frdr.* (Kat. der ständ. Bibl. Stuttg. 1907. S. 274.) (Kat. d. Bibl. d. dtsch. Reichstages. Berl. 1882.)

— und Irrthum in der Maurenbrecher'schen Schrift: die „deutschen regierenden Fürsten und die Souverainität," gr. 8. Kassel 839. Appel. n. 5/12 Thlr

Wahrheit und Irrthum in der materialistischen Weltanschauung ... 2. Aufl. Berlin 1906. V: *Müller, Gust. Ferd.* (EB)

— u. Irrtum in der materialistischen Weltanschauung. Ein Beitrag zur Befreig. aus hypnot. Bann. Von e. Selbstdenker. 2. umgearb. Aufl. (50 S.) 8. Berlin (SO. 26) 906. Gust. Ferd. Müller. n. — 75

— ist mächtig u. muss obsiegen! Ein Kapitel aus dem Kampfe f. die Befreig. der Menschheit. Mit den Bildnissen v. H. P. Blavatsky u. William Q. Judge. (IV, 34 S.) gr. 8. Nürnberg (908). J. Th. Heller. 1.—

Wahrheit, die, im Kampfe mit Rom, dargestellt in Zügen aus der Geschichte der Waldenser. 2. Aufl. 12. Barmen 845. (Langewiesche.) n. 6 1/4 ngr

Wahrheit, Die katholische. Ein Wort des Trostes und der Mahnung an Katholiken, festzuhalten an ihrem heiligen Glauben. Von einem katholischen Priester. Wien [1909]. V: *Binkert, Fridolin.* (EB)

— die katholische. Ein Wort des Trostes u. der Mahng. an Katholiken, festzuhalten an ihrem hl. Glauben. Von e. kathol. Priester. (II, 128 S.) gr. 8. Wien (909). H. Eichinger. — 80

Wahrheit, kathol. u. protestantischer Irrthum, s. Bibliothek guter kathol. Bücher.

— katholische, u. protestantischer Irrthum in 50 Fragen u. Antworten. Ein Controverskatechismus f. kathol. Volk. 8. Regensburg 846, Manz. 3/8 Thlr

— die, üb. die deutschen Kolonien! (23 S. m. 1 Fig.) 8. Berlin (907). G. Nauck. p nn — 10

— die, üb. die deutschen Kolonien. Glänzende Rechtfertigg. der Kolonialpolitik des Zentrums durch Staatssekretär Bernhard Dernburg. (36 S.) gr. 8. Berlin 908. Germania. p nn — 60

—— die kopernicanische, und das christliche Dogma. Ein durch den Knak-Lisco'schen Streit veranlasster Beitrag zur religiösen Orientirung der Gegenwart. gr. 8. (42 S.) Reudnitz 868, Förster. *

Wahrheit, Der, ihre Kronen . . . Leipzig 1827. V: *Theiner, Johann Anton.* (AarK)

— der, ihre Kronen, zur Berichtigung d. freimüth. Aeußerung über den sittl. u. kirchlichen Zustand Oberschlesiens. 8. Leipz. 827, Andrä.

— die, üb. das Kronprinzenpaar v. Sachsen. Von e. Eingeweihten. (IV, 170 S.) 8. Zürich 903. Schweizer Druck- u. Verlagshaus. n. 2. 80

Wahrheit. Die Wahrheit über das Kronprinzenpaar von Sachsen, Von einem Eingeweihten. 3. [Titel-]Aufl. IV + 170 S. 8. Zürich, Caesar Schmidt, 1903. [fr. 3. 50]

1. Aufl. 1903, *s. Bulletin 1903, S. 152:* N 1724

Wahrheit, Launen u. Einfälle, s. d. Bedürfnisse d. laufenden Zeitalters. 8. Hamb. 785. Matthießen. 5 ℳ

Wahrheit, Die Lautere, Oder Ernstliche Betrachtung des gegenwärtigen Zustandes der Stadt Philadelphia und der Provintz Pennsylvanien . . . A. d. Engl. übers. durch J. Crell. Philadelphia 1747. V: *Franklin, Benj.* (Seidensticker, German Printing in America. Philad. 1893.)

Wahrheit, Lautere, wodurch sowohl die Baden-Durlachische Aufrichtige Einleitung weiters befestigt, als auch der Actenmässige Bericht . . . auser Kraft gesetzet . . . O. O. 1742. V: *Stadelmann, von.* (Holz)

— die, üb. d. Leben Jesu Christi u. d. Wichtigste aus d. Leben d. Menschen Wuodan. Von e. Deutschen. gr. 8. (31 S.) Stolp 896. Hans Hildebrandt Verlag. — 60

[F.] Die Wahrheit über das Leben Jesu Christi und das Wichtigste aus dem Leben des Menschen Wuodan. Von e. Deutschen. *Stolp i. Pom.: H. Hildebrandt [1896].* (31 S.) 1 Bd 8. [96. 250

— aus Jean Paul Fr. Richter's Leben, s. Richter, Jean Paul Fr.

Wahrheit aus Jean Pauls Leben. Breslau 1826—33. V: *Förster, Otto & Ernst Förster.* (EE)

Wahrheit, aus Jean Pauls Leben. 1s u. 2s Bdchn. Nebst 2 Abbildd. d. Handschr. Jean Pauls. 8. Bresl. 826, Max u. C. 1s Bdchn. 1 Rthl. 2s Bdchn. 1 Rthl. 6 gr.

—— aus Jean Pauls Leben. 3—8. Hftln. 8. Breslau, Max u. Komp. [3. (27½ B.) 828. 2 Thlr. 8 Gr., 4. (25 B.) 829., 5. (22½ B.) 830., 6. (22½ B. u. Facsim. gr. 4.) 831. à 1 Thlr. 20 Gr., 7. u. 8. (49 B.) 833. 3 Thlr. 16 Gr.] 1. u. 2. Hftln. Ebendas. 1826. 2 Thlr. 6 Gr.

Wahrheit und Licht. über die Situation im Kanton Tessin. Den freisinnigen Eidgenossen gewidmet. 24 Stn. 8. Bern. 1876.

— im Lichte d. Offenbarung u. der Natur erkannt. 2 Thle. gr. 8. Bresl. 787. W. G. Korn. 14 ℳ

Wahrheit in Liebe oder Worte der Versöhnung an seine Mitbürger auf dem Lande, von einem ihrer Freunde in der Stadt. 8. Basel 1831.

— in Liebe. Festpredigt u. wissenschaftl. Vortrag zum 50. Stiftungsfeste des akademisch-theolog. Vereins zu Berlin. gr. 8. Berlin 904. (G. Nauck.) n. 1. 20
Müller, Ghold., Festpredigt (Epheser 4, V. 15), geh. am 1. XII. 1903 in der Kapelle d. Domkandidatenstifts. — Schmidt, V., die berufliche Vorbildung der evangelischen Theologen in der Gegenwart. (47 S.)

— in der Liebe. Hefte zum Verständnis der Gemeinschaftsbewegg. Hrsg.: Joh. Warns. Jahrg 1906. 12 Hefte. (192 S.) gr. 8. Barmen. Berlin (W. 30, Speyererstr. 26), J. Warns. n.n. 2. —

Wahrheit in d. Liebe. Hefte z. Förderg. bibl. Christentums Hrsg.: Johs. Warns. 4. u. 5. Jahrg. 1907 u. 1908. à 12 Hefte. (à Jahrg. 192 S.) 8. Berlin (W. 30. Hohenstaufenstr. 65). J. Warns. à Jahrg. 2. —
Erscheint nicht mehr.

— die, in der Lösung der römischen Frage v. B. O. S. Aus dem Ital. Autoris. Uebersetzg. gr. 8. (144 S.) Regensburg 889. Pustet. n. 1. —

Wahrheit u. Lüge, Lustspiel in 1 Aufzuge; frei nach Scribe von A. Cosmar. 8. Magdeb. 824, Heinrichshofen.

— die, u. die Lüge im Prozeß de Buck zu Brüssel. (13. bis 16. Mai 1864.) Freiburg im Br. 865. Herder'sche Verlagsh. gr. 8. (19 S.) 1 ngr.

Wahrheit zur Lugenzeit, infolge der politischen Ereignisse im Canton Bern, während den Monaten Dezember und Jenner 1830–1831. 8. Bern 1831.

Wahrheit, Die, in Maske . . . Wien 1798. V: *Richter, Jos.* (EE) (MGT) (Adel) »ohne« (Ky)

— ohne Maske, die. Vom Verf. d. Eipeldauer Briefe (Jos. Richter). 8. Wien 798. Rehm. 2 ℳ 4 ℳ

—— die, in der Medicin. Eine populäre Darstellung der Allopathie und Homöopathie nach ihren Heilprincipien. Hrsg. von der Hahnemannia [Verein von Freunden der Homöopathie] in Württemberg. gr. 8. (48 S.) Stuttgart 870. (Belser's Sort.) *

— moralische, für mich u. andere die sie nutzen wollen. 8. Berl. 786. Maurers B. 4 ℳ

Wahrheit aus Morgenträumen und Idas aesthetische Entwickelung. Aarau 1824. V: *Brun, Sophie Christiane Friederike geb. Münter.* (GGr)

— die Musik betreffend, gerade herausgesagt v. e. Biedermanne. 2 Stücke. 8. Frankf. a. M. 779. Eichenberg. 8 ℳ

Wahrheit, Mut und Kraft, Monatl. Mitt. d. A. T. B. „Normania" zu Leipzig. Jg. 1. 3. Leipzig-Reudnitz 1899. 1900. 1901/02. Gr.-8°.

„— nackte!" Rechtfertigungs-Eingabe der Nackt-Loge „A. N. N. A." (Aristokratische Nudo-Natio-Allianz) gegen die Interpellation Roeren im preuß. Landtage an Se. Exz. den kgl. Staatsminister v. Moltke. (32 S. m. Abb.) 33×24,5 cm. Berlin 909. Herm. Walther. 2. —

Wahrheit, Die, der Natur. Salzb. 1769. V: *Reichssiegel, Florian.* (Hr)

— der Natur, ein dramat. Gedicht. 4. Salzb. 769. Mayr. 2 ℳ

— aus d. Natur u. d. gemein. Menschenleben, um Betrüger zu entlarven, Geld zu sparen, u. allerley Verbess. anzubring. Anh. z. Beckers Noth- u. Hülfsbüchl. u. Steinbecks Kalendermann. 8. Lpz. Joachim. 805.

— die, üb. die Frankfurter Oper. 8. (39 S.) Frankfurt a/M. 900. F. Alt. n. — 75

— die, üb. Panama, s.: An der Tagesordnung.

Wahrheit, die politische und religiöse, in ihrem vollsten Glanze dargestellt in drei gefürchteten und bisher verbotenen Reden. (Von Carl Juch.) 8. (39 S.) Gotha 848, Stollberg'sche Buchdr.

— poetische, u. Lügen der Vorzeit. 18 Heft. 8. Cilli 793. Jenko. 6 *K*

— für u. üb. d. Prediger in Wien. 9 Bde. 8. Prag, Schönfeld. 782—84.

Wahrheit und Guter Rath, an die Einwohner Deutschlands, besonders in Hessen. Philadelphia: Cist. 1783. 35 S. 8°.
Library Company of Philadelphia
Sabin 100963. Evans 18291.

— u. Recht. Eine polit. Zeitschrift in zwanglosen Hftn. zu Gewinnung eines höhern u. unpartheiischen Standpunktes. 1. Hft. Ausgegeben im August 1848. gr. 8. (IV u. 103 S.) Dresden 848, Meinhold & Söhne in Comm. n. 1/3 *ℛ*

Für Wahrheit und Recht. Frankfurt a. M.: Expedition 1897–1915. 8°

Für Wahrheit und Recht. Den deutschen Zillerthalern gewidmet. München: 'Odin' 1900. (48 S.) 8°

Wahrheit und Recht in der Expropriationssache Zeitmann; eine Replik. Zürich 1896. V: *Meili, Frdr.* (Cat. d. Stadtbibl. Zürich. Zürich 1864—97.)

— reine, vom Verfasser der Wahrscheinlichkeiten (J. J. Fezer). 8. Strals. 786. (Wucherer in Wien). 8 *K*

Die reine Wahrheit. Erschien zugl. noch in d. engl., franz., ital., slovak. u. ungar. Sprache. *Budapest 1899: Pallas.* (79 S.) 8° [illegible] 11

Wahrheit, Die reine, in Briefen und Nachrichten, den Herzog und das Herzogthum Württemberg betr., zur Erläuterung der Streitigkeiten dieses Prinzen mit seinen Unterthanen, von der verwitweten Baronesse v. W. Aus dem Franz. [Frankfurt a. M.] 1765. V: *Maubert de Gouvest, Jean Henri.* (Kat. d. ständ. Bibl. Stuttg. 1907. S. 515.)

Wahrheit, Die reine, oder Denkwürdigkeiten des Hauses Würtemberg. A. d. Franz. Cöln 1765. V: *Maubert de Gouvest, Jean Henri.* (Wr) (BrMm)

Wahrheit, Die reine, über die Streitsache zwischen Moritz von Haber und Freiherrn Julius Göler von Ravensburg. Straßburg 1843. V: *Haber, Moritz von.* (Hauptkat. d. Univ.-Bibl. Tübingen. K. S. 99.)

Wahrheit, Die reine, auf Veranlassung der Schrift: Hamburgs bestes Glück nicht von Aussen . . . [Hamb.] 1801. V: *Würtzer, Hnr.* (Bruun, Bibl. Danica III, 536.) (Collin, Anonymer. Kiobenh. 1869.) (Schr) (LS)

— die, der Religion. Erläutert in Fragen und Antworten. Ins Deutsche übertragen von einem kathol. Geistlichen. 12. Coblenz 845, Reiff. 1/8 *ℛ*

— die, der christkathol. Religion, in ihren Anfangsgründen zum Gebrauche für die niederen Schulen ꝛc. erklärt von einem Priester der Gesellschaft Jesu. Nach der 25. Ausg. von Rom aus dem Italien. übers. von Mich. Sintzel. 12. Straubing 845, Schorner. 1/12 *ℛ*

Wahrheit, Die, der Christlichen Religion . . . Hamburg 1803. V: *Hensler, Christian Gotthilf.* (Ky) (MGT)

Wahrheit, Die, in der Hermesianischen Sache. Darmst. 1837. V: *Rehfues, Philipp Joseph von.* (Th) (Winer)

— die, in der Hermes'schen Sache zwischen der katholisch-theologischen Facultät zu Bonn und dem Erzbischof von Cöln. 8. Darmstadt 837. Leske. 1/3 *ℛ*

— aus dem Saturn. gr. 8. Berlin, Rottmann. 778.

Wahrheit oder Schein. Eine Entgegnung auf die Hirscher'sche „Orientirung im derzeitigen Kirchenstreit". Karlsruhe 854. (Creuzbauer u. Viereck.) 8. (48 S.) n. 5 *ngr.*

— ohne Schminke, b. Gelegenh. v. A. Youngs Werke: b. französ. Revolution, e. warnend. Beyspiel f. and. Reiche. 8. Deutschland. (Hammerich in Altona.) 794.

— ohne Schminke üb. d. freyen Getreidehandel, v. e. unpartheyischen sachverständ. Manne z. Beherzig. f. jede Klasse v. Lesern, besond. Minister, Cameralisten ꝛc. 8. Lpz. Schäfer. (Kühn.) 804.

Wahrheit ohne Schminke oder Teutschlands Elementarschullehrer wie sie waren, wie sie jetzt sind, und wie sie noch werden sollten und gern werden wollten. Den teutschen Fursten ... an das Herz gelegt von einem wirtembergischen Dorf-Schulmeister. Nurnberg, bey Johann Leonhard Schrag 1825.
XVI – XXIV – 356 S.; 6 Taf. in Kupferst. 8°

Wahrheit, Die siegende, Das ist: Entscheidende Beweg-Ursachen Catholisch zu bleiben . . . Augspurg 1763. V: *Grüber, Joseph.* (Jes)

Wahrheit, Die, so wie sie ist, der so betitelten Reinen Wahrheit entgegen gesetzet . . . Stuttgard 1765. V: *Uriot, Jos.* (Holz) (BrMm)

— die, üb. Spiritismus, s.: Sammlung neutheosophischer Schriften.

— die, üb. d. Streik d. Hafenarbeiter u. Seeleute in Hamburg 1896—97. gr. 8. (31 S.) Hamburg (Hermannstr. 48) 897. J. Engelke. n. — 60

Wahrheit (Die) über den Tabak. Mit Glossen über die Behandlung der Tabakfabrikatsteuer-Gesetzesvorlage im Reichstage am 11., 12., 13. und 15. Jänner 1894. 8°. Bremen 1894.

Wahrheit, die, üb. den Tag v. Ems. [13. Juli 1870.] Enthüllt v. e. alten Emser Kurgast. 12. (27 S.) Berlin 887. Mayer & Müller. n. — 60

Wahrheit oder Täuschung? Ein Blick auf die Spar- und Deposito-Anstalt der hamburgischen Central-Casse. Hamb. 1831. V: *Fabricius, Joh. Frdr.* (Schr)

— die, üb. den Tod Alexanders II. Aus den Memoiren e. Eingeweihten. (In russ. Sprache.) 12. (32 S.) Stuttgart 895. C. Malcomes. n. — 50

— dasselbe. 2. Aufl. 8. (32 S.) Ebd. 898. n. 1. —

Wahrheit, Ungeschminkte, nackte. Ein Gedicht . . . von einem Manne aus dem Volke. Breslau o. J. [1848]. V: *Gräve, Gustav.* (Kat. d. Druckschr. üb. Breslau. Breslau 1903. S. 59.)

M., Die Wahrheit der Unternehmungen, ein Brief an M. N. 1757. 4.

Wahrheit, Die unumstössliche klare, der evangelischen Kirche. A. d. Franz. Amsterdam [Regensb.] 1714. N. A. Danzig 1734. V: *Pfaff, Christoph Matthias.* (Myl) (Wr)

—— die uralte. 1. Die Frage. 2. Die Antwort. Aus dem Engl. übers. 3. Aufl. 12. (16 S.) Stuttgart 881, Buchh. der Evangel. Gesellschaft. *

— die, in Betreff der Verfassung d. Fürstenth. Ratzeburg. [Aus dem Fürstenth. Ratzeburg.] gr. 8. (23 S.) Berlin 871. Puttkammer & Mühlbrecht. n. — 60

Wahrheit dess Verlauffs der wegen Toggenburg entstandenen Landsverderbl. Misshelligkeit von e. wahren Eydgenöss. Feder. 1713.

Wahrheit Und Vernunfft Darnach Christlich zu leben . . . Cölln 1706. V: *Neissen, Johann Adolph.* (Jes)

— f. e. braves Volk, (v. J. D. Tewaag.) 8. Duisburg, Helwing. (Bädecker.) 795.

Die Wahrheit über die Vorgänge im letzten Turnrat des X. Deutschen Turnkreises, Kaiserslautern 1898, 20 S., 8°.

Wahrheit und Vortrefflichkeit, Die, der christlichen Religion. Stuttgart 1837. H: *Heller, Joseph.* (Russell X, 890) S. a. IV, 11462a.

— u. Votrefflichkeit d. christl. Religion. 8. Frkft. u. Lpz. 737.

— der ganzen Welt gesagt, zum Nutzen u. Frommen derjenigen, die sich bessern wollen. Durch Bibelsprüche erwiesen v. Abraham a Sancto Clara d. Jüngern. 8. Straßb. u. St. Petersb. . . . (Linke in Leipz.) 6 gr.

Wahrheit, Werth u. Hoffnung, über, des Christenthums. gr. 8. Augsburg, Doll. 816.

— d. wicht., d. christl. Glaubens- u. Sittenlehre f. Katechumenen. 8. Bresl. 785. 2e A. 795. J. F. Korn. 16 gr.

— wichtige, d. Glaubens- u. Sittenlehre d. heil. Schrift aus Evangelien. 4. Frankf. a. M. 760. Weber. 1 rß

— die wiederhergestellte, in der Pfarrkirche zu Heiligenstein. gr. 8. (77 S.) Straßburg 871. Bomhoff in Comm. n. — 75

Die **Wahrheit** über die deutsche Universität Wien und die Lage der deutschen akademischen Jugend. Ein Mahnwort an d. deutsche Volk, verf. im Auftr. d. deutsch-nat. Studenten-Versammlung vom 9. 12. 1892. Horn: F. Berger 1894. (VII, 94 S.) 8° [F.] (08. 1450

— und Winke eines sächsischen eifrigen Patrioten. 8. Leipz. 805. (W. Rauck). 4 gr.

— u. Winke, e. sächs. eifrigen Patrioten. 8. Lpz. Sommer. 805.

— die, wird Euch frei machen! Zwanglose Broschüren, hrsg. vom „Lehrerverein ‚Austria' f. Deutschböhmen" f. seine Mitglieder u. f. alle Freunde christl. Jugenderziehg. 1. Broschüre: „Keine Zeitvertrödelg!" 8. (17 S.) Warnsdorf (899). A. Opitz. n. — 15

— die, u. die göttliche Wissenschaft. Von H. H. S. (Rich. Neutzschmann). Nebst e. Vorrede v. Glieb. Friedolin. 8. (58 S.) Bitterfeld 900. F. E. Baumann. n. — 50

— wöchentl., für u. üb. d. Prediger in Wien, (v. L. A. Hoffmann. Mit Beitrr. v. J. M. Weissegger). 9 Bde. 8. Prag 782—84. Schönfeld. 6 rß

—— für Zeit und Ewigkeit. Ein freies Wort an die denkenden Völker. Gedanken über das einberufene allgemeine Konzilium. 2. Aufl. 8. (VIII, 115 S.) Wien 869, Kirsch.

Wahrheit und Zeitvertreib. Eine Wochenschrift. St. 1—52. Hamburg: A. F. Schröder 1783. 8°

— die, üb. das Cölibat. Von e. kathol. Priester. gr. 8. (50 S.) Wien 901. Verlag „Sturm". n. — 60

— u. Zweifel, od. Gedanken scherzhaft. u. ernsthaft. Inhalts, geschr. in d. Stunden mein. Abendmuße. 8. (Magdeb. v. Schütz.) 810.

Wahrheit, A., die Bedeutung der Phantasie im Lichte der Jugendschutzbestrebungen, s.: Zeitfragen, pädagogische.

Wahrheit, A., der kath. Lehrerverein im Organismus des kath. Vereinswesens. (40 S.) gr. 8. Kaiserslautern 910. H. Dörner. — 60

Wahrheit, Alb., echtes Gold. Ein Festgeschenk v. bleib. Werthe f. Groß u. Klein, Hoch u. Niedrig, Jung u. Alt. (Lebensversicherung.) 12. (16 S.) Leipzig 893. Jüstel & Göttel. n. — 40

⊙ Die zehn Gebote der freien Schleswig-Holsteiner oder was sie in politischen Dingen thun und nicht thun sollen v. Friedrich August **Wahrheit.** Neustadt. [1848.] 8°

§ **WAHRHEITEN.** Berlin 1759. 8°. (In München: Ph. sp. 913 m.)

— —, in zwei Abtheilungen. (2 zahme phantast. Erzählungen.)

O. O. 1780. 8°.
I: 112 S. (incl. Titel). II: 94 S. (incl. Titel). — Selten!

Wahrheiten, alte, in neuem Gewande. 1. Lehret alle Völker. Zeitgemäße Erwägungen f. Christen aller Stände v. Friedlieb auf der Burg. gr. 16. (168 S.) Dülmen 879. Laumann. — 60

Wahrheiten, alte, in neuem Gewande. 2. Ehret die Priester. Zeitgemäße Erwägungen für Christen aller Stände von Friedlieb auf der Burg. 12. (221 S.) Dülmen 881, Laumann'sche Verlagsh. *

Wahrheiten, Alte, und alte Irrthümer. Entgegnung auf Möllinger's Schrift: »Die Gottidee der neuen Zeit« ... Solothurn 1869. V: *Fiala, Friedrich, Joseph Eggenschwiler & Gottfried Gisiger.* (BSchwLk V, 10 e)

Alte Wahrheiten u. alte Irrtümer. Entgegnung auf Möllingers Schrift: „Die Gottidee der neuen Zeit". Von Professoren der (kath.) Theologie in Solothurn. Solothurn, Schwendimann. 1869, 2 Bl., 128 S., 8°.
Eine treffende populärwiss. Widerlegung der Möllingerschen pantheist.-materialist. Schrift mit ihren bittern Ausfällen gegen Christentum u. Katholicismus. Vgl. (Bonner) Theol. Littbl. 1870, S. 399.

Auserlesene und nützliche **Wahrheiten** für vernünftige Leser. St. 1–50. Hamburg: D. A. Harms 1774. 8°
Vorh. u.d.T.: Freye Urtheile. Hamburg 1773.

—— biblische, gegenüber dem Geist des Abfalls und der Glaubensverwirrung unserer Tage. Dargereicht allen Liebhabern der Wahrheit und Freunden des Reiches Gottes von einem Prediger des Evangeliums. gr. 8. (III, 243 S.) Stuttgart 880. (Reutlingen, Kocher's Buchh.) geb. *

Bittre Wahrheiten! Französischer Unfug in Niedersachsen, vorzüglich in Hamburg und dasiger Gegend. Durch neufränkische Apostel verbreitet. In zwei Theilen. Altona und Itzehoe. 1799.

— bittere! französischer Unfug in Niedersachsen, vorzüglich in Hamburg u. dasigen Gegend! durch neufränkische Apostel verbreitet. 2 Thle. 8. Altona 799. (Brummer in Kopenh.) 2 ℛ 8 ℊ (Auch u. d. T.: die Franken u. ihre Nachahmer. 803. 2 Thle.)

—— deutsche, und magyarische Entstellungen. Eine Entgegnung auf die offiziöse Broschüre: Dr. Heinze's Anklageschrift „Hungarica" im Lichte der Wahrheit. Pressburg und Leipzig 882, bei C. Stampfel. gr. 8. (IV, 195 S.) Leipzig 882, O. Wigand. *

— f. Eleutheropoliten, im Elysium aufgefangen, (v. Jh. A. Weiß). 2 Stücke. 8. Amsterd. 783, 84. Serini. 10 ℊ

Wahrheiten für Eleutheropoliten in Elysium aufgefangen ... Amsterdam [Basel] 1784. V: *Weiss, Joh. Adam.* (Wr) (Ky) (MGT)

— enthüllte, von d. span. Nation, an Bonaparte den Corsen, vormal. Kaiser d. Franzosen. 8. Eßling. 814. (Kirdorf u. Kl.) 3 ℊ

Wahrheiten im Ernst u. Scherz. gr. 8. Salzb. Mayr.

Wahrheiten im Ernste und Scherze. Wien u. Berlin [Salzburg] 1787. V: *Klein, Anton von.* (Adel) (MGT) (Wr) (Ky)

Wahrheiten für und über die Frauenzimmer in Wien. Wien 1786. V: *Hoffmann, Leopold Alois.* (Ky) (MGT)

WAHRHEITEN. Einige – d. Eltern gesagt, mit eingestreuten Lehren f. d. Erziehung d. Kinder. Grund, Wien 1781/82.

— — im Gewande der Laune komischen und satyrischen Inhalts. Leipzig 1799. 8°. (3 Mk. 50 Pfg., mit 1 Beibd., Adolf Weigel, 1908.)

Göttliche **Wahrheiten** od. einige wichtige Materien der H. evangel. Religion. St. 1–24. Budissin: Heinr. Sim. Hübner 1727.
Hrsg.: Joh. Kaspar Gemeinhard, Gottlob Kranz, Joh. Georg Schuberth.

Wahrheiten und Beweise, Grosse, in einem kleinen Auszuge aus der ungarischen Geschichte ... Frankfurt u. Leipzig 1792. V: *Hoffmann, Leopold Alois.* (Pk)

Wahrheiten, große, in einfachen Worten, für kleine Kinder gr. 16. (100 S. m. eingedr. Holzschn.) Cincinnati 850. (Bremen, Heyse.) n. 6½ ngℛ

—— die großen, der Religion. 50 Betrachtungen, nach Anweisung des heil. Ignatius von Loyola für die Zeit der geistl. Exercitien, sowie für den tägl. Gebrauch bearb. von einem Mitgliede des Kapuziner-Ordens. 8. (IV, 239 S.) Mainz 882, Kirchheim.

für und über die Herren in Wien. Bearbeitet von einer Gesellschaft Frauenzimmer und hrsg. von Emilie Grünthal (ps.). 12 Stucke. Ebd. 1783. 8°.
Bibl. Kurschner. Lpz. 1904. Nr. 195. Beibd.

WAHRHEITEN. 150 gesammelte – für alle Stände der Menschen. Sonnleitner, Wien 1781/82.

Wahr- u. Bosheiten, kleine, v. O. H. 8. (39 S.) Stettin 899. H. Dannenberg & Co. n. 1.—

§ — —, Launen und Einfälle für die Bedürfnisse des laufenden Zeitalters. Hamburg 1785. 8°. (In München: Polem. 2876.)

§ — —, Moralische, für mich und Andere. Leipzig 1786. 8°. (In München: Mor. 1190, 3.)

Wahrheiten die Musik betreffend gerade herausgesagt ... Frankfurt a. M. 1779. V: *Kraus, Jos. Mart.* (EB)

Neue **Wahrheiten** zum Vortheil der Naturkunde und des gesellschaftlichen Lebens der Menschen. St. 1–12. Leipzig: Breitkopf 1754–58. 8°
Forts. u.d.T.: Fortgesetzte Bemühungen. Berlin 1759 ff.
Hrsg.: Joh. Heinr. Gottlob von Justi.

—— politische, im Gewande der Dichtung. gr. 12. (22 S.) Hamburg 848, Hoffmann und Campe.

Wahrheiten, Reine, vom Verfasser der Wahrscheinlichkeiten. Stralsund Wien 1786. V: *Fezer, Johann Jacob.* (Wr) (MGT) (Ky) (Gradmann, Gel. Schwaben. 1802.)

Wahrheiten, reine, aus dem Herzen eines Deutschen. (Patriot. Gedicht.) O. O. 1813. 8°. Beibd.
8 S. enth. 48 vierzeil. Str.

— die, d. christl. Religion in d. Kürze dargestellt, (v. Chr. G. Henßler). 8. Hamb. 803. Fr. Perthes. 8 ℊ

— aus dem Saturn. gr. 8. Berl. 778. Rottmann. 6 ℊ

WAHRHEITEN aus dem Saturn. Frankfurt und Leipzig 1778. 8°.
Bibl. J. J. Schwabii. — Selten!

— —, Satyren, Launen und Einfälle, ein Wochenblatt (hrsg. von Georg Timotheus Michael Kühl). Leipzig 1786.
Anon.-Lex. IV. p. 368 (nach Schröder, Archiv f. Litt. VIII, 212; Jacoby, Moralische Wochenschriften. Hamb. 1888).

— satyrische, in Gespräche eingekleidet. 8. Berl. 768. Winter. 6 ℊ

Wahrheiten mit und ohne Schleier. Von einem *deutschen Verbannten* (Venedey?). Paris 1843. 8°. Ppb.?)
Satyrisch-politische u. revolutionäre Gedichte, oft sehr derb u. grob. 119 S. u. 2 Bll. Inh. — Selten!

Wahrheiten mit u. ohne Schleier. Von e. deutschen Verbannten. gr. 12. (5½ B.) Paris 843. (Bern, Jenni, Sohn.)

Wahrheiten ohne Schminke, bey Gelegenheit des Werkes von Arthur Young: Die französische Revolution . . . Teutschland 1794. V: *Rebmann, Andreas Georg Friedrich von.* (ADB) (Ky) (MGT)

— ohne Schminke, bei Gelegenheit v. A. Youngs Werke: die französ. Revolution, e. warnendes Beispiel für andere Reiche, (v. A. G. F. Rebmann). 8. Deutschland 794. (Hammerich in Altona). 6 ℊ

— ohne Schminke, oder: Deutschlands Elementarschullehrer, wie sie waren, wie sie jetzt sind, u. wie sie noch werden sollen, u. gerne werden wollten u. s. w. Von e. wirtemb. Dorf-Schulmeister. (Gehring). 2 Thle. Mit 12 Kpft. gr. 8. Nürnb. 825, 26. Schrag. 1 ₰ 16 ℊ 2r Thl. apart, s. auch *Ad* ultimum.

— ohne Schminke über den freien Getreidehandel, v. e. unparteiischen sachverständigen Manne zur Beherzigung für jede Klasse von Lesern, besonders Minister, Cameralisten rc. 8. Leipz. 804. (Kühn). 1 ₰

— ohne Schminke über das Theater. .. Hamb. ... (Herold jun.) 2 ℊ

Wahrheiten für Hrn. Prof. Prediger J. N. Tiling in Mitau . . . Mitau 1792. V: *Urban, Frdr. Casimir.* (R-N) (Ky)

Wahrheiten mit Ueberzeugung gesagt am Grabe Friedrichs des Grossen weder Lobgedicht noch Trauerrede. Wien 1786. V: *Ziller.* (Allg. Litt.-Ztg. Jena 1788. II, Sp. 389) (BiblPort)

Unbekannte, wie auch zu wenig bekannte Wahrheiten der Mathematik, Physik und Philosophi(!), und deren gemeinnützge Anwendung . . . eine Monatsschrift. St. 1–9 (Nov. 1787–Juli 1788). Alt-Stettin 1787–88: J. F. Strucks Wwe. [Math.]
Hrsg.: Joh. Jakob Meyen.

— unbestreitbare, über die Türken u. Charakterschilderung d. Sultans Mahmud (zwei Aufsätze aus d. allgem. Zeitung) nebst e. Berichtigung (aus d. preuß. Staatszeitung). 8. Berl. ... Hayn 8 ℊ

Wahrheiten, Unschuldige, . . . O. O. [17??]. V: *Schmettow, Woldemar Hermann Graf von.* (ML)

Wahrheiten, Unschuldige, Gesprächsweise abgehandelt zwischen Doxophilo und Philaletho, worinnen von allerhand Wahrheiten auf eine freymüthige u. aufrichtige Art geredet wird. 15 Stücke. O. O. 1735—1743. V: *Edelmann, Johann Christian.* (BGE VIII³, 290)

Wahrheiten, unumstößliche, üb. die segensreichen giftfreien Heilkräfte des Pflanzenreiches. Die Lehre v. den Kräuterkuren (Trink- u. Badekuren). Auf Grund langjähr. Erfahrgn. gemeinverständlich dargestellt v. *** m. einleit. Vorwort v. A. Kühner. 12. (104 S.) Leipzig 899. (Verlag f. Kunst u. Wissenschaft.) — 50

Mit Lügen vermischte Wahrheiten. Oder: Poetischer Zeitungs Extrakt, Worinnen die notablesten Vorfallenheiten der Letzt abgewichenen Zwey Herbst Monathe Septembris und Oktobris . . . reymweise wiederholt zu finden. St. 1. Breslau o. J. (um 1730–40).
Hrsg.: J. C. Sanftleben.

Wahrheiten für ein braves Volk. Duisburg 1793. V: *Tewaag, Joh. Daniel.* (Ky)

— für ein braves Volk, (von J. D. Tewaag). 8. Duisb. 793. (Bädeker). 6 ℊ

— die vornehmsten, der christl. Religion aus d. Vernunft u. Offenbarung. 8. Basel 777. Serini. 1 ₰

Wahrheiten, Die vornehmsten, der natürlichen Religion vorgetragen . . . Leipzig 1788. V: *Coing, Joh. Franz* (ML) (Stri) oder *Jung, Joh. Hnr.* [?]. (Ky)

— die vornehmsten, d. natürl. Religion, vorgetragen u. gegen die neuern Einwürfe vertheid. v. Gn. d. G. r. W. (Jh. Frz. Coing oder J. H. Jung?) gr. 8. Leipz. 788. Weidmann. 9 ℊ

— — für die jetzige Welt. Mit Titelvign. (ein auf einem Tische sitzender Schalksnarr belehrt einen vor ihm stehenden Knaben). Franckfurt u. Leipzig. 1805. Kl. 8°. (1 Mk. 50 Pfg. Otto, Lpz., 1908.)

— Werth u. Hoffnung, über, des Christenthums. gr. 8. Augsb. 816. Doll. 1 ₰ 4 ℊ

Wöchentliche Wahrheiten für und wider die Frauenzimmer . . . in Wien. Bearb. v. einer freymüthigen Gesellschaft. Bd 1. 2 (= St. 1–25). Wien u. Prag: Schönfeld 1783. 8°
Hrsg.: Leop. Al. Hoffmann.

Wöchentliche Wahrheiten für und über die Herren in Wien. Bearb. von einer Gesellschaft belesener Frauenzimmer. St. 1–12. Wien und Prag: Schönfeld 1783. 8°
Hrsg.: Emilie Grünthal d.i. Joh. Martin Weimar.

Wahrheiten, Wöchentliche, für und über die Prediger in Prag. Bearbeitet von einer Gesellschaft Gelehrter. Prag u. Wien 1783. H: *Hoffmann, Leop. Alois.* (wrztg 1783, Nr. 16) (GGr VI/696 d. d.) (BiblPort) S. a. IV, 11457.

W ö c h e n t l i c h e **Wahrheiten** für und über die Prediger in Wien. Bearbeitet von einer Gesellschaft Gelehrter. Bd 1–9 (= St. 1–113). Wien u. Prag: Schönfeld 1782–84. 8°
Forts. u.d.T.: Über Gottesdienst und Religionslehre der österreichischen Staaten. Wien 1784 ff.
Hrsg.: Leop. Aloys Hoffmann.

Wahrheiten für gegenwärtigen Zeitpunkt. An alle Tyroler und Freunde des Fürsten. Innsbruck 1796. V: *Riedl.* (MARGR)

— und Zweifel, ob. Gedanken scherzhaften u. ernsthaften Inhalts, geschrieben in den Stunden meiner Abendmuße. 8. Magdeb. 810. (Lauffer in Leipz.) 12 gl

Wahrheitsforscher, der. Monatsschrift f. Naturheilwissenschaft, körperl. u. geist. Gesundheitspflege, Natur- u. Menschenkunde. Red.: J. H. Franke (H. Wortmann). 2. Jahrg. Oktbr. 1892—Septbr. 1893. 12 Nrn. (2 Bog. m. Abbildgn.) gr. 4. Zürich, Magazin f. Kunst u. Litteratur. n. 2. —
Der erste Jahrg. kam nicht in den Handel u. ist vergriffen.

Wahrheitsfreund (Lu)
s. Luzerner Wahrheitsfreund.

Wahrheitsfreund, der. Redact. [FRIEDR. WILH.] OTTE. Nr. 1—26. (2/12 1830—26/5 1831). Schleswig. 4. (Mere udkom ikke).

Wahrheitsfreund (Be)
⑤ 5. 5. 1832 –20. 7. 1832 ⑥ 4° ⑧ Bern: Hallersche Buchdruckerei ⑩ H. Schönsiegel ⑫ freisinnig ⑬ BGSZ: 973; Münch: Studien zur bernischen Presse 1830—1840, p. 40 ⑭ Be: L.

Wahrheits-Freund : Jahrgang 1–70?, July 20, 1837–1908?
Roman Catholic weekly [daily, 1847, as DER TÄGLICHE WAHRHEITSFREUND]. Prospectus June 20, 1837. Sub-title: Ein Wochenblatt für katholisches Leben, Wirken und Wissen. Quarto [as daily, small folio], each issue 8 pages.
Circulation: 1870, 13,000 (est.); 1880, 12,000; 1890, 13,000; 1900, 13,500; 1904, 12,210.
Edited by Johann Martin Henni, 1837–43, by Johann Jakob Maximilian Oertel, 1843–46; by Anton Böckling, 1846–50; by J. N. Probst, 1850–1851; by Peter Kröger, Jan. 1851–Dec. 1854; by Anton Böckling, Dec. 1854–Mar. 1857; by Franz Xavier Brandecker, Mar. 1857–Sept. 1862, by Board of Editors [Miettenger, Fasse & Riedel], Sept. 1862–1865? Other editors: Franz Furger [one month]; Anton Schweniger, 1870?–71; by Hermann Baumstark, 1873–78; J. N. Blum; Joseph Bürgler; Alvis Jeuttner; A. W. Riedel; Joseph Fredewest; Benno Ritter, 1877?–1908?
Published by St. Aloysius Waisen-Verein von Cincinnati, 1837–43?; by Hermann Lehmann, 1843?–Aug. 31, 1850; by Joseph A. Hemann, Sept. 1850–1865?; by Benziger Bros. [Gebrüder Benziger], 1865?–1908.
Cincinnati, OH

Wahrheitsfreund, der, ein kathol. Blatt f. religiöse Belehrung u. Erbauung. Unter Mitwirkung eines Vereins kathol. Geistlichen redig. v. Phil. Jak. Spindler. 1. Jahrg. 1841. 52 Nrn. (à 1½ B.) gr. 4. Augsburg, Kreuzer u. Comp. *

Wahrheits-Freund. Für katholisches Leben, Wirken und Wissen. Hrsgbr.: Jos. M. Hemann. Redakt.: Peter Kroeger. 16. Jahrg. 1853. 52 Nrn. (à 3 Bog.) Fol. Cincinnati 854. (Philadelphia, Schäfer und Koradi.) *

— dass. — Hrsgbr.: Jos. A. Hemann. Redakt.: Ant. Böckling. 17. und 18. Jahrg. 1854 und 1855. à 52 Nrn. (à 4 Bog.) Fol. Ebds. à Jahrg. *

Wahrheits-Freund. Ein Wochenblatt für katholisches Leben, Wirken und Wissen. Hrsg. von Jos. A. Hemann. Redig. von F. X. Brandecker. 19—22. Jahrg. 1856—1861. à Jahrg. 52 Nrn. (à 4 Bog.) Fol. Cincinnati. (Philadelphia, Schäfer und Koradi.) à Jahrg. *

Wahrheits-Freund. Ein Wochenblatt für kathol. Leben, Wirken und Wissen. Hrsg. von Jos. A. Hemann. 25. und 26. Jahrg. 1862 und 1863. à Jahrg. 52 Nrn. (à 4 Bog.) Fol. Cincinnati. (Philadelphia, Schäfer und Koradi.) à Jahrg. *

Der Wahrheits-Freund : 1858?–1875.
Republican weekly. Circulation: 1870, 1000 (est.); 1875, 866 (est.). Edited & published by Robert C. Fries, 1869?–75.
Norristown, PA

Der **Wahrheitsfreund.** Eine Wochenschrift für das katholische Volk. Jg. 1–48, Nr. 13/14. Augsburg: Kranzfelder 1875–1922. 8°
Red.: Otto Ruff.

Wahrheitsfreund, der. [37. Jahrg. der „Aehrenlese."] Ein Wochenblatt f. das kathol. Volk. Jahrg. 1875. 2 Sem. Nr. 1—26. (à ½ B.) gr. 8. Augsburg, Kranzfelder. n. 1. —

— dass. — 2.—5. Jahrg. 1876—1879. à Jahrg. 52 Nrn. (à ½—¾ Bog.) gr. 8. Ebendas. à Jahrg. *

Wahrheitsfreund, der. Ein Wochenblatt für das katholische Volk. 6.—10. Jahrg. 1880—1884. à Jahrg. 52 Nrn. (à Nr. ½—¾ Bog.) gr. 8. Augsburg, Kranzfelder'sche Buchh. à Jahrg. *

Wahrheitsfreund, der. Ein Wochenblatt für das kathol. Volk. 11.—14. Jahrg. 1885—1888. à Jahrg. 52 Nrn. (à Nr. ½—¾ Bog.) gr. 8. Augsburg, Kranzfelder'sche Buchh. à Jahrg. *

Wahrheitsfreund, der. Ein Wochenblatt f. das kathol. Volk. Redact.: Otto Ruff. 15.—18. Jahrg. 1889—1892. à Jahrg. 52 Nrn. (à Nr. ½—¾ Bog.) gr. 8. Augsb., Kranzfelder. à Jahrg. * 2 —

Wahrheitsfreund, der. Ein Wochenblatt f. das kathol. Volk. Red.: Otto Ruff. 17. — 20. Jahrg. 1891 — 1894. à 52 Nrn. (à ca. 1 Bog.) gr. 8. Augsburg, Kranzfelder. à Jahrg. n. 2. —

Wahrheitsfreund, der. Ein Wochenblatt f. d. kath. Volk. Red.: Otto Ruff. M. Beilage: Der Heimgarten. 21. —24. Jahrg. 1895—1898. à 52 Nrn. (Bog.) gr. 8. Augsburg, Kranzfelder. à Jahrg. n. 2. —

Wahrheitsfreund, der. Ein Wochenblatt f. das kathol. Volk. Red.: Otto Ruff. Mit Beilage: Der Heimgarten. 25.—28. Jahrg. 1899—1902. à 52 Nrn. gr. 8. (à ca. 12 u. 4 S.) Augsburg, Kranzfelder. à Jahrg. n. 2. —

Wahrheitsfreund, der. Ein Wochenblatt f. das kathol. Volk. Red.: Otto Ruff. Mit Beilage: Der Heimgarten. Ein Unterhaltungsblatt. 29.—32. Jhrg. 1903—1906. à 52 Nrn. (624 u. 208; 624 u. 208; 636 u. 212; 624 u. 208 S.) gr. 8. Augsburg, Kranzfelder. à Jhrg. n. 2. —

Wahrheitsfreund, der. Ein Wochenblatt f. das kath. Volk. Red.: Otto Ruff. Mit Beilage: Der Heimgarten. Ein Unterhaltungsblatt. 33.—36. Jahrg. 1907—1910. à 52 Nrn. (à Jahrg. 624 u. 208 S.) gr. 8. Augsburg, Kranzfelder. à Jahrg. 2. —

Wahrheitsfreund. – A a c h e n e r Wahrheitsfreund. – 2.V.1797 – 23.XI.1798.
Fortges. u.d.T.: Aachener Merkur.

Wahrheitsfreund. – A a c h e n e r Wahrheitsfreund. – 26.I.1799 – 28.IV.1799.
Vorh. u. fortges. u.d.T.: Aachener Merkur.

Wahrheitsfreund. – A a c h e n e r Wahrheitsfreund. – 26.I.1814 – 31.XII.1825.
Vorh. u. fortges. u.d.T.: Aachener Merkur.

Wa[illegible]heitfreund, der christliche. Ein Gespräch denkgläubiger Bekenner des Christenthums über die wichtigsten Gegenstände desselben. Eine belehrende Schrift für Jung u. Alt in allen Ständen. gr. 8. Leipzig 844, Geuther. 5/12 ß

Wahrheits-Freund: Der junge Wahrheits-Freund
..a Blatt für das Volk ② Der junge Wahrheits-Freund oder Schweizerische Dorf-Zeitung ④ Schweizerische Dorf-Zeitung (SG) ⑤ September 1836 (Probeblatt)—27. 6. 1837 ⑥ 8° ⑦ Wochenblatt ⑧ St. Gallen: Wartmann & Scheitlin (1836—2. 3. 1837). Jak. Friedr. Wartmann (9. 3. 1837—27. 6. 1837) ⑩ Wartmann und Scheitlin, dann J. F. Wartmann ⑪ Dr. Karl Friedrich Borberg ⑫ freisinnig ⑬ BGSZ: 1045—1047; Huber-Renfer: C. F. Borberg (I. Teil, 1946) ⑭ Fr: Seminar für Zeitungskunde der Universität Freiburg.

Wahrheitsfreund, katholischer. Redakteur A. Semlitsch, Verl. Paulusverein, Druck J. Kienreich. 5. Jahrg. 4. 2spaltig. Wöchentlich 1mal mit 1 Beilage. 1 fl. vierteljährig. 1853.

Wahrheitsfreund, Katholischer —. (VI. Jahrgang.) Herausgegeben vom Paulusvereine zu Gratz. Redakteur A. Semlitsch. Gedruckt bei J. Kienreich. 4. 2spaltig. Jeden Mittwoch mit einer Beilage am Samstag. 1 fl. und 1 fl. 24 kr. vierteljährig. Graz 1854.

Katholischer Wahrheitsfreund. Herausgegeben vom Paulusverein zu Gratz. VII. Jahrgang. Redakteur: A. Semlitsch. Gedruckt bei Jos. A. Kienreich. 4. 2spaltig. Jeden Mittwoch, und eine Beilage am Samstag. 1 fl. und 1 fl. 24 kr. vierteljährig. 1855.

Wahrheitsfreund, Katholischer —. (Samstags-Beilage. (8. Jahrg.) Herausgegeben vom Paulusvereine zu Gratz. Redakteur: J. März. Gedruckt bei J. A. Kienreich. 4. 2spaltig. Gratz 1856.

Wahrheitsfreund, Katholischer. Herausgegeben vom Paulusvereine in Gratz. 9. Jahrg. Redakteur: Al. Hebenstreit. Druck. Verlag und Papier von Josef A. Kienreich. Erscheint jeden Mittwoch eine Nummer, und jeden Samstag eine Beilage bogenweise 2spaltig 4. 1857.

Wahrheitsfreund, katholischer — X. Jahrg. Herausg. vom *Paulusvereine* zu *Gratz*. Red. *Al. Hebenstreit, Chorvikar.* Druck von *J. A. Kienreich.*
Erscheint in **Graz**, jeden Mittwoch, 1 Bog. in 4⁰. 2-spalt. Pr än.-Pr. ¼-jähr. 1 fl. — pr. Post 1 fl. 30 kr. — (Der volle Ertrag ist dem Knaben-Waiseninstitute „Paulinum" gewidmet.)

—— katholischer. Hrsg. vom Paulusvereine zu Gratz. Redig. von Al. Hebenstreit. 12. und 13. Jahrg. 1860 und 1861. à Jahrg. 52 Nrn. (Bog.) gr. 4. Gratz, (Wießner.) à Jahrg. * *

Wahrheitsfreund, katholischer. Herausg. vom Paulusvereine zu Graz. 14. Jahrg. 1862. Redacteur: Al. Hebenstreit. 52 Nrn. gr. 4. Graz, Selbstverlag 4 fl.

Wahrheitsfreund, Katholischer, **herausgeg. v.** Paulusvereine zu **Graz,** Redacteur: **Mons. Dr. Al. Hebenstreit. XXXVII. Jahrg. 1885. 4. Nr. 19. Graz, Ulrich Moser. Pro III. Quartal 2 fl.**

—— katholischer. Hrsg. vom Paulusvereine zu Graz. Redact.: Al. Hebenstreit. 40. Jahrg. 1888. 36 Nrn. gr. 4. (à Nr. 8 S.) Graz, Moser's Buchh. * *

— katholischer. Hrsg. vom Paulusvereine zu Graz. Red.: Al. Hebenstreit. 41.—46. Jahrg. 1889—1894. à 36 Nrn. (Bog.) gr. 4. Graz, U. Moser. à Jahrg. n. 4.—

— katholischer. Hrsg. v. Paulusvereine zu Graz. Red.: Al. Hebenstreit. 47.—50. Jahrg. 1895—1898. à 36 Nrn. (Bog.) gr. 4. Graz, U. Moser. à Jahrg. n. 4.

— katholischer. Hrsg. vom Paulusvereine zu Graz. Red.: Jul. Meyerhoff. 51. u. 52. Jahrg. 1899 u. 1900. à 36 Nrn. gr. 4. (à ca. 8 S.) Graz, U. Moser. à Jahrg. n.n. 4. —
Der 51. Jahrg. ist v. A. Hebenstreit redig.

— dasselbe. Red.: Frz. Puchas. 53. u. 54. Jahrg. 1901 u. 1902. à 52 Nrn. gr. 4. (à ca. 8 S.) Ebd. à Jahrg. n.n. 4. —

— katholischer. Hrsg. vom Paulusverein zu Graz. Red.: Frz. Puchas. 55.—58. Jahrg. 1903—1906. à 52 Nrn. (416, 416, 424 u. 416 S.) gr. 4. Graz, U. Moser. à Jhrg. n. 4. —

— katholischer. Hrsg. vom Paulusverein zu Graz. Red.: Frz. Puchas. 59.—62. Jahrg. 1907—1910. à 52 Nrn. (à Jahrg. 416 S.) 32×24 cm. Graz, U. Moser. à Jahrg. 3.60

Luzerner Wahrheitsfreund
② Wahrheitsfreund (1867) ④ Luzerner Landbote (II) ⑤ 5. 1. 1859—Ende 1867 ⑥ 4° ⑦ wöchentlich 2× ⑧ Sursee: Alois Huber ⑩ der Drucker ⑪ der Drucker ⑫ katholisch-konservativ ⑬ BGSZ: 677, 1028, 1032 ⑭ Lu: Z.

Wahrheitsfreund: Der St. Gallische Wahrheitsfreund
① Eine kirchlich-politische Zeitschrift für das Volk (ab Jg. 1836: nur auf dem Jahrestitelblatt). Eine politische Zeitschrift für das Volk (ab Jg. 1849: nur auf dem Jahrestitelblatt) ② St. Gallischer Wahrheitsfreund (ab Jg. 1836, doch bleibt auf dem Jahrestitelblatt »Der St. Gallische Wahrheitsfreund«); Der Wahrheitsfreund (ab Jg. 1844) ⑤ 2. 1. 1835—24. 12. 1863 ⑥ 4°, dann 2° (ab 21. 12. 1860) ⑦ Wochenblatt: wöchentlich 2× (ab 12. 10. 1947); wieder Wochenblatt (ab 1848) ⑧ St. Gallen: F. J. Brentano (1835 — 1. 1. 1836); Herisau: Fr. Egli'sche Offizin (5. 1. 1838—31. 8. 1838); St. Gallen: Egli & Schlumpf (7. 9. 1838—18. 12. 1840), Scheitlin & Zollikofer (28. 12. 1840—31. 12. 1847), Literarische Anstalt (7. 1. 1848—1855), Köppel & Buff (1856—Juli 1860), Sonderegger & Buff (Juli 1860—24. 12. 1863) ⑨ Christliche Palmblätter ⑩ Karl Tanner (28. 12. 1840—29. 12. 1843), Leonhard Gmür (5. 1. 1844—1855) ⑪ Gall Joseph Popp, Leonhard Gmür, Albert Curti ⑫ katholisch-konservativ ⑬ BGSZ: 1045—1047 ⑭ SG: Kb. Va (unvollst.); Be: L (1836, 1855—1860).

Wahrheitsfreund, Nik., der Darwinismus, e. Grundirrthum unserer Zeit 2c., s. a. Flugschriften, katholische.

Wahrheitsfreund, Nikol., Der Darwinismus, ein Grundirrtum unserer Zeit, eine Grundlehre der Socialdemokratie, beleuchtet. Berlin, Germania. 1891. 16°, 41 S., 3. Aufl., 10 Pf. (Kath. Flugschr. zur Wehr u. Lehr' Nr. 17.)

Wahrheitsklang, evangelischer, d. i. Widerleg. des Nachklangs eines Herrnhuterbruders gegen J. Ph. Fresenius. 8. Frkft. Brönner. 749.

Wahrheits- u. Glückseligkeitslehre, nach d. Bedürfniß unserer Zeit, (v. L. Rieff). 8. Augsb. 791. Wolf. 6 Kr.

Wahrheits-Milch, erste, für Säuglinge an Verstand 2c. 12. Augsb. 766. Doll. 6 Kr.

Wahrheitsperlen aus dem Leben und den Schriften des sel. Predigers Samuel Lutz (1674—1750).... Von einer Freundin seiner Schriften. 8. Nürtingen 1874.

Die **Wahrheitsquelle**. Landeshut: Neumann u. Jahn 1816–21.
Vgl. Klawitter, S. 132, Nr. 733.
Forts. u.d.T.: Der Schlesische Volksfreund. Landeshut 1823ff.

Wahrheitsregeln u. Sittensprüche für Alle, welche edel sein wollen. 8. (Frankf. 818. Hermann). 14 Kr.

Wahrheitssager, der, oder Begebenheiten des Herrn von Fillerville, eine wahre Geschichte von einem Lügner, 2 Theile. 8. Lübeck, 774. Bohn. 18 sgl.

Wahrheitssager, der, od. Begebenheiten des Hrn. v. Fillerville. 2 Thle. 8. Lübeck 774. Donatius. 14 gr.

Wahrheitsschenke für Vornehm u. Gering. Eine Reihe von Volksbüchern über die Hauptereignisse u. Lebensfragen der Gegenwart. Hrsg. von Albert Grün. 1. Hft. A. u. d. T.: Das Frankfurter Vorparlament u. seine Wurzeln in Frankreich u. Deutschland. Von Albert Grün. 8. (125 S.) Leipzig 849, O. Wigand. n. ⅓ Thlr.

Wahrheitsscheue eine Krankheit der Seele. [Halberstadt 1792.] V: *Streithorst, Johann Werner.* (MI.)

Wahrheitsspiegel, Der. Eine Wochenschrift. Prag, Dezember 1795—11/6 1796. H: *Baumeister, Franz.* V: *Wiener.* (A. G. Przedak, Gesch. des dtschn. Zeitungswesens in Böhmen, S. 113) (BGE VI³/270 »1795—1798«) (GGr VI/704 A. T.) (BiblPort)

Wahrheitsspiegel, Der, eine Wochenschrift. (Begann Ende 1795 und schloss 1798.) Prag, in Kommißion bey Franz Haas, Buchhändler. 8⁰. Höchst selten! Inhalt von Heft 1—2, ebd. 1796, 13 + 18 Stücke (208 + 211 S.) bei Goedeke VI, 704—5.

Wahrheitsspiegel, der, eine Wochenschrift. 1r u. 2r Curs, oder 3 Hefte. 8. Prag 796, 97. Barth. 1 ₰

Wahrheitspiegel, der. Monatsschrift f. Geistes-Wissenschaft u. Geistes-Heilkunde. Hrsg. v. Eliza Roth. 1. Jahrg. April 1900—März 1901. 12 Nrn. gr. 8. (à ca. 12 S.) Leipzig, Theosoph. Centralbuchh. n. 2. 50

Wahrheitspiegel, der. Monatschrift der neuen Richtg. Göttliche Heilkunde od. Geistes-Wissenschaft. Hrsg. v. Eliza Roth. 2. Jahrg. 1903. 12 Nrn. (à ca. 16 S.) gr. 8. Handschuchsheim. Wien, F. C. Mickl. n. 3. —

Wahrheitsspiegel, Historisch-kritischer, und Höllenfahrt gemeinschädlicher und ausgearteter Menschenklassen. Nebst einer kurzen Abhandlung vom Wucher. Ein Beitrag zur Menschenkenntniss, Belehrung, Warnung u. Veredlung des Herzens, in lehrreichen Erzählungen u. Geschichten. Prag 1810. V: *Pabst, Franz Anton Theodor.* (BGE VIII³, 292)

Wahrheitsspiegel, historisch-kritischer, u. Höllenfahrt gemeinschädl. u. ausgeart. Menschenklassen, e. Beitrag z. Menschenkenntniß, Belehrung u. Veredlung des Herzens in lehrreichen Erzählungen u. Geschichten, mit Kpf. 8. Prag 810. Enders. 1 ₰ Neureutter 813. 1 ₰ 8 ℊ

Wahrheitsspiegel, historisch-kritischer, u. Höllenfahrt gemeinschädlicher u. ausgeart. Menschenklassen, mit K. 8. Prag, Neureuter. 813.

Der Wahrheitssucher: no. 1—15, 1839—1840
Radical, "free-thought" weekly. Edited by Samuel Ludvigh, & published by Friedrich Wilhelm Thomas.
Philadelphia, PA

Wahrheit-Sucher. Unparteiische Monatsschrift vereinter Wahrheitssucher. Hrsg.: Leop. Engel. 1. Jahrg. Juli 1896—Juni 1897. 12 Nrn. gr. 8. (Nr. 1 16 S.) Bitterfeld, F. E. Baumann. Halbjährlich n. 2. —; m. „Das Wort" zusammen n. 3. 50

Der Wahrheitsverbreiter: 1840—1842
Weekly. Supported Free Soil Party, and Van Buren, having been established as a campaign organ. With Ludvigh's editorship it became rationalistic. Edited & published by Samuel Ludvigh, under subvention. Subscribed to by Harmony Society.
Baltimore, MD

Wahrheits-Zeuge: 1876—1898
Monthly, 1876—89; semi-monthly, 1890—95; monthly, 1896—98. Circulation: 1890, 750; 1895, 1000. Edited & published by the Rev. Charles M. Koier, 1889—97.
Chicago, IL

Wahrheitszeuge, der. Eine Zeitschrift für Gemeinde und Haus. Organ der deutschen Baptisten. 1. Jahrg. 1879. 24 Nrn. (à 1 Bog.) Imp.-4. Hamburg, Bickel. **
Bildet die Fortsetzung von Missionsblatt der Gemeine getaufter Christen und Der Zionsbote.

Wahrheitszeuge, der. Eine Zeitschrift f. Gemeinde u. Haus. Organ der deutschen Baptisten. Red.: Phil. Bickel. 16. Jahrg. 1894. 52 Nrn. (Bog.) gr. 4. Hamburg, J. G. Oncken Nachf. n.n. 4. 60

Wahrheitszeuge, der. Eine Zeitschrift f. Gemeinde u. Haus. Organ d. deutschen Baptisten. 17. u. 18. Jahrg. 1895 u. 1896. à 52 Nrn. (Bog.) gr. 4. Hamburg. Cassel, Verlagshaus d. deutsch. Baptisten. à Jahrg. n.n. 4. 60

— dasselbe. 19. u. 20. Jahrg. 1897 u. 1898. à 52 Nrn. (Bog.) Fol. Ebd. à Jahrg. n.n. 4. 40

Wahrheitszeuge, der. Eine Zeitschrift f. Gemeinde u. Haus. Organ der deutschen Baptisten. 21.—24. Jahrg. 1899—1902. à 50 Nrn. Fol. (à ca. 8 S.) Cassel, J. G. Oncken Nachf. à Jahrg. n.n. 4. 60

Wahrheitszeuge, der. Eine Zeitschrift f. Gemeinde u. Haus. Organ der deutschen Baptisten. 25.—28. Jahrg. 1903 bis 1906. à 50 Nrn. (à ca. 8 S.) Fol. Kassel, J. G. Oncken Nachf. 1903 u. 04 à n. 4. 60; 1905 u. 06 à n. 5. —

Wahrheitszeuge, der. Eine Zeitschrift f. Gemeinde u. Haus. Organ der deutschen Baptisten. Red.: Phil. Bickel, Mitred.: A. Hoefs. 29.—32. Jahrg. 1907—1910. à 50 Nrn. (à ca. 8 S.) 34,5×26,5 cm. Kassel, J. G. Oncken Nachf. 29.—31. Jahrg. à 5.—; 32. Jahrg. nn 3.50

Wahrheitszeugnisse, evangelische, in Predigten v. verschiedenen Predigern der evang. Gemeinschaft. 2. Bd. 12 Lfgn. (VI, 642 S. m. 1 Abb.) gr. 8. Stuttgart, Christl. Verlagshaus. 4. 80; geb. in Leinw. 5. —

Wahrheitszeugnisse, evangelische, in Predigten von verschiedenen Predigern der Evangel. Gemeinschaft. gr. 8. (VI, 646 S.) Stuttgart 883, Verlag der Evangel. Gemeinschaft. geb.

Wahrhold, s. Wahrlieb.

Wahrhold, C. E., s. Volksblätter für homöopathisches Heilverfahren.

† **Wahrhold**, C. E., (Ruppius,) Volksblätter f. homöopath. Heilverfahren. Deutschlands Nichtärzten gewid. u. in zwangl. Hftn. hrsg. 1—5. Bd. gr. 8. (23¼, 20¼, 24, 24 u. 24 B.) Leipzig 835—39, [T. O. Weigel.] à

Wahrhold, E., (Psdn.) Schlachtlied von Breitenfeld. Ein Lied auf 100 Jahre der evangel. Welt gewidmet. 8. Leipz. 831. (Sühring). ½ ℊ

Wahrhold, Ernst, (Psdn.) die Weinholdsche Uebervölkerung Mittel-Europa's, beleuchtet. gr. 8. Halle 827. Fr. Ruff. 4 ℊ

Wahrhold, Ernst Friedr., auch Etwas üb. d. Homöopathie. 8. (3⅛ B.) Nürnberg 834, (Stein.)

Wahrhold, Er. Fr., (Psdn.), s. Rhapsodien aus d. Papieren e. Arztes.

Wahrhold, J., (Psdn.), kom. Schicksale e. 5 Guldenscheins. 8. Brünn 817. (K. Haas in Wien). 20 ℊ

Wahrhold, Zeilus, (Dr. Rittler), Schicksale eines Fünf-Gulden-Scheines auf seinen Wanderungen durch Wien u. die Umgebungen zur Zeit des Congresses. Ein satyrisches Gemälde aus dem wirklichen Leben gezeichnet. 8. Brünn 817. Traffler. 20 ℊ

Währing. Statistischer Bericht über die wichtigsten demographischen Verhältnisse. Verfasst über Auftrag des Bürgermeisteramtes von Währing. Lex.-8. (14 S.) Wien 887, Gerold's Sohn. *
Aus: Städtebuch, österreichisches, besonders abgedruckt.

Wahrlich! Eine wahre Geschichte, die sich ereignet hat zu Aschersleben, nebst einfältigen Betrachtungen eines simplen Bürgerverstandes in schmucklosen Versen. Zu Nutz und Frommen herausgegeben von Z. Braunschweig 1877. V: *Krätka, A.* (Russell III. 1244)

Wahrlich, G., (Psdn.) Baierns Regierungsgemälde. Gegenstück zu Licht u. Schatten über Baierns Staatsverwaltung. 8. Münch. 817. (Nürnb., Riegel u. W.) 10 gr

Wahrlich, Joseph, v. Bubna. Oberstlieut. u. Commandant des Bombardier-Corps. Artillerie-Unterricht für das k. k. Bombardier-Corps und überhaupt zum Gebrauch der k. k. Artillerie. (Mit 2 Tab. und 4 Taf.) (Manuscript.) 4. Wien 1802.

Wahrlich, Woldemar [aus Moskau]: Beitrag zur Kenntniss der Orchideenwurzelpilze .... *Leipzig, Druck v. Breitkopf & Härtel,* 1886; 12 S. u. 1 Taf. 4°.
Strassburg, Math.-Naturw. Fak., Inaug.-Diss. v. 1886.

Wahrlich, Woldemar, Beitrag zur Kenntniss der Orchideenwurzelpilze. Diss. Strassburg i. Els. 1886, Trübners Buchh. u. Antiqu. (E. d'Oleire). 4°. 12 S. mit einer Taf.

Wahrlieb [Pseud.] . s.a. Franke. Johann Christoph

Wahrlieb, Glück auf, Magdeburg! Herr Appuhn kommt zu Dir u. wird der Deine! Eine homilet. Blumenlese aus dessen Predigten: „Mose, der Knecht Gottes." gr. 8. (46 S.) Wolfenbüttel 847, Holle. 1/6 ₰

Wahrlieb über das sonderbare allerhöchste Strafurtheil, das über einen Mädchenmörder gefällt und zu Wien den 23. August erst zu einem kleinen Theile vollzogen worden ... Leipz. 1782. V: *Krsowsky von Krsowitz, Ferd.* (BGE VIII³/293) [Hch. Wolfg. Behrisch] Die Wiener Autoren. Pressb. 1784. S. 126) (Karajan 1660) (Biblport)

Wahrlieb, Chr., 50 Thesen wider das Scheingespräch zwischen dem Pastor u. dem neugebornen Kinde vor der Taufe. 8. (15 S.) Leipzig 893. Th. Rother. n. — 40

Wahrlieb, E. J., s. Wahrlieb, Ernst Julius

Wahrlieb, Ernst. Der alte Gott er lebt ja noch! Rede zur Feier des heiligen Kampfes vom 18. und 19. März 1848, im Hausgottesdienste einer Bürgerfamilie zu Berlin. Berlin, Lauter und Comp. 1848. 15 S. 8.

Wahrlieb, Ernst, ein Gerichtstag, oder Enthüllungen aus d. Patrimonial-Gerichts-Wesen. Eine Scene aus dem Leben gegriffen. 4. (8 S.) Berlin 849, Lauter & Co. — 2. Aufl. 4. (8 S.) Ebd. 849. 1½ ngr

† Wahrlieb, Ernst Jul., s.a. Bergk, J. A.

Wahrlieb, (E. J.,) die Fürsten Europas ꝛc., s.a. Fürsten.

Wahrlieb, E. J. (Jh. Adm. Bergk.), die Fürsten Europens und ihre Völker. Ein Charaktergemälde. gr. 8. Leipz. 823. Dr. Bergk. 9 gr

— die Theilung des Herzogth. Sachsen-Gotha, s.a. Theilung.

— die Theilung des Herzogthums Sachsen-Gotha u. Altenburg, in rechtl. u. polit. Hinsicht. 8. Leipz. 825. Expedit. d. Europ. Aufsehers. 4 gr

Wahrlieb, Euseb., (Psdn.) (eines Nicht-Theologen), 95 Sätze gegen Claus Harms. gr. 8. Hannov. 819. Hahn. 6 gr

Wahrlieb, Friedr., Vater Ehrmann im Familienkreise od. Unterhaltungen eines Vaters m. seinen Kindern zu Hause u. auf Spaziergängen. Ein Erzählungsbuch f. Kinder reiferen Alters. 12. (10½ B. u. 6 ill. Kpfr.) Reutlingen 846, Fleischhauer u. Spohn.

—— Schlöffel u. Wander od. die Verschwörung zu Warmbrunn. Eine Stimme aus d. Volke. Der deutschen Nation gewidmet. gr. 8. (2½ B.) Belle-Vue 845, Verlagsbuchh. *

Wahrlieb, Gottfried

Wahrlieb, (G.,) Allerlei f. einfältige Pfaffen, s.a. Allerlei.

Wahrlieb, G., (Psdn.) Allerlei f. einfältige Pfaffen. Veranlaßt durch d. Hrn. C. M. G., „Allerlei f. einfält. Schulmeister." Ans Licht gestellt. gr. 8. Nürnb. 825. (Lechner; v. Ebner). 18 gr

Wahrlieb, G., Baierns Regierungsgemälde. Gegenstück zu Licht und Schatten über Baierns Staatsverwaltung. 8. München. (Nürnberg, Riegel u. W.) 817.

(Franke, Jo. Cph.), Gfr. Wahrlieb: Deutliche Vorstellung der Nichtigkeit der vermeynten Hexereien und des Hexenprocesses u. s. w. *Amst.* 1720. 4.

Wahrlieb, Gfr., Vorstellung d. Nichtigkeit d. Hexereyen u. d. Hexenprocesses. 4. Halle. 719.

Wahrlieb, M.

— über die Einheit d. evangel. Kirche, s.a. Einheit.

Wahrlieb, M. (angebl. Karl Aug. Böhmel, nach Andern Karl Aug. Hase), über die Einheit der evangel. Kirche. Ein Sendschreiben an Chr. Fr. v. Ammon. 8. Neust. 827. (Bresl., Holäufer). 6 gr

Wahrlieb, Thdr., die Krankheiten der äußern Sinnesorgane, nach ihren Entstehungen u. deren Erkennung u. Heilung. 8. Meißen 840. Goedsche. 1/4 ₰

Wahrlieb, Theophil, der Pietismus in Mecklenburg. gr. 8. (24 S.) Hamburg 848, Hoffmann & Campe. (Schwerin, Kürschner.) n. 1/6 ₰

Wahrlieb, Treumund, die Juden-Fresser und Presser. Eine Humoreske. Den christl. Bewohnern der Stadt Minden gewidmet. I. 2. umgearb. u. verm. Aufl. 12. Wesel 844, Bagel. 1/12 ₰

Wahrlieb, Wahrhold, Leben u. Abentheuer d. Herrn v. Münchhausen ꝛc., s. Leben ꝛc.

Wahrmann, Arnold, offene Briefe über deutsche Theater-Zustände. 8. (56 S.) Köln 878. Mann. — 50

Wahrmann, B., kleine Lesebibliothek. 4 Thle. 8. Breslau, Korn d. ält. 793. (I. II. 1 Rthlr. III. IV. à 12 gr.)

Wahrmann, D. G., geheime u. bewährte Haus- u. Wirthschaftstafeln, z. Nutzen u. Vergnügen für Stadt- u. Landbewohner. 8. Leipz. ... Joachim. 16 gr

Wahrmann, C., (Ew. Chr. V. Dietrich), Erzähll. im Kreise guter Kinder. Mit 8 ill. Steindr. gr. 8. Dresd. 824. (Goedsche in Meißen). 18 gr.

Wahrmann, Jehuda, [Dath Jehuda], mosaische Religionslehre zum Gebrauche für höhere Schulen. Im Auszuge. 861. (VIII, 180 S.) n. 20 ngr. — (Neue Aufl.?) Pest 862. Kilian. gr. 8. (VIII, 184 S.) 20 ngr.

Wahrmann, Jehuda, mosaische Religionslehre, zum Gebrauch für höhere Schulen. (Im Auszuge.) 2. verm. u. verb. Aufl. Pest 868. Kilian. gr. 8. (XI, 188 S.) n. 20 ngr.

WAHRMANN Johann. Ungrund der Klagen mancher Wiener Ärzte wider die Verfassung der hiesigen medicinischen Facultät und die jungen Ärzte. Von –. Alberti, Wien 1792. 1 vol. 47 S.

Wahrmann, Mich., (M. L. Wellmer), Briefe. 1s u. 2s Heft. No. 1—10. gr. 4. Würzb. 822. (Riegel u. W. in Nürnb.) 23 gr.

— kurze Geschichte d. Entstehung d. Zehendrechts in dem ehemal. röm. Zehendlande rc. gr. 8. Karlsr. 822. Marr. 4 gr.

Wahrmann Paula: Die griechischen Sonderdialekte in der Inschriften- und Volkssprache des hellenistischen Zeitalters.
1904 PN 1796 **Diss.** Wien, Univ. 2625

***Wahrmann*, S. N., Svenskt och Tyskt-Franskt-Engelskt Hand-Lexicon. — Schwedisch., deutsch., franzöſ. und engl. Handlexikon. gr. 8. Oerebro 814. (Hinrichs in Leipz.) 4 ₰**

Wahrmann, Thdr., der Cicerone durch Dresden, zu dessen Merkwürdigkeiten u. den nächsten Umgebungen. Mit 3 lith. Abbild. 16. Prag u. Leitmeritz 843, Medau. 1/3 ₰

Wahrmann, Th., der wilde Jäger des Harzgebirges, oder: Der Liebe Fluch und Harm. Geister-, Ritter- und Räubergeschichte des 13. Jahrh. 8. (210 S.) Leipzig 858, (Colditz.) * *

Wahrmann, Theod., Ida v. d. Hülsenburg, s. Original-Romane, histor., 7. Bd.

† **Wahrmann', Theod., (Ew. Chrstn. Vict. Dietrich,) Friedr. Frhrn. v. d. Trenck Leben, Kerker u. Tod. Nach Originalquellen neu dargestellt. 2 Bde. 8. (27 1/4 B.) Leipzig 837, Schreck.**
Der 2. Bd. a. u. d. T.: Leben, Thaten, Abentheuer, Gefängniß u. Tod d. Frz. Frhrn. v. d. Trenck, Obrist d. Panduren u. Croaten, berühmten Parteigängers u. Vertilgers d. slavon. Räuber. Charaktergemälde aus d. ersten Hälfte d. 18. Jahrh. Nach seiner eigenen Biographie u. a. gleichzeit. Nachrichten dargestellt. Als Anh. e. Biographie Schell's.

Wahrmann, Theod., Schlacht- u. Schreckensscenen auf d. Bühne d. vaterländ.-teutschen Geschichte, in chronolog. Ordn. dargest. 8. (19 B. u. 1 lith. Abbild.) Meißen 833, Klinkicht u. Sohn. Thlr.

Wahrmann, Tob., kleine Lesebibliothek, f. d. wißbegier. Jugend. 4 Thle. 8. Bresl. 793—95. J. F. Korn. 2 ₰

Wahrmund, eine Beantwortung auf alle Verläumdungen gegen die Jesuiten . . . Augsburg 1782. V: *Hofstäter, Felix.* (Jes) (SO) »oder Antwort auf alle . . . Augsburg 1793—94.« (Jes) (WBL)

Wahrmund oder Antwort auf alle Verläumdungen wider Jesuiten, wie sie in den neuesten Schmähschriften wiederholt sind. Augsburg 1793—94. V: *Hofstätter, Fel.* (ZUWZÜR 1912) (ZÜRKL)

Wahrmund, oder Antwort auf alte Verläumdungen wider die Jesuiten, wie sie in den neusten Schmähschriften wiederholt werden. 4 Bde. Augsb. 795. Doll. (Landsh., Krüll). 2 ₰

Der Prozeß [Ludwig] Wahrmund.(Darstellung der am 26. März 1908 vor d. k. k. Landesgerichte in Strafsachen Wien als Preßgericht durchgeführten öffentl. Einspruchsverhandlung nach d. stenogr. Protokoll.) Wien: Freie Schule in Komm. 1908. 67 S. 8°

Der Prozeß Wahrmund. (Darstellung der am 26. März 1908 vor dem k. k. Landesgerichte in Strafsachen Wien als Preßgericht durchgeführten öffentlichen Einspruchsverhandlung nach dem stenographischen Protokoll.) Gr.-8°. (67 S.) K —.70
Wien: Stern 1908.

Wahrmund Redefrei, Germania, s. Germania.

WAHRMUND (ps.), Der Freisinnige, ein Volksblatt über Kirchenpolitik und Pfaffentrug (in München). 1848.
Weller, Lex. Ps. p. 601.

— — (ps.), Ueber die adeliche oder bürgerliche Herkunft des menschlichen Geschlechts. Eine biblisch-satyrische Forschung mit ganz neuen, höchst wichtigen Entdeckungen. O. O. 1819. (In Rostock, Landesbibl.)
Auct. Frh. v. Lindenthal. Lpz. 1859. p. 357.

Wahrmund, (Psdn.) über die abliche u. bürgerliche Herkunft des menschl. Geschlechts; eine biblisch-satyrische Forschung mit ganz neuen, höchst wichtigen Entdeckungen. 8. Leipz. 819. (Rein). 8 gr.

Wahrmund. Journal der Belagerung von Danzig. 4. Langfuhr 1735.

Wahrmund, (Psdn.), die Nachtmütze, oder Elise an Treuhold, e. Replik. gr. 8. Wien 784. Schmidt. 9 gr.

Wahrmund, (Psdn.) Nothwehr gegen d. Angriff eines Doctors in der Felderschen Literaturz. 8. Landsh. 817. Weber in Münch. 3 gr.

— nöthige Beilagen zu Wahrmunds Unterredungen wider das neue Pharisäerthum d. Toricella. gr. 8. Wien 783. Schmidt. (Doll in Augsb.) 9 gr.

Wahrmund, Adf., Abbasa. Trauerspiel. gr. 8. (VII, 148 S.) Leipzig 894. H. Beyer. n. 1. —

Wahrmund, Adf., Babylonierthum, Judenthum u. Christenthum. gr. 8. (XIII, 294 S.) Leipzig 882. Brockhaus. n. 6. —

Wahrmund, Adf. Dichtungen. 16. (V, 116 S.) Lpz. 892, H. Beyer. geb. * 1 —

Wahrmund, Adf., Fabeln u. Parabeln u. and. Zeitgedichte. gr. 8. (IV, 104 S.) Wien 896. (Leipzig, H. Beyer.) n. — 80

—— Festgabe zur Kaiser Joseph-Feier am 30. Novbr. 1880. Dichtungen. 16. (V, 116 S.) Wien 880, Konegen. *

Wahrmund, Adf., Juda's Geldmonopol im Aufgang u. im Zenith, s. a. Ostara. 16. Heft.

Wahrmund, A., Juda's Geldmonopol im Aufgang u. im Zenith, 2 Zeitgedichte. (14 S.) gr. 8. Rodaun bei Wien, Verlag der „Ostara". (Nur direkt.) —. 35.
„Ostara" Heft 16.

Wahrmund, Adf., die Geschichtschreibung der Griechen, s. a. Sammlung griechischer und römischer Classiker.

Wahrmund, Adf., die Geschichtschreibung der Griechen. 3. Aufl. 8. (IV, 126 S.) Berlin 886, Langenscheidt'sche Verlagsh. *

—— das Gesetz des Nomadenthums und die heutige Judenherrschaft. 8. (XI, 251 S.) [Karlsruhe 887.] Berlin, Reuther's Verlag. *

— das Gesetz d. Nomadenthums u. die heutige Judenherrschaft. 2. unveränd. (Titel-)Ausg. 8. (XI, 251 S.) Berlin 892. Reuther & Reichard. n. 3. —

Wahrmund, Adolf: Praktisches Handbuch der neu-arabischen Sprache.
Th. 1. Praktische Grammatik der neu-arabischen Sprache, mit zahlreichen Uebungs-Beispielen und einer vergleichenden Uebersicht der alt- und neu-arabischen Sprachformen.
Th. 2. Vulgär-arabische Gespräche und Sammlung der nöthigsten Wörter zum Gebrauche für Reisende im Orient.
Th. 3. Lesebuch in neu-arabischer Sprache.
Giessen 1861. 1 Bd. XIX, 208; VI, 124; VII, 80 S. 8°.

—— praktisches Handbuch der neu-arabischen Sprache. 3 Thle. gr. 8. (XXXIII und 410 S.) Giessen 861, Ricker. *

Wahrmund, Adf., praktisches Handbuch der neu-arabischen Sprache. 4. (Schluss-)Thl.: Schlüssel zum prakt. Handbuch der neu-arabischen Sprache. Enthltd. die Transscription u. Uebersetzung der Uebungsbeispiele, sowie die Uebersetzung u. Erläuterung des Lesebuchs. Giessen 866. Ricker. gr. 8. (VIII, 216 S.) n. 1 ℛ︁ 10 ngr.

— praktisches Handbuch der neu-arabischen Sprache. [Hierzu ein Schlüssel.] 2., ganz umgearb. u. sehr verm. Aufl. gr. 8. (XXIV, 501, XXI; VI, 146, 32 u. Schlüssel V, 87 u. 59 S.) Giessen 879. Ricker. n. 22. —

—— praktisches Handbuch der neu-arabischen Sprache. 3. theilweise umgearb. und verm. Aufl. 3 Thle. gr. 8. Giessen 886, Ricker'sche Buchh. *

Inhalt:
Thl. 1. Praktische Grammatik. Formenlehre der Schrift- und Vulgärsprache mit Beispielen; Syntax der Schriftsprache; Lektionen zur praktischen Einübung der Formen- und Satzbildung mit Uebersetzungsstücken; Lesestücke. (XX, 471; XXI, 16 S.)
» 2. Gespräche und Wörtersammlung. (VI, 136 S.)
» 3. Schlüssel, enth. arabische Transscription der Uebersetzungsbeispiele und die deutsche Uebersetzung der arabischen Lesestücke nebst Erläuterungen. (V, 72 S.)

— prakt. Handbuch d. neu-arabischen Sprache. 3., theilweise umgearb. u. verm. Aufl. Neue [Titel-] Ausg. M. e. Schlüssel. gr. 8. (XIX, 471, XXI, 16, VI, 136 u. III, 72 S.) Giessen (886) 898. J. Ricker. n. 12. — ; geb. in Halbfrz., Schlüssel in Leinw. n. 14. 50

Wahrmund, Adf., praktisches Handbuch der neu-persischen Sprache. 2 Thle. gr. 8. (XX, 432; VII, 140 S.) Giessen 875, Ricker. *
Schlüssel (VIII, 123 S.) *

Wahrmund, A., praktisches Handbuch der neu-persischen Sprache. 2., verb. Aufl. Mit Schlüssel. gr. 8. (XXIII, 324; 28; VII, 99 u. Schlüssel VII, 84 S.) Giessen 889. Ricker. n. 14. —; geb. in Halbfrz., Schlüssel in Kaliko n. 16. 50

— prakt. Handbuch d. neu-persischen Sprache. 2., verb. Aufl. Neue [Titel-] Ausg. M. e. Schlüssel. gr. 8. (XXIII, 324, VII, 99, 28 u. VII, 84 S.) Ebd. (889) 898. n. 10. — ; geb. in Halbfrz., Schlüssel in Leinw. n. 12. 50

— praktisches Handbuch der osmanisch-türkischen Sprache. 2 Thle. Ebend. 869. gr. 8. (XVI, 428 S. u. VII, 128 S.) n. 5 ℛ︁ 10 ngr.

— — 3. Thl.: Schlüssel. Ebend. 869. gr. 8. (VIII, 78 S.) n. 20 ngr.

— praktisches Handbuch der osmanisch-türkischen Sprache. 2. Aufl. 3 Thle. in 2 Bdn. [Praktische Grammatik. Türkische Gespräche u. Sammlung der zum Sprechen nöthigsten Wörter. Schlüssel zur Grammatik.] gr. 8. (XX, 435, 32; VI, 90 u. V, 120 S.) Giessen 884. Ricker. n. 18. —

— dasselbe. 2 Thle. in 1 Bde., nebst Schlüssel. 3., theilweise umgearb. u. verm. Aufl. gr. 8. (XIX, 471; XXI, 16; VI, 136 u. Schlüssel V, 72 S.) Ebend. 886. n. 20. —

— prakt. Handbuch der osmanisch-türkischen Sprache. 2., verb. u. verm. Aufl. Neue [Titel-] Ausg. M. e. Schlüssel. gr. 8. (XX, 435, 32, VI, 90 u. III, 120 S.) Ebd. (884) 898. n. 10. —; geb. in Halbfrz., Schlüssel in Leinw. n. 12. 50

—— Handwörterbuch der deutschen und neuarabischen Sprache. 2. (Titel-)Ausg. gr. 8. (XI, 560 S.) Ebendas. (870)887. *ℳ 10.—.; geb. *

— Handwörterbuch der deutschen u. neuarabischen Sprache. 2. (Titel-)Ausg. gr. 8. (XI, 560 S.) Ebd. 887. n. 10. —; geb. n. 12. 50

— Handwörterbuch der neu-arabischen u. deutschen Sprache. 1. Bd. 1. Abth. u. 2. Abth. 1. Hälfte u. 2. Bd. gr. 8. Ebend. 874. 75. n. 46. —
I. Bd. Neu-arabisch-deutscher Thl. 1. Abth. u. 2. Abth. 1. Hälfte. (1028 u. 400 S.) n. 33. —
II. Bd. Deutsch-neuarab. Thl. (560 S.) n. 1[illegible]. —

—— Handwörterbuch der (neu-)arabischen und deutschen Sprache. 1. Bd. [Arabisch-deutscher Theil.] 2. Abthl. 2. Hälfte. gr. 8. (XVI, S. 401—1240.) Ebendas. 877. *
1. Bd. 1. Abthl. und 2. Abthl. 1. Hälfte und 2. Bd. Ebendas. 1874,75. *ℳ 46.

— Handwörterbuch der neu-arabischen u. deutschen Sprache. 2 Abthlgn. 2. (Titel-)Ausg. gr. 8. (XVI, 1028 u. 1240 S.) Ebd. 887. n. 30. — ; geb. n. 34. 50

— Handwörterbuch d. neu-arabischen u. deutschen Sprache. 2 Bde. 8. [Titel-] Ausg. gr. 8. Ebd. n. 28. — ; geb. in Halbfrz. n. 34. 50
1. Neu-arabisch-deutscher Tl. 2. Abtlgn. (XVI, 1028 u. 1240 S.) (888.) 898. n. 20. —; geb. n. 24. 50
2. Deutsch-neu-arabischer Tl. (XI, 560 S.) (887.) 898. n. 8. —; geb. n. 10. —

—— der Kulturkampf zwischen Asien und Europa. Ein Beitrag zur Klarlegung des heut. Standes der oriental. Frage. 1. und 2. unveränd. Neubr. 8. (IV, 63 S.) Berlin 887, Reuther's Verlagsh. *

— Lesebuch in neu-arabischer Sprache zum „Prakt. Handbuch d. neu-arabischen Sprache". 2 Tle. 2. Aufl. Neue [Titel-] Ausg. gr. 8. Ebd. (880) 898. n. 8. —
1. Arabischer Text. (V, 352 S.)
2. Deutsche Uebersetzung. (X, 288 u. 8 S.)

Paradigmen der arabischen Schriftsprache. Übersichtliche Formenlehre nebst Anleitung zum Lesen und zum Verständniss der heutigen Vulgäraussprache. [Von Adolf Wahrmund.] Herausgegeben von der K. K. öffentlichen Lehranstalt für orientalische Sprachen in Wien. Wien 1885.

—— s. Qaragadağî, M. G. Neupersische Schauspiele.

Wahrmund, Ad., die christliche Schule u. das Judenthum. gr. 8. (IV, 84 S.) Wien 885. Kubasta & Voigt. n. 1. —

Wahrmund, Adf., Franz von Sickingen. Schauspiel in 5 Acten. 8. (134 S.) Wien 864, Braumüller und Sohn. *

Wahrmund, Auguste, der Kampf um Wien. Historisches Schauspiel. 8. (VI, 174 S.) Wien 894. C. Gerold's Sohn. n. 2. 40

Wahrmund, Christ., gesegnete Davidsharfe, od. übersetzte Psalmen. 8. Rinteln. 749. •

Wahrmund, E. (ps.), Unkraut und Waizen. Auszüge aus dem Tagebuche Ahasverus, des ewigen Juden, während dessen letzter Wanderung durch Sachsen. 1830.
Weller. Lex. Pseud. p. 602. — Sehr selten!

Wahrmund, Ernst Fürchtegott [Pseud.],
s. Schöpfer, Georg Karl Ludwig

† Wahrmund, Ernst Fürchtegott, (Geo. C. L. Schöpfer,) Schurkerei u. Dummheit. Geschichte e. Somnambüle, d. 17jähr. Henriette Hildesheim aus S.... im Fürstenthum **. Zur Warnung u. Belehr. nach glaubhaften Berichten dargestellt. Nebst wichtigen Aufschlüssen üb. d. J. 1900, üb. d. Entsteh. d. Welt, Sternschnuppen, Meteore, Kometen, die Sündfluth rc. 16. (8½ B.) Nordhausen 838, Fürst.

33. (F) Wahrmund, F., Der niederösterreichische Landtag und das arbeitende Volk. 16°. (23 S.) K —.10
Wien: Wiener Volksbuchhdlg. 1902.
Vgl. Wahrmund, Thomas.

Wahrmund, F., die Centralgewalt u. die Preußische Armee. Unbefangen gewürdigt. gr. 8. (20 S.) Altenburg 848, Pierer. 3 ngr

Wahrmund, Fridolin, Wegweiser in Zeitungssachen. (63 S.) kl. 8. Stans 906. H. v. Matt & Co. — 20

Wahrmund, Germanus (ps.) Gefährliche Crisis der europaeischen Freyheit, oder das entlarffte politische Absehen deß Königs in Franckreich in der Succession der Spanischen Monarchie. Cölln, Pet. Hahnenfeind, 1701. 2 Bl., 61 S. 4°. Kart. Wasserfl. 12.—

Wahrmund, Glieb., Anti-Freimut. Die Schul- u. Lehrerfreundlichkeit der Ultramontanen im Lichte ihrer Presse. 1. 3. Aufl. gr. 8. (144 S.) Nürnberg. 894. (F. Korn.) n. 1. —

Wahrmund, Gli., (H. J. Jäck), s. Betrachtt. über die röm.-kathol. Kirche.

— —, Gottlieb (ps.), Verbesserter und Neuer Merckwürdiger Mord- und Übelthaten-Calender auf das Jahr 1739. O. J. (1738).
Weller, Lex. Ps. p. 602.

— —, Gottlieb (ps.), O Weh! Credit ist mausetodt. 1753.
Weller, Lex. Ps. p. 602.

Wahrmund, J., (Psdn.), Schutzschrift f. die Prinzessin Androsophie u. ihre Aeltern, den Verstand u. d. Erfahrung. Aus dem Tamulischen übersetzt von Franz v. Spaun. gr. 8. Nürnb. 813. Stein. 9 gr

Wahrmund, (Jh. Nik. Bischoff), Gespräche im Reiche d. Lebendigen. 1ste Lief., über d. Katholicismus des Königs v. Sachsen. 8. Reutling. 814.

Wahrmund, Liberius

— s. Antihildebrand.

Wahrmund, Liberius, (Psdn.), der Rücktritt des Geistlichen in den Laienstand ist kein Ersatz für d. Priesterehe. 8. Landsh. 817. Weber in Münch. 3 gr

— soll der Pfarrer Bauer sein? Beantwortet mit Ja u. Nein. 8. Landsh. 819. Weber in Münch. 3 gr

'Actor et Reus'. Ein Beitrag z. Kenntnis mittelalterl. Processquellen von Ludwig Wahrmund, Prof. Mainz: F. Kirchheim 1899. (47 S.) 8°
Aus: Archiv f. kath. Kirchenrecht. Bd 79. [08. 1873 11

Wahrmund, Ludw., das Ausschliessungs-Recht [jus exclusivae] der katholischen Staaten Österreich, Frankreich und Spanien bei den Papstwahlen. Mit Benützung unpublicirter Acten des k. k. Haus-, Hof- und Staatsarchivs zu Wien dargestellt. gr. 8. (VI, 330 S.) Wien 888, Hölder. *

Wahrmund Ludwig, Dr.: Beiträge zur Geschichte des Exklusionsrechtes bei den Papstwahlen, aus römischen Archiven. S. 122/13 . . . .
Separatabdruck

Wahrmund, Ludw. Beiträge zur Geschichte d. Exclusionsrechtes bei den Papstwahlen aus römischen Archiven. Lex.-8. (54 S.) Wien 890, (Tempsky). * 1 —
Aus: Sitzungsber. d. k. Akad. d. Wissensch., besonders abgedruckt.

Wahrmund, Ludw., s.a. Dokumente zur Geschichte der Eherechtsreform in Österreich.

Wahrmund, L., Dokumente zur Geschichte der Eherechtsreform in Österreich. 2 Bände. Gr.-8°. (IX. 1405 S.) K 40.
Innsbruck: Wagner'sche Univ.Buchh. 1907.

Wahrmund, Ludw., Ehe u. Eherecht, s.a. Aus Natur u. Geisteswelt.

Ehe und Eherecht. Von Dr. Ludwig Wahrmund, Prof. Leipzig: B. G. Teubner 1906. (X, 123 S.) 8° [F.]
= Natur, Aus, u. Geisteswelt. Bdch. 115. [07. 9039

— die Eherechtsreform in Oesterreich. Vortrag, geh. am 17. XI. 1906 f. die akadem. Lese- u. Redehalle zu Innsbruck. (51 S.) 8. Innsbruck 907. Wagner. n. — 70

Wahrmund, Ludwig [Hrsg.], s. Eilbert v. Bremen: Ordo Judiciarius.

— Die kaiserliche Exklusive im Konklave Innozenz' XIII. Mit einem Anhang betreffend die Akten des päpstlichen Konsistorialarchives über Sedisvakanz und Konklave. S. 170/5 . . . .
Separatabdruck

Wahrmund, Ludw., das Kirchenpatronatrecht u. seine Entwicklung in Oesterreich. I. Abth.: Die kirchl. Rechtsentwicklung. gr. 8. (XVI, 184 S.) Wien 894. A. Hölder. n. 4. —

Wahrmund, Ludw., das Kirchenpatronatsrecht u. s. Entwicklg. in Oesterreich. II. (Schluss-) Abth.: Die staatl. Rechtsentwicklg. gr. 8. (XI, 327 S.) Wien 896. A. Hölder. n. 6. — (Kplt.: n. 10. —)

Ludwig Wahrmund. Lehrfreiheit? Akten u. Erl. zum Fall Wahrmund. München: Lehmann 1909. VII, 45 S. 8° [09. 17718

— Lehrfreiheit? Akten u. Erläutergn. zum Fall Wahrmund. 2., durch e. Nachtrag verm. Ausg. (VII, 45 u. 15 S.) gr. 8. München 910. J. F. Lehmann's Verl. 1. —

Der 'Parvus Ordinarius'. Ein Beitrag z. Kenntn. mittelalterlicher Processquellen von Dr. Ludwig Wahrmund, Prof., Innsbruck. *Mainz: F. Kirchheim 1900.* (64 S.) 8° [00. 1166 10

Wahrmund, Ludw., akademische Plaudereien zur Frauenfrage. Vier rechts- u. culturgeschichtl. Vorträge in populärer Form. 8. (VI, 162 S.) Innsbruck 901. Wagner. n. 2. —

Wahrmund Ludwig, Dr.: Quellen zur Geschichte des römisch-kanonischen Prozesses im Mittelalter. Band I. 1. Heft. Die *Summa libellorum* des Bernardus Dorna. Innsbruck, 1905. Wagner . . . .

— s.a. Quellen zur Geschichte des römisch-kanonischen Processes im Mittelalter.

Wahrmund, L., Quellen zur Geschichte des römisch-kanonischen Prozesses im Mittelalter. I. Bd. Doppelheft II—III. 2. Heft: Die Summa Minorum. 3 Heft: Der Curialis. Gr.-8°. (XIX, 63 S.) Innsbruck: Wagner'sche Univ.Buchhdlg. 1905. K 5.—

Wahrmund, L., Quellen zur Geschichte des römisch-kanonischen Prozesses im Mittelalter. 1. Bd. Doppelheft IV—V. Gr.-8°. (XV, 93, 12 S.) Innsbruck: Wagner 1906. K 5.—

Wahrmund, L., Quellen zur Geschichte des römisch-kanonischen Prozesses im Mittelalter. 1. Bd. Doppelheft 6—7. Gr.-8°. (XIII, 26 S.) Innsbruck: Wagner 1906. K 4.—

— das deutsche Reich u. die kommenden Papstwahlen. Zeitgemäße Betrachtgn. f. weitere Kreise. (36 S.) gr. 8. Frankfurt a/M. 903. Neuer Frankfurter Verlag. n. — 50

Wahrmund, Ludw., Religion u. Klerikalismus. Rede, geh. bei der Gründung der Ortsgruppe Innsbruck des Vereines „Freie Schule“. (32 S.) kl. 8. Innsbruck 906. Ortsgruppe Innsbruck des Vereines „Freie Schule“. (Nur direkt.) — 10
Sonderabdruck aus: „Tiroler Tagebl.“

— Ultramontan. Eine Abwehr in vier Artikeln. 1. Herr P. Fonck S. J. als wissenschaftl. Kritiker. 2. Die ultramontane Moral. 3. Die Teufelsaustreibg. im Wemdinger Kloster. 4. Die „Religion“ des Papstes Clemens VI. Anhang. Einige berühmte Reliquienschätze. (Umschlag: 1.—12. Taus.) (41 S.) gr. 8. München 908. J. F. Lehmann's Verl. 1.—

— s.: Universität u. Kirche.

Katholische Weltanschauung und freie Wissenschaft. Ein populärwiss. Vortrag unter Berücks. d. Syllabus Pius x u. d. Enzyklika 'Pascendi Dominici Gregis'. Von Dr. Ludwig Wahrmund, Prof. zu Innsbruck. 6. Taus. München: J. F. Lehmann 1908. (55 S.) 8° [F.] [08. 3331

— Katholische Weltanschauung u. freie Wissenschaft. Ein populär-wissenschaftl. Vortrag unter Berücksicht. des Syllabus Pius X. u. der Enzyklika „Pascendi dominici gregis“. 50. (Umschlag: Goldene) (Jubiläums-)Ausg. (55 S.) 8. Ebd. 909. 1.—

WAHRMUND, Lucas, Ueber den Jesuitenorden. Deutschland (Berlin, Wittich) 1814.
Weller, fing. Druckorte.

— —, Phil. (ps.), Compendiöses Historienbuch, worinnen 100 auserlesene (zieml. zahme) Historien zur nützlichen Gemüthsergötzung enthalten. Leipzig 1722. 8°. Sehr selten!

Wahrmund, Rich, 2 + 5 = 8 od. Luther-Götzendienst u. Reformation. Eine Warng. gr. 8. (60 S.) Zürich 884. Verlags-Magazin. n. — 80

Wahrmund, Sagefrey [Pseudon.] s. Wagner, Sigmund von.

† Wahrmund, Sincerus, (....) die Schwindelei, Kniffologie u. Speculationswuth uns. Zeit. Ein Büchl. z. Belehr. u. Warnung f. Jedermann. 8. (3½ B.) Quedlinburg 838, Basse.

Wahrmund, Thom., der niederösterreichische Landtag und das arbeitende Volk. Ein offenes Wort zur rechten Zeit. 12. (23 S.) Wien (902). Wiener Volksbuchh. n.n. — 10
Vgl. Wahrmund, F.

Wahrmund, Ursinus

Wahrmund, Urs., Versuch patriotischer Gedanken, über den von Vorurtheilen krancken Verstand, besonders in der Therapie der medicorum samt kurtzen Vorschlag wie derselbe zu curiren. 320 S. Brl. 1717. 8°.

Wahrmund, Urs., Versuch patriot. Gedanken üb. d. vorurtheilenden kranken Verstand. 8. Berlin, Nicolai. 727.

Wahrmund, Ursinus, Versuch patriotischer Gedanken üb. d. verwirrten kranken Verstand, besonders in der Therapie. Brl. 8°. Halle 1733. 8°. Auch: *Haller*, Bibl. mod. pr. IV, 246.

Xaver Wahrmund (pseud., wirklich: Armin Kausen), Bauernbund gegen Bauernbund.
Neu markt i. O. 1898

Wahrmund, Xav., Bauernbund gegen Bauernbund. Aktenmäß. Urtheile v. Bauernbundführern üb. d. Bauernbund u. s. Führer. Momentbilder aus d. 5jähr. Geschichte d. Bauernbundes. 8. (63 S.) Neumarkt i. O.-Pf. 898. J. Boegl. n. — 30

Wahrmundt. Unparteyl. Discurs u. Darstell. v. 3 notw. Fragen v. Schröpffen. 1690.

Wahrmut, Mannings letzte Schrift: Neue Hindernisse für den Fortschritt des Katholicismus in England. Würzburg 1898.

Wahrmut, Konr., d. Münchener Volksschulwesen unt. Dr. Wilhelm Rohmeder. E. ernstes Wort in ernster Sache. 1. u. 2. Aufl. 8. (22 S.) Regensburg 895. W. Wunderling. n. — 35

Wahrmuth's Blicke in's Herz und Leben nach Anleitung d. heil. Schrift. Mit 1 Titelkpfr. gr. 12. Berl. 839. Wohlgemuth. 3 sgr

Wahrmuth, Christian, Die // GOtt gewidmete // Singe=Stunde // In ein und funfzig // Geistlichen // Oden und Liedern / // Welche // Zu GOttes Ehre und eigener // Vergnügen aufgesetzet /// Christian Wahrmuth // Con-Rector // der Stadt=Schule zu Weißenfels. // Naumburg /// Druckts Balthasar Boßögel // Stiffts=Buchdrucker. - 72 S.
Die Widmung ist datiert:
Weißenfels den 26. Novembr. 1734.
Auf dem Vorblatt steht die Widmung:
Der Hochlöbl.
Deutschen Gesellschafft
zu Leipzig
übergiebet
dieses
zum Geschencke
in
Dero Bibliothec
der Auctor
M. Christian Wahrmuth
p. t. Pastor zu Schortau.
Inspection. Portens.
Ao. 1745.
[illegible]

Wahrmuth, Fr., eine Volksschrift im Gebiete der Religion u. Vernunft. Baltimore 863. (Philadelphia, Schäfer & Koradi.) 8. (32 S.) n. 8 ngr.

Wahrmuth, Gottlieb (Pseud.), s.a. Kurz, Jos. (wirkl. Name)

Wahrmuth, Gli., (Jos. Kurz.), gemeinnützige Blätter, vorzüglich für Niederbaiern. 1r Jahrg. 4. Straubing. 805. (Schorner). 12 gr

— über Schellings Bruno. 8. Salzburg 803. Mayr. 4 gr

— Fichte u. Schelling; an d. Recensenten d. Lehre Schellings v. Köppen. 8. Straub. 803. Heigl. 2 gr

— s. Frauenwerth.

— allgemein faßl. Geschichte d. französ. Revolution, für den gemeinen Mann erzählt. 3 Bde. in 5 Thlen., mit 3 Kpf. 8. Straubing. 802—5. Heigl. (Schorner). 3 rthl 8 gr

— Fortsetz. derselben oder 4r u. 5r Bd. (A. u. d. T.: neueste Zeitgeschichte seit dem Frieden von Lüneville. 2 Bde.) 8. Straub. 807. 8. Heigl. 2 rthl

— Grund des kalten Benehm. geg. Reinholds-Philosophie. s. Fr. Frauenwerth.

— Grundlinien üb. Volksbildung. s. Fr. Frauenwerth.

— über die zweckmäß. Leselehrmethode u. d. Unterricht überhaupt, nebst einer Beilage üb. d. Verwendung der Klostergüter, mit 1 Kpf. 8. Paßau 804. (Straub.) Heigl. 8 gr.

— — dasselbe. 8. Passau. (Mayr in Salzb.) 804.

— Obstbüchlein für Baiern. Mit 2 Kpft. 8. Straubing. 806. Heigl. (Schorner). 4 gr.

— Obstbüchlein f. Bayern, m. 2 K. 8. Straubing, Heigl. 811.

Wahrmuth, Gli., (Joh. Kurz), Obstbüchlein f. Bayern. Mit 2 Kpf. 8. Straubing, 1806. 2. Aufl. 1811. 3. Aufl. 1825. (Schorner.) — 5

— die Pestalozzianer an Bergler. 8. Straubing. 804. Heigl. (Schorner). 3 gr.

— an d. Recensenten meiner Widerlegung d. Grundsatzes: der Regent dürfe ꝛc. 8. Straubing. 804. Heigl. (Schorner). 3 gr.

— Sendschr. a. d. Recensenten meiner Schrift Fichte u. Schelling. 8. Passau, Ambrosi. (Heigl in Straubing.) 804.

— der philosophische Vertilgungskrieg. 8. Salzburg 803. Mayr. 4 gr.

Wahrmuth, Gli., (Jos. Kurz), welche Dienste hat Baiern in d. Jahren 1805 u. 9. Frankreich geleistet? eine histor. Untersuchung. 8. Münch. 810. (Heigl in Straubing). 4 gr.

— wer ist nun der Betrogene ꝛc.

— Widerlegung d. Grundsatzes: der Regent dürfe weder Fabrikant noch Bauer sein. 8. o. O. (Salzburg) 803. Mayr. 4 gr. (Schorner in Straubing.) 1½ gr.

— — dasselbe. 8. Passau, Ambrosi. 803.

— wodurch wird Englands Größe begründet? 8. Straubing. 181. . Schmidt. 4 gr.

— e. Worte über Bonaparte's lebenslängliches Consulat. s. Fr. Frauenwerth.

— einige Worte d. Wohlstand Bayerns betreffend. 8. Ebend. (a. Heigl in Straubing.) 802.

— einige Worte, den Wohlstand Baierns betreffend. 8. Passau 802. (Schorner in Straubing). 3 gr.

Wahrmuth, Phil., zur Geschichte des Aachener katholischen Bürger- u. Wahl-Vereins „Constantia". Aus Anlass der Jubelfeier seines 50jähr. Bestehens zusammengestellt. Ein Beitrag zur Geschichte der kathol. Vereine. gr. 8. (94 S.) Aachen 894. Cremer. n. 1. —

Schwerin, Grossherzoglich Mecklenburgisches Statistisches Bureau, Ueber die Wahrnehmbarkeit von Ebbe und Fluth in der Ostsee. (Aus dem Archiv für Landesk. besonders abgedr.) Schwerin 1856.

Wahrnehmungen und Gedanken das Wirken der Rettungshäuser für die verwahrloste Jugend betreffend. gr. 8. (28 S.) Nürnberg 854, Recknagel.

WAHRNEHMUNGEN über den gesunkenen Menschenwerth. Königsberg, Göbbels u. Unzer, 1804. 8⁰. 400 S. (1½ Rthl.) (4 Mk. Max Jaeckel, Potsdam, 1910.)

Wahrnehmungen, neue medicinische u. chirurgische, aus verschiedenen Sprachen übersetzt. 1r Thl. gr. 8. Altenb. 778. Richter. (Hennings in Neiße). 14 gr.

Wahrnehmungen; Politisch-medicinische, zur Erhaltung der Gesundheit. [Eisenach] 1768. V: *Merkel, Sal. Tob.* (Ky)

— politisch-medicinische, z. Erhaltung der Gesundheit, (v. S. T. Merkel). 8. (Eisenach) 768. Wittekind. 2 gr.

Wahrnehmungen einer Seherin. Herausgeg. von J. F. v. Meyer. 1r Thl. gr. 8. Hamb. 827, Fr. Perthes.

Wahrnehmungen einer Seherin. Hrsg. v. J. F. v. Meyer. 2. Thl. gr. 8. (23¼ B.) Hamburg 828, Fr. Perthes.
1. Thl. Ebendas. 1827. 2 Thlr.

Wahrsagebuch, das, s. a.: Nostradamus d. J.

Wahrsagebuch, das, enth.: die Handwahrsagekunst; das Horoscop, od. Mittel sein Geschick aus d. Stande d. Sternbilder bei d. Geburt kennen zu lernen; die Kunst, Karten zu legen, sowie Träume auszudeuten. Von Nostrodamus d. J. 1. Aufl. (6 B.) 845. u. 2. Aufl. 16. (5½ B. m. Holzschn.) Hannover 846, Pockwitz. à

Wahrsagebuch, echtes egyptisches, nach den zwölf Himmelszeichen eingetheilt, in welchem Jedermann, jung und alt, arm und reich, hoch und niedrig, ledig und verheirathet sein Schicksal finden kann. Steyr 861. Gilhofer. 16. (46 S.) 4 ngr.

Wahrsagebuch, echtes egyptisches, nach den zwölf Himmelszeichen eingetheilt, in welchem Jedermann, jung und alt, arm und reich, hoch und niedrig, ledig und verheirathet sein Schicksal finden kann. gr. 16. (46 S.) Steyr 861. [Wien, Neidl.]

Wahrsagebüchelchen in 100 Mottos für junge Frauenzimmer von einer Mutter. Berlin 1790. N. A. 1791. V: *Klenke, Caroline Louise, geb. Karsch.* (Ky)

Wahrsagebüchelchen, in 100 Mottos für junge Frauenzimmer, v. e. Mutter, (Karol. L. v. Klenk). 8. Berl. 790. N. A. 792. Rellstab. 6 gr.

Wahrsage-Kalender, 1887. Mit 3000 Orakelspruch-Fragmenten der Sibilla Cumä. gr. 8. (XXXVI, 100 S.) Wien, Teufen. 1. 50

Wahrsagekarten der berühmten Kartenlegerin Sybilla. 10. Aufl. 32. (36 Bl.) Nebst Text. gr. 8. (2 S.) München 877, Höpfner's Buchh. In Futteral

Wahrsagekarten der berühmten Zigeunerin Xirylla. Zur Selbstdeutung für Jedermann in 36 speciell erklärten Karten (in Holzschn.) 32. Dresden 870,75, A. Wolf. In Etui.

Wahrsagekunst, die. Offenbarung der Zukunft aus den Karten, Enthüllg. des menschl. Schicksals aus der Hand u. Beurteilung des Charakters u. der Fähigkeiten e. Menschen aus der äußeren Erscheing. u. aus den Gesichtszügen. 11. verb. Aufl. (60 S. m. Abb. u. 1 farb. Taf.) 8. Leipzig (908). Ernst. 1. —

Wahrsagekunst, Die ächte, nebst einer kurzen Lebensgeschichte . . . Bartholomäus Leberechts . . . Erlangen 1802. V: *Pöhlmann, Johann Paulus.* (MGT) (Fiker)

—— die egyptische, aus den Linien der Hand. Eine zuverläss. Anleitung zum Enthüllen der Zukunft. 16. (31 S. mit Abbild. auf 1 Stnt.) Reutlingen 874, Enßlin und Laiblin.

— die, nach der römischen Gleichungsmethode. Eine in deutschen Landen noch fast gänzlich unbekannte Wahrsage-Mothode vermittelst d. Gleichungs-Alphabetes. gr. 8. (V, 100 S.) Wien 875. Teufen. n. 1. 60

Wahrsagekunst, die, aus d. **Hand** od. Chiromantie. 12. (63 S. m. 28 Fig.) Styrum 896. A. Spaarmann. n. — 50

Wahrsagekunst aus den Linien der Hand. Jeden Traum richtig zu deuten u. die deutsche od. französische Karte zu schlagen. Nach einer alten Zigeuner-Handschrift bearb. Mit 5 Kpfrtaf. u. den 12 Kalenderzeichen. 3. verb. u. verm. Aufl. 16. (IV u. 136 S.) Leipzig 850, Voigt. 1/3 ßf

Wahrsagekunst aus den Linien der Hand. Jeden Traum richtig zu deuten und die deutsche oder französische Karte zu schlagen. Nach einer alten Zigeuner-Handschrift bearb. Mit 5 Kpfrtaf. versehen. 4—6. verb. Aufl. Leipzig 853—58. F. Voigt. 16. (2 Bl., 135 S.) 10 ngr.

Wahrsagekunst, die, aus den Linien und Punkten der Hand. Untrügliches Mittel zum Enthüllen der Zukunft. 32. (32 S. mit 3 lithogr. Abbild.) Reutlingen 866. (Stuttgart, Fischhaber.)

WAHRSAGEKUNST, Neu erfundene, durch welche zukünftige Dinge zu entdecken und heftigste Neugierigkeit vollkommen zu ersättigen; nebst Zueignungsschrift an die Schönen unserer Zeiten Mit Tabellen. La Haye 1745. 8°. (3 Mk. Scheible, Anz. 76.)

Neu erfundene Wahrsagekunst, franz. u. deutsch. 2. Aufl. Haag 760. 8.

Wahrsagekunst, die vollständige, d. berühmten Wahrsagerin Mlle. Lenormand nach deren hinterlass. Papieren bearb. v. d. Gräfin v. *** wodurch Jedermann sich selbst die Karten legen u. seine Zukunft vorhersagen kann. M. 54 Kart. in Farbendr. nebst erläut. Texte. 32. Coblenz 846, Reiff.

— vollständige, der Mlle. Le Normand. Hrsg. u. bearb. von der Gräfin v. B. 2. Aufl. Nebst 54 lith. Karten. 32. (77 S.) Coblenz 847, Reiff. — 4. Aufl. Nebst 54 (lith.) Karten. 18. (77 S.) Ebd. 848. — 2. Thl. Die Orakel der zwölf Sibyllen oder die Kunst, aus Zahlen-Verhältnissen wahrzusagen. Nach vertrauten Mittheilungen treu bearb. von der Gräfin v. B***. 18. (95 S.) Ebd. 847. (1: 1/4 ßf 2: 6 nge) 13 1/2 nge

Wahrsagekünste, die beliebtesten. Die Beurteilg. des Menschen nach d. Monat s. Geburt. D. Physiognomie u. d Glieder d. Menschen zur Beurteilg. s. Gesinnung. D. Beurteilg. d. menschl. Temperamente. 12. (48 S.) Ebd. 896. Styrum & Leipzig: A. Spaarmann. — 30

Wahrsager

— d., e. Wochenschrift. 4. Berlin, Voß. 749.
Hrsg.: Christlob Mylius.

— der, oder Darstellung des Sprüchworts: wie mans treibt, so gehts, ein Spiel f. Kinder. Gotha 794. Perthes. 3 gr

* Der *Wahrsager.* Ein Taschenbuch für junge Frauenzimmer. [Nicht erm.]
Leipzig
1798.

Wahrsager, Der. [Erz.:] Der Sammler. Wien 1815. Nr. 26/31. V: *Lohmann d. J., Frdrke.* (?). Vgl. die gleich betitelte Erz. in deren kleinen Romanen. 1. Bd. Magdeburg 1825. (DARP)

Wahrsager, Der, oder die Kunst aus den Karten wahrzusagen. Hamburg 1836. V: *Hoffmann, Peter Friedrich Ludwig.* (schr)

—arithmetisch-cabbalistischer, (le Devin arithmétique-cabbalistique) zukünftige Schicksale durch Zahlen zu erforschen, französ. u. deutsch. 8. Nürnb. ... Bieling. 6 gr

Wahrsager, der aufrichtige arabische, oder überaus unterhaltendes Frag- u. Antwortspiel für verheirathete u. unverheirathete Personen v. beiden Geschlechtern. 8. Grätz 793. Kienreich. 1/2 ßf

WAHR-SAGER, Der galante und curieuse. Welcher allerhand artige Fragen mit sinnreichen und nachdenklichen Antworten auflöst. O. O. u. J. (c. 1710). Qu. 4°. (18 Mk., fleckig, Prgtbd., Emil Hirsch, München, 1904.)

3 Bll. Tit. u. Vorr., 30 Bll. Text. Ganz in Versen abgefasste Beschreibung eines Würfelspiels; von großer Seltenheit.

— der, aus d. Kaffeesatz, oder der Kaffeeschalengießer, nach e. ill. Spielkarte. 8. Nürnb. ... Bieling. 8 gr

Curieuser und galanter Wahrsager auf allerhand artige Fragen. Leipz. 702. 8.

WAHRSAGER, Der kurzweilige, welcher ohne in die Hand zu sehen, einem jeden seines Lebens Zufälle durch Fragen und Antworten entdecken wird. 1758. 8°.

Wiener Cat. (1774) verbotener Bücher.

WAHRSAGER, Der Lust-erweckende u. zur Frölichkeit dienende, oder curieuses Büchlein natürlicher Glücks-Prophezeyungen, in welchen, bey anmuthigen Gesellschafften so wol Verehlichten als Unverehlichten Manns- u. Weibs-Personen, eine merckliche Anzahl allerhand Gemüths-erfreuender Fragen u. Vorstellungen, welche im gemeinen Leben gar leichtlich u. vielfältig sich zu ereignen pflegen, vermittels dreyer Würffel entschieden, und, frey von aller Anzüglichkeit, Schertz-weise beantwortet werden, u. zwar vermittelst sechs sonderbarer Abtheilungen. Mit Titelkpf. (Gesellschaft beim Würfelbrett, mit der Figur der Glücksgöttin u. allegor. Beiwerk, nebst Bandschriften, J. C. Reiff . . . . sc.). Nürnberg, verlegts Joh. Leonh. Buggel. An. 1709. 4°.

— — Dasselbe. Ebd. 1733. 4°.

— der magische, e. wissenschaftliches Unterhaltungsspiel. 8. Leipz. 809. Herzog. 12 gr

Magischer Wahrsager. Leipz. 807. 8.

Wahrsager, Der neue vermehrte Preussische. Oder: Wundersame Prophezeyungen von den Regenten des Churfürstlichen Hauses Brandenburg. . . . Wien, Paris, Stockholm, Petersburg, Dresden und im gantzen Reich 1758. V: *Seyler, Gg Dan.* (ABJP)

— neuer englischer, für d. J. 1819—21. Enthält die neueste Genealogie d. regierenden Häuser in Europa rc. 4. Prag 819—21. Calve. (à 18 gr) 2 ßf 6 gr

Wahrsager, Der Neu vermehrte Preussische, Oder: Wundersame Prophezeyungen von den Regenten des Churfürstl. Hauses Brandenburg und Königreichs Preußen. O. O. 1742. V: *Seyler, Georg Daniel.* (Sabell, Lit. d. sog. Lehninschen Weissagungen. Heilbronn 1879. S. 73.) S. a. IV, 11469.

— neu vermehrter preußischer, od. Prophezeihungen v. Zoroaster. 4. England. 742. -

— der physikalische u. moralische, in 3 Büch. 8. Glogau 758. Chr. Fr. Günther. 8 K

Wahrsager, Der Preussische, das ist: Bruder Hermanns von Lehin wundersahme Prophezeiungen von den Regenten des Churfürstlichen Hauses Brandenburg und Königreichs Preussen . . . O. O. 1741. V: *Seyler, Georg Dan.* (ABJP)

Wahrsager, der untrügliche. Interessantes Orakelspiel. Vermächtniß der Madame Marie Lenormand. Mit 9 (lith.) Bildn. 8. Gratz 846, Ludewig. n. 1/3 ℛ

```
                                        Wahrsager

William Hanemanns (47: Haanemanns) verwunderlich-
englischer Wahrsager, oder Außführliches Progno-
sticon des ... Jahrs ... 23. 47. Augspurg:
Brechenmacher [1715 - 1739 ]. 8°
23: 1716.[1715]
47: 1740. Th.[1.]2. [1739.]
```

— d. verwunderliche englische, auf d. J. 1798. 8. Wien, Doll. 8 K

Wahrsager, A., Brief an Royko. 8. Grätz, Ferstel. 783. -

— noch etwas an Royko. 8. Grätz 785. Ferstl. 3 K

Wahrsager, Fridle [Pseudon.] *s.* Dudli, Johann Georg.

Wahrsager der Jüngere. Friedle [Pseudon.] *s.* Fornaro, Franz Joseph.

Wahrsagerin, die, e. Erzählung der schott. Zeitgeschichte, nebst e. Anhang v. Noten u. geschichtl. Documenten, aus d. Zeiten Jacob I.; aus d. Engl. des Verf. d. Pfarrannalen rc. 3 Bde. 8. Frankf. 825. (Gebhardt in Grimma). 4 ℛ 12 K Hbg. Pr. 3 ℛ

Wahrsagerin, die, eine Erzählung d. schott. Zeitgeschichte, nebst e. Anhang v. Noten u. geschichtl. Documenten, aus d. Zeiten Jacob I. Aus den Engl. des Verf. d. Pfarrannalen rc. 3 Bde. 8. Frkft. 825, H. Wilmans. Rthlr.

Wahrsagerin, die, od. das neue Orakel-Würfelspiel. Von L. v. Z. 16. (37 S.) Magdeburg 889. Achilles Nachf. n. — 50

Wahrsagerin, die, aus der Karte. Ein Gesellschaftsspiel. Fol. (Prag, Leitmeritz u. Teplitz 839. Medau.) In Etui 1/8 ℛ

Die WAHRSAGERIN aus dem Coffee-Schälgen, mit nöthigen Anmerckungen begleitet von C. G. B. Leipzig, J. C. Langenheim, 1742. 4°. 31 S. Mod. HLd.

Graeße, Bibl. mag. 108. Der Verfasser, offenbar ein Theologe, zieht mit vollem biblisch-geistlichen Rüstzeug gegen den Mißbrauch der Gottesgabe der „Coffee-Bohnen" durch Prophezeiungen aus dem Kaffeesatz zu Felde.

Wahrsagerin, d. kleine, e. Unterhaltung für lustige Leute. 12. Germanien 811, a. 820. (W. Nauck in Leipz.) 3 K

Wahrsagerin, d. kleine, e. Unterhaltung f. lustige Leute. 12. Germanien. (Sommer in Lpz.) 811. -

Wahrsagerin, die kleine. Neue Aufl. 16. Leipzig, Sommer. 820.. .

Wahrsagerin, die, Mlle. Lenormand. Erklärung d. Kartenspiels d. berühmt. Wahrsagerin. Hrsg. v. deren Erben Chator. 32. (36 ill. Karten u. 24 S. Text.) Coblenz 846, (Hölscher. * 8 Ngr. Ebds. Reiff.) *

Wahrsagerin, die, v. New-Orleans. Frei nach dem Engl. v. Freifrau v. Berlepsch. 8. (255 S.) Leipzig 874. E. J. Günther. n. 2. 50

Wahrsager-Karte, neue. 32. (32 Kärtchen.) Weißenfels 846, Sueß. In Couv. n. 1/12 ℛ

Wahrsager-Karten, oder Enthüllung der Zukunft was einem Glückliches oder Widerwärtiges begegnen kann, und Auslegung der gewöhnlichen (deutschen) Spielkarten. 32. (32 Kärtchen). Münch. (831.) Jaquet. In Etuis 3 K

Wahrsager-Karten, oder Enthüllung der Zukunft, was einem Glückliches od. Widerwärtiges begegnen kann, und Auslegung der gewöhnl. Spielkarten. 32. (Augsburg 839. Leipzig, Klinkhardt.) In Futteral 1/8 ℛ

Wahrsager-Karten, (32), oder Auslegung der gewöhnlichen Spielkarten rc. Gesellschaftsspiel. 64. Augsburg 847, Jaquet. In Etui $4^1/_2$ ngl

Wahrsagerkunst, d. ächte, s. J. P. Pöhlmann.

Wahrsagung, Glaukus, als die Französische Flotte . . . nach Amerika segelte. Berlin 1765. V: *Ramler, Carl Wilhelm.* (ML) (Cat. d. Stadtbibl. Zürich. Zürich 1864—97.)

Wahrsagungen u. Weissagungen, von, beurkundend das seellische, hell u. umständliche Sehe-Vermögen in die Ferne, ins Verborgene und in die Zukunft. Ein Auszug aus Cicero's Büchern von der Divination, mit e. Anhange von Wahrsagungen und Weissagungen aus den 3 letztvergang. u. dem jetzigen Jahrhunderte. 8. Sulzbach 832. v. Seidel. 6 K

Wahrsagungs-Kunst, durch welche zukünftige Dinge gäntzlich zu entdecken und die heftigsten Neugierigkeiten zu ersättigen, Teutsch u. Frantz. mit Kpfrn. à la Haye 745. 8.

Wahrsagungskunst, neuerfundene, durch welche zukünft. Dinge zu entdecken, m. K. 8. Haag. 745. -

Wahrsagungskunst, neuerfundene, durch welche zukünftige Dinge zu entdecken. 8. Eisenach 760. Griesbach. 4 K

Währschafts-Ordnung, neue, f. Frankfurt a. M. (Hrsg. v. Berthold Geiger.) (20 S.) gr. 8. Frankfurt a/M. (Holzgraben 13) 904. Gebr. Fey. n. — 75

— dasselbe. 3. Aufl. (31 S.) 8. Ebd. 906. n.

Währschafts-Ordnung, neue, f. Frankfurt a. M. 4. Aufl. (32 S.) 8. Frankfurt a/M. 910. Gebr. Fey. — 75

Wahrscheinlichkeit, über die, der Existenz d. Päbstin Johanna, e. histor. Untersuch. gr. 8. Regensb. 809. Montag u. W. 14 K

Wahrscheinlichkeit, Die historische, des Grütlibundes. O. O. 18?? V: *Muralt, Eduard v.* (Cat. d. Stadtbibl. Zürich. Zürich 1864—97.)

Wahrscheinlichkeit, die, einer ferneren beträchtl. Preis-Steigerung des Grund u. Bodens zunächst in Mecklenburg nachgewiesen v. e. Unbetheiligten. 8. (2 B.) Neubrandenburg 846, Brünslow. *

Wahrscheinlichkeit oder Unwahrscheinlichkeit, Die, einer Landung der Engländer auf der nordwestlichen Küste Teutschlands. Teutschland [Düsseldorf] 1807. V: *Kerz, Friedrich von.* (MGT) (Ky)

— die, oder Unwahrscheinlichkeit e. Landung der Engländer auf der nordwestl. Küste Deutschlands, (v. … v. Kerz). 8. Düsseld. 807. Hofbuchh. 4 gr.

Wahrscheinlichkeit, Der Wahrscheinlichkeiten wahrscheinlichste, dass beim Aktien-Nehmen zur Schiffbarmachung der Elbe blutwenig zu verdienen sey. O. O. 1792. V: *Bassewitz, Bernhard Frdr. Graf von.* (MGT)

Wahrscheinlichkeit (Welche) auf einen Gewinn haben die Theilnehmer an dem neuen Grossherz. Badischen Anlehen nach dem genehmigten Plane im Regierungsblatt vom 3. Aug. 1840, No. 22? 8°. Karlsruhe, Artist. Instit., 1841.

Wahrscheinlichkeiten von einem unpartheiischen Beobachter entworfen. Philadelphia [Wien] 1785. V: *Fezer, Joh. Jacob.* (Wr) (MGT) (Ky) (Gradmann, Gel. Schwaben. 1802.)

Wahrscheinlichkeiten (v. J. J. Fezer). 8. (Wien) 786. Wucherer. 12 gr.

— — Prüfung derselben. 8. Ebend.

Wahrspruch, der. Ein Beweis des Glaubens und ein Beitrag zur „Philosophie des Christentums". gr. 8. (111 S.) Hamburg 884. Persiehl. *

Wahrspruch, der. Ein Beweis d. Glaubens u. e. Beitrag zur „Philosophie d. Christentums". gr. 8. (111 S.) Hamburg 886. Persiehl. n. 1. 50

Wahrt, Johann Theodor (Königsberg/Pr.) A. S. 1365/4

Decas thesium juridicarum de peste, et eo quod justum est tempore pestis.
Präs. Johann Christoph Caden.
Königsberg/Pr. (Reusner) 30. V. 1710. 30 S.

35667

Wahrt, Johann Theodor (Königsberg/Pr.) A. S. 474/54

Disputatio juridica examinans foedus inaequale, de comiter conservanda alterius majestate occasione l. 7. ff. de capt. et postl.
Präs. Ernst Wilhelm Bielfeldt.
Königsberg/Pr. (Reusner) 26. IX. 1710. 32 S.

Gew.: Christoph Gf. von Wallenrodt, Christoph Alexander von Rauschken, Friedrich Wilhelm von Kanitz.

35668

Wahrung der Rechte d. evangelisch-lutherischen Kirche in Preußen in 2 vom Ober-Kirchen-Kollegium derselben an das Hohe K. Staatsministerium u. an die Hohe zur Vereinbarung der Verfassung berufene Versammlung gerichteten Petitionen. gr. 8. (28 S.) Breslau 848, Max & Co. 1/12 ℛ

Währung, die neue österreichische, praktische Darstellung der hierbei zu Grunde liegenden Werthbestimmungen und der damit in Beziehung stehenden Berechnungen; nebst Reduktions-Tabellen. Von R. München 858. Franz. gr. 8. (27 S.) 6 ngr.

Währung, die neue österreichische — (giltig vom 1. November 1858) und die Verhältnisse zwischen dieser und der Conv.-Münz- und Wiener-Währung nebst den nöthigen Bemerkungen hierzu und den neuen Gebühren und Stempel-Scalen. *Neuhaus* 1858. Druck von *Alois Josef Landfrass.* 16 S. kl. 8°. 6 kr. CM.

Währung, Oesterreichs neue und alte — *Prag* 1858. Druck von *Fr. Rohlíček.* 2 Bl. kl. 8°.

Währungs-Bibliothek. Hrsg. v. Verein zum Schutz der deutschen Goldwährung. 1. Serie. 1.—9. Hft. gr. 8. Stuttgart (A. Bonz & Co.) à n. — 50

1. D. Währungsfrage. Gemeinfaßl. dargest. v. Karl Helfferich. (27 S.) 895.
2. Soll Deutschland s. Goldwährg. aufgeben? Von J. Thorwart. (20 S.) 895.
3. Währung u. Landwirtschaft. Gemeinfaßl. dargest. v. Karl Helfferich. (32 S.) 895.
4. Die Gold- u. Silberproduktion u. ihr Einfluß auf d. Geldwert v. Gust. Kilpfel. (M. e. graph. Darstellg. d. Produktion.) (36 S.) 895.
5. Die Währungs-Debatte im engl. Unterhaus v. 17. März 1896. (47 S.) 896.
6. Der Währungs- u. Wahlkampf in d. Ver. Staaten v. Amerika von M. v. Brandt. (48 S.) 896.
7. Zur Vorgeschichte d. Präsidentenwahlkampfes in d. Vereín. Staaten v. e. Amerikaner. (16 S.) 897.
8. Fiasko, das neue, d. internat. Doppelwährg. Englischer Parlamentsbericht v. 22. X. 1897. (56 S.) 897.
9. Reichsbank, die. Verhandlgn. d. Plenarversammlg. d. deutschen Handelstags v. 14. III. 1898. M. e. Einleitg. v. Karl Helfferich. (58 S.) 898.

Währungsdebatte, die, im Reichstag v. 15. u. 16. Febr. 1895, s. a. Schriften des deutschen Bimetallistenbundes, 20. Hft.

Die **Währungsdebatte** im Reichstag. Stenogr. Bericht d. Verhandlungen d. Reichstagssitzungen v. 9., 10. u. 11. Febr. 1886. Berlin: Walther & Apolant 1886. (131 S.) 8° [F.]
= **Schriften** d. Deutschen Vereins f. internat. Doppelwährung. H. 13. 16. 1886

— die, im englischen Unterhaus v. 17. März 1896, s.: Währungs-Bibliothek, 5. Hft.

Währungs-Enquête-Kommission. Stenographische Protokolle über die vom 8. bis 17. März 1892 abgehaltenen Sitzungen der nach Wien einberufenen. Wien 1892.

Zur Währungsfrage. Berlin 1885.

Währungsfrage. Nur die Währungsfrage löst die soziale Frage. Eigenartiger Kurs v. Sincorus. gr. 8. (83 S.) Berlin 892. Cassirer & Danziger. n. 1. —

Zur Währungsfrage. Verhandlungen in den am 17. Februar 1894 und 13. März 1895 in Hamburg abgehaltenen Versammlungen Eines Ehrbaren Kaufmanns. Herausgegeben von der Handelskammer zu Hamburg. Hamburg 1895.

Zur deutschen Währungs- und Münzfrage. Berlin 1871.

Währungsfrage, die, im deutschen Handelstage. gr. 8. (64 S.) Berlin 881, Simion. *

Waibel, ..., Kemptens Finanzverhältnisse u. seine Forderungen an das Staatsärar nebst d. Etat d. gegenwärt. Renten u. Laster d. Staatskasse in Kempten. 8. Kempt. 831. Dannheimer. 8 gr

Waibel. Kemptens Finanzverhältnisse und seine Forderungen an das Staatsärar nebst dem Etat der gegenwärtigen Renten und Lasten der Staatskasse in Kempten. 8⁰. Kempten, Dannheimer, 1832.

— können die altkemptischen Unterthanen zur Beifuhr des Materials auf die Landstraßen mit Recht gezwungen werden? 8. Kempt. 832. Dannheimer. 2 gr

(Waibel), Randglossen zur königlich bayerischen Proclamation vom 10. Juni 1849. Von einem Mitgliede der aufgelösten Volkskammer. 8 S. 8⁰.

Waibel, Adalbert Alois, s. W a i b e l. Alois Adalbert

Waibel, Alois Adalbert, s.a. N e l k , Theophil

Waibel, Adalbert Aloys, Andacht an 6 Sonntagen zur Ehre des heil. Aloysius. Inspruck 821.

Waibel, Aloys Adalbert, Auslegung der Offenbarung des hl. Apostels Johannes. Eine Zugabe zu seiner „Dogmatik der Religion Jesu Christi". Augsburg, Kollmann, jetzt Regensburg, Verl.-Anst., 1834, gr. 8°, 484 S., 5 Mk.
Recens. in Merz' Litteraturzeitung 1834, IV, 141—144.

—— Denksprüche u. Erzählungen. Liebhabern des Schönen u. Guten gewidmet. 12. (4 B.) Augsburg 828, Kranzfelder.

—— Dogmatik d. Religion Jesu Christi. 28 Abhandln. od. 8 Bde. gr. 8. (186¼ B.) Augsburg 829—31, Kollmann.
Bd. I. 1. Giebt es einen u. zwar nur Einen Gott? 2. Ist es möglich, daß Gott uns e. Offenbarung gebe? 3. Durch was f. Beweise läßt sich darthun, ob eine Offenbarung wirkl. gegeben sei? 4. Ist nun wirkl. eine durch Wunder u. Weissagung bestätigte Offenbarung gegeben? 1 Thlr. 6 Gr.
: II. 5. Von d. Lehramte d. Apostel u. d. Unfehlbarkeit d. lehrend. Kirche. 6. Von d. Ueberlieferung. 7. Von d. heil. Schrift. 8. Von d. Glaubensbekenntnissen, d. Entscheidungen allgem. Concilien, u. v. feierl. päpstl. Entscheidungen. 9. Ueber d. Begriff v. Dogma überhaupt. 1 Thlr. 16 Gr.
: III. 10. Von Gott, d. Dreieinigen. 11. Von d. Schöpfung u. von d. Sündenfalle d. abtrünnigen Engel, u. von d. Sünde d. ersten Menschen. 1 Thlr. 4 Gr.
: IV. 12. Von d. Menschwerdung d. ewigen Sohnes Gottes. 13. Christus d. Erlöser d. Menschheit. 14. Christus unser Gesetzgeber; od. d. christl. Moral in gedrängter Kürze. 21 Gr.
: V. 15. Von d. übernatürl. Gnade. 16. Von d. Hierarchie d. Kirche Jesu Christi. 1 Thlr. 6 Gr.
: VI. 17. Von d. Sakramenten überhaupt. 18. (?) 19. Von d. Sakramente d. Firmung. 20. Von d. allerheil. Geheimnissen d. Altars, a. als unblutigem Opfer, b. als Sakrament. 1 Thlr. 9 Gr.
: VII. 21. Von d. Sakramente d. Buße. 22. Von d. Sakramente d. letzten Oelung. 23. Von d. Sakramente d. Priesterweihe. 24. Von d. Sakramente d. Ehe. 1 Thlr. 6 Gr.
: VIII. 25. Von d. Reinigungszustande, od. d. sogen. Fegfeuer. 26. Von d. großen Weltgerichte. 27. Von d. ewigen Strafen d. Verdammten. 28. Von d. triumphirenden Kirche od. von d. Himmelreiche. 1 Thlr. 12 Gr.

— Dogmatik d. Religion Jesu Christi. I—IV. Abhandl. Sammt 5 Beilagen. gr. 8. Augsb. 831. Jos. Wolff. 22 gr **V—IX. Abhandl. Auch u. d. T.: Von dem Lehramte der Apostel u. von der Unfehlbark. d. lehrenden Kirche. — Von der Ueberlieferung. — Von der heil. Schrift. — Von den Glaubensbekenntnissen** rc. **— Ueber den Begriff vom Dogma überhaupt. 5 dogmat. Abhandll. sammt Beilagen. gr. 8. Ebd. 831.** 1 Rß 8 gr **X. u. XI. Abhandl. Auch u. d. T.: v. Gott dem Dreieinigen. — Von der Schöpfung u. von dem Sündenfalle der abtrünnigen Engel: u. von der Sünde der ersten Menschen. 2 dogmat. Abhandll. sammt Beill. gr. 8. Ebd. 831.** 22 gr **XII.—XX. Abhandl. Auch u. d. T.: von d. Menschwerdung des ewigen Sohnes Gottes. — Christus der Erlöser der Menschheit. — Christus unser Gesetzgeber, oder die christl. Moral in gedrängter Kürze. 3 dogmat. Abhandll. sammt Beilagen. — Von d. übernatürl. Gnade. Sammt 2 Beilagen. — Die Hierarchie d. Kirche Jesu Christi. — — Von den Sakramenten überhaupt. — Von dem Sakramente der Taufe. — Von dem Sakramente der Firmung. — Von dem allerheil. Geheimnisse des Altars. 4 dogmat. Abhandll. sammt Beill. — gr. 8. Ebd. 830, 31.** 4 Rß 22 gr **XXI.—XXVIII. Abhandl. A. u. d. T.: von dem Sakramente der Buße. — Von dem Sakram. der letzten Oelung. — Von dem Sakram. d. Priesterweihe. — Von d. Sakram. d. Ehe, sammt Beilagen. — Von d. Reinigungs-Zustande, oder dem sogenannten Fegefeuer. — Von d. großen Weltgerichte. — Von den ewigen Strafen d. Verdammten. — Von der triumphirenden Kirche, oder von dem Himmelreiche. 4 dogmat. Abhandll. sammt Beilag. gr. 8. Ebd. 829—31.** 2 Rß 19 gr **(Alle 28 Abhandll. in 8 Bden.)** 9 Rß 12 gr

W a i b e l, (A. A.,) Erzählungen, vorzügl. edeln Töchtern gewidmet. 8. Insbruck 822, Wagner.

— das Eine Evangelium; oder: Die 4 heil. Evangelien im geschichtl. Zusammenhange. Sammt der Geschichte der Apostel. Mit den nöthigsten Erklärungen. 8. Augsburg 826, Bolling.

Waibel, Al. Adalb., Das eine Evangelium oder die 4 Evangelien im geschichtlichen Zusammenhange. Augsburg, Bolling, 1827, 8°, 3,40 Mk.

W a i b e l, Alois Adalb. (†Th. Nelk, A. M. Beilch), F l a m m e n anbetender Liebe, dem göttl. Herzen Jesu Christi in d. allerheil. Altarsgeheimniß geweiht. Ein Gebetbuch f. kathol. Christen. 12. (13 B., 1 Stahlst. u. Ttl. in Gold- u. Farbendr.) Lindau 846, Stettner.

Waibel, Alois Adalb., F l a m m e n anbethender Liebe, dem göttlichen Herzen Jesu Christi in dem allerheiligsten Altarsgeheimniß geweiht. Ein Gebethbuch für katholische Christen. Mit 1 Stahlst. u. lithochrom. Titel. 2. Aufl. Lindau 856. Stettner. 12. (IV, 312 S.) 12½ ngr

— d. Freude des heil. Franziskus v. Assis. Eine Predigt. 8. Augsb. 832. M. Rieger.

— s. F r e u d e n des Christen in Gott und Religion.

— kurze Gebetlein u. fromme Anmuthungen für kathol. Christen. 18. Augsb. 827. Bolling. 2 gr

—— **Herr, segne uns! Ein vollständ. Gebethbuch f. gebildete kathol. Christen. gr. 18. (10 B. u. 1 Stnt.) Einsiedeln 844, Gebr. Benziger.** 11¼ Ngr.; m. 9 Stnt. u. Prachtttl. 20 Ngr., mit 9 Stnt. in Goldeinfassung u. Prachtttl. –

Waibel, Aloys Adalb., Herr, segne uns! Ein vollständ. Gebetbuch für gebildete kathol. Christen. 2. Aufl. gr. 12. (360 S. und 1 Stnt.) Einsiedeln 850, Gebr. Benziger.
Vlnp. mit 8 Stnt. und lithochrom. Titel.

— Herr, segne uns! Ein vollständiges Gebetbuch für gebildete katholische Christen. 6. Aufl. Einsiedeln 858. Benziger. 12. (358 S. u. 2 Lithogr.) 11 ngr

Waibel, Al. Adalb., Die Hierarchie der Kirche Jesu Christi. Dogmatische Abhandlung. Augsburg, Kollmann, 1830, gr. 8°, 2 Mk.
Siehe des Verf. Dogmatik. Repertor. Bd. III.

—— Papst Innocentius der Dritte. Eine der denkwürdigsten Lebensgeschichten. Nach Friedr. Hurter. 1—3. Lfg. gr. 8. (20¾ B.) Lindau 845, Stettner. à

— Papst Innocentius der Dritte. Eine der denkwürdigsten Lebensgeschichten. Nach Friedrich Hurter für Gebildete aus allen Ständen, insbesondere für die studirende Jugend bearb. 2. unveränd. (Titel-)Aufl. Lindau (846.) 853. Stettner. gr. 8. (VII, 324 S.) 15 ngr.

(Waibel, Alois Adalbert,) † (Th. Nelk, A. M. Veilch,) Itha, Gräfin v. Toggenburg, s. Itha.

—— Kleinodien a. d. Schriften d. Heiligen, s. Kleinodien.

— Kleinodien aus den Schriften von Heiligen. Zu Andachtsübungen u. zur Erbauung. 2 Thle. 8. Augsb. 819. Bolling. (Leipz., Herbig). 2 ₰ 2e Aufl. s. Kleinodien.

— christkatholisches Kommunionbuch. Mit 1 Stahlst. gr. 12. (IV u. 412 S.) Augsburg 850, Kollmann. 18 ngr

Waibel, Alois Adalb., christkatholisches Kommunionbuch, 2. Aufl., s.: Trentwalder. Regalat, Jesus, Dir lebe ich!

Waibel, A. A., Die Reichsgrafschaft Königsegg-Rothenfels und die Herrschaft Staufen. Kempten 1851. 8.

Waibel, Alois Adalb., katholisches Krankenbuch zum Gebrauche für Geistliche, sowie für alle Krankenfreunde u. für die Kranken selbst. 2. Aufl., überarb. u. mit einem Anh. verm. von Jos. Eichberger. Kempten 869. Kösel. 8. (VI, 316 S. mit 1 Stahlst.) 15 ngr.

Waibel, Alois Adalb., katholisches Krankenbuch zum Gebrauche für Geistliche, sowie für alle Krankenfreunde und für die Kranken selbst. 2. Aufl. überarb. und mit einem Anh. verm. von Jos. Eichelberger. gr. 16. (VI, 316 S. mit 1 Stahlst.) Kempten 869,74, Kösel'sche Buchh.

— Philiberts Leben, Weisheit u. Lied. 8. Augsb. ... M. Rieger. Merz u. Eurisch. 8 gr

——, Philiberts Leben, Weisheit u. Lied. 8. (10 B.) Augsburg 833, [M. Rieger.]

A.. A.. Waibel's Moralphilosophie. *Augsb.*, Belling. 820. gr 8° 1 ₰ 8 gr

— Moral-Philosophie. gr. 8. Augsb. 820. Bolling. (Leipz., Herbig). 1 ₰ 8 gr

—— Moraltheologie, nach d. Geiste d. heil. Alphons Maria Liguori mit reichl. Kasuistik bearb. 1—6. Bd. gr. 8. Regensburg, Manz. [1. (45½ B.) 839. 2 Thlr., 2. (35 B.) 840. 1½ Thlr., 3. (38 B.), 4. (37 B.) 841. à 1⅔ Thlr., 5. (39½ B.) 1⅚ Thlr., 6. (45½ B.) 842. 2 Thlr.]

—— Moraltheologie, nach dem Geiste des heil. Alphons Maria Liguori mit reichlicher Kasuistik bearb. 7. u. 8. (letzter) Bd. gr. 8. Regensburg, Manz. [7. (43 B.) 843. 2 Thlr., 8. (61¼ B.) 44. 2 Thlr. 25 Ngr.]
1—6. Bd. Ebendas. 1839—42. 10 Thlr. 20 Ngr.

— die Mystik. Auch als Zugabe zu seiner „Dogmatik d. Religion Jesu Christi." gr. 8. (35 B.) Augsburg 834, Kollmann.

— s. Perlen aus den Schriften d. Heiligen.

— Philiberts Philosophie der Aeltesten, für denkende Philosophen der neuesten Zeit kompendirt u. umgearbeitet. gr. 8. Augsb. 820. Bolling. 1 ₰ 12 gr

—— Predigt-Entwürfe über die sonntägl. Episteln. Auch für Leser zur Erbauung. gr. 8. (III und 554 S.) Augsburg 848, Kollmann'sche Buchh.

— kurze Predigtskizzen vom allerheil. Sakrament d. Altars, die wohl auch Allen zu frommen Betrachtungen dienen. 8. Augsb. 826. Bolling. 6 gr

(Waibel, Alois Adalbert,) † (Th. Nelk, A. M. Veilch,) der Priester als Brautführer. Primiz-Pred. gr. 12. (1 B.) Kempten 839. (Regensburg, Manz.) Thlr.

— s. Schätze aus den Schrift. d. h. Augustinus.

— Sophie u. Theophila oder Seelenlehre für die lieben Kinder, die sich wohl auch d. Jugend empfiehlt. 8. Insbr. 821.

— geschichtl. Unterhaltungen für Sinn u. Herz. 8. Augsb. 823. Bolling. 10 gr

— Verehrung d. Gottes-Mutter u. heiligsten Jungfrau Maria. In Gebeten für Gebildete. 2e Aufl. 12. Innsbruck 825, Wagner.

— s. a. Vergnügen in d. Andacht.

Waibel, Alois Adb., Vergnügen in der Andacht. Ein kathol. Gebetbuch für Alle, welche auf Erden glücklich und einst selig werden wollen. Neue umgearb. Aufl. 32. (236 S. mit 1 Chromolithogr.) Einsiedeln 878, Gebr. Benziger.

Vergnügen in der Andacht. Ein kath. Gebetbuch f. alle, welche auf Erden glückl. u. einst selig werden wollen. Von P. Alois Adalbert Waibel O. S. B. 15. Aufl. *Einsiedeln, Köln: Benziger & Co. [um 1902].* (317 S.) 8° [Л]

—— historische Volks-Bilder-Bibel &c., s. Volks-Bilder-Bibel, historische.

— s. die Weisheit in Sprüchen d. Heiligen.

Waibel, C., s. Waibel, Karl

Waibel, Edwin, Mardochäus. Biblisches Drama in 5 Aufzügen. (80 S.) kl. 8. Castrop 908. H. Schmitz. 1.—

— dasselbe, s.: Theaterbibliothek.

Waibel, J., s.: Sagenbuch, badisches.

Waibel, J., synchronist. Zusammenstellg. d. bedeut. Geschichtszahlen zwecks Nachschlagens, Memorierens, Vorbereitg. f. Prüfgn. (1. Tl.) gr. 8. (IV, 79 S.) München 895. (H. Korff's Nachf.) n. 1.—

Waibel, J. J., großer Nutzen aus dem Mist-Dampf, od. Anleit., jede Juchart Acker, Matten, Weide, od. Reben schon allein mit d. Dampf von e. einzigen Fuder frischen Mist besser zu düngen, als mit 20 Wägen voll verjährtem; u. sofort allen rohen Boden durch einige Arbeitstage in Gartenerde umzuwandeln. 1. Aufl. 836., 2., 3. A. ... u. 4., von e. prakt. Landwirthe umgearb. neue Aufl. gr. 8. St. Gallen 837, [Scheitlin u. Zollikofer.] Versiegelt à

v. Waibel, J. N., die Najaden; kom. Oper in 4 A. 8. Const. 820. Wallis. 12 gr

Waibel, Karl

Waibel, kurze Anleitung zur Verhütung d. Wochenbettfiebers zum Gebrauche f. Frauen u. Hebammen. 8. (14 S.) Dillingen 889. (Leipzig, Schneider.) n. — 25

Waibel, Karl, kurze Anleitung zur Verhütung d. Wochenbettfiebers, zum Gebrauche f. Frauen u. Hebammen. 2. Aufl. 12. (13 S.) Dillingen 890. (Augsburg, Wolff.) n. — 50

— Leitfaden f. die Nachprüfungen der Hebammen. 8. (V, 84 S.) Wiesbaden 893. J. F. Bergmann. Kart. n. 1. 60

Waibel, Karl, Leitfaden f. d. Nachprüfungen d. Hebammen. 3., verb. u. verm. Aufl. 8. (XXII, 92 S.) Wiesbaden 898. J. F. Bergmann. Geb. in Leinw. n. 1. 60

Waibel, Karl, Leitfaden f. die Nachprüfgn. der Hebammen. 4. verb. u. m. 8 farb. Abbildgn. verm. Aufl. (XXII, 98 S.) 8. Wiesbaden 903. J. F. Bergmann. Geb. in Leinw. n. 2. —

Waibel, Karl, Leitfaden f. die Nachprüfungen der Hebammen. 5. verb. u. verm. Aufl. (XXIII, 101 S. m. 8 farb. Taf.) 8. Wiesbaden 909. J. F. Bergmann. Geb. in Leinw. 2. —

Waibel, Carl, Leitfaden f. Unfallgutachten. Ein Hilfsbuch zur Untersuchg. u. Begutachtg. Unfallverletzter u. traumatisch Erkrankter. gr. 8. (X, 424 S.) Wiesbaden 902. J. F. Bergmann. n. 8. —

WAIBEL, Karl (Hesselwang): De nova methodo albuminometriae secund. Prof. A. Vogel. (Titel nach der Urkunde)
6.8.1867 - Urk; F 71; Chr 1867/68,13
Diss. Ingolst.-Landsh.-Mchn.

— Über Wundinfektion u. Wundbehandlung. (20 S.) gr. 8. Augsburg 908. Bayer. Schulmuseum. — 30

WAIBEL, Vera
Anekdoten und geflugelte Worte von Pfarrer Kneipp. 5. Aufl. 1897 Selbstverlag

WAIBEL, Vera
Worishofener Briefe I. Ernstes und Heiteres uber Pfr. Kneipp's Wasserheilmethode. Zwei Kneippjunger. Juli 1892 bis Juni 1893. Selbstverlag.

WAIBEL, Vera
Worishofener Briefe II. Ernstes und Heiteres uber Pfr. Kneipp's Wasserheilmethode. Juni 1893 – März 1894. Selbstverlag der Herausgeberin

WAIBEL, Vera
Lustige Kneippianer Geschichten, interessante Heilungen, Schilderungen und Humoresken. 1896. Eigenverlag

WAIBEL, Vera
Pfr. Kneipp's Lebensbeschreibung, Krankheit und Tod

Waibl, Jos., Beicht-Unterricht für Kinder. 8. (IV, 44 S.) Innsbruck 878, F. Rauch's Buchh. *

Waibl, Jos., christkatholischer Katechismus-Unterricht oder der Auszug des großen Katechismus mit erklär. und ergänz. Zwischenfragen und Bemerkungen versehen. 8. (367 S.) Innsbruck 873, C. Rauch.

Waibl, Jos., Kommunion-Unterricht für Kinder. 8. (28 S.) Innsbruck 878. F. Rauch. n. — 16

— Religions-Unterricht f. kleine Kinder od. der kleine Katechismus in Fragen u. Antworten f. die kathol. Volksschulen im Kaiserth. Oesterreich erläutert u. m. dem Wichtigsten aus der bibl. Geschichte ergänzt. 8. (II, 124 S.) Ebend. 874. n. — 40

Waibl, Oswald, Gedichte aus dem Wald- und Jägerleben. 16. (XI, 74 S. mit 1 Illustr.) Klagenfurt 884, Leon sen. cart. *

Waiblingen [Schlagwort]

Waiblingen, s.: Geognostische Karten (Württemberg).

Waiblingen, s.: Tourenkärtchen.

Waiblinger, F. W., s. Waiblinger, Wilhelm

Waiblinger, Wilh., Bilder aus Neapel u. Sicilien. Hrsg. m. einer literar. Notiz v. Ed. Grisebach. 8. (XII, 127 S.) Berlin 879. Eckstein Nachf. n. 2. 50; geb. n. 3. —

Waiblinger, F. W., **Blüthen der Muse aus Rom. 1827. (Gedichte.) 8. Berl. 829. Reimer. 1 Rthlr 8 gr**

Waiblinger, Wilh., die Britten in Rom, s. Universal-Bibliothek Nr. 1326;

—, Anna Bullen, Königin v. England. Trauersp. in 5 Aufz. 8. (14 B.) Berlin 829, Reimer

Waiblinger, (W.,) 4 Erzähll., s. wissenschaftl. Werke.

— vier Erzählungen, (Gedichte) aus der Geschichte des jetzigen Griechenlands. Nebst e. Anhange. 8. Ludwigsb. 821, Nast.

Waiblinger, Wilh., Gedichte. Hrsg. von Ed. Mörike. 12. (12³/₄ B.) Hamburg 844, Heubel. Thlr.

Waiblinger's, Wilh., Gedichte aus Italien. II. Bd. Oden u. Elegien, s. a. Universal-Bibliothek.

[F.] Wilhelm **Waiblinger's** Gedichte aus Italien. Nach d. ersten, v. Dichter selbst besorgten Drucken, sowie aus d. hs. Nachl. hrsg. v. Eduard Grisebach. Bd I. II. *Leipzig: Ph. Reclam jun. (1893).* 2 Bde 8.
I. [A. T.:] Lieder d. Römischen Carnevals u. and. Gedichte aus Latium u. d. Sabinerbergen v. ... Waiblinger. 2., verm. Aufl. (112 S.)
II. [A. T.:] Oden u. Elegien aus Rom, Neapel u. Sicilien v. ... Waiblinger. (215 S.)
[98. 401]

Waiblinger, F. W., Lieder der Griechen. 8. Stuttg. 823. (Brodhag). 9 gr

Waiblinger, (F. W.,) Lieder d. Griechen. 8. Stuttg. 823, Frankh.

— Lieder der Griechen. gr. 8. Stuttgart 823. Heubel in Hamburg. ³/₈ Rthlr

— Lieder des römischen Carnevals und andere Gedichte aus Latium und den Sabinerbergen, s. Universal-Bibliothek Nr. 1470

Waiblinger, F. W., Phaeton, ein philosoph. Roman. 2 Thle. gr. 8. Stuttg. 823. (Brodhag). 1 Rthlr 21 gr

— Phaeton. gr 8. Stuttg. 823, Frankh.

— Phaeton. gr. 8. Stuttgart 823. Heubel in Hamburg. ²/₃ Rthlr

— **drei Tage in der Unterwelt. Ein Schriftchen, das Vielen ein Anstoß sein wird, u. besser anonym heraus käme. Mit d. Motto: Nichts für Ungut! gr. 12. Stuttg. 826. (Brodhag). 21 gr**

— drei Tage in der Unterwelt. Ein Schriftchen, das Vielen ein Anstoß seyn wird, u. besser anonym heraus käme. Mit dem Motto: Nichts für Ungut! gr. 12. Stuttg. 826, Frankh.

— drei Tage in der Unterwelt. gr. 12. Stuttgart 826. Heubel in Hamburg. 1/4 ℛ︁

—— Taschenbuch aus Italien, s.a. Taschenbuch.

Waiblinger, Wilhelm [Hrsg.]

Taschenbuch aus Italien und Griechenland auf das Jahr 1830. 2. Buch: Neapel und Rom.
Berlin: Reimer (1829). 369 S. 8°

Waiblinger, Wilh., gesammelte Werke, mit d. Dichters Leben v. H. v. Canitz. 9 Bde. 16. (162 1/4 B. u. W's. Portr. u. Facsim.) Hamburg 839, 40, Heubel.

Bd. 1. Vorwort. Waiblinger's Leben. Die Britten in Rom.
: 2. Die Britten in Rom (Schluß). Francesco Spina. Das Abenteuer v. der Sohle.
: 3. Das Mährchen v. d. blauen Grotte. Das Blumenfest. Friedrich Hölderlin's Leben, Dichtung u. Wahnsinn.
: 4. Die heil. Woche. Drei Tage in d. Unterwelt. Rosa Taddei. Aus Waiblinger's Tagebuch.
: 5. Anna Bullen. Die Nacht in St. Peter. Sinngedichte u. Epigramme.
: 6. Erzählungen aus d. Gesch. d. jetzigen Griechenlands. Lieder d. Griechen.
: 7. Gedichte.
: 8,9. Wanderungen in Italien. 2 Thle.
Thl. 1. Die Umgebungen Roms.
: 2. Neapel u. Sicilien.
Kupfer hierzu. 12. (9 Bl. u. 9 Bl. Text.) Ebds. 842. 16 Gr.

—— dass., hrsg. v. dems. 9 Bde. (od. 18 Lfgn.) 2. Gesammtausg. 16. (133 1/8 B. u. 12 Kpfr., incl. W's. Portr. m. Facsim.) Ebds. 842.

Waiblinger's, Wilh., gesammelte Werke mit des Dichters Leben von H. v. Canitz. 3. rechtmäßige wohlfeile Gesammt-Ausg. Mit Kpfrn. 9 Bde. Pforzheim 860. Flammer. (Lahr, Schauenburg & Co.) 16. (LXIII, 2488 S. m. 7 Stahlst. u. Portr. in Kpfrst.) n. 2 ℛ︁ 12 ngr.

Waid [Schlagwort]

Waid. Exkursionskarte f. Waid, Katzensee, Weiningen, Kloster Fahr u. Umgebung. 1 : 15,000. 36×81,5 cm. Farbdr. Zürich (909). Art. Institut Orell Füssli. 1. —

Waid [Verfasser]

Waid . . . ., s.a. Weid . . . .

Waid, Ferdinand. Gedanken und Geschichten. I. Band. 8. (352 S. und 4 Blätter.) Wien. Karl Hölzl. Druck von Leopold Grund. 1854.

Waidewutis. Proben daraus, s. Golcher.

Waidhofen a. d. Ybbs [Sachliches OW]

Waidhofen a. d. Ybbs und Umgebung. 1:100.000. [G. Freytag's Ausflugskarten. XXII. Blatt] K —.40
Wien: Freytag & Berndt 1909.

Waidhofen a. d. Ybbs [Schlagwort]

Waidhofen a. d. Ybbs, s.a. Ausflugskarten.

— s.a. Touristenkarten.

Waidhofen a. d. Ybbs. Karte v. Waidhofen a. d. Ybbs u. Umgebung. 1 : 100,000. Waidhofen a. d. Ybbs 888. J. Lex. Gefalzt. 1. 40

Waidl, Frz., Handbuch üb. Administration u. Leitung d. Zugförderungs- u. Werkstättendienstes bei Eisenbahnen. Für Beamte dieser Dienstzweige. hoch 4. (X, 259 S.) Wien 873. Lehmann & Wentzel. n. 8. —

Waidlingfahrt von Basel nach Köln, Ostern 1903 s.a. G[utekunst, Jacques].

Waidlingfahrt von Basel nach Köln, Ostern 1903. Genie-Verein Basel. Nach den Aufzeichnungen des Herrn Genielieutenants G. [Basel] 1903. V: *Gutekunst, Jacques.* (BBullschw 6, 1906)

Waidlingfahrt von Ulm nach Wien s.a. L[enzen, Conrad]).

Waidlingfahrt von Ulm nach Wien, ausgeführt von Mitgliedern des Genievereins Basel. Basel 1905. V: *Lenzen, Conrad.* (BBullschw 6, 1906)

Waidmann s.a. Weidmann.

Waidmann, der. Zeitschrift für Deutschlands Jäger, Forst- u. Landwirthe. (1. Jahrg.) 1847. 52 Nrn. 4. (1/2 B.) Bautzen, Reichel. n. 1 1/3 ℛ︁

Waidmann, der. Blätter für Jäger und Jagdfreunde. 1. Jahrg. Octbr. 1869—Septbr. 1870. 24 Nrn. (Bog.) gr. 4. Leipzig, Minde. Halbjährlich *

—— dass. — Redact.: Alex. Mayer. 2.—4. Bd. Octbr. 1871—Sept. 1873. à Bd. 24 Nrn. (Bog.) gr. 4. Gohlis [Leipzig], Wolff. à Bd. *

—— dass. — Redact.: Fr. v. Ivernois. 5. und 6. Bd. Octobr. 1873.—Septbr. 1875. à Bd. 24 Nrn. (Bog.) gr. 4. Ebendas.
5. Bd. *
6. Bd. *

Waidmann, der. Blätter für Jäger und Jagdfreunde. Erste illustr. deutsche Jagdzeitung. Redig. von Fr. v. Ivernois. 7. und 8. Bd. Octbr. 1875—Septbr. 1877. à Bd. 24 Nrn. (Bog.) Fol. Leipzig, Wolff. à Bd.

—— dass. — Offizielles Organ des „Allgemeinen deutschen Jagdschutz-Vereins". Redig. von R. v. Schmiedeberg. 9.—11. Bd. Octbr. 1877—Septbr. 1880. à Bd. 24 Nrn. (à 1—2 Bog. mit eingedr. Holzschn.) Fol. Ebendas. 9. Bd. 10. und 11. Bd. à

Waidmann, der. Blätter für Jäger und Jagdfreunde. Erste illustr. deutsche Jagdzeitung. Officielles Organ des „Allgemeinen deutschen Jagdschutz-Vereins". Redig. von R. v. Schmiedeberg. 12. und 13. Bd. Octbr. 1880—Septbr. 1882. à Jahrg. 24 Nrn. (à Nr. 1—2 Bog. mit eingedr. Holzschn.) Fol. Leipzig, Wolff. à Jahrg.

—— **dass.** — Von Freunden des edlen Waidwerks hrsg. unter Mitwirkung hervorragender Fachmänner und Jagdschriftsteller. 14.—16. Bd. Octbr. 1882—Septbr. 1885. à Jahrg. 52 Nrn. (à Nr. 1—2 Bog. mit eingedr. Holzschn.) Fol. Ebendas. à Jahrg.

Waidmann, der deutsche, Blätter f. die jägerliche Praxis, Belehrung u. Unterhaltung. Hrsgbr. u. Redact.: C. L. Hellrung. 1—4. Jahrg. 1842—45. à 52 Nrn. (1/2 Bog.) Lex.-8. Hannover 842, Helwing'sche Hofbuchh. à J. * 2 Thlr. *

WAIDMANN, Der, aus dem Nonnenkloster. Eine schauerliche Geschichte. Altona, bei der Verlagsgesellschaft 1796. — *A. E.:* Ende des ersten (u. einz.) Bändchens. Halle, gedruckt, bey Joh. Gottfr. Ruff. 8°.
Zahmen Inhalts. Tit., 142 S. — Fehlt Kayser p. 130.

Waidmann, der, aus dem Nonnenkloster; e. schauerl. Gesch. v. Fr. Laun (Fr. A. Schulz). 8. Hamb. Vollmer. 796.

Waidmann, A., der Fasan. Zucht u. Pflege, Fang u. Jagd desselben. Für Jäger u. Jagdliebhaber. Auf eine 22jähr. Praxis gegründet. Ratibor 870. Wichura & Co. gr. 8. (18 S.) 6 ngr.

Waidmann, A., der rechnende Forst- u. Landwirth. Populäre Darstellg. der Arithmetik u. Geometrie in ihrer Anwendg. bei der Land- u. Forstwirthschaft durch Beispiele u. Abbildgn. erläutert u. m. Tabellen im Metermaaße f. Land- u. Forstwirthe, Holzhändler 2c. gr. 8. (VIII, 176 S. m. eingedr. Holzschn.) Langensalza 872. Schulbuchh. 1. 80

—— der praktische Zeichner. 8. (27 S. mit zahlreichen eingedr. Illustr. in Holzschn.) Ebendas. 873.

Waidmann, A., der praktische Zeichner. Kurze Anleitung zum Zeichnen nach der Natur. 2. Aufl. 8. (27 S. mit zahlreichen eingedr. Holzschn.-Illustr.) Langensalza 876, Schulbuchh. von Greßler.

Waidmann's Feierabende. Altes u. Neues f. Jäger u. Jagdfreunde in zwanglosen Hftn. Nach L. C. E. H. v. Wildungen u. A. neu hrsg. 1. Lex.-8. (VIII, 247 S. m. eingedr. Holzschn.) Münden 876. Augustin. n. 5. —

Waidmanns Heil! Jagd-, Kriegs-, Commers- u. Volkslieder nach bekannten Melodien, ausgewählt v. Mitgliedern d. edlen Waidwerks. 2., verm. Aufl. 8. (III, 92 S.) Dortmund 879. (Köppen). n. — 40; cart. m. Goldschn. n. — 75

Waidmanns Heil! Illustr. Zeitschrift für Jagd-, Fischerei- und Schützenwesen in den österreich. Alpenländern. Redig. unter der Mitwirkung von Geo. Storf und anderer Fachgenossen. 1. und 2. Jahrg. 1881 und 1882. à Jahrg. 24 Nrn. (Bog. mit eingedr. Holzschn.) gr. 4. Klagenfurt, Leon sen. à Jahrg.

— Illustrirte Zeitschrift f. Jagd-, Fischerei- u. Schützenwesen in den österr. Alpenländern. Unter Mitwirkg. v. Jagdfreunden hrsg. 3—6. Jahrg. 1883—1886. à 24 Nrn. (à 1—1$^1/_2$ B. m. Holzschn.) gr. 4. Klagenfurt, Leon sen. à Jahrg 8. —

Waidmanns Heil! Illustrirte Zeitschrift für Jagd, Fischerei u. Schützenwesen in Österreich. Hrsg. u. red. v. F. Leon. Mitred.: F. C. Keller. 7.—10. Jahrg. 1887—1890. à 24 Nrn. (à 1—1$^1/_2$ B. m. eingedr. Holzschn.) gr. 4. Klagenfurt, Leon sen. à Jahrg. n. 8. —

Waidmanns Heil! Illustrirte Zeitschrift f. Jagd, Fischerei u. Schützenwesen. Hrsg. u. red. v. Frdr. Leon. Mitred.: F. C. Keller. 11.—14. Jahrg. 1891—1894. à 24 Nrn. (à 1-2 Bog.) gr 4. Klagenfurt, J. Leon sen. à Jahrg. n. 8. —

Waidmann's, des, Leben u. Walten, oder angenehme Unterhaltungen für Jäger und Jagdfreunde. 16 Bdchen. 8. Ulm... Ebner. $^{11}/_{12}$ ₰ — Vgl. Unterhaltungs-Lectüre.

Waidmann's, des, Leben u. Wirken, s. Unterhaltungs-Lectüre für Jäger u. Jagdfreunde.

Waidmanns Struwwelpeter. Jäger, Schießer u. Schützen, harmlose Waidmanns-Skizzen v. Dachs. 8. (39 S.) Blasewitz b. Dresden 884. Wolff. n. 1. —

Waidmannsbilder, s. Wild- und Waidmannsbilder.

Baltische Waidmannsblätter. Riga: F. Deutsch 1900–? 8° Hrsg.: A. Grisser.

Waidmannsheil! Liederbuch. Allen Jägern und Waidmännern zugeeignet von einem Jagdfreunde. 8. (IV, 108 S.) Strehlen 884, Gemeinhardt'sche Buchh. * 80 Pf.; geb. * geb. mit Goldbr.-Pressung

Waidmannsheil-Album. I—VI. Serie. Fol. (à 10 Holzschntaf.) Klagenfurt 886. Leon sen. In Mappen. à 2. —

Waidmannsheil-Album. Die schönsten Bilder aus „Waidmanns Heil". [Illustrirte Zeitschrift f. Jagd, Fischerei u. Schützenwesen.] 1.—12. Lfg. Fol. (à 5 Holzschn.-Taf.) Klagenfurt 891—894. J. Leon sen. à n. 1. —

Waidmannsheilkalender für 1906. Dreifarbendruck auf Karten Klagenfurt: Joh. Leon sen. 1905. K 2.—

Waidmanns-Küche oder Anweisung zur Bereitung der verschiedensten Wildarten, nach eigener langjähr. Erfahrung gesammelt und erprobt und allen braven Waidmännern und ihren lieben Hausfrauen gewidmet von L. v. P. 5 Lfgn. 8. (IV, 462 S.) Köln und Neuß [Düsseldorf] 871, Schwann'sche Verlag. à Lfg. ℳ 1,20.

Waidmanns-Küche od. Zubereitung der verschiedensten Wildarten, in eigener langjähr. Erfahrg. erprobt u. allen braven Waidmännern u. ihren lieben Hausfrauen gewidmet von L. v. P. 3. Aufl. 8. (IV, 462 S.) Düsseldorf 884 Schwann. 3. —

Waidmanns-Küche od. Zubereitg. der verschiedensten Wildarten, in eigener langjähr. Erfahrg. erprobt u. allen braven Waidmännern u. ihren lieben Hausfrauen gewidmet von L. v. P(röpper). 4., vielfach verb. Aufl. gr. 8. (V, 486 S.) Düsseldorf 891. L. Schwann. n. 3. 50; geb. n. 4. 50

Waidtasche: Die Waidtasche v. Der Freischütz (Ag).

Waidwerk s. a. Weidwerk.

Waidwerk, das, in Wort u. Bild, s.: Jäger-Zeitung, deutsche.

Wajgiel, Leopold Grundzüge der zoogeographischen Verhältnisse Galiziens. 8 (S. 3–39). Progr. K. k. zweites Oberg. Lemberg 1895.

Waih geschrien! De Reppublik wird kümmen, ne grauße taitsche Reppublik. Bäierische Buchdruckerei. 1 Bl. Fol. Flugblatt. Berlin, 1848/49.

Wailly, G. de, Lucettes Schwur, s.: Engelhorn's allgemeine Romanbibliothek. XVII. 4.

Wailly, Jules de

Wailly fils, Jules de, les mortes aimées, s. Kock, Henry de, l'expiation.

Wailly fils, Jules de, la vierge folle. 2 Vols. (Bibliothèque choisie. Vol. 827 et 828.) 16. (281 S.) Naumburg 865, Pätz.

Wailly, Karl Alex. Moritz de

Wailly, v., ökonom. u. polit. Bemerkungen üb. d. Ackerbau, d. Handel, d. Manufakturen, d. Anleg. u. Wiederherstellung d. Häfen, Wege, Flüsse u. Canäle. 8. Berlin, Himburg. 789.

de Wailly, Karl Alex. Mor., († d. 3. Mai 1798.) ökonom. u. politische Bemerkk. über den Ackerbau, den Handel, die Manufakturen, die Anlegung u. Wiederherstellung der Häfen, Wege, Flüsse u. Kanäle. Aus d. französ. Manuscripte d. Verfass. 8. Berl. 789. (Reimer). 16 gl.

Wailly, Léon de: (Text) Benvenuto Cellini, s. Berlioz, Hector (Mus.): Benvenuto Cellini.

Wailly, Noël Fr. de

— **abrégé de la grammaire française.** 12. Bern ... Societ. typ. 7 gl. Nouv. Edit. 8. (Leipz., Central-Compt.) 8 gl.

— **le même, avec le text polonais en regard.** Nouv. Edit. gr. 8. Bresl. 811. W. G. Korn. 16 gl.

— abrégé de la grammaire française, nouv. édit. revue et augmentée. 12. Leipz. 811. Schwickert. 8 gr.

— le même, nouv. édit. rev. et augm. par d'Arriers. .. Braunschw. 814. Pluchart. 12 gr.

— dictionnaire, voyez Richelet.

de Wailly, (Noel Fr.), Grammaire Française. 12. Basel 786. Thurneisen. 1 ℔

— Grammaire Française, abrégé, traduite et appliquée aux meilleurs auteurs français et allemands, à l'usage de Collèges et Universités, par G. Gley. gr. 8. Bamberg 797. 2e A. 805. (Wesché in Frankf.) 16 gr. Auch mit deutschem Titel.

— französ. Grammatik für die Deutschen, durch die Verfasser des Dictionnaire à l'usage des deux nations de Laveaux. 8. Berl. ... 5e A. 807. Sander. 20 gr.

— principes généraux et particuliers de la langue française, confirmés par des exemples choisis, instructifs, agréables, et tirés des bons auteurs, avec des remarques etc. etc. 12. Braunschw. 801. Vieweg. 12 gr.

— Principes généraux et particuliers de la langue françoise, confirmés par des exemples choisis, instructifs, agréables et tirés des bons auteurs, avec des remarques etc. etc. gr. 12. Lpz. Rabenhorst. 802.

— — le même. 12. Paris. (Schwickert à Lpz.) 802.

— — le même en abrégé. 12. ibid. 797.

— Principes généraux et particuliers de la langue françaisе, confirmés par des exemples chois, instruction agréables, et tires des bons auteurs; avec des remarques etc. Nouv. Edit. 12. Paris et Leips Schwickert. 815.

Wain, R[achel], von Pinsk (Russland): Haematologische Arbeiten unter Leitung von Privatdozent Dr. Naegeli. Ueber die Bildung der roten u. weissen Blutzellen in der embryonalen menschlichen Leber. Zürich 1906. 18 S. 8°. [20. VI. 06.]
Zürich. Med. Diss. 1905/1906.

Wain, R[achel]. Ueber die Bildung der roten u. weissen Blutzellen in der embryonalen menschlichen Leber. Diss. Med. Univ. Zürich. *Kopftitel*: Haematologische Arbeiten unter Leitung von Privat-dozent Dr. [Otto] Naegeli. 18 S. 8. Zürich, J. Rüegg, 1906.

Waindziok, Paul, aus Ellguth-Woischnik, Schlesien: Petrographische Untersuchungen an Gneissen des St. Gotthard. [Mit 1 Tafel.] Berlin 1906. II + 56 S. 8°. [5. III. 06.]
Zürich Phil. Diss. II. S. 1905/1906.

Waindziok, Paul. Petrographische Untersuchungen an Gneissen des St. Gotthard. Diss. Phil. [II.] Univ. Zürich. [Mit Figuren und 1 Tafel.] II + 55 S. 8. Berlin, Buchdr. «Die Post», 1906.

Wajner-Wajnerowský, J. F., v. Kralič's Ablagerung u. Verbreitung der Stein- bezw. Kalisalze sowie ihre Verwendung. 2. verm. Aufl. Mit mehreren Abbildgn. u. Ansichten sowie e. Anh. üb. die geschichtl. Entwickelg. der durch die Aufschliessg. der Kalisalzlager entstandenen Kaliindustrie, nebst photograph. Ansichten einiger Kalidüngungsversuchs-Ergebnisse. (84 S.) gr. 8. Wien 903. Linz, Oberösterr. Buchdruckerei- u. Verlagsgesellschaft. n. 2.50
Die 1. Aufl. erschien u. d. T.: Kralič Edler v. Wojnarowsky, F. W., die Verbreitung des Stein- bezw. Kalisalzlagers in Norddeutschland.

Wainio, Edv. A., Lichenes in viciniis hibernae expeditionis Vegae prope pagum Pitlekai in Sibiria septentrionali a Dre. E. Almquist collecti. Praefationem scripsit E. Almquist. (175 S.) 8. Uppsala 909. Berlin, R. Friedländer & Sohn. nn 4. —
Sonderabdruck aus: „Arkiv f. botanik".

Wainio, Edv., monographia Cladoniarum universalis. Pars I.: [Acta societatis pro fauna et flora fennica IV.] gr. 8. (509 S.) Helsingforsiae 887. (Berlin, Friedländer und Sohn.) **

Wainio, Edv., monographia Cladoniarum universalis. Part. II. [Acta societatis pro fauna et flora fennica X.] gr. 8. (498 S.) Helsingforsiae 894. (Berlin, R. Friedländer & Sohn.) n.n. 10. —

— dasselbe. Pars III. (In französ. Sprache.) [Aus: „Acta societatis pro fauna et flora fennica".] gr. 8. (268 S.) Kuopio 897. Ebd. n.n. 8. — (I.—III.: n.n. 28. —)

Waino, Edv. A., Reactiones Lichenum a. J. Müllero Argoviensi descriptorum, s.: Mémoires de l'herbier Boissier. Nr. 5.

Waink, Alois, Leitfaden d. montanistischen Buchführung. Als Lehrbehelf an montanist. Hochschulen sow. f. d. prakt. Gebrauch zusammengest. 8. (123 S.) Leoben 898. L. Nüssler. Geb. in Leinw. n. 2.50

Wainlud, Samuel, a. Shitomir (Russland): Die Kindestötung. Berlin 1905: F. Lenz. (XI, 71 S.) 8°
Rostock, Jur. Fak., Ref. Wachenfeld, Diss. v. 15. April 1906
[Geb. 2./14. Nov. 75 Shitomir; Wohnort: Berlin; Staatsangeh.: Rußland; Vorbildung: Gymn. Shitomir Reife 93; Studium: Berlin 7 S.; Rig. 27. Okt. 05.]

Waino, Edv. A., s. Wainio

Wainstabl, With., der Stadtsee u. die heil'ge Kirche. Komödie in 8 Akten. (III, 80 S.) 8. Dresden 903. E. Pierson. n. 1.50

Wainwright, Samuel

Wainwright, S., Sündenbekenntnis; nicht: Ohrenbeichte, s. a. Streitschriften, freundschaftliche.

Sündenbekenntnis; Nicht: Ohrenbeichte. Von Rev. S[am.]Wainwright, Dr. theol. Nach d. engl. Orig. frei übertr. Barmen: D. B. Wiemann [1889]. (14 S.) 8° [F.]
= Streitschriften, Freundschaftliche. No 13. [06. 15004

Wais, Julius. Albführer. Wanderungen durch die Schwäbische Alb nebst Hegau und Randen. 8. Stuttgart-Berlin-Leipzig, Union Deutsche Verlagsgesellschaft.
[1. Aufl.] Mit [Umschlag-Vignette und] Kartenbeilagen. XVI + 263 + *Inserate* 25 S. (1903.) ([geb.] M. 2. 20)
2., neu bearbeitete Aufl. Mit [Ansichts-Vignetten und] einundzwanzig meist vierfarbigen Karten. XII + 344 + *Inserate* 60 S. (1906.) ([geb.] M. 2. 80)

Wais, Jul., Albführer. Wanderungen durch die schwäb. Alb nebst Hegau u. Randen. Mit 21 meist vierfarb. Karten. 3., neu bearb. Aufl. (XII, 376 S.) kl. 8. Stuttgart (908). Union. Geb. in Leinw. 3. —

Wais, Julius. Bodensee-Führer. Ausflüge nach allen sehenswerten Punkten am See und in dessen nähere und weitere Umgebung (Rheinfall, Oberschwaben, Schwarzer Grat, Appenzeller Land mit Säntisgebiet, Taminaschlucht etc. Mit 5 Karten, 1 Stadtplan, 2 Panoramen [auf 1 Tafel] und 22 Abbildungen [wovon 8 Tafeln]. 159 + *Anzeigen* VI + 21 S. 8. Stuttgart-Berlin-Leipzig, Union Deutsche Verlagsgesellschaft, (1908). ([geb.] M. 1. 80)

— Schwarzwald-Führer. Mit 9 meist vierfarb. Karten. Hrsg. vom württemberg. Schwarzwaldverein. (XXIV, 266 S.) kl. 8. Stuttgart 909. A. Bonz' Erben. Geb. in Leinw. 2. 40

Wais, Mathias, Leitfaden zum Vortrage des ökonomisch-administrativen Dienstes bei den Unterabtheilungen der Infanterie und Jägertruppe. Für Einjährig-Freiwillige, Unterofficiers-Bildungs- und Manipulations-Schulen mit Zugrundelegung des vom k. k. 9. Infanterie-Truppen-Divisions-Commando für die freiwill. Abtheilungen herabgegebenen Programms. [Divisions-Commando-Befehl Nr. 333 vom 19. Decbr. 1887.] 12. (113, 5 S.) Prag 888, (Neugebauer.) *

Waisar: Ergebnisse der neueren Untersuchungen über die Spectra glühender Gase. 9 S. 4⁰ – Prag, Neust. OG., Progr. 1873.

Waisar, Felix Anwendung der neueren Geometrie auf die Theorie der Linsen. 21 S. u. Taf. 8. Progr. *Mies* 1878.

Waise, Die, Schauspiel in vier Aufzügen . . . Frankfurt u. Leipzig 1778. V: *König, Chph Phil. Ferd.* (Stockmayer, D. deutsche Soldatenstück. Weimar 1898. S. 102.)

Waise, die; Schspl. 8. Frankf. u. Leipz. 778. (Magdeb., Scheidhauer). 4 *K*

Waise, die, od.: merkwürd. Begebenheiten d. jungen Gräfin Therese v. Wildeneck. Eine belehr. u. unterhalt. Geschichte f. junge Mädchen. Als Gegenstück zur Erzähl. d. rc. Chr. Schmid: Das verlorne Kind. Vom Verf. „der tugendhaften Mädchen" rc. (Frz. Wimmer.) gr. 12. (6 B. u. Ttlkpfr.) Wien 833, Wimmer.

Waise, die, oder merkwürd. Begebenheiten der jungen Gräfin Therese v. Wildeneck. Eine belehr. rc. Geschichte für junge Mädchen. 2. Aufl. Mit 1 Kupfertaf. 12. Wien 841, Wimmer. $8^3/_4$ *ngl*

Waise, Die. Eine poetische Erzählung von der Verf. des Mährchens »Die beiden Epheuranken«. Mitau 1860. V: *Malsch, Marie von geb. v. Vink.* Vgl. Pataky 2 (1898), S. 10. (DARP)

Waise, die. Eine poetische Erzählung von der Verf. des Mährchens „Die beiden Epheuranken." Mitau 860. Lucas in Comm. 16. (VIII, 73 S.) n. $12^1/_2$ *ngr.*

Waise, Die englische, oder Geschichte der Charlotte Summers. A. d. Engl. übersetzt. Altenburg 1753. V: *Fielding, Sarah.* (Milchs)

WAISE, Die englische, oder Geschichte der Charlotte Summers. Aus d. Französ. 4 Thle. Mit 4 Kpfrn. u. 1 TVign. Altenburg 1753. 8⁰. Zahm. (2 Mk. 50 Pfg. Jul. Neumann, Magdeb., 1906.)
Orig.: L'orpheline angloise, ou l'histoire de Nency Butler. Ecrite par elle même. . . . . La Haye. Pierre van Cleef. 1741. 12⁰. (In Wolfenb.)

— die englische, od. Geschichte Charlotte Sommers; aus dem Französ. 4 Thle. 8. Altenb. 768. (Hennings in Neisse). 20 *gl*

Waise, die englische, od. Gesch. Charlotte Sommers, a. d. Franz. m. K. 8. Altenb. Richter. (Akadem. Buchhandl. in Jena.) 768.

Waise, Die englische, ein Schauspiel a. d. Franz. Frankf. a. M. 1771. V: *La Place, Pierre Antoine de.* (Mitth. f. Bücherfreunde. N. F. 40. Adolf Weigel-Leipzig. S. 20.) S. a. IV, 11478.

Waise, Die Englische, ein Schauspiel a. d. Franz. Frankf. a. M. 1771. V: *Longueil, Marquis de.* (BrMm) Ü: *Faber, Johann Heinrich.* (ML) (GGr)

Waise, Der Englische, ein Schauspiel in ungebundener Rede und drey Aufzügen. Frankfurt a. M. 1771. V: *Steigentesch, Conrad.* »Der englische Weise oder wenige denken so; Lustsp. in 3 A. (nach dem Französischen). Wien 1771«. (GGr V/313, Nr. 27/2) (BiblPort) S. a. IV, 11476. (BiblPort)

— die, aus Genf, s. Victor.

Waise, die, und der Mörder, ein Drama in 3 Aufz. nach d. Französ. des Frederic von J. F. Castelli. 8. Augsburg, Jenisch-Stage. 819.

Waise, die, aus Moskau, s.: Bibliothek f. die reifere christliche Jugend.

(Vignette: *Grabmal im Walde*, 42 × 55) | Die Waise auf dem Schlachtfeld, | oder | Gott verläßt die Tugend nicht.
Kol.: Mülhausen, Druck von J. P. Risler u. Comp.
o. J. (um 1867), 1 Bl. zweiseitig bedruckt, 280 × 220.
BNP 4 ° Z. 77.

Waise, die stumme, aus Florenz. Od.: So klein's auch ist gesponnen, es kommt einst an die Sonnen. Eine Erzählung f. d. Jugend v. d. Verf. des „Papparbeiters in Moskau." Mit e. Vorw. begleit. v. Schrey. 8. ($10^1/_4$ B. u. 1 Stahlst.) Ulm 845. [Adorf, Müller's Buchh.]

Waise, Die, von Tamaris. Eine Tanznovelle . . . Hamburg 1855. V: *Schiff, Hermann David.* (Schr) (Ky)

Waise, die, von Tamaris. Eine Tanznovelle vom Verf. des „Schief-Levinche" und der „Luftschlösser" (Isaak Bernays.) 8. (300 S.) Hamburg 855, Hoffmann und Campe.

Waise, die, v. Unterlachen rc. s. d'Arlincourt.

Waise, Die, von Unterlachen. Grimma 1824. V: *Arlincourt, Charles Vict. Prévot Vicomte de.* (EB) (RHMB II, 136)

— die vermachte; Lstspl. 8. Hamb. 782. Hoffmann. (Campe). 3 *K*

Waise, A., sein Thun ist lauter Segen. Novelle. 8. (191 S.) Norden 876. Konstanz, C. Hirsch. 2. 50; erm. Pr. n. 2.—

Waise, A., sein Thun ist lauter Segen. Novelle. 8. (191 S.) Norden 876. Soltau. n. 2. 50

Waise, A., der Sperling auf dem Dache, s. Familien-Bibliothek.

Waisen, die, oder das Geheimnisz, ein Familiengemälde. Bey Gelegenheit der feierlichen Einweihung des neuen Waisenhauses zu Hamburg. Altona. U. A. P.

Waisen, Die, ein Schaupsiel in ungebundener Rede und fünf Aufzügen aus dem Französischen übersetzt. Maynz 1768. V: *Pelzel, Jos. Bernh.* (»Frankfurt 1772« GGr V/311, Nr. 15/1) (BiblPort) S. a. IV, 11479.

Waisen, Die, Drama in fünf Handlungen. Wien 1770. V: *Pelzel, Joseph Bernhard.* (GGr)

Waisen, die; Drama. 8. Wien 770. Trattner. 4 gr

– die; Schspl. in 5 Aufz.; aus d. Französ. 8. Frankf. 771. Andreä. 6 gr

Waisen, Die, oder das Geheimniss; ein Familiengemälde ... Altona 1785. V: *Kühl, Gottlob Timotheus Michael.* (Schr) (Ky)

Waisen, die, oder die belohnte Redlichkeit. Für die zarte Jugend, aus d. Franz. frei übersetzt von G. Hoffmann. 12. Reutlingen 837. Enßlin u. Laiblin. 1½ gr

– die Bedrängten; ein Schspl. (v. Jos. Bernh. Pelzel). 8. Wien 769.

Waisen, Die bedrängten. Ein Schauspiel in fünf Handlungen. Wien 1769. Passau 1770. V: *Pelzel, Jos. Bernh.* (WBL 21/449) (Bespr. Theaterkalender von Wien a. d. J. 1772. Wien. S. 47. 60) (Vgl. GGr V/311, Nr. 15/1) (BiblPort) S. a. IV, 11481.

Waisen, Die beiden. Original-Volksschauspiel in zwei Bildern. Für Kindertheater. Wien ca. 1890. V: *Molitor, Caroline v.* (EB)

Waisen, Die beiden. Original-Volksschauspiel in zwei Bildern. Für Kindertheater. Wien [ca. 1890.] V: *Molitor, Therese.* (EB)

– drei, nach der Hochzeit. Lstspl. 8. Straßb. 786. Academ. B. 6 gr

Die eilf herumirrenden | Vater- und Mutterlosen | Waisen, | worunter sich | 8 Söhne und 3 Töchter befanden. | Der Aelteste unter dieser Familie war nach der | Eltern Tod 15 Jahre, und das kleinste | Kind 10 Tage alt. | Alle 11 Kinder wurden durch einen wunderbaren | Zufall versorgt. | Diese wahrhafte Geschichte geschah zu | Wildenheim bey Straßburg | im Jahre 1811. | Annaberg, | im Verlag bey Fr. Wilh. Ludw. Hasper.

8 S., 175 × 110.

St. A. Ludwigsburg D 54/42.

Schenda VoB S. 405. – Vgl. : *Die herumirrenden ... Waisen.*

Waisen, die glücklichen, a. d. Franz. des Hrn. Crebillon. 8. Weckl. Seidel. 756.

Die herumirrenden vater- und mutterlosen | elf Waisen. | Das Aelteste dieser Fa- | milie war nach der | Eltern Tode funfzehn | Jahre und das kleinste | Kind zehn Tage. | (Fig.: *Sarg?*, 9 × 14) | Alle elf Kinder wurden | durch einen sonderbaren | Zufall versorgt. | *(Engelskopf)* | Geschehen zu Wildenheim bei Straßburg.

Kol.: Druck von H. Klesser in Oldenburg.

o. J., 4 Bl. n. n., 147 × 103.

LBO Bänkelsängerlit. I, 38.

Eine weitere Fassung dieses Titels erschien o. J. bei J. Kahlbrock Wwe. in Hamburg, Grünersood Nr. 52. (Dt. Vl.-Arch. Freiburg). – Vgl. : *Die eilf herumirrenden ... Waisen.*

Waisen, Die, aus Neapel, Oder: Füchtet euch nicht — Ich bin bei Euch. Eine Erzählung ... Von dem Verfasser der Glocke der Andacht. Augsburg 1839. 2. A. 1841. 3. A. 1844. V: *Nebel, Wilhelm Michael.* (Zeitschr. f. Büch. N. F. 15, 1923, 126)

Waisen, die, aus Neapel. Oder: Fürchtet euch nicht — Ich bin mit euch. Eine Erzähl. f. d. reif. Jugend. Von d. Verf. der „Glocke d. Andacht." 1. Aufl. 839., u. 2., verb. Aufl. 8. (à 12 B. u. 1 Stahlst.) Augsburg 841, v. Jenisch u. Stage'sche Buchh. à

Waisen, die, aus Neapel, oder: Fürchtet euch nicht — Ich bin bei euch. Eine Erzählung für die reifere Jugend von dem Verf. der „Glocke der Andacht." 3. Aufl. 8. (IV und 156 S. mit 1 Stahlst.) Augsburg 854, v. Jenisch und Stage'sche Buchh.

Der Waisenbote: 1903.

Published for Das Deutsche romisch-kath. Waisenhaus in Buffalo. Ran 14 numbers.

Buffalo, NY

Der Waisenbote: 1904–1945?

Evangelical Church monthly. Published at first in German, later in English & German. English title: The Fort Wayne Childrens Home Messenger.

Organ of the Fort Wayne Children's Home, Fort Wayne, Ind. Quarto, each issue 4 pages. Edited by Richard B. Sundermann. Published by Central Publishing House, 1904–to date.

Cleveland, OH

Waisenfreund, Der. Ein Buch für Familienkreise ... Leipzig 1821. H: *Zeschau, Heinrich Siegmund* (MGT) & *Frdr. Ludw. Breuer.* (Ky)

Waisenfreund, der, ein Buch für Familienkreise; von e. Verein v. Dichtern; (herausg. v. H. G. v. Zeschau u. F. L. Breuer). 3 Bde. Mit 1 Bildniß. 8. Leipz. 821—23. Göschen. 4 ß 16 gr

Der Waisen-Freund: 1894–?

Weekly. Organ of the Deutsches Baptisten Waisenhaus. Edited by Adeline B. Zachert.

Louisville, KY

Der Waisenfreund aus dem Elisabethheim in Havetoft. (Für den Inhalt verantwortlich: J. Beck in Havetoft.) Jg. 1 ff. (Neumünster. 1901 ff.) 4°.

Der Evangelische Waisenfreund: 1908–1916.

Published by Eden Publishing House for the Ev. Orphans' Home in St. Louis.

St. Louis, MO

Evangelischer Waisen-Freund: 1898–1920?

Illustrated monthly. Organ des Waisenvereins im Süd-Illinois Distrikt der Ev. Synode von Nordamerika. Edited by Rev. M. Schroedel; later, Rev. P. Wendt.

Hoyleton, IL

Waisenhaus, das, Schausp. in 2 Akten, s. Schausp. der Frau v. Weißenthurn 6r Bd.

Waisenhaus, das; Singspl. in 2 A. 8. Wien 805. 4e A. 811. Wallishausser. 6 gl

Waisenhaus, Das. Ein Singspiel in zwey Aufzügen . . . Wien 1808. V: *Treitschke, Georg Friedrich & Stanislaus Spindler.* (EB)

Waisenhaus, das, in Benares, s.: Missions-Traktate, kleine.

Waisenhaus, das, in Bettigeri, s. a. Missionstraktate, kleine, Nr. 42.

Waisenhaus, das, in Bettigeri, beschrieben von einer Missionsfrau. 2. Aufl. 16. (24 S.) Basel, 878, Missionsbuchh. *

Waisenhaus, Das, zu Bunzlau in Schlesien. Breslau u. Bunzlau o. J. V: *Buquoi, Erdm. Frdr.* (Nent)

Waisenhaus, das, zu Lübeck in seinem 300jährigen Bestehen. gr. 8. (X u. 76 S. m. 1 Tab. in Fol.) Lübeck 847, v. Rohden. n. 1/4 ℛ

Waisenhaus, Das, in St. Gallen... St. Gallen 1861. V: *Tschudi, Frdr. v.* (Zuwachsverz. d. Bibliotheken in Zürich 1898 ff.)

Waisenhaus, das Witte- u. Hueckesche, zur Wohlfahrt der Stadt Libau 1798—1898. gr. 8. (94 S. m. 1 Bildnistaf.) Libau 898. (G. L. Zimmermann.) Geb. in Leinw. n. 3.—

Waisenhaus, Das, der Stadt Zürich; geschichtlicher Rückblick bei der Feier seines 300jährigen Bestehens 1871. Zürich [1870]. V: *Spyri, Bernhard.* (Cat. d. Stadtbibl. Zürich. Zürich 1864—97.)

Waisenhäuser, unsere, im Orient. 2. Bericht üb. d. Thätigkeit des deutschen Hülfsvereins f. Armenien (Komitee Frankfurt a/M.) 1. IV.—1. X. 1897. qu. gr. 8. (64 S. m. Bild.) Schildesche i/Westf. 897. Past. J. Lohmann-Groth. n.n.n. — 25

Waisenhaus Kalender: 885 ? Wittenberg, Wl

Waisenkind, ein. Eine Erzählung. (Von dem Verf. der Bilder aus dem Alltagsleben im Volksblatt für Stadt und Land. 1854.) 8 (156 S.) Halle 855, Mühlmann.

Waisenkind, das, od.: „Vergebet, so wird euch vergeben." Aus dem Engl. 16. (62 S. m. e. Holzschntaf.) Cleveland 871. (Philadelphia, Schäfer & Koradi.) geb. n. — 80

Waisenkind, das. Monatsschrift f. Kinder u. Kinderfreunde. Hrsg. u. Red.: Frdr. Sixt. 8.—10. Jahrg. 1891—1893. à 12 Nrn. (à ca. 1 1/2 Bog. m. Abbildgn.) gr. 8. Wien, („St. Norbertus", Verlagsh.). à Jahrg. n. 1. 70
1.—7. Jahrg. im Selbstverlag des kathol. Waisen-Hilfsvereins in Wien.

Waisenkind, das. Monatsschrift f. Kinder u. Kinderfreunde. Hrsg. u. Red.: Frdr. Sixt. 12.—15. Jahrg. 1895—1898. à 12 Nrn. (Bog. m. Abb.) gr. 8. Wien („St. Norbertus). à Jahrg. n. 1. 70

Waisenkind, das. Monatschrift f. Kinder u. Kinderfreunde. Hrsg. u. Red.: Frdr. Sixt. 16.—19. Jahrg. 1899—1902. à 12 Nrn. gr. 8. (à ca. 16 S. m. Abbildgn.) Wien („St. Norbertus"). à Jahrg. n. 1. 70

Waisenkind, das. Monatschrift f. Kinder u. Kinderfreunde. Hrsg. u. Red.: Frdr. Sixt. 20.—23. Jahrg. 1903—1906. à 12 Nrn. (à Jahrg. 102 S. m. Abbildgn.) Lex.-8. Wien („St. Norbertus"). à Jhrg. n. 1. 70

Waisenkind, das. Monatschrift f. Kinder u. Kinderfreunde. Hrsg. u. Red.: Frdr. Sixt. Mitred.: Tante Stella. 24.—27. Jahrg. 1907—1910. à 12 Nrn. (à ca. 16 S. m. Abb.) Lex. 8. Wien, („St. Norbertus"). à Jahrg. 1. 70

Waisenkinder, die. Eine Erzählung f. d. Jugend. 12. (11 1/6 B.) Aachen 843, Cremer'sche Buchh.
Aus: wohlf. kathol. Bibliothek ꝛc. besond. abgedruckt.

Waisenkinder, die. gr. 4. (12 lith. u. color. Taf.) Düsseldorf 851, Arnz & Co. 1 1/2 ℛ

Waisenkindes, des, Brief an seinen lieben Heiland, s.: Kindertraktate.

Waisenknabe, Künstler und Mathematiker. Leipzig 1897. V: *Walther, Reinhard.* (Rothsch)

Waisenknabe, Künstler u. Mathematiker. gr. 8. (140 S. m. 8 Taf.) Leipzig 897. C. Wild. n. 3. —

Waisenknabe, der, und seine Nachkommen, s. Jugend-Bibliothek, herausg. von Nieritz, 18. Jahrg.

Waisenknabe, der, und seine Nachkommen. Von F. v. M..., 8. (III und 126 S.) Leipzig 857, Voigt und Günther.
Aus: Jugendbibliothek, von Gust. Nieritz, besonders abgedruckt.

Waisenknabe, der, u. seine Nachkommen. Von F. v. M.... 2. Aufl. gr. 16. (112 S.) Düsseldorf 879. F. Bagel. cart. — 60

Die Waisenpflege des Freimaurervereins „Bruderbund". [Leipzig: Zechel 1909.] 4 S. 8° [Kopftit.]
Aus: L. 32 (1909) S. 293—297.

Waisenpflege, die öffentliche. Organ zur Förderung derselben. Red. von Fr. J. Behrend. Jahrg. 1870. 12 Nrn. (Bgn.) Berlin, (Cohn.) gr. 4. n.n. 1 ℛ

Waisenrat

Der **Waisenrath**. Ein Leitf. f. Waisenräthe u. Vormünder. Nach d. Bestimmungen d. BGB. umgearb. von e. prakt. Juristen. 14. Aufl. *Köln: Th. Quos 1899.* (79 S.) 8° [F.] [oo. 4335 5

Waisenrath, der, als Hülfsorgan d. Vormundschaftsrichters nach d. B. G. B. Gesetzestext m. Erläutergn.

Badstübner. 2. Auflage. Berlin 898. 2 —	**v. Treskow.** Marggrabowa 899.
Baum. 5. Aufl. Berlin 899. — 60	**Voigt.** Berlin 900.
Cuno u. **Schmidt.** Lpzg. 900. 2 80	**Waisenrat** u. **Vormund.** 5. Aufl. Hannover 897.
Fuhrmann. Berlin 900. 1 20	
Kotterba. 2. Aufl. Lpzg. 899. — 90	

Waisenrat u. **Vormund** in der Stadt u. auf dem Lande. Ihre Thätigkeit, gemeinverständlich dargestellt v. e. preuß. Vormundschaftsrichter. Nebst e. Anh., enth. Muster zur Inventur u. Rechnungslegg. 8. (36 S.) Hannover 885. Norddeutsche Verlagsanstalt. n. — 60

Waisenrat u. Vormund in der Stadt u. auf dem Lande. Ihre Thätigkeit, gemeinverständlich dargestellt v. e. preuß. Vormundschaftsrichter. 2. verm., u. 3. verb. Aufl. 8. (40 S.) Hannov. 891,92, Norddeutsche Verlagsanstalt. * — 60

Waisenrat u. Vormund in d. Stadt u. auf d. Lande. Ihre Thätigkeit, gemeinverständl. dargest. v. e. preuß. Vormundschaftsrichter. Nebst e. Anh., enth. Muster zur Inventur u. Rechnungslegg. 5., verm. u. verb. Aufl. 8. (40 S.) Hannover 897. Norddeutsche Verlagsanstalt O. Goedel. n. — 60

Waisen-Spenden. Als Beweis wahrer Hochachtung der hochgebornen Frau Präsidentin Mathilde Gräfin v. Bolza, verehelichten Zahradnik, so wie dem lieblichen Kranze der verehrten Gründerinnen zu Gunsten der k. k. Offiziers-Waisen-Bildungs-Anstalt zu Oedenburg. Gewidmet von J. B. J. (1. und 2. Ausgabe desselben Buches.) 8. (32 S.) Oedenburg. Druck von Karl Rommwalter. 1854.

WAISMAYER, JOSEPHUS. Lob-Rede der heiligen Elisabeth königlichen Prinzessin aus Ungarn ... als dero hoher Fest Tag ... zu Pressburg am 19. November des 1743. Jahrs ... feyerlich gehalten wurde. Pressburg (1743): Royer. (9 S.)

WAISMAYR, JOSEPH S. J.: Carl Deren Römischen Kaysern der Sechste: deren Königen in Ungarn der Dritte dieses Nahmens aus allen Habsburg-Oesterreichischen Kaysern und Königen der letzte, alles Sr. Majestät Hohe Leich-Besingnus von der Ungarisch-Königlichen Cammer ... Durch drey Täg vor einem Herrlichen Trauer- und Ehren-Gerüste gehalten wurde ... vorgestellet in der gebräuchigen Lob- und Trauer-Red. Preßburg 1740. Gedruckt bey denen Royerischen Erben. 8 f. - 2°

WAISMAYR, JOSEPHUS S. J.: Trost-Freuden-Rede an die Schaaf von ihrem Ober-Hirten dem Hochwürdigsten des Heiligen Römischen Reichs-Fürsten und Herrn Herrn Emerico aus denen Grafen Esterházi de Galantha, Erz-Bischoffen zu Gran und Primates des Königreichs Ungarn &c. &c. als einem Jubel-Fährigen Grossen Priester. Wie Seine Hoch-Fürst und Erz-Bischöffliche Gnaden zu Pressburg bey St. Martin dem Allerhöchsten GOTT die zweyte Erstlingen ihres Höchst-Geseegneten Fünfzig Jährigen Priesterthums Feyerlichst aufgeopffert haben. Gehalten von Josepho Waismayr der Gesellschaft Jesu Priestern. Pressburg 1738. Gedruckt bey Maria Magdalena Royerin Wittib. 24 S. - 170 mm

Waiß, Moriz: Das westliche Europa und der Norden bei Sophokles und bei Euripides. S. 3—17. 8.
Progr. K. k. deutsches Staats-Gymn. *Kremsier* 1903.

Waiss Moriz: Quam periti geographiae fuerint Sophocles et Euripides.
1900 PN 1285 **Diss.** Wien, Univ. 1564

Wajtinskij, Arbeitslohn. (In russ. Sprache.) 8°. St. Petersburg 1910.

Waitz, Geo., zur Erinnerung an ihn, s. Kluckhohn, A.

—— Gedächtnisrede auf ihn, s. Wattenbach, W.

Georg Waitz. Rede gehalten in der öffentlichen Sitzung der K. Gesellschaft der Wissenschaften am 4. December 1886 v. Ludwig Weiland. Göttingen. 1886. 4°.

—— s. Weiland, L.

Waitz: Dissertation sur la Cause de l'Electricité etc., s. Waitz v. Eschen, Jakob Sigismund

Markirungs-Plan für Lana u. Umgebung. Gez. v. A. **Waitz** in Lana 1902. [Nebst Text:] Wege u. Markirungen. Hrsg. v. Verschönerungs-Ver. Lana. (*Leipzig: M. Ruhl 1902.*) (1 Kartenbl. 40×25 cm, 4 Bl.) 8°
[Deckelt.:] Wege u. Markirungen in d. Umgebung von Lana a. d. E. ⟨Südtirol⟩ nebst Markirungs-Plan. [03. 15176

Waitz, Aug. Chr., Beschreib. d. gegenwärt. Verfassung des Kurorts Hofgeismar. 8. Marb. 792. Krieger. 3 K

August Christian Waitz

De Cirsocele. Gottingae (1779:) Dieterich. 20 S. 8°
Göttingen, Med. Diss. v. 22. Apr. 1779

Kränze: Die drey Kränze des Maurers als Symbol der Weisheit, Tugend und Unsterblichkeit. [Von Aug. Friedr. Waitz. Altenburg 1812.] 1 Bl. 12×36 cm. [Kopftit.]
Gedicht: „Die Wahrheit ist des wahren Ruhmes Wiege."

Waitz, Carl Friedrich, s. Waitz, Karl Friedrich

Waitz, E. Ueber die wichtigsten Bestimmungsmethoden des Arsens in maasanalytischer Beziehung. Jena, 1871.

Waitz, E., üb. e. Fall v. Geschwulst der Wirbelsäule m. Compression d. Rückenmarks. gr. 8. (43 S.) Göttingen 884. (Vandenhoeck & Ruprecht.) n. 1. 20

Waitz, Eberhard

Waitz, E., der Agendenentwurf f. die hannoversche Landeskirche. Eine krit. Studie. gr. 8. (83 S.) Hannover 899. Wolff & Hohorst Nachf. — 75

Waitz, Eberh., Auswahl der Gemeindelieder, Kollekten u. Versikel f. den Hauptgottesdienst in der hannoverschen evangelisch-lutherischen Landeskirche. gr. 8. (27 S.) Hannover 893. Wolff & Hohorst Nachf. n. 1. —

Auswahl der Gemeindelieder, Kollekten und Versikel für den Hauptgottesdienst in der Hannoverschen evangelisch-lutherischen Landeskirche. Von Eberhard **Waitz**, Pastor. 3. verb. Aufl. Göttingen: Vandenhoeck & Ruprecht 1904. (27 S.) 8°

Waitz, Eberh., Auswahl der Gemeindelieder, Kollekten u. Versikel f. den Hauptgottesdienst in der hannoverschen evangel.-lutherischen Landeskirche. 3. verb. Aufl. (27 S.) gr. 8. Göttingen 905. Vandenhoeck & Ruprecht. n. 1. —

Waitz, Eberh., die kirchliche Begräbnisfeier. Ihr Wesen u. ihre liturgisch-homilet. Gestaltg. gr. 8. (III, 39 S.) Hannover 897. Wolff & Hohorst Nachf. n. 1. —

Waitz, Eberh., Gottesstunden. Predigten. (III, 171 S.) 8. **Hannover 910. Hahn.** **Geb. in Leinw. 4. —**

— Drei Kronen od. e. Kaiserbild m. d. Unterschrift: Schlecht u. recht, das behüte mich, denn ich harre Dein. Festpredigt zur Feier d. 100jähr. Geburtstages Kaiser Wilhelm I. am Sonntag, 21. III. 1897 in d. Marktkirche zu Hannover geh. gr. 8. (8 S.) Ebd. 897. n. — 20
Wolff & Hohorst Nachf. 1897.

Waitz, F. A., s. Waitz, Friedrich August Karl

Waitz, F. T., De Aristotelis libri περὶ ἑρμηνείας **capita X. Hab. 1844. 18 S. 4°.**

Waitz, Fr. Aug., s. Waitz, Friedrich August Karl

Waitz, Frid. Aug(ust.) Car. (geb. Bückeburg 27. 3. 1792): De sensuum actione vicaria. Berolini (1821). (43 S.) 8°
Berlin, Med. Diss. v. 20. Febr. 1821

Waitz, Fried. Aug., kleine Aufsätze, d. Geschichte d. mineralischen Brunnens zu Bibra betreff. gr. 12. Altenb. Richter. (Akadem. Bchhdl. in Jena.) 798.

Waiz, (Weiz) Fr. Aug., († d. 19. Dec. 1815.) kleine Aufsätze, d. Geschichte d. mineralischen Brunnens zu Bibra betreff., gesammelt u. herausg. v. J. G. Ziegler. gr. 12. Altenb. 798. (Hennings in Neiße). 6 gr

— medicinisch-chirurg. Aufsätze, Krankengeschichten u. Nachrichten, e. Fortsetzung des Taschenbuchs für deutsche Wundärzte. 3 Thle. 8. Altenb. 791—95. (Hennings in Neiße). 1 Thlr 12 gr

— neue Auszüge aus Dissertationen, für Wundärzte. 18 Bde. 8. (Leipz.) 774—83. (Gnobloch). 6 Thlr 18 gr

— vollständ. Auszüge aus chirurg. Dissertationen aller Akademien. 6 Thle. 8. Bautzen 769—76. Deinzer. 2 Thlr

— vermischte Beiträge z. gerichtl. Arzneigelahrtheit. gr. 8. Leipz. 776. (Gnobloch). 18 gr

— — dieselben. 8. Mannh. Löffler.

Waitz, F. A. C., prakt. Beobachtungen üb. einige javanische Arzneimittel, welche nicht allein viele ausländ. Medicamente, die bisher noch aus Europa nach Java gesendet werden müssen, ersetzen können, sondern dieselb. auch an Wirksamkeit gegen einige auf d. Insel Java herrsch. Krankheiten übertreffen. A. d. Holländ. mit Anmerkn. v. J. B. Fischer. gr. 8. (6 B.) Leipzig 829, Brockhaus.

— s. Betrügereien d. Ammen.

— die Betrugereyen d. Ammen. 8. Ebend. 782.

s. Fabriz v. Hilden, Beobachtt.

s. A. v. Haller, Disputationes.

— anatomisch-chirurg. Katechismus für Lehrlinge in der Wundarzneikunst. 5 Thle. 8. Mannh. 783—85. 2e A. 789—91. 3e A. 800—4. (Gnobloch in Leipz.) 1 Thlr 16 gr

s. Lancisi, Abhandl.

— der kursächs. Landphysikus, eine medicinisch-physicalische Monatsschrift zum Besten des Landmannes. 1r—3r Jahrg. 8. (Mannh.) 771—73. Löffler. (Leipz., Gnobloch). 1 Thlr 12 gr

— neue Lectüre für deutsche Wundärzte, in Ausz. aus Dissertat. u. Anz. neuer Bücher. 2 Bde. 8. Mannh. 785, 86. Löffler. (Lpz., Gnobloch). 18 gr

s. Nutzen u. Vergnügen.

— d. gelehrte Sachsen, oder Verzeichniß derer in d. kurfürstl. u. incorporirten Ländern jetztlebend. Schriftsteller u. ihr. Schriften. gr. 8. Leipz. 780. Schneider. 1 Thlr

— neue Samml. kleiner akadem. Schriften über Gegenstände der gerichtl. Arzneikunde u. medicin. Rechtsgelehrsamkeit. 1r Bd 8. Camb. 802, 3. Rößler. (Wild in Naumb.) 12 gr

* Waiz, Fr. Aug., neueste Sammlung klein. akadem. Schriften, üb. Gegenstände d. gerichtl. Arzneigelahrtheit u. medizin. Rechtsgelehrsamkeit. Ir 1. 8. Naumburg, Wild. 810.

— Sammlung kleiner akadem. Schriften üb. Gegenstände d. gerichtl. Arzneygelahrheit u. medicin. Rechtsgelahrh. 2 Bde. od. 8 Stck. 8. Altenb. Richter. (Akadem. Bchhdl. in Jena.) (I. 1—4. II. 1. 2. à 12 gr. II. 3. 6 gr. II. 4. 8 gr.)

— Samml. kleiner akadem. Schriften über Gegenstände der gerichtl. Arzneigelahrtheit u. medicin. Rechtsgelahrtheit. 2 Bde. od. 8 Stücke. 8. Altenb. 793—97. (Hennings in Neiße). 3 Thlr 14 gr

s. G. F. C. Strack v. Milchschorf.

s. Taschenbuch f. deutsche Wundärzte f. 1789, 90.

s. J. J. Wepfer, Beobachtt.

s. J. C. Wichmann, Abzehrung.

Gesammelte Abhandlungen v. Georg Waitz. Bd 1. *Göttingen: Dieterich 1896.* 8. [96. 1170

Abhandlungen zur Deutschen Verfassungs- und Rechtsgeschichte v. Georg Waitz. Hrsg. v. Karl Zeumer. *Göttingen: Dieterich 1896.* (XIII S., 1 Bl., 601 S.) 1 Bd 8.
= Waitz, G.: Ges. Abhandlungen. Bd 1. [96. 1170

Waitz, Geo., Über das Alter der beiden ersten Titel der Lex Bajuvariorum. (Göttingen 1869. 8.
Sep.-Abdr. . . . . (1869.)

Waitz, Geo., über die Anfänge der Vassalität. gr. 4. (78 S.) Göttingen 856, Dieterichsche Buchh. *
Aus: Abhandlungen der königl. Gesellschaft der Wissenschaften zu Göttingen, 7. Bd., besonders abgedruckt.

Waitz, G. (Hrsg.), s. Anskarii et Rimberti vitae.

Waitz, Georg. (geb. Flensburg 9. 10. 1813): Commentationis de Chronici Urspergensis prima parte, eius auctore, fontibus et apud posteros auctoritate specimen. Berolini (1836). (20 S.) 4°
Berlin, Phil. Diss. v. 18. Aug. 1836

Waitz, Geo., Friedrich Christoph Dahlmann. Gedächtnisrede, gehalten in der Aula der Universität Kiel am 13. Mai 1885. gr. 8. (23 S.) Kiel 885, Universitäts-Buchhandlung. *

—— s. Dahlmann's, F. C., Quellenkunde der deutschen Geschichte.

Waitz, Geo., über die angeblichen Erbansprüche des königlich-preußischen Hauses an die Herzogth. Schleswig-Holstein. gr. 8. (32 S.) Göttingen 864, Dieterich'sche Buchh. *

— die Formeln der deutschen Königs- u. der römischen Kaiser-Krönung vom 10. bis zum 12. Jahrh. [Aus: „Abhandlgn. d. Ges. der Wiss. zu Göttingen."] gr. 4. (92 S.) Göttingen 873. Dieterich's Verl. n. 4. —

Waitz, Geo., über den Frieden mit Dänemark. 1 u. 2. Beitrag. gr. 8. (72 S.) Göttingen 849, Dieterich. (à n. 1/6 Thlr) n. 1/3 Thlr

Waitz, G.: Z. Gedächtniss an Jacob Grimm. Göttingen. 1863. 4° 33 p.
Schul-/Univ.-Schrift

—— zum Gedächtnis an Jacob Grimm. Gelesen in der Königl. Gesellschaft der Wissenschaften den 5. Decbr. 1863. gr. 4. (33 S.) Göttingen 863, Dieterich'sche Buchh. *

Waitz, Geo., über eine alte Genealogie der Welfen. gr. 4. (15 S.) Berlin 881, (Dümmler's Verlagsh.) *
Aus: Abhandlungen der k. preuss. Akademie der Wissenschaften zu Berlin, besonders abgedruckt.

—— Schleswig-Holsteins Geschichte in 3 Büchern (oder Bdn.) 1. Bd. gr. 8. (XVI und 415 S. mit 1 Tab. in qu. Fol.) Göttingen 851, Dieterichsche Buchh. *

—— dass. — 2. Bd. 1. Hälfte: 2. Buch. gr. 8. (XVI und 284 S.) Ebds. 852. *

—— Schleswig-Holsteins Geschichte in 3 Büchern. 2. Bd. (Buch.) 2. Hälfte. gr. 8. (S. XV—XXI und 285—675 mit 1 Tab. in qu. Fol.) Göttingen 854, Dieterichsche Buchh. *
1. Bd. und 2. Bd. 1. Hälfte. Ebendas. 1851—52. * 4 Thlr.

Gründung, Ueber die, des deutschen Reichs durch den Vertrag zu Verdun. Zur tausendjährigen Gedächtnissfeier derselben, die auf der Christian-Albrechts-Universität zu Kiel am 10. August 1843 begangen wird, ladet ein im Auftrag des akademischen Consistoriums Dr. Georg Waitz, ordentl. Prof. der Geschichte, der Akademie der Wissenschaften zu Berlin correspondirendes Mitglied. 8. Kiel 1843.

—— Grundzüge der Politik nebst einzelnen Ausführungen. gr. 8. (VI und 247 S.) Kiel 862, Homann. *

Waitz, Ge., Ueber die altdeutsche Hufe. (Aus: Abh. d. k. Ges. d. W. zu Göttingen. Bd. 6.) Göttingen 1854. 4. . . . . (D.)

—— über die altdeutsche Hufe. gr. 4. (52 S.) Göttingen 854, Dieterichsche Buchh. *
Aus: Abhandlungen der königl. Gesellschaft der Wissenschaften zu Göttingen, 6. Bd., besonders abgedruckt.

Waitz, G., Jahrbücher d. Deutschen Reichs, s. Jahrbücher der deutschen Geschichte.

Waitz, Geo., Jahrbücher d. deutsch. Reichs unt. Heinrich I., s. Jahrbücher d. deutsch. Reichs rc., 1. Bd. 1. Abthl.

—— Jahrbücher des deutschen Reichs unter König Heinrich I. Neue Bearbeitung. gr. 8. (XVI und 268 S.) Berlin 863, Duncker und Humblot. *

— Jahrbücher d. Deutschen Reichs unter König Heinrich I. 3. Aufl. Auf Veranlassg. Sr. Maj. d. Königs v. Bayern hrsg. durch die histor. Commission bei der königl. Akademie der Wissenschaften. gr. 8. (XVI, 294 S.) Leipzig 885. Duncker & Humblot. n. 7. 20

—— deutsche Kaiser, s. Nationalbibliothek, deutsche.

Waitz, Georg Deutsche Kaiser von Carl dem Grossen bis Maximilian Berlin 1860—1861

— deutsche Kaiser von Karl dem Großen bis Maximilian. (Abgedr. aus der „Deutschen National-Bibliothek.") Berlin 862. Brigl. (Kobligk.) gr 8. (XXII, 97 S. u. Portr. in Holzschn.) 9 ngr.

—— über eine sächsische Kaiserchronik und ihre Ableitungen. gr. 4. (62 S.) Göttingen 863, Dieterich'sche Buchh. *
Aus: Abhandlungen der königl. Gesellschaft der Wissenschaften zu Göttingen, besonders abgedruckt.

Waitz, Geo., s. Caroline.

Waitz, G., Caroline und ihre Freunde. Mittheilungen aus Briefen. gr. 8. (IV, 108 S.) Leipzig 882, Hirzel. *

— über Hermann Korner u. die Lübecker Chroniken. [Aus dem 5. Bd. der Abhandlungen der Königl. Gesellschaft der Wiss. zu Göttingen.] gr. 4. (46 S.) Ebd. 851. n. 16 ngr

—— kurze schleswigholsteinische Landesgeschichte. gr. 8. (VII und 203 S.) Kiel 864, Homann.

— kurze schleswig-holsteinische Landesgeschichte. 2. [Titel-]Ausg. gr. 8. (VII, 203 S.) Kiel (864) 898. H. Eckardt. n. 1. —

—— üb. d. Leben u. d. Lehre d. Ulfila. Bruchstücke e. ungedruckten Werkes aus d. Ende d. 4. Jahrh., im Namen d. Gesellschaft f. ältere deutsche Geschichtskunde hrsg. u. erläut. gr. 4. (8 B. u. 1 Facsim.) Hannover 840, Hahn'sche Hofbuchh.

Waitz, Geo., eine ungedruckte Lebensbeschreibung des Herzogs Knud Laward von Schleswig. gr. 4. (42 S. mit 1 lithogr. Facs.) Göttingen 858, Dieterich'sche Buchh. *

—— Lübeck unter Jürgen Wullenwever und die europäische Politik. 3 Bde. gr. 8. (XLVIII und 1442 S.) Berlin 855—56, Weidmannsche Buchh. *

—— über die Münzverhältnisse in den älteren Rechtsbüchern des fränkischen Reichs. gr. 4. (39 S.) Göttingen 861, Dieterich'sche Buchh. *
Vorstehende zwei Schriften des Verf. wurden aus: Abhandlungen der k Gesellschaft der Wissenschaften zu Göttingen, besonders abgedruckt.

—— krit. Prüfung d. Aechtheit d. Chronicon Corbejense etc., s. Jahrbücher d. deutsch. Reichs rc., 3. Bd. 1. Abthl.

Waitz, G[eorg]. Quellen und Bearbeitungen der Deutschen Geschichte. 3. Aufl. Göttingen 1883 s. Dahlmann, F[riedrich] C[hristoph]. F. C. Dahlmann's Quellenkunde der Deutschen Geschichte. 5. Aufl.

Waitz, G., Quellenkunde zur deutschen Geschichte, s.: Dahlmann.

Waitz, Geo., das alte Recht d. Salischen Franken. Eine Beilage z. deutschen Verfassungsgeschichte. gr. 8. (19⅝ B.) Kiel 846, Schwers'sche Buchh.

—— das Recht des Herzogs Friedrich von Schleswig-Holstein. gr. 8. (10 S.) Göttingen 863, Dieterich'sche Buchh. *

—— Rede über die Schleswig-Holsteinische Angelegenheit gehalten in einer Versammlung den 19. Decbr. 1863. gr. 8. (16 S.) Göttingen 863, Dieterich'sche Buchh. *

Schriften über die Schleswig-Holsteinsche Angelegenheit (beurtheilt v. Georg Waitz). I. Göttingische gelehrte Anzeigen 1864. Januar 20. S. 81—100. II. Göttingische gelehrte Anzeigen. 30. März 1864. S. 481—506. (Göttingen. 1864.) 8°.

Waitz, Geo., bibliographische Uebersicht üb. dessen Werke, Abhandlungen, Ausgaben etc., s.: Steindorff, E.

—— Urkunden und andere Actenstücke zur Geschichte der Herzogth. Schleswig und Holstein, s. Quellensammlung der S.-H.-L. Gesellschaft für vaterländische Geschichte.

— Urkunden zur deutschen Verfassungsgeschichte im 11. u. 12. Jahrh. Mit e. Anh.: üb. Freien- u. Schöffengut. gr. 8. (VII, 53 S.) Kiel 871. Homann. n. 1. 60

—— Urkunden zur deutschen Verfassungsgeschichte im 10., 11. und 12. Jahrhundert. 2. verm. Aufl. gr. 8. (VI, 68 S.) Berlin 886, Weidmann'sche Buchh. *

Waitz, Ge., Über den Ursprung der Vasallität. Göttingen 1856. 4.
Sep.-Abdr. aus: Abhh. d. Ges. d. Wiss. zu Göttingen. . . . .

—— deutsche Verfassungsgeschichte. 1. u. 2. Bd. gr. 8. Kiel, Schwers'sche Buchh. [1. (20⅜ B.) 844. 1 Thlr. 25 Ngr., 2. (43¼ B.) 47. 3 Thlr. 20 Ngr.]

— deutsche Verfassungsgeschichte. 3. u. 4. Bd. Kiel 860, 61. Homann. gr. 8. (X, 534 S.; XI, 619 S.) 3.: n. 3 ₰; 4.: n. 3 ₰ 18 ngr.

Waitz, Geo., deutsche Verfassungsgeschichte. 1. u. 2. Bd. 2., neu bearb. Aufl. Kiel 865,70. Homann. gr. 8. [1. Bd. (XIV, 496 S.) n. 3 ₰ 10 ngr., 2. Bd. (VIII, 738 S.) n. 5 ₰] n. 8 ₰ 10 ngr.

—— deutsche Verfassungsgeschichte. 5.—7. Bd.: Die deutsche Reichsverfassung von der Mitte des 9. bis zur Mitte des 12. Jahrh. 1.—3. Bd. gr. 8. Ebendas. [5. Bd. (IX, 447 S.) 874. *ℳ 11.; 6. Bd. (VII, 506 S.) 875. *ℳ 12.; 7. Bd. (VII, 427 S.) 876. *ℳ 11.] *

— deutsche Verfassungsgeschichte. 8. Bd. A. u. d. T.: Die deutsche Reichsverfassung von der Mitte des 9. bis zur Mitte des 12. Jahrh. 4. Bd. gr. 8. (VII, 550 S.) Kiel 878. Homann. n. 13. — (1—8: n. 91. 80)

— dasselbe. 1. Bd. u. 2. Bd. 1. u. 2. Abth. 3. Aufl. gr. 8. Ebend. 880. 82. n. 32. —
1. Die Verfassung des deutschen Volkes in ältester Zeit. (XIX, 527 S.) n. 12. —
2. Die Verfassung des fränkischen Reichs. 1. Bd. 1. u. 2. Abth. (IX, 429 u. VIII, 450 S.) à n. 10. —

— deutsche Verfassungsgeschichte. 3. u. 4. Bd. gr. 8. Ebend. 883—85. n. 16. — (I—IV : n. 64. —)
Die Verfassung d. fränkischen Reichs. 2. u. 3. Bd. 2. Aufl. (XIV, 648 u. XIV, 744 S.)

— deutsche Verfassungsgeschichte. 5. Bd. gr. 8. Berlin 893. Weidmann. n. 13. —
Die deutsche Reichsverfassung von der Mitte des 9. bis zur Mitte des 12. Jahrh. 1. Bd. 2. Aufl., bearb. v. Karl Zeumer. (XVI, 515 S.)

— deutsche Verfassungsgeschichte. 6. Bd. Die deutsche Reichsverfassg. von d. Mitte d. 9. bis zur Mitte d. 12. Jahrh. 2. Bd. 2. Aufl., bearb. v. Gerh. Seeliger. gr. 8. (XIV, 625 S.) Berlin 896. Weidmann. n. 18. — (1.—6.: n. 95. —)

W[aitz], G.: Versuch einer rechtlichen Beurtheilung der Hannöverschen Verfassungsfrage. Hamburg 1838.

—— der neueste dänische Versuch in der Geschichte des Herzogth. Schleswig beleuchtet. gr. 8. (25 S.) Göttingen 852, Dieterichsche Buchh.
Aus: Götting. gelehrte Anzeigen etc., besonders abgedruckt.

Waitz, G., Anskarii et Rimberti vitae, s. Anskarius

—— einige Worte über den dänischen Geh.-Archivar und Historiographen Dr. C. F. Wegener. 8. (34 S.) Göttingen 850, Dieterichsche Buchh.

Waltz, H., üb. d. Einfluss innerer Darmverwachsungen nach Laparotomien auf d. Entstehg. v. Bauchbrüchen. [Aus: „Festschrift f. Fr. v. Esmarch".] gr. 8. (14 S. m. 1 Fig.) Kiel 893. Lipsius & Tischer. n. — 40

Waitz, Hans, alte u. neue Aufgaben des evangel. Bundes. Vortrag. (32 S.) 8. Darmstadt 909. J. Waitz. — 20

Waltz, H., s.: Beiträge zur romanischen Philologie.

Waitz, Hans, Oberl. am Grossh. Realgymn. zu Darmstadt: Das pseudotertullianische Gedicht adversus Marcionem. Ein Beitrag zur Geschichte d. altchristl. Litteratur sowie zur Quellenkritik d. Marcionitismus. Darmstadt: J. Waitz 1900. (32 S.) 8°
[Erschien vollst. 1901 im gleichen Verlag.]
Giessen, Ev.-theol. Diss. v. 1900.

Waltz, Hans, das pseudotertullianische Gedicht Adversus Marcionem. Ein Beitrag zur Geschichte der altchristl. Litteratur sowie zur Quellenkritik des Marcionitismus. gr. 8. (VIII, 158 S.) Darmstadt 901. J. Waitz. n. 5. 40

Waitz, Hans, Geschichte d. Wingolfsbundes aus den Quellen mitgeteilt u. dargest. gr. 8. (VIII, 350 S.) Darmstadt 896. J. Waitz. n. 5. —; geb. in Leinw. n. 6. —

Waitz, Hans, Geschichte des Wingolfsbundes, aus den Quellen mitgeteilt u. dargestellt. 2. Aufl. (VIII, 400 S.) gr. 8. Darmstadt 904. J. Waitz. Geb. in Leinw. n. 6. —

— die Pseudoklementinen, s.a. Texte u. Untersuchungen zur Geschichte der altchristlichen Literatur. N. F. X. 4.

Die Pseudoklementinen, Homilien und Rekognitionen. Eine quellenkrit. Untersuchung von Lic. Hans Waitz, Pfarrer in Darmstadt. *Leipzig: J. C. Hinrichs 1904.* (VIII, 396 S.) 8°
= Texte u. Untersuchungen z. Geschichte d. altchristl. Literatur. Bd 25, H. 4. (N. F. Bd 10, H. 4.) [04. 6360

— der kritische Text der Gedichte v. Gillebert de Berneville m. Angabe sämtlicher Lesarten nach den Pariser Handschriften. gr. 8. (80 S.) Halle 899. M. Niemeyer. n. 2. 40
Sonderabdruck aus: „Beiträge zur roman. Philologie".

Waitz, H., aus Vilbel's geschichtlicher Vergangenheit. E. Beitrag zur Geschichte d. Stadt, d. Kirche u. d. Burg Vilbel, u. d. umlieg. Ortschaften. 8. (44 S.) Vilbel 894. (Darmstadt, J. Waitz.) n. — 60

Waitz, Hugo [aus Weimar]: Die Fortsetzungen von Chrestiens' Perceval le Gallois nach den Pariser Handschriften.... Strassburg, Verl. v. Karl J. Trübner, 1890; VI + 87 S. 8°
Strassburg, Phil. Fak., Inaug.-Diss. v. 1890

Waitz, Hugo, die Fortsetzungen v. Chrestien's Perceval le Gallois nach den Pariser Handschriften. gr. 8. (VI, 87 S.) Strassburg i/E. 890. Trübner, Verl. n. 2. —

Waitz, J. H: Abhandlungen von der Elektricität und deren Ursachen. Preisschr. Berlin 1745

J.. H.. W.. Waitz: d. Hauptlehren d. Logik f. solche, welche sich selbst belehren wollen, bearb. *Erf.*, Hennings u. Hopf. 840. gr 8° 16 gl

Waitz, J. H. W., Johannes lehrt uns Weisheit in e. vielbewegten Zeit. Pred. 8. ... Gotha 831, Becker.

Waitz, Johann Christian

Waitz, Joh. Chr., introductiones in forum theoreticae et practicae. 8. Jenae, Gollner. 741.

— commentatio politico-juridica, Tit. IV. V. et VI. Digest. de Muneribus, Honoribus ac officiis suis, cum effectibus. 8. Jenae, (Hahns V. H. in Lpz.) 748.

Waitz, Johann Christian (Gotha) A. S. 329/40

Dissertatio inauguralis iuridica de privilegio Saxonico de non appellando ad terras Misnicas, Thuringicas, et Franconicas extendendo.
Präs. Jo. Friedrich Hertel.
Jena (Müller) II. 1734. 44 S. 35669

Waitz, Karl (geb. Marburg a. L. 19. 1. 1853): Ueber die Diffusion der Gase. Berlin 1882. (42 S.) 8°
Berlin, Phil. Diss. v. 1. Juli 1882

Waitz, K., über den Einfluss der galvanischen Polarisation auf die Aenderung der Reibung. Habilitationsschrift. gr. 8. (39 S.) Tübingen 883, (Fues.) *

—— über atmosphärische Elektricität. Vortrag. gr. 8. (17 S.) (Ebendas.) 883. *
Aus: Correspondenzblatt für die Gelehrten- und Realschulen Württembergs, besonders abgedruckt.

Waitz, Karl Friedrich

— s. Annalen d. Obstbaumkunde. u. setze hinzu: (v. K. F. Waitz).

Die St. Johannisloge Archimedes zu den drei Reissbretern im Or. von Altenburg nach einhundertjährigem Bestehen. Eine Denkschrift für die Mitglieder derselben, für die Theilnehmer an ihrer Jubelfreude und für Freimaurer überhaupt, enth: I. die Geschichte der Loge, II. die aktenmässige Schilderung ihrer Säkularjubelfeier und III. das Verzeichniss ihrer sämmtlichen Mitglieder von ihrer Gründung an bis zum 30. Jan. 1842. [Von Karl Friedr. **Waitz.**] Altenburg [1842]: Hofbuchdr. 194 S. 8⁰
Recens: L. 1 (1842) S. 349—350; Archiv f. Frmrei. 2, 2 (1843) S. 83—98.
cf. Leipzig. Allgem. Ztg. 1842 Nr 36; Zd. 6 (1842) S. 192—194 (B. Lützelberger).
Kl. 3025, Tt. 590.

Waitz, Carl Fr., Beschreib. d. Gattungen u. Arten d. Heiden, nebst e. Anweis. z. zweckmäss. Kultur derselben. Ein Handbuch f. Botaniker, Gärtner u. Gartenfreunde. gr. 8. Altenburg, 1805. Neue Ausg. 1809. (Leipzig, Hinrichs.) 1. 20

Waitz, Karl Fr., Beschreib. d. Gattungen u. Arten d. Haiden, nebst e. vollständ. Anweisung zur zweckmäß. Kultur derselben; ein Handbuch für Botaniker, Gärtner u. Gartenfreunde, mit Kpf. gr. 8. Altenb. 809. Rink. (Hinrichs in Leipz.) 1 Rthlr 16 gr.
355 S.

— Gesänge für Freunde d. Aufklärung u. gesell. Freude. 8. Altenb. 796.

Waitz, K. F., die Heiden, od. Beschreib. d. Gattungen und Arten d. Heiden nebst e. vollst. Anweis. z. zweckmäß. Cultur derselb. e. Handb. f. Botaniker, Gärtner, u. Gartenfreunde, m. K. gr. 8. Altenb. Rink. (Hinrichs in Lpz.) 809.

s. a. **Romanzen u. Balladen der Deutschen.**

— Romanzen u. Balladen d. Deutschen. 2 Thle. m. K. 8. Altenb. Schnuphase, 800. (à 1 Rthlr.)
Schreibp. (à 1 Rthlr 8 gr.)

s. **K. G. Rössig, die Rosen.**

Waltz Paul: Über die Stellung der Substituenten in der α-Resodikarbonsäure. S. 120. IIb. 240 . . . .
Separatabdruck

Waitz, Rich., der herzogl. Park zu Gotha von seiner Entstehung bis auf die jetzige Zeit. Hrsg. von Eyserbeck. 8. (46 S.) Gotha 849. (Leipzig, Hunger.) *

Waitz, Sigm., **Brixen**, Südtirol. Jahrtausendfeier. 901—1901. 26.—27. X. Im Auftrage des Festausschusses hrsg. Lex.-8. (68 S. m. Abbildgn. u. 14 Lichtdr.-Taf.) Nebst: Brixener Chronik. Festnummer. Fol. (8 S. m. Abbildgn.) Brixen (901). Buchh. des kath.-polit. Preßvereins. In Mappe n. 6. —

— **Christus u. die Kranken.** Nach den hl. Evangelien zum Troste der Kranken zusammengestellt u. erklärt. Mit 2 Holzschn.-Abbildgn. aus Führichs Psalter. gr. 8. (IV, 296 S.) Ebd. 899. n. 3. 20; geb. in Leinw. n. 4. 40

— **Hauptfragen der christlichen Gesellschaftswissenschaft.** 6 Vorträge. Geh. beim sozialen Kurs der kathol. Frauen-Organisation f. Niederösterreich. Hrsg. durch die kathol. Frauen-Organisation f. Niederösterreich in Wien. (66 S.) Lex. 8. Wien (910). Styria. 1. —
Sonderabdruck aus: „Christl. Schul- u. Eltern-Zeitg."

Waitz, Sigm., s.: De iure hereditatis.

— Rettung aus Trunksucht u. Unsittlichkeit, s.: Königsegg-Aulendorf, Gräfin v.

Waitz, Sigm., **Tirol** im Jubeljahre s. Bundes m. dem göttl. Herzen Jesu. Gedenkbuch d. Säcularfeier im J. 1896. gr. 8. (VIII, 440 u. Musikbeilage 2 S. m. Abb. u. 4 Taf.) **Brixen 897.** Buchh. d. kathol.-polit. Preßvereins. n. 4. —

Waitz (Sigm.), **von Brixen nach Lourdes u. Paray-le-Monial, Septbr. 1905. Reise-Erinnergn. (255 S. m. Abbildgn. u. Titelbild) 8. Brixen 905. (Preßvereins-Buchh.)** Geb. in Leinw. n. 3. 50

Waitz, Thdr., Anthropologie der Naturvölker. 1—4. Thl. Leipzig 859—64. Fr. Fleischer. gr. 8. 12 Rthlr 22½ ngr.
1. Thl.: Ueber die Einheit des Menschengeschlechts und den Naturzustand der Menschen. 859. (XII, 487 S.) 2 Rthlr 15 ngr.
2. Thl.: Die Negervölker und ihre Verwandten. Ethnographisch u. kulturhistorisch dargestellt. Mit 1 (lith.) Karte (in Fol.) u. 7 (lith.) Abbildgn. 860. (XXIV, 524 S.) 3 Rthlr 15 ngr.
3. 4. Thl.: Die Amerikaner. Ethnographisch u. culturhistorisch dargestellt. 1. u. 2. Hälfte. 862, 64. (XXXII, 548 S.; XIV, 503 S. u. 2 lith. Karten in Fol.) 1.: 3 Rthlr; 2.: 3 Rthlr 22½ ngr.

Waitz, Thdr., Anthropologie der Naturvölker. 5. Thl. 1. u. 2. Heft. Leipzig, Fr. Fleischer. gr. 8. Jedes Heft 1 Rthlr 15 ngr.
5. Thl. 1. Heft. Die Völker der Südsee. Ethnographisch u. culturhistorisch dargestellt. 1. Heft: Die Malaien. (VI, 194 S. mit 1 lith. u. color. Karte in gr. Fol.) 865.
5. Thl. 2. Heft. — Die Mikronesier u. die nordwestlichen Polynesier. (XXXIV, 231 S.) 870.

Waitz, Thdr., Anthropologie der Naturvölker. Mit Benutzg. der Vorarbeiten d. Verf. fortgesetzt v. Geo. Gerland. 6. Thl. Mit 2 Karten. Die Völker der Südsee. 3. Abth. Die Polynesier, Melanesier, Australier u. Tasmanier. Ethnographisch u. culturhistorisch dargestellt. gr. 8. (XXII, 830 S.) Leipzig 871. Fr. Fleischer. 15. 75
(I—VI.: 63. —)

Waitz, Thdr., Anthropologie der Naturvölker. 2. Aufl., mit Zusätzen des Verf. verm. und hrsg. von G. Gerland. 1. Thl. A. u. d. T.: Ueber die Einheit des Menschengeschlechtes und den Naturzustand des Menschen. gr. 8. (XXXII, 485 S.) Leipzig 877, F. Fleischer. *

— s. Aristotelis Organon Graece.

Waitz, Thdr., Hernando Cortes, s. Vorträge, öffentliche.

Waitz, Thdr., zur Frage über die Vereinfachung des Gymnasialunterrichts, zunächst in Kurhessen. Marburg 857. Elwert. gr. 8. (27 S.) 4 ngr.

Waitz, Theod., Grundlegung d. Psychologie. Nebst ein. Anwendung auf d. Seelenleben d. Thiere, besond. die Instincterscheinungen. gr. 8. (13¾ B.) Hamburg 846, Friedr. u. Andr. Perthes.

Waitz, Thdr., Grundlegung der Psychologie. 2. (Titel-) Ausg. gr. 8. (VIII, 212 S.) Leipzig (1846) 878. Siegismund & Volkening. 3. —

—— **die Indianer Nordamerica's. Eine Studie. gr. 8. (X und 180 S.) Leipzig 865, Fr. Fleischer.** *

— **Lehrbuch der Psychologie als Naturwissenschaft. gr. 8. (XVI u. 685 S.) Braunschweig 849, Vieweg & Sohn. n. 3⅓ Rthlr**

Waiß, Thdr., allgemeine Pädagogik. gr. 8. (XVI und 446 S.) Braunschweig 852, Vieweg und Sohn. *

-- allgemeine Pädagogik u. kleinere pädagog. Schriften. 2. verm. Aufl. m. e. Einleitg. üb. Waitz's prakt. Philosophie hrsg. v. Otto Willmann. gr. 8. (LXXVI, 552 S.) Braunschweig 875. Vieweg & Sohn. n. 10. —

Waitz', Thdr., allgemeine Pädagogik u. kleinere pädagogische Schriften. 3. verm. Aufl., m. e. Einleitg. üb. Waitz' prakt. Philosophie hrsg. v. Otto Willmann. gr. 8. (LXXIX, 552 S.) Braunschweig 883. Vieweg & Sohn. n. 10. —

Waitz', Thdr., allgemeine Pädagogik u. kleinere pädagog. Schriften. 4., durch Beigaben verm. Aufl., hrsg. v. Otto Willmann. M. d. Portr. d. Verf. u. e. Einleitg. d. Hrsg. üb. Waitz' prakt. Philosophie. gr. 8. (LXXXVI, 7, 552 S.) Braunschweig 898. F. Vieweg & Sohn. n. 5. —; geb. in Leinw. n. 6. —

Waitz, Thdr., allgemeine Pädagogik. Neue Ausg. 8. (XII, 412 S.) Langensalza 899. Schulbuchh. 3.30; geb. n. 4.20

Waitz, Thdr., allgemeine Pädagogik. Bearb. v. Wilh. Kahl. (II, 184 S.) 8. Halle 908. H. Schroedel. Kart. 2. —

— dasselbe. Neue Ausg. 2. Aufl. (XII, 445 S.) 8. Langensalza 910. Schulbuchh. 3.50

— dasselbe u. kleinere pädagogische Schriften, hrsg. v. Otto Gebhardt, s. a. Bibliothek pädagogischer Klassiker. 44. Bd.

Waitz, Thdr., welchen Antheil soll der deutsche Reichstag an der Organisation des Unterrichtswesens nehmen? gr. 12. (47 S.) Marburg 848, Elwert. 1/6 ℛ

Waitz v. Eschen: Oberlausitz. Granite. Gttng. 1863.
Schul-/Univ.-Schrift

Waitz v. Eschen, Friedrich, a. Ringenkuhl bei Großalmerode ⟨Bez. Kassel⟩: Die Basalte östlich der Linie Wabern-Gensungen. Marburg a. L. 1906: H. Bauer. (35 S.) 8°
Marburg, Phil. Fak., Ref. Bauer, Diss. v. 2. März 1906

[Geb. 16. Juni 77 Kassel; Wohnort: Ringenkuhl; Staatsangeh.: Preußen; Vorbildung: Wilhelmsgymn. Kassel Reife M. 96; Studium: Lausanne 2, Straßburg 2, Klausthal Bergakad. 4, München 2, Marburg 5 S.; Rig. 2. März 04.]

Jakob Sigismund Waitz von Eschen

Abhandlung von der Electricität und deren Ursachen welche bey der Königl. Academie der Wissenschaften in Berlin den Preiß erhalten hat, aufgesetzt von J.H. Waitz [Jakob Sigismund Waitz von Eschen.] Berlin: Haude. 1745. 237 S. 8°

[Beigedr.1:] Zweyte Abhandlung von der Natur der Electricität welche bey der Königl. Academie der Wissenschaften in Berlin eingesendet und wegen ihrer Ausarbeitung des Drucks würdig geschätzt worden.

Jakob Sigismund Waitz von Eschen

[Beigedr.2:] Dritte Abhandlung von den Eigenschaften, Wirkungen und Ursachen der Electricität welche bey der Königl. Academie der Wissenschaften in Berlin eingesendet und wegen ihrer Ausarbeitung des Drucks würdig geschätzt worden.

[Beigedr.3:] Dissertation sur la cause de l'électricité des corps et des phénomènes qui en dépendent sujet proposé par l'Académie Roiale des Sciences de Berlin pour le prix qui doit être distribué le 31. May 1745.

Waltz v. Eschen, R., Goldwährung oder Doppelwährung? Eine kurze Erwiderung auf die Broschüre des Herrn Bergrath v. Festenberg-Packisch: „Die Annahme der Doppelwährung eine staatswirthschaftl. Nothwendigkeit für Deutschland". gr. 8. (15 S.) Kassel 880. (Freyschmidt.) n. — 30

Waitz v. Eschen, R., die Verhandlungen, welche der Errichtung der hessischen Kurwürde vorausgingen. Ein Vortrag, gehalten am 26. Jan. 1880 im Vereine für hess. Geschichte und Landeskunde. gr. 8. (42 S.) Kassel 880, Kay. *

LESSACH AN DER LUGGAU. Der / Vollkommene Waitzen- / Acker / Welchen / Die Schmertzhaffte Mutter GOTTES / Anno 1513. / In dem Thal Lessach an der Luggau / selbsten gesät hat. / Und / Durch mehr dann 217. Jahr mit unver- / welchlen Früchten So wohl der Wunder- als Gut / thaten bereicheret. / Zu grösserer Ehr-Erzeigung / Der Schmertzhafften / Mutter GOTTES / In der Luggau. / Vorgestellet / Von einem Priester deß Ordens deren Diener Unser / Lieben Frauen. In dem lauffenden 1731. Jahr. Raab Joseph Antoni Streibig. (8), 206 S., 1 t. - 204 mm

Waitzenegger, Frz. Jos., das alte Bergschloß Bregenz, welches die alten Grafen v. Bregenz erbauet, die Grafen v. Montfort durch Heirathen erhalten, Herzog Siegmund u. Erzherzog Leopold v. Oestreich in d. J. 1451 u. 1523 mit d. Herrschaft Bregenz erkauft, u. die Schweden am 8. März 1647 zerstört haben, in e. sehr guten Steinabdruck. Fol. Bregenz 820.

s. Fidelis v. Siegmaringen.

— Gebetbüchlein für kathol. Christen, zum Andenken für seine Gemeinde. 12. Bregenz 815. 2e verb. Aufl. unt. d. Titel: Gebete u. Andachten f. kathol. Christen. 12. Augsb. 820. 2e A. 821. Doll. (Landsh., Krüll). 8 𝔤𝔊

— Gebetbüchlein f. Kinder, besonders zur Beförderung d. gemeinsamen Andacht bei der heil. Messe. 11. Bregenz 816.

Waitzenegger, (Franz Jos.,) Gebete u. Andachten f. kathol. Christen. 2e Aufl. 12. Augsburg 821, Doll. (Landshut, Krüll.)

— **Gelehrten- u. Schriftsteller-Lexikon, s. F. K. Felder.**

(Waitzenegger, Franz Josef)

Hirlanda, Herzogin von Bretagne; oder der Sieg der Tugend und Unschuld. Erbauliche und lehrreiche Geschichte des Alterthums, neuerzählt für Junge und Alte von dem Verf. der Gräfin Itha von Toggenburg. 6. rechtmäßige Aufl. Mit Bewilligung der Obern.
Augsburg: Doll 1828. VIII.126 S. 8°

— s. Hirlande, Herzogin v. Bretagne.

s. Itha, Gräfin v. Toggenburg, u. setze bei allen dreien hinzu: (v. Frz. Jos. Waitzenegger).

Waitzenkorb, der, od. Prüfung n. Lohn. Vom Verf. d. Tabakspfeiffe. 8. Leipz. 824. Kaysers B. 1 ₰ 6 𝔤𝔊

Waitzer, Josef, und Kränzlein, A., Wie trainiere ich Leichtathletik? m. Abb., Leipzig, 64 S., 8°.

Waitzer, Josef, Wurf und Stoß im Bild, Diskuswerfen, Speerwerfen, Kugelstoßen, Reihenaufnahmen m. erl. Text z. Erlernung d. Technik im Werfen u. Stoßen, 1. u. 3. Aufl., Stuttgart, 3 Taf., Quer-16°. 2 Bde.

Waitzmann, Johann Georg

— Augustin und Xaver, die heiligen Leuchtsterne im Weinberge des Herrn; nebst ihren himmlischen Liebesflammen u. Lebensblüthen. Für jedes Alter und jeden Stand, besonders die reifere kathol. Jugend bearb. Mit 1 Stahlstich. gr. 12. Augsburg 841, Matth. Rieger'sche Buchh. (Himmer.) 1/4 ℛ

—— Ritter Berthold von Hohenburg, od.: So rächt sich der Christ. Eine belehr. Erzählung aus d. Zeiten des heil. Bischofs Ulrich, f. d. reifere Jugend u. Eltern erzählt. 8. (9½ B. u. 1 Stahlst.) Augsburg 843, Schmid'sche Buchh. -

Waitzmann, J. Geo., Ritter Berthold von Hohenburg, oder: So rächt sich der Christ. Eine belehrende Erzählung aus den Zeiten des heil. Bischofs Ulrich, für die reifere Jugend und Eltern erzählt. 2. Aufl. 8. (VI und 146 S. mit 1 Stahlst.) Augsburg 853, Schmid'sche Vrlgsh. –

Waitzmann, J. Geo., Ritter Berthold von Hohenburg, oder: So rächt sich der Christ. Eine belehrende Erzählung aus den Zeiten des heil. Bischofs Ulrich, für die reifere Jugend und Eltern erzählt. 3. Aufl. Mit 1 Stahlst. Augsburg 859. Schmid. 12. (VII, 182 S.) 12 ngr.

— der heil. Bonifazius, od. d. Ausbreitung d. Christenthums in Deutschland. Für Deutschlands Jugend u. Eltern z. Belehr. u. Erbauu. nach d. besten Quellen bearb. 2. Ausg. 8. (10 B.) Dillingen 840, [Aulinger'sche Vrlsh.]

— die Erhabenheit, Macht u. Schönheit d. kathol. Glaubens, dargest. in d. Lebensgesch. d. heil. Augustin, Bischofs v. Hippon u. Kirchenlehrers. Eine heils. u. lehrr. Mitgabe auf d. Weg d. Gottseligkeit u. Tugend f. Eltern, Lehrer u. Studirende gr. 12. (3½ B.) Augsburg 835, Rieger'sche Buchh.

— kurzgefaßte Geschichte des Königreichs Bayern, nach der neuesten Eintheilung. gr. 8. Augsb. 838. M. Rieger. 1/3 ℛ

— die heil. Geschwister von Monte-Cassino. Zwei lehrreiche Erzählungen f. d. christl. Jugend. gr. 12. (7⅔ B. u. Ttlblo.) Augsburg 842, Rieger'sche Buchh.

— Meister Gräth, der Glockengießer, u. die Sturmglocke zu Augsburg. Ein histor. Sitten- u. Charakter-Gemälde aus dem Mittelalter f. d. reifere Jugend u. Jugendfreunde. 8. (12 B. u. 1 Ttlbld.) Augsburg 842, Lampart u. Comp. –

Waitzmann, J. G., Meister Gräth, der Glockengießer, und die Sturmglocke von Augsburg. Ein historisches Sitten- und Charakter-Gemälde aus dem Mittelalter. Der reiferen Jugend und Jugendfreunden gewidmet. 2. verb. Aufl. 8. (164 S. mit 1 Stahlst.) Regensburg 875, Volks- und Jugendschriften-Verlag. cart.

— s. a. Heiligkeit, die, in der Zelle.

(Waitzmann, Joh. Geo.,) die Heiligkeit in d. Zelle, das ist, Lebensgeschichten heil. Ordensstifterinnen u. Aebtissinnen. Ein Lese- u. Erbauungsb. auf d. Wege z. christl. Vollkommenheit, f. d. weibl. Geschlecht jed. Alters u. Standes bearb. 8. (5½ B.) Augsburg 835, Rieger'sche Buchh. Thlr.

— (dass. u. d. etwas veränd. T.:) die Heiligkeit in d. Zelle u. d. Sieg d. Glaubens. Lehrr. Erzähln. aus d. christl. Vorzeit f. d. reif. kathol. Jugend. 2. Ausg. 8. (7⅛ B. u. 1 Stahlst.) Augsburg 840, Rieger'sche Buchh.

— das doppelte Kapital, und Richard von Schwarzenfels. Zwei lehrreiche Erzählungen für die reifere Jugend und für Eltern. 2e Aufl. 8. Augsburg 839. M. Rieger. 5 ℊ

— das doppelte Kapital, u. Richard v. Schwarzenfels. Zwei lehrr. Erzählungen f. d. reifere Jugend u. f. Eltern ꝛc. 3., verb. u. verm. Aufl. 8. (6¾ B. u. 1 Stahlst.) Augsburg 845, Lampart u. Comp.

(—) das messingene Kreuz, s. Kreuz.

— das Leben u. Wirken d. heil. Benediktus, Patriarchen d. Mönche d. Abendlandes, nebst dessen Regel in deutscher u. latein. Sprache, mit Verschiedenheit d. Lesarten, nach d. besten Quellen bearb. gr. 12. (10⅞ B. u. 1 Stnt.) Augsburg 835, Rieger'sche Buchh.

— Lebensgeschichte d. heil. Julian u. d. frommen Maria Amalia, deutsch. Kaiserin. Zwei lehrr., erbaul. Erzähln. f. d. christl. Jugend u. Eltern neuerzählt. 8. (8¾ B. u. 1 Stahlst.) Augsburg 840, Rieger'sche Buchh.

Waitzmann, Joh. Geo., Lebensgeschichte d. heil. Severin, Apostels v. Bayern u. Oesterreich; zur Belehr. u. Nachahmung, hauptsächl. f. d. reif. Jugend beyder Länder, neu erzählt. 8. (6 B. u. Ttlkpfr.) Augsburg 834. (Landshut, Manz.)
(Himmer; auch Kollmann)

— Lebensgeschichte d. heil. Severin, Apostels v. Bayern u. Oesterreich; zur Belehr. u. Nachahm., hauptsächl. f. d. reif. Jugend beider Länder, neu erzählt. 8. (6 B. u. Ttlkpfr.) Augsburg 836, Rieger'sche Buchh.

Waitzmann, Joh. Georg, der Morgen in der Wallfahrtskirche. Das doppelte Kapital, s. a. Abendunterhaltungen, lehrreiche.

— der Morgen in der Wallfahrtskirche, od. d. Triumph d. Unschuld. Eine wahre Gesch. aus d. letzten Viertel d. vorigen Jahrh. Eltern, Erziehern u. Kindern nach Quellen erzählt. 1. Aufl. 8. (8¼ B. u. 1 Stahlst.) 840., u. 2., verb. A. gr. 12. (5⅓ B. u. 1 Stahlst.) Augsburg 842, Lampart u. Comp. à

Waitzmann, J. G., der Morgen in der Wallfahrtskirche. — Das doppelte Kapital. Zwei lehrreiche Erzählungen für die Jugend und Jugendfreunde, für Eltern und Lehrer. 5. verb. Aufl. 8. (119 S. mit 2 Stahlst.) [Regensburg 880.] Straubing, Volks- und Jugendschriften-Verlag. cart.

Waitzmann, Joh. Georg, der Neujahrs-Abend zu Lausanne ꝛc., s. a. Abendunterhaltungen, lehrreiche. 9. Bdchn.

— **der Neujahrsabend zu Lausanne, oder die Macht der Vaterlands- und Kindesliebe. Eine lehrreiche Erzählung aus der Schreckenszeit der französ. Revolution für christl. Jugend und christl. Volk. 2. verb. Aufl. 8. (152 S. mit 1 Stahlst.) Ebendas. 877.** cart.

— s. Regula S. Benedicti.

Waitzmann, Jh. Geo., Adelhald von Roth, oder d. Brandbrunnen. Eine wahre Geschichte aus den Zeiten des schwäb. Ritterthums. Eltern, Erziehern und Kindern erzählt. Mit 1 Stahlst. 8. Augsburg 845, Lampart u. Comp. 3/8 ℛ

Waitzmann, Joh. Georg, Adelheid v. Roth, oder der Brandbrunnen. Eine wahre Geschichte aus den Zeiten des schwäb. Ritterthums. Eltern, Erziehern und Kindern nach mündl. und schriftl. Quellen erzählt. 2., wohlf. (Titel-)Ausg. 8. (VIII und 128 S. mit 1 Stahlst.) Augsburg 851(52,) Lampart und Comp. (Leipzig, Hübner.) Thlr.

Waitzmann, J. G., Adelheid v. Roth od. der Brandbrunnen. Eine wahre Geschichte aus den Zeiten d. schwäb. Ritterthums. Mit e. Stahlst. 3. Aufl. 8. (128 S.) Augsburg 872. Lampart & Co. 1. —

— Severin u. Adalbert, die heiligen Glaubensboten an der Donau u. der Weichsel. Zwei lehrreiche Erzählungen für die reifere Jugend und Jugendfreunde, nach den besten Quellen bearb. Mit Titelkpfr. 8. Ebend. 842. 6¼ ngℊ

— statistisch-geographische geschichtliche Tabelle des Königr. Bayern. 2 Blatt in Fol. Augsburg 838. M. Rieger. 1/8 ℛ

— der Triumph d. Christenthums üb. Liebe u. Tod, od. d. Liebe zweier Wilden in d. Wüste. Eine rührend-belehr. Erzähl., nach d. Franz. f. Deutschlands gefühlvolle Herzen frei bearb. 8. (6 B.) Dillingen 839, [Aulinger'sche Vrlsh.]

— die Wallfahrt nach Monserrat, oder die Macht der Erziehung. Eine lehrreiche Geschichte aus den letzten Zeiten der Maurenherrschaft in Spanien. Mit 1 Stahlst. 8. Ebend. 843. 3/8 ℛ

— die Wallfahrt nach Montserrat od. die Macht der Erziehg. Eine Erzählg. aus den letzten Zeiten der Maurenherrschaft in Spanien. Für christl. Jugend u. christl. Volk. 2., verb. Aufl. Mit 1 Stahlst. 8. (120 S.) Regensburg 876. Volks- u. Jugendschriften-Verl. 1. —

— die Zierde d. Thrones, od. Lebensgeschichte d. frommen Maria Amalia, geb. Prinzessin v. Oesterreich, Kurfürstin v. Bayern u. deutschen Kaiserin, f. Eltern u. d. reif. Jugend erzählt. 8. (7½ B.) Augsburg 838, Rieger'sche Buchh.

Waizenähre, Die. Drama in fünf Aufzügen. Von G. F. P. kl. 8. (116 S.) Wien, Mayer & Comp. 1869. 48 kr.

WAIZENEGGER, Fr. Leop.: Corpus jur. publ. S. R. J. academ. in sich haltend die vornehmsten Grundgesetze d. heil. Röm. Reichs. *Freiburg*, 780. 8. (1 Thl. 8 Gr.)

Waizenegger, Kaspar

Waizenegger, Caspar, prakt. Arzt aus Stetten: Metastatisches Milzcarcinom. Würzburg 1898 [vielm. 1901/02]: J. M. Richter. (22 S.) 8°
Würzburg, Med. Diss. v. 1898.

Waizer, Rud., das Mineralbad Einöd an der Kronprinz Rudolfbahn in Steiermark. Für Besucher d. Bades geschildert. 8. (14 S.) Klagenfurt 883. v. Kleinmayr. n. — 40

Waizer, Rudolf. Das Mineralbad Einöd an der Kronprinz Rudolfbahn in Steiermark. Klgft., v. Kleinmayr, 1883. 14 S. — 2. Aufl. 1894. 15 S. — 3. Aufl. Klgft., Bertschinger, 1896. 21 S.

Waizer, Rud., Hans Gasser's Jugendleben. Eine biograph. Skizze. Nach authent. Quellen mitgetheilt. gr. 16. (37 S.) Klagenfurt 872. Bertschinger & Heyn. n. — 60

Waizer, R., Klagenfurt u. der Wörthersee, s.: Städtebilder u. Landschaften aus aller Welt.

Waizer, Rud., Kohlresln u. Enzian. Gedichte in Kärntner Mundart. 16. (37 S.) Klagenfurt (896). (J. Heyn.) n. — 50

Waizer, Rudolf, Kohlresla und Enzian. Gedichte in Kärntner Mundart. 16. (36 S.) In Comm. Klagenfurt: Heyn 1897. * --.25

Waizer, Rud., Cultur- und Lebensbilder aus Kärnten. 8. (IV, 208 S.) Klagenfurt 882, Leon sen. *

Waizer, Rud., Culturbilder u. Skizzen aus Kärnten. [Neue Folge.] 8. (V, 147 S.) Klagenfurt 890. v. Kleinmayr. n. 2. 40 (1. u. 2.: n. 4. 40)
Die 1. Folge bildet: Cultur- u. Lebensbilder. 882.

— Tabelle zur Berechnung der Verwahrungsgebühren [Zählgeld, Depositentaxe] v. gerichtlichen Depositen im Sinne d. Allerhöchsten kaiserl. Patentes vom 26. Jänner 1853, R. G. Bl. Nr. 18, u. der kaiserl. Verordnung vom 12. Septbr. 1858, R. G. Bl. Nr. 151. 30,5×42 cm. Klagenfurt 891. v. Kleinmayr. n. — 48

Waizmann, des Abgeordneten, Anträge vom Ober-Amte Ellwangen, der Ständeversamml. am 9. März u. 4. Mai 1820 übergeben. 8. Gmünd 821. Ritter. (Schönbrod in Ellwang.) 3 gr

Wak, W., Lehrsätze d. engl. F[illegible]ge. [illegible] Tharneisen. 723.

Wake, Johann Konrad, s. Wack

Wake, Robert (Gateshead)
On acupuncture.
[lt. Dekanatsbuch nur handschriftlich eingereicht.]
Dr. med. Giessen 8.4.1842.

Wakedi, Mohamed ben Omar el. Geschichte der Eroberung von Mesopotamien u. Armenien. A. d. Arab. übs. v. B. G. Niebuhr. Hrsg. v. Dr. A. Mordtmann. Mit 1 Krt. Hamburg 1847. 185 S. 4°

Wakedii. Libri de Mesopotamiae expugnatae historia (arabice) edita et annot. illustrata a G. H. A. Ewald. 4. Gottingae 1827.

Wakefield, Priscilla

Wakefield, P., Familienreise durch das brittische Reich. Mit Nachrr. von dessen Manufakturen, natürl. u. künstl. Seltenheiten 2c. gr. 8. Götting. 812. Dieterich. 1 Rthlr 8 gr

Priscilla Wakefield's Familien-Reise durch das britische Reich; mit einigen Nachrichten von dessen Manufacturen, natürlichen und künstlichen Seltenheiten u. s. w. (A. d. Engl.) Göttingen. 1813. 8°.

Wakefield, S., deutsches Choralbuch. Eine Sammlung von deutschen und engl. Kirchenmelodien, nebst einer Anweisung zur Erlernung der Vokalmusik. gr. 4. (127 S.) Cincinnati 858(60). (Philadelphia, Schäfer und Koradi.) *

Wakeman, Alfred John: Über die Beeinflussung der Molekular-Leitfähigkeit der Essigsäure durch kleine Mengen anderer elektrolytischer Substanzen. Anwendung der Theorie der isohydrischen Lösungen ... (Aus: Zeitschr. f. physik. Chem., Bd XV.) Leipzig, W. Engelmann, 1894; 26 S., 1 Bl. 8.
Leipzig, Phil. Fak., Inaug.-Diss. v. [12. Nov.] 1894

Wakerhagen, Ernst August A. S. 572/7

De cauponarum origine et iure et magistratus in iis ordinandis cura. Präs. Christian Ludwig Scheid. Göttingen (Turpio) 11. VIII. 1738. 48 S.

Gew.: Gerlach Adolph Fhr. von Münchhausen.
35670

Wäkerling, s.a Wäckerling

Wäkerling, üb. Torf, dess. Entstehung u. Wiedererzeugung. Von d. Gemeinnütz. Gesellschaft d. Cant. Zürich d. Druck übergeben. gr. 8. (1½ B.) Zürich 839, Orell, Füßli u. Comp.

Wakhoucht, Tsarévitch, Description géographique de la Géorgie, publiée d'après l'original autographe, par Brosset. (Georgisch u. französisch.) gr. in-4. (72¼ B.) St.-Pétersbourg 842. (Leipzig, Voss.) **

Wakius, Johann Konrad, s. Wack

Wakkerbart(h), August Josef Ludwig v., s. Wackerbarth

Wakkernagel, Ph. (R.), Netze zu Kristall-Metallen. Mit e. Vorrede von K. v. Raumer. 1s Heft. Mit 6 Kpft. gr. 8. Berl. 822. Reimer. 12 gr

Wakkernagel, R. Ueber die von Grafen v. Bournon beobachteten Kalkspathkrystallisationen nebst einer Kritik der Mohs'schen Bezeichnungsmethode im (3 und 3) gliedrigen System. (Aus Kastner's Archiv. Vol. IX.) 1826. 8.

Ueber d. Wirkungskreis d. Krystalle. (Aus Kastner's Archiv. Vol. V.) 1825. 8.

Wakkernagel, Wlh., s. Wackernagel.

Wakono, d. Häuptling d. Comanchen, s.: Unterhaltungsbücher, Ser. B, Nr. 50.

Wal, J. de, Beiträge zur Literatur-Geschichte des Civil-Prozesses. (Aus den „Nieuwe Bijdragen voor Regtsgeleerdheid en Wetgeving" übers.). Mit Zusätzen des Verf. u. einem Vorworte herausg. von R. Stintzing. Erlangen 866. Deichert. gr. 8. (VII, 98 S.) 15 ngr.

de Wal, Joh., over de beoefening der Nederlandsche Mythologie, naar anleiding der jongste tot dat onderwerp betrekkelijke geschriften. gr. 8. (IV u. 77 S.) Utrecht 847, Kemink & Zoon. n. 1/2 ℔

de Wal, J., bijdragen tot de geschiedenis en oudheden van Drenthe. gr. 8. Groningen 842. (Emden, Rakebrand.) n. 1 ℔

Wal, Joan. de, Mythologiae septentrionalis monumenta latina edid. varietate lectionis et adnotatione instruxit. Vol. prius: Monumenta continens epigraphica. 8maj. (XI und 288 S.) Trajecti ad Rh. 847, Kemink et filius. *

— mythologiae septentrionalis monumenta Latina edid. varietate lectionis et adnotatione instruxit. Vol. prius: Monumenta continens epigraphica. A. u. d. T.: Mythologiae septentrionalis monumenta epigraphica Latina. gr. 8. (XVI u. 289 S.) Ebd. 847. n. 1 ℔ 24 ngr

Wal, Wilhelm Eugen Jos. von

— l'histoire de l'Ordre Teutonique etc. VIII Vols. gr. 12 Paris u. Rheims 784.

Recherches sur l'ancienne constitution de l'ordre teutonique et sur ses usages comparés avec ceux des templiers, suivies de quelques éclaircissements sur l'histoire de l'ordre, et de réflexions sur l'abolition de celui du temple. Par l'auteur de l'histoire de l'ordre teutonique [d. i. Wilh. Eug. Jos. Baron de Wal]. T. 1. 2. Mergentheim 1807: Thomm. 8⁰

1. Avec une table de sceaux. XLVI, 415 S.; 2. 412 S.

Kl. 2193. Sehr selten. Heinsius: Bücherlexikon u. Kayser: Bücherlexikon verzeichn. eine Ausg.: Königsberg: Nicolovius 1808.

Wal Veleno, Sonette aus der Alpenwelt. 2. Aufl. 16. (XVI, 196 S.) Jena 883. Mauke. n. 2. 50; geb. n. 3. 50

Walach, D. H., Blätter im Winde. Gedichte. 8. (VI, 95 S.) Dresden 897. E. Pierson. n. 1. 50; geb. n. 2. 50

Walachei [Sachl. OW]

Wallachei. *Herausgeg. v. k. k. General-Stab im J. 1828. 3 Bl., 31" H., 19" Br. Massstab : 1 Wr. Zoll = 6,000 Wr. Klftr. Verhältn. 1 : 432,000.* Aus den vorhandenen Militär-Aufnahmen mit besonderer Rücksicht auf die Strassen zusammengestellt. Auf Stein gravirt.

Walachei, Moldau, Bessarabien, die Krimm, Taman und Asow (in der Mitte des vorigen Jahrh.). Ein topographisch-ethnograph. Beitrag zur Kenntniss der damaligen Türkei. Aus dem Türk. übertragen von Ottokar Freiherrn von Schlechta-Wssehrd. gr. 8. (48 S.) Wien 863, (Gerold's Sohn.) *
Aus: Sitzungsberichte der k. Akad. der Wissenschaften, besonders abgedruckt.

Walachei [Schlagwort]

Wallachei — General-Karte des Fürstenthums —. Ausgef. u. herausg. durch das K. K. milit.-geogr. Institut i. J. 1867. 288,000. 6 Bl.

Walachey — Karte von einem Theile der — Bulgar-ilis und Rum-ilis zur Uebersicht der Kriegs Operationen zwischen den Russen und den Türken. Ein Auszug aus des General Khatoff Karte in IV Blätter. St. Petersburg 1823. Deutsch herausgegeben von Simon Schropp et Comp. in Berlin 1829. Gestochen von Paul Schmid. 1 : 840,000. 1 Bl.

Wallachey — Topographische Karte der grossen und kleinen — aus verschiedenen Recognoscirungs-Plänen des K. K. General-Quartiermeisterstabs im Jahre 1790 zusammengetragen. Herausgeg. im Jahre 1812. 1 : 576,000. 4 Bl.

Walafried, (Karl Gli. Mich. Hermann), Gemälde aus d. Zeiten d. Väter. 2 Thle. 8. Götting. 792, 93. Dieterich. 1 ℔ 4 gr Hbg. Pr. 8 gr

Walahfrid Strabo

Walafridi Strabonis liber de exordiis et incrementis quarundam in observationibus ecclesiasticis rerum. Textum recensuit, adnotationibus histor. et exegot. illustravit, introd. et indicem addidit A. Knoepfler. gr. 8. (XVIII, 114 S.) München 890. Stahl sen. n. 2. 40

Walafridi Strabonis liber de exordiis et incrementis quarundam in observationibus ecclesiasticis rerum. Textum recensuit, adnotationibus histor. et exeget. ill. introd. et indicem addidit Dr. Aloisius Knoepfler, ... in Univ. Monacensi prof. p. o. 2. ed. *Monachii: Lentner 1899.* (III – XVII S., 1 Bl., 114 S.) 1 Bd 8.
= Veröffentlichungen a. d. Kirchenhistor Seminar München No 1.

Walahfridi Vita beati Galli. (Hrg. von Robert Thuli.) [Mit 1 Tafel.] (Mitteil. Vaterl. Gesch. St. Gallen. [Heft] 24, 1. Hälfte.) 8. St. Gallen 1890.

Walahfridi vita beati Galli, s. a. Mittheilungen zur vaterländischen Geschichte.

Walasser, Adm., das heilige Leben Christi u. Mariä. 8. Augsb. 768. Rieger. 12 gr

Walb, Heinrich

Walb, H., Erfahrungen auf dem Gebiete der Nasen- u. Rachenkrankheiten. gr. 8. (III, 87 S.) Bonn 888. Fr. Cohen. n. 2. --

Walb, Heinr., über die Notwendigkeit stationärer Kliniken in Verbindung m. den Polikliniken f. Ohren-, Nasen- u. Halskranke. (6 S.) gr. 8. Jena 904. G. Fischer. n. — 40
Sonderabdruck aus: „Klin. Jahrb."

Walb, Heinrich (geb. am 17 Okt. 1848 in Friesdorf bei Bonn): Ueber die Schussverletzungen der Nerven ... Bonn, Buchdr. v. P. Neusser 1871. 30 S., 1 Bl. 8.
Bonn, Med. Fak., Diss. v. 4 Aug. 1871

Walbaum, das Wesen der öffentlichen Sanitätspflege und ihre Feinde. Für Aerzte und Laien in und außer Amt. Kurz und allgemein faßlich besprochen. gr. 8. (VII, 160 S.) Gera 875, Griesbach's Verlag. *
— dass. — 2. verb. und verm. Aufl. gr. 8. (VIII, 191 S.) Ebendas. 876. *

Walbaum, Adolf, die Herrlichkeit der Kinder Gottes. Eine Predigt über Röm. VIII. 18—26. Gehalten in d. kgl. Kapelle in St. James, in Gegenwart Sr. Maj. des Königs v. Preußen. gr. 8. (1 1/8 B.) London 842. (Hamburg, Rittler.) *

Walbaum, *(Hermann Ludwig Wilhelm)* August: Das niedersächsische B a u e r n h a u s und seine Gefahren in gesundheitlicher Beziehung. '(E. pract.-hygien. Studie.)' . . . Berlin, Druck v. „Gutenberg", Druckerei u. Verl., 1897; 31 S., 5 Taf. 8°
Marburg, Med. Fak., Inaug.-Diss. v. 19. Juli 1897.

Walbaum oder Wallbaum, C. F., ausführliche u. merkwürdige Historie d. ostindischen Insel Gros-Java u. aller übrigen holländischen Kolonien in Ostindien. 8. Jena 754. Cröker. 16 gr

Walbaum, H., die heilige Taufe. Predigt am 6. p. trinit. gehalten am 15. Juli 1855. Gifhorn 855. Schulze. 8. (18 S.) n. 2½ ngr.

Walbaum, Heinrich: Ueber die E i n w i r k u n g von Chlor auf Oxybenzoesäuren . . . Marburg, Buchdr. Fr. Sömmering, 1889; 52 S. + 1 Bl. 8°
Marburg, Phil. Fak., Inaug.-Diss. v. [15. Aug.] 1889.

Walbaum, Hermann: Zur M e t h o d i k der bakteriologischen Wasseruntersuchung mit Angaben über Bereitung des Nähragars. Jena: G. Fischer 1901. (14 S.) 8°
Kiel, Med. Diss. v [4. Dez.] 1901.

Walbaum, Johann Julius

Walbaum, Jh. Jul., († d. 21. Aug. 1799.) Abhandl. von holzsparenden Feuerstätten in den Wohnhäusern, mit 1 Kpf. gr. 8. Lübeck 796. Bohn. (Dyck 8 gr Central-Compt. in Leipz.) 10 gr

— Abhdl. v. holzsrar. F e u e r s t ä t t e n in d. Wohnhäusern, m. 1 K. gr. 8. Lubeck, Bohn. (Niemann.) 796.

— Beschreib. von 4 bunten Taubentäuchern u. der Eidergans. Nach d. Natur abgefaßt. 8. Lübeck 778. Donatius. 3 gr

— Beschr. v. 4 bunten T a u b e n t ä u c h e r n u. d. Eidergans. 8. Lubeck, Donatius. (Niemann.) 778.

— die Beschwerlichkeit d. Geburtshülfe, aus Beispielen erwiesen. 8. Bützow 769.

— bibliotheca ichthyologica, s. P. *Artedi.*

— Chelonographia, oder Beschreib. einiger Schildkröten. 4. Lpz. 782. Gleditsch. 20 gr

— kurzgefaßte Gedanken von d. verderbten Zustande d. Hebammen u. dessen Verbesserung. 8. Lübeck 752.

Walbaum, Johann Julius, s. Jh. Fr. G m e l i n : Abhandl. v. d. Arten d. Unkrauts . . .

Index pharmacopolii completi... Verzeichniß einer vollständigen Apotheke... Entworfen von Johann Julius Walbaum. Th.1.2. Leipzig: Gleditsch 1767-69. 1 Bd 4
Th.1: Cum calendario pharmaceutico. Mit e. Apotheken-Calender. 1767.
Th.2: Cum synonimis idioticis. Mit Anm. 1769.

— Index Pharmacopolii completi, cum Calendar. pharmaceutico. Verzeichniß e. vollständ. Apotheke, sammt Apothekerkalender. 2 Thle. Fol. Leipz. 767—69. Gleditsch. (Brockhaus). 2 ℔

Walbaum, Johann Julius, s. Jak. Th. K l e i n : Ichthyologia.

Walbaum, Johann Julius, s. A. L e v r e t : Wahrnehmungen.

Johann Just Walbaum's Arithmetische Fragen, dadurch die Rechenkunst auf eine kurz und ganz leichte Art vorgetragen wird mit Exempeln, die im gemeinen Leben Handel und Wandeln in der Oekonomie, Historie, Geographie, Chronologie, Geometrie und Trigonometrie, Astronomie und andern math. Wissenschaften vorkommen. Hannov. Joh. Forster. 8. 9 Bog. (3 gr.) 1732.

— arithmetische F r a g e, durch welche d. Rechenkunst auf eine leichte Art vorgetragen wird. 8. Hannov. Helwing. 732.

Walbaum, Carolus Ferdinandus Ericus: De arteriis articulationis coxae. Lipsiae (1855): Teubner. 28 S., 1 Taf. 8°
Halle-Wittenberg, Med. Diss. v. 12. Mai 1855
Geb. Weimar 8. 3. 1830. V.
In der hs. V. lautet der 2. Vorname: Friedericus.

Walbaum, Otto

Walbaum, O., s.: Beiträge zur pathologischen Anatomie.

Walbaum, Otto [cand. med.]: Über Desmoide der Bauchdecken ... Bonn-Poppelsdorf, Buchdr. v. J. Paffenholz, 1897; 40 S., 2 Bl. 8.
Bonn, Med. Fak., Inaug.-Diss. v. [25. Febr.] 1897

Walbaum, Rud., evangel. Glaubenslehre, s.: T i l l i a n, Hans.

Walbaum, Th., das Verfahren in Theilungs- und Verkoppelungssachen und die Gesetze über die Verkoppelung, die Aufhebung von Weiderechten, die Abstellung der auf Forsten haftenden Berechtigungen und die Forsttheilungen in der Prov. Hannover. gr. 8. (XII, 183 S.) Hannover 883, Helwing'sche Verlagsh. *

W a l b a u m, Th. Das Verfahren in Theilungs- u. Verkoppelungssachen u. die Gesetze üb. die Verkoppelg., die Aufhebg. v. Weiderechten, die Abstellg. der auf Forsten haft. Berechtiggn. u. die Forsttheilgn. in der Prov. Hannover. 2. verm. Aufl. gr. 8. (VII, 195 S.) Hannov. 890, Helwing's Verlag. * 3 —

Walbaum, Th., Zusammenstellung der Landes-Oeconomie-Gesetze, Verordnungen u. Ausführungs-Vorschriften der Prov. Hannover. 5. vervollständ. Aufl. gr. 8. (VIII, 328 S.) Hannover 875. Helwing's Verl. n. 4. —

Walbe, Ernst [Dr.]: Die Spuren älterer Sprachstufen im Neuhochdeutschen. Lautlehre u. Deklination. Wesel, Buchdr. v. C. Kühler, 1896; 3—24 S. 4.
Wesel, k. G, P 1896 (476)

Walbe, Ernestus [Silesius]: Syntaxis Platonicae specimen . . . Bonnae, typ. Caroli Georgi univ. typogr., 1888; 2 Bl. + 38 S. + 1 Bl. 8°
Bonn, Phil. Fak., Inaug.-Diss. v. 16. Jun. 1888

W a l b e, Ernst, syntaxis Platonicae specimen. Dissertatio inauguralis. gr. 8. (38 S.) Bonn 888, (Behrendt.) *

Walbe, Heinrich: Über Bauordnungen. 1902. 32 S. 8°

Walbeck, Gottfried, Referendar: Pfandrecht an dem Geschäftsanteil einer Gesellschaft mit beschränkter Haftung. Trier 1910: Trierer Druck.-Gesellsch. VIII, 72 S. 8°
Erlangen, Jur. Diss. v. 26. Mai 1910, Ref. Sehling
[Geb. 13. Nov. 84 Cöln; Wohnort: Cöln-Ehrenfeld; Staatsangeh.: Preußen; Vorbildung: Gymn. in der Kreuzgasse Cöln Reife M. 03; Studium: Heidelberg 1, Rom 1, Berlin 1, Bonn 3 S.; Rig. 18. Jan. 10.] [U 10. 786

WALBER, Heinrich (Regensburg): De contagiis.- Monachii: Giesser 1835. 16 S.
8.2.1834 - Urk; F 62
Diss. Ingolst.-Landsh.-Mchn.

Walberer, Joh. Christ., Anfangsgründe der Mechanik fester Körper m. vielen Uebungsaufgaben zum Schulgebrauche an Gymnasien u. techn. Lehranstalten. gr. 8. (VI, 125 S. m. eingedr. Holzschn.) Münnerstadt 871. (München, Th. Ackermann.) n. 1. 50; Resultate dazu. gr. 8. (16 S.) n. — 40

Walberer, Dr. J. Chr., Anfangsgründe der Mechanik fester Körper mit vielen Uebungsaufgaben zum Schulgebrauche an Gymnasien u. techn. Lehranstalten. 2. verm. u. verb. Aufl. München 1873. 8⁰.

— dasselbe. 2. verm. u. verb. Aufl. gr. 8. (VI, 166 S. m. eingedr. Holzschn.) Ebend. 874. n. 2. —

Walberer, Joh. Chr., Anfangsgründe der Mechanik fester Körper mit vielen Uebungsaufgaben zum Schulgebrauche an Gymnasien und verwandten Lehranstalten. 3. durchgeseh. Aufl. gr. 8. (VI, 166 S.) München 877, Th. Ackermann. *

Walberer, Joh. Chr., Anfangsgründe der Mechanik fester Körper mit vielen Uebungsaufgaben zum Schulgebrauche an Gymnasien u. verwandten Lehranstalten. 4., durchgeseh. Aufl. gr. 8. (VI, 166 S.) München 881. Th. Ackermann. n. 2. 40

Walberer, Joh. Chr., Anfangsgründe der Mechanik fester Körper m. vielen Uebungsaufgaben zum Schulgebrauche an Gymnasien u. verwandten Lehranstalten. 5. Aufl. gr 8. (VI, 166 S. m. eingedr. Fig.) München 885. Th. Ackermann's Verl. n. 2. 40

Walberer's, Joh. Chr., Anfangsgründe der Mechanik fester Körper m. vielen Uebungsaufgaben, zum Schulgebrauche an Gymnasien u. verwandten Lehranstalten neu bearb. v. Geo. Recknagel. 6. Aufl. gr. 8. (VIII, 178 S. m. Fig.) München 889. Th. Ackermann's Verl. n. 2. 40

Walberer, Joh., Aufgabensammlung f. die Anstellungsprüfung der Schuldienstexspektanten, gegeben in der Oberpfalz in den J. 1881—1891 u. in Niederbayern in den J. 1885—1891. gr. 8. (III, 64 S.) Regensburg 893. Nationale Verlags-Anstalt. n. — 60

Walberer, J.: Die Bewegungsgleichungen eines materiellen Punktes. 38 S. 8⁰ Münnerstadt, Progr. 1872.

—— Leitfaden zum Unterrichte in der Arithmetik und Algebra an Gymnasien und verwandten Anstalten. gr. 8. (VI, 114 S.) Ebendas. 876. *

—— Leitfaden zum Unterrichte in der Arithmetik und Algebra an Gymnasien und verwandten Anstalten. 2. durchgeſ. und mit Übungsaufgaben versehene Aufl. gr. 8. (VII, 152 S.) Ebendas. 884. *

Walberer: Neues Verfahren zur Berechnung der imaginären und wenig differirenden reellen Wurzeln einer algebraischen Gleichung n^{ten} Grades. 18 S. – Regensburg, Progr. 1864 (Diss. München)

Walberer, Jh. Edm., das kl. Stammbuch, s. Rup. Kornmann.

Walberg, s. Wallberg.

Walberg, Die Familie, dramatisch bearbeitet . . . Prag u. Leipz. 1792. V: *Gersdorf, Charlotte Eleonore Wilhelmine von.* (GGr) (Schl) (MGT) (OL) (Ky) (LS)

Walberg, die Familie, von einer jungen Dame (Charl. El. W. v. Gersdorf), hersgg. v. J. F. E. Albrecht. 3 Thle. 8. Prag 792. Neureutter. 2 ₰

Walberg, die Familie, dramatisch bearbeitet von einer jungen Dame in Sachsen, (der Fr. von Gersdorf) herausgegeben von D. Albrecht, 3 Theile, mit Kupf. 8. Prag, 792. Neureutter. 2 Rthl.

Walberg, C. A., De confusione pronominum tertiae personae Graecorum. 1867. 21 S.

Walberg, Emmanuel (Hrsg.), s. Antonius, Aelius: Gramatica castellana.

Walberg, E., s.: Lebrija, Antonio de, grammatica castellana.

Walberg, Theobald (Theodor?) von

— neueste Beobachtungen z. Veredlung des Feldbaues u. d. Forstwissenschaft, mit Kpf. u. Tabellen. 8. Wien 810. Schrämblisch. 4 ₰

— Beschreibung d. vorzüglichsten Holzgattungen. 8. Wien ... Schrämblisch. 12 ℊ

(WALLASCHEK v.)WALBERG, Theobald: Beschreibung der verschiedenen besonders nützlichen und unentbehrlichen Holzgattungen nebst besonderen auf Erfahrung gegründeten Bemerkungen etc. - Wien 1787. IV, 104 S.

WALBERG, Theobald v.: Etwas über den allgemeinen Holzmangel in den Kaiserlich Königlich Österreichischen Staaten. - Wien 1805. 45 S.

— etwas über den Holmangel in Oesterreich. 8. Wien 808. Beck. 8 ℊ

—— üb. die Cultur des inländ. u. ausländ. Ahornbaums, z. Gewinnung des Saftes zum Rohzucker in den östreichischen Staaten. 8. Wien Beck. 811.

v. Walberg, Thdr., über die Kultur u. Benutzung des inn- und ausländ. Ahornbaums z. Gewinnung d. Saftes etc. 8. Wien 811. Schrämblisch. (Beck). 12 ℊ

WALBERG, Theodor v.: Wäldervermessungs-, Eintheilungs- und Schätzungs-Instruktion für die fürstlich Lichtensteinischen Forstämter. - Wien 1812

Walberger, Johann, s. Wallberg, Johann

Walbo, s. Saint-Walbo.

Walbrach, (Franc. Frid.) Ern. (geb. Konitz in Westpr. 25. 11. 1826) De febre puerperali. Berolini (1840). (31 S. 8)
Berlin, Med. Diss. v. 20. Aug. 1840

WALBRACH, Carl E.: Zur Casuistik der ulcerösen malignen Endocarditis mit Abreissung der Sehnenfäden der Mitralklappe. Mit 1 Abb.- München: Kastner & Lossen 1898. 16 S., Taf. 18.7.1898 - Chr 1898/99,12; Jv 1897/98,221
Diss. Ingolst.-Landsh.-Mchn.

***Walbrecht*, Joa., resolutiones ex utroque jure etc., s. R. *Maschab*.**

Walbrecker, Walther: Studien und Versuche über das Gefrierverfahren. Diss. Aachen. Essen 1910. (Auch in: Berg- u. Hüttenmänn. Zeitschr. »Glückauf« 1910. Nr 43—46)

Walbrodt, C. A., s.: Schach-Journal, internation.

— s.: Schachzeitung, Berliner.

Walbrül, J., kurzgefasste Methodik d. Klavierspiels, o. Handbuch f. alle Klavierlehrer u. Musikfreunde, sowie zum Gebrauch an Konservatorien u. Lehrer-Seminarien. gr. 8. (54 S.) Bielefeld 890. Helmich. n. 1. 75; geb. n. 2. 50

Walburg's, Chr., (eines Bauern) wohlsehendes Auge e. Christen nach d. Ewigkeit. Mit e. Vorr. v. J. S. Semler. 8. Halle 759. (Junius in Leipz.) 5 ℊ

— der bekehrte Soldat, oder Betrachtt. e. gewesenen Soldaten. 8. Halle 756. Franke. 4 ℊ

Walburger, Jos. Ferd., Bilder-Evangelium, od. bildl. Darstellungen der Wunderthaten u. übrigen wichtigsten Momente aus d. Leben Jesu u. der Heiligen, m. Beygabe der bezügl. heil. Evangelien, nach d. Ausg. des k. bayer. Central-Schulbücher-Verlags. 8. (6 B. u. 40 Stnt.) München 843. (Wien, Wimmer.) *

Walburger, Michael Paris (Gröbzig) Jur. II, 25/2

Dissertatio juridica de lamiis earumque processu criminali. Von Hexen und dem Peinl. Process wider dieselben. Präs. Ernst Friedrich Schröter. Jena (Ehrich) 1707. 149 S.

Diss. 1. V. 1670.
Gew.: Gebhard Paris von Werder, Paris von Werder.
W. v.: Präs., Werner Rolfink, Johann Georg Simon, Johann Christoph Müller. 35676

Walburgis-Oel, das, nebst Lebensbeschreibung u. Gebeten zu Ehren der hl. Walburga. s.: Gottesblumen. Nr. 7. 8.

Walch, ..., Atlas d. alten Welt. qu. 4. Augsb. 830. (Lpz., Rein). 20 ℊ

Walch, Geneal. Geschichte des gräflichen und freiherrlichen Eckbrecht von Dürckheimischen Geschlechts. 1787.

(**Walch.**) Plan der Gegend von Mainz nebst stark befestigtem u. von der K. K. Armeen unter Clairfait 29./10. 1795 erobertem Erdhüttenlager d. Franzosen mit Schantzen-Linien. fol. Augsburg

Walch. Plan der Festung Valenciennes, wie sie von der österreichischen und englischen alliirten Armee am 13. Juli 1793 angegriffen und erobert worden.

— Schulatlas, in 36 Bl. qu. 4. Augsb. 830. (Leipz., Rein). 1 ℔ 8 ℊ

Walch, wie pflegst u. erziehst du dein Kind?, s.: Stöll, Helene.

Walch, Albert, 68 Bilder aus d. bibl. Geschichte, s. Bilder.

Walch, Albrecht Georg

Walch, Albr. Geo., die Amazone. Singspl. 8. Hildburgh. 769. Hanisch. 3 ℊ

Walchii, Progr. de eo, quod nimium est in imitatione Homeri Virgiliana. Schleusing. 773. 4.

Walch, Ritter Albr. Geo., († d. 5. Jan. 1822.) ausführl. mathemat. Geographie, ein Lesebuch für die Jugend, mit 3 Kpf. 8. Götting. 783. (anonym). 2e A. 794. 3e A. mit 3 Kpf. 807. Dieterich. 20 ℊ

— genealog.-histor.-geograph. Handbuch, s. Lesebuch, genealog.-histor.

Walch, Alb. G., genealog. histor. geograph. Handbuch f. d. Jugend. 1r Thl. 8. Göttingen, Dietrich. 792. Rthlr.

— — dess. 2r Thl. od. geneal. hist. Lesebuch f. d. Jugend, enth. e. Beschr. d. vornehm. erbl. deutsch. Fürstenhäuser und ihr. Länder. 8. Ebend. 789.

Walch, Alb. Georg [Praes.], s. Puzer, Jo. Casp.: Disput. metaphysica qua caussa Dei agitur in permittendo malo.

Walchii, A. G., Progr. de novis quibusdam latinae linguae discendae rationibus. Schleusing. 779. 4.

Alb. Georg. Walch progr. psychologiae Ciceronianae specim. Schleusing. 1776. 4. (Cfr. Hieron. de Bono *de medica facultate in M. T. Cicerone comperta* in Nuova raccolta d'oposcoli scientif. III. 129.)

Walch, Alb. Georg., Commentatio de speculis muliorum, ex quibus labrum aheneum in atrio tabernaculi factum esse creditur. Progr. Schleusing. 775. 4. (8 Seiten).

— s. Urtheile die Schriften d. schön. Wissensch. betreff.

Walch, Alfred

Walch, Alfr., die Formengestaltung des Metallbaues, s.: Speyler, O., die Bauformenlehre. V.

Walch, Bernhard Georg, s. Abschied u. Vermächtniße. Erziehers.

***Walch*, Bhrd. Geo., († d. 12. März 1805.) de Cyri expeditione in Massagetas commentatio. 4. Götting. 767.**

Walch, Bernhard Georg, s. Mercier: Paris.

— specimen uberioris commentationis de Claudiani carmine de raptu Proserpinae inscripto. 4. Rost. 771. Koppe. 6 ℊ

Walch, C. Curs-Berechnungs-Tafeln. Quer in-8°. 6 Tafeln sammt Anleitung. Schaffhausen, Th. Kober. 1895.

Walch, Carl, s. Walch, Karl

Walch, Christian Wilhelm Franz

Walch, Chr. Wilh. Frz., antiquitates pallii philosophici. 8. Jenae, Ritter. 746.

Walch, C. G. F., antiquitates symbolicae articuli de resurrectione Christi. Gotting. 1780. 4.

***Walch*, Chr. Wlh. Frz., († d. 10. März 1784.) bibliotheca symbolica vetus, ex monimentis quinque priorum seculorum maxime collecta et observationibus historicis ac criticis illustrata. 8maj. Lemgo 770. Meyer. 10 ℊ**

— breviarium theologiae dogmaticae. 8. Jena 775. Kübler. 1 ℔ 6 ℊ

— breviarium theologiae symbolicae ecclesiae Lutheranae. 8. Götting. 765. Ed. II. emendata et aucta. 781. Bossiegel. (Vandenhöck u. R.) 12 ℊ

Walch, C. G. F., de Christo ex Maria virg. nato. Gotting. 1778. 4.

— compendium historiae ecclesiast. recentiss., ut compendio historiae ecclesiasticae Gothano supplemento sit, adornatum. 8. Gotha 757. ... 8 ℊ

Walch, C. G. F., de conceptione Christi per aurem. Gotting. 1764. 4.

— de apostolorum sacris conventibus. Ibid. 1755. 4.

Walch, C. W. F., cura vett. Christianorum memoriam resurrectionis Christi conservandi propagandique. Gotting. 1767. 4.

Walch, C. W. F., discipuli Emmauntici. Jen. 1754. 4.

—— Origenis (c. Cels. 8, 21 – 23.) de diebus Christianorum disputatio. Gotting. 1777. 4.

Walch, C. W. F., de sanctitatis elogio quod Spiritui S. tribui consuevit. Gotting. 1770. 4.

— Entwurf e. vollständ. Historie d. Ketzereyen, Spaltungen u. Religionsstreitigkeiten, bis auf d. Zeiten d. Reformation. 11 Thle. gr. 8. Lpz. Weidmann. 762–85. (I–III. à 1 Rthlr. 8 gr. IV. 1 Rthlr. 12 gr. V. 1 Rthlr. 16 gr. VI. 1 Rthlr. 20 gr. VII. 1 Rthlr. 12 gr. VIII—X. à 1 Rthlr. 16 gr. XI. 20 gr.)

Walch, Chr. Wlh. Frz., Entwurf einer vollständ. Historie d. Kirchenversammlungen. gr. 8. Leipz. 769. Weidmann. 1 ℔ 8 ℊ

— Entwurf e. vollständ. Historie der röm. Päpste. gr. 8. Leipz. 758. Weidmann. 16 ℊ

— Entwurf d. Staatsverfassung d. vornehmsten Reiche u. Völker in Europa. 8. Jena, Cröcker. 749.

— de epistolis patriarcharum Alexandrinorum paschalibus. Ibid. 1776. 4.

Walch, C. W. F., vom Gebrauch d. heil. Schrift unter den alten Christen. Leipz. 1779. 8.

— Gedanken von der Geschichte der Glaubenslehren. gr. 8. Götting. 765. Vandenhöck u. R. 9 gr

— Geschichte der evangelisch-lutherischen Religion, als ein Beweis, daß sie die wahre sei. 8. Jena 753. Güth. 20 gr

Walch, Chr. Wilh. Fr., Wahrhaftige Geschichte der seligen Frau Catharina von Bora, D. Martin Luthers Ehegattin, wider Eusebii Engelhards (s. ob.) Morgenstern zu Wittenberg herausgegeben. Halle 1751. 8°. (1 Mk. 50 Pfg. Osw. Weigel, 1904.)

— — Dasselbe. 2 Thle. (1 in 2. Aufl.) Mit Portrait nach Lucas Cranach. Ibid. 1752—54. 8°. (2 Mk. 50 Pfg. Derselbe; 3 Mk., ohne Theilesangabe, mit Portr., E. Frensdorff, 1906; 5 Mk. Ernst Geibel, Hannover, 1907.)

Vogel, bibl. biogr. Luth. no. 510, 512.

— wahrhafte Geschichte der Frau Catharina von Bora, Martin Luthers Ehegattin, wider Euseb. Engelhard Morgenstern, und freundschaftl. Erinnerungen, mit nöthig. Register. 8. Halle 751. 2e Aufl. u. 2r Thl. 752—54. Gebauer. 21 gr

— Grundsätze d. natürlichen Gottesgelahrtheit. 8. Götting. 760. 2e verm. Aufl. 779. (Vandenhöck u. R.) 20 gr

— Grundsätze d. Kirchengeschichte d. 18. Jahrh. 8. Götting. 774.

— Grundsätze der Kirchengeschichte des N. Test., alter, mittlerer u. neuerer Zeiten. 8. Götting. 761. 2e mit d. 2n Thl. verm. Ausg. 773—75. Vandenhöck u. R. 2 Rthlr 12 gr 3e verb. u. verm. Ausg. von Jh. C. Fr. Schulz. 2 Thle. à 2 Abschn. 8. Gießen 793, 94. Heyer. 1 Rthlr 20 gr

— Grundsätze d. Kirchengeschichte d. neuen Testaments, alter, mittler u. neuerer Zeiten. 4 Thle. 8. Götting. Bossiegel. (Vandenhök u. R.) 775.

— Grundsätze der zur Kirchenhistorie des N. Test. nöthigen Vorbereitungslehren u. Bücher-Kenntniß. 8. Götting. 773.

Walch, Christian Wilhelm Franz [Praes.], s. Herrmann, Karl Ephraim: De symboli Athanasiani particulis quibus necessitas fidei catholicae commendatur.

— historia adoptianorum. 8. Götting. 755. ... 8 gr

— historia canonisationis Caroli Magni. Acced. Chartae Friderici I. et Caroli IV. Imperat. 8. Jena 750. Güth. 4 gr

Walch, C. G. F., hist. controv. sec. IX. de partu virginis. Gotting. 1758. 4.

— historia Patriarcharum Judaeorum, quorum in libris juris romani mentio fit. 4. Jena 752. 7 gr

— de hymnis eccl. apostolicae. Ibid. 1737. 4; rep. in ejsd. misc. sacr. p. 81 ss.

Walch, C. W. F., de sec. III. jejunio antepaschali. Gotting. 1741. 4.

Walch, C. W. F., de illuminatione apostolorum successiva. Gotting. 1758. 4.

— Kirchengeschichte d. neuen Testaments, verbess. u. vermehrt v. J. C. C. Schulz. 1r Th. u. 2r Th. 1r 2r Abschn. 8. Gieß. Heyer. 793. 94. (I. 16 gr. II. 1. 2. 1 Rthlr. 4 gr.)

Walch, Christian Wilhelm Franz [Praes.], s. Luckius, Phil. Wilh.: De Ottone Magno Italiae rege ac Romanorum imperatore.

— Monumenta medii aevi. VI Ptes. 8. Götting. Bossiegel. 757—63.

— monimenta medii aevi ex Bibliotheca regia Hanoverana. VI Part. 8. Götting. 757—64. Bossiegel. 1 Rthlr 12 gr

— krit. Nachricht v. d. Quellen d. Kirchenhistorie. gr. 8. Leipz. 770. Weygand. 14 gr 2e verb. Aufl. 8. Götting. 773.

— Nachr. v. d. königl. Repetentenkollegio zu Göttingen. gr. 8. Götting. 766. Bossiegel. 3 gr

Walch, Christian Wilhelm Franz [Praes.], s. Oberlaender, Johann Peter: De missis dominicis pontificis Romani judicibus.

— comment. de obedientia Christi activa. 4. Götting. 755. Bossiegel. 6 gr

— Oratio, cum Magistratum acad. deponeret. 4. Götting. 763.

— Oratio de eloquentia latina veterum Germanorum. 4. Jena 752.

— Oratio de felicitate vitae academicae, cum Magistratum acad. susciperet. 4. Götting. 767.

— Oratio de Georgia Augusti, providentiae divinae testi. 4. Jena 753.

— Oratio solemnis, qua Regi suo augustissimo de victoriis natoque filio inter sacra sua anniversaria d. XI. Oct. MDCCLXII devotissime gratulata est Acad. Georgia Augusta. 4. Götting. 762.

Walch, C. W. F., de pompis Satanae. Gotting. 1758. 4.

Walch, Christian Wilhelm Franz [Praes.], s. Rauschenbusch, Christian Carl: De lege leviratus ad fratres non Germanos sed tribules referenda ad Deut. XXV, 5.

— deutsche Reichshistorie. gr. 8. Halle 754. Trampe. (Hahn in Hannov.) 1 Rthlr 12 gr

— neueste Religionsgeschichte. 9 Thle. gr. 8. Lemgo 771—82. Meyer. 9 Rthlr dies. fortgesetzt von G. J. Plank. 1r—3r Thl. gr. 8. Ebd. 787—93. 4 Rthlr

Walch, Christian Wilhelm Franz [Praes.], s. Romig, Johann Joseph: De liberis imperii civitatibus a pace religiosa numquam exclusis.

— Diss. de satisfactione pro omnibus hominum peccatis a Christo praestita. 4. Götting. 774. Bossiegel. 4 gr

Walch, Christian Wilhelm Franz [Praes.], s. Troebst, Christian Adolph: De Clodovaeo magno ex rationibus politicis Christiano.

Walch, C. W. F., de unctionibus vett. Ebraeorum convivalibus. Jen. 1751. 4.

— kritische Untersuchung vom Gebrauch d. heil. Schrift unter d. alten Christen in den ersten 4 Jahrh. gr. 8. Leipz. 779. Weygand. 14 gr

Walch, Christian Wilhelm Franz [Praes.], s. Vogt, Johann Christoph: De pietate Ludovici Pii imp. Aug.

— Vorstellung der Evangelischen im Königreiche Ungarn, ihrer Religionsbeschwerden u. die darauf ertheilte allergnädigste Resolution. gr. 8. Lemgo 782. Meyer. 3 gr

— s. Jh. Geo. Walch, theologiae dogmaticae — et ejusd. theolog. moralis epitome et theologiae polemicae epitome.

Walch, Er. Jul., († d. 15. Mai 1825.) neues Meining. A B C=Buch. 8. Meining. 777.

— histor. u. geograph. Beschreib. d. kurfürstl. sächs. Lande überhaupt u. d. Sachsen=Coburg=Meiningischen insbesondere. 8. Meining. 792. Neu u. erweitert herausg. gr. 8. Nürnb. 811. Schneider u. W. 1 Rthlr 16 gr

Walch, E. Jul., historisch=statistisch=geographisch u. topographische Beschreibung d. königl. u. herzogl. sächs. Häuser u. Lande überh. u. des sachsen=coburg=meiningischen Hauses u. dessen Lande insonderheit. gr. 8. Nürnb. Schneider u. W. 811.

— Erinnerungen, dieses ABC=Buch betreffend. 8. Meining. 778.

Walch, Ernst Christoph A. S. 572/35

De tutela impuberum Attica, brevis commentatio. Göttingen (Barmeier) 22. IV. 1767. 28 S.

Gew.: Christian Hartmann Samuel Gatzert. 35678

Walch, Friedrich August

— de dolorum partus causa ejusque origine. Diss. med. prodromus et elenchus. 4. Jena 805.

— ausführl. Darstell. des Ursprungs, d. Erkennung, Heilung u. Vorbauung d. venerischen Krankheit. 2 Thle. gr. 8. Jena 811. Frommann. 2 Rthlr

Walch, F(riedrich) A(ugust) (Comm. u. Hrsg.):

s.: Hecker, August Friedrich: Deutliche Anweisung die venerischen Krankheiten genau zu erkennen und richtig zu behandeln.

Walch, Fr. Aug., Diss. inaug. de cognoscenda et curanda scarlatina. 4. Jena 803.

— Untersuchungen üb. die Natur u. Heilung d. Fiebers, nebst Bemerkk. üb. d. Vorbauung desselben. gr. 8. Leipz. 813. Kummer. 2 Rthlr

Walch, G. Ueber die Auferstehung. Eine zeitgemäße Betrachtg. f. die Gebildeten d. Volkes. 3. erweit. Aufl. gr. 8. (48 S.) Basel 892, Schweiz. Verlags=Druckerei. — 60

1. Aufl. anonym (s. Ueber die Auferstehung). — 2. Aufl. erschien in Demmin 1892, Frantz. — 40.

Walch, Georg [Praes.], s. Leukfeld, Joh. Christ.: De praemiis veterum sophistarum, rhetorum atque oratorum.

— evangel. Liederbetrachtungen, d. Erklärung d. Sonn- u. Festtagsevangelien. 4. Ebend. 714.

Walch, Georg [Praes.], s. Lindner, Heinr. Gottfr.: De fide infantum in utero.

Walch, Ge., Sterbensgewinn selig Verstorbener, in 25 Gedächtnißpredigten. 8. Coburg. 710. Rthlr.

Walch, Georg Friedrich: Calendarium Palaestinae oeconomicum. Goettingae: Vandenhoeck 1785. XIV, 48 S. Göttingen, Univ.-Schrift ... 4.6.1785 -- 7° [Monatliche Bemerkungen 'De vite']

— historiae tam usucapionis quam praescriptionis adquisitivae servitutum Sect. I. 8. Götting. 794.

Walch, Georg Friedrich (Göttingen) A. S. 170/27

De negotiis et actibus vi metuve extortis ex iure Romano partim ipso iure nullis partim a praetore rescindendis.
Jena (Göpferdt) 18. XII. 1790. 52 S.

Gew.: Karl Friedrich Walch (Onkel). 35680

Walch, Georg Ludwig

Walch, Geo. Ldw., Livianae emendationes. 8maj. Berl 815. Nauck. 1 Rthlr 16 gr

— s. Magazin f. d. gem. deutschen bürgerl. Prozeß.

— G. L., Meletematum criticorum specimen. Jen. 809. 4.

— Memoria Geo. Ldw. Spaldingii. gr. 8. Berl. 822. Nauck 6 gr

— Plan zu Vorlesungen über die Institutionen d. röm. Rechts. gr. 8. Heidelb. 812. 2e A. 816. Mohr. 4 gr

— Tabelle über die Accentuation d. griech. Declinationen. Fol. Berl. ... Nauck. 6 gr

Walch, Georg Ludwig, s. Tacitus: Agricola.

Walch, Heinrich

Walch, Heinr., das Gelübde. Novelle. 2 Thle. 8. (43 B.) Leipzig 835, Brockhaus.

Walch, J. B., Lehre vom Anfang, Fort- u. Ausgang d. christlichen Lebens. 8. Eisenach. 743.

Walch, J. G. A., Autorität u. Volksbewußtsein. Ein Vorschlag zur Reform d. Wahlrechts im Interesse der wirtschaftl. Berufsstände. gr. 8. (34 S.) Dessau 895. Anhalt. Verlagsanstalt. n. — 50

— gegen d. ultramontane Gefahr. E. Vorschlag zur Abwehr d. Ultramontanismus. (Neue [Titel-]Ausg. v. W., d. ev. Kirchenbund.) gr. 8. (22 S.) Ebd. (895) 897. — 30

Walch, J. G. A., das apostolische Glaubensbekenntnis nach seiner biblischen Begründg. gr. 8. (23 S.) Dessau 893. P. Baumann. n. — 60

— die Judenfrage, e. v. Staats wegen zu behandelnde religiöse Frage. gr. 8. (26 S.) Ebd. 893. n. — 60

— d. evangelische Kirchenbund. Ein Vorschlag zur Abwehr d. Ultramontanismus. gr. 8. (22 S.) Ebd. 895. — 40

Walch, J. G. A., Personalkredit und nochmals Personalkredit! Ein Wort an unsere Handwerker zur Wahrung der Handwerkerinteressen. (Neue Titel-Ausg. v. W.: Die Verschuldung aus Darlehen.) gr. 8°. Dessau, R. Kahle, (1895), 1897.

Die Verschuldung aus Darlehen. Ein Wort an d. Produktivstände mit e. Nachwort über d. Organisation d. Staatskredits von J. G. A. Walch. Dessau & Leipzig: R. Kahle 1895. (27 S.) 8° [F.] 108. 2217 2

— weg m. d. Wahlkreisen! E. Vorschlag zur Reform d. Wahlrechts. (Neue [Titel-]Ausg. v.: W., Autorität u. Volksbewußtsein.) gr. 8. (34 S.) Ebd. (895) 897. — 40

Walch, Jo. Ern. (Präs.), s. Heinold, Johann Jacob: De ethnarcha Judaeorum Damascenorum Paullo insidiantium.

Walch, Johann

Walch, Jh., üb. die zweckmäßige Einrichtung des Seelenregisters u. d. Kirchenbücher, mit 9 Tafeln. gr. 8. Gotha 813. Ettinger. 15 gr Schreibp. 17 gr

Walch, J., üb. die zweckmäßige Einrichtung des Seelenregisters u. d. Kirchenbücher, mit 9 Tafeln. gr. 8. Gotha, Ettinger. 815. Schlr. — 15

Walch, Johann: Charte von der italienischen Republik sambt dessen Eintheilung in 11 Departement's. Neu gezeichnet und herausgegeben. Augsburg. 1:720,000. 1 Bl.

Walch, Johann Ernst Immanuel (Hrsg.), s. Acta sacrorum Academiae Jenensis secularium.

— acta Societatis latinae Ienensis. V. Vol. 8. maj. Iena, Cröcker. 752—56.
Vgl. Acta...

— Diss. antiquitates Damascenae Actor. IX, 1—25. 4. Jena 757.

***Walch*, Jh. Er. Im., († d. 1. Dec. 1778) Progr. Antiquitates Herculanenses literarias percensens. 4. Jena 750. Ed. auct. 751. Güth. 3 gr**

Jo. Ern. Imman. Walch antiquitates medicae selectae. Jen. 1772. 8.

— antiquitates medicae selectae. 8. Jena 773. Cröker. 6 gr

Walch, J. E. J., antiquitates naufragii in itinere Pauli. Jen. 1767. 4.

— antiquitates symbolicae, quibus symboli apostolici historia illustr. 8. Jena 772. Gollner. 4 gr

Walch, J. E. J., de religiosa veterum ἀνυποδησίᾳ ad Act. 7, 33. Jen. 1756. 4.

Walch, J. E. J., de architriclino. Jen. 1753. 4.

WALCH, JO. ERN. IMM., Diatribe de arte critica veterum Romanorum. Jenae. 1748. 4. [Resp. Frid. Früchtenicht].

— de arte critica veterum Romanorum liber. Ed. II. auct. et emendat. 8. Jena 757. Gollner. 6 gr

— de arte critica veterum Romanorum. 8. Iena, Gollner. 771.

— theolog. Bedenken v. d. Beschaffenheit d. herrnhutischen Sekte. 8. Ebend. 749.

Walch, Johann Ernst Immanuel [Praes.], s. Brehme, Gottlob Adam: Antiquitates nauticae ex itinere Paulli Romano actor. XXVII. et XXVIII collectae.

— comment. de deo Melitensium. Act. XXVIII. 6. commemorato. 4. Iena. 753.

— Diss. de Deo Melitensium Act. XXVIII, 6 commemorato. 4. Jena 753. ... 3 gr

— de Deo Taranucno commentatio. 8. Jena 767. Heller. 12 gr

— Dissertationes in Acta Apostolorum, quibus multa antiquitatis sacrae et profanae capita explicantur atque illustrantur. III Tmi. 4. Jena 756—61.

— persecutionis christ. Neronianae in Hispania uberior explanatio. Jen. 1753. 4.

— vom Glauben der Kinder im Mutterleibe. 8. Jena 756. Gollner. 4 gr

Walch, Johann Ernst Immanuel [Praes.], s. Heinold, Johann Jacob: Dissertatio de ethnarcha Judaeorum Damascenorum Paullo insidiantium act. VIII. 23. 24. coll. II. Cor. XI. 32.

Walch, Johann Ernst Immanuel, s. C. T. Hoppe: Geraische Flora.

— introductio in linguam graecam. 8maj. Jena 762. Ed. II. auctior 772. Cröker. 10 gr

Walch, Johann Ernst Immanuel, s. G. W. Knorr: Deliciae u. dessen Samml. v. Merkwürdigk.

— Leben u. Charakter des wohlsel. Kirchenraths Jh. Geo. Walch. gr. 4. Jena 777.

— J. E. J., de literis apostolorum authenticis a Tertulliano commemoratis. Jen. 1753. 4.

Walch, J. E. J., antiquitatum mantissa ex itinere Pauli romano. Jen. 1767. 4.

— marmor Hispaniae antiquum, vexationis christianorum Neronianae insigne documentum illustratum. 4. Iena, Güth. 749.

— Marmor Hispaniae antiquum, vexationis Christianorum Neronianae insigne documentum, illustratum et viro cel. A. F. Gorio etc. 4. Jena 750. Weiter ausgeführt unt. d. Tit.: de persecutione Christianorum sub Nerone in Hispania etc. 8. Ibid. 753. ... 8 gr

Walch, J. E. J., ad Matth. 21, 12. Jen. 1745. 4.

Walch, Johann Ernst Immanuel, s. Naturforscher, Der.

Walch, Joh. Ernst Emm. Für den Text: Die Naturgeschichte der Versteinerungen zur Erklärung der Knorrischen Sammlung von Merkwürdigkeiten der Natur. 4 Theile in 5 Vol. Für die Abbildungen: Sammlung von Merkwürdigkeiten der Natur und Alterthümern des Erdbodens, oder: Versteinte u. andere gegrabene Körper in illuminirten Kupfertafeln. Nürnberg. 1768—1773. Folio.

- observationes in Matthaeum ex graecis inscriptionibus. 8maj. Jena 779. Cröker. 10 gr

Walch, Johann Ernst Immanuel [Praes.], s. Olearius, Jo. Gottlieb: Diatribe de ortu et progressu artis criticae apud veteres Romanos.

Walchii, J. E. J., Oratio de litterarum Graecar. studio ad consequendam latinae linguae facultatem perutili. Jenae 752. 4. (28 S.)

Walch, J. E. J., Bernardi Oricellarii de magistrat. Romanorum vet. commentarius ex libro manuscr. edit. Gel. 1752. 60 S. 4° 1.50

— Diss. de ortu et progressu artis criticae apud veteres Romanos. Jen. 747. 4.

— Christianorum sub Diocletiano in Hispania persecutio, quam ex antiquis inscriptionibus percensuit hasque illustravit etc. 8. Jena 751. Güth. 4 gr

— de persecutione Christianorum sub Nerone in Hisp. 8. Iena. 753.

— Commentatio de Philosophis veterum criticis. 4. Jena 755.

Walch, Johann Ernst Immanuel [Praes.], s. R e n t s c h , Jo. Adolph Jakob: Spicilegium antiquitatum Lystrensium actor. XIIII.

— Tertium Acad. Jenensis saeculum, a Societ. Latina piis votis faustisque adclamationibus exceptum. Eas collègit, disposuit, atque edidit dictae Societatis Director. 8. Jena 757.

Tertium Academiae Ienensis seculum a Societate Latina piis votis faustisque adclamationibus exceptum eas collegit disposuit atque edidit dictae Societatis director IO. ERN. IMMAN. WALCHIVS. Ienae 1758. Litteris Straussianis. 8°.

W a l c h , J. E. J., antiquorum Christianorum doctorum de jurejurando sententiae. Jen. 1744. 4.

Jo. Ern. Imman. W a l c h sigillum medici ocularii Romani nuper in agro Jenensi repertum et observationibus illustratum. Accedunt reliqua sigilla et inscriptiones medicorum ocularioruin veterum. Jen. 1763. 4. *Cum icone.* — *Redit in* Ejusd. Antiquitatt. medic. select. Jen. 1772. 4. (Cfr. quoque *P. W e s s e l i n g de veterum medicis oculariis* in Act. Lat. soc. Jenens. tom. III. p. 53 sq.)

— sigillum medici ocularii Romai, nuper in agro Jenensi repertum, et observat. illustr. Cum fig. aen. 4. Jena 763. (Acad. Buchh.) 4 ℊ

— Steinreich systematisch entworfen. 2 Thle, mit vielen Kpf. gr. 8. Halle 762—64. (1r Thl. N. A. 769.) Gebauer. 1 ℛ 20 ℊ

— S t e i n r e i c h systematisch entworfen, m. viel. Kpf. 2 Thle. gr. 8. Halle, Gebauer. 764 — 69. (I. 1 Rthlr. 8 gr. II. 12 gr.)

Walch, Joh. Ernst Immanuel. Das Steinreich. Neue Aufl. Halle 1769.

W a l c h i i , J. E r n. I m m a n., (sive J. C h r. B a h n m e i e r i) Dissertatio de συντρόφοις veterum. Jenae 759. 4. (34 S.)

Walch, Johann Ernst Immanuel [Praes.], s. T h o m s e n , Cordt Adolph Christian: De iure naturae veterum Germanorum.

— Abhandl. v. d. T o d u. d. Auferstehung d. Gläubigen mit Christo. 8. Jena, Gollner. 750.

W a l c h , J. E. J., de vinculis ap. Pauli, ex antiquitatum profanarum monumentis illustratis. Jen. 1746. 4.

— Vincula Petri ex antiquitatibus illustrata. Jen. 758. 4. (46 S.) Der Verf. ist auch vielleicht D a n. G o t t f r. H ü n d e b e r g.

Walch, Johann Ernst Immanuel [Praes.], s. Z o r n , Johann Ulrich: De potu servatoris moribundi.

Walch, Johann Friedrich [Praes.], s. S c h m i d t , Martin: De iudice in concursu creditorum competente.

Walch, Johann Georg

W a l c h , J. G., acta Pauli Philippensia, ex Lucae commentariis descripta et illustrata. Jen. 1726. 4.

— antiquitates p a l l i i philosophici veterum christianorum. 8. Iena, Ritter. 746.

Walch, Jo. G., Diss. de arte, aliorum animos cognoscendi. Jen. 4°. 1753

— commentatio de arte aliorum animos c o g n o s c e n d i. 4. Iena, Bertholetti. 733.

Walch, Johann Georg [Praes.], s. B a e r , Joh. Daniel: De episcopo patre spirituali.

W a l c h , J. G., de bestiariis inter antiquos Christianos. Jen. 1746. 4.

— B e t r a c h t u n g e n üb. d. Leben Jesu Christi, nach d. Schr. d. 4 Evang. erklärt. 4. Jena, Hartung. 740.

W a l c h i i . J. G., Bibliotheca patristica selecta, literariis annotatt. instructa. Jen. 770. 8. 1 rthl. 8 gr.

***Walch*, Jh. Geo., († d. 13. Jan. 1775.) bibliotheca patristica litteraris adnotationibus instructa. 8maj. Jena 770. Cröker. 1 ℛ 8 ℊ**

Walch, Jh. Geo., Bibliotheca patristica litteraris annotationibus instructa. Edit. nova auct. et emend. adornata a Jo. Tr. Lebr. Danzio. 8maj. Jenae 834. libr. Croeker. $3^1/_2$ ℛ

— bibliotheca theologica selecta litterariis adnotationibus instructa. IV Tomi. 8maj. Jena 757—65. Cröker. 8 ℊ 12 ℊ

BÜCHERSAAL, N e u e r , d e r g e l e h r t e n W e l t (von *Johann Gottlieb Krause* und *Johann Georg Walch*) . . . . 60 Oeffnungen. Leipzig 1710—17. (Expl. im British Museum.)
l. c. (nach Mylius).

Walch, Johann Georg [Praes.], s. C a l s o v , Christoph Friedrich: De antiscripturariis speciatim Werthemiensi.

— J. G., de Christo sine patre et matre. Jen. 1732. 4; rep. in ejsd. misc. sacr. p. 873 ss.

W a l c h , Io. Ge., compendium a n t i q u i t a t u m ecclesiasticarum acc. C. S. Schurzfleisch contr. et quaest. antiquit. eccl. 8. Lips. Gleditsch. 733.

W a l c h , J. G., de s. coena a laicis administranda. Jen. 1747. 4.

— commentat. de C o n c i l. Lateran. a Bened. XIII. celeber. 8. Lips. Gleditsch. 727.

Walch, Johann Georg, s. a. C o n c o r d i e n b u c h .

— christliches Concordienbuch, worinnen sämmtliche symbolische Schriften d. evangelisch-lutherischen Kirche deutsch u. lateinisch enthalten. gr. 8. Jena 750. Cröker. 1 ℛ 16 ℊ

— J. G., de ecclesiis domesticis Christianorum apostolicorum. Jen. 1752. 4.

— Einleitung in die dogmatische Gottesgelahrtheit. 8. Jena 749. 2e verb. Ausg. 757. Cröker. 1 ℛ 8 ℊ

— Einleitung in die polemische Gottesgelahrtheit. 8. Jena 752. Cröker. 1 ℛ 8 ℊ

— Einleit. in d. H a r m o n i e d. Evangelisten. 8. Jena, Cröcker. 749.

— histor. u. theolog. Einleit. in d. R e l i g i o n s s t r e i t i g k e i t e n 10 Thle. 8. Jena. Cuno. 733 — 39.

— Einleitung in die christl. Moral. 8. Jena 757. Cröker. 20 ℊ

— philosophische E i n l e i t u n g zum Gebrauch d. philosophischen Lexicons. 8. Lpz. Gleditsch. 738.

— Einleit. in d. theolog. W i s s e n s c h a f t e n, insonderh. in d. dogmat. polem. u. Moraltheologie. 4. Jena, Güth. 737.

— Einleitung in die theolog. Wissenschaften, insonderheit in die dogmatische, polemische u. Moraltheologie, wie auch in die Kirchenhistorie des N. Test.; zum Gebrauch fr. Collegien aufgesetzt u. herausg. 4. Jena 747. 2e verm. Ausg. 753.

W a l c h . J. G., de episcopo, patre spirituali. Jen. 1736. 4.

W a l c h , J. G., de episcopo unius uxoris viro. Jen. 1733. 4.

— theologiae dogmaticae epitome tabulis analyticis expressa, cura et studio C. W. F. Walch. 8. Jena 757. Cröker. 2 ℊ

— theologiae moralis epitome tab. analyt. expr. c. et stud. C. W. F. Walch. 8. ibid. 758.

— theologiae moralis epitome, tabulis analyticis expressa, cur. et stud. C. W. F. Walch. 8. Jena 767. Croeker 2 ℛ

— theologiae polemicae epitome tabulis analyticis expressa, cura et stud. C. W. F. Walch. 8. Jena 760. Cröker. 2 ℛ

— Erweckungsrede beym Absterben Buddei, mit d. Programmate. Fol. Jena, Cröcker. 730.

Walch, J. G., de fide infantum in utero. Jen. 1727. 4; deutsch v. A. S. Müller. Jen. 1729. (1756.) 8.

Walch, Johann Georg: De formulis salutandi apostolicis. Jena 1739. 4°

Walch, Johann Georg [Praes.], s. Gaupp, Christian: Vindicias origenes in doctrinae de divinitate Christi.

Walch, Johann Georg [Praes.], s. Gohren, Christ. Nicolaus Huldreich von: De Tito viro apostolico.

Walch, Johann Georg [Praes.], s. Hanff, Moritz Wolfg. Christian: De gradibus fidei.

Walch, J. G., haereticus orthodoxus. Jen. 1732. 4.

Walch, Johann Georg [Praes.], s. Hecking, Johann Jacob: De apostolorum militia ex 2. Corinth. X, 4. 5. enarrata.

Walch, Johann Georg [Praes.], s. Hede, Justus Jacob: Diatribe de orationibus panegyricis veterum.

Walch, Johann Georg [Praes.], s. Henrici, Christ. Friedrich: De episcopo unius uxoris viro ad I. Timoth. III, 2.

— historia controversiae graecor. et latinor. de processione spiritus sancti. 8. Jena 751. Cröker. 4 ℛ

Walchii, J. G., Historia critica linguae latinae. Lips. et Jen. 716. 8. Ib. 729. 8. 18 gr. Ib. 761. 8.

— historia critica latinae linguae. 8. Lpz. 761. Gleditsch. (Brockhaus). 20 ℛ

— Historia ecclesiastica novi Testamenti variis observationibus illustrata. 4. Iena, Meyer. 744.

— historia paedobaptismi quatuor priorum seculorum. Jen. 1739. 4; rep. in ejsd. misc. p. 487 ss.

Walch, J. G., historia transsubstantiationis pontificiae. Jen. 1738. 4.

Walch, J. G., de Hymenaeo et Phileto. Jen. 1735. 4.

— de hypocrisi haereticorum, maxime vetustiorum. Ibid. 1734. 4.

Walch, J. G., de jejunio quadragesimali. Jen. 1727. 4.

Walch, J. G., de Jesu, primogenito Mariae. Jen. 1739. 4.

Walch, J. G., de apostolorum institutione catechetica. Jen. 1728. 4; rep. in ejsd. misc. sacr. p. 3—33.

Walch, J. G., de interpretatione N. F. ex historia philosophica. Jen. 1724. 4.

— introductio in libros ecclesiae lutheranae symbolicos. 4. ibid. 732.

— introductio in philosophiam universam. 8 Lips. Gleditsch. 738.

— Jubelgedächtniß wegen des von ihm an d. Universität Jena 50 Jahre geführten öffentlichen Lehramts. 4. Jena 768. Cröker. 10 ℛ

Philosophisches Lexicon, Darinnen Die in allen Theilen der Philosophie, als Logic, Metaphysic, Physic, Pneumatic, Ethic, natürlichen Theologie ... fürkommenden Materien und Kunst-Wörter erkläret und aus der Historie erläutert ... und alles nach Alphabetischer Ordnung vorgestellet werden ... herausgegeben von Johann Georg Walch ... Leipzig, Verlegts Joh. Friedrich Gleditschens seel. Sohn. 1726.

Philosophisches Lexicon, Darinnen Die in allen Theilen der Philosophie, als Logic, Metaphysic ... erläutert ... und vorgestellet worden ... herausgegeben von Johann Georg Walch ... Zweyte verbesserte und mit denen Leben alter und neuer Philosophen vermehrte Auflage. Leipzig, Verlegts Joh. Friedrich Gleditschens sel. Sohn. 1733.

— philosoph. Lexikon, darin die in allen Theilen d. Philosophie vorkommenden Materien u. Kunstwörter erklärt werden. gr. 8. Leipz. 726. 2e A. 733. 3e verb. Aufl. 740. 4e neu verm. Aufl. v. J. Chr. Hennings. 2 Thle. gr. 8. Ebd. 775. (Brockhaus). 5 ℔ 8 ℛ

WALCH, J. G. Philosophisches Lexicon ... vermehret und fortgesetzet, wie auch mit einer kurzen kritischen Geschichte der Philosophie aus dem Bruckerischen großen Werke versehen von J. CHR. HENNINGS. 4. Aufl. 2 Bde. Leipzig, Gleditsch, 1775. 8°. Marmor. Ld. d. Z. m. Rsch.

Dieses verdienstvollste unter den frühen Werken dieser Art war erstmals 1726 erschienen. Es umfaßt auch Gegenstände der Naturwissenschaft und Technik. HF. 1571,92 zitiert die 1. u. 2. Auflage

Walch, Joh. Geo., s. Luthers sämmtliche Schriften.

Walch, J. G., Maria virgo non monialis. Jen. 1732. 4.

Walch, Johann Georg, s. Geo. Michaelis: Vollst. Real- u. Verbal-Concordanz.

Walch, J. G., de miraculis Christi typicis. Jen. 1747. 4.

— miscellanea sacra, sive commentationum ad hist. eccles. sanctioresque disciplinas pertinentium collectio. 4. Amsterdam, Romberg. 744.

— — idem liber. 4. Amsterdam, Gleditsch. 761.

Walch, Johann Georg [Praes.], s. Müller, Heinrich Daniel: De Christo, Deo Magno, vero et benedicto ad. Tit. II, 13. I. 10. V, 20. Rom IX. 5.

— Tractat vom philosophischen Naturel. 8. Jena, Güth. 723.

Walch, Johann Georg [Praes.], s. Nazzius, Heinrich Theophil: De miraculis Christi typicis Von den vorbildlichen Wunden unsers Heilandes.

Walch, Johann Georg [Praes.], s. Noebling, Heinrich Bartholomaeus: Diatribe philos. De litteris humanioribus.

Walch, Johann Georg: De obscuritate epistolis Pauli falso tributa. Jena 1723. 4°

Walchii, J. G., Observationes in N. F. libros. Jen. 727. 8.

— de origine et progressu tritheismi. 4. ibid. 736.

Walch, J. G., de pallio philosophico vett. Christianorum. Jen. 1744. 8.

— Parerga academica ex historiarum atque antiquitatum monumentis collecta. 8. Lpz. Gleditsch. 721.

— J. G., de pastoribus Bethlehemiticis. Jen. 1730. 4.

Walch, J. G., de paupertate Christi. Jen. 1731. 4; in ejsd. misc. p. 866 ss.

— J. G., de apostolorum peccatis actualibus. Ibid. 1754. 4.

Walch, Johann Georg: Phaedrus: fabul. Aesop. L. V.

Walch, J. G., de poenis Christi infernalibus. Jen. 1758. 4.

— Predigt v. d. himmelschreyenden Sünde d. Todschlags. 4. Jena, Cröcker. 756.

Walch, Jh. Geo., Predigten von der himmelschreienden Sünde d. Todschlags. 4. Jena 756. Cröker. 1 gr.

— primitiae sacrae Ienenses. 4. Iena, Cröcker. 726.

Walch, Johann Georg [Praes.], s. Reckenberger, Jo. Leonh.: De jejunio quadragesimali.

— Samml. kl. Schriften v. d. Gott gefälligen Art zu predigen. 8. Ebend. 746.

Walch, Johann Georg [Praes.], s. Schmid, Johann: De Hymenaeo et Phileto ad II. Timoth. II, 17. 18.

Walch, Johann Georg [Praes.], s. Sievertz, Jo. Bartholomaeus: De usu orationis dominicae apud veteres Christianos.

Walch, J. G., de statu mortuorum et resurgentium contra Th. Burnet. Jen. 728. 4.

Walch, J. G., tempus adventus Messiae idoneum. Jen. 1738. 4; rep. in ejsd. misc. sacrr. p. 880 ss.

Walch, J. G., de Tito, viro apostolico. Jen. 1741. 4.

Walch, Johann Georg [Praes.], s. Ungerer, Georg Christian: De auctoritate sensuum externorum in rebus fidei.

Walch, J. G., de usu orationis dominicae apud veteres Christianos. Jen. 1729. 4; rep. in ejsd. misc. sacr. p. 333.

Walch, J. G., de vaticiniis Christi prophetae. Jen. 1754. 4.

Walch, J. G., vindiciae Cypriani de baptismo haereticorum. Jen. 1738. 4.

— de Cypriani ad Termiani epistolam vindiciis. 4. Iena, Ritter. 738.

Walch, Joh. Geo., die gottgefällige Vorbereitung auf die Predigt. Geschrieben a. 1733. Neu hrsg. v. Wilh. Redenbacher. gr. 8. (2 B.) Nürnberg 845, Raw'sche Buchh.

— Widerlegung d. Heumann'schen Beweises, daß die Lehre der reformirten Kirche v. d. heil. Abendmahl d. rechte u. wahre sey. 8. Jena 765. Cröker. 6 gr.

Walch, Joseph. Strangulatio ducto-spermatica. Der Ueberwurf, das Verschnüren beim Ochsen. Diss. Vet.-Med. Bern. Mit 11 Abbildungen [auf 8 Tafeln] und 1 Tafel. VIII + 63 S. 8. Hannover, Aug. Eberlein & Co., 1903.

Walch, Karl

Walch, C., Ansichten üb. d. Viehzuchtwesen d. Landmanns, u. einige Worte üb. Mißhandlungen geg. Thiere. 8. (4½ B.) Cassel 830, [Krieger's Brlsh.]

Walch, C[arl]: Ansichten über das Viehzuchtwesen des Landmanns und einige Worte über Misshandlungen gegen Thiere. Marburg u. Cassel 1830. 66 S.

Walch, C., Bemerkungen üb. d. Rotzkrankheit d. Pferdegeschlechts, u. Beobachtungen üb. d. Pro u. Contra ihrer Ansteckbarkeit. 2 Abthln. Mit Beiträgen ausgezeich. Thierärzte u. e. Anh. gr. 8. Marburg, Elwert. [1. (4 B.) 831. 7 Gr., 2. (4½ B.) 834. 8 Gr.] Thlr.

Walch, K. Bemerkungen über die Rotzkrankheit des Pferdegeschlechts. Marburg 1831. 60 S.

Walch C.: Darstellung d. Veterinär-Wesens in den einzelnen deutschen Staaten ... M. Bemerkungen v. Vix. Hersfeld 1838. 151 S. (=: Die Thierarzneiwissenschaft in ihren wichtigsten Beziehungen zu dem Staat u. zu dessen Bewohnern ... Abth. 1).

Walch, C[arl]: Über Landgestüte Anstalten mit besonderer Beziehung auf Kurhessen. Marburg 1832. X, 129 S.

—— der thier. Organismus u seine Verhältnisse zu d. Außenwelt. Als Einleit. in d. ration. Studium d. Thierarzneiwissenschaft, nach E. Veiths Ansichten entworfen u. bearb. 8. (8 B.) Marburg 828. [Cassel, Krieger's Brlsh.]

Walch, C.: Der thierische Organismus und seine Verhältnisse zu der Aussenwelt. Als Einleitung in d. rationelle Studium d. Thierarzneiwissenschaft nach E. Veith's Ansichten entworfen u. bearb. Cassel u. Marburg 1828. XII, 114 S.

Walch, Karl, die bäuerliche Pferdezucht der mittel-, süd- u. westdeutschen Staaten; bezüglich deren Mängel u. Verbesserung. Mit besond. Rücksicht auf die Erzielung tüchtiger Cavallerie-Remontepferde. gr. 8. Stuttgart 844, Ebner u. Seubert. 3/8 ₰

Walch, Carl: Die bäuerliche Pferdezucht der mittel-, süd- und westdeutschen Staaten; bezüglich deren Mängel und Verbesserung ... Stuttgart 1844. VI. 82 S.

—— Die Tierarzneiwissenschaft in ihren wichtigsten Beziehungen zu dem Staate und zu dessen Bewohnern. Für Staats-, Medizinal-, Justiz- und Verwaltungs-Beamte, Tierärzte etc. Unter Mitwirkung ausgezeichneter Veterinäre etc. 1. Abteilung. — A. u. d. T.: Darstellung des Veterinär-Wesens in den einzelnen deutschen Staaten. In administrativer und ökonomischer Hinsicht historisch erörtert. Mit Bemerkungen von Dr. Vix. gr. 8. Hersfeld 38/39. Schuster. M. 2.25

Walch, C., die Thierarzneiwissenschaft in ihren wichtigsten Beziehungen zu d. Staat u. zu dess. Bewohnern. Unter Mitwirk. ausgezeichn. Veterinare rc. 1. Abthl. — A. u. d. T.: Darstellung d. Veterinär-Wesens in d. einzelnen deutschen Staaten. In administrat. u. oconom. Hinsicht histor. erörtert. Mit Bemerkn. v. Vix. gr. 8. (10¼ B.) Hersfeld 838, 39, [Zimmermann.]

—— gründl. u. leicht verständl. Unterricht f. Schäfer, Kuhhirten u. Schweinehirten, wie sie sich in allen Fällen, sowohl bei d. Behandl. d. gesunden als kranken Thiere der ihnen anvertrauten Heerden richtig zu verhalten haben. gr. 12. (7½ B.) Marburg 840, [Elwert'sche Univ.-Buchh.]

Walch C.: Gründlicher u. leicht verständlicher Unterricht f. Schäfer, Kuhhirten u. Schweinehirten ... Marb. 1840. 164 S.

Walch, Karl Friedrich [Praes.], s. Ackermann, Johann Meno: De legitima Lubecensi ad statut. Lub. lib. II tit. I art. XII.

— vermischte Beiträge zum deutschen Recht. 8 Thle. 8. Jena 771—93. Cröker. 4 ₰ 8 gr.

WALCH, K. F.: Vermischte Beytr. zu dem deutschen Rechte. *Jena*, Gollner. 771—93. 7 Thle. 8. (4 Thl. 8 Gr.)

Walch, Karl Friedrich, s. Cocceji, Sam. v.: Jus civile.

Walch, Karl Friedrich [Praes.], s. Cotta, Gotth. Ludw. Bonavent.: De aquae hauriendae servitute.

Walch, Karl Friedrich A. S. 135/33

Cura sexus illustrium, ex legibus chartisve publicis eruta. Dissertatio.
Jena (Strauss) 1. XII. 1764. 40 S.

35690

— s. C. H. Eckhard, hermeneuticae iuris.

Walch, Karl Friedrich [Praes.], s. E c k a r d t, Christoph Friedrich Sebastian von: De origine et causa pecuniae executionis, Germanice Hülfsgeld, ut et de eo, quod circa illam justum est.

Walch, Karl Friedrich [Praes.], s. E i c h e l b e r g, Heinrich Ehrhard von: De laudemio a liberis parentibus suis successuris solvendo.

Walch, Karl Friedrich [Praes.], s. E i c h m a n n, Jo. Bernhard Christoph: De consensu domini directi in alienationem feudi dato, in ejus oppignerationem non extendendo.

Walch, Karl Fr., († d. 20. Juli 1799.) Einleitung in d. Wissenschaft aus Acten einen Vorschlag zu thun u. darüber zu erkennen. 8. Jena 773. Cröker. 10 gr

Walch, Karl Friedrich [Praes.], s. E m m i n g h a u s, Jo. Ernst Bernhard: De femina mutuum contrahente beneficiorum muliebrium experte.

— commentatio de fortuna reduce. 4. Jena 751.

Walch, Karl Friedrich [Praes.], s. F ü r b r i n g e r, Jo. Christian Carl: De usuraria pravitate sub palliata transactione.

WALCH, C. Fr.: Glossarium Germanicum interpretationi constitutionis criminalis Carolinae inserviens. Praemissa est in ejusd. legis lectionem introductio. *Jenae*, Cröker. 790. 8.

Walch, Karl Friedrich [Praes.], s. G o e c h h a u s e n, Jo. Aug. Fried. v.: De nobilibus jure civitatis donatis.

— Grundriß d. Geschichte der in Deutschland geltenden bürgerl. Rechte. 8. Jena 780. Cröker. 16 gr

Walch, Karl Friedrich, s. G u a d a g n i, L. A.: De Florentino codice.

Walch, Karl Friedrich [Praes.], s. G u e n t h e r, Johann Friedrich: De hypotheca pupillorum ac minorum feudali Saxonica tacita.

Walch, Karl Friedrich [Praes.], s. H a s e n t i e n, Daniel Heinr.: De privilegio medicorum creditorum in concursu.

Walch, Karl Friedrich [Praes.], s. H a u p t, Gabriel Christian Anton: De legato servitutis tacito.

Walch, Karl Friedrich [Praes.], s. H e l l f e l d, Johann August Christian von: De furto fame dominante facto ad C. C. C. art. 166.

Walch, Karl Friedrich [Praes.], s. H e y l i g e n s t a e d t, Paul Ludwig: De legato heredis in arbitrium collato.

Walch, Karl Friedrich [Praes.], s. H o l t z h e y, Christian Friedr.: De retrovenditione a laudemii onere libera.

Walch, Karl Frdr., De homine proprio civitatis experte commentatio juris Germanici. Jenae 1758. 4. . . . . (D.)

Walch, Karl Friedrich [Praes.], s. H u c h, Friedrich August: De jurantis legitima aetate.

WALCH, K. F.: (selectt. juris controverss. sylloge. *Jen.*, Cuno. 761—65.) introductio in controversias juris civ. recentiores inter Ictos agitatas. *Jena*, Cröker. B. (Ed. 1—2. 771·76.) Ed. 3. 791. (1 Thl. 20 Gr.) Ed. 4. cur. K. Er. SCHMIDT. T. I. Fasc. I. II. 810. gr. 8. (1 Thl. 8 Gr.) Ebda.

— juris consultus antecessor ex variis juris civilis veterumque auctorum locis descr. 8. Jena 753. Cröker. 3 gr

Walch, Karl Friedrich [Praes.], s. K e r n e r, Christ. Ludw.: De donatione capite damnati ad L. XV. D. de donat.

Walch, Karl Friedrich [Praes.], s. L a c h m a n n, Heinr. Gottfr.: De actu minus pleno.

— dissert. jurid. de Laudemio a liberis parentibus suis successuris solvendo a H. E. v. Eichelberg. 4. Iena, Strauss. 767.

Walch, Karl Friedrich [Praes.], s. L i n d h e i m e r, Friedr. Marc.: De testamentis Francofordiensium coram tribus senatoribus vel eorum vicariis conditis.

Walch, Karl Friedrich [Praes.], s. L u c i u s, Joh. Conrad: De jure prioritatis in fraudem aliorum creditorum impetrato.

Walch, Karl Friedrich [Praes.], s. M a n n s b a c h, Ehrhardt Friedr. von u. zu: De condominio successionis fundamento in Germania.

Walch, Karl Friedrich [Praes.], s. M o l d e n h a u e r, Heinrich Gerhard Wilhelm: De inventarii hereditatis forma statutis in Hamburgensibus praescripta.

Walch, Karl Friedrich [Praes.], s. M o s s d o r f, Friedrich: De tutore pupilli sui ante susceptam tutelam debitore.

Walch, Karl Friedrich [Praes.], s. M u n d, Jo. Heinrich: De privilegio pecuniae hereditariae creditorum in concursu.

Walch, Karl Friedrich [Praes.], s. M ü n d l e r, Johann: De querelae inofficiosae donationis praescriptione.

— das Näherrecht, systematisch entworfen. gr. 8. Jena 766. 2e verb. Aufl. 775. 3e verm. A. 795. Strauß. 1 rthl 16 gr

WALCH, K. Fr.: Das Näherrecht, syst. entworf., 3e v. Aufl. *Jena*, Cröker. (766) 795. gr. 8. (1 Thl. 16 Gr.)

— commentatio de numis capricorno signatis Romanorum 4. Jena 750.

Walchii, C. F., Opuscula, quibus plura juris Rom. ac Germanici capita explicantur. Hal. 785-87. 2 Tom. 4. 4 rthl.

— opuscula quibus plura juris romani ac germanici capita explicantur. III Partes. 4 maj. Halle 785—93. Gebauer. 8 rthl 6 gr

— comment. de philosophia Florentini, s. L. A. *Guadagni*.

WALCH, Car. Frid.: De testis reo paris praestantia in jure germanico liber singularis. *Jenae*, Croeker, 756. 8. (3 Gr.)

Walch, Karl Friedrich [Praes.], s. P r i e s, Johann Christian: De discrimine bonorum uxoriorum jure Rostochiensi part. I. tit. V. § 1. sublato.

Walch, Karl Friedrich [Praes.], s. R a k e n, Jo. Georg Philipp: Principia juris Germanici in successione descendentium feudali.

Walch, Karl Friedrich [Praes.], s. R e i c h a r d t, Heinrich Ernst: De renunciatione portionis statutariae tacita.

Walch, Karl Friedrich [Praes.], s. Rosenthal, Friedrich August: De reliquis communionis bonorum inter coniuges Brunsvicenses.

Walch, Karl Friedrich [Praes.], s. Schielin, Johann: De bonis liberorum Lindaviensium profectitiis dem verfangenen Guth.

Walch, Karl Friedrich [Praes.], s. Schmid, Johann Ernst: De compensatione creditorum in concursu.

Walch, Karl Friedrich [Praes.], s. Sievert, Johann Jakob: De contractu pignoratitio Hamburgensi.

Walch, Karl Friedrich [Praes.], s. Starck, Georg Friedrich: De usufructu nominum maritali.

Walch, Karl Friedrich [Praes.], s. Stoltenberg, Christian Friedrich: De possessore legum ex sententia non possidente.

— selectiorum juris controversiarum sylloge. 8. Jena 761. Cuno. 4 gl.

Walch, Karl Friedrich [Praes.], s. Textor, Johann Wolfgang: De iurata specificatione loco inventarii exhibita.

Walch, Karl Friedrich [Praes.], s. Thon, Christian Friedrich: De transactionibus propter timorem litis interpositis ad l.II.c. de transact.

Walch, Karl Friedrich [Praes.], s. Thon, Johann Karl: De privilegio pecuniae in refectionem aedium creditae.

Walch, Karl Friedrich [Praes.], s. Trützschler (von Falkenstein), Friedrich Karl Adolph: De iure creditoris mutata re oppignorata.

Walch, Karl Friedrich — A. S. 122/2

Dissertatio inauguralis de tutela extraneorum legitima. Präs. Christian Gottlieb Buder. Jena (Schill) 22. VIII. 1753. 114 S.

W. v.: I. E. I. Walch (Bruder). 35689

Walch, Karl Friedrich [Praes.], s. Vaersheim, Jo. Theodor Wilhelm: De infante herede.

Walch, Karl Friedrich [Praes.], s. Voigt, Johann Emanuel: De instrumentorum post iuratam eorum diffessionem fide.

Walch, Karl Friedrich [Praes.], s. Voigt, Johann Friedrich: Principia iuris Germanici in successione adscendentium feudali.

Walch, Karl Friedrich [Praes.], s. Voelcker, Johann Elias: De transitu querelae inofficiosi testamenti ad heredes.

— Vorbereitungsgründe zur deutschen bürgerl. Rechtsgelahrtheit. 4. Jena 757. (W. Vogel in Leipz.) 2 gl.

Walch, Karl Friedrich [Praes.], s. Wurmb, Karl Anton Ludwig von: De testamento principi oblato.

Walch, Karl Wilhelm

Carolus Guilelmus Walch Friderico Theodoro Alberto Schmid summos in utroque jure honores 1840 conferendos indicit. Praefetus de antestato in mancipatione. Jenae. (1840.) 8°

***Walch,* Karl Wilh., Diss. inaug. de praescriptione servitutum constitutiva. 4. Jena 797.**

Walch, Rudolf, approb. Arzt aus Freiburg i. B.: Aus d. Universitäts-Hautklinik ⟨Prof. Jacobi⟩ zu Freiburg i. B. Favus sine scutulis mit Berücksichtigung der Favusfrage. *Bühl 1901: Konkordia.* (28 S.) 8°
Freiburg i. B., Med. Diss. v. 1901

Walch, Sebastian. Portraits aller Herren Burger-Meistern, Der Vortrefflichen Republique, Stadt und Vor-Orths Zurich, Von dem 1336ten biß auf das 1742te Jahr auf eigene Kosten in Kupffer gebracht, und herauß gegeben von Sebastian Walch. Kempten Anno MDCCLVI [1756].
Titelkupfer. 24 S. m. 3 Kupferst.; 61 Taf. in Kupferst. (Schabmanier). 2°.
Nach J. Casp. Fuessli gestochen von S. Walch.

Walch, Sigismund Christian (Salzungen) A. S. 1202/21

Dissertatio inauguralis medica, de colica ventriculi, vulgo Vom Magen=Krampff. Präs. Michael Alberti. Halle (Hendel) XI. 1735. 30 S.

W. v.: Präs., Heinrich Christian Dürfeldt, Ernst August Dürfeldt, C. L. Aepilinius, Johann Andreas Scheffer, Heinrich Christ. Silchmüller, Johann Nikolaus Möller, Johann Dietrich Meyfart, Johann Jakob Bartholomaei, Christian Daniel Walch (Bruder). 35692

Walch, Th., Studien zur Geschichte d. bild. Künste in Mannheim im 18. Jahrh., s.: Mathy, L.

Walch von Walchensee, Franz Xaver (Tirol) A. S. 562/38

Dissertatio historico-juridica inauguralis de novis et singularibus capitulationibus Josephi II. ... nec non stabilito, per eam juris publici, et feudalis Germanici systemate ... Präs. Benedikt Schmidt. Ingolstadt (Gran) VI. 1766. 55 S. 35693

Walcha, Frz., der praktische Koch, oder Anleitung alle Speisen nach franz., deutschem u. engl. Geschmack zu bereiten. Mit 5 Kupf. 8. Leipzig, Hinrichs. 818.

Walcha, Frz., d. prakt. Koch, oder Anleit. alle Speisen nach französ., deutschem u. engl. Geschmack zu bereiten rc. Mit 5 Kpf. 8. Dresd. 818. N. Ausg. 827. (Leipz., Hinrichs). 2 ℛ

WALCHEGGER, Johann

(F) **Brixen.** Geschichtsbild und Sehenswürdigkeiten. Von Johann **Walchegger.** Mit 42 feinen Text - Illustrationen und einem Titelbild. **Brixen.** 1901. Pressverein. Gr.-8°. 141 S. K 4.—

Walchegger, Joh. Ev., d. Kreuzgang am Dom zu Brixen. M. 12 feinen Lichtdr.-Bild. auf 9 Taf. u. 10 Illustr. im Text. gr. 8. (127 S.) Brixen 895. Buchh. des kath.-polit. Preßvereins. n. 3. —

Walcher, G., Lehrbuch d. Geburtshilfe f. Hebammen, s.: Fehling, H.

Walcher, G. [Dr., I. Assistenzarzt d. geburtshilfl.-gynäkolog. Klinik zu Tübingen]: Senkung und Vorfall von Scheide und Gebärmutter sowie die veralteten Dammrisse (Gynäkologische Abhandlungen unter Zugrundelegung von 4000 Fällen aus der geburtshilflich-gynäkologischen Klinik zu Tübingen. I.) ... Tübingen, Verl. d. H. Laupp-schen Buchh., 1887; XIII + 161 S. 8°.

Walcher, Gustav: Ueber Geburtsstörungen von Seiten der weichen Geburtswege nervöser Art. Tübingen 1909: Laupp. 30 S. 8°
Tübingen, Med. Diss. v. 20. Febr. 1910, Ref. Sellheim
[Geb. 19. Okt. 84 Tübingen; Wohnort: Ludwigsburg; Staatsangeh.: Württemberg; Vorbildung: Eberhard-Ludwigs-Gymn. Stuttgart Reife M. 02; Studium: Tübingen 5, München 3, Tübingen 2 S.; Coll. 21. Juli 09; Approb. 1. Febr. 10.] [U 10. 4168

Walcher, Gust.: Rede des Frh. [Hans] v. Ow in der Sitzung der Württ. Kammer der Abgeordneten vom 29. März 1901 betr. Hohenheim, insbes. die Wirtschaftsführung des Gustav Walz [1850—1865], in das Licht gestellt. Ellwangen: Bäuerle 1901.

Walcher, Josef

— Inhalt der mechanischen Collegien, m. K. 8. Wien, Kurzböck. (Camesina.) 776.

Walcher, J., Inhalt der mechan. Kollegien. 8. Wien. 776. Hat jetzt Volke.

— Nachricht von den Strudeln d. Donau. 2 Thle, mit Kpf. gr. Fol. Wien 781. (Heubner). 3 ₰

(WALCHER Josef). Nachrichten von den im Jahre 1778, 1779, 1780 und 1781 in dem Strudel der Donau zur Sicherheit der Schiffahrt vorgenommenen Arbeiten durch die kais. königl. Navigations-Direktion an der Donau. Kurzbeck, Wien 1781. 4 vol. 50 S. + 4 S.

- Nachrichten von den bis auf das Jahr 1791 an dem Donau-Strudel zur Sicherheit der Schiffahrt fortgesetzten Arbeiten nebst einem Anhange von der physikalischen Beschaffenheit des Donau-Wirbels. Kurzbeck, Wien 1791. 1 vol. 4 Bl. + 25 S.

Walcher, Jos. Nachrichten von den Eisbergen in Tyrol. Wien 1773.

— Nachricht von den Eisgebirgen im Lande Tyrol. gr. 8. Wien 773. (Heubner). 18 K

Walcher, Jos., Nachr. von d. Eisgebirgen im Lande Tyrol. gr. 8. Wien, Kurzböck. (Camesina.) 773.

— — dasselbe. gr. 8. Insbruck, Schiffner. 779.

Walcher, Karl

Walcher, K., Bilder vom Hochaltar in Drackenstein. Eine kunsthistor. Studie. Mit 4 Abbildgn. in Lichtdr. Lex.-8. (IV, 28 S.) Stuttgart 887. Kohlhammer. n. 3. —

—— 6 Lichtdruckbilder v. Lusthaus-Figuren auf Schloss Lichtenstein. Nachtrag zu dem Werke: Die schönsten Porträtbüsten des Stuttgarter Lusthauses. 8. Ebd. 892. In Mappe 2 50
Hauptwerk nebst Nachtrag, in Mappe * 33 —.

—— die schönsten Porträt-Büsten des Stuttgarter Lusthauses in Lichtdr.-Bildern, mit einer Einleitung zur Orientirung über die jetzt noch vorhandenen Skulpturen dieses Baues hrsg. (In 5—6 Lfgn.) 1. und 2. Lfg. Fol. (11 Taf. mit 27 S. Text.) Ebendas. 887,88. à Lfg. * ℳ 6.—.

Walcher, Karl. Die schönsten Porträt-Büsten d. Stuttgarter Lusthauses in Lichtdr.-Bildern. 3.—5. Heft. Fol. Stuttg., Kohlhammer. à Heft * 6 —; * 18 —
3. Mit e. Abhandlg. üb. die Aufstellg. der Porträt-Büsten am Lusthaus unter Beigabe e. perspektiv. Ansicht der Bogenhalle u. e. Anh., Lusthaus-Notizen vom k. Staats-Archiv zu Stuttgart. (5 Taf. m. 10 S. Text.) 889.
4. Mit e. Abhandlg. üb. die Urheberschaft der Porträt-Büsten unter Beigabe zweier zinkographisch hergestellter Portr. u. e. Nachtrag zum 1. Heft. (6 Taf. m. 16 S. Text.) 890.
5. Mit Bemerkgn. zu der wiederaufgefundenen Büste v. Geo. Beer u. Nachträgen zu den früheren Heften. (6 Taf. m. 12 S. Text.) 891.
1. u. 2. Heft. Ebd. 1887,88. à * 6 —.

Walcher, C., populäre Vorträge über das Wechsel-Recht gehalten im stuttgarter Gewerbe-Verein. gr. 8. (IV und 76 S.) Schw. Hall 858. [Stuttgart,] Nitzschke.

Walcher, Konrad

Walcher, Konr., die Politik der Christlichsozialen im neuen Reichsrate. Eine Übersicht üb. die Tätigkeit der christlichsozialen Vereinigg. in dem ersten Sessionsabschnitt der XVIII. Legislaturperiode vom 17. VI.—24. VII. 1907. (99 S.) gr. 8. Wien 908. A. Opitz Nachf. p 1. 10

Walcher, Konrad. Die Presse auf den österr. Katholikentagen. Klgft., St. Josefs-Druck., 1905. 23 S.

(F) Der Socialdemokrat am Ende des neunzehnten Jahrhunderts oder die Socialdemokraten aus ihren eigenen Worten und Thaten gerichtet. Von Konrad Walcher. [2. Tausend.] Graz. 1899. Styria. 8°. 95 S. fl. —.35

Walcher, Konrad. Was muss jeder christliche Wähler von den Wahlen wissen? Graz. (St. Josefs-Druck. in Klgft.), (1900). 24 S.

Walcher, Konrad. Wie können die wahren Ursachen der Vieh- u. Fleischteuerung behoben werden? Klgft.. St. Josefs-Druck., 1907. 62 S.

(F) Wie können und sollen sich die Bauern gemeinsam helfen? Für Bauern und Bauernfreunde beantwortet von Konrad Walcher. I. Heft: Das Vereinswesen. II. Heft: Das bäuerliche Versicherungswesen. Sagritz. 1898. Selbstverlag. [In Comm. Raunecker, Klagenfurt.] 8°. I. Heft 64 S. II. Heft paginirt 65—186. compl. (Heft I—V) * fl. 1.— netto.
Einzeln: Heft I * fl. — 10, Heft II * fl. —.30.

Walcher, Konr., Wie können und sollen sich die Bauern gemeinsam helfen? Für Bauern und Bauernfreunde beantwortet. Heft 1 u. 2. 8°. Sagritz (Klagenfurt, A. Raunecker) 1899.

Walcher, Salomon

Walcher, Sal., manuel du voyageur en Suisse. Edition de 1851, avec les plans (lith.) de 6 villes. 18. (VIII u. 386 S. m. 2 Tab. in 4.) Schaffhouse (844) 851, Brodtmann. In Engl. Einb. 1 ₰

Walcher, S., Taschenbuch zu Schweizer-Reisen. 3., verb. Aufl. 12. (13¾ B.) Glarus 841. (Schaffhausen, Hurter'sche Bh.) *

Walcher, S., Taschenbuch zu Schweizer-Reisen. 4., verb. Aufl. 12. (15½ B., 6 Pläne u. 2 Tab.) Schaffhausen 844, Brodtmann'sche Buchh.

— Taschenbuch zu Schweizer-Reisen. 4. (Titel-) Aufl. 12. (XXVIII u. 342 S. m. lith. Plänen u. 2 Tab. in 4.) Ebd. (844) 851. In Engl. Einb. 1 ₰

Walcher, S., Taschenbuch zu Schweizer-Reisen. 5., ganz umgearb. Aufl. Schaffhausen 853. Brodtmann. 16. (XLVII, 802, 20 S. u. lith. Karte in 4.) 1 ₰. 15 ngr.

— Touristenführer durch die Schweiz. Mit den Panoramen vom Rigi-Kulm, der Berner- und Walliser-Alpen, der Montblanckette u. der Appenzeller Berge (Holzschn. in 16. u. Fol.) u. 1 (in Holz geschn. u. color.) Uebersichtskarte der Schweiz (in 4.). Leipzig 856. Weber. 16. (VIII, XIII, 408 S. u. 1 color. Karte in Kpfrst.) n. 1 ₰.

Walcher, S[alomon]. Wegweiser durch Zürich, oder ausführliches Gemälde dieser Stadt und ihrer Umgebungen. Mit 10 Ansichten [Tafeln] und einem Plane der Stadt. 8. Zürich 1838.

Walcher Ritter v. Molthein, Alfr., bunte Hafnerkeramik der Renaissance in den österreich. Ländern Oesterreich ob der Enns u. Salzburg bei besond. Berücksicht. ihrer Beziehungen zu den gleichzeit. Arbeiten der Nürnberger Hafner. (VIII, 121 S. m. 140 Abb. u. 25 [13 farb.] Taf.) gr. 4. Wien 906. (Gilhofer & Ranschburg.) Geb. in Leinw. n.n. 125. —

Walcher v. Molthein, Alfr., die deutsche Keramik in der Sammlung Figdor. (108 S. m. Abbildgn. u. 2 farb. Taf.) 34,5×26,5 cm. Wien 909. Artaria & Co. 12. —
Sonderabdruck aus: „Kunst u. Kunsthandwerk".

Walcher de Molthein, Chevalier Léop., catalogue de la collection des médailles grecques. Avec 31 planches et un portrait du Numismatiste Welzl de Wollenheim. Lex.-8. (VII, 294 S.) Wien 895. A. Holzhausen. n. 12. —

Walcheren, in geograph., statist. u. militär. Hinsicht betrachtet, nebst Bemerkk. über d. Ursachen, welche d. Engländer bestimmt haben, diese Insel zu räumen. 8. Leipz. 810. Rein. 16 K

Walcheren, M. v., seine Schwester. Aus dem Holl. übers. 8. (561 S.) Gotha 883. F. A. Perthes. n. 7. —

Walchius illustratus. 8. Iena, Gollner. 742.

Wälchli, G[ottfried]. Einkommen- und Vermögenssteuer in ihrem gegenseitigen Wertverhältnis. Separatabzug aus den »Schweiz. Blättern für Wirtschafts- u. Socialpolitik.« Hefte 24/25, Jahrg. 10, 1902.... 8 S. 8. Bern, Scheitlin Spring & Cie., 1903.

Walchner, Alfr., a new method of learning the french language. Embracing both the theoretical and practical modes of instruction. Designed for the use of academies and the higher classes in public and select schools, and also for private students. 8. (XII und 688 S.) Hamburg 860. [Leipzig,] Schuberth's Buchh. *

Walchner, Franz Hermann

Walchner, Frz. Herm., Darstellung der wichtigsten bis jetzt erkannten Verfälschungen der Arzneimittel u. Droguen, nebst e. Zusammenstellung derjenigen Arzneigewächse, welche mit andern Pflanzen aus Betrug od. Unkenntniß verwechselt u. in den Handel gebracht werden. gr. 8. (14¾ B.) Karlsruhe 842. [Mannheim, Bensheimer.]

Walchner, Frz. Herm., Darstellung der wichtigsten bis jetzt erkannten Verfälschungen der Arzneimittel u. Droguen, nebst einer Zusammenstellung derjenigen Arzneigewächse, welche mit andern Pflanzen aus Betrug oder Unkenntniß verwechselt u. in den Handel gebracht werden. gr. 8. Karlsruhe 842, Macklot. 1 ß

Walchner, Frz. Herm., Darstellung der wichtigsten im bürgerl. Leben vorkommenden Verfälschungen der Nahrungsmittel und Getränke, nebst den Angaben, wie dieselben schnell u. sicher entdeckt werden können. gr. 12. Carlsruhe 840. Creuzbauer. [illegible]

Walchner, Frz. Herm., Darstellung d. wichtigsten im bürgerl. Leben vorkomm. Verfälschungen d. Nahrungsmittel u. Getränke, nebst d. Angaben, wie dies. schnell u. sicher entdeckt werden können. gr. 12. (5 B.) Carlsruhe 840, [Nölbeke.]

—— Darstellung der wichtigsten im bürgerl. Leben vorkommenden Verfälschungen der Nahrungsmittel u. Getränke, nebst den Angaben, wie dieselben schnell u. sicher entdeckt werden können. 2., wohlf. Ausg. 12. (5 B.) Karlsruhe 841, Nöldeke.

Walchner, F. H., die Nahrungsmittel d. Menschen, ihre Verfälschungen u. Verunreinigungen. Nach den besten Quellen dargestellt. 8. (VIII, 324 S.) Berlin 875. Springer's Verl. n. 3. --

— der pract. Naturforscher. Ein unentbehrl. Hand- u. Hülfsbuch für Freunde der Naturwissenschaften. 1. Abthl.: Der Chemiker. Mit 90 Abbild. auf 3 Steindrucktafeln. gr. 8. Karlsruhe 842, Macklot. 1⅓ ß — 2. Abthl.: Der Geognost. Mit 24 Abbild. auf 1 Steintaf. gr. 8. Ebend. 843. ¾ ß — 3. Abthl.: Der Petrefactolog. gr. 8. Ebend. 843. ½ ß — 4. Abthl.: Der Mineralog. gr. 8. Ebend. 843. 7/12 ß — 5. Abthl.: Der Zoolog. Mit 1 Steindrucktafel. gr. 8. Ebend. 843. 1⅜ ß — 6. Abthl.: Der Botaniker. 844. 5/12 ß 1—6. 4 ß 28¾ ngr

Walchner, F. H., politische Wahrheiten. Gesammelt für das deutsche Volk. Carlsruhe 869. C. Müller. gr. 16. (V, 77 S.) n.n. 7½ ngr.

WALCHNER, F. H., Freimüthige Worte über die Ueberhandnahme der Volks-Entsittlichung. In Charakterbildern aus dem Leben. Baden 1849. 8°. Nicht im Handel. (80 Pfg. A. Bielefeld, c. 1885.)

Walchner, Friedrich August

Walchner, Fr. Aug., Chemie, s. Bürgerbibliothek, 2. Bd.

Walchner, Fr. Aug., Chemie. Volksfaßlich u. in Beziehung auf die Gewerbe bearb., s. Bürgerbibliothek, allgem. Deutsche, XV. Bd. u. 13. Halbbd.

WALCHNER, FRIEDRICH AUGUST.
Chemie, volksfasslich und in Beziehung auf die Gewerbe und das bürgerliche Leben bearbeitet. Karlsruhe, 1843. 8vo.

Walchner, Friedr. Aug., die Chemie, volksfaßlich und in Beziehung auf die Gewerbe und das bürgerl. Leben bearb. 1. Bd.: Unorgan. Chemie. Mit in den Text gedr. Holzschn. 8. (VIII und 1130 S.) Stuttgart 848, Müller's Vrlgsh.

–Unorganische (Die) Chemie. Zweite Ausgabe. Stuttgart, 1853. Sm. 8vo.

—— Darstellung der geolog. Verhältnisse der am Nordrande des Schwarzwaldes hervortretenden Mineralquellen m. ein. einleitenden Beschreibung der naturhistor. Verhältnisse des zu Rothenfels bei Baden entdeckten Mineralwassers. gr. 8. (4¾ B., 1 Plan u. 1 Zeichn.) Mannheim 843, Bassermann.

— Darstellung der geolog. Verhältnisse des Süsswassermergels von Oeningen im badischen Seekreis, und seiner fossilen Flora und Fauna. (Aus der 2. Ed. von Walchner's Geognosie.) 1850. 8

Walchner, Fr. Aug., Handbuch der Geognosie, zum Gebrauche bei seinen Vorlesungen und zum Selbstunterricht, mit besond. Berücksichtigung der geognost. Verhältnisse des Großherzogth. Baden. Mit 11 Steintaf. gr. 8. Carlsruhe 833. Groos. 4½ ß

—— Handbuch d. Geognosie z. Gebrauch bei seinen Vorlesungen u. z. Selbststudium m. besonderer Berücksichtig. d. geognost. Verhältnisse des Grossherzogth. Baden. M. Stnt. u. Holzschn. 2., verb. u. verm. Aufl. (2. Bd.) 1—3. Lfg. gr. 8. (à 10 B.) Carlsruhe 846, 47, Groos. à *
Der 1. Bd. soll später folgen.

—— **Handbuch der Geognosie zum Gebrauche bei seinen Vorlesungen und zum Selbststudium mit besond. Berücksicht. der geognost. Verhältnisse des Grossherzogth. Baden. Mit Stnt. und Holzschn. 2., verb. und verm. Aufl. 4—7. Lfg. gr. 8. (S. 481—1120.) Karlsruhe 850—51, Groos. à Lfg. * 25 Ngr.** *
1—3. Lfg. Ebendas. 1846—47. * 2 Thlr. 15 Ngr.

Walchner (F. A.), Handbuch der Geognosie. 2. Aufl. (Bogen 1—76, Seite 1 bis 1232; ist unvollständig geblieben). Karlsruhe 1846—51. 8.

Walchner, Dr. F., Handbuch der Mineralogie u. Geognosie für alle Stände. Mit 280 Holzschn. u. 6 Tfln. Stuttgart 1840. 8°.

— Mineralogie u. Geognosie. (Besond. Abdruck aus Oken's Naturgeschichte.) Mit 1 Atlas. gr. 8. Stuttg. 840. Hoffmann. 2 ß

Walchner, Friedrich August: Handbuch der gesammten Mineralogie in technischer Beziehung. 2. Abtheil. Geognosie. 1. Ed. Karlsruhe. 1830. 8°

Walchner, Fr. Aug., Handbuch d. gesammten Mineralogie in techn. Beziehung, zum Gebr. bei seinen Vorlesn. u. zum Selbststudium; mit besond. Berücksicht. d. mineralog. Verhältnisse d. Grossh. Baden. 2 Bde. gr. 8. Carlsruhe, Groos. Zusamm. genomm.
A. einzeln u. d. Ttln.:
Bd. 1. Handbuch d. Oryktognosie, z. Gebr. bei seinen Vorlesn. etc. (40½ B. u. 4 Stnt.) 829. 3 Thlr.
- 2. Handbuch d. Geognosie, z. Gebr. b. seinen Vorlesn. etc. (70 B. u. 11 Stnt.) 832. 4 Thlr. 12 Gr.

WALCHNER, F. A.: Handbuch der gesammten Mineralogie in technischer Beziehung. - Carlsruhe 1829. 631 S.

— volksfaßl. Handbuch der Chemie, siehe: Bürgerbibliothek. 14. 17. 20. 22—25. Halbband.

Walchner. F. Uebersicht der geognostischen Verhältnisse in den Umgebungen von Dürrheim, mit besonderer Hinsicht auf das Flötzgebirge des Schwarzwaldes im Allgemeinen. (Vorlesung.) Freiburg 1824. 8.

Walchner, Hermann

Walchner, Herrm., Beiträge z. Ornithologie d. Bodenseebeckens. 8. (13½ B. u. 2 Stnt.) Karlsruhe 835, Groos.

Walchner, Herm., Gedichte. 8. Frburg 828. Wagner. 18 gr

Walchner, Herm., über die Lektüre rc., s. Sachini, P.

Walchner, Karl

Walchner, K. u. **Bodent, J.** Biographie des Truchsessen Georg III. v. Waldpurg. (392) 8. Constanz 1832.

Walchner, K., Johann v. Botzheim, Domherr zu Constanz, u. seine Freunde. Ein Beitr. z. Reformations- u. Gelehrten-Gesch. v. Südschwaben. Mit e. Anh. ungedr. Briefe u. biograph. Notizen. gr. 8. (13 B.) Schaffhausen 836, [Hurter'sche Buchh.]

Walchner, C[arl]. Chronik der Stadt Ratolphzell. Ein Beitrag zur Stadte-Geschichte des Mittelalters, des Schwaben-, Bauern-, schmalkaldischen und dreissigjährigen Krieges. Aus handschriftlichen und anderen zuverlässigen Quellen bearb. nebst Erläuterungen und Urkunden von K. W. 8. Freiburg im Breisgau 1837.

Walchner, Karl, Geschichte d. Stadt Pfullendorf vom J. 916 bis 1811. Mit e. Anhange u. e. Zugabe von Urkunden. 8. Constanz 825. Wallis. 20 Kr

— polit. Geschichte der im J. 1478 zu Florenz gehaltenen großen Kirchensynode u. des Zwistes dieser Republik mit d. röm. Papst Sixtus VI. 8. Rotweil 825. Herder. 9 Kr

Walchner, Karl, Gesch. d. Stadt Ratolphzell, aus handschriftl. u. and. zuverläss. Quellen bearb., nebst Erläuterung u. Urkunden. gr. 8. Frburg 825. (Constanz, Seemüller). 1 Rthl 4 Kr

Walchner, K. Geschichte der Stadt Ratholfzell. Beiträge zur Städte-Geschichte des Mittelalters, des Schwaben-, Bauern-, Schmalkald. u. dreissigjähr. Krieges. (316) 8. Freiburg i./B. 1825. 3,50. ib. 1837.

— Bischof Otto von Sonnenberg u. Ludwig von Freyberg. Ein Beitrag zur Geschichte des Bisthums Constanz. 8. Karlsr. 818. Müller. 8 Kr

Walchwyl. Klimatischer Kurort und Wasserheilanstalt W. am Zugersee.... 8. Zurich 1895.
Ausg. A. [Umschlag illustriert.] – *Ausg. B*

Walck, Gustav, aus New-York: Über das spezifische Gewicht des Zellsaftes und seine Bedeutung. *Würzburg 1900: H. Stürtz.* (35 S.) 8°
Würzburg, Phil. Diss. v. 1900

Walcke, Johann Andreas

Walcke, Joh. Andr., Elbschifffahrts-Recht, insbesond. in Rücksicht der Stadt Lauenburg. Mit 76 noch niemals gedruckten Urkunden. Als Erwiderung auf Ostwald's Streitschrift. 8. (23¼ B.) Hamburg 814, (Hoffmann u. Campe.) *

Walcke, J. A., üb. d. Umfang d. Legalienrechte u. insond. auch d. Zollregals im Herzogth. Lauenburg. Prüfung d. Ansichten Chr. Ostwald's. 8. (14 B.) Hamburg 840, Hoffmann u. Campe. Thlr.

Walckenaer, Charles Athanase, s. Azara, Felix: Reisen.

— Dicuili liber de mensura orbis terrae. 8. Par. Schoell.

— histoire naturelle des Aranéides. 6 Livrais. avec 500 Planch. Strasb. König. (à 1 Rthlr. 12 gr.)

—— die Inselwelt, oder geograph.-historische Gemälde d. östl. Archipels, Polynesiens u. Australiens rc., aus d. Französ. übers. v. K. F. Leidenfrost. 1r Thl. Beschreib. von Sumatra rc. Mit 1 Karte. gr. 8. Weim. 822. Ind.-Compt. 2 Rthl 6 Kr

Walckenaer, C. A., le Monde maritime, on tableau géographique et Historique de l'Archipel, d'Orient, de la Polynesie, et de l'Australie etc. Vol. 1. 2. gr. in 8. Paris, Nepveu. 819.

Walckenaer, C. A., Tableau des Aranéides ou caractères essentiels, genres, familles et races qui renferme le genre Aranea de Linné avec la désignation des espèces comprises dans chacune de ces divisions, avec 9 Planch. gr. 8. Strasb. König. 805.

Walcker, Charles, s. Walker, Charles

Walcker, George: Ueber die Oxydationsproducte des Pseudocumols, des symmetrischen und des benachbarten Monobrompseudocumols ... Rostock, Carl Boldt'sche Hof-Buchdr. 1890; 35 + 1 S. 8°
Rostock, Phil. Fak., Inaug.-Diss. v. 5. Dez. 1889.

Walcker, Carl, die russische Agrar-Frage mit besond. Berücksicht. der Agrar-Enquête von 1873. Nebst einer Kritik der Schriften: „Aus der Petersburger Gesellschaft" und „Neue Bilder aus der Petersburger Gesellschaft." gr. 8. (XII, 130 S.) Berlin 874, Behr's Buchh. *

Walcker, Karl, Richard Cobden's volkswirtschaftliche u. politische Ansichten. Auf Grund älterer u. neuerer Quellen systematisch dargestellt. gr. 8. (VII, 91 S.) Hamburg 885. Nestler & Melle's Verl. n. 2. —

Walcker, Karl: Der Anteil der Frauen am geistigen Leben. Ein Essay. — Bielefeld: Helmich (1893). 15 S. 8° (Sammlung pädag. Vorträge. Bd 5. H. 10.)

Walcker, Karl, die Arbeiterfrage mit besonderer Berücksichtigung der deutschen Gewerkvereine [Hirsch-Duncker]. gr. 8. (XII, 164 S.) Bernburg 881. Bacmeister. n. 3. —

Walcker, Karl, Arbeiterlesebuch. gr. 8. (IV, 35 S.) Karlsruhe 890. Macklot's Verl. n. 1. —

Walcker, Karl, staatswissenschaftliche Aufsätze. gr. 8. (93 S.) [Berlin 877.] Leipzig, Grieben's Verlag.

Walcker, Karl (Hrsg.), s.a. Aussprüche der deutschen Klassiker und Friedrichs des Großen über Politik, Nationalökonomie, Kirche und Heerwesen.

—— Aussprüche der deutschen Classiker und Friedrich's des Großen über Politik, Nationalökonomie, Kirche und Heerwesen. Zusammengestellt und erläutert. 8. (XIII, 203 S.) Berlin 875, Haude und Spener'sche Buchh.
geb. mit Goldschn.

Walcker, Karl, Betrachtungen üb. das moderne Militärwesen u. Völkerleben. (X, 105 S.) gr. 8. Sondershausen 904. F. A. Eupel. n. 3. —

— Oesterreichs evangelische Bewegung u. sein Staatsinteresse. gr. 8. (X, 50 S.) Göttingen 900. Berlin, F. Wunder. n. — 60

—— Lasker's Doctrinarismus und der gesunde Menschenverstand. Ein Votum für das Militairgesetz. gr. 8. (20 S.) Ebendas. 874. *

Walcker, Karl, die Duellfrage. gr. 8. (V, 38 S.) Leipzig 902. Roßberg'sche Verlagsbuchh. n. 1. —

Die religiösen und politischen Entwickelungstendenzen der Kulturwelt. Von Dr. Karl **Walcker**, Privatd. Sondershausen: Eupel 1907. XI, 60 S. 8° [10. 14313]

Walcker, Karl, d. Frage d. allgemeinen Bildung u. d. Zeitungsreform. gr. 8. (VII, 50 S.) Leipzig 896. H. Haacke. n. 1. —

— die sociale Frage mit besond. Berücksicht. landwirthschaftl. Reformen und der Decentralisation der Bevölkerung. Ein Suppl. zu den Lehrbüchern der Nationalökonomie. gr. 8. (XVIII, 172 S.) Berlin 873, Springer's Verlag.

— die Frage der Zolleinigung m. Oesterreich-Ungarn. Orientierende Darlegg. der Gründe u. Gegengründe. gr. 8. (VI, 29 S.) Leipzig 892. Roßberg. n. 1. —

Walcker, Karl: Die Frauenbewegung. Krit. Betrachtungen. — Strassburg: Strassburger Dr. u. Verlagsanst. 1896. 42 S. 8°

— die Gefahren des Konstitutionalismus u. ihre Gegenmittel. gr. 8. (VI, 29 S.) Sondershausen 895. F. A. Eupel. n. 1. —

Gemäßigte und Radikale. Eine Kritik d. polit. Radikalismus. Von Dr. Karl **Walcker**, Privatd. 2., verm. u. gänzl. umgearb. Aufl. Sondershausen: Eupel 1908 VII, 88 S 8° [11. 16,8]

Walcker, Karl: Geschichte der Nationalökonomie, insbes. der neueren und neuesten. Leipzig 1884.
(Walcker: Handbuch der Nationalökonomie. Bd 5.)

— 3. Aufl. [u. d. Tit.:] Geschichte der Nationalökonomie und des Sozialismus. 1895.
(Walcker: Handbuch der Nationalökonomie. 3. Aufl. Bd 5.)

Walcker, Karl: Geschichte der Nationalökonomie und des Sozialismus. . . . 4., völlig umgearb. Aufl. Leipzig: Rossberg'sche Hof-Buchh. 1899. (VIII, 134 S.) 8°

Walcker, K., Geschichte der Nationalökonomie u. des Sozialismus. 5., völlig umgearb. Aufl. (VII, 124 S.) gr. 8. Leipzig, Rossberg & Berger. 1902.

— Rudolf v. Gneist, s.: Denker, deutsche, u. ihre Geistesschöpfungen.

— Grundriß des allgemeinen Staatsrechts für Studirende und Gebildete, mit besond. Berücksicht. der Gneist'schen Forschungen und der neuesten preuß. Gesetzgebung. gr. 8. (XII, 163 S.) Berlin 875, C. Heymann's Verlag.

— Grundriss der Statistik, der Staatenkunde. Ein Nachschlagewerk u. kulturgeschichtl. Lesebuch. gr. 8. (XII, 339 S.) Berlin 889. Mayer & Müller. n. 6. —

— Grundriß der Weltgeschichte u. der Quellenkunde f. Historiker, Lehrer, Examinanden u. andere Gebildete. gr. 8. (IX, 315 S.) Karlsruhe 892. Macklot. n. 10. —

Walcker, Karl: Handbuch der Nationalökonomie. Leipzig. 5 Bde
Bd 1. Allgemeine Volkswirthschaftslehre einschließlich der Eisenbahn-, Münz-, Bank-, Versicherungs- und Armen-Politik. 1882.
„ 2. 3. Spezielle Volkswirthschaftslehre. Abth. 1. Landwirthschaftspolitik mit bes. Berücks. der landwirthschaftl. Krisis. 1883.
„ 2. Gewerbe- und Handelspolitik einschl. d. Bergbaupolitik. 1884.
„ 4. Finanzwissenschaft mit bes. Berücks. der deutschen Reichs-, Staats- u. Gemeindesteuerfragen. 1884.
„ 5. Geschichte der Nationalökonomie, insbes. der neueren und neuesten. 1884.

— Handbuch der Nationalökonomie für Studirende, Landwirthe, Industrielle, Kaufleute und andere Gebildete. 5 Bde. gr. 8. Leipzig, Roßberg'sche Buchh. *
Inhalt:
Bd. 1. Allgemeine Volkswirthschaftslehre einschließlich der Eisenbahn-, Münz-, Bank-, Versicherungs- und Armen-Politik. (XI, 511 S.) 882. *M 9.
„ 2. Specielle Volkswirthschaftslehre. 1. Abthl.: Landwirthschaftspolitik mit besond. Berücksicht. der landwirthschaftl. Krisis. (XVI, 336 S.) 883. *M 7.
„ 3. — dass. — 2. Abthl.: Gewerbe- und Handelspolitik, einschließlich der Bergbaupolitik. (X, 308 S.) 883. *M 7.
„ 4. Finanzwissenschaft mit besond. Berücksicht. der deutschen Reichs-, Staats- und Gemeindesteuerfragen. (X, 176 S.) 884. *M 4.
„ 5. Geschichte der Nationalökonomie, insbesondere der neueren und neuesten. (XVIII, 324 S.) 884. M* 8.

Walcker, Karl. Handbuch der Nationalökonomie für Studierende, Landwirthe, Industrielle, Kaufleute und andere Gebildete. Bd. 4. Finanzwissenschaft mit besonderer Berücksichtigung der deutschen Reichs-, Staats- und Gemeindefragen. gr. 8°. Leipzig, Rossberg, 1884. 2. verm. u. verb. Aufl. gr. 8°. Ebd. 1887.

— Handbuch der Nationalökonomie. 2., verb. Aufl. 5 Bde. gr. 8. Leipzig 888. Rossberg. n. 15. —
1. Allgemeine oder theoretische Nationalökonomie. (XIII, 55 S.) n. 2. —
2. Landwirthschaftspolitik. (XV, 54 S.) n. 2. —
3. Gewerbe- u. Handelspolitik. (XV, 74 S.) n. 2. —
4. Finanzwissenschaft m. besond. Berücksicht. der deutschen Reichs-, Staats- u. Gemeindesteuerfragen. (XIII, 246 S.) n. 7. —
5. Geschichte der Nationalökonomie u. d. Socialismus. (X, 79 S.) n. 2. —

— Handbuch der Nationalökonomie. 5. Bd. gr. 8. Leipzig 895. Rossberg. n. 3. —
Geschichte der Nationalökonomie u. d. Sozialismus. 3., völlig umgearb. Aufl. (X, 113 S.)

Walker, Karl, die Heilung der europäischen Finanznoth u. Geschäftsstockung vermittelst einer allgemeinen Entwaffnung der europäischen Staaten. St. Petersburg 868. Röttger. gr. 8. (46 S.) n. 6 *ngr.*

Die Interessenkämpfe der Industrie, des Handels, der Landwirtschaft, der Klein-, Mittel- und Grossstädte. Wirtschaftsgeschichtl. Studien u. Betrachtgn v. Dr. Karl **Walcker**, Privatdoz. . . . an d. Univ. Leipzig . . . *Zittau: Pahl 1897.* (IV S., 1 Bl., 117 S.) 1 Bd 8. [97. 4258]

— d. Interessenkämpfe d. Industrie, d. Handels, d. Landwirtschaft, der Klein-, Mittel- u. Grossstädte. Wirtschaftsgeschichtl. Studien u. Betrachtgn. gr. 8. (VI, 116 S.) Zittau 897. Backnang, J. Rath's Verl. n. 2. 40

— die Judenfrage, vom staatswissenschaftlichen Standpunkte aus betrachtet. gr. 8. (X, 24 S.) Sondershausen 894. F. A. Eupel. n. 1. —

— zeitgemässe Kapitalanlagen. Volkswirthschaftliche Betrachtgn. f. Kapitalisten, Bankiers, Kaufleute, Industrielle, Landwirte. gr. 8. (VII, 47 S.) Karlsruhe 891. Macklot's Verl. 1. 50

Walcker, Karl, die Kompetenz d. Religion, der Ethik, des Patriotismus, d. Verfassung, Gesetzgebg., Justiz, Presse, d. Vereine u. d. öffentl. nationalen u. internat. Meing. m. bes Berücksicht. d. Frage d. Beleidiggn. u. der Pressfreiheit. gr. 8. (XI, 76 S.) Leipzig 898. A. Strauch. n. 2. —

— gegen Kornzölle. gr. 8. (V, 23 S.) Ebendas. 885. *

— gegen Kornzölle. gr. 8. (V, 23 S.) Ebend. 886. n. — 60

— Kritik der deutschen Parteien. Ein volkswirthschaftl. u. polit. Essay. gr. 8. (XII, 277 S.) Ebend. 886. n. 6. —

Walcker, Carl (II.), Kritik der Parteien in Deutschland vom Standpunkte des Gneist'schen englischen Verfassungs- und Verwaltungsrechts. gr. 8. (XVI und 408 S.) Berlin 865, Springer's Verlag.

Kritik der Bismarckischen Politik. Von Dr. Karl Walcker. 2., verb. u. verm. Aufl. Sondershausen: F.A.Eupel 1906. (V, 63 S.) 8° [J.] (06. 1334

(1. Aufl. (28 S.) 904.)

— die gegenwärtige Lage Russland's insbesondere die constitutionellen Bestrebungen des russ. Adels und das Verhältniss Deutschlands und Oesterreich-Ungarns zu Russland. gr. 8. (XXII, 151 S.) Ebendas. 873.

Walcker K. Lehrbuch der Nationalökonomie. Berlin 1871

— Lehrbuch der Nationalökonomie für Studirende und Gebildete. 8. (XII, 167 S.) [Berlin 875.] Leipzig, Grieben's Verlag. *

Walcker, Carl (I.), zur Lehre von den Schutzzöllen. gr. 8. (VI und 98 S.) Dorpat 867, Gläser's Verlag. *

Der Liberalismus, sein Wesen und seine Machtmittel. Von Dr. Karl Walcker. Sondershausen: Eupel 1903. IV, 32 S. 8° (11. 9941 6

Die Machtverhältnisse und die Machtaussichten des Protestantismus, des römischen u. griechischen Katholizismus v. Dr. Karl Walcker, Privatdoz. ... a. d. Univ. Leipzig ... *Zittau: Pahl 1897.* (IX, 69 S.) 1 Bd 8. (97. 6777

— die Machtverhältnisse u. d. Machtaussichten d. Protestantismus, d. römischen u. griechischen Katholizismus. gr. 8. (X, 68 S.) Zittau 897. Backnang, J. Rath's Verlag. n. 1. —

Karl Marx. Gemeinverständl., krit. Darlegg s. Lebens u. s. Lehren. Von Dr. Karl Walcker, Privatdoz. ... Leipzig. *Leipzig: Rossberg 1897.* (XVI S., 1 Bl., 43 S.) 1 Bd 8. (98. 8437 II

— die Mittel zu e. großartigen Hebung der Landwirtschaft, der Industrie, d. Handwerks, Handels u. Bankwesens d. Deutschen Reiches. gr. 8. (16 S.) Leipzig 893. Roßberg. n. — 80

— Montesquieu als Polyhistor, Philosoph, Vorkämpfer d. germanisch-protestant. Kultur u. als polit. Prophet. gr. 8. (VI, 31 S.) Ebd. 896. n. 1. —

Walker, Karl, die Notenbank- und die Währungsfrage. Gemeinfasslich dargestellt. gr. 8. (XI, 138 S.) Berlin 876, Haude und Spener'sche Buchh.

— d. Notwendigkeit e. europäischen Abrüstung u. Steuerentlastg. gr. 8. (V, 38 S.) Sondershausen 895. F. A. Eupel. n. 1. —

— die militärische, nationale, social- und kirchenpolitische Nothwendigkeit der militärischen Jugenderziehung und wirklich allgemeinen Wehrpflicht. Eine lehrbuchart. Erörterung der Militärfrage. gr. 8. (XXXI, 159 S.) Leipzig und Berlin 873, Luckhardt'sche Verlagsh.

Walcker K. zur Orientierung über die Reichseisenbahnfrage. Berlin 1875

— zur Orientirung über die Reichs-Eisenbahnfrage. gr. 8. (39 S.) Berlin 876, C. Heymann's Verlag. *

— Politik der konstitutionellen Staaten. gr. 8. (VII, 300 S.) Karlsruhe 890. Macklot. 8. —

— Priesterherrschaft, od. Laienherrschaft? gr. 8. (XII, 35 S.) Sondershausen 901. F. A. Eupel. n. 1. —

— der Rechtsschutz gegen zu hohe Steuern u. Steuereinschätzungen. gr. 8. (V, 22 S.) Berlin 893. C. Heymanns Verl. n. — 60

Walcker, K., Die volkswirtschaftlichen Richtungen der Gegenwart. Hamburg, 1890. 28 S.
Schul-/Univ.-Schrift

— Die volkswirtschaftl. Richtungen d. Gegenwart. (Zeit- u Strtfr. N F 75) Hamburg 1890

— die volkswirthschaftlichen Richtungen der Gegenwart, s. Zeit- u. Streitfragen, deutsche.

Walcker, K., Der Schutz der Frauen u. Kinder gegen Misshandlungen. Auf Grund amerikan. u. europ. Materialien erörtert. gr. 8. (X, 126 S.) Leipzig, Rossberg & Berger. 1900. 4. —

— Schutzzölle, laissez faire und Freihandel. Eine lehrbuchart. Erörterung der wichtigsten industriellen und landwirthschaftl. Schutzzölle. gr. 8. (XIX, 814 S.) Ebendas. 880.

— die Selbstverwaltung des Steuerwesens im Allgemeinen und die russische Steuerreform. Mit besond. Berücksicht. der Projecte der verordneten russ. Steuerreform-Commission. Zugleich ein Beitrag zur Kenntniss innerruss. und balt. Zustände und Parteien. gr. 8. (LII, 348 S.) Berlin 869, Peiser's Verlag.

— die Silber-Entwerthungs-Frage. Kritische Uebersicht der währungspolit. Ansichten der namhaftesten europ. und amerikan. Nationalökonomen. gr. 8. (VII, 102 S.) [Strassburg 877.] Mannheim, Schneider.

Walcker, Karl, Adam Smith, der Begründer der modernen Nationalökonomie. Sein Leben u. seine Schriften. gr. 8. (VI, 50 S.) Berlin 890. Liebmann. n. 1. 50

— Die Strikes und die inneren Interessengegensätze der Handarbeiterklasse. 8°. Leipzig, Rossberg, 1886. (Vermehrter Sep.-Abdr. aus der Vierteljahresschr. f. Volksw., Polit. u. Kultur.) (VIII, 195.)

— Theorie der Pressfreiheit u. der Beleidigungen. gr. 8. (VII, 101 S.) Karlsruhe 889. Macklot. n. 3. 50

Der Tierschutz und die Tierquälereien. Einleit. Betrachtungen von Dr. Karl Walcker, Privatd. Sondershausen: F. A. Eupel 1905. (V, 56 S.) 8° (05. 8856

— ein preußisches Unterrichtsgesetz oder ein Reichsgesetz über die militärische Jugenderziehung? Mit besond. Berücksicht. der Reformideen Scharnhorst's, Gneisenau's und des Prinzen August von Preußen. gr. 8. (XXIV, 335 S.) [Berlin 877.] Leipzig, Grieben's Verlag.

— die Ursachen und die Heilmittel der socialdemokratischen Umsturzbestrebungen. gr. 8. (XXIV, 225 S.) Berlin 879, C. Heymann's Verlag.

— die Verhütung u. die Beilegung v. Streiks. gr. 8. (24 S.) München 892. Literar. Institut Dr. M. Huttler. n. — 50

Walcker, Karl, u. **Schenckendorf**, E. v., Zur Versöhnung des Besitzes und der Arbeit. (Deutsche Schriften für nationales Leben, Reihe 1, Heft 2.) gr. 8⁰. Kiel, Lipsius u. Tischer, 1891.

—— u. E. v. Schenckendorff. Zur Versöhnung d. Besitzes u. der Arbeit, s. Schriften, deutsche, f. nationales Leben.

— Die grossstädtische Wohnungsnoth, ihre Ursachen und Heilmittel. (Deutsche Zeit- und Streitfragen, N. F. Heft 102.) gr. 8⁰. Hamburg 1892.

— **die großstädtische Wohnungsnoth, ihre Ursachen u. Heilmittel, s. Zeit- u. Streitfragen, deutsche.**

—— kirchenpolitische, volkswirthschaftliche und politische Zeitfragen. 3 Lfgn. gr. 8. (XVI, 319 S.) Leipzig und Berlin 874, Luckhardt'sche Verlagsh. à Lfg. * M. 1,50. *

Walcker, Mathilde, vgl. Walker, Mathilde

Walcker, Mathilde, fürs Kinderherz. (VIII, 168 S.) gr. 8. Papiermühle b/Roda 903. Gebr. Vogt. Geb. n. 2. —

— dasselbe. (Illustr. Ausg.) (VIII, 168 S. m. 15 Farbdr.) gr. 8. Ebd. 903. Geb. 3. —

Walcker, Otto, approb. Arzt aus Stuttgart: Ein **Beitrag** zu den sarkomatösen Geschwülsten des Mesenteriums. *Rudolstadt [1901]: F. Mitzlaff.* (14 S.) 8°
Tübingen, Med. Diss. v. 1901

Walcker, Wilhelm, s. Walker, Wilhelm

Walcker & Co E F, Jubiläums-Festschrift zur Vollendung des 1000. Orgelwerkes. (61 S.) 4° Ludwigsburg 1902

Walcot, John (Demerary/Amerika)
Diss. inaug. de vera ratione quae philosophiam inter et medicinam exstat.
[lt. Dekanatsbuch eingereicht.]
Dr. med. Giessen 16.4.1831.

Walcott Leader: 1898? - 1900?
Independent weekly, published in English and German. Edited & published by Raphael & Hill.
Walcott, IA

Wald [Sachl. OW]

Wald, der, ein Spiel zur Verstandesübung für d. Jugend, mit ill. Kpf. Fol. Leipz. 805. Voß. 12 gr

Wald, der. Eine besondere Auswahl interessanter Original-Novellen und historischer Erzählungen gesammelt und herausg. von L. Fliß. 12 Hefte (à 3 Bgn.). Magdeburg 855. Quednow in Comm. Lex.-8. n. 1 Rthlr. 18 ngr.

Der Wald. - Langensalza 1893. IV, 83 S. 3. Auf. - 5. Aufl. ebd. 1903. IV, 84 S. - (Naturgeschichte in Lebensgemeinschaften H. 4)

Wald und Acker, s. Acker und Wald.

Wald, der bayerische. Illustr. Zeitschrift f. Geschichte, Kulturgeschichte, Volkskunde u. Touristik. Publikationsorgan des Waldvereins. Schriftleitung: Fr. Bieringer. 6.—8. Jahrg. 1908—1910. à 12 Hefte. (à ca. 16 S.) Lex. 8. Passau, M. Waldbauer. à Jahrg. 4. —
Erscheint nicht mehr. Jahrg. 6 u. 7 sind vergriffen.

Wald, Der deutsche, im deutschen Lied. Ein nationales Erbauungsbuch ... Berlin 1899. V: *Böckel, Otto.* (Berl)

Wald, der deutsche, im deutschen Lied. Ein nationales Erbauungsbuch, v. e. deutschen Waldfreund. gr. 8. (317 S.) Berlin 899. H. Walther. Geb. in Leinw. n.n. 5. —

Wald u. Feld. Westf. Jagd- u. Fischerei-Zeitg. Rundschau u. Anzeiger f. das Gebiet der Jagd u. Kynologie, der Fischerei u. a. sportl. u. naturwissenschaftl. Liebhabereien. Unter Mitwirkg. der zoolog. Sektion f. Westfalen u. Lippe, sowie des Landesvereins Westfalen A. D. J. Sch.-V. hrsg. (Zugleich öffentl. Organ der genannten beiden Vereine, sowie des Fischerei-Vereins f. Westfalen u. Lippe.) 1. u. 2. Jahrg. Aug. 1892—Juli 1894. à 12 Nrn. (Bog.) gr. 8. Münster, H. Schöningh. n. 1. 20
Auch u. d. T.: Jagdzeitung, westfälische.

Wald u. Feld. Westf. Jagd- u. Fischerei-Zeitg. Rundschau u. Anzeiger f. d. Gebiet d. Jagd u. Kynologie, d. Fischerei u. a. sportl. u. naturwissenschaftl. Liebhabereien. Unt. Mitwirkg. d. zoolog. Sektion f. Westfalen u. Lippe, sowie des Landesver. Westfalen u. Hannover A. D. J. Sch.-V. hrsg. (Zugleich öffentl. Organ d. gen. 3 Vereine, sowie des Fischerei-Vereins f. Westfalen u. Lippe.) 3.—5. Jahrg. 1895—1897. à 12 Nrn. (Bog.) gr. 8. Münster, H. Schöningh. à Jahrg. n. 1. 20
Erschien auch u. d. Titeln: Jagdzeitung, Hannoversche u. Jagdzeitung, Westfälische.
Weiter nicht erschienen.

— — 12 Landschaften in Photograv. Nach Orig.-Gemälden moderner Meister. qu. Fol. München 894. J. Albert. In Leinw.-Mappe 30. —

Wald u. Flur. Zuverlässiges Adressbuch f. den deutschen Forstmann, Jäger u. Landwirth. Jahrg. 1891. Fortsetzg. d. 1890 erschienenen forstl. u. jagdl. Adressbuches Hrsg. u. red. v. Herm. Haché. gr. 8. (V, 88 u. XVII S.) Nordhausen 891. (F. Eberhardt.) n. 1. 50

Aus **Wald** und Grund. Geschichten vom Schwarzwald. Von Eufemia v. Adlersfeld-Ballestrem [u. a.]. [Nebst] Neue Folge von M[ax] Barack [u. a.]. *Freiburg i. B. & Leipzig: P. Waetzel 1897–98.* 2 Bde 8° [F.]
[o.] 1809

Wald bey Herrmannstadt. Lustsp. in 4 Akten, s. Schausp. der Frau v. Weißenthurn 5r Bd.

Der Wald auf dem Kyffhäuser-Gebirge. Ein Wegweiser für die Teilnehmer an der 26. Versammlung der Thüringer Forstwirthe zu Frankenhausen am 5.-7. Juni 1898. - Frankenhausen 1898. 21 S.

Wald, Matthäus. Ein Roman aus dem Engl. übers. von W. A. Lindau. Leipzig 1825. II. V: *Lockhart, John Gibson* [›Mathew Wald‹. 1824], Schwiegersohn Walter Scotts. Vgl. Jacob: W. Scott 1827, S. 123) (streisand 24) (DARP)

Wald, Matthäus. Ein Roman, aus d. Engl. v. W. A. Lindau. 2 Thle. 8. Leipz. 825, Hartmann.

Wald, Matthäus. Ein Roman; aus d. Engl. v. W. A. Lindau. 2 Thle. 8. Leipz. 825. (Lehnhold). 1 Rthlr 16 gr

Wald, der thüringer, s. Thüringer-Wald, der.

— der Thüringer, s. K. E. A. v. Hoff.

— der Thüringer, s.: Miniatur-Bibliothek.

Wald, der Thüringer. Dargestellt in seinen malerischen Landschaftspunkten nach Aquarellen von C. P. C. Köhler, mit Schilderungen von H. Schwerdt. Fol. (7 Chromolithogr. mit 48 S. Text.) Darmstadt 880, Köhler's Verlag. geb. mit Goldschn. *

— d. Thüringer, mit seinen nächsten Umgebungen, nach seinen gegenwärt. gesammten Verhältnissen geschildert. Herausg. von W. v. C. M. Mit 14 Kpf. 8. Erfurt 830. Andreä. 1 ₰ 18 ℊℊ

Wald und Weide in Safien vor fünf Jahrhunderten. [Chur?] 1897. V: *Hunger, S.* (BSCHWL V, 5, S. 66)

Wald und Wild. Allgem. Liederbuch für Deutschlands Forst- und Weidmänner. Mit Bezeichnung des Melodieen und einem Kupfer. [Herausgeg. von AUG. CHR. HEINR. NIEMANN]. Kiel. 1827.

Wald u. Wild; oder allgem. deutsches Forst- u. Jagd-Liederbuch. 8. Kiel 827, Universitäts-B.

Wald [Verfasser]

Wald, A.

— Populär-wissenschaftlicher Vortrag über Luftschifffahrt. Berlin (1884)

Wald, A., Wald- u. Heide-Novellen. 8. (III, 114 S.) Dresden 901. E. Pierson. n. 1. 50; geb. n. 2. 60

Wald, Alexander, Gesetzgebung für die Kolonien der Ausländer im Reiche (Deutsch-russischer Paralleltext). Odessa 1862

Wald, Alexander [Hrsg.], s. Musen-Almanach, Neuer.

Wald, Alex., der jüdische Mythos. Eine Studie. 2., verm. Aufl. gr. 8. (III, 32 S.) Preßburg 890. Heckenast's Nachf. n. — 80

— an die Proletarier aller Stände. Ein Mahnruf. 16. (45 S.) Wien 890. (Leipzig, Literar. Anstalt, Aug. Schulze. — Th. Fritsch.) — 50

Wald, Arminius: De vini natura, praecipue de ejus principio inebriante. Berolini 1842 Nietack. 27 S. Berlin, Med. Diss. v. 25. 7. 1842 — 17.121*

Wald, Carl, s. Wald, Karl

Wald, E., „was der Wald sah —" u. andere Erzählungen f. Alt u. Jung. 2. Aufl. (157 S.) 8. Dresden 910. E. Pierson. 2.50; geb. n 3. 50

Wald, Ephraim. (geb. Dt. Crone 11. 11. 1812): De nonnullis mammalium domesticorum morbis, homini inimicis. Berolini (1838). (36 S.) 8°
Berlin, Med. Diss. v. 10. Aug. 1838

Wort und Tat von Eug. **Wald.** o. O. [ca. 1906 ?].
cf. L. 29 (1906) S. 153—154, 202, 219. Frmrtragödie. Der Name Wald ist Pseud.

Wald, Ewald von, s. Wald-Zedtwitz, Ewald von

Wald, F., die Energie u. ihre Entwertung. Studien üb. den 2. Hauptsatz der mechan. Wärmetheorie. gr. 8. (V, 105 S. m. 6 Holzschn.) Leipzig 889. Engelmann. n. 2. 50

Wald F.: Studie über Energie produzierende chemische Prozesse S. 83 H. 504 . . . . vgr.
Separatabdruck

Wald, Ferd., Gedanken und Geschichten. 2 Bde. Wien 854. Hölzl. 12. (5 Bl., 672 S.) n. 2 ₰.

Wald, Fritz, pract. Arzt zu Halle a. S.: Die operative Behandlung der Gallensteinkrankheit und ihre Erfolge in der Klinik des Herrn Professor v. Bramann. *Halle a. S. 1903: H. John.* (53 S.) 8°
Halle, Med. Diss. v. 6. Aug. 1903

Wald, H., statistische Nachrichten über den Regierungs-Bezirk Potsdam. Im Auftrage der königl. Regierung zu Potsdam bearb. Lex.-8. (VIII und 124 S.) Potsdam 864, Döring. *

Wald, H., über Sympathie. Vortrag, im evangel. Verein zu Berlin gehalten. 1—3. Abdr. Potsdam 867. Döring. 16. (40 S.) n. 5 ngr.

—— das Vorkommen und die Entstehung des Milzbrandes. (Gekrönte Preisschrift.) gr. 8. (VIII und 104 S.) Halle 862, Schrödel und Simon. *

Wald, Herm., die Gleichstellung der Katholiken in Preußen. Eine historisch-polit. Studie. gr. 8. (87 S.) Hamm 901. Breer & Thiemann. n. 1 —

Wald, Herm., gerichtliche Medicin. Ein Handbuch für Gerichtsärzte und Juristen zum Theil auf Grundlage von Afr. S. Taylor's Medical Jurisprudence bearb. 2 Bde. Leipzig 858. Voß. 8. (XXIV, 496; X, 391 S.) n. 3 ₰.

—— Schutz des Gemeinwohls, und nicht Willkühr der Arzneiverkäufer. Antwort auf die Frage des Herrn Geh. Med.-Rath Dr. Brefeld: die Apotheke — Schutz oder Freiheit? gr. 8. (76 S.) Berlin 863, A. Hirschwald. *

Wald, Herm., Tuisko oder das alte und das neue Deutschland. gr. 8. (183 S.) Offenburg 874, Trube.

'Zu spät'. Trauerspiel in 4 Akten von J. F. **Wald.** Leipzig: Verl. f. Lit., Kunst u. Mus. 1910. 78 S. 8°

Wald, J. P. L., Hülfstabellen für Landwirthe u. Geschäftsleute, zur leichten Ausmittelung des Betrags für verkauftes u. erkauftes Getreide. 8. Köthen 817. (Leipz., Hartmann). 10 ℊℊ

Wald, J. P. L.: „Hülfstafeln für Landwirthe und Geschäftsleute zur leichten Ausmittelung des Betrages für verkauftes und erkauftes Getreide", Leipzig 1817 (Hartmann in Komm.).

WALD, JASP., s. Jugendfreund, der. 1840.

Wald, [Jasper]: Trauerpredigt geh. den 19. Januar 1876 in der Gettorfer Kirche am Sarge des heimgegangenen Pastor [Johann Heinrich Christian] Peters. Kiel. 1876. 8°

Wald, Jos. (M. Borniger), d. Sklaven Rache od. zu späte Reue, s.: Dilettanten-Theater.

Wald, Isaac. Reisen durch die vereinigten Staaten von Nordamerika . . . Berlin 1800. Ü: *König, Carl Dieterich Eberhard.* (MGT)

Wald, Julie, die Pension u. ihre Zöglinge oder die Segnungen einer veredelten Erziehung. Gebildeten Töchtern ein Festgeschenk. Mit 4 Stahlst. 8. Nürnberg 843, Renner u. Co. geb. 1 ₰

Wald, Carl, s.: Forst, Walram.

Wald, Karl, Lebensbäume, s.: Jugend- u. Volksbibliothek, naturwissenschaftliche, 80. Bdchn.

Wald, Carl, die Nothwendigkeit e. christl. Volksbewegung u. e. apologetischen Volksliteratur. gr. 8. (80 S.) Berlin 892. C. Wald. 1. —

Wald, K., Herzog Reginald. Große romant. Oper in 3 Akten. Musik v. O. Brucks. 8. (24 S.) Düsseldorf 886. F. Bagel. n. — 40

Wald, Carl. Sozialdemokratie u. Volksliteratur. gr. 8. (31 S.) Berl. 889. (Lpz., Stauffer.) 1 —

Wahrheit und Irrthum im Spiritismus und dessen Beweise für die Unsterblichkeit des Geistes. Von **Carl Wald**, Präs. d. wiss. Clubs Neue Menschheit. Nebst Anleitung z. Bildung spiritist. Cirkel, Materialisations-Sitzungen... *Berlin, Schöneberg: C. Wald [1900].* (Getr. Pag.) 8° [Umschlagt. F.] [04. 11440

Wald, Karl, Waldpoesie, s.: Jugend- u. Volksbibliothek, naturwissenschaftliche.

Wald, K. v., in e. anderen Welt, s.: Gestalten, interessante.

Wald, Max

Wald, M., gewerbliche u. landwirtschaftl. Buchführung nebst Geschäftsaufsätzen. F. Volksschulen u. Fortbildungsschulen. gr. 8. (30 S.) Berlin 898. Buchh. d. Deutschen Lehrerzeitg. n. — 30

Wald, M., das Einkommensteuer-Gesetz, nebst entsprech. Aufgaben f. den Rechenunterricht. Ein Anh. zu jedem Rechenheft. 8. (23 S.) Berlin 892. Buchh. der Deutschen Lehrerzeitg. n.n. — 15

[F.] Die Fibel, e. rechte Gehilfin d. Lehrers. Von **M[ax] Wald**. *Bielefeld: A. Helmich [1896].* (14 S.) 1 Bd 8.
= Abhandlungen, Pädagogische. II. 31. [96. 1219

[F.] Heimatskunde des Kreises Teltow. Von **M[ax] Wald**, Lehrer in Alt-Glienicke ... *Berlin: Buchhandlg d. 'Deutschen Lehrer-Zeitg.' 1895.* (28 S., 3 Tab.) 1 Bd 8. [96. 1783

Heimatkunde des Kreises Teltow und der Städte Charlottenburg, Schöneberg u. Rixdorf. Mit 1 Karte d. Prov. Brandenburg. Von **M[ax] Wald**, Gross-Beeren. 2. Aufl. *Berlin: F. Zillessen 1900.* (38 S.) 8° [F.] [01. 12570

Wald, M., Heimatkunde des Kreises Teltow u. der Städte Charlottenburg, Schöneberg u. Rixdorf. Mit (farb.) Karten der Prov. Brandenburg u. des Kreises Teltow, Plan der Berliner Stadt- u. Ringbahn u. e. Eisenbahnkarte Berlin—Leipzig—Dresden. 3. Aufl. (44 S.) gr. 8. Berlin 903. F. Zillessen. n. — 60

Weltsprache pankel, die leichteste und kürzeste Sprache für den internationalen Verkehr. Grammatik u. Wörterbuch mit Angabe d. Wortquelle von Max **Wald** in Groß-Beeren. 2. Aufl. Groß-Beeren: Selbstverl. 1907. (41 S.) 8° [F.] [07. 17898

Wald, Max, Weltsprache pankel, d. leichteste u. kürzeste Sprache f. den internationalen Verkehr. Grammatik u. Wörterbuch m. Angabe der Wortquelle. 2. Aufl. (41 S.) 8. Gross-Beeren 907. (Schöneberg, W. Thielking.) (Nur direkt.) 1. —

Wald, Max: Weltsprache p a n - k e l , die leichteste u. kürzeste Sprache f. d. internat. Verkehr. Grammatik u. Wörterbuch mit Angabe d. Wortquelle. 3. Aufl. (Gross-Beeren: Selbstverl.) 1908. 44 S. 8°

Wald, Max: p a n - k e l , leichteste Kurzsprache für den Weltverkehr. Grammatik u. alphab. Wörterbuch nebst Übersetzungen. 4. Aufl. (Grossbeeren: Selbstverl.) 1909. 91 S. 8°

pan-kel, leichteste Kurzsprache f. d. Weltverkehr. Grammatik u. alph. Wörterbuch nebst Übers. Von Max **Wald** 5. Aufl. (Kalkberge): Verf. 1910 90 S. 8° [11. 3983

— Raumlehre, nebst entsprechenden Aufgaben f. den Rechenunterricht. Ein Anh. zu jedem Rechenhefte. gr. 8. (24 S. m. 6 Taf.) Bielefeld 894. A. Helmich. n. — 30

Wald, M., Rechenaufgaben zur Unfall-, Kranken- u. Invaliden-Versicherung. Auflösung. (9.—11. Taus.) 8. (7 S.) Berlin (900). F. Zillessen. n. — 10

— Schul- u. Volks-Stenographie. In 3 Stunden zu erlernen. 4. (8 autogr. S.) Leipzig 899. (J. H. Robolsky.) n. — 40

— Unfall-, Kranken-, Invaliditäts- u. Altersversorgungs-Versicherung, nebst entsprech. Aufgaben f. den Rechenunterricht. Ein Anh. zu jedem Rechenheft. 1.—3. Taus. 8. (29 S.) Ebd. 891,92. ** — 15

— Unfall-, Kranken-, Invaliditäts- u. Altersversorgungs-Versicherung, nebst entsprech. Aufgaben f. den Rechenunterricht. Ein Anh. zu jedem Rechenheft. 6.—8. Taus. (3. Aufl.) 8. (31 S.) Berlin 894. Buchh. der Deutschen Lehrer-Zeitg. n. — 15

— Unfall-, Kranken- u. Invaliden-Versicherung nebst entsprechenden Aufgaben für den Rechenunterricht. Ein Anh. zu jedem Rechenheft. 9.—11. Taus. gr. 8. (31 S.) Berlin (900). F. Zillessen. n.n. — 15

— e. Vereinfachung der deutschen Rechtschreibg. gr. 8. (16 S.) Bielefeld 891. A. Helmich. n. — 40

Wald, Max C. E., Referendar: Die rechtliche Natur der Gründung der Aktiengesellschaft. Borna-Leipzig 1908: Noske. X, 65 S. 8°
Heidelberg, Jur. Diss. v. 1908, Ref. Schröder
[Geb. 5. Mai 85 Straßburg; Wohnort: Ebringshausen; Staatsangeh.: Preußen; Vorbildung: Lessing-Gymn. Frankfurt a. M. Reife O. 03; Studium: Lausanne 1, Heidelberg 1, München 2, Berlin 1, Straßburg 2 S.; Rig. 4. Aug. 08.] [U 08. 1925

Wald, Otto (Frl. Käte Hardt), das Buch der Großmutter. Eine Erzählg. f. die Jugend. 8. (III, 76 S.) Dresden 900. E. Pierson. n. 1. 50; geb. n. 2. 50

[F.] Daniel Hansen. E. Erzählg v. d. Halbinsel Hela v. **Otto Wald**. *Breslau: M. Woywod 1898.* (2 Bl., 104 S.) 1 Bd 8.
= Volks- u. Jugend-Bibliothek, Woywods. Bd 15. [98. 17573

Wald, Otto, Daniel Hansen, s.: Woywod's Volks- u. Jugend-Bibliothek.

Wald, Paul (geb. Berlin 17. 3. 1850): Ueber Magen-Ektasie. Berlin (1872). (32 S.) 8°
Berlin, Med. Diss. v. 27. Jan. 1872

Wald, R., ist: W. A. Lindau.

Wald, Samuel Gottlieb

Wald, Sam. Gli., deutsche Chrestomathie zur Bildung des Geschmacks u. zur Uebung im Declamiren für d. Jugend. gr. 8. Königsb. 792. 2e A. 804. Unzer. 10 gr

— disciplinarum et artium descriptio. Sect. I. II. 4. Königsb. 796.

— theologiae symbolicae Lutheranae descriptio. 8. Halle 786. Hendel. 8 gr

Wald, Samuel Gottlieb, s. F l a m i n i u s : In libr. Psalmorum . . .

— über den Geist des Christenthums. Eine Predigt. 8. Halle.. Hendel. 1786.

— Geschichte d. Christenthums zu akademischen Vorlesungen. gr. 8. Königsb. Hartung. (Unzer.) 788.

— Geschichte u. Verfassung des Collegii Fridericiani zu Königsberg in Preußen. gr. 8. Königsb. 794. (Unzer). 9 gl.

SAMUEL GOTTLIEB WALD, Geschichte und Verfassung der Königl. Deutschen Gesellschaft zu Königsberg in Preussen. Eine Vorlesung, in der Königl. Deutschen Gesellschaft an ihrem funfzigjährigen Jubelfeste den 21sten November 1793 gehalten, und im Namen der Gesellschaft herausgegeben.

— Geschichte u. Verfassung d. königl. deutschen Gesellschaft zu Königsb. in Preußen. gr. 8. Königsb. 793. (Unzer). 3 gl.

— de haeresi abjudicanda quid statuat ecclesia romano-catholica exponitur. 4. Königsb. 821.

— historiae artis musicae Spec. I. 4. Halle 783.

— d. christl. Lehre im Zusammenhang. Nebst Luthers kl. Katechismus u. e. Samml. geistl. Lieder. 8. Königsb. 795. Hartung. 5 gl.

SAMUEL GOTTLIEB WALD ... über den ersten Director des Collegii Fridericiani D. Heinrich Lysius. Eine Vorlesung in der Königl. Deutschen Gesellschaft. Dem Präsidenten des Königl. Preuss. Obercollegii Medici, ... Freyherrn von der Hagen ehrerbietigst gewidmet. Königsberg in Preussen 1792. Bei G. L. Hartung. 8°.

Wald, Samuel Gottlieb, s. Magazin für deutsche Geschichte u. Statistik.

Wald, Samuel Gottlieb, s. Monatsschrift, Preuß.

— Nachricht von den Schulen in Ost-Preußen. 18 Stücke. Fol. Königsb. 800—804.

Wald, Samuel Gottlieb, s. Plato: Phaedon.

— über falsche Religionsbegriffe. Eine Predigt bei Niederlegung seines Amts zu Leipzig. 8. Halle 787. Hendel. 2 gl.

— Uebersicht d. allgem. Literatur- u. Kunstgeschichte. 1r Thl. gr. 8. Halle 786. Hendel. 8 gl.

— über d. Verschiedenheit d. röm. u. jesuitischen Convertiten-Bekenntnisse. gr. 8. Königsb. 822. (Unzer). 6 gl.

Wald, (Sam. Gottl.,) über die Verschiedenheit der röm. u. jesuitischen Convertiten Bekenntnisse. gr. 8. Königsb. 823, (Unzer.) — 6

Wald's, S. G., Versuch einer Einleitung in die Geschichte der Kenntnisse, Wissenschaften und schönen Künste. Halle 1784. 8. 1 rthl. 6 gr. Zusätze. Ebend. 1785. 8. 8 gr.

— Versuch einer Einleitung in d. Geschichte d. Kenntnisse, Wissenschaften u. schönen Künste. gr. 8. Halle 784. Hendel. 1 rß 6 gl. Zusätze u. Verbesserr. dazu. gr. 8. Halle 786. Hendel. 8 gl.

Wald, Sam. Theophilus, De vera vi vocabulorum Nomos et Pistis in epistola Pauli ad Romanos. Regiomonti 1788.

Wald, Samuel Theophil (Breslau) F, r/17

De vita scriptis et systemate mystico Sebastiani Franci dissertatio.
Erlangen (Hilpert) 1793. 62 S.

Gew.: Ewald Friedrich Gf. von Hertzberg.

35696

Wald, Wilhelm

Wald, (Car.) Guil. (Aemil.) (geb. Oranienburg 19. 1. 1846): Additamenta ad dialectum et Lesbiorum et Thessalorum cognoscendam. Berolini (1871). (40 S.) 8°
Berlin, Phil. Diss. v. 28. Jan. 1871

Wald, Wlh., unsere Freude an der Stadt Gottes. Predigt, auf Verlangen zum Besten der Heiden-Mission in Druck gegeben. 8. Berlin 839. Wohlgemuth. n. 1/12 rß

Wald, Wilh. Über Konrad, den Dichter des deutschen Rolandsliedes. XX S. Progr. *Wandsbeck* 1879.

Wald, Wilh., über Konrad, den Dichter des deutschen Rolandsliedes. 4. (20 S.) Wandsbeck 879. Halle, Buchhandlung des Waisenhauses in Comm. n. — 80

Wald, Wilhelm Johann August Hartmann

——, Jesus der Grund ewiger Freude. Predigt zu Weihnacht 1825. gr. 8. (1 B.) Königsberg, Hartung. (Leipzig, Fort.)

Die Lichtseite des Zeitgeistes in Beziehung auf Wissenschaft, Kunst und Religion. Rede am Krönungstage 1826 im Saale der Deutschen Gesellschaft zu Königsberg gehalten von WILHELM JOHANN AUGUST HARTMANN WALD, ... Königsberg, gedruckt in der Degen'schen Buchdruckerei. 8°.

Wald, W. J. A. H., d. Lichtseite d. Zeitgeistes in Beziehung auf Wissenschaft, Kunst u. Religion. Rede am Krönungstage 1826 gehalten. gr. 8. Königsb. 826. Unzer. 8 gl.

— d. treue Liebe bis in den Tod in ihrer Bewährung u. in ihrer Verherrlichung. Zwei Predigten. gr. 8. Königsb. 824. (Berl., Th. Enslin). 8 gl.

— de origine religionis christianae vere diuina. Quaestiones theologicae. 8 maj. Regiomonti 825, Unzer.

— d. erste Verkündigung des lautern Evangeliums, ein Segen Gottes für Vergangenheit u. Zukunft. Gedächtnißrede. gr. 8. Königsb. 824. (Berl., Th. Enslin). 6 gl.

— d. einzig sichere Weg zu d. Ueberzeugung: Ich werde nimmermehr sterben. Eine Predigt. gr. 8. 825. (Th. Enslin in Berl.) 4 gl.

Wald, W. J. A. H., willst du deinen Lauf vollenden: geh zur ernsten Stille ein. Predigt am 15. Sonnt. nach Trinit. 1825. gr. 8. (1 B.) Königsberg, Hartung. (Leipzig, Fort.)

Wald-Zedtwitz, Ewald von [d. i. Ewald v. Zedtwitz]

Wald-Zedtwitz, E. v., Adel verpflichtet. Roman. 2 Bde. 8. (236 u. 239 S.) Berlin 888. Janke. n. 9. —

— dasselbe. 2. Aufl. 8. (270 S.) Ebd. 888. n. 2. —

— Amor in Frack und Uniform, s.: Eckstein's Reisebibliothek.

Wald, E. v., Amor in Frack und Uniform. Humoresken. 8. (92 S.) [Leipzig 881.] Berlin, Eckstein Nachf. *

Wald-Zedtwitz, E. v., Amor in Frack u. Uniform. 2. Folge. Humoresken. 8. (139 S.) Berlin 885. Eckstein Nachf. n. 1. —

— äußerst angenehm! Humoresken. Mit 23 Illustr. v. Colmar Schmidt. 8. (183 S.) Berlin 888. Janke. n. 2. —

Wald-Zedtwitz, E. v., Capri, s.: Allers, C. W.

— Chic, s.: Eckstein's Reisebibliothek.

Wald-Zedtwitz, E. v., Chic. Humoresken nach lebenden Mustern. 8. (IV, 140 S.) Berlin 881, Eckstein Nachf. *

Wald-Zedtwitz, E. v., Chic. Humoresken nach leb. Mustern. (112 S.) 8. Berlin (903). Globus Verlag. n. — 30

— „derjenige, welcher" u. a. Novellen. 8. (166 S.) Berlin 892. Freund & Jeckel. n. 2. —

— im Drange der Welt. Roman. 3 Bde. 8. (261, 260 u. 296 S.) Berlin 888. Janke. n. 12.

Wald-Zedtwitz, E. v., hinter der Düne, s.: Daheim. Stenographen-Bibliothek. 2. Bd.

— Sibyllens Eid. Familien-Roman. 3 Bde. 8. (230, 277 u. 270 S.) Berlin 889. Janke. n. 10. —

— kein Erbarmen. Roman. 2 Tle. in 1 Bde. 8. (191 u. 216 S.) Ebd. 893. n. 7. —

—— Erlöst. Militärische Erzählgn. 8. (144 S.) Ebd. 890. * 1 —

— bona fide. Ein Sport-Roman. 3 Bde. 8. (242, 237 u. 233 S.) Ebd 887. n. 10. —

— der Fluch v. Braneck. Roman. 3 Bde. 8. (227, 232 u. 243 S.) Ebd 888. n. 12. —

— das Geheimniß vom Lützelstein. Erzählg. 8. (141 S.) Ebd. 890. n. 1. —

— moralische Geschichten, s.: Eckstein's Reisebibliothek.

— in's Gewehr, s.: Eckstein's humoristische Bibliothek.

— Gold. Roman. 8. (292 S.) Berlin 888. Janke. n. 2. —

— Hurrah! Kriegs-Novellen. 8. (230 S.) Ebd. 888. n. 2. —

—— Immer lustig! Humorist. Erzählgn. 8. (140 S.) Ebd. 889. * 1 —

— immer schneidig, s. Eckstein's humoristische Bibliothek.

— das Karpathenschloß. Roman. 8. (142 S.) Ebd. 887. n. 1. —

— der Letzte Terer v. Dresedow. Familien-Roman. 8. (V, 192 S.) Potsdam 886. Döring. n. 3. 50

Wald-Zedtwitz, E. v. (Ewald v. Zedtwitz), ohne Liebe. Roman. 2 Tle. in 1 Bd. 8. (176 u. 189 S.) Berlin 897. O. Janke. n. 7. —

— in Liebesbanden, s.: Eckstein's humoristische Bibliothek.

—— O goldene Lieutenantszeit! Humoresken aus dem Soldatenleben längst vergangener Zeiten. 12. (127 S.) Berlin 883, Eisenschmidt. *

— das Mädchen v. Santi Quaranta, s.: Eckstein's Reisebibliothek.

— das Mädchen v. Santi Quaranta. Roman. 8. (282 S.) Berlin 886. Eckstein Nachf. n. 3. —; geb. n. 4. —

— man sagt. Roman. 8. (578 S.) Leipzig 897. P. List. n. 3. —; geb. 4. —

— drei Menschen. Erzählg. 8. (VI, 139 S.) Ebd. 890. n. 1. —

— mobil, s.: Eckstein's humoristische Bibliothek.

— sein Mörder. Roman. 8. (258 S.) Berlin 888. Janke. n. 2. —

— „Nach uns die Sindfluth!" Roman. gr. 8. (233 S.) Berlin 897. J. H. Schwerin. 1. —; geb. 1. 50

— die Nachtigall. Erzählung. 8. (184 S.) Berlin 893. O. Janke. n. 1. —

— Doras Opfer. Roman. 3 Bde. 8. (248, 227 u. 209 S.) Berlin 891. O. Janke. n. 10. —

—— Drei Paläste. Roman. 3 Tle. in 1 Bde. 8. (141; 121; 157 S.) Ebd. 892. * 7 —

— u. C. Sawersky, der Pfennigreiter, s.: Universal-Bibliothek.

— der Pfennigreiter. Roman. 3 Bde. 8. (VII, 215; 223 u. 221 S.) Ebd. 890. n. 10. —

— Potz! Blitz! Humoresken aus dem Soldatenleben, s.: Eckstein's Reisebibliothek.

— Potz! Blitz! Humoresken aus dem Soldatenleben. 8. (168 S.) Ebend. 884. n. 1. —

— der liebe bunte Rock, s.: Eckstein's 50 Pfennig-Bibliothek Nr. 30.

— die Rose v. Cetinje. Roman. 8. (242 S.) Berlin 887. Janke. n. 2. —

— Rose u. Lorbeer. Roman. 8. (274 S.) Ebd. 890. n. 2. —

Wald, E. v., die weiße Rose. Novelle nach dem Leben erzählt. 8. (164 S.) Osterwieck 880, Zickfeldt.

— der Lüge Saat, s.: Michow-Bücher 18. u. 19. Bd.

— unbeugsames Schicksal. Ein Familien-Roman. 8. (283 S.) Berlin 891. O. Janke. n. 2. —

— die Schicksalshose. Erzählg. 8. (136 S.) Ebd. 888. n. 1. —

— die Schloßfrau v. Scharfenstein. Roman. gr. 8. (344 S.) Breslau 883. Schottländer. n. 3. —; geb. n. 4. —

— Ellens Schuld. Roman. 8. (255 S.) Ebd. 888. n. 2. —

—— und M. v. Wedell, nordische Skizzen. 12. (311 S.) [Leipzig 880.] Berlin, Eckstein Nachf. *

— Soldatenblut, s.: Eckstein's Reise-Bibliothek.

— Stilvoll u. Anderes, } s.: Eckstein's Reise-
— die Tochter d. Majors, } bibliothek.

— die Tochter d. Majors. Familien-Roman. 8. (306 S.) Berlin 885. Eckstein Nachf. n. 3. —; geb. n. 4. —

— die Töchter der Spione. Roman. 8. (284 S.) Berlin 887. Janke. n. 2. —

— goldene Thränen u. andere Erzählgn. 8. (139 S.) Ebd. 891. n. 1. —

— ein Träumer. Roman. 8. (300 S.) Ebd. 893. n. 2. —

Wald-Zedtwitz, E. v., nichts Trauriges. Humoresken. 8. (III, 127 S.) Berlin 887, Janke. *

— Trompeter-Riekchen, s.: Schulze's Zehnpfennigbüch.

— unnahbar. Erzählung. 8. (140 S.) Ebd. 889. n. 1. —

— sein Varzin, s.: Universal-Bibliothek.

— warum so spät? Sechs Erzählgn. 8. (137 S.) Ebd. 889. n. 1. —

— wenn Frauen lieben. Roman. 3 Bde. 8. (298, 331 u. 303 S.) Ebd. 887. n. 10. —

— wer siegt? Roman. 8. (366 S.) Leipzig 898. P. List. n. 3. —; geb. 4. —

— wie's doch so anders kam. Roman. 2 Bde. 8. (227 u. 255 S.) Ebd. 895. n. 9. —

— wie man Bräute fängt u. andere Humoresken. Illustriert v. F. Jüttner. 1.–3. Aufl. 8. (142 S.) Berlin 887. Steinitz' Verl. n. 1. 50

— aus dem grünen Winkel. Roman. 8. (284 S.) Ebd. 887. n. 2. —

—— Zündspiegel. Militärische Humoresken. 8. (VII, 133 S.) Leipzig 883, Reißner.

Walda, Rudolf

Walda, R.: Aphorismen zu den Instructionen für den Unterricht an den Realschulen in Österreich. 22 S. – Böhm.-Leipa, R., Progr. 1886.

Walda, R. Bemerkungen zu „Erziehung als Wissenschaft" von Al. Bain. Leipzig 1880. Aus dem Englischen übersetzt von J. Rosenthal. Eine pädagogische Skizze. Böhm.-Leipa, R., 1881. 24 S. Progr.

Walda, R.: Die schiefe Projection. 5 S. 8° – B.-Leipa, COR., Progr. 1873.

Walda Rudolf: Über Schülerausflüge und Schulreisen. Mit bes. Berücks. der Umgebung von Leipa. (21.) Böhm. Leipa R. 90. Progr.

Walda Rud.: Über den Unterricht in der Geometrie. 26. Böhmisch-Leipa R. 89. Progr.

Waldapfel, Otto, Einfach-Wesentliches in Musik als Grundlage musikal. Kompositorik, sow. Fortsetzg. u. Schluss zu „Philosophie u. Technik in d. Musik" u. „Uber das Idealschöne in der Musik etc." gr. 8. (68 S.) Dresden 898. (R. Petzold.) n. 1. 50

Waldapfel, Otto, üb. das Idealschöne in der Musik u. die Mittel zu dessen künstlerischer Wiedergabe. Nebst Anh., Übersetzg. resp. Auszug der Schriften e. griech. Musikers [Pseudo-Euklid] u. Metrikers [Hephästion] enth. gr. 8. (111 S.) Dresden 892. R. Petzold. 2. —

Waldapfel, Otto, musikalisches Idealwissen. Theorie des ausserhistor. Systems als Ergänzung der drei früheren Schriften, die insgesamt e. Werk „Theorie der musikal. Wesenheiten" formen. (68 S.) gr. 8. Dresden 906. R. Petzold. n. 1. 50

Philosophie und Technik der Musik auf Unterlage der griechischen Skriptoren als Fortsetzung der Schrift 'Über das Idealschöne in der Musik etc.' Von Otto Waldapfel, gepr. Musikl. in Dresden. *Dresden: O. Baumann (1895).* (64 S.) 1 Bd 8. (96. u71

— Philosophie u. Technik d. Musik auf Unterlage d. griech. Skriptoren als Fortsetzg. d. Schrift „Über d. Idealschöne in d. Musik etc." gr. 8. (64 S.) Ebd. 896. n. 1. 50

Waldarich, Trauerspiel von Ludw. Hofacker. gr. 8. Tübingen, Laupp. 821.

Waldästel, Die Lehre vom lateinischen Reflexivpronomen, für die Schule bearbeitet. Pr. 1863. 21 S. 4°. Neubrandenburg. 1.–

Waldästel, F. A. J., De tragoed. Graecar. membris ex verbis Aristotelis de arte poët. c. XII) recte constituendis. Pr. 1837. 22 S. 4°.

Waldästel, A. F., Commentatio de tragoediar. Graecar. membris ex verbis Aristotelis (de arte poetica cap. XII.) recte constituendis. 4. (.. B.) Brandenburg. nov. 838, Brünslow. *

Waldaestel, A. F., Commentatio de tragoediarum Graecarum membris ex verbis Aristotelis (de arte poetica capt. XII.) recte constituendis. 4. Neustrelitz 838. Dümmler. n. 11 gr

Waldaestel, Helene, Gedichte. (64 S.) 8. Leipzig 905. Verlag f. Literatur, Kunst u. Musik. n. 1. 50; geb. in Leinw. n. 2. 50

Neue Gedichte von Helene Waldaestel. Leipzig: Verl. f. Lit., Kunst u. Musik (1906). (64 S.) 8° [06. 1131]

Waldaestel, Herm. (geb. Neubrandenburg 27. 8. 1838): De diametris curvisque conjugatis curvarum algebraicarum. Berolini (1860). (29 S.) 4° Berlin, Phil. Diss. v. 17. Juli 1860

Waldaestel, Otto: De enuntiatorum temporalium structura apud L. Annaeum Senecam. ... Halis Saxonum, typ. Ploetziania (R. Nietschmann), 1888; 68 S. + 1 Bl. 8°
Halle, Phil. Fak., Inaug.-Diss. v. [16. Febr.] 1889.

Verzeichniss der Bücher der Bibliothek der Grossen National-Mutterloge in den Preussischen Staaten, genannt zu den drei Weltkugeln [in Berlin. Zsgest. von Wilh. **Waldästel** und Herm. Ludw. **Hartung.** Berlin] 1855: [Kornegg]. VI, 212 S. 8° 23.

v. Waldau, die Grafen, s. F. G. Frühwährt.

Waldau, Die Grafen von. Trauerspiel in fünf Aufzügen. Prag u. Wien 1786. Leipz. 1786. V: *Frühwärth, F. G.* (GGr)

Waldau, die Grafen von,. Trauersp. 8. Prag, Schönfeld. 786.

Waldau, Graf Karl v., u. Blanka v. Meerschaum; Singspiel in 3 Aufz. nach Hennius v. Mollwitz. 8. Halle am Kocher, Schmeißer. (Eßlingen, Fixdorff u. K.) 813.

Waldau, Thomas. Ein Lebensbild aus der Gegenwart. Leipzig 857. Breitkopf u. Härtel. gr. 8. (2 Bl., 384 S.) 1 ℛ. 15 ngr.

Waldau, ..., d. Erdbeben, oder die Hindernisse d. Heirath. Lstspl. 8. Prag 786. Schönfeld. 6 gr

Waldau, Adf., (früher Dr. Schuft), zur Lehre von der Wirkung und Lähmung der Augenmuskeln. 2. Aufl. (Uebersetzung der Inaugural-Dissertation.) gr. 8. (III und 30 S.) Berlin 862, Peters. *

Waldau, Alfred [Pseud.], s.a. Jarosch, Josef

Waldau, Alfr., Blätter und Blüthen im Winde. Dichtungen. Brür 857. Friede in Comm. 16. (3 Bl., 224 S.) n. 16 ngr.

— Frühlingsgocken. Erzählende Dichtungen. 16. (264 S.) Brüx 857, (Fried.) *

Waldau, Alfred. Geschichte d. böhmischen Nationaltanzes. Culturstudie ... Prag. Kath. Gerzabek 1861.
260 S. 8°.

Waldau, Alfr., Gechichte des böhmischen Nationaltanzes. Culturstudie. Pra 861. (Leipzig, Thomas.) 16. (260 S.) n. 24 ngr.

— böhmische Granaten. Czechische Volkslieder. 2 Bde. Prag 858, 60. Ehrlich. 16. (XXVII, 621 S.) n. 1 ₰ 10 ngr.

— böhmisches Mrchenbuch. 10 Lfgn. gr. 16. (668 S.) Prag 860. (Leipig, Thomas.) à Lfg. * 4 Ngr. *

— altböhmische Linnepoesie. 16. (111 S.) Prag 860. (Leipzig, Thomas. *

— böhmische Natonaltänze. Culturstudie. 2 Bdchn. 16. Prag, Dominicus. [1. Bdchn. (87 S.) 859. * 12 Ngr., 2. (62 S.) 860. * 9 Ngr.] *

Waldau, Alfr., böhrische Naturdichter. Literarhistorische Studie. Prag 860. Leipzig, Thomas.) 16. (156 S.) n. 15 ngr.

Waldau, C., unsere Soldaten, s.: Album f. Liebhaber-Bühnen.

Waldau, Dor., Jugendsünden. Gedichte. 8. (96 S.) Czernowitz 900. R. Schally. n.n. 1.50

Waldau, Dor., was mich betrifft. Gedichte. (78 S.) 8. Czernowitz 902 (H. Pardini.) n. 2. —

Waldau, E., ideale Menschen. Schauspiel in 5 Aufzügen. (145 S.) 3. Strassburg 906. J. Singer. n. 2. 50

Waldau, Ed., Ezählungen f. die Jugend. Zur Veredelung des Herzens zunächst aber z. Verhütung d. Thierquälerei mit einem neuen höfl Schüler als Anhang. Mit 8 illum. Bildern. 16. Nürnberg 846, Bauer u. R. geb. 1/6 ₰

Waldau, Ed., Gene-Bilder aus Nürnberg. 8. Nürnberg 837. Bauer u. Raspe. Jul. Merz.) 1 1/3 ₰

Waldau, Erich, enttäuschte Liebhaber od. Eine verfilzte Geschichte, s.: Radermacher's J., Vereinsbühne.

Waldau, Ernst, versunkenes Glück. Novelle. In vereinfachter deutscher Stenographie System Stolze-Schrey. 8. (24 S.) Berlin (902). Frz. Schulze. n. — 20

Waldau, Ernst, der Umgang mit Frauen. Ein Rathgeber für junge Leute, welche die Gunst des weiblichen Geschlechts erlangen wollen. Nebst den nöthigen Anstands- u. Klugheitsregeln u. guten Rathschlägen, um Geliebte zu fesseln, sowie die Kunst, mit Frauen von den verschiedensten Temperamenten umzugehen. Berlin 867. Mode's Verlag. 8. (IV, 139 S.) 15 ngr.

Waldau, Ernst, der Umgang mit Frauen. Ein Rathgeber für junge Leute, welche die Gunst des weibl. Geschlechts erlangen wollen. Nebst den nöth. Anstands- und Klugheitsregeln und guten Rathschlägen, um Geliebte zu fesseln, so wie die Kunst, mit Frauen von den verschiedensten Temperamenten umzugehen. 6. Aufl. 8. (14. S.) Berlin 873, Mode's Verlag.

Waldau, Ernst, der Umgang mit Frauen. Ein Rathgeber für junge Leute, welche die Gunst des weibl. Geschlechts erlangen wollen. Nebst den nöth. Anstands- und Klugheitsregeln und guten Rathschlägen, um Geliebte zu fesseln, so wie die Kunst, mit Frauen von den verschiedensten Temperamenten umzugehen. 7. Aufl. 8. (143 S.) Berlin 877, Mode's Verlag.

Waldau, Ernst, der gesellschaftliche Umgang mit dem weiblichen Geschlecht. Ein treuer Rathgeber in Liebes-, Ehe- und Freundschafts-Verhältnissen. Nebst Anstands-, Lebens- und Klugheitsregeln für beiderlei Geschlecht, Pastor Spörer's Kanzelpredigt über die Ehe und unterhalt. Mittheilungen über tugendh. Frauen, über das Benehmen in und außer dem Hause, in Gesellschaften rc. Mit Sprüchen und Sentenzen und einem Anhang, enth. Gedichte über Liebe, Ehe und Freundschaft. 8. Aufl. 8. (143 S.) Ebendas. 879.

Waldau, Ernst, der gesellschaftliche Umgang mit dem weiblichen Geschlecht. Ein treuer Rathgeber in Liebes-, Ehe- und Freundschaftsverhältnissen. Nebst Anstands-, Lebens- und Klugheitsregeln, für beiderlei Geschlecht, Pastor Spörer's Kanzelpredigt über die Ehe rc. 9. und 10. Aufl. 8. (143 S.) Berlin 880,82, Mode's Verlag.

Waldau, Ernst, der gesellschaftliche Umgang mit dem weiblichen Geschlecht. Ein treuer Rathgeber in Liebes-, Ehe- und Freundschafts-Verhältnissen. Nebst Anstands-, Lebens- und Klugheitsregeln für beiderlei Geschlecht, Pastor Spörer's Kanzelpredigt über die Ehe und unterhaltende Mittheilungen über tugendhafte Frauen, über das Benehmen in und außer dem Hause, in Gesellschaften, Concerten, Theater, über Komplimente, Neckereien, Bekanntschaften, Eifersucht, Zwistigkeiten rc. Mit Sprüchen und Sentenzen und einem Anhang, enth. Gedichte über Liebe, Ehe und Freundschaft. 11.—13. Aufl. 8. (143 S.) Berlin 885—88, Mode's Verlag.

Waldau, Ernst, der gesellschaftliche Umgang m. dem weiblichen Geschlecht. Ein treuer Rathgeber in Liebes-, Ehe- u. Freundschafts-Verhältnissen. Nebst Anstands-, Lebens- u. Klugheitsregeln f. beiderlei Geschlecht, Past. Spörers Kanzelpredigt üb. die Ehe u. unterhalt. Mittheilgn. üb. tugendhafte Frauen, üb. das Benehmen in u. außer dem Hause, in Gesellschaften, Concerten, Theater, üb. Komplimente, Neckereien, Bekanntschaften, Eifersucht, Zwistigkeiten rc. Mit Sprüchen u. Sentenzen u. e. Anh. enth. Gedichte üb. Liebe, Ehe u. Freundschaft. 15. Aufl. 8. (143 S.) Berlin (900). S. Mode's Verl. 1.50

Waldau, Erwin, s.: Indianer- u. Volksbibliothek.

Verirrt in der Wildnis. Eine Erzählung aus d. nördl. Amerika von Erwin Waldau. *Berlin: A. Weichert [1899].* (28 S.) 8° [F.]
= Indianer- u. Volksbibliothek. 346. [03. 1493

Waldau, Frdr., freistehende Schornsteine. Bau, Betrieb, Leistg., Prüfg. u. Berechng. der Abmessgn., der Standfestigkeit, sowie der Bau- u. Unterhaltungskosten. Mit 200 Abbildgn., Schaulinien, Tabellen, Beispielen u. den behördl. Verordngn. (VIII, 186 S.) 8. Stassfurt 909. W. Seegelken. 5.50; geb. n 6. —

Waldau, Fritz: Mampe's Flitterwochen, s. Album f. Liebhaber-Bühnen.

Mampe's Flitterwochen. Posse mit Gesang in 1 Akt von Fritz Waldau. Mus. von Richard Thiele. *Mühlhausen i. Th.: G. Danner [1902].* (32 S.) 8° [F.]
= Vereinstheater. 117. [03. 3563

Waldau, F., e. verkanntes Genie, s.: Album f. Solo-Scenen.

Waldau, Fritz: Eine vergnügte Gesellschaft, s. Album f. Liebhaber-Bühnen.

Waldau, Fritz: Ihr Lieblingswunsch, s. Album f. Liebhaber-Bühnen.

[F.] Liesecke in Italien. Komisches Singspiel in 2 Bildern v. Fritz Waldau. Musik v. Richard Thiele. *Berlin: Kühling & Güttner [1893].* (35 S.) 1 Bd 8.
= Zwei-Akter, Kühling & Güttner's. No 3. [96. 5635

[F.] Schützenbrüder. Posse m. Gesang in 1 Akt v. Fritz Waldau. Mus. v. R[ich.] Thiele. *Berlin: Kühling & Güttner [1894?].* (23 S.) 1 Bd 8.
= Album f. Liebhaber-Bühnen. No 296. [96. 6036

Waldau, Georg Ernst (Hrsg.), s. A l m a n a c h , Biblischer.

Waldau, Georg Ernst (Hrsg.), s. A l m a n a c h für Freunde der theologischen Lektüre überhaupt und der gelehrten Vaterlandsgeschichte insonderheit.

Waldau, Georg Ernst, Andachten f. Leidende, Kranke u. Sterbende in Selbstbetrachtungen. 5 Thle. 8. Nürnberg, Bauer. (Milbradt.) 779.

— Andachtsbuch f. Leidende, Kranke rc. 8. Leipz, Hertel.

— Andachtsbuch für Beichtende u. Communikanten. Mit Döberleins Vorrede. 8. Nürnb. 779. N. A. 782. Sixt. 6 gr.

Waldau, Georg Ernst (Hrsg.), s. A n z e i g e n , Wöchentliche kritische von den neuesten theologischen Büchern u. Schriften a. d. Jh. 1783.

Waldau, Geo. Er., über d. Beichtwesen, besonders in Nürnberg. 8. Dresd. u. Leipz. 786.

Waldau, Georg Ernst, s. B e i t r a g zum deutschen Lehnrecht.

Waldau, Geo. Er., Beiträge zur Geschichte des Bauernkrieges in Franken, besonders im Bisthum Bamberg. 8. Nürnberg 1790.

— Beitrag zur Geschichte des Bauernkriegs in Franken. 8. Nürnb. 790. (Eichhorn; a. Lauffer in Leipz.) 6 gr.

— Geschichte d. Baurenkrieges in Franken. 8. Nürnberg, Grattenauer. 790.

— verm. Beiträge zur Geschichte d. Stadt Nürnberg. 4 Bde in 32 Heften. 8. Nürnb. 786—89. Neue Beiträge. 2 Bde in 16 Heften. 8. Ebd. 790, 91.

— Betrachtt. auf jeden Tag im Jahre, über d. christl. Religion als d. wahre Glückseligkeitslehre. 4 Quartale. 8. Meißen 789. (Goedsche). 1 rthl 12 gr.

Waldau, Georg Ernst, s. J. G. B i e d e r m a n n : Geschlechtsregister.

Waldau, Georg Ernst, s. J. J. C a r b a c h : Perisesysym.

— d. Christ im Ungewitter, oder Betrachtt., Gebete u. Lieder rc. 8. Nürnb. 778. Bauer. 6 gr.

— d. Christ im Ungewitter, od. Betrachtungen, Gebete u. Lieder rc. 8. Lpz. Hertel.

(—) Commentariolus historico-literarius et ecclesiasticus de Vitis Patrum Norimbergae anno 1478 evulgatis, in quo eorum auctores simul ruspantur. 8. Nürnb. 813. (v. Ebner). 4 gr.

(—) über den heil. Deokan, dessen Staubgebein in e. Sarge die St. Lorenzkirche aufbewahrt. Für Nürnbergs Bürger. 8. (Nürnberg)..

— Erbauungen aus d. Geschichte d. Erweckung des Lazarus zu Bethanien. 8. Halle 784. Gebauer. 9 gr.

— für d. Erstlinge am Tische Jesu. 8. Nürnb. 776.

— Feiertagspredigten, s. C. G. Junge.

— Gedächtniß auf Kaiser Leopold II. 8. Nürnb. 792.

Waldau, Geo. E. Gedächtnisschrift auf Kaiser Leopold II. 8. Nürnberg 1792.

(Waldau, G. E.) Diplomat. Geschichte u. Beschreibung der Nürnbergischen Landstadt Heersbruck. 8. M. K. Nürnberg 1788.
Vgl. G e s c h i c h t e, ...

— diplomat. Geschichte u. ausführl. Beschr. d. Nürnberger Landstadt Herspruck, m. K. 8. Nürnb. Weigel. 88.

Waldau, Georg Ernst. Geschichte der Protestanten in Oesterreich Steiermark, Kärnthen und Krain vom Jahre 1520 bis auf die neueste Zeit. Mit Vorrede von Johann Georg Fock. Bd 1. 2. —Anspach: Haueisen 1784. 352 und 580 S.

— Geschichte d. Protestanten im Erzherzogth. Oesterreich v. 1520 bis auf d. neueste Zeit. 2 Thle. 8. Ansbach 784. (Gassert). 2 rthl 4 gr.

Waldau, Geo. Ernst, Geschichte der Protestanten im Erzhrzth. Oesterreich v. 1520 bis auf d. neueste Zeit. 2 Bde. 2, verb. u. verm. Aufl. 8. (.. B.) Erlangen ..., Heyder.

— Gellerts wahre Größe. 8. Leipz. 770.

Waldau, Georg Ernst, s. H a u p t s ä t z e , Moral.

— zur Hausandacht für Beichtende u. Communikanten. 8. Meißen 790. Erbstein. 7 gr.

— Jahrgang christl. Predigten auf alle Fest- u. Sonntage im Jahr, üb. d. Tod u. das was nach d. Tode für uns seyn wird. gr. 8. Ebend. 807.

— Jahrgang christl. Predigten auf alle Fest- u. Sonntage im Jahr, über den Tod u. das was nach dem Tode für uns seyn wird? gr. 8. Nürnb. 808. Milbradt. 1 rthl 8 gr.

Waldau, Georg Ernst, s. J o s e p h u. Luther.

— der erste deutsche Kirchen- u. Ketzer-Almanach, mit erläut. Anmerkk. 8. Nürnb. 804. (v. Ebner). 2 gr.

— Kirchengeschichte d. evangel.-reform. Gemeinde zu Nürnberg. 8. Dessau 783. Gelehrten-B. 5 gr.

— Leben Ant. Koburgers, e. berühmten Buchdruckers in Nürnberg, nebst Verzeichniß der von ihm gedruckten Schriften. 8. Dresd. u. Leipz. 786.

WALDAU, G. E., Ueber die Liebe und Ehe. Lehrgedicht. Altenburg, Richter, 1783. Kl. 8°. (In Warmbrunn.)
Vgl. L i e b e , ...

— über d. Liebe u. Ehe, e. Lehrgedicht. 8. Altenburg. (Akadem. Buchhandl. in Jena.) 783.

— geistliche, noch ungedruckte Lieder. 8. Nürnb. 781. Grattenauer. 12 gr.

Waldau, Georg Ernst, s. L i t e r a t u r , Neue theolog.

(Waldau, Geo. Fr.) Materialien zur Geschichte des deutschen Bauern-Krieges in Franken, in Schwaben und Thüringen i. J. 1525. 3 St. 8. Chemnitz 1792—94. 1,75.

— fünffache Morgen- u. Abendgebete auf alle Tage in d. Woche. 8. Nürnb. 785. 2e A. 787.

— Morgen- u. Abendgebete auf 6 Wochen. 8. Nürnb. 788. N. Aufl., mit Gebeten auf 3 Wochen vermehrt. 8. Ebd. 801. Monath u. K. 12 kr

Waldau, Georg Ernst, s. Th. M u r n e r : Schelmenzunft.

Nachricht von Hieron. Emsers Leben und Schriften. Beytrag zur Reformations- und Litterargeschichte von G e o r g E r n s t W a l d a u. Anspach, in Benedict Friederich Haueisens Hofbuchhandlung, 1783. 8°.

— Nachricht von Hier. Emsers Leben u. Schriften; Beitrag zur Reformations- u. Literargeschichte. 8. Ansb. 783. (Gassert). 4 kr

—— Nachricht von Hieron. Emsers Leben u. Schriften. Ein Beitr. z. Reformations- u. Litterargesch. 2., verb. Aufl. 8. (.. B.) Erlangen ..., Heyder.

Nachrichten von Thomas Murners Leben und Schriften. Ein kleiner Beytrag zur Reformationsgeschichte Gesamlet von G e o r g E r n s t W a l d a u ... Nürnberg, bei C. G. Hauffe, 1775. 8°.

— Nachricht von Thom. Murners Leben u. Schriften. 8. Nürnb. 775. (Raw). 4 kr

— Naturbetrachtungen zur Verbesserung christl. Religionsgesinnungen. 2 Bde. gr. 8. Nürnb. 785—96. Eckebrecht. 1 fl 16 kr

Waldau, Georg Ernst, s. P ä p s t e , alle römische.

Waldau, Georg Ernst, s. P r e d i g t e n vom guten Engel.

— u. C. G. Junge, P r e d i g t e n üb. d. evangel. Texte auf die Apostelfeyer. 4. Nürnb. Milbradt. (Hertel in Lpz.) 781.

— Randglossen zur moral. u. krit. Anatomie d. Schriften auf Gellerts Tod. 8. Leipz. 771.

Waldau, Georg Ernst, s. R e p e r t o r i u m von seltenen Büchern.

Waldau, Georg Ernst, s. R e p e r t o r i u m von Casualpredigten.

— R e p e r t o r i u m v. Casualpred. siehe M a g a z i n vorzügl. Predigten.

— Samml. geistl. Lieder für d. häusl. Andacht. 1e u. 2e Samml. 8. Nürnb. 778, 79. Bauer. (1e Samml. 16 kr 2e S. 12 kr) 1 fl 4 kr

W a l d a u, Georg Ernst, Sammlung geistl. L i e d e r f. d. häusl. Andacht. 2r Thl. 8. Lpz. Hertel. Rthlr. — 12

Waldau, Georg Ernst, s. S a m m l . von Predigten über d. Sonn-, Fest- u. Feiertags-Evangelien.

Waldau, Georg Ernst, s. S e n a t o r e n , Nürnbergs.

— Sonntagsblatt für Freunde d. Religion. 8. Altenb. 783. (Hennings in Neisse).

— christl. T a g e b u c h, od. Betracht. üb. d. wicht. Glaubens- u. Sittenlehre d. christl. Religion auf jed. Tag im Jahre, nebst Predigten auf alle Sonn- u. Festtage. 2 Thle. 8. Nürnberg, Bauer. (Schmidmer.) 791.

— christl. Tagebuch, oder Betrachtt. über d. wichtigsten Glaubens- u. Sittenlehren d. christl. Religion auf jedem Tag im Jahre; nebst Predigten auf alle Sonn- u. Festtage. 2 Thle. 8. Nürnb. 781. N. A. 791. (G. Winter; Gnobloch in Leipz.) 1 fl 4 kr (Raw in Nürnb.) 16 kr

— T h o s a u r u s bio-et bibliographicus, sive collect. dissertationum, programm. etc, quibus vitae ac scripta doctor. vir. descr. praef. est I. G. Meusel. 8. Chemnitz, Hoffmann. (Mauke.) 792.

— thesaurus bio- et bibliographicus, sive collect. dissertationum, programm. etc,, quibus vitae ac scripta doctor. vir. descript.; praef. est J. G. Meusel. 8. Chemnitz 792. (Starke). 20 kr

— Trauordnung d. heutigen Christen im Morgenlande. 4. Nürnb. 783 u. 86.

— christl. Unterhaltungen vom u. beim Donnerwetter, in Betrachtungen, Gebeten u. Liedern. 8. Chemnitz 791.

Waldau, Georg Ernst, s. U n t e r h a l t u n g e n , Wöchentl.

— Verzeichnisse u. Lebensbeschreibung d. Nürnberg. Geistlichen in d. Stadt u. auf d. Lande, s. A. *Würfel*, Dipticha.

— J. A. v. Widmanstadt, österreich. Kanzler u. großer Orientalist; aus sichern Quellen biographisch u. bibliographisch dargestellt. 8. Gotha 796. Perthes. 6 kr

Waldau, Georg Ernst. s. Z i o n , Nürnberg.

Waldau, H., die Rache eines betrogenen Frauenherzens, s.: Q u e l l e für die deutsche Lesewelt.

Waldau, Hans, aus der Freundschaft sonnigsten Tagen: Der Liebling Kurt. Novelle. (76 S.) 8. Leipzig (907). M. Spohr. 1.50

WALDAU, J., A u s A m o r s M a p p e. (Freie Dichtungen.) Mit color. Photogr. Berlin. O. J. (c. 1870). 12°. Eleg. Ausstattg. (1 Rthl. Scheible, v o r 1875; 2 Mk. G. Priewe, 1895.)

Waldau, J.: Ein W i n t e r in Montreux. Albumblätter. 8. Vevey: B. Benda. 1871.

W a l d a u, *Johannes*: *Professor Friedrich Weber, gestorben am 16. Juni 1899.* 4 (S. 16).
Progr. Prg. (mit nicht verbindl. Griech.) *Bocholt* 1900

Waldau, Irenäus, das achte Gebot. Roman. 8. (225 S.) Dresden 900. E. Pierson. n. 4. —; geb. n. 5. —

Waldau, Julian, Il B a c i o. Zwei Scherzando's. Berlin 865. Roloff. 16. (16 S.) n. 2½ *ngr*; Pracht-Ausg. mit Photogr. 5 *ngr*

W a l d a u, Julian, ein G e b u r t s t a g s - S t r ä u ß c h e n. gr. 16. (48 S.) Berlin 864, Reichardt und Zander. cart. mit Goldschn. *

— L i e b e s - M ä r c h e n. Belebt. Das Frühlingslied der Liebe. Ohne Herz. Ebend. 865. 16. (88 S.) geb. mit Goldschn. n. 20 *ngr*

-- Märchen-Phantasieen über deutsche Lieder. 3., verm. Aufl. Ebend. 865. 16. (III, 150 S.) geb. mit Goldschn. n. 20 ngr.

– kleine Phantasien über deutsche Lieder. 862. (140 S.) 22½ ngr — 2. verm. Aufl. Berlin 863. Sandrog & Co. 16. (150 S.) 15 ngr.

—— Schatten und Licht. Ein Novellenkranz. (In 4 Bdchn.) 1. Bdchn.: Die Spielhölle. Novelle. 8. (140 S.) Aachen 866, [Jacobi und Comp.]

Waldau, Karoline

— Beppo u. seine Freunde in Not u. Bedrängnis. Eine Erzählg. f. die Jugend. Fortsetzung zu: Bellinis Kinder u. der Ziegen-Beppo. Mit 20 Text-Illustr. v. C. Höckner. gr. 8. (V, 162 S.) Ebd. (901). n. 2. 50; geb. in Leinw. n. 3. 50

Waldau, Karoline, Bellini's Kinder u. der Ziegen-Beppo. Eine Geschichte für's kleine Volk. Mit 8 farb. Einschaltbildern u. 82 Text-Illustr. von C. H. Küchler. gr. 8. (208 S.) Köln (899) J. P. Bachem. Geb. in Leinw. n. 4. —

Waldau, L., die Volksschule der evangelisch-lutherischen Kirche ist Religionsschule. Ein Wort zur Lösung der Schulfrage. gr. 8. (16 S.) Göttingen 851, Deuerlich. 1/12 ß

Waldau, Lina, s.: Kuhr, Lina.

Waldau, Max, (G. Spiller v. Hauenschild), Blätter im Winde. 8. (VIII u. 228 S.) Leipzig 848, Thomas. 1 ß

— ein Elfenmärchen. 12. (40 S.) Heidelberg 847, Groos. n. 1/4 ß

†Waldau, Max [Rich. Geo. Spiller von Hauenschild], aus der Junkerwelt, s. Meyer's Volksbücher.

— siehe a. Aus der Junkerwelt.

— Canzonen. 16. (93 S.) Ebd. 848. In Engl. Einb. mit Goldschn. 2/3 ß

—— für Gottfried Kinkel. An den Prinzen Friedrich Wilhelm von Preußen. (Gedicht.) 8. (7 S.) Ratibor 850. [Breslau,] Jacobsohn. *

— Cordula. Graubündner Sage. 16. (XIV u. 255 S.) Hamburg 851, Hoffmann & Campe. 1¼ ß

Waldau, Max, Cordula. Graubündner Sage. Frühlingslied. 2., veränd. Aufl. 16. (XXII und 490 S. mit 1 Stahlst.) Hamburg 855, Hoffmann und Campe. *

— nach der Natur. Lebende Bilder aus der Zeit. 3 Thle. 2. gänzlich umgearb. Aufl. 8. 1. In Tyrol. (X u. 315 S.) 2. In Ober-Schlesien. (397 S.) 3. In Baden. (293 S.) Hamburg 851, Hoffmann & Campe. 4½ ß (Die 1. Aufl. erschien anonym, siehe: Nach der Natur.)

—— O diese Zeit! Canzone. 16. (83 S.) Hamburg 850, Hoffmann und Campe.

—— Rahab. Ein Frauenbild aus der Bibel. Dichtung. 16. (XII und 127 S.) Hamburg 854(55,) Hoffmann und Campe. *

Waldau, Minna, Ehre sei Gott in der Höhe u. Friede auf Erden, und den Menschen e. Wohlgefallen. Ein Schauspiel f. die Jugend in 3 Aufzügen. Mit Benützg. der Erzählg. „Der Weihnachtsabend" vom Verf. der Ostereier dramatisiert. 8. (47 S.) Regensburg 891. Verlags-Anstalt. n. — 60

Waldau, O. C., weiße Rosen. Gedichte. 8. (III, 77 S.) Hermannstadt 887. (Schmiedicke.) n. 2. —

Waldau, Otto. Eine schreckliche Fahrt u. andere Novellen. 8. (79 S.) Berl. 892, Rosenbaum u. Hart. * 1 —

— humoristische Novellen. 2. (Titel-)Aufl. (v. Eine schreckliche Fahrt u. andere Novellen). 8. (79 S.) Leipzig 894. W. Meyer. 1. —

[F.] Hannibal. Lieder v. Adolf Waldauer. *(Hirschberg Schl.: J. Schmidt. Buchdr. [1898?].)* (16 S.) 1 Bd 8. 96 8685

[Kopft.:] [F.] Die Liebe rechter Art. Gedicht v. Adolf Waldauer. *(Braunschweig: [Dr. v.] A. Limbach [1897].)* (22 S., 1 Bl.) 1 Bd 8. 96. 225

[Kopft.:] [F.] Die Weihe des Saatkorns. Dramat. Gemälde in 12 Scenen. Von Adolf Waldauer. *(Braunschweig: [Dr. v.] A. Limbach [1897].)* (15 S.) 1 Bd 8. 98. 438

Waldauf v. Waldenstein, Jos., die neuesten Beobachtungen u. Erfahrungen v. Garnier, Hericart de Thury, Baillet, Omalius d'Halloy, Flachat, Beurrier, v. Bruckmann etc. üb. d. Anlage d. artes. Brunnen. Als Anh. u. Nachtr. zur Uebersetz. d. 1. Ausg. v. Garnier's Preisschr.: Ueber d. Anwend. d. Bergbohrers zur Aufsuchung v. Brunnenquellen. gr. 8. (12½ B. u. 4 Stnt. incl. 3 Fol.) Wien 831, Beck. F. Garnier, „üb. d. Anwendung d. Bergbohrers etc." Ebendas. 1824.

Waldauf v. Waldenstein J.: Die neuesten Beobachtungen u. Erfahrungen ... üb. die Anlage d. artesischen Brunnen. Als Anh. u. Nachtrag z. Uebersetzung d. 1. Ausg. v. Garnier's Preisschrift ... Wien 1831. 194 S. 4 Tvl.

— über Bohrversuche auf Quellen, s. Garnier, über Anwendung d. Bergbohrers.

Waldauf v. Waldenstein, (J.,) die besond. Lagerstätten d. nutzbaren Mineralen. Ein Versuch als Grundlage d. Bergbaukunst. Mit 4 feln. Kupfert. gr. 8. Wien 824, Beck. 4 Rthl. Velinp.

Waldaw, Marie v., zwei Novellen in Versen. Clemence. — Auf der Alm. 8. (56 S.) Berlin 884. F. Luckhardt. n. 1. 60

Waldbach, E. H. R., 60 Choralmelodien zu den 80 Kirchenliedern in 300 zwei-, drei- u. vierstimmigen Bearbeitungen nebst liturg. Gesängen im Einsschlüssel. Zur Erbauung in Kirche, Schule u. Haus, so wie für mannigfaltig unterrichtliche Zwecke dem singenden u. spielenden Christenvolke, insbesondere den Seminaren u. Volksschulen dargeboten. Königsberg -3. (Gräfe & Unzer.) qu. gr. 4. (VIII, 76 S.) n. 1 ß

Waldbach, E. H. R., Lehrgang für Volksgesang nach Zahlnoten in allen Singschlüsseln. gr. 8. (IV, 67 S.) Königsberg 882. Gräfe & Unzer in Comm. n.n. 1. 50

Waldbach, E. H. R., alte Weisen in neuer Weise. Für allseit. Gebrauch in christl. Familien, Schulen und Vereinen eingerichtet. 2 Hefte. qu. 4. (XIII und 46 S., II und 58 S.) Königsberg 866, (Gräfe und Unzer.) à Heft * 12½ Ngr. *

Waldbach, E. H. R., alte Weisen in neuer Weise. Für zwei-, drei- und vierstimm. Gebrauch in Schulen, Familien und Vereinen eingerichtet. 1. und 2. Heft. 2. verb. und verm. Aufl. gr. 8. (IV, 84; III, 92 S.) Königsberg 887, (Gräfe und Unzer.) à Heft **ℳ 1.—. **

Waldbach, Erika, roter Mohn u. Haidekraut! Pyrmonter Erinnergn. auf den Weihnachtstisch f. junge Mädchen. 8. (138 S.) Leipzig 889. Fr. Richter. geb. n. 2.—

Waldbach, Frz., Gedichte. (87 S.) 8. Leipzig-Gohlis 910. Raschwitz b. Leipzig, B. Volger. 2.—

Waldbach, Phpp., Professor Gockulorum, s.: Allram, X

Wald=Bären. Försterlaunen, Jagdabenteuer, dann Weidmannsspäße, Anecdoten, Erzählungen, Geschichten, Lügen u. Wahrheiten aus d. Jägerleben. Als Anh. zu J. J. Castelli „(Wiener=Stadt=)Bären." 1—4. Trieb. 1—4. Hundert. 16. (à 6 B.) Grätz 832—34, Ferstl. à
Vgl. Castelli.

Waldbauer's Taschen-Fahrplan. Winterdienst 1910/11. (36 S.) 8,5×10,5 cm. gefalzt in 8,5×5,5 cm. Passau, M. Waldbauer. nn —15

Waldbauer, Adolf. Untersuchungen über die Einwirkung des alkoholischen Kalis auf Monobromisobuttersäure und des feinvertheilten Silbers auf den Aethylester derselben. (Tübingen) Stuttgart, 1878.

Waldbauer, Julius: Zur Kenntniss des Cinchonin's und des Cinchonidin's ... Freiburg i. B.: Buchdr. v. Chr. Ströcker. 1888; 47 + 1 S. 8°
Freiburg i. B., Phil. Fak., Inaug.-Diss. v. 1888.

Waldbauer, Werner, Untersuchungen betr. die untere Reizschwelle Farbenblinder. gr. 8. (64 S. m. 1 Tab. u. 4 lith. Curventaf.) Dorpat 883. (Karow.) n. 2.—

Waldbaum, E., Feierstunden; (e. Fortsetz. d. Morgenspaziergänge. 2 Thle.) 8. Manh. 797. Kaufmann. 20 ϰ Mit color. Titelkpf. 1 ϰ

Waldbäume, die. Ein Bilderbuch für Kinder von F. C. M. 4. (15 S. mit 5 Chromolithogr.) Langensalza 869, Beyer und Söhne.

Waldberechtigungen, Die, in der ehemaligen Grafschaft Dagsburg. Strassburg 1894—95. V: *Esser, J. G.* (Berl)

Waldberg, A. v., s. a.: Winterfeld, Achim v.

— Horaz. Eine kritisch-satir. Betrachtg. (IV, 68 S.) 8. Dresden 905. E. Pierson. n. 1.50

— Schlaglichter aus der Sphäre des Gymnasiums. (96 S.) 8. Ebd. 905. n. 1.—; geb. n. 2.—

— Schulgedanken e. Gymnasialabiturienten von 1903. (72 S.) 8. Ebd. 904. n. 1.—

Waldberg, Heinrich von: Die Debutantin, s. Zamara, Alfred.

Waldberg, H. v., der Nachfolger, s.: Léon, Vict.

Waldberg, Heinrich von: Der Opernball, s. Heuberger, Richard.

Waldberg, Jul. R. v., die Mora debitoris in ihrer Beziehung zur Culpa nach dem römischen Rechte. Civilistische Abhandlung. gr. 8. (74 S.) Berlin 878, Stuhr'sche Buchh. *

Waldberg, Max Frhr. v., s.: Forschungen, literarhistor.

Waldberg, Max Frhr. v., Goethe u. d. Volkslied. gr. 8. (32 S.) Berlin 889. Hertz. n. —60

Waldberg, Max Frhr. v., die galante Lyrik, s. Quellen und Forschungen zur Sprach- und Culturgeschichte der germanischen Völker.

WALDBERG, Max Freiherr von. Die galante Lyrik. Beiträge zu ihrer Geschichte und Charakteristik. Straßburg, Karl J. Trübner, 1885. 8°.

— die deutsche Renaissance-Lyrik. gr. 8. (VII, 274 S.) Ebd. 888. n. 4.60; geb. n. 5.60

— der empfindsame Roman in Frankreich. 1. Tl. Die Anfänge bis zum Beginne des XVIII. Jahrh. (XIII, 489 S.) 8. Strassburg 906. K. J. Trübner. n. 6.—; geb. n. 7.—

Studien und Quellen zur Geschichte des Romans von Max Frh. v. Waldberg. 1. Berlin: Felber 1910. 8°
(Literarhistorische Forschungen. H. 41.) (10. 9810 2

Waldberg, Max Frhr. v., Studien u. Quellen zur Geschichte des Romans. Zur Entwicklungsgeschichte der „schönen Seele" bei den span. Mystikern, s. a. Forschungen, literarhistorische. 41. Heft.

Waldberg, Max R. v., Studien zu Lessings Stil in der Hamburgischen Dramaturgie. 8. (VIII, 117 S.) Berlin 882, Kühl.

— Venus-Gärtlein, s.: Neudrucke deutscher Litteraturwerke d. XVI. u. XVII. Jahrh.

Waldberg, Samuel —. Die Rosenkrone. Abhandlung über das 45ste Kapitel aus den Psalmen Davids. Das Lob des Landesfürsten und dessen beglückende Eigenschaften, wie auch den Glückwunsch zu Seiner Vermählung mit einer hochgepriesenen Fürstentochter und Darstellung der Pracht und Herrlichkeit ihres Einzuges in die Residenz enthaltend. Sr. k. k. Apost. Majestät Kaiser Franz Joseph I. zur Allerhöchstdessen Vermählung mit der königl. Prinzessin Elisabeth in Baiern. Dargebracht von — —. 8. (32 S.) Lemberg. Druck von M. F. Poremba. 1854.

Waldberg, Samuel, Dibre Schmuel. Beiträge zur Methodologie d. Talmud. Als Anh.: Kritische Forschgn. auf dem Gebiete der talmudisch-rabbin. Literatur, in alphabet. Ordng. dargestellt u. m. Indices versehen. (In hebr. Sprache.) gr. 8. (378 S.) Krakau 889. (Wien, Lippe.) n. 6.—

Waldberg, Walther von: Der verpfändete Bauernjunge. Lustspiel in 3 Akten. Frei nach e. älteren dän. Komödie. Münster i. W.: Alphonsus-Buchh. [1903]. (63 S.) 8°
(Vereins- u. Gesellschaftsbühne, Neue. Bdch. 2.)

Waldberger, Josef

Waldberger, J., Versuch üb. d. Frage: ob das Postwesen in Deutschland ein kaiserl. Reservat- od. Landesherrl. Territorial-Recht sey? 8. Wien, Geitzer. 794.

Vaterländische Waldberichte nebst Blikken in die allgemeine Wälderkunde und in die Geschichte und Litteratur der Forstwissenschaft, herausgeg. von Aug. [Chr. Heinr.] Niemann. 1—4. St. Altona. 1820. — 2. Bd. 1—4. St. Sm. St. 1821—22.

Wald- u. Weidmannsbilder. 1.—5. Heft. kl. 8. Goslar, J. Brumby. à n. — 20
1. Ein althannoverscher Jäger. Von Emil Stolze. (31 S.) (906.)
2. In der Falle. Mißgeschicke. Von Emil Stolze. (32 S.) (906.)
3. Der Schulmeister auf dem Wilddiebspfade. Weihnachten im Forsthause. Von Emil Stolze. (32 S.) (906.)
4. Ums Los. Sein letzter Gang. Der erste Rehbock. Von Emil Stolze. (32 S.) (906.)
5. Das prennende Schwien. Wilddiebsgeschichten. Von Emil Stolze. (32 S.) (906.)

Waldblumen, die, e. Erzählung f. d. Jugend. N. d. Engl. bearb. v. C. F. Major. gr. 12. (5⅔ B. u. 1 Stndr.) Straßburg 834, Scheurer.

Waldblumen. Erzählungen, Märchen, Natur- und Lebensbilder in Poesie und Prosa, für die reifere Jugend und für Jugendfreunde. Herausg. vom Berliner Communal-Lehrer-Verein. Mit 6 (lith. u.) color. Bildern. Berlin (853.) Sacco. 8. (IV, 172 S.) 22½ ngr.

Waldblumen. Ein Familienbuch zur Unterhaltung in Feierstunden. Eine Sammlung von Orig.-Erzählungen, Novellen, Gedichten rc. Herg. von T. Neumeister. 1—10. Liefg. Löbau 865,66. Walde. 4. (S. 1—160 mit 10 color. Steintaff.) Jede Liefg. 2½ ngr.

Waldblumen. Eine Jugendschrift zur Unterhaltung und Be Belehrung hrsg. von Hermine Schiebel. 1. Jahrg. 1880. Nr. 1. (Bog.) gr. 8. Berlin, Grieben's Verlag.
Nicht weiter erschienen.

Waldblumen in Tannenhains Thälern gesammelt. Breslau 1809. V: *Haugwitz, Carol. Albertine Eleonore Louise von geb. von Rohr.* (Nowack, Schles. Schriftst.-Lex. Breslau 1836—43. V, 71.) (schl)

Waldblumen in Tannenhains Thälern gesammelt v. Arminia 8. Breslau, G. W. Korn. 809.

Waldblumen aus dem finstern Walde. Legenden, Hymnen, Epigramme, Beschreibungen rc. aus alter und neuer Zeit auf den heil. Meinrad und das Heiligthum in Einsiedeln. Eine Festgabe zum Millenarium, hrsg. von Gall Morel. 16. (VIII und 199 S. mit 4 Stahlst.) Einsiedeln 861, Gebr. Benziger. — geb. *

Waldböcklheim [Schlagwort]

Waldböcklheim, s.: Preussen. Messtischblätter.

Der Waldbote: Jahrgang 1—37, no 1904, Dec. 1883—June 26, 1919
Weekly. Sub-title: Organ für die deutschen Niederlassungen in Nord-Wisconsin. Independent, 1883—87, Republican, 1888—96, Independent Democratic, 1897—1919. Published in English and German; issues for May 8—June 26, 1919 bear German title, but the text is almost wholly in English.
Circulation: 1890, 1150; 1900, 1260; 1905, *1260*; 1910, 900; 1916, *1200*. Edited by Joseph Brucker, 1883—90, by Franz Markus, 1890—Nov. 1915?, by Otto Baumann, Nov. 25, 1915—May 1, 1919; published by Brucker, Ludloff & Co., 1883—86, by Joseph Brucker & Co., 1887—90; by German Publishing Co., 1890—May 1, 1919; edited & published by J. H. Wheelock & Miss Olga Andresen, May 8—June 26, 1919.
Medford, WI

Waldbott, Sigmund. Ueber die Condensation von asymmetrischem Metaxylidin mit Propylaldehyd bei Gegenwart von concentrirter Salzsäure. (Bern) München, 1889.

Waldbott v. Bassenheim, Frdr. Reichsfrhr., Graf Oswald Gobert v. Wolkenstein, seine direkte Abstammg. väterlicher u. müttlicher Seite v. den Fürstenhäusern Rákóczy u. Hohenzollern. (46 S. m. Abb. u. 3 Stammtaf.) gr. 8. Budapest 908. Pátria. 5. —

Illustrirter Catalog der ausgezeichneten kunst- u. culturhistor. Sammlung aus dem Besitze des Hrn. Hugo Grafen v. Waldbott-Bassenheim, enth.: Gemälde, Handzeichnungen u. Aquarellen, Waffen, Sculpturen in Holz u. Elfenbein, Mobilien, . . . welche unter Direction des Kunst-Experten, Rath Dr. Carl Förster . . . 13. Septbr. sq. 1883 . . . in den Central-Sälen zu München . . . versteig. werden wird. München, Commiss.-Verlag v. W. Behrens. (Druck v. G. Schuh & Cie.) 8°
4 Bll., 69 S. Enth. 672 Nrn. (XXIX. Carl Förster'sche Kunst-Auction.)

Waldbotten-Bassenheim, Graf von: „Das Grundeigenthum des Adels in Schwaben und die Maximen der Umwälzung", Deutschland 1838.

Waldbreitbach [Schlagwort]

Waldbreitbach, s.: Preussen. Messtischblätter.

Wald- und Feld-Brevier. Ein Schock Liebeslieder. Allen Lieder-Componisten gewidmet. Umschlagzeichnung von A. Keller. Wien 1901. V: *Bartsch, Rudolph Hans.* (Berliner Tageblatt Nr. 654. 25. Dez. 1909: Wie ich in die Höhe kam von Rudolf Hans Bartsch.)

(F) Wald- und Feld-Brevier. Ein Schock Liebeslieder. Allen Lieder-Componisten gewidmet. Wien. 1901. In Comm. Seidel & Sohn. 16°. 39 S. K 1.—

Waldbröl [Schlagwort]

Waldbröl, s.: Deutschland. Karte. (Abt. Preussen.)

Waldbruder, Der — auf Burg Barenstein. Dramatische Unterhaltung für die Jugend in einem Akt. Nebst einem Vor- und Nachspiel von P. M. H. Wier, 1856. Druck und Verlag von M. Auer. (58 S. kl. 8.)

Waldbruder, Der, im Eichthale; eine Volkssage. Offenbach 1794. V: *Schreiber, Alois Wilhelm.* (EE) (NN) (Ky) (Kn) (GGr)

Waldbruder, der im Eichthale, eine Volkssage (von Prof. Schreiber) 12. Offenbach, 794. Brede. 15 gl.
Dasselbe mit 6 Kupfern von Schubert und Küffner. 20 gl.

Waldbruder, Der, ein Pendant zu Werthers Leiden. [Stuttgart] 1797. V: *Lenz, Jac. Mich. Reinhold.* (GGr)

Waldbrühl, Wilhelm von [Pseud.],
s.a. Zuccalmaglio, Anton Wilhelm Florentin von

Waldbrühl, Wilh. v., † (A. Wilh. v. Zuccalmaglio,) slawische Balalaika. gr. 8. (34 B.) Leipzig 839, Güntz. (?) 3 —

Waldbrühl, Wilh. v., † (A. Wilh. v. Zuccalmaglio) slawische Balalaika. gr. 8. (34 B.) Leipzig 843, Hirschfeld.

—— Bardale. Samml. auserles. Volkslieder, s. Baumstark, E.

—— Hahn, der Solinger. Festgedicht zur Vereinigungsfeier. 8. (2 B.) Solingen 840, Amberger.

—— nord-südliche Jurte. (Gedichte.) gr. 12. (2 B.) Leipzig 837, Friese. *

Waldbrühl, Wilh. v., Kinder-Comödien. In Handlung gesetzte Thier-Märchen. 1.—3. Bdchn. gr. 16. (93; 105; 107 S., mit eingedr. Holzschn. und 3 Holzschntaf.) Köln und Neuß [Düsseldorf] 870, Schwann's Verlag. à Bdchn.

Waldbrühl, Wilh. v., Rhingscher Klaaf. Rheinfränkische Lieder und Leuschen. Nebst einer Zugabe: Stöckelcher von Montanus. 16. (VIII, 312 S. mit 1 Brustbilde und Facs. des Dichters in Holzschn.) Opladen 869, Arndt. *

Waldbrühl, Wilh. v., das Leben berühmter Werkmeister. Frankfurt a. M. 853. Literarische Anstalt. 8. (XIII, 364 S.) n. 1 Thlr. 5 ngr.

Waldbrühl, W. v., deutsche Liederhalle, s. Liederhalle.

Waldbrühl, Wilh. v., Mosel-Lieder, s. Reise-Bibliothek, rheinische.

—— Mosellieder. gr. 8. (5 B.) Zwickau 837, [Leipzig,] Gebr. Schumann.

Waldbruhl W. Naturforschung u Hexenglaube. (Slg wiss. Vortr 46) Berlin 1867

— Naturforschung u. Hexenglaube, s. Sammlung gemeinverständlicher wissenschaftlicher Vorträge.

— die deutschen Pflanzennamen, gesammelt und gesichtet. 8. (Mit Titelvign.) Berlin 841, Vereins-Buchh. 1/3 Thlr.

—— die Wesen der niederrheinischen Sagen. gr. 8. (86 S.) Elberfeld 857, (Schmachtenberg.) **

—— düsseldorfer Xenien. 8. (3 B.) Elberfeld 846, (Bädeker.) *

Waldburg [Sachl. OW]

Waldburg, die, oder der Forstmeister Lobeschütz u. seine Familie. Eine lehrreiche u. unterhalt. Geschichte aus d. 17ten Jahrh. v. S. L. Stausebach. 2 Bde. 8. Carlsruhe, Braun. 811.

Waldburg, Nanni von, m. K. 2 Thle. 8. Braunschweig, Eplemann. (Pluchart.) 802.

Waldburg, Nanny v., m. K. 2 Thle. neue Aufl. 8. Hannov. Gebr. Hahn. 815.

v. Waldburg, Nanny, oder die höchsten Forderungen der Liebe. Ein Roman. 2 Thle. .. Braunschw. 816. (Leibrock.) 2 2/3 Thlr.

WALDBURG, Nanny von. (Roman.) 2 Thle. Zweite Auflage. Hannover, bei den Brüdern Hahn. 1816. 8⁰.
Tit., 412 u. 542 Seiten. Besonders in Th. 2 freie u. verfängliche Passagen. — Zuerst gedr. c. 1810.

Waldburg, Nanny von. 2 Thle. 2te Aufl. 8. Braunschweig. (Gebr. Hahn in Hannover.) 817.

Ottur von Waldburg. Der Templer. Ritterroman aus dem 1. Zehnttheil des 14. Jh. 1827
s. Falckh, Josef Alois [Verf.]

Waldburg [Schlagwort]

Waldburg, s.: Württemberg. Höhenkurvenkarte.

Waldburg [Verfasser]

v. Waldburg, s. Stäger, Jh.

Waldburg, H., der Kubikpreisrechner oder Tafeln zur Berechnung des Preises von runden und beschlagenen Hölzern rc. bei einem Inhalte von 0,02—24,98 Kubikmeter und einem Einheitspreise von 10—90 Mark. Ein Hülfsbuch für Forstbeamte, Holzhändler, Sägemüller rc. Als Anhang: Tafeln zur Berechnung des Kubikinhaltes runder Hölzer von 2—100 Centimeter Durchmesser und 0, 20—30 Meter Länge. gr. 16. (260 S.) [Darmstadt 879, Rühl.] Frankfurt a. M., Schwelm. cart. *

Waldburg, H., der Kubikpreisrechner oder Tafeln zur Berechnung des Preises von runden und beschlagenen Hölzern, sowie des Kubikinhaltes runder Hölzer für Forstbeamte, Holzhändler, Sägemüller rc. Neue (Titel-)Ausg. 8. (260 S.) Darmstadt 882, Hoffmann. cart.

Waldburg, H., der Kubikpreisrechner oder Tafeln zur Berechnung des Preises von runden und beschlagenen Hölzern, sowie des Kubikinhaltes runder Hölzer für Forstbeamte, Holzhändler, Sägemüller rc. 3. Aufl. 8. (260 S.) Berlin 885, Mode's Verlag. cart.

Waldburg, Karl Ludwig Gf. von A. S. 1422/15

Dissertatio academica de criminis abolitione.
Präs. David Stavinski.
Königsberg (Reusner) I. 1701. 15 S.

Waldburg, S., Daheim u. Unterwegs. Gedichte. 8. (V, 174 S.) Cannstatt 888. Bosheuyer. geb. m. Goldschn. n. 3. —

Waldburg, S. (Gräfin Sophie Waldburg-Syrgenstein), Erschautes u. Erdachtes. Gedichte. (XVI, 258 S.) 8. Dresden 904. E. Pierson. n. 3. —; geb. n. 4. —

Waldburg-Zeil, Fürst, meine Grundsätze. 8. (IV u. 47 S.) Schaffhausen 850, Hurter. 1/4 Thlr.

Waldburg-Zeil, Geo. v., Gedichte. 16. (VI und 140 S.) Mainz 857, Kirchheim. 15 Ngr.; geb. Thlr. *

Waldburger, August s. Calvinfeier. Die Zürcher C'-F'.... Zürich 1909.

Waldburger, August s. Nüscheler, Arnold. Die Gotteshauser der Schweiz. 1864(–1900).

— Ragaz-Pfäfers. (Geologie, Klimatologie u. Geschichte des Kurortes u. seiner Umgebg. Kritische Darstellg. der Thermal-Quellen u. übr. Kurmittel.) Auf Veranlassg. der Herren Kurärzte hrsg. (VII, 296 S. m. Abbildgn., 3 Taf. u. 3 farb. Karten.) 8. Ragaz (910). (St. Gallen, Fehr.) Geb. in Leinw. 4. —

Ragaz-Pfäfers. Geologie, Klimatologie u. Geschichte d. Kurortes u. s. Umgebung. Krit. Darstellung d. Thermal-Quellen u. übrigen Kurmittel. Mit 3 Taf., 3 Kt. u. über 200 Bild. (Verf.: A. **Waldburger**, Pfr.) Ragaz (1910): Jordy. VII, 294 S. 8⁰ [10. 1300]

Waldburger, A[ugust]. Der Sonntag in den eidgenössischen und zürcherischen Gesetzen, Verordnungen und allgemein verbindlichen Beschlüssen. Auf Anregung des Zürcherischen Vereins für Sonntagsfeier zusammengestellt von A. W', Pfarrer in Marthalen. 1902. IV + 55 S. 8. (Andelfingen, W. Hepting.)

Waldburger, A[ugust]. Eidgenössisches und St. Gallisches Sonntagsrecht. Zusammengestellt aus Auftrag des St. Gallischen Vereins für Sonntagsfeier. IV + 138 S. 8. Ragaz, A. Hagmann, 1908. [fr. —. 70]

Waldburger, A[ugust]. The Thermal Springs of Ragaz-Pfäfers. Translated by E[rnest] Maitland of Davos. Published by the Ragaz Kur- und Verkehrsverein ⟨Ragaz Health and Traffic association⟩. [With Illustrations, 4 Plates and 1 Map.] 64 p. 8. St. Gall, Zollikofer & Co., [1907].) [fr. —. 80]

— Die Thermal-Bäder v. Ragaz-Pfäfers. Hrsg. vom Kur- u. Verkehrsverein Ragaz. (64 S. m. Abbildgn., 4 farb. Taf. u. 1 farb. Plan.) 8. Ebd. (907). — 70; engl. u. französ. Ausg. à — 70

Waldburger, Aug., s.: Zeitschrift, schweiz. theolog.

Waldburger, E., Bericht üb. die I. Jahresversammlung der schweizer. Gesellschaft f. kaufmänn. Bildungswesen, s.: Flury, W., Handelsstand u. Handelsschulen.

Waldburger, Jak., Einst u. Jetzt. Erzählungen aus dem Schweizerlande. (In 4 Bdchn.) 1. u. 2. Bdchn. Stäfa 865. (Amriswei1, Häberlin.) gr. 16. (252 S.) 22½ ngr.

Waldburger, J[acob]. Das Revolutionsjahr 1848 oder die denkwürdigen Ereignisse in Europa vom Sonderbundskrieg bis zur Gründung der römischen Republik. Nach Berichten von Augenzeugen und den zuverlässigsten Quellen geschildert von J. W. Mit Portrats der hervorragendsten Zeitgenossen, nebst Darstellungen von Gefechten und Barrikadenkampfen. 2 Bände. 8. Bern 1849.

Band 1. [Mit 4 Tafeln.] — Band 2. [Mit 1 Tafel.]

Walde, Alois, die germanischen Auslautgesetze. Eine sprachwissenschaftl. Untersuchg. m. vornehml. Berücksicht. der Zeitfolge der Auslautsverändergn. gr. 8. (V, 198 S.) Halle 900. M. Niemeyer. n. 5. 40

Lateinisches Etymologisches Wörterbuch von Dr. A[lois] **Walde**. (In 10 Lfgen.) Heidelberg: C. Winter 19(05–)06. (XLVII, 870 S.) 8°
= **Sammlung** indogerman. Lehrbücher. Reihe 2. Bd 1. [06. 7027

Lateinisches etymologisches Wörterbuch. Von Dr. Alois **Walde**. Prof. 2. umgearb. Aufl. Heidelberg: Winter 1910. XXXI, 1044 S. 8°
(Indogermanische Bibliothek. Abt 1. Reihe 2, Bd 1.)

Walde, Chr. Herm., u. Hugo Knoppe: Handbuch der Drechslerei, s. Weber's illustrierte Katechismen.

Walde, Chr. Herm., moderne Möbeltischlerei. Handbuch f. Tischler, Angehörige der kunstgewerbl. Holzindustrie u. Freunde des Kunstgewerbes. [Aus: „W., der prakt. Tischler".] gr. 8. (III u. S. 308–551 m. 340 Fig. u. 80 Taf.) Leipzig 902. J. J. Arnd. n. 10.—; geb. n. 12.—

— der praktische Tischler. Ein Handbuch für Bau- u. Möbeltischler u. f. Fachschüler. 2. durch Nachtrag verm. Aufl. Mit ca. 758 in den Text gedr. Fig. u. 80 Taf. gr. 8. (IV, 666 S. m. Abbildgn.) Ebd. 902. 903. n. 15. —; geb. in Leinw. n. 18. —
Erschien auch in 30 Lfgn. à — 50.

Walde, Chr. Herm., der praktische Tischler. Ein Handbuch f. Bau- u. Möbeltischler. 4. verb. u. verm. Aufl. Neu bearb. u. hrsg. v. Emil Angst. Mit 1065 Textfig., 94 einfarb. u. 8 mehrfarb. Taf. u. Modellen, nebst e. Anh.: Neuheiten f. das Tischlergewerbe, nebst Bezugsquellennachweiser u. Selbstanzeigen hervorrag. Industriefirmen der Tischlerbranche. Ausg. 1909. (VII, 820 u. 56 S.) Lex. 8. Nebst 47 Taf. Detailzeichngn. (in Mappe). Leipzig, J. J. Arnd. Geb. in Leinw. 25. —

Walde, Egon, alphabetisches Verzeichniss sämmtlicher in der Kreishauptmannsch. Leipzig gelegenen Städte, Ortschaften etc. m. Angabe der Amtsgerichte, Amtshauptmannschaften u. Poststationen, sowie der Einwohnerzahl. gr. 8. (66 S.) Leipzig 885. Serig. n. — 60

Walde, Gust., der Seminar-Director Dr. Diesterweg vor dem Richterstuhle seines überaus einsichtsvollen Schülers, des Schullehrers Emmerich in Bonn. 8. (4 B.) Bautzen 844, Reichel. *

— das achte Gebot, eine Beleuchtung der „Zeugnisse" Dr. Richters in Barmen in der Sache zwischen Dr. Diesterweg u. L. Emmerich. Zur Prüfung gegeben. 8. (5½ B.) Bautzen 843, Reichel. *

— der halbumgewandelte Richter. Eine Beleuchtung der „Präliminarien" Dr. Richter's in Bremen u. der von ihm erhobenen Anklage gegen Dr. Diesterweg in Berlin. gr. 8. (3 B.) Leipzig 844, Otto Wigand.

Walde, H., Jubiläums-Rangliste f. das 8. königl. sächs. Infant.-Regt. „Prinz Johann Georg" Nr. 107. Festgabe zum 200jähr. Regimentsjubiläum 2. VI. 1908. (V, 77 S.) 8. Leipzig (908). (Roßberg'sche Buchh.) nn 1. —

Walde, Hans, Militärstrafgerichtsordnung f. das Deutsche Reich, s.: Sturm, F.

Walde, Hans: Militär-Strafgesetzbuch für das Deutsche Reich vom 20. Juni 1872 nebst den Kriegsartikeln und der Disciplinar-Strafordnung vom 31. Oktober 1872. Textausgabe mit Anmerkungen . . . (Meinholds Juristische Handbibliothek. Bd. 7 b.) Lpz. 1899.

— Militär-Strafgesetzbuch f. das Deutsche Reich, s. a. Handbibliothek, Leipzig. jurist.

Walde, Hans, Reichs-Militärgesetz vom 2. Mai 1874 m. Wehrgesetz, Reichsverfass. Abschn. XI, Militärkonventionen u. Gesetz, betr. d. freiwill. Gerichtsbarkeit usw im Heere. Handausg. m. Anmerk. u. alphabet. Sachreg. Leipzig 1906. 8°
(Jurist. Handbibliothek, hrsg. von Max Hallbauer u. Walter Schelcher. Bd 175.)

Walde, Reichsmilitärgesetz, s. a. Handbibliothek, jurist.

Walde, Henr. Gust. Aug. Ferd.: Dissertatio sistens [illegible] circa [illegible] Berolini 1844. 34 S. 8
Berlin, Med. Diss. v. 18. Mai 1844

Walde, J. G., Thomas Waldauf's des Dresdener Schornsteinfegers Abenteuer und Fahrten zu Wasser und zu Lande in drei Welttheilen. Von ihm selbst erzählt und als ein wahrhaftes Familienbuch für Jung und Alt in allen Ständen des Volkes herausg. 3 Thle. Löbau, Walde. 8. (304; 236; 220 S. u. 22 color. Lithogr. und: Bergmanns-Glück und Leid, oder Gemüthliches und Geschichtliches aus der Bergmannswelt, von Eduin Milan, 64 S. u. 2 color. Lithogr.) 1 ℛ. 22 ngr.

Walde, J. G., Thomas Waldauf's des dresdener Schornsteinfegers Abenteuer und Fahrten zu Wasser und zu Lande in drei Welttheilen. Von ihm selbst erzählt und als ein wahrhaftes Familienbuch für Jung und Alt in allen Ständen des Volkes hrsg. 3 Thle. 8. (VIII und 760 S. mit 24 ill. Stnt. und Anhang: Bergmanns Glück und Leid, oder Gemüthliches und Geschichtliches aus der Bergmannswelt, von Eduin Milan. 64 S. mit 2 ill. Stnt.) Löbau 858, Walde.

am Walde, Just., (Aug. Evers), Ludwig u. Julie. X. u. d. T.: Geistesentwickelung durch Schwärmerei; e. Geschichte f. unser verfeinertes Jahrzehend. 2 Bde. 8. Berl. 796. (Wienbrack in Leipz.) 2 ℛ 8 ℊ

Walde, Karl, Gabriel. Ein dramat. Gedicht in 5 Akten. Mit freier Benutzg. des gleichnam. Romans v. S. Kohn. (186 S.) 8. Wien 907. M. Breitenstein. 2. —

Walde, Ludw. vom, die Katastrophe im Hause Wittelsbach. 8. (74 S.) Budapest 886. Grimm. n. 1. —

Walde, M. vom, kleine Bilder im engen Rahmen. Mit Illustr. v. E. Giebe. gr. 4. (V, 76 S.) Leipzig 889. G. Wigand. geb. m. Goldschn. n. 12. —

Walde, M. vom, Märchen. 16. (89 S.) Köln 894. J. P. Bachem. Geb. in Damast m. Goldschn. 1. 50

Die Harmonie der Neuzeit. Neue Grundsätze f. d. Erweiterung u. techn. Bezeichnung d. Diatonik u. Chromatik von Paul **Walde**. Dresden: Walde; Posselt in Comm. 1910. 16 S. 8° [10. 13748

Walde, Paul vom, die Madonna v. Liesse, s.: Dilettanten-Theater.

Unter dem Schutze der Mutter Gottes. Volkstüml. Drama in 4 Aufz. von Paul **vom Walde**. 3., neubearb. Aufl. Paderborn: F. Schöningh [1906]. (34 S.) 8° [F.]
— **Dilettanten-Theater**. H. 26. [07. 14264

Walde, Ph. vom, s.: Aus der Heemte!

Walde, Ph. vom, Vaganten-Lieder. Mit dem (Lichtdr.-) Bilde d. Verf. 12. (VIII, 106 S.) Großenhain 888. Baumert & Ronge. n. 1. 50; geb. n. 2. 50

Walde, Rich. vom, Meinungen u. Stimmungen. 16. (V, 113 S.) Wien 872. Seidel & Sohn. n. 1. 60

—— Ordens-Lexikon. gr. 16. (IV, 160 S.) Wien 872, (Rosner.) *

Walde, Theodor

Walde, Th., Fahnenspiele. Turnerische Fahnengruppiergn. f. Turner u. Turnerinnen. (7 S. m. Abbildgn. u. 1 Taf.) kl. 8. Leipzig (903). Rauh & Pohle. n. 1. —

Walde, Theodor, Oberturnlehrer: Lehrplan für den Turn-Unterricht an höheren Lehranstalten. Bochum 1905: Märkische Vereinsdruckerei. (40 S.) 8°
Bochum, st. G P 1905 (410)

Walde, Th., Lehrstoff im Turnen der Mädchenvolksschulen ohne Turnhalle, s.: Tomaszewski, B.

— Turnlehrplan f. Knaben- u. Mädchenturnen in der Volksschule unter Berücksicht. aller Verhältnisse. (46 S.) Lex.-8. Bochum (904). Verlag der Hermann-Hubertus-Stiftg. n. 1. 25
Turnspiele. Aufmärsche u. Reigen, s.: Thom, B.

Walde, Th., 20 Turnspiele f. die Volksschule. (47 S. m. Fig.) 16. Bochum (908). Märk. Vereinsdruckerei. — 15

Walde, Th., Uebungsstoff f. den Turnunterricht, s.: Schürmann, F.

WALDE, Thilo vom
Die Wahrheit über Kneipp. Ein Wort der Verteidigung. 1899. Blazek in Freiwaldau.

Wälde, A., Moos-Herbarium. gr. 4. (11 Taf. m. 110 aufgeklebten Moosarten u. 1 Bl. Text.) Stuttgart 893. Süddeutsches Verlags-Institut. In Pappkasten. n. 10. —

Wälde, A., Touristen-Karte vom oberen Murg- und Renchthalgebiet. 1 : 50,000. Chromolithogr. Imp.-Fol. Reutlingen 888, (Kocher.) * 1 60

Waelde, Touristenkarte vom württembergischen Murgthalgebiet. 1 : 50,000. Chromolithogr. gr. Fol. Freudenstadt 884, (Schlaatz.) * 1 —

Waldeck [Sachl. OW]

Waldeck. Eine biographische Skizze. 8. (42 S. mit Portr. in Holzschn.) Berlin 870, F. Duncker. [Stuttgart, Krabbe.] *

Waldeck, Benedikt Franz Leo, s. Oppenheim, H. B.

Waldeck ist frei!! Verlag von A. Hofmann & Co. 1 Bl. Fol.
Flugblatt. Berlin, 1848/49.

Waldeck, Karl, Komponist u. Domkapellmeister in Linz. † den 25. III. 1905. (15 S. m. Bildnis.) gr. 8. Linz 905. Zentraldruckerei vorm. E. Mareis. n. — 40
2. Aufl., s.: Gräflinger, Frz.

Waldeck und die Militairfrage. Eine Zusammenstellung der parlamentarischen und außerparlamentar. Äußerungen des Abgeordneten Waldeck über die Militairfrage, begleitet von histor. Einleitungen und erläut. Anmerkungen. gr. 8. (100 S.) Berlin 863, Hasselberg'sche Verlagsh.

Waldeck auf der Reise in sein Vaterland. 8. Halle 779. Hendel. 12 ⁄𝓍

Waldeck auf d. Reise ꝛc., hat auch Joachim.

Waldeck [Schlagwort]

— s.: Hand- u. Reisekarten. 19. — Heimatskarten. —

Waldeck, s.: Hessen-Nassau. — Preussen. Messtischblätter.

— s. a.: Kreiskarten.

Waldeck, s.:
— Paderborn, Diöcese. — Radfahrerkarten. Junghans. Ravenstein. — Rheinprovinz. Liebenow. — Westfalen.

Waldeck, s.: Radfahrerkarten. Mittelbach. Universal-Automobilkarte. — Regenkarten. — Schulwandkarten. — Unterrichtsanstalten.

— s.: Schweidnitz. Hansi, G.

Waldeck. Deichmann, L., Karte des Fürstent. Waldeck. 1 : 200,000. Nach e. Relief im Maassstab 1 : 100,000. Kpfrdr. 28×25,5 cm. Cassel 893. L. Deichmann. n. 1. —

Waldeck. Ortsentfernungskarte der Fürstenthümer Waldeck u. Pyrmont, angefertigt nach amtl. Quellen d. Landesdirektoriums zu Arolsen im J. 1887. 1 : 75,000. Chromolith. Imp.-Fol. Arolsen 887. Speyer. n. 2. —; auf Leinw. n.n. 3. 25

Waldeck [Verfasser]

Waldeck. Analyse von Platos Protagoras. Pr. 1868. 19 S. 4°

Waldeck, die Nichtigkeitsbeschwerde als das alleinige Rechtsmittel höchster Instanz mit besond. Beziehung auf die preuß. Prozeß-Gesetzgebung. gr. 8. (VIII und 183 S.) Berlin 861, Guttentag. *

(Waldeck, Adolph,) der Führer am Rhein von seiner Quelle bis zur Mündung. Ein Handbuch für Freunde der schönen Natur, der Kunst u. des Alterthums, mit ausgewählt. Balladen u. Liedern. 12. (12⅝ B., 1 Stahlst. u. 1 Karte.) Bonn 844, Habicht. *

(Waldeck, Adolph,) der Führer am Rhein von seiner Quelle bis zur Mündung. rc. Nebst 50 Stahlst. u. 1 Karte. gr. 8. (19 B.) Bonn 841, Habicht. In Leinwd. geb. Thlr. *

Waldeck, Arth., Stralsund u. Rügen, s.: Welt- u. Reisebibliothek, illustrirte.

Waldeck, August

Waldeck, Aug., praktische Anleitung zum Unterricht in der lateinischen Grammatik. gr. 8. (VI, 224 S.) Halle a/S. 892. Buchh. d. Waisenhauses. n. 2. 40

Waldeck, Aug., praktische Anleitung zum Unterricht in der lateinischen Grammatik nach den neuen Lehrplänen. 2., verb. Aufl. gr. 8. (VIII, 217 S.) Halle 902. Buchh. d Waisenhauses. n. 3. —; geb. n. 3. 60

Waldeck, August [Oberl. Prof.]: Zur Frage der Probanden-Ausbildung. Mengeringhausen, Druck d. Weigel'schen Hofbuchdr., 1889; S 9–16; 4°
Corbach, fürstl. Waldeckisches G, OP 1889 (360).

— griechische Schulgrammatik entsprechend d. Verf. lateinischer Schulgrammatik u. den Zielen der neuen Lehrpläne f. alle Klassen d. Gymnasiums. gr. 8. (VIII, 115 S.) Ebd. 893. n. 1. —; geb. n.n. 1. 25

— lateinische Schulgrammatik, nebst e. Anh. üb. Stilistik, f. alle Lehranstalten. gr. 8. (VIII, 144 S.) Ebd. 891. n. 1. 20

— dasselbe. Anh., enth. 1. das Verzeichnis der wichtigeren unregelmäß. Verbalstämme, 2. das Notwendigste üb. Verslehre, 3. vom röm. Kalender, 4. e. Register zur Grammatik, 5. Berichtiggn. gr. 8. (34 S.) Ebd. 894. n. — 30

Waldeck, Aug., lateinische Schulgrammatik nebst e. Anh. üb. Stilistik f. alle Lehranst. 2. Aufl. gr. 8. (IX, 197 S.) Halle 897. Buchh. d. Waisenhauses. n. 1. 50

Waldeck, Aug., lateinische Schulgrammatik nebst e. Anh. üb. Stilistik f. alle Lehranstalten. 3. Aufl. (204 S.) 8. Halle (909). Buchh. des Waisenhauses. 1. 60

Waldeck, A., Ziele u. Wege des latein. Unterrichts nach d. neuen Lehrplänen. S-A. 1891. 18 S. —.80

Waldeck, Benedikt Franz Leo

Waldeck, Benedict, Briefe u. Gedichte. Hrsg. v. Chr. Schlüter. 12. (206 S.) Paderborn 883. F. Schöningh. n. 2. 50

Waldeck. Entgegnung auf den Brief des Präsidenten des Geh. Ober-Tribunals, Ministers Mühler. Druck von E. Krause. 2 Bl. 4.
Flugblatt. Berlin, 18. Dez. 1848.

Waldeck, Entgegnung auf den Brief des Präsidenten des Geh. Ober-Tribunals, Minister Mühler. [Abdr. aus d. „National-Zeitung."] gr. 4. (4 S.) Berlin 849, Schneider & Co. 1 ngr

Waldeck, B. F., über das bäuerliche Erbfolgegesetz für die Provinz Westphalen. gr. 8. Arnsberg 841, Ritter. 5/12 ℛ

Waldeck, (Benedict Franz Leo): Die constitutionelle Monarchie mit Einer Kammer. Vortrag vor den Wahlmännern des zweiten berliner Wahl-Bezirks. Berlin, Jonas 1848. 16 S. 8.

Waldeck, Rede, gehalten in seinem Wahlbezirke auf dem Schützenhofe bei Herford am Sonntag den 13. April 1862. gr. 8. (16 S.) Herford 862. (Oeynhausen, Eßmann und Comp.) *

Waldeck: Über die preußische Verfassungsfrage, s.a. Jacoby, Johann

— siehe a. Verfassungs-Frage, über die Preußische.

Waldeck, Eduard, approb. Arzt aus Mainz. Aus d. Bonner Augenklinik. Über das Abhängigkeitsverhältnis der Gesichtsfeldgrenzen von der Objektgröße. *Bonn 1902: C. Georgi.* (31 S.) 8°
Bonn, Med. Diss. v. 29. Nov. 1902.

Waldeck, Ernst, dem Andenken unserer Lieben. Eine Sammlung der schönsten und sinnigsten Inschriften für die Grabdenkmale von Kindern, Jünglingen und Jungfrauen, Freunden und Freundinnen rc. Zur Auswahl für Geistliche, Bildhauer, Steinmetzen, Eisengießereien rc. 12. (VI und 100 S.) Weimar 862, Voigt. *

Waldeck, Ernst, Dem Andenken unserer Lieben. Eine Sammlung der schönsten und sinnigsten Inschriften für die Grabdenkmale von Kindern, Jünglingen und Jungfrauen, Freunden und Freundinnen, Geschwistern rc. Zur Auswahl für Geistliche, Bildhauer, Steinmetzen rc. 2. neu durchgeseh. und verm. Aufl. 8. (VI, 121 S.) Weimar 870, B. F. Voigt.

Waldeck, Ernst, dem Andenken unserer Lieben. Eine Sammlung der schönsten und sinnigsten Inschriften für die Grabdenkmale von Kindern, Jünglingen und Jungfrauen, Freunden und Freundinnen rc. Zur Auswahl für Geistliche, Bildhauer, Steinmetzen rc. 3. neu durchgeseh. und sehr verm. Aufl. 8. (VIII, 141 S.) Weimar 878, B. F. Voigt.

Waldeck, Ernst, dem Andenken unserer Lieben. Eine Sammlung der schönsten und sinnigsten Inschriften für die Grabdenkmale von Kindern, Jünglingen und Jungfrauen rc. Zur Auswahl für Geistliche, Bildhauer, Steinmetzen, Porzellanmaler, Eisengießereien rc. 4. neu durchgesehene und sehr verm. Aufl. 8. (VIII, 145 S.) Weimar 882, B. F. Voigt.

Waldeck, E., zum Andenken unserer Lieben. Eine Sammlg. der schönsten u. sinnigsten Inschriften f. Grabdenkmale v. Kindern, Jünglingen u. Jungfrauen, Freunden u. Freundinnen rc. Zur Auswahl f. Geistliche, Bildhauer, Steinmetzen, Porzellanmaler, Eisengießereien rc. 5. Aufl. 8. (VIII, 145 S.) Weimar 888. B. F. Voigt. 1. 50

Waldeck, Ernst, dem Andenken unserer Lieben. Eine Sammlung der schönsten u. sinnigsten Inschriften f. die Grabdenkmale v. Kindern, Jünglingen u. Jungfrauen rc. Zur Auswahl f. Geistliche, Lehrer, Bildhauer rc. Neu bearb. v. E. Polz. 6. Aufl. 8. (VIII, 144 S.) Weimar 896. Leipzig, B. F. Voigt. 1. 50

Waldeck, E., Inschriften f. Grabdenkmäler v. Kindern, Jünglingen u. Jungfrauen, Freunden u. Freundinnen, Geschwistern, Verlobten, Gatten u. Gattinnen, Eltern, Personen hohen Alters, frommen Duldern, Wohltätern u. Menschenfreunden, Geistlichen u. Lehrern, Gelehrten, Dichtern, Tonsetzern u. Künstlern, Vaterlandsverteidigern, Verunglückten usw. Zusammengestellt u. umgearb. v. E. Polz. 7. verb. u. verm. Aufl. (IV, 124 S.) gr. 8. Leipzig 907. B. F. Voigt. 1. 80; geb. 2. 75

Waldeck, Ernst, was muß man v. der Akustik u. Optik wissen? Allgemeinverständl. dargestellt. Der Physik II. Tl. gr. 8. (91 S. m. Abb.) Berlin (900). H. Steinitz. n. 1. 50

— was muß man von der Mechanik u. Wärmelehre wissen? Gemeinverständlich dargestellt. Der Physik I. Tl gr. 8. (118 S. m. Abbildgn.) Ebd. (900). n. 1. 50

Waldeck, Fr. Wilhelm

Waldeck, F. W., üb. d. Beschaffenheit u. Unzertrennlichkeit d. deutschen Bauergüter. 8. Marburg, Krieger. 78.

Waldeck, Fr. Wlh., († d. 28. Jan. 1800.), s. Unzertrennlichkeit d. Bauergüter.

Waldeck, weil. Dr. Franz, Gebet- und Kirchen-Liederbuch. Enthält nebst Morgen-, Abend-, Meß-, Beicht-, Communion-, Schul- und Festtagsgebeten sämmtliche Kirchenlieder, wie solche in Ober- und Nieder-Oesterreich eingeführt sind. kl. 8. (285 S.) Steyr, Sandböck. Geb. in Papier 42 kr., in Halbleinen 64 kr., in Leder 90 kr., in Chagrin 1 fl. 45 kr.
1869

WALDECK, Franz: De historia primae Concilii Tridentini periodi a sess. prima usque ad octavam incl. — (1857) 84 S. 8° (Handschr.) Diss. 171
Diss. Wien, Univ.

Waldeck, Frdr., Landwirt, s.: Was werde ich.

Waldeck, Harald, Theorie u. Praxis des Gasgeneratorbetriebes. (68 S. m. 13 Abb.) gr. 8. **Halle 910.** W. Knapp. 3. 60

Waldeck, Heinr., die Egoisten. 1. u. 2. Ausg. Leipzig 861. Bergson-Sonenberg. 8. (185 S.) n. 1 ℛ

—— Reiseträume, s. Bergson's Eisenbahnbücher.

— Reiseträume, s. Lorck's, C. B., Eisenbahnbücher.

Waldeck, Hermann, Apotheker und Nahrungsmittelchemiker a. Lauterbach (Oberhessen): Beiträge zur Kenntnis der Basalte der Oberpfalz. M. e. Übersichtskärtchen. Bamberg (1906): M. R. Schulz (55 S.) 8°
Erlangen, Phil. Fak., Ref. Lenk u. Solereder, Diss. v. 3. März 1906
[Geb. 14. Juni 77 Lauterbach; Wohnort: Dresden; Staatsangeh.: Hessen; Vorbildung: Prorealgymn. Alsfeld Reife 94; Studium: Darmstadt T.H. 4, Berlin 2, Erlangen 5 S.; Rig. 20. Dez. 05.]

Vunn dr Lewwer weg. Humorist. Gedichte u. Humoresken in Pfälzer (Mannheimer) Mundart von Hermann Waldeck. *Mannheim: E. Aletter [1903].* (VIII, 125 S.) 8° [F.] [illegible]

[F.] 'Aus d'r Mannemer Mapp.' Humorist. Gedichte in Mannheimer '(Pfälzer)' Mundart. Von Hermann Waldeck. *Mannheim: E. Aletter 1896.* (4 Bl., 146 S.) 1 Bd 8. [illegible]

— **„Aus dr Mannemer Mapp". Humoristische Gedichte u. Humoresken in Mannheimer (Pfälzer) Mundart.** 2., verm. u. verb. Aufl. (VIII, 211 S.) kl. 8. Ebd. (906.) n. 2. 80; geb. in Leinw. n. 3. 50

Waldeck, Herm., norr nit brumme! Humoristische Gedichte u. Humoresken in pfälz. (Mannheimer) Mundart. 8. (134 S.) **Mannheim 899.** E. Aletter. n. 2. —; geb. n. 2.80

Waldeck, Herm. Freisinnige Zukunftsbilder, vers. gelegentlich d. am 21. u. 22. Mai in Mannheim abgeh. II. südwestdeutschen Parteitags der Deutsch-Freisinn. Partei. 12. (15 S.) Mannh. 892, Bensheimer's Verlag. * — 50

Waldeck, Hugo, Gesetz üb. den Verkehr m. Kraftfahrzeugen vom 3. V. 1909 nebst der Verordnung des Bundesrats üb. den Verkehr m. Kraftfahrzeugen vom 3. II. 1910. (Automobilgesetz.) Erläutert v. W. (X, 240 S.) gr. 8. Berlin 910. F. Vahlen. Geb. in Leinw. 5. —

Waldeck, Hugo, Kammergerichtsref.: Die rechtliche Stellung des Handlungsagenten nach dem Handelsgesetzbuch vom 10. Mai 1897. *Dessau 1900: H. Francke.* (60 S.) 8°
Marburg, Jur. Diss. v. [12. Juni] 1900

***Waldeck*, J. S., s. Geo. Chr. *Gebauer*, exercitationes etc.**

Waldeck, Johann Heinrich

Waldeck, Jh. Hnr., allgemein faßl. Anleit. zur Verfertigung schriftl. Aufsätze im gewöhnl. Leben. Mit sehr vielen Beispielen u. Aufgaben. 8. **Münster 814. Theyssing.** 20 Ngr

Waldeck, Johann Heinrich, s. a. Aurelius Augustinus: Über d. Bergrede des Herrn.

Waldeck, J. H., Aurelius Augustinus üb. d. Bergrede d. Herrn nach Matthäus, a. d. Latein. m. Anmerk. 8. Münster, Aschendorff. 808.

— **Erbauungsbuch für kathol. Kinder an allen Sonn- u. Feiertagen, zur Uebung im Beherzigen des göttlichen Wortes. 6 Thle. 8. Münster 808. Aschendorf. 2 ℛ 6 Ngr (Coppenrath). 2 ℛ 8 Ngr**

Waldeck, Joh. Heinr., Erbauungsbuch f. alle Sonn- u. Feiertage, zur Uebung d. Jugend im Beherzigen d. göttl. Wortes. 2 Thle. 2., verb. Aufl. 8. (43½ B.) Münster 830, Theissing.

Waldeck, Johann Heinrich, s. F. Hunold: Christl. Sittenlehren.

— **allgemein faßliche deutsche Sprachlehre für Mädchen- u. Knabenschulen, mit vielen Uebungen begleitet. 8. Münster 815. 2e Aufl.** 820. Theyssing. **18 Ngr**

— **kleine deutsche Sprachlehre, mit vielen Uebungsstücken.** 8. Münster 817. 2e A. 820. 3e A. 824. 4e A. 828. Theyssing. 8 Ngr

— **kleine deutsche Sprachlehre für Anfänger beyderley Geschlechts mit Uebungsstücken. 2te Aufl.** 8. Ebend. 820.

— kl. deutsche Sprachlehre, mit vielen Uebungsstücken. 3e Aufl. 8. Münster 824, Theissing.

—— kleine deutsche Sprachlehre f. Anfänger beiderlei Geschlechts, mit vielen Uebungsstücken. 4. Aufl. verb. u. verm., mit e. Anh. üb. d. Gebr. d. Mir u. Mich. 8. (18½ B.) Münster 828, Theissing.

Waldeck, Johann Peter

Waldeck, Jh. Pt., († d. 16. Juli 1815.) Deutschlands literar. **Annalen d. Rechtsgelehrsamkeit.** 1r Bd. Literatur von **1778. 8. Leipz. 780. Weidmann. 1 ℛ**

— **literar. Beitrag zu dem histor. Journal auf d. Jahr 1777.** 2s **Stück,** Literatur d. Rechtsgelehrsamkeit. gr. 8. Götting. **778.**

— **institutiones juris civilis Heineccianae emendatae atque reformatae. 8maj. Götting. 788. Ed. II. 794. Ed. III. 800. Ed. IV. 806. Dieterich. 1 ℛ 6 Ngr**

WALDECK, J. Pt.: Plan zu Vorlesungen üb. d. Naturrecht. ***Münster*, Theissing. 801. (8 Gr.)**

WALDECK, J. Pt.: **Tabulae ad Just. Hn. BOEHMERI introduct. in jus digestor., quibus nexus et argum. paragraph. in plerisque titulis declaratur.** *Gött.*, Dieterich, (788.) 803. 8. (8 Gr.)

— **tabulae ad J. H. Böhmer introduct. in jus digestorum. 8maj. Götting. 789. Ed. II. 803. Dieterich. 8 Ngr**

Waldeck, Joh. Pet.: Neuer Vorschlag mit Ausarbeitungen verknüpfter Lehrstunden über das gemeine bürgerliche Recht. Göttingen 1783.

Streifzüge durch die Blei- und Silberhütten des Oberharzes. Von Dr. Ing. Karl **Waldeck**. Mit 5 Taf. Halle: W. Knapp 1907. (68 S.) 8° [F. u. Ant.] [07. 6818 3

Waldeck, Karl: Gasanalytische Untersuchungen an Bleischachtöfen. 1901. 35 S., 1 Taf. 8°
Berlin, Dr.-Ing.-Diss. v. 14. 6. 1901

Waldeck, Fürst zu, Karl Aug. Fr., († d. 24. od. 25. Sept. 1812.) s. 1) Berichtigungen üb. d. Versuch e. baier. Kriegsgeschichte. 2) *Mémoires* sur les campagnes de pays-pas.

(v. **Waldeck.**) Kleine Berichtigungen über den Versuch e. militair. Geschichte d. bayerschen Erbfolgekrieges. (222.) 8. Frankfurt u. Leipzig, Dresden 1784. 1,50.

Waldeck, Leo, die Pflichten des Bankiers nach dem Bankdepotgesetze. (43 S.) gr. 8. Dortmund (910). F. W. Ruhfus. — 75

Waldeck, Ludw., s. a.: Dimitz, Ludw.

Waldeck, Ludw., Edelholz. Eine poet. Erzählg. aus den Alpen. (288 S.) kl. 8. Leipzig 904. A. Twietmeyer. n. 3. —

Waldeck, Ludw., Feierabend im Forsthause. Gesammeltes. gr. 8. (V, 184 S.) Wien 892. A. W. Künast. n. 3. —; geb. n. 4. —

Waldeck, Ludw. Aus der Liedermappe e. Grünrocks. Gedichte. 12. (141 S.) Laibach 889, v. Kleinmayr u. Bamberg. * 2 —

— unseres Kaisers Waidwerk. (15 S. m. Abbildgn.) gr. 4. Klagenfurt (902). J. Leon sen. n. 2. —
Sonderabdruck aus: „Waidmannsheil".

Waldeck, M., vom Nordseestrand zum Wüstensand. Culturgeschichtliche Bilder aus Deutschland, Italien und Aegypten. gr. 8. (III, 178 S. mit 8 Holzschntaf.) Berlin 870, Langmann und Comp. [Deutsches Verlags-Institut.] *

Waldeck, Marie, Festspiel zur Einweihung des Neubaues der Viktoriaschule zu Frankfurt a/M. (31 S.) gr. 8. Frankfurt a/M. (906). Gebr. Knauer. 1. —

Waldeck, Martin

Waldeck, Mart., Handbuch des katholischen Religionsunterrichts auf Grundlage des in den Diözesen Breslau, Ermland, Fulda, Hildesheim, Köln, Limburg, Münster, Paderborn u. Trier eingeführten Katechismus. Nach dem amtl. Lehrplan vom 1. VII. 1901 zunächst für Präparandenanstalten bearb. 2 Tle. 8. Freiburg i/B. 905. Herder. n. 4. 60; geb. in Halbleinw. n. 5. 50
1. Die Religionslehre. (VIII, 312 S.) n. 2. 80; geb. n. 3 20
2. Das Kirchenjahr u. das kirchl. Leben. Zugleich Ergänzg. zu dem Lehrbuche der kathol. Religion f. Lehrer- u. Lehrerinnenseminare v. demselben Verf. (XI, 182 S.) n. 1. 80

Waldeck, Mart., Handbuch des katholischen Religionsunterrichts auf Grundlage des in den Diözesen Breslau, Ermland, Fulda, Hildesheim, Köln, Limburg, Münster, Paderborn u. Trier eingeführten Katechismus. Nach d. amtl. Lehrplan v. 1. VII. 1901 zunächst f. Präparandenanstalten bearb. 2 Tle. 2. u. 3., verb. Aufl. 8. Freiburg i/B. 908. Herder. 4.80; geb. in Halbleinw. 5. 60; in 1 Halbldr.-Bd. 5. 70
1. Die Religionslehre. (X, 314 S.) 2.80; geb. 3. 20
2. Das Kirchenjahr u. das kirchliche Leben. (XV, 208 S.) 2.—; geb. 2. 40

WALDECK, Martin (Passau): Inaugural-Abhandlung eines durch Osteomalacie verunstalteten Beckens mit der Abbildung desselben.- Landshut: Storno 1832. 16 S.,Taf.
21.8.1829 - Urk (Titel: De catameniorum anomaliis.); F 59
Diss. Ingolst.-Landsh.-Mchn.

— Kirchenlieder u. Hymnen f. die Erzdiözese Cöln. Anh. zum Handbuch des kathol. Religionsunterrichts zunächst f. Präparandenanstalten. (27 S.) 8. Ebd. 905. n. — 40

— dasselbe f. die Diözese Trier. (80 S.) 8. Ebd. 905. n. — 40

Waldeck, M. Lehrbuch der katholischen Religion auf Grundlage d. in den Diözesen Breslau, Köln, Münster u. Trier eingeführten Katechismus, zum Gebrauche an Lehrer- u. Lehrerinnen-Seminaren u. anderen höheren Lehranstalten, sowie zur Selbstbelehrg. 5 Lfgn. 8. (V, 448 S.) Freib. i. Br. 889—90, Herder. * 4 —

Waldeck, M., Lehrbuch der katholischen Religion auf Grundlage des in den Diöcesen Breslau, Köln, Limburg, Münster, Paderborn u. Trier eingeführten Katechismus; nach der neuesten Ausgabe desselben. Zum Gebrauche an Lehrer- u. Lehrerinnen-Seminaren u. anderen höhern Lehranstalten, sowie zur Selbstbelehrg. 2. Aufl. gr. 8. (X, 520 S.) Freiburg i/B. 894. Herder. n. 4. 40; Einbd. in Halbldr. n.n.n. — 70

Waldeck, M., Lehrbuch der katholischen Religion auf Grundlage d. in d. Diöcesen Breslau, Fulda, Hildesheim, Köln, Limburg, Münster, Paderborn u. Trier eingef. Katechismus; nach der neuesten Ausgabe desselben. Z. Gebrauche an Lehrer- u. Lehrerinnen-Seminaren u. and. höh. Lehranstalten, sow. zur Selbstbelehrg. 3. Aufl. gr. 8. (X, 531 S.) Freiburg i/B. 897. Herder. n. 4. 40; Einbd. in Halbldr. n.n.n. — 70

Waldeck, M., Lehrbuch der kathol. Religion auf Grundlage des in den Diöcesen Breslau, Ermland, Fulda, Hildesheim, Köln, Limburg, Münster, Paderborn u. Trier eingeführten Katechismus; nach der neuesten Ausg. desselben. Zum Gebrauche an Lehrer- u. Lehrerinnen-Seminarien u. anderen höheren Lehranstalten, sowie zur Selbstbelehrg. 4. verb. Aufl. gr. 8. (XII, 582 S.) Freiburg i/B. 900. Herder. n. 4. 80; Einbd. in Halbldr. n.n.n. — 70

— Lehrbuch der katholischen Religion auf Grundlage des in den Diözesen Breslau, Ermland, Fulda, Hildesheim, Köln, Limburg, Münster, Paderborn u. Trier eingeführten Katechismus. Zum Gebrauche an Lehrer- u. Lehrerinnen-Seminaren u. anderen höheren Lehranstalten, sowie zur Selbstbelehrg. 7. u. 8., vielfach verb. Aufl. (X, 572 S.) 8. Ebd. 905. n. 5. —; geb. in Halbldr. n. 6. —

— Lehrbuch der katholischen Religion auf Grundlage d. in den Diözesen Breslau, Ermland, Fulda, Hildesheim, Köln, Limburg, Münster, Osnabrück, Paderborn u. Trier eingeführten Katechismus. Zum Gebrauche an Lehrer- u. Lehrerinnen-Seminarien u. andern höheren Lehranstalten, sowie zur Selbstbelehrg. 9. u. 10., vielfach verb. Aufl. (XXV, 572 S.) 8. Ebd. 908. 5.—; geb. 6. —

— s.: Monatsschrift f. katholische Lehrerinnen.

— Sprüche f. d. Religionsunterricht in d. Schule u. f. d. Sonntags-Christenlehre. Geordnet nach dem Gang des Katechismus. Ges. u. z. Tl. verf. v. W. 12. (79 S.) Paderborn 895. F. Schöningh. n. — 60

Waldeck, Max

Die Entwicklung der Bergisch-Märkischen Eisenbahnen. Von [Max] Waldeck. Hrsg. aus Anlass des 60jähr. Bestehens d. Kgl. Eisenbahndirektion Elberfeld. — Berlin: Springer 1910. 146 S. 8° Aus: Archiv f. Eisenbahnwesen. 1910, H. 3—5.

Zur Analyse der aesthetischen Substanz von Oskar **Waldeck**. *Dresden & Leipzig: E. Pierson 1900.* (93 S.) 8° fol. 8346

Waldeck, Osk., zur **Analyse** der ethischen Substanz. (Die Psychologie der Kutte.) (47 S.) 8. Wien 907. Szelinski & Co. 3. —

Waldeck, Oskar (Hrsg.), s. Aristeas. – Der Aristeasbrief oder zur Geschichte d. Entstehung der ersten Bibelübersetzung.

Waldeck, Osk., Armin, Fürst der Cherusker. Ein dramatisches Gedicht in 5 Aufzügen. gr. 8. (149 S.) Leipzig 882. Mutze. n. 2. —

WALDECK, Oscar

(F) Oscar Waldeck. Aus vergilbten Blättern. Satirische Idylle in fünf Aufzügen. Wien. 1901. [In Comm.] Hulm & Goldmann. Gr.-8°. 48 S. K 1.20

Waldeck, O., Briefe aus der Gefangenschaft im Bakonyerwald. 1. Serie. (38 S.) 8. Wien, Szelinski & Co. 1906 1. 80.

Waldeck, Osk., deutsches **Gebetbuch** f. die israelitische Jugend. Hrsg. unter Mitwirkg. v. Adf. Brüll, Nehem. Brüll, L. A. Frankl etc. 12. (174 S.) Wien 886. (Leipzig, Mutze.) geb. n. 3. —; m. Goldschn. n. 4. —; Prachtausg. m. Goldschn. n. 8. —

Waldeck, Osk., deutsches Gebetbuch f. die israelitische Jugend. Unter Mitwirkg. v. Adf. Brüll, Nehemias Brüll, L. A. Frankl u. a. (174 S.) gr. 16. Wien (903). (Prag, J. B. Brandeis.) Geb. in Leinw. n. 1. —; m. Goldschn. n. 1. 40

— **Pan's** Gelächter. Satiren. 1. Serie. 8. (63 S.) Pressburg 901. (Gebr. Schwarz.) n. 1. 70

— Pan's Gelächter. Satiren. 2. Serie. (S. 65—143.) 8. Ebd. 902. n. 2. —

— Grundzüge der wissenschaftlichen Pädagogik u. das akademische Seminar. gr. 8. (II, 53 S.) Ebend. 881. n. 1. —

Oskar **Waldeck**. Das latente Ich. Das Quellengebiet d. Psychologie e. Individuums. Wien: Szelinski & Co. 1900. (40 S.) 8° [F.] [08. 4622

Der ewige **Jude**. Schauspiel in 5 Aufzügen. (III, 70 S.) 8. Dresden 909. E. Pierson. 1. —

—— biblisches **Lesebuch** für die israelitische Jugend. 3 Tle. gr. 8. Leipzig 883, Klinkhardt. [1. Tl. (V, 80 S.) * 80 Pf.; 2. Tl. (107 S.) * M 1,20.; 3. Tl. (276 S.) * M 2.]

– **Lieben** ist nicht Pflicht. Lustspiel in 5 Aufz. (73 S.) 8. Ebd. 910. 1. —

— **die Lynchjustiz.** Trauerspiel in 5 Aufzügen. (49 S.) 8. Pozsony-Szentgyörgy (St. Georgen b/Preßburg) 908. Dr. O. Waldeck. (Nur direkt.) n. 1. —

Oskar **Waldeck** [d. i. Jakob Friedländer]. Metamorphose im Bakonyerwald. Komödie in 5 Aufz. Wien: Szelinsky & Co. 1907. (55 S.) 8° [F.] [08. 1140

—— die **Nihilisten.** Trauerspiel in 5 Aufzügen. 8. (107 S.) Leipzig 882, Mutze.

Waldeck, O(skar): Die Publizistik des Schmalkaldischen Krieges in bezug auf die Fragen nach dem Grund des Krieges und nach dem Recht des Widerstandes gegen den Kaiser. Marburg; Leipzig: Heinsius 1909. 57 S. 8° (Ersch. vollst. als: Archiv f. Reformationsgesch. Nr 25. Jg. 7, H. 1.)

Marburg, Phil. Diss. v. 18. Okt. 1909, Ref. Varrentrapp, v. der Ropp

[Geb. 13. Mai 81 Korbach; Wohnort: Kassel; Staatsangeh.: Preußen; Vorbildung: Gymn. Korbach Reife O. 00; Studium: Jena 1, Erlangen 1, München 1, Phil. München 1, Berlin 2, Marburg 5 S.; Rig. 24 Febr. 09.] [U 10. 3141

Oskar **Waldeck** [d. i. Jakob Friedländer]. Die Schmarotzer. Komödie in 5 Aufz. Pozsony: Ph. Schwarz 1905. (86 S.) 8° [F.] [07. 6819

— **die Stadtmegäre.** Lustspiel in 4 Aufzügen. (40 S.) 8. Ebd. 906. n. 1. —

— **Streiflichter.** Schauspiel in 5 Aufzügen. 8. (101 S.) **Dresden 900. E. Pierson.** n. 1. 50

— **Thassilo,** Fürst der Bojer. Trauerspiel in 5 Aufzügen. 8. (VII, 99 S.) Ebd. 899. n. 1. 50

Waldeck, Osk., aus d. **Welt des Elends.** 1. u. 2. Hft. gr. 8. Dresden, E. Pierson. à n. 1. —
1. Das Gebiet d. Erziehg. u. d. Unterrichts. (VIII, 62 S.) 895.
2. Das ästhetische Gebiet. (VI, 72 S.) 898.

Waldeck, Ph. G. L. W., Controversen-Entscheidung des gemeinschaftl. Oberappellations-Gerichts des Herzogth. Braunschweig u. des Fürstenth. Waldeck, Pyrmont etc. 1r Thl. gr. 8. Braunschw. 827. (Vieweg). 1 Rthl 12 gGr

Waldeck, R., Tegnérs Stellung zur Theologie und Philosophie sowie zu den religiösen Richtungen des 18. und 19. Jahrh. gr. 8. (IV und 106 S.) Stuttgart 863, Schweizerbart. *

Waldeck, Rich., Bleibet bei ihm! Predigt über 1. Joh. 2, 28, am Schulfest gehalten. Marburg 856. Ehrhardt in Comm. gr. 8. (19 S.) 3 ngr.

Waldeck, Rich., die Kindergärten im Lichte der Gegenwart u. der Zukunft vom ästhetischen u. Gemüthsstandpunkte. Festrede bei der Einweihung des süddeutschen Kindergartens in Baden-Baden am 15. Juli 1851 gehalten. gr. 8. (30 S.) Cassel 851, Luckhardt. 6 ngr

—— die Säulen der Erziehung. Gastpredigt am diesjähr. Schulfest zu Arolsen gehalten. gr. 8. (16 S.) Marburg 855, Elwert'sche Universitäts-Buchh.

Waldeck, Thdr., **Versuch e. Berichtigung d. Theorie vom Glaubenseide.** 8. **Pyrmont 812. Uslar. 10 gGr**

Waldeck, Wilh. v., der Teufelssee, s. **Klambt's** Bücherschatz.

Der Teufelssee. Roman von Wilhelm v. **Waldeck**. Neurode: Zehnpfennig-Bibliothek 1905. (143 S.) 8° [F.]
= **Zehnpfennig-Bibliothek**, Moderne. Jg. 4, Bd 4. [06. 5803

Der Teufelssee. Roman von Wilhelm v. **Waldeck**. [Neudr.] Neurode, Hamm i. W., Speyer: W. W. Klambt 1906. (143 S.) 8° [F.]
= **Zehnpfennig-Bibliothek**, Moderne. Jg. 4, Bd 4. [07. 16986 2

Waldeck, Wilhelm von: Proceß Treuberg. Roman. Neurode: W. W. Klambt 1905. (142 S.) 8°
(Zehnpfennig-Bibliothek, Kaufmann's moderne. Jg. 4. Bd 1.)

Prozess Treuberg. Roman von Wilh. v. **Waldeck**. [Neudr.] Neurode, Hamm i. W., Speyer: W. W. Klambt 1906. (142 S.) 8° [F.]
= **Zehnpfennig-Bibliothek**, Moderne. Jg. 4, Bd 1. [07. 16983 2

— dasselbe, s. **Klambt's** Bücherschatz.

Waldeck, des Grafen Wolrad v., Tagebuch während des Reichstages zu Augsburg 1548. Hrsg. von C. L. P. Tross, s. **Bibliothek** des litterarischen Vereins in Stuttgart, Bd. 59.

Waldeck u. Pyrmont, Adalbert Graf zu, s.: Geschichte d. Husaren-Regiments Landgraf Friedrich II. v. Hessen-Homburg [2. Hess.] Nr. 14.

Fortsetzung zur Geschichte des Husaren-Regiments Landgraf Friedrich II. von Hessen-Homburg (2. Hess.) No 14 vom 20. Febr. 1887 – 1. Mai 1891. Bearb. von Adalbert Grafen zu **Waldeck** u. Pyrmont. *Leipzig: A. Dürr 1891.* (16 S.) 8° [F.]

— **Geschichte** d. kgl. Preuß. 2. Hess. Husaren-Regiments No 14. Bd [1a].

Waldeck-Album. Sammlung von Adressen und Gedichten auf Waldecks Haft und Freisprechung, herausgegeben von Wilhelm Tiecke. (Mit dem Bilde Waldecks in Lithographie.) Berlin, Selbstverlag des Herausgebers 1850. 63 S. 4.

Waldeck-Album. Sammlung von Adressen u. Gedichten auf Waldeck's Haft u. Freisprechung. Hrsg. v. Wilh. Tiecke. [Mit Waldeck's (lith.) Portr.] 4. (63 S.) Berlin 850. (Lassar.) 1/3 ₰

Waldeck's Leben u. Prozeß bis zu seiner Freisprechung. 8. (63 S.) Breslau 849, Schmeidler. 1/4 ₰

WALDECKY, Carolus: De theocratia civitatis Israeliticae. — (1853) 62 S. 4° (Handschr.) Diss. 210
Diss. Wien, Univ.

Waldegg, Egon: Die Judenfrage gegenüber d. deutschen Handel u. Gewerbe. Ein Manifest an die deutsche Nation. 2. Aufl. Dresden, deutsch. Reform-Verein. Berlin, O. Hentze, 1879. 49 S. 8°

Waldegg, Egon, die Judenfrage gegenüber dem deutschen Handel und Gewerbe. Ein Manifest an die deutsche Nation. 3. Aufl. gr. 8. (49 S.) Dresden 879, v. Grumbkow.

Waldegg, Egon, die Judenfrage gegenüber dem deutschen Handel und Gewerbe. Ein Manifest an die deutsche Nation. 4. und 5. theilweise veränd. Aufl. gr. 8. (50 S.) Dresden 880, v. Grumbkow.

—— Judenhetze oder Nothwehr? Ein Mahnwort. 1. und 2. verm. Aufl. gr. 8. (40 S.) Dresden 880. (Berlin, Hentze's Verlag.)

Waldegg, Gottlieb Heusinger v.
s. **Heusinger v. Waldegg**

Praktisches Denken und Handeln im Kampfe des Lebens. Von Otto **Waldegg**. Berlin: Psychol. Verl. [1905]. (101 S.) 8°
— **Weg**, Der, z. Reichtum. T. 4.

Waldegger, Pet., Geschichte der göttlichen Offenbarung. Ein Unterrichtsbuch f. Mittelschulen. 2 Bde. 8. Innsbruck, F. Rauch. Geb. 2. 70
I. Der Alte Bund od. das vorbildl. Reich Gottes. (119 S. m. Abbildgn., 1 Taf. u. 1 farb. Karte.) 909. Geb. 1. —
II. Der Neue Bund od. das Gottesreich des Erlösers. (251 S. m. Abbildgn., 1 Taf. u. 2 farb. Karten.) 910. Geb. 1. 70

Waldegger, *Peter:* Prof. Dr. Cassian Heller †. (8 S. 69 – 72)
Progr. K. k. Staats-G. *Innsbruck 1897*

Waldegger Peter, Katholische Liturgik. Ein Unterrichtsbuch für österreichische Mittelschulen. Brixen 1908. Verlag der Preßvereinsbuchhandlung. Geh. K 1.20, geb. K 1.60.

— **Katholische Liturgik.** Ein Unterrichtsbuch f. österreich. Mittelschulen. Mit 13 Illustr. auf Kunstdr.-Pap. (IV, 86 S.) gr. 8. Brixen 908. Buchh. d. Verlagsanstalt Tyrolia. 1.20; geb. 1. 60

Waldegger, Pet., sursum corda!, s.: **Baldauf,** Gebh.

Waldegrau, Emilie, Drama v. Crenz. 8. Nördlingen, Beck. 776.

Wald-Einsamkeit. Eine Dichtung. Berlin 860. Wohlgemuth. 16. (2 Bl., 103 S.) n. 10 ngr.

Waldeinsamkeit in deutschen Liedern, s. Heinrich.

Waldeinsamkeit in deutschen Liedern. Gesammelt von Heinrich. 16. (219 S.) Marburg 854, Elwert'sche Universitäts-Buchh.

Waldemar von Preußen, des Prinzen, Reise nach Indien in den J. 1844 bis 1846. Aus dem darüber erschienenen Prachtwerke im Auszuge mitgetheilt von J. G. Kutzner. Mit dem (lith.) Portrait des Prinzen, 4 (lith.) Karten u. 4 (lith.) Schlachtplänen (in 4. u. Fol.). Berlin 857. Decker. gr. 8. (XI, 383 S.) 3 ₰. 7 1/2 ngr.

Waldemar, Markgraf v. Schleswig,. Ritterschausp. v. Hagemeister. 8. Berlin, Schöne. 802.

Waldemar, Markgraf von Schleswig, Ritterschauspiel v. Hagemeister. 8. Berlin, Schöne. 802. Ist jetzt Verlag v. Rauck.

Waldemar, Aeph., Arthur. Episches Gedicht in 12 Gesängen. Rastatt 865. Hanemann. 16. (133 S.) n. 22 ngr.

—— Kaiser Friedrich II. von Hohenstaufen. Dramatisches Gedicht in 5 Aufzügen. gr. 16. (IV und 119 S.) Karlsruhe 867, Kreuzbauer'sche Buchh. *

Waldemar, Alex., Seid einig! Mahn- und Weckrufe an Deutschlands Conservative. gr. 8. (31 S.) Berlin 877, (C. Heymann's Verlag.) *

Waldemar, B., Führer u. Orientierungsbüchlein von Weimar, s.: **Monke-Höltzke,** O.

Waldemar, G. L., die Heiratsannonce od. Alter schützt vor Thorheit nicht, s.: **Dilettantenbühne,** katholische.

Waldemar, H., die Baugräfin. Orig.-Roman. 8. (330 S.) Guben 892. Berlin, D. Schönwandt. 4. —

Waldemar, H., unter'm Christbaum. Sechs Erzählgn. f. junge Mädchen im Alter von 15—17 Jahren. 8. (V, 230 S.) Leipzig 888. Rauert & Rocco. n. 4. —; geb. n. 5. 50

Waldemar, H. (Hermine Louran), Freud u. Leid. Erzählgn. f. Mädchen. M. 6 Farbdr.-Bild. v. W. Claudius. 2. Aufl. 8. (112 S.) Stuttgart 898. F. Loewe. Geb. in Leinw. n. 2. —

Waldemar, H., Freud u. Leid. Erzählungen f. Mädchen. Mit 6 Farbdr.-Bildern von W. Claudius. 3. Aufl. 8. (112 S.) Stuttgart (902). Loewe. Geb. in Leinw. n. 2. —

Waldemar, H., Freud u. Leid. Erzählungen f. Mädchen. Mit 6 Farbdr.-Bildern v. W. Claudius. 4. Aufl. (112 S.) 8. Stuttgart (908). Loewe. Geb. in Leinw. 2. —

20 Geschichten f. Mädchen, s.: **Schanz,** Pauline.

Waldemar, H., das Kleeblatt. Eine Erzählg. f. junge Mädchen. (192 S. m. 3 Taf.) 8. Reutlingen (906). R. Bardtenschlager. Geb. in Leinw. 3. 50

— aus vornehmen Kreisen. Zwei Erzählungen f. das reifere Mädchenalter. gr. 8. (192 S. m. 4 Chromolith.) Reutlingen 888. Bardtenschlager. geb. 2. 40

— **aus vornehmen Kreisen.** 2 Erzählgn. f. das reifere Mädchenalter. 4. Aufl. gr. 8. (192 S. m. 3 Vollbildern.) Stuttgart (902). Reutlingen, R. Bardtenschlager. Geb. in Leinw. 3. 50

— musikalische Lebensbilder. Mit 6 Vollbildern u. zahlreichen Text-Illustr. v. G. Franz. gr. 8. (V, 150 S.) Stuttgart 890. Süddeutsches Verlags-Institut. geb. n. 4. 50

Waldemar, H., Minni's Leiden u. Freuden. Eine Erzählg. f. die heranwachs. weibl. Jugend. 8. (196 S.) Erlangen 888. Palm & Enke. n. 3. —; geb. n. 4. —

Waldemar, H. Minni's Leiden u. Freuden. Erzählung für junge Mädchen. Erlangen 888. Berl., Meidinger. geb. [* 4 —] * 3 —

—— Minnis Leiden und Freuden. Erzählung für junge Mädchen. 2. (Titel-)Aufl. 8. (V, 196 S.) Berl. 892, Meidinger. geb. * 3 —

—— In d. letzten Stunde. Roman. 2 Tle. in 1 Bde. 8. (179; 164 S.) Berl. 891, Janke. * 5 —

Waldemar, H., Förster's Trude. Novelle. 8. (V, 152 S.) Stuttgart 886. Glaser & Co. n. 1. 75; geb. n. 2. 50

— am Ziel. Roman. 2 Thle. in 1 Bd. gr. 8. (253 u. 94 S.) Freiburg i/Br. 890. Kiepert. n. 4. —

Waldemar, H. R., Feldblumen. Märchen. 12. (IV, 259 S.) Hagen 882, Risel und Comp. *M 3.; geb.

Waldemar, H S
Polykrates. Erzählung. Berlin 1877.
In: Roman-Zeitung, Deutsche. Bd 4.

Waldemar, H S
Unvergessen. Erzählung. Berlin 1878.
In: Roman-Zeitung, Deutsche. Bd 4.

Waldemar, K., Kaiser Wilhelm der Große. Zum Gedächtnis f. 100jähr. Geburtstages. 1797 — 22. III. — 1897. gr. 8. (40 S. m. 14 Abb.) Breslau 897. F. Hirt. n. — 20

Waldemar's, O., Original-Couplets. Eine Sammlg. humorist. Orig.-Vorträge f. heitere Kreise u. gesell. Vereine. 1. Bdchn. 12. (46 S.) Leipzig (899). G. Weigel. n. 1. 50

Waldemar, Rich., Witz üb. Witz! Anekdoten, gesammelt u. vorgetragen. I u. II. (à 16 S.) kl. 8. Wien (905). Szelinski & Co. à n. — 40

Walden, A. v., e. alte Geschichte. Am Haidesee. Zwei Erzählgn. 8. (87 S.) Berlin 885. (Parrisius.) n. 2. —

Walden, Adele, Gedichte. Sondershausen 865. Eupel. 16. (VIII, 198 S.) 22½ ngr.; in engl. Einb. mit Goldschn. 1 ₰

Walden, Arno v. (Lorenz Krapp), Christus. Gedichte. 1. u. 2. Taus. (XII, 136 S.) 8. Mainz 903. Kirchheim & Co. n. 2. —; geb. n. 3. —

— Johannes Jörgensen, der Dichterphilosoph. (18 S.) 8. Ebd. 904. n. — 30
Sonderabdruck aus: „Der Katholik".

— Kreuz od. Halbmond. Erzählung aus der Zeit der Kreuzzüge. Für die Jugend u. das Volk. (III, 156 S.) 8. Regensburg 906. Verlagsanstalt vorm. G. J. Manz. n. 1. 80

Walden, Arno v. (Lorenz Krapp), Kreuzesblüten. Gedichte. 8. (61 S.) Dülmen 901. A. Laumann. n. — 50

Opferfeuer. Geistl. Gedichte f. d. Volk von Arno v. **Walden** [d. i. Lorenz Krapp]. Münster i. W.: Alphonsus-Buchh. [1901]. (63 S.) 8° [F.] 03. 4886

Walden, Bruno, Wiener Studien. 8. (X, 211 S.) Wien 869, Beck's Verlag. *

Walden, Chrph., Fels. Drama in 3 Akten. gr. 16. (48 S.) Leipzig 891. Greßner & Schramm. n. — 60

Walden, E., moderner Muster-Briefsteller, s.: Campe.

— Novellen u. Skizzen. 8. (168 S.) Dresden 893. E. Pierson. n. 2. —; geb. n. 3. —

— Der moderne schriftliche Verkehr m. Behörden nebst Titulaturen. Eine allgemeinverständl. Sammlg. v. Mustern zu Eingaben u. Gesuchen an Behörden aller Art in Militär-, Steuer-, Bau-, Gewerbe-, Armen-, Schul-, Patent-, Versicherungs-, Post- u. Eisenbahn- sowie Polizeiangelegenheiten m. besond. Berücksicht. des Verkehrs m. den Gerichten, f. den prakt. Gebrauch nach den f. Deutschland, Oesterreich u. die Schweiz gült. amtl. Regeln der Rechtschreibg. hrsg. (127 S.) 8. Leipzig (907). Ernst. 1. —

Walden, Frau Else, s.: Lasker-Schüler, Else.

Walden, Frz. (Frz. Hillmann), aus dunklen Talen. Verse. (60 S.) 8. Erfurt 904. W. Schenker. — 60
Vergriffen.

Walden, Franziska, (Friederike v. Hüllesheim) Freuden u. Leiden des Wiedersehens. 8. Hof 833. Grau. 1 ₰

† Walden, Franziska, (Friederike v. Hüllesheim,) die erreichten Wünsche. 8. (21½ B.) Mainz 837, Kupferberg.

Walden, Frdr., Gustav Wasa. Trauerspiel in 3 Aufz. (93 S.) 8. Leipzig 908. Modernes Verlagsbureau. (C. Wigand)

Walden, Gertrud, des Pfarrers Mündel. Orig.-Roman. 2 Thle. in 1 Bd. 8. (III, 152; 120 S.) Leipzig 883, Leopold und Bär.

Walden, Heinrich [Pseud.], s. a. G l e i c h, Josef Alois

Auf dem Rio Gila. Eine Erzählung aus d. Südwesten d. vereinigten Staaten von Amerika von Heinrich **Walden**. *Berlin: A. Weichert [1901].* (32 S.) 8° [F.]
— Indianer- u. Volksbibliothek. 334.

Walden, Heinr., humorist. Spaziergang üb. d. Bastei in Wien, s. Weis, J. B., Wien's Denkwürdigkeiten.

Walden, Heinr., Wien u. seine Bewohner. Humorist. geschild. auf e. Spaziergange üb. d. ganze Bastey; nebst e. Skizze d. merkwürdigsten Gegenstände, deren maler.-schöner Anblick sich hier darbiethet. 12. (3 B. u. 4 Stahlst.) Wien 834, Wimmer.

—— Zöglinge froher Laune, od. neueste Mährchen, Erzähln. u. Schwänke im romant. Gewande. 1. Bdchn. — A. u. d. T.: Sylphide d. Seefräulein auf ihrer Lustreise. Eine kom. Bagatelle. 12. (9 B.) Wien 829, Haas.

—— dass. 2. Bdchn. — A. u. d. T.: Der schwarze Janosch, od. d. geheimen Gewölbe in Venedig. Histor. Skizze aus d. 1. Hälfte d. 16. Jahrh. 12. (12¼ B.) Ebds. 829.

—— dass. 3. Bdchn. — A. u. d. T.: Martin Pleyer der Kreuzfahrer wider Willen, od. d. Amazonenschloß auf d. Halbinsel Merea. Erzähl. aus d. 13. Jahrh. 12. (13 B.) Ebds. 830.

Walden, Herrmann

— siehe: Blätter, närrische.

Walden, Herrmann, Lügen-Almanach für 1847. 8. (50 S.) Creuzburg, Fischer. n. 1/6 ₰

— Deutsche Narrhalla. Humoristisch-satyrische Blätter f. unsere Zeit. 1. Hft. gr. 8. (62 S.) Ebd. 847. 1/4 ₰

Walden, Herwarth

Madame Butterfly. Die kleine Frau Schmetterling. Tragödie e. Japanerin in 3 Akten ⟨nach John L. Long u. David Belasco⟩ von Illica u. Giacosa. Musik von Giacomo Puccini. Erl. von Herwarth **Walden** u. Ludwig Rubiner. Berlin: Schlesinger; Wien: Haslinger [um 1910]. 36 S. 8°
(Opernführer. Nr 121.)
(Schlesinger'sche Musik-Bibliothek.) [11. 4860

Walden, Herwarth, Richard Strauss' Leben u. Schaffen, s.: Strauss', Richard, Symphonien u. Tondichtungen.

Walden, Herwarth, Opern-Wegweiser. Personenverzeichnis, Überblick: ganz kurz gefaßte Inhaltsangabe, zur Geschichte: Lebensbeschreibung des Tondichters, Entstehg. der Oper, Wissenswertes, Einführg.: genaue Beschreibg. der Handlg. u. der Musik, m. Hinweisen auf die Thementafel am Schluß. Nr. 1—45. kl. 8. Berlin, Schlesinger'sche Buchh. à Nr. — 20

Aïda v. Giuseppe Verdi. (13 S.) (908.) (Nr. 29.)
Bajazzo, der, v. Ruggiere Leoncavallo. (11 S.) (907.) (Nr. 13.)
Barbier, der, v. Sevilla v. Gioachino Rossini. (12 S.) (907.) (Nr. 15.)
Braut, die verkaufte, v. Friedrich Smetana. (12. S.) (908.) (Nr. 27.)
Carmen v. George Bizet. (14 S.) (907.) (Nr. 1.)
Cavalleria rusticana v. Pietro Mascagni. (11 S.) (907.) (Nr. 16.)
Don Juan v. Wolfg. Amadeus Mozart. (13 S.) (907.) (Nr. 11.)
Evangelimann, der, v. Wilhelm Kienzl. (12 S.) (908.) (Nr. 38.)
Fidelio v. Ludwig van Beethoven. (12 S.) (907.) (Nr. 3.)
Figaros Hochzeit v. Wolfgang Amadeus Mozart. (16 S.) (908.) (Nr. 31.)
Fra Diavolo v. Daniel François Esprit Auber. (12 S.) (908.) (Nr. 33.)
Freischütz, der, von Carl Maria v. Weber. (12 S.) (907.) (Nr. 4.)
Glöckchen, das, des Eremiten v. Aimé Maillart. (12 S.) (908.) (Nr. 39.)
Götterdämmerung v. Richard Wagner. (16 S.) (907.) (Nr. 24.)
Hänsel u. Gretel v. Engelbert Humperdinck. (13 S.) (908.) (Nr. 28.)
Hoffmanns Erzählungen v. Jacques Offenbach. (14 S.) (908.) (Nr. 42.)
Holländer, der fliegende, v. Richard Wagner. (12 S.) (907.) (Nr. 6.)
Hugenotten, die, v. Giacomo Meyerbeer. (14 S.) (908.) (Nr. 35.)
Lohengrin v. Richard Wagner. (13 S.) (907.) (Nr. 19.)
Margarete [Faust] v. Charles Gounod. (12 S.) (907.) (Nr. 18.)
Marie, die Tochter des Regiments v. Gaëtano Donizetti. (12 S.) (908.) (Nr. 34.)
Martha von Friedrich v. Flotow. (11 S.) (907.) (Nr. 5.)
Meistersinger, die, v. Richard Wagner. (16 S.) (907.) (Nr. 2.)
Mignon v. Ambroise Thomas. (13 S.) (907.) (Nr. 7.)
Nachtlager, das, in Granada v. Konradin Kreutzer. (12 S.) (908.) (Nr. 45.)
Parsifal v. Richard Wagner. (16 S.) (908.) (Nr. 41.)
Postillon, der, v. Lonjumeau v. Adolph Karl Adam. (14 S.) (908.) (Nr. 43.)
Prophet, der, v. Giacomo Meyerbeer. (15 S.) (907.) (Nr. 12.)
Rheingold, das, v. Richard Wagner. (14 S.) (907.) (Nr. 21.)
Rienzi, der letzte der Tribunen v. Richard Wagner. (14 S.) (908.) (Nr. 40.)
Rigoletto v. Giuseppe Verdi. (13 S.) (908.) (Nr. 30.)
Salome v. Richard Strauß. (12 S.) (907.) (Nr. 8.)
Samson u. Dalila v. Camille Saint-Saëns. (10 S.) (908.) (Nr. 36.)
Siegfried v. Richard Wagner. (16 S.) (907.) (Nr. 23.)
Tannhäuser v. Richard Wagner. (13 S.) (907.) (Nr. 9.)
Tiefland v. Eugen d'Albert. (12 S.) (908.) (Nr. 26.)
Tosca v. Giacomo Puccini. (12 S.) (908.) (Nr. 25.)
Traviata, la, v. Giuseppe Verdi. (12 S.) (907.) (Nr. 10.)
Tristan u. Isolde v. Richard Wagner. (14 S.) (907.) (Nr. 14.)
Troubadour, der, v. Giuseppe Verdi. (14 S.) (907.) (Nr. 20.)
Undine v. Albert Lortzing. (14 S.) (908.) (Nr. 44.)
Walküre, die, v. Richard Wagner. (16 S.) (907.) (Nr. 22.)
Weiber, die lustigen, v. Windsor v. Otto Nicolai. (12 S.) (908.) (Nr. 37.)
Zar u. Zimmermann v. Albert Lortzing. (12 S.) (908.) (Nr. 32.)
Zauberflöte, die, v. Wolfgang Amadeus Mozart. (14 S.) (907.) (Nr. 17.)

— s.: Sturm, der.

— s.: Theater, das.

Walden, J. v., ABC der Unterhaltung. Die Kunst der Konversation. (VIII, 140 S.) kl. 8. Stuttgart (906). Levy & Muller. Kart. n. 1. —

Auf hoher See. Kriminal-Novelle von J. **Walden**. *Berlin: A. Weichert [1900].* (95 S.) 8° [F.]
= Wochen-Bibliothek, Weicherts. Bd 82. [02. 832

Walden, J., auf hoher See, s. u. Weichert's Wochen-Biblioth.

Walden, Julius, Die Dilettanten. Lustspiel in einem Aufzuge. 24. (40 S.) —.20
Hermannstadt: Krafft 1899.

Walden, Kurt, der Nebenfluss. Ein Märchen in 5 Bildern. (39 S.) 8. Leipzig 910. Modernes Verlagsbureau. 1.50

Der Nebenfluß. Ein Märchen in 5 Bild. von Kurt **Walden**. Berlin-Leipzig: Wigand 1910. 39 S. 8° [11. 4191

Jürgen Spott. Ein Spiel in 3 Bild. von Kurt **Walden**. Berlin-Leipzig: Wigand 1910. 37 S. 8° [11. 4190

Walden, Marie, s. u. Rüetschi, M. H.

Walden, Marie, aus der Heimat. Zwei Erzählungen. [Die beiden Kollegen. — Zwei Jahre im Dorfe.] 8. (IV, 303 S.) Bern 880. Haller. n. 3. 20; geb. n. 4. 50

Walden, Marie, aus der Heimat. Erzählungen. 2. Bd. 8. (IV, 283 S.) Bern 884. Nydegger & Baumgart. n. 3. 20; geb. n. 4. 50 (1. u. 2.: n. 6. 20; geb. n. 9. —)

Walden, Marie: Die beiden Kollegen, s. Volksschriften, Berner.

— schulfreie Tage. Drei Erzählungen. gr. 8. (27 S.) Ebend. 881. n.n. — 50

Walden, Marie, s.: Volksschriften,
— versöhnt. Zwei Mal bestraft, Berner.

Walden, O. F., Valentin von Eimersburg oder Schicksalswege. 8. (205 S.) Dresden 865, Schöpff. *

Walden, Paul [aus Livland]: Über die Affinitätsgrössen einiger organischen Säuren und ihre Beziehungen zur Konstitution derselben … (Aus: Zeitschr. f. physik. Chemie. VIII. Bd. 5. Heft. 1891.) Leipzig, W. Engelmann, 1891; 73 S. 8.
Leipzig, Phil. Fak., Inaug.-Diss. v. [25. Sept.] 1891

Walden, Paul, Handbuch der Stereochemie, s.: Bischoff, C. A.

Die Lösungstheorien in ihrer geschichtlichen Aufeinanderfolge. Von Prof. Dr. P[aul] **Walden** in Riga. Stuttgart: Enke 1910. IV, 181 S. 8°
Aus: Sammlung chem. u. chem.-techn. Vorträge. Bd 15 A 12. 5043 8

Walden, P.: Wilhelm Ostwald. Mit 2 Heliograv. u. e. Bibliographie. (VII, 120 S.) gr. 8. Leipzig 904. W. Engelmann. n. 4. —

Beiträge zur Vorgeschichte der Freimaurerei von R[ob.] **Walden.** Ms. f. Frmr. H. 1—4. Berlin: Puttkammer & Mühlbrecht 1889—1890. 8⁰

1. D. Laienbrüderschaften u. d. Logen. 47 S. 1889.
2. D. alten Eide d. Frmr. 27 S. 1889.
3. D. drei Lichter u. d. drei Säulen. 64 S. 1890.
4. Bacon, F.: Neu-Atlantis. 1. deutsche Uebers. von R[ob.] Walden. 63 S. 1890.

Recens: L. 12 (1889) S. 159—160 (B. Cramer); ML. 19 (1890—1891) S. 187—188 (W. Begemann).
cf. BN. 14 (1890) S. 230—234 (T. Valette).
Versuch, die mrischen Zeremonien u. Brauchtümer mehr vom Standpunkte der allgem. Kultur- u. Sittengesch. aus zu erklären.

Walden, R., die Chodowiecki-Büste des Vereins f. die Geschichte Berlins, s.: Schriften des Vereins f. die Geschichte Berlins. 87.

Die Laienbrüderschaften und die Logen. Bauhütten, Baulogen und Arbeit am Bau. Von R[ob.] **Walden.** Ms. f. Frmr. Berlin: Puttkammer & Mühlbrecht 1889. 47 S. 8⁰
(Walden, R.: Beiträge z. Vorgesch. d. Frmrei. 1.)
Recens: Bh. 32 (1889) S. 295—296; Bbl. 3 (1889) S. 495—501; SL. 9 (1889) S. 136.
Weist nach, dass die Wurzeln des Frmrbundes nicht in den Korporationen der Werkmr. u. Steinmetzen, sondern in dem Gildenwesen des Mittelalters zu finden sind.

Die drei kleinen Lichter. Allgemeines. Die drei Lichter und die drei Säulen. Die Freimaurerei und die Nova Atlantis Bacons von Verulam von R[ob.]**Walden.** Ms. f. Br Frmr-Mstr. Berlin: Puttkammer & Mühlbrecht 1890. 64 S. 8⁰
(Walden, R.: Beiträge z. Vorgesch. d. Frmrei. 3.)
Recens: FZ. 45 (1891) S. 125; L. 13 (1890) S. 184 (B. Cramer); SL. 10 (1890) S. 181 bis 182.
Zwei Abhandlungen. 1. bringt eine Erklärung der Symbole die „drei Lichter" u. „drei Säulen". 2. will nachweisen, dass manche Symbole der Logen als Beziehungen zu der Nova Atlantis aufgefasst werden können.

† Walden, S. J. F., (S. J. F. Wendal,) drei kleine Erzählungen. Als belehr. Unterhalt. d. reif. Jugend. 12. (6¾ B.) Münster 833, Regensberg. Thlr.

† **Walden, S. J. F.**, (S. J. F. Wendal,) kleine Erzählungen f. d. Jugend. 16. (¼ B.) Münster 835, Regensberg. 4 Gr., f. Pap.

(——). **Gottfried, d. Sohn d. Waldes, s. Gottfried.**

— Gottfried der Sohn des Waldes oder die Gewalt der Leidenschaft, von X. Y. Z. 12. Münster 835. Regensberg. 2/3 Rthlr.

Walden, (Wendal), S. J. F., General Graf Hoheim u. seine **Kinder. Ein Briefwechsel. 2 Thle. 12.** Hamb. 829. Fr. Perthes. **1 Rthlr. 20 gGr. Velinp. 2 Rthlr. 8 gGr.**

— General Graf Hoheim und seine Kinder. Ein Briefwechsel. 2e Aufl. 8. Hamburg 840. Fr. Perthes. 1 1/3 Rthlr.

——, Ida, od. Selbstbeherrschung — **das Loos d. Weiber. Ihren** sämmtl. jungen Freundinnen **gewidmet.** 8. **(9 B.) Dresden u.** Leipzig 840, Arnoldische Buchh.

—— Jugendspiegel, od. Gott sieht Alles. 12. (7 B. u. 4 Stndr.) Dresden 833, Walther.

— das Kreuz am Wege. Eine Novelle, d. reifern Jugend gewidmet. 12. Dresd. 833. (832.) Walther. 10 gGr.

† **Walden, S. J. F.** (S. J. F. Wendal), die Mutter mit ihren Kindern u. Pflegekindern. Gespräche religiös-sittl. Inhaltes. 12. (8 B.) Dresden u. Leipzig 843, Arnoldische Buchh.

——, Natalie, od. **Thränen sind edle Saat.** Eine Novelle in Briefen. 8. (6¾ B.) **Dresden u. Leipzig 837, Arnoldische Bh.**

—— Pflicht u Sitte. In Beispielen f. d. Kinderwelt. 12. (6 B.) Dresden 833, Walther.

—— die drei **Schwestern, od.: Wessen ist das Bild u. d. Ueberschrift? Eine Briefsamml. 12. (12 B.) Hamburg 835, Fr. Perthes.**

Walden, Werner (Carl Otto Oertel), der Wald u. s. Bewohner im deutschen Liede. E. poet. Schatz f. Unterricht u. Lektüre, für Lehrer u. Schüler. 8. (IX, 223 S.) Leipzig 897. C. Merseburger. 2. 25

Waldenborg, Heinrich. Über den Einfluss einiger organischen Neutralsalze auf den Ruhestrom und die Erregbarkeit des Froschmuskels. Diss. Med. Univ. Zürich. [Mit Figuren.] *Kopftitel:* Aus dem physiologischen Institut der Universität Zürich. 33 S. 8. Zürich, Gebr. Leemann & Co., 1909.

Waldenberg, Maximilianus: De febre puerperali. Halae (1834): Ruff.
Halle-Wittenberg, Med. Diss. v. 3. Mai 1834
Geb. [Warschau 1810 oder 1812]
Der Verf. führte in seinen Zeugnissen erst den Vornamen Moses, dann Moses Maximilian. —
Diese Dissertation wurde gedruckt und sofort kassiert. Ein Exemplar nicht nachweisbar.
W. war 23.4. 1834 beim Rigorosum auf 6 Monate zurückgestellt worden, konnte aber als Pole die verlängerte Aufenthaltserlaubnis nicht erhalten und wurde am 2.5. aus Halle ausgewiesen. Da nahm der Dekan Dzondi aus Mitleid und auf die eindringlichen Bitten des Drd. allein das Kolloquium mit ihm vor und erteilte ihm, ohne Zuziehung der Fakultät und ohne Abnahme des Dr.-Eids, am 3.5. sofort (da W. als Ausländer nicht zu disputieren brauchte) das Diplom, das er nur mit dem kleinen Fakultätssiegel versah, weder unterschrieb noch am Schwarzen Brett anschlug, noch dem Kurator zustellte.

Waldenberger, Charles Adolph. Über die Elektrolyse der Estersalze der Phenylbernsteinsäure mit fettsauren Salzen. Diss. Phil. Basel. 64 S. 8. Basel, Walz & Miéville, 1901.

Waldenborn, Aurelia von, od. der Bund der Edeln von Berghamo. 8. Weißenf. Severin. (Baumgärtner in Leipz.) 797.

v. Waldenborn, Aurelia, od. d. Bund d. Edlen v. Bergheim. 8. Weißenf. 799. (Leipz., Baumgärtner). 1 Rthlr.

Waldenburg [Sachl. OW]

Waldenburg, Rudolf von, Scenen des zwölften Jahrhund. 2 Thle. 8. Klagenf. Kleinmayer. (Gräff in Lpz.) 792.

Waldenburg i. S. [Schlagwort]

— s. a.: **Breslau, Reg.-Bez.**

Waldenburg i. S., s.: **Geologische Karten. Spezialkarte. (Sachs.)**

— s. a.: **Limbach. — Radfahrerkarten. Mittelbach.**

Waldenburg. Hilscher, A., Karte d. Kreises Waldenburg. Nach der im Auftrage d. Kreis-Ausschusses hrsg. grossen Wandkarte reducirt. 1 : 125,000. Ausg. ohne Amtsbezirksgrenzen. Chromolith. gr. 4. Liegnitz 887. Zippel. n. — 50

Waldenburg i. Schl., Stadt. Klose, G., Stadtplan v. Waldenburg. 1 : 7500. 17,5×21,5 cm. Aubeldr. Mit Strassenverzeichnis etc. an den Seiten. Ebd. (900). n. — 20

Waldenburg. Olbrich, G., Special-Karte d. Kreises Waldenburg. 1 : 75,000. Chromolith. gr. Fol. Waldenburg 887. Knorrn. n. 1. 50

Waldenburg. Olbrich, G., Spezial-Karte d. Kreises Waldenburg. 1 : 75,000. 2., verb. Aufl. Farbendr. u. kolor. 43×40 cm. Waldenburg i/Schl. 892. G. Knorrn. — 75

Waldenburg. Olbrich, G., Spezial-Karte des Kreises Waldenburg. 1 : 75,000. 3., verb. Aufl. m. rot eingezeichneten Touristenwegen u. e. kurz. Angabe derselb. in besond. Anh. 42,5×40 cm. Farbdr. Mit Text. 8. (3 S.) Waldenburg i/Schl. 897. G. Knorrn. n. — 80; auf Leinw. n. 1. 50

Waldenburg i. Schl., Kreis. Olbrich, G., Spezial-Karte des Kreises Waldenburg. 1 : 75,000. 4. verb. Aufl. m. rot eingezeichneten Touristenwegen u. einer kurzen Angabe derselben in besonderem Anh. 42,5×40 cm. Farbdr. Mit Text. 8. (3 S.) Waldenburg i/Schl. (898). G. Knorrn. n. — 80; auf Leinw. n. 1. 50

Waldenburg. Olbrich, G., Spezial-Karte des Kreises Waldenburg. 5., verb. Aufl. mit rot eingezeichneten Touristenwegen u. e. kurzen Angabe derselben in besond. Anh. 1 : 75,000. 43×40,5 cm. Farbdruck. Mit Text. (3 S.) kl. 8. Waldenburg (904). E. Meltzer. n. — 60; auf Leinw. n. 1. 25

Waldenburg. Olbrich, G., Spezial-Karte des Kreises Waldenburg. 7. durch Carl Gläser verb. Aufl. m. rot eingezeichneten Touristenwegen. 1 : 75,000. 43×40,5 cm. Farbdr. Mit e. Anh.: Verzeichnis der Touristenwege. (4 S.) 8. Waldenburg (910). E. Meltzer. —60; 3farb. Ausg., 6. Aufl. — 30

Waldenburg i. W. [Schlagwort]

Waldenburg i. W., s.: **Deutschland. Kürschner-Pelp.**

Waldenburg [Verfasser]

Waldenburg, Alfred, pract. Arzt aus Berlin: Das isocephale blonde Rassenelement unter Halligfriesen und jüdischen Taubstummen. *Berlin: S. Calvary & Co. 1902.* (17 S.) 8°
¶ (Teil einer größeren Arbeit.)
Berlin, Med. Diss. v. 18. Sept. 1902

Waldenburg, Gerda v., die Gardinen u. ihre Behandlung, s.: **Aufklärungsschriften der engeren Vereinigung deutscher Wäscherei-Besitzer. Nr. 1.**

Waldenburg, H., Jagd u. Hege v. Reh, Hase u. Rebhuhn, nebst den einschläg. Gesetzen, Reichsgerichtsentscheidgn. &c., f. angeh. Jäger. gr. 8. (164 S.) Leipzig 886. Expedition der Illustr. Jagdzeitung. n. 3. —

Waldenburg, Heinr. v., Himmel und Hölle der Liebe. Roman in Versen. 16. (III und 160 S.) Bonn 862, Rheinische Verlags-Anstalt.

Waldenburg, Louis

Waldenburg, L., die locale Behandlung der Krankheiten der Athmungsorgane. Lehrbuch der respirator. Therapie. 2. neu bearb. und stark verm. Aufl. gr. 8. (XIV, 782 S. mit 12 eingedr. Holzschn.) Berlin 872, G. Reimer.

Waldenburg, L., die pneumatische Behandlung der Respirations- und Circulationskrankheiten im Anschluss an die Pneumatometrie, Spirometrie und Brustmessung bearb. gr. 8. (VIII, 470 S. mit 30 eingedr. Holzschn.) Berlin 875, Hirschwald.

Waldenburg, L., die pneumatische Behandlung der Respirations- und Circulationskrankheiten im Anschluss an die Pneumatometrie und Spirometrie. 2. verm. Aufl., erweitert um einen Beitrag über das Höhenklima. gr. 8. (X, 618 S. mit eingedr. Holzschn.) Berlin 880, Hirschwald.

—— und Carl Ed. Simon, Handbuch der allgemeinen und speciellen Arzneiverordnungslehre, s. a. Ewald, C. A., und E. Lüdecke.

—— und Carl Ed. Simon, Handbuch der allgemeinen und speciellen Arzneiverordnungslehre. Mit besond. Berücksicht. der neuesten Arzneimittel und der neuesten Pharmacopoen bearb. 7. neu bearb. Aufl. der Arzneiverordnungslehre von Posner und Simon. gr. 8. (IX, 779 S.) Ebendas. 870.

—— —— dass. — Auf Grundlage der Pharmacopoea germanica bearb. 8. neu umgearb. und verm. Aufl. gr. 8. (IX, 822 S.) Ebendas. 873.

—— und Carl Ed. Simon, Handbuch der allgemeinen und speciellen Arzneiverordnungslehre. Auf Grundlage der Pharmacopoea germanica bearb. 9. neu umgearb. und verm. Aufl. Lex.-8. (X, 862 S.) Ebendas. 877.

Waldenburg, L., die Inhalationen der zerstäubten Flüssigkeiten sowie der Dämpfe und Gase in ihrer Wirkung auf die Krankheiten der Athmungsorgane. Lehrbuch der respirator. Therapie. Erweiterte Ausführung einer von der Gesellschaft zur Beförderung der Heilkunde in Amsterdam gekrönten Preisschrift. gr. 8. (X und 567 S. mit 3 Stnt.) Berlin 864, G. Reimer.

—— die Messung des Pulses und des Blutdrucks am Menschen. gr. 8. (VI, 258 S. mit eingedr. Holzschn.) Ebendas. 880.

Waldenburg, Ludov. (geb. Filehne 31. 7. 1837): De structura et origine cystidum verminosarum. Berolini (1860). (32 S.) 8°
Berlin, Med. Diss. v. 10. Okt. 1860

—— die Tuberculose, die Lungenschwindsucht und Scrofulose. Nach histor. und experimentellen Studien bearb. gr. 8. (XII, 560 S.) Berlin 869, Hirschwald. *

Waldenburg, Mathilde v., Briefe aus Frankreich an Herrn Direktor W. v. Schadow. [Als Mscr. gedr.] gr. 8. (91 S.) Leipzig 868, (Duncker und Humblot.)

Waldenburg, Max (Max Peschmann), bunte Blätter. Scherz u. Ernst in Vers u. Prosa. (IV, 118 S.) 8. Schweidnitz (903). G. Brieger. n. 1. —

Waldenburg, Max, fidele Feste, Aufführungen u. Scherze zu grünen u. silbernen Hochzeiten u. anderen Festlichkeiten in schles. Mundart. 8. (VI, 96 S.) Schweidnitz (899). G. Brieger. n. — 80

Frisch vo der Laberl Gedichte in schlesischer Mundart von Max Waldenburg. *Schweidnitz: G. Brieger (1902).* (99 S.) 8° [F.] (03. 9889 2

— 's Iberbraat'l. Scenen, Couplets, Lieder u. Gedichte in schles. Mundart. (2. Taus.) 8. (III, 92 u. Musikbeilage 17 S.) Ebd. (901). n. 1. —

— der Leierkasten. Heiteres u. Ernstes f. Gesellschaft u. Haus. 1.—4. Heft. 8. Ebd. à n. — 50

1. Einleitung. Der Kampf mit dem Lindwurm. Eine höchst traur. Posse in schönen Versen u. 2 Akten. (38 S.) (903.)
2. Eine Nacht im Panoptikum. Burleske in 1 Aufzuge. — Der Sängerkrieg auf der Narrenburg. Karnevalistisch gewagnertes Musikdrama. (Ein Karneval-Tafellied.) (S. 39—62.) (904.)
3. Die Boten. Komische Scene mit Gesang für 4 Personen. (S. 63—86.) (904.)
4. Humoristische Vorträge. (S. 87—130.) (904.)

— s. a. Pfingst-Reese, de.

⟨Waldenburg, Max:⟩ De Pfingst-Reese. An' schles'sche Geschichte derzählt vo a'm Landsmoanne. 2. Aufl. Schweidnitz: G. Brieger [1899]. (75 S.) 8°

— Spoaß muß sein! Gedichte in schles. Mundart. 8. (III, 84 S.) Schweidnitz 899. G. Brieger. n. — 80

— Spoaß muß sein! Gedichte in schles. Mundart. 2. Aufl. (III, 84 S.) kl. 8. Ebd. (904). n. — 80

Waldenburg, Siegfr., auf der Alm (in Berliner Mundart), s.: Universal-Bibliothek.

Nikolaus Becker. Sein Leben u. Wirken. Festschrift, erschienen gelegentl. d. Feier d. Herrichtung d. Grabstätte d. Dichters zu Hünshoven am 13. Aug. 1899. Bearb. auftrags d. Komitees von Siegfried **Waldenburg**, Amtsger.Sekr. in Düsseldorf. *(Köln 1899: Kölner Verl.-Anst. & Dr.)* (35 S.) 4° [01. 5552

Waldenburg, S., die Berufswahl im Staatsdienste, s.: Dreger, A.

Waldenburg, Siegfried: Der neue Diener, s. Universal-Bibliothek.

Waldenburg, Siegfried: Ein operativ behandelter Fall von Uterus arcuatus subseptus bicollis und Vagina septa. Leipzig 1904: B. Georgi. (35 S.) 8°
Leipzig, Med. Diss. v. (6. Aug.) 1904.

Waldenburg, Siegfried, u. Ernst *Pohl*: Die deutsche Gebührenordnung für Zeugen und Sachverständige nebst bes. Tax- u. Reisekostenvorschriften. 2. Aufl. [Nebst] Erg. Köln (1907)—1910. 8° *[1. Aufl. 1899.]*

Waldenburg, Siegfr., die Grundbuchkostengesetzgebung im Geltungsbereiche des rheinischen Rechts. Mit Entscheidgn., Erklärgn., Beispielen u. Tabellen. 2., gänzlich umgearb. Aufl. Hrsg. auf Veranlassg. des rhein. Justiz-Subalternbeamten-Vereins. gr. 8. (XVI, 176 S.) Köln 894. A. Ahn. n. 3. —

Das Grundbuchwesen in Preussen. Hand- u. Nachschlagebuch f. Studium u. Praxis von Siegfried **Waldenburg**, Landger.Sekr. Köln [1903]: Kölner Verl.-Anst. & Dr. (XXXXII, 398 S.) 8° [F.]
= [**Zeitschrift** f. mittlere Justizbeamte. Jg. 15. 16, Beil. 2.] [06. 10109

Waldenburg, Siegfr.: Das Grundbuchwesen in Preussen. Hand- und Nachschlagebuch für Studium und Praxis. Köln [1905].

— Dichter Grünspan. Herr Neimann un de sächs'sche Schbrache, s.: Universal-Bibliothek.

[F.] Reisekosten und Tagegelder der Justizbeamten in Parteisachen. Von Siegfried **Waldenburg**, Amtsgerichtssekret. *Köln: Verlagsanst. & Dr. A.-G. 1898.* (44 S.) 1 Bd 8.
= Zeitschrift f. Rhein. Justiz-Subalternbeamte. Jg. IX. Beil. [98. 8937

Waldenburg, S., die privatrechtlichen Verhältnisse der Vereine nach dem bürgerl. Gesetzbuch. 12. (36 S.) Dresden 900. C. A. Koch. n. 1. —

Waldenburger Gebirge [Schlagwort]

Waldenburger Gebirge. Baron, Paul, Special-Karte vom Waldenburger- u. Eulen-Gebirge. 1 : 75,000. 64,5×55,5 cm. Lith. Schweidnitz (905). G. Brieger. n. — 60

Waldenburger Gebirge. Karte vom Waldenburger Gebirge u. Umgegend. 1 : 50,000. 2., verb. Aufl. Farbendr. 65,5×51,5 cm. Schweidnitz 892. G. Brieger. n. — 60

Waldenburger Gebirge. Karte von dem Waldenburger u. Eulen-Gebirge. 1 : 100,000. 44,5×47,5 cm. Lith. Schweidnitz (900). G. Brieger. n. — 50

v. **Waldenfeld**, kleine Flötenschule, als Grundlage beim ersten Unterrichte. Braunschw. 819. Spehr. 14 gr.

Waldenfels, Amalie. 8. Breslau, Groß. 804. (Vogler in Halberstadt.)

Waldenfels, Amalie, eine Unterhaltung f. erwachs. Töchter, v. Verf. d. Winterabende, z. Unterhalt. f. Kinder. 8. Halberstadt, Groß. 804.

Waldenfels, Amalie; e. Unterhaltung für erwachsene Töchter, vom Verf. d. Winterabende (Jh. Andr. Cph. Hildebrandt). 8. Halberst. 804. (Vogler in Potsd.) 20 gr.

Gedenkblaetter, gegeben zur Feier des 150jähr. Bestehens des 7. Inf.-Reg. Prinz Leopold. 1732—1882. (Von Frh. v. Waldenfels.) Bayreuth 1882. 32 S.

Hermann, Jos. [d. i. **Waldenfels**, Herm. v.]: Betrachtungen über das Schreiben des Pabsts Pii VI. an den Herrn Fürst Bischof von Freisingen vom 18. Oct. 1786. Damiat 1787.

Waldenfels, W. Frhr. v., Erlebnisse e. Gefangenen von Jena, s.: Reitzenstein, C. v.

v. **Waldenroth**, H., (J. W. Schießler), Original-Fresco-Schwänke, s. Ad. v. Schaden.

Waldenser. Die W'. Eine Märtyrer-Kirche. Aus dem Werke von Leopold Witte… zusammengestellt. ⟨Als Manuscript gedruckt.⟩ 8. Bern 1882.

Waldenser, die, in den piemontesischen Thälern. Mit 1 Kärtchen gr. 8. 828. (Berl., Plahn). 3 gr.

Waldenser, die, in d. piemontesischen Thälern. gr. 8. (½ B. incl. 1 Kärtchen.) Berlin 828, (Schultze.)

Waldenser-Kalender, illustr., f. d. J. 1900. 4. (62 S. m. Wandkalender.) Stuttgart, Buchh. f. innere Mission. —20

Waldensercolonie, die, in Calabrien, s. Schillings-Bücher.

v. Waldenstein, J. W. Die Lagerstätten nutzbarer Fossilien. Mit Tafeln. Wien, 1824.

Waldenström, Henning, die Tuberkulose des Collum femoris im Kindesalter u. ihre Beziehungen zur Hüftgelenkentzündung. (Aus der chirurg. Abt. des Kinderkrankenhauses „Kronprinzessan Louisa" zu Stockholm.) (IV, 98 S. m. 34 Fig. u. 3. Taf.) gr. 8. Stockholm 910. Aktie Bolaget Nordiska Bokhandel. 4. 50

Waldenström, Paul

Waldenström, P., der Herr ist fromm. Betrachtungen über den 25. Psalm. Uebersetzung aus dem Schwed. mit Erlaubniß des Verf. gr. 8. (III, 251 S.) Leipzig 877, [Böhme und Drescher.] Böhme. * *M* 1,50.; geb. *

Waldenström, P., der Herr ist fromm. Betrachtungen üb. den 25. Psalm. Übersetzung aus dem Schwed. m. Erlaubnis d. Verf. 2. (Titel-)Aufl. gr. 8 (III, 251 S.) Leipzig 890. Böhme Nachf. n. 1. 20; geb. n.n. 2. —

Walder [Sachl. OW]

Walder, ein Lustspiel in einem Aufzug nach der komischen Oper Silvain von Herrn Marmontel. Leipzig 1770. V: *Weisse, Chn Felix.* (GGr) (Minor, Weisse. Innsbr. 1880. S. 123.) (Ky) (MGT)

Walder; ein Lstspl. nach Marmontel, (v. Chr. Fel. Weiße). 8. Leipz. 770. Dyck. 2 gl

— Operette v. Gotter. 8. Gotha, Ettinger. 777.

Walder [Verfasser]

Walder, siehe: Gedichte eines Jung-Schweizers.

Walder, Adolf [prakt. Arzt von Hinweil (Zürich)]: Ueber zwei Fälle von kompensatorischer Hypertrophie der Leber. Zürich 1897. 27 S. 8°.
Zürich. Med. Diss. 1897/98.

Walder, Albert. Sie müssen nicht. Ein offenes Wort aus der christlichen Gesellschaft an Herrn Pfarrer [Hermann] Kutter, den Verfasser des «Sie müssen». 40 S. 8. Zürich, Orell Füssli. 1904. [fr. 1. —]

Walder, Artur: Zur chirurgischen Behandlung der freien Puerperalperitonitis. Emmendingen: Dölter 1908. 54 S. 8°
Freiburg i. B., Med. Diss. v. 1909, Ref. Krönig
[Geb. 18. März 83 Berlin; Wohnort: Freiburg i. B.; Staatsangeh.: Preußen; Vorbildung: Askan. Gymn. Berlin Reife O. 02; Studium: Berlin 6, Freiburg i. B. 4 S.; Coll. 26. Juli 07.] [U 09. 989

Walder, Carl, s. Walder, Karl

Walder, Emil. Über Derivate des Methylenblaus. Diss. Phil. [II.] Univ. Zürich. 52 S. 8. Zürich, Gebr. Leemann & Co., 1907.

Walder, Erhard, Grundriß der Arithmetik mit Uebungsaufgaben. gr. 8. (V und 154 S.) Nördlingen (861)62, Beck'sche Buchh. *

Walder, Erhard Der gerade und der centrale Stofs elastischer und unelastischer Körper. 10 S. 8. Progr. Rg. *Regensburg* 1879.

Walder, neues Verfahren z. Berechnung d. imaginären u. wenig differirenden vollen Wurzeln ein. algebraischen Gleichung n. Grades. Stadtamhof. 4. 16 *p.* 1864
Schul-/Univ.-Schrift

Walder, Erhard „Ueber Wirkungsweise und Construction der Blitzableiter". pg. 1—9. 4°. C. H. Beck'sche B.
Nördlingen, Progr. 1862/63

Walder, Ernst

Walder, E. (Red.), s. Alpenzeitung, Österreichische.

Walder, E. (Red.), s. Alpina.

Walder, E., aus den Bergen. Wandergn. durch Graubünden u. Tirol. M. 7 landschaftl. Ansichten in Holzschn. gr. 8. (VIII, 179 S.) Zürich 896. Schultheß & Co. n. 2. 80; geb. in Leinw. n. 3. 20

(**Walder**, E[rnst].) Festschrift zum vierzigjährigen Bestehen der «Sektion Uto» des S(chweizer) A(lpen) C(lub). [Illustriert.] 127 S. 8. Zürich, Aschmann & Scheller, 1904.

Walder, E., Geschichte der Thurgauischen Kantonsschule (1853—1883). Frauenfeld 1883.
Progr.

Walder, E.: Theodor Hug. Zürich, Kantonsschule, Progr. 1889.

Walder, Ernst, [von Zürich]: Der Infinitiv bei Plautus. Eine sprachwissenschaftliche Untersuchung. Berl. G. Schade Dr. 1874. 64 S. 8°.
[Zürich. Phil. Diss. v. 18. Juli 1874].

Walder, Ernst, der Infinitiv bei Plautus. Eine sprachwissenschaftl. Untersuchung. gr. 8. (64 S.) Berlin 874. (Solothurn, Gent und Gassmann.) *

Walder, Ernst: Lateinisches Lesebuch f. untere Klassen v. Gymnasien, s. Spillmann, E.

Walder, *Ernst*: Nekrolog. Professor Dr. Johannes Frei, *gestorben am 1. Dezember 1899.* 4 (S. 47—49 der Schuln.).
Progr. Kantonssch. *Zürich* 1900.

Walder, E., lateinische Schulgrammatik, s.: Frei, Joh.

Walder, E., lateinische Schulgrammatik. (VI, 220 S.) gr. 8. Zürich 909. Beer & Co. Geb. 3. 20

— lateinisches Übungsbuch für Anfänger. 1. Tl. Das Nomen u. das Verbum finitum. gr. 8. (VII, 131 S.) Zürich 898. Fäsi & Beer. n. 1. 80; geb. n.n. 2. 20

— u. E. Spillmann, lateinisches Uebungsbuch f. Anfänger. 2. Tl. Das Verbum infinitum u. die unregelmäß. Verba u. latein. Lesebuch f. Anfänger. gr. 8. (IV, 269 S.) Zürich 899. Fäsi & Beer. n. 2. 60; geb. n.n. 3. —

— siehe a.: *Frei, J.*, lat. Uebungsbuch.

Walder, E[rnst]. Professor Melchior Ulrich (1802—1893). Vortrag gehalten in der Sektion Uto [des S. A. C.], den 9. Februar 1894. [Mit Porträt-Tafel.] SA. 8. Bern 1894.

Heinrich Zeller-Horner als Erforscher und Darsteller der Schweizer Gebirgswelt. Von Prof. Dr. E. **Walder**. *Zürich: Fäsi & Beer in Komm. 1900.* (43 S.) 8° [δ.]
= **Neujahrsblatt** z. Besten d. Waisenhauses in Zürich f. 1900. St. 63.

Walder, F., das Grundeigentum. gr. 8. (40 S.) Paderborn 890 F. Schöningh. n. -- 80

Walder, Franz [aus Zürich]: Zur Kenntniss der Benzylderivate des Hydroxylamins .... Göttingen, Druck v. Louis Hofer. 1887. 42 S. + 1 Bl. 8°
Göttingen, Phil. Fak., Inaug.-Diss. v. 14. Jun. 1887

Walder, F., zur Kenntniss der Benzylderivate d. Hydroxylamins. Inaug.-Diss. gr. 8. (42 S.) Göttingen 887. (Vandenhoeck & Ruprecht's Verl.) n. 1. —

Walder, Gottfried, von Wetzikon, Canton Zürich: Ueber Abdominaltyphus in der Schwangerschaft und im Wochenbett. Zür. D. Bürkli Dr. 1867. 37 S., 1 Bl., 1 Bl. Thesen. 8°.
Zürich, Med. Diss. [v. 27. Juli 1867].

Walder, Hans, von Hombrechtikon (Ct. Zürich): Beiträge zur Kenntniss des Dimethylanilins und Carbotriphenyltriamins. Zür. D. Bürkli Dr. 1880. 28 S. 8°.
Zürich, Phil. Diss. [v. 23. Nov. 1880].

Walder, Heinrich A. S. 1319/29

Coelum triste ad Julias Calendas anni MDCCXXXI.
Präs. Johann Jakob Scheuchzer.
(Zürich) (Byrcklin) I. (1732). 41 S.

9 Resp. 35701

Walder, [Hermann]. Die Cerebrospinalmeningitis-Epidemie in Lommis ⟨Kanton Thurgau⟩ im Sommer 1901. Von Dr. W' in Wängi. [Mit 1 Plan.] Separatabdruck aus dem Correspondenz-Blatt für Schweizer Aerzte, [Jahrg. 36,] 1906, Nr. 2. 27 S. gr.-8. [Basel, Schweighauser.]

Die Dame von Maxime. Pariser Sittenbild. Von Hermann **Walder**. Berlin: Berliner Roman-Verl. [1904]. (48 S.) 8° [F.]
= **Geschichten,** Intime. 17. [illegible] 7479

Walder, J. J., Anleitung z. Singkunst in kurzen Regeln für Lehrer u. stufenweiser Reihe von Uebungen u. Beispielen für Schüler. 4. Zürich 788. 5e A. 819. Geßner. 12 gr.

Walder, J. J. Anleit. z. Singkunst in kurzen Regeln für Lehrer u. stufenweiser Reihe v. Uebungen u. Beyspielen für Schüler. 4. Zürich, Geßner. 803. Rthlr.

Walder, J. J. Anleitung zur Singkunst. 3. Auflage. Zürich 1809.

Walder, J. J., Anleitung zur Singkunst, in kurzen Regeln für Lehrer u. in stufenweiser Reihe von Uebungen u. Beyspielen für Schüler. 5te verm. u. verb. Aufl. gr. 8. Zürich, Geßner. 820.

— Anleitung zur Singkunst. 6. Auflage. Zürich 1828.

— **Samml. christl. Gesänge, meist zu 4 Stimmen. gr. 8. Zürich 791. Orell. 16 gr.**

Walder, Jean. Radiumemanation als Heilmittel. Diss. Med. Univ. Zürich. *Kopftitel:* Aus der Universitätspoliklinik für physikalische Therapie in Zürich ⟨Abteilung für Radioaktivitätsforschung⟩.... 36 S. 8. Zürich-Selnau, Gebr. Leemann & Co., 1909.

Walder, Karl, die Entwickelung der Armenverhältnisse des Kantons Zürich während der Jahre 1836—1854 historisch-statistisch dargestellt. Zürich 856. (Meyer u. Zeller.) gr. 8. (31 S.) n. 8 ngr.

Walder, Carl, von Hombrechtikon, Ct. Zürich, gew. Assistenzarzt der med. Klinik Zürich: Ueber die Typhus-Epidemie von Kloten 1878. Leipz. C. F. W. Vogel 1879. 1 Bl., 88 S. 8°.
Zürich, Med. Diss. [v. 16. Aug. 1879].

Walder, Karl Adolf (Hrsg.), s. A u f s ä t z e , dramatische, dramaturgische und andre.

Walder, Karl Ad., Franz u. Louise, od. Liebe u. Argwohn. Lstspl. in 3 Akt. 8. Frberg 787. Graz u. G. 5 gr.

Walder, Karl Ad., s. Hans v. Hobold.

Walder, Karl Ad., kleinere Theaterstücke für gesellschaftl. Bühnen. 2 Bde. 8. Frberg 793. u. 803. Graz u. G. 2 ℛ (Enth.: I. 1) Die Freude; Lstspl. 2) Verirrungen u. Reue; Lstspl. 3) Tadeln können alle Thoren, aber besser machen nicht; Lstspl. 4) Die Einwilligung wider Willen, od. Verzeihen ist süßer als strafen; Lstspl. II. 1) Das Mädchen seltner Art, od. d. verständige Wahl; Schspl. 8 gr. 2) Die Folgen der Verheimlichung, od. die Ehescheidung; Schspl. 6 gr. 3) Der Tabulettkrämer: Lstspl. 10 gr. 4) Der Weinachtsabend, od. noch war es nicht zu spät; Nachspl. 4 gr. 5) Unerwarteter Ersatz; Lstspl. 3 gr.)

Walder, Karl Wlh., († 1786.) (u. Chr. Wlh. Koch), Frühlingsblumen. 8. Leipz. 785. Dyck. 12 gr.

Walder, Karl Wilhelm, s. G e s p e n s t , Das.

Walder, Karl Wilhelm: S t u t z p e r ü c k e .

Walder, Willy, Gerichtsrefer.: Geschichtliche Entwicklung und Bedeutung des Rechtsbegriffs Heimat. Ein Beitr. z. Geschichte d. deutschen Rechtseinheit. Borna-Leipzig 1908: Noske. XIII, 64 S. 8°
Jena, Jur. Diss. v. 10. Dez. 1908, Ref. Rosenthal
[Geb. 5. April 85 Berlin; Wohnort: Wyk; Staatsangeh.: Preußen; Vorbildung: Askan. Gymn. Berlin Reife M. 03; Studium: Berlin [illegible]; Rig. 28. Juli 08.] [illegible] 2127

Walder-Appenzeller, Heinrich

Walder-Appenzeller, H.: Der Alkoholismus und der Zahltag. Referat für die schweiz. Enquête zur Bekämpfung des Alkoholismus. 4°. 31 S. Zürich. 1883.

Walder-Appenzeller, Heinrich. Caspar Appenzeller. Lebensbild eines zürcherischen Kaufmanns und Armenfreundes. Im Auftrage der zürcherischen Hülfsgesellschaft dargestellt. [Mit Porträt-Tafel.] 103 S. 4. Zürich, Schulthess & Co. (Komm. Fäsi & Beer, 1903). [fr. 2. 40]
103. Neujahrsblatt der Zürcherischen Hülfsgesellschaft. Auf das Jahr 1903.

Walder-Appenzeller, Heinrich. Caspar Appenzeller. Lebensbild eines zürcherischen Kaufmanns und Armenfreundes. Separatabdruck aus dem Neujahrsblatt der zürcherischen Hülfsgesellschaft vom Jahr 1903. [Mit 1 Porträt-Tafel.] 96 S. kl.-4. Zürich, Schulthess & Co. [Komm. Fäsi & Beer], 1903. [fr. 2. —]

Walder-Appenzeller, Heinrich: Die E r z i e h u n g zur Wahrhaftigkeit. Referat an die Jahresversammlung d. ostschweiz. Sektion des Vereins schweiz. Armenerzieher zu Stäfa, Mai 1882. (Separatabdruck aus dem „Philanthrop".) In -8°, 48 S.) Aarau: Sauerländer 1882.

Walder-Appenzeller, H., die Erziehung zur Wahrhaftigkeit. Referat, geh. an der Jahresversammlg. der ostschweizer. Sektion d. Vereins schweizer. Armenerzieher zu Stäfa den 23. Mai 1882. gr. 8. (44 S.) Aarau 883. (Zürich, Höhr.) n. — 60

Wälder [Sachl. OW]

Wälder, altdeutsche. s. Grimm, Gebr.

Wälder, dramatische, von Wilh. v. Schütz. (Sigmunda — Evadne.) 8. Leipzig, Brockhaus. 821.

Wälder, Kritische, oder Betrachtungen, die Wissenschaften und Kunst des Schönen betreffend, nach Massgabe neuerer Schriften. 3 Wäldchen. Riga 1769. V: *Herder, Johann Gottfried von.* (ADB) (Mn) (EE) (GGr) (JL) (Ky) »1768—69« (MGT)

Wälder, kritische, **oder Betrachtt., d. Wissenschaft u. Kunst des Schönen** betreffend, **(von J. G. v. Herder). 3 Stücke. gr. 8.** Riga 769. **Hartknoch in Leipz. 1 ₰ 18 gr**

Wälder, Romantische. Erster [einziger] Theil. Berlin und Leipzig [Hof, Grau] 1796. V: *Vulpius, Chn. Aug.* Vgl. Jb. d. Samml. Kippenberg 6 (1926), S. 89. (DARP)

Wälder, romantische. Mit Kpf. 8. **Hof 797. Grau. 20 gr**

Wälder, Romantische, vom Verf. des Lacrimas. Berlin 1808. V: *Schütz, Chn Wilhelm von.* (GGr) (EE) (Zuwachsverz. d. Bibliotheken in Zürich. Zürich 1898ff.)

— romantische, **vom Verfass. d. Lacrimas, (A. W. v. Schlegel). gr. 12.** Berl. **808. Reimer. 1 ₰**

Walder [Verfasser]

Wälder, J. Gualbert, 5555 Denkrechnungs-Beispiele in 330 stufenweis geordneten Aufgaben für die Hand der Schüler der drei obern Curse in der Werktag-Schule. 2., unveränd. Aufl. Augsburg 857. Kollmann. 8. (2 Bl., 32 S.) n. 2 ngr.

— Auflösungen derselben. 2., verb. Aufl. Ebend. 857. 8. (40 S.) n. 2 ngr.

Wälder, J. Gualbert, 5700 Denkrechnungs-Beispiele in 396 stufenweise geordneten Aufgaben für die Hand der Schüler der drei obern Curse in der Werktagsschule. 8. nach der neuen Maß- und Gewichts-Ordnung umgearb. Aufl. 8. (48 S.) Augsburg 870, Kollmann'sche Buchh. [Regensburg, Manz.]
Auflösungen dazu. 8. Aufl. 8. (38 S.)

—— 600 Tafelrechnungs-Aufgaben in stufenmäßiger Ordnung für die Hand der Schüler in der 2. und 3. Klasse der Werktagsschule, wie auch für Fortbildungsschulen. 10., nach der neuen Maß- und Gewichtsordnung umgearb. Aufl. 8. (IV, 52 S.) Schwabmünchen 870. (Ebendas.)
Auflösungen dazu. 10. Aufl. 8. (16 S.)

Walderdorff, Ed. Wilderich Graf v., wer sind unsere gefährlichsten Feinde? [Aus: „Weckstimmen f. d. kathol. Volk."] 8. (28 S.) Wien 871. Regensburg, Manz. — 15

Walderdorff, Ed. Wilderich Graf v., Wer sind unsere gefährlichsten Feinde? 8. (28 S.) Wien 871, Sartori.
Aus: Weckstimmen für das katholische Volk, besonders abgedruckt.

Valderdorff, Hugo Graf von

Walderdorf, H. Graf v.: Die vier Gekrönten. Verhandlungen des histor. Vereins von Oberpfalz und Regensburg. Stadtamhof 1872.
[HZC. 31 (1898) S. 125.]

(HUGO Graf von WALDERDORFF), Regensburg in seiner Vergangenheit und Gegenwart. Herausgegeben von dem historischen Verein für Oberpfalz und Regensburg. Mit vielen Holzschnitten und 2 Plänen (und 1 Titelbild). (Regensburg) 1869. Comm.-Verlag von Friedrich Pustet. 8°.

HUGO Graf von WALDERDORFF, Regensburg in seiner Vergangenheit und Gegenwart. 2. vollkommen umgearbeitete und vielfach vermehrte Auflage. Mit zahlreichen Holzschnitten(, 1 Plane und 1 Titelbild). (Regensburg) 1874. Friedrich Pustet.

Dasselbe. 3. vollkommen umgearbeitete und vielfach vermehrte Auflage. Mit zahlreichen Holzschnitten und 2 Plänen (und 1 Titelbild). ib. (1877). —

[J.] Regensburg in seiner Vergangenheit und Gegenwart. Bearb. v. Hugo Graf v. **Walderdorff.** 4. vollk. umgearb. u. vielf. verm. Aufl. M. zahlr. Abb. u. Stadtpl. *Regensburg: F. Pustet 1896.* (XVI, 696 S., 1 Pl.) 1 Bd 8. [96. 629

Walderdorff, Hugo Graf v., *Joseph Rudolph Schuegraf, der verdiente bayerische Geschichtsforscher.* Ein Lebensbild. Mit Nachrichten über den österreich. Erbfolgekrieg u. die französ. Kriege etc. (S.-A. aus Bd. 27 d. Verhandlgn. d. histor. Vereines von Oberpfalz u. Regensb.) Stadtamhof 1870. Druck von Jos. Mayr. 8°. Eleg. falb. Hrsb.*)
Hlzch. Portr., V – 24 S., 13 Stammtaf. (auf 9 Bll.).

Walderdorff, Hugo Graf v., Joseph Rudolph Schuegraf, der verdiente bayerische Geschichtsforscher. Ein Lebensbild. Mit Nachrichten über den österreichischen Erbfolgekrieg und die französ. Kriege rc. gr. 8. (V, 332 S. mit lithogr. Portr.) Stadtamhof 871. (Regensburg, Pustet.) *
Aus: Verhandlungen des historischen Vereins von Oberpfalz und Regensburg, besonders abgedruckt.

Walderdorff, Graf Rich. v., Marien-Blätter. 1. und 2. Lfg. Fol. (à 6 Chromolithogr. mit eingeklebten Photogr.) München 876, Obpacher. à Lfg. M 10.
Nicht weiter erschienen.

Waldern, M., durch Kampf zur Krone. Eine Erzählung. gr. 16. (39 S.) Berlin 878, Hauptverein für christl. Erbauungsschriften.

—— ein Mädchenleben, s. Volksbibliothek, christliche.

Walderode, eine historische Novelle aus der neueren Zeit. Emmishofen 1845. V: *Wirth, Johann Georg August.* (BMarsch 1017) V: *Kaiser, C.* (Hdschr. Mitth. von Erich Mennbier, Wien) (Samml. Hugo Thimig, Wien)

Walderode, eine histor. Novelle aus der neueren Zeit. gr. 8. **Emmishofen 845, literar. Institut. n. 1½ ₰**

Walderode, eine historische Novelle aus der neueren Zeit. gr. 8. (27¾ B.) Emmishofen 845. (Leipzig, Gebhardt u. Reisland.) *

(Waldersee, Graf v.) Die Schlacht bei Torgau am 3. November 1760. Nach archivalischen Quellen bearbeitet. Aus: Beiheft. z. „Milit.-Wochenblatt". 8. Berlin 1860.

Waldersee, Alfred Graf von [Bearb.], s. Waldersee, Friedr. Gust. Graf v.: Der Dienst des preuß. Infanterie-Unteroffiziers. 12. Aufl. ff. Leitfaden bei der Instruktion d. Infanteristen. 85. Aufl. ff.

Waldersee, F. v., die Hyänen des Schlachtfeldes. Historisch-romant. Erzählung von den deutsch-französ. Schlachtfeldern des Jahres 1870. 14 Hefte. gr. 8. (672 S.) Berlin 872, Freitag. à Heft 30 Pf.

Waldersee, Graf Eduard v., aus den Berliner Märztagen. Aufzeichnungen. (VII, 52 S.) 8. Berlin 909. E. S. Mittler & Sohn. 1.50; geb. 2.50; erm. Pr. —75; geb. 1.75
(Hrsg. v. Hermann v. Caemmerer.)

Walderfee, Gräfin Elisab. v., Botinnen Jesu Christi zur biblischen Begründg. der Frauenarbeit im Reiche Gottes. Ein Vortrag. gr. 8. (8 S.) Berlin 902. (Buchh. des ostdeutschen Jünglingsbundes.) n. — 25

Botinnen Jesu Christi. Zur biblischen Begründung d. Frauenarbeit im Reiche Gottes. Ein Vortrag von Gräfin Elisabeth v. Waldersee. 2. Aufl. *Berlin: Vorstände-Verband d. Ev. Jungfrauenvereine 1902.* (8 S.) 8° [F.]

— zu Jesu Füßen! Offener Brief an unsere gebildeten Töchter. 12. (16 S.) Ebd. 901. n. — 15

Zu Jesu Füßen! Offener Brief an unsere gebildeten Töchter. Von Gräfin Elisabeth Waldersee. 3. Aufl. *Berlin: Vorstände-Verband d. Ev. Jungfrauenvereine 1901.* (16 S.) 8° [F.]

Jahwe ist Gott. Ein Frauen-Wort f. Laien über 'Babel und Bibel' von Gräfin Elisabeth Waldersee. *Berlin: Deutsche Ev. Buch- u. Tractat-Ges. [1903].* (16 S.) 8° [F.]
– Für Dich! No 30.

— Jesu Seelsorge — ein Vorbild f. unsre Einzelpflege in den Vereinen. Ein Vortrag. (11 S.) gr. 8. Berlin 903. (Buchh. des ostdeutschen Jünglingsbundes.) n. — 25

Jesu Seelsorge – ein Vorbild für unsre Einzelpflege in den Vereinen. Ein Vortrag von Gräfin Elisabeth v. Waldersee. *Berlin: Vorstände-Verband d. Jungfrauen-Vereine 1903.* (11 S.) 8° [F.]

Vorbilder im Alten Bunde. Gräfin Elisabeth Waldersee. T. 1. 2. *Kassel: E. Röttger [1902].* 2 Bde 8° [F.]
1. Die Schöpfung u. d. Erzväter. Col. 1, 26. 27.
2. Gottes Bund mit Israel. 2. Mose u. 3. Mose.

— Vorbilder im Alten Bunde. I. Tl. u. II. Tl. 1. Hälfte. 8. Kassel, E. Röttger. n. 4.—
I. Die Schöpfung u. die Erzväter. Col. 1, 26. 27. (VIII, 244 S.) (901.) n. 2.—
II. 1. Gottes Bund m. Israel, m. 14 Abbildgn. (224 S.) (902.) n. 2.—

— Vorbilder im Alten Bunde. II. Tl. 2. Hälfte: Gottes Bund m. Israel. (VII u. S. 225–516.) 8. Kassel (903). E. Röttger. n. 2.—; auch in Lfgn. à n. 1.—; (vollst. n. 6.—; geb. n. 8.—; in 1 Bd. geb. n. 7. 50)

Wahrheit und Freiheit! Joh. 8, 32. Versuch e. Beantwortung d. Pilatus-Frage Joh. 18, 38. Gräfin Elisabeth Waldersee. (Vortrag, geh. in Oels 1902.) *Kassel: E. Röttger (1902).* (15 S.) 8° [F.]

WALDERSEE, Franz Graf v.: Der Jäger. Ein Lehrgedicht in 3 Gesängen. - Halle 1805. - Neue Aufl. München 1827 u. Berlin 1865

Waldersee, Frz. Graf v., der Jäger. Neue Aufl. mit zahlreichen Illustr., gez. von L. Beckmann, in Holz geschnitten von R. Brend'amour. 5 Lfgn. gr. 4. (VIII und 112 S. mit Portr. in Holzschn.) Berlin 865, A. Duncker. à Lfg. * 1 Thlr. 10 Ngr. *
cart. * 6 Thlr. 20 Ngr.; geb. mit Goldschn. *

Waldersee, Friedrich Gustav Graf von

v. Walderfee, F. G. Graf, der Dienst des Preußischen Infanterie-Unteroffiziers. 2. in Uebereinstimmung mit d. neuesten Bestimmungen, namentlich d. neuen Exercir-Reglement, umgearb. u. verm. Aufl. 8. Berlin 845, Plahn'sche B. n. 1/2 ₰

Walderfee, F. G. v., der Dienst des preußischen Infanterie-Unteroffiziers. 3. Aufl. (X und 310 S.) 1848., 4. Aufl. (XII und 305 S.) 1849. und 5., nach den neuesten Bestimmungen abgeänd. Aufl. gr. 8. (XII und 300 S.) Berlin 851, [Gaertner.] *

v. Walderfee, F. G. Graf, der Dienst des Preußischen Infanterie-Unteroffiziers. 3. Aufl. 8. (X u. 310 S.) Berlin 848, Plahn. — 4. nach den neuesten Bestimmungen abgeänderte Aufl. 8. (XII u. 305 S.) Ebd. 849. — 5. nach den neuesten Bestimmungen abgeänd. Aufl. gr. 8. (XII u. 300 S.) Berlin 851, Nitze. n. 1/3 ₰

Walderfee, F. G. v., der Dienst des preußischen Infanterie-Unteroffiziers. 6. Aufl. 854. (X, 298 S.) — 7., nach den neuesten Bestimmungen abgeänderte Aufl. Berlin 857. Gaertner. 8. (VIII, 311 S.) n. 15 ngr.

Walderfee, F. G. v., der Dienst des preußischen Infanterie-Unteroffiziers. 8. Aufl. 860. (VIII, 296 S.) — 9. Aufl. Unter Berücksichtigung der neuesten, das Gewehr, die gymnastischen Uebungen und den Felddienst betr. Bestimmungen umgearbeitet und vermehrt von R. v. Walderfee. Berlin 864. Gaertner. gr. 8. (VIII, 264 S.) n. 15 ngr.

Walderfee, F. G. Graf v., der Dienst des preußischen Infanterie-Unteroffiziers. 10. u. 11. Aufl. Unter Berücksichtigung der neuern Bestimmungen umgearb. von R. Graf v. Walderfee. Berlin 865,67. Gaertner. gr. 8. (VIII, 264 S.) n. 15 ngr.

Walderfee, General-Lieutn. F. G. Graf v., der Dienst des preußischen Infanterie-Unteroffiziers. 12. und 13. Aufl. 1872—74. * ℳ 1,50., und 14. Aufl. Unter Berücksicht. der neueren Bestimmungen umgearb. von Oberst A. Graf v. Walderfee. gr. 8. (VIII, 332 S.) Berlin 876, Gärtner.

Walderfee, F. G. Graf v., der Dienst d. preußischen Infanterie-Unteroffiziers. 13. Aufl. Unter Berücksicht. der neueren Bestimmgn. umgearb. von A. Graf v. Walderfee. gr. 8. (VIII, 242 S.) Berlin 873. Gärtner. n. 1. 50

Walderfee, F. G. Graf v., der Dienst des preußischen Infanterie-Unteroffiziers. 15. Aufl. Unter Berücksicht. der neueren Bestimmungen umgearb. von A. Graf v. Walderfee. gr. 8. (332 S. mit 1 lithogr. Taf.) Berlin 878, Gaertner.
cart.

Walderfee, F. G. Graf v., der Dienst des preußischen Infanterie-Unteroffiziers. 16. Aufl. Unter Berücksichtigung der neueren Bestimmungen umgearb. von A. Graf v. Walderfee Mit einem Anhang. gr. 8. (VIII, 262 S. mit 3 lithogr. Taf.) Berlin 883, Gaertner's Verlag. * ℳ 2.; cart.

Walderfee, F. G. Graf v., der Dienst d. Infanterie-Unteroffiziers. 17. Aufl. Unter Berücksicht. der neuesten Bestimmgn. umgearb. von A. Graf v. Walderfee. Mit e. Anh. u. 3 lith. Taf. gr. 8. (VIII, 290 S.) Berlin 886. Gaertner. n. 2. 20; geb. n. 2. 50

Walderfee, F. G. Graf v., der Dienst des Infanterie-Unteroffiziers. 18. Aufl. Unter Berücksicht. aller neuen Verordngn. umgearb. v. A. Graf v. Walderfee. Mit e. Anh. u. 3 lith. Taf. gr. 8. (VIII, 436 S.) Berlin 888. Gaertner. n. 2. 60; geb. n. 3 —

Walderfee, F. G. Graf v., der Dienst d. Infanterie-Unteroffiziers. 19. Aufl. Unter Berücksicht. aller neuen Verordngn. im Anschluß an den „Leitfaden f. den Dienstunterricht d. Infanteristen" neu bearb. Mit e. Anh. u. 3 lith. Taf. gr. 8. (VII, 273 S.) Berlin 892. R. Gaertner. n. 2. —; geb. n.n. 2. 40

Walderfee, F. G., Graf v., der Dienst des Infanterie-Unteroffiziers. 20. Aufl. Unter Berücksicht. aller neuen Verordngn. im Anschluß an d. „Leitfaden f. den Dienstunterricht d. Infanteristen" neu bearb., namentlich zur Benutzg. b. Dienstunterr. d. Unterführer, sow. auch z. Gebrauch f. Einjährig-Freiwillige u. Reserve-Offizier-Aspiranten. M. e. Anh. u. 2 lith. Taf. gr. 8. (VII, 268 S.) Berlin 895. R. Gaertner. n. 2. —; geb. n.n. 2. 40

— Exerziren u. Garnisonwachtdienst f. den Infanterie-Unteroffizier. Zugleich Nachtrag zur 18. Aufl. d. Buches: Der Dienst d. Infanterie-Unteroffiziers. [Kap. XIV u. XVII nach dem Exerzirreglement f. die Infanterie vom 1. IX. 88 u. d. Garnisondienstvorschrift vom 13. IX. 88 neu bearb.] gr. 8. (72 S.) Ebd. 889. n. — 50

— der Kampf in Dresden im Mai 1849. Mit besonderer Rücksicht auf die Mitwirkung der Preuß. Truppen geschildert u. militairisch beleuchtet. Mit 1 (lith. u. color.) Plane (in Imp. 4.) gr. 8. (VI u. 238 S.) Berlin 849, Mittler & Sohn. 1 1/3 ß

— Leitfaden bei d. Instruktion des Infanteristen. 15., 16. u. 17. Aufl. 8. Berlin 846, Grobe. n. 1/4 ß

— Leitfaden bei der Instruktion des Infanteristen. 18 u. 19. Aufl. 8. (111 S.) Berlin 847, Grobe. — 20—22. Aufl. 8. (111 S.) Ebd. 848. — 23—25. Aufl. 8. (110 S.) Ebd. 849. — (26—32. Aufl.?) — 33. nach den neuesten Bestimmungen verb. Aufl. 8. (111 S.) Ebd. 851. n. 1/4 ß

— Leitfaden bei der Instruction des Infanteristen. 19—32. Aufl. 1847—50. und 33., nach den neuesten Bestimmungen verb. Aufl. 8. (111 S.) Berlin 851, Grobe. *

— Leitfaden bei der Instruction des Infanteristen. 49. u. 50. Aufl. Berlin 858. Bergmann. 8. (117 S.) n. 7 1/2 ngr.

— Leitfaden bei der Instruction des Infanteristen. 49., veränd. Aufl. 1858. und 50., unveränd. Aufl. 8. (117 S.) Berlin 859, Bergemann. *

— Leitfaden bei der Instruction des Infanteristen. 57., nach den neuesten Allerh. Bestimmungen, namentlich über den Felddienst, abgeänderte und vervollständigte Aufl. 8. (202 S. mit 1 Ordenstaf. in Holzschn. in 4.) Berlin 863, Bergemann. * *

— Leitfaden bei der Instruction des Infanteristen. 58—75. nach den neuesten Allerh. Bestimmungen, namentlich über den Felddienst, abgeänderte u. vervollständigte Aufl. Berlin 865—70. Bergemann. 8. (202 S. mit 1 Ordenstaf. in Holzschn. in 4.) n.n. 5 ngr.

— Leitfaden bei der Instruction des Infanteristen. 75.—85. Aufl. mit den neuesten Bestimmungen, namentlich über die Wehrverfassung und Heeresformation des norddeutschen Bundes vervollständ. von A. Graf v. Waldersee. 8. (202 S. mit 1 lithogr. Ordenstaf. in qu. 4.) Berlin 870, Bergemann. *

— dass. — 86.—90. Aufl. mit den neuesten allerhöchsten Bestimmungen, namentl. über die Wehrverfassung, die Heeresformation, die Militär-Gerichtsbarkeit, den Garnison-Wachdienst, das zerstreute Gefecht und den Felddienst, vervollständigt von Oberst A. Graf v. Waldersee. 8. (196 S. mit 1 lithogr. Ordenstaf. in qu. 4.) Berlin 872—75, Barthol und Comp. *
Anhang über Kenntniß und Behandlung des Infanterie-Gewehrs M/1871. (28 S.) *

— Leitfaden bei der Instruction des Infanteristen. 91.—95. Aufl. mit den neuesten Allerhöchsten Bestimmungen, namentlich über das Infanterie-Gewehr Modell 1871, die Wehrverfassung, die Heeresformation, die Militär-Gerichtsbarkeit, den Garnison-Wachdienst, das zerstreute Gefecht und den Felddienst. Vervollständigt von A. Graf v. Waldersee. [Unveränd. Abdr. der 90.—94. Aufl.] 8. (204 S. mit 1 lithogr. Ordenstaf. in qu. 4.) Berlin 875,76, Barthol und Comp. *

Waldersee, F. G. Graf v., Leitfaden bei der Instruction des Infanteristen. 96.—100. Aufl., mit den neuesten Allerhöchsten Bestimmungen, namentlich über das Infanterie-Gewehr Modell 1871, die Schieß-Instruction für die Infanterie von 1877, die Wehr-Verfassung, die Heeres-Formation, die Militär-Gerichtsbarkeit, den Garnison-Wachtdienst, das zerstreute Gefecht und den Felddienst. Vervollständigt von A. Graf v. Waldersee. 8. (207 S. mit 1 lithogr. Ordenstaf.) Ebendas. 877—79. *

— Leitfaden bei der Instruction des Infanteristen. 101.—106. Aufl., durchweg neu revid. und mit den neuesten Allerhöchsten Bestimmungen, namentlich über das Infanterie-Gewehr Modell 1871, die Schieß-Instruction für die Infanterie von 1877, die Wehr-Verfassung, die Heeres-Formation, die Militär-Gerichtsbarkeit, den Garnison-Wachtdienst, das zerstreute Gefecht und den Felddienst, vervollständigt von A. Graf v. Waldersee. Mit 2 Taf. zur Schieß-Instruction. 8. (198 S.) Berlin 881,82, Barthol und Comp. *

— dass. — Mit 2 Taf. zur Schieß-Instruction und je 1 Taf. für Schützengräben, Biwaksordnung, Feldwacht- und Marschsicherungs-Dienst. 108. Aufl. (212 S.) 1883; 110. Aufl. 8. (214 S.) Ebendas. 884. *

— dass. — Nachtrag. Speziellere Kenntniß des Gewehrs, auf Grund der Allerhöchsten Bestimmungen der neuen Schieß-Instruktion vom 11. Septbr. 1884 bearb. 8. (24 S. mit eingedr. Fig.) Ebendas. 884.

— Leitfaden bei der Instruktion d. Infanteristen. 114. Aufl., durchweg neu rev. v. A. Graf v. Waldersee. Mit 2 Taf. zur Schießvorschrift u. je 1 Taf. f. Schützengräben, Biwaksordng., Vorposten- u. Marschsicherungs-Dienst. 8. (214 S.) Ebd. 887. n. — 60

— Leitfaden f. den Dienstunterricht d. Infanteristen. 118. Aufl., durchweg neu bearb. v. A. Graf v. Waldersee. 8. (228 S. m. Fig. u. 4 Taf.) Berlin 889. Barthol & Co. n. — 60

— dasselbe. Ergänzungsheft. Das Gewehr 88 u. seine Munition. Die Schießvorschrift f. die Infanterie vom J. 1889. Heeres-Eintheilg. vom 1. April 1890. 8. (56 S. m. 24 Fig.) Ebd. 890. n. — 20

— Leitfaden f. den Unterricht d. Infanteristen. 124. Aufl., von Neuem durchgesehen von A. Graf v. Waldersee. 8. (238 S. m. 7 Taf.) Berl. 892, Barthol u. Comp. * — 60
118.—123. Aufl. 1889—91.

— Leitfaden f. den Unterricht des Infanteristen. 128. Aufl., von Neuem durchgesehen v. A. Graf v. Waldersee. Mit 1 Taf. zum Gewehr 88, 3 Taf. zur Schießvorschrift, je 1 Taf. f. Biwaksordng., Vorposten- u. Marschsicherungsdienst, Mustern f. die Formationen der Kompagnie u. des Bataillons, den regelrechten Schützengaben u. die Kocheinrichtgn. im Biwak 8. (240 S.) Berlin 894. Barthol & Co. n. — 60

— Leitfaden für den Dienstunterricht des Infanteristen. 133. Aufl., v. Neuem durchgesehen v. A. Graf v. Waldersee. Mit 1 Bildn. Sr. Maj. des Kaisers, 9 Abbildungstaf. u. einz. Abb. im Text. 8. (240 S.) Berlin 897. Barthol & Co. n. — 60

Leitfaden für den Dienst des Infanteristen. Von F[riedrich] G[ustav] Graf v. **Waldersee**, Gen.-Lt. 135. Aufl., von neuem durchges. von A[lfred] Graf v. Waldersee, Gen.-Oberst. Mit 1 Bildn. Sr. Maj. d. Kaisers, 9 Abb.Taf. u. einzelnen Abb. im Text. *Berlin: Barthol & Co. 1899.* (219 S.) 8° [F.] [illegible] 11

Leitfaden für den Dienstunterricht des Infanteristen. Von F[riedrich] G[ustav] Graf v. **Waldersee**. 137. Aufl. Von Neuem durchges. von A[lfred] Graf v. Waldersee, Gen.-Feldmarsch. Mit 1 Bildn. Sr. Maj., 8 Taf. u. Abb. u. mit e. Nachtr. über d. Gewehr 98. *Berlin: Barthol & Co. 1901.* (229, 24 S.) 8° [F.] [illegible]

Waldersee, F. G. Graf v., Leitfaden f. den Dienstunterricht des Infanteristen. 138. Aufl., von Neuem durchgesehen von A. Graf v. Waldersee. Mit e. Bildniß Sr. Maj. des Kaisers, 8 Abbildungstaf. u. einzelnen Abbildgn. im Text. 8. (230 S.) Berlin 902. Barthol & Co. n. — 60

Leitfaden für den Dienstunterricht des Infanteristen. Von F[riedrich] G[ustav] Graf v. **Waldersee**, weil. Gen.Lt. 140. Aufl., bearb. von F[riedrich] G[ustav] Graf v. Waldersee, Major. Mit 1 Bildnis d. Kaisers, 8 Abbildungstaf. u. einzelnen Abb. Berlin: Barthol & Co. 1904. (232 S.) 8° [F.] [illegible]

Leitfaden für den Dienstunterricht des Infanteristen. Von [Friedrich] G[ustav] Graf v. **Waldersee**, weil. Gen.Lt. 141. Aufl. bearb. von F[riedrich] G[ustav] Graf v. Waldersee, Major im Generalstab. (Ausg. mit Gewehr 88.) Berlin: Voß 1906. (239 S.) 8° [F.] 06. 1. 256

Waldersee, F. G. Graf v., Leitfaden f. den Dienstunterricht des Infanteristen. 142. Aufl., bearb. von F. G. Graf v. Waldersee. (Ausg. m. Gewehr 98.) (235 S. m. Abbildgn., 4 farb. Taf. u. 1 Bildnis.) 8. Berlin 907. Vossische Buchh. n n. — 50

Waldersee, F. G. Graf v., Leitfaden f. den Dienstunterricht des Infanteristen. 146. Aufl., bearb. v. F. G. Graf v. Waldersee. (264 S. m. Abb., 4 farb. Taf. u. 1 Bildnis.) 8. Berlin 911. Vossische Buchh. p nn — 55

—— die Methode zur kriegsgemäßen Ausbildung der Infanterie und ihrer Führer im Felddienste; mit besond. Berücksicht. der Verhältnisse des preuß. Heeres. 1. Aufl. 1860. und 2. Aufl. gr. 8. (VIII und 497 S.) Berlin 861, Mittler und Sohn.

— die Methode zur kriegsgemäßen Ausbildung der Infanterie für das zerstreute Gefecht; mit besonderer Berücksichtigung der Verhältnisse des Preuß. Heeres. gr. 8. (IV u. 249 S.) Berlin 848, Mittler & Sohn. — 2. Aufl. gr. 8. (VI u. 247 S.) Ebd. 852. 1 1/2 ₰

— die Methode zur kriegsgemäßen Ausbildung der Infanterie für das zerstreute Gefecht; mit besonderer Berücksichtigung der Verhältnisse des preußischen Heeres. 3. Aufl. Berlin 861. Mittler & Sohn. gr. 8. (IV, 244 S.) 1 ₰

— die Methode zur kriegsgemäßen Ausbildung der Infanterie f. das zerstreute Gefecht. Mit besond. Berücksicht. der Verhältnisse d. preuß. Heeres. 4., den gegenwärt. Verhältnissen entsprechend neu bearb. Aufl. gr. 8. (VI, 202 S.) Berlin 872. Mittler & Sohn. 3. —

Waldersee, G. Graf von

Waldersee, das erste Garde-Regiment zu Fuss, s.a. Stamm-, Rang- und Quartier-Liste, illustrirte, der königl. preuss. Armee.

v. Waldersee, Graf. Das 1. Garde-Regiment zu Fuss. (VII, 101) 8. M. 1 Taf. Berlin 1851

Waldersee, G., was Deutschland braucht! Ein Wort an d. Fürsten Hohenlohe. gr. 8. (15 S.) Berlin 895. Thormann & Goetsch. — 30

Waldersee, G. C. Graf von

Zeitgemaesze Forderungen für die Ausbildung der jüngeren Führerchargen für das Gefecht ꝛc. Von G. C. v. Waldersee). Mit 1 Kroki. Berlin 1868. 60 S.

(**Waldersee**, Georg Graf v., Major im k. preuss. Generalstabe.) Der Krieg gegen Dänemark im Jahre 1864. Bearbeitet von G. Gr. W., k. preuss. Generalstabsofficier der verbündeten Armee. Mit Beilagen, Karten und Plänen. 8. Berlin 1865.

(**v. Waldersee, G. Graf.**) Der Krieg gegen Dänemark i. J. 1864. Von G. Gr. W. 1. u. 2. Aufl. (565. 30.) 8. M. 5 Pl. Berlin 1865. 8.50.

Schlesische Gedichte von Helene Gräfin **Waldersee**. Berlin: E. Trewendt 1907. (VII, 159 S.) 8° [F.] 07. 17460

Waldersee, Helene Gräfin, geb. v. Wilamowitz-Möllendorff, Schlesische Gedichte. 2. verm. Aufl. (221 S.) kl. 8. Schweidnitz (910). L. Heege. Geb. in Leinw. 3.—; in Ldr. 6. —

Waldersee, Paul Graf. Die Gesammtausgabe der Werke Mozart's. = Sammlung musikalischer Vorträge (Waldersee). Ser. I, 7.

Waldersee, Paul Graf. Robert Schumann's Manfred. Sammlung musikalischer Vorträge (Waldersee). Ser. II, 13.

Waldersee, Paul Graf. Giovanni Pierluigi da Palestrina und die Gesammt-Ausgabe seiner Werke. Leipzig 1883.
(Aus: Sammlung musikalischer Vorträge (Waldersee). Ser. V, 52.)

Waldersee, Paul Graf v., chronologisch-themat. Verzeichnis sämtl. Werke W. A. Mozarts, s.: Köchel, Ludw. Ritter v.

Waldersee, R. Graf von [Bearb.], s. Waldersee, Friedr. Gust. Graf v.: Der Dienst d. preuß. Infanterie-Unteroffiziers. 9.-11. Aufl.

Waldesgrüße. 6 Heftchen, in Blattform ausgestanzt. (à 3 Bl.) München 889. Stroefer. In Couvert. n. 1. 35

Waldeshorn, das, s. Feldbuch.

Hier fängt an ein Feldbuch, benannt das Waldeshorn, Gesang und alter Welt-Spruch von Jäger-Lebens-Born. Teutschland 1814. 12°.
Haydinger's Bibl. I. 1. no. 1767. — Rar!

Waldesleben. qu. 4. (7 farb. Taf. m. 6 Bl. Text.) Konstanz 895. C. Hirsch. Kart. 1. 50

Waldesrauschen — Waldesfrieden. 1. (Kassel [1900]: E. Röttger.) 8° [F.]

Waldesrauschen — Waldesfrieden. 1.—18. Hft. gr. 8. (à 16 S.) Lengerich, Bischof & Klein. à n. — 10

1. Ein kleines Licht. Skizze aus dem Leben. Von H. Krüger. (900.)
2. 40 Minuten. Von B. Mercator. (900.)
3. Das Pflaster. Dem Leben nach erzählt. Von B. Mercator. (900.)
4. Christ, der Retter ist da! Eine Weihnachtsgeschichte. Von J. Jung. (900.)
5. Das Heimweh. Erzählung. Von J. Jung. (900.)
6. Die Brüder. Eine Geschichte aus dem Leben. Von H. Krüger. (900.)
7. Großmütterleins Truhe. Erzählung. Von G. Sedelmayr. (900.)
8. Auf dem Steinbichlhof. Tiroler Geschichte. Von Renata Pfannschmidt-Beutner. (900.)
9. Krüppelinchen. Erzählung. Von Renata Pfannschmidt-Beutner. (900.)
10. Die Nachbarskinder. Erzählung. Von C. Werner. (900.)
11. Auf Wiederseh'n! Erzählung. Von J. Jung. (902.)
12. Kämpfende Herzen. Erzählung. — Ein Gottesstreiter. Von A. Schwarz. (902.)
13. Dennoch erhört. Eine Weihnachtsgeschichte. — Wahres Glück. Erzählung. Von Frieda Hermann. (902.)
14. Im Sturm gewonnen. Erzählung. Von R. Pfannschmidt-Beutner. (902.)
15. In der Schule des Lebens. Frei nach dem Schwed. bearb. Von Helene Krüger. (902.)
16. Meine Reisebekanntschaft od.: Werfet euer Vertrauen nicht weg, welches e. große Belohnung hat. Erzählung f. Alt u. Jung. Von C. Werner. (902.)
17. Der Herr hilft immer! Erzählung. — Auf einmal war ich drüben. Von Luise Himmelmann. (902.)
18. Müller Christel. Erzählung. Von Marie Rickmeyer. — Carsten Michels Sylvesterfeier. Erzählung. Von C. Winter (Marie Rickmeyer). (902.)

Waldesrauschen - Waldesfrieden. (Christliche Volkserzählungen.) Nr. 19—28. (à 16 S.) 8. Lengerich 903. 904. Bischof & Klein. à n. — 10; je 4 Nrn. in 1 Bd. kart. à n. — 40

Bayer, Ottilie, Mutter Antje u. ihre Söhne. Erzählg. (Nr. 25.)
Eitner, Martha, die Geschwister. Erzählung. (Nr. 22.)
— das Heidehaus. Erzählung. (Nr. 27.)
— im alten Turm. (Nr. 24.)
Gregor, L., weine nicht. Erzählung. (Nr. 21.)
Jung, J., Weihnachtsglück. Erzählung. (Nr. 19.)
Panitza, M. v., Treue im Kleinen. Erzählung. (Nr. 20.)
Pfannschmidt-Beutner, R., Abendfrieden. Erzählung. (Nr. 26.)
Welck, Fr. v., ein Bekenntnis. Erzählung. (Nr. 23.)
Werner, C., Veilchen u. Nesseln in der Gartenecke. [Umschlag: Die Veilchen unter den Nesseln.] Erzählung. (Nr. 28.)

Waldesrauschen — Waldesfrieden. (Christliche Volkserzählgn.) Nr. 29.—44. (à 16 S.) 8. Lengerich (906—08). Bischof & Klein. à — 10

Abstinenz-Sanatorium **Waldesruh** (in Reinbek bei Hamburg. (Hildburghausen.) o. J. 8° [Umschlagt.]

Waldeyer, Aug[ustus]: • De Aeschyli Oedipodea. Specimen 1. 2. 27, 31 [vielmehr: 32] S. 4° (2°)
Halle-Wittenberg, Phil. Diss. v. 16. Mai 1863
Geb. [Paderborn 23. 11. 1830]
Es ersch. als Gymn.-Progr. Spec. 1. Neuß 1863: Schwann. 12 S. 8° (4°). Spec. 2. Leobschütz 1873: Schiffmann. 13 S. 4°

Waldeyer, Karl Josef

Waldeyer, [Karl], Prof.: [**Gedicht** zur Feier der Einweihung der neuen Aula.] *Bonn 1900: C. Georgi.* (S. 14.) 4°
Bonn, st. G m. OR, OP 1900 (459)

Waldeyer, Karl Jos.: Walram von Jülich, Erzbischof von Köln, und seine Reichspolitik. I. Teil. *Bonn, Univ.-Buchdr. v. C. Georgi* (1890); 21 S. 4°
Bonn, RPG, OP 1890

Waldeyer, Carl Jos.: Walram von Jülich, Erzbischof von Köln, und seine Reichspolitik. II. Tl. (Forts. d. P-Beil. 1890.) *Bonn, Univ.-Buchdr. v. C. Georgi, 1891;* 21 S. 4°
Bonn, RPG, OP 1891 (485)

Waldeyer, Leonhard *Wilhelm Gottfried* [aus Bökerhof (Westf.)]: Die Knochennaht bei der Behandlung der Schlüsselbeinbrüche ... Berlin, Buchdr. v. G. Schade, *1892;* 28 S., 2 Bl. 8.
Berlin, Med. Fak., Inaug.-Diss. v. 19. März 1892

Waldeyer, Oskar: Beiträge zur Kenntnis der Dinitrochinolinmeta-ana und para-ana Verbindung. *Freiburg i. B. 1898: C. A. Wagner.* (34 S.) 8°
Freiburg i. B., Phil. Diss. v. 1898

Waldeyer, Wilhelm

Die menschliche Anatomie, ihre Entwicklung, ihr gegenwärt. Stand mit ihren Beziehungen zu anderen Wissenschaften u. ihre Aufgaben f. d. Zukunft von W[ilhelm] **Waldeyer**, Prof. Jena: G. Fischer 1905. (43 S.) 8°
Aus: Zeitschrift f. ärztl. Fortbildung. Jg. 2. 1905, No 10. 11. [07. 380 11

Waldeyer, W., Archiblast und **Parablast.** gr. 8. (77 S.) Bonn 883, Cohen und Sohn.
Aus: Archiv für mikroskopische Anatomie, besonders abgedruckt.

Waldeyer, Wilh., s.: Archiv f. mikroskop. Anatomie u. Entwicklungsgeschichte.

Waldeyer, Wilh., s.: Archiv f. Anatomie u. Physiologie.

Waldeyer, (Henr.) Guil. (Godofr.) (geb. Hehlen in Braunschw. 6. 10. 1836): De claviculae articulis et functione. Berolini (1861). (34 S.) 8°
Berlin, Med. Diss. v. 23. Juli 1861

— Atlas der menschlichen und tierischen Haare, sowie der ähnlichen Fasergebilde. Für die Bedürfnisse der Staatsarzneikunde, des Handels, der Technik und der Landwirthschaft hrsg. von J. Grimm in Offenburg. Mit erklärendem Text. qu. gr. 4. (III, 204 Sp. mit 12 Lichtdr.-Taf.) Lahr 884, Schauenburg. cart. *

Waldeyer, Wilh., über Aufgaben u. Stellg. uns. Universitäten seit d. Neugründg. des deutschen Reiches. Rede z. Antritt d. Rektorates d. kgl. Friedrich-Wilhelms-Universität in Berlin, geh. in der Aula am 15. X. 1898. gr. 8. (31 S.) Berlin 898. A. Hirschwald. n. — 80

— das Becken. Topographisch-anatom. m. bes. Berücksicht. d. Chirurgie u. Gynäkologie dargest. Mit 153 grösstentheils in Farbendr. ausgeführten Abb. [Aus: „Joessel, Lehrb. d. topographisch-chirurg. Anat."] Lex.-8. (XXVII, 690 S.) Bonn 899. F. Cohen. In Leinw. kart. n. 32. —

— **Beiträge zur Anatomie der männlichen Harnröhre.** gr. 8. (8 S. m. 1 farb. Taf.) Berlin 899. (G. Reimer.) n. — 50
Sonderabdruck aus: „Sitzungsber. d. preuss. Akad. d. Wiss."

Waldeyer, W., Beiträge zur Kenntniss der Lage der weiblichen Beckenorgane, nebst Beschreibg. e. frontalen Gefrierschnittes d. Uterus gravidus in situ. Mit 5 Taf. Fol. (29 S.) Bonn 892. F. Cohen. Kart. n. 15. —

Waldeyer, W[ilhelm]: Bemerkungen über den Bau der Menschen- und Affen-Placenta. Mit 2 Taf. Bonn 1890. 51 S.
Aus: Archiv für mikroskop. Anatomie.

— **Bemerkungen über das „Tibiale externum".** (7 S.) Lex.-8. Berlin 904. (G. Reimer.) n. — 50
Sonderabdruck aus: „Sitzungsber. d. preuss. Akad. d. Wiss."

— **die Bildnisse Friedrichs des Grossen u. seine äussere Erscheinung. Rede, geh. in der Festsitzg. der königl. preuss. Akad. der Wissenschaften am 25. I. 1900. Mit e. heliograph. Abbildg. der Todtenmaske König Friedrichs II. gr. 8. (24 S.) Berlin 900. A. Hirschwald.** n. — 80

Waldeyer, Wilh., Eierstock und Ei. Ein Beitrag zur Anatomie und Entwicklungsgeschichte der Sexualorgane. gr. 8. (VIII, 174 S. mit 6 Kpfrt. Abbild. in qu. 4.) Leipzig 870, Engelmann. *

Waldeyer, Guilelmus: De dentium evolutione. Vratislaviae (1864). (16 S.) 4°
Breslau, Med. Fak., Hab.-Schr. v. 14. Juli 1864

— üb. einige neuere Forschungen im Gebiete der Anatomie d. Centralnervensystems. [Aus: „Deutsche medicin. Wochenschr."] gr. 8. (64 S. m. Abbildgn.) Leipzig 891. Geo. Thieme. n. 1. 20

Gedächtnißrede auf Rudolf Virchow. Von W[ilhelm] **Waldeyer**. *Berlin: Kgl. Akad. d. Wiss.; G. Reimer in Comm. 1903.* (52 S.) 4°
Aus: Abhandlungen d. kgl. preuß. Akad. d. Wiss. v. J. 1903. [04 1281

— **Gehirne südwestafricanischer Völker.** (6 S.) Lex.-8. Ebd. 906. n. — 50
Sonderabdruck aus: „Sitzungsber. d. preuss. Akad. d. Wiss."

— Über **Gehirne** menschlicher Zwillings- u. Drillingsfrüchte verschiedenen Geschlechtes. (13 S.) Lex. 8. Berlin 907. G. Reimer. — 50
Sonderabdr. aus: „Sitzungsber. d. preuss. Akad. d. Wiss."

Waldeyer, Wilhelm: Zur Geschichte des anatomischen Unterrichts in Berlin. Rede z. Gedächtnisfeier d. Stifters d. Berl. Univ. König Friedrich Wilhelm III in d. Aula ders. am 3. Aug. 1899. Berlin: A. Hirschwald 1899. (48 S.) 8°

Waldeyer, W., das Gorilla-Rückenmark. [Aus: „Abhandlgn. d. k. preuss. Akad. d. Wiss. zu Berlin".] Mit 12 Taf. gr. 4. (147 S.) Berlin 889. (G. Reimer.) cart. n. 12. —

— **Handbuch der Anatomie d. Menschen, s.: Krause, W.**

Waldeyer, W[ilhelm]: Hernia Retroperitonealis nebst Bemerkungen zur Anatomie des Peritoneums. Breslau 1868. (16 S.) 4°

Breslau, Med. Fak., Antr.-Progr. als ord. Prof. v. 20. Jan. 1868

— s.: Jahresbericht üb. d. Leistungen u. Fortschritte in der Anatomie u. Physiologie.

— s.: Jahresbericht üb. die Leistungen u. Fortschritte in der gesammten Medicin.

—— s. Illness, the, of the emperor Frederick III.

— die Kolon-Nischen, die Arteriae colicae u. die Arterienfelder der Bauchhöhle, nebst Bemerkgn. zur Topographie des Duodenum u. Pankreas. gr. 4. (64 S. m. 4 farb. Taf.) Berlin 900. (G. Reimer.) Kart. n. 4.50
Sonderabdruck aus: „Abhandlgn. d. preuss. Akad. d. Wiss."

—— s. Krankheit, die, Kaiser Friedrich III.

Waldeyer, W., üb. den Krebs, s.: Sammlung klin. Vorträge.

Leonard Landois zum Gedächtnis. Rede geh. bei der 1903 v. Greifswalder Med. Ver. veranstalteten Feier in d. Univ. Greifswald. Von Wilhelm Waldeyer. Als Ms. gedr. *(Leipzig 1903: Fischer & Wittig.)* (28 S.) 8°

— Lehrbuch der topographisch-chirurg. Anatomie, s.: Joessel, G.

Darwins Lehre, ihr heutiger Stand und ihre wissenschaftliche u. kulturelle Bedeutung. Von Prof. Dr. W[ilhelm] Waldeyer. Darwin als Mensch. Von Prof. Dr. P[aul] G[erson] Unna. Berlin & Leipzig: Deutscher Monistenbund (1909). 52 S. 8°
(Deutscher Monistenbund. Flugschriften d. Ortsgruppe Hamburg 7/8.)
(Flugschriften d. Deutschen Monistenbundes. Nr 19.) [10. 1044]

— Darwins Lehre, s. Flugschriften des deutschen Monistenbundes.

— Die Magenstrasse. (12 S.) Lex. 8. Berlin 908. (G. Reimer.) — 50
Sonderabdr. a.: „Sitzungsber. d. k. preuss. Akad. d. Wiss."

Waldeyer, W., Medianschnitte einer Hochschwangeren bei Steisslage des Fötus, nebst Bemerkungen über die Lage und Formverhältnisse des Uterus gravidus nach Längs- und Querschnitten. Lex.-8. (36 S. mit 3 Holzschn. und einem Atlas von 5 Taf. in gr. Fol. und Mappe.) Bonn 886, Cohen und Sohn.

— Der Processus retromastoideus. Die Crista, der Sulcus u. die Tubercula supramastoidea nebst Bemerkgn. üb. die Lineae Nuchae, die Crista occipitalis externa u. die Impressiones occipitales. (32 S. m. 3 Taf.) Lex. 8. Ebd. 909. Kart. 3. —
Sonderabdruck aus: „Abhdlgn. d. preuss. Akad. d. Wiss."

— Das Skelet einer Hundertjährigen. (S. 971—979 m. 1 Fig. u. 1 Taf.) gr. 8. Ebd. 910. — 50
Sonderabdr. aus: „Sitzungsber. d. preuss. Akad. d. Wiss."

Waldeyer, W. Das Studium der Medizin und die Frauen. Rede. 4. (O. J.)

— das Trigonum subclaviae. (11 S. m. 2 farb. Taf.) Fol. Bonn 903. F. Cohen. Kart. n. 7. —

— das Trigonum vesicae. [Aus: „Sitzungsber. der k. preuss. Akad. d. Wiss."] gr. 8. (18 S. m. 1 Taf.) Berlin 897. (G. Reimer.) n. 1. —

—— Wie soll man Anatomie lehren und lernen. Rede, gehalten zur Feier des Stiftungstages der militärärztlichen Bildungsanstalten am 2. Aug. 1884. gr. 8. (41 S.) Berlin 884, Hirschwald. *

Waldeyer, W., wie soll man Anatomie lehren u. lernen. Rede. gr. 8. (41 S.) Berlin 886. Hirschwald. n. — 80

Waldfeld, O. A., Geradeaus! Eine Novelle. 8. (VII und 319 S.) Leipzig 861, O. Wigand.

Waldfeuerlöschordnung, die württembergische, vom 4. VII. 1900, Reg. Bl. S. 585. Mit Erläutergn. u. den Vollzugsvorschriften zum Gebrauch f. Bezirks- u. Gemeindebehörden, f. Forstbehörden, Forstschutzbedienstete u. Waldarbeiter, f. Waldbesitzer u. Feuerwehren. 12. (VII, 64 S.) Stuttgart 901. W. Kohlhammer. n. — 60

Waldfindling, Der; ein Schauspiel in fünf Akten. Halle 1800. V: *Brückner, Johann Jacob.* (Ky) (MGT)

Waldfündling, der,. Schausp. in 5 A. 8. Halle, Trampe. (Hahn in Hannov.) 800.

Die fürstlich Schwarzburg-Rudolstädtischen Waldforste und deren Bewirtschaftung. Ein Bild, den Teilnehmern der 14. Versammlung Thüringischer Forstwirthe gewidmet. - Rudolstadt 1872. 27 S., 1 Tab.

Waldfreund, J. D., *Dr.* Auf die hohe Salve! *Innsbruck* 1858. *Felic. Rauch.* 35 S., 1 Bl., 8°. 12 kr.

Mit 1 Hefte Abbildungen, enthaltend: eine »Rundschau auf der hohen Salve« in 4 Blättern: 1. Nordseite. 2. Südseite. 3. Ostseite. 4. Westseite. Nach der Natur gezeichnet, lithogr. und herausg. von And. Ziegler in Innsbruck; gedr. in der lithogr. Anstalt von C. Redlich. Höhe jedes Blattes $10\frac{1}{2}$''. Breite 2'. Preis 2 fl. Der Text ist Separatabdruck aus den »Tirol. Monatblättern«.

Waldfreund, J. E., Freud u. Leid. Schnaderhüpfeln. 12. (45 S.) Arco 891. C. Emmert. n. — 70

Waldfried, Paul, Bertha u. Rudhart. Idylle. 12. (67 S.) Annaberg 881. Graser. n. 1. —

Wald-Führer, bayerischer. Wanderungen durch den bayer. Wald. (XVI, 74 S. m. 11 Abbildgn. u. 2 Karten.) kl. 8. Nürnberg (910). J. Korn. 1.40

Wald- u. Ortsgefecht, das. E. kriegsgeschichtlich-takt. Studie. M. in d. Text gedr. Abb. u. 3 Karten-Skizzen. gr. 8. (XII, 422 S.) Berlin 895. R. Eisenschmidt. n. 6. —

Waldgeist, der; od. die Kohlenbrenner im Eichthal. Schsp. in 5 Aufz. v. Hensler. 8. Wien, Wallishäußer. 795.

Wald- u. Wiesengürtel, der, u. die Höhenstrasse der Stadt Wien. (26 S. m. Abbildgn., 8 Taf. u. 5 Plänen.) Lex.-8. Wien 905. (Gerlach & Wiedling.) n.n. 1.20

Der Wald- und Wiesengürtel und die Höhenstraße der Stadt Wien. Lex.-8°. (26 S. mit 9 Tafeln und 5 Plänen) K 1.20 Wien: Fromme 1906.

Waldhauer, üb. Blindeninstitute. Eine Rede geh. zum ersten öffentl. Examen der neuerricht. Blindenschule zu Riga am 12. Mai 1874. 8. (8 S.) Riga 874. Brutzer & Co. n. — 80

Waldhauer. Mitteilgn üb. d. in Riga i. Bau begriffene Barackenhospital. (S.-A.)

Waldhauer, C. G. J., die Perspektive f. die Volksschule oder: Das Copiren nach Kunst- u. Naturprodukten, aber nicht nach Vorlegeblättern. 12. (1 B. u. 2 Stnt.) Königsberg 843, Bon.

Waldhauer, Ferdinand: Zur Anthropologie der Liven. Diss. Dorpat. 1879. 8⁰. 47 pp. mit drei Tabellen.

Waldhauer, Oskar: Ueber einige Porträts Alexanders des Großen. München 1903: Kastner & Callwey. (91 S.) 8⁰
München, Phil. Diss. v. 1903.

Waldhauer, Werner: Untersuchungen betreffend die untere Reizschwelle Farbenblinder. Diss. Dorpat. 1883. 8⁰. 64 pp. mit 11 Tafeln und einer Tabelle.

Waldhaus, das. Von der Verf. des kleinen Matthis, Krummschnäbelchen ꝛc. 2. Aufl. 8. (25 S.) Straßburg 867. (Berlin, Beck.) *

Waldhaus, die Weißmäntel, s. Erzählungen und Novellen, neue.

Waldhaus, Gust. (Albert Rud.) (geb. Neumarkt in Schles. 18. 8. 1816): De typho abdominali. Berolini (1844). (24 S.) 8⁰
Berlin, Med. Diss. v. 10. Febr. 1844

Waldhausen, Agnes v., Hermann Hesse, s.: Mitteilungen der literarhistor. Gesellsch. Bonn. 1910. Nr. 1.

Waldhausen, Rob., jüdisches Erwerbsleben. Skizzen aus dem sozialen Leben der Gegenwart. 1.—4. Aufl. gr. 8. (92 S.) Passau 892. R. Abt. n. 1. —

Waldhausen, Rob., Jüdisches Erwerbsleben. Skizzen aus dem socialen Leben der Gegenwart. Passau, Abt, 1893, 8°, 106 S., 5. Aufl., 1 Mk.
Richtet sich gegen den schädl. Einfluß des Talmud auf unser wirtschaftl. u. gesellschaftl. Leben. Vgl. Streinz, Litt. Anzeiger f. d. kath. Österr. 1893, S. 438.

30 kleine Gedichte in Schönlinder Mundart von Anna Waldhauser. Neugrafenwalde: Selbstverl. 1908. (47 S.) 8° [F.] [08. 3682

Waldhauser, Anna, 30 kleine Gedichte in Schönlinder Mundart. (48 S.) kl. 8. Rumburg 908. H. Pfeifer. 1. —

Waldhauser, Ant., junge Enten. Lustspiel in 5 Aufzügen. gr. 8. (100 S.) Berlin 884. Issleib. n. 1. 50

Waldhauser, Joh. Ev., Andachts-Uebung f. Kränkliche, welche die Kirche nicht besuchen können. Nach seinem Tode hrsg. 8. (8 B. grobe Schrift.) Linz (830) 839, Haslinger.

—— ewige Liebe belohnet Glauben u. Vertrauen. Ein Gebethb. Nach sein. Tode hrsg. 12. (10 B.) Linz 830, Haslinger.

Waldhauser, J. Evang., Predigten üb. verschied. mißliche Umstände d. Lebens. Nach seinem Tode hrsg. 8. (7½ B.) Linz 830, (Fink.)

—— kurze Verfolgungs-Geschichte d. heil. Blandina, zu Lyon in Gallien, im J. 177 nach Christi Geburt, mit erbaul. Anwendn. f. jede Christinn, vorzüglich f. junge Ordensschwestern u. Dienstmägde. Nach seinem Tode hrsg. 8. (1½ B.) Linz (830), 839, Haslinger.

Waldhauser, Jh. Mch., Winke für unsere Zöglinge, wie sie den Bedürfnissen d. Zeit u. d. Hoffnungen des Vaterlandes entgegen kommen sollen; e. Rede. 8. Münch. 806.

Waldhauser, Joh. Mich., s. Zeitschrift f. Studirende.

Waldhauser, M., s. *Sophocles*, Oedipus graece.

Waldhäusl, Ign. v., der steierische Curort Dobelbad von einst u. jetzt. Mit 4 Holzschn. u. 2 (lith.) Plänen. 8. (III, 129 S.) Wien 877. Braumüller. n. 2. 40

Waldhecker, C. F., prakt. Anweisung Druckformen sowohl v. Holz als Messing zu verfertigen, f. Färbereibesitzer. Zum Selbstunterr., nebst Beschreib. d. dazu erforderl. Instrumente. gr. 8. Minden 835, (Essmann.) Versiegelt

Waldhecker, C. F., die Kunst einen gleichförmigen Druck beim Steindruck zu erreichen. Nach einer neuern wohlfeilen Methode durch Angabe einer neuen Presse. Mit 9 Abbildd. gr. 8. Osnabrück 832. (Rackhorst). Verklebt 12 gGr

Waldhecker, C. F., deutsche u. engl. Schulvorschriften 10 Hfte. (à 5 Bl. in Kupfrst.) gr. 4. Bielefeld 842, Helmich. einzeln
6 Hfte. enthalten die deutsche u. 4 die englische Schrift.

—— dass. II. Curs. 4 Hfte. 4. (à 12 Bl. in Kpfrst.) Ebds. 842, 43. à Hft. 8¾ Ngr.

Waldhecker, C. F., Deutsche u. Englische Schulvorschriften. 1. Cursus. 3 Abthlgn. 2. Ausg. u. 2. Cursus. 2 Abthlgn. 2. Ausg. 4. (50 u. 48 in Kpfr. gest. Bl.) Bielefeld 849, Helmich. (1: ⅚ Thlr II: 27 Ngr) 1 Thlr 22 Ngr Einzeln 1. Cursus 1 u. 2. Abth. à 8 Ngr 3. Abth. ⅜ Thlr 2. Cursus 1 u. 2. Abth. à ½ Thlr

Waldhecker, Paul, Rechts- u. Gesetzeskunde f. Kulturtechniker. gr. 8. (VIII, 128 S.) Berlin 899. C. Heymann's Verl. n. 2. 60

Waldhecker, Paul, die preußischen Rentengutsgesetze nach Theorie u. Praxis. gr. 8. (IV, 241 S.) Berlin 894. P. Parey. n. 4. —

—— Die preussische Rentengutsgesetzgebung, eine Wohlfahrtsbestrebung für den ländlichen Grundbesitz. (Die Zukunft der Landbevölkerung, Bd. 1, Heft 2.) gr. 8⁰. Göttingen 1895.

— d. preuß. Rentengutsgesetzgebung, e. Wohlfahrtsbestrebg. f. d. ländl. Grundbesitz, s. Zukunft, die, d. Landbevölkerg.

Waldhecker, P., u. L. Börje, die Zusammenlegung der Grundstücke, sowie Gemeinheitstheilung u. Abstellung v. Weidegerechtigkeiten in der Prov. Hannover, zum Schluss dargelegt an der Zusammenlegungs- u. Gemeinheitstheilungssache v. Neustadt, Kreises Ilfeld. Mit 2 lith. Karten. gr. 8. (VII, 179 S.) Göttingen 887. Vandenhoeck & Ruprecht's Verl. n. 4. —

Waldheil. Forst-Kalender f. 1891 u. 1892. 12. (à Jahrg. 115 S.) Neudamm, Neumann. à Jahrg. geb. in Leinw. * 1 —
à Jahrg. geb. in Leder * 1 50

„Waldheil". Forstkalender f. 1895. Hrsg. v. der Red. der „Deutschen Forst-Zeitung". 12. (IV, 131 S.) Neudamm, J. Neumann. Geb. in Leinw. n. 1. —; in Ldr. n. 1. 50

„Waldheil". Forst- u. Jagdkalender f. deutsche Förster u. Jäger auf d. J. 1899. 11. Jahrg. 12. (172 S. u. Notiz-Kalender.) Neudamm, J. Neumann.
Geb. in Leinw. n. 1. 50;
stärk. Ausg. m. 140 S. Millimeterpap. n. 1. 80

„Waldheil". Kalender für deutsche Forstmänner u. Jäger auf d. J. 1908. 15. Jahrg. 12. (216 S. u. Schreibkalender m. 1 Karte.) Neudamm, J. Neumann.
Geb. in Segelleinw. n. 1. 50; stärkere Ausg. n. 1. 80

„Waldheil". Kalender f. deutsche Forstmänner u. Jäger auf d. J. 1907. Vereinskalender des Vereins königl. preuß. Forstbeamten. 19. Jahrg. (230 u. 48 S. m. Schreibkalender u. 1 Karte.) kl. 8. Neudamm, J. Neumann. Geb. in Segelleinw. n. 1. 60; stärkere Ausg. n. 1. 80

„Waldheil". Kalender f. deutsche Forstmänner u. Jäger auf d. J. 1911. Vereinskalender des Vereins kgl. preuß. Forstbeamten. 23. Jahrg. (243 u. 48 S. m. Schreibkalender u. 1 Karte.) kl. 8. Neudamm, J. Neumann. Geb. in Segelleinw. 1.50; stärkere Ausg. 1.80
Auch in Ausg. f. Baden (247 u. 50 S.) u. f. Elsaß-Lothringen (215 u. 48 S.) zu gleichen Preisen.

Waldheim [Sachl. OW]

v. Waldheim, s. Gertrud v. W.

Waldheim, oder seltene u. lehrreiche Geschichte, so sich mit der Grafschaft Waldheim zugetragen, d. Bürger u. Bauersmann zur Erbauung u. Belehrung. 8. Münch. 792. Lentner. 6 K

Waldheim, od. seltſ. Geſch. ſo ſich mit dieſer Grafſch. zugetr. 8. München, Lentner. 793.

Waldheim, die Herren v., 4 Thle, f. Romane, komische, a. d. Papieren d. braunen Mannes 1r 2r.

Waldheim, Die Herren von, eine komische Geschichte . . . Göttingen 1784—85. V: *Müller, Johann Gottwerth.* (KY) (GGr) »Frankf. u. Leipzig 1787—88« (MGT) (Cat. d. Stadtbibl. Zürich. Zürich 1864—97.)

Waldheim [Schlagwort]

Waldheim, s.: Deutschland. Kürschner-Pelp. — Geologische Karten. Spezialkarte. (Sachs.)

Waldheim, s.: Sachsen. Karte. Messtischblätter.

Waldheim [Verfasser]

Waldheim's illustrirte Blätter. Belletristisch-politische Wochenschrift. Jahrg. 1864—66. à Jahrg. 52 Nrn. (Bog. mit eingedr. Holzschn.) Mit Beilagen. Fol. Wien, v. Waldheim. à Jahrg. *

Waldheim's Führer auf den österreichischen Alpen-Bahnen, mit Fremdenführer von Wien. Unter Mitwirkung praktischer Touristen red. von Heinr. Jacobson. gr. 16. (XV, 163 S.) Wien 878. v. Waldheim. geb. n. 1. 50

Waldheim's illustrirter Führer auf den österreichischen Alpen-Bahnen m. Fremdenführer v. Wien u. 1 (lith.) Eisenbahn-Karte Oesterreich-Ungarns. Unter Mitwirkg. prakt. Touristen red. v. Heinr. Jacobsen. 2. Aufl. Mit 138 Illustr. 8. (XVI, 194 S.) Wien 884. v. Waldheim. n. 1. —

— illustrirter Führer auf den österreichischen Alpen-Bahnen m. Fremdenführer v. Wien u. 1 (lith.) Eisenbahn-Karte Österreich-Ungarns. Unter Mitwirkg. prakt. Touristen red. v. H. Jacobsen. 3., verm. Aufl. Mit 151 Illustr. 8. (XVI, 214 S.) Ebd. 887. n. 1. —

Waldheim's Comptoir-Handbuch und Geschäfts-Kalender für das Schaltjahr 1868. II. Jahrg. Hoch Fol. (151 S.) Wien, Waldheim. geb. 1 fl.

Waldheim's Comptoir-Handbuch und Geschäfts-Kalender für das Jahr 1869. III. Jahrgang. Fol. (154 S.) Wien: Waldheim. 1868.

Waldheim's Comptoir-Handbuch und Geschäfts-Kalender für das Jahr 1871. V. Jahrgang. Fol. (154 S.) Wien, Waldheim. geb. 1 fl.

Waldheim's Comptoir-Handbuch u. Geschäftskalender f. d. Schaltj. 1884. (XIX. Jahrg.) Fol. (195 S.) Wien, R. v. Waldheim. Geb. 1 fl.

Waldheim's Comptoir-Handbuch u. Geschäftskalender f. d. J. 1886. (XX. Jahrg.) Schmal-Folio. (200 S.) Wien, R. v. Waldheim. Geb. 1 fl.

Waldheim's Comptoir-Handbuch u. Geschäfts-Kalender f. d. J. 1887. XXI. Jahrg. Schmal-Fol. (204 S.) Wien: R. v. Waldheim. 1886.

Waldheim's Comptoirhandbuch und Geschäfts-Kalender für das Schuljahr 1888. (XXII. Jahrg.) Schmal-Folio. (216 S. m. 1 Karte.) Wien, Waldheim. geb. fl. 1.—

Waldheim's Comptoir-Handbuch und Geschäfts-Kalender für das J. 1889. 23. Jahrg. schmal Fol. (VI, 216 S.) Wien, v. Waldheim. cart. *

Waldheim's Comptoir-Handbuch u. Geschäfts-Kalender f. d. J. 1890—1893. 24.—27. Jahrg. schmal Fol. (IV, 226; VI, 227; VI, 226; VI, 231 S.) Wien, v. Waldheim. cart. à Jahrg.

Waldheim's Comptoir-Handbuch u. Geschäfts-Kalender f. d. J. 1895. (29. Jahrg.) schmal Fol. (VI, 234 S.) Wien, R. v. Waldheim. Kart. n. 2. —

Waldheim's Comptoir-Handbuch und Geschäfts-Kalender für das Jahr 1896. 30. Jahrgang. Schmal-Folio. (237 S.) Geb. Ebda.

Waldheim's Comptoir-Handbuch und Geschäfts-Kalender für das Jahr 1897. 31. Jahrgang. Schmal-Folio. (246 S.) Geb. Ebda.

— Comptoir-Handbuch u. Geschäfts-Kalender f. d. J. 1899. (33. Jahrg.) schmal Fol. (VI, 239 S.) Wien, R. v. Waldheim. Kart. n. 2. —

Waldheim's Comptoir-Handbuch und Geschäfts-Kalender für das Jahr 1901. (XXXV. Jahrgang.) Wien. Waldheim. 4°. 241 S. Cart. K 2.—

— Comptoir-Handbuch m. Geschäfts-Kalender f. d. J. 1903. (37. Jahrg.) schmal Fol. (VI, 247 S.) Wien, R. v. Waldheim. Kart. n. 2. —

Waldheim's Kontorhandbuch u. Geschäftskalender für das J. 1907. (41. Jahrg.) (VI, 305 S.) schmal Fol. Wien, Druckerei- u. Verlagsaktiengesellschaft vorm. R. v. Waldheim. Kart. n. 2. —

Waldheim's Kontorhandbuch u. Geschäftskalender f. d. J. 1911. (45. Jahrg.) (VIII, 308 S.) 33×12,5 cm. Wien, Druckerei u. Verlags-Aktiengesellschaft vorm. R. v. Waldheim. Geb. 2. —

—— illustrirte Monathefte. 1. und 2. Bd. oder Jahrg. 1864 und 1865. à Jahrg. 12 Hefte. (à 4—5 Bog. mit eingedr. Holzschn.) Fol. Wien, v. Waldheim. à Heft à Jahrg.

Waldheim's illustrirte Monathefte. 3. Bd. (12 Hefte à 2 Bg.) hoch 4. Wien, Waldheim. 1866. à 30 kr., baar 18 kr.

Waldheim's illustrirte Zeitung 1862. Für die Redaktion verantwortlich: R. v. Waldheim. 52 Nrn. gr. Fol (à 3 Bg.) Wien, Waldheim. 10 fl. 52 kr. Mit Postversendung 12 fl.

Waldheim's illustrirte Zeitung. 1863. (52 Nrn.) Nr. 53—104. Für die Redaction verantwortlich: R. v. Waldheim. Holzschnitte aus Waldheim's xylograph. Anstalt. gr. Fol. (à 3—4 Bg.) Wien, Waldheim. 10 fl. 52 kr.

—— Dieselbe in Monatheften. (à 4 - 5 Nrn.) à 90 kr.

Waldheim, Aug., Gedichte aus d. J. 1815. 16. Bremen 816. Kaiser. 6 K

— die vier venetianischen Rosse. 8. Bremen 816.

Waldheim, C. v., das Landhaus am See. Roman. 8. (252 S.) Dresden 889. Pierson. n. 3. —

Waldheim, Erich, d. Baumzucht in ihrem ganzen Umfange od. wie man Bäume aller Art ziehen u. pflegen soll. Durch zahlr. Holzschn. erläutert. E. nützl. Handbuch für jeden Landwirth, Gärtner u. Gartenfreund. gr. 8. (43 S.) Leipzig (879). F. Schulz jun. 1. —

Waldheim, Erich, 105 Garten-Geheimnisse od. künstl. Behandlg v. Blumen u. Fruchtbäumen. Ein interessantes Handbuch f. Gärtner u. Gartenfreunde. gr. 8. (II, 46 S.) Leipzig 893. Fritz Schulz jun. 1. —

Waldheim, Ernst, die preußische Verfassungs-Urkunde und die Stellung der Gerichts-Assessoren. 8. (31 S.) Berlin 861, Adolf und Comp.

Waldheim, Erwin v., das Schweine-Album. Humor in Wort u. Bild. Ein Skizzenbuch f. lebenslust. Leute u. solche die es werden wollen. 17. Aufl. (62 S.) qu. 16. Hamburg (906). W. Digel. 1. —

Waldheim, F. Schurer von, s. Schurer v. Waldheim, F.

Waldheim, Fritz, Armin der Cherusker. Schausp. in 5 Aufzgn. 8. (88 S.) Dresden 895. E. Pierson. n. 1. 50

Waldheim, Fritz v., Beiträge zur Physiologie u. Pathologie der Haut. (Die Stachelzellnerven-Hypothese.) (III, 136 S.) gr. 8. Wien 904. F. Deuticke. n. 4. —

Waldheim, G., Wohnungs- und Geschäfts-Adreßbuch der Stadt Baden. IV. Jahrg. 1903. Gr.-8°. (74 S.) Wien, Steckler 1903.

Waldheim, G., Wohnungs- und Geschäftsadreßbuch der Stadt Mödling. II. Jahrg. 1903/1904. Gr.-8°. (52 S.) Ebda.

Waldheim, Hans, Hans. Eine Kindergeschichte. (52 S.) qu. 8. Kiel 905. Lipsius & Tischer. n. 1. —

Waldheim, Hans, Hans u. Grete. Eine Kindergeschichte. (69 S.) 19,5×25,5 cm. Kiel 906. Lipsius & Tischer. 1. —

— Dunkle Nächte. Eine Kindergeschichte. (135 S.) 19×28 cm. Ebd. 909. 2. —

— Sommer u. Herbst. Eine Kindergeschichte. (87 S.) 19,5×28 cm. Ebd. 908. 1. —

— Kurze Tage. Eine Kindergeschichte. (95 S.) 19×28 cm. Ebd. 909. 1. 50

— Wolken ziehen. Eine Kindergeschichte. (88 S.) 19×28 cm. Ebd. 907. 1. —

— Wolken ziehen drüber hin. Eine Kindergeschichte. (142 S.) 19×28 cm. Ebd. 910. 2. —

Waldheim, Horst, Friedemann Bach. Ein Trauerspiel in 5 Akten. (Dramatische Bearbeitg. des gleichnam. Romans v. A. E. Brachvogel.) 8. (104 S.) Zerbst (900). E. Luppe. n. 2. —

WALDHEIM, J. S. v. Geschichte und Meinungen eines Brautwerbers. Den jungen Frauenzimmern gewidmet. Mit Titelvignette. Wien, J. Gerold, 1784. 8°. (1 Mk. 20 Pfg. Beck, Nördl., 1885; jetzt höher!)

Waldheim, Karl, aus der Heimath. 3 Erzählgn. (Der Ilkenhans! Der Blödsinnige. In tiefen Wassern.) 8. (III, 90 S.) Cottbus 894. Gotthold-Exped. — 75; geb. in Leinw. n. 1. 20

Waldheim, Karl. Wunderbare Wege. Eine Hugenottengeschichte aus der Zeit der Dragonaden. gr. 8. (328 S.) Cottbus 892, Gotthold-Expedition. 1 20
Aus: Gotthold, besonders abgedruckt.

Waldheim, L. J., der ächte kleine Schwede, oder die Kunst die schwed. Sprache in acht Tagen ohne Lehrer richtig lesen, sprechen und schreiben zu lernen. Mit beigefügter Aussprache. 16. (115 S.) Hamburg 850, Berendsohn.

Waldheim, L. J., der ächte kleine Schwede, oder die Kunst die schwedische Sprache in 8 Tagen ohne Lehrer richtig lesen, sprechen u. schreiben zu lernen. Mit beigefügter Aussprache. 3. verm. u. verb. Aufl. Hamburg 870. B. S. Berendsohn. 16. (IV, 121 S.) 6 ngr.

Waldheim, L. J., der ächte kleine Schwede, die Kunst, die schwed. Sprache in acht Tagen ohne Lehrer richtig lesen, sprechen und schreiben zu lernen. Mit beigefügter Aussprache. 4. und 5. verm. und verb. Aufl. 16. (IV, 124 S.) Hamburg 872,81, Berendsohn.

WALDHEIM, Max von
Pharmaceutisches Lexicon. Ein Hilfs- und Nachschlagebuch für Apotheker, Aerzte, Chemiker und Naturkenner. Von Dr. et Mag. pharm. Max von Waldheim. Wien. 1899. Hartleben. Gr.-8°. erscheint in 20 Lieferungen. à fl. —.30

Waldheim, Max v., nach Autoren u. Sachnamen geordnete Sammlung der wichtigsten Reagenzien u. Reaktionen f. Chemie, Pharmazie, Physiologie etc. Im Anschluss u. als Ergänzung älterer Sammelwerke dieser Richtung, besonders v. E. Mercks Reagenzienverzeichnis zusammengestellt u. bearb. (III, 68 S.) Lex.-8. Wien 906. (F. Deuticke.) n.n. 2. —
Sonderabdruck aus: „Pharmazeut. Praxis".

Waldheim, Max v., nach Autoren u. Sachnamen geordnete Sammlung der wichtigsten Reagenzien u. Reaktionen f. Chemie, Pharmazie, Physiologie etc. Im Anschlusse u. als Ergänzg. älterer Sammelwerke dieser Richtg., besonders v. E. Mercks Reagenzienverzeichnis. Zusammengest. u. bearb. 2. u. 3. Folge. (III, 72 u. 102 S.) Lex. 8. Wien 907. 09. (F. Deuticke.) à 2. —
Sonderabdr. aus: „Pharmazeut. Praxis".

WALDHEIM, Max von
(F) Die Serum-, Bakterientoxin- und Organ-Präparate, Ihre Darstellung, Wirkungsweise und Anwendung. Für Chemiker, Apotheker, Aerzte, Bakteriologen etc. dargestellt von Dr. pharm. Max v. Waldheim. [Chemisch-technische Bibliothek. Bd. 250.] Wien. Pest. Leipzig. 1901. Hartleben. 8°. VIII, 1108 S. K 6.60

Waldheim, Max v., chemisch-technische Spezialitäten u. Geheimnisse, s.: Capaun-Karlowa, C. F.

Waldheim, R., Abenteuer unter den Apachen, — der Afahanensvion, } s.: Volks- u. Jugend-Erzählungen.

— allein in der Wildnis, s.: Volks- u. Jugend-Erzählungen.

Waldheim, R, die Ansiedelung am Rio Pardo, s.: Volks-Erzählungen, kleine.

Waldheim, R.: Der Apachenwürger, s. Volks- u. Jugend-Erzählungen.

— im letzten Augenblick, } s.: Jugendbibliothek, kleine.

— unter amerikanischen Banditen, s.: Volksbücher, Reutlinger.

Unter | mexikanischen Banditen. | Erzählung | von | R. Waldheim. (= *Nro.* 183.)
Kol.: Druck und Verlag von R. Bardtenschlager in Reutlingen.
o. J., 64 S., 161 × 107, U.-Fig.: *Ueber vorstehende Felsen und knorrige Aeste hinweg* ..., 99 × 78.
LBS d. D. oct K 3194.

— die Beatushöhle, s.: Volks-Erzählungen, neue.

Waldheim R v. ub. d. Bedeutung eines Kreuzers in der Kunstindustrie. Wien (1887)

—— bis in die Wildnis. Eine Erzählung aus dem fernen Westen. 8. (64 S.) Hamburg 883, Kramer.

Waldheim, R.: Das Blockhaus am Medina, s. Volks- u. Jugend-Erzählungen.

Waldheim, R., das Blockhaus im Urwalde der Red Grenwood, der Trapper, s.: Volksbücher, neue.

—— das Blockhaus im Urwalde oder Red Grenwood, der Trapper. Eine Erzählung aus dem Westen. Ster.-Ausg. 8. (64 S.) Reutlingen 884, Enßlin und Laiblin's Verlagsb.

Waldheim, R.: Der Bootsmann, s. Jugendbibliothek, Kleine.

Waldheim, Rud. v., s.: Bote, der Wiener.

—— John Bradley, der Squatter. Eine Erzählung aus Texas. 8. (64 S.) Hamburg 881, Kramer.

Waldheim, R.: Buffalo-Bill, der Scout, s. Volks- u. Jugend-Erzählungen.

Waldheim, R. (Rud. Scipio), s.: Erzählungen, patriot.

— der Farmer v. Oaks-Valley, s.: Volks- u. Jugenderzählungen.

Waldheim, R.: Unter den Gambusinos, s. Volks- u. Jugend-Erzählungen.

— der Geächtete. Eine Erzählung aus Mexico. 8. (64 S.) Ebend. 882. — 25

—— das heimliche Gericht, s. Unterhaltungs-Bibliothek.

—— die Goldsucher oder der Farmer von Red-Maple, s. Jugend-Bibliothek, neue.

—— Grizzly-Bill, der Bärenjäger. Eine Erzählung aus Colorado. 8. (64 S.) Hamburg 881, Kramer.

Waldheim, R.: Hameh, der Blackfeet-Indianer, s. Volks- u. Jugend-Erzählungen.

— John Harward, der Pedlar, s.: Jugendbibliothek, kleine.

Waldheim, R.: Der Indianeragent, s. Volks- u. Jugend-Erzählungen.

—— in Indianerhänden, } s. Volks- und Jugend-Erzählungen.

— im Kampfe m. Franctireurs, s.: Erzählungen, patriotische.

Waldheim, R.: Die Kinder d. Kabylenscheiks, s. Volks- u. Jugend-Erzählungen.

Waldheim, R.: Die Königin der Prärie, s. Volks- u. Jugend-Erzählungen.

— der Kundschafter, s.: Jugendbibliothek, kleine.

— das Lynchgericht od. die Rache d. Talequah, s.: Volks- u. Jugenderzählungen.

Waldheim, R.: Die schwarze Maske, s. Volks- u. Jugend-Erzählungen.

—— Edward Morton, der dankbare Texaner, s. Volks-Erzählungen, kleine.

— Otaitsa, die Tochter d. Häuptlings, s.: Volksbücher, Reutlinger.

— ein blinder Passagier, s.: Volkserzählungen, kleine.

— der Pelzjäger, s.: Jugendbibliothek, kleine.

— die Perle v. Terim,
— die Prärie-Piraten, } s.: Volks- u. Jugend-Erzählungen.

— die Rache des roten Mannes, s.: Volks- u. Jugenderzählungen.

Waldheim, R.: Die Rache d. Talequah. — Unter den Rangers. — s. Volks- u. Jugend-Erzählungen.

— Robinson Crusoe,
— Rübezahl, der Berggeist d. Riesengebirges, } s.: Volks-Erzählungen, neue.

Waldheim, R.: Der Schatz in den Casas Grandes, s. Volks- u. Jugend-Erzählungen.

— das Schloß im Argonner Walde, s.: Volksbibliothek, neue.

— der „Seeteufel", s.: Jugend-Bibliothek, kleine.

—— die Silberminen von Arizona, } s. Volks- und Jugend-Erzählungen.

— der Spion, } s.: Volks- u.
— der Squatter v. Red Maple, } Jugenderzählungen.

Waldheim, R.: Der Squatter v. Oaks Valley, s. Volks- u. Jugend-Erzählungen.

— auf der Station, s.: Jugendbibliothek, kleine.

Waldheim, R. (Rud. Scipio), s.: Volks-Erzählungen, kl.

— s.: Volkserzählungen, neue.

—— Eduard Warton, der dankbare Texaner, s. Volks-Erzählungen, kleine.

Waldheim, R.: In der Wildnis, s. Volks- u. Jugend-Erzählungen.

— der Wüstenräuber, s.: Jugendbibliothek, kleine.

— ein stummer Zeuge, s.: Bibliothek interessanter Erzählungen.

— ein stummer Zeuge, s.: Erzählungen aus Heimat u. Ferne.

—— ein stummer Zeuge, s. Volks-Erzählungen, kleine.

Waldheim, R.: Der Zug in das Goldland, s. Volks- u. Jugend-Erzählungen.

Waldheim, Sibylle von [Pseud.], s. Koppelow, Jenny von [wirkl. Name]

Waldherr, Fr. Xav., Briefe und Geschäftsaufsätze nach Thema's von Fürg's 4. Thl. der Sprachlehre. München 862. (Beih.) 8. (IV. 108 S.) 6 ngr.

Waldherr, Fr. Xav., Briefe und Geschäftsaufsätze. Zum Gebrauche in Elementarschulen. 1. Aufl. 1862. und 2. Aufl. 8. (112 S.) München 866, L. Finsterlin.

— Muster-Beispiele von Beschreibungen aus dem Thier-, Pflanzen- u. Mineralreiche. Zum Gebrauche in Elementar-Schulen. München 862. L. Finsterlin. 8. (100 S.) 7½ ngr.

Waldherr, Friedrich: Die durch Ableitungssuffixe gebildeten Verba der schwachen Konjugation im 16. Jahrhundert. Darmstadt 1906: G. Otto. (100 S.) 8°
Freiburg i. B., Phil. Fak., Ref. Kluge, Diss. v. 5. Okt. 1906
[Geb. 28. Febr. 79 Grünsfeld; Wohnort: Karlsruhe; Staatsangeh.: Baden; Vorbildung: Gymn. Wertheim Reife Juni 01; Studium: Freiburg i. B. 6, Heidelberg 1 S.; Rig. 31 Juli 05.]

WALDHERR, Josef: Vespasian als General, Feldherr und Kaiser. — 1882. I, 95 S. Diss. Graz, Univ.

Waldhofer. Die Familie W'. Erzählung von A (*S. I: E) v. W s. Edelweiss. Erzählungen.... Nr. 72.

Waldhoff, Armin, die stolze „Erste“, s.: Volksbücher, neue.

Waldhöhle, Die. Eine Erzählung für die Jugend und Jugendfreunde. Augsburg 1826. V: *Waibel, Adalbert.* (GGr X, 259) (Zeitschr. f. Büch. N. F. 15, 1923, 126)

Waldhöhle, die, eine Erzählung f. d. Jugend u. Jugendfreunde. 12. Augsb. 826. R. Doll. (Landsh., Krüll). 3 gr

Waldhör, C., Darstellung d. vortheilhaftesten Methode, Leinen, Baumwollen u. derley Gewebe zu bleichen. gr. 4. (3 B. u. 6 Stnt.) München 823, (Finsterlin.)

Waldhoer, Matthias.

Waldhör, (M.,) theoret.-prakt. Clavier-, Partitur-, Präludier- u. Orgelschule, sowohl f. Anfänger, als auch f. schon geübtere Clavier- u. Orgelspieler. 1r u. 2r Thl. qu. Fol. Kempten 826, (Leipz., Centr.-Comt.)

Waldhoer, Matth., theoret.-pract. Clavier-, Partitur-, Präludier- u. Orgel-Schule, sowohl f. Anfaenger als auch schon geübtere Clavier- u. Orgel-Spieler. I. Thl. 2. Aufl., II. u. III. Thl. qu. Fol. (79½ lith. B.) Kempten 826, 27, Kösel.

Waldhör, M., theoret.-prakt. Clavier-, Partitur-, Präludier- u. Orgelschule, sowohl für Anfänger, als auch für schon geübtere Clavier- u. Orgelspieler. 3 Thle. qu. Fol. Kempt. 826—28. Kösel. 6 ₰ 6 gr

—— neue Volks-Gesang-Schule, od. gründl. Anleit., den Gesang sowohl in d. öffentl. Schulen, als auch beim Privat-Unterr. auf d. leichteste u. zweckmäss. Art zu lehren. I. für sich allein besteh. Thl. Enthält bei 600 systemat.-geord. Beispiele im 1-, 2- u. 3stimm. Gesange zur Bildung d. Stimme u. d. Gehöres, u. zur Uebung im Treffen leichter Volks-Melodien. qu. gr. 4. (13 B.) Kempten 833, Kösel.

—— neues Volks-Lieder-Buch zur Weckung u. Belebung d. Tugend u. d. Frohsinns, sowohl in d. Schulen, als auch im öffentl. Leben zu gebrauchen. qu. gr. 4. (13 B.) Kempten 833, Kösel.

Waldhoven, Marie, Gedichte. (VI, 235 S.) 8. Dresden 905. E. Pierson. n. 3. —; geb. n. 4. —

Waldhütte. Illustrirtes Familienblatt f. Forst- u. Waidmänner. Hrsg. u. red. v. mehreren Forstmännern. Red. u. Hrsg.: J. L. Bayer. 1. Jahrg. 1876. 6 Hfte. Lex.-8. (1. Hft. 60 S. m. eingedr. Holzschn.) Prag 876. Kosmack & Neugebauer in Comm. n. 6. —; halbjährlich n. 3. 20

Waldhütte. Unterhaltungsblatt für Forst- u. Waidmänner. Red. u. Hrsg.: Joh. Doležal. 2. Jahrg. 1877. 6 Hfte. Lex.-8. (1—3. Hft. 112 S.) Prag, Kosmack & Neugebauer in Comm. n. 6. —

—— **Unterhaltungsblatt für Forst- und Waidmänner. Redact. und Hrsgbr.: Joh. Doležal. 2. Jahrg. 1877. 6 Hefte. Lex.-8. (à ca. 80—40 S.) (Ebendas.)** *
Nicht weiter erschienen.

Waldl, G., Normalzeichnungen u. Normalmasse der gr. bad. Staatseisenbahnen. Mit Genehmigg. gr. Generaldirektion in Handbuchformat bearb. u. hrsg. 2. Aufl. (II, 62 autogr. Bl. m. Fig.) 8. Rastatt 906. (Karlsruhe, Müller & Gräff.) 2. —

Waldin, Johann Gottlieb

Waldin, Jh. Gli., († d. 13. Juli 1795.) Antwort auf die zwei Schriften, welche kürzlich gegen d. v. C. F. Polz — gehaltene Disputation zum Vorschein gekommen. 8. Jena 752.

Beobachtung eines außerordentlichen Regenbogens, von *Joh. Gottl. Waldin*, der Philosophie und Mathematik öffentlichem ordentlichen Lehrer auf der Fürstlich Hessischen Universität Marburg. Rotenburg an der Fulda, bey Joh. Adolph Hermstädt. 8. 2 Bog. 1777.

— Beschreib. d. Hessischen Mineralienkabinetts bei Marburg. 3 Stck. 8. Marb. 791. Bayrhöfer. 15 gr

— Beschreib. d. Veränderungen des Erdkörpers. 8. Leipz. 796. (Marb.), Krieger. 10 gr

Waldin, J. G., Progr. de calculo, qui quantitatem mixturae, quam Archimedes detexit in corona Hieronis, ostendit. Marb. 784. 4.

Waldini, J. Gottlieb (Präs.): Delineatio generalis systematica juris naturalis absoluti cogentis, s. Baur v. Eyseneck, Joh. Carl (Resp.)

— Gedanken über den Einfluß d. Mathematik u. Physik in die Aufklärung d. gelehrten Standes. 8. Marb. 789.

— erste Gründe d. allgemeinen theoretischen Philosophie u. der Metaphysik. 8. Marb. 780. Bayrhöfer. 16 gr

— erste Gründe d. allgemeinen u. besondern Vernunftlehre. 8. Marb. 782. Bayrhöfer. 16 gr

— die Grundsätze d. natürlichen Theologie bewiesen und aus dem Weltgebäude erläutert rc. 8. Marb. 786. Akadem. Buchh. 8 gr

— introductio in J. P. Reuschii systema logicum methodo tabularum conscripta. 8. Jena 758. Cröker. 6 gr

— introductio in J. P. Reuschii systema metaphysicum. 8. Jena 762. Cröker. 8 gr

— jus legationis universale occasione arresti legato Comiti de Wartensleben de Cassellis dati, una cum adplicatione ad hoc factum ejusque justitiae demonstratione. 4. Marb. 771. (Frankf.), Hermann. 5 gr

Waldin, Joh. Gottl. De lege vires mensurandi Cartesiana et Leibnitziana. Jenae 1764. 4

Waldin, J. Gli., Möglichkeit d. Auferstehung des Leibes. 8. Altenburg, Richter. 764.

— oratio de M. T. Ciceronis philosophia Platonica. 4. Jena 753.

Waldin, Jo. Gttl., resp. Jo. Hellmann, De stimulis et instinctibus naturae animalium. 78 pp. Altd. 4°. 1756

— novum logicae systema methodo Euclidea in usum auditorum compositum. 8. Jena 766. Cröker. 8 gr

— Untersuchung der Weltreihen u. des darauf gegründ. Beweises von d. Existenz Gottes. 8. Marb. 786. Akadem. Buchh. 3 gr

— d. Frankenberger Versteinerungen, nebst ihrem Ursprunge beschrieben. Mit 2 Kpft. 4. Marb. 778. Bayrhöfer. 6 gr

Wäldin, Karl: Aus der Ohrenabtheilung der Kgl. Universitätspoliklinik, Abtheilung für Ohrenkrankheiten. Vorstand: Docent Dr. Haug. Beitrag zur Casuistik des Herpes zoster palati duri duplex. *München 1897: (L. Schumacher in Berlin).* (21 S.) 8° ¶(Aus: Archiv für Laryngologie, Bd 7 H. 2 u. 3.)
München, Med. Diss. v. 1898

Waldina, Frau Holda, die wilde Jägerin, ein Roman . . . Rudolstadt 1805. V: *Vulpius, Chn Aug.* (Ky) (EE)

Waldina Holda, Frau, die wilde Jägerin, (v. Chr. A. Vulpius). 8. Rudolst. 805. (Fr. Fleischer in Leipz.) 1 ℛ

Waldina, Holda, die wilde Jägerin; Roman v. Verf. d. Rinaldo. 8. Rudolst. Kluger. 805.

Waldinger, Hieronymus

— Abhandlung über d. Kohle, als Heilmittel d. verdächtigen Drüsen bei Pferden. 8. Wien 809. Geistinger. 12 gr bei K. Haas. 4 gr

— Abhandlung über die Kohle, als Heilmittel der verdächtigen Drüsen bei Pferden. 8. Wien 809. Geistinger. (Landshut, Krüll.)

Waldinger H.: Abhandlung üb. die Kohle als Heilmittel d. verdächtigen Drüsen bey Pferden. Wien 1809. 53 S. P.

—— Abhandlung über die Kohle als Heilmittel der verdächtigen Drüsen bei Pferden. 8. Ebd. 11. Geistinger. (Hms.) M. 1.50

— Abhandlung über d. gewöhnlichen Krankheiten d. Hunde. 12. Wien 816. Geistinger. (Gerold). 16 gr Hbg. Pr. 8 gr

Waldinger, Hieronymus: Abhandlung über die gewöhnlichen Krankheiten der Hunde. Wien u. Triest 1818. 168 S.

Waldinger, H., Abhandlung über die gewöhnl. Krankheiten der Hunde. 12. Wien. (Leipzig, W. Vogel in C.) 819.

Waldinger H.: Abhandlung üb. die gewöhnlichsten Krankheiten d. Rindviehes . . . Wien 1810. 68 S. 1 Tvl. P.
— — 2. verm. Aufl. Wien u. Triest 1817. 266 S. 1 Tvl.

— Abhandlung über die gewöhnl. Krankheiten d. Rindviehes, für Oekonomen u. Thierärzte. Mit 1 Kpf. 8. Wien 810. Degen. 4 gr 2e A. 12. Ebd. 817. 3e A. 822. Geistinger. (Gerold). 1 ℛ Hbg. Pr. 12 gr

Waldinger, Hieronymus: Abhandlung über die gewöhnlichen Krankheiten des Rindviehes. 3. unveränd. Aufl. Mit e. Kupfertaf. Wien u. Triest 1822. X, 266 S.

— Abhandlungen üb. die gewöhnl. Krankheiten des Rindviehes f. Oekonomen u. Thierärzte. Mit 1 Kpf. 3e Aufl. 12. Wien 822. Geistinger. (Landsh., Krüll.)

Waldinger, Hieron., Abhandlung üb. d. gewöhnl. Krankheiten d. Rindviehes, f. Oekonomen u. Thierärzte. 4. Aufl. gr. 12. (9 B. u. 1 Kpfrt. gr. 4.) Wien 833, Mayer u. Comp.

— Abhandlung über den Schwefel, u. seine Verbindungen mit Metallen, Kalien u. Erden, wie sie am u. im thier. Körper wirken, vorzügl. bei Pferden in Krankheiten d. Sauggefäße um dem Rotze vorzubeugen. 12. Wien 820. Geistinger. (Gerold.) 18 gr Hbg. Pr. 12 gr

Waldinger, Hieronymus: Abhandlung über den Schwefel und seine Verbindungen mit Metallen, Kalien und Erden, wie sie arm und im thierischen Körper wirken; vorzüglich bey Pferden in Krankheiten der Sauggefässe um dem Rotze vorzubeugen. Wien u. Triest 1820. VI, 127 S.

— Abhandl. über d. Würmer in den Lungen u. d. Leber u. das Klauenweh d. Schaafe. Mit 1 Kpf. 12. Wien 818. Geistinger. (Gerold). 16 gr Hbg. Pr. 8 gr

Waldinger, Hieronymus: Abhandlung über die Würmer in den Lungen und der Leber und das Klauenweh der Schafe. Mit e. Kupfertaf. Wien u. Triest 1818. VI, 125 S.

— Bemerkk. über d. Löserdürre; s. D. J. Lidl.

Waldinger, Hieron., über Gestüte. 8. Pesth 814. Hartleben. 6 gr 12. Wien 814. Geistinger. (Gerold). 8 gr Hbg. Pr. 6 gr

— über Gestüte. 12. Wien 824, Geistinger. (Landsh., Krüll.)

Waldinger H.: Ueber Krankheiten an Pferden u. ihre Heilung in gerichtlicher Hinsicht beym Kaufe u. Verkaufe. Wien 1806. 144 S. [Koller, Dampf, Wurm, Rotz].

— über Krankheiten an Pferden u. ihre Heilung. 12. Wien... 2e verm. A. 806. Binz. (Leipz., Liebeskind). 12 gr

— über Krankheiten an Pferden und ihre Heilung. 2te verm. Aufl. 12. Wien, Binz. (Leipzig, Liebeskind in Comm.) 816.

Waldinger, Hieronymus: Ueber Krankheiten an Pferden und ihre Heilung mit gerichtlicher Hinsicht beym Kaufe und Verkaufe. 2. verm. Aufl. Wien 1816. 5 Bl., 196 S.

— über d. Nahrungs- u. Heilmittel d. Pferde. 8. Wien 808. Geistinger. 1 Rthlr 2e A. 12. 811. 3e A. 816. (Gerold). 1 Rthlr Hbg. Pr. 12 gr

Waldinger H.: Ueber die Nahrungs- u. Heilmittel d. Pferde. Wien u. Triest 1808. (10) 256 S.
— 2. verm. Aufl. Sst. 1811. (12) 266 S.
— 3. do. Sst. 1816. 310 S.

— über die Nahrung u. Heilmittel d. Pferde. 3te Aufl. 12. Wien, Geistinger. (Leipzig, W. Vogel.) 818.

Waldinger, Hieronymus: Über die Nahrungs- und Heilmittel der Pferde 2. verm. Aufl. Wien u. Triest 1811. XVI, 266 S.
– 3. verm. Aufl. 1820. XIV, 306 S.

Waldinger, (H.,) üb. die Nahrungs- u. Heilmittel der Pferde. 3e verb. Aufl. 12. Wien 820, Geistinger. (Landsh., Krüll.) Rthlr.

Waldinger, (H.,) allgem. Pathologie der größeren Hausthiere, für angehende Thierärzte. 12. Wien 812, Geistinger. (Landsh., Krüll.)

Waldinger H.: Allgemeine Pathologie d. grösseren Hausthiere f. angehende Thierärzte. Wien u. Triest 1812. 272 S.

—— Allgemeine Pathologie der grösseren Haustiere. 16°. Ebd. 13. Geistinger. M. 3.

—— Therapie — Bemerkungen u. Zusätze hierzu, s. Tennecker, (Chr. E.) S. v.

Waldinger, Hieronymus: Spezielle Pathologie und Therapie oder Anleitung, die einzelnen Krankheiten der nutzbarsten Haus-Säugethiere zu erkennen und zu heilen. 3.Aufl.mit Bemerkungen und Zusätzen von Michael von Erdélyi. Th.1 - 2, gbd.

Wien: Gerold 1832 - 1833

— Therapie oder prakt. Heilverfahren bei fieberhaften Krankheiten d. größeren nutzbaren Hausthiere, für angehende Thierärzte u. Landwirthe. 2 Thle. 8. Wien 813. 2e verm. A. 12. Ebd. 821. Geistinger. 2 Rthlr

— Therapie od. prakt. Heilverfahren bei fieberhaften Krankheiten d. größeren nutzbaren Hausthiere, f. angehende Thierärzte u. Landwirthe. 2 Thle. 2e verm. Aufl. 12. Wien 821, Geistinger. (Landsh., Krüll.)

Waldinger, Hieronymus: Therapie oder praktisches Heilverfahren bey fieberhaften Krankheiten der grössern nutzbaren Hausthiere für angehende Thierärzte und Landwirthe. 2.verm. Aufl. Th.2, 296 S., gbd.

Wien u.Triest: Geistinger 1821

— Versuch e. Naturlehre u. Chemie für angehende Thierärzte. 8. Wien 807. Binz. 1 Rthlr 4 gr 2e verb. Aufl. 12. Ebd. 820. Geistinger. 1 Rthlr 8 gr

— Versuch einer Zoonomie für angehende Thierärzte. 12. Wien 811. Geistinger. (Gerold). 16 gr Hbg. Pr. 8 gr

Waldinger, Hieronymus: Versuch einer Zootomie für angehende Thierärzte. Wien u. Triest 1811. X, 266 S.

Versuch ein. Zoonomie f. angeh. Tierärzte. 12. Ebd. 21. Gerold. M. 1.-

— Wahrnehmungen an Pferden, um über ihren Zustand urtheilen zu können. 8. Wien 805. 2e A. 810. Degen. 10 gr 3e verm. u. verb. Aufl. 12. Wien 818. Geistinger. 1 Rthlr

Waldinger H.: Wahrnehmungen an Pferden, um üb. ihren Zustand urtheilen zu können. 2. verm. Aufl. Wien 1810. 284 S.
— — 3. verm. u. umgeänd. Aufl. Wien u. Triest 1818. 274 S.

— Wahrnehmungen an Pferden, um über ihren Zustand urtheilen zu können. 3e verm. u. verb. Aufl. 12. Wien 818, Geistinger. (Landsh., Krüll.)

—— Wahrnehmungen an Pferden, um üb. ihren Zustand urtheilen zu können. 4. Aufl. gr. 12. (9½ B.) Wien 833, Mayer u. Comp.

— Wahrnehmungen an Schaafen, um über ihr befinden zu urtheilen. 12. Wien 815, Geistinger. (Landsh., Krüll.)

Waldinger, Hieronymus: Wahrnehmungen an Schafen, um über ihr Befinden urtheilen zu können. Wien u. Triest 1815. VIII, 247 S.

—— Wahrnehmungen an Schafen, um üb. ihr Befinden urtheilen zu können. 2. Aufl. gr. 12. (10⅓ B.) Wien 834, Mayer u. Comp.

Waldinus, Johann Gottlieb [Praes.], s. Baur v. Eyseneck, Joh. Carl: Delineatio generalis systematica juris naturalis absoluti cogentis.

Waldinus, Johann Gottlieb [Praes.], s. Koch, Johann, Joh. Heinr. Kersten: De primis legationis principiis.

Waldinus, Johann Gottlieb [Praes.], s. Ludewig, Christoph Friedr.: De legibus positivis divinis universalibus disquis.

Waldinus, Johann Gottlieb [Praes.], s. Schmidt, Johann: De eo quod cicitur indifferens.

Waldinus, Johann Gottlieb [Praes.], s. Thon, Friedrich Elias: De natura iuramenti eiusque moralitate generatim spectata.

Waldinus, Johann Gottlieb [Praes.], s. Zeigermann, Jo. Christian: De invisibilitate Dei ex lumine rationis et revelationis demonstrata.

Waldinuzi, s. Kögl v. Waldinuzi.

Waldis, Aloys. Das Nachbarrecht des Kantons Luzern, mit Berücksichtigung des neuen Schweizerischen Zivilgesetzbuches. 112 S. 8.
Ausg. A: Diss. Jur. Bern. [Luzern, Räber & Cie.,] 1908.
Ausg. B: Historisch-dogmatische Abhandlung von Dr. jur. A' W' .... Luzern, R' & Cie., 1909. [fr. 2. 50]

Waldis, Alois, die heil. Ottilia, ein Gebet- und Erbauungs-Buch zur frommen und heilsamen Verehrung dieser heiligen Augenpatronin. Mit 3 Kpfrn. geziert. Luzern 853. Räber. 16. (IV. 272 S.) 12 ngr.

Waldis, Alois, die heil. Ottilia, ein Gebet- und Erbauungs-Buch zur frommen und heilsamen Verehrung dieser heil. Augenpatronin. 8. (IV und 272 S. mit 3 Kpfrt.) Luzern 854, Gebr. Räber.

Waldis, Alois, Stimmen der Warnung und des Trostes. Dankfestpredigt 1861. Luzern, (Gebr. Räber.) 8. (20 S.) 3 ngr.

Waldis, Burkard

Waldis, B., Esopus, s. Bibliothek, deutsche.

Waldis, B., Esopus, s. Dichter, deutsche, des 16. Jahrh.

Auswahl einiger Fabeln und Erzählungen des Burkard Waldis v. J. J. Eschenburg. Braunschw. 1777. 8o.

Waldis, Burkard, Fabellese, s. M. Luthers, Tischreden.

Waldis, Burkard, Parabel vom verlornen Sohn, siehe: Denkmäler niederdeutscher Sprache u. Literatur. 2. Bdchen.

Waldis, Burkard, d. verlorene Sohn, s.: National-Litteratur, deutsche, 213. Bd.

— der verlorene Sohn, s.: Neudrucke deutscher Litteraturwerke des XVI. u. XVII. Jahrh.

Waldis, B., Streitgedichte gegen Herzog Heinrich den Jüngern v. Braunschweig, s.: Neudrucke deutscher Litteraturwerke d. XVI. u. XVII. Jahrh.

Waldis, J[acob]. Predigt vor der feyerlichen Eidesleistung des neugewählten Grossen Rathes. Gehalten ... zu Luzern den 20. März 1831. 8. Luzern 1831.

Waldis, Joh. Joseph Klem., Vikar: Hieronymi Graeca in Psalmos Fragmenta untersucht und auf ihre Herkunft geprüft. Münster i. W. 1908: Aschendorff. 80 S. 8° ¶ (Aus: Alttestamentl. Abhandlungen hrsg. von Nikel. Bd 1, H. 3.)
Freiburg i. B., Theol. Diss. v. 1909, Ref. Hoberg
[Geb. 21. Juli 79 Luzern; Wohnort: Luthern; Staatsangeh.: Schweiz; Vorbildung: Gymn. u. Lyz. Luzern; Studium: Innsbruck, Paris, Rom, Berlin; Rig. 22. Mai 08.] [U 09. 889

Waldis, Joh. Jos. Klem., hieronymi graeca in psalmos fragmenta, s.: Abhandlungen, alttestamentl. I, 3.

Waldkalender, verf. v. R. Schler, s.: Natur, die deutsche.

Waldkampf, s.: Tuma v. Waldkampf.

Waldkapelle, die, s. Erzählungen f. Kinder u. Kinderfreunde, 1. Bdchn.

Waldkapelle, die, s. Kanarienvogel, der.

Waldkappel [Schlagwort]

Waldkappel, s.: Preussen. Messtischblätter.

Waldkarte von Isenburg bis Einsiedel [Sprendlingen, Dreieichenhain, Langen, Arheiligen, Messel] im Anschluss an die Karte des Frankfurter Stadtwaldes. 1 : 33,333. Chromolithogr. Fol. Frankfurt a. M. 884, Jaeger'sche Buchh. * 1 —

Waldkind, Erich: Vom Zeitgeist. Freies Flugblatt an das Heute. Danzig-Zoppot: (Dieter) [1906?]. 4 ungez. Bl. 8°
(Grenzfragen e. neuen Zeit.)

Waldkirch [Schlagwort]

Waldkirch, s.: Baden. Karte. — Deutschland. Kürschner-Pelp.

Waldkirch [Verfasser]

Waldkirch, J., Über die sorgfältige Wartung des Hundes, als ein Mittel, das Tollwerden desselben zu verhüten. 8. Stuttgart 812. Cotta. M. —.40

Waldkirch, Joh.Christoph von: De jure principum, vulgo das Fürstenrecht, in controversiis eorum regalia definitive alicui abjudicanda concernentibus. 39 S. –
Basel, Jur.Diss.v. 23.Dez.1705.

Waldkirch, Johann Rudolf von

Waldkirch, I. Rud., annotata atque Exempla illustrantia ad Puffendorfii Lib. de Offic. Hom. et Civ. access. comp. Phil. mor. 8. Basel. Em. Thurneisen. 712. Rthlr.

— Compendium historiae a Mundo condito usque ad pacem Badensem. 8. Basel, Em. Thurneisen. 714.

— **gründl. Einleitung zu d. Eidgenössischen Bundes- u. Staatshistorie, vorstellend den alten u. neuen Zustand d. Schweiz, ihre Kriege, Bündnisse, Friedensschlüsse u. Regimentsbeschaffenheit. Aus den bewährtesten Auctoribus Mss. u. Archiven zusammengetragen. 2 Thle. 8. Basel 721. 2e verm. Aufl. 756. Thurneysen. 2 ₰ 8 gr**

Waldkirch, Joh[ann] Rudolf von. Gründliche Einleitung zu der Eydgnossischen Bunds- und Staats-Historie .... 2 Theile. (*je* [Mit 1] Anhang.) 8. Basel.
[1. Aufl.] 1721.
Neu-vermehrte und verbesserte Aufl. 1757

v. Waldkirch, Jh. Rud., († d. 10. Juni 1757.) gerechte Folterbank, oder Anweis. für Richter u. Examinatoren, in prakt. Fällen. 8. Bern 710. 2e mit Anmerkk. verseh. Ausg. 773. (Schweighäuser in Basel). 6 gr

Waldkirch, Joh.Rudolf von: De foenore nautico vulgo Bodmerey. 17 S.–
Basel, Jur.Diss.v. 27.Feb.1704.

Waldkirch, Joh.Rudolf von: De lege regia Romanorum. (Resp.: Georg Andreas Hey). 25 S.–
Basel, Jur.Diss.v. 31.Aug.1731.

Waldkirch, Joh.Rudolf von: Positiones juridicae. (Resp.: Joh. Heinrich Reber). 6 S.–
Basel, Jur.Diss.v. 23.Febr.1714.

Waldkirch, Oscar von: Erwerb und Schutz des Eigenthums an Mobilien nach Titel VI, Abschnitt I des Bundesgesetzes über das Obligationenrecht. Zür. Zürcher u. Furrer Dr. [Meyer & Zeller Verl.] 1885. 87 S., 1 Bl. Thesen. 8°
Zürich, Jur. Diss. [v. 28. Febr. 1885].

Waldkirch, Osc. v. Die Staatsaufsicht üb. die privaten Versicherungs-Unternehmungen in der Schweiz nach dem Bundesgesetze vom 25. Juni 1885. gr. 8. (VII, 153 S.) Zürich 892, Art. Institut Orell Füssli, Verlag. * 3 50

Waldkönig, Ein Märchen v. Frau Anna Margarete. (53 S.) 8. Frankfurt a/M. 908. Mahlau & Waldschmidt. Geb. in Leinw. nn 2. 10

Waldl Alois: Die Bearbeitung des Theuerdank durch Burckard Waldis.
II. 1902 PN 1483 Diss.Wien, Univ.

Waldleben in Amerika, s. Bibliothek für meine Kinder.

Waldleben in Amerika. Nach J. T. Headley's „Adirondack, or the life in the wood's" frei bearb. 8. (XX und 246 S.) Dessau 853, Gebr. Katz.

Was mir der alte Reinhold erzählt hat. Eine südbrasilian. Kolonistengeschichte von Alfred **Wäldler**. Porto Alegre: Gundlach & Becker 1901. (188 S.) 8° [F.] [08. 10933 3

Wäldler, Alfr., was mir der alte Reinhold erzählt hat. Eine südbrasilian. Kolonistengeschichte. gr. 8. (188 S.) Porto Alegre 901. (Krahe & Co.) n. 4. —

Wald-, Forst- und Jägerey-Lexicon, darinnen nicht nur allein alle Jägerey-Termini oder Weyd-Sprüche, sondern auch was zur Jagd- und Forst-Weesen, Fortpflanzung und Verbesserung der Holzungen, Instructiones vor die Forstmeistere und sammentliche Forst-Beamten und Bedienten; in Summa was nur bey einem wohlbestellten Forstamt erforderlich zu finden ist. (Von F. C. V. G.). - Prag 1764. 500 S. u. Reg.

Wald- und Waidmanns-**Lieder** mit Bildschmuck von Hans v. Volkmann. Berlin: Fischer & Franke 1902. (24 Bl.) 8° [Umschlagt. F.]
— **Jungbrunnen**. 40. [05. 12304

Waldlilien, Die. Eine Erzählung. Frei nach dem Englischen bearbeitet. O. O. [1855]. V: *Koebner, Julius Johannes Wilhelm.* (schr)

—— dass. — 16. (105 S. mit 1 Holzschnt.) Philadelphia 859, (Schäfer und Koradi.) *

Waldlilien, die. Eine Erzählung frei nach dem Engl. bearb. 3. Aufl. 32. (96 S. mit 1 Stnt. und lithogr. Titel.) Hamburg 860, Oncken. *

Waldlilien, die. Eine Erzählung. Frei nach dem Engl. bearb. 6. Aufl. 8. (95 S. mit Illustr. in Holzschn. von Otto Speckter.) Hamburg 865, J. G. Oncken. cart.

Waldlilien, die. Frei nach dem Engl. bearb. 16. (112 S.) Cleveland 871. (Philadelphia, Schäfer & Koradi.) geb. n. 1. 50

— die. Eine Erzählg. frei nach dem Engl. bearb. 32. (95 S. m. 1 Holzschntaf.) Hamburg 871. J. G. Oncken. n. — 30

Waldlilien, die. Mit Illustr. v. Otto Speckter. 8. Aufl. 8. (94 S.) Hamburg 890. Oncken Nachf. cart. n. — 40; feine Ausg. geb. m. Goldschn. n. 1. 50

Waldlilien, die. Mit Illustr. v. Otto Speckter. 9. Aufl. gr. 16. (90 S.) Hamburg 893. J. G. Oncken Nachf. Kart. n. — 40

Die **Waldlilien**. M. Ill. v. Otto Speckter. 10. Aufl. Hamburg: J. G. Oncken Nachf. [1898?]. (90 S.) 8°

Waldmädchen, Das, ein Naturgemählde. Wien 1799. Neue Aufl. Wien 1802. V: *Schwaldopler, Johann.* (Kn) (MGT) (GGr) (Ky) (WBL)

Waldmädchen, das, e. Naturgemälde, m. K. 8. Wien, Anton Doll. (Liebeskind in Lpz.) 802.

Waldmann [Sachl. OW]

Waldmann, der, Trauersp. in 5 Aufz. von C. W. Peschel. 8. Liegnitz, Kuhlmey. 814.

Waldmann, der, ein abentheuerl. Roman. 2 Thle. 8. Leipz. 817. Weygand. 1 ₰ 8 gr

Waldmann, der, ein abentheuerlicher Roman. 2 Thle. 8. Leipzig, Weygand. 819.

Waldmann, Gustav, eine deutsche Gesch. 4 Thle. 8. Leipz. Wendler. 784.

Waldmann, Gustav, eine deutsche Geschichte, 4 Theile mit Kupf. 8. Altona, 784/86. Kaven. 1 Rthl. 20 ßgl.

Waldmann, Gustav. Eine deutsche Geschichte von A. F. G — — — — r. Leipzig 1784—1786. V: *Geisler d. J., Adam Friedrich.* (BGE I³, 328)

Waldmann, Hans. O. O. [188?]. V: *Curti, Theod.* (Zuwachsverz. d. Bibliotheken in Zürich 1898 ff.)

Waldmann, Hans, Ritter und Bürgermeister in Zürich. Ein vaterländisches Schauspiel in 5 Aufz. von einem Theaterfreunde. 1838. V: *Füssli.* (Gustav Fock-Leipzig, Antiqu.-Kat. Nr. 351, S. 24 sub 722.)

Waldmann [Verfasser]

Waldmann, Dr., s. Constitution, d. französ.

Waldmann: [Rede?] In der Maurerversamml. zu Quedlinburg, den 14. Aug. 1813. 8°
Kl. 1177 c.

Waldmann, Ad., (Chr. Aug. Wichmann), s. 1) Daubenton, Schäferkatechismus. 2) Pilkington, Lebensbeschreibung.

Waldmann, Alfred, a. Hannover: Die begriffliche Entwicklung des lateinischen „Super" 〈„Supra"〉 und „Sursum" im Französischen. Mit Berücksichtigung der übrigen romanischen Sprachen. Borna-Leipzig 1906: R. Noske. (XXV, 106 S.) 8°
Leipzig, Phil. Fak., Ref. Birch-Hirschfeld u. Wülker, Diss. v. 20. Okt. 1906
[Geb. 29. Juli 80 Münden; Wohnort: Hannover; Staatsangeh.: Preußen; Vorbildung: Realgymn. Hannover Reife O. 00; Studium: Göttingen 3, München 2, Göttingen 1, Leipzig 7 S.; Rig. 8. Aug. 06.]

WALDMANN, Anton (Zwiesel): Ueber primäres Carcinom des Lungenparenchyms.- München: Wolf 1902. 39 S.
22.7.1902 - Chr 1902/03,23; Jv 1902/03,318
Diss.Ingolst.-Landsh.-Mchn.

Waldmann, Anton: Elektrolytische Reduktionsversuche von Kaliumferricyanid mittelst Wechselstrom. 1910. 72 S. 8°
München, Dr.-Ing.-Diss. v. 19. 7. 1910

Waldmann, August, a. München: Gleichgewichte bei den desmotrop-isomeren Mesityloxydoxalsäureestern. Jena 1910: Vopelius. 49 S. 8°
Jena, Phil. Diss. v. 17. April 1910, Ref. Knorr
[Geb. 8. Juli 83 Deggendorf; Wohnort: Deggendorf; Staatsangeh.: Bayern; Vorbildung: Gymn. Weimar Reife Fe 02; Studium: München 6, Jena 3 S.; Rig. 28. Febr. 10.] [U 10. 2385

Waldmann, C., Fahrten u. Abenteuer im deutschen Elchlande. Mit 32 Photograv. nach Orig.-Zeichngn. v. Alb. Richter. gr. 8. (VII, 214 S.) Leipzig 891. O. Spamer. n. 4. —; geb. in Leinw. n. 5. —

Waldmann, C., Fahrten u. Abenteuer im deutschen Elchlande. 2. [Titel-]Aufl. M. 32 Photograv. nach Orig.-Zeichngn. v. Alb. Richter. gr. 8. (VII, 214 S.) Leipzig (891) 898. O. Spamer. n. 4. —; geb. in Leinw. n. 5. —

Waldmann, C., Fahrten u. Abenteuer im deutschen Elchlande. 3. [Titel-]Aufl. Mit 32 Abbildgn. nach Orig.-Zeichngn. von Alb. Richter. (VII, 214 S.) 8. Leipzig [891] (906). O. Spamer. n. 2. 50; geb. in Leinw. n. 3. 50

Waldmann, C., für die Feierstunde. Fünf Märchen, der Jugend erzählt. 8. Leipzig 884. Berlin, H. J. Meidinger. geb. 2 50

Waldmann, C., f. die Feierstunde. Fünf Märchen, der Jugend erzählt. Mit 4 Farbendr.-Bildern. 8. (148 S.) Berlin 884. Zieger Nachf. geb. 2. 50

—— am Kaminfeuer. Vier Märchen, der Jugend erzählt. 8. (135 S. mit 4 Farbendr.-Bildern.) Ebendas. 884. geb.

— auf gefahrvollen Pfaden. Drei Erzählgn. aus dem Gebirgs- u. Waldleben f. die reifere Jugend. Mit 3 Vollbildern u. 10 Text-Illustr. in Holzschn. nach Originalen v. Fritz Bergen. gr. 8. (409 S.) Leipzig 886. Gebhardt. geb. 7. 50

Waldmann, Carl, s. Waldmann, Karl.

Waldmann, Curt, s. Waldmann, Kurt

Waldmann, Daniel, a. Fürth: Entstehung der Nürnberger Reformation von 1479 (84) und die Quellen ihrer prozeßrechtlichen Vorschriften. Nürnberg 1908: G. P. J. Bieling-Dietz. (IV, 98 S.) 8°
Erlangen, Jur. Fak., Ref. Rieker, Diss. v. 10. März 1908
[Geb. 21. Juni 84 Fürth (Bayern); Wohnort: Fürth; Staatsangeh.: Bayern; Vorbildung: Gymn. Fürth Reife 03; Studium: Erlangen 6, München 2 S.; Rig. 16. Juli 07.]

Waldmann, Diedr., das Steuersystem in Preußen für den Umfang seiner Staatsbedürfnisse ein verfehltes. gr. 8. (V und 86 S.) Berlin 861, Springer's Verlag. *

Provisorischer Führer durch die Gemälde-Sammlung der Universität Göttingen. (Verf.: Emil **Waldmann.**) Göttingen 1905: F. Haensch. (107 S.) 8° [05. 16013 7

Waldmann, E., s. Führer, provisorischer, durch die Gemälde-Sammlung der Universität Göttingen.

Die Nürnberger Kleinmeister. Von Emil **Waldmann.** Mit 223 Abb. auf 55 Taf. & 12 Textill. Leipzig: Klinkhardt & Biermann (1910). VIII, 116 S. 4°(8°)
(Meister d. Graphik. Bd 5.) [11. 5130

Waldmann, E[mil]: Lanzen, Stangen und Fahnen als Hilfsmittel der Komposition in den graphischen Frühwerken des Albrecht Dürer. Straßburg 1906: J. H. E. Heitz. (VI, 70 S.) 8° ¶ (Erschien mit 15 Tafeln als: Studien zur Deutschen Kunstgeschichte H. 68.)
Göttingen, Phil. Fak., Ref. Vischer, Diss. v. 30. Mai 1906
[Geb. 15. Dez. 80 Bremen; Wohnort: Bremen; Staatsangeh.: Bremen; Vorbildung: Gymn. Bremen Reife O. 01; Studium: Heidelberg 3, Berlin 1, Heidelberg 1, Göttingen 5 S.; Rig. 31. Jan. 06.]

Lanzen, Stangen und Fahnen als Hilfsmittel der Komposition in den graphischen Frühwerken des Albrecht Dürer von E. **Waldmann.** Mit 15 Lichtdrucktaf. Strassburg: J. H. E. Heitz 1906. (VIII, 70 S.) 8°
= **Studien** z. Deutschen Kunstgeschichte. H. 68. [06. 9100

Die Gotischen Skulpturen am Rathaus zu Bremen und ihr Zusammenhang mit Kölnischer Kunst von E. **Waldmann.** Mit 29 Taf. Straßburg: J. H. E. Heitz 1908 (50 S.) 8°
= **Studien** z. deutschen Kunstgeschichte. H. 96. [08. 10031

Waldmann, F., Der Bernstein im Altertum. Pr. 1882. 87 S. 4°.

Waldmann, F., der Bernstein im Altertum. Eine historisch-philolog. Skizze. 4. (87 S.) Fellin 883. (Berlin, Friedländer & Sohn.) n. 2. —

Waldmann, F., russische Dichter u. Schriftsteller in Livland. [Aus: „Balt. Monatsschr."] gr. 8. (85 S.) Riga 893. L. Hoerschelmann. n. 1. 50

Waldmann, F., russische Dichter u. Schriftsteller in Livland. gr. 8. (85 S.) Riga 893. [Hoerschelmann.] Jonck & Poliewsky. n. 1. 50

Waldmann, Fr., die Störungen der Menstruation und die Bleichsucht, deren Ursachen, Erscheinungen und naturgemäße Behandlungsweise. Für gebildete Frauen und Erzieherinnen. gr. 8. (VII und 50 S. mit 1 Stnt.) Arbon 861. (Frauenfeld, Huber's Buchh.)

Waldmann Franz: Zur Betonung im Mittelenglischen.
II. 1909 PN 2767 **Diss.** Wien, Univ.

Waldmann, Fr[anz, und] Grot, Jacob. Briefwechsel zwischen [Nikolaj Michajlowitsch] Karamsin und [Johann Caspar] Lavater, mitgetheilt von Dr. Fr. Waldmann, zum Drucke vorbereitet von Jakob Grot. 8. St. Petersburg 1893.

— Lenz in Briefen. gr. 8. (VII, 114 S.) Zürich 894. Verlag v. Stern's literar. Bulletin der Schweiz. n. 7. —

Waldmann, F., Pestalozzi u. Muralt. Yverdon u. St. Petersburg. E. Beitrag z. 150. Geburtstage Pestalozzi's d. 12. Jan. 1896 (m. bisher noch ungedruckten Briefen Pestalozzi's). [Aus: „St. Petersburger Zeitg."] 8. (58 S.) Schaffhausen 896. (C. Schoch.) n. — 80

Waldmann, F[ranz]. Die Schweizer in der Karlsschule 1771–1794. SA. 8. [Bern] 1891.

Waldmann, F., Hans Waldmann, Bürgermeister v. Zürich. Ein Gedenkblatt zur Feier d. Schlachttages v. Murten. gr. 8. (IV, 78 S. m. 2 Holzschn.) Zürich 889. Schultheß. n. 1. 80

WALDMANN, Franz Anton (Waltenhofen; Durach): Sensus visus praestantior sensu auditus.- Monachii: Giesser 1834. 16 S.
1.3.1834 - Urk; F 62
Diss. Ingolst.-Landsh.-Mchn.

Waldmann, Friedrich Daniel (Aschersleben)
A. S. 797/25

Dissertatio iuridica de dominio rei legatae ipso iure transeunte. Präs. Johann Friedemann Schneider. Halle (Gruner) IV. 1720. 72 S.

W. v.: Präs., Christian Friedrich Hunold, Gottfried Günther Herold, Johann Timotheus Herold.

35706

Waldmann, Hans, s.: Dändliker, K. — Waldmann, F. — Wunderli, G. H.

Waldmann, Hans, s.: Löwen in Uniform.

Waldmann, H., Michael Servet, Trauerspiel in 5 Acten. 8. (185 S.) Bremen 885. Haake. n. 1. —

Waldmann, Heinrich

Waldmann H. Andeutungen über die Verantwortlichkeit der Schule für das sittliche Gedeihen ihrer Zöglinge. 32 S.
Heiligenstadt, Progr. 1845

Waldmann: Eichsfeldische Gebräuche und Sagen. 26 S. Heiligenstadt, Progr. 1864

Waldmann, Heinr., wider die neue Lehre, daß der Papst unfehlbar sei. Eine Streitschrift. gr. 8. (IV, 81 S.) Heiligenstadt 871. Delion. n. — 50

Waldmann. Die Ortsnamen von Heiligenstadt. 35 S.
Heiligenstadt, Progr. 1856

Waldmann, H., über den thüringischen Gott Stuffo. Eine Untersuchung der ältern Geschichte des Hülfensberges, eines berühmten Wallfahrtsortes im Eichsfelde. 8. (VII und 237 S. mit 6 Stnt.) Heiligenstadt 857, Delion. *

Waldmann. Kirchengeschichtliche Untersuchungen I. Der Hülfersberg und Geismar 51 S.
Heiligenstadt, Progr. 1852

— Zurückweisung grundloser Beschuldigungen. Antwort auf das am Charsamstage gegen mich erlassene Hirtenschreiben d. Bischofs v. Paderborn Konrad Martin. gr. 8. (20 S.) Ebend. 871. — 30

Waldmann, J., Zur Kasuistik der malignen Tumoren. S.-A. a. Z. f. Th. Jena 99. Fischer.

Waldmann, J., ein- u. zweistimmige Kinderlieder für Schule u. Haus. qu. gr. 8. (III, 26 S.) Freiburg i/Br. 881. Herder. 1. 50

Waldmann, J., Kinderlieder. Einzelstimme. 2 Hefte. 12. Freiburg i. Br. 882, Herder'sche Verlagsh. +
Inhalt:
Heft 1. Einstimmige Lieder. (16 S.) * 20 Pf.
" 2. Zweistimmige Lieder. (31 S.) * 30 Pf.

Waldmann, J., eine Römerfahrt zum Centenarium am 29. Juni 1867. Zum Besten des heil. Vaters geschrieben. gr. 8. (103 S.) Freiburg im Br. 867, Herder'sche Verlagsh.

Waldmann, J. F., das schwere Zahnen und die dasselbe häufig begleitenden krankhaften Zufälle der Kinder, sowie deren zuverlässige Vorbeugung und Heilung. Für gebildete Mütter und Hebammen. gr. 8. (IV und 32 S.) Schaffhausen 856, Brodtmann'sche Buchh.

Waldmann, Jh., Gesanglehre für Volksschulen. Nebst einer Beilage von 50 ein-, zwei- u. dreistimmigen Liedern. (Die einstimm. mit Clavierbegl., die zweistimm. auch dreistimmig mit Baß, — von Nr. 19 an — vierstimmig mit Baß u. Tenor.) gr. 8. Karlsruhe u. Freiburg 841, 42, Herder. 1 1/6 ₰

Waldmann, Joh., Harmonik, oder vollständige heuristische Darstellung der Harmonielehre u. des Generalbasses. Durch 504 Notenbeispiele erläutert u. sowohl f. zu ertheilenden Unterricht als auch f. selbsteigene Ausbildung eingerichtet. gr. 8. (12 B., 5 Tab. u. 6 3/4 B. Musikbeil.) Freiburg 845, Herder'sche Vrlgh.

Waldmann, Jos., Melodien zum katholischen Gesang- und Gebetbuche für die Erzdiöcese Freiburg, s. Melodien.

WALDMANN, Carl (Worbis): Antipyrin als Anodynum speciell in einer neuen Applicationsmethode.- München: Ernst 1890. 31 S.
21.2.1890 - Chr 1889/90,28; Jv 1889/90,231
Diss. Ingolst.-Landsh.-Mchn.

Waldmann, Karl: Beiträge zum Kommutierungsproblem. Mit 13 Figurenbl. Berlin: G. Schade 1907. 54 S., 13 Taf. 8⁰
München, Dr.-Ing.-Diss. v. 6. 8. 1906

Waldmann, Karl, der Strampel-Peter. Ein Bilderbuch f. art. u. unart. Kinder. Illustriert von Henry Albrecht. gr. 4. (30 S. m. farb. Abbildgn.) Ravensburg (902). O. Maier. Geb. n. 2. 50

Waldmann, Curt, Referendar a. Brieg: Die Haftung von ausgeschiedenen Gesellschaftern einer offenen Handelsgesellschaft oder einer klein-gewerblichen Vereinigung. Breslau 1905: Breslauer Genoss.-Buchdr. (65 S.) 8⁰
Breslau, Jur. Fak., Ref. Dahn, Diss. v. 11. Sept. 1905
[Geb. 1. April 83 Glatz; Wohnort: Grottkau; Staatsangeh.: Preußen; Vorbildung: Gymn. Brieg Reife O. 02; Studium: Breslau, München, Berlin; Rig. 27. Juni 05.]

Waldmann's, Ludolf, Lieder. gr. 16. (VIII, 60 S.) Breslau 885. Waldmann. geb. 1. —

Waldmann's L., gewonnene Prozesse gegen die Fabrikanten der „mechanischen Musik-Instrumente". Lösung e. hochwicht. socialen Frage. gr. 8. (32 S.) Berlin 889. Waldmann. n. — 50

NAMDLAW, Flodul (d. i. *Ludolf Waldmann*), Kleine (freie) Scherze. Frühstückslectüre für Jung- und Alt-Gesellen. Brüssel, o. J. (c. 1870). 12⁰. (2 Mk. Scheible, 1872.)

Waldmann, Ludwig Adolf

Waldmann, Ludovicus Adolphus: De ephidrosi. Halae (1819): Baentsch. 46 S. 8⁰
Halle-Wittenberg, Med. Diss., nachgeliefert von dem am 5. Nov. 1819 auf Thesen promovierten Verf.
Geb. Aschersleben 1794 [vielmehr: 5. 11. 1793]. V

Waldmann, Michael, Bemerkungen zur Syntax Monstrelets. Diss. Erlangen 1887. Th. Blaesing. 8⁰. 134 S.

WALDMANN, Michael: Die Feindesliebe in der antiken Welt und im Christenthum. Eine hist.-ethische Untersuchung.- Wien: Mayer & Co 1902. VIII,183 S. = Theologische Studien der Leo-Gesellschaft.1.
8.11.1902 - Chr 1902/03,20; Jv 1902/03,297
Diss. Ingolst.-Landsh.-Mchn.

[F.] **Waldmann,** Michael [Dr.]: Die wichtigsten französischen Synonyma z. Gebr. f. Schüler höh. Lehranstalten zusammengest. Regensburg, Druck v. M. Wasner, 1891; IV, 168 S. 8⁰
Regensburg, k. neues G, P 1891 •

Waldmann, Mich., die wichtigsten französischen Synonyma zum Gebrauche f. Schüler höherer Lehranstalten. gr. 8. (IV, 154 S.) Bamberg 892. C. C. Buchner Verl. Kart. n. 2. —

Waldmann's, Peter, erfahrner Traumausleger. Ein prophet. Orakelspiel d. verhüllten Zukunft. 8. Nordh. 837. Müller. 1/8 ₰

Waldmann's, des alten berühmten Schäfers Peter, Traum-Buch, welcher Fürsten und andern hochgestellten Personen die Träume auslegte und die künft. Ereignisse des Lebens daraus zu schließen wußte. 16. (48 S.) Mügeln 865. (Leipzig, Senf.)

Waldmann's, des alten berühmten Schäfers Peter, Traumbuch, welcher Fürsten und andern hochgestellten Personen die Träume auslegte und die künftigen Ereignisse des Lebens daraus zu schließen wußte. Nebst seinem erforschten und verheimlichten Glücksnummern, die auf jeden gehabten Traum fallen. gr. 16. (48 S.) Mügeln 877. (Leipzig, G. Senf.)

Waldmann, Ph., biograph. Nachrr. von den Rechtslehrern auf d. hohen Schule zu Mainz im 18. Jahrh. 8. Mainz 784. (Schäfer in Frankf.) 4 gl

Waldmann, R., s. Töpke u. Oppermann. Rechenbuch; Auflösungen.

Eine Schreckensnacht auf der Pacific-Bahn. Erzählung von Robert Waldmann. *Berlin: A. Weichert [1901].* (32 S.) 8° [J.]
= Indianer- u. Volksbibliothek. 304.

Waldmann, Wilhelm

Waldmann, W., Arthritis deformans u. chronischer Gelenkrheumatismus, s.: Sammlung klinischer Vorträge.

Waldmann, Wilh., die Behandlung der Tabes-Krankheiten als Anhalt für Aerzte und Kranke. gr. 8. (III, 142 S.) Halle 872, Pfeffer. *

Waldmann, Wilh., s.: Franz, Rob., Gespräche aus 10 Jahren.

Waldmann, Wilh., Friedrich Nietzsche. E. Blick in s. Werke v. Standpunkte e. Laien. gr. 8. (32 S) Leipzig 898. F. Fleischer, Verl. n. — 80

Waldmann, Ein [illegible] ... [illegible]
Berlin, Med. Diss. v. 2. Okt. [illegible]

— was sind u. wie wirken Sauerstoff- u. Ozonsauerstoff[?]-Inhalationen? Zur Klärg. dieser Frage veröffentlicht. gr. 8. (27 S.) Berlin 872. Hirschwald. n. — 80

Waldmann v. der Au, s.a. Laetitia.

[J.] Laetitia. Sammlg v. vierstimm. gemischten Chören f. deutsche Caecilienvereine, höh. Lehranst. etc. Hrsg. v. **Waldmann** v. d. Au. 5. Aufl. *Düsseldorf: L. Schwann [1897].* (164 S.) 1 Bd 8. 98. 10530

Waldmann v. der Au (Sylvester Bürgenmaier), Laetitia. Sammlg. v. 4stimm. Chören f. deutsche Cäcilienvereine, höh. Lehranst. etc. 2. Bdchn. 4., verb. Aufl. 8. (IV, 188 S.) Strassburg 899. Strassburger Druckerei u. Vorlagsanstalt. n. 1. 20; kart. n. 1. 50

Waldmann v. der Au (Sylvester Bürgenmaier), Laetitia. Sammlung von 4stimm. Chören für deutsche Cäcilienvereine, höh. Lehranstalten etc. 2. u. 4. Bdchn. 8. Strassburg, Strassburger Druckerei u. Verlagsanstalt. n. 2. 20; kart. n. 2. 60
2. 5. verb. Aufl. (IV, 188 S.) 905. n. 1. 20; kart n. 1. 50
4. 50 Männerchöre. 2. verb. u. verm. Aufl. (IV, 132 S.) 904. n. 1. —; kart. n.n. 1. 10

— Liedergarten. 100 alte u. neue Gesänge im Volkston f. 4stimm. gemischten Chor. 8. (VIII, 234 S.) Ebd. 897. n. 1. 25; kart. n. 1. 50

— Liedergarten. 100 alte u. neue Gesänge im Volkston f. 4stimm. gemischten Chor. 2. verb. Aufl. (VIII, 234 S.) 8. Ebd. 904. n. 1. 25; kart. n.n. 1. 50

Waldmann v. der Au, Liedergarten. 100 alte u. neue Gesänge im Volkston, f. 4stimm. gemischten Chor hrsg. 3. verb. Aufl. (VIII, 234 S.) 8. Strassburg (910). Strassburger Druckerei u. Verl.-Anstalt. 1. 25

Waldmärchen aus dem Isergebirge. Drama f. Kinderkreise v. der Verfasserin der Maientage. gr. 8. (35 S.) Neuhaldensleben 889. Besser's Nachf. cart. n. — 80

WALDMAYER, MARTIN: Herzenstöne zur Anbetung des Allerheiligsten Altarsakramentes und zur Verehrung der Heiligen Gottes. Güns 1845: Gedr. bei Carl Reichard u. Söhne. 47 S. - 170 mm

Waldmeier, Theoph., Erlebnisse in Abessinien in den J. 1858—1868. Bevorwortet von L. Krapf. 8. (VIII, 139 S. mit 12 lithogr. Bildern in Tondr.) Basel 869, Spittler. *

—— dass. — 2. Aufl. Bevorwortet von L. Krapf. 8. (VI, 151 S. mit 13 lithogr. Bildern und 1 lithogr. Karte von Abessinien.) Ebendas. 869. *

Waldmeier, Theoph.: Wörter-Sammlung aus der Agau-Sprache. St. Chrischona 1868.

Waldmeier, Theoph., Wörter-Sammlung aus der Agau-Sprache. Basel 869. Spittler. gr. 8. (29 S.) n. 8 ngr.

Waldmeister und Waldschaffer. Erwägungen zu den in den Nummern 540, 542 und 555 der »Österreichischen Forstzeitung« enthaltenen Bemerkungen über den § 22 des österreichischen Forstgesetzes. Wien 1895. V: *Haas, J.* (Mitth. von H. Kirsch-Wien)

Waldmeister u. Waldschaffer. Erwägungen zu d. in den Nummern 540, 542 u. 555 d. „Oesterreich. Forstztg." enth. Bemerkgn. üb. d. § 22 d. österreich. Forstgesetzes. 12. (68 S.) Wien 895. H. Kirsch. n. 1. 20

Waldmeister, e. Radikalkur. Dialekt-Lustspiel in 2 Akten. 12. (50 S.) Bern 884. Jenni. n. — 75

Waldmeisterlein. Eine Erzählung . . . Stuttgart 1837. 2. Aufl. 1843. V: *Barth, Chn Glob.* (Ky)

Waldmeisterlein. Eine Erzähl. f. Christenkinder v. Verf. d. „armen Heinrich ꝛc." gr. 12. (5½ B. u. eingedr. Holzschn.) Stuttgart 837, J. F. Steinkopf.

Waldmeisterlein. Eine Erzählung f. Christenkinder v. Verf. des „armen Heinrich ꝛc." 2. Aufl. 12. (5 B.) Stuttgart 843, J. F. Steinkopf.

Waldmeisterlein. Eine Erzählung für Christenkinder vom Verf. des „armen Heinrich" ꝛc. (Von Chrn. Glo. Barth.) 3. Aufl. Stuttgart 858. J. F. Steinkopf. 16. (109 S.) 5 ngr.

Waldmeisterlein. Eine Erzählung für Christenkinder vom Verf. des „armen Heinrich" (C. G. Barth.) 4. Aufl. Stuttgart 870. J. F. Steinkopf. gr. 16. (109 S.) 5 ngr.

Weinhandlung F. **Waldmeyer** & Cie, Nachfolger von Wwe. Siegfried-Merian & Sohn, Basel. Preis-Courant No. 6. II + 24 S. 8. (Basel, Schweizer. Verlags-Druckerei, [1902].)

Waldmeyer, F[ranz] J[oseph]. Soolbad und Gasthof zur Sonne in Mumpf am Rhein, Bötzbergbahn-Station zwischen Zürich u. Basel, gehalten von F. J. W'. [Mit 3 Tafeln und 1 Panorama.] 8. Brugg 1893.

Waldmeyer, F[ranz] J[oseph]. Soolbad und Gasthof zur Sonne in Mumpf am Rhein .... [Mit 2 Tafeln.] 8. Brugg 1898.

Waldmeyer, F[ranz] J[oseph]. Soolbad und Gasthof zur Sonne in Mumpf am Rhein .... [Umschlag illustriert.] 8. Rheinfelden 1900.

Waldmichel, Der politische, oder das Plauderstübchen. Karlsruhe 1905. V: *Schofer, Joseph.* (cramerBkde S. 114)

Waldmühle, die. Eine Erzählung für die reifere Jugend. Mit einem Titelbild (in Holzschn.). 8. (146 S.) Regensburg 882. Manz. 1. —

Waldmühle, die. Schlesische Vierteljahrsblätter des litterar. Vereins „Waldmühle" zu Warmbrunn. Hrsg.: Walt. Loewig u. Johs. Eichhorn. Verantwortlich: Johs. Eichhorn. 3. Jahrg. 1902. 4 Nrn. gr. 8. (à ca. 20 S.) Warmbrunn (M. Leipelt). n. 2. —

Waldmüller, Ferd. Georg, ein Lebensbild, s. Berggruen, O.

Waldmüller, F. G., Andeutungen zur Belebung der vaterländischen bildenden Kunst. gr. 8. (115 S.) Wien 857, (Gerold's Sohn.) *

Waldmüller, Fd. Geo., das Bedürfniß eines zweckmäßigeren Unterrichts in der Malerei u. plastischen Kunst. Angedeutet nach eigenen Erfahrungen. 8. Wien 846. (Gerold.) n. 1/4 ℛ

Waldmüller, Ferd. Geo., das Bedürfniß eines zweckmäßigeren Unterrichts in der Malerei u. plastischen Kunst. Angedeutet nach eigenen Erfahrungen. (XX u. 44 S.) Wien 847, Gerold in Comm. n. 8 ngr

Waldmüller, Ferd. Geo., Vorschläge zur Reform der österreich.-kaiserl. Akademie der bildenden Künste. 8. (23 S.) Wien 849, (Gerold, Verlag.) *

Waldmüller, Hans: Verletzung von Schuldnerpflicht und Unerlaubte Handlung. Tübingen 1907: H. Laupp jr. (72 S.) 8° [J.]

Tübingen, Jur. Fak., Ref. v. Rümelin, Diss. v. 30. Jan. 1907

[Geb. 27. Sept. 82 Aalen; Wohnort: Tübingen; Staatsangeh.: Württemberg; Vorbildung: Gymn. Tübingen Reife M. 00; Studium: Tübingen 4, Berlin 1, Tübingen 3 S.]

[J.] Das Dogma von der sogenannten Unfehlbarkeit des römischen Bischofs oder Papstes im Lichte der hl. Schrift u. der Kirchenväter, nebst e. Anh. üb. verschied. Auswüchse d. röm. Kirche. Weck- u. Mahnruf e. Laien (K. Waldmüller) an alle christl. Brüder ... *Barmen: D. B. Wiemann 1896.* (55 S.) 1 Bd 8. 56. 6385

Waldmüller, K., s.a. Dogma, das, v. d. sogen. Unfehlbarkeit d. röm. Bischofs ꝛc.

Waldmüller, Martin, a. Aalen: Über den Oxalbernsteinsäureäthyl- und -methylester. Würzburg 1907: C. J. Becker. (71 S.) 8°

Tübingen, Naturw. Fak., Ref. Wislicenus, Diss. v. 17. Jan. 1907

[Geb. 28. Okt. 83 Aalen; Wohnort: Tübingen; Staatsangeh.: Württemberg; Vorbildung: Gymn. Tübingen Reife Sommer 01; Studium: Tübingen 10 S.; Coll. 17. Jan. 07.]

Waldmueller, Robert [Pseud.]

s.a. Duboc, Charles Edouard [Wirkl. Name]

Waldmüller, Rob. [Ed. Duboc], Don Adone. Dem berühmten Fabulanten v. der „Spiaggia della Marinella" in Neapel, Gian Francesco Sabattini nacherzählt. 2 Bde. 8. (XV, 274 u. 253 S.) Leipzig 883. Grunow. n. 9. —

†Waldmüller, Rob. [Ed. Duboc], Don Adone. 2 Bde. 8. Leipzig 883. Gera, Griesbach's Verlag. * 9 —

Waldmüller, Rob. (Charles Ed. Duboc), Don Adone. Dem berühmten Fabulanten von der „Spiaggia della Marinella" in Neapel Gian Francesco Sabattini nacherzählt. 2. Aufl. 8. (XIII, 440 S.) Leipzig 901. F. W. Grunow. Geb. in Leinw. n. 6. —

Waldmüller, Rob. (Ed. Duboc), das Amulet. Roman. 8. (237 S.) Stuttgart 897. Deutsche Verlags-Anstalt. n. 3. —; geb. n.n. 4. —

— das Amulet. Roman. (Neue [Titel-]Ausg.) 8. (237 S.) Stuttgart [896.] (901). Deutsche Verlags-Anstalt. n. 1. —; kart. n. 1. 25

Waldmüller, Rob., (Ed. Duboc), baronisirt — Passiflora. Zwei Novellen. Leipzig 868. Brockhaus. 8. (III, 345 S.) 1 ℛ 15 ngr.

—— Brunhild, s. Universal-Bibliothek.

— Daria. Roman. 2 Bde. 8. (307 u. 306 S.) geb. n. 8. —; in Leinw. n.n. 10. 50; in Halbfrz. Leipzig: Grunow 1884. Jetzt: Gera: Griesbach.

Waldmüller, Rob. [Ed. Duboc], Dorf-Idyllen. 16. (VII und 156 S.) Stuttgart 860, Cotta'sche Buchh. geb.

—— die tausendjährige Eiche im Elsaß. Chronistische Erzählung. [Separat-Abdr. aus der 1860 erschienenen Novellen-Sammlung.] 16. (47 S.) Berlin 870, Springer's Verlag.

—— Merlin's Feiertage. 16. (V und 150 S.) Hamburg 853, [O. Meißner.] *

Waldmüller, R. (Ed. Duboc), Felicitas. Novelle. 8. (231 S.) Stuttgart 893. Deutsche Verlags-Anstalt. n. 3. —

— Felicitas. Novelle. (Neue wohlf. [Titel-]Ausg.) 8. (231 S.) Ebd. (893) 898. n. 1. —; geb. n. 1. 25

—— Freundesklage, s. Tennyson.

—— Gedichte. 16. (VIII und 256 S.) Hamburg 857, O. Meißner. 1 Thlr.; geb. mit Goldschn.

†Waldmüller, Rob. [Ed. Duboc], das Geheimniß. Doppel-Novelle. 8. (268 S.) Rostock 887, Verlag der Albumstiftung (C. Hinstorff's Verlag).

—— die kleine Gypsgießerin. Novelle. 8. (III, 227 S.) Leipzig 869, Kollmann. *

Waldmüller, Rob. [Ed. Duboc], Gehrt Hansen. Roman aus der Gegenwart. 4 Bde. 8. (1079 S.) Berlin 862, Janke.

—— Irrfahrten. Gedicht in vier Büchern. 16. (201 S.) Berlin 853, Decker'sche geheime Ober-Hofbuchdr.

— Klänge aus der Fremde. 12. (VIII, 200 S.) Leipzig 893. H. Haessel. n. 2. 40; geb. n. 3. —

—— unterm Krummstab. In Zwing und Bann. Roman. 8. (VIII und 402 S.) Leipzig 858, Fr. Fleischer.

—— Lascia passare! 16. (XV und 262 S.) Hamburg 857, O. Meißner. 1 Thlr.; geb. mit Goldschn.

—— Leid und Lust. Neue Novellen. 3 Bde. 8. Stuttgart 874, Cotta'sche Buchh. [1. Bd. (280 S.) *M 4,50.; 2. Bd. (262 S.) *M 4,50.; 3. Bd. (312 S.) *M 5.] *

†Waldmüller, Rob. [Ed. Duboc], auf der Leiter des Glücks. — Blond oder Braun? Zwei Novellen. 8. (286 S.) Leipzig 881, Grunow. Jetzt: Gera: Griesbach.

— Liebesstürme. Aus d. Papieren e. vielgen. Malers. 12. (79 S.) Dresden 897. H. Henkler. 1. 50; geb. in Leinw. m. Goldschn. n. 2. —

— Maddalena. Novelle. 8. (119 S.) Augsburg 883. Reichel. n. 2. —; geb. m. Goldschn. n. 3. —

Waldmüller, Rob. [Ed. Duboc], aus den Memoiren einer Fürstentochter. Mit einem Holzschn.-Portr. gr. 8. (III, 289 S.) Dresden 883. Meinhold & Söhne. 8. – ; geb. n. 4. —

—— Mirandola, die Herrnhuterin. Fra Tedesco. Zwei Novellen. 8. (V und 301 S.) Leipzig 866, Brockhaus.
geb *

Waldmüller, (Rob.), Dichter's Nachtquartiere. 16. (74 S.) Hamburg 853, [O. Meißner.] *

—— Novellen. 8. (III und 389 S.) Berlin 860, Springer's Verlag.

—— um eine Perle. Roman. 2 Bde. 8. (218; 257 S.) [Leipzig 885, Grunow.] Gera, Griesbach's Verlag. geb. in Leinw. **ℳ 9.50.; geb. in Halbfrz.

— Schloß Roncanet. 4 Bde. 8. (308, 291, 311 u. 292 S.) Hannover 874. Rümpler. 19. 50

Waldmüller, (Robert), unterm Schindeldach. 8. (IV u. 54 S.) Hamburg 851, Meißner & Schirges. n. 8 ngr.

Waldmüller-Duboc, Rob., der Secundant. Aus dem Tagebuche eines Genealogisten. 8. (139 S.) Breslau 877, Schottländer. *ℳ 3.; geb. *

— der Secundant. Aus dem Tagebuche eines Genealogisten. 8. (139 S.) Breslau 878. Schottländer. n. 3. —

—— dass. — 2. Aufl. 8. (139 S.) Ebendas. 879. *

— des wohlseligen Eusebius Hutzler, vulgo Heuschreck, einfältige Selbstbekenntnisse. Zur Erholg. v. dem Ernst der eisernen Zeit mitgetheilt. 8. (87 S.) Hamburg 871. Richter. n. 1. —

— die Somosierra. Roman aus dem span. Bühnenleben. 8. (VIII, 296 S.) Stuttgart 881. Levy & Müller. n. 4. 50

— die Stegreif-Komödianten, s.: Wallner's Volks- u. National-Theater.

— die Verlobte. Roman in 4 Bdn. 8. (226, 181, 18. u. 210 S.) Breslau 878. Schottländer. n. 18. —

— das Vermächtniß der Millionärin. Roman. 3 Bde. Leipzig 870. E. J. Günther. 8. (191, 170 u. 171 S.) 2 ß 15 ngr.

— Walpra, s.: Universal-Bibliothek.

— Walpra. Alpen-Idylle. Min.-Ausg. gr. 16. (72 S.) Halle 879. Gesenius. geb. m. Goldschn. n. 2. —

— Wander-Studien. Italien, Griechenland und daheim. 2 Bde. Leipzig 861. Thomas. gr. 8. (XIV, 462 S.) 2 ß 20 ngr.

Waldner, Martin. Ein Lebensbild. Innsbruck 1893. V: *Winkler, Frz.* (EB)

Waldner, Dr. Martin. Ein Lebensbild. Innsbruck 1893. 2. Aufl. 1894. V: *Fischnaler, Conrad.* (margr)

Dr Martin Waldner. E. Lebensbild. n. Aufl. *Innsbruck: Vereinsbuchdr. 1894.* (20 S. einschl. Portr.) 1 Bd 8. [97. 516

Waldner, der Pilger, s. Schauspiele, vaterländ., von Baron Fr. Fouqué.

Waldner, Aegid, das Paradies der Kindheit. Aus dem Tagebuche Reginhards. gr. 16. (XV, 576 S.) Münster 877. Russell. n. 6. —; geb. n. 9. —

Waldner, Ägid. Das Paradies der Kindheit. Aus dem Tagebuche Reginhards. 2. Aufl. Volks-Ausg. [In neuer Rechtschreibg.] 8. (X, 352 S.) Münster i. W. 891, Russell. * 2 50; geb. * 3 75

Waldner, Aug. Die Einheit des Stoffes. Eine Hypothese. Zürich 1878.

Waldner, A., officieller Führer durch die schweizerische Landesausstellung m. Notizen üb. die Schweiz, Zürich u. Umgebung. Mit e. (lith.) Plan der Ausstellg. u. e. (lith.) Karte v. Zürich. 2. Aufl. 8. (94 S.) Zürich 883. (Meyer & Zeller.) geb. n. 1. —

Waldner, Aug. Officieller Führer durch die schweizer. Landesausstellung. 7. A. Zürich 1883. 12

Waldner, A., Tracirungs-Handbuch, s.: Hanhart, H.

Waldner, Eug., Allerlei aus dem alten Colmar. [Aus: „Elsäss. Sonntagsbl."] gr. 8. (61 S.) Colmar 894. Stadtarchivar Dr. Eug. Waldner, Selbstverlag. n. 1. 60

Geschichte der Stadt Colmar von Dr. [Eugen] Waldner. Straßburg: J. H. E. Heitz 1905. (52 S.) 8°
Aus: Das Reichsland Elsaß-Lothringen
— Städte u. Burgen in Elsaß-Lothringen. No 7. [05. 5618

Waldner, Eugen, die Quellen des parasitischen i im Altfranzösischen. Diss. Freiburg i. B. 1887, Fr. Wagner-sche Univ.-Buchh. 8°. 40 S.

Waldner, Eug., s.: Veröffentlichungen aus d. Stadtarchiv zu Colmar.

Waldner, F., über Ernährung und Pflege des Kindes in den ersten zwei Lebensjahren. 8. (X, 96 S.) Innsbruck 880, Wagner'sche Universitäts-Buchh. *

Nachrichten über die Musikpflege am Hofe zu Innsbruck nach archival. Aufzeichnungen. E. Beitr. zur tirol. Kulturgesch. v. Franz Waldner. [Th.] 1. *Langensalza: Beyer 1897—98.* 8.
= Monatshefte f. Musikgeschichte. Beil. 1897. 1898. [98. 3271 IIa

Waldner, F., Quellenstudie zur Geschichte der Typographie in Tirol bis zum Beginne d. XVII. Jahrh. Ein Beitrag zur tirol. Culturgeschichte. [Aus: „Ztschr. d. Ferdinandeums".] gr. 8. (124 S.) Innsbruck 888. (Wagner.) n. 1. 80

Waldner, F. Quellenstudie zur Geschichte der Typographie in Tirol bis zum Beginne d. XVII. Jahrh. Ein Beitrag zur tirol. Culturgeschichte. 2. Heft. gr. 8. (S. 105—174; XXI—XXXIX u. 1 Taf.) Innsbr. 890, (Wagner). * 1 60
Aus: Zeitschr. d. Ferdinandeums, besonders abgedruckt.
[1. Heft.] (Ebd.) 1888. * 1 80.

Heinrich Ysaac, Hofcomponist Kaiser Maximilian I. in Innsbruck. Ein Beitrag z. tirol. Kulturgesch. von Dr. Franz Waldner. *Innsbruck: Wagner 1895.* (68 S.) 8° [F]
Aus: Innsbrucker Nachrichten [-4. 12661

Waldner, Guido, Adelmar v. Perlstein, der Ritter vom goldenen Schlüssel, oder: die zwölf schlafenden Jungfrauen, die Beschützerinnen des bezauberten Jünglings. Ritter- und Geistergeschichte aus dem Mittelalter, als Seitenstück zu „Ritter Edulf v. Quarzfels." 1–8. Lfg. (S. 1—250 mit 8 ill. Stnt.) Löbau 851, Breyer. à Lfg. 2½ Ngr.

Waldner, Guido, Adelmar v. Perlstein, der Ritter vom goldenen Schlüssel, od.: die zwölf schlafenden Jungfrauen, die Beschützerinnen des bezauberten Jünglings. Ritter- u. Geistergeschichte aus dem Mittelalter, als Seitenstück zu „Ritter Edulf v. Quarzfels." 8 Lfgn. (250 S. m. 8 color. Lith.) Löbau 851. 52, Breyer. (à 1/12 ß) 2/3 ß

Waldner, Guido, Urach, der Sohn der Wildniß, oder: Der Brautkuß auf dem Grabe um Mitternacht. Romantische Erzählung aus dem Mittelalter. Dresden (857.) Breyer. 8. (448 S. u. 14 color. Lithogr.) 1 ꝑ. 5 ngr.

WALDNER, Guido. Zampa, die Tochter der Wildniß oder Das Räubermädchen im Böhmerwald. Romantische Erzählung aus dem 15. Jahrhundert. Dresden ca. 1880. 448 S.

Waldner, Heinr., Beiträge zur Excursionsflora von Elsass-Lothringen u. Flore Vogéso-rhénane. gr. 8. (39 S.) Heidelberg 879. C. Winter. n. 1. 20

H. WALDNER, Beiträge zur Flore Vogéso-Rhénane. (Ohne bes. Titelblatt. — Strassburg 1883. Druck von G. Fischbach.) 8°.

Waldner, Heinr., Excursionsflora v. Elsass-Lothringen. Autoris. nach F. Kirschleger's Guide du botaniste bearb. Ausg. Mit e. Karte (Kpfrst. u color. in gr. 4.) gr. 16. (IV, 125 S.) Heidelberg 876. C. Winter. n. 3. —

Waldner, Heinr., Deutschlands Farne mit Berücksicht. der angrenzenden Gebiete Oesterreichs, Frankreichs und der Schweiz. 2.—13. (Schluss-)Heft. Fol. (à Heft 4 Bl. in Lichtdr. mit 4 Bl. deutschem, französ., engl. und latein. Text.) Heidelberg 880—83, (C. Winter's Universitäts-Buchh.) à Heft * ℳ 2,50. **

1. Heft. Ebendas. 1879. * ℳ 2,50.

Waldner, Heinr., Deutschlands Farne m. Berücksicht. der angrenzendon Gobieto Oesterroichs, Frankreichs u. der Schweiz. 10—13. (Schluss-) Hft. Fol. (à 4 Lichtdr.-Taf. m. 4 Bl. deutschem, französ., engl. u. latein. Text.) Stuttgart 883. Metzler's Verl. à n.n. 2 50 (cplt.: n. 35. —; geb. n. 40. —)

HEINRICH WALDNER, Deutschlands Farne mit Berücksichtigung der angrenzenden Gebiete Oesterreichs, Frankreichs und der Schweiz. (Mit Tafeln.) Wasselnheim. 1883. Verlag des botanischen Vereins. 4°.

Waldner, H., freie Luft in Schule und Haus. Worte zur Beachtung für Eltern und Erzieher. gr. 8. (36 S.) Heidelberg 872, C. Winter's Universitäts-Buchh. *

Waldner H, freie Luft in Schule und Haus. Heidelberg 1876

HEINRICH WALDNER, Ueber europaeische Rosentypen. Mit 1 Tafel. (Wasselnheim.) 1885. Verlag des botanischen Vereins v. Elsass-Lothringen. Druck von A. K. Boeninger, Worms. 4°.

Waldner, Heinr., über europäische Rosentypen. Hrsg. vom botan. Verein von Elsass-Lothringen. gr. 4. (56 S. mit 1 Lichtdr.-Taf.) Worms 885. (Zabern, Mallinckrodt.) *

Waldner, J. C., der Speisekenner, oder prakt. Unterricht, wie d. Speisen schmackhaft u. heilsam zu bereiten u. nach ihrer schwerern u. leichtern Verdaulichkeit zu genießen seien. 8. Leipz. 808.

Waldner, Josef

— Buch d. Lebens durch Verehrung d. Herzens Jesu. 8. Ulm 780. Wohler. 4 gr

Waldner, Jos., Buch d. Lebens, worin die unendl. Liebe Jesu d. Erlösers d. Menschen vorgestellt ꝛc. 8. Cölln, Haas. (Fabritius.) 799.

Waldner, Jos., Buch d. Lebens, worin d. unendliche Liebe Jesu d. Erlösers d. Menschen vorgestellt ꝛc. gr. 8. Cöln ... 9e Aufl. 799. (J. G. Schmitz). 8 gr

— — dasselbe. 12. Strasb. Levrault.

— das Buch des Lebens, oder: Unterricht u. Andachtsübungen zur Verehrung des allerheil. Herzens Jesu. Neu bearb. u. verm. Ausg. Mit 1 Stahlst. 12. Augsburg 844, Kollmann'sche Buchh. 1/3 ꝑ

Waldner, J., S. J., das Buch des Lebens od. Verehrg. d. göttl. Herzens Jesu. Nach d. 7. Aufl. d. Textausg. v. J. 1788 bearb. u. hrsg. v. Joh. Jak. Hausen. gr. 16. (224 S. m. 1 Stahlst.) Paderborn 898. Bonifacius-Druckerei. — 45; geb. n. — 60

Waldner, Joseph. Christ nach dem Herzen Jesu. Augsb. 1768. H: *Stribel, Anton.* (ML) (Ky)

— der Christ nach d. Herzen Jesu (herausg. von A. Stribel.) 8. Augsb. 787. Rieger. 12 gr

Waldner, Jos., auserles. Gebetbuch zum allgem. Gebrauch. 8. Augsb. 776. Rieger. 12 gr

Waldner, Joseph. Gedichte, hg. von einem Freunde. Fulda 1831. H: *Wolf, J. Kilian.* Vgl. Justi, Grundlage 1831, S. 815. (DARP)

— Straßburg. Gesangbuch f. Katholiken. 8. Straßb. 816.

WALDNER, JOSEPH, S. J. Hand- und Bett-Buch Der Jungfrauen, Die sowohl in der Welt, als in denen Clösteren und Stifften nach der wahren Andacht und Christlichen Vollkommenheit trachten. Mit anmuthigen ... Gebettern, Betrachtungen, Unterweisungen und gegründeten Lehrstücken versehen. 3. verbesserte Aufl. Konstanz, J. J. Neyer, 1735. Kl. 8°. 7 Bl., 515 S., 6 Bl. *Mit Frontispiz von J. Amman und 5 Kupfern.* Ld. d. Z.

De B.-S. VIII

— Hand- u. Betbuch für Jungfrauen. Mit Kpf. 8. Augsb. ... N. A. Ebd. 808. Rieger. 16 gr Neue, mit Liedern verm. Umarbeitung unter d. T.: A. Passy, Lese- u. Gebetbuch für christ. kathol., weltl. u. geistl. Jungfrauen. 8. Augsb. 831. (Landsh., Krüll). 20 gr

Waldner, S. J., s.: Jesus u. die christliche Jungfrau.

Waldner, Jos., Jesus, die Krone der Jungfrauen. Vollständ. Lehr- und Gebetbuch für Jungfrauen, die in der Welt oder im Kloster leben. Nach der 12. Aufl. der Ausg. vom J. 1755 neuerdings hrsg. von einem Kuratpriester. 16. (528 S. mit 1 Stahlst.) Paderborn 888, Bonifacius-Druckerei. *

Waldner, Jos. Jesus, die Krone der Jungfrauen. Vollständiges Lehr- u. Gebetbuch f. Jungfrauen, die in der Welt od. im Kloster leben. Nach der 12. Aufl. der Ausg. v. 1755 neuerdings hrsg. v. e. Kuratpriester. 2. Aufl. 12. (544 S. m. farb. Titel u. 1 Stahlst.) Paderb. 890, Bonifacius-Druckerei. * 1 —

— Jesus, d. Krone d. Jungfrauen. Vollständ. Lehr- u. Gebetbuch f. Jungfrauen, die in d. Welt od. im Kloster leben. Nach d. 12. Aufl. d. Ausgabe v. J. 1775 neuerdings hrsg. v. e. Kuratpriester. 7. Aufl. 16. (552 S. m. farb. Titel u. 1 Stahlst.) Ebd. 897. n. 1. —

Waldner, Jos., S. J., Jesus, die Krone der Jungfrauen. Vollständiges Lehr- u. Gebetbuch f. Jungfrauen, die in der Welt oder im Kloster leben. Nach der 12. Aufl. der Ausg. vom J. 1775 neuerdings hrsg. v. e. Kuratpriester. 10. Aufl. gr. 16. (552 S. m. farb. Titel u. 1 Stahlst.) Paderborn 899. Bonifacius-Druckerei. n. 1. —

Jesus, die Krone der Jungfrauen. Vollständ. Lehr- u. Gebetb. f. Jungfrauen, die in d. Welt oder im Kloster leben. Von P. Joseph **Walduer,** aus d. Ges. Jesu. Nach d. 12. Aufl. d. Ausg. vom Jahre 1775 neuerdings hrsg. von e. Kuratpriester. 12. Aufl. *Paderborn: Bonifacius Dr. [1899].* (576 S.) 8° [J.] [00 11797

Jesus, die Krone der Jungfrauen. Vollst. Lehr- u. Gebetbuch f. Jungfrauen, die in d. Welt oder im Kloster leben. Von P. Joseph **Waldner**. Nach d. 12. Aufl. d. Ausg. vom Jahre 1775 neuerdings hrsg. 15. Aufl. *Paderborn: Bonifacius Dr. [1901].* (576 S.) 8° [J.] [01 2456 0

Waldner, Joseph: Jesus, die Krone der Jungfrauen. Vollständ. Lehr- u. Gebetbuch f. Jungfrauen, die in d. Welt oder im Kloster leben. Nach d. 12. Aufl. d. Ausg. v. J. 1775 neuerdings hrsg. von e. Kuratpriester. 18. Aufl. Paderborn: Bonifacius-Dr. [1902]. (576 S.) 8°

Jesus, die Krone der Jungfrauen. Vollst. Lehr- u. Gebetbuch f. Jungfrauen… Von P. Joseph **Waldner**, aus d. Ges. Jesu. Nach d. 12. Aufl. d. Ausg. v. J. 1775 neuerdings hrsg. von e. Kuratpriester. 19. Aufl. Paderborn: Bonifacius-Dr. (1902). (576 S.) 8° [F.] [05. 13691 6

Jesus, die Krone der Jungfrauen. Vollst. Lehr- u. Gebetbuch f. Jungfrauen… Von P. Joseph **Waldner**, aus d. Ges. Jesu. Nach d. 12. Aufl. d. Ausg. v. J. 1775 neuerdings hrsg. von e. Kuratpriester. 21. Aufl. Paderborn: Bonifacius-Dr. (1904). (575 S.) 8° [F.] [05. 13693 6

Jesus, die Krone der Jungfrauen. Vollständ. Lehr- u. Gebetbuch f. Jungfrauen, die in d. Welt oder im Kloster leben. Von P. Joseph **Waldner**, aus d. Ges. Jesu. Nach d. 12. Aufl. d. Ausg. v. J. 1775 neuerdings hrsg. von e. Kuratpriester. 22. Aufl. Paderborn: Bonifacius-Dr. [1905]. (575 S.) 8° [F.] [06. 3808 6

Waldner, Jos., S. J., Jesus, die Krone der Jungfrauen. Vollständiges Lehr- u. Gebetbuch f. Jungfrauen, die in der Welt oder im Kloster leben. Nach der 12. Aufl. der Ausg. vom J. 1775 neuerdings hrsg. v. e. Kuratpriester. 22. Aufl. (575 S. m. farb. Titel u. 1 Stahlst.) gr. 16. Paderborn (906). Bonifacius-Druckerei. n. 1. —

Jesus, die Krone der Jungfrauen. Vollständ. Lehr- u. Gebetbuch f. Jungfrauen, die in d. Welt oder im Kloster leben. Von P. Joseph **Waldner**. Nach d. 12. Aufl. d. Ausg. v. J. 1775 neuerdings hrsg. von e. Kuratpriester. 23. Aufl. Paderborn: Bonifacius-Dr. [1906]. (575 S.) 8° [F.] [07. 12202

Jesus, die Krone der Jungfrauen. Vollst. Lehr- u. Gebetbuch f. Jungfrauen, die in d. Welt oder im Kloster leben. Von P. Joseph **Waldner** aus d. Gesellsch. Jesu. (Nach d. 12. Aufl. d. Ausg. v. J. 1775 neuerdings hrsg. von e. Kuratpriester.) Paderborn: Bonifacius-Dr. [1907]. (575 S.) 8° [F.] [08. 5683

Waldner, Jos., S. J., Jesus, die Krone der Jungfrauen. Vollständ. Lehr- u. Gebetbuch f. Jungfrauen, die in der Welt od. im Kloster leben. Nach der 12. Aufl. der Ausg. vom J. 1875 neuerdings hrsg. v. e. Kuratpriester. 28. (Umschlag: 28.—30.) Aufl. (576 S. m. farb. Titel u. 1 Stahlst.) 16. Paderborn (910). Bonifacius-Druckerei. 1.—; geb. in Leinw. 1.50

— Jesus, unerschöpflicher Liebesquell der Jungfrauen. Belehrungs- u. Gebetbuch f. christl. Jungfrauen. Nach dem Buche v. W. neubearb. v. Jos. Mauer, C. SS. R. (640 S. m. Titelbild.) 16. Saarlouis 909. F. Stein Nachf. Geb. in Leinw. 1.50

Waldner's, Jos., die christliche Jungfrau in ihrem Gebet und Wandel. Lehr- und Gebetbuch für kathol. Jungfrauen. Neu hrsg. und mehrfach umgearb. von H. Eicher. 8. (XVI, 452 S. mit 1 Titelbild in Stahlst.) Freiburg i. Br. 880, Herder'sche Verlagsh.

— d. christliche Jungfrau in ihrem Gebet u. Wandel. Lehr- u. Gebetbuch für christl. Jungfrauen. Neu hrsg. u. umgearb. 2. Aufl. gr. 16. (XX, 528 S. m. farb. Titelbild.) Freiburg i/B. 898. Herder. 1.60 geb. in Leinw. n. 2.—; in Ldr. m. Goldschn. n. 3.—

— die christliche Jungfrau in ihrem Gebet u. Wandel. Lehr- u. Gebetbuch f. christl. Jungfrauen. Neu hrsg. u. umgearb. 3. Aufl. gr. 16. (XX, 526 S. m 1 Farbdr.) Freiburg i/B. (899). Herder. 1.60; geb. in Leinw. n. 2.—; in Schafldr. m. Goldschn. n. 3.—

— die christl. Jungfrau in ihrem Gebet u. Wandel. Lehr- u. Gebetbuch f. christl. Jungfrauen. Neu hrsg. u. umgearb. 4. Aufl. (XX, 526 S. m. farb. Titelbild.) gr. 16. Freiburg i/B. (903). Herder. Geb. in Leinw. n. 2.—; in Ldr. m. Goldschn. n. 3.—

— Lehr- u. Gebetbuch f. jeden Christen, d. nach d. Heiligung strebt, ohne welche Niemand den Herrn schauen wird. 2e, neu bearb. u. verm. Aufl. v. S. Buchfelner. 8. Augsb. 832. M. Riegers sel. Verlagsbuchh. 14 ggr

Waldner, Jos., Lehr- u. Gebetbuch f. jed. Christen, der nach d. Heiligung strebt, ohne welche Niemand d. Herrn schauen wird. 2., neu bearb. u. verm. Aufl. v. Sim. Buchfelner. 8. (20 B., 1 Kpfrt. u. lith. farb. gedr. Ttl.) Augsburg 841, Rieger'sche Buchh.

Waldner, Jos., Lehr- und Gebetbuch für christkatholische weltliche und geistliche Jungfrauen, welche nach der wahren Andacht und christlichen Vollkommenheit streben. Mit geistreichen Morgen-, Abend-, Meßandachten 2c. Neue, verb. Aufl. 8. (III und 480 S. mit 1 Stahlst.) Augsburg 855(56,) (Doll.) Thlr.

Waldner, Jos., Lehr- und Gebetbuch für christkatholische weltliche und geistliche Jungfrauen, welche nach der wahren Andacht und christlichen Vollkommenheit streben. Mit geistreichen Morgen-, Abend-, Meß- 2c. Andachten, Kreuzweg und Litaneien 2c. Neue verb. Aufl. Mit 1 Stahlst. 860. — Neue verb. Aufl. Augsburg 863. Schmid. 16. (488 S.) 12 ngr.

—— Lehr- u. Gebetbuch f. Jungfrauen d. geistl. u. welt. Standes, zur Gründung u. Förderung e. heil. Sinnes u. Lebens. Neu bearb. u. verb. v. Sim. Buchfelner. gr. 12. (16½ B. u. Ttlkpfr.) Augsburg 834, [M. Rieger.]

— Lehr- u. Gebetbuch für Jungfrauen des geistlichen u. weltlichen Standes, zur Gründung u. Förderung eines heiligen Sinnes u. Lebens. Neu bearb. u. verb. von S. Buchfelner. (Mit Titelkpfr. u. verzlert. lith. Titel in Gold- u. Farbendruck.) gr.12. Ebend. 841. ½ ℛ — 2. verb. u. verm. Aufl. Mit 1 Stahlst. 12. Ebend. 843. ½ ℛ Velinp. mit 3 Stahlstichen ⅚ ℛ

Waldner, Jos., Lehr- u. Gebetbuch f. Jungfrauen in u. außer den Klöstern. Frei bearb. v. S. Buchfelner. 3. verb. Aufl. Mit 1 Stahlst. gr. 8. (X u. 366 S.) Augsburg 847, Rieger. ½ ℛ

— Lehr- und Gebetbuch für Jungfrauen in und außer den Klöstern zur Gründung und Förderung eines heiligen Sinnes und Lebens. Frei bearb. von Sim. Buchfelner. 4. verb. Aufl. Mit 1 Stahlst. Augsburg 856. Rieger. 8. (X, 366 S.) 15 ngr.

Waldner's, Jos., Lehr- und Gebetbuch für Jungfrauen in und außer den Klöstern zur Gründung und Förderung eines heiligen Sinnes und Lebens. Frei bearb. von Simon Buchfelner. 4., verb. Aufl. 8. (X und 366 S. mit 1 Stahlst.) Augsburg 858, Rieger'sche Buchh.

Waldner, M., böhmische Naturdichter. Literar-historische Studie. gr. 16. (156 S.) Prag, Gerzabek. 1860. 75 kr.

Waldner, Martin

Waldner, M., die Anthoceroteen, s. Leitgeb, Hub., Untersuchungen über die Lebermoose.

Waldner, M., die Entstehung der Schläuche in den Nostoc-Colonien bei Blasia. [Mit 1 (lith.) Taf.] [Aus: „Sitzungsber. d. k. Akad. d. Wiss."] Lex.-8. (7 S.) Wien 878. (Gerold's Sohn.) n. — 40

— die Entwicklung des Antheridiums von Anthoceros. [Mit 1 (lith.) Taf.] [Aus: „Sitzungsber. d. k. Akad. d. Wiss."] Lex.-8. (15 S.) Ebend. 877. n. — 60

Waldner, Mart., die Entwicklung der Sporogone von Andreaea und Sphagnum. gr. 8. (25 S. mit 4 Taf.) Leipzig 887, Felix. *

— über eigenthümliche Oeffnungen in der Oberhaut der Blumenblätter von Franciscea macrantha Pohl. Lex.-8. (4 S. mit 1 lithogr. Taf.) (Ebendas.) 878. **
aus: Sitzungsberichte der k. Akademie der Wissenschaften, besonders abgedruckt.

Waldner, Mathias, *tirol. ständ. Gener.-Einnehm. in Pension etc.* Versuch eines Entwurfes der Hauptmomente des deutschen Münzwesens. *Innsbruck* 1858. *Wagner'sche* Buchdr. XII, u. 323 S. 8°.

Waldner, Math., Versuch eines Entwurfs der Hauptmomente des deutschen Münzwesens. gr. 8. (XII und 323 S.) Innsbruck 858(60), (Wagner'sche Universitäts-Buchh.) *

Waldner, Minna. Edelsteine. Gedanken zur Anleitung u. Ermunterung im Kampfe um den Schmuck des innern Menschen. Mit einem Vorwort von Pfarrer E. Stähelin. Dritte vermehrte Auflage. In-12°, 142 S. Basel, C. F. Spittler. 1 —
1881. In Leinw. geb. 2 —

Waldner, Minna, Edelsteine. Gedanken zur Ermunterg. im Kampf um den Schmuck d. innern Menschen. Gesammelt v. M. W. Bevorwortet v. E. Stähelin. 4. Aufl. 8. (148 S.) Basel 885. Spittler. n. — 80

Waldner, Minna, **Edelsteine.** Gedanken zur Ermunterg. im Kampf um d. Schmuck d. inn. Menschen. Gesammelt v. W. M. c. Vorwort v. E. Stähelin. 5. Aufl. 12. (148 S.) Basel 897. Kober. n. — 80; geb. in Leinw. n. 1. 60

Waldner, Mina. Einen fröhlichen Geber hat Gott lieb; bearbeitet und herausgegeben von der Verfasserin der Sonnenblumen zu Gunsten der Mädchenanstalten in Männedorf am Zürichsee. 2te Aufl. Kl. in-8°. 84 S, Zürich, Fäsi & Beer. 1894 — 50

Waldner, Minna. Erinnerungen an Abby (Abigail) Bolton (1827–1849). Verfasst von ihrer Schwester. Frei nach dem Englischen von M' W'. Einzig rechtmässige, von der Verfasserin autorisirte deutsche Ausg. 8. Basel 1868.

Waldner, Minna, s. Erinnerungen an Abby Bolton.

Waldner, Minna, die Gesinnungen Jesu, s. Gesinnungen.

— die Thalmühle. Eine Dorfgeschichte. Frei nach dem Engl. der Verf. des Moravian life in the bleak forest. Ins Deutsche übertragen. Einzig rechtmäßig von der Verf. autoris. deutsche Ausg. Basel 867. Bahnmaier's Verlag. gr. 16. (120 S.) cart. 10 *ngr.*

— kleine Weihnachtsgabe für fleißige Kinder. Fünf Erzählungen mit 4 (lith.) Bildern (in Tondr.) für Kinder von 8—12 Jahren. Basel 866. Spittler. 16. (54 S.) cart. n. 7½ *ngr.*; Ausg. ohne Bilder n. 5 *ngr.*

— zweite kleine Weihnachtsgabe für fleißige Kinder gesammelt u. bearb. Vier Erzählungen u. ein Kindergebet für Kinder im Alter von 8—12 Jahren. Ebend. 868. 16. (68 S. mit 1 Steintaf. in Tondr.) cart. n. 5 *ngr.*

Waldner, Pet., besond. Betracht. üb. d. allgem. Regeln fratrum Coadiutorum d. G. J. 8. Ingolstadt, Krull. 731.

— 3facher Weg z. christl. Vollkommenheit. 8. Ebend. 731.

Waldner, R. v., der Erfolg im Damenverkehr. (117 S.) 8. Dresden (910). Welt-Reform-Verlag.

Waldner, Thomas. Sechs Abende eines patriotischen Cirkels. Villach, Hoffmann, 1856. 108 S.

Waldner, Dr. Victor, Die Lehre von den Process-Kosten nach österreichischem Process- und Privat-Recht mit Berücksichtigung der Civilprocess-Ordnung für das deutsche Reich. 8. (VI u. 212 S.) Wien 882, Hölder.

Waldner, Vict., die Lehre von den Processkosten nach österreichischem Process- u. Privatrecht, mit Berücksichtigung der Civilprocessordnung für das Deutsche Reich. gr. 8. (VI, 212 S.) Wien 883. Hölder. n. 5. —

Waldner, Vict., die correale Solidarität. gr. 8. (VI, 187 S.) Wien 885, Manz'sche Hof-Verlagsh. *

Waldner, Wilh., die Pilgerin. br. 8. (243 S.) Leipzig 855, Spamer. *

Waldner de Freundstein, Friedr. Ludw. (Eques Alsatus)
Commentatio de firmamentis conventionum publicarum.
Gissae Cattorum 13. Cal. Jun. 1701: Joh. Reinh. Vulpius. (8), 142 S. 4°
in solenissima disputatione procerum ventilationi exponit.

— Giessae 1753

Waldner von Freundstein, Friedrich Ludwig (Elsass)
A. S. 763/4

Commentatio de firmamentis conventionum publicarum.
Giessen (Vulpius) 20. V. 1709. 142 S.

W. v.: Friedrich Nitzsch, J. N. Hertz, Bernhard Ludwig Mollenbek. 35711

Waldner von Freundstein, Friedrich Ludwig A. S. 719/11

Dissertatio ad capitulationem Josephi Romanorum regis Augusti de obligatione et potestate regis Romanorum in genere occasione prooemii capitulationis.
Präs. Friedrich Nitzsche.
Giessen (Vulpius) I. 1700. 47 S.

Gew.: Friedrich Ludwig Waldner von Freundstein (Vater). 35710

Wäldner, W., Erinnerungsblätter an das 3. schlesische Musikfest zu Görlitz den 23., 24. u. 25. Juli 1878. Zusammengestellt aus den Festbeilagen der „Görlitzer Nachrichten u. Anzeiger", Organ des Fest-Comite's. gr. 8. (63 S.) Görlitz 878. (Finster.) n.n. — 75

Des Eschelbronner Vogts- und Gerichts-Herrn Wald-Nutzungs-Freyheit, jenseits der Schwarzbach dasiger Markung. - o. O. 1790. 48 S.

Waldo, Petrus, der Kaufmann von Lyon, u. Johannes Wykliffe, der Pastor von Lutterworth. gr. 16. (28 S.) Barmen 879. Wiemann in Comm. n. — 20

Waldone, Clara, Begebenheiten, od. die Macht der Tugend. 2 Thle. 8. Berlin, Pauli. 781.

Waldor, Mad. Melanie, les petits Colliberts, ou le bateau d'Emeriau. Histoire véritable, dediée aux jeunes personnes des deux sexes de dix à treize ans. Avec des notes explicatives allemandes. 16. (Mit 1 Stahlst.) Bielefeld 846, Velhagen et Klasing. 5/12 ₰

Waldordnung für Basel vom 21. August 1667. - Basel 1667. - Dass. vom 7. Juni 1684. ebd. 1684. - Dass. vom 9. Oktober 1687. ebd. 1687. 13 S. - Dass. vom 16. August 1727. ebd. 1727. 13 S. - Dass. vom 13. März 1758. ebd. 1758. 17 S.

Waldt-, Forst-, Jagdt-, Waydt-Wercks und Fischerey-Ordnung des Ertz-Stiffts und Churfürstenthumbs Trier. - Coblentz 1721. 72 S.

Fürstenbergische Waldordnung vom 26. August 1782. - Donaueschingen 1782

Hennebergische Wald-, Holtz- und Forst-Ordnung. Wie die bey Weyland denen Fürsten zu Henneberg und ferner nach derselben Abgang durch Chur- und Fürstl. Sächss. Rescripte zusammen gezogen, nunmehr aber erneuert ... - Schleusingen 1713. 40 S.

Wald= Holz= und Forstordnung für die k. k. oesterreichische Vorlande. - Freyburg i. Br. 1787

Hochgräflich-Leiningen-Westerburgische kurzgefaßte Wald-Ordnung vom 5. Jan. 1746. - Grünstatt 1746. 4 Bg.

Churfürstlich Mayntzische erneuert und verbesserte Wald-, Forst- und Jagd- auch Fischerey-Ordnung, wie solche aus gnädigstem Befehl des Hochwürdigsten Fürsten und Herrn, Herrn Johann Friderich Carl, des Hl. Stuhls zu Mayntz Ertz-Bischoffen, des Heil. Röm. Reichs durch Germanien Ertz-Stifft publiciret worden 5. Nov. 1744. - Mayntz 1744. 107 S.

Wald- und Marckungs-Ordnung des Heiligen Römischen Reichs freyer Stadt Schweinfurth. - o. O. 1741. 31 S.

Churfürstlich-trierische verbesserte neue Wald- und Forstordnung vom 31 ten des Heumonates 1786. - Koblenz 1786. 48 S.

Vorderösterreichisch-Breisgauische gemeinständische Wald- Holz- und Forstordnung. - Freiburg i. Br. 1753

Waldordnung über die Windeckischen Waldungen. - Rastatt 1771

Waldorf, Heinrich von, u. Emilie v. Weissenheim. 2 Thle. 8. London. (Braun in Heidelb.) 790.

Waldorf, Petrus Iacobus (geb. am 9 Juli 1819 in Koblenz): De manifestis in corpore vivo mutationibus usu chinini sulphurici productis ... Bonnae, litt. C. Georgii 1843. 3 Bl., 22 S., 2 Bl. 8.
Bonn, Med. Fak., Diss. v. 4 März 1843

Waldorff, Frdr., die lutherische Kirche im Kampfe m. Panslavismus u. „Orthodoxie", s.: Zeitfragen d. christlichen Volkslebens.

Waldow [Sachl. OW]

Waldow, Sophie von, od. d. leidende Tugend; eine wahre Gesch. 8. Lpz. Sommer. 808.

v. Waldov, Sophie; eine wahre Geschichte. 8. Leipz. 818. (Rauck). 18 gr.

WALDOW, Sophie v. Eine wahre und interessante Geschichte. (Leichtsinniger Roman in Briefen.) Zweite Auflage. Mit TKpf. Leipzig. Sommer. 1818. 8°. Tit. u. 238 S.
Zuerst gedr. c. 1815.

Waldow [Schlagwort]

Waldow, s.: Preussen. Messtischblätter.

Waldow [Verfasser]

Waldow, artilleristische Ausbildung v. Reiter u. Pferd, s.: Pferde, unsere. 19. Hft.

Waldow, das preuß. Ausführungsgesetz zum bürgerl. Gesetzbuche vom 20. IX. 1899. Kurz u. gemeinverständlich erläutert. 8. (141 S.) Berlin 900. Gr. Lichterfelde, Gesetzverlag Schulze & Co. Kart. n. 2.—

— dasselbe, s.: Brandis, W., u. F. Brandis, Bürgerliches Gesetzbuch.

Waldow's Reise-Führer. 1. Thl.: Cours- und Reisehandbuch für Deutschland. Gruppenweise Zusammenstellung sämmtl. Eisenbahnfahrpläne und der wichtigsten Dampfschiffverbindungen sowie ein vollständiger Führer durch die grösseren Städte. Hrsg. von W. Möbius. Jahrg. 1863. Nr. 1. 16. (XIV und 131 S. mit 1 lithogr. Courskarte in 4.) Leipzig, Waldow. *

Waldow, A. v., der Friedensengel, s.: Sonntagsschulgeschichten der Christuskirche.

Waldow, Adolf [pr. Arzt aus Güstrow]: Untersuchungen über die Kiefermissbildungen in Folge von Verlegung der Nasenathmung ... Berlin, gedr. bei L. Schumacher, 1895; 24 S. 8.
Rostock, Med. Fak., Inaug.-Diss. v. [3. Sept.] 1895

Waldow, Alexander

Waldow, Alex., s.a.†Künzel, Herm.

— Anleitung zum Druck auf Tiegeldruck-Maschinen. Leipzig 1880

Waldow, Alexander: Anleitung zum Farbendruck auf der Buchdruckpresse und Maschine. Leipzig 1880.

Waldow, Alex., Anleitung zum Farbendruck auf der Buchdruckpresse und Maschine. Mit Berücksicht. des Iris-, Bronze- und Blattgolddrucks. gr. 8. (V, 112 S. mit 2 Farbentaf.) Leipzig 883, Waldow. *

Waldow, Alex., Anleitung zum Satz u. Druck v. Actien. [Aus: Waldow, Archiv f. Buchdruckerkunst.] 8. (55 S.) Leipzig 873. Waldow. n. 1. 50

— **Anleitung zum tabellarischen Satz.** [Aus: Waldow, Archiv f. Buchdruckerkunst.] 8. (41 S.) Ebend. 872. n. 2.—

— **Anleitung zum Zeichnen v. Correkturen auf Druckarbeiten nebst Erklärg. typograph. Fachausdrücke u. Belehrg. üb. die Herstellg. v. Druckwerken. Für Autoren, Verleger, Correctoren u. Setzer.** gr. 8. (2 S. in Fol.) Ebend. 872. — 75

Waldow, Alex., Anleitung zum Zeichnen von Correcturen auf Druckarbeiten, nebst Erklärung typographischer Fachausdrücke u. Belehrung üb. die Herstellung von Druckwerken. Für Autoren, Verleger, Correctoren u. Setzer. 2. Aufl. 8. (16 S.) Leipzig 878. Waldow. n. — 75

Waldow, Alex., s.: Archiv f. Buchdruckerkunst.

Waldow, Alex., s.: Archiv f. Buchgewerbe.

Waldow, Alexander: Die Buchdruckerkunst in ihrem technischen und kaufmännischen Betriebe. Leipzig.
Bd 1. Vom Satz. 1874.
Bd 2. Vom Druck. 1877.

Waldow, Alex., die Buchdruckerkunst u. die ihr verwandten Geschäftszweige in ihrem technischen u. kaufmännischen Betriebe. Nach eignen Erfahrungen u. unter Mitwirkung bewährter Fachgenossen bearb. u. hrsg. (In ca. 30 Liefgn.) 1. Bd. 1—3. Liefg. Leipzig 870. Waldow. 4. (S. 1—72 mit eingedr. Holzschn. u. 2 chromolith. Taf.) Jede Liefg. n. 10 ngr.

—— die Buchdruckerkunst und die ihr verwandten Geschäftszweige in ihrem technischen und kaufmännischen Betriebe. Nach eigenen Erfahrungen und unter Mitwirkung bewährter Fachgenossen bearb. 1. Bd. 21 Lfgn. gr. 4. (476 S. mit eingedr. Holzschn. und Chromolithogr.) Ebendas. 874.
à Lfg. *M 1. *
geb. *

—— dass. — 2. Bd. 1.—6. Lfg. gr. 4. (S. 1—144 mit eingedr. Holzschn.) Ebendas. 874,75. à Lfg. *M 1. *

—— die Buchdruckerkunst und die ihr verwandten Geschäftszweige in ihrem technischen und kaufmännischen Betriebe. Nach eigenen Erfahrungen und unter Mitwirkung bewährter Fachgenossen bearb. 2. Bd.: Vom Druck. 7.—22. (Schluß-)Lfg. gr. 4. (IV, S. 145—444 mit eingedr. Holzschn. und Kunstbeilagen.) Ebendas. 878. à Lfg. *M 1. *
1. Bd. (21 Lfgn.), 2. Bd. 1.—6. Lfg. Ebendas. 1874,75. à Lfg. M 1. — 1. Bd. *M 21., geb. *M 24.; 2. Bd. *M 22., geb. *M 25.; Atlas *M 5., geb. *M 7,50.

—— dass. — Atlas. 5 Hefte. gr. 4. (64 Taf. in Holzschn. und Lithogr. in gr. 4. und qu. Fol.) Ebendas. 875.
à Heft *M 3. *

—— s. Encyklopädie, illustrierte, der graphischen Künste und der verwandten Zweige.

Waldow, Alex., die Herstellung der Kompositionswalzen u. ihre Behandlung. [Aus: „W., Hilfsbuch f. Maschinenmeister", I. Tl.] gr. 8. (III, 24 S. m. 11 Fig.) Leipzig 894. A. Waldow. n. — 75

Waldow, Alexander: Hilfsbuch für Maschinenmeister an Buchdruck-Cylinderschnellpressen. Leipzig.
Th. 1. Leitfaden für das Studium der Schnellpressen-Konstruktionen. 1887.
Th. 2. Leitfaden für das Formatmachen, Schließen, Einheben, Zurichten, Drucken usw. von Formen aller Art. 1886.
Th. 3. Die Rotations-Schnellpresse nebst Rundstereotypie. Von O. Pilz. 1892.

—— Hilfsbuch für Maschinenmeister an Buchdruck-Cylinderschnellpressen. Bearb. unter Benutzung seiner älteren Werke und Beifügung aller neueren Erfindungen. 1. und 2. Tl. gr. 8. Ebendas. 887. *ℳ 6.—; geb. *
Inhalt:
Tl. 1. Leitfaden für das Studium der Schnellpressen-Konstruktionen, wie für das spezielle Studium aller einzelnen Teile der Cylinder-Schnellpresse und deren Behandlung. Belehrung über Cylinderaufzug, Mischung, Guss und Behandlung der Walzen etc. (VIII, 134 S.) *ℳ 4.—; geb. *ℳ 5.25.
» 2. Leitfaden für das Formatmachen, Schliessen, Einheben, Zurichten, Drucken etc. von Formen aller Art. (VII, 65 S.) *ℳ 2.—; geb. *ℳ 3.—.

—— Hilfsbuch f. Maschinenmeister an Buchdruck-Schnellpressen. III. Tl. gr. 8. Ebd. 892. * 15 —; geb. * 16 50
Die Rotations-Schnellpresse nebst Rundstereotypie in ihrer Konstruktion u. Behandlung v. Otto Pilz. (XIV, 272 S. m. ca. 140 Illustr.)
1. u. 2. Tl. Ebd. 1887. * 6 —; geb. * 8 25.

— **Katechismus der Buchdruckerkunst.** 6., verm. u. verb. Aufl. 12. (XII, 234 S. m. 43 Abbildgn. u. Taf.) Leipzig 894. J. J. Weber. Geb. in Leinw. n. 2. 50
Die früheren Aufl. waren von Carl Aug. Franke.

— **Katechismus der Buchdruckerkunst**, 7. Aufl., s: Weber, Joh. Jak.

— Lehrbuch für Schriftsetzer. Kleine, für diesen Zweck umgearb. Ausg. von: „Die Buchdruckerkunst in ihrem technischen u. kaufmännischen Betriebe. Bd. I. Vom Satz". gr. 8. (312 S.) Leipzig 877. Waldow. n. 6. —; geb. n.n. 7. —

Waldow, Alex., die Lehre vom Accidenz-Satz. Leitfaden f. Schriftsetzer. [Aus: „Die Buchdruckerkunst".] gr. 4. (112 S. m. eingedr. Holzschn.) Leipzig 875. Waldow. n. 4. —

— **die Lehre vom Accidenzsatz. 2., vollständig neu bearb. Aufl. v. Frdr. Bauer. 6 Hfte. gr. 4. (VIII, 145 S. m. Abbildgn.) Leipzig 891. 892. A. Waldow.** à n. 1. 40

— **die Lehre vom Accidenzsatz. In vollständig neuer Bearbeitg. von Frdr. Bauer. 3. verm. u. verb. Aufl. Mit 12 Taf. in Farbendr. gr. 4. (VIII, 143 S.) Leipzig 899. J. Mäser.** n. 9. —; geb. n.n. 10. 50

Waldow's, [Alex.], Lehrmittel für den Anschauungs-Unterricht in Buchdrucker-Fachschulen. Skizzenmaterial für Accidenzarbeiten, nebst Anleitung zur Verwendung desselben. 3 Hefte. gr. 8. (8; 8; 4 S. mit je 4 Taf. und 2 Bl. Skizzenpap.) Leipzig 885, Waldow. à Heft * 60 Pf. *

— kurzer Rathgeber für die Behandlung der Farben bei Ausführung von Bunt- u. Tondrucken, Bronce-, Blattgold- u. Prägedrucken auf der Buchdruckpresse u. Maschine. Ebend. 868. 8. (32 S.) n. 7½ ngr.

— kurzer Ratgeber f. die Behandlung der Farben bei Ausführung v. Bunt-, Ton-, Bronce-, Blattgold- u. Prägedrucken auf der Buchdruckpresse u. Maschine. 3. Aufl. gr. 8. (34 S.) Ebend. 884. n. 1. 50

— über den Satz d. Griechischen u. Hebräischen. [Aus: „Die Buchdruckerkunst".] gr. 8. (33 S.) Ebend. 883. n. 2. —

—— Winke über die Preisberechnung von Druckarbeiten. gr. 8. (23 S.) Ebendas. 884. *
Aus: Encyklopädie, illustrierte, der graphischen Künste, besonders abgedruckt.

— **illustr. Wörterbuch der graphischen Künste u. der verwandten Zweige (Buch-, Stein- u. Kupferdruck, Lithographie, Photolithographie, Chemitypie, Zinkographie, Xylographie, Schriftgiesserei, Stereotypie, Galvanoplastik etc.).** Hrsg. unter Mitwirkg. bewährter Fachgenossen. (Titel-Ausg. der illustr. Encyklopädie der graph. Künste etc.) Lex.-8. (VI, 911 S.) Leipzig 886. A. Waldow. n. 23. 50; geb. n.n. 26. 50

Waldow, Aug.

Waldow. Ueber die Aussprache der Consonanten im Französischen. 2 Teile. Crossen, H. B., 1861 u. 1867. Progr.

Waldow, Aug., Grundriß der Naturgeschichte für die unteren Klassen höherer Lehranstalten. 8. (48 S.) Crossen 862, (Ehrlich und Comp.) *

Waldow, Aug., Handbuch der französischen Aussprache nach den besten Pariser Quellen bearb. Für alle Diejenigen, denen es um eine vollständige u. gründliche Kenntniß dieses Gegenstandes zu thun ist. Berlin 866. Nicolai's Verlag. gr. 8. (V, 116 S.) 15 ngr.

Waldow, Aug., die wichtigsten Synonymen der französischen Sprache nach Girard, Roubaud, Boiste u. A., erklärt u. mit Beispielen klassischer Autoren versehen. Ein nothwendiges Hülfsbuch f. Zöglinge höherer Lehranstalten. gr. 8. (170 S.) Leipzig 847, Brockhaus & Avenarius. n. ⅓ ℛ

Waldow, B. (Frl. Bianca Bloch), vor dem Fest, s.: Brackheyde, C. v.

— **Helene. Lustspiel. gr. 8. (16 S.) Berlin (889). M. Böhm.** 1. 50

Waldow, B., Lieutenant u. Assessor, s.: Theater-Mappe.

— **Malwein. Lustspiel. gr. 8. (16 S.) Ebd. (889.)** 1. 50

Waldow, B., Strohwittwer od. an Kaisers Geburtstag, s.: Theater-Bibliothek f. Vereine.

Waldow, B. Ein heißer Tag, s. Brackheyde, C. v.

Waldow, Carl. s. Waldow, Karl

Waldow, Edm.

In letzter Stunde. Den besuchenden Brüdern am 29. Sept. 1861 geweiht. [Unterz.: Edm.] **Waldow.** [Dresden 1861: Wulffen.] 1 Bl. 8° [Kopftit.] Ohne Noten: „Brüder, die wir hier beisammen . . ." 157.

Waldow, Ernst v., blaues Blut. Erzählung. 8. (52 S.) [Königsee 875.] Bernstadt, Oertel.

Waldow, Ernst v., die Blutbuche, s. Eisenbahn-Unterhaltungen.

Waldow, Ernst v., ein Dämon. Kriminal-Novelle. 12. (107 S.) Berlin 887, A. Goldschmidt. *

Waldow, Ernst v. (Frau Lodoiska v. Blum), der Doppelgänger, s. a. Goldschmidt's Bibliothek.

Waldow, Ernst v., der Doppelgänger. Kriminal-Novelle. 12. (124 S.) Berlin 886. Goldschmidt. n. — 50

— ein heiliger Dreikönig, s.: Reiselectüre.

— durch Nacht zum Licht. Goldschmieds Töchterlein. Zwei Novellen. 8. (113 S.) Ebd. 888. n. — 50

—— falsche Ehre. Eine Geschichte aus dem Leben. 8. (129 S.) [Königsee 875.] Bernstadt, Oertel.

Waldow, Ernst v. (Frau Lodoiska v. Blum), der Ehrenpunkt, s.: Kürschner's Bücherschatz.

— der Engel aus der Holzkammer, s.: Reiselectüre.

Waldow, Ernst v., der Erbonkel, s. a. Spamer's, Otto, neue Volksbücher.

—— der Erbonkel. Charakterbilder aus einer kleinen Stadt. Eine volkstüml. Erzählung. 8. (114 S. mit 2 Tonbildern, Kopfleisten und Initialen.) Leipzig 883, Spamer. * cart.

— ohne Fehl. Roman. 12. (212 S.) Ebend. 885. n. 1. —

—— das Geheimniß des rothen Thurmes. Roman. 8. (137 S.) Berlin 879, Brigl. *

— das Geheimniß des rothen Thurmes. Roman. 8. (137 S.) Berlin 879. Goldschmidt. n. — 50

—— ohne Geleit. Erzählung. 8. (54 S.) [Königsee 875.] Bernstadt, Oertel.

Waldow, E., Handwörterbuch d. Hochbauwesens im Königr. Sachsen. 2., völlig umgearb. Aufl. gr. 8. (IV, 573 S.) Leipzig (902). Roßberg'sche Verlagsbuchh. n. 12. —; geb. n. 14. —

Waldow, Ernst v., die Hexe von Wrostowa. Roman. 8. (281 S.) Jena 880, Costenoble.

Waldow, Ernst v., Hildegard. Novelle. gr. 16. (281 S.) Königsee 875. (Leipzig, Dege.) (* *M.* 4,50.)

—— ein verhängnißvoller Irrthum, s. Reiselectüre.

Waldow, Ernst v., die schwarze Käthe. Roman. 3 Bde. Wittenberg 868. Herrosé. 8. (IX, 727 S.) 3 *ℛ* 20 *ngr.*

—— das Kreuz am Wege. Novelle. 8. (80 S.) [Königsee 875.] Bernstadt, Oertel.

—— aus dem Leben der Armen. Erzählungen und Skizzen. 8. (III, 195 S.) Leipzig 882, Friedrich. *

— eine romantische Liebesgeschichte. 8. Ebend. 875. — 25

— die rothe Locke, s.: Collection Hartleben. VII. 23. 24.

Waldow, E., s.: Ministerialgebäude, das, in Dresden.

Waldow, Ernst v., gesammelte Novellen. 1. u. 2. Bd. 8. Königsee 875. Oertel. à n. 4. 50
1. Liebeszauber. (376 S.)
2. Licht- u. Schattenbilder aus dem Lebensbuche. (424 S.)

—— gesammelte Novellen und Erzählungen. 1. und 2. Bd. 8. Königsee 875. (Leipzig, Dege.) à Bd. (* *M.* 4,50.) *M.* 2.
Inhalt:
Bd. 1. Liebeszauber. (376 S.)
„ 2. Licht- und Schattenbilder aus dem Lebensbuche. (424 S.)

— ein Orakel, s.: Reiselectüre.

Waldow, Ernst v. (L. v. Blum), der gläserne Pantoffel, s.: Kürschner's, Jos., Bücherschatz.

Waldow, E., Repertorium der f. das königl. sächs. Staats-Hochbauwesen gültigen Vorschriften. gr. 8. (IV, 143 S.) Leipzig 890. Roßberg. n. 3. 60

— In eigener Schlinge, s.: Kürschner's Bücherschatz.

—— ein Schrei. Novelle. 8. (89 S.) [Königsee 875.] Bernstadt, Oertel.

— moderne Sirenen. Federzeichnungen nach leb. Originalen. 8. (94 S.) Ebend. 875. — 60

— die Sonntagsgäste an der Table d'hôte, s.: Reiselectüre.

Waldow, Ernst: Die Spezifikation . . . Schivelbein, Druck v. F. Waldow, 1892: 1 Bl., 55 S. 8°
Greifswald, Jur. Fak., Inaug.-Diss. v. 1892.

— die Stieftochter, s.: Goldschmidt's Bibliothek f. Haus u. Reise.

—— das Sündenerbe. Roman. 3 Bde. 8. (249; 239; 246 S.) Stuttgart 874, Simon. [Leipzig, Zander.] (* *M.* 12.)

— Schloß Teufelsburg. Roman. 3 Bde. 8. (207, 230 u. 243 S.) Berlin 873. Wedekind & Schwieger. n. 12. —

— **Tristan u. Isolde. Roman aus der Gegenwart. gr. 8. (260 S.) Leipzig 892. Dresden, E. Reißner. n. 3. —; geb. n. 4. —**

— bon voyage, s. a. Reiselectüre.

—— bon voyage. Die Geschichte einer Brautfahrt. 8. (103 S) [Königsee.] Bernstadt, Oertel. 1875.

Waldow, Fritz: Beitrag zur Frage der traumatischen Hernien. Rostock 1904: Adlers Erben. (46 S.) 8°
Rostock, Med. Fak., Ref. Müller, Diss. v. 25. März 1905.

Waldow, Hans *Friedrich Karl Franz* [pr. Arzt aus Barth a. O.]: Ueber einen Fall von Hernia diaphragmatica spuria congenita ... Berlin, Buchdr. v. G. Schade, *1895*; 32 S., 1 Bl. 8.
Berlin, Med. Fak., Inaug.-Diss. v. 1. März 1895

Waldow, Hermann

Bausteine zu dem Tempel der Humanität. Bearb. von Herm. Waldow. Dresden: Türk in Comm. 1874. X, 271 S. 8⁰
Recens: Bh. 17 (1873) S. 9; FZ. 27 (1873) S. 396.
cf. Z. 4 (1874) S. 28, 93.
Tt. 1922. Vorträge in Versen, Gedichte; f. Logenarbeiten u. mr. Feste. 23.

Waldow, Herm., Bilder aus Karlsbad. 12. (4 B.) Stolp 846, Fritsch.

[S.] Blumen und Schmetterlinge. F. Costüm-Aufz. f. 10 Herren, oder auch f. 6 Herren u. 4 Damen v. H[erm.] Waldow. *Erfurt: F. Bartholomaus* (ubergekl.: *Berlin: E. Bloch) [1894]*. (1 Bl., 45–50 S.) 1 Bd 8.
— Festspiel-Halle, Deutsche. H. 19.

Dank der Schwestern. [Unterz.:] [Herm.] Waldow. [Dresden] o. J.: Liepsch & Reichardt. 2 Bl. 8⁰ [Umschlagtit.]
Gedicht: „Wenn nach der Arbeit Ernst ein schöner Brauch . . .“ 3.

Waldow, H(erm.), die Festtage des Lebens, s. Festtage, die.

Waldow, Herm., die Festtage des Lebens. Eine Sammlung von Original-Gelegenheitsgedichten aller Art, als Toaste, Polterabendscherze, Gedichte u. Tafellieder zu Verlobungen, Hochzeiten rc. 4 Hefte. Dresden 856. Türk. 8. Jedes Heft 15 ngr.
1. Heft: Ernste und heitere Toaste und Trinksprüche bei allen vorkommenden Gelegenheiten. (XVI, 151 S.)
2. Heft: Ernste und heitere Gedichte und Tafellieder zu Verlobungen, Polterabenden, Hochzeiten und Jubelhochzeiten. (XVI, 176 S.)
3. Heft: Original-Glückwünsche und Gratulationen für Kinder und Erwachsene, zu Geburts-, Namens-, Neujahrs- und Confirmationstagen, Weihnachts- und Jubelfesten. (XVI, 127 S.)
4. Heft: Prologe, Epiloge, Gedichte zu lebenden Bildern, Gesellschaftsscherze und Tafellieder rc. (XII, 179 S.)

Waldow, Herm., die Festtage d. Lebens. Eine Sammlg. v. Orig.-Gelegenheitsgedichten aller Art, als: Toaste, Polterabendscherze, Gedichte u. Tafellieder zu Verlobgn., Hochzeiten u. Jubelhochzeiten, Glückwünsche u. Gratulationen f. Jung u. Alt, Tafellieder, Prologe, Epiloge, Gesellschaftsscherze f. größere u. kleinere Cirkel rc. 1. u. 2. Hft. 8. Erfurt 883. Bartholomäus. à n. 1. —
1. Ernste u. heitere Toaste u. Trinksprüche bei allen vorkomm. festl. Gelegenheiten. 5. Aufl. (VIII, 152 S.)
2. Ernste u. heitere Gedichte u. Tafellieder zu Polterabenden, Hochzeiten u. Jubelhochzeiten. 6. Aufl. (IX, 162 S.)

Das Friedens-Eiland des Maurers. [Unterz.:] H[erm.] Waldow. Dresden [ca 1865]: Liepsch & Reichardt. 2 Bl. 8⁰ [Umschlagtit.]
Tt. 2629. Lied ohne Noten: „Eine Stunde der heiligsten Weihe . . .“ 439.

Waldow, Herm., Gedichte. 8. Cöslin 828. (Hendeß). 1 Thlr.
2e Samml. 8. Cösl. 831. Heinemann. 1 Thlr. 4 Gr.

Waldow, Herm., Gedichte. 1. u. 2. Samml. 8. Coeslin, [Stolpe,] Heinemann. [1. (18 B.) 828. 1 Thlr., 2. (17 B.) 831. 1 Thlr. 4 Gr.]

Waldow, Herm., Gedichte. 3. Samml. — A. u. d. T.: Erato. Eine Samml. v. Polterabendgedichten. gr. 12. (10½ B.) Stolp 841, Fritsch. 1 —
1. u. 2. Samml. Ebendas. 1828, 31. à 1 Thlr.

Waldow, Herm., Herbstblüthen! Gedichte. 1. Aufl. 1850. 1 Thlr. 25 Ngr. und 2. Aufl. 16. (303 S.) Dresden 852, (Türk.)

Waldow, Herm., Herbstblüthen! Gedichte. 16. (303 S.) Dresden 851, Türk. 1⅓ Thlr. In Engl. Einb. m. Goldschn. 1⅚ Thlr. — 2. Aufl. 16. (303 S.) Ebd. 852. 1⅓ Thlr.

Waldow, Herm., Herbstblüthen. Gedichte. 3. Aufl. 16. (303 S.) Dresden 858, Türk. cart. mit Goldschn.

Waldow, Herm., der Hochzeitsredner. Sammlg. v. Toasten u. Tischreden zu grünen u. Jubelhochzeiten. 5. Aufl. 8. (119 S.) Erfurt (900). F. Bartholomäus. n. 1. —

Liebe. Allen Brüder Maurern gewidmet vom Br. Herm. Waldow. Dresden [ca 1865]: Reichardt. 6 S. 8⁰ [Umschlagtit.]
Abgedr. in: Waldow, H.: Bausteine z. d. Tempel d. Humanität. 1874 S. 37—43.
Tt. 2630. Gedicht: „Durch des Weltalls weite Räume . . .“ 193. 311.

[Lied.] Den geliebten Brüdern der Loge Akazia in Meissen zu der Feier des 6. Nov. 1855 gewidmet vom Br. H[erm.] Waldow. [Dresden 1855: Heinrich.] 2 Bl. 8⁰ [Umschlagtit.]
Ohne Noten: „Wir lebten, Brüder, eine heil'ge Stunde!“ 109. 368a.

[Lied.] Dem Jubilar. [Unterz.:] [Herm.] Waldow. [Dresden] o. J.: Liepsch & Reichardt. 1 Bl. 8⁰ [Kopftit.]
Lied ohne Noten: „Zu einer schönen, segensreichen Stunde . . .“ 8.

Maurerische Lieder vom Br Herm. Waldow. Berlin: Jonas in Comm. 1837. 125 S. 8⁰

[Dasselbe.] 2. unveränd. Abdr. Stolp: Fritsch 1841. 125 S. 8⁰
Kl. 683, 1713. Ohne Noten.

Waldow, Herm., Oscar u. Julie, od. die Geschwister. Erzähl. 8. (17 B.) Cöslin 831, [Stolpe,] Heinemann. Thlr.

Waldow, Herm., das Paradies am Ohio. Novelle. 2 Thle. gr. 12. Cöslin u. Stolp 838. Hendeß. 2½ Thlr.

Waldow, Herman. Das Paradies am Ohio. Novelle in 2 Bden. Cöslin, 1839.

—— die Pilgerfahrt. Gedicht. gr. 8. (15 S.) Dresden 850, (Türk.) *

Waldow, Herm., Schwanen-Lieder. Gedichte. 16. (X und 259 S.) Leipzig 864, Waldow. * 24 Ngr.; geb. mit Goldschn. *

— s. Siona. Taschenbuch religiös. Dichtungen.

Waldow, Carl von, Referendar: Die geschichtliche **Entwicklung** und juristische Tragweite des Artikels 60 der preussischen Verfassungsurkunde in rechtsvergleichender Darstellung. *Greifswald 1902: J. Abel.* (54 S.) 8°
Greifswald, Jur. Diss. v. [31. Mai] 1902

Waldow, Carl [pr. Arzt zu Güstrow]: Ueber einen Fall von Syncytiom und Metastasenbildung bei Syncytiom ... Berlin, Druck v. E. Ebering, *1897;* 21 S., 1 Bl., 2 Tab. 8.
Berlin, Med. Fak., Inaug.-Diss. v 16. März 1897

Waldow, Olga, Mutterschaft. Roman. — Herrenmoral. Novelle. (196 S.) 8. Leipzig 909. F. Ohme. 3.—; geb. 3.75

Waldow, Olga, Wera, s.: Universal-Bibliothek.

***Waldpauer*, J. N., synopsis theol. dogmat.-mor. pract. 4. Passau 766. Ambrosi 12 ℛ**

Hochfürstlich-Baslische Wald- und Forst-Policey-Ordnung, worinnen die Vorschrift und Maßgab enthalten ist, wie mit dem Wälder- und Holznorm umgegangen werden soll samt nothwendigem Unterricht das Holz zu fugen und zu fällen. - Pruntrut 1756

Waldpredigten des Bruders Traugott. Andachten u. Betrachtgn. (196 S.) 8. Pößneck (908). B. Feigenspan. Geb. in Leinw. n. 1.60

Waldraf der Wandler; eine Geistergeschichte aus dem zwölften Jahrhunderte. Wien u. Leipzig 1798. V: *Gleich, Joseph Alois.* (NN) (Ky) (MGT) (WBL)

Waldraf der Wandler, (von Jos. Al. Gleich). 8. Wien 802. Bauer u. D. 1 ℛ N. A. 816. Ant. Doll. 20 ℛ

Waldraf, der Wandler. [Zwei] Schauspiele mit Gesang in je vier **Akten** nach einer Geistergeschichte des 12. **Jahrh.** ... Wien 1805. V: *Schuster, Joseph Anton.* (Ky) (GGr)

Waldraff der Wandler. Schspl. in 4 A. in 2 Thlen., (v. Ign. A. Schuster). 8. Wien 805. Wallishausser. 12 ℛ

Waldraf, d. Wandler; e. Geistergesch. a. d. 12ten Jahrh. m. Titelkupf. 8. Wien, Ant. Doll. (Liebeskind in Leipz. in Commiss.) 810.

WALDRAFF, Eduard: Ueber einen Fall von Enterolithiasis.- Leutkirch: Bernklau 1902. 25 S.
23.11.1899 - Chr 1899/1900,12; Jv 1901/02,280 (Prom.-Datum: 1902)
Diss.Ingolst.-Landsh.-Mchn.

Über Wald- und Gartenraupen. Preisschriften, welche bei der chursächsischen Leipziger ökonomischen Societät in Dresden die Preise erhalten haben. - Dresden 1806

Waldraupen- u. Borkenkäfergeschichte, s. Jobst Hnr. Jäger.

Waldraupen- und Borkenkäfergeschichte, Einsicht u. Kenntniß solcher verderbl. Insekten, nebst d. Ursachen rc. (v. J. H. Jäger.) 8. Jena. Mauke. 798.

Waldro oder der letzte Vater in der Reihe der Edlen. Halle 1780—81. V: *Sintenis* (nicht: *Brumbey*). (GGr IV, I, 608, 78, 2) (Zeitschr. f. Büch. N. F. 15, 1923, 126)

Waldro oder der letzte Vater in der Reihe der Edlen, 3 Theile mit Kupf. 8. Halle, 780/81. Hendel. 1 Rthl. 15 sgl.

Waldro, der letzte **Vater** in **der** Reihe der Edlen ... Halle 1781. 1788. V: *Sintenis, Joh. Chn Siegmund.* (Ky) (MGT)

Waldro, od. der letzte Vater in der Reihe der Edlen. 3 Bde. 8. Halle, Hendel. 784.

Waldröschen oder die Verfolgung um die Erde. Grosser Enthüllungsroman über die Geheimnisse der menschlichen Gesellschaft. Niedersedlitz-Dresden [1882]. V: *May, Carl.* (Hist. polit. Blätter für das kath. Deutschland 129, 533.) (Frankf. Zeitung Nr. 311, 9. XI. 1901.)

Waldrosen, von Ludwig von Germar. 8. Leipzig, Hinrichs. 817.

Waldröserln. Oest'reichische Liada, gemüthli u. g'spaßi, v. Carl Artur. 16. (VI, 44 S.) Budweis 875. (Hansen.) n — 75

Waldsassen, s.: Woerl's Reisehandbücher.

Österreichische Waldschätze und der auswärtige Holzhandel. - Wien 1866. 125 S.

Österreichs **Waldschätze** und der auswärtige Holzhandel. (Separatabdrücke aus der österreichischen Monatschrift für Forstwesen.) 8. (125 S.) Wien: Braumüller in Comm. 1867.

Waldschläger, Wilhelm

Waldschläger, Wilh., Gott segne Hannover! Vaterländische Dichtgn. (IV, 80 S.) gr. 8. Hannover 903. (W. Otto). 1.—; geb. 1.50

— s.: Krint un Reuben, Calenbarger.

Die Predigt im Wirthshause, in Braunschweiger Mundart. Gewidmet d. alten Club Welf von Wilhelm **Waldschläger**. Braunschweig 1898: H. F. Jasper. (35 S.) 8° [F.] 106. 14233

Waldschläger, Wilh., althannoversche Traditionen. 1. Thl. Die Theilnahme hannov. Truppen an den Kämpfen des 17. u. 18. Jahrh. In volksthüml. Darstellg. gr. 8. (II, 129 S.) Celle 900. (Schulze.) n.n. 1.25

Waldschloß, d. furchtbare, e. Schauergemälde v. A. Brentano. 2 Bde. 8. Lpz. Joachim.

Waldschmid, Wilhelm Ulrich, s. Waldschmidt

Grab der Braunschweiger und Waldecker auf dem Kirchhofe zu Atzbüll. Gez. v. **Waldschmidt**. Berlin. o. J. 1 Bl. 4°, 40,5/36,5 cm.

Waldschmidt: Studien zu einer Waldeckischen Flora.
Corbach. 1865.
Schul-/Univ.-Schrift

Waldschmidt, Carl, s. Waldschmidt, Karl

Waldschmidt, Chr.

WALDTSCHMIEDT, CHR. (autor), Diss. med. de singularibus quibusdam pestis Holsaticae. Kiliae. 1721. 4. P. [Praes. Wilh. Huld. Waldschmiedt].

— Diss. med. inaug. de singularibus quibusdam variolarum et novae earundem insitionis. Kiliae. 1725. 4. P. [Praes. Wilh. Huld. Waldtschmiedt]. (Univ.-Progr.).

Waldschmidt, Ernst. Die mitteldevonischen Schichten des Wupperthales bei Elberfeld und Barmen. 8 (38 S., 1 Taf.).
Progr. Ober-Rsch *Elberfeld* 1888 (zu 450).

Waldschmidt, Friedr. August (Rhoden im Waldeckischen)
Theses medicae.
Giessae April 1795. 4°

Waldschmidt, G. E., kurze Nachrichten von d. Umständen seiner mühsel. Pilgerschaft. 8. Hannov. Hahn. 740.

Waldschmidt, Georg Wilhelm (Wetzlar) A. S. 8/18

Dissertatio inauguralis juridica, de jure ulteriorum.
Giessen (Vulpius) XI. 1728. 60 S.

W. v.: Johann Andreas Dietz. 35715

Waldschmidt, J., s. Alkoholismus, der.

— Der Alkoholismus, s. Grenzfragen, jurist.-psychiatr. (Balser.)

— die Aufgaben der Armenpflege gegenüber trunksüchtigen Personen, s.: Samter.

Waldschmitt, J., rationelle Ausbildung des Reiters und Pferdes in der Kavallerie oder wie man schnell und gut reiten lernt und sich jedes zum Reitdienste geeignete Pferd auf rationelle Weise am schnellsten und sichersten thätig macht. hoch 4. (30 S.) Cöln 864, Frühbuß. *

Waldschmidt, J., rationelle Ausbildung d. Reiters u. Pferdes in der Kavallerie od. wie man schnell u. gut reiten lernt u. sich jedes zum Reitdienste geeignete Pferd auf rationelle Weise am schnellsten u. sichersten thätig macht. 2. Aufl. gr. 8. (30 S.) Berlin 872. Wiegandt, Hempel & Parey. n. 1. —

— **Grundsätze der Pferdezucht.** gr. 8. (VIII, 64 S.) Ebend. 871. n. 1. —

Waldschmidt, Dr., Westend. Ueber Trinkerheilanstalten. Vortrag. Berlin 1897. 8 S. 8°. (Sonderabdruck aus der Berliner klinischen Wochenschrift, 1897, No. 45.)

Waldschmidt, Vorschläge zur Förderung der Pferdezucht mit besond. Berücksichtigung der Rheinprovinz. gr. 8. (50 S.) Bonn 865, Henry.

Waldschmidt, J. J., Erklärung über d. Epistel an die Galater. 4. Frankf. Cramer. 713.

— heilsame Gnade Gottes, a. d. H. Schrift vorgestellt mit Widerleg. Langens allgem. Gnade Gottes. 2 Thle. 8. Marburg. Keßler. 735.

Waldschmidt, Jo. Conr., praes. Jo. M. **Verdries,** De asthmate puerorum quod vulgo vocant das Röcheln der kleinen Kinder. 38 pp. Giss. 4°. 1726

Waldschmiedt, Johann Jacob. Opera medico-practica ... Editio nova ... Francof. ad M. 1707. H: *Doläus, Johann.* (BrMm)

Waldschmidt, Johann Wilhelm

Waldschmiedt, Johann Wilhelm [Praes.], s. Appoldt, Gotth. Fried.: De feudis castrensibus, Von Burg-Lehen.

Waldschmiedt, Johann Wilhelm [Praes.], s. Dalwigk in Lichtenfels, Wilhelm Friedrich Ludwig von: De pactis ganerbinatuum. Von Burg-Frieden.

Waldschmiedt, Johann Wilhelm [Praes.], s. Grimm, Johann: De molendinis bannariis. Von Zwang-Mühlen.

Waldschmiedt, Johann Wilhelm [Praes.], s. Herbst, Johann Jacob: De singularibus quibusdam et antiquis in Hassia juribus.

Waldschmiedt, Johann Wilhelm [Praes.], s. Klencke, Alexander Heinr.: De rationibus decidendi, partibus a judice communicandis, vel non communicandis, occasione Regiae ordinat. supremi appellat. tribunalis Berolinensis, tit. XLVIII. §. IV.

Waldschmiedt, Johann Wilhelm [Praes.], s. Peyer, Johann Conrad: De differentiis municipiorum Rom. et urbium German. mediatarum.

Waldscnmidt, Jo. Wilh.: „De probatione per diplomataria, vom Beweiss durch Copialbücher, commentatio juris publici", Lipsiae 1753. — Vorh.: Bibl. des Kammergerichts Berlin — Fc. 831.

Waldschmiedt, Johann Wilhelm [Praes.], s. Puy, Johann Ludwig du: De publica laetitia ob presentiam imperantis summi.

WALDSCHMIDT, Jo. Guil.: Specimen singularium et antiquorum in Hassia iurium, de bonis zu Waldrecht dictis. - Marburg 1723

Waldschmiedt, Johann Wilhelm [Praes.], s. Stockar von Neuforn, Georg: De iure imperantium in rusticos refractarios, homagium in primis denegantes.

Waldschmiedt, Johann Wilhelm [Praes.], s. Tann, Georg Friedrich von und zu: De Augustae imperatricis archicancellario.

Waldschmiedt, Johann Wilhelm [Praes.], s. Thalmann, Johann Christian: Specimen singularium et antiquorum in Hassia jurium, de bonis Zu Waldrecht.

Waldschmiedt, Johann Wilhelm [Praes.], s. Wloeme, Stephan Sigismund: De relationibus judicum et magistratuum, partibus communicandis, vel non communicandis, occasione leg. I. et authent. novo jure c. de relat.

Waldschmidt, Carl, Wetzlar ⟨Rheinland⟩: Die Dramatisierungen von Fielding's Tom Jones. Wetzlar 1906: K. Waldschmidt. [Umschlagt.] (104 S.) 8°
Rostock, Phil. Fak., Ref. Lindner, Diss. v. 3. Aug. 1906
[Geb. 3. Jan. 79 Wetzlar; Wohnort: Wetzlar; Staatsangeh.: Preußen; Vorbildung: Realgymn. Gießen Reife O. 99; Studium: Gießen 1, Marburg 7, München 1 S.; Rig. 30. Juli 06.]

Waldschmidt, L., d. schönsten Märchen. Zur Belehrg. u. Unterhaltg. f. uns. Kleinen erzählt. 8. (145 S. m. 10 farb. Bild.) Leipzig 896. Berlin, J. Gnadenfeld & Co. Geb. n. 2. —

Waldschmidt, L., die schönsten Märchen. Zur Belehrg. u. Unterhaltg. f. unsere Kleinen. Illustriert v. W. Oertel u. G. Suhr. (Neue Aufl.) (159 S.) 8. Leipzig (906). A. Hasert & Co. Geb. 1. 50

Waldschmidt, Max, approb. Arzt aus Hamburg: Aus d. 1. chirurg. Abt. d. Allgem. Krankenhauses Hamburg-Eppendorf. ⟨Oberarzt Dr. Kümmell.⟩ Über die Erfahrungen bei der operativen Behandlung von Retrodeviationen des Uterus durch Verkürzung und Fixation der Ligamenta rotunda. *Kiel 1902: Schmidt & Klaunig.* (24 S.) 8°
Kiel, Med. Diss. v. [21. Juli] 1902

—, W. Chr. resp., Jo. E. **Rauschelbach,** De incantatis. 28 pp. Jon. 4°. 1701

Waldschmidt, Walth., kaufmänn. Buchführung in staatl. u. städt. Betrieben. Nebst e. Anh., enth. Auszüge aus den Haushaltsplänen des preuss. Staates, der Städte Wiesbaden, Wien u. Frankfurt am Main. (53 S.) 8. Berlin 908. O. Liebmann. 1. —

— Leitende Ideen beim Bau der Fabriken, amerikan. Arbeitsmethoden u. deutsche Arbeiter-Einrichtgn. Vortrag, geh. am 12. VI. 1907 vor Besichtigung der Werke v. Ludw. Loewe & Co., Aktiengesellschaft, durch die Berliner Mitglieder d. Internat. Vereinigg. f. vergleich. Rechtswissenschaft u. Volkswirtschaftslehre. (48 Sp. m. Abbildgn.) Lex. 8. Berlin 907. R. v. Decker. — 50
Sonderabdr. aus: „Blätter f. vergleich. Rechtswissenschaft u. Volkswirtschaftslehre".

Waldschmidt, W., Die Organisation einer modernen Werkzeugmaschinenfabrik. Vortrag. Berlin, 1910. 26 S.

Waldschmiedt, Wilhelm Heinrich A. S. 1166/55

Dissertatio inauguralis medico-forensis, de morbis simulatis ac dissimulatis.
Präs. Karl Friedrich Luther.
Kiel (Reuther) 27. XI. 1728. 54 S. 35719

Waldschmidt, Wilhelm Heinrich: Diss. de abortus facti signis, ... s. Waldschmidt, Wilhelm Ulrich [Praes.]

Waldschmidt (Waldschmiedt, Waldtschmiedt), Wilhelm Ulrich

— Ad dissertationem inaug. a Balth. Krysingio habendam invitat. Kiliæ. 1701. 4. (U. B.).

— Ad Floralia Kiliensia, hoc est Maji primitias perlustrandas invitat. Kiliæ. 1702. 4. P.

— Ad herbas ac plantas læte oculis animisque perlustrandas invitat. Kilonii. 1701. P.

Waldschmidt, W. U., J. Jac. fil., De aegroto spina ventosa laborante. Kil. 4°.
1718

— Diss. acad., qua disquiritur an medicis impune occidere liceat? Kiliæ. 1704. 4. P. [Resp. Chr. Volprecht].

Kurtze und gründliche Beschreibung derer Aloen insgemein, insonderheit aber derer amerikanischen, durch Veranlassung zweyer in den hoch-fürstlichen Lust-Garten zu Gottorf bald blühenden americanischen Aloen, verfertigt u. nebst e. vor vielen Jahren von eben dieser Materie hrsg. Tractat ans Licht gest. durch Wilhelm Ulrich Waldschmiedt [Waldschmidt]. Kiel: Riechel 1705. 36,36 S. 8°
[Zwischent.:] Major, Joh[ann] Daniel: Americanische und bey dem hoch-fürstl. Schloß Gottorf...1668 blühende Aloe.

— Collegium physico-experimentale curiosum æqvis æstimatoribus studii experimentalis intimat. Kiliæ. 1717. 4. P.

— Collegium physico-experimentale privatum proxime inchoandum intimat. Kiliæ. (1711). 4. P.

— Diss. acad. de coloribus, objectis coloratis non inexistentibus. Kiliæ. 1703. 4. P. [Resp. Joh. Cph. Junge].

Vice Prorector et senatus academiae Kiloniensis ad exsequias ... [Einladung d. Vize-Prorektors u. Senats d. Universität Kiel zur Trauerfeier f. Wilhelm Huldreich **Waldschmidt**, Prof. d. Medizin, † 12. Jan. 1731.] — Kilonii (1731): Lüder. 4 Bl. 2° (4°)

— Diatribe inaug. chirurgico-medica de fracturis ossium sine violenta causa externa. Kiliæ. 1721. 4. P. [Resp. Petr. Hennings]. (U. B.).

Als der Magnificus, hoch-edle und hochgelahrte Herr ... [Glückwunschgedicht zur 5. Uebernahme d. Prorectorats von den in dem Convictorio befindenden Studiosis nebst denen Studiosis Medicin auf Wilhelm Huldreich **Waldschmiedt**, Prof. d. Medizin, 5. Oct. 1710.] — Kiel 1710: Reuther. 2 Bl. 4°

— Diss. Fridericiana de his, qui diu vivunt sine alimento. Kiliæ Hols. 1711. 4. P. [Resp. Joh. Mich. Eccardus].

Waldtschmiedt, Wilh. Huld., Disp. med. de ictero. Kiliæ. 1706. 4. P. [Resp. Jo. Aug. Faschius].

— Disqv. acad. de illo Plinii, morbus est aliquis per sapientiam mori. Kiliæ. 1703. 4. P. [Resp. Cph. Mart. Burchardus].

Waldschmiedt, Wilh. Hulder.: De imaginatione hominum et brutorum. [Resp.:] Christophorus Oberius. Kiliae (1701). 32 S.
Halle, Phil. Diss. v. 1701.

— Diss. Fridericiana de motu vacui specioso ignorantiæ in rebus physicis asylo. Kiliæ. U. A. [1703]. 4. P. [Resp. Matth. Gabr. Wedderkopf].

Waldschmidt, W. U., J. Jac. fil., De morbo epidemico convulsivo per Holsatiam grassante. Kil. 4°. *Haller*, Coll. Diss. pr. VII p. 211—254.
1714

Waldschmied, W. Huldr., resp. Chr. Steph. **Scheffel**, De morbo convulsivo-epid. per Holsatiam grassante, oppido raro. 32 pp. Kil. 4°. *Haller*, Disp. ad morb. 1760. VII p. 518. *Haller*, Bibl. med. pr. III, 608. 1717

— Dissertationem inaug. de hominis ortu et generatione Christiani Friderici Falckii intimat. Kiliæ. 1720. 4. P. (U. B.).

Wilhelmus Huldericus Waldtschmiedt [Wilhelm Ulrich Waldschmidt]: De Potu frigido, & praesertim sorbilibus frigidis, quae vulgo Kalteschalia vocantur. [Resp.:] Antonius Lütgens. Kiliae 1712: Reuther. 52 S. 8°.

Kiel, Med. Diss. v. Aug. 1712

— Diss. Fridericiana de prestere nuperimo, von dem neulichen grausamen Sturm und Ungewitter. Kiliæ. 1704. 4. P. [Resp. Petr. Porsch].

Waldschmiedt, Wilhelm Ulrich [Praes.], s. Schreiber, Christian Ulrich: Quid pro quo, seu de substitutis therapeuticis dissertatio.

Waldschmiedt, Wilhelm Ulrich [Praes.], s. Schuckmann, Johann Heinrich: De keletomias absque castratione instituendae nova methodo.

Waldschmiedt, Wilhelm Ulrich [Praes.], s. Sellius, Burchard Adam: Anatomica exercitatio de allantoide.

Wilhelm[us] Hulder[icus] Waldschmiedt [Waldschmidt] De Sexu ejusdem plantae gemino. [Resp.:] Jacobus Prenzler. Kiliae (1705): Reuther. 22 S. 8°

Kiel, Phil.Disp.v.5.Dez.1705

— Diss. med. de abortus facti signis, in matris, præsertim defunctæ partibus generationi inservientibus, reperiundis. Kiliæ. 1723. 4. P. [Resp. Wilh. Heinr. Waldschmiedt].

— Diss. Fridericiana de sororibus gemellis, ab osse sacro monstroso sibi invicem cohærescentibus. Kiliæ Hols. 1709. 4. P. (M. 2 Tvl.). [Resp. Joh. Mich. Eccardus].

— De superfoetatione falso prætensa diss. Cui in fine accessit extractus protocolli judicii inquisitorii, in puncto suppositi partus. Hamburg. 1727. 4. P.

— Dissertationem inaug. de usu frictionum in medicina intimat. Kiliæ. (1725). 4. (U. B.).

— Programma de vegetabilium usu eximio in medicina. Kiliæ Hols. (1707). 4. P.

— Diss. inaug. med. de valore medicinæ et chemiæ modernæ. Kiliæ. 1725. 4. P. [Resp. Chr. Joach. Lossav].

Waldschmidt, Wilh. Ulrich [Praes.], s. Waldschmidt, Chr.: Diss. de singularibus quibusdam pestis Holsaticae. – Diss. de singularibus quibusdam variolarum ...

Waldschmiedt, Wilhelm Ulrich [Praes.], s. Wedderkopf, Matthias Gabriel: De metu vacui, specioso ignorantiae in rebus physicis asylo.

Waldschmidt, Wolfram, Altheidelberg u. sein Schloß. Kulturbilder aus dem Leben der Pfalzgrafen bei Rhein. (Titel, Initialen u. Leisten v. F. H. Ehmke.) 1.—3. Tauf. (289 S. m. 113 Abb.) gr. 8. Jena 909. E. Diederichs. 5.—; geb. 6.50

Waldschmidt, Wolfram, aus Metz: Andrea del Castagno. *Berlin (1900): G. Schade.* (54 S.) 8°
Berlin, Phil. Diss. v. 8. Aug. 1900

Waldschmidt, Wolfr., Dante Gabriel Rossetti, der Maler u. der Dichter. Die Anfänge der praeraphaelit. Bewegung in England. (163 S. m. 16 Taf.) gr. 8. Jena 906. E. Diederichs. n. 6.—; geb. n. 8.—; Liebhaberausgabe n. 20.—

Waldschmiedt, s. Waldschmidt

Waldschütz, F. Topographische Karte der Cantone St. Gallen, Appenzell und Glarus. 1839. 1 Bl. c. L. Fr.

Waldschütz, Otto, s.: Bibliographie der Sozialwissenschaften.

Waldschütz, Otto, Einführg. in das Heerwesen. 1.—4. u. 6.—8. Heft. gr. 8. Wien 910. (L. W. Seidel & Sohn.) 18. 10

1. Einleitung u. allgemeine Gliederung der Landmacht Österreich-Ungarns. Evident bis Febr. 1910. (103 S. m. 6 Beilagen.) 2. 80
2. Ergänzung und Ausbildung der Kriegsmacht. 1. Menschen. — 2. Pferde. — 3. Material u. Geld. Evident bis Febr. 1910. (228 S. m. 3 Beilagen.) 3. 60
3. **Die Infanterie. Evident bis Febr. 1910.** (118 S. m. 1 Beilage.) 2. 40
4. **Die Kavallerie. Evident bis März 1910.** (103 S. m. 1 Beilage.) 2. 40
6. **Das Waffen- u. Munitionswesen. Evident bis April 1910.** (71 S. m. 3 Beilagen.) 1. 90
7. **Das Pionierwesen. Evident bis April 1910.** (74 S. m. 4 Beilagen.) 2. 40
8. Das Verpflegungswesen. Evident bis April 1910. (112 S. m. 4 Beilagen.) 2. 60

Heft 5 ist noch nicht erschienen.

Waldschütz, Otto, Kammergerichtsreferendar a. Pfullendorf: Haftet der Staat für Versehen der Gerichtsvollzieher? Borna-Leipzig 1900: R. Noske. (X, 50 S.) 8° [𝔉.]
Erlangen, Jur. Fak., Ref. Binder, Diss. v. 23. März 1900
[Geb. 29. April 79 Pfullendorf; Wohnort: Waidmannslust-Berlin; Staatsangeh.: Baden; Vorbildung: Konstanz Reife Juli 99; Studium: München 2, Heidelberg 1, Berlin 3 S.; Rig. 9. Febr. 00.]

v. Waldsee, Ritter Albrecht; e. Sage der Vorzeit. 8. Leipz., Joachim. 1 ₰ 8 ⁄.

Waldsee [Schlagwort]

Waldsee, s.: Deutschland. Kürschner-Peip.

Waldsee, Josef Krug-
s. Krug-Waldsee. 09. 8621

Die Cosmographiae introductio des Martin **Waldseemüller** ⟨Ilacomilus⟩ in Faksimiledr. hrsg. mit e. Einl. von Fr[anz] R[itter] v. Wieser. Strassburg: J. H. E. Heitz 1907. (103 S.) 8°
= **Drucke** u. Holzschnitte d. 15. u. 16. Jhs. 12. 08. 1876

Die älteste Karte mit dem Namen Amerika aus dem Jahre 1507 und die Carta marina aus d. J. 1516 des M(artin) Waldseemüller ⟨Ilacomilus⟩. Hrsg. mit Unterst. d. Kais. Akad. d. Wiss. in Wien von Prof. Jos. Fischer S. J. u. Prof. Fr[anz] R. v. Wieser. *Innsbruck: Wagner 1903.* (55 S., 26 Kartenbl.) gr. 2°
[Nebent.:] The oldest map with the name America ... and the Carta marina ... by M. Waldseemüller ⟨Ilacomilus⟩ ed. by ...
[Umschlagt.:] Die Weltkarten Waldseemüllers ... The world maps of Waldseemüller ... [03. 15177

Waldshut. (Album.) (16 Taf.) 14,5×20 cm. Waldshut (910). (H. Zimmermann.) 1.20

Waldshut [Schlagwort]

Waldshut. s.: **Deutschland.** Kürschner-Pelp. — **Schwarzwald.** Karte. Lorenz.

Waldshut. Karte vom Kreise Waldshut. 45 × 67 cm. Lith. u. kolor. Bonndorf (886). J. A. Binder's Nachf. (H. Sprachholz & J. G. Ehrath). n.n. — 60

— **Ott, A.,** Schulwandkarte des Kreises Waldshut, umfassend die Amtsbezirke Bonndorf, St. Blasien, Säckingen u. Waldshut, nach topograph. Karte gezeichnet. 6 Blatt à 43 × 44,5 cm. Farbendr. Ebd. (887). n. 4. —; auf Leinw. n.n. 6. 80

Waldsolarien im Hochgebirge: Adelboden ..., Berner Oberland — Schweiz. [Illustrierter Prospekt.] [8 S.] quer-8. (Bümpliz-Bern, Benteli A.-G., 1910.)

Waldstands-Übersicht, dann Fällungs- und Kultur-Plan der Kgl. Forstreviere Gramschatz, Binsfeld, Irtenberg und Hochberg im Kgl. Forstamte Würzburg. - 23 S., 1 Kt. - (=Führer f. d. Excursion d. dtsch. Forstwirthe b. d. 23. Vers. d. dtsch. Forst- u. Landwirthe 1863 i. Würzburg)

Waldstands-Übersicht und Fällungs-, Kultur- und Streunutzungs-Plan der Königl. Forstreviere Waldaschaff, Rothenbuch und Hain im Kgl. Forstamt. - Aschaffenburg o. J. 29 S., 1 Kt.

Waldstands-Übersicht sowie Fällungs-, Cultur- und Streunutzungspläne derjenigen Reviere und Waldabtheilungen, welche bei den Excursionen der süddeutschen Forstwirthe in Kaiserslautern im Monat Juni 1861 berührt werden, nebst den Wirthschaftsregeln für den "Pfälzerwald". - Speyer 1861. 80 S., 1 Kt.

Waldstätt, s.: **Großbauer v. Waldstätt.**

Waldstätte: Die Waldstätte
① Unparteiisches Organ, später Volksblatt für die Innerschweiz ⑤ 23. 12. 1900--26. 6. 1902 ⑥ 2° ⑦ wochentlich 2×; später Wochenblatt ⑧ Altdorf: Hogger'sche Buchdruckerei ⑨ Alpenrosen ⑬ BGSZ: 1072.

Waldstätten, Johann, Freih. v., Anleitung zur Einübung des Feld-Dienstes bei der Infanterie. kl. 8. (63 S.) Wien, L. W. Seidel & Sohn. 30 kr. 2. unveränd. Abdr. (78 S.) 30 kr. 1884

Waldstätten, Joh. Frhr. v., Anleitung zur Einübung des Feld-Dienstes bei der Infanterie. 2. Aufl. 12. (78 S.) Wien 894. L. W. Seidel & Sohn. n. — 80

Waldstätten, Joh. Frhr. v., üb. d. Feuergefecht. gr. 8. (42 S.) Wien 897. L. W. Seidel & Sohn. n. — 80

— strategische Grundsätze in ihrer Anwendg. auf den Feldzug in Italien 1866. gr. 8. (122 S. m. Textskizzen u. 1 Karte.) Ebd. 895. n. 4. —

Waldstätten, Joh. Frhr. v., die Cavallerie-Manöver bei Totis. [Aus: „Oesterr.-ungar. Militär. Blätter".] gr. 8. (116 S. m. 3 Steintaf. in gr. Fol.) Teschen 875. Prochaska. n. 4. —

Waldstätten, Joh. Frhr. v., über den Nachrichten- und Sicherheitsdienst. 1. Thl.: Nachrichtendienst. gr. 8. (203 S. mit 5 eingedr. Zeichnungen.) Wien 870, Seidel und Sohn. *

—— die Schlacht bei Vionville und Rezonville am 16. Aug. 1870. Zwei Vorträge, gehalten im Wiener militär-wissenschaftl. Vereine. gr. 8. (48 S.) Ebendas. 874. *
Aus: Organ des Wiener militär-wissenschaftl. Vereins, besonders abgedruckt.

Waldstätten, Joh. Frhr. v., die Taktik. 1. Aufl. 1865. und 2., verm. und verb. Aufl. gr. 8. (VIII und 408 S. mit eingedr. Holzschn. und 6 Stnt. in gr. 8. und 4.) Wien 867, Seidel und Sohn. *

— —, k. k. Oberstlieut. im Gr. Neipperg-Dragoner-Reg. Nr. 12. Die Taktik. 3. verm. u. verbess. Aufl. Mit Holzschn. (Mit 1 Karte.) 8. Wien 1868.

— die Taktik. Mit (eingedr.) Holzschn. 4., neubearb. Aufl. gr. 8. (IX, 504 S.) Ebend. 873. n. 6. —

Waldstätten, Johann von: Die Taktik. 5. Auflage. Wien 1874. 8°

—— die Taktik. 6. verb. Aufl. 2 Thle. Mit (eingedr.) Holzschn. gr. 8. Wien 878, Seidel und Sohn. *
Inhalt:
Thl. 1. Elementar-Taktik. (III, 191 S.) * M 3.
" 2. Angewandte Taktik. (283 S.) * M 4.

Waldstätten, Joh. Frhr. v., die Taktik. 7. Aufl. 1. u. 2. Thl. Mit (eingedr.) Holzschn. gr. 8. Wien 880. 81. Seidel & Sohn. n. 7. —
1. Elementar-Taktik. (III, 191 S.) n. 3. —
2. Angewandte Taktik. (283 S.) n. 4. —

—— die Taktik. 8. Aufl. 1. Thl.: Elementar-Taktik der drei Waffen. gr. 8. (195 S. mit Holzschn.) Ebendas. 884. *

—— dass. — 8. Aufl. 2. Thl. 1. und 2. Heft. gr. 8. (IV, 379 S. mit Holzschn.) Ebendas. 886. *

— die Taktik. 8. Aufl. 1. u. 2. Thl. Mit Holzschn. gr. 8. Ebend. n. 7. —
1. Elementar-Taktik der drei Waffen. (195 S.) 887. n. 3. —
2. (IV, 370 S.) 886. n. 4. —

Waldstätten, Joh. Frhr. v., die Taktik. 8. Aufl. 2. Abdr. 1. Thl.: Elementar-Taktik der drei Waffen. gr. 8. (195 S. mit Holzschn.) Wien 887, Seidel und Sohn. *

Waldstätten, J. Frhr. v., die Taktik. 9. Aufl. 1. u. 2. Thl. gr. 8. (Mit Holzschn.) Wien 890. Seidel & Sohn. n. 7. —
1. Gefecht. (V, 261 S.) n. 4. —
2. Felddienst. (IV, 203 S.) n. 3. —

— , k. u. k. FZM. Die Taktik. 9. durchgesehene Aufl. I. Th. Das Gefecht. Mit Holzschnitten. 8. Wien 1891.

— die Taktik. 10. Aufl. 1. u. 2. Thl. gr. 8. Ebd. 896. n. 7. 20
1. Gefecht. (V, 279 S. m. Holzschn.) n. 4. —
2. Felddienst. (V, 205 S. m. Holzschn.) n. 3. 20

Waldstätten, Joh. Freih. v., Technik d. angriffsweisen Gefechtes d. Infant. gr. 8. (83 S.) Wien, L. W. Seidel & Sohn. 1884.

—— Technik des angriffsweisen Gefechtes der Infanterie. 2. Aufl. gr. 8. (86 S. mit 1 lithogr. Taf.) Ebendas. 885. *

Waldstätten, Johann Baron, k. k. Oberstlieut. im Dragoner-Reg. 12, etc. Die Terrainlehre bearbeitet als Lehrbehelf. Mit 7 Taf. und 40 Holzschnitten. 8. Wien 1868.
— — 2. durchgesehene Auflage. Mit 7 Taf. und 42 Holzschnitten. 8. Wien 1868.

—— die Terrainlehre bearb. als Lehrbehelf. 1. Aufl. 1867. und 2., durchgeseh. Aufl. gr. 8. (IV und 184 S. mit 7 Stnt. in qu. 4. und 40 eingedr. Holzschn.) Wien 868, Seidel und Sohn. *

— die Terrainlehre. Mit (eingedr.) Holzschn. u. (7 lith.) Taf. (in gr. 8., qu. gr. 4. u. qu. Fol.) 3., durchgeseh. Aufl. gr. 8. (204 S.) Ebend. 872. n. 4. 40

— über die Verwendung größerer Cavalleriekörper in den Schlachten der Zukunft. [Aus: „Oesterreichisch-ungarischen Militär. Blättern."] gr. 8. (30 S.) Teschen 874. Prochaska. n. 1. —

Waldstätter-Bote: Der Waldstätter-Bote
① Eine Politische Zeitschrift (1839) ④ Der Bote aus der Urschweiz ⑤ 8. 4. 1828—30. 9. 1844 ⑥ 4° ⑦ Wochenblatt (1828—1830); wöchentlich 2× (1831—1844) ⑧ Luzern: Joh. Martin Anich (8. 4. 1828—30. 12. 1831), Gebrüder Räber (2. 1. 1832—28. 1. 1833); Schwyz: Josef Thomas Kälin (1. 2. 1833—30. 9. 1844) ⑨ Der Hausfreund, oder Beiträge zu einem angenehmen und nützlichen Leben (1834) ⑩ erster Herausgeber war Oberst Karl Pfyffer v. Altishofen (1771—1840), der Initiant zur Errichtung des Löwendenkmals in Luzern ⑪ Oberst Karl Pfyffer (1828—30. 4. 1832), Niklaus Pfyffer (1832), Peter Widmer, aus Eschenbach (Lu); Mitarbeiter: Bernhard v. Wattenwil ⑫ katholisch-konservativ ⑬ BGSZ: 464, 1058; Münch: Bernische Presse, p. 36 ⑭ Lu: Z; Zh: Z; Be: L (1828—1839) ⑮ Bis und mit 1834 wurden zum ganzen Jahrgang gestochene Titelblätter abgegeben. Eigentlicher Besitzer der Buchdruckerei Kälin in Schwyz war das Kloster Einsiedeln.

Waldstätter-Bötin: Die Waldstätter-Bötin
③ Luzernerischer Berichthaus-Anzeiger ⑤ 7. 10. 1836—24. 3. 1837 ⑥ 4° ⑦ Wochenblatt ⑧ Luzern: Buchdruckerei Berichthaus ⑨ Die Frau Base (erschienen monatlich 1× im Oktober—Dezember 1836, Januar 1837) ⑩ Berichthaus Luzern ⑬ BGSZ: 1028 ⑭ Lu: Z.

Waldstätterhof, Hotel and Pension, at Brunnen. Proprietor Fr. Fassbind. 16 pp. in-12. Lucerne, C. F. Prell. 1871

Der **Waldstätterhof.** Hôtel u. Pensionshaus. Eigenthümer: Fr. Fassbind in Brunnen. Mit Illustr. 16 Stn. 12. Zürich, Druck v. Zürcher & Furrer. 1871.

Waldstätter-Wochenblatt
③ Wächter am Pilatus (I) ⑤ 1. 7. 1876—25. 6. 1881 ⑥ 2° ⑦ Wochenblatt ⑧ Luzern: Josef Leonz Bucher ⑩ Josef Leonz Bucher ⑪ Karl Eichhorn, der nachmalige Redaktor an den »Winterthurer Nachrichten« und am »Eidgenossen« (1877—1878), Eduard Zumbühl, später Redaktor am »Luzerner Tagblatt« (1879—1881) ⑫ links-freisinnig ⑬ BGSZ: 1028, 1032 ⑭ Lu: Z (unvollständig)

Waldstedt, Gfried., Briefe aus Rumänien. 8. (55 S.) [Zeitz 877.] Halle, Strien Verlag. *

Waldstedt, Gfried., Frühlingsblüthen. Dichtungen. 16. (VIII, 95 S.) Osterburg 872. Döger. n. — 75

Waldstedt, Gfrd., Herzensklänge. Gedichte. Leipzig 870. Kormann. 8. (XI, 132 S.) n. 18 ngr.

— Eduard Lasker. Biographische Skizze. 8. (15 S. m. Port. auf e. Holzschntaf.) Berlin 873. Prager. — 30

— des Teufels Minister. Zeitdichtung. Osterburg 870. Doeger. 8. (15 S.) 2½ ngr.

Waldstedt, Irma Freiin v., 30 Jahre Hofdame 1870 bis 1900. 1. u. 2. Aufl. (872 S.) 8. Berlin (906). Vossische Buchh. n. 5. —; geb. n. 6. —

Dreißig Jahre Hofdame, 1870–1900. Von Irma Freiin v. **Waldstedt.** 2. Aufl. Berlin: Voss 1907. (371 S.) 8° [F.] [06. 2959

Waldstein [Sachl. OW]

Waldstein, Albrecht, Herzog von Friedland. Ein vaterländisches Trauerpiel in fünf Akten. Pilsen 1789. V: *Komareck, Johann Nepomuk.* (GGr)

Waldstein, Albrecht, Herzog in Friedland. Trspl. 8. Leipz. 792. Köhler. 6 gr.

v. **Waldstein,** Hinko, mit der eisernen Tasche, (v. Elise Hollmann, geb. Werner). 2 Thle. 8. Wolfenb. 794—97. Albrecht. 1 ₰ 8 gr.

Waldstein, Hinko von, mit der eiserne Tasche, Geistergeschichte aus dem funfzehnten Jahrhundert in 2 Theile mit Kupf. 8. Wolfenbüttel, 794/97. Albrecht.

Waldstein [Verfasser]

Waldstein, A[ugusta]: Über die Abhängigkeit der Harnabsonderung von der chemischen Beschaffenheit des Blutes und dem Zustande der Niere. Diss. Med. Bern. [Sep.-Abdr. aus: Biochemische Zeitschrift, Band 2.] II + 33 S. 8. Berlin, Julius Springer, 1906.

Waldstein, Ernst Karl Graf. Die Bilderreste d. Wigalois-Cyclus zu Runkelstein. gr. 4. (14 S. m. 10 Taf.) Wien 892, (Kubasta u. Voigt). * 2 40
Aus: Mittheilgn. d. k. k. Centralcommission zur Erforschg. u. Erhaltg. der Kunst u. histor. Denkmale.

(8) **Waldstein,** Graf E. K., die Bilderreste d. Wigalois-Cyklus zu Runkelstein. 892. (KBL 28.) Jetzt: Wien, A. Schroll & Co.

Waldstein, Franz Graf: Descriptiones et icones plantarum rariorum Hungariae a F. Comes Waldstein et Paul Kitaibel. Vol. 1 - 3, gbd., Abb.

Viennae: typ. Schmidt 1802 - 1812

Waldstein, Franc. Comes, et P. Kitaibel, Plantae rariores Hungariae indigenae, descriptae et iconibus illustratae. Decas I—XXVI. fol. maj. Wien, Schaumburg. 800—10.

Waldstein, **Comes Franz v. Paula, et Paul Kitaibel,** plantae rariores **Hungariae** indigenae, descriptae et iconibus illustratae. **Decas I—XXVIII.** Fol. maj. Wien 800—812. Schaumburg. Compl. 311 ₰ 3 gr.

Waldstein, H., s. Sänger, der deutsche.

Waldstein, H., der deutsche Sänger im fröhlichen Kreise. Ein Liederbuch. 8. Aufl. 16. (272 S.) Leipzig 889. G. Weigel. cart. — 50

Waldstein, H., der deutsche Sänger im fröhlichen Kreise. Ein Liederbuch, enth. 324 der schönsten u. beliebtesten deutschen Volks-, Vaterlands-, Turner-, Schützen-, Trink- u. Gesellschaftslieder. 9. Aufl. 16. (272 S.) Leipzig 891. G. Weigel. Kart. — 60

Waldstein, Hugo. Erst wägen, dann wagen. Politisch-militär. Studie f. alle Gebildeten. gr. 8. (V, 60 S.) Hannov. 892, Helwing's Verlag. * 1 —

Waldstein, Jac., die Brille. Anleitung zur Unterstützung u. Erhaltung des Sehvermögens, nach einer von allen Autoritäten dieses Faches anerkannten u. durch langjährige Praxis bewährten Methode. Wien 867. (Gerold's Sohn.) 8. (VII, 32 S.) 6 ngr.

Das unterbewusste Ich und sein Verhältnis zu Gesundheit und Erziehung. Von Dr. Louis **Waldstein.** Autor. Übers. von Gertrud Veraguth. (Vorr.: Dr. Otto Veraguth.) Wiesbaden: J. F. Bergmann 1908. (IV, 71 S.) 8°
= **Grenzfragen** d. Nerven- u. Seelenlebens. H. 62. [08. 17391

Waldstein, Marcus [aus Schneidemühl]: Krankheitsbewegungen und Behandlung in der chirurgischen Poliklinik zu Würzburg vom 1. Januar 1890 bis 31. Dezember 1894 ... Würzburg, Graph. Anst. J. Seelmeyr, 1895; 58 S., 1 Bl. 8.
Würzburg, Med. Fak., Inaug.-Diss. v. 1895

Waldstein, Max, Bekenntnisse eines Hoftheater-Direktors. Theater-Roman. 2 Bde. 8. (242 u. 187 S.) Großenhain 883. Baumert & Ronge. n. 5. —

Waldstein, Max, heitere Bilder aus der Opernwelt. (Mit dem Bildnis Pauline Luccas als „Cherubin".) (Figaros Hochzeit.) 2. Aufl. 8. (VII, 186 S.) Chemnitz 900. Leipzig, C. B. Richter. n. 2. —; kart. n. 2 50

Waldstein, Max, Bühnen-Historietten. Heitere Erzählungen aus der Theaterwelt. 8. (156 S.) Berlin 888, Freund und Jeckel. *

Waldstein, Max, neue humorist. Erinnergn. an Josephine Gallmeyer. 12. (V, 149 S.) Leipzig 896. A. Schumann's Verl. n. 1. —

Waldstein Max. — Gedichte von — —. Wien. 1855. Verlag von Jasper's Witwe und Hügel. Druck von U. Klopf sen. und Alex. Eurich. (144 S. u. 6 Blätter. 8.)

Waldstein, Max. das Herz der Gräfin, s.: Bloch's, E., Dilettanten-Bühne.

— die Husaren-Primadonna. Humorist. Erzählg. aus d. Soldaten- u. Theaterleben. 12. (155 S.) Ebd. 896. n. 1. —

Waldstein, Max, der Papagei der Herzogin u. andere heitere u. ernste Geschichten. 8. (VII, 178 S.) Berlin 893. Freund & Jeckel. n. 2. —

Waldstein, Max, ein alter Tenorist. Humoristischer Theaterroman aus dem Pariser Leben. 2. unveränd. [Titel-]Aufl. (VIII, 818 S.) 8. Dresden [907] (909). B. Richter. 3.—; geb. 4. —

— Theatergeschichten. 8. (300 S.) Wien 876. Hartleben. n. 3. —

Waldstein, M., neue humoristische Theatergeschichten. 3. Tausend. 8. (VII, 215 S.) Berlin 887. Freund & Jeckel. n. 2. —

Waldstein, Max, aus Wiens lustiger Theaterzeit. Erinnerungen an Josefine Gallmeyer. Mit dem Portr. u. Fcsm. der Künstlerin. 6. Tausend. 8. (IV, 227 S.) Berlin 885. Jacobsthal. n. 2. —

Waldstein, Otto, über longitudinale Schwingungen v. Stäben, welche aus parallel zur Längsaxe zusammengesetzten Stücken bestehen. (5 S.) gr. 8. Wien 902. (A. Hölder.) n. — 30
Sonderabdruck aus: „Sitzungsber. d. k. Akad. d. Wiss."

Waldstein, Saulus *(geb Posen 5 5 1836)*: Quaestiones politico-oeconomicae. Vratislaviae (1860). (31 S.) 8°
Breslau, Phil Diss. v. 1 März [vielmehr 29 Febr.] 1860

Waldstein-Wartenberg, Sr. Excellenz dem Hochgebohrenen Herrn Herrn Franz Adam Grafen von, . . . Ehrfurchtsvoll dargebracht . . . 1815. O. O. V: *Dambeck, Johann Heinrich Matthias.* (GGr)

Waldstein-Panorama. Aufgenommen v. d. „Schüssel", d. höchsten Punkte d. Waldsteines. (Hrsg. v. Fichtelgebirgs-Verein.) 16×225,5 cm. Farbdr. München 896. (Wunsiedel, G. Kohler.) n.n. 1. —

Waldstein's, Albrecht v., Studentenjahre, s. Patsch, Karl.
s. auch Wallenstein.

Waldstetter, Ruth [Pseudon.] s.a. Geering, Martha.

Die Wahl. Roman von Ruth **Waldstetter**. Berlin: S. Fischer (1910). 139 S. 8°
(Fischer's Bibliothek zeitgenöss. Romane. Jg. 2, Bd 10.)

Waldstetter, Ruth, die Wahl, s.a. Fischer's Bibliothek zeitgenössischer Romane.

Waldström, C. B.: Bemerkungen über den Sklavenhandel und die Küste von Guinea. Hamburg 1790. [= NSR. Theil 10.]

Waldstromer, Chrph. Jac.: Oratio de curiis regiis comitiisq. ante sanctionis Carolinae tempora Norimbergae celebratis in academia Altorfina 1722 habita. (Altorfii 1722.)

Waldstromer, Chr. Iac. de, Oratio de curiis regiis comitiisque ante sanctionis carolinae tempora Norimbergae celebratis. 4. Norimb. Schneider et W. 722.

Wald-Scenen und Natur-Schönheiten. Agram 1794. V: *Schwerdling, Joh.* (MGT) (Ky)

Wald-Scenen u. Natur-Schönheiten (von Jh. Schwerdling). 8. Grätz 794. ist Verlag v. Kienreich

Waldt, Gust., Tagzeiten. Gedichte. (52 S.) kl. 8. Darmstadt 909. H. Hohmann. 1.25; kart. 1. 75

Waldteufel (Rich. Muck), s.: Wenn der Auerhahn balzt.

Waldthausen, (F.) Albert von

Beiträge zur Geschichte der Familie Huyssen. (Verf.: Albert v. **Waldthausen.**) Als Hs. gedr. Düsseldorf (1906): A. Bagel. (243 S.) 4° [06.14567 5

Waldthausen, F. A. v., Beiträge zur Geschichte der Familie Sölling. Als Manuskript gedruckt. Essen-Ruhr. 1896. 128 S. mit 2 Taf.

(Waldthausen, F. A.,) Beiträge zur Geschichte der Familie Waldthausen. 2 Bände. Mit Ahnentfln. Essen 1884. 4. Nicht im Handel.

Geschichte des Steinkohlenbergwerks Vereinigte Sälzer und Neuak (in Essen) nebst histor.-statist. Abhandl. mit bes. Berücks. von Stadt u. Stift Essen. (Verf.: Albert v. Waldthausen.) — Essen: Baedeker 1902. 446 S., 3 Pl. 8°

Waldthausen, Alb. v., s.a. Geschichte des Steinkohlenbergwerks Vereinigte Sälzer u. Neuak.

Waldthurm, W. L. v., durch die moderne Wissenschaft zu Gott. Eine Studie. (31 S.) 8. Wien 908. W. Braumüller. — 50

Waldtschmiedt, s. Waldschmidt

Waldübersichtskarte der Bukowina. Hrsg. v. k. u. k. Militärgeogr. Inst. (1:800.000.) Wien: Militärgeogr. Inst. [1902].

Walduck, H., und A. Toeppe, englisches Lesebuch, s. Toeppe, A.

Waldungen, Die, der Stadt Warren und deren Bewirtschaftung. Warren 1882. V: *Kross, C.* (Bachmann, Mecklenburg. Güstrow 1889. S. 21.)

Waldvogel, die specielle Tuberculose der Knochen u. Gelenke, s.: Koenig, F.

Waldvogel, Alfred. Das Leben lebt vom Tode! Betrachtungen über Gott, das Sterben und Werden und die Zukunft des Menschen. Seinen Freunden, den Freidenkenden und Vorurteilsfreien gewidmet von (**Umschlag:* Den Suchenden! Von) A' W'. [Mit Vignetten.] 47 S. 8. (Bern, Buchdr. Büchler & Co., [Komm. J. Hartmann, 1909].) (fr. 1. —)

Waldvogel, Anton: Zur Lösung der Tauernbahnfragen. Ein Vorschlag. Sonder-Abdruck aus der Zeitschrift des Oesterr. Ingenieur- und Architekten-Vereines 1900, Nr. 33 und 34 Wien. 1900. Selbstverlag. In Comm. R. Lechner (Wilh. Müller). Lex.-8°. 45 S.

Waldvogel, Ant., Studie e. Tiefbahn an d. Rossauerlände u. deren Verbindg. m. d. Gürtelbahnlinie. M. 4 Blättern (Plan- u. Längenprofil-Skizzen). Imp.-4. (13 S.) Wien 896. R. Lechner's Sort. n. 1. 20

Waldvogel, Ant., Wiener Centralbahn sammt Flügelbahnen zum Anschluss an die externen Linien. Ein Entwurf. 8. (43 S. m. 6 authogr. Plänen.) Wien 873. Gerold's Sohn in Comm. n. 2. 40

Waldvogel, Dietr., der Ferkelpeter, s.: Jugendbibliothek, dramatisch-deklamatorische.

Waldvogel, Joh., s.: Lösungen der Absolutorial-Aufgaben aus d. Mathematik u. Physik an den humanistischen Gymnasien Bayerns.

Waldvogel, Joh. [Prof.]: Übungen aus dem mathematischen Repetitionsstoffe der Obergymnasialklasse. Würzburg, k. Universitätsdr. v. H. Stürtz (1889); 75 S. 8°
Aschaffenburg, k. StA, P 1889 •

Waldvogel, J., Übungen aus dem mathematischen Repetitionsstoffe der Obergymnasialklasse. 1. Tl. gr. 8. (75 S.) Aschaffenburg 889. (Krebs.) n. 1. 20

Waldvogel, Joh. [Prof.]: Übungen aus dem mathematischen Repetitionsstoffe der Obergymnasialklasse. (Fortsetzung der vorjährigen Beilage.) Würzburg, k. Universitätsdr. v. H. Stürtz (1890); 1 Bl., S. 77—122, 1 Bl. 8°
Aschaffenburg, k. StA, P 1890

[Waldvogel, Carl, und Heer, Jacob Christoph.] Züricher Bilder und Bilder aus der Schweiz. [Illustrationen, nebst 1 Tafel. 1 Plan und Text von C' W' und J' Ch' H'.] quer-8. Zürich [1899].

Waldvogel, Carl. Denkschrift zur Einweihung der neuen Tonhalle in Zürich 19. Okt. 1895. Zürich 1895. 4.

Waldvogel, Karl, e. Fibrom d. Herzens. gr. 8. (21 S.) Göttingen 885. (Vandenhoeck & Ruprecht.) Diss.

Waldvogel, Richard

Waldvogel, R., die Acetonkörper. Ein Teil der Untersuchgn. ist mit Hilfe der Gräfin Bose-Stiftung angestellt. (VI, 274 S. m. 1 Abbildg.) gr. 8. Stuttgart 903. F. Enke. n. 9. —

— die Gefahren der Geschlechtskrankheiten u. ihre Verhütung. Akademische Vorlesgn. (VII, 87 S. m. 2 Abbildgn.) 8. Ebd. 905. n. 1. 60

Waldvogel, Richard: Bakteriologische und pathologisch anatomische Untersuchungen von infektiösen Pharyngo-Laryngitiden ... Göttingen, Druck d. Dieterich'schen Univ.-Buchdr., 1894; 54 S. 8°
Göttingen, Med. Fak., Inaug.-Diss. v. [1. Aug.] 1894.

Waldvogel, Rich., bakteriolog. u. patholog. anatom. Untersuchgn. v. infektiösen Pharyngo-Laryngitiden. Diss. gr. 8. (54 S.) Göttingen 894. (Vandenhoeck & Ruprecht. n. 1. 20

Waldvogel, T. Reisebilder aus dem Kaukasus. In-8°. IV, 155 S. Schaffhausen, Komm.-Verl. von Carl Schoch. 1897. netto 2 —

Waldvogel, T[raugott]: Das Lautikerried und der Lützelsee. Ein Beitrag zur Landeskunde. Zürich 1900. 74 S. 2 Taf. 8° (S.-A. aus Vierteljahrsschrift der naturforschenden Gesellschaft in Zürich. Bd. 45.)
Zürich. Phil. Diss. II. S. 1900/1901.

Waldvogel, T[raugott]. Schulreform und der neue Schulgesetzentwurf für den Kanton Schaffhausen. ⟨Referat von Dr. T. W', Regierungsrat.⟩ [Gehalten an der] Konferenz der Lehrer des Kantons Sch' 1910. 68 S. 8. ([Schaffhausen, H. Meier & Cie.,] 1910.)

Waldvögelein. Sammlung beliebter Volksweisen, zweistimmig u. mit neuen Texten f. Schulen von Theophil Bittkow. 1 u. 2. Hft. 16. (à 32 S.) Berlin 849. 50, Bittkow. — 1. Hft. 2 u. 3. Aufl. gr. 16. (32 S.) Ebd. 850. (à Hft. 1/12 ℛ) 1/6 ℛ

Der Waldwegebau im Herzogthum Sachsen-Gotha. - Gotha 1864. 16 S., 1 Kt.

Waldweibchen, das,. 1r Thl. Volksmährchen in 3 Aufz. v. Hensler. 8. Wien, Wallishäußer. 800.

Waldweibchen, das Wiener, eine romantische Gesch. der Vorzeit, vom Verf. des Donauweibchens. 2 Bde. m. K. 8. Lpz. Joachim. 802.

Waleck, Franc., de intestini recti anomaliis. Dissertatio inaug. medica. 8maj. (1 3/4 B.) Vindobonae 812, (libr. Universit. Beck.)

Walecka, Leo. Vide: Arbeiterschutz. Organ etc.

Waleffe, Maurice de, Maria v. Magdala. Roman. Autoris. Uebersetzg. v. H. Michalski. 2. Aufl. (263 S.) 8. Berlin (908). Concordia. 2,50; geb. 3. 50

Walek, Karl, a. Pécs ⟨Ungarn⟩: Binäre Kubische Transformation und Complexe. Selmeczbánya 1908: A. Joerges Wwe & Sohn. (39 S.) 8°
München, Phil. Fak., Ref. Lindemann, Diss. v. 30. Jan. 1908
[Geb. 13. Sept. 78 Pécs (Ungarn); Wohnort: Selmeczbánya (Ungarn); Staatsangeh.: Ungarn; Vorbildung: Oberrealsch. Pécs Reife Juni 97; Studium: Hochsch. f. Berg- u. Forstwesen Selmeczbánya 6, Univ. München 6 S.; Rig. 30. Jan. 08.]

van Walenburch, Adrianus et Petrus. De controversiis tractatus generales contracti. Wien, Trattner. 1778. gr. 8°.
Eine stark verkürzte Ausgabe des 9 einzelne Schriften umfassenden 1. Bandes des großen apolog. polem. Werkes der Gebrüder Walenburch: Tractatus generales et speciales de controversiis fidei. Köln, 1669—71, Fol. Über das bedeutende 2bändige Werk in Großfolio u. deren Verfasser vgl. Kl.-L. (2. Aufl.) s. v. „Walenburch"; auch Werner, Gesch. der apol. u. polem. Litt. ꝛc., Bd. 4, S. 586 f.; Gesch. der k. Theol. (2. Aufl.) S. 31—2.

Walensee-Gebirge [Schlagwort]

Walensee-Gebirge, s.: Geologische Karten. Heim.

Walenstadt [Schlagwort]

Walenstadt, s.: Europa. Spezialkarte.

Walenta, Florian, Geschichte des deutschen Turnvereins B.-Aicha v. 1869—1903, B.-Aicha 1903, 81 S., Gr.-8°.

Walenta, J. und Anton **Balzer.** Sammlung der merkwürdigsten Städte und Festungen, welche in den Jahren 1788, 1789 und 1790 von der k. k. oesterreichischen und kais. russischen Armee der Pforte abgenommen worden, nach ihrer wahren Lage gezeichnet und illuminirt von Anton Balzer, nebst einer kurzen Beschreibung derselben nach Hof- und anderen glaubwürdigen Berichten gesammelt und zusammengetragen von J. Walenta. qu. Fol. Prag 1790.

Walenta, a. Valenta, Jos., († nach 1815.) fromme Gedanken u. kurze Betracht. vom Leiden u. Tode Jesu. 8. Brünn 802. Gastl. 8 Kr. Hbg. Pr. 4 Kr.

Wales [Schlagwort]

Wales, s.: Hand- u. Reisekarten. 43.

Waeles, Louis, Nikolaus Becker, „der Dichter des Rheinliedes". gr. 8. (VII, 115 S.) Bonn 896. P. Hanstein. n. 1.50

Waelès, Louis, aus Paris: Turgot (Baron de L'Aulne) als Pädagog. Ein Beitrag zur Geschichte d. französ. Pädagogik im 18. Jahrhundert. *Bonn 1901: C. Georgi.* (102 S.) 8° Leipzig, Phil. Diss. v. [5. Aug.] 1901

Walesrode, Ludwig

Walesrode, Ludw. Eine Arbeiter-Heimstätte in Schwaben (Kuchen). Stuttgart 1868. fol.

Walesrode, Ludw., lose Blätter. Gesammelte Humoresken. Mit Illustr. (in eingedr. Holzschn.) von Wilh. Scholz. 1. Bdchn. Berlin 869. Hofmann & Co. 8. (VIII, 96 S.) n. 10 ngr.

Walesrode, Ludw., der Cicerone. Ein Führer durch die hamburger Kunstausstellung im April und Mai 1856. br. 8. (IV und 76 S.) Hamburg 856, Nolte und Köhler. *

Walesrode, Ldw., humoristischer Fremdenführer durch Königsberg. 2. Aufl. Mit 4 Ansichten. Königsberg 84.., Voigt. n. 5/12 Thlr

Fremdenführer, Humoristischer, durch Königsberg (von *Ludwig Walesrode*) . . . . 2. Auflage. Königsberg 1847.
Anon.-Lex. II. p. 122 (nach Engelmann).

— Die Glocke. 13 Nrn. 8°. Königsberg 1850, April—Juni.

— Glossen und Randzeichnungen zu Texten unserer Zeit. 4 Vorlesungen. 8°. Königsberg 1842.

— Glossen und Randzeichnungen zu Texten aus unserer Zeit. Vier öffentliche Vorlesungen gehalten zu Königsberg. 3. Aufl. Königsberg, H. L. Voigt 1842. VIII 85 S. 8.

— Glossen und Randzeichnungen zu Texten aus unserer Zeit. Vier öffentl. Vorlesungen. 3. Aufl. gr. 8. Ebend. 842. n. 2/3 Thlr — 4. Aufl. Ebend. 842. n. 2/3 Thlr

Walesrode, Ludw., Glossen u. Randzeichnungen zu Texten aus unserer Zeit. Vier öffentl. Vorlesungen, gehalt. zu Königsberg 3—5. Aufl. gr. 8. (à 6 B.) Königsberg 842—47, Voigt. à *

Walesrode, Ludwig. Der Humor auf der Bank der Angeklagten oder meine vor dem Oberlandesgerichte zu Königsberg geführte Vertheidigung gegen die Anklage auf Majestätsbeleidigung, Verspottung der Landesgesetze u. s. w. Mannheim 1844. 328 S. 8.

Walesrode, Ludw., die schwäbische Industrie-Ausstellung in Ulm. Illustrirt m. Vignetten v. J. Schnorr u. Ansichten aus Ulm u. der Ausstellg. nach photograph. Aufnahmen. gr. 8. (XI, 323 S. m. 4 Holzschntaf.) Stuttgart 872. Grüninger. n. 3. —

Walesrode, Ludwig. Pressfreiheit und Justiz in Preussen. Leipzig 1866. MV: *Oppenheim, Hnr. Bernh.* (Tübz 13, 21)

Walesrode, Ludw., Preßfreiheit und Justiz in Preußen. Dargestellt in einem Preßproceß der deutschen Jahrbücher. Mit einem Vorwort hrsg. Nebst zwei Universitätsgutachten. gr. 8. (LXXVIII und 130 S.) Leipzig 866, O. Wigand. *

— Unterthänige Reden. Vier Vorlesungen öffentlich gehalten zu Königsberg im Winter 1843 oder: Fortsetzung der „Glossen und Randzeichnungen zu Texten aus unserer Zeit." Zürich und Winterthur, literarisches Comptoir 1843. XII 156 S. 8.

Walesrode, Ludw., Friedrich Schiller und sein Volk. Festrede, gehalten am 10. November 1859 im großen Saale des Bürger-Vereins zu Altona. Altona 859. Wendeborn. gr. 8. (20 S.) n. 6 ngr.

Walesrode, Ludwig. Offenes Sendschreiben an den Landtagsdeputirten in Ostpreußen, Verfasser des Aufrufs: „An alle wahrhaft Liberalen" in Nr. 236 der Königsberger Zeitung. Königsberg, H. L. Voigt 1842. 8 S. 8.

— der Storch von Nordenthal. Ein wahrhaftiges Mährchen erlebt und erzählt. Hamburg 857. Hoffmann u. Campe. 16. (2 Bl., 171 S.) n. 24 ngr.

Walesrode, Ludw., der Storch von Nordenthal. Ein wahrhaft. Märchen, erlebt u. erzählt. 2. Aufl. 16. (138 S. m. 1 Holzschntaf.) Stuttgart 881. Spemann. geb. m. Goldschn. n. 3. —

Walesrode, Ludw. Vide: Studien (Demokratische).

— königsberger Taschenbuch, s. Taschenbuch.

— Vide: Todtenschau (Eine politische).

Walesrode, Ludwig. Was bringt die neue Zeit dem Volke? Ein fliegendes Blatt fürs Volk. (Königsberg) o. J. 15 S. 8.

Walewski, Ant. v., Geschichte der heil. Ligue und Leopolds I. vom Umschwung im Gleichgewichtssystem des Westens durch den schwedisch-polnisch-österreich. Krieg, bis zur Verwicklung der oriental. Frage durch August II. 1657—1700. 1. Thl. 1. und 2. Abthl. gr. 8. Krakau 857. 58. (Wien, Gerold's Sohn.) *

Inhalt:

Abthl. 1. Einleitung: Uibersicht der Gefahren, welche seit dem westphälischen Frieden die katholische Weltordnung bedroheten, vom Kaiser Leopold I. und dessen Nachfolgern bekämpft wurden. Uibersicht der Vorgeschichte Oesterreichs, von den Anfängen der abendländischen Gesittung bis zur griechisch-macedonischen Periode. (X und 532 S. mit: Documente XXXVI S.) * 2 Thlr. 20 Ngr.

» 2. Uibersicht der Geschichte des hellenischen Ost-Reiches, der ältesten Universal-Monarchie. Uibersicht der Geschichte der österreichischen Länder unter den Römern. Ursprung der Cultur in Oesterreich; Anfänge der Kämpfe um die Majestätsrechte in Rom, die ersten Keime des Kaiserthums. (V und 452 S.) * 2 Thlr. 15 Ngr.

Walewski, Ant. v., Geschichte Leopold's I. und der heil. Ligue. 1657—1700. Nach ungedruckten Urkunden. 2. Thl. 1. Abth. Krakau 861. (Wien, Gerold.) gr. 8. (LIV, 568 S.) n. 3 Thlr

Walewski, Antoni, Poglad na sprawę Polski ze stanowiska monarchii i historyi. 5 Zeszyt. gr. 8. (XII u. 584 S.) Lemberg 849, Winiarz. (1 u. 2: n. 11/12 ℛ 3: n. 7/12 ℛ 4 u. 5: à n. 2/3 ℛ) n. 2 5/6 ℛ

Die Hofdame. Roman von Kurt v. Walfeld. *Neurode: Zehnpfennig-Bibliothek 1904.* (148 S.) 8° [F.]
=Zehnpfennig-Bibliothek, Kaufmann's moderne. Jg. 2, Bd 9.

Walfeld, Kurt v., die Hofdame, s. a. Kaufmann's mod. Zehnpfennig-Bibliothek. II, 9.

— dasselbe, s.: Klambt's Bücherschatz. 10. Bd.

Walfeld, Kurt v, auf Irrwegen. Novelle. 8. (238 S.) Stuttgart 887. Deutsche Verlags-Anstalt. n. 4. —

F Walfeld, Kurt v. Auf Irrwegen. Novelle. (Billige Ausg.) 8. (244 S.) Stuttg. 890, Deutsche Verlags-Anstalt. * 1 —; geb. * 1 25
Vgl.: Samarow, Gregor.

— Lieblinge des Glücks, s.: Weber's moderne Bibliothek.

Walfisch-Bai [Schlagwort]

Walfisch-Bai (Afrika), s.: Seekarten.

Walfischfang, Der, und die Robbenjagd im Europäischen Eismeere. 1867.

Walford, Lucy Bethia

Walford, L. B., Cousins, — Pauline, — Mr. Smith. — troublesome Daughters } s. Collection of British Authors.

Walford, B., the baby's grandmother, — the one good guest, — the mischief of Monika, } s.: Library, the English.

Leddy Marget. By L[ucy] B[ethia] Walford. Copyright ed. Leipzig: Tauchnitz 1900. 286 S. 8°
(Collection of British authors. Tauchnitz Ed. Vol. 3415.)

Walford, L. B., Leddy Marget, s. a. Collection of British authors.

Walfort, H., s.: Pillmeyer's Express.

Walfrid, C., die letzten Flavier, s.: Dilettantenbühne, kathol.

Walger, (Karl Wilh. Ernst (geb. Pfungstadt in Hessen 29. 11. 1861). Üb. die gynäkologische Behandlung der Hysterie, Psychosen und funktionellen Neurosen der Frauen. Berlin (1885). (28 S.) 8°
Berlin, Med. Diss. v. 23. Juli 1885

Walgram, I., commentatio nova ad pandectas. 4. Tübing. Cotta, 735.

Walhalla, od. Biographien d. berühmtesten Teutschen aus allen Jahrhunderten. Nach d. Plane, wie die Namen u. Bildnisse d. ruhmwürdigsten Germanen in der von Sr. Maj. Könige Ludwig v. Bayern zu erbauenden Walhalla, bei Donaustauf unweit Regensburg, prangen werden. Mit lith. Abbild. 1. Bd. 6 Hfte. gr. 8. München 831, Daisenberger.

Walhalla, oder Biographien d. berühmtesten Deutschen aus allen Jahrhunderten rc. Mit lithograph. Abbildd. 1r Band. 6 Hefte. gr. 8. Münch., Passau u. Regensb. 831. Daisenberger. (Leipz., Berger). 1 ℛ 8 gl

Walhalla. gr. 8. (2 Ansichten u. ½ B. Text.) Regensburg 835, Pustet.

Walhalla. Meisterwerke deutscher Poesie. — Die deutschen Volksbücher in neuen Bearbeitungen. Herausgeg. v. einem Verein von Gelehrten. Mit Kupferst. von C. Ritter, nach Zeichn. von Karl Schorn, Th. Hosemann u. A. 1. Liefg. Lex.-8. (Mit 1 Kpfr.) Berlin 841, Stange. 1/6 ℛ

— Meisterwerke deutscher Poesie. — Die deutschen Volksbücher in neuen Bearbeitungen. Hrsg. von e. Verein v. Gelehrten. (1. Bd.) Lex.-8. (17 5/8 B. u. 7 Kpfrt.) Berlin (841.) [Leipzig 843, Kößling'sche Buchh.]

Walhalla. Meisterwerke deutscher Poesie rc. (1. Bd.) gr. Lex.-8. (Mit 7 Kupfern.) Leipzig 843, Peter. (Kößling.) geb. n. 2 ℛ

Walhalla. Zwei Blätter, in Aquarell gemalt v. Heinr. Schönfeld, Farbendr. v. Winckelmann u. Söhne. gr. Fol. Mit Text v. J. A. Pangkofer. gr. 4. (2 3/4 B.) Regensburg 842, Pustet. *

Walhalla. Zwei Blätter, in Aquarell gemalt von Heinrich Schönfeld . . . Regensburg 1842. V(Text): *Pangkofer, Joseph Anselm.* (Ky)

— Eine Sammlung von auserlesenen Commers-, Trink-, Kriegs- u. Volks-Liedern, sowie v. Opern-Gesängen. 2. Aufl. 8. (12 ½ B.) Bruchsal 841. (Carlsruhe, Nöldeke.) Thlr.

Walhalla: Band 1–4, July 1845 – June 1847.
Monthly. Subtitle: Monatsschrift zur Belehrung und Erheiterung. Erzählungen, Poetisches, Buntes und Allerlei. Band 3 and 4 incorrectly called Band 2. Octavo, each issue 48 pages, paged continuously. Printed in Office of the Philadelphia Demokrat.
Philadelphia, PA

Walhalla, eine Gallerie der Bildnisse der Zierden des Menschengeschlechtes aus jeder Zeit und jedem Volke. Nach authent. Gemälden großer Meister und histor. Monumenten. 1. Centurie. 1. Lfg.: Washington. Alex. v. Humboldt. (2 Stahlst.) gr. 4. Hildburghausen 853, Bibliographisches Institut. * — 2

Walhalla. Zeitschrift f. künstler. Streben. Hrsg.: Alois Prean. Chef-Red.: Arth. Roeßler. Red.: Rud. Frdr. Nesweda. 1. Jahrg. 1898. 24 Nrn. (à ca. 2 Bog. m. Abb.) gr. 4. Wien, Verlag d. Walhalla. n. 8. —; einz. Hfte. n n. — 30

Walhalla. Bücherei für vaterländische Geschichte, Kunst und Kulturgeschichte. Begründet und hrg. unter Mitwirkung von Historikern und Künstlern von Dr. Ulrich Schmid. Band 1—3. [Illustriert.] 8. München, Georg D. W. Callwey, 1905—1907.
Band 1. ([Mit 15 Tafeln und] Notenbeilagen.) VIII + 153 + *Notenbeilagen* 6 S. 1905. [geb. M. 4.—]
Band 2. [Mit Melodien und 11 Tafeln.] VIII + 213 [+ 6] S. 1906. [geb. M. 4.—]
Band 3. [Mit Melodien und 25 Tafeln.] X + 314 S. 1907. [geb. M. 5.50]

Walhalla. Bücherei f. vaterländ. Geschichte, Kunst u. Kulturgeschichte. Begründet u. hrsg. unter Mitwirkg. v. Historikern u. Künstlern v. Ulr. Schmid. 3.—5. Bd. Lex. 8. München, G. D. W. Callwey. Kart. 14. 50
3. (X, 305 S. m. Abb. u. Taf.) 907. Kart. 5. 50
4. Organ der Walhalla-Gesellschaft zur Pflege u. Förderg. vaterländ. Kultur u. Kunst (c. B.). (XII, 214 S. m. Abb. u. Taf.) 908. Kart. 4. 50
5. (XI, 200 S. m. Abb. u. z. Tl. farb. Taf.) 909. Kart. 4. 50

— Kulturbilder aus der deutschen Vergangenheit u. Gegenwart. Begründet u. hrsg. v. Ulr. Schmid unter Mitwirkg. v. Historikern u. Künstlern. 6. Jahrg. (XI, 316 S. m. Abb.) gr. 8. Leipzig 910. E. A. Seemann. Kart. 6. —

Walhalla der Heiligen. Ein nützliches Lehr- und Bilderbuch für unheilige Zweifler von Melchior von Kuttenpeitscher, weiland Abt zu Nimmershausen. Mit 24 Illustrationen. 8. Bern, in Commiss. bei Jent & Reinert. 1873. 3. —

Walhalla der Heiligen. Ein nützl. Lehr- u. Bilderbuch f. unheil. Zweifler von Melch. v. Kuttenpeitscher. Mit 24 Illustr. (in eingedr. Holzschn.) gr. 8. (100 S.) Köln 875. Heyn. n. 2. —

—— für d. edelsten Männer Deutschlands. I. Gruppe. IV. — X. u. d. Ttln.: Lebensbeschreibungen u. Bilder aus d. Leben d. edelsten u. verdienstvollsten Bürger Deutschlands. VI. — National-Bibliothek f. alle Deutsche, besond. z. Aufmunterung u. Bildung d. deutschen Jugend. Hrsg. v. C. Schmaltz. 8. (3 B.) Leipzig 838, [R. Hartmann.]

— für die edelsten Männer Deutschlands. 1e Gruppe. IV. X. u. d. T.: Lebensbeschreibungen und Bilder aus dem Leben der edelsten und verdienstvollsten Bürger Deutschlands. VI. — National-Bibliothek für alle Deutsche. Herausgeg. von C. Schmaltz. 8. Leipzig 838. Schmidt. (Verlags-Verein z. Förd. des Menschenwohles &c.) 1/4 ℛ

Walhalla deutscher Materialisten. Münster 1861. V: *Schlüter*, *Chph Bern.* (Gla I/2, 126)

Walhalla deutscher Materialisten. Münster 861. Coppenrath. 16. (2 Bl., 156 S.) 18 ngr.

WALHALLA - Plakate, Druck von Hirschfeld in Wien und J. Strakosch, bildliche Darstellungen von Personen verschiedenen Geschlechts in unzüchtigen Stellungen.
Verboten v. L.-G. Wien, 11. September 1874. § 516.

Walhalla's Genossen, geschildert durch König Ludwig den Ersten von Bayern, den Gründer Walhalla's. 2. Aufl. gr. 8. (VIII u. 318 S. m. eingedr. Holzschn.) München 847, Literar.-artistische Anstalt. n. 3 ℛ

v. Walheim, Heinrich, od. Weiberliebe u. Schwärmerei, (v. Jb. Friedel). 2 Thle. 8. Wien 785. Rötzl. 1 ƒ 12 ℛ

Walheim, Louise von,. Schausp. v. Wagenseil. 8. Kempten, Typographie. 786.

Walheim Alfred: Die Entwicklung der Fabeldichtung des Erasmus Alberus.
II. 1898 PN 1110 Diss. Wien. Univ.

Walheim, Alfr., s.: Gräser's Schulausgaben klassischer Werke. (Schlachtenbilder.)

Walheim, Sophie, s. Buch, ein, für christl. Kinder.

'Wali' der Insel-König. Eine Erzählung aus Neuseeland. *Berlin: A. Weichert [1901]*. (31 S.) 8° [F.]
[Umschlagt.:] Vali, der grausame Inselkönig.
= Indianer- u. Volksbibliothek. 322. [03. 14169

Waligorski, v., zum Grenzverkehre mit Rußland und dem Königreiche Polen. Eine Interpellation an die Königl. Staats-Regierung nebst Beantwortung in der Sitzung des Hauses der Abgeordneten am 25. Jan. 1867. gr. 8. (32 S.) Berlin 867, (Stuhr'sche Buchh.) *

Waligorski, J., og **N. Wergeland**, Veikart over Norge udarbeidet efter de bedste Kilder. Imp.-Fol. (2 Blatter.) Christiania 847. (Berlin, Logier.) n. 2 ℛ — col. n. 2¼ ℛ — col. u. auf Leinwand gez. in Carton. n. 2 11/12 ℛ

Walisburg, Fritz Baron v., Magda od. der Sturz Ungarns. (89 S.) 8. Dresden (906). H. L. Diegmann. n. 2.50

[F.] Peter der Grosse. Nach neuen Urkunden. Von K[asimierz] Waliszewski. Deutsche Ausg. v. Wilhelm Bolin. M. 1 Bildn. Bd 1. 2.
Berlin: E. Hofmann & C. 1899. 2 Bde 8.
1. (XV, 304 S. 1 Portr.) 2. (XIII, 285 S.)
= Geisteshelden. Bd 30. 31. (Sammlg v. Bd 6. VI. 1.) [99. 3784

Walk [Schlagwort]

Walk, s. a.: **Europa. Uebersichtskarte.**

Walk. Wegekarte des Walk'schen Kreises m. den Kirchspiels- u. Gutsgrenzen. Hrsg. vom liv-estländ. Landeskulturbureau auf Grund der im Besitz der livländ. Ritterschaft befindl. Kreis-Wegekarte. 1 : 210,000. 50×68 cm. Lith. Nebst Namens-Verzeichniss der Güter, Pastorate u. der zugehör. Gemeindeverwaltgn. (Auf dem Umschlag.) Riga 904. Jonck & Poliewsky. n. 2. —; farbig n. 3. —

Walk [Verfasser]

Walk, A., Theorie u. Praxis. 2 Geschäftsberichte e. Consumvereins. Kritisch beleuchtet. gr. 8. (27 S.) Leipzig 893. Jüstel & Göttel. n. — 40

Walk, Frz., s.: Blätter, katechetische.

— s.: Handbibliothek, katechetische.

Walk, M: Ill. Katalog über Lokomobilen usw. (München) 1894

Walka duchowna. (Der geistige Kampf.) (Gebetbuch.) 12. (XII und 276 S.) Berlin 859, Behr's Buchh.

Walke, Wilh., kleiner Heiligenspiegel für Schule u. Haus. Breslau 869. Goerlich. 8. (136 S.) n. 6 ngr.; Velinp. mit Stahlst. n. 10 ngr.

Walke, W., Jocosus. Sammlung scherzhafter und launiger Gedichte, Scenen und Vorträge. Ein Beitrag zu Frohsinn und Scherz in geselligen Kreisen. Breslau 864. Aderholz in Komm. 16. (61 S.) nn. 5 ngr.

Walke, W., Jocosus. Sammlung scherzhafter und launiger Gedichte, Scenen und Vorträge. Ein Beitrag zu Frohsinn und Scherz in gesell. Kreisen. Mit Rücksicht auf die kathol. Gesellenvereine hrsg. 5 Hefte. 2. Aufl. 16. (à Heft 64 S.) Breslau 865, (Goerlich und Coch.) à Heft * 4 Ngr. *

—— Liederbuch für katholische Gesellen-Vereine. Zusammengestellt und zunächst für die kathol. Gesellen-Vereine Schlesiens hrsg. 16. (VIII und 88 S.) Breslau 867, (Goerlich und Coch.) *

Walke, Wilh., des Sängers Wanderbuch. Leichte, vierstimm. Männergesänge. Originalcompositionen von Mehreren, hrsg. mit besond. Rücksicht auf die kathol. Gesellenvereine. 1. Heft. qu. 8. (16 S.) Breslau 859, (Leuckart.) *

—— dass. — 2. Heft. qu. 8. (30 S.) (ebendas.) 859. *

Walkenaer, Charles Athanase, s. Walckenaer, Charles Athanase

Walkendorfer, die, Spukgeschichte, 8. Schwerin, 795. Bärensprung, (Leipzig Gräff in Komm.)

Walkenried, Alma v., Knospen u. Blüthen. Gedichte. Hrsg. von Edw. Wiebe. 12. (54 S.) Hamburg 881. Leipzig, Böhme in Comm. geb. m. Goldschn. 2. 25

Walker, Stephan. [Leipzig 1819.] V: *Naubert, Christiane Benedicte Eugenie geb. Hebenstreit.* (schl)

Walker,..., Beschreib. u. Abbild. e. wandernden Roßmühle. Mit 1 Kpf. 4. Leipz. 803. Cr. Fleischer. 10 gl

Walker, die Noth in d. Ehe u. deren Verhütg. 12. (59 S. m. 1 Abb. u. 1 Tab.) Leipzig 895. W. Radestock. 1. —

Walker, Adam, Bemerkungen auf einer Reise durch Deutschland, Italien u. Frankreich, a. d. Französ. mit Anmerkk. von K. Th. Moritz. Berlin 1791. 8. . . . .

Walker, A., Bemerkk. auf einer Reise durch Flandern, Deutschland, Italien u. Frankreich; aus d. Engl. mit Anmerkk. von K. Ph. Moritz. 8. Berl. 791. Voß. 20 gl

Walker, A(ndrew) Jamieson: Ueber Konstitution und kryoskopisches Verhalten von o-Cyanphenolen. Heidelberg 1899: J. Hörning. (52 S.) 8°
Heidelberg, Naturw.-math. Diss. v. [14. Dez.] 1898.

Walker, P. Anton. Trauerrede auf den seligen Hintritt des ... Herrn Thaddäus Müller, Chorherrn ... zu Luzern, gehalten ... [zu Luzern] den 4ten Sonntag nach Ostern (1826). 8. Luzern 1826.

Walker, Charles

Walker, C: Die Galvanoplastik oder Kunst, mit Hülfe der galvanischen Elektricität Gegenstände verschiedener Art in Metall nachzubilden. . . Deutsch von L. Thiele. 3. Aufl. Berlin (1863)

Walker, Charles, die Galvanoplastik oder Kunst, mit Hülfe der galvanischen Electricität Gegenstände verschiedener Art, als: Münzen, Medaillen, Schmucksachen in Metall nachzubilden, Metallplatten zu ätzen u. metallische Dinge zu vergolden, zu versilbern und zu bronziren. Ein Hand- und Hülfsbuch für Mechaniker, Gold- u. Silberarbeiter, Gürtler rc. Nach der 29. englischen und 6. französ. Ausg. des Dr. J. Fau frei bearb. u. verm. von L. Thiele. Mit 24 in den Text gedr. Holzschn. Gotha 864. Opetz. 8. (VIII, 288 S.) 25 ngr.

Walker, Charles, die Galvanoplastik oder Kunst, mit Hülfe der galvan. Electricität Gegenstände verschied. Art, als: Münzen, Medaillen, Schmucksachen in Metall nachzubilden, Metallplatten zu ätzen und metall. Dinge zu vergolden, zu versilbern und zu bronziren. Ein Hand- und Hülfsbuch für Mechaniker, Gold- und Silberarbeiter, Gürtler rc. Nach der 29. engl. und 6. französ. Ausg. des Dr. J. Fau frei bearb. und verm. von L. Thiele. 8. (VIII und 288 S. mit 24 in den Text gedr. Holzschn.) Gotha 864, [Windaus' Verlag]

Walker, Charles, die Galvanoplastik oder Kunst, mit Hülfe der galvan. Electricität Gegenstände verschiedener Art, als: Schmucksachen, Medaillen, Münzen rc. zu vergolden, zu versilbern und zu bronciren. Ein Hand- und Hülfsbuch für Mechaniker, Gold- und Silberarbeiter, Gürtler rc. Nach der 29. engl. und 6. französ. Ausg. des Dr. J. Fau frei bearb. und verm. von L. Thiele. 3. (Titel-)Aufl. 8. (VIII, 288 S. mit 24 in den Text gedr. Holzschn.) Berlin (864)69, Mode's Verlag.

Walker's, Charl., die Galvanoplastik f. Künstler, s. Schauplatz, neuer, der Künste u. H., 123. Bd.

Walker, C: Galvanoplastik für Künstler, Gewerbtreibende und Freunde der Numismatik. Deutsch von C. H. Schmidt. 3. Aufl. Weimar 1856

Walker, Ch., Galvanoplastik für Künstler, Gewerbetreibende und Freunde der Numismatik. Nebst ergänzenden Zusätzen des Uebersetzers deutsch bearb. von Dr. Chr. H. Schmidt. 4. verm. Aufl. mit 2 lith. Tafeln Abbild. in qu. fol. 8°. XXIV., *371 S.* Weimar, Voigt. M. 2.25

Walker, C: Handbuch der Galvanoplastik. 5. Aufl. von F. Binder. Weimar 1884

— Der berüchtigten Engländerin SALLY SALISBURY, Seltzahme Lebens- und Liebes-Geschichte. Von CAPT. CHARLES WALCKER in Englischer Sprache beschrieben, und aus derselben ins Teutsche übersetzet. Welchem beygefüget der Process wegen Verwundung des Herrn John Finch; Samt ihrem accuraten Portrait. HAMBURG, gedruckt und verlegt durch seel. Thomas von Wierings Erben, bey der Börse im güldnen A, B, C. 1723. 8°. (12 Mk. Paul Neubner, Cöln, c. 1892; 24 Kr. Halm & Goldmann, Wien, 1907.)
Portr. Sally's, Tit., 9 Bll. Dedic. (an Jungfer Sara Priddon. zugen. Sally Salisbury), 136 SS. Text. Von grösster Seltenheit! Einiges etwas frei.
Orig.: Cptn. Walker, Charles, Authentick memoirs of the life, intrigues and adventures of the celebrated Sally Salisbury, with the true characters of her most considerable gallants. With portrait. London, s. adresse (Oxford) 1723. 8°. Very scarce. XXXII—150 pp.. With portr.

Walker, Charles V., gemeinfaßlicher Unterricht über die elektrischen Telegraphen mit ihren neuesten Einrichtungen und Vervollkommnungen. Für Gebildete aller Stände, sowie für diejenigen, welche sich dem Telegraphendienste zu widmen gedenken. Nach (dem Engl.) bearb. und durch Zusätze verm. von Chr. Heinr. Schmidt. Mit Abbildungen. 8. (VIII und 157 S. mit 6 Stnt in qu. 4.) Quedlinburg 851, Basse.

Walker, Donald, s. Cassino, C., Gesellschafts- und Pfänder-Spiele.

Walker, Edward F., die elektrischen Aufzüge zur Personen- u. Warenbeförderung. Ein Handbuch für Ingenieure, Elektrotechniker, Techniker, Studierende, Architekten etc. Lex.-8. (VIII, 144 S. m. 100 Abbildgn. u. 6 Taf.) Leipzig 901. H. Buschmann. n. 6. —; geb. n. 7. —

Walker, Eliza, aus Edinburgh: Ueber Verstopfung der Hirnarterien. Zür. Zürcher u. Furrer Dr. 1872. 2 Bl., 107 S., 1 Bl. Thesen. 8°. Zürich, Med. Diss. (v. 16. Nov. 1872).

Walker, F. G., Sappho von einem herrschenden Vorurtheil befreyt. 8. Göttingen, Vandenhöck u. Ruprecht. 816.

Walker, F. S., Krieger u. Cavaliere. 4 Studien. Chromolith. Fol. Leipzig 887. Baldamus' Sep.-Cto. n. 6. —; einzelne Blätter à 2. 25

— 3 Studien v. Balldamen. Chromolith. gr. 4. Ebd. 887. n. 3. —; einzelne Blätter à 1. 20

Walker, Francis, Monographia Chalciditum. gr. 8. London 839. (Leipzig, T. O. Weigel.) n. 4 2/3 ℔

— the same. Vol. II. Species collected by C. Darwin. gr. 8. Ebd. 839. (Ebd.) n. 1 7/12 ℔

Walker, George

Walker, Geo., Anweisung zum Schachspielen. Die vorzüglichsten Spieleröffnungen u. Endspiele, nebst einigen eigenthüml. Stellungen, u. 50 ausgewählten Aufgaben enthalt. A. d. Engl. übers. u. mit Anmerkn. begl. v. J. F. Schiereck. gr. 16. (13 B. u. 1 Stndr.) Frankfurt a. M. 833, Sauerländer.

Walker, Geo., Anweisung zum Schachspielen. A. d. Engl. übers. u. mit Anmerkn. begl. v. J. F. Schiereck. 2. Thl. Die Spieleröffnungen d. Capitain Evans, das Gambit d. Muzio, Endspiele, eigenthüml. Stellungen u. ausgewählte Aufgaben mit ihren Auflösn. enth. gr. 16. (9 B.) Frankfurt a. M. 836, [Sauerländer's Vrlgh.]
(1. Thl.) Ebendas. 1833. 21 Gr.

— dass., übers. v. dems. 2 Thle. (Wohlfeilere Ausg.) gr. 16. (21½ B. u. 1 Stnt.) Ebds. 840.

Walker, Georg, (C. v. Schuler), Theodor Cyphan, od. d. großmüthige Jude. 3 Thle. 8. Hildburgh. 797. Hanisch. 2 ℛ

Walker, Georg. Theodor Cyphon; oder der gutmüthige Jude. Ein Roman ... A. d. Engl. ... Hildburgh. 1797—99. Ü: *Schuler, C. von.* (GGr VII, 727)

Grundriß des Exekutionsrechtes. Von Dr. Gustav Walker. Leipzig: Duncker & Humblot 1905. (VII, 148 S.) 4°(8°)
= **Grundriß** d. Österreichischen Rechts. Bd 2, Abt. 1, 2. 05. 4248 9

Walker, Gust., die rechtliche Stellung ausländ. jurist. Personen, insbes. ausländ. Actiengesellschaften. Eine rechtsvergleich. Studie. [Aus: „Allg. österr. Gerichts-Zeitg."] gr. 8. (49 S.) Wien 897. Manz. n. — 80

Streitfragen aus dem internationalen Civilprocessrechte. Unt. bes. Berücks. d. neuen österr. Civilprocessgesetze v. Dr. Gustav Walker. *Wien: Manz 1897.* (XII, 232 S.) 1 Bd 8. 97. 547

Walker, Henry Hammersley: Die Kirchenpolitik Englands unter König Richard dem Zweiten. Th. 1. Halle a. S. 1898: C. A. Kaemmerer & Co. (87 S.) 8°
Halle, Phil. Diss. v. 1898.

WALKER, J.: Die Baumzucht im Königreich Württemberg zu vervollkommnen. - Stuttgart 1815. 73 S., 1 Taf.

Walker, J., s. the Life and exploits of Don Quixote.

Walker, J. A., Uebungsstücke z. Uebersetzen a. d. Deutschen in d. Latein., s. Höchel, J. D.

Walker, James: Zur Affinitätsbestimmung organischer Basen ... (Aus: Zeitschr. f. phys. Chem. IV. Bd. 3. H. Leipzig, Wilhelm Engelmann, 1889; 27 + 1 S. 8°
Leipzig, Phil. Fak., Inaug.-Diss. v. 17. Sept. 1889

WALKER, J.
Zur Affinitätsbestimmung organischer Basen. Leipzig, 1890. 8vo.

Walker, James, elementare anorganische Chemie. Mit Genehmigg. des Verf. ins Deutsche übers. v. Margarete Egebrecht u. Emil Bose. (VIII, 326 S. m. 42 Abbildgn.) 8. Braunschweig 903. F. Vieweg & Sohn. n. 4. 60; geb. in Leinw. n. 5. —

— Einführung in die physikalische Chemie. Nach der 2. Aufl. des Originals unter Mitwirkg. des Verf. übers. u. hrsg. von H. v. Steinwehr. (X, 428 S. m. 48 Abbildgn.) gr. 8. Ebd. 904. n. 6. —; geb. in Leinw. n. 7. —

Walker, James Wallace [M. A. aus St. Andrews, Schottl.]: Die Electrolyse der Salze der Monoxysäuren und die Einwirkung von Formaldehyd auf Phenylhydrazin und einige Hydrazone ... Leipzig-R., Druck v. O. Schmidt, 1896; 34 S. 8.
Leipzig, Phil. Fak., Inaug.-Diss. v. [9. Mai] 1896

Walker, John, principles of english prounciation to which are added; Extracts from the critical pronouncing Dictionary etc. gr. 8. London. (Fr. Fleischer in Leipz.) 818.

— **Principles of english pronuntiation in which the sounds of Lettres syllables, and words, are critically invertigated, and systematically arranged, the influence of the greek and latin accent and quantity etc. gr. 8. Berl. 821. Reimer. 1 ℛ**

Walker, John, a critical Pronouncing Dictionary, and Expositor of the English Language. 2 Part. 4. Leipz. 826. Fr. Fleischer. 2 ℛ 8 gGr

Walker, John, a critical Pronouncing Dictionary and expositor of the English language: to which are prefixed principles of English Pronunctiation; rules to be observed by the natives of Scotland, Ireland, and London, for avoiding their respective peculiarities; and directions to foreigners for acquiring a knowledge of the use of this Dictionary. The whole interspersed with observations etymological, critical, and grammatical. A new edit. carefully revised and corrected. (Wit the authors Portrait.) gr. 8. London 836. Asher. n. 6 ℛ

Walker, Joseph

Walker, J., Höhenkarte der Schweiz. Nach trigonometrischen Bestimmungen von Weis, Osterwald, Buchwalder, Eschmann, Berchtold und nach barometrischen Beobachtungen von Saussure, Kasthafer, Merian, Hugi u. Frey. .. Solothurn 840. Jent u. Gaßmann. 1 ℛ

Walker, Jos. Höhenkarte der Schweiz. Solothurn 1841.

Walker, Karl, s. Walcker, Karl

Walker, Ludw., grammatisches Uebungsbuch f. den englischen Unterricht, s.: **Unterricht**, fremdsprachlicher. III.

Walker, Mathilde, vgl. Walcker, Mathilde.

Walker, Mathilde, aus d. Lenzes Füllhorn. Gedichte. 16. (XVI, 205 S. m. 1 Holzschntaf.) Stuttgart 884. Greiner & Pfeiffer. geb. m. Goldschn. n. 3. —

Walker, Mathilde, Gedichte. 16. (XII, 222 S.) Stuttgart 882, Greiner und Pfeiffer. geb. mit Goldschn.

Walker, Rob., Beobachtungen üb. die bleibenden Folgen des Ergotismus f. das Centralnervensystem. Diss. gr. 8. (30 S. m. 8 Holzschn.) Berlin 893. (Bern, H. Körber.) n. — 80

Walker, R[obert]. Der Einfluss der Anstaltsbehandlung auf die Geisteskranken. Akademischer Vortrag, gehalten in ... Bern am 24. Januar 1907. 35 S. 8. Bern, H. Jent, 1907.

Walker, Robert, Privatdocent und Secundärarzt an der psychiatrischen Klinik und Irrenanstalt Waldau (Bern): Ueber manische und depressive Psychosen. [Berlin 1907.] II + 2 — 82 S. 8°. S.-A. a. d. Archiv für Psychiatrie, Bd. 42. Heft 3.
Bern. Med. Hab.-Schr. 1906/1907.

Walker, Robert. Ueber manische und depressive Psychosen. Von Dr. R' W', ... Secundärarzt an ... der Irrenanstalt Waldau ⟨Bern⟩. Sonder-Abdruck aus dem Archiv für Psychiatrie. Bd. 42. Heft 3. II S. + S. 2—82. 8. [Berlin, A. Hirschwald, 1907.]

Robert Walkers [Walker: An Inquiry into the small pox. Deutsch:] Untersuchung der Pocken in medicinischer und politischer Rücksicht, nebst e. glücklichen Methode, diese Krankheit zu heilen... u. e. Anh. über den gegenwärtigen Zustand der Pocken. Aus d. Engl. übers. von Carl Heinrich Spohr. Leipzig: Junius 1791. X,342 S. 8

Walker, R., Untersuchung in medicin. u. politischer Rücksicht; aus d. Engl. von K. H. Spohr. gr. 8. Leipz. 791. (Brockhaus). 20 gGr

Walker, T. H. S., die Kunst des Trainirens f. Radwettfahren, s.: **Hillier, George Lacy.**

Walker, Theodor: Die Altfranzösischen Dichtungen vom Helden im Kloster. Tübingen: Heckenhauer in Komm. 1910. XII, 122 S. 8°

Tübingen, Phil. Diss. v. 27. April 1910, Ref. Voretzsch

[Geb. 15. März 86 Schornbach; Wohnort: Münklingen; Staatsangeh.: Württemberg; Vorbildung: Ev.-Theol. Sem. Urach Reife M. 04; Studium: Tübingen 4, Paris 1, Tübingen 1, London 1, Tübingen 2 S.; Coll. 17. Febr. 10.]
[U 10. 4198

Walker, Thdr., Jesus u. das Alte Testament in ihrer gegenseitigen Bezeugung. 2 Vorträge, auf theolog. Kursen geh. gr. 8. (VIII, 132 S.) Gütersloh 899. C. Bertelsmann. n. 1. 80; geb. n. 2. 40

Walker, Thomas Leonard [M. A., Kingston, Ontario, Canada]: Geological and Petrographical Studies of the Sudbury Nickel District, Canada ... (Aus: Quarterly Journ. of the Geol. Soc., Vol. LIII.) London, print. by Taylor & Francis, 1897; 1 Bl., 40–66 S., 1 Bl. 8.

Leipzig, Phil. Fak., Inaug.-Diss. v. [15. Febr.] 1897

Walker, Walther. Die neuesten Bestrebungen und Erfahrungen auf dem Gebiete der Erziehung der Schwachen. Diss. Phil. I. Univ. Zürich. 238 S. 8. Solothurn, Zepfel, Herbst 1903.

Walker, Wilhelm

Walker, Wlh., die Erziehung der Obstbäume u. ihre Behandlung bis ins hohe Alter. Mit 1 Werthschätzungs-Tabelle über die vorzügl. Obstsorten u. 1 Tab. über die Verwandtschaften der Bäume zur Veredlung. Mit 14 Holzschn. 8. Reutlingen 844, Mäcken Sohn. 5/12 ᴙ

Walker, W., die Erziehung der Obstbäume u. ihre Behandlung bis ins hohe Alter. Mit einer Werthschätzungs-Tabelle über die vorzügl. Obstsorten u. einer Tabelle üb. d. Verwandtschaft der Bäume zur Veredlung. Nach 27jähr. Erfahrungen verfaßt u. hrsg. Mit 14 (eingr.) Holzschn. 3. mit d. 1. wörtl. gleichlautende wohlfeile Ausg. 8. (VIII u. 128 S.) Reutlingen 847, J. C. Mäcken Sohn. 8 ngr

Walker, Wilh[elm]. Der Mechaniker. Hilfs- und Lehrbuch für Werkmeister, Vorarbeiter, Arbeiter und Lehrlinge der Maschinenbranche und verwandter Berufsarten, sowie für den Unterricht an Fachschulen, Gewerbe- und Handwerkerschulen und gewerblichen Fortbildungsschulen, mit 240 Figuren und vielen Hilfstabellen. Von Wilh. W..., mit Kalkulationslehre von K(onrad) Opprecht.... VI + 356 S. 8. Leipzig, Aarau, Stuttgart, Edward Erwin Meyer. 1909. [geb. M. 5. 50]

—– die Obstlehre der Griechen u. Römer. Nach Quellen bearb. gr. 8. (23 B.) Reutlingen 845, Mäcken's Verlag.

— d. Obstsorten in d. Obstbaumschule d. kgl. wurtemberg. land- u. forstwirthschaftl. Lehranstalt z. Hohenheim bei Stuttgart. gr. 8. Tübingen, 1822. Osiander. (— 18) — 8
— 3

Walker, W., die Obst-Sorten in d. Baumschule d. Kgl. Würtemberg. Land- u. Forstwirthschaftl. Anstalt zu Hohenheim. 1. Nachtrag. gr. 8. (5½ B.) Tübingen 830, Osiander.
Dess. „die Obst-Sorten rc.“ Ebendas. 1823. 16 Gr.

Walker, William Hultz [aus Pittsburgh, N.-Amer.]: Neue Beobachtungen über das Verhalten der Sesquiterpene ... Göttingen, Druck d. Dieterich'schen Univ.-Buchdr., 1892; 44 S., 1 Bl. 8.

Göttingen, Phil. Fak., Inaug.-Diss. v. [12. Dez.] 1892

Walker, William Hultz, neue Beobachtungen üb. das Verhalten der Sesquiterpene. Diss. gr. 8. (44 S.) Göttingen 892. (Vandenhoeck & Ruprecht.) n. 1. —

Walker, Williston [aus Portland, Me. U. S. A.]: On the increase of royal power in France under Philip Augustus. 1179–1223 .... Leipzig, *printed by Gressner & Schramm*, 1888; XI + 144 S. + 1 Bl. 8°

Leipzig, Phil. Fak., Inaug.-Diss. v. 21. Jul. 1888

Walker, Williston, on the increase of royal power in France under Philip Augustus. 1179–1223. Diss. Leipzig 1888, Gustav Fock. 8°. XI, 144 S.

Walker-Arnott, G. A.

— Darstellung des Verlaufs rc. der primären vener. Krankheit, s. Syphilidologie. Ergänzungsheft.

Walker-Arnott, G. A., Pugillus plantarum Indiae orientalis, s. Acta nova phys.-med. Acad. Caes. Leop. Carol. XVIII.

Walkerton Glocke: Feb. 1869–?
Conservative weekly, founded by John Klein. Editor & publisher John A. Rittinger; Eby & Rittinger. Also published in Kitchener, Ontario, as Ontario Glocke.
Walkerton, Ont.

Walkhoff, Ernst: Architekturveränderungen des Knochensystems bei pathologischen Bedingungen. Mit 4 Taf. Stuttgart: E. Nägele 1902. (27 S.) 4°
(Bibliotheca Medica, Abt. C, H. 16.)
Göttingen, Med. Diss. v. [13. Nov.] 1902.

Walkhoff, H.: Was wollen wir von Jesu Christo erwarten? Ev. Matth. 11, 2–10. Pred. in d. Adventszeit. Halle a. S.: E. Strien [1899]. (11 S.) 8°
(Predigt-Hausschatz, Evangelischer. No 27.)

Walkhoff, H., was wollen wir v. Jesu Christo erwarten?, s. Predigt-Hausschatz, evangel.

Walkhoff, Joh. Friedr., Erinnerung e. Evangelischen an seine Confirmation, nach d. Bedürfnissen uns. Zeit. 8. (2½ B.) Bernburg 823. (Halle, Schwetschke u. Sohn.)

— kurze Gebete auf alle Tage d. Wochen u. bei d. Communion; e. Geschenk für Katechumenen. 8. Halle 789.

— Nachr. von d. Schulmeister-Seminario des Domkapitels zu Halberstadt. gr. 8. Halle 782. Kümmel. 2 ℛ

Walkhoff, Louis

Walkhoff, Ludw., Böhmens Rübenzuckerfabrikation in der Campagne 1857—1858. Reise-Bericht. Prag 858. (Calve'sche Buchhdlg.) gr. 8. (VI, 148 S. u. 9 lith. Taf. in Fol.) n. 1 ᴙ. 10 ngr.

— der praktische Rübenzuckerfabrikant. Ein Lehr- und Hülfsbuch für Rübenzuckerfabrikanten, Betriebsdirigenten, Siedemeister, Maschinenbauer rc. Nach eigenen langjährigen Erfahrungen bearb. Mit einem Vorwort von Fr. Jul. Otto. 857. (XVI, 294 S., 2 Tab. u. 2 Holzschnitttaf.) n. 2 ᴙ. 10 ngr. — 2., sorgsam durchges. u. verm. Aufl. Mit 86 in den Text eingedr. Holzschn., nach Originalzeichnungen der neuesten und besten Constructionen aller Apparate der Rübenzuckerfabrikation. Braunschweig 858. Vieweg. gr. 8. (XVII, 352 S. u. 2 Tab. in Fol.) n. 2 ᴙ. 25 ngr.

Walkhoff, Louis, der praktische Rübenzuckerfabrikant und Raffinadeur. Ein Lehr- und Hülfsbuch für Rübenzuckerfabrikanten, Betriebsdirigenten, Siedemeister etc. Nach eigenen langjähr. Erfahrungen bearb. Mit einem Vorwort von Fr. Jul. Otto. 3., neu bearb. und verm. Aufl. Mit 210 in den Text eingedr. Holzst., nach Orig.-Zeichnungen der neuesten und besten Constructionen aller Apparate der Rübenzuckerfabrikation. 2 Hälften. gr. 8. Braunschweig 866,67, Vieweg und Sohn. [1. Hälfte. (S. 1—544.) * 3 Thlr. 10 Ngr., 2. Hälfte. (XIII und S. 545—901.) * 2 Thlr. 15 Ngr.] *

Walkhoff, Louis, der praktische Rübenzuckerfabrikant und Raffinadeur. Ein Lehr- und Hülfsbuch für Rübenzuckerfabrikanten, Betriebsdirigenten, Siedemeister, Maschinenbauer etc. Nach eigenen langjähr. Erfahrungen bearb. 4. neu bearb. und verm. Aufl. In 2 Thln. gr. 8. (VIII, 498; IX, 453 S., mit 127 und 124 in den Text eingedr. Holzst., nach Originalzeichnungen der neuesten und besten Constructionen aller Apparate der Rübenzuckerfabrikation.) Braunschweig 872, Vieweg und Sohn. à Thl. * M 9,60. *

Walkhoff, Otto, mikrophotograph. Atlas d. normalen Histologie menschl. Zähne. qu. Fol. (18 Lichtdr.-Taf. m. 23 S. Text.) Hagen 894. H. Risel & Co. In Leinw.-Mappe n. 18. —

Mikrophotographischer Atlas der pathologischen Histologie menschlicher Zähne. Unt. Mitw. v. Prof. Dr. Miller-Berlin, Prof. Dr. Partsch-Breslau, Doc. Dr. Rothmann-Budapest u. a. Fachgenossen hrsg. v. Otto Walkhoff, Prakt. Zahnarzt in Braunschweig. Text. Engl. Uebs. v. Dr. [Otto Gustav] Fenthol-Leipzig. Französ. Uebs. v. Zahnarzt Paul de Terra-Zürich. *Stuttgart: F. Enke 1897.* (2 Bl., 39 S., 18 Taf.) 1 Bd 2.
[56. 1579

Walkhoff, O., e. conservative Behandlung der erkrankten Zahnpulpa. gr. 8. (V, 35 S.) Leipzig 888. Felix. n. 1. —

Walkhoff, Otto: Beiträge zum feineren Bau des Schmelzes und zur Entwickelung des Zahnbeins. Leipzig 1897: A. Pries. (46 S. mit Taf.) 8°
Erlangen, Phil. Diss. v. 26. Mai 1897.

Walkhoff, Otto, das sensible Dentin u. seine Behandlung. Eine physiologisch-klin. Studie. gr. 8. (77 S. m. 2 Taf.) Berlin 899. Berlinische Verlagsanstalt. n.n. 4. —

Das Femur des Menschen und der Anthropomorphen in seiner funktionellen Gestaltung. Von Dr. Otto Walkhoff, Prof. in München. Mit 39 Abb. *Wiesbaden: C. W. Kreidel 1904.* (XI, 58 S., 8 Taf. mit je 1 Erl.-Bl.) 4°
= Studien über d. Entwickelungsmechanik d. Primatenskelettes. Lfg 1.
[04. 8161

Die normale Histologie menschlicher Zähne einschl. d. mikroskop. Technik von Dr. Otto Walkhoff, Hof-Zahnarzt in München. Mit 9 Taf. u. vielen Holzschn. *Leipzig: A. Felix 1901.* (VIII, 180 S.) 8°
[01 11779

Die diluvialen menschlichen Kiefer Belgiens und ihre pithekoiden Eigenschaften von Otto Walkhoff, Prof. in München. Mit 24 Abb. *Wiesbaden: C. W. Kreidel 1903.* (S. 373–415.) 4°
= Menschenaffen. Lfg 6.
= Studien über Entwickelungsgeschichte d. Tiere. H. 11.
[03. 6330

— die diluvialen menschlichen Knochenreste in Belgien u. Bonn in ihrer structurellen Anordnung u. Bedeutg. für die Anthropologie. (Vorläufige Mittheilg.) gr. 8. (S. 305—310.) München 902. (G. Franz' Verl.) n. —20
Sonderabdr. aus: „Sitzungsber. d. bayer. Akad. d. Wiss."

— die Unregelmässigkeiten in den Zahnstellungen u. ihre Behandlg. gr. 8. (VII, 130 S. m. 130 Holzschn.) Ebd. 891. n. 8. —

Der Unterkiefer der Anthropomorphen und des Menschen in seiner funktionellen Entwickelung und Gestalt. Von Dr. Otto Walkhoff, Hofzahnarzt, München. Mit 59 Abb. *Wiesbaden: C. W. Kreidel 1902.* (S. 209–327.) 4°
= Menschenaffen. Lfg 4.
= Studien über Entwickelungsgeschichte d. Tiere. H. 9.
[02. 6328

— **dasselbe,** s.: **Selenka,** Emil, Studien üb. Entwickelungsgeschichte der Thiere. 9. Hft.

Walkiewicz, X. Wawrzyniec, Dyjecezyja Poznanska. Roku pańskiego 1786 wydana w Warszawie w drukarni Narodewej J. K. Mości i PP. Kommissyji Eduk. Narod. a teraz na nowo przedrukowana. (Walkiewicz, Laurent., die posener Diözese. In Warschau 1786 hrsg. und jetzt von Neuem abgedruckt.) hoch 4. (VIII und 47 S.) Teschen 860, Prochaska. *

Walkmeister, Chr[istian]. Amanz Gressly (1814–1865), der Jura-Geologe, sein Charakter und seine Wirksamkeit. SA. 8. [St. Gallen 1888.]

Walkmeister, Chr[istian]. Der dumme Hans. Eine Erzählung aus dem Anfang des 19. Jahrhunderts. 106 S. 8. Bern, Haller, (März) 1905. fr. —.20
Verein für Verbreitung guter Schriften (Verein Bern). Nr. 56.

Walkmeister, Chr[istian]. Johann Jakob Scheuchzer (1672–1733) und seine Zeit. SA. 8. [St. Gallen 1897.]

Walkmeister, Chrn., der kleine Tambour, s.: Verein für Verbreitung guter Schriften, Bern. Nr. 84.

Walkmeister, Chr[istian]. Professor G[ottfried] Theobald (1810–1869) und die geologische Erforschung des Kantons Graubünden. SA. 8. [St. Gallen 1894.]

Walküre, die, s.: Fastnachts-Bühne.

Wall, Franz, oder der Philosoph auf dem Schaffot. Halberstadt 1791. V: *Rehkopf, Carl Wilhelm.* (MGT) (Adel) »1790« (Ky)

Wall, Franz, oder der Philosoph auf dem Schafot, in 2 Theilen, 8. Halberstadt, 791. Großens. 20 ggl.

Wall, Franz, od. der Philosoph auf den Schaffot. 2 Thle. v. Verf. d. Menschh. im Negligee. 8. Lpz. Sommer. 807.

Wall, ..., über d. J. A. Eulersche Beantwort. d. Preisfr.: In was für e. Verhältniß rc. Münch., J. Franz. 7 kr

Wall, Adolf, Referendar: Die Ansprüche der Versicherten auf die Prämienreserve in der Lebensversicherung. Studie zu dem Entwurf eines Gesetzes über den Versicherungsvertrag. Rostock 1906: C. Hinstorff. (62 S.) 8°
Gießen, Jur. Fak., Ref. Leist, Diss. v. 2. Okt. 1906
[Geb. 14 Febr. 81 Stuttgart; Wohnort: Frankfurt a. M.; Staatsangeh.: Württemberg; Vorbildung: Gymn. Stuttgart Reife M. 99; Studium: Tübingen 1, Berlin 3 S.; Rig. 30. Juli 06.]

Wall, Anton [d. i. Christian Leberecht Heyne]

Wall, Ant., (Chr. Lebr. Heyne), Adelheid u. Aimar. 2 Thle. 8. Altenb. 800. (Schnuphase). 1 ₰ 16 gr

Wall, A., Amathonte, s.: Universal-Bibliothek.

— Amathonte; ein persisches Mährchen. 8. Altenb. 809. (Hinrichs in Leipz.) 1 ₰ 6 gr

Wall, Anton, (Chr. Lebr. Heyne), der Arrestant in 3 A. 8. Leipz. 780. Dyck. 8 gr

— Bagatellen. 2 Thle. 8. Leipz. 783. 2e Aufl. 786, 87. Dyck. 1 ₰ 8 gr

Wall, Anton, (Heine) Bagatellen, mit Kupf. 2 Thle. (1r Thl. enth. 1) d. Kirmes oder d. Brautwerber, Lustspiel in 2 Akt. u. noch 11 verschied. Aufsätze. 2r Thl. enth. 1) d. Herr v. Hause, Lustsp. in 3 Aufz. u. noch 4 versch. Aufsätze.) 8. Lpz. Dyk. 786. 87.

— — dasselbe in engl. Sprache, s. Selection of Anthony Walls Novels by Reichel.

Wall, A., die beiden Billets, s. Universal-Bibliothek.

— die beiden Billets, in 1 A. nach Florian. 8. Ebd. 800. 2e A. 808. 4 gr

— die gute Ehe, in 1 A. nach Florian. 8. Ebd. 784. 4 gr

Wall, Ant., (Chr. L. Heyne), Erzählungen nach Marmontel. Voran eine Bagatelle (an Dyck.) 8. Leipz. 787. Göschen. 1 ₰

— die Expedition, oder die Hochzeit nach dem Tode, in 3 A. nach Collé. Ebd. 781. 9 gr

Wall, Anton, s. F i e l d i n g , Aemilie

— die deutsche Fürstin; e. Dialog. 8. Leipz. 780. Dyck. 4 gr

— der Herr im Hause. Lstspl. in 3 Akt. 8. Leipz. 783. Dyck. 6 gr

— Caroline, od. so wahr ich bin ein freier Mann, in 5 A. 8. Ebd. 780. 8 gr

— die Kirmes, oder d. Brautwerber. Lstspl., s. A. Wall, Bagatellen.

Wall, Anton, s. K l e i n i g k e i t e n , Dramat.

— Korane, ein morgenländ. Mährchen. Mit Kpf. 2 Bde. 8. Altenb. 801. Verm. Ausg. 8. Leipz. 809. Hinrichs. 1 Thlr 18 gr

— Kriegslieder mit Melodien. 8. Leipz. 778. (Snobloch). 12 gr

— das Lamm unter d. Wölfen, (e. Anh. z. Amathonte). 8. Altenb. 799. 2e Ausg. 8. Leipz. 809. 3e A. 811. Hinrichs. 18 gr

— Murad; e. persisches Mährchen. 1s u. 2s Buch. 8. Altenb. 801—5. Schnuphase. 2 Thlr

Wall, A, aus der komischen Oper, s.: U n i v e r s a l - B i b l i o t h e k.

Wall, Anton, s. S a l i s b u r y , Sara

— der Stammbaum, erste Forts. d. beiden Billets. 8. Ebd. 791. 4 gr

Vom U r s p r u n g d e r K ü s s e. Eine Vorlesung. (In: B a g a t e l l e n von *Anton Wall* [*Chrn. Leberecht Heyne*, nach Meusel XXIII, 746 geb. 1752, nach Goedeke 1751.]. Leipzig, Dyk, 1783. II. 8⁰. — Ebd. 1786—87. II. 8⁰. Th. I, no. 6. [. Mk. 50 Pfg. Scheible, 1880.] — Karlsruhe 1790. II. 8⁰. (1½ Mk. Scheible, 1872.)
E n g l i s c h Meusel VI, 266—67.

Wall, G., Die elegante Tinl. Parodie in 3 Bildern u. 2 Zwischenakten eines Schauspieles in 4 Akten. (Den Bühnen gegenüber als Manuskript gedruckt.) gr. 8. (27 S.) Wien, Förster & Bartelmus. 1863. 20 kr.

Wall, E.

—— s. B e i t r ä g e zum Schriftverständniß.

— Charakteristik der Zeit kurz nach dem Sündenfall bis zur Sündfluth. Ein Beitrag zum Schriftverständniß. Vortrag geh. im evangel. Vereinshause zu Osnabrück. 8. (43 S.) Barmen 871. Klein. n. — 50

Wall, Georg: Landschafts- und Stadtbild Burghausens. Geologisch-kulturgeschichtlicher Beitrag zur Heimatskunde. 63 S. 8.
Progr. Kgl. hum. Gymn. *Burghausen* 1910.

Wall, H. C. T. van de: Einige Versuche über die Volta-Induction in Telegraphen-Leitungen. Berlin 1876

Wall, Johann Adam Leonhard von de (Wesel)
U. S. Duisburg 1764, 1

Dissertatio iuris civilis, qua, controversia inter testamentarium et legitimum heredem orta, eaque transactione sopita, quem creditores convenire possint, ad l. XIV. D. de transactionibus ... disquirunt ... Präs. Friedrich Gottfried Schlegtendal.
Duisburg (Benthon) VIII. 1764. 26 S.

Gew.: Arnold Leonhard von Ems.
W. v.: Präs., Justus Diet. Schlechtendall.
35722

Wall, John: Schreiben...an Herrn Eduard Wilmot...von dem Nutzen der Fieberrinde in den Kinderblattern. Aus dem Engl. 27 S.(S.91-117), gbd.

Nürnberg: Seeligmann 1760
(Sammlung verschiedener die Fieberrinde betreffender Abhandlungen und Nachrichten... Th.1)

Karl Anton Wall

De diversa hydroceles congenitae Natura. Berolini (1820:) Starck. 48 S. 8
Berlin, Med. Diss. v. 20. Jan. 1820

Wall, Martin

Wall, Mrt., prakt. Beobachtt. über d. Gebrauch des Mohnsaftes in Nervenfiebern u. im Synochus; nebst e. Bemerkk. über das epidem. Fieber im J. 1785 zu Oxford. Aus d. Engl. (v. A. F. A. Diel.) 8. Altenb. 789. (Hennings in Neisse). 8 gr

Wall, Mart., prakt. Beobacht. üb. d. Gebr. d. Mohnsaftes, a. d. Engl. 8. Altenb. Richter. (Akad. Buchhdl. in Jena.) 789. Rthlr.

Wall, Martin. Praktische Beobachtungen über den Gebrauch des Mohnsaftes in Nervenfiebern ... A. d. Engl. Altenburg 1789. Ü: *Diel, August Friedrich Adrian.* (EngM) (Ky)

Wall, Mary M., und Jenny Hirsch, Haus und Gesellschaft in England. 8. (V, 332 S.) Berlin 878, Berggold. *

WALL, Max (Kirchheim): Ueber das Verhältniss des linken Ventrikels bei Mitralinsufficienz.- München: Wolf 1883. 20 S.,1 Bl.
10.3.1883 - Urk (Titel: De ventriculi sinistri relatione ad valvulas mitralis insufficientiam.); Chr 1882/83,18
Diss. Ingolst.-Landsh.-Mchn.

Wall, Sven, die E u t e r e n t z ü n d u n g e n der Kuh. (VIII, 122 S. m. 29 Abb.) Lex. 8. Stuttgart 908. F. Enke. 3. —

— Die K o l i k des Pferdes. (XI, 180 S. m. Fig.) gr. 8. Stockholm 908. Sandberg. 4 50

Wall, Th., der lustige Deklamator. Eine Auswahl der neuesten und wirkungsvollsten humorist. Gedichte und Deklamationsstücke. 2. Aufl. 12. (64 S.) Oberhausen 882, Spaarmann.

Wall, Vikt., Morgendämmerung. Ein Roman. (324 S.) 8. München 904. G. Müller. n. 5. —; geb. n. 6. —

Wall, Wil., historia baptismi infantum ex anglico latine vertit J. L. Schlosser. II Tomi. 4. Bremen u. Hamb. 748—753. Cramer. 3 ₰

von de Wall, Guil. (geb. 29. 1. 1823): De spina bifida. Berolini (1847). (29 S.) 8°
Berlin, Med. Diss. v. 22. Juli 1847

Wall Perné, Gust. van de, das Riesenbilderbuch zum Lachen u. zum Lesen. Mit Reimen v. Tilly Zehender. (23 S. m. 8 farb. Vollbildern.) 49,5×32,5 cm. Amsterdam (906). Meulenhoff & Co. Kart. n. 3. —

— das Riesenbilderbuch zum Nachzeichnen. (17 S. m. 1 Abbildg. u. 8 farb. Vollbildern u. 8 Bl. Zeichenpap.) 49×32,5 cm. Ebd. (906). Kart. n. 3. —

Walla F., die Rigi-Bahn, s.: Exner, W. F.

Walla, Ferdinand

—— die Samen-Darren und Kleng-Anstalten. Eine forsttechn. Monographie. Mit einem Vorwort von F. W. Exner. Mit 6 lithogr. Taf. (in qu. gr. 4.). Berlin 874, Schotte und Voigt. [Leipzig, H. Voigt.] *

Wallace, Wilhelm, oder der Held aus dem Hochlande, ein historischer Roman, aus dem Engl. des Herrn Slodons übersetzt von M. Fr. Pöschmann, 2 Theile mit 1 Kupf. 8. Leipzig, 796. Grieshammer. 20 sgl.

Wallace, Alfred Russell

Wallace, Alfr. Russel, die wissenschaftliche Ansicht des Uebernatürlichen, s. Bibliothek des Spiritualismus.

Wallace, Alfr. Russel, die wissenschaftliche Ansicht d. Uebernatürlichen. Mit Bewilligg. d. Verf. in's Deutsche übersotzt v. Gr. C. Wittig u. hrsg. v. Alex. Aksakow. gr. 8. (XIV, 128 S.) Leipzig 874. Mutze. n. 4. —

Wallace, Alfr. Russell, der malayische Archipel. Die Heimath des Orang-Utan u. des Paradiesvogels. Reiseerlebnisse u. Studien über Land u. Leute. Autorisirte deutsche Ausg. von Adf. Bernh. Meyer. 2 Bde. Mit 51 Orig.-Illustr. in Holzschn. (auf 7 Holzschntaf. u. in eingedr. Holzschn.) u. 9 Karten (wovon 2 lith., davon 1 in Buntdr. u. 7 in eingedr. Holzschn. in qu. 4. u. qu. Fol.) Braunschweig 869. Westermann. gr. 8. (XX, 435 u. X, 490 S.) n. 4 ₰ 15 ngr.

— Beitraege zur Theorie der natürlichen Zuchtwahl. Eine Reihe v. Essais. Autorisirte deutsche Ausgabe von Adf. Bernh. Meyer. Erlangen 870. Besold. gr. 8. (XVIII, 434 S.) n. 2 ₰

Wallace, Alfr. Russel. Der Darwinismus. Eine Darlegg. der Lehre v. der natürl. Zuchtwahl u. einiger ihrer Anwendgn. Autoris. Übersetzg. v. D. Brauns. gr. 8. (XVIII, 758 S. m. 1 Karte u. 37 Abbildgn.) Braunschw. 891, Vieweg u. Sohn. * 15 —

Wallace, A. R., Reisen am Amazonenstrom und Rio Negro, s. Bibliothek, neueste naturwissenschaftliche.

Wallace, Alfr. R., Reisen am Amazonenstrom und Rio Negro. Naturwissenschaftliche Berichte. Cassel 855. Balde. (Sondershausen, Neuse.) 16. (2 Bl., 219 S.) n. 15 ngr.
Neueste naturwissenschaftliche Bibliothek. 3. Abth. 1. Thl.

Des Menschen Stellung im Weltall [Man's place in Universe]. Eine Studie über d. Ergebnisse wissenschaftl. Forschung in d. Frage nach d. Einzahl oder Mehrzahl d. Welten von **Alfred R(ussel) Wallace**. Einzig berecht. deutsche Ausg. von Felix Heinemann. 2. Aufl. *Berlin: Vita [1901]*. (VIII, 306 S.) 4°(8°) [04. 15578

Wallace, Alfr. Russel, des Menschen Stellung im Weltall. Eine Studie über die Ergebnisse wissenschaftl. Forschg. in der Frage nach der Einzahl od. Mehrzahl der Welten. Einzig berecht. deutsche Ausg. v. Fel. Heinemann. 3. Aufl. (VIII, 306 S. m. 1 Taf.) Lex.-8. Berlin (904). Vita. n. 8. —

Wallace, Alfr. Russel, die Tropenwelt, nebst Abhandlungen verwandten Inhaltes. Autoris. deutsche Uebersetzung von Dav. Brauns. gr. 8. (XVI, 376 S.) Braunschweig 879, Vieweg und Sohn. *

— die geographische Verbreitung der Thiere. Nebst e. Studie üb. die Verwandschaften der leb. u. ausgestorbenen Faunen in ihrer Beziehg. zu den früheren Verändergn. der Erdoberfläche. Autoris. deutsche Ausg. v. A. B. Meyer. 2 Bde. gr. 8. (XXXVIII, 579 u. VIII, 658 S. m. 7 chromolith. Karten in 4. u. 20 Steintaf.) Dresden 876. v. Zahn. n. 36. —

—— eine Vertheidigung des modernen Spiritualismus, seiner Thatsachen und seiner Lehren. Mit Bewilligung des Verf. aus dem Engl. mit Textzusätzen und Anmerkungen nach der neu erschienenen Orig.-Gesammtausg.: „On miracles and modern spiritualism. Three essays. By A. R. Wallace." [London, James Burns.] ins Deutsche übers. von Greg. Const. Wittig und Alex. Aksakow. gr. 8. (VIII, 162 S.) Leipzig 875, Mutze. * ℳ 2.; geb. *

Wallace, Sir Donald Mackenzie

Wallace, Mackenzie, Russia, s. Collection of British Authors.

—— Russland. Einzig berechtigte vom Verf. durchgeseh., durch ein Kapitel über geheime Gesellschaften in Russland verm. deutsche Ausg., nach der 6. Aufl. des Orig. übers. von E. R. 2 Bde. à 2 Hälften. gr. 8. (XVI, 358; VIII, 411 S.) Leipzig 878, Steinacker. à Hälfte * ℳ 3. * geb. *

Wallace, Mackenzie. Russland. Einzig berechtigte, vom Verfasser durchgesehene, durch ein Kapitel über geheime Gesellschaften in Russland vermehrte deutsche Ausgabe. Nach der sechsten Auflage des Originals übersetzt von E. R. 2 Bde. Leipzig 1879. Ü: *Röttger, E.* (Mitth. Alexander Seeligmüller-Riga-Sassenhofen.)

Wallace, D. Mackenzie, Russland. Einzig berechtigte, vom Verf. durchges., durch ein Kapitel über geheime Gesellschaften in Russland verm. deutsche Ausg. Nach der 7. Aufl. des Originals übersetzt von Ernst Röttger. 2. verb. Aufl. in 1 Bde. 12 Hefte. gr. 8. (XVI, 768 S.) Leipzig 880, (Steinacker.) à Heft * ℳ 1.; geb. *
—— dass. — 3. mit einem Nachtrag bis auf die Gegenwart verm. Aufl. in 1 Bde. gr. 8. (XVI, 768 S.) (Ebendas.) 880. * ℳ 12.; geb. *

Wallace, Sir Donald Mackenzie, Russland. 4. deutsche Aufl. Nach der vollständig umgearb. u. durch 5 neue Kapitel verm. Orig.-Aufl. vom J. 1905 übers. von Frdr. Purlitz. 2 Bde. (XIV, 398 u. XI, 418 S.) Lex.-8. Würzburg 906. C. Kabitzsch. n. 12. —; geb. n. 16. —

Wallace, Lewis

Wallace, L., Ben-Hur, s.: Collection of British authors.

— dasselbe, s.: Bibliothek der Gesamt-Litteratur d. In- u. Auslandes.

— dasselbe, s.: Sammlung historischer Romane.

— dasselbe, s.: Universal-Bibliothek.

— dasselbe, s.: Volksbücherei.

— Ben Hur. Eine Erzählg. aus der Zeit Christi. Mit Genehmigg. d. Verf. frei nach dem Engl. bearb. v. B. Hammer. 2 Bde. Mit Portr. v. General Lew. Wallace. 1.—4. Aufl. 8. (X, 374 u. 360 S.) Stuttgart 887. 888. Deutsche Verlags-Anstalt. n. 5. —; geb. n. 7. —; Ausg. f. Bücherliebhaber geb. n.n. 12. —

— dasselbe. Frei nach dem Engl. bearb. v. B. Hammer. Billige Volks-Ausg. 2 Thle. in 1 Bd. 8. (X, 371 u. 360 S. m. Portr.) Ebd. 890. n. 1. 75; geb. n. 2. —; in eleganten Geschenkbd. n. 3. —

Wallace, Lew. Ben Hur. Eine Erzählg. aus der Zeit Christi. Mit Genehmigg. d. Verf. frei nach dem Engl. bearb. v. B. Hammer. 6. Aufl. 2 Thle. in 1 Bd. 8. (X, 371; 360 S. m. Portr.) Stuttg. 891, Deutsche Verlags-Anstalt. Volksausg. * 1 75; einf. geb. * 2 — In eleg. Geschenkbd. * 3 —

— dasselbe, nach dem Engl. bearb. v. B. Hammer. Illustr. v. Waworowski. 19 Lfgn. Lex.-8. (VIII, 464 S.) Ebd. 894. à n. — 60 (kplt. geb. in Leinw. n. 12. 50)

Ben Hur oder die Tage des Messias. Nach d. gleichnamigen Roman von Lewis Wallace f. d. reifere Jugend bearb. von Walter Eichner [d. i. Heichen]. *Berlin: A. Weichert [1901].* (223 S.) 8° [F.] [01. 220

— dasselbe. Deutsch v. J. Krauß. Mit 16 Voll- u. Textbildern. 8. (522 S.) Reutlingen (902). Enßlin & Laiblin.

Wallace, Lew., Ben Hur. Eine Erzählung aus der Zeit Christi. Mit Genehmigg. des Verf. frei nach dem Engl. bearb. von B. Hammer. 82. Aufl. 8. (X, 360 S. m. Bildnis.) Stuttgart (902). Deutsche Verlags-Anstalt. Geb. in Leinw. n. 3. —; Volksausg. 83. Aufl., geb. in Leinw. n. 2. —

Wallace, Lew., Ben Hur. Eine Erzählung aus der Zeit unsers Herrn u. Heilandes. Frei nach dem Engl. bearb. von Emmy v. Feilitzsch. (317 S. m. Abbildgn. u. Taf.) 8. Konstanz (904). Zürich, Christl. Buch- u. Kunstverl. C. Hirsch. Geb. in Leinw. n. 2. —; m. Goldpressg. n. 3. —

Wallace, Lew., Ben Hur. Eine Erzählung aus der Zeit Christi. Mit Genehmigg. des Verf. frei nach dem Engl. bearb. v. B. Hammer. 2 Bde. 17. Aufl. (X, 371 u. 360 S. m. Bildnis.) 8. Stuttgart (904). Deutsche Verlags-Anstalt. n. 5. —; geb. in Leinw. n.n. 7. —

— dasselbe. 110. Aufl. Volksausg. in 1 Bde. (X, 371 u. 360 S. m. Bildnis.) 8. Ebd. (903—906.) n. 1. 75; geb. in Leinw. n. 2. —; in Geschenkbd. n. 3. —

— dasselbe. Frei nach dem Engl. von Paul Moritz. Mit 60 Bildern von Rich. Mahn. 1. u. 2. Aufl. (415 S.) 8. Stuttgart (904. 906). K. Thienemann. Geb. in Leinw. 4. —; Prachtausg. 6. —; auf Kunstdr.-Pap., geb. in Moleskin m. Goldschn. 7. 50; in Ldr. m. Goldschn. 10. —

Ben Hur oder: Die Tage des Messias [Ben Hur, a tale of the Christ]. Roman von Lewis **Wallace**. Vollst. neu ins Deutsche übertr. u. mit einl. Worten vers. von Karl Wilding. Mit d. Bildn. seines Verf. Berlin: A. Weichert [1906]. (421 S.) 8° [F.] [08. 1003] 11

— dasselbe. Aus dem Amerikan. von Matthäus Winter. Mit Einleitg., e. erklär. Wortregister, Bild des Verf. u. 11 Vollbildern. (XII, 671 S.) kl. 8. Graz 906. Styria. Geb. in Leinw. n. 3. 75

— dasselbe. Eine Erzählg. aus den Tagen des Messias. Aus dem Engl. von H. v. Edorf. (949 S.) kl. 8. Regensburg (906). J. Habbel. n. 1. 60; geb. in Leinw. n. 2. —

— dasselbe. Frei nach dem Engl. v. Paul Moritz. Mit Titelbild v. Rich. Mahn. 1. u. 2. Aufl. (328 S.) 8. Stuttgart (907. 10). K. Thienemann. Geb. in Leinw. 2. —; m. 8 Einschaltbildern v. Rich. Mahn. 3. —

Wallace, Lew, Ben Hur. Frei nach d. Engl. v. Paul Moritz. Jetzt: Stuttgart, Ant. Hoffmann.

— dasselbe. Frei nach dem Engl. bearb. von E. v. Feilitzsch. (96 S. m. Abb.) 8. Konstanz (908). Christl. Buch- u. Kunstverlag C. Hirsch. Kart. — 40

Wallace, Lew., Ben Hur. Eine Erzählg. aus der Zeit des Messias. Illustrierte Ausg., aus dem Engl. übers. v. J. Cassirer. (378 S.) 8. Berlin (909). Schreiter. 2. —; geb. 3. —

Wallace, Lew., Ben Hur. Eine Erzählg. aus d. Zeit Christi. Mit Genehmigg. des Verf. frei nach dem Engl. bearb. v. B. Hammer. 2 Bde. 18. Aufl. (X, 371 u. 360 S. m. Bildnis.) 8. Stuttgart (909). Deutsche Verlags-Anstalt. 5. —; geb. n 7. —

— dasselbe. (Volksausg. in 1 Bde.) 111.—127. Aufl. (X, 871 u. 360 S. m. Bildnis.) 8. Ebd. (907—10)

— s.: Gemälde, berühmte, der Welt.

—— The fair God, s. Library, the English. Nr. 89.

—— Die hehre Gottheit, od.: der letzte der 'Tzins. Roman aus der Zeit der Eroberg. d. Aztekenreichs. Ins Deutsche übertr. v. Paul Heichen. 2 Bde. 8. (230; 242 S.) Berl. 891, Skopnik. * 5 —

Wallace, Lewis, 4 Kapitel aus Ben Hur, s.: Bibliothek f. Alle, Nr. 24.

—— Jesu Kindschaft. Ernste Betrachtgn. 12. (90 S. m. 2 Bildern.) Ebd. 891. cart. * 1 50; geb. m. Silberschn. 2 —; m. Goldschn. * 2 50

— der Prinz v. Indien od. der Fall v. Konstantinopel. Nach dem Engl. hrsg. v. E. Alb. Witte. 2 Bde. 8. (526 u. IV, 572 S.) Freiburg i/B. 894. F. E. Fehsenfeld. n. 8. —; geb. n. 10. —; in Elfenbein-Imitation n. 12. —; auch in Lfgn. à n. — 80

— der Prinz v. Indien od. der Fall v. Konstantinopel. Autoris. Uebersetzg. 2. Aufl. 2 Bde. 8. (526 u. IV, 572 S.) Freiburg i/B. 901. F. E. Fehsenfeld. n. 5. —; geb. n.n. 6. 50

Wallace, R. G., Denkwürdigkeiten Indiens, enth. eine kurze geographische Beschreibung von Ostindien, nebst e. gedrängten Geschichte Hindostans, von d. frühesten Zeitalter bis zu Ende d. Marquis Hastingischen Verwaltung im J. 1823. Aus d. Engl. v. F. L. Rhode. 8. Frankf. 826. (Gebhard in Grimma). 2 ₰ 12 gr

Wallace, Robert

Wallace, engineers pocket guide. Der vollkommene Mechaniker u. Ingenieur. Handbuch u. Rathgeber. Fortsetzung des vollkomm. Werkmeisters. Gedrängte Abhandlung über Maße u. Gewichte; Flächen u. Raumgehalte der Körper, Schwerpunkte; Zusammensetzung u. Zerlegung der Kräfte; Centralbewegung; Pendel; Elemente der Maschinen, Reibung u. a. Widerstände. Mit vielen Holzschnitten u. Beispielen. Aus d. Engl. von Friedr. Georg Wieck. 16. Chemnitz 840. Expedition des Gewerbeblattes. 3/4 ₰

Wallace Ingeneers pocket guide. Der vollkomm. Mechaniker u. Ingenieur. Handbuch u. Rathgeber. Fortsetz. d. vollkomm. Werkmeisters. Gedrängte Abhandl. üb. Maße u. Gewichte; Flächen u. Raumgehalte d. Körper, Schwerpunkte; Zusammensetz. u. Zerlegung d. Kräfte; Zentralbewegung; Pendel; Elemente d. Maschinen, Reibung u. a. Widerstände. Mit vielen Holzschnn. u. Beispielen. A. d. Engl. v. Friedr. Geo. Wieck. 16. (9¾ B.) Chemnitz 840. [Leipzig, Kittler.]

—— **Mechanic's pocket guide.** Der vollkommene Werkmeister. Handb. f. jed. Techniker. Maschinen bewegende Kräfte. Gewicht u. Festigkeit d. Materialien. Zahlreiche prakt. Regeln u. Tabellen. Bearb. v. Friedr. Geo. Wieck. 16. (8¾ B. u. 1¾ B. Tab.) Chemnitz 840. [Leipzig, Bamberg.]

Wallace, Robert C(harles), a. Orkney in Schottland: Über die binären Systeme des Natriummetasilicats mit Lithium-, Magnesium-, Calcium-, Strontium- und Barium-Metasilicat; des Lithiummetasilicats mit Kalium-, Magnesium-, Calcium-, Strontium- und Bariummetasilicat; und über das Dreistoffsystem $Na_2O—Al_2O_3—SiO_2$. Hamburg & Leipzig: Voss 1909. 52 S. 8° ¶ (Aus: Zeitschr. f. anorgan. Chemie. Bd 63.)
Göttingen, Phil. Diss. v. 17. Juli 1909, Ref. Tammann
[Geb. 15. Juni 81 Deerness; Wohnort: Göttingen; Staatsangeh.: Großbritannien; Vorbildung: Edinburgh M. A. 01, B. Sc. 07; Studium: Edinburgh 4, Göttingen 3 S.; Rig. 23. Juni 09.] [U 09. 1410

Wallace, Sigismund

Wallace, Sigism. (Bearb.), s. Aesop: Fabeln in franz. Übersetzung.

—— **auf der Donau von Wien nach Constantinopel und nach den Dardanellen.** 8. (209 S. mit 20 Illustr. in Holzschn., 3 lithogr. Karten und Plänen in gr. 4. und qu. Fol.) Wien 864, Typographisch-literarisch-artistische Anstalt. geb. *

Wallace, Sigism., der unentbehrliche Begleiter nach und auf Helgoland. Eine getreue Schilderung der berühmten Insel und des Seebades daselbst, nebst pract. Winken und Rathschlägen für Lust- und Badereisende und einer Beschreibung der Fahrt von Hamburg nach Helgoland. Mit einem Anhange, die sämmtlichen Taxen, Badereglements, Dampfschifffahrten etc. enthaltend. 16. (III und 68 S.) Hamburg 854, Gassmann. *

Wallace, Sigism., der unentbehrliche Begleiter nach u. auf Helgoland. Eine getreue Schilderung der berühmten Insel u. des Seebades daselbst, nebst pract. Winken u. Rathschlägen für Lust- u. Badereisende u. einer Beschreibung der Fahrt von Hamburg nach Helgoland. Mit einem Anh., die sämmtl. Taxen, Badereglements, Dampfschifffahrten etc. enthltd. 2. Ausg. Hamburg 865. Gassmann's Verlag. 16. (III, 68 S.) n. 9 ngr.

Wallace, S., der unentbehrliche Begleiter nach Helgoland. Eine genaue Schilderung der berühmten Insel und des Seebades daselbst, nebst prakt. Rathschlägen für Lust- und Badereisende und einer Beschreibung der Fahrten von Hamburg und Bremen nach Helgoland. Mit einem Anh., die Taxen, Badereglements, Dampfschifffahrten etc. enth. und 2 (lithogr.) Kärtchen. 3. umgearb. und verm. Aufl. 8. (68 S.) Hamburg 872, Gassmann's Verlag. *

Wallace, S., der unentbehrliche Begleiter nach Helgoland. Eine genaue Schilderg. der berühmten Insel u. d. Seebades daselbst, nebst pract. Rathschlägen f. Lust- u. Badereisende u. e. Beschreibg. der Fahrten v. Hamburg u. Bremen nach Helgoland. Mit e. Anh., die Taxen, Reglements, Dampfschifffahrten etc. enth., u. 2 (lith.) Kärtchen (in 8. u. 4.) 4. Aufl. Neu bearb. u. verm. v. R. Parkinson. 8. (70 S.) Hamburg 876. Gassmann's Verl. n. 1. 20

Wallace, S., u. R. Parkinson, der unentbehrliche Begleiter nach Helgoland. Eine genaue Schilderung der berühmten Insel u. des Seebades daselbst, nebst prakt. Rathschlägen für Lust- u. Badereisende u. einer Beschreibung der Fahrten von Hamburg u. Bremen nach Helgoland. Mit einem Anh., Taxen, Reglements etc. enth. u. 2 (lith. u. color.) Kärtchen. 5., bericht. u. verm. Aufl. 8. (71 S.) Hamburg 882. Gassmann's Verl. n. 1. 20

Wallace, Dr. Sig. — Der Führer über den Semmering. Vollständige Beschreibung der Natur- und Kunstwunder im Bereich der k. k. Staatsbahn von Wien bis Triest. Nebst einer Anleitung zu Ausflügen entlang derselben, in die Umgebungen Wiens, ferner nach der Rosalienkapelle, Oedenburg, am Neusiedlersee, so wie nach dem Höllenthal, Guttenstein, Mariazell der Raxalpe, dem Schneeberg ꝛc. Von — —. Mit einer Karte der Eisenbahn über den Semmering. Wien, 1856. Druck von U. Klopf sen. und Alex. Eurich. Verlag von Ed. Hügel. (187 S. XVII. 8.)

— **Hambourg** et ses environs. Guide illustré. Orné de gravures en bois et un plan (chemityp.) de Hambourg (in Fol.). Hambourg (853.) Berendsohn. 16. (2 Bl., 90 S.) 1 ₰.

—— **Hamburg** and its neighbourhood. An illustrated guide. With many woodcuts and a (chemityp.) map. (in Fol.) gr. 16. (IV und 90 S.) Hamburg 853, Berendsohn. *

— **Karl der Zweite** von England und sein Kanzler. Historisch-dramat. Gedicht in 5 Aufzügen. Hamburg 854. Jowien. 8. (4 Bl., 152 S.) 1 ₰.

— praktischer **Lehrgang** der französischen Sprache nebst Lesestücken. Zum Gebrauche für Realschulen und Unter-Gymnasien. 1. Kursus. Wien 861. Leo. gr. 8. (VI, 135 S.) 12 ngr.

—— **Licht- und Schattenbilder** aus Asien, Afrika und Europa. 3 Bde. 8. (XII und 783 S.) Leipzig 856(57,) Costenoble.

— **Licht- und Schattenbilder** aus Asien, Afrika und Europa. 3 Bde. Leipzig 857. Costenoble. 8. (VI, 255; 3 Bl., 284; 3 Bl., 244 S.) 4 ₰.

— Licht- und Schattenbilder aus Asien, Afrika u. Europa. 3 Bde. 2. Ausg. Leipzig (Jena) 860. Costenoble. 8. (VI, 255 S.; 3 Bl., 284 S.; 3 Bl., 244 S.) 3 ₰

—— Licht- und Schattenbilder aus Asien, Afrika und Europa. 3 Bde. 2. (Titel-)Ausg. 8. (XVIII und 783 S.) Leipzig (857)60. [O. Purfürst.]

Wallace, Sigism., über moderne Sprachen. gr. 8. (32 S.) Hamburg 852, Th. Niemeyer. 6 ngr.

Wallace, Sigism., sur le Danube de Vienne à Constantinople et aux Dardanelles. Traduit de son ouvrage allemand. Avec (20) Illustr., (3) cartes et plans (in Holzschn. und Lithogr. in 8., gr. 4. und qu. Fol.) 8. (208 S.) Wien 864, Typographisch-literarisch-artistische Anstalt. geb. *

— Viribus unitis. Oder: Beschicket den Reichstag. Wien 863. Typographisch-literarisch-artistische Anstalt. gr. 8. (21 S.) n. 6 ngr.

Wallace, William, Darstellung des Verlaufs u. der Behandlung der primären u. der konstitut. venerischen Krankheit u. ihrer Varietäten. Deutsch bearb. unter Redaktion des Fr. J. Behrend. gr. 8. Leipzig 842, Kollmann. 2 2/3 ℔

Wallace, Will., Darstellung d. Verlaufs d. vener. Krankheiten etc., s. Bibliothek von Vorlesungen üb. Medizin, XXVI. Bd.

Wallach, Ed.: Berlin in seiner Entwickelung seit dem Jahre 1840 m. bes. Berücks. d. Wohnungs-, Mieths- u. Steuer-Verhältnisse. Berlin: W. Schwiering 1893. (S.-A. aus 'Grundeigentum' Jg. 12. 1893. No 43–49.) (9 Bl.) 4°

Wallach, H. Nach 30 Jahren. Die Schlachtfelder an der Loire. o. O. 1902. 8°.

Die Neue Logik von Hans Wallach. *Berlin: S. Calvary & Co. 1904.* (117 S.) 8° [04. 15579

Wallach, Heinrich [aus Mittweide]: Zwei Fälle von metastatischer Ophthalmie bei Sepsis ... Berlin, Druck v. W. Pormetter, 1897; 1 Bl., 17 S. 8.
Würzburg, Med. Fak., Inaug.-Diss. v. 1897.

Wallach, Joseph

Wallach, J., Diätetik od. Gesundheitslehre zur Vermittlung einer wissenschaftlicheren Auffassung d. Gegenstandes f. Gebildete. 1. Bdchn. Mit 1 Holzschn. 8. (XVI u. 220 S.) Pforzheim 850, Flammer & Hoffmann. 27 ngr.

Wallach, J., Diätetik oder Gesundheitslehre zur Vermittlung einer wissenschaftlicheren Auffassung des Gegenstandes für Gebildete. 1. Bdchn. 8. (XV und 220 S. mit 1 Holzschn.) Pforzheim 850. [Stuttgart, Scheitlin's Vrlgsh.]

Wallach, Joseph (Übers.u.Comm.):

s.: Holland, Henry: Bemerkungen und Beobachtungen aus dem Gebiete der Medicin. (Medical Notes and reflections. Dt.) Abth.1. Heidelberg u.Leipzig: 1840

Wallach, J., das Leben des Menschen in seinen körperlichen Beziehungen für Gebildete dargestellt. (1. Hälfte.) Frankfurt a. M. 857. Meidinger. 8. (284 S.) 1 ℔. 6 ngr.

Wallach, J., das Leben des Menschen in seinen körperlichen Beziehungen für Gebildete dargestellt. 2 Hälften. 8. (XI und 575 S. mit eingedr. Holzschn.) Frankfurt 857 — 59. [Hamm, Grote'sche Buchh.]

Wallach, J., das Leben des Menschen in seinen körperlichen Beziehungen für Gebildete dargestellt. 2. Hälfte. Frankfurt a. M. 859. Meidinger Sohn & Co. (Berlin, M. Hirsch.) 8. (XI, S. 285—575 m. Holzschn.) 1 ℔ 6 ngr.

— — 2. wohlfeile Ausg. Berlin 862. M. Hirsch. (Hamm, Grote.) 1 ℔ 18 ngr.

Wallach, J., das Leben des Menschen in seinen körperl. Beziehgn. für Gebildete dargestellt. 2. Aufl. Mit zahlreichen (eingedr.) Holzschn. Erlangen 869. Enke. gr. 8. (IX, 534 S.) n. 1 ℔ 14 ngr.

Wallach, Joseph, s. Marshall Hall: Von den Krankheiten des Nervensystems.

Wallach, Joseph, s. Royle, J. F.: Versuch über das Alterthum d. indisch. Medizin.

Wallach, J(oseph): Untersuchungen über den Bau des Nervensystems. Leipzig: 1842

s.: Stilling, B(enedikt)

Wallach, J(oseph): Untersuchungen über die Textur des Rückenmarks. Leipzig: 1842

s.: Stilling, B(enedikt)

Wallach, Joseph, Dr., Die meteorologischen Verhältnisse Frankfurts a. M. [1857].

Wallach, Jos., die Willkürbewegung als Merkmal des thierischen Lebens. Festrede, gehalten bei der 42. Jahresfeier der Senckenberg. naturforsch. Gesellschaft in Frankfurt a. M. am 28. Mai 1865. gr. 8. (23 S.) Frankfurt a. M. 865, Hermann's Verlag.

Wallach, Karl, ein Beitrag zur Lehre der Neubildungen der weiblichen Urethra. Diss. gr. 8. (31 S.) Strassburg 899. J. Singer. n. 1. —

Wallach, Martin: Umsatzsteuer oder Wertzuwachssteuer? Nebst e. Anh.: Entwurf einer den Grundsätzen der Gerechtigkeit entsprechenden Wertzuwachssteuer-Ordnung. Berlin 1908: Scholem. 46 S. 8° [Umschlagt.]
Heidelberg, Phil. Diss. v. 5. M[rz 1909, Ref. Weber.

Wallach, Mart., Wertzuwachs- od. Umsatzsteuer. Nebst e. Anh.: Entwurf e. den Grundsätzen der Gerechtigkeit entsprech. Wertzuwachssteuer-Ordng. (47 S.) gr. 8. Berlin 909. Puttkammer & Mühlbrecht. — 80

Wallach, Moritz: Ein Beitrag zur Lehre vom Melanosarkom. ... Würzburg, Becker's Univ.-Buchdr., 1890; 41 S. 8°
Würzburg, Med. Fak., Inaug.-Diss. v. 1890.

Wallach, Moritz. Ueber die Einwirkung von Chlorkohlensäureäthyläther auf Aldehyde zweiwerthige Alkohole und Phenole bei Gegenwart von Natriumamalgam. Marburg, 1883.

Wallach, Otto, s.: Berzelius, J., u. F. Wöhler, Briefwechsel.

Wallach, O. (Hrsg.), s. Briefwechsel zw. J. J. Berzelius u. F. Wöhler.

— Forschung u. Lehre in der Chemie. Rede, zur Feier des Geburtstages Sr. Maj. des Kaisers u. Königs am 27. I. 1899 im Namen der Georg-Augusts-Universität geh. gr. 8. (18 S.) Göttingen 899. Vandenhoeck & Ruprecht. n. — 40

Wallach, Otto, Hülfs-Tabellen für den chemisch-analytischen Unterricht, unter Mitwirkung von Aug. Kekulé, A. Bernthsen, H. Klinger, C. Wachendorff hrsg. gr. 8. (V S. und 16 Tab.) Bonn 879, Weber's Verlag. cart. *

Wallach, O, s.: Liebig's, Just., Annalen d. Chemie.

Wallach, Otto.
Tabella per l'analisi chimica. Bonn, 1880.

Wallach, O. Tabellen zur chemischen Analyse. 3 Theile. Bonn. 1879 und 1880.

Wallach, Otto, Tabellen zur chemischen Analyse. 2 Thle. qu. gr. 8. Bonn 880, Weber's Verlag. *
Inhalt:
Thl. 1. Verhalten der Elemente und ihrer Verbindungen. (15 Bl. in gr. 8. und gr. 4.) *ℳ 2,20.
„ 2. Methoden zur Auffindung und Trennung der Elemente. 2. Aufl. von „Hülfstabellen für den chemisch-analyt. Unterricht". (18 Bl. in gr. 8. und gr. 4.) *ℳ 1,80.

Wallach, O., Tabellen zur chemischen Analyse zum Gebrauch im Laboratorium u. bei der Repetition. 2., veränd. Aufl. gr. 4. (30 Tab.) Bonn 889. E. Weber's Verl. In qu. gr. 8. geb. n. 4. —

— Tabelle zur chem. Analyse zum Gebrauch im Laboratorium u. bei d. Repetition. 1. Thl.: Verhalten d. Elemente u. ihrer Verbindgn. 2. Thl.: Methoden zur Auffindg. u. Trenng. d. Elemente. 3. Aufl. qu. Lex.-8. (63 S.) Bonn 898. A. Marcus u. E. Weber's Verl. Geb. in Leinw. n. 4. —

— Tabellen zur chemischen Analyse zum Gebrauch im Laboratorium u. bei der Repetition. 1. Tl.: A. Theoretisches u. B. Verhalten u. Elemente u. ihrer Verbindgn. 2. Tl.: Methoden zur Auffindg. u. Trenng. der Elemente. 4. Aufl. (69 S.) gr. 8. Bonn 910. A. Marcus & E. Weber. Geb. in Leinw. 4. —

—— Tableaux servant à l'analyse chimique. Traduits de l'allemand par Jean Krutwig. 2 parties. Lex.-8. Ebendas. à partie * ℳ 2,50. *

Inhalt:

Partie 1. Caractères des éléments et de leurs combinaisons. Publiés par Otto Wallach. (14 Tab.) 880.

» 2. Méthodes de recherche et de séparation des éléments. Publiées par Aug. Kekulé et Otto Wallach. 2e édit. française. (16 Tab.) 885.

Wallach, O., s.a. Tableaux servant à l'analyse chimique.

— tableaux servant de guide dans l'enseignement de l'analyse qualitative, s.: Kekulé, A.

— Terpene u. Campher. Zusammenfassung eigener Untersuchgn. auf dem Gebiete der alicycl. Kohlenstoffverbindgn. (XXII, 576 S.) gr. 8. Leipzig 909. Veit & Co. 18.—; geb. in Halbfrz. 20.50

Wallach, Otto: Über v. Toluol abgeleitete Verbindungen. 1869.

Wallachei, s. Walachei.

Wallacher, Gerhard Matthaeus (Frankfurt/M.) A.S. 171/25

Dissertatio inauguralis iuridica de iure circa sacra civitatum imperii iam ante pacem religiosam. Giessen (Braun) (10.) IV. 1767. 40 S.

Gew.: Stadt Frankfurt/M. 35723

Wallack, Aug., Handbuch d. Gürtlers, s.a. Schauplatz, neuer, d. Künste, 108. Bd.

Wallack, A., vollständ. Handbuch des Gürtlers u. Broncearbeiters, oder theoret.-prakt. Darstellung aller bei diesen Gewerben vorkommenden Arbeiten 2c. Mit 33 lithogr. Tafeln. 8. Weimar 840. Voigt. 1½ ₰ —

Walladmor. Frei nach dem Engl. des Walter Scott. 2. Aufl. ... Berlin 1823. 1824. V: *Häring, Georg Wilhelm (= pseud. Willibald Alexis).* (Nowack, Schles. Schriftst.-Lex. Bresl. 1836—43. II, 59/60.)

Walland, Heinr., chemisches Praktikum (qualitative Analyse) f. höhere Lehranstalten. (III, 100 u. Begleitwort 2 S.) gr. 8. Wien 909. F. Deuticke. Geb. 2. —

Wallantschek, Karl, die gewerbl. Buchführung. s.: Gruber, Joh.

Wallantschek Karl, Ergänzungshefte zu Gruber-Wallantscheks Lehrbuch der gewerblichen Buchführung. II. Die Buchhaltung des Buchdruckers von Eugen Schigut. Wien 1905. Franz Deuticke. Geh. K —.80.

— u. Wilh. **Neckam,** die Buchhaltung des Damenschneiders, s.a. Gruber, Joh., u. Karl Wallantschek, Lehrbuch der gewerbl. Buchführung. V.

(F) **Wallantschek,** K. und **Neckam,** W., Die Buchhaltung des Damenschneiders. [Ergänzungshefte zu Gruber-Wallantscheks Lehrbuch der gewerblichen Buchführung. V.] 8°. (84 S.) K 1.—
Wien: Deuticke 1907.

Wallantschek Karl, Ergänzungshefte zu Gruber-Wallantscheks Lehrbuch der gewerblichen Buchführung. IV. Die Buchhaltung des Gastwirtes von Adolf Fr. Heß Wien 1905. Karl Graeser & Kie. Geh. K 1.20.

— u. Wilh. **Neckam,** die Buchhaltung des Herrenschneiders, s.a. Gruber, Joh., u. Wallantschek, Lehrbuch.

Wallantschek Karl, Ergänzungshefte zu Gruber-Wallantscheks Lehrbuch der gewerblichen Buchführung. III. Die Buchführung des Herrenschneiders von K. Wallantschek und W. Neckam. Wien 1905. Karl Graeser & Kie. Geh. K —.80.

Wallantschek, K. und **Neckam,** W., Die Buchhaltung des Herrenschneiders. [Ergänzungshefte zu Gruber-Wallantscheks Lehrbuch der gewerblichen Buchführung. III.] Gr.-8°. (79 S.) K —.80
Wien: Deuticke 1906.

— u. **Rob. Knöfel,** die Buchhaltung des Schuhmachers, s.a. Gruber u. Wallantschek, Lehrbuch der gewerbl. Buchführung. VIII.

(F) **Wallantschek,** K. und **Knöfel,** R., Die Buchhaltung des Schuhmachers. [Ergänzungshefte zu Gruber-Wallantscheks Lehrbuch der gewerblichen Buchführung. VIII.] Gr.-8°. (55 S.) † K —.60
Wien: Deuticke 19[illegible].

Wallantschek Karl, Ergänzungshefte zu Gruber-Wallantscheks Lehrbuch der gewerblichen Buchführung I. Die Buchhaltung des Tischlers. Wien 1904. Karl Graeser & Kie. Preis, geheftet 80 h.

Wallantschek, K., Die Buchhaltung des Tischlers. [Ergänzungshefte zu Gruber-Wallantscheks Lehrbuch der gewerblichen Buchführung. I.] 8°. (91 S.) Ebda 1905. K —.80

— La contabilità delle industrie minori, s.: Gruber, Joh.

— Lehrbuch der gewerblichen Buchführung, s.: Gruber, Joh.

— Das gewerbliche Rechnen, s.: Klauser u. Rusch.

— Übungsformulare z. gewerblichen Buchführung, s.: Gruber.

Wallart, Julius [cand. med. aus Niederhagenthal '(Ob.-Els.)']: Entwicklung der Lehre von der Phlegmatia alba dolens ... Strassburg i. E., Buchdr. C. Goeller, 1895; 51 S. 8.
Strassburg, Med. Fak., Inaug.-Diss. v. 1895

Wallas, heroisches Trauerspiel in 5 Akten, von Jos. v. Auffenberg. 8. Bamberg, Göbhardt. 819.

Anfänge der Tonkunst. Von Richard **Wallaschek.** Mit 4 Taf. u. 17 Abb. *Leipzig: J. A. Barth 1903.* (IX, 349 S.) 8°

Wallaschek, Rich., Ästhetik der Tonkunst. gr. 8. (III, 378 S.) Stuttgart 886. Kohlhammer. n. 6. —

Die Entstehung der Scala von Dr. Richard Wallaschek. (Mit 4 Tafeln, 1 Textfigur und 1 Tabelle.) Aus den Sitzungsberichten der kaiserl. Akademie der Wissenschaften in Wien. Mathem.-naturw. Classe; Bd. CVIII. Abth. II. a. Juli 1899. Wien. 1899. In Comm. Gerold's Sohn. Gr.-8°. 45 S. fl. —75

Wallaschek, Rich., das k. k. Hofoperntheater, s.: Theater, die, Wiens.

—— Ideen zur praktischen Philosophie. gr. 8. (IV, 156 S.) [Tübingen 886, Laupp'sche Buchh.] Leipzig, Duncker und Humblot. *

Psychologie und Pathologie der Vorstellung. Beiträge z. Grundlegung d. Aesthetik von Richard **Wallaschek**. Leipzig: J. A. Barth 1905. (X, 323 S.) 8°

Wallaschek, Richard: Recht und Moral . . . (Aus des Verf. „Studien zur Rechtsphilosophie".) Freiburg i. B., Fr. Wagner'sche Buchdr., 1888; 32 S. 8°
Freiburg i. B., Phil. Fak., Hab.-Schr. v. 1888.

Wallaschek, R., Studien zur Rechtsphilosophie. gr. 8. (VIII, 332 S.) Leipzig 889. Duncker & Humblot. n. 7. —

Wallaschek von Walberg, Theobald, s. Walberg, Theobald von.

Wallaszky, Paul

— **conspectus reipublicae literariae in Hungaria de initiis regni ad nostra usque tempora delineatus. 8maj. Budae 785. (Wigand in Pressb.) 1 ₰ 4 gr**

— conspectus reipublicae literariae in Hungaria. 8. maj. Budae. (Presburg, Löwe.) 785.

— conspectus reipublicae literariae in Hungaria de initiis regni ad nostra usque tempora delineatus. 8. maj. Budae. (Kilian, Pest.) 808.

***Wallaszky,* Paul, tentamen historiae literarum sub rege Matthia Corvino de Hunyad in Hungaria. 4. Leipz. 769. (W. Nauck.) 6 gr**

Wallat, Gustav: Geschichtsschreiber, Memoiren und Litteratur zur Geschichte Friedrich Wilhelms I. *Deutsch-Krone (1899): F. Garms.* (56 S.) 8° [F. u. Ant.]
Dt. Krone, k. G, OP 1899 (25)

[F.] **Wallat**, Gustav: Friedrichs des Grossen wechselnde Politik gegen Frankreich. Deutsch-Krone, Druck v. F. Garms, *1894;* 40 S. 8.
Deutsch-Krone, k. G, OP 1894 (26)

Wallau, Heinrich

Wallau, H., Aesthetik der Druckschrift, s. Studien, ges., zur Kunstgeschichte.

Wallau, Heinr., der Canon Missae vom J. 1458, s.: Falk, Frz.

— das Mainzer Fragment v. Weltgericht, s.: Schröder, Edw.

Wallau, Heinr., Echt-Fahrten im südlichen Schwarzwald, s.: Hoct, Henry.

Wallau, J. H. von, theor. u. prakt. Anleitung zum Militair-Geschäfts-Style. gr. 8. Wien. (Leipzig, Liebeskind.) 819.

v. Wallau, J. H., theor. u. prakt. Anleit. zum Militärgeschäfts-Style. gr. 8. Wien 819. 3e A. 824. Bauer u. D. 2 ₰

Wallau's, Otto, Oberurseler Reimchronik. Ein Zeitbild aus dem 16., 17. u. 18. Jahrh. Hrsg. u. mit erläut. Anmerkungen versehen von F. W. E. Roth. Mit Beilagen zur Geschichte von Oberursel. 8. (VI, 73 S.) Wiesbaden 879. Limbarth. n. 1. 50

WALLAU, Wilhelm (Mainz): Neuere Reaktionen auf Acet-Essigsäure.- München: Wolf 1902. 16 S.
24.7.1902 - Chr 1902/03,23; Jv 1902/03,318
Diss. Ingolst.-Landsh.-Mchn.

Wallauer, Jacob. Korrespondenz und Registratur in technischen Betrieben. Praktische Winke und Ratschläge für die Organisation und die Behandlung des technischen Schriftverkehrs, unter besonderer Berücksichtigung der technischen Registratur. Hrg. von Jakob W'... [Mit Formularen im Text.] VI + 118 S. 8. Zürich, Orell Füssli, (1905). [fr. 2. —]

Wallauer, Jacob. Correspondance et Archives dans les grands établissements techniques. Conseils pratiques pour l'organisation de la correspondance et des archives par Jacques W'..., traduit par H[Jules] Vicaire. IV + 108 p. 8. Zurich, Orell Füssli, (1907). [fr. 2. —]

Wallbaum, Anforderungen an die Turnplätze und Turngeräte für Volksschulen, nebst einigen einleitenden Bemerkungen über den Turnunterricht bei diesen Schulen. gr. 8. (27 S. mit 4 Bl. Zeichnungen.) Dortmund 887, W. Crüwell's Verlag. * cart. *

Wallbaum, C. F., s. Walbaum, C. F.

Wallbaum, Johann Georg Christoph (Braunschweig)
A. S. 576/104

De fictione quasi contractuum in iure Germanico otiosa. Präs. Ernst Heinrich Mylius.
Leipzig (Takke) 7. Vi. 1741. 16 S.
35724

Wallbaum, Reinhold [aus Magdeburg]: Beiträge zur Kenntnis einiger höher substituierter Aniline in Bezug auf ihre Diazotirbarkeit ... Freiburg i. B., Druck v. C. A. Wagner, 1897; 41 S. 8.
Freiburg i. B., Phil. Fak., Inaug.-Diss. v. 1847

Wallbaum, W., u. a., Gelbe Gewerkschaften und vaterländische Arbeitervereine. 2 Vorträge, gehalten auf der 3. Westdeutschen Konferenz evangelischer Arbeitervereins-Mitglieder und evangelischer Mitglieder christlicher Gewerkschaften in Essen-Ruhr. Bochum, 1907. 77 S.

Wallberg, s. a. Walberg.

v. Wallberg, Graf; Schspl. in 4 A. 8. Manh. 792. Löffler. 6 gr

Wallberg, die Familie. Der reifern Jugend und deren Freunden erzählt von J. M. Mit 1 Stahlst. Augsburg 859. Schmid. 12. (2 Bl., 143 S.) 12 ngr.

Wallberg, Edgar Fr(iedrich): Hebbels Stil in seinen ersten Tragödien 'Judith' und 'Genoveva'. Marburg 1909: (Schmersow, Kirchhain N.-L.). 81 S. 8° ¶ (Ersch. vollst. als Buch b. Behr, Berlin.)
Marburg, Phil. Diss. v. 6. Sept. 1909, Ref. Elster
[Geb. 8. Okt. 84 Hamburg; Wohnort: Marburg; Staatsangeh.: Hamburg; Vorbildung: Realgymn. d. Johanneums Hamburg Reife M. 04; Studium: München 5, Marburg 4 S.; Rig. 8. März 09.] [U 10. 3402

Wallberg, Edgar, Hebbels Stil in seinen ersten Tragödien „Judith" u. „Genoveva". (V, 157 S.) 8. Berlin 909. Zehlendorf, B. Behr's Verl. 4. —

Wallberg, Emil, Wie der Wiener ein Gentleman wird. Zwölf Lectionen. Wien 860. Braumüller in Comm. 8. (V, 82 S.) n. 8 ngr.

Wallberg, Gustav v., Monna Lisa Gioconda. Ein Künstlerroman aus der Zeit der Renaissance. (154 S.) kl. 8. Leipzig 908. Verlag f. Literatur, Kunst u. Musik. 3. —

WALLBERG, Heinr. v. (ps.? — nicht bei Weller), Feierabende. Erzählungen und Novellen. 2 Bdchn. Wiesbaden 1826. 8°.

v. Wallberg, H., Feierabende, Erzähl. u. Novellen. 2 Bdchn. 8. Wiesb. 826. Schellenberg. 2 ₰ 12 gr

Wallberg, Johann

Walbergers, Joh., Sammlung natürlicher Zauberkünste oder aufrichtige Entdeckung verschiedener bewährter lustiger und nützlicher Geheimnisse, nebst vielen Kunststücken, so zur Haushaltung, Gärtnerey, Wein- und Feldbau gehören. Frkf. 745. 8. ib. 749. 8. 3. Aufl. mit neuen Zusätzen vermehrt. Stuttg. 751. 8.

Wallberg, Johann: Joh[ann] Wallbergens Sammlung Natürlicher Zauberkünste oder aufrichtige Entdeckung verschiedener bewährter, lustiger und nützlicher Geheimnisse nebst vielen raren Kunststücken, so zur Haushaltung, Gärtnerey, Wein- und Feld-Bau gehören; wie auch allerley Professionen und Künstlern, insbesondere aber denen Wein-Negotianten dienlich sind. bey dieser Neuen Auflage in bessere Ordnung gebracht und mit vielen ganz neuen Zusätzen und vollständigen Register vermehrt. Stuttgart: Metzler 1754. 474 S.
Dass. Neue Aufl. Stuttgart 1760. 474 S.
Dass. Neue Aufl. Stuttgart 1768. 7 Bl., 474 S., 19 Bl.

Wallberg, ..., natürliches Zauberbuch, s. Kunst- u. Hausbuch, neues unentbehrliches.

Wallberg, Liana, Gräfin v., u. Karl Wernsdorf v. C. F. Regiomontanus. 8. Nürnb. Schrag. 811.
holl. Postr.

Wallbergs Briefe an seinen Freund Ferdinand, Wahrheit oder Dichtung, wie ihr wollt, 1ste Sammlung, 8. Leipzig 783. Crusius.

Wallberg's Briefe an seinen Freund Ferdinand, (v. Gttl. Fr. Staudlin). 8. Leipz. 783. (W. Vogel). 12 gr

Wallbott, Heinrich, aus Garbenteich: Die Phasenänderung des Lichtes bei der Reflexion an Quecksilber. *Leipzig: J. A. Barth 1899.* (40 S.) 8°
Giessen, Phil. Diss. v. 1899

Wallbrecht, Ch. C., Bienenpredigt, zur Förderung der neuesten Betriebsmethode, nach Aufforderung vorgetragen zu Broteln in einer Versammlung von Bienenfreunden am 28. December 1858. Göttingen 859. Dieterich. gr. 8. (48 S.) n. 5 ngr.

— die Bienenwirthschaft. Ein Handbuch zur Förderung der neuesten Zuchtmethode mit Berücksichtigung der verschiedenen Betriebsweisen als: Schwarm-, Zeidel-, Garten- und Wanderbienenzucht nach den besten Hülfsquellen und den neuesten Erfahrungen für angehende Bienenfreunde bearb. 2., ganz umgearb. u. vielfach verm. Aufl. Mit 34 Abbildgn. in Holzschn. Göttingen 860. Vandenhoeck & Ruprecht. gr. 8. (XII, 310 S.) n. 1 Thlr

Wallbrecht, Ch. C., biblisches Wörterbuch zur augenblicklichen verständlichen Erklärung der in der Bibel vorkommenden unbekannten Wörter u. Ausdrücke, mit Bezeichnung d. Aussprache, Hinweisung auf d. Bibelstellen u. vielen Anmerkk., nebst e. Anhange: (d. fremden Namen einiger bibl. Bücher u. Sonntage). Mit e. Vorrede vom Superint. Walther. A. u. d. T.: Handbuch für angehende Lehrer u. Bibelfreunde. 8. Göttingen 837. Dieterich. n. 2/3 Thlr

Wallbrecht, Karl: Ueber die Entwicklung des Münchener Baugewerbes im 19. Jahrhundert. Ein Beitrag zur Kenntnis der baugewerblichen Gesetzgebung, der Bauthätigkeit [!] und der Baubevölkerung in München. *München 1897: Kastner & Lossen.* (102 S. mit Taf. u. Tab.) 8°
München, Staatswirtsch. Diss. v. 1898

Wallbrunn, Conr. Frhr. v., s. a. Vartenheim, Wolf v.

Geschichtsabriss der zum Verbande der Grossen National-Mutterloge in den preussischen Staaten gen. „Zu den drei Weltkugeln" gehörigen Johannis-Loge „Friedrich zur Treue" im Or. Freiburg i. Br. Geschrieben zur Decennarfeier am 24. Juni 1907 von [Konr.] Frh. v. **Wallbrunn.** [Freiburg i. B. 1907: Günther.] 39 S. 8° 23.

Wallbrunn, M. v., Betrachtungen über eine erhöhte Terrainbenutzung durch die Infanterie. Berlin 859. Mittler & Sohn. gr. 8. (2 Bl., 56 S.) 9 ngr.

Wallburg, Clare von, von der Verf. der Jakobine (Fr. v. Wallenrodt) 2 Theile mit 1 Kupf. 8. Leipz. 796. Rabenhorst. 2 Rthl. 10 gl.

Wallburg, Clara von, v. d. Verfasserin d. Jacobine. 2 Thle. 8. Lpz. Rabenhorst. 796.

Wallburg, Ernst Baron, ein Justizmord! Enthüllungen des Erzherzogs-Sohnes W. üb. die morganat. Ehe seines Vaters Erzherzog Ernst. Geschrieben von ihm selbst. (224 S. m. Abbildgn., 1 Bildnis u. 1 Fksm.) 8. Budapest (904). Bibliograph. Anstalt. n. 3. —

Wallburg, Paul: Ueber die Windberger Interlinearversion der Psalmen .... Berlin, Buchdr. v. Otto Drowitz, 1888; 1 Bl. + VII + 116 S. 8°
Strassburg, Phil. Fak., Inaug.-Diss. v. 1888

WALLDORF, Heinrich v., und Emilie v. Weissenheim. (In zahmen Briefen.) 2 Thle. London, bey d. typograph. sellsch. (Heidelb., Pfähler) 1784. 8°. 85 u. 120 S.
Weller, fing. Dr., abweichend: „London bei Katell (ebd.) 1784—90"; Kayser hat p. 130 nur „1790", ohne Theilesangabe.

Walldorf, Peter: Aus d. med. Klinik d. städt. Krankenh. zu Münster i. W. (Dirig. Arzt: Arneth.) Das normale Blutbild der eosinophilen Leukocyten. Würzburg 1910: Stürtz. 20 S. 8°
Heidelberg, Med. Diss. v. 6. Juli 1910, Ref. Ernst
[Geb. 21. Dez. 82 Nieder-Saulheim; Wohnort: Detmold; [illegible] Hessen; Vorbildung: Gymn. Birkenfeld [illegible]; Studium: [illegible] Würzburg [illegible] München [illegible] Berlin [illegible] Heidelberg [illegible]; Approb. [illegible] Juli 10.] [illegible]

Walldürn [Schlagwort]

Walldürn, s.: Deutschland. Kürschner-Peip.

Wallé, die Morphiumsucht u. die Physiologie der Heilungsvorgänge, s.: Sonderabdrücke der Deutschen Medizinal-Zeitung.

Wallé, Peter: Architektur u. Kunstgewerbe. (Vortrag.) Berlin 1885. 8°

—— Schlüter's Aufenthalt in Petersburg 1713—1714. Ein Beitrag. [Erweiterter Abdr. aus dem „Wochenblatt für Architekten und Ingenieure".] gr. 8. (23 S.) Berlin 883. (Bohno.)

—— Lynar's Briefwechsel m. dem Landgrafen Wilhelm v. Hessen, s. Schriften d. Vereins f. die Geschichte Berlins.

Wallé, Peter, gegen den Fortfall der Bauführerdiäten. Ein Beitrag zu dieser Tagesfrage. gr. 8. (16 S.) Berlin 882. Bohne. n.n. — 50

Wallé, P., Eduard Knoblauch. Ein Abriss seines Lebens. Aus Anlass des 100. Geburtstages seines Stifters am 25. IX. 1901 dem Architektenverein zu Berlin gewidmet. Mit Knoblauchs Bildniss u. 18 Abbildgn. seiner hauptsächlichsten Werke. gr. 8. (51 S.) Berlin 902. W. Ernst & Sohn. n. 1. —

Wallé, Pet. Leben u. Wirken Karl v. Gontard's. Zum 100. Todestage am 23. Septbr. 1891. Nach neueren Untersuchgn. u. vielen bisher nicht benutzten Quellen im Zusammenhang dargestellt. Mit Gontard's Portr. u. 3 Abbildgn. Lex.-8. (38 S.) Berl. 891, Ernst u. Sohn. 2 —
Aus: Centralblatt d. Bauverwaltg, besonders abgedruckt.

— **Materialien** zur Kritik des Doctor-Ingenieurs. Ein Beitrag zum Promotionsrecht der techn. Hochschulen. Verhandlungen, Vorschriften, Petitionen u. Berichte m. e. Einleitg. gr. 8. (79 S.) Berlin 902. (E. Grosser.) n. 1. 50

— – Die Schulconferenz u. das Baufach. Eine zeitgemäße Beleuchtg. der Dezemberbeschlüsse. gr. 8. (52 S.) Berl. 891, (Amelang). * 1 —

—— der Stiftungsaltar des Grafen Rochus zu Lynar, kurbrandenburg. Baumeister, in der Nicolaikirche zu Spandau [1582]. Festschrift zum 300. Gedenktage. Mit 1 (Lichtdr.-) Abbild. des Altars, einem Stammbaum der Grafen und Fürsten zu Lynar und einem Auszuge aus den gräfl. Tagebüchern des 16. Jahrh. gr. 8. (22 S.) (Ebendas.) 882. **

– Stimmen aus dem Baufach. Kurze Randbemerkungen zur Etatberathung. gr. 8. (54 S.) Ebend. 882. n.n. 1. 25

— **Schlüters Wirken** in Petersburg. Ergebnisse e. Studienreise. Mit 9 Abbildgn. u. e. Anh. meist unbekannter Briefe u. Berichte. gr. 8. (28 S.) Berlin 901. W. Ernst & Sohn. n. 1. —
Erweit. Sonderdr. aus: „Centralbl. d. Bauverwaltg."

Walleb, Dan.: Positiones medicae tumultuariae, s. Bernoulli, Dan.

Walleczek, Robert: Katalog der Lehrerbibliothek. 13 S.
Jägerndorf, St. R., Progr. 1900

Walleczek Robert: Die Sprache des „Roman de la Violette". 30. Jägerndorf R. 96.
Progr.

Walleiser. Auszug aus der Geschichte des 1. schlesisch. Grenadier-Regiments No. 10. 8. Berlin 187'.

Walleiser, die königl. Militär-Schieß-Schule in Spandau. Ein Beitrag zur Geschichte derselben. Mit einem (lith.) Situationsplane (in Fol.). Berlin 869. Mittler & Sohn. gr. 8. (III, 10 S. mit 1 Tab. in qu. Fol.) n. 10 ngr.

Walleiser, Karl, Festschrift zur Feier des 150jähr. Bestehens d. Berliner Invalidenhauses. 1748 — 15. XI. — 1898. gr. 8. (30 S.) Oldenburg 898. G. Stalling's Verl. Geb. n. 2. —

Walleiser, C., Gedenkblätter an das Dreikaiserjahr. 12. (20 S.) Schweidnitz 889. Heege. n. – 25

Walleiser, Carl, Heureka. 150 Rätsel. 12. (63 S.) Berlin 886, Horrwitz. *

Der Berliner Invalidenkirchhof von Karl Walleiser, Major a. D. zu Berlin. *Oldenburg: G. Stalling 1901.* (19 S.) 8° [F. u. Ant.] [illegible]

Walleiser, Karl, deutsche Klänge. Eine Reihenfolge vaterl. Gedichte. (47 S.) 11. 8. Schweidnitz (908). L. Heege. nn — 30

Wallem, Harald: Die Elektrizität in der Landwirtschaft und deren Beziehungen zu Überlandzentralen. Berlin: Springer 1910. 46 S. 4° ¶ Erw. aus: Elektrotechn. Zeitschrift. Jg. 31.
Karlsruhe, Dr.-Ing.-Diss. v. 27. 6. 1910

Wallen, Jakob [Praes.], s. Adlerstam, Johann Patricius: De origine et fatis poeseos septentrionalis antiquissimae.

Wallen, Jakob [Praes.], s. Behrens, Carl Friedr.: Quatenus religio merae ethicae antecellat?

Wallen, Jakob [Praes.], s. Duse, Johann Adam: De episodiorum origine et usu.

Wallen, Jakob [Praes.], s. Hwarfner, Andreas Theodor: De domicilio regis Aune in Vestro-Gothia.

Wallen, Jakob [Praes.], s. Nylander, Öjarus: Historia critica Quinti Curtii Rufi, Cujus Part. Primam.

Wallen, Carl v., u. G. Tschütter, Handbuch d. Anstandes u. d. feinen Sitte. Zur Selbstbildg. f. Deutschlands Jugend beiderlei Geschlechts. gr. 12. (7 B.) Leipzig 836, Friese.

Wallen, Carl, s. Haertel, C., Bilder-Thierbuch.

v. Wallenberg, ..., s. Voltaire, Zayre.

Wallenberg, A., s.: Bericht üb. die Leistungen auf dem Gebiete der Anatomie des Centralnervensystems.

— Untersuchungen üb. das Vorderhirn der Vögel, s.: Edinger, Ludw., Untersuchungen über die vergleichende Anatomie des Gehirnes.

Wallenberg, [illegible]
[illegible]
Berlin, Med. Di[illegible] 4. Aug [illegible]

Wallenberg, Adolf: Ein Beitrag zur Lehre von den cerebralen Kinderlähmungen ... Leipzig, Druck v. B. G. Teubner. 1886: 59 S. 8°
Heidelberg, Med. Fak., Inaug.-Diss. v. 1886.

Wallenberg, Adolf, ein Beitrag zur Lehre von den cerebralen Kinderlähmungen Diss. Heidelberg 1886, Theodor Groos. 8°. 59 S.

Wallenberg, Ant. Mch., de Rhythmi in morbis epiphania. 8maj. Heidelb. 809. Mohr. 1 ₰ 8 gr

— Skizzen f. Zoonomie, s. F. P. Cassel.

Wallenberg, Arthur. Die Carpal- und Mentalorgane der Suiden. Eine vergleichend-anatomische Untersuchung. Mit 10 Abbildungen. Aus der anatomisch-physiologischen Abteilung des Landwirtschaftlichen Instituts der Universität Halle-Wittenberg .... Diss. Vet.-Med. Bern. (Abdruck aus: «Anatomischer Anzeiger», Bd. 32. 1910, No. 15/16.) 28 S. 8. Jena, Gustav Fischer, 1910.

Wallenberg, Borries v., die Blutnacht im Königspalast v. Belgrad. Ein Erinnerungsblatt. (32 S.) 8. Berlin (903). Deutsche Verlags-Anstalt „Patria". 1. —

Wallenberg, Georg

Wallenberg, G., Beitrag zum Studium der algebraischen Differentialgleichungen erster Ordnung, deren Integrale feste Verzweigungspunkte besitzen, insbesondere derjenigen, welche die Ableitg. bis zum dritten Grade enthalten. Inaug.-Diss. gr. 8. (44 S.) Halle a/S. 890. (Berlin, Mayer & Müller.) n. 1. 20

Wallenberg, Geo., s.: **Jahrbuch üb. die Fortschritte der Mathematik.**

Wallenberg, Georg: Kants Zeitlehre. 4 (20 S.).
Progr. Neunte Städt. Rsch. (Höh. Bürgersch.) *Berlin* 1896

Wallenberg, Geo., Kants Zeitlehre. Progr. 4. (20 S.) Berlin 896. R. Gaertner. n. 1. —

Wallenberg, Karl von

de Wallenberg, [illegible]

Wallenberg, Paul [pr. Arzt aus Danzig]: Zur Ätiologie der Leukoplakie. . . . Berlin. Buchdr. v. Gustav Schade (Otto Francke) (1890). 31 + 1 S. 8°
Berlin, Med. Fak., Inaug.-Diss. v. 11. März 1890

Wallenberg, Samuel [illegible]

Wallenberg, Theodor [pr. Arzt]: Ueber die Dermoidgeschwülste des Auges. . . . Königsberg in Pr., Druck v. M. Liedtke, 1889. 31 S. + 2 Bl. 8°
Königsberg, Med. Fak., Inaug.-Diss. v. 13. März 1889

Wallenborn, Julius, (Psdn.), Romando; e. romant. Gemälde d. Schwärmerei, d. Ideale u. d. Geheimnisse. 3 Bde. 8. Dresd. 802. Leipz. 806. 3e Aufl. unt. d. Tit.: Romando, Hauptmann e. Räuberbande. 820. (Rauck). 3 ß 12 ℊ

WALLENBORN, Julius (ps.), Romando. Ein romantisches Gemälde der Schwärmerei, der Ideale und der Geheimnisse. 3 Thle. Mit Kpfrn. u. Musik (von Fr. W. Berner). Dresden, Gerlach, 1803. 8°. 3½ Rthl.) Zahm.

— Romando, Hauptmann einer Räuberbande. Ein Gemälde der Schwärmerei und der Geheimnisse. 3 Bde. Mit Kupfern. Leipzig 1816. 8°.
Behrendt's (Berlin) Leihbibl.-Cat. p. 49.

— — Dasselbe. 3. Auflage. Ebd. 1821.
Weller, Lex. Ps. p. 604, wo auch eine Ausgabe „1806" citirt wird (nach Kayser).

***Wallenburg*, Ad., de controversiis, tract. gen. contractl. 8maj. Wien 778. Trattner. 16 ℊ**

v. Wallenburg, Gräfin Amalie, Anstandslehre für d. weibl. Geschlecht. Oder mütterl. Rath für meine Julie über d. sittl. u. körperl. Anstand. 8. Quedlinb. 824. Basse. 1 ß Velinp. 1 ß 6 ℊ

— religiöses Bildungsbuch für meine Julie. Ein heiliges Wort f. gebildete Mütter u. Jungfrauen. 8. Quedlinb. 825. Basse. 1 ß Velinp. 1 ß 6 ℊ

— Brautgeschenk für meine Julie. 8. Quedlinb. 825. Basse. 1 ß Velinp. 1 ß 6 ℊ

— die Gattin, Mutter u. Hausfrau, oder Lebensregeln f. Jungfrauen u. Bräute, welche glückl. Gattinnen werden wollen. 2 Thle. 8. Quedlinb. 825. Basse. 1 ß 14 ℊ Velinp. 2 ß

Wallenburg, J. G., Predigt bei Einweihung d. erneuerten Kirche St. Thomä zu Merseburg d. 3. Dec. 1826. 8. Merseb. 826. (Leipz., Rein). 3 ℊ

Wallendorf [Schlagwort]

Wallendorf, s.: Geologische Karten (Preussen).

Wallendorfs, Henriette von, erste unglückl. Lebensjahre. 8. Leipz. Gräff.

Wallendorf, Henriettens von, erstere unglückliche Lebensjahre in Briefen, mit 1 Kupf. 8. Altona, 786. Kaven. 13 ggl.

Walleneg, Jos., die Laub-Sägerei, sowie die Einlege- u. Schnitz-Arbeit. Nationelle u. leichtfaßl. Anleitg. f. Dilettanten. Nebst e. nach den besten Hilfsquellen bearb. Anweisg. zur Verschönerg. fert. Holzarbeiten durch Politur, Lakiren, Beizen, Bemalen d. Holzes, Spritzarbeit u. Abziehen v. Kupferstichen auf Holz. Mit 23 (lith.) Taf., enth. 104 Fig. u. 3 (lith.) Beilagen (in Fol.) gr. 8. (VIII, 122 S.) Weimar 876. B. F. Voigt. 3. —

Walleneg, Jos., die Laubsägerei, sowie die Einlege- u. Schnitzarbeit. Nationelle u. leichtfaßl. Anleitg. f. Dilettanten. Nebst Anweisg. zur Verschönerg. fert. Holzarbeiten. Mit e. Verzeichnisse verschiedener Bezugsquellen. 2. umgearb. u. sehr verm. Aufl. Mit 117 Abbildgn. gr. 8. (VIII, 231 S.) Weimar 885. B. F. Voigt. 6. —

Walleneg, Jos. Die Laubsägerei, sowie die Einlege- u. Schnitzarbeit. Anleitg. f. Dilettanten. 3. (Titel-)Aufl. gr. 8. (VIII, 231 S. m. 117 eingedr. Abbildgn.) Weim. 891. Voigt. 3 —

Wallenfang, Karl, aus Bonn, Volontär-Assist. am Pathol. Inst. d. Univ. Marburg. Aus d. med. Klinik in Bonn. Ueber die **Symptome** der gestörten Funktion des Pankreas mit besonderer Berücksichtigung neuerer Versuche zur Prüfung derselben. *Bonn 1903: J. Trapp.* (34 S.) 8°
Bonn, Med. Diss. v. 29. Apr. 1903

Wallenfels [Schlagwort]

Wallenfels, s.: **Bayern.** Karte.

Wallenfels, A. Roger Ascham. 16 S. **Progr.** Rsch. *Wiesbaden* 1880

Wallenfels, Herm., s.: **Vokabularien,** französ. u. engl.

Wallengren, H. D. J., Lepidoptera Scandinaviae Rhopalocera. Disposita et descripta. Malmogiae 853. (Leipzig, A. Dürr.) gr. 8. (XX, 282 S.) nn. 2 ß. 10 ngr.

Zur Biologie der Muscheln. Von Hans **Wallengren.** 1. Lund 1905: H. Ohlsson. 4°
= **Acta** Universitatis Lundensis. N. S. Afd. 2. Bd 1, No 2.

Zur Kenntnis der vergleichenden Morphologie der hypotrichen Infusorien von Hans Wallengren. *Stockholm 1900: P. A. Norstedt & söner.* (31 S.) 8°
= **Handlingar,** K. Svenska Vetenskaps-Akademiens. Bihang. Bd 26, Afd. 4, No 2.

Wallengrün [Schlagwort]

Wallengrün, s.: **Sachsen. Messtischblätter.**

Wallenhauer, Gotthilf

Wallenhauer, G., Heimathskunde der Fürstenth. Schwarzburg-Rudolstadt u. Schwarzburg-Sondershausen. Für Schulen bearb. 8. (46 S.) Rudolstadt 872. Froebel n. — 40

Wallenhauer, G., Heimatskunde der Fürstentümer Schwarzburg. Für Schule u. Haus bearb. Mit einer (chromolith.) Spezialkarte von Rich. Merten. 2., veränd. u. starkverm. Aufl. gr. 8. (IV, 92 S.) Rudolstadt 882. Hofbuchdruckerei. geb. n.n. — 75

Wallenhauer, Gthlf., Schulgeometrie f. die Hand der Schüler. 1. u. 2. Hft. gr. 8. Rudolstadt 896. Hofbuchdr. (F. Mitzlaff.) n. — 75
1. (10 S. m. 3 Taf.) n. — 25. — 2. (34 S. m. 5 Taf.) n. — 50

— Schulvorschriften in deutscher u. lateinischer Schrift auf 40 (lith.) Hochquartblättern mit Berücksichtigung der neuen Rechtschreibung. Mit einem Vorwort. 4. (2 S.) Rudolstadt 881. (Müller.) n. 4. —

Wallenheim, Ludowika, Anna von Bretagne. Histor. Novelle. Eingeführt durch ein kritisirendes Vorwort von der Verf. von Godwie-Castle u. a. m. 2 Bde. gr. 12. Braunschweig 844, Meyer sen. 1½ ß

— historische Original-Novellen. 8. Berlin 846, Reichardt u. Comp. 1 ß

—— historische Original-Novellen. 8. (21½ B.) Berlin 846, [Leop. Schlesinger.]

Wallenius, Jakob

Wallenius, J., acta Pauli Ephesina. I—II. Gryph. 1783. 4.

Wallenius, J., de Deo ignoto. Gryph. 1797. 4.

Gedächtnissrede auf Adolph Friedr. v. Olthof bei der feierlichen Einweihung des ihm von den Freimaurern in Schwedisch-Pommern errichteten Denkmals auf dem Kniper Kirchhofe vor Stralsund am 14. Oct. 1795 gehalten von Jac. Wallenius. Greifswald 1795: Eckhardt. 21 S. 4° [Umschlagtit.]
Kl. 1406. Biographie, nicht auf des Verstorbenen Mrleben Bezug nehmend. Nebst Gedicht auf v. Olthof von H. 23.

Wallenius, Jak., Lesebuch für deutsche Anfänger in d. schwed. Sprache. 8. Greifsw. 798. (Röhß). (Stiller in Rostock.)

Underdånigt Tal hållet inför Konungen i Frimurare-Logen Carl zu den drey Greifen den 23. Mai 1806 af Jac. Wallenius. Greifswald [1806]: Eckhardt. 8 S. 8°
Üb. die Wirkung der Frmrei auf den Staat. KB.

De nexu scientias mathematicas intercedente. Praes. *M. J. Wallenius.* Resp. *J. Westzynthius.* Ab. 4. 1755.

De studio Matheseos maturius inchoando. Praes. *M. J. Wallenius.* Resp. *And. Toetterman.* 4. 1759.

Wallenrodt, Auguste von, s. Adelaide.

Wallenrodt, Auguste von, s. v. Goldstein: Geistesblüthen.

v. Wallenrodt, Auguste, nachher v. Fölsch, Kolmar u. Klaire. 2 Thle. 8. Leipz. 793—95. Voß. 2 ß

MÄDCHEN Wunderhold, Das. Eine abendländische [nicht abentheuerliche, wie Hayn IV, 345 schreibt] Romaneske im neueren Styl. Leipzig 1810. 8°. Frontisp. 229 S.
[Verfasser ist A. v. Wallenrodt, vereh. v. Fölsch, später Freiin Goldstein.]

Vgl. Mädchen Wunderhold, Das.

Wallenrodt, Auguste von, s. Samml. theils dialog. Geschichten ...

Wallenrodt, Auguste von, s. Traum, Der, u. d. Erwachen.

v. Wallenrodt, Augusta, nachher v. Fölsch, s. Weihnachtskörbchen für d. Jugend.

Wallenrodt, E. de, De stirpe Wallenrodiana. Regiomonti 1772. fol.

Wallenrodt, H. v., die ostpreußische Eisenbahn u. die Zeit ihrer Erbauung. Mit besond. Rücksicht auf das provinzielle Interesse dargestellt. gr. 8. (1¼ B.) Königsberg 841, Voigt. *

Wallenrodt, H. v.: Die Ostpreußische Eisenbahn und die Zeit ihrer Erbauung. Königsberg. 1845. 8°

—— der preußische Landtag von 1845 u. meine Denkschriften. Ein Beitrag zur Würdig. der provinzialständischen Wirksamkeit. Kritisch dargestellt u. m. e. Aufruf an seine lieben Landsleute begleitet. gr. 8. (5⅛ B.) Leipzig 846, Otto Wigand. (Königsberg, Bornträger's Sort.-Buchh.) *

Wallenrodt, Johanna Isabella Eleonore von

v. Wallenrodt, Joh. Isab. Eleon., Adolph u. Sidonie v. Wappenkron. 2 Bde. 8. Halle 796. Hendel. 2 ß 10 ℊ

— Begebenheiten d. Ritters Wolfram v. Veldegk. 8. Berl. ... N. A. 816. Maurers B. 1 ß

v. Wallenrodt, Jh. Isab. Eleon., geb. Kopf, († d. 11. Oct. 1819.) Beschäftigungen meiner Feierstunden, für Leser jeder Gattung. 8. Bresl. 795. Gehr. 14 ℊ

Wallenrodt, Johanna Isabella Eleonore von, s. Bibliothek der grauen Vorwelt.

Wallenrodt, Johanna Isabella Eleonore von, s. Egonen u. Schnecken.

Wallenrodt, Johanna Isabella Eleonore von, s. Empfindungen d. Geistes.

— Erzähll. u. Anmerkk. gesammelt auf e. Reise. 3 Thle, mit 2 Kpf. 8. Prag 810. Barth. 3 ß 12 ℊ

FRITZ, der Mann wie er nicht seyn sollte oder die Folgen einer übeln Erziehung. Ein unterhaltender (zieml. freier) Roman von ihm selbst erzählt. (Verfasst von *Johanne Isabelle Eleonore v. Wallenrodt.*) 2 Thle. Gera, 1800 bei Karl Gottlieb Haller und Sohn. 8⁰.

Vgl. F r i t z, ... u.: G o l d f r i t z e l (Titel d. 1. Aufl.).

Wallenrodt, Johanna Isabella Eleonore von, s. G e i s t e r e r s c h e i n u n g e n u. Weissagungen.

Wallenrodt, Johanna Isabella Eleonore von, s. G e s c h i c h t e Theophrastus Gradmann.

HASSAN, Prinz, der Hochherzige bestraft durch Rache und glücklich durch Liebe. Eine morgenländische Urkunde. (Zahmer Roman von *Johanne Isabelle Eleon. v. Wallenrodt*, geb. Freiin *v. Koppy.*) Mit Titelkpf. Leipzig, Kleefeld, 1796. 12⁰. 164 S.

Anon.-Lex. II. p. 266 (nach Kayser, Meusel u. v. Schindel).

Vgl. H a s s a n, ...

— Leben, ein Beitrag zur Seelenkunde u. Weltkenntniß. 2 Thle. Mit Kpf. 8. Rostock 797. Stiller. 3 ₰ 16 gr

Wallenrodt, Johanna Isabella Eleonore von, s. P h a n t a s i e n meiner schlaflosen Nächte.

RITTER, Der kleine. Geistergeschichte aus den grauesten Zeiten des Altertums (von *Johanna Isabella Eleonore v. Wallenrodt*). 2 Bde. Hamburg und Mainz 1799. 8⁰.

Anon.-Lex. III. p. 386 (nach Kayser). Selten!

Vgl. R i t t e r, ...

Wallenrodt, Johanna Isabella Eleonore von, s. Emma v. R u p p i n.

Wallenrodt, Johanna Isabella Eleonore von, s. S a m m l. verm. Gedichte.

Wallenrodt, L. von

— Karl Moor u. seine Genossen. 8. Hamb. 801. (Herold jun.) 1 ₰

— wie sich das fügt, od. die Begebenheiten zweier guten Familien in d. Zeitraum v. 1780—1784; in Dialogen, Briefen u. Erzähll. 2 Thle. 8. Leipz. 793. Schwickert. 1 ₰ 12 gr

Wallenrodt, L. von, s. Z a l l i d a.

Wallenrodt, Louis von

v. Wallenrodt, L., noch jemands Ankunft auf St. Helena. 8. Königsb. 816. Universitäts-B. 4 gr

Wallenrodt, Louis v.: L e b e n und Thaten des königlich preussischen General-Feldmarschalls Fürsten Blücher von Wahlstatt. Stettin 1831. 8⁰

Wallenrodt, L. v., Leben u. Thaten d. Kgl. Preuß. General-Feldmarschalls Fürsten Blücher v. Wahlstatt. Neu bearb. Mit d. Abbild. der Denkmäler d. Fürsten zu Berlin, Breslau u. Rostock, so wie d. Grabmales bei Krieblowitz in Schlesien. 8. (18 B. u. 4 Stnt.) Stettin 832. [Leipzig, Eisenach.]
1 Thlr. 8 Gr., herabges. Pr.

v. Wallenrodt, L., Leben u. Thaten d. Königl. Preuß. General-Feldmarschalls Fürsten Blücher von Wahlstatt. Neu bearbeitet. Mit den Abbildd. der Denkmäler des Fürsten zu Berlin, Breslau u. Rostock, so wie d. Grabmales bei Krieblowitz in Schlesien. Mit 4 Steint. 8. Stettin 832. Hessenland. 1 ₰ 8 gr

v. Wallenrodt, L., Novellen-Kranz. 16 Bdchen. 8. Stettin 831. Böhme. 1 ₰ 16 gr

—— Novellen-Kranz. 1. Bdchn. 8. (21 B) Stettin 831. (Leipzig, Polet.)

— der Sonntagsklubb. Samml. v. Erzählungen u. Novellen. 2 Bdchen. 8. Stettin 831. (Enslin'sche Buchh. in Berl.) Neue wohlf. Ausg. Stettin 832. Hessenland.

Wallensee, Graf von; od. d. ungerechte Argwohn. Schausp. in 2 Aufz. v. F. A. Dittmar. 8. Riga, Memshausen. 803.

Wallenstadt. [Waffenplatz. Lithographischer Ueberdruck aus den Blättern IX, X, XIV, XV der Dufour-Karte.] Massstab 1 : 100000. [Hrg. durch die] Schweizerische Landestopographie, Bern. Ueberdruck 1906. 346/506 mm. 1 Bl. quer-fol.

Ausg. A: offen. [fr. 1.—]
Ausg. B: auf Lwd. aufgezogen, 8; *Titelblatt (mit Kartenskizze):* Topographische Karte der Schweiz. Überdruck. Wallenstadt. 1:100,000. Bern, Schweiz. Landestopographie, *Aufdruck:* 1906. aufgezogen fr. 1.70

Wallenstadt und Wallenstadtberg am Wallensee. Eisenbahnlinie Zürich-Weesen-Ragaz-Chur. [Wallenstadt 1904.] V: *Heule, Albert.* (BBullschw 4, 1904)

Wallenstadt [Schlagwort]

Wallenstadt, s.: Schweiz. Karte.

Wallenstedt, v., das Ostseebad Heringsdorf auf der Insel Usedom. gr. 8. (50 S.) Berlin 879, Gutmann'sche Buchh. *

de Wallenstedt, [illegible]
Berlin, Med. [illegible]

Wallenstein [Sachl. OW]

Wallenstein's Biographie, s.: Bumüller, J.

v. Wallenstein, Baron; Trspl. 8. Gotha 783. Ettinger. 4 gr

— Schausp. v. Halem. 8. Göttingen, Dieterich. 786.

— Schausp. v. Halem. 8. Rostock, Stiller. 796.

— Dramat. Gedicht v. Fr. Schiller. 8. Tübingen, Cotta. 802. Postp.

— — dasselbe in 5 A. f. d. Bühne bearb. v. K. F. W. Fleischer. 8. Glogau, Günther d. jüng. 803.

— — dasselbe, zur Aufführ. e. Abends f. d. Bühne bearb. in 5 A. 8. Mannh. Löffler. 805.

Wallenstein, ein dramat. Gedicht v. Schiller. 2 Thle. 4te Aufl. gr. 8. Tübing. Cotta. 805.

Wallenstein, dramat. Gedicht von Fr. v. Schiller. 2 Thle. 5te Aufl. 8. Tübingen Cotta. 816.

Wallenstein, Albrecht von. [Leipzig 1809.] V: *Pahl, Johann Gottfried von.* (MGT)

Wallenstein, Herzog zu Friedland. Skizze s. Lebens u. Wirkens, s. Koller, Joh.

Wallenstein als Landesherr, insbesondere als Herzog von Mecklenburg, s. Hunziker, O.

Wallenstein [Verfasser]

Wallenstein, A., im deutschen Böhmerlande, s.a. Festschriften f. Gustav-Adolf-Vereine. 13. Hft.

Wallenstein, A.: Im deutschen Böhmerlande. Reisebilder. Lpz. o. J. 16 S. (Festschr. f. Gust.-Adolf-Ver. 13.)

Wallenstein, Albrecht von

—— und Gustav Adolfs d. Gr. ungedruckte Briefe, nebst e. Anh., enthalt. Beiträge z. Geschichte d. 30jähr. Krieges. Hrsg. v. F. H. Zober. gr. 8. (3 B.) Stralsund 830, Löffler. 16 Gr., brbgf. Pr.

v. Wallenstein, Albrecht, des Herzogs von Friedland u. Mecklenburg, **ungedruckte,** eigenhändige vertrauliche Briefe u. amtliche Schreiben aus den Jahren 1627 bis 1634 an Arnheim (v. Arnimb), Aldringer, Gallas, Piccolomini u. a. Fürsten u. Feldherrn seiner Zeit. Mit e. Charakteristik d. Lebens u. der Feldzüge Wallensteins. Herausg. v. Fr. Förster. 3 Thle. Mit 1 Plan u. 8 Schrifttaf. gr. 8. Berl. 828,29. Reimer. 6 ₰ 12 𝒦

Wallenstein, F. J., der olmützer Harfenist. Eine Folge komischer Zeitlieder. 1 — 8. Heft. 16. (S. 1 — 205.) Olmütz 860, Slavik. à Heft 2 Ngr.

Wallenstein, Felix [app. Arzt aus Frankfurt a. M.]: Beiträge zur pathologischen Embryologie m. bes. Berücks. d. Rundzelleninfiltration abortiver Embryonen ... Berlin, Druck v. L. Simion, 1897; 40 S., 1 Taf. 8.
Freiburg i. B., Med. Fak., Inaug.-Diss. v. 1897

Wallenstein, Herm., die vier Jahreszeiten f. die deutsche Sprechstunde, nach Hölzels Bildertafeln bearb. 4 Hfte. 4. (Mit je 1 Bild.) Gießen 894. E. Roth. à n. — 40; in 1 Bd. n. 1. 20; geb. n. 1. 40
1. Der Frühling. (21 S.) — 2. Der Sommer. (19 S.) — 3. Der Herbst. (26 S.) — 4. Der Winter. (28 S.)

Wallenstein, Herm., **Konversationsunterricht** im Deutschen. 1. Bd. gr. 8. Gießen 898. E. Roth. n. — 40
Die vier Jahreszeiten f. d. deutsche Sprachstunde, nach Hölzels Bildertaf. bearb. 1. Hft. Der Frühling. 2., verb. Aufl. (29 S. m. 1 Bild.)

— dasselbe, bearb. f. d. deutsche Sprechstunde nach Hölzels Bildertafeln f. Schule u. Haus. 2. Bd. gr. 8. Ebd. 895. n. 1. 20; geb. in Halbleinw. n.n. 1. 40; in 4 Hftn. à n. — 40
Stadt. Wald. Hochgebirge. Bauernhof. (36, 28, 28 u. 24 S. m. 4 Bildern.)

— dasselbe. Im Anschluß an d. Sprachstoff in „Uebungen f. die deutsche Sprachstunde" nach Hölzels Bildertafeln bearb. 3. Bd. gr. 8. Ebd. 897. n. 1. 60; geb. in Halbleinw. n. 2. —
Deutsche Sprachlehre. M. vollst. Wörterbuch in 4 Sprachen (deutsch, französisch, englisch u. italienisch.) Von F. Koch u. M. Delanghe. (VIII, 168 S.)

Wallenstein, Herm., **Konversationsunterricht** im Deutschen. 1.—5., 9. u. 10. Hft. gr. 8. Gießen, E. Roth. n. 2. 80
1. I. Bd. Die vier Jahreszeiten bearb. f. die deutsche Sprechstunde nach Hölzels Bildertafeln. 1. Hft. Der Frühling. 3. verb. Aufl. (31 S. m. 1 Bild.) (901.) n. — 40
2. Dasselbe. 2. Der Sommer. 2. verb. Aufl. (26 S. m. 1 Bild.) 900. n. — 40
3. Dasselbe. 3. Der Herbst. 2. verb. Aufl. (34 S. m. 1 Bild.) (900.) n. — 40
4. Dasselbe. 4. Der Winter. 2. verb. Aufl. (38 S. m. 1 Bild.) (900.) n. — 40
5. II. Bd. Übungen f. die deutsche Sprechstunde, nach Hölzels Bildertafeln bearb. 5. Die Stadt. 2., verb. Aufl. (39 S. m. Titelbild.) 902. n. — 40
9. 10. Die Wohng., bearb. f. die deutsche Sprechstunde, nach Hölzels Bildertafeln f. Schule u. Haus. (Mit deutsch-engl. Wörterbuch.) (54 S. m. Titelbild.) 900. n. — 80; m. größerem kolor. Bild n. 1. —

Wallenstein, Herm., **Konversationsunterricht** im Deutschen. 4. Bd. 8. Gießen, E. Roth. — 80; geb. n.n. 1. —
Berlin. Uebungen f. die deutsche Sprechstunde, nach Hölzels Wandbild Berlin bearb. Von Herm. Wallenstein u. Carl Auerbach. (IV, 48 S. m. 1 Taf.) 904.

— dasselbe. II. Bd. Übungen f. die deutsche Sprechstunde, nach Hölzels Wandbildern bearb. 6—8. (Mit je 1 Abb.) 2. verb. Aufl. 8. Ebd. à — 40
6. Der Wald. (27 S.) (907.) — 7. Das Hochgebirge. (27 S.) (907.) — 8. Der Bauernhof. (23 S.) (907.)

Wallenstein, Herm., Konversationsunterricht im Deutschen. I. Bd. Die 4 Jahreszeiten, bearb. f. die deutsche Sprechstunde nach Hölzels Bildertaf. 1. Heft. Der Frühling. 6. Aufl. (31 S. m. 1 Vollbild.) 8. Gießen (910). E. Roth. — 40

Wallenstein, Joseph, Medizinalpraktikant a. Kastel: Kasuistischer Beitrag zur Lehre von der endemischen Dysenterie. München 1906: C. Wolf & Sohn. (33 S.) 8°
München, Med. Fak., Ref. v. Bollinger, Diss. v. 15. Jan. 1908
[Geb. 11. Aug. 79 Kastel a. Rh.; Wohnort: Kastel a. Rh.; Staatsangeh.: Hessen; Vorbildung: Gymn. Mainz Reife Juli 98; Studium: Gießen 2, München 2, Erlangen 2, Würzburg 3, München 6 S.; Coll. 15. Jan. 08; Approb. 31. Dez. 07.]

Wallenstein, Carl (Gau-Algesheim)
Ueber die Hernia Littrica (Darmanhangsbruch).
Giessen: W. Keller 1868. 23 S. u. 1 Taf. 4°
Diss. med. 27.11.1868. vorh. 26. 7.

Wallenstein, M., **praepositio theoretico-practica ad celerem graeci intellectum. gr. 8. Frankf. a. M. 826. Andreä.** 6 𝒦

Wallensteinfestspiele, Die, in Eger am 18. u. 19. Juli 1908. Eger 1908. V: *Siegl, Carl.* (EB)

Wallenstein's Heere und Kriegführung im Lichte seiner Zeit. Bearb. von H. B. gr. 8. (30 S.) Dessau 879, Barth's Hofbuchh. *

Wallenthal vom Verfasser des Rinaldini. Penig 1805. V: *Vulpius, Chn August.* (MGT)

Wallenthal. 8. Penig, Dienemann. 805. — 20
Velinpap. 1 4

v. Wallenthal, Emilie, od. d. Leben einer deutschen Buhlerin, (v. Chr. Fr. Gls. Kühne). 2 Thle. Mit 1 Kpf. 8. Leipz. 801. Andrä. 1 ₰ 8 𝒦

— Emilie von, od. d. Leben e. deutschen Buhlerin. 2 Thle. 8. Lpz. Kleefeld. (Bauer.) 801.

Wallentin, Franz: Geometrische Anschauungslehre f. Unter-Gymnasien. s. Močnik, Frz. Ritter v.

Wallentin Dr. F.: Über die Bewegung der Flüssigkeiten in cylindrischen und conischen Gefäßen. 28. Wien R. VI. 75.
Progr.

—— s. Gernerth, Aug., Grundlehren der ebenen Geometrie.

Wallentin, Frz., Grundlehren der räumlichen Geometrie, nebst zahlreichen Constructions- und Rechnungsaufgaben für die unteren Classen höherer Lehranstalten. gr. 8. (IV, 83 S.) Wien 880, Gerold's Sohn. *

Wallentin, Frz., Lehrbuch der Arithmetik f. die oberen Classen der Gymnasien u. Realschulen. gr. 8. (IV, 247 S.) Wien 882. Klinkhardt. n. 3. —

— **Lehrbuch der Geometrie f. die oberen Classen der Mittelschulen, s.: Močnik, Frz. Ritter v.**

Wallentin, F., Lehr- u. Übungsbuch der Arithmetik f. die 1.—4. Classe der Mittelschulen u. anderen gleichstehenden Lehranstalten. [Früher u. d. T.: Methodisch geordnete Sammlg. v. Beispielen u. Aufgaben aus der Arithmetik.] 2., umgearb. Aufl. gr. 8. Wien 890. Gerold's Sohn. geb. n. 3. —
1. u. 2. Classe. (VI, 132 S.) n. 1. 60
3. u. 4. Classe. (VI, 101 S.) n. 1. 40

Wallentin, Dr. Franz, Lehr- und Uebungsbuch der Arithmetik für die I und II. Classe der Mittelschulen und anderen gleichstehenden Lehranstalten. 3. unveränderte Auflage. Wien 1891. K. Gerold's Sohn. (Min.-Erl. 17. August 1891. Z. 17548.) In Leinwandband —.80

Wallentin, Frz., Lehr- u. Übungsbuch der Arithmetik f. die 1.—4. Classe der Gymnasien. gr. 8. Wien 893. C. Gerold's Sohn. n. 2. 20; geb. n. 2. 80
1. 2. 4., umgearb. Aufl. (IV, 114 S.) n. 1. 10; geb. n. 1. 10
3. 4. 3., umgearb. Aufl. (IV, 117 S.) n. 1. 10; geb. n. 1. 40

Wallentin, Frz., Lehr- u. Uebungsbuch d. Arithmetik f. d. 3. u. 4. Classe der Realschulen u. and. gleichsteh. Lehranst. 3., durchgeseh. unveränd. Aufl. gr. 8. (IV, 101 S.) Wien 896. C. Gerold's Sohn. Geb. in Leinw. n. 1. 40

Wallentin, Franz (Hrsg.), s.a. Maturitätsfragen aus der Mathematik.

Wallentin, Frz., **Maturitätsfragen aus der Mathematik. Zum Gebrauche für die obersten Classen der Gymnasien und Realschulen zusammengestellt. gr. 8. (VIII, 196 S.) Wien 879, Gerold's Sohn.** *

Wallentin, Frz., Maturitätsfragen aus der Mathematik. Zum Gebrauche f. die obersten Classen der Gymnasien u. Realschulen zusammengestellt. 2. Aufl. gr. 8. (VIII, 200 S.) Wien 885. Gerold's Sohn. n. 3. 60; Auflösungen (VI, 192 S.) 886. n. 3. 60; in 1 Bd. geb. n. 8. —

— Maturitätsfragen aus der Mathematik. Zum Gebrauche f. die obersten Classen der Gymnasien u. Realschulen zusammengestellt. 3. Aufl. gr. 8. (VIII, 200 S.) Ebd. 888. geb. * 4 —

Wallentin, Dr. Franz, Auflösungen zu den Maturitätsfragen aus der Mathematik. Zum Gebrauche für die obersten Classen der Gymnasien und Realschulen. 2. Auflage. Gr.-8. (205 S.) In Lwd. geb. 2.—
Wien: Gerold 1892.

Wallentin, Dr. Franz, Maturitäts-Fragen aus der Mathematik. Zum Gebrauche für die obersten Classen der Gymnasien und Realschulen. IV. Auflage. Gr.-8. (V, 204 S.) In Leinwd. geb. 2.—

— Maturitätsfragen aus d. Mathematik. Zum Gebrauch f. d. **obersten Classen** d. Gymnasien u. **Realschulen zusammengest. 5.,** unveränd. Aufl. gr. 8. (VIII, **204 S.) Ebd. 896.** Geb. in Leinw. n. 4. —

— dasselbe. Auflösungen. 3. Aufl. gr. 8. (VI, **208 S. m. Fig.) Ebd. 897.** Geb. in Leinw. 4. —

WALLENTIN, Franz
Maturitätsfragen aus der Mathematik. Zum Gebrauche für die obersten Classen der Gymnasien und Realschulen zusammengestellt von Dr. Franz Wallentin. 6. unveränderte Auflage. Wien. 1899. Gerold's Sohn Gr.-8°. V, 204 S. Geb. fl. 2.—

WALLENTIN, Franz
Maturitätsfragen aus der Mathematik. Zum Gebrauche für die obersten Classen der Gymnasien und Realschulen zusammengestellt von Dr. Franz Wallentin. 7. Auflage. Wien. 1902. Gerold's Sohn. Gr.-8°. V, 200 S. Geb. K 4.—

WALLENTIN, Franz
Auflösungen zu den Maturitätsfragen aus der Mathematik. Zum Gebrauche für die obersten Classen der Gymnasien und Realschulen zusammengestellt von Dr. Franz Wallentin. 4. Auflage. Wien. 1902. Gerold's Sohn. Gr.-8° 221 S. Geb. K 4.—

Wallentin, Frz., **Maturitätsfragen aus der Mathematik. Zum Gebrauche f. die obersten Klassen der Gymnasien u. Realschulen zusammengestellt.** 8. Aufl. (VIII, 200 S.) gr. 8. **Wien 905.** C. Gerold's Sohn. Geb. in Leinw. n. 4. —

Wallentin, F., Auflösungen zu den Maturitätsfragen aus der Mathematik. 5. Aufl. Gr.-8°. (235 S.) geb. K 4.50
Wien: Gerold 1906.

Wallentin, Frz., Maturitätsfragen aus der Mathematik. Zum Gebrauche f. die obersten Klassen der Gymnasien u. Realschulen zusammengestellt. 9. Aufl. (VIII, 196 S.) gr. 8. Wien 908. C. Gerold's Sohn. Geb. 4. –

Wallentin Dr. F.: Das Rechnen mit Decimalbrüchen. 32. Wien R. VI. 77. **Progr.**

—— methodisch geordnete Sammlung von Beispielen und Aufgaben aus der Algebra und allgemeinen Arithmetik für die Mittelschulen, Lehrer-Bildungsanstalten und andere gleichstehende Bildungsanstalten. 2 Thle. gr. 8. Ebendas. 878. [1. Thl. (V, S. 1—176.) *M 2,40.; 2. Thl. (S. 177—406.) *M 3,20.] *

Wallentin, Frz. Methodisch geordnete Sammlung v. Beispielen u. Aufgaben aus der Algebra u. allgemeinen Arithmetik für die oberen Classen der Mittelschulen, Lehrer-Bildungs-Anstalten und anderen gleichstehenden Lehranstalten. 3. unveränd. Aufl. gr. 8. (IV, 330 S.) Wien 891, Gerold's Sohn. geb. * 4 20

Wallentin, Dr. Franz, Methodisch geordnete Sammlung von Beispielen und Aufgaben aus der Algebra und allgemeinen Arithmetik für die oberen Classen der Mittelschulen, Lehrerbildungs-Anstalten und anderen gleichstehenden Lehranstalten. 4. im Wesentlichen unveränderte Auflage. Wien 1895. Karl Gerold's Sohn. (Min.-Erl. v. 5. April 1895, Z. 5955.) Geheftet 1.90

WALLENTIN, Franz
(F) Methodisch geordnete Sammlung von Beispielen und Aufgaben aus der Algebra und allgemeinen Arithmetik für die oberen Classen der Mittelschulen, Lehrerbildungsanstalten und anderen gleichstehenden Lehranstalten von Dr. Franz Wallentin. 5. unveränderte Auflage. Laut hohem Ministerial-Erlass vom 14. Juli 1899, Z. 19.292, zum Lehrgebrauche an den oberen Classen der Mittelschulen allgemein zugelassen. Wien. 1899. Gerold's Sohn. Gr.-8°. 329 S. fl. 1.90, geb. 2.10

— methodisch geordnete Sammlung v. Beispielen u. Aufgaben aus der Algebra u. allgemeinen Arithmetik f. die oberen Klassen der Mittelschulen, Lehrer=Bildungsanstalten u. anderen gleichstehenden Lehranstalten. 6. Aufl. (IV, 292 S.) gr. 8. Ebd. 906. Geb. n. 3. 80

—— methodisch geordnete Sammlung von Beispielen und Aufgaben aus der Arithmetik für die unteren Classen der Mittelschulen und anderer gleichstehender Lehranstalten. gr. 8. (IV, 216 S.) Ebendas. 877. *

Resultate (44 S.) *

Wallentin, Dr. Franz, Methodisch = geordnete Sammlungen von Beispielen und Aufgaben aus der Arithmetik für die 1. und 2., beziehungsweise für die 3. und 4. Classe der Mittelschulen und anderen gleichstehenden Lehranstalten. 2. umgearbeitete Auflage. Wien 1888. Gerold's Sohn. (Min.-Erl. 18. Juni 1888. Z. 10875.) Erscheinen künftighin unter dem Titel: Lehr und Uebungsbuch der Arithmetik für die 1. und 2. Classe, beziehungsweise für die 3. und 4. Classe der Mittelschulen und anderen gleichstehenden Lehranstalten. Preis des Buches für die 1. u. 2. Classe, geb. —.80, für die 3. u. 4. Classe, geb. —.70

Wallentin, Gustav [Assistenzarzt an d. Klinik d. Schles. Vereins z. Heilung armer Augenkranker]: Menstruatio praecox . . . . Breslau. Druck d. Bresl. Genossenschafts Buchdr. (1885), 31 S. 8°.

Breslau, Med. Fak., Inaug.-Diss. v. 1. Dez. 1885.

Wallentin, Gust., menstruatio praecox. Inaugural-Dissertation. gr. 8. (29 S.) Breslau 886, (Köhler.) •

Wallentin, I[gnaz] G[ustav]: Ansprache an die Schüler des Obergymnasiums anläßl. des 70. Geburtstages Sr. Maj. des Kaisers.] S. 15–17. 8. Progr.

Wallentin, Ignaz Gustav und Kratschmann?, Franz: Ansprachen bei der Feier des 50jähr. Gedenktage der Thronbesteigung Sr. Maj. des Kaisers Franz Josef I. [illegible] Progr. K. k. Franz-Joseph-G. Wien 1899

—— weitere Bemerkung zur Theorie der Wirkung von Cylinderspiralen mit variabler Windungszahl. Lex.-8. (12 S. mit 3 eingedr. Holzschn.) (Ebendas.) 877. **

aus: Sitzungsberichte der k. Akademie der Wissenschaften, besonders abgedruckt.

Einleitung in die theoretische Elektrizitätslehre von Dr. Ignaz Wallentin, Landesschulinsp. in Wien. Mit 81 Fig. *Leipzig: B. G. Teubner 1904.* (x, 444 S.) 8°

= Sammlung. B. G. Teubner's, von Lehrbüchern auf d. Geb. d. math. Wiss. Bd 15. [illegible]

Wallentin, Ign. G., Einleitung in die theoret. Elektrizitätslehre, s.a. Teubner's, B. G., Sammlung v. Lehrbüchern auf dem Gebiete der mathemat. Wissenschaften. XV.

Wallentin, Ign. G. Einleitung in das Studium der modernen Elektricitätslehre. gr. 8. (XII, 560 S. m. 253 Holzschn.) Stuttg. 892, Enke. * 12 —

Wallentin, Dr. Ignaz, Elemente de fisică pentru gimnasiile inferioare, besorgt von Constantin Cosovici. Mit 209 Illustrationen. Wien 1903. K. k. Schulbücherverlag. Preis, geheftet 3 K, gebunden 3 K 10 h.

Wallentin, Ignaz *Gustav*: Über einige Folgerungen aus der Theorie der Elektricität von (Umschlagtitel: J. C.) Maxwell. 8 (17 S.). Progr. K. k. Staats-G. *Troppau* 1893. Auch in Xenia Austriaca VI. Abth. (1893).

Wallentin, Dr. Ignatz G., Die Generatoren hochgespannter Elektricität mit vorwiegender Berücksichtigung d. Elektrisirmaschinen im engeren Sinn. (Elektr.-techn. Bibliothek. Bd. 22.) 8. (XVI u. 271 S. mit 75 Abbild.) Wien, A. Hartleben. 1 fl. 65 kr. In Orig.-Band 2 fl. 20 kr. 1884

Wallentin, J. G, die Generatoren hochgespannter Elektricität m. vorwiegender Berücksicht. der Elektrisirmaschinen im engeren Sinne, s.a. Bibliothek, elektro-technische.

Wallentin, *Ignaz Gustav*: Zur Geschichte des k. k. Franz-Joseph-Gymnasiums in Wien während der ersten 25 Jahre des Bestandes dieser Anstalt. 8 (1 Bl., L S.). Progr. K. k. Franz-Joseph-G. *Wien* 1897

Wallentin, Dr. Ignaz G., Grundzüge der Naturlehre für die untern Classen der Gymnasien, Realschulen u. verw. Anstalten. Ausgabe für Gymnasien. 8. (XII u. 229 S.) geh. 1 fl. 30 kr., geb. 1 fl. 50 kr.
— — Ausg. f. Realschulen. 8. (X u. 215 S.) geh. 1 fl. 20 kr., geb. 1 fl. 40 kr.
Wien: Pichler's Wwe.u.Sohn 1881.

Wallentin, Dr. Ignaz G., Grundzüge der Naturlehre für die unteren Classen der Gymnasien. Mit 209 in den Text gedruckten Holzschnitten. 3. Auflage. Wien 1893. A. Pichler's Witwe und Sohn. (Min.-Erl. v. 24. Juni 1893, Z. 13462.) Geheftet —.90, gebunden 1.10

Wallentin, Ign. G., Grundzüge d. Naturlehre f. d. unt. Classen d. Realschulen. 2. Aufl. gr. 8. (III, 148 S. m. 179 Holzschn.) Wien 894. A. Pichler's Wwe. & Sohn. Geb. in Leinw. n. 2. —

— dasselbe, f. d. unt. Classen d. Gymnasien. 4. Aufl. Unveränd. Abdr. d. 3. Aufl. gr. 8. (VII, 188 S. m. 209 Holzschn.) Ebd. 895. Geb. in Leinw. n. 2. 20

Wallentin, Ign. G., Grundzüge der Naturlehre f. d. unteren Classen der Gymnasien. 5. Aufl. Unveränd. Abdr. der 3. Aufl. gr. 8. (VII, 188 S. m. 209 Holzschn.) Wien 899. A. Pichler's Wwe. & Sohn. Geb. in Leinw. n. 2. 20

WALLENTIN, Ignaz G.
Grundzüge der Naturlehre für die unteren Classen der Realschulen. Von Dr. Ignaz G. Wallentin. Mit 210 in den Text gedruckten Holzschnitten. 2. Auflage. Mit Erlass des hohen k. k. Ministeriums für Cultus und Unterricht vom 23. Februar 1900. Z. 4371, zum Unterrichtsgebrauche an Realschulen allgemein zugelassen. Wien. 1900. Pichler's W. & S. Gr.-8°. V, 162 S. Geb. K 2.20

WALLENTIN, Ignaz G.
Grundzüge der Naturlehre für die unteren Classen der Realschulen. Von Dr. Ignaz G. Wallentin. Mit 210 in den Text gedruckten Holzschnitten. 3. Auflage. Unveränderter Abdruck der mit Erlass des hohen k. k. Ministeriums für Cultus und Unterricht vom 23. Februar 1900, Z. 4371, zum Unterrichtsgebrauche an Realschulen allgemein zugelassenen 2. Auflage. Wien. 1901. Pichler's W. & S. Gr.-8°. V, 162 S. K 1.80, geb. K 2.20

Wallentin, Ign. G., Grundzüge der Naturlehre f. die unteren Klassen der Gymnasien. 6. Aufl. Nach d. neuen Rechtschreibg. bericht., sonst unveränd. Abdr. der 3. Aufl. (VI, 188 S. m. 209 Holzschn.) gr. 8. Wien 903. A. Pichler's Wwe. & Sohn. Geb. in Leinw. n. 2. 20

— dasselbe f. die unteren Klassen der Realschulen. 4. geänd. Aufl. (178 S. m. 216 Holzschn.) gr. 8. Ebd. 905. Geb. n. 2. 20

Wallentin, Ign. G., Grundzüge der Naturlehre f. die unteren Klassen der Mittelschulen. Ausg. A. Für Gymnasien. 7. Aufl. (V, 236 S. m. 254 Abb.) gr. 8. Wien 910. A. Pichler's Wwe. & Sohn. Geb. in Leinw. 2.80

— dasselbe. Ausg. B. Für Realschulen. 5. Aufl. u. 6. Aufl. Unveränd. Abdr. der 5. Aufl. (Je V, 191 S. m. 226 Abb.) gr. 8. Ebd. 910. Geb. in Leinw. 2. 40

— dasselbe. Ausg. C. Für Realgymnasien. (V, 237 S. m. 254 Abb.) gr. 8. Ebd. 910. Geb. in Leinw. 3. 20

Wallentin, Ign. G., Lehrbuch d. Elektricität u. des Magnetismus. M. bes. Berücksicht. d. neueren Anschaugn. üb. elektr. Energieverhältnisse u. unt. Darstellg. der d. Anwendgn. in d. Elektrotechnik zugrunde lieg. Principien. gr. 8. (VIII, 394 S. m. 230 Holzschn.) Stuttgart 897. F. Enke. n. 8. —

Wallentin, Ign. G., Lehrbuch der Physik für die oberen Klassen der Mittelschulen und verwandter Lehranstalte. gr. 8. (IX, 343 S. mit 202 in den Text gedr. Holzschn.-Abbild.) Wien 879, Pichler's Wwe. und Sohn.

— dasselbe. 2., veränd. Aufl. Mit 216 in den Text gedr. Holzschn. u. einer Spectraltaf. in Farbendr. gr. 8. (XVI, 349 S.) Ebend. 880. n. 3. 60

Wallentin, Dr. Ignaz, G., Lehrbuch der Physik für die oberen Classen der Mittelschulen und verwandter Lehranstalten. 3. verbesserte Auflage.

A. Ausgabe für Gymnasien.

B. Ausgabe für Realschulen.

Mit 235 in den Text gedruckten Holzschnitten und einer Spectraltafel in Farbendruck. Wien 1882. A. Pichler's Witwe und Sohn.

Ausgabe für Gymnasien. Preis, geheftet, 1 fl. 60 kr., Leinenband 2 fl.

Ausgabe für Realschulen. Preis, geheftet, 1 fl. 65 kr., Leinenband 1 fl. 85 kr.

Wallentin, Ign. G., Lehrbuch der Physik für die oberen Classen der Mittelschulen und verwandter Lehranstalten. 4. verb. Aufl. Ausg. für Gymnasien. gr. 8. (XV, 358 S. mit 243 in den Text gedr. Holzschn. und 1 Spectraltaf. in Farbendr.) Wien 885, Pichler's Wwe. und Sohn. *

— dass. — Ausg. für Realschulen. gr. 8. (XV, 330 S.) Ebendas. 885. *

— dass. — 5. veränd. Aufl. Ausg. für Gymnasien. gr. 8. (XVI, 318 S. mit 232 in den Text gedr. Holzschn. und 1 Spectraltaf. in Farbendr.) Ebendas. 888. geb. **
Ausg. für Realschulen (XV, 290 S.) geb. **

Wallentin, Ign. G., Lehrbuch der Physik f. die oberen Classen der Mittelschulen u. verwandter Lehranstalten. 6. Aufl. Mit 232 in den Text gedr. Holzschn. u. 1 Spectraltaf. in Farbendr. Ausg. f. Gymnasien. gr. 8. (XVI, 318 S.) Wien 890. Pichler's Wwe. & Sohn. geb. n. 3. 20

— dasselbe. 7. Aufl. Mit 232 in den Text gedr. Holzschnitten u. 1 Spectraltaf. in Farbendr. Ausg. f. Realschulen. gr. 8. (XV, 290 S.) Ebd. 891. geb. n. 3. —

Wallentin, Dr. Ignaz G., Lehrbuch der Physik für die oberen Classen der Mittelschulen und verwandter Lehranstalten Mit 232 in den Text gedruckten Holzschnitten und einer Spectraltafel in Farbendruck. 8. Auflage. Wien 1893. A. Pichler's Witwe u. Sohn. (Min.-Erl. v. 10. December 1892, Z. 25949.)
Ausgabe für Gymnasien: 1.40, gebunden 1.60
Ausgabe für Realschulen: 1.30, gebunden 1.50

Wallentin, Dr. Ignaz G., Lehrbuch der Physik für die oberen Classen der Mittelschulen. Ausgabe für Gymnasien. 10. Aufl. Wien 1895. A. Pichler's Witwe und Sohn. (Min.-Erl. vom 28. December 1895, Z. 28802.) Geh 1.20, geb. 1.40

— Lehrbuch der Physik f. d. oberen Classen der Mittelschulen u. verw. Lehranst. 11. Aufl. Mit 219 in d. Text gedr. Holzschn. u. 1 Spectraltaf. in Farbendr. Unveränd. Abdr. d. 9., veränd. Aufl. Ausg. f. Gymnasien. gr. 8. (XII, 258 S.) Wien 897. A. Pichler's Wwe. & Sohn. Geb. in Leinw. n. 2. 80

WALLENTIN, Ignaz G.
Lehrbuch der Physik für die oberen Classen der Mittelschulen und verwandter Lehranstalten. Von Dr. Ignaz G. Wallentin. 12., umgearbeitete Auflage. Mit 223 in den Text gedruckten Holzschnitten und einer Spectraltafel in Farbendruck. Ausgabe für Gymnasien. Mit Erlass des hohen k. k. Ministeriums für Cultus und Unterricht vom 23. October 1900, Z. 27.550, zulässig erklärt. Wien. 1900. Pichler's W. & S. Gr.-8°. VI, 268 S. Geb. K 3.

WALLENTIN, Ignaz G.
Lehrbuch der Physik für die oberen Classen der Mittelschulen und verwandter Lehranstalten. Von Dr. Ignaz G. Wallentin. 9. Auflage. Mit 226 in den Text gedruckten Holzschnitten und einer Spectraltafel in Farbendruck. Ausgabe für Realschulen. Mit Erlass des hohen k. k. Ministeriums für Cultus und Unterricht vom 12. März 1900, Z. 6201, zum Unterrichtsgebrauche an Realschulen allgemein zugelassen. Wien. 1900. Pichler's W. & S. Gr.-8°. VI, 279 S. Geb. K 2.80

WALLENTIN, Ignaz G.
Lehrbuch der Physik für die oberen Classen der Mittelschulen und verwandter Lehranstalten. Von Dr. Ignaz G. Wallentin. 10. Auflage. Mit 226 in den Text gedruckten Holzschnitten und einer Spectraltafel in Farbendruck. Ausgabe für Realschulen. Unveränderter Abdruck der mit Erlass des hohen k. k. Ministeriums für Cultus und Unterricht vom 12. März 1900, Z. 6201, zum Unterrichtsgebrauche an Realschulen allgemein zugelassenen 9. Auflage. Wien. 1901. Pichler's W. & S. Gr.-8°. VI, 279 S. Geb. K 2.80

— Lehrbuch der Physik f. die oberen Klassen der Mittelschulen u. verwandter Lehranstalten. 13. umgearb. Aufl. Mit 223 in den Text gedr. Holzschn. u. 1 Spektraltaf. in Farbendr. Ausg. f. Gymnasien. Nach der neuen Rechtschreibung bericht., sonst unveränd. Abdr. der 12. Aufl. gr. 8. (VI, 298 S.) Ebd. 902. Geb. in Leinw. n. 3. —

— Lehrbuch der Physik f. die oberen Klassen der Mittelschulen u. verwandter Lehranstalten. Ausg. für Realschulen. 11. Aufl. Mit 234 in den Text gedr. Holzschn. u. 1 Spektraltaf. in Farbendr. (317 S.) gr. 8. Ebd. 905. Geb. n. 2. 80

Wallentin, Ignaz Gustav: Lehrbuch der Physik für die oberen Klassen der Mittelschulen und verwandter Lehranstalten. Wien 1909. A. Pichlers Witwe und Sohn. Ausgabe A. Für Gymnasien. 14. Auflage. Ausgabe B. Für Realschulen. 12. Auflage.

Wallentin, Dr. Ignaz G., Lehrbuch der Physik für die oberen Klassen der Mittelschulen und verwandter Lehranstalten. Ausgabe C, für Realgymnasien. Wien 1909. A. Pichlers Witwe und Sohn. Geh. K 3.40, geb. K 3.80.

— Lehrbuch der Physik für die oberen Klassen der Mittelschulen u. verwandter Lehranstalten. Ausg. A. Für Gymnasien. 14. Aufl. Nach dem Lehrplane vom J. 1909 umgearb. Mit 277 in den Text gedr. Holzschn. u. 1 Spektraltaf. in Farbdr. (VI, 443 S.) gr. 8. Ebd. 910. Geb. in Leinw. 4. 80

— dasselbe. Ausg. B. Für Realschulen. Mit 271 in den Text gedr. Holzschn. u. 1 Spektraltaf. in Farbendr. 12. Aufl. Nach dem Lehrplane vom J. 1909 umgearb. (VI, 374 S.) gr. 8. Ebd. 910. Geb. in Leinw. 3. 80

— dasselbe. Ausg. C. Für Realgymnasien. Mit 271 in den Text gedr. Holzschn. u. 1 Spekraltaf. in Farbdr. (VI, 374 S.) gr. 8. Ebd. 909. Geb. in Leinw. 3. 80

Wallentin, *Ignaz Gustav* Professor Johann Lissek, † 2. Jänner 1891. 8 (S. 43—44). **Progr.** K. k. Staats-G. *Troppau* 1891.

Wallentin Dr. Ig.: Theorie der elektromagnetischen Wirkung spiralförmiger Stromleiter. 30. Brünn II. 75.
Progr.

— zur Theorie der Wirkung v. Cylinderspiralen mit variabler Windungszahl. [Aus: „Sitzungsber. d. k. Akad. d. Wiss."] Lex.-8. (10 S.) Wien 877. (Gerold's Sohn.) n. — 20

Wallentin, J. G. Über das Verhalten leitender und dielektrischer Kugeln im homogenen elektrischen Felde. 18 S. 8.
Progr. G. IX. Bez. *Wien* 1884.

Wallentowitz, Car. (Fried.) (geb. Prassberg in Ostpr. 5. 7. 1834): De lithotripsia. Berolini (1859) (32 S.) 8°
Berlin, Med. Diss. v. 14. März 1859

Waller [Sachl. OW]

v. Waller, Linna; Trspl. (v. Karl Gli. Kapf). **8. Berl. 777.** Himburg. 8 *K*

Lina von Waller. Trauerspiel in drei Aufzügen. Berlin 1778. V: *Schink, Johann Friedrich.* (GGr)

Lina von Waller. Ein Trauerspiel . . . O. O. 1790. V: *Kapf, Carl Gottlieb Heinrich.* (MGT) (GGr) (Ky)

Waller und Natalie; eine Geschichte in Briefen. Wesenberg 1779—80. 2. A. Leipz. 1782. V: *Albrecht, Johann Friedrich Ernst.* (MGT) (Ky) (LS)

Waller u. Natalie, eine Geschichte in Briefen, (v. Jh. Fr. Er. Albrecht). 4 The. 8. Wesenberg 779—780. 2e Aufl. 8. Leipz. 782. (Nauck). 2 *ꝛf*

— u. Natalie, eine Gesch. in Briefen. 3 Thle. 8. Leipzig, Schneider. (Sommer.) 782.

— — dasselbe, s. auch neue Originalromane d. Deutschen 4r 5r Gr.

— Sophie, ein neuer Beytrag zur Geschichte der Stammbäume, mit 1 Kupf. 8. Leipz. 794. Böhme. 1 Rthl. 5 sgl.
Vgl. Sophie.

Waller [Verfasser]

Waller, A., die Firmen der Fein-Metall-Waren Industrie v. Schwäb. Gmünd. Alphabet., nach Branchen u. Straßen zusammengestellt. 8. (41 S.) Schwäb. Gmünd 894. J. Roth's Buchh. Kart. n. 1. —

Waller, Alfr., Rechtsstudium u. Referendariat. (40 S.) gr. 8. Berlin 910. W. Moeser. 1. —
Sonderabdruck aus: „Jurist. Wochenschr."

Waller, Alfred, Referendar in Köln: „Surrogation." Eine Studie aus dem modernen Privatrecht unter besonderer Berücksichtigung der juristischen Bedeutung des Problems der Einheit und Identität. Bonn 1904: C. Georgi. (X, 117 S.) 8°
Bonn, Jur. Fak., Ref. Zitelmann, Diss. v. 31. Oktober 1904
[Geb. 13. Sept. 81 Cöln; Heimatsort: Cöln; Staatsangeh.: Preußen; Vorbildung: Marzellen-Gymn. Köln Reife O. 00; Studium: Genf 1, München 2, Berlin 1, Bonn 2 S.; Rig. 28. Okt. 04.]

'Surrogation'. Eine Studie aus d. modernen Privatrecht unter besond. Berücks. d. jurist. Bedeutung d. Problems d. Einheit u. Identität. Von Dr. Alfred **Waller**, Referendar, Köln. *Bonn: Röhrscheid & Ebbecke 1904.* (X, 117 S.) 8°
Erschien zuerst als Inaug.-Diss. Bonn 1904. [04. 15303 5

Waller, Ant., (Chr. Aug. Michaelis), Familienglück; ein histor. Gemälde für Mütter u. Stiefmütter ꝛc. Mit 1 Kpf. 8. Leipz. 808. (W. Nauck). 20 *K*

— Miscellaneen aus dem Gebiete der Phantasie. 8. Zwickau 801. Schumann. 12 *K*
Vgl. Waller, Wilh.

Waller, Aug., nouvelle méthode anatomique pour l'investigation du système nerveux. 1. partie étant une lettre envoyée à l'académie des sciences de Paris le 23. Nov. 1851. Avec 2 planches (lith.) gr. 4. (VI u. 28 S.) Bonn 852. (Marcus.) n. 2/3 *ꝛf*

Waller, Augustus Désiré

Waller, Augustus D., tierische Elektrizität. Vorlesungen. Übers. v. Estelle du Bois-Reymond. gr. 8. (VI, 153 S. m. 68 Fig.) Leipzig 899. Veit & Co. n. 4. —

Die Kennzeichen des Lebens vom Standpunkte elektrischer Untersuchung [Eight Lectures on Signs of Life from their Electrical Aspect]. 8 Vorlesungen von Prof. Augustus D[ésiré] **Waller**. Uebers. von E[stelle], P[aul] u. R[ené] du Bois-Reymond. Berlin: A. Hirschwald 1905. (VIII, 228 S.) 8° [05. 1967

Waller, Ch., die Privat-Küche m. Bezug auf gewöhnliche u. Festanlässe nach Altem u. Neuem u. aus eigener Erfahrg. verfaßt u. m. e. Abhandlg. üb. die eßbaren Schwämme versehen. gr. 8. (118 S. m. 8 Chromolith.) Zug 874. (Zürich, Schultheß.) geb. n. 3. —

Waller, E., Constant, od. Jesuitenführung u. Schicksalslaunen. 2 Thle. gr. 12. (20 1/3 B.) Leipzig 832, (Kayser.)

WALLER, E. (ps.), Constant, oder Jesuitenführung und Schicksalslaunen. 2 Thle. Leipzig, Wohlbrecht, 1832. Gr. 12°. 20 1/8 Bogen.
A. G. Schmidt, Gallerie etc.

Waller, E., Welche Motive können dem neuen Judengesetze zu Grunde liegen? gr. 8. Berlin 842. (Springer.) n. 1/6 *ꝛf*

Waller, E., welche Motive können dem neuen Judengesetze zu Grunde liegen? 2. Aufl. 8. (19 S.) Berlin 847, Wehl & Co. 1/6 *ꝛf*

Waller, Edmund. Geistliche Gedichte; a. d. Engl. . . . Zürich 1761. Ü: *Burckard, Johann Jacob.* (MGT)

Waller, Edm., geistl. Poesien. 8. Zürich, Orell. 761.

Waller, Eduard, Festschrift zum Gaufest des 1. Niederschlesischen Turngaues zu Grünberg i. Schl. 18. 7. 1897, Grünberg i. Schl. 1897, 52 S., 8°.

Waller, Emma, engl. Damen-Zeitvertreib z. Nutzen u. Vergnügen d. vornehmen Welt im Gebiete d. Häuslichkeit u. der Künste. Mit 6 lith. Taf. 16. Weimar 846, Voigt. 2/3 *ꝛf* geb. 3/4 *ꝛf*

Waller, Erik, Meierei-Lehre. (Nach der 3. Aufl. des Originals 1902.) Autoris. Uebersetzg. aus dem Schwed. von Ernst v. Samson-Himmelstjerna. (IV, 67 S. m. Abbildgn.) gr. 8. Reval 904. Kluge & Ströhm. n. 1. 60

Waller, Ernst, auch Eine m. dem Crêpeschleier. (142 S.) 8. Wien 908. C. Konegen. 1.70; geb. 2.10

WALLER, Ernst (ps.? — nicht bei Weller), Der Dirnenraub im Schauerthale und die Geheimnisse der schwarzen Eulenburg, oder der Todtentanz beim Leichenstein. Znaim 1847. 8°. 149 S. (75 xr. Gilhofer & Ranschburg, Wien, c. 1886; 1 Mk. J. Taussig, Prag, 1904.)

Waller, Er., Höhen u. Tiefen. Gedichte. 8. Leipzig 846, Jurany. 1/2 ℛ

Waller's, Eugen, Leben. Ein Denkmal für die Zeit, nach seinen hinterlassenen Papieren hrsg. von Alex. Herrmann. 2 Thle. in 1 Bd. 8. (VIII und 511 S.) Mannheim 856, Bensheimer. Thlr.

Waller, Ferdinand, aus Schlehdorf, Rechtspr. in Weiden: Beiträge zum Rechte der Simultaneen mit besonderer Berücksichtigung der Verhältnisse in der Stadt Weiden. Weiden (1905): Fd. Nickl. (V, 54 S.) 8°
Erlangen, Jur. Fak., Diss. v. 22. Febr. 1905
[Geb. Schlehdorf; Wohnort: Weiden; Staatsangeh.: Bayern; Rig. 22. Febr. 05.]

WALLER, Ferdinand (Tirschenreuth): De placenta praevia.- Monachii: Deschler 1850. 16 S.
12.8.1850 - Urk; F 67
Diss. Ingolst.-Landsh.-Mchn.

Waller, Fr., s. August's Verwandlungen.

Waller, Fr., (Gerh. Friederich). Gustav Herrmann, od. der pythagor. Bund. 2 Bde. 8. Frankf. 813. Guilhaumann. 2 ℛ 16 gl.

Waller, Fr. X., der betende Christ. Ein kathol. Andachts- u. Erbauungsbuch für gebildete Stände. 2., verm. Aufl. Wien 862. Grottendiek. 16. (288 S. mit 4 Stahlst.) n. 12 1/2 ngr.

Waller, Freimund, Else, eine romant. Erzählung, s. Mor. Bachmann, Kränze.

Waller, Gustav: Das Duell bei Reinbeck am 28. Februar 1825 und die Veranlassung davon. 2. verm. Aufl. Hamburg. 1825. 8°

Waller, Horace, letzte Reise von David Livingstone in Centralafrika von 1865 bis zu seinem Tode 1873. Vervollständigt durch einen Bericht über seine Leiden und letzten Augenblicke nach den Erzählungen seiner treuen Diener Chuma und Susi. Rechtmässige deutsche Ausg., besorgt von Jos. M. Boyes. Mit Portr. (in Holzschn.), 2 Karten, vielen Illustr. (in eingedr. Holzschn.) und Facsimiles. 4 Halbbde. gr. 8. (424; 416 S.) Hamburg 875, Hoffmann und Campe. à Halbbd. * ℳ 5. *

Waller, J. A., Reisen in Westindien. Aus d. Engl. (Aus d. Ethnograph. Archiv besond. abgedruckt.) gr. 8. Jena 820. Bran. 1 ℛ

Waller, Ignaz, Die Offenbarung des hl. Johannes im Lichte der heil. Geschichtstypik, der alttestamentlichen Prophetie und ihres eigenen Zusammenhanges nebst einem Anhange über die Theologie des heil. Buches. Straßburg, Herder, (Rixheim, Sutter,) 1882, gr. 8°, XVIII und 584 S., 5 Mk.

Waller, Ign., die Offenbarung d. hl. Johannes im Lichte der hl. Geschichtstypik, der alttestamentlichen Prophetie u. ihres eigenen Zusammenhanges, nebst e. Anh. üb. die Theologie d. hl. Buches. gr. 8. (XVIII, 584 S.) Freiburg i/B. 884. Herder. n. 5. —

Waller, Johann

Waller, Jh., Abhandlung von d. Alpdrücken, d. gestörten Schlafe, erschreckend. Träumen u. nächtl. Erscheinungen. Aus d. Engl. mit Anmerkk. v. Elias Wolf. 8. Frankf. 820. 2e A. 824. Guilhaumann. 8 gl.

Waller, Giov., Manuale delle leggi, ordinanze e regolamenti sulle scuole popolari, s. Raccolta di leggi ed ordinanze della monarchia austriaca.

Waller, G., s. Raccolta di leggi ed ordinanze della Monarchia austriaca.

Waller, Joh., der Vaterlandsretter, s.: Dilettantenbühne, katholische.

Waller, Josef R.

Waller, Jos. R., german-english medical dictionary. 16. (III, 150 S.) Wien 884. Toeplitz & Deuticke. geb. n. 3. 60

Waller, Jos. R., and Mor. Kaatz. English-German and German-English medical dictionary. 2 parts. 12. Wien, Deuticke. geb. * 7 —
1. Kaatz, Mor. Englisch-deutsches medicinisches Wörterbuch. (V, 144 S.) 891. * 3 —.
2. Waller, Jos. R. German-Engl. medical dictionary. 2. ed. by M. White. (III, 244 S.) 890. * 4 —.

Waller, Jos. R., German-English medical dictionary. 3. ed., improved and enlarged, by M. White. 12. (III, 290 S.) Wien 898. F. Deuticke. Geb. in Leinw. n. 4. —

Waller, Jos. R., and Mor. Kaatz, English-German and German-English medical dictionary. I. part. kl. 8. Wien (905). F. Deuticke. Geb. in Leinw. n. 4. —
Englisch-deutsches medizin. Wörterbuch. Von Mor. Kaatz. 2. verm. u. verb. Aufl. v. Max Weiss. (VI, 229 S.)

Waller, Jos. R., German-English medical dictionary. 4. ed., improved and enlarged by M. White. (III, 449 S.) kl. 8. Wien 907. F. Deuticke. Geb. in Leinw. 6. —

Waller, Karl Alexis, d. Stubengärtner, od. Anweis., d. schönsten Zierpflanzen in Zimmern u. vor Fenstern z. erziehen, u. auf e. leichte Art z. durchwintern. 8. Nordhausen, 1806. 2. Aufl 1811. 3. Aufl. 1821. 4. Aufl. 1831. (Weimar.) Voigt. — 20

Waller, Karl Alexis, der Stubengärtner, oder Anleitung zur Kenntniß u. Cultur d. vorzügl. ausländ. Gewächse ꝛc. 8. Nordh. 806. 2e A. 812. 3e A. 820. (Lauffer in Leipz.) 16 gl. 4e Ausg. 8. Ilmenau 831. Voigt. 16 gl.

Waller, K. A., d. Stubengärtner, od. Anleit. z. Kenntniß u. Cultur d. vorzügl. ausländ. Gewächse ꝛc. 8. Nordhausen, Nitsche. 806.

Waller, K. A., der Stubengärtner, od. Anweisung der schönst. Zierpflanzen in Zimmern u. vor Fenstern zu erziehen u. auf eine leichte Art zu durchwintern. 2te verm. Ausg. 8. Nordhausen, Nitzsche. 812. — 20

Waller, K. A., der Stubengärtner. 3te verb. Aufl. 8. Nordhausen. (Sondershausen, Voigt.) 821.

Waller, Karl Alexis, der Stubengärtner, od. Anweis., die schönsten Zierpflanzen in Zimmern u. vor Fenstern zu erziehen, u. auf e. leichte Art zu durchwintern. 4., dem gegenwärt. Zustande d. Blumengärtnerei angepaßte Ausg. 8. (12 1/2 B.) Ilmenau 831, [Weimar,] Voigt.

Waller, Laura v., Jugendtraum. Ein Märchenspiel in 4 Bildern. (95 S.) 8. Wien 905. (F. Deuticke.) n. 1. —

Waller, Laurette, (Psdn.), Graf Amaldi. 8. Brandenb 817. Wiesike. 16 gr.

Waller, Laurette, (Psdn.), Hortensia Camilla. 8. Brandenb. 817. Wiesike. 1 rf

Waller, Paul Friedrich, Hauptgründe und Beweistümer der wahren Religion der Unwahrheit des jetzigen jüdischen Glaubens entgegengestellt. Münster 1751.

Waller, Wilhelm

Waller, Guilelmus *(geb. Miechowitz in Oberschles. 3. 1. 1859)*: Excursus criticus in P. Papinii Statii Silvas. Vratislaviae (1885). (58 S.) 8°. *[Im Buchhandel 1885 bei Köhler in Breslau.]*
Breslau, Phil. Diss. v. 21. Febr. 1885

WALLER, Wilh. (ps.? — nicht bei Weller), Miszellaneen aus dem Gebiete der Phantasie für Freunde und Freundinnen unterhaltender Lektüre. Ronneburg 1801. 8⁰. (1/2 Rthl.)
Wildmoser's (München) Leihbibl.-Cat. no. 8332;
Vgl. Waller, Ant.

Waller, Will., Wanderungen. N. d. engl. Mspte. d. Verf. mitgetheilt v. M. S. Morgenstern. 2 Thle. 8. (34 B.) Berlin 850, [Förstner.]

Wallerand, J.: Lehrstoff für das Knabenturnen in den Danziger Volksschulen nach Klassenpensen geordnet. Danzig 1900. 32 S.

Wallerius, Johan Gottskalk

— Anfangsgründe d. Metallurgie, besond. d. chymischen, a. d. Latein. m. 1. K. gr. 8. Lpz. Crusius. (J. C. W. Vogel.) 770.

Wallerius, Johann Gotskalk. Anfangsgründe der Metallurgie ... a. d. Lat. Leipzig 1770. Ü: *Sieffert, Ambrosius Michael* oder *Adelung, Johann Chn*[?]. (Kläbe, Neuest. Gel. Dresden. Leipz. 1796.) (Ky) (MGT)

Wallerius (J. G.), Physisch-chemische Betrachtung über den Ursprung der Welt, besonders der Erdwelt und ihrer Veränderungen. Aus dem Lateinischen von Keller. Erfurt 1782. 8.

— physisch-chemische Betrachtt. über den Ursprung d. Welt, besond. d. Erdwelt u. ihrer Veränderungen. Aus d. Latein. mit Anmerkk. v. C. F. Keller. Mit Kpf. gr. 8. Erf. 782. Keyser. 1 rß

Disputationum academicorum fasciculus primus, continens physico-chemicas et chemico-pharmaceuticas emendatos et correctas nec non necessariis observationibus et annotationibus illustratas. Holmiæ (Lipsiæ), 1780. 8vo.
Fasciculus secundus continens chemico mineralogicas et metallurgicas. Holmiæ (Lipsiæ), 1781. 8vo.

— disputationes physico-chemicae, chemico-pharmaceuticae mineral. et metallurg. II Vol. 8maj. Holm. 780. Upsal 784. Swederus. 2 rß

— elementa metallurgiae speciatim chemicae. 8maj. Holm. 768. 2 rß 16 gr.

— Agriculturae fundamenta chemica. 4. Ups. 761.

Wallerius, Jh. Gottschalk, chemische Grundsätze d. Ackerbaues. Aus d. Latein. mit Anmerkk. v. J. G. Krünitz. 8. Berl. 764. Wever. 6 gr.

— — dasselbe. 8. Bern, Topogr. Soc. 765.

— Chymische Grundsätze d. Feldbaues. Aus d. latein. Texte übers. Diss. (Ups.). Bern 1765. 204 S.

Joh(ann) Gottschalk Wallerius, Hydrologie oder Wasserreich, von ihm eingetheilet und beschrieben: nebst e. Anleitung zur Anstellung der Wasserproben: wie auch dessen Gedanken vom Dannemarks-Gesundbrunnen. Ins Deutsche übers. von Johann Daniel Denso. Berlin: Nicolai 1751. 182,48 S. 8°

— introductio in histor. literariam mineralogicam. 8maj Upsal 779. Swederus. 18 gr.

— lucubrationum academicarum Spec. I. de systematibus mineralogicis. 8. maj. Lips. Gleditsch. 768.

— meditationes physico-chemicae de origine mundi inprimis geocosmi ejusdemque metamorphos. 8. Upsal 779. Swederus. 18 gr.

— Mineralogie, oder Verzeichniß aller Erdarten, Steine, Versteinerungen und Metalle 2c. Ins Deutsche übers. von Jh. Dn. Denso. 8. Berl. 750. (J. H. Wallerius).

— Mineralogie, od. Mineralreich, eingetheilt u. beschrieben. Ins Deutsche übers. v. J. D. Denso. Berl. 1750. (16) 600 S. 1 Tvl.
— — 2 verb. u. verm. Aufl. Sst. 1763. (16) 600 S. 1 Tvl.

Joh[an] Gottschalk Wallerius. [Mineralogia eller mineralriket. Deutsch:] Mineralogie, oder Mineralreich, von ihm eingeteilt und beschrieben. Ins Deutsche übers. von Johann Daniel Denso. 2., verb. u. verm. Aufl. Berlin: Nicolai 1763. 600 S. 8°

Wallerius, J. G. Mineralsystem, worinn die Fossilien nach Klassen ... angeordnet, beschrieben ... worden ... Berlin 1781—83. V (Theil 2): *Hebenstreit, Ernst Benjamin Gottlieb.* (MGT) (BrMm)

— Mineralsystem, in e. Auszug gebracht mit äußerer Beschreibung d. Fossilien u. Zusätzen herausg. von N. Gf. Leske u. E. B. G. Hebenstreit. 2 Thle. gr. 8. Berl. 781–83. Nicolai. 2 rß 12 gr.

— systema mineralogicum. II Tomi. 8maj. Wien 778. Kraus. 3 rß 12 gr.

Wallerius, Johan Gottskalk [Hrsg.], s. Wallerius, Nic.: Phys. Chemie.

***Wallerius,* Nic., chemiae physicae P. I. Stockholm 760. 1 rß**

Physische Chemie, welche von der Natur und Beschaffenheit der Chemie überhaupt, von ihrer Geschichte, Zeichen, sowol leidenden als wirkenden Werkzeugen, und endlich von den Arbeiten und hervorgebrachten chemischen Cörpern, auf systematische Art handelt. Aus dem schwedischen ins lateinische übersetzt und vermehrt herausgeben von J. G. W., und nunmehr ins deutsche übersetzt und mit einigen nöthigen Anmerkungen versehen von Christ. Andr. Mangold. Mit Kupfern. Schleusingen, 1772. pp. [xii]–470 [and Index], 8vo. Four folding plates.

— physische Chemie ins Deutsche übers. m. Anmerk. v. Ch. A. Mangold u. Ch. E. Weigel, m. K. 1r Thl. u. 2r Thl. 1te bis 4te Abtheil. gr. 8. Lpz. Crusius. (F. C. W. Vogel.) 776–80.

— physische Chemie ins Deutsche übers. mit Anmerkk. von Ch. A. Mangold u. Chr. E. Weigel. Mit 4 Kpf. 1r Thl. u. 2r Thl. 1e—4e Abtheil. gr. 8. Leipz. 776. (1r Thl. 2e A. 780.) (W. Vogel.) 3 ℳ 12 gr

— compendium logicae. 8. Leipz. 761. (Brockhaus). 8 gr

— compendium logicae. 8. Lips. Iunius. 761.

— praenotiones theologicae. III Voll. in VI Partes. 8. Holm. 756—62. 2 ℳ 4 gr

— praenotionum theologicarum VI Partes. 8. ibid. 759—762.

— psychologia empirica. 8. Lips. Gleditsch. 759.

— psychologia rationalis. 8. Leipz. 759. 1 ℳ 12 gr

— systema metaphysicum. IV Tom. 8. Stockholm. (Gleditsch, Lips.) 751.

Wallern, Richard. Des Hrn Admirals, Lord Anson's Reise um diè Welt ... Göttingen 1749. Ü: *Toze, Eobald.* (ML)

v. Waller's, Eduard, Briefe an seinen Freund oder d. reisende Philosoph (v. Fr. Aug. Frhr. v. Reichlin v. Meldegg.) 2 Thle. 8. Augsb. 791. Späth. 20 gr (1795, unt. d. T.: die Menschheit in besond. Zügen. 2 Bdchn. 8. Ebd. Andrä in Leipz. 16 gr)

Wallers, Eduard von, Briefe an seinen Freund, oder der reisende Philosoph, 8. Augsburg u. Leipzig, 791. Köhler. 25 sgl.

Waller's Leben u. Sitten, (v. Hnr. Gf. v. Bretschneider). 8. Cöln, od. eigentl. Berl. 793. N. Aufl. 808. (Nauck in Leipz.) 1 ℳ 4 gr

Wallers, Georg, Leben und Sitten wahrhaft, — oder doch wahrscheinlich von Ihm selbst beschrieben, 8. Berlin, 797. C. Nicolai. 1 Rtl. 5 sgl.

Wallersee, Maria Freiin v., ci-devant Gräfin Larisch, eine arme Königin. Roman. 8. (284 S.) Berlin 900. Grunewald, F. Fontane & Co. n. 3. 50; geb. n. 5. —

WALLERSEE, Maria Freiin von (ci-dev. Gräfin *Larisch*), Ein Königsmärchen. (Weibliche Liebestollheit.) Leipzig, o. J.

LOUISE, ehemal. Kronprinzessin von Sachsen. — Wallersee, Maria v. (ps.), Liebestollheiten. Ein Königsmärchen. Leipzig, o. J. (1803). 8°. (Mk. 6—.) (2 Mk. M. Edelmann, Nürnb., c. 1905.)

Wallersee, Maria Freiin v. (ci-dev. Gräfin Larisch), e. Königsmärchen. gr. 8. (244 S.) Leipzig 898. M. Spohr. n. 6. —; geb. n. 8. —

Der Fürst v. Wallerstein u. die Wurzburger Adresse. Augsburg, B. Schmid, 1846. 8°. 45 S. Beibd.

Stammtafel der Familie Bosch (von Wallerstein). Wien 1893. fol.

Wallerstein, A., Predigt in der Synagoge zu Neuwied zur Säcular-Feier des 200jährigen Bestehens der Stadt Neuwied am 26. August 1853. Neuwied (v. d. Beeck.) 8. (8 S.) 1½ ngr.

Wallerstein, Alfred: Die Schuldenhaftung des Erben nach § 27 des Handelsgesetzbuchs. Borna-Leipzig 1906: R. Noske. (VII, 35 S.) 8°
Leipzig, Jur. Fak., Diss. v. 24. Dez. 1906.

Wallerstein, Ernst: Der Strafantrag und die Ermächtigung zur Strafverfolgung nach deutschem Strafrecht. Strassburg 1908: Singer. 75 S. 8°
Würzburg, Jur. Diss. v. 11. Jan. 1909, Ref. Oetker
[Geb. 4. Nov. 85 Straßburg; Wohnort: Straßburg; Staatsangeh.: Elsaß-Lothringen; Vorbildung: Gymn. Straßburg Reife Juli 03; Studium: Straßburg 6 S.; Rig. 29. Mai 08.] [U 09. 4095

Wallerstein, G. A., das Haar u. seine Pflege im gesunden wie im kranken Zustande, s.: Hofmann, Carl, Wiener Frisir-Schule.

Wallerstein, Hermann (geb. am 5 Juli 1859 in Krefeld): Aus d. anat. Laboratorium zu Bonn. — Ueber Drepanidium ranarum Ray Lankester ... Bonn, Univ.-Buchdr. v. C. Georgi 1882. 39 S. 8.
Bonn, Med. Fak., Diss. v. 5 Aug. 1882

Wallerstein, J.: Beiträge zur Kenntnis der Chlorose ... Bonn, Buch- u. Steindr. Joseph Bach Wwe., 1890; 31 + 1 S. + 1 Bl. 8°
Bonn, Med. Fak., Inaug.-Diss. v. [5. Jul.] 1890.

Wallerstein, Joseph, appr. Arzt a. Straßburg i. E.: Über die Fistula urethrae penis congenita vera. Straßburg i. E. 1904: J. Singer. (34 S.) 8°
Straßburg, Med. Fak., Ref. Madelung, Diss. v. 12. Dez. 1904
[Geb. 13. Okt. 80 Straßburg i. E.; Wohnort: Straßburg; Staatsangeh.: Elsaß-Lothringen; Vorbildung: Lyz. Straßburg Reife M. 99; Studium: Straßburg 9 S.; Coll. 17. Nov. 04; Approb. 6. Sept. 04.]

Wallerstein, Josue (*geb. Siegburg im Rheinl. 10. 9. 1836*): Scherirae quae dicitur epistola, interpretatione Latina, adnotationibus et criticis et exegeticis instructa. Krotoschini (1860). (IV, 60, 23 S.) 8° *[Buchausg. 1861 bei Schletter in Breslau unt. d. T „Scherirae epistola, qua series traditur magistrorum Judaeorum, qui in Babylonia inde saeculo septimo usque ad decimum floruerunt“]*
Breslau, Phil. Diss. v. 19. Dez. 1860

Wallerstein, Leopold [aus Siegburg]: Aus d. med. Klinik zu Bonn. Hemiplegia alternans. ... Siegburg, Druck v. Wilh. Reckinger, 1890; 23 S. + 2 Bl. 8°
Bonn, Med. Fak., Inaug.-Diss. v. 7. März 1890

Wallerstein, Ludwig

Wallerstein, L., Arbitrage. Vollständ. Darstellung v. Calculationen der neueren Cours-Verhältnisse von Wechseln u. Staats-Effekten in Frankfurt a/M. u. in den mit dieser Stadt in Verbindung stehenden Handelsstädten, mit Arbitrage-Tab. gr. 8. Frankfurt a/M. 844. (Schmerber'sche B.) n. 7/12 ℳ

Wallerstein, L., Börsen-Hülfsbuch. Vollständ. Zusammenstellung der Obligationen, Staats-Lotterie-Pläne, Eisenbahn- und industriellen Actien etc. Nach Angabe berühmter Wechselhäuser. 12. (XXIV und 160 S.) Frankfurt a. M. 847, [Keller.] —

Wallerstein, L., Börsen-Hülfsbuch. Vollständ. Zusammenstellung der Obligationen, Staats-Lotterie-Pläne, Eisenbahn- u. industriellen Actien etc. Nach Angabe berühmter Wechselhäuser. 12. (XXIV u. 160 S.) Frankfurt a. M. 847, Schmerber. 7/8 ℳ

— und J. S. Schloß, Börsen-Hülfsbuch. Vollständige Zusammenstellung der Obligationen, Staats-Lotterie-Pläne, Eisenbahn- und industriellen Actien etc. Nach Angabe berühmter Wechselhäuser. Zum Gebrauche für Banquiers etc. 2., bis auf die neueste Zeit verm. Ausg. br. 8. (XXII und 186 S.) Frankfurt a. M. 852, (Keller.) *

—— neue Cours-Tabelle. Roy.-Fol. (2 Bl.) Frankfurt a. M. 843, (Schmerber'sche Buchh.) * .

—— Handbuch der theoret.-praktischen einfachen u. doppelten Buchhaltung. Für Schulen, Privatlehrer u. z. Selbstunterr. f. Handlungsbeflissene u. Geschäftsleute. gr. 8. (11½ B.) Frankfurt 846, Brönner. *

Wallerstein, L., Handbuch d. prakt.-kaufmänn. Rechenkunst nach d. kürzesten u. leichtesten Methoden, so wie nach d. neuesten Angaben d. Wechselcourse, mit verschied. Courstabellen u. der Rentenberechnung. gr. 8. (10 B.) Frankfurt a. M. 841, Koerner. *

—— Handbuch der praktisch-kaufmänn. Rechenkunst nach den kürzesten u. leichtesten Methoden, so wie nach den neuesten Angaben der Wechselcourse, mit verschied. Courstabellen u. der Rentenberechnung. 2., verm. Ausg. gr. 8. (11½ B.) Frankfurt 843, [St. Goar.] * 1 Thlr., Hrbgef. Pr. *

Wallerstein, L., Handbuch der praktisch-kaufmännischen Rechenkunst nach den kürzesten und leichtesten Methoden, sowie nach den neuesten Angaben der Wechselcourse, mit verschied. Courstabellen und der Rentenberechnung. Zum Gebrauch für Schulen, Privatlehrer, Selbstunterricht rc. 3., verb. und verm. Aufl. gr. 8. (VIII und 198 S.) Frankfurt a. M. 852, (Keller.) *

— Handbuch der prakt.-kaufmänn. Rechenkunst nach den kürzesten u. leichtesten Methoden, sowie nach den neuesten Angaben der Wechselcourse, mit verschied. Courstabellen u. der Rentenberechnung. Zum Gebrauch f. Schulen, Privatlehrer, Selbstunterricht rc. 3. verb. u. verm. Aufl. gr. 8. (VIII u. 198 S.) Frankfurt a. M. 852. (Schmerber.) n. 1 ℳ

Wallerstein, Fürst v., Rede über die *deutsche Frage* in der XVII. Sitzung der Kammer der Abgeordneten, am 3. Novbr. 1849. (München.) Fol. 8 S. (à 2 Col.). Cart. m. Lwdrück.

Wallerstein, (Ludw.), zwei Reden über die deutsche Frage in der XVII. und XIX. Sitzung der Kammer der Abgeordneten am 3. und 6. Novbr. 1849. gr. 8. (28 S.) (Nördlingen 849, Beck'sche Buchh.)

—— Taschenbuch der neuen Coursberechnung in Frankfurt a. M. 12. (5 B.) Frankfurt 813, Schmerber. * -

Wallerstein, M., Gesangstechnik, s.: Imhofer, R., die Krankheiten der Singstimme.

Wallerstein, Max [aus Fürth (Bayern)]: Die Veränderungen des Fettes während der Keimung und deren Bedeutung für die chemisch-physiologischen Vorgänge der Keimung ... (Aus d. Forschungsber. üb. Lebensmittel u. ihre Bezieh. z. Hyg. ...) München, E. Wolff, 1896; 2 Bl., 10 S., 1 Bl. 4.
München, Phil. Fak., Inaug.-Diss. v. 1897

Wallerstein, Saly, quantitative Bestimmung der Globuline im Blutserum u. in anderen thierischen Flüssigkeiten. Diss. gr. 8. (30 S.) Strassburg 902. J. Singer. n. 1.—

Wallerstein, Victor. Die Raumbehandlung in der oberdeutschen und niederländischen Tafelmalerei der ersten Hälfte des XV. Jahrhunderts. Eine stilgeschichtliche Studie. Diss. Phil. Basel. VIII + 50 S. 8. Strassburg, J. H. Ed. Heitz. 1909.
(Die Arbeit erscheint auch erweitert und mit 20 Lichtdrucktafeln versehen als Heft 119 der »Studien zur Deutschen Kunstgeschichte«....)

Die Raumbehandlung in der oberdeutschen und niederländischen Tafelmalerei der ersten Hälfte des 15. Jahrhunderts. Eine stilgeschichtl. Studie von Victor **Wallerstein**. Mit 20 Lichtdrucktaf. Strassburg: Heitz 1909. VI, 106 S. 8°
(Studien z. Deutschen Kunstgeschichte H. 118.) [09. 17717

Wallersteiner, Hugo, Medizinalpraktikant: Ein Fall von Carcinoma ventriculi im Anschluß an chronisches Magengeschwür. Tübingen: Tübinger Chronik 1905. (24 S.) 8°
München, Med. Fak., Ref. v. Bollinger, Diss. v. 17. Nov. 1900
[Geb. 4. Nov. 81 Biberach a. d. Riß; Wohnort: Biberach; Staatsangeh.: Württemberg; Vorbildung: Gymn. Ulm a. D. Reife Juli 00; Studium: München 5, Freiburg i. B. 1. Berlin 1, München 3 S.; Coll. 17 Nov. 06; Approb. 6. Nov. 06.]

Walleser, Martin

Walleser, M., poetisches Schatzkästlein für die Jugend. Das Schönste und Beste aus Erzählung, Lied und Lehre deutscher Dichtung der neueren Zeit. gr. 8. (208 S.) Mannheim 878, Bensheimer. *

Walleser, M., poetisches Schatzkästlein für die Jugend. Das Schönste und Beste aus Erzählung, Lied und Lehre deutscher Dichtung der neueren Zeit. 2. Aufl. Im Verein mit bad., pfälz. und elsäss. Fachgenossen bearb. gr. 8. (X, 320 S.) Mannheim 888, Bensheimer's Verlag. *ℳ 3.—; geb. *

Walleser, M., poetisches Schatzkästlein f. d. Jugend. D. Schönste u. Beste aus Erzählg., Lied u. Lehre deutscher Dichtg. d. neueren Zeit. 6. Aufl. Im Verein m. bad., pfälz. u. elsäss. Fachgenossen bearb. gr. 8. (XII, 311 S.) Mannheim 899. J. Bensheimer's Verl.
Geb. in Leinw. n. 3.—

[Umschlagt.:] **Walleser,** *Martin:* Die Welttafel des Ravennaten. 1. Mannheim, Druck v. Gremm & Lorenz, 1894; 23 S., 2 Taf. 4.
Mannheim, HM, P 1894**

Walleser, Max, die buddhistische Philosophie in ihrer geschichtl. Entwicklung. 1. Tl. Die philosoph. Grundlage des älteren Buddhismus. (XI, 148 S.) gr. 8. Heidelberg 904. C. Winter, Verl. n. 4. 80

Walleser, Max: Das Problem des Ich. Heidelberg: vorm. Weiß 1903. (VII, 88 S.) 8°
[Erschien auch als Inaug.-Diss. Erlangen 1902.]

Walleser, Max, aus Mannheim: Das **Problem** des Ich. *Karlsruhe 1902: Bad. Verlagsdr.* (VII, 88 S.) 8° ¶ (Soll fortgesetzt werden.)
Erlangen, Phil. Diss. v. 3. Juni 1902

Walleser, Max, der ältere Vedanta. Geschichte, Kritik u. Lehre. (VII, 82 S.) gr. 8. Heidelberg 910. Carl Winter. 2. 80

Wallfahrer, vgl. Wallfahrter. –

Wallfahrer, die, Roman von E. Schulze. 2 Thle. 8. Quedlinburg, Basse. 821.

Wallfahrer, der fromme. Gebete u. Lieder zum Gebrauche f. die Wallfahrten zum hl. Kreuze, zur hl. Mutter Gottes u. zur hl. Anna. 16. (176 S.) Dülmen 880. Laumann. n. — 50; geb. n. — 75

Wallfahrer, Der fromme. Gebete und Lieder zum Gebrauch für die Wallfahrten . . . [Neue Ausg.] Dülmen [1900]. V: *Böckenhof, J. W.* (Berl)

Der fromme **Wallfahrer**. Gebete u. Lieder z. Gebr. f. d. Wallfahrten z. heil. Kreuze ... [2. Aufl.] Dülmen: A. Laumann (1900). (192 S.) 8° [F.] [08. 9336

Der fromme **Wallfahrer**. Gebete u. Lieder z. Gebr. f. d. Wallfahrten z. hl. Kreuze ... 3. Aufl. Dülmen: A. Laumann (1907). (252 S.) 8° [F.] [08. 9337

Wallfahrer, der marianische, durch Deutschland, oder Abbild. u. Beschreib. d. berühmten Gnadenbilder Mariä in Deutschland. Mit 10 Kpf. 18. Augsb. ... Doll. 5 $\mathcal{K}$

Wallfahrer, neuer, od. kurze Betrachtungen üb. die großen Geheimnisse unserer Erlösung, wie dieselben sich vorgestellt finden in den Kapellen xc. zu Albendorf in der Grafschaft Glatz. 2. Abth. 8. (IV u. 116 S.) Schweidnitz 852, Weigmann. n. 1/6 ₰

Wallfahrt, die, von B. Lögler. Schausp. in 3 Aufz. 8. 8. Augsb. Stage. 815.

Wallfahrt, Die. Ein Gedicht. Regensburg 1852. V: *Lewald, August.* Vgl. Rosenthal, Konvertitenbilder I², 3, S. 30/32. (DARP)

Wallfahrt, die. Ein Gedicht. 32. (87 S.) Regensburg 852, Manz.

Wallfahrt, die, zum heil. Annenfeste auf dem Annenberge bei Lobendau in Böhmen. Eine lehrreiche Geschichte für Katholiken und Protestanten, für Eltern und Erzieher, für Zöllner und Sünder, für Pascher und Grenzaufseher, für Rothe und Schwarze. gr. 4. (8 S.) Hohnstein 849. [Löbau,] Centralschulbuchhandlung.

— Gott liebender Christen zu dem in Tabernakel gefangenen Jesu Christo. 8. Salzb. 780. Mayr. 2 $\mathcal{K}$

Wallfahrt, christ-christ-katholische, z. himml. Vaterland. 8. Augsb. Wolf. 753.

[F.] Das ist die waltfart zu den Einsideln vnd die leged Sant Meinrat. [Facsimile-Ausg. d. Druckes v. Hans Mayr in Nürnberg. *Leipzig: M. Spirgatis 1897.*] (10 Bl.) 1 Bd 4.

Wallfahrt, Die, zu Unserer Lieben Frau auf der Brettfall, der Seelsorge Strass, des Bisthums Brixen ... Innsbruck 1853. V: *Hosp, Karl.* (MARGR)

Die Wallfahrt nach dem Friedrichshain. Den Manen der am 18. und 19. Maerz Gefallenen. (Es mahnt kein Glockenklang von jedem Thurme.) Berlin. Druck von J. Draeger. 1 Bl. 8.
Flugblatt. Berlin, 1848/49.

Wallfahrt, eine, zum Geburtsorte Stillings. Hrsg. von der Wupperthaler Traktat-Gesellschaft. gr. 16. (22 S.) Barmen 876, Wiemann. *

Wallfahrt auf Wittelsb. Gedächtniss-Feyer. München 1826. V: *Koch-Sternfeld, Jos. Ernst Ritt. v.* (Bücher-Samml. d. hist. Ver. v. u. f. Oberbayern. Münch. 1867.)

Wallfahrt, geistige, zum heiligsten Herzen Jesu od. tägliche Besuchungen des heiligsten Herzens, s.: Gottesblumen.

Wallfahrt, geistliche, zum heiligsten Herzen Jesu. Aus dem Ital. 16. (16 S. m. e. Holzschn.) Amberg 874. Habbel. — 10

Wallfahrt, geistliche, auf den heiligen Kreuzweg unseres Herrn und Heilandes Jesus Christus. Neu bearb. und den Mitgliedern des dritten Ordens des heil. Vaters Franziskus gewidmet. 8. (IV und 215 S. mit 1 Stahlst.) Innsbruck 867, Vereinsbuchh.

—— die, zum Gnadenbilde in Kevelaer. Ihre Bedeutung, ihre Geschichte und ihre Früchte. Hrsg. von zwei Priestern in Kevelaer. 12. (108 S.) Köln und Neuß [Düsseldorf] 868, Schwann's Verlag. *

Wallfahrt. Die W' und Gnadenkapelle zu Maria Sonnenberg, Kanton Uri. Mit Titelkupfer [Tafel]. 8. Ingenbohl 1864.

— gottselige, andächtiger Christen durch anmuthige Liebsseufzer zu dem im Tabernackel verwahrten Jesu Christo, auf alle Tage d. Woche eingerichtet. 8. Augsb. 804. M. Rieger. 2 $\mathcal{K}$

Wallfahrt, die große heilige, Frankenland's, zur schmerzhaften Mutter Gottes bei Stadt Dettelbach. Ein sehr nützl. u. trostreiches Gebetbuch. 12. Kitzingen 840, Köpplinger. 1/8 ₰

Wallfahrt, die große heil., Frankenland's, zur schmerzhaften Mutter Gottes bei Stadt Dettelbach. Ein sehr nützl. u. trostr. Gebetbuch. 12. (7½ B. u. Ttlbild.) Kitzingen 840. [Nürnberg, Lotzbeck.]

— heilige, od. andächtigste Besuchung des schmerzhaften Kreuzwegs, s.: Lob Gottes, tägliches. — Lob- u. Bittopfer, tägliches.

— heilige, das ist: andächtige Besuchung des schmerzenhaften Kreuzweges, welchen unser Herr u. Heiland Jesus Christus mit dem schweren Kreuz beladen, vom Richthaus Pilati bis auf den Berg Kalvari gegangen. Abgetheilt in 14 Stationen xc. und aufgerichtet von den p. p. Franziskanern in unterschiedlichen Orten u. Conventen. Mit Holzschnitten. 12. (Landsh., Thomann). 1 $\mathcal{K}$ 12. (Leipz., Centr.-Compt.) 2 $\mathcal{K}$ 18. (Ebd.) 1 $\mathcal{K}$

— heilige, d. i. andächt. Betracht. u. Besuch. xc. 12. Augsb. Bolling. 756.

— d. i. Besuchung d. schmerzhaften Kreuzwegs. 12. Salzb. 773. Mayr. 3 $\mathcal{K}$

HEILIGE Wallfahrt, das ist Andächtige Besuchung jenes schmerzhaften Wegs, welchen unser Herr und Heiland Jesus Christus an dem heiligen Charfreytag mit dem Kreutze beladen, vom Richthause Pilati bis auf den Berg Calvariä vorrichtet hat abgetheilet in vierzehn Stationen, oder Bittorte, bis zu dem H. Grabe, mit Erlangung aller Ablässe, wie zu Jerusalem. In allen Kirchen, allwo der H. Kreutzweg aufgerichtet ist, mit größtem Leibs- und Seelen-Nutze zu gebrauchen. Ofen 1806. Gedr. bey Anna Landerer. 72 S. 12 t. - 160 mm
- Dass. Ofen 1813. Gedr. bey Anna Landerer. 72 S. 14 t. - 160 mm
- Dass. Ofen 1840. Bagó u. Gyurián. 72 S. - 150 mm
- Dass. Arad 1855: Heinrich Gottschelder. 52 S. 16 t. - kl. 8°
- Dass. Pesth 1866. Gedr. bei Alois Bucsánszky. 64 S. - 170 mm

Wallfahrt, heilige, oder Gott angenehme Andachtsübungen d. schmerzhaften Kreuzweges. Mit 16 Kpf. 8. Salzb. 807. Mayr. 3 $\mathcal{K}$

— heilige, d. i.: andächtige Besuchung des schmerzhaften Kreuzweges, welchen unser Herr u. Heiland Jesus Christus mit dem schweren Kreuz beladen vom Richthaus Pilati bis auf den Kalvarienberg gegangen ist. Abgetheilt in 15 Stationen oder Betorte zur Erlangung aller Ablässe, wie zu Jerusalem, sowohl für sich selbst, als für die abgeschiedenen christgläubigen Seelen im Fegfeuer. 18. (36 S. m. eingedr. Holzschn.) Passau 852, Elsäßer & Waldbauer. n. 2 ngr

Wallfahrt, heilige, oder andächtige Besuchung des schmerzhaften Kreuzwegs unsers Herrn Jesus Christus. Abgetheilt in 15 Stationen oder Betrachtungsorte, mit Gebeten und Gesängen. 2. Aufl. 853. Augsburg: Schmid. 16. (47 S. mit Holzschn. im Text.)

Wallfahrt, heilige. Das ist andächtige Besuchung seines schmerzhaften Weges, welcher unser Herr und Heiland verrichtet hat. kl. 8. (72 S.) Wien, Mechitaristen 1853.

Wallfahrt, Heilige —, das ist: Andächtige Besuchung jenes schmerzhaften Weges, welchen unser Herr und Heiland Jesus Christus an dem heiligen Charfreitag, mit dem Kreuze beladen, vom Richthause Pilato bis auf den Berg Kalvari verrichtet hat; dargestellt in vierzehn Stationen oder Bittorten bis zu dem heiligen Grabe, mit Erlangung aller Ablässe, wie zu Jerusalem. In allen Kirchen, allwo der heil. Kreuzweg aufgerichtet ist, mit dem größten Leibs- und Seelen-Nutzen zu gebrauchen. Arad. 1855. Gedruckt bei Heinrich Goldscheider. (52 S. u. 14 Bilder. 8.)

— heilige, oder andächtige Besuchung des schmerzhaften Kreuzweges unsers Heilandes Jesu Christi. In 14 Stationen abgetheilt ꝛc. Neue mit 14 Stationsbildern (Holzschn. im Text) und einem Schlußgebete verm. Ausg. Paderborn 857. Junfermann. 16. (48 S. u. 1 Holzschn.) nn. 1½ ngr.

—— heilige, oder andächtige Besuchung des schmerzhaften Kreuzwegs unsers Herrn Jesus Christus. Abgetheilt in 15 Stationen oder Betrachtungsorte, mit Gebeten und Gesängen. 5. Aufl. gr. 16. (47 S. mit eingedr. Holzschn. und 1 Holzschnt.) Augsburg 858, Schmid'sche Verlagsh.

— heilige, oder andächtige Besuchung des schmerzhaften Kreuzweges unsers Heilandes Jesu Christi, in 14 Stationen abgetheilt und mit ganz besondern Ablässen begnadigt. Neue, mit 14 Stationsbildern (Holzschn.) und einem Schlußgebete verm. Ausg. Paderborn 861. Junfermann. 8. (48 S.) n. 1⅓ ngr.

— heilige Andächtige Besuchg. d. heil. Kreuzweges unseres Herren Jesu Christi. 16. (48 S.) Paderborn 871. Junfermann. — 15

— heilige, od. andächt. Besuchg. des schmerzhaften Kreuzwegs unsers Herrn Jesus Christus. Abgetheilt in 15 Stationen od. Betrachtungsorte, m. Gebeten u. Gesängen. 7. Aufl gr. 16. (47 S. m. eingedr. Holzschn. u. 1 Holzschntaf.) Augsburg 876. Schmid'sche Verl. — 15

Wallfahrt, heilige, oder andächtige Besuchung des schmerzhaften Kreuzweges unsers Heilandes Jesu Christi. 8. (48 S.) Paderborn 886, Junfermann'sche Buchh. *

— die heilsame, oder nützlicher Unterricht von Wallfahrten, besonders zur Ehre Mariä. 8. Salzb. 803. Mayer. 3 gr.

Wallfahrt, Helons, nach Jerusalem, Hundert neun Jahr vor der Geburt unsers Herrn. Elberfeld 1820. V: *Strauss, Gerhard Friedrich Albrecht.* (Koner) (Cat. d. Stadtbibl. Zürich. Zürich 1864—97.)

Wallfahrt, Die, nach Jerusalem. Eine Erzählung für Kinder, vom Verfasser des Alten von den Bergen. Wien 1825. 1826. 1833. V: *Schafhäutl, Karl Emil.* (GGr X, 468) (Zeitschr. f. Büch. N. F. 15, 1923, 126)

Wallfahrt, die, nach Jerusalem. Eine Erzählung f. Kinder, v. Verf. d. Alten v. d. Bergen. Mit 1 Kpfr. 12. Wien 825. Wimmer.

Wallfahrt zum heil. Joseph in Weinhaus. Wien 1893. V: *Deckert, Jos.* (EB)

Wallfahrt, die — nach dem Kalvarienberge zu Gratz. Eine Sammlung von Andachtsübungen zur Verehrung des Leidens Jesu Christi und der Schmerzen Seiner heil. Mutter Maria bei dem Besuche des obgenannten Kalvarienberges. Gratz, 1857. Dr. und Papier von Josef A. Kienreich. (111 S. 8.)

Wallfahrt, die, nach Kevlaar. E. Reihe „Leb. Bilder" unt. Zugrundelegg. d. Heine'schen Gedichts. 12. (6 S.) Berlin (895). M. Böhm. 1.—

Wallfahrt nach Kevelaer zum Gnadenbild „Maria, Trösterin der Betrübten". Zur Erinnerg. an das 250jähr. Jubiläum der Wallfahrt u. die Kröng. d. Gnadenbildes. gr. 16. (108 S. m. 1 Abbildg.) Dülmen 892. A. Laumann. n. — 25

Wallfahrt, Die, aus Kindesliebe. O. O. u. J. V: *Harms, Emilie v. geb. v. Oppeln.* (Cat. d. Stadtbibl. Zürich. Zürich 1864—97.)

Wallfahrt, Die, zum heil. Kreuz an der Perau bei Villach in Karnten. Villach, St. Hermagoras-Druck. in Klgft., 1903. 40 S.

Wallfahrt, Eine, ins Land der Heroen. [Leipzig 1873.] V: *Rossmann, Wilhelm.* (StadtBiblBerlin XVI)

Wallfahrt, Eine, zur Laterne des Diogenes bei Paris . . . Nördlingen 1862. V: *Schmid, Xaver.* (Hr)

—— eine, zur Laterne des Diogenes bei Paris. Streiflichter über Frankreich vom Verf. des „Quellwassers." 16. (V und 272 S.) Nördlingen 862, Beck'sche Buchh. *

Wallfahrt durchs Leben vom Baseler Frieden bis zur Gegenwart . . . Leipzig 1862. V: *Berghaus, Hnr. Carl Wilh.* (Rass)

Wallfahrt durch's Leben vom Baseler Frieden bis zur Gegenwart. Von einem Sechsundsechsziger. 9 Bde. Leipzig 862. Costenoble. 8. (2239 S.) 10 ₰ 15 ngr.

Wallfahrt, die, nach Loretto. 2 Thle. 8. Berl. 782. Rottmann. 1 ₰ 16 gr.

Wallfahrt, Die, zu Maria Bildstein bei Bregenz. [Bregenz 1880.] V: *Forster, Gebhard.* (Margr)

— zum Gnadenbild Maria-Hilf in Belgisch-Moresnet. Ein Pilgerbüchlein. Von e. Priester der Erzdiöcese Köln. (96 S. m. 2 Taf.) 16. Aachen (910). A. Jacobi & Co.

—— die, nach Maria-Pernegg zur vierten Säcularfeier im J. 1861. 8. (122 S.) Graß 861, Sirolla.

Wallfahrt, Die, nach Maria-Stein in Tirol. Nach archivalischen Urkunden von einem Franziskaner-Ordenspriester. Innsbruck 1886. V: *Seeböck, Philibert.* (MARGR)

Wallfahrt, Meine, nach Paris . . . Bayreuth 1796—97. V: *Zschokke, Johann Heinrich Dan.* (MGT) (EE) (BrMm) (Ky) (EngG)

— meine, nach Paris, v. Verf. d. schwarzen Brüder (H. Zschocke). 8. Bayreuth 796, 97. Lübeck, (Grau). 2 ₰ 20 ℊ

— zum heiligen Rock u. zu den Kirchen u. Heiligthümern in Trier. Von Germanus. gr. 8. (IV, 92 S. m. Stadtplan u. 1 Abbildg.) Bonn 891. P. Hanstein. n. — 60

Wallfahrt, Die, nach St. Valentin in Mais (bei Meran) zur Grabstätte der hl. Bischöfe Valentin und Corbinian . . . Von einem Priester des Cisterzienser-Stiftes Stams. Innsbruck 1852. V: *Spitaler, Cassian.* (MARGR)

—— die, nach St. Valentin in Mais (bei Meran) zur Grabstätte der heil. Bischöfe Valentin und Korbinian. Enthaltend die Lebensgeschichte dieser Heiligen nebst einem Unterrichts- und Gebetbuche. Von einem Priester des Cisterzienser-Stiftes Stams. 12. (287 S. mit 1 Stnt. in Tondr.) Innsbruck 852, Wagner'sche Buchh.

Wallfahrt, die segensreiche, zum heil. Grabe, s. a. Abendunterhaltungen, christl., 5. Bdchn.

—— die segensreiche, zum heiligen Grabe. Eine in Bezug auf die gegenwärt. Gestalt Palästina's sehr belehrende und unterhaltende Erzählung für kathol. Jugend und kathol. Volk. 2., durchgeseh. Aufl. 8. (IV und 192 S. mit 1 Stahlst.) Augsburg 855, Lampart und Comp. (Leipzig, Hübner.)

Wallfahrt, die segensreiche, zum heiligen Grabe. Eine in Bezug auf die gegenw. Gestalt Palästina's sehr belehr. u. unterhalt. Erzählung f. christl. Jugend u. christl. Volk. 3. verb. Aufl. Mit 1 Stahlst. 8. (163 S.) Straubing 878. Volks- u. Jugendschriften-Verl. cart. 1. 20

Wallfahrt, Die, in Trens. Nach Urkunden und Überlieferungen. Innsbruck 1849. [2. Aufl.] Brixen 1873. [3. Aufl.] Brixen 1902. V: *Hell, Johann.* (MARGR)

—— die, nach Trier. Eine Stimme aus Nassau. 8. (3 ½ B. u. Ronge's lith. Port.) Siegen 844. [Wiesbaden,] Friedrich'sche Verlagsbuchh.

Wallfahrt, die, nach Trier. Eine Stimme aus Nassau. 8. (Mit Ronge's lith. Portrait.) Siegen 844, Friedrich'sche Verlagsbuchh. 6 ¼ ngl — 2. Aufl. Ebend. 845. 3 ngl

Wallfahrt, Die, nach Zionsthal oder das Suchen und Finden einer Seele, die sich nach dem Frieden Gottes . . . sehnt . . . Hamburg 1860. V: *Henrich, A.* (ZU)

— die, nach Zionsthal, oder das Suchen und Finden einer Seele, die sich nach dem Frieden Gottes und der Gemeinschaft seines Volkes sehnt. Von einem deutschen Prediger in Nord-Amerika. Hamburg 860. Oncken. 12. (IV, 237 S.) n. 15 ngr

Wallfahrten oder Erzählungen der Pilger. Leipzig 1793. H: *Naubert, Christiane Benedicte Eugenie geb. Hebenstreit.* (Schl) (GGr) (EE) (Ba)

— od. Erzählungen d. Pilger. 1r Thl. (v. Miller.) (als 5r Thl. d. neuen Volksmährchen d. Deutschen.) 8. Lpz. Weygand. 793.

— oder Erzählungen der Pilger, s. a. Volksmährchen, neue, 5r Thl.

Wallfahrten, die drei andächtigen, zu d. ländl. Kapellen d. heil. Isidor, d. heil. Wendelin u. d. heil. Nothburga. 8. (3 B.) Linz 834, (Haslinger.)

Wallfahrten, Gefangenschaft und Liebe Bertrams, Scenen aus Teutschlands und Italiens neuester Tagesgeschichte. . . . Hamburg 1811. V: *Müller, Heinrich August.* (MGT) (Ky)

Wallfahrten des Kandidaten. Kilian Hieronymus zu seinen Glaubensbrüdern. Frankf. a. M. 1790. V: *Textor, Friedrich Ludwig.* (MGT) (Ky)

Walfahrten des Candidaten Kilian Hieronymus, zu seinen Glaubensbrüdern. 8. Frankf. Eßlinger. 790.

Wallfahrten des Candidaten Kilian Hieronymus, (von F. L. Textor). 8. Frankf. 790. Schäfer. 1 ₰ (A. u. d. T.: Silhouetten aus d. schwarzen Orden; ein Beitr. z. Charakteristik d. Weisen u. Narren dieses Ordens. Ebd. 794. 1 ₰ 4 ℊ

Die Wallfahrten in der kath. Kirche. Soest, Nasse, 1866, 12°, 10 Pf. (Broich.-Cyklus xc. Jahrg. 1, Nr. 5.)

Wallfahrten, die, in der katholischen Kirche, s. a. Broschüren-Cyclus.

Wallfahrten, Meine, ins Thal der Ruhe. . . . Coburg 1803. V: *Arnold, Ignaz Ferdinand (Theodor Ferd. Cajetan).* (MGT) (Ky)

— meine, ins Thal der Ruhe; ein Buch zur Belehrung religiöser Schwärmer nach Jean Paul. 8. Coburg, Ahl. 803.

— meine, ins Thal der Ruhe, nach Jean Paul, (v. Th. F. K. Arnold). 8. Coburg 803. (Riemann). 18 ℊ

Wallfahrter, vgl. Wallfahrer. —

Wallfahrter, Die, nach Maria Einsiedeln auf ihrer Heimreise . . . O. O. 1828. V: *Bodenmüller, Elise geb. Lavater.* (Cat. d. Stadtbibl. Zürich. Zürich 1864—97.)

Wallfahrter, der Marianische. Ein kathol. Gebet- u. Gesangbuch f. den besondern u. öffentl. Gottesdienst an jedem Wallfahrtsorte u. zunächst in Maria-Einsiedeln. Nebst Angabe der besondern Feste daselbst. 12. (XXIV u. 274 S. m. 1 Lith.) Einsiedeln 847, Gebr. Benziger. 9 ngl

Wallfahrter, der marianische, durch Deutschland, m. 10 K. 16. Augsb. Doll. 813.

Wallfahrter, marianischer, andächt. Verehr. d. allersel. Jungfrau u. Gottes Mutter Maria an den ihr gewid. heil. Wallfahrts-Gnaden-Orten durch besond. Wallfahrts-, dann Meß-, Beicht- u. Communion-Andachten, wie auch viele and. Betrachtn., Gebete u. Gesänge. gr. 12. (8⅙ B. u. 1 Titkpfr.) Grätz 840, Ferstlsche Buchh.

— neuer. Andachtige Verehrung der allerseligsten Jungfrau Maria durch Gebete, Lieder u. Litaneien. 2. verb. u. verm. Aufl. 1. Abth. 8. (44 S.) Schweidnitz 850, Weigmann. 3 ngl

Wallfahrts-Andacht. 8. Schweidnitz 842, Heege. 16 A

Wallfahrts-Andacht, feierliche — nach Klosterneuburg zum Grabe des heil. Leopold, Landespatrons von Oesterreich, unternommen vom Central-Severinus-Vereine. Mit Genehmigung des fürsterzbischöflichen Konsistoriums. Wien. Druck v. Anton Schweiger in Wien. Bei Mayer und Kompagnie. (35 S. 8.) 1856.

Wallfahrts-Andacht, feierliche, nach Klosterneuburg zum Grabe des heil. Leopold, unternommen vom Central-Severinus-Vereine. 3. Aufl 8. (36 S.) Wien 861, Mayer und Comp.

Wallfahrtsandacht zum Grabe des heil. Leopold, Landespatrons im Erzherzogthume Niederösterreich. 8. Wien, C. Ueberreuter 1852.

Wallfahrts-Andachten, andächtige — nebst einer Litanei vom bittern Leiden und Sterben Jesu Christi. Arad. 1855. Gedr. bei Heinrich Goldscheider. (4 Bl. 8.)

Wallfahrtsbuch zu Ehren der heil. Jungfrau Maria, sowie zur inbrünstigen und segensreichen Andachtsübung am Gnadenorte Hardenberg. 16. (128 S.) Dülmen 881, Laumann'sche Verlagsh.

Wallfahrtsbuch zu dem Gnadenbilde der schmerzhaften Mutter Gottes in Bornhofen a. Rhein. Hrsg. v. e. Priester des Franziskanerordens aus der Custodie der hl. Elisabeth. 16. (XII, 292 S. m. 1 Bild.) Limburg a L. 893. Verlag der St. Marien-Stiftung (Bornhofen). Geb. in Leinw. n. 1. —; in Ldr. n. 1. 25

— zu dem Gnadenbilde der schmerzhaften Mutter Gottes in Marienthal im Rheingau. Hrsg. v. e. Priester des Franziskanerordens aus der Custodie der hl. Elisabeth. 16. (XII, 292 S. m. 1 Bild.) Ebd. 893. Geb. in Leinw. n. 1. —; in Ldr. n. 1. 25

Wallfahrtsbuch, Marianisches. Ausgewählte Andachtsübungen für fromme Wallfahrer nach dem Gnadenorte Altötting in Bayern, nebst einer kurzen Beschreibung dieses berühmten Wallfahrts Ortes. Auch bei sonst. Wallfahrtsgängen zu Marienkirchen mit großem Nutzen zu gebrauchen. Altötting 867. Lutzenberger. 16. (XVI, 272 S. mit eingedr. Holzschn. u. 1 Steintaf.) 7 ngl

Wallfahrtsbuch nach dem Gnadenorte Maria-Zell. Nebst Morgen- und Abendandachten, Meß-, Beicht- und Communiongebeten, und vielen Litaneien. 8. Korneuburg 860, Kühkopf. (382 S.) geb. in Lederbd. mit Goldschn.

Wallfahrts-Büchel der Hietzinger Prozession nach dem Gnadenorte Maria-Zell. 8. (72 S.) Wien. Druck von Anton Schweiger. 1853.

Wallfahrtsbüchlein. Dülmen 1863. V: *Eming, Johann Wilhelm.* (Rass)

Wallfahrtsbüchlein, zu Ehren der schmerzhaften Mutter v. Hohatzenheim, Kreis Straßburg im Elsaß. Hrsg. v. den Franziskanerpatres zu Hohatzenheim zum Besten der Wallfahrt. (103 S. m. 6 [1 farb.] Vollbildern.) 16. Metz (910). (Verlag des „Sendboten".) Geb. in Leinw. — 60

WALLFAHRTS-BÜCHLEIN zum Gebrauche der Teilnehmer an der Votiv-Wallfahrt nach Maria-Zell der Preßburger katholischen Gemeinde (16.-26. VIII. 1888). Preßburg o. J. (1888): Carl Angermayer. 164 S. - 140 mm

WALLFAHRTS-BÜCHLEIN zum Gebrauch der Wahlfarter bei Gelegenheit der Prozession welche von Raab nach Frauenkirchen zu Maria Haid alljährlich geführt wird. Raab o. J.: Druck Joseph Streibig. 24 S. - 140 mm

Wallfahrts-Büchlein von Glaning bei Bozen in Tirol ... [Bozen 1876.] V: *Irschara, Leonhard.* (Margr)

Wallfahrtsbüchlein zu dem Gnadenbilde der schmerzhaften Mutter Gottes in Bornhofen a. Rhein. Hrsg. v. e. Priester des Franziskanerordens aus der Custodie der hl. Elisabeth. 16. (IV, 67 S. m. 1 Bild.) Limburg a/L. 893. Verlag der St. Marien-Stiftung (Bornhofen). Kart. n. — 50

— für den Gnadenort der schmerzhaften Mutter Maria in Marienthal im Rheingau. Hrsg. v. e. Priester des Franziskanerordens aus der Custodie der hl. Elisabeth. 16. (IV, 72 S. m. 1 Bild.) Ebd. 893. Kart. n. — 50

— kleines, enth.: Beschreibung d. hl. Rockes, Gebete f. die Wallfahrt, Beschreibg. der Kirchen Triers. 12. (16 S.) Trier 891. Paulinus-Druckerei. — 10

Wallfahrts-Büchlein, Mettenbucher. Eine Sammlung von Marien-Gebeten, nebst einer kurzen neuesten Geschichte der Wallfahrt Mettenbuch. Von einem Weltgeistlichen. 16. (64 S. mit 1 Stahlst.) Deggendorf 878, Krüll'sche Buchh. *

Wallfahrtsbüchlein, Walthürner, das ist, ausführl. Anweis. d. uralte Wallfahrtsandacht nach Walthüren zu den dasigen wunderthätigen heil. Blut verdienstlich zu verrichten. 12. Mainz ... Müller. 6 ¼

ALLEN Wallfahrtsfreunden von Preßburg gewidmet. Preßburg 1806: Mit Landerer'schen Schriften. 8 S. - 4°

Wallfahrts-Gebetbuch f. die deutschen Gnadenorte der schmerzhaften Mutter Gottes. Hrsg. v. e. Priester des Franziskanerordens. 16. (VII, 243 S. m. 1 Stahlst.) Limburg a/L. 893. Verlag der St. Marien-Stiftung (Bornhofen). Geb. in Leinw. n. 1. 60; in Ldr. n. 2. 25

Telgter **Wallfahrts-Kalender** für das Jubiläumsjahr 1904. Warendorf: J. Schnell 1904. (96 S.) 4° [F.] [o6. 1904]

Wallfahrts-Kalender, Telgter, f. d. J. 1904. (86 S. m. Abb. u. 8 Taf.) gr. 4. Warendorf, J. Schnell. n. — 50

Wallfahrts-Kirche zu Duntenhausen. München 1815. V: *Klöckel, Jos. v.* (Bücher-Samml. d. hist. Ver. v. u. f. Oberbayern. Münch. 1867.)

Die Wallfahrts-Kirche zu Duntenhausen. Ein Schriftchen geschichtl. Inhalts. München, Zängl, 1815. 8°. Ppb.
76 S., 1 Bl. Err. Mit Titel-Ansicht in Kpfst.

Wallfahrtskirche, Die, in Freystadt. O. O. 1879. V: *Romstöck, Franz Sal.* (Keiter, Kath. Litt.-Kal. VI, 255.)

Wallfahrts-Kirche, Die, zu Maria-Lanzendorf. Geschichte von der Entstehung bis zur Gegenwart. Wien [1908]. V: *Schwab, Lambert.* (EB)

WALLFAHRTS-LIED zum gnadenreichen Bildniss Maria Eisenstadt. Eisenstadt o. J. Anton Wiederkomm.

Wallfahrts-Lieder. Eine Sammlung ausgewählter Lieder aus dem Diöcesangesangbuch. Zunächst für d. Eingesessenen der Pfarrgemeinde Billerbeck. Billerbeck: M. F. Knüppel 1892. (31 S.) 8°

ANDÄCHTIGE Wallfahrtslieder zum heiligen Kreuz. Ofen 1819. Landerer. 32 S. - 8°

ANDÄCHTIGE Wallfahrtslieder zu der gebenedeyten Himmels Königin und Mutter Gottes Maria zu welcher eine hochlobliche Herrn und Burgerversammlung, unter dem glorreichen Tit. Maria Himmelfahrt, von der kön. Frey. und Krönungsstadt Pressburg in Ungarn, ihre vertrauensvolle Wallfahrt nach dem wunderthätigen Gnadenorte Maria Zell in Obersteuermarkt, den 16-ten Monatstag Augustus zur fernern Abwendung der Pest anstellte. Pressburg 1782: Bey Joh. Mich. Landerer. 12 S. - 120 mm
- Dass. 1798. Gedr. bey Franz Augustin Patzko. (8 f.) - 165 mm

Vier neue Marianische Wollahrt Lieder Zu dem Wunder-vollen Gnaden-Orth MARIA Zu Schoßberg, oder Ssasszin in Ungarn. Bey Außgang der Procession. Im Ton: Herr, ich lieb dich. O Maria, Mutter Gottes, unser Freud und unser Trost. Begrüßung bey dem Gnaden-Ort. Im Ton: Herr, ich lieb dich. O Maria, o Maria, sey gegrußt zu tausendmal. Beurlaubung von dem Gnaden-Ort. In seiner eigenen Melodey O trauervolle Zeiten, Maria Jungfrau rein, sollt ich von dir jetzt scheyden. Danksagung zu Hauß. Im Ton: Demütig wir dich grussen. Die Reis ist nun vollendet von allen insgemein. Oedenburg, gedruckt und zu finden bei Johann Philipp Rennauer, Anno 1739

Vier schöne neue Wallfahrts-Lieder. Das Erste: Zu dem Wunderthätigen Gnaden-Bild Maria zu Stolzing. Auf, auf mit Freud, ihr Schäffers-Leuth. & Das Anderte: Dich Maria zu begrüssen, kommen wir. & Das Dritte: Last uns Anna, das heilige Weib, begrüssen & Das Vierdte: O Maria sey gegrüst, die du voller Gnaden. Oedenburg (1750) Gedruckt in diesem Jahr.

ZWEI andächtige Wallfahrtslieder zum heiligen Kreuz. Ofen 1851. Gedr. mit Bagó'schen Schriften. 4 S. - 160 mm

MARIA-RADNAER Wallfahrtsliederbuch. Lugos 1906. 105, 2 S. - 8°

WALLFAHRT-LIEDERKRANZ, gesammelt aus ältesten Marienliedern zu Ehren der grossen Gottes Mutter und unbefleckten Jungfrau Maria in Zell. Pozsony (Preßburg) 1908: Kathol. Literar. Aktiengesellschaft. 101, 3 S. - 130 mm
- Dass. Pozsony (Preßburg) 1913: Zs. Winter. 101 (3) S. - 130 mm

Wallfahrtsort, der, zur Mutter Gottes v. Caravaggio in Pinè bei Trient. Nach dem Ital. v. Jos. Zanotelli bearb. v. e. Mitgliede der Marian. Congregation. 12. (87 S.) Brixen 891. Buchhandlg. d. kathol.-polit. Preßvereins. n. — 48

Wallfahrtsort, Der, zur Mutter Gottes von Caravaggio in Pinè bei Trient. Ursprung, Entstehung, Entfaltung und Fortschritt desselben bis auf unsere Tage. Zweite Auflage. Trient 1903. B: *Ploner, Joh. Baptist.* (EB)

Wallfahrts-Ort, der, Vierzehn-Heiligen zu Frankenthal in Oberfranken. Nebst einem Anhang von Gebeten, 1 Stahlst. u. 1 Ansicht der Kirche. 16. München 845, Franz. n. $6^1/_4$ *ngl*

Wallfahrtsorte in Oesterreich-Ungarn. Maria-Taferl, Wallfahrtsort zur schmerzhaften Mutter Gottes in Niederösterreich. Beschreibung des Ortes und seiner Heiligthümer. gr. 16. (32 S. mit Gnadenbild und 1 Karte.) Würzburg 885, Woerl. *

WALLFAHRTS-SCHLUSSREDE im Dome zu Pressburg am 27. August 1856. Pressburg 1856. Druck v. A. Schreiber. 4 S. - gr. 8°

Wallfahrtsspiegel, v. einem kathol. Priester. 12. (120 S.) Enskirchen 852, Kreuder. n. 6 *ngl*

Wallfeld, die Familie, od. Freundschaft, Liebe ꝛc. (v. G. H. Heinse). 8. Chemnitz 800. (Hießin, Tasché). 1 ₰

Wallfeld, Die Familie. Chemnitz 1801. V: *Heinse, Glob Heinrich.* (MGT) (Ky)

Wallfisch, H., theoretisch-praktische Anleitung nach eigener Fantasie regelrecht zu musiciren und mit geringen Vorkenntnissen bekannte Melodien selbstständig wiederzugeben und richtig zu accompagniren. Ein Lehrbuch zum Selbstunterricht für Fachmusiker und Dilettanten. gr. 8. (IV, 104 S.) Berlin 879, Horrwitz. *

Wallfisch, H., theoretisch-praktische Anleitung nach eigner Phantasie regelrecht zu musiziren. gr. 8. Berlin 879, Cronbach. * 2 50

Wallfisch, H., theoretisch-praktische Anleitung nach eigener Fantasie regelrecht zu musizieren u. m. geringen Vorkenntnissen bekannte Melodien selbständig wiederzugeben u. richtig zu akkompagnieren. Zum Selbstunterricht für Fachmusiker u. Dilettanten. 2. verb. Aufl. gr. 8. (IV, 104 S.) Berlin 903. S. Cronbach. n. 2. 50

Wallfisch, H., Führer beim Selbst-Unterricht im Clavier-Spiel. [Für Erwachsene.] Ein Supplement zu jeder Clavierschule. gr. 8. (IV, 70 S.) Berlin 880, Horrwitz. *

Wallfisch, J. H., bist du getauft? Eine bibl. Betrachtg. üb. die neuerdings wieder so viel besprochene Tauflehre. (24 S.) kl. 8. Bitterfeld 901. Schmiedeberg, F. E. Baumann. n. — 20

Wallfisch, J. H., Elsa aus Israel, die den Herrn Jesum lieb hatte! Der Wahrheit nach erzählt. 16. (15 S.) Emden 885. Gerhard. — 15

— wiedergefundene Freude, s.: Kinderfreund, der. Nr. 26.

Wallfisch, J. H., geistliche Gedichte. 2., verm. Aufl. 8. (83 S.) Görlitz (896). Barmen, Pastor Wallfisch. Geb. 1. —

Wallfisch, J. H., s. Immanuel.

— Israeliten! Auf zum Kampf gegen die Judenfrage! gr. 4. (4 S.) Ebend. 885. n. — 3; 100 Explre. n. 2. —

— Lehrbuch der Theo-Psycho-Therapie. Gott-seelische Heilweise — Gnaden-Heilmethode, zur Heilg. Akut-, besonders aber Chronisch-Kranker. Biblisch-psychol. begründet u. aufgestellt. 8. (275 S.) Bitterfeld 900. F. E. Baumann. 3. —

Leib und Seele, deren Wechsel-Wirkung in Bezug auf Gesund-Erhaltung u. Kranken-Heilung durch Natur u. Gnade. Von J. H. Wallfisch. *Köln a. Rh.: Westdeutsch. Buch- u. Musik-Verl [1898].* (24 S.) 8° [Umschlagt.]
1898 6

— s.: Theosophie, christliche.

— 44 Thesen üb. Theo-Psycho-Therapie. [Aus: „Lehrb. der Theo-Psycho-Therapie".] (29 S.) kl. 8. Ebd. 900. n. — 25

Unparteiisches über die Judenfrage. Von Dr. B. A. Lána [d. i. J. H. Wallfisch]. *Köln a. Rh.: Westdeutsch. Buch- u. Musik-Verl. 1898.* (30 S.) 8° [Umschlagt. 3.]
1898 5

— geistliches Wachstum. 2. Petri 3, 16. Rede. [Aus: „W., geistl. Volks-Reden".] 12. (20 S.) Görlitz 896. Köln, Westdtsch. Buch- u. Musical. Verlag. J. H. Wallfisch. n. — 10

[F.] . . . Geistliches Wachstum. Rede v. J. H. Wallfisch. *Görlitz i. Schl.: Christl. Verl. [1896].* S.A. aus Wallfisch, Geistl. Volks-Reden. (20 S.) 1 Bd 8.
'96 ...

— d. Zionssänger, s.: Paul, F.

Wallfisch, Justus

Wallfisch, Just., Beweis, daß die Frauenzimmer eigentlich keine Menschen sind. 1—32. Aufl. Leipzig 860—62. Poenicke. 8. (39 S.) n. 5 ngr.

Wallfisch, Just., Beweis, daß die Frauenzimmer eigentlich keine Menschen sind. 5—25, gänzlich umgearb. und vielfach verm. Aufl. 8. (40 S.) Leipzig 861, Poenicke. *

WALLFISCH, Justus. Beweis, daß die Frauenzimmer eigentlich keine Menschen sind. 43. Aufl. Leipzig, Verlag von Gustav Poenicke. O. J. 12°. (In Amsterdam. Bibl. Gerritsen.)

— — Dasselbe. Ebd., o. J. 12°. Orig.-Umschl. mit d. Notiz: „56. Auflage!" („Preis 5 Ngr.")
39 S. (incl. Tit.), 1 S. Bücher-Anzeigen. — Einiges in Versen.

Wallgren, Axel, Beitrag zur Kenntnis der Pathogenese u. Histologie der experimentellen Lebertuberkulose. (96 S. m. 5 farb. Taf.) Lex. 8. Berlin 910. S. Karger. 6. —
Sonderabdruck aus: „Arbeiten a. d. pathol. Inst. d. Universität Helsingfors".

Wallhausen, H. J. von, üb. das Exercitium mit d. Pike, im Anfange des 17ten Jahrhunderts. In Hinsicht auf den Gebrauch d. Pike bei den Landsturm. 8. Berl. Salfeld. 813.

v. Wallhausen, H. J., über d. Exercitium mit d. Pike, im Anfange d. 17. Jahrhund. In Hinsicht auf d. Gebrauch d. Pike bei d. Landsturm. 8. Berl. 813. (A. Wolff). 4 ¼

Wallhäuser, Georg, aus Gundersheim: Die Verteilung der Jahreszeiten im südäquatorialen tropischen Afrika. Darmstadt 1904: J. Grab. (55 S.) 8°
Gießen, Phil. Fak., Ref. Sievers, Diss. v. 6. April 1905
[Geb. 21. Nov. 72 Gundersheim; Wohnort: Friedberg; Staatsangeh.: Hessen; Vorbildung: Oberrealsch. Darmstadt Reife O. 93; Studium: Darmstadt T.H. 2, Gießen 4 S.; Rig. 29. Juli 04.]

Wallhauß, telegraphische Kriegs-, Friedens- und Parlaments-Depesche an das deutsche Volk. 8. (22 S.) Mannheim 866, Schneider.

Wallhauß, Feldzeugmeister Gyulai's Kriegsführung in der Lombardei vor dem Richterstuhle rationeller Kritik. Nebst Beantwortung der wichtigen Frage: „Wie ist jetzt Oesterreich vom doppelten Untergange zu retten?" 1—13. Aufl. gr. 8. (39 S.) Hersfeld 859. [Offenbach,] Wallhauß. *

Wallhouse, Gillon v., die beste Weise, Jagd-, Wagen- u. Ackerpferde zu beschlagen, erprobt durch neunjähr. Anwendg. d. Bessemer Charlier-Hufeisens, nebst prakt. Bemerkgn. v. Cleland. Aus dem Engl. übers. gr. 8. (31 S. m. Illustr.) Bremen 885. Heinsius. n. 1. —

Walli, D. P. F.: Die Dezentralisation der Industrie und der Arbeiterschaft im Grossherzogtum Baden und die Verbreitung des Mehrfamilienhauses (Mietskaserne) auf dem Lande. Karlsruhe: G. Braun 1906. (154 S.) 8°
[Volkswirtschaftl. Abhandlungen d. Bad. Hochschulen Bd 8, Erg.-H. 4.]
Freiburg i. B., rechts- u. staatsw. Fak., Ref. Fuchs, Diss. v. 1907.

Wälli, Johann Jakob

Wälli, J. J. (Pfr. in Schleitheim), Von der socialen Frage der Gegenwart, und Apostelgeschichte II. 44. 45. Vortrag. 30 Stn. 8. Zürich, in Commiss. bei S. Höhr. 1873. —. 70

Wälli, J. J., Geschichte der Gemeinde Egg (Bez. Uster). gr. 8. (VII, 217 S. m. 6 Taf.) Zürich 900. Fäsi & Beer. Geb. in Leinw. n. 5. —

Wälli, J[ohann] J[acob]. Geschichte der Herrschaft Herdern. Zugleich ein Beitrag zur Geschichte derer von Hohen- und Breitenlandenberg. Mit zwei Ansichten [Tafeln]. VI + 297 S. 8. Frauenfeld, Komm. Huber & Co., 1905. [geb. fr. 4. —]

Wälli, J[ohann] J[acob]. Geschichte der Herrschaft und des Fleckens Weinfelden. Mit 14 Ansichten [auf 8 Tafeln und 1 Titelvignette]. XII + 475 S. 8. Weinfelden, A.-G. Neuenschwandersche Buchh., 1910. [geb. fr. 6.—]

Wälli, J[ohann] J[acob]. Peter Kappeler. Eine Convertitengeschichte aus der Zeit der Landvogtei 1663 und 1664. Sonderabdruck aus dem Sonntagsblatt der «Thurgauer Zeitung» [Jahrg. 17.] 1906. II + 121 S. 8. Frauenfeld, Huber & Co., 1906.

Wälli, J[ohann] J[acob]: Kilian Kesselring. 1583–1650. Ein Lebensbild. Sonderabdruck aus dem Sonntagsblatt der „Thurgauer Zeitung". [Jahrg. 16. 1905.] II + 84 S. 8. Frauenfeld, Huber & Co., 1905.

Dorothea Juliane Wallich

Das mineralische Gluten, doppelter Schlangen-Stab, Mercurius philosophorum, langer und kurtzer Weg zur Universal-Tinctur. Deutlich und klärlich entdecket und angewiesen durch D[orothea] J[uliane] W[allich]. 1-3. Franckfurt & Leipzig: Wintzer 1722. 1 Bd 8°

1: 1722.
2[u.d.T.]: W[allich], D[orothea] J[uliane]: Der philosophische Perl-Baum, das Gewächse der drey Principien. 1722.
3[u.d.T.]: W[allich], D[orothea] J[uliane]: Schlüssel zu dem Cabinet der geheimen Schatz-Kammer der Natur. 1722.

Wallich, Emanuel Wolfgang: Anleitung für Mütter zur Ernährung und Behandlung der Kinder in den ersten zwey Lebensjahren. 114 S., gbd.

Wien: Rötzl & Kaulfuß 1810

Wallich, Em. Wolfg., Anleitung für Mütter zur Ernährung u. Behandlung d. Kinder in den ersten zwei Lebensjahren. 8. Wien 810. (Schaumburg). 12 *K* Hbg. Pr. 8 *K* Postp. 16 *K*

Wallich, Emmanuel Wolfgang: Ueber die Bäder in Klein-Pösteny oder Pöstyén, auch Piestjan, im Neutraer Comitate des Königreiches Ungarn. 132 S., gbd., 1 Taf.

Wien: Armbruster 1821

Wallich, Emanuel Wolfgang, s. Portal: Anleitung.

— dringendes Wort über d. jetzige gefahrvolle Krankheit d. häutigen Bräune, oder d. Kroup. 8. Wien 810. 2e A. 816. 3e verm. u. verb. A. 8. Wien 818. Gerold. 9 *K* Schrbp. 12 *K*

Wallich, E. W., dringendes Wort üb. die jetzige gefährl. Kinderkrankheit, die häutige Bräune od. dem Croup. 8. Wien, Kupfer u. W. 811.

Wallich, Hermann, Gerichtsreferendar a. Cöln a. Rh.: Die durch § 11 des deutschen Reichsstrafgesetzbuches den Parlamentariern gewährleistete Immunität in staatsrechtlicher Beziehung. Berlin 1907: Maschning & Kantorowicz. (VII, 53 S.) 8°
Leipzig, Jur. Fak., Diss. v. 16. Sept. 1907
[Geb. 29. Aug. 81 Cöln a. Rh.; Wohnort: Cöln a. Rh.; Staatsangeh.: Preußen; Vorbildung: Städt. Gymn. in d. Kreuzgasse Cöln Reife O. 01; Studium: Freiburg i. B. 1, München 1, Bonn 4 S.; Rig. 31. Juli 05.]

Wallich, Johann Christian (Salzungen) A. S. 1272/6

Dissertatio inauguralis medica de hypercatharsi.
Präs. Georg Wolffgang Wedel.
Jena (Krebs) IX. 1714. 24 S.

Gew.: Garlieb Sillem, Dietrich Reimbold.

35729

Wallich, **Knight Dr. Nathan, Plantae Asiaticae rariores; or Descriptions and Figures of a select number of unpublished East Indian Plants. Vol. I–III. à 4 Cah. or No. 1—12. Mit 295 Taf. u. 1 Karte. gr. Fol. Lond., Paris u. Strassb. 829—32. Treuttel u. W. and Richter. 236 ℔ 18 *K***

WALLICH, Paul (Potsdam): Die Konzentration in deutschen Bankwesen.- Stuttgart: Union 1905. VI, 173 S. = Münchener volkswirtschaftliche Studien. 74. Diss. Ingolst.-Landsh.-Mchn. 24.2.1905 - Chr 1904/05,11; Jv 1905/06,458

Die Konzentration im deutschen Bankwesen. Ein Beitrag z. Geschichte d. gegenwärt. Wirtschaftsorganisation von Paul **Wallich**, Dr. d. Staatsw. Stuttgart & Berlin: J. G. Cotta Nachf. 1905. (VIII, 173 S.) 8°
— Studien, Münchener volkswirtschaftliche. St. 74. 1-6 637 3

Wallich, Simon Emanuel (Judaeus)
Specimen de febre verminosa.
Giessae 21. Okt. 1760.

Wallichs

— der Verein schleswig-holsteinischer Aerzte 1865—1890. (Beilage zu den „Mittheilgn.") gr. 8. (20 S.) Kiel 890. (Haeseler'sche Buchhandlg.) n. — 40

Wallichs, A., die Betriebsleitung, s.: Taylor, Fred. W.

- Über Dreharbeit u. Werkzeugstähle, s.: Taylor, Fred. W.

Wallichs, *Adolf* Die Geschichtschreibung des Tacitus. 4 (S. 3–34). **Progr.** G. u. Rg. *Rendsburg* 1888 (272).

Wallichs, die Geschichtschreibung d. Tacitus. gr. 4. (34 S.) Rendsburg 888. (Leipzig, Fock.) n. 1. —

[F.] **Wallichs**, *Adolf* [Dir. Prof. Dr.]: Einige Mitteilungen über den gegenwärtigen Stand des englischen (Umschlagt.: des englischen und schottischen) Schulwesens. Rendsburg, Druck v. D. J. Carstens, 1894; 3—33 S. 4.
Rendsburg, G u. RG, OP 1894 (287)

Programm des Gymnasiums und Realgymnasiums zu Rendsburg, durch welches zu den . . . Schulfeierlichkeiten einladet [Adolf] **Wallichs**. 1884. Rendsburg. 1884. 4°

Wallichs, [Adolf]: Thukydides und Kleon. Flensburg. 1866. 4°. Gymn.-Progr.

Walliczek, H. Studien über den Membranschleim vegetativer Organe. M. 1 Taf. In-8°. 67 S. Bern. These. 1894

Walliczek, Kurt [app. Arzt aus Kostenthal '(Oberschles.)']: Beitrag zu Stoffwechseluntersuchungen bei Neugebornen. „Über den Fettgehalt der Faeces bei Icterus neonatorum" . . . Breslau, Schles. Volkszeitgs-Buchdr., 1894; 35 S. 8.
Würzburg, Med. Fak., Inaug.-Diss. v. 1894

Wallies, G., Lehrbuch der einfachen u. doppelten Buchführung. 2 Tle. gr. 8. Berlin 883. Simion. geb. n. 3. —
1. Die einfache Buchführung in 12 Lektionen theoretisch u. praktisch dargestellt. 2. Aufl. (62 S.) n. 1. —
2. Die doppelte Buchführung in 16 Lektionen theoretisch u. praktisch dargestellt. (VIII, 110 S.) n. 2. —

Wallies, G. Lehrbuch der einfachen u. doppelten Buchführung. 1. Tl. Die einfache Buchführung. 4. Aufl. 8. (VIII, 80 S.) Berl. 888, Simion. geb. * 1 —
2. Tl. Ebd. 1883. geb. * 2 —.

Wallies, G., Lehrbuch der einfachen u. doppelten Buchführung. 2 Tle. gr. 8. Berlin 894. L. Oehmigke's Verl. Geb. n. 3. 80
1. Die einfache Buchführung, theoretisch u. praktisch dargestellt, nebst e. Anh. üb. das Wechselwesen. Für Fortbildungs-, Handwerker- u. Handelsschulen, sowie zum Selbstunterricht bearb. 5., verm. u. verb. Aufl. (VII, 97 S.) n. 1. —; kart. n. 1. 20
2. Die doppelte (italienische) Buchführung, theoretisch u. praktisch dargestellt f. Waren- u. Fabrikgeschäfte, sowie f. Aktien-Gesellschaften, nebst e. Anh., die amerikan. Buchführg. betr. Für Fortbildungs- u. Handelsschulen, sowie zum Selbstunterricht bearb. 2., verm. u. verb. Aufl. (VIII, 143 S. m. 4 Tab.) Geb. in Leinw. n. 2. 60

Wallies, G., Lehrbuch der einfachen u. doppelten Buchführung. Für Fortbildungs-, Handwerker- u. Handelsschulen, sowie zum Selbstunterricht. 2 Tle. gr. 8. Berlin 900. L. Oehmigke's Verl. n. 3. —; kart. u. geb. n. 3. 80
1. Die einfache Buchführung theoretisch u. praktisch dargestellt, nebst e. Anh. üb. das Wechselwesen. 6. verb. Aufl. (VII, 97 S.) n. 1. —; kart. n. 1. 20
2. Die doppelte (italienische) Buchführung, theoretisch u. prakt. dargestellt f. Waren- u. Fabrikgeschäfte, sowie f. Aktien-Gesellschaften, nebst e. Anh., die amerikan. Buchführung betr. 3. verb. Aufl. (VIII, 144 S. m. 1 Formular.) n. 2. —; geb. n. 2. 60

Wallies, G., Lehrbuch der einfachen u. doppelten Buchführung. 2. Tl.: Die doppelte (italien.) Buchführg., theoretisch u. prakt. dargestellt f. Waren- u. Fabrikgeschäfte, sowie für Aktien-Gesellschaften, nebst e. Anh., die amerikan. Buchführg betr. Für Fortbildungs-, Handwerker- u. Handelsschulen, sowie zum Selbstunterricht bearb. 4. verb. Aufl. (VIII, 143 S. m. 2 Formul.) gr. 8. Berlin 907. L. Oehmigke's Verl. Kart. 2. 25

Wallies, G., Sammlung v. Vorfällen aus dem praktischen Geschäftsleben zur Übung in der einfachen u. doppelten Buchführung. Für Fortbildungs-, Handwerker- u. Handelsschulen hrsg. 2 Hfte. gr. 8. Berlin 894. L. Oehmigke's Verl. à n. n. — 25
1. Geschäftsvorfälle in e. Kolonialwarengeschäft. (24 S.)
2. Geschäftsvorfälle in e. Möbelfabrik. (16 S.)

— **Sammlung v. Vorfällen aus dem prakt. Geschäftsleben zur Übung in der einfachen u. doppelten Buchführung. Für Fortbildungs-, Handwerker- u. Handelsschulen hrsg. 2. Hft. Geschäftsvorfälle in e. Möbelfabrik. 3. Aufl. gr. 8. (16 S.) Ebd. 901. n.n. — 25**

Wallies, O., Sammlung v. Vorfällen aus dem prakt. Geschäftsleben zur Uebung in der einfachen u. doppelten Buchführung. Für Fortbildungs-, Handwerker- u. Handelsschulen hrsg. 2 Hefte. 8. Berlin 905. L. Oehmigke's Verl. à n.n. — 25
1. Geschäftsvorfälle in e. Kolonialwarengeschäft. 3. Aufl. (24 S.)
2. Geschäftsvorfälle in e. Möbelfabrik. 4. Aufl. (16 S.)

— Sammlung von Vorfällen aus dem praktischen Geschäftsleben zur Übung in der einfachen u. doppelten Buchführung. Für Fortbildungs-, Handwerker- u. Handelsschulen hrsg. 2. Heft. Geschäftsvorfälle in e. Möbelfabrik. 5. Aufl. (16 S.) 8. Ebd. 907. nn — 25

Wallies, Max [Dr.]: Die griechischen Ausleger der Aristotelischen Topik. Berlin, R. Gaertner, 1891; 27 S. 4°
Berlin, Sophien-G, OP 1891 (65)

Wallies, Maximilianus: De fontibus topicorum Ciceronis. Halis Saxonum (1878): Haack in Berlin. 48 S. 8°
Halle-Wittenberg, Phil. Diss. v. 21. Dez. 1878
Geb. Kolberg 15. 7. 1856. V.
Im Buchhandel Halis Sax. (Berlin: Mayer & Müller) 1878

Wallies, Max, s.: Philoponi, Ioa., in Aristotelis analytica posteriora commentaria cum anonymo in librum II.

Wallin, Georg, de Sancta Genofeva regni Galliae patrona. 4. Wittenb. Henning. 723.

— historia Iosephi, fabri lignarii, arabice et latine. 4. Lips. 722. — 12

— Lutetia Parisiorum erudita sui temporis 1721. et 22. 8. Norimb. 722.

Wallin, Georg (Schweden) A. S. 834/38

De prudentia in cantionibus ecclesiasticis adhibenda.
Präs. Gottlieb Wernsdorf.
Wittenberg (Gerdes) 16. III. 1723. 76 S.
35732

Wallin, Georg (Schweden) A. S. 281/27

De prudentia in cantationibus ecclesiasticis adhibenda.
Präs. Gottlieb Wernsdorf. Ed. 2.
Wittenberg (Gerdes) 1733. 76 S.

Diss. 16. III. 1723. 35733

Wallin, Georg (Schweden) Thl. I, 232 (1/14)

Disputatio XIV. de prudentia in cantionibus ecclesiasticis adhibenda. Präs. Gottlieb Wernsdorf.
In: Wernsdorf: Disputationes academicae. Vol. 1.
Wittenberg (Ahlfeld) 1736. S. 471 - 527.

Diss. 16. III. 1723. 35734

Wallin, Triga Diss. de gladio magico Gustavi Adolphi, Suecorum regis. Ups. 1728. Lps. 1746.

— Triga dissertationum de gladio magico Gustavi Adolphi Suecorum regis, c. fig. 4. Lips. Crusius. (W. Vogel.) 749.

Wallin, Johan Olof

Wallin, (Jh.) O., der Engel des Todes, s. Verhandlungen der Schwed. Academie der Achtzehner.

Wallin, J. O., der Engel d. Todes. Im Versmaß d. Originals übers. u. m. e. biograph. Skizze versehen v. Emil Jonas. Illustriert v. Carl Larsson. hoch 4. (VIII, 36 S.) Berlin 886. A. Hofmann & Co. n. 5. —

Wallin, J. O., der Engel des Todes. Illustr. hoch 4. Berlin 886. Hamburg, Verlagsanstalt und Druckerei, A.-G. geb. * 5 —

— Predigten, s. Predigten, ausgewählte, Schwed. Kanzelredner.

— **Predigten u. Reden bei feierl. Gelegenheiten. A. d. Schwed. übers. u. hrsg. v. Johs. Rohtlieb. gr. 8. (19½ B.) Berlin 835, [Schroeder's Verl.]**

Wallin, Jonas (Vester-Götland) A. S. 604/43

Dissertatio philosophica de relaxatione jurisjurandi.
Präs. Johann Christoph Muhrbeck.
Greifswald (Röse) X. 1773. 20 S.

Gew.: Johann von Schwarzer. 35735

Walling, E., der Verkehr d. Publikums m. d. Reichsbank u. deren Nebenanstalten. Ausführliches Hilfs- u. Auskunftsbuch üb. die Bedinggn. des Geschäftsverkehrs für Personen, Behörden, Körperschaften, Stiftgn., Anstalten, Gesellschaften u. Handelsfirmen, welche Geschäftsverbindg. m. der Reichsbank haben od. suchen. (VII, 87 S.) 8. Leipzig (907). G. Weigel. 1. —; geb. n 1. 30

Walling, Günther (Carl Ulrici), Guitarrenklänge. Volks- u. volksthüml. Lieder Spaniens. Uebersetzungen, nebst Anhang eigener Gedichte. 12. (XIV, 241 S. u. 8 S. Musikbeilage.) Leipzig 886. Friedrich. geb. m. Goldschn. n. 5. —

— **vom Land des Weins und der Gesänge. Wanderungen durch Spanien an der Hand der Dichtkunst. Fremdes und Eigenes. 8. (XV, 576 S.) [Dresden 886, Pierson.] Leipzig, Friedrich.**
geb. in Leinw. mit Goldschn.
geb. in Leder mit Goldschn.

Walling, Günth. (K. Ulrici), deutsche Lieder. 12. (X, 167 S. m. Bildn.) Leipzig 896. W. Friedrich. Geb. in Leinw. m. Goldschn. n. 3. —

Walling, Günther [Carl Ulrici]. Aus den Tagen Carls d. Fünften. Skizzen in Vers u. Prosa. 8. (VII, 182 S.) Lpz. 889, W. Friedrich. 2 —

Walling, Günther, von Lenz zu Herbst. Dichtungen. 8. (IX, 357 S.) Leipzig 884, Friedrich. geb. mit Goldschn. *

— von Lenz zu Herbst. Dichtungen. 2. Aufl. 8. (IX, 363 S.) Leipzig 887. Friedrich. geb. m. Goldschn. n. 5. —

Walling, Mathilde, **die erfahrene Kunstbäckerin. Enthaltend e. Anweisung, [illegible] verschiedene Torten, 32 Arten feines Backwerk, [illegible] 14 verschiedene Getränke rc. verfertigt werden können. [illegible] Nordh. 829. Fürst. 9 gr.**

— die gut unterricht. Wirthschafts-Mamsell u. Haushalterin. Ein Hand- u. Hülfsb. f. angeh. Wirthschafterinnen auf d. Lande u. in d. Städten. 8. (9½ B.) Nordhausen 830, Fürst.

Walling, Mathilde, die gut unterrichtete Wirthschafts-Mamsell und Haushälterin. Neue Ausg. 8. (VII und 144 S.) Nordhausen 847, [Büchting.]

Walling, Mathilde, die gut unterrichtete Wirthschafts-Mamsell u. Haushälterin Neue Ausg. 8. (VIII u. 144 S.) Nordhausen 847. Fürst. 1/2 ₰

Walling, William English, Russlands Botschaft an die Welt. (Die wirkl. Bedeutg. der russ. Revolution.) (In russ. Sprache.) (VII, 407 S. m. 47 Taf.) gr. 8. Berlin 910. E. Frowein. 6. —

Wallingau, Graf v., oder die Jammerburg. Eine Urkunde aus d. Archiv d. 23sten Jahrh. 8. Leipz. Joachim. 813.

Wallis [Sachl. OW]

Wallis; Trspl. 8. Halle 781. Franke. 9 K

Wallis, der gräflichen Familie von, Begebenheiten in der Gesch. zweyer Zwillingsschwestern. 2 Thle. m. K. 8. Leipz. Weygand. 790.

Wallis, der gräflichen Familie von, merkwürdige Begebenheiten, in der Geschichte zweyer Zwillingsschwestern, 2 Theile mit 1 Kupf. 8. Daselbst, 791. Derselbe. 2 Rthl. 20 gl

Wallis. Durchs W' und das Haslithal. Bern 1895 s. (K[rafft]. Th[eodor]).

Wallis [Schlagwort]

Wallis. Frey, J., Touristenkarte v. Wallis u. Tessin. 1 : 300,000. (Neue Ausg.) 50×72 cm. Farbdr. Bern (908). Geograph. Kartenverlag. 2.80; auf Leinw. 4. —

Wallis. Kümmerly, H., u. Frey, Touristenkarte v. Wallis u. Tessin (in Reliefmanier). La route du Simplon Lausanne-Milan. 1 : 300,000. 50,5×73 cm. Farbdr. Bern (906). Geogr. Kartenverlag. n. 2. 40; auf Leinw. n. 3. 60

Wallis, Kanton. Wagner, E., Reisekarte des Kantons Wallis. Nach Dufour. 1 : 300,000. 32,5×44,5 cm. Farbdr. Zürich 899. J. Meier. n. 1. —

Wallis [Verfasser]

Wallis, Entwurf z. Neubau einer Provinzial-Irren-Heil- u. Pflege-Anstalt f. die Kurmark Brandenburg. Im höheren Auftrage, unter technischer Mitwirkung des Baumeisters Steudener, entworfen u. dem h. Kurmärk. Kommunal-Landtage v. J. 1845 zur Prüfung u. Beschlußnahme vorgelegt. Mit 3 lith. Plänen nebst 1 Ans. der Façade v. Stüler. gr. 4. (6 B.) Berlin 846, Moeser u. Kühn. Thlr.

Wallis, A., 40 biblische Geschichten für die Unterstufe, nebst einem Anh., enth. geistl. Lieder, Gebete u. Katechismustexte. Zum Schulgebrauch f. das 2., 3. [u. 4.] Schuljahr. gr. 8. (IV, 37 S.) Hannover 882. Helwing's Verl. n. — 25

—— der biblische Geschichtsunterricht in den unteren Klassen niederer Schulen, in 40 ausgeführten Lektionen nach einheitl. Gesichtspunkte methodisch bearb. gr. 8. (VII, 87 S.) Ebendas. 882. *

Wallis, A. S. C., Fürstengunst. Mit Genehmigg. d. Autors aus dem Holl. übers. von E. v. d. H. 3 Bde. 8. (338, 370 u. 422 S.) Heerenveen 884. Leipzig, Breitkopf & Härtel. n. 18. —; geb. n. 21. 75

Wallis, A. S. C., der Sturz d. Hauses Alba. Trauerspiel in 5 Aufzügen. gr. 8. (154 S.) Leipzig 875. Engelmann. n. 3. —

— Johann de Witt. Trauerspiel in 5 Aufzügen. gr. 8. (231 S.) Ebend. 875. n. 3. —

Wallis, A. S. C. Aus schwerer Zeit. Roman aus der niederländ. Geschichte. Autoris. Übersetzg. 2 Bde. 8. (III, 428; III, 472 S.) Gotha 890, F. A. Perthes. geb. * 10 —

(Wallis, Alb., in Upsala.) Apologia christiana. Joh. 14. 15—21. 15. 5. Katechismus des Christenthums dritten Jahrtausends. Johannes 16. 12—15. (Stockholm Bonnier. 1874. 8. 10 Bl.

Wallis, A., Fata Morgana der allgemeinen und alleinigen wie unsichtbaren Kirche der Zukunft. 8. (48 S.) Upsala 865. (Stockholm, Bonnier.) *

(Wallis, Alb., in Upsala.) 1. Joh. 1. 1—4. — Apokalypse. Zwanzigstem Jahrhundert als Zeit der tiefsten, allseits wahnsinnigen Verlogenheit bei allseitiger Verwüstung vor Wiedergeburts in Christo. Stockholm, Bonnier. 1874. 8. 10 Bl.

(Wallis, Alb., in Upsala.) Zu mir! Alle, die ihr müde und beklommen seid. Mein ist: Zünden u. schüren auf Erden, was gäb ich nicht wenn rein und licht es brennte. Hesekiel 37. V. 1—4. (Stockholm Bonnier. 1874.) 8. 8 S.
Flugbl. über das Apostelthum der Geistes- und Gotteskindschaft in apokalyptischer Form und in Gedanken.

Wallis, C., durch Spiel u. Sport, s.: Bücherschatz, neuer, f. Daheim u. die Reise.

Wallis, Carl, s. Wallis, Karl

Wallis, Christoph (prakt. Arzt aus Pommern): Ueber seitliche Luxationen des Vorderarmes im Ellbogengelenke nach innen [illegible] Greifswald, Druck v. Jul. Abel, 1886. 24 S. u. 1 Taf. [illegible]
Greifswald Med. Fak. Inaug. Diss. v. [illegible]

Wallis, Christoph, über seitliche Luxationen des Vorderarmes im Ellbogengelenke nach innen. Diss. Greifswald 1886, Jul. Bindewald. 8⁰. 24 S. mit einer Taf.

Wallis, G., die Alpenwelt in ihren Beziehungen zur Gärtnerei. Abdr. aus der Hamburger Gartenzeitung. Hamburg 854. Kittler. gr. 8. (48 S.) 12 ngr.

Wallis, G., der Kanarienvogel, s.: Meyer, O.

Wallis, George. Die Kunst, Krankheiten vorzubeugen ... Berlin 1796—97. Ü: *Reich, Gottfried Christian.* (Fiker) (MGT) (Ky) (Hitzig) (Koner) (NN)

Wallis, Geo., Kunst Krankheiten vorzubeugen u. d. Gesundheit wieder herzustellen; aus d. Engl. (v. G. Chr. Reich.) 2 Thle. gr. 8. Berl. 796, 97. Felisch. (Wienbrack in Leipz.) 3 ₰

Wallis, Hermann, Medizinalpraktikant a. Braunschweig: Zur Kenntnis der traumatischen Ischiadicuslähmung (nach Reposition der angeborenen Hüftgelenksluxation). Leipzig 1908: B. Georgi. (42 S.) 8°
Leipzig, Med. Fak., Ref. Hoffmann, Diss. v. 23. Juli 1908
[Geb. 23. Mai 78 Braunschweig; Wohnort: Leipzig; Staatsangeh.: Braunschweig; Vorbildung: Neues Gymn. Braunschweig Reife M. 98; Studium: Marburg 6, Leipzig 9 S.; Coll. 4. Aug. 08; Approb. 12. Nov. 07.]

Wallis, J. G. Th., methodisches Lehr- und Uebungsbuch für die mittlere Stufe des Rechenunterrichts in Gymnasien, Real- und Gewerbeschulen, sowie auch zum Gebrauche in Seminarien und den Ober-Klassen gehob. Volksschulen. 2. Cursus für die mittleren Classen. gr. 8. (VIII und 259 S.) Braunschweig 864, Vieweg und Sohn. *
Resultate zu den Aufgaben. (32 S.) *

Wallis, Leo Christoph ..., Berlin, Med. Diss. v. 1. Aug. 1857 [illegible]

Wallis, Johann

Wallis, Dr. J., zwei Briefe vom Unterr. d. Taubstummen, s. J. C. Amman, Abhandl.

— grammatica linguae anglicanae. Ed. VI. 8maj. Königsb., (Unzer). 8 gr

Wallis, Jh., grammatica linguae anglicanae, cui praefigitur de loquela sive de sonorum omnium loquelarium formatione tractatus grammatico-physicus. 8maj. Copenh. Ed. VI. 765. (Brummer). 1 Rthlr 4 gr

— idem liber, Ed. VI., accessit epistola ad Th. Beverley de mutis surdisque informandis. 8maj. Leipz. 765. Schwickert. 1 Rthlr

Wallis, Johannes, aus Wotenick (Pomm.), Unterarzt im Grossh. Meckl. Gren.-Reg. No. 89. Über den heutigen Stand der Lichttherapie. *Berlin (1902): G. Schade.* (30 S.) 8°
Berlin, Med. Diss. v. 13. Febr. 1902

Wallis, Johann Georg

Wallis, Jh. Geo., Kubikrechnung d. Bau- u. Nutzholzes. 8. Gött. 791. Dieterich. 4 gr

Wallis, Joh. Geo., Kubikrechnung d. Bau- u. Nutzholzes. 8. Götting. Dietrich. 794.

— die Lufterscheinungen oder Betrachtungen über d. Himmel, nach Bode, Herschel rc. 8. Goslar 812. Lohmann. 4 gr

— Rechenbuch f. solche, welche mit ganzen u. gebrochenen Zahlen, sowohl auf d. Papiere als im Kopfe, auf e. möglich-geschwinde Art rechnen z. lernen wünschen rc. 8. Gött. 794. Dieterich. 16 gr

Wallis, Johann Ludwig

Wallis, Jh. Ldw., auserlesene englische Aufsätze, mit deutschen Anmerkungen. 8. Gött. 795. Vandenhöck u. R. 12 gr

Wallis, J. L., Praktische Beobachtungen über einige Pferdekrankheiten. s.: Pael (Peall).

— Samml. auserlesener Italienischer Aufsätze. 8. Lemgo 788. Meyer. 20 gr

— Italienische Sprachlehre. 8. Gött. 794. Vandenhöck u. R. 20 gr

Spesen-Ersparnis des Sortimenters. (Verf.: Justus Wallis.) (Thorn: J. Wallis 1904.) (8 S.) 8°

Der vorteilhafteste Zeitschriftenbezug aus einer Hand. (Verf.: Justus Wallis, Buchh.) (Thorn: J. Wallis 1896.) (7 S.) 8° [J.] [05. 1510 10]

Wallis, Karl

Wallis, C., Entwurf u. Begründung der allgemeinen Bedingungen f. die Verpachtung der der Stadt Greifswald, dem St. Spiritus- u. St. Georg-Hospital daselbst gehörigen Landgüter nach Einführung des bürgerlichen Gesetzbuches. (2. Aufl.) Fol. (VII, 82 S.) Greifswald 899. J. Abel. n. 5. —

Die Landgüter der Stadt Görlitz. Eine geschichtl. Mitteilung über d. Erwerbung u. Verpachtung d. Herrschaft Penzig u. d. Rittergüter Ober- u. Nieder-Langenau, Lauterbach, Hennersdorf u. Ober-Sohra, sowie Nieder-Moys u. Kunnerwitz von C[arl] Wallis, Stadtrat. Görlitz: Görl. Nachrichten & Anzeiger 1904. (380 S.) 8° [J.] [05. 374]

Vom Pachten und Verpachten nach Einführung d. BGB. Ein Vortrag von C[arl] Wallis, Stadt-Synd. *Greifswald: J. Abel 1900.* (44 S.) 8° [J.] [01. 3030 9]

Wallis, Ludwig

—— Abriß d. Reformationsgeschichte Lüneburgs u. Beiträge z. Geschichte d. Kirchen, Klöster, Kapellen u. Schulen d. Stadt, auch Nachrichten von den bislang allda gefeierten evangelischen Säcularfesten. 8. Lüneb. 831. (Herold u. W.) 1 Rthlr

Wallis, L. (Hrsg.), s. Almanach der Georg-Augustus-Universität zu Göttingen auf das Jahr 1821.

Wallis, L., s.: Festschrift zur Jahrhundertfeier des Heldenkampfes Ferdinands v. Schill bei Dodendorf.

Wallis, Ludwig. Der Göttinger Student. Oder Bemerkungen, Ratschläge und Belehrungen über Göttingen und das Studenten-Leben auf der Georgia Augusta. Göttingen: Vandenhoeck & Ruprecht 1913.
(XII, 117 S., 4 Taf. 8°)
Neudruck der 1813 im gleichen Verlag erschienenen Ausgabe

Wallis, L., jurist. Zeitung f. d. Königr. Hannover, s. 8. Bd.: Zeitung, juristische.

Wallis, Paul Carl, geb. ... Extremitatum corporis humani superiorum et inferiorum comparatio. Berolini (1866). (32 S.) 8°
Berlin, Med. Diss. v. 26. Mai 1866

[Wallis, Samuel, und John Hawkesworth]: Beschreibung einer Reise um die Welt in den Jahren 1766, 1767 und 1768, von Samuel Wallis, Befehlshaber von Sr. Majestät Schiffe dem Delphin.
in: Hawkesworth: Geschichte der See-Reisen. Bd. 1, S. 135–306. Berlin 1774. 4°.

Wallis, ..., Reise um die Erdkugel, s. Reisebeschreibung, interessante, im Auszuge.

Wallis, Theodor, aus Köln-Ehrenfeld: Geschwindigkeit der Oxydation von Piperidin und Diaethylamin. *Halle a. S. 1904: C. A. Kaemmerer & Co.* (85 S.) 8°
Halle, Phil. Diss. v. 1904

Wallis, Wilh., die Angler. Schauspiel in 4 Aufzügen. gr. 8. (74 S.) St. Gallen 892. F. Hasselbrink. n. 1. —

— Menschen u. Schicksale. Gesammelte Skizzen. 8. (163 S.) München 891. C. Merhoff. 1. 50

— dasselbe. 2., verm. Aufl. 8. (185 S.) München 893. Münchner Handelsdruckerei u. Verlagsanstalt M. Poeßl. n. 1. 50

Wallis, Guilelmus Albertus: De tetano disquisitiones arithmeticae. Halis (1837): Ploetz. 27 S. 8° (4°)
Halle-Wittenberg, Med. Diss. v. 9. Aug. 1837
Geb. Werder bei Potsdam 25.1.1812. V.

Wallisch, Wilh., Leitfaden der zahnärztlichen Metallarbeit. (80 S. m. 69 Abbildgn.) gr. 8. Leipzig 905. A. Felix. n. 3. —; geb. in Leinw. n. 3. 60

Walliser, Joh. Fr., evangel. Glaubensspiegel. 8. Tübing. Cotta. 719.

Walliser, Ioh. Fr., vindiciae librorum ecclesiae Lutheranae symbolicorum. 8. Ulm. Stettin. 738. Rthlr. –

Walliser, Karl. Erläuterungen der Österreichischen Justizgeseze nach den Grundsazen des philosophischen Rechts. Klgft. u. Leipzig, Walliser, 1790. 188 S.

Walliser, Otto. Das Bataillon 49 im Manöver des II. Armeekorps. Herbst 1910. Mit Illustrationen. II + 48 S. 8. Arlesheim, G. Schmidt, 1910. [fr. 1.—]

Wallisernachrichten
⑤ 16. 6. 1901—27. 6. 1903 ⑥ 2° ⑦ wöchentlich 2× ⑧ Siders: Imprimerie Commerciale Karl Lamm ⑨ Amtsblatt; Illustrierte Sonntagsbeilage ⑩ Karl Lamm ⑫ neutral ⑭ Si: C; Be: L.

Walliser-Sagen, s. Sagen, Walliser.

Wallishauser, Johann B., [sein Wirken als Drucker und Buchhändler]. Wien 1899. V: *Hamberger, Joh. Baptist.* (EB)

Wallishausser, Frz., Blüthen teutscher Sänger, s. Blüthen.

Wallishausser's Cours-Zettel. I. Jahrg. Verantw. Red. *J. B. Wallishausser.* Druck und Verl. *J. B. Wallishausser.*
Erscheinen in **Wien**, täglich nach der Börse um 2½ Uhr N.-M. 1 Blättchen in 8°. Pran.-Pr. ¼-jähr. 1 fl. 12 kr. — pr. Post 2 fl. 30 kr. Einzelne Blätter 1 kr.

Verlags-Katalog von J. B. Wallishausser, Buchhändler rc. in Wien. 8. (20 S.) Wien. Aus J. B. Wallishausser's k. k. Hoftheater-Buchdruckerei. 1854.

Wallkampf, Maria. Ein Gebet im Dom zu Brandenburg am Sonntag, den 26 November. Druck von Müller in Hildburghausen. 1 Bl. 4.
Flugblatt. Berlin, 1848/49.

Wallmann [Sachl. OW]

Wallmann u. seine Familie, od. Kampf mit dem Geschick. Erzähl. v. Verf. d. „Mahlciche," „Auguste Walther" rc. 2 Thle. 8. (34 B.) Leipzig 831, Kollmann. Thlr.

Wallmann, Henriette; ein Beitr. zur vornehmen bürgerl. Erziehungsgeschichte, (v. Chr. Gli. Steinberg). 8. Bresl. 780. Gutsch. 4 gl

Wallmann, Henriette, ein Beytrag zur vornehmen Erziehung, 8. Breslau, 780. Gutsch.

Wallmann Henriette, ein Beytrag zur vornehmen bürgerlichen Erziehungs-Geschichte. Breslau 1780. V: *Steinberg, Christian Gottlieb.* (ML) »1781« (Ky) (Kat. d. Bibl. Frz Schnitzer. Münch. 1902. S. 71.)

Wallmann der Schütze, von G. Schilling. (Auch unter dem Titel: G. Schillings Schriften 39r Theil.) 8. Dresden, Arnold. 817.

Wallmann und Wallmannsthal, oder: Ein Missionsinspektor und sein Denkmal. Berlin [1895]. V: *Sauberzweig-Schmidt.* (Berl)

Wallmann [Verfasser]

—— Feldzug der preußischen Main-Armee gegen Süddeutschland, insbesond. der Division Goeben im J. 1866. Nach amtl. und Special-Berichten dargestellt. gr. 8. (32 S.) Minden 866, Volkening.

Wallmann, der Feldzug Preußens gegen Oesterreich im J. 1866 und namentlich die entscheidende Schlacht bei Königgrätz. Nach amtl. und Special-Berichten dargestellt. 8. (32 S.) Minden 866, (Volkening.)

Wallmann, das preußische Strafgesetzbuch in seiner praktischen Anwendung. Zum Gebrauche für jeden Gebildeten, insbesond. für Auscultatoren, Referendarien, Staats- und Rechts-Anwalte rc. erläutert durch mehrere tausend Rechtsfälle und Entscheidungen des Obertribunals und anderer preuß. Gerichtshöfe. 1. Aufl. 1866. * 1 Thlr. 25 Ngr. und 2., verm. Ausg. gr. 8. (XV und 466 S.) Berlin 869, Berggold. *

Wallmann, die preußische Subhastations-Ordnung vom 15. März 1869. Erläutert auf Grund des bisher. Rechtszustandes und der dem preuß. Landtage vorgelegten Motive der Staats-Regierung, sowie des Berichts der 11. Kommission des Abgeordnetenhauses und der Plenarberathungen des Landtages. gr. 8. (96 S.) Berlin 869, Berggold. *

Wallmann's Versicherungs-Zeitschrift. Hrsgbr.: Fr. Wallmann. Redact.: J. C. Huber. 8. Jahrg. Octbr. 1873—Septbr. 1874. 102 Nrn. (Bog.) gr. 8. Berlin, Grieben.
Vgl: Versicherungs-Zeitschrift, Preuß.

Wallmann's Versicherungs-Zeitschrift. 9.—13. Jahrg. 1875—1879. à Jahrg. ca. 100 Nrn. (Bog.) gr. 8. Berlin, Wallmann. à Jahrg. *

Wallmann's Versicherungs-Zeitschrift. Red.: O. Kuphal. 34.—37. Jahrg. Oktbr. 1899—Septbr. 1903. à 2 Bde. à Jahrg. 156 Nrn. gr. 8. (à ca. 16 S.) Gr.-Lichterfelde, Wallmann. à Jahrg. n.n. 60. —

Wallmann's Versicherungs-Zeitschrift. Red.: Kuphal. 38. Jahrg. Okt. 1903 — Sept. 1904. 2 Bde. 156 Nos. gr. 8. Gr. Lichterfelde, Wallmann.
Vierteljährlich 15. —; einzelne Nos. —. 50.

Wallmann's Versicherungs-Zeitschrift. Red.: Kuphal. 39. Jahrg. Okt. 1904 —Sept. 1905. 2 Bde. 156 Nos. gr. 8. Gr. Lichterfelde, Wallmann.
Vierteljährlich 15. —; einzelne Nos. —. 50.

Wallmann's Versicherungs-Zeitschrift. Red.: Kuphal. 40. Jahrg. Okt. 1905 —Sept. 1906. 2 Bde. 156 Nos. gr. 8. Gr. Lichterfelde, Wallmann.
Vierteljährlich 15. —; einzelne Nos. —. 50.

Wallmann's Versicherungs-Zeitschrift. Red.: O. Kuphal. 41. Jahrg. Okt. 1906 Sept. 1907. 2 Bde. 156 Nos. gr. 8. Gr. Lichterfelde, Wallmann.
Vierteljährlich 15. —; einzelne Nos. —. 50.

Wallmann's Versicherungs-Zeitschrift. Red.: O. Kuphal. 42.—45. Jahrg. Oktbr. 1907—Septbr. 1911. à 2 Bde. 150 Nrn. (à Nr. 16 S.) gr. 8. Gr.-Lichterfelde, Wallmann. à Jahrg. nn 60. —

Wallmann, A., s. Handels- und Industrie-Adress-Buch, St. Petersburger.

Wallmann, Adf., Zambo der Afrikaner oder die bezahlte Schuld. Berlin 870. (E. Beck.) 16. (16 S.) n. 1 ngr.

Wallmann, Aug.

Wallmann, A., neue Lese-Fibel zum Gebrauche beim ersten Unterricht im Lesen. Nach der Laut- sowie auch Buchstabir-Methode eingerichtet. Peine (853.) Heuer. 8. (32 S.) n. 2 ngr.

Wallmann, Aug., Lieder u. Gedichte. gr. 16. (79 S.) Melle 896. (F. E. Haag.) n. 1. —

Wallmann, Aug., Schreib-Lese-Fibel. Zum Gebrauche beim ersten Unterricht im Schreiben u. Lesen. 8. (40 S.) Hannover 871. Hahn. — 15; geb. n. — 25

Wallmann, Christian, s.: Kunstdenkmäler, die, der Prov. Hannover.

Wallmann, Erich: Ist der Staat nach Völkerrecht verpflichtet, seine ehemaligen Untertanen wieder aufzunehmen? Breslau 1910: Gutsmann. 38 S. 8°
Breslau, Jur. Diss. v. 6. Aug. 1910, Ref. Brie, Gretener.

[F.] Erlebnisse eines Jägers im grossen Kriege 1870 71. Von Ferdinand Wallmann, Oberhausen (Rheinl.) ... M. 1 Bildn. *Berlin: E. S. Mittler & Sohn 1898.* (3 Bl., 87 S., 1 Portr.) 1 Bd 8. [98. 709]

Wallmann, Fr. Anregungen zur Lebensversicherung. Lankwitz 1883.

Wallmann, Fr. Beleuchtung des Rescripts des preußischen Handelsministers Fürsten Bismarck vom 15. III. 1883 betr. die Feuerversicherungs-Aktien-Gesellschaften. Berlin 1883.

Wallmann, Fr. Vademecum d. Hagelschaden-Taxators. Lankwitz 1885.

Wallmann, Fr., deutscher Versicherungs-Kalender f. d. J. 1885. gr. 16. (XV, 122 u. 436 S.) Lankwitz-Berlin 885. Wallmann. geb. n.n. 10. —

Wallmann, F., s. a., Versicherungs-Kalender, deutscher.

Wallmann, Fr. [Hrsg.], s. Zeitschrift f. Preußisches Recht. Zeitschrift f. Recht, Verfassung u. Verwaltung d. Versicherungsgesellschaften.

Wallmann, Hans, Kammergerichtsreferendar aus Berlin: Die Anwendung der Sätze des neuen Handelsgesetzbuches vom 10. Mai 1897 auf Grundstücke. Erlangen 1904: Junge & Sohn. (IV, 76 S.) 8°
Erlangen, Jur. Fak., Diss. v. 15. Juli 1904
[Geb. Berlin; Wohnort: Berlin; Staatsangeh.: Preußen; Rig. 15. Juli 04.]

Die süße Clare. Eine Berliner Geschichte von Hans **Wallmann.** Berlin: Berliner Roman-Verl. [1904]. (47 S.) 8° [F.]
= Geschichten, Intime. 20. [05. 7481]

Wilde Liebe. Eine Künstlergeschichte. Von Hans **Wallmann.** Berlin: Berliner Roman-Verl. [1904]. (47 S.) 8° [F.]
= Geschichten, Intime. 14. [05. 7476]

Wallmann, Dr. Heinrich, Die Heilquellen u. Torfbäder des Herzogthums Salzburg. 8. (XII. 248 S.) Wien, Braumüller. 1862. 2 fl.

Wallmann, Heinrich — Verzeichniß der anatomischen und geburtshiflichen Wachspräparate, welche in den Museen der k. k. medizinisch-chirurgischen Josefs-Akademie aufgestellt sind. Von — —. Wien, 1857. Gedruckt bei A. Pichlers Witwe und Sohn. (IV. 83 S. 8.)

Wallmann, Heinr., Verzeichniß der anatomischen und geburtshilflichen Wachspräparate, welche in den Museen der k. k. medizinisch-chirurg. Josephs-Akademie aufgestellt sind. Wien 857. Dirnböck. gr. 8. (2 Bl., 84 S.) 9 ngr.

Wallmann, Heinr., Verzeichniß der anatomischen und geburtshilflichen Wachspräparate, welche in den Museen der k. k. medizinisch-chirurg. Josephs-Akademie aufgestellt sind. gr. 8. (IV und 84 S.) Wien 857(59), Dirnböck.

Wallmann, J. C., der Brief St. Pauli fürs Volk erklärt. gr. 8. (10 B.) Quedlinburg 846, Franke. *

Wallmann, J. C., die Formenlehre der Namaquasprache. Ein Beitrag zur südafrikan. Linguistik. 12. (95 S.) Berlin 857, Hertz. *

Wallmann, J. C., Johann von Leiden. Eine Geschichte fürs Volk. 12. Quedlinburg 844, Franke. 1/4 ℛ︀

—— Johann von Leyden. Eine Geschichte fürs Volk. 12. (1½ B.) Quedlinburg 844, Franke.

Wallmann, J. C., Kirche oder Schule? Eine Frage bei Gelegenheit der von dem Director Richter gehalt. Festrede zur 3ten Säculafeier des königl. Gymnasiums zu Quedlinburg. gr. 8. Quedlinburg 840. Franke. 5 gl

Wallmann, J. C., Leiden und Freuden rheinischer Missionare. gr. 8. (IV und 391 S.) Halle 856, Fricke.

Wallmann, J. C., Leiden und Freuden rheinischer Missionare. 2. Aufl. gr. 8. (V und 444 S.) Halle 862, Fricke.

Wallmann, J. C., Jänickes Missionare und vier Uebersichten über das gesammte Missionswesen der Gegenwart. (13. Jahrg. des Missionsfreundes.) Halle 859. Fricke. gr. 8. (VIII, 192 S.) n. 12 ngr.

—— die Missionen der evangel. Kirche. Ein Volksbuch. 12. (11⅔ B.) Quedlinburg 843, Franke.

Wallmann, J. C., die Missionen der evangel. Kirche. Ein Volksbuch. 2. veränd. Aufl. gr. 12. (IV u. 281 S.) Quedlinburg 848, Franke. 1/2 ℛ︀

—— der kleine Missionsfreund. 1. Jahrg. 1855. 2. Aufl. 8. (IV und 188 S.) Halle 856, Fricke.

Wallmann, J. C., Missions-Lesestücke f. Kinder. Aus dem „kleinen Missionsfreund" [1855—1866]. 2. Aufl. 8. (VIII, 103 S.) Leipzig 890. Wallmann. cart. n. — 60

— Predigt am Missionsfeste in der Domkirche zu Halle, den 3. Juli 1844 gehalten. 8. Halle 844. (Mühlmann.) 2 ngl

— Sehet euch vor vor den falschen Propheten! Gebet dem Kaiser, was des Kaisers ist, und Gotte, was Gottes ist! Saufet euch nicht voll Weins! Drei Predigten. gr. 8. Quedlinburg 843, Franke. n. 1/6 ℛ︀

Wallmann, Johann Andreas

Wallmann, Jh. Andr., († 1789.) Abhandl. v. d. schätzbaren Alterthümern der hohen Stiftskirche zu Quedlinburg. 8. Quedlinb. 776. (Ernst). 6 gl

— Beitrag z. Aufklärung d. Gesch. d. Reichsst. Quedlinburg. 5 Stcke. 8. Quedlinb. 782.

Wallmar, Fr., Prag unter König Wenzel IV. Histor. Roman. 3 Bde. kl. 8. Leipzig 846, Ph. Reclam jun. 4 ℛ︀

Wallmark, P. A., s. Sulioten, die.

Wallmenich, Karl v., der Oberländer Aufstand 1705 u. die Sendlinger Schlacht. (VIII, 165 S. m. 1 Plan.) 8. München 906. Dr. H. Lüneburg's Verl. n. 3. 50

Wallmenich, Carl v., über die von den Ausschüssen der II. Kammer als Artikel VIII. beantragte Ergänzung des Eisenbahn-Gesetz-Entwurfes. gr. 8. (1¼ B.) München 846, Franz. *

Wallmenich, Karl v., auf Nachsuchen. Keine ergötzl. Geschichte üb. die Lage der verabschiedeten Offiziere in Baiern. (53 S.) 8. München 910. (G. C. Steinicke.) 1. —

— Die Ungarnschlacht auf dem Lechfelde. (27 S.) gr. 8. München 907. Altona, Dr. H. Lüneburg Verl. — 60
Sonderabdruck aus: „Beilage zur Allgem. Zeitg."

Wallmenich, Clementine V., sittlich-religiöse Berufs-Erziehung der Lernschwestern (Schülerinnen) vom Rothen Kreuz. Referat f. den IV. Verbandstag der deutschen Frauenvereine in Heidelberg. gr. 8. (23 S.) Berlin 899. C. Heymann's Verl. — 30

Wallmenich, Clementine v.: Die weibliche Berufspflege. Die Krankenpflege von Männern durch Frauen. Die Stellung der Oberin im modernen Krankenhaus. — München: Lehmann 1902. 48 S. 8°

Wallmerod [Schlagwort]

Wallmerod. Benner, J., Karte der farbigen Wegebezeichnungen v. Wallmerod u. Umgegend, im Anschluss an den Führer durch die Umgebgn. Wallmerod's. 1 : 25,000. 38×42 cm. Lith. Wiesbaden (899). H. Staadt. n. — 60

v. **Wallmoden,** Fr., die Königsbraut, s. Lopez, Bigo di.

(**Wallmoden-Gimborn, J. L. Graf v.**) Darstellung der Lage, worin sich das hannov. Militair Mai—July 1803 befand. Bückeburg 1804. 8°.

v. **Wallmoden-Gimborn, Graf,** Darstellung d. Lage, worin sich das Hannöverische Militär in den Monaten Mai, Juni u. Juli des J. 1803 befand. gr. 8. Hannov. 806. Helwing. 21 gr

— Exposé de la Situation du Militaire Hanovrien dans le Mois de Mai, Juin et Juillet 1803. 8. maj. ibid. 806.

(**Wallmoden-Gimborn, L. G. Th. Graf v.**) Der Feldzug in Mecklenburg und Holstein. Berlin 1817. 8°. Dass. u. d. T.: Der Feldzug des Corps des Gen. v. Wallmoden-Gimborn an der Nieder-Elbe und in Belgien. Altenburg 1848. 8°.

Wallmont; e. Reihe interess. Begebenheiten, aufgezeichnet für gute gefühlvolle Menschen. 2 Bde. 8. Leipz. 804. (W. Rauck). 1 ₰ 16 gr

Wallmont, eine Reihe interess. Begebenheiten, aufgezeichnet f. gute u. gefühlvolle Menschen. 2 Bde. m. K. 8. Lpz. Sommer. 804. Rthlr.

Wallmont, v., allgem. Weltgeschichte 2c., s. Landau, Prosp.

Wallmont's Ruhestunden, (v. A. F. Kleine). 2 Bde. 8. Münst. 798. Coppenrath. 2 ₰

Wallmonts Ruhestunden in s. ländl. Hütte. 2 Bde. m. K. 8. Münster, Coppenrath. 798.

— — dasselbe. 8. Lpz. Sommer. 798.

Wallmow [Schlagwort]

Wallmow, s.: Geologische Karten. Preussen. 66.

Wallmueller, August[illegible] Ludov[illegible] (geb. Berlin [illegible]) [illegible] [illegible] in instituto [illegible] Berolinensi [illegible]. [illegible] [illegible] [illegible] [illegible] (Kilian), Berolini [illegible]
Berlin, Med. Diss. v. 29. Sept. 18[illegible]

Karl August Wallmueller

Carol(us) August(us) **Wallmueller**: De thymi glandulae Structura atque functione. Berolini (1830:) Petsch. 31 S. 8°
Berlin, Med. Diss. v. 7. Mai 1830

Wallmueller, [illegible] (geb. Berlin [illegible] 1842) De febri puerperali. Berolini (1866) [illegible] S. 8°
Berlin, Med. Diss. v. 22. Dez. 1866

Wallmueller, Paul Car. Fried. (geb. Berlin [illegible] 1843) De [illegible] [illegible]. Berolini (1868) (31 S.) 8°
Berlin, Med. Diss. v. 8. Jan. 1868

Wallnau, Gottlieb, oder macht Geld wirklich glücklich? Ein Märchen, der Jugend erzählt von einem Freunde derselben. Erfurt 869. Bartholomäus. br. 8. (III, 96 S.) 12 ngr.

Wallnau, Gustav, oder Verdienste adeln. 2 Thle. 8. Prag, Barth. 803. (Hartmann.)

Wallnau, Gustav, od. Verdienste adeln. 2 Thle. 8. Prag 803. (Gannenberger). 1 ₰ 8 gr (Krappe in Leipz.) 2 ₰

Wallnau, Eugenie, die Sträflinge. Erzähl. n. Familienpapieren. 16. (12 B.) Chemnitz 838, Billig. (?)

Wallner [Sachl. OW]

Wallner, Heinr., oder die Religion 2c., s. Abendunterhaltungen, christl. 4. Bdchn.

Wallner, Clementine, e. Roman v. Karl Streckfuß. 8. Lpz. Gerh. Fleischer. 811.

Wallner, Rudolf, der König der Schmuggler, genannt der Kettensprenger, kühnster Wild- u. Raubschütz. 100 Hefte. (2636 S. m. je 1 Vollbild.) gr. 8. Dresden (905). R. Urban. à — 10

Wallner [Verfasser]

Wallner, Adolf: Der Boden der inneren Stadt vor seiner Besiedlung. 1909.
Diss., Wien, Univ.

Wallner, Agnes, Lebenserinnerungen. Bearb. von Hans Blum. gr. 8. (XIV, 185 S.) Berlin 900. O. Elsner. n. 3. —; geb. n. 4. —

Wallner, Alex.: Aus Süd u. Nord, s. Wallner, Franz

Wallner, Ant., die Entstehungszeit des mhd. memento mori die Warnunge. Progr. gr. 8. (41 S.) Laibach 896. O. Fischer. n. 1. —

Wallner, Anton: Deutscher Mythus in der tschechischen Ursage. Laibach '05. 35 S. Aus: Jahresber. d. Staats-Oberrealschule in Laibach. 1904/5.

Wallner, Ant., deutscher Mythus in der tschechischen Ursage. Progr. (35 S.) gr. 8. Laibach 905. I. v. Kleinmayr & F. Bamberg. n. — 60

Wallner, Bernh., Verdammung d. Sattler'schen Werkes Demonstratio catholica. Ein Beitr. z. Kirchengesch. d. neuern Zeit. Aus d. gedr. authent. Aktenstücken. 8. (2 B.) Luzern 837, Meyer.
Aus der: Kirchenzeitung f. Deutschland u. d. Schweiz, besond. abgedruckt.

Wallner, Carl, s. Wallner, Karl

Wallner, Edmund

[F.] Ansprachen, Reden und Trinksprüche bei Gemeinde- (und Schul-) Festlichkeiten, Jubiläen, patriot. Fest- u. Gedenktagen. Gesamm. u. hrsg. v. Edmund Wallner. 2. Aufl. *Erfurt: F. Bartholomäus [1895].* (VIII, 200 S.) 1 Bd 8.
— Wallner, E.: Universum d. Witzes u. d. ungeheuern Heiterkeit. Bd 25. [95. 3457

Wallner, Edm. (Bearb.), s. Aue, Alfr. v. d.: Epithalamia.

Wallner, Edm., das große Buch der Prologe u. Epiloge, nebst e. Anh. v. Prologen u. Festgedichten f. Turner- u. Feuerwehrfeste. Gesammelt u. hrsg. v. W. 2., verb. Aufl. 8. (VIII, 384 S.) Erfurt 894. F. Bartholomäus. 3. 50

—— **das große Buch der Toaste und Tischreden. Die vollständigste Sammlung von Toasten, Trinksprüchen, Fest- und Tischreden in Poesie und Prosa für alle Fälle im Leben, nebst einer prakt. Anweisung des Vortrages im öffentl. und gesellschaftl. Leben und einem Anhang, enth. Zech- und Trinksprüche. gr. 8. (VI, XLVIII, 221 S.) Ebendas. 878.**

Wallner, Edm., das große Buch der Toaste und Tischreden. Die vollständigste Sammlung von Toasten, Trinksprüchen, Fest- und Tischreden in Poesie und Prosa für alle Fälle im Leben nebst einer prakt. Anweisung des Vortrages im öffentl. und gesellschaftl. Leben und einem Anhang, enthaltend Zech- und Trinksprüche. 2. verm. Aufl. gr. 8. (VI, XLVIII, 221 S.) Erfurt 881, Bartholomäus.

Wallner, Edm., das große Buch der Toaste u. Tischreden. Die vollständigste Sammlg. v. Toasten, Trinksprüchen, Fest- u. Tischreden in Poesie u. Prosa f. alle Fälle im Leben, nebst e. prakt. Anweisg. d. Vortrages im öffentl. u. gesellschaftl. Leben, u. e. Anhg., enth. Zech- u. Trinksprüche. 5. Aufl. gr. 8 (VIII, LII, 380 S.) Erfurt 884. Bartholomäus. n. 5. —

Wallner, E., das große Buch der Toaste u. Tischreden. Die vollständigste Sammlg. v. Toasten, Trinksprüchen, Fest- u. Tischreden in Poesie u. Prosa f. alle Fälle im Leben, nebst e. prakt. Anweisg. d. Vortrages im öffentl. u. gesellschaftl. Leben u. e. Anh., enth. Zech- u. Trinksprüche rc. 7., durch Prosareden bedeutend verm. Aufl. gr. 8. (L, 371 S.) Erfurt 889. Bartholomäus. n. 5. —

[F.] Das grosse Buch der Toaste und Tischreden. Die vollständigste Sammlg von Toasten, Trinksprüchen, Fest- u. Tischreden ... nebst e. prakt. Anweisg d. Vortrages ... Hrsg. v. Edmund Wallner. 8. bedeutend verm. Aufl. *Erfurt: F. Bartholomäus [1893].* (XVI, 493 S.) 1 Bd 8. [96. 630

Das grosse Buch der Toaste und Tischreden. E. stattl. Sammlg v. Toasten ... nebst e. prakt. Anweisg d. Vortrags im öffentl. u. gesellschaftl. Leben. Hrsg. v. Edmund Wallner. 9. bedeut. verm. Aufl. *Erfurt: Bartholomäus (1897).* (XVI, 545 S.) 1 Bd 8. [97. 8450 II.

Wallner, Edm., das große Buch der Toaste u. Tischreden. Eine stattl. Sammlg. v. Toasten, Trinksprüchen, Fest- u. Tischreden in Poesie u. Prosa f. alle Fälle im Leben, nebst e. prakt. Anweisg. des Vortrags im öffentl. u. gesellschaftl. Leben. 10. bedeutend verm. u. verb. Aufl. gr. 8. (XVI, 542 S.) Erfurt (901). F. Bartholomäus. n. 5. —

— das kleine Buch der Prologe u. Epiloge. Gesammelt u. hrsg. v. W. 8. (VII, 184 S.) Ebd. 894. n. 1. 80

Wallner, Edm., das Buch der Prologe. Sammlung von Prologen und Epilogen für festl. Gelegenheiten. gr. 8. (IV, 127 S.) Erfurt 879, Bartholomäus. *

Wallner, Edm., das Buch der Prologe. Sammlung v. Prologen u. Epilogen f. festl. Gelegenheiten. 2., verm. Aufl. m. 8. (IV, 127 S.) Erfurt 881. Bartholomäus. n. 2. —

— der Declamator. Sammlung ausgewählter Vorträge in Poesie u. Prosa. Nebst e. Anleitg. zum Declamiren. 1. u. 2. Abth. 8. Ebend. à 1. 50
1. Sammlung ernster Vorträge. (IV, 206 S.) 883.
2. Sammlung komischer Vorträge. (III, 231 S.) 884.

— der Deklamator. Sammlung ausgewählter Vorträge in Poesie u. Prosa. Nebst e. Anleitg. zum Deklamieren. Abtlg. II.: Sammlung komischer Vorträge. (2., verb. Aufl.) 8. (VII, 231 S.) Ebd. 889. 1. —

Wallner, Edm. Der Deklamator. Sammlung ausgewählter Vorträge in Poesie u. Prosa. 1.—3. Abtl. 2. Aufl. 8. Erfurt 891, Bartholomäus. 4 —
1. Sammlung ernster Vorträge. Nebst e. Anleitung zum Deklamieren. (VIII, 204 S.) 1 50.
2. Sammlung komischer Vorträge. (VII, 231 S.) 1 —.
3. Drastische Dichtungen, Travestien u. Parodien. (VIII, 263 S.) 1 50.

— der Deklamator. Sammlg. ausgewählter Vorträge in Poesie u. Prosa. Nebst e. Anleitg. zum Deklamieren. 1.—3. Bd. 8. Ebd. u. 4. —
1. Sammlung ernster Vorträge. 2. Aufl. (VIII, 204 S.) 891. n. 1. 50
2. Sammlung kom. Vorträge. 3. Aufl. (VI, 119 S.) 893. n. 1. —
3. Drastische Dichtungen, Travestien u. Parodien. 2. Aufl. (VIII, 263 S.) 891. n. 1. 50

— **der Deklamator.** Sammlung ausgew. Vorträge in Poesie u. Prosa. Nebst e. Anleitg. z. Deklamieren. 1., 3. u. 4. Abtlg. 8. Ebd. 896. à 1. 50
1. Sammlg. ernster Vorträge. 2. Aufl. (VIII, 207 S.)
3. Parodien, Travestien u. drastische Dichtgn. 3. Aufl. (VIII, 263 S.)
4. Humorist. Vorlesungen. (VIII, 213 S.)

— der Deklamator. Sammlung ausgewählter Vorträge in Poesie u. Prosa. Nebst e. Anleitg. zum Deklamieren. 2. Bd. Sammlung kom. Vorträge. 4. Aufl. 8. (VI, 119 S.) Ebd. (901). n. 1. —

— s.: Dilettanten-Oper.

— der Festredner bei Vereinsfesten u. geselligen Verbindungen. Eine reichhaltige Sammlg. v. Toasten u. Reden bei Schützen-, Turner-, Feuerwehr-, Krieger-festen rc., Fahnenweihen, patriotischen Gedenktagen rc. 5., verb. Aufl. 8. (126 S.) Ebd. 893. n. 1. —

Der Festredner bei Vereinsfesten u. geselligen Verbindungen. E. reichhalt. Samml. v. Toasten u. Reden ... Gesamm. u. hrsg. v. Edmund Wallner. 6. verb. Aufl. *Erfurt: Bartholomäus (1897).* (198 S.) 1 Bd 8. [97. 8451 II.

Wallner, Edm., der Festredner bei Vereinsfesten u. geselligen Verbindungen. Eine reichhalt. Sammlg. v. Toasten u. Reden bei Sänger-, Schützen-, Turner-, Feuerwehr-, Kriegerfesten etc., Fahnenweihen, patriot. Gedenktagen etc. 7. verm. Aufl. (208 S.) 8. Erfurt (903). F. Bartholomäus. 1. 50

— s. a. Festspiel-Halle, deutsche.

—— **deutsche Festspielhalle. Sammlung von Prologen, Festspielen und Festzügen. Zur Aufführung in Künstler-, Juristen-, Krieger-, Carnevals- und anderen Vereinen, sowie bei festl. Gelegenheiten in Privatkreisen. 2.—6. Heft. gr. 8. Ebendas. à Heft** *
Inhalt:
Heft 2. Meyer, Fel., Prolog zu einem Juristenfest. — Justinian auf der Durchreise. — Prosa contra Poesie. — Der Zukunftsjurist. (39 S.) 878.
» 3. —— die Kaiserkrönung. Patriotisches Festspiel zum 18. Jan. (16 S.) 878.
» 4. —— die erste Ronde. Carnevalistischer Schwank, zur Aufführung an einem Reserveoffizierfest gedichtet. (16 S.) 878.
» 5. Rübezahls Rache. Nach einem Märchen von Musäus zur Aufführung an Schulfesten und in gesell. Vereinen dramatisch bearb. von Alex. Junghänel. (28 S.) 879.
» 6. Paar, M., das Jahr und seine zwölf Monate. Fastnachtsscherz in 12 Aufzügen. (29 S.) 879.
Das 1. Heft bildet: Leutritz, A., Aschenbrödel.

—— deutsche Festspielhalle. Sammlung von Prologen, Festspielen und Festzügen. Zur Aufführung in Künstler-, Juristen-, Krieger-, Carnevals- und anderen Vereinen, sowie bei festl. Gelegenheiten in Privatkreisen. 7.—15. Heft. gr. 8. Ebendas.

Inhalt:

Heft 7. Meyer, Felix, carnevalistisches Reserve-Landwehr-Offizier-Festspiel. — Vorspiel. — Zwischenspiel: Das Turnier zu Kawelwisch oder: Hie Templer! Hie Johanniter! — Nachspiel. — Weihnachts-Festspiel zum Reserve-Landwehr-Offizier-Abend in 3 Abthlgn. (56 S.) 880. ℳ 1,20.
Heft 8. Meyer, Felix, die deutsche Sage in der deutschen Spinnstube. Dramatisch-romant. Gedicht in 7 Bildern. (60 S.) 880. ℳ 1,50.
» 9. Proelss, Johs., ein lustig Spiel vom Gott Humor oder die zum Frohsinn bekehrten Pedanten. Ein Schwank im Stil des Hans Sachs. (24 S.) 880. ℳ 1.
» 10. Meyer, Felix, die Verlobung. Festspiel zu einem Sommer-Juristenfest. — Sieben deutsche Rechtssprichwörter erläutert in Wort und Bild, Festspiel zu einem Juristenfest. — Prolog zu einem Juristenfest. (41 S.) 880. ℳ 1,20.
» 11. Paul, Alph., die Feuerwehr. Frei nach Schiller's „Glocke" [mit event. 10 lebenden Bildern]. (17 S.) 882. 75 Pf.
» 12. —— des deutschen Kriegers Erdenwallen. Zum Vortrag in Kriegervereinen mit event. 11 lebenden Bildern. (20 S.) 882. 75 Pf.
» 13. Meyer, Felix, die Rheinsagen. Romantisches Festspiel. — König, Wilh., Prolog. (77 S.) 883. ℳ 1.
» 14. Ewald, Otto, die Feste der vier Jahreszeiten. Festspiel mit Tänzen, Gesängen und Aufzügen. (32 S.) 884. ℳ 1.
» 15. Frerking, Wilh., Ahnen und Epigonen. Festspiel für Ingenieur-Kreise, Chemiker-Vereine etc. in 2 Abthlgn. und einem Vorspiel. (44 S.) 884. ℳ 1,20.

Wallner, Edm., deutsche Festspiel-Halle. Sammlung von Prologen, Festspielen und Festzügen. Zur Aufführung in Künstler-, Juristen-, Feuerwehr-, Turner-, Krieger-, Karnevals- und anderen Vereinen, sowie bei festl. Gelegenheiten in Privatkreisen. 1., 16. und 17. Lfg. gr. 8. Erfurt, Bartholomäus. *

Inhalt:

Lfg. 1. Leutritz, Gust., Aschenbrödel. Festspiel. 2. Aufl. (15 S.) 885. 75 Pf.
» 16. Frerking, Wilh., die Bauleute von Marienwerder. Festspiel für Architekten-Vereine etc. in 2 Aufzügen. (31 S. mit 1 Musikbeilage.) 886. *ℳ 1.—.
» 17. Spies, Arno, begleitende Worte zu lebenden Bildern. Dichtungen. (32 S.) 886. 75 Pf.

Wallner, Edm., in fröhlicher Gesellschaft. Sammlung von Tafel-Liedern, Tischreden u. Toasten gesammelt u. hrsg. Ebend. 870. gr. 8. (XI, 234 S.) 15 ngr

Wallner, Edm., Gesellschafts-Spiele im Zimmer, wie im Freien, scherzhafte Vexir- u. Räthsel-Spiele u. andere Belustigungen. 2., sehr verm. u. verb. Aufl. 8. (XII, 152 S.) Erfurt 874. Bartholomäus. 1. 50

— Gesellschaftsspiele im Zimmer, wie im Freien. Scherzhafte Vexier- u. Rätselspiele u. andere Belustiggn. 5., verm. Aufl. 8. (XII, 201 S. m. Abbildgn.) Erfurt 891. F. Bartholomäus. 1. 50

— Gesellschaftsspiele im Zimmer wie im Freien. Scherzhafte Vexier- u. Rätselspiele u. and. Belustiggn. 6., verm. Aufl. 8. (XII, 207 S. m. Bildern.) Ebd. 895. 1. 50; geb. in Leinw. n. 2. 25

Gesellschaftsspiele im Zimmer wie im Freien. Scherzhafte Vexier- u. Rätselspiele u. andere Belustigungen. Hrsg. von Edmund **Wallner**. 7. verm. Aufl. *Erfurt: F. Bartholomäus [1901].* (XII, 207 S.) 8° [F.]
[Umschlagt.:] Das Buch d. Gesellschaftsspiele ... sowie Scherzhafte Vexier- u. Rätselspiele ... [ol. 8793 3

—— Handschatten. Belustigende Unterhaltungen für Jung und Alt. gr. 8. (47 S. mit Bildern.) Ebendas. 888.

WALLNER, Edmund, Die Harmonie und Characteristik der Farben mit besonderer Anwendung auf Costümirung. Ein Vortrag mit freier Benutzung von Goethe's Beiträgen zur Farbenlehre. Erfurt. Druck und Verlag von Fr. Bartholomäus [1872]. 8⁰. 36 S. (Bibl. Lipperheide no. 3275.)

Wallner, Edmund. Die Harmonie und Charakteristik der Farben mit besonderer Anwendung auf Costümirung. Ein Vortrag mit freier Benutzung von Goethe's Beiträgen zur Farbenlehre Erfurt. Druck und Verlag von Fr Bartholomaus [1872] 26 S 8°

— dasselbe. 2. rev. u. verm. Aufl. gr. 8. (59 S.) Ebend. 874. 1. 50

—— die Harmonie und Characteristik der Farben mit besond. Anwendung auf Costümirung. Fremdes und Eigenes mit freier Benutzung und Zugrundelegung von Goethes „Beiträge zur Farbenlehre". 3. revid. und verm. Aufl. Lex.-8. (133 S.) Ebendas. 878. *

—— das Haus-Theater. Sammlung von Lustspielen und Soloscherzen mit einfacher Scenerie und wenig Besetzung für Dilettanten-Bühnen. 1.—6. Bd. 8. Ebendas. 874. à Bd.

Inhalt:

Bd. 1. Ein reizender Abend von Geo. Horn. — Die Biographie der Künstlerin von Carl Wilh. Batz. — Im Seebade von G. Horn. — Der erste April von Mathilde Raven. — Ein Pionir der Liebe von Feodor Wehl. — Im Regen von Rob. Jonas. — Königin Isabella von G. Fischer. (185 S.)
» 2. Mit gleicher Münze von M. Bauermeister. — Acht Tage nach der Hochzeit oder: Die Komödie der Liebe von Emil Hildebrand. — Ein Don Juan wider Willen von C. Ney. — Marketender-Liebe von M. Bauermeister. (VI, 167 S.)
» 3. Quentin Messis, der Schmied von Antwerpen von M. Horn. — Nur nicht empfindlich von E. Hildebrand. — Er macht Visite von M. Bauermeister. — Herzliebchen mein unter'm Rebendach von J. C. Kostial. — Unterbrochene Rollenstudien von W. Stein. (VII, 161 S.)
» 4. Eine Thräne von M. Bauermeister. — Prinz Panetellas y Xemenes von W. Drost. — Ein Fenster beim Einzug von Adele Gräfin v. Bredow-Goerne. — Die Herren Gelehrten von Emil Hildebrand. — Das Kameel von W. Drost. (VII, 180 S.)
» 5. Doppeltes Fiasco von Max Bauermeister. — In sicherer Hut von Max Bauermeister. — Im Lager vor Paris oder: Füsilier Kutschke von E. Hildebrand. — Tante und Nichte von F. Bolger. (VI, 109 S.)
» 6. Glückliche Reise von Max Bauermeister. — Wer die Wahl hat von Adolf Bolger. — Bolongaro von Max Bauermeister. — Eine komische Alte von Max Bauermeister. (112 S.)

— das Haus-Theater. Sammlung v. Lustspielen u. Soloscherzen m. einfacher Scenerie u. wenig Besetzg. f. Dilettanten-Bühnen. 1—8. Bd. 8 (à ca. 150 S.) Ebend. 874—76. à 1. 50

—— Haustheater. Sammlung von Lustspielen, Soloscherzen und Dramolets mit einfacher Scenerie und wenig Besetzung für Dilettanten-Bühnen. 7.—10. Bd. 8. Erfurt, Bartholomäus. • à Bd.

Inhalt:

Bd. 7. Bauermeister, M., Farbe halten. Conversations-Lustspiel in 1 Act. — Kahlen, M., ein Frühlingstraum. Soloscherz für eine Dame. — Wexel, Carl, die Unglücklichen. Schwank mit Gesang nach L. Schneider. — Glasenapp, Herm. v., der Häßliche. Lustspiel in 1 Act. — Wexel, Carl, die weiblichen Drillinge. Schwank mit Gesang in 1 Act nach Holtei. — Bauermeister, M., Freunde. Orig.-Lustspiel in 1 Act. (118 S.) 875.
» 8. Grans, Heinr., Vater und Tochter. Schauspiel in 1 Aufzuge nach Scribe frei bearb. — Fresenius, Aug., ein Minister unter Ludwig XV., oder Diplomatenränke, nach Eugen Scribe. — Glasenapp, Herm. v., der Bey von Tripolis. Burleske nach der Idee eines franz. Vaudevilles. — Stavenow, Bernh., das Halstuch. Dramatische Kleinigkeit in 1 Act. (125 S.) 875.
» 9. Bolger, Eduard, Leonore. Schwank in 1 Act. — Rabsalf, Rich., Hegelmann's psychologische Briefe, oder: Folgen eines Gedankenstrichs. Lustspiel in 1 Act. — Albert, Anna, der Herr Graf. Lustspiel in 1 Act. — Bolger, Fritz, Ich liebe Sie! Lustspiel in 1 Act. Frei nach dem Französischen. (152 S.) 877.
» 10. Paar, M., ein Roman. Lustspiel in 1 Act. — Hilder, G., Nichte und Fräulein Nichte. Plauderei in 1 Act. — Paar, M., Chambre garnie. Lustspiel in 1 Act. (137 S.) 879.

—— das Haus-Theater. Sammlung von Lustspielen, Soloscherzen und Dramolets mit einfacher Scenerie und wenig Besetzung für Dilettanten-Bühnen. 11. und 12. Bd. 8. (106; 108 S.) Ebendas. 885. à Bd.

—— dass. — 1., 4.—6. Bd. (Neue Aufl.) 8. (230; 170; 128; 110 S.) Ebendas. 885. à Bd.

Wallner, Edm., Hochzeits-Kladderadatsch und Ehestandszeitungen. Sieben Schemata zum Anfertigen derselben nebst humorist. Anzeigeblatt. 7 Nrn. (à ½ Bog.) Imp.-4. Ebendas. 875.

—— Hochzeits-Kladderadatsch und Ehestands-Zeitung. 2. verm. und verb. Aufl. gr. 8. (40 S.) Erfurt 882, Bartholomäus.

—— Hochzeits-Kladderadatsche und Ehestands-Zeitungen. Muster zur Anfertigung derselben. 3. Aufl. gr. 4. (32 S. mit 1 Stnt.) Ebendas. 885.

— Hochzeits-Kladderadatsche u. Ehestands-Zeitungen. Muster zur Anfertigg. derselben. 4. Aufl. gr. 4. (36 S. m. 1 Taf.) Ebd. 893. 1. 50

Hochzeits-Kladderadatsch und Ehestands-Zeitungen. Muster z. Anfertigung derselben. Hrsg. von Edmund **Wallner**. 5. Aufl. *Erfurt: F. Bartholomäus [1900].* (Getr. Pag.) 4° [F.] [ol. 5331 3

— der Hochzeitsredner. Sammlg. von Toasten u. Tischreden zu grünen u. Jubelhochzeiten. 8. (119 S.) Ebd. 893. n. 1. —

— Jubelhochzeiten. Prologe, Widmgn., Gedichte als Begleiter v. Geschenken, Festspiele, Tafellieder u. Toaste. 5. Aufl. 2 Bde. 8. Ebd. 900. à 1. 50
1. Prologe, Widmungen, Gedichte als Begleiter v. Geschenken, ernste u. scherzhafte Aufführungen f. 1 bis 2 Personen. (X, 238 S.)
2. Festspiele, Toaste u. Tafellieder. (V, 168 S.)

Jubelhochzeiten. Prologe, Widmungen, Gedichte als Begleiter von Geschenken, Festspiele, Tafellieder u. Toaste. Hrsg. von Edmund **Wallner**. 5. Aufl. Bd 1. 2. *Erfurt: F. Bartholomäus [1901]*. 2 Bde 8° [F.]
1. Prologe, Widmungen, Gedichte ... Aufführungen f. 1 bis 2 Personen.
2. Festspiele, Toaste u. Tafellieder.

= **Wallner**: Universum d. Witzes. Bd 36. 37. [01. 1176

Wallner, Edmund (Hrsg.), s. Jugend-Bühne. 1898.

Wallner, Edm., deutsche Jugend-Schaubühne. Sammlung leicht ausführbarer Schau- u. Lustspiele für die Jugend. Inscenirt u. hrsg. 1—4. Hft. 8. Erfurt 880. Bartholomäus. à — 60
1. Johannistag, ein Sommermärchen von M. Paar. (33 S.)
2. Der Brautkranz. Lustspiel in 1 Akt von M. Paar. (43 S.)
3. Die Lebensfrage. Ein Traum. Von M. Paar. (19 S.)
4. Weihnachtsspiel. Gedichtet von Hans Schmidt. (26 S.)

— Jugend-Schaubühne. 4. Lfg. 8. Ebd. 894. — 75
Weihnachtsspiel. Dramatische Dichtg. zur Aufführg. f. Kinder v. Hans Schmidt. 2. Aufl. (24 S.)

WALLNER, Edm., Carneval und Maskenball. Eine Bibliothek des Uenentbehrlichsten für Carnevals-Vereine, Fest-Comités und Gesellschaftsvorstände. Erfurt, Fr. Bartholomäus, o. J. (Mk. 4—.)

—— Carneval und Maskenball. 4 Bde. gr. 8. Ebendas.
Inhalt:
Bd. 1. Geschichte des Carnevals. — Festzüge der Hauptstädte Deutschlands (Cöln, Mainz, Leipzig 2c.), Aufzüge in geschlossenen Räumen, Fest-Programme, Einladungen und Prologe. Einzelne Masken. — Der Festball und seine Ausschmückung. Carneval-Cotillon. (VIII, 157 S.) 877. ℳ 3.
" 2. Festspiele und Carnevalspossen. (VIII, 240 S.) 877. ℳ 4.
" 3. Carnevals-Tafel-Lieder, Trinksprüche, Toaste und Tischreden. (VII, 208 S. und Musikbeilage 22 S.) 879. *ℳ 4.
" 4. Carnevals-Zeitungen. (73 S.) 878. ℳ 1.50.

— Carneval u. Maskenball. 1—4. Bd. gr. 8. Ebend. 878. 12. 50
1. [Geschichte d. Carnevals. — Festzüge der Hauptstädte Deutschlands (Cöln, Mainz, Leipzig 2c.), Aufzüge in geschlossenen Räumen, Fest-Programme, Einladungen u. Prologe. Einzelne Masken. — Der Festball u. seine Ausschmückung. Carneval-Cotillon.] (VIII, 157 S.) 3. —
2. Festspiele u. Carnevalspossen. (VIII, 240 S.) n. 4. —
3. Carnevals-Zeitungen. (73 S.) 1. 50
4. Carnevals-Tafel-Lieder, Trinksprüche, Toaste u. Tischreden. (VII, 208 u. Musikbeilage 22 S.) n. 4.

—— Karneval und Maskenball. 2. Bd. 2. bedeutend verm. Aufl. gr. 8. (VIII, 257 S.) Ebendas. 886. *

Wallner, Edm., Waidmann's Lust. Liederbuch für Deutschland's Jäger u. Jagdfreunde. 2., verm. Aufl. 16. (XII, 176 S.) Erfurt 881. Bartholomäus. cart. n. 1. —

—— Waidmann's Lust. Liederbuch für Deutschland's Jäger und Jagdfreunde. 2. verm. Aufl. 16. (XII, 176 S.) Erfurt 882, Bartholomäus. cart. *

Wallner, Edm., Waidmanns Lust. Liederbuch für Deutschlands Jäger und Jagdfreunde. 2. Aufl. 16. Erfurt 882. Leipzig, Verlag der Illustrirten Jagdzeitung. cart. * 1 —

[F.] Maskenzüge aus Weimars klassischer Vorzeit zsgest. v. E[dmund] **Wallner**. *Erfurt: F. Bartholomäus* (übergekl.: *Berlin: E. Bloch*) [1894]. (1 Bl., 211—228 S.) 1 Bd 8.

= Festspiel-Halle, Deutsche. H. 23. [99. 875

—— s. Museum komischer Vorträge.

— die Oper im Salon. Ein reichhaltiges Repertoir von ein- u. mehrstimm. Opern-Gesängen, welche ohne oder mit Scenerie u. Kostüm von Dilettanten leicht besetzt u. ausgeführt werden können. Für alle Freunde des dramat. Gesanges, namentlich für Dilettantenbühnen u. Gesangvereine hersg. Ebend. 869. 8. (VII, 75 S.) n. 10 ngr.

— die Oper im Salon. Repertoir v. ein- u. mehrstimm. Opern Gesängen, welche ohne od. m. Scenerie u. Kostüm v. Dilettanten leicht besetzt u. ausgeführt werden können. Für alle Freunde d. dramat. Gesanges, namentlich f. Dilettantenbühnen, Gesanglehrer u. Gesangvereine. 2. verm. Aufl. 8. (VI, 146 S.) Ebend. 874. 1. 50

Wallner, Edm. Die Oper im Salon. 2. Auflage. Erfurt (1875).

— die Oper im Salon. Ein reichhaltiges Repertoir von ein- u. mehrstimmigen Opern-Gesängen, welche ohne oder mit Scenerie u. Kostüm von Dilettanten leicht besetzt u. ausgeführt werden können. Für alle Freunde des dramatischen Gesanges, namentlich für Dilettantenbühnen, Gesang-Lehrer u. Gesangvereine. 2., verm. Aufl. 8. (VII, 146 S.) Ebend. 881. 1. 50

— das Polichinell- u. Marionetten-Theater, sowie Kartoffel-Komödien. Lustige Stücklein m. Puppen zur Aufführg. in Familien- u. Freundeskreisen. 2. Aufl. 8. (III, 92 S. m. 2 Taf.) Erfurt 892. F. Bartholomäus. n. 1. —

— Polonaise, Contretanz, Cotillon. Ein Tanz-Vademecum für Tanz-Vorsteher, Tanzlehrer und Freunde des Tanzes. Enthaltend eine grosse Anzahl neuer, interessanter und leicht ausführbarer Touren von Polonaisen, Fackeltänzen, Shawltänzen, Contre-Tänzen und Cotillontouren, nebst einem Lexikon der Tänze. Veranschaulicht durch zahlreiche Illustrationen. Ebd., o. J. Kl. 8°. (Mk. 2—.)
Beides citirt Bartholomäus p. 25 (das 1. ohne Formatsangabe).

— Polonaise, Contretanz, Kotillon. Ein Tanz-Vademecum f. Ball-Vorsteher, Tanzlehrer u. Freunde des Tanzes. 3., v. neuem durchgesch. Aufl. 8. (VIII, 138 S. m. Fig.) Ebd. 893. n. 2. —; geb. in Leinw. 3. —

— Polonaise, Contretanz, Kotillon. Ein Tanz-Vademecum f. Ball-Vorsteher, Tanzlehrer u. Freunde des Tanzes. 4., v. neuem durchgesch. Aufl. 8. (VIII, 208 S. m. Abbildgn. u. 11 Taf.) Ebd. (900). n. 2. —

— Polterabend u. Hochzeit. Eine reiche Auswahl v. ernsten u. scherzhaften Aufzügen, dramat. Scenen f. eine u. mehr Personen 2c. Mit Beiträgen v. Auguste Kurs, E. Kaiser, E. Mente 2c. 2. bedeutend verm. Aufl. gr. 8. (XIII, 521 S.) Ebend. 875. 2. —

— Polterabend u. Hochzeit. Eine reiche Auswahl von ernsten u. scherzhaften Aufzügen, dramatischen Scenen für eine und mehr Personen, Gedichte für einzelne Personen bei Ueberreichung von Geschenken, von Kranz u. Schleier 2c. Mit Beiträgen von Auguste Kurs, E. Kaiser, Minna Haukel 2c. 4., bedeutend verm. Aufl. gr. 8. (VIII, 501 S.) Ebend. 882. n. 6. —

— Polterabend u. Hochzeit. E. reiche Auswahl v. ernsten u. scherzhaften Aufzügen, dramat. Szenen f. 1 u. mehr Personen, Gedichte f. einz. Personen bei Ueberreichg. v. Geschenken, v. Kranz u. Schleier ꝛc. Mit Beiträgen v. Auguste Kurs, E. Kaiser, Minna Hankel ꝛc. 5., bedeutend verm. Aufl. gr. 8. (IX, 566 S.) Erfurt 898. F. Bartholomäus. 6. —

— Prologe u. Festgedichte. 1.—11. Bd. 8. Ebd. (905). à Bd. — 75

1. Zu Vereinsfesten im Allgemeinen (besonders f. gesellige Vereine passend). Prologe zu Eröffnungs-, Einweihungs-, Schluß-Feiern, Stiftungsfesten, Fahnenweihe, Tanzkränzchen, Kegelfesten, Karneval. Epiloge. (54 S.)
2. Im Musik- u. Gesang-Verein, im Literatur-, dramatischen, wissenschaftlichen u. Kunst-Verein. (43 S.)
3. Prologe im Krieger- oder Militär-Verein, im Schützen-Verein. (45 S.)
4. Im Turn-, Feuerwehr-, Radfahrer-, Ruder-(Segler-)Verein. (62 S.)
5. Bei Vereinsfesten: Im Lehrer-, Beamten-, kaufmännischen, Gewerbe-, Buchhändler-, Buchdrucker-, Ingenieur-, Handwerker-, landwirtschaftlichen, Bienen-Züchter-Verein. Im Stenographen-Verein. Im christlichen Arbeiter-Verein. Im Frauen-Verein. (64 S.)
6. Prologe zu Sedan, Gedenkfeiern an Kaiser Wilhelm I., Kaiser Friedrich III., Bismarck u. anderen vaterländischen Gedenktagen u. Festen. (60 S.)
7. Prologe u. Epiloge f. Theater-Aufführgn. (bei Einweihungs-Eröffnungsfeiern, Dilettanten-Vorstellungen etc.) u. Darstellung lebender Bilder. (52 S.)
8. Bei Wohltätigkeits-Veranstaltungen: Theatervorstellungen, lebenden Bildern, Bazar, Veranstaltungen v. Fechtschulen etc. (44 S.)
9. Prologe u. Festgedichte zur Weihnachtsfeier f. die verschiedensten Gelegenheiten. Weihnachtsgedichte f. Kinder. Prologe, Festgedichte, Trinksprüche ꝛc. f. Sylvester u. Neujahr. (63 S.)
10. Zum Geburtstag Sr. Maj. des Kaisers u. Geburtstagen v. Landesfürsten (Fürstinnen). (68 S.)
11. Zu Jubiläen (Amts- u. Berufsjubiläen). (56 S.)

— das Raritäten- u. Automaten-Kabinett. 6000 Jahre Weltgeschichte. Wissenschaftliche Vorlesungen. Die Schule der Zukunft. Gesellschaftsscherze zur Aufführg. an fidelen Abenden. 2. Aufl. 8. (V, 91 S.) Ebd. 892. n. 1. —

— Reisebibliothek. 1—4. Bd. gr. 8. Ebend. 876. à n. 1. —

1. Humoristische Jagd- u. Manoeuvre-Affairen. Von Frdr. Ernst. (84 S.)
2. Die Coulissenwelt ohne Lampenlicht. Theater-Plaudereien v. Bacano. (148 S.)
3. Berlin bei Nacht. Kaiserstädtische Kneipenstudien v. Siegm. Haber 3 Aufl. (76 S.)
4. Theater-Anecdoten u. Humoresken. (125 S.)

— Sang u. Klang bei Tische, in Wald u. Flur. Sammlung bisher ungedruckter Tafellieder. 2. bedeutend verm. Aufl. gr. 8. (XII, 508 S.) Ebend. 884. 6. —

— Schattentheater, Silhouetten u. Handschatten. Belustigende Unterhaltungen für Winterabende. gr. 8. (74 S. m. eingedr. Holzschn.) Ebend. 877. 1. 50

— Schattentheater, Silhouetten u. Handschatten. Belustigende Unterhaltgn. f. Winterabende. 3. verm. Aufl. gr. 8. (79 S. m. Illustr.) Erfurt 884. Bartholomäus. 1. 50

— Schattentheater, Silhouetten u. Handschatten. Belustigende Unterhaltgn. f. Winterabende. 3., verm. Aufl. gr. 8. (79 S. m. Bildern.) Ebd. 888. 1. 50

[F.] Schattentheater, Silhouetten und Handschatten. Belustig. Unterhaltgn f. jung u. alt v. Edmund Wallner. D. Kunst d. Schattenbilderdarstellg theoret. u. prakt. erläut. v. Oscar Chamisso, Silhouettist. 4., bedeut. verm. u. verb. Aufl. M. 70 Holzschn. *Erfurt: F. Bartholomäus [1895].* (IV S., 1 Bl., 100 S.) 1 Bd 8. [96. 9038]

Wallner, Edm., allgemeine Schaubühne. 1.—39. Lfg. gr. 8. Ebendas. à Lfg.

Inhalt:

Lfg. 1. Horn, Geo., ein reizender Abend. Solo-Scene für eine Dame. (11 S.) 870.
" 2. Batz, Carl Wilh., die Biographie einer Künstlerin. Dramatische Scene. (23 S.) 870.
" 3. Horn, Geo., im Seebade. Lustspiel in 1 Akt. (29 S.) 870.
" 4. Raven, Mathilde, der erste April. Dramatischer Scherz. (25 S.) 870.
" 5. Wehl, Feod., Ein Pionir der Liebe. Dramatische Scene in 1 Aufzuge. (46 S.) 870.
" 6. Jonas, Rob., im Regen. Lustspiel in 1 Act. (23 S.) 870.
" 7. Fischer, Gust., Königin Isabella. Lustspiel in 1 Akt. (39 S.) 870.
" 8. Heinrich, Rob., die beiden Wirthe. Lustspiel in 1 Act nach M. v. *** umgearb. (24 S.) 870.
" 9. Raven, Mathilde, der Zauber-Spiegel. Dramatischer Scherz in 1 Akt. (32 S.) 871.
" 10. Hellemann, Herm., König und Schauspieler. Historisches Charakterbild in 1 Akt nach dem Französ. des Brunswick. (36 S.) 871.
" 11. Bauermeister, Max, mit gleicher Münze. Solo-Scene für eine Dame. (10 S.) 871.
" 12. Hildebrandt, Em., acht Tage nach der Hochzeit, oder: Die Komödie der Liebe. Lustspiel in 1 Akt, frei nach dem Französ. (37 S.) 871.
" 13. Rey, C., ein Don Juan wider Willen. Schwank in 1 Akte. (45 S.) 871.
" 14. Bauermeister, Max, Marketenderliebe. Militärisches Zeitbild in 1 Akte. (23 S.) 871.
" 15. Drost, W., Alter schützt vor Thorheit nicht. Lustspiel in 1 Akte. (37 S.) 871.
" 16. Horn, Mor., Quintin Messis, der Schmied von Antwerpen. Ein lyr. Spiel mit Prolog, Zwischenrede und Epilog. (30 S.) 871.
" 17. Hildebrandt, Emil, nur nicht empfindlich. Schwank in 1 Akt frei nach dem Französ. (39 S.) 871.
" 18. Bauermeister, Max, Er macht Visite. Lustspiel in 1 Akt. (24 S.) 871.
" 19. Kostial, J. C., Herzliebchen mein unter'm Rebendach. Genrebild in 1 Akt. (16 S.) 871.
" 20. Stein, W., unterbrochene Rollenstudien. Schwank in 1 Akt. [Den Bühnen gegenüber Mscr.] (29 S.) 871.
" 21. Bredow-Goerne, Adele Gräfin v., gute Freunde. Dramatischer Scherz in 1 Akt. (29 S.) 871.
" 22. Horn, Moritz, Plaudereien. Schwank in 3 Akten. (34 S.) 871.
" 23. Bredow-Goerne, Adele Gräfin v., der Lauf der Welt. Original-Lustspiel in 1 Akt. (24 S.) 871.
" 24. Horn, Mor., Drei Dinge nenn' ich euch! Lustspiel in 2 Akten. (46 S.) 871.
" 25. Bredow-Goerne, Adele Gräfin v., ein Fenster beim Einzuge. Lustspiel in 1 Akt. (29 S.) 871.
" 26. Bauermeister, Max, eine Thräne. Lustspiel in 1 Akt. (19 S.) 871.
" 27. Drost, W., Prinz Panetellas v Xemenes. Burleske in 1 Akt, frei nach einem französ. Stoffe. (39 S.) 871.
" 28. Hildebrand, Emil, die Herren Gelehrten. Lustspiel in 1 Akt. (28 S.) 871.
" 29. Drost, W., das Kameel. Schwank in 1 Akte, frei nach dem Engl. (34 S.) 871.
" 30. Bauermeister, M., doppeltes Fiasco. Original-Lustspiel in 1 Akte. (18 S.) 871.
" 31. —— in sicherer Hut. Original-Lustspiel in 1 Akte. (26 S.) 873.
" 32. Hildebrand, Emil, im Lager vor Paris oder Füsilier Kutschke. Militärischer Schwank mit Gesang in 1 Akt. Musik von V. F. Freitag. (23 S.) 873.
" 33. Volger, F., Tante und Nichte. Original-Lustspiel in 1 Akt mit freier Benutzung einer Schücking'schen Novelle. [Seitenstück zu Görner's „Nichte und Tante."] (23 S.) 873.
" 34. Bauermeister, Max, glückliche Reise! Dramatischer Scherz in 1 Akt. (16 S.) 873.
" 35. Volger, Adf., Wer die Wahl hat. Lustspiel in 1 Act. (29 S.) 873.
" 36. Bauermeister, Max, Bolongaro. Lustspiel in 1 Akt. (24 S.) 873.
" 37. —— eine komische Alte. Original-Lustspiel in 1 Act. (20 S.) 873.
" 38. —— Farbe halten. Conversations-Lustspiel in 1 Act. (23 S.) 874.
" 39. Kahlen, M., ein Frühlingstraum. Soloscherz für eine Dame. (12 S.) 874.

—— allgemeine Schaubühne. 40.—63. Lfg. gr. 8. Ebendas. à Lfg.

Inhalt:

Lfg. 40. Wexel, Carl, die Unglücklichen. Schwank mit Gesang nach L. Schneider. (15 S.) 875.
" 41. Glasenapp, Herm. v., der Häßliche. Lustspiel in 1 Act. (18 S.) 875.
" 42. Wexel, Carl, die weiblichen Drillinge. Schwank mit Gesang in 1 Act nach Holtei. (14 S.) 875.
" 43. Bauermeister, Max, Freunde. Original-Lustspiel in 1 Act. (20 S.) 875.
" 44. —— mit Damen. Lustspiel in 1 Act. (23 S.) 876.
" 45. Vereinswuth. Posse in 3 Abtheilungen von C. T. (37 S.) 876.
" 46. Grans, Heinr., Vater und Tochter. Schauspiel in 1 Aufzuge. Nach Scribe frei bearb. (42 S.) 876.
" 47. Fresenius, Aug., ein Minister unter Ludwig XV. oder Diplomatenränke. Nach Eugen Scribe. (31 S.) 876.
" 48. Glasenapp, Herm. v., der Bey von Tripolis. Burleske nach der Idee eines franz. Vaudeville. (10 S.) 876.
" 49. Stavenow, Bernh., das Halstuch. Dramatische Kleinigkeit in 1 Act. (16 S.) 876.
" 50. Volger, Fritz, Ich liebe Sie! Lustspiel in 1 Act frei nach dem Französ. (14 S.) 876.
" 51. Schäfer, Wilh., über Nacht von Hause. Solo-Scherz. (12 S.) 876.
" 52. Volger, Ed., Ludwigs XIV. Jugendliebe. Schauspiel in 1 Act. Mit freier Benutzung einer Novelle von A. E. Brachvogel. (25 S.) 876.
" 53. —— Leonore. Schwank in 1 Act. (30 S.) 876.
" 54. Rabialf, Rich., Hegelmann's psychologische Briefe, oder Folgen eines Gedankenstrichs. Lustspiel in 1 Act. (33 S.) 876.
" 55. Albert, Anno, der Herr Graf. Lustspiel in 1 Act. (32 S.) 877.
" 56. Telmann, Konr., schwerer Diebstahl. Lustspiel in 1 Act. (67 S.) 877.
" 57. Albert, Anno, [A. Kistner], ein Abenteuer. Lustspiel in 1 Act. (26 S.) 877.
" 58. —— die Ehestandspädagogen. Schwank in 2 Acten. (48 S.) 878.
" 59. Sturm, Aug., die Brautschau. Lustspiel in 2 Aufzügen. (53 S.) 878.
Lfg. 60. Dohm, Hedwig, ein Schuß ins Schwarze. Lustspiel in 1 Act. (41 S.) 878.
" 61. Hilder, G., Nichte und Fräulein Nichte. Plauderei in 1 Act. (23 S.) 879.
" 62. Paar, M., ein Roman. Lustspiel in 1 Act. (43 S.) 879.
" 63. —— Chambre garnie. Lustspiel in 1 Act. (50 S.) 879.

—— allgemeine Schaubühne. 64.—78. Lfg. gr. 8. Ebendas. à Lfg.

Inhalt:

Lfg. 64. Böhme, Emil, in der Waldluft. Lustspiel in 1 Aufzuge. (29 S.) 880.
- 65. Frerking, Wilh., Unverbesserlich oder er ist im Vorstande. Schwank in 1 Aufzuge. (20 S.) 880.
- 66. —— auf Socken. Schwank in 1 Akt. (19 S.) 880.
- 67. Jacobi, Thankmar, „Sie" oder „sie". Lustspiel in 1 Akt. (32 S.) 881.
- 68. Frerking, Wilh., Onkel Scharfrichter. Lustspiel in 1 Akt. (26 S.) 881.
- 69. —— ein reizender Ehemann. Schwank in 1 Akt. (23 S.) 881.
- 70. Sturm, Aug., nach dem Balle. Scherz in 1 Akt. (21 S.) 882.
- 71. Die erste Falte oder das beste Mittel. Blüette in 1 Akt von B.....g. (16 S.) 883.
- 72. Kistner, A., Hut ab! Dramatischer Scherz in 1 Akt [2 Bildern]. (31 S.) 883.
- 73. Paul, C. A., der erste Maskenball. Dramatischer Scherz in 1 Akt. (18 S.) 883.
- 74. Gehrke, A., die Dichterin des Wochenblattes. Schwank in 1 Aufzuge. (30 S.) 884.
- 75. Rosen, Hans, Wahlverwandt. Schwank in 1 Akt. (44 S.) 881.

Lfg. 76. Falk C., im Pensionat. Lustspiel in 1 Akt. (34 S.) 884.
- 77. Walter, Carl, aber, Herr Rechnungsrath! oder ein herrlicher Sonntag. Schwank in 1 Aufzuge. (26 S.) 884.
- 78. —— vor Paris 1871. Lebensbild in 1 Aufzuge aus der Zeit der Occupation in Frankreich. (28 S.) 884.

—— allgemeine Schaubühne. 1., 6., 12., 13., 15., 17., 24., 28., 31., 35., 37., 56., 69. und 79.—96. Lfg. gr. 8. Ebendas. 885—88. à Lfg.

Inhalt:

Lfg. 1. Horn, Geo., ein reizender Abend. Soloszene für eine Dame. 2. Aufl. (12 S.)
- 6. Jonas, Rob., im Regen. Lustspiel in 1 Akt. 2. Aufl. (29 S.)
- 12. Hildebrand, Emil, acht Tage nach der Hochzeit oder die Komödie der Liebe. Lustspiel in 1 Akte. Frei nach dem Französ. 2. Aufl. (37 S.)
- 13. Ney, Chr., ein Don Juan wider Willen. Schwank in 1 Akte. 2. Aufl. (45 S.)
- 15. Drost, W., Alter schützt vor Thorheit nicht. Lustspiel in 1 Akt, frei nach dem Französ. 2. Aufl. (36 S.)
- 17. Hildebrand, Emil, nur nicht empfindlich! Schwank in 1 Akt, frei nach dem Französ. 2. Aufl. (42 S.)
- 24. Horn, Mor., drei Dinge nenn' ich euch! Lustspiel in 2 Akten. 2. Aufl. (50 S.)
- 28. Hildebrand, Emil, die Herren Gelehrten. Lustspiel in 1 Akt. 2. Aufl. (29 S.)
- 31. Bauermeister, Max, in sicherer Hut. Original-Lustspiel in 1 Akt. 2. Aufl. (28 S.)
- 35. Bolger, Adf., wer die Wahl hat. Lustspiel in 1 Akt. 2. Aufl. (31 S.)
- 37. Bauermeister, Max, eine komische Alte. Orig.-Lustspiel in 1 Akt. 3. Aufl. (23 S.)
- 56. Telmann, Konr., schwerer Diebstahl. Lustspiel in 1 Akt. 2. Aufl. (70 S.)

Lfg. 69. Frerking, Wilh., ein reizender Ehemann. Schwank in 1 Akt. 2. Aufl. (21 S.)
- 79. Kellner, Aug., das Feuer der Vesta. Lustspiel in 1 Akt. (20 S.)
- 80. Wittmann, Carl Friedr., die Piket-Partie. Lustspiel in 1 Aufzug. Nach Fournier und Mayer frei bearb. (45 S.)
- 81. Kistner, A., keine Hochzeitsreise. Lustspiel in 1 Akt. (39 S.)
- 82. Walter, Carl, das erste Glas dem Kaiser! Genrebild in 1 Aufzuge. (19 S.)
- 83. Wenzl, S., Jung-Deutschland in Afrika. Dramat. Scherz mit Gesang in 2 Aufzügen. (30 S.)
- 84. Starcke, Herrm., Friedrichs erster Waffengang. Szene [1 Akt] aus dem Leben. (22 S.)
- 85. Arago und Vermont, die Memoiren des Teufels. Lustspiel in 3 Aufzügen, frei bearb. von Carl Friedr. Wittmann. (63 S.)
- 86. Kistner, A., eine wie die andere. Polterabendschwank in 1 Aufzuge für drei Damen. (16 S.)
- 87. Schweitzer, Jos., Tenor und Liebe. Schwank in 1 Akt. (12 S.)
- 88. —— der Heiratsvermittler. Orig.-Posse in 1 Akt. (16 S.)
- 89. Wenzl, S., Jung-Afrika in Deutschland. Dramat. Scherz mit Gesang in 2 Aufzügen. (26 S.)
- 90. Ramann, A. M. B., mein Roman. Lustspiel in 1 Aufzuge. (43 S.)
- 91. Schweitzer, Jos., Don Ranudo de Colibrados. Lustspiel in 1 Akt, nach dem gleichnam. Lustspiele von Holberg frei bearb. (21 S.)
- 92. Spies, Arno, der goldene Mittelweg. Dramat. Scherz für einen Herrn und eine Dame. (13 S.)
- 93. Jerwitz, Wilh., des Landwehrmannes Abschied. Zeitbild in 1 Akte. (15 S.)
- 94. Ramann, A. M. B., blinder Feuerlärm. Ein lustiges Stücklein in 1 Aufzuge. (32 S.)
- 95. Hoffmann v. Wangenheim, Pauline, eine Eisbekanntschaft. Lustspiel in 1 Akt. (24 S.)
- 96. Weber, O., Radfahrerlist. Lustspiel in 1 Akt. (36 S.)

Wallner, Edm. Allgemeine Schaubühne. 32., 97. u. 98. Lfg. gr. 8. Erfurt, Bartholomäus. à Lfg. — 75

32. Hildebrand, Emil. Im Lager vor Paris od. Füsilier Kutschke. Militärischer Schwank m. Gesang in 1 Act. Musik v. B. F. Freitag. 2. Aufl. (28 S.) 884.
97. Eich, W. Was zum Ziele führt. Lustspiel in 1 Act. (27 S.) 892.
98. —— Aus großen Tagen. Festspiel in 2 Aufz. (40 S.) 892.

— allgemeine Schaubühne. 14., 32., 78., 97. u. 98. Lfg. gr. 8. Erfurt. Berlin, E. Bloch. à — 75

14. Marketenderliebe. Militär. Zeitbild in 1 Akte v. Max Bauermeister. 2. Aufl. (22 S.) 895.
32. Im Lager vor Paris od. Füsilier Kutschke. Militär. Schwank m. Gesang in 1 Akt v. Emil Hildebrand. Musik v. B. F. Freitag. 2. Aufl. (24 S.) 895.
78. Vor Paris 1871. Lebensbild in 1 Aufzug aus der Zeit der Okkupation in Frankreich v. Carl Walter. 2. Aufl. (32 S.) 895.
97. Was zum Ziele führt. Lustsp. in 1 Akt v. W. Eick. (27 S.) 892.
98. Aus großen Tagen. Festspiel in 2 Aufzügen v. W. Eick. (40 S.) 892.

Auch die übrigen Hefte sind jetzt Verlag von E. Bloch, Berlin.

Wallner, Edm., deutsche Sprüche u. Reime z. Ausschmücken v. Haus u. Geräth, sowie als Begleiter v. Geschenken gesammelt u. hrsg. 8. (XI, 118 S.) Erfurt 883. Bartholomäus. 1. 50

[F.] Deutsche Sprüche und Reime zum Ausschmücken von Haus und Gerät sowie als Begleiter von Geschenken. Gesamm. u. hrsg. v. Edmund Wallner. 2. verm. Aufl. *Erfurt: F. Bartholomäus [1896].* (4 Bl., 127 S.) 1 Bd 8. [96. 9019

Wallner, Edmund. Vierhundert Sujets zu lebenden Bildern. Ein Verzeichniß von 400 kleineren wie grosseren bekannten Genrebildern, historischen Gruppen und biblischen Tableaux, welche sich zur Darstellung im Familienkreis wie für größere Gesellschaften besonders eignen ... Hrsg. von Edmund Wallner. Erfurt, Fr. Bartholomaus [um 1870]. 88 S. 8°

Wallner, Edm., 1000 Sujets zu lebenden Bildern. Ein Verzeichniß v. mehr als 1000 kleineren wie größeren Genrebildern, histor. Gruppen u. bibl. Tableaux, welche sich zur Darstellg. im Familienkreis wie f. größere Gesellschaften besonders eignen. Mit genauer Angabe der Quellen u. Maler, sowie m. Notizen üb. Costüme, Decoration, Musikbegleitg., Zahl der zur Darstellg. nöth. Personen u. anderen practicablen Notizen. 2. bedeutend verm. u. verb. Aufl. gr. 8. (V, 346 S.) Erfurt 876. Bartholomäus. n. 4. —

—— Sujets zu lebenden Bildern und Anleitung zu deren Darstellung. 2. Sammlung. gr. 8. (VI, 322 S.) Ebendas. 881. *

[F.] Eintausend Sujets zu Lebenden Bildern. E. Verzeichn. v. mehr als 1000 kleineren wie grösseren Genrebild., histor. Gruppen u. bibl. Tableaux ... Hrsg. v. Edmund Wallner. 4. bed. verm. u. verb. Aufl. (Sammlg 1.) *Erfurt: F. Bartholomäus [1895].* 8. [96. 8857

— der Tafelredner bei Polterabend u. Hochzeit. Eine reichhaltige Sammlg. v. Tischreden u. Toasten f. Polterabend, Hochzeit u. Jubelhochzeit. Mit e. Anh.: Tafellieder. 3., verm. Aufl. 8. (128 S.) Erfurt 893. F. Bartholomäus. n. 1. —

— der Tafelredner bei Polterabend u. Hochzeit. Eine reichhalt. Sammlg. v. Tischreden u. Toasten, f. Polterabend, Hochzeit u. Jubelhochzeit. Mit e. Anh.: Tafellieder. 4. Aufl. 8. (128 S.) Ebd. (899). n. 1. —

Der Tafelredner bei Polterabend und Hochzeit. Eine reichhalt. Sammlung von Tischreden u. Toasten, für Polterabend, Hochzeit u. Jubelhochzeit. Mit e. Anh.: Tafellieder. Hrsg. von Edmund Wallner. 4. Aufl. *Erfurt: Bartholomäus [1900].* (128 S.) 8° [F.] [00. 4339

—— deutsches Taschen-Liederbuch. 61.—80. Aufl. 16. (XVI, 384 S.) Ebendas. 868—74. cart. *

— deutsches Taschen-Liederbuch. 80. Aufl. 16. (XVI, 384 S.) Ebend. 873. n. 1. —

—— deutsches Taschen-Liederbuch. 81.—115. Aufl. 16. (XVI, 398 S.) Ebendas. 875—81. cart. *

—— deutsches Taschen-Liederbuch. 116.—120. verm. Aufl. 16. (XVI, 398 S.) [Erfurt 880—83, Bartholomäus.] Augsburg, Lampart und Comp. cart. *

— deutsches Taschenliederbuch. 121. Aufl. 16. (XVI, 412 S.) Augsburg 886. Lampart & Co. cart. n. 1. —; geb. m. Goldschn. n. 2. —

Wallner, Edm., neuestes Taschen-Liederbuch, s. Taschen-Liederbuch, neuestes.

Wallner, Edm., neuestes Taschen-Liederbuch. [8. verm. Aufl.] Erfurt 862. Bartholomäus. 32. (XVI, 408 S.) 9 ngr.

Wallner, Edm., neuestes Taschen-Liederbuch. (9.–60., verb. Aufl.) Erfurt 865–68. Bartholomäus. 32. (XVI, 429 S.) cart. 9 ngr.

— Thespiskarren. 12 Lfgn. gr. 8. Ebend. 872—77. à — 75

1. Der Ohrenbalsam des Eremiten, oder: Der ungehörte Vaterfluch, oder: Des Backenstreiches Fluch und Segen. Ein ritterliches Schauspiel in zween Aufzügen nebst einem Vorspiel mit Gesang, Tanz, Gefecht und Feuerwerk von Gust. Kopal.
2. Der geschundene Raubritter, oder: Minne und Hungerthurm, oder: Das lange verschwiegene und doch endlich an den Tag gekommene Geheimniß, Trauerspiel in 3 Acten v. G. Kopal.
3. Roderich der Furchtbare, oder: Liebe, Spund und Cognac. Ein närrisches Possenspiel in einem traurigen Act von Nepomuck Kavizell.
4. Don Guano, oder: Der steinerne Gastwirth. Große außerordentliche Oper ohne Gesang in 12 Acten, unter Mitwirkung des Herrn Mozart, verfaßt von M. L. von Chemnitz. NB. Sollte das Stück nach dem zweiten Acte beendet sein, so fallen die übrigen weg.
5. Kunigunde v. Wolfenbüttel, oder: Die Liebe ist die Wurzel alles Uebels, oder: Das Tournier zu Pferde. Ein niedlich-romantisches Ritterschauspiel in einem Aufzuge und zwo Verwandlungen mit Gesang von K. A. Lauer.
6. Schäferstunden, oder: Wie die Alten sungen, so zwitschern die Jungen. Ein romantisch-classisch-modern-tragi-komisches Schauspiel mit Gesang und Tanz in drei aufeinanderfolgenden Abtheilungen von K. A. Lauer. Abtheilung I.: „Hero und Leander." Eine Idylle aus dem classischen Alterthume.
7. dasselbe. II. Abtheilung: „Der Chevalier v. Clodoches." Ein Schäferspiel aus der guten alten Zeit in einem Act.
8. dasselbe. III. Abtheilung: „Nand'l und Nazi," „Der Berliner im Gebirge", Ländliche Scene mit Gesang und Tanz in einem Act.
9. Der Troubadour, oder: Ständchen u. Zweikampf um Mitternacht, oder: die am Hochgericht wahnsinnig gewordene Zigeunerin und das Misere ihres Sohnes. Große Oper in 4 Acten nach dem Italienischen des S. Cammarano, frei übersetzt, gründlich verarbeitet und neu durchgesehen von Balthasar Aegidius Lerchenschnabel, Theaterdirector. Musik von Verdi.
10. Der blutige Pantoffel an der Kirchhofsmauer, od: Das vergiftete Dreierbrödchen. Große historisch-romantische Tragödie in fünf Aufwickelungen von M. L. von Chemnitz.

—— Thespiskarren. 11. und 12. (Schluß-)Lfg. gr. 8. Ebendas. 876. à Lfg.

Inhalt:

Lfg. 11. Bertramseck, Ritter v., König Agamemnon's Glück und Ende. Fastnachts-Tragödie mit Chören in 2 Auf- und Abzügen. (21 S.)

" 12. Spitzel, Nicodemus, Dum Carlos, der reitende Infanterist von Spanien, oder die schreckl. Folgen der Trunkenboldigkeit. Ein dramat. Ungeheuer nach den besten carnevalist. Quellen, nach dem Punch, Kladderadatsch ꝛc. frei bearb. Aus dem Spanisch-Bittern in's Federweiße übers. Musik vom Capellmstr. Nanu. Mit Pro- und Epilog nebst Zwischenreden. (58 S.)

Diese beiden Lfgn. bilden die Fortsetzung von: Universum des Witzes 16. und 17. Bd.

—— Thespiskarren. 13.—15. Lfg. gr. 8. Erfurt, Bartholomäus. à Lfg.

Inhalt:

Lfg. 13. Wenzel, S., Kunibert oder der unbewußte Sohnesmord aus Liebe. Ritter-Schauer-Posse mit Gesang in zwei grauenhaften Aufsätzen. (28 S.) 880.

" 14. ——— Salz-Häringe oder die Macht des Kümmels. Schauer-Posse in 3 Hälften. (34 S.) 880.

" 15. —— die blamirte Ahnfrau, oder der verhängnißvolle Kinderschuh. Eine Ritter- und Geister-Komödie mit Gesang in zwei sehr interessanten Aufzügen. (31 S.) 884.

—— Thespiskarren. 1., 5., 10., 14., 16. und 17. Lfg. gr. 8. Erfurt 885—88, Bartholomäus. à Lfg.

Inhalt:

Lfg. 1. Kopal, Gust., der Ohrenbalsam des Eremiten oder der ungehörte Vaterfluch oder des Backenstreiches Fluch und Segen. Ein ritterl. Schauspiel mit Gesang, Tanz, Gefecht und Feuerwerk in 2 Aufzügen und 1 Vorspiele. 2. Aufl. (34 S.) 1888

" 5. Lauer, K. A., Kunigunde von Wolfenbüttel oder die Liebe ist die Wurzel alles Uebels oder das Turnier zu Pferde. Ein niedlich-romant. Ritterschauspiel in 1 Aufzuge und in 2 Verwandlungen mit Musik und Gesang. 2. Aufl. (16 S.)

" 10. Chemnitz, M. L. v., der blutige Pantoffel an der Kirchhofsmauer oder das vergiftete Dreierbrödchen. Große historisch-romant. Tragödie in 5 Aufwickelungen. 2. Aufl. (16 S.)

" 14. Wenzl, S., Salz-Häringe oder die Macht des Kümmels. Schauerposse in 3 Hälften. 2. Aufl. (26 S.)

" 16. Chemnitz, M. L. v., Spiritus und Seifenschaum oder die Ueberrumpelung auf dem Kampfplatze. Thränenerpressendes Drama in 2 Akten. Am Schlusse kriegen sie sich. (19 S.)

" 17. Blume, Osc., Mi-ma-pi-tu oder das fidele Harikiri oder das Leben ist doch wunderschön. Wechselvolle Schauerposse in 3 ungleichen Hälften von Bim-bam-borio. Aus dem chines. Ururtext übertr. und für deutsche Kneipabende zurechtgestutzt. (19 S.)

Wallner, Edm., Thespiskarren. 2. u. 18.—25. Lfg. [Aus: „W., Karneval- u. Maskenball".] gr. 8. Erfurt 894. F. Bartholomäus. à — 75

2. Der geschundene Raubritter od. Minne u. Hungerturm, od. das lange verschwiegene u. endlich doch an den Tag gekommene Geheimnis. Trauerspiel in 3 Akten v. Gust. Kopal. 3. Aufl. (48 S.)
18. Der Taucher. Romantisches Machwerk in 5 Akten, teils in Jamben, teils in Prosa v. Fritz Schillerer. Nach e. Ballade in's Dramatische u. Bühnengerechte herumgearb. (10 S.)
19. Verlorne Sangesmüh. Operette in 1 Aufzuge v. Th. Heigel. Musik v. A. Heurling. (16 S.)
20. Untreue üb. Alles od. die verhängnisvollen Knödel. Romantische Rittertragödie aus dem 12. Jahrh. in 3 Aufzügen u. 1 schreckl., schauder- u. furchterreg. Tableau v. Guido Schrecklich. (7 S.)
21. Des Ermordeten Rache. Gespensterdrama in 7 Akten v. Nicodemus Spitzel. (8 S.)
22. Die Braut v. Barzin od. die gräulichen Brüder. Fastnachtsschwank aus dem Stegreif v. W. O. Challam. (16 S.)
23. Medea od. keine Zivilehe mehr. Große Kartoffel-Puppen-Tragödie in 1 Akt, frei nach dem Fünfaktigen des Hrn. Grillparzer v. Parzer. (12 S.)
24. Die Trennung der siamesischen Zwillinge. Eine Puppen-Komödie v. Bimbam Borio. (12 S. m. Abbildgn.)
25. Ritter Toggenburg od. die Macht der Poesie. Historisch-romant. Trauerspiel in 4 Aufzügen von F. v. S. (10 S.)

— **Toaste u. Tischreden bei Familienfesten u. im Freundeskreise.** Gesammelt u. hrsg. 2., verm. Aufl. 8. (VII, 187 S.) Ebd. 892. 1. 50

— **Toaste u. Tischreden bei Familienfesten u. im Freundeskreise.** 3. Aufl. 8. (VII, 187 S.) Ebd. 896. 1. 50

— **Toaste u. Tischreden bei Familienfesten u. im Freundeskreise.** 4. Aufl. 8. (VII, 187 S.) Ebd. 901. 1. 50

— kleines Universum. 1.—3. Bd. 16. Erfurt 895. F. Bartholomäus. n. 1. 80

1. Blumen u. Lieder. Eine musikal. Blumensprache v. Elise Polko. 2. Aufl. (80 S.) n. — 50
2. Neckische Tanzgespräche. Ein poet. Frag- u. Antwortspiel v. F. M. Hessemer. 3. Aufl. (123 S.) n. — 60
3. Die Sprache m. d. Fächer. Nach span. Original bearb. v. Fenella. 3. Aufl. (15 S.) — 30

—— Universum des Witzes und der ungeheuern Heiterkeit. Ein Taschen-Receptbuch des Humors für fröhl. Leute und solche, die es werden wollen. 4 Bde. 8. Erfurt, Bartholomäus. à Bd. 15 Ngr.

Inhalt:

Bd. 1. Das Liebhabertheater wie es sein soll. Dramatische Scenen und Schwänke. Das Lesekränzchen. Das Polichinell-Theater ꝛc. 2., durchaus verb. und sehr verm. Aufl. (XI und 180 S. mit 10 lithogr. Illustr., wovon 2 in Buntdr.) 865.

" 2. Komische Vorträge in Poesie und Prosa nebst einer Anleitung zum Deklamiren. (IX und 191 S.) 865.

" 3. Wachsfiguren-Cabinet, Menagerie, Schatten-Theater, Maskenbälle und lebende Bilder. Eine Anleitung zur Darstellung genannter Lustbarkeiten nebst dem nöthigen Dialog. (XVI und 230 S.) 868.

" 4. Kalauer Pillen, das sind 1000 Anecdoten gegen Hypochondrie, Langeweile und Humorverstopfung ꝛc. (VII und 220 S.) 868.

—— Universum des Witzes und der ungeheuren Heiterkeit. Ein Taschen-Receptbuch des Humors für fröhliche Leute und solche, die es werden wollen. 5.—23. Bd. Ebendas. 5.—17., 19.—23. Bd. à 18. Bd.

Inhalt:

Bd. 5. 6. Polterabend und Hochzeit. Eine reiche Auswahl von scherzhaften und ernsten Aufzügen, dramat. Scenen für eine und mehr Personen, Gedichte ꝛc. (XVI, 404 S.) 869.

" 7. Das Raritäten-Cabinet. 6000 Jahre Weltgeschichte. Wissenschaftliche Vorlesungen ꝛc. (VII, 207 S.) 869.

Bd. 8. Noch 1000 Kalauer Pillen, das sind Anekdoten gegen Hypochondrie, Langeweile und Humorverstopfung in Schachteln à 1000 Stück. 2. Dosis. (VII, 196 S.) 869.

" 9. Die Bilder-Galerie. Das anthropologische Cabinet. Das anatomische Museum. Circus Renz. Vier drastische Scenen, zur Aufführung im heiteren Kreise bestimmt und mit 13 humorist. Illustr. (in Holzschn.) versehen. (V, 133 S.) 870.

" 10. In rosenrother Laune. Humoresken in Poesie und Prosa, zur Lecture und auf der Reise und zum Vorlesen am warmen Ofen. (IV, 218 S.) 870.

" 11. Das Haus-Theater. Sammlung von Lustspielen und Soloscherzen mit einfacher Scenerie und leichter Besetzung für Dilettanten-Bühnen. (VII, 185 S.) 870.

= 12—14. Das Haustheater. 2.—4. Bd. Lustspiele und Soloscherze mit einfacher Scenerie und leichter Besetzung für Dilettantenbühnen. (VI, 167; VII, 161 S.) 871.

= 15. Gesellschaftsspiele im Zimmer wie im Freien, scherzhafte Vexir- und Räthsel-Spiele und andere Belustigungen. (VIII, 169 S.) 871.

= 16. 17. Thespiskarren. Eine Sammlung haarsträub. Orig.-Dramen, ausgeführt von Räubern, Rittern, Schäfern &c. Zur Aufführung in fidelen Kreisen hrsg. 1. und 2. Bd. (VII, 137; 172 S.) 872.

= 18. Die Magie im Salon. Amüsante Täuschungen ohne Apparate aus dem Gebiete der eleganten Salon-Magie. Nebst Erklärung der Gespenstererscheinungen und Trugbilder. Mit 40 erläut. Abbild. auf 10 Taf. und 1 Taf. in Buntdr. 872. ℳ 2.

= 19. Sang und Klang bei Tische. Sammlung von Tafel-Liedern, Tischreden und Toasten. 1. Abthl. Tafel-Lieder. (XI, 126 S.) 872.

= 20. —— dass. — 2. Abthl. Tischreden und Toaste. 873.

= 21. 22. Das Haus-Theater. 5. und 6. Bd. Lustspiele und Soloscherze mit einfacher Scenerie und leichter Besetzung für Dilettanten-Bühnen. (VI, 109 S.) 873.

= 23. Der Kalauer Pillen 3. Dosis. Das sind ausgewählte Anecdoten gegen Hypochondrie, Langeweile und Humorverstopfung in Schachteln à 500 Stück. Zum Wohle der leid. Menschheit hrsg. (144 S.) 871.

—— **Universum des Witzes und der ungeheuren Heiterkeit. Ein Taschen-Receptbuch des Humors für fröhliche Leute und solche, die es werden wollen.** 5., 6., 9., 24.—26. Bd. Ebendas. à Bd.

Inhalt:

Bd. 5. Polterabendscherze. Eine reiche Auswahl von scherzhaften Aufzügen, dramat. Scenen für eine und mehr Personen, Gedichte für einzelne Personen bei Ueberreichung von Geschenken, für Polterabend und Hochzeit. 2. verm. Aufl. (VI, 142 S.) 876.

= 6. Der Festordner bei Polterabend und Hochzeit. Eine reichhalt. Sammlung von Tischreden, Toasten und Tafelliedern für Hochzeit, Polterabend und Jubelhochzeit. 2. Aufl. (VIII, 129 S.) 876.

= 9. Die Bilder-Gallerie. Der Circus im Salon. Das anatom. Museum. Das anthropolog. Cabinet. Vier drast. Scenen, zur Aufführung in heiterem Kreise bestimmt und mit vielen humorist. Illustr. versehen. 2. Aufl. (154 S.) 879.

= 24. Linderer, Rob., das Portefeuille des Komikers. Humoristische Scenen, Soloscherze, Dialoge und Couplets. (VI, 192 S.) 876.

= 25. Wallner, Edm., In fröhlicher Gesellschaft. Humoresken in Poesie und Prosa zum Vortrag in heiteren Kreisen. (VI, 170 S.) 877.

= 26. Lindau, Carl, der Kalauer Pillen 4. Dosis. Das sind: ausgewählte Anekdoten gegen Hypochondrie, Langeweile und Humorverstopfung, in Schachteln à 500 Stück. Zum Wohle der leid. Menschheit hrsg. (VII, 175 S.) 877.

—— **Universum des Witzes und der ungeheuern Heiterkeit. Ein Taschen-Receptbuch des Humors für fröhliche Leute und solche, die es werden wollen.** 1.—3., 5., 6., 15., 17., 18., 20., 21., 27.—38., 40. und 41. Bd. 8. Ebendas.

Inhalt:

Bd. 1. Das Liebhaber-Theater und dramatische Lesekränzchen, wie es sein soll! Anleitung zur Darstellung, zum Memoriren der Rollen, Schminken, Costümiren &c. 3. und 4. Aufl. (VIII, 212 S. mit 8 lithogr. Taf., wovon 2 in Farbendr.) 880,81. ℳ 2,50.

= 2. Komische Vorträge in Poesie und Prosa. Nebst einer Anleitung zum Deklamiren und einem Vorwort von Thdr. Drobisch. 4. durchaus verb. und sehr verm. Aufl. (XIII, 192 S.) 882. ℳ 1,50.

= 3. Wachsfiguren-Cabinet. Die Menagerie. Eine Anleitung zur Darstellung genannter Lustbarkeiten, nebst dem nöthigen Dialog. 3. verm. Aufl. (VIII, 116 S.) 881. ℳ 1,50.

= 5. Polterabendscherze. Eine reiche Auswahl von scherzhaften Aufzügen, dramat. Scenen für eine und mehr Personen, für Polterabend und Hochzeit. 3. verm. Aufl. (VIII, 210 S.) 881. ℳ 1,50.

= 6. Der Festredner bei Polterabend und Hochzeit. Eine reichhalt. Sammlung von Tischreden, Toasten und Tafelliedern für Hochzeit, Polterabend und Jubelhochzeit. 2. verm. Aufl. (VIII, 129 S.) 881. ℳ 1,50.

= 15. Gesellschafts-Spiele im Zimmer wie im Freien, scherzhafte Vexir und Räthsel-Spiele und andere Belustigungen. 3. bedeutend verm. Aufl. (XV, 186 S. mit eingedr. Holzschn.) 881. ℳ 1,50.

= 17. Thespiskarren. Eine Sammlung haarsträubender Orig.-Dramen, ausgeführt von Räubern, Rittern, Schäfern, Einsiedlern, Geistern und Consorten. Zur Aufführung in fidelen Kreisen hrsg. 2. Bd. 2. revid. Aufl. (IV, 170 S.) 883. ℳ 1,50.

= 18. Rizzini, Carlo, Magie im Salon. Amüsante Täuschungen mit und ohne Apparate aus dem Gebiete der eleganten Salon-Magie. Nebst Erklärung der Gespenstererscheinungen und Trugbilder. (XII, 146 S. mit 58 erläut. Abbild. auf 18 lithogr. Taf. und 1 Taf. in Farbendr.) 881. ℳ 2.

= 20. Das kleine Buch der Tischreden, Toaste und Trinksprüche. 3. verm. Aufl. (VIII, 222 S.) 884. ℳ 1,50.

= 24. Linderer, Rob., das Portefeuille des Komikers. Humoristische Scenen, Soloscherze und Dialoge. 1. Bd. (VI, 178 S.) 884. ℳ 1,50.

= 27.} 28.} Von den Brettern, welche die Welt bedeuten. Ausgewählte Humoresken und Anekdoten aus dem Theaterleben. 2 Bde. (168; 171 S.) 880. à ℳ 1,50.

= 29. Carnevalistisches Liederbuch. Sammlung neuer und neuester Carnevals-Lieder. (VIII, 146 S.) 880. ℳ 1,50.

= 30. Lindau, Carl, der Kalauer Pillen fünfte Dosis. Das sind: Ausgewählte Anecdoten gegen Hypochondrie, Langeweile und Humorverstopfung, in Schachteln à 500 Stück, zum Wohle der leidenden Menschheit hrsg. (174 S.) 880. ℳ 1,50.

= 31. —— der Coupletsänger. Sammlung laun. Couplets und Soloscherze. Gesammelt und hrsg. (VII, 171 S.) 880. ℳ 1,50.

= 32. —— das Portefeuille des Komikers. Humoristische Scenen, Soloscherze und Dialoge. 2. Bd. (VI, 174 S.) 880. ℳ 1,50.

= 33. Polonaise, Contretanz, Cotillon. Ein Tanz-Vademecum für Ball-Vorsteher, Tanzlehrer und Freunde des Tanzes. (VII, 187 S.) 881. ℳ 2.

= 34. Festspiele für Polterabend und Hochzeit. Eine Sammlung leicht ausführbarer Scenen, Komödien und Aufzüge. (VIII, 240 S.) 881. ℳ 1,50.

= 35. Hochzeitsklänge. Tafellieder für Polterabend und Hochzeit. Sammlung bisher ungedr. Orig. Dichtungen für obengenannte Festlichkeiten. (X, 172 S.) 881. ℳ 1,50.

Bd. 36.} 37.} Festklänge zu Jubelhochzeiten, Prologe, Widmungen, Gedichte als Begleiter von Geschenken, Festspiele, Tafellieder und Toaste. 2 Bde. (VIII, 191; VII, 126 S.) 881. à ℳ 1,50.

= 38. Liederspiele, dramatische Scenen, musikalische Potpourri's, Bluetten und Soloscherze. (158 S.) 881. ℳ 1,50.

= 40. Jerwitz, W., Pantominen und Tanz-Divertissements. Rath für Ballete und Tänze zu Festlichkeiten aller Art, nebst einer kurzen Geschichte des Tanzes und der Pantomimik bei den Alten. (LXIV, 93 S.) 884. ℳ 1,50.

= 41. Für Sylvester und Neujahr. Eine Auswahl von Toasten, Liedern, scherzhaften und ernsten Sylvesterreden, Couplets, lebenden Bildern, Unterhaltungsspielen und Rätseln, sowie eine Anleitung zur Anfertigung verschiedener Sylvester-Getränke. (VI, 208 S.) 884. ℳ 1,50.

—— **Universum des Witzes und der ungeheuren Heiterkeit. Ein Taschen-Rezeptbuch des Humors für fröhliche Leute und solche, die es werden wollen.** 2., 3., 5., 6., 9., 15., 16., 19., 20., 25., 31.—33. und 42.—46. Bd. 8. Ebendas. 885—88. *

Inhalt:

Bd. 2. Komische Vorträge in Poesie und Prosa, nebst einer Anleitung zum Deklamieren. 4. Aufl. (XII, 234 S.) ℳ 1.50.

= 3. Wachsfiguren-Kabinett. — Die Menagerie. Eine Anleitung zur Darstellung genannter Lustbarkeiten, nebst dem nötigen Dialog. 4. verm. Aufl. (112 S.) ℳ 1. 50.

= 5. Polterabendscherze. Eine reiche Auswahl von scherzhaften Aufzügen, dramat. Szenen für eine und mehr Personen für Polterabend und Hochzeit. Mit Beiträgen von Julien Raymund de Bau, P. A. Lerke, Fel. Meyer u. A. 4. verm. Aufl. (VIII, 234 S.) ℳ 1.50.

= 6. Der Festredner bei Polterabend und Hochzeit. Eine reichhaltige Sammlung von Tischreden, Toasten und Tafelliedern für Hochzeit, Polterabend und Jubelhochzeit. 2. verm. Aufl. (VIII, 144 S.) ℳ 1.50.

= 9. Die Bilder-Gallerie. — Der Zirkus im Salon. — Das anatomische Museum. — Das anthropologische Kabinett. 4 drast. Scenen, zur Aufführung in heiterem Kreise bestimmt und mit vielen humorist. Illustr. versehen. 3. Aufl. (153 S.) ℳ 1.50.

Bd. 15. Gesellschafts-Spiele im Zimmer wie im Freien. Scherzhafte Vexier- und Rätsel-Spiele und andere Belustigungen. 4. bedeutend verm. Aufl. (XIV, 187 S. mit Abbild.) ℳ 1.50.

= 16. Thespiskarren. Eine Sammlung haarsträubender Orig.-Dramen, ausgeführt von Räubern, Rittern, Schäfern, Einsiedlern, Geistern und Konsorten. Zur Aufführung in fidelen Kreisen hrsg. 1. Bd. 3. Aufl. (142 S.) ℳ 1.50.

= 19. Der Festredner bei Vereinsfesten und geselligen Verbindungen. 4. verb. Aufl. (VIII, 181 S.) ℳ 1.50.

= 20. Toaste und Tischreden bei Familienfesten und im Freundeskreise. 4. bedeutend verb. und verm. Aufl. (VIII, 179 S.) ℳ 1.50.

= 25. Ansprachen, Reden und Trinksprüche bei Gemeinde-Festlichkeiten, Jubiläen, patriotischen Fest- und Gedenktagen. (VII, 119 S.) ℳ 1.—.

= 31. Der Koupletsänger. Sammlung launiger Kouplets und Soloscherze. Gesammelt und hrsg. von Carl Lindau. 2. Aufl. (VII, 146 S.) ℳ 1.50.

= 32. Das Portefeuille des Komikers. Humoristische Szenen, Soloscherze und Dialoge. Hrsg. von Carl Lindau. 2. Bd. 2. Aufl. (VI, 180 S.) ℳ 1.50.

= 33. Polonaise, Contretanz, Cotillon. Ein Tanz-Vademecum für Ball-Vorsteher, Tanzlehrer und Freunde des Tanzes. 2. verm. und verb. Aufl. (VIII, 201 S. mit 11 Taf.) *ℳ 2.—.

= 42. Der Deklamator. Sammlung ausgewählter Vorträge in Poesie und Prosa. Nebst einer Anleitung zum Deklamiren. Hrsg. von Edm. Wallner. 1. Abthl.: Sammlung ernster Vorträge. (VI, 206 S.) ℳ 1.50.

= 43. —— dass. — 2. Abthl.: Sammlung komischer Vorträge. (VII, 231 S.) ℳ 1.50.

= 44. —— dass. — 3. Abthl.: Parodien. (XI, 278 S.) ℳ 1.50.

= 45. —— dass. — 4. Abthl.: Humoristische Vorlesungen. (VIII, 213 S.) ℳ 1.50.

= 46. Uslar, A. v., zum Polterabend. Festspiele für mehrere Personen. (V, 77 S.) *ℳ 1.—.

— **Universum des Witzes u. der ungeheuren Heiterkeit. Ein Taschen-Rezeptbuch d. Humors f. fröhl. Leute und solche, die es werden wollen.** 2., 5., 6., 9., 15., 17., 20., 24., 31., 32., 40 u. 41. Bd. 8. Ebend. à 1. 50

2. Komische Vorträge in Poesie u. Prosa, nebst e. Anleitg. zum Deklamieren. 4. Aufl. (XII, 234 S.) 885.

5. Polterabendscherze. Eine reiche Auswahl v. scherzhaften Aufzügen, dramat. Szenen f. e. u. mehr Personen für Polterabend u. Hochzeit. Mit Beiträgen v. Julien Raymund de Bau, P. A. Lerke, Fel. Meyer u. A. 4. verm. Aufl. (VIII, 234 S.) 885.

6. Der Festredner bei Polterabend u. Hochzeit. Eine reichhalt. Sammlg. v. Tischreden, Toasten u. Tafelliedern f. Hochzeit, Polterabend u. Jubelhochzeit. 2. verm. Aufl. (VIII, 144 S.) 885.

9. Die Bilder-Gallerie. Der Zirkus im Salon. Das anatomische Museum. Das anthropologische Kabinett. 4 drast. Szenen, zur Ausführg. in heiterem Kreise bestimmt u. m. vielen humorist. Illustr. versehen. 3. Aufl. (VII, 153 S.) 886.

15. Gesellschafts-Spiele im Zimmer wie im Freien. Scherzhafte Vexier- u. Rätsel-Spiele u. andere Belustiggn. 4. Aufl. (XIV, 187 S. m. Abbildgn.) 886.

17. Thespiskarren. Eine Sammlg. haarsträub. Original-Dramen, ausgeführt v. Räubern, Rittern, Schäfern, Einsiedlern, Geistern u. Consorten. Zur Aufführg. in fidelen Kreisen hrsg. 2. Bd. 2. Aufl. (IV, 170 S.) 886.

20. Das kleine Buch der Tischreden, Toaste u. Trinksprüche. 3. Aufl. (VIII, 222 S.) 884.

24. Das Portefeuille d. Komikers. Humoristische Scenen, Soloscherze u. Dialoge. Hrsg. v. Rob. Linderer. 1. Bd. (VI, 178 S.) 884.

31. Der Koupletsänger. Sammlung laun. Kouplets u. Soloscherze. Gesammelt u. hrsg. v. Carl Lindau. 2. Aufl. (VII, 146 S.) 885.

32. Das Portefeuille d. Komikers. Humoristische Szenen, Soloscherze u. Dialoge. Hrsg. v. Carl Lindau. 2. Bd. 2. Aufl. (VI, 180 S.) 885.

40. Pantomimen u. Tanz=Divertissements. Rath f. Ballete, Tänze u. Festlichkeiten aller Art, nebst e. kurzen Geschichte d. Tanzes u. der Pantomimik bei den Alten v. W. Jerwitz. (LXIV, 93 S.) 884.

41. Für Sylvester u. Neujahr. Eine Auswahl v. Toasten, Liedern, scherzhaften u. ernsten Sylvesterreden, Kouplets, leb. Bildern, Unterhaltungsspielen u. Rätseln, sowie e. Anleitg. zur Anfertigg. verschiedener Sylvester=Getränke. (VI, 208 S.) 884.

—— Universum d. Witzes u. der ungeheuren Heiterkeit. 3. u. 24. Bd. 8. Ebd. 891. à Bd. 1 50

3. Wachsfiguren=Kabinett; die Menagerie. 4. Aufl. (VII, 112 S. m. Abbildgn.)
24. Das Portefeuille d. Komikers. 1. Bd. Von Rob. Linderer. 5. Aufl. (IV, 178 S. m. Abbildgn.)

— Universum d. Witzes u. der ungeheuren Heiterkeit. Ein Taschen=Rezeptbuch d. Humors f. fröhl. Leute u. solche, die es werden wollen. 3., 5., 24. u. 48. Bd. 8. Ebd. à 1. 50

3. Wachsfiguren=Kabinett; die Menagerie. Eine Anleitg. zur Darstellg. genannter Lustbarkeiten nebst dem nöt. Dialog. 4., verm. Aufl. (VII, 112 S. m. Abbildgn.) 891.
5. Polterabendscherze. Eine reiche Auswahl v. scherzhaften Aufzügen, dramat. Szenen f. e. u. mehr Personen f. Polterabend u. Hochzeit. Mit Beiträgen v. Julien Raymund de Bau, P. A. Lerke, Felix Meyer u. A. 6., verm. Aufl. (IV, 223 S.) 894.
24. Das Portefeuille des Komikers. Humoristische Szenen, Soloscherze u. Dialoge. Hrsg. v. Rob. Linderer. 1. Bd. 5. Aufl. (IV, 175 S. m. Abbildgn.) 884.
45. In fröhlicher Gesellschaft. Heitere, gesell. Lieder, Deklamationen, Kuplets, kom. Szenen u. ergötzl. Bühnenstücke. Orig.=Dichtgn. v. Pet. Serwas. 2. Aufl. (VII, 216 S.) 894.

— Universum des Witzes u. d. ungeheuern Heiterkeit. Ein Taschen=Rezeptbuch des Humors f. fröhl. Leute u. solche, die es werden wollen. 2., 24., 25., 35., 45., 46. u. 49. Bd. 8. Ebd. 9. —

2. Komische Vorträge in Poesie u. Prosa. Nebst e. Anleitg. z. Deklamieren u. e. Vorrede v. Thdr. Drobisch. Hrsg. v. Edm. Wallner. 6. Aufl. (XII, 236 S.) 895. 1. 50
24. D. Portefeuille d. Komikers. Humorist. Szenen. Soloscherze u. Dialoge. Hrsg. v. Rob. Linderer. 6. Aufl. (IV, 175 S. m. Abb.) 895. 1. 50
25. Ansprachen, Reden u. Trinksprüche bei Gemeinde=Festlichkeiten, Jubiläen, patriot. Fest= u. Gedenktagen. 2. Aufl. (VIII, 200 S.) 895. 1. 50
35. Tafellieder f. Polterabend u. Hochzeit. Sammlg. bisher ungedruckter Orig.=Dichtgn. f. obengen. Festlichkeiten. Hrsg. v. Edm. Wallner. 2. Aufl. (VIII, 171 S.) 896. 1. 50
45. Der Deklamator. Sammlg. ausgew. Vorträge in Poesie u. Prosa. Hrsg. v. Edm. Wallner. 4. Abtlg. Humoristische Vorlesgn. (VIII, 213 S.) 896. 1. 50
46. Zum Polterabend. Festspiele f. mehr. Personen von A. v. Uslar. (2. Aufl.) (V, 77 S.) 896. n. 1. —
49. Wer lacht da? Neue Orig.=Kalauer u. humorist. Verse v. Paul R. Lehnhard. (60 S.) 896. n. — 50

— dasselbe. 40. Bd. 8. Erfurt 896. Berlin, E. Bloch. 1. 50
Pantomimen u. Tanz=Divertissements. Rat f. Ballete u. Tänze zu Festlichkeiten aller Art, nebst e. kurzen Geschichte d. Tanzes u. der Pantomimik bei den Alten v. W. Jerwitz. 2. Aufl. (VIII, 138 S.)
Auch die Bände 1, 11, 16 u. 17 sind jetzt Verlag v. E. Bloch. Berlin.

—— Volks= und National=Theater. 1. Lfg.: Das eiserne Kreuz. Ein Drama in 3 Aufzügen von W. Fricke. gr. 8. (56 S.) Erfurt 872, Bartholomäus.

Wallner, Edm., Volks= u. National=Theater. 2—5. Lfg. gr. 8. Erfurt 877. Bartholomäus. n. 4. 25

2. Der Vagabond. Drama in 1 Aufzuge von Herrm. Starcke. (32 S.) — 75
3. Der letzte Gruß. Dramatische Dichtung von Herrm. Starcke. (37 S.) n. 1. —
4. Die Stegreif=Komödianten. Lustspiel in einem Aufzuge [mit Benutzung von Proverbe=Motiven] von Rob. Waldmüller=Duboc. (43 S.) n. 1. —
5. Petersburg u. Plewna oder der russische Krieg. Schauspiel in 5 Acten von Paul Vict. Wichmann. (50 S.) 1. 50

—— Volks= und National=Theater. 2.—5. Lfg. gr. 8 Ebendas.

Inhalt:
Lfg. 2. Starcke, Herrm., der Vagabond. Drama in 1 Aufzuge. (32 S.) 877. 75 Pf.
„ 3. —— der letzte Gruß. Dramatische Dichtung. (37 S.) 877. *M. 1.
„ 4. Waldmüller=Duboc, Herm., die Stegreif=Komödianten. Lustspiel in 1 Aufzuge [mit Benutzung von Proverbe=Motiven]. (43 S.) 877. *M. 1.
„ 5. Wichmann, Paul Vict., Petersburg und Plewna oder der russische Krieg. Schauspiel in 5 Acten. (50 S.) 878. *M. 1,50.
1. Lfg. Ebendas. 1872. *M. 1,50.

— kom. Vorträge in Poesie u. Prosa, s.: Drobisch, Th.

— Cypressen u. Palmenzweige. Worte des Friedens in Poesie u. Prosa, zu Ehren Entschlafener, zum Troste Hinterbliebener. Gesammelt u. hrsg. 8. (V, 142 S.) Ebend. 883. 1. 50

Wallner, Ernst, Pfingstlied f. Deutschland 1846. gr. 8. (½ B.) Leipzig, [Pönicke, Verl.]

Wallner, Franz

Wallner, Frz., e. Epilog zur Ausstellg. d. sächsischen Handwerks u. Kunstgewerbes zu Dresden 1896. Lex.-8. (VII S. u. 36 Sp.) Dresden 896. C. Weiske. n. — 60

Wallner, Frz., aus meinen Erinnerungen, s. Bibliothek für Haus und Reise.

Wallner, Frz., die Grammatik, s.: Entsch, Theater=Correspondenz.

Wallner, F., der dritte Kopf, s.: Bloch's, E., Theater=Correspondenz.

Wallner, Frz., üb. Land u. Meer. Reisebilder aus Nord u. Süd. 8. (301 S.) Berlin 873. Janke. n. 3. —

—— unter frohen Menschen. Komische Vorträge von erprobter Wirkung, Poesie und Prosa. 1. und 2. Aufl. 16. (VIII und 324 S.) Berlin 868, Janke. *

—— Unter frohen Menschen. Komische Vorträge von erprobter Wirkung. Poesie und Prosa. Gesammelt und hrsg. 3. Aufl. 1872, und 4. Aufl. 16. (VIII, 224 S.) Ebendas. 875. *

—— dass. — s. Museum komischer Vorträge. 6.

—— s. Unter frohen Menschen. 1. Bd.: Komische Vorträge.

Wallner, Frz., Rückblicke auf meine theatralische Laufbahn und meine Erlebnisse an und außer der Bühne. Berlin 864. Gerschel. (Liebrecht.) 8. (VII, 286 S.) 1 ℛ︀ 15 ngr.

— in ernster Stimmung. Eine Sammlung von Declamationsvorträgen ernsten Inhalts von erprobter Wirkg. Im Anschluß zu der Sammlg. heiterer Vorträge u. d. T.: „Unter frohen Menschen." Ebend. 869. 16. (VI, 195 S.) n. 10 ngr.

Wallner, Frz., in ernster Stimmung. Eine Sammlung von Declamationsvorträgen ernsten Inhalts von erprobter Wirkung. Im Anschluß zu der Sammlung heiterer Vorträge u. d. T.: „Unter frohen Menschen". 2., durch viele neue Beiträge verm. Aufl. gr. 16. (IV, 180 S.) Berlin 879, Janke.

—— und Alex. Wallner, aus Süd und Nord. Reiseplaudereien und Studien. 8. (301 S.) Berlin 876, Janke.

— Hundert Tage auf dem Nil. Reisebilder aus Unter- u. Ober-Aegypten u. Nubien. Im Anschluß an das Buch desselben Verf. „Von fernen Ufern.“ Nach dessen eingesandten Tagebüchern hrsg. v. C. A. Dempwolff. gr. 8. (VIII, 413 S.) Berlin 873. Janke. n. 5. —

Wallner, Frz., aus dem Tagebuche des alten Komödianten. 8. Leipzig 845, O. Wigand. 1½ ₰

—— aus der Theaterwelt, s. Bibliothek für Haus und Reise.

—— von fernen Ufern. Reiseskizzen aus Constantinopel, Aegypten und Sicilien. gr. 8. (VIII, 311 S.) Berlin 872, Janke.

—— aus meinem Wanderbuche: Italia, s. Bibliothek für Haus und Reise.

Wallner, Frz., wenn Jemand eine Reise thut. Flüchtige Reiseskizzen von der Spree bis zur Tiber, von der Tiber bis zum Vesuv. 8. (VIII und 350 S.) Berlin 867, Springer'sche Buchh.

Wallner, Georg

Wallner, Geo., die Kaltwasser-Heilanstalt „Rudolfsbad“ in Reichenau nächst Gloggnitz (Nieder-Oesterreich). Ein Führer für Curgäste und Fremde. 8. (III und 61 S. mit 8 Kpfrt. und 2 Chromolithogr. in 8. und qu. 4.) Wien 867, (Sallmayer und Comp.) *

WALLNER, Hans: Die Almwirtschaft im Lungau in ihren geographischen Beziehungen. — 1910. 217, II Tab., 2 Taf. Diss. Graz, Univ.

Wallner, Herm., der Heiratsvermittler, s.: Theater-Bibliothek.

Wallner, J. F., Travelling-companion in Germany or a very easy and comprehensive method for Englishmen to learn the German language perfectly without the aid of an instructor and in a few days. 16. (5 B.) Hanau 843, Edler.

Wallner, Josef. Annus millesimus antiquissimi monasterii Ossiacensis ord. S. P. Benedicti. Nunc renovatus, & auctior in lucem datus. Clagenfurti, Kleinmayr, 1766. Quart. 115 S.

Wallner, Joseph (Wahldorf)
Zur Flora von Wien.
[In: Skofitz. Botanisches Wochenblatt. Bd 6, S. 409 ff.]
Dr. phil. Giessen 9.2.1856.

Wallner, Jos., die Kämpfe der Germanen gegen die erobernden Römer, bis zum Tode Armin's, des Cheruskerfürsten, nach den überkommenen Quellen nebst einem geograph. Anhange bearb. Regensburg 857. Pustet. 12. (VIII, 100 S.) 7½ ngr

—— und Frz. Schönberger, katholisches Volksgesangbuch, s. Schönberger, Frz

Wallner, Julius: Das Archiv des I. dt. Staatsgymnasiums in Brünn. Brünn ('05). S. 1—18. Brünn, I. dt. Staats-G., Jahresb. 1904/05.

Wallner, J. Ein Beitrag zur Geschichte des preuß.-sächs. Einfalles in Mähren 1741—42. (Wien 1884.) 8° (Aus: Zeitschr. f. d. österr. Gymn.)

Wallner, Julius. Nicodemus Frischlins Entwurf einer Laibacher Schulordnung aus dem Jahre 1582. 8 (35 S.). K. k. Oberg. *Laibach* 1888.
Progr.

— Zur Feier der 50jährigen Regierung Sr. M. des Kaisers Franz Jos. I. 7. ibd.
Progr.

Wallner Julius: Gedenktage des k. k. St. O. G. in Iglau während der 50jährigen Regierung Sr. Majestät des Kaisers Franz Jos. I. 8. Iglau 99.
Progr.

Wallner, Jul. Geschichte des k. k. Gymnasiums zu Iglau. Einleitung: Kurzer Abriß des Schulwesens zu Iglau bis zur Begründung einer protestantischen lateinischen Schule (1561). 35 S. 8. I. Teil: Geschichte der lateinischen Schule während der Zeit des Protestantismus 1562—1623. 91 S. 8. II. Teil: Geschichte des Gymnasiums unter den Jesuiten. 1625—1773. 50, 79 SS. 8. **Progr.** G. *Iglau* 1880. 1881. 1883. 1884.

Wallner, Julius, u. Karl von Reichenbach: Geschichte des Gymnasiums zu Iglau. T. 1—3. Iglau 1880—1903. Iglau, StaatsG., P. 1880, 81, 83, 84, 1902, 03.

Wallner, Jul. Die Inkunabeln der k. k. Gymnasialbibliothek zu Iglau. 10 S. 8. **Progr.** G. *Iglau* 1889.

Wallner, Julius. Krain und das Küstenland zu Beginn des österreichischen Erbfolgekrieges. (Aus: „Mittheilungen des Musealvereines für Krain“, 5. Jahrgang. 1. Abth., Historischer Theil.) 8. Laibach 1892.

Wallner, Julius: *Kurzer Lebensabriß des ausscheidenden Directors Ignaz Pokorny.* 8 (S. 31).
Progr. Erstes deutsch. k. k. G. *Brünn* 1900.

Wallner J.: Lat. Lobgedicht auf die Stadt Iglau aus dem Beginn des XV. Jahrh. 4. Iglau 80.
Progr.

Wallner, Jul., das Gross'sche Projekt e. Mittelstandsschule u. dessen Behandlung in der Steiermark, s.: Beiträge zur österr. Erziehungs- u. Schulgeschichte. II. Heft.

Lose Blätter. Gedichte von Carl **Wallner** [d. i. Karl Vallazzi]. Leipzig: Lit. Anst. 1898. (63 S.) 8° [F.] 07. 8788

Wallner, Carl, lose Blätter. Gedichte. gr. 8. (65 S.) Leipzig 898. Literar. Anstalt, A. Schulze. n. 1. 60

Wallner, Karl Raimund

Wallner, C. R., totale u. partielle Differentialgleichungen. — Differenzen- u. Summenrechnung. — Variationsrechng., s.: Vorlesungen üb. Geschichte der Mathematik.

Wallner, Carl Raimund: Die Verteilung der Primzahlen nach neuen Gesichtspunkten behandelt. München 1905: C. Wolf. (53 S.) 8°
München, Phil. Fak., Ref. Lindemann, Diss. v. 27. Juli 1905.

WALLNER, Otto (München): Ein klinisch-pathologisch-anatomischer Beitrag zur Lehre von den epithelialen Cysten der Regenbogenhaut. - München: Kastner & Callwey 1905. 68 S. 31.1.1905 - Chr 1904/05,14; Jv 1904/05,861 (Prom.-Datum: 9.6.1905)
Diss. Ingolst.-Landsh.-Mchn.

WALLNER, Paul
(F) Der Hubmair Franzl. Eine Geschichte aus dem niederösterreichischen Waldviertel. Von Paul Wallner. Titelbild von Daniel Pauluzzi. 2. Tausend. Graz. 1902. Moser. 8°. V, 281 S. K 3.60

WALLNER, Sebastian (Straubing): Ueber die Menstruation.- München: Deschler 1851. 16 S. 13.8.1851 - Urk (Titel: De menstruatione.); F 67
Diss. Ingolst.-Landsh.-Mchn.

Wallner, Seb., Topographie des königl. Amtsbezirkes Vohenstrauss im Kreise Oberpfalz und Regensburg. gr. 8. (IV, 94 S. mit 1 geognost. lithogr. und color. Karte in qu. gr. 4.) Weiden 876, Taubald.

Wallner, Susi, bunte Blätter, s.: Pohl's allgemeine Volksbücherei deutsch-österreichischer Schriftsteller.

Wallner, Susi: E r z ä h l u n g e n . Linz: Österreich. Verlagsanstalt 1903. Gr.-8°. (125 S.)

Wallner's, Susi, Erzählungen. Umschlagzeichnung v. A. D. Goltz (Wien-Hagenbund). (127 S.) 4. Linz (903). Wien, J. Deubler. 3. 50; geb. 4. 50; Ladenpr. aufgeh.

(F) Susi Wallner. Hallstätter Märchen. Umschlagbild von Max Raschka. Wien. 1900. Wiener Verlag. (Rosner.) 8°. 138 S. K 2.40

— Linzer Skizzen. (152 S.) 8. Linz 904. B. Fink. n. 2. 40; geb. n. 3. —; Ladenpr. aufgeh.

Wallner, Susi, d. alte Stiege. Novelle. 12. (89 S.) Leipzig 898. Literar. Anstalt A. Schulze. n. 1. 60

Wallner, Theresia, die perfekte Wiener Köchin. Vollständiges prakt. Kochbuch zum Gebrauche f. Köchinnen u. Hausfrauen. Nach eigenen Erfahrgn. u. m. Benützg. der neuesten u. verläßlichsten Kochmethoden verf. 8. (240 S.) Wien 892. (Leipzig, Literar. Anstalt A. Schulze.) n. 1. 60

Wallner-Thurm, Therese, von der Kammerzofe zur Königin! Die Ereignisse am Hofe zu Serbien. Nach authentischen Quellen. (190 S.) 8. Braunschweig 905. Leipzig, R. Sattler. n. 2. 50; geb. n. 3. 50

Wällnitz, Carl: Über Khersal. Pharmakognostischer Beitrag zur Kenntnis des Catechius. Leipzig 1899. 39 S. 8°.
Bern. Phil. Diss. 1898/99.

Wällnitz, Otto [app. Arzt aus Chemnitz]: Über Polioencephalitis ... Tübingen, Druck v. H. Laupp jr, 1897; 20 S. 8.
Tübingen, Med. Fak., Inaug.-Diss. v. 1897

Wallnöfer: Der A n t h e i l des Babenbergers Leopold V. an dem sogenannten dritten Kreuzzuge mit besonderer Berücksichtigung des Verhältnisses, in dem Leop. zu dem engl. Könige Richard stand. 54 S. 8° — Teschen, kth., Progr. 1861.

Wallnöfer, Adolf: E d d y s t o n e . Handlung in 3 Akten. (Frei nach W. Jensen's gleichnam. Novelle.) Leipzig & Härtel [1893]. (38 S.) 8°
(Textbibliothek. Breitkopf & Härtel's. No 331.)

Wallnöfer, Anton

Wallnöfer, A., die Laubmoose Kärntens. Systematisch zusammengestellt. [Aus: „Jahrb. d. naturhistor. Landesmuseums v. Kärnten", 20. Hft.] gr. 8. (155 S.) Klagenfurt 889. (v. Kleinmayr. — Raunecker.) n. 2. 50

W a l l n ö f e r , Ferdinand — Selbstunterricht für die k. k. Finanzwache. Aus der Verfassung und Dienstvorschrift in Fragen und Antworten. 1. Thl. Für den Finanzwach-Aufseher. Zusammengestellt von — —. 3te Aufl. Grätz, 1857. Druck von C. Tanzer. (63 S. 8.)

Wallnöfer, Ferdin., *k. k. Finanzrath.* Selbstunterricht für die k. k. Finanzwache aus den Vorschriften über die Bier-Verzehrungs-Steuer in Fragen und Antworten. I. Theil: Für den Finanzwach-Aufseher. II. Theil: Für d. Finanzwach-Oberaufseher u. Respizienten. *Gratz* 1858. Druck v. *C. Tanzer.* 79 S. 1 Bl.; 95 S. 1 Bl. 8°.

Wallnöfer, Ferd., *k. k. Finanzrath.* Selbstunterricht für die k. k. Finanzwache. Aus der Verfassungs- u. Dienstvorschrift in Fragen u. Antworten. II. Th. Für den k. k. Finanzw.-Oberaufseher u. Respizienten. II., verm. u. vervollst. Aufl. *Graz* 1858. Druck *C. Tanzer.* 1 Bl., 95 S., 8°.

Wallnöfer, M a r i e. Mazurka. Klgft., Heyn. (lith. Röder in Leipzig). (1900). Folio. 5 S.

Wallnöfer, Paul, Albrecht I. und der Ursprung der schweizerischen Eidgenossenschaft. 8. (V, 81 S.) Wien 881, Hölzel. cart.

Wallnüsse, s. W a l n ü s s e .

Wallon, E., d. kleinen Rechenaufgaben d. Photographen beim Vergrössern, Reproduziren, bei Berechng. d. Objektiv-Konstanten u. s. w., sowie deren Auflösg. in durchaus elementarer Form. Autor. Uebersetzung aus d. Franz. v. Herm. Schnauss. 8. (VIII, 56 S.) Dresden 897. Verl. des „Apollo". n. 1. 20

Wallon, H., Johanna d'Arc, die Jungfrau von Orleans. 8. (342 S.) Münster 869, Aschendorff'sche Buchh.

Wallon, H. Johanna d'Arc. die Jungfrau von Orléans. A. d. Französ. (342) S. Münster 1870. 2,00.

Wallor's rascher Entschluß, (v. Chr. Fr. Görges). 2 Thle. 8. 8. Braunschw. 786. Schröder. 1 ℛ

Wallor's rascher Entschluß, ein Halbroman, 2 Theile mit 1 Kupf. 8. Braunschweig, *796.* Schröder. 1 Rthl. 10 sgl.

Wallot, Hedwig, u. Eleonore Wallot, Freiheit! Gleichheit! oder: Die Mündigwerdung der Frauen. br. 8. (52 S.) Frankfurt a. M. 847, Brönner. n. 6¼ ngl

Wallot, Hedwig u. Eleonore, Gedichte. 8. Frankfurt a/M. 846, Brönner. n. 1 ℛ

Wallot, J. P., d. Local-Consistorien in der protestant. Kirche d. linken Rheinufers, u. Gedanken über eine Verfassung derselben Kirche. 8. Mainz 817. Kupferberg. 6 gl

Wallot, Julius, aus Oppenheim: Die Verwendung des Aragoschen Keilcompensators zur Messung der Brechungsexponenten von Flüssigkeiten. Mit einem Anhang üb. d. Abhängigkeit d. Brechungsexponenten d. Salzlösungen von d. Concentration. *Leipzig: J. A. Barth 1902.* (75 S.) 8°
München, Phil. Diss. v. 1902

Wallot, J[ulius], Dr.: Stehende elektrische Wellen an ungleichartigen Drähten. Leipzig: J. A. Barth (1909). S. 495—578. 8° ¶ Aus: Annalen d. Physik. Folge 4, Bd 30.
Stuttgart Te. H., Hab.-Schr. v. 10. 11. 1909

Wallot, Paul, s.: Entwürfe, architektonische.

Wallot, Paul, s.: Entwürfe der Studierenden aus dem Atelier des W.

Wallot, Paul, s.: Innen-Räume u. Details aus d. neuen deutschen Reichstagsbau.

— Parlamentshäuser u. Ständehäuser, s.: Wagner, Heinr.

— das Reichstags-Gebäude in Berlin. 1.—3. Lfg. gr. Fol. Berlin 897. 98. Leipzig, Cosmos. à Lfg. n. 24. —
1. (7 Taf. in Heliogr. m. 1 Bl. Text.)
2. 3. (à 5 Heliogr. u. je 1 Farbdr.)

— das Reichstagsgebäude in Berlin. 4.—6. Lfg. gr. Fol. (9 Heliograv., 4 farb. Taf. u. 2 Doppeltaf. in Kpferst.) Leipzig 899. 900. Cosmos. à n. 24. —

— s.: Studien, architekton., aus dem Atelier des W.

— s.: Studien-Arbeiten, architekton., aus d. akadem. Atelier v. Constantin Lipsius.

Wallot, Wlh., Methode directe de demeler par la comparaison des observations solsticiales faetes à un gnomon, l'effet de la variation de l'obliquité de l'Ecliptie d'avec celui d'un dérangement supposé dans le stile du même gnomon. Avec 1 pl. gr. 4. Münch. 771. (G. Franz). 6 ℛ

— Observations du mouvement d'oscillation de l'aiguille animantée immédiatement après le passage d'un orage, factes à l'observatoire royal à Paris le 3. Août 1783. Münch., (G. Franz). 1 ℛ

— observations du passage de Mercure sur le disque du Soleil le 2. November 1782 factes à l'observatoire. Avec 1 pl. gr. royal. Münch. 782. (G. Franz). 4 ℛ

Walloth, Aug., erstes Gedächtniß-Buch f. d. Jugend. Zugleich Führer zu Religion u. Tugend. Hrsg. f. Schule u. Haus ohne Unterschied d. Confession. 8. (22 B.) Mainz 838, Kupferberg.

—— christl. Religionsbuch f. Volksschulen, insbesond. f. d. Confirmandenunterricht. In d. Ordn. d. luther. Katechismus u. nach Dinter's Unterredungen üb. dens. bearbeitet. 8. (13 B.) Mainz 835, Kupferberg.

Walloth, Aug., christliches Religionsbuch f. Volksschulen, insbesondere f. den Confirmandenunterricht. In der Ordnung d. Lutherischen Katechismus u. nach Dinter's Unterredungen üb. denselben bearb. 2. verb. Aufl. gr. 12. (XII u. 188 S.) Mainz 850, Kupferberg. 1/3 ℛ

Walloth, (Fried.) Hubert. Leop. (geb. Bilstein in Westf. 26. [?] 2. 18..) De gastritide acuta et chronica. Berolini (1850). (27 S.) 8°.
Berlin, Med. Diss. v. 22. März 1850.

Walloth, K. Die Drahtseilbahnen der Schweiz. Ergebnisse e. auf Veranlassung des Kaiserl. Ministeriums für Elsass-Lothringen unternommenen Studienreise. Mit 10 Tfln. V, 82 S. In-4°. Wiesbaden, C. W. Kreidel's Verlag. 1893
In Mappe Mk. 11 —

Walloth, Karl August

Walloth, C. A., der Automobilismus auf öffentlichen Strassen. (III, 92 S.) Lex.-8. Wiesbaden 904. J. F. Bergmann. n. 4. —
Sonderabdr. a.: „Ztschr. f. Lokal- u. Strassenbahnwesen".

Walloth, C[arl] A[ugust], Reg.-Baumeister: Die Eisenbahnbremsfrage und insbesondere ein Vorschlag zum Abbremsen auf Steilbahnen. Wiesbaden: Bergmann 1903. 48 S. 4° ¶ Auch als Buch; aus: Zeitschrift f. d. gesamte Lokal- & Strassenbahn-Wesen. Jg. 22. Dresden, Dr.-Ing.-Diss. v. 15. 7. 1903

Walloth, Wilhelm

Walloth, Wilh., im Banne der Hypnose. Psycholog. Roman. 8. (266 S.) Jena 897. H. Costenoble. n. 3. —; geb. n. 4. —

Walloth, Wilh. Der Dämon d. Neides. Roman aus der Gegenwart. 8. (489 S.) Lpz. 889, W. Friedrich. * 6 —; geb. * 7 —

— Dichtungen. 8. (133 S.) Ebd. 889. n. 2. —

Walloth, Wilh., Dramen. (Gräfin Pusterla. — Johann von Schwaben. — Marino Falieri.) 8. (114; 124; 112 S.) Leipzig 888, Friedrich. *

—— Neue Dramen. Semiramis. — Das Opfer. — Alboin. 8. (VIII, 246 S.) Ebd. 891. * 4 —

Walloth, Wilh., Eros. Roman aus dem alt-griech. Künstlerleben. Mit Titelbild „Eros" v. Centocelle. (362 S.) 8. Leipzig 906. Lotus-Verlag. n. 5. —; geb. n. 6. —

— es fiel e. Reif . . .! 8. (VII, 260 S.) Ebd. 893. n. 4. —; geb. n.n. 5. —

Walloth, Wilh., Gedichte. 8. (140 S.) Leipzig 885. Friedrich. n. 2. —; geb. n. 3. —

—— Gesammelte Gedichte. 2. verm. Aufl. 2 Thle. in 1 Bd. 8. (VI, 140; 142 S.) Ebd. 890. * 4 —; geb. ** 5 —

— der Gladiator. Roman aus der Zeit Kaligula's. 8. (353 S.) Ebd. 888. n. 6. —

Walloth, Wilh., der neue Heiland. Roman. (415 S.) 8. Jugenheim 909. Suevia-Verlag. 4.—; geb. 5. —

—— Ein Liebespaar. Roman aus der Geschichte Venedigs. 8. (261 S.) Ebd. 892. * 5 —; geb. * 6 —

— dasselbe. (2. [Titel-]Aufl.) 8. (261 S.) Ebd. 894. n. 3. —; geb. n.n. 4. —

— Narren der Liebe. Novellen. 8. (III, 258 S.) Ebd. 894. n. 4. —; geb. n.n. 5. —

—— Oktavia. Histor. Roman aus der Zeit Neros. 8. (317 S.) Ebendas. 885. *ℳ 6.—; geb. *

— Ovid. Historischer Roman. 8. (282 S.) Ebd. 890. n. 3. —; geb. n. 4. —

— Paris der Mime. Realistisch-histor. Roman aus der Zeit Domitian's. 8. (332 S.) Ebend. 886. n. 5. —; geb. n. 7. 20

—— aus der Praxis. Roman. 8. (226 S.) Ebendas. 887. *

—— Gräfin Pusterla. Trauerspiel in 5 Akten. 8. (VI, 114 S.) Ebendas. 886. *

— Im Schatten des Todes. Roman. (386 S.) 8. Ebd. 909. 3. —; geb. 4. —

— das Schatzhaus d. Königs. Ein Roman aus dem alten Aegypten. 3 Bde. 8. (154, 147 u. 142 S.) Ebend. 883. n. 10. —

—— Schriften. 1.—5. Bd. 8°. Ebd. 889. * 15 —; geb. * 20 —
1. Oktavia. Histor. Roman aus der Zeit d. Kaisers Nero. (419 S.)
2. Paris, der Mime. Histor. Roman aus der Zeit Domitian's. (332 S.)
3. Seelenräthsel. Roman aus der Gegenwart. (234 S.)
4. Aus der Praxis. Roman. (226 S.)
5. Dramen. [Gräfin Pusterla. Johann v. Schwaben. Marino Falieri.] (VI, 114; 124; 112 S.)

— am Starnberger See. Novelle. 8. (136 S.) Ebd. 888. n. 1. —

—— Seelenräthsel. Roman aus der Gegenwart. 8. (334 S.) Ebendas. 886. *

Walloth, Wilh., ein Sonderling. Roman aus der italien. Renaissance. 8. (309 S.) Leipzig 901. Lotus-Verlag. n. 5. —; geb. n. 6. —

— Tiberius. Historischer Roman. 2 Bde. 8. (334 u. 230 S.) Ebd. 889. n. 9. —

—— Tiberius. Historischer Roman. 2 Thle. in 1 Bd. (2. [Titel-]Aufl.) 8. (334; 230 S.) Ebd. 890. * 6 —; geb. ** 7 —
1. Aufl. in 2 Bdn. Ebd. 1889. * 9 —.

Wallow's Tochter. Seitenst. z. Familie Bürger, v. Gust. Schilling, 3 Thle. (sämmtl. Schriften. 2te Samml. 11r bis 13r Bd.) 8. Dresden, Arnold. 821.

Wallpach, Arthur von

Wallpach, Arth. v., Bergbrevier. Berglieder aus Tirol. In Verbindg. m. Ant. Renk, Alex. Burckhardt, Karl Dallago u. Paul Rossi hrsg. (XI, 144 S.) kl. 8. Innsbruck 905. Deutsche Buchdruckerei. n. 2. —; geb. n. 3. —

Bergbrevier. Berglieder aus Tirol in Verbindung m. Anton Renk [u. a.] hrsg. von Arthur v. **Wallpach**. Innsbruck: Edlinger 1905. XI, 144 S. 8° [II, 10467]

Wallpach, Arth. v., Tiroler Blut. Gedichte. (114 S.) 8. München 908. G. Müller. Kart. 3. —

— u. Tim Klein, es will tagen. Ketzersprüche. 8. (66 S.) Innsbruck (902). Deutschvölkischer Schererverlag. n. 1.25

Wallpach, Arth. v., Kreienfeuer u. Herdflammen. Neue Gedichte. (VIII, 121 S.) Linz (902). Wien, Österreich. Verlagsanstalt. n. 2. —; geb. n. 3. —

Arthur v. **Wallpach**. Im Sommersturm. Gedichte. München: Albert [1893]. VIII, 138 S. 8° [illegible]

(F) **Wallpach, A. v.**, Im Sommersturm. Gedichte Satanas. 8°. (VIII, 182 S.) Innsbruck: Schererverlag 1902.

— Sonnenlieder im Jahresringe. Heidnische Gesänge aus Tirol. gr. 8. (7, 120 S.) Berlin (900). G. H. Meyer. n. 3. —; geb. in Leinw. n. 4. 50

(b) - Sonnenlieder. 900. (KBL 32.) Jetzt: Berlin, F. Wunder. Geb., erm. Pr. 1. —

— Sturmglock'. Politische u. soziale Gedichte. 8. (108 S.) Linz (902). Wien, Österreich. Verlagsanstalt. n. 2. —

— s.: Taschenbuch, deutschnationales, m. Zeitweiser.

Wallpach, O. v., Maximilian Joseph v. Tarnócz, Cardinal und Fürsterzbischof von Salzburg, s. Deutschlands Episcopat in Lebensbildern.

Wallrab von Schreckenhorn oder das Todtenmahl um Mitternacht. . . . Neue Aufl. Wien 1836. V: *Gleich, Joseph Alois.* (KY) Wien u. Leipzig 1799. (NN) (MGT) »1802« (WBL)

Wallrab von Schreckenhorn, oder das Todtenmahl um Mitternacht. Eine Wundergeschichte aus dem 14ten Jahrhunderte, (von Jos. Al. Gleich). (N. Aufl.) Mit Titelkpfr. 8. Wien 836. Haas. 1/4 ₰

Wallrab von Schreckenhorn, od. d. Todtenmahl um Mitternacht. Eine Wundergeschichte a. d. 14. Jahrh. 8. (13 B. u. Ttlkpfr.) Wien 836, Haas'sche Buchh.

Wallrad und Evchen . . . O. O. 1778 [1779]. V: *Hahn, Ludw. Philipp.* (GGr)

Wallrad und Evchen oder die Parforsjad. Zweibrücken [ca. 1779]. Zweibrücken-Dessau 1782. V: ***Hahn, Ludwig Philipp.*** (schstr S. 269)

Wallrad u. Evchen; od. die Parforcejagd. Singsp. v. Hahn. 8. Dessau, J. C. Fleischer. 792. — 4

Wallraf, Adolf. Historischer Festzug veranstaltet zur Feier der Vollendung des Kölner Domes am 16. Oktober 1880. Köln, A. Wallraf (1880). 24 Taf. in kol. Lithogr. 4°

Wallraf, Anton Josef

Wallraf, A. J., altdeutsches histor.-diplomat. Wörterbuch, worin d. richtigen Verdeutschungen d. veralteten etc. deutschen Wörter aus d. 12. bis 16. Jahrhundert enthalten sind. gr. 8. Cöln 827. (J. G. Schmitz.) 1 ₰

Wallraf, Ferdinand Franz

— Agrippina, Gemahlin des Claudius, Stifterin von Köln. Mit Kpf. 12. Köln 800. Fabritius. 1 ₰

— Beiträge zur Geschichte von Cöln u. dessen Umgebung. (A. u. d. T.: Samml. v. Beitrr. zur Gesch. d. Stadt Köln. 1r Bd.) Mit 5 Abbildd. gr. 8. Köln 818. Dü-Mont-Schauberg. 1 ₰ 8 gr

Wallraf, F., Beyträge zur Geschichte v. Cölln etc. siehe, Sammlung v. Beyträgen z. Geschichte d. Stadt Cölln.

Wallraf, F.: „Beschreibung der cöllnischen Münzsammlung des Domherrn von Merlo", Köln 1792. — Vorh.: Com. Bibl. Hamburg.

(—) Beschreibung d. Kölnischen Münzsammlung des Domherrn etc. von Mörle. 8. Köln 792.

— Biographie d. Hauptpfarrers H. H. Peter Anth. 8. Köln 810.

— **Corolla hymnorum sacrorum publicae devotioni inservientium. Veteres electi, sed mendis, quibus interatis in editionibus scatebant, detersi, strophis adaucti, novi adsumpti, recentes primum inserti.** Köln 806.

Wallraf, Ritter Fd. Frz., († d. 10. März 1824.) ad clarissimum virum Joh. Mich. Du-Montium summo inter Ubios templo recenter datum pastorem maxime reverendum epistola poetica M. Gamandri, aeditui sui, cum notis variorum. 8. Köln 806.

— über den neuen Stadtkölnischen Kirchhof zu Melaten. Kritische Auswahl unter den dazu gelieferten Inschriften, sammt d. Darstellung einer Einrichtung desselben ꝛc. 8. Köln 809.

Wallraf, Ferdinand Franz, s. Museum zu Paris.

Wallraf, Ferdinand. Ausgewählte Schriften. Festgabe zur Einweihungs-Feier des Museums Wallraf-Richartz. Köln 1861. 8°.

Wallraf, Ferdinand Franz, s. Taschenbuch d. Ubier.

— Trauerrede auf d. Geschichtsmaler Jos. Hoffmann. 8. Köln 812.

Wallraf, Ferdinand Franz, s. Zeit u. Kunst, Altdeutsche.

Wallraff, H., Gernsbach, Ettlingen, Mainau, s. Renaissance, deutsche.

Wallraff, Helena, Büchlein des Trostes. Aus der Nachlassenschaft seines ehrwürdigen Oheims hrsg. v. Heinen. gr. 16. (77 S.) Ensktirchen 850, Kreuder. 4 ngl

Wallraff, J., alphabet. geordnete u. mit den für die westl. Provinzen bestimmten Sätzen auf sämmtl. im Handelsverkehr vorkommende Gegenstände angewendete Erhebungsrolle der Ein-, Aus- u. Durchgangsabgaben f. d. J. 1828—30. schmal gr. 8. Köln 828. Bachem. 20 gl

Wallraff, Wilhelm Joseph: Geographische Verbreitung, Geschichte und kommerzielle Bedeutung der Halfa (Stipa tenacissima L.), nebst Karte des Verbreitungsgebietes. . . (Aus: Deutsche Geogr. Blätter. Bd. XIII.) *Bremen, G. A. v. Halem, 1890,* 52 S., 1 Taf., 1 Kart. 8°
Bonn, Phil. Fak., Inaug.-Diss. v. 16. Aug. 1890

Wallrichs sen., F., die Kohle u. ihre Verwendung. Eine in Reimen geschriebene Abhandlg. üb. die Benutzg. der Kohle, im Bereiche der Elektricität, d. Weltverkehrs, der Industrie, ihr Verbrauch zu Beleuchtungs-Zwecken ꝛc., ihre — durch die mannichfachsten Prozesse hervorgerufene — Wiedereinführg. in den Haushalt der Natur, als Kohlensäure, ihr Vorkommen in verschiedenen Verbindgn. u. s. w. 8. (29 S.) Oldenburg 891. (Schulze.) n. — 50

Wallrig, P., einige Gedanken über den Beruf eines Elementarschullehrers. Eine Rede, bei der Einführung eines obern Knabenlehrers einer Stadtschule in sein Amt gehalten. 8. Trier 841, Lintz'sche Buchh. 1/8 ₰

Wallroth's Klassiker-Bibliothek. Hrsg. von W. Lange u. R. Oeser. 1—22. Bd. 12. Berlin 882. Wallroth. geb. à n. 1. —
Goethe's Werke. 1—3. Bd. (VIII, 352; V, 330 u. 320 S.)
Hauff's sämmtliche Werke. 5 Bde. (328, 320, 319, 336 u. 312 S.)
Lenau, Nik., Gedichte. (376 S.)
Schiller's Werke. 12 Bde. (292, 282, 279, 320, 310, 304, 302, 320, 316, 344, 271 u. 307 S.)
Weber's, Karl Jul., Demokritos oder hinterlassene Papiere eines lachenden Philosophen. Auswahl. (306 S.)

Wallroth's Klassiker-Bibliothek. Hrsg. v. W. Lange u. R. Oeser. 23. Bd. 12. Berlin 883. Wallroth. (?) geb. à n. 1. —
Poetische u. dramatische Werke v. G. E. Lessing. 1. Bd. (VI, 334 S.)

— dasselbe. 1. u. 2. Suppl.-Bd. 12. Ebend. 882. geb. à n. 1. —
1. Größere epische Dichtungen von Nik. Lenau. (312 S.)
2. Perlen deutscher Poesie, gesammelt von Rich. Oeser. (X, 309 S.) geb. m. Goldschn. n. 1. 20; in feinem Einbd. m. Goldschn. n. 2. —

Wallroth's Klassiker-Bibliothek. Hrsg. von W. Lange und R. Oeser. 1.—25. Bdchn. 12. [Berlin 882,83, Wallroth.] Leipzig, Bär und Hermann. geb. à Bdchn. *
geb. mit Goldschn. à Bdchn. *
geb. in feinen Einbd. à Bdchn. *

Inhalt:
Goethe's, Joh. Wolfg. v., Werke. 1.—3. Bd. (VIII, 352; V, 330; 320 S.) (Bd. 15. 17. 18.)
Hauff's, Wilh., Werke. 5 Bde. (328; 320; 319; 336; 312 S.) (Bd. 7. 8. 11. 13. 14.)
Lenau, Nik., Gedichte. (376 S.) (Bd. 3.)
—— größere epische Dichtungen. (312 S.) (Bd. 24.)
Lessing, G. E., poetische und dramatische Werke. 1. Bd. (VI, 534 S.) (Bd. 23.)
Perlen deutscher Poesie, gesammelt von Rich. Oeser. (X, 309 S.) (Bd. 25.)
Schiller's, Friedr. v., Werke. 12 Bde. (292; 282; 279; 320; 300; 304; 302; 320; 316; 314; 271; 307 S.) (Bd. 1. 2. 4.—6. 10. 12. 16. 19. —22.)
Weber's, Karl Jul., Demokritos oder hinterlassene Papiere eines lachenden Philosophen. Auswahl. (306 S.) (Bd. 9.)

Wallroth, A. F. C., Abschieds- u. Antritts-Predigt, geh. Mis. Dom. u. Dom. Trinit. 1838 zu Eutin u. Oldenburg. gr. 8. (2 B.) Oldenburg 838, Schulzesche Buchh.

Wallroth, A. F. C., Gedanken und Anlagen zu Predigten über Pericopen und andere Texte, sowie zu Gelegenheitsreden, zum Gebrauch für Geistliche und Lehrer, auch für Zuhörer zur Erinnerung. gr. 8. (XXI, 539 S.) Oldenburg 868, Stalling's Verlag. *

Wallroth, A. F. C., die sieben Gleichnisse des Herrn vom Himmelreich, im 13. Capitel des Evangeliums Matthäi, vorgetragen in neun Predigten. gr. 8. Bremen 842, Kaiser. 3/4 ₰

—— Predigt am 20. Sept. 1840 im Lager bei Falkenburg vor d. Truppen d. Großhrzgs. v. Oldenburg u. d. freien Hansestädte Lübeck, Hamburg u. Bremen. gr. 8. (1 B.) Oldenburg 840, Schulzesche Buchh.

— Rede zum Gedächtniß der am 27. Januar 1844 entschlafenen Großherzogin Cäcilie von Oldenburg, gehalten den 3. Febr. 1844 in der Cäcilienschule. Nebst den Gesängen vor u. nach der Rede. gr. 8. Oldenburg 844. (Stalling.) 1/12 ₰

Wallroth, Rede am Grabe des Hrn. Johs. Ramsauer, Hauptlehrers an der Cäcilienschule zu Oldenburg. gr. 8. (8 S.) Oldenburg 848, Schulze'sche Buchh.

Wallroth, (A. F. C.), Rede am Grabe des Hrn. Johs. Ramsauer, Hauptlehrers an d. Cäcilienschule zu Oldenburg. gr. 8. (8 S.) Oldenburg 850, Schulze. 1/12 ₰

Wallroth, (Conrektor) Ant., Predigten. 8. Lübeck 832. (v. Rohden.) 1 ₰

Wallroth, Erich: Lübeck und der Elbe-Trave-Kanal. Ein Rückblick auf das erste Jahrzehnt des Bestehens des Kanals nebst einer Würdigung seiner wirtschaftlichen Bedeutung für Lübeck. Lübeck. 1910. 4°

Wallroth, Erich, Referendar: Das **Verbot** der Aufrechnung gegen Lohnforderungen. Eine Abhandlung zum Recht d. Bürgerl. Gesetzbuches. *Berlin 1903: G. Chasté.* (50 S.) 8°
Rostock, Jur. Diss. v. [24. Jan.] 1903

Wallroth, Ernst, der Alpenstock. Wegweiser f. Reisende in der Schweiz, Savoyen u. Piemont. Lex.-8. (10½ B. u. 1 Kart.) Stuttgart 845, Neff.

Wallroth, Ernst, der Alpenstock. Wegweiser für Reisende in der Schweiz, Savoyen und Piemont. 2. Aufl. 16. (XXXI und 277 S. mit 1 lithogr. Orientirungskarte für Reisende in 4.) Stuttgart 852, Neff.

Wallroth, Ernst: Kurze einfache Erklärungen und Erzählungen zu 25 Liedern des neuen schleswig-holsteinischen Gesangbuches für Schule, Kirche und Haus. Ahrensbök. 1889. 8°

Wallroth's Führer für Reisende am Bodensee auf der württemberg. Eisenbahn und auf dem Neckar von Heilbronn bis Heidelberg. Beschreibung alles Merkwürdigen; Fahrtenplan der Eisenbahn; Angabe der Distanzen aller Stationen und ihrer Höhenlage ꝛc. und 5 Karten von R. Groß: Bodensee, württemberg. Eisenbahn, schwäb. Alp, Neckarfahrt, Plan von Stuttgart. 16. (30 S. und 1 Stnt. in qu. Fol.) Stuttgart 851, Neff.

—— **Führer für Reisende auf der badischen Eisenbahn** von Mannheim bis Basel, auf der elsäss. Eisenbahn von Basel bis Straßburg, und auf dem Rhein von Straßburg bis Mannheim. Mit einer Beschreibung alles Merkwürdigen, 2 Eisenbahnkarten, 1 Karte des Schwarzwalds und dem Plan von Straßburg (auf 1 Stnt. in Imp.-4.) 16. (48 S.) Stuttgart 852, Neff. *

Wallroth, Ernst, Führer für Reisende auf der württembergischen Eisenbahn von Heilbronn bis Friedrichshafen und von Bietigheim bis Bruchsal auf dem Neckar von Heilbronn bis Heidelberg und um den Bodensee. Beschreibung alles Merkwürdigen, Fahrtenplan der Eisenbahn (in Fol.); Angabe der Distanzen aller Stationen ꝛc. und 6 Karten von R. Groß (auf 1 Stnt. in qu. Fol.) 2., verm. und verb. Aufl. gr. 16. (47 S.) Stuttgart 853, Neff. Thlr.

Wallroth, Er., s. Le Sage, Werke.

Die zwanzigste Propsteisynode. Ein Überblick über d. Entwickelung d. Synodalwesens d. Prov. Schleswig-Holstein, mit besond. Berücks. d. Grafschaft Pinneberg, vornehml. d. Propstei Altona. Vortrag geh. 1899 von Propst E[rnst] Wallroth. Altona 1899: R. L. Poppe. (25 S.) 8° [illegible] 05 2498 S

Wallroth, Fr. Heinrich Anton

— Ideen üb. d. geistl. Stand, seine Bestimmung u. Wirksamkeit. 8. Erf. 820. Keyser. 1 Thlr. 4 Gr.

Wallroth, Fr. Hnr. Ant., das Confirmationsfest; e. Versuch seine Feier sowohl Eltern als Kindern unvergeßlich zu machen. 8. Leipz. 805. Steinacker. 4 Gr.

Wallroth, Fr. Heinrich Anton. s. Stimme. Freimütige. eines Lehrers.

— ein Paar Worte üb. d. Schutzblattern. 8. Lpz. Böhme. 784.

Wallroth, H. A., ein paar Worte über die Schutzblattern. 8. Leipz. 784 u. 804. Cnobloch. 3 Gr.

Wallroth F. H. A.: Ein Paar Worte üb. die Schutz-Blattern. Leipz. 1804. 35 S.

Wallroth, (Karl) Friedrich Wilhelm

***Wallroth*, (C.) Fr. Wlh., annus botanicus, sive supplementum tertium ad Kurt Sprengelii floram Halensem. Cum tractatu et iconibus VI Cyanum genus illustrantibus.** 8. Halle 815. Kümmel. 1 Thlr. 12 Gr. Schrb. 2 Thlr.

Wallroth, Fr. Wlh., Beiträge zur Botanik. Eine Sammlung monograph. Abhandlungen über besonders schwierige Gewächs-Gattungen der Flora Teutschlands. 1. Bd. 1. u. 2. Heft. Mit 3 color. Kupfertaf. Lex.-8. Leipzig 842, 44, Hofmeister. à n. 5/6 Thlr.

Wallroth, Friedrich Wilhelm: Enumeratio syst. analyt. fungorum germanicae. [1833.] 12°

Wallroth, Freder. Guil., Flora cryptogamica Germ., s. a. Bluff, M. J., et C. A. Fingerhuth, Compendium etc.

Wallroth F. G.: Flora cryptogamica Germaniae. 2 pt. Norimbergae 1831–33. Schrag.
(= Compendium florae germanicae. Sectio 2: Plantae cryptogamicae s. cellulosae. Scripserunt M. J. Bluff et C. A. Fingerhuth. Tom. 3–4).

— Geschichte des Obstes d. Alten besonders d. Birnen u. Aepfel. 16 Hft. gr. 8. Halle 812. Hendel. 12 Gr.

Wallroth, (C.) Friedr. Wilh., Geschichte d. Obstes d. Alten. gr. 8. Halle, 1812. (Schmidt.) — 15

—— Rosae plantarum generis historia succincta, in qua rosarum species tum suae terrae proventu, tum in hortis natas suppositicias secund. normas naturales ad stirpium besses tres primitivos revocat inque speciminum natorum fidem rhodologorum et rhodophilorum captui accomm. 8maj. (20½ B.) Nordhusae 828, Koehne.

Wallroth, (Fr. W.) Naturgeschichte der Flechten. Nach neuen Formen u. in ihrem Umfange. Ein faßl. Unterricht zum Selbststudium d. Flechtenkunde. 1r u. 2r Thl. gr. 8. Frkf. 825, Fr. Wilmans.

— Naturgeschichte d. Flechten. Nach neuen Formen u. in ihrem Umfange. Ein faßl. Unterricht zum Selbststudium d. Flechtenkunde. 1r u. 2r Thl. gr. 8. Frankf. 825–27. Fr. Wilmans. 7 Thlr.

—— Naturgeschichte d. Säulchen-Flechten; od. monograph. Abschluss üb. d. Flechtengattung Cenomyce Acharii. gr. 8. (13 B.) Naumburg 829, (Zimmermann.)

— Orobanches Generis διάσκευη. ad Carol. Martensium. 8maj. Frankf. 825. Fr. Wilmans. 10 Gr.

— plantae cryptogamicae, s. M. J. *Bluff*, flora.

— s. A. Gli. Richter, therapia specialis.

— Schedulae criticae de plantis florae Halensis selectis. Corollarium novum ad K. Sprengelii floram Halensem. T. 1. Phanerogamia. Cum V tabb. aen. 8. Halle 822. Kümmel. 2 Thlr. 12 Gr. Schrbp. 3 Thlr. Schweizerp. 3 Thlr. 16 Gr.

Wallroth, Friedrich Wilhelm: Schedulae criticae de plantis florae halensis ... Halae, 1848. 8°

Wallroth, F. G., Syntagma de opthalmologia veterum. Halae 818. 8. 1 rthl. 8 gr.

— Syntagma de ophthalmologia veterum, specimen medico-philologicum. 8maj. Ibid. 819. 1 Thlr. 8 Gr.

Wallschmitt, Ferdinand: Der Eintritt Badens in den deutschen Zollverein. *Hanau a. M. 1904: Waisenhaus-Buchdr.* (VIII, 76 S.) 8°
Heidelberg, Phil. Diss. v. 1904

Wallsee, Heinrich Egon

Wallsee, H. E., Erdachtes u. Erlebtes. 8. (93 S.) Hamburg 899. Verlagsanstalt u. Druckerei. n. 1. 50; geb. in Leinw. n. 2. 50

Aus der Mappe eines Journalisten. Von H[einrich] E[gon] **Wallsee.** Hamburg: Meißner 1910. 180 S. 8° [10. 14580

— der Nordland- u. Spitzbergenfahrer. Erlebtes u. Erlesenes. 8. (175 S. m. 40 Abbildgn. u. 2 farb. Karten.) Ebd. (902). n. 5. —; geb. in Ldr. 6. 50

Wallsee, H. E., der Nordland- u. Spitzbergenfahrer. Erlebtes u. Erlesenes. 2. [Titel-]Aufl. (175 S. m. 40 Abbildgn. u. 2 farb. Karten.) 8. Hamburg [902] (903). [Verlagsanstalt u. Druckerei.] Berlin, K. W. Mecklenburg. n. 3. —; geb. n. 4. 50

Wallsee, H. E. Modernes Reisen. Die Orientfahrt der „Augusta Viktoria". gr. 8. (173 S. m. Illustr.) Hamb. 891, O. Meißner's Verlag. * 5 —; geb. ** 6 —

Wallsleben, s. Walsleben. –

Wallson, Eduard, eines Engländers, Begebenheiten, a. d. Engl. 5 Büch. 8. Altenburg, Richter. (Akadem. Buchhandl. in Jena.) 758. — 12

Wallsporn, Sigmund David Hartlieb gen. (Memmingen) A. S. 79/13

Dissertatio inauguralis juridica. Leges succedendi consuetae ad juris justitiaeque normam examinatae. Präs. Johann Samuel Friedrich Boehmer. Halle (Hendel) V. 1749. 26 S.

Gew.: Stadt Memmingen.
W. v.: Johann Wolfgang Brenck (Opp.), Ladislaus Barányi de Wárad (opp.), Ioannes de Csatári.
35738

Wallstab, Heinr. (geb. Altenweddingen bei Magdeburg 12. 7. 1858): Ueber Dammrisse. Berlin (1883). (33 S.) 8°
Berlin, Med. Diss. v. 21. Juni 1883

Wallstab, Heinr. (geb. Altenweddingen bei Magdeburg 5. 3. 1829): De gastritide ulcerosa. Berolini (1854). (28 S.) 8°
Berlin, Med. Diss. v. 6. Febr. 1854 [vielmehr 1855]

Wallstabe, Friedrich, aus Stendal: Untersuchungen über die Emanation des Radiums. *Halle a. S. 1903: C. A. Kaemmerer & Co.* (46 S.) 8°
Halle, Phil. Diss. v. 27. Juli 1903

Wallstabe, Carl: Ein Beitrag zur Behandlung des partiellen Seleralstaphyloms durch Galvanokaustik . . . Greifswald, Druck v. Julius Abel, 1889; 24 S. 8°
Greifswald, Med. Fak., Inaug.-Diss. v. 1. Juli 1889.

Wallstabe, P(aul): Aus d. Zool. Inst. d. Univ. Marburg. Beiträge zur Kenntnis der Entwicklungsgeschichte der Araneinen. Die Entwicklung der äußern Form und Segmentierung. Marburg 1908: (Lippert, Naumburg a. S.). 27 S. 8° ¶ (Aus: Zool. Jahrbücher. Bd 20. Abt. f. Anat.)
Marburg, Phil. Diss. v. 20. Aug. 1908. Ref. Korschelt
[Geb. 9. Sept. 82 Eickendorf; Wohnort: Marburg; Staatsangeh.: Preußen; Vorbildung: Guerickesch. Magdeburg Reife O. 02; Studium: Halle 2, München 1, Marburg 11 S.; Rig. 5. März 08.] [U 08. 3222

Wallstaff, Wilhelm: Ueber eine besondere Cremona'sche Transformation. *Breslau 1902: H. Fleischmann.* (2 Bl.) 8° ¶ [Nur Titelblatt, Vita u. Thesen.]
Breslau, Phil. Diss. v. 24. Juli 1902

Wallstaff, Wilhelm: Ueber eine besondere Cremona'sche Transformation. *Breslau 1902: H. Fleischmann.* (73 S.) 8°
Breslau, Phil. Diss. v. 24. Juli 1902

Wallstein, Adf., üb. Demokratie. 8. (VI, 82 S.) Czernowitz 897. R. Schally. n.n. — 75

Wallstein, Ad., Ueber Demokratie. 8°. Czernowitz, R. Schally, 1898.

Die Ritter der Arbeit und ihre berechtigten Forderungen. Zur Würdigung d. Schutzes nationaler Arbeit in s. Rückwirkung auf d. Entwickelung d. handelspolit. Systeme in Deutschland, England, Frankreich, Oesterreich-Ungarn, Rußland u. Nordamerika. Hrsg. von Franz **Wallstein.** Leipzig: H. Lorenz 1893. (40 S.) 8° [F.] [06. 8174 2

Wallstein, Ludw. (Friedländer), das Heilserum u. die moderne Behandlung der Diphtherie. Gemeinverständlich dargestellt. gr. 8. (32 S.) Berlin 894. (Cassirer & Danziger.) n. — 60

Wallstein-Adelt (Red.), s. Draisena.

Walltron, Graf von; od. die Subordination. Trauersp. 8. Leipz. Böhme. 777.

v. Walltron, Graf, oder d. Subordination. Trspl. 8. Leipz. 777. (Cnobloch). 5 gr.

— — dass. 8. Frankf. Gebhardt. 777.

Walluf, Dan., und Herm. Kickelhayn, Stadt- Land- und Gartenhäuser ausgeführt zu Frankfurt a. M. Mit Grundrissen, Façaden und Details. Nebst Beiträgen anderer Architecten. 1—3. Heft. Fol. (à Heft 6 Stnt.) Frankfurt a. M. 853, [Keller.] à Heft * 1 Thlr. *

Walluf, Dan., und Herm. Kickelhayn, Stadt-, Land- und Gartenhäuser ausgeführt zu Frankfurt a. M. Mit Grundrissen, Façaden und Details. 4—6. (Schluss-)Heft. Fol. (à Heft 6 Stnt.) Frankfurt a. M. 857. 58, Keller. à Heft * 1 Thlr. *
1—3. Heft. Ebendas. 1853—56. * 3 Thlr.

Wallwille, d. Gräfin, merkwürd. und interessante Lebensgesch. rc. 8. Meißen, Gödsche. 809.

Walmiki, Rama, s. Rama.

Walmiki's Râmâjana. Bruchstücke, übersetzt von Ad. Holtzmann. gr. 8. Karlsruhe 841, Holtzmann. 7/8 Rthl — 2. Aufl. 8. Ebend. ... 1 Rthl

Walmoden, Thedel Unverfährt v., tapfere männliche und ritterliche Thaten, s. Volksbücher, deutsche.

Walner, Sev., Sätze aus d. Philosophie aufgestellt u. öffentl. vertheidigt auf d. Universität zu Salzburg. gr. 8. Salzb. 792. (Duyle). 2 gr.

Wallnüsse. (Eine Sammlung scherzhafter Räthselfragen) für Berliner Nußknacker, 16 halbes Schock. Geschlagen und aufgelesen vom Magister Volkswitz. Mit 1 illum. Steindr. 12. Berlin 833. Gröbenschütz u. Seiler. Geh. u. verklebt 1/6 Rthl

Walny, Adolf (Hrsg.), s. Bote, Bosnischer.

— Sarajevoer Wegweiser, versehen m. e. Plan v. Sarajevo u. Umgebung. 2. Aufl. (44 S.) 8. Sarajevo 908. (Wien, G. Szelinski.) Kart. 1. 40

Walos, D., Tscharraomini, der Chipewayhäuptling, s. Volks- und Jugend-Erzählungen.

Walpers, Wilhelm Gerhard

Walpers, Guil(elmus) Gerard(us): Animadversiones criticae in Leguminosas Capenses herbarii regii Berolinensis. Halis (1839): Gebauer-Schwetschke. 99 S. 8°
Greifswald, Phil. Diss. v. 16. Dez. 1839

Walpers, Guil. Gerard., († d. 18. Juni 1853), Annales botanices systematicae. Tom. I—III à 6 fascl. gr. 8. (I: 1127 S. II: VIII u. 1125 S. III: 1168 S.) Lipsiae 848—53, (Hofmeister) Abel. (I, 1—5: à n. 1 ℛ 6 ngr 6: n. 1 ℛ 2 ngr II, 1—5: à n. 1 ℛ 6 ngr 6: n. 1 ℛ 2 ngr III, 1—5: à n. 1 ℛ 6 ngr 6: n. 1 ℛ 2 ngr) n. 21 ℛ 6 ngr

Walpers, Guil. Gerard., Annales botanices systematicae. Tom. I. et II. 8maj. Lipsiae, [Abel.] [I. (1127 S.) 849., II. (VII und 1125 S.) 852. à * 7 Thlr. 2 Ngr.] *

— — Tom. IV. Auct. Car. Mueller. A. u. d. T.: Synopsis plantarum phanerogamicarum novarum omnium per annos 1851, 1852, 1853, 1854, 1855 descriptarum. Auct. C. Mueller. Fasc. I—VI. Lipsiae 857, 58. Abel. gr. 8. (VIII, 959 S.) Jedes Heft n. 1 ℛ. 6 ngr.

Walpers, Guil. Gerard, Annales botanices systematicae. Tom. V. A. u. d. T.: Synopsis plantarum phanerogamicarum novarum omnium per annos 1851, 1852, 1853, 1854, 1855 descriptarum. Auctore Carol. Müller. Fasc. I—VI. Leipzig 859, 60. Abel. gr. 8. (VIII, 966 S.) I—V.: à n. 1 ℛ 6 ngr.; VI.: n. 2 ℛ

Walpers, (Guil. Gerard.), **Annales botanices systematicae. Tom. VI. Et. s. t.: Synopsis plantarum phanerogamicarum novarum omnium per annos 1851, 1852, 1853, 1854, 1855 descriptarum. Auctore Carolo Müller. Fasc. 4—8. gr. 8. (S. 481—1310.) Leipzig 863—65, Abel. [Fasc. 4—7. à * 1 Thlr. 6 Ngr., Fasc. 8. * 1 Thlr. 10 Ngr.]** *
Tom. I—VI. Fasc. 1—3. Ebendas. 1849—62. * 28 Thlr. 28 Ngr.

Walpers, (Guil. Gerard.), Annales botanices systematicae. Tom. VII. Et s. t.: Addenda ad litteraturam botanicam annorum 1856—1866. Auctore Carolo Müller. Fasc. 1—5. Ebend. 868—70. gr. 8. (VIII, S. 1—800.) Jede Liefg. n. 1 ℛ 6 ngr.

Walpers, (Guil. Gerard), annales botanices systematicae. Tom. VII. E. s. t.: Addenda ad litteraturam botanicam annorum 1856—1866. Auctore Carolo Mueller. Fasc. 6. gr. 8. (S. 801—960.) Leipzig 871. Abel. n. 3. 60 (I—VII, 6: n. 156. 80)

Walpers, W. G., s. L. Bravais, über die geometr. Anordnung d. Blätter rc.

Walpers, Guil., Gerardus, Repertorium botanices systematicae. Tom. I—III. à 5 fasc. Tom. IV. fasc. 1. Tom. V. 5 fasc. et Tom. VI. fasc. 1 et 2. 8maj. Leipzig 842—46, Hofmeister. Tom. I. II. à fasc. n. 1 ℛ Tom. III. fasc. 1—4. à n. 1⅓ ℛ fasc. 5. n. 1 ℛ Tom. IV. fasc. 1. n. 1 ℛ Tom. V. fasc. 1—4. à n. 1 ℛ 6 ngr fasc. 5. n. 1 ℛ 12 ngr Tom. VI. fasc. 1. 2. à n. 1 ℛ 6 ngr

— Repertorium botanices systematicae. Tom. IV. Synopsis Verbenacearum, Myoporinearum, Selaginearum, Stilbinearum, Globulariearum et Plantaginearum omnium ad a. 1844 cognitarum. Additus est index ordinum, subordinum, generum, sectionum, specierum et synonymorum omnium in fasc. I—XXVI. obviorum. Fasc. II—V. Tomi VI. Fasc. III—V. gr. 8. (T. IV: VIII S. u. S. 193—820. T. VI: VIII S. u. S. 385—834.) Ebd. 847. 48. IV, 2 u. 3: à n. 1 ℛ 6 ngr 4 u. 5: n. 1 ℛ 18 ngr VI, 3—5: n. 2 ℛ 26 ngr

Walpert, H., Synonyma der Phanerogamen und cryptogamischen Gefässpflanzen, welche in Deutschland und in der Schweiz wild wachsen. Lissa 1855. 8.

Walpert, H., Synonyme der Phanerogamen und cryptogamischen Gefässpflanzen, welche in Deutschland und in der Schweiz wild wachsen. gr. 8. (III und 309 S.) Lissa 855, Günther.

—— alphabetisch-synonymisches Wörterbuch der deutschen Pflanzennamen, sowie der pflanzl. Erzeugnisse, mit Angabe der systemat. Namen der Pflanzen. Ein Handbuch für Apotheker, Droguisten, Landwirthe rc. 2 Abthlgn. (Lateinisch-deutsch. — Deutsch-lateinisch.) gr. 8. (VIII und 205 S.) Magdeburg 852, Heinrichshofen'sche Buchh.

Walpole, Horace

Walpole, H., the Castl of Otranto. A Gothic story. A new edition with a prefatory memoir. by W. Scott. 16. Dresd. 826. Arnold. 18 ℊ

Walpole, Horace, the Castle of Otranto. A gothic story. 24. Nürnberg 844, Fr. Campe. ⅓ ℛ

Walpole, Horace, the castle of Otranto. gr. 16. (191 S.) Leipzig 886. Gressner & Schramm. n. — 80

Walpole, Horace, a Catalogue of the classic contents of Strawberry Hill. 4. (Mit Walpole's Bildniss, verziert. Titel u. 10 Vign. in Holzschn.) London 842. (Leipzig, T. O. Weigel.) n. 4 ℛ

— — Denkwürdigkeiten aus der Regierungszeit Georgs II und Georgs III. Mit einer Einleitung: Das achtzehnte Jahrhundert in Walpole's Briefwechsel. (4. Bd.: „Bibliothek ausgewählter Memoiren des XVIII. und XIX. Jahrhunderts". Mit geschichtlichen Einleitungen und Anmerkungen herausgegeben von F. E. Pipitz und G. Fink.) (3 Bde.) 8. Belle-Vue bei Constanz 1846—1848.

—— Denkwürdigkeiten aus der Regierungszeit Georgs II. rc., s. Bibliothek ausgewählt. Memoiren.

Walpole, **Horace, histoire, Isabelle et Theodor, trad. de l'Angl. II Vols. Avec fig. 8. Paris 797. (Nauck in Leipz.) 20 ℊ**

Walpole, Horace, histoire, Isabelle et Théodor, trad. de l'anglois. II Vol. av. fig. 8. Paris. (Sommer à Leipz.) 797.

— histor.-literar. u. unterhaltende Schriften. Aus d. Engl. übers. von A. W. Schlegel. 8. Leipz. 800. Hartknoch. 1 ℛ 14 ℊ

Walpurg, Chr., s. Walburg.

Walpurg, Chr., wohlsehendes Auge e. Christen nach der Ewigkeit. 8. Halle, Junius. 759.

— d. bekehrte Soldat, od. Betracht. e. gewesenen Soldaten. 8. Halle, Franke. 756.

Walpurg, Karl, das Weihnachtsfest der Nieblinger oder der Karfunkel. Romantisches Schauspiel in 5 Aufzügen. Nürnberg 864. Stein. 16. (2 Bl., 176 S.) n. 16 ngr.

Walpurger, Johann Gottlieb

——— schriftmäß. Betracht. d. Lehre v. d. Genugthuung Christi. 8. Görlitz. 743.

Walpurger, Joh. Gottl., kosmotheol. Betrachtungen, d. Wunder u. Wahrheiten im Reiche d. Natur u. Gnaden rc. schrift- u. vernunftmäßig aufgeführt. 4. Thle. 4. Chemnitz, Stößel. (Mauke.) 748—54.

Walpurger, Jh. Gli., († 1765.) kosmotheol. Betrachtt. d. wichtigsten Wunder u. Wahrheiten im Reiche d. Natur u. Gnade z. Verherrlichung ihres glorwürd. Urhebers, zur Beschämung des Unglaubens 2c. schrift- u. vernunftmäßig aufgeführt. 4 Thle. 4. Chemn. 748—59. Stößel. 4 ℛ 20 ℊ

— der große Gott im Kleinen, auf eine seiner Majestät anständige Weise, an d. edlen Geschöpf d. Bienen vorgestellt, nebst e. Vorr. v. C. H. Eilenburg. 8. Chemn. 762. (Starke). 16 ℊ

Walpurger, J. G., de Theophilo Antiocheno. Chemn. 1735. 4.

Walpurgis. (Hrsg.: Eugen Barnick, Carl Matthies, Johannes Meru.) Buchschmuck J. Meru, C. Matthies. [1.] Berlin: Orion 1902. 8°

Walpurgis-Fest-Zeitung des Harzklub-Zweigvereins Halle a. d. Saale. Festnummer v. 27. April 1907. Verantw. Red.: Reinhold Koch. (Halle a. S. 1907: C. Nietschmann.) (2 Bl.) 4° [Kopft.] 07. 7558 3

Walpurgisnacht, Die. Eine Posse . . . Gera 1802. V: *Bornschein, Joh. Ernst Dan.* (NN)

Walpurgisnacht, die,. Lustsp. in 1 A. v. J. Bornschein. 8. Gera, Haller. 802.

Walpurgisnacht, die, Romanze, nebst 5 der Brieftasche d. Teufels entlehnten Beilagen (Gedichten). Den Mädchen in H...... gewidmet von Ernst Mädchenspiegel. kl. 16. Mohrungen 832. Rautenberg. 4 ℊ

Walpurgisnacht, Ein Frühlings-Sagenspiel, Faschingsspiel, 1908, 25 S., 16°.

Walpurgisnacht, Moderne. Dramatisches Charivari. Berlin 1856. 2. Aufl. 1865. V: *Levy, J.* (GGr IV, III, 797, 121) (Zeitschr. f. Büch. N. F. 15, 1923, 126)

Walpurgisnacht, moderne. Dramatisches Charivari. gr. 8. (60 S.) **Berlin 856, Hirsch.**

Walraf, Johann (geb. Gressenbroich 6. 12. 1848). Ueber Längenmessung der Frucht während des Geburtsactes. Berlin (1873). (30 S.) 8°
Berlin, Med. Diss. v. 23. Aug. 1873

Hubert **Waelrant**. 'Musiciens qui chantez'. 'An d. Musikanten'. Vierstimmiges Lied aus 'Livre Septième des Chansons à Quatre Parties'. ⟨Anvers, 1597.⟩ Deutscher Text von Th[eobald] Rehbaum. Hrsg. von W[illiam] Barclay Squire. (Leipzig: Breitkopf & Härtel [1900].) (9 S.) 4° [Kopft.]
— **Madrigale**; Ausgewählte, u. mehrstimmige Gesänge berühmter Meister d. 16. u. 17. Jhs. N. F. 14. 07. 13711

Walras, Léon, éléments d'économie politiqne pure: Objet et divisions, de l'économis politique et sociale; théorie mathematique de l'échange; du numeraire et de la monnaie. gr. 8. (VIII, 208 S. m. 2 Steintaf. in qu. 4.) Lausanne 874. Basel, Georg. n. 3. —

Walras, Léon. Éléments d'économie politique pure ou théorie de **la richesse sociale.** 2e édit. revue, corrigée et augmentée. gr. 8. (XXIV, 528 S. m. 3 Taf.) Lausanne 889. (Lpz., Duncker u. Humblot.) * 8 —

Walras, Léon, théorie mathématique de la richesse sociale. Lex.-8. (256 S. m. 6 Steintaf.) Lausanne 883. Leipzig, Duncker & Humblot. n. 6. —

—— mathematische Theorie der Preisbestimmungen der wirthschaftlichen Güter. Vier Denkschriften, gelesen vor der Akademie der moral. und polit. Wissenschaften zu Paris und vor der naturwissenschaftl. Gesellschaft des Waadt-Landes zu Lausanne. Lex.-8. (VIII, 96 S. mit 1 Stnt.) Stuttgart 881, Enke. *

Walras, Léon, théorie de la monnaie. 8. (XII, 123 S. mit 4 Stnt.) Lausanne 886. Leipzig, Duncker und Humblot. * geb. *

Walrave, Friedrich Wilhelm von (Osnabrück)
A. S. 25/26

De prudentia circa officium pacificatoris inter gentes.
Präs. Gottl. Samuel Treuer.
Helmstedt (Schnorr) 5. XI. 1727. 110 S.
35741

v. Walre, J., das Findelkind. Schspl. in 3 A.; aus d. Holländ. 8. Duisb., (Bädeker). 7 ℊ

Walrofia, Eulalia, sie sucht e. Dienstmädchen, s.: Vereinstheater, neues.

— Michel will in den Kasten, s.: Theater-Bibliothek.

Walsch, Rud. Hypsometrische Schulhandkarte von Nieder-Österreich, nach den Angaben von R. W. ausgeführt in Ed. Hölzel's geograf. Institute, hrsg. von der pädagog. Gesellschaft in Wien. 1 : 600,000. Farbendr. 29×33,5 cm. Wien 892, Hölzel. * — 18

—— Hypsometrische Schulwandkarte v. Nieder-Österreich, nach den Angaben v. R. W. ausgeführt in Ed. Hölzel's geograph. Institute, hrsg. v. der pädagog. Gesellschaft in Wien. 1 : 150,000. 4 Blatt. Farbendr. 56,5×64,5 cm. Ebd. 890. * 7 —
Auf Leinw. * 10 —; m. Stäben * 12 —

Walsch, Rud., der geographische Unterricht auf Grund der hypsometrischen Karten. [Heimatskunde von Niederösterreich.] gr. 8. (39 S. mit 8 eingedr. Orig.-Abbild.) Wien 883, Hölder. *

Walsch, Rud., der geographische Unterricht auf Grund v. hypsometrischen Karten. [Heimatskunde v. Niederösterreich.] Mit 8 (eingedr.) Orig.-Abbildgn. gr. 8. (39 S.) Wien 886. Hölder. n. — 80

Waelsch, Emil: Beiträge zur Flächentheorie. Separatabdruck aus: Sitzungsber. d. K. Akademie d. Wissensch. in Wien. Bd. 97. IIa. S. 164.

Waelsch, Emil, üb. die Bestimmung v. Punktgruppen aus ihren Polaren. Lex.-8. (8 S.) Wien 883. (Gerold's Sohn.) n. — 20
S.-A. aus: Sitzungsber. d. k. Akad. d. Wiss. in Wien.

Waelsch, E., Über Binäranalyse. [Aus: Sitzungsber. d. k. Akad. d. Wiss.] Gr.-8°. (21 S.) † K —.50
Wien: Gerold's Sohn 1903.

Waelsch, Emil, über Binäranalyse. (21 S.) gr. 8. Wien 903. (A. Hölder.) n. — 50

— dasselbe. (II. Mitteilg.) (7 S.) gr. 8. Ebd. 908. n. — 20

— dasselbe. III. Mitteilg. (20 S.) gr. 8. Ebd. 903. n. — 40

Waelsch, Emil. Ueber e. geometr. Darstellung in der Theorie der binären Formen. Lex.-8. (12 S.) Wien 891, (Tempsky). * — 30

— Über eine geometrische Darstellung in der Theorie der binären Formen. S. 100. IIa. 574 . . . . „ — 30
Separatabdruck

— geometrische Darstellung der Theorie der Polargruppen. Lex.-8. (6 S.) Ebend. 883. n. — 20
S.-A. aus: Sitzungsber. d. k. Akad. d. Wiss. in Wien.

Waelsch, Emil, über die Entwicklung d. Produktes zweier Kugelfunktionen nach Kugelfunktionen. (6 S.) gr. 8. Wien 909. A. Hölder. — 30
Sonderabdr. aus: „Sitzungsbericht d. k. Akad. d. Wiss."

— über Flächen constanter Krümmung. [Aus: „Sitzungsber. d. k. Akad. d. Wiss."] Lex.-8. (17 S.) n. — 40
Prag: Tempsky 1893.

Waelsch, Emil, üb. Flächen mit Liouville'schem Bogenelement. [Aus: „Sitzungsber. d. k. Akad. d. Wiss."] gr. 8. (6 S.) Wien 897. (C. Gerold's Sohn.) n. — 20

— über Formen 5. Ordnung auf der cubischen Raumcurve. [Aus: „Sitzungsber. d. k. Akad. d. Wiss."] Lex.-8. (19 S.) Ebd. 891. n. — 40

— zur Infinitesimalgeometrie der Strahlencongruenzen u. Flächen. [Aus: „Sitzungsber. d. k. Akad. d. Wiss."] Lex.-8. (62 S. m. 1 lith. Taf.) Ebd. 891. n. 1. 20

Waelsch, E., zur Invariantentheorie der Liniengeometrie. [Aus: „Sitzungsber. d. k. Akad. d. Wiss."] Lex.-8. (13 S.) Wien 890. (Tempsky.) n. — 30

— über die Isophoten e. Fläche bei centraler Beleuchtung. [Aus: „Sitzungsber. d. k. Akad. d. Wiss."] Lex.-8. (4 S. m. 1 Textfig.) Ebd. 892. n. — 20

Waelsch, Emil, zur Construction der Polargruppen. [Aus: „Sitzungsber. d. k. Akad. d. Wiss."] Lex.-8. (12 S. m. 1 Textfig.) Wien 891. (F. Tempsky.) n. — 30

Waelsch, Emil [Assist. a. d. k. k. deutsch. techn. Hochschule zu Prag]: Ueber das Normalensystem und die Centrafläche algebraischer Flächen 2ten Grades. . . . Halle, Druck v. E. Blochmann & Sohn in Dresden, 1888; 28 S. 4°
Erlangen, Phil. Fak., Inaug.-Diss. v. 1888

— über das Normalensystem u. die Centrafläche algebraischer Flächen, insbesondere der Flächen 2. Grades. [Aus: „Nova Acta acad. caes. Leopold.-Carol."] gr. 4. (28 S.) Halle 888. (Leipzig, Engelmann.) n. 1. 40

Waelsch, Emil: Über das Normalensystem und die Zentralfläche der Flächen zweiter Ordnung. 1. und 2. Mitteilung. Separatabdruck aus: Sitzungsber. d. k. Akad. d. Wiss. in Wien. Bd. 95. II. S. 549 u. Bd. 97. IIa. S. 583.

— über die Lamé'schen Polynome 2. Ordnung e. Form 5. Ordnung. [Aus: „Sitzungsber. d. k. Akad. d. Wiss."] gr. 8. (8 S.) n. — 20
Wien: Gerold's Sohn 1896.

— über Reihenentwicklungen mehrfachbinärer Formen. (9 S.) gr. 8. Ebd. 904. n. — 30

Waelsch, E., Über Reihenentwicklungen mehrfachbinärer Formen. [Aus: Sitzungsber. d. kais. Akad. d. Wiss., mathem.-naturw. Klasse.] Gr.-8°. (9 S.) † K —.30
Wien: Gerold's Sohn 1905

— über die Resultate binärer Formen. (4 S.) gr. 8. Ebd. 905. n. — 20
Sonderabdruck aus: „Sitzungsber. d. k. Akad. d. Wiss."

— über ein Schliessungsproblem. Lex.-8. (8 S.) (Ebendas.) 884. *
aus: Sitzungsberichte der k. Akademie der Wissenschaften, besonders abgedruckt.

Waelsch, Assist. Emil, über eine Strahlencongruenz beim Hyperboloid. [Aus „Sitzungsberichte der k. Akademie der Wissenschaften".] Lex.-8°. (21 S.) Wien, Gerold's Sohn. fl. —.20. 1887.

— über e. Strahlencongruenz beim Hyperboloid. [Aus: „Sitzungsber. d. k. Akad. d. Wiss."] Lex.-8. Wien 887. (Tempsky.) n. — 40

— über Tangentencongruenzen e. Fläche. [Aus: „Sitzungsber. d. k. Akad. d. Wiss."] Lex.-8. (11 S.) Ebd. 893. n. — 30

Waelsch, E., Über die lineare Vektorfunktion als binäre doppeltquadratische Form. [Aus: Sitzungsber. d. k. Akad. d. Wiss., mathem.-naturw. Klasse.] Gr.-8°. (25 S.) † K —.50
Wien: Gerold's Sohn 1904.

Waelsch, Emil, über die lineare Vektorfunktion als binäre doppeltquadratische Form. (25 S.) gr. 8. Wien 904. (A. Hölder.) n. — 50

— über die höheren Vektorgrössen der Kristallphysik als binäre Formen. (13 S.) gr. 8. Ebd. 904. n. — 40
Sonderabdruck aus: „Sitzungsber. d. k. Akad. d. Wiss."

Waelsch, E., Über die höheren Vektorgrößen der Kristallphysik als binäre Formen. [Aus: Sitzungsber. d. k. Akad. d. Wiss., mathem. naturw. Klasse.] Gr.-8°. (13 S.) † K —.40
Wien: Gerold's Sohn 1904.

Walscher, te, die Stigmatisirte zu Gendringen. Nach genauen Beobachtungen hrsg. 8. (1½ B.) Borken 844, Brunn. (Cöln, Du Mont-Schauberg'sche Buchh.)

Walschleben [Schlagwort]

Walschleben, s.: **Preussen. Messtischblätter.**

Walsdorf, E., kirchlich figurale Bildhauerarbeiten. Meisterwerke christl. Kunst des Mittelalters in Frankreich. Gestaltliche Darstellgn. v. Gott-Vater, Jesus Christus u. der hl. Jungfrau. Die zwölf Apostel. Engelsgestalten. Reliefs: Biblische Scenen u. solche aus dem Leben der Heiligen. (60 Lichtdr.-Taf. u. 4 S. Text m. 1 Abbildg.) 33×25 cm. Berlin 907. B. Hessling. In Mappe 48. --

Walseck, Ferd. **Neueste Eisenbahn-Karte v. Deutschland u. den angrenzenden Ländern, m. Vorrichtg. zum schnellen Auffinden der Stationen. 32. Jahrg. Ausg. 1892. Lithogr. u. color. 90×120 cm. Nebst Verzeichniss der Stationen. 8. (17, 116, 40 S.) Köln 892, (DuMont-Schauberg).** * 9 —
Erscheint jährlich. — Bis incl. 29. Jahrg. war der Preis * 7 —.

Neueste Eisenbahn-Karte von Mittel-Europa m. Vorrichtg z. Auffinden d. Stationen z. Gebr. f. Kaufleute . . . Zsgest. u. gez. v. **Ferd. Walseck,** Baumeister in Cöln a Rh. *(Berlin): Stich u. Schnellpressendr. d. Berl. Lithogr. Inst. 1898.* 1 Ktnbl. quer-gr. 2. (...) [98. 4334

Walseck, Georg

Walseck, G., Neueste Eisenbahn-Karte von Deutschland und den angrenzenden Ländern. Zum Gebrauche für Eisenbahn- und Handels-Bureaus zusammengestellt u. gez. Leipzig, E. H. Mayer. 1863. Imp.-Fol. Lith. u. kolor.
—, — Neue Ausg. Cöln (Berlin, A. Abelsdorff) 1864. Imp.-Fol.
—, — Neue Ausg. Ebenda 1865.
—, — Neue Ausg. Ebenda 1867, 68, 69. . . . . (Br. Mus. z. T.)
—, — mit Bändelvorrichtung 1871—92. (Mit Text: Verzeichniss der Stationen. 12.—32. Aufl. Ebenda 8.) Ebenda. Imp.-Fol. . . . . (Br. Mus. z. T.)
—, — Nebst Verzeichniss der Stationen und Betriebs-Reglement für die Eisenbahnen Deutschlands. 8. Köln (Du Mont-Schauberg'sche Bhdlg). Imp.-Fol. 4 Bll. lith. und kol.

Walseck, G., neueste Eisenbahn-Karte von Deutschland und den angrenzenden Ländern. 1868 und 1869. Zum Gebrauche für Eisenbahn- und Handels-Bureaux. Fol. Berlin 869, A. Abelsdorff. * 3 —
—— dass. — mit Bändelvorrichtung. Zum Gebrauch für Eisenbahnbeamte, Kaufleute und Gewerbtreibende. 12.—24. Aufl. 1871—1875. Fol. Mit Text: Verzeichniss der Stationen. 8. (78 S.) Ebendas. * 4 50
—— dass. — 16. Jahrg. pro Jan. 1876. 4 Bl. Ebendas. * 6 —

Walseck, Geo., neueste Eisenbahnkarte von Deutschland und den angrenzenden Ländern, mit numerirter Band-Vorrichtung zum schnellen Auffinden der Stationen. Zum Gebrauch für Kaufleute, Eisenbahnbeamte und Gewerbtreibende. Ausg. 1875. 4 Bl. Fol. Mit Stations-Verzeichniss. 15. Jahrg. 1875. 8. (IV, 91 S.) Berlin, (A. Abelsdorff.) *

Walseck, Geo., neueste Eisenbahn-Karte von Deutschland und den angrenzenden Ländern, mit (Band-)Vorrichtung zum schnellen Auffinden der Stationen. Zum Gebrauch für Kaufleute, Eisenbahnbeamte und Gewerbtreibende. 17. Jahrg. Ausg. pro Januar 1877. 4 Bl. Lithogr. und color. Imp.-Fol. Mit Verzeichniss der Stationen. 8. (IV, 100 S.) Berlin 877, Abelsdorff. * 6 —
—— dass. — 18. Jahrg. Ausg. pro Januar 1878. 4 Bl. Lithogr. und color. Imp.-Fol. Mit Verzeichniss der Stationen. 8. (IV, 102 S.) Ebendas. * 6 —
—— dass. — 19. Jahrg. Ausg. pro Januar 1879. 4 Bl. Lithogr. und color. Imp.-Fol. Nebst Verzeichniss der Stationen und Betriebs-Reglement für die Eisenbahnen Deutschlands. 8. (IV, 101, 44 S. mit 2 Frachtbriefformularen.) Köln. (Berlin, Abelsdorff.) * 6 —

Walseck, Geo., neueste Eisenbahn-Karte von Deutschland und den angrenzenden Ländern, mit numerirter Band-Vorrichtung zur schnellen Auffindung der Stationen. Zum Gebrauch für Kaufleute, Eisenbahnbeamte und Gewerbtreibende. 20.—23. Jahrg. Ausg. pro Jan. 1880—1883. à Jahrg. 4 Bl. Lithogr. und color. Imp.-Fol. Nebst Verzeichniss der Stationen und Betriebs-Reglement für die Eisenbahnen Deutschlands. 8. (à Jahrg. ca. IV, 106, 44 S. mit 2 Frachtbriefformularen.) Köln, DuMont-Schauberg'sche Buchh. à Jahrg. * 6 —
—— dass. — 24. Jahrg. Ausg. 1884. 4 Bl. Lithogr. und color. Imp.-Fol. Nebst Verzeichniss der Stationen und Betriebs-Reglement für die Eisenbahnen Deutschlands. 8. (IV, 120, 75 S. mit 2 Frachtbriefformularen.) Ebendas. * 7 —

Walseck, Geo., neueste Eisenbahn-Karte von Deutschland und den angrenzenden Ländern, mit numerirter Band-Vorrichtung zur schnellen Auffindung der Stationen. Zum Gebrauch für Kaufleute, Eisenbahnbeamte und Gewerbtreibende. 25.—27. Jahrg. Ausg. 1885—1887. 4 Bl. Lithogr. und color. Imp.-Fol. Nebst Verzeichniss der Stationen und Betriebs-Reglement für die Eisenbahnen Deutschlands. 8. (30, 121, 75; IV, 128, 77; IV, 128, 77 S. mit je 2 Frachtbriefformularen.) Köln, (Du Mont-Schauberg'sche Buchh.) à Jahrg. * 7 —

—— neueste Eisenbahn-Karte von Deutschland und den angrenzenden Ländern, mit numerirter Band-Vorrichtung zur schnellen Auffindung der Stationen. 28. Jahrg. Ausg. 1888. 4 Bl. Lithogr. und color. Imp.-Fol. Nebst Verzeichniss der Stationen und Betriebs-Reglement für die Eisenbahnen Deutschlands. 8. (IV, 99, 59 S.) (Ebendas.) 888. * 7 —

Walsem, A. J. van, s.: Mitteilungen aus der Klinik u. Poliklinik für Haut- u. venerische Geschlechtskrankheiten zu Amsterdam.

Walsem, G. C. van, Versuch e. systematischen Methodik der mikroskopisch-anatomischen u. anthropologischen Untersuchung des Centralnervensystems. gr. 8. (184 S. m. 30 Abb. u. 8 Taf.) Amsterdam 899. J. Müller. n. 4.80
Sonderabdruck aus: „Verhandelingen der koninkl. akad. van wetenschappen te Amsterdam".

Walsemann, A., das Interesse. Sein Wesen u. seine Bedeutg. f. den Unterricht. Eine Ziller-Studie. gr. 8. (84 S.) Hannover 884. Meyer. n. 1.20

Das Interesse. Sein Wesen u. s. Bedeutung f. d. Unterricht. E. Ziller-Studie von A. **Walsemann**, weil. Rektor in Celle. Neu bearb. u. mit Anm. versehen von Dr. Hermann Walsemann, Dir. in Schleswig. 2. Aufl. Hannover-List [&] Berlin: C. Meyer 1907. (124 S.) 8° [F.] 08.17759

Walsemann, A., Methodik d. Erziehungsunterrichts. Einrichtungs- u. Lehrplan f. die mehrstuf. Volksschule. Beitrag zu den gesetzgeber. Aufgaben auf pädagog. Gebiete. gr. 8. (VII, 200 S.) Hannover-Linden 890. Manz. n. 3. —

Walsemann, A., die Pädagogik des J. J. Rousseau und J. B. Basedow, vom Herbart-Zillerschen Standpunkte verglichen und beurteilt. gr. 8. (104 S.) Hannover 885, Meyer. *

Walsemann, Hermann

Walsemann, Herm., die Anschauung. Gesammelte Beiträge zur pädagog. Psychologie. (IV, 208 S.) gr. 8. Berlin 903. Gordes & Hödel. n. 2. 80

Walsemann, Herm., Anschauungslehre d. Rechenkunst. Auf experimenteller Grundlage. (VII, 218 S. m. Fig.) gr. 8. Schleswig 907. J. Ibbeken. 3.—; geb. n 3. 75

— Aufgaben dazu. 2 Hefte. kl. 8. Ebd. 906. Kart. — 90
1. (38 S. m. Fig.) — 40. — 2. (49 S. m. Fig.) — 50.

— Anschauungslehre der Schreibkunst. 2., gänzlich umgearb. Aufl. (V, 67 S.) 8. Schleswig 906. J. Bergas Verl. n. 1, 60

Walsemann, Hermann: Städtisches Lehrerinnen-Seminar in Schleswig. Einrichtung, Aufnahme, Lehrplan der Vorklasse und Schülerinnenbestand am 1. Sep. 1907. Schleswig. (1907.) 8°

— Grundzüge der Pädagogik, s.: Schumann, J. Chr. Glob.

— Lautlehre f. den Elementarunterricht. (24 S. m. 1 Abbildg.) gr. 8. Hannover 909. C. Meyer. — 50

— methodisches Lehrbuch der Psychologie. Für den Seminar- u. Selbstunterricht bearb. (IV, 196 S.) 8. Potsdam 905. A. Stein. n. 2. 50; geb. in Leinw. n. 3. —

— s.: Lehrkunst, die.

— Methodik des elementaren u. höh. Schulunterrichts. Für den Gebrauch in Seminaren u. Lyzeen. 1. Heft: Zahlen- und Formenlehre. (Arithmetik u. Geometrie.) (VII, 224 S. m. Abb.) 8. Ebd. 910. 2.50; geb. 3. —

Walsemann, Herm., s.: Pestalozzi, Heinrich.

Pädagogische Psychologie. Mit 19 Fig. u. zahlr. Anwendungsaufgaben. Von Dr Hermann **Walsemann**. Potsdam: A. Stein 1905. (IV, 196 S.) 8° [F.]
= [**Handbücher**, Steins, f. Lehrer. No 22.] 06.10384

— s.: Quellenschriften, pädagogische.

Walsemann, H[ermann]. J[ohann] H[einrich] Pestalozzi's Rechenmethode. Historisch dargestellt und auf Grund experimenteller Nachprüfung kritisch gewürdigt von H. F. Walsemann. Diss. Phil. I. Univ. Zürich. [Mit 1 Abbildung im Text und 2 Tabellen.] 212 S. 8. Hamburg, A. Lefèvre Nfg., 1901.

Walsemann, Hermann. J[ohann] H[einrich] Pestalozzi's Rechenmethode. Historisch-kritisch dargestellt und auf Grund experimenteller Nachprüfung für die Unterrichtspraxis erneuert. Mit einer Abbildung im Text und zwei Pestalozzi'schen Tabellen als Beilage. 212 S. 8. Hamburg, A. Lefèvre Nfg., 1901. (M. 3. —)

Walsemann, H., die Schreibkunst. Die naturgemäße Erlernung, sowie die natürl. Ausübg. derselben, insbesondere auf e. neuen eigenartigen „Schreibbrette". gr. 8. (53 S. m. 1 Abbildg.) Hannover-Linden 890. Manz. n. — 80

Walsemann, Hermann [Bearb.], s. Walsemann, A.: Das Interesse. 2. Aufl.

Walser: Lessing's u. Göthe's charakteristische Anschauungen über die aristotelische Katharsis. 27 S. 8°
Stockerau, Progr. 1869

Walser. Cholera, deren Verhütung u. naturgemäße sichere Heilung. 16. (16 S.) Posen 892, Kathol. Buchh. (v. Twardowski). — 15

Walser: Ferienspaziergänge durch Alt- und Neuwien. Architektonische Skizzen. 80 S. 8° Wien OR.R., Progr. 1865

— neuestes Handbuch der Naturheilkunde u. Gesundheitspflege. E. volkstüml. Familien- u. Nachschlagebuch f. naturgem. Lebensweise u. arzneilose Behandlg. Auf Grund eig. langjähr. Erfahrgn unt. Würdigg. d. neuesten Naturheilverfahren sachgem. u. gemeinverständl. bearb. M. vielen Abb. in Schwarz- u. Buntdr. gr. 8. 1136 S. m. 18 Farbdr. u. 1 farb. Phantom.) Ebd. 897. 98. Geb. in Leinw. 10. —
Erschien auch in 30 Hftn. à — 25.

Walser, die Hautkrankheiten od. Hautausschläge, deren einheitliche Grundursache, Verhütung u. naturgemässe Heilung. Gemeinverständlich dargestellt. gr. 8. (70 S.) Leipzig 902. E. Demme. n. 1. —

Walser, jedermann sein eigener Arzt! Die atmosphär. Kur, — Lichtluftbad, Sonnenbad, — Behandlg. m. farb. Licht, — u. d. Heißwasserbehandlg. Nach eig. Erfahrg. leichtfaßl. dargest. 12. (32 S. m. Abb.) Reutlingen 895. Enßlin & Laiblin. n. — 50

— Kräuter-Apotheke. Anleitung, wie man durch den Gebrauch heilkräft. Kräuter die Gesundheit bewahren kann. Genaue Beschreibg. der Pflanzen, nebst Anweisg. üb. die Bereitg. der Theee, Extrakte, Oele u. Pulver. gr. 8. (130 S. m. Pflanzenabbildgn.) Ebd. 892. n. 1. 60

— zwei moderne Heilfaktoren: Elektrische Lichtbehandlung u. Vibrationsmassage, deren Erfolge in Krankheiten. Gemeinverständlich dargestellt. gr. 8. (75 S.) Ebd. 902. n. 1. —

— die neue Naturheilmethode od. die Lehre, wie man alle Krankheiten auf naturgemäße Weise ohne Medizin gründlich heilen, u. wie man Operationen verhüten kann. Nach den Grundsätzen der allgemeinen Naturheilkunde m. specieller Berücksicht. des Kneipp-, Kuhne- u. Rikli-Systems auf Grund langjähr. Erfahrg. bearb. 2 Thle. in 1 Bd. gr. 8. (XXIV, 347 u. 302 S. m. Bildnis u. Illustr.) Ebd. 892. n. 5. —; geb. n. 6. —

— dasselbe. 2., stark verm. Aufl. 15 Hfte. gr. 8. (1. Thl. XXXII, 847 S.; 2. Thl. 889 S. m. Abbildgn.) Ebd. 893. 894. Geb. n. 6. —

Walser, die Nervosität, die Modekrankheit unserer Zeit. Ihre Grundursache, die moral. u. körperl. Selbstvergiftg. sowie deren Heilg. durch e. erprobtes naturgemässes Entgiftungsverfahren. Gemeinverständlich dargestellt. 2. Aufl. (70 S. m. Abbildgn.) gr. 8. Leipzig 904. E. Demme. n. 1. 20

—— Das elektrische Reform-Dauergürtel-System »Weichmann« auf Grund »einheitlicher« Behandlung vermittelst langedauernder schwacher galvanischer Ströme. Inhalations-System, Bade-Apparate, Erfindungen »Weichmann«. 1. u. 2. Aufl. München 1904

Walser, Adj., Sturmglocken! Ein freies Wort üb. den Charlatanismus im Gesanglehrtum der gegenwärt. Zeit. (8 S.) 8. München 908. (W. Foth Nachf.) — 30

Walser, Andreas

— der kathol. Kirchengesang, oder belehrende u. erbaul. Lieder auf die Festtage d. Herrn, d. sel. Jungfrau Mariä, sowie auch für andere Vorfälle im Jahre, sammt e. Anh. von Grabliedern rc. 8. Münch. 822.

Walser, Andr., schöne Lebenszüge von Heiligen, zur Erbauung f. kathol. Christen; sammt e. Anhange von d. heil. Engeln und Schutzengeln. Mit 1 Kpf. 8. Münch. 814. Lentner. 6 K

Walser E.: Beitrag zur Erziolung einer rationellen Unterrichtsmethode beim Zeichnen räumlicher geometrischer Gebilde aus freier Hand nach den Grundsätzen der Perspective. 25. Wien R. I. 84.
Progr.

Walser E.: Beiträge zur Schulhygiene. (47.) Wien R. I. 79.
Progr.

Walser, E., die Entwicklung des Realschulwesens u. die zu lösenden Unterrichtsaufgaben. Zur Erinnerung an die Eröffnung der neuen Wiener Communal-Oberrealschule des 1. Bezirkes im Herbste des Jahres 1877. gr. 8. (36 S. m. 2 Steintaf.) Wien 877. Hölder. n. 1. —

Walser, E. Aus meinem Gedenkbuche für meine jungen Freunde. (74. S.) Wien, R. I., Progr. 1886.

—— Rückblick auf das erste Vierteljahrhundert unserer Realsch. v. E. Walser. (36). 1886. Ebda.
Progr.

Walser, E., Was ist Allopathie und was Homöopathie? Ein öffentl. Vortrag gehalten am 22. Febr. 1871 im Saale des oberen Museums zu Stuttgart. Lex.-8. (36 S.) Stuttgart 871, Grüninger.

Walser, Emil, der Baum im Winter. Leicht fassl. u. unterhalt. Übungsmethode zur Erlangg. der f. Baumzüchter u. Gartenarbeiter unentbehrl. Gehölzkenntnis. Mit 8 Bestimmungstabellen u. e. Abhandlg. üb. den Baumschnitt. gr. 8. (47 S.) Bern 894. Schmid, Francke & Co. Kart. n. 1. 60

Walser, Ernst. Die Theorie des Witzes und der Novelle nach dem de sermone des Jovianus Pontanus. Ein gesellschaftliches Ideal vom Ende des XV. Jahrhunderts. XII + 139 + *Corrigenda* 1 S. 8. Strassburg, Karl J. Trübner, 1908.
Ausg. A: Diss. Phil I. Univ. Zürich ... von E' W' ([von] Wohlen, Kt. Aargau).
Ausg. B: von Dr. phil. E' W'. [M. 4. –]

WALSER, Franz Xaver (Dachau): De atropa belladonna.- Monachii: Giesser 1839. 24 S.
5.5.1837 – Urk: E 63
Diss. Ingolst.-Landsh.-Mchn.

Walser, Gabriel *I* [1695–1776]. Neue Appenzeller Chronick oder Beschreibung Des Cantons Appenzell Der Innern- und Aussern-Rooden, vorstellende So wohl des Lands natürliche Beschaffenheit, Der Einwohnern Ursprung, Sitten ..., Freyheiten &c. Als auch einer jeden Gemeinde besondere Beschreibung, Samt Einer Chronologischen Erzehlung der Merckwürdigen Geschichten des Landes ..., und einem Anhang der vornehmsten Instrumenten. Diplomatum ... &c. ... verfasset von G' W' .... [Mit 1 Karte und illustriertem Vortitel.] (Theil 1–2.) 8. S. Gallen 1740.

Walser, Gabriel *I.* Neue Appenzeller-Chronik, oder Geschichten des Landes Appenzell der Inneren und Ausseren Rhoden. Verfasst von G' W' .... 4 Theile. 8. 1825–1831.
[Theil 1–2.] 2 Bände. 2. neu bearb. Auflage. ([Hrg. von] Jos[eph] Lukas Dub.) Ebnat 1825–1828
Theil 3 *u. d. T.:* Der App'-Chronick dritter Theil, in welchem alle die vornehmste Begebenheiten so sich von An. 1732 bis An. 1763 ... zugetragen unpartheyisch beschrieben worden, von G' W' ..., 1763. Trogen.
Ausg. A. 1829. – *Ausg. B.* 1830.
Theil 4 *u. d. T.:* Der App'-Chronik von G' W' vierther Theil, in welchem alle Begebenheiten, so sich von 1772 bis 1798 zugetragen, unpartheiisch beschrieben sind. Fortgesetzt von Gabriel Rüsch. Trogen 1831.

Walser, (Gabriel,) neue Appenzeller Chronik, oder Geschichten des Landes Appenzell, der Inneren u. Aeußeren Rhoden. 1r Bd. 2e Aufl. u. 2r Bd. 8. Ebnat 825 — 27, Keller. à 20 gr.

Walser, Gabriel I. Appenzeller-Chronick, in welcher alle (*Theil 3:* die vornehmste) Begebenheiten... unpartheyisch beschrieben worden (*Theil 4:* sind).... (Theil 3–4.) 8. Schaffhausen 1837.

(Theil 3.) A'-Chr', in w' alle die vorn' B' so sich von Anno 1732–1763... zug', unp' beschr' worden, von G' W'..., 1763. ([Mit] Continuatio... 1763–1772 [und] Beilagen.)

(Theil 4.) A'-Chr' von G' W', in w' alle B' so sich von 1772–1798 zug', unp' beschr' sind. Fortgesetzt von Gabriel Rusch.

Walser, Gabriel I. G' Walsers... Schweitzer-Geographie. Samt den Merkwürdigkeiten in den Alpen.... Zur Erläuterung der Hommanischen Charten herausgegeben. ([Mit] Atlas.) [2 Theile.] fol. Zürich 1770.

[Theil 1.] G' Walsers... Schweitzer-Geographie....

[Theil 2.] (Atlas novus Reipublicae Helveticae 20. Mappis compositus Norimbergae 1769.)

— kurzgefaßte Schweizergeographie, sammt den Merkwürdigkeiten in den Alpen u. hohen Bergen. gr. 8. Zürich 770. Orell. 20 gr.

Walser, Gabriel II [geb. 1800] Romanshorn. Dargestellt von G' W'.... (Der schweizerischen gemeinnützigen Gesellschaft zur Erinnerung an ihren Aufenthalt in R'..., den 18. September 1861.) [Mit 1 Tafel.] 8. Romanshorn.

Walser, Heinrich

Walser, Hnr., institutiones philosophiae, lib. I — VI. 8maj. Augsb. 790 — 96. Rieger. (I. Logica, II. Metaphysica, III. Psychologia, IV. Theologia philosoph., s. rationalis, V. Physica generalis, VI. Physica specialis.) 3 Thlr 20 gr.

— psychologia. 8. maj. ibid. 792.

— institutiones philosophiae moralis, ad usum auditorum. 8maj. Augsb. 805. M. Rieger. 20 gr.

Walser, Hermann. Dörfer und Einzelhöfe zwischen Jura und Alpen im Kanton Bern. [Mit 2 Kartenskizzen.] 46 S. 4. Bern. K. J. Wyss, 1900. [fr. 2. —]
Neujahrsblatt der Litterarischen Gesellschaft Bern auf das Jahr 1901.

Walser, Hermann. Landeskunde der Schweiz. Mit 16 Abbildungen und einer Karte. 146 [+ *Abbildungen* 16] S. 8. Leipzig, G. J. Göschen, 1908. (geb. M. —. 80)
Sammlung Göschen. (Nr. 398.)

Walser, Herm., Landeskunde der Schweiz, s. a. Sammlung Göschen.

Walser, Hermann. Die Schweiz. Ein Begleitwort zur eidgenössischen Schulwandkarte. Mit 7 Zeichnungen. VIII + 119 S. 8. Bern, A. Francke, 1902. [fr. 1. 35]

Walser, Hermann. Die Schweiz. Ein Begleitwort zur eidgenössischen Schulwandkarte. Mit 7 Zeichnungen. 2. unveränderte Aufl. VIII + 118 S. 8. Bern, A. Francke, 1902. [fr. 1. 35, geb. 2. —]

Walser, Hermann. Die Schweiz. Ein Begleitwort zur eidgenössischen Schulwandkarte. Mit 7 Zeichnungen. 3. Aufl. VIII + 120 S. 8. Bern, A. Francke, 1908. [geb. fr. 2. —]

Walser, H[ermann]. Die Schweiz. [Litteraturbericht.] Von Prof. Dr. H. W', mit Unterstützung durch Prof. Dr. J[ohann Jacob] Früh. ([SA. aus:] Geogr[aphisches] Jahrbuch, [Band] 32.) S. 192—204. 8. [Gotha, Justus Perthes, 1909.]

Walser, Hermann. La Suisse. Commentaire de la carte murale de la Suisse. Traduit d'après la 3e édition allemande par Charles Biermann.... Avant-propos de M. François Guex.... 7 figures. VIII + 108 p. 8. Berne, A. Francke, 1909. [relié fr. 2. —]

Walser, Hermann: Veränderungen der Erdoberfläche im Umkreis des Kantons Zürich seit der Mitte des 17. Jahrhunderts. Untersuchungen, angestellt auf Grund der topographischen Karte von J. C. Gyger aus dem Jahre 1667. (Arbeiten aus dem Geographischen Institut der Universität Bern. Herausgegeben von Eduard Brückner. Heft 3.) ([S.-A.] 15. Jahresbericht der Geographischen Gesellschaft von Bern.) Bern 1896. 127 S. 1 Krt. 8°.

Walser, Jakob

Walser, J., Platons Euthyphron oder die Erörterung über die Frömmigkeit. Pr. 1866. 32 S. 1.20

Walser: Platons Euthyphron. 32 S. 8°.– Hermannstadt kth., Progr. 1866

Walser, Jak. Lyrisches aus Klopstock, ins Lateinische übersetzt; nebst einem kleinen Beitrage zur Technik des Horaz. 33 S. 8. Progr. G. III. Bez. *Wien* 1876.

Walser, J.: Schiller's „Macht des Gesanges", ferner Strophe 1 u. 2 aus Sch. „Kampf mit dem Drachen"; endlich Göthe's „Mut" in lateinische Prosa übertragen nebst einschlägigen Bemerkungen. 22 S. 4°.– Linz OG., Progr. 1872.

Walser, J., s. Nahrhaft, Jos. Lateinisches Uebungsbuch.

Walser, Jac., Schritte zur Aufhellung des Sprachräthsels betr. indo-europäische Sprachwurzeln. Entwickelt nach physiolog. Principien. gr. 8. (76 S.) Hermannstadt 868, (Filtsch.) *

Walser, Jak. Stilwahrheit und Stilschönheit in Caesars Periode b. c. II. 22, Massilienses ... mit Einbeziehung der Periode des Livius I. 6 Numitor ..., eine Studie. 52 S. 8. Progr. G. III. B. *Wien* 1880.

Walser, J.: Lukian's Dialog 'der Traum oder der Hahn' mit Berücksichtigung anderer stoffverwandter Schriften jenes Autors und im Lichte derselben erörtert. 40 S. 4°.– Linz OG., Progr. 1871.

Walser, Jakob: Der Vers als Wortcomplex oder die Verkörperung rhythmischer Formen in der sprachlichen Darstellung. 8 (22 S.) Progr. K. k. Staatsg. im III. Bezirke *Wien* 1896.

Walser, Joh[ann]. Jubiläums-Bericht des Gewerbevereins Riesbach (-Zürich) umfassend den Zeitraum November 1877 bis November 1902. II + 32 S. 8. Zürich, Steiger & Tschopp.

Walser, J[ohannes]. Zwei Worte nach dem Brande zu Holzenstein, der Thurgauischen Kirchgemeinde Romanshorn. 8. Trogen 1830.

Walser, J[ohann] J[acob]. Einweihungsrede, bei Eröffnung des neuen Friedhofes in Herisau den 4. Oktober 1835 gehalten von J. J. W'... 8. Herisau.

Walser, Joh[ann] Jacob. Predigt bey der Beerdigung des Hans Ulrich Scheuss von Herisau, und der Catharina Hugener von Stein, welche beyde Eheleute... am 25ten Hornung 1817... ermordet wurden. Gehalten auf Stein den 2ten Merz 1817. 8. St. Gallen 1817.

Walser Jos.: Eine Studie über Höhe und Temperatur unserer Atmosphäre. 20 Wien R. VI. 80.
Progr.

Walser, Iso, († ...) ewige Anbetung des allerheiligsten Altarssakraments in d. Geist u. in d. Wahrheit, zum öffentl. u. feierlichen immerwährenden Gottesdienste. 8. St. Gallen 774 u. 88.

Walser, J., die ewige Anbetung d. heiligsten Altarssacramentes. Neu bearb. u. ergänzt v. Klosterfrau Maria Bernardina. 16. (VIII, 752 S. m. chromolith. Titel u. 1 Stahlst.) Dülmen 887. Laumann. n. 1. —; geb. von n. 1. 50 bis n. 15. —

Walser, J., die ewige Anbetung des heiligsten Altarssacramentes. Neu bearb. u. ergänzt v. Maria Bernardina. 2. Aufl. 12. (IV, 620 S. m. 1 Stahlst.) Dülmen 893. A. Laumann. 1. 50

[F. u. Ant.] Die ewige Anbetung des allerheiligsten Altarssacramentes v. P. J. Walser, Ord. St. Benedicti. Neu bearb. u. ergänzt v. e. Mitgl. d. Kapuziner-Ordens. Ausg. m. grobem Dr. '(Enth. achtzehn Besuchgs-Stunden.)' ... *Dülmen i. W.: A. Laumann [1895].* (VIII, 700 S., 1 Taf.) 1 Bd 5. [96. 912

Walser, J., O. S. B., die ewige Anbetung des allerheil. Altarssacramentes. Neu bearb. u. ergänzt v. e. Mitgliede des Kapuziner-Ordens. (Vollständige Ausg.) 7.—9. Aufl. 12. (VIII, 758 S. m. 1 Stahlst.) Dülmen 895. A. Laumann. Geb. in Leinw. 2.—

[F.] Die ewige Anbetung des allerheiligsten Altarssacramentes v. P. J. Walser, O. S. B. Neu bearb. u. ergänzt v. e. Mitgl. d. Kapuziner-Ordens ... *Dülmen i. W.: A. Laumann [1896?]* (VIII, 758 S., 1 Taf.) 1 Bd 8. [96. 1172

— dasselbe. 14. Aufl. (Ausg. Nr. II.) 12. (VIII, 758 S. m. Titelbild.) Ebd. 896. 1. 50

— dasselbe. Ausg. IV m. grobem Druck. 2. u. 3. Aufl. 12. (1000 S. m. Titelbild.) Ebd. 897. Geb. n.n. 2.—

[F.] Anhang zur 1. bis 22. Aufl. v. [J.] Walser, Die ewige Anbetung, Ausg. II, enth. d. Gebetsstunden 31 bis 33 ... *Dulmen i. W.: A. Laumann 1897.* (80 S.) 1 Bd 8. [97. 6504

[F.] Die ewige Anbetung des Altarsacramentes v. P. J. Walser, O. S. B. Neu bearb. u. erg. v. e. Mitgl. d. Kapuz.-Ord. 26. Aufl. ... *Dülmen i. W.: A. Laumann [1897?].* (VIII, 832 S., 1 Taf.) 1 Bd 8. [97. 6503

— dasselbe. (Ausg. Nr. II.) 30. Aufl. 12. (XVI, 886 S. m. Titelbild.) Ebd. 898. Geb. n.n. 1. 70

— dasselbe. Ausg. IV. Anh. zur 1.—3. Aufl., enth. d. Gebetsstunden 31—33, sow. Schlußgebet u. Bruderschaftslied d. Ehrenwache d. göttl. Herzens Jesu. gr. 16. (224 S.) Ebd. 898. n. — 20

Die ewige Anbetung des allerheiligsten Altarssacramentes von P. J. Walser. Neu bearb. u. ergänzt von e. Mitgl. d. Kapuziner-Ordens. 33. Aufl. *Dulmen i. W.: A. Laumann [1899].* (XVI, 886 S.) 8° [F.] [00. 1864 6

Die ewige Anbetung des allerheiligsten Altarssacramentes von P. J. Walser. Neu bearb. und ergänzt von e. Mitgl. d. Kapuziner-Ordens. 34. Aufl. *Dülmen i. W.: A. Laumann [1899].* (XVI, 886 S.) 8° [F.] [00. 1865 6

Walser, J., O. S. B., die ewige Anbetung des allerheiligsten Altarssacramentes. Neu bearb. v. e. Mitgliede des Kapuziner-Ordens. Ausg. m. grobem Druck. 4. Aufl. 8. (XVI, 1120 S. m. Titelbild.) Dülmen 899. A. Laumann. Geb. n.n. 2. 50

Walser, I[so]: Die ewige Anbetung des allerheiligsten Altarssacramentes. Neu bearb. u. erg. von e. Mitgl. d. Kapuziner-Ordens. 35.–38. Aufl. Dülmen: A. Laumann [1901]. (XVI, 886 S.) 8°

Die ewige Anbetung des allerheiligsten Altarssacramentes von P. I[so] Walser, O. S. B. Neu bearb. von e. Mitgl. d. Kapuziner-Ordens. Ausg. mit grobem Dr. 5. Aufl. Dülmen: A. Laumann 1902. (XVI, 1120 S.) 8° [F.] [06. 11790 6

Die ewige Anbetung des allerheiligsten Altarssacramentes von P. I[so] Walser. Neu bearb. u. erg. von e. Mitgl. d. Kapuziner-Ordens. 39. Aufl. *Dülmen: A. Laumann (1903).* (XVI, 886 S.) 8° [F.] [04. 3642 6

Die ewige Anbetung des allerheiligsten Altarssacramentes von P. I[so] Walser. Neu bearb. u. erg. von e. Mitgl. d. Kapuziner-Ordens. 40. Aufl. *Dülmen: A. Laumann (1903).* (XVI, 886 S.) 8° [F.] [04. 3643 6

Die ewige Anbetung des allerheiligsten Altarssacramentes von P. I[so] Walser. Neu bearb. u. erg. von e. Mitgl. d. Kapuziner-Ordens. 41. Aufl. *Dülmen: A. Laumann (1903).* (XVI, 886 S.) 8° [F.] [04. 3644 6

Die ewige Anbetung des allerheiligsten Altarssacramentes von P. I[so] Walser. Neu bearb. u. erg. von e. Mitgl. d. Kapuziner-Ordens. 42. Aufl. *Dülmen: A. Laumann (1903).* (VI, 886 S.) 8° [F.] [04. 3645 6

Die ewige Anbetung des allerheiligsten Altarssacramentes von P. I[so] Walser, O. S. B. Neu bearb. von e. Mitgl. d. Kapuziner-Ordens. Ausg. mit grobem Dr. 6. Aufl. Dülmen: A. Laumann 1905. (XVI, 1120 S.) 8° [F.] [06. 11791 6

Die ewige Anbetung des allerheiligsten Altarssakramentes von P. I[so] Walser, O.S.B. Neu bearb. u. erg. von e. Mitgliede d. Kapuzinerordens. 43. Aufl. Dülmen: A. Laumann (1906). (XVI, 886 S.) 8° [F.] [08. 3858 6

Die ewige Anbetung des allerheiligsten Altarssakramentes von P. I[so] Walser, O.S.B. Neu bearb. u. erg. von e. Mitgliede d. Kapuzinerordens. 44. Aufl. Dülmen: A. Laumann (1906). (XVI, 886 S.) 8° [F.] [08. 3868 6

Die ewige Anbetung des allerheiligsten Altarssakramentes von P. I[so] Walser, O.S.B. Neu bearb. u. erg. von e. Mitgliede d. Kapuzinerordens. 45. Aufl. Dülmen: A. Laumann (1906). (XVI, 886 S.) 8° [F.] [08. 3869 6

Die ewige Anbetung des allerheiligsten Altarssakramentes von P. [Iso] Walser, O.S.B. Neu bearb. u. erg. von e. Mitgliede d. Kapuzinerordens. 47. Aufl. Dulmen: A. Laumann (1907). (XVI, 886 S.) 8° [F.] [08. 7074 6

Walser, J., O. S. B., die ewige Anbetung des allerheiligsten Altarssacramentes. Neu bearb. v. e. Mitgliede des Kapuziner-Ordens. Ausg. IV m. grobem Druck. 7. Aufl. (XVI, 1120 S. m. Titelbild.) kl. 8. Dülmen (909). A. Laumann. Geb. nn 2. 50

— dasselbe, Bearbeitg., s.: Muff, Cölest., eucharist. Anbetungsstunden.

Walser, Iso, das Buch der ewigen Anbetung unseres Herrn Jesu Christi im heiligsten Sakramente des Altars. Ein Andachts- u. Erbauungsbuch zunächst f. die Frauenklöster der ewigen Anbetung, so wie auch f. kathol. Christen überhaupt. Nach dem gegenwärt. Sprachgebrauche umgearb. v. einigen kathol. Geistlichen. 2 Bde. Mit Stahlst. Lex.-8. St. Gallen 844, Scheitlin u. Zollikofer. [1. (27 B.) $22\frac{1}{2}$ Ngr., 2. ($17\frac{1}{4}$ B.) 15 Ngr.] Thlr.

— — 2. Bd. A. u. d. T.: Weihestunden der Andacht auf alle Feste des katholischen Kirchenjahres. Ein Gebet- und Erbauungsbuch. (Neue Titel-Ausg.) Ebend. (844.) 853. (3 Bl., S. 3—253, und Anhang 2 Bl., 15 S.) 18 ngr.

Walser, Iso, das Buch der ewigen Anbetung unseres Herrn Jesu Christi im heiligsten Sakramente des Altars. Ein Andachts- und Erbauungsbuch für das Volk. Bearb. von einem Geistlichen des kathol. Landkapitels St. Gallen. 8. (VIII und 456 S. mit 1 Stahlst.) St. Gallen 853, Scheitlin und Zollikofer.

— Buch der ewigen Anbetung des allerheiligsten Altarssakramentes. Neueste, nach dem Originale aus d. Klosterbibliothek zu St. Gallen bearb. u. verm. Aufl. v. Philib. Seeböck, O. Fr. min. 12. (800 S. m. Titelbild.) Einsiedeln 899. Verlagsanstalt Benziger & Co. Geb. in Leinw. n. 1. 50

Buch der ewigen Anbetung des allerheiligsten Altarssakramentes von P. Iso Walser, Benediktiner-Ordens-Priester von St. Gallen. Neueste, nach d. Orig. aus derselben Klosterbibl. bearb. u. verm. Aufl. von P. Philibert Seeböck, O. Fr. min. 2. Aufl. *Einsiedeln, Koln: Benziger & Co. 1899.* (800 S.) 8° [F.] [04. 1083

Walser, Iso, christl. Handbüchlein, d. i. andächtige Wallfahrt zu d. heil. Kreuz auf d. Kalvariberg u. zu d. allerh. Sakrament des Altars. 12. St. Gallen 782.

— Marianisches Heiligthum in d. Mitte d. Graffschaft Toggenburg, d. i. Predigt auf d. frohe Jubelfeier d. Loretanischen Kapelle, welche zu Ehren d. Mutter Gottes im J. 1678 nahe bei d. Stadt Lichtenstein erbauet worden. 4. St. Gallen 780.

— Sittenreden auf d. heil. Othmarus. 4. St. Gallen 782.

— die hl. Stunde. Andachtsbuch f. kathol. Christen, besonders f. die Mitglieder des Gebetsapostolates. Nach dem Werke des W. v. Phillb. Seeböck, O. F. M. (864 S.) 16. Einsiedeln 904. Verlagsanstalt Benziger & Co. Geb. in Leinw. n. 1. 50

— feierl. Uebersetzung des heil. Leibes S. Theodor's, Röm. Märtyrers, in se. ehr- u. trostreiche Ruhestädte in d. heil. Kreuzkapelle d. Pfarrei Bernany im Rheinthal, vorgestellt in einer Streit- u. Sittenlehre auf offenem Platz. 4. St. Gallen 767.

— der große Walser. Handbuch der ewigen Anbetg. d. allerhlst. Sakramentes. Neu bearb. v. e. st. gall. Priester d. Anbetg. Ausg. m. 30 Stunden. St. Galler Ausg. 12. (VIII, 872 S.) Buchs 897. Lindau, J. Lutz. Geb. in Leinw. n.n. 1. 70

— dasselbe. Grobdr. 2 Bde. 12. (VIII, 608 u. VIII, 862 S.) Ebd. 897. Geb. in Leinw. n. 3. —

— der kleine Walser. Handbuch d. ewigen Anbetg. d. allerhlst. Sakramentes. Neu bearb. v. e. Priester d. Bist. St. Gallen. Ausg. m. 12 Stunden. St. Galler Ausg. 12. (VIII, 368 S.) Ebd. 897. Geb. in Leinw. n. 1. —

— dasselbe. Grobdr. 12. (VIII, 608 S.) Ebd. 897. Geb. in Leinw. n. 1. 50

— der kleine Walser. Handbuch der ewigen Anbetg. des allerhlst. Sakramentes. Neu bearb. v. e. Priester des Bist. St. Gallen. Ausg. m. 12 Stunden. St. Galler Ausg. Grobdr. (608 S.) kl. 8. Buchs (906). Verlag des Emmanuel. Geb. in Leinw. n. 1. 50

—— Weihestunden der Andacht auf alle Feste des katholischen Kirchenjahres. Ein Gebet- und Erbauungsbuch. gr. 8. (IV und 268 S.) St. Gallen 853, Scheitlin und Zollikofer.
Wurde auch u. d. T.: Buch der ewigen Anbetung. 2. Bd. ausgegeben.

[J.] Walser, Julius Martin [cand. rev. min. hung.]: Über die Phänomenologie des sittlichen Bewusstseins E. v. Hartmanns. E. krit. Darstellg seiner Moralprinzipien ... (Enth. nur e. Theil d. eingereichten Arb.) Leipzig-Reudnitz, Druck v. A. Hoffmann, 1897; 83 S., 2 Bl. 8.
Leipzig, Phil. Fak., Inaug.-Diss. v. [22. Febr.] 1897

Walser, Kolumban

— Epitome philosophiae primae, seu notiones ontologicae universaliores. 4. Salzb. 772.

Walser, Kolumban, († d. 7. Aug. 1788.) Positiones ex prolegomenis philosophiae et ex prima parte logicae theoretice consideratae. 4. Salzb. 771.

— Theses ex universa philosophia. 4. Salzb. 772.

WALSER, Max (Schwabhausen): Zur Localisation der Cholerasymptome.- München: Wolf 1874. 17 S.
1.8.1874 - Urk (Titel: De cholera morbi symptomatibus.); Chr 1874/75,12
Diss. Ingolst.-Landsh.-Mchn.

Walser, M., Luft u. Licht Lichtluftbad u. Sonnenbad. Eine Studie. gr. 16. (21 S.) München 892. Verlag der „Wörishofer Blätter" (L. Viereck). n. — 20

— Luft u. Licht! Luftbad u. Sonnenbad, od. Bedeutung u. Heilwirkung der atmosphärischen Kur. Gemeinverständlich dargest. gr. 8. (59 S.) Ebd. 902. n. 1. —

WALSER, Dr. med
Pfarrer Kneipp's Naturheilverfahren. Anwendung physikalisch-diatetischer Heilfaktoren. 1891. Verlag J. B. Anderl, Schongau.

Walser, Max, s.: Willst du gesund werden?

Walser, P[eter]. Erklarung einiger Berg- und Thalnamen des Engadins. 8. St. Moritz 1900.

Walser, [Peter]. Grabrede auf alt-Ständerat Florian Gengel gehalten von Herrn Pfarrer W' in Chur am 6. Februar 1905. [Mit 1 Porträt-Tafel.] [14 S.] 8. (Chur, Manatschal, Ebner & Cie., 1905.)

Walser, Peter Ernst. Die Paratyphusepidemie in A. (Ende August 1906). Diss. Med. Univ. Zürich. [Mit 2 Curven-Tafeln.] 42 + II S. 8. Zürich, Gebr. Leemann & Co., 1908.

Walser, Robert. Fritz Kocher's Aufsätze. Mitgeteilt von R' W' – Der Commis – Der Maler – Der Wald. [Mit] Elf Zeichnungen [Tafeln] von Karl Walser. IV + 128 S. 8. Leipzig, Insel-Verlag, (1904). [M. 3. 50]

Walser, Rob., Fritz Kocher's Aufsätze. Mit 11 Zeichngn. v. Karl Walser. (128 S.) kl. 8. Leipzig (905). Insel-Verlag. n. 3. 50; geb. in Ldr. n. 5. —

Walser, Robert. Gedichte. Mit [16] Radierungen [im Text und farbiger Einbanddecke] von Karl Walser. 39 S. 4. Berlin, Bruno Cassirer, [1909]. [geb. M. 30. —]
([Einmalige Aufl.] 300 numerierte und signierte Exemplare. — Nr. 22.)

Walser, Robert. Der Gehülfe. Roman. [Mit illustriertem Umschlag.] IV + 392 S. 8. Berlin, Bruno Cassirer, (1908). [M. 5. —, geb. 6. 50]

Walser, Robert. Jakob von Gunten. Ein Tagebuch. [Mit illustriertem Umschlag.] IV + 210 S. 8. Berlin, Bruno Cassirer, 1909. [M. 3. 50, geb. 4. 50]

Walser, Robert. Geschwister Tanner. Roman. [Mit illustriertem Umschlag.] IV + 320 S. 8. Berlin, Bruno Cassirer, 1907. [M. 4. 50, geb. 6. —]

Walser, Robert. Geschwister Tanner. Roman. 2. [unveränderte] Aufl. [Mit illustriertem Umschlag.] IV + 320 S. 8. Berlin, Bruno Cassirer, [1907]. [M. 4. 50, geb. 6. —]

Walser, Vinzenz

Walser, V., über die Einführung der Schulbrüder u. Schulschwestern in Württemberg. Ansichten u. Bedenklichkeiten vieler Schullehrer Oberschwabens gegen das diesfällige Projekt Dr. Lichtensteins u. des kirchl. Wochenblattes zu Stuttgart. Eine Conferenzarbeit veröffentlicht im Auftrage dieser Lehrer. gr. 8. (50 S.) Tübingen 849, Fues. n. 4 ngl

Walser, V., über die Einführung der Schulbrüder und Schulschwestern in Württemberg, s. Ueber.

Walsh, Bimetallismus u. Monometallismus, s. d. Schriften des deutschen Vereins f. internationale Doppelwährung.

Walsh, Dr., Bimetallismus und Monometallismus. Ihre Bedeutung und ihre Einwirkung auf die Irische Landfrage. Uebersetzt von Wilh. v. Kardorff-Wabnitz. Berlin 1893.

Walsh, Vicomte, die Hoheit und Gnadenfülle der sieben heil. Sacramente. Für das kathol. Deutschland nach dem Französ. frei bearb. und mit Zusätzen verm. gr. 12. (692 S. mit 1 Stahlst. und lithochrom. Titel.) Aachen 854, Cremersche Buchh.

Walsh, ..., d. Narrenhospital; a. d. Engl. 8. Leipz. ... (Rauck). 2 ½

—— Das Narrenhospital. A. d. Engl. 32 S. Eisenach. 8°.

Walsh, Vicomte, die Schönheit der christl. Feste. Nach der letzten Orig.-Ausg. aus d. Franz. 8. (VIII u. 564 S.) Coblenz 847, Blum. 1 ₰

Walsh, die Schönheit der christl. Feste. Nach der letzten Orig.-Ausg. aus dem Französ. 8. (VII und 564 S.) Coblenz 847, [Kesselring'sche Hofbuchh.]

Walsh, G., das Geheimnis des Arztes, s.: Kriminalromane aller Nationen. 8. Bd.

Walsh, Michael, Lord Bacon. (In engl. Sprache.) gr. 8. (42 S.) Leipzig 875. Hinrichs' Verl. in Comm. n. 1. —

Walsh, Phil. Pitt, prakt. Bemerkk. über d. Kindbetterinnenfieber, worin d. wahre Natur dieser Krankheit nachgeforscht u. eine jetzt nützl. befundene Behandlung empfohlen wird; aus d. Engl. 8. Leipz. 788. Weygand. 4 ℊ

Walsh, Robert

— s. Constantinopel u. die maler. Gegend der 7 Kirchen 2c.

Walsh, Rob., Konstantinopel u. seine Umgebungen maler. u. geschichtl. dargestellt. N. d. Engl. frei bearb. v. A. Kaiser. (10 Lfgn.) Lex.-8. (30 Stahlst. n. Origzeichnn. v. Thom. Allom, 1 Karte u. 10⅛ B. Text.) Leipzig 840, 41, [Hartung.] à ⅓ Thlr. Thlr.

Walsh, Rob., Konstantinopel u. seine Umgebungen, malerisch u. geschichtlich dargestellt. Nach dem Engl. frei bearb. v. A. Kaiser. 2. Ausg. 10 Lfgn. Lex.-8. (10½ B., 30 Stahlst. u. 1 Karte vom Bosporus u. der Umgegend von Konstantinopel.) Leipzig 844, Hartung.

Walsh, Rob., Konstantinopel u. seine Umgebungen etc., s. Constantinopel.

Walsh, R., Reise von Konstantinopel durch Rumelien, das Baltangebirge, Bulgarien, die Walachei, Siebenbürgen u. Ungarn. (Ein Beitr. zur neusten Kunde d. türk. Reiches. A. d. Engl. v. W. Ad. Lindau. 2 Thle. 8. (27 B. u. 1 lith. Karte, gu. ½ Fol.) Dresden 828, Arnold.

—— Reise durch die Türkei. A. d. Engl. gr. 8. (16 B.) Jena 829, Bran.
Aus dem „Ethnograph. Archiv" abgedruckt.

Walsh, Th.

—— d. Feldzug in Nordholland im J. 1799. n. d. Engl. bearb. v. Menu v. Minutoli, m. 1 Karte. 8. Berlin, Himburg. 810.

Walsh, ..., d. Feldz. in Nordholland im J. 1799; nach d. Engl. bearb. v. H. v. Minutoli. Mit 1 Karte. 8. Berl. 810. (Recht), 16 ℊ

Walsh, Th. Tagebuch des englischen Feldzuges in Egypten. A. d. Engl. von Menu v. Minutoli. 8. Berlin 1810.

Walsh, Cte. Theob., George Sand. In-8. Paris 837. Brockhaus et Avenarius. 1 ₰

Walsh, Theob., 14 Tage in Rom (16.—31. Jan. 1842) oder der Graf de la Ferronnays u. Maria Alphons Ratisbonne. A. d. Franz. übers. u. mit e. Vorw. v. Ed. Vogt. 8. (7 B.) Tübingen 843, Laupp'sche Buchh. —

Walsh, William

W. *Walschens* (so!) Vertheidigung des weiblichen Geschlechtes, a. d. Engl. übersetzet. Frankf. a. M. b. J. Gottl. Garben. 1761. 8°.
Weidmann's O. M. V. 1761. S. 143; Ehestandsalmanach II. p. 279.

Walsh, Wlh., Vertheidigung d. weiblichen Geschlechts. 8. Frankf. 791. Garbe. 4 ℊ

Walsham, Kinderpredigten. Nach dem Engl. von E. v. Guzkowski. gr. 8. (V, 60 S.) Reval 900. (Kluge & Ströhm.) n. 2. —

Walshe, Walther Hayle, die physikal. Diagnose der Lungenkrankheiten. Aus d. Engl. v. A. Schnitzer. gr. 8. (9¼ B.) Berlin 843, Havn.

Walsingham, od. d. Naturkind; e. Gesch. v. Maria Robinson, a. d. Engl. m. Mus. 4 Bde. 8. Berlin, Nicolai. 799.

WALSLEBEN und Helfenstein oder soll man heirathen? Ein Versuch nach Beyspielen in dialogisirter Form. Danzig. Bei Ferd. Troschel 1799. 8°.

Walsleben u. Helfenstein, od. soll man heirathen? 8. Danzig 799. (Kummer in Leipz.) 16 ℊ

Walsleben, A., Sammlung einiger Gedichte u. Anekdoten. 8. (5 B.) Hamburg 829. (Altona, Aue.)

Walsleben, M., Lederstrumpf. — Der Wildtöter, s.: Cooper, J. Fenimore, Lederstrumpf-Erzählungen.

Walsmann, Hans, Referendar. Compensatio lucri cum damno. *Rostock 1900: C. Boldt.* (112 S.) 8°
Rostock, Jur. Diss. v. [15. Okt.] 1900

Walsmann, Hans, die streitgenössische Nebenintervention. (IV, 252 S.) gr. 8. Leipzig 905. A. Deichert Nachf. n. 4. 80

Die Voraussetzungen der Zwangsvollstreckung in das Eingebrachte und das Gesamtgut. Ein Beitrag z. Erl. d. §§ 739–741 d. CPO. von Dr. H. Walsmann. *Leipzig: A. Deichert 1901.* (54 S.) 8°
= Studien, Rostocker Rechtswissenschaftliche. Bd 2, H. 6.

Walsrode [Schlagwort]

Walsrode, s.: Deutschland. Karte. (Abt. Preussen.) — Preussen. Messtischblätter.

Walster, A. Otto, an der Schwelle des europäischen Krieges. Politische Rundschau. 8. (VIII, 31 S.) Dresden 868, Bach. *

Walstorf, B. A. E., auch e. Scherflein z. Verminд. d. Brodnoth meiner Mitbürger. 8. Halle, Kümmel. 805.

Walstorff, B. A. E.: „Auch ein Scherflein zur Verminderung der Brodnoth", Halle 1805. — Vorh.: Com. Bibl. Hamburg.

Wälsungen-Orden (heisst die bisherige Grosse Germanen-Loge), der älteste deutsch-germanische Orden. [Unterz.:] Hartig [und] Riedel. o. O. u. J. 2 Bl. 8°. [Kopftit.] 1.

Walt, J. K., methodisch geordnete Vorlagen zum Unterricht im Schönschreiben f. Primarschulen. qu. gr. 8. (60 lith. Bl. u. ⅜ B. Text.) St. Gallen 844, (Scheitlin u. Zollikofer.) *

Walt, Samuel. Heimatkunde von Thal (St. Gallen). Von S' W'. Illustriert von U[lrich] Hilber und P[aul] Bornhauser. Hrg. von S. Walt und U. Hilber. IV + 128 S. 8. Selbstverlag der Verfasser (Thal [und] Wil); Druck Zollikofer & Cie., St. Gallen, 1907. [fr. 2.—, im Buchh. 2.20]

Walt, Samuel. Heimatkunde von Thal (St. Gallen). Von S' W'. Illustriert von U[lrich] Hilber und P[aul] Bornhauser. Hrg. von S. Walt und U. Hilber. 2., stark vermehrte Aufl. (4. und 5. Tausend). XVI + 162 S. 8. Frauenfeld, Huber & Co., 1909. [fr. 3.50]

Walt, Samuel. Jugend und Heimat. Heimatliches Leben und Erleben im Lichte der Jugend. Heimatkunde von Thal, Teil 2. [Illustriert.] XX + 160 S. 8. (Thal,) Selbstverlag des Verfassers; Buchdr. A. Indermaur, Rheineck, (1910). [fr. 3. 30]

Waltarilied, s. Waltharilied.

Walte, H. (Hrsg.), s. Anzeiger, Numismatischer. Jge. 1.2.

Walte, H. (Hrsg.), s. Anzeiger, Numismatisch-sphragistischer.

Walte, Heinrich [cand. med. aus Stadthagen (Schaumb.-Lippe)]: Ist bei Perityphlitis die Abtragung des processus vermiformis nöthig oder nicht? ... Erlangen, k. b. Hof- u. Univ.-Buchdr. v. F. Junge, 1895; 30 S. 8.
Erlangen, Med. Fak., Inaug.-Diss. v. Febr. 1894

Walte, W.: Das Problem des stationären Temperatur-Zustandes für einen Rotationskörper, dessen Meridian eine gewisse Curve 4. Ordg. ist. Leipzig 1880. 4°
Diss. Leipzig

Walte, Wilhelm Arn.

Walte, Guil. Arn., de ontologico pro dei exsistentia argumento. Dissertatio historico-philosophica. 8maj. (V und 134 S.) Bremae 856, Kühtmann et Comp. *

Waltemath, Geo. Wilh., de batrachomyomachiae origine, natura, historia, versionibus, imitationibus. gr. 8. (134 S.) Stuttgart 880. Metzler's Verl. in Comm. n. 3. 60

Die Ursachen der niedrigen Preise unserer Zeit und der Bimetallismus. Von Waldemar Kuno **Waltemath.** *Berlin: Puttkammer & Mühlbrecht 1898.* (V, 96 S.) 1 Bd 8. [97-7]

Waltemath, Wilhelm: Die fränkischen Elemente in der französischen Sprache ... Paderborn u. Münster, Druck v. Ferdinand Schöningh, 1885; 106 S. 8°.
Strassburg, Phil. Fak., Inaug.-Diss. v. 1885.

Walten, Das, des Geistes Gottes in der Heidenwelt ... Mainz 1835. V: *Frick, Hartmann Jakob.* (HS II, 242) (Zeitschr. f. Büch. N. F. 15, 1923, 127)

Walten, das, des Geistes Gottes in d. Heidenwelt, od. Samml. edler Charakterzüge aus d. Leben tugendhafter Heiden. gr. 8. (13½ B.) Mainz 835, [Wirth Sohn.]

Walten, das, Gottes, oder: das Geheimniß des Findlings. Eine Erzählung vom Onkel Wilhelm in Immenthal. gr. 8. (24 S.) Hamburg 872, (Koch.) *

Walten, das, Gottes oder das Geheimniß des Findlings. Eine Erzählung von Onkel Wilhelm in Immenthal. 3. Aufl. 12. (40 S.) Hamburg 880, Koch. *

Walten, das, Gottes, od. das Geheimnis d. Findlings. E. Erzählg. v. Onkel Wilhelm in Immenthal. 5. Aufl. 12. (80 S. m. 1 Abb.) Hamburg 892. Cassel, Verlagshaus d. dtschn. Baptisten. — 15

Walten, das väterliche, von der Verf. von Amy Herbert, Tante Sarah rc. Aus dem Engl. 8. (31 S.) Hamburg 864, J. G. Oncken.

Walten, das, der göttlichen Vorsehung; i. : Ebttalaferbes.

WALTENBERG, Joseph Franz Maria (Amberg): De aphthis.- Monachii 1825. 24 S.
27.8.1825 - Pn 414; F 58
Diss. Ingolst.-Landsh.-Mchn.

Waltenberg, (Arzt Dr.) Fr. J. M., Handbuch für Militärärzte deutscher Armeen im Felde. 1e Abtheil. gr. 12. Münch. 832. (Jaquet). 1 ₰

— s. Jahrbuch d. gesammten Heilkunde.

Waltenberger jun. Routen-Karte d. bayerischen u. d. Böhmer-Waldes. Nach Skizze v. Jos. Mayenberg gezeichn. 1 : 300,000. Steindr. (31×50,5 cm.) München: Lindauer 1891. * — 70

Waltenberger, Anton

Waltenberger, A., Algäu, Vorarlberg u. Westtirol, nebst den angrenzenden Gebieten der Schweiz. Mit besond. Berücksicht. d. Bodenseegebietes, Bregenzerwaldes u. der Arlbergbahn. 5. umgearb. Aufl. Mit 1 Uebersichtskarte u. 4 Specialkarten. 12. (XII, 171 S.) Augsburg 885. Lampart's alpiner Verl. geb n. 3. —

Waltenberger, A., Algäu, Vorarlberg u. Westtirol, nebst den angrenzenden Gebieten der Schweiz. Mit besond. Berücksicht. d. Bodenseegebietes, Bregenzerwaldes u. der Arlbergbahn. 6., neu bearb. Aufl. Mit 1 Uebersichtskarte u. 11 Specialkarten. 12. (XII, 179 S.) Augsburg 888. Lampart's alpiner Verlag. geb. n. 3. 50

Waltenberger, A., Algäu, Vorarlberg u. Westtirol, nebst den angrenzenden Gebieten der Schweiz. Mit besond. Berücksicht. des Bodenseegebietes, Bregenzerwaldes u. der Arlbergbahn. 7., neubearb. Aufl. Mit 1 Uebersichtskarte u. 11 Spezialkarten. 12. (XIV, 209 S.) Augsburg 893. Innsbruck, A. Edinger Geb. in Leinw. n. 3 —

Waltenberger, A., Algäu, Vorarlberg u. Westtirol, nebst d. angrenz. Gebieten d. Schweiz. M. bes. Berücksicht. d. Bodenseegebietes, Bregenzerwald u. d. Arlbergbahn. 8., neubearb. Aufl. M. 1 Uebersichtskarte u. 15 Specialkarten. 12. (XII, 216 S.) Innsbruck 896. A. Edlinger. Geb. in Leinw. n. 3. 50

Waltenberger, A[nton]. Allgäu, Vorarlberg und Westtirol, nebst den angrenzenden Gebieten der Schweiz. Mit besonderer Berücksichtigung des Bodenseegebietes, Bregenzerwaldes und der Arlbergbahn. 9. Aufl. Bearb. von Eugen Waltenberger. Mit 1 Uebersichtskarte und 15 Spezialkarten ([nebst illustr.] Anzeigen). XVI + 318 + *Anzeigen* 16 S. 8. Innsbruck, A. Edlinger, 1904. [geb. M. 4. —]

Waltenberger, A[nton]. Allgäu, Vorarlberg und Westtirol, nebst den angrenzenden Gebieten der Schweiz. Mit besonderer Berücksichtigung des Bodenseegebietes, Bregenzerwaldes und der Arlbergbahn. 10. Aufl. Bearb. von Eugen Waltenberger. Mit 1 Uebersichtskarte und 15 Spezialkarten ([nebst illustrierten] Anzeigen). II + XVI + 360 + *Anzeigen* 40 S. 8. Innsbruck, A. Edlinger, 1906. [geb. M. 4. —]

Waltenberger, A[nton]. Allgäu, Vorarlberg und Westtirol, nebst den angrenzenden Gebieten der Schweiz. Mit besonderer Berücksichtigung des Bodenseegebietes, Bregenzerwaldes und der Arlbergbahn. 11. Aufl. Bearb. von Eugen Waltenberger. Mit 1 Uebersichtskarte und 15 Spezialkarten ([nebst illustrierten] Anzeigen). XVI + 368 + *Anzeigen* 48 S. 8. Innsbruck, A. Edlinger, 1908. [geb. M. 4. —]

Waltenberger, A., Allgäu, Vorarlberg u. Westtirol nebst den angrenzenden Gebieten der Schweiz. Mit besond. Berücksicht. d. Bodenseegebietes, Bregenzerwaldes u. der Arlbergbahn. 12. Aufl. Bearb. v. Eug. Waltenberger. (XIV, 379 S. m. 1 farb. Uebersichtskarte u. 17 z. Tl. farb. Spezialkarten.) kl. 8. Wien 910. A. Edlinger. Geb. 4. —

Waltenberger, A.: Ueber Bergaussichten und Gebirgs-Panoramen. ([S.-A.] Zeitschrift des Deutschen und Oesterreichischen Alpenvereins. Jahrg. 1880.) Munchen 1880 33 S. 8°.

Waltenberger, A[nton]. Ueber Bergaussichten und Gebirgs-Panoramen. Mit acht Figuren im Text. [A.] 8. ([Wien] 1880.)

—— **die Dolomit-Alpen, Glockner- und Venedigergruppe, Zillerthaleralpen, nebst den angrenzenden Gebieten. 12. (XI, 236 S. mit 1 Uebersichtskarte, 7 Spezialkarten und 9 Anstiegskarten.) Ebendas. 887.** geb. *

Waltenberger, A., die Dolomit-Alpen, Glockner- u. Venedigergruppe, Zillerthaleralpen, nebst d. angrenz. Gebieten. M. 1 Uebersichtskarte, 7 Spezialkarten u. 9 Anstiegkarten. Ergänzt bis 1890. 12. (XI, 236 S.) Augsburg 890. Innsbruck, A. Edlinger. Geb. n. 3. 50

Entfernungs-Karte für das Algau und die angrenzenden Gebiete von Vorarlberg & Tirol. Herausgegeben von der Section Algau-Immenstadt des deutschen & österreichischen Alpenvereins in Immenstadt. Bearbeitet von (A.) WALTENBERGER. Immenstadt. Im Selbstverlag der Section. Massstab 1 : 170 000.

Entfernungs-Karte für das Algau und die angrenzenden Gebiete von Vorarlberg & Tirol. Herausgegeben von der Sektion Algäu Immenstadt des deutschen & österreichischen Alpenvereins in Immenstadt. Bearbeitet von (A.) WALTENBERGER. 2 ergänzte Aufl.! Immenstadt. Im Selbstverlag der Section.

Waltenberger, A., Führer durch Algäu und Vorarlberg mit besond. Berücksicht. des Bodenseegebietes und Bregenzerwaldes, nebst angrenz. Theilen Westtirols. gr. 16. (VIII, 230 S. mit 1 chromolithogr. Specialkarte in Fol. und 2 lithogr. Panoramen in qu. Imp.-Fol.) Augsburg 872, Lampart und Comp. geb. *

Waltenberger, A., Führer durch Algäu, Vorarlberg u. Westtirol m. besond. Berücksicht. d. Bodenseegebietes u. Bregenzerwaldes nebst angrenz. Theilen v. Appenzell, St. Gallen, Prättigau u. Unterengadin. 2., neu bearb. u. verm. Aufl. Mit 1 (chromolith.) Specialkarte (in Fol.) u. 2 (lith.) Panoramen (in qu. gr. Fol.) 8. (VIII, 270 S.) Augsburg 873. Lampart & Co. geb. n. 4. 80

Waltenberger, A., Führer durch Algäu, Vorarlberg und Westtirol, Appenzell, St. Gallen, Prättigau und Unterengadin, mit besond. Berücksicht. des Bodenseegebietes und Bregenzerwaldes. 3. umgearb. und erweit. Aufl. 8. (X, 414 S. mit 1 chromolithogr. Uebersichtskarte und 3 chromolithogr. Specialkarten.) Augsburg 877, [Lampart und Comp.] Haugg. *

Den 2. Bd. bildet:
Waltenberger, A.: Special-Führer durch die dt. u. österr. Alpen. 2. Thl. Stubai, . . .

— Gebirgspanoramen vom Hafen in Lindau u. vom Pfänder aus gesehen. Lith. qu. schmal Fol. Lindau 884. Stettner. n. — 50

Waltenberger, A., hypsometrische Karte der Algäuer Alpen zur allgemeinen Darstellung der plastischen Verhältnisse dieser Gebirgsgruppe. Fol. Augsburg 872, Lampart und Comp. *

Waltenberger, A., hypsometrische Karte der Algäuer Alpen zur allgemeinen Darstellung der plastischen Verhältnisse dieser Gebirgsgruppe. 1 : 150,000. Chromolithogr. qu. gr. Fol. Augsburg 881, Lampart und Comp.

Waltenberger, Anton u. Eugen: Karten des Bayerischen und Böhmerwaldes. 1 : 250 000. Hrsg. vom Waldverein. Hildburghausen 1888. 1 Bl.

Waltenberger, A., Karte des bayrischen und des Böhmer-Waldes. Unter Mitwirkung von Eug. Waltenberger. Hrsg. vom Waldverein. 1 : 250,000. Kpfrst. und color. qu. gr. Fol. München 888, (Literarisch-artist. Anstalt.) * 2 50

Waltenberger, A. Karte des bayerischen und des Böhmer-Walde«. Entworfen und gezeichnet unter Mitwirkung von Eug. Waltenberger. Hrsg. vom Waldverein. 1 : 250,000. Mit einer Nebenkarte: Die Donau zwischen Passau und Linz. 1 : 300,000. 3. Aufl. Kupferst. u. Farbendr. (47×73 cm.) Passau 892, (Waldbauer). In Leinw.-Decke ** 2 80

Karte des bayrischen und des Böhmer-Waldes. Entworfen u. gezeichnet von A[nton] **Waltenberger** unter Mitw. von Eugen Waltenberger. Hrsg. v. Waldverein. Massst. 1 : 250,000. 4. Aufl. [Mit 1 Nebenkarte.] (Passau: Waldverein [1906]; G. Kleiter in Komm.; Kartogr. Inst. H. Petters, Stuttgart.) (1 Kartenbl. 71×46 cm.) [lith.] [kol.] [06. 13843

Waltenberger A. Lindau und Umgebung. Lindau 1872

— Originale. 8. (III, 235 S.) Ebd. 894. n. 3. —; geb. in Leinw. n. 4 —
Unter d. Titel: „Für Herz u. Gemüth" angezeigt.

—— Orographie der Algäuer Alpen. gr. 4. (IV, 20 S. mit 2 chromolithogr. Karten-Beilagen in Imp.-Fol.) Ebendas. 872. *

—— **Orographie der Algäuer Alpen. 2. neu bearb. Aufl. gr. 4. (IV, 21 S. mit 2 chromolithogr. Karten-Beilagen.) Augsburg 881, Lampart und Comp.** *

Waltenberger, A. (Trigonometer beim k. b. Kataster-Bureau), *Orographie d. Wetterstein-Gebirges u. der Mieminger Kette. Orographie d. Wetterstein- u. Karwendel-Gebirges I.* Mit e. Vorwort u. Ersteigungslinien von *Hermann von Barth.* Nebst 5 Karten Beilagen. Augsburg, Lampart's alpiner Verlag, 1882. Gr. 4°. Eleg. modern. Hpgmtb. mit Schwarzdrucktit. auf Deckel.
VII–59 S., 1 S. Inh., 2 S. Lampart'sche Verlags-Anz. — Lat. Lett.

—— Panorama von Hohen Frassen [Pfannenknecht]. Fol. Ebendas. 872. In Carton *

Waltenberger, A. Panorama v. der Rothwand. Renov. durch die Section München d. D.-Oe. A.-V. 1891. 74×74 cm. Münch. 891, (Lindauer). In Etui ** — 50

Waltenberger, A., Panorama vom Stuiben. Lith. qu. Fol. Augsburg 871. Lampart & Co. n. 1. 20

Waltenberger, Anton: Die Rhätikon-Kette, Lechthaler- und Vorarlberger Alpen. Mit drei Karten. Gotha 1875. (II), 40 S.
= Ergänzungsheft zu Petermanns Geographischen Mittheilungen. No. 40. 8°

— die Rhätikon-Kette, Lechthaler- u. Vorarlberger Alpen, s. Mittheilungen aus J. Perthes' geograph. Anstalt.

—— Special-Führer durch die deutschen und österreichischen Alpen. 1. Thl.: Algäu, Vorarlberg und Westtirol nebst den angrenzenden Gebieten der Schweiz. Mit besond. Berücksicht. des Bodenseegebietes und Bregenzerwaldes. Mit 1 (chromolithogr.) Uebersichtskarte (in Fol.) und 3 Specialkarten (in 4.). 4. mit Ergänzungen versehene Aufl. 8. (X, 414 S.) [Augsburg 880, Lampart und Comp.] München, Schweitzer. geb.

—— Special-Führer durch die deutschen u. österreichischen Alpen. 2. Thl.: Stubai, Oetzthaler u. Ortlergruppe nebst den angrenzenden Gebieten. Mit besond. Berücksicht. der Brennerbahn, der Gegend von Meran u. Bozen. (Mit 1 chromolithogr. Übersichtskarte in Fol.) Augsburg 1879. 8.
Th. 1 ist: Waltenberger, Führer durch Allgäu etc.

—— Special-Führer durch die deutschen und österreichischen Alpen. 2. Thl.: Stubai, Oetzthaler und Ortlergruppe nebst den angrenz. Gebieten. Mit besond. Berücksicht. der Brennerbahn, der Gegend von Meran und Bozen. 8. (XII, 404 S. mit 1 chromolithogr. Uebersichtskarte in Fol.) Augsburg 879, Lampart und Comp. *
Karte allein * ℳ 1,20.; auf Leinw. *

—— dass. — 3. Thl. A. u. d. T.: Das bayerische Hochland und Salzburg, nebst den angrenzenden Gebieten von Tirol. Mit besond. Berücksicht. der Giselabahn, des Unterinnthales und Berchtesgadnerlandes. Mit 1 (chromolithogr.) Uebersichtskarte. 8. (XV, 495 S.) Ebendas. 880. geb.

Waltenberger, A., Specialkarte vom Algäu und Vorarlberg. Westtirol. 1 : 300,000. Fol. Augsburg 872, Lampart und Comp. *ℳ 3.; aufgez. *

Waltenberger, A., Specialkarte vom Algäu und Vorarlberg, Westtirol. 1 : 300,000. Chromolithogr. qu. gr. Fol. Augsburg 877, Lampart und Comp. In Carton * 2 —
Auf Leinw. * 3 —

Waltenberger, A., Specialkarte von Algäu, Vorarlberg und Westtirol. 1 : 300,000. Chromolithogr. qu. gr. Fol. Augsburg 888, Lampart's alpiner Verlag. * 1 20
Auf Leinw. * 2 —

Special-Karte der Berchtesgadener Alpen. Hrsg. vom Deutschen u. Oesterr. Alpenverein 1885–1887. Rev. 1901. Der bayer. Antheil aufgen. u. gez. von A[nton] Waltenberger in München, d. österr. Antheil nach d. Orig.-Aufn. d. K. K. Milit.-geogr. Inst. bearb. von Hugo Petters in Stuttgart. Maasst. 1 : 50,000. Bl. 1–4. *Stuttgart (& Hildburghausen) 1885 –1903: Kartogr. Inst. H. Petters.* (4 Kartenbl. je 31 × 39 cm.) 2°
1. Ramsau. Aus: Zeitschr. d. D. u. Ö. A.-V. 1885. 2. Berchtesgaden.
3. Watzmann. Aus: Zeitschr. ... 1887.
4. Hochkönig. Aus: Zeitschr. ... 1885 (Neue Ausg. 1902.) [illegible]

—— Specialkarte des bayerischen Hochlands, von Nordtirol, Salzburg und den angrenzenden Gebieten. 1 : 300,000. Chromolithogr. qu. gr. Fol. Ebendas. 888. * 1 20
Auf Leinw. * 2 —

Waltenberger's, A., Special-Karte vom bayerischen Hochland, Nordtirol, Salzburg und den angrenzenden Gebieten. 1 : 300,000. Ausg. 1891. Farbendr. 34,5 × 66 cm. Augsb., Lampart's alpiner Verlag. * 1 20

Waltenberger, (Anton): S p e z i a l k a r t e n . Das bair. Hochland, Nordtirol u. Salzburg. 65 x 35 cm. Innsbruck: Edlinger 1902.

(A[nton]) Waltenberger's Special-Karte vom bayerischen Hochland, Nordtirol, Salzburg u. d. angrenzenden Gebieten. Maassst. 1 : 300,000. (12. Aufl. Innsbruck: A. Edlinger [1906].) (1 Kartenbl. 64 × 33 cm mit Legende.) 8° [Kopft. lith.] [kol.] [illegible]

Waltenberger, A., Specialkarte des Salzkammergutes und der angrenzenden Gebiete. 1 : 225,000. Kpfrst. und color. Fol. Augsburg 883, Lampart's alpiner Verlag. * 1 20
Auf Leinw. * 2 —

Waltenberger, A., Spezial-Karte der Ufergegenden am östlichen Theile vom Bodensee. 1 : 50,000. Fol. Lindau 874, Ludwig's Buchh.

Waltenberger, A., Übersichtskarte der Umgebung vom Bodensee. 1 : 400,000. Chromolithogr. qu. gr. 8. Lindau 884, Stettner.

Waltenberger, A., die orographischen Verhältnisse des Wetterstein-Gebirges, s.: Schwaiger, Heinr., Führer durch das Wettersteingebirge.

Waltenberger, Eugen: K a r t e d. bayer. u. d. Böhmer-Waldes, s. W a l t e n b e r g e r , Anton.

Specialkarte der Rofan-Gruppe (Sonnenwend-Gebirge) mit Umgebung des Achen-See's. Bearb. u. gez. von E. Waltenberger, München i. J. 1900. Maasst. 1 : 50,000. *München: Lindauer (1900).* (1 Kartenbl. 37 × 43 cm.) 2° [kol.] [illegible]

Specialkarte des Wetterstein-Gebirges. Bearb. u. gez. von Eugen Waltenberger in München unter Benutzung d. bayer. u. österr. militar-topogr. Positionsblätter v. Maasst. 1 : 25,000. Maasst. 1 : 40,000. *München: J. Lindauer [1902]; Lith. C. Wolf & Sohn.* (1 Kartenbl. 70 × 41 cm.) 8° [kol.] [illegible]

Waltenberger, E[ugen]: U e b e r s i c h t s k a r t e des Algäu und der angrenzenden Gebiete. Massst. 1 : 100,000. München: Piloty & Loehle [1899]. (1 Kartenbl. 43 x 51 cm.) quer-gr. 2°

Waltenberger, Eugen [Bearb.], s. W a l t e n b e r g e r , Anton: Allgäu, . . . 9. Aufl. ff.

Waltenberger, Hans, Ortskunde v. Rosenberg. 2. Aufl. (120 S.) kl. 8. Budweis 908. Verlagsanstalt „Moldavia".
Kart. 1. —

Waltenhofen, Adalbert von

Waltenhofen, A. v., üb. die Anziehung, welche e. Magnetisirungsspirale auf e. bewegl. Eisenkern ausübt. [Mit e. (lith.) Taf. (in qu. 4.)] [Aus: „Sitzungsber. d. k. Akad. d. Wiss."] Lex.-8. (16 S.) Wien 870. (Gerold's Sohn.) n. — 60

Waltenhofen, A. v., über einen einfachen Apparat zur Nachweisung des magnetischen Verhaltens eiserner Röhren. [Mit 1 (lith.) Taf. (in 4.) u. 1 (eingedr.) Holzschn.] [Aus den Sitzungsber. der k. Akad. der Wiss.] Wien 870. (Gerold's Sohn.) Lex.-8. (3 S.) n. 4 ngr.

Waltenhofen, Adalb. Edler v., Astronomie und Optik in den letzten Decennien. Populäre Skizze der Centralbewegung des Sonnensystems und der optischen Principien einer Chemie der Gestirne, nebst Anmerkungen. Inauguralrede zum Restaurationsfeste der Innsbrucker Universität im J. 1862. Lex.-8. (32 S.) Innsbruck 862, Wagner'sche Universitäts-Buchh. *

Waltenhofen, Adalb. Edler v., einige Beobachtungen über das elektrische Licht in höchst verdünnten Gasen. Lex.-8. (11 S.) Wien 865, (Gerold's Sohn.) *
(Aus d. Sitzungsber. d. k. Akad. d. Wiss.)

[illegible]
Separatabdruck

Waltenhofen, A. v., üb. Blitzableiter. Vorschriften f. deren Anlage nebst e. Anh. m. Erläutergn. zu denselben. 8. (XII, 72 S. m. 5 Abbildgn.) Braunschweig 890. Vieweg & Sohn. n. 2. 40

Waltenhofen, A. v., über die elektrische Durchbohrung des Glases. Lex.-8. (9 S. mit 2 eingedr. Holzschn.) Wien 879, (Gerold's Sohn.) **
Aus: Sitzungsberichte der k. Akademie der Wissenschaften, besonders abgedruckt.

Waltenhofen, Adalbert Edler von: E n t w u r f einer Konstruktion der Luftpumpe. Separatabdruck aus: Sitzungsber. d. k. Akad. d. Wiss. in Wien. Bd. 17. S. 238.

—— über die Grenzen der Magnetisirbarkeit des Eisens und des Stahles. Lex.-8. (19 S.) (Ebendas.) 869.
aus: Sitzungsberichte der k. Akademie der Wissenschaften, besonders abgedruckt.

—— Grundriss der allgemeinen mechanischen Physik. Die wichtigsten Lehrsätze der Mechanik fester, flüss. und gasförm. Körper, der mechan. Wärmetheorie und der Potentialtheorie, nebst einer mathemat. Einleitung. Für Studirende an Hochschulen und für Lehramtscandidaten bearb. gr. 8. (XII, 361 S. mit eingedr. Holzschn.) Leipzig 875, Teubner. *

—— mathematische und physikalische I n s t r u m e n t e , s. A u s s t e l l u n g s - B e r i c h t , officieller.

[illegible]
Separatabdruck

Waltenhofen, A. v., die internationalen absoluten M a a s s e , insbesondere die electrischen Maasse f. Studirende der Electrotechnik in Theorie u. Anwendg. dargestellt u. durch Beispiele erläutert. gr. 8. (XI, 48 S.) Braunschweig 885. Vieweg & Sohn. n. 2. —

Waltenhofen, A. v., die internationalen absoluten Maasse, insbesondere die electrischen Maasse, f. Studirende der Electrotechnik in Theorie u. Anwendg. dargestellt u. durch Beispiele erläutert. 2., verb. u. verm. Aufl. gr. 8. (X, 166 S. m. 15 Fig.) Braunschweig 892. F. Vieweg & Sohn. n. 6. —

Waltenhofen, A. v., die internationalen Maße, insbesondere die electrischen Maße, f. Studirende der Electrotechnik in Theorie u. Anwendg. dargestellt u. durch Beispiele erläutert. 3., zugleich als Einleitung in die Electrotechnik bearb. Aufl. gr. 8. (XI, 306 S. m. 42 Fig.) Braunschweig 902. F. Vieweg & Sohn. n. 8. —; geb. n. 9. —

—— über eine directe Messung der Inductionsarbeit und einer daraus abgeleiteten Bestimmung des mechanischen Aequivalentes der Wärme. Lex.-8. (14 S. mit 2 eingedr. Holzschn.) Wien 879, (Gerold's Sohn.)

— Über eine direkte Messung der Induktionsarbeit und eine daraus abgeleitete Bestimmung des mechanischen Äquivalentes der Wärme. (14 S. 2 Holzschnitten) S. 80 II. 137 30
Separatabdruck

— Notiz über Johann Kravogls [illegible] S. 11 II. [illegible] ver
Separatabdruck

— Über die Stromrichtung in Nebenschließ[illegible] S. 12 [illegible] ver
Separatabdruck

— über e. allgemeines Theorem zur Berechnung der Wirkung magnetisirender Spiralen. [Mit 2 (eingedr.) Holzschn.] [Aus: „Sitzungsber. der k. Akad. der Wiss."] Lex.-8. (16 S.) Wien 873. (Gerold's Sohn.) n. — 30

— über die Thermen v. Gastein. [Mit 1 Taf. u. 1 Holzschn.] Lex.-8. (25 S.) Wien 885. (Gerold's Sohn.) n. — 60

Waltenhofen, A. v., über die Thermen von Gastein. Lex.-8. (25 S. mit 1 Taf. und 1 Holzschn.) Wien 885, (Tempsky.) *
Aus: Sitzungsberichte der k. Akademie der Wissenschaften, besonders abgedruckt.

Waltenhofen, Dr. A. v., über die Thermen von Gastein. [Mit 1 Taf. u. 1 Holzschn. [Aus: „Sitzungsb. d. k. Akad. d. Wissensch." XCII. Bd. 2. Abth. 1885, Decbr.] Lex.-8°. (25 S.) Wien, Carl Gerold's Sohn. In Comm. fl. —.30. 1886.

— über elektromagnetische Tragkraft. [Mit 2 (lith.) Taf. (in 4.)] [Aus: „Sitzungsber. d. k. Akad. d. Wiss."] Lex.-8. (16 S.) Ebend 870. n. 1. 20

Waltenhofen, A. v., über die electrische Uhr von Rebiček, s. Abhandlungen der königl. böhmischen Gesellschaft der Wissenschaften.

—— über die electrische Uhr von Rebiček. gr. 4. (6 S. mit 1 lithogr. Taf.) Prag 879, (Grégr und Dattel.)
Aus: Abhandlungen der k. böhm. Gesellschaft der Wissenschaften, besonders abgedruckt.

—— elektromagnetische Untersuchungen, mit besond. Rücksicht auf die Anwendbarkeit der Müller'schen Formel. (1. Abhandlung, enth. die Versuche mit massiven Cylindern.) Lex.-8. (28 S. mit 1 Stnt.) Wien 865, (Gerold's Sohn.) **

—— electromagnetische Untersuchungen mit besond. Rücksicht auf die Anwendbarkeit der Müller'schen Formel. 2. Abhandlung, enth. die Versuche mit discontinuirlichen Eisenmassen, nebst einem Anh. über die Grenzen der Giltigkeit des Lenz-Jacobi'schen Gesetzes. Lex.-8. (26 S. mit 1 lithogr. Taf. in 4.) Ebendas. 870.
1. Abhandlung. Ebendas. 1865.
Vorstehende zwei Schriften sind aus: Sitzungsberichte der k. Akademie der Wissenschaften, besonders abgedruckt.

—— Ueber das elektro-magnetische Verhalten des Stahles. 8°. 30 S. 1 Tab. lith. Wien, Gerold's Sohn 1864. fl. —.20
(Aus d. Sitzungsber. d. k. Akad. d. Wiss.)

—— über das magnetische Verhalten des pulverförmigen Eisens. Lex.-8. (13 S. mit 1 lithogr. Taf. und 1 eingedr. Holzschn.) Wien 879, (Gerold's Sohn.) **
Aus: Sitzungsberichte der k. Akademie der Wissenschaften, besonders abgedruckt.

—— über den Lullin'schen Versuch und die Lichtenberg'schen Figuren. Lex.-8. (18 S.) Wien 866, (Gerold's Sohn.) *
aus: Sitzungsberichte der k. Akademie der Wissenschaften, besonders abgedruckt.

—— über den Peltier'schen Versuch. Lex.-8. (15 S. mit 5 eingedr. Holzschn.) (Ebendas.) 877.
aus: Sitzungsberichte der k. Akademie der Wissenschaften, besonders abgedruckt.

Walter [Sachl. OW]

Walter *s. auch* Walther.

— oder der deutsche Mann, eine dramatisirte Geschichte, mit 1 Kupf. 8. Stuttgardt, 795. Steinkopf (Leipzig Gräff in Komm.) 13 ſgl.

Walter, Prinz v. Aquitanien, e. Heldengedicht a. d. 6. Jahrhundert, a. d. latein. Codex übers. v. Molter. 8. Carlsruhe, Macklot. 782.

Walter von Aquitanien; ein altes Heldengedicht aus dem Kreise der Niebelungen-Lieder. (Diese Uebers. ist von Fr. Molter u. bereits 1782 erschienen.) 8. Karlsruhe, Braun. 819.

Walter, Auguste, od. die dunkeln Wege d. Schicksals. Ein Familiengemälde aus d. wirkl. Leben entlehnt. Vom Verf. der natürl. Tochter. 2 Thle. Mit 1 Steindr. 8. Quedlinb. 825. 2e A. 830. Ernst. 1 ℛ 20 gl.

Walter und die Belehnung. Aus dem Engl. 16. (64 S.) Cleveland 871. (Philadelphia, Schafer und Koradi.) geb.

Walter, Christoph. Novelle. Stuttgart 1835. V: *Seeger, Karl August Friedrich.* (Brü IV, 443) (Zeitschr. f. Büch. N. F. 15, 1923, 127)

Walter, Christoph, Novelle. 2 Bdchen. 8. Stuttgart 835. Hallberger'sche Verlagsh. 2¹⁄₄ ℛ

— und Dorilis, eine tragische Geschichte in Briefen, zur Beherzigung für empfindsame Seelen. 8. Breslau, 791. Meyer. 13 ſgl.

Walter, Bischof Dr. Ferdinand. Ein kurzer Abriss seines Lebens und Wirkens. Eisenach 1870. V: *Döbner, A.* (ADB 41, 22)

Walter, Bischof Dr. Ferdinand, General-Superintendent von Livland. Ein kurzer Abriß seines Lebens und Wirkens. 1. und 2. Aufl. br. 8. (60 S. mit Portr. in Stahlst.) Eisenach 870, Baerecke. [Basel, Spittler.] (*ℳ 1.) *

Walter, Bischof Dr. Ferdinand, weil. General-Superintendent von Livland. Seine Landtagspredigten und sein Lebenslauf. Leipzig 1891. V: *Walter, J.* (ADB 41, 22)

Bischof Dr. Ferdinand **Walter,** weiland General-Superintendent von Livland. Seine Landtagspredigten und sein Lebenslauf. Nach Briefen und Aufzeichnungen. — Lpg: Duncker & Humblot 1891. VI, 408 und 101 S.

(B) **Walter, Bischof, Dr. Ferdinand.** 891. (ADB 28.) Jetzt: Riga, G. Löffler.

Walter. – Jakob Walter, s. Walter's Reliquien.

Walter, Carl von, oder der Zweykampf, ein Beytrag zur Geschichte der Leiden der Menschheit, aus Familienurkunden gezogen, von K. J. A. 2 Theile, 8. Wien und Leipzig, 794. Frister. (Beygang.) 9 sgl.

— d. Mann von 4 Weibern, u. doch ein Hagestolz. 8. Wien 820. (Leipz., Liebeskind). 1 ⁄

Walter von Stadion. Oder Geschichte Herzog Leopolds von Oestreich und seiner Kriegsgefährten. Leipzig 1794. V: *Naubert, Christiane Benedicte Eugenie geb. Hebenstreit.* (EF) (Ky) (BrMm)

— v. Stadion, od. Geschichte Herzog Leopolds v. Oesterreich, (v. B. Naubert). 8. Leipz. 794. Weygand. 1 ⁄ 12 gr

Der Unglückliche Walter oder Leiden und Verfolgungen eines Deutschen in America.
Wien-Prag: Haas. 1798. 8°.
Priv.-Bibl. Prof. Harold Jantz, Baltimore, Md.

— der unglückliche, od. Leiden u. Verfolgung rc. 8. Wien 802 K. Haas.

v. Walter, Wlh. z. e. kleiner Beitrag zum Laufe d. Welt, von A. W—i. (Aug. Wlh. Meyer). 8. Deutschland 801.

Walter [Verfasser]

Walter v. Arras, Ille u. Galeron, s.: Bibliothek, romanische.

—— Lieder vom sächsischen Vaterlande aus alter u. neuer Zeit, f. Schule u. Haus ges. gr. 8. (VII, 104 S.) Dresd. 892, A. Huhle. * 1 20

Walter v. der Vogelweide, s.: Walther v. der Vogelweide.

Walter. Medizin. u. ökonom. Abhandlung von d. Butter. Erlangen 1751.

Walter, Medizinische und ökonomische Abhandlung vom Butter und dessen vielfältiger Gebrauch und Nutzen. Erlangen 1757

Walter: Ueber die Abnahme der vulkanischen Thätigkeit in historischen Zeiten. (Programm zu den Schul-Feierlichkeiten des Königlichen Friedrich-Wilhelms-Gymnasium, Dienstag, den 26 September 1813. S. 16–28.) Berlin 1813. 13 S. 8°

Walter und F. K. Offinger, 900 Aufgaben, s. Aufgaben.

Dominum Bedra von **Walter**, weil. Superint. zu Crumpa. Halle 1905: Waisenhaus. (38 S.) 4° 8°. [5.]
Aus: Zad. Verf. [noch nicht erschienenen Werke] Die Familie v. Helldorff

Walter, Dr., Irrenarzt in Münsterlingen, über Entstehung und Verhütung des Irreseins. Vortrag gehalten in der Generalversammlung des thurg. Vereins für Gemüthskranke am 10. Mai 1875. 12 Stn. 8. Zürich, Herzog. 1875

Walter: De Romanensibus Helvetiae et Tertelis gentibus. (Programm des Königl. Friedrich-Wilhelms-Gymnasiums zu Berlin.) Berlin 1832. 19 S. 8°

Walter, das gerettete Kind, s.: Missionsschriften für Kinder. Nr. 34.

Walter, für die Krankenstube, s.: Rehm.

Landlose Polen? Eine Entgegnung auf die unter diesem Titel erschienene Broschüre von **Walter**. Lissa i. P.: O. Eulitz 1908. (16 S.) 8° [5.] Feb. 1909

Walter, s. Polen, landlose?

Walter, das Privat- u. öffentl. Leben d. Erzbischofs v. Köln Frhrn. Clemens August v. Droste-Vischering. N. d. besten Quellen geschildert. gr. 12. (7½ B.) Hanau 838, König.

Walter. Quaestiones etymologicae. Freienwalde, G., 1864. 9 S. 4. Progr.

Walter, Isaak Manklpile, s.: Missionsschriften f. Kinder.

Walter. Freymüthige Rede des alten Walters an seine Landsleute, über das Benehmen einiger derselben gegen die siegreichen Kaiserlichen Truppen. 8. [Zürich] 1799.

Walter, A., Der Platonische Begriff der Philosophie. Pr. 1862. 14 S. 4°.

Walter, A., Geneal. Geschichte des Geschlechts von Jeetze. Mit Urkunden, Siegeln und 2 geneal. Tabellen. Magdeburg 1860. 8. Nicht im Handel.

Walter, (Kämmerer) A., das Nothwendigste von der Sprachlehre, Erdbeschreibung, Naturlehre u. Naturgeschichte für Landschulen. 4e Aufl. 12. Augsb. 831. (Landsh., Krüll.) 4 gr

Walter, A., das Nothwendigste von d. Sprachlehre, Erdbeschreib., Naturlehre u. Naturgeschichte f. Landschulen. 4., verm. u. verb. Aufl. 12. (4½ B.) Augsburg 831. (Regensburg, Manz.)

Walter, A., Rechenschule für die österreichischen Volks- und Bürgerschulen, s. Wrany, W.

Walter, A., Das Spiel im Freien, E. Anl. z. Ausführung d. beliebtesten Jugendspiele, d. Ausflüge u. Turnfahrten, m. Abb., Leipzig 1886, 124 S., kl. 8°.

Walter, A. F., der katholische Religionsunterricht an den humanistischen Gymnasien. Beitrag zur Didaktik u. Methodik desselben. gr. 8. (VIII, 188 S.) Regensburg 893. F. Pustet. n. 1. 40; geb. n. 2. 20

***Walter*, Ad., Diss. inaug. exempla quaedam venarum inflammationis, cum epicrisi. 8. Dorp. 820.**

Walter, Adolph: De osteomalacia. Tur. typ. Or. Fuessl et soc. 1835. 18 S. 8°
Zurich. Med. Diss. v. 15. Juli 1835.

Walter, Albert

Walter, Alb., eine deutsche **Antwort** aus der Schweiz. Kritische Beleuchtung des von Theobald Ziegler gegen die Schweiz gerichteten Pamphletes. gr. 8. (102 S.) Winterthur 878, Westfehling. *

Walter, Alb., Chiffrir- und Telegraphir-System. Handbuch nebst Tabellen und Zeichnungen für den Grosshandel, für Bank- und Versicherungs-Geschäfte, diplomat. und journalist. Correspondenz, sowie für Telegraphenbeamte und Techniker. gr. 8. (VIII, 254 S. mit 2 Stnt. in gr. 8. und qu. Fol.) Winterthur 877, Westfehling. geb. *

Walter, Alb., die Lehre vom Wechsel u. Conto-Corrent. Zum Gebrauche in Real- u. Handelsschulen sowie zum Selbststudium f. den angeh. Kaufmann. Lex.-8. (XII, 149 S.) Frauenfeld 872. Huber. 2. 10

—— **Streitschrift** gegen Hrn. M. Niethe in Berlin, den „anerkannten und von England prämiirten Erfinder des bei dem deutschen Reichskanzleramte eingeführten telegraph. Chiffrir-Systems etc." gr. 8. (25 S.) Ebendas. 877. *

Walter, Alb., Zum mathematischen Unterricht. Winterthur 1876.
Progr.

Walter, Alexis. Die Influenza. Ihre Heilg. u. Verhütg. Ihr Wesen u. ihre Geschichte. gr. 8. (40 S.) Wien 890, Breitenstein. * 1 —

Walter, Alfred

Walter, Alfr., Beiträge zur Morphologie der Schmetterlinge. 1. Thl. Zur Morphologie der Schmetterlingsmundtheile. Abhandlung. gr. 8. (57 S. m. 2 Taf.) Dorpat 885. (Karow.) n. 2. 50

Die Mastkur. Komödie in 1 Akt von Alfred **Walter**. Arnstadt 1902: Bußjaeger. (19 S.) 8° [07. 7821

Walter, Alfr. Die Quallen als Stromweiser, s. Kükenthal, Willy. Forschungsreise in das europäische Eismeer 1889.

Walter, Alfr., im Strandkrug. Schauspiel in 3 Akten. 8. (78 S.) Dresden 900. E. Pierson. n. 1. 50

Walter, Alois: E. Beitrag z. Rectification d. Curven. *Wien 1893.* in: Xenia Austriaca. Bd 2. [97 3,63

Walter Dr. Alois: Ein Beitrag zur Rectification der Curven. (12). Leoben 93.
Progr.

Walter, Alois, der freie Fall, berechnet aus dem Gravitationsgesetze. [Aus: „Sitzungsber. d. k. Akad. d. Wiss."] Lex.-8. (13 S.) Wien 890. (Tempsky.) n. — 30

— Die allgemeinen Gleichungen der Kegelschnittslinien und deren charakteristisches Binom. 5. Graz St. R. 97.
Progr.

Walter, Alois, üb. e. Satz v. Chasles u. üb. dessen Zusammenhang m. d. Theorie d. Momentanaxe. [Aus: „Monatshefte f. Mathem. u. Physik".] gr. 8. (13 S.) Leoben 897. L Nüssler. n. 1. —

— **Theorie d. atmosphärischen Strahlenbrechung. Veröffentl. mit Unterstützg. d. kaiserl. Akademie d. Wissenschaften in Wien. gr. 8. (VII, 74 S. m. 4 Fig.) Leipzig 898. B. G. Teubner. n. 2. 80**

Walter, Anton, Christentum und Kultur. Frankfurt, Fößer, 1888, gr. 8°, 32 S., 50 Pf. (Zeitgemäße Broschüren. N. F. Bd. 9 Heft 5.)

Walter, Ant., Christenthum u. Kultur, s. Broschüren, Frankfurter zeitgemäße.

Geschichte der Kgl. Studienanstalt Landshut, geschrieben aus Anlass des Studiengenossenfestes (11.—13. August 1890) von — Dr. A. Walter, G.-P. — 1890, Landshut. S. 3—52.
Progr. Landshut. K. Gymn.

—— **Handbuch der Gespräche, der Sprachlehre und des Briefstils ungarisch, deutsch, englisch, französisch, italienisch. 2. Aufl. 10 Hefte. gr. 8. (263 S.)**
Theresiopel 1879. (Budapest: Grimm in Komm.)

— Handbuch der Gespräche, der Sprachlehre u. des Briefstils, ungarisch, deutsch, englisch, französisch, italienisch. 2. Aufl. 10 Hfte. gr. 8. (263 S.) Ebend. 879. 80. à n. — 60

Walter, Ant., Carl u. Julie oder gefunden u. verloren. Ein Trauerspiel in 5 Aufzügen. gr. 16. (84 S.) M.-Theresiopel 878. Budapest, Grimm in Comm. n. 2. 40

Walter, Ant., Die Kunst im katholischen Gotteshause. Frankfurt a. M., Fößer Nachf., 1885, 8°, 38 S., 50 Pf. Zeitgem. Brosch. Bd. 6, Nr. 10.

Walter, A., die Kunst im katholischen Gotteshause, s. Broschüren, Frankfurter zeitgemäße.

Walter, A., die heilige Musik, s. Broschüren, Frankfurter zeitgemäße.

Walter, Ant., graphische Reductions-Tabelle der alten oesterreichischen Längenmasse in das metrische Mass, nebst e. Reductions-Tabelle d. Duo-Decimalmasses in das Decimalmass u. sämmtl. österreich. Längeanmasse in das metr. Mass. Imp.-4. (6 S. m. 3 Steintaf. in qu Fol.) Wien 875. Lehmann & Wentzel. n. 2. 40

Walter, Ant., Uebersichtskarte des Eisenbahnnetzes von Wien und Umgebung. 1:35,000. Chromolithogr. qu. gr. Fol. Wien 883, Hölzel.

— Dr. Franz Witt, Gründer u. erster Generalpräses d. Cäcilienvereins. Ein Lebensbild. 8. (VIII, 262 S. m. e. Photogr.) Regensburg 889. Pustet. n. 2. –

Dr. Franz Witt, Gründer und erster Generalpräses des Cäcilienvereines. Ein Lebensbild von (Prof.) Anton **Walter**, (Landshut). Mit d. Bildn. Dr. Witts u. d. Verzeichnisse s. Kompositionen. 2., unveränd. Abdr. Regensburg: F. Pustet 1906. (VIII, 262 S.) 8° [ℌ.] [07. 1691

—— **Zwingli oder die Schlacht bei Cappel. Ein Trauerspiel. 16. (98 S.) Budapest 878, (Grimm.)** *

Walter, Antonie, s. Proben weiblicher Handarbeiten mährisch-ländl. Hausindustrie.

Walter, Arwed [Dr., Oberl.]: Über einige neuere Ansichten auf dem Gebiete der physikalischen Chemie. Tarnowitz, C. Reimanns Buchdr. (1890); XXXIII S. 4°
Tarnowitz, RG, OP 1890

Walter, Carl Ludwig Arwed *(geb. Salzbrunn in Schles. 1 . 1847)*: Ueber die Anwendung der Methode Hamilton's auf die Grundgleichungen der mathematischen Theorie der Elasticität. Berlin 1868. (22 S.) 4° *[Buchausg. 1868 bei Calvary & Ko. in Berlin.]*
Breslau, Phil. Diss. 5. Nov. 1868

— Über Berechnung des specifischen Volumens und der Verdampfungswärme, insbesondere des Wassers. 9 S. *Tarnowitz* 1879.
Progr.

— Theoretische Bestimmung der Gesetze, wonach bei vollkommenen Gasen die Molokularsphären resp. Wirkungssphären, die Weglänge, sowie die Koefficienten der inneren Reibung und Wärmeleitung von der Temperatur abhängen. XXVI S. *Tarnowitz* 1880
Progr.

Walter, Arwed Über das Gesetz von van der Waals (Mit besonderem Bezug auf die Schrift: Over de continuitheit van de gas-en vloeistoftoestand. Leiden 1873.) 11 S. **Progr.** *Colmar* 1878.

Walter, Arwed [Prof. Dr.]: Invarianten und elliptische Modulfunktionen auf thermochemischem Gebiete. E. Beitr. z. Lehre v. d. chem. Energie. Leipzig, Druck v. Metzger & Wittig, 1897; XXXX S. 4.
Tarnowitz, k. RG, OP 1897 (228)

Walter, Arwed Zur Theorie und Praxis der Dynamomaschinen. XVIII S. **Progr.** *Tarnowitz* 1885.

Walter, Arwed, Untersuchungen üb. Molecularmechanik nach analytisch-geometr. Methode als mathemat. Grundlage der chem. Statik. gr. 8. (XVI, 216 S.) Berlin 873. Calvary & Co. n. 10. —

Walter, August

Walter, Aug., Hypochonders Bergfahrt. Eine Novelle aus d. Riesengebirge. gr. 16. (244 S.) Leipzig 848, Literarisches Museum. 1 ß

Walter, Aug., Leben Johann Anastasius Freylinghausens, Pfarrers in Halle. Berlin 864. W. Schultze. 8. (118 S.) n. 10 ngr.

Walter, (Carolus) Augustus (geb. Lüben in Schles. 21. 6. 1811): De morbo haemorrhoidali. Vratislaviae (1837). (32 S.) 8°
Breslau, Med. Diss. v. 11. Nov. 1837

Walter, Aug., Wilhelm Treu, ein treu erfundener Haushalter. Lebensbild eines Prignitzer Missionars. Wittstock 867. Berlin, E. Beck. gr. 8. (16 S.) n. 2 ngr.

Walter, August, aus Forchheim: Ringsynthetische Versuche in der Carbazid-Reihe. *Sulzbach i. O. 1901: J. E. v. Seidel.* (36 S.) 8°
Erlangen, Phil. Diss. v. 23. Juli 1901

Walter, August Herm.

Walter, Aug. Herm., die Gleichnisse des Herrn, in Reim u. Bild. Mit 30 (eingedr.) Holzschn. nach Orig.-Zeichnungen v. Fr. Baumgarten. gr. 8. (IV u. 85 S.) Leipzig 851, Hirschfeld. In Engl. Einb. 1 ℳ

Walter, Aug. Herm., die Gleichnisse des Herrn in Reim und Bild. 2. Aufl. Sondershausen 857. Neuse. gr. 8. (IV, 85 S. mit Holzschn. im Text.) n. 22½ ngr.

— — Schul-Ausgabe. Ebend. 857. gr. 8. (VI, 30 S.) n. 5 ngr.

Walter, Aug. Herm., die Gleichnisse des Herrn in Worten der Schrift, Reim und Bild. 3. Aufl. Lex.-8. (IV und 85 S. mit eingedr. Holzschn.) Leipzig 862, Hirschfeld.

—— Opfer und Gelübde. Gebetslieder für die christl. Jugend. 8. (IV und 80 S. mit Randzeichnungen in Holzschn. von Baumgarten.) Leipzig 850, Hirschfeld.

— Opfer und Gelübde. Gebetslieder für die christliche Jugend. 2. Aufl. Sondershausen 857. Neuse. gr. 8. (IV, 80 S. mit Holzschn. im Text.) n. 22½ ngr.

—— Opfer und Gelübde. Gebete in dichter. Form für die christl. Jugend. 3. Aufl. gr. 8. (IV und 80 S. mit eingedr. Holzschn.) Leipzig 862, Hirschfeld.

Walter, B., études de fleurs et paysages en 16 feuillets. Farbendr. gr. 8. Paris 893. (Plauen i/V., Ch. Stoll.) n. 6. —

Walter, Benno, Referendar: Ueber die Gleichartigkeit von Vollstreckungs- und Hauptintervention. *Berlin 1902: E. Streisand.* (81 S.) 8°
Rostock, Jur. Diss. v. [10. Mai] 1902

Walter, Bernh., e. charakteristische Absorptionserscheinung d. Diamanten. Ueber das α-Monobromnaphtalin. [Aus: „Jahrb. d. Hamburg. wiss. Anstalten".] Lex.-8. (5 u. 2. S. m. 1 Taf.) Hamburg 891. (L. Gräfe & Sillem.) n. 1. —

Walter, B., über die Entstehungsweise des Blitzes. (37 S. m. 5 Taf.) Lex.-8. Hamburg 903. (L. Gräfe & Sillem.) n. 3. —
Sonderabdr. aus: „Jahrb. d. hamb. wiss. Anstalten".

Walter, Bernhard: Über die lichtverzögernde Kraft gelöster Salzmoleküle und ein Verfahren zur genaueren Bestimmung von Brechungsexponenten ... Hamburg, gedr. bei Lütcke & Wulff. 1891; 36 S. 8.
Jena, Phil. Fak., Inaug.-Diss. v. 1891

— üb. die lichtverzögernde Kraft gelöster Salzmoleküle. — Ein Verfahren zur genaueren Bestimmung v. Brechungsexponenten. [Aus: „Jahrb. d. Hamburg. wiss. Anstalten".] Lex.-8. (36 S.)
Hamb. 891. (Rudolst., H. Dabis.)

Walter, B., d. Oberflächen- od. Schillerfarben gr. 8. (VII, 122 S. m. 8 Abb. u. 1 Taf.) Braunschweig 895. F. Vieweg & Sohn. n. 3. 60

Walter, die Röntgentechnik, s.: Albers-Schönberg.

Walter, Bruno (II.), s. †Abrie, Willy.

Walter, Bruno (I.), Beitrag zur Kenntniss der Erzlagerstätten Bosniens. Im Auftrage des k. und k. gemeinsamen Ministeriums in Wien verfasst. gr. 8. (VIII, 222 S. mit 1 Karte und 38 Abbild.) Wien 887, (Hölder.) *

Walter, C. (Pseud.), s. Backhaus, C.

Walter, C., Hilfsbüchlein für den Unterricht in der Bibelkunde. 1. Stufe. Lesen u. Aneignen des histor. Inhalts der Bibel. Mit einem Vorwort von Otto. Mühlhausen 866. Danner. 8. (VIII, 112 S.) 6 ngr.

Walter, C. Zwei Kontroversreden über jesuitischen Romanismus angesichts seiner neuesten Aktion in Bayern, geh. in den Versammlgn. d. Evangel. Bundes zu Augsburg, den 30. Septbr. u. 11. Novbr. 1889. gr. 8. (16 S.) Augsb. 889, Schlosser. * — 20
Vgl.: Wort, ein, der Abwehr gegen protestant. Angriffe.

Walter, C., Rechenbuch für Mittelschulen. Im Verein mit Collegen der Knabenschule in Bremerhaven bearb. 1.—4. Heft. gr. 8. Bremerhaven 874, v. Vangerow. *
Inhalt:
Heft 1. Zahlenkreis von 1—100. (47 S.) 75 Pf.
„ 2. Zahlenkreis von 1—1000. (57 S.) 75 Pf.
„ 3. Zahlenkreis von 1—100,000, Rechnen mit den einfachsten Decimalstellen. (54 S.) 75 Pf.
„ 4. (54 S.) * 80 Pf.

Walter, C., der Treue die Krone. Predigt, gehalten in der Barfüßerkirche bei dem am 16. März 1888 veranstalteten Trauer-Gottesdienste zum Gedächtnis Sr. Maj. des Kaisers Wilhelm. gr. 8. (11 S.) Augsburg 888, Schlosser's Buchh. *

Walter, C., Wohnhaus der Frau Louise Siegle, s.: Bauwerke, neue, in Stuttgart u. Umgebung.

Walter, C., zu spät. Ein Trauerspiel in 4 Aufzügen. 8. (72 S.) Wiesbaden 890. Bechtold & Co. n. 1. —

Walter, C. S. Character Jacobs I, Königs von Grossbritannien. 8. Stettin 1777.

Walter, Carl, s. Walter, Karl

Walter, Caspar, s. Walter, Kaspar

Walter, Charles. Die Hydracarinen der Schweiz. Diss. Phil. Basel. (Hiezu Tafel 59—62 [nebst Tafel-Erklärungen].) Sonderabdruck aus der Revue Suisse de Zoologie, Vol. 15, 1907. VI S. + S. 401—573. 8. Genf, W. Kündig & Fils, 1907.

Walter, Curt, s. Walter, Kurt

Walter, E. (Red.), s. Alpenzeitung, Österreichische.

Walter, E., d. Arbeiterrecht. Zur Belehrg. d. Arbeiterstandes, insbes. d. gewerbl. Arbeiter u. d. Gesindes üb. ihre Berufsrechte u. Pflichten, sow. üb. d. Verfahren vor d. Gewerbegerichten. Nebst zahlr. Formularen zu Klagen u. Anträgen bei den Gewerbe- u. Amtsgerichten. 8. (112 S.) Styrum 895. A. Spaarmann. 1. —

— das Landgüter-Pachtrecht im Gebiete des preuß. Landrechts. Ein rechtskund. Ratgeber f. Verpächter u. Pächter zur selbständ. Prozeßführg. ohne Anwaltshülfe, gestützt auf die bezügl. gesetzl. Bestimmgn., nebst Erläutergn. u. zahlr. Formularen zu Pacht-Verträgen üb. Landgüter, Mühlen u. Vieh, sow. zu amtsgerichtlichen Klagen u. Anträgen aller Art. 8. (95 S.) Ebd. 895. 1 —

Walter, E., das preußische Miet- u. Pachtrecht im Gebiete des Allgemeinen Landrechts. Ratgeber zur Selbstvertretg. in amtsgerichtl. Prozessen ohne Anwaltshülfe. Eine rechtskund. Zusammenstellg. der bezügl. Gesetze, Verordngn. u. Entscheidgn. der höchsten Gerichtshöfe, nebst Erläutergn. u. zahlreichen Formularen zu Miet- u. Pacht-Verträgen, Klagen u. Anträgen aller Art. 8. (172 S.) Styrum 894. A. Spaarmann. n. 1. —

— die Selbstvertretung vor den Amtsgerichten in bürgerlichen Prozeß-Angelegenheiten ohne Hülfe e. Anwalts. Ein sicherer Ratgeber zur selbständ. Führg. v. Prozessen, nach Anleitg. der gesetzl. Bestimmgn., nebst Erläutergn. u. e. großen Auswahl prakt. Formulare zu Klagen u. Anträgen aller Art im Gebiete der deutschen Civil-Prozeß-Ordng. Nebst dem Reichsgesetz vom 29. Juli 1890, betr. die Gewerbegerichte. 8. (240 S.) Ebd. 894. n. 2. —

Das Kleeblatt. Schwank mit Gesang in 1 Akt von E. F. Walter. *Mühlhausen i. Thür.: G. Danner [1898].* (25 S.) 8° [F.]
— Herrenbühne. G. Danners. No 23. [0. 8733

Walter, E. F., das Kleeblatt, s.: Danner's, G., Herren-Bühne.

Walter, Edward L., Rhotacism in the old Italian Languages. A dissertation. gr. 8. (47 S.) Leipzig 877, (Simmel und Comp.) *

Walter, Edward Theodor

Walter, E. Thdr., anata wa nihon-go wo o-ha-nashi nasaremasu ka? Lehrbuch der modernen japan. Umgangssprache, enth. Grammatik, Gespräche, Übungsstücke u. deutsch-japan. Wörterverzeichnis [mit durchgeh. Bezeichng. der Aussprache u. d. Accentes]. 8. (VIII, 214 S.) Leipzig 891. C. A. Koch's Verl. 4. —

Walter, Edw. Thdr., deutsch-schwedisches Konversationsbuch, s.: Connor, James.

Walter, Edward Thdr., schwedische Konversations-Grammatik z. Schul- u. Privatunterricht. (Methode Gaspey-Otto-Sauer.) gr. 8. (X, 399 S.) Heidelberg 899. J. Groos. Geb. in Leinw. n. 4. 80; Schlüssel. (52 S.) Kart. n. 1. 60

— Schwedische Konversations-Grammatik zum Schul- u. Privatunterricht. (Methode Gaspey-Otto-Sauer.) 2. Aufl. (X, 404 S.) 8. Heidelberg 909. J. Groos. Geb. in Leinw. 4.80; Schlüssel (61 S.) Kart. 1. 60

— Liten tysk språklära förbunden med öfversättnings-, läs och samtalsöfningar. (Metod Caspey-Otto-Sauer.) (Kleine deutsche Sprachlehre f. Schweden.) (IX, 193 S. m. 1 Karte u. 1 Plan.) gr. 8. Heidelberg 903. J. Groos. Geb. in Leinw. n. 2. —

Walter, Eduard Theodor [aus Wien]: Ueber den Ursprung des höfischen Minnesanges und sein Verhältniss zur Volksdichtung. . . . (Aus: Germania, Jahrg. 34.) Wien, Verl. d. Verf. Druck v. Carl Gerold's Sohn, 1889; 3 Bl. + 74 S. 8°
Leipzig, Phil. Fak., Inaug.-Diss. v. 16. Mai 1889

Walter, Ellen, auf Ehrenwort. Modernes Drama in 3 Akten. (V, 85 S.) 8. Dresden (906). E. Pierson. n. 2. —

— das Feigenblatt, s.: Seemann's kleine Unterhaltungsbibliothek. Nr. 28.

WALTER, Ellen (kein Ps.), Passionen. Berlin, o. J. (190*). 8°. (Mk. 2 .)

— Passionen. (95 S.) gr. 8. Leipzig (903). [Magazin-Verlag] F. Rothbarth. n. 2. —

— Taxameter-Fahrten u. andere Skizzen. Mit Illustr. v. May Weiss. (VII, 116 S. m. Bildnis.) 8. Dresden 905. E. Pierson. n. 2. —; geb. n. 3. —

— u. v. Poraj, auf Vorposten. Politisches Zeitbild aus den Ostmarken in 4 Akten. (VI, 75 S.) 8. Dresden (906). E. Pierson. n. 2. —

— die Wagner-Kette, s.: Seemann's kleine Unterhaltungsbibliothek. Nr. 11.

Walter, Emanuel

Walter's, E., Notenliniensystem. Eignet sich besond. f. Klavier u. Harmonium. D. Lesen d. Noten beruht nur auf d. Princip der Anschaug. bei diesem System. Keine Verwandlg. d. Noten beim Lesen durch Kreuze, Bee od. Auflösg. Mühelos können jetzt die schwierigsten Stücke gelesen werden. R. G. M. S. W. 1426. gr. 4. (18 S.) Warmbrunn 896. (M. Leipelt.) n. 1. 50

Walter, Emil, die sprachliche Behandlung d. Textes in der Probebibel. Ein Beitrag zur Kritik der revidirten Lutherbibel. gr. 8. (16 S.) Bernburg 885. Schmelzer. n. — 35

Walter, Emil, Beiträge zur Fütterung der Karpfen. Bericht über die Fütterungsversuche der teichwirtschaftl. Versuchsstation zu Trachenberg 1898. gr. 8. (32 S.) Neudamm 900. J. Neumann. n. 1. 20

— die Brutschädlinge der Fische u. die Mittel zu ihrer Vernichtung. gr. 8. (45 S. m. 16 Abbildgn.) Ebd. 899. Kart. n. 1. —

Walter, Emil (Desiderius) Erasmus und (Philipp) Melanchthon. (Briefwechsel zwischen E' und M'. Uebersetzung mit beigefügten Erläuterungen.) 4. Bernburg 1877–1879.
[Theil] 1. (No. 1–7. 1519–1528.) Einladungsschrift des Herzoglichen Karls-Gymnasiums in Bernburg ... 1877.
[Theil] 2. (No. 8–17. 1530–1536.) Einl' des H' K'-Gymn' in B'... 1879.

Walter, Emil. Erasmus und Melanchthon. I. Briefwechsel zwischen Erasmus und Melanchthon. Übersetzung mit beigefügten Erläuterungen. 38 S. II. 25 S. Progr. G. *Bernburg* 1877. 1879

— die Fischerei als Nebenbetrieb des Landwirtes u. Forstmannes. Ausführliche Anweisg. zum Fischereibetrieb in kleineren u. größeren, steh. u. fließ. Gewässern jeder Art, vornehmlich in Seen, Bächen, Karpfen- u. Forellenteichen. gr. 8. (XVI, 801 S. m. 316 Abbildgn.) Ebd. 902. n. 14. —; geb. in Leinw. n. 16. —

Die Fischerei als Nebenbetrieb des Landwirtes und Forstmannes. Ausführl. Anweisung z. Fischereibetrieb in kleineren u. grösseren stehenden u. fliessenden Gewässern ... von Dr. Emil Walter. Mit 316 Abb. *Neudamm: J. Neumann 1903.* (XVI, 801 S.) 8° [F.]

Der Flußaal. Eine biolog. u. fischereiwirtschaftl. Monographie von Dr. Emil Walter. Mit 22 Abb. Neudamm: Neumann 1910. XI, 346 S. 8° [10. 11729

Walter, Emil, der Flussaal. Eine biolog. u. fischereiwirtschaftl. Monographie. (XII, 346 S. m. 122 Abbildgn.) 8. Neudamm 910. 11. J. Neumann. 11. —; geb. in Leinw. 13. —

Zur Förderung der Kleinteichwirtschaft. Bericht über die im J. 1903 durch d. Mecklenb. Fischerei-Verein veranstaltete Besetzung von 119 Kleinteichen mit schnellwüchsigen zweisömmerigen Karpfen im Auftr. d. Mecklenb. Fischerei-Ver. erstattet von Dr. Emil Walter, Sieversdorf. Mit e. Einl. v. Vereinsvors. (Dr. W[ilhelm] Dröscher). Neudamm: J. Neumann 1904. (60 S.) 8° [F.] [05. 7360

Walter, Emil [Oberl. Dr.]: Praehistorische Funde zwischen Oder und Rega. Stettin, Druck v. Herrcke & Lebeling, 1889; S. 1–28, 1 Kart. 4°
Stettin, k. Marienstifts-G, OP 1889 (133)

Walter, E. Gründung u. Gründer der Eidgenossenschaft in Geschichte u. Sage. Mit 2 Plänen. Gr. in-8^{0}. 66 S. Winterthur, Komm.-Verlag von Alb. Hoster. 1897. 1 50
*** Sonderabdruck aus der ‚Sonntagspost'.

[F.] Hammerstein, Parteimoral und Recht. Vortr. geh. im Glogauer Freisinnigen Volksver. v. Emil Walter, Chefred. d. 'Breslauer Zeitg'. *Glogau: Niederschles. Anzeiger (1895).* (29 S.) 8.
= Sammlung volkstümlicher Vorträge u. Schriften. H. 2. (96. 174

— die Karpfennutzung in kleinen Teichen. Kurze Anleitg. zur Ausnützg. kleiner Dorf-, Haus-, Feld- u. Waldteiche durch regelmäß. Besetzg. m. schnellwüchs. Karpfen. 2., verm. u. verb. Aufl. des Buches: Die Bewirtschaftg. u. Ausnützg. der kleinen Dorf- u. Hausteiche durch Besetzg. m. schnellwüchs. Karpfen. Verf. im Auftrage des Sonderausschusses f. Teichwirtschaft des deutschen Fischerei-Vereins. gr. 8. (104 S. m. 30 Abbildgn.) Neudamm 903. J. Neumann. Kart. n. 1. 60

— Die Karpfennutzung in kleinen Teichen. Kurze Anleitg. zur Ausnützg. kleiner Dorf-, Haus-, Feld- u. Waldteiche durch regelmäß. Besetzg. m. schnellwüchs. Karpfen. 3., verm. u. verb. Aufl. des Buches: Die Bewirtschaftg. u. Ausnützg. der kleinen Dorf- u. Hausteiche durch Besetzg. m. schnellwüchs. Karpfen. Verf. im Auftrage des Sonderausschusses f. Teichwirtschaft des deutschen Fischerei-Vereins. (J. Neumanns fischereiwirtschaftliche Büchersammlung.) (111 S. m. 30 Abbildgn.) 8. Neudamm 909. J. Neumann. Kart. 1. 60

Walter, Emil [pr. Arzt aus Posen]: Zur Casuistik der Prostatacarcinome und ein Fall von Primärcarcinom des Samenbläschens ... Greifswald, Druck v. J. Abel, 1891; 34 S. 8.
Greifswald, Med. Fak., Inaug.-Diss. v. 15. Aug. 1891

Die Kleinteichwirtschaft. Kurze Anweisung z. Aufzucht von Karpfen ... Raubfischen u. Krebsen in kleinen Teichen, Tümpeln, Seen u. anderen Wasseransammlungen. Hrsg. im Auftr. d. 'Fischerei-Ver. f. d. Prov. Brandenburg' von Dr. Emil Walter. Mit 24 Abb. Neudamm: J. Neumann 1906. (131 S.) 8° [F.]
(J. Neumann's Fischereiwirtschaftliche Büchersammlung.) (06. 4185

Walter, E., Militärorganisation u. Arbeiterschaft. (29 S.) gr. 8. Zürich 907. (Buchh. des schweiz. Grütlivereins.) — 20
Sonderabdruck aus: „Arbeiterzeitg."

Walter, E[mil]. Dr. Heinrich Morf. Teil 1. [Mit 1 Porträt-Tafel.] 60 S. 8. Töss, Walter & Gremminger, 1904.
Neujahrsblatt der Hülfsgesellschaft von Winterthur ... 1904. [Stück] 42.

Walter, E[mil]. Dr. Heinrich Morf. Teil 2: Seminardirektor in Münchenbuchsee. 108 S. 8. Töss, Walter & Gremminger, 1905.
Neujahrsblatt der Hülfsgesellschaft von Winterthur ... 1905. [Stück] 43.

Walter, Emil: Das Plankton und die praktisch verwendbaren Methoden der quantitativen Untersuchung der Fischnahrung. Mit 17 Abb. nach Photogr. d. Verfs. Neudamm: J. Neumann 1899. (44 S.) 8^{0}
(J. Neumanns Landwirtschaftl. Büchersammlung.)

Walter, Emil Die Politik der Hohenzollern bei den deutschen Kaiserwahlen 20 S. **Progr.** *Salzwedel* 1877.

Walter, Emil, die Politik der Hohenzollern bei den deutschen Kaiserwahlen. Im Zusammenhange dargestellt. gr. 8. (X, 271 S. m. 1 Wappentaf. in Holzschn.) Berlin 879. Liebel. n. 4. —

Die Schleienzucht. Anweisung z. Zucht u. Pflege d. Schleie in Teichen, Tümpeln u. Seen. Unter Mitw. hervorrag. Schleienzüchter hrsg. von Dr. Emil Walter. Mit 18 Abb. Neudamm: J. Neumann 1904. (105 S.) 8° [F.]
(J. Neumanns Fischereiwirtschaftl. Büchersammlung.) (05. 7363

Walter, E[mil]. Dem Schweizervolke der Proporz! Ein Beitrag zur Initiative für die Verhältniswahl des Nationalrates. IV + 144 S. 8. Zürich, Buchh. des Schweiz. Grütlivereins, 1909. [fr. —. 60]

— die Sprache der revidirten Lutherbibel. Auf der Grundlage seiner Schrift „Die sprachl. Behandlg. d. Textes in der Probebibel" nach ihrem Verhältniß zur Luther'schen u. Luther-Canstein'schen Bibelsprache beschrieben u. kritisch untersucht. gr. 8. (58 S.) Ebend. 885. n. 1. 20

Walter, Aemilius: De Taciti studiis rhetoricis ratione habita orationum quae exstant in priore annalium parte. Halis Saxonum (1873): Karras. 36 S. 8°
Halle-Wittenberg, Phil. Diss. v. 7. März 1873
Geb. Mühlhausen (Thür.) 18. 1. 1851. V.
Im Buchhandel Halle: Lippert 1873. Auch in: Dissertationes philologicae Halenses. Vol. 1. Halae 1873. S. 89—126.

Walter, E., Studien zu Tacitus und Curtius. Pr. 1887. 54 S. 2.—

Walter, Emil: Über biologische Süsswasserstationen. o. O. u. J. 1 Bl. 4^{0}

Walter, Emil [aus Bernburg]: Untersuchungen über den Bau der Trematoden. Monostomum trigonocephalum Rud., reticulare Van Ben., proteus Brandes ... M. 3 Taf. u. e. Textfig. (Aus: Zeitschr. f. wiss. Zool., Bd. LVI Heft 2.) Halle a. S., *Druck v. Breitkopf & Hartel in Leipzig,* 1893; 51 S., 3 Taf. 8.
Halle, Phil. Fak., Inaug.-Diss. v. [17. Mai] 1893

Walter, E[mil]. Die Wahlkreisgeometrie im Schweizerlande. 24 S. 8. Zürich, Buchh. des Schweiz. Grütlivereins, 1910. fr. —. 50
Sozialpolitische Zeitfragen der Schweiz .... Heft 11.

Was muß man von der Graphologie wissen? Wie beurteilt man d. Charakter aus d. Handschrift? Von Dr. Emil Walter. Berlin: H. Steinitz (1904). (64 S.) 8° [F.] (06. 667

Walter, Cr. Herm. Piers Jul., Glauben — Vernunft, Glauben — Wissen u. Wissenschaft. Beitrr. zu e. wissenschaftl. Begründung d. Religionsphilosophie. 8. Dorpat. 820. (87 S.)

— Predigten. 8. Reval 830. (181 S.)

— vier Predigten. 8. Reval 830. (102 S.)

— philosoph. Abhandl. von d. Unveränderlichkeit d. göttl. Erkenntniß. 8. Bützow 769.

Moderne Destillirkunst von Erich Walter. Ein Rezeptbuch f. d. Destillationsbranche. (Frankfurt a. O.: G. Harnecker) 1907. (102 S.) 8° [F.] (08. 16605

Walter, E., der entleuchtete Heizbrenner f. Gase u. flüssige Brennstoffe. (60 S. m. 87 Abb.) gr. 8. Halle 909. C. Marhold. 1. —

Maurerische Hymne. Der Ger. und Vollk. Loge „Zum Wiedererbauten Tempel der Bruderliebe" in Worms a. Rh. zur Feier ihres 100 jährigen Bestehens zugeeignet von Erich **Walter.** Gedicht von Heinr. Pfaff. Lied für eine mittlere Singstimme mit Klavierbegleitung. Worms a. Rh.: Grambusch [1908]. 2 Bl. 2^{0}
Recens: FZ. 62 (1908) S. 311 (R. Bachmann); H. 19 (1908) No 43 (H. Ritter); Al. 35 (1909) S. 154 (H. Keller).
cf. L. 31 (1908) S. 304 (P. Fischer); HL. 42 (1908—1909) S. 26 (K. Wahlstedt).
[FZ. 62 (1908) S. 311.]

Walter, Erich, die alkoholfreie Industrie, Frucht-Essenzen u. Frucht-Aether. Moderne Verfahren der Früchteverwertg. in der Essenzenbranche. (IV, 173 S.) 8. Frankfurt a/O. (909). G. Harnecker & Co. 5. —

Walter, Erich, Mensch. 1. Tl.: „Traumbild". (80 S.) 8. Leipzig (910). W. Heichen. 2.—; geb. 3. —

Walter, Erich, a. Breslau: Adolf Friedrich Graf von Schack als Übersetzer. Breslau 1906: H. Fleischmann. (46 S.) 8° ¶ (Erscheint vollst. in: „Breslauer Beiträge zur Literaturgeschichte" 1907.)
Breslau, Phil. Fak., Ref. Koch, Diss. v. 10. Nov. 1906
[Geb. 1. Mai 80 Breslau; Wohnort: Breslau; Staatsangeh.: Preußen; Vorbildung: Realgymn. am Zwinger Breslau Reife M. 98; Studium: Breslau 16 S.; Rig. 27. Juli 06.]

Adolf Friedrich Graf von Schack als Übersetzer. Von Dr. Erich **Walter**. Leipzig: M. Hesse 1907. (179 S.) 8°
[Ein T. erschien als Inaug.-Diss. Breslau 1906.]
— **Beiträge**, Breslauer, z. Literaturgeschichte. 10. [07. 16971

Ernst **Walter**. Nach dem Kanzlersturz. Berlin-Charlottenburg: Mehlhorn [1909]. 24 S. 8° [10. 17303

Walter, Ernst, lebendig begraben, s.: Jugend- u. Volksbibliothek.

Walter, Ernst, med. pract. von Löhningen (Kanton Schaffhausen): Klinische Studien über Netzhautablösung. (Mit 3 Curventafeln). Zür. J. Schabelitz Dr. 1884. 38 S., 1 Bl., 3 Taf. 8°.
Zürich, Med. Diss. [v. 14. Febr. 1884].

Walter, Ernst (M. A. Spitzer), sieben Theaterstücke. (319 S.) 8. Wien 906. C. Konegen. n. 1.80

Walter, Ernst, appr. Arzt a. Pasewalk: Untersuchungen über „Festoform" ein Formaldehyd-Seifenpräparat. Greifswald 1907: H. Adler. (51 S.) 8°
Greifswald, Med. Fak., Ref. Loeffler, Diss. v. 23. Jan. 1907
[Geb. 26. März 82 Pasewalk; Wohnort: Greifswald; Staatsangeh.: Preußen; Vorbildung: Gymn. Greifswald Reife O. 01; Studium: Greifswald 9 S.; Coll. 24. Jan. 06; Approb. 20. Jan. 06.]

— am Webstuhl der Geschichte. Eine kulturhistor. Episode aus dem 19. Jahrh. (426 S.) gr. 8. Dresden 904. E. Pierson. n. 4. —; geb. n. 5. —

Walter, Ernst Johann Konrad, s.a. Walther, Ernst Johann Konrad.

Walter, Er. Jh. Konr., († d. 25. Sept. 1800.) theologische u. philosophische Abhandlungen. 8. Bützow 778. Bödmer. 6 gr

— Prüfung wichtiger Lehren, theolog. u. philosoph. Inhalts. gr. 8. Berl. 782. Lange. 20 gr

Walter, Er. J. Conr., neue Vorstellung von den Strafen der Verdammten in der Ewigkeit nach Gründen der Schrift. Lpz. 772. 8.
Vgl. Vorstellung, ...
Vgl. Walter, F.F.E.

Walter, Erwin, a. Berlin: Entstehungsgeschichte von W. M. Thackerays „Vanity Fair". Kap. 1—4. (Berlin: Mayer & Müller 1908.) (VIII, 43 S.) 8° ¶ (Erscheint vollst. als „Palaestra" 79.)
Berlin, Phil. Fak., Ref. Brandl, Diss. v. 18. Juli 1908
[Geb. 4. Juli 80 Berlin; Wohnort: Charlottenburg; Staatsangeh.: Preußen; Vorbildung: Friedrichs-Gymn. Berlin Reife M. 98; Studium: Berlin 18 S.; Rig. 18. Juni 08.]

Walter, Erwin: Entstehungsgeschichte von W. M. Thackerays 'Vanity Fair'. Berlin: Mayer & Müller 1908. VIII, 152 S. 8°
[Ein T. erschien als Inaug.-Diss. Berlin 1908.]
(Palaestra. 79.)

Walter, (F.), Resultate d. neuesten Denkens u. Forschens deutscher Gelehrten in d. Hauptfächern d. Wissenschaften. Eine Jahresschr. 1. Jahrg. 1833. (Religionswissenschaft, Kirchen- u. Schulwesen.) 8. (22 B.) Hamburg, (Schuberth u. Niemeyer.) 1834.

Walter, F., kleines Schul-Rechenbuch f. Volksschulen, in Tafeln mit ausgerechn. Exempeln, enthalt. die vier Species in gleich- u. ungleichen Zahlen. Nebst e. Anh. nach Silbergr. berechnet. 2., verm. u. verb. Aufl. (4 B. in 8. u. 10 in qu. 8.) Helmstädt 829, Fleckeisen.

—— Unterricht in d. Bienenzucht in Frage u. Antwort, nach d. neuesten naturwissenschaftl. Entdeckungen u. landwirthschaftl. Erfahrungen. 8. (3¼ B.) Schönberg 833. (Hamburg, Schuberth u. Niemeyer.)

Walter, (F.,) Unterricht in d. Bienenzucht, in Frage u. Antwort, nach d. neuesten naturwissenschaftl. Erfahrungen entworfen. Nebst e. Anh. üb. d. Nutt'sche Bienenzucht. 3., verm. Aufl. gr. 8. (4¾ B. u. 1 Stnt.) Güstrow 837, [Opitz u. Comp.]

—— der freie Verein d. kirchl. Gemeine zu Diedrichshagen im Mecklenburg-Schwerinschen, zur Aufhebung d. Beichtgeldes im Beichtstuhl, der Gebühr f. Krankenbericht u. regelmäß. Feier d. heil. Abendmahles. Mit e. hierauf bezügl. Predigt u. Abhandl. üb. d. Accidentienwesen in d. Kirche. A. d. „Mecklenb. Kirchen- u. Schulblatte" abgedr. u. bevorw. v. G. C. W. Ackermann. 2. Aufl. gr. 8. (2 B.) Schönberg 833. (Hamburg, Schuberth u. Niemeyer.)

Walter, F. E. C., die Stimme des Herrn in dieser Zeit; e. Predigt. gr. 8. Rostock ... 2e A. 831. Stiller. 2 gr
Vgl. Walter, J. C.

(**Walter, F. F. E.**), neue Vorstellung von den Strafen der Verdammten in der Ewigkeit nach Gründen der Schrift. Rost. u. Leipz. 773. 8.
Vgl. Walter, Er. Johann Konrad

Walter, F. G. C., das Jahr 1830, als d. 3. Jubeljahr d. evangel. Kirche, wegen der am 25. Juni 1530 auf d. Reichstage zu Augsburg von d. evangel. Fürsten u. Ständen übergeb., v. Ph. Melanchthon verfaßten, Augsb. Konfession, dem Gründungstage d. evangel. Kirche. gr. 8. (1¼ B.) Schwerin 829. (Stralsund, Löffler.)

— d. Schicksal des Kircheneigenthums d. jetzt darbenden Kirchen in Mecklenburg. 8. Lübeck 822. v. Rohden. 12 gr (Leipz., Barth). 8 gr

Walter, F. G. L., über den sittlichen Einfluß des heutigen Turnwesens. gr. 8. Berlin 846, Grobe. 3 ngr

Walter, F. G. L.: Ueber den sittlichen Einfluß des heutigen Turnwesens. Berlin 1846. 16 S.

Walter, Ferdinand

Q. F. F. F. S. Viro amplissimo ... collegae carissimo Ferdinando **Walter** ... eivs diei reditvm semisaecvlarem qvo ab ordine ivrecons. Heidelbergensi doctoris ivris vtrivsqve nomen ... impetravit ... congratvlantvr rector et senatvs vniversitatis Fridericiae Gvilelmiae Rhenanae. Datvm Bonnae d. X m. Avg. a. 1868. [Bonnae, typ. C. Georgii 1868.] 1 Bl. 2.

[*Kopft.*] Ordo ivris consvltorvm vniversitatis litt. Fridericiae Gvilelmae [!] Rhenanae Ferdinando **Waltero** colendissimo dilectissimo svo sodali maximo natv S. P. D. (*Am Ende:* Dabamus Bonnae ad Rh. IIII Idus Aug. a. 1868 *etc.*) [Bonnae, typ. C. Georgii 1868.] 2 Bl. 2.

Solemnia natalitia ... Friderici Wilhelmi III d. III Aug. ... ab universitate Fridericia Wilhelmia Rhenana ... celebranda ... indicit D. Ferdinandus **Walter**, ord. iurecons. h. t. decanus. — Insunt quaedam iuris Wallici capita. Bonnae, typ. C. Georgii 1837. 1 Bl., 24 S. 4.

Walter, Ferd.: „Corpus juris germanici antiqui. Ex optimis subsidiis collegit, edidit et lectionum varietatem adjecit", III Tom., Berolini 1824. — Tom. I: „Legem Salicam, Ripuariorum, Alamanorum, Bajuvariorum, Burgundionum, Frisonum, Angliorum et Werinorum, Saxonum, Edictum Theodorici, Leges Wisigothorum, et Edicta regum Langobardorum continens"; Tom. II: „Capitularia regum Francorum usque ad Ludovicum Pium continens"; Tom. III: „Capitularia regum Francorum et imperatorum post Ludovicum Pium, veterum formularum collectionem amplissimam. Capitula regum et imperatorum legibus Langobardorum addita et appendicem variorum monumentorum continens".
s.a. Corpus juris germanici...

Walter, Ferd., juristische Encyclopädie. Bonn 856. Marcus. gr. 8. (XVI, 399 S.) n. 1 ℛ. 26 ngr.

Walter, Ferd., Erklärung zu den preußischen Jahrbüchern. gr. 8. (15 S.) Bonn 858, Marcus.

Walter, Ferdinand: Die Finanzwirtschaft der Landeshauptstadt Graz seit der Verleihung des eigenen Statutes bis zur Gegenwart (1869—1903). Heidelberg 1905: K. Rössler. (69 S.) 8°
Heidelberg, Phil. Fak., Ref. Gothein, Diss. v. 17. Juli 1905
[Geb. 12. Dez. 68 Raspenau, Böhmen; Wohnort: Graz; Staatsangeh.: Österreich; Vorbildung: Gymn. Leitmeritz Reife Juli 90; Studium: Innsbruck, Graz 8, Heidelberg 1 S.; Rig. 28. Apr. 05.]

—— Fontes juris ecclesiastici antiqui et hodierni. 4 fascc. gr. 8. (599 S.) Bonn 861. 62, Marcus. à Fasc. * 20 Ngr. *

— Geschichte des römischen Rechts bis auf Justinian. 3 Lfrgg. gr. 8. Bonn 834., 837. u. 840. Weber. 4 ℛ

— Geschichte des Römischen Rechts bis auf Justinian. 2. ganz umgearb. Aufl. (1. u. 2. Bd.) gr. 8. Bonn 844—46, Weber. n. 5 ℛ

Walter, Ferd., Geschichte des römischen Rechts bis auf Justinian. 2., umgearb. Aufl. 1. Bd. gr. 8. (32½ B.) Bonn 845, Weber. *

Walter, Ferd.: Geschichte des Römischen Rechts bis auf Justinian. 2. Aufl. Bonn. 2 Bde
Th. 1. Das öffentliche Recht. 1845.
„ 2. Rechtsquellen und Rechtswissenschaft. Privatrecht. Procedur. Strafrecht. 1846.
— 3. Aufl. 1860. 61. 2 Bde

—— Geschichte des römischen Rechts bis auf Justinian 2 Thle. 3., sehr verm. Aufl. gr. 8. (1. Thl. und 2. Thl. 1. Hälfte. XII und 929 S.) Bonn 860, Weber. *

Walter, Fd., Grundriß d. deutschen Privatrechts, zum Gebrauch bei Vorlesungen. gr. 8. Bonn 822. Marcus. 4 ℛ 2e Ausg. (nach Eichhorns Einleitung in das deutsche Privatrecht.) gr. 8. Ebd. 824. Ebd. 4 ℛ

— Grundriß d. deutschen Staats- u. Rechtsgeschichte, zum Gebr. bei Vorles. gr. 8. Bonn 824. Weber. 3 ℛ

—— zu Richter's Kirchenrecht. gr. 8. (14 S.) Bonn 858, Marcus.

Walter, Ferd., das alte Erzstift u. die Reichsstadt Cöln, ihre geistliche u. weltliche Verfassung u. ihr Recht. Ein Beitrag zur Geschichte des deutschen Staats- u. Privatrechts, des deutschen Kirchenrechts u. des rhein. Adels. 1. Buch. A. u. d. T.: Das alte Erzstift u. die Reichsstadt Cöln. Entwicklung ihrer Verfassung vom 15. Jahrh. bis zu ihrem Untergang. Bonn 866. Marcus. gr. 8. (XII, 422 S.) n. 2 ℛ 10 ngr.

—— aus meinem Leben. gr. 8. (VI und 329 S.) Bonn 865, Marcus. *

— Lehrbuch d. Kirchenrechts, mit Berücksichtigung d. neuesten Verhältnisse. gr. 8. Bonn 822. 2e A. 823. 3e A. 825. 4e A. 2 Abtheill. 828. 5e A. 831. Marcus. 3 ℛ

Walter, (Ferd.) Lehrbuch d. Kirchenrechts, aus d. ältern u. neuern Quellen bearb. 3e Aufl. gr. 8. Bonn 825, Marcus.

Walter, Ferd.: Lehrbuch des Kirchenrechts aller christlichen Confessionen. 4. Aufl. Bonn 1829.

—— Lehrbuch d. Kirchenrechts aller christl. Confessionen. 4., umgearb. Aufl. ... 828., 5. A. (43½ B.) 831., 6. A. Verm. mit e. Anh., die neuesten kirchl. Rechtsquellen f. Deutschland u. d. Schweiz enth. (50½ B.) gr. 8. Bonn 833, Marcus. à

—— Lehrbuch d. Kirchenrechts aller christl. Confessionen. 7., völlig umgeänd. Aufl. 836., 8., verm. u. verb. A. (à 52 B.) 839. u. 9., sehr verm. u. verb. A. gr. 8. (52½ B.) Bonn 842, Marcus. à

—— Lehrbuch des Kirchenrechts aller christl. Confessionen. 9. Aufl. (52½ B.) 842. u. 10., verb. Aufl. gr. 8. (52⅝ B.) Bonn 846, Marcus. à

—— Lehrbuch des Kirchenrechts aller christlichen Confessionen. 11. Aufl. (XXIV und 696 S.) 1854. * 2 Thlr. 25 Ngr. und 12., verb. und verm., das östererreich. Concordat genau berücksichtigende Ausg. gr. 8. (XXVIII und 776 S.) Bonn 856, Marcus. *

— Lehrbuch des Kirchenrechts aller christlichen Confessionen. 13. veränd. u. sehr verm. Ausg. Bonn 861. Marcus. gr. 8. (XXVI, 766 S.) n. 3 ℛ

Walter, Ferd., Lehrbuch d. Kirchenrechts aller christl. Confessionen. 14., sehr verb. u. verm. Ausg. Im Auftrage d. Verf. besorgt v. Herm. Gerlach. gr. 8. (XXVI, 792 S.) Bonn 871. A. Marcus. n. 10. —

— Nachtrag zu meiner Kritik über den Titel des Entwurfes des Preuß. Strafgesetzbuches von den Verbrechen der Geistlichen. gr. 8. (21 S.) Bonn 848. Weber. ⅙ ℛ

—— Naturrecht und Politik im Lichte der Gegenwart. gr. 8. (XV und 608 S.) Bonn 863, Marcus. *

— Naturrecht u. Politik im Lichte der Gegenwart. 2. verb. Aufl. gr. 8. (XII, 469 S.) Ebend. 871. n. 7. 50

—— über Niebuhr u. Schultz. gr. 8. (3¼ B.) Bonn 834, Weber.

Sacram memoriam ... Friderici Gvilelmi III ... natali eivs III Non. Avg. ... ab vniversitate Fridericia Gvilelmia Rhenana ... celebrandam indicit Dr. Ferdinandvs **Walter**, ord. ivrisconsv. h. a. decanvs. — Insvnt observationes doctrinam de banno in Specvlo Saxonico et Svevico illvstrantes. Bonnae, litt. C. Georgii 1857. 1 Bl., 11 S. 4. ¶ Erschien zugleich selbständig bei Marcus in Bonn.

—— deutsche Rechtsgeschichte. 2 Lfgn. gr. 8. (1. Lfg.: Recht und Verfassung II und 400 S.) Bonn 852, Marcus.

Walter, Ferd., Deutsche Rechtsgeschichte. Bonn 1853. 8. . . . . (BRG.; D.)

— deutsche Rechtsgeschichte. 2. sehr verb. u. verm. Ausg. 2 Bde. Bonn 857. Marcus. gr. 8. (XXX, 448; X, 454 S.) n. 4 ℛ.
Inhalt. 1. Bd.: Recht und Verfassung. — 2. Bd.: Bürgerliches Recht. Rechtspflege. Strafrecht.

Walter, Ferd.) Zwei Reden gegen das Steuerverweigerungsrecht. In der preußischen 1. Kammer gehalten. Berlin 1849. 16 S. 8.

—— über die Revision unserer Verfassungsurkunde. gr. 8. (15 S.) Bonn 852, Marcus.

Walter, Ferdinand. Ueber die Revision unserer Verfassungsurkunde. 2. Aufl. Bonn, Marcus 1852. 15 S. 8.

— System des gemeinen deutschen Privatrechts. Bonn 855. Marcus. gr. 8. (XX, 622 S.) n. 3 ℛ.

—— über die Verbrechen der Geistlichen nach dem neuen Entwurfe des preuß. Strafgesetzbuches. Eine freimüthige Kritik. gr. 8. (31 S.) Bonn 848, Marcus. *

WALTER, Ferdinand (München): Das Visceralskelet und seine Muskulatur bei den einheimischen Amphibien und Reptilien. Mit 4 Taf.- Jena: Fischer 1887. 2 Bl.,45 S.,Taf.- S.-Abdr.aus: Jenaische Zeitschrift für Naturwissenschaft. Bd.21.N.F.14.
9.2.1885 - Urk (Titel: De comparatione anatomica sceleti visceralis eiusque musculorum reptilium et amphibiorum regionis nostrae.); Chr 1884/85,21; Jv 1887/88,217
Diss. Ingolst.-Landsh.-Mchn.

----- das alte Wales. Ein Beitrag zur Völker-, Rechts- und Kirchen-Geschichte. gr. 8. (XIV und 535 S. mit 1 lithogr. Karte.) Bonn 859, Marcus. *

Walter, Fr., Kampf- u. Werbelieder der deutschen Gewerkschaftsbewegg. Schlichte Reime f. Arbeiter v. e. Arbeiter. 1. Heftchen. (78 S.) kl. 8. Essen (910). (Cöln, Christl. Gewerkschafts-Verlag.) — 60

Walter, Fr., (Gärtner), s. Verzeichniß d. auf d. Friedländ. Gütern cultivirten Gewächse.

Walter, Fr. Ad., kleiner Atlas f. Anfänger, zum Schul- u. Privatunterricht. 1. Cursus. 8. (12 lith. theils color. Bl.) Potsdam 848, Stuhr. n. 1/6 ₰

Walter, Fr. Ad., Suum cuique. Das wird verdolmetschet: Jeder kehre vor seiner Thür! Offener Brief an Hrn. Dr. F. Liebetrut, Antwort auf seinen Beitrag z. Ernüchterung üb. die preuß. Elementarschulfrage. 8. (12 S.) Potsdam 850, Hervath. 1 1/2 ngr

— erster historischer Unterricht, d. i.: 2 × 20 Geschichten aus der Geschichte. Zum Schul- u. Privatunterricht. gr. 12. (XII u. 103 S.) Potsdam 848, Stechert. 1/4 ₰

Walter, Fr. Ad., erster historischer Unterricht, oder: 2 mal 20 Geschichten aus der Geschichte. Zum Schul- und Privatunterricht. 2. Aufl. Potsdam 858. Schlesier. 12. (XII, 103 S.) n. 7½ ngr

— eine Unterrichtsstufe in der Muttersprache: Der einfache Satz. 8. (36 S.) Potsdam 851, Horvath'sche Buchh. in Comm. n. 3 ngr

Walter, Fr. Chr.

— **Bemerkk. über die Natur u. Anwendungsart d. Bäder. 8. Marb. 808.**

***Walter,* Fr. Chr., Diss. de plica Polonica. 8. Marb. 808.**

Walter, Fr. Gottlieb

Walter, Fr. Gli., Gedichte vermischten Inhalts. 8. Berl. ... 2e Ausg. mit 3 Kpf. 802. Schöne. 1 ₰ 8 gr

— neuster Berliner Musenalmanach, für 1803. Mit Kpf. u. Mus. 12. Berl., Schöne. 16 gr

Walter, Fr. Gottlieb, s. Tasso: Amynt.

Walter, Franz

Aberglaube und Seelsorge mit bes. Berücks. d. Hypnotismus u. Spiritismus. Von Dr. Franz **Walter**, Prof., Straßburg i. E. *Paderborn: F. Schöningh 1904.* (VIII, 462 S.) 8° [F.]
= Seelsorger-Praxis. 10. 11. [04. 5537

Walter, Frz., die sexuelle Aufklärung der Jugend. Notwendigkeit, Schranken u. Auswüchse. Mit besond. Berücksicht. der sozialen Verhältnisse. 2., verm. Aufl. (247 S.) 8. Donauwörth 908. L. Auer. Geb. in Leinw. 2. —
1. Aufl. (162 S.) Ebd. 907. Geb. 1.00.

Ein treuer Diener. Ein Bild aus d. Zeit d. franz. Revolution von Franz **Walter**. *Styrum: A. Spaarmann [1899?].* (32 S.) 8° [F.]
= Jugend-Bibliothek, Kleine. No 183. [01. 4900

WALTER, Franz: Das Eigenthum nach der Lehre des hl. Thomas von Aquin und des Socialismus.- Freiburg i.Br.: Herder 1895. VIII,227 S.
8.2.1896 - Chr 1895/96,61; Jv 1897/98,206 (Prom.-Datum: 1898)
Diss.Ingolst.-Landsh.-Mchn.

Walter, Frz., Gedichte. Aus dem Nachlasse e. Verstorbenen. Gesammelt v. Karoline Walter. 12. (VIII, 87 S.) Troppau 892. E. Zenker. 2. —

— **Kapitalismus, Sozialismus u. Christentum,** s. a. Glaube u. Wissen 8. Heft.

—— Kapitalismus, Socialismus und Christentum. 8°. München, Münchener Volkswirtsch. Verlag, 1906.

Walter, Frz., ausgewählte Capitel aus dem Gebiete d. chemischen Technologie, nebst e. Abrisse aus d. Eisen- u. Metallhüttenkunde. M. 390 Abb. gr. 8. (XV, 514 S.) Wien 898. W. Braumüller. Geb. in Leinw. n. 9. —

— Das kirchliche Lehramt u. seine Bedeutung f. die Kultur u. soziale Wohlfahrt der Gegenwart. Festrede, geh. zur Feier des goldenen Priesterjubiläums Sr. Heil. Papst Pius X. (24 S.) 8. Paderborn 908. F. Schöningh. — 50

— Der Leib u. sein Recht im Christentum. Eine Untersuchg. des Verhältnisses moderner Körperkultur zur christl. Ethik u. Askese. (VIII, 736 S.) gr. 8. Donauwörth 910. L. Auer. 10. —

— Primiz, Erntefest u. Erstlingsfrucht des Priesters. Eine Primiz-Predigt. (24 S.) 8. Ebd. 907. — 50

Walter, Frz., die Propheten in ihrem sozialen Beruf u. das Wirtschaftsleben ihrer Zeit. Ein Beitrag zur Geschichte der Sozialethik. gr. 8. (XVI, 288 S.) Freiburg i/B. 900. Herder. n. 3. 20

Walter, Frz., Sammlung v. komischen Vorträgen, kleinen Possen, Soloscherzen, Travestien u. heiteren Vorlesungen 2c. Mit 2 Taf. „Concert-Zeichnen v. K. Klič. 8. (VII, 200 S.) Wien 883. (Wiener-Neustadt, Lentner.) n. 3. 20; geb. n. 3. 60 u. n. 4. —

Walter, Frz., erste Sammlung von komischen Vorträgen, kleinen Possen, Soloscherzen, Travestien und heiteren Vorlesungen 2c. 2. Aufl. 12. (VIII, 150 S. mit 2 Taf. „Concert-Zeichnen" von K. Klič, 1 Taf., gez. von A. Mielichhofer, und 5 Bildern „Raritätensammler".) Wien 884, (Amonesta.) * geb. ** ℳ 2.40.; eleg. geb. **

Walter, F., erste Sammlung v. komischen Vorträgen, kleinen Possen, Soloscherzen, Travestien u. heiteren Vorlesgn. 2c. Mit 2 Taf. „Concert-Zeichnen" v. K. Klič, 1 Taf., gez. v. A. Mielichhofer, u. 5 Bildern „Raritätensammler". 2. Aufl. 12. (VIII, 150 S.) Wien 888. (Amonesta.) n. 2. —; geb. n.n. 2. 40; elegant geb. n.n. 3. —

Walter, Frz., und J. Kowy, Sammlung von komischen Vorträgen, kleinen Possen, Soloscherzen, Travestien 2c. 2. und 3. Sammlung. 8. (182; 192 S. mit 3 Holzschn.) Wien 888, (Amonesta.) à Sammlung * geb. à Sammlung ** ℳ 2.40.; eleg. geb. à Sammlung **

Sozialismus und moderne Kunst. Nach d. neueren sozialist. Litteratur dargest. von Franz **Walter**. Freiburg im Br.: Herder 1901. (102 S.) 8° [F.] [07. 7359

[F.] Socialpolitik und Moral. E. Darstellg ihres Verhältnisses m. bes. Bezugnahme auf die v. Prof. Werner Sombart neuestens geforderte Unabhängigkt d. Socialpolit. v. d. Moral. Von Dr. Franz **Walter** ... *Freiburg i. B.: Herder* **1899**. (XV, 346 S.) 1 Bd 8. [09. 756

Walter, Franz: Socialpolitik und Moral. Eine Darstellung ihres Verhältnisses mit besond. Bezugnahme auf die von Prof. Werner Sombart neuestens geforderte Unabhängigkeit d. Socialpolitik von d. Moral. Freiburg i. B.: Herder 1899. (XV, 346 S.) 8°
München, Theol. Hab.-Schr. v. 1899.

Walter, Franz [aus Neuweier]: Eine Studie über Temperatur- u. **Niederschlagsverhältnisse** im Bodenseebecken ... Freiburg i. B., Universitätsbuchdr. v. Ch. Lehmann, 1892; 53 S., 1 Kt. 8.
Freiburg i. B., Phil. Fak., Inaug.-Diss. v. 1892

Theorie und Praxis in der Moral. Von Dr. Franz **Walter**, Prof., München. Paderborn: F. Schöningh 1905. (122 S.) 8° [06. 668

Walter, Frz., komische Vorträge. Eine Sammlung v. kleinen Possen, Soloscenen, Travestien u. heit. Vorlesgn. &c. &c. 8. (VIII, 139 S.) Wien 897. C. Daberkow. n. 1.70

Walter, Franz Anton

Walter, Franz Anton (geb. Recklinghausen 16. 10. 1822): De bursarum mucosarum morbis. Berolini (1846). (31 S.) 8°
Berlin, Med. Diss. v. 22. Dez. 1846

Walter, Franz Karl

Walter, Frz. Carl, Entscheidungen d. Großh. hessischen Oberlandesgerichts zu Darmstadt in Civilsachen aus den J. 1879—1890. gr. 8. (III, 338 u. XV S.) Darmstadt 891. v. Aigner. n. 8. —

Walter, Frz. Karl, juristische Examinatorien. 1.—6. Bdchn. 12. Heidelberg, C. Winter. n. 10.60
1. Gerichtsverfassg. u. Personenstandsgesetz. (39 S.) 895. n. — 60
2. Strafrecht. (79 S.) 895. n. 1. —
3. Strafprozeß. (61 S.) 895. n. — 80
4. Civilprozeß u. Konkursordnung. (143 S.) 895. n. 1. 80
5. Handels- u. Wechselrecht. (111 S.) 895. n. 1. 60
6. Französ. Civilrecht, nebst e. Repetitorium u. Anh. (IV, 360 S.) 896. n. 4. 80

Walter, Frz. Karl, juristische Examinatorien. 1.—5. Bdchn. 2. [Titel-]Ausg. 12. Heidelberg [895.] 900. C. Winter. n. 3.20
1. Gerichtsverfassung u. Personenstandsgesetz. (39 S.) n. — 40
2. Strafrecht. (79 S.) n. — 60
3. Strafprozeß. (61 S.) n. — 40
4. Civilprozeß u. Konkursordnung. (143 S.) n. 1. —
5. Handels- u. Wechselrecht. (111 S.) n. — 80

Walter, Franz N., s. Leseschule, Kleine.

Walter, Franz N., s. Velleius Pat.: Hist. Rom.

Walter, Frz. N., das Wissenswürdigste über d. Accent d. griech. Sprache, in d. Deklination u. Conjugation. 8. Bamb. 821. Kunz. 3 gr. Schrbp. 4 gr.

Walter, Frz. N., das Wissenswürdigste über d. Accent d. griech. Sprache in der Deklination u. Conjugation, zum Gebrauche für seine Schüler. Zugleich eine Zugabe zu Thiersch's griechische Grammatik f. Anfänger. 8. Bamberg 821. jetzt Dresch. 1/8 ₰

Walter, Franciska, die feine Küche. Eine Auswahl von 280 neuer, beliebter Speisen, Backwerke &c. 12. (XII u. 168 S.) Quedlinburg 847. Ernst. 1/2 ₰

Walter, Franziska, die feine Küche. Eine Auswahl 280 neuer, beliebter Fleisch-, Fisch- und Mehl-Speisen, Backwerke, Eise und dergl. Nebst einem tägl. Küchenzettel und den Regeln des gesellschaftl. Lebens und der Bewirthung. 2. (Titel-)Aufl. 12. (XII und 162 S.) Quedlinburg 856, Ernst'sche Buchh.

Walter, Fred., fliegende Blätter. Eine Jubiläumsgabe. (S. 75—118 m. Abbildgn. n. 5 Taf.) 36×27 cm. München (893). F. Hanfstaengl. 8. —

— Die englische Malerei im Münchener Glaspalaste 1893. (20 S. m. Abbildgn. u. 6 Taf.) 36×27 cm. Ebd. (893). 4. —
2 Sonderabdrucke aus: „Die Kunst unserer Zeit."

Walter, Freimund: Handbuch einer allseitigen Universalhistorie oder einer wirklich pragmatische Geschichte der Menschheit. Ein Versuch. 558 S., gbd.

Wien: Selbstverlag 1820

Walter, Freim., (Jh. Karl Wötzel), Handbuch einer Universalhistorie oder einer wirklich pragmat. Geschichte d. Menschheit. 1r Bd. gr. 8. Wien 820. Gräffer u. Schmidl. 2 ₰

Walter, Freim., Handbuch einer allseitigen Universalhistorie oder einer wirklich pragmat. Geschichte der Menschheit. 1r Bd. gr. 8. (Wien, v. Mösle in Comm.) 820.

Walter, Friedrich

Walter, Frdr., s.: Archiv u. Bibliothek des großh. Hof- u. Nationaltheaters in Mannheim.

Walter, Friedrich: Beiträge zur Textkritik der Scriptores Historiae Augustae. 38 S. 8. Progr. K. Neues Gymn. *Regensburg* 1909.

Walter, Friedr., Bildung u. Halbbildung. Ein Sendschr. an d. Gebildeten d. preuß. Volks bei Gelegenheit d. Thronbesteigung Friedrich Wilhelm IV. u. d. Gutenberg-Festes in Berlin. gr. 8. (2 B.) Berlin 840, Heymann.

— s.: Chronik der Hauptstadt Mannheim.

— Friedrichsfeld. Geschichte e. pfälz. Hugenottenkolonie. (III, 50 S. m. 5 Taf. u. 1 Karte.) gr. 8. Mannheim 903. F. Nemnich. Geb. in Leinw. n. 1. 40
Sonderabdruck aus: „Mannheimer Geschichtsblätter".

Geschichte Mannheims von den ersten Anfängen bis zum Übergang an Baden ⟨1802⟩. Im Auftr. d. Stadtrates bearb. von Prof. Dr. Friedrich **Walter**. Mannheim: Verl. d. Stadtgemeinde 1907. (19*, 920 S.) 4° [F.]
= **Mannheim** in Vergangenheit u. Gegenwart. Bd 1. [07. 10602

Geschichte Mannheims vom Übergang an Baden ⟨1802⟩ bis zur Gründung des Reiches. Im Auftr. d. Stadtrates bearb. von Prof. Dr. Friedrich **Walter**. Mannheim: Verl. d. Stadtgemeinde 1907. (VII, 704 S.) 4° [F.]
= **Mannheim** in Vergangenheit u. Gegenwart. Bd 2. [07. 10603

— Geschichte der Frankenthaler Porzellanfabrik. Anläßlich der Ausstellg. v. Frankenthaler Porzellan hrsg. vom Vorstand des Mannheimer Altertumsvereins. gr. 8. (16 S.) Mannheim 899. Mannheimer Altertumsverein. (Nur direkt.) n.n. — 50

— dasselbe, s.: Heuser, Emil, Katalog der Ausstellung v. Frankenthaler Porzellan.

[F.] Geschichte des Theaters und der Musik am kurpfälzischen Hofe v. Dr. Friedrich Walter. *Leipzig: Breitkopf & Härtel 1898.* (5 Bl., 378 S., 3 Taf.) 1 Bd 8.
= Forschungen z. Geschichte Mannheims u. d. Pfalz. [Bd] 1. [98. 6100

Walter, Friedrich, aus Sindolsheim ⟨Baden⟩: Die religionsphilosophischen Grundgedanken Hermann Lotze's. *Freiburg i. B. 1901 [vielm. 1902/03]: K. Henn.* (77 S.) 8°
Erlangen, Phil. Diss. v. 30. Okt. 1900

Das **Kaufhaus** in Mannheim. Festschrift z. Einweihung d. umgebauten Hauses. Hrsg. vom Stadtrat. 1. Geschichte d. Kaufhauses von Prof. Dr. Friedrich Walter. 2. Umbau des Kaufhauses von Stadtbaurat Richard Perrey. Mannheim: Stadtgemeinde 1910. 92 S. 4° [10. 4133

Walter, Frdr., unsere Landesgeistlichen von 1810 bis 1888. Biographische Skizzen sämmtl. Mecklenburg-Schwerinschen Geistlichen. gr. 8. (XI, 389 S.) Penzlin 889. (Stavenhagen, Beholtz.) n. 4. —

Walter, Frdr., unsere Landesgeistlichen von 1888 bis 1899. Biographische Skizzen sämtl. mecklenburg-schwerinschen Geistlichen. gr. 8. (V, 103 S.) Schwerin 900. (F. Bahn.) n. 2. 40

Walter F u H Schade, Mannheim 1907. Gedenkbuch über das Jubiläumsjahr und seine Ausstellung. (200 S) 4° Mannheim 1907

Walter, Friedrich: Ueber einige Pyrine des 1 Phenyl-5-Pyrazolons. Rostock 1910: Hinstorff. 73 S. 8°
Rostock, Phil. Diss. v. 3. März 1910, Ref. Michaelis
[Geb. 8. Nov. 82 Oppeln, Schlesien; Wohnort: Rostock; Staatsangeh.: Preußen; Vorbildung: Päd. Zullichau bis O. 04; Studium: Breslau 4, Rostock 6 S.; Rig. 26. Febr. 10.] [U 10. 3992

— die Siegelsammlung des Mannheimer Altertumsvereins. Im Auftrag des Vereinsvorstands katalogisiert u. beschrieben. Mit 9 Taf. Siegelabbildgn. (in Lichtdr.) u. 1 farb. Wappentaf. Die Zierleisten u. Vignetten nach Handzeichngn. v. Thom. Walch. Fol. (III, 160 S.) Mannheim 897. (T. Löffler.) Kart. n.n. 10. —

— das Mannheimer Stadtwappen. Historisch untersucht. [Aus: „Katalog der Siegelsammlg. des Mannheimer Altertumsvereins".] Mit 1 Siegeltaf. u. 1 Wappentaf. (Festgabe zur Wiedereröffnung der neugeordneten Altertumssammlgn.) Imp.-4. (14 S.) Mannheim 897. Mannheimer Altertumsverein. (Nur direkt.) n.n. 1. 60

FRIEDRICH WALTER, Das Mannheimer Stadtwappen. Historisch untersucht. Sonderabdruck aus dem Katalog der Siegelsammlung des Mannheimer Altertumsvereins. Mit einer Siegeltafel und einer Wappentafel. Mannheim 1897. Tobias Loeffler (H. Werner). fol.

Studien zu Tacitus und Curtius. — Von Friedrich Walter. — 1887, München. S. 3—54.
Progr. München, K. Wilhelmsgymnasium

Walter, Friedrich: Untersuchungen über die Wirkung der Säuren auf den thierischen Organismus. Diss. Dorpat 1877. 31 pp. 8°

Walter, Friedr. Die Wahl Maximilians II. Diss. gr. 8. (71 S.) Heidelb. 892, (Hörning). * 1 60

Walter, Friedrich August: Annotationes academicae. 1. De polypis. 2. De hepate. 115 S. gbd., 5 Taf.

Berolini: typ.Decker 1786

***Walter*, Fr. Aug., annotationes academicae. Cum V tabb. aen. 4maj. Berl. 786. (Rottmann). 5 ₰ 8 ℊℊ**

——— annotationes academicae de hepate et polypis uteri, c. tab. aen. 4. maj. Frcft. Academ. Handl. 786.

—annotationes acad. de hepate et polypis uteri, cum tabb. aen. 8maj. Frankf. 786. (Sander auch Köhler in Leipz.) 3 ₰

— angiologisches Handbuch zum Gebrauch d. Zergliederungskunst des anatom. Theaters. 8. Berl. 790. Lange. 10 ℊℊ

Walter, Friedrich August: Einige Krankheiten der Nieren und Harnblase, untersucht und durch Leichen-Oeffnungen bestätigt. 46 S., gbd., 13 Taf.

Berlin: Matzdorff 1800

Friedrich August Walter, Einige Krankheiten der Nieren und Harnblase untersucht und durch Leichen-Oeffnungen bestätigt. Berlin: Matzdorff 1809. IV, 46 S. 4°

— alte Malerkunst, u. Jh. Gli. Walter's, (Stifters d. anatom. Museums zu Berlin) Leben u. Werke. Mit 2 Kpf. gr. 8. Berl. 820. (Hasselberg). 8 ℊℊ

Walter, Friedr. August. Alte Malerkunst und Johann Gottlieb Walter's Leben und Werke. Mit zwei Kupfertafeln. Berlin 1821. 8°.

(—) die wiederhergestellte Malerkunst d. Alten. 8. Berl. 817.

Walter, F. A., Die wiederhergestellte Mahler-Kunst d. Alten. 1820. 104 S.

[Anatomisches Museum. Lat.:] Museum anatomicum, per decem, et quod excurrit, lustra maximo studio congestum indefessoque labore perfectum Johanne Gottlieb Walter... (P.1.2.) [Verf.: Friedrich August Walter.] Berolini: Seminarium Regium medico-chirurg. militaris Borussici 1805. L,514 S. 1 Bd 4°

— Museum anatomicum per decem, et quod excurrit, lustra maximo studio congestum indefessoque labore perfectum 4maj. Berl. 814. Nicolai. 2 ₰

Walter, Friedrich August: Anatomisches Museum, gesammelt von Johann Gottlieb Walter. Th.1 - 2, gbd., Abb.

Berlin: Belitz & Braun 1796

— Vertheidigung meiner Schriften, nebst Beilagen. 8. Berl. 790. Lange. 12 ℊℊ

Friedrich August Walter, Vertheidigung [Verteidigung] meiner Schriften, mit Beylagen. Berlin: Verf. 1791. 222 S. 8°

Walter, Friedrich Karl, a. Grüssow: Aus d. anatom. Institute in Rostock. Über Regeneration peripherer Nerven. Rostock 1908: Adlers Erben. (45 S.) 8°
Rostock, Med. Fak., Ref. Barfurth, Diss. v. 6. Aug. 1908
[Geb. 20. Febr. 81 Grussow; Wohnort: Gent; Staatsangeh.: Mecklenburg-Schwerin; Vorbildung: Gymn. Waren Reife M. 01; Studium: Rostock 1, Leipzig 2, Rostock 7 S.; Coll. 20 Dez 06; Approb. 16. Juni 08.]

Walter, Friedrich Karl Ernst

Walter, Fr. Karl Er., Rede, bei der Jubelfeier der 50jähr. Regierung Sr. Königl. Hoheit des allerdurchlauchtigsten Großherzogs u. Herrn, Herrn Friedrich Franz, Großherzogs zu Mecklenburg ꝛc. am 24. April 1835, gehalten im goldnen Saale des Schlosses zu Ludwigslust. 4. Schwerin 835. Kürschnersche Buchh. (Berlin, Plahn.) n. 1/12 ₰

—— Rede bei d. Confirmation d. Erbgroßhrzgs. Friedrich Franz, am 10. Dec. 1839. gr. 8. (..B.) Schwerin 840, (Stiller'sche Hofbuchh.)

— Rede bei der Confirmation der Herzogin Louise Marie Helene am 14. April 1840 in d. Schloßkirche zu Schwerin. gr. 8. Rostock 840. (Stiller.) 1/8 ₰

Walter, Fr. Carl Ernst, Rede bei der Taufe des Herzogs von Mecklenburg-Schwerin Paul Friedrich Wilhelm Heinrich Hoheit am 3. Novbr. 1852 zu Ludwigslust gehalten. gr. 8. (9 S.) Schwerin 852, Stiller. n. n. 1/12 ₰

Walter, Frieder. Carl Ernst, Todesfeier des in Gott ruhenden Fürsten Paul Friedrich, Großherz. von Mecklenburg-Schwerin. Vier Reden. gr. 8. (3 B.) Parchim u. Ludwigslust 842, Hinstorff'sche Hofbuchh.

— Weihrede, gesprochen am neu erbauten Altare d. Domkirche zu Schwerin am 1. Weihnachtstage 1845. gr. 8. Schwerin 846, Oertzen u. Schlöpke. 3 ngl

Walter, Fritz, der Hasenfuß. Wiener Schwank in 2 Bildern. (1. Bild: Ein Mißverständnis. 2. Bild: D. letzten Züge.) 8. (20 S.) Wien 895. (Leipzig, Literar. Anstalt, A. Schulze.) n. — 50

Walter, Fritz: Die Politik der Kurie unter Gregor X ... Berlin, Druck v. A. Sayffaerth, 1894; 113 S., Bl. 8°
Berlin, Phil. Fak., Inaug.-Diss. v. 10. Febr. 1894.

Walter, Fritz, der Satz d. Griechischen. I. Alt-Griechisch. II. Neu-Griechisch. 12. (40 S.) Leipzig (900). Verlag des Graph. Beobachters. n. 1.—

Walter, G., Adreßbuch von Offenbach, s. Adreßbuch.

Walter, G., Geschäfts-Adreßbuch der Stadt Offenbach a/M. Herausgeg. auf den Wunsch d. hies. Lokalsectien des Großh. Gewerbevereins, zu der am 23. Aug. eröffnet werdenden Ausstellung der Offenbacher Industrie-Erzeugnisse. fl. 8. Offenbach 846. (Heinemann.) 6 ngl

Walter, G., Handbuch d. Untersuchg. u. Beurtheilg. d. Wässer, s.: Tiemann.

Walter, G., **Lebensworte. E. christl. Vergißmeinnicht in Spruch u. Vers f. jeden Tag d. Jahres. Nebst e. Anh. für Passionszeit, Ostern, Himmelfahrt, Pfingsten. gr. 16. (215 S.) Cöthen 897. Dessau, Buchhandlung d. Evang. Vereinshauses.** n. — 80; geb. in Leinw. m. Goldschn. n. 1.20

Walter, G., **Lebensworte. Ein christl. Vergißmeinnicht in Spruch u. Vers. 16. (215 S.) Cöthen 897. Schwerin, Fr. Bahn.** Geb. n. 1.—

Walter, G., Ohren-Krankheiten u. Ohren-Pflege. Gemeinverständl. dargest. gr. 8. (III, 74 S. m. Holzschnitten.) Berlin 895. H. Steinitz, Verl. n. 1.50

Spielregeln und Spielsysteme in Monte Carlo. Ein Pilot f. Besucher d. Spielbank. Zugleich e. Beitrag z. Philosophie d. Hazardspiels von G. **Walter**. Mit 14 Abb. Berlin: Maritime 1910. VI, 102 S. 8°
(Pilot Reise-Führer 12.) [10. 12/61

Walter, G., Spielregeln u. Spielsysteme in Monte Carlo, s.a. Pilot-Reise-Führer. Nr. 12.

Walter, G., anatomische Tabellen (nach der neuen Baseler Nomenclatur) f. Präparierübungen u. Repetitionen. 1. u. 2. Hft. gr. 8. Leipzig 901. G. Thieme. Geb. n. 6.40
1. (Bänder, Muskeln, Schleimbeutel u. Schleimscheiden, Canäle u. Öffnungen m. darin verlaufenden Gefässen u. Nerven.) (IV, 119 S.) n. 3.—
2. (Arterien u. Nerven.) (IV u. S. 121—263.) n. 3.40

Walter, G. A., das Ansässigmachungs-Gesetz v. 1834 u. seine unglücklichen Folgen. An die gesetzgebenden Organe des Königreichs. gr. 8. (1 B.) Würzburg 846, [Fahrmbacher u. Stahel.]

Walter, G. E., der Hermes des Praxiteles. Schauspiel aus der Gegenwart. 8. (169 S.) Baden-Baden 887, Weber. *

Walter, Gabriele, neues Schnittbuch, s.: Hübel, Amalie.

Walter, Gabriele: Ausgeführte Schnittmuster, s. Hübel, Amalie.

— **Unterricht in den weiblichen Handarbeiten,** s.: Hübel, Amalie.

Walter, Georg

Als Spion erhängt. Eine Erzählung aus d. amerik. Freiheitskriege. Von Georg **Walter**. *Stgrum: A. Spaarmann [1899?].* (32 S.) 8° [J.]
— **Jugend-Bibliothek,** Kleine. No 188. [01. 4..5

Der Aufstand auf Kreta. Eine Erzählung von Georg **Walter**. *Stgrum: A. Spaarmann [1899?].* (32 S.) 8° [J.]
— **Jugend-Bibliothek,** Kleine. No 187. [01. 49..

Walter, Georg [aus Aschaffenburg]: Ein Beitrag zur Pathologie des kleinzelligen Spindelzellensarkoms ... Würzburg, Buchdl. d. „Neuen Bayer. Landeszeitg.", 1896; 21 S., 1 Bl. 8.
Würzburg, Med. Fak., Inaug.-Diss. v. 1896

Walter, Georgius (geb. am 13 Sept. 1829 in Bonn): De degeneratione gangliorum ... Bonnae, form. C. Georgii (1853). 2 Bl., 25 S. 8.
Bonn, Med. Fak., Diss. v. 26 Nov. 1853

Berliner **Eisenbahn-Auskunftsbuch** für Personenverkehr. Nach amtl. Quellen bearb. unter Mitw. von Georg Walter, Kgl. Eisenbahnsekr., im Auskunftsbüro d. Deutschen Reichs- u. d. vereinigt. Preuss. u. Hess. Staats-Eisenbahn-Verwalt. Berlin. Boxhagen-Rummelsburg: Jaenisch (1910). XXXVI, 144, LXXXII S. 4° [11. 9341

Walter, Georg: Ein Fall von „Enteritis membranacea". Halle a. S. 1885: Plötz. 34 S. 8°
Halle-Wittenberg, Med. Diss. v. 1. April 1885
Geb. Bremen 11. 2. 1859. V.

Walter, Georg: Der Gesetzesbegriff der älteren deutschen Verfassungsurkunden. (Histor.-dogmat. betrachtet) ... München, Buchdr. v. J. B. Lindl, 1896; 31 S. 8.
Erlangen, Jur. Fak., Inaug.-Diss. v. 1896

Walter, Georg [aus Pfullendorf in Baden]: Ueber die braunwandigen, sklerotischen Gewebeelemente der Farne, mit besonderer Berücksichtigung der sog. „Stutzbündel" Russow's. ... (Aus: Bibliotheca botanica. Hrsg. v. Chr. Luerssen u. F. H. Haenlein. H. 18.) Cassel, Druck v. Friedr. Scheel, 1890; 2 Bl., 21 S. 4°
Erlangen, Phil. Fak., Inaug.-Diss. v. 1890

Walter, G., üb. die braunwandigen, sklerotischen Gewebeelemente der Farne, m. besond. Berücksicht. der sog. „Stützbündel" Russow's, s. a. Bibliotheca botanica.

Das Heidenmädchen. Eine Erzählung von Georg **Walter**. *Stgrum: A. Spaarmann [1899?].* (32 S.) 8° [J.]
— **Jugend-Bibliothek,** Kleine. No 184. [01. 4501

Der tapfere Küster, oder d. Sturm auf Coeverden. Eine Erzählung von Georg **Walter**. *Stgrum: A. Spaarmann [1899?].* (32 S.) 8° [J.]
— **Jugend-Bibliothek,** Kleine. No 185. [01. 49..

Walter, G., praktischer Leitfaden für angehende Chemiker, oder stufenweise Anleitung zu den ersten Arbeiten in der technischen Chemie. Mit 4 Taf., enth. 99 lith. Abbildgn von Apparaten 2c. gr. 8. (XX u. 128 S.) Darmstadt 848, v. Auw.

Walter, G., **praktischer Leitfaden für angehende Chemiker, oder stufenweise Anleitung zu den ersten Arbeiten in der techn. Chemie. gr. 8. (XX und 128 S. mit 4 Taf., enth. 99 lithogr. Abbildungen von Apparaten 2c.) Darmstadt 851, v. Auw.** Thlr. *

Walter, Geo., erster Leseunterricht. 6. umgearb. und verb. Aufl. gr. 8. (14 S.) Reutlingen 889, Kocher.

Walter, Geo., Erster Leseunterricht. 7. Aufl. gr. 8. (16 S.) Reutl. 891, Kocher. * — 20

Walter, Geo., erster Leseunterricht. 8.—10. Aufl. gr. 8. (16 S. m. Abb.) Reutlingen 895. J. Kocher. n. — 20

Walter, Georg. De Lycophrone Homeri imitatore. Diss. Phil. Basil. ... scripsit Georgius Walter Basiliensis. 76 p. 8. Basileae, Basler Berichthaus A.-G., 1903.

Walter, Geo. und Wilh. J. G. Curtman, das Mineralreich, Oryktognosie und Geognosie, ein naturgeschichtl. Lehr- und Lesebuch. gr. 8. (IV und 299 S. mit 258 in den Text gedr. Abbild. in Holzschn. und 4 chromolithogr. Taf.) Darmstadt 858, Diehl. *

Walter, G[eorg]. Die Musik am Gymnasium. 8.
6. Bericht über das Freie Gymnasium in Zürich. 11.—17. Schuljahr 1901/05. ... Beigabe .... Zürich, Berichthaus, November 1905. S. 21—32.

Der geheimnisvolle Passagier. Eine Seegesch. von Georg Walter. *Styrum: A. Spaarmann [1899?].* (32 S.) 8° [F.]
= Jugend-Bibliothek, Kleine. No 186. [01. 490]

Walter, Geo., mikroskopische Studien über das Central-Nervensystem wirbelloser Thiere. gr. 4. (VIII und 56 S. mit 4 Stndrtaf., wovon 1 ill.) Bonn 863, Henry. *

Walter, Geo., das Thierreich, s. Curtmann, W. J. G.

— **erster französischer Unterricht. Vorübungen zur Einführg. in die Elementargrammatik. 8. (32 S.) Ebd. 895. n. — 40**

Walter, Gerh., s. a.: Heims, P. G.

Walter, Gerh. (P. G. Heims), Federzeichnungen, s.: Roman-Galerie f. Salon u. Reise.

Walter, Gerh., fernab von der Straße. Vier Novellen. 8. (338 S.) Jena 889, Costenoble.

— Hüben u. Drüben, s.: Goldschmidt's Bibliothek f. Haus u. Reise.

— **Hexe Loreley. Novelle. Illustr. v. Willy Werner. 1.—3. Taus. 12. (107 S.) Berlin 896. Leipzig, G. Müller-Mann. n. 1. —**

— in freier Luft. Drei Novellen. 8. (196 S.) Erlangen 886, Deichert'sche Verlagsb. Nachf.

— Soldatenliebe, s.: Goldschmidt's Bibliothek f. Haus u. Reise.

— Tannenreis, s.: Goldschmidt's Bibliothek.

— **auf einsamen Wegen. Drei Novellen. 8. (IV, 211 S.) Leipzig 898. A. Deichert Nachf. n. 2. 80; geb. n. 3. 50**

P Walter, Gerh. [P. G. Heims]. Zu Zweien. Zwei Novellen. 12. (101 S.) Berl. 889, A. Goldschmidt. * — 50

[Walter, Gottfried, und Frauenfelder, Emil.] Duplik in Sachen des Kantons Zürich gegen den Kanton Schaffhausen betreffend das Hoheitsrecht am Rhein von Rüdlingen bis Eglisau. (1906 September 21.) 47 S. 8. Schaffhausen, Paul Schoch, 1906.

(Walter, G[ottfried, und] Frauenfelder, E[mil].) Schaffhauser Hoheitsrechte am Rhein bei Rüdlingen. (Beantwortung einer Eingabe des Kantons Zürich, Klägers [vom 16. Februar 1907]. An das Schweizerische Bundesgericht in Lausanne. Schaffhausen, den 26. Februar 1907.) II+14 S. 8. Schaffhausen, Paul Schoch, 1907.

(Walter, G[ottfried, und] Frauenfelder, E[mil].) Klagebeantwortung in Sachen des Kantons Zürich gegen den Kanton Schaffhausen betreffend das Hoheitsrecht am Rhein von Rüdlingen bis Eglisau. (1906 Mai 1.) 94 S. 8. Schaffhausen, Paul Schoch, 1906.

Walter, G[ottfried, und] Bollinger, H[einrich]. Festschrift zur Erinnerung an das hundertjährige Jubiläum des kantonalen Offizier-Vereins Schaffhausen, 9. November 1907: 1. Das Militärwesen im alten Schaffhausen. Von Staatsarchivar G. W'; 2. Geschichte des kantonalen Offizier-Vereins Schaffhausen. Von Oberst H. B'. ⟨15. Schaffhauser Neujahrsblatt.⟩ Mit 4 Tafeln und 16 Abbildungen im Text. II + IV + 57 S. 4. Schaffhausen, Verlag des historisch-antiquarischen Vereins und des Kunstvereins. (fr. 2. 50)
(15. Neujahrsblatt des Historisch-antiquarischen Vereins und des Kunstvereins Schaffhausen 1908.)

Walter, G., das Militärwesen im alten Schaffhausen, s. Neujahrsblatt, 15., des historisch-antiquarischen Vereins u. des Kunstvereins Schaffhausen.

Walter, G[ottfried]. Der Name Schaffhausen. Von G. W', Archivar. [Sep.-Abdr. aus dem Schaffhauser Intelligenzblatt.] II + 25 S. 8. Schaffhausen, H. Meier & Cie, 1907.

Walter, G., s.: Urkundenregister f. d. Kanton Schaffhausen.

Walter, Gotthilf: Joseph Bechor Schor, der letzte nordfranzösische Bibelexeget, bearb. auf Grund d. ms. Nr. 52 d. kgl. Hof- u. Staatsbibl. zu München. als Anhang: Proben aus d. noch nicht edierten Tle dieser Hs.: VB. M. 32, 1—43 u. 34. 1. Tl ... Breslau, Schles. Buchdr., Kunst- u. Verl.-Anst., *1891;* 25, 7 S., 1 Bl. 8.
Leipzig, Phil. Fak., Inaug.-Diss. v. [29. Sept.] 1891

Walter, Gotthold Ephr.

Walter, Ghold. Ephr., Kandidat Müller. 8. (292 S.) Berlin 886, Gebr. Paetel. n. 5. —; geb. n.n. 6. 50

Walter, Gottlieb Eberhard

— edle Früchte aus d. Heilandes Garten, oder auserles. Zeugnisse von d. Hauptsache im evangel. Christenthum, aus d. symbol. Büchern unserer evangel.-luther. Kirche gesammelt. 8. Leipz. u. Görlitz 761.

Walter, Gli. Eberh., († d. 10. Mai 1796.) Jesus Christus, d. gekreuzigte Herr der Herrlichkeit nach d. Evangelio betrachtet. 8. Bauzen 782. Deinzer. 6 gr

— der Lebendige, am ersten Ostertage; eine Predigt. 8. Jauer 759.

— die den Sündern höchst erfreuliche Nachricht von d. Ankunft des Heilandes in d. Welt. 8. Jauer 767.

— die 30jähr. Stille unsers Heilandes auf Erden. 8. Jauer 757. 2e A. Wittenb. 759. 3e A. Frankf. u. Leipz. 764. 4e A. Bauzen 782. Deinzer. 3 gr

— das strafbare Verhalten solcher Zuhörer, welche nach dem Urtheile des Heilandes übel hören. 8. Görlitz 759.

— Visitationspredigt am ersten Bußtage 1786, aus Jes. XLIV, 21.22. 8. Görl. 786.

— der Weg zur ewigen Seligkeit, aus d. symbolischen Büchern unserer evangelisch-lutherischen Kirche gezeigt. gr. 8. Jauer 784.

— das gewaltige Zeugniß des heil. Geistes u. deren von ihm ausgerüsteten Zeugen von Jesu. 8. Jauer 758.

Walter, H., Rittmeister, s. Walter von Walthoffen, H.

Walter, H., nach Amereka. Reiseskizzen in sächsischer Mundart. 8. (103 S.) Halle 890. Starke. n. 1. 50; geb. n. 2. 50

Walter, H., nach Amereka. Reiseskizzen in säcksischer Mundart. (1.) 8. (103 S.) Halle a/S. 891. Fr. Starke. n. 1. 50; geb. n. 2. 50

Walter, H., Anleitung zur systematischen Ausbildung einer Eskadron im Nachrichten- u. Sicherheits-Dienste. gr. 8 (86 S.) Teschen 879. Prochaska. n. 1. —

Walter, H., Festschrift zur 50jähr. Jubelfeier des Allgemeinen Bremer Turnvereins (D. T.), m. Abb., Bremen 1910, 63 S., 8°.

Walter, H. Gedichte. Als Manuscript gedruckt. Revidirte und verm. Ausgabe. Mit Portr. In-12°. 74 S. Basel, Emil Birkhäuser. 1890.

Walter, H., s.: Jahrbuch u. Kalender f. Schlosser u. Schmiede.

— s.: Schlosser- u. Schmiede-Kalender, deutscher.

Walter, Hans: Beitrag zur Behandlung der queren Patellafrakturen mittelst offener Naht. Leipzig 1904: B. Georgi. (31 S.) 8°
Leipzig, Med. Fak., Ref. Trendelenburg, Diss. v. 21. Nov. 1904.

Walter, Hans: Beiträge zur Kenntniss des Phenylhydrazins und einiger Nitrohalogenbenzole . . . Freiburg i. B., Buchdr. v. Chr. Ströcker, 1889; 36 S. + 1 Bl. 8°
Freiburg i. B., Phil. Fak., Inaug.-Diss. v. 1889.

Walter, Hans, Christus. Drama. gr. 8. (80 S.) Wien 902. A. W. Künast. n. 2. —

Walter, Hans, a. Sangerhausen: Die Diagramme der Phytolaccaceen. Leipzig: W. Engelmann 1906. (61 S.) 8° ¶(Aus: Botan. Jahrbücher Bd 37, H. 4.)
Erlangen, Phil. Fak., Ref. Solereder, Diss. v. 10. März 1900
[Geb. 1. Juni 82 Sangerhausen; Wohnort: Halle a. S.; Staatsangeh.: Preußen; Vorbildung: Realgymn. Goslar Reife O. 02; Studium: Halle 4, Freiburg i. B. 1, Halle 2 S.; Rig. 20. Dez. 05.]

Walter, Hans, Dornröschen. Novelle in Versen. gr. 16. (34 S.) Wien 878, (Frick.) *

Walter, Hans, du sollst nicht vergeben! Roman. 1. u. 2. Aufl. (299 S.) 8. Schwerin 910. F. Bahn. 4.—; geb. n 5.—

Walter, Hans, Gedichte. gr. 16. (96 S.) Wien 893. R. Lechner's Sort. n. 2. 40

Walter, Hans (Gust. Przibram), Gedichte. 2. Aufl. (96 S.) 12. Wien 908. R. Lechner's Sort. n. 1. 20

Walter, Hans, der Golem. Eine Prager Sage. gr. 8. (45 S.) Wien 882, Rosner. *

— **Ihr führt ins Leben uns hinein. Roman.** 1. u. 2. Aufl. (à 295 S.) 8. Stuttgart 906. Deutsche Verlags-Anstalt. n. 3. —; geb. in Leinw. n. 4. —

Walter, Hans, Kaiser Josef II., der Volksfreund auf dem Throne. (172 S. m. 1 Bildnis.) 8. Budweis 907. Verlagsanstalt „Moldavia". (Nur direkt.) Kart. 1.—

Walter, Hans, Referendar in Nordhausen: **Der Korrespondentrheder.** *Borna-Leipzig 1903: R. Noske.* (VI, 58 S.) 8°
Leipzig, Jur. Diss. v. 1903

— **Hans Kudlich, der Bauernbefreier d. J. 1848.** (142 S. m. 2 Bildnissen.) 8. Budweis 907. Verlagsanstalt „Moldavia". Kart. n. 1. —

Hans Kudlich, der Bauernbefreier des Jahres 1848. Von Hans **Walter.** Mit 2 Bild. 3. Aufl. Budweis: Moldavia 1907. (142 S.) 8° [Ŋ.]

— **Hans Kudlich der Bauernbefreier des J. 1848.** 4. Aufl. (142 S. m. 2 Bildnissen.) kl. 8. Ebd. 908. Kart. 1. —

Walter, H., das Mathildenbad in Wimpfen am Neckar. Ein Beitrag zur physiolog. u. therapeut. Wirkung der Kochsalzwässer. Mit einem (lith. u. color.) Kärtchen der Umgegend von Wimpfen. 8. (IV u. 60 S.) Frankfurt a. M. 848, Meidinger. 9 ngl

Phytolaccaceae mit 286 Einzelbild. in 42 Fig. von Hans **Walter.** Leipzig: W. Engelmann 1909. 154 S. 4°(8°)
(Das Pflanzenreich. H. 39. ⟨4, 83⟩) [09. 8190

Walter, Hans, Phytolaccaceae, s. Pflanzenreich, das. 39.

Walter, Hans: Die innere Politik des Ministers von Manteuffel und der Ursprung der Reaktion in Preussen. (Berlin 1910: Ebering.) 158 S. 8° ¶(Ersch. auch als Buch ebd.)
Berlin, Phil. Diss. v. 15. Juni 1910, Ref. Hintze
[Geb. 21. Dez. 82 Berlin; Wohnort: Berlin; Staatsangeh.: Preußen; Vorbildung: Gymn. Wismar Reife M. 04; Studium: Erlangen 3, Kiel 1, Berlin 6 S.; Rig. 16. Dez. 09.] [U 10. 270

Walter, Hans, die innere Politik des Ministers v. Manteuffel u. der Ursprung der Reaktion in Preussen. (158 S.) gr. 8. Berlin 910. E. Ebering. 3. 50

Walter, H. (Pseudon. f. Gust. Przibram),
Die Socialisten. Drama. 8°. Wien 1881.

—— **die Socialisten.** Drama in 5 Acten. gr. 8. (VII, 171 S.) Wien 881, [Rosner.] Künast. *

Walter, Harry E., nouvelle méthode de langue française. 2. éd. (96 S.) 8. Berlin (907). J. Bohne. Geb. 2. —

Walter, Heinrich, a. Oberndorf: Eine neue Begründung der Religion. **Ein kritischer** Beitrag zur Religionsphilosophie **Rudolf Euckens.** Schwabach 1906: G. Hensolt. (107 S.) 8°
Erlangen, Phil. Fak., Ref. Falckenberg, Diss. v. 22. Okt. 1906
[Geb. 2. Febr. 71 Oberndorf b. München; Wohnort: Nürnberg; Staatsangeh.: Bayern; Vorbildung: St. Anna-Gymn. Augsburg Reife 91; Studium: Erlangen 3, Berlin 1, Leipzig 2, Erlangen 2 S.; Rig. 18. Juli 06.]

Walter, H., eine neue Begründung der Religion. Ein krit. Beitrag z. Religionsphilosophie Rudolf Euckens. (107 S.) 8. Nürnberg 906. G. Löhe. 1. 50

Walter, H., u. P. Weiske, statische Berechnung der Träger u. Stützen aus Beton m. Eiseneinlagen im stabilen Spannungszustande, zum Gebrauche f. Bau- u. Polizeibehörden, ausführ. Architekten u. Ingenieure sowie zum Selbststudium. Lex.-8. (III, 44 S. m. 20 Abbildgn.) Kassel (902). (F. Kessler.) n. 2. —

Statische Berechnung der Träger u. Stützen **aus** Beton mit Eiseneinlagen im stabilen Spannungszustande. Zum Gebr. f. Bau- u. Polizeibehörden ... bearb. von den Ing. Dr. H[einrich] **Walter** u. P[aul] Weiske, Oberl. zu Cassel. Mit 20 Text-Ill. *Cassel: Selbstverl. (F. Keßler in Komm.) [1903].* (44 S.) 4°(8°) [03. 9893 4

Walter, H., die Buch- u. Rechnungsführung bei den Gefangenen-Arbeitsverdienst-Kassen u. Gefängnis-Oekonomie-Verwaltungen der preußischen Justizbehörden, s.: Wollenzien, F.

Walter, Heinr., üb. d. Ernährg. d. Menschen s.: Rührig, W.

— études d'arbres. gr. in-Fol. (6 lith. Taf.) Carlsruhe 844. (Braun.) n. $1^{5}/_{6}$ ℔

***Walter*, Hnr., exercitia spiritualia, ad usum Clericor. saecularium accommodata.** 8. Bresl. 799. J. F. Korn. 1 ℔ 4 ℊ

Walter, Heinr., Formularbuch für preußische Gerichtsvollzieher. Eine Sammlung von Mustern für alle im Gerichtsvollzieherdienste gebräuchl. Urkunden. Unter Berücksicht. der neuesten Bestimmungen entworfen und mit Erläuterungen hrsg. gr. 8. (XVI, 327 S.) Berlin 886, Siemenroth und Worms. * geb. *

— die Gebührenordnung f. Rechtsanwälte vom 7. Juli 1879, nebst den einschläg. Bestimmgn. anderer Reichsgesetze u. den landesgesetzl. Ausführungsverordngn. Mit Kommentar. gr. 8. (XI, 331 S.) Ebend. 885. n. 6. —; geb. n. 7. —

Walter, Heinr. Die Gebührenordnung f. Rechtsanwälte vom 7. Juli 1879, nebst den einschläg. Bestimmgn. anderer Reichsgesetze u. den landesgesetzl. Ausführungs-Verordngn. Mit Kommentar. 2. neu bearb. Aufl. gr. 8. (XVI, 532 S.) Berl. 889, Siemenroth u. Worms.
Die Ausgabe erfolgte in 6 Lfgn. à * 1 40. * 9 —; geb. * 10 —

Walter, Heinr.: Die Gebührenordnung für Rechtsanwälte vom 7. Juli 1879 nebst den einschlägigen Bestimmungen anderer Reichsgesetze u. den landesgesetzl. Ausführungsverordnungen. Mit Kommentar. Berlin 1885.

— 2. Aufl. 1890.

— dasselbe. Praktische Handausg. Mit Einleitg., Erläutergn., Beispielen, Kostentabellen u. Sachregister. 12. (XII, 370 S.) Ebd. 891. cart. n. 3. —

Walter, Heinr., d. Gebührenordnung f. Rechtsanwälte v. 7. Juli 1879, nebst d. einschläg. Bestimmgn. and. Reichsgesetze u. d. landesgesetzl. Ausführungsverordngn. M. Kommentar. 3., durchaus neu bearb. Aufl. gr. 8. (XIX, 558 S.) Berlin 895. Siemenroth & Troschel. n. 9. —; geb. in Leinw. n. 10. —

Walter, Heinr., die Gebührenordnung f. Rechtsanwälte, 4. Aufl., s.: Joachim, Alb.

Walter, H., Gebührenordnung für Rechtsanwälte. 5. Aufl., s.: Joachim, Alb

—— der preußische Gerichtsvollzieher. Systematisch geordnete Zusammenstellung aller das Gerichtsvollzieheramt in Preußen betr. reichs- und landesrechtl. Gesetzesvorschriften und ministeriellen Ausführungsbestimmungen. Mit Erläuterungen. gr. 8. (XXIV, 424 S.) Ebendas. 885. *
geb. *
Die Ausgabe erfolgte in 6 Lfgn. zum Subscr.-Preise von *ℳ 6.50.

Handbuch für Gerichtsvollzieher. Zusammenstellung aller d. Gerichtsvollzieheramt in Preußen betr. Vorschriften unter vergl. Berücks. d. entsprech. Bestimmungen in d. Bundesstaaten Bayern, Sachsen Baden, Hessen u. Elsaß-Lothringen. Mit Einl. u. Erl. von Heinrich Walter. Rechtsanw. in Berlin. 2., durchaus neu bearb. Aufl. des ursprüngl. u. d. T.: 'Der Preuß. Gerichtsvollzieher' erschienenen Werkes. Lfg 1. [Mehr nicht erschienen.] *Berlin: Siemenroth & Troschel 1896.* (96 S.) 8° [Umschlagt. F.] [03. 13364

— der Gerichtsvollzieherdienst in Preußen. Systematisch geordnete Zusammenstellg. aller f. die Gerichtsvollzieher maßgebl. Bestimmgn. in ihrer heut. Gestalt u. Geltung. Mit Erläutergn. 2., vollständig neu durchgearb. u. stark verm. Aufl. des ursprünglich u. d. T. „Der preuß. Gerichtsvollzieher" erschienenen Werkes desselben Verf. (In 3 Bdn.) 1. Bd. Die preuß. Gerichtsvollzieherordnung vom 31. III. 1900. Mit Erläutergn., Anh., Nachträgen u. Register. gr. 8. (XIX, 350 S.) Berlin 901. F. Siemenroth. n. 6. —; geb. in Leinw. n. n. 7. —

Walter, Heinr., Am Kamin. Ein Büchlein für Herbst- und Winter-Abende. Wriezen a. O. 855. Roeder. 16. (142 S.) 20 ngr.

Walter, Heinr., kann nach altständisch preußischem Rechte der Vormund e. Minderjährigen aus dessen Vermögen e. Familienfideicommiß errichten, u. ev. welche Formen sind zu beobachten, um die Errichtg. f. den Minderjährigen verbindlich zu machen? Eine jurist. Studie als Beitrag zu dem erwarteten Gesetze üb. das Vormundschaftswesen. gr. 8. (VIII, 72 S.) Berlin 875. Guttentag. n. 2. —

Walter, Heinrich, [illegible] Separatabdruck

—— die preußische Ober-Rechnungskammer. Ihre Wirksamkeit auf Grund des Gesetzes vom 27. März 1872, des Regulativs vom 22. Septbr. 1873 und der Instruktion vom 18. Dezbr. 1824. Nebst Anhang: Der Rechnungshof des Deutschen Reichs. Mit Erläuterungen hrsg. 8. (XII, 114 S.) Berlin: Siemenroth 1887. cart. *

Walter, Heinr., und Emil Ritter v. Tunikowski, das Petroleumgebiet der galizischen Westkarpathen. Hrsg. mit Unterstützung des k. k. Ackerbauministeriums. gr. 8. (IV, 100 S. mit 2 chromolithogr. Taf. und 1 geolog. chromolithogr. Karte.) Wien 883, Manz'sche Hofverlagsh.

Walter, Heinrich: Eine vergleichende Prüfung von Getreidereinigungs- und Sortiermaschinen. Leipzig 1902: O. Schmidt. (91 S.) 8°
Leipzig, Phil. Diss. v. [4. Nov.] 1902.

—— Das gerichtliche Rechnungslegungswesen, s. Wollenzien, Johs.

—— die Rechtsanwaltsgebühren in Preußen im Gebiete des allgemeinen Landrechts. Zusammenstellung aller in Preußen neben der deutschen Gebührenordnung für Rechtsanwälte gilt. landesgesetzl. Vorschriften über Rechtsanwaltsgebühren. [Ausführungsgesetz vom 2. Febr. 1880, Gesetz vom 30. Juli 1883, Gesetz und Tarif vom 12. Mai 1851, Gesetz vom 1. Mai 1875.] Mit Kommentar. gr. 8. (XVI, 168 S.) Ebendas. 885. *ℳ 3.60.; geb. *

Walter, Heinr., das heidelberger Schloß in 14 Ansichten, nebst e. Plane dess. u. e. Panorama v. Königsstuhl aus gesehen. (5' lang u. 10" breit.) Der Text als Führer f. Fremde bearb. v. M. A. Fischer. qu. ½ Fol. (5 B. Text.) Carlsruhe 841, Braun'sche Hofbuchh.

Walter, Heinrich. Ueber die Stromschnelle von Laufenburg. Diss. Phil. [II.] Univ. Zürich. [Mit 7 Figuren im Texte und 4 Tafeln.] ([Separatabdruck aus:] Vierteljahrsschrift der Naturf. Gesellschaft Zürich. Jahrg. 46, 1901.) 34 S. 8. Zürich, Zürcher & Furrer, 1901.

— Uebersichtstafel zur Berechnung d. Wechselprotestgebühren d. Gerichtsvollzieher in Preußen nach d. Gerichtskostengesetze v. 25. Juni 1895 (Gesetz-Sammlung 1895 Nr. 23 S. 203 ff.), nebst erklär. u. ergänz. Bemerkgn. [Aus: „Zeitschr. f. Vollstreckungsrecht u. Zustellungswesen".] Fol. (8 S.) Ebd. 895. — 30

— d. Vergütung d. Gerichtsvollzieher f. Wechselproteste nach d. preuß. Gerichtskostengesetze v. 25. Juni 1895. Dargest. in e. d. Berechng. d. verschied. Gebühren veranschaulich. Uebersichtstafel m. erklär. u. ergänz. Bemerkgn., sow. e. d. amtl. Text d. einschläg. Vorschriften enth. Anh. gr. 16. (VIII, 58 S.) Ebd. 896. n. 1. —

— der Wechselprotest. Systematische Darstellg. d. in **Deutschland geltenden Wechselprotestrechtes, nebst der allgemeinen deutschen Wechselordnung, dem deutschen Wechselstempelsteuergesetze** u. vielen anderen einschläg. **Vorschriften** d. Reichsrechts u. der Landesrechte. Mit Mustern u. e. Schema zu Protesturkunden. Für Wechselinteressenten u. Protestbeamte bearb. gr. 8. (XVIII, 207 S.) Berlin 892. Siemenroth & Worms. n. 4. 50; kart. n. 5. —

—— s. Wollenzien, Johs. Das Gerichtskassenwesen.

Walter, Heinrich [Hrsg.], s. Zeitschrift f. Gerichtsvollzieher.

— s.: Zeitschrift üb. **Vollstreckungsrecht** u. **Zustellgswesen.**

Walter, Heinr., s.: Zeitschrift für Vollstreckungs-, Zustellungs- u. Kostenwesen.

Walter, Hermann

Walter, H., Bildung, nicht Gelehrsamkeit! Ein Beitrag zur Schulreform. gr. 8. (64 S.) Gotha 890. Behrend. n. 1. —

Walter, Herm., verschollene Dichter. Biographisch-krit. Aphorismen. 8. (VI, 28 S.) Berlin 887, (G. Nauck.)
Wurde aus dem Handel zurück gezogen.

Walter, Hermann: Svâtmârâma's Hathayogapradipika '(die Leuchte des Hathayoga)' aus d. Sanscrit übs. . . . München, Druck d. akad. Buchdr. v. F. Straub, 1893; 3 Bl., XXXIV, 52 S. 8.
München, Phil. Fak., Inaug.-Diss. v. 1893

Walter, H., Sechs Monate Gefängnis. Aufzeichnungen eines demokratischen Redacteurs. 8°. Colmar 1898.

Walter, Herm., sechs Monate Gefängnis. Aufzeichnungen e. Redakteurs während seiner Gefängnishaft. 2. Aufl. (VIII, 304 S.) kl. 8. Berlin (904). Verlag Continent. n. 2. —; geb. n. 3. —

Walter, Herm. Ueber den Schwefel- u. Phosphorgehalt der Milzzellen d. Rindes in seinen verschiedenen Entwickelungsstadien. Diss. gr. 8. (66 S.) Dorpat 892, (Karow). · 1 50

Walter, Hermann, Referendar am Königlichen Kammergericht Berlin. Die Unfallverschollenheit. Greifswald 1906: J. Abel. (46 S.) 8° [F.]

Greifswald, Jur. Fak., Ref. Stampe, Diss. v. 30. Nov. 1906

[Geb. 6. Apr. 77 Berlin; Wohnort: Berlin; Staatsangeh.: Preußen; Vorbildung: Gymn. Frankfurt a. O. Reife O. 95; Studium: Heidelberg 3, Greifswald 3 S.; Rig. 18. Okt. 01.]

Walter, Hermann Alfred

***Walter*, Herm. Alfr., († d. 22. Jan. 1823.) Diss. inaug. de ignis usu ad ulcera sananda. 8 Dorpat 820. (88 S.)**

Walter, Herold, s.o. **Ede u. Aute im Hohenzollern-Festspiel.**

Ede und Aute im Hohenzollern-Festspiel. Gewidm. vom Herold Walter. (Ausgest.: *Halle a. S.: Tausch & Grosse [1895].*) (11 S.) 1 Bd 8.

Walter, Hertha, neues praktisches Kochbuch für die bürgerliche Küche. 8. (248 S.) Styrum 888, Spaarmann.

Walter, Hilarius, O. S. B., s.: **Bernardus I., speculum monachorum.**

Walter, Hilar., O. S. B., Leben, Wirken u. Leiden der siebenundsiebzig seligen Märtyrer v. Anam u. China. (XII, 822 S. m. Titelbild.) 8. Freiburg i/B. 903. Herder. n. 2. 80; geb. in Leinw. n. 3. 60

[F.] **Walter**, Hugo [Rechtspraktikant]: Das Recht der Ehescheidung nach dem bürgerlichen Gesetzbuche für das deutsche Reich vom 18. August 1896, nebst e. geschichtl. Rückblick ... München, Messner'sche Buchdr., 1897; 89 S. 8.

Erlangen, Jur. Fak., Inaug.-Diss. v. 1897

Walter, Hugo. Schiffbruch im indischen Ocean. Erlebt u. erzählt. 8. (99 S. m. 1 Taf. u. 1 Kartenskizze.) Lpz. 892, W. Friedrich. · 2 —

Walter, Hugo, Schiffbruch im Indischen Ocean. Erlebt u. erzählt. (83 S. m. Abbildgn. u. 2 Taf.) 8. Sydney 900. (Bremerhaven, F. Morisse.) 1. —

Walter, Hugo, approb. Arzt aus Forchheim: Soll man im Stadium der Panophthalmie enukleieren? *Erlangen 1903: Junge & Sohn.* (33 S.) 8°

Erlangen, Med. Diss. v. 11. Mai 1903

Walter, J.: Über den Einfluss des 30jähr. Krieges auf die deutsche Sprache und Literatur, dargestellt auf Grundlage der staatlichen und gesellschaftlichen Zustände jener Zeit. I. 46 S. 4°. II. 39 S. 4°. - Prag Kl., Progr. 1871, 73.

Walter, J., s.: Flußregulirung, die, in Schlesien.

Walter, J., Joseph von Hohenzollern und Stanislaus von Hatten, zwei Bischöfe Ermlands. Mohrungen 860. Rautenberg. gr. 8. (144 S. m. Holzschn. u. 4 Holzschntaf.) 18 ngr.

Walter: Aus dem Leben d. Thiere. (Naturpsycholog.Skizze.) 9 S. - Prag N., Progr. 1863.

Walter, (Prof. Dr.) J., Predigten. gr. 8. Reval 831. (Frantzen in Riga). 16 K

Walter, J., die Schlacht bei Rudau, s. Volksbücher, — die Schlacht bei Tannenberg, s. preußische.

Walter, J., Ursprung und Zweck der Liebe. Neue Elemente zur allgemeinen Physiologie. gr. 8. (24 S.) Moskau 887, (Deubner.) *

Walter, Bischof Dr. Ferdinand, weil. General-Superintendent von Livland. Seine Landtagspredigten und sein Lebenslauf. Leipzig 1891. V: *Walter, J.* (ADB 41, 22)

Walter, J.: Der Winter und seine Bedeutung für das Leben der Pflanzen. 9 S. - Prag, Neust. OG., Progr. 1870.

Walter, J., aus drangvollen Zeiten, s.: Hausschatz-Bibliothek.

Walter, J. E., die Stimme d. Herrn in dies. Zeit. Pred. gr. 8. ... Rostock 831, Stiller.
Vgl. Walter, F. E. C.

Walter J. E. C.: Vögel aus Asien, Africa, America u. Neuholland in colorirten Abbildungen, in Kupfer gestochen u. herausg. H. 1. Kopenh. 1828. 64 kol. Tvl. m. (44) S. Tekst.

Walter, J. G., s. Fabeln aller Zeiten u. Völker.

Walter, (Abbé,) J. J., Tod des Pabstes u. Wahl seines Nachfolgers. Nach dem Leben geschildert. gr. 8. Solothurn 846, Scherer. 1/8 ₰

Blüthen gesammelt für meine Brüder zum Gedächtniss der Feier des Johannisfestes. [Von J. S. Walter.] [Erlangen] 1806. 90, 36 S. 8°
Kl. 1147. Reden, Vorträge, Gedichte. 215.

Hermutis. Eine maurerische Erzählung, vorgetragen am Johannisfeste der Loge Libanon z. d. 3 Cedern im Or. von Erlangen. [Von J. S. Walter.] [Erlangen: 1822.] 14 S. 8° [Umschlagtit.]
Tt. 2233. In Versen. 215.

Walter, Jan Charles Boné, Arzt, aus Elten: Ueber Verschluss der groszen Gallenwege. *Leiden 1898: E. IJdo.* (36 S.) 8
Freiburg i. B., Med. Diss. v. 1899

Walter, Ignaz und Richard von [illegible] Zur Reform des österreichischen Mittelschulwesens. Ein Beitrag zum [illegible] gr. 8. (16 S.) Krems, Löbner. 1870 25 kr.

Walter Ign.: Wie und zu welcher Zeit entwickelte sich aus dem Organum und aus dem Déchant (Discantus) allmählich ein geregelter Contrapunct? 13. Krems R. 75.
Progr.

Walter, Johann, aus Tetschen a. d. Elbe in Böhmen: Ein Beitrag zur Kenntniss des Picens und des Petroleums. Basel Vereinsbuchdr. Dr. 1881. 48 S. 8°.
Zürich. Phil. Diss. [v. 24. Febr. 1882].

Walter, Joh., der Elementar-Gesangunterricht in concentrischen Kreisen. Auf Grund der Lehrpläne für österreichische Volks- u. Bürgerschulen bearb. 1. Hft. Das 2. u. 3. Schuljahr. gr. 8. (24 S.) Wien 877. Pichler's Wwe. & Sohn. — 40

—— dass. — Ein Handbuch für die Lehrer an den österr. Volks- und Bürgerschulen. 2. Heft: 4. und 5. Schuljahr. gr. 8. (IV, 64 S. (Ebendas.) 879. *

Walter, Johann, der Elementar-Gesangunterricht in concentrischen Kreisen. Ein Handbuch f. d. Lehrer an d. österr. Volks- und Bürgerschulen. III. Heft. 6. Schulj. 8. (24 S.) Wien, A. Pichler's W. & S. 20 kr. 1884.

Walter, Johs. v., s.: Erasmus Rotterdamus, Desider. de libero arbitrio διατριβή.

Walter, Johann. Erfahrungen eines Betriebsleiters. Von Dr. J' W' (Genf). 2. [Titel-]Ausgabe des Buches: Aus der Praxis der Anilinfarbenfabrikation. Mit 116 Abbildungen im Text und 12 Tafeln. II + VIII + 337 S. gr.-8. Hannover, Dr. Max Jänecke, 1905 (*Umschlag: 1906). [M. 21. —, geb. 22. —]

Bibliothek des Betriebsleiters. Hrg. von Dr. Gustav Rauter .... Band 2 ...
Nur die 2 neuen Titelblätter und die Umschläge — S. III—VIII und der Text sind nicht neu gedruckt —, dem Ex. der 1. Ausgabe beigefügt.

Walter, Joh., Erfahrungen e. Betriebsleiters, s.a. Bibliothek des Betriebsleiters. II.

— Franz v. Assisi u. die Nachahmung Christi, s.: Zeit- u. Streitfragen, biblische. VI, 5.

Walter, Joh., der religiöse Gehalt des Galaterbriefes. (X, 257 S.) gr. 8. Göttingen 904. Vandenhoeck & Ruprecht. n. 6. —

Walter, Joannes *(geb. Oppeln 4. 5. 1842)*: De hydrope ovarii. Vratislaviae (1864). (20 S.) 8°
Breslau, Med. Diss. v. 29. Okt. 1864

Walter, Johannes von, cand. theol.: Das Leben Roberts von Arbrissel. Studie zur Geschichte d. Mönchtums. *Göttingen 1901: Dietrich.* (86 S.) 8° ¶ (Erscheint vollst. u. d. T.: Die ersten Wanderprediger Frankreichs, T. 1.)
Göttingen, Theol. Diss. v. [30. Nov.] 1901

Walter, Joh., praktischer Leitfaden für den Wechsel-Verkehr, enth.: die Allgemeine Deutsche Wechsel-Ordnung mit erläut. Zusätzen, Formularen für alle Gattungen von Wechseln, Wechselklagen und Protesturkunden, sowie der im Wechselverkehr vorkomm. Briefe etc., ferner die Bestimmungen über den Wechselstempel und als Anhang: Verzeichniss der Zweiganstalten der Reichsbank, Verzeichniss der Rechts- und Advokat-Anwalte des Deutschen Reiches und Bestimmungen bezüglich der Postauftragsbriefe und Einholung von Wechselaccepten im Wege des Postauftrags. Für Beamte, Kaufleute und Gewerbtreibende, sowie zum Gebrauche in Handels- und Fortbildungsschulen bearb. gr. 8. (IV, 60 S.) [Eisenach 877.] Bernburg, Bacmeister. *

—— dass. — Verzeichniss der Zweiganstalten der Reichsbank, Verzeichniss der Rechts- und Advokat-Anwalte des Deutschen Reichs. Für Beamte, Kaufleute und Gewerbtreibende, sowie zum Gebrauche in Handels- und Fortbildungsschulen bearb. 2. unveränd. Aufl. gr. 8. (IV, 60 S.) Ebendas. 877. *

Walter, Joh., praktischer Leitfaden für den Wechsel-Verkehr, enthaltend: die allgemeine deutsche Wechsel-Ordnung mit erläuternden Zusätzen, Formularen für alle Gattungen von Wechseln, Wechselklagen und Protesturkunden, sowie den im Wechselverkehr vorkommenden Briefen etc., ferner die Bestimmungen über den Wechsel-Stempel und als Anhang: Verzeichniss der Zweiganstalten der Reichsbank, Bestimmungen bezüglich der Postauftragsbriefe und Einholung von Wechselaccepten im Wege des Postauftrags. Für Beamte, Kaufleute und Gewerbetreibende, sowie zum Gebrauche in Handels- und Fortbildungsschulen bearb. 5. Aufl. gr. 8. (IV, 50 S.) [Bernburg 883, Bacmeister.] Gotha, Behrend. *

Walter, Johannes, Referendar: Die Novelle zum Tierhalterparagraphen. Weida i. Th. 1910: Thomas & Hubert. 61 S. 8°
Leipzig, Jur. Diss. v. 28. Juli 1910
[Geb. 26. Febr. 85 Grimma; Wohnort: Zwickau i. S.; Staatsangeh.: Sachsen; Vorbildung: Kreuz Gymn. Dresden Reife M. 05; Studium: Leipzig 8 S.; Rig. 11. Juni 09.] [U 10. 2916

Walter, Johann. Aus der Praxis der Anilinfarbenfabrikation von Dr. J' W', Genf. Mit 116 Abbildungen im Text und 12 Tafeln. VIII + 337 S. gr.-8. Hannover, Gebrüder Jänecke, 1903. [geb. M. 22. —]

Walter, Johannes von, cand. theol.: Thesen ... zur Erlangung der theologischen Licentiatenwürde ... *(Göttingen 1901: W. F. Kaestner.)* (2 Bl.) 8°
Göttingen, Theol. Thes. v. 30. Nov. 1901

Die ersten Wanderprediger Frankreichs. Studien z. Gesch. d. Mönchtums von Johannes v. **Walter**, Privatd. in Göttingen. T. 1. *Leipzig: Dietrich 1903.* 8°
= Studien z. Geschichte d. Theologie u. d. Kirche. Bd 9, H. 3.

— dasselbe. I. Robert v. Arbrissel, s.a. Studien zur Geschichte der Theologie u. der Kirche. IX, 3.

Walter, Johs. v., die ersten Wanderprediger Frankreichs. Studien zur Geschichte des Mönchtums. Neue Folge. Bernhard v. Thiron; Vitalis v. Savigny; Girald v. Salles; Bemerkgn. zu Norbert v. Xanten u. Heinrich v. Lausanne. (IX, 179 S.) gr. 8. Leipzig 906. A. Deichert Nachf. n. 4. 80

Walter, Johannes von. Das Wesen der Religion nach [Desiderius] Erasmus und Luther. Vortrag, gehalten zum 25jährigen Jubiläum des theologischen Studentenvereins Concordia zu Göttingen. 30 S. 8. Leipzig, A. Deichert, 1906. [M. —. 60]

Walter, Johs., die Zerstörung v. Jerusalem. Ein Epos. Inh.: „Weihegesang." gr. 8. (3½ B.) Augsburg 838, (Kollmann'sche Buchh.)

Walter, Ioannes Augustus: De variis cordis affectibus. [Praeses:] C[hristianus] H[enricus] Theodorus **Schreger.** Halae (1821): Schimmelpfennig 34 S. 8°
Halle-Wittenberg, Med. Diss. v. 8. Dez. 1821
Geb. Mölzheim [wohl Molzhain (Kr. Altenkirchen; Rheinprov.)] 28. 10. 1797. V.

Walter, Johann Erdmann (Uffenheim) A. S. 1344/20

Aquilae iuventas secundum verba Horatii Flacci libro IIII. oda IIII. temporibus suis contra interpretum errores restituta. Präs. Johann Friedrich Christ. Leipzig (Langenheim) 26. III. 1746. 29 S.

W. v.: Präs. 35744

Walter, Johann Friedrich

[Gedicht.] Bei der funfzigjährigen Maurer-Jubelfeyer des [Br.] Friedr. Carl Christoph v. Scheurl &c. ehrerbietig dargebracht von einem ewig dankbar treu verbundenen Br. Joh. Friedr. Walter. Den $\frac{27}{VI}$ 5824. [Nürnberg 1824.] 2 Bl. 4° [Umschlagtit.]
„Im Winter Deines Lebens . . ." 155.

Walter, Johann Gottlieb

Walters, Jh. Gli., 50jähr. Jubeltag. 8. Berl. 810. Voß. 6 gr.

Walter, Johann Gottlieb: Abhandlung von troknen Knochen des menschlichen Körpers. 416 S., gbd., 6 Taf.

Berlin u. Stralsund: Lange 1763

Johann Gottlieb Walters [Walter] Abhandlung von troknen Knochen des menschlichen Körpers. ... 2., u. verb. Aufl. Berlin: Lange 1778. 415 S. 8°

— Abhandl. von trockenen Knochen des menschlichen Körpers, mit Kpf. 8. Stralf. 763. 2e A. 778. 3e A. 788. 4e umgearb. A. 8. Berl. 798. (Reimer). 1 ɥß

— Abhandl. v. Spaltung der Schaambeine in schweren Geburten; latein. u. deutsch. Mit 1 Kpft. gr. 4. Berl. 782. (Reimer). 8 gr.

Johann Gottlieb Walter, [Observationes anatomicae. Deutsch:] Anatomische Beobachtungen. Aus dem Lat. übers. von Johann Gottlob Daniel Michaelis. (Vorr.:] Justus Christian [von] Loder.) Berlin & Stralsund: Lange 1782. VIII, 111 S. 8°

Walter, Jh. Gli., († d. 4. Jan. 1818.) anatom. Beobachtungen; aus d. Latein. mit Kpf. gr. 4. Berl. 782. (Reimer). 3 ₰

Walter, Johann Gottlieb: Betrachtungen über die Geburts-Theile des weiblichen Geschlechts. Vorgelesen in der Königlichen Akademie der Wissenschaften zu Berlin. 48 S., gbd., 2 Taf. (die 3. fehlt!)

Berlin: Voß 1776

— Betrachtt. über die Geburtstheile des weibl. Geschlechts, vorgel. in d. Akad. d. Wissenschaften zu Berlin, mit Kpf. gr. 4. Berl. 776. N. A. 793. Voß. 12 ⁄K

Johann Gottlieb Walter, von der Einsaugung und der Durchkreuzung der Sehnerven. Berlin: Vieweg 1794. IV, 104 S. 8°

Walter, Johann Gottlieb: Epistola anatomica ad virum illustrem...Wilhelmum Hunterum...de venis oculi summatim, et in specie de venis oculi profundis, retinae, corporis ciliaris, capsulae lentis, corporis vitrei, et denique de arteria centrali retinae. - Anatomisches Sendschreiben an den...Hochgelahrten...Herrn Willhelm Hunter... Von den Blutadern des Auges überhaupt, und besonders von den tiefen Blutadern der Auges, der Netzhaut, des Sternbändchens, der Kapsel der Cristallinse, des Glaskörpers, und endlich der Zentralarterie. (Lat.u.Dt.) 52 S., gbd., 3 Taf.

Berolini - Berlin: Voss 1778

Etwas über Herrn Doctor Gall's Hirnschädel-Lehre... von Johann Gottlieb Walter. T.[1.] 2. Berlin: Wegener 1805. 1 Bd 8°

— experimentorum revisorum Spec. I. 4. Königb. 755.

Walter, Johann Gottlieb: Geschichte einer Frau, die in ihrem Unterleibe ein verhärtetes Kind zwey und zwanzig Jahre getragen hat. 35 S., gbd., 4 Taf.

Berlin: Voß 1778

Walter, Johann Gottlieb: Myologisches Hand-Buch zum Gebrauch derjenigen, die sich in der Zergliederungs-Kunst üben... 204 S., gbd.

Berlin: Voß 1777

— myologisches Handbuch zum Gebrauch derjenigen, die sich in der Zergliederungskunst üben, auf d. anatom. Theater in Berlin. 8. Berl. 777. 2e A. 784. 3e A. 795. Voß. 12 ⁄K

Walter, Johann Gottlieb: Myologisches Hand-buch zum Gebrauch derjenigen, die sich in der Zergliederungskunst üben... 3.verbess. Aufl. 176 S., gbd.

Berlin: Voß 1795

— von den Krankheiten des Bauchfells u. d. Schlagfluß, mit deutschem u. latein. Text, mit Kpf. (Auch u. d. T.: de morbis peritonaei et apoplexia etc.) 4. Berl. 783. Academ. Buchh. 1 ₰ 8 ⁄K

Johann Gottlieb Walter, Von den Krankheiten des Bauchfells und dem Schlagfluß [Deutsch u. lat.]. Berlin 1785: Decker. 92 S. 8°

[Nebent.:] Walter: De Morbis peritonaei et apoplexia.

— Observationes anatomicae: Historia monstri bicorporis duobus capitibus, tribus pedibus, pectore pelvique concretis curae renovatae de anastomosi tubulorum lactiferorum mammae muliebris, concrementa terrestria, venae capitis et colli c. fig. ad viv. expr. fol. maj. Berl. Lange. 775.

— observationes anatomicae etc., c. fig. ad viv. expr. Fol. maj. Berl. 775. (Reimer). 6 ₰

Walter, Jo. Gttl., Observationes anatomicae. Historia monstri bicorporis duobus capitibus, tribus pedibus, pectore pelvique concreti. Concrementa terrestria venae capitis et colli. 88 pp., 13 pl. Ber. 1775. fol. Teutsch v. Dan. *Michaelis*. 111 pp. 17 pl. Brl. 1782. 4°.

Walter, Johann Gottlieb: Tabulae nervorum thoracis et abdominis. 17 S., gbd., 8 Taf.

Berolini: typ.Decker 1783

— Tabulae nervorum thoracis et abdominis. fol. maj. Berl. Academ. Buchhdl. 783.

Walter, Johann Gottlieb (Sammler):

s.: Walter, Friedrich August: Anatomisches Museum. Berlin.

— was ist Geburtshülfe? vorgeles. in der Akad. d. Wissenschaften zu Berlin. 8. Berl. 808. Voß. 10 ⁄K

Walter, Johann Gottlob (vgl. Walther, Jakob Gottlob)

Walter auch Walther, Jh. Glo., († d. 16. Nov. 1782.) Beiträge, d. Streitigkeiten von der Ehe mit der verstorb. Frauen Schwester nach der heil. Schrift beizulegen. 3 Stücke. 8. Leipz. 774, 75. Sommer. 10 ⁄K

— unumstößlich fest stehender Beweis, daß die zu Wittenberg 1529 herausgekommene lateinische Bibel, weder v. D. Luther selbst, noch unter sr. Aufsicht verfertigt worden sei 2c. 4. Jena 752.

— Ehrenrettung Luthers wider d. franzöf. Critici, Richard Simon's, von sr. hebräischen Wissenschaft gefälltes Urtheil, mit Anmerkk. 4. Jena 752.

— Erört. d. wicht. Streitigkeiten in d. Historie d. Lutherthums. 4. Jena. Güth. 749.

— die völlige Gewißheit der geänderten Meinung Dr. Luthers von der Ehe mit der verstorb. Frauen Schwester. 4. Neust. a. d. O. 771.

— ergänzte u. verbesserte Nachrichten v. d. letzten Thaten u. Lebensgeschichte Dr Martin Luthers. 1r—3r Abschn. u. Zusätze. 4. Jena 750—56. Güth. 1 ₰ 8 ⁄K

— Schediasma, quo prima gloria clerogamiae restitutae Luthero vindicatur. 4. Neust. a. d. O. 767.

— der Umstand, daß Dr. Luther's Sermon vom Ablaß u. Gnade nicht 1517, sondern 1518 ausgegangen, bewiesen. 4. Neust. a. d. O. 774.

— Verbesserung d. sächs. Reformationshistorie 2c. 4. Jena 764. Gollner. 2 ⁄K

Walter, Johann Jakob

Walter, Jh. Jak., († ...) prakt. Anleit. z. Gartenkunst der Lust-, Küchen- u. Baumgewächse u. deren Kultur, mit 3 Kpf. gr. 8. Stuttg. 779. 2e (von e. Ungenannten herausg.) Aufl. 792. 3e A. 820. Metzler. 2 ℳ

Walter, Joh. Jak., allgem. deutsches Gartenbuch, od. neue, gemeinnütz. u. vollständ. prakt. Anleit. z. Anlegung u. Behandl. d. Lust-, Küchen- u. Baumgärten. gr. 8. Stuttgart. 1779. 2. Aufl. 1792. 3. Aufl. 1820. 4. Aufl. v. Ed. Schmidlin. 3 Thle. Mit lith. Zeichn. 1834 u. 35. Metzler. 3. —

Walter, J. J., allgemeines deutsches Gartenbuch od. prakt. Anleitung zur Anlegung u. Behandlung d. Lust-, Küchen- u. Blumen-Gärten. 2 Bde. Mit 1 Kupf. 2te Aufl. gr. 8. Stuttgart, Metzler. 820.

Walter, (J. J.,) allg. deutsches Gartenbuch od. neue gemeinnütz. u. vollständ. prakt. Anleit. zur Anleg. u. Behandl. der Lust-, Küchen- u. Baumgärten. 2 Bde, 3e Aufl. mit 3 Kpf. gr. 8. Stuttg. 823, Metzler.

Walter, Joh. Jak., allgem. deutsches Gartenbuch, od. neue, gemeinnütz. u. vollständ. prakt. Anleit. zur Anlegung u. Behandl. d. Lust-, Küchen- u. Baumgärten. 4., völlig umgearb. Aufl. v. Ed. Schmidlin. 1. Thl. (1—8. Hft.) gr. 8. (64½ B. m. 1 Stnt. qu. ½ Fol.) Stuttgart 834, 35, Metzler. à Hft.

Walter, Jh. Jak., allgemeines deutsches Gartenbuch, oder neue, gemeinnützliche u. vollständige praktische Anleitung zur Anlegung u. Behandlung der Lust-, Küchen- u. Baumgärten. 3 Bde. 4. Aufl. von Ed. Schmidlin. Mit Zeichnungen. gr. 8. 835. Stuttgart, Metzler'sche Buchh. Herabges. Pr. n. 1 ℳ

Walter, Johann Wilhelm

Walter, Jh. Wlh., († d. 13. April 1807.) Diss. inaug. med., momenta quaedam de natura inflammationis sistens. 8. Dorp. 805. (Kummer in Leipz.) 3 ℳ

— Momenta quaedam de natura inflammationis etc. 8. Dorpat. (Kummer in Lpz.) 807.

Walter, Johannes, s. Walter, Johann

Der Bluthund vom Mississippi. Eine Erzählung von John Walter. *Berlin: A. Weichert [1901].* (30 S.) 8° [J.]
= Indianer- u. Volksbibliothek. 335

WALTER, Josef
(F) Die Andacht zum heiligsten Herzen Jesu. Ein Belehrungs- und Erbauungsbüchlein für das christliche Volk nebst 31 Betrachtungen für den Herz-Jesu Monat und einem kleinen Gebetbüchlein im Anhange. Verfasst von Dr. Josef Walter. Mit Approbation des hochw. f.-b. Ordinariates. Brixen. 1900. Kath. Pressverein. 8°. 416 S. mit 1 Tafel. Geb. K 1.50

Walter, Jos., die Andacht zum heiligsten Herzen Jesu. Ein Belehrungs- u. Erbauungsbüchlein f. das christliche Volk nebst 31 Betrachtgn. f. den Herz Jesu-Monat u. e. kleinen Gebetbüchlein im Anh. 2., verb. Aufl. (406 S. m. 1 Farbdr.) 16. Brixen 909. Buchh. der Verlagsanstalt Tyrolia. Geb. 1.50

Walter, Jos., die Beicht, mein Trost. Ein Belehrungs- u. Erbauungsbuch f. Hoch u. Nieder. (266 S.) kl. 8. Brixen 904. Preßvereins-Buchh. Geb. in Leinw. n. 1.50

— Die Beicht, mein Trost. Ein Belehrungs- u. Erbauungsbuch f. Hoch u. Nieder. 2., durchgeseh. u. verb. Aufl. (349 S.) 16. Ebd. 909. Geb. in Leinw. 1.50

Walter, Jos., kurze Erklärung der lauretanischen Litanei. [Aus: „Rosenkranzbüchlein".] 16. (IV, 48 S.) Brixen 891. Buchhandlg. d. kathol.-polit. Preßvereins. n. — 20

Leipa: Die Feier der Verstaatlichung des bisherigen Ordensgymn. v. Dr. J. Walter. 28. 1883.
Progr.

Walter Josef: Festfeier, anlässlich der Übergabe des Franz Josef Ordens an den Kapiteldechanten, Prof. Laurenz Hafenrichter, Prag Graben 91.
Progr.

— die notwendigsten Gebete f. Schulkinder zum Vor- u. Nachbeten sowie zum Auswendiglernen. 2., verm. Aufl. (56 S. m. Titelbild.) 16. Ebd. (905). Geb. n. — 30

— der hl. Geist in seinen Gnaden u. Gaben. Ein Belehrungs- u. Betrachtungsbüchlein, nebst Gebetsanh. f. das christl. Volk. Hrsg. v. der St. Josef-Bücherbruderschaft in Klagenfurt. gr. 16. (IX, 438 S. m. Titelbild.) Ebd. 902. Geb. in Leinw. n. 1.50

Walter, Jos., Geschichte des Bauernstandes. (204 S.) 8. Budweis 908. Verlagsanstalt „Moldavia". Kart. 1. —

Walter, J., De animi immortalitate quae decreta et praecepta Cicero tradidit. Pr. 1867. 17 S. 4°. 2.—

— Der armen Seelen Leid, Trost u. Hilfe. Belehrungs- u. Erbauungsbuch f. das christl. Volk. Mit e. Gebetsanh. (368 S.) 16. Ebd. 909. Geb. in Leinw. 1.60

Walter, Jos., die heilige Messe, der größte Schatz der Welt, und die Weise ihn zu benützen. Ein Belehrungs- und Erbauungsbuch für das christl. Volk. (XIX, 732 S. mit 1 Stahlst.) 1881; 2. verb. und verm. Aufl. (VIII, 636 S. mit 1 Stahlst.) 1882. *ℳ 2.; 3. Aufl. 12. (VIII, 594 S. mit 1 Stahlst.) Brixen 884, Weger's Buchh. *

Walter, J., die heilige Messe, der größte Schatz der Welt u. die Weise ihn zu benützen. Ein Belehrungs- u. Erbauungsbuch f. das christl. Volk. 4., unveränd. Aufl. 12. (VIII, 594 S. m. 1 Farbendr.) Brixen 889. Weger. n. 1.60

Walter, Jos., d. hl. Messe, d. größte Schatz d. Welt u. d. Weise, ihn zu benützen. E. Belehrungs- u. Erbauungsbuch f. d. christl. Volk. 5., verb. u. verm. Aufl. 12. (VIII, 610 S. m. farb. Titel u. 1 Farbendr.) Brixen 895. A. Weger. n. 1.60

WALTER, Josef
(F) Die heilige Messe, der grösste Schatz der Welt, und die Weise, ihn zu benützen. Ein Belehrungs- und Erbauungsbuch für das christliche Volk von Dr. Josef Walter. 6., mit Beispielen vermehrte Auflage. Mit fürstbischöflicher Approbation. Brixen. 1901. Pressverein. 551 S. mit 1 Tafel. 8°. Geb. K 2.60

— Die hl. Messe, der größte Schatz der Welt, u. die Weise, ihn zu benützen. Ein Belehrungs- u. Erbauungsbuch f. das christl. Volk. 7., m. Beispielen verm. Aufl. (556 S.) kl. 8. Ebd. 909. Geb. in Leinw. 3. —

Walter Dr. J.: M. T. Cic. philosophia moralis. Ad viam quandam et rationem revocabat. 53, 48. Prag, Kleins. 77, 78.
— pars II. sect. I. 23 Mies. 79.
— „ II. „ II. Tullii ipsius quam maxime poterat, verbis ad v. q. et rat. revocabat. 19. ibd. 80.
— pars II. sect. III. 29. ibd. 81.
— „ II. „ IV. 50. ibd. 82.
— „ II. „ V. 44 Böhm.-Leipa 83.
Progr.

— der katholische Priester in seinem Leben u. Wirken. Geistliche Lesgn. 2., verm. Aufl. 3. Tausd. (478 S.) 8. Ebd. 904. Geb. in Leinw. n. 4. —

— Der katholische Priester in seinem Leben u. Wirken. Geistliche Lesgn. 3. verm. u. verb. Aufl. (518 S.) kl. 8. Ebd. 908. Geb. in Leinw. 4. —

Walter, Jos., der hl. Rosenkranz. Ein Belehrungs- und Erbauungs-Büchlein für das christl. Volk, mit einem kleinen Gebetbüchlein im Anhange. 1. und 2. verm. und verb. Aufl. 16. (248 S. mit 1 Stahlst.) Brixen 876,77, Theolog. Verlags-Anstalt. *

—— der heilige Rosenkranz. Ein Belehrungs- und Erbauungs-Büchlein für das christl. Volk, mit einem kleinen Gebetbüchlein im Anhang. 3. verm. und verb. Aufl. 16. (280 S. mit 1 Stahlst.) Brixen 880, Theolog. Verlags-Anstalt. *

Walter, Jos., der heilige Rosenkranz. Ein Belehrungs- und Erbauungsbüchlein für das christl. Volk, mit einem kleinen Gebetbüchlein im Anhang. 4. verm. und verb. Aufl. 16. (XXVIII, 292 S. mit 1 Holzschn.) Brixen 886, Weger's Buchh. *

— der heilige Rosenkranz. Ein Belehrungs- u. Erbauungsbüchlein für das christl. Volk, sammt Erklärg. der lauretan. Litanei u. e. kleinen Gebetbüchlein im Anh. 5., verm. Aufl. 16. (XXX, 344 S. m. 1 Bild.) Ebd. 891. n. — 80

— der hl. Rosenkranz. E. Belehrungs- u. Erbauungsbüchlein f. d. christl. Volk, sammt Erklärg. d. lauretan. Litanei u. e. kleinen Gebetbüchlein im Anh. 6., verm. u. verb. Aufl. 16. (396 S. m. 1 Farbendr.) Brixen 895. Buchh. d. kathol.-polit. Preßvereins. n. — 80; Einbd. in Leinw. n.n.n. — 50; in Ldr. n.n.n. 1. —; in Chagrin n.n.n. 1. 60

Walter, Jos., das allerheiligste Sacrament, das wahre Brot der Seele. Ein Belehrungs- und Erbauungsbuch für das christl. Volk. 12. (IV, 607 S. mit 1 Stahlst.) Brixen 887, Weger's Buchh. *

— das allerheiligste Sacrament, das wahre Brot der Seele. Ein Belehrungs- u. Erbauungsbuch f. das christl. Volk. 2., verb. Aufl. 12. (576 S. m. 1 Stahlst.) Ebd. 893. n. 1, 80

(F) Das Allerheiligste Sacrament, das wahre Brot der Seele. Ein Belehrungs- und Erbauungsbuch für das christliche Volk von Dr. Josef Walter. Mit Approbation des fürstbischöflichen Ordinariates zu Brixen. 3. verbesserte Auflage. Brixen. 1899. Kath. pol. Pressverein. 8°. 580 S. Mit 1 Tafel. fl. —.90. geb. fl. 1.30

— Das allerheiligste Sakrament, das wahre Brot der Seele. Ein Belehrungs- u. Erbauungsbuch f. das christl. Volk. 4., verb. Aufl. (592 S.) kl. 8. Ebd. 908. Geb. in Leinw. 3. —

Walter, Josef. Sveti rožni venec. V Celovcu, t. Hermagoras-Druck., 1897. 320 S.

— Verheißungen des göttlichen Herzens Jesu. Zur Belebg. der Andacht u. des Vertrauens dem christl. Volk dargelegt f. e. Novene. (56 S.) 16. Ebd. 903. n. — 20

— Verheißungen des göttlichen Herzens Jesu. Zur Belebg. der Andacht u. des Vertrauens dem christl. Volke dargelegt f. e. Novene. 2. Aufl. (101 S. m. Titelbild.) 16. Ebd. 906. — 40

Walter, Jos., výklad slabikáře a čítanky pro první třídu obecných škol v císařství Rakouském. Část I. Cvičení smyslů a řeči. Prag 858. (Rziwnatz in Comm.) gr. 8. (VIII, 176 S.) n. 10 ngr.

Walter, Jos., výklad slabikáře a čítanky pro první třídu obecných škol v císařství Rakouském. Část 2. Čtení. Prag 859. Rziwnatz in Comm. gr. 8. (XI, 100 S.) n. 8 ngr.

Walter, Jos., der kleine Zeichner. 6 Hefte. Prag 866,67. (Rziwnatz.) 4. Jedes Heft (20 Steintaff.) n. 12 ngr.

Walter, Jul., Dr. Adolph Friedrich Kleinert, Prof. in Dorpat, geschildert. gr. 8. Riga 834. Frantzen. 1/6 ß

Walter, Jul., Querfeldein. Lebens- u. Reisebilder. 8. (244 S.) Berlin 873. Janke. n. 3. —

— Sprudelsteine. Ein Carlsbader Bilderbuch. 8. (III, 242 S.) Ebend. 872. 3. —

Walter, Jul., neue Sprudelsteine. Ein Carlsbader Bilderbuch. 8. (272 S.) Wien 876, Rosner. *

Walter, Julian, aus dem Leben u. Wirken Dr. Karl Amerling's. Vortrag, geh. in der Generalversammlg. der Gesellschaft f. Physiokratie in Böhmen zu Prag am 16. Juni 1889. gr. 8. (18 S.) Prag 890. (Fr. Haerpfer.) n. — 40

— die Vögel u. das Ungeziefer, s.: Mittheilungen der Gesellschaft f. Physiokratie in Böhmen zu Prag.

Walter, Julius

Walter, Jul., Anschauungs-Unterricht. Stoff für Denk- u. Sprechübungen im Anschluß an die Winckelmann'schen Bilder. 8. (VIII, 108 S.) Breslau 880. Maruschke & Berendt. n. 1. 50

Walter, J., Ueb. e. falsche Auffassung des νοῦς πρακτικός. Vorbemerkungen z. Einleit in d. 6. Buch d. nikomach. Ethik. Hab. 1878. 94 S.

Walter, Jul., Aufgaben z. Zifferrechnen, s.: Blümel & Pflüger.

WALTER, Julius: De cooperatione ad peccata aliena. — (1883) 200 S. 4° (Handschr.) Diss. 450
Diss. Wien, Univ.

Walter, Jul., zum Gedächtnis Kant's. Festrede, geh. zur Einweihung der neu errichteten Grab-Stätte des Philosophen in Königsberg am 19. Juni, im Jahre der Säkularfeier der Kritik der reinen Vernunft. gr. 8. (31 S.) Leipzig 881. Breitkopf & Härtel. — 90

Walter, Jul., zum Gedächtnis Kants. Rede zur 100. Wiederkehr des Tages seines Todes, in der Aula der Albertina am 12. II. 1904 geh. (24 S.) gr. 8. Königsberg 904. Gräfe & Unzer, Buchh. n. — 60

Walter, Jul., die Geschichte der Ästhetik im Altertum, ihrer begriffl. Entwicklg. nach dargestellt. gr. 8. (XVIII, 891 S.) Leipzig 893. O. R. Reisland. n. 17. —

— Hilfsbuch f. den orthographischen u. grammatischen Unterricht in den unteren Klassen höh. Lehranstalten. 3. Aufl. (36 S.) 8. Breslau 904. Maruschke & Berendt. Geb. n. — 50

Walter, Jul., die Lehre von der praktischen Vernunft in der griechischen Philosophie. gr. 8. (XVIII, 573 S.) Jena 875, [Dufft.] Fischer. *

—— erstes Lesebuch nach der Jacotot-Seltzsam'schen Methode. Mit einem Anhang für den Unterricht in der Orthographie. 8. (60 S., wovon 4 lithogr.) Ebendas. 880. geb. **

Walter, Jul., erstes Lesebuch nach der Jacotot-Seltzsamschen Methode für Vorschulen höherer Lehranstalten, mit einem Anhang für den Unterricht in der Orthographie. 2. Aufl. 8. (60 S., wovon 4 lithogr.) Breslau 886, Maruschke und Berendt. * geb. **

Walter, Jul., erstes Lesebuch nach d. Jacotot-Seltzsamschen Methode f. Vorschulen höh. Lehranst., m. e. Anh. f. d. Unterricht in d. Orthographie. 3. Aufl. 8. (64 S. m. 4 Schrifttaf.) Breslau 897. Maruschke & Berendt. Geb. n.n. — 60

Erstes Lesebuch nach der Jacotot-Seltzsamschen Methode für Vorschulen höherer Lehranstalten mit e. Anh. f. d. Unterr. in d. Orthographie bearb. von Julius Walter, Vorschullehrer in Breslau. 4. Aufl. Breslau: Maruschke & Berendt 1906. (64 S.) 8° [F.] [06. 10088 2

Walter, K., s. Beiträge zu einer Geschichte der Stadt Offenburg.

Walter, K., Theorie u. Praxis d. Ganz-Damast-Weberei, s.: Kinzer, H.

Walter, K. A., Sonettenkranz berühmter Männer u. verm. Gedichte, gewidmet der denkenden Jugend. 12. (24 S.) Bern (Schreinerweg 3 II) 896. Selbstverl. n. — 30

Walter, Karl: Abenteuer in Australien, s. Volks- u. Jugend-Erzählungen.

Walter, Carl, aber, Herr Rechnungsrath! } s. Wallner's allgemeine Schaubühne.

Walter, Karl, Referendar: Das Aktienrecht als Gegenstand von Rechtsgeschäften. Greifswald 1908: Adler. 47 S. 8°
Greifswald, Jur. Diss. v. 3. Sept. 1908, Ref. Frommhold
[Geb. 18. März 83 Pasewalk; Wohnort: Pasewalk; Staatsangeh.: Preußen; Vorbildung: Gymn. Pasewalk Reife M. 02; Studium: Greifswald 7 S.; Rig. 30. Juni 08.] [U 09. 1476

Walter, Carl, Gerichtsass. in Bischofstein (Ostpr.): Über den Anspruch des Adressaten eines Geldbriefs oder einer Postanweisung gegen die Post auf Auslieferung des Geldbriefs oder Auszahlung des Postanweisungsbetrages nach früherem und dem am 1. Januar 1900 in Kraft getretenen Recht. *Greifswald 1900: J. Abel.* (40 S.) 8°
Greifswald, Jur. Diss. v. 1900

Walter, Karl: Ueber Apatit vom Epprechtstein in Bayern und von Luxullian in Cornwall. Stuttgart: E. Schweizerbart 1907. (S. 581—643.) 8°
(Aus: Neues Jahrbuch für Mineralogie Beil.-Bd 23.)
Münster, Phil. Fak., Ref. Buß, Diss. v. 4. Juni 1907.

Walter, (*Ernst Alfred*) *Karl* Kritisch-Exegetische Beiträge zu den griechischen Tragikern [Euripides. Sophokles]. 4 (S. 3—32). **Progr** G. *Wurzen* 1888 (515).

Walter, Karl: **Beschreibung** der Konzertorgel in der Anstaltsaula. *Wiesbaden: P. Plaum 1901.* (S. 315—320.) 8° [F.]
Montabaur, k. paritāt. Lehrer-Sm, Festschr. 1901 *

Walter, Karl, a. Berlin: Chronologie der Werke C. M. Wielands (1750—1760). Greifswald 1904: F. W. Kunike. (140 S.) 8°
Greifswald, Phil. Fak., Ref. Reifferscheid, Diss. v. 1. Sept. 1904
[Geb. 2. Okt. 72 Berlin; Wohnort: Berlin; Staatsangeh.: Preußen; Vorbildung: Dorotheenstädt. Realgymn. Berlin Reife M. 93; Studium: Berlin 4, Marburg 2, Greifswald 4 S.; Rig. 30. Juni 02.]

Walter, Karl, Chronologie der Werke C. M. Wielands (1750—1760). Diss. (188 S.) Lex.-8. Greifswald 904. (Leipzig, A. Duncker.) n. 8 —

Walter, Carl, Echo vom Soracte. Horazische Gedichte in modernen Versmassen bearb. 8. (69 S.) Göttingen 868, Dieterich's Verlag. *

Walter, K., Emenationum in Sophoclis fabulas spec. Diss. 1877. 89 S.

Walter, Carl, das erste Glas dem Kaiser, s. Wallner's allgemeine Schaubühne.

Walter, Karl, Feder-Zeichnen. Vorlagen. 1. u. 2. Heft. (à 8 Bl. m. je 4 S. Text in gr. 8.) qu. gr. 8. Ravensburg (906). O. Maier. à n. 1. —

Walter, Karl, Feder-Zeichnen, Fortsetzg., s.: Feder-Zeichnen.

Walter, Karl: Die Flibustier, s. Volks- u. Jugend-Erzählungen.

Walter, Carl: Die Furcht vor persönlicher Gefahr nach § 49 Absatz 1 des Militärstrafgesetzbuchs. Breslau 1900: A. Stenzel. (72 S.) 8°
Breslau, Jur. Diss. v. 17. Dez. 1900.

Walter, Carolus (geb. am 4 Aug. 1826 in Bonn): Hernia lineae albae supra umbilicum, quae dicitur gastrocele ... Cum tab. II lapide incisis. Bonnae, typ. C. Krüger 1850. 19 S., 2 Taf. 4.
Bonn, Med. Fak., Diss. v. 30 Dez. 1850

— Kinderzeichnen. Vorlagen für Schule u. Haus. 24 Taf. Zugleich c. Materialsammlg. fürs Gedächtniszeichnen. (2 S. Text) qu. Fol. Ebd. (903). n. 2. —

Walter, Karl: Lateinisches Lesebuch, s. Meurer, H.

Walter, Karl, die Maximaldosen in Versen nach dem Arzneibuch des Deutschen Reiches. IV. Aufl. 1900. 16. (7 S.) Göttingen 901. Deuerlich. n. — 30

Walter, Karl, der Most. Ein Beitrag zur Alkoholfrage m. besond. Berücksicht. der württemberg. Verhältnisse. (18 S.) gr. 8. Dresden 904. O. V. Böhmert.
Sonderabdruck aus: „Die Alkoholfrage". n. — 30

— die Neugestaltung des Zeichenunterrichts. Positive Vorschläge. (52 S.) gr. 8. n. — 80
Ravensburg: O. Maier 1903.

Walter, Karl, kleine Orgelbau-Lehre, s.: Rothe, Bernh.

Walter, Karl, Orgelbegleitung zu den Melodien des Gesangbuches f. das Bist. Limburg. 1907. Hrsg. v. dem bischöfl. Ordinariate. (IV, 137 S.) 23,5×31,5 cm. Limburg 907. (H. A. Herz.) Geb. in Leinw. nn 10. 50

Walter, Carolus, Bremerhavensis: Ioannis Philoponi libellus de paschate. (Ed. et praefatione ornavit.) *Lipsiae 1899: B. G. Teubner.* (S. 195—229.) 8° * (Aus: Commentationes philol. Ienenses, Vol. 6, 2.)
Jena, Phil. Diss. v. (23. Juli) 1898

— das Pinselzeichnen. Vorbilder u. Vorlagen. 1. u. 2. Serie. (à 12 Taf. m. 6 S. Text.) qu. gr. 8. Ebd. (905). à n. 1, 50

—— Rothand, der Kiowa-Häuptling. — s. Volks- u. Jugend-Erzählungen.

Walter, Carl, schafft Eisen Euch in's Blut. Kurze Abhandlung über den Nutzen und Gebrauch des echten Eisen-Liqueurs. 16. (12 S.) Neutitschein 865, Enders. *

Walter, Karl, Schönheit u. Wahrheit in Liebe, e. Sonettenkranz üb. Meister der Menschheit u. vermischte Gedichte. (V, 83 S.) 8. Dresden (907). E. Pierson. 1.50; geb. n 2. 50

Walter, Karl: Schwierigkeiten in der Diagnose der Wirbelsäulenfrakturen. Duisburg-Ruhrort: Brendow 1909. 32 S. 8°
Bonn, Med. Diss. v. 15. Jan. 1910, Ref. Garrè
[Geb. 8. Jan. 82 Duisburg-Meiderich; Wohnort: Trier; Staatsangeh.: Preußen; Vorbildung: Realgymn. Ruhrort Reife M. 03; Studium: Freiburg i. B. 6, Bonn 4 S.; Coll. 30. Juni 09; Approb. 20. Dez. 09.] [U 10. 340

Walter, Carl, der Socialisten-Staat. Schauspiel in 3 Akten. gr. 16. (47 S.) Breslau 879, Leuckart'sche Sortimentsh. *

—— der Socialisten-Staat. Schauspiel in 3 Akten. 2. bill. Ausg. 12. (47 S.) [Breslau 881, Leuckart'sche Sortimentsh.) Leipzig, K. F. Koehler. *

Walter, Karl: Tomba, der Negerfürst, s. Volks- u. Jugend-Erzählungen.

Walter, Karl: Herders Typus Lectionum für das Wilhelm Ernst-Gymnasium in Weimar. (Umschlagtitel: Herders Typus lectionum.) 24 S. 4.
Progr. Wilhelm-Ernstisches Gymn. *Weimar* 1905 (816).

Walter, Carl, Alt-Riga's Vaternamen. Progr. gr. 8. (42 S.) Riga 889. (Jonck & Poliewsky.) n.n. 1.—

Vor Paris 1871. Lebensbild in 1 Aufzug aus d. Zeit d. Okkupation in Frankreich von Carl **Walter** [d. i. Albert Clar]. 2. Aufl. Erfurt: F. Bartholomäus [1895]. (32 S.) 8° [F.]
= **Schaubühne**, Wallner's allgemeine. Lfg 78. [95. 5706

Walter, Carl, vor Paris 1871, s. a. Wallner's allgem. Schaubühne, Lfg. 78.

— **Vorbilder** f. die ornamentale Behandlung v. einfachen Naturformen im Zeichenunterricht. Vorlagen- u. Motivensammlg. 1. Serie. (16 z. Tl. farb. Taf. m. 12 S. Text.) gr. 4. Ravensburg: O. Maier 1903. n. 5.—

— **Zeichen-Kunst,** s.: **Hoffmann,** C.

Walter, Karl A., Universal-Gratulant. Eine Sammlg. v. 219 Orig.-Wünschen zu allen nur vorkomm. Gelegenheiten. sowohl deutschen als böhm. Inhalts. br. 8. (255 S.) Brünn 872. Nitsch. n. 1. —

Karl Alexander Walter

De Hydrocephalo acuto. Halae (1828:) Gebauer. 29 S. 8°
Halle, Med. Diss. v. 31. Dez. 1828

Walter, Karl Friedrich

Walter, Car. Frid. (geb. Münster in Westf. 19. 11. 1829): De teleangiectasia. Berolini (1851). (28 S.) 8°
Berlin, Med. Diss. v. 23. Jan. 1851

Walter, Karoline [Hrsg.], s. Walter, Franz: Gedichte.

Walter, Kaspar

Walter, Ksp., († 1768.) Anweis. vor einen jederweiligen Stadt-Brunnenmeister in Augsburg. Mit Grundr. 4. Augsb. 766.

Walter, Caspar, theoretisch-prakt. Anweisung zu allen Arten von Brücken von Holz u. Steinen, mit K. Fol. Augsb. Stage. 815.

Walter, Casp., theoret.-praktische Anweisung, wie alle Arten von Brücken, sowohl von Holz als von Steinen dauerhaft anzulegen sind. Neue Ausgabe, herausgeg. von A. A. Mayer. Mit 34 Kupfert. Fol. Augsburg, v. Jenisch u. Stage. 819.

— **Architectura hydraulica,** oder Anleit. zu Brunnenkünsten. 2 Thle. Mit 31 Kpf. Fol. Augsb. 765. Lotter. 3 ₰

— **Beschreib.** aller hölzernen, u. der mit zwei messernen Stöpsel versehenen od. gemachten, sogenannten Gumperwerke in Augsburg. Mit Kpf. 4. Augsb. 761.

Brückenbau oder Anweisung, wie allerley Arten von Brücken, sowohl von Holz als Steinen, nach den besten Regeln der Zimmerkunst dauerhaft anzulegen sind. In zween Theilen jungen und unerfahrnen Zimmerleuten zum Unterrichte abgehandelt von *Caspar Walter*, Zimmer- und Stadt-Brunnen- auch Baugeschwornen Wasserwerkmeister in der löblichen Reichsstadt Augsburg. Augsburg verlegt von den Gebrüdern Veith, Buchhändlern. fol. 33 Kupft. u. 52 S. Erklärungen nebst Vorreden an den Momus und andere Leser. 1766.

— **Brückenbau,** oder Anweis. wie alle Arten von Brücken, sowohl hölzerne als steinerne, dauerhaft anzulegen sind. 2 Thle. Mit 33 Kpf. Fol. Augsb. 766. Kranzfelder. 1 ₰ 16 gr 2e verm. Aufl. v. A. C. Mayer, mit 34 Kpf. Fol. Ebd. 822. v. Jenisch u. St. 3 ₰

— **Hydraulica Augustana,** die ausführl. Beschreib. u. Anlegung alles dessen, was in Augsburg den Fremden gezeigt zu werden pflegt. 4. Augsb. 754.

Walter, Kaspar. Zimmerkunst oder Anweisung, wie allerley Arten von deutschen u. welschen Thurmhauben auch Kugelhelme zu Bedeckung der Kirchenthürme zu verfertigen etc. sind. Ferner, wie eine Glocke auf geometrische Art anzugeben ist etc. Augsburg 1769. Kl. Fol.

— **Zimmerkunst,** oder Anweis., wie allerlei Thurmhauben, auch Kugelhelme zu erfinden xc. u. mit Holz zu verbinden u. s. w. Mit 35 Kpf. Fol. Augsb. 769. Veith. 3 ₰

Walter, Kaspar Karl

Walter, Casp. Carol., Tentamen historicum circa notas ecclesiae. Wirceburgi 1792, in 8°

Walter, Curt: Die Sehnenscheiden und Schleimbeutel der Gliedmaßen des Hundes. Mit 25 Abb. Dresden 1908: Franke. 70 S. 8°
Leipzig, Veterinär-Med. Diss. v. 1. Aug. 1908, Ref. Baum.

Walter, Kurt [aus Berlin]: Die Stirn- und Vorderhauptlage ... Berlin, Buchdr. v. G. Schade, *1892*; 99 S., 2 Bl. 8.
Berlin, Med. Fak., Inaug.-Diss. v. 20. Aug. 1892.

Centralstelle für alle Handelsfragen. Was sie leistet, Wie man sie benutzen soll, Was man von ihr zu verlangen hat und erwarten darf, von Dir. Kurt **Walter**. 3. Aufl. Berlin: **Selbstverl.** (1907). (44 S.) 4° [08. 1451

Walter, Curt L., **Babel,** Bibel u. — Bebel. Ein religions- u. geschichtsphilosoph. Rückblick u. Ausblick. (174 S.) gr. 8. Weimar 903. R. Leutloff. n. 1. 80; geb. n. 2. 40

— Otto **Borngräbers Giordano Bruno u. König Friedwahn in ihrer Stellung zum Gesamtkunstwerk Richard Wagners. [Sonderausg. des 1. künstler. Teils der Prolegomena zu e. Richard Wagner-Gesellschaft f. german. Kunst u. Kultur.] (VI, 34 S.) 8. Berlin-Wilmersdorf 904. Charlottenburg, Kunst- u. Musikverlag d. Rich. Wagner-Gesellschaft. — 80**

Walter, Curt L., s.: **Hochland.**

Prolegomena einer Freien Akademie für die redenden Künste und eines Pangermanischen Nationaltheaters. Denkschrift von Curt L. **Walter**. T. 1. *Berlin-Wilmersdorf: Tempelkunst-Verl. 1904.* 8°
= Tempelkunst. 1, 1.

Walter, Curt L., einleitende Worte zu Paul Friedrichs „Christus", s. a. Friedrich, Paul, Christus.

Einleitende Worte zu Paul Friedrichs 'Christus' an Kritik und Publikum von Curt L. **Walter**. *Berlin: J. Harrwitz Nachf. 1899.* (8 S.) 8° [F.]
[00. 10703

Walter, Leo: Über die Verbindung von Vorder- und Hinterflügel bei den Hymenopteren.
Diss., Prag 1903/1904.

Walter, Leonhard, aus Lengfeld: Zur kondensierenden **Wirkung** organischer Basen. *Heidelberg 1903: H. Morell.* (44 S.) 8°
Heidelberg, Naturw.-math. Diss. v. 1903

WALTER, Leopold (Reckendorf): Über einige schwere Fälle von Syphilis.- München 1880.
31.1.1880 - Urk (Titel: De speciebus syphilitidis aliquot singularitus.); Chr 1879/80,14
Diss.Ingolst.-Landsh.-Mchn.

Walter, Leop., unsere einheimischen Finkenvögel, ihre Beschreibg., Wartung, Pflege u. Zucht. gr. 8. (93 S. m. 7 Holzschn.) Leipzig 896. A. Twietmeyer. n. 1. 80

— die Kanarien-Bastardzucht. Anleitung zur Zucht zwischen uns. einheim. Finkenvögeln u. Kanarienweibchen. 8. (80 S. m. 3 Holzschn. u. 2 farb. Taf.) Ilmenau 895. A. Schröter. n. 1. 50

Walter, L., die Kanarien-Bastardzucht. Anleitg. zur Zucht zwischen unseren einheim. Finkenvögeln u. Kanarienweibchen. 3. [Titel-]Aufl. (78 S. m. 3 Holzschn. u. 2 farb. Taf.) 8. Ilmenau [895] (910). A. Schröter. Geb. in Leinw. 2. —

Walter, L., unsere einheim. Stubenvögel, s. a. Weller, Hub.

Walter, L., unsere einheimischen Stubenvögel. Ihre Beschreibg., Wartg. u. Pflege. gr. 8. (198 S. m. 4 farb. Taf.) Leipzig 894. Siegismund & Volkening. 3. 60; geb. 4. 50

— unsere einheimischen u. kerbthier-fressenden Stubenvögel, ihre Wartg., Pflege u. Zucht. M. 22 Holzschn. gr. 8. (III, 155 S.) Leipzig 898. A. Twietmeyer. n. 3. —

Walter, Leop., die Vogelzucht. Anleitung zur Zucht unserer einheim. Stubenvögel in Gefangenschaft. Mit 2 Farbdr.-Taf. nach Orig.-Aquarellen u. 28 Textabbildgn. gr. 8. (XIII, 118 S.) Berlin 900. Herm. Walther. n. 3. —; geb. n. 3. 50

Walter, Lorenz (Tauberbischofsheim) A. S. 1056/8

Dissertatio inauguralis medica de colica inflammatoria.
Altdorf (Hessel) 8. IV. 1756. 14 S. 35745

Walter, Louis, Adolf Diesterweg und Friedrich Fröbel. Diesterwegs Begegnungen mit Fröbel und seine Urtheile über ihn und sein Werk. gr. 8. (IX, 171 S.) Dresden 881, Huhle. *

—— die Fröbelliteratur. Zusammenstellung, Inhalts-Angabe und Kritik derselben. gr. 8. (XI, 196 S.) Ebendas. 881. *

—— Bertha v. Marenholtz-Bülow in ihrer Bedeutung für das Werk Fr. Fröbels. Ihr Leben und ihre Schriften. 8. (156 S.) Ebendas. 881. *

Walter, Ludwig: Der syntaktische Gebrauch des Verbums in dem angelsächsischen Gedichte „Christ u. Satan". Rostock 1907: Eichemeyer & Fett. (64 S.) 8°
Rostock, Phil. Fak., Ref. Lindner, Diss. v. 26. Juni 1907
[Geb. 18. Juli 84 Osterode a. H.; Wohnort: Rostock; Staatsangeh.: Preußen; Vorbildung: Realgymn. Hannover Reife O. 03; Studium: Göttingen 5, Rostock 4 S.; Rig. 24. Juni 07.]

Walter, M., neues Armee-Liederbuch. 225 Lieder m. 20 Abb. nach Orig.-Zeichngn. v. Rich. Knötel. Auf Veranlassg. des Deutschen Offizierblattes zusammengestellt. (VIII, 144 S. m. 1 Bildnis.) 16. Oldenburg (908). G. Stalling's Verl. — 25

Walter, M., Bemerkk. üb. d. Verheerungen des Fichten-Rüssel-Käfers Curculio pini (Lin.) u. einige Hülfsmittel z. Vertilgung desselben. 8. Karlsb. 824. (Prag, Borrosch). 6 gr.

WALTER, M.: Bemerkungen über die Verheerungen des Fichten-Rüssel-Käfers Curculio pini und einige Hilfsmittel zur Vertilgung desselben. - Carlsbad 1826. 16 S.

— kurzgefaßte Geschichte des Garde-Fußartillerie-Regiments. Mit Genehmigg. des Regiments f. Unteroffiziere u. Mannschaften bearb. (75 S. m. Abbildgn.) gr. 8. Berlin (903). M. Oldenbourg. n. 1. —

— Liederbuch f. deutsche Kriegervereine. (VIII, 204 S.) 16. Minden (909). J. C. C. Bruns. — 25

Walter, M., Schatzkästlein f. reisende Künstler u. Handwerker. Ein Rathgeber f. gewöhnl. Ereignisse u. Fälle während d. Wanderschaft, u. e. Leitfaden um mit Vortheil u. Nutzen zu wandern. 16. (20 B.) Leipzig 840, (Hunger.)

Walter, Marie, der Brandstifter, s.: Bibliothek, interessante.

Marie **Walter**. Ein Dämon. Kriminalroman. Berlin: H. Steinitz (1903). (239 S.) 8° [F.]
= **Kriminal-Bibliothek**, Neue. 13. [06. 669

Walter, M., der rothe Dolman. Roman. 8. (124 S.) Köln 894. Kölner Verlags-Anstalt u. Druckerei, A.-G. 1. —

Der rote Dolman. Von M(arie) **Walter**. Mit Ill. von Arthur Lewin. *Berlin, Eisenach, Leipzig: H. Hillger [1902].* (112 S.) 8° [F.]
= Bücherschatz, Kürschners. No 287. [03. ...

Walter, Marie, der rote Dolman, s. a. Kürschner's, Jos., Bücherschatz.

Walter, Marie, gelöste Fesseln, s.: Bibliothek, interessante.

Walter, M[arie]: Der Fluch des Hauses. Roman nach d. Engl. Berlin: A. Weichert [1900]. (48 S.) 8°
(Welt, Alle. Bd 31.)

— ein gefährliches Geheimniß. Frei nach dem Engl. 8. (156 S.) Ebd. 894. 1. —

Im Netz gefangen. Ein Detektiv-Roman nach dem Amerikanischen von Marie **Walter**. *Berlin: H. Steinitz (1902).* (220 S.) 8° [F.]
= **Kriminal-Bibliothek**, Neue. 12. [03. 10049

— praktisches Kochbuch, s.: Davidis, Henriette.

— der Herr Postdirektor, s.: Cursch-Bühren, Frz. Thdr.

— Ein Rätsel, s.: Bibliothek, interessante.

Walter, Marie: Die böse Schwiegermutter, s. Siedenburg's Sammlung v. Einaktern. Nr 7.

— spurlos verschwunden. Detektiv-Roman aus dem Amerikan. (132 S.) 8. Erfurt (904). F. Bartholomäus. — 60

— Wenn Frauen lieben, s.: Bibliothek, interessante.

Walter, Martin, approb. Arzt aus Koeslin: Ueber die Entstehung von Hydronephrose infolge Divertikelbildung am unteren Ende des Ureters. *Leipzig 1902: B. Georgi.* (38 S.) 8°
Leipzig, Med. Diss. v. (22. Mai) 1902.

Walter, Max: Die magnetische Ablenkbarkeit des negativen Glimmlichtes als Funktion der magnetischen Feldstärke. Darmstadt 1902: J. C. Herbert. (53 S.) 8°
Göttingen, Phil. Diss. v. [20. Febr.] 1903.

Walter, Max, die magnetische Ablenkbarkeit des negativen Glimmlichtes als Funktion der magnetischen Feldstärke. Diss. (53 S. m. 22 Fig. u. 6 Photogr.-Taf.) gr. 8. Darmstadt 902 (Göttingen, Vandenhoeck & Ruprecht.) n. 2. 80

Walter, Max [Dir.]: *Der Abschied des Professors Guillaume Gustave Thévenot.* Frankfurt a. M., Druck v. H. Limpert, 1897; 16—17 S. 4.
Frankfurt a. M., Muster-S '(RG)', P 1897 (420)

Walter, *Max* [Dir.]: Abschiedsfeier für den Direktor Herrn Dr. *Friedrich Ludwig Wilhelm* Eiselen. Frankfurt a. M., Druck v. H. Limpert, 1895; 3—8 S. 4.
Frankfurt a. M., Muster-S '(RG)', OP 1895 (414)

Walter, Max, Aneignung u. Verarbeitung des Wortschatzes im neusprachlichen Unterricht. Vortrag, geh. auf dem XII. allgem. deutschen Neuphilologentage zu München. Pfingsten 1906. (In erweit. Form.) (36 S.) gr. 8. Marburg 907. N. G. Elwert's Verl. — 75
Sonderabdruck aus: „Neuere Sprachen".

Walter, Max Der Anfangsunterricht im Englischen auf lautlicher Grundlage. 4 (S. 3—39). **Progr.** Rsch. *Cassel* 1887 (375).
„Der Hauptteil meiner Arbeit, welcher die englische Aussprache im Anfangsunterricht behandelt, erscheint gleichzeitig in der ersten Nummer der Phonetischen Studien. Der Abdruck an dieser Stelle ist vom Herausgeber . . . freundlichst gestattet worden."

Walter, Max, die Anstellungs- u. Besoldungsgrundsätze bei den größeren preußischen Gemeindeverwaltungen. Auf Grund amtl. Materials bearb. (VIII, 397 S.) 8. Berlin 910. A. W. Hayn's Erben. Geb. in Leinw. 5. —

Walter, *Maximilian* [Assistenzarzt am allgem. Krankenh. in Lübeck, früher 2. Assist. am path. Inst. zu Rostock]: '(Aus d. patholog. Institut d. Univ. Rostock.)' Ueber das multiple Auftreten primärer, bösartiger Neoplasmen ... (Aus: Arch. f. klin. Chir., Bd. 53 Heft 1.) Berlin, gedr. bei L. Schumacher, 1896; 1 Bl., 58 S. 8.
Rostock, Med. Fak., Inaug.-Diss. v. [24. Juli] 1896.

Die Beamten-Besoldungen und Anstellungs-Verhältnisse in den mittleren, Kanzlei- u. Unterbeamten-Stellen d. größeren Gemeinde-Verwaltungen in Preußen. Bearb. von M[ax] **Walter**, Reichsbankassist. Berlin: Liebel (1910). 82 S. 8° 10. 171

— Besoldungsordnung (Gehaltstafeln) der Beamten der Reichs- u. preußischen Staatsbehörden. Nach dem Stande vom 1. X. 1909. Auf Grund amtl. Materials bearb. (170 S.) gr. 8. Berlin 910. J. Guttentag. 2. 70

— s.: Collection Teubner.

Walter, Max, Dornrose. (149 S.) 8. Dresden (909). E. Pierson. 2. —; geb. n 3. —

Walter, Max [Dir.]: Einführung des Direktors. Bockenheim, Druck v. F. Kaufmann & Co., 1891; S. 1—12; 4°
Bockenheim, st. R, P 1891 (392)

Walter, Max, Englisch nach dem Frankfurter Reformplan. Lehrgang während der ersten 2½ Unterrichtsjahre (II 2—I2), unter Beifügg. zahlreicher Schülerarbeiten dargestellt. gr. 8. (IV, 189 S.) Marburg 899. N. G. Elwert's Verl. n. 3. 50; geb. n. 4. —

Walter, M(ax): Englisch nach dem Frankfurter Reformplan. Lehrgang während der ersten 2½ Unterrichtsjahre(II_2 – I_2) unter Beifügung zahlreicher Schülerarbeiten. Marburg: N. G. Elwert 1900. (IV, 189 S.) 8°

— Englisch nach d. Frankfurter Reformplan. 1. Tl. Lehrgang der ersten 2½ Unterrichtsjahre (Untersekunda bis Unterprima) unter Beifügg. zahlreicher Schülerarbeiten. 2. ergänzte u. veränd. Aufl. (VII, 195 S.) gr. 8. Marburg 910. N. G. Elwert's Verl. 4. 80; geb. 5. 40

Walter, M(ax): Englisch in der Untersekunda nach dem Frankfurter Reformplan. *Frankfurt a. M. 1898: H. Limpert.* (52 S.) 8° [Umschlagt.]
Frankfurt a. M., Muster-S (RG), P 1898 (425)

Walter, Max, der Erzbischof v. Toledo. Erzählg. 8. (120 S.) Leipzig 897. F. Jansa. 1. 80; geb. n. 2. 50

Walter, Max [Dir.]: Über Erziehung der Jugend durch Schule und Haus. Frankfurt a. M., Druck v. H. Limpert, 1897; I—XI S. 4.
Frankfurt a. M., Muster-S '(RG)', P 1897 (420)

Walter, Max, Erziehung der Schüler zur Selbstverwaltung am Reform-Realgymnasium „Musterschule" Frankfurt a/M. (32 S.) gr. 8. Berlin 910. Weidmann. — 40
Sonderabdruck aus: „Monatschr. f. höh. Schulen".

— der Gebrauch der Fremdsprache bei der Lektüre in den Oberklassen. Vortrag, geh. auf dem XI. deutschen Neuphilologentage zu Köln a. Rh. am 27. V. 1904. Mit Ergänzgn. u. Anmerkgn. (V, 32 S.) gr. 8. Marburg 905. N. G. Elwert's Verl. n. — 70

— Handbuch f. den Regiments- u. Bataillonsschreiber. Abteilungsschreiber, Feldwebel u. Wachtmeister. (VI, 134 S.) 8. Berlin 905. E. S. Mittler & Sohn. n. 1. 75

Walter, M., der französische Klassenunterricht. I. Unterstufe. Entwurf e. Lehrplans. gr. 8. (IV, 78 S.) Marburg 888. Elwert's Verl. n. 1. 20
Den 2. Tl. s.: Kühn, K., Entwurf e. Lehrplans.

— der französische Klassenunterricht auf der Unterstufe. Entwurf e. Lehrplans. 2. durchgeseh., durch e. besonders erschein. Anh. verm. Aufl. (XI, 76 S.) gr. 8. Ebd. 906. n. 1. 40; kart. n. 1. 70

Walter, Max. Bemerkungen zu dessen Schriften, betr. die Reform d. französ. Unterrichts, s. Seeger, H.

—, *Lebensabriß des Direktor a. D. Dr. Friedrich Ludwig Wilhelm Eiselen.* 4 (S. 31—32).
Progr. Mustersch. (Rg.) *Frankfurt a. M.* 1895 (414).

— Zur Methodik des neusprachlichen Unterrichts. Vorträge, während der Marburger Ferienkurse 1906 u. 1908 geh. (VII, 68 S.) gr. 8. Marburg 908. N. G. Elwert's Verl. 1. 60

Walter, [Max], Dir.: Zweiter **Nachtrag** zum Verzeichnis der Schülerbücherei. *Frankfurt a. M. 1901: H. Limpert.* (S. 32—34.) 4° ¶ [Das 'Bücherverzeichnis d. Schüler-Bibliothek d. Musterschule', verf. v. Dr. Alexander Bilger, erschien 1892, Nachtrag 1 von demselben 1898.]
Frankfurt a. M., Muster-S (RG), P 1901 (440)

Walter, [Max]: Zweiter Nachtrag zum Verzeichnis der Schülerbücherei. Frankfurt a. M. 1902: H. Limpert. (S. 32–36.) 4°
[Vervollständigter Neudruck des im P 1901 erschienenen 2. Nachtrags.]
Progr. Musterschule Frankfurt a.M.

— Ratgeber in schriftlichen Angelegenheiten. Für den Unteroffizier bearb. (255 S.) kl. 8. Oldenburg (910). G. Stalling's Verl. 1. 25

Die Reform des neusprachlichen Unterrichts auf Schule und Universität. Von **Max Walter**, Dir. d. Musterschule. Mit e. Nachwort von Dr. Wilhelm Vietor, Prof. *Marburg: N. G. Elwert 1901.* (24 S.) 8° [Umschlagt.]
[01. 457 4

Walter, [Max]: Der Frankfurter Reformplan. S. 27. 4.
Musterschule (Realgymn.) *Frankfurt a. M.* 1901 (440).
Progr.

Walter, (M[ax]), Dir.: [Prof. Dr. Ferdinand **Rosenberger**, gest. am 11. September 1899.] *Frankfurt a. M. 1900: H. Limpert.* (S. 29—30.) 4°
Frankfurt a. M., Muster-S (RG), P 1900 (434)

— s.: Teubner's, B. G., school texts.

Der Unteroffizier. Standes- und Berufspflichten. Von M. **Walter**, Vizefeldwebel. Berlin: E. S. Mittler & Sohn 1906. (74 S.) 8° [F.] [07. 1354

Der Unteroffizier. Standes- u. Berufspflichten. Von M. **Walter**, Vizefeldw. 2. Aufl. Berlin: E. S. Mittler & Sohn 1906. (74 S.) 8° [F.] 06 11579

Der Unteroffizier. Standes- u. Berufspflichten. Von M[ax] **Walter**, ehem. Vizefeldw. 3. Aufl. Berlin: E. S. Mittler & Sohn 1907. (70 S.) 8° [F.] 08. 11,813

Wie bewerbe ich mich um eine Zivilstelle? Unentbehrl. Ratgeber u. Wegweiser f. d. Militäranwärter. Von M[ax] **Walter**, Bureauassist. Berlin: Liebel 1907. (73 S.) 8° [F.]
= **Militäranwärter-Bibliothek.** Bd 1. 07. 1539

— **Wie** bewerbe ich mich um e. Zivilstelle? Unentbehrlicher Ratgeber u. Wegweiser f. junge u. alte Unteroffiziere. 2., völlig umgearb. Aufl. (79 S.) 8. Berlin 910. Liebel. nn — 70

Walter, Michael, a. Hagenau i. Els.: Die gleichseitige Hyperbel. Straßburg i. E. 1904: C. Muh & Cie. (32 S.) 8°
Straßburg, Math.-naturwiss. Fak., Ref. Reye, Diss. v. 1904
[Geb. 5. Febr. 64 Hagenau i. Els.; Wohnort: Straßburg i. E.; Staatsangeh.: Elsaß-Lothringen; Vorbildung: Gymn. Hagenau Reife M. 01; Studium: Straßburg 6 S.; Rig. 5. Dez. 04.]

Walter, Michael. [Leo] Tolstoi nach seinen sozialökonomischen, staatstheoretischen und politischen Anschauungen. X + 219 S. 8. Zürich, Schulthess & Co.
Ausg. A: Diss., Rechts- und Staatsw. Univ. Zürich. Z' ... 1906.
Ausg. B, sep. Z' ... 1907. [fr. 4.—]

Walter, O., das Hebammenwesen im Grossherzogth. Mecklenburg-Schwerin, seine Geschichte u. sein gegenwärt. Stand, nebst kurzen Vorschlägen zu e. Reform desselben. gr. 8. (III, 120 S.) Güstrow 883. Opitz & Co. n. 2. —

Walter, Oskar Emil

Walter, O. E., das königl. Sächsische Einkommensteuergesetz vom 2. Juli 1878, nebst der Ausführungs-Verordnung vom 11. Oktbr. 1878 und der Instruktion für die Einschätzungs- und Reklamationskommissionen vom 7. Dezbr. 1878. Durch die dazu ergangenen Verordnungen und Entscheidungen des Finanz-Ministeriums und des Oberlandesgerichts zu Dresden erläutert. 8. (326 S.) Dresden 886, Warnatz und Lehmann. *
geb. *

Walter, O. E., das königl. sächsische Einkommensteuergesetz vom 2. Juli 1878, nebst der Ausführungs-Verordng. vom 11. Oktbr. 1878 u. der Instruktion f. die Einschätzungs- u. Reklamationskommissionen vom 7. Dezbr. 1878. Durch die dazu ergangenen Verordngn. u. Entscheidgn. d. Finanz-Ministeriums u. d. Oberlandesgerichts zu Dresden erläutert. 2., verm. u. bis zur Gegenwart fortgeführte Aufl. 8. (399 S.) Dresden 893. Warnatz & Lehmann. n. 4. 50; kart. n. 5. —

— dasselbe. Nachtrag zur 2. Aufl. 8. (30 S.) Ebd. 1894.

Walter, Osc. Emil, Entwurf zu e. Localschulordnung in Gemäßheit der Bestimmgn. d. Volksschulgesetzes vom 26. April 1873 u. der Ausführungsverordng. vom 25. Aug. 1874. Für Schulgemeinden, unter besond. Berücksicht. der Städte m. revidirter Städteordng., zur Benutzg. bei der Errichtg. v. Localschulordngn. bearb. Lex.-8. (30 S.) Dresden 875. Meinhold & Söhne. n. 1. —

— königlich sächsisches Gesetz, das Volksschulwesen betr., vom 26. April 1873. Nach seiner Entstehg. dargestellt u. f. den pract. Gebrauch erläutert. Nebst der dazu gehör. Ausführungsverordng. vom 25. Aug. 1874, e. Einleitg. u. e. Anh., sowie einem Sachregister. 8. (VI, 285 S.) Ebend. 874. n. 1. 75

Walter, Osc. Emil, die im Königreich Sachsen in Betreff der Zwangsvollstreckung in Verwaltungssachen geltenden Gesetze u. Verordnungen. Mit alphabetischem Sachregister. 8. (IV, 106 S.) Leipzig 881. Roßberg. n. 1. 50

— die neueren königl. sächsischen Gesetze u. Verordnungen üb. die Gehaltsverhältnisse der Volksschullehrer u. die Pensionsverhältnisse der Volksschullehrer u. Lehrer an höheren Schulanstalten, nebst den Gesetzen üb. die Bewilligung v. Staatsbeihilfen an die Schulgemeinden. Mit den in Geltung verbliebenen älteren Bestimmungen u. m. Erläuterungen hrsg. Zugleich e. Nachtrag zur 6. Aufl. d. v. demselben Verf. hrsg. königl. sächs. Volksschulrechts. 12. (III, 95 S.) Dresden 892. C. C. Meinhold & Söhne. Kart. n. 1. —

Walter, Osc. Emil, die königlich sächsischen Polizeistrafgesetze u. Verordnungen, mit Einschluß der reichsgesetzlichen Bestimmungen. Zum praktischen Gebrauch für Polizei- u. Gerichtsbehörden in übersichtlicher Ordnung u. mit Erläuterungen hrsg. Mit einem ausführlichen Sachregister u. einem Verzeichniß der abgedruckten Gesetze u. Verordnungen nach der chronolog. Reihenfolge. 8. (XVI, 481 S.) Dresden 879. Meinhold & Söhne. n. 4. —

— das im Königr. Sachsen geltende Polizeistrafverfahren. An der Hand der einschläg. reichs- und landesgesetzl. Bestimmungen erläutert. Mit einem alphabet. Sachregister. 8. (96 S.) Dresden 880, Meinhold und Söhne. cart. *

Walter, Osc. Emil, die Verfassungsgesetze des Königr. Sachsen. Für den Handgebrauch zusammengestellt. Nebst einem Anhang, enth.: Die Verfassung des deutschen Reichs und das Wahlgesetz für den Reichstag nebst dazu gehörigem Wahlreglement. Mit ausführl. Sachregister. 8. (VIII, 248 S.) Leipzig 875, Roßberg'sche Buchh. *

Walter, O. E., der Verwaltungs- und polizeistrafrechtliche Inhalt der Entscheidungen des Reichsgerichts. Eine Zusammenstellung der in den Entscheidungen des Reichsgerichts enthaltenen, das Verwaltungs- und Polizeistrafrecht des Deutschen Reiches und der Bundesstaaten berührenden Rechtsgrundsätze und Entscheidungen. In chronolog. Reihenfolge der einschläg. Gesetze und Verordnungen hrsg. 8. (XII, 234 S.) Leipzig 883, Veit und Comp. *

— das königl. sächsische Volksschulrecht. Gesetz, das Volksschulwesen betr., vom 26. April 1873. Nach seiner Entstehung dargestellt und für den prakt. Gebrauch erläutert. Nebst der dazu gehör. Ausführungsverordnung vom 25. Aug. 1874, einer Einleitung, einem Anhang und Sachregister. 2. verm. und verb. Aufl. 8. (VIII, 353 S.) Dresden 875, Meinhold und Söhne. *

— das königl. sächsische Volksschulrecht. Gesetz, das Volksschulwesen betr., vom 26. April 1873. Nach seiner Entstehung dargestellt und unter Berücksicht. der Entscheidungen der obersten Schulbehörde erläutert. Nebst der dazu gehör. Ausführungsverordnung vom 25. Aug. 1874 und einem Anhang, enth. die auf das Seminar- und Volksschulwesen bezügl. sonst. Gesetze und Verordnungen. 3. verm. und verb. Aufl. 8. (VII, 468 S.) Ebendas. 877.

— das königlich sächsische Volksschulrecht. Gesetz, das Volksschulwesen betreffend, vom 26. April 1873, nebst der dazu gehörenden Ausführungsverordnung vom 25. Aug. 1874 u. den auf das Seminar- u. Volksschulwesen bezüglichen sonstigen Gesetzen u. Verordnungen. Mit Erläuterungen u. alphabetischem Sachregister hrsg. 4., sehr verm. Aufl. 8. (VIII, 530 S.) Ebend. 882. n. 3. —

— das königl. sächsische Volksschulrecht. Gesetz, das Volksschulwesen betr., vom 26. April 1873, nebst der dazu gehör. Ausführungsverordnung vom 25. Aug. 1874 und den auf das Seminar- und Volksschulwesen bezügl. sonst. Gesetzen und Verordnungen. Mit Erläuterungen und ausführl. alphabet. Sachregister hrsg. 5. verm. Aufl. 8. (VIII, 558 S.) Dresden 887, Meinhold und Söhne.

Walter, O. E., das königl. sächsische Volksschulrecht. Gesetz, das Volksschulwesen betr., vom 26. Apr. 1873, nebst der dazu gehör. Ausführungsverordng. vom 25. Aug. 1874 u. den auf das Seminar- u. Volksschulwesen bezügl. sonst. Gesetzen u. Verordngn. Mit Erläutergn. u. ausführl. alphabet. Sachregister hrsg. 6., verm. Aufl. 8. (VIII, 620 S.) Dresden 891. C. C. Meinhold & Söhne. n. 3. —; geb. n. 3. 75

Walter OE, das königlich sächsische Volksschulrecht. (705 S) Leipzig 1897

Walter, Otto, experimentelle und klinische Beobachtungen über die Wirkung des Hyoscins in der Augenheilkunde. Inaugural-Dissertation. gr. 8. (49 S. mit 3 Taf.) Dorpat 887, (Karow.)

Walter, Otto, Dr.: Die Entwicklung der Botanik im 19. Jahrhundert. *Magdeburg 1900: E. Barnsch jr.* (12 S.) 4° [F.]
Magdeburg, Guericke-S ⟨OR u. RG⟩, P 1900 (286)

Geschichte der Studentischen Liedertafel zu Greifswald. 1864–1899. (Verf.: Otto **Walter**.) Gr(eifswald): Verl. des A.H.V. 1899. (XIII, 136 S.) 4°(8°) [05. 6091 2

Walter, Otto, aus Baden: I. Zur Kenntnis des p-Diphenylphenols. II. Über p-Chlor-m-aminophenylmercaptan. Basel 1907. 35 S. 8°. [14. XI. 06.]
Basel. Phil. Diss. 1906 1907.

Walter, Otto. 1. Zur Kenntnis des p-Diphenylphenols; 2. Über p-Chlor-m-aminophenylmercaptan. Diss. Phil. Basel. 35 S. 8. Basel, Froese & Co., 1907.

Walter, Otto [Oberl. aus Halle S.]: Petrographische Studien an Gesteinen der Insel Hierro ... Nebst e. Beigabe: Geognostische Aufzeichnungen über die Insel, nach eigenen Tagebuchnotizen gütigst zsgest. v. Kgl. Geh. Regierungsr. Prof. Dr. Frhn *Karl* v. Fritsch zu Halle S. Halle S., 1894: 2 Bl., 123 S., 1 Bl., 3 Taf. 8.
Halle, Phil. Fak., Inaug.-Diss. v. [7. Sept.] 1894.

Walter, Otto, Tabellen zur Berechnung der Zinsen von 1 Tage bis zu 1 Jahre bei 1, 2, $2\frac{1}{2}$, 3, $3\frac{1}{2}$, 4, $4\frac{1}{2}$, 5, $5\frac{1}{2}$ u. 6%, nebst e. Zeitberechnungstafel. gr. 8. (17 S.) Liegnitz 884. Zippel. — 75

Walter, Otto, a. Goseck: Übereinstimmungen in Gedanken, Vergleichen und Wendungen bei den indischen Kunstdichtern von Vâlmiki bis auf Magha. Leipzig 1904: G. Kreysing. (44 S.) 8°
Straßburg, Phil. Fak., Ref. Leumann, Diss. v. 29. Mai 1903
[Geb. 28. Dez. 68 Goseck a. S.; Wohnort: Koetzschau; Staatsangeh.: Preußen; Vorbildung: Domgymn. Naumburg Reife O. 88; Studium: Tübingen 1, Jena 2, Halle 4, Göttingen 1, Halle 3, Göttingen 3, Kiel 5, Straßburg 1, München 1, Straßburg 6, Leipzig 2 S.]

Walter, Otto, Übereinstimmungen in Gedanken, Vergleichen u. Wendungen bei den indischen Kunstdichtern von Valmiki bis auf Magha, s. a. Indica.

Walter Otto Dr.: Untersuchungen über den homerischen Panzer.
1908 PN 2524 Diss. Wien. Univ.

Walter, P., landwirtschaftliche Buchführung, s.: Schmidt, H.

Walter, Paul, s. a. Fels, Guido.

Walter, Paul, a. Bonn: Über halbseitige Abkömmlinge der Phenylbernsteinsäure. Bonn 1907: A. Broch. (44 S.) 8°
Bonn, Phil. Fak., Ref. Anschütz, Diss. v. 6. Aug. 1907
[Geb. 19. Jan. 83 Bonn; Wohnort: Bonn; Staatsangeh.: Preußen; Vorbildung: Städt. Gymn. Bonn Reife O. 03; Studium: Bonn 8 S.; Rig. 3. Juli 07.]

Walter, Paul, die unterrichtliche Behandlung d. 6. Gebots in der Schule. gr. 8. (48 S.) Norden 893. Christl. Buchh. n. 1. —

Walter, Paul, approb. Arzt aus Heisingen: Beitrag zur operativen Behandlung der kongenitalen Hüftgelenksluxation. *Essen-Ruhr 1903: Fredebeul & Koenen.* (32 S.) 8°
Freiburg i. B., Med. Diss. v. 1903

Walter, Paul: Die Beleuchtungsglashütte. Bau, Einrichtung und Betrieb. Coburg 1907

Walter, Paul. Charakter-Bilder aus der Heiligen Schrift. In zwangloser Reihenfolge. I u. II. 12. (à 7 S.) Norden 892, Christl. Buchh. à — 10
I. Die Neue Petri. [Bühnen-Mscr.] — II. Judas Ischarioth. [Bühnen-Mscr.]

Die Freimaurer. Enthüllte Geheimnisse der Freimaurerlogen. Roman von Guido v. **Fels.** [d. i. Paul Walter]. Bd 1. 2. Berlin: Berliner Roman-Verlag [1897]. 8°
1. 1198 S., 50 Taf.; 2. S. 1199—2396, 46 Taf. TB. 434. 8.

Die Freimaurer. Enthüllte Geheimnisse der Freimaurerlogen von Guido von Fels [d. i. Paul **Walter**]. Bd. 1 bis 4 [1—20]. Berlin: Berliner Roman-Verlag [1897]. 2396 S., 20 Taf. 8°. [Umschlagtit.]
1. [1—5]: 600 S., 3 Taf.; 2. [6—10]: S. 601 bis 1200, 9 Taf.; 3. [11—15]: S. 1201—1800, 3 Taf.; 4. [16—20]: S. 1801—2396, 5 Taf.

Der Millionenräuber Grünenthal. Sensations-Roman von Guido v. Fels [d. i. Paul **Walter**]. Bd 1. 2. *Berlin: Berliner Roman-Verl. (1900).* 2 Bde 8° [F.] [01. 8791

Hartenkopf und Katzenveit. Die berühmten Räuber- und Wildschützenführer und ihre Abenteuer mit den „Rosenkreuzern". Geschichtlicher Volksroman aus Deutschlands schwerster Zeit. [Bd. 2 u. 3:] Geschichtlicher Volksroman aus der Zeit Augusts des Starken. Von Guido von Fels [d. i. Paul **Walter**]. Bd. 1—3. Neusalza: Oeser o. J. 8°.
1. 1 Bl., 784 S., 33 Kupfer; 2. 1 Bl., 822 S., 34 Kupfer; 3. 1 Bl., 796 S., 33 Kupfer.

Walter, Paul, die Hindus. (16 S. m. Abbildgn.) 8. Friedenau-Berlin 904. Buchh. der Goßner'schen Mission. n.n. — 15

Walter, Paul, die Hindus. (16 S. m. Abb.) 8. Friedenau-Berlin 910. Buchh. der Goßner'schen Mission. — 15

Der 'Fliegende Holländer' oder das Würfelspiel um d. neuvermählte Gattin. Roman von Guido v. Fels [d. i. Paul **Walter**]. Bd 1. 2. *Berlin: Berl. Roman-Verl. [1899].* 2 Bde 8° [F.] [01. 4099

— ist Tanzen Sünde? [Aus: „W., 2. Sendschreiben an d. christl. Jünglingsvereine".] Jünglingen u. Jungfrauen gewidmet. 12. (81 S.) Ebd. 897. n. — 40

Die Kartenlegerin oder die eingetroffenen Prophezeiungen. Roman von Guido v. Fels [d. i. Paul **Walter**]. Bd 1. 2. *Berlin: Berl. Roman-Verl. [1899].* 2 Bde 8° [F.] [01. 4098

— Pilgerpfade. 12. (VIII, 160 S.) Ebd. 896. n. 2. —; geb. n. 3. —; m. Goldschn. n. 4. —

Die Rosenkreuzer. Enthüllte Geheimnisse der grössten Freimaurer-Logen oder Cagliostro und Schrepfer, die grossen Zauberer, Freimaurer und Geisterbeschwörer. Histor. Roman von Guido v. Fels [d. i. Paul Walter]. [Bd 1. 2.] [Cöthen 1900: Dünnhaupt.] 1200 S. 50 Taf. 8° [Umschlagtit.]
1. 600 S. 25 Taf.; 2. S. 601—1200 25 Taf.
TB. 438. 430.

— 1. Sendschreiben an die christlichen Jünglings-Vereine im deutschen Vaterlande. 8. (24 S.) Ebd. 893. n. — 30

— 2. Sendschreiben an d. christl. Jünglingsvereine im deutschen Vaterlande u. so weit d. deutsche Zunge klingt. 12. (56 S.) Ebd. 897. n. — 60 (1. u. 2.: n. — 90)

— sorge Du, daß Du auferstehest in der ersten Auferstehung! Ein dring. Mahnruf an die Gemeinden Jesu Christi. gr. 8. (40 S.) Ebd. 892. n. — 50

— Traktatsammlung. Nr. 1. 12. Ebd. 894. 10 Stück n. — 20
1. Gefahr im Verzuge! (8 S.)

— dasselbe. Nr. 2—4. gr. 8. Ebd. 894. je 10 Stück n. — 10
2. Ein Gleichnis. (1 S.) — 3. Der Dieb u. das Butterbrod. (2 S.) — 4. Zum Gedächtnis. (1 S.)

Walter's, Paul, Traktatsammlung. Nr. 5 u. 6. Norden 895. Christl. Buchh. 10 Stück n. — 30
5. Das Mittel. gr. 16. (4 S.) 10 Stück n. — 10
6. Liebet eure Feinde! gr. 8. (4 S.) 10 Stück n. — 20

— die Verquickung der antichristlichen Strömung m. dem Judentum. Eine religiös-polit. Studie. gr. 8. (12 S.) Ebd. 898. n. — 25

Walter, Paul: Verzeichnis der Schülerbibliothek des Gymnasiums für Prima und Sekunda. Patschkau 1907: E. Hertwig. (16 S.) 8°
Patschkau, k. G P 1907 (253)

[F.] **Walter,** *Paul* [Gerichts-Ref.]: Das Wesen und die Wirkung der Fideikommiss-Schulden nach den Grundsätzen des Gemeinen deutschen Privatrechts ... Erlangen, Druck d. Univ.-Buchdr. v. E. Th. Jacob, 1897; 64 S. 8.
Erlangen, Jur. Fak., Inaug.-Diss. v. 1897

Walter, Paul W.: Gretchen als Erzieher oder: Das Weib als Seelengans. T. 1.: D. engl., d. deutsche, d. Allerwelts-Gretchen. — Berlin: Eckstein [1904]. 128 S. 8°

WALTER, Peter (Weismain): Ueber die Therapie des Puerperalfiebers.- Bamberg: Humann 1867. 34 S. 25.7.1866 - Urk (Titel: De therapia febris puerperalis.); F 71
Diss. Ingolst.-Landsh.-Mchn.

Walter, Philipp Nemus (geb. Krakau 1809): De combinationibus acidi oxalici cum alcalis. Berolini (1830). (21 S.) 8°
Berlin, Phil. Diss. v. 11. Sept. 1830

Walter, Piers, Livländer, Untersuchungen über die Textur der Lymphdrüsen. Diss. Dorpat. 8°. 45 pp. mit einer lithographirten Tafel. 1860.

Walter, Piers Uso, von d. Wendung auf d. Füße bei vorgefallenem Arm. Eine geburtshülfl. Abhandl. 8. (6¼ B.) Riga 834, Frantzen.

Walter, Piers Uso Fr., Diss. inaug. med. de versione foetus in caput. 8. Dorp. Liv. 819. (58 S.)

Walter, R., (Walter Rogge), parlamentar. Größen. 1. Bd. Die Conservativen: v. Gerlach. Stahl. Walter. v. Radowitz. Dahlmann. Camphausen. Simson. Hansemann. v. Vincke. gr. 8. (VI u. 172 S.) Berlin 850, Hofmann & Co. — 2. durchgesehene Aufl. gr. 8. (181 S.) Ebd. 851. — 2. Bd. Die Demokraten: v. Unruh. Uhlich. Rodbertus. v. Berg. Temme. v. Kirchmann. Waldeck. Bucher. Kinkel. D'Ester. Jacoby. gr. 8. (VI u. 192 S.) Ebd. 851. (1: ¾ Thlr 2: 1 Thlr) 1¾ Thlr

Walter, R., der Liebling des Indianers, s.: Jugend- u. Volksbibliothek.

Walter, Reinhold

Walter, Rhold., üb. das Verhältniss der Substanz zu ihren Attributen in der Lehre Spinoza's m. besond. Berücksicht. der Auffassg. desselben bei Kuno Fischer, Erdmann u. Tendelenburg. Inaugural-Dissertation. gr. 8. (39 S.) Nürnberg 871. (Löhe.) n. — 75

Walter, Rhold., was ist der Mensch, daß du seiner gedenkest. Psalm 8, 5. Ein Pastorenleben in St. Petersburg. (VII, 366 S. m. Bildnis.) gr. 8. Leipzig 904. A. Deichert Nachf. n. 4. 50; geb. n. 5. 50

Walter, Richard, Arzt a. Kleinen: Croup nach Masern. Rostock 1907: C. Hinstorff. (20 S.) 8°
Rostock, Med. Fak., Ref. Pfeiffer, Diss. v. 27. Nov. 1907
[Geb. 21. Juli 80 Kleinen; Wohnort: Bergen a. R.; Staatsangeh.: Mecklenburg-Schwerin; Vorbildung: Gymn. Wismar Reife O. 01; Studium: Rostock 4, Berlin 2, Rostock 3 S.; Coll. 16. März 06; Approb. 26. Febr. 06.]

Walter, Richard: Admiral Lord Anson's Reise um die Welt 1740 44, s. Anson, George

Walter, Robert

Walter, Rob. (geb. Neustadt in Schles. 23. 7. 1835): De thoracis configuratione in variis pulmonum morbis nonnulla. Berolini (1862). (31 S.) 8°
Berlin, Med. Diss. v. 18. Juli 1862

— Vögel. Bunte Fabeln. (71 S.) 8. Ebd. 909. 1. —

Walter, Rob., wir wollen ins Himmelsschlößlein fahren. Kindergedichte. Bilder v. Thdr. Herrmann. (61 S.) Lex. 8. Hamburg 910. A. Janssen. Geb. 4. —

Walter, Rolf, die Mysterien des Eros. (7 S.) gr. 8. Lorch (908). K. Rohm. — 05
Sonderabdruck aus: „Blätter z. Pflege d. höh. Lebens".

Walter, Romuald

Schlagwort-Lexikon zur französischen Handelskorrespondenz auf neuer praktischer Grundlage. Von R. Gauthier (d. i. Romuald **Walter**). Aachen: C. H. Georgi [1903]. (106 S.) 8° [F.]
— Hilf dir selbst! No 30. [03. 6846

Walter, Rudolf: Die successive Berufung zur Erbschaft nach dem Bürgerlichen Gesetzbuche im Vergleiche zum Gemeinen Recht. Berlin 1902: W. Pilz. (VII, 31 S.) 8°
Jena, Jur. Diss. v. (26. Apr.) 1902.

Walter, Rud., es erklingt, was einst erklang. Predigten u. Predigtgedanken. Gesammelt u. m. Genehmigg. der Hinterbliebenen hrsg. v. F. H. (176 S. m. Bildnis.) 8. Karlsruhe 907. Buchdruckerei Fidelitas. Geb. in Lw. 2. 50

Walter, Rud., heilige Geschichten aus dem ersten Buch Mosis in Liedern. 8. (VI und 103 S.) Tübingen 863, (Osiander'sche Buchh.) *

Die Studentenheimfrage im Hinblick auf das Charlottenburger Ledigenheim von Stadtbauinsp. Rudolf **Walter**. Charlottenburg. Leipzig: Demme 1909. 35 S. 8°
(Archiv d. Freistudenten-Bewegung. H. 2.)

Walter, Rud., die Studentenheimfrage im Hinblick auf das Charlottenburger Ledigenheim, s. a. Archiv der Freistudenten-Bewegung. 2. Heft.

Walter, S., Schuld u. Unschuld, s. [illegible]thek, europäische.

Walter, Th. v., der Mönch v. Amalfi. Eine seltsame Geschichte. 8. (VIII, 91 S.) Braunschweig 896. Berlin, C. A. Schwetschke & Sohn. n. 2. —; geb. in Celluloid m. Goldschn. n. 3. —

Ⓑ **Walter,** Th. v., der Mönch v. Amalfi. 896. (KBL 30.) Jetzt: Leipzig, M. Altmann.

WALTER, Th., Die leichtgeschürzte Muse. Erotische Lieder, Volksweisen und Spruchworte (!) aus allen Zeiten. Leipzig, Bruno Volger, 1908. 8°. 304 S. (Mk 10.—.) (Schlechtes Pap. u. solche Ausstattg. Bd. 2 u. 3 in Aussicht gestellt.)

Walter, Th., die leichtgeschürzte Muse. Erotische Lieder, Volksweisen u. Spruchworte aus allen Zeiten. Hrsg. v. W. (XV, 304 S.) Oetzsch-Leipzig 908. Wahrmund-Verlag. 10.—; geb. 12.50

Walter, Theobald

Walter, Theob., s.: Beiträge zur Geschichte der Stadt Rufach.

Die Dinghöfe und Ordenshäuser der Stadt Rufach nebst e. Anh.: Z. Baugesch. d. Münsters zu Unserer lieben Frauen v. Theobald **Walter.** *Zabern: A. Fuchs 1898.* (2 Bl., 35 S.) 1 Bd 8.
= Bausteine z. Elsass-Lothr. Geschichts- u. Landeskunde. H. IV. [illegible]

Walter, Theob., die Grabschriften des Bez. Oberelsass von den ältesten Zeiten bis 1820. (Alsatia superior sepulta.) Gesammelt u. m. biograph. Anmerkgn. versehen. Von der „Industriellen Gesellschaft in Mülhausen" gekrönte Preisschrift. (XV, 293 S. m. Abbildgn.) gr. 8. Gebweiler 904. J. Boltze. n. 8. —

— Sagen aus dem Oberelsaß. Gesammelt u. wiedererzählt. (85 S. m. 4 Taf.) gr. 8. Colmar i/E. (906). (Straßburger Druckerei u. Verlagsanstalt. Filiale Colmar). (Nur direkt.) n. 1. —

— Das Schulwesen in der Stadt Rufach (1287—1909). Illustrierte Festschrift zur Eröffng. des Neubaues der kaiserl. Landwirtschaftsschule zu Rufach im Herbst 1909. (VII, 151 S. m. 20 Taf.) gr. 8. Gebweiler 909. J. Boltze. 5. —

— Das landwirtschaftliche Unterrichtswesen in der Stadt Rufach (1840—1909). [Aus: „W., Das Schulwesen in d. Stadt Rufach".] (63 S. m. Titelbild.) gr. 8. Ebd. 909. nn 1. —

Walter, Theodor [Dir. Dr.]: Eine zweckmäßige Darstellung der Rentenrechnung für die Schule. (Bingen a. Rh., Druck v. O. Boryszewski, 1890); S. 5–6; 4°
Bingen a. Rhein, großh. R, P 1890

Walter, Th[eodor]. Ueber die Complicationen der Schwangerschaft, der Geburt und des Wochenbettes mit chronischen Herzklappenfehlern. Diss. Med. Bern. *Kopftitel:* Aus der geburtshülflichen Klinik in Bern. 91 S. 8. Zürich, Müller, Werder & Cie., 1902.

[F.] **Walter,** Theodor [Dir. Dr.]: Zur algebraischen Methodik. III. Note über weitere Vereinfachungen in der Methode der Bewegungsaufgaben. [Forts. d. P-Beil. 1890. 91.] *Bingen, Druck v. A. J. Pennrich, 1893;* 6–8 S. 4.
Bingen a. Rh., grossh. R, P 1893 (633)

Walter, Theodor. Muster zur analytischen Methode der Schulalgebra. 4 (S. 5–7.) Großherz. Hess. Rsch. *Bingen a. Rh.* 1891 (629). **Progr.**

Walter, Thdr., Schultrigonometrie. gr. 8. (VIII, 80 S. m. Fig.) Halle a/S. 891. Buchhandlg. d. Waisenhauses. 1. —

Walter, Thdr., um Thron und Krone. Histor. Drama in 5 Aufzügen. 8. (III, 152 S.) Prag 888, Dominicus. *

— methodische Untersuchungen aus dem Gebiete der elementaren Mathematik. Algebraische Aufgaben. 1. u. 2. Bd. 12. Stuttgart, Union. Kart. u. geh. à n. 2. —
1. Bewegungsaufgaben I. (VIII, 294 S.) 889. Kart.
2. Quadratische Bewegungsaufgaben. Bewegungsaufgaben m. mehreren Unbekannten. Kreisbewegung. Spezifisches Gewicht. Ausfluß. Arbeit. (VIII, 278 S.) 891.
Übungsbuch dazu s.: Spemann's Algebraheft.

[F.] **Walter,** Theodor [Dir. Dr.]: Verzeichnis der Binger Realschüler von Ostern 1889 bis Ostern 1894. *Bingen a. Rh., Druck v. O. Boryszewski, 1894;* 7–12 S. 4.
Bingen a. Rh., grossh. R, P 1894 (639)

Walter, Th. Über den Zusammenhang der ebenen Kurven dritter Ordnung mit Kegelschnittscharen. 16 S. **Progr.** *Büdingen* 1878.

Walter, Traug., s. Hnr. Wlh. Löst.

Walter, Traugott, s. Briefe zweier Freunde üb. Religion ...

Walter, Victor, Beiträge zur Kenntniss der höheren Paraffine. Diss. Erlangen 1886, Th. Blaesing. 8°. 51 S.

Walter, W., Atlas zu Blanc's Handbuch, s. Atlas.

Walter, W., Belehrungen für gute Kinder, zur Bildung des Verstandes und Veredlung des Herzens. 8. Meiningen 833. Keyßner. n. 1/3 ℳ

Walter, W., schulgemäße Erklärung der „Auswahl geistlicher Gesänge des Normallehrplans f. die kathol. Schulen Elsaß-Lothringens" u. e. Anzahl anderer Kirchenlieder aus dem Straßburger Diözesangesangbuch „Psallite". Nebst Methodik u. einer kurzen Geschichte des deutschen kathol. Kirchenliedes. gr. 8. (VIII, 256 S.) Straßburg (901). F. X. Le Roux & Co. Kart. n. 2. 40

Walter, W. & L. Elsholz. Das preussische Heer in Bildern. Nach Zeichnungen von L. Elsholz gestochen von F. Belt und Karl Funke. Ein Lesebuch für die Jugend. Berlin 1834. Verlag von J. C. Hasselberg
[illegible]

Walter, W., das Preußische Heer in Bildern. Nach Zeichnungen von L. Elsholz, gestochen von Fr. Belt und Karl Funke. Ein Lesebuch für die Jugend. Mit 25 sauber illum. Taf. br. gr. 8. Berlin 834. Hasselberg. 4 ℳ — 2e Ausg. 8½ ℳ — 3e Ausg. 15 ℳ

Walter, W., u. M. **Michel,** Katechismus f. die Gesellenprüfung in Elsaß-Lothringen. Im Auftrage der Handwerkskammer v. Elsaß-Lothringen hrsg. (Nebst den einschläg. Unfallverhütungsvorschriften.) Heft I—X a u. X b. 8. Straßburg 906. Straßburger Druckerei u. Verlagsanstalt. à n. — 40
I. Ausg. f. Bau- u. Möbelschreiner, Holzbildhauer, Drechsler, Küfer, Wagner, Holzschuhmacher, Galoschenmacher, Sohlenmacher, Stuhl- u. Sesselmacher, Korbmacher, Bürstenbinder, Schirmmacher. (32 S.)
II. Ausg. f. Barbiere, Friseure u. Perückenmacher, Hutmacher, Schneider, Mützenmacher, Schuhmacher, Kürschner, Färber, Seiler u. Posamentier. (27 S.)
III. Ausg. f. Baugläser, Bauklempner u. Installateure, Dachdecker, Dekorationsmaler, Gipser, Maler, Maurer, Mühlenbauer, Ofensetzer (Kachler), Steinhauer, Tapezierer, Zimmerer. (32 S.)
IV. Ausg. f. Sattler, Gerber, Handschuhmacher, Dekorateure, Polierer, Tapezierer. (28 S.)
V. Ausg. f. Schriftsetzer u. Buchdrucker, Buchbinder, Lithographen u. Steindrucker; Lichtdrucker u. Reproduktionsphotographen; Photographen, Blumen- u. Musterzeichner. (28 S.)

VI. Ausg. f. Feinmechaniker, Optiker, Elektrotechniker, Uhrmacher, Bandagisten, Instrumentenmacher f. chirurgische u. musikalische Instrumente, Büchsenmacher, Siebmacher u. Drahtflechter. (86 S.)
VII. Ausg. f. Huf- u. Wagenschmiede, Wagenmaler, Kupfer-, Gold- u. Silberschmiede, Graveure. (31 S.)
VIII. Ausg. f. Glaser, Glasmaler, Töpfer, Ziegler, Schornsteinfeger. (40 S.)
IX. Ausg. f. Bäcker, Konditoren u. Müller. (34 S.)
Xa. Ausg. f. Schlosser, Mechaniker u. Maschinenbauer, Metall- u. Eisendreher, Klempner u. Blechschmiede, Feilenhauer, Nagel- u. Messerschmiede, Eisengießer u. Former, Blattmacher. a) Ausg. f. Ober- u. Unterelsaß. (31 S.)
Xb. Dasselbe. b) Ausg. f. Lothringen. (76 S.)

Walter, W., u. M. Michel, Lesebuch f. Fortbildungsschulen u. verwandte Anstalten in Elsaß-Lothringen. Ausg. f. ländl. Fortbildungsschulen. Unter Mitwirkg. namhafter Fachleute u. nach Durchsicht seitens verschiedener Behörden hrsg. (XII, 424 S.) gr. 8. Straßburg 903. F. Bull. Geb. n.n. 1. 40

— — dasselbe. Ausg. f. städt. Fortbildungsschulen. Unter Mitwirkg. namhafter Fachleute u. nach Durchsicht seitens der Behörden hrsg. (XII, 416 S. m. Abbildgn.) 8. Ebd. 905. Geb. n.n. 1. 40

Der vorgeschichtliche Mensch. Von Pfarrer W. Walter. Offenburg, Baden: Verl. Modernismus, [Berlin: Bermühler 1908]. 60 S. 8° A 12. 10163

Walter, W., s.: Rechenknecht, der neue, f. Jedermann.

Walter, W., die k. preuß. Ritterorden u. Ehrenzeichen. Mit Bemerk. derer, vor welchen die Posten Honneurs zu machen haben. 8. (1 B. u. 2 ill. u. 1 schw. Stnt.) Berlin 835, Vereins-Buchh.

Walter, W.: Special-Karte des Regierungs-Bezirks Coblenz nebst dem Herzogthum Nassau. 1:200 000. 1 Bl. Ff.

Walter, Waldemar, ann ganze Hammvel neuer Schnaaka zum lasa und viertruin zur Hurt. 8. (56 S.) Liegnitz 886, (Reisner'sche Buchh.)

Walter, Waldem., nischt firr Ungutt. Neue Schnaaka u. Versche. 8. (54 S.) Haynau 902. C. Pietzsch. n. 1. —

Nischt firr Ungutt. Neue Schnaaka u. Versche von Waldemar Walter. 2. Aufl. *Haynau i. Schl.: C. Pietzsch 1902.* (53 S.) 8° [J.] 1a. 6741

Walter, Waldemar, a kleenes Richla vuhl drulliger Schnaaka und neck'scher Reimla ei inser Redensuart. 8. (V, 74 S.) Görlitz 883, Vierling's Verlag.

Walter, Wilhelm

Walter, Wilh., Adalbert oder das Glück im Wohlthun. Erzählung aus der Gegenwart. 18. (210 S.) Aachen 846, Cremer. 5/12 ₰

Walter, Wilh., Adalbert oder Glück im Wohlthun. Erzählung nach dem Verf. von „Gottes Gerechtigkeit." 2., von neuem durchgeseh. Aufl. 8. (234 S.) Aachen 867, Cremer'sche Buchh.

Walter, Wilh., der Anacharsis des 13. Jahrh. Ein Sittengemälde der Vorzeit. 2 Thle. 12. (25½ B.) Aachen 845, Cremer'sche Buchh.
Aus: Bibliothek, wohlf. katholische 2c., besond. abgedruckt.

Walter, Wilh., großes Anekdotenbuch f. die reifere Jugend von 11 bis 15 Jahren. Auswahl. gr. 8. (284 S.) Stuttgart 873. Leipzig, Berndt. geb. 2. 50

Walter, Wilhelm, aus Krefeld: Über Bromderivate des p-Benzylphenols. *Marburg 1901: R. Friedrich.* (46 S.) 8°
Marburg, Phil. Diss. v. [9. Juli] 1901

Walter, Wilh., Emma von Reichenstein, od. kindl. Liebe. Eine Erzählung f. d. Jugend. Als Seitenstück zu Christ. v. Schmid's Rosa von Tannenberg. gr. 12. (7¼ B.) Aachen 842, Cremer'sche Buchh. Thlr.

—— Emma v. Reichenstein oder kindliche Liebe. Erzählung. 2. Aufl. 12. (128 S.) Aachen 862, Cremer'sche Buchh.

Walter, Wilhelm, Referendar aus Breslau: Die Fälle des Beneficium cedendarum actionum und ihre juristische Natur nach Pandektenrecht mit Berücksichtigung des Bürgerlichen Gesetzbuchs für das Deutsche Reich. *Breslau 1899: W. G. Korn.* (49 S.) 8°
Erlangen, Jur. Diss. v. 16. Febr. 1899

—— das Findelkind. Eine Erzählung aus d. Schreckenstagen in Frankreich. 12. (14⅙ B.) Aachen 846, Cremer'sche Buchh. –

— Hoango, der Negerhäuptling od. die Schreckenstage auf San Domingo. Eine Erzählg. gr. 16. (58 S.) Elberfeld 875. Büttmann. n. — 25

— das St. Georgskloster. Erzählung aus der Zeit des griech. Freiheitskampfes. (Aus der wohlf. kathol. Bibliothek besonders abgedruckt.) Aachen 844, Cremer'sche Buchh.

—— der Schulturnplatz. Oder: Anleitung zur zweckmäßigen u. billigen Einrichtung eines solchen, so wie auch eines Militairturnplatzes. Mit Plänen u. Zeichnungen. 8. (4 B. u. 1 Taf.) Barmen 846, Langewiesche.

Walter, W.: Der Schulturnplatz. Anl. zur zweckmäßigen u. billigen Einrichtung. Berlin 1846. 59 S.

Walter, Wilh., die Todfeinde. Erzählung. 2. Aufl. 12. (162 S.) Aachen 860, Cremer'sche Buchh.

—— Verena, oder die deutschen Ordensritter. Erzählung f. die reifere Jugend. gr. 12. (13⅙ B.) Aachen 842, Cremer'sche Bh.

—— die Verkannte. Erzählung f. die Jugend. 12. (10⅓ B.) Aachen 843, Cremer'sche Buchh. –
Letztere zwei aus: Bibliothek, wohlf. katholische 2c., besond. abgedruckt.

WALTER, Willibald. — Sammlung deutscher Volkslieder, welche im Munde des Volks leben und in keiner bisherigen Sammlung zu finden sind. Hrsg. von —. Leipzig 1841. 8°. 318 S. (3 Mk. Bernh. Liebisch, Lpz., 1909.)

Walter, Wilib., s. Sammlung deutscher Volkslieder.

Walter, Willy: Die Rückforderung in der Lehre von der Enteignung. Erlangen 1908: Jacob. VII, 87 S. 8°
Erlangen, Jur. Diss. v. 14. Nov. 1908, Ref. Sehling
[Geb. 15. Apr. 85 Altdorf b. Nürnberg; Wohnort: Nürnberg; Staatsangeh.: Bayern; Vorbildung: Altes Gymn. Nürnberg Reife 04; Studium: München 4, Genf 1, Berlin 1, Erlangen 2 S.; Rig. 21. Juli 08.] [U 09. 748

Walter-Biondetti, C[arl]. Der unlautere Wettbewerb im Bruchheilwesen. Von C. W'-B' in Basel. Sonderdruck aus No. 4, Jahrg. 26, 1905 [von:] Chirurgisch-Technisches Korrespondenz-Blatt .... [2 S.] 8. Berlin, H. Heinecke.

Walter-Biondetti, C[arl]. Ein Wink für Bruchleidende und Ein Blick in das Kurpfuschertum. [Mit 1 Abbildung.] 32 S. 8. Basel, C. F. Lendorff, 1902. [fr. 1.—]
Mit: Nachtrag. 1 S. hoch-4.

Walter-Bol, Angela, Gedichte u. Gespräche f. Kinder in elsässischer Mundart u. hochdeutscher Sprache. Zum Gebrauch bei festl. Veranstaltgn. an Weihnachten u. an Kaisers Geburtstag. 1. u. 2. Bdchn. 8. Gebweiler, J. Boltze. à n. — 80
I. 2. Aufl. (69 S.) 906. — II. (61 S.) 906.

Walter-Dittrich, amerikanische Zustände. Selbsterlebt u. wahrheitsgetreu dargest. I. Abschn. 8. (50 S.) Leitmeritz 895. (Tetschen, O. Henckel.) n. — 30

Walter-Dittrich, Fr. Josef

Walter-Dittrich, F., Franz Anton, der Rentier vom Lande,
— ein schlechtes Geschäft,
— bei Kerzenschein u. Glockenlaut,
— die Macht d. Geldes,
— man soll den Schein vermeiden,
— Todt u. Lebendig,
s.: Theater, kleines.

Intermezzo. Dramat. Szenen von Robert **Walter-Freyr.** Hamburg 1907: Hartung & Co. (53 S.) 8° [F.] [08. 12463

Walter-Freyr, Rob., Wiben Peter. 5 Akte aus Dithmarschens Vergangenheit. (V, 118 S.) gr. 8. Hamburg 908. C. H. A. Kloß. 2. —

Aus alten Schlössern, die nicht stürzen wollen. Gedichte von Robert **Walter-Freyr.** Hamburg 1907: Hartung & Co. (93 S.) 8° [F.] [08. 12406

Walter-Hänel, Elise, gesunde Sprechstimme. Das Natursystem der Tiefatmg. u. Sprechtechnik, Singen u. Sprechen im Ausatmen, Gesundschulg. kranker Stimmen leichtfasslich erklärt. 1. Bd. (VI, 132 S. m. z. Tl. farb. Abb.) Lex. 8. Berlin 910. H. Rosenberg. 3.—; geb. in Leinw. 4. —

Walter-Horst, Alfr., von Einem der auszog, das Gruseln zu lernen. Märchenspiel (nach dem gleichnam. Volksmärchen der Brüder Grimm.) (Marionettentheater, 1. Bd.) (III, 48 S.) 8. Dresden (907). E. Pierson. — 75

Von Einem, der auszog, das Gruseln zu lernen. Märchenspiel (nach d. gleichnam. Volksmärchen d. Brüder Grimm) von Alfred **Walter-Horst.** Dresden: E. Pierson [1908]. (48 S.) 8° [F.]
-- **Marionettentheater.** Bd 1. [08. 12377

Walter de Saint-Ange, praktische Eisenhüttenkunde, s. Le Blanc.

Walter de Saint-Ange et le Blanc. Praktische Eisenhüttenkunde, übersetzt von C. Hartmann. Bd. I–IV. Mit Atlas in 4 Bden. Weimar, 1839–1846.
dgl. Repertorium zur Ergänzung der Eisenhüttenkunde. Weimar, 1841.

Walter de Saint-Ange, praktische Eisenhüttenkunde, od. systematische Beschreibung des Verfahrens bei der Roheisenerzeugung u. der Stabeisenfabrication, nebst Angaben über die Anlage u. den Betrieb der Eisenhütten. Begleitet v. e. Atlas mit 78 Planotaf. der jetzt angewend. Maschinen, Apparate u. Gezähe, der alle zur Ausführung von Anlagen erforderl. Details enthält; gezeichn. v. Le Blanc. Deutsch bearb. v. Carl Hartmann. 2 Thle. Die Roheisenerzeugung. — Stabeisenbereitung. 2., verm. u. verb. Aufl. gr. 4. (75 B.) Weimar 842. Voigt.

—— dass. 3. u. 4. Thl. s. **Eisenhüttenkunde.**

Walter-Segel, Olga, Willy u. seine Mutter u. andere Novellen. (111 S.) 8. Wien 909. P. Knepler. 2. —

Walter von Walthoffen, H.

Walter, D. H., Betrachtungen üb. die Thätigkeit u. Leistungen der Cavallerie im Kriege 1871. 8. (170 S.) Berlin 872. Luckhardt. n. 2. —

— der strategische Dienst der Kavallerie. Historisch-didaktische Studie. gr. 8. (64 S.) Berlin 878. Luckhardt'sche Verlagsh. n. 1. 50

Walter, Dr. H., k. k. Rittmeister, etc. Ueber die Gliederung, Führung und Verwendung grösserer Kavalleriekörper. (Militärische Zeit und Streitfragen für Officiere aller Waffen. 27. Hft.) 8. Berlin und Leipzig 1876.

—— über die Gliederung, Führung und Verwendung größerer Kavalleriekörper, s. Zeit- und Streitfragen, militärische.

Walter-Walthoffen, H. v., die Cavallerie im Lichte der Neuzeit. Zeitgemäße Studie. 2. wesentlich verm. Aufl. v. „Die Kriegführung der neuesten Zeit u. deren Einfluß auf die Verwendung der Cavallerie". gr. 8. (IV, 187 S.) Berlin 883. F. Luckhardt. n. 3. —

Walter v. Walthoffen, H. Die Cavallerie in den Zukunftskriegen. gr. 8. (64 S.) Rathenow 891, Babenzien. * 1 —
Aus: Internation. Revue üb. die ges. Armeen u. Flotten, besonders abgedr.

— die **Kriegsführung** der neuesten Zeit u. deren Einfluß auf die Verwendg., Organisation, Ausrüstg. u. Taktik der Cavallerie. Zeitgemäße Studie. gr. 8. (141 S.) Berlin 874. Luckhardt. n. 3. —

Walter-Walthoffen, Dr. H. Die Kriegführung der neuesten Zeit u. deren Einfluß auf die Verwendung, Organisation, Ausrüstung u. Taktik der Kavallerie. Leipzig 1874. 143 S.
2. Aufl. u. d. T.: Die Kavallerie im Lichte der Neuzeit. Berlin 1883.

— die Quelle der Siege. Kriegsgeschichtlich-pragmat. Studie. gr. 8. (48 S.) Ebend. 883. n. 1. 60

WALTER von WALTHOFFEN, Hippolyt
Die Gottesidee in religiöser und speculativer Richtung. Gemeinverständliche Darstellung auf geschichtlicher und religionsphilosophischer Grundlage von Dr. Hippolyt Walter von Walthoffen. Wien und Leipzig. 1901. Braumüller. Gr.-8°. XIII, 423 S. K 10.—, Geb. K 12.—

Walter v. Walthoffen, Hippolyt, die Gottesidee in religiöser u. spekulativer Richtung. Gemeinverständliche Darstellg. auf geschichtl. u. religionsphilosoph. Grundlage. Neue wohlf. [Titel-]Ausg. (XIV, 423 S.) gr. 8. Wien 904. W. Braumüller. n. 3. 60

Walter v. Walthoffen, Hippolyt, Lebensphilosophie u. Lebenskunst. Populärwissenschaftliche Betrachtgn. u. prakt. Anleitgn. f. die gebildete Lesewelt. (VIII, 256 S.) 8. Wien 907. C. Konegen. 3. 50

— **die Menschheit,** deren Abstammung, natürliche u kulturelle Entwicklung. Aufgabe u. Bestimmung Gemeinverständliche wissenschaftl. Darstellg. (XI, 283 S.) gr. 8. Ebd. 906. n. 4. 20

Das Weltproblem und der Weltprozess. Gemeinverständl. naturwissenschaftl. u. philosoph. Studien von Dr. Hippolyt **Walter v. Walthoffen.** Wien & Leipzig: Braumüller 1904. XV, 338 S. 8° [10. 15?3

Wälter, Clemens [prakt. Arzt aus Sundern i/W.]: Aus d. patholog. Institut zu Kiel. Beitrag zur Lehre vom Hydrocephalus .... Kiel, Druck v. A. F. Jensen, 1888; 13+1 S.+1 Bl. 8°
Kiel, Med. Fak., Inaug.-Diss. v. 20. Jul. 1888

Wälter, C., Beitrag zur Lehre vom Hydrocephalus. Inaug.-Diss. gr. 8. (14 S.) Kiel 888. (Lipsius & Tischer.) n. — 80

Walterbach, C., Encyklika Leo XIII. über die Arbeiterfrage. Nach der Ausgabe von Diözesanpräses Eckard für den Gebrauch des Arbeiters neu bearbeitet. 8°. München, Buchh. d. Verbandes südd. kathol. Arbeitervereine, 1908. (Sociale Bücherei, Heft 6.)

Walterbach, C., Enzyklika Leo XIII. üb. die Arbeiterfrage, s. a. Bücherei, soziale. 2.

— Welchen Vortrag soll ich halten?, s.: Bücherei, soziale. 6.

Walterhöfer, Fritz, a. Jena: Ein Melanosarkom der Aderhaut im phthisischen Auge. Jena 1908: B. Vopelius. (29 S., 1 Taf.) 8°
Jena, Med. Fak., Ref. Wagenmann, Diss. v. 10. Aug. 1908
[Geb. 14. Dez. 83 Jena; Wohnort: Jena; Staatsangeh.: Sachsen-Weimar; Vorbildung: Gymn. Jena Reife O. 02; Studium: Jena 10 S.; Coll. 30. Juli 07; Approb. 31. Juli 08.]

WALTERHÖFER, Georg (Frankenhausen): Zur Kenntnis der Spina bifida im Anschluß an einen Fall von Myelomeningocele lumbo-sacralis, combiniert mit prolapsus ani et uteri.- München: Kastner & Callwey 1905. 67 S.
16.5.1905 - Chr 1904/05,16; Jv 1904/05,461 (Prom.-Datum: 2.8.1905)
Diss. Ingolst.-Landsh.-Mchn.

Walterhöfer, (M[ax]): [Bericht über die mit der Steilschrift gemachten Erfahrungen.] *Jena (1898): G. Neuenhahn.* (6—7 S.) 4° [S.]
Jena, G Carolo-Alexandrinum, OP 1898 (714)

Walterhöfer, Otto Über die Gestalt der Schwingungskurven, welche durch das Zusammenwirken zweier unter einem Winkel von 90° erfolgenden hin- und hergehenden Bewegungen mit ungleichen Schwingungsanfängen entstehen. 4 (32 S., 2 Taf.).
Progr. Rprg. *Frankenhausen* 1887 (661).

Waltermann, Anton, approb. Arzt aus Münster i. W.: Aus d. Anschar-Schwesternhaus zu Kiel. Die Laparotomie bei Darminvagination im Kindesalter. *Kiel 1902: Schmidt & Klaunig.* (32 S.) 8°
Kiel, Med. Diss. v. [3. Juni] 1902.

Waltern, die arme, ein ländl. psycholog. Gemälde vom Malertrau. 8. Berlin, Litfaß.

Walters [Sachl. OW]

Walter's, Bruder, Geschichte seines Lebens 2c. (von Heinr. Gf. Bretschneider). 8. Hamb. 794.

WALTERS, Jakob, Reliquien. Mit Titelvignette. O. O. (Magdeburg, Creutz) 1781. 8°. 186 S. (In Berlin: Yw 821.)
Vorrede unterz.: M—d. den 28. Febr. 1781. — Zahm.

Walter's Reliquien, oder: Jakob Walter; e. kom. Roman. 8. Magdeb. 784. Creutz.

Jakob Walter. Ein komischer Roman. O. O. 1784. 8°. 186 S.

Walter's, eines in d. Schlacht bei Jena gefallenen Officiers, Leben, Meinungen u. Schicksale, (v. K. G. Cramer). 2 Thle. 8. Hamb. 812. Vollmer. (Herold jun.) 3 ₰
Vgl. W a l t h e r's...

Walters, Wilhelm, eines Emigranten Leben und Abentheuer, mit 1 Kupf. 8. Leipzig, 795. Schäfer. (Kühn)

Walters [Verfasser]

Walters, Amy v., aus freier Luft. Ein Skizzenbuch. 8. (224 S.) Bern 882. Wyß. n. 2. 60

Walters Franz: „Die heil., katholische Kirche." Eine dogmatisch-apologetische Studie. 21. Plan R. 905.
Progr.

Walters, G. F., Etudes de marine. schmal Fol. (4 Farbdr.) Berlin (899). W. Schultz-Engelhard. 3. —

Walters, Ludwig: A n d r e a s von Escobar, ein Vertreter der konziliaren Theorie am Anfange des 15. Jahrhunderts. Münster 1901: J. Bredt. (43 S.) 8°
Münster, Phil. Diss. v. (11. Mai) 1901.

Walterscheid, Carl, a. Cöln a. Rh.: Der Verzug beim Handelskauf. Erlangen 1907: E. Th. Jacob. (VIII, 74 S.) 8°
Erlangen, Jur. Fak., Ref. Sehling, Diss. v. 3. Okt. 1907
[Geb. 7. Aug. 80 Cöln; Wohnort: München; Staatsangeh.: Preußen; Vorbildung: Realgymn. Quakenbrück (Hannover) Reife O. 01; Studium: Bonn 2, Berlin 1, München 5 S.; Rig. 18. Juli 07.]

Waltersdorf [Schlagwort]

Waltersdorf, s.: Sachsen. Karte.

Waltersdorf. s.: Sachsen. Messtischblätter.

Waltersdorf (Langenhennersdorf), s.: Geologische Karten (Preussen).

Waltersdorf, F., Studie üb. Kranken-Versorgung u. Unfallscassen, Armenversorgg. u. Bettelwesen, sow. üb. Schule, Genossenschaften u. Beamtenfrage. gr. 8. (8 S.) Wien 895. (Leipzig, Literar. Anstalt, A. Schulze.) — 30

Waltershausen [Schlagwort]

Waltershausen, s.: Preussen. Messtischblätter. — Thüringen.

Waltershausen, L. von

— an d. Wahnes Faden. 6 Novellen. 8. (VII, 258 S.) Ebd. 892. n. 3. —; geb. in Leinw. n. 4. —

Waltershausen, L. v., Traumgeschichten. 8. (VII, 102 S.) Dresden 893. E. Pierson. n. 1. 50; geb. in Leinw. n. 2. 50

Waltershausen, Sartorius Frhr. v., s.: Sartorius Frhr. v. Waltershausen.

Walterskirchen zu Wolfsthal, Die,... Haag 1892—93. V: *Walterskirchen zu Wolfsthal, Otto Wilh. Freih.* (EB)

Walterskirchen, Frhr. v. Das österreichische Budget. Vortrag in der Versammlung des Deutschen Vereines am 15. März 1875. 8°. Wien, A. Gschwandner.

v. Walterskirchen, J. Carl Frhr., humoristische Runde in Gräfenberg's Quellengebiete. gr. 8. (31 S. m. 11 lith. Taf. in gr. 8. u. qu. gr. 4., wovon 9 in Buntdr.) Wien 852. (Gerold.) n. 2/3 ₰

Walterskirchen, Joseph Freih. v. An J. M. die Kaiserinn, als sie . . . die neuen physik. Anstalten am Theresianum besuchte . . . Wien 1775. II: *Denis, Joh. Nep. Michael Cosmas.* (Jes)

Walterskirchen, Rob. Frhr. v., zur Abrüstungs-Frage, s. a. Sammlung öffentlicher Vorträge und Reden.

Walterskirchen, Robert Freiherr v., Reichsraths-Abgeordneter. Zur Abrüstungs-Frage. Rede gehalten zu Gunsten des „Deutsch-österreichischen Lese-Vereins der Wiener Hochschulen" am 19. Februar 1880. 8. Wien 1880.

Walterstorff, Charlotte v., Erzählungen für Kinder. Hamburg 858. Perthes-Besser u. Mauke. 16. (3 Bl., 232 S.) n. 1 ₰. 10 ngr.

Waltfart, s. W a l l f a h r t. –

Walthard, recueil des planches de l'Encyclopédie d'Yverdon, qu'on pourra joindre à l'édition de l'Encyclopédie de Berne. 10 Vol. Berne, Soc. Typogr.

Walthard, Beat. Ludwig

— Beweise u. Gedanken für die christl. Religion aus d. heil. Schrift u. Vernunft. Herausg. v. Jos. R. Rifold. 2 Bde. 8. Bern 795.

Walthard, Beat. Ludwig, s.a. Tagebuch, Berner.

Walthard, Beat. Ldw., († 1802 od. 1803.) Berner Tagebuch, (od. Waldhards Zeitung). 4 Thle. 8. Bern 799—800. Typ. Soc. 2 ℛ 16 ℊℊ

Walthard, F [111.]

s. Hartmann, A.: Kiltabend-Geschichten. 1854.

Walthard, F. R., Militär-Zeitschrift, s. Militär-Zeitschrift.

Walthard, Gottl., s. Walther.

Walthard, Hermann. Ueber den lokalen Tetanus beim Menschen. Aus der chirurgischen Abteilung des Prof. Dr. C[arl] Arnd, Inselspital Bern. Diss. Med. Bern. II+60 S. 8. Bern, Hans Feuz, (1910).

Walthard, Max. Zur Aetiologie der Ovarialadenome. Eine anatomische Studie. Mit 15 Tafeln. ⟨Sonderabdruck aus »Zeitschrift für Geburtshülfe und Gynäkologie« Band 49, Heft 2.⟩ *Kopftitel:* ⟨Aus dem pathologischen Institut der Universität Bern. Professor [Theodor] Langhans.⟩ II + 97 S. 8. Stuttgart, Ferdinand Enke, 1903. [M. 7.—]

Walthard, M[ax]. Beiträge zur Kenntnis der Natur und Bedeutung der Vaginalstreptokokken. 8.

[Mitteilung 1] s. Walthard, M[ax]. Die bacteriotoxische Endometritis. Mitteilung 2 s. Reber, H[ans]. Ueber Agglutination der Vag'...

Walthard, M[ax]. Die bacteriotoxische Endometritis. (Mit 2 in den Text gedruckten Abbildungen.) ⟨Sonderabdruck aus »Zeitschrift für Geburtshülfe und Gynäkologie«. Band 47. Heft 2.⟩ II + 29 S. 8. [Stuttgart, Ferdinand Enke, 1902.]

[Beiträge zur Kenntnis der Natur und der klinischen Bedeutung der Vaginalstreptokokken. Von M. Walthard. Mitteilung 1.]

Walthard, M[ax]. Grundlagen zur Serotherapie des Streptokokkenpuerperalfiebers. (Mit 2 Curven.) ⟨Sonderabdruck aus »Zeitschrift für Geburtshülfe und Gynäkologie«. Bd. 51. Heft 3.⟩ II + 20 S. 8. [Stuttgart, Ferdinand Enke, 1904.]

Walthard, Max. Zur Prophylaxe und Naht des Rectum-Damm-Vaginalrisses ⟨Dammriss III. Grades, kompleter Dammriss⟩ und der Recto-Vaginalfistel. [Mit 7 Figuren.] Separatabdruck aus dem Correspondenz-Blatt für Schweizer Aerzte, 1902, Nr. 2. 16 S. gr.-8. [Basel, Schweighauser.]

Walthard, M[ax]. Ueber Struma colloides cystica im Ovarium. ⟨Aus dem pathologischen Institut der Universität Bern. Professor [Theodor] Langhans.⟩ ⟨Sonderabdruck aus »Zeitschrift für Geburtshülfe und Gynäkologie.« Band 50. Heft 3.⟩ II + 14 S. 8. [Stuttgart, Ferdinand Enke, 1903.]

Walthard, Max, üb. die Symptomatologie bei Retroversio uteri gravidi. Diss. hoch 4. (37 S.) Bern 891. (H. Koerber.) (Huber & Co.) **n. 1. 60**

Walthard, Rod[olphe]. Description Topographique et Historique de la Ville et des Environs de Berne. [Avec des illustrations, 3 planches et 1 plan.] 8. Berne 1827.

Walthard, R., Description topographique et historique de la ville et des environs de Berne. Lex.-8. (17½ B., 4 Kpfr., 1 Plan u. 1 Vign.) Berne 828, Bourgdorfer.

[Walthard, Rodolphe.] Nouvelle Description de l'Oberland Bernois à l'Usage des Voyageurs. Accompagnée de cinq cartes topographiques et d'une perspective [hors texte] récemment retouchées... [ainsi que de 2 planches et d'une couverture illustrée.] 8. Berne 1838.

Walthari, Herm., s.: Siegesallee, die, in Berlin.

Walthari, Otto Robert [Pseud.], s.a. Müller, Walter

Magnetismus der Sünde. Ein ungeschminkter Sittenroman aus d. modernen Großstadtleben von Otto Robert **Walthari** [d. i. Walter Müller]. Berlin: W. Müller 1906. (131 S.) 8° [F.] [07. 10116

Der rote Napoleon. Eine Erzählung aus d. Aufstande d. Sioux-Indianer im Jahre 1876 von Otto Robert Walthari [d. i. Walter Müller]. Bd 1. Berlin: W. Müller 1906. 8° [F.] [07. 10117

Walthari, Otto Rob., aus Indiens gärender Zeit! Eine Erinnerg. an den Sipahi-Aufstand des J. 1857. Mit 1 farb. Titelbilde (Erstürmg. des Kaschmirtores v. Delhi) u. 14 Textillustr. v. Frz. Schultz. (301 S.) gr. 8. Berlin 905. W. Müller. n. 3. —; geb. n. 4. —

Waltharilied, das, s.: Böttcher, G., u. K. Kinzel, Denkmäler der älteren deutschen Litteratur.

Waltharilied, s.: Denkmäler der deutschen Litteratur.

Waltarilied, das, verdeutscht von J. V. Scheffel. Illustrirt von Alb. Baur. Holzschn. von A. Closs. gr. 4. (63 S. mit eingedr. Holzschn. und Holzschntaf.) Stuttgart 875, [Metzler'sche Buchh.] Bonz und Comp. geb. in Prachtbd. *

Waltharilied, das. Ein Heldensang aus dem 10. Jahrh., im Versmaße der Urschrift übers. u. erläutert v. Herm. Althof. Größere Ausg. m. authent. Abbildgn. gr. 8. (VII, 226 S.) Ebd. 902. n. 4. 50; geb. n. 5. 50

Walthari-Lied. Der arme Heinrich. Lieder der alten Edda. Uebers. v. den Brüdern Grimm. Mit Buchschmuck v. Ernst Liebermann. 1.—3. Tausd. (180 S.) gr. 8. Hamburg 905. Gutenberg-Verlag Dr. E. Schultze. Geb. in Leinw. n. 5. —

Das **Waltharilied.** Ein Heldengesang aus d. 10. Jh. im Versmaße d. Urschrift übers. u. erl. von Prof. Dr. Hermann Althof. 2., verb. Aufl. Neudr. Leipzig: Göschen 1907. 152 S. 8° (Sammlung Göschen. 46.) [11. 14301 II

— dasselbe, übers. u. erläutert v. Herm. Althof, s. Sammlung Göschen.

Waltharius, poema saeculi X. ex recensione cod. r. b. Bruxellensis secundum editionem equitis L. G. Provana, senatoris regni Sardiniae, Augustae Taurinorum (1848) repetendum curavit J. F. Neigebaur. 8maj. (48 S.) Monachii 853, Franz.

Waltharius, lateinisches Gedicht des 10. Jahrhunderts. Nach der handschriftl. Ueberlieferung berichtigt, mit deutscher Uebertragung und Erläuterungen von Jos. Vict. Scheffel und Alfr. Holder. gr. 8. (VI, 180 S.) Stuttgart 874, Metzler's Verlag. (Bonz) *

Walthari Poesis. Das Waltharilied Ekkehards I. v. St. Gallen nach den Geraldushandschriften hrsg. u. erläutert v. Herm. Althof. 1. Tl. gr. 8. (VII, 183 S.) Leipzig 899. Dieterich. n. 4. 80

Walthari poesies. Das Waltharilied Ekkehards I. von St. Gallen, nach den Geraldushandschriften hrsg. u. erläutert v. Herm. Althof. 2. Tl.: Kommentar. (XXII, 416 S.) gr. 8. Leipzig 905. Dieterich. 13. —

1. Tl. Ebd. 899. n. 4. 80.

v. Walthausen, Fr., Anfangsgründe der italien. Sprache für die deutsche Jugend. 8. Wien 794. Blumauer. (W. Nauck in Leipz.) 8 gr.

Walthausen, H. W. M. v. Romane in Liedern u. Mädchenlieder. gr. 16. (XII, 75 S.) Dresd. 889, v. Grumbkow. 1 25

Walthausen, H. W. M. v., Romane in Liedern. 2. Thl. Burschenlieder. Gedichte z. Componiren, Illustriren u. Deklamiren. gr. 8. (VIII, 152 S.) Dresden-Blasewitz 898. R. v. Grumbkow. n. 1. 75 (1. u. 2.: n. 3.—)

Walthausen, Joachim Heinrich (Hameln) A. S. 825/19

Dissertatio juridica inauguralis continens thesium miscellanearum decadem. Präs. Andreas Homborg. Helmstedt (Hamm) 16. IX. 1710. 8 Bl.

Gew.: Präs., Johann Werlhof, Johann Wilhelm Engelbrecht.
W. v.: I. A. Schmidt, Justus Christoph Böhmer.
35747

Walthausen, Joachim Heinrich (Hameln) A. S. 754/2

Semicenturia thesium theoretico-practicarum juris feudalis controversi. Präs. Andreas Homborg. Helmstedt (Hamm) I. 1706. 10 Bl.

Gew.: Johann Philipp von Hattorf.
W. v.: Justus Christoph Böhmer. 35746

v. Walthen, Leo, Dramatisches und Lyrisches: Die Tempelherren. Ein Trauerspiel in 4 Aufz. — Lieder der Liebe. — Naturbilder. Vermischte Gedichte. — Erzählende Gedichte. — Der Eid. Ein Romanzenkranz. gr. 8. Stuttgart 835. Brodhag'sche Buchh. 7/8 ß

Walthen, Leo v., Dramatisches u. Lyrisches. gr. 8. (12½ B.) Stuttgart 835. (Scheible, Rieger u. Sattler.)
Inh.: Die Tempelherren. Ein Trauerspiel in 4 Aufz. — Lieder der Liebe. — Naturbilder. — Vermischte Gedichte. — Erzählende Gedichte. — Der Eid. Ein Romanzenkranz.

Walther [Sachl. OW]

Walther *s. auch* Walter.

Walther, oder Geschichte eines Nordamerikanischen Pflanzers.
Ein Denkmal des Glaubens an Gott.
Schleswig: Johann Gottlob Röhß. 1796. 322 S. 8°.
Kongelige Bibliotek København
Vermutlich identisch mit Ausg. 1797 [Kayser, Romane, S. 148]; konnte nicht gefunden werden.

— oder kurze Geschichte eines nordamerikan. Pflanzers. 8. Schleswig. 797. (Hammerich in Altona.)

Walther; od. d. deutsche Mann. 8. Stuttgart, Steinkopf. (Gräff in Lpz.) 803.

Walther, od. das Kind v. Schlachtfelde, v. Aug. Lafontaine. 3 Bde. 8. Halle, Renger. 813.

Walther von Aquitanien, Prinz, ein Heldengedicht aus dem sechsten Jahrhundert ... Carlsr. 1782. V: *Eccehardus I.* Ü: *Molter, Frdr. Valentin.* (MGT) (Ky) (BrMm)

Walther, Prinz v. Aquitanien; ein Heldengedicht aus d. 6ten Jahrh., aus d. Latein. übersetzt (v. Fr. Molter). 8. Karlsr. 782. N. A. 818. Braun. 8 gr.

Walther von Aquitanien. Heldengedicht aus dem Latein. des 10. Jahrhunderts, übers. und erläutert von San-Marte. (A. Schulz.) gr. 8. (VII und 219 S.) Magdeburg 853, Creutz'sche Buchh.

Walther v. Aquitanien. Heldengedicht in 12 Gesängen, mit Erläuterungen und Beiträgen zur Heldensage und Mythologie von Frz. Linnig. gr. 16. (XVI, 144 S.) Paderborn 869, Schöningh. *

Walther v. Aquitanien, m. Beiträgen zur Heldensage u. Mythologie v. Frz. Linnig, s.: Schöningh's Ausgaben deutscher Klassiker.

Walther, August, oder die dunkeln Wege des Schicksals. Familiengemälde ... Quedlinburg 1825. V: *Mursinna, Friedrich Samuel.* (GGr)

Walther, Auguste, oder die dunkeln Wege des Schicksals. Ein Familiengemälde aus den wirkl. Leben entlehnt. Vom Verf. d. natürl. Tochter. 2 Thle. Mit 2 Steindr. 8. Quedl. 825, Ernst.

Walther, Auguste, od. die dunkeln Wege d. Schicksals. Ein Familien-Gemälde aus d. wirkl. Leben entlehnt v. Verf. „der natürl. Tochter," u. „der Mahlreiche." 2 Thle. 2. Ausg. 8. (30½ B. u. 2 Stndr.) Quedlinburg 830, Ernst.

Walther, Christ. Theodosius, evangelisch-luther. Missionar in Trankebar, s.: Sammlung v. Missionsschriften.

Walther, der Deutsche. Biographie e. berücht. Niedersachsens, welcher Dieb, Räuber, Verbrecher u. redlicher Mann war; herausg. v. Karl Busse. 8. Holzminden 798. (Hannov., Hahn).

Walther u. Dorillis; eine trag. Geschichte in Briefen. 8. Bresl. 791. (Gosohorsky). 10 gr.

— u. Dorillis; eine tragische Gesch. in Briefen, zur Beherzigung f. empfindsame Seelen. 8. Bresl. Meyer. 791. — 10

Walther, Dem Br. Emil [Rumpelt gen.], am Johannistage 1870. R. S. »Ein hohes Lied auch möcht' ich singen ...« V: *Spalteholz, Robert.* (wolfstieg I, 910)

Walther Kern. Aus den Papieren des Verf. der Selbstbekenntnisse oder vierzig Jahre aus dem Leben eines oft genannten Arztes. (Separat-Ausg. der letzten Hälfte der „Nachlese in und außer mir".) 2 Bde. Leipzig 858. Kollmann. 8. (272; 303 S.) 2 ₰.

— der Student v. Leyden, ein histor.-romant. Gemälde aus d. 30jähr. Kriege. 8. Magdeb. 827. Heinrichshofen.

Walther von der Vogelweide. Würzburg 1843 V: *Reuss, Frdr. Ant.* (Tübz 18, 40)

Walther von der Vogelweide. Eine biographische Skizze ... Würzburg 1873. V: *Reuss, Eduard Wilhelm Eugen.* (EB)

— Wilhelm von, v. August Wilhelmi. 2 Thle. 8. Deutschland. (Reichard in Braunschw.) 801. (I. 21 gr. II. 15 gr.)

Walther [Verfasser: Persönlicher Name]

(Walther von Lille.) — Die zehn Gedichte des Walther von Lille, genannt von Chatillon. Nach der Pariser Handschrift berichtigt u. zum ersten Male vollständig herausg. von W. Müldener. Hannover 859. Rümpler. gr. 8. (64 S.) n. 15 *ngr.*

Walther von der Vogelweide, s. Geister, Führende, Bd. 1.

Walther von der Vogelweide, s. Mayer, Ambr.: Zu Walther's Ehre. Festschrift . . .

Walther von d. Vogelweide, s. Uhland.

Walther's v. der Vogelweide Leben u. Dichten, s.: Wilmanns, W.

—— Auswahl aus den Liedern, hrsg. und mit Anmerkungen und einem Glossar versehen von Bernh. Schulz. 8. (XV, 124 S.) Leipzig 870, Teubner.

—— Gedichte, s. Bibliothek der Gesamt-Litteratur des In- und Auslandes.

—— dass. — s. Collection Spemann.

— s. Classiker, deutsche, des Mittelalters.

— s.: Handbibliothek, germanische.

— dasselbe, übers. v. Karl Simrock, s.: Heyse's, Max, Volksbücherei.

Walther von der Vogelweide: Gedichte, s. Meyer's Volksbücher.

— s.: National-Litteratur, deutsche, II, 1.

Walther von d. Vogelweide, Gedichte, herausg. von Karl Lachmann. gr. 8. Berl 827. Reimer. 1 *ℛ*

Walther v. d. Vogelweide, Gedichte, übers. v. Karl Simrock u. erläut. v. K. Simrock u. Wilh. Wackernagel. 2 Thle. 8. (28 B. u. 1 ill. Ttlkpfr.) Berlin 833, Vereins-Buchh.

Walther's von der Vogelweide Gedichte. 2. Ausg. von Karl Lachmann. gr. 8. Berlin 843, Reimer. 1 *ℛ*

Walther von der Vogelweide, Gedichte. In vier Büchern nach der Lachmannschen Ausg. des Urtextes vollständig übersetzt und erläutert durch Friedr. Koch. gr. 16. (VI und 219 S.) Halle 848. [Braunschweig,] Schwetschke und Sohn.

Walther von der Vogelweide, Gedichte. In vier Büchern nach der Lachmannschen Ausgabe des Urtextes vollständig übersetzt u. erläutert durch Frdr. Koch. gr. 16. (VI u. 219 S.) Halle 850, (Braunschweig) Schwetschke & Sohn. 1 *ℛ*

— Gedichte nach Lachmanns Ausgabe übers. v. G. A. Weiske. 16. (VI u. 201 S. m. 1 Lithochrom.) Halle 852, Pfeffer. n. 1⅓ *ℛ* in Engl. Einbd. n. 1 *ℛ* 18 *ngr*

Walthers v. d. Vogelweide gedichte. 3. ausg. von Carl Lachmann, besorgt von Mor. Haupt. gr. 8. (XVIII und 231 S.) Berlin 853, G. Reimer.

—— dass. — übers. von Carl Simrock. 2., vervollständ. Ausg. 16. (XVIII und 294 S. mit in Kpfr. gest. Titel.) Leipzig 853, Hirzel. *

Walthers v. der Vogelweide Gedichte übers. von Karl Simrock. 3., vollständ. Ausg. 16. (XXVIII und 340 S. mit Titel in Kpfrst.) Leipzig 862, Hirzel. *
geb. mit Goldschn. *

Walthers v. der Vogelweide Gedichte. 4. Ausg. von Karl Lachmann, besorgt von Mor. Haupt. gr. 8. (XVIII und 234 S.) Berlin 864, G. Reimer.

—— Gedichte übersetzt von Karl Simrock. 4. Aufl. 1869, und 5. neugeordn. Aufl. 16. (XXXIX, 360 S.) Leipzig 873, Hirzel. *ℳ 5.; geb. *

Walther v. der Vogelweide, Gedichte. 5. Ausg. v. Karl Lachmann, besorgt v. K. Müllenhoff. gr. 8. (XVIII, 234 S.) Berlin 875. G. Reimer. 9. —

—— Gedichte. Uebers. von Karl Simrock. 6. Aufl. gr. 16. (XXXIX, 360 S. mit Titel in Stahlst.) Leipzig 876. Hirzel. *
geb. mit Goldschn. *

— dasselbe. Auswahl. Hrsg. u. m. Anmerkungen u. einem Glossar versehen v. Bernh. Schulz. 2. Aufl. 8. (XVI, 129 S.) Leipzig 880. Teubner. 1. 20

— Gedichte. Nachgedichtet v. Add. Schroeter. 8. (XXII, 238 S.) Jena 881. Costenoble. n. 3. —; geb. n. 4. —

— Gedichte übers. v. Karl Simrock. 7. Aufl. 16. (XL, 360 S.) Leipzig 883. Hirzel. n. 5. —; geb. n. 6. —

Walther's v. der Vogelweide Gedichte, übers. v. B. Wenzel. 8. (XI, 184 S.) Plauen 889. Neupert's Verl. n. 2. —; cart. n. 2. 40; geb. n. 3. —

Walther v. der Vogelweide. Gedichte. 6. Ausg. v. Karl Lachmann. Unveränd. Abdr. der v. K. Müllenhoff besorgten 5. Ausg. gr. 8. (XVIII, 234 S.) Berl. 891, G. Reimer. 3 —

— dasselbe. Auswahl, hrsg. u. m. Anmerkgn. u. e. Glossar versehen v. Bernh. Schulz. 3. Aufl. 8. (XVI, 138 S.) Leipzig 893. B. G. Teubner. n. 1. 20

— dasselbe, übers. v. Karl Simrock. 8. Aufl. gr. 16. (XL, 860 S. m. Stahlst.-Titel.) Leipzig 894. S. Hirzel. n. 6. —

Die Gedichte **Walthers** von der Vogelweide. Hrsg. von Hermann Paul. 3. Aufl. Halle: M. Niemeyer 1905. (IV, 209 S.) 8°
— **Textbibliothek**, Altdeutsche. No 1. [illegible] 3

— Gedichte. Uebers. v. Karl Simrock. (Die Zeichng. des Einbandes u. des Vorsatzpapiers ist von Const. Somoff, die des Innentitels sowie die Vignetten von Melch. Lechter. Neuausg., besorgt u. durchgesehen v. Christian Morgenstern.) (Hortus deliciarum.) (200 S.) kl. 8. Berlin 906. J. Bard. Kart. n. 3. —; geb. in Ldr. n. 4. —; Luxusausg. n. 10. —

— **Gedichte. 7. Ausg. v. Karl Lachmann. Besorgt v. Carl v. Kraus. (XXIV, 230 S.) gr. 8. Berlin 907. G. Reimer.** 4. —

Walther's von der Vogelweide und seiner Schüler ausgewählte Gedichte. Schulausg. Mit Einleitung, Anmerkungen und Wörterbuch von Rhold. Bechstein. 12. (XVIII, 134 S.) Stuttgart 879, Cotta'sche Buchh. cart. *

— u. seiner Schüler ausgewählte Gedichte. Schulausg. Mit Einleitg., Anmerkgn. u. Wörterbuch v. Rhold. Bechstein. 2. Aufl. 12. (158 S.) Stuttgart 893. J. G. Cotta Nachf. Kart. n. 1. 20

—— ausgewählte Gedichte, nebst einigen Proben aus der ältesten deutschen Litteratur in Übersetzung. Zusammengestellt von F. Hornemann. 8. (VIII, 83 S.) Hannover 880, Helwing'sche Verlagsh.

—— Gedichte in Auswahl, s. Teubner's Sammlung deutscher Dicht- u. Schriftwerke f. höhere Töchterschulen.

—— sämmtliche Gedichte. Uebertr. von Karl Pannier, s. Universal-Bibliothek Nr. 819 und 820.

— sämmtliche Gedichte, übers. v. Ed. Kleber. 12. (III, 200 S.) Straßburg 894. J. H. E. Heitz. n. 1. 60

— Lieder. Ins Neudeutsche übers. v. Wolrad Eigenbrodt. 8. (IV, 96 S.) Halle 898. M. Niemeyer. n. 1. 20

— ausgewählte Lieder u. Sprüche. Uebertragen u. hrsg. v. Edward Samhaber. 12. (144 S. m. 2 Abbildgn.) Leipzig 900. G. Freytag. Geb. n. — 80

WALTHER VON DER VOGELWEIDE
(F) Ausgewählte Lieder und Sprüche Walthers von der Vogelweide. Übertragen und herausgegeben von Eduard Samhaber. Mit 2 Abbildungen. (Freytags Schulausgaben und Hilfsbücher für den deutschen Unterricht.) Wien und Prag. 1900. Tempsky. 8°. 144 S. Geb. K —.80

Walther v. der Vogelweide, ausgewählte Lieder u. Sprüche. Übertr. u. hrsg. v. Edward Samhaber. 2. Aufl. (144 S. m. 2 Abb.) kl. 8. Leipzig 909. G. Freytag. — Wien, F. Tempsky. Geb. — 80

— Lieder u. Sprüche, in den besten Uebertragungen ins Neuhochdeutsche hrsg. v. Johs. Nickol, m. Vollbildern, Vignetten u. Handleisten v. Frz. Staffen. (VIII, 142 S.) gr. 4. Düsseldorf (903). Berlin, Fischer & Franke. Geb. in Leinw. n. 16. —

— dasselbe, s.: Jungbrunnen-Bücherei.

Walther v. der Vogelweide, Sprüche, ins Neuhochdeutsche übertr. v. Karl Koppmann. 8. (XV, 94 S.) Hildesheim 893. Gerstenberg. n. 1. 60

Walther von der Vogelweide. Hersg., geordnet u. erklärt von K. Simrock. Bonn 870. Marcus. 8. (XII, 254 S.) n. 25 ngr.

Walther von der Vogelweide. Herausgeg. von Franz Pfeiffer. 4. Aufl. herausgeg. von K. Bartsch. Leipzig 1874. 8°.

— Schul-Ausg. m. e. Wörterbuche v. Karl Bartsch. 8. (VIII, 156 S.) Leipzig 875. Brockhaus. n. 2. —; geb. n.n. 2. 50

Walther von der Vogelweide. Schul-Ausg. mit einem Wörterbuche von Karl Bartsch. 2. Aufl. 8. (VIII, 156 S.) Leipzig 885, Brockhaus. *M 2.—.; geb.

Walther von der Vogelweide. Textausg. von W[ilhelm] Wilmanns. 2. Ausg. Halle a. S.: Waisenhaus 1905. (199 S.) 8°
= Sammlung germanist. Hilfsmittel. 5. [05. 4887 6

Walther v. der Vogelweide. Textausg. von W. Wilmanns, s.: Sammlung germanistischer Hilfsmittel f. den prakt. Studienzweck. V.

— Schul-Ausgabe m. e. Wörterbuch v. Karl Bartsch. 3. Aufl. (VIII, 156 S.) 8. Leipzig 906. F. A. Brockhaus. n. 2. —; kart. n. 2. 50

Walther v. d. Vogelweide. Aus d. Mhd. übertr., eingeleitet u. m. Anm. vers. von Richard Zoozmann. (Stuttgart: Greiner & Pfeiffer 1907.) 2, 185 S. 8°
(Bücher d. Weisheit u. Schönheit.) A 12. 2644

Walther v. der Vogelweide, übertr. v. Rich. Zoozmann, s.: Bücher der Weisheit u. Schönheit.

Walther von der Vogelweide [Ausz.]. Eine Gabe f. d. deutsche Haus. Von Const[anze] Heisterbergk, [d. i.] M[arie] C[onstanze] Frtr. v. Malapert-Neufville. Mit Bildern. Dresden & Leipzig: Pierson 1910. 257 S. 8° [10. 2655

Walther von der Vogelweide mit einer Auswahl aus Minnesang u. Spruchdichtung. Mit Anm. u. e. Wörterbuch von Prof. Otto Güntter. 4. Aufl. 6. Abdr. Leipzig: Göschen 1910. 147 S. 8°
(Sammlung Göschen. 23.) [11. 14574 11

— m. e. Auswahl aus Minnesang u. Spruchdichtung, hrsg. v. Otto Güntter, s.: Sammlung Göschen.

[J.] Walther von der Vogelweide u. Des Minnesangs Frühling ausgew., übs. u. erl. v. Dr. Karl Kinzel. 4. Aufl. Halle a. S.: Waisenhaus 1895. (VIII, 115 S.) 1 Bd 8.
= Denkmäler d. Älteren deutschen Litteratur f. d. litteraturgeschichtl. Unterr. an höh. Lehranst. [Abth.] II. [Bd] 1. [96 3.88

[J.] Walther von der Vogelweide u. Des Minnesangs Frühling ausgew., übs. u. erl. v. Prof. Dr. Karl Kinzel. 5. Aufl. Halle a. S.: Waisenhaus 1897. (VIII, 115 S.) 1 Bd 8.
= Denkmäler d. Älteren deutschen Litteratur f. d. litteraturgeschichtl. Unterr. an höh. Lehranst. [Abth.] II. [Bd] 1. [97 4.8

Walther von der Vogelweide und Des Minnesangs Frühling ausgew., übs. u. erläut. v. Karl Kinzel. 6. Aufl. Halle a. S.: Waisenhaus 1899. (VIII. 115 S.) 8°
Denkmäler d. Älteren deutschen Litteratur f. d. litteraturgeschichtl. Unterr. an höh. Lehranst. [Abth.] I. [Bd] 1.

Walther von der Vogelweide und Des Minnesangs Frühling ausgew., übers. u. erl. von Karl Kinzel. 7. Aufl. Halle a. S.: Waisenhaus 1900. (VIII, 120 S.) 8° [J.]
= Denkmäler d. Älteren deutschen Litteratur. 2, 1.

Walther von der Vogelweide und Des Minnesangs Frühling, ausgewählt, übers. u. erl. von Prof. Dr. Karl Kinzel. 9. Aufl. Halle a. S.: Waisenhaus 1903. (120 S.) 8° [J.]
= Denkmäler der Aelteren deutschen Literatur f. d. literaturgesch. Unterr. an höh. Lehranst. 2, 1 [illegible]

Walther von der Vogelweide und des Minnesangs Frühling, ausgew., übers. u. erl. von Prof. Dr. Karl Kinzel. 10. Aufl. Halle a. S.: Waisenhaus 1903. (VIII, 120 S.) 8° [J.]
= Denkmäler d. älteren deutschen Literatur. 2, 1 [04. [illegible]

Walther von der Vogelweide und Des Minnesangs Frühling, ausgewählt, übers., u. erl. von Prof. Dr. Karl Kinzel. 11. Aufl. Halle a. S.: Waisenhaus 1904. (VIII, 120 S.) 8° [J.]
= Denkmäler d. älteren deutschen Literatur. 2, 1. [04. 14132

Walther von der Vogelweide und des Minnesangs Frühling ausgew., übers. u. erl. von Prof. Dr. Karl Kinzel. 12. Aufl. Halle a. S.: Waisenhaus 1905. (VIII, 120 S.) 8° [J.]
= Denkmäler d. Älteren deutschen Literatur f. d. literaturgesch. Unterr. an höh. Lehranst. 2, 1. [05. 1418, 3

Walther von der Vogelweide und Des Minnesangs Frühling, ausgewählt, übers. u. erl. von Prof. Dr. Karl Kinzel. 13. Aufl. Halle a. S.: Waisenhaus 1906. (VIII, 120 S.) 8° [J.]
= Denkmäler d. älteren deutschen Literatur. 2, 1. [06. 16008

Walther von der Vogelweide und Des Minnesangs Frühling ausgew., übers. u. erl. von Prof. Dr. Karl Kinzel. 14.(–16.) Aufl. Halle: Waisenhaus 1907. (VIII, 123 S.) 8° [J.]
= Denkmäler d. älteren deutschen Litteratur f. d. litteraturgesch. Unterr. an höh. Lehranst. 2, 1. [07. 13776 8

Walther von der Vogelweide und des Minnesangs Frühling ausgew., übers. u. erl. von Prof. Dr. Karl Kinzel. 17.–19. Aufl. Halle a. S.: Waisenhaus 1909. VIII. 123 S. 8°
(Denkmäler d. älteren deutschen Literatur f. d. literaturgesch. Unterr. an höh. Lehranst. 2, 1.) [11. 13677

— s. a. Bötticher, G., u. K. Kinzel, Denkmäler der älteren deutschen Litteratur.

— u. and. Lyriker d. Mittelalters, übertr. u. hrsg. v. Gust. Legerlotz, s.: Velhagen & Klasing's Sammlg. deutscher Schulausgaben.

Walter v. der Vogelweide nebst Ulrich v. Singenberg und Leutold v. Seven hrsg. von Wilh. Wackernagel und Max Rieger. gr. 8. (LI und 291 S.) Giessen 862, Ricker. *

Walther [Verfasser: Familienname]

Walther, die geplante Änderung des Konfirmationsbüchleins, Ein ernstes Wort an die kirchl. Vertreter unseres Volks. (24 S.) 8. Stuttgart 907. J. F. Steinkopf. — 30

Walther, ..., s. Aufgaben, 900.

Walther: Nicht explodirende Dampfkessel, System Root, mit den neuesten bewährten Verbesserungen. Kalk a. Rh. (1880?)

Walther: Dienst-Vorschriften für Kesselwärter. Kalk a. Rh. (1892?)

Walther [kais. Ober-Postdir.]: *Über den Eintritt in den Postdienst.* Reichenbach i. V., Buchdr. v. Haun & Sohn, 1890; S. 29; 4°
Reichenbach i. V., R m. PG, P 1890

Walther, rationelle Hühnerzucht u. Mastung oder Mittheilungen der Art u. Weise, wie aus der Geflügelzucht mit nur geringen Kosten 200—300 Prozent, ja selbst bei größter Vervollkommnung der Anlage noch bedeutend höhere Prozente erzielt werden. Mit besonderer Hinsicht auf die von mir gegründete erste u. größte Geflügelzüchterei Deutschlands für unternehmende u. intelligente Geschäftsleute jeden Standes. Mit 1 lith. Zeichnung. 1. u. 2. Aufl. Berlin 860, 61. J. Springer. gr. 8. (X, 97 S.) 1 ℛ

Walther's Katechismus, s. Denkmale, katechetische.

Walther, v., Oberstlieut. a. D. Die Militärgesetze des deutschen Reichs nach amtlichen Materialien bearb. Mit vollständigem Sachregister. I. Bd. Reichs- und Wehrverfassung II. Bd. Kautions-, Pensions-, Unterstützungs- und Versorgungswesen III. Bd. Militärgerichts- und Strafgesetze. (Mit 1 Titelbild und 2 Tabellen.) gr. 8. Berlin 1880.

Walther, Oberstlieut. v., die Militärgesetze des Deutschen Reichs, nach amtl. Materialien bearb. 3 Bde. Mit vollständ. Sachregister. gr. 8. (XLVIII, 933 S.) Berlin 880, Bolm. geb. in 1 Bd.
—— dass. — 2. Ausg. gr. 8. (XLVIII, 932 S.) Berlin 882, [Bolm.] Schoenemann. 4 ℳ 8.; geb.

Walther, das gesunde u. kranke Ohr. Allgemein verständl. Belehrgn. gr. 8. (58 S. m. 4 Abbildgn.) Zittau 891. Pahl. n. 1. —

Walther, das gesunde u. kranke Ohr. Allgem. verständl. Belehrgn. gr. 8. (58 S. m. 4 Abb.) Zittau 891. Strausberg, M. Köhler. (Nur direkt.) n. 1. —

Walther, Dr. ..., Rede bei der Einweihung der von Sr. Maj. dem hochlöbl. 37. Linien-Infant.-Regimente verliehenen Fahnen, gehalten auf d. Feldern von Wahlstadt am 31. Aug. 1828. 8. Glogau, Neue Günter'sche B. 3 Gr

Walther, Rede bei d. Einweihung der v. Sr. Maj. dem Hochl. 37. Linien-Infanterie-Regimente verliehenen Fahnen, gehalt. auf d. Feldern v. Wahlstadt am 31. Aug. 1828. 8. (1 B.) Glogau 829, [Flemming.]

Walther, Die ganze u. die sogen. „gebrochene" Reduplication der Wurzel im Griech. u. Lat. Pr. 1875. 11 S. 4°. 1.—

Walther, die Ueberfüllung der Irren-Anstalten, ihre Ursache und Verhütung. gr. 8. (32 S.) Neuwied 872, Heuser's Verlag.

Walther, s.: Wahlpredigt, geh. zu Hildesheim.

Walther: Nicht explodirender Wasserrohrkessel, verbessertes System Root. Circulations-Wasserrohrkessel, verbessertes System Root. Circulations-Wasserrohrkessel mit Wasserkaminern. Kalk a. Rh. (1891?)

WALTHER (ps.). — Die vor einigen Zeiten verübte Pollitische Welt-Liebe; Welche in einer angenehmen Liebes- und Helden-Geschichte vorgestellet wird, von *Walthern.* Mit Titelkpfr. Zu finden auf Franckfurt- und Leipziger-Messen. Anno M DCC XXIV. (1724.) 8°. (In Berlin: Yv 1751; auch in Warmbrunn, Reichsgräfl. v. Schaffgotsch'sche Majoratsbibl.) Sehr rar!

— — Dasselbe. O. O. 1725. 8°.
Wiener Cat. (1774) verbotener Bücher.

Walther, wo sind die Seelenstörungen in ihrem Beginne zu behandeln? od. die Nützlichkeit u. Nothwendigkeit der offenen Kuranstalten f. Nervenkranke u. Leichtverstimmte. gr. 8. (30 S.) Neuwied 874. Heuser. — 60

Walther, A., s. Andral u. Gavarret, Untersuchungen.

Walther A.: 1. Das figurale Zeichnen u. 2. allgemeine Bemerkungen über Gedächtnis- und Componierübungen. 20. Bozen R. 88.
Progr.

Walther, Adf., Bilder aus dem Soldatenleben in Neapel. Nach dem Tagebuch eines Schweizersoldaten dargestellt. [Aus: Alpenrosen.] Bern 867. Haller'sche Verlagsh. gr. 8. (VIII, 186 S.) n. 16 ngr.

Walther, Adolf Richard: Aus d. anat. Inst. d. Tierärztl. Hochsch. zu Berlin. Beiträge zur Kenntnis von Blutplättchen und Blutgerinnung unter besonderer Berücksichtigung des Pferdes. Mit 5 Textfig. Jena: Fischer 1910. 65 S. 8° ¶ (Aus: Zeitschrift f. Tiermedizin. N. F. Bd 14, H. 3.)
Leipzig, Veterinär-Med. Diss. v. 2. Mai 1910, Ref. Ellenberger
[Geb. 17. Juli 85 Mainz; Wohnort: Berlin; Staatsangeh.: Hessen; Vorbildung: Realgymn. Mainz Reife O. 03; Studium: Leipzig 3, Hohenheim Landw. Hochsch. 1, Berlin Tierärztl. Hochsch. 5, München 2 S.; Coll. 15. Juni 10; Approb. 13. Aug. 08.] [U 10. 3078

Walther, Albert (geb. Gr.-Ottersleben bei Magdeburg 15. 4. 1815): De chorea St. Viti nonnulla. Berolini (1840). (32 S.) 8°
Berlin, Med. Diss. v. 18. Dez. 1840

Walther, Alex., u. Ludw. **Molendo**, die Laubmoose Oberfrankens. Beiträge zur Pflanzengeographie u. Systematik u. zur Theorie vom Ursprunge der Arten. Leipzig 868. (Engelmann.) 8. (VII, 279 S.) n. 1 ℛ

WALTHER, Alexander (Bayreuth): Mittheilung eines Falles von hysteria topica.- München: Desohler 1843. 24 S.
28.8.1840 - Urk (Titel: De hysteria topica.); F 65
Diss.Ingolst.-Landsh.-Mchn.

Walther, Alfred

Walther, Alfr., 2 Fälle v. Nierenabscess. Casuist. Beitrag zur Nierenchirurgie. Diss. gr. 8. (47 S.) Leipzig 896. (Buchh. G. Fock.) n. 1. —

Walther, Alfr., Napoleon III., Frankreichs blutdürstiger Kaiser oder: der Sieg der tapfern Deutschen. Illustrirter histor. Roman aus dem deutsch-französ. Kriege. 3.—30. (Schluß-)Lfg. gr. 8. S. 97—1439 mit 28 eingedr. Holzschn.) Berlin 870, 71, Humburg und Comp. à Lfg. 40 Pf.
1. und 2. Lfg. Ebendas. 1870. à Lfg. 40 Pf.

Walther, Alfred [Referendar b. Kgl. Landger. in Erfurt]: Ueber das pactum de non distrahendo pignore ... Erfurt, Ohlenroth'sche Buchdr., 1896; 63 S. 8.
Tübingen, Jur. Fak., Inaug.-Diss. v. 1896

Walther, Alfr., die Weihnacht, der Ostersonntag u. e. chronologische Beihülfe zum Verständniß der Bücher des neuen Bundes. 3 Schriften, hrsg. v. Karl Walther. 8. (IV, 62 S.) Leipzig 895. O. Mutze. n. — 60

Walther, Andreas: Die burgundischen Zentralbehörden unter Maximilian I. und Karl V. T. 1. Das Grand Conseil. (Altenburg) 1908: (Pierer). IX, 38 S. 8° ¶ (Ersch. vollst. b. Duncker & Humblot, Leipz. 1909.)
Göttingen, Phil. Diss. v. 12. Nov. 1908, Ref. Brandi
[Geb. 10. Febr. 79 Cuxhaven; Wohnort: Göttingen; Staatsangeh.: Hamburg; Vorbildung: Gymn. Rostock Reife O. 98; Studium: Tübingen 2, Rostock 2, Erlangen 1, Rostock 3, Göttingen 3 S.; Rig. 22. Juli 08.] [U 09. 1417

Walther, Andreas. Die burgundischen Zentralbehörden unter Maximilian I. und Karl V. X + 220 S. 8. Leipzig, Duncker & Humblot, 1909. [M. 5. 50]

Walther, Anna. Über das weitere Schicksal der aus der Strassburger Säuglingsheilstätte in den Jahren 1901 bis 1908 entlassenen Kinder. Beitrag zur Wertung der Krankenhausbehandlung von Säuglingen. Diss. Med. [Univ.] Zürich. [Mit 1 Figur.] 40 S. 8. Zürich (Druck Grimme & Trömel in Leipzig,) 1910.

Walther, Anton Balthasar von

Walther, Ant. Balth. v., rechtl. Bedenken wegen Verstattung d. Ceremonien b. d. Begräbnissen. 4. Breslau, W. G. Korn. 740.

v. Walther, Ant. Balth., (+ d. 18. Juli 1785.) juristisch-histor. Betrachtung über das Leiden u. Sterben Jesu Christi. gr. 8. Bresl. 738. 2e verm. Ausg. 777. W. G. Korn. 20 ₰

Walther, A. B., jur.-hist. Betrachtt. üb. d. Geschichte des Leidens u. Sterbens Christi. Berlin 1738. (1777.) 4.

Walther, Ant. Balth.: Tractatus juris publici et criminalis de principe ex justis causis delinquentes aggratiante. Appendicis loco acc. Rechtliche Bedencken über die Frage: Ob ein mittelbahrer Stadt-Magistrat, nach eignem Gefallen u. Willkühr . . . in Verstattung derer Ceremonien u. Ehrens-Bezeugungen bey den Begräbnüssen verfahren könne? Vratislaviae et Lipsiae 1740.

— de principe ex justis caussis deliquentes aggratiante. 4. Breslau, Seidel. 740.

Walther, Ant. Balth.: Silesia diplomatica, oder Verzeichniß derer gedruckten Schlesischen Diplomatum, Privilegiorum, Landes-Gesetze, Statuten . . . u. andrer zur Schlesischen Historie und Rechtsgelehrsamkeit gehörigen Uhrkunden und Nachrichten. Nebst e. Verzeichniß derer Autorum. Breslau: Korn.

T. 1. Die zur Religion, Bißthum, Clerisey, Stifftern, Kirchen u. Schulen gehörige Uhrkunden. 1741.
„ 2. Die zum weltlichen Zustande Schlesiens gehörige Uhrkunden. 1742.

Walther, Arnold, leichtfaßliche Anleitung zum Gregorianischen Choral-Gesange. Für Geistliche, Lehrer, Organisten und Chordirektoren zum Selbst-Unterricht bearb. 1. und 2. verm. und verb. Aufl. gr. 8. (48 S.) Regensburg 877,79, Coppenrath. *

Walther, Arnold, das Brod der Engel oder Unterricht über das allerheiligste Altars-Sacrament. Leitfaden für den Communion-Unterricht. Nebst einem Gebetbüchlein, zunächst für Erst-Communicanten. 16. (127 S. mit Illustr. in eingedr. Holzschn. und 1 Stnt.) Einsiedeln 882, Gebr. Benziger. cart. geb.

Das Brod der Engel oder Unterricht über d. allerheiligste Altars-Sacrament. Leitfaden f. d. Communion-Unterr. Nebst e. Gebetbüchlein, zunächst f. Erst-Communicanten. Von **Arnold Walthor**, Domherr in Solothurn. Mit Ill. 3. Aufl. *Einsiedeln. Koln: Benziger & Co. [um 1902].* (IV, 127 S.) 8° [F.] [c4. 1984

Walther, A., biblische Geschichte d. alten u. neuen Testamentes für katholische Volksschulen. Nach Businger's Ausg. neu bearb. Mit e. Schreiben Sr. Heiligkeit Papst Leo XIII. Neue Ausg. (Ausg. f. Bayern.) 8. (284 S. m. Abbildgn.) Einsiedeln 889. Benziger & Co. cart. n.n. — 55

Walther, Arnold. Biblische Geschichten d. alten u. neuen Testamentes f. katholische Volksschulen. Nach Businger's Ausg. neu bearb. Neue Ausg. 8. (284 S. mit 143 Holzschn. u. 3 Karten.) Einsiedeln 889, Benziger u. Comp. cart. ** — 55
Vgl.: Gisler, D. Kleine biblische Geschichte.

Walther, Arnold, biblische Geschichte d. alten u. neuen Testamentes f. katholische Volksschulen. Nach Regens Busingers Ausg. neu bearb. M. 141 Illustr., e. Ansicht des hl. Landes u. 2 Karten. 8. (284 S.) Einsiedeln (897). Verlagsanstalt Benziger & Co. Kart. n.n. — 55
s. a. **Businger.**

Walther, Arnold, kurze biblische Geschichte f. die untern Stufen der katholischen Volksschule. Nach Businger-Walthers „bibl. Geschichte" bearb. 8. (94 S. m. 66 Bildern u. 1 Karte.) Einsiedeln 891. Benziger & Co. Kart. n.n. — 25

— kurze biblische Geschichte f. d. unt. Klassen d. kathol. Volksschule. Nach Businger-Walthers „bibl. Geschichte" bearb. M. 66 Bild. u. 1 Karte. 6. Aufl. 8. (94 S.) Ebd. 897. Kart. n.n. — 25

Walther, Arnold, die Kirche. Hilfsmittel f. den katechet. Unterricht an Sekundar-, Bezirks- u. Fortbildungsschulen. 2. rev. u. verb. Aufl. 12. (86 S. m. Titelbild.) Einsiedeln 899. Verlagsanstalt Benziger & Co. Kart. n.n. — 40

—— Missa in hon. Sancti Caroli Borr. Vocal-Messe für vier gemischte Stimmen. Partitur und Stimmen. hoch 4. (26 S. und Stimmen 9, 8, 8, 8 S.) Ebendas. 877. *
Partitur allein * ℳ 1,40; Stimmen à *

Walther, Arnold, Orgelbegleitung zu den gebräuchlichsten gregorianischen Choralgesängen. gr. 4. (60 S.) Regensburg 878, Coppenrath. *

— Verordnungen üb. Kirchen-Musik f. die Diözese Basel. Beleuchtet v. A. W. gr. 8. (XXVI, 169 S.) Basel 892. Regensburg, (A. Coppenrath's Verl.) n. 1. 20

Walther, Aug., der Schriftführer, oder deutscher Haupt-Briefsteller. Ein Handbuch für den Bürger u. Landmann. 1. Lfg. 8. (S. 1—48.) Dresden 850. Birr. n. 3 ngl

Walther, August, Veterinärarzt, Assist. d. med. Veterinärklinik zu Gießen: Arbeiten aus d. med. Veterinärklinik d. Univ. Gießen ⟨Dir.: Gmeiner⟩. Klinische Untersuchungen über die Salizylsäure und ihre Derivate. Berlin 1908: Schumacher. 50 S. 8° ¶ (Aus: Archiv f. wissensch. u. prakt. Tierheilkunde. Bd 34.)
Gießen, Veterinär-Med. Diss. v. 27. Aug. 1908, Ref. Geppert
[Geb. 14. Febr. 78 Lindenfels; Wohnort: Gießen; Staatsangeh.: Hessen; Vorbildung: Gymn. Gießen Reife O. 07; Studium: Gießen 11 S.; Rig. 22. Nov. 07.] [U 09. 1188

Walther, August Friedrich [Praes.], s. Adolph, Ernst Siegfried: Diss. de collo virilis vesicae cathetere et unguentis illi inferendis.

Walther, Aug. Fr., Ad anatomiam publicam cadaveris feminae morbo convulsivo, prolapsu uteri et omphalocele cum viveret affectae, in theatro anatomico Lipsiensi spectandum invitat. 3 l. Lps. 4°.
1727

Tenериorum musculorum humani corporis Anatome repetita qua observationes anatomicorum cum suis contulit, tab. faciei internae adiecit, ... et in usum auditorum convertit Augustinus Frid[ericus] Walther. Lipsiae 1731: Langenhemius. 24 S. 4°

Walther, A. F., Paris intercostalis et vagi corporis humani nervorum et utroque ojus latore obviorum anatomia. Pars II. Lps. 4°. 1735.

De Articulis, ligamentis et musculis hominis incessu statuque dirigendis. In Theatro anatomico Lipsiensi observationes fecit, denuo recognovit... Augustinus Frid[ericus] Walther. Lipsiae: Gleditsch 1728. 118 S. 8°

Walther, Augustin Friedrich A. S. 1117/44

De atra bile.
(Leipzig (Breitkopf) 24. VIII. 1738.) 11 S.

Gew.: Karl Gottlieb Pauli. 35748

—, Pr., resp. C. Gttl. **Pauli,** de atra bile. 11 pp. Lps. 4°. Auch: *Haller*, Diss. ad morb. Laus. 1757, III, 573—580. 1741

Walther, August Friedrich: Designatio plantarum quas hortus A.F.Waltheri complectitur. 172 S., gbd., 24 Taf.

Lipsiae: Gleditsch 1735

— designatio Plantarum horti sui, acced. plantarum icones XXIV. 8. maj. ibid. 736.

Walther, Aug. Fr., resp. Wolfg. Sig. **Moller,** De erubescentibus et venarum capitis svbitaneo tumore. 32 pp. Lps. 4°. *Haller*, Disp. anat. Gött. 1747, II p. 788—808. 1739

Walther, Aug. Fr., resp. Mart. Ottom. **Swencke,** De fibra motrice et influente nervorum liquido. 32 pp. Lps. 4°. 1723

Walther, August Friedrich [Praes.], s. Hanneken, Philipp Ludwig: De scarificatione occipitis plurium capitis morborum auxilio.

Walther, Aug. Friedr.: Plantarum exot. ... index ... Lips. 1732. 8°
(Catalogue of his own garden.)

Walther, August Friedrich [Praes.], s. Kuesch, Er.: De frigore et febris intermittentis accessione.

August Friedrich Walther

De Lente crystallina oculi humani. [Resp.:] Iohannes Gabriel Stephani. Lipsiae (1712:) Titius. 32 [vielm. 23] S. 8°

Leipzig, Med. Diss. v. 20. Juni 1712

Augustini Friderici Waltheri [Walther] De Lingua humana novis inventis 8 sublingualibus salivae rivis, nunc ex suis fontibus glandulis sublingualibus eductis irrigua exercitatio. Lipsiae 1724: Titius. 39 S. 8°

Aug. Frid. Walther progr. de loto Aegyptia in nummis antiquis. Lips. 1746. f. (Cfr. Benj. Ray in Gentlemans magaz. *et inde in* Hamburg. Magaz. Bd. 23, S. 201 fg.; *dein* Ren. L. Desfontaines in Mem. de l'Acad. d. scienc. de Paris. 1788, p. 443 s. *et* Journ. de phys. t. 33. p. 287 s.)

Walther, August Friedrich [Praes.], s. Ludwig, Christian Gottlieb: De deglutione naturali et praepostera.

Walther, August Friedrich [Praes.], s. Müller, Wolffgang Sigismund: De erubescentibus et venarum capitis subitaneo tumore.

—, Progr. de cerebri nervis et gangliis. Lps. 4°. 1727

Walther, Aug. Fr., resp. Jo. Fr. **Brachmann,** Progr. quo paris intercostalis et vagi corporis humani nervorum ab utroque ejus latere obviorum anatomen exhibet. 11 l. Lps. 4°. *Haller*, Disp. anat. Gott. 1747, II, p. 909—926. 1733 — resp. Fr. **Gerber,** Pars altera. 14 pp. Lps. 1735. *Haller*, Diss. anat. Gött. 1747, II, p. 927—938.

Walther, Aug. Fr., resp. Jo. Chr. **Tilling,** De pulsu sanguinis in durae meningis sinu. 6 l. Lps. 4°. *Haller*, A., Disp. anat. sel. Vol. II Gött. 1757. p. 775—784. 1737

—, resp. P. L. **Hannckenius,** De scarificatione occipitis plurium morborum capitis auxilio. Lps. 8°. Auch: *Frank*, Delect. opus. med. Ticini 1788, 221—30. *Vogel*, Med. Bibl., I, 844. 903. 1741

Walther, August Friedrich [Praes.], s. Schwencke, Martin Ottmar: De cura foetus parentum officio.

Walther, August Friedrich [Praes.], s. Schwencke, Martin Ottomar: De fibra motrice et influente nervorum liquido.

Walther, Aug. Friedr.: Progr. de silphio in veterum nummis ac diversis plantae speciebus. Lips. 1746. 4°

Walther, August Friedrich [Praes.], s. Stephani, Johann Gabriel: De lente crystallina oculi humani.

Arteriae coeliacae Tabulam in anatomes studio desideratam et reliquam publici iuris facit simul ad anatomen publicam cadaveris feminini in Theatro anatomico Lipsiensi... 1729... invitat August[us] Frid[ericus] Walther, Lipsiae (1729:) Ex Officina Titiana. 7 Bl. 8°

Walther, Aug., resp. Pet. Ph. **Keil,** De temperamentis et deliriis. 16 pp. Lps. 4°. 1741

Walther, Aug. Fr., De vasis vertebralibus observationem novam inter alia tradit. Lps. 1730. 4°. *Haller*, Bibl. anat. II, 88. *Haller*, Disp. anat. Gott. 1747, I. II p. 759—773. 1730

Walther, B. v., Schediasma litterarium seu centuria Waltherorum celebriorum. Francofurti a. V. 1726. 8.

Walther, Bernh.: Consuetudines austriacae. Leipzig 1716. 4°

Walther, Bernh. (Walth. K.), so bin ich Spielmann worden. Eine Erzählg. aus alter Zeit. 8. (53 S.) Dresden 902. E. Pierson. n. 1. 50; geb. n. 2. 50

Walther, Bernh. Siegfr., über die Aufklärung des Landvolks. 8. Halle 782. Gebauer. 12 gr

— Betrachtt. über d. Natur, für Verstand u. Herz, u. insbesondere zur Beförder. religiöser Ueberzeugungen u. Gefühle. 4 Thle mit 19 Kpfrn. gr. 8. Weim. 800—2. Ind.-Compt. 8 Rthlr

— die Erdbeben u. Vulkane, physisch u. historisch betrachtet; ein Buch für gebildete Leser. gr. 8. Leipz. 805. Reclam. 1 Rthlr 12 gr

— über die Erziehung junger Frauenzimmer, aus mittlern u. höhern Ständen. 8. Berl. 781. Hesse. (Müller). 8 gr

— überstandene Gefahren, keine Dichtungen, sondern wahre Geschichten, für Leser aus allerlei Ständen. 2 Bde. mit Kpf. 8. Leipz. 808. Reclam. 3 Rthlr 8 gr

Walther, B. S., die Gerechtigkeit u. Vaterliebe Gottes, in der Geschichte der Vergangenheit und Gegenwart. 2 Thlr. Mit Kpfrn. 8. Leipzig, Reclam. 816.

Walther, Bernh. Siegfried, s.a. G e r e c h t i g k e i t u. Vaterliebe Gottes.

— histor. Merkwürdigkeiten aus d. Menschenleben älterer u. neuerer Zeit. (Ein Buch f. Leser aus allerlei Ständen, mit Kpf. 8. Leipz. 811. Reclam. 1 ₰ 16 ℊ

— Predigten. gr. 8. Leipz. 798. Barth. 1 ₰

— Predigtentwürfe über freigewählte Texte, ein homiletisches Handbuch nach den Bedürfnissen unserer Zeit. gr. 8. Magdeb. 804. (Heinrichshofen). 1 ₰ 18 ℊ

Bh. Sgf. **Walther's** Vernunftreligion und Moral (d. *Funk.* Bild.-Bibl. 6r Bd) *Hamb.*, Campe. 807. gr8° 2 ß

— die Religions- u. Sittenlehre, insofern wir sie durch den bloßen Gebrauch unserer Vernunft zu erkennen vermögen. gr. 8. Hamb. 808. (Campe). 2 ß, s. Ch. Ph. Funke, Bildungsbiblioth. 6r Bd.

— edle und interessante Z ü g e aus der Welt- u. Menschengeschichte. Mit Kpfrn. 8. Ebend. 816.

Walther, Bernh. Siegfried, s.a. Z ü g e , Edle, aus d. Welt- u. Menschengeschichte.

Walther, C., die Behandlung der Gelenkkrankheiten. Gemeinverständlich dargestellt. (Diätetik f. Gesunde u. Kranke. Sammlung populärer Gesundheitsbücher.) gr. 8. (64 S. m. 8 Abbildgn.) Stuttgart 894. O. Weisert. n. 1. —

W a l t h e r, C., de veste angeli candida. Regiom. 1705. 4.

W a l t h e r, C., Vorlegeblätter z. Unterrichte u. z. Selbstübung im Maschinen-Zeichnen f. Gewerbs-Schulen, Mechaniker u. Maschinisten. qu. Fol. (12 Stnt. Nebst Vorw. u. Erklärung auf dem Umschlage.) Augsburg 844, Walch.

Walther, Carl, s. W a l t h e r , Karl

Walther, Ch. F, mittelniederdeutsches Handwörterbuch, s. a. L ü b b e n , A.

W a l t h e r, C. H. F., mittelniederdeutsches Handwörterbuch, s. a. W ö r t e r b ü c h e r, hrsg. vom Verein für niederdeutsche Sprachforschung.

Walther, Christ. Friedrich von

Walther, Chr. Fr. v, D e n k m a l der Verehrung. Auf das Jubilaeum der 25jähr. glückl. u. glorreichen Regierg. u. auf den hohen u. feierl. 90. Geburtstag Sr. Maj d. Kaisers v. Deutschland u. Königs v. Preussen Wilhelm I. am 22. [10.] März 1886. Alcaeisches Gedicht, lateinisch u. deutsch. Lex.-8. (15 S.) St. Petersburg 886. (Leipzig, Brockhaus' Sort.) n. 2. —

W a l t h e r, Christ. Friedr. v., die feierliche Krönung Ihrer Majestäten, des Kaisers und Selbstherrschers aller Reussen Alexander Alexandrowitsch und der Kaiserin Maria Feodorowna zu Moskau, den 15. [27.] Mai 1883 und der feierliche Einzug Ihrer Majestäten nach der Krönung in St. Petersburg. Alcaeisches Gedicht in lateinischer und deutscher Sprache. 8. (24 S.) St. Petersburg 883. (Leipzig, Brockhaus' Sortiment und Antiq.) *

— die 4. Saecularfeier der Geburt Doctor Martin Luthers am 10. Novbr. [29. Oct.] 1883. Gedicht. Aus dem Lat. vom Verf. ins Deutsche übers. Lex.-8. (8 S.) Ebend. 883. n. 1. —; lateinisch u. deutsch (16 S.) n. 2. —

Walther, Christoph Theodosius

WALTHER, CPH. THEODOS (autor), Diss. philol. de ellipsibus Ebræis. Halæ Magd. 1724. 4. P. [Præs. Chr. Bened. Michaelis].

W a l t h e r, Chr. Th., ellipses hebraicae, sive de vocibus, quae in codice hebraico per ellipsin supprimuntur, denuo ed. Ch. Schöttgen. 8. Dresd. et Lips. 740.

Walther, Cph. Theodos., ellipses hebraicae, sive de vocibus, quae in codice hebraico per ellipsin supprimuntur, denuo ed. Ch. Schöttgen — post Ch. Schöttgen ed. et observationes novas adjecit Jh. Ch. Fr. Schultz. II Ptes. 8. Halle 782—84. Gebauer. (à 15 ℊ) 1 ₰ 6 ℊ

W a l t h e r, Ch. Th., ellipses hebraicae, sive de vocibus, quae in codice hebr. per ellips. supprimuntur, ex editione Ch. Schöttgen, ed. I. H. Pratje. 8. Lips. Breitkopf et H. 782. Rthlr.

— ellipses hebraicae, sive de vocibus, quae in codice hebraico per ellipsin supprimuntur, ex editione Ch. Schöttgen, denuo edidit J. H. Pratje II. 8. Lips. 783. Breitkopf u. H. 8 ℊ

Walther, Conrad(in), s. W a l t h e r , Konrad(in).

Walther, Curt, s. W a l t h e r , Kurt.

W a l t h e r, Dan., Nachricht v. d. Leben J. D. Winklers. 4. Frkft. u. Lpz. Meißner. 761.

Walther, David Christian

Die Poetisirende Welt, Das ist: Allerhand auserlesene und noch niemahls zusammen gedruckte Teutsche Gedichte, herausgegeben von Menander. Hamburg, In Verlegung Christian Liebezeit. Lauenburg, gedruckt bey Christian Albrecht Pfeiffer, 17o5.

W a l t h e r, E. C.: „Ueber die Errichtung deutscher Consulate", Jena 1848. — Vorh.: Com. Bibl. Hamburg.

Walther, E. G., über die Errichtung deutscher Consulate. gr. 8. (15 S.) Jena 848, Frommann. 3 ngr

Walther, E. H., Vorlagen f. Verzierungen moderner Möbel. Motive f. Füllgn., Beschläge u. sonst. Schmuck moderner Möbel zur Ausführung f. die verschiedenartigsten Techniken. 20 Taf. in Photolith. u. Lichtdr. gr. Fol. Dresden (899). Gewerbe-Buchh. In Mappe 15. —

Walther, E. H., Verzierungen mod. Möbel. Motive f. Füllgn., Beschläge u. sonst. Schmuck zur Ausführg. f. die verschied. Techniken. Neue [Titel-]Ausg. (20 Taf.) gr. Fol. Leipzig [899.] (905). Gilbers. In Mappe n. 15. —

Walther, E. H., d. Kindes Welt im Jahreslauf, s.: R a s c h e, R. E.

Walther, Eduard

Walther, Ed., A n l e i t u n g für Volksschullehrer zur Behandlung taubstummer Kinder vor deren Eintritt in eine Taubstummen-Anstalt. gr. 8. (VI, 42 S.) Berlin 881. Angerstein. n. — 60

[SCHREIBERS ANSCHAUUNGSUNTERRICHT I.]. — WALTHER, EDUARD. Bilder zum ersten Anschauungsunterricht für die Jugend. Ein Bilderbuch enthaltend 30 Bildertafeln in Farbendruck. Neu bearb. Eßlingen, J. F. Schreiber, 1890. 4 Bl., 8 S. Text u. 29 [statt 30] farb. Doppeltafeln. Fol.-Hlwd. m. farb. Deckelbild. 18.—
Neubearb., veränderter erster Teil d. viel gebrauchten dreiteiligen Schreiberschen Anschauungsunterrichts. — Einige saubere Reparaturen.

Walther, E., s. Bilder zum ersten Anschauungsunterricht.

Walther, Ed., s.: Blätter f. Taubstummenbildung.

[Schreibers Anschauungsunterricht III.]. — Walther, Ed. Geographische Charakterbilder. Ein Bilderbuch enthaltend 24 [doppelte] Bildertafeln in Farbendruck. Neu bearb. Eßlingen u. München, J. F. Schreiber [c. 1890]. 3 Bl. 12 S. Text. Fol. Hlwd. m. farb. Deckelbild (Rücken etw. def.) — Etwas veränderte Neuausgabe des dritten Teils. 18.—

— Geschichte des Taubstummen-Bildungswesens. Unter besonderer Berücksichtigung der Entwickelung des deutschen Taubstummen-Unterrichtes dargestellt. gr. 8. (VIII, 438 S.) Bielefeld 882. Velhagen & Klasing. n. 7. —

Handbuch der Taubstummenbildung. Im Ver. m. verschied. Fachgenossen hrsg. v. Eduard **Walther**, Dir. d. kgl. Taubst.-Bildgs-Anst. zu Berlin. *Berlin: E. Staude 1895.* (VIII, 748 S.) 1 Bd 8. [97. 72]

Walther, E., Lesebuch f. Landschulen. Mit Bildern. gr. 8. (X, 365 S.) Bielefeld 886. Velhagen & Klasing. n. 1. 60; geb. n.n. 1. 90

Walther, E., Lesebuch f. Landschulen. Mit Bildern. 2., umgearb. Aufl. gr. 8. (X, 365 S.) Bielefeld 895. Velhagen & Klasing. n. 1. 60; geb. in Halbdr. n.n. 1. 90

— **Lesebuch** f. **Landschulen.** 3. Aufl. gr. 8. (X, 365 S. m. Abbildgn.) **Bielefeld 902. Velhagen & Klasing.** Geb. in Halblbr. n.n. 1. 90

Walther, Ed., die königl. Taubstummenanstalt zu Berlin in ihrer geschichtlichen Entwickelung und gegenwärtigen Verfassung. Ein Beitrag zur Geschichte des Taubstummen-Bildungswesens in Preussen. Festschrift zur Feier des 100jähr. Bestehens der Anstalt. gr. 8. (199 S.) Berlin 888, Staude. *

Hans Sachsens Tragödie Tristrant und Isalde in ihrem Verhältnis zur Quelle. Eine literarhistorische Untersuchung. — Von Eduard **Walther**. — 1902, München, Dr. C. Wolf u. Sohn. — P. 3—29.
Progr. München, K. Luitpold-Kreisrealschule

Walther, Eduard, Hans Sachsens Tragödie Tristant u. Isalde in ihrem Verhältnis zur Quelle. Eine literarhistor. Untersuchg. gr. 8. (29 S.) München 902. (Leipzig, Buchh. G. Fock.) n. 1. 20

Walther, Ed., d. deutschen Volksfeste, s.: Stöckel, Herm.

— das Volksschulwesen u. das Lehrerbildungswesen im Deutschen Reich, s.: Gizycki, P. v.

Walther, Emil, aus Deutschlands Ehrentagen. Den deutschen Schulen und Vereinen zur Aufführung an nationalen Festtagen gewidmet. 12. (32 S.) Chemnitz 886. Leipzig, Siegismund und Volkening. *

Walther's, Emil, Erläuterungen zu den Klassikern m. Dispositionen u. Aufsätzen. 1.—3. u. 5.—8. Bdchn. 8. Karlsruhe [F. Metzler]. Würzburg, F. X. Bucher. à — 80
Hendel, Karl, Schiller, die Jungfrau v. Orleans. (110 S.) 909. (3. Bdchn.)
Schäfenacker, Paul, Goethe, Götz v. Berlichingen. (94 S.) 909. (1. Bdchn.)
— Schiller, Wilhelm Tell. (95 S.) 909. (6. Bdchn.)
Walther, Emil, Goethe, Egmont. (94 S.) 910. (8. Bdchn.)
— Goethe, Iphigenie. (94 S.) 910. (7. Bdchn.)
— Lessing, Minna v. Barnhelm. (94 S.) 909. (2. Bdchn.)
— Schillers Gedichte. (95 S.) 909. (5. Bdchn.)
Das 4. Bdchn. ist noch nicht erschienen.

Walther, Emil [appr. Arzt aus Zehma in Altenburg]: Zwei Falle von myelogenem Osteosarcom .... München, Druck v. M. Ernst (vorm. G. Pollner), 1888; 22 S. 8°
München, Med. Fak., Inaug.-Diss. v. 1888

Walther, Emil. Fest-Stimmen. Prologe zu den verschiedenartigsten festl. Gelegenheiten. gr. 8. (78 S.) Chemn. 889, Focke. * 1 25

Walther, Emil, Kunst- u. Liebesleben. Roman in 2 Abtheilgn., nebst einem dramaturgischen Intermezzo. 2 Thle. 8. (VIII u. 532 S.) Dresden 852. Türk. 2⅔ ₰

Walther, Emil, Oekonomie-Rechnungstabellen, in welchen augenblicklich zu sehen ist, was das Gekaufte u. Verkaufte in Geld ausmacht. Zum Nutzen u. Bequemlichkeit der Geschäftsleute u. f. Haushaltgn. bearb. gr. 16. (98 S.) Waldshut 875. (Constanz, Fritz.) n. — 60

Walther, Emil, s. Rumpelt, C. A. F., aus meiner Werkstätte.

Walther, Emil, der Schauspielerberuf in künstlerischer, gesellschaftlicher u. sittlicher Beziehung. Vorlesung, gehalten im „wissenschaftl. Cyklus" zu Dresden am 22 Novbr. 1869. Dresden 870. Türk's Verl. gr. 8. (38 S.) 7½ ngr.

— Die Schulreise. Ihre Theorie, ihre Geschichte u. ihre Bedeutg. f. die Praxis des Unterrichts u. der Erziehg. (48 S.) 8. Karlsruhe 908. J. J. Reiff. 1. —

Walther, Emil, Eduard Sternthal. Eine Charakter-Skizze. 8. (20 B.) Leipzig 841. [Hamburg, Engel.]

Walther, Emil, Eduard Sternthal. Eine Charakter-Skizze. 8. Leipzig 841. Meißner. 1⅔ ₰

Walther, Emil Guido, die Grundzüge der Pädagogik Ignatz v. Felbigers. Ein Beitrag zur Geschichte der Pädagogik des 18. Jahrh. Diss. (94 S.) gr. 8. Leipzig 903. Dr. Seele & Co. n. 1. 50

Walther, Erich, der Liebe Leid. E. Sang aus d. Mittelalter. 8. (64 S.) Dresden 898. E. Pierson. n. 1. 25; geb. n. 2. —

Walther, Erich, Merkbüchlein f. Handwerker. Zusammengestellt unter besond. Berücksicht. der im Herzogt. Sachsen-Meiningen gelt. Bestimmgn. (32 S.) gr. 8. Pössneck (906). B. Feigenspan. n. — 60

Walther, Erich, das Schafkopfspiel. Schafkopf, Wendisch, Doppelkopf. (32 S. m. 1 Fig.) 8. Leipzig (907). S. Schnurpfeil. — 25

Walther, *Ernst Direktor Dr. Ernst Wilhelm Baumgardt, † 31. Mai 1890.* 4 (S. 37—39). **Progr.** Rg. *Potsdam* 1891 (106).

WALTHER, Ernst (München): Beiträge zur Casuistik des Kehlkopfkrebses.- München: Knorr & Hirth 1881. 72 S.
16.2.1881 - Urk (Titel: De laryngis carcinomate.); Chr 1880/81,15
Diss.Ingolst.-Landsh.-Mchn.

Walther, E.: Bemerkung über die Abfassung einer Schulagende. 19 S. –Potsdam, Progr. 1872.

Walther, Ernst, Bibelwort u. Bibelwissenschaft m. besond. Beziehung auf den evangelischen Religionsunterricht. (IV, 108 S.) gr. 8. Berlin 903. E. S. Mittler & Sohn. n. 1. 75

Walther, Ernst, Füsilier Cohn. Posse m. Gesang in 1 Akt. Musik arrangirt v. Fr. Bremer. 10. Aufl. 8. (16 S.) Berlin (888). M. Böhm. 1. —

Walther, C. (Th.), Curt Heinrich Ernst Graf Einsiedel, Standesherr auf Reibersdorf. Dessen Leben und Wirken auf dem Gebiete der Pferde- und Hufbeschlagwissenschaft dargestellt. Nebst (lithogr.) Portr. des Grafen Einsiedel und einer (lithogr.) Ansicht der engl. Hufschmiede zu Milkel. gr. 8. (VII, 264 S.) Bautzen 869, Rühl. *

Walther, über Erkennung des Alters beim Pferd. Vortrag. gr. 8. (8 S. mit 1 Stnt. in gr. Fol.) Bautzen 867, (Rühl.) *

Walther, Ernst, über Erkennung des Alters beim Pferd [Vortrag in mehreren Vereinen gehalten] und einem Anhang: Gewährkrankheiten und Gewährfristen beim Viehhandel. gr. 8. (16 S. mit 4 Steindrucktaf.) Bautzen 874, Rühl. *

Walther, Ernst, über Erkennung des Alters beim Pferd [Vortrag, in mehreren Vereinen gehalten] und einem Anhang: Gewährkrankheiten und Gewährfristen beim Viehhandel. Hierzu 4 Steindr.-Taf. 3. und 4. verb. Aufl. 8. (16 S.) Bautzen 874,79, Rühl. *

Walther, Ernst, üb. Erkennung d. Alters beim Pferd, nebst Verhaltungsmaßregeln beim Kaufabschluß u. e. Anh.: Gewährkrankheiten u. Gewährfristen beim Viehhandel. Hierzu 4 Steindr.-Taf. u. 1 Holzschn. 5., verb. Aufl. gr. 8. (20 S.) Bautzen 889. Rühl. In Leinw. cart. n. 1. 20

Walther, Ernst, üb. Erkennung des Alters beim Pferd, nebst Verhaltungsmaßregeln beim Kaufabschluß u. e. Anh.: Gewährkrankheiten u. Gewährfristen beim Viehhandel. 6., verb. Aufl. 9.—14. Taus. 8. (20 S. m. 1 Holzschn. u. 14 Taf.) Bautzen 894. E. Hübner. n. 1. —

Walther, Ernst, üb. Erkennung d. Alters beim Pferd, nebst Verhaltungsmaßregeln b. Kaufabschluß u. e. Anh.: Gewährskrankheiten u. Gewährsfristen beim Viehhandel. 15.—20. Taus. gr. 8. (22 S. m. 1 Holzschn. u. 4 Taf.) Bautzen 896. E. Hübner. n. 1. —

— dasselbe. Böhmische Ausg. v. Fr. Sicha. gr. 8. (VI, 19 S. m. 1 Abb. u. 4 Taf.) Ebd. 896. n. 1. —

Walther, Ernst, über Erkennung des Alters beim Pferd, nebst Verhaltungsmaßregeln beim Kaufabschluß u. e. Anh.: Hauptmängel u. Gewährsfristen beim Viehhandel. 26.—27. Taus. Hrsg. v. Okt. Köhler. (24 S. m. 2 Holzschn. u. 4 Steindr.-Taf.) 8. Bautzen 904. E. Hübner. n. 1. —

Walther, Ernst, Faustskizzen zum Gebrauche beim naturkundlichen Unterrichte. 3 Hefte. gr. 8. Leipzig, A. Hahn. à — 50

1. Unterstufe. (30 S. m. Abb.) 909.
2. Mittelstufe. (32 S. m. Abb.) 908.
3. Oberstufe. (28 S. m. Abb.) 910.

Walther, E[rnst]: Die Feier des fünfzigjährigen Bestehens der Anstalt. S. 21—32. 4. **Progr.** Realgymn. *Potsdam* 1905 (120).

Walther, E., u. H. Karow, evangelisches Gesangbuch für höhere Schulen. Potsdam 870. Stein's Verl. gr. 8. (VIII, 174 S.) n. 12½ ngr.

Walther, E., u. H. Karow, evangelisches Gesangbuch für höhere Schulen. 2. Aufl. gr. 8. (168 S.) Potsdam 878. Stein. n. 1 —

Walther, E., u. H. Karow, evangelisches Gesangbuch f. höhere Schulen, nebst Luthers Katechismus u. Spruchbuch. 3. Aufl. gr. 8. (IV, 178 S.) Potsdam 891. A. Stein. n. 1. 20; geb. n. 1. 40

Walther, E., u. H. Karow, evangelisches Gesangbuch f. **höhere Schulen, nebst Luthers Katechismus** u. Spruchbuch. **4. Aufl., besorgt v. E. Walther u. M.** Gebhardt. **(IV, 178 S.) 8. Potsdam (904). A. Stein. Geb.** in Leinw. **n. 1, 40**

Walther, E., u. H. **Karow**, evangelisches Gesangbuch f. höh. Schulen, nebst Luthers Katechismus u. Spruchbuch. 5. Aufl., besorgt v. E. Walther u. M. Gebhardt. (IV, 178 S.) 8. Potsdam 909. A. Stein. Geb. in Leinw. 1. 50

Walther, Ernst. Grundzüge der hebräischen Formenlehre nach den Ergebnissen der neueren Sprachwissenschaft für Gymnasien bearbeitet. 46 S. 8. **Progr.** G. *Potsdam* 1885.

Walther, Ernst. Grundzüge der hebräischen Formenlehre, nach den Ergebnissen der neueren Sprachwissenschaft für Gymnasien bearbeitet. II. Lehre vom Verbum (ohne Suffixum). 8 (S. 47—91). **Progr.** Victoria-G. *Potsdam* 1886 (zu 82).

Walther, E. (Th.) der Hufschmied. Anleitung zum Selbstunterricht im Hufbeschlag. 1. Aufl. 1865. * 20 Ngr. und 2., verb. und vervollständ. Aufl. 8. (VIII und 96 S. mit 70 in den Text gedr. Holzschn.) Bautzen 868, Rühl. *

—— der Hufschmied. Anleitung zum Selbstunterricht im Hufbeschlag. 3. Aufl. 8. (VIII, 96 S. mit 70 in den Text gedr. Holzschn.) Ebendas. 874. geb. *

Walther, E. Der Hufschmied. Anleitung zum Selbstunterricht im Hufbeschlag. Mit Hlzschn. 3. Aufl. Bautzen 1875. 96 S.

Walther, Ernst, der Hufschmied. Anleitung zum Selbstunterricht im Hufbeschlag. 4. verb. Aufl. 8. (VIII, 96 S. mit 66 in den Text gedr. Holzschn.) Bautzen 880, Rühl. geb. *

—— Der Hufschmied. Anleitung zum Selbstunterricht im Hufbeschlag. 5. u. 6. verb. Aufl. 12. (VI, 100 S. m. 75 Holzschn.) Bautzen 889,90, Rühl. geb. * 1 20

— der Hufschmied. Anleitung zum Selbstunterricht im Hufbeschlag. 6., verb. Aufl. gr. 8. (VI, 80 S. m. 88 Holzschn.) Ebd. 893. Geb. in Leinw. n. 1. 60

— der Hufschmied. 6. Aufl. Böhm. Ausg. v. Frant. Sicha. gr. 8. (VIII, 65 S. m. 165 Fig.) Ebd. 895. Geb. in Leinw. n. 1. 60

— Hufschmied. 9., gänzlich umgearb., m. e. farb. Titelbild u. 153 Holzschn. vers. Aufl., v. Lor. Kuchtner. (VI, 102 S.) gr. 8. Ebd. 904. Geb. in Leinw. n. 1. 60

Walther, Ernst, Direktor Prof.: Inhalt und Gedankengang des Evangeliums nach Johannes. Potsdam 1907: E. Stein. (80 S.) 8°
Potsdam, RG P 1907 (124)

Walther, Ernst, Inhalt u. Gedankengang des Evangeliums nach Johannes. (III, 80 S.) 8. Berlin 907. Reuther & Reichard. 1. 25

Walther, *Ernst* [Dir. Prof.]: Inhalt und Gedankengang des Römerbriefes. Potsdam, Druck v. E. Stein, 1897; 26 S., 1 Bl. 8.
Potsdam, RG, P 1897 (109)

— der arme Jonathan. Posse m. Gesang in 1 Akt. 12. (19 S.) Ebd. (894). 1. 50

—— Katechismus d. Hufbeschlags, s. Weber's illustr. Katechismen.

Walther. Katechismus des Hufbeschlages. Zum Selbstunterricht für Jedermann. (Aus: „J. J. Weber's Illustrirte Katechismen" Nr. 61.) Leipzig 1867.

— Katechismus des Hufbeschlages. Zum Selbstunterricht für Jedermann. 2., verm. u. verb. Aufl. Mit 67 in den Text gedr. (Holzschn.-)Abbildgn. 8. (VIII, 104 S.) Leipzig 878. Weber. n. 1. 20

— Katechismus d. Hufbeschlags. Zum Selbstunterricht f. Jedermann. 3., verm. Aufl. Mit 67 eingedr. Abbildgn. 8. (VIII, 107 S.) Leipzig 889. J. J. Weber. geb. n. 1. 50

Walther, E., Katechismus des Hufbeschlages, 4. Aufl., s.: Uhlich, Herm., Leitfaden des Hufbeschlages.

— die Kneipp-Kur, od.: Alles durch Wasser! Schwank in Akt. 3. Aufl. 8. (18 S.) Ebd. (896). 1. 50

— kurzgefaßter Leitfaden f. den thierärztlichen Unterricht in landwirthschaftlichen Winter- u. Ackerbauschulen. gr. 8. (57 S. m. 36 eingedr. Abbildgn.) Bautzen 890. Rühl. geb. n. 1. 50

— kurzgefaßter Leitfaden f. den tierärztlichen Unterricht in landwirtschaftlichen Winter- u. Ackerbauschulen. 2., verm. Aufl. gr. 8. (71 S. m. 39 Abbildgn.) Ebd. 894. Geb. in Leinw. n. 1. 60

Walther's, E., kurzgefaßter Leitfaden f. den tierärztlichen Unterricht in landwirtschaftlichen Winter- u. Ackerbauschulen. 3. umgearb. Aufl. Hrsg. v. E. Semmig. gr. 8. (V, 70 S. m. 50 Abbildgn.) Bautzen 902. E. Hübner. Kart. n. 1. 20

Walther's kurzgefaßter Leitfaden f. den tierärztlichen Unterricht in landwirtschaftlichen Winter- u. Ackerbauschulen. 4. umgearb. Aufl. Hrsg. v. E. Semmig. (V, 74 S. m. 49 Abb. u. 2 farb. Taf.) gr. 8. Bautzen 909. E. Hübner. Kart. 1. 60

— dasselbe. In tschech. Sprache hrsg. v. Edvard Reich. (81 S. m. 49 Abbildgn. u. 2 farb. Taf.) 8. Ebd. 910. Geb. in Leinw. 1. 60

— Mutter, der Mann m. d. Coaks ist da! Solo-Scene m. Gesang. 8. (7 S.) Ebd. (887). 1. —

— s.: Naturgeschichtsunterricht, der moderne.

— eine Null. Lustsp. in 1 Akt. 12. (28 S.) Ebd. (896). 1. 50

Walther, Ernst, Ortsgeschichte v. Freiamt zugleich Geschichte des Schlosses Keppenbach u. des Klosters Thennenbach, die im Freiamtgebiet liegen. (VIII, 149 S. m. Abbildgn.) 8. Emmendingen 903. (Druck- u. Verlags-Gesellschaft vorm Dölter.) n.n. 2. —

Walther, E[rnst], Dir. Prof.: Prof. Eduard **Paetsch,** (gest. am 21. Januar 1900). *Potsdam 1900: E. Stein.* (S. 23–24.) 4°
Potsdam, RG, P 1900 (112)

Walther, Ernst: De indefinitae particulae quam in priscae latinitatis monumentis usu quaestiones selectae. Jena 1909: Neuenhahn. 48 S. 8°
Jena, Phil. Diss. v. 31. Jan. 1910, Ref. Götz.

Walther, Ernst, die St. Nikolaigemeinde in Potsdam in den J. 1837—1887. gr. 8. (32 S.) Potsdam 887, (Riegel'sche Buchh.)

—— landwirthschaftliche Thierheilkunde. Für landwirthschaftl. Schulen und zum Selbststudium für Landwirthe. gr. 8. (VIII, 173 S.) Ebendas. 879.

Walther, E., landwirthschaftliche Thierheilkunde. Für landwirthschaftl. Schulen u. zum Selbststudium f. Landwirthe. Mit 169 in den Text gedr. Holzschn. 2. verm. Aufl. gr. 8. (VIII, 275 S.) Bautzen 883. Rühl. n. 3. —

— landwirthschaftliche Thierheilkunde. Für landwirthschaftl. Schulen u. zum Selbststudium f. Landwirthe. Mit 169 in den Text gedr. Holzschn. 3., verb. u. verm. Aufl. gr. 8. (VIII, 292 S.) Ebd. 889. n. 4. —; geb. n.n. 4. 50

Walther, Ernst, landwirtschaftliche Tierheilkunde. Für landwirtschaftl. Schulen u. zum Selbststudium f. Landwirte. 4., verm. Aufl. 11.—14. Taus. gr. 8. (VIII, 312 S. m. Holzschn.) Bautzen 891. E. Hübner. Geb. in Leinw. n.n. 4. 50

— dasselbe. 5., verb. u. verm. Aufl. 15.—18. Taus. gr. 8. (VIII, 412 S. m. 182 Holzschn.) Ebd. 894. n. 4. —; geb. n.n. 4. 50

— dasselbe. Böhmische Ausg. v. Fr. Sícha. gr. 8. (XII, 330 S. m. 182 Abb.) Ebd. 895. n. 4. —; geb. in Leinw. n.n. 4. 50

— landwirtschaftliche Tierheilkunde. Für landwirtschaftl. Schulen u. zum Selbststudium f. Landwirte. 6., verb. u. verm. Aufl. Hrsg. v. O. Köhler. gr. 8. (X, 361 S. m. 194 Holzschn.) Ebd. 897. n. 4. —; geb. in Leinw. n.n. 4. 50

— landwirtschaftliche Tierheilkunde. Für landwirtschaftl. Schulen u. zum Selbststudium f. Landwirte. 7. umgearb. Aufl. Hrsg. von O. Köhler. gr. 8. (X, 379 S. m. 200 Holzschn. u. 1 Taf.) Ebd. 900. n. 4. —; geb. in Leinw. n.n. 4. 50

— dasselbe. Neubearb. f. landwirtschaftl. Schulen in Österreich u. zum Selbststudium f. Landwirte von Mich. Kalbacher. 7. umgearb. Aufl. gr. 8. (XV, 386 S. m. 170 Holzschn. u. 1 Taf.) Ebd. 900. n. 4. —; Einbd. in Leinw. n.n.n. — 50

— dasselbe. Neubearb. f. landwirtschaftl. Schulen in Oesterreich u. zum Selbststudium f. Landwirte v. Mich. Kalbacher. 8. umgearb. Aufl. (XV, 403 S. m. 192 Abb. u. 4 Taf.) gr. 8. Ebd. 904. Geb. in Leinw. n. 4. 50

— landwirtschaftliche Tierheilkunde. Für landwirtschaftl. Schulen u. zum Selbststudium f. Landwirte. 9. Aufl. Hrsg. v. O. Köhler. (XI, 392 S. m. 204 Holzschn. u. 1 Taf.) 8. Ebd. 905. Geb. in Leinw. n.n. 4. 50

— landwirtschaftliche Tierheilkunde. Für landwirtschaftl. Schulen u. zum Selbststudium der Landwirte. 10. neubearb. Aufl. Hrsg. v. Lor. Kuchtner. (XII, 435 S. m. 270 Holzschn. u. 3 Taf.) gr. 8. Ebd. 909. Geb. nn 4. 50

—— kurzer Unterricht über Ausführung des deutschen Hufbeschlags. 1. und 2. Aufl. 8. (16 S. mit 13 in den Text gedr. Holzschn.) Ebendas. 880,82. *

Walther, Ernst, der Unterricht in der Naturkunde, nach biologischen Gesichtspunkten bearb. 3 Abtlgn. gr. 8. Leipzig, A. Hahn. à n. 2. —; geb. in Leinw. à n. 2. 50
1. Unterstufe. VIII, 160 S.) 903.
2. Mittelstufe. (VI, 208 S.) 903.
3. Oberstufe. (XX, 160 S.) 904.

— Der Unterricht in der Naturkunde. Auf biolog. Grundlage. 3 Abtlgn. gr. 8. Leipzig, A. Hahn. à 2.20; geb. in Leinw. à 2. 70
I. Unterstufe. 2., verm. u. verb. Aufl. Mit 54 Faustskizzen. (VIII, 174 S.) 907.
II. Mittelstufe. 2., verm. u. verb. Aufl. Mit 42 Faustskizzen. (VIII, 228 S.) 908.
III. Oberstufe. 2., verm. u. verb. Aufl. Mit 27 Faustskizzen. (XX, 172 S.) 910.

Humoristische | Vorträge | in | Poesie und Prosa. | Gesammelt | von Ernst Walther. | Druck u. Verlag von Rob. Bardtenschlager, Reutlingen. (= *Serie B*, 37).
U.-Titel: Deklamator | Gedichte u. Vorträge.
o. J., 32 S., 147 × 96.
LBS d. D. oct K 3244.

Walther, E., was verdanken wir Deutsche Luther? Rede, bei der Begründung des Zweigvereins des Evangel. Bundes für Potsdam und Umgegend am 10. Novbr. 1887 gehalten. gr. 8. (18 S.) Potsdam 888, (Riegel'sche Buchh.) *

— das Wetterhäuschen. Liedersp. in 1 Act. Musik v. Joh. Rostock. 8. (14 S.) Ebd. (897). 1. —

[F.] Das Wetterhäuschen. Liederspiel in 1 Act v. Ernst Walther. Mus. v. Johann Rostock ... *Berlin: M. Bohm [1898?].* (14 S.) 1 Bd 8. [98. 8598]

— d. Zigeuner-Baronin. Gesangs-Posse in 3 Acten u. 5 Bild. Musik v. Ludw. Storch. gr. 8. (44 S.) Ebd. (888). 3. —

Walther, Ernst Johann Konrad, s.a. Walter, Ernst Johann Konrad

Versuch

eines schriftmässigen Beweises, dass Joseph der wahre Vater Christi sey (von *Ernst Johann Conrad Walther*). Berlin und Stralsund 1792. (1791).
Anon.-Lex. IV. p. 305 (nach Meusel, Winer, Kayser). — Rar!

7 L. / e r s u c h...

Walther, Erwin, Dictionaire der v. Joh. Mart. Schleyer erfundenen internationalen Handels- u. Verkehrssprache Volapük. 16. (V, 217 u. 217 S.) Ansbach 888. Eichinger. geb. n. 2. 50

Walther, Erwin, wissenschaftliche Fortbildungsblätter f. Lehrende u. Lernende d. französ. Sprache. I.—III. Serie. 8. (45, 46 u. 54 S.) Stuttgart 895. 96. Muth. à n. — 50

—— Konjugation des regelmässigen, französischen Zeitwortes. 12. Ebendas. 887. *

Walther, Erwin, Prüfungsaufgaben aus der französischen u. englischen Sprache f. Einjährig-Freiwillige. Als Uebungsstoff f. Prüfungskandidaten zusammengestellt. 12. (III, 24 S.) Nürnberg 892. F. Korn. n. — 60

Walther, Erwin, syntactische Regeln der französischen Grammatik über Verbe und Participe [für die höheren Classen der Gymnasien und Realschulen]. gr. 8. (18 S.) Ansbach 873, Junge.

— Repetitorium der englischen Grammatik. 12. (IV, 89 S.) Ansbach 891. M. Eichinger. Geb. in Leinw. n. 1. 20

—— Repetitorium der französischen Grammatik. 12. (VI, 73 S.) Ebd. 891. geb. * 1 20

—— englisch-deutscher Sprachführer und Ratgeber für Auswanderer nach Amerika, nach den neuesten und zuverlässigsten Quellen bearb. 1.—3. Aufl. 16. (II, 205 S. mit 1 chromolithogr. Spezial-Karte der Vereinigten Staaten.) Ebendas. 885,86. cart. *

— englisch-deutscher Sprachführer u. Ratgeber für Auswanderer nach Amerika, nach d. neuesten u. zuverlässigsten Quellen bearb. 4. Aufl. M. e. Spezial-Karte d. Vereinigten Staaten. 12. (205 S.) Ansbach 889. M. Eichinger. Kart. n. 1. 20

—— Englisch-deutscher Sprachführer u. Rathgeber f. Auswanderer nach Amerika. 4. Aufl. 12. (205 S. m. Karte.) Ebd. 890. geb. * 1 20

Walther, Erwin [Prof.]: Stoffsammlung für französische Dictate mit kurzer Einleitung. Ansbach, Druck v. C. Brügel & Sohn, 1894; 1 Bl., 40 S. 8.
Ansbach, k. humanist. G, P 1894*

— französische Studien f. die oberen Kurse höherer weiblicher Bildungsanstalten. 8. (IV, 3, XVI, 19 S.) Erlangen 885. Deichert. n. — 40

— dasselbe, f. die Lehrerinnenprüfung u. die oberen Kurse höherer weiblicher Bildungsanstalten. 8. (VII, 26 S.) Ebend. 885. n. — 40

— englische Uebungsstücke f. höhere Unterrichtsanstalten. gr. 8. (VI, 89 S.) Ebend. 886. n. 1. 50

Walther, Erwin, französische Übungsstücke für höhere Lehranstalten zusammengestellt im Anschluß an die Grammatiken von Ahn, Benecke, Borel, Orelli, Otto, Ploetz und Steinbart. gr. 8. (VI, 176 S.) Nördlingen 882, Beck'sche Buchh. *

—— englisches Vocabelbuch für Realschulen und humanistische Anstalten. 8. (III, 76 S.) Ansbach 880, Brügel und Sohn. cart. *

—— französisches Vokabelbuch für Realschulen u. humanistische Anstalten. 3., verm. Aufl. 8. (70 S.) Ansbach 887. Brügel & Sohn. geb. — 80

— französisches Vokabelbuch f. die mittleren u. oberen Klassen der Mittelschulen. 4., gänzlich umgearb. Aufl. 8. (III, 139 S.) Ansbach 893. C. Brügel & Sohn. Kart. n. 1. 20

— die internationale Handels- u. Verkehrssprache Volapük f. Salon u. Comptoir. In 8 Lektionen nebst Schlüssel. 12. (IV, 43 S.) Ansbach 887. Eichinger. n. — 80

—— die internationale Handels- und Verkehrssprache Volapük für Salon und Comptoir. In acht Lektionen nebst Schlüssel. 1.—13. Aufl. (IV, 43 S.) Ebendas. 887,88. *

Walther, Eugen Zur Behandlung der lateinischen Konjugation in der Sexta. 4 (29 S., 3 Taf.).
Progr. König-Wilhelms-Sch. *Reichenbach i. Schles.* 1886 (204).

Walther, Eug., zur Behandlung der lateinischen Konjugation in der Sexta. Mit 3 Taf. gr. 4. (29 S.) Leipzig 886. Fock. n. 1. —

Walther, Eugenius *(geb Kurnik in Pos. 15 6 1848)*: De dativi instrumentalis usu Homerico. Vratislaviae 1874. (58 S.) 8°
Breslau, Phil. Diss. v. 27. März 1874

Walther, F., die Amerikanerin, s. Jahrbuch deutscher Bühnenspiele.

Walther, F. A., Critic über den studentischen Zweikampf. gr. 8. (7 S.) Berlin 885, [W. Stute.] R. Musterer. **

Walther, F. C., Texas in sein wahres Licht gestellt, als geeignetster Colonisationsplatz für deutsche Auswanderer, u. als dasjenige Land, wo Capitalien am vortheilhaftesten angelegt werden können. Mit 1 (lith.) Karte (in qu. 4.) u. Colonisationsplan. Nach dem Englischen des Rich. Rowed u. nach den neuesten Berichten aus Texas bearb. gr. 12. (70 S.) Leipzig 848, Arnold. 1/2 ℛ

Walther, F. O., der Arbeiter. Ein Sittenbild aus dem Volke. gr. 8. (74 S.) Dresden (899). H. B. Schulze. n. 1. —

— über die psychische Kraft des Weibes. Zugleich e. Entgegng. auf die Broschüre „Ueber den physiolog. Schwachsinn des Weibes" von J. B. Möbius. 1. u. 2. Aufl. gr. 8. (à 21 S.) Leipzig 901. O. Mutze. n. — 40
Sonderabdruck aus: „Psychische Studien".

— der Volksschullehrer. Ein Sittenbild aus unseren Tagen. 1. u. 2. Aufl. gr. 8. (à 94 S.) Dresden (899). H. B. Schulze. n. 1. —

Walther, J. W. S. H., die Begründung von Dorf-Schulbibliotheken. Allen Vorstehern von Landschulen u. den Lehrern an denselben angelegentlichst empfehlen. 8. Magdeburg 843, Heinrichshofen. 1/3 ₰

Walther, Fidejustus, Schiffahrtsabgaben auf den deutschen Strömen. (47 S.) gr. 8. Leipzig 906. Roßberg'sche Verlagsbuchh. n. 1. 20
Sonderabdruck aus: „Fischer's Ztschr. f. Praxis u. Gesetzgebg. d. Verwaltg."

Walther, Fr., s.a. Ahnenfrau, Die.

Ahnenfrau, Die, dramatisches Gemälde in 5 Akten. Göttingen 1807. V: *Walther, Fr.* (Ky)

Walther, Fr., vernünftiges Christentum. Ein moderner Unterricht in dem alten luther. Glauben. (VI, 120 S.) 8. Stuttgart 910. W. Kohlhammer. 1. 50

Walther, Fr., s. Christiern u. Columbula.

WALTHER, F., Cyane; episch-romantisches Gedicht in 10 Gesängen. Zullichau, in Commiss. b. Darnmann. O. J. Kl. 8°. (In Warmbrunn.)

Walther, Fr., (Zuckerbäcker in Göttingen), Cyane, ein episch-romant. Gedicht in 10 Gesängen. 8. Züllich. 811. (Gerig in Lpz.) 1 ₰ 12 ₰ Hbg. Pr. 18 ₰ Schreibp. 2 ₰

Walther, Fr., der Gang nach d. Eisenhammer; e. romant.-dramat. Gedicht in 5 Akten, nach d. Schillerschen Ballade. 8. Götting. 807. (Vandenhöck u. R.) 12 ₰

[F.] Die Christliche Glaubenslehre als Wissenschaft vom Lebensmut dargest. v. Dr. Fr. Walthor. *Stuttgart: W. Kohlhammer 1893.* (VIII, 403 S.) 1 Bd 8. (97. 6505 Ue)

— das Jawort. Lstspl. in 5 A. 8. Götting. 807. (Vandenhöck u. R.) 16 ₰

— Jugendphantasien; mit e. Vorrede vom Hrn. Prof. J. G. E. Maaß. 8. Halle u. Leipz. 801. (Reinike u. Comp.) 20 ₰

Walther, Fr., Konrad I. Ein Trauerspiel. 8. (115 S.) Halle 872, Lippert'sche Buchh.

Walther, Fr., (Fr. Spach), Mädchen u. Weiber, eine Reihe von Beobachtungen, Skizzen, Erzählungen u. Fragmenten. 8. Heidelb. 791. Pfähler. (Braun). 18 ₰

Walther, F., üb. Mädchen u. Weiber, e. Reihe v. Beobacht. Skizzen rc. 8. Heidelb. Pfähler. (Braun.) 791.

Walther, Fr., der echte Wahrheitsbegriff. Ueber die Nothwendigkeit e. Erneuerg. der Grundlage d. wissenschaftl. Erkennens. 8 (V, 62 S.) Stuttgart 886. Kohlhammer. n. 1. —

Walther, Fr. Wissenschaft od. Christentum? Wer denkt schärfer? Ein Aufruf an die Denkenden in beiden Lagern. 8. (IV, 113 S.) Stuttg. 889, Kohlhammer. 2 —

Walther, Fr., der Zusammenhang zwischen Verstandesentwicklung u. Religion. (III, 132 S.) 8. Stuttgart 904. W. Kohlhammer. n. 2. —

Walther, Fr. Andreas

Walther, Fr. Andr., († d. 16. März 1769.) Abhandl. vom heil. Abendmahle. 8. Frankf. a. M. 759.

— kurze Abhandl. v. d. geistl. Erfahrung u. dem Unterschiede einer bloßen Erweckung u. völliger Bekehrung für Anfänger im Christenthume. 8. Frankf. a. M. 757. Hermann. 2 ₰

— Anleit. zur erbaulichen Betracht. der Hauptstellen der ganzen heil. Schrift. 8. Frankf. a. M. 762. Gebhardt u. K., a. Brönner. 16 ₰ 8. Straßb. 767.

— kurze Auslegung des Evangelii Jesaiä, oder dessen 53s Kap. 8. Frankf. a. M. 754. Garbe. (Hermann). 4 ₰

— Disquisitio succincta de caussis contemtus ministerii ecclesiastici. 8. Frankf. a. M. 759.

Walther, F. A., de cultu Dei orali. I—II. Gotting. 1748. 4.

— Erklärung der 1sten Epistel des Apostel Petri. Mit e. Vorr. v. Kanzler v. Mosheim. 4. Hannov. 750. Helwing. 10 ₰

— kurze Erklärung des Katechismus Lutheri. 8. Frankf. a. M. 757, a. 767.

— die Forderungen der Vernunft u. d. Glaubens an das menschl. Geschlecht, od. d. christl. Sittenlehre, mit v. Mosheims Vorrede. 8. Frankf. a. M. 753. Garbe. (Gebhardt u. K.; a. Hermann; a. Brönner). 10 ₰

— Gedanken. 8. Hanau 766.

— Gedanken von d. kindl. Sinne wahrer Christen u. von d. Zerstreuung des Gemüths. 8. Frankf. a. M. 757.

— geistliche Gedichte. 8. Hanau 766. Schulz. 4 ₰

— Geschichte der Weltweisheit der alten Hebräer. 2 Thle. 4. Götting. 750, 51. Boßiegel. 5 ₰

— Glauben der Christen, gegen den Beweis eines Materialisten. 8. Frankf. a. M. 764. Eßlinger. 2 ₰

— die Göttlichkeit d. christl. Religion, aus ihren Wirkungen erwiesen. 8. Frankf. a. M. 764.

— Grundriß d. natürlichen Theologie. 4. Hannov. 750. Helwing. 6 ₰

— Grundrisse erbaul. Predigten über Sonn- u. Festtags-Evangelien u. Episteln. 1r u. 2r Jahrg. 8. Frankf. a. M. 760. u. 62. Eßlinger. (Schäfer). 16 ₰ 3r Thl. od. Predigten über Glaubens- u. Sittenlehre. 8. Frankf. a. M. 760. Ebd. 8 ₰

— christl. Treue e. Christen bei d. erfolgten seel. Absterben fr. geliebten Ehegattin. 8. Frankf. a. M. 757.

Walther, Fr. Gottlieb, s. Walter, Fr. Gottlieb

Walther, Fr. Rudolf

— das Charakteristische d. Sokrat. Lehrart. 4. Halle 778.

— Probe u. Abhandl. e. Uebersetzung d. kleinen Propheten, m. Anmerk. f. Anfänger d. bibl. Philologie. 8. Ebend. 768.

— Probe u. Ankündigung e. Uebersetzung des kleinen Propheten, mit Anmerkk., s. Propheten.

— die Schule im Monde, ein Traum. 4. Halle 775.

Walther, Fr. Rud., († d. 28. April 1779.) vindiciae grammatices. 8. Halle 778. Stendal, Franzen u. Gr. 4 ₰

Walther, F. R., Vindiciae Grammatices. 8. Stendal, Franzen et Gr. 788.

Walther, Fr. Wlh. E., de consilio denuo agitato protestantium et catholicorum ecclesias consociandi. Dissert. 4maj. Gotha 824. Hennings. 4 gr.

Walther, Franz

Der Feldgemusebau. Von Franz **Walther**. Hannover: M. Jänecke 1908. (VI, 66 S.) 8° [F.]
— **Bibliothek** d. gesamten Landwirtschaft. Bd 22. [08. 10,,0 7

Walther, Franz, Assistenzarzt am Salvator-Krankenhaus zu Halberstadt, a. Kleinkugel bei Halle a. S.: Über Halsrippen. Halle a. S. 1906: C. A. Kaemmerer. (49 S.) 8°
Halle, Med. Fak., Ref. v. Bramann, Diss. v. 4. Aug. 1906
[Geb. 23. Aug. 81 Kleinkugel bei Halle a. S.; Wohnort: Halberstadt; Staatsangeh.: Preußen; Vorbildung: Latein. Hauptsch. Halle Reife M. 00; Studium: Halle 4, Marburg 2, Halle 3 S.; Coll. 27. Juli 06; Approb. 15. Jan. 06.]

Walther, Frz., deutsche Sprachschule, s.: Baron.

Walther, Franz: Versuche über den Arbeitsbedarf und die Widerstände beim Blechbiegen. 1910. 75 S. 4° ¶ Auch als: Mitteilungen über Forschungsarbeiten auf d. Gebiete d. Ingenieurwesens. H. 113. 1912; kurzer Ausz. in: Zeitschrift d. Vereines deutscher Ingenieure. Bd 55. 1911, Halbj. 2.
Hannover, Dr.-Ing.-Diss. v. 21. 3. 1910

Walther, Franz, Deutsches Zeitungswesen der Gegenwart. Heilbronn 1888. 8.
I.t. Zeitfr. d. chr. Volksl. II. 95. 96. = Bd. 13. Nr. 7–8. (HC.; D.)

Walther, F., deutsches Zeitungswesen, s. u. Zeitfragen d. christlichen Volkslebens.

Walther, Franz Friedrich (Schneeberg) A. S. 602/7

Quaestio iuris controversi an exceptio senatusconsulti Macedoniani noceat chirographo filii familias, licet in eo versionis in filii utilitatem mentio facta. Präs. Christian Heinrich Breuning. Leipzig (Langenheim) 19. III. 1774. 8 S.

35749

Walther, Franz Ulrich

Walther, Frz. Ulr., Kanzelreden üb. auserles. Oerter H. Schr. 8. Bremen, Cramer. 747.

Walther, Frz. Ulr., heil. Reden üb. auserles. Schriftörter, darin d. in d. Licht d. Natur befindl. Spuren d. Weisheit, Allmacht u. Güte d. Höchsten vorgest. 2 Thle. 8. Bremen, Cramer. 738. Rthlr.

— heilige Sabbathsfeyer, in Erbauungsstunden d. Hersfeldischen Waisenhauses entworfen. 2 Thle. 8. Hersfeld. 735.

Walther, Friedrich. [Pseud.]
s. **Eynern**, Walter v. [10. 3035

Walther, Friedr., Beitrag zur Lehre vom hochverrätherischen Komplott. Habilitationsschrift. gr. 8. (67 S.) München 849, Kaiser. *

Walther, Friedrich: Entehrt? Eine dramat. Szene aus d. Offiziersleben d. Gegenwart. Elberfeld 1904: Martini & Grüttefien. 24 S. 8°

Walther, Fried., Friedensworte bei Luthers Todtenfeier am Concordien-Tage den 18. Febr. 1846 in d. Versammlung des Gustav-Adolf-Vereins zu Celle gesprochen. 8. (½ B.) Celle 846, [Capaun-Carlowa'sche Buchh.] *

WALTHER, Friedrich (München): Ueber den Funddiebstahl.- München: Franz 1868. 1 Bl., III S. 8.1.1867 - Urk (Titel: De furto rei inventae.); F 49
Diss. Ingolst.-Landsh.-Mchn.

Walther, Frdr., Lehrbuch des bayerischen Strafproceßrechts mit Rücksicht auf andere Gesetzgebungen. München 859. Literarisch-artistische Anstalt. gr. 8. (XIV, 538 S.) n. 2 ℛ 4 ngr.

Walther, Friedr., die weinende Mutter u. d. tröst. Christus. Eine Morgen-Andacht, nebst e. Grabrede, zunächst d. Müttern dargeboten. gr. 8. (3¼ B.) Hannover 837, Helwing'sche Hof-Buchh. *

Walther, Friedr., die Rechtsmittel im Strafverfahren nach den Grundsätzen des englisch-französ. Strafprozeßrechtes bearb., mit einem Vorworte von C. A. Mittermaier. 2 Abthlgn. gr. 8. München, Kaiser. [1. (XIX und 168 S.) 853. * 1 Thlr., 2. (VIII und 280 S.) 855. * 1 Thlr. 16 Ngr.] *

Walther, Frdr. (Walth. v. Eynern), zur Verurteilung des Zahnarztes Hrn. Manfred Prinz durch die Elberfelder Strafkammer. Eine Rechtfertigungsschrift. (12 S.) gr. 8. Ebd. (905). n. — 10

Walther, Frdr., wenn unsere Augen sich öffnen. Ein Drama f. stille Menschen. (22 S.) gr. 8. Elberfeld 904. A. Martini & Grüttefien. n. 1. —

Walther, Friedrich Ludwig

Walther, Fr. Ldw., († d. 30. Mai 1824.) über den Ackerbau, als Gegenstand der Politik. 4. Hof 786. Vierling. (Grau.) 786.

WALTHER, Friedrich Ludwig: Vom Anbau der vorzüglichsten in- und ausländischen Holzarten oder von der Holz-Cultur. - Giessen 1790. 80 S.

Walther, Friedrich Ludwig, s. a. Anbau d. vorzügl. in- u. ausländ. Holzes.

— Anweisung für Schulen zur Dichtkunst. 8. Hof 785. (Grau). 10 gr.

Walther, Friedr. Ludw., Belehrungen über das Verhalten des Landmannes in und nach dem Kriege. Nebst einem Anhang über das Aufblähen der Tiere und den Gebrauch des Trokars von Fr. Pilger. Mit 1 Kpfrtaf. 8. Giessen 800. Heyers V. M. 1.25

— einige Bemerkk. üb. d. wissenschaftl. Eintheilung der Holzarten, mit 11 Tabell. (Aus d. 12n Bde. von Mosers neuen Forstarchive besonders abgedr.) 8. Ulm 806. Stettin. 8 gr.

WALTHER, Friedrich Ludwig: Beschreibung und Abbildung der in der Forstwirtschaft vorkommenden nützlichsten Geräthe und Werkzeuge. Ein Anhang zum Lehrbuch der Forstwissenschaft. - Giessen 1796. 37 S., 7 Taf. - 2. Stück Hadamar 1803. S. 38-71, Taf. 8-10

— Beschreib. u. Abbild. der nothwendigen Geräthe, welche in der Forstwissenschaft vorkommen, ein Anhang zu seinem Lehrbuche der Forstwissenschaft. 2 Stück. mit 18 Kpft. gr. 8. Hadamar 796—803. (Lanz in Weilburg). 18 gr.

— Beschreib. d. freundschaftl. Inselmeers in Südindien, od. d. 5n Welttheils. 8. Bayr. 786. Lübeck. N. Ausg. mit 5 Abbildd. 8. Leipz. 813. Hinrichs. 16 gr.

Walther, Friedrich Ludwig, s. Blumenlese, Deutsche.

WALTHER, Friedr. Ludw., Colona; ländliches Gedicht in 12 Gesängen. Giessen, bei Tasché ..., 1806. Kl. 8°. (In Warmbrunn.) Selten!

Walther, Fr. L., Colona, ein ländliches Gedicht in 12 Gesängen. 2 Thle. 8. Gießen 806. (Leipzig, Fr. Fleischer.) 2 ℛ

Walther, Frdr. Ludwig, Dendrographie. Th. 1. 2. Hadamar 1800. 8.

Walther, Fr. Ludw., theoret. u. allgem. Dendrographie u. spezielle Dendrographie, (2. Abth. d. 2. Bds d. Lehrbuchs d. Forstphysiographie). gr. 8. Hadamar, 1802. 2. Aufl. 1813 u. 14. (Weilburg, Lanz).
1. 5 u. 1. 15

Walther, Fr. Ldw., üb. die Ehelosigkeit, ihre Ursachen u. Folgen. 8. Hadam. 802. (Lanz in Weilburg). 4 Gr.

— Erdbeschreibung d. freundschaftl. Inselmeers in Südindien, od. d. 5ten Welttheils. 8. Bayreuth, Lübeck. 786.

Walther, Fr. Ludw., Erdbeschreibung des freundschaftl. Inselmeers in Süd-Indien, od. des 5ten Welttheils. Neue Ausg. 8. Leipz. Hinrichs. 813.

— kurzgef. Erdbeschreib. d. 7 vereinigten Provinzen, od. Holland. 8. Ansb. 788. (Gassert). 3 Gr.

— kurzgef. Erdbeschreibung d. 7 vereinigt. Provinzen, od. Holland. 8. Ansbach, Haueisen. 788.

— natürliche u. wissenschaftl. Erdkunde. 8. Hof 786. Grau. 12 Gr.

[WALTHER, Friedrich Ludwig] 1759 - 1824
Neueste Erdkunde welche Asien, Afrika, Europa, Amerika, die Südländer oder den fünften Welttheil, und die Polarländer nebst einem Anhange von der natürlichen und wissenschaftlichen Erdkunde, aus den neuesten und zuverläßigsten Reisebeschreibungen, historischen Zeit- und andern Schriften, enthält.
Nebst einer neuen Weltkarte, worauf Cooks und anderer Reisen befindlich.
Nürnberg-Altdorf: Monath. 1785. 8, 391 S. 8°.
Bayerische Staatsbibliothek München
Ausg. ebd. 1784 [Frankfurt-Leipziger Meßkatalog, Ostermesse 1784, S. 800] konnte nicht gefunden werden. Ostermesse 1785, S. 28.

— über die Erziehung, als Gegenstand der Politik. 8. Hof 787. Grau. 8 Gr.

Walther, Friedrich Ludwig: „Vom Feld- und Ackerbau, für Gutsbesitzer, Cameralisten, Polizeibeamte, Richter, Gerichtsverwalter, Landwirthe, Bauern . . . .", Hof 1788 (Grau).

— vom Feld- u. Ackerbau, für Gutsbesitzer, Cameralisten, Polizeibeamte, Richter, Gerichtsverwalter, Landwirthe, Bauern rc. 8. Bayr. 788. Lübeck. 8 Gr.

WALTHER, Friedrich Ludwig: Flora von Gießen und der Gegend für Anfänger und junge Freunde der Gewächskunde. Nebst 1 Plan des neuen ökonomisch-botanischen Universitätsgartens in Gießen. - Gießen, Darmstadt 1802. VIII, 704, XVII S.

— Flora von Gießen u. der umliegenden Gegend, ein Handb. für Anfänger u. junge Freunde der Gewächskunde, mit 1 ill. Plan d. forstbotan. Universitätsgartens in Gießen. gr. 8. Gieß. 802. Heyer. 2 Rthlr. 12 Gr.

Walther (F. L.), Geognostische Fragmente. Hadamar 1822. 8.

Walther, (Friedr. Ludw.,) geogonische Fragmente. 8. Hadamar 822, Gelehrten-Buchh.

— geogonische Fragmente. 8. Hadam. 822. (Lanz in Weilburg). 8 Gr.

Walther, Fr. Ludw., Grundlien d. deutschen Forstgeschichte u. die Geschichte d. Jagd, des Vogelfanges u. d. wilden Fischerey u. Waldbienenzucht. gr. 8. Gießen, Müller. 815. Rthlr.

— Grundlinien d. deutschen Forstgeschichte rc. gr. 8. Gießen, jetzt Heyer sen.

WALTHER, Friedrich Ludwig: Grundlinien der teutschen Forstgeschichte und der Geschichte der Jagd, des Vogelfanges, der wilden Fischerei und der Waldbienenzucht. - Giessen 1816. 164 S.

WALTHER, Friedrich Ludwig: Grundriß der Forstwissenschaft für Vorlesungen. - Giessen 1789. 87 S.

Walther, Friedrich Ludwig, s. Grundriß d. Forstwissenschaft.

Walther, Friedrich Ludwig: „Grundsätze der Forstwissenschaft", Marburg 1790 (Krieger).

— Handbuch d. Forsttechnologie, mit Zeichnungen. gr. 8. Gießen, Tasche. 802.

— Handbuch der Forsttechnologie, mit 29 Kpft. gr. 8. Gieß. 802. 2e Ausg. 818. Heyer in Darmst. 2 Rthlr. Zusätze für die Besitzer d. 1sten Ausg. gr. 8. Ebd. 818. Ebd. 6 Gr.

Walther F. L.: Handbuch d. Forsttechnologie. Gies. 1802. 256. S. 29 Tvl.
- — Zusätze. Darmst. 1818. 61 S. (Særtr. af 2. Aufl.).
— — 2. m. Zusätzen verm. Aufl. Sst. 1818. 256, 61 S. 29 Tvl.

WALTHER, Friedrich Ludwig: Handbuch der Forstwissenschaft für Forstbediente, Landwirthe, Polizeybeamte, Kameralisten, Richter, Gerichtsverwalter und diejenigen, die es werden wollen. - Ansbach 1787. 186 S.

Walther, Friedrich Ludwig: „Handbuch der Forstwissenschaft für Forstbediente, Landwirthe, Polizeibeamte, Cameralisten, Richter, Gerichtsverwalter und die es werden wollen", Ansbach 1787 (Gassert).

WALTHER, Friedrich Ludwig: Theoretisch-praktisches Handbuch der Naturgeschichte der Holzarten für den Forst- und Landwirth, in welchem außer einer systematischen Eintheilung, vollständigen Anführung der Haupt- und Trivialnamen und genaueren Beschreibung, sowohl der inn- als besonders nutzbaren ausländischen Bäume und Sträuche, vorzüglich auf deren Benutzung und Cultur Rücksicht genommen werden. - Bayreuth 1793. 532 S.

— theoret.-prakt. Handbuch d. Naturgeschichte der Holzarten f. d. Forst- u. Landwirthschaft rc. gr. 8. Bayr. 793. Lübeck. 1 Rthlr. 12 Gr.

— d. vorzügl. in- u. ausländ. Holzarten, nach ihren verschiedenen Gebr. in d. [illegible] Hauswirthsch. bey Gewerben u. in Officinen, [illegible] ren deutschen, latein. engl. u. französ. Namen u. e. vollständ. Nutzungstabelle. 8. Bayr. Lübeck. 790.

WALTHER, Friedrich Ludwig: Die vorzüglichsten in- und ausländischen Holzarten, nach ihrem verschiednen Gebrauche in der Hauswirthschaft, Landwirthschaft, bei Gewerben und in Officinen mit ihren deutschen, lateinischen, englischen und französischen Namen und einer vollständigen Nuzungstabelle und Register. - Bayreuth 1790. 220 S. u. Reg. - 2. Aufl. Leipzig 1813. 220 S. u. Reg.

— die vorzügl. in- u. ausländ. Holzarten, nach ihrem verschied. Gebrauch in d. Landwirthschaft, Hauswirthschaft, bei Gewerben u. in Officinen, mit ihren deutschen, latein., engl. u. französ. Namen u. einer vollständ. Nutzungstabelle. 8. Bayr. 790. Mit neuem Titel. Leipz. 813. Hinrichs. 12 Gr.

WALTHER, Friedrich Ludwig: Der Hund, seine Racen, verschiedene Zuchten und Varietäten, Geschichte seiner Verbreitung und Schicksale etc. - Gießen 1817. 96 S.

— der Hund, seine Rassen, Zuchten u. Spielarten, Gesch. fr. Verbreitung u. Schicksale. gr. 8 Gießen 817. Heyer. 8 Gr.

— Lehrbegriff d. deutschen Landwirthschaft. 8. Marburg, Krieger. 790.

Walther, Frdr. Ldwg, Lehrbuch der Forstphysiographie, oder Naturbeschreibung derjenigen Thiere, Gewächse und Mineralien, welche Objecte der Jagd- und Forstwissenschaft sind. Bd. 1. 2. in 5 Abth. Hadamar 1800—1802. 8.
——, —— Abth. 2. 2. verm. Aufl. 1813—15. 8. . . . .

WALTHER, Friedrich Ludwig: Lehrbuch der Forstphysiographie oder Naturbeschreibung derjenigen Thiere, Gewächse und Mineralien, welche Objecte der Jagd- und Forstwissenschaft sind. - Hadamar, Herborn 1800 u. 1803. 2 Bd. insges. 962 S. - 2. Aufl. d. 1. Bd. in 3 Abt. Weilburg 1816, 1818 u. 1820. - 2. Aufl. d. 2. Bd. in 2 Abt. ebd. 1813 u. 1814

— Lehrbuch der Forst-Physiographie, oder Naturbeschreib. derjenigen Thiere, Gewächse, Mineralien, welche Objecte der Jagd- u. Forstwissenschaft sind. 1r Bd. 1e u. 2e Abth. Allgem. Zoographie u. Naturbeschreib. d. Säugethiere, Vögel, Amphibien u. Fische. gr. 8. Hadamar 802, 3. 2e verb. Aufl. 816 u. 18. (Lanz in Weilb.) 3 Rthlr. 1r Bd. 3e Abth. Naturbeschr. der Insekten u. Würmer. 2te verb. Aufl. gr. 8. Ebd. 820. 1 Rthlr. 14 Gr. 2r Bd. 1e u. 2e Abth. theoret. u. specielle Dendrographie. 2e A. Ebd. 813, 14. (Ebd.) 2 Rthlr. 16 Gr.

— Lehrbuch d. Forst-Physiographie, od. Naturbeschr. derjen. Thiere, Gewächse, Mineralien, welche Objecte der Jagd- u. Forstwissensch. [illegible] sind. 2 Bde. gr. 8. Hadamar, Gelehrten Bchhdl. 802. 3.

Walther, F. L., Lehrbuch der Forstphysiographie 1r Bd., welcher die Zoographie enthält. 1ste Abtheil. allgem. Zoographie u. Naturbeschr. d. Säugethiere. 2te verb. Aufl. gr. 8. Coblenz u. Hadamar, Gelehrten-Buchh. 816.

— — Dessen 1r Bd. 2te Abtheil. allgem. Zoographie u. Naturbeschr. d. Vögel, Amphibien u. Fische. 2te verm. Aufl. gr. 8. Ebend. 818.

WALTHER, Friedrich Ludwig: Lehrbuch der Forstwissenschaft. - Giessen 1795. 592 S. - 2. Aufl. ebd. 1803 u. 1809. 2 Tl. - Tl. 1: 531 S., m. Taf. - Tl. 2: 221 S., m. Taf. - (=Tl. 2 u. Tl. 5 v. Walthers Versuch eines Systems der Cameralwissenschaften)

— Lehrbuch der Naturkunde. 1r Thl. Oekonomische Naturgeschichte des Thierreichs. 8. Ansb. 788. (Gassert). 4 gr

Walther, Friedrich Ludwig: „Lehrbuch der Staatswirthschaft". (= 4. Band des „Versuch eines Systems der Cameralwissenschaften"; s. Nr. 850), Gießen 1798; 2. verm. Auflage Gießen 1805. — Vorh.: UB Bonn, UB Göttingen.

— d. Lehre v. Dung od. Mist, für Landwirthe, Gutsbesitzer, Polizeibeamte, Cameralisten, Gerichtsverwalter u. die es werden wollen. 8. Ansb. 787. (Gassert). 4 gr

— Lesebuch für Landkinder. 8. Hof 786. Grau. 2 gr

WALTHER, Friedrich Ludwig: Manuale georgicum latinum-germanicum et germanicum-latinum. Lateinisch-Teutsches und Teutsch-Lateinisches landwirtschaftliches Handwörterbuch zum Gebrauch der studirenden Jugend. - Hadamar 1822. XII, 336, 63 S.

— manuale georgicum latin. germanic. et german.-latinum. — Latein.-deutsches u. deutsch-latein. landwirthschaftl. Handwörterbuch zum Gebrauch d. studier. Jugend. gr. 8. Hadamar 822, Gelehrten-Buchh.

— manuale georgicum latin.-germanic. et german.-latinum. — Latein.-deutsches u. deutsch-latein. landwirthschaftl. Handwörterbuch zum Gebrauch d. studir. Jugend. gr. 8. Hadamar. 822. (Lanz in Weilb.) 1 rf 14 gr

— Miscellaneen, od. Unterhaltungen in müßigen Stunden. 8. Hadamar. 801. (Lanz in Weilb.) 18 gr

Walther, Friedrich Ludwig, s. C. L. Müller: Anweisung d. Kunst, Bier zu brauen.

WALTHER, Friedrich Ludwig: Kurzgefaßte ökonomische Naturgeschichte Deutschlands für Freunde der Natur, Ärzte, Cameralisten, Land- und Forstwirthe, Künstler, Kaufleute, Fabrikanten, Handwerker etc. - Ansbach 1787. 624 S.

— kurzgefaßte ökonom. Naturgeschichte Deutschlands, für Freunde der Natur, Aerzte. Cameralisten, Land- u. Forstwirthe, Künstler, Kaufleute, Fabrikanten, Handwerker rc. u. die es werden wollen. 8. Ansb. 787. (Gassert). 1 rf 8 gr

Walther, Friedrich Ludwig: Das Pferd, seine verschiedenen Zuchten und Spielarten, seine Erziehung, Geschichte seiner Verbreitung, Nutzen, Krankheiten, Fehler u. Feinde. Giessen 1819. XII, 268 S.

— das Pferd, seine verschiedenen Zuchten u. Spielarten, seine Erziehung rc. gr. 8. Gießen 819. Heyer. 20 gr

— de Re rustica. Liber III. accedit vocabularium latino-germanicum, in usum studiosae juventutis germanicae, c. tab. aeneis. gmaj. Giessen, Müller. 815.

— de re rustica libri III. 8maj. Giessen 815. ed. II. Acced. Vocabularium latino-germanicum, cum Tab. aen. 819. (Heyer). 2 rf — (A. u. d. T.: System d. neuern Landwirthschaft; ein Gegenstück zu Virgils Landwirthschaft der Alten). Das Wörterbuch als 2e Abtheil. apart 16 gr

WALTHER, Friedrich Ludwig: De re rustica. System der neueren Landwirthschaft. Ein Gegenstück zu Virgils Landwirtschaft der Alten. - Gießen 1819. 304, 125 S. Anhang

— das Rindvieh, seine verschiedenen Rassen, Zuchten u. Spielarten, Geschichte seiner Verbreitung rc. gr. 8. Gießen 816. Heyer. 16 gr

Walther F. L.: Das Rindvieh, seine verschiedenen Rassen, Zuchten u. Spielarten, Geschichte seiner Verbreitung, seine Erziehung, Benutzung, Krankheiten, Fehler u. Feinde. Giess. 1817. 184 S.

Walther, Fr. Ldw. Versuch eines Systems der Cameralwissenschaften. 5 Bde. mit Kpf. gr. 8°. Giessen, Heyer, 1.—3. Bd. 1793—96. 1. u. 2. Bd. 2. A. 1805 u. 7, 3.—5. Bd. 1796, 98, 99.
1. Thl. a. u. d. T.: Lehrbuch der Landwirthschaft; 2. Thl.: Lehrbuch der Forstwissenschaft; 3. Thl.: Lehrbuch der Technologie; 4. Thl.: Lehrbuch der Staatswirthschaft; 5. Thl.: Lehrbuch der Forstwissenschaft, 2 Thle.

WALTHER, Friedrich Ludwig: Versuch eines Systems der Cameralwissenschaften. - Giessen 1793-1799. 5 Tl. - Tl. 1: Lehrbuch der Landwirthschaft. - Tl. 2: Lehrbuch der Forstwissenschaft. Tl. 1- Tl. 3: Lehrbuch der Technologie. - Tl. 4: Lehrbuch der Staatswirthschaft. - Tl. 5: Lehrbuch der Forstwissenschaft. Tl. 2. - 2. Aufl. ebd. 1805-1809

— von menschenfressenden Völkern, u. Menschenopfern. 8. Hof 784. Grau. 4 gr

— v. Wiesen- u. Futterkräuter-Bau, f. Landwirthe, Gutsbesitzer rc. 8. Ansbach, Haueisen. (Gassert.) 788.

Walther, Friedrich Wilhelm

Walther, Frdr. Wilh. (k. b. Oberlieut.), *topographische Geographie von Bayern.* München, Verlag d. literar.-artist. Anstalt (m. Signet), 1844. Gr. 8°. Eleg. moderner Hpgmtb. m. Rothschnitt.
Geschätztes Werk, vergriffen! XXIV-476 S. — Dem Kronprinzen Maximilian von Bayern, K. H. gewidmet.

(Walther, Fr. Wilh., Lieut. im 1. Inf.-Reg. „König"). Bayerns Land u. Natur. Für die Zöglinge des k. Kadetten-Korps entworfen. München 1833. Gedr. bei J. A. Giesser. 8°. Hfrzb.
547 S. Im mineralog. Theile findet sich S. 278-01 eine Uebersicht der Mineralquellen Bayerns.

Walther, Friedrich Wilhelm (Kirchheilingen)
A. S. 836/16

Dissertatio inauguralis juridica de protractione justitiae per amicabilem compositionem partium litigantium a judice tentandam.
Präs. Christian Thomasius.
Halle (Salfeld) 14. VI. 1721. 48 S. 35751

Was sollen wir? Worte eines Baiern an das baierische Volk. Zum Besten der Invalidenkasse. München (o. A. d. V. u. D.) 1813. 8°. 22 S. Beiband.

Walther, Fritz: Therapeutischer Almanach, s. Beck, G.

Walther, Fritz. Über Dauererfolge bei Sanatoriumsbehandlung und den Wert von Volksheilstätten. Diss. Med. Bern. Separatabdruck aus der «Zeitschrift für schweizerische Statistik», Jahrg. 40, 1904. 32 S. 4. Bern, Stämpfli & Cie., 1904.

Walther, Fritz, Dr.: Physikalischer Dogmatismus. Berlin 1904: A. Haack. (33 S.) 4°
Berlin, Collège royal français P 1904 (58)

Walther, Fritz, approb. Arzt aus Mittweida: Ueber einen Fall von multipler Gelenkerkrankung bei Tabes mit besonderer Beteiligung der Wirbelsäule. *Leipzig 1902: B. Georgi.* (28 S.) 8°
Leipzig, Med. Diss. v. (19. Apr.) 1902.

Walther, Fritz, Lehr- u. Übungsbuch der Geometrie f. Unter- u. Mittelstufe. Mit Anh. (f. Realanstalten). I: Ebene Trigonometrie. II: Abbildung u. Berechng. einfacher Körper. (VIII, 204 S. m. Fig.) gr. 8. Berlin 907. O. Salle. 2. 20

Walther, F., mathematischer Lehr- u. Übungsgang f. Lehrerbildungsanstalten (im Sinne der Meraner Forderungen). 3 Tle. 8. Leipzig 910. F. Brandstetter. Geb. in Leinw. 7. 60
1. Geometrie. (VIII, 176 S. m. 265 z. Tl. farb. Fig.) Geb. 2. 80
2. Arithmetik. (IV, 192 S. m. 39 z. Tl. farb. Fig.) Geb. 2. 80
3. Stereometrie u. Trigonometrie. (IV, 142 S. m. 102 z. Tl. farb. Fig.) Geb. 2. —

— u. Otto **Jenson,** mathematischer Lehr- u. Übungsgang f. höhere Mädchenschulen, Lyzeen u. Studienanstalten. Abt. A, 1. B 2 Tle. u. C. 8. Ebd. Geb. in Leinw. 11.40
A, 1. Das Rechnen auf der Mittelstufe der höheren Mädchenschule (Kl. VII—V). 1. Heft (f. Klasse VII), v. J. (VIII, 142 S.) 910. Geb. 1. 80
B. 1. Für die Oberstufe der höh. Mädchenschule (u. die entsprech. Jahrgänge d. Studienanstalten). Geometrie, v. W. (VI, 179 S. m. 273 Fig.) 910. Geb. 3. —
2. Arithmetik, v. W. (VI, 135 S.) 910. Geb. 2.—; (in 1 Bde. geb. 4. 60)
C. Die Mathematik auf dem Lyzeum u. der Studienanstalt, v. W. Mit e. Anh.: Logarithmentafeln. (X, 352 u. 8 S. m. 182 Fig.) 910. Geb. 4. 60

Walther, Fritz, Referendar in Steinbach-Hallenberg: Die obligatorischen Pflichten und Rechte des Finders nach dem Deutschen Bürgerlichen Gesetzbuch. Heidelberg 1907: K. Rößler. (44 S.) 8°
Leipzig, Jur. Fak., Diss. v. 1. Aug. 1907
[Geb. 29. Juni 83 Rittergut Bockstadt (Sachsen-Meiningen); Wohnort: Steinbach-Hallenberg; Staatsangeh.: Preußen; Vorbildung: Bertholds-Gymn. Freiburg i. B. Reife Juli 02; Studium: Heidelberg 3, Berlin 1, Marburg 2 S.; Rig. 24. Okt. 06.]

Walther, Fritz [aus Zahna i. S.]: Zur Theorie des Strahlensystems I. Ordnung und I. Klasse und des linearen Strahlenkomplexes. Analytische Ableitung einiger Satze von Reye . . . Jena, Frommannsche Buchdr. (Hermann Pohle). 1889: 2 Bl. + 67 + 1 S. 8°
Leipzig, Phil. Fak., Inaug.-Diss. v. 18. Dez. 1889

Walther, G., choix de poésies françaises, s.: Diesterweg's neusprachliche Reformausgaben.

Walther, G., Erdkunde f. Volks- u. Mittelschulen, s.: Dilcher, A.

Walther, G., ein wandelnder Leichnam, s. Roman- und Novellen-Zeitung.

Walther, G., Herr Schreier, d. Antisemit. Wie er leibte u. lebte u. was er getrieben, in kunstvolle Reimlein gebracht u. beschrieben. Eine wahrheitsgetreue Dichtg. in 6 Kapitel, nebst e. Anh. m. schönen Bildern geziert v. Stift. schmal 8. (30 S.) Leipzig 896. Literar. Anstalt, A. Schulze. — 50

Walther, G. Die Vernachlässigung der Dekorations-Malerei in Deutschland und der daraus für Kunst und Leben erwachsende Nachtheil. Dresden 1877. 8°.

Walther, G., die Vernachlässigung der Decorations-Malerei in Deutschland und der daraus für Kunst und Leben erwachsende Nachtheil. In kurzen Worten beleuchtet. gr. 8. (III, 88 S.) Dresden 878. Reinhardt. *

— **Verzeichnis der auswendig zu lernenden Bibelsprüche, Psalmen u. Lieder. Auf Grund des durch Verfügg. der kgl. Regierg. zu Wiesbaden vom 14. II. 1904 Nr. II 493/1326 genehmigten Entwurfs zu e. Lehrplan f. die Frankfurter Bürgerschulen zusammengestellt.** (31 S.) 8. Frankfurt a/M. (905). Kesselring. n. — 20

Walther, G. M., s. Seneca's Briefe an Lucilius.

Walther, Geo., s.: Erzählungen f. die Jugend.

Walther, (Hofbuchdrucker in Dresden) Geo. Fr., († d. 4. Juli 1813.), s. 1) **Beschreib. e. kl. Gemälde- u. Kunstsamml. in Dresden.** 2) F. Ewald, Lieder u. Sinngedichte. 3) J. P. Hackert, Sendschreiben. 4) D. Jahn, Abhandlung. 5) J. Eph. Rost, geistl. Lieder.

Walther, Geo. Fr., s. 1) v. Brühl, theatral. Belustigungen. 2) Frhr. Tob. Ph. v. Gebler, sämmtl. theatral. Werke.

Walther, Georg Friedrich (Rothenburg o. d. T.) A. S. 158/3

Dissertatio iuris publici super articulum I. capitulationis Caesareae de triplici advocatia imperatoris ecclesiastica. Präs. Kaspar Achaz Beck.
Jena (Fickelscherr) XII. 1721. 47 S.

W. v.: Präs., R. H. von Hundelshausen, Johann Wilhelm von Winterbach, A. A. Meyer, Johann Christoph Bezold. 35758

Walther, Georg Heinrich

Waltheri, G. H., Observationes ad Corn. Taciti Opera. Sondersh. et Stolb. 818. 8. 4 gr.

—observationum ad C. Taciti opera specimen. 8. Stolb. 819. (Halle, Schwetschke u. S.) 4 ggr.

Walther, G. H., Observationum ad C. Taciti opera Specimen. 8. Sondershausen, Voigt in Comm. 819.

Walther, Geo. Henr., Observationum in C. Corn. Taciti Opera conscriptarum spec. alterum, quo viro clariss. atque doctiss. Tr. Fr. Benedict pie gratulatur. 8 maj. (3 B.) Halae 828, [Schwetschke et fil.]

Waltheri, G. H., Observationes ad Suetonium. Torgav. et Lips. 813. 8. 4 gr.

***Walther*, Geo. Hnr., observationes ad Suetonii Tranquilli vitas Caesarum, quibus varias doctorum emendationes et interpretat. denuo excussit atque examinavit. 8maj. Torgau 814. (Leipz., W. Vogel). 4 ggr.**

Walther, Geo. Hnr., s. **Tacitus** Opera.

Walther, Gf., († 1811.) über patriot. Enthusiasmus rc. 8. Halberst. 798.

Arnoldi, Joh. Conr. [Präs.] u. Gottl. Guil. Walther [Resp.]
'Ανακεφαλαίωσις praelectionum theologicarum ex compendio Theologiae Positivae Baieriano, in usum auditorii collecta. Spec. III. de principio Theologiae revelatae, s. de scriptura S.
Gissae 1732. 4.

[Walther, Gottlieb.] Celtische Alterthümer zur Erläuterung der ältesten Geschichten und Verfassung Helvetiens. [Mit 1 Vignette.] 8. Bern 1783. Typ. Soc.

Walther, Gottlieb. Geschichte Helvetiens. 2 Theile. 8. Bern 1784–1791. Typ Soc.
[Theil 1] *u. d. T.:* Versuch über die älteste Geschichte Helvetiens. Von G' W'... Mit Vignetten, 3 Tabellen, 2 Tafeln und 2 Karten.]
Theil 2. Unter dem römischen Zeitpunkt. [Mit 1 Vignette, 1 Tabelle und 3 Stammtafeln.]

Walther, Gottlieb. Geschichte Helvetiens. 2 Theile. 8. Bern 1792.
Theil 1. Nebst 2 Karten [sowie Vignetten, 3 Tabellen und 1 Tafel].
Theil 2. Nebst 2 Karten [sowie 1 Vignette, 1 Tabelle und 3 Tafeln].

— Geschichte des Bernerischen Stadtrechts u. d. Stadtrechte überhaupt. 1r Bd., mit 1 Karte. gr. 8. Bern 794. Typogr. Soc. 1 Rthlr. 8 ggr.

— Geschichte d. Bernerischen Stadtrechts. 1r Bd. Ursprung d. Stadtrechte, nebst Betracht. üb. d. Urspr. d. Stadtrechte in Deutschland. gr. 8. Ebend. 794.

— Grundsätze zur Beurtheilung d. Verfassung u. Sitten d. alten Helvetier vor d. röm. Herrschaft. gr. 8. Bern 780. Typogr. Soc. 9 ggr.

[Walther, Gottlieb.] Grundsätze zu Beurtheilung der Verfassung und Sitten der alten Helvetier vor der römischen Herrschaft. ([Mit Anhang:] Rede über den Ursprung der Schweizer, von Hrn. Samuel Schmied ...) 8. Bern 1781.

Walther, Gottlieb. Critische Prüfung der Geschichte von Ausrottung des Zäringischen Stamms durch Vergiftung zweier Söhnen Berchtolds V. 8. Bern 1765.

— krit. Prüfung d. Geschichte von Ausrottung des Zähringischen Stammes durch Vergiftung zweier Söhne Berchtolds V. 8. Bern 767. Typ. Soc. 5 gr

— Rede vom Wachsthum d. Wissenschaften zu Bern. 8. Bern 767.

Walther, Gtl.: „System der Abzugsgerechtigkeit, aus der vaterländischen Rechtsgeschichte erläutert", Bern 1774 (Haller).

Walther, Gtl., († d. ... Dec. 1805.) System d. Abzugsgerechtigkeit. 8. Bern 775. Haller. 10 gr

— Versuch e. Einleit. zur Geschichte d. Bernerischen Staatsrechts. gr. 8. Bern 780. Typ. Soc. 9 gr

— Versuch zur Erläut. d. Geschichte des vaterländ. Rechts. 8. Bern 765. Typ. Soc. 1 rf

— Versuch über d. ält. Geschichte Helvetiens. gr. 8. Bern 787. Mit neuem Titel: Geschichte Helvetiens unter d. röm. Zeitpunkt, nebst den celtischen Alterthümern. 3 Bde, mit 2 Karten. gr. 8. Bern 792—94. Typ. Soc. 3 rf 8 gr (Daraus apart: a) d. Geschichte d. Römer in Helvetien, mit Kpf. gr. 8. 793. 1 rf 8 gr b) Celtische Alterthümer zur Erläut. d. ält. Gesch. u. Verfass. Helvetiens. gr. 8. 783. 1 rf)

Walther, Gottlieb Eberhard, s. Walter, Gottlieb Eberhard

Walther, Gustav

Die Christfeier in der Schule. Von G[ustav] Walther, Rektor, Schkeuditz. Langensalza: F. G. L. Greßler 1906. (31 S.) 8° [F.] 06. 3

Walther, Gust., Erläuterungen deutscher Sprachstoffe aus den gangbarsten Lesebüchern. Für die Ober- und Mittelstufe der Stadt- und Landschulen. Mit einem Vorworte von Faber. gr. 8. (192 S.) Leipzig 879, Peter's Verlag.

Walther, Gust., Erläuterungen deutscher Sprachstoffe aus den gangbarsten Lesebüchern. Für die Ober- u. Mittelstufe in Stadt- u. Landschulen. 2., wesentlich verm. Aufl. 1. Tl.: Erzählungen. Poetische Erzählgn. Beschreibgn. u. Schildergn. Abhandelnde Darstellgn. Reflektierende Darstellgn. Fabeln. Parabeln. gr. 8. (IV, 116 S.) Leipzig (901). E. Peter. n. 1. —; geb. in Halbleinw. n.n. 1. 40

Religiöser Lern- und Merkstoff. Bearb. von G. Walther, Rektor in Schkeuditz. *Schkeuditz: W. Schäfer 1904.* (94 S.) 8° [F.] 04.

Walther, Gust., deutsche Lesestücke. Lehrproben und Entwürfe für die prakt. Behandlung poet. und pros. Sprachstoffe. Für Stadt- und Landschulen. gr. 8. (VII, 220 S.) Leipzig 888, Wunderlich. *M 2.80.; geb. *

Walther, Gustav. 1. Methyläther des 2,6-Dinitrohydrochinons und einige Derivate; 2. p-Amidothiophenol und einige Derivate; 3. Eine Modifikation des Beckmannschen Siedeapparates für Heizung mit strömendem Dampf. Diss. Phil. Basel. [Mit 1 Figur.] 52 S. 8. Heidelberg, Karl Rössler, 1904.

— Wegweiser f. d. schriftl. Verkehr d. Lehrers, s.: Wolter, A.

Walther, Gustav Ludwig

Walther, (Major) Gust. Edw., theoret.-prakt. Unterricht für Liebhaber u. Anfänger in d. Reitkunst, nebst Bemerkk. u. Recepten, auch (24) Zeichnungen. gr. 8. Dresd. 818. 2e A. 827. (Walther). 16 gr Schrbp. 20 gr

Walther G. L.: Theoretisch-praktischer Unterricht f. Liebhaber u. Anfänger in der Reitkunst. ... Dresd. 1818. 69 S. 14 Tvl.
— — 2. v. neuem durchges. Aufl., m. Tit.: Die Reitkunst ... Sst. 1827. 69 S. 14 Tvl.

Walther, H., Gesetzeskunde u. Volkswirtschaftslehre, s.: Bache, Osk.

Walther, H., Gesundheit u. Vervollkommnung des Menschen durch die Kenntniß einfacher Naturgesetze. 8. (96 S.) Leipzig 879. Grieben. n. 1. 50

Walther, H., Der Sozialdemokrat. Ein Vortrag für alle Berufsklassen zur Werbung von Meinungsgenossen. 8⁰. Berlin 1890. N. T.-Aufl. 8⁰. Berlin, N. Graudenz, 1890 (1892).

Walther, s.: Verhandlungsbericht der mittelrheinischen Gesellschaft f. Geburtshilfe u. Gynaekologie.

Walther, H., d. Visitenkarte. E. Lustspiel in 3 Akten. 8. (67 S.) Leipzig 894. (Leipzig-Neuschleußig, Kühn & Richter.) n. 1. 50

Walther, H. J., Wasgau-Sagen u. Mären, s.: Volksschriften, elsässische.

Walther, Hans: Der Bokott. Greifswald 1910: Adler. 56 S. 8⁰
Greifswald, Jur. Diss. v. 11. Aug. 1910, Ref. Walsmann.

Walther, Hans, über Geburtsmechanismus. Diss. Würzburg 1888, Stahelsche Univ.-Buchh. 8⁰. 36 S.

Walther, Hans, Orlog! Novellen v. der Bad. (213 S.) 8. Berlin (910). Concordia. 2.—; geb. 3. —

Walther, Hans, med. pract. aus Zürich: Ueber die empyematische Skoliose. (Aus dem orthopädischen Institut von Dr. A. Lüning und Dr. W. Schulthess, Privatdozenten in Zürich.) [Mit 22 Illustrationen im Text.] Stuttgart 1910. IV + 43 S. 8⁰. S.-A. aus „Zeitschrift für orthopädische Chirurgie", Band 26. Heft 1/3, 1910. [25. IV. 10.]
Zürich. Univ. Med. Diss. 1909/10.

Walther, Hans. Über die Empyematische Skoliose. Aus dem orthopädischen Institut von Dr. A[ugust] Lüning und Dr. W(ilhelm) Schulthess ... in Zürich. Diss. Med. Univ. Zürich. Mit 22 Abbildungen. Sonderabdruck aus »Zeitschrift für orthopädische Chirurgie«, Band 26, Heft 1/3, 1910. IV + 43 S. 8. Stuttgart, Union Deutsche Verlagsgesellschaft, 1910.

Walther, Hans, aus Nürnberg: Ueber die isomeren Thiosemicarbazide. *Erlangen 1902: E. Th. Jacob.* (47 S.) 8°
Erlangen, Phil. Diss. v. 14. Mai 1902

Walther, Harry, das keramische Druckverfahren, nach eigenen prakt. Erfahrgn. übersichtlich erläutert. 8. (26 S. m. 25 Holzschn.) Dresden 892. (Leipzig, G. Wolf.) n. 1. 25

Walther, Heinrich [Dr., Specialarzt f. Geburtshülfe u. Frauenkrankh. zu Darmstadt]: Beiträge zur Kenntnis des trichterförmig engen Beckens ... Giessen, grossh. Hof- u. Univ.-Dr. C. v. Münchow, 1894; 66 S. 8.
Giessen, Med. Fak., Hab.-Schr. v. 1894

Walther, H., Glücklicher Feldscheer oder gründlicher Unterricht von den Kopfwunden. Lpz. 8°. 1718

Walther, Heinr., glücklicher Feldscheer. 8. Lpz. Weidmann. 718.

[Walther, Heinrich.] Föhn. Durch Kampf zum Sieg! ([Illustriertes Flugblatt zur kantonalen Abstimmung vom] 2. April, [gegen] den Steuerartikel der Initiative.) Luzern, den 27. März 1905. 16 S. 8. (Luzern...)
Ausg. A: (L', Buchdruckerei Räber & Cie.)
Ausg. B: (L', Druck von Räber & Cie.)
Verf.: Reg.-Rat H' W'. — *Zu tilgen der Titel* Föhn.

Walther, Heinr., Grundzüge des Geburtsmechanismus bei regelmäßigen u. regelwidrigen Kindslagen u. das Verhalten der Hebamme in solchen Fällen. gr. 8. (29 S. m. 17 Abbildgn.) Berlin 900. E. Staude. — 50
Sonderabdruck aus: „Allg. deutsche Hebammen-Zeitung".

Walther, Heinrich: Zur Casuistik der Haematosalpinx ... Giessen, C. v. Münchow, Univ.-Druckerei, 1890; 45 + 1 S. u. 1 Taf. 8°
Giessen, Med. Fak., Inaug.-Diss. v. 1890.

Walther, Heinrich: Die Krankheiten der Frauen in übersichtlicher Darstellung für Hebammen. Mit 12 Abb. Berlin: E. Staude 1902. (35 S.) 8°

Walther, Heinr., Leitfaden zur Pflege d. Wöchnerinnen u. Neugeborenen. M. e. Vorwort v. Herm. Löhlein. 8. (XVI, 135 S. m. 9 Fig.) Wiesbaden 898. J. F. Bergmann. Geb. in Leinw. n. 2.—

Walther, Heinr., Leitfaden zur Pflege der Wöchnerinnen u. Neugeborenen zum Gebrauche f. Wochenpflege- u. Hebammenschülerinnen. Mit e. Vorw. zur I. Aufl. v. Herm. Böhlein. 2. verm. u. verb. Aufl. 9 Fig. im Text. 25 Temperaturzettel in Briefumschlag. (XXIII, 161 S.) 8. Wiesbaden 905. J. F. Bergmann. Geb. in Leinw. n. 2. 40

Walther, Heinr., Leitfaden zur Pflege d. Wöchnerinnen u. Neugeborenen zum Gebrauche f. Wochenpflege- u. Hebammenschülerinnen. Mit e. Vorwort zur I. Aufl. v. Herm. Böhlein. 3. verm. u. verb. Aufl. Mit 12 Textfig., 25 Temperaturzettel in Briefumschlag. (XX, 192 S.) 8. Wiesbaden 910. J. F. Bergmann. Geb. in Leinw. 2.60

Walther, Heinr., Schul-Naturlehre. Lehrstoffe zu e. schulgemäßen Behandlg. d. Wichtigsten aus Naturlehre u. Chemie. Für Lehrer an Volksschulen bearb. gr. 8. (III, 120 S. m. Fig.) Hilchenbach 892. L. Wiegand. Geb. n. 1.60

Walther, Heinr., Schul-Naturlehre. Lehrstoffe zu e. schulgemäßen Behandlg. des Wichtigsten aus Naturlehre u. Chemie. Für Lehrer an Volksschulen bearb. 2. [Titel-] Aufl. (III, 120 S.) gr. 8. Arnsberg (908). J. Stahl. Geb. 1. 20

Walther, H(einrich) (Übers.):

s.a. Tralles, (Balthasar Ludwig): Ueber die Heilkraft des Opiums. (Usus opii salubris et noxius, in morborum medela, solidis et certis principiis superstructus. Editio altera aucta. Dt.Auszug.) Leipzig: 1803

Walther, (Dr. d. Medicin) Hnr., über d. Heilkraft des Opiums; im Ausz. nach d. Latein. des Tralles, mit Anmerkk. 1r Thl., mit e. Einleit. über d. Wirkungsart äußerer Einflüsse auf thier. Organisme. gr. 8. Leipz. 803. Rein. 18 gr.

— Die Verantwortlichkeit in der Geburtshilfe, erläutert an der Hand forensischer Fälle. (23 S.) gr. 8. Leipzig (910). B. Konegen. 1.—
Sonderabdruck aus: „Der Frauenarzt".

— s.: Zeitschrift f. das gesamte deutsche, österreichische u. schweizerische Hebammenwesen.

Walther, Heinrich Andreas

Walther, Heinr. Andr. [Präs.] u. Heinr. Andr. Bichmann (Dautphensis Hassus) [Resp.]
Ex philosophia practica de dominio hominis in bruta et officiis eius in huius dominii exercitio observandis.
Giessae Juli 1725: vidua Joh. Reinh. Vulpii. 24 S. 4°

— exegesis epistolae Judae, c. praef. Mosheim. 4. Wolffenbüttel. 727.

Walther, Heinr. Andr., Catechismus Lutheri. 8. Lpz. Junius. 747.

— poetische, christliche Kindergedanken. 8. Frkft. Brönner. 737.

Walther, Heinrich Andreas [Präs.] u. Philipp Laurenz Leun (Langgöns) [Resp.]
Primae lineae majoris operis de Theologia viatorum imperfecta, beatorum perfecta, ex verbis Paulli I. Cor. XIII, 12.
Giessae 2. Nov. 1741: Lammers. (2), 30 S. 4°
pro licentia summos in theol. honores rite capessendi

— Philosophie, od. allgem. Einleit. in d. ersten Gründe d. Weisheit u. Tugend. 8. Frkfr. Varrentrapp u. W. 749.

Walther, Hnr. And., (†...) heil. Reden über wichtige Stücke d. christl. Glaubens- u. Sittenlehre. 10 Thle. 8. Frankf. a. M. 735—51. Varrentrapp.

— heilige Reden üb. wicht. Stücke d. christl. Glaubens- u. Sittenlehre. 10 Thle. 8. Ebend. 740—48.

Walther, Heinrich Andreas
Dissertatio ex jurispr. univ. de utilitate juris naturae.
Giessae [27. 6.] 1720. 4°
pro licentia praesidendi

Walther, Heinrich Andreas A. S. 1353/36

Ex antiquitate orientali de Zabiis.
Präs. Johann Heinrich Mai.
Giessen (Vulpius) 20. VIII. 1716. 20 S.

Gew.: Christoph Seidel, Christoph Christian Haberkorn, Johann Alexander Bichmann, Johann Ludwig Magnus.
W. v.: Johann Christoph Bielefeld, Präs., Johann Christian Lange, Präs., Andreas Walther (Vater), J.P. Walther (Bruder). 35761

Walther, Heinrich Friedrich (Pegau) A. S. 1268/4

Dissertatio inauguralis medica, prodens quod plurimum aegrotorum moriantur magis iuxta leges artis, quam naturae. Präs. Friedrich Hoffmann.
Halle (Zahn) V. 1717. 9 Bl.

Gew.: Tobias Tautius. 35762

Walther, H. F., Ermahnung an die Communicanten, welche vor d. Austheil. d. heil. Abendmahles in d. hamburg. Kirchen vor d. Altar gelesen wird, erläut. in sieben Predigten. gr. 8. (6¼ B.) Hamburg 839, Perthes-Besser u. Mauke.

Walther, H. F., Ermahnung an die Communicanten, welche vor der Austheilung des heil. Abendmahls in den hamburg. Kirchen vor dem Altar gelesen wird, erläutert in 7 Betrachtungen. 2. Aufl. gr. 8. (VIII und 95 S.) Hamburg 856, Perthes-Besser und Mauke. *

Walther, H. F., Betrachtungen üb. die übliche Ermahnung an die Communicanten. 3. Aufl. gr. 8. (IV, 95 S.) Hamburg 872. Nolte. n. 1. 50

Walther, Heinrich Friedrich: Predigt bei dem Feldgottesdienst am 18. October. Hamburg. 1863. 8°

Heinrich Hieronymus Walther

Arthritidis Natura atque causa. Helmstadii (1790:) Leuckart. XXIV S. 8°

Helmstedt, Med. Diss. v. 23. Nov. 1790

—— **Arthritidis naturam atque caussas lustrans. 4. Helmst. 790. Fleckeisen. 3 ℛ**

Walther, Hermann

Walther, H. De Caesaris codicibus interpolatis. Pars prior. 26 S. Progr. *Grünberg* 1885

Walther, Hermann: Über die Ächtheit und Abfassung der Schriften des Corpus Caesarianum. I. Teil: Bellum Gallicum — bellum civile — bellum Alexandrinum. 25 S. 4.
In: Festschrift zur Feier des 50 jähr. Bestehens Friedrich-Wilhelms-Realgymn. *Grünberg i. Schl.* 1903.
Progr.

Walther, Herm., über die Echtheit u. Abfassung der Schriften des Corpus Caesarianum, s. a. Festschrift usw. des Friedrich-Wilhelms-Realgymnasiums zu Grünberg in Schlesien.

Walther, Herrm., systematisch geordnete Schreibvorlagen in 4 Abtheilungen, enth.: I. Geschäftsaufsätze, II. Privat- u. Geschäftsbriefe, III. Post u. Telegraphie, IV. die gewerbliche Buchführung, sowie die Rundschrift u. einen Anhang. Zum Gebrauche für Fortbildungs-, Gewerbe-, Volks- u. Bürgerschulen, als auch zum Selbstunterrichte für Gewerbtreibende bearb. u. hrsg. gr. 4. (45 Steintaf. m. III, 3 S. Text.) Meerane 879. Leipzig, Wöller in Comm. In Mappe. n. 4. 50

Walther, (Augustus) Hermannus *(geb. Crossen a. O. 15. 2. 1843)*: De scriptorum Romanorum usque ad Vergilium studiis Homericis. Vratislaviae (1867). (45 S.) 8°
Breslau, Phil. Diss. v. 18. Mai 1867

Verlags-Verzeichnis der Firma **Hermann Walther**, Verlagsbuchhandl., G. m. b. H., Berlin. 1. Sept. 1879 – 1. Okt. 1902. *(Berlin: H. Walther 1902.)* (64 S.) 8°

Walther, Herm., ein moderner Werther. Tagebuchblätter eines Verlorenen. Eine psycholog. Studie. 1.—3. Taus. (116 S.) 8. Leipzig (906). Moderner Dresdner Verlag. n. 2. —

Walther, H[ugo]: Ueber den Abortus mit bes. Berücks. d. Therapie in d. Landpraxis. Halle a. S.: C. Marhold 1902. (S. 25–46.) 8°
(Sammlung zwangloser Abhandlungen aus d. Geb. d. Frauenheilkunde u. Geburtshülfe. Bd 4, H. 8, 2.

Walther, H., über den Abortus m. besond. Berücksicht. der Therapie in der Landpraxis, s. a. Sammlung zwangl. Abhandlungen aus d. Gebiete der Frauenheilkunde u. Geburtshilfe. IV. 8b.

Die Freimaurerei. Ein Beitrag zur Geschichte der politischen Geheimbünde von Hugo **Walther.** Wien: Roller & Co. in Komm. 1910. VIII, 165 S. 8°
Kathol. Tendenzschrift. Enthält Gesch. u. Statistik der Frmrei u. eine Abhandl. üb. die Frmrei in unsern Tagen mit besond. Berücksichtigung des Auslandes. 23.

Walther, Hugo, die Freimaurerei. Ein Beitrag zur Geschichte der polit. Geheimbünde. (VIII, 167 S.) Lex. 8. Wien 910. (St. Norbertus.) 5. —

Walther, Hugo: Über das Methylendithiopyrin und einige Derivate des Methylendiantipyrins. Rostock 1903: H. Winterberg. (34 S.) 8°
Rostock, Phil. Diss. v. [3. Okt.] 1903.

Walther, Hugo, der Unterhaltungsgast, s. a. Unterhaltungsgast.

Walther, Hugo, der Unterhaltungsgast. Ein Buch zur Unterhaltung und Erheiterung am häusl. Heerde. 8. (860 S.) Berlin 856, Bieler und Comp. *

Walther, J. A., Elemente d. Tonsetzkunst als Wissenschaft. gr. 8. Hof 826. (Grau). 16 ℛ

Walther, J. A., der Septenaccord in seinen wesentlichsten Beziehungen und seiner dreifachen Form; sein Abweichendes bei den Molltönen in ihrer Genesis mit den Durtönen, wie sie sich zu einer Gesammttonleiter im Durchgang des Diatonischen zum Chromatischen und dieses zum Enharmonischen zusammenschließen. Bayreuth 855. Grau in Comm. gr. 8. (IV, 161 S.) n. 25 ngr.

Walther, J. L. S., Belehrungen über die der Einsetzung unseres Herrn angemessene Feier seines Gedächtnißmahles. 8. Magdeb. 818. (Heinrichshofen). 3 ℛ

Walther, J. L. S., Belehrungen über die, der Einsetzung unseres Herrn angemessene Feyer seines Gedächtnißmales. 8. Magdeburg, Heinrichshofen. 819.

Walther, J. P., Bild-Werke aus dem Mittelalter, s. Bild-Werke.

Walther, J. P., Miszellen. 8. Manh. 819. Schwan u. G. 1 ℛ 8 ℛ

(Walther, Jacob.) Lebensführungen eines Graubündner Schullehrers. [Selbstbiographie.] Mit einem Vorworte von Georg Leonhardi.... 8. Bern 1868.

WALTHER, JAC., Diss. solemnis de pneumatosi. Kilonii. 1748. 4. P. (Med Univ.program). [Praes. Gottl. Henr. Kannegiesser].

Walther, Jakob Benjamin

Walther, Jac. Benj., katechetischer Himmelsweg. 12. Dresden. 747.

Walther, Jakob Chr.

— vermischte Gedichte. 8. Jena 768.

Walther, Jac. Chr., erste Gründe d. Arithmetik, z. Gebr. d. Schulen. 8. Frkft. Raspe. 765.

Walther, Jak. Chr., erste Gründe d. Arithmetik, zum Gebrauch d. Schulen. 8. Frankf. a. M. 766. Raspe. 3 ℛ

WALTHER, Jak. Gottlob, Beyträge die Streitigkeiten von der Ehe mit der verstorbenen Frau ihrer Schwester nach der H. Schrift beyzulegen. 3 Stücke. Leipzig, Sommer, 1774—75. 8°.
Bibl. Günther. III. no. 6678; citirt auch Carl Wallstein.
Vgl. W a l t e r , Johann Gottlob.

Walther, Ilse: Die Siedelungen des Dreisam- und Elzgebietes im Schwarzwalde. Freiburg i. B. 1909: Wagner. VI, 127 S. 8°
Freiburg i. B., Phil. Diss. v. 1909; Ref. Neumann.

Walther, Joachim Ernst (Nürnberg) A. S. 71/11

Disputatio inauguralis juridica de negotiis scripturam requirentibus. Präs. Johann Bernhard Friese. Jena (Werther) (27.) VII. 1709. 32 S.

Gew.: Stadt Nürnberg. 35763

Walther, Johann

Walther, Johannes: Die Adamsbrücke und die Korallenriffe der Palkstrasse. Sedimentstudien im tropischen Litoralgebiet. Mit einer Karte. Gotha 1891. (II), 40 S. = Ergänzungsheft zu Petermann's Geographischen Mittheilungen. No. 102. 8°

Walther, Johs., die Adamsbrücke u. die Korallenriffe der Palkstrasse, s. a. Petermann's, A., Mitteilungen aus Justus Perthes' geographischer Anstalt.

Walther, Johs., üb. d. Auslese in d. Erdgeschichte. 1. öffentl. Rede, geh. am 30. Juni 1894, entsprech. d. Bestimmgn. d. Paul v. Ritter'schen Stiftg. f. phylogenet. Zoologie. gr. 8. (36 S.) Jena 895. G. Fischer. n. — 80

——— Ueber den Bau der Flexuren an den Grenzen der Kontinente. (Sonder-Abdruck aus der Jenaischen Zeitschrift für Naturwissensch. XX. Band, Neue Folge XIII). Ohne Druckjahr. 8.

Walther, Johs., s.: Beiträge zur Frage des naturwissenschaftlichen Unterrichtes an den höheren Schulen.

— — Die Denudation in der Wüste u. ihre geologische Bedeutung. Untersuchungen üb. die Bildg. der Sedimente in den ägypt. Wüsten. Lex.-8. (226 S. m. 8 Taf. u. 99 Zinkätzgn.) Lpz. 891, Hirzel. * 8 —
Aus: Abhandlgn. d. k. sächs. Gesellsch. d. Wiss., besonders abgedruckt.
Vgl.: Oppenheim, Paul. Die Geologie der Insel Capri.

— Einleitung in die Geologie als historische Wissenschaft. 3 Thle. gr. 8. Jena, G. Fischer. n. 27. 50
1. Binomie d. Meeres. Beobachtungen üb. die marinen Lebensbezirke u. Existenzbedingn. (XXX, 196 S.) 893. n. 6. —
2. Die Lebensweise der Meeresthiere. Beobachtungen üb. das Leben der geologisch wichtigen Thiere. (S. 197—531.) 893. n. 8. 50
3. Lithogenesis der Gegenwart. Beobachtungen üb. die Bildg. der Gesteine an der heut. Erdoberfläche. (VIII u. S. 533—1055 m. 8 Abbildgn.) 894. n. 13.

Walther (Johannes). Die Entstehung von Kantengeröllen in der Galalawüste. (Abdr. a. d. Berichten d. math.-phys. Klasse d. Kgl. Sächs. Ges. d. Wissensch. 1887.) 8.

—— Ueber Ergebnisse einer Forschungsreise auf der Sinaihalbinsel und in der arabischen Wüste. Sonder-Abdr. a. d. Verhdlg. d. Ges. f. Erdkunde zu Berlin. 1888, No. 6.) 8.

Walther, Johs., ein Fall v. Gravidität bei Uterus-carcinom. Diss. gr. 8. (58 S. m. 2 eingedr. Kurven u. 4 S. Tabellen.) Tübingen 897. F. Pietzcker. n.n. 1. 20

— die Fauna der Solnhofener Plattenkalke, s.: Denkschriften der medizinisch-naturwissenschaftlichen Gesellschaft zu Jena.

Walther, Johs., Freundesdank. Ein Strauß schlichter Lieder. 8. (XII, 139 S.) Gotha 898. F. A. Perthes. n. 1. 50; geb. n. 2. 50

Johann **Walther** ⟨1496–1570⟩. Wittembergisch Geistlich Gesangbuch von 1524 zu 3, 4 u. 5 Stimmen. Neue Partitur-Ausg. nebst Klavierausz. von Otto Kade. Berlin: T. Trautwein 1878. (22, 106 S.) 2° [i͡S.]
= **Publikation** älterer prakt. u. theor. Musikwerke. Jg. 6. (Bd 7.) [07. 16873

Geschichte der Erde und des Lebens von Johannes **Walther**, Prof., Halle. Mit 353 Abb. Leipzig: Veit & Co. 1908. (IV, 570 S.) 4°(8°) [08. 4806

Walther, Johs., das Gesetz der Wüstenbildung in Gegenwart u. Vorzeit. Hrsg. m. Unterstützung der königl. Akademie der Wissenschaften zu Berlin. Lex.-8. (XIV, 175 S. m. 50 Abb. im Text u. auf Taf.) Berlin 900. D. Reimer. Geb. in Leinw. n. 12. —

— Haus-Postille, s.: Luther, Mart.

— geologische Heimatskunde von Thüringen. Mit 43 Fig. u. 16 Profilen im Texte. 8. (VIII, 176 S.) Jena 902. G. Fischer. n. 2. 40

Geologische Heimatskunde von Thüringen von Johannes **Walther**. Prof., Jena. 2. verm. Aufl. Mit 120 Leitfossilien in 142 Fig. u. 16 Profilen. *Jena: G. Fischer 1903.* (X, 245 S.) 8° [03. 1810

— geologische Heimatskunde v. Thüringen. 3. ergänzte Aufl. Mit 120 Leitfossilien in 142 Fig., XVI Profilen im Texte u. e. geolog. Uebersichtskarte. (X, 253 S.) 8. Jena 906. G. Fischer. n. 3. 50; geb. n. 4. —

Israels Heimkehr. Ein Wunder Gottes in unseren Tagen. Von Johannes **Walther**. Königsberg i. Pr.: Gedrat [übergeklebt: Klucke] 1910. 28 S. 8° [10. 4232

— Das Jahr 1912 u. seine Bedeutung f. die Gläubigen. (15 S.) 8. Königsberg (910). P. Klucke. n — 15

— Die letzten vier Jahrhunderte im Lichte der Bibel. (In 4—5 Lfgn.) 1. Lfg. (S. 1—80.) 8. Ebd. 911. 1. —

Walther, Joh., die Korallenriffe der Sinaihalbinsel. Geolog. und biolog. Beobachtungen. Lex.-8. (70 S. mit 1 geolog. Karte, 7 lithogr. Taf., 1 Lichtdr.-Taf. und 34 Zinkotypien.) Leipzig 888, Hirzel. *
Aus: Abhandlungen der königl. sächs. Gesellschaft der Wissenschaften, besonders abgedruckt.

— Lehrbuch der Geologie v. Deutschland. Eine Einführg. in die erklär. Landschaftskunde f. Lehrende u. Lernende. Mit 93 Landschaftsbildern, 88 Profilen, 10 kleineren Karten im Text u. 1 farb. geolog. Strukturkarte. (XV, 358 S.) gr. 8. Leipzig 910. Quelle & Meyer. 6.80; geb. in Leinw. 7. 60

— allgemeine Meereskunde. 8. (XVI, 296 S. m. 72 Abbildgn. u. 1 Karte.) Leipzig 893. J. J. Weber. Geb. in Leinw. n. 5. —

Walther, Johannes: Allgemeine Meereskunde. Mit 72 in den Text gedruckten Abbildungen und einer Karte. (Webers Naturwissenschaftliche Bibliothek. No. 6.) Leipzig 1893. XVI, 296 S. 8°.

— Der Menschensohn. (VII, 117 S.) 8. Wismar 907. H. Bartholdi. 1.80; geb. 2. 50

Walther, Johannes: Die S e d i m e n t e der Taubenbank im Golfe von Neapel. Mit 1 Sedimentkt. u. 1 ozeanolog. Übersichtskt. Berlin: Akad. d. Wiss.; G. Reimer in Komm. 1910. 49 S. 4°
Aus: Abhandlungen d. Kgl. Preuss. Akad. d. Wiss. v. Jahre 1910. Anh.

——— (Johannes), Vulkanische Strandmarken. (Sep.-Abdr. a. d. Jahrb. d. k. k. geol. Reichsanst., 1886, 36. Band, 2. u. 3. Heft.) Wien 1886. 8.

— u. A. W. Hunzinger, historische Theologie, s.: Theologie, die, der Gegenwart. I, 3.

Walther, Johannes: U n t e r s u c h u n g e n über den Bau der Crinoiden mit besonderer Berücksichtigung der Formen aus dem Solenhofener Schiefer und dem Kehlheimer Diceraskalk . . . (Ausschnitt.) Stuttgart, E. Schweizerbart'sche Verlagsh. E. Koch), 1886; 48 S. 4°
Jena, Phil. Fak., Hab.-Schr. v. 1886.

—— Untersuchungen über den Bau der Crinoiden mit besond. Berücksicht. der Formen aus dem Solenhofener Schiefer und dem Kelheimer Diceraskalk. gr. 4. (46 S. mit 4 Taf. und 4 Bl. Erklärungen.) Stuttgart 886, Schweizerbart'sche Verlagsh. *
Aus: Palaeontographica, besonders abgedruckt.

— Vorschule der Geologie. Eine gemeinverständl. Einführg. u. Anleitg. zu Beobachtgn. in der Heimat. 2. ergänzte u. verb. Aufl. Mit 105 Orig.-Zeichngn., 132 Uebungsaufgaben u. 8 Uebersichtskarton. (VIII, 230 S.) 8. Ebd. 906. 2. —; geb. n. 2. 60
1. Aufl. (VIII, 144 S.) 905 n. 2.50; geb. n. 3.—.

Walther, Johannes. Vorschule der Geologie. Eine gemeinverständliche Einführung und Anleitung zu Beobachtungen in der Heimat. 3. vermehrte Aufl. Mit 105 Originalzeichnungen, 132 Übungsaufgaben, 7 Übersichtskarten [im Text] nebst Literaturverzeichnis für Exkursionen und einem Wörterbuch der Fachausdrücke. X+290 S. 8. Jena, Gustav Fischer, 1908. [M. 2. 50, geb. 3. 20]

— Vorschule der Geologie. Eine gemeinverständl. Einführg. u. Anleitg. zu Beobachtgn. in der Heimat. 4. Aufl. Mit 105 Orig.-Zeichngn., 132 Übungsaufgaben, 8 Übersichtskarten nebst Literaturverzeichnis f. Exkursionen u. e. Wörterbuch der Fachausdrücke. (X, 293 S.) 8. Jena 910. G. Fischer. 2.50; geb. 3. 20
3. Aufl. (X, 290 S.) 908. 2.50; geb. 3.20

Walther, Johs., Weissagung u. Erfüllung im Leben Jesu Christi, s.: Walther, Wilh.

Walther, Johannes: Gottes Weltregierung für Gläubige und Ungläubige aus Gottes Wort erklärt. T. 1, (Lfg 1). Königsberg i. Pr.: Klucke 1910. 8°

— Gottes Weltregierung. Für Gläubige u. Ungläubige aus Gottes Wort erklärt. 1. Tl. Daniel, Jesus u. Paulus. 2. Tl. Die Offenbarg. Johannis. (265 u. 260 S.) gr. 8. Ebd. 7.50; auch in 11 Lfgn. à —50; Einzelpr. à —60

Walther, Johs., wie Gott Wort hält. Ouverturen zur Weltgeschichte. (VIII, 228 S.) 8. Königsberg 911. P. Klucke. Geb. in Leinw. 3. —

— Wie u. wann kommt das Reich Gottes? Ein Gang durch die Bibel. (43 S.) 8. Königsberg 910. P. Klucke. — 50

Walther, Johann Adam

Walther, Jh. Adm., allgem. u. auf wissenschaftl. Gründen beruhende Ansicht über d. Entstehung u. Behandl. d. Verbrennung. 8. Nürnb. 809. Stein. 3 gl

— Beiträge zur krit. Medicin. 8. Nürnb. 809. Bauer u. Raspe. 12 gl

Walther, (Johann Adam): Die Chirurgie in ihrer Trennung von der Medicin. 113 S., gbd.

Nürnberg: Stein 1806

Walther, Jh. Adm., Darlegung d. Bedeutung d. Augenlieder, des Innern d. Function des Gehörorgans u. d. Stufenfolge in d. Bildung d. Pflanzen rc. Ein Beitrag zur allgem. Physiologie. 8. Leipz. 813. Köhler. 18 gl

(J. Ad. Walther's) krit. Darstell. d. *Gall.* anat.-physiol. Untersuchh. d. Gehirn- u. Schädelbaues. *Zür.*, Ziegler. 802. 8° 20 gl

— s. Darstell, krit., d. Gall'schen Untersuchung rc.

— neue Darstellungen aus d. Gall'schen Gehirn- u. Schädellehre. Mit e. Abhandl. über den Wahnsinn, d. Pädagogik u. d. Physiologie des Gehirns 8. Münch. 804. Fleischmann. 18 gl

Eb. neue Darstellungen d. *Gall.* Gehirn- u. Schädellehre; als Erläut. z. d. vorgedr. Vertheidigungschr.; eingegeben b. d. Niederöstr. Regierung; m. e. Abhandl, üb. d. Wahnsinn, d. Pädagogik u. d. Physiol. d. Gehirns nach d. *Gall.* Theorie. *Münch.*, Scheerer's B. 804. 8° 18 gl

Vgl. Walther, Phil. Frz. v.

— über den Egoismus in d. Natur; nebst e. Anhang über d. Wirkung des Sauerstoffs auf d. thier. Organismus. 8. Nürnb. 807. Stein. 16 gl

— über Geburt, Daseyn u. Tod. gr. 8. Nürnb. 808. Stein. 3 gl

— Grundzüge d. Nosologie u. Pathologie. gr. 8. Erfurt 811. Hennings in Neisse. 16 gl

— Ideen zur Construktion u. Reconstruktion d. psychischen Deflexe. 8. Amberg 808. 2e A. 811. Uhlmann. 8 gl

— d. Medizinalpolizei, s. Ph. Zeller, Lehrbuch. 5r Thl.

— über d. Natur u. Nothwendigkeit d. Sechszahl d. Sinne. 8. Amberg 809. 2e A. 813. Uhlmann. 8 gl

— Diss. inaug. medica de humanae linguae natura. 8. Bayr. 808.

Johann Adam Walther's Versuche in der Physiologie und Nosologie oder notwendige Berichtigung unserer Ansicht über einige der wichtigsten physiologischen und nosologischen Gegenstände, nebst e. Anh., die Darstellung des Wesens der Catalepsie und ihre Zurückbildung als Differenz in die indifferente Form des Lebens betr. (Die Frage, was ist Catalepsie, und wie kann sie als differente Form des Lebens wieder in die Indifferenz desselben zurückgebildet werden?) Leipzig: Köhler 1810. XIV, 206 S. 8°

Walther, J. A., über das Wesen der phthisischen Constitution und der Phthisis in ihren verschiedenen Modifikationen, nebst der aus diesem fließenden Curmethode. 1r Thl. 1ste u. 2te Abthl. gr. 8. Bamberg, Kunz. 819 u. 820. (I. 1. 2 Thlr. I. 2. 1 Thlr. 16.)

Walther, (J. A.,) üb. das Wesen der phthisischen Constitution u. d. Phthisis in ihren verschied. Modificationen, nebst d. aus diesem fließenden Curmethode. 2n Bds 1e u. 2e Abthlg. gr. 8. (Leipz. 822, Brockhaus.) 3 Rthl. 8 gr. Beide Bände in 4 Abthlgen.

Walther, Ioh(annes) Aug(ustus) Eduardus: De summa cranii perforationis utilitate experimentis collectis comprobata. Halis (1836): Ploetz. 21 S. 8° (4°)
Halle-Wittenberg, Med. Diss. v. 21. März 1836
Geb. Elbing 29. 9. 1809. V.

Walther, Ioh. Chr., tract. de jure metatorum, vel hospitalitas militum, vom Einquartierungsrecht. 4. Frkft. u. Lpz. 734.

Walther, Johann David (Rothenburg o. d. T.)
A.S. 211/18

Dissertatio juridica de dote sine matrimonio.
Präs. Bernhard Ludwig Mollenbek.
Giessen (Vulpius) XI. 1710. 64 S.

W. v.: Präs., Johann Benjamin Weissenbroug (Opp.).
35771

Walther, Joh. Ferd. Felix, Referendar a. Leipzig: Das Testamentsvollstreckerzeugnis. Borna-Leipzig 1906: R. Noske. (VIII, 49 S.) 8°
Leipzig, Jur. Fak., Diss. v. 1. Nov. 1906
[Geb. 15. Juli 79 Leipzig; Wohnort: Leipzig; Staatsangeh.: Sachsen; Vorbildung: Nikolai-Gymn. Leipzig Reife O. 01; Studium: Leipzig 8 S.; Rig. 21. Jan. 05.]

Walther, Johann Fr.

Walther, J. F., Rechenbuch f. Schulen. 8. Anclam. (Lange in Berlin.) 795.

Walther, Jh. Fr., Rechenbuch für Schulen. 8. Anclam 795. 16 gr. 2r Thl. unt. d. Tit.: prakt. Rechenbuch für Stadt- u. Landschulen. besonders in den königl. preuß. u. angrenzenden Staaten. Durchgesehen u. vermehrt von J. R. Hartmann. 8. Stralf. 817. Löffler. 12 gr.

Walther, Joh. Fr., prakt. Rechenbuch f. Stadt- u. Land-Schulen, besond. in d. K. Preuß. u. angränz. Staaten. Neue, gänzl. umgearb. Ausg. v. Joh. Chrst. Jähn. Mit e. Vorw. v. Ernst Nizze. 8. (24¼ B.) Stralsund 834, Löffler.

Walther, Johann Friedrich (Soest) A. S. 1199/18

Dissertatio inauguralis medica de colocynthide.
Präs. Johann Heinrich Schulze.
Halle (Hilliger) IV. 1734. 34 S.

W. v.: Friedrich Hoffmann. 35772

Walther, Johann Georg

Walther, Ioh. Geo., animadversiones hist. et crit. multa veterum auctorum loca expl. 8. Leucopetrae, Richter. 748.

Walther, Johann Georg (Marklissa) A. S. 1355/15

Commentatio historico-ecclesiastica de ecclesiis suburbicariis. Präs. Christian Kortholt.
Leipzig (Breitkopf) 8. VII. 1730. 57 S.

Gew.: Bernhard Walther Marperger.
35774

Walther, Johann Georg A. S. 566/42

De primis naturae iuris naturalis fontibus commentatio.
Wittenberg (Eichsfeld) 29. X. 1750. 36 S.
35776

Walther, Johann Georg [Praes.], s. P o e l l n i t z, Gottlob Heinrich von: Observationes de praescriptione inter liberas gentes ad Hug. Grotii I. B. et P. L. II. C. IIII. § I–IX.

Walther, Johann Georg: P r o l u s i o historica qua Herodoti et Ctesiae sententias de magnitudine atque antiquitate imperii Assyriaci et Medici coniungit. [Antrittsprogramm.] [Lipsiae 1744.]

Walther, Johann Georg [Praes.], s. R e p h u n, Jo. Georg Sigismund von: De autonomia ecclesiae occasione pacis religiosae qua ecclesia nostra autonomiam est adepta.

Walther, Johann Gottfried (M. Brandenburg)
A. S. 1337/44

Dissertatio solemnis exhibens problema: an lacrymae sint signum tristitiae. Präs. Johann Friedemann Schneider.
(Halle) (Zeitler) IX. 1717. 10 S. 35777

Walther, Joh. Gfr., eröffnete eleatische Gräber, od. gründl. Untersuch. d. Leibnitz. u. Wolf'schen Gründe d. Weltweish. 4. Magdeb. Scheidhauer. 737.

Walther, J. G., musikalisches Lexicon, samt d. Leben berühmt. Tonkünstler, m. K. gr. 8. Dresden. Walther. 732.

Walther, Jh. Glo., s. Walter.

Walther, Johann Heinrich

Walther, Jh. Hnr., († nach 1809.) Abhandl. von d. nützl. Art, d. class. Schriften d. Alten mit d. Jugend zu erklären. 4. Neubrandenb. 776. 2e Aufl. 8. Berl. 778.

— auserles. theolog. Abhandlungen. 1r Bd. 8. Leipz. 774.

— commentatio de immortalitate animarum a Sadducaeis neguta. 4. Neubrandenb. 776.

Walther, J. H., de rationibus, ob quas vett. relig. christ. doctores ludos scenicos pompas Satanae vocaverint. Neobrandeb. 1781. 4.

— commentatio de rationibus veris. 4. Neubrandenb. 781.

— Uebersetzung d. Weissagungen Jesaias a. d. Grundtexte m. Zachariä's Vorrede. 8. Halle, Gebauer. 774.

Walther, Johann Heinrich, s.a. J e s a i a s

Walther, J. H., Vorübungen z. angenehm. u. lehrreich. Erlern. d. latein. Sprache. 8. Berlin, Himburg. 792.

Walther, J. H., Vorübungen zur Erlernung der latein. Sprache. 8. Berlin. 796. Ist jetzt Verlag v. Reimer.

Walther, Johann Karl Wilhelm (Übers. u. Bearb.):

s.: Cazenave, (Pierre Louis) A(lphée): Die Syphiliden oder venerischen Krankheiten der Haut... (Traité des syphilides ou maladies vénériennes de la peau... Dt.) (Nebst) Atlas. Leipzig: 1844

— s. J. Coster, Handbuch d. chirurg. Operationen.

Walther, (Johann Karl) W(ilhelm) (Hrsg.):

s.: Handwörterbuch der gesammten Chirurgie und Augenheilkunde, hrsg. von (J. K.) W. Walther, M(ichael) Jaeger und J(ustus) Radius. Bd 1 – 6. Leipzig: 1836 – 1840

Walther, J. C. W., Heilformeln für Aerzte und Wundaerzte gewählt und zusammengestellt. 16. (VIII und 351 S.) Leipzig 857, C. F. Winter'sche Verlagsh. * 1 Thlr.; cart. *

Walther, J. C. W., Heilformeln für Aerzte und Wundärzte. Nach der Pharmacopoea Germaniae und Grammengewicht neu bearb. von Otto Just jun. 16. (VIII, 254 S.) Leipzig 868, C. F. Winter'sche Verlagsh. *

***Walther*, Jh. Karl Wlh., commentatio de hernia crurali; accedunt tab. III aen. 4maj. Leipz. 819. Reclam. 2 ß**

Commentatio anatomico- chirurgica de Hernia crurali. Auctore Ioanne Carolo Guilielmo Walther. Lipsiae: Reclam 1820. X, 36 S, 4

[Erschien zuerst als Med. Diss. Leipzig.]

Jo. Car. Guil. Walther de ligatura carotidis communis, commentatio chirurgica. Lips. 1831. 4.

Walther, J. Karl Wilh., ausführliches Recept-Taschenbuch in alphabetischer Ordnung für practische Aerzte u. Wundärzte. Mit einleitenden Bemerkungen über die Art u. Weise Recepte zu verordnen. 2 Bde. 16. (1394 S.) Leipzig 847, Gebhardt & Reisland. (à 1¼ ß) 2½ ß

Walther, W., s.
H. Scoutteten, über Heilung d. Klumpfüße.

Walther, Johann Konrad (Erligheim) A. S. 566/8

Dissertatio inauguralis juridica de conjungendo cum studio juris s. theologiae studio.
Präs. Gottfried Daniel Hoffmann.
Tübingen (Bauhof) 21. III. 1763. 32 S.

W. v.: Präs. 35778

Walther, Johann Ludolf

Walther, **Jh. Ludolph, († d. 21. März 1752.) Lexicon diplomaticum. Cum praef. Jh. Dav. Koeler. Cum CX tabb. aen. Fol. Götting. 745. Pars altera. Cum CXV tabb. aen. ibid. 746. Pars III. Cum XXVIII tabb. aen. Cum praef. J. H. Jung I. Fol. Götting. 745—47. auch Ulm 756. 20 ß**

Walther, Johann Ludolf: L e x i c o n diplomaticum, abbreviationes syllabarum et vocum in diplomatibus et codicibus a seculo VIII. ad XVI. usque occurrentes exponens. Cum praefatione Joannis Henrici Jungii. – Gottingae: Schmid 1752. 225 S. 2°

Walther, Jo. Ludolf: Lexicon iuridicum indices utriusque iuris corporis tam civilis quam canonici exhibens locupletissimos. Praef. de necessitate et utilitate indicum iuris variisque eorundem generibus ac pretio diverso praemisit Ge. Henr. A y r e r. Gottingae 1744.

—Lexicon juridicum, utriusque juris corporis tam civilis quam canonici indices exhibens locupletissimos. Praef. Geo. Hnr. Ayrer etc. 8. Frankf. 744. auch 754. Schmidt. 18 K

Walther, Johann Ludolph, Königlich Gross-Britannischer und Churfürstl. Braunschweig-Lüneburgischer Archiv-Secretario. Universal-Register über die Sechs Theile der Westphälischen Friedens-Handlungen und Geschichte, imgleichen über die Zween Theile der Nürnbergischen Friedens-Executions-Handlungen und Geschichte, Gefertiget und zusammengetragen von..... (1 Bd.) Fol. Göttingen **1740**.

Walther, Johann Ludwig Gottfried (vgl. W a l t h e r, Ludwig Joh. Gottfr.)

Walther, J. L. G., der Bilderhändler aus Savoyen, oder „Bet' u. arbeit', so segnet dich Gott alle Zeit." Eine Erzählung für die reifere Jugend. 2. verb. Aufl. Mit 6 illum. Kupf. 8. Augsburg 844, v. Jenisch u. Stage. geb. 1 ß

Walther, J. L. G., Erzählungen u. Fabeln, s. Jugend-Bibliothek, neueste, hrsg. v. F. G. Funke, 3. Bdchn.

Walther, (Pfarrer) J. L. G., Erzählungen u. Fabeln für d. Jugend. 8. Augsb. 831. v. Jenisch u. St. 16 K

—Erzählungen u. Mährchen für d. Jugend. 2 Bdchen. 8. Ulm 827, 28. Stettin. 1 ß 14 K

—— Erzählungen u. Mährchen f. d. Jugend. 2. Bdchn. 8. (15 B.) Ulm 830, Stettin.
1. Bdchn. Ebendas. 1827. 18 Gr.

— Erzählungen und Mährchen für die Jugend. 2 Bdchn. 2. Aufl. 8. (Mit 2 illum. Kupf.) Mannheim 843, Bassermann. geb. à 3/4 ß — 3. Bdchn. Mit 1 Kupf. 8. Ebend. 843. geb. 3/4 ß

Walther, J(oh.) L(udw.) G(ottfr.), Erzählungen u. Mährchen für die Jugend. 3 Bdchn. Neue (Titel-) Ausg. 8. (XIV u. 670 S. m. 3 color. Kpfrn.) Mannheim (843. 44) 848, Bassermann. (à 1/2 ß) 1 1/2 ß

— Erzählungen für das Volk u. seine Kinder. gr. 8. Reutlingen 846, Heerbrandt u. Thämel. 9 ngl

Walther, J(oh.) L(udw.) G(ottfr.), sechzig Fabeln für Jung u. Alt. 2. verm. Aufl. 8. (VIII u. 88 S.) Ulm 851, Stettin. 1/4 ß

— der Geschichtenmann, ein Volkskalender für die Gegenwart u. Zukunft. Jahrg. 1849. gr. 4. (43 S.) Kempten, Dannheimer. 6 ngl

— der redliche Hausfreund. Erzählungen für das Volk u. seine Kinder. 1. Hft. (Neue Titel-Ausg.) — 2. Hft. — 3. Hft. A. u. d. T.: Volkserheiterungen. gr. 8. (1: ... S. 2: IV u. 286 S. 3: IV u. 276 S.) Ebd. 848. 51. (à 12 nal) 1 ß 6 nal

— Hazzi u. Hazza, oder: Der Ritt in's Mährchenland. Für die reifere Jugend erzählt. Mit 1 Stahlst. 8. Augsburg 842, v. Jenisch u. Stage'sche Buchh. 5/12 ß

—— Lebensgeschichte e. italien. Bilderhändlers. Ein Leseb. zur Belehr. u. Unterhalt. f. d. reif. Jugend. 2. Aufl. 8. (16 1/2 B. u. 6 Kpfr.) Augsburg 832, v. Jenisch u. Stage'sche Buchh. 1 Thlr., ill.
Vgl. Jugend-Bibliothek, neueste, hrsg. v. F. G. Funke, 5. Bdchn.

— der Schreiner Nikolaus. Eine Erzählung für das Volk. gr. 8. (29 S.) Ebd. 848. 2 ngl

— Spiegelbilder aus dem Leben der Thiere unserer Heimat für die reifere Jugend. 1 u. 2. Hft. gr. 8. (182 S.) Ebd. 848. 1/3 ß

— die Ständeversammlung im Wirthshause. Ein Volksbüchlein. gr. 8. (IV u. 76 S.) Ebd. 848. 1/6 ß

—— charakteristische Thierschilderungen f. die reifere Jugend. gr. 8. (5 1/2 B.) Ulm 846, Heerbrandt u. Thämel.

Walther, Johannes, s. W a l t h e r, Johann

Walther, Jos. v., Sammlung von civilrechtl. Entscheidungen, s. a. Glaser, Jul.

Walther, Jos. v., s. a. Sammlung v. civilrechtlichen Entscheidungen d. k. k. obersten Gerichtshofes.

Welche Bank wählen wir für unsere Schule? Von Joseph **Walther**-Köln. Bielefeld: A. Helmich [1906]. (12 S.) 8° [Umschlagt. J.]
= **Abhandlungen**, Pädagogische. N. F. Bd 12, H. 1. [07. 2733

Walther, Israel, († 1781.) der Glaube d. Christen, gegen den zu Berlin 1754 herausgeg. Beweis eines Materialisten von d. Wahrheit d. christl. Religion. 8. Frankf. a. M. 763.

Walther, Israel, s. R e b e n s t i c h e r n. – Von den Rebenstichern.

Walther, Jul.: G e d ä c h t n i s p r e d i g t auf Pfister, s. A b e l, Herm.

Walther, Just. Samuel, Ritter

— kurze Nachricht von den Badeanstalten um u. bei d. Stadt Reval u. Hapsal. 8. Reval 816.

Walther, **Ritter Just. Sam., Diss. inaug. med. de balneorum calidorum usu in regionibus septentrionalibus. 4. Leyd. 772.**

Walther, K., Bismarck in d. Karikatur. 230 französ., engl., russ., italien., amerikan., Wiener, deutsche, schweizer etc. Karikaturen. Gesammelt u. m. erläut. Text vers. schmal gr. 8. (III, 24, 24, 24, 54 u. 52 S.) Stuttgart 898. Franckh. Geb. in Leinw. n. 4. —

Hieraus einzeln:

Deutsche u. schweizer Karikatur. (52 S.)	n. 1. —
Englische Karikatur. 1. u. 2. Aufl. (à 24 S.)	n. — 50
Französische Karikatur. 1.—4. Aufl. (à 24 S.)	n. — 50
Russische, italien., amerikan. etc. Karikatur. 1. u. 2. Aufl. (à 24 S.)	n. — 50
Wiener Karikatur. 1. u. 2. Aufl. (à 54 S.)	n. 1. —

[Umschlagt.:] [F.] Bismarck in der deutschen Karikatur. (Von K. Walther.) *Stuttgart: Franckh [1898].* (52 S.) 1 Bd 8.
(Ausland.) 98. 12296

Walther, K., Bismarck in der deutschen u. schweizer Karikatur. 2. Aufl. schmal gr. 8. (52 S. m. Abb.) Stuttgart 898. Franckh. n. 1. —; erm. Pr. — 30

— Bismarck in der englischen Karikatur. 3. Aufl. schmal gr. 8. (24 S. m. Illustr.) Ebd. 899. n. — 50; erm. Pr. — 20

— Bismarck in der russischen, italienischen, amerikan. etc. Karikatur. 3. Aufl. schmal gr. 8. (24 S. m. Illustr.) Ebd. 899. n. — 50; erm. Pr. — 20

[Lied.] Zum neunten Febr. 1845. [Unterz.: K. F.] W[alther]. [Dresden 1845: Heinrich.] 2 Bl. 8⁰ [Umschlagtit.]
Th. Winkler zu Ehren. Ohne Noten: „Wie heisst der Bruder, hochverehrt . . .“ 3. 65.

Walther, K. F., allerlei Ratschläge f. d. Lehr- u. Schulamt. E. Wegweiser f. junge Lehrer. 12. (VIII, 138 S.) Hannover 898. C. Meyer. n. 1. —; geb. n. 1. 35

Walther, K. F., allerlei Ratschläge f. das Lehr- u. Schulamt, 2. Ausg., s.: Fischer, Konr.

Walther, Karl

Walther, Carolus ⟨geb. am 19 Aug. 1810 in Grieben a. d. Elbe, Altmark⟩: De amputatione rarius adhibenda … Bonnae, typ. C. & F. Krüger 1841. 2 Bl., 32 S., 2 Bl., 1 Taf. 8.
Bonn, Med. Fak., Diss.

Walther, Carl, Beiträge z. rechten Würdigung d. Aesthetischen in d. Religion u. bei d. Amtsführung e. evangel. Geistlichen, nebst einleit. Ideen. 8. (6 B.) Göttingen 839, Vandenhoeck u. Ruprecht.

Walther, Karl, Blüthen der Andacht. Religiöse Lieder und Gesänge. 12. Göttingen 844, Dieterich'sche B. n. $^2/_3$ Thlr

Walther, Karl: Ueber chronische und akute E p e n d y m - e n t z ü n d u n g e n der Grosshirnventrikel . . . Wiesbaden: Druck v. R. Bechthold & C., 1897; 62 S. 1 Bl. 8⁰
Freiburg i. B., Med. Fak., Inaug.-Diss. v. 1897.

WALTHER, Carl (Bayreuth): Ueber Erkennung des Arsens bei Arsen-Vergiftungen.- Bayreuth: Burger 1852. 56 S.
4.4.1843 - Urk (Titel: De diagnosi arsenici in intoxicationibus.); F 66
Diss. Ingolst.-Landsh.-Mchn.

Walther, Karl, Gerichtsreferendar: Grundlegende Erörterungen zur rechtlichen Stellung der republikanischen Staatsoberhäupter. Breslau: M. & H. Marcus 1907. (39 S.) 8⁰
¶ (Soll vollst. ersch. in: Abhandlungen aus d. Staats- u. Verwaltungsrecht.)
Breslau, Jur. Fak., Ref. Brie-Dahn, Diss. v. 30. März 1907
[Geb. 29. Nov. 81 Bielefeld; Wohnort: Münster (Westf.); Staatsangeh.: Preußen; Vorbildung: Gymn. Bielefeld Reife O. 00; Studium: Lausanne 1, Genf 1, Berlin 2, Bonn 1, Münster 2 S.; Rig. 30. Mai 06.]

Walther, *Carl* (Kgl. Regierungsbaumstr.) Die neuen Gebäude des Königlichen Friedrichs-Kollegiums (1892). 4 (S. XI—XIII = XVII—XIX, 2 Taf.)
Festschrift zur Einweihung der neuen Gebäude des Kgl. Friedrichs-Kolleg. *Königsberg i. Pr.* 1892.
Nicht im Tauschverkehr.
Progr.

— Gedicht zum Fest-Mahle des Jubiläums der Buchdruckerkunst in Göttingen d. 24. Juni 1840. gr. 8. Göttingen 840. Vandenhöck u. Ruprecht. $^1/_{12}$ Thlr

Walther, (Carl,) Deutschlands neueste Geschichte in bildlicher Darstell. u. fortlauf. Erzählung ihrer wichtigsten Begebenheiten vom Jahr 1789 an. 1r Bd. 1s, 2s Heft. M. Kpf. gr. 4. Nürnb. 821 u. 22, Tyroff.

Walther, Karl, Deutschlands neueste Geschichte in bildl. Darstellung u. fortlauf. Erzählung ihrer wichtigsten Begebenheiten vom Jahre 1789 an. 1r Bd., 1s, 2s Heft, mit Kpf. gr. 4. Nürnb. 821 u. 23. Tyroff, 4 Thlr 22 Gr

Walther, Karl, der Gott zu Pytho. Eine Didaskalie. gr. 8. (V, 288 S.) Leipzig 871. F. Fleischer in Comm. n. 4. 50

Walther, Karl: Die landwirtschaftlichen M a s c h i n e n . Mit Abb. 1. 2. Leipzig: Göschen 1908. 10. 8⁰
(Sammlung Göschen. 407. 408.)

Walther, Karl, die landwirtschaftl. Maschinen, s. Sammlung Göschen.

Walther, Carolus, num quae imitationis Thucydidiae vestigia in Demosthenis orationibus inveniri possint. Additum est epimetrum de Eubulideae prooemio. Diss. Giessen 1886, J. Rickersche Buchh. 8⁰. 42 S.

Walther, C., zwei Predigten in der Stadtkirche zu Uelzen nach d. großen Brandunglücke daselbst gehalten. gr. 8. Läneb. 827. (Herold u. W.) 8 Gr

Das Staatshaupt in den Republiken von Dr. Carl **Walther**. Breslau: M. & H. Marcus 1907. (X, 284 S.) 8⁰
= **Abhandlungen** aus d. Staats- u. Verwaltungsrecht. H. 14. [07. 1384] 3

Walther, Carl: Die persönliche Stellung der Ehefrau nach französischem Rechte mit d. Abänderungen durch Reichs- u. bayer. Landesrecht, sowie unter spez. Berücks. d. bürgerl. Gesetzbuches. — Kaiserslautern 1897: Köhl. 66 S. 8⁰
Erlangen, Jur. Diss. v. 18. Dez. 1896. 1: Fi 689-1897

Walther, Carl, Stimmen aus d. Zeit an christl. Herzen. Eine Samml. v. Predigten, in d. Stadtkirche zu Uelzen gehalten. gr. 8. (23 B.) Lüneburg 835, Herold u. Wahlstab. Thlr. *

— dass. 2. Thl. — A. u. d. T.: Gott mit uns! gr. 8. (23½ B.) Göttingen 840, Vandenhoeck u. Ruprecht.

Walther, Karl, 12 Tafeln der verbreitetsten Fossilien aus dem Buntsandstein u. Muschelkalk der Umgebung v. Jena. (XVI, 46 S. m. 1 Fig.) 8. Jena 906. G. Fischer. Geb. in Leinw. n. 3. —

Walther, Karl: Über die moderne T e c h n i k der Immobilisierung ... Erlangen, Druck d. Univ.-Buchdr. v. Junge & Sohn, 1889; 24 S. 8°
Erlangen, Med. Fak., Inaug.-Diss. v. 20. Febr. 1889.

Walther, Karl: Das U n t e r d e v o n zwischen Marburg a. L. und Herborn (Nassau). Mit 1 topogr. Kärtchen, 3 paleontol. Taf. u. 1 Textfig. Marburg 1903: (C. Grüninger, Stuttgart.) (75 S.) 8°
(Aus: N. Jahrbuch f. Mineral. etc., Beil. Bd 17. Ohne die Taf.)
Marburg, Phil. Diss. v. [22. Apr.] 1903.

Walther, Carl (Professor der Mechanik) „Vorschlag eines neuen Wasserrad-Systemes bei welchem die aus dem Prinzip der gewöhnlichen Wasserräder nothwendig hervorgehenden Fehler vollständig vermieden werden". pg. 3--8 4°. Albr. Volkhart.
Augsburg, Progr. 1846/47

Walther, Karl [Hrsg.], s. W a l t h e r , Alfred: Die Weihnacht, ...

Technische Wärmelehre (Thermodynamik) von K[arl] Walther u. M. Röttinger. Mit 54 Fig. Leipzig: Göschen [illegible], 144 S. 8°
(Sammlung Göschen [illegible]) [illegible]

— u. M. Röttinger, technische Wärmelehre (Thermodynamik), s. a. Sammlung Göschen.

Walther, Karl Arnold, s. W a l t h e r , Arnold

Walther, Carl Felix, Referendar: Die Nebenleistungsaktiengesellschaft des Deutschen Handelsgesetzbuches. Leipzig 1908: Jachner & Fischer. VIII, 39 S. 8°
Leipzig, Jur. Diss. v. 21. Dez. 1908
[Geb. 11. Aug. 83 Großenhain; Wohnort: Leipzig; Staatsangeh.: Sachsen; Vorbildung: Fürstenschule S. Afra Meißen Reife O. 03; Studium: Leipzig 9 S.; Rig. 8. Juli 07.] [U 09. 2717

Walther, Karl Ferdinand Wilhelm

— — Sein Lebensbild, s. G ü n t h e r , Mart.

— u. F. **Wynecken**, Ansprache an die Glaubensgenoßen in Deutschland, siehe: W y n e c k e n , F.

Walther, Carl Ferd. Wilh., **Ansprachen und Gebete**, gesprochen in den Versammlungen der evangelisch-luther. Gesammtgemeinde und ihres Vorstandes. Hrsg. von derselben. gr. 8. (206 S.) St. Louis, Mo. 888. (Dresden, H. J. Naumann.) geb. *

Walther, C. F. W., die hohe Aufgabe, welche diejenigen haben, die da wissen und glauben, daß Christus auch für sie gestorben und auferstanden ist. Predigt am 26. Sonntag nach Trin. 1860 in der Dreieinigkeitskirche der deutschen evangelisch-luther. Gemeinde zu St. Louis, Mo., gehalten. 8. (16 S.) St. Louis, Mo. 860. (Philadelphia, Schäfer und Koradi.) *

Walther, C. F. W., die hohe A u f g a b e, welche diejenigen haben, die da wissen u. glauben, daß Christus auch für sie gestorben u. auferstanden ist. Predigt in der Dreieinigkeitskirche der deutschen evangelisch-luther. Gemeinde ungeänd. Augsb. Confession zu St. Louis, Mo., gehalten. Dresden 867. Naumann. gr. 8. (16 S.) n. 1 ngr

Walther, Carl Ferd. Wilh., die hohe A u f g a b e, welche diejenigen haben, die da wissen und glauben, daß Christus auch für sie gestorben und auferstanden ist. Predigt in der Dreieinigkeitskirche der deutschen evangelisch-luther. Gemeinde ungeänderter Augsb. Confession zu St. Louis, Mo., gehalten und auf Verlangen der Gemeinde dem Druck überlassen. 2. Aufl. gr. 8. (15 S.) Dresden 872, Naumann. *

Walther, Carl Ferd. Wilh., B e l e u c h t u n g des Stellhorn'schen Tractats über den Gnadenwahlslehrstreit. gr. 8. (77 S.) St. Louis, Mo. 881. (Dresden, H. J. Naumann.) n. 1. —

— B e r i c h t i g u n g der „Prüfung" Hrn. Prof. Stellhorn's. gr. 8. (157 S.) Ebend. 881. n. 2. 25

Walther, C. F. W., lutherische B r o s a m e n. Predigten und Reden, seit 1847 theils in Pamphletform, theils in Zeitschriften bereits erschienen, in einem Sammelband aufs Neue dargeboten. gr. 8. (VIII, 608 S.) St. Louis, Mo. 876. (Dresden, H. J. Naumann.)

— das walte Gott! Ein Handbuch zur tägl. Hausandacht, aus den Predigten des sel. W. zusammengestellt v. Aug. Crull. gr. 4. (V, 516 S.) Ebd. 894. n. 6. —

—— daß eine S y n o d e nur dann Christi Werk treibt und sein Reich baut, wenn sie die Predigt des Evangeliums ihre höchste Sorge sein läßt. Zweite Predigt zur Eröffnung der Synode im J. 1876 über Marc. 16, 14—16 gehalten. 8. (21 S.) St. Louis, Mo. 877. (Dresden, H. J. Naumann.)

— „daß es gerade dann, wenn wir wahrhaft christliches Leben befördern wollen, schlechterdings nothwendig sei, mit allem Ernste auf reine Lehre zu halten." Predigt zur Eröffnung einer Synode im J. 1865 gehalten u. auf Beschluß derselben mitgetheilt. Ebenb. 866. gr. 8. (16 S.) n. 2 ngr

—— „Daß es gerade dann, wenn wir wahrhaft christliches Leben befördern wollen, schlechterdings nothwendig sei, mit allem Ernste auf reine Lehre zu halten." Predigt zur Eröffnung einer Synode im J. 1865 gehalten. 2. Aufl. gr. 8. (17 S.) Ebendas. 873. *

—— das köstliche D i n g, ein festes Herz. Predigt zur Eröffnung der Synode von Missouri rc. westl. Districts zu Altenburg, Perry Co., Mo., am 3. Mai 1871 gehalten und auf Anordnung der Synode mitgetheilt. gr. 8. (12 S.) Ebendas. 872. *

—— amerikanisch-lutherische E p i s t e l - P o s t i l l e. Predigten über die meisten epistol. Perikopen des Kirchenjahrs und freie Texte. hoch 4. (IV, 496 S.) (Ebendas.) 882.

—— amerikanisch-lutherische E v a n g e l i e n - P o s t i l l e. Predigten über die evangel. Pericopen der Sonntage und Hauptfeste des Kirchenjahres gehalten. gr. 4. (IV, 404 S. mit 1 Stahlst.) St. Louis, Mo. 871. (Dresden, Naumann.) *

—— amerikanisch-lutherische E v a n g e l i s t e n - P o s t i l l e. Predigten über die evangel. Pericopen der Sonntage und Hauptfeste des Kirchenjahres. 2.—5. Aufl. gr. 4. (VI, 404 S. mit 1 Stahlst.) St. Louis, Mo. 873—76. (Ebendas.)

—— amerikanisch-lutherische E v a n g e l i e n - P o s t i l l e. Predigten über die evangel. Pericopen der Sonntage und Hauptfeste des Kirchenjahrs. 6.—8. Aufl. 4. (VI, 404 S. mit Portr. in Stahlst.) (Ebendas.) 879—82.

Walther, Carl Ferd. Wilh., amerikanisch-lutherische E v a n g e l i e n - P o s t i l l e. Predigten üb. die evangel. Pericopen d. Kirchenjahres. 9. Aufl. gr. 4. (VI, 404 S. m. Portr. in Stahlst.) St. Louis, Mo. 885. (Dresden, H. J. Naumann.) n. 6. —

— amerikanisch-lutherische E v a n g e l i e n - P o s t i l l e. Predigten über die evangel. Pericopen des Kirchenjahres. 10. Aufl. gr. 4. (VI, 404 S. m. Stahlst.-Bild.) Ebd. 888. n. 6. —

—— Festklänge. Predigten üb. Festterte d. Kirchenjahrs. Aus seinem schriftl. Nachlaß gesammelt. gr. 8. (VII, 473 S.) (Ebd.) 892. geb. in Hlbfrz. * 6 —

— Gesetz u. Evangelium. Aus seinem schriftl. Nachlaß gesammelt. gr. 8. (IV, 124 S.) Ebd. 893. Kart. n. 2. —

—— die rechte G e s t a l t einer vom Staate unabhängigen evangelisch-lutherischen Ortsgemeinde. Eine Sammlung von Zeugnissen aus den Bekenntnißschriften der evangelisch-luther. Kirche und aus den Privatschriften rechtgläub. Lehrer derselben. gr. 8. (X und 228 S.) St. Louis, Mo., 863. (Philadelphia, Schäfer und Koradi.) geb.

—— dass. — 2., unveränd. Aufl. gr. 8. (X und 228 S.) St. Louis 864. (Dresden, Naumann.) *

—— die rechte Gestalt einer vom Staate unabhängigen evangelisch-lutherischen Ortsgemeinde. Eine Sammlung von Zeugnissen aus den Bekenntnißschriften der evangelisch-luther. Kirche und aus den Privatschriften rechtgläub. Lehrer derselben. Dargestellt und auf Beschluß der evangelisch-luther. Pastoralconferenz zu St. Louis, Mo., der Oeffentlichkeit übergeben. 5. unveränd. Aufl. gr. 8. (X, 228 S.) (Ebendas.) 885. *

— der Glaube, wie er sein soll. Predigt über das Evangelium vom Hauptmann zu Capernaum am 3. Sonntag nach Epiphanias 1863 in der Zions-Kirche der deutschen evang.-luther. Gemeinde zu St. Louis, Mo. gehalten. St. Louis, Mo. 863. (Dresden, Naumann.) gr. 16. (15 S.) n.n. 2½ ngr.

— **Gnadenjahr. Predigten üb. die Evangelien d. Kirchenjahrs. Aus seinem schriftl. Nachlaß gesammelt. gr. 8. (VII, 590 S.) Ebd. 890. n. 7. —**

—— der Gnadenwahlslehrstreit, das ist, einfacher, bewährter Rath für gottsel. Christen, welche gern wissen möchten, wer in dem jetz. Gnadenwahlslehrstreit lutherisch und wer unlutherisch lehre. gr. 8. (15 S.) (Ebendas.) 881. *

—— dass. — (Billigere deutsche Ausg.) gr. 8. (15 S.) (Ebendas.) 881. *

—— Goldkörner. Predigten. 8. (IV, 177 S.) Zwickau 882. (Dresden, H. J. Naumann.)

Walther, C. F. W., Goldkörner. Predigten. 2. Aufl. 8. (VII, 182 S. m. Bildnis.) Zwickau 901. J. Herrmann. n. 1. 75; geb. in Leinw. n. 2. 40

—— Jubel-Festpredigt am 26. April 1872 als am Gedächtnißtage des 25jähr. Bestehens der evangel.-luther. Synode von Missouri, Ohio und andern Staaten in der Dreieinigkeitskirche zu St. Louis, Mo., gehalten und auf Anordnung der Synode hrsg. gr. 8. (16 S.) Dresden 872, Naumann. *

Walther, Carl Ferd. Wilh., Jubelfestpredigt, am 350. Gedächtnißtage der Augsburgischen Confession den 25. Juni 1880 in der Dreieinigkeitskirche der evangelisch-luther. Gemeinde zu St. Louis, Mo., gehalten. 8. (16 S.) St. Louis, Mo. 880. (Dresden, H. J. Naumann.) *

Walther, C. F. W. Casual-Predigten u. -Reden. Aus seinem schriftl. Nachlaß gesammelt. Lex.-8. (X, 616 S.) St. Louis, Mo. 889. (Zwickau, Schriftenverein.) * 7 50

—— der Concordienformel Kern und Stern. Mit einer geschichtl. Einleitung und mit kurzen erklärenden Anmerkungen versehen. Dem luther. Christenvolke im Auftrage der hochwürd. evangelisch-luther. Synodalconferenz von Nord-Amerika dargeboten. 1. und 2. Thl. 8. St. Louis, Mo. 877. (Ebendas.) geb. in 1 Bd. *

Inhalt:
Thl. 1. Enth. die geschichtliche Einleitung. 2. Aufl. (VIII, 80 S.)
" 2. Enth. den 1. Thl. der Concordienformel und deren sogenannte Epitome. (82 S.)

Walther, C. F. W., der Concordienformel Kern u. Stern. Mit e. geschichtl. Einleitg. u. m. kurzen erklär. Anmerkgn. versehen. Dem luther. Christenvolke im Auftrag der Hochwürdigen evangelisch-luther. Synodalconferenz v. Nord-America dargeboten. 2 Thle. 3. Aufl. 8. (VIII, 80 u. 82 S.) St. Louis, Mo. 887. (Zwickau, Schriftenverein.) Geb. in 1 Leinwbd. n. 1. 60

—— die evangelisch-lutherische Kirche die wahre sichtbare Kirche Gottes auf Erden. Ein Referat für die Verhandlungen der allgemeinen evangel.-luther. Synode von Missouri, Ohio und andern Staaten bei Gelegenheit der Sitzungen derselben zu St. Louis, Mo., den 31. Octbr. 1866 und folgende Tage. gr. 8. (168 S.) St. Louis, Mo. 867. (Dresden, Naumann.) cart. **

— die evangelisch-lutherische Kirche, die wahre sichtbare Kirche Gottes auf Erden. Ein Referat f. die Verhandlgn. der allgemeinen evangelisch-luther. Synode v. Missouri, Ohio u. a. Staaten bei Gelegenheit der Sitzgn. derselben zu St. Louis, Mo., den 31. October 1866 u. folgende Tage. Auf Beschluß der Synode dem Druck übergeben. gr. 8. (168 S.) Ebd. 891. Geb. n. 1. 60

Walther, C. F. W., Communismus und Socialismus. Verhandlungen der 1. deutschen evang.-luth. Gemeinde U. A. C. zu St. Louis, Mo. gr.-8°. St. Louis, Mo. 1878. (Dresden, H. J. Naumann.) (60 S.)

—— die Lehre von der Gnadenwahl in Frage und Antwort dargestellt aus dem elften Artikel der Concordienformel der evangelisch-lutherischen Kirche. Mit einem Vor- und Nachwort versehen. Abdr. für Deutschland. gr. 8. (51 S.) (Ebendas.) 881.

Walther, Carl Ferd. Wilh., Licht des Lebens. Ein Jahrgang v. Evangelien-Predigten, aus dem Nachlaß gesammelt v. C. J. Otto Hauser. (VIII, 688 S.) gr. 8. St. Louis, Mo. 905. (Zwickau, Schriften-Verein.) Geb. in Halbldr. n. 9. —

Walther, Karl Ferd. Wilh., das sicherste Mittel, e. festen Glauben an die Göttlichkeit der heiligen Schrift zu erlangen. Predigt, vor der ev.-luth. Bibelgesellschaft zu St. Louis, Mo., am 8. Sonntage nach Trinitatis 1871 in der Kirche zum heil. Kreuz daselbst geh. 8. (16 S.) St. Louis, Mo. 872. (Dresden, H. J. Naumann.) n.

— amerikanisch-lutherische Pastoraltheologie. Lex.-8. (441 S.) Ebend. 872. n. 10. 75

—— americanisch-lutherische Pastoraltheologie. 3. Aufl. gr. 8. (IV, 441 S.) Ebendas. 885.

—— von der Pflicht der Christen, sich an eine rechtgläubige Ortsgemeinde gliedlich anzuschließen. Verhandlungen der ersten deutschen evangelisch-luther. Gemeinde U. A. C. zu St. Louis Mo. Geleitet und nach stenograph. Aufzeichnungen auf Beschluß der Gemeinde dem Druck übergeben. gr. 8. (70 S.) (Ebendas.) 880.

—— Predigt von der Gnadenwahl über Ephes. 1, 3—6. Auf Verlangen der evangelisch-luther. Immanuels-Gemeinde zu Mount-Olive, Macoupin Co., Ill., bei Gelegenheit der Einweihung der neuen Kirche derselben am Christtag 1881 gehalten. 8. (19 S.) (Ebendas.) 882.

— von dem öffentlichen Predigtamt. Predigt am 2. Sonntag nach dem Feste der Erscheinung Christi 1862 in der Dreieinigkeitskirche zu St. Louis gehalten. Dresden 866. Naumann. 8. (18 S.) n. 2½ ngr.

—— Predigtentwürfe u. nicht ganz ausgeführte Predigten u. Casualreden. Aus seinem schriftl. Nachlaß gesammelt. gr. 8. (XI, 450 S.) (Ebd.) 891. * 4 50

— grundlegende Sätze über die Kirchenordnungs- u. Kirchenregimentsfrage nebst einigen Zeugnissen alter luther. Theologen zu denselben. Ebend. 864. gr. 8. (16 S.) 3 ngr.

—— Soll ein Lutheraner bei seiner Kirche bleiben und sich nicht bewegen lassen, von ihr abzufallen? gr. 8. (30 S.) Dresden 875, H. J. Naumann.
Aus: Der Lutheraner, besonders abgedruckt.

— soll e. Lutheraner bei seiner Kirche bleiben u. sich nichts bewegen lassen, v. ihr abzufallen? 2. Aufl. (24 S.) gr. 8. Zwickau 903. Schriften-Verein. n. — 20
Sonderabdruck aus: „Lutheraner".

Walther, C. F. W., die Stimme unserer Kirche in der Frage von Kirche u. Amt. Eine Sammlung von Zeugnissen über diese Frage aus den Bekenntnißschriften der evangelisch-luther. Kirche u. aus den Privatschriften rechtgläubiger Lehrer derselben. Von der deutschen evangelisch-luther. Synode von Missouri, Ohio u. a. Staaten als ein Zeugniß ihres Glaubens vorgelegt. gr. 8. (XVI u. 472 S.) Erlangen 852, Bläsing in Comm. n. 1 1/3 ℛ

—— die Stimme unserer Kirche in der Frage von Kirche und Amt. Eine Sammlung von Zeugnissen über diese Frage aus den Bekenntnißschriften der evangelisch-luther. Kirche und aus den Privatschriften rechtgläub. Lehrer derselben. Von der deutschen evangelisch-luther. Synode von Missouri, Ohio und andern Staaten als ein Zeugniß ihres Glaubens, zur Abwehr der Angriffe des Herrn P. Grabau in Buffalo, New-York, vorgelegt. 2., auf Anordnung der Synode aufs neue durchgeseh. und verm. Aufl. gr. 8. (XXXI und 432 S.) Erlangen 865, Deichert. *

— die Stimme unserer Kirche in der Frage v. Kirche u. Amt. Eine Sammlg. v. Zeugnissen üb. diese Frage aus den Bekenntnißschriften der evangelisch-luther. Kirche u. aus den Privatschriften rechtgläub. Lehrer derselben. Von der deutschen evang.-luth. Synode v. Missouri, Ohio u. anderen Staaten als e. Zeugniß ihres Glaubens zur Abwehr der Angriffe d. Herrn Grabau in Buffalo, New-York, vorgelegt. 3. auf Anordng. der Synode aufs neue durchgeseh. u. verm. Aufl. gr. 8. (XXXII, 424 S.) Erlangen 875. Deichert. n. 6. —

— die Stimme unserer Kirche in der Frage v. Kirche u. Amt. Eine Sammlg. v. Zeugnissen üb. diese Frage aus den Bekenntnisschriften der evangelisch-luther. Kirche u. aus den Privatschriften rechtgläub. Lehrer derselben. Von der deutschen evang.-luth. Synode v. Missouri, Ohio u. anderen Staaten als e. Zeugnis ihres Glaubens, zur Abwehr der Angriffe des Hrn. Grabau in Buffalo, N. Y., vorgelegt. 4. Aufl. gr. 8. (XVI, 448 S.) Zwickau 894. (Leipzig, A. Deichert Nachf.) n. 6. —

Walther, Carl Ferd. Wilh., Tanz und Theaterbesuch. Je zwei freie Vorträge hierüber, in vier dazu veranstalteten Erbauungsstunden gehalten und auf Grund stenograph. Aufzeichnungen auf Wunsch seiner Gemeinde veröffentlicht. 12. (118 S.) St. Louis, Mo. 886, (Dresden, H. J. Naumann.) * 60 Pf.; geb. *

—— dass. — gr. 8. (100 S.) (Ebendas.) 885.

— die nöthige rechte Vorbereitung auf e. seligen Tod. Predigt, am Tage der Reinigg. Mariä 1869 in der Zionskirche der deutschen ev.-luth. Gemeinde zu St. Louis, Mo., geh. 8. (15 S.) Dresden 872. H. J. Naumann. n. — 40

—— Warum hangen wir so fest an der lutherischen Kirche? 1.—3. Aufl. gr. 8. (24 S.) Dresden 868—72, Naumann. *

— warum hangen wir so fest an der lutherischen Kirche? 1. u. 2. Aufl. Ebend. 868,69. 8. (24 S.) n.n. 2½ ngr

— warum hangen wir so fest an der lutherischen Kirche? Beantwortet. 4. Aufl. (20 S.) gr. 8. Ebd. 903. — 15

— warum sollen wir uns Luthers, dessen Namen wir tragen, nicht schämen? Predigt am 24. Sonntag nach Trinitatis 1869 in der luther. Dreieinigkeits-Kirche zu St. Louis, Mo., geh. 8. (17 S.) St. Louis, Mo. 869. Ebend. n. — 40

— warum sollen wir uns Luthers, dessen Namen wir tragen, nicht schämen? Predigt üb. 2. Tim. 1, 8 zur Nachfeier d. Reformationsfestes. 8. (15 S.) Ebend. 883. n. — 20

— was lehren die neueren orthodox sein wollenden Theologen v. der Inspiration? Von Ed. Preuß. [Aus „Lehre u. Wehre."] gr. 8. (48 S.) Ebend. 875. n. — 60

—— Wie getrost wir bei allen Vorwürfen, die wir erfahren, sein können, so lange wir ohne Wanken auf Gottes Wort stehen. Erste Synodalpredigt im J. 1870. Auf Anordnung der Synode mitgetheilt. gr. 8. (12 S.) Dresden 872, Naumann. *

— Zeugnisse der Wahrheit. 4 Predigten. gr. 8. (54 S.) Ebend. 873. n. — 80

Walther, Karl Fr.

Walther, Car. Fr., De gustatione et saporibus. 45 pp. Hal. 4°. 1743

Walther, Karl Hermann

Walther, Carolus Hermannus: Commentationis de Graecae poesis melicae generibus particula. Halis Saxonum (1866): Orphanotropheum. 71 S. 8°
Halle-Wittenberg, Phil. Diss. v. 8. März 1866
Geb. Auleben bei Nordhausen 11. 2. 1843. V.
Im Buchhandel Halis Saxonum (Berlin: Calvary) 1867. 73 S. 8°

Im Kampf um Gott. Lyrische Bekenntnisse e. religiösen Entwicklung. Von Karl Theodor Walther. Berlin-Leipzig: Wigand 1910. 84 S. 8° III. 4189

Walther, Karl Thdr., im Kampf um Gott. Lyrische Bekenntnisse e. religiösen Entwicklg. (84 S.) 8. Leipzig 910. Modernes Verlagsbureau. 2. —

Walther, Karl Wilhelm Fidejustus

Walther, [Carolus Guilielmus Fidejustus]: • De Diis Romanorum Laribus. 28 S. 2°
Halle-Wittenberg, Phil. Diss. v. 30. März 1833
Geb. [Groß-Ottersleben b. Magdeburg 29. 11. 1808]

Walther, Kaspar, s. Walter, Kaspar

Walther, Kaspar Hiob (Haynau) A. S. 1276/9

Dissertatio inauguralis medica, medico empirico. Präs. Johann Andreas Fischer. Erfurt (Grosch) 5. IV. 1719. 15 S.

Gew.: Johann Ehrenfried Thebes, Leonhard und Gottfried Gebauer. 35780

Walther, Konr., Till Eulenspiegel, s.: Volksschriften.

Walther, Konr., Till Eulenspiegel. 12. (128 S. m. 1 Bild.) Leipzig 893. R. Werther. Kart. n. — 75

Walther, Conr., der Handlungsangestellte auf der Höhe der Zeit, s.: Kremer, Frz.

— die vier Heymonskinder, s.: Volksschriften.

Walther, Konr., Liederbuch eines Balten. 1. Thl. 8. (IV, 112 S.) Dorpat 880. Schnakenburg. n. 2. 40

Walther, Konrad Ludwig

Conrad Ludewig Walthers [Walther] sonderbare Anmerkungen welche sowol in der Medicin, Anatomie, als vornemlich in der Chirurgie vorgefallen, mit allen Umständen, Ursachen und Curen erl. u. beschrieben... Frankfurt & Leipzig: Monath 1761. 359 S. 8°

—, Obs. med. chir. Lps. 8°. 1715

Walther, Conr. Ludw., Medicinisch-chirurg. Schatz sonderbarer Anmerkungen. 8°. [Haller, Bibl. chir. II, 32.] Ebda. 1715.

Specimen chirurgicum hoc est: Casus spinae ventosae admodum rarus ejusque explicatio solida. Sehr merckwürdiger Vorfall des Wind-dorns... dabey der caries ossium nach allen seinen Arten, Ursachen... beschrieben... Von Cunrado Ludovico Walthero [Walther]. Leipzig: P.C. Monath 1715. 92 S. 8°

Walther, Konr. Sal., († d. 26. Mai 1805.), s. Bericht vom Ausbruche des Vesuvs.

CORPOROSA, Königin von Topinamb, oder das männliche Frauenzimmer. Eine Erzählung, nach d. Französ. (von *Konr. Sal. Walther*). Genf (Dresden, Walther) 1772. 8⁰. Rar!

Vgl. C o r p o r o s a , . . .

Walther, Konrad Sal., s. E d m u n d , od. die Gefahren . . .

MANUEL de la Toilette et de la Mode . . . (par *Conr. Sal. Walther*). Dresde 1770—80. 16⁰. (12 Mk., 5 pts., ib. 1770—74, K. W. Hiersemann, 1899.)

Anon.-Lex. III. p. 113 (nach Kayser u. Meusel). Vgl. K l ä b e , Neuestes Gelehrtes Dresden. Lpz. 1796.

Walther, K. Versuch einer vollständigen Militair-Bibliothek. Dresden 1783. 376 S.

(Walther Konrad.) Versuch einer vollständigen Militär-Bibliothek. (2 Bde.) 8. Dresden 1783 und 1799.

Vgl. V e r s u c h . . .

Walther, Conradin, Kunstakademien u. Kunstgewerbeschulen, s.: Schaupert, Carl.

Walther, Conradin, die Kunstschlosserei des XVI., XVII. und XVIII. Jahrh. Eine Sammlung vorzügl. schmiedeeiserner Gegenstände aller Art, nach den Originalen auf Stein gezeichnet. 5.—10. (Schluss-)Lfg. Fol. (à Lfg. 5 Taf.) Stuttgart 885, Wittwer's Verlag. à Lfg. *ℳ 3.—. * compl. in Mappe *

1.—4. Lfg. Ebendas. 1884. à *ℳ 3.—.

Walther, C., die Kunstschlosserei d. XVI., XVII. u. XVIII. Jahrh. Eine Sammlg. vorzügl. schmiedeeiserner Gegenstände aller Art, nach den Originalen auf Stein gezeichnet. 7.—10. (Schluss-)Lfg. Fol. (à 5 Taf.) Stuttgart 888. Wittwer's Verl. à n. 3. —

Walther, Kuno, Genio huius loci. E. Parkstudie. gr. 8. (10 S.) Weimar 897. (H. Böhlau's Nachf.) n. — 20

Der Metilstein, ein Merkstein d. Landgrafen-Geschichte Thüringens von Kuno **Walther**. Mit 3 Abb. Eisenach: H. Kahle 1905. (19 S.) 8° [F.] = **Beiträge** z. Geschichte Eisenachs. 13. [05. 4943

Ruth, die Königsmutter von Bethlehem. Ein Weihnachts-Festspiel in 4 Bild. von **Kuno Walther**. *Berlin: Schriftenvertriebsanst. 1900.* (12 S.) 8° [Umschlagt. F.] [01. 9223

— Tiefurt, der Herzogin Anna Amalia Musenheim. Ein Führer u. Erinnerungsblatt, m. Plan u. Lichtbildern. 12. (IV, 63 S.) Weimar 902. H. Böhlau's Nachf. Geb. n. 1. —

— die Wallenstein-Trilogie. Zur Centenarfeier der erstmal. Aufführung v. Schillers Piccolomini in Weimar am 30. I. 1799. 8. (16 S.) Ebd. 899. n. — 40

Vom Zweiten Wartburgfest. Eine Pfingsterinnerung aus d. J. 1848. Der Deutschen Burschenschaft gewidmet von Kuno **Walther**. Eisenach (1908): Kahle. 16 S. 8° A 12. 16067

Walther, Kuno. Das alte Weida m. seinen Kirchen u. Klöstern. Vortrag. gr. 8. (II, 82 S. m. eingedr. Abbildgn., 1 lithogr. Grundriß, 1 Ansicht in Lichtdr. u. 1 Stammtaf.) Weida 889. (Gera, Kanitz' Verlag.) * 2 —

Walther, Curt, neuer Führer für Eisenach; Wartburg und Umgebungen, s. G r i e b e n ' s Reise-Bibliothek.

Walther, Curt: Zur Geschichte des Pirnaer Schulwesens von der Reformation an bis zur Mitte des 18. Jahrhunderts. Als Beitrag zu einer sächsischen Schulgeschichte nach urkundlichen Quellen bearbeitet. Leipzig 1905: Grimme & Trömel. (123 S.) 8°

Leipzig, Phil. Fak., Ref. Volkelt u. Lamprecht, Diss. v. 10. Apr. 1905

[Geb. 20. März 72 Dohna; Wohnort: Leipzig; Staatsangeh.: Sachsen; Vorbildung: Seminar Pirna Wahlfähigkeitsprüf. Dez. 94; Studium: Leipzig 6 S.; Rig. 15. Dez. 04.]

Walther, Curt, Übersichtskarte des Terrainkurortes Eisenach. Nach Prof. Örtel's Anleitung unter Zugrundelegung der Generalstabskarte. Für das Kurkomitée bearb. 1 : 25,000. Lithogr. und color. Fol. Eisenach 886, Rasch und Coch. In Carton * — 50

[F.] Die Umwälzung des Naturheilverfahrens von Kurt **Walther** . . . *Halle a. S.: Kommissionsv. von G. Patrunky; ([Dr. v.] F. Fischer, Leipzig) 1897.* (108 S.) 1 Bd 8. [97. 4359

Walther, L., Instruction üb. d. Polizeiwesen; mit Genehmig. d. k. Regier. zu Düsseldorf, als Anleit. f. d. Polizei-Offizianten zu Crefeld bestimmt. 8. (.. B.) Crefeld 831, (Schüller.)*

Walther, L., der christliche Jüngling. Ein Mahn- u. Weckruf. 2. Ausg. 8. (VIII, 116 S.) Mainz 901. F. Kirchheim. n. 1. 20

Walther, L., Leitfaden u. Lehrstoff f. d. geograph. Unterricht. Ein Hilfsb., zunächst f. Lehrer an Bürgerschulen bearb. 3 Cursus. 8. Leipzig, Polet.

Curs. 1. Die Erklärung d. geograph. Elementarbegriffe u. d. allgem. Abriß d. Erdoberfläche enth. (5½ B.) 838. 4 Gr.

" 2. Die Erdkunde u. d. 1. Thl. d. Staatenkunde (Deutschland) enth. (9 B.) 838. 8 Gr.

" 3. Die Fortsetzung d. Staatenkunde u. d. mathemat. Erdbeschreibung enth. (10 B.) 839. 12 Gr.

—— (dass. unt. d. etwas veränd. T.:) Leitfaden u. Lehrstoff z. method. Unterr. in d. Geographie. Ein Handbuch in 3 Curs., f. Lehrer u. Schüler bearb. 8. (24 B. u. 8 ill. Kart.) Leipzig 840, Polet.

WALTHER, LEOPOLD, Prediger-Ordens: Lob- und Sittenrede, so bey Ablegung geistlicher Profession der tugendhaften Jungfrau Anna Koppens des Hoch- und Ehrwürdigen Instituts Mariae gehalten wurde zu Pesth den 24. Erndtemondes 1794. Pesth 1794: Franz August Patzko. 14 S. - 8°

WALTHER, LEOPOLD, Ord. S. Domin.: Rede / am Festtag / des heiligen Stephan, / ersten König, / und / Apostel Ungerlandes. / Gesagt / in der königl. Schlußpfarrkirche zum heil. Sigismund / von Leopold Walther, Ordinis S. Dominici, den 20ten August 1791. Pest 1791: Gedr. mit Patzkoischen Schriften. 21 S. - 165 mm

Walther, Lina, der Adjunktus v. Oldenhausen. Eine Geschichte aus dem vor. Jahrh. 8. (212 S.) Gotha 893. G. Schloeßmann. n. 2. — ; geb. in Leinw. n. 2. 80

Walther, Lina, d. Adjunktus v. Oldenhausen. Eine Geschichte aus d. vor. Jahrh. 2. Aufl. 8. (212 S.) Gotha 895. G. Schloeßmann. n. 2. —; geb. in Leinw. n. 2. 80

— Alltagsbilder m. Oberlicht. Geschichten aus d. Leben. 8. (232 S.) Hamburg 898. Agentur d. Rauhen Hauses. n. 2. —; geb. in Leinw. n. 3. —

— die reichen u. die armen Bergers, s.: Schillingsbücher.

— die Frau Bürgermeisterin, s.: Schillingsbücher.

— Christelchen, s.: Himmelsblumen, Nr. 5.

Walther, L[ina], Erinnerungen aus Wilhelm Appuhns Leben. Aus seinen Aufzeichnungen zusammengestellt. gr. 8. (V, 342 S. mit Lichtdr.-Portr.) Gotha 885, F. A. Perthes. *

— allerlei Erzieher. Eine Erzählg. für's Volk. gr. 16. (233 S.) Eisleben 892. Christl. Verein im nördl. Deutschland. Geb. in Halbleinen. 1. 20; in Kaliko 1. 65

— Dietrich v. Gadenstedt. E. Zeitbild aus d. 16. Jahrh. M. 2 Bildn. 8. (230 S.) Hamburg 898. Agentur d. Rauhen Hauses. Geb. in Leinw. n. 3. —

Walther, Lina, Gedanken üb. d. Ehestand aus e. Witwenstübchen. gr. 8. (VII, 80 S.) Gotha 888. F. A. Perthes. n. 1. 20

—— allerlei wunderbare Geschichten. 8. (123 S.) Ebendas. 887. geb. *

— die Großtante. Eine Geschichte aus unserer Zeit f. Alt u. Jung. 8. (III, 263 S.) Hamburg 890. Agentur d. Rauhen Hauses. n. 2. 50; geb. n. 3. —

Walther, Lina, Gruß in die Altenstübchen. 1. u. 2. Aufl. 12. (72 S.) Hamburg (899. 901.) Agentur des Rauhen Hauses. n. — 60; geb. in Leinw. m. Goldschn. n. 1. 20

— aus meiner Jugendzeit. 8. (V, 110 S.) Gotha 901. Hamburg, G. Schloeßmann. Geb. in Leinw. n. 2. 40

— Krausköpfchen. Erzählung fürs Volk. 12. (238 S.) Eisleben 889. Christl. Verein f. das nördl. Deutschland geb. n. 1. 5

— Last od. Lust?, } f.: Schillingsbücher.
— Lenzluft v. oben, }

— Bürgermeister Benjamin Lieberkühn. E. Lebensbild aus Halberstadts Vergangenheit. gr. 8. (V, 184 S.) Gotha 896. G. Schloeßmann. n. 2. —; geb. n. 2. 80

Walther, Lina, Mädchenherzen. Zwei Erzählgn. f. junge Mädchen. 8. (197 S.) Gotha 883. F. A. Perthes. n. 2. 40; geb. n. 3. 20

— die Frau Marquise. Ein Zeitbild aus Erfurts Vergangenheit. 8. (IV, 223 S.) Hamburg 892. Agentur d. Rauhen Hauses. n. 2. 20; geb. in Leinw. n. 3. —

— die Frau Marquise. E. Zeitbild aus Erfurts Vergangenheit. 2. Aufl. 8. (224 S.) Hamburg 897. Agentur d. Rauhen Hauses. n. 2. 20

— dasselbe, f.: Schillingsbücher.

— der Mond ist aufgegangen, f.: Schillingsbücher.

— Reisekost auf den Lebensweg. Ihren jugendlichen Schwestern dargereicht. Mit e. Vorwort v. W. Baur. 8. (VIII, 168 S.) Hamburg 889. Agentur d. Rauhen Hauses. n. 2. —; geb. m. Goldschn. n. 3.

— Reisekost auf den Lebensweg. Ihren jugendl. Schwestern dargereicht. Mit e. Vorwort v. W. Baur. 2., verm. Aufl. 8. (VIII, 192 S.) Hamburg 892. Agentur d. Rauhen Hauses. n. 2. —; geb. in Leinw. m. Goldschn. n. 3. —

— Reisekost auf d. Lebensweg. Ihren jugendl. Schwestern dargereicht. M. e. Vorwort v. W. Baur. 3. Aufl. 8. (VIII, 192 S.) Hamburg 896. Agentur des Rauhen Hauses. Geb. in Leinw. m. Goldschn. n. 3. —

— Reisekost auf den Lebensweg. Ihren jugendlichen Schwestern dargereicht. Mit e. Vorwort v. W. Baur. 4. Aufl. 8. (VIII, 190 S.) Hamburg (902). Agentur des Rauhen Hauses. Geb. in Leinw. m. Goldschn. n. 3. —

— zwei Schwestern. Erzählung fürs Volk. 12. (179 S.) Eisleben 889. Christl. Verein f. das nördl. Deutschland. geb. 90

— sehet die Vögel unter dem Himmel an, f.: Schillingsbücher.

— siehe, ich mache alles neu!, f.: Schillingsbücher.

— drei Sylvesterabende, f.: Hausfreund, Hamburger.

— Streit u. Frieden, f.: Schillingsbücher.

— das Taufkleid, f.: Schillingsbücher. Nr. 186.

— kleine Wegweiser. Geschichten u. Bilder aus dem Leben. Mit Illustr. v. J. Steglich u. H. Barmführ. 8. (239 S.) Hamburg 894. Agentur des Rauhen Hauses. n. 2. —; geb. n. 3. —

—— das Weihnachtslied. Eine Erzählung für junge Mädchen. 8. (VII, 303 S.) Gotha 887, F. A. Perthes. * geb. *

— wer f. Kind in d. Zucht hält, der wird sich sein freuen, f.: Schillingsbücher.

Walther, Lina: Wo blüht das Glück?, s. Schillingsbücher.

— Wünsche, Gedichte u. Aufführgn. f. Polterabend u. Hochzeit. 8. (III, 88 S.) Gotha 895. G. Schloeßmann. n. 1. —

— aus ernster Zeit, f.: Schillingsbücher.

WALTHER, Ludwig (München): Ueber menschliche Monopsie und Cyklopie. Mit 1 Kupfertaf.- Leipzig 1845. 2 Bl.,27 S.,Taf.
Urk (Titel: De monopsia et cyclopia humana.); F 66
Diss.Ingolst.-Landsh.-Mchn.

Walther, Ludwig Albrecht

Walther, Ldw. Albr., († d. 21. Mai 1792.) Anweis. zur gründl. Erlernung der in d. latein. Sprache zu Grunde gelegten Zeitwörter. 4. Rudolst. (Quedlinb.) 763. Biesterfeld. 5 gr

Walther, Ldw. Albr., Anweis. zur Erlernung d. regelmäß. griech. Zeitwortes τύπτω, nebst e. Anhang von den contrahirten Zeitwörtern u. denjenigen, die sich auf μι endigen. 4. (Quedlinb.) 765. Biesterfeld. 4 gr

— neue u. vermehrte Geschlechtstafel d. Schwarzburg. Regenten aus d. Hause Kevernburg. qu.-Fol. Rudolst. 785.

— Grundlage zu e. Schwarzburg. Reformationsgeschichte. 8. Saalf. 783.

— meine 20jähr. Methode, der Jugend d. vornehmsten Syntaxregeln in kurzer Zeit auf eine leichte Art beizubringen. 8. Gotha 780. Ettinger. 3 gr

— Schulrede von Förderung des Schulwesens, als d. besten Mittel, seinen Namen bei d. Nachwelt groß zu machen. 4. Rudolst. 754.

— Versuch e. Einleitung sowohl überhaupt in d. Thüringischen, als besond. in d. Schwarzburg. Geschichte. 8. Kahla 788.

Walther, Ludwig August

Walther, Ludov(icus) August(us): De psychica hepatis dignitate. Halae (1818): Grunert. 32 S. 8°
Halle-Wittenberg, Med. Diss. v. 5. Sept. 1818
Geb. Olvenstedt bei Magdeburg [25. 1. 1794]. V.

Walther, Ludw. Aug., pharmakognost.-pharmakologische Tabellen, od. systemat.-tabellar. Uebersicht d. officin. einfachen vegetabil. Arzneimittel d. neusten preuss. Pharmacopoee. Nebst e. Einleit. u. Beschreib. d. Systeme v. Linné, Jussieu u. Reichenbach. qu.gr.Fol. (36 B.) Mainz 838, Kupferberg.

Walther, Ludwig Friedrich (Elm) A. S. 1212/11

Disputatio medica inauguralis de inflammationis vera pathologia. Präs. Georg Ernst Stahl. Rec.
Halle (Henckel) 1705. 23 S.

Diss. 29. VI. 1698.
W. v.: Joachim Justus Breithaupt, L. P. Antonius, Präs., Johann Christ. Fritsch, Johann Albert Lasius.
35782

Walther, Ludwig Johann Gottfried, s.a. Walther, Johann Ludwig Gottfried

Walther, L. J. G., Erzählungen und Märchen, s. Universal-Bibliothek für die Jugend.

Walther, L(udw.) J(oh.) G(ottfr.), Erzählungen und Mährchen für die Jugend. 3 Bdchn. Neue (Titel-)Ausg. 8. (XIII und 670 S. mit 3 ill. Kpfrn.) Mannheim 848, Bassermann. à Bdchn. 15 Ngr.

— sechzig Fabeln für Jung und Alt. 2., verm. Aufl. 8. (VIII und 88 S.) Ulm 851, Stettin'sche Buchh.

— der Geschichtenmann, ein Volkskalender für die Gegenwart und Zukunft. Jahrg. 1849. gr. 4. (43 S.) Kempten 849, Dannheimer.

— der redliche Hausfreund. Erzählungen für das Volk und seine Kinder. 1. Heft. (Neue Titel-Ausg.) und 2. Heft. gr. 8. (IV und 286 S.) Kempten 848, Dannheimer.

— dass. — 3. Heft. A. u. d. T.: Volkserheiterungen. gr. 8. (IV und 276 S.) Ebds. 851.

— der Schreiner Nikolaus. Eine Erzählung für das Volk. gr. 8. (20 S.) Kempten 848, Dannheimer.

— Spiegelbilder aus dem Leben der Thiere unserer Heimat für die reifere Jugend. 1. und 2. Heft. gr. 8. (182 S.) Kempten 848, Dannheimer.

Walther, L(udw.) J(oh.) G(ottfr.), die Ständeversammlung im Wirthshause. Ein Volksbüchlein. gr. 8. (IV und 76 S.) Kempten 848, Dannheimer. Thlr.

Walther, Lucas, Christliche Klage, und Ehren Predigt /// uber dem Seligen Abschiedt // Der Weilandt Edlen / Viel- // Ehrntugendtreichen Jungfrawen // Susannae / geborner Aichheuserin /// Deß Edlen / Gestrengen / Ehrenvesten // und Wolbenamten Herrn Stentzel Aichhausers /// von Leonhartwitz / auff Protsch / Weida und // Lilienthal / deß Raths und Cümme- //rers in Breßlaw // Hertzgeliebten Einigen Tochter // Bey erklerung deß Apostels Pauli Trost sprüchlin: // CHristus ist mein Leben; // Sterben ist mein Gewin. // In offentlicher Kirchen Versamblung / am // XIII. Sonntage nach Trinitatis, auff der Selig // Verstorbenen Jungfrawen geliebten Herrn Vaters // Erbgutt zu Protsch/ gethan durch // M. LUCAM Walthern / bei der Kirchen zu // St. Elisabeth in Breßlaw / deß Göttli- //chen Worts Dienern. - 14 Blatt (nicht paginiert).

Walther, M., französische Gedichte, s.: Erfurth, P.

Walther, M., Luther's Catechismus, s. Luther, Martin.

Walther, M., Übersicht aller Gottesdienste u. Andachten in der St. Peter-Stadtpfarrkirche zu München, wie solche im Jahre 1853 abgehalten werden; von denen, bis auf die Beerdigungen u. Klosen-Seelen-Gottesdienste, die meisten alle Jahre vorkommen. O. O. 1854. 8°. 67 S. u. 1 S. Err. Ppb.

Walther, Marie: Malory's Einfluss auf Spenser's Faerie Queene. Eisleben [1898]: A. Klöppel. (79 S.) 8°
Heidelberg, Phil. Diss. v. [1. Okt.] 1898.

Walther, Martin, a. Kirchbedingen: J. F. Herbart und die vorsokratische Philosophie. Ein Beitrag z. hist. Verständnis d. Herbartschen Metaphysik. Halle a. S. 1908: C. A. Kaemmerer & Co. (VIII, 113 S.) 8°
Halle, Phil. Fak., Ref. Vaihinger. Diss. v. 31. März 1908
[Geb. 30 Nov. 83 Kirchbedingen, Kr. [illegible]; Staatsangeh.: Preußen; Vorbildung: Gymn. [illegible]; Studium: Halle 7 S.; Rig. 15 Nov. 07.]

Walther, Mich.

Walther, M., de catechizatione veterum, maxime ex antiquitate ecclesiastica. Viteb. 1688; rec. 1742. 4.

— demonstratio quod religio Lutherana sit vera uniceque salvifica. 4. Jena 750. Ritter. 3 gGr.

— Cadolzburgisches Denkmal, bei Einweihung dasiger neuen Pfarrkirche. 4. Ansb. 751. Haueisen. 4 gGr.

— dissertationes theolog. academ. edit. K. G. Hofmann. 4. Wittenb. 753. Zimmermann. 1 Thlr. 12 gGr.

Walther, Michael [Praes.], s. Eppen, Melchior: Quid circa clavem ligantem liceat?

Walther, Mich., (†...) **harmonia biblica. Fol. Nürnb. ... Endter. 16 gGr. (W. G. Korn in Breslau). 796. 5 Thlr.**

— Officina Biblica. fol. Wittenb. Zimmermann. 703.

Walther, Michael [Praes.], s. Oheim, Jo. Philipp: Satisfactionis Christi certitudinem. Ex Esa. LIII. 5. 6. et 1. Timoth. II. 5. 6. Imprimis contra Socinianos adstructam.

Walther, Michael [Praes.], s. Starck, Johann Sigismund: De catechizatione veterum maxime ex antiquitate ecclesiastica et theologia catechetica.

Walther, Mor., die wahre Natur d. Menschen. gr. 8. (V, 48 S.) Leipzig 897. (Th. Thomas.) n. — 60

Walther, O., weimarisch-schwarzburgischer Behörden-Almanach für 1851. Enthaltend den gesammten Neu-Organismus der Justiz- und Verwaltungs-Behörden des Großherzogth. Sachsen-Weimar-Eisenach und der Fürstenth. Schwarzburg-Rudolstadt und Schwarzburg-Sondershausen in historisch-dogmatisch-statist. Darstellung. Für Behörden und Staats-Bürger aller Stände bearb. 8. (XVI und 341 S.) Sondershausen 851, Eupel. *

— dass. — für 1852. Enthaltend den Organismus der Justiz- und Verwaltungs-Behörden des Großherzogth. Sachsen-Weimar-Eisenach und der Fürstenth. Schwarzburg-Rudolstadt und Schwarzburg-Sondershausen. Für Behörden und Staatsbürger aller Stände bearb. 2. Jahrg., bis auf die neuesten officiellen Mittheilungen berichtigt. Nebst einer tabellarisch-statist. Uebersicht des Großherzogth. Sachsen und der beiden schwarzburgischen Fürstenthümer. 8. (XII und 296 S.) Weimar 852, Jansen und Comp.

— Taschen-Repertorium zur Gesetzsammlung des Fürstenthums Schwarzburg-Sondershausen. gr. 8. (71 S.) Sondershausen 850, Eupel. n. 1/3 Thlr.

Walther, O. A., genetische Entwickelung der Lehre vom sogen. Manifestationseide, s. Archiv für pract. Rechtswissenschaft.

Walther, O. A., genetische Entwickelung der Lehre vom sogenannten Manifestationseide. Marburg 859. Elwert. (Frankf. a. M., Völcker.) gr. 8. (IV, 218 S.) 1 Thlr.

Walther, O. A., Hand-Lexikon der juristischen Literatur des 19. Jahrhunderts. gr. Lex.-8. (VII und 933 S.) Weimar 854, Jansen und Comp.

Walther, O. A., die Literatur des gemeinen, ordentlichen Civil-Processes und seine Bearbeiter bis auf die Zeiten des jüngsten Reichsabschieds. Ein Beitrag zur Culturgeschichte des gemeinen deutschen Civil-Processes überhaupt. Auf Grundlage selbstständ. Forschung bearb. Mit einem Autoren-Register. gr. 8. (XIV und 81 S.) Nordhausen 865, Förstemann's Verlag. *

Walther, O. A., s Weichbild-Recht.

[Walther, O. A.]: Wort-, Sach- und Spruch-Register zu Windscheid's Lehrbuch des Pandektenrechts. Bearb. unter Vorwissen des Verf. von einem höheren Justizbeamten. Düsseldorf 1874.

Walther, Oskar

Walther, Osc., der Astrolog von St. Johann, s. Novellen-Sammlung rc.

[F.] Die Bacchantin. Roman v. Oskar **Walther.** *Berlin: Bong & C. [1897?].* (2 Bl., 288 S.) 1 Bd 8.

Walther, Osk.: Der Dämon des Jahrhunderts. s. Novellen-Sammlung.

— u. Leo Stein, Fräulein Doktor, s.: Universal-Bibliothek.

Walther, Osk., poetischer Festprolog zu Weihnachten 1894, s.: Aufführungs-Material zur Weihnachtsfeier.

Walther, Osk., u. Leo Stein, das Haus des Majors, s.: Universal-Bibliothek.

Walther, O., } s. Novellen-
— die letzten Kavaliere, } Sammlung.

Walther, Oskar u. Leo Stein

— — die Lustspielfirma, s.: Universal-Bibliothek.

— — das Opferlamm, s.: Universal-Bibliothek.

Walther, Osk. Das Schloß am Meer, s. Bibliothek, neue, f. das deutsche Theater.

-- das Schloß am Meer, s.: Universal-Bibliothek.

[F.] Sedan! Poetischer Fest-Prolog z. Feier d. Sedan-Festes v. Oscar **Walther.** *[Berlin: M. Bohm 1897?].* 2 Bl. 8.

Walther, O., } s. Bibliothek, neue, für
—— mit dem Strome, } das deutsche Theater.

— Volldampf voraus! Fest-Prolog zur Feier der 36. Wiederkehr des allerhöchsten Geburtstages Sr. Maj. Kaiser Wilhelms II., s. Aufführungs-Material zu Kaisers-Geburtstag.

Zum 27. Jan. 1895. Volldampf voraus! Fest-Prolog z. Feier d. Sechsunddreissigsten Wiederkehr d. Allerhöchsten Geburtstages Sr. Maj. Kaiser Wilhelm's II. Von Oscar **Walther.** *[Berlin: M. Bohm] 1895.* 2 Bl. 8.

Weihnachten! Poetischer Fest-Prolog v. Oscar **Walther.** *[Berlin: M. Bohm 1894.]* 2 Bl. 8.

Walther, Otto

Denkschrift anläßlich des 50jähr. Bestehens, 1859—1909, des Schleizer Vorschuß-Vereins, e. G. m. b. H., in Schleiz. Im Auftr d. Vorstandes verf. von Otto Walther. — Schleiz 1909: Hoffmann. 24 S. 8°

Walther, Otto, appr. Arzt: Fetischismus und Psychose. Ein Beitrag zur Kasuistik. Rostock 1905: C. Boldt. (29 S.) 8°
Rostock, Med. Fak., Ref. Schuchardt, Diss. v. 25. Jan. 1905
[Geb. 27. Okt. 77 Hamburg; Wohnort: Rostock; Staatsangeh.: Hamburg; Vorbildung: Wilhelm-Gymn. Hamburg Reife M. 96; Studium: Marburg 2, Gottingen 2, Rostock 5 S.; Coll. 26. Okt. 03; Approb. 22. Nov. 03.]

Walther, Otto Über ὡς bei Herodot. 4 (S. 3—23).
Progr. G. u. Rprg. *Hameln* 1887 (287)

Walther, Otto, Leitfaden f. die Friedensrichter im Fürstent. Reuß j. L., enth.: Anleitung, Formulare zu Protokollen, Bescheiniggn. rc, sowie Antragsformulare f. den Rechtssuchenden u. Abdruck der wichtigsten Paragraphen d. Gesetzes, die Friedensrichter betr., v. 12. Sept. 1879. Als Anh.: Friedensrichter-Bezirke u. Namen der fungier. Friedensrichter im Fürstent. Reuß j. L. 2. Aufl. 8. (40 S.) Schleiz 883. Lämmel. n. — 60

Walther, Otto *(geb. Stolberg a. H. [11 / 11 1820])*: De zinci muriatici natura et usu. Vratislaviae (1844). (26 S.) 4°
Breslau, Med. Diss. v. 26. Aug. 1844

Walther, Otto [Hrsg.], s. Zwingli, Ulrich: Von Freiheit der Speisen.

Walther, Otto Herrm., Predigt, an dem, von der evangel.-luther. Gemeinde zu St. Louis, im Staate Missuri, angeordneten Bußtage, den 22. Nov. 1840 gehalten. Abgedruckt aus dem „Pilger aus Sachsen." gr. 8. Dresden 841, Naumann. n. 1/12 ₰

Walther, P. F., Jos. Ferd. Sonnleithner. Eine biograph. Würdigung. Aus der Oesterr. Zeitschrift für Geschichts u. Staatskunde. gr. 8. 836. Wien, Jgn. Klang. 6¼ ngl

Walther, Paul, Desiderien betr. den Religionsunterricht. Ein ernstes Wort zur Reformfrage. gr. 8. (58 S.) Wittenberg 891. R. Herrosé, Verl. n. — 75

— Einleitung zum Evangelienbuch, c. nach pädagog. Grundsätzen geordneten Wiedergabe des wesentl. Gesamtinhaltes der 4 Evangelien unter Zugrundelegg. des revidierten Textes. gr. 8. (III, 80 S.) Ebd. 894. n. — 35

— Evangelienbuch. Nach pädagog. Grundsätzen geordnete Wiedergabe des wesentl. Gesamtinhaltes der 4 Evangelien unter Zugrundelegg. des revidierten Textes. Ausg. A m. Einleitg. gr. 8. (III, 36 u. VIII, 164 S.) Ebd. 894. n. 1. 50

— dasselbe. Ausg. B ohne Einleitg. f. die Hand der Schüler. gr. 8. (VIII, 164 S.) Ebd. 894. n. 1. 20

— sociale Gedanken in Anlehnung an die Sonn- u. Festtags-Evangelien m. Einleitung u. Nachwort. 8. (IV, 314 S.) Göttingen 893. Vandenhoeck & Ruprecht. n. 3. 20; geb. n. 4. —

Die englische Herrschaft in Indien. Von P[aul] **Walther,** Fregatten-Kapit. a. D. Halle a. S.: Gebauer-Schwetschke 1906. (55 S.) 8°
= **England** in deutscher Beleuchtung. H. 8.

Walther, Paul, Husarenfieber od. Der entlarvte Heuchler, s.: Rabermacher's, J., Vereinsbühne.

Walther, Paul: Itinerarium in terram sanctam et ad sanctam Catharinam, s. Bibliothek des litterarischen Vereins in Stuttgart.

Land und See. Unser Klima u. Wetter. Die Wandlungen unserer Meere u. Küsten. Ebbe u. Flut. Sturmfluten. Von Freg.Kapit. z. D. P[aul] **Walther.** Mit 7 Wetterkarten. Halle a. S.: Gebauer-Schwetschke 1907. (75 S.) 8°
[Aus: Angewandte Geographie. Ser. 3. H. 3.]

-- dasselbe, s.: Geographie, angewandte. III, 8.

Walther, Paul, wie stelle ich mein Rundreisebillet zusammen? gr. 8. (IV, 16 S.) Berlin 896. F. Barschall. — 60

Walther, Paul. Yankees u Deutschtum in Amerika. Berl. 1900

Walther, Philipp, die Ermittelung der Bestandsholzmassen mit Hülfe der Bestandsrichthöhe. Diss. Giessen 1886, J. Rickersche Buchh. 8⁰. 36 S. mit 4 Karten.

Walther, Philipp Alexander Ferdinand

PH. A. F. WALTHER. Die Alterthümer der heidnischen Vorzeit innerhalb des Grossherzogthums Hessen, nach Ursprung, Gattung und Ortlichkeit besprochen. Mit 1 archäologischen Karte. Darmstadt 1869. Gedruckt auf Kosten des historischen Vereins. 8⁰.

Walther, Ph. A. F., die Alterthümer der heidnischen Vorzeit innerhalb des Grossherzogth. Hessen nach Ursprg., Gattg. u. Oertlichkeit besprochen. Mit 1 archäolog. (lith. u. color.) Karte (in qu. Fol.). Darmstadt 870. (Jonghaus.) gr. 8. (III, 116 S.) n. 1 ℛ

Walther, Ph. A. F., der Antikensaal im grossherzogl. Museum zu Darmstadt. 2. Aufl. 12. (2 B.) Darmstadt 844, Jonghaus. *

Walther, Ph. A. F., der Darmstädter Antiquarius. Geschichts- und Sitten-Bilder aus Darmstadt's vergangenen Zeiten. Mit 12 (lith.) Ansichten, 1 Grundrisse u. 2 Stadtplänen (in 8. u. 4.). Darmstadt 857. Jonghaus. 8. (VIII, 279 S.) n. 1 ℛ.

Walther, Ph. A. F., Beiträge zur näheren Kenntniß der Großherzogl. Hofbibliothek zu Darmstadt. gr. 8. (IX und 158 S.) Darmstadt 867, Jonghaus'sche Buchh. *

Walther, Ph. A. F., neue Beiträge zur näheren Kenntniss der grossherzogl. Hofbibliothek in Darmstadt. gr. 8. (XV, 168 S.) Darmstadt 871. Diehl. (h) n. 3. --

Walther, Ph. A. F., s. Bibliothek des litterarischen Vereins in Stuttgart CXXXV.

— Briefwechsel der „grossen Landgräfin" Caroline v. Hessen. 30 Jahre e. fürstl. Frauenlebens, nach den im grossh. Haus-Archive zu Darmstadt befindl. Papieren hrsg. 2 Bde. Mit e. Bildnisse (in Stahlst.) u. e. photolith.) Fcsm. gr. 8. (VIII, 481 u. 472 S.) Wien 877. Braumüller. n. 20. —

Walther, Ph. A. F., Briefwechsel der „grossen Landgräfin" Caroline von Hessen. 2 Bde. gr. 8. Wien 877. Leipzig, Gressner und Schramm. * 20 —

(PH. A. F. WALTHER), Darmstadt. Andeutungen für die auswärtigen Theilnehmer an der Versammlung des Gesammtvereins der historischen Vereine Deutschlands in Darmstadt, vom 16.–20. September 1872. s. l. & a. 8⁰.

Walther, Ph. A. F., Darmstadt wie es war und wie es geworden. Neue Bearbeitung des „Darmstädter Antiquarius". gr. 8. (XII und 267 S. mit 11 eingedr. Holzschn., 6 Lithogr. und 1 lithogr. Farbendr. in 4.) Darmstadt 865, Jonghaus'sche Hofbuchh. *

Walther, Philipp Alexander Ferdinand (Darmstadt)
Literärisches Handbuch für Geschichte und Landeskunde von Hessen im Allgemeinen und dem Großherzogthum Hessen insbesondere.
Darmstadt: Jonghaus 1841. 347 S.
[Auf Grund des obigen Werkes promoviert.]
Dr. phil. Giessen 11.4.1841. vorh. 26.

Walther, Ph. A. F., literärisches Handbuch für Geschichte und Landeskunde von Hessen im Allgemeinen und dem Grossherzogth. Hessen insbesondere. 1. Suppl. (Enth.: Nachträge und Fortführung der Literatur bis 1850.) gr. 8. (VI und 226 S.) Darmstadt 850, Jonghaus'sche Hofbuchh.
Das Hauptwerk erschien ebendas. 1841 und kostet 2 Thlr. 12 Ngr.

—— literärisches Handbuch für Geschichte und Landeskunde von Hessen im Allgemeinen und dem Grossherzogth. Hessen insbesondere. 2. Supplement. A. u. d. T.: Beiträge zur Kenntniss der handschriftlichen Literatur über Geschichte und Landeskunde von Hessen im Allgemeinen und dem Grossherzogth. Hessen im Besonderen. gr. 8. (VI und 91 S.) Darmstadt 855, Jonghaus'sche Hofbuchh. *
Das Hauptwerk und 1. Suppl. erschien ebendas 1841, 50. und kostet 3 Thlr. 27 Ngr.

Walther, Ph. A. F., literärisches Handbuch für Geschichte und Landeskunde von Hessen im Allgemeinen und dem Grossherzogth. Hessen insbesondere. 3. Suppl. [Enth.: Nachträge und Fortführung der Literatur bis 1867.] Bearb. von Ludw. Wörner. gr. 8. (VI, 235 S.) Darmstadt 869, Jonghaus' Verlag. (*ℳ 4,50.) *
Hauptwerk. 1. und 2. Suppl. Ebendas. 1841—55. *ℳ 14,60.

Walther, Ph. A. F., das Großherzogthum Hessen nach Geschichte, Land, Volk, Staat und Oertlichkeit beschrieben. gr. 8. (XVIII und 562 S.) Darmstadt 854, Jonghaus'sche Hofbuchh. *

—— die „große Landgräfin" Landgräfin Caroline von Hessen. Ein Lebensbild. Bearb. nach den im Hausarchiv zu Darmstadt befindl. Papieren. gr. 8. (88 S.) Darmstadt 873, Brill. Schreibpap. *

(Walther.) Die Musikalien der grossherzoglichen Hofbibliothek in Darmstadt, (Supplement des Accessions-Katalogs 1873.) Darmstadt 1874.

Walther, Ph. A. F., Landgraf Philipp v. Hessen genannt „der Dritte" od. auch „v. Butzbach". [Aus: „Archiv d. histor. Vereins f. d. Großherzogth. Hessen".] gr. 8. (135 S.) Darmstadt 866. (A. Bergsträßer.) n. — 80

—— systemat. Repertorium über die Schriften sämmtlicher histor. Gesellschaften Deutschlands. Auf Veranlassung des histor. Vereins f. das Grossherzogth. Hessen bearb. gr. 8. ($42\frac{1}{2}$ B.) Darmstadt 845, Jonghaus. *

—— die Sammlungen von Gegenständen des Alterthums, der Kunst, der Völkerkunde u. von Waffen im grossherzogl. Museum zu Darmstadt. 2. Aufl. 12. (8 B.) Darmstadt 844, Jonghaus. *

Walther, Ph(ilipp) Fr(anz von): Abhandlungen aus dem Gebiete der practischen Medicin, besonders der Chirurgie und Augenheilkunde. Bd 1, 504 S., gbd., Abb.

Landshut: Krüll 1810

Walther, Phil., u. Carl **Heideloff,** der kleine Anatome, siehe: Heideloff, Carl.

Walther, (Philipp Franz von): Neue Darstellungen aus der Gallschen Gehirn- und Schedellehre, als Erläuterungen zu der vorgedruckten Vertheidigungsschrift des Doktor (Franz Joseph) Gall, eingegeben bey der niederösterreichischen Regierung. Mit einer Abhandlung über den Wahnsinn, die Pädagogik und die Physiologie des Gehirns nach der Gallschen Theorie. 168 S., gbd.

München: Scherrer 1804

Vgl. Walther, Joh. Adm.

Ph[ilipp] Fr[anz] von Walther, Über die angebohrnen Fetthautgeschwülste und andere Bildungsfehler. Landshut: Krüll 1814. IV, 26 S. 2

— über den Geist des Universitätsstudiums, eine Rede. 4. Landsh. 811. Krüll. 6 gℓ

— merkw. Heilung e. Eiterauges, nebst Bemerk. üb. die Operation d. Hypopyon. gr. 8. Landshut, Weber. 806.

— merkwürd. Heilung e. Eiterauges, nebst Bemerkk. über d. Operation d. Hypopyon. gr. 8. Landsh. 808. 2 ℛ 2e verm. Aufl. gr. 8. Ebd. 819. Weber in Münch. 8 gℓ

Walther, Ph[ilipp] Fr[anz] v.: Merkwürdige Heilung eines Eiterauges nebst Bemerkungen über die Operation des Hypopyon. 2. verm. Aufl. Landshut 1819. IV, 88 S.

Neue Heilart des Kropfes durch die Unterbindung der obern Schilddrüsen_ Schlagadern nebst der Geschichte e. durch die Operation geheilten Aneurisma's der Carotis. Von Ph[ilipp] Fr[anz] von Walther. Sulzbach: Seidel 1817. 72 S. 8°

Walther, Ph(ilipp) Fr(anz von): Ueber die therapeutische Indikation und den Technicismus der galvanischen Operation. 278 S., gbd., 2 Taf., 3 Tab.

Wien: Camesina 1803

— über d. therapeut. Indication u. d. Technicismus d. galvanischen Operation, mit 3 tabellar. Uebersichten u. 2 Kpft. gr. 8. Wien 803. (Wolke). 1 ß 12 gl

Ph[ilippus] Fr[anciscus] a Walther: De Induratione et exstirpatione glandulae parotidis. [Resp.:] Joh[annes] Baptist[a] Kyll. Bonnae (1820:) Neusser 27 S. 8°

Bonn, Med. Diss. v. 13. März 1820

Walther, Ph(ilipp Franz) von (Hrsg.):

s.: Journal der Chirurgie und Augenheilkunde. Bd 1-3/1, 4-38. Reg. 1-30. Berlin: 1820-1848.

Ph[ilippus] Fr[anciscus] a Walther: De Laqueis arteriarum deligationi inservientibus prope ad nodum revinctum resecandis. [Resp.:] Wolfgangus Bernhardus Fraenkel. Bonnae (1824:) Neusser. 32 S. 8°

Bonn, Med. Diss. v. 4. Aug. 1824

—— über klinische Lehranstalten in städtischen Krankenhäusern. Eine Principienfrage, zugleich in näherer Beziehung auf ihre gegenseitigen Verhältnisse in München. gr. 8. (4⅝ B.) Freiburg 846, Herder'sche Vrlgsh.

v. Walther, Ph. Fr., (✝ d. 29. Dec. 1849). Lehre von den Augenkrankheiten. 2 Bde. gr. 8. (VIII u. 1286 S.) Freiburg i. Br. 849, Herder. n. 6¾ ß

— die Lehre vom schwarzen Staar und seiner Heilart. (Aus v. Gräfe's u. v. Walther's Journal der Chirurgie u. Augenheilkunde Bd. XXX. besonders abgedruckt.) gr. 8. Berlin 841, Reimer. 1⅙ ß

Walther, Philipp Franz von, s. Methode, d. Anwesenheit d. Arseniks bei Aresenikvergiftung z. ermitteln.

Walther, Ph(ilipp) Fr(anz von): Physiologie des Menschen mit durchgängiger Rücksicht auf die comparative Physiologie der Thiere. Zu akademischen Vorlesungen bearbeitet. Bd 1-2, gbd.

Landshut: Krüll 1807 - 1808

Walther, P. F. von, Rede zum Andenken an Dr. G. A. Bertele. gr. 8. Landshut, Thomann. 818.

— Rede zum Andenken an Ignaz Döllinger Dr. in der zur Feier des Allerhöchsten Namens- u. Geburtstages Sr. Maj. des Königs am 25. August 1841 gehalt. öffentl. Sitzung der Königl. Bayer. Akademie d. Wissenschaften. gr. 4. München 841. (Franz.) n. 23¾ ngl

Walther, Ph(ilipp) Fr(anz) von: System der Chirurgie. Bd 1, 420 S., gbd.

Berlin: Reimer 1833

Walther, Phil. Frz. v., System d. Chirurgie. 2. Aufl. 1. Bd. Lex.-8. (30½ B.) Carlsruhe u. Freiburg 843, Herder'sche Vrlgsh. Thlr. *

—— dass. 2. u. 3. Bd. Lex.-8. Ebds. 846, 47. [2. (21 B.) 1 Thlr. 22½ Ngr., 3. (28⅛ B.) * 2 Thlr. 10 Ngr.] *

Bd. 2. Die Krankheiten in der Schädelgegend, des Geruchs- u. Gehörsinns.
- 3. Augenheilkunde. I.

Walther, Ph. Fr. v., System der Chirurgie. 4. Bd. 2 Abthlgn. A. u. d. T.: Lehre von Augenkrankheiten. 2 Bde. gr. 8. (VIII und 1286 S.) Freiburg im Br. 848, Herder'sche Vrlgsh. *

—— dass. — 5. und 6. Bd. gr. 8. Ebds. [5. (IV und 485 S.) 851. * 2 Thlr. 11⅓ Ngr., 6. (V und 461 S.) 852. * 2 Thlr.] *

1—3. Bd. Ebendas. 1843. * 6 Thlr. 12⅓ Ngr.

Walther, Ph(ilipp) Fr(anz) von: Ueber das Verhältnis der Medicin zur Chirurgie und die Duplicität im ärztlichen Stande. Eine historische Untersuchung mit dem Endresultat für die betreffende Staatseinrichtung. 48 S., gbd.

Carlsruhe u. Freiburg: Herder 1841

— Vorträge, gehalten in Fonks Criminal-Proceß. gr. 4. Trier 822. Gall. 12 gl

Walther, R., Die Affinitat als Erzeugerin der naturlichen organischen Verbindungen. Burgdorf 1877.
Progr.

Walther, (R.,) und **Jäkel**, der menschliche Körper, s. Berthelt, Jäkel und Petermann, Kommentar ꝛc. 7. Bdchn.

Walther, R. W. F. Sardanapal von Byron. Frankfurt a. O., R., 1856. 13 S. 4. Progr.

Walther, Reinhold: Über die Condensation von aromatischen Säureestern mit Cyaniden ... Leipzig, G. Fock, 1894; 41 S. 8.
Leipzig, Phil. Fak., Inaug.-Diss. v. [12. Febr. 1894

Walther, Reinhold, Dr.: Ueber Reductionen mittelst Phenylhydrazin. Nebst einem Anh.: Einwirkung von Orthoameisensäureäther auf primäre aromatische Amine. Leipzig: J. A. Barth 1896. 48 S. 8°
• Aus: Journal f. prakt. Chemie. Bd 161. N. F. Bd 53.
Dresden Te. H., Hab.-Schr. v. W.-S. 1896/97

Walther, Rhold., Tafel zur Wetterbeobachtung. Hrsg. vom Dresdener Lehrerverein. 29×41,5 cm. Dresden (909). Holze & Pahl. Ein- od. zweiseit. bedr. nn —05; 12 Blätter als Block —80

Walther, Rich., biblische Geschichten. Für die Mittelstufe erzählt. gr. 8. (IV, 124 S. mit 16 Illustr. in Holzschn.) Leipzig 884, M. Hesse's Verlag. * 50 Pf.; cart. *

Walther, (Friedr. Wilh.) Richard: De Apollonii Rhodii Argonauticorum rebus geographicis ... (Ersch. vollst. in: Diss. Hal. vol. XII.) Halis Saxonum, [Druck:] E. Karras, 1890; 1 Bl., 32 S., 1 Bl. 8°
Halle, Phil. Fak., Inaug.-Diss. v. [4. Dez.] 1890.

Walther, Rob., Allgemeines üb. Naturheilkunde, s.: Volksbibliothek, wissenschaftliche.

Walther, Rud., eine Pilgerfahrt in das gelobte Land. Vorgetragen im deutsch-österreich. Alpenverein zu Konstanz. 8. (80 S.) Frauenfeld 884, Huber. *
Aus: Thurgauer Zeitung, besonders abgedruckt.

Walther, Rud., eine Pilgerfahrt in das gelobte Land. Vorgetragen im deutsch-österreich. Alpenverein zu Konstanz. 2. Aufl. 8. (81 S.) Thalweil 885, Brennwald. *

Walther, Rud. Bernh. v., Hans Landtschadt v. Staynach. Ein Culturbild aus der Reformationszeit. 8. (VIII, 335 S.) Heidelberg 880, C. Winter's Universitäts-Buchh. *
geb. *

Walther, Rud. Bernh. v., Hans Landtschadt v. Steynach. Ein Culturbild aus der Reformationszeit. 2. Ausg. 8. (VIII, 335 S.) Heidelberg 886. C. Winter. n. 2. —; geb. n. 3. —

Walther, Rud. Bernh. v., Hans Landtschadt v. Staynach. Ein Culturbild aus der Reformationszeit. 3. (Titel-)Ausg. gr. 8. (VIII, 335 S.) Heidelberg 892. C. Winter. n. 2. —; geb. in Leinw. n. 3. —

Walther, Samuel

Walther, S., Genealogia et cognatio comitum de Grieben. Madeburgi 1731.

(Walther, S.,) Historie der heidn. Opfermähler, zum Beweiss der wahren Gegenwart des Leibes u. Blutes Christi im h. Abendmahl ins Licht gestellt. Leipz. 1726. 4.

Walther, S., singularia Magdeburgica, od. Merkwürdigkeiten a. d. Magdeburgischen Historie. 12 Thle. 4. Magdeburg, Seidel. 732—40.

Walther, S.: Nachricht von dem ehmaligen S. Hieronymi-Orden und Brüderschafft zu Magdeburg. Magdeburg 1737.

Walther, Sam., Historische Nachricht der alten Teutschen Mocdronech, als einem Ursprung vielerley Aberglauben unter den Christen zur Zeit des Heil. Christ-Festes. Magdeburg u. Leipzig 1740. 8. . . . .

Walther, Siegfr., Florian Geyer. Ein Heldenlied. 8. (184 S.) Berlin 899. H. Bermühler. n. 1. 60; geb. n. 2. 50

Walther, Sophie: Prolog zum Schillerabend am 12. November 1904. Mainz 1905: A. Wenglein. (S. 29—30.) 4°
Mainz, HM P 1905.

Walther, Sophie C., Gedichte. 8. Göttingen. (Ritscher in Hannov.) 750.

Walther, Th., die Bedeutung der Psychologie als e. grundlegenden Wissenschaft der Pädagogik, s.: Sammlung pädagogischer Vorträge.

Walther, Th., am Grabe e. katholischen Christen Rede, geh. auf dem Friedhofe zu Bürgel am Main am 31. Juli 1889. 8. (14 S.) Darmstadt 889. Waitz. n. — 20

Walther, Th., die Kohlenstaubfrage bei Schlagwetter-Explosionen. gr. 8. (30 S.) Berlin 887. Walther & Apolant, Verl. n. 1. —

Walther, Theodor

Walther, Thdr., Aegir. 3 Sagen vom Meere. (III, 147 S.) 8. Dresden 904. E. Pierson. n. 2. —; geb. n. 3. —

Bei den Hanseaten. Erlebnisse e. Reservisten im Kriege 1870/71, dem deutschen Volke u. s. reiferen Jugend erzählt von Theodor **Walther**. Straßburg i. E.: F. Bull 1906. (132 S.) 8° [F.]

Walther, Thdr., des Kindes erstes Rechenbuch. (144 S. m. z. Tl. farb. Abb.) 14×22,5 cm. München (907). C. A. Seyfried & Co. 1. —

Walther, Th., Rechenbuch f. geographische Klassen an gewerblichen Fortbildungs- u. Fachschulen, s.: Mangold, Ch.

— zwei Tage aus dem Leben Friedrich Schillers. (24 S.) 8. Zerbst 905. F. Gast. n. — 30

Walther, Theodor Karl

Walther, Theod. Car. (geb. Hannover 24. 6. 1807): De tunica coniunctiva. Berolini (1834). (85 S.) 8°
Berlin, Med. Diss. v. 29. Sept. 1834

Walther, Tobias (Bad Windsheim) A. S. 980/24

Disquisitio physico-medica de butyro eiusque vario usu.
Altdorf (Hessel) 11. XI. 1743. 23 S.

Gew.: Bad Windsheim.
W. v.: Christian Gottlieb Schwarz. 35788

Walther, Ulrich

Walther, Ulr., Brutus. Trauerspiel in 4 Aufzügen. 8. (112 S.) Halle a/S. 892. J. Fricke's Verl. n. 1. —

Walther, Ulr., deutsche Weihnacht. E. deutsches Spiel in 1 Aufz. 8. (20 S.) Halle 896. J. Fricke's Verl. n. — 15

Walther, Viktor. a. Torgau: Finden auf die Gebäude des § 95 des Bürgerlichen Gesetzbuches die Vorschriften des Bürgerlichen Gesetzbuches und der die Zwangsvollstreckung betreffenden Gesetze über bewegliche oder unbewegliche Sachen Anwendung? Borna-Leipzig 1900: R. Noske. (VII, 37 S.) 8° [F.]
Erlangen, Jur. Fak., Ref. Örtmann, Diss. v. 22. Jan. 1900
[Geb. 8. Juni 70 Torgau; Wohnort: Halle a. S.; Staatsangeh.: Preußen; Vorbildung: Kaiser Wilh.-Gymn. Hannover Reife O. 95; Studium: Freiburg i. B. 4, Göttingen 2 S.; Rig. 21. Nov. 05.]

Walther, W., s.: Fürstenzug, der sächsische, am königl. Schlosse zu Dresden.

Walther, W., Tafeln zur Erleichterung e. schnellen Auffindung v. Signalen des internationalen Signalbuches. (2 S.) gr. 4. Hamburg (903). Eckardt & Messtorff. n. — 50; auf Pappe n. 1. —

Walther, W. Ad., Sachsens Fürstenhaus. Sgraffitofries am königl. Schlosse zu Dresden. Einleitung von Ad. Stern. Lichtdr. von Römmler & Jonas. qu. gr. Fol. (9 Phototyp. mit 1 Bl. Text.) Dresden 876, Gutbier. In Mappe
geb. in Calico
Prachtausg. in Mappe *M.* 24.; geb. in Calico
—— dass. — Cabinet-Ausg. qu. 8. (9 Lichtdr.-Taf. mit 5 S. Text.) Ebendas. 876. In Carton-Mappe
In Calico-Mappe
—— dass. — Cabinet-Ausg. qu. 8. (10 Lichtdr.-Taf. mit 5 S. Text.) Ebendas. 876. geb.
geb. in Calico
—— dass. — Lithogr. qu. schmal-Fol. Dresden 876, Burdach. In 32. cart.
Vgl. Gräße, J. G. Th., Sachsen's Fürsten aus dem Hause Wettin.

Walther WA, Sachsens Fürstenhaus. Sgraffitofries im Königlichen Schlosse zu Dresden. Einleitung von A Stern. (1 Bl 9 T) qufol Dresden (1889)

Walther, Wilh., Cisatlantisch. St. Gallen 861. Scheitlin & Zollikofer. 8. (XI, 179 S.) 24 ngr.

Walther, Wilhelm, Arzt, ca. 1800–1860, s. Walther, Johann Karl Wilhelm

Walther, Wilh., die Bedeutung der deutschen Reformation f. die Gesundheit unseres Volkslebens. Vortrag. [Aus: „Allg. ev.-luth. Kirchenzeitg."] gr. 8. (24 S.) Leipzig 894. Dörffling & Franke. n. — 40

Walther, Wilhelm, appr. Arzt a. Reichelsheim: Aus d. pathol. Institut zu Gießen. Beiträge zur Lehre von der Stauungsleber. Mit einer chromolithogr. Tafel. Gießen 1905: v. Münchow. (33 S.) 8°
Gießen, Med. Fak., Ref. Bostroem, Diss. v. 25. Okt. 1905
[Geb. 13 Febr. 81 Reichelsheim i. d. W.; Wohnort: Reichelsheim; Staatsangeh.: Hessen; Vorbildung: Gymn. Büdingen Reife O. 99; Studium: Gießen 10 S.; Coll. 30. Juli 04; Approb. 12. Febr. 04.]

Walther, Wilhelm: Luther's Beruf, s. Schriften d. Vereins f. Reformationsgeschichte.

Walther, Wilh. Die deutsche Bibelübersetzung d. Mittelalters, dargestellt. 3 Tle. 4°. Braunschw., Wollermann. * 28 —
geb. * 40 —
1. Der 1. Übersetzungskreis. (VIII, Sp. 1—208 m. 3 Kunstbeilagen.) 889. * 8 —.
2. 2.—14. Übersetzungszweig. (III S. u. Sp. 209—432 m. 6 Kunstbeilagen.) 891. * 8 —.
3. (Sp. 433—766 m. 9 Kunstbeilagen.) 892. * 12 —.

Walther, Wilhelm, Esmarchs künstliche Blutleere, ihre Vortheile und Nachtheile und ihre Verwendbarkeit im Felde. Diss. Berlin 1886, Mayer & Müller. 8°. 40 S.

— Pauli Christentum, Jesu Evangelium. (51 S.) 8. Leipzig 908. A. Deichert Nachf. 1.—

Walther, Wilh., das älteste u. das neueste Christusbild. 2 Predigten. 1. u. 2. Aufl. (47 S.) 8. Wismar 906. H. Bartholdi. n. — 60

Walther, Wilh., das Erbe der Reformation im Kampfe der Gegenwart. 1. Hft. Der Glaube an das Wort Gottes. gr. 8. (III, 92 S.) Leipzig 903. A. Deichert Nachf. n. 1. 60; kart. n.n. 1. 85

— das Erbe der Reformation im Kampfe der Gegenwart. 2. Heft. Rechtfertigung od. religiöses Erlebnis. (V, 94 S.) gr. 8. Ebd. 904. n. 1. 80; kart. n. 2. —

Walther, Wilh., zur Erinnerung an den Bau d. Kirchturmes zu Ritzebüttel. Den Gliedern u. Freunden der Gemeinde dargeboten. gr. 8. (16 S.) Hamburg 885. (Gräfe.) — 30

— Friede u. Kreuz. Predigt, beim Antritt des Amtes e. Universitäts-Predigers am 3. Advent 1899/1900 geh. 8. (16 S.) Rostock 899. Stiller. n. — 30

— die Früchte der römischen Beichte, s.: Unterscheidungslehren, die, der evangelisch-lutherischen u. der römisch-katholischen Kirche.

— für Luther wider Rom. Handbuch der Apologetik Luthers u. der Reformation den röm. Anklagen gegenüber. (XVI, 759 S.) gr. 8. Halle 906. M. Niemeyer. n. 10. —

— die Gemeinschaftsbewegung der Gegenwart, s.: Hefte zum „Alten Glauben". 1.

— Luther's Glaubensgewißheit, } s.: Schriften des Vereins f. Reformationsgeschichte.

Walther, Wilh., von Gottes Gnaden. Ein Sonetten-Cyklus f. die Zeit. 8. (IV, 170 S.) Wien 899. Leipzig, W. A. G. Müller. n. 4. —; erm. Pr. n. 3. —; geb. n. 3. 75

Walther, Wilhelm: Heinrich VIII. von England und Luther. Rede zur Feier des 28. Februar 1908 in der Aula der Universität zu Rostock gehalten. Leipzig 1908: A. Deichert Nachf. (46 S.) 8°

Heinrich VIII. von England und Luther. Ein Blatt aus d. Reformationsgeschichte von Prof. D. Wilh. **Walther** in Rostock. Leipzig: A. Deichert Nachf. 1908. (53 S.) 8° [F.] [08. 4427

— Ein Herr — ein Glaube, s.: Haßhagen.

— s.: Jesus Christus f. unsere Zeit.

— D. Justus Köberle, s.: Rehm, Alb.

Walther, Wilh., das Leben im Glauben. Predigten u. Betrachtgn. f. die festlose Hälfte des Kirchenjahres. gr. 8. (IV, 157 S.) Leipzig 901. A. Deichert Nachf. n. 2. 60; geb. n. 3. 40

— das Licht der Welt. Neue Predigten in Betrachtgn. f. die erste Hälfte des Kirchenjahres. (IV, 132 S.) gr. 8. Ebd. 905. n. 2. 25; geb. n. 3. —

— Gottes Liebe. Predigten in Betrachtgn. f. die festl. Hälfte des Kirchenjahres. gr. 8. (III, 136 S.) Leipzig 901. A. Deichert Nachf. n.n. 2. 25; geb. n.n. 3. —

Walther, Wilh., Gottes Liebe. Predigten in Betrachtgn. f. die festl. Hälfte des Kirchenjahres. 2., durchgeseh. Aufl. (VI, 186 S.) gr. 8. Leipzig 909. A. Deichert. 2.40; geb. 3. 20

Denifles Luther eine Ausgeburt römischer Moral. Von Dr. Wilh. Walther, Prof. in Rostock. *Leipzig: A. Deichert Nachf. 1904.* (IV, 70 S.) 8° [F.]

— Luther im neuesten römischen Gericht, s.: Schriften d. Vereins f. Reformationsgeschichte.

Walther, Wilh., Luther vor dem Richterstuhl der „Germania". Offenes Sendschreiben an den Verf. der in der „Germania" erscheinenden „Briefe aus Hamburg". gr. 8. (40 S.) Hamburg 883, Oemler. *
Aus: Monatsschrift für die evangelisch-lutherische Kirche im hamburgischen Staate, besonders abgedruckt.

— Luther's Bibelübersetzung kein Plagiat. [Zum Thl. aus: „Neue kirchl. Zeitschr."] gr. 8. (III, 47 S.) Leipzig 891. Deichert Nachf.

Walther, Wilh., Melanchthon als Retter d. wissenschaftl. Sinnes. Vortrag. [Aus: „Allg. evang.-luth. Kirchenzeitg.] gr. 8. (24 S.) Leipzig 897. Dörffling & Franke. n. — 40

— ein Merkmal d. Schwärmergeistes. [Aus: „Allg. ev.-luth. Kirchenzeitg."] gr. 8 (20 S.) Ebd. 898. n. — 40

Die 'modernde' Kunst. Zeit- u. Streitlieder wider die 'Moderne' von Wilhelm **Walther**. Wien: Walther's literar. Bur.; Leipzig: J. Werner 1899. (VIII, 229 S.) 8° [es. 7364

Walther, (Henr. Julius Guil. (geb. auf Rügen 14. 3. 1820): De mali hypochondriaci natura et causis. Berolini (1845). (30 S.) 8°
Berlin, Med. Diss. v. 11. Okt. 1845

Walther, Wilhelm: De contaminationis apud Plautum et Terentium diversa ratione. Jena 1910: Neuenhahn. 70 S. 8°
Jena, Phil. Diss. v. 6. April 1910, Ref. Götz.

Walther, Wilh.: Die christliche Sittlichkeit nach Luther. Leipzig: Deichert 1909. VIII, 137 S. 8°
(Walther: Das Erbe d. Reformation im Kampfe d. Gegenwart. H. 3.)

Walther, Wilh., Stephanus. Predigt am 2. Weihnachtsfeiertage. 8. (16 S.) Hamburg 874, Walther. *

— ein Stoff. Ein Lustspiel in Versen u. 1 Akt. gr. 8. (43 S.) n. 1. 50
Wien 1899. Leipz.,W.A.G.Müller.

— Der Wandel im Licht. Neue Predigten in Betrachtgn. f. die zweite Hälfte des Kirchenjahres. (163 S.) gr. 8. Ebd. 907. 2.80; geb. 3. 60

— Weissagung u. Erfüllung im Leben Jesu Christi, f. das christl. Volk dargestellt in 48 Kunstblättern nach Originalen von W., m. erläut. Text v. Johs. Walther. (VIII, 190 S.) 4. Dresden-Niedersedlitz (906). H. G. Münchmeyer. Geb. in Leinw. n. 16. —

— s.: Weltgeschichte.

Zur Wertung der deutschen Reformation. Vorträge u. Aufsätze von D. W[ilhelm] Walther, Prof., Rostock. Leipzig: A. Deichert Nachf. 1909. (338 S.) 8° [F.] [oS. 14507

Ad. Harnacks Wesen des Christentums für die christliche Gemeinde geprüft von D. Wilh. Walther, Prof. in Rostock. *Leipzig: A. Deichert 1901.* (IV, 168 S.) 8° [F.] [oS. 515

— Ad. Harnacks Wesen des Christentums f. die christliche Gemeinde geprüft. 2. Aufl., unveränd. Abdr. gr. 8. (IV, 168 S.) Ebd. 901. n. 2. 70; kart. n.n. 3. —

— Ad. Harnacks Wesen des Christentums f. die christl. Gemeinde geprüft. Wohlf. (5.) m. e. Nachwort verseh. Aufl. (IV, 174 S.) gr. 8. Ebd. 904. n. 1. 50

— das Zeugniß des hl. Geistes nach Luther u. nach moderner Schwärmerei. Vortrag. gr. 8. (50 S.) Leipzig 899. Dörffling & Franke. n. — 60
Sonderabdruck aus: „Allg. ev.-luth. Kirchenzeitg."

Walther, Wilhelm Ludwig, a. Calbe a. S.: Die politisch-geographischen Grundlagen der Agrarverfassung des Herzogtums Magdeburg in der zweiten Hälfte des achtzehnten Jahrhunderts und ihre allgemeine Entwicklung. Magdeburg 1906: E. Baensch jun. (XIV, 145 S.) 8° [F.]
Leipzig, Phil. Fak., Ref. Lamprecht-Partsch, Diss. v. 18. Dez. 1906
[Geb. 3. Apr. 79 Calbe a. S.; Wohnort: Wernigerode; Staatsangeh.: Preußen; Vorbildung: Domgymn. Magdeburg Reife O. 98; Studium: Halle 3, Leipzig 8 S.; Rig. 5/6. März 06.]

Walther-Kleinkugel, Franz

Der Landwirtschaftliche Bauernverein des Saalkreises und seine Tätigkeit von 1859—1909. Festschrift zum 50jähr. Jubiläum des Vereins. In dessen Auftr. verf. v. Franz Walther-Kleinkugel u. [Gustav] Wesche. — Halle 1909: Thiele. 179 S. 8°

Walther-Locher, [Frau] S[usy] = Rode, Hans [Autorname].

Walther-Süersen, Gust. v., Anleitung zur Pflege der Zähne, s.: Süersen, Wilh.

Walther-Wallbach, Anneliese, der einsame Weg. Besiegt. Zwei Novellen. (147 S.) 8. Dresden (909). E. Pierson. 2.—; geb. n 3. —

Walthers [Sachl. OW]

Walthers, Gottfried, des Tischlers und des Städtleins Erlenburg Geschichte, ein Buch für Handwerker und Leute aus dem Mittelstand, von J. M. Müller, 8. Ulm, 786. Wohler. 20 sgl.

Walthers Jugendjahre, od. Unglück durch Leichtsinn. Zur Warnung v. ihm selbst erzählt. A. d. Engl. d. 3. Ausg. v. Frz. Demmler. 16. (7 B. u. 4 Kpfrt.) Stuttgart 839, Erhard.

Walther's Leben, Meinungen u. Schicksale, eines in der Schlacht bei Jena gefallenen Offiziers. 2 Thle. mit 1 K. 8. Hamb. Vollmer. 812.
Vgl. W a l t e r's...

Walthers [Verf.]

Walthers, Rob., das schwed. Hauptquartier in Altranstädt, od. der Drei-Veilchen-Brokat. Ein histor.-romant. Gemählde aus d. Großen Nordischen Kriege. 8. ($15^1/_2$ B.) Halberstadt 830, Helm.

Walthers, (X.,) Hugo u. Brunhilde, od. der sprechende Falke, ein hist. Roman aus d. deutschen Geschichte. 8. Königsb. 826, Unzer.

Walthier, Balthasar. Neue Beschreibung Des Halts vom ... Pfäfferser-Mineral-Wasser, Dessen ... Heyl-Krafft mit ... Practischen Observationen der Curen corroborirt, So dann angezeigter Regul des Trinckens und Baadens .... Operâ Balthasari Walthieri .... 8. Zug 1749.

Walthner, A., s. Thiers, A., Geschichte d. franz. Revolution.

Walthoffen, s.: Walter v. Walthoffen.

Walthon, Briani, Apparatus biblicus chronologico-topographico-philologicus. fol. Zürich, Orell. 755.

— prolegomena in biblia polyglotta praef. I. A. Dathe. 8. maj. Lips. Weygand. 777.

Walti, Ludwig: Arbeiten aus d. Laboratorium f. experiment. Pharmakologie zu Strassburg. Ueber die Einwirkung des Atropins auf die Harnsekretion ... Leipzig, Druck v. J. B. Hirschfeld, 1895; 28 S. 8.
Strassburg, Med. Fak., Inaug.-Diss. v. 1895

Wälti, Christian

Wälti, C., Dr. Steiger's Befreiung oder die Jesuiten in Luzern. Schauspiel in 5 Akten. 8. (148 S.) Bern 847, Fischer. n. 18 ngr

Walti, C[hristian]. Den Manen seiner in Luzern gefallenen Streitgenossen. Worte der Liebe, Sehnsucht und Verehrung. 8. Bern 1845.

— Sturmvogel u. Nachtigall. Neue Gedichte. 8. (IV u. 156 S.) Bern 850, Jent & Reinert. n. 18 ngr

Wälti, C., Blumen aus den Alpen. Erzählungen u. Volkssagen. 12. Bern 841, Fischer. n. $^1/_2$ rf

Programm der Oberrealschule zu Rakonitz für das Schuljahr 1857. Veröffentlicht am 31. Juli 1857 durch den Direktor P. Michael Martinowsky. Prag, 1857. Druck von Friedr. Rohlíček im fürsterzbischöfl. Seminar.
Inhalt: 1. Bedeutung der Naturlehre in den Realschulen, von Dr. R. J. Hnilicka. — 2. Bodenverbesserung und Lederbereitung, von Karl M. Hackenberger. — 3. Die naturhistorischen Verhältnisse von Rakonitz, von Johann Waltinger.

Waltl, der Führer zum Wohlstande. 8. (125 S.) Ellwangen 873, Schwäb. Buchh. *

Waltl, Joh., über Desinfection u. gleichzeitige Stoffgewinnung auf mechanischem Wege, in ihren Beziehungen zur Sanität u. Oeconomie nebst Angabe von Maßregeln des allgemeinen u. persönlichen Schutzes in inficirten Zeiten. München 861. Franz. gr. 8. (VI, 41 S. u. 1 lith. Taf. in Fol.) n. 10 ngr

Waltl, Jh., christkathol. Gebetbuch, mit Morgen-, Abend-, Meß-, Beicht- u. Communion-Gebeten ꝛc. 8. Grätz ... 2e A. 804. Ferstl. 12 ℊ

— christkathol. Kindermilch, d. i. d. nothwend. Unterricht in d. Religion. 16. Kulm 792.

— geistl. Lieder zur kirchl. Gottesverehrung. 8. Grätz 810. Ferstl. 8 ℊ

— Samml. verschied. geistl. Lieder von Gott u. christl. Tugend. 8. Augsb. 797.

WALTL, Johann Nepomuk (Niederaschau): Einiges über die Aderlässe in akuten Entzündungen.- München: Schurich 1854. 16 S.
20.8.1853 - Urk (Titel: De venaesectionibus in inflammationibus acutis.); F 68
Diss. Ingolst.-Landsh.-Mchn.

Waltl, Joseph

Waltl, J., das Amylon u. Inulin. Chemische Abhandl., mit steter Hinsicht auf Pflanzenphysiologie, Technik u. Medicin. gr. 8. Nürnb. 829. Riegel u. W. 6 ℊ

Waltl, Joseph Dr. „Ueber das Bleichen der Leinwand". pg. 3—8. 4°. Ambrosius Ambrosi.
Passau, Progr. 1837/38

Waltl, Joseph, Dr. med. „Ueber Brennstoffe aus dem Mineralreiche mit besonderer Rücksicht auf Niederbayern". pg. 3—10. 4°. Dr. Bressl's Buchd.
Passau, Progr. 1858/59

Waltl, Jos., Handbuch d. Naturgeschichte. Besonders f. techn. Lehranstalten, wie auch z. Selbstunterr. 3 Thle. gr. 8. Regensburg 837, Reitmayr. à 6 Gr.
Thl. 1. Mineralogie. (4¼ B. u. 2 Stnt.)
„ 2. Botanik. (5 B.)
„ 3. Zoologie. (8 B.)

Waltl, Jos., Handbuch der kaufmännischen Waarenkunde für öffentliche u. Privathandelsschulen u. zur Selbstbelehrung. Leipzig 862. Wengler. 8. (XVI, 127 S.) 15 ngr.

WALTL, Joseph (Wasserburg): De inulino.- Monachii: Lindauer 1829. 12 S.
29.8.1827 - Urk; F 59
Diss. Ingolst.-Landsh.-Mchn.

Waltl, Jos., Lehrbuch d. theoret. u. angewandten Chemie f. techn. Lehranstalten, so wie auch z. Selbstunterr. 2 Thle. gr. 8. (15⅛ B. u. 2 Tab. auf 1 B.) Regensburg 838, Reitmayr. Thlr.

Waltl, Jos. Dr. „Ueber die Milch". pg. 3—8. 4°. Dietenberger & Dr. Bressl.
Passau, Progr. 1855/56

Waltl, Jos. Dr. med. „Die Mineralien des bayerischen Waldes und der Umgebung von Passau in technischer Beziehung betrachtet". pg. 3—7. 4°. Dietenberger & Dr. Bressl.
Passau, Progr. 1852/53

— Naturgeschichte des Thierreiches. Für Real-, Gewerbe-, Forst-, Handelsschulen, landwirthschaftliche Schulen u. Gymnasien sowie zur Selbstbelehrung. Mit steter Beziehung auf Carl Arendts' naturhistorischen Schulatlas. 2. gänzlich umgearb. Aufl. Leipzig 861. Brockhaus. gr. 8. (XIX, 236 S.) n. 16 ngr.

Waltl, Joseph Dr. „Passau und seine Umgebung". Geognostisch-mineralogisch geschildert. pg. 3—17. 4°. Dr. Bressl und J. Bucher.
Passau, Progr. 1861/62

—— Reise durch Tyrol, Oberitalien u. Piemont nach d. südl. Spanien. Nebst e. Anh. zoolog. Inhalts. I. Aufl. (15⅔ B.) 835. 2⅙ Thlr., u. 2. Ausg. gr. 12. (15¹/₁₂ B.) Passau 839, Pustet'sche Buchh.

Waltl, Joseph Dr. med. „Ueber den Torf und seine Benützung". pg. 3—14. 4°. Dr. Bressl's B.
Passau, Progr. 1859/60

Waltl, Joseph Dr. „Die Umgegend von Passau in mineralogischer Beziehung". pg. 3—15. 4°. Ambrosius Ambrosi.
Passau, Progr. 1842/43

Waltl, Jos. Dr. med. „Verzeichniss der in der Gegend von Passau und im bayerischen Walde vorkommenden Mineralien". pg. 3—12. 4°. Dietenberger und Dr. Bressl.
Passau, Progr. 1849/50

Waltl, V., bergtechnische Mittheilungen aus Saarbrücken u. Westfalen. M. 4 Taf. [Aus: „Berg- u. hüttenmänn. Jahrb. d. k. k. Bergakademien zu Leoben u. Přibram etc."] gr. 8. (140 S.) Leipzig 898. (A. Felix.) n. 3. 40

JOHANN PAUL WALTMANN (?)

Belustigung vor das honette Frauenzim̃er und Junggesellen, Zum anmuthigen Zeit-Vertreib, bey zulässiger Compagnie, Von Artigen Schertz-Fragen, uñ nachdencklicher Antwort, seltzamen Hof-Streichen, auch klugen auserlesenen Lehr-Sprüchen ... Gedruckt in diesem Jahr, Da die Zeit noch besser war. 1715.

13 cm. 336 pages. Hayn-Gotendorf 7, 318, lists a work entitled *Belustigung vor Frauenzimmer und Junggesellen, zum anmuthigen Zeitvertreib an's Licht gebracht* (Nuremberg, 1727), which is presumably a later edition of the same book. It appeared under the name of Rudolf von Siemersberg, the pseudonym of Johann Paul Waltmann.

WALTMANN, Joh. Paul (ps.), Der in allen Wissenschaften erfahrene, und wohlstudirte Pickelhäring. Stöchenbach 1731. 12⁰.
Wiener Cat. (1774) verbotener Bücher. — Sehr selten!

— —, Erfahrner Pickelhering, in einer Menge von Erzählungen, Geschichten u. Begebenheiten. Rothenburg (Nürnb., Seiz) 1732. 12⁰. Rar!

Walton, Robert, od. e. großer Gedanke u. was daraus wurde. Aus dem Engl. übers. 16. (157 S.) Cleveland (Philadelphia, Schäfer & Koradi.) geb. n. 1. —

Walton, Mrs., ein Blick hinter die Coulissen. Eine Erzählung für Jung und Alt. Frei nach dem Engl. von M. K.-G. 2. Aufl. 12. (314 S. mit Illustr.) Basel 884, Spittler. *

Walton, Mrs., e. Blick hinter die Coulissen. E. Erzählg. f. jung u. alt. Frei nach d. Engl. d. M. K.-G. 3. Aufl. 8. (250 S. m. Abb.) Basel 896. Kober. n. 1. 60; geb. in Leinw. n. 2. 60

—— Heim, ach nur heim! Eine Erzählung, frei nach dem Engl. von M. K.-G. 12. (41 S. mit 1 Holzschn.) Ebendas. 883. *

Walton, Briani, apparatus biblicus chronologico-topographico-philologicus. Fol. Zürich 753. Orell. 1 ℛ 16 ℊ

—biblia polyglotta; prolegomena specialia recogn. Dathianisque et varior. notis suas immiscuit Fr. Wrangham. II Tom. Mit 2 Steintaf. u. 3 Holzschn. 8maj. Cantabrigiae 828. (Leipz., Fr. Fleischer). 10 ℛ 12 ℊ

— prolegomena in biblia polyglotta, praef. est I. A. Dathe. 8maj. Leipz. 777. Weygand. 1 ℛ 16 ℊ

Walton jr, James Henri, aus Newburyport: Die Jodionen-Katalyse des Wasserstoffsuperoxyds. Mit 4 Fig. im Text. *Leipzig: W. Engelmann 1903.* (44 S.) 8° ¶(Aus: Zeitschrift f. physikal. Chemie, B. 47, H. 2).
Heidelberg, Naturw.-math. Diss. v. 1903

Walton, Isaac, the complete angler: or the contemplative man's recreation. gr. 16. (192 S.) Leipzig 886. Gressner & Schramm. n. — 80

Walton, Isaac, u. Charles **Cotton,** der vollkommene Angler, herausg. von Ephemera, übers. von J. Schumacher. Hamburg 859. Salomon & Co. gr. 8. (XII, 308 S. u. 11 lith. Taf.) 1 ℛ 15 ngr.

Walton, O. F., Dolly's Geschenke. Eine Erzählg. Frei nach dem Engl. 12. (72 S.) Basel 888. Spittler. n. — 40

Walton, Mrs. O. F. Heim, ach nur heim! Erzählg. frei nach dem Engl. v. M. K.-G. 3. Aufl. 12. (41 S. m. Bild.) Basel 891, Jaeger u. Kober. * — 20

Walton, Mrs, heim, ach nur heim! Eine Erzählg., frei aus d. Engl. v. M. K.-G. 4. Aufl. gr. 16. (41 S. m. Titelbild.) Basel 896. Kober. n. — 20

— heim, ach nur heim! Eine Erzählg., frei aus dem Engl. von M. K.-G. 5. Aufl. 12. (41 S. m. Titelbild.) Basel 901. Kober. n. — 20

Walton, O. F., Niemand hat mich lieb! Eine Erzählg. Deutsch von Käthe v. Mielecka. Mit 2 Bildern. 12. (92 S.) Basel 885. Spittler. n. — 40

Walton, O. F., Niemand hat mich lieb! Eine Erzählg. Deutsch von Käthe v. Mielecka. 2. Aufl. 12. (92 S. m. 2 Bildern.) Basel 892. Jaeger & Kober. n. — 40

Walton, Mrs., Christie's old organ or home, sweet home, hrsg. v. A. Bückmann, s.: Schulbibliothek, französische u. englische. C. 32.

Walton, Thom., kennt Ihr Euer Schiff? Eine einfache Auseinandersetzung über Stabilität, Trim, Konstruktion, Tonnage u. Freibord der Schiffe, nebst vollständ. Ausführung der gewöhnl. Schiffsberechnungen nach gegebenen Plänen. Autoris. Uebersetzg. nach der 6. Aufl. des engl. Originals v. C. Fesenfeld. (XII, 361 S. m. Abbildgn. u. 1 Taf.) gr. 8. Oldenburg 903. G. Stalling's Verl. n. 5. —; geb. n. 6. —

Walton, William, das Alpaca, seine Einführung in den britt. Inseln, betrachtet als ein Nationalvortheil u. als ein Gegenstand unmittelbarer Nützlichkeit f. Landwirthe u. Fabrikanten. Aus d. Engl. übersetzt. 12. (8 B. u. 1 Abbild.) Reutlingen 845, Mäcken, Sohn.

Walton, W., die neuesten Erfindungen u. Verbesserungen d. Kühlapparate f. Branntwein-Meische, Bierwürze, Schwefelsäure u. verschied. and. heiße Flüssigkeiten. Nebst einigen Belehrungen, betreff. die Entfuselung u. Reinigung d. Branntweins ꝛc. A. d. Engl. 8. (3 B. u. 12 Abbild.) Quedlinburg 831, Basse.

Waltrami ut videtur liber, de unitate ecclesiae conservanda, s.: Scriptores rerum germanicarum.

Waltrop [Schlagwort]

Waltrop, s.: Preussen. Messtischblätter.

Waltrowits, M., 'Ο ΠΡΟΔΡΟΜΟΣ. Mittheilungen über neue Forschungen auf dem Gebiete serb. Kirchenbaukunst. gr. 8. (23 S. mit 1 lithogr. Taf.) Wien 878, Lehmann und Wentzel. *

Waltrowits, M., 'Ο ΠΡΟΔΡΟΜΟΣ. Mittheilungen über neue Forschungen auf dem Gebiete serbischer Kirchenbaukunst. Mit einer (lith.) Taf. gr. 8. (23 S.) Wien 878. Spielhagen & Schurich. n. 3. —

Waltsgott, C. F., de iconolatria Christianorum idololatrica. Hal. 1706. 4.

Waltsgott, Johann Ferdinand (Öls) A.S-1332/31

Reliqua de fulgure tonitru ac fulmine.
Präs. Johann Christian Stock.
Jena (Horn) 3.II.1734. 28 S. 35790

Waltsgott, Tobias (Breslau) A.S.1330/33

Dissertatio academica de inventore pulveris pyrii et bombardae. Präs. Gottfried Jalofky.
Jena (Müller) II.1702. 24 Bl. 35791

Waltuch, Mina, illegitim. Roman. (407 S.) 8. Dresden (908). E. Pierson. 3.—; geb. n 4. —

— Ein Kapitel aus dem Leben. Roman. (341 S.) 8. Ebd. (907). 4.—; geb. n 5. —

Waltz, Ad., de carmine Ciris. gr. 8. (85 S.) Paris 881. (Frankfurt a. M., Baer und Comp.) **

Waltz, André, Bibliographie de la ville de Colmar. Publiée sous les auspices de la société industrielle de Mulhouse et de la ville de Colmar. (XXI, 539 S.) gr. 8. Mülhausen i/E. 902. (C. Detloff.) n.n. 6. —

Bibliographie de la ville de Colmar. Publ. sous les auspices de la Soc. industr. de Mulhouse et de la ville de Colmar par André **Waltz**, bibliothécaire. (Vorr.: Fritz Kessler.) *Colmar 1902: J. B. Jung & Cie.* (XXI, 539 S.) 8° [03. 5609

s. Chauffour, Félix-Henri-Joseph, chronique de Colmar.

Waltz, Gust., Dr., Ueber Alter und Vortrefflichkeit der Medizin. Aus dem Lateinischen des Henricus Smetius a Leda übersetzt von —. Heidelberg 1889.

Waltz, Gust., Erlebnisse eines Feldarztes der badischen Division im Kriege 1870—71. 8. (V, 136 S.) Heidelberg 872, C. Winter's Universitäts-Buchh. *

Waltz, Heinrich: Die Lage der Orchestermusiker in Deutschland mit besonderer Berücksichtigung der Musikgeschäfte („Stadtpfeifereien"). Karlsruhe: G. Braun 1906. (VI, 125 S.) 8° ¶[— Volkswirtschaftl. Abhandlungen d. Badischen Hochschulen Bd 8, H. 4.]
Heidelberg, Phil. Fak., Ref. Rathgen, Diss. v. 18. Juli 1906
Geb. 19. Sept. 81 Heidelberg; Wohnort: Heidelberg; Staatsangeh.: Baden; Vorbildung: Gymn. Heidelberg Reife M. 00; Studium: Heidelberg 8 S.; Rig. 27. Febr. 06.]

Waltz, Heinr., die Lage der Orchestermusiker in Deutschland, m. besond. Berücksicht. der Musikgeschäfte („Stadtpfeifereien"), s.a. Abhandlungen, volkswirtsch., der bad. Hochschulen.

Die Lage der Orchestermusiker in Deutschland mit besond. Berücks. d. Musikgeschäfte (Stadtpfeifereien) von Dr. Heinrich **Waltz**. Karlsruhe: G. Braun 1906. (VI, 125 S.) 8°
= **Abhandlungen**, Volkswirtschaftl., d. Badischen Hochschulen. Bd 8, H. 4. [06. 9996

Entwurf zu einer systematischen Durchführung des Musikdiktats. (Unter Berücks. d. Regierungsvorschriften f. höh. Mädchenschulen.) Von Hermann **Waltz**. Crefeld: Schuckert 1910. 31 S. [11, 9662

Waltz, Herm., allgemeine Musiklehre. (Theoretische Elementarlehre d. Musik.) 1. Tl. Das Tonartensystem. (56 S.) gr. 8. Crefeld 909. F. Schuckert. 1. 50

Waltz, J.-Jacques, tours et portes d'Alsace. 12 aquarelles. Préface par Jos. Fleurent. (10 farb. Taf. m. Text III u. 12 S.) 50×35 cm. Mülhausen i/E. (908. 09). Ch. Bahy. In Mappe: 20.—; auch in 6 Lfgn. à 3. —

— Türme u. Tore im Elsass. 12 Aquarelle. Vorrede v. Jos. Fleurent. (10 farb. Taf. m. Text III u. 12 S.) 50×34 cm. Ebd. In Mappe 20.—; auch in 6 Lfgn. à 3. —

Waltz, Johann Karl Adolph, s. W a l t z , Karl

Waltz, Karl

Waltz, (Joan.) Car. (Adolph.) (geb. Saarlouis 5. 3. 1824): De rheumatismo acuto. Berolini (1847). (36 S.) 8°
Berlin, Med. Diss. v. 1. Apr. 1847

Waltz, Ludwig [cand. med. aus Waldfischbach '(Rheinpfalz)']: Über die Ursachen der Knochennekrose ... Ludwigshafen a. Rh., Baur'sche Buchdr., 1896; 17 S. 8.
Erlangen, Med. Fak., Inaug.-Diss. v. 6. März 1896

Fr. Bartolomé de las Casas. Eine hist. Skizze von Prof. Dr. Otto **Waltz.** Bonn: M. Hager 1905. (38 S.) 8° 05. 10095

W a l t z, Otto, die Flersheimer Chronik. Zur Geschichte des 15. und 16. Jahrhunderts. Zum ersten Mal nach vollständ. Handschriften hrsg. gr. 8. (XXIV, 124 S.) Leipzig 874, Hirzel. *

Waltz, Otto, die Denkwürdigkeiten Kaiser Karl's V. Eine Studie zur Geschichte des 16. Jahrh. gr. 8. (47 S.) **Bonn 901.** [E. Strauß.] M. Hager. n. 1. 20

Waltz, Wilhelm: Vom Reinertrag in der Landwirtschaft. Eine historisch-kritische Studie. Stuttgart 1904: Union. (VIII, 121 S.) 8° ¶(= Münchener volkwirtsch. Studien, Stück 69.)
München, Staatswirtsch. Fak., Ref. Lotz, Diss. v. 28. Nov. 1904
[Geb. 7. Okt. 79 Friedberg; Wohnort: Friedberg; Staatsangeh.: Hessen; Vorbildung: Gymn. Darmstadt Reife O. 98; Studium: Gießen 2, München 1, Berlin 1, München 5 S.; Rig. 2. Juli 04.]

Waltz, Wilh., vom Reinertrag in der Landwirtschaft, s.a. S t u d i e n , Münchener volkswirtschaftliche. 69.

Vom Reinertrag in der Landwirtschaft. Eine hist.-krit. Studie von Dr. W i l h e l m **W a l t z.** *Stuttgart & Berlin: J. G. Cotta Nachf. 1904.* (X, 121 S.) 8° = **S t u d i e n ,** M ü n c h e n e r volkswirtschaftliche. St. 69. 04. 16378 3

Waltzer, Rom u. der Katholik, oder: Von der Anhänglichkeit an den heiligen Vater. [Aus: Philothea.] Würzburg 865. Stahel'sche Buchh. gr. 8. (12 S.) 1 ngr.

Waltzer, Heinrich: Georg Hauer von Niederaltaich, ein bayerischer Chronist des 15. Jahrhunderts. *München 1902: Kastner & Lossen.* (45 S.) 8° ¶(Erscheint vollst. in: Archival. Zeitschrift, N. F. Bd 10.)
München, Phil. Diss. v. 1902

Waltzing, J. P, Les inscriptions relatives aux collegia fabrum tignariorum de Rome d'Ostie. S.-A. 1888. 14 S. 1.-

W a l u j e w, Graf P. A., Lorin. Roman. Vom Verf. autoris. deutsche Ausg. 3 Thle. 8. (VII, 323; V, 311; 355 S.) Leipzig 882, Brockhaus. à Thl. ℳ 6. geb. à Thl. * ℳ 7. *

Walujew, Graf P. A., Lorin. Roman. Vom Verf. autoris. deutsche Ausg. 2. (Titel-)Aufl. 3 Thle. 8. (VII, 323; V, 311 u. V, 355 S.) Leipzig 890. Brockhaus. n. 6. —; geb. n. 8. —

Walwais und Adelaide. Schauspiel in fünf A. Mannh. 1778. 1781. Hann. 1793. V: *Dalberg, Wolfgang Heribert Reichsfreih. von.* (HS) (JL) (Kn) (MGT) (Ky) (GGr)

Walwais und Adelaide. Schspl. (v. Wolfg. Her. v. Dalberg). 8. Manh. 778. Schwan u. G. 6 gr.

Walwer, J. A., Erwiderung auf die Schrift: Widerlegung der Bemerkungen eines Kaufmanns üb. den Zoll-Verband, hauptsächlich in Bezug auf die Zuckerfabriken und deren Wirkung auf den Handel. gr. 8. Magdeburg 835. Bühler. ⅓ ℳ

W a l w e r, J. A., Erwiderung auf d. Schrift: Widerlegung d. Bemerkungen e. Kaufmanns üb. d. Zoll-Verband, hauptsächl. in Bezug auf d. Zuckerfabriken u. deren Wirkung auf d. Handel. gr. 8. (1½ B.) Magdeburg 835, [Inkermann.] (Leipzig, Klinkhardt.)

Walwille, der Frau, Lebensgeschichte, s. Europäerin, die wilde.

Walworth, Joseph Edward: Über die beiden β-Methylglutaconsäuren. *Leipzig-R. 1898: O. Schmidt.* (24 S.) 8°
Leipzig, Phil. Diss. v. [1. Apr.] 1898

Waly, Hamed: Drei Kapitel aus der Ärztegeschichte des Ibn Abi Oṣaibi'a. Berlin 1910: G. Schade. 45 S. 8° • (Soll vollst. ersch.)
Berlin, Med. Diss. v. 12. Aug. 1910, Ref. His
[Geb. 22 Dez. 71 Mit Abu Ali, Ägypten; Wohnort: Berlin; Staatsangeh.: Türkei; Vorbildung: Dar al'ulum (Haus d. Wissensch.) Kairo; Studium: Berlin 16 S.; Rig. 11. Aug 10.] [U 10. 112

Walz, ..., Bericht an d. medicin.-prakt. Gesellschaft zu Paris üb. d. Hydroconion oder Regenbad. 8. Leipz. 830. Köhler. 4 gr.

Walz: Zur Geschichte Salzburgs, besonders zur Geschichte des Fehdewesens in den Jahren 1483 1493. 45 S.
Salzburg, Progr. 1865

W a l z , Untersuchung über die Vor- und Nachteile einer allgemein durchgeführten Wiesenwässerung in Württemberg. Ellwangen (185?)

Walz, A: Neue Desinfektions-Apparate. Bonn (1889)

Walz, A. R. Die Durchführung der Revision des Grundsteuer-Catasters. 3. Aufl. 8°. Wartburg 1896.

Walz, *Arnold* Über die Erklärung der Eckfiguren am Ostgiebel des olympischen Zeustempels und am Westgiebel des Parthenon. 4 (S. 3--39). **Progr.** Ev.-theol. Seminar *Maulbronn* 1887 (543)

Walz, üb. die Erklärung der Eckfiguren am Ostgiebel d. olympischen Zeustempels u. am Westgiebel d. Parthenon. 4. (39 S.) Maulbronn 887. (Tübingen, Fues.) n. 1. 50

Walz, Carl Friedrich, s. W a l z , Karl Friedrich

Walz, Christian

— s. Cicero's Werke.

— Turibuli Assyrii descriptio. Gel. 1856. 19 S. u. 2 Taf. 4°.

—— **T u r i b u l i Assyrii descriptio. 4maj. (19 S. mit 2 Stnt.) Tubingae 856, (Fues' Sortimentsh.)** * —

W a l z, Chr., Epistola critica ad Jo. Fr. Boissonade. Qua novae rhetor. graecor. editionis a se curandae specimen proponit. Affixa est tab. palaeogr. 8 maj. (5 B.) Stuttgardiae 831, [Beck et Fränkel.]

***Walz,* Chr., epistola critica ad Jo. Fr. Boissonade, qua novae rhetorum graecorum editionis a se curandae specimen proponit. Affixa est tabula palaeogr. 8maj. Stuttg. 831. Löflund. 12 gr.**

W a l z, Chrn., de **N e m e s i Graecorum. 4maj. (26 S. mit 2 Stnt.) Tubingae 852, Fues' Sortimentsh.** *

s. **Pausaniae** descriptio Graeciae.

Walz, C., Polychromo der antiken Sculptur. Gel. 1853. 24 S. u. 8 Taf. 4°.

—— **über die P o l y c h r o m i e der antiken Sculptur. 4maj. (24 S. und 3 Stnt.) Tübingen 854, Fues' Sortimentsh.** * *

– s. Real-Encyclopädie der class. Alterthumskunde.

—— de religione Romanorum antiquissima. Particula I. (Programma acad.) 4. (24 S.) Tubingae 845(854), Fues' Sortimentsh. *

— s. Rhetorici graeci.

Walz, Christian: Über den gegenwärtigen Stand der Alterthumswissenschaft besonderer Beziehung auf Württemberg. Eine Inaugural-Rede, gehalten den 14. Januar 1841. Tübingen 1841: Fues. 31 S.
Diss. Tübingen 1841

Walz, Chrstn., üb. d. gegenwärt. Stand d. Alterthumswissenschaft, mit besond. Bezieh. auf Würtemberg. Eine Inaugural-Rede. gr. 8. (2 B.) Tübingen 841, Fues, Vrlsh. *

s. Xenophon's Werke.

Walz, E. L., the elements of the english language etc. — Elementarb. d. engl. Sprache, od. englisch-deutsches Buchstabir- u. Leseb. mit prakt. Uebungen. gr. 12. (5⅙ B.) Philadelphia 835, Wesselhoeft. (Bremen, Kaiser.) *

Walz, E. L. Ev Luth Pastor: vollständige Erklärung des Kalenders, mit einem faßlichen Unterr ü die Himmels-Körper. Reading, 1830.

Walz, E. L., praktisches Rechenbuch für deutsche Elementarschulen in den Vereinigten Staaten. Sorgfältig zusammengetragen aus prakt. engl. Rechenbüchern. 3. Aufl. 12. (252 S.) New-York 854. (Philadelphia, Schäfer und Koradi.) *

Walz, (Ernst), Dr., Bürgermeister in Heidelberg: Das Badische Ortsstrassenrecht, dargestellt in Ausführungen zum Ortsstrassengesetze vom 6. Juli 1896 unter Berücksichtigung der neuesten Gesetzgebung, insbesondere des Enteignungsgesetzes vom 26. Juni 1899. *Heidelberg: A. Emmerling & Sohn 1900.* (XI, 414 S.) 8° [F.]
Heidelberg, Jur. Hab.-Schr. v. 1900

Walz, das badische Ortsstraßenrecht, dargestellt in Ausführungen zum Ortsstraßengesetze vom 6. VII. 1896, unter Berücksicht. der neuesten Gesetzgebg., insbesondere des Enteignungsgesetzes vom 26. VI. 1899. 8. (XII, 414 S.) Heidelberg (900). A. Emmerling & Sohn. n. 6. —; geb. n. 7. —

— über die Prüfung der parlamentarischen Wahlen nach badischem Recht. gr. 8. (131 S.) Ebd. 902. n. 1. —
Sonderabdruck aus: „Zeitschr. f. bad. Verwaltung u. Verwaltungsrechtspflege".

Walz, E., d. Regelg. d. Baugrundstücke nach d. Vorschlage d. Freiburger Städtetages v. 10. Novbr. 1893, unt. bes. Berücksicht. der gegen d. „Umlegung" der lex Adickes erhob. Angriffe, besprochen v. W. [Aus: „Zeitschr. f. bad. Verwaltg. ꝛc."] gr. 4. (20 S.) Heidelberg 896. A. Emmerling & Sohn. n. — 60

Walz, Ernst, das Staatsrecht des Großherzogt. Baden, s. a. Recht, das öffentliche, der Gegenwart. V.

Das Staatsrecht des Großherzogtums Baden von Dr. Ernst Walz, Heidelberg. Tübingen: Mohr 1909. XII, 512 S. 4°(8°)
(Das öffentliche Recht d. Gegenwart. Bd 5.)

– Die rechtliche Stellung des Staatsministeriums im Grossherzogt. Baden, s.: Abhandlungen, staatsrechtliche, Festgabe f. Paul Laband.

Walz, Ernst, L. Landmann u. Jos. Ehrler, Verfassung u. Verwaltungsorganisation der Städte des Großherzogtums Baden, s.: Schriften des Vereins f. Socialpolitik.

Dr. F. H. Walz. Kurze Betrachtung über den Menschen. Durlach. 1787. 31 S.
Karlsruhe, P 1787

Walz, Friedrich, appr. Arzt, Unterarzt b. Inf.-Reg. Nr. 32: Bericht über die während der letzten fünf Jahre an der chirurgischen Klinik der Königlichen Charité ausgeführten Kropfoperationen, ausgenommen sämtliche Basedow-Fälle. Berlin 1910: G. Schade. 62 S. 8°
Berlin, Med. Diss. v. 7. Juni 1910, Ref. Hildebrand
[Geb. 3. Aug. 83 Greiz; Wohnort: Meiningen; Staatsangeh.: Preußen; Vorbildung: Gymn. Barmen Reife O. 04; Studium: Berlin K. W. A. 10 S.; Coll. 6. Juni 10; Approb. 6. Juni 10.] [U 10. 113

Die deutsche Finanz-Reform der Zukunft. Von e. Ausland-Deutschen. [Verf.: Fritz Walz.] Zürich: Zürcher & Furrer 1906. (IX, 508 S.) 8° [F.]
= [Walz]: Staatsstreich oder Reformen! T. 3. [08. 4433

Die deutsche Justiz-Reform der Zukunft. Verf. von e. Ausland-Deutschen. [Verf.: Fritz Walz.] Zürich: Zürcher & Furrer 1904. (L S., S. 321–621.) 8° [F.]
= [Walz]: Staatsstreich oder Reformen! T. 2, Buch 1. [08. 4431

Die Presse und die Deutsche Weltpolitik. Von e. Ausland-Deutschen. [Verf.: Fritz Walz.] Zürich: Zürcher & Furrer 1900. (IV, 88 S.) 8° [F.] [08. 4418

[Walz-Eidenbenz, Fritz.] Staatsstreich oder Reformen! Politisches Reformbuch für alle Deutschen, verfasst von einem Ausland-Deutschen. 8. Zürich, Zürcher & Furrer.
Teil 1. (Verfassungs-Reform — Wahl-R' — R' der Interessen-Vertretung — Verwaltungs-R'.) II + XXIV + 817 S. 1904. (M. 1.—)
Teil 2, Buch 1. — *A. u. d. T.:* Die deutsche Justiz-Reform der Zukunft. Teil 2 von «St' oder Reformen.» Buch 1. Verf' von e' A'-D'. [Mit Figuren.] IV + L S. + S. 321—621. 1904. (M. 2. —)
Teil 2, Buch 2. 2. Aufl. — *A. u. d. T.:* Deutsche Kolonial-Reform. Teil 2 von «St' oder Reformen.» Buch 2. Verf' von e' A'-D'. [Mit illustriertem Umschlag.] VIII S. + S. 623—1598 + *Rezensionen* 16 S. 1905. [fr. 6. —]

Walz-Eidenbenz, Fritz, Züricher Tages-Fragen. gr. 8. (VII, 204 S.) Zürich 897. Zürcher & Furrer. n.n. 1. 50

Verfassungs-Reform. Wahl-Reform. Reform d. Interessen-Vertretung. Verwaltungs-Reform. Von e. Ausland-Deutschen. [Verf.: Fritz Walz.] Zürich: Zürcher & Furrer 1904. (XXIII, 317 S.) 8° [F.]
= [Walz]: Staatsstreich oder Reformen! T. 1. [08. 4430

Deutsche Wehr-Politik der Zukunft. Von e. Auslanddeutschen. [Verf.: Fritz Walz.] Zürich: Zürcher & Furrer 1908. (XII, 450 S.) 8° [F.] [08. 4434

Walz, G. F. Dr. (Apotheker) „Beiträge zur Cultur des Weinstocks und zur Weinerzeugung". Vom chemischen Standpunkte aus. pg. 1—26. 4°. J. F. Kranzbühler.
Speyer, Progr. 1845/46

Walz, G. F., u. L. F. Bley, neue Denkschrift über die nothwendigen Reformen der pharmaceut. Verhältnisse in Deutschland, siehe: Bley, L. F.

Walz, G. F. Dr. „Die Weintraube in verschiedenen Reifeperioden beobachtet und untersucht". pg. 13—19. 4°. J. F. Kranzbühler.
Speyer, Progr. 1846/47

Walz, G. F. Dr. (Apotheker) „Einige Worte über Naturwissenschaft nebst kurzer Betrachtung des Krapps". pg. 3—12. 4°. J. F. Kranzbühler.
Speyer, Progr. 1843/44

Walz, Gallus, früh am Morgen. Studien. 8. (V, 198 S.) Leipzig (900). R. Baum. n. 2. 50; geb. in Leinw. n. 3. 50

Walz, Gallus. Früh am Morgen. Studien. VIII + 199 S. 8. Zürich und Berlin, Arnold Bopp, 1907. [cart. fr. 3. —]

Walz, Gallus, Pfingsten. Eine Novelle. (122 S.) kl. 8. Zürich 906. A. Bopp. Kart. n. 3. —

Walz, Gotthard: Das Sprichwort bei Gower mit besonderem Hinweis auf Quellen und Parallelen. Nördlingen 1907: C. H. Beck. (XVI, 83 S.) 8°
München, Phil. Fak., Ref. Schick, Diss. v. 21. Dez. 1905
[Geb. 26. Okt. 79 Niederstotzingen, Oberamt Ulm; Wohnort: Günzburg a. D.; Staatsangeh.: Bayern; Vorbildung: Gymn. Dillingen a. D. Reife Juli 99; Studium: München Jura 2, Phil. 8 S.; Rig. 21. Dez. 05.]

Walz, Gli., s. Mably, Bemerkk.

Walz, G., s. Samml. e. französ. Lustspiele.

Walz, Gottlieb Heinrich

Walz G. H.: Natur u. Behandlung d. Schaf-Raude. Stuttg. 1809. 102 S. 1 Tvl.

— über Natur u. Behandl. d. Schafräude, mit 1 Kpf. 8. Stuttg. 809. Steinkopf. 18 gr

Walz, Gottlieb Heinrich: Natur und Behandlung d. Schaaf-Raude. Mit e. Kupfer. Stuttgart 1867. VIII, 80 S.

Walz G. H.: Untersuchungen üb. die Natur u. Behandlungs-Weise d. Rinder-Pest, m. einer kurzen Geschichte d. Verlaufs derselben in Württemberg in den Jahren 1795-1801. Stuttg. 1803. 253 S.

Walz, Gli. Hnr., († d. 29. Aug. 1814.) Untersuchungen über d. Natur u. Behandlungsweise d. Rinderpest; nebst e. Geschichte d. Verlaufs derselben in Würtemberg in d. J. 1795—1801. 8. Stuttg. 803. Steinkopf. 18 gr

Walz, Gust., landwirthschaftliche Betriebslehre. Stuttgart 867. Cotta'sche Buchh. gr. 8. (XII, 669 S. mit eingedr. Holzschn. u. 1 Tab. in hoch 4.) 3 Thlr

Walz, Gust., landwirthschaftliche Betriebslehre. 2., von Weber in Tübingen durchgeseh. und vielfach verm. Aufl. gr. 8. (XIV, 667 S.) Stuttgart 878, Cotta'sche Buchh.

Walz, Gust., über den Dünger und die Waldstreu. Zur Beherzigung für Land- und Forstwirthe. 2. Aufl. 8. (IV, 71 S.) Stuttgart 870, Cotta'sche Buchh. *

Walz G.: Ueber die Ernährung d. Agrikultur-Pflanzen. Eine Beleuchtung d. 50 Thesen d. Freiherrn J. v. Liebig v. landwirthschaftl. Seite. Stuttg. 1857. 161 S.
(= Mittheilungen aus Hohenheim. H. 3).

— Mittheilungen aus Hohenheim, s. Mittheilungen.

Walz, (Gust.), Mittheilungen aus Hohenheim. gr. 8. (138 S. mit 3 Tab. in qu. gr. 4. und 1 lithogr. Culturplan von Hohenheim in Fol.) Stuttgart 853, Cotta'sche Buchh.

— — 2. Heft. Mit 1 Lithogr. (in Fol.) Stuttgart 855. Cotta. gr. 8. (168 S.) 21 ngr

— — 3. Heft. A. u. d. T.: Ueber die Ernährung der Agrikultur-Pflanzen. Eine Beleuchtung der 50 Thesen des Freih. Just. v. Liebig von landwirthschaftlicher Seite. Stuttgart 857. Cotta. gr. 8. (VII, 162 S.) 21 ngr

— — 4. Heft. A. u. d. T.: Die Mineralstöffler u. die Stickstöffler in der Landwirthschaft. Nebst einer Beleuchtung der neuesten chemischen Briefe des Freih. Just. v. Liebig von Em. Wolff. Stuttgart 858. Cotta. gr. 8. (3 Bl., 151 S.) 27 ngr

Walz, Gust., Mittheilungen aus Hohenheim. 5. Heft. Stuttgart 860. Cotta. gr. 8. (V, 346 S.) 1 Thlr 24 ngr

Walz, Gust., über die Waldstreu. Zur Beherzigung für Land- u. Forstwirthe. gr. 8. (71 S.) Stuttgart 850, Cotta. 9 ngr

WALZ, Gustav: Über die Waldstreu. Zur Beherzigung für Land- und Forstwirthe. - Stuttgart, Tübingen 1850. IV, 71 S. - 2. Aufl. u. d. T.: Über den Dünger und die Waldstreu. Zur Beherzigung für Land- und Forstwirthe. ebd. 1870. IV, 71 S.

Walz, *Hermann* [Prof.]: Katalog der Lehrerbibliothek des Gymnasiums. Barmen, Druck v. D. B. Wiemann, 1897; 2 Bl., 139 S. 8.
Barmen, G, P 1897 (440)**

Walz, H. Katalog der neuerworbenen Lessingbibliothek. S. 13—17. **Progr.** *Greiz* 1880.

Walz, H., u. W. Grabl Katalog der Stadtschulbibliothek des städtischen Gymnasiums mit Realabteilung und Vorschule zu Greiz. 56 S. 8. **Progr.** *Greiz* 1884.

Walz, H., deutsches Lesebuch, s.: Evers, M.

Walz, H., deutsches Lesebuch f. höh. Lehranstalten, s.: Evers, M.

Walz, H. Über den deutschen Unterricht in Tertia, insbesondere über die Behandlung und Verwertung der Lektüre. 20 S. *Greiz* 1883. **Progr.**

UEBER den Luxus (von *Heinr. Carl Walz* und *Gottlob Walz*). Königsberg 1768.
Anon.-Lex. IV. p. 208 (nach Wurzbach u. Kayser).

Walz, Hnr. Karl, († d. 23. Juli 1779.) (u. Gli. Walz), vom Predigen. 8. Danzig 768.

Walz, H.C.G. (Hrsg.), s. Abhandlungen, Vermischte, eines Philosophen aus der Provinz.

Walz, Hnr. Karl Gli., († 1781.) s. Sara Th**.

Walz, Johann Leonhard

— bei d. Feier d. Kurwürde unsers Durchl. Fürsten (Karl Friedrichs v. Baden), d. 8. Mai 1803; e. Rede. 8. Karlsr. 803.

Walz, Jh. Leonh., († d. 8. Nov. 1817.) Feier d. Wiedergenesung unser geliebten Kurfürsten u. d. Vermählung des Durchl. Kurprinzen mit Stephanie Napoleon. 8. Karlsr. 806. Müller. 3 gr

(—) Festgesang am Friedens- u. Dankfeste d. Juni. 8. (Karlsr.) 801.

— s. Gesangbuch, badisches.

— Notizen u. Bemerkk., aus d. Bad in Baden. Im Monat Juli 1807 geschrieben an e. Freund. 8. Karlsr. 808. Müller. 6 gr

— Predigt über d. gewöhnl. Evangelium, in Gegenwart des Königs u. d. Königin v. Schweden gehalten. 8. Karlsr. 803.

— Predigt am Friedensfest den 1sten Trinitatis. 8. Karlsr. 801.

— Predigten. gr. 8. Karlsr. 813. Müller. 1 Thlr 20 gr

Walz, J. L., Predigten. gr. 8. Frankfurt, Hermann. 814.

— Rede, die unmittelbar vor Abführung des Herzens d. Prinzen Karl Ludwig am Hofe gehalten wurde. 8. Karlsr. 802.

— Rede zur Feier des Waffenglücks d. verbünd. Fürsten. gr. 8. Karlsr. 814. Braun. 3 gr

— Rede am Grabe des Reichsfreiherrn Karl v. Geusau, Oberjägermeisters. 8. Karlsr. 803.

— Rede am Grabe d. Frau Barone v. Geyer, geb. Reichsgräfin v. Sponeck. 8. Karlsr. 804.

Walz, Joh. Leonhard: Theses miscellaneae ex jure naturae, s. Bernoulli, Joh. (Praes.)

— Trauerrede auf den Tod des Erbprinzen zu Baden, Karl Ludwig; gehalten in d. Stadtkirche zu Karlsruhe, d. 17. Februar 1802. 8. Karlsr.

Walz, Johann Philipp (Göppingen) A. S. 1330/6

De ideis. Präs. Christian Hagmaier.
Tübingen (Sigmund) VIII. 1717. 24 S.

35795

Walz, Karl, Dr., I. Assistenzarzt am Pathologisch-anat. Institut in Tübingen: Ueber die sogenannte bactericide Eigenschaft des Blutserums und über ihre Beziehungen zu Assimilationsvorgängen und zu osmotischen Störungen. *Braunschweig: H. Bruhn 1899.* (63 S.) 8°
Tübingen, Med. Hab.-Schr. v. 1890
(Nicht für den Austausch)

Walz, Karl [app. Arzt aus Stuttgart]: Über Embolie der Lungenarterie nach Laparotomie ... Tübingen, F. Pietzcker, 1891; 16 S. 8.
Tübingen, Med. Fak., Inaug.-Diss. v. 1891

Walz, Karl, üb. Embolie der Lungenarterie nach Laparotomie. Diss. gr. 8. (16 S.) Tübingen 891. A. Moser. n.n. — 70

Walz, Karl, katechetisches Handbuch zu d. Katechismus f. d. evang.-unierten Gemeinden d. Großherzogtum Hessen. M. Rücksicht auf d. Religionsunterricht in den Schulen bearb. 1. Hälfte. (I. u. II. Hauptstück.) gr. 8. (XVI, 212 S.) Darmstadt 896. J. Waitz. n. 3. —

Walz, Karl, Hygiene des Blutes, s.: Bibliothek der Gesundheitspflege. Bd. 10b.

Walz, Karl, Hygiene des Blutes u. die Blutkrankheiten, s.: Bibliothek, illustrierte, der Gesundheitspflege.

— Sören Kierkegaard, der Klassiker unt. d. Erbauungsschriftstellern d. 19. Jahrh. Ein Vortrag. gr. 8. (28 S.) Gießen 898. J. Ricker. n. — 80

Walz, Karl, Referendar: Das Hessische Kommunalbeamtenrecht. Darmstadt 1909: Winter. VIII, 121 S. 8°
Gießen, Jur. Diss. v. 20. März 1909, Ref. van Calker
[Geb. 29. Mai 84 Bad Nauheim; Wohnort: Darmstadt; Staatsangeh.: Hessen. Vorbildung: Ludwig-Georgs-Gymn. Darmstadt Reife O. 02; Studium: Gießen 2, Kiel 1, Berlin 1, Gießen 2 S.; Rig. 22. Dez. 08.] [U 09. 1016

Walz, Karl, das hessische Kommunalbeamtenrecht. (VIII, 128 S.) gr. 8. Darmstadt 909. (A. Bergstraeßer.) 2. —

Walz, K., die Lehre der Kirche von der heil. Schrift, nach der Schrift selbst geprüft. Eine von der Haager Gesellschaft zur Vertheidigung der christl. Religion gekrönte Preisschrift. gr. 8. (IV, 220 S.) Leiden 884, Brill. **

— Veräußerlichg., e. Hauptgefahr f. d. Ausübg. d. geistl. Berufes in d. Gegenwart, s. a Vorträge d. theolog. Konferenz zu Gießen.

[F.] Veräusserlichung, eine Hauptgefahr für die Ausübung des geistl. Berufes in d. Gegenwart. Von K[arl] Walz, Oberkonsistorialrat in Darmstadt. *Giessen: J. Ricker 1896.* (35 S.) 1 Bd 8.
= Vorträge d. theolog. Konferenz zu Giessen. Folge x. 96. 7214

Walz, Karl Friedrich

Walz, Car. Frid. (geb. Karlsruhe 12. 10. 1820): De placentae retardatione et metrorrhagia. Berolini (1843). (33 S.) 8°
Berlin, Med. Diss. v. 31. Okt. 1843

[F.] Die äussere Mission und unsere neueren Kolonialverhältnisse m. bes. Berücks. der Pflicht, welche hieraus für die heimatl. Kirche erwächst. Vortr. auf d. Provinzialkonferenz der oberhess. Geistlichen am 6. Aug. 1895 geh. v. L[udw.] **Walz,** Pfarrer in Langgöns. — Auf Wunsch d. Konf. gedr., ... *Darmstadt: J. Waitz 1896.* (32 S.) 1 Bd 8. 98 11462 Ha

Walz, Mich. Gärel von dem bluenden Tal. 56 S. 8. Ak. G. *Wien* 1881.
Progr.

Walz, Mich., Gârel von dem blüenden Tal. gr. 8. (56 S.) Wien 881, (Konegen.) *

Walz, M., Garel v. dem blüenden Tal. Ein höf. Roman aus dem Artussagenkreise v. dem Pleier. Mit den Fresken d. Garelsaales auf Runkelstein hrsg. v. M. W. Lex.-8. (XVI, 346 S.) Freiburg i/B. 892. Wagner. n. 8. —

Walz, M., und Karl v. Frey, die Grabdenkmäler von St. Peter und Nonnberg zu Salzburg von 1235—1600. gr. 8. (289 S. mit 62 Steindrucktaf.) Salzburg 871, (Dieter.) cart. *

Walz, Mich. Rede anläßlich der Enthüllung des Beethovendenkmals. 7 S. 8. **Progr.** Ak. G. *Wien* 1880.

Walz, Reinhard: Die Ableitung des Wortes 'Pfahl' als Bezeichnung des limes. *Friedberg 1900: C. Bindernagel.* (11 S.) 4°
Friedberg, grossh. Augustiner-S ⟨G u. R⟩ m. VS, OP 1900 (681)

Walz, Rudo., Beschreibung u. Anweis. z. Gebr. d. neuerfund. ökonom. Badevorrichtung, s. Schneider, F. A.

Walz, Rud., über die Familie der Bopyriden, mit besonderer Berücksichtigung der Fauna der Adria. gr. 8. (76 S. mit 4 lithogr. Taf.) Wien 882, Hölder. *
Aus: Arbeiten aus dem zoologischen Institute der Universität Wien, besonders abgedruckt.

Walz Dr. Rudolf: Über die Functionen der Sinnesorgane wirbelloser Thiere. 31. Stockerau 93.
Progr.

Walz Dr. Rudolf: Metallgewinnung im Alterthum. 41. Stockerau 98. 42 S.
Progr.

Walz Dr. Rudolf: Unser Schulgarten. 3. Stockerau 96.
Progr.

Walz, Wilhelm Emil, Oberlehrer a. Stetten Amt Lörrach ⟨Baden⟩: David Hume's Verhältnis zur Erkenntnislehre Locke's und Berkeley's. Tübingen 1907: H. Laupp jr. (43 S.) 8°
Königsberg, Phil. Fak., Ref. Walter-Meumann, Diss. v. 17. Mai 1907
[Geb. 30. März 72 Stetten in Baden; Wohnort: Viersen; Staatsangeh.: Preußen; Vorbildung: Gymn. Lörrach Reife Juli 92; Studium: Freiburg i. B. 8 S.; Rig. 8. März 07.]

Walz-Eidenbrenz, Fritz, s. Walz

Walz-Wierz, Anna, Wallfahrtslieder. 12. (287 S.) Stuttgart 900. (J. F. Steinkopf.) Geb. in Leinw. n. 2. —

Walz & Windscheid: Der neue Desinfektionsapparat in Düsseldorf. Bonn (1886)

Walz & Windscheid: Die Desinfektionsapparate für Städte und Krankenhäuser. Düsseldorf (1888)

Walz & Windscheid: Entgegnung, betr. den neuen Desinfektionsapparat in Düsseldorf. Bonn (1887)

Walzberg, das Rettungshaus zu Gehlsdorf bei Rostock, wie es entstanden ist, sich entwickelt hat u. wie es jetzt ist. Rostock 862. (Stiller.) 8. (VIII, 115 S. u. 1 lith. Taf.) n. 12 *ngr.*

Walzberg, christliches Taschenbuch für Dienende jeder Art, neu überarb. u. hrsg. 12. (VIII u. 100 S.) Rostock 852, Schmidtchen in Comm. n. 6 *ngr.*

Walzberg, Johannes [aus Rostock]: Ueber die äthylirten Benzole. Von der hohen philosophischen Fakultät der Universität Rostock am 28. Februar 1890 gekrönte Preisschrift. Rostock, Univ.-Buchdr. v. Adler's Erben, 1890; 4 Bl. + 108 S. 8°
Rostock, Phil. Fak., Inaug.-Diss. v. 23. Apr. 1890.

Walzberg, Thdr., über den Bau der Thränenwege der Haussäugethiere und des Menschen. gr. 4. Rostock 876. Leipzig, Fues's Verlag. *

Walzberg, Thdr., üb. den Bau der Thränenwege der Haussäugethiere u. d. Menschen. Von der medicin. Facultät der Universität Rostock am 28. Feer. 1875 gekrönte Preisschrift. Mit 7 lith. Taf. gr. 4. (57 S.) Rostock 876. Stiller. n. 4. 50

Walzberg, Th., die Gallensteine u. ihre Behandlung. Mit 1 Taf. in mehrfarb. Druck, nach eigenen Operationsergebnissen gemalt vom Verf., u. e. topograph. Skizze. (59 S.) Lex.-8. Minden 905. (J. C. C. Bruns.) n. 3. —

Walzel, A., die Kunst des Brückenbaues in alter u. neuer Zeit. Vortrag, geh. bei der feierl. Uebernahme der Rektoratswürde am 27. X. 1906. (24 S. m. 2 Abb. u. 7 Taf.) gr. 8. Brünn 906. (C. Winiker.) n. — 80

Walzel, Camillo, Donaufahrten. I. Passau-Linz. II. Linz-Wien. III. Wien-Pest. Mit einer (chromolith.) Strom-Karte (in gr. Fol.) u. den officiellen Tarifen der ersten k. k. pr. Donau-Dampfschifffahrts-Gesellschaft. 2. Aufl. 8. (XII, 48 S.) Wien 875. Rosner. n. 2. —

Walzel, Camillo, Donaufahrten. I. Passau-Linz. II. Linz-Wien. III. Wien-Pest. Mit 1 (chromolithogr.) Strom-Karte (in gr. Fol.) und den officiellen Tarifen der ersten k. k. priv. Donau-Dampfschiffahrts-Gesellschaft. 1. und 2. Aufl. (XII, 48 S.) 1875; 3. Aufl. 8. (XVI, 48 S.) Wien 876, Rosner. cart. *

Walzel Josef: Die Verdienste Jungmanns um die tschechische Schriftsprache.
1908 PN 2528 Diss. Wien. Univ. 2735

Walzel Oskar: Friedrich Schlegels Abhandlung über das Studium der griechischen Poesie. Eine literarhistorische Untersuchung zur Geschichte der älteren romantischen Schule.
1887 PN 468 Diss. Wien. Univ. 34

Walzel, Osk., s.: Goethe u. die Romantik.

Walzel, Oskar Felix: Frau v. Staëls Buch 'De l'Allemagne' u. W. Schlegel. *Weimar 1898.*
in: Forschungen z. neueren Litteraturgeschichte. Festgabe f. R. Heinzel. [illegible]

Walzel, Osk. F., Hebbelprobleme, s.a. Untersuchungen zur neueren Sprach- u. Literaturgeschichte. N. F. 1.

Hebbelprobleme. Studien von Oskar F[elix] Walzel. Leipzig: Haessel 1909. VIII, 123 S. 8°
(Untersuchungen z. neueren Sprach- u. Literatur-Geschichte. N. F., H. 1.)

— **Das Prometheussymbol v. Shaftesbury zu Goethe.** Studie. (70 S.) Lex. 8. Leipzig 910. B. G. Teubner. 2. —
Sonderabdr. aus: „Neue Jahrbb. f. d. klass. Altert., Gesch. u. deut. Lit."

— Deutsche Romantik, s.a. Aus Natur u. Geisteswelt.

Deutsche Romantik. Eine Skizze von Dr. Oskar F[elix] **Walzel**, Prof. Leipzig: B. G. Teubner 1908. (VII, 168 S.) 8° [3.]
= Natur, Aus, u. Geisteswelt. Bdch. 232. [illegible]

Walzel, Osk. F., Friedrich Schiller. Rede zum Schillertage. (24 S.) gr. 8. Bern 905. A. Francke. n. — 60

— s.: Untersuchungen zur neueren Sprach- u. Literaturgeschichte.

— **Die Wirklichkeitsfreude der neueren schweizer Dichtung.** Antrittsvorlesung, geh. am 21. X. 1907 in d. Aula der kgl. sächs. techn. Hochschule zu Dresden. (76 S.) 8. Stuttgart 908. J. G. Cotta Nachf. 1. 20

— **Zeitschriften der Romantik,** s.: Houben, Heinr. Hub.

WALZELESIS, Chr., Dr. Faust oder der Fluch des Vaters. Romantische Erzählung. 3 Bde. Berlin, o. J. 8°. Selten! (12 Mk. Paul Alicke, Dresden, 1908.)

Walzen-Müller, der. Populäre Zeitschrift zur Verbreitung und Hebung der Hoch- und Walzenmüllerei. 1.—5. Jahrg. 1880—1884. à Jahrg. 24 Nrn. (Bog.) gr. 4. Wien, Administration. à Jahrg. *

Walzen-Müller, der. Populäre Zeitschrift zur Verbreitung und Hebung der Hoch- und Walzenmüllerei. 6.—9. Jahrg. 1885—1888. à Jahrg. 24 Nrn. (Bog.) gr. 4. Wien II, Taborstr. 75, Administration. à Jahrg. *

Walzen-Müller, der. Populäre Zeitschrift zur Verbreitg. u. Hebg. der Hoch- u. Walzenmüllerei. Hrsg. u. Red.: Alfr. Hoerde. 20. u. 21. Jahrg. 1899 u. 1900. à 24 Nrn. Fol. (à ca. 8 S.) Wien (II, Taborstr. 75), Administration. à Jahrg. n.n. 8. 50

Walzenwehre. Ihre weitere Entwicklung und bisherige Bewährung. Hrsg. von der Vereinigten Maschinenfabrik Augsburg und Maschinenbaugesellschaft Nürnberg A. G. Mainz, 1905. 10 S. mit 4 Abb.

Die **Walzenwehre** im Mainstrom bei Schweinfurt. Schweinfurt 1909: Tagblatt-Dr. 18 S. 8° [illegible]

Walzer, Der. [Ratzeburg] 1809. V: *Gottschalk, Joh. Mart. Chn.* (I.S)

— —, 6 altfuldische, für das Clavier. Mit Titelkpfr. Worms, J. M. Götz, o. J. (1 Mk. 50 Pfg. K. Th. Völcker, Frf. a. M., 1876, ohne Formatsangabe.) Rar!

Walzer, Wiener. (Gedicht.) 1 Bl. in gr. 8. Leipzig 848, Naumburg. n. 1 ngr

Walzer, Felix [aus Mettendorf (R.-B. Trier)]: Über angeborene Hüftgelenksluxationen ... Würzburg, Paul Scheiner's Buchdr., 1887; 29 + 1 S. 8°
Würzburg, Med. Fak., Inaug.-Diss. v. 1887.

Walzer, Felix, über angeborene Hüftgelenksluxationen. Diss. Würzburg 1887, Stahelsche Univ.-Buchh. 8°. 29 S.

Walzer-Dynastie, Die. Eine Plauderei. Wien 1893. V: *Szczepański, Alfred.* (EB)

Wälzholz, *Alfred* [pr. Arzt, aus Hohenlimburg]: Ein Fall von Rhabdomyom mit Glycogen. ... Bonn, Univ.-Buchdr. v. C. Georgi, 1891; 39 S. 8°
Bonn, Med. Fak., Inaug.-Diss. v. [28.] März 1891

Wälzholz, *Rudolf* [aus Hohenlimburg]: Untersuchungen über einige Arten von Dauerkontraktionen ... Würzburg, J. M. Richter's Buch- u. Kunstdr., 1895; 22 S., 1 Bl. 8.
Würzburg, Med. Fak., Inaug.-Diss. v. 1895

Walzik, ou lettres d'un philosophe à Mad. la Comtesse de Claveinden. gr. 8. Altona, Hammerich. 799.

Wambach, Helene, das junge Mädchen in Familie u. Gesellschaft. (89 S.) gr. 8. Nürnberg 908. Buchh. des Vereins f. innere Mission. — 60

Wambach, J., Leben der Gräfin Yolanda v. Vianden, s. Volksbücher.

Wambera, August *(geb. Neustadt in Oberschles. 13. 2. 1848)*: Der hl. Petrus Damiani, Abt vom Kloster des hl. Kreuzes von Fonte Avellana und Kardinalbischof v. Ostia, sein Leben und Wirken. 1006/7–1072. Th. 1. Breslau 1875. (50 S.) 8°
[Forts. nach Mitteil. d. Verf. bis 1904 nicht erschienen.]

Breslau, Phil. Diss. v. 19. Juni 1875

Wambold, Ludw., Sängerbrevier. Winke f. Dirigenten u. Chorsänger. Mit e. Anh.: Partituren beliebter Männerchöre. (12 u. 32 S.) Lex. 8. Leipzig (909). J. H. Robolsky. p — 50

Wamich, (M. J.,) gründl. Darstellung d. Conjugationen d. franzöſ. Zeitwörter. Mit Tab. u. Uebungsstücken. gr. 8. Aachen 827, (Mayer.)

Wamich, M. J., gründl. Darstellung d. Conjugationen d. franzöſ. Zeitwörter. Mit Tabellen u. Uebungsstücken. 8. Aachen 828. (Mayer). 12 gr.

Wamich, M. J., der Rhein, Antwort auf Victor Hugo's Schrift: Le Rhin, u. eilf andre patriotische Lieder. Nebst Compositionen zu mehrstimmigem Gesang. gr. 8. (2¼ B.) Köln 842, (J. u. W. Boisserée's Buchh.) *

— s. Sprüche der Lebensweisheit.

Wamik u. Afra, das ist der Glühende u. die Blühende. Das älteste perſ.-romant. Gedicht, in Fünftelsaft abgezogen v. Jos. v. Hammer. gr. 8. (2½ B. u. 1 Holzschn.) Wien 833, Wallishausser.

Wampach, Gaspard: Ungetauft verstorbene Kinder. Dogmatische Trostbriefe von Julius Didiot. Mit Erlaubniss des Verfassers in's Deutsche übertr. von G. Wampach. Kempten: Kösel 1898. VIII, 55 S. 12°

Wampach, Jean: Leben der Gräfin Yolanda von Vianden nach Alexander Wiltheim bearb. Regensburg: Pustet 1870. 32 S. 8°
(Volksbücher. Nr. 17)

Wampe, Heinr. Friedr., Londoner Mode-Form f. Herren, in Rißzeichnung v. Kleiderform f. Schneider-Meister. (1. Lfg.) gr 8. (1 Stnt. Roy.-Fol. u. ¼ B. Text.) Hamburg 834, (Herold.)

Wampe, Heinr., deutsches Blatt d. londoner Mode-Form f. Herren, in Rißzeichnung v. Kleiderform. (2—5. Lfg.) Juni u. Nov. 1835 u. 36. M. Stntaf. gr. 8. Hamburg, (Heroldsche Buchh.) à L. *
1. Lfg. Ebendas. 1834. * 12 Gr.

—— das mathemat. Zuschneiden d. Damenkleider-Formen in Anwendung auf d. verschied. Gestaltung d. Körpers u. bei jeder neuen Mode. gr. 8. (2½ B. u. 2 Stnt. qu. ½ Fol.) Hamburg 834, (Herold.)

—— das mathemat. Zuschneiden d. Kleider, zufolge der verschied. Gestaltung menschl. Körper. Nach d. Gutachten der Vereine d. Zuschneidens in London, aus London, Paris, Berlin 2c. bearb. gr. 4. (6¼ B. u. 5 Stnt. Fol.) Hamburg 834, (Herold.)

Wamprechtsamer, Frz., Leitfaden z. Gründung u. Einrichtung landwirtschaftlicher Fortbildungsschulen in den Alpenländern. (112 S.) gr. 8. Wien 907. Manz. 1.20

Wamprechtsamer F. R. und **Hipsch Heinrich,** Lesebuch für landwirtschaftliche Fortbildungsschulen. Wien 1910. Karl Graeser und Komp. Geb. K 2.10, geb. K 2.40.

Wamprechtsamer Franz, Sammlung agrarischer Gesetze und Verordnungen für landwirtschaftliche Fortbildungsschulen. 2. Teil. Agrarische Landesgesetze für das Herzogtum Salzburg. Wien 1909. Schulbücherverlag. Geb. K —.60, geb., weich, englisch, K —.80.

— Der naturkundliche Unterricht an landwirtschaftl. Fortbildungsschulen. Ein Leitfaden f. Lehrer an solchen Anstalten sowie f. d. Selbstunterricht. (VIII, 151 S. m. Abb.) gr. 8. Wien 908. K. Graeser & Co. 2.40; geb. 2.80

Wampum, Sultan; od. die Wünsche. Schausp. v. Kotzebue. 8. Leipz. Kummer. 794.

Wampum, Sultan, oder die Wünsche, oriental. Scherzsp. in 3 Aufz. v. A. v. Kotzebue. Neue Aufl. 8. Leipzig, Kummer. 821.

Wamser, Albert, Geschichte des Turnvereins Butzbach, 1846–1896, Butzbach 1896, 122 S., 8°.

Wamser, Albert, Geschichte des IX. Kreises (Mittelrhein d. D. T.), Butzbach 1909, 88 S., 8°.

Prof. A[lbert] **Wamser**'s Neue Karte vom Grossherzogtum Hessen bearb. im genauen Anschluss an d. Schulwandkarte v. Grossh. Hessen. 2. Aufl. Massst. 1:100,000. (Massst. 1:500,000.) 8. Aufl. (Giessen: E. Roth 1906.) (1 Kartenbl. 26×38 cm mit Legende.) [Kopft. lith.] [kol.] [06. 13663

Prof. (A[lbert]) **Wamser**'s neue Karte in Höhenschichten-Darstellung und Relief-Manier. No 1. Gießen: E. Roth [1904]. 8° [kol.]

Plan der Provinzialhauptstadt Mainz und der Stadt Kastel bearb. v. A[lbert] **Wamser** (Umschlagt.: Neuester Stadtplan v. Mainz. M. kurzem Führer u. Strassenverz.) Massst. 1:10000. *Giessen: E. Roth 1896.* (8 S., 1 Ktnbl.) 1 Bd 8. [97. 7...

[A. **Wamser,** Grosse Umgebungskarte von Darmstadt. Titel nach Hinrichs, Verz. d. Bücher ... 1895. I. 798.] Massst. 1:20000. (In 4 Bl.:) Langen. Darmstadt. Reinheim. Dieburg. *Giessen: E. Roth 1895.* 1 Ktnbl. quer-gr. 2. in 4 Bl. [96. 6536

Wamser, Ferdinandus [Darmstadiensis]: De iure sepulcrali Romanorum quid tituli doceant .... Darmstadini, typ. expr. Henricus Brill. 1887; 3 Bl. + 54 S. + 1 Bl. 8°.
Giessen, Phil. Fak., Inaug.-Diss. v. 1887.

Wamser, Ferdinandus, de iure sepulcrali Romanorum quid tituli doceant. Diss. Giessen 1887, J. Rickersche Buchh. 8°. 54 S.

Wamsler, Friedrich: Die Wärmeabgabe geheizter Körper an Luft. 1909. VI, 83 S. 4° ¶ Ausz. in: Mitteilungen über Forschungsarbeiten auf d. Gebiete d. Ingenieurwesens. H. 98/99. 1911 u. in: Zeitschrift d. Vereines deutscher Ingenieure. Bd 55. 1911, Halbj. 1.
München, Dr.-Ing.-Diss. v. 20. 7. 1909

Wanach, Bernhard

Wanach, B., Observations faites à l'instrument des passages établi dans le premier vertical, s.: Nyrén, M.

— **Resultate des internat. Breitendienstes, s.: Albrecht, Th.**

Wanach, B., Resultate des internationalen Breitendienstes, s.: Veröffentlichungen des Zentralbureaus d. internat. Erdmessung. N. F. 18. (Albrecht, Th.)

Tafel der Werte $\frac{a \cdot b}{a+b}$ für alle zweistelligen Werte von a und b zur Berechnung von Summen, Differenzen, Mittelwerten usw. Berechnet von Prof. B[ernhard] **Wanach**. Potsdam: Teubner in Leipzig 1910. 25 S. 4°(8°)
(Veröffentlichung d. Kgl. Preuß. Geodät. Institutes. N. F. Nr 46.) [11. 1374 3

Wanach, Rudolf

Wanach, R., üb. d. Menge u. Vertheilung d. Kaliums. Natriums u. Chlors im Menschenblut. Inaug.-Diss. 8 (28 S.) St. Petersburg 888. (Dorpat, Karow.) n. 1. —

Wanckel, A Hausen dumma-Gunga-Straach', s.: Röder, E.

Wanckel, (Pastor) Chr. Lebr. Traug., Predigten u. Gelegenheitsreden. 1e u. 2e Samml. gr. 8. Merseb. 824 u. 27. Kobitsch. (Rein in Leipz.) 1 ß 16 g

Wanckel, Chr. Leb. Traug., nachgelass. Predigten. Hrsg. v. Chr. Weiß. 8. (21¼ B.) Merseburg 831. (Leipzig, Rein.)

Wanckel, Ernst, die Arbitrageberechnung oder die Wechselcalculationen, welche Leipzig mit denjenigen Plätzen aufzustellen hat, mit denen es wechselt, für Comptoiristen. gr. 8. (23 S.) Eilenburg 853. (Leipzig, del Vecchio.) *

— Berechnung der Leipziger Wechselcurse und Geldsorten mit den Rechnungsvortheilen. Eilenburg 852. (Leipzig, Del Vecchio.) gr. 8. (28 S.) n. 7½ ngr.

—— die kaufmännische Interessen- und Conto-Corrent-Rechnung, mit den Vortheilen einer schnellen Interessen-Rechnung; nebst einigen Beispielen aus dem Französ. und Englischen. Anhang, etwas über Disconto und Rabatt. gr. 8. (31 S.) Eilenburg 853. (Leipzig, del Vecchio.) *

— die kleine Wechselkunde für angehende Kaufleute. Eilenburg 853. (Leipzig, Del Vecchio.) gr. 8. (20 S.) n. 7½ ngr.

Wanckel, Otto, u. Corn. **Gurlitt**, d. Albrechtsburg zu Meißen. Unt. Benutzg. amtl. Quellen hrsg. qu. gr. Fol. (18 Taf. in Holzschn. u. Lichtdr. u. 1 Bl. Text, nebst Textheft 40 S. m. 20 Fig. in Fol.) Dresden 895. W. Baensch. In Leinw.-Mappe 30. —

Wanckel, Otto, s.a. Sammlung, die, des königl. sächs. Altertumsvereins zu Dresden.

⊙ Die Sammlung des Königlich Sächsischen Altertumsvereins zu Dresden in ihren Hauptwerken. 100 Bl. in Lichtdruck. Hrgg. im Auftrage des K. Sächs. Altertumsvereins v. Otto **Wanckel**. Text v. Eduard **Flechsig**. Dresden. (1898—)1900. Fol.

Wancker, F., Vorlesungen üb. Religion nach Vernunft u. Offenbarung. Für Akademiker u. gebild. Christen. Opus posthumum. gr. 8. (17 B.) Mainz 828, [Kirchheim, Schott u. Thielmann.]

Hohe Wand und Dürre Wand. 1:100.000. [G. Freytags Ausflugskarten X. Bl.] Wien: Freytag & Berndt 1909. * K [illegible]

Wand, Friedrich Paul, aus Nordhausen: Über ein Kondensationsprodukt von Phtalychlorid und Natriumphenylmalonester und einige Spaltungsreaktionen derselben. Leipzig 1902: Thalacker & Schöffer. (35 S.) 8°
Leipzig, Phil. Diss. v. [24. Dez.] 1902.

Wand, Herm., die Gemeindeordnung für die Pfalz. Erläutert. gr. 8. (II, 564 S.) Kaiserslautern 884, (Crusius.) geb. **

Wand, Herm. v., die Gemeinde-Ordnung f. die Pfalz, erläutert von v. W. 2. durchgeseh. u. verm. Aufl. gr. 8. (IV, 692 S.) Kirchheimbolanden 894. Thieme'sche Druckereien. n.n. 8. 50; geb. in Halbfrz. n.n. 9. 50

Wand's Handbuch d. Verfassung u. Verwaltg. d. protestant.-evangel.-christl. Kirche d. Pfalz. In 3. Aufl. neu bearb. v. Ludw. Wagner. gr. 8. (XVI, 632 S.) Kaiserslautern 899. E. Crusius. n. 10. —; geb. in Halbfrz. n.n. 12. —

Wand, Herm., die Rechtsverhältnisse der öffentlichen Wege in der Pfalz. gr. 8. (VI, 232 S.) Kirchheimbolanden 873. Thieme. n. 3. 45

—— die Rechtsverhältnisse der öffentlichen Wege in der Pfalz. 2. durchges. und verm. Aufl. gr. 8. (VII, 475 S.) Kirchheimbolanden 887. (Grünstadt, Schäffer. — Kaiserslautern, Crusius.) geb. **
Die 1. Aufl. erschien im Selbstverlage des Verf.

WAND, Jacob (Lautertheim): Ueber Telangiectasieen.- München: Mühlthaler 1870. 20 S.
6.8.1869 - Urk (Titel: De telangiectasia.); F 72; Chr 1869/70,12
Diss. Ingolst.-Landsh.-Mchn.

Wand, Thdr., über die Elasticität der festen Körper und die optischen Erscheinungen. Analytische Abhandlung. gr. 8. (XI, 199 S. mit 6 Taf. in Stndr.) München 868, Literar.-artist. Anstalt. [Stuttgart, Cotta'sche Buchh.] *

Wand, Th., Ueber das elektro-dynamische Elementargesetz. 8°. München. [illegible]

Wand, Thdr., die Principien der mathematischen Physik u. die Potentialtheorie nebst ihren vorzüglichsten Anwendgn. im Grundriss dargestellt. Mit 8 in den Text gedr. Holzschn. gr. 8. (VIII, 184 S.) Leipzig 871. Teubner. n. 3. —

WANDA oder das geheimnißvolle Schloß. Quedlinburg u. Leipzig, Basse, 1825. 8°. 310 S. Zahm.

Wanda, Kaiserin, v. *. Autoris. Uebersetzg. aus dem Franz. Von Hans v. Norden. 8. (III, 364 S.) Hamburg 885. Günther. n. 4. —

WANDA, Fürstin von Krakau, oder die Opfer der Liebe. Nach der wahren Geschichte romantisch bearbeitet. 2 Thle. Mit Kupf. Wien, Anton Doll. (Leipzig, Liebeskind in Commiss.) 1804. 8°. (1⅙ Rthl.) Selten!

Wanda, Königin der Sarmaten. Romant. Tragödie mit Gesang in 5 A. v. F. L. Z. Werner. 8. Tubing. Cotta. 810.

WANDA severa (ps.), Der strenge Vormund. Confiscirt anfangs 1912.

Wandalin, Johann (Kopenhagen) Thl. I, 232 (2/14)

Disputatio XIV. de Davide artophago a filio Davidis excusato ex Matth. XII, 3. 4. Präs. Gottlieb Wernsdorf. In: Wernsdorf: Disputationes academicae. Vol. 2. Wittenberg (Ahlfeld) 1737. S. 468 - 508.

Diss. III. 1717. 35799

— ὑποτύπωσις sanorum verborum seu brevis expositio theologiae in thesi et antithesi. 8. Lpz. 750. Gleditsch. 8 g

Wandalini, J., praelectiones theologicae in epistolam Pauli ad Romanos. 4. Kopenh. 750. Pelt. 12 g

Wandall, Pt. Topp, Lebensbeschreibungen d. verdienten Männer, die zu Jägerspriis durch Denksteine verewigt worden; aus d. Dän. von Chrfr. Ulr. Dau. 2 Bde. 8. Meldorf 787, 88. Boie. (Hammerich in Altona). 1 ß 16 g

Wand-Alphabete für den Schreibunterricht in der Volksschule. [Elberfelder System.] Deutsch. 2 Bl. und 1 Streifen Zahlen. Lithogr. qu. gr. Fol. Elberfeld 885, Loewenstein's Verlag. *
Auf Leinw. mit Stäben *

—— dass. — Lateinisch. 2 Bl. Lithogr. qu. gr. Fol. Ebendas. 885. *
Auf Leinw. mit Stäben *

Wandatlanten [Schlagwort]

Wandatlanten. s.: **Atlanten.**

Der Wandbilder : 1905 - 1920
Sunday School quarterly. Organ of Die Vereinigte Lutherische Kirche in Amerika. Small octavo, each 12 pages. Edited by the Rev. W. L. Hunton.
Philadelphia, PA

Wandbilder f. den Anschauungs- u. Sprachunterricht 1. u. 2. Reihe. à 6 Blatt Farbendr. gr. Fol. Dortmund 888—890. Crüwoll's Verl. Auf Pappe gezogen.
Subscr.-Pr. à Reihe n.n. 7. 50

Wandbilder f. den Anschauungs- u. Sprachunterricht. 3. Reihe. 6 Blatt. Farbendr. gr. Fol. Dortmund 892. W. Crüwell. Auf Pappe. Subskr.-Pr. n. 7. 50
(1—3.: n. 22. 50)

Wandbilder f. d. Anschauungs- u. Sprachunterricht. 4. u. 5. Reihe. à 65×64 cm. Farbdr. Ausg. A. m. Unterschrift e. Normalworts f. d. Unterricht nach d. Normalwörtermethode; Ausg. B. f. d. Unterricht nach d. Schreiblesemethode. Dortmund (897). W. Crüwell. Auf Pappe m. Metallecken n.n. 12. 50;
(1.—5.: n.n. 35. —)
4. 6 Taf. n.n. 7. 50. — 5. 4 Taf. n.n. 5. —.

Wandbilder f. den Anschauungs- u. Sprachunterricht. 6. Reihe. 4 Blatt à 57×62 cm. Farbdr. Nebst Text. schmal Fol. (2 S.) Dortmund (900). W. Crüwell. Auf Pappe m. Metallecken n.n. 7. 50

Wandbilder hervorragender Bauwerke in Osterreich. Innenansichten. 1.—10. Bl. Wien (910). A. Pichler's Wwe. & Sohn. Mit Leinw.-Rand u. Ösen à Bl. 2. 40
1. Innere, das, d. Stephansdomes in Wien. 44,5×71,5 cm.
2. Hofburg, k. k., in Wien. Rittersaal. 53,5×72 cm.
3. Schönbrunn, k. k. Lustschloss. Grosse Galerie. 55,5×70,5 cm.
4. Hofbibliothek, k. k., in Wien. 55,5×71 cm.
5. Heeresmuseum, k. u. k., in Wien. Ruhmeshalle. 47×72 cm.
6. Hofmuseum, k. k. naturhistorisches, in Wien. Vestibül. 51×72,5 cm.
7. Rathaus in Wien. Grosser Festsaal. 55,5×71 cm.
8. Hofoperntheater, k. k., in Wien. Zuschauerraum u. Bühne. 50×73 cm.
9. Hofmuseum, k. k. kunsthistorisches, in Wien. Stiegenhaus. 45×73 cm.
10. Reichsratsgebäude in Wien. Sitzungssaal des Abgeordnetenhauses. 44×74,5 cm.

Wandbilder, biblische, f. den Anschauungsunter- u. die Kinderstube. 1—3. Lfg. qu. gr. Fol. (4 Holzschntaf.) Leipzig 874. J. Naumann. à n. 2. —; color. à n. 5. —

Wandbilder, biblische, für den Anschauungsunterricht und die Kinderstube. 4.—6. (Schluss-)Lfg. qu. gr. Fol. (à Lfg. 4 Taf.) Leipzig 874, J. Naumann. à Lfg. * ℳ 2. *
color. à Lfg. * ℳ 5. *
1.—3. Lfg. Ebendas. 1874. à * ℳ 2.; color. à * ℳ 5.

Wandbilder, biblische, für Schule u. Haus. 1. Sammlung, 40 Stück zum alttestamentl. Canon gehörig. qu. gr. Fol. Lith. Plauen 848. Neupert. n. 1 1/3 ℳ

Wandbilder, biblische, f. Schule u. Haus. Farbige Orig.-Lithographien hervorrag. Künstler, hrsg. unter Mitwirkg. v. Katecheten u. Lehrern. (In 4 Serien.) 1. u. 2. Serie. à 6 Blatt. à ca. 70,5×65,5 cm. München, Gesellschaft f. christl. Kunst.
Subskr.-Pr. à Serie 18.— ; einz. Blatt 5. —
I. Ser. 1. Der Prophet Elias. — 2. Abrahams Opfer. — 3. Isaak segnet Jakob. — 4. Kain u. Abel. — 5. David u. Goliath. — 6. Anbetg. d. hl. drei Könige. (907.)
II. Ser. 7. Maria u. Joseph fanden ihn im Tempel. — 8. Wer v. dem Wasser trinkt, das ich ihm geben werde, d. wird ewig nicht dürsten. — 9. Es begab sich, dass Jesus v. Johannes getauft wurde. — 10. Moses ward zornig u. zerbrach die Tafeln. — 11. Jakob neigte sich siebenmal, bis sein Bruder nahte. — 12. Als d. Trompeten erklangen, stürzten die Mauern ein. (910.)

— österreich. Denkmäler. 15 Blatt. 85×68 cm. Lith. Wien (907). A. Pichler's Wwe. & Sohn.
Mit Leinw.-Rand u. Ösen à 1.50; Begleitwort. Mit 15 verkleinerten Abb. (23 S.) gr. 8. — 60
1. Maria Theresia-Denkmal in Wien. — 2. Prinz Eugen-Denkmal in Wien. — 3. Erzherzog Karl-Denkmal in Wien. — 4. Schiller-Denkmal in Wien. — 5. Grillparzer-Denkmal in Wien. — 6. Der Löwe v. Aspern. — 7. Tegetthoff-Denkmal in Wien. — 8. Andreas Hofer-Denkmal in Innsbruck. — 9. Türkendenkmal in Wien. 10. Radetzky-Denkmal in Wien. — 11. Mozart-Denkmal in Wien. — 12. Denkmal Kaiser Josefs II. in Wien. — 13. Denkmal Karls des Grossen in Wien. — 14. Schwarzenberg-Denkmal in Wien. — 15. Goethe-Denkmal in Wien.

— zur neuen Geschichte. Farbdr. Ebd.
Mit Leinw.-Rand u. Ösen à Blatt 4. —
Eugen, Prinz, vor Belgrad 1717. 58,5×78 cm. (910.)

— zur österreichischen Geschichte. (Hrsg. v. Gerasch u. Rusch.) 5 Bl. à 58,5×78 cm. Farbdr. Wien 898. A. Pichler's Wwe. & Sohn.
M. Leinw.-Rand u. Oesen à n. 3. 60
Arpad ergreift Besitz v. Ungarn.
Der Tod Friedrichs II. des Streitbaren.
Die Belehng. d. Habsburger m. d. Herzogthümern Oesterreich u. Steiermark. Der hl. Severinus u. Odoaker.
Herzog Rudolf IV. besucht d. Bau d. Stephansdoms.

— zur österreich. Geschichte, Fortsetzg., s. Gerasch, A.

Wandbilder zur Geschichte Württembergs u. seiner Fürsten. (Nach Entwürfen von C. v. Häberlin.) (12 Bl.) 62×74 cm. Eßlingen (904). J. F. Schreiber. In Mappe n. 12. —;
Textheft dazu s.: Lauffer, Frdr. einzelne Bl. n. 2. —

Wandbilder der gymnastischen Gesellschaft in Dänemark. Zum Gebrauch beim Unterricht im Turnen, bei der Ausbildung von Turnlehrern, bei Vorträgen u. a. (10 Taf. m. 1 Bl. Text in dän., deutscher, französ. u. engl. Sprache). Imp.-Fol. Kopenhagen (906). H. Hagerup. n. 3. —

— zur deutschen Götter- u. Sagenwelt, hrsg. v. Jul. Lohmeyer, m. Texten von Fel. u. Therese Dahn. Nach Originalen von Wold. Friedrich, Johs. Gehrts, Herm. Hendrich u. Alex. Zick in Lichtdr. ausgeführt. I.–III. Serie. (à 4 Taf.) 91×66 cm. Halle 904—906. Buchh. des Waisenhauses. à 20. —; auf Leinw. à 21. —; einzelne Taf. 6. —; auf Leinw. 7. —; 1.—3. Textheft. (16, 15 u. 15 S. m. Abbildgn.) gr. 8. à n. — 30

— zur deutschen Götter- u. Sagenwelt, hrsg. v. Jul. Lohmeyer, m. Text v. Ad. Matthias. Nach Originalen v. Art. Dänewald, Wold. Friedrich, Johs. Gehrts, Herm. Hendrich u. Alex. Zick in Lichtdr. ausgeführt. IV. (Schluß-)Serie. (4 Taf.) 91×67 cm. Halle 908. Buchh. des Waisenhauses. 20.—; auf Leinw. 24.—; einz. Taf. 6.—; auf Leinw. 7.—; 4. Textheft. (18 S. m. Abb.) gr. 8. — 30

Hölzel's Wandbilder für den Anschauungs- und Sprachunterricht. III. Serie: Städtebilder, XII.: Prag. Ed. Hölzel's Verlag. Wien. 1898.

Hölzel's Wandbilder für den Anschauungs- und Sprachunterricht. 4. Serie. 13. Die Wohnung, 14. Der Hafen, 15. Der Hausbau, 16. Das Berg- und Hüttenwerk (Doppelbild). Mit Leinwandrand und Oesen Wien: Hölzel 1902. K 23.—

Hölzels Wandbilder für den Anschauungs- und Sprachunterricht. 5. Serie. 17. Blatt: Berlin. 141 × 92 cm. Mit Leinwandrand und Oesen Wien: Hölzel 1904. K 8.20

— colorirte, zum Unterrichte in der biblischen Geschichte. 1. Thl. Neues Testament. qu. gr. Fol. (16 Chromolith.) Eßlingen 876. Schreiber. In Mappe. n. 10. —

—— kolorierte, zum Unterricht in der Weltgeschichte. 12 Bilder mit je 3 großen Fig. qu. Fol. Mit erklärendem Texte von Th. Eckardt. gr. 4. (8 S.) Ebendas. 886. *
Aufgezogen auf 12 Papptaf. *

Wanderbilder, Medicinische. I. Die deutsche geburtshülfliche Klinik in Prag. [Basel] 1887. V: *Rheiner, Guido.* (zuwzür 1911)

—— naturgeschichtliche, für den Anschauungs-Unterricht in Elementar- und Volksschulen. 1. Abtl. (20 color. Taf.) qu. Fol. Eßlingen 884, Schreiber.
Aufgezogen auf 10 Papptaf. *

—— dass. — 2. Abtl. (18 color. Taf.) qu. Fol. Ebendas. 885. *
Aufgezogen auf 9 Papptaf. *

— neue, f. den Geschichtsunterricht. 4 Blatt à 66 ×88 cm. Farbdr. Wien, A. Pichler's Wwe. & Sohn.
Mit Leinw.-Rand u. Ösen à Bl. 4. —
Grobet, S., Belehnung Heinrich Jasomirgotts m. dem Herzogt. Oesterreich (1156). (910.)
— Rudolf v. Habsburg verurteilt Raubritter.
Kircher, Alex, die österreichische Nordpolexpedition 1872—1874. Das Schiff „Tegetthoff" im Eise. (909.)
— Die Seeschlacht bei Lissa 1866. (909.)

Wandbilder in der Pfarrkirche St. Radegund. Wien 1895. V: *Schwingenschlögl, Rudolph.* (EB)

Wandbilder für den ersten Unterricht im Rechnen. Zehn, je 66 × 54 *cm* grosse Tabellen. Mit 1 Blatt Text. Lithogr. 1.50, auf Pappe gespannt, zum Aufhängen eingerichtet 3.—
Tabor: Janský 1890.

— zum Unterricht in der biblischen Geschichte. Altes u. Neues Testament. (14 u. 16 Taf. in Schwarz- u. Tondruck.) 43×51 cm. Eßlingen (907). J. F. Schreiber. Jede Serie in Umschlag 4.—; auf Pappe einseitig aufgez. 10.—; u. lackiert 10.75; doppelseitig aufgez. 7.60; u. lackiert 8. —

— f. den geschichtlichen Unterricht. V. u. VI. Serie. à 4 Blatt. à ca. 72×94 cm. Farbdr. Mit Text. 8. Leipzig, F. E. Wachsmuth. à Bl. 3.—;
Texte à — 15
V, 1. 2. Cäsars Triumphzug. 2 Tle. (11 S.) Berlin (897). — 3. Das Mainzer Reichsfest v. 1184. (8 S.) Berlin (897). — 4. Gustav Adolf vor der Schlacht bei Lützen. (12 S.) Berlin (897).
VI, 1. Apfelschuss-Scene, die, aus Schillers „Wilhelm Tell". (4 S.) (909.) — 2. Sängerkrieg, der, auf der Wartburg. (2 S.) (909.) — 3. Überfall e. Kaufmannszuges durch die Raubritter. (2 S.) (909.) — 4. Columbus' erste Landung in Amerika. (8 S.) (909.)

— dasselbe. Neue Folge. Ebd. à Bl. 3. 20
Gefangennahme, die, Andreas Hofers 1810. 59×78,5 cm.
— Erzherzog Karl in der Schlacht bei Aspern 1809. 58,5×77,5 cm.
Schlacht, die, bei Leipzig 1813. Fürst Schwarzenberg überbringt den drei verbündeten Monarchen die Siegesbotschaft. 58×77 cm.

— f. d. geschichtlichen Unterricht in der neueren vaterländ. Geschichte. (1. Folge.) 4 Bl. in Oelfarbendr. à 71×94,5 cm. Berlin (w., Mauerstr. 63/65) 895. O. Troitzsch. Auf Shirting m. Querleisten n. 18. —;
einz. Bl. n. 4. 50
13. Der grosse Kurfürst bei Fehrbellin, 18. Juni 1675.
14. Friedrich d. Grosse bei Zorndorf, 25. Aug. 1785.
15. Blücher an d. Spitze d. Reserve-Kavallerie in d. Schlacht an d. Katzbach, 26. Aug. 1813.
16. Schlacht bei Gravelotte, Sturm d. Garde auf St. Privat, 18. Aug. 1870.

— dasselbe. 1.—3. Serie, s.: Lohmeyer's, Jul., Wandbilder f. d. geschichtl. Unterricht.

Wandbilder, Zoologische. (Obrazy. Nastěnné, Zoologické) 1. Samml. 30 Bild. 62 × 85 Ctm. Tabor, Karl Jausky, einzeln à 60 kr.; 5 Bilder 2 fl. 50 kr. 1885. B. 3365

Wand-Bilder-Atlas

—— der wichtigsten Arznei- und Giftpflanzen Mittel-Europa's. Systematisch zusammengestellt von F. Francke. Mit 105 Abbild. 5 Blatt. Lithogr. und color. Imp.-Fol. Mit Text. Nürnberg 863, Geißler. Auf Leinw. und in Couvert.

Wand-Bilder-Atlas, systematisch zusammengestellter, zur Naturgeschichte der Amphibien u. Fische. Nürnberg 863. Geißler. gr. Fol. (5 lith. u. color. Bl. mit Text.) 2 ℛ 10 ngr.

Wand-Bilder-Atlas, systematisch zusammengestellter, zur Naturgeschichte der Säugethiere. Lithogr. und ill. Imp.-Fol. Nürnberg 859, Geißler. Auf Leinwand und in Mappe *

—— systematisch zusammengestellter, zur Naturgeschichte der Säugethiere. 2. Aufl. 5 Blatt. Lithogr. und color. Imp.-Fol. Mit Text. Nürnberg 863, Geißler. Auf Leinw. und in Couvert.

—— systematisch zusammengestellter, zur Naturgeschichte der Vögel. 2. Aufl. 5 Blatt. Lithogr. und color. Imp.-Fol. Mit Text. Nürnberg 863, Geißler. Auf Leinw. und in Couvert.
Alle vier Wand-Bilder-Atlanten sind mit böhm. Text bei Janský in Neuhaus à 2½ Thlr. erschienen.

Wand-Bilderfibel. Zum Gebrauch beim ersten Lese- und Schreib-Unterricht. 2 lithogr. Bog. in Imp.-Fol. Dresden 850, Naumann. *

Wand-Blatt-Kalender, katholischer, protestantischer, griechisch-russischer und hebräischer, für das J. 1861. Publicistisches Organ öffentl. Ankündigungen aller Art. Hrsg. v. J. C. Fornara. Wien 861, Selbstverlag.

Wand- u. Plafonds-Decorationen, die ornamentalen, im Style d. Rococo, s.: Soubise, Schloss.

Idealy romantycznej poezyi polskiej. Przez Wandę. Poznań: Księg. św. Wojciecha 1899. (22 S.) 8⁰
[Ideale der poln. romanischen Dichtung. Von Wanda.]

Wandel, des Christen, vor Gott. Ein vollständ. Gebet- und Erbauungsbuch für kathol. Christen, welche ihre Arbeiten, ihr Wirken und ihre Sorgen vor Gott verdienstlich machen wollen. gr. 16. (429 S. mit 2 Stnt.) Einsiedeln 875, Eberle, Kälin und Comp.

Wandel, der, vor Gott, od. das Leben des Bruder Lorenz vor d. Auferstehung. gr. 8. München. Lentner. 815.

Wandel, der, vor Gott, oder d. Leben Bruder Lorenz von d. Auferstehung; aus Tersteegens Lebensbeschreibung gezogen. 2e A. 8. Münch. 816. Lentner. 1 K

Wandel, der, vor Gott, od. das Leben Bruder Lorenz von der Auferstehung; aus Tersteegens Lebensbeschreibung gezogen. 2te Aufl. 8. München, Lentner. 817.

Wandel, der, vor Gott, oder Leben des Bruder Lorenz v. der Auferstehung. 3. Aufl. München 870. Lentner. 8. (84 S.)
6 ngr.

Wandel, der, vor Gott, oder Leben des Bruder Lorenz von der Auferstehung. 3. Aufl. 8. (84 S.) München 870, Stahl.

Wandel, der selige, in der Gegenwart Gottes. Basel 1828,

— der selige, in der Gegenwart Gottes. Aus dem Französ. 12. 828. Zürich, Hanke. 6 ngl

Wandel, täglicher, d. Christen, der immer d. Eine, was noth ist, vor Augen hat. Eine Anleit. z. thät. Christenthum u. als Mitgabe f. d. ganze Leben d. confirm. Jugend geweiht. 8. (4½ B.) Nördlingen 838, Beck'sche Buchh. 4 Gr., Blnp.

Wandel, täglicher, des Christen, der immer das Eine, was noth ist, vor Augen hat. Eine Anleitung z. thätigen Christenthum in Lehren u. Regeln, mit Gebeten u. Liedern, als Mitgabe für das ganze Leben. 2., verm. Aufl. 16. (9½ B.) Nördlingen 844, Beck'sche Buchh. * 6¼ Ngr. Mit 1 Stahlst. *

Wandel, täglicher, des Christen, der immer das Eine, was noth ist, vor Augen hat. Eine Anleitung zum thätigen Christenthum, in Lehren und Regeln, mit Gebeten und Liedern, als Mitgabe für das ganze Leben. (Von Chr. C. F. Göring.) 3., vielverm. Aufl. 16. (XXIV und 272 S.) Nördlingen 847, Beck'sche Buchh. *

Wandel der Zeiten. Vier Erzählgn. Vom Verf. der „Erinnerungen e. deutschen Offiziers" (Jul. Hartmann). [Enge Schranken. Stärkere Gewalten. Morgendämmerg. Gute Tage.] 8. (438 S.) Wiesbaden 888. Bergmann. n. 6. —; geb. n. 7. —

Wandel, Arthur, Volontärassist. am Kgl. pathol. Inst. zu Breslau: Die Keratitis parenchymatosa bei acquirierter Lues. *Breslau 1903: Bresl. Genoss.-Buchdr.* (25 S.) 8°
Breslau, Med. Diss. v. 28. Okt. 1903

Wandel, Franz (geb. Goldberg in Schles. 2. 5. 1848): Ueber Bleivergiftung. Berlin (1873). (31 S.) 8°
Berlin, Med. Diss. v. 14. Okt. 1873

[F.] Der Brief des Jakobus exeget.-prakt. behandelt v. Dr. Georg **Wandel,** ... Oberpfarrer ... zu Strausberg. *Leipzig: A. Deichert 1896.* (IV, 195 S.) 1 Bd 8. [96. 1547

[F.] Der Brief des Judas exegetisch-praktisch behandelt v. Dr. Georg **Wandel,** ... Oberpfarrer ... zu Strausberg. *Leipzig: A. Deichert Nachf. 1898.* (2 Bl., 94 S.) 1 Bd 8. [97. 5636

Wandel, Geo., de particulae hebraicae ב indole, vi, usu. Dissertatio inauguralis. gr. 8. (50 S.) Jena 875, (Deistung's Buchh.) *

Wandel, Geo., geistliche Reden, an vaterländischen Festen gehalten. 8. (VII, 99 S.) Berlin 886, G. Nauck. *

Wandel, G., patriotische Reden, an vaterländ. Gedenktagen geh. 2., verm. Ausg. 8. (III, 140 S.) Berlin 888. Nauck. n. 2. —

—— Studien und Charakteristiken aus Pommerns ältester und neuester Zeit. 8. (XII, 365 S.) Anklam 888. (Leipzig, Buchh. des Vereinshauses.) *

Wandel, H., das Bildniß. Drama in 2 A. gr. 12. Altenb. 825. Litt.-Cpt. 12 ℊ

Wandel, Johannes, Kammergerichtsrefer.: Das Verhältnis von Bürgen und Drittverpfändern untereinander, falls einer den Gläubiger befriedigt. Borna-Leipzig 1909: Noske. VI, 50 S. 8°
Heidelberg, Jur. Diss. v. 1909, Ref. Endemann.
[Geb. 13. Jan. 81 Strausberg; Wohnort: Kassel; Staatsangeh.: Preußen; Vorbildung: Gymn. Köln Reife O. 01; Studium: Berlin 7, Göttingen 1 S.; Rig. 20. Nov. 08.] [U 09.1926

Wandel, Konr., das Patentgesetz vom 7. Apr. 1891 u. das Gesetz betr. den Schutz v. Gebrauchsmustern vom 1. Juni 1891, m. Ausführungsvorschriften, ausführl. Anmerkgn. u. Sachregister. 16. (V, 66 S.) Berlin 891. F. Vahlen. Kart. n. 1. —

— dasselbe. 2., neu bearb. Aufl. 16. (VII, 120 S.) Ebd. 894. Kart. n. 1. 60

Wandel, K., das **Patentgesetz** v. 7. IV. 1891 u. d. Gesetz betr. d. Schutz v. Gebrauchsmustern v. 1. VI. 1891 m. Ausführungsvorschriften, erläut. Anmerkgn. u. Sachregister. 2., neubearb. Aufl. (Bis Ende 1896 ergänzte Ausg.) 16. (XXVIII, 120 S.) Berlin 897. F. Vahlen. Kart. n. 1. —

Wandel, Marie, Auskunftsbuch f. Lehrerinnen. Hrsg. im Auftrage des allgemeinen Wohlfahrtsverbandes deutscher Lehrer u. Lehrerinnen. 2. erweit. Aufl. (64 S.) 8. Braunschweig 910. H. Wollermann. — 50

Wandel, Oskar: Aus der Königl. medizinischen Universitätsklinik zu Breslau. Geheimrat Prof. Dr. Kast. Über Nierentuberkulose. *Breslau 1898: Bresl. Gen.-Buchdr.* (39 S.) 8°
Breslau, Med. Diss. v. 30. Apr. 1898

Wandel, Osk., über **Nierentuberkulose.** Diss. gr. 8. (39 S.) Breslau 898. (Schletter.) n. 1. —

Wandel, O[skar], Dr. med., Assist. an d. med. Klinik zu Kiel, früher Assist. am pathol. Inst. zu Basel: Über Pneumokokkenlokalisationen. Naumburg a. S.: Lippert & Co. 1903. (38 S.) 8°
Kiel, Med. Hab.-Schr. v. [28. Mai] 1903.
(Nicht für den Austausch)

Wandelaincourt, s. *Vandelaincourt.*

Wandelaincourt, Antonie Hubert. Kurzer Abriss der heil. Geschichte; a. d. Franz. Wien u. Leipz. 1787. Ü: *Heyde, Johann Daniel.* (ML)

Wandelaincourt, kurzer Abriß d. Heiligen-Geschichte, a. d. Franz. gr. 8. Wien, Wappler u. Beck. 787.

— Elemens de Mythologie à l'usage des écoles etc. av. fig. 8. Breslau, G. Korn. 804.

Wandelbarkeit (Ueber die) des ländlichen Grundeigenthums in der Provinz Westfalen veranlasst durch das Schriftchen des Frhrn v. Schorlemer-Alst: „Die Lage des Bauernstandes in Westfalen u. was ihm Noth thut." gr. 8°. Münster, Aschendorff'sche B., 1865.

Wandelstern, der. Blätter f. Unterhaltung, Literatur, Kunst u. Theater. Herausgeg. von Fd. Philippi. Redig. von Cr. Keil. 1844. 208 Numm. (½ Bog.) Mit Beilagen. gr. 4. Grimma, Verlags-Comptoir. n. 10 ℛ

— ders. 1845 u. 1846. à 52 Numm. Mit Stahlst. Ebend. à n. 2⅔ ℛ — in Monatsheften à ¼ ℛ

Wandelstern, der. Blätter für Unterhaltung, Literatur, Kunst u. Theater. Red.: Ferd. Philippi. Jahrg. 1847 u. 1848. à 52 Nrn. 4. (B.) Grimma, Verlags-Comptoir. à n. 2⅔ ℛ

Wandelsterne, funkelnde, zum Lobe des Besten d. Geschöpfe, ein arabisches, insgemein unter dem Namen: Gedicht Burde, bekanntes Gedicht, von Scheich Ebn Abdullah Mohammed Ben Ssaid rc., genannt Bussiri. Uebersetzt u. durch Anmerkk. erläutert von V. Edlem v. Rosenzweig. Mit Original zur Seite. gr. Fol. Wien 824. (Leipz., Kummer). 1 ℛ 12 ℊ

Wandelt, Hans [aus Berlin]: Die rechtliche Natur des Kommissions-Geschäfts nach dem Entwurf eines Handelsgesetzbuches ... *Berlin, Druck v. W. Pilz, 1897;* 38 S., 1 Bl. 8.
Erlangen, Jur. Fak., Inaug.-Diss. v. 1897

Wandelt, Hans, d. rechtl. Natur des Kommissions-Geschäfts nach d. Entwurf e. Handelsgesetzbuches. gr. 8. (39 S.) Berlin 897. Struppe & Winckler. n. 1.—

Wandelt, Hans, das gesamte Recht des Deutschen Reiches in Frage u. Antwort, zur Vorbereitg. f. das Referendarexamen u. die jurist. Doktorprüfg. bearb. 1.—5. Bd. 8. Berlin, H. Nabel. à n. 3.—; geb. à n. 3.50
1. Allgemeiner Teil. (X, 147 S.) 902.
2. Recht d. Schuldverhältnisse einschliesslich Handelsrecht. (VI, 219 S.) 902.
3. Sachenrecht. (VI, 143 S.) 903.
4. Familienrecht. Erbrecht. (VII, 263 S.) 903.
5. Römische Rechtsgeschichte. Civilprozess. Konkurs. (VI, 221 S.) 902.

Wandelt, Hans, das gesamte Recht des Deutschen Reiches in Frage u. Antwort, zur Vorbereitg. f. das Referendarexamen u. die jurist. Doktorprüfg. bearb. 2. verb. u. erw. Aufl. 1.—9. Bd. 8. Berlin, E. Weber. à n. 3.—; geb. à n. 3.50
1. Allgemeiner Tl. (X, 176 S.) 904. — 2. Recht der Schuldverhältnisse einschliesslich Handelsrecht. (VI, 221 S.) 904. — 3. Sachenrecht. (IV, 155 S.) 905. — 4. Familienrecht. (VI, 155 S.) 905. — 5. Erbrecht. (VI, 157 S.) 905. — 6. Römische Rechtsgeschichte. Deutsche Rechtsgeschichte. (VI, 171 S.) 905. — 7. Civilprozess. Konkurs. (VI, 201 S.) 905. — 8. Strafrecht. Strafprozess. (VI, 175 S.) 905. — 9. Kirchenrecht. Völkerrecht. Nationalökonomie. (VI, 179 S.) 906.

Wandelt, Hans, das gesamte Recht des Deutschen Reiches in Frage u. Antwort zur Vorbereitung für das Referendarexamen u. die Doktorprüfung. (In 9 Bdn.) 1.—5. Bd. 4., neubearb. u. erweit. Aufl. 8. Berlin, E. Weber. à 3.—; geb. n 3.50
1. Allgemeiner Teil. (VIII, 201 S.) 910.
2. Recht der Schuldverhältnisse u. Handelsrecht. (235 S.) 910.
3. Sachenrecht. (VI, 165 S.) 910.
4. Familienrecht. (VI, 159 S.) 910.
5. Erbrecht. (VI, 165 S.) 910.

Wandelt, Oswin [aus Görlitz i. Schles.]: Sprichwörter und Sentenzen des altfranzösischen Dramas. (1100—1400.) .... Marburg, Fr. Sommering's Buchdr., 1887; 2 Bl. + 75 S. 8°.
Marburg, Phil. Fak., Inaug.-Diss. v. [3. Mai] 1887.

Wandelt, Oswin, Sprichwörter und Sentenzen des altfranzösischen Dramas. (1100—1400.) Diss. Marburg 1887, N. G. Elwertsche Univ.-Buchh. 8°. 75 S.

Wandelt, Richard): Kanon der Geschichtszahlen. *Bromberg 1903: O. Grunwald.* (25 S.) 8° [J.]
Bromberg, K. G. P 1903 (183)

Wandelt, Richard Die Convention von Westminster. 4 (15 S.).
Progr. Ev. Fürstensch. *Pless* 1888 (191).

Wandelungen. Gedenkbuch an ein großes Jahr. gr. 8. (XIV und 208 S.) Dresden 867, Heinrich. * 20 Ngr.; geb. *

Wander. Vide: Wahrlieb, F.: Schlöfel und Wander.

Wander, K. F. W. Ein Lebensbild, s. Rupsch, Otto. Der „rote Wander".

Karl Friedrich Wilhelm **Wander**. Ein deutscher Schul- u. Volksmann d. 19 Jh. Zum 100. Geburtstage (27. Dez. 1903). Eine Beschreibung s. Lebens, bearb. nach s. Ms.: 'Mein Leben' von Karl Frei. Hrsg. von s. Sohne Hugo Wander. Quirl, Kr. Hirschberg: Selbstverl. 1903. 59 S. 8° [11. 3134

Wander, C. F. W., s. Wander, Karl Friedrich Wilhelm

Wander, Emil, das große Buch der Likörfabrikation. (128 S.) 8. Berlin (904). H. Steinitz. n. 2.—

Wander, Ferdinand [aus Nürnberg]: Sarcoma cavernosum Würzburg, Etlinger's Buchdr., 1893; 18 S., 1 Bl. 8.
Würzburg, Med. Fak., Inaug.-Diss. v. 1893

Wander, Joseph

— kurze Anleit. zur Ausbesserung d. Straßen nach gemeiner Art, mit Rücksicht auf Böhmen. Mit 2 Kpf. u. 1 Tabelle. gr. 8. Prag 808. Schönfeld. 22 gr Schrbp. 1 ₰ 4 gr

Wander v. Grünwald, Jos., Biographie d. beiden Ritter v. Rieggér. kl. 4. Prag u. Wien 797.

— s. Rudolph II., Polizeiordnung.

Wander, Jul., Eisenbahn-Karte mit sämmtlichen Stationen von Mittel-Europa. Chromolithogr. Imp.-Fol. Dresden 881, Jaenicke.

Wander, Jul. Erinnerungsblatt an die 800jährige Jubelfeier d. Hauses Wettin. Fol. (2 S. m. 1 Bild.) Dresd. 889, Jaenicke u. Comp. * — 25

Wander, Jul., kurzgefasste u. übersichtliche Geographie v. Deutschland. gr. 8. (4 S.) Dresden 883. Jaenicke. n. — 10; als Wandtafel auf Carton n. — 50

Wander, Jul., neue Karte der königl. Residenz- und Hauptstadt Dresden und Umgebung. 1 : 50,000. Für den Unterricht in der Heimatskunde hrsg. Chromolithogr. gr. Fol. Dresden 886, Jaenicke. *

Wander, Jul., neue Karte der königl. Haupt- und Residenzstadt Berlin und Umgebung. 1 : 100,000. Für den Unterricht in der Heimatskunde hrsg. Chromolithogr. qu. gr. Fol. Dresden 887, Jaenicke.

Wander, Jul., gute Kinder, brave Menschen. Eine Gabe auf den Weg durchs Leben. 16. (162 S. m. 1 Bild.) Dresden 894. H. Jaenicke. Geb. n. — 50

Wander's, J., neues praktisches Comptoir- und Geschäftshandbuch mit Post- und Telegraphen-Tarif, Münz-Tabelle und Wechsel-Stempel-Gebühren für Handel und Gewerbe auf das J. 1881. Fol. (27 S. mit 1 chromolithogr. Eisenbahnkarte.) Dresden 881, Jaenicke. cart. *

Wander, Jul., Orts-Verzeichniss vom Königreich Sachsen mit genauer Angabe der Bestellungs-Postanstalten. Zum Gebrauch für den Geschäfts- und Privat-Verkehr. gr. 8. (31 S.) Dresden 888, Jaenicke und Comp. *

— die Wahnsinnige auf Aland. Novelle. Ebend. 868. 8. (344 S.) 1 ₰

Wander, Jul., dramatische Werke. 1. Bd. Dresden 870. Jaenicke. 8. n.n. 15 ngr.
Die Hofdame. Schauspiel in 5 Aufzügen nach Heinr. Martin's Novelle. (217 S.)

— e. offenes Wort an die deutschen Männer. gr. 8. (40 S.) Ebd. 894. n. — 20

Wander, C. F. W., Abc der Verslehre, Aufgabenschatz für den ersten Unterricht in der gebundenen Rede. Zum Gebrauch in höheren Lehr- und Bildungsanstalten, insbesondere in höheren Volks-, Bürger- und Töchterschulen rc. 2., verb. und verm. Aufl. 8. (XIV und 105 S.) Leipzig 855(56,) Wöller.

Wander, Karl Friedrich Wilhelm (Hrsg.), s. Abraham a Santa Clara: Abrahamisches Parömiakon . . .

Wander, C. F. W., Aufgabenschatz für Sprachschüler in Bürger- und Töchterschulen, für Präparandenanstalten und zum Privatunterricht. 1. Heft. A. u. d. T.: Abc der Verslehre, oder Aufgaben für den ersten Unterricht in der gebundenen Rede. gr. 8. (XII und 90 S.) Hirschberg 847, Lucas. Thlr.

Wander, K. F. W., vollständ. Aufgabenschatz f. Sprachlehrer in Volksschulen. Oder: Aufgaben f. alle Zweige d. Unterrichts in d. Muttersprache. Für Schüler v. 7—15 Jahren. 1—4. Hft. 8. ($27\frac{1}{8}$ B.) Berlin 841, 42, Heymann.

A. u. d. Ttln.:

Hft. 1. Aufgaben aus d. Sprachlehre. 1. Hft.
„ 2, 3. Aufgaben aus d. Satzlehre. 2 Hfte.
„ 4. Aufgaben aus d. Orthographie.

Wander, C. F. W., vollständ. Aufgabenschatz f. Sprachschüler in Volksschulen. Für Schüler v. 7 bis 14 Jahren. 1—3. Hft. 2., verm. u. verb. Aufl. 8. Berlin, Heymann. [1. ($7\frac{1}{2}$ B.) 2. ($6\frac{7}{8}$ B.) 844., 3. ($8\frac{1}{4}$ B.) 46. à 6 Ngr.]

—— dass. 5. u. 6. (letztes) Hft. A. u. d. Ttln.: Aufgaben aus der Stillehre 1. u. 2. Hft. 8. Ebds. [5. 1. Aufl. ($5\frac{1}{2}$ B.) 843., 2. Aufl. (4 B.) 46., 6. ($7\frac{1}{2}$ B.) 43. à 5 Ngr.]

—— vollständiger Aufgabenschatz für Sprachschüler in Volksschulen. Oder Aufgaben für alle Zweige des Unterrichts in der Muttersprache. Für Schüler von 7 bis 14 Jahren. 1. Heft. 3., verm. und verb. Aufl. A. u. d. T.: Aufgaben aus der Sprachlehre zur Erlangung einer gründl. Kenntniss der Muttersprache. 1. Heft. Für Kinder von 7 bis 12 Jahren. 8. (X und 113 S.) Berlin 849, C. Heymann.

—— dass. — 2. Heft. 3., verb. und verm. Aufl. A. u. d. T.: Aufgaben aus der Satzlehre zur Erlangung einer gründl. Kenntniss der Muttersprache. 1. Heft. Für Kinder von 7 bis 12 Jahren. 3., verb. und verm. Aufl. 8. (VIII und 119 S.) Ebds. 852.

—— dass. — 4. Heft. A. u. d. T.: Aufgaben aus der Orthographie. Oder wohlgeordneter Stoff zur gründl. Erlernung der Rechtschreibung. Für Schüler von 7 bis 14 Jahren. 2., verb. Aufl. 8. (X und 107 S.) Ebds. 848.

—— dass. — 5. Heft. 3., unveränd. Aufl. A. u. d. T.: Aufgaben aus der Stillehre oder naturgemäße Anfangsübungen im schriftl. Gedankenausdruck. 1. Heft. Für Kinder von 7 bis 10 Jahren. 3., unveränd. Aufl. 12. (VIII und 82 S.) Ebds. 851.

—— dass. — 6. Heft. 2., verm. und verb. Aufl. A. u. d. T.: Aufgaben aus der Stillehre, oder naturgemäße Uebungen im schriftl. Gedankenausdruck. 2. Heft. Für Schüler von 10 bis 15 Jahren. 2., verm. und verb. Aufl. 8. (XII und 112 S.) Ebds. 849.

—— dass. — 7. Heft. A. u. d. T.: Aufgaben aus der Sprachlehre zur Erlangung einer gründl. Kenntniss der Muttersprache. 2. Heft. Für Schüler von 12 bis 15 Jahren. 8. (IX und 78 S.) Ebds. 851.
3. Heft. 2. Aufl. Ebendas. 1846. 6 Ngr.

Wander, C. F. W., vollständiger Aufgabenschatz für Sprachschüler in Volksschulen. 3. Heft. 3., durchges. und verb. Aufl. A. u. d. T.: Aufgaben aus der Satzlehre zur Erlangung einer gründl. Kenntniss der Muttersprache. 2. Heft: Der zusammengezogene und zusammengesetzte Satz. Für Schüler von 11 bis 15 Jahren. 3., durchgeseh. und verb. Aufl. 8. (VIII und 124 S.) Ebds. 853.

— vollständiger Aufgabenschatz für Sprachschüler in Volksschulen. Oder Aufgaben für alle Zweige des Unterrichts in der Muttersprache. Für Schüler von 7 bis 14 Jahren. 1. Heft. A. u. d. T.: Aufgaben aus der Sprachlehre zur Erlangung einer gründlichen Kenntniß der Muttersprache. 1. Heft. Für Kinder von 7 bis 12 Jahren. 4. verm. u. verb. Aufl. Berlin 855. C. Heymann. 8. (XII, 114 S.) 6 ngr

— Auswanderungs-Katechismus. Ein Rathgeber für Auswanderer, besonders für Diejenigen, welche nach Nordamerika auswandern wollen, in Bezug auf Kenntniss des Landes, Abreise, Ueberfahrt, Ankunft, Ansiedelung ꝛc. u. ein belehrendes Volksbuch für die Hierbleibenden. Mit e. (lith. u. color.) Karte der Nordamerikanischen Freistaaten (in Imp. Fol.) 8. (XVIII u. 365 S.) Glogau 852, Flemming. 27 ngr

— Bibliothek der neuesten Land- u. Seereisen, für die Jugend bearb. 1. Bd. 6 Liefg. u. 2. Bd. 1.—4. Liefg. 8. Hirschberg 845, 46, Lucas. à n. 1/6 ℛ

— Bibliothek der neuesten Land- u. Seereisen für die Jugend bearb. 2. Bd. 5 u. 6. Lfg. 8. (S. 321—478.) Hirschberg 847, Lucas. à n. 1/6 ℛ 2 Bde. n. 2 ℛ

— der geschmähete Diesterweg. Eine Stimme aus d. preuß. Volksschullehrerstande gegen die Angriffe d. Herrn L. Emmerich zu Bonn. gr. 8. Leipzig 843, O. Wigand. n. 12 ngl

—— offene Erklärung an Ein hohes Ministerium der Geistl. und Unterrichts-Angelegenheiten gegen die abgehaltenen Kreisversammlungen und noch bevorsteh. Provinzial-Konferenzen der Volksschullehrer. gr. 8. (8 S.) Breslau 848, [Trewendt und Granier.] *

—— das Fabelgärtchen, mit schönen Bildern u. sinnreichen Sprichwörtern geziert. Ein lehrr. Geschenk f. 6—10jähr. Kinder z. Uebung im Lesen, Denken u. Nacherzählen. 1. Gabe. 2. Aufl. 16. (4 B. u. 14 Stnt.) Hirschberg 841, Sachse u. Comp. 8 Gr., ill.

WANDER, K. F. *Neue Fabeln*. Von K. Fr. W. Wander. Mit Bildern von Prof. L. RICHTER. Leipzig, O. Wigand, 1846. M. 17 Holzschnitten. Kl.-8°. Pappbd. mit aufgeklebtem Orig.-Umschlagtitel. 36.—
H.-B. S. 171. ★ Seltene Erstausgabe, hübsch u. geistreich illustriert. Schönes Ex.

— neue Fabeln. Mit Bildern vom Prof. Richter. breit 8. Leipzig 847 (846), O. Wigand. n. 2/3 ℛ

— erster Führer durch den deutschen Dichterhain. Ein Hilfsmittel beim Unterricht in der neuen u. neuesten Literatur für Stadt-, Real- u. Töchterschulen u. für Präparanden-Anstalten u. Schullehrer-Seminare; eine Festgabe für die Jugend. Lex.-8. Breslau 845, W. G. Korn. $1\frac{1}{4}$ ℛ

—— Geschichtsbibliothek ꝛc., s. Hand- u. Taschenbibliothek, pädagog. II. Abthl.

Wander, K. F. W., Geschichtsblikke ꝛc., s. Hand- u. Taschen-Bibliothek, pädagog., II. Abthl. 11. u. 14. Bdchn.

—— Christliche Glaubens- und Sittenlehre in Sprichwörtern. Th. 1. Die Lehre von Gott und seinen Eigenschaften. Hirschberg 1836. 8.

Wander, Karl Friedr. Wilh., drei Jahre aus meinem Leben oder mein Prozeß wegen Erregung von Mißvergnügen und Unzufriedenheit, meine Suspension und Wiedereinsetzung in's Lehramt. 1845—1847. 8. (VI, 237 S.) Leipzig 878, [Genossenschafts-Buchdruckerei.] Fink. (* M. 2.)

— Jugendbibliothek für deutsche Prosa und Poesie. Ein Prämienbuch für die deutsche Jugend. 1. Reihe. Die deutsche Prosa. 1. Cursus für das Jugendalter von 5—10. Jahren. A. u. d. T.: Die Kinderwelt in Prosa. 1. Cursus. 1. Gabe. 8. Grimma 845, Verlags-Comptoir. 1/4 ℛ

— dies. 2. Reihe. Die deutsche Poesie. 2. Cursus. Für das Jugendalter von 10—13 Jahren. A. u. d. T.: Die poetische Kinderwelt. 1. Gabe. 2. Cursus. 8. Ebend. 845. 1/4 ℛ

— dies. 2. Reihe. Die deutsche Prosa. 2. Cursus. Für das Jugendalter von 10—13 Jahren. A. u. d. T.: Die Kinderwelt in Prosa. 2. Cursus. 1. Gabe. 8. Ebend. 846. n. 1/3 ℛ

—— Jugendbibliothek für deutsche Prosa und Poesie. Ein Prämienbuch für die deutsche Jugend. Poetische Reihe. 3. Curs. Für das Jugendalter von 14—17 Jahren. A. u. d. T.: die poetische Jugendwelt. Eine Sammlung sorgfält. ausgew. und ansprechend geordneter Gedichte. 3. Curs. 1. Gabe. 8. (XXIV und 407 S.) Grimma 847. [Wurzen,] Verlags-Comptoir.
1. und 2. Cursus. Ebendas. 1845—46. $17\frac{1}{2}$ Ngr.

— dies. 7 u. 8. Bd. A. u. d. T.: Der Weihnachtsgarten. Ein Festgeschenk für Kinder zur Bildung des kindlichen Gemüths. Mit Illustr. 1 u. 2. Thl. Für das frühere Kindesalter. — Für das reifere Kindesalter. 8. (176 u. 123 S.) Ebd. 847. à n. 1/3 ℛ

— dies. Prosaische Reihe. 3. Curs. 1 u. 2. Abtheilg. Für das Jugendalter von 14—17 Jahren. A. u. d. T.: Die Jugendwelt in Prosa. 3. Curs. 1. Abthlg. 1. Gabe u. 2. Abthlg. 1. Gabe. 8. (352 u. 251 S.) Ebd. 848. à n. 1/4 ℛ

—— die poetische Kinderwelt. Eine Sammlung sorgfältig ausgewählter u. lehrreich geordneter Gedichte f. d. Jugendalter v. 5—10 Jahren. 8. (16⅝ B.) Grimma 843, Verlags-Comptoir. *

Wander, K. F. W., die poetische Kinderwelt. Eine Sammlg. lehrreicher, sorgfältig ausgewählter u. geordneter Gedichte. 1. Bd. Für das Alter von 5—10 Jahren. 3. verm. u. verb. Aufl. (XXIV, 176 S.) Leipzig 873. Wöller. — 75

Wander, K. F. W., die poetische Kinderwelt. Eine Sammlg. lehrreicher, sorgfältig ausgewählter u. geordneter Gedichte. 1. Bd.: Für das Alter von 5—10 Jahren. 4. Aufl. in neuer Rechtschreibg. 8. (XXIV, 176 S.) Leipzig 884. Wöller. — 75

Wander, K. F. W., die poetische Kinderwelt. Eine Sammlg. lehrreicher, sorgfältig ausgewählter u. geordneter Gedichte. 1. Bd. Für das Alter von 5—10 Jahren. 6. unveränd. Aufl. (XXIV, 176 S.) 8. Leipzig 903. J. T. Wöller. n. — 75; geb. in Leinw. n. 1. 50

— das 3. schlesische Lehrerfest zu Hirschberg den 17. Mai 1842. 8. Hirschberg 843, Nesener. n. 5/12 ℛ

—— u. A. Walter, Liederbuch f. Lehrerfeste, s. Liederbuch.

—— der deutschen (deütschen) Sprache Lustgarten, od. geist. Erquikkstunden f. Schule u. Haus. 2 Bdchn. gr. 12. Berlin 839, Heymann. à 1/2 Thlr.
Bdchn. 1. Fragen u. Aufgaben. (6¾ B.) 12 Gr.
" 2. Beantwortung d. Fragen u. Aufgaben. (7¼ B.)

—— s. Niederlassung, die, des Lehrers Wander.

—— Nüsse f. Kinder aufs ganze Jahr. Oder Turnübungen f. Verstand, Scharfsinn u. Witz, in e. Samml. neuer Sprichwörter. Ein gesundes Geschenk f. Kinder. 1. Aufl. 16. (2½ B.) 835. (u. Neue Ausg.) 12. (1⅗ B.) Hirschberg 838. (Leipzig, Dyk'sche Buchh.)

— Nüsse für Kinder aufs ganze Jahr. Oder Turnübungen für Verstand, Scharfsinn und Witz, in einer Sammlung neüer Sprichwörter. 16. Hirschberg 835. Zimmer. 1/8 ℛ — Neue Ausg. 12. Ebd. 838. (Breslau. Kohn.) 1/8 ℛ

—— abrahamisches Parömiakon. Oder: Die Sprichwörter, sprichwörtl. Redensarten u. schönen sinnreichen Gleichnisse d. P. Abraham a St. Clara, nebst d. dazu gehör., erklär. u. anwend. Stellen. Aus dess. sämmtl. Schriften gezogen ꝛc. gr. 16. (27½ B.) Breslau 838, Kohn.

Wander (Karl Friedr. Wilh.). Petition, Entschädigungsansprüche wie die Entfernung aus seinem Lehramte betreffend, bei dem hohen Hause der Abgeordneten. Berlin, F. Duncker 1862. 35 S. 8.

Wander, Karl Frdr. Wilh., eine Petition für eine bessere Landgemeindeverfassung nebst den vollständigen Verhandlungen des Abgeordnetenhauses darüber, vom 4. Mai 1859, nach den stenographischen Berichten. Mit Zusätzen u. berichtigenden Erklärungen versehen. Berlin 860. F. Duncker. gr. 8. (43 S.) 3 ngr.

—— der Satz in seiner Allseitigkeit, e. Leseb. u. e. Sprachlehre in nothwend. u. zweckmäß. Verbindung f. d. mittlern u. obern Klassen d. Elementarschulen, mit beinah 1000 sprachl. Aufgaben u. e. Anh. deütscher Musteraufsätze in gebund. u. ungebund. Rede. 8. (20 B.) Hirschberg 829. (Berlin, Heymann.)

Wander, (Lehrer) K. Fr. W., der Satz in seiner Allseitigkeit. Lehrbuch u. Sprachlehre in nothwend. u. zweckmäß. Verbindung für mittlere u. obere Klassen d. Elementarschulen, mit beinahe 1000 Aufgaben u. e. Anhange deutscher Muster-Aufsätze in gebundener u. ungebundener Rede. gr. 8. Hirschb. 830. (Nesener; a. Heymann in Glogau). 12 ℊ

—— Satzbilderschule. Aufgabenschatz zur Uebung im Entwerfen von Satzbildern und Anleitung zum Verständniß und Bau aller Arten zusammengesetzter Sätze und Perioden. Für höhere Lehr- und Bildungsanstalten, insbesondere für höhere Volks-, Bürger- und Töchterschulen, sowie zum Privat- und Selbstunterricht. 8. (XII und 73 S.) Leipzig 855(56,) Wöller. *

Wander, (Lehrer) K. Fr. W., Scheidemünze, ein Taschenbuch für Jedermann. Oder 5000 neue deutsche Sprüchwörter. 1e Gabe. 12. Hirschb. 831. (Nesener; a. Hennings in Neisse). 20 ℊ

— Scheidemünze, oder neüe deütsche Sprichwörter, bibl., naturgeschichtl., fabellehr. u. vermischten Inhalts. Mit beinah 500 erklärenden Winken u. Bemerkungen. 2e u. letzte Gabe. 12. Neiße 832. Hennings. n. 5/6 ℛ — 1e u. 2e Gabe. 8. Breslau 835. (Kohn. (à 2/3 ℛ) 1 1/3 ℛ

—— Scheidemünze, od. neüe deütsche Sprichwörter, bibl., naturgeschichtl., fabellehr. u. vermischten Inhalts. Mit beinah 500 erklär. Winken u. Bemerkn. 2 Gaben. 12. Hirschberg, [Zimmer.] 1. (12⅔ B.) 831. 16 Gr., 2. (12 B.) 832. 20 Gr.] (Neuer Ttl. 835.)

—— deutscher Schul-, Haus- und Kinderfreund. Ein Lesebuch des deutschen Volkes für Schule und Haus. 8. (XVIII und 560 S.) Grimma 848. [Wurzen,] Verlags-Comptoir.

—— schlesische Schulpräparanden-Bildung, od.: Antwort auf d. in d. schles. Provinzialblättern (Juli u. Aug. 1839) an ihn gericht. Sendschreiben e. Schulbeamten. 8. (2⅛ B.) Hirschberg 840, Nesener.

Wander, C. F. W., offnes Sendschreiben an seine Excellenz, den k. preuß. Minister d. Geistlichen-, Unterrichts- u. Medicinal-Angelegenheiten, Hrn. Dr. Eichhorn. 2. Aufl. gr. 8. (1 B.) Leipzig 846, Otto Wigand. Thlr. *

Wander, Karl Friedr. Wilh., offenes Sendschreiben an Se. Exc., den königl. preußischen Staatsminister, Minister der geistlichen, Unterrichts- und Medicinal-Angelegenheiten Hrn. Dr. Falk. gr. 8. (22 S.) Schmiedeberg 877, (Sommer.) *

— Sprachbuch für Stadt- u. Landschulen. Oder: Aufgaben für den Unterricht in der Rechtschreibung, Sprach-, Satz- u. Stillehre. gr. 8. Hirschberg 846, Lucas. geb. n. 1/6 ℛ

Wander, K. F. W., Sprachbuch für Stadt- u. Landschulen. Oder: Aufgaben für den Unterricht in der Rechtschreibung, Sprach-, Satz- u. Stillehre. 3. verb. Aufl. gr. 8. (IV u. 16 S.) Berlin 850, Simion (jetzt: Leipzig, Voigt & Günther). n. 1/6 ℛ

—— Sprachbuch für Stadt- und Landschulen. Oder: Aufgaben für den Unterricht in der Rechtschreibung, Sprach-, Satz- und Stillehre. 4., verb. Aufl. gr. 8. (IV und 116 S.) Leipzig 859, Voigt und Günther.

Wander, Karl Friedr. Wilh., Sprachbuch für Stadt und Landschulen. Oder: Aufgaben für den Unterricht in der Rechtschreibung, Sprach-, Satz- und Stillehre. 5., verb. Aufl. 8. (VIII und 120 S.) Leipzig 866, Günther. *

— Sprachbuch f. Stadt- u. Landschulen. Oder: Aufgaben f. den Unterricht in der Rechtschreibg., Sprach-, Satz- u. Stil-Lehre. 6., verb. Aufl. gr. 8. (IV, 120 S.) Dresden 872. Ehlermann. n. — 50

—— das Sprichwort, angewandt zu Unterredungen üb. d. Sonn- u. Festtagsevangelien. Besond. f. Lehrer in Volksschulen, aber auch f. Prediger brauchbar. 8. (13⅓ B.) Berlin 836, Heymann. Thlr.
Aus: Archiv f. d. prakt. Volksschulwesen. Hrsg. v. H. Gräfe, 14—16. Bd., besond. abgedruckt.

Wander, K. Fr. W., das Sprichwort, angewandt zu Unterredungen über die Sonn- und Festtagsevangelien. Besonders für Lehrer in Volksschulen, aber auch für Prediger brauchbar. 8. Berlin 836. (Kohn in Breslau.) 3/4 ℛ

Wander, K. F. W., 500 Sprichwörter, nach Gruppen geordnet u. durch kurze Aufsätze erklärt. Eine Sammlg. v. Musterbeispielen zu Aufsätzen u. f. den deutschen Unterricht. Neu hrsg. v. Rob. Gersbach. (XLIII, 234 S.) kl. 8. Berlin 909. Kameradschaft. Kart. 1. 50

Wander, K. F. W., der Sprichwörtergarten. Oder: kurze u. faßl. Erklärung v. 500 Sprichwörtern, e. Leseb. f. d. Jugend, e. Handb. f. Lehrer, welche d. Sprichwörter als moral. Bildungsmittel u. als Stoff zu Denkübungen benützen wollen. 8. (20 B.) Breslau 838, Kohn.

—— deutsches Sprichwörter-Lexikon. Ein Hausschatz für das deutsche Volk. 1.—22. Lfg. hoch 4. (1. Bd. LIV S. und 1802 Sp., 2. Bd. Sp. 1—896.) Leipzig 863—68, Brockhaus. à Lfg. * 20 Ngr. *
1. Bd. compl. * 10 Thlr.; geb. *

—— deutsches Sprichwörter-Lexikon. Ein Hausschatz für das deutsche Volk. [In 5 Bdn.] 23.—55. Lfg. hoch 4. (2. Bd. XVI, Sp. 897—1886; 3. Bd. XXIII, 1870 Sp.; 4. Bd. Sp. 1—1280.) Leipzig 868—74, Brockhaus.
à Lfg. * M. 2.; à Bd. * M. 30.; geb. *

—— deutsches Sprichwörter-Lexikon. Ein Hausschatz für das deutsche Volk. 56.—75. (Schluss-)Lfg. hoch 4. (4. Bd. Sp. 1281—1874; 5. Bd. XXIV, 1824 Sp.) Leipzig 876—79, Brockhaus. à Lfg. * M 2. *
1.—55. Lfg. Ebendas. 1868—74. à * M 2.; 5 Bde. compl. * M 150.; geb. in Halbfrz. * M 160.

Wander, Karl Friedr. Wilh., deutsches Sprichwörter-Lexikon. Ein Hausschatz für das deutsche Volk. Neue (Titel-)Ausg. 75 Lfg. oder 5 Bde. Lex.-8. (LIV S., 1802 Sp.; XVI S., 1866 Sp.; XXIII S., 1870 Sp.; 1874 Sp.; XXIV S., 1824 Sp.) Leipzig 883—86, Brockhaus. à Lfg. * M 2.—. *
geb. à Bd. * M 32.—. *

—— allgem. Sprichwörterschatz. Eine Sprichwörtersamml. mit Ordnung, Erklär. u. mit Anwend. aufs Leben. Ein Beitr. z. menschl., namentl. deutschen Lebens- u. Sittengemälde, e. Handb. f. Lehrer, e. zweckmäß. Gabe f. alle Bücherschätze, e. heilsames Leseb. f. Jedermann. 1. Bd. (in 2 Abthl.) — A. u. d. Tln.: Das Sprichwort, betrachtet nach Form u. Wesen, f. Schule u. Leben, als Einleit. zu e. großen volksthüml. Sprichwörterschatz. — Christl. Glaubens- u. Sittenlehre in Sprichwörtern. 1. Thl. Die Lehre v. Gott u. seinen Eigenschaften. 1. Aufl., u. neue Ausg. gr. 8. (à 31¾ B.) Hirschberg 836. (Leipzig, Dyksche Buchh.) à

—— deutsche Stilschule. Eine von stufenmäßig geordneten Aufgaben begleitete prakt. Anleitung zur Bildung im deutschen Stil. Für höhere Lehr- und Bildungsanstalten, insbesondere für höhere Volks-, Bürger- und Töchterschulen. 8. (VIII und 155 S.) Leipzig 855(56,) Wöller.

—— Taschenkatechismus für das Volk. Zusammengestellt und hrsg. 1. Heft. 2., verm. und verb. Aufl. 16. (96 S.) Hirschberg 850, (Rosenthal.) *

—— vollständ. Uebungsschule d. deutschen Rechtschreibung f. Volksschulen in Lehre u. Anwendung; od.: die 4 Hauptkursen streng auf d. Lautmethode gebauter, mit dem ersten Schreibeunterr. beginnender, bis zu seiner Vollendung in 460 Uebungen naturgemäß fortschreitender, mit reichl. u. angemess. Anwendungsstoff ausgestatteter Unterrichtsgang f. d. gründl. Erlern. d. deutschen Orthographie. 4 Thle. 8. (33 B.) Glogau 831, [Berlin,] Heymann.
A. u. d. Tln.: Einleitung zu e. vollständ. u. naturgemäßen Unterrichtsgange in d. deutschen Sprachlehre. (6 Gr.) — Die eigentl. Rechtschreibung 2c. (4 Gr.) — Die Andersschreibung 2c. (10 Gr.) — Fremdwörterbuch. 2c. (6 Gr.)

— die alte Volksschule u. die neue. Ein Wort an die Vertreter des deutschen Volkes so wie an alle Freunde wahrer Volksbildung. 8. (24 S.) Breslau 848, Trewendt & Granier. 1/12 Thlr.

— die Volksschule als Staatsanstalt. Ein Wort f. Hebung des Volksschulwesens u. bessere Stellung d. Volksschullehrer. gr. 8. Leipzig 842, O. Wigand. 1/2 Thlr.

(——) Weihnachtsnüsse, od. 500 neue deutsche Sprichwörter. Ein Geschenk f. Kinder. 1. Gabe. kl. 16. (2 B.) Hirschberg 832. (Nesener; Neiße, Hennings.)

—— Ernst Will, s. a. Haus- und Familienschatz, neuer.

Wander, C. F. W., Ernst Will, oder: Das Leben in der Gemeinde zu Strebmannsdorf. Dem Volke zum Nutz und Frommen erzählt. 8. (170 S.) Berlin 850, [Springer.] Thlr. *

— Ernst Will, oder; Das Leben in der Gemeinde zu Strebmannsdorf. Dem Volke zum Nutz u. Frommen erzählt. (Aus der allgemeinen deutschen Volksbibliothek abgedr.) 8. (170 S.) Berlin 850, Verlagshandlung des allgem. deutschen Volksschriften-Vereins. n. 1/3 Thlr.

— Zeittafel für den Geschichtsunterricht, mit einem Anh., enth. die Kirchen- u. schlesische Geschichte. 4. bis auf die neueste Zeit fortgeführte Aufl. 8. (32 S.) Bunzlau 850, Appun in Comm. n. 2 ngr.

—— Zeittafel für den Unterricht in der allgemeinen und vaterländischen Geschichte in gehobenen Volks-, Mittel- und Bürgerschulen. Mit einem Anhang enth. die evangel. Kirchen-Geschichte. 5. bis auf die neueste Zeit fortgeführte Aufl. 8. (32 S.) Bunzlau 874, A. Appun.

Wander, Otto, Fremdwörterbuch. Ein Handbuch der in unserer Sprache gebräuchl. fremden Ausdrücke, mit Erklärung und Verdeutschung derselben. Nebst einem Anhange, enth.: die Namen der Städte, Flüsse und Länder in deutscher, latein., französ. und engl. Sprache. 16., verm. Aufl. gr. 16. (374 S.) Leipzig 854, O. Wigand.

Wander, Otto, Fremdwörterbuch. Ein Handbuch der in unserer Sprache gebräuchlichen fremden Ausdrücke mit Erklärung und Verdeutschung derselben. Nebst einem Anh., enthltd.: die Namen der Städte, Flüsse und Länder in deutscher, lateinischer, französischer u. englischer Sprache. 16. Aufl. 854. — 17. Aufl. 857. — 18. verm. Aufl. Leipzig 858. O. Wigand. 16. (374 S.) 15 ngr.

Wander, Otto, Fremdwörterbuch. Ein Handbuch der in unserer Sprache gebräuchl. fremden Ausdrücke, mit Erklärung und Verdeutschung derselben. Nebst einem Anh., enth.: die Namen der Städte, Flüsse und Länder in deutscher, latein., französ. und engl. Sprache. 21.—24., verm. Aufl. gr. 16. (IV und 374 S.) Leipzig 862—67, O. Wigand. geb.

Wander, Otto, Fremdwörterbuch. Ein Handbuch der in unserer Sprache gebräuchl. fremden Ausdrücke, m. Erklärg. u. Verdeutschg. derselben. Nebst e. Anh. enth.: die Namen der Städte, Flüsse u. Länder in deutscher, latein., französ. u. engl. Sprache. 26. neu umgearb. Aufl. 8. (IV, 379 S.) Leipzig 872. O. Wigand. 1. 20; geb. 1. 50

Wander, Otto, Fremdwörterbuch. Ein Handbuch der in unserer Sprache gebräuchl. fremden Ausdrücke, mit Erklärung und Verdeutschung derselben. Nebst einem Anhang, enth.: die Namen der Städte, Flüsse und Länder in deutscher, latein., französ. und engl. Sprache. 27. und 28. Aufl. 8. (IV, 379 S.) Leipzig 874,77, O. Wigand. geb.

Wander, Otto, Fremdwörterbuch. Ein Handbuch der in unserer Sprache gebräuchl. fremden Ausdrücke, mit Erklärung und Verdeutschung derselben. Nebst einem Anhang, enthaltend: die Namen der Städte, Flüsse und Länder in deutscher, latein., französ. und engl. Sprache. 29. und 30. Aufl. 8. (IV, 379 S.) Leipzig 880,82, O. Wigand. geb.

Wander, Otto, Fremdwörterbuch. Ein Handbuch der in unserer Sprache gebräuchl. fremden Ausdrücke, mit Erklärung und Verdeutschung derselben. Nebst einem Anhang, enthaltend: die Namen der Städte, Flüsse und Länder in deutscher, latein., französ. und engl. Sprache. 32. Aufl. 8. (IV, 379 S.) Leipzig 886, O. Wigand. geb.
—— dass. — 33. Aufl. 8. (IV, 379 S.) Ebendas. 888. geb.

Wander, Otto, Fremdwörterbuch. Ein Handbuch der in unserer Sprache gebräuchl. fremden Ausdrücke, m. Erklärg. u. Verdeutschg. derselben. Nebst e. Anh., enth.: die Namen der Städte, Flüsse u. Länder in deutscher, latein., französ. u. engl. Sprache. 34. (Titel-)Aufl. 12. (IV, 379 S.) Leipzig 893. O. Wigand. Geb. in Leinw. 1.50

Wander, Otto, Fremdwörterbuch. Ein Handbuch der in uns. Sprache gebräuchl. fremden Ausdrücke, m. Erklärg. u. Verdeutschg. derselben. Nebst e. Anh., enth. d. Namen d. Städte, Flüsse u. Länder in deutscher, latein., französ. u. engl. Sprache. 35. Aufl. 12. (IV, 379 S.) Leipzig 898. O. Wigand. Geb. 1.50

Wander, Otto, Fremdwörterbuch. Ein Handbuch der in unserer Sprache gebräuchl. fremden Ausdrücke, m. Erklärg. u. Verdeutschg. derselben. Nebst e. Anh., enth.: die Namen der Städte, Flüsse u. Länder in deutscher, latein., französ. u. engl. Sprache. 36. Aufl. 12. (IV, 379 S.) Leipzig 900. O. Wigand. Geb. in Leinw. 1.50

Wander, Otto, Fremdwörterbuch. Ein Handbuch der in unserer Sprache gebräuchl. fremden Ausdrücke, m. Erklärung u. Verdeutschung derselben. Nebst e. Anh., enth.: die Namen der Städte, Flüsse u. Länder in deutscher, latein., französ. u. engl. Sprache. 37. [Titel-]Aufl. (IV, 379 S.) 12. Leipzig [900] 903. O. Wigand. Geb. in Leinw. 1.50

Wander v. Grünwald, Joseph, s. W a n d e r

Das Wanderarbeitsstättengesetz vom 29. Juni 1907. Erl. von Dr. [Carl] Mauve, Oberpräs.R. u. v. Gröning, Landrat. Berlin: Heymann 1909. XII, 104 S. 8°

Wanderausstellung d. deutschen Landwirtschafts-Gesellschaft . . . 1: 1887, 15—17: 1901—03, 20: 1906, 25: 1911. Sonderverzeichnis enthaltend die Beschreibung d. . . . Geräte . . . Berl. 1901—11. Fig.

Wanderausstellung, Vierte, der Deutschen Landwirtschafts-Gesellschaft zu Straßburg i. E. vom 5. bis 11. Juni 1890. Berlin 1890

Wanderausstellung, Fünfte, der Deutschen Landwirtschafts-Gesellschaft zu Bremen vom 4. bis 8. Juni 1891. Berlin 1891

Wanderausstellung, Sechste, der Deutschen Landwirtschafts-Gesellschaft zu Königsberg i. Pr. vom 16. bis 20. Juni 1892. Berlin 1892

Wanderausstellung, Siebente, der Deutschen Landwirtschafts-Gesellschaft zu München vom 8. bis 12. Juni 1893. Berlin 1893

Wanderausstellung, Achte, der Deutschen Landwirthschafts-Gesellschaft zu Berlin vom 6. bis 11. Juni 1894. Th. 1. 2. Berlin 1894

Wander-Ausstellung, 10., der deutschen Landwirtschaftsgesellschaft zu Stuttgart-Cannstatt. Juni 1896. 2 Tle. 1: Verzeichnis der ausgestellten Tiere. 2: Landwirtschaftliche Erzeugnisse und Hilfsmittel. Geräte. Berlin 1896

Wanderausstellung d. *deutschen* Landwirtschafts-Gesellschaft 15, 20—22, 24, 25, 27. Berl. 1901, 06, 07, 08, 10, 11, 14.
[15—24 I 2 Dele: 1. Verzeichnis d. ausgestellten Tiere. — 2. Landw. Erzeugnisse, Hilfsmittel u. Geräte. — 25: 1. og 3. Del].

18. **Wanderausstellung** der Deutschen Landwirtschafts-Gesellschaft zu Danzig vom 9. bis 14. Juni 1904. T. 1. 2. [Nebst] Sonderverzeichnis. Berlin 1904: Gebr. Unger (2: Haasenstein & Vogler). 3 Bde 8° [F.]
1. Verzeichnis d. ausgestellten Tiere. Anzeigen.
2. Landwirtschaftl. Erzeugnisse u. Hilfsmittel. Landwirtsch. Geräte. [05.14096 10

Wanderausstellung, die 23. landwirtschaftliche, der deutschen Landwirtschafts-Gesellschaft. Leipzig, den 17.—22. VI. 1909. Bilder v. der Ausstellg. [Sonderausg. der Mitteilgn. der deutschen Landwirtschafts-Gesellschaft 1909. Nr. 4—8".] (12, 16, 31, 16 u. 12 S. m. Abb.) Lex. 8. Berlin (909). P. Parey. 2.—

W a n d e r b e c k s, Arminius, Abenteuer u. wunderbare Lebensjahre, aus d. Menschengallerie uns. Tage kopirt, m. K. 8. Lpz. Joachim.

Wanderbild, ein. Von Spiez durchs Kanderthal nebst Gemmipass und Adelboden. Zürich 1890.

W a n d e r b i l d, ein. Von Spiez durchs Kanderthal, nebst Gemmipass u. Adelboden. 4 Bdchn. in 1 Bd. 8. (48; 28; 35; 16 S. m. Abbildgn.) Zür. 892, (C. Schmidt). * 1 —

Wanderbilder; gesammelt auf einer Reise von Wien über Dresden, Leipzig u. Cassel nach Hamburg. 8. Bremen 825. Kaiser. 12 gr

Wanderbilder, badische, s.: Schuster, E., Schwarzwald-Wanderbilder.

Wanderbilder, europäische. Nr. 1, 4—10, 180, 185—232. 8. Zürich, Art. Institut Orell Füssli, Verl. à n. —50
1. Die Arth-Rigi-Bahn. Mit 12 Illustr. v. J. Weber u. 1 Karte. (31 S.) 877.
4. Heiden u. die Rorschach-Heiden-Bahn. Von H. Szadrowsky. Mit 22 Illustr. v. G. Roux u. J. Weber u. 2 Karten. 2. Aufl. (40 S.) 877.
5. Die Wädensweil-Einsiedeln-Bahn. (Der Wallfahrtsort Einsiedeln.) Mit 12 Illustr. (24 S. m. 1 Karte.) 877.
6. Thun u. Thunersee. Mit 23 Illustr v. G. Roux u. J. Weber, nebst 1 Karte. (40 S.) 878.
7. Interlaken. (Von Gerber.) Mit 14 Illustr., nebst 1 Karte. (24 S.) 878.
8. Das Oberengadin. Von J. Pernisch. Mit 21 Illustr. v. J. Weber, nebst 1 Karte. 2. Aufl. (40 S.) 878.
9. Baden-Baden u. Umgebung. Mit 21 Illustr. v. J. Weber u. 1 Karte. (40 S.) 879.
10. Zürich u. seine Umgebung. Mit 17 Illustr. v. J. Weber, nebst 2 Plänen. (40 S.) 879.
180. Die Monte-Generosobahn. Von J. Hardmeyer. Mit 13 Illustr. v. J. Weber u. 1 Karte. (32 S.) 890.
185. Die Kuranstalt W. J. Holsboer Grand Hotel Kurhaus Davos. Wegweiser f. Gesunde u. Kranke, Aerzte u. Laien. Mit 10 Illustr. v. J. Weber. (36 S.) 890.
186—188. Karlsbad. Von J. Hardmeyer. Mit 57 Illustr. v. J. Weber u. 1 Karte. (107 S.) 891.
189—192. In die Vogesen. Von Fritz Ehrenberg. Mit 68 Bildern v. J. Weber u. 2 Karten. (141 S.) 891.
193. 194. Hochwald u. Umgebung. Von Fritz Ehrenberg. Mit 23 Illustr. v. J. Weber, nebst Karte u. „Hochwalduhr". (54 S.) 891.
195—197. Kurstadt Franzensbad in Böhmen. Mit 47 Illustr. v. J. Weber, nebst 1 Situationsplan u. 1 Umgebungskarte. (82 S.) 891.
198. 199. Kursaal Maloja im Oberengadin u. seine Umgebung. Von Wilh. Altenburg. Mit Plänen, Illustr. u. 1 Exkursionskarte. (53 S.) 891.
200—202. Spiez u. Kanderthal im Berner Oberland. Dargestellt v. Ernst Müller. Mit 33 Illustr. v. J. Weber u. 1 Karte. (80 S.) 892.
203. Rothenburg ob der Tauber. Von Alb. Schultheiss. Mit 11 Illustr. v. J. Weber u. 1 Karte. (32 S.) 892.
204. 205. Biel u. seine Umgebung. Von J. Hardmeyer. Mit 33 Illustr. v. J. Weber, nebst 1 Karte. (59 S.) 892.
206—208. Durch Schwaben. I. Bdchn. Stuttgart-Cannstatt-Esslingen. Mit 40 Bildern u. 1 Karte. (80 S.) 892.
209. Solothurn u. Baselland. Bilder aus dem Jura v. E. Zingg u. W. v. Arx. Mit 16 Illustr. v. J. Weber u. 1 Karte. (40 S.) 892.
210. Ospedaletti bei San Remo (Riviera di Ponente). Von R. Adler. Mit Bemerkgn. üb. Klimatologie u. Heilerfolge v. H. Enderlin. Mit 11 Illustr. v. J. Weber u. 2 Karten. (36 S.) 893.
211—214. Durch das Berner Oberland. Von Frdr. Ebersold. Mit 76 Illustr. u. 1 Karte. (150 S.) 893.
215. Der Chiemsee. Von Max Haushofer. (36 S. m. 14 Illustr. u. 1 Karte.) 893.
216. 217. Durch Schwaben. II. Bdchn. Ludwigsburg-Marbach-Maulbronn. (S. 81—135 m. 12 Illustr. u. 1 Karte.) 893.
218. 219. — dasselbe. III. Bdchn. Ulm u. Oberschwaben. Von R. Pfleiderer. (S. 137—188 m. 12 Illustr. u. 1 Karte.) 893.
220—222. Amsterdam. Von W. F. Andriessen. Mit 21 Illustr. v. J. Weber. (67 S.) 894.
223. Durch Schwaben. IV. Bdchn. Reutlingen-Tübingen-Hohenzollern. Von Eug. Nägele. (S. 189—228 m. 12 Bildern u. 1 Karte.) 894.
224. Das Stanserhorn u. die Stanserhornbahn. Von Wold. Cubasch. Mit 12 Illustr. v. J. Weber u. 1 Karte. (36 S.) 894.
225. 226. Arosa. Mit 18 Illustr. v. J. Weber u. 1 Karte. (68 S.) 894.
227. 228. Die Donauthalbahn. Von P. Siebler-De Ferry. Mit 17 Illustr. nach photogr. Aufnahmen d. Verf. u. 1 Karte. (51 S.) 894.
229—231. Durch Schwaben. V. Bdchn. Schwäbische Alb. (Von Eug. Nägele.) Urach. (Von A. Laudenberger.) Mit 22 Bildern u. 1 Karte. (S. 229—308.) 894.
232. — dasselbe. VI. Bdchn. Der Hohenstaufen u. sein Gebiet. Göppingen, Geislingen, Gmünd u. ihre Umgebg. Von Th. Engel. Mit 12 Bildern u. 1 Karte. (S. 309—348.) 894.

Wanderbilder, europäische. Nr. 2. 11—17. 19. 22—35 u. 37. 8. Zürich 880—82. Orell, Füssli & Co. à n. — 50

2. Die Uetliberg-Bahn. Von J. J. Binder. Mit 24 (Holzschnitt)Illustr. von J. Weber u. F. F. Gross. 2. Aufl. (32 S.)

11. Der Thermal-Kurort Baden in der Schweiz. Von B. Fricker. Mit 26 Illustr. von J. Weber nebst einer Karte. (40 S.)

12. Nyon u. seine Umgebungen. Von Aug. Testuz. Mit 22 (Holzsch.-)Illustr. von L. Mennet u. J. Weber u. 1 (lith.) Karte. (40 S.)

13. Konstanz u. seine Umgebung. Mit 22 (Holzschn.-)Illustr. von J. Weber, einem Kärtchen u. einem Tourenplane. (40 S.)

14. Das Tössthal von G. Geilfuss. Mit 14 (Holzschn.-) Illustr. von J. Falat. (40 S.)

15. Thusis. Von A. Rumpf. Mit 20 (Holzschn.-)Illustr. von J. Weber. (40 S.)

16. Luzern u. seine Umgebung. Mit 13 (Holzschn.-)Illustr. von J. Weber u. 1 (lith.) Karte. (32 S.)

17. Florenz. Von S. H. M. Byers. Mit 13 (Holzschn.-) Illustr. von J. Weber u. einem Verzeichniss der berühmtesten Gemälde. (32 S.)

19. Ragaz-Pfäfers. Mit 9 (Holzschn.-)Illustr. von J. Weber u. 1 (lith.) Karte. (32 S.)

22. Bad Kreuth im bayrischen Hochgebirge. Von May. Mit 14 (Holzschn.-)Illustr. von C. Bolze u. J. Weber, nebst 1 (lith.) Karte. (32 S.)

23. Die Gruyère [das Greyerzerland]. Vom Genfersee nach dem Berner-Oberland üb. die neue Alpenstrasse Bulle-Boltigen. Von Perrier. Mit 20 (Holzschn.-)Illustr. von J. Reichlen u. J. Weber, nebst 1 (lith.) Karte. (40 S.)

24. Bad Reinerz. Von P. Dengler. Mit 13 (Holzschn.-) Illustr. von J. Weber, nebst 1 (lith.) Karte. (32 S.)

25. Eisenerz in der oberen Steiermark. Von Joh. Krainz. Mit 12 (Holzschn.-)Illustr. von J. Weber nach den photograph. Aufnahmen von A. Kurka in Eisenerz u. einer (lith.) Karte. (30 S.)

26. Vevey u. seine Umgebung. Von Alfr. Ceresole. Mit 18 (Holzschn.-)Illustr. von G. Roux u. J. Weber nebst einer (lith.) Karte. (40 S.)

27. Davos. Mit 20 (Holzschn.-)Illustr. von J. Weber u. einer (lith.) Karte. (40 S.)

28. Pyrmont. Illustrirt u. beschrieben von Rob. Geissler. Mit 12 Illustr. u. einer Karte. (32 S.)

29. Villach in Kärnten u. seine Umgebung. Von Heinr. Noë. Mit 10 Illustr. von J. Weber u. einer Karte. (32 S.)

30—32. Die Gotthardbahn. Von J. Hardmeyer. Mit 48 Illustr. von J. Weber u. einer Karte. (112 S.)

33. Von Froburg bis Waldenburg. Ein Bild aus dem Solothurner u. Basler Jura von H. Tanner u. E. Zingg. Mit 18 Illustr. von J. Weber u. einer Karte. (32 S.)

34. 35. Görbersdorf. Dr. Brehmer's Heilanstalt für Lungenkranke von R. Ortmann. Mit 26 Illustr. von Blätterbauer u. einer Karte. (64 S.)

37. Freiburg im Breisgau u. seine Umgebung. Von Ludw. Neumann. Mit 31 Illustr. von J. Weber u. einer Karte. (41 S.)

Wanderbilder, europäische. Nr. 3. 18. 20. 21. 36. 38—113. 8. Zürich, Orell Füssli & Co. Verl. à n. — 50

3. Montreux. Von Alfr. Ceresole. Mit Illustr. u. 2 Karten. (42 S.) 886.

18. Schaffhausen u. der Rheinfall. Mit Illustr. u. 2 Karten. (39 S.) 881.

20. 21. Mailand v. J. Hardmeyer. Mit Illustr. u. Plan. (64 S.) 881.

36. Die Vitznau-Rigi-Bahn. Von Aug. Feierabend. Mit 7 Illustr. v. J. Weber. (32 S.) 883.

38. 39. Bad Krankenheil-Tölz im bayerischen Hochlande. Von Gust. Schäfer. Mit 13 Illustr. v. J. Weber u. e. Karte. (62 S.) 883.

40. 41. Chaux-de-Fonds, Locle, Brennets u. ihre Umgebungen. [Le Clods et la Franchise.] Mit 17 Illustr. v J. Weber u. e. Karte. (48 S.) 883.

42. 43. Das vorchristliche Rom. Von O. Henne-Am-Rhyn. Mit 23 Illustr. u. e. Vogelschaukarte. (72 S.) 883.

44—46. Ajaccio als Winterkurort u. die Insel Corsica Von Rud. Gerber. Mit 11 Illustr. v. E. Davinet u. e. Karte. (64 S.) 883.

47. 48. Augsburg. Von Adf. Buff. Mit 27 Illustr. v. J. Weber, e. Vogelschauplan u. e. Theatersitzplan. (64 S) 883.

49. 50. Bonn u. seine Umgebung. Von Ludw. Lorbach. Mit 6 Illustr. u. 1 Karte. (39 S.) 883.

51. 52. Der Bürgenstock. Von W. Cubasch. Mit 10 Illustr. v. J. Weber u. e. Karte. (48 S.) 883.

53. 54. Neuenburg u. Umgebung. Von A. Bachelin. Mit 20 Illustr. v. J. Weber u. F. Huguenin u. e. Karte. (42 S.) 883.

55. 56. Battaglia bei Padua. Von Ed. Mautner. Mit 38 Illustr. v. L. E. Petrovits u. J. Weber u. 1 Karte. (41 S.) 883.

57. 58. Chur u. seine Umgebungen. Von E. Killias. Mit 19 Illustr. v. J. Weber. (55 S.) 883.

59—61. Oesterreichische Südbahn. Die Kärntner-Pusterthaler Bahn. Seen der Südalpen, Gletscher der Hohen Tauern, das Reich der Dolomite. Von Heinr. Noë Mit 51 Illustr. v. J. Weber u. 1 Karte. (120 S.) 883.

62-64. Oesterreichische Südbahn. Von Deutschland nach Italien. Die Brennerbahn vom Innstrom zum Gardasee. Von Heinr. Noë. Mit 52 Illustr. v. J. Weber u. 1 Karte. (121 S.) 883.

65—67. Oesterreichische Südbahn. Von der Donau zur Adria. Wien. Semmering. Triest. Abbazia. Von Heinr. Noë. Mit 61 Illustr. v. J. Weber u. 1 Karte. (120 S.) 884.

68. 69. Graz. Mit 23 Illustr. v. J. Weber. (49 S.) 884.

70. Die Bergstrasse von Jugenheim bis Auerbach, Von Ernst Pasqué. Mit 15 Illustr. v. J. Weber. (33 S.) 884.

71. 72. Durch den Arlberg. Von Ludw. v. Hörmann. Mit 26 Illustr. u. 1 Karte. (51 S.) 884.

73. 74. Von Paris nach Bern üb. Dijon u. Pontarlier. Mit 33 Illustr. v. F. Huguenin-L. (60 S.) 884.

75. 76. Der Vierwaldstättersee. Von J. Hardmeyer. Mit 40 Illustr. v. J. Weber. (64 S.) 884.

77—80. Konstantinopel u. Umgebung. Von P. Leonhardi. Mit 35 Illustr. u. 1 Plan. (160 S.) 885.

81. 82. Wallis u. Chamonix Von der Furka bis Brig. Von F. O. Wolf. Mit 16 Illustr. v. J. Weber u. 2 Karten. (60 S.) 885.

83. Das National-Denkmal am Niederwald. Von Jos. Schrattenholz. Mit 11 Illustr. v. F. Lindner u. a. nebst 1 Karte. (89 S.) 885.

84—86. Budapest. Mit 44 Illustr. u. 1 Plane der Stadt. Nebst e. Anh. üb. die Budapester allgemeine Landesausstellung d. J. 1885, m. e. Situationsplan der Ausstellg. u. 5 Illustr. (108 S.) 885.

87. 88. Heidelberg. Von Karl Pfaff. Mit 35 Illustr. v. J. Weber u. 1 Plan. (73 S.) 885.

89—91. Locarno u. seine Thäler. Von J. Hardmeyer. Mit 58 Illustr. v. J. Weber, nebst 2 Karten. (104 S.) 885.

92. 93. Bad Driburg. Aus dem Tagebuche e. Hypochonders v. Thdr. Riefenstahl. Mit 10 Illustr. v. Osw. Achenbach u. Fel. Schmidt u. 1 Karte. (102 S.) 885.

94. 95. Wallis u. Chamonix. 2. Hft. Brig u. der Simplon. Von F. O. Wolf. Mit 16 Illustr. v. J. Weber, nebst 1 Karte. (S. 61—120.) 885.

96—98. Glarnerland u. Walensee. Von Ernst Buss. Mit 57 Illustr. v. J. Weber u. 2 Karten. (119 S.) 885.

99—102. Wallis u. Chamonix. 3. Hft. Die Visperthäler. Von F. O. Wolf. Mit 26 Illustr. v. J. Weber u. X. Imfeld, nebst 1 Karte. (S. 123-268.) 886.

103. 104. Murten. Von F. Stock. Mit 26 Illustr. v. G. Roux u. 1 Karte. (72 S.) 886.

105—107. Wallis u. Chamonix. 4. Hft. Lötschen u. Leukerbad. Von F. O. Wolf. Mit 21 Illustr. v. J. Weber u. R. Ritz, nebst 1 Karte. (S. 296—372.) 886.

108—110. Dasselbe. 5. Hft. Die Thäler v. Turtman u. Eifisch. Mit 24 Illustr. v. J. Weber u. 2 Karten. (S. 373—468.) (1. Bd. cplt.: n. 7. -)

111-113. Die badische Schwarzwaldbahn. Von J. Hardmeyer. Mit 53 Illustr. v. J. Weber u. 1 Karte. (95 S.) 886.

Wanderbilder, europäische. Nr. 13, 22, 30—32, 34. 35, 38, 39, 114—184. 8. Zürich, Orell Füssli Verl. à Nr. n. — 50

13. Konstanz u. seine Umgebung. Mit 23 Illustr. von J. Weber, 2 Plänen u. e. Touren-Plane. (Neue Aufl.) (32 S.) 887.

22. Bad Kreuth im bayerischen Hochgebirge. Von May. Mit 14 Illustr. v. C. Bolze u. J. Weber, nebst 1 Karte. (Neue Aufl.) (32 S.) 889.

30-32. Die Gotthardbahn. Von J. Hardmeyer. Mit 57 Illustr. v. J. Weber u. 1 Karte. (Neue Aufl.) (104 S.) 888.

34. 35. Görbersdorf. Dr. Brehmer's Heilanstalt f. Lungenkranke. Von R. Ortmann. Mit 30 Illustr. v. Blätterbauer u. 2 Karten. 3. Aufl. (72 S.) 887.

38. 39. Bad Krankenheil-Tölz im bayerischen Hochlande. Von G. Schaefer. Mit 15 Illustr. v. J. Weber u. 1 Karte. (Neue Aufl.) (56 S.) 887.

114—116. Lugano u. die Verbindungslinie zwischen den drei oberitalienischen Seen. Von J. Hardmeyer. Mit 55 Illustr. v. J. Weber u. 4 Karten. (108 S.) 887.

117—120. Der Mont Cenis [Fréjus]. Von V. Barbier, übers. v J. H. Mit 78 Illustr. v. J. Weber u. J. Reichlen, nebst 2 Karten. (160 S.) 887.

121. 122. Bad Cudowa [Prov. Schlesien]. Einzige Arsen-Eisenquelle Deutschlands. Hrsg. u. bearb. v. F. L. Martreb Mit 28 Illustr. u. 1 Karte. (52 S.) 887.

123. 124. Die Höllenthalbahn. Von Freiburg nach Neustadt. Von S. Bodenheimer. Mit 15 Illustr. v. Frz. Hoch u 1 Karte. (46 S.) 887.

125. Friedrichshafen am Bodensee. Mit 13 Illustr. von J. Weber u. 1 Karte. (28 S.) 887.

126—129. Zürich u. seine Umgebung. Hrsg. vom offiziellen Verkehrsbureau Zürich unter Mitwirkg. v. H. Breitinger Ad. Bürkli-Meyer, A. Bürkli etc. Mit 104 Illustr. v J. Weber u. E. Buffetti u. 1 Plan. (223 S.) 888.

130. 131. Die Brünigbahn. Von J. Hardmeyer. Mit 30 Illustr v. J. Weber u. 1 Karte. (56 S.) 888.

132. 133. Das Kurhaus Tarasp u. seine Umgebungen. Von J. Pernisch. Mit 30 Illustr. v. J. Weber u. 1 Karte (66 S.) 888.

134. 135. Wesserling u. das Thal St. Amarin im Elsass. Mit 21 Illustr. v. J. Weber u. 1 Karte. (46 S.) 888.

136. 137. Görlitz. Von Frdr. Blau. Hrsg. v. der Riesengebirgsvereinssection Görlitz. Mit 16 Bildern v. J. Weber m. Benutzg. v. Photographien v. Rob. Scholz in Görlitz u. 1 Orientirungskarte. (36 S.) 888.

138—140. Wallis u. Chamonix. 6. Hft. Sitten u. Umgegend. [Rawil, Sanetsch, Pas de Cheville u. Eringerthal.] Von

F. O. Wolf. Mit 23 Illustr. v. R. Ritz u. J. Weber, nebst 1 Karte. (S. 469—547.) 888.

141. 142. Erfurt in Thüringen. Von Louis Röll. Mit 16 Illustr. nach Orig.-Aufnahmen von Bissinger & Dittmann in Erfurt u. Orig.-Skizzen, sowie 1 Karte u. 1 Plan. (60 S.) 888.

143—146. Wallis u. Chamonix. 7. Hft. Martinach u. die Dransethäler. [Der Grosse St. Bernhard.] Von F. O. Wolf. Mit 33 Illustr. v. J. Weber u. E. Metton, nebst 1 Karte. (S. 549—692.) 888.

147. 148. — dasselbe. 8. Hft. Chamonix u. der Montblanc. Von Alfr. Ceresole. Mit 10 Illustr. v. J. Weber u. 1 Karte. (S. 693—764.) 888.

149. 150. — dasselbe. 9. Hft. Von St. Maurice bis zum Genfersee [Leman]. Von F. O. Wolf. Mit 16 Illustr. von J. Weber u. 1 Karte. (S. 767—832.) 889.

151. Nach u. durch Ungarn. 6. Bdchn. Die ungarischen Ostkarpathen. Die Linien der ungar. Nordostbahn u. der ungarisch-galiz. Eisenbahn. Von Karl Siegmeth. Mit 24 Illustr. u. 1 Karte. (40 S.) 889.

152. Meran. Von H. Malten. Mit 13 Illustr. v. J. Weber, nebst 1 Karte. (36 S.) 889.

153. 154. Die Pilatusbahn. Von J. Hardmeyer. Mit 32 Illustr. v. J. Weber u. 1 Karte. (50 S.) 889.

155. Das Thal v. Poschiavo u. die Curanstalt Le Prese am See v. Poschiavo. Von Ed. Killias. Mit 14 Illustr. v. J. Weber. (40 S.) 889.

156. 157. Der Kurort Giesshübl-Puchstein bei Karlsbad u. seine Quellen. Von Gastl. Mit 28 Illustr. v. J. Weber u. 1 Karte. (61 S.) 889.

158. 159. Der schlesische Kurort Ober-Salzbrunn u. seine Umgegend. Mit 17 Illustr. v. Th. Blätterbauer. (64 S.) 889.

160. Die Kur- u. Seebad-Anstalt Waldhaus-Flims u. ihre Umgebungen im Graubündner Vorderrheinthal. Von Ed. Killias. (38 S. m. Holzschn. u. 1 Karte.) 889.

161—163. Paris. Mit 28 Illustr. (119 S.) 889.

164. 165. Nach u. durch Ungarn. 1. Bdchn. Von Wien nach Budapest üb. Bruck a/L.-Totis [oesterr.-ungar. Staatseisenbahngesellschaft u. kgl. ungar. Staatsbahnen] u. üb. Marchegg-Pressburg [österr.-ungar. Staatseisenbahngesellschaft] von A. Imendörffer, W. Gerlai u. J. Sziklay. Mit 41 Illustr. v. J. Weber u. 2 Karten. (71 S.) 889.

166. — dasselbe. 2. Bdchn. Von Oderberg nach Budapest. Durch das Waagthal Sillein-Galanta u. durch die ungarischen Bergstädte Ruttka-Hatvan. Von Karl Siegmeth. Mit 16 Illustr. v. J. Weber u. 1 Karte. (40 S.) 889.

167—169. — dasselbe. 3. Bdchn. Von Wien, Oderberg u. Budapest in die Hohe Tátra u. in das Abauj-Torna-Gömörer Höhlengebiet. Von Karl Siegmeth. (120 S. m. 60 Illustr.) 889.

170. Territet. Von zwei schweizerischen Alpinisten. (35 S. m. 12 Illustr.) 889.

171. Nach u. durch Ungarn. 4. Bdchn. Durch West-Ungarn. Von F. Krauss u. J. Sziklay. Mit 19 Illustr. von J. Weber nebst 1 Karte. (40 S.) 890.

172. 173. — dasselbe. 5. Bdchn. Von der Donau zum Quarnero. Fünfkirchen, Agram, um die Zagorje, Fiume u. das Küstenland. Von G. Kenedi u. W. Gerlai. Mit 23 Illustr. v. J. Weber u. 1 Karte. (54 S.) 890.

174. — dasselbe. 7. Bdchn. Durch die ungar. Tiefebene. Von J. Sziklay. Mit 23 Illustr. v. J. Weber nebst 1 Karte. (39 S.) 890.

175. 176. — dasselbe. 8. Bdchn. Das siebenbürg. Hochland. Nach Skizzen v. F. A. Bell, F. Krauss, C. J. Römer, E. Sigerus u. C. Weingärtner. Mit 32 Illustr. v. J. Weber, u. 1 Karte. (64 S.) 890.

177. Gmunden. Von H. Noë. Mit 8 Illustr. v. J. Weber u. 1 Karte. (38 S.) 890.

178. 179. Nach u. durch Ungarn. 9. Bdchn. Durch Süd-Ungarn. Von A. Sternberg, P. Dragalina, C. Diaconovich, J. Sziklay u. A. Plavsic. Mit 28 Illustr. v. J. Weber, nebst 1 Karte. (61 S.) 890.

180. Die Monte Generobahn. Von J. Hardmeyer. Mit 13 Illustr. v. J. Weber u. 1 Karte. (60 S.) 890.

181. 182. Toggenburg u. Wil. Von J. Hardmeyer. Mit 33 Illustr. v. J. Weber u. 1 Karte. (53 S.) 890.

183. 184. Die Landquart-Davos-Bahn. Von J. Hauri. Mit 30 Illustr. v. J. Weber u. 1 Karte. (63 S.) 890.

Wanderbilder, europäische. Nr. 233—251. 8. Zürich, Art. Institut Orell Füssli, Verl. à Nr. n. — 50

233. Durch Schwaben. VII. Bdchn. Tuttlingen — Sigmaringen. Hohentwiel. Von Paul Hartmann. Mit 12 Bildern u. 1 Karte. (S. 349—388.) 895.

234. Dasselbe. VIII. Bdchn. Heilbronn u. s. Umgebung. Von C. Hönes. M. 13 Bild. u. 1 Karte. (S. 389—428.) 895.

235. Nach u. durch Ungarn. X. Bdchn. D. ungar. Bahnnetz der k. k. priv. Südbahngesellschaft. Von Edm. Steinacker. Mit 16 Illustr. u. 1 Karte. (32 S.) 895.

236. 237. St. Moritz-Bad v. Camill Hoffmann. M. 15 Illustr. v. J. Weber u. 1 Karte. (44 S.) 895.

238. Durch Schwaben. IX. Bdchn. Ellwangen, Hall, Mergentheim. M. 11 Bild. u. 1 Karte. (S. 429—468.) 895.

239. Dasselbe. X. Bdchn. Wildbad, Liebenzell, Teinach. Mit 11 Bild. u. 1 Karte. (S. 469—508.) 895.

240. Die schweizer. Seethalbahn. Von J. Hardmeyer. Mit 11 Illustr. u. 1 Kärtchen. (35 S.) 895.

241. Meiringen u. Umgebung. Im Auftr. d. gemeinnütz. Vereins v. Meiringen u. Umgebg. bearb. v. Otto Jossi. Mit 17 Illustr. u. 1 Karte. (50 S.) 895.

242. Das schweizer. Rhônethal. Der Kurort Bex, Umgebgn. u. Ausflüge v. Vict. Thissot u. Sam. Cornut. M. 12 Illustr. v. J. Weber u. 1 Karte. (39 S.) 895.

243. 244. Abbazia als Winterkurort u. Seebad. Von Jos. Rabl. Mit 16 Illustr. u. 1 Karte. (52 S.) 895.

245—247. Oberaargau u. Unter-Emmenthal. M. 45 Illustr. v. J. Weber u. 1 Karte. (120 S.) 895.

248. 249. Genf u. s. Umgebung. M. 36 Illustr. (43 S.) 896.

250. Bürgenstock, der Kurort, am Vierwaldstättersee. Mit 1 Farbenbild, 14 Illustr., 2 Doppelbildern u. 1 Plan nebst 1 Karte. (31 S.) 897.

251. Rigiviertel, das, in Zürich. M. 12 Illustr. v. J. Weber u. 1 Karte. (28 S.) 898.

— **europäische.** Nr. 9, 9a, 18, 19, 141, 142 und 250—255. 8. Zürich, Art. Institut Orell Füssli. à Nr. n. — 50

9. 9a. Baden-Baden. Von L. Jung. 2. verb. Aufl. Mit 31 Illustr. u. 1 Karte. (49 S.) (902.)

18. Schaffhausen u. der Rheinfall. Mit 19 Illustr. u. 1 Routenkarte. 3. Aufl. (37 S.) (901.)

19. Ragaz-Pfäfers u. Umgebung. Mit 20 Illustr. v. J. Weber u. 1 Karte. (Neue Aufl.) (36 S.) (900.)

141. 142. Erfurt in Thüringen. Von Louis Röll. 3. Aufl. (21.—25. Taus.) Mit 43 Holzschn. nach Orig.-Aufnahmen, sowie 1 Karte des Steigerwaldes, 1 Karte der Umgegend, 1 Stadtplan u. 1 Plan des Stadttheaters. (111 S.) (900.)

250. Bürgenstock, der Kurort, am Vierwaldstättersee. Mit 1 Farbenbild, 14 Illustr., 2 Doppelbildern u. 1 Plan nebst 1 Karte. 3. Aufl. (31 S.) (901.)

251. Rigiviertel, das, in Zürich. 2., verb. Aufl. Mit 13 Illustr. v. J. Weber u. e. Karte. (27 S.) (901.)

252. Stoos ob Brunnen, der Kurort. Mit 12 Illustr. v. J. Weber u. e. Karte. (36 S.) 899.

253. Grand Hotel Curhaus Davos, Curanstalt Holsboer, Davos-Platz. (Schweiz.) (40 S. m. Abbildgn.) 899.

254. Der Kurort Walzenhausen (Kt. Appenzell). Von J. J. Arbenz. Mit 12 Illustr. von J. Weber und 1 Karte. (32 S.) 900.

255. Pontresina. Von Ernst Lechner. Mit 14 Illustr. von J. Weber u. 1 Karte. (32 S.) (900.)

Wanderbilder, europäische. Nr. 89—91. 114—116. 252 u. 256—266. 8. Zürich, Art. Institut Orell Füssli. à Nr. n. — 50

89—91. Locarno u. seine Täler. Von J. Hardmeyer. Mit 58 Illustr. v. J. Weber nebst 2 Karten. 3. Aufl. (111 S.) (903.)

114—116. Lugano u. die Verbindungslinie zwischen den drei oberitalienischen Seen. Von J. Hardmeyer. Mit 55 Illustr. v. J. Weber u. 4 Karten. 4. Aufl. (124 S.) (906.)

252. Stoos ob Brunnen, Kurort. Mit 12 Illustr. v. J. Weber u. 1 Karte. 2. Aufl. (38 S.) (904.)

256—258. Illustr. Bündner Oberland. Von Chr. Tarnuzzer. Mit e geschichtl. Beitrag v. J. C. Muoth. Hrsg. vom Bündner-Oberländer-Verkehrs-Verein. (161 S. m. Abbildgn. u. Karten.) 903.

259—261. Die rhätische Bahn m. besond. Berücksicht. d. Albula-Route. Von C. Camenisch. (112 S. m. Abbildgn., 3 Taf. u. 1 Karte.) (904.)

262. Jodsoolbad Bad-Hall in Ober-Oesterreich. Hrsg. vom ob d. ennsischen Landesausschuss. Von J. Haidenthaller. Mit 24 Illustr., 1 Situationsplan u. 1 Routenkarte. (36 S.) (904.)

263. Vom Bodensee zum Rheinfall. Konstanz-Schaffhausen. Einzige Stromdampferfahrt der Schweiz. Von K. v. Arx. Hrsg. von der schweiz. Dampfbootgesellschaft f. den Untersee u. Rhein in Schaffhausen. (28 S. m. Abb.) 905.

264—266. Die Montreux-Oberland-Bahn durch das Simmenthal. Beschreibung der von dieser elektr. Bahn durchzogenen waadtländ., freiburg. u. bern. Gebiete vom Genfersee bis zum Thunersee. Nach dem Französ. des Alfr. Céré-sole. Von H. Hartmann. Photograph. Aufnahme von Fréd. Boissonnas. (78 S. m. 1 Karte.) (906.)

Wanderbilder, europäische. Nr. 30—33. 259—261. 267 u. 268. 8. Zürich, Art. Institut Orell Füssli. à Nr. — 50

Andermatt-Hospenthal u. Umgebung. Illustrierter Führer f. Kurgäste u. Touristen. Hrsg. vom Verkehrsverein des Urserntales in Andermatt 1907. (52 S. m. 1 Karte.) (908.) (Nr. 268.)

Gotthardbahn, die, v. J. Hardmeyer. Mit 64 Illustr. u. e. Karte. 6. Aufl. (133 S.) (907.) (Nr. 30—33.)

Rhätische Bahn, die, m. besond. Berücksicht. der Albula-Route Chur—Thusis—St. Moritz (Engadin). 2. verb. u. verm. Aufl. Von Carl Camenisch. Mit 82 Illustr. u. 1 Karte. (128 S.) (908.) (Nr. 259—261.)

Speicher-Trogen (Appenzell-Schweiz). Hrsg. v. den Verkehrsvereinen in Speicher u. Trogen. 2. Aufl. Mit 24 Abbildgn. u. 1 Karte. (44 S.) (908.) (Nr. 267.)

Wanderbilder. Ernst Haeckels W' im Lichte der Kritik. Eine Zusammenstellung der wichtigsten ⟨bis 1. April 1906 eingegangenen⟩ Urteile über H' Bedeutung als Künstler. Ernst Haeckel zum Beginn seines 91. Dozenten-Semesters an der Universität Jena ⟨3. Mai 1906⟩ gewidmet vom Verleger. Heft 1. [Illustriert.] IV + 32 S. gr.-8. Gera-Untermhaus, W. Koehler, (1906). [M. —. 30]

Inhalt: Referate von Prof. Dr. Arnold Dodel-Lugano, Prof. Corrado Parona-Genua, Dr. Paul Sarasin-Basel, ... und von Professor Ernst Koerner-Berlin.... — (Das Heft 2 bringt die Urteile aus den überseeischen Kulturländern....)

Märkische **Wanderblätter**. (Centralorgan f. alle märk. Wandervereine.) Hrsg. v. Fontane-Klub ⟨Märkischer Wanderverein⟩ zu Berlin. Jg. 1, Nr 1–19. [Mehr nicht ersch.] Berlin 1906: H. Walter. 284 S. 8° [11. 17545

Wander-Blumen. Blättor f. Stundon dor Rast. 12. (16 S. m. Bildern.) Leipzig 888. Baldamus, Sop.-Cto. cart. m. Goldschn. n. 1. –

Wanderbruck et Valory, un Coup de Canne, Drame-Vaudev., s. **Théâtre** français le plus moderne. Série I. Livr. 2.

Wanderbuch, das, oder Züge aus dem Leben des Missionar Bräuninger. Berlin 861. (Beck.) 8. (24 S.) n. 2 ngr.

Wanderbuch, christliches, für wandernde Handwerksgesellen. 12. Halle 827. (Waisenh.-B.) 4 gr.

Wanderbuch, deutsches. Hrsg. vom Vorstande des Verbandes deutscher Touristenvereine. Hauptschriftleiter: Gust. Ströhmfeld. 1. u. 2. Tl. 12. Stuttgart, Franckh. Geb. in Leinw. à n. 1. 50
1. Süddeutschland. (VIII, 260 S. m. 8 farb. Karten.) 903.
2. Mittel-, Nord- u. Ostdeutschland. Mit 7 farb. Karten. (IX, 352 S.) 905.

Wanderbuch, Dortmunder. Ausflüge f. halbe u. ganze Tage. Mit e. (farb.) Karte v. Dortmund u. Umgegend. (105 S.) kl. 8. Dortmund (908). M. Thomas. 1. —

Wanderbuch, Essener. Ein Führer für Spaziergänge in Essen und Ausflüge in die Umgebung, besonders ins Ruhrtal. Essen-Ruhr [1910]. V: *Kellen, Tony.* (Berl 1910, S. 1282)

— Essener. Ein Führer f. Spaziergänge in Essen u. Ausflüge in die Umgebg., besonders ins Ruhrtal. Mit 38 Plänen u. Wegekarten. 2. verb. Aufl. (99 S.) 8. Essen (910). Fredebeul & Koenen. —40; geb. — 65

Wanderbuch, Görlitzer, s. a. Kwiecinski, Max

Wanderbuch, Görlitzer. 290 Halbtags- und Ganztagsausflüge in der engeren und weiteren Umgebung von Görlitz mit 1 Übersichtskarte. 4. Aufl. Görlitz [1908]. V: *Kwiecinski, Max.* (Berl 1909, S. 85)

— Görlitzer. 290 Halbtags- u. Ganztags-Ausflüge in der engeren u. weiteren Umgegend v. Görlitz, m. e. Uebersichtskarte. 4. Aufl. (III, 152 S.) kl. 8. Görlitz (908). R. Worbs & Co. 1. —

Hamburger **Wanderbuch** von **Adolph Blass**, Franz Gabain, Rud. Kohlfahl und Paul Roth unter Mitw. von Otto Meissner jr. Mit 1 Übersichtskarte, 4 Wegekarten u. 7 Waldkarten. 2., verm. Aufl. *Hamburg: O. Meissner 1896.* (X, 123 S.) 8° [01. 3399

Wanderbuch, Hamburger, v. Adph. Blass, Frz. Gabain, Rud. Kohfahl u. Paul Roth unter Mitwirkg. v. Otto Meissner jr. M. 1 Übersichtskarte, 4 Wegekarten u. 15 Waldkarten. 3., verm. Aufl. 2 Tle. 8. (VIII, VI, 208 S.) Hamburg 898. O. Meissner's Verl. Kart. n. 3. —

Wanderbuch, Hamburger, von Adph. Blass, Frz. Gabain, Rud. Kohfahl u. Paul Roth unter Mitwirkg. v. Otto Meissner jr. Mit 1 Übersichtskarte, 4 Wegekarten u. 17 Waldkarten. 4. verm. Aufl. 2 Tle. 8. Hamburg 901. O. Meissner's Verl. Kart. n. 3. —
1. Wanderungen nördlich der Elbe. (X, 96 S.)
2. Wanderungen südlich der Elbe. (VIII, 138 S.)

— Hamburger, von Adph. Blass, Frz. Gabain, Rud. Kohfahl u. Paul Roth unter Mitwirkg. v. Otto Meissner jr. Mit 1 Uebersichtskarte, 4 Wegekarten u. 20 Waldkarten. 5. verm. Aufl. 2 Tle. kl. 8. Hamburg 904. [O. Meissner's Verl.] C. Boysen. Kart. n. 3. 60
1. Wanderungen nördlich der Elbe. (X, 98 S.)
2. Wanderungen südlich der Elbe. (VIII, 159 S.)

— Hamburger, v. Adph. Blass, Rud. Kohfahl u. Paul Roth. Mit 2 Übersichtskarten, 4 Wegekarten u. 30 Spezialkarten. 7., verm. Aufl. 2 Tle. kl. 8. Hamburg 909. C. Boysen. Kart. 4.—; einz. Tle. 2. 50
I. Wanderungen nördlich der Elbe. Holstein u. Lauenburg. (XII, 124 S.)
II. Wanderungen südlich der Elbe. Lüneburger Heide. (XII, 146 S.)

Wanderbuch. Illustrirtes W' für: Böhmen, Mähren etc.... Zürich 1895 – den Schwarzwald.... Z' 1893 – die Rheinlande.... Z' (1893) – Südbaiern und Salzkammergut.... 1892 *s.* Schmidt. Schmidt's Illustrirte Wanderbücher.... ([Band] 5, 3, 4 *u.* 1.)

Wanderbuch, illustrirtes, f. die Umgegend v. Hannover. Ein zuverläss. Führer durch die Gebiete der Leine, Innerste, das Wesergebiet von Münden-Minden u. den Teutoburger-Wald, sowie durch die Städte Hildesheim, Osnabrück, Göttingen, Kassel etc. Mit besond. Berücksicht. der Stadt Hannover u. der Bäder: Eilsen, Limmer, Lippspringe, Meinberg, Nenndorf, Oeynhausen, Pyrmont, Rehburg, Salzdetfurth, Salzhemmendorf u. s. w. Hrsg. v. Mitgliedern d. Hannoverschen Touristen-Vereins. Mit zahlreichen Abbildgn., Karten u. Kartenskizzen. 12. (XII, 288 S.) Hannover 892. W. Frerk. Geb. n. 2. 50

— illustrirtes Wanderbuch der Central-Schweiz bis Ober-Italien. Spezial-Führer für Touristen, Kurgäste u. Sommerfrischler. Bearb. v. *E. Thomann.* Mit ca. 500 Illustr., Panoramen, Karten u. Plänen. 28. Aufl. In-12°. XVI, 618 S. Ebd. Schmidt's 1892. 5 —

— kleines, der Umgebung v. Metz. gr. 16. (48 S. m. 1 farb. Karte.) Leipzig 893. G. Lang. In Leinw. kart. n. — 75

— Kölner, m. genauen Wegebeschreibgn. u. 1 Karte. Eine reiche Auswahl v. nahen u. fernern Ausflügen. 12. (95 S.) Köln 894. G. Hölscher. n. 1. —

— Kölner, m. genauen Wegebeschreibgn. u. 4 (farb.) Karten. Eine reiche Auswahl von nahen u. fernen Ausflügen. 2. Bdchn. (Hölschers Wanderbücher Nr. 2) 12. (80 S. m. 4 Karten.) Köln 895. G. Hölscher. n. 1. —

— dasselbe. 1. Bdchn. 2., neu bearb. Aufl. 12. (101 S. m. 2 Karten.) Ebd. 895. n. 1. —

Kölner **Wanderbuch** mit genauen Wegebeschreibungen, vielen geschichtl. u. and. Notizen u. 6 Karten. 3. u. 4., neu bearb. Aufl. Bdch. 1. *Köln: P. Neubner [1900].* 8°
— Wanderbücher, Hölschers. No 1. [01. 7516

Kölner **Wanderbuch** mit genauen Wegebeschreibungen, vielen geschichtl. u. and. Notizen u. Karten. Bdch. 1. 2. *Köln: P. Neubner [1900–03].* 2 Bde 8°
1. 3. u. 4., neu bearb. Aufl. [1900.] 2. 3., neu bearb. Aufl. [1903.]
— Wanderbücher, Hölschers. No 1. 2. [04. 6364

— Kölner, m. genauen Beschreibungen v. üb. 370 Wegen, vielen geschichtlichen u. anderen Notizen, 12 Karten u. 20 Illustr. 7., neu bearb. Aufl. (9.—10. Taus.) (148 S.) kl. 8. Köln 908. J. G. Schmitz. 1. 50

[Umschlagt.:] [J.] **Wanderbuch** für die Mitglieder evang. Arbeitervereine in Deutschland. *Hattingen (Ruhr): 'Evang. Arbeiterbote' [1895?].* (24 S.) 1 Bd 8. [96. 631

— neues, durch Sachsen, s. a. Schäfer, Thdr.

Wanderbuch, neues, durch Sachsen. 1—3. gr. 16. Dresden 879—82. Meinhold & Söhne. 3. 90

1. Die Sächsische Schweiz. Von Th. Schäfer u. H. Friedemann. Mit 1 Uebersichts- u. 8 Specialkarten (lith. u. chromolith.). (XVI, 104 S.) 1. 20
2. Dresdens Umgebung in 72 Ausflügen. Von Th. Schäfer. Mit 2 (chromolith.) Kartenbeilagen. (VIII, 196 S.) 1. 50
3. Die sächsische Oberlausitz. Mit Abstechern nach Görlitz u. dem Spreewald. Von Th. Schäfer. (VII, 112 S.) 1. 20

—— neues, durch Sachsen. 1. Tl., 2. Tl. A. u. B., u. 4. Tl. 12°. Dresd., Meinhold u. Söhne. cart. * 5 80

1. Die Sächsische Schweiz etc. 3. u. 4. Aufl. (XII, 255 S. m. Wegekärtchen, Aussichtsskizzen u. 1 Karte.) 890,92. 2 —.
2. Dresdens Umgebung. A. 70 Ausflüge links der Elbe. 3. Aufl. (VIII, 184 S. m. 1 Karte.) 892. * 1 60. — B. 55 Ausflüge rechts der Elbe. 3. Aufl. (VI, 125 S. m. 3 Specialkarten.) 892. * 1 20.
4. Kleiner Führer durch Dresdens Umgebung u. die Sächsische Schweiz. Bearb. v. Th. Schäfer. (VIII, 80 S. m. Karte.) 891. * 1 —.

Wanderbuch, neuestes, für das Riesengebirge. Handbuch für Sommergäste und Touristen im Riesen-, Iser- und Waldenburger Gebirge. 6. Aufl., bedeutend verm. und vom Riesengebirgsverein berichtigt. gr. 8. (IV, 134 S. mit eingedr. Holzschn.-Abbild. und grosser lithogr. Karte.) Warmbrunn 883. (Hirschberg, Kuh'sche Buchh.) * *

Wanderbuch, neuestes, für das Riesengebirge. Handbuch für Sommergäste und Touristen im Riesen-, Iser- und Waldenburger Gebirge. 7. Aufl., bedeutend verm. und vom Riesengebirgs-Verein berichtigt. 8. (VI, 138 S. mit Abbild. und grosser Karte.) Warmbrunn 885. (Hirschberg, Sommer.) *

Wanderbuch, neuestes, f. das Riesengebirge. Handbuch f. Sommergäste u. Touristen im Riesen-, Iser- u. Waldenburger Gebirge. Mit Abbildgn. u. grosser Karte. 7. Aufl., bedeutend verm. u. vom Riesengebirgs-Verein berichtigt. 8. (VI, 138 S.) Warmbrunn 885. (Schmiedeberg, Sommer.) n. 1. —

Wanderbuch, neuestes, f. das Riesengebirge. Handbuch f. Sommergäste u. Touristen im Riesen-, Iser-, Bober-, Katzbach- u. Waldenburger Gebirge. Mit Karte, Riesengebirgspanorama u. Rundschau v. der Schneekoppe. 8. Aufl. Vom Central-Vorstand u. den Sectionen d. R.-G.-V. revidirt. 8. (X, 142 S.) Warmbrunn 888. (Leipelt.) n. 1. —

— für d. Riesengebirge. Handbuch f. Touristen u. Sommergäste im Riesen-, Iser-, Bober-Katzbach- u. Waldenburger Gebirge. Mit (farb.) Touristenkarte u. Panorama des schles. Riesengebirges. 9. Aufl. Vom Haupt-Vorstande u. d. Ortsgruppen d. R.-G.-V. rev. 12. (XII, 176 S.) Warmbrunn (889). E. Gruhn. n. 1. 20

— f. das Riesengebirge. Handbuch f. Touristen u. Sommergäste im Riesen-, Iser-, Bober-, Katzbach- u. Waldenburger Gebirge. Mit Touristenkarte u. Panorama d. schles. Riesengebirges. 9. Aufl. Vom Haupt-Vorstande u. den Ortsgruppen d. R.-G.-V. rev. 12. (VIII, 176 S.) Warmbrunn 891. (M. Leipelt.) n. 1. 20

— f. das Riesen-, Iser-, Bober-Katzbach- und Waldenburger Gebirge. Handbuch f. Touristen u. Sommergäste. Mit Touristenkarte u. Panorama des schles. Riesengebirges. 10. Aufl. Von den Ortsgruppen des R.-G.-V. rev. 12. (XII, 160 S.) Warmbrunn (901). E. Gruhn. n. 1. —

— f. den Solling u. das Oberwesergebiet, den Vogler, Hils, Elfas, Bramwald u. Reinhardswald, m. Berücksicht. der Bäder u. Sommerfrischen. Hrsg. v. Sollingverein. 3., bedeutend erweit. Aufl. m. Orientierungskarte. 12. (VIII, 175 S.) Holzminden (902). C. C. Müller. n. 2. —

— für den Solling, Vogler, Elfas, Hils u. das Oberwesergebiet von Bodenwerder bis Bursfelde, m. e. Sommerfrischen- u. Bäderverzeichnis. Hrsg. vom Sollingverein. 2., umgearb. u. bedeutend erweit. Aufl. 12. (IV, VI, 95 S.) Holzminden 894. C. C. Müller. Geb. in Leinw. n. — 75

— Trierer. Spaziergänge u. Ausflüge in die Umgebg. Triers. Mit 1 Specialkarte. 12. (III, 56 S.) Trier 894. H. Stephanus' Verl. Kart. n.n. 1. —; m. Karte auf Leinw. n.n. 1. 60

— Trierer. 115 Spaziergänge u. Ausflüge in die Umgebung Triers. Mit 1 Spezialkarte 1 : 40,000. 2., erweit. Aufl. (VIII, 102 S.) kl. 8. Trier (905). H. Stephanus. Geb. n. 1. 40

— f. die Vogesen in 250 Touren. Illustrierter Führer m. (2 farb.) Wegbezeichnungskarte(n). (XVI, 111 S.) 8. Darmstadt (906). Vereinigte Kunstdruckereien. 2.—; geb. 3. —

— für Zeit u. Ewigkeit. 12. (164, 298, 6 u. 74 S. m. 5 farb. Karten u. 2 Ansichten.) Stuttgart 897. Buchh. d. Evang. Gesellschaft. Geb. in Leinw. n. 2. —

— Zwickauer, nebst Führer durch die Stadt Zwickau. Bearb. v. Mitgliedern des Erzgeb.-Zweigvereins Zwickau. 3. Aufl. 1. Tl: Ausflüge zu Fuß. gr. 8. (XV, 136 S. m. 2 farb. Karten.) Zwickau i/S. 901. C. A. Günther Nachf. (Nur direkt.) In Leinw. kart. n. 1. 20

Wanderbücher des Kölner Eifelvereins E. V. Gegr. 1888. Nr. 1. 8. Köln, C. Roemke & Co. — 50

1. Königsforst, der, u. seine Umgebung. Bearb. vom Wegeausschuss des Kölner Eifelvereins E. V., gegr. 1888. Hierzu 1 vierfarb. Karte m. 1 Skizze. (62 S.) (909.)

Wanderbücher, heimatliche. Sammlg. v. Führern durch das Schneeberg-, Rax-, Semmering- u. Wechselgebiet. 1. Bd. gr. 16. Neunkirchen 895. P. Liepsch. n. — 60

Führer durch das Bergschloß Seebenstein. Von Heinr. Mose. (32 S. m. 11 Bild. u. 1 Kärtchen.)

[Hölschers Wanderbücher. 2., neu bearb. Aufl. No 1.] *Koln a. Rh.: G. Hölscher [1894].* 8° [04. 6363

Wanderbücher, steirische. Hrsg. vom Fremdenverkehrs-Comité des steir. Gebirgsvereines. I—IV. 8. Graz, [Ferstl'sche Buchh.] Pechel. *

Inhalt:

I. Graz und Umgebung. Mit 1 geograph. Karte, dem Plane von Graz und 1 Panorama von der Platte (lithogr.). (IV, 140 S.) 880. *M 2.
II. Semmering-Graz, Mürzzuschlag-Mariazell. (IV, 101 S. mit 1 geograph. lithogr. Karte.) 882. *M 1,50.
III. Ennsthaler Alpen und steirisches Salzkammergut. (IV, 102 S.) 882. *M 1,80.
IV. Oberes Murthal einschliesslich Lungau. (IV, 84 S.) 884. *M 1,80.

Wanderbücher, steirische. I., II. und V. Hrsg. vom Fremdenverkehrs-Comité des steier. Gebirgsvereines. 8. Graz, Pechel. à *

Inhalt:

I. Graz und Umgebung. Hrsg. vom Fremdenverkehrs-Comité des steir. Gebirgsvereines. 3. verb. Aufl. (III, 136 S. mit 1 Plane der Stadt Graz und 1 Umgebungskarte.) 887.
II. Semmering-Graz, Mürzzuschlag-Mariazell und Oststeiermark. 2. bedeutend verm. Aufl. (IV, 145 S.) 886.
V. Untersteier. (III, 136 S.) 885.

Wanderbücher, steirische. Hrsg. vom Fremdenverkehrs-Comité d. steir. Gebirgsvereines. II—IV. 8. Graz, Pechel. à n. 1. 80

II. Semmering-Graz, Mürzzuschlag-Mariazell u. Oststeiermark. 2 Aufl. (IV, 145 S.) 886.
III. Ennsthaler Alpen u. steirisches Salzkammergut. Hrsg. vom Fremdenverkehrs-Comité d. steir. Gebirgsvereines. (IV, 102 S.) 883.
IV. Oberes Murthal einschliesslich Lungau. (IV, 84 S.) 884.

Wanderbücher, steirische. I. 8. Graz 887. Pechel. n. 2. —
Graz u. Umgebung. Hrsg. vom Fremdenverkehrs-Comité d. steir. Gebirgsvereines. 3., verb. Aufl. Mit 1 Plane der Stadt Graz u. 1 Umgebungskarte. (III, 136 S.)

— **steirische.** Hrsg. v. Fremdenverkehrs-Comité d. steir. Gebirgsvereins. I. Graz u. Umgebg. 4., verb. Aufl. M. 1 Plane d. Stadt u. 1 Umgebungskarte. 8. (IV, 126 S.) Graz 898. F. Pechel. n. 1. 80

Wanderbüchlein für Alle, die sich nach d. Heimath sehnen. Frei nach „Bunians Christenreise" bearb. v. Verf. d. „Feierabendbüchleins" (E. J. G. de Valenti). 8. (20 B. u. 6 Abbild.) Basel 833, Spittler.

Wanderbüchlein f. Alle, die sich nach d. Heimath sehnen. Vom Verf. d. „Feierabendbüchleins" (de Valenti). 2. Thl. gr. 12. (18 B. u. 8 Stnt.) Basel 836, [Bahnmeiers Buchh.]
(1. Thl.) Ebendas. 1833. 1 Thlr.

Wanderbüchlein für Alle, die sich nach der Heimath sehnen. . . . 2. Aufl. Basel 1843. V: *Valenti*, *E. J. G. de.* (Ky) (Zu)

Wanderbüchlein f. Alle, die sich nach der Heimath sehnen. Vom Verf. des Feierabendbüchleins. 2., verb. Aufl. 12. ($17\frac{5}{6}$ B., 6 Abbild. u. 5 Bl. Musikbeil.) Basel 843, Bahnmaier's Bh. *

Wanderbüchlein, deutsches. Eine poet. Reisebegleitung für Naturfreunde. Berlin 870. Wiegandt & Grieben. gr. 16. (XXIV, 279 S.) n. 20 ngr.

Wanderbüchlein, evangel., kleine Gabe zur Erinnerung an die Confirmation. 12. Nördlingen 842, Beck. geb. 1/8 ß

Wanderbüchlein d. katholischen Gesellen-Vereins, hrsg. vom Generalpräsidium in Köln. 12. (50 S. m. Titelbild u. Karte.) Paderborn 892. F. Schöningh. Geb. n.n. — 50

— dasselbe f. provisor. Mitglieder m. Vereinskarte. 24. (4 S.) Ebd. 892. — 5

Wanderbüchlein d. katholischen Gesellen-Vereins, hrsg. v. Generalpräsidium in Köln. 12. (64 S. m. Titelbild u. 1 farb. Karte.) Paderborn 895. F. Schöningh. Kart. n.n. — 50

Wanderbüchlein des katholischen Gesellenvereins, früher hrsg. v. hohen Generalpräs. in Köln, ausgestellt f. d. Mitglied ... *Paderborn & Münster i. W.: F. Schöningh [1904].* (62 S.) 8° [F.] 04. 7445

Wanderbüchlein f. das Mitglied d. kath. Gesellen-Vereins. 2., m. e. lith. Eisenbahnkarte v. Deutschland (in qu. gr. Fol.) verm. Aufl. gr. 16. (52 S. m. 2 Steintaf.) Münster 876. Nasse. — 75

Wanderbüchlein, Stuttgarter. 100 Wandergn. in die engere u. weitere Umgebung Stuttgarts m. den Endpunkten: Ludwigsburg—Leonberg—Kirchheim u. T.—Schorndorf. Beschrieben im Anschluß an Peip's Stuttgarter Ausflugs-Karte. (47 S.) 12. Stuttgart 908. [Hobbing & Büchle.] Holland & Josenhans. n.n. — 25; m. Peip's Ausflugskarte n. 1. —

Wanderbüchlein, Stuttgarter. 100 Wandergn. in die engere u. weitere Umgebg. Stuttgarts m. den Endpunkten: Ludwigsburg — Leonberg — Kirchheim u. T. — Schorndorf. Beschrieben im Anschluß an Peip's Stuttgarter Ausflugs-Karte. 2. Aufl. (I, 47 S.) kl. 8. Stuttgart (907). Holland & Josenhans. —25; m. Peip's Ausflugskarte 1. —

Wanderer: Der Wanderer
s.a. Anzeiger aus dem Bezirk Affoltern,

Wanderer. Eine Zeitschrift . . . Wien [1814—43]. H: *Seyfried*, *Joseph Ritter von.* (MGT)

Der **Wanderer**, oder Wochenblatt zur Erheiterung und Belehrung (sp.: . . . für Stadt und Land). Reichenbach: Dönch 1822–55. Hrsg.: E. Dönch.

— **der, eine Volkszeitung.** Redig. von Jos. Ritter v. Seyfried. J. 1826. Wien, Strauß. 8 ß

— **der, e. Volkskalender.** 1r—4r J. 1828—31. 8. Glatz. (J. F. Korn in Bresl.) à J. 8 K

— der, ein Volkskalender, Geschäfts- u. Unterhaltungsbuch für alle Stände. 1.—12. Jahrg. . . . 13.—16. Jahrg. 1839—1843. Mit Lithogr. u. Holzschnitt-Vign. 8. Glatz 838—42, Pompejus. 13.—15. J. à 5/12 ß 16. J. 12 ngl

Wanderer, der, e. Volkskalender, Geschäfts- u. Unterhaltungsb. f. alle Stände. 15. Jahrg. 1842. 8. ($12\frac{1}{2}$ B., 2 Stnt., 1 General-Gemälde d. preuß. Monarchie u. Holzschn.) Glatz 841, [Jauer,] Pompejus.
1–14. Jahrg. 1828–41. . . . . . . ?

—— der, 1843. 16. Jahrg. (Ein Volks-Kalender. Mit 11 lith. Ans. auf 1 Bl. u. Vign.) 8. ($13\frac{1}{2}$ B.) Glatz 842, [Jauer, Pompejus.?]

Wanderer, der. Ein Volksblatt in monatl. Lfgn. hrsg. v. C. A. Ludw. Donath. (3. Jahrg.) 1845. Nr. 1 u. 2. 4. (3 B. u. 4 Stnt.) Altenburg, (Helbig.) à * —
1. u. 2. Jahrg. . . . ?

Wanderer, der. Ein echtes Volksblatt. Redig. von Ludw. Donath. (5 — 9. Jahrg.) 1848 — 52. à Jahrg. 12 Nrn. (à $1\frac{1}{2}$ Bog. und 2 Stnt.) 4. Neusalza, Donath. à Jahrg. *

Wanderer, Der. Skandinavische Deutsche Zeitung. Christiania 1853. H: *Ritter*, *C. A.* (Collin, Anonymer. Kiobenh. 1869.)

Wanderer, der. Eine echte Volksschrift. Red.: A. Bornbrück. 10. u. 11. Jahrg. 1853 u. 54. à 12 Nrn. (à $1\frac{1}{2}$ Bgn. u. 2 Lithogr.) Neusalza, Bornbrück. 4. Jede Nr. 2 ngr.; color. 3 ngr.

—— dass. — 11. Jahrg. oder Neue Folge. 1. Jahrg. 1854. 12 Nrn. (à $1\frac{1}{2}$ Bog. und 2 Stnt.) 4. Ebds. ill.

Wanderer, der — Red. Ferd. A. v. Seyfried. Druck. Leop. Sommer. gr. Folio. 4spaltig. Täglich excl. Montag. 12 fl. jährlich. Wien 1853.

Wanderer, Der —. (Morgen- und Abendblatt.) (45. Jahrgang) Redakteur Ferd. Ritter v. Seyfried. Druck und Verlag von Leop. Sommer. Fol. 4spaltig. Täglich. 3 fl. und 3 fl. 57 kr. vierteljährig. Wien 1854.

Wanderer, der —. (46. Jahrgang.) Verantwortlicher Redakteur: Ferd. Ritter v. Seyfried. Verlag, Druck und Papier von Leop. Sommer. gr. Fol. 4spaltig. Täglich zweimal. 12 und 15 fl. 48 kr. jährlich. Wien 1855.

Wanderer. (47. Jahrg.) Verantw. Redakteur: Ferd. Ritter v. Seyfried. Verlag Druck und Papier von Leop. Sommer. Fol. 2spaltig. Erscheint täglich ein Morgenblatt und ein Abendblatt.
Wien 1856.

Wanderer, 48. Jahrg. Eigenthümer und Redakteur: Ferd. Ritter v. Seyfried. Mitredakteur: Moriz Gratz. Verlag, Druck und Papier von Leopold Sommer. Erscheint in „Morgen- und Abendblatt“ täglich. Fol. 4spaltig. Wien 1857.

Wanderer, der. Volkskalender für Ost- und Westpreußen auf das J. 1864. Hrsg. von Ed. Sack. 2. Jahrg. 8. (XXX und 128 S.) Königsberg 863, Nürmberger. *

Der Wanderer: Jahrgang 1–78, no. 20, Nov. 16, 1867–Dec. 28, 1944.
Roman Catholic weekly newspaper. English edition established Jan. 8, 1931, and still being published. For supplement, see DER FARMER IM WESTEN. Began as large quarto, but by 1870 folio in size, 8–16 pages, each issue. Circulation: 1870, 3000 (est.); 1880, 3300; 1901, 9315; 1909, 11,157; 1917, 10,175; 1934, 2000. Edited by Eugen F. Ehrhardt, Nov. 16, 1867–1869?; by Clemens Staub & Heinrich Borst, 1869?–1879?; by L. Lasland, 1880?–1883; by Hugo Klapproth, 1884–90; by Joseph Matt, 1900–44. Published by J. N. Schroder & Co. [as Deutsche Katholische Druck-Gesellschaft], Nov. 16, 1867–1880?; by Wanderer Printing Co., 1881–44.
St. Paul, MN

Der Wanderer. Organ zur Vertretung der Arbeiterinteressen, zur Belehrung und Unterhaltung. Leipzig: Expedition 1879. 8°

Wanderer, der. Illustrirter Volkskalender f. Stadt u. Land. gr. 8. (94 S.) Berlin 889. Werthmann. n. — 30

Wanderer, der. Volkskalender f. Stadt u. Land. 1890—1893. 8. (à Jahrg. ca. 112 S. m. Abbildgn. u. 1 Farbendr.) Berl., Werthmann. à Jahrg. — 50

—— der. Familien-Kalender f. Stadt u. Land. 1893. 8. (102 S. m. Text-Bildern, 1 Farbendr. u. 1 Wandkalender.) Domanze, Schuch. * — 30; durchsch. * — 40

Wanderer, der. Volks-Kalender f. Stadt u. Land. 1895. 8. (96 u. 16 S. m. Abbildgn. u. 1 Farbendr.) Berlin, F. Werthmann. — 50

Der Wanderer. Bethel-Bielefeld: Buchhandlung der Anstalt Bethel 1900–1941. 8°
Vorh. u.d.T.: Die Arbeiter-Kolonie. Jg. 1–13. 1884–1896 (?).

— der. Geographische Unterhaltgn. u. Litteraturberichte, hrsg. v. Adb. Aprilis. 1. Jahrg. 1901/1902. 4 Nrn. 4. (à ca. 24 S. m. Abbildgn.) Leipzig, R. Baum. 1.—

Wanderer. Der Wanderer. Kalender auf das Jahr 1901. Redaktion: Ulrich Kollbrunner, Zürich, Sekundarlehrer. (Jahrg. 2.) [Illustriert.] 160 S. 4. Zürich, Hermann Goessler. (fr. 1. —)

Wanderer. Der Wanderer. Kalender auf das Jahr 1902. Redaktion: Ulrich Kollbrunner, Sekundarlehrer, Zürich. (Jahrg. 3.) [Mit Illustrationen und 3 Tafeln.] 144 S. 4. Zürich, H. Goessler & Cie. (Für die Schweiz fr. 1. —, für das Ausland fr. 1. 50)

Wanderer. Der Wanderer. Kalender auf das Jahr 1903. Redaktion: Ulrich Kollbrunner, Sekundarlehrer, Zürich. (Jahrg. 4.) [Mit Illustrationen und 3 Tafeln.] 148 S. 4. Zürich, H. Goessler & Cie. (Für die Schweiz fr. 1. —, für das Ausland fr. 1. 50)

Wanderer. Der W'. (Neuer Schweizer) Kalender auf das Jahr 1905. Redaktion: Ulrich Kollbrunner, Sekundarlehrer, Zürich. (Jahrg. 6.) [Mit Illustrationen und 1 Tafel.] 152 S. 4. Zürich, Fäsi & Beer. (für die Schweiz fr. 1. —)

Wanderer, der. Ein monatlich erschein. parteiloses Journal f. Pilger auf dem Woge zum höheren Geistesleben. Enth. Orig.-Artikel u. ausgewählte Uebesetzgn. in Bezug auf die Grundlage aller Religion, Philosophie, Kunst u. Wissenschaft. Red. u. hrsg. v. Arth. Weber. 1. Jahrg. Juli 1906—Juni 1907. 12 Nrn. (à ca. 70 S. m. Taf.) 8. Leipzig, Theosoph. Centralbuchh. n. 10. —

Wanderer. Der W'. (Neuer Schweizer) Kalender auf das Jahr 1906. Redaktion: Ulrich Kollbrunner, Sekundarlehrer, Zürich. (Jahrg. 7.) [Mit Illustrationen und 1 Tafel.] IV + 152 S. 4. Zürich, Fäsi & Beer. (Schweiz fr. 1. —, Ausland 1. 50)

— die. 8 Bücherfolgen f. die deutsche Jugend, im Auftrage des Düsseldorfer Jugendschriften-Ausschusses hrsg. von Gust. Kneist u. Severin Rüttgers. III. Folge, 1. Bd. u. VII. Folge, 1. Bd. 8. Düsseldorf, (A. Bagel).
Geb. in Leinw., à Bd. 2. —
III, 1. Sage u. Lied in den Ländern am Rhein. Von Gust. Kneist. Eine Sammlg. der schönsten Sagen u. Lieder f. die reifere Jugend. 1.—5. Taus. (200 S.) (907.)
VII, 1. Die Geschichte v. den Lachstälern. Laxdoela-Saga. Eine Erzählg. v. nord. Bauern u. Seefahrern, die im 8. Jahrh. aus Norwegen gefahren, u. auf Island e. neue Heimat gefunden. Aus dem Alt Isländ. übertr. Von Severin Rüttgers. 1.—5. Taus. (XVII, 180 S. m. 1 Karte.) (907.)

Wanderer, der. Monatsschrift f. Jugendsinn u. Wanderlust. Hrsg. vom Hamburger Wanderverein. Vereinszeitschrift f. den Bund deutscher Wandervereine, Bremer Wanderverein, Verein „Jugendsport in Feld u. Wald“. Schriftleitung: Walt. Serno. 2.—5. Jahrg. April 1907—März 1911. 12 Hefte. (312, 400, 434 u. 402 S.) gr. 8. Magdeburg, W. Serno. (Leipzig, O. Maier.) 4. —

Wanderer. Der W'. (Neuer Schweizer) Kalender auf das Jahr 1907. Redaktion: Ulrich Kollbrunner, Sekundarlehrer, Zürich. [Jahrg. 8. Mit Illustrationen und 1 Tafel.] IV + 152 S. 4. Zürich, Fäsi & Beer. (für die Schweiz fr. 1. —)

Wanderer. Der W'. (Neuer Schweizer) Kalender auf das Jahr 1908. Redaktion: Ulrich Kollbrunner, Sekundarlehrer, Zürich. (Jahrg. 9.) [Mit Illustrationen und 1 Tafel.] IV + 152 S. 4. Zürich, Fäsi & Beer. (für die Schweiz fr. 1. —)

— der. (Neuer schweizer) Kalender f. d. J. 1909. Red.: Ulr. Kollbrunner. (152 S. m. Abbildgn. u. 1 farb. Taf.) Lex. 8. Zürich, Beer & Co. 1. —

Wanderer, der. Hrsg.: Johs. Kettenbach. 1. Jahrg. Novbr. 1909—Oktbr. 1910. 52 Nrn. (à ca. 12 S. m. Abbildg.) 33×22,5 cm. Mexiko. (Hamburg, F. W. Thaden.) nn 23. —

Wanderer, der, am Bodensee. 52.—58. Jahrg. 1869—1875. 4. (52 S.) Constanz, Fritz. à Jahrg.

Wanderer, der, am Bodensee. 59. Ausg. 1876. 4. (56 S.) Constanz 875. (Fritz.) n. — 20
Nicht mehr erschienen.

Wanderer, der deutsche. Eine Zeitschrift für Alle. Red. von Th. Oelsner. 1. Bd. 15 Liefgn. (à 5 Bgn. mit Holzschn.) Breslau 860. Heymann. gr. 4. Jede Liefg. 5 ngr.

— der deutsche. Familien-Kalender f. Stadt u. Land. 1894. 12. (96 S. m. Text-Bildern, 1 Farbendr., 1 Wand- u. 1 Portemonnaie-Kalender.) Domanze, A. Schuch. — 80

—— deutscher. 1.—4. Bd. gr. 4. Dresden, Münchmeyer. [1. und 2. Bd. à 48 Lfgn. (à 760 S.) 876,77. à Lfg. ℳ 4,80.; 3. Bd. 56 Lfgn. (892 S.) 878. ℳ 5,60.; 4. Bd. 65 Lfgn. (1040 S.) 879. ℳ 6,50.]

Wanderer, deutscher. 1. Bd. Nr. 1—48. gr. 4. (760 S.) Dresden 878. Münchmeyer. à Nr. — 10

— dasselbe. Illustrirte Unterhaltungs-Bibliothek für alle Stände. 5. u. 6. Bd. à 60 Nrn. (2 B. m. eingedr. Holzschn.) gr. 4. Ebend. 880. 81. à Jahrg. 6. —; à Nr. — 10

Wanderer, deutscher. 5. und 6. Bd. à 62 Lfgn. gr. 4. (à Bd. 992 S.) Dresden 880–82, Münchmeyer. à Lfg. à Bd.

— **deutscher.** Illustrierter Volks-Kalender für Stadt u. Land. 27. Jahrg. 1907. (32, 48, 16 u. 56 S.) 8. Weißensee, E. Bartels. — 50

— **deutscher.** (Illustrierter) Volks-Kalender f. Stadt u. Land. 31. Jahrg. 1911. (96 u. 10 S.) 8. Weißensee, E. Bartels. — 50

Wanderer an der Donau. Neuester Familienkalender für 1862–65. 1.–4. Jahrg. 8. (à Jahrg. ca. 190 S. mit 7 Stahlst. und 6 Illustr. in Holzschn.) Wien, Markgraf. à Jahrg. *

Wanderer an der Donau. Neuester Familienkalender für 1862–65. 1–4. Jahrg. Wien, C. A. Müller. 8. Jeder Jahrg. (ca. 190 S. mit 7 Stahlst. u. 6 Illustr. in Holzschn.) n. 14 ngr.

Der **Wanderer** aus Dresden. Blätter der Vergangenheit und Gegenwart. Jg. 1 (zu 12 Nrn). Dresden: Breyer 1841. 4°

— der, aus Dresden. 1–4. Bd. Blätter der Vergangenheit und Gegenwart. Alte Folge. 17–20. Jahrg. und Neue Folge. 7–10. Jahrg. 1857–60. à Jahrg. 12 Nrn. (à 1½–2 Bog. mit 1 Stnt.) 4. Mit 1 Lithochrom. in Fol. als Prämie. Dresden, Breyer. 24 Ngr.; für Sachsen ill. 1 Thlr.; für Sachsen

— dass. — 5. Bd. (Alte Folge 21. Jahrg. und Neue Folge 1. Jahrg.) 1861. 12 Nrn. (à 2 Bog. mit 1 ill. Stnt. und eingedr. Holzschn.) 4. Ebendas. Für Sachsen

Wanderer, der, im Elsaß. Illustr. Wochenschrift, hrsg. v. F. X. Saile. (Deutsch u. französisch.) 1.–4. Jahrg. 1888–1891. à Jahrg. 52 Nrn. gr. 4. (à Jahrg. ca. 410 S. m. Illustr.) Colmar. (Mülh. i. E., Detloff.) à Jahrg. ** 6 —

— der, im Elsaß. Illustr. Wochenschrift, hrsg. v. F. X. Saile. (Deutsch u. französisch.) 6. Jahrg. März 1893–März 1894. 52 Nrn. gr. 4. (416 u. 2 S.) Colmar. (Mülhausen i/E., C. Detloff.) n.n. 6. —

Wanderer, der, im Elsaß. Illustr. Wochenschrift, hrsg. v. F. X. Saile. (Deutsch u. französisch.) 7. Jahrg. März 1894 – März 1895. 52 Nrn. gr. 4. (416 u. 2 S.) Colmar. (Mülhausen i/E., C. Detloff.) n.n. 6. —
Weiter nicht erschienen.

Wanderer, der empfindsame, oder meine Reise nach Yverdon, aus dem Franz. 8. Dresden, 791. Walthers. 13 gl.

Wanderer, der, auf dem Felde d. Geschichte, Länder- u. Völkerkunde, d. Sittenlehre, d. Gewerbskunde, d. Land- u. Hauswirthschaft u. des Gemeindewesens. Zeitschr. f. Stadt u. Land. In Verbindung mit Mehreren hrsg. v. Th. Varnhagen. Jahrg. 1828. 6 Dpplhfte., mit Stnt. 4. Schmalkalden. [Leipzig, Schumann.] Thlr.

Wanderer, der, auf dem Felde d. Geschichte, Länder- u. Völkerkunde, d. Sittenlehre, d. Gewerbskunde ꝛc. Zeitschrift f. Stadt u. Land. In Verbind. mit Mehrern herausg. von Th. Varnhagen. Jahrg. 1828, 6 Doppelhefte, mit Steindr. 4. Schmalkalden, Varnhagen. 1 ₰ 8 ℋ

— die, im Hochlande, Winterabenderzählungen nach d. Engl. d. J. Hogg, von Sophie May. 2 Thle. 8. Berlin, Nauck. 821.

Für jeden Wanderer! 1898. München 8°. 31 S.

— der kleine. Volks-Kalender f. 1874. Mit 6 Bildern. (Holzschntaf.) 16. (160 S.) Glogau 873. Flemming. n — 40

— der kleine. Volks-Kalender für 1875–1880. 16. (à ca. 250 S. mit Holzschn.-Bildern.) Glogau, Flemming. à Jahrg. *

— der kleine. Volks-Kalender für die J. 1881–1887. 11.–17. Jahrg. 12. (à Jahrg. ca. 200 S. mit Illustr.) Glogau, Flemming. à Jahrg. *
Nicht weiter erschienen.

Wanderer, der kleine, f. 1889. Mit 1 Titelbilde u. zahlreichen Illustr. 8. (160 S.) Landsberg a/W. 888. Volger & Klein. — 50

— der kleine. Illustrirter Volkskalender f. 1892. 12. (151 S. m. Text-Abbildgn. u. 1 Farbendr.) Landsberg a/W., Volger & Klein. — 40

— der kleine. Des „Boten" neue Folge. Volks-Kalender f. 1895. 54. Jahrg. gr. 16. (208, 79 u. 3 S. m. Abbildgn. u. 1 Wandkalender.) Glogau, C. Flemming. n. — 50

Wanderer, der kleine. Des „Boten" neue Folge. Volks-Kalender f. 1899. 58. Jahrg. gr. 16. (184 u. 52 S. m. Abb., 2 Portr. u. 1 Wandkalender.) Haynau, C. O. Naupbach's Nachf. n. — 35

— der kleine. Des „Boten" neue Folge. Volks-Kalender f. 1901. 60. Jahrg. gr. 16. (174 u. 50 S. m. Abb. u. Wandkalender.) Haynau, C. O. Naupbach's Nachf. n. — 35

— der kleine. 5 ausgewählte Märchen v. Gebr. Grimm. Bilder, verbind. Text „Der kleine Wanderer" u. „Das Märchen vom Faulmüller" v. H. de Bruycker. (16 S. m. 8 Farbdr.) Lex.-8. Hannover (908). Edler & Krische. — 85

Der Wanderer am Lake Superior : 1884–1887
German political weekly. Circulation 1887, 1564. Edited & published by Leopold Gruenninger & Rodd, 1884–87
Marquette, MI

— der, durch London u. einen Theil d. Umgebungen. 8. (26 B.) Chemnitz 843. [Schneeberg, Goedsche'sche Buchh.] –

— neuer mährisch-schlesischer. Ein Geschäfts-, Auskunfts- und Unterhaltungs-Kalender für alle Provinzen des österreich. Gesammtreiches auf die J. 1871–1873. Allen Freunden der Kultur, besonders allen Natur- und Vaterlandsfreunden gewidmet. Ein Beitrag zur Verbesserung des Kalenderwesens unter Mitwirkung mehrerer Mitarbeiter, redig. von Joh. Hornisch. hoch 4. (à Jahrg. ca. 150–170 S. mit 1 Holzschntaf. in qu. Fol.) Brünn, Nitsch. geb. à Jahrg. *

— neuer mährisch-schlesischer. Ein Geschäfts-, Auskunfts- und Unterhaltungs-Kalender für alle Provinzen des österreich. Gesammtreiches auf die J. 1874–1880. 4. (à ca. 125 S.) Brünn, Winkler's Buchh. cart. à Jahrg. *

Wanderer. – Der Oberschlesische Wanderer. 1.IV.1828 – 26.I.(?)1945.

— durch Ost- u. Westpreußen. Illustrierte Monatsschrift zur Pflege heimatl. Interessen. Organ des Vereins zur Hebg. des Fremdenverkehrs in Ostpreußen zu Königsberg, des Vereins zur Hebg. des Fremdenverkehrs f. Elbing u. Umgegend u. des westpreuß. Wandervereins zu Graudenz. Bundeszeitschrift des Verkehrsverbandes f. Ost- u. Westpreußen. Hrsg. unter Mitwirkg. v. Ambrassat, Anhut, W. Bauer u. a. Schriftleitung: L. Wende. 6. u. 7. Jahrg. April 1909–März 1911. à 7 Nrn. (II, 190 u. IV, 191 S. m. Abb.) Lex.-8. Elbing, E. Wernich. à Jahrg. 3. —

Herder, Joh. Gottfr. v.: Der **Wanderer** von der Ostsee am Grabe Herders. [Unterz.:] F. Weimar, den 21. Dec. 1803. 2 Bl. 8⁰ [Kopftit.]
Gedicht: „Weit bin ich daher gekommen…" Üb. Herder s. Goedeke: Grundriss der Gesch. der deutschen Dichtung 2. Aufl. Bd 4 1891 S. 274—299, wo alle Literatur angegeben ist.

— **der, auf dem „königlichen Pfade" zum wahren Geistesleben.** Zur Verbreitg. e. höheren Weltanschaug. hrsg. u. red. v. Arth. Weber. Ein monatlich erschein. parteiloses Journal f. Pilger auf dem Wege zum wahren Geistesleben. Enth. Orig.-Artikel u. ausgewählte Übersetzgn. in Bezug auf die Grundlage aller Religion, Philosophie, Kunst u. Wissenschaft. Red. u. hrsg. v. Arth. Weber. 2. Jahrg. Juli 1907—Juni 1908. 12 Nrn. (à ca. 48 S. m. Bildnis.) 8. Leipzig, Theosoph. Verlagshaus. 10. —
Erscheint nicht mehr.

—— der, am Rhein. Ein Volkskalender a. d. Jahr 1838—42. 1—5. Jahrg. Hrsg. v. Heinr. Rebau. Mit Lithogr. u. Holzschnittvign. Mannheim, Hoff. à

—— der, am Rhein. Ein Volkskalender auf das J. 1849. 11. Jahrg. 4. (51 S. und 4 Stnt.) Mannheim 848, [Göz.]

— der, am Rhein. Kalender auf d. J. 1899. 4. (75 S. m. Abb.) Wiesbaden, G. Quiel. — 30
Bisher u. d. T.: Wanderer, illustr., am Rhein.

Wanderer, der, am Rhein und an d. Mosel. Ein gemeinnütz. Wochenblatt für alle Stände. 1r Jahrg. 1834. gr. 4. Coblenz, Hölscher. $1\frac{1}{3}$ ℛ

DER WANDERER IM RIESENGEBIRGE. Organ des Riesengebirgs-Vereins. (Verantwortlicher Redacteur: TH. DONAT.):
Jahrg. (1)—4. № 1 — No. 32. 3. Juli 1881 — 3. Juni 1884. (Ohne bes. Titelblatt.) Hirschberg. später: Verlag des Riesengebirgsvereins. 4⁰.

DER WANDERER IM RIESENGEBIRGE. Organ des Riesengebirgs-Vereins.
(Verantwortl. Redacteur: TH. DONAT.:)
Jahrg. 4—5. (No. 1) No. 33 — Laufende No. 36. Hirschberg, den 1. August 1884 — den 15. Januar 1885. (Ohne bes. Titelblatt. Hirschberg. Verlag des Riesengebirgsvereins.) 4⁰.
(Verantwortl. Redacteur: SCHOLZ.):
Jahrg. 5. No. 2—12. Laufende No. 37—47. Hirschberg, den 1. Februar 1885 — den 1. Dezember 1885. (Ohne bes. Titelblatt. ib. —)

— —, Die, nach Salem. Ein Buch für Leidende. (Merkw. verschrobene Liebesgeschichte, zum Theil pikant.) Carlsruhe, in Macklots Hofbuchh. 1810. 8⁰.
Tit. u. 278 S. — Fehlt Kayser p. 131 unter Romanen.

Wanderer, die, nach Salem. Ein Buch f. Leidende. 8. Carlsruhe, Braun. 811.

— **die, nach Salem. 8. Karlsr. 810. u. 1818 mit d. Tit.: Ottokar u. Loretta, Dornen u. Blüthen im Lebensgarten. 8. Ebd. 1 ℛ**

Wanderer: Der Wanderer in der Schweiz
① Eine malerische Zeitschrift, herausgegeben von mehreren Freunden des Vaterlandes ⑤ Mitte 1834—1841 ⑥ 4⁰ ⑦ Wochenblatt (1834—1839); Monatsblatt (1839—1841) ⑧ Basel: Schweighausersche Buchdruckerei (Mitte 1834—Mitte 1836), Mähli & Schabelitz (Mitte 1836—Anfang 1837), Seul & Mast (1837—1838), J. C. Schabelitz (1838—1841) ⑨ Des Wanderers Mittheilungen aus der Fremde (1836—1841; 4⁰; Wochenbeilage, seit 1839 Monatsbeilage) ⑩ Mähli & Schabelitz, später J. C. Schabelitz ⑪ Seypel (bis Juli 1840), J. J. Pfyffer zu Neueck; Mitarbeiter: Jakob Burckhardt ⑫ enthält in den Jahrgängen 1838—1839 eine regelmäßige Rubrik »Tagesneuigkeiten« ⑬ Werner Kägi: Jakob Burckhardt, Bd. 1 (Basel 1947), p. 547—575 ⑭ Bs: U; Be: L.

Wanderer, der, in der Schweiz. Eine maler. Zeitschr., hrsg. v. mehr. Freunden d. Vaterlandes. 1. u. 2. Jahrg. 1834 u. 35. à 52 Nrn. (½ Bog.) Mit Kpfrn. ꝛc. u. Ttlvign.) 4. Basel, (Schweighauser.) [834. 4 Thlr. 12 Gr., 35. 3 Thlr.]

—— der, in d. Schweiz. Eine maler. Zeitschrift, hrsg. v. mehr. Freunden d. Vaterlandes. 3—8. Jahrg. 1836—41. Mit Kpfrn. u. Stahlst. 4. Basel, Schabelitz. [836—38. (à 52 Nrn.) à * 3 Thlr., 39. 12 Hfte. (48 B.) * $3\frac{1}{3}$ Thlr., 40., 41. à 12 Hfte. (od. 48 B.) à * $3\frac{1}{2}$ Thlr.] *
Der 7. u. 8. Jahrg. 1840 u. 41. unt. d. veränd. Ttl.:
Der Wanderer in d. Schweiz u. seine Mittheiln. aus d. Auslande. Ein maler. Unterhaltungsbl. als Beitr. z. Kunde d. Schweiz u. ihrer Bewohner. In Reiseberichten, Skizzen u. Lebensbildern aus d. schweiz. Vorzeit u. Gegenwart; nebst vergleich. Schilderungen d. Auslandes. Hrsg. unt. Mitwirk. mehr. Literaten u. Künstler, v. J. J. X. Pfyffer.

Wanderer, der — vom See. Vollständiger Kalender auf das J. nach Christi Geburt 1858, welches ein gemeines Jahr von 365 Tagen ist. Gmunden. Gedr. und zu haben bei Johann Habacher. (18 Bl. 64 S. 12.)

— d. sonderbaren, Seitenstück zu K. G. Cramers unbekannten Wanderer. 8. Lpz. Joachim.

Wanderer, Die sonderbaren. Seitenstück zum unbekannten Wanderer . . . N. A. Prag [1802]. V: *Cramer, Carl Gottlob.* (GGr)

Wanderer, der tolldreiste, s. Eigl.

Wanderer, Der unbekannte, unter vielerlei Gestalten. Braunschw. 1799. V: *Bertrand, Glieb.* (Ky)

— —, Der unbekannte, in vielen Gestalten, eine Familiengeschichte unserer Zeit. 2 Thle. Mit 1 Titelkpfr. Braunschweig, bei Carl Aug. Schröder. 1799. 8⁰. 366 u. 334 SS. Zahm.

— die, um die Welt. Länder- u. Völkerkunde in Reisebeschreibungen. Für die Jugend und ihre Freunde. 1e Folge. A. u. d. T.: Süddeutschland. Von G. A. Riecke. 1e—3e Lfrg. Mit 1 Kpfrstich. gr. 16. Stuttgart 838. Balz'sche Buchh. à $\frac{1}{6}$ ℛ

— die, um die Welt. Länder- u. Völkerkunde in Reisebeschreibungen. Für die Jugend und ihre Freunde. 1. Folge. Süddeutschland. Von G. A. Riecke. 4.—9. Liefg. (Schluß.) 8. Stuttgart 844, Becher. 1 ℛ (compl. $1\frac{1}{2}$ ℛ geb. $1\frac{2}{3}$ ℛ)

— dass. 2e Folge. A. u. d. T.: Schweden und Norwegen. Von C. F. Kauffmann. 1e—4e Lfrg. gr. 16. Ebd. 838. à $\frac{1}{6}$ ℛ

— dass. 2. Folge. Schweden u. Norwegen. Von C. F. Kauffmann. 5. Liefg. (Schluß.) 8. (Mit 1 Karte.) Ebend. 844. $\frac{1}{6}$ ℛ (compl. $\frac{5}{6}$ ℛ geb. 1 ℛ)

— dass. 3e Folge. A. u. d. T.: Die Schweiz. 1e Lfrg. Mit 1 Berg-Zeichn. 8. Ebd. 839. $\frac{1}{6}$ ℛ

— dass. 3. Folge. Schweiz. 9 Liefg. gr. 16. Ebend. 842—45. $1\frac{1}{2}$ ℛ geb. $1\frac{2}{3}$ ℛ

— dass. 4e Folge. Aegypten. 3 Lfrgg. 8. Ebd. 839. à $\frac{1}{6}$ ℛ

— dass. 5e Folge. Frankreich. 1e Lfrg. 8. Ebd. 839. $\frac{1}{6}$ ℛ

— **dass. 5. Folge. Wanderungen durch das mittlere u. nördliche Deutschland, von Alb. Schott. 2.—9. (letzte) Liefg. Mit 1 Karte ꝛc. gr. 16. Ebend. 840—45. (à $\frac{1}{6}$ ℛ) 1. Bd. compl. $1\frac{1}{2}$ ℛ geb. $1\frac{2}{3}$ ℛ — 1.—5. Folge, 35 Hfte. (à $\frac{1}{6}$ ℛ) $5\frac{5}{6}$ ℛ — Vergl. den 8. Thl. dies. B.-Lex., S. 506.**

— dass. 6e Folge. Wanderungen durch's mittlere und nördliche Deutschland, von Alb. Schott. 1e u. 2e Lfrg. gr. 16. Ebd. 839. à $\frac{1}{6}$ ℛ

-- der, durch die Welt. Eine malerische Zeitschrift zur Belehrung u. Unterhaltung, hrsg. in Verbindung mit Literaten des In- u. Auslandes von J. Pfyffer zu Neueck. 1—3. Jahrg. 1849—1851. à 12 Hfte. 4. (à ca. 32 S. m. Lith. u. Musikbeilagen.) Luzern, Kaiser. à n. 1⅓ ℛ

— der, durch drei Welttheile, od. Schicksale e. Spions. 8. Wien … K. Haas. 16 𝒦

WANDERER, Der durch drey Welttheile oder Schicksale eines Spaniers. (Stellenw. etwas freier, auch zum Teil in Constantinopel spielender Avanturier-Roman.) Mit hübschem Titelkpfr. u. gestoch. Titel mit Vignette, Weinrauch fec. Original(-)Auflage. Madrit (Wien) 1797. 8⁰. Tit. u. 223 S. (2 Mk. J. Taussig, Prag, 1903; 6 Mk., ebd., o. J., Lesesp., Speyer & Peters, Berlin, 1913.)

Der Wanderer durch West- und Ostpreussen. (Organ d. Vereins z. Hebung d. Fremdenverkehrs in Ostpreussen … Jg. 1.) Elbing: E. Wernich 1904. 4⁰ [06 3006 10

Wanderer, der wißbegierige, durch die Straßen der Stadt. Ein Bilderbuch für Kinder. (Mit 8 illum. Bildern.) qu. 4. Leipzig 841, Friese. geb. n. ½ ℛ

—, Der, in Africkas (!) schrecklichen Wüsten. Eine hoechst sonderbare u. abentheuerliche Geschichte. Mit Titelkpfr. von Böttger. Leipzig, Joachim. o. J. (c. 1800). 8. 132 S. (1 Mk. 80 Pfg. Taussig, Prag, 1906; 2 Mk. mit Lesesp., Franz Teubner, Düsseld., (c. 1898.)

Wanderer, der, in Afrika's schreckl. Wüsten. 8. Leipz. 802. Joachim. 12 𝒦

Wanderer, Fel., aus mancherlei Fernen. 40 Postkarten. qu. gr. 8. (60 S. mit 1 Lichtdr.) München 885, A. Ackermann's Nachf. geb. *

Wanderer, Fr.

Wanderer, F., die Geschichte des Nürnberger Peuntbrunnens, s. Mittheilungen des Vereins für Geschichte der Stadt Nürnberg.

Wanderer, Fr., Adam Krafft und seine Schule 1490—1507. Eine Sammlung vorhand. Steinbildwerke in Nürnberg und Umgebung in 60 Abbild. Auf Holz gezeichnet und mit [deutschem, französ. und engl.] Text versehen. 12 Lfgn. Fol. (30 Holzschntaf. in Fol. und gr. Fol. und Text VIII, 30 S. mit eingedr. Holzschn.) Nürnberg 869, Schrag'sche Buchh. à Lfg. * ℳ 3,50. *

Wanderer, Frdr., Streiflichter u. Schlagschatten aus der Neuzeit. (Gedichte.) gr. 12. (48 S.) Bremen 849, Schlodtmann. ⅙ ℛ

Wanderer, G., Sommerfahrt e. Junggebliebenen. 12. (V, 240 S.) Berlin 888. Walther & Apolant, Berl. n. 4. —

Wanderer, Glob Wilh. Ehrenr., De vera nominis Franconiae aetate praes. P. D. Longolio disputabit. Curiae Regn. 1761. 4. . . . .

Wanderer, Glo. Wlh. Ehrenr., († d. 23. Febr. 1788.) oratio de Burggraviis ac Marggraviis Brandenburg. 4. Bayr. 770. Lübeck. 2 𝒢ℓ

— einige Predigten. gr. 8. Bayr. 771. Lübeck. 6 𝒢ℓ

— Samml. erbaul. geistl. alter u. neuer Lieder, oder Hochfürstl. Brandenburg.-Bayreuthisches Hofkirchengesangbuch. 8. Bayr. 772. N. A. 776.

Wanderer, Gust., das bayerische Hochland, das Salzkammergut und das Allgäu. Ein Führer für Reisende. gr. 16. (IV und 111 S. mit 1 lithogr. und ill. Karte in qu. Fol.) München 860, Lentner'sche Buchh. geb. Thlr. *

Wanderer, Gust., das bayerische Hochland, das Salzkammergut und das Allgäu. Ein Führer für Reisende. 2. Aufl. 16. (IV und 133 S. mit 1 lithogr. und ill. Karte in qu. gr. Fol.) München 862, Lentner'sche Buchh. geb. *

Wanderer, Gust., das bayerische Hochland m. Allgäu u. Salzkammergut. Ein Führer f. Reisende. 4. Aufl. gr. 16. (99 S. m. eingedr. Holzst. u. 3 Steintaf. in 4. u. qu. 4.) München 874. Stahl. n. 2. —

Wanderer, Gustav, (… Ott), Ottmars Jünglingsjahre, (enthält Ott's eigene Lebensgeschichte). 8. Frankf. 801. Guilhaumann. 16 𝒦

Wanderer, Karl: Die Jura-Ablagerungen am Westrande des Bayrischen Waldes zwischen Regenstauf und der Bodenwöhrerbucht. Stuttgart: E. Schweizerbart 1906. (S. 468—539.) 8⁰ (Aus: N. Jahrbuch f. Mineralogie Beil.-Bd 21.)

München, Phil. Fak., Ref. Rothpletz, Diss. v. 1. Febr. 1905

[Geb. 15. Sept. 76 Kitzingen a. M.; Wohnort: Kitzingen; Staatsangeh.: Bayern; Vorbildung: Gymn. Mainz Reife M. 97; Studium: München 2, Berlin 1, München 11 S.; Rig. 1. Febr. 05.]

Wanderer, Karl, die wichtigsten Tierversteinerungen aus der Kreide des Königr. Sachsen. (XXII, 81 S. m. 11 Abbildgn., 12 Taf. n. 12 Bl. Erklärgn.) 8. Jena 909. G. Fischer. Geb. in Leinw. 3. —

Wanderer, Rich., Ikara. gr. 8. (200 S.) Berlin 902. Schuster & Loeffler. 3. —

Wanderer, Richard, die Pilger. Historisch-romantische Bilder aus dem Leben für alle Stände. Mit 16 Stahlst. Lex.-8. Karlsruhe 844, Macklot. 2 ℛ

Wanderer, Rich., die Pilger. Histor.-romantische Bilder aus d. Leben f. alle Stände. Lex.-8. (19 B. u. 16 Stahlst.) Karlsruhe 844. [Mannheim, Bensheimer.]

Wanderer-Fahrradwerke vorm. Winklhofer & Jaenicke A.-G.: »Continental«-Typenhebel-Schnellschreibmaschine. Katalog. Schönau bei Chemnitz (1904?)

Wanderer-Fahrradwerke vorm. Winklhofer & Jaenicke A.-G.: »Continental«-Typenhebel-Schnellschreibmaschine. Prospekt. Chemnitz-Schönau (1904)

Wanderer's Freund. Centralorgan f. Verschönerungs-, histor. u. Gebirgsvereine im Teutoburger Walde, Wesergebirge, Deister, Sauerland, Harz, in d. Rheinprovinz u. in den Nachbargebieten. Red.: Hugo Anders. 1.—4. Jahrg. Mai 1895—Apr. 1899. à 24 Nrn. (à ca. 12 S. m. Abb.) hoch 4. Bielefeld, A. Helmich. à Jahrg. n. 5. —
Kann auch vierteljährlich bezogen werden.

Wanderers Freund. Centralorgan für Verschönerungs-, histor. u. Gebirgsvereine im Teutoburger Wald, Wesergebirge, Deister, Sauerland, Harz, in der Rheinprovinz u. in den Nachbargebieten. Red.: Hugo Anders. 5. Jahrg. Mai 1898—April 1900. 24 Nrn. hoch 4. (à ca. 12 S.) Bielefeld, A. Helmich. n. 5. —

— dasselbe m. Beilage in niederdeutscher Mundart: Plattdütsch Sünndagsbladd. Centralorgan f. Verschönerungs-, histor. u. Gebirgsvereine im Teutoburger Wald, Wesergebirge, Deister, Sauerland, Harz, in der Rheinprovinz u. in den Nachbargebieten. Red.: Hugo Anders. 6.—8. Jahrg. April 1900—März 1903. à 24 Nrn. hoch 4. (à ca. 8 u. 4 S.) Ebd. à Jahrg. n. 5. —

Wanderers Freund m. Beilage in niederdeutscher Mundart: Plattdütsch Sünndagsbladd. Centralorgan f. Verschönerungs-, histor. u. Gebirgsvereine im Teutoburger Wald, Wesergebirge, Deister, Sauerland, Harz, in der Rheinprovinz u. in den Nachbargebieten. Red.: Hugo Anders. 9. Jahrg. April 1903—März 1904. 24 Nrn. (à ca. 8 u. 4 S.) hoch 4. Bielefeld, A. Helmich. n. 5. —

— dasselbe. 10.—12. Jahrg. April 1904—März 1907. à 12 Nrn. (à ca. 8 u. 4 S.) hoch 4. Ebd. à Jhrg. n. 2. —

Wanderers Freund m. Beiblatt in niederdeutscher Mundart: Plattdütsch Sündagsbladd. Für Heimatschutz-, Verschönerungs-, histor. u. Gebirgsvereine im Teutoburger Wald, Wesergebirge, Deister, Sauerland, Harz, in der Rheinprovinz u. in den Nachbargebieten. Red.: Hugo Anders. 13. u. 14. Jahrg. Juli 1908—Juni 1910. à 12 Nrn. (à ca. 8 u. 4 S.) 31,5×22 cm. Bielefeld, A. Helmich. à Jahrg. 2. —

Wanderers, Fritz, Lebenskreise. 8. Berl. 795. W. Vieweg. 1 ℛ

Wanderer-Werke vorm. Winklhofer & Jaenicke Akt. Ges., Schönau bei Chemnitz. (1885—1910.) — (Leipzig 1910: Meisenbach, Riffarth & Co.) 23 Bl., 31 Taf. quer-8° 38 A.

Wanderfahrten, preisgekrönte, im Riesengebirge, nebst e. Verzeichnis von Bauden, Hotels, Pensionen etc., welche den Mitgliedern des Riesengebirgsvereins Ermässigungen gewähren. Hrsg. v. der Ortsgruppe Dresden des R.-G.-V. unter Zustimmg. v. 53 Ortsgruppen. 1. Serie. 1910. (98 S. m. Abbildgn.) kl. 8. Dresden 910. F. E. Boden. nn —75; geb. in Leinw. nn 1.20; erm. Pr. —60; geb. 1. —

Wandergern, Alex., der neueste Führer zu den schönsten Punkten d. Siebengebirges u. linksrheinisch v. Romagen bis Bonn. Ein zuverläss. Rathgeber f. Touristen. 2. verb. Aufl. m. vielen Abbildgn., 5 Ansichtspostkarten, Wegekarte u. populären Rheinliedern. 12. (56 S.) Bonn (901). S. Foppen. n. — 50

— der neueste Führer zu den schönsten Punkten des Siebengebirges u. linksrheinisch von Romagen bis Bonn. Ein zuverläss. Ratgeber f. Touristen. 3. verb. Aufl. m. 5 Ansichtspostkarten, Wegekarte u. populären Rheinliedern. (65 S.) 8. Ebd. (905). n. — 50

Wandergern, Alex., neuester Führer in das Tal der Ahr von Remagen bis Adenau m. Abstechern zum Laacher See. Mit 5 Ansichtspostkarten der schönsten Partien u. e. Wegekarte. 3. umgearb. Aufl. (73 S.) 8. Bonn (Stockenstr. 8) (905). S. Foppen. n. — 50

Wandergern, Heinrich Ludwig

Wandergern, H. L., der Handwerker, s. Handwerker ꝛc.

Wandergern, Hnr. Ldw., (Psdn.) der Handwerker in d. Fremde. Eine vollständ. Anleit. wie Gesellen sich auf Reisen u. Werkstätten zu verhalten haben ꝛc. Mit 1 Karte. 12. Hanau 829. Edler. 12 Gr

Wandergern, Hnr. Ldw., der Handwerker in der Fremde. Eine vollständige Anleitung, wie Gesellen sich sowohl auf ihren Reisen, als auch in den Werkstätten zu verhalten ꝛc. Nebst e. kurzen Erdbeschreibung, Bemerkung der Merkwürdigkeiten in den Haupt- u. Residenzstädten, der gangbarsten Reiserouten, einer Anweisung zum Briefschreiben ꝛc. 2e verm. Aufl. Mit 1 Karte von Deutschland. 12. Hanau 839. Edler. 5/12 ℛ

Wandergern, Heinr. Ludw., der Handwerker in d. Fremde. Eine vollständ. Anleit., wie Gesellen sich sowohl auf ihren Reisen, als auch in d. Werkstätten zu verhalten ꝛc. Nebst e. kurzen Erdbeschreib., Bemerk. d. Merkwürdigkeiten in d. Haupt- u. Residenzstädten, d. gangbarsten Reiserouten, e. Anweis. z. Briefschreiben ꝛc. 2., verm. Aufl. (20¾ B. u. 1 Karte.) 839. 5/12 Thlr., 3., umgearb. u. verm. Aufl., v. A. F. Grün. 12. (18 B. u. 1 Karte.) Hanau 841, Edler'sche Buchh.

Wandergern, Heinr. Ludw., der Handwerker in der Fremde. 4., umgearb. u. verm. Aufl. Hrsg. v. A. F. Grün. 12. (18 B. u. 1 Karte von Deutschland.) Hanau 844, Edler'sche Buchh.

Wandergesellen, die drei, oder „wer auf Gott vertraut, hat wohl gebaut. Eine Erzählung für die Jugend. Vom Verfasser des Glockenbuben." Mit 1 Stahlstich. 8. Augsburg 840. v. Jenisch u. Stage. 1/3 ℛ

Wandergewerbsteuergesetz, das, s.: Finanz- u. Steuerwesen. 5. Heft.

Wanderheuschrecken: Die Wanderheuschrecken v. Der freie Bucheggberger.

Wanderjahre. Meister Jakob's W. St. Gallen 1864 s. (Th[omann], Jacob).

Wanderjahre und Wanderungen, Meine.

(1861—1876.) Als Handschrift gedruckt. Stuttgart 1877. V: *Riecke, Carl V. von.* (Kat. der ständ. Bibl. Stuttg. 1907. S. 596.)

Wanderjahre, Wilhelm Meisters.

Quedlinb. u. Leipz. 1821—22. 2. Aufl. 1823. V: *Pustkuchen, Johann Friedrich Wilhelm.* (GGr) (NN) (AarK) (EE) (BrMm) (MGT)

Wanderkarte im Elbegebiete, Mittel- und Erzgebirge mit Angabe der Wegmarkierungen. 3. Aufl. 1:75.000. Aussig a.E.: Ad. Becker 1907.

[Umschlagt.:] **Wander-Karte** der Lüneburger Heide. Massst. 1:300,000. *Bremen: M. Heinsius Nachf. [1896].* (1 Ktnbl. ?) 1 Bd 8. [96 5477

Neueste **Wanderkarte** der Umgegend von Braunschweig. Bearb. im Deutschen Kartogr. Inst., Berlin. Maassst. 1:75,000. 3. Aufl. *Braunschweig: A. Graff 1901.* (1 Kartenbl. 51×69 cm.) 8° [Umschlagt.] [farbig] [01. 9224

Wanderkarte durch Samland. Fol. Königsberg 869, Hartung'sche Verlagsdruckerei. * 50 Pf.; aufgez. in Carton *

Wanderkarte der Sächs.-Böhm. Schweiz. 1:30000. Dresden.

Wanderkarte von der Stubbnitz '(Sassnitz Stubbenkammer)'. Maasst. 1:25,000. Bergen a. R.: F. Becker [1898]. (1 Ktnbl. 43/34) 1 Bd 8°

Thum. — **Wander-Karte** von Thum u. Umgegend, nebst Aussichts-Karte vom Greifenstein. 1:50,000. Farbendr. Fol. (Zweiseitig bedruckt.) Thum 890, Dolitsch. * — 40

Wanderkarte des Hannoverschen Touristenvereins (umfassend: Deister, Osterwald, Süntel, Weserberge, Bückeberge u. s. w. nebst Touren-Zusammenstellung. 2. verb. Aufl. Bearb. u. hrsg. von Mitgliedern d. Hannoverschen Touristenvereins. Maßst. 1:100,000. [M.: 2 Nebenkarten.] Hannover: F. Weidemann [1905]; Lith. E. Gaebler, Leipzig-N.) (1 Kartenbl. 52×37 cm, 28 S.) 8° [Kopft.] [kol.] [05. 13657

Wanderkarte der Umgebung von Magdeburg. Mit Berücks. d. Radfahrwege. (Maßst. 1:200,000.) Magdeburg: C. E. Klotz (1907; Geogr. Inst. G. Sternkopf, Leipzig). (1 Kartenbl. 60×60 cm mit Legende.) 8° [lith.] [kol.] [07. 6823

[Umschlagt.:] [F.] **Wanderkarte** der Umgegend von Hannover für die Gebiete der Weser, Leine, Innerste und des Teutoburger Waldes. 1:200000. Neue Revis. v. 1896 ... *Hannover: Schmorl & v. Seefeld Nachf.; (Lith. u. Dr. v. C. Flemming in Glogau) (1896).* (1 Ktnbl. ?) 1 Bd 8. [96. 6386

Samland. — **Wanderkarte** zu Emil Gebauer's Wegweiser durch Samland. Lithogr. 28×34 cm. Königsb. i. Pr. 891, Hartung. * — 30
Auf Leinw. in Futteral ** — 60

Wanderkarte zu A. Hensels Wegweiser durch Samland. Ergänzt 1900 (auf d. Karte: Erg. 1901) mit d. neuen Eisenbahnen. *Königsberg: Hartung (1901).* (1 Kartenbl. 34×43 cm.) 8° [Umschlagt. F.] [01. 8600 10

Wanderkarten [Schlagwort]

Wanderkarten, Hamann's. Sect. 2—4. 1 : 100,000. Farbdr. Leipzig 897. L. Hamann. à — 50
2. Umgegend v. Dresden u. Sächs.-böhm. Schweiz. (Meissen — Sebnitz — Pulsnitz — Aussig.) 72 × 52 cm. — 3. Umgegend v. Chemnitz. 51 × 52,5 cm. — 4. Umgegend v. Hamburg. 50,5 × 70 cm.

Wanderkarten. Silva-Wanderkarten. Farbdr. Mit Ortsregister u. Wegebeschreibg. 8. Berlin (910). Verlag f. heimatl. Kultur Willy Holz.
Oberspree, Cöpenick, Müggelsee, Erkner, Woltersdorfer Schleuse, Werlsee, Fürstenwalde, Rauen, Grünau, Schmöckwitz, Kgs.-Wusterhausen. 1:50,000. 40×70 cm. (13 S.) — 75
Potsdam, Grunewald, Spandau, Wannsee, Werder, Schwielowsee, Ferch, Kloster Lehnin. 1:50,000. 57,5×54 cm. (15 S.) — 75
Rheinsberg, Ruppiner Schweiz, Fürstenberg, Lychen, Templin, Himmelpfort, Gransee, Lindow. 1 : 100,000. 43,5×45 cm. (14 S.) — 75
Scharmützelsee, Rauen, |Storkow, Kolpin, Neue Mühle. 1:50,000. 48×38,5 cm. (12 S.) — 75
Schweiz, märkische, Bernau, Eberswalde, Werbellinsee, Chorin, Freienwalde, Oderberg, Wriezen, Blumenthal. Strausberg, Buckow. 1 : 100,000. 55,5×39 cm. (15 S.) — 75
Schweiz, Ruppiner, Neu-Ruppin, Alt-Ruppin, Stendenitz, Tornow-See, Binenwalde, Rheinsberg, Lindow. 1 : 50,000. 49×39 cm. (10 S.) — 75
Spreewald, Lübben, Altzauche, Lübbenau, Kalau, Vetschau, Kottbus, Burg, Werben. 1 : 50,000. 59×67 cm. (18 S.) — 75
Strausberg, Blumenthal, Erkner, Woltersdorfer Schleuse, Rüdersdorfer Kalkberge, Werlsee, Buckow (Märkische Schweiz), Müncheberg. 1 : 50,000. 46,5×61 cm. (13 S.)
Tegel, Spandau, Hermsdorf, Birkenwerder, Summt, Oranienburg, Kremmen, Velten. 1 : 50,000. 54,5×55,5 cm. (12 S.) — 75
Teupitz, Dubrow, Kgs.-Wusterhausen, Scharmützelsee, Fürstenwalde, Wend.-Buchholz, Unter-Spreewald, Lübben, Golssen, Baruth, Zossen. 1 : 100,000. 53×48 cm. (15 S.) — 75
Umgegend von Berlin, Spandau, Potsdam, Werder, Kremmen, Oranienburg, Nauen, Bernau, Biesenthal, Eberswalde, Alt-Landsberg, Strausberg, Cöpenick, Erkner, Kgs.-Wusterhausen. 1 : 100,000. 65×78 cm. (14 S.) 3farbig — 50; 6farbig 1. —

Wanderleben. Ein Sommeralmanach für . . . . Hg. : Og. Döring. 1828. 414 S.
Cassel. Goed. VIII, 121, 311.

Wanderlehrer, der. Gemeinfaßliche Vorträge für Vereinsversammlungen. Hrsg. von Jul. Keller unter Mitwirkung von H. Arnold, Rud. Benfey, E. Garten rc. 1. Jahrg. Oktbr. 1878—Septbr. 1879. 12 Hfte. gr. 8. (1—6. Hft. 199 S.) Berlin. (Leipzig, Siegismund & Volkening.) n. 5. —

— dasselbe. 2. Jahrg. Oktbr. 1879—Septbr. 1880. à 12 Hfte. gr. 8. (1. Hft. 34 S.) Charlottenburg. (Leipzig, Schlömp.) n. 1. 50

— dasselbe. 3. u. 4. Jahrg. Oktbr. 1880—Septbr. 1882. à 12 Hfte. (2 B.) gr. 8. Hamburg, J. F. Richter in Comm. à Jahrg. n. 10. —

Wanderlehrer, der. Gemeinfaßliche Vorträge u. Stoff für's Vereinsleben. Zeitschrift f. Volksbildg. u. Aufklärg. Hrsg. v. Jul. Keller, unter Mitwirkg. v. H. Arnold, Rud. Benfey, Ludw. Büchner rc. 5. Jahrg. 1883. 12 Hfte. (2 B.) gr. 8. Hamburg, J. F. Richter. n. 10. —
cfr.: Für's deutsche Volk.

Wanderley, Fel., aus mancherlei Fernen. 40 Postkarten. qu. 8. (60 S. m. 1 Lichtdr.) München 885. A. Ackermann's Nachf. geb. n. 2. —

Wanderley, Germano

Wanderley, G., Handbuch der Bau-Constructionslehre. Mit 1000 (eingedr.) Holzschn. und 12 (lithogr.) Taf. 1. und 2. Bd. gr. 8. Halle [Leipzig] 872, Knapp's Verlag. *
Inhalt:
Bd. 1. Die Constructionen in Stein, Holz und Eisen. (VII, S. 1—295 mit 2 Stnt.) *M. 6.
" 2. Die Treppen, der innere Ausbau, die Fundirungen und die graph. Constructionen. (VIII, S. 297—592.) *M. 7.

Wanderley, G., Handbuch der Bau-Constructionslehre. 2 Bde. Mit 1000 (eingedr.) Holzschn. u. 10 (lith.) Taf. (in 4.) gr. 8. (VIII, 592 S.) Leipzig 873. Knapp's Verl. n. 14. —

— dasselbe. Mit ca. 1500 (eingedr.) Holzschn. 2. gänzlich umgearb. u. sehr verm. Aufl. (In 5 Lfgn.) 1. Lfg. gr. 8. (208 S.) Ebend. 876. n. 4. —

Wanderley, Germano, Handbuch der Bau-Constructionslehre. Mit über 1500 (eingedr.) Holzschn. u. Steintaf. 2., gänzlich umgearb. u. sehr verm. Aufl. 2—7. Lfg. gr. 8. (1. Bd. VIII u. S. 209—320, 2. Bd. XII, 499 u. 3. Bd. VI, 500 S. Leipzig 877. 78. Knapp. à n. 4. — (3 Bde. cplt. n. 24. —)

Wanderley, Germano, Handbuch der Bau-Konstruktionslehre. 3. bedeutend verm. Aufl. 1. Bd. A. u. d. T.: Die Konstruktionen in Holz, insbesondere die Arbeiten d. Zimmermanns. Mit 710 Abbildgn. gr. 8. (XVI, 358 S.) Karlsruhe 887. Bielefeld's Verl. n. 8. —; geb. n. 9. 50

Wanderley, Germano, Handbuch der Bau-Konstruktionslehre. 3., bedeutend verm. Aufl. 2. Bd. Die Konstruktionen in Stein. Mit üb. 1700 Abbildgn. u. 5 Taf. 1. u. 2. Hälfte. Lex.-8. Fulda u. Leipzig, J. J. Arnd. n. 14. —
1. Hälfte. (240 S.) 893. n. 6. —. — 2. Hälfte. (XV u. S. 241—809.) 894. n. 8. —.

Wanderley, Germano, die Konstruktionen in Holz. Mit über 500 Holzschn. 3. ganz umgearb. und verm. Aufl. 1. Tl. gr. 8. (107 S.) [Leipzig 883, Knapp.] Karlsruhe, Bielefeld's Verlag. *

Wanderley, G., der Metallbau, s.: Hochbaukunst, die gesammte.

— die Papier-Fabrikation u. Papier-Fabrikanlage. [Aus: „Deutsches Jahrb. üb. die Leistgn. und Fortschritte auf dem Gebiete der Theorie u. Praxis der Baugewerbe."] gr. 8. (32 S.) Leipzig 876. Scholtze. n. 2. —

die Stallgebäude in ihrer Konstruktion, ihrer Anlage u. Einrichtung. Mit 1225 Abbildgn. (Ländliche Wirthschaftsgebäude, 4. Bd.) gr. 8. (III, 724 S.) Ebd. 887. n. 10. —

— die ländlichen Wirthschaftsgebäude in ihrer Construction, ihrer Anlage u. Einrichtung. Unter Mitwirkg. v. K. Jähn. Mit ca. 800 (eingedr.) Holzschn. 7 Hfte. gr. 8. (422 S.) Leipzig 875. 76. Knapp's Verl. à n. 1. 60; 1. Bd. cplt. n. 12. —

— die ländlichen Wirthschaftsgebäude mit Einschluß der Heger-, Unter- u. Oberförsterwohnungen, der Pächter- u. Gutsherrenhäuser in ihrer Construction, ihrer Anlage u. Einrichtung. Unter Mitwirkung von K. Jähn. Mit über 1000 (eingedr.) Holzschn. 8—26. Hft. gr. 8. (2. Bd. 416, 3. Bd. 376 S. u. 4. Bd. S. 1—432.) Ebend. 877-82. à n. 1. 60

— die ländlichen Wirthschaftsgebäude m. Einschluß der Heger-, Unter- u. Oberförsterwohnungen, der Pächter- u. Gutsherrenhäuser in ihrer Construktion, ihrer Anlage u. Einrichtg. Unter Mitwirkg. v. K. Jähn. Mit ca. 1500 (eingedr.) Holzschn. 27—30. (Schluß-)Hft. gr. 8. (4. Bd. IV u. S. 433—724.) Leipzig 883—86. Morgenstern. n. 7. 20 (cplt.: n. 52. —)

Wanderley, G., die ländlichen Wirthschaftsgebäude mit Einschluß der Heger-, Unter- u. Oberförsterwohngn., der Pächter- u. Gutsherrenhäuser in ihrer Konstruktion, ihrer Anlage u. Einrichtung. Unter Mitwirkg. v. K. Jähn. Mit 2098 (eingedr.) Holzschn. [Wohlfeile Ausg.] 4 Bde. in 30 Lfgn. gr. 8. Karlsruhe 887. Bielefeld's Verl. à Lfg. n. 1. —; cplt.: n. 30. —; in 3 Bde. geb. n. 34. 50

1. Die Konstruktion der ländlichen Hofgebäude. (VIII, 422 S.) Einzelpr. n. 12. —
2. Die Einrichtg. u. Anlage der ländl. Hofgebäude. (VI, 416 S.) Einzelpr. n. 12. —
3. Die Einrichtg. u. Anlage der ländl. Hofgebäude. Die ländl. Wohngebäude. (IV, 370 S.) Einzelpr. n. 10. —
4. Die Gebäude zur Unterbringung des Viehes. (IV, 724 S.) Einzelpr. n. 10. —

Wanderlieder, s. Gesellschafts-, Trink- und Wanderlieder.

Deutsche **Wanderlieder** in Bildern von Hans v. Volkmann. *Berlin: Fischer & Franke 1900.* (24 Bl.) 8° [Umschlagt. F.]
= Jungbrunnen. [5.] [00. 4496

Deutsche **Wanderlieder** in Bildern von Hans v. Volkmann. Berlin: Fischer & Franke 1900. (24 Bl.) 8° [Umschlagt. F.]
= **Jungbrunnen.** [6.] [05. 1318]

Wanderlieder auf d. Reise nach Schwarzburg, Paulinzelle, Blanckenburg, Saalfeld u. ins Orlathal, dem Nachwanderer hinterlassen von C. S., mit Beiträgen v. Fr. J. u. J. M. 8. (3¼ B. u. 3 Kpfr.) Saalfeld 833, Niese.

Wanderlieder für Schulen. (Hrsg.: Das Lehrerkollegium d. evang. Pädagogiums in Godesberg a. Rh.) Godesberg a. Rh.: G. Schlosser 1898. (VIII, 74 S.) 8°

Wander-Liederbuch. Zusammengestellt für die Wandervereine Aachen, Cöln, Crefeld, Elberfeld, Düsseldorf u. s. 12. (VI, 111 S.) Düsseldorf 886, Voß und Comp. cart. in Leinw.

Wander-Liederbuch. Hrsg. vom Verband deutscher Post- u. Telegraphen-Assistenten. (76 S.) 16. Berlin (902). Verband deutscher Post- u. Telegraphen-Assistenten. — 10

Deutsches **Wanderliederbuch**, v. Dietrich, 2. Abdr., Leipzig 1907, 48 S., 16°.

Wanderliederbuch für Schulausflüge und Turnfahrten, v. Fr. Kriegerkotten, 2. verm. Aufl., Berlin-Gr. Lichterfelde, 95 S., 16°.

[F.] **Wanderliederbuch** für den Wingolf. *Darmstadt: J. Waitz 1897.* (151 S.) 1 Bd 8. [98. 10532 Be

Wanderliederbuch für den Winter. 3. Aufl. Darmstadt 1897. B: *Waitz, Johannes Andreas Peter.* (Erman & Horn, Bibl. d. dtsch. Univ. 1. Leipz. u. Berl. 1904.)

Verein deutscher Freimaurer. **Wander-Logenredner.** o. O. [1907]. 1 Bl. 8° [Kopftit.]
Abgedr. in: DrL. 38 (1907—1908) S. 137—138.
Fordert die Brr, die als frmrische Wanderredner auftreten wollen, auf, sich zu melden, desgleichen die Logen, die Besuch von Wanderrednern erhalten wollen.

Verein deutscher Freimaurer. **Wander-Logenredner.** o. O. [1908]. 6 S. 8° [Kopftit.]
Abgedr. in: H. 19 (1908) No 15; SL. 28 (1908) S. 83—85.

[Dasselbe.] Verzeichnis der Logen-Wanderredner, ausgegeben im Jan. 1909. Leipzig 1909: Zechel. 11 S. 8°
Verzeichnis der Brr, die bereit sind als frmrische Wanderredner aufzutreten.

Wandermann, Tobias, oder der gottesfürchtige Handwerksgeselle in der Fremde. ... Nürnberg 1826. V: *Brandt, Chn Philipp Hnr.* (Ky) »1827« (Winer)

Wandermann, Tobias, od. der gottesfürcht. Handwerksgeselle in d. Fremde. Ein Musterbüchl. f. alle wandernde Handwerksgesellen. (Von Ch. Ph. H. Brandt.) 12. (14½ B.) Nürnberg 827, Riegel u. Wießner.

Wandermappe. Ein Künstler- u. Familienalbum. 36 Orig.-Handzeichngn. der neueren Schule in Feder u. Blei, Kreide u. Kohle. Durch Lichtdr. veröffentlicht, m. erläut. Text. 1. Sammlg. Fol. (4 Bl. Text.) München 876. A. Ackermann. In Leinw.-Mappe n. 60. —; in Leder-Mappe. n. 75. —

Wandern, vom, d. Handwerksgesellen, s. Jh. Andr. Ortloff.

Vom **Wandern** der Handwerksgesellen. E. Abh. aus der Gewerbpolizey u. dem Handwerksrechte. Nürnberg 1800.

Wandern, vom, der Handwerksgesellen (v. Ortlof.) 8. Nürnb. Schneider u. W. 809.

Wandern u. Reisen, s. a. Flugschrift des Dürer-Bundes zur ästhetischen Kultur.

— — Illustrierte Zeitschrift f. Touristik, Landes- u. Volkskunde, Kunst u. Sport. Amtliches Organ des Bundes deutscher Verkehrs-Vereine. 1. u. 2. Jahrg. 1903 u. 1904. à 24 Hefte. (744 u. 660 S. m. Taf. u. Karten.) gr. 4. Düsseldorf, L. Schwann. à Jhrg. 12. —; erm. Pr. à 6. —; Erscheint nicht mehr. geb. 9. —

Wandern u. Reisen. Freiburger Blätter f. Verkehr, Touristik, Sport, Bäder usw. Verbandsorgan des Gau VII Schwarzwald des deutschen Radfahrer-Bundes. Offizielles Organ des Touristenvereins „Berglust" Freiburg i/Br. Red.: O. Haffner. 3. Jahrg. 1908. 12 Nrn. (à ca. 8 S. m. Abbildgn.) 33,5×26 cm. Freiburg i/B., F. P. Lorenz. 1. 50
Erscheint nicht mehr.

Wandern und Singen (Sondernummer d. Festztg. z. 11. Dtsch. Turnf. Frankfurt a. M. 1908, S. 150—160), Frankfurt a. M. 1908, 11 S., 2°.

Wandernden, Die, eine Parabel. [Marburg 1799.] V: *Justi, Carl Wilhelm.* (stri)

Wander-Paß f. die irdische Wallfahrt des Christen. 8. (16 S.) Ziegenrück 893. Ziegenrücker Colportageverein. — 10

Wanderregeln, zwei, f. den Christen in der Fremde. Predigt v. F. K., Hamburg, m. e. Vorbemerkg. hrsg. v. A. Gr. v. B. gr. 8. (8 S.) Rostock 894. (Stiller.) n. — 20

Wanderschafft, s. Wanderschaft

Wanderschaft, Christliche, oder Reim-Gespräche, zwischen Christian und Gamaliel. 4. Aufl. Basel 1754. V: *Annone, Hieron. d'.* (Cat. d. Stadtbibl. Zürich. Zürich 1864—97.)

Wanderschafft, Der salzburgischen Emigranten freudenmütige ... in d. Kgl.- Preuss. Lande, s.a. Baum, Johann Heinrich

Wanderschaft, Der Saltzburg. Emigranten freudenmüthige und höchstgesegnete, in die Königl. Preussischen Lande . . . Nürnberg 1732. V: *Baum, J. H.* (ABJP)

Wanderschaft eines Journalisten. Buxtehude [Jena] 1771. V: *Seybold, David Christoph.* (WT) (MGT) (Ky)

Wanderschaft, des Landwirths, s. Landwirths, des, Wanderschaft.

Wanderschaft, des Landwirths, durch die landwirthschaftliche Literatur des Auslandes. Eine Quartalschrift, herausg. von mehreren wissenschaftlich gebildeten praktischen Landwirthen. 1. u. 2. Jahrg. 1853 u. 54. à 4 Bdchn. (à 8—10 Bgn. m. Holzschn. im Text u. lith. Taf.) Glogau, Flemming. gr. 8. Jedes Bdchn. 15 ngr.

Wanderschaft, Siebenjährige, [des P. General Hartmann.] Innsbruck 1753. V: *Fischer, Emmerich.* (A. Hohenegger, Das Kapuzinerkloster zu Meran. Innsbruck 1798. S. 100) (BiblPort)

Wanderschaft, Stähleins unglückliche. Pirna 1790. V: *Gottschling, Paul Rudolph.* (OL) (MGT) (Kläbe, Neuest. Gel. Dresden. Leipz. 1796.)

Wanderschaft, Heinrich Stillings; eine wahrhafte Geschichte. Berlin 1778. V: *Jung, Joh. Hnr.* (MGT)

Wanderschafts-Begebenheiten, seltsame, u. glückliches Ende des Georg Bitterlich rc. 8. Linz, Haßlinger. 800.

WANDERSCHAFTS-Begebenheiten, Seltsame, und glückliches Ende des Georg Bitterlich, eines in die Fremde reisenden Leinweber-Gesellens. (Wien) 1800. 8°.
Karajan's Bibl. II. Wien 1879. no. 5095: „Ein wichtiger Beitrag zur Bettlergeschichte Wien's". — Sehr selten!

Wanderscheck, Hermann, aus Rendsburg: Zur Kenntnis des μ-Benzylisochinolins und des μ-β-Dibenzylisochinolins. *Wilhelmshaven 1903: Th. Süß.* (38 S.) 8°
Kiel, Phil. Diss. v. [30. Mai] 1903

Wanderschilderungen, süddeutsche. I. Neuer Führer am Rheifall von Sam. Pletscher. 8. (33 S. mit 1 Chromolithogr.) Waldshut 880, Zimmermann. **

Wandersegen. Christlicher Begleiter durch die Fremde. Nebst Reiseregeln. 2. verm. Aufl. 16. (127 S.) Herisau 871. Meisel. geb. n. — 80

Wandersleb, A., die Entwürfe zur Ordnung d. Hauptgottesdienstes in der evangelischen Landeskirche d. Großherzogt. Sachsen-Weimar-Eisenach. Zu deren Einführg. beurteilt. gr. 8. (19 S.) Eisenach 886. Rasch & Cock n.n. — 50

Wandersleb, die Melodien zu dem neuen Gesangbuch. (25 S.) gr. 8. Braunschweig (903). J. Neumeyer. n. — 20

Wandersleb, A. Die sammelnde Thätigkeit d. Geistlichen in unserer Zeit. Vortrag. 8. (29 S.) Wolfenb. 891, Zwißler. — 25

Wandersleb, Ernst: Über die anomale Änderung des longitudinalen Elastizitätsmoduls einiger Gläser mit der Temperatur und die Überführung des nach Erhitzungen sich ergebenden Akkommodationszustandes in einen elastischen Normalzustand mittels gewisser Schwingungen. *Jena 1901: B. Vopelius.* (64 S.) 8°
Jena, Phil. Diss. v. (7. Juni) 1901

Wandersleben, A., das Aufgebotsverfahren in Theorie u. Praxis. 8. (III, 109 S.) Berlin 881. Vahlen. cart. n. 1. 80

Wandersleben, A., das Aufgebotsverfahren in Theorie u. Praxis. 2. Aufl. 8. (IV, 164 S.) Berlin 883. Vahlen. cart. n. 2. 80

Wandersleben, Carl, s. Wandersleben, Karl

Wandersleben, Johann Friedrich (Holleben) A. S. 741/22

Disputatio inauguralis juridica, de reluitione, Wieder=Einlösung. Präs. Johann Heinrich Meier. (Erfurt) (Grosch) V. 1702. 36 S.

W. v.: Präs., Johann Hermann von Sode, Johann Kiessling, Georg Adam Behrmann, Johann Daniel Schultze, Christian Dufft. 35806

Wandersleben, Karl

Wandersleben, Carl, die häutige Bräune (der Croup.) Eine deutliche Anweisung z. Verhütung, sichern Erkennung u. Heilung dieser gefahrvollen Krankheit rc. 12. (3½ B.) Nordhausen 813, Fürst.

—— der Husten in seinen verschiedenen Gestalten, Ursachen u. Folgen rc. 12. (4 B.) Nordhausen 843. [Ulm, Friedr. Ebner.]

Wandersleben, Carl, der Husten in seinen verschiedenen Gestalten, Ursachen u. Folgen oder Rathgeber für alle Diejenigen, welche an Husten leiden, sei es nun an Katarrh-, Lungen-, Brust-, Keich-, Blut- oder sonstigen Husten rc. u. sich davon befreien wollen. 2. (Titel-) Aufl. 12. (IV u. 84 S.) Ulm 849, Fr. Ebner. 13 ngr.

Wandersleben, Kurt, approb. Arzt aus Beelitz: **Beitrag zur Kenntnis der Therapie des Galen.** *Kiel 1900: P. Peters.* (20 S.) 8° ¶ (Enth. d. Uebers. von Galen, θεραπευτικὴ μέθοδος, II, 5f.)
Kiel, Med. Diss. v. [11. Nov.] 1900

Wandersmann, der. Kalender für's Volk. 1. Jahrg. 1852. 8. (71 S.) **Friedberg, Scriba.** *

—— der. **Ein Unterhaltungs-Blatt für Stadt und Land. 1. Jahrg.** 1852. 104 Nrn. (½ Bog.) hoch 4. Friedberg, Scriba. *

—— dass. — 2. Jahrg. 1853. 4. (36 S.) Ebds. *

—— dass. — 3—5. Jahrg. 1854—56. 4. (32 und à 42 S.) Ebds. 853—55. à Jahrg.

Wandersmann, der. Ein Kalender für das Volk. 6. Jahrg. 1857. 4. (40 S.) Friedberg, Scriba's Buchh.
Ist nicht fortgesetzt worden.

Wandersmann, der. Ein Volksbuch für die Jahre 1862 u. 63. (à 8 Bgn.) Herausg. von Ludw. Bowitsch. Wien, Pichler. (Leipzig, Liebeskind.) 8. 62: 6 ngr.; 63: 7 ngr.

Wandersmann, der. Ein Volksbuch für das J. 1863. Hrsg. von Ludw. Bowitsch. 8. (IV und 132 S. mit 1 Holzschntaf.) Wien, Pichler's Wwe. und Sohn. (Leipzig, Liebeskind.)

—— dass. — Ein Volkskalender für das J. 1864. Hrsg. von Ludw. Bowitsch, mit Beiträgen von Isidor Proschko, L. Fürstedler, M. Bermann u. A. 3. Jahrg. 8. (XXVI und 119 S. mit Illustr.) Wien, Pichler's Wwe. und Sohn. (Leipzig, Liebeskind.) *

Wandersmann, der. Ein Volkskalender für das J. 1865. Hrsg. von Ludw. Bowitsch, mit Beiträgen von Silas, Metzerich, Steindl, Scheyrer, Bermann rc. 4. Jahrg. 8. (XXX und 117 S. mit 1 Titelbild und Illustr.) Ebendas. *

Wandersmann, der bedächtige, zu sein. Glücke auf dies. Erdenrunde sowohl als im Lande d. ewigen Glückseligkeit. Für Andacht u. Erbauung. 12. (6 B., Ttlkpfr. u. gest. Ttl.) Linz 839, (Haslinger.)

Wandersmann, der vom Engel Raphael begleitete europäische. 12. Leipz. 762. Müller. 12 gr.

Wandersmann. – Der böhmische Wandersmann. Wochenschrift. Bd 1 3. Prag 1801 02.
Hrsg.: Jos. Georg Meinert.

Wandersmann, Burzenländer,
s.a. Burzenländer Wandersmann.

Wandersmann, der Burzenländer —. Ein Kalender. Sechster Jahrgang. *Kronstadt.* Druck u. Verl. von *Römer & Kamner.* VII, 13 Bl., 77 S. kl. 8°. 21 Nkr.
INHALT: Stephan Ludwig Roth's Todesgang. Ein Gedicht. — Der Wortmann. Eine Erzählung. — Etwas über die Nahrungsmittel des sächsischen Volkes. — Eine Nacht am St. Annensee. (Bruchstück.)

Wandersmann, der Burzenländer — Ein Kalender zur Unterhaltung und Anregung für Stadt und Land. Auf das Gemeinjahr 1858. Neue umgestaltete Fortsetzung des „Kompaß für Siebenbürgen." Herausgegeben durch die Verleger. 5. Jahrg. Kronstadt. Dr. und Verlag von Römer und Kamner. (64 S. 12.)

Burzenländer Wandersmann. Kalender für 1861 8. Jahrg. 8. (71 S.) Kronstadt, Römer & Kamner. 1860. 25 kr.

Wanderson, **Geo., Lettres et Contes sentimentaux, publiées par M. Leroy de Luzenbrune, avec des Vign.** 8. Augsb. 777. v. Jenisch u. St. 12 gr.

Wandersport. Monatsschrift des Schleswig-Holsteinischen Wanderbundes für eine wanderfreudige Jugend. (Schriftleiter: Hans Jaquemar.) (Jg. 1), H. 1–12. Hamburg. 1908–09. 8°
Fortges. u. d. T.:
Gut Schritt. Jg. 2, H. 1. 2/3. 11. 12. Kiel. 1909. 8°

Unter Wanderstaaren in den Schweizerbergen. Allen gewidmet, welche Studenten werden wollen und nicht wissen, was sie studiren sollen. 8. Zürich, Hans Staub. 1875

Wanderstab. Sammlg. v. Sprüchen, Gedichten u. Sprichwörtern. 12. (IV, 253 u. V S.) Leipzig 896. (L. Steyke.) Geb. in Leinw. n. 1. —

Wanderstab f. Pilgersleute. Ein Andachts- u. Liederbuch f. Wanderer, hrsg. vom deutschen Herbergsverein. 12. —23. Tausend. 16. (56 S. m. Bild.) Bielefeld 890. Schriften-Niederlage d. Anstalt Bethel. cart. n. — 20

Wanderstab, sicherer, für Dienstleute. 8. Linz 815. Haslinger. 4 gr.

Wanderstudien, illustrirte. Nr. 1—3. Die Arth-Rigi-Bahn. 40 S. Die Uetlibergbahn bei Zürich. Luzerner-Rigi-Bahn zu Vitznau am Vierwaldstättersee. 40 S. kl. 8. Zürich, Orell Füssli & Co. 1877. à —. 50

Wanderung, abentheuerliche, von Weimar nach Carlsbad, von St. Schütze. 2te Aufl. Mit illum. Kupf. 12. Leipzig, Gleditsch. 817.

Wanderung durch das Fichtelgebirge und die fränkische Schweiz. br. 8. (64 S. mit 15 Stahlst.) Leipzig 856, Haendel.

Wanderung durch das Gebiet des christlichen Glaubens . . . Regensb. 1845. V: *Zetter, Johann Theophil Maximilian.* (Kn) (Gla I, 2, 779)

Wanderung durch das Gebiet des christlichen Glaubens von einem deutschen Puseyiten, herausgeg. von Elias Christlieb Christianus, einem Freunde christlicher Wahrheit. Regensburg, Manz, 1845, gr. 8°, 2,25 Mk. — 2. Ausg. 1850.
Der anonyme Verf. weist nach, wie der vorurteilsfreie Leser durch Betrachtung der verschiedenen Elemente des christl. Glaubens zur röm.-kath. K. notwendig hin geführt werden müsse. Recens. Neue Sion 1845, Littbl. Nr. 1.

Wanderung in die südlichen Gebirgsgegenden des Landes unter der Enns. Wien 1838. V: *Krickel, Joseph Adalbert.* (EB)

Wanderung, die, in Großpolen u. Masowien. Histor. Erzähl. aus d. neuesten Zeit. 8. (16½ B.) Leipzig 840, (Otto Wigand.) *

Wanderung, Guthsmuths, auf gut Glück. Leipzig 1793. V: *Sintenis, Joh. Chn Sigm.* (Ky)

Wanderung, eine, durch Hamburg. Den Mitgliedern der XVI. Abgeordneten-Versammlung des Verbandes deutscher Architekten- und Ingenieur-Vereine gewidmet vom Architekten- und Ingenieur-Verein Hamburg. 1887.

Wanderung durch Heilbronn und Umgebungen ... N. A. Stuttg. 1837. N. A. 1850. V: *Griesinger, Carl Theodor.* (EngG)

Wanderung durch Heilbronn u. Umgebungen mit den Soolenbädern Wimpfen, Jartfeld, Rappenau u. dem Neckarthale. Neue (Titel-) Ausg. 32. (VI u. 112 S.) Stuttgart (837) 850, H. Köhler. 4 ngr

Wanderung, eine, im Jenseits. Aus dem Engl. übers. von Emma Hartmann. 8. (IV, 111 S.) Stuttgart 885, [Hänselmann.] Süddeutsches Verlags-Institut. geb. *

Wanderung des poetischen Klausners am Taunus (J. J. von Gerning), an der Bergstraße. Nebst Anhang kleinerer poetischer Versuche. 8. (Frankf. a. M., Gebr. Sauerländer in Cornm.) 818.

EINE WANDERUNG durch unsere Kolonien. Bearbeitet auf Anregung der Deutschen Kolonialgesellschaft. 1901. Als Manuskript gedruckt. — 8°.

Wanderung, Malerische, am Arme meiner Karoline ... Erfurt 1804. V: *Arnold, Ign. Ferd. (Theodor Ferdinand Cajetan).* (Ky) (BGE)

— malerische, am Arm meiner Karoline rc., (v. Th. F. Kaj. Arnold). 2 Bde. 8. Erf. 804. Hennings. 2 ß 1811 mit folg. T.: pittoreske Reisen durch die schönsten Gegenden des thüring. Gebirgslandes. Ebd. 2 ß

— malerische, im Riesengebirge. (31 zusammenhäng. lithogr. Ansichten in qu. 32.) Hirschberg 841, Sachse u. Co. 2/3 ß

Wanderung, Des grünen Mannes, nach der unglücklichen Stadt Mainz im August 1793. Halle 1793. V: *Dreysig, Christoph Friedrich.* (MGT)

Wanderung, Meine, durch die Rhein- und Mayn-Gegenden in die Preussischen Kantonirungsquartiere ... Frankf. [1794]. V: *Göchhausen, Ernst Anton August von.* (Pr) (MGT) (serap XXVIII, 40) (Ky)

Vgl. Wanderungen, ...

Meine **Wanderung** durch die Rhein- und Mayn-Gegenden und die Preussischen Kantonierungs-Quartiere im Febr. 1794. Nebst Nachrichten über die Maynzer Klubbisten und über den in die Preussische Kriegsgefangenschaft nach Magdeburg gebrachten Peuple souverain. Franckfurt & Leipzig: Hermann in Comm. 277 S. 8°

cf. D. neuesten Religionsbegebenheiten. 17 (1794) S. 335—344.

Richtet sich gegen die Illuminaten, beklagt die Entartung der Frmrei.

Wanderung, meine, aus Schwaben, d. die Rheingegenden u. Thüringen nach Sachsen im Frühj. 1810 u. Sommer 1811, (v. J. D. Wiedemann). 8. Erfurt 811. Müller. (Leipz., Weygand). 1 ß 4 Gr 1815 mit sein. Namen unt. d. T.: Spaziergang durch einige d. vorzügl. Gegenden Deutschlands. 1 ß (Weygand in Leipz.) 20 Gr

Musikalische Wanderung durch Deutschland. Aus dem Französischen von Aug. Gathy. Hamburg und Leipzig 1844.

Wanderung nach dem Orient. 2. Aufl. 1840. V: *Maximilian Joseph Herzog von Bayern.* (Kürschners Deutscher Litt.-Kal. VI, 292.)

Wanderung, Eine, durch die Ortschaften des Kreises Melsungen. Melsungen [1902?]. V: *Asmus, C.* (Berl)

Wanderung, Des Klausners am Taunus poetische, an der Bergstrasse. ... Frankf. 1817. V: *Rhode, Frdr. Ludwig.* (GGr) »1818« V: *Gerning, Joh. Isaac von.* (Ky)

Wanderung durch die Rhein- und Mayn-Gegenden und die Preussischen Kantonirungsquartiere 1794, Meine. ... Frankfurt u. Leipzig o. J. 8. . . . .

Wanderung im Riesen-Gebürge, malerisch erläutert ... **Landshut 1821.** V (Erläuterungen): *Heyne.* (Nent)

—— durch das Riesengebirge. (Album vom Riesengebirge.) br. 8. (44 S. mit 20 Stahlst.) Leipzig 856, Haendel.

Wanderung, e., durch das Riesengebirge in Bildern. 34 Ansichten nebst 1 Panorama nach Orig.-Aufnahmen in Photographie-Druck. (34 S.) qu. Lex.-8. Warmbrunn (906). M. Leipelt. n. 1. 50; geb. n. 1. 80

Wanderung, Schicksale und Rückkehr, Die, der Ostenheimer. Hamburg 1812. V: *Bohemann.* (Ky)

Vgl. Wanderungen, ...

Wanderung nach dem Schlachtfelde von Leipzig im October 1813. Von C. B. Weimar 1814. 4°.

Vgl. Wanderungen

Eine Wanderung durch meine engere Heimath Schleswig-Holstein. 80 Tafeln in Lichtdruck nach Originalphotographien. Druck der Graphischen Kunstanstalt Christoph H. Heesch. Flensburg. [1901.] Gr.-Fol.

— durch die Sehenswürdigkeiten in München u. seinen Umgebungen. Mit (lith.) Grundriß. (Neue Titel-Ausg.) 16. (32 S.) Stuttgart (842) 850, H. Köhler. 4 ngr

— durch Ulm u. auf die schwäbische Alp. Neue (Titel-) Ausg. 32. (84 S.) Stuttgart (839) 850, H. Köhler. 1/6 Thlr

Wanderung durch Vaterhaus, Schule, Kriegeslager und Akademie zur Kirche . . . Magdeburg 1832. V: *König, Carl Bernh.* (Cat. d. Stadtbibl. Zürich. Zürich 1864—97.)

Wanderung durch Vaterhaus, Schule, Kriegeslager u. Akademie zur Kirche. Mittheiln. aus d. bewegten Leben e. evangel. Geistlichen. gr. 8. (15½ B.) Magdeburg 832, (Heinrichshofen.)

— die, ins Waldgebirge. Eine Erzählung für die gebildete Kinderwelt u. ihre Freunde. Mit Titelstahlst. u. 6 color. Kpfrn. gr. 16. (100 S.) Berlin 852, Schartmann. ½ Thlr

— durch Wernigerode, Nöschenrode, Hasserode u. Schloss. Mit 4 Karten u. 81 Abbildgn. hrsg. vom Harzklub-Zweigverein Wernigerode. 7. vollständig umgearb. Aufl. des Auskunftsbuches. (109 S.) kl. 8. Wernigerode (906). (M. Finkbein.) n.n. — 30

Wanderung durch Wernigerode, Nöschenrode, Hasserode u. Schloss. Mit 4 Kt. u. 70 Abb. hrsg. v. Harzklub Zweigver. Wernigerode. 8. neubearb. Aufl. d. Auskunftsbuches [Auskunft über Wernigerode am Harz]. Wernigerode: Harzklub Zweigver. [1908]. 112 S. 8°

Wanderung durch Wernigerode, Nöschenrode u. Schloss. Mit 3 [1 farb.] Karten u. 74 Abb., hrsg. vom Harzklub Zweigverein Wernigerode. 9. neubearb. Aufl. des Auskunftsbuches. (IV, 128 S.) kl. 8. Wernigerode (910). (P. Jüttner.) — 75

— mit meinen Zöglingen durch d. Museum der Naturgeschichte zu Paris. 8. Leipz. 799. Küchler. (Reimer in Berl.) 18 gr

Wanderung durchs obere Zschopauthal. gr. 16. (24 S. m. 1 Karte.) Annaberg 891. (Graser's Verl.) n.n. — 50

Wanderung, e., durch Zürich. 50 Ansichten m. begleit. Text. qu. Fol. (20 S.) Zürich 899. Th. Schröter. n. 2.—

Wanderungen

ABDALLAHS, des Kosmopoliten, Wanderungen und Kreuzzüge durch Europa zur Zeit der jetzt herrschenden Aufklaerungs- und Revolutions-Epoche. Cöln, auf Verordnung des cisrhenan. Direktoriums, im ersten Jahr der Freyheit. (1789.) 8°. (3 Mk. Franz Teubner, Düsseldorf, c. 1898.)
Vgl. Wanderungen und Kreuzzüge Abdallahs, . . .

Wanderungen und Abentheuer zwischen Dorf und Stadt. Posen 1806. V: *Lindau, Wilhelm Adolph.* (NN) (Ky) (EE)

— u. Abentheuer zwischen Dorf u. Stadt, (von W. A. Lindau). 8. Posen 806. Kühn. 1 Thlr 8 gr

Wanderungen u. Abenteuer in der Schweiz [1884]. 12. (192 S.) Stuttgart 891. (H. Lindemann.) 1. 50

— abentheuerliche, durch d. preuß. Staaten. 2 Thle., s. d. Peripatetiker des 13. Jahrh. 2r u. 3r Thl.

— abentheuerliche, durch die preuß. Staaten. 2 Bde. 8. Hamb., Vollmer. (Herold jun.) 1 Thlr 12 gr

WANDERUNGEN, Abentheuerliche, durch die preussischen Staaten. 2 Bde. Altona 1795—96. 8°. (In Dresden: Hist. Boruss. 307.) Rar!

Wanderungen durch das Ahrtal, sowie Abstecher z. Hohen Acht, Nürburg u. z. Laacher See. Übersichtl. Wegekarte. Wein- u. Wanderlieder. Essen-Ruhr: Hoeves & Oebbecke [1908]. (64 S.) 8° [G.] [08. 13901

Wanderungen durch die Rhätischen Alpen. Zürich s. a. [Tscharner, Peter Conradin von].

Wanderungen durch d. Rhätischen Alpen. Ein Beytr. zur Charakteristik dieses Theils d. Schweizer. Hochlandes u. seiner Bewohner. 2 Thle. gr. 8. Zürich, Orell, Füßli u. Comp. [1. (15 B. u. 1 Straßenplan.) 829., 2. (18 B., 1 Straßenplan u. 1 Tab. gr. 4.) 831. à 1 Thlr. 16 Gr.]

Wanderungen e. alt. wirtemberg. Amtssubstituten a. e. Schreibstube in d. andere etc. 8. Stuttgart, Erhard. 800.

— e. alten Würtemberg. Amtssubstituten aus e. Schreibstube in d. andere, von ihm selbst beschrieben. 8. Stuttg. 800. (Sattler). 8 gr

Wanderungen am Bodensee. 8. Constanz 1822.

Wanderungen um den Bodensee und seine Umgebungen. Mit einer Karte des Bodensees. Neue Ausg. ([Mit Anhang:] Ergänzungen bis zum Sommer 1839. ⟨Aus [Johann Daniel Georg] Memminger's Beschreibung des Ober-Amts Tettnang.⟩) 8. Stuttgart 1850.

Wanderungen um den Bodensee u. seine Umgebungen. Mit einer (lith.) Karte des Bodensees. Neue (Titel-) Ausg. 32. (X u. 467 S.) Stuttgart (839) 850, H. Köhler. n. 18 ngr m. 3 Stahlst. n. ¾ Thlr

Wanderungen durch Bonn u. die Umgegend. Mit 4 Ansichten. qu. 8. Cöln 840. Gaul u. Tonger. ½ Thlr

Wanderungen durch Deutsch-Lothringen. Ein kurzer Beitrag zur neueren Landeskunde. gr. 8. (116 S.) Stuttgart 874. Grüninger. n. 1. 50

— durch Düsseldorf u. die Umgegend. Mit 5 Ansichten. qu. 8. Cöln 840. Gaul u. Tonger. ½ Thlr

Wanderungen, Die, des Ritters Eckbert von Klausenthal. Scenen aus der Geister- und Vorwelt . . . Krems 1798. Wien 1803. V: *Gleich, Joseph Alois.* (WBL) (Ky) (GGr) »Ritter Uberts« (MGT) (NN)

* Wanderungen, die, des Ritters Eckbert's von Klausenthal. Scenen aus d. Geister- u. Vorwelt, v. Verf. d. schwarzen Ritters. 2 Thle. 8. Krems. (Leipz. Schmidt.) 798.

— die, des Ritter Ekbert (nicht Ubert) v. Klausenthal, (v. Jos. Al. Gleich). 8. Wien 798. K. Haas. 1 ∕ 16 ℊ

Wanderungen eines sächsischen Edelmannnes zur Entdeckung der wahren Religion. . . . Berlin 1835—36. MV: *Döring, Carl August.* (ADB)

—— eines sächs. Edelmanns z. Entdeckung d. wahren Religion. Ein Seitenst. zu den „Wanderungen e. irländ. Edelmanns z. Entdeck. e. Religion, v. Thom. Moore." In Gemeinschaft mit e. Freunde hrsg. v. G. F. H. Rheinwald. 3 Thle. gr. 8. Berlin, Herbig. [1., 2., (33½ B.) 835, 36. 2⅙ Thlr., 3. (12½ B.) 837. ⁵⁄₆ Thlr.]

— durch das romantische Eichsfeld. I. Serie. 1. Lfg. Heiligenstadt u. Umgegend. (21 Taf., Titelbl. u. 1 Bl. Inhaltsverzeichnis.) qu. 8. Heiligenstadt (905). F. W. Cordier. In Mappe n. 6. —

Wanderungen durch die Eifel von Jos. Lonnartz u. Freunden der Eifel. Mit 1 Karte u. 80 Illustr. 2. (durch C. Pöschel verb.) Aufl. (127 S.) kl. 8. Aachen (906). J. Kessels. n. 1. 25

Wanderungen durch die nördliche Eifel. Ein Wegweiser f. Wanderer u. Radfahrer . . . Hrsg. von d. Ortsgruppe Düren d. Eifelvereins. [Nebst 2 Karten.] Düsseldorf 1904: H. Hoch. (XIII, 65 S.) 8° [F.] [illegible]

Wanderungen, Einsame, durch die Schweiz im Jahre 1809. Berlin 1810. V: *Uklanski, Carl Theod. Baron von.* (EngG) (Ky) »in die Schweiz« (BrMm) »in der Schweiz« (Cat. d. Stadtbibl. Zürich. Zürich 1864—97.)

— einsame, in d. Schweiz im J. 1809. (v. C. T. v. Uklansky.) 8. Berlin, K. u. Ind. Compt. 810

— einsame, in d. Schweiz im Jahre 1809, (v. C. T. v. Uklansky). 8. Berl. 810. (Schlesinger). 2 ∕

Wanderungen, Die, des Ritters Ekbert's von Klausenthal, s. Wanderungen, Die, des Ritters Eckbert von Klausenthal.

Empfehlenswerte **Wanderungen** im Knüllgebirge. (*Trier 1895: F. Lintz.*) (2 Bl.) 8° [Kopft. F.] [illegible]

Wanderungen im Erzgebirge, nebst Abstechern nach Böhmen u. ins Vogtland. Hrsg. vom Erzgebirgs-Zweigverein zu Leipzig. 4. verm. u. verb. Aufl., bearb. v. Ernst Lange. Mit Uebersichtskarte vom Erzgebirge. 12. (22 S.) Leipzig (901). (Alw. Schmidt.) n.n. — 25

— im Erzgebirge nebst Abstechern nach Böhmen u. ins Vogtland. Hrsg. vom Erzgebirgs-Zweigverein zu Leipzig. 5., verm. u. verb. Aufl., bearb. von Ernst Lange. Mit Uebersichtskarte vom Erzgebirge. (22 S.) gr. 16. Leipzig (903). (Alwin Schmidt.) n.n. — 25

—— durch d. sächs. Erzgebirge. Ein Wegweiser in d. obere, mittl. u. nied. Gebirge, f. Fußwanderer u. Gebirgsfreunde. (Von Ferd. Philippi.) gr. 16. (11 B. u. 8 Stnt.) Grimma 840, Verlags-Compt.

Wanderungen, europäische. 1.—4. Bd. 8. Berlin 887. 888. Laverrenz. à n. 1. —

1. Nach Süden. Streifzüge an der Riviera, durch die Schweiz u. Südfrankreich. Von V. Laverrenz. 2. Aufl. (X, 153 S.)
2. Von der Spree bis zum Main. Eine Eisenbahnfahrt v. der deutschen Reichshauptstadt zur deutschen Krönungsstadt. Von A. Trinius. 3. Aufl. (VII, 167 S.)
3. Im Weichbilde d. Bären. Berliner Skizzen v. P. Lindenberg. (III, 110 S.)
   2. Aufl. hiervon u. d. T.: Im Weichbilde der deutschen Reichshauptstadt. Berliner Skizzen v. P. Lindenberg. (110 S.)
4. Am Dünenstrand der Ostsee. Skizzen u. Erinnergn. aus den Ostseebädern. Von A. Kohut. 1. Die Seebäder Pommerns. (VIII, 106 S.)

Wanderungen, Fränkly und seiner Schwester. A. d. Engl. Leipzig 1777—79. Ü: *Weisse, Chn Felix.* (Ky)

* Wanderungen, die, des Hrn. Fränkly, von sein. Schwester herausgeg. aus dem Engl. übersetzt von C. F. Weiße. 4 Thle. 8. Leipz. Weidmann. 777—79.

Wanderungen durch Frankreich in den ersten Monaten der Revolution. Aus dem Französ. Riga 1792. V: *Gorjy, Jean Claude.* Vgl. Ersch, Handb. II, 2 (1840), Nr. 2844. (DARP)

— durch Frankreich z. Zeit d. Revolution. 8. Leipz. 792. Hartknoch. 10 ℊ

Wanderungen eines Franzosen durch Irland. A. d. Franz. . . . Erfurt 1800. V: *Latocnaye, de.* (EngG)

— e. Franzosen durch Irland. 2 Thle. 8. Erfurt 800. Hennings. 1 ∕ 12 ℊ

Wanderungen, Freymaurerische, des weisen Junkers Don Quixote von Mancha und des grossen Schildknappen, Herrn Sancho Pansa. . . . [Leipzig] 1787. V: *Goechhausen, Ernst August Anton von.* (SJL) (Wr) (Ky)

— freimaurerische, des weisen Junkers Don Quixot's, u. des großen Schildknappen Sancho Pansa. Eine Jahrmarktsposse (von E. A. A. v. Göchhausen). 8. Leipz. 787. Göschen. 14 ℊ

— d. Seele Fum-Hoams, in 46 Abenden erzählt, od. Pendant zur Tausend u. eine Nacht. 8. Marb. Krieger. 798.

Wanderungen der Seele Fum Hoams. Morgenländische Geschichten. Marburg 1799. V: *Gueulette, Thom. Simon.* (Mitth. Prof. Dr. H. Ullrich-Brandenburg a. H.)

— 50 der schönsten, in die Umgebung v. Trier. 3. verb. Aufl. der v. dem Trierer Wanderbund hrsg. 50 Wanderungen. (VIII, 36 S.) kl. 8. Trier 905. F. Lintz. n. — 60
5. Der deutsche Osten. Von M. Friedeberg. (S. 129—148.)
6. Die Ostseebäder, Mecklenburg u. Schleswig-Holstein. Von Chrn. Jensen, Gust. Quade u. Joh. Viernatzki. (S. 149—188.)
7. D. Nordseebäder u. d. freien Reichsstädte. Von Otto Lehmann u. Phpp. Kniest. (S. 189—228.)
8. Von Hamburg nach Halle. Von Aug. Trinius. (S. 229—252.)
9. Das grüne Herz Deutschlands. Thüringen. Von Aug. Trinius. (S. 253—288.)
10. Auf roter Erde. Westfalen. Von Karl Prümer. (S. 289—312.)
11. Der Rhein u. s. Nebenthäler. Von Jak. Nover. (S. 313—348.)
12. Von Frankfurt z. Schwarzwald u. das Schwabenland. Von Max Koch v. Berneck u. Paul Lang. (S. 349—386.)
13. Bayerland. Von Arth. Achleitner. (S. 387—423.)
14. D. deutschen Reichslande. Von Fritz Ehrenberg. (S. 424—438.)

— durch deutsche Gaue, neue Ausg., s. a. Deutschland u. seine Kolonieen.

Wanderungen durch deutsche Gaue. [Einzelausgaben v.: „Das ist d. Deutschen Vaterland!"] 14 Tle. gr. 4. (M. Abb.) Berlin 897. H. Hillger. Geb. in Halbleinw. à 1. 50
1. Im Bannkreise des Brockens. Der Harz. Von Frdr. Günther. (24 S.)
2. Berlin u. d. Mark. Von Aug. Trinius. (S. 25—56.)
3. Sachsenland. Von Heinr. Gebauer. (S. 57—92.)
4. In der Heimat Rübezahls. Schlesien u. das Riesengebirge. Von Frz. Schroller. (S. 93—128.)

(B) Wanderungen durch deutsche Gaue. (KBL 30.) Jetzt: Leipzig, Bibliogr. Anstalt A. Schumann.

Wanderungen auf religiösem Gebiet v. e. Ungenannten. gr. 8. (99 S.) Gießen 885. (St. Petersburg, Ricker.) n. 1. 60

Wanderungen im Gebiete des Wiederspruchs. Romantisch, räsonnirend und theatralisch gezeichnet. Königsb. u. Leipzig 1797. V: *Grüner, Sigmund, Christoph.* (BGE VIII[a], 309)

— im Gebiete d. Widerspruchs, romantisch, räsonnirend u. theatral. gezeichn. v. Verf. d. Erfahr. d. Lebens. 8. Königsb. 797. Hartung. (Unzer). 16 gr

Wanderungen im bayerischen Gebirge und Salzkammergut. Geschildert von Herm. v. Schmid und Karl Stieler. Illustrirt von Gust. Cloß, W. Diez, R. Püttner rc. 2. Aufl. (von „Aus deutschen Bergen"). 18 Lfgn. Fol. (VII, 215 S. mit eingedr. Holzschn. und Holzschntaf.) Stuttgart 880, Kröner. à Lfg. * 75 Pf.; geb. *

Wanderungen über die verödeten Gefilde Sachsens und der Oberlausitz. Dresd. u. Leipz. 1815. V: *Maass, Joh.* (LVS)

Wanderungen in einige Gegenden um Göttingen im Sommer 1792. Halle 1797. V: *Gottschalck, Caspar Frdr.* (GGr) (MGT) (Ky) (BrMm) (StAt)

— in eine Gegend um Göttingen im Sommer 1792, (von K. F. Gottschalk). 8. Halle 797. Schwetschke u. S. 6 gr

— im Geiste d. Zeit durch e. Theil von Schlesien u. Sachsen, (von Fr. v. Cölln). 8. Berl. 815. Maurers B. 20 gr

Wanderungen im Geiste der Zeit durch einen Theil von Schlesien und Sachsen. Berlin 1816. V: *Colln, Georg Friedrich Willibald Ferdinand von.* (MGT) (LVS) (Nent) (Hall. Litt.-Ztg., Erg.-Bl. 1818, Nr. 24.) »1815« (Ky)

Wanderungen in der Gletscherwelt. Zürich 1843 s. a. H[offmann], G[eorg].

— in der Gletscherwelt von G. H. Mit (4) lith. Gebirgsansichten. kl. 8. Zürich 843, Orell, Füßli u. Comp. 1 ℛ

Wanderungen durch Graubünden. Chur 1859. V: *Leonhardi, Gg.* (BSchwLk V, 8, 1)

Wanderungen, Vetter Hammers, im Reiche der Phantasie. Egerking. 1839. V: *Holderspecht, Hs Jac.* (Cat. d. Stadtbibl. Zürich. Zürich 1864—97.)

— im Harz; eine nützl. u. unterhaltende Lekture. Neue Aufl. 8. Magdeb. Creutz. 812.

— im Harze. Hrsg. vom Harzclub-Zweigverein Leipzig. 12. (IV, 12 S.) Leipzig (900). (B. Franke.) n. — 20

Wanderungen durch das katholische Heiligthum, zur Befestigung treuer Liebe und Anhänglichkeit an unsere heil. römisch-kathol. Kirche und ihre Institutionen. 3 Thle. 8. (XX und 914 S. mit 3 Stahlst.) Schaffhausen 856, Hurter'sche Buchh.

Wanderungen, Freund Hein's. Görlitz 1795. V: *Münch, Joh. Gottlob.* (GGr) (NN) (Ky) (Fiker) (MGT)

—— histor. u. maler., in Griechenland. Kriegs- u. Reisescenen a. d. 19. Jahrh. Nach d. Schilderungen v. Blaquiere, Castellan, Chandler, Clarke, Iken, Klüber, Müller, Pouqueville, Predl, Quin, Raffenel, Squire, Thiersch, Tietz, Voutier u. A. Hrsg. v. J. M. Braun. (3 Abthln.) gr. 8. (28½ B. u. 12 Stahlst.) Stuttgart 837, [F. H. Köhler's Verl.]
Die 3. Abthl. enth.: Bildungs-Anstalten, Literatur u. Dichtkunst d. neuen Griechenlands. — Vermischtes.

Wanderungen durch das ehemalige Holland und einen Theil von Norddeutschland, Malerische. Bd. 1. 2. Hamburg 1812. 8.

Jamunabai's Wanderungen oder Blicke in indisches Witwenleben. Aus dem Lanaresischen. In-8°, 63 Seiten. Basel, Missionsbuchhandlung. 1880

— die, Jesu mit Sankt Petrus. Ein Cyklus christl. Volkslegenden. Memel 864. Art. 16. (95 S.) 12½ ngr

— durch die Industrie-Ausstellung in Cassel. Ein prakt. Führer zur schnellen u. bequemen Auffindung der interessantesten, schönsten u. wichtigsten derselben. Cassel 870. (Leipzig, Luckhardt'sche Buchh.) 16. (VII, 76 S.) n. 5 ngr

— interessante, durch d. sächs. Obergebirge, zur Belehrung u. Unterhaltung herausg. (von C. F. Wild). 8. Freiberg 809. Craz u. G. 18 gr

—— durch Italien, Frankreich, England u. d. Niederlande. Mit besond. Hinsicht auf Kunst, Natur u. Volksleben. Von N***. 3 Bdchn. 8. (58½ B. u. 8 Abbild.) Quedlinburg 832, 34, Basse.

Wanderungen im Jura.... Basel 1910 s. [Jenny, Heinrich Oscar].

Wanderungen im Jura, unter spezieller Berücksichtigung der Höhenwege. Basel 1910. V: ***Jenny, Heinrich Oscar.*** (BBullschw 11, S. 40)

Wanderungen, Kleine, durch Teutschland; in Briefen an Hrn D. K***. [Basel 1786.] V: *Schulz, Joachim Christoph Friedrich.* (ML) (Ky) (MS) (EngG) (R-N) (Wr)

* **WANDERUNGEN,** Kleine, durch Teutschland. Mit hübscher Titelvignette (Radierg. nach Junker v. Dunker). (Basel, Flick) 1786. 8°.
220 S. (incl. Tit.), 1 Bl. Nachschr., 1 Bl. Inh. (der 36 Briefe). Von besond. Interesse die Parallele zwischen Berlin u. Dresden [von welchen Hauptstädten fast das ganze Buch handelt], preuß. u. sächs. Kriegswesen u. gesellschaftl. Verkehr, wobei die Herren Sachsen nicht zum Besten wegkommen. Wenig bekannt u. rar! — Der Verf. wird in der Nachschrift als sonderbarer reisender Hypochonder vorgestellt, der „in Smollet's Geiste umherblickt", an der Veröffentlichung dieser Briefe aber unschuldig ist.

Wanderungen, kleine, durch Deutschland, (von Fr. Schulz). 8. Basel 786. Flick. (Neukirch). 14 gr.

Wanderungen, Kleine, auch grössere Reisen der weiblichen Zöglinge zu Schnepfenthal . . . Leipz. 1788. V: *André, Christian Carl.* (MGT) (Ky) (BrMm) (Cat. d. Stadtbibl. Zürich. Zürich 1864—97.)

— kleine, auch größere Reisen d. weibl. Zöglinge zu Schnepfenthal, um Natur, Kunst u. die Menschen genauer kennen zu lernen, (v. Chr. K. André). 1r Thl. 8. Leipz. 788. (W. Vogel). 8 gr.

WANDERUNGEN, Kleine, durch Sachsen und Brandenburg. O. O. (Danzig, Troschel) 1795. 8°. (1 Rthl.) (10 Mk. Franz Teubner, Düsseldorf, c. 1900; 6 Mk. E. Frensdorff, 1906.) Rar!

— kleine, durch Sachsen u. Brandenburg im Sommer. 8. Danz. 795. (Kummer in Leipz.) 1 Rthlr 6 gr.

— durch Coblenz u. die Umgegend. Mit 4 Ansichten. qu. 8. Cöln 840. Gaul u. Tonger. ½ Rthlr

— durch Cöln u. die Umgegend. Mit 3 Ansichten, 2 Lithogr. u. 1 Pl. qu. 8. Cöln 840. Gaul u. Tonger. ½ Rthlr

— eines guten Königs oder Gemählde eines glücklichen Staates, ein Roman, 8. Limburg, 793. Hüttner. 1 Rthl.

— eines Kosmopoliten, s. Republik, die, des 18. Jahrh.

Wanderungen eines Kosmopoliten oder über Staatsverfassung, politische Freiheit und Despotismus . . . Kosmopolis [Leipzig] 1795. V: *Delisle de Sales, Jean Bapt. Claude Izouard.* (Wr)

— kosmopolitische, durch Preußen, Kurland, Liefland, Lithauen, Vollhynien, Podolien, Gallizien u. Schlesien, in d. Jahren 1795 bis 1798. In Briefen an e. Freund (v. Karl Feyerabend). 4 Bde. 8. Germanien. (Danzig) 798—801. Troschel. 8 Rthlr

— kosmopolitische, durch e. Theil Deutschlands, s. A. G. F. Rebmann, Nelkenblätter.

Wanderungen, Kosmopolitische, durch einen Theil Teutschlands. Leipzig 1793—95. V: *Rebmann, Andreas Georg Friedrich.* (MGT)

WANDERUNGEN, Kosmopolitsche, durch einen Theil Deutschlands. Leipzig 1793. 8°. (2 Mk. 25 Pfg., J. Taussig, Prag; 3 Mk. J. Scheible, 1900.)
216 S. — Hauptsächlich über Berlin (Schauspiel, Oper, Militär, Prostitution, Galanterien, Freudenhäuser), ferner über Potsdam, viel über Leipzig (s. d.).

— kosmopolitische, d. e. Theil Deutschlands. 8. Leipz. (Heinsius in Gera.) 793.

Wanderungen, Kosmopolitische, eines Zigeuners. Cöln [Basel] 1806. V: *Schiede, H. C.* (Wr)

— kosmopolitische, eines Zigeuners, nebst d. Gesch. seiner Carriere zum Politikus rc. 8. Basel. Flick. 806.

— kosmopolitische, eines Zigeuners, nebst d. Geschichte seiner Carriere zum Politikus rc. 8. Bas. 806. (Neukirch). 2 Rthlr

— — und Kreuzzüge Abdallahs des Kosmopoliten durch Europa zur Zeit der jetzt herrschenden Aufklärungs- und Revolutionsepoche. Cöln, auf Verordnung des Cisrhenanischen Direktoriums (Vollmer in Hamburg), o. J. (c. 1799).
Weller, fing. Dr.
Vgl. **Wanderungen** Abdallahs . . .

— Kreuz- u. Querzüge e. Reisenden an den Ufern des Rheins, mit Episoden. (Auch u. d. T.: Briefe eines Reisenden rc.) 8. Altenb. 805. Schnuphase. 1 Rthlr 6 gr.

Wanderungen u. Kreuzzüge d. e. Theil Deutschlands, v. Nablosus d. jüng. 2 Thle. 8. (Verlagsgesellsch.) 796. (I. 18 ar. II. 8 ar.) Rthlr.

Wanderungen, Kritische und unkritische, über die Gefechtsfelder der Preussischen Armee in Böhmen 1866. Berlin 1870—75. V: *Kühne.* (EB)

Wanderungen, kritische u. unkritische, über die Gefechtsfelder der preuß. Armeen in Böhmen 1866. 1. Heft. Das Gefecht bei Nachod. Berlin 870. Mittler & Sohn. gr. 8. (XI, 121 S. mit 5 Steintaff. in 4.) n. 25 ngr.

— kritische u. unkritische, üb. die Gefechtsfelder der preußischen Armeen in Böhmen 1866. 2. Hft. Die Gefechte bei Skalitz u. Schweinschädel. Mit 5 (lith.) Plänen (in 8. u. 4.) u. Darstellgn. der einzelnen Gefechtsmomente. gr. 8. (XVI, 139 S. m. e. Tabelle u. eingedr. Holzschn.) Berlin 871. Mittler & Sohn. n. 2. 80

— dasselbe. 2. ergänzte Aufl. Mit 5 (chromolith.) Plänen u. Darstellgn. der einzelnen Gefechtsmomente. gr. 8. (XVIII, 147 S.) Ebend. 874. n. 3. 60

— dasselbe. 3. Hft. Das Gefecht bei Trautenau. Mit 4 (lith.) Plänen (in gr. u. qu. 4.) u. Darstellgn. der einzelnen Gefechtsmomente. gr. 8. (XI, 140 S.) Ebend. 872. n. 3. —

— dasselbe. 2. ergänzte Aufl. Mit 4 (chromolith.) Plänen u. Darstellgn. der einzelnen Gefechtsmomente. gr. 8. (IX, 148 S.) Ebend. 874. n. 3. 60

— durch das deutsche Land. Heimatkundliche Skizzen f. unsere Jugend. Mit Beiträgen zahlreicher Fachmänner hrsg. v. J. W. Otto Richter. (Otto v. Golmen.) Von d. Nordsee rheinaufwärts bis zum Bodensee. 8. (XII, 174 S. m. Abb.) Glogau (902). C. Flemming. Geb. in Leinw. n. 2. —

Wanderungen durch das deutsche Land. Heimatkundliche Skizzen für unsere Jugend. Mit Beiträgen zahlreicher Fachmänner hrsg. v. J. W. Otto Richter. (Otto v. Golmen.) 2. u. 3. Bd. 8, Glogau. Berlin, C. Flemming. Geb. in Leinw. à n. 2. —

2. Im Donaugebiete. — Von der Rhön bis zur Nordsee. (VII, 158 S. m. Abbildgn.) (903.)
3. Von der unteren Elbe bis zur böhmischen Grenze. Von Oberschlesien bis zur Ostsee. Durch die Provv. West- u. Ostpreußen bis zur russ. Grenze. (VII, 176 S. m. Abbildgn.) (903.)

—— im heil. Lande, f. gebild. Jünglinge u. Jungfrauen zur Förderung e. religiösen Gemüthserhebung. Von e. Verehrer d. Wahren u. Göttlichen. gr. 12. (10½ B. u. 2 Kpfr.) Leipzig 833, Cnobloch.

— eines Lehrers mit seinen Zöglingen üb. Leipzig nach Dresden. Ein Lesebuch f. die Jugend. 2 Bdchen. 8. Leipz. 813. Joachim. 1 ℛ 8 gr

— die, um Leipzig, ein Spiel zur Unterhaltung geselliger Zirkel. nebst einem illum. Spielplan von 45 Prospekten. Lpz. 820. Paul Vogel. 1 ℛ 4 gr

—— durch Licht u. Finsterniß. Ein nützl. Büchlein z. Aufklär. f. d. Bürger u. Landmann, v. G**. 8. (4 B.) Weimar 839. [Leipzig, Schreck.] *

— durch Licht und Finsterniß. Ein nützliches Büchlein zur Aufklärung für den Bürger u. Landmann, von G**. 8. Weimar 839. (Leipzig, Wuttig.) n. 1½ ℛ

Wanderungen und Liebschaften des jüngeren Nothankers . . . Leipz. 1804. V: *Krieger, Johann Christian.* (HS) (BGE)

— literarische. Nr. 1—3. gr. 8. Berlin (908). Priber & Lammers. à — 60
1. Hrsg. v. Ernst Lissauer. (30 S.)
2. Theater. Hrsg. v. Karl Vogt. (S. 33—86 m. 2 Bildnissen.)
3. Kinderseele. Hrsg. v. Rud. Frank. (S. 89—135.)

—— durch London. Mit 36 engl. Stahlstichen n. Orig.-Zeichnn. d. vorzügl. Künstler, u. mit ausführl. Erläutern. u. histor. Notizen nach C. F. Partington. gr. 4. (2¾ B. u. Ttlvign.) Berlin 837, [C. H. Schultze.] *
(Neue Ausgabe der: Ansichten u. Topographie von London rc.)

Wanderungen, lustige, durch Baiern, Tyrol u. Salzburg. Für d. Jugend u. ihre Freunde, v. *r., s. a. Reisen für die Jugend, 3. Thl.

Wanderungen, Lustige, durch Baiern, Tyrol und Salzburg. . . . Leipzig 1842. V: *Becker, Gfr. Wilh.* (EngG)

— durch Mainz u. die Umgegend. Mit 4 Ansichten. qu. 8. Cöln 840. Gaul u. Tonger. ½ ℛ

—— malerische, durch d. Alterthümer in Rom u. der Campagna. Nach d. Schilderungen v. Adler, Bonstetten, Fr. Brun, Burton, Kephalides, Kotzebue, Matthisson, Chr. Müller, Neigebaur, E. v. d. Recke, Sachse, Sickler u. A. hrsg. v. Frz. H. Köhler. 2 Thle. gr. 8. Leipzig 829, [Stuttgart,] Köhler. [1. (36 lith. Ansichten n. G. Piranesi u. 3½ B. Text.) 2 Thlr., 2. (42 lith. Ansichten n. G. Piranesi u. 5 B. Text.) 2 Thlr. 12 Gr.]

— malerische, in die Gegend b. Canton Basels u. dessen Nachbarschaft in geätzten Blättern von J. C. Reinermann, mit histor. Beschreib. v. Lutz. qu. 8. Basel 803. (Neukirch). 12 gr

— malerische, durch Holland u. einen Theil von Norddeutschland im J. 1800, s. a. Theod. Peregrinus.

Wanderungen, Malerische, durch Holland und einen Theil von Norddeutschland . . . Hamb. 1810—11. V: *Haupt, Marcus Theodor.* (MGT)

— malerische, d. Holland u. e. Theil v. Norddeutschland im J. 1800, v. Th. Peregrinus. 1 Bd. 8. Hamb. Vollmer. 811.

—— malerische, durch Paris. 2. Ausg., s. a. Straßen.

Wanderungen, Malerische, durch Paris oder Schilderung der denkwürdigen Schicksale, Sitten, Gebräuche u. s. w. dieser Stadt von den ältesten Zeiten bis auf unsere Tage, bearb. v. A. Diezmann. Leipzig 1844 bis 1845. V: *Surine, L.* (BGE VI³, 111)

—— malerische, durch Paris, od. Schilderung der denkwürdigsten Schicksale, Sitten, Gebräuche, Personen u. Gebäude dieser Stadt, von d. ältesten Zeiten bis auf unsere Tage. Nach d. französ. Werke: „Les rues de Paris" bearb. v. A. Diezmann. Illustrirt m. circa 300 Holzschnitten. 16 Lfgn. Lex.-8. (37⅛ B. u. 40 Holzschnitttaf.) Leipzig 844, 45, Teubner. à

— malerische, am Rhein, s. K. Geib.

—— malerische, am Rhein v. Constanz bis Cöln, s. Geib, K.

— malerische, d. Sachsen, s. K. A. Engelhardt u. Veith.

Wanderungen, Mahlerische, durch Sachsen und Böhmen . . . Dresden 1815. V: *Dziembowsky, Anton von.* (MGT) (Ky)

— malerische, durch Sachsen u. Böhmen, v. A. v. Dz. (Dziembowsky). Mit 8 kolor. Ansichten. qu. 8. Dresd. 815. (Walther). 1 Rthlr 8 gr Schwarz 16 gr

— malerische, durch einen Theil des südlichen Frankreichs, mit Kpf. 8. Leipz. 791. Kleyb. 20 gr

Wanderungen, malerische, durch einen Theil des südlichen Frankreichs. 8. Lpz. Kleyb. 792. Rthlr.

Wanderungen, Meine; ein Roman, und doch voller Wahrheiten. Leipz. 1787. V: *Vulpius, Christian August.* (Ky) (MGT) »1807« (EE)

— meine, ein Roman, und doch voller Wahrheiten, 8. Daselbst, 787. Linke. 20 sgl.

Wanderungen, meine, (v. Chr. A. Vulpius). 8. Leipz. 787. (Nauck). 16 gr

— meine, ein Roman, u. doch voller Wahrheiten. 8. Lpz. Schneider. (Sommer.) 787.

—— meine, durch die Bergstraße, nach 10jähr. Beobachtn. u. Erfahrn. aufgezeichnet v. J. D. H.......r. Ein getreuer Wegweiser f. die so d. Bergstraße angenehm u. mit Nutzen bereisen wollen. 8. (6¼ B. u. 4 Ansichten in Aqua tinta.) Darmstadt 829, (Heyer'sche Brlsbuchh.)

Wanderungen, Meine, durch die Bergstrasse . . . Darmstadt 1830. V: *Hochstätter, Johann Daniel.* (HS)

— meine, durch d. Bergstraße, nach 10jähr. Beobachtungen u. Erfahrungen aufgezeichnet von J. D. H.......r. Mit 4 Ansichten. 8. Darmst. 830. (Heyer). 16 gr

MEINE Wanderungen durch die Irrgänge dieses Lebens. Danzig, bey Carl Goldstamm 1806. 8°. (3 Mk. südd. Antiqu., München, 1907.)

— meine, nach Paris. 2 Stck. gr. 8. Dresden. 793.

Wanderungen, Meine, durch die Rhein- und Mayn-Gegenden in die Preussischen Kantonierungs-Quartiere. Frankfurt o. J. [1794]. V: *Göchhausen, Ernst Ant. Aug. von.* (BGE VI³/286) (BiblPort) »Wanderung, Meine«.

— meine, d. d. Rhein- u. Mayngegenden u. d. preuß. Cantonnirungsquartiere im Febr. 1794, nebst Nachr. über die Maynzer Klubbisten. 8. Frankf. Hermann. 794.

— meine, durch d. Rhein- u. Maingegenden nach d. preuß. Cantonnirungsquartiere im Februar 1794, nebst Nachr. über die Mainzer Klubbisten, (von E. A. A. v. Göchhausen). 8. Frankf. a. M. (795.) Hermann. 18 gr

Wanderungen. Meine, aus Schwaben durch die Maingegenden nach Sachsen 1810—1811, s. a., J. D. Wiedemann.

Wanderungen, Meine, aus Schwaben durch die Mayngegenden und Thüringen nach Sachsen. ... Erfurt 1811. V: *Wiedemann, J. D.* (MGT) (Ky)

Vgl. Wanderung, . . .

— meine, aus Schwaben, durch die Rheingegenden nach Sachsen im Frühjahr 1810. 8. Erfurt, Müller. 811.

Wanderungen, Meine, in der romantischen Schweiz, unter Wallis und Savoyen. Tübingen 1793. V: *Plouquet, Wilh. Gfr.* (Ky)

— meine, in d. romantischen Schweiz, unter Wallis u. Savoyen. 8. Tübing. Heerbrand. 793.

— meine, (Plouquets) in d. romantischen Schweiz, unter Wallis u. Savoyen. 8. Tübing. 793. (Osiander). 8 gr

* — meine, durch einen Theil des nördl. Deutschlands, m. K. 8. Gießen, Müller. 815.

— — dasselbe, s. auch neue Originalromane d. Deutschen 3ter Bd.

— meine, durch die historische Welt. Eine Gallerie merkwürdig. Begebenheiten wichtiger Menschen. 2 Bde. 8. Leipz. Joachim. 815.

— die, eines philosophirenden Menschenfreundes, a. d. Engl. 2 Thle. 8. Lüneburg, Lemke. 786.

Wanderungen eines Mismuthigen in die Gefilde ländlicher Zufriedenheit. Leipz. 1798. V: *Kerndörffer, Heinrich August.* (GGr) (MGT) (Ky) (NN)

— eines Mißmüthigen in d. Gefilden ländl. Zufriedenheit, (von H. A. Kerndörfer). 8. Leipz. 798. (Aue in Altona). 14 gr

— eines Mißmüthigen in die Gefilde ländl. Zufriedenheit. 8. Leipz. Jacobäer. 798.

— durch das Museum der Naturgesch. zu Paris. Mit 1 Kpf. 8. Leipz. 799. (Reimer in Berl.) 18 gr

Wanderungen, Nächtliche, durch Altenburg . . . Altenburg 1844. V: *Hesekiel, Georg.* (EngG)

Wanderungen, nächtliche, durch Altenburg v. Spiritus Asper dem Jüngsten. 2 Hfte. gr. 8. Altenburg 844, Helbig. [1. (4 B. u. Tilkpfr.) * 10 Ngr., 2. (3 B.) * 6 Ngr.] *

Wanderungen, Umtriebe und Abenteuer, Neueste, des Ewigen Juden unter den Namen Börne, Heine, Saphir . . . [Berlin] 1832. V: *Hagen, Friedrich Heinrich v. d.* (Wr)

Wanderungen, Umtriebe und Abenteuer, Neueste, des ewigen Juden unter dem Namen Börne, Heine und Saphir u. a. zum Besten der Anstalten gegen die St. Simonie ans Licht gestellt von Cruciger. Friedrich Wilhelmsstrasse 1832. V: *Hagen, Fch. Hch. von der.* (GGr VIII/521—522 Nr. f) (Literaturblatt zum Morgenblatt f. geb. Stände 1833, Nr. 5) (M. Holzmann: L. Börne. Berlin 1886.) (EB)

— durch die Niederlande, Deutschland, die Schweiz u. Italien in d. Jahren 1793 u. 94, (v. K. G. Küttner). 2 Thle. 8. Leipz. 796. Voß. 3 Thlr 2e Aufl., s. Küttner.

Wanderungen durch die Niederlande, Deutschland, die Schweitz und Italien . . . Leipzig 1796. 2. Aufl. 1807. V: *Küttner, Carl Glob.* (MGT) (Ky) (BrMm)

Wanderungen durch das Nilthal. Berlin 1840. V: *Parthey, Gustav Fdr. Const.* (AarK)

Wanderungen eines jungen Norddeutschen durch Portugal, Spanien und Nordamerika . . . Hamb. 1834. V: *Delius, Eduard.* (Schr) (EngG)

—— eines jungen Norddeutschen durch Portugal, Spanien u. Nord-Amerika. In d. J. 1827—1831. Hrsg. v. Geo. Lotz. 4 Bde. 8. (48½ B.) Hamburg 834, Herold.

— im Norden von England. 73 Ansichten (in Stahlstich) der Landsee- und Gebirgs-Gegenden in den Grafschaften Westmerland, Cumberland, Durham und Northumberland. Mit histor. u. topograph. Beschreibungen von James Edwin Stahlschmidt. gr. 4. London 834. (Leipzig, Fr. Fleischer.) n. 9 Thlr Ist auch in Engl. u. Franz Sprache zu haben.

— des jungen Nothankers während d. Französ. Krieges. 8. Marb. 804. Krieger. 12 gr

—— durch d. Pegnitzthal. 24 Stahlst., nach der Natur gezeichnet u. gestochen v. Alex. Marx. Mit beschreib. Text v. Fr. Mayer. Lex.-8. (15 B., 1 Reisekarte u. gestoch. Ttl.) München 846, Franz. *

Wanderungen der Phantasie in die Gebiete der Wahrheit . . . Gotha 1806. N. A. 1810. V: *Naubert, Christiane Benedicte Eugenie geb. Hebenstreit.* (MGT) (Ky) (EE)

— der Phantasie in d. Gebiete d. Wahrheit, v. d. Verfasserin d. Walter v. Montbarry rc. 8. Leipz. Weygand. 810.

—— eines Protestanten in Lothringen von Angelus. gr. 8. (115 S.) Straßburg 880, Schmidt's Universitäts-Buchh. *

— u. Reisen, kleine u. unterhaltende. 8. Leipz. 799. (W. Rauck). 1 Thlr 10 gr

— u. Reisen, kleine und unterhaltende. 8. Leipz. Sommer. 799.

— am Rheine, s. Rheinreise, (von v. Wackerbarth).

Wanderungen am Rheine. Halberstadt 1807. V: *Wackerbarth, August Joseph Ludwig Graf von.* (Ky) (BrMm) (WBL)

Wanderungen zwischen Rhein, Main und Neckar. Darmstadt 1853. V: *Nodnagel, August.* (EB)

—— zwischen Rhein, Main und Neckar. Darmstadt, Heidelberg, Mannheim, der Odenwald, die Bergstrasse und die Main-Neckar-Eisenbahn nach Natur, Geschichte und Sage dargestellt. Handbuch für Reisende. 12. (III und 132 S. mit 1 lithogr. Karte und 1 Tab. in 4.) Darmstadt 853, Ollweiler. Thlr. -

Wanderungen im Riesengebirge. O. O. 1799. V: *Grosser.* (MGT)

Wanderungen durch das Riesen- und Iser-Gebirge . . . Warmbrunn 1845. V: *Mosch, Carl Friedrich.* (Nent)

— satyrische, e. Stummen durch die jetzige Welt. 8. Halle 800. Trampe. 18 gr

Wanderungen und Schicksale des Paters Abilgard von J. L. L. Jena 1797—1800. V: *Lindner, Friedrich Georg Ludwig.* (GGr) (MGT) (R-N)

Wanderungen u. Schicksale d. Pater Abilgard, v. Fr. L. Lindner. 3 Thle. 8. Jena, Hempel. (Gleditsch in Leipzig.) 798—800.

Die Wanderungen, Schicksale und Rückkehr der Ostenheimer. Aus einem sehr alten, für wenige leserlichen Ms. Abschnitt 1. [Hamburg: Campe] 1812. XII, 98 S. 8°

Kl. 2713. Selten. „Denen im Westen auf ihrer Wanderung Begriffenen brüderlich gewidmet." Nach einer handschriftl. Angabe auf d. Exemplar der Loge z. ew. Bunde i. Gera wäre Adolf Bohemann der Verf.

Vgl. Wanderung, . . .

Wanderungen nach dem Schlachtfelde bey Leipzig im Oktober 1813 . . . Weimar 1814. V: *Bertuch, Carl.* (MGT) »auf dem« (Pr) (Ky) »Wanderung« (BrMm)

Vgl. Wanderung, . . .

— nach d. Schlachtfelde bei Leipzig im Okt. 1813; e. Beitr. zur neuesten Zeitgeschichte (v. K. Bertuch). Mit 2 Plan. u. 1 Titelvign. 4. Weimar (814.) Geograph. Institut. 2 Thlr

— — nach dem Schlosse des Schreckens oder die unruhigen Nächte. Keine Wundergeschichte, doch eine Erzählung voll interessanter Szenen. Mit Titelkpfr. Wien 1803. 8°. (3 Mk., schönes Expl., Franz Teubner, Bonn, c. 1895.)

— nach d. Schlosse des Schreckens, od. die unruhigen Nächte. 8. Wien 803. K. Haas. 22 gr.

— nach d. Schlosse d. Schreckens, od. d. unruhigen Nächte. 8. Wien, Rehm. 803.

Wanderungen eines deutschen Schulmeisters. Berlin 1874 s.a. B[runnemann], C[arl].

Wanderungen eines deutschen Schulmeisters. Pädagogisches und Politisches aus den Jahren 1847 bis 1862. Berlin 1874. V: *Brunnemann, Carl O. M.* (Erman & Horn, Bibliogr. d. dtsch. Univ. 1. Leipz. u. Berl. 1904. S. 87.)

— eines deutschen Schulmeisters. Pädagogisches u. Politisches aus den J. von 1847 bis 1862. Von K. O. M. B. gr. 8. (175 S.) Bielefeld 874. Gülker & Co. n. 2. 25

— durch Sicilien u. die Levante. 1. Thl. Sicilien, Malta. M. 1 Musikbeil. (32 lith. Seit.) gr. 12. (19½ B.) Berlin 834, Nicolai.

Wanderungen durch Sicilien und die Levante. . . . Berlin 1840. V: *Parthey, Gust. Frdr. Const.* (AarF) (AarK)

Wanderungen durch Sicilien und Malta. Berlin 1840. V: *Parthey, Gust. Frdr. Const.* (AarK)

— u. Spazierfahrten in d. Gegenden v. Wien. 3 Hefte. 8. Wien, Doll. 797.

— u. Spazierfahrten um die Gegenden von Wien, (v. F. A. Gaheis). 72 Hefte, mit 64 Kpf. 8. Wien 797 u. ff. Rehm. 26 ℔ 16 gr

Wanderungen und Spazierfahrten in die Gegenden um Wien. . . . Wien 1797—1800. 2. Aufl. 1798—1800. 3. Aufl. 1804. V: *Gaheis, Franz Anton de Paula.* (GGr) (MGT) (Kn) (EngG) (Ky)

Wanderungen und Spazierfahrten in die Gegenden um Wien. Neueste Auflage. Wien 1807. V: *Gaheis, Franz de Paula Anton.* (Heinr. Güttenberger: Franz de Paula Gaheis. Wien u. Leipzig 1927. S. 127, Nr. 42, S. 185) (BiblPort) S. a. IV, 11593.

Wanderungen durch Steiermark und Kärnten. Geschildert von P. K. Rosegger, Fritz Pichler und A. v. Rauschenfels. Illustrirt von Rich. Püttner, J. J. Kirchner, Frz. v. Pausinger, Mathias Schmid, Jos. und Ludw. Willroider u. A. [Sep.-Ausg. von „Unser Vaterland" 3. Bd.] Fol. (VII, 242 S.) Stuttgart 879, Gebr. Kröner. geb. mit Goldschn. *

— durch die Sternenwelt. Frei nach dem Franz. von Fr. Dietrich. Mit 12 color. Kpfrn. Ein Geschenk für die reifere Jugend. 8. (XII u. 252 S.) Leipzig 850, Thomas. 1⅓ ℔

— durch die Sternenwelt. Frei nach dem Französ. von Fr. Dietrich. Ein Geschenk für die reifere Jugend. 8. (XI und 252 S. mit 12 ill. Kpfrn.) Leipzig 851, Thomas.

Wanderungen durch Hamburgs dunkle Straßen und Häuser. Enthüllungen über das Leben und Treiben in denselben von Dr. Heinr. B. . . . . k. 8. (32 S.) Hamburg 866, Schardius.

Wanderungen, Südslavische, im Sommer 1850. Leipzig 1851. V: *Kapper, Siegfried.* (EngG)

— Südslavische, im Sommer 1850. 2 Thle. 8. (582 S.) Leipzig 850, Herbig. 2½ ℔

Wanderungen durch einen Theil Deutschlands, s. Rebmann, And. Geo. Fr. 1796.

— durch einen großen Theil des Harzes u. einen Theil d. Grafschaft Mannsfeld. 8. Magdeb. 802. N. A. 812. Creutz. 1 ℔

Wanderungen auf der Herrschaft Tetschen. Ein Taschenbuch für Freunde der schönen Natur. Prag 1827. N. A. 1828. V: *Grünwald, C. F.* (EB)

— auf der Herrschaft Tetschen. Ein Taschenb. f. Freunde d. schönen Natur. gr. 8. (8 B. u. 31 Kpfr.) Prag 828, (Calve.)

— durch Thüringen. Illustr. v. W. Anton u. P. Greeff. Mit Text v. E. Anemüller, H. Anton, E. Beyer, E. Borkowsky, R. Hodermann, E. Koch, A. Pick, F. Regel, Herm. Schmidt, A. Schulz. Fol. (V, 201 S. m. Textbildern u. Heliograv.) Naumburg 895. A. Schirmer's Verlag. Geb. m. Goldschn. n. 20. — Erschien auch in 10 Hftn. à n. 1. 50.

— durch das Thierreich, s. Bilder zur Belehrung und Unterhaltung.

Wanderungen durch das Thierreich, oder Bilder zur Belehrung und Unterhaltung der Kinderwelt. 4. Aufl. 4. (54 S. Text mit 120 genauen Abbildungen der merkwürdigsten Säugethiere und Vögel auf 6 gemalten Stnt.) Reutlingen 852, Fleischhauer und Spohn.

Wanderungen durch Tirol und Vorarlberg. Geschildert von Ludwig von Hörmann, Hermann von Schmid, ... Ignaz Zingerle. Illustrirt von Franz Defregger, Alois Gabl, ... Josef Wopfner u. A. [Mit 48 Tafeln.] fol. Stuttgart [1877–1880].

Wanderungen und Träumereyen im Gebiete der Tonkunst. [Berlin 1795.] V: *Reichardt, Johann Frdr.* (MGT)

Wanderungen in der Umgebung von Schluderbach. Sommer 1884 . . . Smichow 1885. V: *Eckerth, Wenzel.* (EB)

Wanderungen in der Umgegend Tübingens. 2. Aufl. . . . Tübingen 1831. V: *Schönhuth, Otmar Friedrich Heinrich.* (EngG)

—— in der Umgegend Tübingens. 2. Aufl. (Mit d. Anh.: Merkwürdigkeiten d. Stadt Tübingen.) — A. m. d. Umschlags-Ttl.: Tübingen u. seine Umgebung. 12. (8 B.) Tübingen 831, Laupp.

— eines Unsichtbaren durch einen Theil von Deutschland, etwas z. Beherzigung für Fürsten u. Geistlichkeit. 8. Frankf. a. M. 795. Gebhard u. K. 20 gr

— **unverfälschte deutsche.** Hrsg. von Georg Ritter v. Schönerer. V. Jahrg. 1887. 26 Nrn. 4⁰. Wien, Kubasta & Voigt. Baar fl. 2.40.

RITTERS, Des, Hugo von Schauerthal verhängnißvolle Wanderungen. Ritter- und Geistergeschichte des XI. Jahrh. 2 Thle. Mit 1 Titelkpfr. Nürnberg, Zeh, o. J. (1821). 8⁰.
Stellenw. etwas frei. I: Titkpf., Tit. u. 249 S. II: Tit. u. 254 S. — Kayser 1836 p. 148 nennt die Jahrzahl.

—— **verhängnißvolle, des Ritters Hugo v. Schauerthal. Ritter- und Geistergeschichte des 11. Jahrh. 2 Thle. 2. Aufl. 16. (630 S.) Stuttgart 864, Fischhaber.**

Wanderungen der Vögel in der Schweiz. Genf [1909]. V: *Burg, Gustav von.* (BBullschw 16, S. 176)

Wanderungen in die Vorzeit. 1. Bd. Leipzig 1794. V: *Seidel, Carl August (Carl Gottlieb).* (LO) (StAt) (MGT) (Ky)

– **in die Vorzeiten.** 1s. 8. Lpz. Breitkopf. 794.

Wanderungen und Wandlungen der Antike. [Berlin 1870.] V: *Stark, Carl Bernhard.* (Cat. d. Stadtbibl. Zürich. Zürich 1864—97.)

Wanderungen durch die historische Welt. Pennsylvanien [Danzig] 1802. V: *Feyerabend, Carl B.* (wr)

— durch die historische Welt rc., setze hinzu: (Leipzig Central-Comptoir.)

— durch d. historische Welt, od. Gallerien merkwürd. Begebenheiten u. wichtiger Menschen alter u. neuer Zeit, ein Lesebuch für Jedermann, vom Verf. der kosmopolit. Wanderungen durch Preußen rc. 2 Thle. 8. Pensylvanien 802, 3. (Troschel in Danzig). 3 ₰ 2 gr

Wanderungen **durch die historische Welt.** Eine Gallerie merkwürdiger Begebenheiten wichtiger Menschen. Leipzig 805. 2 Bde. 8. 4 rthl.

Wanderungen durch die Weltausstellung in Wien 1873. 7 Hefte. Wien 1873

Wander-Verein, der Hamburger. Ein Wegweiser zur Umgestaltg. der gesellschaftl. Jugendkultur. Der deutschen Jugend u. ihren Freunden gewidmet. (30 S.) 8. Hamburg 908. Magdeburg, W. Serno. — 30

Wanderversammlung, 3., der Anthropologischen Gesellschaft in Wien zu Klagenfurt am 19.—21. Aug. 1885. 8. (138 S. mit Illustr.) Wien 886, (Hölder.) *
Aus: Mittheilungen der Anthropologischen Gesellschaft in Wien, besonders abgedruckt.

Erste WANDERVERSAMMLUNG der Deutschen Landwirtschafts-Gesellschaft zu Dresden am 28. Juni bis 3. Juli 1886. Dresden. Druck von C. C. Meinhold & Söhne. kl. 8°.

Wanderversammlung, die 1. u. 2., d. Deutschen Vereins zur Verbreitung gemeinnütziger Kenntnisse in Prag, s.: Sammlung gemeinnütz. Vorträge.

Die Wanderversammlung b. Landwirte, Verhandlungen der Wanderversammlungen b. Landwirte (auch: Berichte über die —).

1857	Donauwörth
u. ff.	**Schweinfurt**
	Freising
	Rosenheim
	Bayreuth
	München usw.

Wandervogel, s. a. Tharandt, Stadt u. Akademie.

Wandervogel. Monatschrift f. dtsch. Jugendwanderer. gr. 8⁰. seit 1905. Leipzig. 1912. jährl. M. 3.—

Wandervögel, 182 Lieder f. 1 od. 2 Singstimmen m. Gitarre (Zupfgeige, Laute), auch m. Mandolinen-Begleitung ad libitum, neue verm. Ausg., Leipzig, 136 S., 8⁰.

Wandervögelein, das ist: 60 Reiselieder mit Tonweisen f. Jung u. Alt. 2 Hefte. 12. Erlang. 822. (Palm u. E.) 18 gr

Wandervogel-Kochbuch. Hrsg. vom Wandervogel, Verein zur Förderg. des Jugend-Wanderns in Bayern (E. V.). (28 S. m. Abbildgn.) kl. 8. München (910). J. F. Lehmann's Verl. — 80

Wandervogels, des, Liederbuch. Hrsg. vom „Wandervogel", Eingetr. Verein Steglitz b. Berlin. (VIII, 120 S.) 16. Osterwieck 905. A. W. Zickfeld. Geb. in Leinw. — 50

Wandervogel's, des, Liederbuch. (Hrsg. vom Wandervogel, E. V. zu Steglitz bei Berlin, in 2. Aufl.) (XII, 150 S.) 16. Osterwieck (910). A. W. Zickfeldt.
Geb. in Leinw. p — 65

Wander-Vorträge, medicinische. 1.—21. Hft. gr. 8. Berlin 888—890. Fischer's medic. Buchh. à n. — 50
1. Ueber die Behandlung der Retroversioflexio uteri. Von F. Schauta. (15 S.)
2. Ueber die Erweiterung d. Symptomencomplexes der Basedow'schen Krankheit. Von O. Kahler. (16 S.)
3. Ueber antiseptische Maassnahmen in der Hygiene d. neugeborenen Kindes. Von A. Epstein. (26 S.)
4. Ueber gynäcologische Massage. Von F. Schauta. (11 S.)
5. Zur Theorie u. Praxis der Desinfection. Von J. Soyka. (11 S.)
6. Therapeutische Zeitfragen. Von A. Přibram. (12 S.)
7. Ueber die Beziehungen d. Sehorgans zu den allgemeinen Erkrankungen d. Organismus. Von H. Sattler. (25 S.)
8. Elektrodiagnostik u. Elektrotherapie der Lähmungen. Von Th. Petřina. (13 S.)
9. Ueber Blutgerinnung u. Thrombose. Von M. Löwit. (17 S.)
10. Untersuchgn. üb. die Schilddrüse. Von C. Weil. (18 S.)
11. Beiträge zur Kenntniss der Magensaftabscheidung beim nüchternen Menschen. Von E. Pick. (20 S.)
12. Die Neurasthenie u. ihre Behandlung. Von Petřina. (18 S.)

13. Ueber die Chromwasserbehandlung der Syphilis. Von J. E. Güntz. (20 S.)
14. Die Diagnose der progressiven Paralyse in ihrem Prodromalstadium. Von A. Pick. (15 S.)
15. Ueber einige neuere Untersuchungs-Methoden u. ihre Bedeutung f. den praktischen Arzt. Von J. Fischl. (19 S.)
16. Gegenwart u. Zukunft der internen Medicin. Antrittsvorlesung, geh. am 14. Octbr. 1889 von R. v. Jaksch. (13 S.)
17. Zur Lehre v. den Puerperalpsychosen. Von L. Kramer. Aus der deutschen psychiatr. Klinik in Prag. (18 S.)
18. Ueber Augenverletzungen. Von H. Sattler. (12 S.)
19. 20. Zur Behandlung der acuten Mittelohrentzündung m. Berücksicht. der bakteriologischen Forschungsergebnisse. Von E. Zaufal. (32 S. m. Abbildgn.)
21. Ueber Diagnose u. Therapie der Erkrankungen d. Blutes. Von R. v. Jaksch. (24 S.)

Wander-Vorträge, medicinische. 22.–41. Hft. gr. 8. Berlin, Fischer's medicin. Buchh. à n. – 50

22. Einige Rathschläge zur Erleichterung chirurgischer Eingriffe in der Landpraxis. Von Carl Bayer. (13 S.) 891.
23. Mittheilung üb. die Wirkungen d. Koch'schen Heilmittels gegen Tuberkulose. Von R. v. Jaksch. (12 S. m. graph. Zeichngn.) 891.
24. Die Behandlung der Blutungen post partum. Von Frdr. Schauta. (13 S.) 891.
25. Ueber Menstruationsanomalien. Von Wilh. Jakesch. (19 S.) 891.
26. Beiträge zur Pathologie der Grosshirnrinde. Ueber primäre Demenz im jugendlichen Alter. Von A. Pick. (22 S.) 891.
27. Die habituelle Scoliose u. ihre Behandlung. Von Carl Bayer. (11 S.) 891.
28. Zur Diagnose der intraligamentären Schwangerschaft. Von Schauta. (25 S.) 891.
29. Ueber die mikroskopische Untersuchung der Entleerungen bei Kindern. Von R. W. Raudnitz. [Aus: „Prager med. Wochenschr."] (15 S.) 892.
30. Zur Behandlung der Fehlgeburt. Von Emil Ekstein. (14 S.) 892.
31. Ueber transitorische, alimentäre u. dauernde Glycosurie u. ihre Beziehungen zum Diabetes, nebst Bemerkgn. üb. den Nachweis v. Kohlenhydraten im Harn. Von R. v. Jaksch. (23 S. m. 1 Tab.) 892.
32. Wann sollen wir gewisse Augenoperationen ausführen? Von I. Herrnheiser. (13 S.) 892.
33. Ueber die Glenard'sche Krankheit. Von Adf. Ott. (7 S.) 892.
34. Ueber Darmocclusion u. deren Behandlung. Von Hugo Langstein. [Aus: „Prager med. Wochenschr."] (18 S.) 893.
35. Ueber die Aetherisation incarcerirter Hernien nach Finkelstein. Ueber sacrale Dermoide. Von Carl Gussenbauer. (5 u. 6 S.) 893.
36. Ueber hohe typische Temperatur-Steigerungen bei acuter Sarcomatose innerer Organe. Von Petřina. (17 S.) 894.
37. Ueber Fieberbehandlung bei Kindern. Von Rud. Fischl. Ueber die Principien der modernen Behandlung Magenkranker. Von E. Schütz. (8 u. 15 S.) 894.
38. Ueber die Desinfection der Hände. Von Hugo Langstein. (15 S.) 894.
39. 40. Ueber die Erkrankungen der Sinus od. Nebenhöhlen der Nase. Von L. Lichtwitz. (35 S. m. 11 Fig.) 894.
41. Ueber den therapeutischen Werth der Blutentziehungen. Von R. v. Jaksch. (20 S.) 894.

Wandervorträge, medicinische. 42.—53. Hft. gr. 8. Berlin, Fischer's medicin. Buchh. à Hft. n. — 50

42. Ueber immunisirende Behandlungsmethode u. d. Serumtherapie v. Rud. Fischl. (22 S.) 895.
43. Ueber die topisch-diagnost. Bedeutung d. Sehstörungen bei Gehirnerkrankgn. v. A. Pick. (16 S. m. 1 Abb.) 895.
44. Die Lungentuberculose als Mischinfection von v. Wunschheim. (15 S.) 895.
45. Ueber d. Bedingungen der Wundheilg. v. A. Wölfler. (14 S.) 895.
46. Der Gehverband u. s. Anwendung bei den Brüchen des Unter- od. Oberschenkels. Von G. Ad. Elbogen. (18 S.) 895.
47. Die Grenzen d. chirurg. Kunst v. Carl Bayer. (11 S.) 895.
48. Ueber einige Fortschritte auf d. Gebiete der Magen-Darmchirurgie. Von A. Wölfler. (20 S.) 895.
49. Die Bedeutung u. Verwendg. d. gymnast. Behandlg. bei Wirbelsäuleverkrümmungen. Von Ed. Pietrzikowski. (24 S.) 895.
50. Ueber einige neuere Zahnextractionsinstrumente, nebst Bemerkungen über schwier. Zahnextractionen. Von Heinr. Schmid. (27 S. m. Abb.) 895.
51. Die klinischen Symptome d. Arteriosklerose d. Herzens v. Singer. (21 S.) 895.
52. Ueber d. Vaccination. Festvortrag zu Ehren Jenners am 14. Mai 1896, an dem 100jähr. Gedenktage der ersten Impfung, geh. zu Pürstein in d. Section Brüx d. Centralvereins deutscher Aerzte in Böhmen von R. v. Jaksch. (16 S.) 896.
53. Fortschritte in der Erkenntnis u. Behandlg. der Magendarmkrankheiten beim Säugling. Von Rud. Fischl. (20 S.) 898.

Wandervorträge, medicinische. 54.—63. Hft. gr. 8. Berlin. Fischer's medicin. Buchh. n. 5. 50

54. Ueber die Radicaloperation des Leistenbruches, nebst Bemerkgn. zur Aetiologie, Anatomie, Klinik desselben. Von Wilh. Bittner. (26 S.) 900. n. — 50
55. Aphorismen üb. mechanische Desinfection u. Infectionsprophylaxe. Von M. Saenger. (33 S.) 900. n. — 50
56. Ueber den Schwindel. Von Singer. (30 S.) 900. n. — 50
57. Ueber acute Mittelohrentzündung u. ihre Behandlung. Von Otto Piffl. (28 S.) 900. n. — 50
58. Einiges üb. Fortschritte in der Erkenntnis u. Behandlung der acuten Infectionskrankheiten. Von Rud. Fischl. (27 S.) 900. n. — 50
59. Ueber Massage bei Frauenkrankheiten. Von Osc. Piering. (17 S.) 901. n. — 50
60. Ueber Geburts- u. Wochenbetts-Hygiene. Ein weiterer Beitrag zur Reform des Hebammenwesens in Oesterreich. Von Ekstein. (16 S.) 901. n. — 50
61. Ueber puerperale Infectionskrankheiten u. deren Behandlung. Von Ludw. Knapp. (67 S.) 901. n. — 50
62. Spina bifida. Von Carl Bayer. (43 S.) 902. n. 1. —
63. Ueber einige Ergebnisse der Harnuntersuchung bei Kindern. Von R. W. Raudnitz. (25 S.) 902. n. — 50

Wander-Vorträge, medicinische. 64. u. 65. Heft. gr. 8. Berlin, Fischer's medicin. Buchh. à n. — 50

64. Neueres aus dem Gebiete der Nierenkrankheiten. Von Singer. (32 S.) 903.
65. Ueber die moderne Behandlung der Herzaffektionen in Beziehung auf Franzensbad als Herzheilbad. Vortrag, geh. in Franzensbad in der Sektion Eger-Franzensbad des Zentralvereins deutscher Aerzte in Böhmen am 23. V. 1904. Von R. v. Jaksch. (18 S. m. 2 Tab.) 904.

Wander-Willy's Geschichte. Aus dem Engl. v. Charlotte v. Gruber. 8. (292 S.) Norden 876. Soltau. n. 3. —

Friedrich Wandesleben

De intestini recti Strictura. Halae (1820:) Schimmelpfennig. 50 S. 8°

Halle, Med. Diss. v. 1. Juli 1820

2. Ex.: Mx 284 (5)

Wandfahrplan. Uebersicht der in Kärnten verkehrenden Eisenbahnzüge. 1887. Nr. 1. (Ausgabe v. 1. October 1887.) Klagenfurt. Heyn. pro complet gef. fl. —.60.

Wandfahrplan. Uebersicht der in Kärnten verkehrenden Eisenbahnzüge. 1888. Nr. 4. Ausg. vom 1. October 1888. Placatformat unaufgez. Klagenfurt: Heyn 1889. —.20

Wandfibel, gearb. u. hrsg. von e. Lehrervereine. 2—4. verb. Aufl. gr. Fol. (à 14 B.) Langensalza 837—41, Schulbuchh. d. thüring. Lehrervereins. à

— gearbeitet und herausg. von einem Lehrervereine. 7. Aufl. 854. — 8. Aufl. Langensalza 857. Schulbuchhandlung. (15 Bgn. in gr. Fol.) 15 ngr.

Wandfibel gearb. und hrsg. von einem Lehrervereine. 9. und 10. Aufl. 14 Bog. gr. Fol. Langensalza 863,66, Schulbuchh. von Greßler.

Wand-Fibel, enthaltend: 21 Bog. Text u. 1 Bog. Abbildgn. 3. u. 4. Aufl. gr. Fol. Berlin 844, 47, Ludw. Oehmigke, Vrlgsh. *

Wand-Fibel. Enthaltend 21 Uebungen auf 16 Bogen. gr. Fol. Cassel 848, Luckhardt, Vrlgsh. *

Wand-Fibel. Enthaltend: 21 Bog. Text und 1 (lithogr.) Bog. Abbildungen. 5. Aufl. gr. Fol. Berlin 852, L. Oehmigke's Verlag. *

Wand-Fibel. Enthaltend: 21 Bog. Text und 1 (lithogr.) Bog. Abbild. 6. Aufl. Imp.-Fol. Berlin 858, Oehmigke's Verlag. *

Wandfibel. Ausg. A in Schreib- u. Druckschrift zur Fibel-Ausg. A. 24 Taf. Je 67,5×87 cm. Dortmund (902). W. Crüwell. n. 5. —; auf 12 Papptaf. n.n. 13. —; einzelne Taf. 1—11 à n. 3. —; auf Pappe à n.n. 7. —; Taf. 12—24 à n. 3. 50; auf Pappe à n.n. 8. —

— Ausg. B in deutscher Druckschrift zur Fibel-Ausg. B. (14 Taf.) 87×67 cm. Dortmund (903). W. Crüwell. n. 4. —; aufgez. auf 7 Taf. m. Einfassung u. Oesen n. 9. 50

— dasselbe. Ausg. W. (15 Taf.) 87×67,5 cm. Ebd. (903). n. 5. 40; auf 8 Papptaf. n. 12. —

Wandfibel (zu der Schreiblesefibel), hrsg. vom Lehrerverein Hannover-Linden e. V. (20 Taf.) 75×106 cm. Hannover (905). Hahn. n. 5. —

—— berlinische. 1. Aufl. (16 einseitig bedruckte B. u. 1 lith. B. Abbildn.) 838. * ½ Thlr., 2. A. gr. Fol. (21 einseit. bedr. B. u. 1 lith. B. Abbildn.) Berlin 840, L. Oehmigke. *

Wandfibel, für Buchstaben- und Sylbenkenntniß, Etymologie, Kenntniß der Redetheile u. Formenlehre d. deutschen Sprache. gr. Fol. Zürich. (Leipzig, Fr. Fleischer in Comm.)

— — zur gründl. u. leichten Erlernung des Lesens nach d. Lautmethode. s. Schlebel, J. P.,

Wandfibel für Buchstaben- und Sylbenkenntniss . . . der deutschen Sprache. Zürich 1812. H: *Zeller, Carl Aug.* B: *Schulthess, Johann.* (Ky)

Wandfibel, für Buchstaben- u. Sylbenkenntniß, Etymologie, Kenntniß der Redetheile u. Formenlehre d. deutschen Sprache, (zuerst herausg. von ... Zeller, umgearbeitet 2c. v. Jh. Schultheß). gr. Fol. Zürich 812. Schultheß. 1 ℛ 1 ℊ Anleitung dazu, s. Anleitung.

Wandfibel zu dem Buchstabir- u. Lesebuch nach der im Seminar zu Büren eingeführten Lehrart. Aus 14 Tafeln (Bog.) bestehend. gr. Fol. Paderborn 841, Winkler. n. 7/12 ℛ

— zur Fibel 2c. von den Schullehrern Naumann, Tiepke, Gune. 30 Tafeln in Folio. Magdeburg 844, Baensch. n. 5/6 ℛ — Vergl. Tiepke, H.

— zur Fibel für Stadt- u. Landschulen. Mit 12 Illustr. (in Holzschn.) Herśg. vom Lehrer-Verein des Fürstenth. Lüneburg. Harburg 868. Elkan. gr. Fol. (12 Blatt.) In Couvert. n. 1 ℛ

Wandfibel zur Fibel f. Stadt- u. Landschulen. 19 Wandtafeln zur Veranschaulichg., Einübg. u. Wiederholg. der Elemente d. Lesens u. Schreibens. Mit 36 Illustr. 3. Aufl. Imp.-Fol. Harburg 884. Elkan. 7. 50

Wandfibel zur Fibel f. Stadt- u. Landschulen. 19 Wandtaf. zur Veranschaulichg., Einüb. u. Wiederholg. der Elemente d. Lesens u. Schreibens. Mit 36 Illustr. 4., gänzlich umgearb. u. verm. Aufl. Imp.-Fol. Harburg 890. Elkan. n. 7. 50; auf Pappe n. 36. —

— große, od. Lesetafeln. gr. Fol. Frankf. 814. Eichenberg. 1 ℛ 8 ℊ

— zum hessischen Lesebuch. (28 Taf.) 69×100 cm. Gießen (905). E. Roth. n.n. 6. —; auf 14 Papptaf. m. Oesen n.n. 15. —

Slovenische Wandfibel (Slovenski stenski abecednik s slikami) založila Ig. pl. Kleinmayr und Ferd. Bamberg v Ljubljani, in 25 Taf. (Min.-Erl. v. 31. Mai 1897, Z. 12389.) Ungebunden 2.50

— für pfälzische Volksschulen. 38 Taf. Je 200×66,5 cm. München (903). R. Oldenbourg. n.n. 12. 50

Wandfibeln, acht, für den Schreib- und Lese-Unterricht. Unna (857.) Rubens. (8 Bgn. in gr. Fol.) 15 *ngr.*

Wandgemälde der Abtheilung der ägyptischen Alterthümer in den königl. Museen zu Berlin. 37 (lithogr.) Taf., nebst Erklärung von R. Lepsius. 3. Aufl. qu. Fol. (IV, 21 S.) Berlin 882, [Weidmann'sche Buchh.] Spemann. *

Die **Wandgemälde** in der Aula der Universität Marburg. Von Prof. Peter Janssen. Geschichtl. Erläuterungen. *Marburg: N. G. Elwert 1904.* (16 S.) 8° [Umschlagt.] 104. 97. 14

Wandgemälde, Die, in der Aula des Melanchthon-Gymnasiums zu Wittenberg. Wittenberg 1902. V: *Guhrauer, Heinrich.* (Berl)

Wandgemälde, das, in der Aula des Melanchthon-Gymnasiums zu Wittenberg. Mit e. Erläuterungstaf. (Von H. Guhrauer.) gr. 8. (15 S.) Wittenberg 902. P. Wunschmann. — 30

Die **Wandgemälde** im Altstädtischen Gymnasium zu Königsberg Pr. ... Königsberg 1898: Hartung. (2 Bl.) 8° 05. 37. 10

Die Wandgemälde des Landgrafensaales auf der Wartburg. In Holzschnitt ausgeführt von August Gaber. Text von B. von Arnswald. Stuttgart. Fol.

Wandgemälde, die mittelalterlichen, im Grossherzogth. Baden. Hrsg. v. F. X. Kraus u. A. v. Oechelhaeuser. 1. Bd. Fol. Darmstadt 893. A. Bergsträsser. In Mappe. Subskr.-Pr. n. 35. —; Ladenpr. n. 40. —
Die Wandgemälde in der Burgkapelle zu Zwingenberg a/N. Beschrieben v. Ludw. Leutz. Mit 35 Lichtdr.-Taf. nach den Kopien v. K. Fr. Gutmann in Karlsruhe u. m. 1 Übersichtstaf. Hrsg. von Adf. v. Oechelhaeuser. (32 S.)

Wandgemälde, Die neu entdeckten, in der Kirche zu Oberwinterthur. [Zürich 1877.] V: *Rahn, Joh. Rud.* (Zuwachsverz. d. Bibl. in Zürich 1898 ff.)

Wandgemälde, die, im k. k. Opernhause in Wien. Nach den Orig.-Cartons photogr. 1.—3. Abthl. München 872, Bruckmann's Verlag.
Cabinet-Ausg. à Bl. ℳ 1,50.; à Abthl. in Mappe
Ausg. in 4. à Bl. ℳ 3.; à Abthl. in Mappe

Inhalt:
Abthl. 1. Die Orpheus-Fabel. Erfunden und ausgeführt von Ed. Engerth. Nach den 12 Orig.-Cartons photogr. (12 Bl. und 3 S. Text.)
» 2. Figaro's Hochzeit. Erfunden und ausgeführt von Ed. Engerth. Nach den Orig.-Cartons photogr. (7 Haupt- und 10 Zwischenbilder.)
» 3. Symbolischer Cyclus. Decken-Gemälde im Zuschauerraum. Componirt von Carl Rahl. Ausgeführt von E. Bitterlich und C. Griepenkerl. (16 Bl. und 3 S. Text.)

Wandgemälde, die, im k. k. Opernhause in Wien. Nach den Orig.-Cartons photogr. 4. und 5. Abthl. München 872, Bruckmann's Verlag. Quart-Ausg. Cabinet-Ausg.

Inhalt:
Abthl. 4. Vorhang für die komische Oper von F. Laufberger. 12 Bl. Photogr. Quart-Ausg. ℳ 20.; Cabinet-Ausg. ℳ 10.
» 5. Vorhang für die tragische Oper von Carl Rahl. 13 Bl. Photogr. Quart-Ausg. ℳ 24.; Cabinet-Ausg. ℳ 12.
1.—3. Abthl. Ebendas. 1872. Quart-Ausg. ℳ 78.; Cabinet-Ausg. ℳ 39.; einzelne Blätter Quart-Ausg. ℳ 2.; Cabinet-Ausg. ℳ 1.

Wandgemälde aus Pompeji und Herculanum. . . . Berlin 1841. V (Text): *Müller, Carl Otfr. & Frdr. Glieb Welcker.* (Gi)

—— **aus Pompeji u. Herculanum. (Nach d. Zeichnn. u. Abbildn. v. W. Ternite. Mit e. erläut. Text v. C. O. Müller. Fortges. v. F. G. Welcker.) Hft. I. u. II. gr. Imp. Fol. (17 lith. Taf., wovon 3 in Farbendr., u. 6 Bl. Text.) Berlin 841, [Dietr. Reimer.]** *

Wandgemälde, Die, der verschiedenen Räume [im] Königlichen Museum . . . Berlin 1855. V: *Lepsius, Carl Richard.* (Kat. d. Bibl. d. Techn. Hochsch. Berlin 1900.)

Wandgemälde, Die, des Professors Fritz Roeber in der Aula der Königlichen Akademie zu Münster i. W. Münster i. W. 1901. V: *Koepp, Frdr.* (Berl)

Wandgemälde, die, der S. Georgenkapelle zu Padua, erläut. v. Ernst Förster. gr. Imp.-Fol. (14 Abbild. u. 6 B. Text.) Berlin 841, [Dietr. Reimer.] *

Wandgemälde, Die, in der S. Katharinenkapelle zu Wiedlisbach. [Zürich 1887.] V: *Rahn, Joh. Rud.* (Zuwachsverz. d. Bibliotheken in Zürich 1898 ff.)

Wandgemälde in der italienischen Schweiz; neue Funde. [Zürich 1885.] V: *Rahn, Joh. Rud.* (Zuwachsverz. d. Bibliotheken in Zürich 1898 ff.)

Wandgemälde, stenographische. Nr. 1—3. Fol. Neustadt a/H. 887. Marnet. à Nr. n. — 30
1. Gabelsberger's Alphabet. — 2. Sigel u. Abkürzungen System Gabelsberger. — 3. Entwickelung der stenographischen Buchstaben Gabelsberger's.

(Wand-) Gesang-Fibel, große. I. Curs. 3 Lfgn. Roy.-Fol. (16 Bl. u. 1 Bl. Vorw.) Zwickau 816, 47, (Richter'sche Bh.) *

— — zu dem Lesebuche für Unterklassen. Imp.-Fol. (10 Bl.) Dortmund 880, W. Crüwell. *
Auf Pappe *

— in 25 Lesetafeln. gr. Fol. Basel 832. (Schweighäuser). 1 ₰ Schreibp. 1 ₰ 6 ℛ

Wandinger, Korbinian

Wandinger, C., Rede des hl. Basilius des Großen an christliche Jünglinge über den rechten Gebrauch der heidnischen Schriften, für Gymnasialschulen erklärt. Freising (München, Stahl), 1850. 8°. 50 S., Programm.

Wandinger, Sebastian, approb. Arzt aus Buchbach: Ueber Ponslaesionen. München 1902: C. Wolf & Sohn. (32 S.) 8°
München, Med. Diss. v. 1902.

Wand-Kalender auf d. J. 1835. 1 Bog. gr. Fol. nebst Zoll- u. Handels-Charte v. sämmtl., z. allgem. deutschen Zoll-Vereine gehör. Ländern. Nach d. neuesten Bestimmungen entworfen, gez. u. lith. v. A. W. Werner. Roy.-Fol. Dresden 835, Klein'sche Kunsthandl.
• 8 Gr., mit col. Gränzen *

Wandkalender auf das Jahr 1845 für Freunde der Kirche u. Schule. gr. Fol. Darmstadt, Ollweiler. n. 1/6 ₰

Wandkalender, Alpiner. II. Jahrg. 1886. Nach d. Natur aufgenommen u. in Farbendruck ausgeführt v. Maler Joh. Varrone. Gr.-Qu.-Fol. Wien, Joh Haupt, lith. Kunstanstalt. 70 kr. netto, m. Holzstäben 95 kr. netto 1885. Ins. 1344

— alpiner, pro **1888.** Farbendruck. Quer-Fol., unaufgezogen. Wien, Perles. fl. 1.—. **1887.**

Wand-Kalender, Alpiner. I. Dachstein, Wolfgang-See etc. III. Dürren-See, M Cristallo etc. V. Salzburg, Berchtesgaden etc. VI. Interlaken, Pilatus, Rigi etc. —.80
Wien: Engel 1890.

Wandkalender f. die gesammte Arbeiter-Versicherung f. d. J. 1897. Bochum 896.

Wandkalender f. d. ges. Arbeiter-Versicherung f. d. J. 1898. Imp.-4. (2 Bl.) Bochum, W. Stumpf.
n. — 60; auf Pappe n. — 75

Wandkalender f. die gesammte Arbeiter-Versicherung f. d. J. 1899. Imp.-4. (2 Bl.) Bochum, W. Stumpf. n. — 60; auf Pappe n. — 75

— astronomischer, pro 1888. Gezeichnet von P. Manojlovits. k. serb. Viceconsul. Text von Dr. K. Zelbr. Gr.-Quer-Fol. Wien, C. Gerold's Sohn. Unaufgezogen. fl. 1.—.

Wandkalender, christlicher. In-Folio. Lithographie. Basel, Ed. Steiner. 1879. Aufgezogen 1 50

Wandkalender, Forstlicher, für 1895. Mit Farbendruck. Placat-Format. Unaufgez. 1.20
Wien: Moritz Perles 1895.

Wandkalender, historischer. Hersg. von Jul. Mehlig. 1. u. 2. Jahrg. Leipzig 870. (G. Schulze.) qu. Fol. Jeder Jahrg. (2 Blatt.) n. 3 ngr;
aufgezogen n. 5 ngr

Historischer Wandkalender für deutsche Frmr. Hrsg. von Beerend. 1894. Recens: Bbl. 8 (1894) S. 51—52 (A. W. Sellin).

Wandkalender, humorist. Redig. v. Ernst Juch. Ausg. auf chines. Papier. Wien, R. v. Waldheim. 4 fl. 1885 Ins. 39

— Münchner, für das Jahr 1834. Kath. und Protest. Mit 6 Ansichten. 2 Blätter qu. Fol. München 833. Franz. 1/4 ₰

Wandkalender, römischer, deutscher Nation für die J. 1883 und 1884. Eine Weihnachts- und Neujahrsgabe deutscher Dichter der Gegenwart. Hrsg. und zunächst deutschen Romfahrern gewidmet von Herm. Allmers. schmal Fol. (à Jahrg. 16 Bl.) Rom, Libreria centrale. (E. Müller.)
Mit Holzrolle und Goldfransen. Auf holländ. Pap. à Jahrg. *
Auf Pergament à Jahrg. *

Wandkalender, römischer, deutscher Nation f. d. J. 1884. Eine Weihnachts- u. Neujahrsgabe deutscher Dichter der Gegenwart. Hrsg. u. zunächst deutschen Romfahrern gewidmet v. Herm. Allmers. schmal Fol. (16 Bl.) Rom, Libreria centrale (E. Müller). Mit Holzrolle u. Goldfranzen. Auf holländ. Pap. n. 3. 50; auf Pergament n. 6. —

Wand-Calender, zehnjähriger, f. d. Decennium 1841—1850. 2. verb. Ausg. Lith. 1/2 Fol. Nördlingen, Beck'sche Buchh.

Wandkarte des Stadt- u. Landkreises Aachen. (Maßst. — 1 : 25,000.) Düren: W. Solinus [1905]. (1 Kartenbl. in 6 Bl. verschied. Größe.) [J. u. Ant. lith.] [kol.] Ins. 4111

Wandkarte des Kreises Ahaus, Reg.Bez. Münster. Bearb. nach d. neuen Meßtischblättern d. Kgl. Preuß. Landes-Aufnahme. Maßst.: 1 : 35,000. *Berlin: D. Reimer [1903].* (2 Kartenbl. je 59×107 cm.) gr.2° [kol.] [03. 1110

Wandkarte des Herzogt. Anhalt. Hrsg. von der Herzogl. Anhalt. Regierung, Abtl. für das Schulwesen, in Dessau. 1 : 75,000. Chromolithogr. 6 Bl. Imp.-Fol. Leipzig 885, Wagner und Debos. * *
Aufgezogen * *

Wandkarte von Basel und Umgebung. Maßstab: 1 : 50,000. 4 Blätter in Chromolith. Winterthur, Lithogr. Anstalt von Wurster, Randegger & Cie. (Basel, C. Detloffs Buchhandlung.) 1888.
Unaufgezogen 20 —
auf Leinwand in 4 Bl. 26 —
auf Lwd. mit Stäben 27 50

—— Wandkarte von Böhmen, Mähren und Schlesien. 2. revid. Aufl. Fol. (4 Bl.) Mit Text: Kurze Beschreibung aller darauf vorkomm. Ortschaften in gr. 8. (31 S.) Ebendas. 872. *

Wandkarte von Bosnien u. der Hercegovina, zum Gebrauch f. Schulen. 6 Bl. 1 : 300,000. (In bosn. Sprache.) Chromolithogr. qu. gr. Fol. Wien 889, Hölzel's Verlag. * 10 —
Auf Leinw. in Mappe * 17 —; m. Stäben * 20 —

Wandkarte des Herzogtums Coburg. Bearb. nach den neuen Meßtischblättern d. Kgl. Preuß. Landes-Aufnahme. Maßst. 1 : 35,000. [Mit 3 Nebenkarten.] *Berlin: D. Reimer [1903].* (2 Kartenbl. je 57 × 105 cm.) gr.2° [kol.] [03. 12701

Wandkarte von Deutschland, in 4 lithogr. Blättern. 33 Zoll hoch u. 30 Zoll breit. Neuhaldensleben, Eyraud. (1/2 ℛ)

Wandkarte von Deutschland in 12 Blättern. Düsseldorf 1819. Arnz. Roy.-Fol. (3 3/4 ℛ)

Wand-Karte von Deutschland fur Schulen, (von F. K. Bruckner). 4 lithogr. u. ill. Bl. Roy.-Fol. Neustadt a. d. H. 840. Gottschick. n. 1 1/3 ℛ — Auf Leinwand in Pappendeckel n. 2 ℛ — Handkarte hierzu (für Schuler.) Ebd. 840. n. 1/12 ℛ

— von Deutschland für Schulen. 4 lith. u. illum. Blätter in Roy.-Fol. Neustadt a. d. Haardt 841. (Nördlingen, Beck.) 1 1/6 ℛ

Wand-Karte von Deutschland u. dem Preuss. Staate (von v. G.). 5 lith. u. color. Bl. in gr. Fol. (Leipzig 847, Brauns.) n. 1 1/6 ℛ

—— Wandkarte von Deutschland, dem preussischen und österreichischen Staate, Polen, der Schweiz, den Niederlanden und Belgien, M. 1 : 1 000 000. Revidirt von D. Völter. 9 Blatt. Neue Aufl. Lith. u. kolor. Esslingen, Weychardt, 1857. Imp.-Fol. (2 ℛ) . . . .
——, —— Ebenda 1860.
——, —— Ebenda 1862.
——, —— Ebenda 1864. . . . .
——, —— Ebenda 1867.
——, —— Ebenda 1869.

Wandkarte von Deutsch-Ost-Afrika. Hrsg. v. der deutschen Kolonialgesellschaft. 1 : 1,000,000. 6 Blatt. Lithogr. u. kolor. qu. gr. Fol. Berl. 892, (Heymann's Verlag). 10 —

Wandkarte von Elsass-Lothringen. 1 : 150,000. 4 Blatt. Neue Ausg. Chromolithogr. gr. Fol. Strassb. i. E. 889, Strassburger Druckerei u. Verlagsanstalt. * 5 —; auf Leinw. * * 10 —

Wandkarte der Kreise Eupen und Montjoie, Reg.Bez. Aachen. Bearb. nach d. neuen Meßtischblättern d. Kgl. Preuß. Landes-Aufnahme. Maßst. 1 : 35,000. *Berlin: D. Reimer [1903].* (2 Kartenbl. 105 × 58 u. 105 × 56 cm.) quer-gr.2° [kol.] [03. 10840

Wand-Karte von Europa, nach den neuesten Eintheilungen entworfen, in 6 großen Fol.-Bog. Steindruck. Magdeb. ... Creutz. 1 ℛ 8 gr

— von Europa. 4 lithogr. u. illum. Blatter, (von F. K. Bruckner). Roy.-Fol. Neustadt 840. Gottschick. n. 1 1/3 ℛ — Auf Leinw. in Pappendeckel n. 2 ℛ — Handkarte hierzu (f. Schüler). Lithogr. u. illum. 1/2 Fol. Ebd. 840. n. 1/12 ℛ

Wand-Karte von Europa f. Schullehrerseminarien, Gymnasien, Volksschulen und Privatanstalten, herausg. von F. H. Genau, durchgesehen von J. E. F. Scholz. 12 lithogr. u. color. Blätter in gr. Fol. Breslau 837. Hentze in Berlin. 2 ℛ

Wandkarte des Kreises Fulda, Reg.Bez. Kassel. Bearb. nach d. neuen Meßtischblättern d. Kgl. Preuß. Landes-Aufnahme. Maßst. 1 : 35,000. *Berlin: D. Reimer [1903].* (2 Kartenbl. je 108 × 50 cm mit Legende.) quer-gr.2° [kol.] [03. 10840

Wandkarte zur biblischen Geschichte. Nach den neuesten Hülfsmitteln, besonders nach E. Robinson u. E. Smith, K. v. Raumer, H. v. Schubert, H. Kiepert rc., bearb. u. herausgeg. v. K. F. R. Schneider. Gezeichnet v. C. Braun u. E. Leeder. gr. Fol. (6 lith. u. illum. Blätter.) Dresden 843, Naumann. n. 2 ℛ

— von der Grafschaft Glatz u. den angrenzenden Landern. Zunächst für den Schulgebrauch entworfen u. hrsg. von F. v. L. 4 lith. u. color. Bl. Fol. Glatz 850, Hirschberg. n. 1 1/3 ℛ

Wandkarte des Freistaates **Hamburg** nebst angrenzenden Ländern v. Chs. Fuchs. (1 : 46 000.) Hamburg. 1858. Farbendruck. 4 Bl. Fol., 46,5/63, 46,5/60, 60/63 u. 60/60 cm.
Mit 1 Nebenkärtchen: Das Amt Ritzebüttel.

— der beiden Hemisphaeren. 6 lithogr. u. illum. Blätter in Imp.-Fol. Magdeburg 841, Schmilinsky. 2 ℛ

— der beiden Hemisphaeren, zum Hand- u. Schulgebrauch. Entworfen u. lithogr. von W. Becker. Zweibrücken 842, Ritter. 1 ℛ

Hölzels Wandkarte der Alpen. 6 Blatt roh K 56.— auf Leinwand in Mappe K 44.—, auf Leinwand mit Stäben K 48.— Wien: Hölzel 1910.

Wandkarte des Kreises Cassel, Reg.Bez. Cassel. Bearb. nach d. neuen Meßtischblättern d. Kgl. Preuß. Landes-Aufnahme. Maßst. 1 : 35,000. *Berlin: D. Reimer [1903].* (2 Kartenbl. 92 × 50 u. 92 × 52 cm, mit Legende.) quer-gr.2° [kol.] [03. 10840

Wandkarte von Kurhessen, gezeichnet von G. Kegel. 12 lithogr. und ill. Bl. in Imp.-Fol. Nebst einem Begleitwort u. d. T.: Erläuterungen zur Wandkarte von Kurhessen, von Ernst Klinckerfues. 4. (83 S.) Cassel 850, Vollmann. *

Wandkarte des Kreises Lauterbach, Großherzogt. Hessen. Bearb. nach d. neuen Meßtischblättern d. Kgl. Preuß. Landes-Aufnahme. Maßst. 1 : 35,000. *Berlin: D. Reimer [1903].* (2 Kartenbl. 102 × 63 u. 102 × 69 cm, mit Legende) quer-gr.2° [kol.] [03. 10843

Wandkarte des Kreises Lingen, Reg.Bez. Osnabrück. Bearb. nach d. neuen Meßtischblättern d. Kgl. Preuß. Landes-Aufnahme. Maßst. 1 : 35,000. *Berlin: D. Reimer [1903].* (2 Kartenbl. je 98 × 58 cm, mit Legende.) quer-gr.2° [kol.] [03. 10844

Wandkarte der Kreise Marburg u. Kirchhain, Reg.Bez. Cassel. Bearb. nach d. neuen Messtischblättern d. Kgl. Preuss. Landes-Aufnahme. Massst. 1 : 35,000. *Marburg: N. G. Elwert [1902].* (1 Kartenbl. 129 × 121 cm.) gr. 2° [Kopft.] [03. 1051 4

— der Grossherzogthümer Meklenburg-Schwerin u. Meklenburg-Strelitz. [Schulwandatlas Nr. 30.] 4 lith. u. color. Bl. in Imp. Fol. Wolfenbüttel 851, Holle. 1 ℛ

Wandkarte der Oesterr.-ungar. Monarchie, bearb. v. B. F. Bauer. 9 Bl. Farbendruck in gr. Q.-Folio. Wien. Eduard Hölzel. 4 fl.; auf Leinwand gespannt in Mappe 7 fl.; mit Stäben 8 fl. 20 kr. 1882.

Wandkarte, Neue, von Deutschland, den Königreichen Holland und Belgien u. der Schweiz (etc. etc.) ... den Österr. und Preuss. Ländern und Polen im 1 millionenmal verkleinerten Maasstabe ... gez. u. bearb. München, J. Bermann, 1857. . .
——, —— Ebda 1866. . . . .

Wandkarte, Neue des Kantons St. Gallen u. Appenzell, im Massstabe von 1 : 50,000. Zeichnung, Stich u. Druck der Topogr. Anstalt v. Wurster, Randegger & Co. in Winterthur. Grösse: 173 ×152 cm. St. Gallen, Fehr'sche Buchhdlg. 1894.
Aufg. auf Leinwd. 25 —
Auf Leinwd. mit Stäben 30 —

Wandkarte, neueste, von Baden, Württemberg und Hohenzollern. Mit der neuen polit. Eintheilung von Baden. 1 : 200,000 d. n. L. Fol. Freiburg i. Br. 866, Herder'sche Verlagsh. aufgez. mit Stäben *

— v. d. Provinz Oberhessen, nach d. innern Eintheilung. N. Aufl. Roy. Form. Darmst. 832. Leske. 6 gr

Wandkarte des Kreises Oels, Reg.Bez. Breslau. Bearb. nach d. neuen Meßtischblättern d. Kgl. Preuß. Landes-Aufnahme. Maßst. 1 : 35,000. *Berlin: D. Reimer [1903].* (4 Kartenbl., 60×62. 60×55, 62×62, 62×55 cm.) quer-gr. 2° [kol.] [03. 10579

Wandkarte des Reg.-Bez. Osnabrück. Nach amtl. Quellen bearb. für Schule und Haus. 4 Bl. 1 : 100,000. Chromolithogr. gr. Fol. Osnabrück 886, Veith.
Auf Leinw. mit Stäben *

Wandkarte der Ostalpen. Für Alpenfreunde bearbeitet von Gustav Freytag. Maßstab 1 : 300.000. Wien. 1900. Freytag & Berndt. 180×210 *cm* in 6 Blatt.
K 32.—, auf Lwd. gespannt mit Stäben K 36.—

Physikalische Wandkarte von Afrika, entworfen u. gezeichn. v. Dr. Jos. Chavanne. Massstab 1 : 8,000.000. In 4 gr. Hoch-Folio Bl. Farbendruck. Wien, Eduard Hölzel. 6 fl., gespannt in Mappe 8 fl., auf Stäben 9 fl. 1882.

Wandkarte der Planigloben. Verlag von Eduard Hölzel in Wien. (Min.-Erl. v. 3. März 1896, Z. 1096.) Aufgesp. auf Lnwd. in Mappe 4.50

Wandkarte der Prov. Posen. 1 : 200,000. 2. wesentl. verb. Aufl. 4 Bl. Chromolithogr. Imp.-Fol. Posen 887, Türk. *
Auf Leinw. mit Stäben *

Wandkarte des Kreises Prüm, Reg.Bez. Trier. Bearb. nach d. neuen Meßtischblättern d. Kgl. Preuß. Landes-Aufnahme. Maßst. 1 : 35,000. *Berlin: D. Reimer [1903].* (2 Kartenbl. je 114 × 62 cm, mit Legende. quer-gr. 2° [kol.] [03. 10865

Wandkarte vom Deutschen Reich von der Tapetenfabrik Seyfarth. auf Leinwand mit Stäben. Gernsbach

Wandkarte des Römischen Reiches in seinem grössten Umfange, für den Schul-Gebrauch entworfen von A. W. Möller. Essen, in Comm. bey G. D. Baedeker. 1825. 1 : 4,750,000. 1 Bl.

— des Königr. Sachsen, für den Schul- u. Privatgebrauch. Nach den besten Hülfsmitteln bearb. u. mit durchgehender Kulturbezeichnung versehen. 4 lith. Blätt. Mit Titelvign. gr. Fol. Bresl. 829. Hentze, in folg. Ausg.: I. Schwarz 14 gr — Fein Pap. 20 gr II. Mit Illumination der Kreis-Grenzen 18 gr, Fein Pap. 22 gr III. Mit Illum. d. Kreis-Grenzen; u. wissensnöth. Ortschaften für Schulen. 22 gr — Fein Pap. 1 rß 4 gr IV. Mit Illum. d. Kreis-Grenzen, der Bodenbeschaffenheit u. der Wälder. 1 rß 8 gr — Fein Pap. 1 rß 16 gr V. Mit Illum. d. Amtsbegrenzungen. 1 rß — Fein Pap. 1 rß 8 gr

Wandkarte des Kreises Schleiden, Reg.Bez. Aachen. Bearb. nach d. neuen Meßtischblättern d. Kgl. Preuß. Landes-Aufnahme. Maßst. 1 : 35,000. *Berlin: D. Reimer [1903].* (2 Kartenbl. je 102 × 55 cm m. Legende.) quer-gr. 2° [kol.] [03. 1144

Wandkarte der Provinz Schlesien. 1 : 300,000. Für den Schulgebrauch. 3. Aufl., rev. v. M. Leeder. 4 Blatt. Chromolithogr. gr. Fol. Essen 890, Baedeker. * 4 —
Auf Leinw. in Mappe * 10 50; m. Stäben * 12 —

Wand- u. Schulkarte von dem Großherzogthum Baden, nach Woerls Karte zum Schulgebrauch bearb. 4 lithogr. u. illum. Blätter in Imp.-Fol. Freiburg 841, Herder'sche B. n. $1\frac{1}{2}$ rß

— vom preußischen Staate (v. Grumkow). 4 Blatt. Roy.-Fol. 1844. (Gleiwitz 846, Landsberger.) 1 rß

— von d. Provinzen Starkenburg u. Rheinhessen, nach ihrer innern Eintheilung. N. Aufl. Roy. Form. Darmst. 832. Leske. 6 gr

Wandkarte des nördlichen Sternenhimmels. (Bis zum 40. Grade südlicher Declination. Stellung der Sterne um das Jahr 1900.) Bearbeitet und herausgegeben von Prof. Dr. Fr. Nábělek. Wien 1899. Freytag & Berndt. 1 *m* 85 *cm* 1 *m* 90 *cm*.
Roh in 6 Blättern fl. 9. —
Auf Leinwand gespannt mit Stäben fl. 13.50

Wandkarte zum Studium der Geschichte des Alterthums. Entworfen von Guido Jöndl. Masstab 1 : 3,000.000. Wien. [1900.] Freytag & Berndt. 176×186 *cm*. Roh in 6 Blättern K 16.—, auf Leinwand in Mappe K 24.—,
auf Leinwand mit Stäben K 26.—

— von Südwestdeutschland von der Tapetenfabrik Seyfarth. auf Lwd m St. Gernsbach

Wandkarte des Kreises Thann, zunächst für die Schule bearb., hrsg. unter Mitwirkung von Zimmerlich. 4 Bl. Fol. Gebweiler 874, Boltze. *

Wandkarte von Tirol und Vorarlberg. Gezeichnet von August Kolb. 1 : 200.000. 6. Blatt. [Innsbruck. 1900.] Wagner. 128×147. Auf Leinwand aufgezogen K 16.—

Touristische Wandkarte des Semmering-, Rax- & Schneeberg-Gebietes, Schneealpe, Hohe Wand, Reis-Alpe, Unterberg, Kieneck, Wechsel, Bucklige Welt von Gustav Freytag. Maßstab 1 : 50.000. Wien. 1900. Freytag & Berndt. 131×133 *cm*.
auf Leinwand gespannt mit Stäben K 20.—

Wandkarte f. den Unterricht in der Terrainlehre, im Plan- u. Kartenlesen u. im Felddienste. Zusammengestellt nach dem neuesten Zeichenschlüssel d. k. k. militär-geograph. Instituts. Lehrbehelf f. Militär-Bildungsanstalten, Unterofficiers-Bildungs- u. Compagnie-Chargenschulen. Chromolith. 117 × 93 cm. Iglau 889. Bäuerle. n. 5. —; m. Leinw. eingefasst u. m. Stäben n. 6. 40

Wandkarte zur Veranschaulichung der metrischen Maasse und Gewichte. — Mapa ścienna do naocznejnauki miary i wag metrycznej. (Deutsch und Polnisch.) 1.—3. Aufl. qu. Imp.-Fol. Ostrowo 869—71, Priebatsch.

Wandkarte von Vorarlberg. 1 : 75.000. †
roh in 2 Blätter K 20. –, aufgezogen mit Stäben * K 24.—
Feldkirch: Unterberger 1910.

Wandkarte des Kreises Warburg, Reg.Bez. Minden. Bearb. nach d. neuen Meßtischblättern d. Kgl. Preuß. Landesaufnahme. Maßst. 1 : 35.000. *Berlin-Wilmersdorf: Kartogr. Verl. [1903]; Lith. E. Gaebler, Leipzig.* (2 Kartenbl. je 96 × 45 cm, mit Legende.) quer-2° [kol.] [03. 10447

Wandkarte des telegraphischen Weltverkehrs nach offiziellen Quellen hsggb. v. d. internationalen Bureau der Telegr.-Verwaltung zu Luzern. Carte des communications télégr. internationales etc. 4 Blatt in fol. Bern, J. Dalp'sche Buchh. (K. Schmid.) 1874. 5. —
in Mappe gefalzt 6. —

— von Würtemberg zum Schulgebrauch. Zu Wolter's Beschreib. v. Würtemberg gezeichnet von C. G. Rau. In 4 Bl. Imp.-Form. Stuttgart 836. Metzler. $1\frac{1}{6}$ rß

Wandke, Aug. Ed., das Leben Jesu Christi. Ein getreues Volks-, Schul- u. Hausbuch f. Alle die den Heiland lieb haben. Auf Grund der heil. Schrift bearb. 1—5. Lfg. 8. (15 B. u. 11 Stahlst.) Mohrungen 844. (Leipzig, Brauns.) à Thlr. *
Ausg. m. 12 Stahlst. à *

Wandl, Joh., Sprachlehrübungen, s.: Merth, Bernh.

Wandl, Joh., Sprachübungen f. ein- bis dreiklassige Volksschulen, s.: Merth, Bernh.

— das Wichtigste über die richtige Aussprache des Neuhochdeutschen. (Ein Wegweiser für Lehrer u. Lehramtskandidaten.) (13 S.) kl. 8. Krems 904. (F. Oesterreicher.) — 20

Wandle vor Gott! Ein vollständiges katholisches Gebetbuch. Münster 1842. V: *Hast, Johann.* (Kass 87) (Zeitschr. f. Büch. N. F. 15, 1923, 127)

Wandle vor Gott! Ein vollständiges kathol. Gebetbuch. 8. Münster 842, Hast u. Riese. Ausg. Nr. 3. mit 1 Lithogr. 1/4 ₰ — Nr. 2. Mit 1 Stahlst. u. auf Druckvelinp. 5/12 ₰

— dass. Nr. 1. Nebst 1 Stahlst. gr. 8. Ebend. 842. 5/6 ₰ — 3. verb. Aufl. gr. 8. Münster 846, Theissing. Nr. 1. 5/6 ₰ Nr. 2. 1/2 ₰ Nr. 3. 1/3 ₰

Wandle vor Gott! Ein vollständ. Gebet- und Andachtsbuch für die christkathol. Jugend, wie auch für Erwachsene kindlichen Gemüthes. 12. (200 S. und 1 Stahlst.) Bozen 850, Promperger'sche Buchh.

Wandle vor Gott! Ein vollständiges Gebet- u. Andachtsbuch für die christkatholische Jugend, wie auch für Erwachsene kindlichen Gemüthes. Mit 1 Stahlst. 12. (200 S.) Bozen 851, Promperger. 1/6 ₰

—— vor Gott! Ein Lehr- und Gebetbüchlein für Alle, besonders für die Jugend. 1. Gebete zum Auswendiglernen. 2. Morgen-, Abend-, Meß-, Beicht-Andacht ꝛc. 3. Aufl. 16. (174 S.) Innsbruck 853, Wagner'sche Buchh. *

—— vor Gott! Morgen- und Abend-Opfer in frommen Dichtungen und dem Vater-Unser auf jeden Tag im Jahre. 1—6. Lfg. gr. 8. (S. 1—208 mit 3 Lithochrom.) Löbau 854, Walde. à Lfg. 3 Ngr.

Wandle vor Gott! Ein vollständ. kathol. Gebetbuch. 3. Aufl. gr. 16. (512 S. mit 1 Stahlst.) Münster 854, Theissing-sche Buchh.

—— dass. — 3. Aufl. gr. 16. (312 S. mit 1 Stahlst.) Ebds. 854.

Wandle vor Gott! Vollständiges Gebet- u. Erbauungsbuch f. Katholiken, die ihre Arbeiten, Mühen u. Sorgen Gott aufopfern u. vor ihm verdienstlich machen wollen. 32. (415 S. m. e. Stahlst. u. e. lith. u. color. Titelbl.) Einsiedeln 873. Wyß, Eberle & Co. — 70; Velinpap. — 80

—— das kleine! Ein vollständ. kathol. Gebetbuch. 1. Aufl.? u. 2. Aufl. 12. (12 1/2 B. u. 1 Stahlst.) Ebds. 845.
Schreibvelinp.

— das kleine. Ein vollständiges katholisches Gebetbuch. 3. Aufl. Mit 1 Stahlst. Ebend. 854. 16. (312 S.) 7 1/2 ngr.

—— vor Gott und sei fromm. Ein Lehr- und Gebetbüchlein für die kathol. Jugend. gr. 16. (VIII und 160 S. mit 1 Stnt. und lithogr. Titel.) Stans 848. Lindau, Stettner.

Wandlerin, die 300jähr., nach d. Tode. 2 Thle. 8. Wien … K. Haas. 20 gr.

Wandlerin, Die 300jährige, nach dem Tode. Prag 1800. V: *Gleich, Joseph Alois.* (WBI.)

Wand-Lesetafeln, s. Tablice ścianne do czytania.

Wandlesetafeln mit Bildern zu Hunger's Fibel. 1. u. 2. Abtlg. Imp.-Fol. Hildburghausen 881. Kesselring. à n. 2. —
1. Die Kleinbuchstaben. 8 Taf.
2. Die Großbuchstaben. 15 Bl.

Wand-Lesetafeln zur Berliner Fibel. 8 Blatt. Imp.-Fol. Berlin 885. Nevc. Auf Leinw. gedr., m. Holzstäben u. Ringen. n. 18. —

Wand-Lesetafeln, in genetischer Folge unter Mitwirkung der hervorragendsten Augenärzte hrsg. Neue Ausg. 16 Taf. 59×92 cm. Berlin 892. M. C. Nevc. n. 10. —

Wand-Lesetafeln zum „ersten Lesebuche" v. Warmholz u. Kurths. 15 Blatt. à 64×87 cm. Magdeburg 895. Creutz. n.n. 6. —

Wandlese-Tafeln, 12, zum „Anfang der berl. Handfibel" ꝛc. nebst Buchstaben z. Lesemaschine. Fol. (13 Tafeln.) Guben 846, (Berger.) *

Wandlitz [Schlagwort]

Wandlitz, s.: Geologische Karten (Preussen).

Wandlitz, s.: Mark.

Wandlitz, s.: Preussen. Messtischblätter.

Wandlitz-See [Schlagwort]

Wandlitz-See, s.: Bernau.

Wandlung, Tägliche, des Christen, der immer das Eine, was noth ist, vor Augen hat. . . . 3. Aufl. Nördlingen 1847. V: *Göring, Chn K. F.* (Ky)

Die **Wandlungen** des Thorner Handels. Festschr. d. Handelskammer zu Thorn aus Anlass ihres 50jähr. Bestehens. *Thorn 1902: Thorner Ostdeutsche Zeitung.* (63 S.) 8° [F.] 1902. 845

Wandlungen, Russische. Neue Beiträge zur Russischen Geschichte von Nicolaus I. bis zu Alexander III. 1. u. 2. Aufl. Leipzig 1882. V: *Eckardt, Julius Wilh. Alb. von.* (Kat. der ständ. Bibl. Stuttg. 1907. S. 588.) (Landesbibl. Detmold. Kat. der Zugänge 1869—1895. Detm. 1896.)

Wandlungen, russische. Neue Beiträge zur russischen Geschichte von Nicolaus I. zu Alexander III. 1. u. 2. Aufl. 8. (V, 413 S.) Leipzig 882. Duncker & Humblot. n. 8. —

Wandlungen der Seele. Gesammelte Erzählgn. f. gebildete Kreise v. S. H. 8. (III, 443 S.) Stuttgart 891. Verlag d. „Deutschen Volksblattes". n. 3. 60; geb. n. 4. 80

Wandlungen der Seele. Gesammelte Erzählgn. f. gebildete Kreise v. S. H***. 2. Aufl. 8. (VII, 439 S.) Stuttgart 898. Deutsches Volksblatt, A.-G. Geb. in Leinw. m. Goldschn. n. 4. 80

Wandmalereien in der Aula der Universität zu Königsberg i. Pr. Königsberg i. Pr. 1904: Hartung. 13 S. 8° [II. 12888 10

Wandmalereien, Die, in der Waffenhalle des schweizerischen Landesmuseums in Zürich ... Zürich 1900. V: *Angst, Hnr.* (Zuwachsverz. d. Bibliotheken in Zürich 1898 ff.)

Die **Wandmalereien** in der **Waffenhalle** des Schweizerischen Landesmuseums in Zürich. Dokumentirter Spezialbericht d. Museums-Direktion an die Eidgen. Landesmus.-Kommission. *Zürich: Orell Füssli 1900.* (55 S.) 8° [ou. 8065 0

Wandmosaiken, Die, von Ravenna. Leipzig-Berlin [1902]. V: *Kurth, Julius.* (Berl)

WANDNER Godfried (Regensburg): Der paralytische Grössenwahn. Eine medizinisch-psychologische Skizze.- München: Weiss 1859. 37 S.
2.8.1858 - Urk (Titel: De dementia paralytica.); F 69
Diss.Ingolst.-Landsh.-Mchn.

Wandner, Johann Bapt. Dr. (Rektor und Lyzealprofessor) „Ueber die Begründung der technischen Schulen in Bayern und einige gegen dieselben erhobene Bedenken". pg. 3–8. 4°. Stadtamhof, Druck von Lorenz Stephan Schaupp's Wittwe.
Regensburg, Progr. 1835/36

Wandner, J. B. Dr. (Rektor) „Grundriss der ebenen Trigonometrie". pg. 3 bis 16. 4°. Mit einer Tafel. Stadtamhof, Joseph Mayr.
Regensburg, Progr. 1847/48

Wandner, Joh. Bapt., Grundzüge d. allgem. Arithmetik f. d. ersten Unterricht, besond. an techn. Schulen. Mit Tafeln d. gem. Logarithmen f. d. Zahlen v. 1—10000. gr. 8. (7¾ B.) Sulzbach 837, v. Seidel'sche Buchh.

Wandner, J. B., Lehrbuch d. Arithmetik u. Algebra, s. Weigl, J. B.

Wandner, Jh. Bapt., Lehrbuch der technischen Mechanik, zum Gebrauche an Gewerbsschulen und beim Selbstunterrichte. Mit 9 Figurentaf. gr. 8. Regensburg 841, Manz. 1⅛ ℛ

Wandner, Joh. Bapt., Lehrbuch der Rechenkunst, s. **Weigl,** J. B.

Wandner, Joh. Bapt. Dr. „Historische Notizen über die technischen Unterrichtsanstalten Regensburgs, mit einem kurzen Rückblicke auf frühere geschichtliche Förderungsmomente der dortigen Industrie und technischen Bildung". pg. 3—18. 4°. Stadtamhof, Joseph Mayr.
Regensburg, Progr. 1857/58

Ueber rekurrente Reihen mit einem beständigen Zusatze. Von Dr. Joh. Bapt. Wandner, r. P. u. s. w. — 1831. Regensburg, Schaupp's Wittwe. — S. 3—10.
Progr. Regensburg.

Wandner, J. B., s. **J. B. Weigl,** Lehrbuch d. Arithmetik 2c.

Wand-Notizkalender, Fromme's, f. 1886. I. Jahrg Wien, Carl Fromme. 30 kr. Derselbe aufgezogen 50 kr. 1885.

Wand-Notiz-Kalender. M. Stempelscal., Coupon-Tabellen, Post- u. Telegraphen-Tarif. Form. 24—37 cm. Wien, Fromme. Unaufgez. fl. —.24, aufgezogen. fl. —.40.
— für 1887. Klagenfurt, Heyn. Zweiseitig, aufgezogen. fl. —.18.
1886.

Wand-Notizkalender, Fromme's. 3. Jahrgang 1888. Mit Stempel-Scalen, Coupon-Tabelle, Post- und Telegraphen-Tarif. Format 24 bis 37 Centimeter. Wien, Fromme. fl. —.24. **1887.**
Derselbe. Aufgezogen. Ebd. fl. —.40.

Wand-Notiz-Kalender, Fromme's. 5. Jahrg. 1890. Mit Stempel-Scalen, Coupon-Tabelle, Post u. Telegr.-Tarif. Form. 24×37 *cm* —.24
Derselbe. Aufgezogen —.40

Wand-Notiz-Kalender. 6. Jahrg. 1891. Mit Stempel-Scalen, Coupon-Tabelle, Post- und Telegraphen-Tarif. Format 24×37 *cm* —.24
Derselbe. Aufgezogen —.40

Wand-Notiz-Kalender, Fromme's, pro 1892. 7. Jahrgang. Mit Stempel-Scalen, Coupon-Tabelle, Post- und Telegraphen-Tarif. Format: 24×37 *cm* —.24
Derselbe. Aufgezogen —.40

Wandnotizkalender. 8. Jahrgang. 1893. Mit Stempel-Scalen, Coupon-Tabelle, Post- und Telegraphen-Tarif Format: 24×37 *cm* —.24
Derselbe, aufgezogen —.40

Wand-Notiz-Kalender, Fromme's, 1894. 9. Jahrgang. Mit Stempel-Scalen, Coupon-Tabelle, Post- und Telegraphen-Tarif. Format: 24×37 *cm* —.24
Derselbe. Aufgezogen —.40

Wand-Notiz-Kalender, Fromme's, pro 1896. 11. Jahrgang. Mit Stempel-Scalen, Coupon-Tabelle, Post- u. Telegraphen-Tarif. Format: 24×37 *cm* —.24
Derselbe. Aufgezogen —.40

Wand-Notiz-Kalender, Fromme's, pro 1897. 12. Jahrgang. Mit Stempel-Scalen, Coupon-Tabelle, Post- und Telegraphen-Tarif. Format 24×37 *cm* —.24
Derselbe. Aufgezogen —.40

Wand-Notiz-Kalender, Fromme's, pro 1898. 13. Jahrgang. Mit Stempel-Scalen, Coupon-Tabelle, Post- und Telegraphen-Tarif. Format 24×37 *cm* —.24
Derselbe. Aufgezogen —.40

Wand-Notiz-Kalender. 14. Jahrg. Mit Stempel-Scalen, Coupon-Tabelle, Post- und Telegraphen-Tarif. Format 24×37 *cm* —.24
Derselbe. Aufgezogen, zweiseitig —.40

Wand-Notizkalender, Kärntner, für das Jahr 1888. Quer-Folio aufgez. 18 kr.

Wand-Notizkalender, Kärntner, für das Schaltjahr 1888. Kl.-Quer-Folio, zweiseitig, aufgezogen. Klagenfurt, Johannes Heyn. fl. —.18. **1887.**

Wand-Notiz-Kalender, Kärntner, für das Gemeinjahr 1889. Zweiseitig aufgezogen —.18

Wand-Notiz-Kalender, Kärntner, für das Schaltjahr 1892. Zweiseitig aufgezogen —.18

Wand-Notiz-Kalender, Kärntner, für das Gemeinjahr 1893. Zweiseitig aufgezogen —.18

Wand-Notiz-Kalender, Kärntner, für das Gemeinjahr 1895. Zweiseitig. Aufgezogen —.18

Wand-Notiz-Kalender, Kärntner, für das Gemeinjahr 1896. Zweiseitig. Aufgezogen —.18

Wand-Notiz-Kalender, Kärntner, für das Gemeinjahr 1899. Zweiseitig, auf Pappe aufgez. —.18

Wandolleck, Benno, zur Anatomie der cycloraphen Dipteronlarven, Anatomie der Larve v. Platycephala planifrons (F.), s.: Abhandlungen u. Berichte des königl. zoolog. etc. Museums zu Dresden.

Wandolleck, Benno, einige neue u. weniger bekannte Batrachier von Brasilien, s.: Abhandlungen u. Berichte des königl. zoologischen usw. Museums zu Dresden. XI, 1.

Wandolleck, Benno, s.: Bericht üb. die wissenschaftl. Leistungen im Gebiete d. Entomologie.

Wandolleck, Benno [aus Berlin]: Zur Embryonalentwicklung des Strongylus paradoxus. (Aus d. zoolog. Institut zu Berlin.) . . . Berlin, Druck v. E. Streisand, 1891; 36 S. 2 Bl. 8⁰
Berlin, Phil. Fak., Inaug.-Diss. v. 29. Jul. 1891.

— **zur Kenntniss der Gattung Draco L.** Imp.-4. (16 S. m. 1 Taf.) Berlin 900. R. Friedländer & Sohn. n. 4.—
Sonderabdruck aus: „Abhandlgn. u. Berichte des königl. zoolog. u. anthropolog.-ethnograph. Museums zu Dresden".

— **Mikrophotographie f. Liebhaber-Photographen.** (44 S. m. 9 Abb.) 8. Dresden 903. Verlag des „Apollo". n. 1.—

Wandpoesie des Heidelberger Carcers, für Freunde und ehemal. Bewohner desselben gesammelt von einem dito. 8. (43 S.) Heidelberg 882, Koester. *

Wandres, Karl

Wandres, Carl, Lehrbuch der Nama-Sprache, s.: Meinhof, Karl.

Wandres, Magdalena Engelbrecht (Nama-Mission), s.: Missionstraktate, kleine, Nr. 18.

Wandrey, Otto, Mottkäppchen, s.: Jugend- u. Volksbühne.

-- Schneeweißchen u. Rosenrot, s.: Jugend- u. Volksbühne.

-- Die drei Wünsche, s.: Jugend- u. Volksbühne.

Wandsbeck [Schlagwort]

Wandsbeck, s.: Hamburg.

Wandsbeck [Sachliches OW]

Wandsbeck, s. Claudius, Matth. 1773.

Wandsbeck. Eine Art von Romanze . . . mit einer Zuschrift an den Kaiser von Japan. August. O. O. 1773. V: *Claudius, Matthias.* (GGr) (Schr) ›1772‹ (Collin, Anonymer. Kiobenh. 1869.)

Wandsbecker, Wir, an den Cronprinzen d. 10. Julius 1787. O. O. V: *Claudius, Matthias.* (GGr)

Wandsbek [Schlagwort]

Wandsbek, s.: Deutschland. Kürschner-Peip. — Hamburg.

Wand-Schema der k. k. österr. Armee. (Zusammengestellt nach dem neuen Organisations-Statut.) Herausgeg. v. Jos. Heffele in Innsbruck. *Innsbruck.* Druck der *Wagner'schen* Buchdruckerei. 1 Blatt. gr. Fol.

Wandschirme, Sechs, in Gestalten der vergänglichen Welt. . . . Wien 1847. V: *Tanefiko, Riutei.* (Grisebach, Weltliteratur-Kat. Berl. 1898—1900. I, 15.)

Wandschirme, sechs, in Gestalten der vergängl. Welt. Ein japanischer Roman im Originaltexte sammt den Facsimiles von 57 japan. Holzschn., übers. und hrsg. von Aug. Pfizmaier. A. u. d. T.: Japanische Chrestomathie. I. Thl. gr. 8. (XIV, 40 und 80 S.) Wien 847, (Gerold, Verlag.) *

Wandschneider, Albrecht: Die Metaphysik Benekes. Rostock 1903: C. Hinstorff. (55 S.) 8⁰
Rostock, Phil. Diss. v. [21. Apr.] 1903.

Die Metaphysik Benekes. Dargest. von Albrecht Wandschneider, Dr. phil. *Berlin: E. S. Mittler & Sohn 1903.* (155 S.) 8°
[Ein Teil erschien als Inaug.-Diss. Rostock 1903.]

Wandschneider, Friedrich, Referendar a. Frauenmark: Rechtslage des Vermögens eines rechtsfähigen Vereins während der Liquidation. Rostock 1906: C. Boldt. (77 S.) 8°
Rostock, Jur. Fak., Ref. Matthiaß, Diss. v. 24. März 1906
[Geb. 1. Juli 78 Frauenmark; Wohnort: Rostock; Staatsangeh.: Preußen; Vorbildung: Gymn. Doberan Reife O. 97; Studium: Rostock 2, Leipzig 2, Rostock 2 S.; Rig. 18. Dez. 03.]

Wandschneider, Rudolf, Referendar: Die Fusion von Aktien-Gesellschaften nach dem deutschen Handelsgesetzbuch. §§ 305, 306 HGB. Rostock 1910: Adler. IX, 109 S. 8°
Rostock, Jur. Diss. v. 30. März 1910, Ref. Lehmann
[Geb. 21. April 84 Kavelstorf; Wohnort; Doberan; Staatsangeh.: Mecklenburg-Schwerin; Vorbildung: Gymn. Doberan Reife O. 04; Studium: Freiburg i. B. 1, Leipzig 2, Rostock 4 S.; Rig. 9. Dez. 09.] [U 10. 3890

Wandschneider, Wilhelm: Sprachgebrauch bei Alphonse Daudet. Wortstellung und Verb. *Wismar 1898: Eberhardt.* (34 S.) 4°
Wismar, Grosze Stadt-S (G u. R), OP 1898 (693)

Wandschneider, Wilhelm [aus Wismar]: Zur Syntax des Verbs in Langleys Vision of William concerning Piers the Plowman, together with Vita de Dowel, Dobet and Dobest . . . Leipzig, Druck v. Fr. Richter, 1887; 2 Bl. + 83 S. + 2 Bl. 8⁰
Kiel, Phil. Fak., Inaug.-Diss. v. 6. Jul. 1887.

Wandschneider, W., zur Syntax d. Verbs in Langley's Vision of William concerning Piers the Plowman, together with Vita de Dowel, Dobet and Dobest. Inaug.-Diss. gr. 8. (83 S.) Leipzig 887. (Fock.) n. 1.20

Wandschneider-Buch, das Dortmunder. Hrsg. v. Herm. Becker. gr. 16. (32 S.) Dortmund 871. Crüwell. — 75

Wandsdorf, Alb. v., die Erstürmung d. Falkenstein, od. des Drachenfelser Tod durch d. Macht d. Zauberkräfte. Räuber-, Ritter- u. Geistergeschichte. 8. (11 B. u. Titlbild.) Gera 840. [Leipzig, Berger's Buchh.] Thlr.

Wandspruch, Ein, des fünfzehnten Jahrhunderts, der Gesellschaft der Bibliophilen am 1. Dez. 1907 gewidmet vom Berliner Bibliophilen-Abend. Friedenau 1907. V: *Schwenke, Paul.* (Berl 1907. S. 1484)

Wandsprüche, biblische, aus den Episteln u. Evangelien d. Kirchenjahres. qu. 4. (38 Bl.) Leipzig 874. J. Naumann. In Couvert. n. 4. —

Wandsprüche aus der Lehr- u. Erziehungsanstalt für Knaben zu Dresden-Striesen — Freimaurer-Institut -- Öffentliche Realschule. o. O. u. J. 1 Bl. 4°. [Kopftit.]

Wandsprüche, neue. Eine Serie von sechs Bibelsprüchen auf starkem Papier. In buntem Farbendr. ausgeführt. 1. Serie. qu. Fol. (6 Bl.) Basel 882, Spittler. *

Wandsprüche, neue. Eine Serie von 6 Bibelsprüchen auf starkem Papier. In buntem Farbendruck ausgeführt. 2. Aufl. 2. Serie. qu. Fol. (6 Bl.) Basel 882. Spittler. n. 2. 80

—— dass. — 3. Serie. qu. Fol. (6 Bl.) Ebendas. 883. *

Wandsprüche, neue. Eine Serie v. 6 Bibelsprüchen auf starkem Papier (in Farbendr.). 2. Serie. 4. Aufl. qu. Fol. Basel 886. Spittler. n. 2. 80

Wandsprüche, neue. Eine Serie v. 6 Bibelsprüchen auf Karton, in 6 Farben ausgeführt. 1. u. 2. Serie. 2. u. 3. Aufl. qu. Fol. Basel 887. Spittler. à n. 2. 80; in Rahmen ohne Glas, lackirt, f. 1 Spruch n. 1. 50

— dasselbe. 4. u. 5. Serie. qu. Fol. Ebd. 887. à n. 2. 80; einzelne Blätter n. — 50

Wandsprüche, neue. 6. Serie. Eine Serie v. 4 Bibelsprüchen auf starkem Papier. Mit schönen Missal-Buchstaben, in buntem Farbendr. ausgeführt. 36,5×46 cm. Basel 891. Jaeger & Kober. n. 4. —; einzelne Blätter à n. 1. 20

— dasselbe. 7. Serie. 4 Wandsprüche in feinem Farbendr. 27×36 cm. Ebd. 893. n. 4. —; einzelne Blätter à n. 1. 20

Wandsprüche f. die Schule. 1. u. 2. Serie. qu. schmal Fol. (à 12 Bl.) Wien 899. A. Pichler's Wwe. & Sohn. à n. 2.50

— 4, f. Schlafzimmer: Luther's Morgengebet, Luther's Abendgebet, unser Taufbund u. Psalm 4 v. 9. 4 Bl. 4. u. qu. Fol. Kiel 884. Biernatzki. — 50

— 40, der heiligen Schrift, ausgewählt f. jeden Tag im Monat u. f. besondere Tage. 4. Hamburg 891. Agentur d. Rauhen Hauses. n. 3. —

Wandt, August, aus Germershausen, Prov. Hannover (Eichsfeld): David Friedrich Strauss' philosophischer Entwickelungsgang und Stellung zum Materialismus. *Münster 1902: Regensberg.* (75 S.) 8°
Münster, Phil. Diss. v. (30. Mai) 1902

Wandtabelle zur biblischen u. Religionsgeschichte, mit Angabe der gleichzeitigen wichtigsten Begebenheiten aus der allgemeinen Weltgeschichte, für Schulen bearbeitet von mehrern Lehrern. gr. Fol. Meißen 841, Goedsche. 1/6 ₰

Wand-Tabelle, Kirchheimer, für Bienenzucht bearb. nach den neuesten Hülfsmitteln, nach Dzierzon, v. Berlepsch, Busch, Fuckel, Oettl, Kleine, Rothe u. a. Kirchheim u. T. (Nördlingen 856. Beck.) (1 Bgn. m. Holzschn. im Text in gr. Fol.) n. 10 ngr.

— zur bequemen Umwandlung der neuen metrischen Maaße u. Gewichte in die alten badischen Maaße. gr. Fol. (1 Bl.) Ebend. 871. — 40

Wand-Tabelle zur bequemen Umwandlung der neuen metrischen Maaße und Gewichte in die alten badischen Maaße und umgekehrt. gr. Fol. (1 Bl.) Mannheim 872, Bensheimer.

Wand-Tabelle, zur Umwandlung der alten badischen Maaße u. Gewichte in die neuen metrischen Maaße. gr. Fol. (1 Bl.) Mannheim 871. Bensheimer. — 40

Wandtabelle zur Unterstützung d. Unterrichts in der vaterländischen Geschichte. 135×195 cm. 2 Blatt m. eingedruckten Bildnissen. Arnsberg 892, Stahl. Mit Leinw.-Einfassg. u. Stäben * 2 75
Auf Leinw. m. Stäben * 4 50

Wandtabelle zur Unterstützung d. Unterrichts in der vaterländischen Geschichte. (Mit Bildnissen u. 1 Abbildg.) 135×95,5 cm. Arnsberg 894. J. Stahl. Auf Leinw. m. Stäben. n. 4. 50

Wandtabellen für den ersten Schulunterricht. Mit Schreibschrift u. Frakturschrift. 10 Blatt. Einsiedeln 867. Gebr. Benziger. gr. Fol. 25 ngr.

Wand-Tabellen, vier, zur Umwandlung der alten württembergischen, badischen und hohenzoller'schen Maße, Gewichte und Münzen in die neuen und umgekehrt. Nebst Belehrung dazu, sowie zur Berechnung des Quadrat- und Cubik-Inhalts von Hölzern, Flüssigkeiten &c. und zur Preisbestimmung. Fol. (4 Bl.) Tuttlingen 872, Kling.

Die Wandtafel: 1878--1934 Cleveland, OH
Weekly.

Wandtafel der Akropolis v. Athen. 62×73 cm. Photozinkogr. München 896. R. Oldenbourg. n.n. 5. —

Wandtafel f. das Alphabet in Schreib- u. Druckschrift zu Hunger, Fibel f. den ersten Elementarunterricht. 2. Aufl. Imp.-Fol. (6 Bl.) Hildburghausen 876. Kesselring. n. 1. 20

Wandtafel, Berliner, enthält I. Geschichtliche Merkwürdigkeiten, nach den Tagen geordnet . . . Berlin 1822. V: *Gädicke, Johann Chn.* (MGT) (NN) (Hitzig)

Wandtafel, berliner, enth.: 1) geschichtl. Merkwürdigkeiten nach den Tagen geordnet &c. 2) die Berliner Stadttheile, Straßen, Gassen, Plätze, Märkte &c. 3) kurzer Bericht über Abgang u. Ankunft d. Posten. 4) Werth d. Silbergroschen. 5) Nachweisungen über einzelne Gegenstände. Fol. Berl. 822.

— des Forum romanum der Kaiserzeit. 62×73 cm. Photozinkogr. Ebd. 896. n.n. 5. -

Wandtafel f. Freunde d. Obstbaumzucht, s. Merkel.

— f. Freunde d. Obstbaumzucht. gr. 8. Hannov. 827. Hahn. 1/4

Wandtafel, geschichtl., nach mnemon. Grundsätzen bearb. 4 Blätter. kl. Fol. Graudenz 838. (Berlin, Enslinsche Buchh.) *

Wandtafel der periodischen Gesetzmässigkeit der Elemente nach Mendelejeff. Lith. Imp.-Fol. Wien 885. (Helf's Sort.) n. 2. —

Wandtafel für erste Hilfe bei landwirtschaftl. Haustieren, s.: Hoffmann, L.

— deutscher Kriegsschiffe. Unt. Benutzg. amtl. Materials u. unt. Mitwirkg. von Willy Stöwer bearb. 6 Blatt à 85×104 cm. Farbdr. Leipzig 898. G. Lang. n. 14. —; auf Leinw. m. Stäben od. in Mappe n. 20. —; Text dazu: Die wichtigsten deutschen Kriegsschiffsarten. gr. 8. (39 S.) — 50

Wandtafel deutscher Kriegsschiffe. Unter Benutzg. amtl. Materials u. unter Mitwirkg. v. Willy Stöwer bearb. 3. Aufl. 6 Blatt à 85×104 cm. Farbdr. Nebst Text: Die wichtigsten deutschen Kriegsschiffsarten. 2. verb. u. ergänzte Aufl. gr. 8. (47 S. m. 1 Taf.) Leipzig (901). G. Lang. n. 14. 50; auf Leinw. m. Stäben n. 20. 50

Wandtafel der abgekürzten Maß- u. Gewichts-Bezeichnung laut Ministerial-Verordnung. 2. Aufl. Imp.-Fol. Dresden 879. Lehmann'sche Buchdr. — 80

Wandtafel, statistische, über die Verbreitung der Eisenbahnen, Posten und Telegraphen im Königreich Wurttemberg. Stuttgart 1872

Wandtafel, statistische, über das Königr. Württemberg, mit einer Karte des Königsreichs (von Rud. Groß,) in Farbendr. 1 Bl. in Imp. Fol. Stuttgart 847, Metzler. n 2/3 ℔

Wandtafel f. den Unterricht im Kartenlesen. Zusammengestellt nach dem neuesten Zeichenschlüssel d. k. k. militär-geograph. Instituts. Lehrbehelf f. Mittelschulen, Lehrerbildungsanstalten, Bürgerschulen u. verwandte Anstalten. Chromolith. 117 × 91 cm. Iglau 889. Bäuerle. n. 5. 40; m. Leinw. eingefasst u. m. Stäben n. 6. 40

Wandtafel zur Veranschaulichung geographischer Grundbegriffe. Entworfen von Josef Wild, Lehrer in Linz. Verlag von J. L. Kober. Prag. (Min.-Erl. v. 31. März 1894, Z. 4693) 2.—, auf Leinwand gespannt 1894. 3.50

Wandtafel nützlicher Wahrheiten und Handlungs-Regeln. Roy.-Fol. Nürnberg 841, Leuchs u. Comp. n. 1/3 ℔

Wandtafeln, 8, für Anfänger in der Muttersprache. gr. Fol. (Bunzl. 831. Appun). 8 gr

Wandtafeln, 48, zum Nachzeichnen auf Schiefertafeln, zum nützlichen u. angenehmen Gebrauche in Elementarschulen (v. Lehrer Peters). gr. 4. (Mit Text.) Crefeld 842, Schüller. 1/2 ℔

—— 18, für Volksschulen, s. a. Weihrauch.

Wandtafeln, Achtzehn, f. Volksschulen, nebst Anleitung z. zweckmäß. Gebrauche derselben, nach d. Lautmethode (18 B. in gr. Fol. u. 1 B. in 8.) Mainz 825, Kupferberg.

Wandtafeln, anatomisch-chirurgische. 8 Blatt in natürl. Grösse, auf Pappe in Oel gemalt. Fol. u. gr. Fol. Kiel 885. Lipsius & Tischer. In Carton. n. 40. —

Wandtafeln f. den militärischen Anschauungs-Unterricht. 1.—3. Serie. qu. Fol. Leipzig 890. M. Ruhl. à n. 2. 25

1. Die französische Armee. (3 Chromolith. m. 9 Fig.)
2. Die russische Armee. (3 Chromolith. m. 9 Fig.)
3. Die österr.-ungar. Armee. (3 Chromolith. m. 9 Fig.)

Wandtafeln f. den militärischen Anschauungs-Unterricht. III.—IX. Serie. qu. Fol. Leipzig, M. Ruhl. à n. 2. 25

III. Die österreich-ungar. Armee. 2. Aufl. (3 farb. Taf. m. 9 Fig.) 891.
IV. Die italienische Armee. (3 farb. Taf. m. 9 Fig.) 892.
V. Die deutsche Armee. I. (3 farb. Taf. m. 15 Fig.) 893.
VI. Die deutsche Armee. II. (Bayern, Sachsen). (3 farb. Taf. m. 16 Fig.) 893.
VII. Die deutsche Marine. (3 farb. Taf. m. 15 Fig.) 893.
VIII. Die Rangabzeichen bei der deutschen Armee u. Marine. (4 farb. Taf. m. 244 Fig.) 893.
IX. Die Orden u. Ehrenzeichen der deutschen Staaten. I. (3 farb. Taf. m. 125 Abbildgn.) 894.

Wandtafeln f. den militärischen Anschauungs-Unterricht. 13. Serie. qu. gr. Fol. Leipzig, M. Ruhl. n. 2. 25

Schutztruppen, die deutschen, in Afrika. (3 farb. Taf.) (900.)

Wandtafeln für den militärischen Anschauungs-Unterricht. Serie 2 B, 8 a u. b, 10 u. 11. 40×52 cm. Leipzig (904). M. Ruhl. n. 9. 75

2 B. Die russische Armee II. (4 farb. Taf.) (904.) 3. —
8 a. Die Abzeichen b. d. deutschen Armee, Marine u. Schutztruppe. A.: Armee u. Schutztruppen. (2 farb. Taf.) (904.) 1. 50
8 b. Dasselbe. B.: Marine u. Schutztruppen. (3 farb. Taf.) (904.) 2. 25
10. Die Orden u. Ehrenzeichen der Deutschen Staaten. II. (Bayern.) (2 farb. Taf. m. 78 Abbildgn.) (903.) 2. —
11. Dasselbe. III. (Sachsen.) (1 farb. Taf. m. 48 Abbildgn.) (903.) 1. —

Wandtafeln f. d. militärischen Anschauungs-Unterricht. Serie 1 u. 2 B. 39,5×52 cm. Farbdr. Leipzig (909). M. Ruhl. 5. 25

1. Armee, die französische. 2. Aufl. (3 Taf.) 2. 25
2 B. Armee, die russische. II. 2. Aufl. (3 Taf.) 3. —

Wandtafeln für den naturgeschichtlichen Anschauungs-Unterricht an Volks- u. Bürgerschulen auf Grundlage der Lesebücher, unter gefälliger Mitwirkung von Raim. Hofbauer, Frz. Steindachner, A. Kerner Ritter v. Marilaun etc. bearb. von Aug. Hartinger. 1. Abth. 1—4. Lfg., 2. Abth. 1. Lfg. u. 3. Abth. 1. Lfg. Fol. Wien 880—82. Gerold's Sohn. à Lfg. n. 8. —; auf Pappe gezogen à n. 12. —; gefirnisst u. m. Oesen à n.n. 16. —

1. Zoologie. Ausgeführt nach Originalen von Th. F. Zimmermann, Th. Breidwiser, A. Hasenhut etc. 4 Lfgn. (20 Chromolith.)
2. Botanik. Ausgeführt nach Originalen von Ant. Hartinger. 1. Lfg. (5 Chromolith.)
3. Bäume. Ausgeführt nach Originalen von Jul. Marak, Hugo Darnaut u. Joh. Weixlgärtner. 1. Lfg. (5 Chromolith.)

Wandtafeln f. den naturgeschichtlichen Anschauungs-Unterricht an Volks- u. Bürgerschulen auf Grundlage der Lesebücher, unter gefäll. Mitwirkg v. Raim. Hofbauer, Frz. Steindachner, A. Pokorny etc. bearb. v. Aug. Hartinger. 2. Abth. Botanik. Ausgeführt nach Originalen v. Aug. Hartinger. 2. Lfg. gr. Fol. (5 Chromolith. m. 1 Bl. Text.) Wien 883. Gerold's Sohn. n. 8. —; aufgezogen auf Pappe, gefirnisst u. m. Oesen n.n. 12. —

— für den naturgeschichtlichen Anschauungs-Unterricht an Volks- u. Bürgerschulen auf Grundlage der Lesebücher, unter gefäll. Mitwirkg. v. Raim. Hofbauer, Frz. Steindachner, A. Pokorny etc. bearb. v. Aug. Hartinger. 1. Abth. Zoologie. Ausgeführt nach Originalen v. Aug. Gerasch, Th. F. Zimmermann, Th. Breitwiser etc. 5. u. 6. Lfg. gr. Fol. (à 5 Chromolith. m. 1 Bl. Text.) Wien 883. 85. Gerold's Sohn. à n. 8. —; aufgezogen auf Pappe, gefirnisst u. m. Oesen à n.n. 12. —

— dasselbe. 3. Abth. Bäume. Ausgeführt nach Originalien v. Jul. Marak, Hugo Darnaut, Aug. Gerasch u. Joh. Weixlgärtner. 2. Lfg. (5 Chromolith.) gr. Fol. Ebend. 884. n. 8. —; aufgezogen auf Pappe, gefirnisst u. m. Oesen n.n. 12. —

— dasselbe. 2. Abth.: Botanik. Ausgeführt nach Originalen v. A. Hartinger. 3. Lfg. gr. Fol. (5 Chromolith. m. 1 Bl. Text.) Ebd. 887. n. 8. —; aufgezogen auf Pappe, gefirnisst u. m. Oesen à n.n. 12. —

— f. den naturgeschichtlichen Anschauungs-Unterricht an Volks- u. Bürgerschulen auf Grundlage der Lesebücher, unter gefäll. Mitwirkg. v. R. Hofbauer, F. Steindachner, A. Pokorny etc. bearb. v. A. Hartinger. 1. Abth.: Zoologie. Ausgeführt nach Originalien v. A. Gerasch, Th. F. Zimmermann, Th. Breidwiser etc. 7.—13. (Schluss-)Lfg. gr. Fol. (à 5 Chromolith. m. 1 Bl. Text.) Wien 887. 888. Gerold's Sohn. à n. 8. —; aufgezogen auf Pappe, gefirnisst u. m. Oesen à n.n. 12. —

— dasselbe. 3. Abth.: Bäume. Ausgeführt nach Originalien v. J. Kautsky sen. u. J. Varrone. 3. u. 4. Lfg. gr. Fol. (à 5 farb. Taf.) Ebd. 889. 890. à n. 8. —; auf Pappe, gefirnisst u. m. Oesen à n. 12. —

— f. den naturgeschichtlichen Anschauungs-Unterricht an Volks- u. Bürgerschulen auf Grundlage der Lesebücher, unter Mitwirkg. v. Raim. Hofbauer, Frz. Steindachner, A. Kerner Ritter v. Marilaun etc. III. Abth.: Bäume. Ausgeführt nach der Natur v. Joh. Kautsky sen. 5. (Schluss-)Lfg. gr. Fol. (5 farb. Taf. m. 1 Bl. Text.) Wien 892. C. Gerold's Sohn. n. 8. —; auf Pappe, gefirnisst u. m. Oesen n. 12. —

— arithmetische, zu Voigts arithmet. Vorlegeblatt u. Facitbuch. Fol. Halle ... Kümmel. 1/6 ß

— der Atomgewichte der chemischen Elemente H = 1. 2 Blatt. Lith. gr. Fol. Wien 885. (Helf's Sort.) n. 3. —

— ausgewählte, f. den Unterricht im freien Zeichnen in Volks- u. höheren Schulen. Eine vorzügl. Ergänzg. zu jedem bisher erschienenen Vorlage-Werke. Hrsg. vom Verein zur Förderg. des Zeichenunterrichts in der Prov. Brandenburg. 1.—3. Reihe. à 6 Blätter in Buntdr. à 82,5 × 63,5 cm. Berlin 892—894. L. Oehmigke's Verl. à Reihe n. 3. —

— ausgew., f. d. Unterr. im freien Zeichnen in Volks- u. höh. Schulen. E. vorzügl. Ergänzg. zu jedem bisher erschien. Vorlage-Werke. Hrsg. v. Verein zur Förderg. d. Zeichenunterrichts in d. Prov. Brandenburg. 4. Reihe: 6 Blätter in Buntdr. à 82,5 × 63,5 cm. Berlin 895. L. Oehmigke's Verl. n. 4. —; auf Leinw. od. Papptafeln m. Ösen n.n. 12. 25

— ausgewählte, f. den Unterricht im freien Zeichnen in Volks- u. höheren Schulen. Eine vorzügl. Ergänzg. zu jedem bisher erschienenen Vorlage-Werke. Hrsg. vom Verein zur Förderg. des Zeichenunterrichts in der Prov. Brandenburg. 6.—10. Reihe: à 6 Blätter à 82,5 × 63,5 cm. Berlin (898—902). L. Oehmigke's Verl. à n. 4. —

— dasselbe. Besondere Reihe 1895. 6 Blätter à 82,5 × 63,5 cm. Ebd. 896. n. 4. —

Wandtafeln, Baugeschichtliche. 1. Grundriss des Domes zu Trier. — 2. Grundriss eines römischen Wohnhauses. — 3. Grundriss der St. Constanza in Rom. — 4. Grundriss von San Laurenzo in Mailand. fol. in Mappe.

Wandtafeln zur Beurteilung des Äusseren des Pferdes, s.: Rueff, A.

Wandtafeln zur Darstellung der Rassen, Gangarten und Farben des Pferdes, siehe: Rueff, A.

— — zur Darstellung der Rassen, Schläge u. Farben des Rindes, s.: Rueff, A.

Wandtafeln, 13, nach der Lautlehre bearb., s. Lesebuch, erstes.

Wandtafeln, eilf, zu Rossel's Lesebuche. Mit Gebrauchs-Anweisung. Aachen ... Rossel. 1 ß

— 11, zu Rossel's Lesebuch. 2. Aufl. Fol. (11 B. u. 3¼ B. Stndr.) Aachen 836, [Cöln,] Roschütz u. Comp.

Wandtafeln, zur Erleichterung der ersten Leseübungen, s. G. L. Schulze.

— für den Handarbeits-Unterricht nach der Schallenfeld'schen Methode. 3 Abthgn. gr. Fol. (14 Stnt.) Frankfurt a. M. 877, Diesterweg. *

Inhalt:

Abthl. 1. Das Stricken. (1 Stnt.) Einzelpr. *ℳ 1.
» 2. Das Häkeln. (7 Stnt.) Einzelpr. *ℳ 7.
» 3. Das Nähen. (6 Stnt.) Einzelnpr. *ℳ 6.

Wandtafeln zu F. W. Hunger's Handfibel. 2. Aufl. Hildburghausen 865. Nonne. gr. Fol. (18 Blatt.) n. 20 ngr.

— — Alphabet in Schreib- u. Druckschrift. Ebend. 865. gr. Fol. (6 Blatt.) 15 ngr.

— zur Handfibel von J. F. Steiner. 14 Tafeln. Rudolstadt 845. (Leipzig, Böhme.) n. 2/3 ß

— z. Handfibel v. J. F. Steiner. 14 Tafeln (gr. Fol.) Rudolstadt 845, (Fröbel'sche Hofbuchdruckerei.) *

— zur Kenntniß des menschl. Körpers zum Gebrauch für Schulen. Nebst einem Handbüchlein für Lehrer. I. Leipzig, (Schmidt; Verlags-Verein.) 1/3 ß

— colorirte, landwirthschaftlich nützlicher und schädlicher Thiere. Taf. V und VI: Landwirthschaftlich schädl. Insekten. Bearb. von Gust. Jäger und E. Hofmann. Chromolithogr. Im Auftrage der königl. Württemberg. Centralstelle für Landwirthschaft hrsg. Imp.-Fol. Mit Text. 12. (59 S.) Eßlingen 881, Schreiber. In Mappe *
Auf Leinw. in Mappe *
Lackirt mit Stäben *

— zur Kunstgeschichte. Darstellungen der bedeutendsten Denkmäler der Baukunst f. den Unterricht in der Kunstgeschichte, ausgewählt u. eingeleitet v. Wilh. Lübke, gezeichnet v. Gunzenhauser. 1. Lfg. Imp.-Fol. (6 Steintaf.) Stuttgart 883. Wittwer. n. 12. —

Wand-Tafeln zur Anhalt-Bernburgischen Landesfibel. Bernburg 861. Reiter. (14 lith. Bgn. in gr. Fol.) n. 2 ß

— zum Lehrgang f. den elementaren Zeichenunterricht. 1.—3. Tl. 2. Aufl. Hannover, Norddeutsche Verlagsanstalt. n. 16. 20; aufgez. n. 35. —

1. 18 z. Tl. farb. Taf. à 43 × 43 cm. 895. n. 4. —; aufgez. n. 9. —
2. 30 z. Tl. farb. Taf. à 65,5 × 48 cm. 895. n. 7. 20; aufgez. n. 16. —
3. Hrsg. v. Verein zur Förderg. des Zeichenunterrichts in Hannover. 16 z. Tl. farb. Taf. à 65,5 × 48 cm. M. Text. (4 S.) 896. n. 5. —; aufgez. n. 10. —

Wand- und Lesetafeln, s. Lese- und Wandtafeln.

— z. Monatsblatt f. d. Zeichenunterricht aus den Jahrgängen 1891—1896. Imp.-Fol. (8 Bl.) Stade 897. A. Pockwitz. n. 1. —

— zur Naturgeschichte der Haustiere, s.: Wilckens, M.

— naturgeschichtliche. 1. und 2. Heft: Wohnungen der Thiere. Fol. (à Heft 6 lithogr. Taf. in gr. Fol.) Bonn 875, Henry. à Heft ℳ 3.

— naturgeschichtliche. Unter Mitwirkg. v. M. Wilckens, C. Rothe, Laurenz Mayer, sowie anderer namhafter Fachmänner hrsg. von Thdr. Eckardt. 1. Abth. Imp.-Fol. (4 Chromolith.) Mit Text. gr. 4. (16 S.) Wien 886. Hölzel. n. 9. 60; m. Leinen-Einfassg. u. Oesen n. 11. 20; auf Leinw. m. Stäben n. 16. —; einzelne Taf. à n. 2. 40; m. Leinen-Einfassg. u. Oesen à n. 2. 80; auf Leinw. m. Stäben à n. 4. —
Pferd, Hausrind, Seidenspinner, Honigbiene.

— naturgeschichtliche. Unter Mitwirkg. von M. Wilckens, C. Rothe, Laur. Meyer, sowie anderer namhafter Fachmänner hrsg. v. Thdr. Eckardt. 2. Abth. Taf. 3, 4 u. 6. à 63 × 88 cm. Farbdr. Nebst Text. gr. 4. (12 S. m. Abbildgn.) Wien 901. E. Hölzel. n. 7. 20; m. Leinen-Einfassg. u. Oesen n. 8. 40; auf Leinw. m. Stäben n. 12. —; einzelne Taf. n. 2. 40; m. Leinen-Einfassg. u. Oesen n. 2. 80; auf Leinw. m. Stäben n. 4. —
3. Das Schaf. — 4. Das Schwein. — 6. Das Haushuhn.

— neue ausgew., f. d. Zeichen-Unterricht allgem. bild. Schulen. E. vorzügl. Ergänzg. zu jedem bisher erschien. Vorlage-Werke. Hrsg. v. Verein z. Förderg. d. Zeichenunterrichts in d. Prov. Brandenburg. 5. Reihe: 6 Blätter in Buntdr. à 82,5 × 63,5 cm. Ebd. 897. n. 4. —
(1.—5.: n. 17. —)

—— neue, der Naturgeschichte, od. Abbildungen aus d. Naturgeschichte, zum Gebr. beim Unterr. in Schullehrerseminarien, Gymnasien u. Volksschulen, so wie beim Privatunterr. 1—4. Hft. gr. Fol. Breslau, [Hentze.]
7 Thlr. 12 Gr., ill. Thlr.

Hft. 1. Säugethiere. (12 lith. Blätter.) 829. 2 Thlr., ill. 4 Thlr.
- 2. Vögel. (12 lith. Blätter.) 831. 2 Thlr., ill. 4 Thlr.
- 3. Amphibien, Fische etc. (12 lith. Blätter.) 831. 2 Thlr., ill. 4 Thlr.
- 4. Botanik. 1. Hft.: (Botan. Kunstsprache.) (9 lith. Blätter u. 1/2 B. Text.) 834. 1 Thlr. 12 Gr., ill. 3 Thlr.
Ausführl. Text hierzu, vgl. Fischer, J. G., Beschreibung aller naturhistor. Gegenstände rc.

—— neue, d. Naturgeschichte, od. Abbildungen aus d. Naturgesch., z. Gebr. beim Unterr. in Schullehrer-Seminarien etc. 5. u. 6. Hft. (od. Taf.) Botanik. 2. u. 3. Hft. gr. Fol. Breslau, [Leipzig,] Hentze. 3 Thlr., ill. *

Hft. 5. Die schädlichen Giftpflanzen Deutschlands. (6 lith. Blätter.) 836. 1 Thlr., ill. * 2 Thlr.
- 6. Die natürliche Anordnung d. Gewächsreiches. (12 lith. Blätter.) 838. 2 Thlr., ill. * 4 Thlr.
1—4. Hft. (od. Taf.) Ebendas. 1829—34. 7 Thlr. 12 Gr., ill. * 15 Thlr.
Ausführlicher Text hierzu, vgl. Fischer, J. G. (II.), die Naturgeschichte rc.

Wandtafeln, neue, zum Unterricht in der Naturgeschichte f. Volks-, Mittel- u. Bürgerschulen, Real- u. Lateinschulen, höhere Töchterschulen rc. 30 Taf., in feinem Farbendr. ausgeführt in der lith. Kunstanstalt v. A. Eckstein, Stuttgart. 4 Lfgn. gr. Fol. Stuttgart 891. 892. K. G. Lutz. à n. 6. —; Text dazu: Präparationen zum Unterricht in der Naturgeschichte v. K. G. Lutz. gr. 8. IV, 76 S.) n. 1. —

— dasselbe. 30 Taf. in feinem Farbendr., ausgeführt in der lith. Kunstanstalt v. A. Eckstein, Stuttgart. 2. Aufl. gr. Fol. Stuttgart 893. Süddeutsches Verlags-Institut. In Mappe. n. 25. —; auch in 10 Lfgn. à n. 2. 50

Wandtafeln, IX, zur Lese- u. Schreibefibel für Elementarclassen. Lebensbilder I. Von (A.) Berthelt, (J.) Jäkel, (Jul.) Kell, (K. G.) Petermann, (Louis) Thomas. gr. Fol. Leipzig 849, Klinkhardt. n. 12 ngr — XIV, zur Lese- u. Schreibefibel rc. 2. verm. Aufl. gr. Fol. Ebd. 852. n. 18 ngr

— 19, m. den nach J. C. Lion's Zeichnungen vergrößerten 276 Abbildgn. zu Ludwig Puritz' Merkbüchlein f. Vorturner. 2., verm. Aufl. der 18 Wandtaf. Je 55,5×40,5 cm. Hannover 906. Hahn. 6. —

—— orthograph., f. Volksschulen, hrsg. v. ein. Lehrervereine. 1. u. 2. Aufl. gr. Fol. (à 5 B.) Nebst: Bemerkn. üb. d. Gebr. 16. (à 1/2 B.) Langensalza 838, 42, Schulbuchhandl. d. thüring. Lehrer-Vereins. à

Wandtafeln, pflanzenpathologische. Eine Sammlg. kolor. Taf. für den Unterricht. Hrsg. von Carl Frhr. v. Tubeuf. Taf. I. 101×80,5 cm. Stuttgart 906. E. Ulmer. n. 4. —; auf Leinw. n. 5. —; m. Stäben n. 6. —; Text gr. 8. n. — 50

Die Mistel, Viscum album. Gezeichnet im Atelier f. wissenschaftl. Zeichngn. v. Dunzinger. Von C. v. Tubeuf. (22 S. m. Abbildgn.)

— pflanzenpathologische. Eine Sammlg. kolor. Taf. f. d. Unterricht. Hrsg. v. Carl Frhr. v. Tubeuf. Taf. II—VI. à 101×80,5 cm. Stuttgart, E. Ulmer. à nn 3. —; auf stärkerem Pap. 4. —; auf Leinw. 5. —; Texte. gr. 8. à — 60

Aderhold, Rud., die Fusicladien unserer Obstbäume. (20 S. m. 8 Abb.) 908. (Taf. II.)
Eriksson, Jak., die Rostarten des Getreides. Gezeichnet v. Henriette Sjöberg. (13 S. m. Abb.) 908. (Taf. V. VI.)
Heinricher, E., die Schuppenwurz, Lathraea Squamaria. Gezeichnet v. A. Sperlich. (22 S. m. 12 Abb.) 908. (Taf. III.)
Neger, F. W., Mehltaupilze (Erysipheen). (17 S. m. 3 Abb.) 908. (Taf. IV.)

— dasselbe. Taf. VII u. VIII. à 120,5×80,5 cm. à 5. —; m. Stäben à n 6. —; auf Papyrolin à 6. —; m. Stäben à n. 7. —; Text zu VII u. VIII (51 S. m. Abb.) gr. 8. 1. 50

VII. Brandkrankheiten des Getreides. I. Steinbrand des Weizens, Tilletia tritici. (910.)
VIII. Dasselbe. II. Ustilago-Arten an Weizen, Gerste, Hafer. (910.)

— pharmakognostische (Tabulae pharmacognosticae), unter Mitwirkg. v. Henry G. Greenish u. Em. Perrot red. v. Ernst Gilg, gezeichnet v. J. Pohl. Taf. 1—5. (I. Serie.) à 119×93,5 cm. Farbdr. Mit Erläutergn. in deutscher, französ. u. engl. Sprache. (Je 1 Bl.) 32,5×25 cm. Berlin (907). Gebr. Borntraeger. 25. —; einz. Taf. 5. —; Aufzug à Taf. nn 3. —

Wandtafeln der Physik in Handzeichnungen: Brequet's Klingel. — Prinzip der Gramme'schen Maschine. — Sommering's elektrochemischer Telegraf. — Volta-Induktion. (mit Stäben)

— über die Rassen, Gangarten und Farben des Pferdes, s.: Hoffmann, L.

— zum Schönschreib-Unterricht. 2 Bl. à 79,5×99,5 cm. Dießen (910). J. C. Huber. Auf Lederkarton m. Leinw.-Rand à 2. 50

— für den Schönschreibunterricht in deutscher Schrift. Fol. 5 Taf. Bensheim 887. Lehrmittelanstalt v. Ehrhard & Co. n. 1. —; auf Leinw. m. Stäben n. 8. 50; aufgezogen auf Pappe n. 9. —

—— 6, zur Kunstgeschichte. Imp.-Fol. Stuttgart 887, Wittwer's Verlag. In Mappe *

Vorstehendes ist eine neue billige Ausgabe der 1. Lfg. von: Wandtafeln zur Kunstgeschichte. Ebendas. 1883. * ℳ 12.—.

— 36, d. Vereins zur Förderung des Zeichenunterrichts. 1. Stufe Abtlg. A. u. B., 17 Wandtaf., u. Mittelstufe 19 Wandtaf. nebst 24 Ergänzungsblättern u. 1. Tl. der Lehrmethode: Das Zeichnen ebener Gebilde. Für Volks-, Bürger- u. gewerbl. Fortbildungsschulen, sowie Gymnasien, Real- u. höhere Töchterschulen. 4. Aufl. Imp.-Fol. gr. 4. Mit Text. gr. 8. (95 u. 18 S.) Berlin 888. Wendler. In Mappe. n. 25.

Abth. A. u. B. einzeln n. 10. —; Mittelstufe n. 12. —; Lehrmethode n. 2. —; Ergänzungsblätter n. 4. —

— 60, zu Callsen's Pflanzenkunde in der Volksschule. 1. u. 2. Abth. qu. gr. Fol. (20 Steintaf.) Flensburg 876. Westphalen. à n. 6. —

—— stenographische. Nr. 1—3. Fol. Neustadt a. d. H. 887, Marnet. à Nr. *

Inhalt:
Nr. 1. Gabelsbergers Alphabet.
» 2. Sigel und Abkürzungen System Gabelsberger.
» 3. Entwickelung der stenographischen Buchstaben Gabelsbergers.

Wandtafeln, technologische. Erläutergn. IV. u. V. Heft. Leipzig, F. E. Wachsmuth. 2. 40

IV. (Zu Taf. 26—30.) Von Max Eschner. (VIII, 80 S. m. Abb.) 8. 906. 1. 20
V. 1. Ziegelei. 2. Elektr. Strassenbahn. 3. Strassendurchschnitt. (IV, 75 S. m. Abb.) gr. 8. 909. 1. 20

— technologische. Farbdr. Leipzig, F. E. Wachsmuth.

Luftschiff (System Zeppelin). 60×81,5 cm. 909. 2. —; m. Rand nn 2.20. Erläuterg. (26 S. m. 1 Abb.) — 40
Schiff im Dock. 2 Taf. à 59×122 cm. (910.) 3.40; m. Rand n 3. 80
Elektrische Strassenbahn. 2 Taf. à 60×84,5 cm. (908.) 2.80; m. Rand n 3. 20
Strassendurchschnitt. 59,5×122,5 cm. (907.) 2. —; schulfertig n 2. 20

— zur Tierkunde. In Verbindung m. dem Wiener Tierschutzverein hrsg. vom Kosmos, Gesellschaft der Naturfreunde, (nach Orig. v. W. Heubach). I. Reihe: Nützliche Wirbeltiere. Bild 1—6. à ca. 50,5×70,5 cm. Farbdr. Nebst Text f. 1.—4. Bild. (7 S.) Lex. 8. Stuttgart (910). Franckh. à 1.50; auf Leinw. à 3. —; m. Stäben à 4. —; Bild 1—4 auf 1 Taf. 4.50; auf Leinw. 7.50; m. Stäben 8. 50

— dasselbe. II. Reihe: Nützliche Wirbeltiere. 3. u. 4. Bild. ca. 50,5×70,5 cm. Farbdr. Nebst Text z. 1.–4. Bild. (9 S.) Lex. 8. Ebd. (910). à 1.50; auf Leinw. à 3.—; m. Stäben à 4. —

Wandtafeln für Truppenschulen:
Nr. 5/6. Der Kompagniemunitionswagen. Ausrüstung und Beladung nach Dienstbuch. 9—17. 69×91 *cm* K 1.60
Nr. 7/8. Ständige Beladung des Hinterwagens. 69×91 *cm* K 1.60
Nr. 9. Packung des Packtornisters (für den beritt. Hornisten der Infanterie- und Jägertruppe) 45×70 *cm* K —.80
Nr. 10. Packung des Sattels bei der Kavallerie. Packtornister im Felde. 45×70 *cm* K —.80
Nr. 11. Packung des Sattels bei der Kavallerie. Packtornister im Frieden. 45×70 *cm* K —.80
Wien: Freytag & Berndt 1908.

Wandtafeln f. d. militärischen Unterricht. 6 Taf. Lith., z. Tl. farbig. Wien 895. G. Freytag & Berndt. n.n. 4. 20; einz Taf. n.n. — 90
1. 2. Convention. Zeichen d. neuen Generalkarte (1:200,000) in zehnfacher Vergrösserg. dargest. à 53×85,5 cm.
3. Die Cavallerie-Truppen-Division im Aufklärungsdienste. 89×96 cm.
4. Die Cavallerie-Truppen-Division im Gefecht. (Angriff auf feindl. Cavallerie.) 70,5×91,5 cm.
5. Die Infanterie-Truppen-Division im Gefechte (umfass. Angriff). 100×92 cm.
6. Geschloss. Vorposten-Aufstellg. e. Infanterie-Truppen-Division. 92×70,5 cm.

— f. d. naturwissenschaftlichen Unterricht, s. a Kny, L., botanische Wandtafeln.

—— für den naturwissenschaftlichen Unterricht mit specieller Berücksicht. der Landwirthschaft. Unter Mitwirkung von Fachgenossen hrsg. von Herm. v. Nathusius [Hundisburg]. 3. Serie 1.—3. Abthl. und 4. und 5. Serie. Imp.-Fol. Mit erläut. Text. gr. 8. Berlin, [Wiegandt, Hempel und Parey.] Parey. In Mappen *
Inhalt:
Serie 3. Kny, L., Pflanzenkunde. 1.—3. Abthl. (1. Abthl. (10 Chromolithogr. mit Text 8. 1—22.) 874. *M 24.; 2. Abthl. (10 Chromolithogr. mit Text 8. 23—58.) 876. *M 24.; 3. Abthl. (10 Chromolithogr. mit Text 8. 59—104.) 879. *M 30.] *M 78.
„ 4. Thiel, Hugo, Bewurzelung. (53 Photogr. auf 6 Taf. mit IV, 35 S. Text.) 875. *M 100.
„ 5. Orth, Alb., Bodenkunde. (6 Chromolithogr. mit 13 S. Text.) 876. *M 20.
1. und 2. Serie vgl. : Nathusius, Herm. v.

—— für den naturwissenschaftlichen Unterricht mit specieller Berücksichtigung der Landwirthschaft. Unter Mitwirkung von Fachgenossen hrsg. von Herm. v. Nathusius [Hundisburg]. 3. Serie. 4.—6. Abthl. Chromolithogr. Imp.-Fol. Mit erläut. Text. gr. 8. Berlin, Parey. In Mappen **
Inhalt:
Abthl. 4. 5. Kny, L., Pflanzenkunde. 4. und 5. Abthl. (à 10 Taf. mit Text S. 105—190.) 880,82. à **M 30.
„ 6. —— dass. — 6. Abthl. (15 Taf. mit Text S. 191—266 mit eingedr. Holzschn.) 884. **M 50.

—— für den naturwissenschaftlichen Unterricht mit specieller Berücksicht. der Landwirthschaft. Unter Mitwirkung von Fachgenossen hrsg. von Herm. Nathusius [Hundisburg]. 3. Serie: Pflanzenkunde. Von L. Kny. 7. Abthl. Chromolithogr. Imp.-Fol. (15 Taf.) Mit erläut. Text. gr. 8. (S. 267—353 mit eingedr. Holzschn.) Berlin 886, Parey. In Mappe **

—— für den naturwissenschaftlichen Unterricht m. specieller Berücksicht. der Landwirthschaft. Unter Mitwirkg. v. Fachgenossen hrsg. von Herm. v. Nathusius [Hundisburg]. 3. Serie: Pflanzenkunde. Von L. Kny. 8. Abthl. (10 chromolithogr. Taf. m. Text in gr. 8. S. 354—401 m. eingedr. Holzschn.) Imp.-Fol. Berl. 890, Parey. In Mappe ** 40 —
1., 2., 4. u. 5. Serie; 3. Serie 1.—7. Abthl. Ebd. 1871—86. ** 403 —.

— zum Unterrichte im Schiessen m. dem Infanterie- u. Jägergewehr m. Werndl-Verschluss. Imp.-Fol. (3 lith. Blatt m. den Fig. 1/3 u. 9/15 der officiellen Schiessinstruction in grossem Maassstabe.) Teschen 876. Prochaska. n. — 90

— zum Unterrichte im Schiessen mit dem Infanterie- u. Jägergewehr mit Werndl-Verschluss. II. Imp.-Fol. (2 Steintaf. m. den Fig. 7 u. 8 der officiellen Schiessinstruction vom Jahre 1872 [Zielen auf kleinere Ziele innerhalb 200 Schritt] in 6- bis 8facher Vergrösserung.) Ebend. 877. n. — 60 (1. u. 2.: n. 1. 50)

— zum Unterricht im Schiessen. 4 lith. Taf. Enth. die Fig. 4—9, 11—19, 20ª, 20ᵇ u. 21 der officiellen Schiessinstruction für die Infanterie u. Jägertruppe d. k. k. Heeres vom J. 1879 in 5- bis 6facher Vergrösserung. Imp.-Fol. Teschen 880. Prochaska. n. 1.20

—— zum Unterricht in der Terrainlehre. 6 lithogr. Taf. mit 1 Bl. Text. Imp.-Fol. Ebendas. 877. *

Wandtafeln z. Unterricht üb. Wasseruntersuch, u. Typhus- bezw. Pocken-Statistik. 9 Taf. (O. J.)

Wandtafeln zur Veranschaulichung antiken Lebens, s. Launitz, Ed. v. der.

— zur Verwandlung der preussischen u. metrischen Längenmaasse. Zum Gebrauch in Schulen, in Fabriken u. Werkstätten jeder Art, in techn. Bureaux u. Verkaufslokalen. Nr. 1—3. Imp.-Fol. Berlin 871. G. F. O. Müller. à n. — 50
1. Preussisches u. metrisches Längenmaass.
2. Metrisches u. preussisches Längenmaass.
3. Preussisches Ellen- u. Meter-Maass.

— 4. zur Erklärung der elektro-dynamischen Maschinen. Lith. Imp.-Fol. Mit Text. 8. (10 S.) München 883. (Buchholz & Werner.) n.n. 5. —

Wandtafeln, XIV, zur Lese- und Schreibefibel für Elementarclassen. Lebensbilder I. Von Berthelt, Jäkel, Petermann, Thomas. 1. Aufl. 9 Tafeln. 1849. * 12 Ngr. und 2., verm. Aufl. gr. Fol. Leipzig 852, Klinkhardt. *

— vorgeschichtliche, f. Westpreussen. Entworfen im westpreuss. Provinzial-Museum. 3. Aufl. 6 Taf. à 67,5×54 cm. Farbdr. Berlin (W., Mauerstr. 63—65) 899. Vereinigte Kunst-Institute vorm. O. Troitzsch. Mit Stäben n. 10.—

— Wiener, f. den Unterricht in weibl. Handarbeiten. Unt. Leitung u. Mitwirkung v. Alois Fellner u. Karl Stejskal hrsg. v. Amalie Bartosch, Karoline Blondein, Eleonore Nicolin, Marie Schulmeister u. Luise Stiepan. II.—V. u. VIII. Abth. à 38×56 cm. Mit Text. gr. 8. (28 S.) Wien 897. A. Pichler's Wwe. & Sohn. In Mappe n. 60. —; aufgez. n. 81. —
II. Das Stricken. 80 Taf. In Mappe n. 33. —; aufgez. n. 45. —
III. Das Merken. 14 Taf. In Mappe n. 6. —; aufgez. n. 8. —
IV. Das Schlingen. 8 Taf. In Mappe n. 3. —; aufgez. n. 4. —
V. Das Nähen. 36 Taf. In Mappe n. 11. —; aufgez. n. 15. —
VIII. Das Schnittzeichnen. 20 Taf. In Mappe n. 7. —; aufgez. n. 9. —

Wandtafeln, Wiener, f. den Unterricht in weiblichen Handarbeiten. Unter Leitg. u. Mitwirkg. v. Alois Fellner u. Karl Stejskal hrsg. von Amalie Bartosch, Karoline Blondein, Eleonore Nicolin, Marie Schulmeister u. Louise Stiepan. I., VI. u. VII. Abth. Mit Text. gr. 8. (à 14 S.) Wien, A. Pichler's Wwe & Sohn. In Mappe n. 31. —; aufgez. n. 40. —
I. Das Häkeln. 44 Taf. à ca. 40×55 cm. 899. n. 18. —; aufgez. n. 24. —
VI. Das Buntsticken. 8 farb. Doppeltaf. à ca. 55×80 cm. 899. n. 10. —; aufgez. n. 12. —
VII. Das Weissticken. (8 [3 Doppel-]Taf.) 897. n. 3. —; aufgez. n. 4. —

— zu den Zeichenwerken v. Weishaupt, v. Parisius u. Kohlenberg. 42 Taf. Fol. u. gr. Fol. München 893. R. Oldenbourg, Abteilg. f. Schulbücher. n. 4. 98; oben u. unten m. Blechleisten eingefasst n. 9. 6
Taf. (roh) 1—14 u. 23. à n. — 6. — 15—22, 24 u. 25. à n. — 12. — 26, 29, 30, 32—36, 37a, b, c, 38—40. à n. — 18. — 27, 28 u. 31. à n. — 12; f. Blechleisten dazu: Taf. 1—14 u. 23. à n. — 5. — 15—22 u. 25. à n. — 11. — 24, 26—32, 37a, b, c, 38 u. 39. à n. — 15. — 35. n. — 9. — 33, 34 u. 36. à n. — 8. — 40. n. — 6.

— zoologische, üb. Wirbeltiere. Hrsg. v. Carl Chun. Serie II. Vertebrata. 13. Taf. Classe: Pisces, Fische. Skelet der Knorpelfische (Selachier, Elasmobranchier). 4 Blatt je 102,5×75 cm. Farbdr. Mit Text. (6 S. m. Abbildgn.) Lex.-8. Berlin 907. Wilmersdorf, Th. G. Fisher & Co. n. 12. —; auf Leinw. m. Stäben n. 16. —
Vergl.: Leuckart, Rud.

—— 20, als Hülfsmittel beim Gedrucktlesen in der Volksschule. Im Anschluß an die verbreitetsten Lesebücher, namentlich an das von Dr. Bumüller und Dr. Schuster. 1. und 2. Ausg. Imp.-Fol. Freiburg im Br. 862,66, Herder'sche Verlagsh.

— zwanzig, zum Lesebuch von Dr. Bumüller u. Dr. Schuster. Als Hilfsmittel beim Lesenlehren der Druckschrift. Freiburg im Br. 862. Herder. gr. Fol. 1 ℛ 6 ngr.

— 2., darstellend die wichtigsten deutschen Raubvögel. Hrsg. vom deutschen Vereine zum Schutze der Vogelwelt, e. V. 68×86,5 u. 71,5×79 cm. Farbdruck. Nebst Erläuterungen. 2 Hefte. (16 u. 12 S. m. Abb.) gr. 8. Gera 909. (Leipzig, F. Volckmar, Lehrmittel-Abtlg.) 8.—; m. Leinw.-Rand u. Ösen (schulfertig) 8.80; auf Lw. m. Stäb. 11.60; einz. Taf. 5.—; resp. 5.40 u. 6. 80

—— zwei, zur deutschen Rechtschreibung. Imp.-Fol. Berlin 880, Wohlgemuth's Verlagsh. *

Wandtafeln, 32, für den ersten Unterricht im Freihandzeichnen in Volks- und Mittelschulen. 4 Hefte. Imp.-Fol. (à 8 Stnt.) Langensalza 876, Beyer und Söhne. à Heft * ℳ 2. *

— 12, f. d. Unterricht in d. Naturlehre m. 1 Beilage üb. d. Obstbaumzucht. 13 autogr. Taf. à 60×46 cm. Augsburg 886. (B. Schmid's Sort.) n. 2. —

Wandtafelwerk für Schule und Haus. Farbige Originallithographien. 66×88 *cm*
Signierte Künstlerdrucke à K 40.—, Schriftdrucke à K 6.— Blatt 16. F. Andri, Pflügender Bauer. — Blatt 19. F. Andri, Kornschneider. — Blatt 20. F. Andri, Heuernte.
Wien: Hof- u. Staatsdruckerei 1905.

Wand-Tarif f. den gesamten Post- u. Telegraphen-Verkehr. 116×107 cm. Cassel (905). G. Dufayel. n. 1. —

Wandus, Adolphs, und Kornelias von Roose Geschichte, 8. Frankfurt, 785. Reiffenstein. 8 sgl.

Wandus, Adolph, u. Kornelia v. Roose's Gesch. 8. Leipzig, Gräff. (a. Hermann in Frankf.) 785.

Wandverzierungen. Die alten W' in dem ehemaligen Chorherrenhause genannt „im Loch" zu Zürich *s.* Keller, Ferdinand.

Wandvorlagen des Königsberger Vereins für Knaben-Handarbeit. 3 Abtlgn. Steindr. (M. eingedr. Text.) Königsberg 895. J. H. Bon's Verl. n. 7. 50
1. Papparbeiten. 24 Taf. à 47 × 29 cm. n. 3. 50
2. Hobelbankarbeiten. 11 Taf. à 47 × 29 cm. n. 2. —
3. Schnitzarbeiten. 8 Taf. à 47 × 29 cm., 2 Taf. à 47 × 61 cm. n. 2. —

Wandvorschriften, s.a. Vorlegeblätter, kalligraphische, 10. Abth.

Wandvorschriften für den Schreib-Lese-Unterricht. (Kalligraphische Vorlegeblätter. 10. Abthl.) 4 lithogr. Bog. in qu. Imp.-Fol. Langensalza 858, Schulbuchhandlung von Greßler.

Waneck Adolf: Die Bühnenreform unter Kaiser Josef II., ihre Vorgeschichte und Bedeutung. (85). Mähr. Ostrau R. 95.
Progr.

Das Realschulwesen Mährens 1848–1898. ⟨Ein Beitrag z. Entwicklungsgesch. desselben.⟩ Von Prof. Adolf Waneck, Dir. in Mähr.-Ostrau. (1. 2.) *Mähr.-Ostrau: Selbstverl. 1899–1900.* 2 Bde 8° [01. 7317 2

Waneck, Adf., üb. die Schäden d. heutigen Gewerbebetriebes u. die Mittel zu deren Heilung. gr. 8. (22 S.) Wien 885. Pichler's Wwe. & Sohn. n. — 50

Waněk Fr.: Zur Geschichte der Schulorden in Österreich. (12.) Troppau 75.
Progr.

Waněk, *Franz*: Katalog der Lehrerbibliothek des k. k. Staats-Gymnasiums mit deutscher Unterrichtssprache in Troppau. 8 (S. 11–52).
Progr. K. k. Staats-G. mit deutsch. Unterrichtssprache *Troppau* 1900.

Waněk, Fr[anz]: Katalog der Lehrerbibliothek des k. k. Staatsgymnasiums mit deutscher Unterrichtssprache in Troppau. S. 3–27. 8. (Fortsetzung.) S. 3–10. 8. — Bräunl, Jos[ef]: ... Troppau. (Fortsetzung.) S. 35–40. 8. V. T. S. 19–22. 8.
K. k. Staats-Gymn. mit deutscher Unterrichtssprache *Troppau*
Progr. 1901. 1902. 1903. 1904.

Wanék, Franz, kurze Vaterlandskunde von Mähren u. Schlesien. Olmütz 863. Hölzel. 8. (100 S.) cart. n. 7½ ngr.

Wanek, Frz., Vaterlandskunde v. Mähren u. Schlesien. 4. rev. Aufl. Mit e. (chromolith.) Karte v. Mähren u. Schlesien in qu. 4.) gr. 8. (68 S.) Wien 873. Hölzel. n. — 80

Wanék, Frz., Vaterlandskunde v. Mähren u. Schlesien. 5., rev. Aufl. Mit einer (chromolith.) Karte v. Mähren u. Schlesien (in qu. gr.4.). 8. (71 S.) Wien 877. Hölzel. cart. n. — 80

Waněk, Frz., Vaterlandskunde v Mähren u. Schlesien. 6. rev. Aufl. Ausg. m. (chromolith.) Karte. 8. (73 S.) Wien 883. Hölzel. cart. n — 72; ohne Karte n. — 60

Wanék, Frz., Vaterlandskunde v. Mähren u. Schlesien. 7., erweit. Aufl. Bearb. v. Carl Hüttl. M. 1 Karte v. Mähren u. Schlesien. gr. 8. (82 S.) Olmütz 895. E. Hölzel. Kart. n. — 90

Wanek, Hugo, Tabellen f. d. Effecten-Zinsen-Berechnung der im Wiener Coursblatt notierten Effecten. qu. 12. (65 S.) Wien 896. C. Graeser & Co. Geb. in Leinw. n. 2. 40

Wanek, Hugo, Tabellen f. die Effecten-Zinsen-Berechnung der im Wiener Coursblatt notierten Effecten. 2. [Titel-]Aufl. qu. 12. (65 S.) Wien 896. C. Graeser & Co. Geb. in Leinw. n. 2. 40

Waner, A., Soziale Erdkunde. [Hilfsbücher für die Hand der Schüler in Volks- und Fortbildungsschulen zur Einführung in die Landes- und Gesellschaftskunde. III.] Deutschland (2. Kursus) im Kampfe um seine Erhaltung und Wohlfahrt. Gr.-8°. (ill. 88 S.) Wien: Müller-Fröbelhaus 1904. K — .60

Wanfried [Schlagwort]

Wanfried, s.: Deutschland. Kürschner-Pelp.

王嬌鸞百年長恨

Wang Keaou Lwan Pih Nëen Chan Hän. od. die blutige Rache einer jungen Frau. Chinesische Erzählung. Nach d. in Canton 1839 erschien. Ausgabe v. Sloth, übers. v. Adolf Böttger. gr. 8. (7⅞ B. u. 1 Stnt.) Leipzig 846, Jurany. In engl. Einb. m. Goldschn.

—— dass. 2. u. 3., wohlf. Ausg. gr. 8. (7¼ B. m. Einfass.) Ebds. 847.

Wang u. Frhr. v. Meerscheidt-Hüllessem, in u. um Peking während der Kriegswirren 1900–1901. Nach photograph. Aufnahmen. 36 Taf. m. 1 Heliograv. u. 190 Bildern in doppelseit. Lichtdr., nebst 1 Plan v. Peking, hergestellt von Meisenbach, Riffarth & Co., Berlin-Schöneberg. (70 S.) qu. gr.-8. Berlin-Schöneberg 902. (Meissenbach, Riffarth & Co.) Geb. n. 25. —

Wang Ch'ung, Lun-Hêng. Part I. Philosophycal essays. Translated from the Chinese and annotated by Alfr. Forke. (IV, 577 S.) gr. 8. Leipzig 907. O. Harrassowitz. nn 15. —

Lun-Heng. Essays of Wang Ch'ung. Transl. from the Chinese and ann. by Alfred Forke, Prof. P. 1. 2. Leipzig: Harrassowitz 1907–11. 8°
1. aus: Mitteilungen d. Seminars f. Orient. Sprachen.
(2 = Beibände zu d. Mitteilungen d. Seminars f. Orient. Sprachen. 1.)

Wang, Ferdinand

— Fortschritt u. Erfolg auf dem Gebiete der Wildbachverbauung. Anlässlich der land- u. forstwirtschaftl. Ausstellg. im Auftrage d. k. k. Ackerbauministeriums zusammengestellt. gr. 4. (29 S. m. 4 Taf. Abbildgn.) Ebd. 890. n. — 80

Wang, Ferd., die Gesetze der Bewegung des Wassers u. des Geschiebes, die Berechnung der Wasserabflußmengen u. der Durchflußprofile. Zum Gebrauche f. den Forsttechniker. Mit 86 Fig. Lex.-8. (99 S.) Wien 899. W. Frick. n. 2. 60

— Grundriss der Wildbachverbauung. 1. Thl. Mit 25 Abbildgn. u. 25 Fig. im Texte. gr. 8. (VIII, 209 S.) Leipzig 901. S. Hirzel. n. 6. —

Wang, Ferd., Grundriss der Wildbachverbauung. 2. Thl. Mit 85 Abbildgn. u. 179 Fig. im Texte. (IV, 480 S.) gr. 8. Leipzig 903. S. Hirzel. n. 16. — (Vollst. n. 22. —

— die Photogrammetrie od. Bildmesskunst im Dienste des Forsttechnikers. [Aus: „Mittheilgn. d. krainisch-küstenländ. Forstvereins".] gr. 8. (41 S. m. Fig.) Laibach 893. (Wien, R. Lechner's Sort.) n. 1. —

Wang, Ferd., die Stammtafel des hl. Hubertus. (16 S.) gr. 8. Wien 910. W. Frick. — 60

Wang, Ferd., welche Erfahrungen liegen üb. Wildbach- u. Lawinen-Verbauungen vor? Wäre es nicht gerechtfertigt, die Action der Wildbach-Verbaug. zu e. internationalen zu gestalten u. wie ließe sich dies realisiren? [Aus: „Centralbl. f. d. ges. Forstwesen".] (Internationaler land- u. forstwirthschaftl. Congreß zu Wien 1890, Hft. 129.) gr. 8. (12 S.) Wien 890. (W. Frick.) n. — 80

Wang-in-Hoai, gerichtliche Medizin der Chinesen. Nach der holländ. Übersetzg. des Hrn. C. F. M. de Grys hrsg. v. H. Breitenstein. (VII, 174 S.) Leipzig 908. Th. Grieben. 4. —

Wang, Joh. De Servii ad Verg. Ecl. X, 1 et Georg. lib. IV, 1 annotatis disp. 14 S. 8. **Progr.** G. *Klagenfurt* 1883

Wang Kingfu, s. a. Missionstraktate, kleine. Nr. 27.

Wang Kingfu. Seliges Sterben e. geheiligten Chinesen. Barmen: Missionshaus 1898. (15 S.) 8° [F.]
— **Missions-Traktate**, Kleine. No 27. [07. 3364

Wang, Kinyer T. T., s.: Beiträge, rechtswissenschaftl.

Wang, Ludwig [aus Coburg]: '[Aus d. medicin. Klinik in Jena.]' Ueber die Behandlung des Lupus mit Tuberculin ... Jena, Univ.-Buchdr. G. Neuenhahn, 1893; 32 S., 1 Bl. 8.
Jena, Med. Fak., Inaug.-Diss. v. [2. Febr.] 1894

Wang, Nikol., populäre Anleitung zur Cultur des Maulbeerbaumes für die böhmische Seidenzucht. gr. 8. (23 S.) Prag 862, (Mercy.) *
Ist auch in böhmischer Sprache zu gleichem Preise erschienen.

Wangelin, Bodo v., ¿Habla Vd castellano?, s.: Castres, G. H. F. de.

Wangemann, D.Dr., Missionsdirektor. Ein Lebensbild . . . Berlin 1899. V: *Wangemann*, *Hans*. (Berl)

Wangemann, D. Dr., Missionsdirektor. Ein Lebensbild. Dargeboten in dankbarer Erinnerg. von seinem ältesten Sohne. Mit e. Vorwort v. A. Andrae-Roman. gr. 8. (V, 387 S. m. Bildnis.) Berlin 899. Wiegandt & Grieben. n. 5. —; geb. n. 6. —

Wangemann, der Missionsdirector, und die Boeren. Von dem Verf. des Aufsatzes: Gladstone und die Boeren in Heft 9 der Grenzboten 1881. Lex.-8. (12 S.) Schwerin 881, Schmiedekampf.

Wangemann, Missionsvater. Berlin [1895]. V: *Petrich*, *Hermann*. (Berl)

Beiträge zur Entwickelungsgeschichte der heutigen Kriegstechnik. 5 Aufsätze von **Wangemann**, Hauptm. *Berlin: R. Eisenschmidt 1902.* (52 S.) 8° [F.]
Aus: Militär-Zeitung. 1902. [03. 14376

Wangemann, Dr., Stadtrat. Bemerkungen zur Schankfrage. Korreferat. Leipzig, Juli 1886. 13 S. 8°.

Wangemann, drei preußische Dragonaden wider die lutherische Kirche, beleuchtet. Ergänzungsheft zum 3. Buch der Una Sancta. gr. 8. (120 S.) Berlin 884, (W. Schultze's Verlag.) **

Wangemann, die kirchliche Cabinets-Politik d. Königs Friedrich Wilhelm III., insonderheit in Beziehung auf Kirchenverfassung, Agende, Union, Separatismus, nach den geheimen königl. Cabinetsakten u. den Altenstein'schen handschriftl. Nachlaß-Akten d. königl. geheimen Staatsarchivs gezeichnet. Grundlage f. das abschließ. Heft der Una Sancta. gr. 8. (VIII, 452 S.) Berlin 884. (W. Schultze.) n.n. 7. —

— die lutherische Kirche der Gegenwart in ihrem Verhältniß zur Una Sancta. Eine Jubiläumsgabe in 7 Büchern. 3 Bde. und Schlußheft. gr. 8. (Ebendas.) **

Inhalt:

Bd. 1. 1. Abthl.; Grundlegung. A. u. d. T.: Der 7. Artikel der Augsburgischen Konfession als Fundament zu einer bibl. Lehre von der Una Sancta. Von 7 Büchern über die Una Sancta das 1. Buch. (S. 1–70) 883. ** M 1,25. — 2. Abthl.: Geschichtliche Darstellung des Ringens und Kämpfens um Wiedergewinnung der verlorenen Einheit der Una Sancta. Von 7 Büchern über die Una Sancta das 2. Buch. (S. 73–198.) 883. ** M 2.

„ 2. 1. Abthl.: Abwehr. Die neulutherische Freikirche und ihre Abirrungen an der kirchlich-symbolischen Lehre der Una Sancta. [Eine dogmengeschichtl. Studie.] Von 7 Büchern über die Una Sancta das 3. Buch. (S. 1–197.) 883. ** M 3. — 2. Abthl.: Die neulutherische Begriffsverwirrung in den Kirchenideen hervorragender Stimmführer in den deutschen lutherischen Landeskirchen als ein vornehmliches Hinderniß für die Ausgestaltung der Una Sancta. Von 7 Büchern über die Una Sancta das 4. Buch. (S. 201–352.) 883. ** M 2,50.

„ 3. Bauplan und Bausteine für die leibliche Ausgestaltung der Una Sancta. Von 7 Büchern über die Una Sancta das 5. Buch. (S. 1–279.) 883. ** M 4,35.

Schlußheft. 6. Buch: Die preußische Union in ihrem Verhältniß zur Una Sancta. — 7. Buch: Die Una Sancta nach der Lehre der heiligen Schrift. (VIII, S. 281–639.) 884. ** M 5,50.

— die lutherische Kirche der Gegenwart in ihrem Verhältniß zur Una Sancta. Eine Jubiläumsgabe in 7 Büchern. 3 Bde. u. Schlußhft. gr. 8. Ebend. n.n. 18. 60
I. 1. Grundlegung. A. u. d. T.: Der 7. Artikel der Augsburgischen Konfession als Fundament zu e. bibl. Lehre v. der Una Sancta. Von 7 Büchern üb. die Una Sancta das 1. Buch. (70 S.) 883. n.n. 1. 25
I. 2. Geschichtliche Darstellung d. Ringens u. Kämpfens um Wiedergewinnung der verlorenen Einheit der Una Sancta. Von 7 Büchern üb. die Una Sancta das 2. Buch. (S. 73—198.) 883. n.n. 2. —
II. 1. Abwehr. Die neulutherische Freikirche u. ihre Abirrungen a. der kirchlich-symbolischen Lehre der Una Sancta. [Eine dogmengeschichtliche Studie.] Von 7 Büchern üb. die Una Sancta das 3. Buch. (197 S.) 883. n.n. 3.
II. 2. Die neulutherische Begriffsverwirrung in den Kirchenideen hervorragender Stimmführer in den deutschen lutherischen Landeskirchen als e. vornehmliches Hinderniß f. die Ausgestaltung der Una Sancta. Von 7 Büchern üb. die Una Sancta das 4. Buch. (S. 201—352.) 883. n.n. 2. 50
III. Bauplan u. Bausteine f. die leibliche Ausgestaltung der Una Sancta. Von 7 Büchern üb. die Una Sancta das 5. Buch. (279 S.) 883. n.n. 4. 35
Schlußhft. 6. Buch: Die preußische Union in ihrem Verhältniß zur Una Sancta. — 7. Buch: Die Una Sancta nach der Lehre der heiligen Schrift. (VIII, u. S. 281—639.) 883. n.n. 5. 60

— das Kriegsmaterial auf der Weltausstellung in Lüttich. (30 S. m. Abbildgn.) gr. 8. Berlin 905. Boll & Pickardt. n. 1. —
Sonderabdruck aus: „Ueberall".

[F.] Geschichte des Königlich Preuss. Feld-Artillerie-Regiments General-Feldzeugmeister '(2. Brandenburgisches)' Nr. 18 u. seiner Stammtruppentheile. Im Auftr. des Regim. vf. v. (Arnold) **Wangemann,** Premierlt. ... 2., v. demselben Vf. durchges. u. bis in d. neueste Zeit fortgeführte Aufl. M. d. Portr. ... d. Gen.-Feldzeugm. Prinz Carl v. Preussen. *Frankfurt a. O.: Selbstv. d. Reg.; Dr. d. Kgl. Hofbuchdr. Trowitzsch & Sohn 1898.* (4 Bl., 303 S., 1 Portr.) 1 Bd 4.(8.) 98 4335

Wangemann, Clementine, s. Wangemann, Klementine

Wangemann, G., theoret. Notenschreibschule f. Gymnasien, Real-Gymnasien, Realschulen u. höhere Töchterschulen. qu. 4. (16 S.) Berlin 895. W. Moeser. n.n. — 30

Christfeier für unsere Kinder. Die Weihnachtsgeschichte in Versen von Gerhard **Wangemann**. *Berlin: Wiegandt & Grieben [1899.]* (12 S.) 8° [Umschlagt. F.] 99 2553

Wangemann, Hans

— für die leichte Feldhaubitze!, s.a. Zeitfragen, militärische. 7.

Für die leichte Feldhaubitze! Eine Erwiderung auf d. Flugschrift d. Generals v. Alten. Von [Hans] **Wangemann**, Hauptm., Engers. *Berlin: A. Bath 1904.* (28 S.) 8°
— Zeitfragen, Militärische H. 7. 04 13368

Das Gefecht der Feldartillerie. Stichworte aus d. Th. 4 d. Exerzir-Reglements von 1899. Zsgest. von [Hans] **W[an]g[e]m[ann]**, Hauptm. *Berlin: R. Eisenschmidt 1903.* (8 S.) 8° [Kopft. F.] 04 1137

Geschichte des Königlich Preuss. Feld-Artillerie-Regiments General-Feldzeugmeister ⟨2. Brandenburgisches⟩ Nr. 18 u. seiner Stammtruppentheile. Im Auftr. d. Regim. verf. von (Hans) **Wangemann**, Premierlt. 2., von demselben Verf. durchges. u. bis in d. neueste Zeit fortgeführte Aufl. Mit Portr. *Frankfurt a. O.: Selbstverl. d. Reg. 1898.* (303 S.) 4°(8°) [F.] 01 13170

Wangemann, H., Kompendium des Konkursrechts, s.a. Sammlung juristischer Kompendien. VI.

Kompendium des Konkursrechts. Von Dr. H[ans] **Wangemann**, Rechtsanw. Berlin: W. Weber 1907. (40 S.) 8° [F.]
— **Sammlung** jurist. Kompendien. 6. 07. 14463

— Kompendium des deutschen Strafprozesses, s.: Quaritsch.

Wangemann, Hans, Referendar: Die rechtliche Natur des ⟨obligatorischen⟩ Vorkaufs- und Wiederkaufsrecht [!]. Nach Gemeinem Civilrecht u. Bürgerl. Gesetzbuch. *Charlottenburg 1900: Buchdr. 'Gutenberg'.* (48 S.) 8°
Rostock, Jur. Diss. v. [31. Dez.] 1900

Wangemann, Hermann Theodor, s. Wangemann, Theodor

Wangemann, J., s.: Berlin I u. III in Deutsch Ostafrika u. in Deutschland.

Wangemann, J. Khaibane Mamathepa, s. Missionsschriften, neue.

— Land u. Leute in Deutsch-Ostafrika, s.: Sturtz, J.

Wangemann, J. A. Th. Für die leichte Feldhaubitze! Eine Erwiderung auf die Flugschrift des Generals v. Alten. Berlin 1904. 28 S.
Vgl. Wangemann, Hans.

Wangemann, genannt von Wangenstein, Jul., der Advokatenstand, mit besond. Rücksicht auf das Königr. Westphalen. gr. 8. Götting. 812. Vandenhöck u. R. 20 gr.

Wangemann, Klementine

Wangemann, Clementine, s.a. Bertling, Agathe.

Wangemann, Ludw., s.: Anschauungsbilder, 20, f. den ersten Unterricht in der bibl. Geschichte.

Wangemann, Ludw., der erste biblische Anschauungsunterricht. Anweisung zum Gebrauche der nach den unterrichtl. Angaben d. Verf. von Rentsch u. R. Helmert entworfenen u. ausgeführten 20 Anschauungsbilder f. Lehrer, Lehrerinnen, sowie f. Mütter beim ersten Unterrichte in der Gotteserkenntnis u. bei der Anleitg. zur Anbetg. gr. 8. (VII, 112 S.) Leipzig 884. Reichardt. n. 1. —

Wangemann, Ludw., der erste biblische Anschauungsunterricht. Anweisung zum Gebrauche der nach den unterrichtl. Angaben des Verf. ausgeführten „20 Anschauungsbilder" für den ersten Unterricht in der Gotteserkenntnis und bei der Anleitung zum Gebete. 2. Aufl. gr. 8. (VII, 144 S.) Leipzig 887, Reichardt Verlag. *
Vgl.: Bilder, biblische, für Mutter und Kind.

Wangemann, Ludw., der erste biblische Anschauungsunterricht. Anweisung zum Gebrauche der nach den unterrichtl. Angaben d. Verf. ausgeführten „20 Anschauungsbilder" f. den ersten Unterricht in der Gotteserkenntnis u. bei der Anleitung zum Gebete. 3. Aufl. gr. 8. (V, 144 S. m. Abbildgn.) Leipzig 890. Reichardt. n. 1. 60

Wangemann, Ludw., der erste biblische Anschauungsunterricht. Anweisung zum Gebrauche der nach den unterrichtl. Angaben des Verf. ausgeführten „20 Anschauungsbilder" f. den ersten Unterricht in der Gotteserkenntnis u. bei der Anleitg. zum Gebete. 4. Aufl. gr. 8. (VII, 144 S. m. Abbildgn.) Leipzig 894. G. Reichardt. n. 1 60

Wangemann, Ludw., der erste biblische Anschauungsunterricht. Anweisg. z. Gebrauche der nach d. unterrichtl. Angaben d. Verf. ausgeführten „20 Anschauungsbilder" f. d. ersten Unterricht in d. Gotteserkenntnis u. bei d. Anleitg. z. Gebet. 5. Aufl. gr. 8. (VII, 144 S. m. Abb.) Leipzig 898. G. Reichardt. n. 1. 60

— d. erste biblische Anschauungsunterricht. Anweisung zum Gebrauche der nach den unterrichtl. Angaben des Verf. ausgeführten „20 Anschauungsbilder" f. den ersten Unterricht in der Gotteserkenntnis u. bei der Anleitung zum Gebet. 6. u. 7. Aufl. gr. 8. (à VII, 144 S. m. Abbildgn.) Leipzig 900. 902. G. Reichardt. n. 1.60

Wangemann, Ludw., der erste biblische Anschauungsunterricht. Anweisung zum Gebrauche der nach den unterrichtl. Angaben des Verf. ausgeführten „20 Anschauungsbilder" f. den ersten Unterricht in der Gotteserkenntnis u. bei der Anleitg. zum Gebet. 8. Aufl. (VII, 144 S. m. Abb.) gr. 8. Leipzig 904. G. Reichardt. n. 1.60

Wangemann, Ludw., der erste biblische Anschauungsunterricht. Anweisung zum Gebrauche der nach den unterrichtl. Angaben des Verf. ausgeführten „20 Anschauungsbilder" f. den ersten Unterricht in der Gotteserkenntnis u. bei der Anleitung zum Gebet. 9. Aufl. (VII, 144 S. m. Abb.) gr. 8. Leipzig 907. G. Reichardt. 1.60

— Anweisung zum Gebrauche des Hülfsbuchs. 2. verbess. u. verm. Aufl. 8. (Mit 1 Tab.) Ebend. 845. n. 1/6 ℛ

—— biblische Biographieen und Monographieen, geordnet und bearb. auf Grund des Bibellesens und mit Berücksicht. der Vorbereitung für das Verständnis des D. M. Luther'schen Katechismus. Eine Handreichung für Lehrer, besonders beim Gebrauch des II. Teils der bibl. Geschichten desselben Verf. 2 Tle. gr. 8. Ebendas. * geb. *

Inhalt:
Tl. 1. Aus dem alten Testamente. (XX, 191 S.) 886. *ℳ 2.40.
" 2. Aus dem neuen Testamente. (X, 308 S.) 887. *ℳ 3.60.

— biblische Biographieen u. Monographieen, geordnet u. bearb. auf Grund des Bibellesens u. m. Berücksicht. der Vorbereitg. f. das Verständnis des D. M. Lutherschen Katechismus. Eine Handreichg. f. Lehrer, besonders beim Gebrauche des 2. Tls. der bibl. Geschichten desselben Verf. 2 Tle. 2. Aufl. gr. 8. Ebd. 899. n. 6. —; in 1 Bd. geb. n. 6. 80
1. Aus dem Alten Testamente. (VII, 204 S.) n. 2. 40
2. Aus dem Neuen Testamente. (XII, 308 S.) n. 3. 60

—— Einführung in das Verständnis des D. M. Luther'schen Katechismus auf Grund der biblischen Geschichte. 3 Tle. gr. 8. Ebendas. [1. Tl. (XXXI, 253 S.) 880. *ℳ 2,80.; 2. Tl. (X, 358 S.) 883. *ℳ 3,20.; 3. Tl. (XVI, 333 S.) 881. *ℳ 3,20.] *ℳ 9,20.; geb. in 1 Bd. *

—— Einführung in das Verständnis des Dr. M. Lutherschen Katechismus auf Grund der biblischen Geschichte. 2. Aufl. 3 Tle. gr. 8. Lpz. 892, Reichardt Verlag. * 9 20; geb. * 10 —
1. Einleitung u. das I. Hauptstück. (XXXI, 253 S.) * 2 80.
2. Der 1. u. der 2. Artikel. (X, 358 S.) * 3 20.
3. Der 3. Artikel, das III., IV. u. V. Hauptstück. (XIV, 333 S.) * 3 20.
Die Ausgabe erfolgte in 9 Liefgn. à * 1 —.

Wangemann, Ludw., biblische Geschichten für die Elementarstufe mit bildl. Darstellungen. gr. 8. (VIII und 87 S. mit eingedr. Holzschn.) Eisleben 859. Reichardt. *

—— biblische Geschichten geordnet und bearb. zu biographischen Geschichtsbildern. gr. 8. (XIII und 231 S.) Eisleben 861, Reichardt. *

Wangemann, Ludw., biblische Geschichten für die Elementarstufen mit bildlichen Darstellungen. 2.—5. Aufl. gr. 8. (VIII und 88 S. mit eingedr. Holzschn.) Eisleben 862—68, Reichardt's Verlag. *

— biblische Geschichten, geordnet u. bearb. zu biograph. Geschichtsbildern. 2. Aufl. Ebend. 869. 8. (XII, 199 S.) n. 8 ngr

Wangemann, Ludw., biblische Geschichten für die Elementarschulen mit bildl. Darstellungen. 6.—8. Aufl. gr. 8. (VIII, 88 S. mit eingedr. Holzschn.) Eisleben 870—74, Reichardt's Verlag.

Wangemann, Ludw., biblische Geschichten für die Elementarstufen mit bildlichen Darstellungen (in eingedr. Holzschn.). 1. Thl. 9.—13. Aufl. gr. 8. (VIII, 88 S.) [Eisleben 875—78.] Leipzig, Reichardt Verlag. *

—— biblische Geschichten, geordnet und bearb. zu biograph. Geschichtsbildern. 4. Aufl. (XII, 199 S.) 1876; 5. Aufl. gr. 8. (XII, 196 S.) Ebendas. 879. *

—— biblische Geschichten. 1. und 2. Tl. gr. 8. Ebendas. * geb.

Inhalt:
Tl. 1. Für die Elementarstufen mit 30 bildlichen Darstellungen (eingedr. Holzschn.). 14.—18. Aufl. (VIII, 103 S.) 880—81. * 60 Pf.; geb. * 90 Pf.
" 2. Geordnet und bearb. zu biographischen Geschichtsbildern. Mit 3 (chromolithogr.) Karten und Illustr. 6. Aufl. (XII, 208 S.) 880; 7. verm. und verb. Aufl. (XII, 211 S.) 882. *ℳ 1.; geb. *ℳ 1,40.

— biblische Geschichten. 1. Tl. Für die Elementarstufen m. 30 (eingedr.) bildl. Darstellgn. 20. Aufl. gr. 8. (VIII, 103 S.) Ebend. 886. n. — 60; geb. — 90

— dasselbe. 2. Tl. Geordnet u. bearb. zu biograph. Geschichtsbildern. 8. verb. Aufl. Mit 3 (chromolith.) Karten u. Illustr. gr. 8. (XII, 211 S.) Ebend. 885. n. 1. —; geb. 1. 40

—— Biblische Geschichten. 2 Tle. gr. 8. Ebd. * 1 60; geb. * 2 05
1. Für die Elementarstufen m. 30 bildlichen Darstellungen. 22.—25. Aufl. (VIII, 103 S.) 889—92. * — 60; geb. * — 80.
2. Geordnet u. bearb. zu biograph. Geschichtsbildern. 10. verm. u. verb. Aufl. Mit 3 Karten u. Illustr. (XII, 212 S.) 891. * 1 —; geb. * 1 25.

— dasselbe. 1. Tl. Polnische Ausg. v. Teod. Buczek. 2. Aufl. gr. 8. (VII, 120 S. m. 39 Illustr.) Ebd. 893. n.n. — 65; geb. n.n. — 85

Wangemann, Ludw., biblische Geschichten. 2 Tle. gr. 8. Leipzig, G. Reichardt. n. 1. 60; geb. n. 2. 5
1. Für die Elementarstufen m. 30 bildlichen Darstellungen. 26. Aufl. (VIII, 103 S.) 894. n. — 60; geb. n. — 80
2. Geordnet u. bearb. zu biograph. Geschichtsbildern. 10., verm. Aufl. Mit 3 Karten u. Illustr. (XII, 212 S.) 891. n. 1. —; geb. n. 1. 25

— biblische Geschichten. 2 Tle. gr. 8. Ebd. n. 1. 60; geb. n. 2. 05
1. F. d. Elementarstufen. Mit 30 bildl. Darstellgn. 29. Aufl. (VIII, 103 S.) 898. n. — 60; geb. n. — 80
2. Geordnet u. bearb. zu biograph. Geschichtsbildern. 11. Aufl. (XII, 212 S. m. Abb. u. 3 Karten.) 895. n. 1. —; geb. n. 1. 25

— biblische Geschichten. 2 Tle. gr. 8. Ebd. n. 1. 60; geb. n. 2. 05
1. Für die Elementarstufen. Mit 30 bildl. Darstellgn. 33. Aufl. (VIII, 103 S.) 903. n. — 60; geb. n. — 80
2. Geordnet u. bearb. zu biographischen Geschichtsbildern. 12. Aufl. Mit 3 Karten u. Illustr. (XII, 212 S.) 900. n. 1. —; geb. n. 1. 25

— biblische Geschichten. 2 Tle. 8. Ebd. Geb. n.n. 2. 05
1. Für die Elementarstufen. Mit 30 bildl. Darstellgn. 36. Aufl. (VIII, 103 S.) 906. n. — 80
2. Geordnet u. bearbeitet zu biographischen Geschichtsbildern. 12. Aufl. Mit 3 Karten u. Illustr. (Neudr.) (XII, 212 S.) 905. n. 1. —; geb. n.n. 1. 25

— Biblische Geschichten. 2 Tle. 8. Ebd. Geb. 2. 05
1. Für die Elementarstufen. Mit 30 bildl. Darstellungen. 39. Aufl. (VIII, 103 S.) 910. Geb. — 80
2. Geordnet u. bearb. zu biographischen Geschichtsbildern. 13. Aufl. Mit 3 (farb.) Karten u. Illustr. (XII, 212 S.) 907. Geb. 1. 25

—— Grundlagen zu dem sprachlichen Anschauungsunterrichte in systematisch geordneten Sprachformen der deutschen Schriftsprache, mit übersichtl. Zusammenstellung der Sprachgesetze als Unterrichtsergebnisse, und den Übungsaufgaben dazu. 4 Hefte. gr. 8. Leipzig, Brandstetter. [1. Heft. (VIII, 72 S.) 881. * 60 Pf.; 2.—4. Heft. (VI, 40; IV, 40; VIII, 40 S.) 882—84. à * 40 Pf.] cart. *

—— Grundlagen zu dem sprachlichen Anschauungsunterrichte. Für die Hand der Kinder. 3. Heft. 2. Aufl. gr. 8. (47 S.) Lpz. 890, F. Brandstetter. cart. * — 40
1., 2. u. 4. Heft. Ebd. 1884—89. cart. * 1 40.

— Grundlagen zu dem sprachlichen Anschauungsunterrichte in systematisch geordneten Sprachformen der deutschen Schriftsprache m. übersichtlicher Zusammenstellung der Sprachgesetze als Unterrichtsergebnisse u. den Übungsaufgaben dazu. 4. Hft. 2. Aufl. 8. (VIII, 40 S.) Ebd. 893. n. — 40

— Grundlagen zu dem vereinigten sachlichen u. sprachlichen Anschauungsunterricht. Für die Hand der Kinder. 1. Hft. 2. Aufl. gr. 8. (VI, 66 S.) Leipzig 889. F. Brandstetter. n. — 60

— Grundlagen zu dem vereinigten sprachlichen u. sachlichen Anschauungsunterricht. Für die Hand der Kinder. 2. Hft. 2. Aufl. u. 3. u. 4. Hft. 8. (46; IV, 40 u. VIII, 40 S.) Ebend 883—85. à n. — 40 (cplt.: n. 1. 80)

— Grundlagen zu dem vereinigt. sprachl. u. sachl. Anschauungsunterricht. Für die Hand d. Kinder. 2. Hft. 3. Aufl. gr. 8. (46 S.) Leipzig 895. F. Brandstetter. n. — 40

Handreichung beim ersten Unterrichte der Kleinen in der Gotteserkenntniß. Anweisung zum Gebrauche der „biblischen Geschichten für die Elementarstufe mit bildlichen Darstellungen" nebst einem Plane für den Religionsunterricht in mehrklassigen Bürger- u. Töchter-Schulen. 859. (XXXII, 227 S.) — 2. sehr verm. Aufl. Ebend. 864. gr. 8. (XXXVI, 264 S.) n. 20 ngr.

— Handreichung beim Unterrichte der Kleinen in der Gotteserkenntniß. Anweisung zum Gebrauche der „biblischen Geschichten für die Elementarstufe mit bildl. Darstellungen" nebst einem Plane für den Religionsunterricht in mehrklass. Bürger- u. Töchter-Schulen. 3., sehr verm. Aufl. Ebend. 867. gr. 8. (310 S.) n. 20 ngr.

— Handreichung beim Unterrichte der Kleinen in der Gotteserkenntniß. Anweisung zum Gebrauche der „bibl. Geschichten für die Elementarstufen mit bildl. Darstellungen", nebst einem Plane für den Religionsunterricht in mehrklass. Schulen. 4. Aufl. 1871, und 5. Aufl. gr. 8. (XVI, 346 S.) Ebendas. 874.

— Handreichung beim Unterrichte der Kleinen in der Gottes-Erkenntniß. Anweisung zum Gebrauche der „Bibl. Geschichten für die Elementarstufen mit bildl. Darstellungen" nebst einem Plane für den Religions-Unterricht in mehrklass. Schulen. 6. Aufl. (XVI, 346 S.) 1876; 7. Aufl. gr. 8. (XVI, 336 S.) Ebendas. 878.

— Handreichung beim Unterrichte der Kleinen in der Gotteserkenntniß. Anweisung zum Gebrauche der „bibl. Geschichten für die Elementarstufen mit bildl. Darstellungen", nebst einem Plane für den Religions-Unterricht in mehrklass. Schulen. 8.—10. Aufl. gr. 8. (XVI, 336 S.) Leipzig 880—83, Reichardt Verlag. ℳ 3.; geb.

— Handreichung beim Unterrichte der Kleinen in der Gotteserkenntnis. Anweisung zum Gebrauche der „biblische Geschichten für die Elementarstufen mit bildl. Darstellungen", nebst einem Plan für den Religions-Unterricht in mehrklass. Schulen. 11. und 12. Aufl. gr. 8. (XVI, 336 S.) Leipzig 885,88, Reichardt Verlag. ℳ 3.—; geb. *

— Handreichung beim Unterrichte der Kleinen in der Gottes-Erkenntnis. Anweisung zum Gebrauche der „bibl. Geschichten f. die Elementarstufen m. bildl. Darstellgn.", nebst e. Plan f. den Religions-Unterricht in mehrklass. Schulen. 13. Aufl. gr. 8. (XVI, 336 S.) Leipzig 890. Reichardt. n. 3.—; geb. n. 3.50

— Handreichung beim Unterrichte der Kleinen in der Gottes-Erkenntnis. Anweisung zum Gebrauche der „bibl. Geschichten f. die Elementarstufen m. bildl. Darstellgn.", nebst e. Plan f. den Religions-Unterricht in mehrklass. Schulen. 14. Aufl. gr. 8. (XVI, 336 S.) Leipzig 893. G. Reichardt. n. 3.—; geb. n. 3.50

— Handreichung b. Unterr. d. Kleinen in der Gottes-Erkenntnis. Anweisg. z. Gebrauche d. „bibl. Geschichten f. die Elementarstufen" nebst e. Plan f. den Religions-Unterr. in mehrklass. Schulen. 15. Aufl. gr. 8. (XVI, 336 S.) Leipzig 896. G. Reichardt. n. 3.—; geb. n. 3.50

— Handreichung beim Unterrichte der Kleinen in der Gotteserkenntnis. Anweisung zum Gebrauche der „bibl. Geschichten f. die Elementarstufen" nebst e. Plan f. den Religionsunterricht in mehrklass. Schulen. 16. Aufl. gr. 8. (XVI, 336 S.) Ebd. 900. n. 3.—; geb. n. 3.50

— Handreichung zum Unterrichte der Kleinen in der Gotteserkenntnis. Anweisung zum Gebrauche der „bibl. Geschichten f. die Elementarstufen" nebst e. Plan f. den Religionsunterricht in mehrklass. Schulen. 17. Aufl. (XVI, 336 S.) 8. Ebd. 905. n. 3.—; geb. n. 3.50

— s.: Herberger, K., u. C. Döring, Theorie u. Praxis der Aufsatzübungen.

Wangemann, Edw., Hülfsbuch für den Sprech-, Schreib- u. Lese-Unterricht in den Elementarklassen der Bürger- u. Volksschulen, mit Anwendung d. wechselseitigen Unterrichts. Nebst Vorworte von Herm. Frobenius. 2. verb. u. verm. Aufl. 8. Langensalza 845. (Sondershausen, F. A. Eupel.) n. 1/4 ℛ

Wangemann, Ludw., Hülfsbuch für den Sprech-, Schreib-, Lese-Unterricht in den Elementarklassen der Bürger- u. Volksschulen, mit Anwendung des wechselseit. Unterrichts. Nebst einem Vorworte von Herm. Frobenius. 2 Abthlgn. 3. verb. u. verm. Aufl. gr. 8. (1: VIII u. 46 S. 2: X u. 188 S.) Leipzig 852. Brandstetter. (1: 3 ngr 2: n. 7 ngr) n. 1/3 ℛ

Wangemann, Ludw., Hülfsbuch für den Sprech-, Schreib- und Lese-Unterricht in den Elementarklassen der Bürger- u. Volksschulen, mit Anwendung des wechselseitigen Unterrichts. Nebst einem Vorw. von Herm. Frobenius. 1. Abth. 5. unveränd. Aufl. 854. (IX, 46 S.) — 6. unveränd. Aufl. 856. (IV, 46 S.) — 7. ganz umgearb. Aufl. Leipzig 858. Brandstetter. gr. 8. (IV, 50 S.) n. 3 ngr.

— — 2. Abth. 5. unveränd. Aufl. 856. (XII, 196 S.) — 6. umgeänd. Aufl. Leipzig 858. Brandstetter. gr. 8. (X, 198 S.) n. 7 ngr.

— Hülfsbuch für den Sprach-, Schreib- und Lese-Unterricht in den Elementarklassen der Bürger- und Volksschulen, mit Anwendung des wechselseit. Unterrichts. Nebst einem Vorworte von Herm. Frobenius. 2 Abthlgn. gr. 8. Leipzig 861, Brandstetter. [1. Abthl. 7. Aufl. 1859. und 8., unveränd. Aufl. (IV und 50 S.) * 3 Ngr., 2. Abthl. 6. Aufl. 1859. und 7., unveränd. Aufl. (X und 198 S.) * 7 Ngr.]

Hülfsbuch für den Sprech-, Schreib- u. Lese-Unterricht in den Elementarklassen der Bürger- u. Volksschulen, mit Anwendung des wechselseitigen Unterrichts. Nebst einem Vorwort von Herm. Frobenius. 1. Abth. 8. Aufl. 861. — 9., sehr verm. Aufl. Leipzig, 861. Brandstetter. gr. 8. (VI, 92 S.) n. 3 ngr.

— 2. Abth. 7. unveränd. Aufl. Ebend. 861. gr. 8. (X, 198 S.) n. 7 ngr.

— Hülfsbuch für den Sprech-, Schreib- und Lese-Unterricht in den Elementarklassen der Bürger- und Volksschulen, mit Anwendung des wechselseit. Unterrichts. Nebst einem Vorwort von Herm. Frobenius. 1. Abthl. 9.—11., sehr verm. Aufl. gr. 8. (VI und 61 S., wovon 32 lithogr.) Leipzig 864—68, Brandstetter. *

— dass. — 2. Abthl. 8. und 9., verm. und verb. Aufl. gr. 8. (X und 206 S.) Ebendas. 865,68. *

— dass. — Ausg. für preußische Schulen. gr. 8. (X und 208 S.) Ebendas. 868. *

— Hülfsbuch für den Sprach-, Schreib- und Lese-Unterricht in den Elementarclassen der Bürger- und Volksschulen. 3 Abthlgn. gr. 8. Leipzig, Brandstetter. *

Inhalt:

Abthl. 1. 13. Aufl. (VI, 66 S.) 873. (* 30 Pf.) * 40 Pf.
" 2. 1. Thl. Deutsches Lese- und Sprachbuch für die Unterclassen der Volks- und Bürgerschulen. 10. Aufl. 1872, und 11. Aufl. (XII, 220 S.) 873. (* 70 Pf.) * 80 Pf.
" 2. 2. Thl. Für die Mittelstufen der Volks- und Bürgerschulen, sowie für die Unterclassen der Gymnasien und Realschulen. 10. Aufl. (240 S.) 872. (* 70 Pf.) * 80 Pf.
" 3. Deutsches Lese- und Sprachbuch für die Oberstufen der Volks- und Bürgerschulen. 5. Aufl. (XVI, 342 S.) 873. (* M 1,25.) * M 1,30.

— Hilfsbuch für den ersten Sprech-, Schreib- u. Lese-Unterricht in den Elementarklassen der Bürger- u. Volksschulen. 1. Teil d. Lese- u. Sprachbuches. 16. Aufl. gr. 8. (VI, 74 S.) Leipzig 880. Brandstetter. n. — 40

— Hilfsbuch f. den ersten Sprech-, Schreib- u. Lese-Unterricht in den Elementarklassen der Bürger- u. Volksschulen. 1. Tl. d. Lese- u. Sprachbuches. 18. Aufl. gr. 8. (VI, 74 S.) Leipzig 884. Brandstetter. n. — 40

— Hilfsbuch f. d. ersten Sprech-, Schreib- u. Lese-Unterr. in d. Elementarklassen d. Bürger- u. Volksschulen. 1. Tl. d. Lese- u. Sprachbuches. 23. Aufl. gr. 8. (VI, 74 S.) Leipzig 896. F. Brandstetter. n. — 40

Wangemann, Ludw., Hilfsbuch für den ersten Sprech-, Schreib- u. Lese-Unterricht in den Elementarklassen der Bürger- u. Volksschulen. 1. Tl. des Lese- u. Sprachbuches. 24. Aufl. gr. 8. (VI, 74 S.) Leipzig 898. F. Brandstetter. n. — 40

— Historye Biblijne z 30 illustraczyami dla szkół polskich przetłómaczył i zostosował P. Th. Buczek. gr. 8. (III, 104 S.) Ebendas. 886. geb. *

— deutsches Lese- und Sprachbuch. 4 Thle. gr. 8. Leipzig, Brandstetter. *

Inhalt:

Thl. 1. Hülfsbuch für den Sprech-, Schreib- und Lese-Unterricht in den Elementarklassen der Bürger- und Volksschulen. 14. Aufl. (VI, 74 S., wovon 32 lithogr.) 875. * 40 Pf.
" 2. Für Volks- und Bürgerschulen. 12. Aufl. (XII, 226 S.) 875. * 80 Pf.
" 3. Für Volks- und Bürgerschulen, sowie für die Unterklassen der Gymnasien und Realschulen. 11. verm. Aufl. (VIII, 251 S.) 875. * 80 Pf.
" 4. Für die Oberstufen der Volks- und Bürgerschulen, sowie für die mittleren Klassen der Realschulen. 6. und 7. verm. Aufl. (XVI, 356 S.) 876,79. * M 1,35.

— deutsches Lese- und Sprachbuch. 4 Thle. gr. 8. Leipzig, Brandstetter. *

Inhalt:

Thl. 1. Hülfsbuch für den Sprech-, Schreib- und Lese-Unterricht in den Elementarklassen der Bürger- und Volksschulen. 15.—18. Aufl. (VI, 74 S., wovon 32 lithogr.) 880—84. * 40 Pf.
" 2. Für Volks- und Bürgerschulen. 13.—15. Aufl. (XII, 252 S.) 880—84. * M 1.
" 3. Für Volks- und Bürgerschulen, sowie für die Unterklassen der Gymnasien und Realschulen. 12. verm. Aufl. (VIII, 264 S.) 879. * M 1.
" 4. Für die Oberstufen der Volks- und Bürgerschulen, sowie für die mittleren Klassen der Realschulen. 8. verm. Aufl. (XVI, 359 S.) 885. * M 1,35.

— deutsches Lese- und Sprachbuch. 4 Tle. gr. 8. Leipzig, Brandstetter. *

Inhalt:

Tl. 1. Hülfsbuch für den ersten Sprech-, Schreib- und Lese-Unterricht in den Elementarklassen der Bürger- und Volksschulen. 20. Aufl. (VI, 74 S.) 889. * 40 Pf.
" 2. Deutsches Lese- und Sprachbuch für Volks- und Bürgerschulen. 16. Aufl. (XII, 260 S.) 888.
" 3. Deutsches Lese- und Sprachbuch für Volks- und Bürgerschulen. 13. Aufl. (VIII, 264 S.) 885.
" 4. Deutsches Lese- und Sprachbuch für die Oberstufen der Volks- und Bürgerschulen. 9. Aufl. (XVI, 358 S.) 889. * M 1.35.

— deutsches Lese- und Sprachbuch für die Oberstufen der Volks- und Bürgerschulen. 3. Abthl. des Hülfsbuches für den Sprech-, Schreib- und Lese-Unterricht. gr. 8. (XI und 311 S.) Leipzig 851, Brandstetter. *

— deutsches Lese- und Sprachbuch für die Oberstufen der Volks- und Bürgerschulen. 3. Abthl. des Hülfsbuches für den Sprech-, Schreib- und Leseunterricht. 2. Aufl. gr. 8. (XIII und 317 S.) Leipzig 857, Brandstetter. *

— deutsches Lese- und Sprachbuch für die Oberstufen der Volks- und Bürgerschulen. 3. Abthl. des Hülfsbuches für den Sprech-, Schreib- und Leseunterricht. 3. Aufl. gr. 8. (XIII und 317 S.) Leipzig 865, Brandstetter. *

— Deutsches Lese- u. Sprachbuch f. Volks- u. Bürgerschulen. 1.—3. Tl. gr. 8. Lpz., F. Brandstetter. [1. Tl. 21. Aufl. (VI, 74 S.) 889. * — 40; 2. Tl. 17. Aufl. (XII, 260 S.) 892. * 1 —; 3. Tl. 14. Aufl. (VIII, 264 S.) 890. * 1 —.] * 2 40
4. Tl. Ebd. 1889. * 1 35.

— deutsches Lese- u. Sprachbuch f. Volks- u. Bürgerschulen. 1., 2. u. 4. Tl. gr. 8. Ebd. n. 2. 75

1. Hilfsbuch f. d. ersten Sprech-, Schreib- u. Lese-Unterricht in den Elementarklassen d. Bürger- u. Volksschulen. 22. Aufl. (VI, 74 S.) 895. n. — 40
2. 18. Aufl. (XII, 260 S.) 895. n. 1. —
4. Für die Oberstufen. 10., unveränd. Aufl. (XVI, 359 S.) 895. n. 1. 35

— deutsches Lese- u. Sprachbuch f. Volks- u. Bürgerschulen. 2. Tl. 19. Aufl. gr. 8. (XII, 260 S.) Ebd. 900. n. 1. —

— dasselbe f. die Oberstufen der Volks- u. Bürgerschulen. 4. Tl. 11. unveränd. Aufl. gr. 8. (XVI, 369 S.) Ebd. 899. n. 1. 35

— Schulbericht über die beiden Bürgerschulen in Bautzen. Bautzen 869. (Rühl.) gr. 8. (61 S.) n. 5 ngr.

— der elementarische Sprachunterricht durch die drei Stadien des Sprechens, Schreibens und Lesens. Anweisung zum Hülfsbuche für den Sprech-, Schreib-, Lese-Unterricht in den Elementarklassen der Bürger- und Volksschulen, mit Anwendung des wechselseitigen Unterrichts. 3. umgearb. Aufl. Leipzig 853. Brandstetter. gr. 8. (VIII. 202 S.) n. 20 ngr.

— der elementarische Sprachunterricht durch die drei Stadien des Sprechens, Schreibens u. Lesens in den Unter- u. Mittelklassen der Bürger- u. Volksschulen. Anweisung zum „Hülfsbuche für den Sprech-, Schreib- u. Lese-Unterricht." 4. neu bearb. Aufl. Leipzig 869. Brandstetter. gr. 8. (X, 294 S.) 21 ngr.

Wangemann, Ludw., der elementare Sprachunterricht, als sprachlicher Anschauungsunterricht durch die drei Stadien des Sprechens, Schreibens und Lesens geführt. 5. neubearb. Aufl. gr. 8. (X, 386 S.) Leipzig 882, Brandstetter. *

Wangemann, Ludw., der wechselseitige Unterricht, (nicht Bell-Lancastersche Methode) die Vollendung des Elementarunterrichts. Mit besond. Anwendung auf den Sprach- und Rechnenunterricht. gr. 8. (VII und 168 S. mit 1 Tab. in gr. 4.) Merseburg 851. [Leipzig, Hebenstreit.] *

— Unterrichts-Ergebnisse bei der Einführung in das Verständnis des D. M. Luther'schen Katechismus. Für die Hand der Schüler und Schülerinnen zur Wiederholung und Befestigung. gr. 8. (79 S.) Leipzig 883, Reichardt Verlag. **

— Unterrichts-Ergebnisse bei der Einführung in das Verständnis d. D. M. Lutherschen Katechismus. Für die Hand der Schüler u. Schülerinnen zur Wiederholg. u. Befestigg. 2. Aufl. gr. 8. (80 S.) Leipzig 885. Reichardt. n.n. — 50

Wangemann, Otto, weltliche, geistliche und liturgische Chorgesänge für höhere Lehranstalten. 1.—12. Ster.-Aufl. gr. 8. (91 S.) Demmin 880—84, Frantz. * 80 Pf.; geb. *

Wangemann, Otto, weltliche, geistliche und liturgische Chorgesänge für höhere Lehranstalten. 13. Ster.-Aufl. gr. 8. (91 S.) Demmin 885, Frantz. *
cart. *

— Geschichte des Oratoriums von den ersten Anfängen bis zur Gegenwart. 12 Lfgn. gr. 8. (VIII, 552 S. mit Musikbeilagen.) [Demmin 882, Frantz.] Heilbronn, Schmidt. à Lfg. * M 1. (* M 12.) *

Wangemann, Otto, Geschichte der Orgel und der Orgelbaukunst von den ersten Anfängen bis zur jetzigen Vollendung. Unter Mitwirkung von Mar. Reiter, sowie der bedeutendsten Orgelbauer Deutschlands hrsg. Mit zahlreichen Abbild. (Stnt.). (In ca. 10 Lfgn.) 1.—6. Lfg. gr. 8. (S. 1—256.) Demmin 879, Freund. à Lfg. * ℳ 1. *

—— Geschichte der Orgel und der Orgelbaukunst von den ersten Anfängen bis zur jetzigen Vollendung. Unter Mitwirkung von Mor. Reiter, sowie der bedeutendsten Orgelbauer Deutschlands hrsg. Mit zahlreichen Abbild. (Stnt.). 7.—14. (Schluss-)Lfg. gr. 8. (X, S. 257—559.) Demmin 880, Frantz. à Lfg. * ℳ 1. *
1.—6. Lfg. Ebendas. 1879. à * ℳ 1.

—— Geschichte der Orgel und der Orgelbaukunst von den ersten Anfängen bis zur Gegenwart. 2. (Titel-)Aufl. gr. 8. (X, 559 S. mit 58 Stnt.) [Ebendas. 881.] Heilbronn, Schmidt. (* ℳ 15.) *

— Grundriß der Musik-Geschichte, von den ersten Anfängen bis zur neuesten Zeit. Lex.-8. (XII, 216 S. mit 13 Steintaf.) Magdeburg 878. Heinrichshofen's Verl. n. 6. —

Wangemann, Otto, Leitfaden f. d. a capella-Gesang, s.: **Überlée, Adb.**

— die Orgel, ihre Geschichte u. ihr Bau. Mit authent. Abbildgn., fksm. Beilagen, Portraits u. Orig.-Zeichngn. 3., umgearb. Aufl. gr. 8. (VIII, 260 S.) Leipzig 887. Verlags-Institut. n. 4. —

— die Orgel, ihre Geschichte u. ihr Bau. Mit authent. Abbildgn., faksimilierten Beilagen, Porträts u. Orig.-Zeichngn. 3., vollständig umgearb. Aufl. Neue (Titel-) Ausg. 8. (VIII, 260 S.) Leipzig 891. Verlags-Institut. 3. —

— die Orgel, ihre Geschichte u. ihr Bau. Mit authent. Abb., fksm. Beilagen, Portraits u. Orig.-Zeichngn. 3., vollst. umgearb. Aufl. Neue (Titel-) Ausg. gr. 8. (VIII, 260 S.) Leipzig (887) 895. Verlags-Institut. n. 3. —; geb. n. 3. 50

Wangemann, Paul: Bemerkungen zum chemischen Unterricht nach Arendtscher Methode. Sprottau, Druck v. L. Wildner, *1893*; 3–9 S. 4.
Sprottau, RG, OP 1893 (222)

Wangemann, P., s.: Elektron.

Wangemann, Paul, die Calciumcarbidindustrie, s.a. Mitteilungen der Gesellschaft f. wirtschaftliche Ausbildung, 3. Heft.

Wangemann, Paul, Die Calciumcarbidindustrie. E. kommerzielle Studie. Dresden 1904. 8°.
(Mitteilungen d. Ges. f. wirtschaftl. Ausbild. H. 3.)

— **Das deutsche Patentrecht**, s.a. Bibliothek der gesamten Technik.

Das deutsche Patentrecht. Von Dipl.Ing. P. **Wangemann**. Hannover: M. Jänecke 1908. (200 S.) 8°
= **Bibliothek** d. gesamten Technik. Bd 70. [08. 11066 7

— Sammlung weltlicher u. geistlicher Chorgesänge, s.: Überlée, A.

— evangelisches Schul-Choralbuch, s.: Überlée, Adb.

— evangelisches Schul-Choralbuch f. die Prov. Brandenburg, s.: Überlée, Adb.

Wangemann, Theodor

Wangemann, (T.), das Amt im Lichte des Worts. (Separatabdr. aus der Otto'schen Monatsschrift.) gr. 8. (72 S.) Naugard 854. (Berlin, Wohlgemuth.) **

Wangemann, (T.), die Bedeutung der Stiftshütte. Wissenschaftlicher Vortrag gehalten am 12. März 1866 im evangel. Vereinshause zu Berlin. Berlin 866. J. A. Wohlgemuth. gr. 8. (30 S.) 6 ngr.

Wangemann, (T.), vollständiges Beicht- und Communion-Buch für evangelische Christen. Berlin 862. W. Schultze. 8. (XV, 384 S.) n. 15 ngr.

—— s. Berlin I u. III in Deutsch-Ostafrika u. in Deutschland.

—— der Brief Pauli an die Römer nach Wortlaut und Gedankengang erklärt für bibelforschende Christen. 8. (247 S.) Berlin 866, (W. Schultze.) cart. *

Wangemann, der Brief Pauli an die Römer nach Wortlaut u. Gedankengang erklärt f. bibelforschende Christen. 2. Aufl. 8. (268 S.) Berlin 880. Hauptverein f. christl. Erbauungsschriften. cart. 1. 20

— das erste Buch Mosis oder die Genesis, nach Wortlaut u. geschichtlichem Zusammenhang erklärt für bibelforschende Christen. 8. (388 S.) Ebend. 880. n. 1. 80

—— das erste Buch Mosis oder die Genesis, nach Wortlaut und geschichtl. Zusammenhang erklärt für bibelforschende Christen. 8. (388 S.) Berlin 881, Hauptverein für christl. Erbauungsschriften.

Wangemann, (T.), sieben Bücher preußischer Kirchengeschichte. Eine aktenmäß. Darstellung des Kampfes um die luther. Kirche im XIX. Jahrh. 1. und 2. Bd. und 3. Bd. 1. und 2. Abthl. 8. Berlin, W. Schultze. [1. und 2. Bd. (XXII und 851 S.) 859. à Bd. * 1 Thlr. 10 Ngr., 3. Bd. 1. Abthl. (387 S.) 860., 3. Bd. 2. Abthl. (XVI und S. 388—767.) 860. à Abthl. * 1 Thlr. $7\frac{1}{2}$ Ngr.] Thlr. *

Wangemann, (T.), sieben Bücher preußischer Kirchengeschichte. Eine aktenmäß. Darstellung des Kampfes um die luther. Kirche im XIX. Jahrh. Anhang. A. u. d. T.: Geistliches Regen und Ringen am Ostseestrande. Ein kirchengeschichtl. Lebensbild aus der 1. Hälfte des XIX. Jahrh. 8. (XII und 248 S.) Ebendas. 861. *

Wangemann, T., Denkschrift über Aufgabe, Arbeit, Segen und Bedürfnisse der Berliner Missionsgesellschaft. gr. 8. (32 S.) Berlin 869, (Beck. — Wohlgemuth.) *

—— Fundament und Wesen der christlichen Sonntagsfeier nach der heil. Schrift und den symbol. Büchern der evangel.-luther. Kirche, Referat auf der naugarter Conferenz den 21. Juni 1854 vorgetragen. (Separat-Abdr. aus der Otto'schen Monatsschrift.) gr. 8. (80 S.) Naugard 854. (Berlin, Wohlgemuth.) **

— das sündlich große Geheimniß des Herrn in Seinem hochwürdigen Altar-Sacrament. 1. Abth. Ein vollständiges Beicht- u. Communionbuch für evangelische Christen. Stettin 858. Graßmann. 8. (XV, 384 S.) n. 18 ngr.

— über die neue Gemeinde-Ordnung von 1860. (Abdr. aus der „Monatsschrift für die evangel.-lutherische Kirche Preußens.") Ebend. 860. gr. 8. (51 S.) n. 5 ngr.

— kurze Geschichte des evangelischen Kirchenliedes, so wie der Kirche in ihrem Liede, oder Wegweiser durch die guten alten und neuern Gesangbücher mit besonderer Beziehung auf Vollhagens Gesangbuch, und auf das deutsche evangel. Kirchen-Gesangbuch bearbeitet. 853. (256 S.) nn. 10 ngr. — 2. verb. ꝛc. Aufl. Treptow a. d. Rega 855. (Stettin, Saunier.) gr. 8. (388 S.) nn. 15 ngr.

—— kurze Geschichte des evangelischen Kirchenliedes so wie der Kirche in ihrem Liede, oder Wegweiser durch die guten alten und neueren Gesangbücher mit besond. Beziehung auf Vollhagen's Gesangbuch, auf das evangel. Kirchen-Gesangbuch und auf die 80 Lieder der drei preuß. Regulative bearb. 3., verb. und verm. Aufl. 1859. 16 Ngr. und 4., unveränd. Aufl. gr. 8. (XVI und 356 S.) Berlin 862, W. Schultze. *

— kurze Geschichte des evangelischen Kirchenliedes, sowie der Kirche in ihrem Liede oder Wegweiser durch die guten alten u. neueren Gesangbücher rc. 5., verm. u. verb. Aufl. Berlin 865. (W. Schultze.) gr. 8. (XVI, 372 S.) n. 20 *ngr.*

Wangeman, T., Geschichte der Berliner Missionsgesellschaft u. ihrer Arbeiten in Südafrika 1. Bd., 2. Bd. 1. u. 2 Abth. u. 3. Bd. 1. u. 2. Abth. gr. 8. Berlin 872.—75. Wohlgemuth. n.n. 18. 50

I. Die evangel. Missionsarbeit in Südafrica. Eine Uebersicht üb. die Arbeiten sämmtl. evangel. Missionsgesellschaften in Südafrica. Mit e. (chromolith.) Uebersichtskarte (in Imp.-Fol.) u. vielen Bildern (in eingedr. Holzschn. u. auf 13 Holzschntaf.) gr. 8. (XI, 376 S.) n n. 4. 50; die Karte apart n. 2.

II. 1. Die Berliner Mission im Koranna-Lande. Mit Bildern (in eingedr. Holzschn. u. 4 Holzschntaf.) (X, 273 S.) 3. --

II. 2. Die Berliner Mission im Kaffer-Lande m. Bildern (eingedr. u. auf Holzschntaf.) (IV, 390 S.) n. 4. —

III. 1. Die Berliner Mission im Cap-Lande. Mit Bildern (in eingedr. Holzschn. u. 4 Holzschntaf.) (VI, 224 S.) 3. --

III. 2. Die Berliner Mission im Zulu-Lande. (332 S. m. Holzschntaf.) n. 4.

— Geschichte der Berliner Missionsgesellschaft u. ihrer Arbeiten in Südafrika m. vielen Bildern. 4. Bd. Die Berliner Mission im Bassuto-Lande [Transvaal-Republik] gr. 8. (XVI, 800 S. m. eingedr. Holzschn. u. Holzschntaf.) Berlin 877. Wohlgemuth in Comm. n.n. 6. — (I—IV.: n.n. 24. 50)

— christliche Glaubenslehre für gebildete Leser aller Stände u. Bekenntnisse aus der heiligen Schrift einfältig zusammengestellt. Berlin 865. (Matthies.) gr. 8. (XVI, 428 S.) n. 1 ℛ

Wangemann, (T.), biblisches Hand- und Hülfsbuch zu Luthers kleinem Catechismus, enth. eine auf den Gesammtgehalt der heil. Schrift begründete, mit bibl. Beispielen und Liederversen erläuterte Darstellung der gesammten christl. Lehre und des christl. Lebens auf Grund und nach Anordnung von Luthers kleinem Catechismus; so wie eine prakt. Anweisung für den Lehrer, wie er den Catechismus-Unterricht im Sinne der 3 preuß. Regulative rc. fruchtbar betreiben könne. Ein Lehr- und Lebensspiegel für alle ernsten Christen. gr. 8. (XIX und 625 S.) Treptow a. d. R. 855. (Stettin, Saunier.) Thlr. **

— biblisches Hand- und Hülfsbuch zu Luthers kleinem Catechismus, enthltd. eine auf den Gesammtgehalt der heil. Schrift begründete, mit biblischen Beispielen u. Liederversen erläuterte Darstellung der gesammten christlichen Lehre und des christlichen Lebens auf Grund und nach Anordnung von Luthers kleinem Catechismus; so wie eine practische Anweisung für die Lehrer rc. Ein Lehr- u. Lebensspiegel für alle ernsten Christen rc. Treptow a. d. R. 855. (Berlin, Wohlgemuth.) gr. 8. (XIX, 625 S.) n. 1 ℛ 20 *ngr.*

Wangemann, (Th.), biblisches Hand- und Hülfsbuch zu Luthers kleinem Katechismus, enthltd. eine auf den Gesammtgehalt der heil. Schrift begründete, mit biblischen Beispielen und Liederversen erläuterte Darstellung der gesammten christlichen Lehre rc. 2. Aufl. Berlin 857. Wohlgemuth. gr. 8. (XVI, 598 S.) n. 1 ℛ 20 *ngr.*

—— biblisches Hand- und Hülfsbuch zu Luther's kleinem Katechismus. 3., verm. und verb. Aufl. gr. 8. (1. Hälfte 320 S.) Berlin (861)62, W. Schultze.

— biblisches Hand- und Hülfsbuch zu Luther's kleinem Katechismus. 3. verm. u. verb. Aufl. Ebend. 862. gr. 8. (XX, 635 S.) n. 1 ℛ 20 *ngr.*

— biblisches Hand- u. Hilfsbuch zu Luther's kleinem Katechismus. 4. unveränd. Aufl. Berlin 870. (W. Schultze.) gr. 8. (XVI, 606 S.) n. 1 ℛ 20 *ngr.*

Wangemann, H[ermannus] T[heodorus]: *Integritas historiae Ioannis baptistae contra recentioris criticae objectiones defensa. 39 S. 2°

Halle-Wittenberg, Phil. Diss. v. 4. Nov. 1842

Geb. [Wilsnack (Kr. Westprignitz) 27. 3. 1813 nach seiner hs. Vita, vielmehr 1818 nach ADB. 41, 145 und H. Petrich, H. Th. Wangemann. Berlin 1895. S. 13.]

Verf. erlebte die Diplomerneuerung 1892 als D. theol. und Direktor der Berliner Missionsgesellschaft in Berlin, vgl. Anh. Nr. 596.

— Dr. Luther's kleiner Katechismus für den Schul- u. Confirmanden-Unterricht in Frage u. Antwort kurz u. faßlich erläutert u. mit passenden bibl. Beispielen, Liederversen u. Nachweis längerer Bibelabschnitte, sowie mit nöthigen Anhängen versehen. Berlin 865. J. A. Wohlgemuth. gr. 8. (VI, 138 S.) n. 10 *ngr.*

—— der Kirchenstreit unter den von der Landeskirche sich getrennt haltenden Lutheranern in Preußen. Eine Berichtigung und Ergänzung der bisher. Veröffentlichungen. Nach den Quellen dargestellt. Zweiter Nachtrag zu den „Sieben Büchern Preuß. Kirchengeschichte." 8. (III und 216 S.) Berlin 862, W. Schultze.

— Pastor Knak u. seine Gegner. Ein Beitrag zur Orientirung in den Motiven des neuesten Kirchenstreites. Berlin 868. C. Beck. 8. (32 S.) n. 3 *ngr.*

— Gustav Knak, ein Prediger der Gerechtigkeit, die vor Gott gilt. Ein Lebensbild aus dem ewigen Leben u. ein Spiegelbild für das zeitliche. gr. 8. (XVI, 464 S.) Ebend. 879. n. 6. —; feine Ausg. m. Photogr. n.n. 8. 50

— dasselbe. 2. Thl. A. u. d. T.: Zeugnisse aus u. v. dem Leben des theuren Gottesmannes Gustav Knak. gr. 8. (VIII, 292 S.) Ebend. 879. n. 3. 50; feine Ausg. n. 5. --

—— Gustav Knak, ein Prediger der Gerechtigkeit, die vor Gott gilt. Ein Lebensbild aus dem ewigen Leben und ein Spiegelbild für das zeitliche. 2. verb. und verm. Aufl. gr. 8. (XVI, 498 S. mit Lichtdr.-Portr.) Basel 881, Spittler. *

— Gustav Knak, e. Prediger d. Gerechtigkeit, die vor Gott gilt. Ein Lebensbild aus d. ewigen Leben u. e. Spiegelbild f. d. zeitliche. 3. Aufl. Neue wohlf. Ausg. 8. (VII, 447 S. m. 1 Bildn.) Basel 895. Kober. n. 2. 40; geb. in Leinw. n. 3. 20

— Lebensbilder aus Südafrika. Ein Beitrag zur Kirchen- u. Culturgeschichte d. 19. Jahrh. Mit Abbildgn. auf 12 Holzschntaf. gr. 8. (VI, 358 S.) Bielefeld 871. Gülcker & Co. geb. 2. 40

— Lebensbilder aus Südafrika. Ein Beitrag zur Kirchen- u. Culturgeschichte des 19. Jahrh. 1. Bd. Mit (eingedr. Holzschn.-) Abbildungen. 3. Aufl. gr. 8. (287 S.) Berlin 876. (W. Schultze.) n.n. 2. 50

— das Lutherbüchlein. Eine kurze Geschichte der Reformation und ihrer Segnungen. Zu Nutz und Frommen für Jung und Alt. Berlin 856. Wohlgemuth. 32. (189 S. u. 8 Lithogr.) 15 *ngr.*

— das Lutherbüchlein. Eine kurze Geschichte der Reformation und ihrer Segnungen. Zu Nutz und Frommen für Jung und Alt nach Mathesius, Jonas und andern alten und neuen Schriftstellern kurz zusammengestellt. 4. Aufl. Stettin 856. (Berlin, Wohlgemuth.) gr. 8. (72 S. u. 1 Holzschn.) n. 2½ *ngr.*

— das Lutherbüchlein. Eine kurze Geschichte der Reformation u. ihrer Segnungen. Zu Nutz u. Frommen für Jung u. Alt. Neue unveränd. Aufl. Berlin 865. J. A. Wohlgemuth. 16. (189 S.) n. 4 *ngr.*
Mit 8 Steintaff. n. 8 *ngr.*; cart. n. 10 *ngr.*

— das Lutherbüchlein. 4—6. Aufl. Barmen 866, 69. (Berlin, C. Beck.) 8. (124 S. mit eingedr. Holzschn. u. 1 Holzschntaf.) 3½ *ngr.*

—— dass. — Eine kurze Geschichte der Reformation und ihrer Segnungen. Zu Nutz und Frommen für Jung und Alt. Neue unveränd. Aufl. 16. (191 S.) Berlin 873, Wohlgemuth. *

Wangemann, das Lutherbüchlein. 7. Aufl. 8. (124 S. m. eingedr. Holzschn.) Barmen 873. Wiemann. n. — 40

— dasselbe. Eine kurze Geschichte der Reformation u. ihrer Segnungen. Zu Nutz u. Frommen f. Jung u. Alt. Neue unveränd. Aufl. 16. (191 S.) Berlin 873. Wohlgemuth. n. — 40

— das Lutherbüchlein. Hrsg. v. der Wupperthaler Traktat-Gesellschaft. 8. (124 S.) Barmen 883. Wiemann. n. — 35

— dasselbe. Eine kurze Geschichte der Reformation u. ihrer Segngn. Zu Nutz u. Frommen f. Jung u. Alt. 83. [unveränd.] Aufl. Jubiläumsausg. 12. (112 S. m. 8 Steintaf.) Berlin 883. (Wohlgemuth.) geb. n. 1. —; bill. Ausg. ohne Bilder n.n. — 25; cart. n. — 44

—— Maléo und Sekukúni. Ein Lebensbild aus Südafrika. gr. 8. (256 S.) Berlin 869, (Beck.) *
Ausg. auf Velinpap. mit 10 Holzschntaf. *

—— das Berliner Missionshaus und seine Bewohner. 5 Abthlgn. gr. 8. (Mit eingedr. Holzschn.) Berlin 882, (W. Schultze's Verlag.) **

Inhalt:
Abthl. 1. Ein Stück aus dem Leben und Kämpfen eines königl. preußischen Garde-Ulanen. [Eine erbaul. Baugeschichte.] (56 S.) ** 25 Pf.
" 2. Voller Wunder, voller Kunst. [Eine zweite erbauliche Baugeschichte.] (71 S.) ** 30 Pf.
" 3. Eine Hütte Gottes in der Kaiserstadt. [Beschreibung des neuen Missionshauses in Berlin.] (31 S.) ** 20 Pf.
" 4. Hausordnung für die Bewohner des Missionshauses. (47 S.) ** 50 Pf.
" 5. Unterrichtsordnung des Berliner Missionsseminars. (52 S.) ** 50 Pf.

— das Opfer nach der heiligen Schrift alten u. neuen Testaments. Eine apologet. Darstellung des biblisch-kirchl. Opferbegriffs. 2 Bde. Berlin 866. (W. Schultze.) gr. 8. (XX, 776 S.) n. 3 ℛ 5 ngr.

—— das neue Otto-Büchlein, in welchem getreuer Bericht gegeben wird, wie unsere Vorfahren in Pommern zuerst Heiden gewesen sind, und darnach durch Bischof Otto von Bamberg zum christl. Glauben bekehret sind ꝛc. gr. 8. (56 S.) Ebendas. 871. 30 Pf.; cart. *

—— das neue Otto-Büchlein, in welchem getreuer Bericht gegeben wird, wie unsere Vorfahren in Pommern zuerst Heiden gewesen sind, und darnach durch Bischof Otto von Bamberg zum christl. Glauben bekehret sind und wie darnach die christl. Kirche Pommerns durch Johs. Bugenhagen und seine Genossen aus der Finsterniß römisch-kathol. Irrungen zu dem reinen Lichte des Evangelii zurückgeführt worden ist. 3. Aufl. gr. 8. (56 S. mit eingedr. Holzschn.) Berlin 873. (Leipzig, Buchh. des Vereinshauses.)

—— Pflicht und Aufgabe der Missionsarbeit des XIX. Jahrh. und Widerlegung der gegen sie erhobenen Einwürfe. Referat, auf der Kreissynode Berlin I am 14. Juni 1880 gehalten. 8. (24 S.) Berlin 881, (Wohlgemuth's Verlagsh.) **
Aus: Berliner Missions-Berichte, besonders abgedruckt.

— s.: Posselt, Wilhelm, der Kaffern-Missionar.

— brüderlicher Rath u. Anweisung f. die Hülfsvereine u. Freunde der Berliner Mission, wie die Arbeit f. dieselbe nutzbar betrieben werden könne. [Aus: „Missionsberichte".] gr. 8. (40 S.) Berlin 875. (Beck.) n. 20

— Reise durch das gelobte Land. Ein ausführl. Tagebuch über eine in den Jahren 1866 u. 1867 unternommene Reise von England nach St. Helena u. dem Cap der guten Hoffnung u. die Rückreise von Natal über Mauritius, Egypten u. Palästina. Mit vielen Illustr. (in 8 Holzschntaff. u. eingedr. Holzschn.) Berlin 869. (E. Beck — Wohlgemuth.) gr. 8. (202 S.) n. 1 ℛ 10 ngr.

Wangemann, T., Reise durch das gelobte Land. Ein ausführl. Tagebuch über eine in den J. 1866 und 1867 unternommene Reise von England und dem Cap der guten Hoffnung und die Rückreise von Natal über Mauritius, Egypten und Palästina. 2. Ausg. gr. 8. (202 S. mit vielen Illustr. in eingedr. Holzschn. und Holzschntaf.) Berlin 876, (Wohlgemuth's Verlag.) *

(Wangemann, T.): Dr. Wangemann's Reise in Süd-Afrika. 1866—67. (Anhang an: Jeppe: Die Transvaal'sche oder Süd-Afrikanische Republik. S. 15—24.) Gotha 1868. 10 S.
in: Ergänzungsheft zu Petermann's Geographischen Mittheilungen. No. 24. 8°.

—— Reise durch einen Theil von Böhmen, Mähren und der Slovakei. Im Interesse des luther. Gotteskastens unternommen. gr. 8. (62 S.) Berlin 866, W. Schultze. *

—— ein Reise-Jahr in Süd-Afrika. Ausführliches Tagebuch über eine in den J. 1866 und 1867 ausgeführte Inspectionsreise durch die Missions-Stationen der Berliner Missions-Gesellschaft. gr. 8. (653 S. mit eingedr. Holzschn., 16 Holzschntaf. und 1 Karte in Holzschn. in qu. 4.) (Ebendas.) 869. *

Wangemann, ein zweites Reisejahr in Süd-Afrika. gr. 8. (VIII, 432 S. mit 1 chromolithogr. Karte von Süd-Afrika.) Berlin 886, (Wohlgemuth's Verlagsh.) **
geb. **

— die lutherische Sacramentslehre in ihrer Richtigkeit u. Wichtigkeit nach der h. Schrift zusammengestellt und für den Confirmanden-Unterricht eingerichtet. Separat-Abdr. aus Otto's Monatsschrift für die evang-luther. Kirche Preußens. Naugard 853. (Berlin, W. Schultze.) 8. (66 S.) n. 7½ ngr.

—— der Prediger Salomonis nach Inhalt und Zusammenhang praktisch ausgelegt. gr. 8. (210 S.) Berlin 856, Wohlgemuth. *

—— „Una sancta", s. Hempfing, C.

—— Schulordnung nebst Einrichtungs- und Lehrplan für die preußische Volksschule. Auf Grund älterer und neuerer Verordnungen der kgl. Behörden und der drei preuß. Regulative zusammengestellt. 1. Abthl., welche die Schulordnung und die äußerl. Einrichtungen betrifft. gr. 8. (XII und 155 S.) Berlin 856, Wohlgemuth. *
— — 2. Abth. A. u. d. T.: Practische Auslegung der drei preuß. Regulative dargeboten in einem vollständig ausgeführten Lehrplan für die gehobene Volksschule. Ebend. 858. gr. 8. (XVI, 272 S. u. 27 Tab. in 8., 4. u. Fol.) n. 1 ℛ.

—— Schulordnung nebst Einrichtungs- und Lehrplan für die preußische Volksschule. Auf Grund älterer und neuerer Verordnungen der königl. Behörden und der drei preuß. Regulative zusammengestellt. 2. Abthl.: A. u. d. T.: [Practische Auslegung der drei preuß. Regulative dargeboten in einem vollständig ausgelegten Lehrplan für die gehobene Volksschule. gr. 8. (XVI und 272 S. mit 27 S. Tab. in qu. 8., qu. gr. 4. und qu. Fol.) Berlin 858, J. A. Wohlgemuth. *
1. Abthl. Ebendas. 1856. * 12 Ngr.

— Johan Sigismundt u. Paulus Gerhardt od. der erste Kampf der lutherischen Kirche in Churbrandenburg um ihre Existenz. Ein kirchengeschichtl. Lebensbild aus dem XVII. Jahrh. Ergänzungsheft zum 5. Buch der Una Sancta. gr. 8. (256 S.) Berlin 884. W. Schultze. n. 4. 20

— Pearsall Smith u. die Versammlungen zu Brighton in ihrer Bedeutung f. Deutschland. [Aus: „Evangel. Kirchenzeitg."] gr. 8. (103 S.) Ebend. 875. n. 1. —

— dasselbe. 2. verm. u verb. Aufl. gr. 8. (96 S.) Berlin 876. Wohlgemuth's Verl. in Comm. 1. 50

—— „Steht die Breslauer lutherische Separation auf den lutherischen Bekenntnißschriften oder daneben?" Erwiderung auf die wahrheitentstellenden Angriffe des separirt luther. Superint. Nagel. gr. 8. (24 S.) Berlin 882, (W. Schultze's Verlagsh.) *
Aus: Evangel. Kirchenzeitung, besonders abgedruckt.

— s. Sturtz, J. Land u. Leute in Deutsch-Ost-Afrika.

— Südafrika u. seine Bewohner, nach den Beziehungen der Geschichte, Geographie, Ethnologie, Staaten- u. Kirchen-Bildung, Mission u. d. Racen-Kampfes in Umrissen gezeichnet u. m. vielen (Holzschn.-)Abbildungen versehen. 1—4 Auffatz. gr. 8. (X, 63; X, 32 u. 68 S. mit 124 Holzschn.) Berlin 881. Wohlgemuth in Comm. n. 4. —

Wangemann, geographisch-geschichtliche Uebersichtskarte über die evangelische Missionsarbeit in Süd-Afrika. Als Beigabe zu der Geschichte der evangel., insonderheit der Berliner Mission in Süd-Afrika. Nach älteren und neueren Quellen, sowie eigenen Aufnahmen entworfen und gezeichnet. 1 : 3,250,000. Chromolithogr. Imp.-Fol. Nebst einem Wegweiser. gr. 8. (4 S.) Berlin 881, (Wohlgemuth's Verlagsh.) *

Wangemann, Uebersichtskarte über die evangelische Missionsarbeit in Süd-Afrika. Nach älteren und neueren Quellen und eigenen Aufnahmen. Fol. Berlin 872, Schropp'sche Landkartenh. *

— Wie kann das Gesangbuch für den Schulunterricht nützlich verwandt und behandelt werden? Referat auf der Naugarder Conferenz den 13. Oktbr. 1852. Separat-Abdr. aus Otto's Monatsschrift für die evang.-luther. Kirche Preußens. 853. (31 S.) n. 4 ngr — 2. verm. Aufl. Treptow 854. (Stettin, Saunier.) gr. 8. (16 S.) nn. 3 ngr.

Wangen, J. B., Predigten auf die Sonntage der Fasten über den verlorenen Sohn u. des Menschen letzte Dinge, nebst einer Oster- u. Charfreitagspredigt. 2 Jahrgänge. gr. 8. (VIII u. 184 S.) Mainz 847, Kirchheim, Schott & Thielmann. 24 ngr.

Wangen, J. B., Predigten auf die Sonntage der Fasten über den verlorenen Sohn u. des Menschen letzte Dinge, nebst einer Oster- u. Charfreitagspredigt. 2 Jahrgänge. 2. (Titel-)Ausg. Mainz (847)865. Kirchheim. gr. 8. (VIII, 181 S.) 15 ngr.

Wangenberg, s. Eduard.

Wangenburg [Schlagwort]

Wangenburg, s.: Vogesen.

Wangenheim, die Familie. 1r Bd. 8. Magdeb. 809. (Leipz., Lauffer). 16 gr.

Wangenheim, d. Famil., Gemälde interessanter Scenen vor u. nach d. Uebergabe v. Magdeb. 1r Bd. 8. Magdeburg, v. Schütz. 809.

[Wangenheim, Karl Aug. Frh. v.:] Die Wahl des Frhn. v. Wangenheim, Staatsministers a. D., zum Abgeordneten in die Württemb. Ständeversammlung. Tübingen: Laupp 1832.
Dazu Gervinus, Geschichte des 19. Jh. 2, 460 f., A. D. Biogr. 17, 135 f.

Wangenheim, Frhr. von: Dreissig Jahre Arbeit auf Sand und Moor. Berlin 1904

Wangenheim, Frhr. v., der Krümperkutscher. Ein Leitfaden zum Selbstunterricht f. Wagenlenker. (IV, 25 S.) kl. 8. Oldenburg (906). G. Stalling's Verl. n. — 60

Wangenheim, C. v., s. Wangenheim, K. v.

v. Wangenheim, C. B., Auswahl launiger u. ernster Gedichte f. Deklamationen. 8. Leipz. 824. (Cnobloch). 9 gr.

Wangenheim, Carl August v., s. Wangenheim, Karl August v.

Wangenheim, E., der Bessemerproceß zur Erzeugung von Gußstahl, s. Schauplatz, neuer, der Künste und Handwerke. 187., Bd.

Wangenheim, E., Der Bessemerprozeß zur einfachsten und billigsten Erzeugung von Gußstahl direkt aus den reineren Roheisensorten Deutschlands. Weimar, 1863. 148 S. mit 1 Taf.

— die Fabrikation der künstlichen und geformten Brennmaterialien, s. Schauplatz, neuer, der Künste und Handwerke. 254. Bd.

Wangenheim, E.: D. Fabr. d. künstl. u. geformten Brennmaterialien d. sogen. Pariser Kohlen, Paras, Briquettes, Kohlensteine u. Kohlenziegel durch Vermenung, Zusammenpressg. etc. Weimar 1862.

Wangenheim, Ernst: Gneisenau, s. Als Deutschland erwachte.

Wangenheim, Ernst v.: Scharnhorst, s. Als Deutschland erwachte.

Wangenheim, F. A. J. v., s. Wangenheim, Friedrich Adam Julius v.

Wangenheim, F. H. A. v.

— Beiträge zu einer Familiengeschichte der Freiherren von Wangenheim. Mit Abbildgn. u. Stammtfln. Göttingen 1874. 8. Nicht im Handel.

Wangenheim, F. H. A. v., Regesten und Urkunden zur Geschichte des Geschlechts Wangenheim und seiner Besitzungen. 2 Bde. Mit 5 Stammtfln. Hannover 1857. 8. — 2. Aufl. Göttingen 1872. 8.

Wangenheim, Franz Theodor

Wangenheim, F. Th., Ben-Lee, oder: Ist eine Emancipation der Juden denkbar? Biographische Skizze aus dem Tagebuche eines Poeten. 8. Hamburg 837. Berendsohn. 1 ℛ

— Hofrath Bummelbein u. seine Freunde. 8. Ludwigsburg 832. jetzt Berendsohn in Hamburg. 1 ℛ

Wangenheim, F. Th., der Dachdecker v. Maidstone. Histor. Erzähl. 2 Thle. 8. (32 B.) Braunschweig 834, G. C. E. Meyer.

Wangenheim, F. Th., Dramatisches. (Die Juristen. — Krone u. Herz. — Der Egoist.) gr. 16. Cassel 846, Hotop. 1 ℛ

— Paul Flemming, oder die Gesandtschaftsreise nach Persien. Histor. Roman. Mit (9) Originalradirungen von P. C. Geißler. 3 Bde. 8. Leipzig 842, Beyer. 3¾ ℛ

— Paul Flemming, od. die Gesandtschaftsreise nach Persien. Histor. Roman. Mit Originalradirgn. v. P. C. Geißler. 3 Bde. 8. (58¼ B. u. 9 Zeichn.) Leipzig 842, [Orthaus.]

— Dr. Francia. Analyt.-histor. Roman. 3 Thle. 8. (40 B.) Hamburg 836, Berendsohn.
Thl. 1. Die Pampas.
" 2. Das schöne Mädchen v. San Paulo.
" 3. Der Autokrat.

—, Hakkem Ben Haschem. Histor. Roman aus d. Jugendzeit d. Khalifen Harrun Al Raschid. 3 Thle. gr. 12. (28¼ B. u. 1 Titkpfr.) Leipzig 836, [Pesth,] Hartlebens Vrls.-Exped.
Thl. 1. Die Abbasside.
" 2. Der Ommiade.
" 3. Der Gott.

— die Höllen-Kur. Novelle. 8. (16½ B.) Zwickau 843, Richter'sche Buchh. * 1 Thlr. Hrbgef. Pr. *

— Ritter Homburg vom Hils, od. Rache u. Vergeltung. Histor. romant. Gemälde aus d. Zeiten d. Kreuzzüge. 8. (13 B.) Braunschweig 833, G. C. E. Meyer.

— vierzig Jahre eines Kerkermeisters. 2 Thle. 8. (27½ B.) Leipzig 842, [Orthaus.]

—— der Jude d. 19. Jahrh. Ein Roman. 2 Thle. gr. 12. (20 B. u. 2 Kfrt.) Leipzig 835. [Berlin, Klemann.]

— der Jude des 19ten Jahrhunderts. Ein Roman. 2 Thle. Mit 2 Titelkpfr. gr. 12. Leipzig 835. Georg Wigand. 3 ℛ

—— der Kerkermeister. 8. (14½ B.) Leipzig 842, [Orthaus.]

—— der Financier Law. Histor. Erzähl. 2 Thle. 8. (28 B.) Braunschweig 834, G. C. E. Meyer.

—— die Luftschiffer. Novelle aus d. Schattenreiche. 8. (14¾ B.) Hamburg 836, Hoffmann u. Campe.

— Marguerite Mercier. Novelle aus der Criminal-Rechts-Pflege in Frankreich. 1697—1701. 8. Braunschweig 846, Meyer sen. ⅔ ℛ

——, Jacob v. Molay, d. letzte Templer. Histor. Roman. 3 Thle. 8. (42 B.) Altona 838, Hammerich.
Thl. 1. St. Jean d'Angeli.
„ 2. Herr und Knecht.
„ 3. König Philipp.

—— der Mönch. Histor. Roman. 3 Thle. 8. (58½ B.) Hamburg 836, Hoffmann u. Campe.
Thl. 1. Der Hof zu Palermo.
„ 2. Johann von Flandern.
„ 3. Der Dominikaner.

—— histor. Novellen. 8. (12¼ B.) Hamburg 838, Berendsohn.
Inh.: Der Todesengel. — Der Schlemiehl. — Der Bremense.

—— aus d. Papieren e. Selbstmörders. Ben-Lee, od. „eine Emancipation d. Juden ist nicht denkbar." 8. (12 B.) Leipzig 840, [Voigt u. Fernau.]

— der Partisan des dreißigjähr. Krieges. Histor. Roman. Mit (16) Original-Holzschnitten, gezeichn. von G. Berger. 4 Bde. Magdeburg u. Breitenfeld. — Die Schlacht bei Lützen. — Kaiser Ferdinand. — Der Baiernherzog. 8. Magdeburg 843, 44, Falckenberg u. Comp. 5 ℛ

Wangenheim, F. Th., die Perle v. Zion. 2 Bdchn. (Wohlf. Ausg. ohne Verzierung.) 8. (28 B.) Leipzig 839, [Lorck.] Thlr.

— die Perle von Zion. 2 Bdchen. (Eine Festgabe zum Beginn des neuen Jahrhunderts. Mit Titelbild.) 16. Leipzig 839. Weber. n 2⅔ ℛ

—— histor. u. Phantasie-Gemälde. 8. (13 B.) Braunschweig 834, G. C. E. Meyer.
Enth.: Der Christabend. — Das Innerstegrab. — Das Vermächtniß. — Signor Nana.

— die Polin. Historische Erzählung. 3 Thle. Enthaltend: Der Malachowski-Jäger. — Ostrolenka. — Die Heimathlosen. 8. Braunschweig 833. G. C. E. Meyer sen. 3 ℛ

Wangenheim, F. Th., das Problem, oder: Wer ist der Vater? Novelle (u. Tragödie in 5 Aufzügen: Krone u. Herz. Von *****.) 2 Bde. kl. 8. Grünberg 842, Levysohn. 2 ℛ

—— die Räuber. Roman nach Friedr. v. Schillers Trauersp. „Die Räuber". 3 Thle. 8. (42½ B.) Hamburg 837, Berendsohn.
Thl. 1. Die Grafen v. Moor.
„ 2. Franz v. Moor.
„ 3. Carl v. Moor.

—— der Rebell. Histor. Roman. 2 Thle. 8. (26 B.) Leipzig 839, Wienbrack.

Wangenheim, F. Th., der letzte Sachse. Histor. Novelle. 8 (216 S.) Halberstadt 847, Lindequist & Schönrock. ⅛ ℛ — Mit Gertruden's Bildniß (in Stahlst.) 2. (Titel-)Ausg. 8. (216 S.) Quedlinburg (847) 852, Ernst. ½ ℛ

— Schleswig-Holstein. Gedicht. gr. 8. Schleiz 846, Bockelmann. 3 n𝑔𝑙

— Schleswig-Holstein. (Gedicht.) gr. 8. (15 S.) Schleiz 847, Bockelmann. 3 n𝑔𝑙

—— Schleswig-Holstein. (Gedicht.) gr. 8. (15 S.) Schleiz 847, [Hübscher's Buchh.]

—— die Schwertler v. Zürich. Histor. Roman. 3 Thle. 8. (42 B.) Hamburg 838, Hoffmann u. Campe.
Thl. 1. Die Bünde.
„ 2. Rudolph Stüssi.
„ 3. Die Eidgenossen.

—— die Seelenverkäufer. Nach Thatsachen uns. Tage histor.-romant. dargestellt. 3 Bde. 8. (47 B.) Braunschweig 841, G. C. E. Meyer sen.
Bd. 1. Der Agent.
„ 2. Das Schiff Aloysa.
„ 3. Deutschland u. d. Union.

—— der Spion. Histor. Roman. 4 Bde. 8. (71¾ B.) Leipzig 840, [G. Genf.] 6 Thlr., hrbgf. Pr.
Bd. 1. Die Schlacht bei Jena.
„ 2. Die Schlacht bei Wagram.
„ 3. Die Schlacht bei Leipzig.
„ 4. Paris u. St. Helena.

—— die letzten Stuart's. Histor. Erzähl. 3 Thle. 8. (44½ B.) Braunschweig 833, G. C. E. Meyer.
A. u. d. Ttln.:
Thl. 1. Anna Hyde u. d. Stuart's.
„ 2. Blood v. Heath.
„ 3. Effie, od.: Das Grab v. Southwoldbay.

—— Weibertreu u. Fürstenwort. Histor. Novelle aus d. letzten Tagen Karls d. Kriegerischen, Herzogs v. Burgund. 8. (13 B.) Leipzig 839, Wienbrack.

(——) die Zeitgenossen, s. Zeitgenossen.

——, Johann Ziska. Histor. Roman. 3 Thle. gr. 12. (24 B.) Leipzig 838, [Lorck.]
Thl. 1. König Wenzel.
„ 2. Tabor u. Horeb.
„ 3. Der blinde Feldherr.

von Wangenheim, Friedrich Frh. [Dr.]: Beitrag zur Beantwortung der Frage über die Eiszeit. Erfurt, Druck v. F. Bartholomäus, 1894; 1 Bl., 1—14 S. 8.
Erfurt, k. RG, Festschr. 1894 (262)

Wangenheim, Friedr. v. Reformbestrebungen und innere Politik Karls des Großen. 46 S. **Progr.** Domg. *Magdeburg* 1885

Wangenheim, Friedrich Adam Julius v.

WANGENHEIM, Friedrich Adam Julius v.: Beytrag zur teutschen holzgerechten Forstwissenschaft, die Anpflanzung nordamerikanischer Holzarten mit Anwendung auf teutsche Forste betreffend. - Göttingen 1787. IV, 124 S., Reg., 31 Taf.

— Beitrag zur deutschen holzgerechten Forstwissenschaft d. Anpflanzung nordamerikan. Holzarten, mit Anwend. auf deutsche Forste, mit 36 Originalzeichnungen. gr. Fol. Götting. 787. Dieterich. 5 ℛ

v. Wangenheim, Fr. Adm. Jul., († d. 25. März 1804.) Beschreib. einig. nordamerik. Holz- u. Buschauten, mit Anwendung auf deutsche Forsten ɩc. 8. Götting. 781. Dieterich. 8 ℛ 151 S.

WANGENHEIM, Friedrich Adam Julius von 1749 - 1800
Beschreibung einiger Nordamericanischen Holz- und Buscharten mit Anwendung auf teutsche Forsten; zum Gebrauch für Holzgerechte Jäger und Anpflanzer fremder Holzarten von Friedrich Adam Julius von Wangenheim Capitain beym Hochfürstl. Hessen-Casselischen Feldjäger-Corps in Nordamerica aus den in dortigen Provinzen seit den Jahren 1777. bis 1780 gemachten Bemerkungen. Göttingen: Dieterich. 1781. 160 S. 8°.
Niedersächsische Landesbibliothek Hannover
Frankfurt-Leipziger Meßkatalog, Michaelismesse 1781, S. 213.
Sabin 101237. Baginsky 688. Palmer.

Wangenheim, Fritz Frhr von: Vertheidigung Kants gegen Fries. Halle a. S. (1876): Plötz. 78 S. 8°

Halle-Wittenberg, Phil. Diss. v. 7. Aug. 1876

Geb. Jessen (Kr. Schweinitz) 23. 4. 1849. V.

Im Buchhandel Berlin: Gärtner 1876.

Verf. hatte außerdem eingereicht: [2.] * Qualis sit Kantii methodus critica. 13 S. 4° (2°)

[3.] * Ueber die ehemaligen Wohnsitze und die Nationalität der Cimbern, Teutonen und Ambronen nach römischen und griechischen Quellen. 26 S. 4° (2°)

Wangenheim, Fritz Frhr. v., Vertheidigung Kants gegen Fries. gr. 8. (78 S.) Berlin 876. Gärtner. n. 1. 60

Wangenheim, Georg von [aus Graitzschen]: Ueber die Einwirkung von Diacetbernsteinsäureester auf Ortho- und Para-Tolylhydrazin . . . Jena, G. Neuenhahn Univ.-Buchdr., 1891; 31 S. 8°
Jena, Phil. Fak., Inaug.-Diss. v. 1891.

Wangenheim, Johann Ernst von (Thür.) A. S. 732/23

Disputatio juridica de poena conventionali maxime in matrimonialibus. Präs. Matthias Nikolaus Braun. Jena (Müller) 5. II. 1707. 22 S.

W. v.: Präs., Johann Adam Clemen (Opp.), Th. W. Frise (Opp.), Johann Ludwig von Hahnstein (Opp.), L. C. B. von Creenburg (Opp.). 35808

Wangenheim, K. v., üb. Gefühl u. Gefühlvermögen etc., s. Necker de Saussure. (Anhang.)

Wangenheim, C. v., die befreite Undine. Ein Beitrag z. Kritik des Gesetzentwurfs über d. Benutzung der Privatflüsse. (Fragment.) gr. 8. (5½ B.) Berlin 813, Dümmler's Verl.

Wangenheim, Karl August v.

v. Wangenheim, Karl Aug., auch ein Beitrag zur Geschichte der Organisation d. Sachsen-Coburg-Saalfeld. Lande, durch d. Minister Th. v. Kretzschmar. 2 Thle. 8. Coburg. (Erf.) 805. (Otto). 2 ß

Wangenheim, K. A. v., auch ein Beytrag z. Gesch. d. Organisation d. Coburg-Saalfeld. Lande, durch d. Minister Th. v. Kretschmar. 2 Thle. 8. Erfurt. Bever. 805.

Wangenheim, Karl Aug. Frh. v., über d. deutschen Bund etc., s. Wahl.

Wangenheim, Carl Aug. v., das Dreikönigsbündniß vom 26. Mai 1849 und die Radowitzische Politik in Vergleichung mit dem Fünfkönigsbündnisse vom J. 1814—1815, nebst zahlreichen Mittheilungen aus den nicht veröffentlichten Verhandlungen der deutschen Bundesversammlung. (Hrsg. von Adph. Michaelis.) gr. 8. (XX und 652 S.) Stuttgart 851, Metzler'sche Buchh.

— d. Idee d. Staats-Verfassung, mit besond. Rücksicht auf Würtembergs alte Verfassung u. d. Entwurf zu ihrer Erneuerung. 8. Frankf. a. M. ... Körner. 1 ß

(W a n g e n h e i m, Minister von): „Die Idee der Staatsverfassung, in ihrer Anwendung auf Württembergs alte Landesverfassung und den Entwurf zu deren Erneuerung", Frankfurt a. M. 1815.

v. WANGENHEIM, K. Aug.: Die Idee der Staatsverfass., mit besond. Rücks. auf Würtembergs alte Verfass. u. d. Entwurf zu ihrer Erneuerung. *Frankfurt*, Körner. 817. 8. (1 Thl.)

—— Oesterreich, Preußen und das reine Deutschland auf der Grundlage des deutschen Staatenbundes organisch zum deutschen Bundesstaate vereinigt. Ein Verfassungsvorschlag aus redlicher Forschung und reicher Erfahrung. (Bis zum 6. Artikel berichtigt und verm. aus der A. A. Zeitung, die übrigen 8 Artikel neu hinzugefügt.) gr. 8. (XI und 172 S.) Weimar 849, Landes-Industrie-Comptoir.

— Sendschreiben an Karl Jul. Lange in Berlin, als Herausgeber d. nord. Merkurs u. öffentl. legitimirt. Anwald d. Ministers Th. v. Kretzschmar. 8. o. O. (Hildburgh.) 805. (Krappe in Leipz.) 12 K

(W a n g e n h e i m, Minister von): „Ueber die Trennung der Volksvertretung in 2 Abtheilungen", Frankfurt a. M. 1816.

v. Wangenheim, Paul Freiherr, die Abtrünnigen. Drama in 5 Acten. 8. Leipzig 846, Weber. n. 1 1/3 ß

Wangenheim, Paul v., dramatische Werke. (Bühnen-Manuscript.) gr. 8. (VIII, 134 und 150 S.) Stuttgart 848, Hallberger'sche Vrlgsh.

Wangenheim, Udo v., Erinnerungen an Schleswig-Holstein aus den J. 1850 und 1851 nebst einem (lithogr.) Plan der Schlacht von Idstedt (in Fol.) gr. 8. (70 S.) Hildburghausen 852, Kesselring'sche Hofbuchh. *

—— die Reserve-Brigade im deutsch-dänischen Kriege 1849 unter dem Commando Sr. Hoh. des Herzogs von S. Coburg-Gotha in besond. Hinblick auf den 5. April. gr. 8. (22 S.) Hildburghausen 852, Kesselring'sche Hofbuchh.

Wangenheim, Ulrich Frh. von, Referendar: Das Wiederkaufsrecht. *Göttingen 1899: Dieterich.* (87 S.) 8°
Göttingen, Jur. Diss. v. [27. Sept.] 1899

Wangenheim, Ulr. Frhr. v., das Wiederkaufsrecht. Diss. gr. 8. (87 S.) Göttingen 899. (Vandenhoeck & Ruprecht.) n. 2. 20

Wangenheim, Wilh. Frhr. v., landwirthschaftliches Fragebuch. Ein Leitfaden für den landwirthschaftl. Unterricht in ländl. Fortbildungsschulen etc. Nach dem Französ. des Edm. Teißerenk de Bort für deutsche und österreich. Verhältnisse frei bearb. gr. 8. (VI, 141 S. mit 32 in den Text gedr. Holzschn.) Stuttgart 880, Ulmer. *

Wangenheim, Wilh. Frhr. v., landwirtschaftliches Fragebuch. Ein Leitfaden für den landwirtschaftl. Unterricht in Lehrerseminarien, ländl. Fortbildungsschulen etc. 2. vollständig umgearb. und verm. Aufl. gr. 8. (VIII, 214 S. mit 45 in den Text gedr. Holzschn.) Stuttgart 885, Ulmer. *

Wangenheim, Wilh. Frhr. v., **die norwegischen Schneeschuhe [Ski]. Das nützlichste Geräth zur Ueberwindg. der dem Verkehr durch Schnee bereiteten Hindernisse. gr. 8. (23 S.) Hamburg 892. Verlags-Anstalt u. Druckerei, A.-G. n. — 60**

— dasselbe. 2., sehr verm. Aufl. gr. 8. (VI, 44 S. m. 26 Abbildgn.) Ebd. 895. n. 1. —

Wangenheim v. Qualen, Beiträge u. Ergänzungen zu den geologischen Verhältnissen des Orenburg. Gouvernements, s. d. B u l l e t i n de la Société Impériale des naturalistes de Moscou. Tome XXI. 2. partie. Tome XXIV. 1. partie.

Wangenheim von Qualen. Beiträge und Ergänzungen zu den geogn. Verhältnissen des Orenburgischen Gouvernements und der westlichen Ural-Seite, insbesondere über Saurier-Reste im westuralischen Kupfersandsteine und im Bergkalke. (Aus dem Bull. de la Soc. Imp.) Moskau. 1847—1848. 8.

Wangenheim v. Qualen. Ueber eine seculäre, langsame Fortbewegung der erratischen Blöcke aus der Tiefe des Meeres aufwärts zur Küste durch Eisschollen und Grundeis. Beobachtet an den Ufern des Balticums der Küstengegend Livland's. (Aus d. Bull. de la Soc. imp. de Moscou.) Moscau. 1853. 8.

— der Krater bei Sall auf der Insel Oesel, siehe: B u l l e t i n de la Société Impériale des naturalistes de Moscou. Tome XXII. 2. partie. Tome XXIII. 1. partie. Tome XXV. 1. partie.

Wangenheim von Qualen. Ueber einen im Kupfersandsteine der westuralischen Formation (Système permien) entdeckten Saurier-Kopf. (Aus den Bull. de la Soc. Imp. des Nat. de Moscou.) Moskau. 1845. 8.

Wangenmüller, Max., durch Christus zum Vater! ein Gebet- u. Erbauungsbuch für kathol. Christen. 3. Aufl. Mit 1 Stahlst. 12. Blaubeuren 844, Mangold. n. 1/2 ß

Wangenmüller, Max., meine Erlebnisse bei den Deutschkatholiken und Eintritt in die evangel. Kirche. Allen redlichen Christus-Bekennern gewidmet. 8. (XXIV und 88 S.) Frankfurt a. M. 849, [Völcker.] *

Wangenmüller, Max., Gespräch e. kathol. Pfarrers mit e. Pfarrkinde üb. d. gemischten Ehen. gr. 8. ($3^1/_4$ B.) Stuttgart 840, Sonnewald'sche Buchh.

— s. Hat die römisch-kathol. Kirche Gebrechen?

Wangenmüller, Max., ich habe der katholischen Kirche Unrecht gethan! Bekenntnisse. 8. (90 S.) Stuttgart 859, (Sonnewald'sche Buchh.)

——, Joseph II. u. Pius VI. Eine Skizze d. Vergangenheit z. Beherzigung f. d. Gegenwart. gr. 8. (3 B.) Stuttgart 840, [F. H. Köhler's Verl.]

—— 2 Predigten. 1) Von der Unduldsamkeit in Religionssachen; 2) Von d. Hindernissen, welche der Hoffnung, daß die Juden selig werden, im Wege stehen. 2. Aufl. gr. 8. ($3^1/_2$ B.) Schleiz 846, Bockelmann's Hofbuchh. Thlr.

—— vom Religionshasse. Pred. üb. Joh. 4, 9. Ein Wort d. Friedens f. alle christl. Religionspartheien. gr. 12. (1 B.) Stuttgart 839, Sonnewald'sche Buchh.

—— Was verlangen die deutsch-kathol. Gemeinden? Eine Stimme zu deren theilweiser Rechtfertigung. gr. 8. (5 B.) Stuttgart 845, Becher's Verl.

— was wollen wir? Was sollen wir? Predigt bei meiner Einführung als Pfarrer der deutschkath. Gemeinde zu Crefeld, mit Vorrede u. Anmerk. gr. 8. Crefeld 846, Schüller. n. $^1/_6$ ℛ

—— wir können und dürfen den Glauben an Jesum Christum nicht aufgeben! Denkschrift bei meinem Austritte aus der deutsch-kathol. Sekte. 16. (56 S.) Crefeld 847, Klein. *

Wanger, Andreas s. Bronner, Franz Xaver, und Wanger, Andreas.

Wanger, K. L., der Lichtungshieb u. dessen Einfluss auf Pflege und Verjüngung der Bestände. Gekrönte Preisschrift. gr. 8. (30 S.) Davos 888. Richter. n. 1. —

Wangerin, Albert (Hrsg.), s. Abel, Niels Henrik: Untersuchungen über die Reihe: 1 + . . .

Wangerin, Alb., de annulis Newtonianis. Dissertatio inauguralis physica. Königsberg 866. (Akadem. Buchh. von Schubert & Seidel.) gr. 8. (30 S. mit 1 Steintaf. in 4.) n. 6 ngr.

Wangerin, Albert [Hrsg.], s. Anziehung, über die, homogener Ellipsoide.

Wangerin, Alb., s.: **Jahrbuch üb. d. Fortschritte d. Mathematik.**

— s.: **Jahresbericht der deutschen Mathematiker-Vereinigung.**

Wangerin, A.: Allgemeine Lehrsätze in Beziehung auf die im verkehrten Verhältnisse des Quadrats der Entfernung wirkenden Anziehungs- und Abstossungs-Kräfte von Carl Friedrich Gauss (1840). Leipzig 1889.

Wangerin, Alb., Franz Neumann u. sein Wirken als Forscher u. Lehrer, s.a. **Wissenschaft**, die.

Franz Neumann und sein Wirken als Forscher und Lehrer. Von Dr. A[lbert] **Wangerin**, Prof., Halle. Mit 1 Textfig. u. 1 Bildn. Neumanns. Braunschweig: F. Vieweg & Sohn 1907. (x, 185 S.) 8°
— **Wissenschaft**, Die. 19. [07. 3219

Wangerin, Dr. Alb., Ueber das Problem des Gleichgewichts elastischer Rotationskörper. (Programm der Sophien-Realschule.) Berlin 1873. 4°. broschirt.

Wangerin, Alb., üb. das Problem d. Gleichgewichts elastischer Rotationskörper. 4. (29 S.) Berlin 873. (Mitscher & Röstell.) n. 1. 20

— **Reduction der Potentialgleichung** f. gewisse Rotationskörper auf e. gewöhnliche Differentialgleichung, s.a. **Preisschriften**, gekrönt u. hrsg. v. der fürstl. Jablonowski'schen Gesellschaft zu Leipzig.

— — Reduction der Potentialgleichung für gewisse Rotationskörper auf eine gewöhnl. Differentialgleichung. (Preisschrift, gekrönt von der Jablonowski'schen Gesellschaft zu Leipzig.) Mit 1 Tafel. Leipzig 1875. med. 8°. brosch. (32 S.)

— Theorie des Potentials u. der Kugelfunktionen, s.a. **Sammlung Schubert**. 58.

Theorie des Potentials und der Kugelfunktionen. Von Dr. A[lbert] **Wangerin**, Prof. Bd 1. Leipzig: Göschen 1909. 8°
(Sammlung Schubert. 58.) [09. 14549 B

Wangerin, Albert, aus Berlin: Über die Titration des Indigos mit Hydrosulfit und über die Bildung von Indigo aus Phenylglycin-o-carbonsäure. Halle a. S. 1902: E. Karras. (72 S.) 8°
Halle, Phil. Diss. v. 10. März 1902.

Wangerin, A., und D. **Vorländer**: Die Titration des Indigos mit Hydrosulfit. Braunschweig 1902

— s.: **Verhandlungen der Gesellschaft deutscher Naturforscher u. Ärzte.**

— s.: **Verhandlungen der Breslauer Naturforscher-Versammlung üb. den naturwiss. u. mathemat. Unterricht an den höh. Schulen.**

Wangerin, C. A., über Alkaloide. (10 S.) gr. 8. Stuttgart 902. E. Schweizerbart. n.n. — 30
Sonderabdruck aus: „Ztschr. f. Naturwiss."

Wangerin, Ernst, Dr.: Johan Baner, schwedischer Feldmarschall im 30jähr. Kriege. (Geboren 23. Juni 1596, gestorben 10. Mai 1641.) Eine biographische Skizze. I. Baners Leben bis zur Landung Gustav Adolfs in Deutschland. (1596—1630.) Duisburg 1905: Joh. Ewich. (S. 1—27.) 4°
Duisburg a. Rh., st. paritätische HM P 1905 [67]

Kurze Chronik der Stadt Schwerte. Von Oberl. Dr. [Ernst] **Wangerin**. *Schwerte [1903]: Bertram.* (7 S.) 8° [F.] [04. 3331 B

Wangerin, Ernst, das Gustav-Adolphs-Lied v. 1633. Mit e. literar. Einleitg. u. histor. Anmerkgn., neu wieder bekannt gemacht u. hrsg. (40 S.) 8. Duisburg 905. J. Ewich. n. — 60

Wangerin, *Heinrich* Ernst [aus Berlin]: Die Schlacht bei Breitenfeld am 7. September 1631. E. Quellenuntersuchg . . . (Erscheint vollst. als Heft 33 von: Hallesche Abh. z. neueren Gesch. hrsg. v. G. Droysen.) Halle a. S., Druck v. E. Karras, 1896; 2 Bl., 32 S., 1 Bl. 8.
Halle, Phil. Fak., Inaug.-Diss. v. 13. Mai 1896

Wangerin, Heinrich Ernst, s. Wangerin, Ernst

Wangerin, Karl: Die Pflichten der Mitglieder einer Gesellschaft mit beschränkter Haftung. Berlin 1908. VIII, 59 S. 8°
(Ersch. auch als Buch b. Pulvermacher, Berlin.)
Heidelberg, Jur. Diss. v. 1908, Ref. Schröder.
[Geb. 24. Sept. 82 Rendsburg; Wohnort: Steglitz; Staatsangeh.: Preußen; Vorbildung: Gymn. Steglitz Reife O. 03; Studium: Berlin 5, Freiburg i. B. 1 S.; Rig. 3. Juni 08.] [U 09.1927

Wangerin, Karl, die Pflichten der Mitglieder e. Gesellschaft m. beschränkter Haftung. Eine Studie. (V, 63 S.) gr. 8. Berlin 908. A. Pulvermacher & Co. 2. —

Wangerin, W., Kuno v. Braubid, s.: Volks-Bibliothek, neue.

Alangiaceae. Mit 47 Einzelbild. in 6 Fig. Von Walther **Wangerin.** Leipzig: W. Engelmann 1910. 24 S. 4°(8°)
(Das Pflanzenreich. H. 41, [3.] IV, 220b.) [10. 5376

Cornaceae. Mit 193 Einzelbild. in 24 Fig. Von Walther **Wangerin.** Leipzig: W. Engelmann 1910. 110 S. 4°(8°)
(Das Pflanzenreich. H. 41, [4.] IV, 229.) [10. 5377

Wangerin, Walth., Garryaceae, Nyssaceae, Alangiaceae, Cornaceae, s.a. Pflanzenreich, das.

Garryaceae. Mit 20 Einzelbild. in 5 Fig. Von Walther **Wangerin.** Leipzig: W. Engelmann 1910. 17 S. 4°(8°)
(Das Pflanzenreich. H. 41, [1.] IV, 56a.)

Nyssaceae. Mit 38 Einzelbild. in 4 Fig. Von Walther **Wangerin.** Leipzig: W. Engelmann 1910. 19 S. 4°(8°)
(Das Pflanzenreich. H. 41, [2.] IV, 220a.)

Wangerin, Walter, a. Giebichenstein: Die Umgrenzung und Gliederung der Familie der Cornaceae. Halle a. S. 1906: (Breitkopf & Härtel, Leipzig). (92 S.) 8° ¶(Aus: Botan. Jahrbücher Bd 38, H. 2.)
Halle, Phil. Fak., Ref. Klebs, Diss. v. 14. Febr. 1906
[Geb. 15. April 84 Giebichenstein bei Halle a. S.; Wohnort: Halle a. S.; Staatsangeh.: Preußen; Vorbildung: Stadtgymn. Halle Reife O. 02; Studium: Halle 8 S.; Rig. 11. Dez. 05.]

Wangermann, Fr. Wlh., († d. 2. Jan. 1785.) Anweisung zum Inquiriren. 8. Cassel 770. Frankf. u. Leipz. 772. (Anonym). Neueste Ausg. 8. Lemgo 796. Meyer. 16 gr

Wangeroge [Sachliches OW]

Wangeroge, die Insel und das Seebad, s.a. Insel, die ic.

Wangeroge, Die Insel und das Seebad. Zugleich ein Rathgeber für Diejenigen, welche Seebäder gebrauchen wollen. Oldenburg 1853. V: *Erlking, Maximilian von.* (EngG)

Wangeroge, die Insel und das Seebad. Zugleich ein Rathgeber für Diejenigen welche Seebäder gebrauchen wollen. Von M. v. E. Mit 1 Ansicht u. 1 Plane der Insel in Steindruck. Oldenburg 853. Schulze. 8. (79 S.) n. 12 ngr.

Wangeroge [Schlagwort]

Wangeroge, s.: Deutschland. Kürschner-Peip.

Wangerow. Geschichte und Einrichtung des Waisenhauses zu Magdeburg. *Magdeburg.* 1793

Wanggo, C., s. Wanggo, Kajetan

Wanggo, Kajetan

— **Abhandl. vom Bezuge der Laudemien** in den deutsch-österreich. **Erbländern, mit Rücksicht auf das Gesetzbuch. 8. Grätz 805. Ferstl. 4 gr**

— **prakt. Anleitung die Werbbezirksgeschäfte in Innerösterreich nach Vorschrift der ergangenen Gesetze zu besorgen. 3 Thle. mit Kpf. u. vielen Tabell. gr. 8. Grätz 800. Ferstl. (Tusch). 3 Rthl. 8 gr 2e Aufl. in 4 Thlen. gr. 8. Ebd. 818. (Ferstl). 4 Rthl. 12 gr**

— prakt. Anleitung die Werbbezirks-Geschäfte in Oesterreichs Deutschen Erblanden nach Vorschrift der ergangenen Gesetze zu besorgen. 3e verm. Aufl. 4 Thle. gr. 8. Gratz 818. Kienreich, ist d. Pr. nur 3 Rthl.

v. Wanggo, Kajet., Anweis. z. Kenntniß einiger der besten Geschäftsbücher für angehende Beamte in österreich. Herrschafts-Kanzleien u. auf d. offenen Lande. 8. Grätz 805. Ferstl. 4 gr

— Auszug der vorzügl. für die Dorfgemeinden besteh. Polizei-Verordnungen, mit besond. Rücksicht auf Innerösterreich, z. Nutzen des Landvolks. 8. Grätz 805. Ferstl. 3 gr

Wanggo, Kajet., Bemerkungen über einige der wichtigsten Vorschriften, welche bei der Prüfung der Kaufs-Anschläge einer Herrschaft oder einer andern unbeweglichen Realität zu beobachten sind, um d. Käufer gegen vorauszusehenden Schaden u. gegen Rechtsstreite, möglichst zu sichern. gr. 8. Grätz 818. Kienreich. 1/6 Rthl.

Wanggo, C., vom Bezuge der Laudemien in den deutsch-östreich. Erbländern, mit Rücksicht auf das Gesetzbuch. 8. Grätz, Ferstl. 815. Rthlr. -

. **v. Wanggo, Cajet.: Erläuterungen der allgem. Gerichts- u. Concurs-Ordn. in d. böhmisch-österr.-deutschen. Erblanden: in Fragen u. Antworten, mit Anführ. aller in diesem Fache ergangenen neuesten Gesetze vom 1. Mai 1781 bis Ende 1806 u. Nachträge bis 1817. 2 Bde. Mit 1 Kpf.** *Grätz*, **Ferstl. 807. 808. gr. 8. (1 Thl.)**

— **Gedanken über das Verhältniß** zwischen **Gutsherren u. ihren Beamten. 8. Grätz 816.** Ferstl. 4 gr

— **Gerichts- u. Concursordnung. 8. Grätz 808. Ferstl. 1 Rthl. 8 gr**

— **Grundbuchslehre, od. Abhandl. von d. Verfassung der Grundbücher, u. von der Ausführung der bei den** Grundbuchsämtern **vorkomm. Geschäfte, mit Tabell. 8. Grätz ... 2e Aufl. 808.** Ferstl. 1 Rthl. 3e A. **gr. 8. Ebd. 823. 8 gr**

— Grundlinien zur Verfassung d. Dienstunterrichte für obrigkeitl. Beamte bei Privatherrschaften ꝛc. 8. Grätz 820. (Wien, Armbruster). 8 gr

— **Grundsätze, die Unterthanen zum Gehorsam gegen vorgesetzte Beamte, u. überhaupt zur Befolgung der Gesetze anzuleiten. gr. 8. Grätz 800. 2e A. 802. 3e A. 816.** Ferstl. **4 gr**

— **Grundsätze, die Unterthanen zum Gehorsam gegen Beamte u. s. Gesetze anzuhalten. 8. Ebend. 815.** -

Wanggo, C.: „Versuch einer Abhandlung von dem Bezug der Laudemien in den deutschen Erbländern der Oesterreichischen Monarchie; mit Rücksicht auf das allgemeine bürgerliche Gesetzbuch", Gräz 1815 (Ferstl) (Leipzig, Kummer).

Wängi: Dr jung Wängi
v. Solothurner Zeitung (III).

Wangk, Albr. v., im letzten Lichte. (120 S.) kl. 8. Berlin 905. Schuster & Loeffler. n. 2. —; geb. n. 3. —

Wangler, Julius, med. pract. von Luzern: Der Herpes Corneae. Luzern Meyer Dr. 1889. 48 S. 8°.
Zürich, Med. Diss. [v. 9. März 1889].

Wangner, Fritz, Rechtspraktikant: Der Schiedsgutachter. Ein Beitrag zu dessen Begriffsbestimmung. (Gera [1980]: Fischer.) VI, 71 S. 8°
(Aus: Schmidts Forschungen z. Zivilprozeßrecht. 4.)
Freiburg i.B., Rechts- u. staatsw. Diss. v. 1908, Ref. Schmidt.
[Geb. 25. Nov. 82 Karlsruhe i. B.; Wohnort: Karlsruhe; Staatsangeh.: Baden; Vorbildung: Gymn. Lahr Reife Juli 01; Studium: Freiburg i.B. 3, Tübingen 1, Berlin 1, Freiburg i.B. 2 S.; Rig. 9. Dez. 07.] [U 09.899

Wangner, Fritz, der Schiedsgutachter, s.a. Forschungen, zivilprozessrechtliche. 4. Heft.

Der Schiedsgutachter. Ein Beitrag zu dessen Begriffsbestimmung. Von Dr. Fritz **Wangner**. Berlin & Leipzig: Rothschild 1908. x, 71 S. 8°
(Zivilprozeßrechtliche Forschungen. H. 4.) [09. 12330 II

Wangner, Johann Georg (Lahr)
Ueber die Erfordernisse einer zweckmäßigen Erziehungsanstalt für Jünglinge aus den höheren Ständen.
MS. 6 Bl. 2°
Diss. phil. Giessen 15.6.1819. vorh. Univ.-Archiv.

Wangner-Eckius, H., Conclusiones selectae ex parvis naturalibus Aristotelis. Dilingae. 4°. (De somno.) 1728.

Wangniok, Hans, Assist. am Chemisch-pharmazeut. Univ.-Laborat., aus Wachsniken b. Königsberg i. Pr.: Ueber die **Einwirkung von rauchender Salpetersäure** auf Benzolsulfonpiperidin. *Königsberg i. Pr. 1900: H. Jaeger.* (43 S.) 8°
Königsberg, Phil. Diss. v. 22. Dez. 1900

Wangrin, Emil [Dr.]: Der Begriff des Glaubens '(Πιστεύειν)' im Evangelium und im 1. Brief des Johannes. Crefeld, Druck v. G. A. Hohns, *1895;* 3—16 S. 4.
Crefeld, RG, P 1805 (484)

Wangrin, Aemilius: Quaestiones de scholiorum Demosthenicorum fontibus. P. prior. De Harpocratione et Aelio Dionysio Pausaniaque atticistis. Halis Saxonum 1883: Ploetz. 39 S. 8°
Halle-Wittenberg, Phil. Diss. v. [27. Juli] 1883
Geb. Bernstein (Neumark. Kr. Soldin) 18. 11. 1860. V.

Wania, Franz: Bemerkungen zu Vergilius Aristaeus-Sage. (Georg IV. 315—558). 19. Mähr.-Schönberg 75.
Progr.

• Wania, Franz: Objekt und Adverbiale. S. 3—11. 8.
Kaiser Franz Joseph-Gymn. (Landes Unter- und Kommunal-Ober-Gymn.) *Mähr.-Schönberg* 1905.
Progr.

Wania, Frz., das **Praesens historicum in Caesars Bellum gallicum.** gr. 8. (114 S.) **Wien 885, Pichler's Wwe. und** Sohn. *

— Zur deutschen Rechtschreibung. 28. ibd. 95.
Progr.

Wania Franz: Der grammatische Unterricht im Deutschen auf der Unterstufe des Gymnasiums. 29. Mähr. Schönberg. 93.
Progr.

Wania, Hub., 80 Jahre Bremen. 1876—1905. Chronologisches Verzeichnis aller denkwürd. Ereignisse. (IV, 340 S.) 8. Bremen 906. C. Schünemann. n. 4. —; geb. n. 5. —

Waníček, (Vaníček) Karl, die Heraldik Österreich-Ungarns. Chronologisch dargestellt u. erläutert. (1 farb. Taf.) 44×56 cm. Mit Text. (15 S. m. 1 Taf.) gr. 8. Prag (908). (Wien, L. W. Seidel & Sohn.) 3. —

Wanieck, s. Schütze, Th. R., Lehrbuch des deutschen Strafrechtes.

Wanjeck, Ewaldus *(geb. Ratibor 28. 9. 1846)*: De quaestionibus finalibus secundum veteres scriptores gromaticos. Vratislaviae (1869). (23 S.) 8°
Breslau, Jur. Diss. v. 1. März 1869

[F.] Preussisches und Deutsches Civilrecht. Von Dr. [Ewald] **Wanjeck,** Landgerichtsdir. in Breslau. (In 2 Th.) *Berlin: H. W. Müller 18(96.)97.* (4 Bl., 370 S.) 1 Bd 8. [97. 5135

Wanleck, G.: „Der Rathgeber in Stempelsachen, oder alph. Verzeichnis", Wien 1803 (Gerold).

Waniect, W. W., geogr. Darstell. der Halbinsel Morea. Mit 1 Karte u. 14 Ansichten. gr. 8. Wien 827. Mörschner u. J. 2 ᵣₜ 8 *gr*, s. auch Darstellung 2c. v. Morea.

Wanjek, Adf., das Lotto-Spiel mit Zugrundelegung des in österreichischer Währung veröffentlichten Lotto-Tarifs. gr. 8. (20 S.) Wien 859, (Mayer und Comp.) *

Wanjek, Adf., das Lotto-Spiel mit Zugrundelegung des in österreichischer Währung veröffentlichten Lotto-Tarifs. Wien 859. Wendelin in Komm. gr. 8. (20 S.) n. 2½ ngr.

Waniek, F., Linien-Nachmesser f. Zeichenschüler. 4. (1 Bl. Gelatine-Papier.) Kreuzburg O.-S. 888. Thielmann. In Mappe. n. — 20; Erläuterung dazu. 4. (4 S.) n.n. — 10

Waniek, Geo., alphabet. Auszug aus d. Strafgesetzbuche üb. Verbrechen. gr. 8. Wien 804. Beck. 16 *gr*

WANIEK, Dr. G.: Alphabet. Auszug aus dem Strafgesetzbuch üb. Verbrechen z. Gebrauche d. Geschäftsmänner u. der sich zu den Geschäften vorbereitenden. *Wien,* Gerold. 804. gr. 8.

Waniek, Georg, alphabet. Auszug a. d. Strafgesetzbuche üb. Verbrechen. gr. 8. Wien, Wappler u. Beck. 804.

— d. Rathgeber in Stempelsachen, od. alphabet. Verzeichn. d. im neuen Stempelpatent vorkommend. Charaktere 2c. 8. Wien, Doll. (a. Gerold.) 803.

— der Rathgeber in Stempelsachen, od. alphabet. Verzeichniß der im neuen Stempelpatent vorkomm. Charaktere 2c. 8. Wien ... 4e A. 813. Doll. (a. Gerold). 6 *gr*

Waniek, Gustav: *Festrede bei der Feier des fünfzigjährigen Regierungsjubiläums Sr. Maj. des Kaisers Franz Josef I.* 8 (S. 5—12) **Progr.** K. k. erstes Staatsg. im II. Bezirke *Wien* 1899.

: [Schulrat Professor Ludwig Fischer † 12. April 1903.] S. 63—64. 8.
Progr. K. k. Sophien-Gymn. *Wien* 1903.

Waniek, Gustav: *Gedicht anlässlich des Hinscheidens Ihr. Maj. der Kaiserin Elisabeth.* 8 (S. 3—4).
Progr. K. k. erstes Staatsg. im II. Bezirke *Wien* 1899

Waniek, Gust., Gottsched u. d. deutsche Litteratur s. Zeit. gr. 8. (XII, 698 S.) Leipzig 897. Breitkopf & Härtel. n. 12. —; geb. n.n. 13. 50

Waniek, Gustav Grillparzer unter Göthes Einfluſs. 8 (33 S.).
Progr. K. k. Staats-Oberg. *Bielitz* 1892.
Auch in Xenia Austriaca II Abth. (1893).

Waniek, Gust., Grillparzer unter Goethes Einfluss. gr. 8. (33 S.) Bielitz 893. W. Fröhlich. n. — 80

Waniek, G.: Franz Grillparzer, König Ottokars Glück und Ende. Trauerspiel in fünf Aufzügen. [Freytag's Schulausgaben und Hilfsbücher für den deutschen Unterricht.] 2. Aufl. Wien: Tempsky 1909. (176 S. und 1 Karte) 8°

Waniek, Gustav Philipp Klimscha. Biographische Skizze. 8 (S. 35—42). **Progr.** K. k. Staats-Oberg. *Bielitz* 1891.

Waniek, Gustav: Österreich unter der Regierung Kaiser Franz Josephs I. Festrede, gehalten am 2. Dezember 1908. S. 3—12. 8.
Progr. K. k. Sophiengymn. *Wien* 1909.

Waniek, Gust., Immanuel Pyra und sein Einfluß auf die deutsche Litteratur des 18. Jahrhunderts. Mit Benutzung ungedr. Quellen. gr. 8. (VIII, 180 S.) Leipzig 882, Breitkopf und Härtel. *

Waniek, Gustav: Das k. k. Sophien-Gymnasium in Wien. S. 3 bis 23. 1 Abb. 8. K. k. Sophien-Gymn. im II. Bezirke *Wien* 1901.
Progr.

Waniek, Gustav: Zum Vokalismus der schlesischen Mundart. Ein Beitrag zur schlesischen Dialektforschung. — Bielitz: Staats-Obergymnasium 1879/80. S. 1 bis 52.
Bielitz, Staats-Obergymn. P 1879/80.

Waniek, Gust., zum Vocalismus der schlesischen Mundart. Ein Beitrag zur deutschen Dialektforschung. gr. 8. (52 S.) Bielitz 880, (Fröhlich.) *

(Waniek, W. W.,) **geograph. Darstellung d. Halbinsel Morea,** s. Darstellung.

Waniek, Wilh. Billige u. gesunde Ernährung. Zum Gebrauche f. Massenverpflegg. beim Militär, in Pensionaten, Alumnaten etc., f. die Familienernährg. u. f. den Schulunterricht. gr. 8. (8 S. mit 1 Tab.) Wien 892, (Braumüller). * — 70

WAENINGER, Johann (Treffendorf): Ueber das Wechselfieber.- Landshut: Thomann 1866. 18 S. 7.8.1856 - Urk (Titel: De febri intermittente.); F 69
Diss.Ingolst.-Landsh.-Mchn.

Waniorek, Dr. Vincenz — Antritts-Rede gehalten bei Eröffnung der Vorlesungen über deutsche Reichs- und Rechtsgeschichte an der k. k. Jagellonischen Universität zu Krakau im Wintersemester 1855/56. Von — —. Krakau, 1856. In der k. k. Universitäts-Buchdruckerei. (20 S. 8.)

Wanisch, Joh., Statistik aller Seelsorger-Bezirke, Kirchen u. Klöster im Königr. Böhmen u. d. Grafschaft Glatz. gr. 8. (10½ B.) Prag 836, [Calve'sche Brlsbuchh.]

Wanisch, Jh., Statistik aller Seelsorger-Bezirke, Kirchen und Klöster im Königreiche Böhmen und der Grafschaft Glatz. gr. 8. Prag 836. Ehrlich. 7/8 ngr

Wanitschek, Jos., Lehr- u. Hülfsbuch d. deutschen Rechtschreibung. 2., veränd. u. verm. Aufl. 8. (8½ B.) Prag 834, (Kronberger u. Weber.)

Wanitschek, Jos., Lehr- u. Hilfsbuch der deutschen Rechtschreibung. 6. elementarisch bearb. Aufl. 8. (142 S.) Prag 851, Kronberger. n. 1/3 ngr

Wanjura, Arnold, Funken u. Bilder. gr. 16. (IV, 124 S.) Breslau 876. Köbner in Comm. n. 1. —

Aus der Mappe eines Weltbummlers. Ethnograph. Genrebilder im Auftr. v. Albert Halske gezeichnet v. A(rthur) **Wanjura**. M. Text v. Carl Stangen. *Berlin: J. A. Stargardt 1897.* (4 Bl., 1 Bildertit., 28 Taf.) 1 Bd 2.
[97. 2123

Wanjura, G., s. Barthel's, C., Schul-Pädagogik.

Wanjura, G., Handbuch zur unterrichtlichen Behandlung der biblischen Geschichte in Volksschulen. Enth. Bibelkunde, bibl. Geographie u. Texterklärg. zunächst im Anschluß an Carl Barthel's „Biblische Geschichte." Mit 4 (chromolith.) Karten (in 4.) gr. 8. (XV, 418 S.) Leipzig 874. Leuckart. n. 5. —

Wanjura, Waldemar, Referendar: Der Eigentumsvorbehalt an Grundstücken und an Fahrnis. Borna-Leipzig 1907: R. Noske. (37 S.) 8° [F.]
Breslau, Jur. Fak., Ref. Dahn-Schott, Diss. v. 11. Dez. 1907
[Geb. 17. Okt. 84 Zabrze (O.-S.); Wohnort: Zabrze; Staatsangeh.: Preußen; Vorbildung: Gymn. Groß-Strehlitz (O.-S.) Reife O. 02; Studium: Lausanne 2, Breslau 4, Marburg 2, Breslau 2 S.; Rig. 10. Juli 07.]

Wanjura, Walther [pr. Arzt aus Antonienhütte]: Von der genetischen Beziehung der über der Wirbelsäule gelegenen circumscripten Hypertrichosen zur Spina bifida occulta ... Berlin, Buchdr. v. G. Schade, *1892*; 31 S., 1 Taf. 8.
Berlin, Med. Fak., Inaug.-Diss. v. 28. Mai 1892

Wank, A., Liebes-Memoiren. Ein Roman in Liedern. Prag 860. Kober. 16. (VIII, 171 S.) n. 24 ngr.

Wank, Herm., Geschichte d. coburgischen Volksschule, s.: Beiträge zur Lehrerbildung u. Lehrerfortbildung. 15.

— die Sonnefelder Kombattanten im Feldzuge 1870/71. 1. Hälfte. Nach den mündl. Berichten der Feldzugsteilnehmer wiedererzählt. gr. 8. (IV, 123 S. m. 4 Bildnissen.) Sonnefeld 902. (Coburg, J. F. Albrecht.) n. 1.—

Wank, Herm., die Leidensgeschichte der Herzogin Anna v. Sachsen, d. Gemahlin Herzogs Casimirs v. Coburg. Nach archival. u. gedruckten Quellen bearb. gr. 8. (VIII, 56 S.) Coburg 898. J. F. Albrecht. n. 1. —

Wanka, Aug., Gegenplan zu dem Uebereinkommen des Finanzministers Plener mit der österreichischen Nationalbank. Leipzig 862. O. Wigand. gr. 8. (62 S.) n. 10 ngr.

Wanka J.: Über Kondensationsschwingungen (mit 9 Textfiguren). S. 102. IIa. 1165 . . „ - .60
Separatabdruck

Wanka, J., üb. Condensationsschwingungen. [Aus: „Sitzungsber. d. k. Akad. d. Wiss."] Lex.-8. (25 S. m. 9 Fig.) Wien 893. (F. Tempsky.) n. — 60

Wanka, Joh. v., gemeinfaßliche Theorie der Terrain-Darstellung zum Gebrauche f. die k. k. Militär-Bildungs-Anstalten zusammengestellt. 3. Aufl. Mit (eingedr.) Holzschn. u. 7 lith. Taf. in 4. u. Fol.) gr. 8. (VII, 262 S.) Wien 871. Seidel & Sohn. n. 5. —
Vgl. Wanka, Josef v.

Wanka, Oberst Joh. v., gemeinfaßliche Theorie der Terrain-Darstellung zum Gebrauche für die k. k. Militär-Bildungs-Anstalten zusammengestellt. 3. Aufl. gr. 8. (VII, 262 S. mit eingedr. Holzschn. und 7 lithogr. Taf. in 4. und Fol.) Wien 872, Seidel und Sohn. *

Wanka, Jos., das Konsularwesen u. die diplomatischen Missionen. [Aus: „W., das Postwesen in Oesterreich".] (83, IX u. LXV S.) gr. 8. Prag 904. G. Neugebauer. n. 1. 35

Wanka's, Jos., Post-Handbuch. Nach amtl. Quellen verf. 5. Lfg. Brief- u. Fahrpost-Vorschriften in Deutschland u. d. Schweiz. gr. 8. (IV, 21, 72, 17 u. 27 S.) Prag 897. G. Neugebauer. n. 2. 20
Die Lfgn. 1—4 sind noch nicht erschienen.

Wanka's, Jos., Post-Handbuch. Nach amtl. Quellen verf. 3. Lfg. Briefpost-Vorschriften in Oesterreich. 1. Ausg.: Post-Gesetz (Commentar). gr. 8. (31 S.) Prag 899. G. Neugebauer. n. 1. —

Wanka, Jos., das Postwesen in Oesterreich. Leitfaden f. die Post-Lehrcurse. 1.—3. Hft. Die Post in Oesterreich: [im Allgemeinen]. gr. 8. Prag, (G. Neugebauer). n. 1. 96
1. Die Post im Allgemeinen. (26 S.) 891. n. — 40
2. Verwaltungsgebiet u. Rechtsboden. (62 S.) 892. n. — 96
3. Eigenschaften der Post in Oesterreich. Post-Regale im Sachen- u. Personen-Transporte. (42 S.) 892. n. — 60

— das Postwesen in Oesterreich. Nebst Berücksicht. d. Postwesens in Deutschland, d. Schweiz u. d. weit. Auslande. Zunächst f. d. Post-Lehrcurse. 1. u. 2. Hft. 2., erheblich erweit. Aufl. gr. 8. Ebd. 4. 60
1. Die Post im Allgemeinen. (124 S.) 896. n. 2. —
2. Verwaltungs- u. Rechtsgebiet. (Welt-Postverein.) (VI, 120 S.) 897. n. 2. 60

— das Postwesen in Oesterreich. Zunächst für die Post-Lehrcurse. 4. Hft. Post-Transport (Regale) zu Wasser (Posten auf Wasserstrassen, Seeposten). gr. 8. (IX, 92 S.) Ebd. 901. n. 1. 60

— das Postwesen in Oesterreich nebst Berücksicht. des Postwesens in Deutschland u. dem weiteren Auslande. 5. Heft. Seeposten in Deutschland etc., Seewesen zur Geschichte der Seeschiffahrt, zur Geschichte der Postbeförderg. zur See, Konsularwesen u. diplomatische Missionen, nebst Abbildgn. der Handelsschiffe „Habsburg", „Deutschland" u. S. Maj. Schlachtschiffes „Habsburg". (XVIII, 267 u. LXI S.) gr. 8. Ebd. 905. n. 3. 20

— dasselbe. (Neue Aufl.) 3. u. 5. Heft. 2., erweit. Aufl. Eigenschaften der Post in Oesterreich. Postregale im Sachen- u. Personen-Transporte. (VIII, 87 S.) gr. 8. Ebd. 905. n. 1. 80 (1.—4.: 8. —)

— Seeposten in Deutschland u. dem weiteren Auslande. [Aus: „W., das Postwesen in Oesterreich".] (VIII, 82 S.) gr. 8. Ebd. 904. n. — 90

— Seewesen. [Aus: „W., das Postwesen in Oesterr."] (XV, 125 u. V S. m. 2 Taf.) gr. 8. Ebd. 905. n. 1. 80

— das Telegraphen- u. Telephonwesen in Oesterreich, nebst Berücksicht. d. Telegraphen- u. Telephonwesens in Deutschland u. d. weit. Auslande. gr. 8. (92 S.) Wien 896. A. Hölder. n. 2. —

Wanka, Jos. v., gemeinfaßliche Theorie der Terrain-Darstellung zum Gebrauche für die k. k. Militär-Bildungs-Anstalten. gr. 8. (266 S. mit eingedr. Holzschn. und 7 Stnt. in 4., Fol. und qu. Fol.) Wien 862, (Seidel und Sohn.) geb. *
Vgl. Wanka, Joh. v.

Wanka, Jos. v., Gemeinfassliche Theorie der Terraindarstellung zum Gebrauch für die k. k. Militärbildungsanstalten. 3. Aufl. Mit Holzschn. u. 6 Tfln. Wien 1870. 8°.

Wanka, Otto v., wir Menschen. Bühnenspiel m. 4 Schauplätzen. (95 S.) 8. Wien 904. C. W. Stern. n. 2. —

*Wanka, Edler von Rodlow, Oskar: Beiträge zur Beurteilung der Zollpolitik König Albrechts I. S. 3—15. 8.
Progr. K. k. deutsches Staatsgymn. in der Stadt *Kgl. Weinberge* 1902.

Wanka Edler v. Rodlow, Osk., die Brennerstrasse im Alterthum u. Mittelalter, s. a. Studien, Prager, aus dem Gebiete der Geschichtswissenschaft. 7.

Die Brennerstrasse im Alterthum und Mittelalter. Von Dr. Oskar Wanka Edlen v. Rodlow. *Prag: Rohlíček & Sievers 1900.* (178 S.) 8°
= Studien, Prager, aus d. Geb. d. Geschichtswissenschaft. H. 7. [60. 1126]

— der Verkehr üb. den Pass v. Pontebba-Pontafel u. den Predil im Alterthume u. Mittelalter, s. a. Studien, Prager, aus d. Gebiete der Geschichtswissenschaft. 2.

Wanka, Oscar: Der Verkehr über den Pass von Pontebba-Pontafel und den Predil im Alterthume und Mittelalter. Von Oscar Wanka Edlen v. Rodlow. Prag: Rohlicek & Sievers 1898. (2 Bl., 49 S., 1 Bl.) 8°
(Studien, Prager, a. d. Gebiete d. Geschichtswissenschaft. H. III.)

Wanke, Geo., Psychiatrie u. Pädagogik, s. a. Grenzfragen des Nerven- u. Seelenlebens. 33. Hft.

Wanke, Georg: Psychiatrie und Pädagogik von Georg Wanke, Friedrichroda i. Th. Nach einem 1904 in d. Jahressitzung d. deutschen Vereins f. Psychiatrie in Göttingen geh. Vortrage. Wiesbaden: J. F. Bergmann 1905. (26 S.) 8°
(Grenzfragen d. Nerven- u. Seelenlebens. 33.)

Wanke, Geo., Psychotherapie. 8. (16 S.) Leipzig 902. B. Konegen. n. 1. —
Sonderabdruck aus: „Reichs-Medizinal-Anzeiger".

Wanke, Georg [aus Duderstadt]: Das Stetigkeitsgesetz bei Leibniz ... Kiel, Kieler Verl.-Anst., 1892; 45 S. 8.
Erlangen, Phil. Fak., Inaug.-Diss. v. 1892

Wanke, Joh., Hand-Atlas d. österreich. Monarchie, mit 14 lith. (u. ill.) Karten (in qu. 1/2 Fol.). Nach d. besten Quellen zusammenges. 4. (2 3/4 B. Text.) Grätz 841, Kaiser. *

—— geograph.-statist. Uebersicht v. Europa. Lith. Roy.-Fol. Gratz 840, Kaiser. *

Wanke, Jh., geographisch-statistische Uebersicht von Europa. Lithogr. Roy.-Fol. Gratz 841, Kaiser. n. 1/4 Thlr

Wanke, Josef: Die Vitalienbrüder in Oldenburg ⟨1395—1433⟩. Oldenburg: Stalling 1910. 102 S. 8° ¶ (Aus: Jahrbuch f. d. Gesch. d. Hzgt. Oldenburg. 19.)
Greifswald, Phil. Diss. v. 24. Dez. 1910, Ref. Bernheim
[Geb. 26. Febr. 83 Schnelten i. O.; Wohnort: Schnelten; Staatsangeh.: Oldenburg; Vorbildung: Gymn. Vechta Reife O. 04; Studium: Münster 1, Berlin 3, Greifswald 6 S.; Rig. 13. Juli 10.] [U 11. 1727

Wankel, s. a. Wanckel.

Wankel, Heinr., Beitrag zur Geschichte der Slaven. 8. (95 S.) Olmütz 885, Promberger. *
Vergriffen.

Wankel Heinrich, Dr.: Beiträge zur österreichischen Grotten-Fauna (mit 4 Taf.). S. 13. 1. 24 . . . . Ngr.
Separatabdruck

Wankel, Heinrich. Bilder aus der Mährischen Schweiz und ihrer Vergangenheit. Wien. Adolf Holzhausen 1882.
IX + 422 S. m. zahlr. Abb. 8°.

Wankel, Heinr., Bilder aus der mährischen Schweiz u. ihrer Vergangenheit. Mit Illustr. nach Originalen v. Jos. Manes, Frdr. Havránek, Frdr. Wachsmann etc. 8. (IX, 422 S.) Wien 882. (Brünn, Winkler.) Herabges. Pr. n. 3. 60

Wankel, Dr. Heinrich, Bilder aus der Mährischen Schweiz u. ihrer Vergangenheit. 8. (IX u. 422 S. mit zahlreichen Illustr.) Brünn. C. Winkler's Buchh. 1 fl. 80 kr. 1884.

Wankel, Heinr., der Bronze-Stier aus der Býčískála-Höhle. gr. 8. (32 S. mit 1 lithogr. und color. Taf.) Wien 877, (Gerold's Sohn.) *

— Die Slouper Höhle und ihre Vorzeit (mit 10 Taf.). D 28. H 96 . . . . Ngr.
Separatabdruck

— die Slouper Höhle u. ihre Vorzeit. Mit 10 (lith.) Taff. (wovon 1 in Buntdr., in gr. 4. u. qu. Fol.) [Aus den Denkschriften der k. Akad. der Wiss.] Ebend. 868. gr. 4. (39 S.) n. 1 Thlr 20 ngr.

Wankel, die praehistorische Jagd in Mähren. Lex.-8. (83 S. m. Abbildgn. u. 7 Taf.) Olmütz 892. (R. Promberger.) n. 5. —

— Schreiben desselben an Herrn Hofrat und Prof. Josef Hyrtl (mit 1 Taf.). S. 58. I 5 . . . . Ngr.
Separatabdruck

Wankel, Heinr., Schreiben an Herrn Hofrath und Prof. J. Hyrtl. Lex.-8. (3 S. mit 1 lithogr. Taf. in qu. Fol.) Wien 868, (Gerold's Sohn.) *
Aus: Sitzungsberichte der k. Akademie der Wissenschaften, besonders abgedruckt.

Wankel, Joh. Baptista Bernhard (Fulda)
Dissertatio juridica inauguralis De pignore usucapto.
Giessae 27. Dez. 1786; Joh. Jac. Braun. 32 S. 4°
pro gradu doctoris rite et legitime obtinendo.

Wankel, O., Schnick-Schnack, s.: Kosmahl, A.

Wankell, Ioannes ⟨geb. 1819 in Trier⟩: De fluore albo ... Bonnae, ex typogr. C. Krueger 1857. 31 S. 8.
Bonn, Med. Fak., Diss. v. 29 Dez. 1857

Wankelmuth, Friedrich, Referendar: Der Kauf auf Spezifikation nach Bürgerlichem und Handelsrecht. *Berlin 1901: B. Paul.* (104 S.) 8° [F.]
Rostock, Jur. Diss. v. [20. Juli] 1901

Wanker, Ferd. Gemin., gesammelte Schriften. Hrsg. v. Fr. Weick. 1. u. 2. Bd. — A. u. d. T.: Christl. Sittenlehre. 2 Thle. 4., verb. Aufl. gr. 8. (44 B.) Sulzbach 830, v. Seidel.

—— dass. 3. Bd. — A. u. d. T.: Vorlesungen üb. Religion nach Vernunft u. Offenbarung, f. Akademiker u. gebild. Christen. gr. 8. (17 B.) Ebds. 831.

—— dass. — 4. Bd. A. u. d. T.: Kleinere Schriften. Mit d. Biographie d. sel. Wanker v. Ernst Münch. gr. 8. (8 B.) Ebds. 833.

Wanker, Fd. Geminian, († d. 19. Jan. 1824.) christliche Sittenlehre. 2 Bde. gr. 8. Ulm 794. Wohler. 2 Thlr 20 gr 2e A. gr. 8. Wien 804. 3e A. 810. Binz. 3 Thlr bei K. Haas 1 Thlr 8 gr 4e A. s. unten: gesammelte Schriften.

Wanker, Ferdin. Gemin., Über Vernunft und Offenbarung in Hinsicht auf die moralischen Bedürfnisse der Menschheit. Wien, 1801. Freiburg i. B., Wagner 1819, 8°, 20 Pf.

Wanker, Ferdinand, Über Vernunft u. Offenbarung mit Hinsicht auf die moralischen Bedürfnisse der Menschheit. Wien 1804, 8°. Zweite Aufl.: Freiburg, Wagner, 1819, 8°, 20 Pf.

— Vorlesungen üb. Religion nach Vernunft u. Offenbarung. gr. 8. Mainz 828. Müller. 1 Thlr 4 Gr, s. a. oben: gesammelte Schriften. 3r Thl.

Wanker, Richard, aus Hannover: Zur Lehre von den Brüchen der Schädelbasis. *Göttingen 1900: Dieterich.* (92 S.) 8° Göttingen, Med. Diss. v. [28. Apr.] 1900

Wanker, Rich., zur Lehre v. den Brüchen der Schädelbasis. Diss. gr. 8. (91 S.) Göttingen 900. (Vandenhoeck & Ruprecht.) n. 2.20

Wänker, Ludw. v., Geschichte u. prakt. Werth d. Lithotritie, od. Beschreib. d. Methoden d. Stein ohne Schnitt aus d. Blase zu entfernen. 4. (12¾ B. u. 11 lith. Abbild.) Freiburg 837, Waizenegger.

v. Wänker, L., über die verschiedenen Methoden den Stein ohne Schnitt aus der Blase zu entfernen, u. mit besonderer Rücksicht auf die Geschichte u. den prakt. Werth der Lithotritie. Inaug.-Abhandl. Mit 11 Steindr. gr. 4. Frburg 829. Fr. Wagner. 1 Thlr 6 Gr

Wänker, Otto

Wänker, O. v., über d. 13. Artikel d. teutschen Bundesacte, die Einführung landständ. Verfassungen betreff. Inaug.-Abhandl. gr. 8. (3 B.) Freiburg 831, [Gebr. Groos, Vrls.-Expedit.]

Wänker, Otto v., die Beschwerden der Katholiken vom rechtlichen Standpunkte. gr. 8. (III, 52 S.) Freiburg i. Br. 880, Herder'sche Verlagsh. *

Waenker, O. v., aus der deutschen Geschichte der zwei letzten hundert Jahre. Vorträge gehalten in der Mittwochsgesellschaft zu Freiburg im Winter 1860/61. gr. 8. (64 S.) Freiburg im Br. 861, Herder'sche Verlagsh. *

(von Wänker, O.), Aus den Jahren 1848 1849, 1850. Stuttgart, G. Rümelin, 1851. 114 S. 8°.

Waenker, Otto v., das Recht in Bezug auf die Bischofswahlen in der oberrheinischen Kirchenprovinz. Freiburg im Br. 869. Herder. gr. 8. (34 S.) 4 ngr.

Waenker von Dankenschweil, Ferdinand von

Waenker v. Dankenschweil, die Geschichte des 6. Badischen Infanterie-Regiments Nr. 114, im Rahmen der vaterländ. Geschichte und der Spezial-Geschichte von Konstanz populär dargestellt. Auf Befehl des königl. Regiments verf. gr. 8. (X, 278 S. mit Skizzen im Text und 2 lithogr. Karten.) Berlin 882, Mittler und Sohn. *

Waenker v. Dankenschweil, Geschichte des 6. badischen Infanterie-Regiments Kaiser Friedrich III. Nr. 114, im Rahmen der vaterländ. Geschichte u. der Spezial-Geschichte v. Konstanz populär dargestellt. Auf Befehl des königl. Regiments verf. 2. Aufl., bearb. v. Keller. Mit Abbildgn., Skizzen im Text u. 2 Karten in Steindruck. gr. 8. (XII, 338 S.) Berlin 898. E. S. Mittler & Sohn. n. 3.—; geb. in Leinw. n.n. 4.50

Wankius Daniel (Lausitz) A. S. 1126/19

Dissertatio inauguralis medica de morbis haereditariis, Germanice Von Erb=Kranckheiten.
Präs. Heinrich Christoph Alberti.
Erfurt (Grosch) 19. X. 1701. 44 (richt.: 24) S.
35810

Wankler, Wilh., die Königin. Praktische Anleitg. f. Bienenzüchter zur modernen Weiselzucht. 3. verm. Aufl. (IV, 56 S. m. Abb.) 8. Sulzburg (906). (Freiburg i/B., P. Waetzel.) 1.20

Wanklyn, J. Alfr., Analyse des Wassers. Anleitung zur Untersuchg. des Trinkwassers. Autoris. Übersetzg. der 8. Aufl. v. H. Borckert. gr. 8. (216 S.) Charlottenburg 893. O. Brandner. n. 3.60; geb. n. 4.40

Wankmüller, Franz Joseph, bischöflich geistlicher Rath, Dekan des Landkapitels Kempten und Pfarrer in Hindelang. Dessen Bildung, Charakter und Leben. Von einem Freunde des Verewigten, M. J. gr. 8. (100 S.) Kempten 860, Kösel'sche Buchh. *

Mit Portr. *

Wankmüller, Frz. Ign., ein Kirchenjahr. Predigten, Homilien und Erhortationen auf alle Sonntage und die meisten Feiertage des kathol. Kirchenjahres. 1—4. Lfg. 12. Augsburg 851, [Schmid'sche Vrlgsh.] à Lfg. 15 Ngr.

Inhalt:

Lfg. 1. Vom 1. Sonnt. im Advent bis Mariä Lichtmeß. (VIII und 184 S.)
" 2. Vom Sonnt. Septuagesima bis zum 4. Sonnt. nach Ostern einschlüßig. (187 S.)
" 3. Vom 5. Sonnt. nach Ostern bis zum 11. Sonnt. nach Pfingsten. (231 S.)
" 4. Vom 12. bis zum letzten Sonntage nach Pfingsten. (203 S.)

Wankmüller, Frz. Ign., ein Kirchenjahr. Predigten, Homilien und Erhortationen auf alle Sonntage und die meisten Feiertage des kathol. Kirchenjahres. 2 Bde. Neue (Titel-) Ausg. gr. 12. (VIII und 805 S.) Augsburg 856, Schmid'sche Vrlgsh.

—— Spiegel der Heiligen. Ein kathol. Lehr-, Gebet- und Betrachtungsbuch nebst einer Legende der Heiligen auf jeden Tag des Jahres. gr. 8. (VII und 532 S. mit 1 Stahlst.) Augsburg 850, [Schmid'sche Vrlgsh.] —

—— Spiegel der Heiligen. Ein kathol. Lehr-, Gebet- und Betrachtungsbuch nebst einer Legende der Heiligen auf jeden Tag des Jahres. 2. Aufl. gr. 12. (VI und 532 S. mit 4 Stahlst.) Augsburg 853, Schmid'sche Vrlgsh. —

Wankmüller, F. J., Uebungsbuch zum Lesenlernen verschiedener Druck- u. Handschriften. Für deutsche Elementarschüler. Augsburg 864. Kranzfelder. 8. (IV, 96 S.) n. 6 ngr.

Wanko, Ferdin., *Lehrer in Felixdorf (N.-O.)* Kurzgefasste praktische Anleitung zur Obstbaum-, Maulbeerbaum- und Seidenraupenzucht. Der Jugend, den angehenden Lehrern und dem Landmanne gewidmet. *Wien* 1858. *Ad. della Torre's* Buchdr. 128 S., 1 Bl. 8°.

Wanko, Ferd., kurzgefaßte praktische Anleitung zur Obstbaum-, Maulbeerbaum- u. Seidenraupenzucht. Der Jugend, den angehenden Lehrern u. dem Landmanne gewidmet. 2. Aufl. Wien 861. Dirnböck. 8. (VI, 128 S.) 9 ngr.

Wann das Heimweh kommt. Drei Novellen vom Verf. des Bilderbuchs e. armen Studenten. Berlin 868. A. Duncker. 16. (100 S.) 15 ngr.; in engl. Einb. mit Goldschn. 27 ngr.

Wann erscheint d. längst erwart. Komet? Beantw. f. d. Bürger u. Landmann. 8. (1 B.) Halle 835, [Knapp.]

Wann erscheint der längst erwartete Komet? Beantwortet für Bürger und Landmann. 8. Halle 835. (Kümmel.) 1/12 Thlr

Wann erst kann das herannahende 20. Jahrhundert in Wahrheit ein Jahrhundert des Segens werden? Das. 1900, kl. 8°. (Jahrg. 31, Heft 5.)

Wann geht die Welt unter? Neueste humoristisch-polit. Prophezeign. v. F. Alb, in singbare Reime gebracht v. *.*. 2. Aufl. 8. (16 S. m. Abbildgn.) München 893. Münchener Verlags-Institut (F. Braunbeck). — 15

Wann und wo ist Bourbaki's Beschluss: am 6. Januar den Rechtsabmarsch auf Villersexel anzutreten, gefasst worden und wer ist der eigentliche Urheber desselben? [Erlangen 1903.] V: *Varnhagen, Hermann.* (Berl)

Wann u. wo ist die Lungenschwindsucht heilbar? Nach d. neuesten Erfahrgn. gemeinverständl. dargest. v. e. prakt. Arzte. gr. 8. (56 S.) Straßburg 897. Berlin, H. Bermühler. n. 1. —

Wann, worüber und wie, Das, der jetzige Friede geschlossen worden ... Riga 1814. V: *Bergmann, Daniel Gustav von.* (R-N)

Wann Zion schreyt, es Gott befreyt. Zu Gottes Lob und trostlicher Wiedergedechtnuss des durch Ulrich Zwinglein ... a. 1519 den 1. Tag Jänners ... eyngerichteten Glaubensverbesserung als die ... 1719 ... gefeyert ward, in einem ... Gedichte und ... Lobgesange vorgestellet. [Zürich] 1719. V: *Kilchsperger, Johann Ulrich.* (zuwzür 13, 1909, I, S. 63)

Wannack, D. L. E., Gesetz betreffend die Untersuchung von Seeunfällen vom 27. Juli 1877 mit Commentar für Rheder und Schiffsofficiere. 1. und 2. Aufl. gr. 8. (20 S.) Hamburg 882,84, Friederichsen und Comp. *

— deutsche Seemannsordnung vom 27. Decbr. 1872, erläutert auf Grundlage der Motive der Konsulargesetze, der Entscheidungen des Reichs-Ober-Handelsgerichts 2c. gr. 8. (III, 79 S.) Hamburg 883, Eckardt und Meßtorff. *

Wannagat, Johann: Wokietijôs Zocialdemokrotû Partija! Kas tai yra tie zocialdemokrotai ir ko jie nori? Ißleidējas ir atsakas: J[oh.] Wanagatis. Tilžēje: (Wannagat) 1906. 14 S. 8°
[Die Partei d. Sozialdemokraten Deutschlands. Was sind die Sozialdemokraten u. was wollen sie? Hrsg. u. beantwortet v. J. W.]

Wannari, P. J., Ueber Temperatur des Bodens an einigen Orten des russischen Reiches. [Mém. de l'Acad. des Sciences de St. Pétersbourg, VIIIe Série, Classe phys.-math. Vol. V, No. 7.]

Wannem Ymanta; e. lettische Sage, v. G. Merkel. 8. Lpz. Hartknoch. 802. 1 —
Velinpap. 1 16

Wannenmacher, Franz Xaver

—— in der Fremde. Eine Erzählung für die christl. Jugend. 8. (16 S. mit 4 Stahlst.) Regensburg 872, Manz.

Wannenmacher, Franz Xaver [aus Owingen in Hohenzoll.]: Die Griseldissage auf der iberischen Halbinsel ... Strassburg i. E., Buchdr. Ch. Müh & C., 1894; 110 S. 8.
Strassburg, Phil. Fak., Inaug.-Diss. v. 1894

— **Franz Walters Irrfahrten in London**, s.a. Bibliothek f. die reifere christliche Jugend.

WANNENMACHER, F. X., Franz Walters Irrfahrten in London. Regensburg 1873. 8°.
Gmähle's Leihbibl. in München, no. 31897.

—— Leiden und Freuden des Lagerlebens. Eine Erzählung aus den J. 1870 und 1871. 8. (156 S. mit 4 Stahlst.) Ebendas. 873.

Wannenmacher, F. X., pequeño vocabulario castellano y gramática sin reglas. Kleines Vocabelbuch und erste Anleitung zum spanisch Sprechen, nebst einer kurzgefaßten Grammatik ohne Regeln. gr. 16. (IV, 92 S.) Berlin 878, Herbig. *
cart. *

Wannenmacher, F. X., pequeno vocabulario castellano y gramática sin reglas. — Kleines Vokabelbuch u. erste Anleitg. z. spanisch Sprechen, nebst e. kurzgef. Grammatik ohne Regeln. 2., verb. Aufl., hrsg. v. P. de Mugica. 12. (IV, 92 S.) Berlin 896. F. A. Herbig. n. — 80; kart. n. — 90

Wannenmacher, F. X., Bamba Zamba, s. Bibliothek für die reifere christl. Jugend.

Wannenmacher, Jh. Ant., († 180..) Gedichte d. Freundschaft, Liebe u. Treue, nebst and. vermischten Inh. 8. Memming. 803.

Wannenmühle, Moralische. [westfälisch um 1783].
Zitiert: „Hermann", Jg. 1830, S. 826.

Wanner, Amalie, od. die Gefahren der Empfindsamkeit; eine Familiengesch. von Isenflam. 8. Wien, Rehm. 801. — 18

Wanner, Ophthalmologie, s.: Neisser, Alb., stereoskopischer medizinischer Atlas.

Wanner, A. J., vollständ. Berechnungsschlüssel für d. neue Gebäude-Zinns-Steuer in Böhmen u. den österr. Staaten, nach d. fortlaufenden Zahlen bearbeitet. gr. 8. Prag ... Enders. 20 K

Wanner, Charl., der Familienschatz, s.: Berlepsch, Lina Freifrau v., Romanbibliothek. 45. Bd.

Wanner, Conrad, s. Wanner, Konrad

Wanner, Ernst, Antwerpen u. seine Umgebung. Mit 100 Ansichten grösstentheils nach Orig.-Zeichngn. v. verschiedenen Künstlern. Hrsg. unter dem Protektorat der „Ligue Anvers en Avant". 8. (XVI, 186 u. 4 S. m. 1 Plan.) Antwerpen 891. (Leipzig, Jüstel & Göttel.) n. 2. —

Wanner, Ernst. Robert de Clari, ein afrz. Chronist des IV. Kreuzzuges. Diss. Phil. I. Univ. Zürich. 104 S. 8. Schaffhausen, Paul Schoch, 1901.

: [Professor Dr. Johann Czerny † 13. Februar 1910.] S. 43—44. 8.
Progr. K. k. Staats-Ober-Gymn. *Wiener-Neustadt* 1910.

Wanner, Ernst, subconjunctivale Injektionen bei infectiösen Processen nach Staroperationen. Diss. gr. 8. (21 S.) Tübingen 901. F. Pietzcker. n.n. — 70

Wanner, Ferd., Beschreibung d. Gicht. 8. Königsb. Dengel. 779.

Wanner, Franz: Das Gymnasium zu Wiener-Neustadt 1804—1904. 60 S. 8.
Progr. K. k. Staats-Ober-Gymn. *Wiener-Neustadt* 1904.

Wanner, Fr[iedrich]. Beiträge zur Chemie des Sputums. Diss. Med. Basel. [Sep.-Abdr. aus: Deutsches Archiv für klinische Medicin. Band 75, Heft 3—5.] IV + 31 S. 8. Naumburg a. S., Lippert & Co., 1903.

Wanner, Friedrich, Dr., Assist. an d. otiatr. Klinik u. leitender Arzt d. Abt. f. Ohrenkranke am Krankenh. l. I. zu München: Aus d. k. otiatr. Klinik d. Universität München. Ueber die Erscheinungen von Nystagmus bei Normalhörenden, Labyrinthlosen und Taubstummen. Ein Beitrag zur Lehre von der d. Gleichgewicht regulierenden Funktion d. Bogengänge. *München 1901: E. Mühlthaler.* (143 S.) 8°
München, Med. Hab.-Schr. v. 1902
(Nicht für den Austausch)

Wanner, Friedrich [Vol.-Assist. der I. med. Abteilg im Krankenh. l. I. aus München]: Urethrotomia externa ... München, Druck d. Akad. Buchdr. v. F. Straub, 1895; 64 S. 8.
München, Med. Fak., Inaug.-Diss. v. 1895

Wanner, G. H., Festschrift zum 50jähr. Bestehen des Turnvereins Pforzheim, Pforzheim 1910, 100 S., 8°.

Wanner, Georg: Die römischen Altertümer des Kantons Schaffhausen. Von —. Schaffhausen 1899: J. Bachmann. (72 S.) 8°
(Vereinsgabe des Hist.-antiquar. Vereins zu Schaffhausen.)

Wanner, Geo., die römischen Altertümer des Kantons Schaffhausen. Progr. gr. 8. (72 S. m. 2 Taf.) Schaffhausen 899. (C. Schoch.) n. 1. —; erhöht. Pr. n. 2. —

(Wanner, Georg.) Register zu J(ohann) J(akob) Rüeger, Chronik der Stadt und Landschaft Schaffhausen. Hrg. vom historisch-antiquarischen Verein des Kantons Sch'. (Bearb. von Professor G' W'.) VI+227 S. 4. Schaffhausen, Kühn & Comp., 1910. [Subscr. fr. 3. —, im Buchh. 10. —]

Wanner, H., eine photometr. Methode zur Bestimmung der Exponentialconstanten der Emissionsfunction, s.: Paschen, F.

Wanner, Hans, approb. Arzt aus München: Aus d. Prosektur d. Krankenhauses r. d. I. in München. Ueber Hemmungsbildungen der Lungen. *München 1903: Kastner & Callwey.* (64 S.) 8°
München, Med. Diss. v. 1903

Die Feier des 150. Stiftungstages der Loge Friedrich zum weissen Pferde in Hannover am 15. und 16. Febr. 1896. [Unterz.: Heinr.] **Wanner** d. Ae[ltere]. [Hannover 1896.] 27 S. 8° [Kopftit.]
Festansprache von Colshorn u. Festrede von W. Höpfner.

Aus der Geschichte der Freimaurerei in Hannover. Die Errichtung der templarischen Loge „Zum Weissen Pferde" und der Schottenloge „Karl zum Purpurmantel" 1764 bis 1786 von H[einr.] **Wanner** d. Ält[ern]. [Hannover 1908: Schäfer.] 40 S. 8° [Umschlagtit.]
Aus: °Hannoversche Geschichtsblätter. Jg. 11.
cf. Bh. 52 (1909) S. 56 (R. Mahlau); L. 32 (1909) S. 63 (P. Fischer); S. 16 (1909) S. 18 (F. Rackhorst); ArSt. 6 (1909) S. 53—54 (H. Wanner d. Ält.).

Wanner, *Heinrich* Geschichte der Realschule III (Umschlagtitel: Geschichte der Anstalt.) 4 (S. 5—9).
Eröffnungsfeierlichkeit. 4 (S. 9—10).
Antrittsrede des Direktors [Hermann Friedrich Florens Raydt]. 4 (S. 10—17).
Beschreibung der Anstalt. (Hierzu 3 Risse.) 4 (S. 18—22, 1 Abbild.). **Progr.** Rsch. III *Hannover* 1895 (349).

[F.] **Wanner,** *Heinrich:* Geschichte der Realschule III. Hannover, Druck d. Göhmannschen Buchdr., 1895; 3—9 S. 4.
Hannover, R III, P 1895 (349)

Wanner, H., deutsche Götter u. Helden, nebst der Sage v. Parzival. gr. 8. (VI, 138 S.) Hannover 886. Helwing's Verl. n. 1. 20

Wanner, Heinr., deutsche Götter u. Helden, nebst der Sage v. Parzival. 2. Aufl. gr. 8. (VI, 138 S.) Hannover 893. Helwing. n. 1. 20

50 Jahre gemeinsamer Arbeit unter einem Dache. Festschrift zum Gedächtnis an die am 15. Jan. 1857 geschehene Einweihung des Hauses der Logen Friedrich zum weissen Pferde, zum schwarzen Bär und zur Ceder. Verf. von H[einr.] **Wanner** d. Ält. Hannover: Th. Schulze in Komm. [1907]. 59 S. 2 Taf. 8°
cf. L. 30 (1907) S. 80 (P. Fischer).
Schilderung der Ereignisse im Leben der drei Logen 1857—1907.

Johannisgrüsse aus der Loge Friedrich zum weissen Pferde [in Hannover]. Reden und Vorträge, gesamm. und hrsg. von Heinr. **Wanner** [d. Ältern]. Hannover: Othmer 1878. IV, 196 S. 8°
Recens: L. 2 (1879) S. 168.

— die Schulstrafen, s. a. Abhandlungen, pädagog., N. F. II, Hft. 7.

[K.] Die Schulstrafen. Von Heinrich Wanner, Lehrer ... in Hannover *Bielefeld: A. Helmich [1898].* (17 S.) 1 Bd 8.
= Abhandlungen, Pädagogische. N. F. Bd II. H. 7. 199 1995

Des Maurers Wanderbuch. Eine Wegweisung auf dem Gebiete der maurerischen Geschichte und Lehre. Im Auftr. der Loge Friedrich zum weissen Pferde in Hannover hrsg. von H[einr.] **Wanner** dem Älteren. Nur f. Frmr. Hannover: Schulze [1901]. VIII, 299, IV S. 8°
Recens: Bh. 45 (1902) S. 24 (C. Gotthold); R. 29 (1902) S. 8; BZC. 31 (1902) S. 251 bis 252, abgedr. in: BrL. 20 (1902—1903) S. 8.
cf. L. 24 (1901) S. 209 (R. Fischer); S. 8 (1901) S. 82—83 (J. G. Findel); BstF. 11 (1902) S. 173—174 (A. Feld); DrL. 33 (1902 bis 1903) S. 3096 (Otto).

Wanner d. Ält., Heinr., Weisheit, Stärke, Schönheit. Ein Johannissang, den drei gerechten u. vollkomm. Logen Zur Ceder, Zum schwarzen Bär u. Friedrich z. weissen Pferde im Oriente v. Hannover in brüderl. Liebe zugeeignet. gr. 8. (29 S.) Hannover 894 (Karl Georg.) n. — 50

Das Wesen der Freimaurerei nach Lessings „Ernst und Falk", dargest. von H[einrich] Wanner d. Ält. Hannover: Schulze [1905]. 119 S. 8°
cf. Bbl. 19 (1905) S. 752 (G. Diercks); L. 28 (1905) S. 112 (P. Fischer); Brh. 3 (1906) S. 177 (W. Kunis); R. 33 (1906) S. 8 (G. Schauerhammer).

Wanner, J. C., 24 mehrstimmige Kindergesänge für Schule und Haus. Tübingen 857. Osiander. 4. (V, 29 S.) 9 *ngr.*

Wanner, J. G., Aufgabensammlg. f. das Kopf- u. Tafelrechnen, s.: Vollmar, P.

Wanner, Joh[ann]: Die Fauna der obersten weissen Kreide der libyschen Wüste. *Stuttgart: E. Schweizerbart 1902.* (S. 91—156.) 4° ¶ (Aus: Palaeontographica, Bd 30.)
München, Phil. Diss. v. 1902

Wanner, Joh., die Fauna der obersten weissen Kreide d. libyschen Wüste, s.a. Palaeontographica. 30. II. 3.

Die Fauna der obersten weissen Kreide der libyschen Wüste bearb. von Joh. **Wanner**. *Stuttgart: E. Schweizerbart 1902.* (S. 91–151.) 4°
— Palaeontographica. Bd 30, Abt. 2, Lfg 3. [03. 5458

[Wanner, Johann Ulrich.] Heimatkunde für die Elementarschulen des Kantons Schaffhausen. Obligatorisches Lehrmittel für das fünfte und sechste Schuljahr. [Mit Illustrationen, 5 Tafeln und 1 Plan.] 8. Schaffhausen 1897.

Wanner, Konrad

Eremophilus. — Wanner, Conrad, OSB. Deß Einsamen Bienleins Hönig-Saft Einer Geistlichen Underweisung: Auß den Blum-reichen Schrifften der Heil. Vätter und Geistreichen Männern zusammen gesammlet . . . Erstlich in Lateinischer Sprach beschrieben von A. R. P. Conrado Wanner . . . in das Teutsche übersetzt Von Einem der Heil. Einsamkeit Liebhaber. Salmansweiler, J. Müller, 1714. Kl.8°. 24 Bl. 479 S. 2 Bl. *Mit 1 Wappenkupfer.* Leicht lädierter guter Ldbd. d. Z. m. 2 Schließen.

Wanner, Mart., Beiträge zur Ausmittelung der römischen Militärstation Juliomagus in der Umgebung v. Schleitheim. gr. 8. (22 S. m. e. Steintaf. in qu. 4.) Frauenfeld 871. Huber. n. — 80

Wanner, Martin. Ergänzung der ältern Ahnenreihe des Hauses Zähringen. (Festgabe zum fünfzigjährigen Regierungsjubiläum Sr. Königlichen Hoheit, des Grossherzogs Friedrich von Baden.) 54 S. 8. Luzern, C. J. Bucher, 1902.

Wanner, M., Forschungen zur ältesten Geschichte d. Klettgaues. gr. 8. (VII, 78 S.) Frauenfeld 887. Huber. n. 2. —

—— Geschichte des Baues der Gotthardbahn. Nach den Quellen dargestellt. gr. 8. (VIII, 648 S. mit 1 Längenprofil der Gotthardbahn in 3 Thln.) Luzern 885. (Zürich, Jacques Meyer.) *

Wanner, Mart., Geschichte d. Baues der Gotthardbahn. Nach den Quellen dargestellt. Mit e. Längenprofil der Gotthardbahn in 3 Thln. gr. 8. (VIII, 648 S.) Luzern 885. (Zürich, Rudolphi & Klemm.) n. 10. —

Wanner, Martin, Geschichte der Begründung des Gotthardunternehmens. Nach den Quellen dargestellt. gr. 8. (VIII, 456 S. mit 1 lithogr. Karte in 3 Bl. und Mappe.) Bern 880, Wyss. *

Wanner, Mart., Geschichte des Klettgaues im Umriß bis zum Abschluß der Reformation. Nach den Quellen dargestellt. gr. 8. (VI und 126 S.) Hamburg 857, O. Meißner. –

Wanner, Martin. Geschichte des Kantons Schaffhausen von 1813 bis 1848. Vierzehnte Abteilung zu dem herauszugebenden Geschichtswerk für das vierhundertjährige Jubiläum des Eintritts des Standes Schaffhausen in den eidgenössischen Bund. Dargestellt von Dr. M' W'. Als Manuskript gedruckt für die Mitglieder der engeren historischen Kommission. 8. Luzern 1899.

Wanner, Mart[in]. Ueber die Gründungszeit der Randenburg. 8. Luzern 1895.

Wanner, Mart., das Incamerationsedict Oesterreichs gegen die Schweiz. Schaffhausen 869. Brodtmann. gr. 8. (X, 156 S. mit 5 Tabb. in qu. 4.) n. 20 *ngr.*

Wanner, Mart., Nachträge zu den in Schleitheim entdeckten Grabalterthümern. 4. (III und 14 S. mit 3 Stnt. in Tondr.) Schaffhausen 868, Brodtmann'sche Buchh. -

— Nachtraege zu den in Schleitheim entdeckten Grabalterthümern. Ebend. 870. gr. 4. (III, 14 S. mit 3 Steintaff. in Tondr.) 22½ *ngr.*

Wanner, Mart., über einige Ortsnamen d. Landes Uri, s.a. Neujahrs-Blatt, 7. histor., hrsg. v. Verein f. Geschichte u. Alterthümer v. Uri.

Ueber einige Ortsnamen des Landes Uri. Von Dr. Martin **Wanner**, Archivar d. Gotthardbahn. *(Altdorf 1901: Gisler & Cie.)* (17 S.) 8° [F.]
— Neujahrs-Blatt, Historisches, hrsg. vom Verein f. Gesch. u. Alterthümer von Uri. 7. [1.] [03. 114

— die Revolution des Kantons Schaffhausen im Jahre 1831. Ebend. 870. 8. (V, 114 S.) n. 16 *ngr.*

Wanner, Mart., der Kanton Schaffhausen in seiner antiquar. Bedeutung. gr. 16. (VIII und 40 S.) Schaffhausen 851, Brodtmann'sche Vrlgsh.

Wanner, Martin. Schaffhausen in der Restaurationszeit 1813—1848. Separatabdruck aus der Festschrift des Kantons Schaffhausen zur Bundesfeier 10. August 1901. II + 61 S. gr.-8. Schaffhausen, H. Meier & Cie., 1901.

Wanner, Mart., Studien über die Staatsumwälzung des Kantons Schaffhausen im J. 1798. gr. 8. (IV und 160 S.) Schaffhausen 865, Brodtmann'sche Buchh.

—— das alamannische Todtenfeld bei Schleitheim und die dortige römische Niederlassung. gr. 4. (56 S. mit 9 Stnt., wovon 7 ill.) Schaffhausen 867, Brodtmann'sche Buchh.

Wanner, Martin. Solemnia Saecularia Quarta die X mensis Augusti anni MDCCCCI, quo Civitas Scaphusina ante hos CCCC annos communi Helvetiorum Confoederationi adscripta est, rite celebranda Senatui Populoque Scaphusino congratulatur Martinus Wanner. . . . Insunt verba numeris adstricta (**Umschlag:* Celebrandis in Civitate Scaphusina Solemnibus Saecularibus dicatum). 7 p. 4. Lucernae, Bucher et filius.

— der Widerstand des schaffhausenschen Landvolkes gegen die Vollziehung des im Jahre 1818 erlassenen Finanzgesetzes. Ebend. 867. gr. 8. (IV, 75 S.) 9 *ngr.*

Wanner, Paul August [von Etzelkofen]: Einfluss der acuten Anemie auf das histologische Bild der Schilddrüse. Berlin 1899. 37 S. 1 Taf. 8°. (S.-A. aus Archiv für patholog. Anatomie und Physiologie und für klin. Medizin. Bd. 158.)
Bern. Med Diss. 1899/1900.

Wanner, Richard [pr. Arzt aus Freinsheim (Rheinpfalz)]: Über congenitale Sacraltumoren . . . Berlin, Buchdr. v. G. Schade, *1893;* 29 S., 1 Bl. 8.
Berlin, Med. Fak., Inaug.-Diss. v. 11. Aug. 1893

Wanner, Steph., das Appenzellerland. Kleine geographisch-naturhistor. Beschreibg. gr. 8. (IV, 88 S.) St. Gallen 894. Scheitlin's Sort. n. 1. 60

Wanner, Stefan. Meteorol. Beobachtungen in Trogen von 1861—69.

Wanner, Stef., populäre Darstellg. u. Erklärg. d. Föhns. [Aus: „Landbote u. Tagblatt der Stadt Winterthur".] 8. (25 S.) Winterthur 897. (M. Kieschke.) n. — 60

Wanner, Stefan. Exkursionsflora für die Deutsche Schweiz und Süd-Deutschland. Bestimmung nach dem Gesammthabitus (*2. *Ausg.:* Habitus) oder der Physiognomie mit Anwendung der Analytischen Methode, bearb. von St' W'. . . . (1. [einziges] Bändchen: Holzgewächse.) 8. Zürich.
[1. Ausg.] 1885. — 2. Ausg. 1895.

— populäre Kalendererklärung. [Aus: „Landbote u. Tagblatt d. Stadt Winterthur".] 8. (28 S.) Ebd. 896. n. — 60

Wanner, St. Populäre Kalendererklärung. Kl. in-8°. 28 S. Winterthur, Geschwister Ziegler. — 50
, Sonder-Abdruck aus dem „Landboten u Tagblatt der Stadt Winterthur". 1897.

— Populäre Kalendererklärung. Kl. 8°. 28 S. Winterthur, Moritz Kieschke. 1898. — 60

Wanner, Stef., naturhistorische Skizzen aus dem Appenzellerland. Vortrag gehalten am Clubfest in Herisau den 7. Septbr. 1873. gr. 8. (48 S.) Trogen 874, Schläpfer.

Wanner, Stef., Untersuchungen über die Warme-Verhaltnisse von Altstätten, St. Gallen, Trogen und Gäbris. (Sep.-Abdr. aus den Verhandl. der St. Gallischen naturwissenschaftl. Gesellsch. 1875—76.) St. Gallen 1877.

— populäre Witterungskunde. [Aus: „Landbote u. Tagblatt der Stadt Winterthur".] 8. (21 S.) Ebd. 896. n. — 60

— Populäre Witterungskunde. Kl. 8°. 21 S. Winterthur, Moritz Kieschke. 1898. — 60

Wanner-Brandt, Otto: Album der Erzeugnisse der ehemaligen Württembergischen Manufaktur Alt-Ludwigsburg. Nebst kunstgeschichtlicher Abhandlung von Bert. Pfeiffer. Stuttgart: Wanner-Brandt 1906. qu. 4°.

— Führer durch die Ausstellung von Erzeugnissen der alten Ludwigsburger Porzellanmanufaktur Stuttgart 1905. (40 S) Stuttgart 1905

Wanney, Johann Peter (Potsdam) U. S. Frankfurt/O. 1738/1

Dissertatio periodica ad legem Evangelicam de divortiis. Präs. Johann Wolfgang Trier.
Frankfurt/ (Schwartz) 27. IX. 1738. 38 S.
35811

Wannieck, Frdr., üb. d. Ausschmückg. d. deutschen Hauses, s.: Vorträge, geh. im Mähr. Gewerbe-Museum &c.

Wannieck, Frdr., s.: Bericht über die usw. Pflanzversuche nach den Vorschriften v. H. M. Stringfellow.

— Thätigkeits-Bericht über den Verein „Deutsches Haus" in Brünn, s.: Blätter vom Deutschen Hause.

Wannieck, Friedr., über Lefeldt's patentirtes Centrifugal-Entrahmungs-Verfahren und die Kieler Genossenschafts-Meierei. Vortrag, gehalten bei der, von der landwirthschaftl. Section der k. k. mährisch-schles. Ackerbaugesellschaft, am 22. Septbr. 1878 zu Neutitschein abgehaltenen Wander- und Plenarversammlung. 1. und 2. Aufl. gr. 8. (18 S. mit 4 Taf.) Brünn 878,79, (Hauptmann's Buchh.) *

Straffall. Der St' (Eugen) Wannier. Eine praktische Controverse aus dem Gebiete der Urkundenfälschung. [Aktenstücke, hrg. von Dr. E' W', Advokat und Notar. 4 Teile.] (II + *zus.* 109 S.) 8. Basel, Druck der Gesellschaft des «Basler Volksblatt», (1904—) 1906.

[Teil 1] *u. d. T.:* Verteidigung von Dr. E[ugen] Wannier vor Strafgericht Basel-Stadt am 7. Dezember 1904. 22 S. Basel ... 1904.
[Teil 2] *u. d. T.:* Fünf Gutachten über den Straffall von Dr. (E[ugen]) Wannier. Dem Appellationsgericht B'-St' vorgelegt am 6./10. Januar 1905. 32 S. Basel .. 1905.
[Teil 3] *u. d. T.:* Beschwerde von Dr. E[ugen] Wannier. Vorgetragen vor Appell' B'-St' am 16. Januar 1905. 23 S. Basel ... 1905.
[Teil 4] *u. d. T.:* Der staatsrechtliche Rekurs im Straffalle von Dr. E(ugen) Wannier. 32 S. Basel .. 1906.

Wannier, Arnold. Experimentelle Untersuchungen über die baktericide Wirkung einiger Harndesinficientien. Diss. Med. Basel. 47 S. 8. Berlin und Leipzig, Arthur Georgi, 1901.

Wannier, E[ugen]. Beschwerde von Dr. E. W'. Vorgetragen vor Appellationsgericht Basel-Stadt am 16. Januar 1905. 23 S. 8. Basel, Buchdr. der Gesellschaft des «Basler Volksblattes», 1905.
Der Straffall (Eugen) Wannier .... Basel ... 1906. [Teil 3.]

Wannier, Eugen s. Straffall. Der St' (Eugen) Wannier....

Wannier, E[ugen]. Verteidigung von Dr. E. W' vor Strafgericht Basel-Stadt am 7. Dezember 1904. 22 S. 8. Basel, Druck der Gesellschaft des «Basler Volksblatt», 1904.
Der Straffall (Eugen) Wannier.... Basel ... 1906. [Teil 1.]

Wanninger, Franz X[aver], gepr. Rechtspraktikant aus Regenstauf: Die Abänderungen des Eisenbahnfracht-Rechtes durch das Neue Handelsgesetzbuch. Passau 1898: Aktien-Ges. Passavia. (IV, 82 S.) 8°
Erlangen, Jur. Diss. v. 28. Febr. 1898.

Wanninger, Frz. X., die Abändergn. d. Eisenbahnfrachtrechtes durch das neue Handelsgesetzbuch. gr. 8. (IV, 82 S.) Passau 898. (M. Waldbauer.) n. 1. 50

Wannisch, Wilh., die Ponteba-Bahn und ihre Beziehungen zur Predil-Frage. gr. 8. (30 S. mit 1 lithogr. Karte in gr. Fol.) Wien 875, (Seidel und Sohn.) *
Aus: Organ der militär-wissenschaftlichen Vereine, besonders abgedruckt.

Wannovius, Alex., der Geist der Religion Christi und die sociale Revolution des 19. Jahrhunderts. gr. 8. (26 S.) Düsseldorf 848, (Kampmann.) Thlr. *

Wannovius, Alex., Hufbeschlags-Catechismus für praktische Hufschmiede; zunächst für die Militair-Beschlagschmiede. 8. Wesel 846, Klönne. 1/3 ß

Wannovius, Johann Christoph A. S. 1360/40

De fundo mentis ejusque abysso et amore ex illo proveniente, dissertatio psychologico-philosophica.
Präs. Anton Johann.
Königsberg/Pr. (Reusner) 22. III. 1741. 32 S.

Gew.: Universität Königsberg. 35814

Wannovius, Jh. Cph, s. Leonore.

LEONORE. Aus gleichzeitigen Nachrichten gezogen (von *Joh. Cph. Wannovius*). Danzig, Flörke, 1779. 8°. (1/6 Rthl.)
Anon.-Lex. III. p. 46 (nach Kayser u. Meusel). — Selten!

Wannovius, Jh. Cph., s. Mein Saitenspiel.

Wannowski, Aug., antiquitates Romanae e graecis fontibus explicatae. gr. 8. Regimontii 846, Bornträger, fratres. 1 ß 18 ngl

Wannowski, A. de, Syntaxeos anomalae Graecorum pars de constructione, quae dicitur, absoluta deque anacoluthis, huc pertinentibus. 8maj. (17½ B.) Lipsiae 835, Vogel.

Ders. De constructione absoluta apud Graecos. 9 S. . .
Königsberg, F., Progr. 1828

Wannowski, A. De initiis theoriae casus, qui dicitur absolutus. Fasc. I., II., III. 28, 26 u. 42 S. . . . . . .
Rastenburg, Progr. 1825, 1826, 1827

Wannowsky, Stephan

— Gab heraus: Crichton's nachgelass. Schriften.

***Wannowsky*, Steph., comment. de Im. Kantio veritatis religionis christianae in foro rationis humanae non accusatore sed vindice. 8maj. Königsb. 806. Nicolovius. 3 K**

— s. Principien e. allgem. Sprachlehre nach Kant &c., u. setze hinzu: (v. St. Wannowsky). (Campe in Hamb.)

Wannschaff, G. [aus Hameln]: Ueber die geometrisch isomeren α-Methylzimmtsäuren. . . . Zittau, Druck v. W. Böhm, 1891; 2 Bl., 21 S., 1 Bl. 8°
Leipzig, Phil. Fak., Inaug.-Diss. v. [11. Jun.] 1891

Wannsee [Sachliches OW]

Nach dem **Wannsee**, Pfaueninsel, Kohlhasenbrück. Wegebeschreibung mit farb. Landkarte u. Ansichtspostkarte. Berlin: W. Holz [1907]. (4 Bl.) 8°
= **Ausflüge** von Berlin. H. 2. [07. 8823

Wannsee [Schlagwort]

Wannsee. s.: Berlin. — Wanderkarten.

Wansch, A., s. Blätter, justizdienstl.

Wansch, A., s.: Zeitschrift f. d. bayer. Gerichts-Sekretariat.

Wanschaff, Bhrd., mathematisch-constructionelle Entdeckungen. (Mit 12 Kpft.) gr. 4. Berl. 826. Vereinsbuchh. 2 ß 12 gr

— die Quadratur des Kreises. Mit 10 Kpft. gr. 4. Berl. 822. Stuhr. 1 ß 12 gr

Wannschaff, G., üb. die geometrisch isomeren α-Methylzimmtsäuren. Diss. gr. 8. (21 S.) Zittau 891. W. Fiedler. n. 1. —

Wanscheidt, Karl, Lehrgänge der Rund- u. Steilschrift, s.: Hoffmeister, Harry.

Wanscher, O. Üb. d. Entwickl. d. Militär-Sanitätswesens bes. i. Deutschland u. Frankreich. (S.-A.) Wien 1898.

WANSDORF, Albert v. (ps.). Die Erstürmung des Falkensteins oder des Drachenfelsers Tod durch die Macht der Zauberkräfte. Ritter- u. Geistergeschichte. Mit Titel-Lithogr. Gera, Heinsius, 1840. 8°. 199 S.

Wanser, Adolf [app. Arzt aus Stuttgart]: Über Missbildungen bei Hydramnion ... Tübingen, F. Pietzcker, 1896; 33 S., 2 Taf. 8.
Tübingen, Med. Fak., Inaug.-Diss. v. 1896

Wanser, Adf., üb. **Missbildungen** bei Hydramnion. Diss. gr. 8. (33 S. m. 2 Taf.) Tübingen 896. F. Pietzcker. n.n. 1. —

Wanser, Hermann [aus Ziegelsdorf bei Koburg]: Ueber trophische Störungen nach Verletzungen ... Erlangen, Druck d. Univ.-Buchdr. v. E. Th. Jacob, 1894; 29 S. 8.
Erlangen, Med. Fak., Inaug.-Diss. v. [15.] Febr. 1894

Wansey, Henry. Tagebuch einer Reise durch die vereinigten Staaten von Nordamerika im Jahr 1794. A. d. Engl. . . . Berlin 1797. Ü: *Hüttner, Joh. Chn.* H: *Böttiger, Carl August.* (Ky) (MGT) (EngG) (CBH)

WANSEY, Henry 1752? - 1827
Heinrich Wansey's ... Tagebuch einer Reise durch die vereinigten Staaten von Nord-Amerika, im Sommer des Jahres 1794.
Aus dem Englischen. Mit Anmerkungen des Uebersetzers, und einer Vorrede über Auswanderung und Länderkauf in Nord-Amerika, von C. A. Böttiger.
Berlin: Voss. 1797. XXXVI, 37-232 S. 8°.
Magazin von merkwürdigen neuen Reisebeschreibungen, Bd. 14, Tl. 2.
Lippische Landesbibliothek Detmold
Übers. v. Journal of an Excursion.
Reihenausg. d. voraufgehenden Nr.
Sabin 101242. Baginsky 1387. Palmer.
Carl August Böttiger, 1760-1835
Darin enthalten:
Regeln für die Deutsche Gesellschaft in dem Staate von Neu-York
Germantown: Billmeyer. 1787. 12 S.

Wansidel, Ant., geistl. Reden auf die vornehmsten Festtage des Herrn. 8. Augsb. 790. Doll. 14 gr

Wansiedel, Ant., geistliche Reden für das Landvolk auf die Festtage des Herrn, Mariens u. einiger Heiligen. Neue, sprachlich verb. Ausg. Augsburg 867. Schmid's Verlag. gr. 8. (IV, 316 S.) 27 ngr.

— geistl. Reden f. d. Landvolk auf die Festtage Mariens u. e. Heiligen. 8. Augsb. 790.

— geistl. Reden f. d. Landvolk auf alle Sonn- u. Festtage des Jahres. 4 Bde. gr. 8. Augsb. 787, 88. N. A. 3 Bde. 796. Doll. 2 ß 16 gr

Wansidel, A., geistl. Reden f. d. Landvolk, auf alle Sonn- u. Festtage d. Jahres. 3 Bde. 5., unveränd. Aufl. gr. 8. (83½ B.) Mainz 830, [Kirchheim, Schott u. Thielmann.]

Wansidel, Ant., geistl. Reden f. d. Landvolk auf alle Sonn- u. Festtage d. Jahres, nebst e. Anh. von allgem. Gelegenheits-Predigten. 3 Thle. 7. Ausg. 8. (.. B.) Grätz 839, [Kienreich's Vrls.-Compt.]

— leichtfaßl. Unterricht von d. wahren Religion, u. von den Pflichten d. Menschen, aus d. lautersten Quellen geschöpft ꝛc. 2 Thle. gr. 8. Augsb. 794. Doll. (Landsh., Krüll). 2 ß 4 gr

Wantalowicz, O. E., Nesseln u. Blüthen. Humoristische u. satyr. Gedichte. 8. (VIII, 151 S.) München (901). Braun & Schneider. Geb. in Leinw. n. 2. 50

Wantalowicz, O. E., aus der Spottvogelschau. (VII, 95 S.) kl. 8. München (907). Braun & Schneider. Geb. in Leinw. 2. —

Wantia, Hermann, approb. Arzt aus Geseke i. Westf. Aus d. Laboratorium d. Hrn Prof. Dr. Sticker zu Gießen. Versuche über die Pathogenese der Meningitis. Mit 2 Abb. *Gießen 1903: v. Münchow.* (27 S.) 8°
Gießen, Med. Diss. v. 1903

Waentig, Carl, s. Waentig, Karl

Waentig, Georg Hermann: Die Widerklage im Strafprozeß. Borna-Leipzig 1909: Noske. VIII, 59 S. 8°
Leipzig, Jur. Diss. v. 22. Febr. 1909
[Geb. 31. Aug. 83 Großschönau i. S.; Wohnort: Dresden; Staatsangeh.: Sachsen; Vorbildung: Wettiner-Gymn. Dresden Reife O. 03; Studium: Leipzig 7 S.; Rig. 21. Jan. 08.] [U 09. 2714

Wäntig, Gottfried: **Kauf** bricht nicht Miete. Nach Reichsrecht. *Hamburg 1898: J. v. Helms.* (43 S.) 8° [5.]
Erlangen, Jur. Diss. v. 11. Mai 1898

Waentig, H., der Zottelprinz. Ein Mährchen in 5 Gesängen. 16. (122 S.) Leipzig 866, Matthes.

Waentig, Heinr., s.: Buchgewerbe, das, u. die Kultur.

Waentig, Heinr., Auguste Comte u. seine Bedeutung f. die Entwicklung der Socialwissenschaft, s.a. Beiträge, staats- u. socialwissenschaftliche.

Waentig, Heinr., August Comte und seine Bedeutung für die Entwickelung der Socialwissenschaft. (Staats- u. socialwissensch. Beiträge, Bd. 2, Heft 1.) gr. 8°. Leipzig 1894.

Waentig, Heinr., s.: Großstadt, die.

Waentig, Heinr., üb. die Haftung f. fremde unerlaubte Handlungen nach römischem, gemeinem, königl. sächsischem u. neuerem deutschen Reichsrechte. Ein civilist. Versuch. gr. 8. (VIII, 111 S.) Leipzig 875. Roßberg. n. 2. —

s.: Jahrbücher f. Nationalökonomie u. Statistik.

Waentig, Heinr., die königl. sächs. Lehrergehalts- u. Lehrerpensions-Gesetze, s.a. Handbibliothek, Leipziger jurist.

— die königl. sächsischen Lehrergehalts- u. Lehrerpensionsgesetze. Mit erläut. Anmerkgn. u. Sachregister hrsg. 8. (VIII, 98 S.) Leipzig 892. Roßberg. n. 1. 20; kart. n.n. 1. 50

Waentig, Heinr., gewerbliche Mittelstandspolitik. Eine rechtshistorisch-wirtschaftspolit. Studie auf Grund österreich. Quellen. gr. 8. (X, 483 S.) Leipzig 898. Duncker & Humblot. n. 9. 60

— die Pensionsgesetze f. die evangelischen Geistlichen u. die Disziplinarordnung f. die evangelisch-lutherische Landeskirche im Königr. Sachsen. Mit erläut. Anmerkgn. u. Sachregister hrsg. 8. (VIII, 137 S.) Ebd. 893. n. 1. 80; kart. n.n. 2. 10

Waentig, Heinrich [Dr. phil., aus Zwickau in Sachsen]: Das Problem der Gewerbeordnung in der österreichischen Gewerbegesetzgebung des 19. Jahrh. ... Marburg, Univ.-Buchdr. '(R. Friedrich)', 1896; 41 S. 8.
Marburg, Phil. Fak., Hab.-Schr. v. 11. Jan. 1896

Waentig, *Heinrich* (Geh. Regierungsrat) *Rede bei der Übergabe der Standbilder des Stifters und des jetzigen Schirmherrn der Schule.* 4 (S. 54). Antwort von Hermann *Wilhelm Gottlob* Peter. 4 (S. 54–55).
Fürsten- u. Landessch. *St. Afra in Meißen* 1894 (511).
Progr.

s.: Sammlung sozialwissenschaftlicher Meister.

— s.: Studien, sozialwissenschaftliche.

Waentig, Unterstützungswohnsitz oder Geburtsheimath? Historisch-kritische Erörterungen zu dem Reichsgesetze vom 6. Juni 1870 unter besonderer Berücksichtigung des Königr. Sachsen. gr. 8. (47 S.) Dresden 877. Burdach. n. — 80

— die Verfassungsgesetze der evangelisch-lutherischen Landeskirche des Königr. Sachsen, sowie die f. dieselbe erlassenen Gesetze u. Verordngn. Mit erläut. Anmerkgn., e. Anh., enth. die Gesetze üb. die staatl. Beaufsichtigg. der Religionsgesellschaften, die interkonfessionellen Verhältnisse, die Erhebg. der Kirchenanlagen u. die Sonntagsheiligg., u. e. Sachregister. 8. (XII, 563 S.) Ebd. 894. n. 8. —; geb. n.n. 8. 80

[F.] **Waentig,** Heinrich *Eugen:* Die Vorläufer Auguste Comtes ... [Erschien vollst. als 1. Heft d. II. Bds von: Staats- u. socialwiss. Beitr. hrsg. v. A. v. Miaskowski.] Leipzig, *Pierer'sche Hofbuchdr. in Altenburg,* 1894; 2 Bl., 42 S., 1 Bl. 8.
Leipzig, Phil. Fak., Inaug.-Diss. v. [21. Dez.] 1893

— **Wirtschaft u. Kunst.** Eine Untersuchg. üb. Geschichte u. Theorie der modernen Kunstgewerbebewegg. (VII, 434 S.) gr. 8. Jena 909. G. Fischer. 8.—; geb. 9. —

Waentig, Karl

Waentig, Carl, a. Dresden, z. Zt. Referendar in Dresden: Die Haftung für Schulden der offenen Handelsgesellschaft. Borna-Leipzig 1904: R. Noske. (47 S.) 8° [F.]
Leipzig, Jur. Fak., Diss. v. 21. Dez. 1904
[Geb. 13 Juni 78 Dresden; Wohnort: Dresden; Staatsangeh.: Sachsen; Vorbildung: Furstensch. St. Afra Meißen Reife O. 97; Studium: Leipzig 1, Berlin 2, Leipzig 1, Greifswald 1, Leipzig 2 S.; Rig. 16. Jan. 02.]

Waentig, Percy, a. Dresden: Zum Chemismus phosphoreszierender Erdalkalisulfide. Mit 5 Figuren im Text. Leipzig: W. Engelmann 1905. (42 S.) 8° ¶(Aus: Zeitschrift f. physik. Chemie Bd 51, H. 4.)
Leipzig, Phil. Fak., Ref. Ostwald u. Beckmann, Diss. v. 21. März 1905
[Geb. 9. Mai 81 Dresden; Wohnort: Dresden; Staatsangeh.: Sachsen; Vorbildung: Landessch. Meißen Reife O. 00; Studium: München 4, Leipzig 5 S.; Rig. 30. Nov. 04.]

Waentig, Percy, Dr.: Über den Zustand des gelösten Jods. Weida i. Th. 1909: Thomas & Hubert. 74 S. 8°
Leipzig, Phil. Hab.-Schr. v. 10. Juli 1909 [U 09. 3102

Waentig, R., De Vulcano in Olympum reducto. Diss. 1877. 55 S.

Wäntig, *Paul Ottomar* Richard [Dr.]: Haine und Gärten im griechischen Altertum. Chemnitz, Druck v. J. C. F. Pickenhahn & Sohn, 1893; 32 S. 4.
Chemnitz, k. G, OP 1893 (531)

Waentig, Rudolf: Über Desoxykodein und Desoxydihydrokodein. Ein Beitr. z. Kenntnis d. Morphins. Jena 1909: Vopelius. 40 S. 8°
Jena, Phil. Diss. v. 17. Febr. 1909, Ref. Knorr
[Geb. 19. Juni 83 Zittau; Wohnort: Zittau; Staatsangeh.: Sachsen; Vorbildung: Realgymn. Leipzig Reife O. 02; Studium: Leipzig 7, Jena 4 S.; Rig. 2. März 08.] [U 09. 2232

Waentig-Haugk: Kurze C h r o n i k der reichsdeutschen Radfahrer-Vereinigungen unter Vorausschickg e. Rückblickes üb. d. ersten Erfindgn. Skizz. u. bearb. unt. Benutzg der vorh. Sportslitt. v. Waentig(-)Haugk ... Neuwied a. Rh. [&] Leipzig: Heuser 1895. (35 S.) 1 Bd 8°

Waentig-Haugk, kurze Chronik d. reichsdeutschen Radfahrer-Vereinigungen unt. Vorausschickung e. Rückblickes üb. die ersten Erfindgn. Skizzirt u. bearb. unter Benutzg. der vorhand. Sportslitteratur. 8. (36 S.) Neuwied 897. Heuser's Verl. — 40

— **Satzungs-Entwurf** f. e. allgem. deutschen Radfahrer-Verband. Bearb. nach vorhand. Grundlagen. 8. (16 S.) Leipzig 896. W. Werner. n. — 20

Hier bin ich! Eine Beleuchtung der Schrift: Wider die Freimaurerei, für das Christenthum. Zur Aufklärung für Laien und Brüder von [Fel.] W[aen]t[i]g-H[au]gk. Leipzig: Findel 1893. 47 S. 8°
Recens: Bh. 36 (1893) S. 128 (C. Gotthold); L. 16 (1893) S. 56; FZ. 48 (1894) S. 207 (K. Pilz).
Weist nach, dass die Frmrei wegen ihrer Grundlage nie schädlich sein kann und in keiner Weise die Kulturentwicklung beeinträchtigt.

Waentig-Haugk, Felix: Chronologische N o t i z e n über die Familie Waentig. Bearb. u. im Selbstverl. hrsg. von Felix Waentig-Haugk, Kgl. Preuss. Landm. a. D. Abth. 1. 2. Anh. A. B. Dresden-Blasewitz: (Selbstverl.) 1902. 4 Bde 8°
1. Der Stammbaum der Familie ungefähr v. J. 1500 ab bis z. Gegenw. nebst 21 Ill.
2. Die Familie Waentig (Wentig) in Warnsdorf, Niederhennersdorf, Grossschönau u. s. w.
Anh. A. Stammbaumtafeln u. chronolog. Notizen über d. Nachkommen Johann Gottfried Schiffners . . .
Anh. B. Berichtigungen u. Zusätze.

Wantke, Franz: Versuch einer sichern Diagnostik und Verhüttung der Wuth bey Hunden und andern nutzbaren Hausthieren zum heilsamen Gebrauche für Veterinär Aerzte. 33 S., gbd. (Handschrift).

Czik-Szereda: 1823

JB 5.196

Wantrup, Henricus Ludovicus: De Philosophiae cum Theologia cognatione.
Halle-Wittenberg. Phil. Diss. v. 16. Dez. 1838
Geb. [Wolfhagen (Bez. Kassel) 24. 9. 1812]
Ms. fehlt.— Verf. erhielt 14. 12. 1870 den erblichen Adel unter dem Namen v. Ciriacy-Wantrup und erlebte die Diplomerneuerung 1888 als Geheimer Regierungs- und Schulrat a. D. in Arnsberg (Westf.). vgl. Anh. Nr. 591.

Wantrup, Ludwig. Sollen wir hoffen oder fürchten? Sendschreiben an Herrn von Stolle auf Zaldsie. Culm 1848. 8 S. 8.

Wantrup, Ludw, die octroyirte Verfassung u. die Gegner, namentlich die Herren Arntz, v. Kirchmann u. Rodbertus. gr. 8. (45 S.) Berlin 849, Decker. 3 *ngl*

Wantuch, Jul., die neu gegründete Bade- und Trink-Heilanstalt in Königswart (bei Marienbad). Medicin.-topograf.-histor. dargestellt u. beleuchtet für Ärzte u. gebildete Laien. Eger 857. (Prag, André.) gr. 8. (3 Bl., IV, 68 S.) n. 18 *ngr.*

Wantzel, F., et J. Garnier, Traité complet d'Arithmétique théorique et pratique à l'usage des négocians, contenant etc. 8. Paris 838. (Brockhaus et Avenarius. (2 2/3 ₰) 1 1/3 ₰

Wanzel, C. F., s. Tabellen d. Addition aller Frankfurter Wechselcourse.

Wanzel, F. L. (k. b. Distrikts-Inspektor u. 1. luther. Pfarrer zu Kirchheimbolanden), ueber die *Auswanderung aus den Rheinländern nach Russland*, eine Predigt. Kirchheimbolanden, gedr. bei Joh. Ph. Hahn, 1816. 12⁰. 16 S. Cart.

Wanzen-, Fliegen-, Motten- und Mückenjagd oder sichere Anweisung . . . Berlin 1812. V: *Korth, Joh. Wilh. Dav.* (call)

Wanzen-, Fliegen-, Motten- u. Mückenjagd, od. sichere Anweisung d. fameusen blutgierigen Bettwanzen auf e. leichte Art auf immer zu zerstören 2c. 8. Berlin, Salfeld. 812.

Wanzen-, Fliegen-, Motten- u. Mücken-Jagd, od. sichere Anweis., die Bettwanzen zu verjagen u. ihr Lager in den Wänden, Bettstellen 2c. zu zerstören; nebst e. Zugabe, die Stubenfliegen, Motten u. Mücken zu tödten u. zu vertreiben. 8. Leipz. 812. (Lauffer). 6 K

Wanzenmittel, bewährt gefundene, oder Samml. d. besten Vorschriften, dieses Ungeziefer in kurzer Zeit zu vernichten 2c. 8. Wien ... Pichler. 4 K

Wanzenried, A(lb[ert]). Leichenrede für Frau Rosa Hofer geb. Bühlmann, gew. Hebamme in Grosshöchstetten, gehalten am Sarge den 12. Februar 1893. 8. Münsingen 1893.

Wanzenried, Albr., das physische Leben unserer Generation u. die Volksschule. Bern 865. Heuberger's Verlag. 12. (59 S.) n. 5 *ngr.*

—— die wesentlichsten Mängel der häuslichen Erziehung und ihr nachtheiliger Einfluß auf die Schule. Ein Vortrag gehalten in der Kreissynode Konolfingen. 8. (26 S.) Bern 864, Heuberger's Verlag.

Wanzenried, Alb., praktische deutsche Sprachlehre für Volksschulen. gr. 8. (VIII und 95 S.) Bern (861)62, Heuberger. *

—— praktische deutsche Sprachlehre für Volksschulen. 2. Aufl. 1863. und 3., verb. und verm. Aufl. gr. 8. (VIII und 111 S.) Bern 868, Heuberger's Verlag. *

Wanzenried, Alb., praktische deutsche Sprachlehre f. Volksschulen. 4. verb. Aufl. gr. 8. (VIII, 111 S.) Bern 874. Heuberger. n. — 80

Wanzenried, Alb., praktische deutsche Sprachlehre für Volksschulen. 5., verb. Aufl. gr. 8. (VIII, 111 S.) Bern 878. Heuberger. n. — 80

Wanzenried, Alb. (Secundarlehrer in Grosshöchstetten). Praktische deutsche Sprachlehre für Volksschulen. Sechste, verbesserte Auflage. In - 8⁰, VIII und 111 S. Bern, J. Heuberger's Verlag. 1881.

Wanzenried, A., praktische deutsche Sprachlehre f. Volksschulen. 7., verb. Aufl. 8. (VIII, 116 S.) Bern 889. Heuberger. n. — 80

Wanzenried, Alb., praktische deutsche Sprachlehre f. Volksschulen. 8., verb. Aufl. gr. 8. (VIII, 115 S.) Bern 900. J. Heuberger. Kart. n. 1.—

Wanzleben [Schlagwort]

Wanzleben. s. a Preussen. Messtischblätter.

Wanzleben. Bomsdorff's, Th. v., Karte des Kreises Wanzleben. 1 : 150,000. Neue Ausg. 1896. 29,5 × 34 cm. Farbendr. Magdeburg 896. A. Rathke. n. 1.— — s. a.: Magdeburg, Reg.-Bez.

Wapakoneta Post : 1889t - 1900t
Democratic weekly. Circulation: 1895, 1200; 1899, 1400. Edited & published by Henry Holtermann, 1889—1900.
Wapa Koneta, OH

Wapenhensch, Wilhelm [Dir.]: Antrittsrede. Pr. Stargard, Druck d. A. Müller'schen Hofbuchdr., Danzig, 1891; S. 3 10: 4"
Pr. Stargard, k. Friedrichs-G, OP 1891 (40)

Wapenhentsch, Christian Ferdinand (Eisleben)
A. S. 57/26

Dissertatio inauguralis. Differentiae iuris Romani et Germanici in connubiali imperio consensuque parentum. Präs. Johann Peter von Ludewig.
Halle (Grunert) 18. XI. 1721. 52 S.

Gew.: Christoph Dietrich von Bose. 35815

FSC
www.fsc.org
MIX
Papier | Fördert gute Waldnutzung
FSC® C083411

Kolibri 360 GmbH
Ferdinand-Jühlke-Straße 7
99095 Erfurt, Deutschland
produktsicherheit@kolibri360.de